BIOLOGIE MOLÉCULAIRE DE LA CELLULE

Chez De Boeck Université
Extrait du catalogue

BIOLOGIE MOLÉCULAIRE DE LA CELLULE

•LODISH•BERK•MATSUDAIRA•KAISER•KRIEGER•
•SCOTT•ZIPURSKY•DARNELL•

3e édition

Préface de Stefan Constantinescu

Traduction de la 5e édition américaine par Pierre L. Masson et Chrystelle Sanlaville

de boeck

Ouvrage original :
Molecular Cell Biology, 5th Edition, by Lodish, Berk, Matsudaira, Kaiser, Krieger, Scott, Zipursky, Darnell.
First Published in the United States by W.H. FREEMAN AND CO., New York and Basingstoke.

Première publication aux États-Unis par FREEMAN AND CO., New York et Basingstoke

3e édition
Éditions De Boeck Université
rue des Minimes 39, B-1000 Bruxelles
Pour la traduction et l'adaptation française

Imprimé en Espagne

Dépôt légal :
Bibliothèque nationale, Paris : mars 2005
Bibliothèque royale de Belgique : 2005/0074/086

ISBN 2-8041-4802-5

PRÉFACE DE LA 3e ÉDITION FRANÇAISE DE BIOLOGIE MOLÉCULAIRE DE LA CELLULE

Écrite dans l'esprit de la première édition de l'ouvrage de Darnell, Lodish et Baltimore, la cinquième édition de *Biologie moléculaire de la cellule* a été rédigée par Lodish, Berk, Matsudaira, Kaiser, Krieger, Scott, Zipursky et Darnell. Elle étend à l'ensemble des bases moléculaires de la biologie cellulaire l'apport des données récentes et réserve une place importante aux techniques de pointe à l'origine de ces avancées. Comme dans les éditions précédentes, entre autres, la quatrième à laquelle contribuait aussi David Baltimore, on retrouve les mêmes qualités propres à l'école de pensée à laquelle tous ces auteurs appartiennent et sont restés fidèles.

C'est un livre davantage interactif que descriptif qui, au fil de ses rééditions, est devenu plus homogène et didactique en grande partie grâce aux efforts de Harvey Lodish. Ce traité prépare les étudiants à la démarche scientifique en leur présentant dès le départ les hypothèses scientifiques, les preuves expérimentales et le raisonnement original. Les illustrations sont souvent associées à des images de microscopie électronique, à des gels d'électrophorèse ou à d'autres résultats d'expériences tirés des publications originales. Le lecteur d'un tel ouvrage devrait perdre l'aversion que suscite parfois la froideur des données scientifiques. Pourquoi et comment les expériences ont été réalisées ? Qu'apportent-elles ? Comment interpréter leurs résultats ? Quelle sera l'expérience suivante ? Voilà les questions qui parsèment ce livre. *Last but not least*, chaque problème est abordé sous des angles différents et par des procédés expérimentaux variés, ce qui encourage les étudiants à recourir à toute méthode, même non familière, pour en obtenir la solution. Au long de ce traité, les fonctions biologiques sont analysées au plan structural, comme l'illustre le chapitre consacré à la communication entre cellules ; on suit pas-à-pas le trajet du signal qui, après les premières interactions à la surface cellulaire, est transmis par diverses voies là où il active ou inhibe l'expression de certains gènes.

Les auteurs, tout en restant concrets, parviennent à stimuler la pensée créative et l'imagination. On se sent bienvenu dans le domaine de la *Biologie moléculaire de la cellule*. Le texte est compréhensible par tout lecteur quelque peu préparé, que sa formation soit en mathématique, physique, biologie, chimie ou médecine. Cette accessibilité est importante pour deux raisons. D'une part, les chercheurs qui ont contribué le plus au développement de la biologie moléculaire et cellulaire venaient d'horizons très divers. D'autre part, les progrès dans cette discipline ont un impact considérable dans d'autres domaines scientifiques et sur le plan industriel. Au *Massachusetts Institute of Technology* à Cambridge, MA, tous les étudiants de première année suivent un cours de biologie moléculaire, quelle que soit leur orientation finale, même très éloignée de la biologie ou de la médecine, par exemple l'aéronautique ou l'architecture.

En Europe, les programmes universitaires ont favorisé traditionnellement les spécialisations précoces. Or, comme à présent ce sont l'innovation, l'originalité et la capacité de changer continuellement qui sont les plus productrices, il est crucial que la biologie moléculaire et cellulaire puisse être abordée à partir de toute formation même pour les étudiants. Si je ne me trompe, le premier auteur de cet ouvrage, Harvey Lodish, avait obtenu une licence (BSc) en mathématiques et chimie avant d'entreprendre son doctorat en biologie, tandis qu'un chercheur qui a joué un rôle essentiel dans le séquençage du génome humain, Eric Lander, a acquis sa formation en biologie après avoir enseigné les sciences économiques et étudié les mathématiques.

Cette édition française a réussi à reproduire fidèlement le contenu et la conception de l'œuvre originale. Chrystelle Sanlaville et Pierre Masson sont parvenus à traduire les expressions anglaises avec beaucoup de justesse et de clarté. Je dois dire qu'à certains moments je ne réalisais pas si c'était la version anglaise ou française que je lisais, tant la traduction est naturelle. Disposer de cette terminologie scientifique en français s'avère nécessaire non seulement à l'enseignement de la biologie moléculaire et cellulaire mais aussi aux activités des sociétés industrielles de biotechnologie ou de pharmacie des pays francophones. Les chercheurs d'expression française à l'occasion de leurs découvertes participent également à la création de certains mots ou expressions scientifiques, que ce soit d'ailleurs en anglais ou en français. C'est dans cette réciprocité que s'inscrit la version française du présent ouvrage, qui pourrait contribuer à forger, dans les deux langues, de nouveaux termes évocateurs et précis en biologie moléculaire et cellulaire.

Stefan N. Constantinescu
Membre de l'Institut de Pathologie Cellulaire
Christian de Duve
Université catholique de Louvain, Bruxelles

AVANT-PROPOS À LA 3e ÉDITION FRANÇAISE

La préface rédigée par Stefan Constantinescu, ancien collaborateur et ami d'Harvey Lodish, met bien en valeur les qualités didactiques de *Molecular Cell Biology*. Expert en transduction des signaux cellulaires et fréquemment cité dans l'ouvrage, il lui revenait d'écrire cette introduction. Aussi, nous limiterons notre propos à quelques réflexions suscitées au cours de cette exploration de la cellule dans laquelle la traduction nous a entraînés. Certains passages se sont avérés difficiles et ressemblaient parfois à une jungle épaisse que nous n'avons pu traverser qu'avec lenteur et précaution, mais le périple en valait la peine, car avoir les auteurs d'un tel ouvrage comme guides est une expérience unique.

La collaboration entre traducteurs fut harmonieuse. Chrystelle Sanlaville était en charge des douze premiers chapitres et Pierre Masson s'est occupé des onze derniers, du glossaire et de l'index. L'édition de *Molecular Cell Biology* étant sortie au début de 2004, beaucoup d'expressions spécialisées n'avaient pas encore été reprises dans des ouvrages français. Il a donc fallu en inventer de nombreuses. Pour juger de leur pertinence, nous avons consulté fréquemment le site français de Google ™ sur Internet, ce qui nous permettait de comparer si une expression particulière avait été utilisée dans des publications francophones ; nous pouvions alors choisir la plus fréquemment appliquée, en tenant compte également de son caractère logique et de sa qualité explicative. Voici quelques adresses où nous avons également trouvé de l'aide :

- www.infobiogen.fr/deambulum/index.php/menu.html
- www.vulgaris-medical.com/v1/
- www.dsi.univ-paris5.fr/bio2/dico/lexique.htm

Pour la plupart des expressions spécialisées introduites récemment et qui n'avaient pas encore fait l'objet d'une traduction admise unanimement, nous avons conservé la terminologie anglaise et les abréviations correspondantes.

Dans sa préface, Stefan Constantinescu se plaît à souligner le caractère interactif de l'ouvrage de Lodish *et al.* Dans le même ordre d'idée, nous dirons que certains passages ont l'attrait d'une histoire racontée. Or, les chercheurs se rendent compte de plus en plus que la science ne peut continuer à être enseignée de manière fastidieusement formelle (voir à ce propos : ESPOSITO, R.E., Conversations in Genetics. Capturing stories of our intellectual heritage, *The Scientist*, 2004, **18** ; 24-25) et qu'ils auraient avantage à revenir à la plus ancienne des techniques d'éducation : raconter des histoires. C'est le caractère anecdotique et les circonstances dans lesquelles les découvertes ont été faites qui nous permettent de retenir le message essentiel. Par ailleurs, ce retour au récit ne manquerait pas de rapprocher heureusement sciences naturelles et sciences humaines. On devine cette évolution dans le présent ouvrage, mais nous espérons que cette tendance s'accentuera encore dans les prochaines éditions de *Molecular Cell Biology.*

Si l'humour s'ajoute à la narration, l'impact des données scientifiques s'en trouve encore renforcé. Les auteurs de *Molecular Cell Biology* n'en manquent pas, mais on se serait attendu à ce qu'ils exploitent un peu plus les origines souvent amusantes de la nomenclature des gènes de la drosophile, dont il est question dans plusieurs chapitres de l'ouvrage. Les lecteurs qui voudraient en savoir plus à ce propos pourront satisfaire leur curiosité en consultant le site www.flynome.com. Ils ne s'ennuieront pas. Ils y apprendront par exemple qu'il existe un mutant de la drosophile désigné par l'expression française argotique *à voile et à vapeur*, inspirée par le comportement des mâles hétérozygotes qui font une cour assidue tant aux mouches femelles qu'aux mâles. Quant au mutant *Amontillado*, il se caractérise par l'incapacité des larves de sortir de la coque de l'œuf. Cet emprisonnement a rappelé au chercheur concerné une histoire d'Edgar Allen Poe, *The Cask of Amontillado*, où il est question d'un homme qui, s'étant glissé dans un cellier, s'était laissé emmurer pendant qu'il cuvait son vin. Plus réaliste est la dénomination du mutant *croque-mort*. Chez lui, les cadavres des cellules mortes par apoptose ne sont pas phagocytés ; le croque-mort fait la grève.

La plupart des résultats scientifiques étant publiés en anglais, on peut se demander si traduire un traité en français ou en tout autre langue n'est pas rendre un mauvais service aux étudiants, qui tôt ou tard seront confrontés à des textes anglais. Deux arguments au moins plaident en faveur de ces traductions. D'une part, beaucoup d'étudiants francophones qui abordent les sciences n'ont encore qu'une connaissance limitée de l'anglais et sont donc incapables de percevoir les nuances parfois subtiles des tournures de cette langue. D'autre part, la biologie nous apprend que la diversité des êtres est essentielle à la survie ; il en est peut-être de même de la diversité des cultures, dont les langues constituent l'ossature.

Nous espérons que le lecteur appréciera notre travail et, s'il avait des critiques ou suggestions à formuler pour une prochaine édition, nous serions heureux qu'il les communique à Ariane Vlérick, l'éditrice des ouvrages de sciences, techniques et médecine de la maison De Boeck ou directement à nous-mêmes.

Chrystelle SANLAVILLE
Pierre L. MASSON

PRÉSENTATION DE LA 5e ÉDITION AMÉRICAINE

Dans les divers domaines de la biologie moléculaire de la cellule, on enregistre des progrès spectaculaires, qui entretiennent la fascination qu'exerce ce type d'exploration scientifique. On a déchiffré complètement les séquences génomiques de nombreuses espèces, allant du riz à l'homme en passant par la souris, la mouche et le ver, ce qui nous aide à mieux comprendre l'évolution des êtres vivants, la régulation de l'expression génique et les fonctions des protéines regroupées en diverses familles. À présent, la technologie des microréseaux ou puces à ADN, qui permet d'étudier l'expression simultanée de milliers de gènes, nous apprend entre autres comment fonctionne le contrôle génique au cours du développement et en cas de maladie. Les possibilités d'applications abondent tant en médecine que dans les sciences animales ou végétales.

Ces mises en pratique dépendent de la compréhension du fonctionnement interne et externe de la cellule, spécialement des fonctions des nombreux types différents de protéines et de lipides synthétisés par chaque cellule eucaryote, ainsi que des modes d'interaction des cellules avec leur environnement. La découverte de ces rouages complexes a conduit les biologistes cellulaires et moléculaires à regrouper, sous forme de systèmes intégrés, divers mécanismes indépendants. C'est ainsi qu'à présent nous pouvons accéder à de nouveaux niveaux de complexité et comprendre, par exemple, comment les grands ensembles protéiques transmettent les signaux dans les cellules et comment les cellules interagissent entre elles.

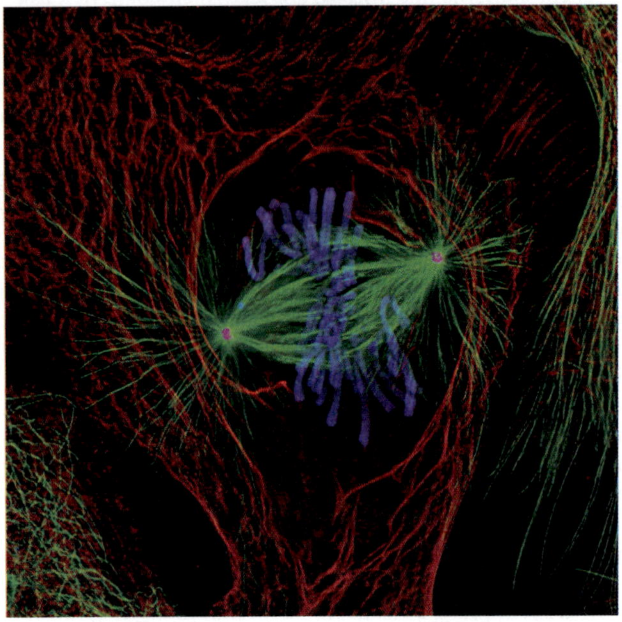

▲ Fuseau mitotique dans une cellule en division

▲ De gauche à droite : Matt Scott, Chris Kaiser, Paul Matsudaira, Harvey Lodish, Arnie Berk, Monty Krieger

La nouvelle équipe d'auteurs

Trois nouveaux auteurs, Chris A. Kaiser, Monty Krieger et Matthew P. Scott, ont joué un rôle clé en présentant dans cet ouvrage ces nouvelles découvertes. Ils sont venus rejoindre Harvey Lodish, Paul Matsudaira et Arnold Berk. Tous expriment leur reconnaissance à Jim Darnell, Larry Zipursky et David Baltimore pour leurs contributions exceptionnelles aux éditions précédentes. Leur empreinte est encore bien visible dans de nombreux passages de cet ouvrage.

Harvey Lodish (Whitehead Institute for Biomedical Research, Massachusetts Institute of Technology) est connu pour ses travaux sur de nombreuses protéines de la surface cellulaire, en particulier plusieurs récepteurs comme ceux de l'érythropoïétine et du TGFβ, ainsi que sur diverses protéines impliquées dans le transport, entre autres du glucose et des acides gras.

Arnold Berk (Molecular Biology Institute, University of California, Los Angeles) fut parmi les premiers à découvrir les mécanismes d'épissage de l'ARN et du contrôle des gènes viraux. Son laboratoire étudie les interactions moléculaires qui régulent le début de la transcription dans les cellules de mammifères, avec un intérêt particulier pour les facteurs de transcription codés par des oncogènes et les gènes suppresseurs de tumeur.

Paul Matsudaira (Whitehead Institute for Biomedical Research, Massachusetts Institute of Technology) étudie la mécanique et les bases biochimiques de la motilité et de l'adhérence des cellules. Il a mis au point des microréseaux qui accélèrent nettement les techniques d'analyse de l'ADN.

Chris A. Kaiser (Massachusetts Institute of Technology) a fortement contribué à la compréhension des processus fondamentaux du reploiement des protéines et du trafic des protéines membranaires à l'intérieur de la cellule et, en particulier, le long de la voie sécrétoire.

Monty Krieger (Massachusetts Institute of Technology) et son équipe ont décrit comment se déroule le trafic membranaire à travers l'appareil de Golgi. Ils ont cloné et décrit des récepteurs protéiques importants permettant au cholestérol d'entrer dans la cellule ou d'en sortir.

Matthew P. Scott (Howard Hughes Medical Institute, Stanford University School of Medicine) est connu pour ses travaux en biologie du développement et en génétique, en particulier dans les domaines de la signalisation intercellulaire et des séquences géniques homéotiques ainsi que pour avoir découvert le rôle des régulateurs du développement dans le cancer.

Nouvelles découvertes, nouvelles méthodologies

L'introduction de *Biologie moléculaire de la cellule* initie aux techniques et expériences scientifiques tant anciennes qu'actuelles et montre comment les découvertes ont abouti aux concepts clés. Tout au long de l'ouvrage, des expériences sur divers organismes, allant de la levure à la souris en passant par le ver, sont décrites afin que l'étudiant réalise comment l'étude de ces modèles peut conduire à des connaissances susceptibles d'éclairer directement la physiologie et la pathologie humaines. Voici quelques-unes des nouvelles méthodologies expérimentales et quelques-uns des nouveaux concepts repris dans la présente édition.

• Spectrométrie de masse pour l'identification des protéines qui entrent dans la composition des grands complexes (Chapitre 3).

• Description de la structure des protéines constituant les canaux ioniques avec explication du contrôle sélectif qu'elles exercent sur le passage des ions (Chapitre 7).

• Utilisation des ARN interférents (ARNi) pour bloquer l'expression de gènes spécifiques dans de nombreux types de cellules et d'organismes eucaryotes (Chapitre 9).

• Analyse des profils de transcription au moyen des microréseaux à ADN (puces à ADN) pour découvrir les modalités du contrôle génique dans plusieurs systèmes et pour différencier certains types de cancers humains qui, sur base d'autres critères, paraissent semblables (Chapitres 9, 11 et 23).

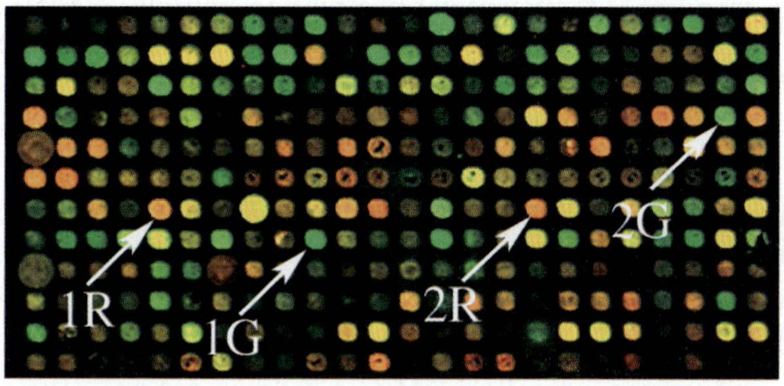

▲ **Analyse de l'ADN par microréseau (ou micropuce)**

• Découvertes récentes concernant la structure de la chromatine et son rôle dans le contrôle de la transcription, avec analyse des protéines associées à des gènes spécifiques par la technique d'immunoprécipitation de la chromatine (Chapitre 11).

• Observations quant au rôle joué dans le contrôle de l'expression génique par les ARN de 21-23 bases formés naturellement (Chapitre 12).

• Étude du transfert d'énergie de fluorescence pour suivre les interactions entre protéines dans les cellules vivantes (Chapitre 13).

• Informations à propos du clivage protéolytique régulé intermembranaire qui intervient dans plusieurs voies de signalisation (Chapitres 14 et 18).

• Description d'un mode de bourgeonnement vésiculaire hors du cytosol, utilisé entre autres par les virus à enveloppe lipidique comme le VIH (Chapitre 17).

• Étude des forces produites par la polymérisation protéique et par les protéines motrices au cours des mouvements cellulaires (Chapitre 19).

• Description, au moyen de la microscopie FSM (*fluorescent speckle microscopy*), du flux des sous-unités de tubuline vers les pôles du fuseau durant la métaphase (Chapitre 20).

• Approfondissement des connaissances quant aux mécanismes de condensation des chromosomes et de leur ségrégation au cours de la mitose, quant à la régulation de l'« allumage » à une origine de réplication au cours de la phase S et quant aux modifications du cycle cellulaire durant la méiose (Chapitre 21).

• Compléments d'informations sur le rôle de la division cellulaire asymétrique au début du développement et sur les complexes protéiques impliqués (Chapitre 22).

• Recours à la génétique du développement pour découvrir de nouvelles protéines nécessaires au fonctionnement des cellules souches et à la détermination des lignages cellulaires (Chapitre 22).

Organisation sur base des principes fondamentaux

Les progrès accomplis dans la compréhension de la biologie moléculaire de la cellule permettent de dégager de plus en plus divers principes fondamentaux. Dans cette nouvelle édition, nous nous

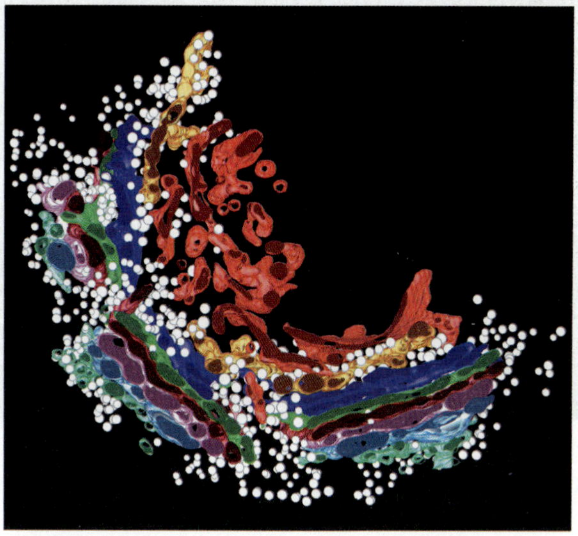

▲ **Modèle du complexe de Golgi et du transport de vésicules**

sommes efforcés de les présenter clairement tout en fournissant les informations expérimentales essentielles. C'est pourquoi, la table des matières a été fortement remaniée.

• Le Chapitre 1, « La vie commence dès le stade de la cellule », introduit l'ensemble de l'ouvrage.

• Le Chapitre 2, « Les fondements chimiques », est restreint aux concepts de base qui concernent directement la biologie moléculaire de la cellule. Il comporte une nouvelle section consacrée aux « briques » nécessaires à la construction des cellules : acides aminés, nucléotides, glucides, acides gras et phospholipides.

• Le Chapitre 3 traite des machineries moléculaires et des protéines motrices, alors que le Chapitre 5 est consacré au cytosquelette.

• Le Chapitre 4, « Les mécanismes moléculaires fondamentaux de la génétique », regroupe les mécanismes moléculaires qui sont à la base de la transcription, de la traduction et de la réplication de l'ADN. On y aborde aussi la régulation de la transcription. Le contrôle génique dans les bactéries fait l'objet d'une brève discussion.

• Les interactions des cellules entre elles et avec la matrice font l'objet du Chapitre 6, « L'organisation des cellules en tissus ». Centré sur l'adhérence ainsi que sur l'importation ou l'exportation des signaux, il amène l'étudiant à réfléchir aux relations que les cellules établissent entre elles ainsi qu'avec leur environnement immédiat.

• Le Chapitre 7 décrit le transport à travers les membranes cellulaires et le Chapitre 8 traite de l'énergétique cellulaire.

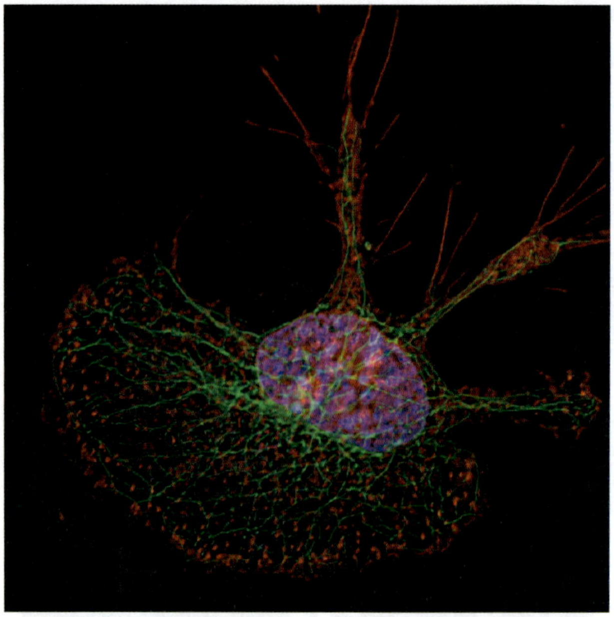

▲ **Macrophage visualisé par microscopie en fluorescence et à déconvolution**

• Le Chapitre 9 « Les techniques de génétique moléculaire et la génomique », fournit, outre la méthodologie de l'ADN recombinant, plusieurs exemples d'applications des microréseaux à l'analyse de profils d'expression génomique. On en retrouve d'autres tout au long de l'ouvrage.

• Dans les Chapitres 11 et 12, « Le contrôle transcriptionnel de l'expression des gènes » et « Le contrôle post-transcriptionnel des gènes et le transport nucléaire », il n'est question que des cellules eucaryotes. Le contrôle génique dans les bactéries est traité dans le Chapitre 4.

• Les voies de transduction du signal et leur intégration à l'intérieur de la cellule et de l'organisme sont étudiées de manière détaillée dans les Chapitres 13 à 15, « Transfert des signaux à la surface cellulaire », « Voies de signalisation qui contrôlent l'activité génique » et « Intégration des signaux et des contrôles géniques ». La plupart des informations que l'on y retrouve ont été obtenues par des analyses génétiques et moléculaires du développement de divers organismes.

• La description de l'adressage protéique est répartie entre les Chapitres 16 et 17, « Transfert des protéines dans les membranes et les organites » et « Trafic vésiculaire, sécrétion et endocytose ».

• Le Chapitre 18, « Métabolisme et mouvement des lipides », est consacré à une classe de molécules, parfois négligées, alors qu'elles permettent d'illustrer les interactions intéressantes qui existent entre la biologie moléculaire de la cellule et les applications médicales.

• Le Chapitre 22, « Naissance, lignage et mort cellulaires », décrit les cellules souches et leur différenciation ainsi que le lignage cellulaire chez *C. elegans*. Une section est consacrée à la mort cellulaire régulée ou apoptose et en particulier à son rôle dans le développement. Deux autres sections traitent de la spécification des types cellulaires dans la levure et les muscles.

• le Chapitre 23, « Cancer », reprend les informations portant sur les mécanismes de réplication de l'ADN et de recombinaison ainsi que sur la réparation de l'ADN endommagé.

L'organisation graphique et pédagogique présente les caractéristiques suivantes :

• en ce qui concerne les illustrations, le caractère expérimental de certaines d'entre elles est signalé de manière explicite dans le titre ;

• les chapitres se terminent par une rubrique intitulée « Analysez les résultats suivants ». Elle reprend des résultats provenant d'expériences réelles afin que les étudiants puissent eux-mêmes les interpréter. Les données sont reprises d'une expérience dont il a été question dans le chapitre concerné ;

• chaque chapitre comprend une liste de références qui reprend les principales publications originales ainsi que des articles de revue. Les étudiants et les enseignants y trouveront de nombreux compléments d'informations.

Nous espérons que, par ce type d'organisation, par l'accent mis sur les bases expérimentales de nos connaissances actuelles et par l'attrait des découvertes récentes, le présent ouvrage permettra au lecteur de trouver son chemin dans le labyrinthe des systèmes biologiques, mais aussi d'admirer leur étonnante beauté.

Une nouvelle manière d'aborder la biologie moléculaire de la cellule

Toutes les illustrations de l'ouvrage ont été revues, examinées en détail et, si nécessaire, modifiées afin qu'elles soient plus claires et que leur présentation ait un caractère uniforme. Dans la représentation des structures, on s'est efforcé de garder les mêmes formes et, quand c'était possible, les mêmes couleurs tout au long des chapitres. Par ailleurs, de nombreuses figures ont été simplifiées. Cette sobriété dans les détails permet à l'étudiant de saisir plus facilement le message principal. Des schémas introduisent chaque chapitre en fournissant au lecteur une vue d'ensemble des informations à venir. Chaque fois que c'était possible, afin de coupler les modèles à la réalité, nous avons juxtaposé dessins et documents expérimentaux comme par exemple des microphotographies.

Compléments

Un site Web en langue anglaise pour les étudiants www.whfreeman.com/lodish est accessible sans mot de passe. Il présente une cinquantaine de vidéos montrant des processus cellulaires qui peuvent être visualisés étape par étape ou sous forme continue. Ces prises de vue proviennent de laboratoires internationaux réputés.

► Schéma général introduisant chaque chapitre

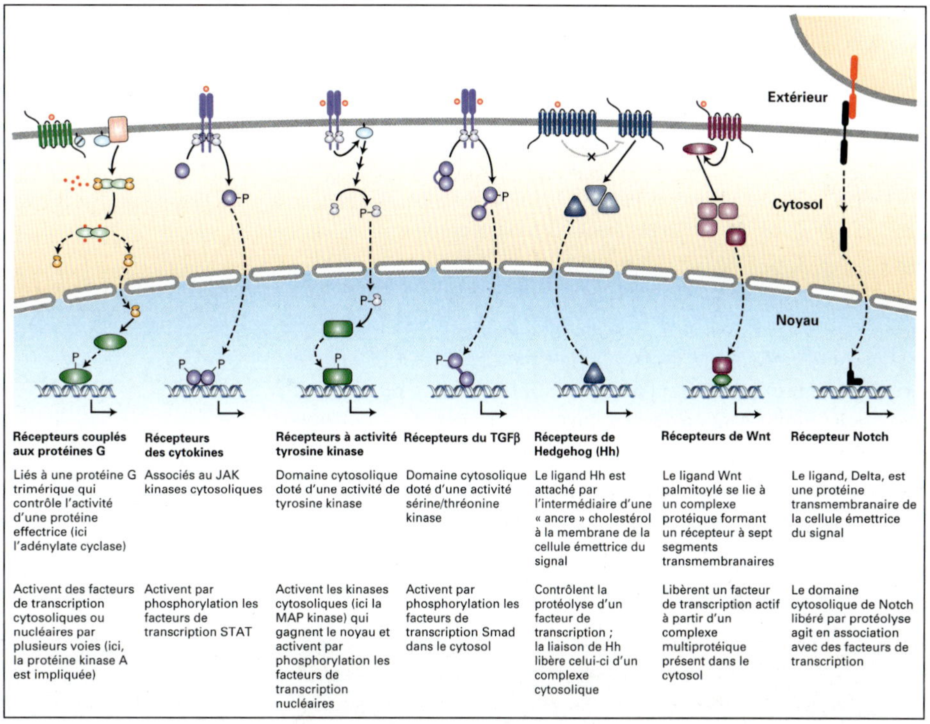

Figure 13-1

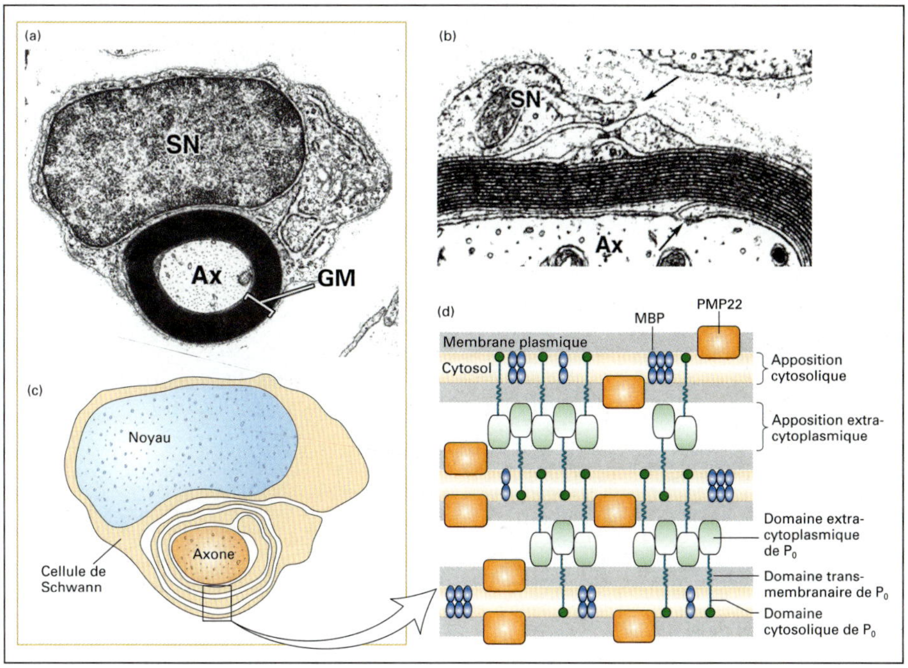

◄ Dessins couplés aux documents expérimentaux

Figure 7-39

SOMMAIRE

TABLE DES MATIÈRES

II Organisation cellulaire et biochimie

5 Les biomembranes et l'architecture de la cellule

1

LA VIE COMMENCE DÈS LE STADE DE LA CELLULE

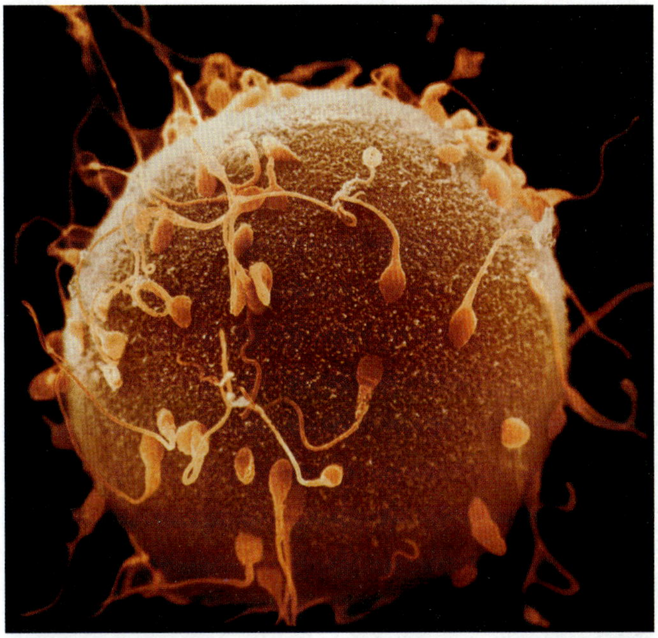

Une cellule d'environ 200 micromètres (μm) de diamètre, l'ovule humain entouré de spermatozoïdes qui sont aussi des cellules uniques. De l'union d'un ovule et d'un spermatozoïde naîtront les 10 milliers de milliards de cellules du corps humain.
[Photo Researchers, Inc.]

Comme nous, les cellules du corps humain peuvent grandir, se reproduire, traiter des informations, répondre à des stimulus et exécuter un nombre extraordinaire de réactions chimiques. Ces capacités définissent la vie. Certains organismes pluricellulaires tels que les êtres humains contiennent des milliards voire des milliers de milliards de cellules organisées en structures complexes ; d'autres existent sous forme monocellulaire. Même ces organismes simples présentent toutes les caractéristiques de la matière vivante, ce qui indique que la cellule est l'unité fondamentale de la vie. L'entrée dans le vingt-et-unième siècle se traduit par une explosion de données nouvelles sur les composants et structures cellulaires, la façon dont les cellules entrent en contact et s'influencent mutuellement. Il nous reste malgré tout beaucoup de choses à apprendre, notamment sur le mode de transmission de l'information par les cellules et la manière dont celles-ci décident de la façon la plus appropriée d'y répondre.

La biologie moléculaire de la cellule est une science riche, qui englobe à la fois la biochimie, la biophysique, la biologie moléculaire, la microscopie, la génétique, la physiologie, l'informatique et la biologie du développement. Chacun de ces domaines a des priorités et un style d'expérimentation qui lui sont propres. Dans les chapitres qui suivent, nous décrirons les fondements et l'approche expérimentale issus de toutes ces spécialités qui permettent d'écrire progressivement l'histoire complexe de la naissance, de la vie et de la mort des cellules. Nous aborderons dans ce chapitre introductif la diversité des cellules, leurs constituants élémentaires et leurs fonctions essentielles. Nous considérerons également les renseignements fournis par ces façons différentes d'étudier les cellules.

1.1 Les points communs et les différences entre les cellules

Les cellules existent sous une variété extraordinaire de tailles et de formes (Figure 1-1). Certaines se déplacent très vite et présentent des structures qui changent rapidement, comme on peut en voir dans les films sur les amibes et les rotifères. D'autres sont presque immobiles et leur structure reste constante. L'oxygène tue certaines cellules alors qu'il est vital pour d'autres. La plupart des cellules des organismes pluricellulaires sont en relation étroite les unes avec les autres. Bien que certains organismes unicellulaires vivent isolés, d'autres forment des colonies ou collaborent étroitement avec d'autres types d'organismes, telles les bactéries qui aident les plantes à extraire l'azote de l'air ou celles qui vivent dans nos intestins et facilitent la digestion. En dépit de nombreuses variations, toutes les cellules présentent certaines caractéristiques structurales communes et réalisent de nombreux processus

SECTIONS

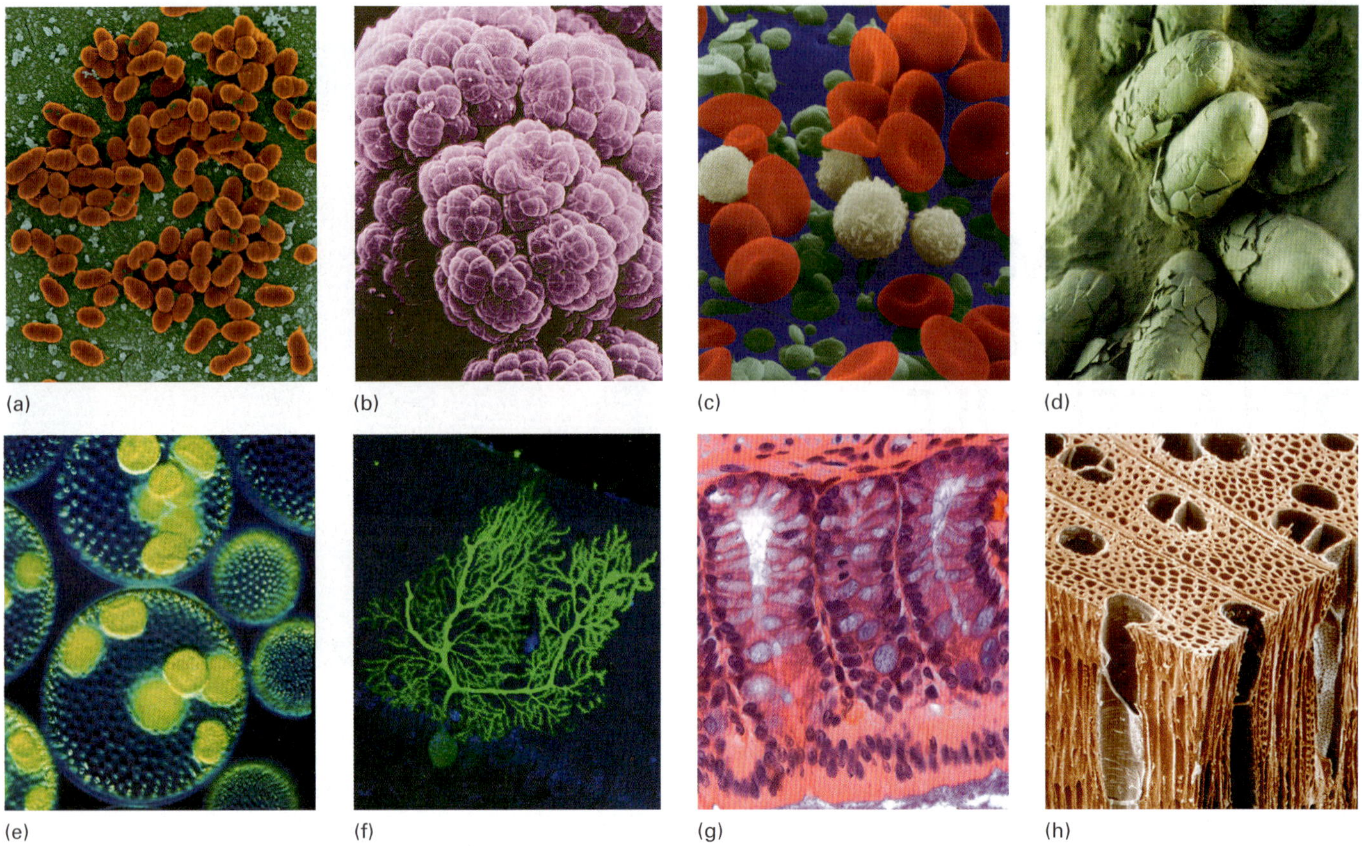

FIGURE 1-1 Il existe des cellules de tailles et de formes extrêmement variées. Ces photographies présentent une partie de la diversité morphologique des cellules. En plus de leurs caractères morphologiques, les cellules diffèrent par leurs capacités de déplacement, leur organisation interne (cellules procaryotes ou eucaryotes) et leurs activités métaboliques. (a) Eubactéries ; remarquez les cellules en cours de division. Il s'agit de bactéries *Lactococcus lactis*, qui sont utilisées pour produire des fromages tels que le Roquefort, le Brie et le Camembert. (b) Un amas d'archaebactéries (*Methanosarcina*) qui produisent leur énergie en convertissant du dioxyde de carbone et de l'hydrogène en méthane. Certaines espèces présentes dans la panse des ruminants produisent plus de 150 litres de méthane par jour. (c) Des cellules sanguines colorées artificiellement. Les globules rouges sont des érythrocytes qui transportent l'oxygène, les globules blancs (leucocytes) appartiennent au système immunitaire et combattent les infections et les cellules colorées en vert sont des plaquettes sanguines qui fabriquent des substances permettant la coagulation du sang au niveau des blessures. (d) De grosses cellules individuelles : des œufs fossilisés de dinosaure. (e) Une algue verte unicellulaire qui forme des colonies, *Volvox aureus*. Les grosses sphères sont constituées de nombreuses cellules individuelles, visibles sous la forme de points bleus ou verts. Les masses jaunes à l'intérieur sont des colonies filles, constituées chacune de nombreuses cellules. (f) Un neurone de Purkinje dans le cervelet, capable d'établir plus d'une centaine de milliers de connexions avec d'autres cellules par le biais d'un réseau ramifié de dendrites. La cellule a été rendue visible grâce à l'introduction d'une protéine fluorescente ; le corps cellulaire est le renflement en bas. (g) Les cellules peuvent former un feuillet épithélial, comme dans la coupe d'intestin présentée ici. Chaque colonne de cellules en forme de doigt (villosité) contient de nombreuses cellules assemblées en un feuillet continu. Les nutriments sont transférés des aliments digérés vers le sang au travers du feuillet épithélial, pour être transportés vers les autres parties du corps. De nouvelles cellules sont formées en permanence à la base des villosités et les anciennes cellules sont supprimées à partir du haut. (h) Les cellules végétales sont maintenues fermement en place dans les plantes vasculaires grâce à un squelette rigide de cellulose. Les espaces entre les cellules sont organisés en tubes pour le transport de l'eau et de la nourriture. [Partie (a) Gary Gaugler/Photo Researchers, Inc. Partie (b) Ralph Robinson/Visuals Unlimited, Inc. Partie (c) NIH/Photo Researchers, Inc. Partie (d) John D. Cunningham/Visuals Unlimited, Inc. Partie (e) Carolina Biological/Visuals Unlimited, Inc. Partie (f) Helen M. Blau, Université de Stanford. Partie (g) Jeff Gordon, Washington University School of Medicine. Partie (h) Richard Kessel et C. Shih/Visuals Unlimited, Inc.]

compliqués d'une manière voisine. À mesure que nous parcourrons l'histoire des cellules dans ce livre, nous nous intéresserons à l'origine moléculaire des différences aussi bien que des similitudes de structure et de fonction des diverses cellules.

Les cellules sont soit procaryotes, soit eucaryotes

L'univers de la biologie se compose de deux types de cellules : les cellules procaryotes et les cellules eucaryotes. Les cellules procaryotes sont constituées d'un compartiment unique entouré d'une **membrane plasmique**, ne possèdent pas de **noyau** bien défini et ont une organisation interne simple (Figure 1-2a). Tous les **procaryotes** sont formés de cellules de ce type. Les bactéries, les procaryotes les plus nombreux, sont des organismes constitués d'une seule cellule ; les cyanobactéries, ou algues bleues, peuvent être unicellulaires ou former des chaînes filamenteuses de cellules. Bien que les cellules bactériennes ne possèdent pas de compartiments délimités par des membranes, de nombreuses protéines ont une position précise dans le milieu liquide intérieur, le **cytosol**, ce qui traduit l'existence d'une organisation interne. Une bactérie

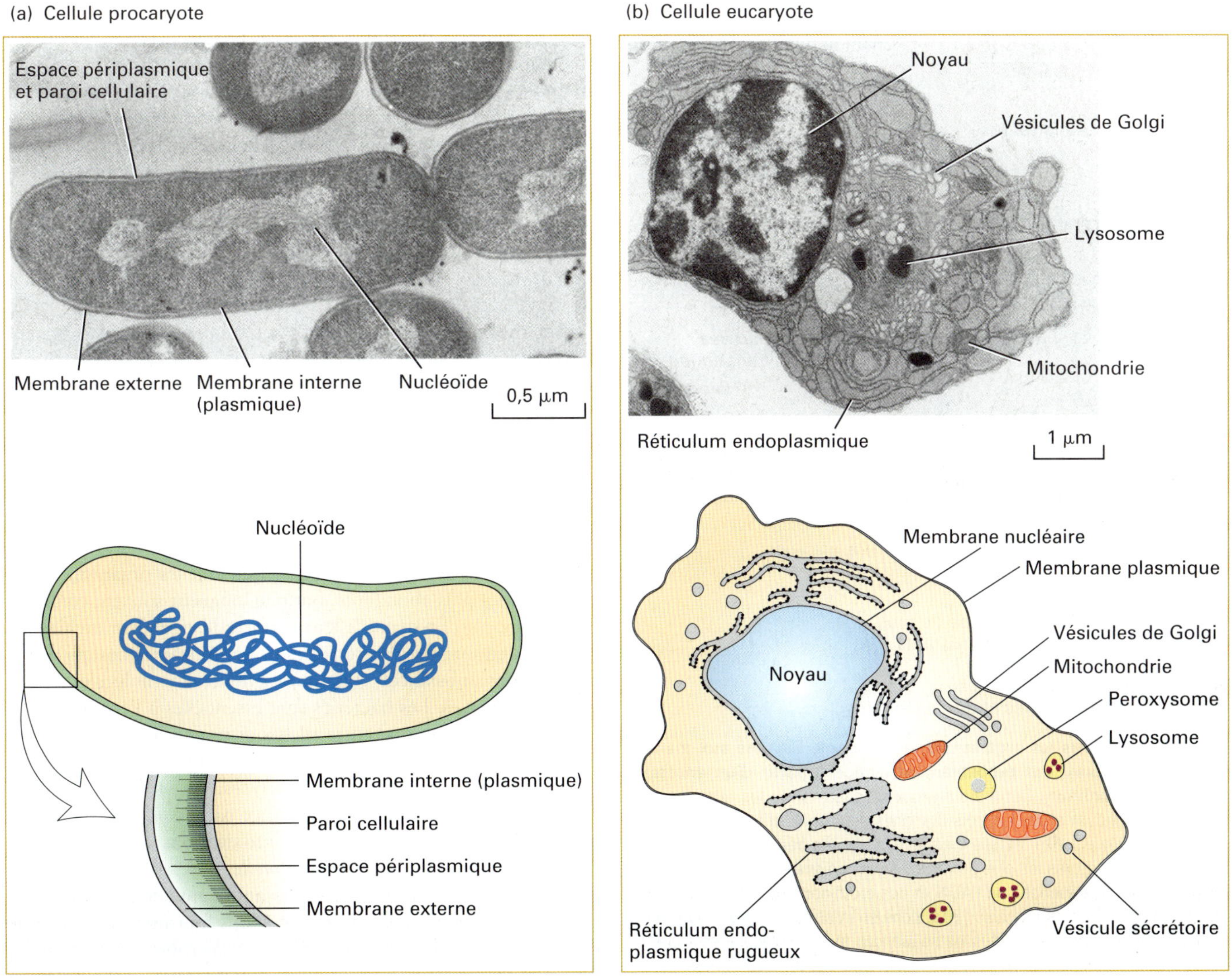

FIGURE 1-2 Les cellules procaryotes possèdent une organisation interne plus simple que les cellules eucaryotes. (a) Micrographie électronique d'une coupe fine d'*Escherichia coli*, une bactérie intestinale courante. Le nucléoïde, constitué d'ADN bactérien, n'est pas délimité par une membrane. *E. coli* et d'autres bactéries sont entourées de deux membranes séparées par un espace périplasmique. La fine paroi cellulaire est adjacente à la membrane interne. (b) Micrographie électronique d'un plasmocyte, un type de globule blanc qui sécrète des anticorps. Une seule membrane (la membrane plasmique) entoure la cellule, mais l'intérieur contient de nombreux compartiments délimités par une membrane, les organites. La caractéristique qui définit les cellules eucaryotes est le maintien de l'ADN cellulaire au cœur d'un noyau défini, délimité par une double membrane. La membrane nucléaire externe est continue du réticulum endoplasmique rugueux, une usine d'assemblage des protéines. Les vésicules de Golgi font subir une maturation aux protéines et les modifient, les mitochondries produisent de l'énergie, les lysosomes digèrent les matériaux cellulaires pour les recycler, les peroxysomes modifient les molécules à l'aide d'oxygène et les vésicules sécrétoires transportent de nombreux matériaux cellulaires à la surface de la cellule afin de les sécréter. [Partie (a) aimablement communiquée par D. J. Burdett et R. G. E. Murray. Partie (b) de P. C. Cross et K. L. Mercer, 1993, *Cell and Tissue Ultrastructure : A Functional Perspective*, W. H. Freeman and Company.]

d'*Escherichia coli* a une masse sèche voisine de 25 x 10^{-14} g. Les bactéries représentent environ 1 à 1,5 kg de la masse humaine. Leur nombre sur terre est estimé à 5 x 10^{30}, ce qui correspondrait à un total de 10^{12} kg. On a trouvé des cellules procaryotes à plus de 11 000 m au fond des océans et jusqu'à 65 000 mètres dans l'atmosphère. Elles ont une faculté d'adaptation remarquable ! Il y a presque autant de carbone stocké dans les bactéries que de carbone en réserve dans les plantes.

Les cellules eucaryotes, au contraire des cellules procaryotes, possèdent un noyau entouré d'une membrane ainsi que de nombreuses membranes internes délimitant d'autres compartiments, les **organites** (Figure 1-2b). La région de la cellule comprise entre la membrane plasmique et le noyau s'appelle le **cytoplasme** ; elle contient à la fois le cytosol (la phase aqueuse) et les organites. Les **eucaryotes** englobent tous les membres des royaumes végétal et animal, y compris les champignons, qui existent à la fois sous forme pluricellulaire (moisissures) et sous forme unicellulaire (levures), ainsi que les protozoaires (*prôtos*, primitif ; *zôon*, animal en grec), qui sont exclusivement unicellulaires. Le diamètre moyen des cellules eucaryotes est de 10 à 100 μm. Il est

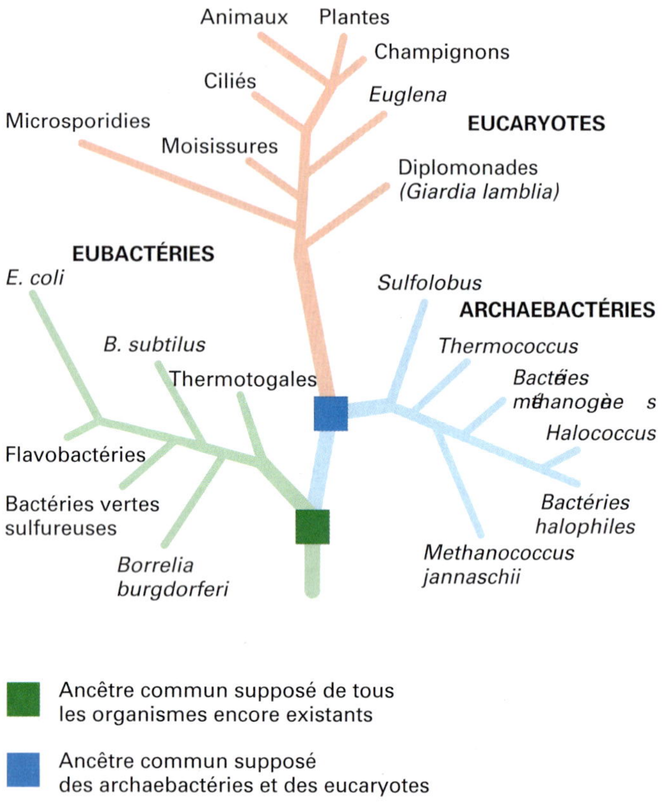

FIGURE 1-3 Tous les organismes, de la simple bactérie aux mammifères complexes, ont probablement évolué à partir d'un ancêtre unicellulaire commun. Cet arbre phylogénétique montre les relations au cours de l'évolution entre les trois branches principales d'organismes. La structure de cet arbre fut établie initialement d'après des critères morphologiques : les créatures les plus semblables sont voisines dans l'arbre. Plus récemment, les séquences de l'ADN et des protéines ont été examinées, offrant un critère de comparaison plus riche en informations pour déterminer les relations existantes. Plus les séquences macromoléculaires se ressemblent, plus on suppose que les organismes sont apparentés. Les arbres basés sur des comparaisons morphologiques et les données fossiles ressemblent généralement assez aux arbres établis d'après des données moléculaires. Bien que les organismes des lignées des eubactéries et des archaebactéries soient procaryotes, les archaebactéries ressemblent davantage aux eucaryotes qu'aux eubactéries (bactéries « véritables ») selon certains critères. Par exemple, les génomes des eucaryotes et des archaebactéries codent des protéines histones homologues, qui s'associent à l'ADN ; à l'inverse, les bactéries ne possèdent pas d'histones. De même l'ARN et les protéines contenus dans les ribosomes des archaebactéries ressemblent davantage à ceux présents chez les eucaryotes qu'à ceux des bactéries.

généralement supérieur à celui des bactéries. Un fibroblaste humain type, qui est une cellule du tissu conjonctif, peut avoir un diamètre de 15 μm, avec un volume et une masse sèche plusieurs milliers de fois supérieurs à ceux d'une cellule de la bactérie *E. coli*. Une amibe — un protozoaire unicellulaire — peut être long de plus de 0,5 mm. Un œuf d'autruche, qui est à l'origine une cellule unique, est encore plus gros.

On pense que toutes les cellules ont évolué à partir d'un ancêtre commun car leurs structures et les molécules qui les composent présentent de fortes ressemblances. Ces dernières années, une analyse détaillée des séquences d'ADN de nombreux organismes procaryotes a montré deux types distincts : les bactéries « véritables » ou **eubactéries** et les **archaebactéries.** En supposant que les organismes dont les gènes se ressemblent le plus ont un ancêtre commun plus récent que ceux dont les gènes diffèrent davantage, les chercheurs ont élaboré l'arbre phylogénétique présenté dans la Figure 1-3. D'après cet arbre, les archaebactéries et les eucaryotes ont divergé des eubactéries puis se sont séparés.

De nombreuses archaebactéries se développent dans des environnements inhabituels, souvent extrêmes qui pourraient ressembler aux conditions ayant régné sur terre lors de l'apparition de la vie. Par exemple, les bactéries halophiles (« qui aiment le sel ») ont besoin de concentrations salines élevées pour survivre et les bactéries thermoacidophiles (« qui aiment la chaleur et l'acide ») vivent dans des sources sulfureuses chaudes (80°C) dans lesquelles un pH inférieur à 2 est courant. D'autres archaebactéries vivent dans des milieux sans oxygène et produisent du méthane (CH_4) en combinant de l'eau et du dioxyde de carbone.

Les organismes unicellulaires nous sont tantôt favorables, tantôt défavorables

Les bactéries et les archaebactéries, qui sont les organismes unicellulaires les plus abondants, ont une longueur souvent comprise entre 1 et 2 μm. En dépit de leur petite taille et de leur architecture simple, ce sont de remarquables usines biochimiques qui transforment des substances chimiques simples en molécules biologiques complexes. Les bactéries sont essentielles à l'écologie de la planète, mais certaines d'entre elles sont responsables de maladies graves : la peste bubonique transmise par *Yersinia pestis*, l'infection de la gorge par *Streptomyces*, la tuberculose par *Mycobacterium tuberculosis*, l'anthrax par *Bacillus anthracis*, le choléra par *Vibrio cholerae* et les intoxications alimentaires par certains types d'*E. coli* ou de *Salmonella*.

Les humains sont des réservoirs ambulants de bactéries, tout comme les végétaux et les animaux. Nous fournissons le gîte et le couvert à un nombre gigantesque de « microbes », qui sont les plus abondants dans nos intestins. Les bactéries nous aident à digérer notre nourriture et peuvent en retour se reproduire. Une bactérie intestinale courante, *E. coli*, est également l'un de nos organismes expérimentaux préférés. En réponse aux signaux émis par des bactéries telles qu'*E. coli*, les cellules intestinales adoptent des formes appropriées à la survie de ces procaryotes, ce qui facilite également notre digestion. À l'inverse, mises en contact avec des cellules intestinales, les propriétés des bactéries changent afin de participer plus efficacement à la digestion. De telles communications et réponses sont courantes entre cellules.

La réciprocité normale et saine entre humains et cellules est parfois bafouée par l'une ou l'autre partie. Lorsque les bactéries commencent à se développer en des endroits dangereux pour nous (par exemple dans le système sanguin ou au niveau d'une blessure), les cellules de notre système immunitaire attaquent les intruses en les neutralisant ou en les détruisant. De puissants médicaments antibiotiques qui empoisonnent de façon sélective les cellules procaryotes assurent une aide efficace à nos réponses immunitaires, assez longues à se mettre en place. Comprendre la biologie moléculaire des cellules bactériennes nous permet de savoir de quelle façon les bactéries sont empoisonnées par des antibiotiques, comment elles acquièrent une résistance à leur encontre et quels processus ou structures présents chez les bactéries mais absents des

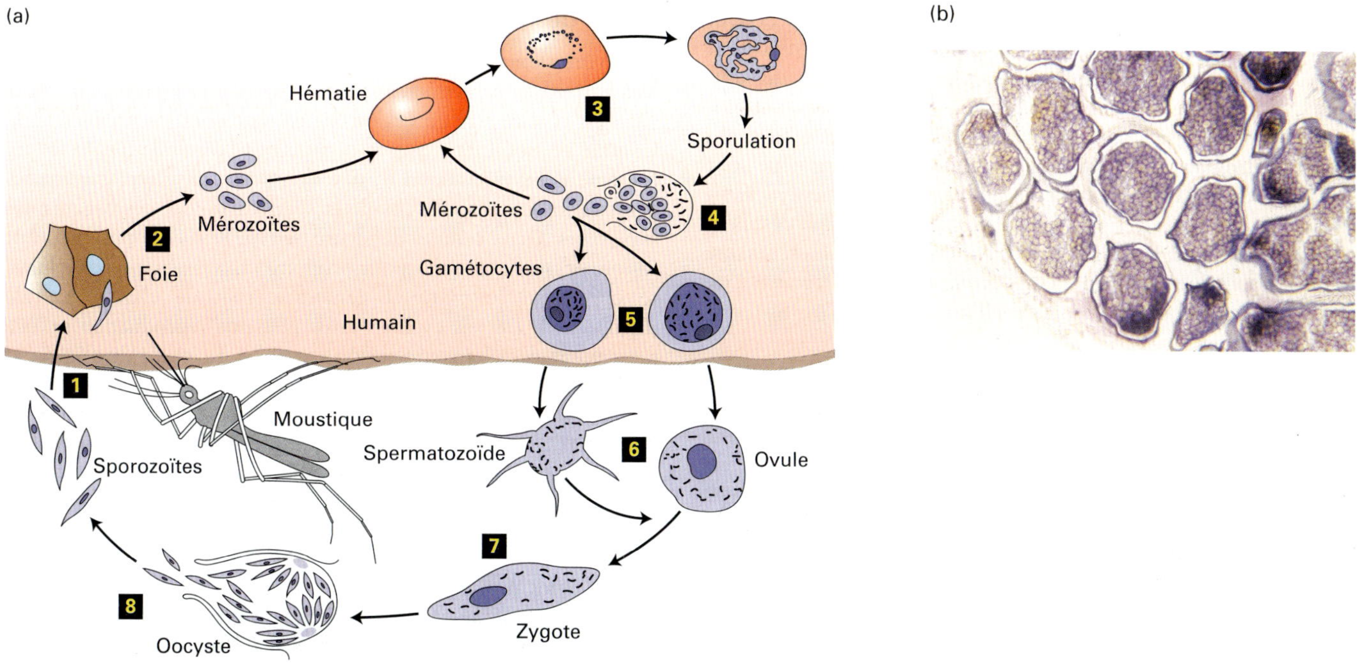

FIGURE 1-4 Les *Plasmodium*, les parasites responsables de la malaria, sont des protozoaires unicellulaires dont le cycle vital est remarquable. On connaît de nombreuses espèces de *Plasmodium* qui peuvent infecter différents animaux, passant cycliquement des insectes aux vertébrés. Les quatre espèces responsables de la malaria chez l'homme subissent plusieurs transformations importantes chez les humains et insectes hôtes. (a) Schéma du cycle vital. Des sporozoïtes pénètrent dans un hôte humain lorsqu'un moustique *Anopheles* (anophèle) infecté pique une personne. **1**. Ils migrent vers le foie où ils se développent en mérozoïtes, qui sont libérés dans le sang. **2**. Les mérozoïtes diffèrent nettement des sporozoïtes ; cette transformation est donc une métamorphose (du grec « se transformer » ou « nombreuses formes »). Les mérozoïtes en circulation envahissent les globules rouges (hématies) et s'y reproduisent. **3**. Les protéines produites par certaines espèces de *Plasmodium* migrent vers la surface des hématies infectées, provoquant l'adhérence des cellules aux parois des vaisseaux sanguins. Ceci empêche les hématies infectées de circuler vers la rate où des cellules immunitaires les détruiraient en même temps que les *Plasmodium* qu'elles abritent. Après s'être développés et reproduits dans les hématies pendant une durée caractéristique de chaque espèce de *Plasmodium*, les mérozoïtes éclatent brusquement de façon synchronisée à partir d'un grand nombre de cellules infectées. **4**. C'est l'événement qui déclenche la fièvre et les claquements de dents caractéristiques de la malaria. Certains des mérozoïtes libérés infectent d'autres hématies, créant ainsi un cycle de production et d'infection. Pour finir, certains mérozoïtes se développent en gamétocytes mâles et femelles. **5**. Une autre métamorphose. Ces cellules qui contiennent la moitié du nombre habituel de chromosomes ne peuvent survivre sans être transférées dans du sang vers un moustique *Anopheles*. Dans l'estomac du moustique, les gamétocytes sont transformés en spermatozoïdes ou en ovules (gamètes), une nouvelle métamorphose marquée par le développement d'un long flagelle chez les spermatozoïdes. **6**. La fusion des spermatozoïdes et des ovules produit des zygotes. **7**. Ceux-ci s'implantent dans les cellules de la paroi de l'estomac et se développent en oocystes, qui sont essentiellement des usines produisant des sporozoïtes. La rupture d'un oocyste libère des milliers de sporozoïtes. **8**. Ils migrent alors vers les glandes salivaires, établissant un lieu d'infection pour un autre hôte humain. (b) Une micrographie électronique à balayage d'oocystes matures et de sporozoïtes émergents. Les oocystes s'appuient sur la surface externe des cellules de la paroi de l'estomac et sont entourés d'une membrane qui les protège du système immunitaire de l'hôte. [Partie (b) aimablement communiquée par R. E. Sinden.]

cellules humaines peuvent être pris pour cibles par de nouveaux médicaments.

Comme les bactéries, les protozoaires sont généralement des membres bénéfiques de la chaîne alimentaire. Ils jouent un rôle prépondérant dans la fertilité du sol en contrôlant les populations bactériennes et en rejetant des substances azotées ou phosphatées et sont des acteurs clés du traitement des déchets, à la fois naturel et artificiel. Ces eucaryotes unicellulaires sont également essentiels aux écosystèmes marins car ils consomment de grandes quantités de phytoplancton et abritent des algues photosynthétiques, qui utilisent la lumière pour produire des formes d'énergie biologiquement utiles ainsi que de petites molécules de combustibles.

Toutefois, certains protozoaires nous sont défavorables, comme *Entamoeba histolytica* qui provoque la dysenterie, *Trichomonas vaginalis* responsable de vaginite et *Trypanosoma brucei* à l'origine de la maladie du sommeil. Chaque année, le plus nocif des protozoaires, *Plasmodium falciparum* et les espèces apparentées sont responsables de plus de 300 millions de nouveaux cas de malaria, une maladie qui fait de 1,5 à 3 millions de morts par an. Ces protozoaires colonisent tour à tour les mammifères et les moustiques, modifiant leur morphologie et leur comportement en réponse aux signaux de chacun de ces environnements. Ils reconnaissent également les récepteurs de surface des cellules qu'ils infectent. Le cycle vital complexe de *Plasmodium* illustre de façon dramatique la façon dont une cellule unique peut s'adapter à chaque nouvelle épreuve qu'elle rencontre (Figure 1-4). Toutes les transformations du type cellulaire au cours du cycle vital de *Plasmodium* sont régies par les instructions codées dans le matériel génétique de ce parasite et déclenchées par les signaux transmis par l'environnement.

L'autre groupe d'eucaryotes unicellulaires, les levures, présente également des points positifs et négatifs, comme leurs cousines pluricellulaires, les moisissures. Les levures et les moisissures dont l'ensemble constitue les champignons, jouent un rôle important dans l'écologie en dégradant les restes des végétaux et des animaux morts. Elles fournissent également de nombreux antibiotiques et sont utilisées dans la fabrication du pain, de la bière, du vin et du fromage. Les maladies dues aux champignons ne sont pas aussi réjouissantes. Cela va des maladies relativement inoffensives telles que des infections de la peau, comme l'eczéma des sportifs ou les mycoses, jusqu'aux maladies parfois mortelles telles que la pneumonie due à *Pneumocystis carinii*, une cause fréquente de décès chez les malades porteurs du HIV.

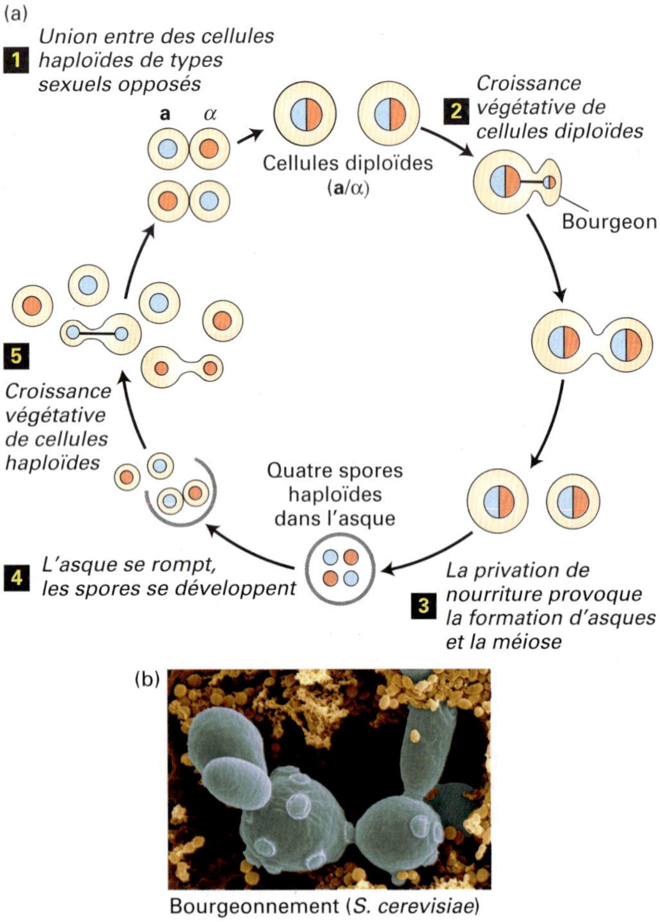

FIGURE 1-5 La levure *Saccharomyces cerevisiae* se reproduit de façon sexuée et asexuée. (a) Deux cellules de types sexuels différents, appelés **a** et α, peuvent fusionner pour former une cellule **a**/α. **1**. Les cellules **a** et α sont haploïdes, ce qui signifie qu'elles contiennent un seule copie de chaque chromosome de levure, soit la moitié du nombre habituel. Leur union donne une cellule diploïde **a**/α contenant deux copies de chaque chromosome. Au cours de la croissance végétative, les cellules diploïdes se multiplient par bourgeonnement mitotique, un processus asexué. **2**. En cas de privation de nourriture, les cellules diploïdes subissent une méiose, un type particulier de division cellulaire, pour former des ascospores haploïdes. **3**. La rupture d'un asque libère quatre spores haploïdes, qui peuvent se développer en cellules haploïdes. **4**. Elles peuvent également se multiplier de façon asexuée. **5**. (b) Une micrographie électronique à balayage de cellules de levure en train de bourgeonner. La libération de chaque bourgeon laisse une cicatrice au niveau du site de bourgeonnement, ce qui permet de compter le nombre de bourgeons déjà formés. Les cellules orange sont des bactéries. [Partie (b) M. Abbey/Visuals Unlimited, Inc.]

Même des cellules isolées peuvent avoir un sexe

La levure commune utilisée pour fabriquer le pain et la bière, *Saccharomyces cerevisiae*, apparaîtra très souvent dans ce livre car elle s'est révélée être un organisme expérimental de premier plan. Comme de nombreux autres organismes unicellulaires, la levure présente deux types sexuels, que l'on peut considérer comme les gamètes mâle et femelle (ovule et spermatozoïde) des organismes supérieurs. Deux cellules de levure de type sexuel opposé peuvent fusionner ou s'accoupler pour produire un troisième type cellulaire contenant le matériel génétique issu de chaque cellule (Figure 1-5). De tels cycles vitaux avec une reproduction sexuée permettent des changements plus rapides du point de vue de la transmission génétique qu'une reproduction asexuée, ce qui aboutit à des adaptations bénéfiques tout en éliminant rapidement les mutations préjudiciables. C'est pourquoi, et pas seulement à Hollywood, le sexe est si omniprésent.

Les virus sont les parasites les plus élaborés

Les maladies provoquées par des virus sont nombreuses et nous sont bien trop familières : la varicelle, la grippe, certains types de pneumonie, la polio, la rougeole, la rage, l'hépatite, le rhume banal et bien d'autres encore. La variole, un fléau universel autrefois, fut éradiquée grâce à un effort mondial d'immunisation durant dix ans, qui débuta au milieu des années 1960. Les infections virales chez les végétaux (comme le virus de la mosaïque nanisante du maïs) ont un impact économique important sur la production des céréales. La culture de variétés résistantes aux virus, mises au point par les techniques traditionnelles de sélection ou bien grâce aux techniques plus récentes du génie génétique, peuvent réduire de façon significative les pertes dans les cultures. La plupart des virus présentent une gamme d'hôtes assez limitée, infectant des animaux, bactéries ou plantes particuliers (Figure 1-6).

Puisque les virus ne peuvent ni se développer ni se reproduire sans aide, ils ne sont pas considérés comme des organismes vivants. Pour survivre, un virus doit infecter une cellule hôte et détourner la machinerie interne de celle-ci afin de faire synthétiser ses propres protéines et dans certains cas, répliquer son matériel génétique. Lorsque des virus qui viennent d'être fabriqués sont libérés, le cycle viral recommence. Les virus sont bien plus petits que les cellules, et leur diamètre est de l'ordre de 100 nanomètres (nm). Par comparaison, les cellules bactériennes ont généralement un diamètre supérieur à 1000 nm (1 nm = 10^{-9} mètres). Un virus type est constitué d'une enveloppe protéique délimitant une partie centrale qui contient le matériel génétique. Celui-ci abrite les informations qui permettent de produire davantage de virus (Chapitre 4). L'enveloppe protège le virus de son environnement et lui permet de s'accoler ou même de pénétrer dans des cellules hôtes spécifiques. Chez certains virus, l'enveloppe protéique est entourée d'une enveloppe externe qui ressemble à une membrane.

La capacité des virus à transporter leur matériel génétique dans les cellules et les tissus représente à la fois une menace et une opportunité d'un point de vue médical. Les infections virales peuvent être particulièrement destructrices, entraînant la rupture des cellules et la désagrégation des tissus. Toutefois, de nombreuses techniques de manipulation des cellules reposent sur le transfert de matériel génétique dans les cellules par les virus. Pour cela, la partie potentiellement dangereuse du matériel génétique est remplacée par une autre sorte de matériel génétique, y compris des gènes

(a) Bactériophage T4

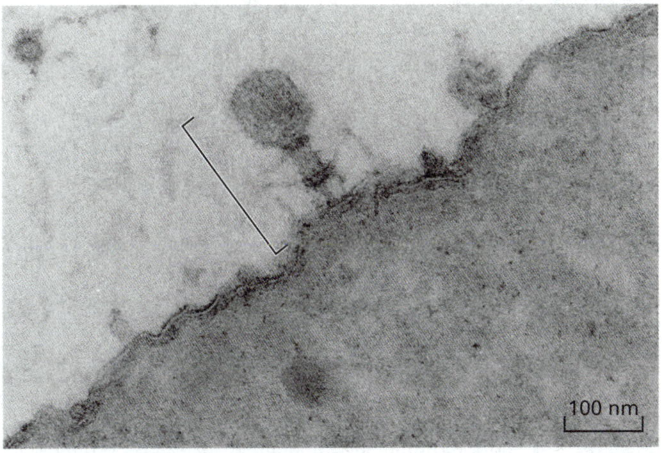

(b) Virus de la mosaïque du tabac

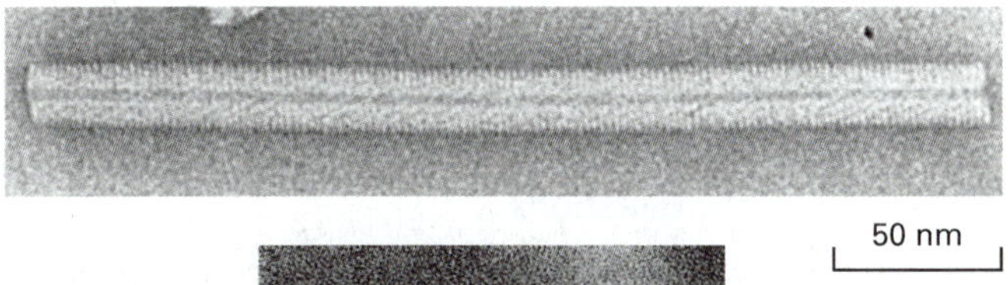

(c) Adénovirus

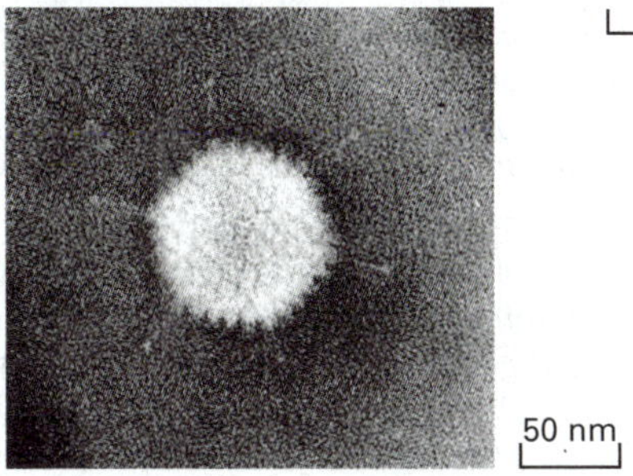

FIGURE 1-6 Les virus doivent infecter une cellule hôte pour croître et se reproduire. Ces micrographies électroniques illustrent une partie de la variété structurale des virus. (a) Le bactériophage T4 (signalé par le crochet) se fixe à une cellule bactérienne par le biais d'une structure en forme de queue. Les virus qui infectent des bactéries sont appelés bactériophages ou simplement phages. (b) Le virus de la mosaïque du tabac provoque l'apparition de taches sur les feuilles des plants de tabac infectés et freine leur croissance. (c) L'adénovirus provoque des infections des yeux et de l'appareil respiratoire chez l'homme. Ce virus possède une enveloppe membranaire externe de laquelle dépassent de longues épines formées de glycoprotéines. [Partie (a) d'après A. Levine, 1991, *Viruses*, Scientific American Library, p. 20. Partie (b) aimablement communiquée par R. C. Valentine. Partie (c) aimablement communiquée par Robley C. Williams, Université de Californie.]

humains. Ces virus modifiés ou **vecteurs**, gardent la capacité de pénétrer dans les cellules en emportant avec eux les gènes insérés (Chapitre 9). Peut-être qu'un jour, les maladies dues à des gènes déficients pourront être traitées à l'aide de vecteurs viraux permettant d'introduire une copie normale du gène défectueux chez les malades. La recherche actuelle s'applique à surmonter les obstacles considérables présentés par cette approche, tels que l'expression des gènes aux bons moments et aux endroits adéquats.

Nous nous développons à partir d'une cellule unique

En 1827, le médecin allemand Karl Von Baer découvrit que les mammifères se développent à partir des ovules produits par l'ovaire maternel. La fécondation d'un ovule par un spermatozoïde forme un **zygote**, qui est une cellule d'aspect banal de 200 μm de diamètre. Chaque être humain commence sa vie sous la forme d'un zygote, qui comporte toutes les instructions nécessaires à la construction d'un corps humain contenant environ 100 000 milliards (10^{14}) de cellules, un destin extraordinaire. Le **développement** commence par la division de l'œuf fécondé en deux, quatre, puis huit cellules, formant l'embryon au stade précoce (Figure 1-7). La poursuite de la prolifération cellulaire puis la **différenciation** en types cellulaires distincts donnent naissance à tous les tissus du corps. Une cellule de départ (le zygote), produit des centaines de sortes différentes de cellules dont le contenu, la forme, la taille, la couleur, la mobilité et la composition de surface diffèrent. Nous verrons dans les Chapitres 15 et 22 de quelle façon les gènes et les signaux contrôlent la diversification des cellules.

Produire les multiples types de cellules, comme les muscles, la peau, les os, les neurones, les cellules sanguines, ne suffit pas à former un corps humain. Les cellules doivent être correctement agencées et organisées en tissus, organes et appendices. Nos deux mains sont constituées des mêmes sortes de cellule ; pourtant, l'arrangement différent de celles-ci (leur symétrie) est essentiel à leur fonction. De plus, de nombreuses cellules présentent des asymétries fonctionnelles et/ou structurales distinctes, une propriété souvent appelée **polarité**. Ces cellules polarisées permettent la formation de tissus eux-mêmes asymétriques et polarisés, tels que le revêtement des intestins ou des structures comme les mains et le cœur. Les caractéristiques qui rendent certaines cellules polarisées

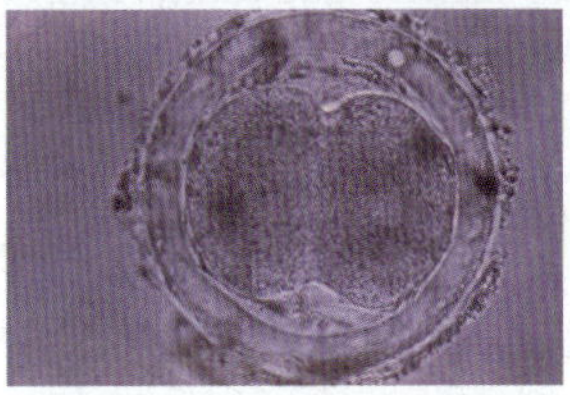

(a)

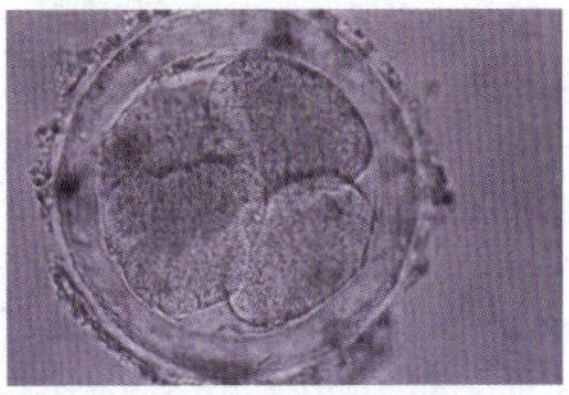

(b)

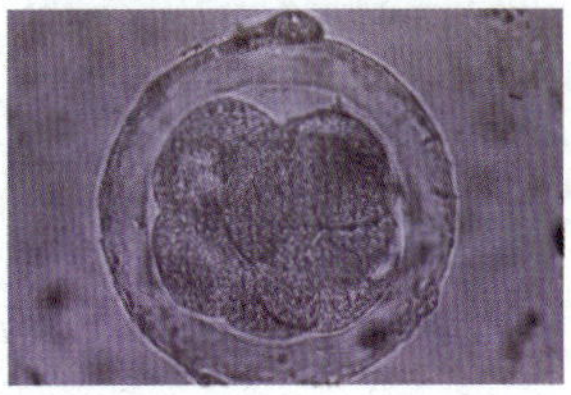

(c)

FIGURE 1-7 Les premières divisions cellulaires d'un œuf fécondé posent les fondations de tout le développement ultérieur. Un embryon de souris en cours de développement est présenté au stade (a) deux cellules, (b) quatre cellules et (c) huit cellules. L'embryon est entouré de membranes. Les étapes correspondantes dans le développement humain se déroulent au cours des premiers jours suivant la fécondation. [Claude Edelmann/Photo Researchers, Inc.]

et la façon dont elles apparaissent seront également traitées dans des chapitres ultérieurs.

Les cellules souches, le clonage et les techniques apparentées offrent des possibilités attirantes mais posent certaines questions

Les vrais jumeaux apparaissent naturellement lorsque la masse de cellules constituant un embryon au stade précoce se divise en deux parties, qui se développent chacune en un animal individuel. Chaque cellule d'un embryon de souris au stade huit cellules est capable de donner naissance à n'importe quelle partie de l'animal. On appelle les cellules qui possèdent cette capacité, des *cellules souches embryonnaires* (*ES* pour *embryonic stem* en anglais). Comme nous l'apprendrons au chapitre 22, les cellules ES peuvent être mises en culture en laboratoire et se développent alors en types distincts, différenciés en fonction des conditions de culture.

La possibilité de créer et de manipuler des embryons de mammifères en laboratoire a offert de nouvelles opportunités à la médecine, tout en posant différents problèmes sociaux et éthiques. La fécondation *in vitro* par exemple, a permis à de nombreux couples stériles d'avoir des enfants. Une technique nouvelle implique l'extraction de noyaux de spermatozoïdes déficients incapables en temps normal de féconder un ovule, l'injection de ces noyaux dans des ovules et l'implantation des œufs ainsi fécondés chez la mère.

Ces dernières années, des noyaux prélevés à partir de cellules d'animaux adultes ont été utilisés pour produire de nouveaux animaux. Au cours de ce protocole, le noyau est extrait d'une cellule du corps (comme une cellule de la peau ou du sang) d'un animal donneur et introduit dans un ovule non fécondé de mammifère dont on avait enlevé le noyau. Cet ovule manipulé qui est l'équivalent d'un œuf fécondé est alors implanté dans l'utérus d'une mère porteuse. La capacité d'un tel noyau de donneur à orchestrer le développement d'un animal complet suggère que toute l'information nécessaire à la vie est contenue dans le noyau de certaines cellules adultes. Puisque toutes les cellules d'un animal créé de cette façon possèdent les gènes de la cellule initiale, le nouvel animal est un **clone** du donneur (Figure 1-8). La répétition de ce processus peut donner lieu à de nombreux clones. Jusqu'ici cependant, la majorité des embryons produits par cette technique de *clonage par transfert nucléaire* ne survivent pas à la naissance. Même les animaux nés vivants présentent des anomalies, dont un vieillissement accéléré. Le bouturage des plantes au contraire est un type de clonage réalisé couramment par les jardiniers, les fermiers et les techniciens de laboratoire.

Les difficultés techniques et les risques possibles du clonage par transfert nucléaire n'ont pas détourné certains individus de l'objectif du clonage humain. Pourtant, le clonage humain présente en lui-même très peu d'intérêt pour la science et la plupart des scientifiques s'y opposent en raison du risque élevé qu'il présente. Ce qui offre un intérêt médical et scientifique plus important est la possibilité de produire des types cellulaires spécifiques à partir de cellules souches embryonnaires ou adultes. Cet intérêt scientifique réside dans la découverte des signaux capables de déclencher l'aptitude de certains gènes à former un type cellulaire donné. L'intérêt médical quant à lui réside dans la possibilité de traiter de nombreuses maladies dans lesquelles certains types cellulaires sont endommagés ou absents, et de réparer les blessures de façon plus efficace.

FIGURE 1-8 Cinq moutons génétiquement identiques obtenus par clonage. Un embryon de mouton à un stade précoce de développement a été divisé en cinq groupes de cellules implantés séparément dans des mères porteuses, un peu comme dans le processus naturel de formation de jumeaux. À un stade précoce de développement, les cellules sont capables de s'adapter et de former un animal complet. Plus tard dans le développement, les cellules deviennent progressivement limitées et cela n'est plus possible. Une autre façon de cloner des animaux consiste à remplacer le noyau de multiples embryons unicellulaires par les noyaux donneurs de cellules provenant d'un mouton adulte. Chaque embryon sera génétiquement identique à l'adulte à partir duquel le noyau a été obtenu. De faibles pourcentages d'embryons survivent à ces procédures pour donner des animaux sains et l'impact véritable de ces techniques sur les animaux n'est pas encore connu. [Geoff Tompkinson/Science Photo Library/Photo Researchers, Inc.]

1.2 Les molécules présentes dans une cellule

Les biologistes moléculaires étudient l'apparition des propriétés remarquables de la cellule à partir d'événements moléculaires : l'assemblage de grosses molécules, la liaison de molécules de grande taille les unes aux autres, les conditions de catalyse favorisant certaines réactions chimiques et la mise en œuvre de l'information portée par des molécules géantes. Nous allons envisager à présent les types moléculaires les plus importants qui constituent les fondations chimiques de la structure et de la fonction des cellules.

De petites molécules transportent l'énergie, transmettent des signaux et s'assemblent en macromolécules

La plus grande partie de la cellule ressemble à une sorte de soupe liquide assaisonnée de petites molécules (comme les sucres simples, les acides aminés et les vitamines) et d'ions (par exemple les ions sodium, chlorure, et calcium). Les positions et les concentrations de ces petites molécules et de ces ions dans la cellule sont contrôlées par de nombreuses protéines intégrées dans les membranes cellulaires. Ces pompes, transporteurs et autres canaux ioniques assurent le passage de quasiment toutes les petites molécules et ions vers l'intérieur ou l'extérieur de la cellule et de ses organites (Chapitre 7).

L'une des petites molécules les mieux connues est l'**adénosine triphosphate** (ATP), qui garde en réserve une énergie chimique facilement accessible dans deux de ses liaisons chimiques (voir Figure 2-24). Lorsque les cellules rompent ces liaisons riches en énergie de l'ATP, l'énergie libérée peut être utilisée pour un processus nécessitant de l'énergie tel que la contraction musculaire ou la biosynthèse des protéines. Pour obtenir l'énergie permettant de fabriquer de l'ATP, les cellules dégradent les molécules de l'alimentation. Par exemple, lorsque les sucres sont dégradés en dioxyde de carbone et en eau, l'énergie stockée dans les liaisons chimiques originelles est libérée et une grande partie peut être « capturée » dans de l'ATP (Chapitre 8). Les cellules bactériennes, végétales et animales peuvent toutes fabriquer de l'ATP par le biais de ce processus. De plus, les plantes et quelques autres organismes sont capables de capter de l'énergie à partir du soleil pour former de l'ATP grâce à la **photosynthèse**.

D'autres petites molécules servent de signal à la fois dans les cellules et entre elles. De tels signaux commandent de nombreuses activités cellulaires (Chapitres 13-15). L'effet puissant provoqué sur notre organisme par un événement effrayant vient de l'afflux instantané d'adrénaline dans notre corps, une **hormone** de petite taille qui déclenche la réponse de fuite ou de lutte. Les mouvements nécessaires à la fuite ou à la lutte sont déclenchés par des impulsions nerveuses qui partent du cerveau et gagnent les muscles par l'intermédiaire de **neurotransmetteurs**, un autre type de signal qui se présente sous la forme de petites molécules et dont nous parlerons au Chapitre 7.

Certaines molécules de petite taille (les **monomères**) présentes dans la soupe cellulaire peuvent s'assembler en **polymères** grâce à la répétition d'un même type de liaison chimique (voir Figure 2-11). Les cellules produisent trois types de grands polymères, appelés couramment **macromolécules** : les polysaccharides, les protéines et les acides nucléiques. Les sucres, par exemple, sont les monomères utilisés pour former les **polysaccharides**. Ces macromolécules sont des composants structuraux essentiels des parois cellulaires des végétaux et des squelettes des insectes. Un polysaccharide se présente généralement sous la forme d'une chaîne linéaire ou ramifiée constituée d'une répétition d'unités sucrées identiques. Une telle chaîne porte une information : le nombre d'unités. Toutefois, si les unités *ne sont pas* identiques, alors l'ordre et le type d'unités fournissent des informations supplémentaires. Comme nous le verrons au Chapitre 6, certains polysaccharides présentent une complexité informationnelle plus importante en raison d'un code linéaire constitué de différentes unités assemblées dans un ordre particulier. Cette propriété, toutefois, est plus caractéristique des deux autres sortes de macromolécules biologiques : les **protéines** et les **acides nucléiques**.

Les protéines sont responsables de la structure des cellules et accomplissent la plupart des tâches cellulaires

Les structures complexes et variées des protéines leur permettent de remplir de nombreuses fonctions. Les cellules assemblent les 20 **acides aminés** différents en une chaîne linéaire pour former une protéine (voir Figure 2-13). La longueur des protéines est généralement comprise entre 100 et 1000 acides aminés mais certaines sont bien plus courtes et d'autres beaucoup plus longues. Nous nous procurons nos acides aminés soit en les synthétisant à partir d'autres molécules, soit en dégradant les protéines que nous mangeons. Les acides aminés « essentiels » d'un point de vue diététique sont les huit que nous sommes incapables de synthétiser et que nous devons obtenir de notre alimentation. L'association des haricots et du maïs fournit les huit, ce qui rend cette combinaison particulièrement nutritive. Une fois la chaîne d'acides aminés formée, elle se replie en une forme complexe, conférant à chaque protéine une structure tridimensionnelle et une fonction propres (Figure 1-9).

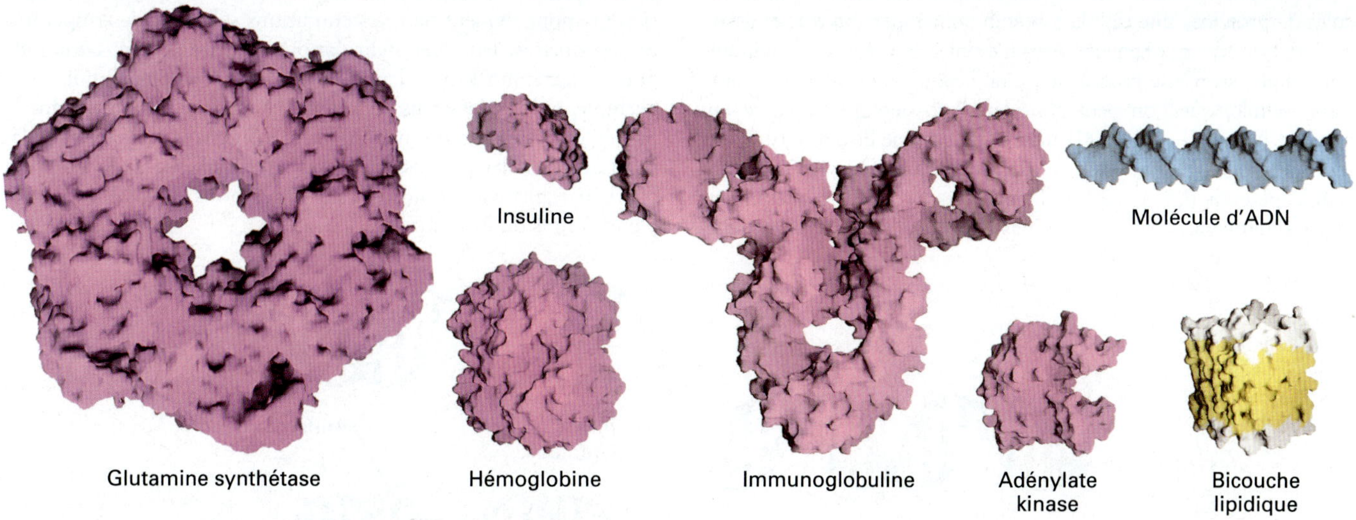

FIGURE 1-9 Les protéines ont des tailles, des formes et des fonctions très variées. Ces modèles de la surface au contact de l'eau de certaines protéines représentatives sont dessinés à la même échelle et révèlent les nombreuses saillies et crevasses à la surface. Chaque protéine a une structure tridimensionnelle (conformation) définie, stabilisée par de nombreuses interactions chimiques décrites aux Chapitres 2 et 3. Parmi les protéines illustrées figurent des enzymes (glutamine synthétase et adénylate kinase), un anticorps (immunoglobuline), une hormone (insuline) et le transporteur de l'oxygène dans le sang (hémoglobine). Les modélisations d'un fragment d'ADN et d'une petite région de la bicouche lipidique qui forme les membranes cellulaires (voir Section 1.3) démontrent la largeur relative de ces structures comparée à celle des protéines types. [Aimablement communiqué par Gareth White.]

Certaines protéines se ressemblent et peuvent donc être considérées comme les membres d'une même **famille de protéines**. Quelques centaines de familles ont été identifiées jusqu'à présent. La plupart des protéines sont conçues pour agir en des endroits précis de la cellule ou pour être libérées dans l'espace extracellulaire (*extra* : « extérieur »). Des réseaux cellulaires élaborés garantissent le transport des protéines aux positions intracellulaires (*intra* : « intérieur ») adéquates ou bien leur sécrétion (Chapitres 16 et 17).

Les protéines peuvent servir de constituants structuraux pour la cellule, par exemple en formant un squelette interne (Chapitres 5, 19 et 20). Elles peuvent jouer le rôle de capteurs si leur forme est modifiée en fonction de la température, des concentrations ioniques ou d'autres changements de la cellule. Elles peuvent importer ou exporter des substances à travers la membrane plasmique (Chapitre 7). Elles peuvent servir d'**enzymes**, en permettant aux réactions chimiques de se dérouler beaucoup plus rapidement qu'en l'absence de ces **catalyseurs** protéiques (Chapitre 3). Elles peuvent se fixer à un gène spécifique, entraînant alors son activation ou son inactivation (Chapitre 11). Elles peuvent servir de signaux extracellulaires en étant libérées à partir d'une cellule pour communiquer avec d'autres cellules, ou bien de signaux intracellulaires, en véhiculant des informations au sein même de la cellule (Chapitres 13-15). Elles peuvent servir de transporteurs pour d'autres molécules, en utilisant pour cela de l'énergie chimique (ATP) (Chapitres 19 et 20).

Comment 20 acides aminés peuvent-ils former les différentes protéines nécessaires pour effectuer des tâches aussi variées ? Cela semble impossible au premier coup d'œil. Mais si une protéine type est longue d'environ 400 acides aminés, il y a 20^{400} séquences protéiques possibles. Même en supposant qu'un grand nombre d'entre elles soient équivalentes fonctionnellement, instables ou non opérationnelles pour d'autres raisons, le nombre possible de protéines tend vers l'infini.

Nous pouvons maintenant nous demander de combien de molécules de protéines une cellule a besoin pour jouer son rôle et assurer son bon fonctionnement. Afin d'estimer ce nombre, imaginons une cellule eucaryote type, telle qu'un hépatocyte (cellule du foie). Cette cellule, que l'on peut considérer grossièrement comme un cube de 15 μm de côté (0,0015 cm) a un volume de 3,4 x 10^{-9} cm^3 (ou millilitres). En supposant une densité cellulaire de 1,03 g/ml, la cellule pèserait 3,5 x 10^{-9} g. Puisque les protéines représentent approximativement 20 % de la masse de la cellule, la masse totale des protéines cellulaires est de 7 x 10^{-10} g. La masse moléculaire moyenne d'une protéine de levure est de 52 700 (g/mol). En supposant cette valeur caractéristique des protéines eucaryotes, nous pouvons estimer le nombre total de molécules de protéines par hépatocyte à environ 7,9 x 10^9 d'après la masse totale des protéines et le nombre d'Avogadro, qui est le nombre de molécules par mole de n'importe quel composé chimique (6,02 x 10^{23}). Pour approfondir ce calcul, considérons qu'un hépatocyte comporte environ 10 000 protéines différentes. Ainsi, une cellule de foie contient en moyenne près d'un million de molécules de chaque type de protéine. En réalité l'abondance relative des différentes protéines est très variable. Cela va des protéines assez rares telles que le récepteur de l'insuline (20 000 molécules) aux protéines abondantes comme l'actine, une protéine structurale (5 x 10^8 molécules).

Les acides nucléiques contiennent l'information codée permettant la fabrication des protéines aux endroits et aux moments adéquats

L'information portant sur la façon, le moment et l'endroit où produire chaque type de protéine est contenue dans le matériel génétique, un polymère appelé **acide désoxyribonucléique (ADN)**. La structure tridimensionnelle de l'ADN consiste en deux longs brins hélicoïdaux enroulés autour d'un axe commun, formant une **double hélice.** Les brins d'ADN sont constitués de monomères appelés **nucléotides.** On les désigne également souvent sous le nom de bases car leurs structures contiennent des bases organiques cycliques (Chapitre 4).

Quatre nucléotides différents, abrégés en A, T, C et G sont liés bout à bout dans un brin d'ADN, les bases se projetant hors du squelette de l'hélice du brin. Chaque double hélice d'ADN présente une construction simple : dès qu'il y a un A dans un brin, il y a un T en face dans l'autre brin, et chaque C est apparié à un G (Figure 1-10). Cet appariement **complémentaire** des deux brins est si fort que si l'on sépare des brins complémentaires, ils se rapparieront spontanément dans les conditions salines et de température appropriées. Une telle **hybridation** est extrêmement commode pour détecter un brin à l'aide de son brin complémentaire. Par exemple, si l'un des brins est purifié et fixé sur du papier, que le papier est trempé dans une solution contenant le brin complémentaire, les deux brins se rapparieront, même si la solution contient également de nombreux autres brins d'ADN non complémentaires du brin initial.

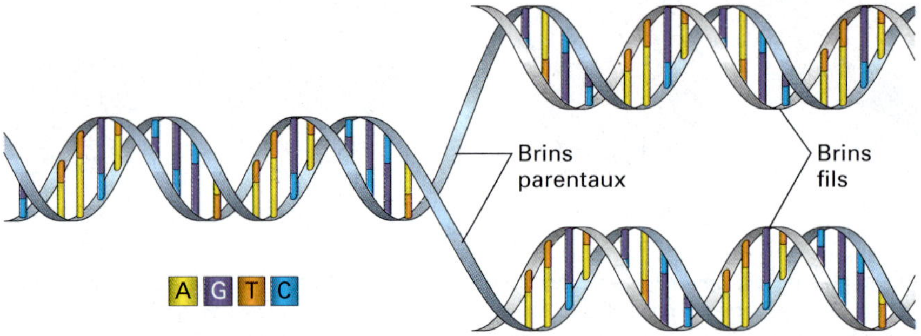

FIGURE 1-10 L'ADN est constitué de deux brins complémentaires enroulés l'un autour de l'autre en une double hélice. (*À gauche*) La double hélice est stabilisée par des liaisons hydrogène faibles entre les bases A et T et entre les bases C et G. (*À droite*) Au cours de la réplication, les deux brins sont déroulés et utilisés comme matrices pour produire les brins complémentaires. Le résultat est la formation de deux copies de la double hélice d'origine, contenant chacune l'un des brins d'origine et un nouveau brin fils (complémentaire).

L'information génétique contenue dans l'ADN réside dans sa séquence, c'est-à-dire l'ordre linéaire des nucléotides le long d'un brin. La fraction de l'ADN qui porte l'information est divisée en unités fonctionnelles discrètes, les **gènes**, qui sont le plus souvent longs de 5000 à 100 000 nucléotides. La plupart des bactéries possèdent quelques milliers de gènes, les humains, environ 40 000. Les gènes qui contiennent les informations destinées à la fabrication des protéines contiennent habituellement deux parties : une *région codante* qui spécifie la séquence d'acides aminés d'une protéine et une *région régulatrice* qui contrôle les moments et les cellules dans lesquelles les protéines sont fabriquées.

Les cellules utilisent deux processus en série pour convertir en protéines l'information codée dans l'ADN (Figure 1-11). Au cours du premier, que l'on appelle la **transcription,** la région codante d'un gène (ADN double brin) est copiée en un **acide ribonucléique** simple brin (**ARN**). Une enzyme de grande taille, l'**ARN polymérase**, catalyse la liaison des nucléotides en une chaîne d'ARN, en se servant de l'ADN comme matrice. Dans les cellules eucaryotes, l'ARN produit initialement subit une maturation en une molécule plus petite, l'**ARN messager** (**ARNm**), qui gagne le cytoplasme. Là, le **ribosome**, une machine moléculaire extrêmement complexe constituée d'ARN et de protéines, exécute le deuxième processus, appelé **traduction.** Au cours de la traduction, le ribosome assemble et relie les uns aux autres les acides aminés dans un ordre précis dicté par la séquence de l'ARNm, en obéissant au **code génétique** quasiment universel. Nous examinerons en détail au Chapitre 4 les composants cellulaires qui participent à la transcription et à la traduction.

Tous les organismes disposent de moyens pour contrôler les moments et les endroits auxquels leurs gènes peuvent être transcrits. Par exemple, presque toutes les cellules de notre corps contiennent la totalité des gènes humains, mais dans chaque type cellulaire, seuls quelques-uns de ces gènes sont actifs ou activés et utilisés pour fabriquer des protéines. C'est pourquoi les cellules du foie synthétisent certaines protéines absentes des cellules des reins et inversement. De plus, de nombreuses cellules sont capables de répondre à des signaux externes ou à des changements des conditions extérieures en activant ou en inactivant des gènes spécifiques, adaptant ainsi leur répertoire de protéines aux besoins du moment. Un tel contrôle de l'activité des gènes dépend de protéines de liaison à l'ADN, que l'on appelle des **facteurs de transcription.** Ces protéines se fixent à l'ADN et jouent le rôle de commutateurs, activant ou réprimant la transcription de certains gènes (Chapitre 11).

La forme des facteurs de transcription est si précise qu'ils sont capables de se fixer préférentiellement aux régions régulatrices de quelques gènes seulement parmi les milliers présents dans l'ADN d'une cellule. En général, une protéine de liaison à l'ADN reconnaît de courtes séquences d'ADN de 6 à 12 paires de bases. Un fragment d'ADN de 10 paires de bases peut avoir 4^{10} séquences possibles (1 048 576) puisque chaque position peut abriter n'importe lequel des quatre nucléotides. Seules quelques copies de cette séquence seront présentes dans l'ADN d'une cellule, garantissant ainsi la spécificité de l'activation et de la répression des gènes. De multiples copies d'un type de facteur de transcription peuvent réguler de façon coordonnée un groupe de gènes, si des sites de liaison pour ces facteurs existent près de chaque gène du groupe. Les facteurs de transcription opèrent souvent sous la forme de complexes multiprotéiques, chaque protéine apportant sa propre spécificité de liaison à l'ADN pour sélectionner les gènes régulés. Chez les organismes complexes, des centaines de facteurs de transcription différents forment un système de contrôle sophistiqué qui active aux bons moments les gènes adéquats dans les cellules adaptées.

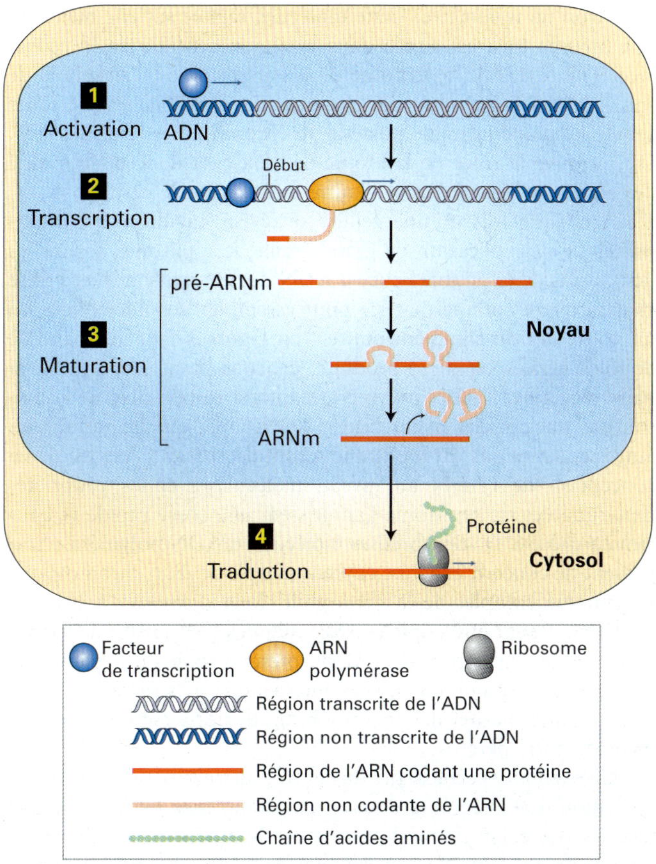

FIGURE 1-11 L'information codée dans l'ADN est convertie en séquences d'acides aminés de protéines à la suite d'un processus comportant de multiples étapes. Étape **1** : Les facteurs de transcription se fixent aux régions régulatrices des gènes spécifiques qu'ils contrôlent et les activent. Étape **2** : Après l'assemblage d'un complexe multiprotéique d'initiation autour de l'ADN, l'ARN polymérase commence la transcription d'un gène activé en un endroit spécifique, le site d'initiation de la transcription. La polymérase se déplace le long de l'ADN en assemblant les nucléotides en un transcrit de pré-ARNm simple-brin, en utilisant les brins d'ADN comme matrice. Étape **3** : Le transcrit subit une maturation au cours de laquelle sont retirées ses séquences non codantes. Étape **4** : Dans une cellule eucaryote, l'ARN messager mature (ARNm) gagne le cytoplasme, où il est fixé par les ribosomes qui lisent sa séquence et assemblent grâce à elle une protéine, en reliant chimiquement les acides aminés en une chaîne linéaire.

Le génome est empaqueté sous la forme de chromosomes et répliqué au cours de la division cellulaire

La plus grande partie de l'ADN des cellules eucaryotes est présente dans le noyau, considérablement repliée pour former les structures familières que nous appelons les **chromosomes** (Chapitre 10). Chaque chromosome est constitué d'une seule molécule linéaire d'ADN associée à certaines protéines. Dans les cellules procaryotes, la majorité, voire toute l'information génétique est située dans une molécule d'ADN circulaire unique longue d'environ un millimètre. Cette molécule, repliée sur elle-même de nombreuses fois, est située dans la région centrale de la cellule (voir Figure 1-2a). Le **génome** d'un organisme est l'ensemble de son ADN. À l'exception des ovules et des spermatozoïdes, toute cellule humaine normale possède 46 chromosomes (Figure 1-12). On retrouve la trace de la moitié de ceux-ci et donc de la moitié des gènes chez la mère et de l'autre moitié, chez le père.

À chaque fois qu'une cellule se divise, un dispositif multiprotéique de réplication de grande taille, le réplisome, sépare les deux brins de la double hélice d'ADN des chromosomes et utilise chacun d'eux comme matrice pour assembler des nucléotides en un nouveau brin complémentaire (voir Figure 1-10). Une paire de doubles hélices est ainsi produite, chacune étant identique à la paire d'origine. L'**ADN polymérase**, qui est responsable de la liaison des nucléotides en un brin d'ADN, ainsi que les nombreux autres constituants du réplisome seront décrits au Chapitre 4. La conception de l'ADN au niveau moléculaire et les propriétés remarquables du réplisome garantissent une copie rapide et hautement précise. De nombreuses molécules d'ADN polymérase travaillent de concert, chacune copiant une partie d'un chromosome. Le génome complet de la drosophile, long d'environ $1{,}2 \times 10^8$ nucléotides peut être copié en trois minutes ! En raison de la précision de la réplication de l'ADN, presque toutes les cellules de notre corps portent les mêmes instructions génétiques, et nous pouvons ainsi hériter des cheveux bruns de notre mère et des yeux bleus de notre père.

Un exemple spectaculaire du contrôle des gènes est celui de l'inactivation de l'intégralité d'un chromosome chez les femmes. Les femmes possèdent deux chromosomes X tandis que les hommes ont un chromosome X et un chromosome Y. Ce chromosome porte des gènes différents de ceux du chromosome X. Pourtant, les gènes présents sur le chromosome X doivent être pour la majorité d'entre eux, aussi actifs dans les cellules femelles (XX) que dans les cellules mâles (XY). Pour atteindre cet équilibre, l'un des chromosomes X présent dans les cellules femelles est modifié chimiquement et condensé en une très petite masse appelée corpuscule de Barr. Cet ADN est inactif et n'est jamais transcrit.

Curieusement, nous recevons en totalité et exclusivement de nos mères une petite quantité de matériel génétique. Il s'agit de l'ADN circulaire situé dans les mitochondries, les organites présents dans les cellules eucaryotes qui synthétisent de l'ATP à l'aide de l'énergie libérée par la dégradation des nutriments. Les mitochondries contiennent de multiples copies de leur propre génome d'ADN, qui code certaines des protéines mitochondriales (Chapitre 10). Puisque chaque être humain reçoit son ADN mitochondrial exclusivement de sa mère (il est présent dans l'ovule mais absent du spermatozoïde), les caractéristiques d'un ADN mitochondrial donné peuvent être utilisées pour retracer l'histoire maternelle. Les chloroplastes, les organites qui effectuent la photosynthèse chez les plantes, possèdent également leur propre génome circulaire.

Les mutations peuvent être bénéfiques, nuisibles ou neutres

Des erreurs se produisent de temps à autre spontanément au cours de la réplication de l'ADN, provoquant des changements dans la séquence de nucléotides. Ces changements, ou **mutations**, peuvent également être causés par des radiations qui endommagent la chaîne nucléotidique ou des substances chimiques nocives telles que la

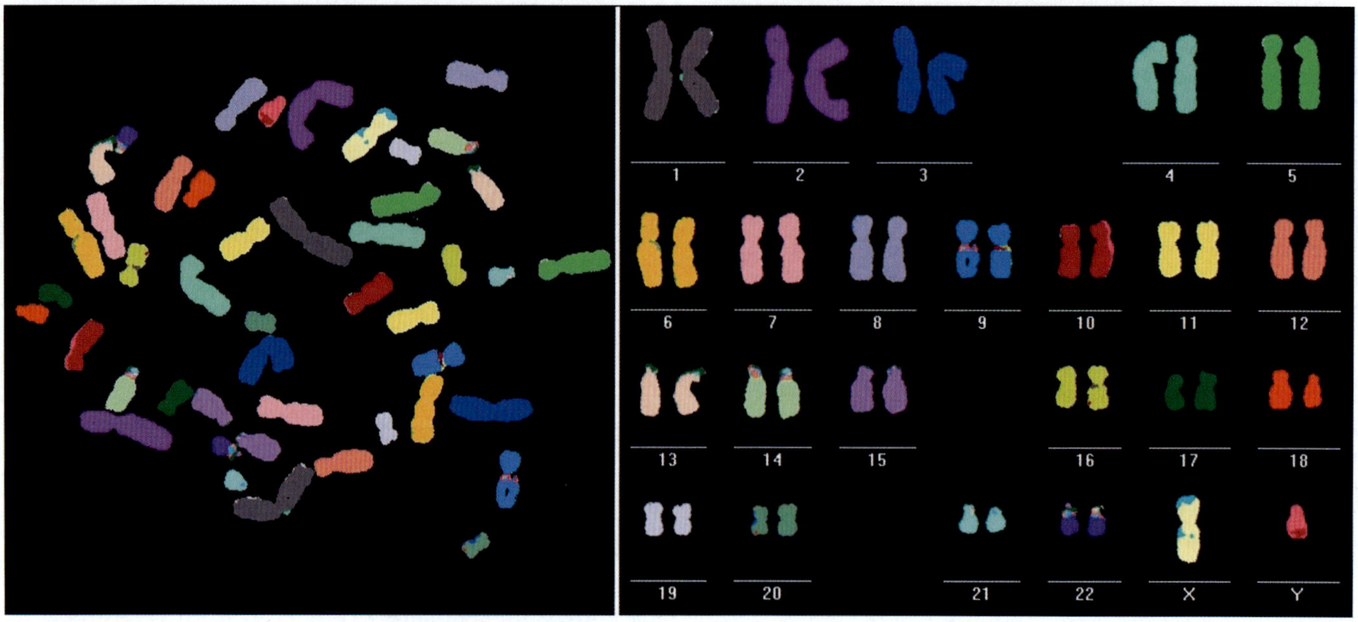

FIGURE 1-12 Les chromosomes peuvent être colorés pour être identifiés facilement. Un être humain possède normalement 23 paires de chromosomes distincts morphologiquement. Un membre de chaque paire provient de la mère et l'autre, du père. (*À gauche*) Un étalement de chromosomes issu d'une cellule du corps humain à la moitié d'une mitose, lorsque les chromosomes sont les plus condensés. Cette préparation a été traitée par des marqueurs fluorescents qui permettent à chacune des 22 paires ainsi qu'aux chromosomes X et Y d'apparaître avec une couleur différente lorsqu'on les regarde au microscope à fluorescence. Cette technique d'hybridation *in situ* par fluorescence multicolore (M-FISH) est parfois appelée coloration des chromosomes (Chapitre 10). (*À droite*) Les chromosomes de la préparation de gauche arrangés par paires dans l'ordre décroissant de leur taille, un arrangement que l'on appelle le caryotype. La présence d'un chromosome X et d'un chromosome Y permet de dire qu'il s'agit d'un individu masculin. [Aimablement communiqué par M. R. Speicher.]

fumée de cigarette, qui conduisent à des erreurs au cours du processus de copie de l'ADN (Chapitre 23). Les mutations prennent des formes diverses : le simple remplacement d'un nucléotide par un autre ; la délétion, l'insertion ou l'inversion d'un à plusieurs millions de nucléotides dans l'ADN d'un chromosome ou encore la translocation d'une région d'ADN d'un chromosome vers un autre.

Chez les animaux à reproduction sexuée comme nous, les mutations seront transmises aux descendants uniquement si elles se trouvent dans des cellules qui participent à la formation de ceux-ci. Parmi ces **cellules germinales**, on trouve les ovules, les spermatozoïdes et les cellules qui leur donnent naissance. Les cellules du corps qui ne participent pas à la formation du descendant sont appelées **cellules somatiques**. Les mutations qui se produisent dans ces cellules ne sont jamais transmises, même si elles peuvent contribuer à l'apparition d'un cancer. Chez les plantes, la distinction entre cellules somatiques et cellules germinales est moins nette, car un grand nombre de leurs cellules peuvent remplir les deux rôles.

Les gènes mutés qui codent des protéines modifiées ou dont le contrôle ne peut être assuré correctement provoquent de nombreuses maladies héréditaires. Par exemple, l'anémie à cellules falciformes est due à la substitution d'un seul nucléotide dans le gène de l'hémoglobine, qui code la protéine transportant l'oxygène dans les globules rouges. Le changement unique d'acide aminé dû à cette mutation réduit la capacité des globules rouges à transporter l'oxygène des poumons vers les autres tissus. Des découvertes récentes sur la détection des mutations responsables de cette maladie et la compréhension de leurs conséquences sur les fonctions de la cellule ouvrent des perspectives sur la diminution des effets souvent dévastateurs de cette maladie.

Le séquençage du génome humain a montré qu'une très grande proportion de notre ADN ne code aucun ARN ni ne possède de fonction régulatrice, ce qui a été une découverte inattendue. Les mutations dans ces régions n'ont généralement aucune conséquence immédiate, bonne ou mauvaise. Toutefois, de telles mutations « neutres » dans de l'ADN non fonctionnel peuvent avoir joué un grand rôle dans l'évolution, en conduisant à la création de nouveaux gènes ou de nouvelles séquences régulatrices pour le contrôle de gènes déjà existants. Par exemple, puisque les sites de liaison des facteurs de transcription sont généralement longs de 10 à 12 nucléotides, des mutations touchant un seul nucléotide peuvent transformer un fragment non fonctionnel de l'ADN en un site fonctionnel permettant la fixation d'une protéine.

La plus grande partie de l'ADN non essentiel tant chez les eucaryotes que chez les procaryotes est constitué de séquences hautement répétées capables de se déplacer d'un endroit du génome vers un autre. Ces **éléments mobiles d'ADN** peuvent sauter (se transposer) dans des gènes, les endommageant la plupart du temps mais les activant parfois. La transposition est généralement suffisamment rare pour ne pas mettre en danger l'organisme qui abrite ces éléments. Les éléments mobiles, découverts chez les plantes, sont responsables de la panachure de la couleur des feuilles et des splendides motifs variés dans la couleur des grains de maïs. En sautant à l'intérieur et hors des gènes qui contrôlent la pigmentation au cours du développement des plantes, les éléments mobiles donnent naissance à des motifs colorés élaborés. Des éléments mobiles ont été découverts plus tard chez les bactéries, chez lesquelles ils portent souvent les gènes de résistance aux antibiotiques et les disséminent malheureusement.

Nous comprenons désormais que les éléments mobiles se sont multipliés et lentement accumulés dans les génomes au cours de l'évolution, devenant une propriété universelle des génomes des organismes actuels. Ils représentent jusqu'à 45 % du génome humain. Certains de nos éléments mobiles d'ADN sont des copies — souvent bourrées de mutations et endommagées — de génomes issus de virus qui passent une partie de leur cycle vital sous la forme de fragments insérés dans l'ADN de la cellule hôte. Nous portons donc dans nos chromosomes les résidus génétiques d'infections subies par nos ancêtres. Alors qu'ils étaient considérés autrefois uniquement comme des parasites moléculaires, on pense maintenant que les éléments mobiles d'ADN ont contribué de façon significative à l'évolution des organismes supérieurs (Chapitre 10).

1.3 Le travail des cellules

Fondamentalement, une cellule est simplement un compartiment rempli de liquide, séparé de l'environnement externe par une membrane de surface (la membrane plasmique) qui empêche la libre circulation des molécules vers l'intérieur ou l'extérieur de la cellule. De plus, comme nous l'avons vu, les cellules eucaryotes possèdent des membranes internes étendues qui subdivisent la cellule en différents compartiments, les organites. La membrane plasmique et les autres membranes cellulaires sont constituées avant tout de deux couches de **phospholipides.** Ces molécules bipartites ont une extrémité « qui aime l'eau » (**hydrophile**) et une extrémité « qui déteste l'eau » (**hydrophobe**). Les deux couches phospholipidiques d'une membrane sont orientées de telle sorte que leurs extrémités hydrophiles sont dirigées vers les surfaces interne et externe et leurs extrémités hydrophobes, enfouies vers l'intérieur (Figure 1-13). De petites quantités d'autres lipides tels que le cholestérol et de nombreux types de protéines sont enchâssés dans la charpente phospholipidique. Les molécules phospholipidiques

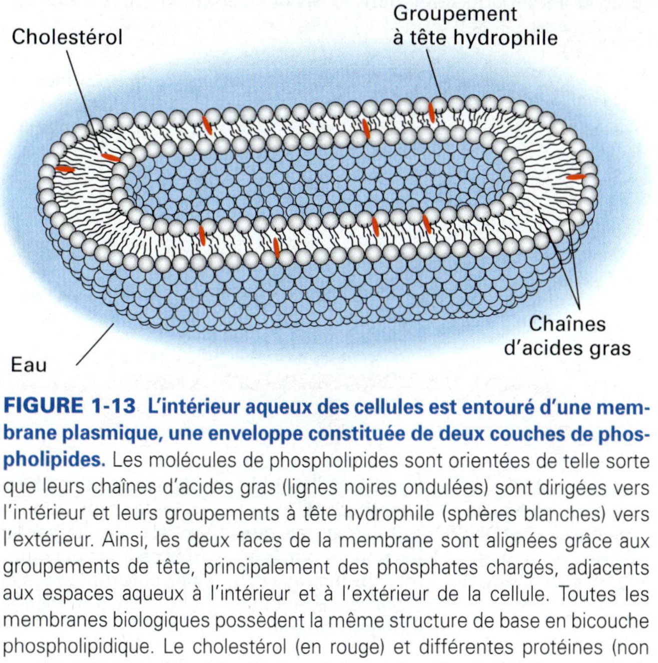

FIGURE 1-13 L'intérieur aqueux des cellules est entouré d'une membrane plasmique, une enveloppe constituée de deux couches de phospholipides. Les molécules de phospholipides sont orientées de telle sorte que leurs chaînes d'acides gras (lignes noires ondulées) sont dirigées vers l'intérieur et leurs groupements à tête hydrophile (sphères blanches) vers l'extérieur. Ainsi, les deux faces de la membrane sont alignées grâce aux groupements de tête, principalement des phosphates chargés, adjacents aux espaces aqueux à l'intérieur et à l'extérieur de la cellule. Toutes les membranes biologiques possèdent la même structure de base en bicouche phospholipidique. Le cholestérol (en rouge) et différentes protéines (non représentées) sont enchâssés dans la bicouche. En réalité, l'espace intérieur est bien plus grand par rapport au volume de la membrane plasmique représentée ici.

ainsi que certaines protéines peuvent flotter latéralement dans le plan de la membrane, ce qui donne aux membranes un caractère fluide. Cette fluidité permet aux cellules de changer de forme et même de se déplacer. Toutefois, l'ancrage de certaines protéines membranaires à d'autres molécules à l'intérieur ou à l'extérieur de la cellule restreint leurs déplacements latéraux. Nous nous intéresserons davantage aux membranes et à la façon dont les molécules les traversent aux Chapitres 5 et 7.

Le cytosol et les espaces intérieurs des organites diffèrent les uns des autres et de l'extérieur de la cellule par leur acidité, leur composition ionique et les protéines qu'ils contiennent. Par exemple, la composition saline à l'intérieur de la cellule est souvent extrêmement différente de la composition extérieure. En raison de ces différents « microclimats », chaque compartiment cellulaire est responsable de certaines tâches spécifiques parmi l'ensemble du travail de la cellule (Chapitre 5). Les fonctions et microclimats propres à chaque compartiment cellulaire sont dus en grande partie aux protéines présentes dans leurs membranes ou à l'intérieur des compartiments.

Nous pouvons nous représenter l'ensemble des compartiments cellulaires comme une usine chargée d'assurer le bon fonctionnement de la cellule. La plupart des tâches cellulaires sont exécutées par des machines moléculaires qui, pour certaines, sont présentes dans le cytosol et pour d'autres, dans différents organites. Nous allons passer ici en revue les principales tâches exécutées par la cellule pour garantir sa propre survie.

Les cellules synthétisent et dégradent de nombreuses molécules et structures

En tant qu'usines chimiques, les cellules produisent un grand nombre de molécules complexes à partir d'éléments de construction chimiques simples. Tout ce travail de synthèse consomme de l'énergie chimique extraite principalement des sucres, des graisses ou de la lumière du soleil dans le cas des cellules végétales. Elle est stockée initialement sous forme d'ATP, l'« unité monétaire » universelle de l'énergie chimique (Figure 1-14). Dans les cellules animales et végétales, la plus grande partie de l'ATP est produite par des machineries moléculaires de grande taille situées dans deux types d'organites, les **mitochondries** et les **chloroplastes**. Des machineries similaires capables de produire de l'ATP sont présentes dans la membrane plasmique des cellules bactériennes. On pense que les mitochondries et les chloroplastes étaient à l'origine des bactéries ayant élu domicile dans des cellules eucaryotes pour en devenir ensuite des collaborateurs appréciés (Chapitre 8). De façon directe ou indirecte, toute notre nourriture est créée par des cellules végétales utilisant la lumière solaire pour construire des macromolécules complexes au cours du processus de photosynthèse. Même les combustibles fossiles proviennent de la décomposition de végétaux.

Les cellules doivent décomposer les parties usagées ou inutiles en petites molécules mises au rebut ou recyclées. Cette tâche d'entretien est largement assurée par les **lysosomes**, des organites remplis d'enzymes de dégradation. L'intérieur des lysosomes présente un pH voisin de 5,0 soit 100 fois environ plus acide que le cytosol environnant. Ceci facilite la dégradation des matériaux par les enzymes lysosomiales, qui sont conçues pour fonctionner à un pH aussi bas. Pour créer cet environnement à bas pH, les protéines situées dans la membrane lysosomiale pompent des ions hydrogène dans le lysosome grâce à de l'énergie fournie sous forme d'ATP (Chapitre 7). Les lysosomes sont assistés dans le nettoyage cellulaire par les **peroxysomes**. Ces petits organites sont spécialisés dans la dégradation des composants lipidiques des membranes et rendent inoffensives différentes toxines.

La plupart des propriétés structurales et fonctionnelles des cellules dépendent des protéines. Par conséquent, pour le bon fonctionnement de la cellule, les protéines constituant les différents compartiments doivent être transportées de leur lieu de fabrication vers les emplacements qui leur sont destinés (Chapitres 16 et 17). Certaines protéines sont fabriquées par des ribosomes

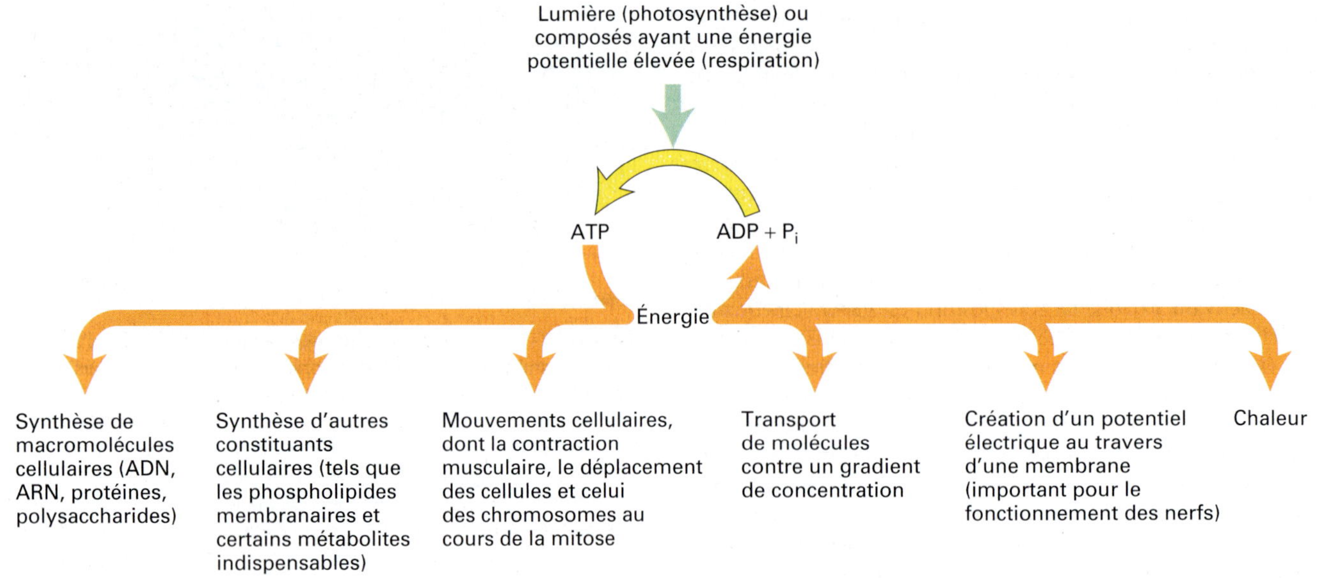

FIGURE 1-14 L'ATP est la molécule la plus couramment utilisée par les cellules pour stocker et transférer l'énergie. L'ATP est formé à partir d'ADP et de phosphate inorganique (P_i) grâce à la photosynthèse chez les plantes et à la dégradation des sucres et des graisses dans la plupart des cellules. L'énergie libérée par la séparation (hydrolyse) de P_i à partir de l'ATP permet le déroulement de nombreux processus cellulaires.

présents à l'état libre dans le cytosol. Cependant, les protéines sécrétées hors de la cellule ainsi que la plupart des protéines membranaires sont synthétisées par des ribosomes associés au **réticulum endoplasmique** (RE). Cet organite produit à la fois les protéines et les lipides, leur fait subir une maturation et les transporte. Les chaînes protéiques produites par le RE gagnent l'**appareil de Golgi**, où elles subissent de nouvelles modifications avant d'être dirigées vers leur destination finale. Les protéines transportées de cette façon comportent de courtes séquences d'acides aminés ou des chaînes sucrées attachées (oligosaccharides) qui servent d'adresses pour les diriger vers les destinations correctes. Ces adresses sont reconnues et fixées par d'autres protéines qui assurent le tri et la répartition vers les différents compartiments cellulaires.

Les cellules animales produisent leur environnement externe immédiat et leur propre substance cohésive

Les animaux pluricellulaires les plus simples sont des cellules isolées engluées dans une gelée de protéines et de polysaccharides appelée **matrice extracellulaire.** Les cellules produisent et sécrètent elles-mêmes ces matériaux, créant ainsi leur propre environnement immédiat (Chapitre 6). Le **collagène**, la protéine la plus abondante du règne animal, est un composant essentiel de la matrice extracellulaire de la plupart des tissus. Chez les animaux, la matrice extracellulaire tapisse et lubrifie les cellules. Une matrice spécialisée particulièrement épaisse, la **lame basale**, forme une couche de soutien pour les feuillets cellulaires et aide à maintenir les cellules ensemble.

Dans les tissus animaux, les cellules sont « collées » les unes aux autres par des **molécules d'adhérence cellulaire** (**CAM** pour *cell-adhesion molecules* en anglais), enchâssées dans leurs membranes. Certaines CAM lient les cellules les unes aux autres, d'autres fixent les cellules à la matrice extracellulaire, formant ainsi une unité cohésive. Les cellules des végétaux supérieurs contiennent relativement peu de molécules de ce type. Au lieu de cela, les cellules végétales sont liées les unes aux autres de façon rigide par une imbrication étroite entre les parois de cellules voisines. Les cytosols des cellules animales ou végétales adjacentes sont souvent connectés par des « ponts » similaires fonctionnellement mais de structure différente appelés **jonctions gap** ou **jonctions lacunaires** chez les animaux et **plasmodesmes** chez les végétaux. Ces structures permettent aux cellules d'échanger de petites molécules y compris des nutriments ou des signaux, facilitant ainsi le fonctionnement coordonné des cellules dans un tissu.

Les cellules changent de forme et se déplacent

Bien que les cellules soient parfois sphériques, elles ont le plus souvent des formes élaborées dues à leur squelette interne ainsi qu'à leurs connexions externes. Trois types de filaments protéiques organisés en réseaux ou en faisceaux constituent le **cytosquelette** des cellules animales (Figure 1-15). Le cytosquelette empêche la membrane plasmique des cellules animales d'adopter la forme d'une sphère (Chapitre 5) ; il intervient également dans le déplacement des cellules et dans le transport intracellulaire des vésicules, des chromosomes ou des macromolécules (Chapitres 19 et 20). Le cytosquelette peut être relié par l'intermédiaire de la surface cellulaire à la matrice extracellulaire ou au cytosquelette d'autres cellules, participant ainsi à la formation de tissus (Chapitre 6).

Tous les filaments cytosquelettiques sont de longs polymères de sous-unités protéiques. Des systèmes sophistiqués régulent l'assemblage et le désassemblage du cytosquelette, contrôlant ainsi la forme des cellules. Chez certaines cellules, le cytosquelette est relativement stable, mais chez d'autres la forme varie continuellement. Le rétrécissement du cytosquelette dans certaines parties de la cellule et son extension dans d'autres parties peuvent déboucher sur des changements coordonnés de forme qui aboutissent au déplacement de la cellule. Par exemple, une cellule peut envoyer une extension vers la surface ou vers d'autres cellules puis contracter son autre extrémité. La répétition de ce processus grâce aux changements coordonnés du cytosquelette permet le déplacement de la cellule. Celui-ci peut atteindre des vitesses de l'ordre de 20 μm/seconde. Le déplacement des cellules se rencontre au cours du développement embryonnaire des animaux pluricellulaires lors de la formation des tissus et au cours de l'âge adulte lors de la défense contre les infections, le transport des nutriments et la cicatrisation des blessures. Ce processus n'intervient pas dans la croissance ni dans le développement des plantes pluricellulaires, car les nouvelles cellules végétales apparaissent à la suite de la division de cellules existantes qui ont en commun une paroi cellulaire. Par conséquent, le développement des plantes implique un agrandissement des cellules mais pas de déplacement de celles-ci.

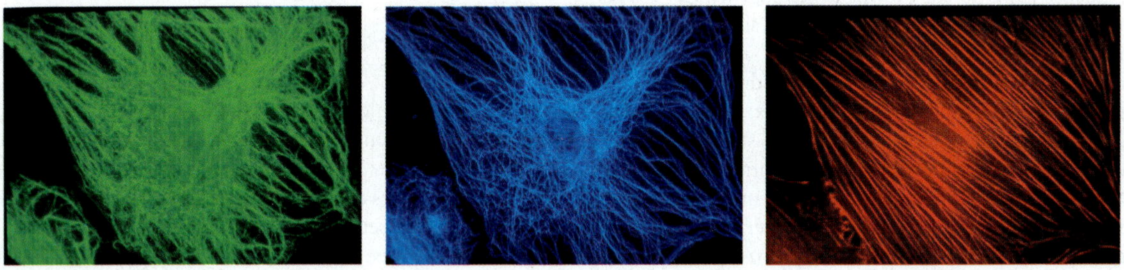

Filaments intermédiaires **Microtubules** **Microfilaments**

FIGURE 1-15 Les trois types de filaments cytosquelettiques ont des distributions caractéristiques au sein des cellules. Trois vues de la même cellule. Un fibroblaste en culture a été traité à l'aide de trois préparations différentes d'anticorps. Chaque anticorps se fixe spécifiquement aux monomères de protéines formant un type de filament, et est lui-même lié chimiquement à un colorant fluorescent distinct (vert, bleu ou rouge). En regardant la cellule marquée à l'aide d'un microscope à fluorescence, on peut voir la position des filaments liés à une préparation anticorps-colorant. Ici, les filaments intermédiaires sont colorés en vert, les microtubules en bleu et les microfilaments en rouge. Ces trois systèmes de fibres contribuent à la forme et aux mouvements des cellules.
[Aimablement communiqué par V. Small.]

Les cellules reçoivent et émettent des informations

Une cellule vivante est constamment informée de son environnement et ajuste en conséquence ses propres activités et sa composition chimique. Les cellules communiquent également par l'envoi délibéré de signaux qui peuvent être captés et interprétés par d'autres cellules. De tels signaux sont courants non seulement au sein d'un même organisme mais également entre des organismes. Par exemple, l'odeur d'une poire détectée par des animaux ou des humains signale une source potentielle de nourriture ; la consommation d'une poire par un animal permet la distribution des graines de celle-ci. Chacun en tire un bénéfice ! Parmi les signaux utilisés par les cellules, citons les substances chimiques simples, les gaz, les protéines, la lumière et les mouvements mécaniques. Les cellules possèdent de nombreuses protéines réceptrices pour détecter les signaux et élaborer des réseaux pour les transmettre à la cellule afin de déclencher une réponse. À tout moment, une cellule doit percevoir uniquement quelques-uns des signaux qui l'entourent et sa réponse à un signal peut changer dans le temps. Dans certains cas, recevoir un signal prépare une cellule à répondre à un signal ultérieur différent d'une manière particulière.

Les changements dans l'environnement (comme l'augmentation ou la diminution d'un nutriment donné ou de la quantité de lumière) ainsi que les signaux reçus des autres cellules représentent des informations externes que les cellules doivent traiter. Les réponses les plus rapides à ce type de signaux sont des changements de la position ou de l'activité de protéines préexistantes. Par exemple, peu de temps après avoir mangé un repas riche en hydrates de carbone, du glucose se déverse dans votre système sanguin. L'augmentation du taux de glucose dans le sang (glycémie) est perçue par les cellules β du pancréas qui y répondent en libérant une hormone jusque-là en réserve, l'**insuline**. Le signal représenté par la libération de l'insuline dans le sang provoque le déplacement des transporteurs de glucose présents dans le cytoplasme des cellules adipeuses et musculaires vers la surface de ces cellules, au niveau de laquelle elles commencent à importer du glucose. Pendant ce temps, les cellules du foie absorbent également beaucoup de glucose par le biais d'un autre transporteur. Tant dans les cellules du foie que dans les cellules musculaires, un réseau intracellulaire de signalisation déclenché par la fixation des récepteurs d'insuline à la surface des cellules active une enzyme clé nécessaire à la fabrication du **glycogène**, un polymère sucré de grande taille (Figure 1-16a). Le résultat net de ces réponses cellulaires est la chute de votre glycémie et le stockage du glucose superflu sous forme de glycogène, que vos cellules pourront utiliser comme source de glucose si vous sautez un repas lorsque vous révisez un examen.

La capacité des cellules à émettre et à répondre à des signaux est essentielle au développement. De nombreux signaux importants pour le développement sont des protéines sécrétées par des cellules spécifiques à des moments et des endroits précis dans un organisme en cours de développement. Souvent, une cellule réceptrice intègre de multiples signaux avant de décider de quelle façon se comporter, comme se différencier en un type tissulaire particulier, poursuivre un processus, mourir, renvoyer un signal de confirmation (eh oui, je suis là !) ou se déplacer.

Les fonctions d'environ la moitié des protéines chez l'homme, l'ascaride, la levure et plusieurs autres organismes eucaryotes ont été prédites d'après des analyses de séquences génomiques (Chapitre 9). De telles analyses ont révélé qu'au moins 10 à 15 % des protéines eucaryotes jouent le rôle d'émetteurs de signaux extracellulaires sécrétés, de récepteurs de signaux ou de protéines intracellulaires de **transduction du signal**, qui transmettent un signal par le biais d'une série d'étapes qui aboutissent à une réponse cellulaire particulière (comme l'augmentation de la synthèse de glycogène). À l'évidence, l'émission et la transduction de signaux sont des activités essentielles des cellules.

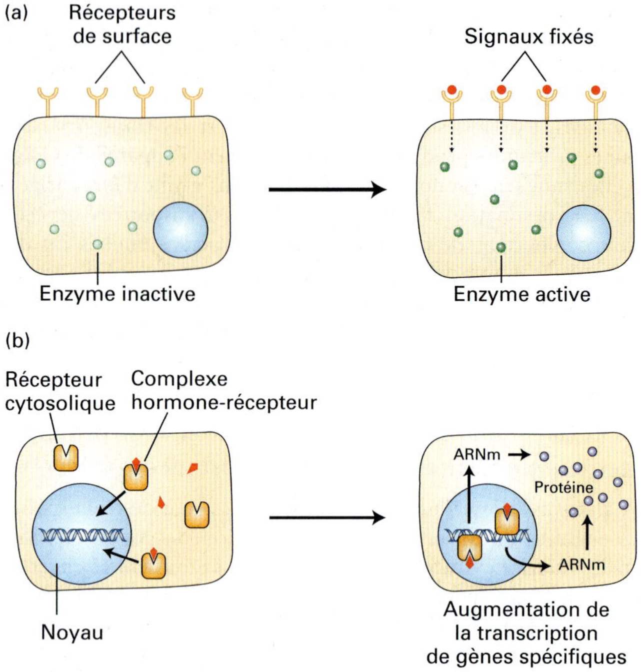

FIGURE 1-16 Des signaux externes provoquent souvent un changement dans l'activité des protéines préexistantes ou dans la quantité et le type de protéines synthétisées par les cellules. (a) La fixation d'une hormone ou d'une autre molécule de signalisation à ses récepteurs spécifiques peut déclencher une suite de réactions intracellulaires qui augmentent ou diminuent l'activité d'une protéine préexistante. Par exemple, la fixation de l'insuline à ses récepteurs présents sur la membrane plasmique des cellules hépatiques et musculaires conduit à l'activation de la glycogène synthétase, une enzyme essentielle dans la synthèse du glycogène à partir du glucose. (b) Les récepteurs des hormones stéroïdes sont situés à l'intérieur des cellules et non à leur surface. Les complexes hormone-récepteur activent la transcription de gènes cibles spécifiques, ce qui conduit à l'augmentation de la synthèse des protéines codées. De nombreux signaux qui se fixent aux récepteurs présents à la surface des cellules peuvent, par des voies plus complexes, moduler l'expression des gènes.

Les cellules régulent l'expression de leurs gènes pour s'adapter aux besoins

En plus de moduler les activités de protéines existantes, les cellules répondent souvent à des circonstances variables et à des signaux émis par d'autres cellules en modifiant la quantité ou la nature des protéines qu'elles contiennent. L'**expression des gènes**, le processus de décodage sélectif et d'utilisation de l'information génétique, est souvent contrôlée au niveau de la transcription, la première étape de la synthèse des protéines. De cette façon, les cellules peuvent produire un ARNm particulier uniquement lorsque la protéine qu'il code est nécessaire, minimisant ainsi l'énergie dépensée. La synthèse d'un ARNm est toutefois la première étape seulement d'une longue chaîne d'événements régulés dont l'ensemble détermine si un produit protéique actif est synthétisé ou non à partir d'un gène donné.

Le contrôle transcriptionnel de l'expression des gènes fut démontré pour la première fois dans la réponse de la bactérie intestinale *E. coli* à différentes sources de sucre. Les cellules d'*E. coli* préfèrent le glucose comme source de sucre, mais elles peuvent survivre en consommant à la rigueur du lactose. Ces bactéries utilisent à la fois un *répresseur* et un *activateur*, deux protéines qui se fixent à l'ADN pour modifier le taux de transcription de trois gènes impliqués dans le métabolisme du lactose qui dépendent des concentrations respectives de glucose et de lactose (Chapitre 4). Ce double contrôle, positif et négatif, de l'expression des gènes permet une régulation fine des enzymes présentes dans la cellule pour la tâche en cours.

Comme les cellules bactériennes, les eucaryotes unicellulaires peuvent être soumis à des conditions environnementales hautement variables qui nécessitent des changements importants des structures et des fonctions de la cellule. Par exemple, en cas de privation de nourriture, les cellules de levure interrompent leur croissance et forment des spores dormantes (voir Figure 1-4). À l'inverse, dans le cas des organismes pluricellulaires, l'environnement de la plupart des cellules est relativement constant. Le but principal du contrôle des gènes chez nous et chez d'autres organismes complexes est d'adapter les propriétés des différents types cellulaires au bénéfice de l'animal ou de la plante.

Le contrôle de l'activité des gènes dans les cellules eucaryotes implique généralement un équilibre entre les actions des activateurs et des répresseurs de la transcription. La fixation des activateurs à des séquences régulatrices spécifiques d'ADN appelées **amplificateurs** active la transcription tandis que la fixation des répresseurs à d'autres séquences régulatrices appelées **silenceurs** inactive la transcription. Dans les Chapitres 11 et 12, nous examinerons les activateurs et répresseurs de la transcription ainsi que leur mode d'action. Nous envisagerons également d'autres mécanismes du contrôle de l'expression des gènes. Pour prendre un exemple extrême, l'expression d'un gène donné peut se produire uniquement dans une partie du cerveau pendant la soirée, au cours d'un stade particulier du développement, seulement après un repas copieux, etc.

De nombreux signaux externes modifient l'activité des activateurs et répresseurs de la transcription qui contrôlent des gènes spécifiques. Par exemple, des hormones stéroïdes liposolubles telles que les œstrogènes et la testostérone, peuvent diffuser au travers de la membrane plasmique et se fixer à leurs récepteurs spécifiques situés dans le cytoplasme ou le noyau (Figure 1-16b). La fixation de l'hormone modifie la forme du récepteur et lui permet ainsi de se fixer à des séquences amplificatrices spécifiques de l'ADN, changeant ainsi le récepteur en un activateur de la transcription. Grâce à cette voie relativement simple de transduction du signal, les hormones stéroïdes entraînent la modification des gènes transcrits par les cellules (Chapitre 11). Puisque les hormones stéroïdes peuvent circuler dans le système sanguin, elles peuvent affecter les propriétés de nombreuses, voire de toutes les cellules d'une manière coordonnée dans le temps. La fixation d'un grand nombre d'autres hormones et de facteurs de croissance à des récepteurs situés à la surface des cellules déclenche différents réseaux de transduction de signaux qui aboutissent également à des changements dans la transcription de gènes spécifiques (Chapitres 13-15). Bien que ces voies comportent de multiples composants et soient plus complexes que les signaux de transduction des hormones stéroïdes, l'idée générale reste la même.

Les cellules croissent et se divisent

La caractéristique la plus remarquable des cellules et des organismes est leur capacité de se reproduire. La reproduction biologique alliée à la sélection continue de l'évolution pour un plan d'expression des gènes hautement fonctionnel explique pourquoi les limules (*crabes des Moluques*) d'aujourd'hui ressemblent beaucoup à celles d'il y a 300 millions d'années, une durée pendant laquelle des chaînes entières de montagnes sont apparues ou ont disparu. Les montagnes Teton dans le Wyoming (États-Unis) hautes d'environ 4200 mètres et toujours en expansion n'existaient pas il y a 10 millions d'années seulement, alors que les limules dont la durée de vie est de 19 ans, se sont reproduites avec précision plus d'un demi-million de fois au cours de cette période. L'impression générale du caractère transitoire de la structure biologique et de la stabilité de la structure géologique est en fait à l'opposé de la réalité. En dépit de la durée limitée de notre propre existence, la reproduction nous donne un potentiel d'immortalité qu'une montagne ou un rocher ne possède pas.

Le type le plus simple de reproduction est la division d'une cellule « mère » en deux cellules « filles ». Ceci se produit au cours du **cycle cellulaire**, une série d'événements qui prépare une cellule à se diviser, suivie du processus de division lui-même appelé **mitose**. Le cycle cellulaire eucaryote est généralement représenté comme une succession de quatre étapes (Figure 1-17). Les chromosomes et l'ADN qu'ils contiennent sont copiés durant la **phase S (synthèse)**. Les chromosomes répliqués se séparent au cours de la **phase M (mitotique)**, chaque cellule fille recevant une copie de chacun des chromosomes au cours de la division cellulaire. Les phases S et M sont séparées par deux intermèdes (*gap* en anglais), les **phases G_1 et G_2**, au cours desquelles les ARNm et les protéines sont fabriqués. Chez les organismes unicellulaires, les deux

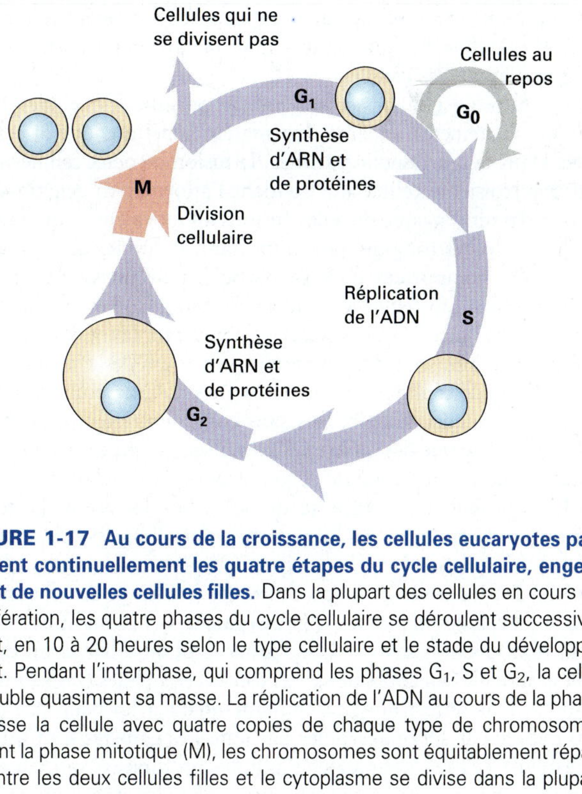

FIGURE 1-17 Au cours de la croissance, les cellules eucaryotes parcourent continuellement les quatre étapes du cycle cellulaire, engendrant de nouvelles cellules filles. Dans la plupart des cellules en cours de prolifération, les quatre phases du cycle cellulaire se déroulent successivement, en 10 à 20 heures selon le type cellulaire et le stade du développement. Pendant l'interphase, qui comprend les phases G_1, S et G_2, la cellule double quasiment sa masse. La réplication de l'ADN au cours de la phase S laisse la cellule avec quatre copies de chaque type de chromosome. Durant la phase mitotique (M), les chromosomes sont équitablement répartis entre les deux cellules filles et le cytoplasme se divise dans la plupart des cas en deux parties presque égales. Dans certaines conditions telles que la privation de nourriture ou lorsqu'un tissu a atteint sa taille définitive, les cellules interrompent le cycle cellulaire et restent dans un stade d'attente appelé G_0. La plupart des cellules en G_0 peuvent s'engager à nouveau dans un cycle cellulaire si les conditions changent.

cellules filles ressemblent souvent (voire toujours) à la cellule mère. Dans le cas des organismes pluricellulaires, les cellules souches peuvent donner naissance à deux cellules différentes ; l'une qui ressemble à la cellule mère et l'autre non. Une telle division cellulaire asymétrique est essentielle à la production de différents types de cellules dans le corps (Chapitre 22).

Au cours de la croissance, le cycle cellulaire recommence sans arrêt, les cellules filles nouvellement formées s'engageant immédiatement dans leur propre mitose. Dans des conditions optimales, des bactéries peuvent se diviser et former deux cellules filles toutes les 30 minutes. À cette vitesse, en une heure une cellule se divise en quatre cellules, en un jour en plus de 10^{14}, ce qui représente une masse sèche d'environ 25 grammes. Dans des circonstances normales toutefois, la croissance ne peut se poursuivre à cette vitesse car l'apport nutritionnel devient un facteur limitant.

La plupart des cellules eucaryotes ont besoin de beaucoup plus de temps que les cellules bactériennes pour croître et se diviser. De plus, chez les plantes et les animaux adultes, le cycle cellulaire est hautement régulé (Chapitre 21). Ce contrôle strict empêche une croissance excessive et déséquilibrée des tissus tout en permettant le remplacement des cellules vieillissantes ou endommagées et la formation de nouvelles cellules en réponse à des changements de conditions ou à des besoins liés au développement. Par exemple, la prolifération des globules rouges augmente nettement lorsqu'une personne gagne une altitude plus élevée et a besoin d'accroître sa capacité de capter de l'oxygène. Certaines cellules hautement spécialisées chez les animaux adultes telles que les cellules nerveuses et les cellules des muscles striés se divisent rarement, ou même jamais. La déficience principale dans le cancer est la perte de cette capacité de contrôle de la croissance et de la division des cellules. Nous examinerons au Chapitre 23 les événements moléculaires et cellulaires qui conduisent à une prolifération incontrôlée et inadaptée des cellules.

La mitose est un processus *asexué* puisque les cellules filles portent exactement la même information génétique que la cellule mère. Dans la reproduction *sexuée*, la fusion de deux cellules produit une troisième cellule qui contient l'information génétique de chaque parent. Puisque de telles fusions aboutiraient à un nombre de chromosomes toujours plus important, les cycles de reproduction sexuée comportent un type particulier de division cellulaire appelé **méiose**, qui réduit le nombre de chromosomes en vue de la fusion (voir Figure 9-3). Les cellules comportant la totalité des jeux de chromosomes sont dites **diploïdes**. Au cours de la méiose, une cellule diploïde réplique ses chromosomes comme pour la mitose mais se divise ensuite deux fois sans copier entre-temps les chromosomes. Chacune des quatre cellules filles, qui possède seulement la moitié du nombre total de chromosomes est dite **haploïde**.

La reproduction sexuée se déroule chez les animaux et les plantes et même chez des organismes unicellulaires tels que les levures (voir Figure 1-5). Les animaux dépensent un temps et une énergie considérables pour produire des ovules et des spermatozoïdes, les cellules haploïdes appelées **gamètes** qui sont utilisées lors de la reproduction sexuée. Une femme produit environ un demi-million d'ovules au cours de sa vie, toutes ces cellules étant formées avant sa naissance ; un jeune homme quant à lui peut fabriquer 100 millions de spermatozoïdes par jour. Les gamètes sont formés à partir de cellules germinales diploïdes précurseurs qui, chez les humains, contiennent 46 chromosomes. Chez les êtres humains, les chromosomes X et Y sont appelés chromosomes sexuels car ils déterminent le sexe d'un individu. Dans les cellules diploïdes humaines, les 44 chromosomes restants, appelés **autosomes**, existent sous la forme de 22 paires différentes. À la suite de la méiose,

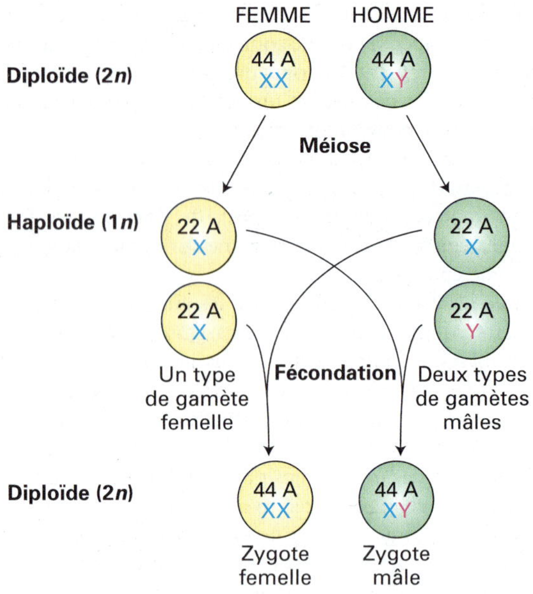

FIGURE 1-18 Votre père a fait de vous un garçon ou une fille. Chez les animaux, la méiose des cellules diploïdes précurseurs forme des ovules et des spermatozoïdes (gamètes). Le parent mâle produit deux sortes de spermatozoïdes et détermine le sexe du zygote. Chez l'homme, comme on le voit ici, X et Y sont les chromosomes sexuels ; le zygote doit recevoir un chromosome Y du père pour devenir un garçon. A = autosomes (chromosomes non sexuels).

un homme produit des spermatozoïdes qui possèdent 22 chromosomes plus un X ou bien un Y et une femme produit des ovules (œufs non fécondés) comportant 22 chromosomes plus un X. La fusion d'un ovule et d'un spermatozoïde (fécondation) produit un œuf fécondé, le zygote, avec 46 chromosomes, une paire de chacune des 22 sortes plus une paire de X chez les filles ou un X et un Y chez les garçons (Figure 1-18). Des erreurs au cours de la méiose peuvent conduire à des troubles résultant d'un nombre anormal de chromosomes. On peut citer le syndrome de Down, dû à la présence d'un chromosome 21 surnuméraire et le syndrome de Klinefelter, causé par un chromosome X supplémentaire.

La mort des cellules peut être provoquée par une agression grave ou par un programme interne

Lorsque les cellules des organismes pluricellulaires sont très endommagées ou attaquées par un virus, elles meurent. La mort cellulaire résultant d'un tel événement traumatique est désordonnée et libère souvent des constituants cellulaires toxiques, susceptibles d'endommager les cellules environnantes. Les cellules peuvent également mourir lorsqu'elles ne reçoivent plus le signal qui les conduit à rester en vie ou lorsqu'elles reçoivent le signal qui leur ordonne de mourir. Dans ce type de programme de mort cellulaire programmée appelé **apoptose**, une cellule en train de mourir produit des protéines conduisant à sa propre destruction. La mort par apoptose évite la libération de constituants cellulaires potentiellement toxiques (Figure 1-19).

La mort cellulaire programmée est essentielle au développement et au fonctionnement corrects de notre corps (Chapitre 22). Au cours de la vie fœtale par exemple, nos mains se développent initialement avec des « palmures » entre les doigts. Les cellules de ces palmures meurent ensuite d'une façon ordonnée et précise qui laisse les doigts et le pouce libres de jouer du piano. Les cellules

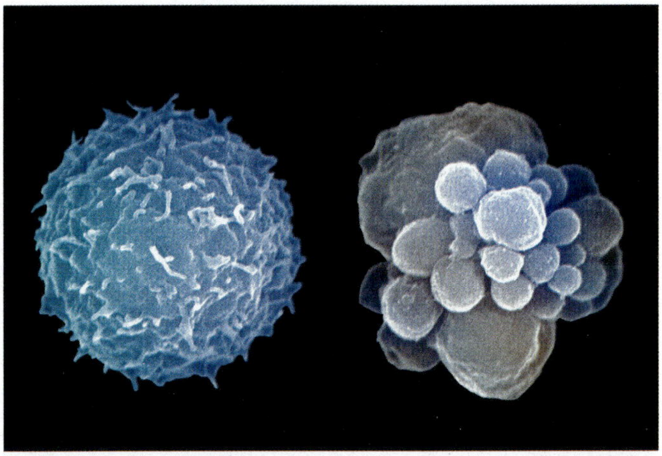

FIGURE 1-19 Les cellules qui subissent l'apoptose se rompent sans répandre leurs constituants qui pourraient être dangereux pour les cellules voisines. Les globules blancs ressemblent normalement à la cellule de gauche. Les cellules subissant une mort cellulaire programmée (apoptose), comme la cellule de droite, forment de nombreuses protubérances à leur surface, qui finissent par être libérées. La cellule meurt car elle ne reçoit plus de signaux de croissance. L'apoptose est importante pour éliminer des cellules infectées par des virus, supprimer des cellules qui ne sont plus nécessaires (comme les palmures qui disparaissent lors de la formation des doigts) et pour détruire les cellules du système immunitaire qui réagiraient contre notre propre corps. [Gopal Murti/Visuals Unlimited, Inc.]

nerveuses du cerveau meurent rapidement si elles n'établissent pas de connexions électriques utiles ou correctes avec d'autres cellules. Certains **lymphocytes**, les cellules du système immunitaire chargées de reconnaître les protéines et polysaccharides étrangers, sont capables de réagir contre nos propres tissus. De tels lymphocytes à réaction auto-immune sont programmés pour mourir avant de devenir matures. Si ces cellules ne sont pas éliminées avant d'atteindre leur maturité, elles peuvent provoquer des maladies auto-immunes au cours desquelles notre système immunitaire détruit les tissus qu'il est censé protéger.

1.4 Étudier les cellules et leur fonctionnement

Pour comprendre de quelle façon les différents composants moléculaires impliqués dans les fonctions cellulaires travaillent de concert dans une cellule vivante, nous devons envisager plusieurs perspectives. Nous allons voir ici de quelle façon cinq disciplines — la biologie cellulaire, la biochimie, la génétique, la génomique et la biologie du développement — peuvent nous fournir des indications sur la structure et la fonction des cellules. Les approches expérimentales de chacun de ces domaines nous renseignent de différentes manières sur les mécanismes internes des cellules, ce qui nous permettra d'aborder plusieurs sortes de questions sur les cellules et ce qu'elles font. La division cellulaire est un bon exemple pour illustrer le rôle des différentes perspectives dans l'analyse d'un processus cellulaire complexe.

Le royaume de la biologie se situe aux alentours du milliardième de mètre (Figure 1-20). Au-delà de cette échelle, c'est le

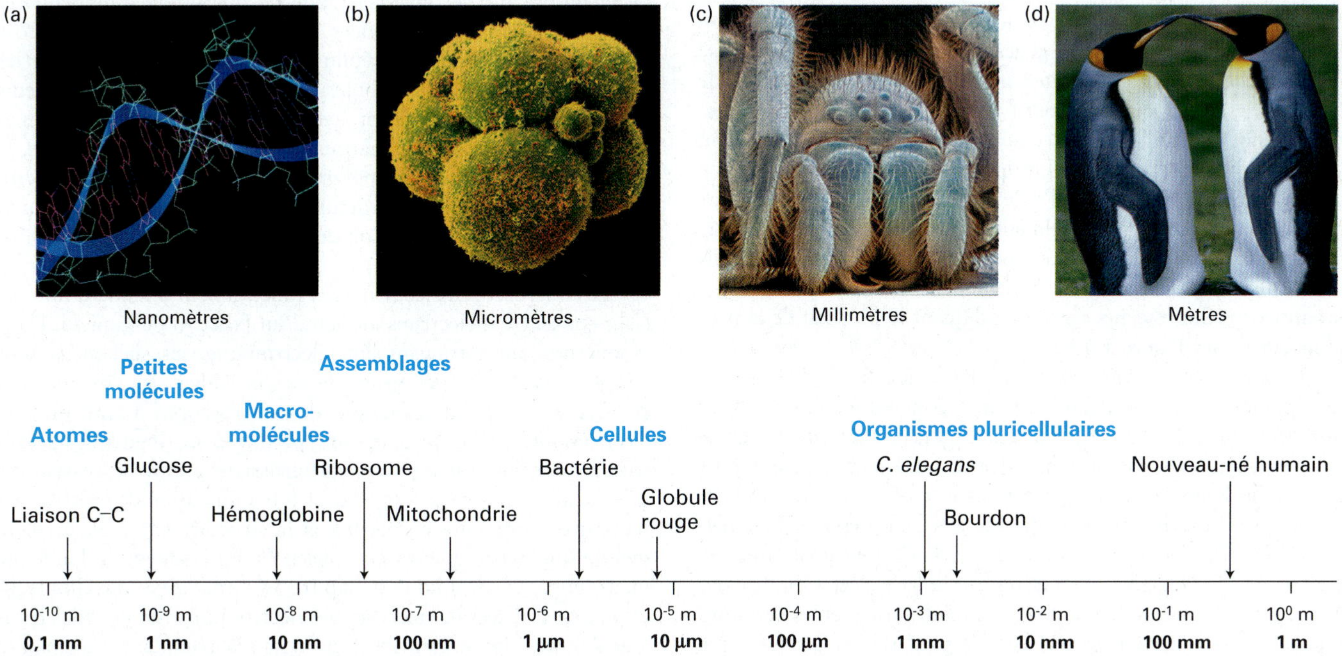

FIGURE 1-20 Les biologistes s'intéressent à des objets dont la taille varie des petites molécules jusqu'aux grands arbres. Un échantillon d'objets biologiques alignés suivant une échelle logarithmique. (a) La double hélice d'ADN a un diamètre voisin de 2 nm. (b) Un embryon humain au stade huit cellules, trois jours après la fécondation, d'un diamètre d'environ 200 μm. (c) Une lycose (familles des tarentules), d'un diamètre voisin de 15 mm. (d) Des manchots empereurs d'environ 1 mètre de haut. [Partie (a) Will et Deni McIntyre. Partie (b) Yorgas Nikas/Photo Researchers, Inc. Partie (c) Gary Gaugler/Visuals Unlimited, Inc. Partie (d) Hugh S. Rose/Visuals Unlimited, Inc.]

domaine de l'écologie et des sciences de la terre du côté « macro », de la chimie et de la physique du côté « micro ». On mesure en mètres (10^0-10^2 m) les plantes et animaux visibles à l'œil nu. En regardant plus attentivement, on peut voir un monde biologique à l'échelle du millimètre (1 mm = 10^{-3} m) et même du dixième de millimètre (10^{-4} m). Si l'on met de côté les exceptions telles que les œufs de poule, la plupart des cellules ont une taille de 1-100 micromètres (1 μm = 10^{-6} m) et ne sont donc bien visibles qu'une fois agrandies. Pour voir la structure interne de ces cellules, il faut encore réduire l'échelle à 10-100 nanomètres (1 nm = 10^{-9} m).

La biologie cellulaire révèle la taille, la forme et la position des composants cellulaires

La véritable observation des cellules remonte à la mise au point des premiers microscopes rudimentaires au début des années 1600. Un microscope binoculaire, le plus utile des microscopes photoniques, possède deux lentilles. La puissance totale de grossissement est le produit du grossissement de chaque lentille. Avec l'invention de meilleures lentilles, le pouvoir de grossissement et la capacité de distinguer des objets très proches, la **résolution**, progressèrent fortement. Les microscopes binoculaires actuels permettent un grossissement d'environ 1000 fois, de telle sorte qu'une bactérie longue de 1 μm semble mesurer un millimètre de long. On peut discerner des objets distants d'environ 0,2 μm à l'aide de ces instruments.

La microscopie est plus performante dès lors que des composants cellulaires particuliers sont colorés ou marqués spécifiquement, ce qui permet de les repérer facilement dans la cellule. Un exemple simple est l'introduction dans la cellule de colorants qui se fixent spécifiquement à l'ADN pour visualiser les chromosomes. On peut détecter des protéines spécifiques en utilisant la spécificité de liaison des **anticorps**, les protéines dont le rôle habituel est d'aider les animaux à se défendre contre les infections ou les substances étrangères. En général, chaque type d'anticorps se fixe spécifiquement à une protéine ou un gros polysaccharide (Chapitre 3). Des anticorps purifiés peuvent être liés spécifiquement à une molécule fluorescente, ce qui permet leur détection grâce à un microscope spécial à fluorescence (Chapitre 5). Si une cellule ou un tissu est traité à l'aide d'un détergent qui dissout partiellement les membranes cellulaires, les anticorps fluorescents peuvent y pénétrer et se fixer aux protéines spécifiques qu'ils reconnaissent. Lorsque l'on examine l'échantillon au microscope, les anticorps fluorescents associés indiquent la position de la protéine cible (voir Figure 1-15).

Il est possible de faire encore mieux en localisant directement les protéines dans des cellules vivantes dont les membranes sont intactes. Pour cela, on peut introduire un gène fabriqué par génie génétique qui code une protéine hybride : une partie de cette protéine hybride est la protéine qui nous intéresse dans la cellule et l'autre partie est une protéine qui fluoresce en présence de lumière UV. La *protéine à fluorescence verte* (*GFP* pour *green fluorescent protein* en anglais) est couramment utilisée à cette fin. Il s'agit d'une protéine naturelle qui colore et rend fluorescentes certaines méduses. Un « marquage » à la GFP peut révéler par exemple qu'une protéine donnée est d'abord fabriquée dans le réticulum endoplasmique puis envoyée par la cellule dans les lysosomes. Dans ce cas, le réticulum endoplasmique initialement, puis plus tard les lysosomes brilleront dans le noir.

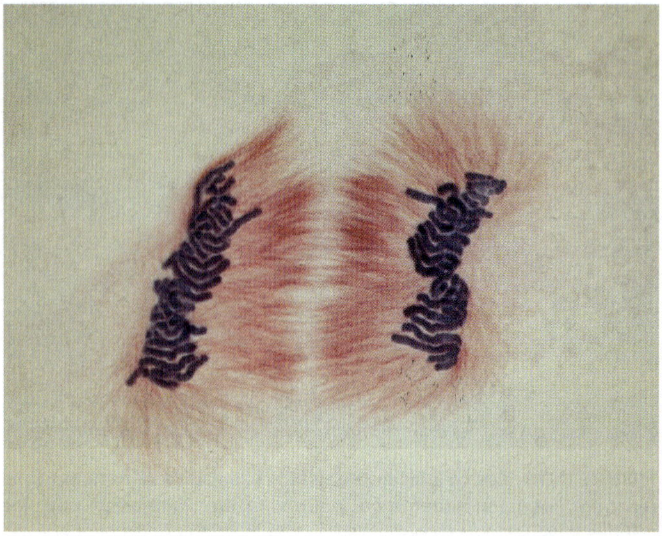

FIGURE 1-21 Pendant les dernières étapes de la mitose, les chromosomes répliqués (en noir) gagnent les extrémités de la cellule en cours de division, à l'aide des microtubules (en rouge). Cette cellule végétale est traitée par un colorant qui se fixe à l'ADN (éthidium) pour révéler les chromosomes et par des anticorps à marquage fluorescent spécifiques de la tubuline pour révéler les microtubules. À cette étape de la mitose, les deux copies de chaque chromosome répliqué (appelées chromatides) se sont séparées et sont en train de s'éloigner l'une de l'autre. [Aimablement communiqué par Andrew Bajer.]

Les chromosomes sont visibles au microscope photonique uniquement au cours de la mitose, lorsqu'ils sont fortement condensés. Le comportement extraordinaire des chromosomes au cours de la mitose fut découvert à l'aide de microscopes binoculaires améliorés, vers la fin des années 1800. Vers le milieu de la mitose environ, les chromosomes répliqués commencent à se séparer les uns des autres. Les microtubules, l'un des trois types de filaments cytosquelettiques, participent à ce déplacement des chromosomes au cours de la mitose. Le marquage fluorescent de la tubuline, la sous-unité protéique qui polymérise pour former des microtubules, révèle des détails structuraux de la division cellulaire invisibles autrement et permet l'observation du déplacement des chromosomes (Figure 1-21).

Les microscopes électroniques fonctionnent à l'aide d'un faisceau concentré d'électrons au lieu d'un faisceau de lumière. Dans la microscopie à transmission électronique, les spécimens sont coupés en très fines sections et placés sous vide avant l'examen des cellules vivantes. La résolution des microscopes à transmission électronique, de l'ordre de 0,1 nm, permet de distinguer des détails structuraux fins et leur pouvoir de grossissement ferait ressembler une cellule bactérienne longue de 1 μm à un ballon de football. La plupart des organites eucaryotes et la structure en bicouche de la membrane plasmique furent observés initialement à l'aide de microscopes électroniques (Chapitre 5). Grâce aux nouvelles techniques spécialisées de microscopie électronique, des modèles tridimensionnels des organites et des grands complexes protéiques peuvent être construits à partir de multiples images. Mais pour obtenir une vision plus détaillée des macromolécules individuelles au sein de la cellule, il faut utiliser les techniques du domaine de la biochimie.

La biochimie révèle la structure moléculaire et la chimie des constituants cellulaires purifiés

Les biochimistes extraient le contenu des cellules et séparent les constituants d'après leurs différences de propriétés chimiques ou physiques, un processus appelé *fractionnement*. Les protéines présentent un intérêt particulier car elles participent à de nombreux processus cellulaires. Un protocole type de fractionnement consiste à utiliser successivement différentes techniques de séparation. Ces techniques de séparation reposent souvent sur les différences de taille des molécules ou de charge électrique à leur surface (Chapitre 3). Pour purifier une protéine donnée, un protocole de purification est conçu de telle sorte que chaque étape aboutisse à une préparation contenant de moins en moins de protéines contaminantes, jusqu'à ce qu'il ne reste plus que la protéine recherchée (Figure 1-22).

La purification initiale d'une protéine spécifique à partir d'un extrait cellulaire est souvent une tâche longue et fastidieuse. Une fois que l'on a obtenu une petite quantité de cette protéine purifiée, des anticorps dirigés contre celle-ci peuvent être produits par différentes techniques détaillées au Chapitre 6. Pour un biochimiste, les anticorps représentent un outil de pointe permettant d'isoler des quantités plus importantes d'une protéine spécifique, afin de pouvoir l'analyser plus finement. En effet, des anticorps permettent d'« extirper » la protéine qu'ils reconnaissent spécifiquement, d'un échantillon semi-purifié contenant de nombreuses autres protéines. Une alternative de plus en plus courante consiste à fabriquer par génie génétique un gène codant une protéine intéressante attachée à une petite protéine « étiquette », qui peut être utilisée pour retirer la protéine d'extraits cellulaires complets.

La purification d'une protéine est un préalable nécessaire aux études de son mode de catalyse ou d'autres fonctions et de la régulation de son activité. Certaines enzymes sont constituées de plusieurs chaînes protéiques (sous-unités) dont l'une catalyse une réaction chimique et les autres régulent les endroits et les moments auxquels se déroule cette réaction. Les machineries moléculaires qui accomplissent de nombreux processus cellulaires essentiels sont des assemblages de protéines encore plus volumineux. En séparant des protéines individuelles de tels assemblages, on peut tester leur activité catalytique individuelle ou un autre type d'activité. Par exemple, la purification et l'étude de l'activité des protéines constituant la machinerie de réplication de l'ADN ont permis de mieux connaître leur travail commun au cours de la réplication de l'ADN lors de la division cellulaire (Chapitre 4).

La structure tridimensionnelle repliée ou **conformation** d'une protéine est essentielle à sa fonction. Pour comprendre la relation entre la fonction d'une protéine et sa forme, il est nécessaire de connaître à la fois son action et sa structure détaillée. La technique la plus utilisée pour déterminer les structures complexes des protéines, de l'ADN et de l'ARN est la **cristallographie aux rayons X**. L'analyse assistée par ordinateur des données permet souvent de localiser chaque atome dans une molécule complexe de grande taille. La structure en double hélice de l'ADN, essentielle à son rôle dans l'hérédité, fut proposée pour la première fois d'après des études de cristallographie aux rayons X. Tout au long de ce livre, nous rencontrerons de nombreux exemples de structures protéiques lorsque nous nous intéresserons au mode de fonctionnement des protéines.

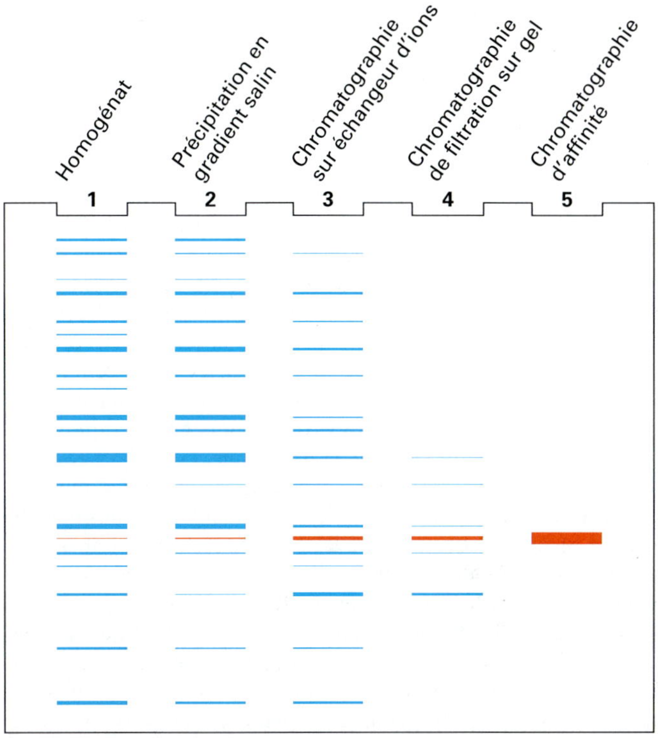

FIGURE 1-22 La purification biochimique d'une protéine à partir d'un extrait cellulaire nécessite souvent plusieurs techniques de séparation. La purification peut être suivie par une électrophorèse sur gel du mélange protéique de départ et des fractions obtenues à partir de chaque étape de purification. Dans ce protocole, un échantillon est injecté dans les puits situés en haut d'un gel et un courant électrique est appliqué. En présence des concentrations appropriées de sels et de détergent, les protéines se déplacent au travers des fibres du gel en direction de l'anode, les protéines les plus grosses se déplaçant plus lentement dans le gel que les protéines les plus petites (voir Figure 3-32). Lorsque le gel est coloré, les protéines séparées sont visibles sous la forme de bandes distinctes dont les intensités sont grossièrement proportionnelles à la concentration des protéines. La figure montre une représentation schématique des gels à partir du mélange initial de protéines (ligne 1) et d'échantillons prélevés après chacune des étapes de purification. Dans la première étape, la précipitation en gradient salin, les protéines précipitées avec une certaine quantité de sels ont été redissoutes ; l'électrophorèse de cet exemple (ligne 2) montre qu'il contient moins de protéines que le mélange initial. L'échantillon a ensuite été soumis à trois types de chromatographie sur colonne qui séparent les protéines en fonction de leur charge électrique, de leur taille ou de leur affinité de liaison pour une petite molécule donnée (voir Figure 3-34). La dernière préparation est quasiment pure comme le montre la présence d'une seule bande de protéine à la ligne 5. [D'après J. Berg et al., 2002, *Biochemistry*, W. H. Freeman and Company, p87.]

La génétique révèle les conséquences des gènes endommagés

Les études de biochimie et de cristallographie peuvent nous fournir de nombreux renseignements sur une protéine donnée mais elles ne peuvent nous permettre de savoir si elle intervient au cours de la division cellulaire ou de n'importe quel autre processus. L'importance d'une protéine est démontrée de manière plus convaincante si une mutation qui empêche sa synthèse ou la rend non fonctionnelle affecte fortement le processus étudié.

Le **génotype** d'un organisme est défini comme l'ensemble de ses gènes. Ce terme est également souvent utilisé en référence aux différentes versions d'un même gène ou d'un petit nombre de gènes étudiés chez un organisme. Un organisme diploïde porte généralement deux versions (**allèles**) de chaque gène, chacune héritée de l'un des parents. Il y a cependant des exceptions importantes telles que les gènes présents sur les chromosomes X et Y des mâles de certaines espèces y compris la nôtre. Le **phénotype** est le résultat visible de l'action d'un gène, comme les yeux bleus ou les yeux marron ou encore la forme des pois. Au début de la génétique, on ignorait la localisation et la nature chimique des gènes. Tout ce qu'on pouvait étudier portait sur les caractéristiques observables, les phénotypes. Se représenter les gènes comme les « perles » d'un long « collier », le chromosome, ne fut proposé qu'au début des années 1900 après des travaux de génétique effectués sur la mouche du vinaigre, la drosophile.

Dans l'approche génétique classique, on isole des mutants dépourvus de la capacité de faire une chose qu'un organisme normal est capable d'effectuer. Souvent, on effectue des « criblages » génétiques de grande ampleur pour rechercher de nombreux individus mutants différents (comme des drosophiles, des cellules de levure) incapables d'exécuter un processus donné tel que la division cellulaire ou la formation des muscles. Chez les organismes expérimentaux ou les cellules en culture, les mutations sont généralement créées par un **mutagène**, un agent chimique ou physique qui induit des mutations d'une manière assez aléatoire. Mais comment isoler et conserver en vie des cellules ou organismes mutants déficients pour un processus tel que la division cellulaire, nécessaire à leur survie ? L'une des solutions est la recherche de **mutants thermosensibles**. Ces mutants sont capables de croître à une certaine température, la température *permissive* mais pas à une autre température, généralement plus élevée, la température *non permissive*. Les cellules normales peuvent se développer à ces deux températures. Dans la plupart des cas, un mutant thermosensible produit une protéine modifiée qui fonctionne à la température permissive mais se déploie et devient non fonctionnelle à la température non permissive. Les criblages à la recherche de mutants thermosensibles sont faciles à réaliser avec les virus, les bactéries, les levures, les ascarides et les drosophiles.

En analysant les conséquences de nombreuses mutations thermosensibles différentes qui modifiaient la division cellulaire, les généticiens découvrirent tous les gènes nécessaires à ce processus sans rien connaître initialement des protéines qu'ils codaient ni du mode de fonctionnement des protéines dans la division cellulaire. La grande puissance de la génétique est de révéler l'existence et le rôle des protéines sans connaître au préalable leur identité biochimique ou leur fonction moléculaire. Ces gènes « définis grâce à des mutations » furent finalement isolés et répliqués (clonés) à l'aide des techniques de l'**ADN recombinant** traitées au Chapitre 9. En disposant des gènes isolés, les protéines codées purent être produites dans un tube à essai ou dans des bactéries modifiées par génie génétique ou encore dans des cellules en culture. Les biochimistes purent ensuite vérifier si les protéines s'associaient à d'autres protéines, à de l'ADN ou catalysaient des réactions chimiques particulières au cours de la division cellulaire (Chapitre 21).

L'analyse des séquences génomiques de différents organismes au cours des dix dernières années a permis d'identifier de nombreuses régions d'ADN jusqu'alors inconnues, susceptibles de coder des protéines. La fonction générale de la protéine codée par un gène identifié par sa séquence peut être déduite par analogie avec des protéines connues de séquence voisine. Plutôt que d'identifier au hasard des mutations dans des gènes nouveaux, on dispose maintenant de plusieurs techniques pour inactiver des gènes spécifiques en y introduisant des mutations par génie génétique (Chapitre 9). Les conséquences de telles mutations délibérées spécifiques d'un gène fournissent des informations sur le rôle des protéines codées chez les organismes vivants. Cette application des techniques génétiques commence par une séquence de gène ou de protéine et se termine par un phénotype mutant ; à l'inverse, la génétique traditionnelle débute par un phénotype mutant et s'achève par la séquence d'un gène ou d'une protéine.

La génomique révèle des différences dans la structure et l'expression de génomes entiers

La biochimie et la génétique se concentrent généralement à la fois sur un gène et sur la protéine qu'il code. Bien que puissantes, ces approches traditionnelles n'offrent pas une vue d'ensemble de la structure et de l'activité du génome d'un organisme, c'est-à-dire de l'ensemble de ses gènes. Le domaine de la **génomique** répond à cette lacune en englobant la caractérisation moléculaire de génomes entiers et la détermination des patrons d'expression des gènes. La connaissance récente de l'ensemble des séquences du génome de plus de 80 espèces de bactéries et de plusieurs eucaryotes permet désormais de comparer les génomes complets d'espèces différentes. Les résultats de cette comparaison fournissent des preuves indéniables de l'unité moléculaire de la vie et des processus évolutifs qui nous ont fait tels que nous sommes (voir Section 1.5). Les méthodes basées sur la génomique permettant de comparer simultanément des milliers de fragments d'ADN issus d'individus différents permettent de retracer l'histoire et les migrations des végétaux et des animaux et de suivre la transmission de maladies dans des familles humaines.

De nouvelles méthodes utilisant des **micro-alignements d'ADN** (puces à ADN) permettent de détecter simultanément tous les ARNm présents dans une cellule, indiquant ainsi les gènes transcrits. Une telle vision d'ensemble de l'expression des gènes montre clairement que des cellules de foie transcrivent un ensemble de gènes très différent de celui des globules blancs ou des cellules de la peau. Des changements de l'expression des gènes peuvent également être suivis au cours d'une maladie, en réponse à des médicaments ou à d'autres signaux externes et au cours du développement. Par exemple, l'identification récente de tous les ARNm présents dans des fibroblastes en culture avant, pendant et après leur division a fourni une vision globale des changements transcriptionnels qui se produisent au cours de la division cellulaire (Figure 1-23). Le diagnostic des cancers est en pleine transformation car des cellules cancéreuses impossibles à distinguer autrefois présentent des schémas distincts d'expression de leurs gènes (Chapitre 23). Des études similaires réalisées avec différents organismes et types cellulaires révèlent ce qu'il y a d'universel dans les gènes impliqués dans la division cellulaire et ce qui est spécifique d'un organisme donné.

L'ensemble des protéines d'une cellule, son **protéome**, est contrôlé en partie par des changements dans la transcription des gènes. Les processus régulés de synthèse, maturation, localisation et dégradation de protéines spécifiques jouent également un rôle dans la détermination du protéome d'une cellule donnée et l'association de certaines protéines est essentielle pour les capacités

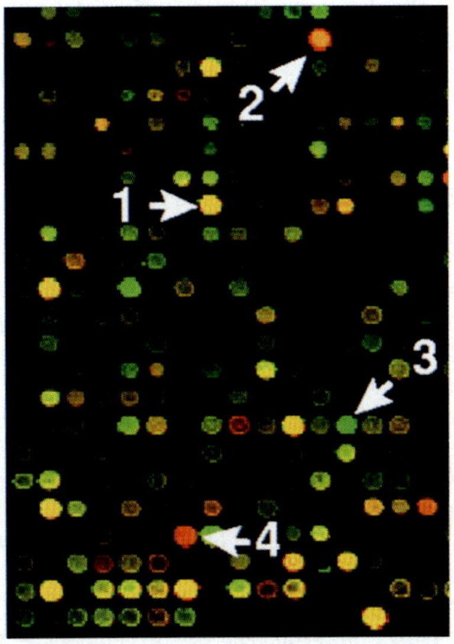

FIGURE 1-23 L'analyse à l'aide de puces à ADN donne une vision globale des changements dans la transcription après addition de sérum à des cellules humaines en culture. Le sérum contient des facteurs de croissance stimulant les cellules qui ne se divisent pas et les incitant à croître et à se diviser. L'analyse à l'aide de puces à ADN permet de détecter la transcription relative des gènes de deux populations différentes de cellules (voir Figure 9-35). Les puces comportent des micro-alignements qui sont de minuscules dépôts d'ADN fixés à une lamelle de microscope. Chaque dépôt contient de nombreuses copies d'une séquence d'ADN correspondant à un même gène humain. Une préparation d'ARN contenant tous les types d'ARN fabriqués par les cellules en culture sans sérum qui ne se divisent pas, est marqué à l'aide de molécules vertes fluorescentes. Une autre population d'ARN provenant de cellules en croissance en présence de sérum est marquée à l'aide d'un colorant rouge. Les deux sont mélangées et hybridées sur la lamelle où elles « s'apparient » avec leur gène correspondant. Les taches vertes (comme la tache 3) indiquent donc les gènes transcrits dans les cellules qui ne se divisent pas (sans sérum) ; les taches rouges (comme la tache 4) correspondent aux gènes transcrits dans les cellules en division. Les taches jaunes enfin (comme les taches 1 et 2) signalent les gènes transcrits de la même façon dans les cellules qui se divisent et dans celles qui ne le font pas. [D'après V. R. Lyer et al., 1999, *Science* **283** :83.]

fonctionnelles des cellules. Les nouvelles techniques permettant d'enregistrer simultanément la présence et les interactions de nombreuses protéines, appelées **protéomique**, sont un moyen d'obtenir une vision d'ensemble des protéines et des machineries moléculaires importantes pour le fonctionnement de la cellule. Le domaine de la protéomique prendra de l'ampleur une fois que la cristallographie aux rayons X aura progressé, permettant ainsi aux chercheurs de déterminer rapidement les structures de centaines ou de milliers de protéines.

La biologie du développement révèle des changements dans les propriétés des cellules selon leur spécialisation

Une autre façon d'envisager les cellules consiste à étudier leur changement au cours du développement d'un organisme complexe. Les bactéries, les algues et les eucaryotes unicellulaires (protozoaires, levures) peuvent souvent, mais pas de manière systématique, vivre seuls. Les actions concertées des milliards de cellules qui composent notre corps exigent une communication importante ainsi qu'une répartition des tâches. Au cours du développement d'organismes pluricellulaires, les processus de différenciation forment des centaines de types cellulaires, chacun étant spécialisé pour accomplir une tâche particulière, comme la transmission de signaux électriques par les neurones, le transport d'oxygène par les globules rouges, la destruction de bactéries infectieuses par les macrophages, la contraction par les cellules musculaires et le traitement chimique par les cellules du foie.

Un grand nombre des distinctions entre les cellules différenciées sont dues à la production d'ensembles spécifiques de protéines nécessaires pour exécuter les fonctions propres à chaque type cellulaire. C'est-à-dire que seul un sous-groupe des gènes de l'organisme est transcrit à un moment donné ou dans une cellule particulière. Une telle **expression différentielle des gènes** à des moments distincts ou dans des types cellulaires différents se produit chez les bactéries, les champignons, les plantes, les animaux et même les virus. L'expression différentielle des gènes est bien visible dans l'embryon de drosophile à un stade précoce de développement. En effet, toutes ses cellules se ressemblent jusqu'à ce qu'on les marque pour mettre en évidence les protéines codées par des gènes particuliers (Figure 1-24). La transcription peut être modifiée dans un type cellulaire en réponse à un signal externe ou en fonction de l'horloge biologique. Certains gènes par exemple, présentent alternativement dans la même journée un taux bas et un taux élevé de transcription.

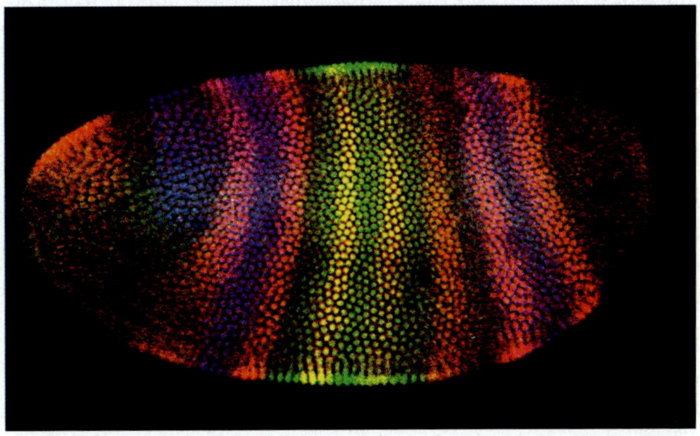

FIGURE 1-24 L'expression différentielle d'un gène peut être détectée chez les embryons de mouches à un stade précoce de développement, avant que les cellules ne se différencient morphologiquement. Un embryon de drosophile à un stade précoce possède environ 6000 cellules à sa surface, dont la plupart ne peuvent être différenciées au microscope photonique. Si l'on rend l'embryon perméable aux anticorps à l'aide d'un détergent qui dissout partiellement les membranes, les anticorps peuvent trouver les protéines qu'ils reconnaissent et s'y fixer. Dans cet embryon, nous voyons des anticorps marqués à l'aide d'un marqueur fluorescent lié à des protéines nucléaires ; chaque petite sphère correspond à un noyau. Trois anticorps différents ont été utilisés, chacun étant spécifique d'une protéine et donnant une couleur différente (jaune, vert ou bleu) sous un microscope à fluorescence. La couleur rouge est ajoutée aux chevauchements des marqueurs jaune et bleu. Les positions des différentes protéines montrent que les cellules sont en fait différentes dès cette étape précoce, avec des gènes activés donnés dans des bandes spécifiques de cellules. Ces gènes contrôlent la subdivision du corps en segments répétés, comme dans les bandes noires et jaunes d'un frelon. [Aimablement communiqué par Sean Carroll, Université du Wisconsin.]

Produire différents types de cellules ne suffit pas à construire un organisme, pas plus qu'empiler toutes les pièces d'un camion ne permet d'en fabriquer un. Les différents types cellulaires doivent être organisés et assemblés en tissus et en organes. Ce qui est encore plus remarquable, c'est que ces parties du corps doivent fonctionner presque immédiatement après leur formation et continuer pendant tout le processus de croissance. Par exemple, le cœur humain commence à battre lorsqu'il mesure moins de 3 mm de long chez des embryons d'à peine 23 jours et continue à battre jusqu'à ce qu'il atteigne la taille d'un poing, c'est-à-dire de quelques centaines de cellules jusqu'à plusieurs milliards, et ceci, toujours régulièrement.

Dans les organismes en cours de développement, les cellules croissent et se divisent à certains moments et pas à d'autres, elles s'assemblent et communiquent, elles empêchent ou réparent les erreurs dans le processus développemental et elles coordonnent chaque tissu avec les autres. Chez l'organisme adulte, la division cellulaire s'interrompt en grande partie dans la plupart des organes. Si une partie d'un organe tel que le foie est endommagée ou retirée, la division cellulaire reprend jusqu'à ce que l'organe soit régénéré. Selon la légende, Zeus punit Prométhée pour avoir donné le feu aux hommes en l'enchaînant à une montagne et en laissant un aigle dévorer son foie. Le châtiment était éternel car, comme le savaient manifestement les Grecs, le foie se régénère.

Les études du développement exigent l'observation des endroits, des moments et de la façon dont différents types de cellules se forment, la découverte des signaux qui déclenchent et coordonnent les événements du développement et la compréhension de l'action différentielle des gènes à l'origine de la différenciation (Chapitres 15 et 22). Au cours du développement, nous pouvons voir dans un contexte normal les cellules se changer en d'autres cellules. Les approches par la biologie cellulaire, la biochimie, la biologie moléculaire, la génétique et la génomique sont toutes utilisées pour étudier les cellules au cours du développement.

Choisir l'organisme expérimental approprié pour la tâche à exécuter

La compréhension que nous avons actuellement du fonctionnement moléculaire des cellules repose sur les études de virus, bactéries, levures, protozoaires, moisissures, plantes, grenouilles, oursins, vers, insectes, poissons, poussins, souris et humains. Pour différentes raisons, certains organismes sont plus appropriés que d'autres pour répondre à des questions précises. En raison de la conservation des gènes, des protéines, des organites, des types cellulaires, etc. au cours de l'évolution, les découvertes faites sur les structures biologiques et les fonctions d'un organisme expérimental s'appliquent souvent aux autres. C'est pourquoi les chercheurs réalisent généralement des études avec l'organisme le plus adapté pour obtenir une réponse rapide et complète à la question posée, en sachant que les résultats obtenus chez un organisme seront probablement largement applicables. La Figure 1-25 résume les utilisations expérimentales classiques de différents organismes dont le génome a été séquencé intégralement ou presque. La disponibilité des séquences génomiques de ces organismes les rend particulièrement utiles pour les études de génétique et de génomique.

Les bactéries présentent plusieurs avantages en tant qu'organismes expérimentaux : elles croissent rapidement, possèdent des mécanismes élégants de contrôle de l'activité des gènes et sont très

FIGURE 1-25 Chaque organisme expérimental utilisé en biologie cellulaire présente des avantages pour certains types d'études. Les virus et les bactéries possèdent de petits génomes pratiques pour l'analyse génétique. De nombreuses découvertes sur le contrôle des gènes proviennent d'études menées initialement sur ces organismes. La levure *Saccharomyces cerevisiae* possède l'organisation cellulaire d'un Eucaryote mais est un organisme unicellulaire relativement simple à maintenir en laboratoire et à manipuler génétiquement. Chez le ver nématode *Caenorhabditis elegans* qui possède un petit nombre de cellules disposées d'une façon quasiment identique d'un ver à l'autre, on peut suivre la formation de chaque cellule. La mouche du vinaigre, *Drosophila melanogaster*, utilisée initialement pour découvrir les propriétés des chromosomes a été particulièrement utile pour identifier les gènes contrôlant le développement embryonnaire. Un grand nombre de ces gènes ont été conservés au cours de l'évolution et sont présents chez l'homme. Le poisson zèbre *Danio rerio* est utilisé pour des criblages génétiques rapides permettant d'identifier des gènes qui contrôlent le développement et l'organogenèse. Parmi les systèmes animaux expérimentaux, les souris (*Mus musculus*) sont du point de vue de l'évolution les plus proches de l'homme et ont fourni des modèles pour étudier de nombreuses maladies humaines génétiques et infectieuses. L'herbe de la famille de la moutarde *Arabidopsis thaliana*, parfois décrite comme la drosophile du royaume végétal, a été utilisée pour des criblages génétiques destinés à identifier les gènes impliqués dans presque tous les aspects de la vie des plantes. Le séquençage du génome est terminé pour de nombreux virus et espèces bactériennes, pour la levure *Saccharomyces cerevisiae*, le ver *C. elegans*, la mouche du vinaigre *Drosophila melanogaster*, l'homme et la plante *Arabidopsis thaliana*. Il est quasiment achevé pour les souris et progresse pour le poisson zèbre. D'autres organismes, en particulier les grenouilles, les oursins, les poules et les moisissures, continuent à être extrêmement utiles pour la recherche en biologie cellulaire. Une variété de plus en plus large d'espèces est utilisée, en particulier pour les études sur l'évolution des cellules et des mécanismes cellulaires. [Partie (a) Visuals Unlimited, Inc. Partie (b) Kari Lountmaa/Science Photo Library/Photo Researchers, Inc. Partie (c) Scimat/Photo Researchers Inc. Partie (d) Photo Researchers, Inc. Partie (e) Darwin Dale/ Photo Researchers, Inc. Partie (f) Inge Spence/Visuals Unlimited, Inc. Partie (g) J. M. Labat.Jancana/Visuals Unlimited, Inc. Partie (h) Darwin Dale/ Photo Researchers, Inc.]

intéressantes sur le plan génétique. Ce dernier atout se rapporte à la petite taille des génomes bactériens, à la facilité d'obtention des mutants, à l'existence de techniques de transfert de gènes dans des bactéries, à la richesse des connaissances sur le contrôle des gènes bactériens et des fonctions protéiques et à la relative simplicité de cartographie des gènes les uns par rapport aux autres dans le génome. Les levures unicellulaires présentent non seulement certains des avantages des bactéries, mais possèdent également une organisation cellulaire, caractérisée par la présence d'un noyau et d'organites, qui est spécifique des eucaryotes.

Les études de cellules dans les tissus spécialisés utilisent des « modèles » animaux et végétaux, c'est-à-dire des organismes expérimentaux avec des caractéristiques communes à de nombreux autres organismes. Les cellules nerveuses et les cellules musculaires par exemple, ont traditionnellement été étudiées chez les mammifères ou chez d'autres créatures possédant des cellules accessibles ou de grande taille telles que les cellules nerveuses géantes du calmar et du lièvre de mer ou les muscles du vol des oiseaux. Plus récemment, le développement des muscles et des nerfs a été abondamment étudié chez les mouches du vinaigre (*Drosophila melanogaster*), les ascarides (*Caenorhabditis elegans*) et le poisson zèbre dont les mutants peuvent facilement être isolés. Les organismes dont les embryons ont des cellules de grande taille et qui se développent à l'extérieur de leur mère (tels que les grenouilles, les oursins, les poissons et les poussins) sont extrêmement

(a)

Virus

Protéines impliquées dans la synthèse de l'ADN, de l'ARN et des protéines
Régulation des gènes
Cancer et contrôle de la prolifération cellulaire
Transport des protéines et organites dans les cellules
Infection et immunité
Approches possibles en thérapie génique

(b)

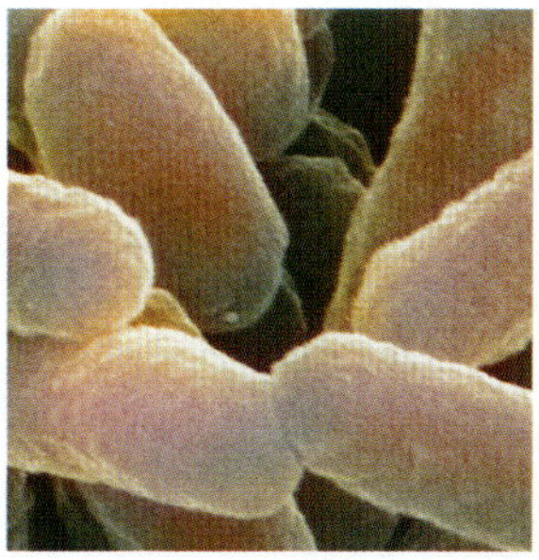

Bactéries

Protéines impliquées dans la synthèse de l'ADN, de l'ARN, des protéines et le métabolisme
Régulation des gènes
Cibles pour de nouveaux antibiotiques
Cycle cellulaire
Signalisation

(c)

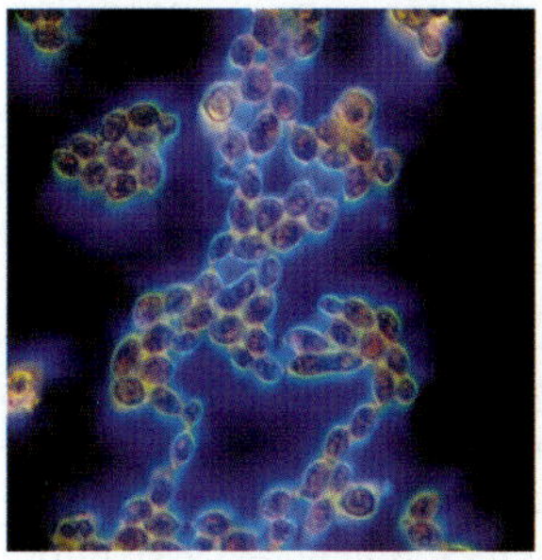

Levure (*Saccharomyces cerevisiae*)

Contrôle du cycle cellulaire et de la division des cellules
Sécrétion des protéines et biogenèse des membranes
Fonction du cytosquelette
Différenciation cellulaire
Vieillissement
Régulation des gènes et structure des chromosomes

(d)

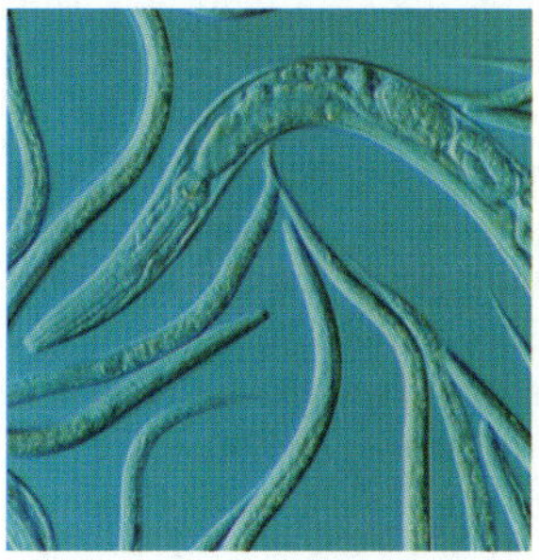

Ascaride (*Caenorhabditis elegans*)

Développement du plan d'organisation du corps
Lignée cellulaire
Formation et fonction du système nerveux
Contrôle de la mort cellulaire programmée
Prolifération des cellules et gènes du cancer
Vieillissement
Comportement
Régulation des gènes et structure des chromosomes

(e)

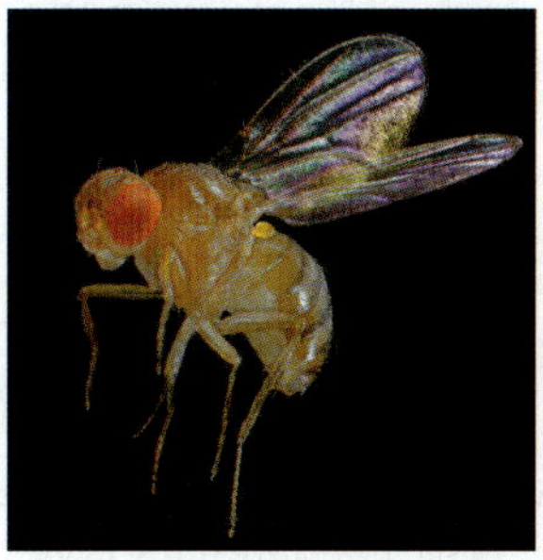

Mouche du vinaigre (*Drosophila melanogaster*)

Développement du plan d'organisation du corps
Formation des lignées cellulaires différenciées
Formation du système nerveux, du cœur et de la musculature
Mort cellulaire programmée
Contrôle génétique du comportement
Gènes du cancer et contrôle de la prolifération cellulaire
Contrôle de la polarisation des cellules
Effets des médicaments, alcools et pesticides

(f)

Poisson zèbre

Développement des tissus du corps des vertébrés
Formation et fonction du cerveau et du système nerveux
Malformations de naissance
Cancer

(g)

Souris, y compris les cellules en culture

Développement des tissus du corps
Fonction du système immunitaire des mammifères
Formation et fonction du cerveau et du système nerveux
Modèles de cancers et d'autres maladies humaines
Régulation et transmission des gènes
Maladies infectieuses

(h)

Plante (*Arabidopsis thaliana*)

Développement et organisation des tissus
Génétique de la biologie cellulaire
Applications à l'agriculture
Physiologie
Régulation des gènes
Immunité
Maladies infectieuses

utiles pour suivre la destinée des cellules à mesure qu'elles forment des tissus différents et pour obtenir des extraits destinés à des études biochimiques. Par exemple, une protéine essentielle dans la régulation de la mitose a été identifiée lors d'études sur les embryons de grenouille et d'oursins, puis purifiée à partir d'extraits (Chapitre 21).

Grâce aux techniques de l'ADN recombinant, les chercheurs peuvent fabriquer des gènes spécifiques contenant des mutations qui inactivent ou augmentent la production des protéines qu'ils codent. On peut introduire ces gènes dans des embryons de vers, de mouches, de grenouilles, d'oursins, de poussins, de souris, dans diverses plantes et d'autres organismes, ce qui permet d'étudier les conséquences de l'activation inhabituelle d'un gène ou de l'inhibition de sa fonction normale. Cette approche est très utilisée pour produire chez la souris des versions de maladies génétiques humaines. De nouvelles techniques permettant d'inactiver des gènes spécifiques en injectant de courts fragments d'ARN permettent des tests rapides des fonctions des gènes chez de nombreux organismes.

Les souris présentent un énorme avantage sur d'autres organismes expérimentaux : elles sont les plus proches des animaux pour lesquels il existe une approche génétique performante. Des gènes de souris fabriqués par génie génétique et portant des mutations comparables à celles associées à une maladie héréditaire donnée chez l'homme peuvent être introduits dans des cellules de la lignée embryonnaire (ES pour *embryonic stem* en anglais) de souris. Ces cellules peuvent être introduites dans un embryon à un stade précoce de son développement, implanté ensuite dans une souris femelle porteuse (Chapitre 9). Si les souris qui se développent à partir de ces cellules ES injectées présentent des maladies qui ressemblent à la maladie humaine, alors le lien entre la maladie et les mutations dans un ou plusieurs gènes donnés est confirmé. Une fois que l'on dispose de modèles chez les souris pour une maladie humaine, d'autres études sur les déficiences moléculaires à l'origine de la maladie peuvent être réalisées et de nouveaux traitements peuvent être testés, ce qui réduit l'exposition de l'homme à des traitements non testés.

Un criblage génétique naturel de longue durée a été réalisé pendant des millénaires dans les populations humaines. Des milliers de caractères héréditaires ont été identifiés et plus récemment, ont pu être cartographiés sur les chromosomes. Certains de ces caractères sont des tendances héréditaires à développer une maladie ; d'autres correspondent à la couleur des yeux ou à d'autres caractéristiques mineures. On peut trouver dans les populations humaines des variations de quasiment tous les aspects de la biologie cellulaire, ce qui permet l'étude des états sain et affecté par une maladie ainsi que des variants cellulaires en culture.

Des organismes expérimentaux moins courants offrent la possibilité d'explorer des propriétés uniques ou exotiques des cellules et d'étudier leurs propriétés standard qui sont utilement exagérées chez un animal particulier. Par exemple, les extrémités des chromosomes, les **télomères**, sont présentes en faible quantité dans la plupart des cellules. Les cellules humaines contiennent typiquement 92 télomères (46 chromosomes x 2 extrémités par chromosome). À l'inverse, certains protozoaires possédant des chromosomes « fragmentés » inhabituels contiennent des millions de télomères par cellule. Des découvertes récentes sur la structure des télomères doivent beaucoup à l'utilisation de cette variation naturelle qui constitue un avantage expérimental.

1.5 Le génome du point de vue de l'évolution

Les études détaillées des gènes et des protéines de nombreux organismes nous fournissent une documentation extraordinaire sur l'histoire de la vie. Nous avons en commun avec d'autres eucaryotes des milliers de protéines, des centaines de machineries macromoléculaires et la plupart de nos organites, tout cela en raison d'une histoire commune dans l'évolution. Les nouvelles découvertes de la biologie moléculaire de la cellule grâce à la génomique nous conduisent à une meilleure appréciation des élégantes machineries moléculaires élaborées au cours de milliards d'années de « bricolage » génétique et de sélection de l'évolution en faveur des conceptions les plus efficaces et les plus précises. En dépit de ce que nous savons déjà sur les cellules, il nous reste à découvrir de nouveaux assemblages macromoléculaires, protéines, et activités. Une fois en possession d'une description plus complète des cellules, nous pourrons étudier la dynamique des systèmes vivants.

Les protéines du métabolisme, le code génétique et les structures des organites sont quasiment universels

Nous partageons de nombreuses propriétés biochimiques même avec des organismes apparemment très différents de nous. Par exemple, les enzymes qui catalysent la dégradation des sucres et de nombreuses autres réactions chimiques simples dans les cellules ont des structures et des mécanismes similaires chez la plupart des organismes vivants. Le code génétique selon lequel les séquences nucléotidiques des ARNm spécifient les séquences d'acides aminés des protéines peut être lu aussi bien par une cellule bactérienne que par une cellule humaine. En raison de la nature universelle du code génétique, des « usines » bactériennes peuvent être conçues pour synthétiser des facteurs de croissance, de l'insuline, des facteurs de coagulation ou d'autres protéines humaines à usage thérapeutique. Les ressemblances biochimiques entre les organismes s'étendent également aux organites présents dans les cellules eucaryotes. Les structures et fonctions élémentaires de ces constituants subcellulaires sont fortement conservées chez tous les eucaryotes.

L'analyse informatique des données concernant les séquences d'ADN, désormais disponibles pour de nombreuses espèces bactériennes et plusieurs eucaryotes, permet parfois de localiser les gènes codant des protéines dans les génomes. À l'aide du code génétique, les séquences d'acides aminés des protéines peuvent être déduites des séquences correspondantes des gènes. Bien que le principe en soit simple, « découvrir » des gènes et en déduire les séquences d'acides aminés des protéines qu'ils codent est compliqué en pratique, en raison des nombreuses régions non codantes de l'ADN eucaryote (Chapitre 9). En dépit des difficultés et des ambiguïtés occasionnelles dans l'analyse des séquences d'ADN, la comparaison des génomes d'une vaste gamme d'organismes fournit des preuves stupéfiantes et indubitables de la conservation des mécanismes moléculaires à l'origine de la construction et des changements chez les organismes et de l'histoire commune de toutes les espèces dans l'évolution.

De nombreux gènes contrôlant le développement présentent une ressemblance étonnante chez l'homme et chez d'autres animaux

En tant qu'êtres humains, nous avons probablement une vision fausse et quelque peu exagérée de notre statut dans le royaume animal. Fiers de notre énorme cerveau et des capacités mentales qui lui sont associées, nous pouvons être aveuglés et ne pas voir les capacités remarquablement sophistiquées des autres espèces : la navigation aérienne des oiseaux, le système de sonar des chauves-souris, le retour aux sources des saumons ou le vol des mouches.

En dépit de toutes les preuves d'une unité dans l'évolution aux niveaux cellulaire et physiologique, on s'attendait à ce que les

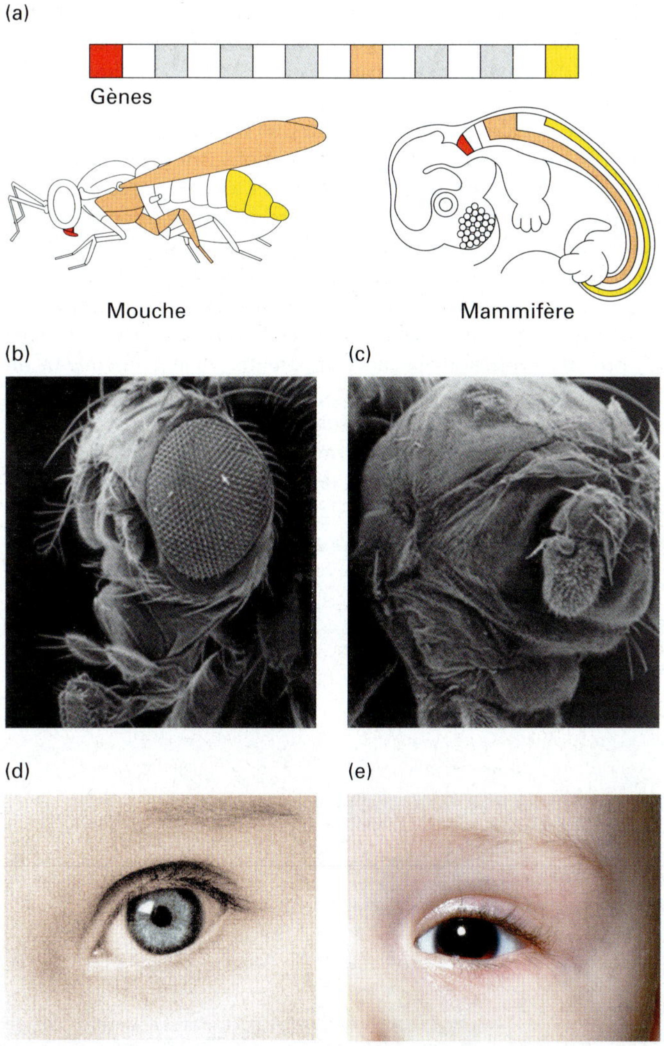

FIGURE 1-26 Des gènes similaires, conservés au cours de l'évolution, régulent de nombreux processus développementaux chez divers animaux. On pense que les insectes et les mammifères ont eu un ancêtre commun il y a un demi-milliard d'années. Ils ont en commun des gènes qui contrôlent des processus similaires, comme la formation du cœur et des yeux, ainsi que la mise en place du plan d'organisation du corps, ce qui indique la conservation de fonctions datant de temps anciens. (a) Les gènes *Hox* sont organisés en groupes sur les chromosomes de la plupart, voire de tous les animaux. Ces gènes codent des protéines apparentées qui contrôlent les activités d'autres gènes. Ils commandent le développement de différents segments le long de l'axe tête-queue de nombreux animaux, comme le montrent les couleurs correspondantes. Chaque gène est activé (par transcription) dans une région spécifique située le long de l'axe tête-pattes et contrôle la croissance des tissus à ces endroits. Par exemple, chez les souris, les gènes *Hox* sont responsables des formes distinctes des vertèbres. Des mutations affectant ces gènes chez les mouches entraînent la formation de parties du corps à des emplacements erronés, tels que des pattes à la place des antennes sur la tête. Ces gènes fournissent une adresse sur l'axe tête-queue et servent à contrôler la formation des structures adéquates aux endroits corrects. (b) La formation des gros yeux à facettes des drosophiles nécessite un gène appelé *eyeless* (nommé ainsi d'après le phénotype mutant). (c) Les mouches dont les gènes *eyeless* sont inactivés sont dépourvues d'yeux. (d) Les yeux normaux de l'homme nécessitent le gène humain appelé *Pax6*, qui correspond à *eyeless*. (e) Les personnes qui ne possèdent pas un fonctionnement correct de *Pax6* sont atteintes de la maladie génétique appelée aniridie, qui correspond à une absence d'iris dans l'œil. *Pax6* et *eyeless* codent des protéines étroitement apparentées qui régulent les activités d'autres gènes et proviennent du même gène ancestral. [Parties (a) et (b) Andreas Hefti, Interdepartmental Electron Microscopy (IEM) Biocenter, Université de Bâle. Partie (d) © Simon Fraser/Photo Researchers,

gènes régulant le développement animal diffèrent fortement d'une série évolutive à une autre. Après tout, les insectes, les oursins et les mammifères ont un aspect *si* différent. Notre remarquable cerveau ne pouvait avoir été créé que par de nombreuses protéines exceptionnelles, n'est-ce pas ? Les fruits de la recherche en génétique du développement au cours des vingt dernières années révèlent que les insectes et les mammifères, dont l'ancêtre commun remonte à environ un demi-milliard d'années possèdent de nombreux gènes semblables dans la régulation de leur développement (Figure 1-26). En fait, un grand nombre de ces gènes semblent être conservés chez de nombreux voire chez tous les animaux. Étonnamment, les fonctions développementales des protéines codées par ces gènes sont souvent préservées. Par exemple, certaines protéines impliquées dans le développement de l'œil chez les insectes, sont apparentées aux régulateurs protéiques dans le développement de l'œil des mammifères. Il en va de même dans le cas du développement du cœur, de l'intestin, des poumons et des capillaires ainsi que pour la mise en place des parties du corps le long des axes tête-queue et dos-ventre (Chapitre 15).

Cela ne veut pas dire que tous les gènes ou protéines aient été conservés au cours de l'évolution. Il existe de nombreux exemples de protéines qui, d'après les connaissances actuelles, sont tout à fait absentes de certaines lignées animales. Les plantes, comme on pouvait s'y attendre, présentent de nombreuses différences avec les animaux après un demi-milliard d'années de divergence dans l'évolution. Pourtant, certaines protéines de liaison à l'ADN diffèrent entre les pois et les vaches au niveau de 2 acides aminés seulement sur 102 !

Les idées de Darwin sur l'évolution des animaux reposent sur l'existence des gènes

Contrairement à nous, Darwin ignorait l'existence des gènes ainsi que leurs modes de changements : une erreur de la machinerie de réplication de l'ADN ou le remplacement d'un nucléotide par un autre provoqué par un agent mutagène ou encore la cassure d'un chromosome. Certains changements dans le génome sont sans danger, certains légèrement dangereux et d'autres mortels ; très peu d'entre eux sont bénéfiques. Une mutation peut changer la séquence d'un gène et en conséquence, modifier l'activité de la protéine codée ou affecter le moment, l'endroit ou la quantité de la protéine produite dans le corps.

Les changements néfastes dans la séquence d'un gène seront exclus d'une population d'organismes car les individus affectés ne survivront pas aussi bien que les autres. Ce processus de sélection est exactement ce que décrivit Darwin qui ignorait les mécanismes à l'origine de la variation des organismes. Ainsi, la sélection d'organismes pour la survie est en réalité une sélection de gènes, ou plus précisément, de groupes de gènes. Une population d'organismes contient souvent de nombreux variants qui sont tous à peu près aussi adaptés aux conditions du moment. Lorsque les conditions changent — un feu, une inondation, la perte de l'alimentation de base, une variation climatique — les variants les plus adaptables aux nouvelles conditions survivront tandis que les moins adaptables commenceront à disparaître. C'est ainsi que la composition génétique d'une population d'organismes peut changer dans le temps.

La médecine humaine progresse grâce aux recherches sur d'autres organismes

Les mutations qui se produisent dans certains gènes au cours de nos vies contribuent à la formation de différents cancers humains. Les formes normales de type sauvage de ces gènes « inducteurs de cancers » (oncogènes) codent généralement des protéines qui participent à la régulation de la prolifération ou de la mort cellulaire (Chapitre 23). Nous pouvons également recevoir de nos parents des copies mutantes de gènes qui causent toutes sortes de maladies génétiques telles que la mucoviscidose, la dystrophie musculaire, l'anémie à cellules falciformes et la chorée de Huntington. Heureusement, nous pouvons également hériter de gènes qui nous rendent résistants à la maladie. Un nombre étonnant de gènes associés au cancer et à d'autres maladies humaines sont présents chez des animaux éloignés dans l'évolution. Une étude récente montre par exemple que plus des trois-quarts des gènes connus de maladies humaines sont apparentés à des gènes présents chez la drosophile.

Grâce à l'identification de gènes de maladies humaines chez d'autres organismes, les expérimentations sur des organismes faciles à étudier devraient permettre des progrès rapides dans la compréhension des fonctions normales des gènes responsables de maladies et des conséquences des dérèglements. À l'inverse, la comparaison des états malades et des phénotypes sains constitue une analyse génétique. Tous les gènes susceptibles une fois modifiés de provoquer une maladie donnée devraient coder un groupe de protéines fonctionnellement apparentées. Par conséquent, on peut tirer des maladies humaines, des informations sur les fonctions cellulaires normales des protéines et les utiliser pour démarrer une recherche sur leur mécanisme. Par exemple, des gènes identifiés à l'origine en raison de leur lien avec le cancer chez l'homme peuvent être étudiés dans le cadre du développement normal de différents organismes modèles, ce qui offre alors des connaissances nouvelles sur les fonctions de leurs produits protéiques.

2

LES FONDEMENTS CHIMIQUES

Des chaînes polysaccharidiques à la surface de la cellulose, rendues visibles par microscopie à force atomique. [Aimablement communiqué par M. Miles, d'après A. A. Baker *et al.*, 2000, *Biophys. J.* **79** :1139-1145.]

La vie d'une cellule dépend de milliers d'interactions et de réactions chimiques finement coordonnées les unes aux autres, dans le temps et dans l'espace, sous l'influence des instructions génétiques de la cellule et de son environnement. Comment une cellule extrait-elle de son environnement les nutriments et l'information qui lui sont essentiels ? De quelle façon convertit-elle l'énergie stockée dans ces nutriments en travail (mouvement, synthèse de composants fondamentaux) ? Comment une cellule transforme-t-elle les nutriments en structures fondamentales nécessaires à sa survie (paroi cellulaire, noyau, acides nucléiques, protéines, cytosquelette) ? De quelle manière une cellule se relie-t-elle aux autres cellules pour former un tissu ? Comment les cellules communiquent-elles les unes avec les autres pour qu'un organisme puisse fonctionner dans sa globalité ? L'un des buts de la biologie moléculaire de la cellule est de répondre à de telles questions sur la structure et la fonction des cellules et des organismes en se basant sur les propriétés individuelles des molécules et des ions.

La vie apparut initialement dans un environnement aqueux et les propriétés de cette substance omniprésente ont une influence profonde sur la chimie de la vie. Représentant 70 à 80 % de la masse de la plupart des cellules, l'eau est la molécule la plus abondante dans les systèmes biologiques. Environ 7 % de la masse de la matière vivante est constituée d'ions inorganiques et de petites molécules telles que les acides aminés (les éléments de construction des protéines), les nucléotides (les éléments de construction de l'ADN et de l'ARN), les lipides (les éléments de construction des biomembranes) et les sucres (les éléments de construction de l'amidon et de la cellulose), le reste étant composé de macromolécules et d'agrégats de macromolécules constitués de ces éléments de construction.

De nombreuses biomolécules (comme les sucres) se dissolvent facilement dans l'eau ; ces molécules qui aiment l'eau sont dites **hydrophiles**. D'autres biomolécules (des graisses telles que les triacylglycérols) fuient l'eau, on dit qu'elles sont **hydrophobes** (elles ont peur de l'eau). D'autres biomolécules encore (comme les phospholipides) dites **amphipathiques** sont un peu schizophrènes et contiennent à la fois des régions hydrophiles et des régions hydrophobes. Elles sont utilisées pour construire les membranes qui entourent les cellules et leurs organites internes (Chapitre 5). Le bon fonctionnement des cellules, des tissus et des organismes dépend de toutes ces molécules, de la plus petite à la plus grande. En effet, la chimie d'un simple proton (H^+) d'une masse de 1 Dalton (Da) peut être aussi importante pour la survie d'une cellule humaine que celle d'une gigantesque molécule d'ADN de $8,6 \times 10^{10}$ Da (un brin d'ADN du chromosome 1 humain).

Un nombre relativement faible de principes et de fondements de la chimie sont essentiels à la compréhension des processus cellulaires au niveau moléculaire (Figure 2-1). Dans ce chapitre, nous aborderons certains des principes et connaissances essentiels, en commençant par les liaisons covalentes qui assemblent les atomes en une molécule et les forces non covalentes qui stabilisent des groupes d'atomes au sein et entre des molécules. Nous considérerons ensuite les propriétés fondamentales des éléments de construction principaux des structures cellulaires. Après avoir passé en revue les aspects de l'équilibre chimique les plus importants pour les systèmes biologiques, nous terminerons le chapitre

SECTIONS

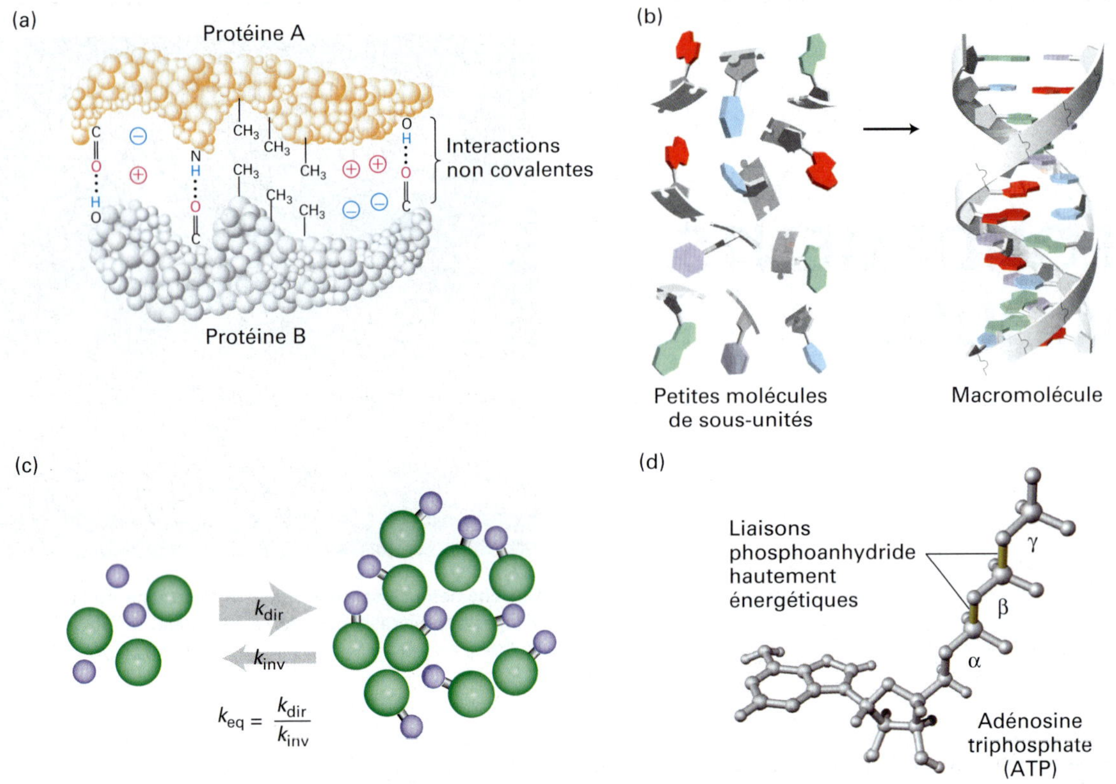

FIGURE 2-1 La chimie de la vie : les concepts élémentaires. (a) Les interactions covalentes et non covalentes sont au cœur de toutes les biomolécules, comme lorsque deux protéines de forme et de propriétés chimiques complémentaires s'associent étroitement. En plus des liaisons covalentes qui maintiennent les atomes d'un acide aminé ensemble et relient les acides aminés les uns aux autres, les interactions non covalentes aident à définir la structure de chaque protéine et à maintenir ensemble les structures complémentaires. (b) De petites molécules servent d'éléments de construction pour des structures plus importantes. Par exemple, pour produire la molécule qui transporte l'information, l'ADN, les quatre éléments de construction que sont les petits nucléotides désoxyadénylate (A), désoxythymidylate (T), désoxyguanylate (G) et désoxycytidylate (C) sont liés covalemment en longues chaînes (polymères) qui se dimérisent ensuite en une double hélice. (c) Les réactions chimiques sont réversibles et la distribution des substances chimiques entre les composés de départ (*à gauche*) et les produits des réactions (*à droite*) dépend des constantes de vitesse des réactions directe (k_{dir}, flèche du haut) et inverse (k_{inv}, flèche du bas). Dans la réaction présentée, la constante de vitesse de la réaction directe est plus élevée que celle de la réaction inverse, ce qui est figuré par l'épaisseur des flèches. Le rapport de ces constantes d'équilibre K_{eq}, donne une indication des quantités relatives des produits et des réactifs qui seront présents à l'équilibre. (d) Dans de nombreux cas, la source d'énergie de ces réactions chimiques dans les cellules est l'hydrolyse de la molécule d'ATP. Cette énergie est libérée lorsqu'une liaison phosphoanhydride hautement énergétique reliant les phosphates α et β ou β et γ dans la molécule d'ATP (en jaune) est rompue par l'addition d'une molécule d'eau. Les protéines peuvent transférer efficacement l'énergie d'hydrolyse de l'ATP vers d'autres substances chimiques pour alimenter en énergie d'autres réactions chimiques ou vers d'autres biomolécules capables alors d'un travail physique.

par des principes élémentaires d'énergétique biochimique, dont le rôle central de l'ATP (adénosine triphosphate) dans la capture et le transfert d'énergie dans le métabolisme cellulaire.

2.1 Les liaisons atomiques et les interactions moléculaires

Les forces d'attraction fortes et faibles entre les atomes sont la « colle » qui les maintient sous la forme de molécules et permet des interactions entre des molécules biologiques différentes. Les forces importantes forment une **liaison covalente** lorsque deux atomes partagent une paire d'électrons (liaison « simple ») ou de multiples paires d'électrons (liaison « double », liaison « triple », etc.). Les forces d'attraction faibles des **interactions non covalentes** sont aussi importantes dans la détermination des propriétés et des fonctions des biomolécules telles que les protéines, les acides nucléiques, les glucides et les lipides. Il existe quatre types principaux d'interactions non covalentes : les interactions ioniques, les liaisons hydrogène, les interactions de van der Waals et les liaisons hydrophobes.

Chaque atome a une géométrie et un nombre de liaisons covalentes définis

L'hydrogène, l'oxygène, le carbone, l'azote, le phosphore et le soufre sont les éléments les plus abondants dans les molécules biologiques. Ces atomes, qui existent rarement sous la forme d'entités isolées, établissent facilement des liaisons covalentes avec d'autres atomes, en utilisant les électrons présents dans les orbitales électroniques les plus externes entourant le noyau. En règle générale, chaque type d'atome établit un nombre caractéristique de liaisons covalentes avec d'autres atomes, suivant une géométrie bien définie, déterminée par la taille des atomes ainsi que par la distribution des électrons autour du noyau et le nombre d'électrons qu'il est susceptible de partager. Dans certains cas (comme le carbone), le nombre de liaisons covalentes stables formées est constant ; dans d'autres cas (comme le soufre), différents nombres de liaisons covalentes stables sont possibles.

Tous les éléments biologiques de construction sont organisés autour de l'atome de carbone, qui forme normalement quatre liaisons covalentes avec deux à quatre autres atomes. Comme on le voit dans la molécule de méthane (CH_4), lorsque le carbone est lié à quatre autres atomes, l'angle entre deux liaisons est de 109,5° et les positions des quatre atomes liés correspondent aux quatre sommets d'un tétraèdre (Figure 2-2a). Cette géométrie aide à définir les structures de nombreuses biomolécules. Un atome de carbone (ou n'importe quel autre atome) lié à quatre atomes ou groupes différents selon une configuration non plane est dit asymétrique. La configuration tétraédrique des liaisons formées par un **atome de carbone asymétrique** peut être arrangée de deux façons dans l'espace tridimensionnel, produisant des molécules qui sont l'image l'une de l'autre dans un miroir. On appelle cette propriété la *chiralité*. De telles molécules sont des *isomères optiques* ou **stéréoisomères.** Dans les cellules, de nombreuses molécules contiennent au moins un atome de carbone asymétrique, souvent appelé atome

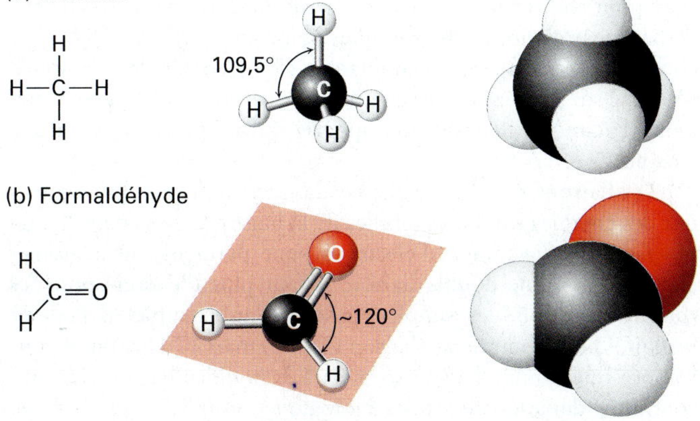

FIGURE 2-2 La géométrie des liaisons lorsque le carbone est lié covalemment à quatre ou trois autres atomes. (a) Si un atome de carbone forme quatre simples liaisons comme dans le méthane (CH_4), les atomes liés (tous des H dans ce cas) sont orientés dans l'espace selon une forme de tétraèdre. La représentation en lettres sur la gauche indique clairement la composition atomique de la molécule et la disposition des liaisons. Le modèle éclaté au centre illustre l'arrangement géométrique des atomes et des liaisons mais les diamètres des sphères représentant les atomes et leurs électrons non liés sont trop petits comparés aux longueurs réelles des liaisons. La taille des nuages électroniques dans le modèle compact de droite représente plus fidèlement la structure en trois dimensions. (b) Un atome de carbone peut également être lié à trois plutôt qu'à quatre autres atomes, comme dans le formaldéhyde (CH_2O). Dans ce cas, les électrons disponibles du carbone participent à deux simples liaisons et à une double liaison, qui se trouvent toutes trois dans le même plan. Au contraire des atomes liés par une liaison simple, qui peuvent généralement tourner librement autour de l'axe de la liaison, ceux reliés par une double liaison ne le peuvent pas.

TABLEAU 2-1 Classes principales de protéines G trimériques et leurs effecteurs*

Atome et électrons périphériques	Nombre habituel de liaisons covalentes	Géométrie de la liaison
H·	1	
·Ö·	2	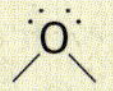
·S̈·	2, 4, ou 6	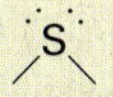
·N̈·	3 ou 4	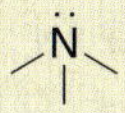
·P̈·	5	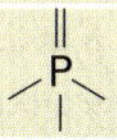
·Ċ·	4	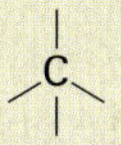

de **carbone chiral.** Les différents stéréoisomères d'une molécule présentent généralement des activités biologiques complètement différentes car l'arrangement des atomes au sein de leur structure diffère, leur conférant des capacités distinctes d'interactions et de réactions chimiques avec d'autres molécules.

Le carbone peut également se lier à trois autres atomes de telle sorte que tous les atomes soient dans le même plan. Dans ce cas, l'atome de carbone forme deux liaisons simples typiques avec deux atomes et une double liaison (deux paires d'électrons mises en commun) avec le troisième atome (Figure 2-2b). En l'absence d'autres contraintes, les atomes liés par une liaison simple peuvent généralement tourner librement autour de l'axe de la liaison, ce qui n'est pas le cas de ceux reliés par une double liaison. La disposition plane imposée par les doubles liaisons a une importance énorme dans les formes et la flexibilité de grosses molécules biochimiques telles que les protéines et les acides nucléiques.

Le nombre de liaisons covalentes formées par d'autres atomes courants est présenté dans le Tableau 2-1. Un atome d'hydrogène établit une seule liaison. Un atome d'oxygène forme en général deux liaisons covalentes seulement, mais possède deux autres paires d'électrons susceptibles de participer à des interactions non covalentes. Le soufre établit deux liaisons covalentes dans l'hydrogène sulfuré (H_2S) mais peut également former six liaisons covalentes comme dans l'acide sulfurique (H_2SO_4) et ses dérivés sulfatés. L'azote et le phosphore ont tous deux cinq électrons à partager. Dans l'ammoniac (NH_3), l'atome d'azote établit trois liaisons covalentes ; la paire d'électrons qui n'est pas impliquée dans une liaison covalente peut participer à des interactions non covalentes. Dans le cas de l'ion ammonium (NH_4^+), l'azote forme quatre liaisons covalentes selon une géométrie tétraédrique. Le phosphore établit généralement cinq liaisons covalentes, comme dans l'acide phosphorique (H_3PO_4) et ses dérivés phosphatés, qui sont des éléments du squelette des acides nucléiques. Les groupements phosphate attachés aux protéines jouent un rôle essentiel dans la régulation de l'activité de nombreuses protéines (Chapitre 3). D'ailleurs, la molécule essentielle de l'énergétique cellulaire, l'ATP, contient trois groupements phosphate (voir Section 2.4).

Les électrons ne sont pas partagés équitablement dans les liaisons covalentes polaires

Dans de nombreuses molécules, les atomes liés exercent des attractions différentes sur les électrons de la liaison covalente, ce qui provoque un partage inégal de ceux-ci. La capacité d'un atome d'attirer un électron est son **électronégativité**. Une liaison entre des atomes d'électronégativités identiques ou similaires est dite **non polaire**. Dans une liaison non polaire, les électrons de la liaison sont partagés à peu près équitablement entre les deux atomes, comme dans le cas de la plupart des liaisons C — C et C — H. Toutefois, lorsque les électronégativités de deux atomes diffèrent, on dit que leur liaison est **polaire**.

Une extrémité de la liaison polaire porte une charge partielle négative (δ^-) et l'autre, une charge partielle positive (δ^+). Dans une liaison O — H par exemple, l'électronégativité supérieure de l'oxygène par rapport à l'hydrogène aboutit à la présence plus durable des électrons autour de l'atome d'oxygène que de l'atome d'hydrogène. Ainsi la liaison O — H possède un **dipôle électrique**, c'est-à-dire une charge positive séparée d'une charge égale mais opposée (négative). Nous pouvons considérer l'atome d'oxygène de la liaison O — H comme ayant en moyenne une charge de 25 % d'un électron, avec l'hydrogène ayant la charge équivalente positive. En raison de leurs deux liaisons O — H, les molécules d'eau (H_2O) sont des dipôles qui forment des interactions électrostatiques non covalentes les unes avec les autres et avec d'autres molécules (Figure 2-3). Ces interactions jouent un rôle fondamental dans presque toutes les interactions chimiques et sont donc essentielles à la biologie cellulaire.

La polarité de la double liaison O = P dans H_3PO_4 produit un « hybride de résonance », une structure intermédiaire entre deux formes présentées ci-dessous, dans lesquelles les électrons ne participant pas aux liaisons sont représentés par des points :

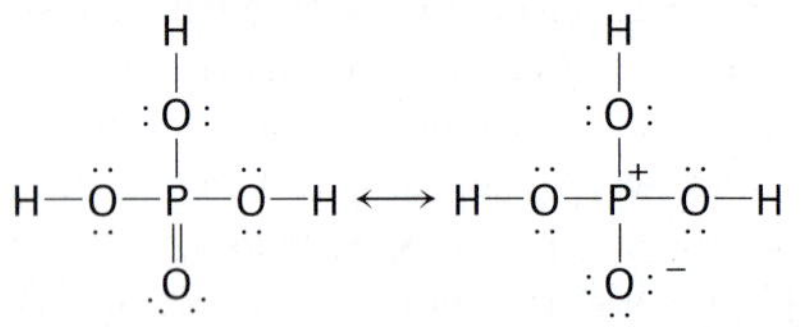

Dans l'hybride de résonance de droite, l'un des électrons de la double liaison P=O s'est rapproché de l'atome O, lui conférant ainsi une charge négative et laissant l'atome P avec une charge positive. Ces charges sont importantes pour les interactions non covalentes.

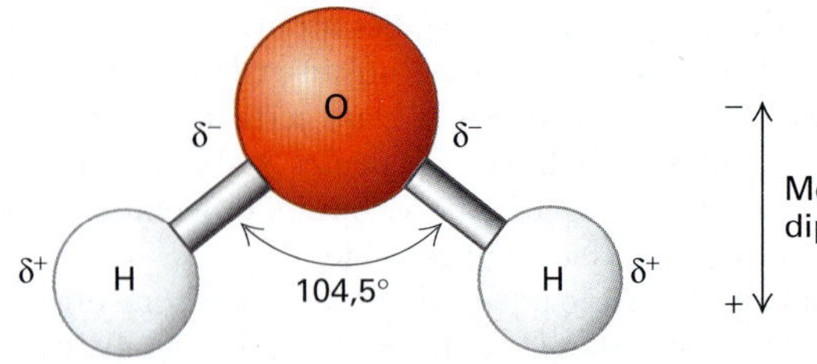

FIGURE 2-3 La nature dipolaire d'une molécule d'eau. Le symbole δ représente une charge partielle (une charge plus faible que celle d'un électron ou d'un proton). En raison de la différence d'électronégativité de H et de O, chacune des liaisons O—H polaires dans l'eau possède un moment dipolaire. Les tailles et orientations des moments de chacune des liaisons déterminent le moment dipolaire net de la molécule.

Les liaisons covalentes sont bien plus fortes et plus stables que les interactions non covalentes

Les liaisons covalentes sont très stables car les énergies nécessaires pour les rompre sont nettement supérieures à l'énergie thermique disponible à température ambiante (25°C) ou à la température du corps (37°C). Par exemple, l'énergie thermique à 25°C est voisine de 0,6 kilocalorie par mole (kcal/mol), tandis que l'énergie nécessaire pour rompre la liaison simple carbone-carbone (C — C) dans l'éthane est environ 140 fois plus importante (Figure 2-4). Par conséquent, à température ambiante (25°C), moins de 1 molécule d'éthane sur 10^{12} est cassée en une paire de radicaux $\bullet CH_3$, contenant chacun un électron non apparié qui ne participe à aucune liaison.

Les liaisons simples covalentes dans les molécules biologiques ont des énergies similaires à celles de la liaison C — C dans l'éthane. Comme davantage d'électrons sont partagés entre atomes engagés dans une double liaison, il faut plus d'énergie pour les rompre que pour les simples liaisons. Par exemple, il faut 84 kcal/mol pour rompre une liaison C — O, mais 170 kcal/mol pour rompre une double liaison C = O. Les doubles liaisons les plus courantes dans les molécules biologiques sont C = O, C = N, C = C et P = O.

L'énergie nécessaire pour rompre des interactions non covalentes est seulement de 1 à 5 kcal/mol, bien moins que les énergies de liaison des liaisons covalentes (voir Figure 2-4). En effet, les interactions non covalentes sont tellement faibles qu'elles sont

FIGURE 2-4 Les énergies relatives des liaisons covalentes et des interactions non covalentes. Les énergies des liaisons sont déterminées par l'énergie nécessaire pour rompre un type donné de liaison. Les liaisons covalentes sont dix à cent fois plus fortes que les interactions non covalentes. Celles-ci sont légèrement supérieures à l'énergie thermique de l'environnement à température ambiante (25°C). De nombreux processus biologiques sont couplés à la libération d'énergie produite par l'hydrolyse d'une liaison phosphoanhydride dans l'ATP.

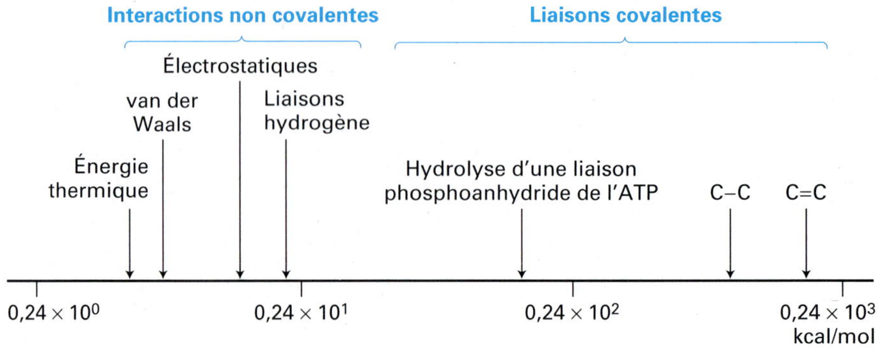

constamment créées et rompues à température ambiante. Bien que ces interactions soient faibles et aient une existence transitoire aux températures physiologiques (25-37°C), des interactions non covalentes multiples peuvent agir de concert pour produire des associations très stables et spécifiques entre différentes parties d'une grosse molécule ou entre des macromolécules différentes. Nous allons d'abord considérer les quatre types principaux d'interactions non covalentes puis envisager leur rôle dans l'association des biomolécules les unes aux autres ou avec d'autres molécules.

Les interactions ioniques sont des attractions entre ions de charges opposées

Les **interactions ioniques** résultent de l'attraction d'un ion chargé positivement — un **cation** — pour un ion chargé négativement — un **anion.** Dans le chlorure de sodium (NaCl) par exemple, l'électron de la liaison apporté par l'atome de sodium est transféré en totalité à l'atome de chlore. Au contraire des liaisons covalentes, les interactions ioniques n'ont pas d'orientation géométrique constante ou spécifique car le champ électrostatique autour d'un ion — son attraction pour une charge opposée — est uniforme dans toutes les directions.

En solution aqueuse, les ions d'importance biologique, comme Na^+, K^+, Ca^{2+}, Mg^{2+} et Cl^- n'existent pas sous la forme d'entités libres, séparées, mais chaque ion est hydraté, entouré d'une gaine stable de molécules d'eau. Celles-ci sont maintenues en place par des interactions ioniques entre l'ion central et l'extrémité de charge opposée du dipôle aqueux (Figure 2-5). La plupart des composés ioniques se dissolvent facilement dans l'eau car l'énergie d'hydratation, l'énergie libérée lorsque des ions s'associent étroitement à des molécules d'eau est supérieure à l'énergie de réseau qui stabilise la structure cristalline. Une partie, voire la totalité de la gaine d'hydratation doit être retirée lorsque les ions interagissent directement avec des protéines. Par exemple, l'eau d'hydratation est perdue lorsque les ions passent au travers des pores protéiques dans la membrane cellulaire au cours de la conduction nerveuse (Chapitre 7).

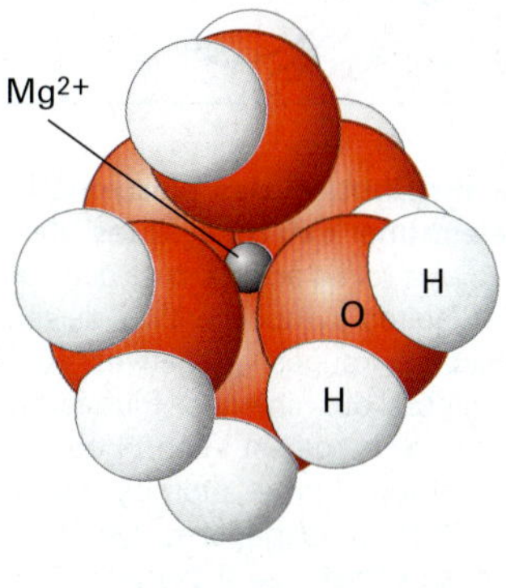

FIGURE 2-5 L'interaction électrostatique entre l'eau et un ion magnésium (Mg^{2+}). Les molécules d'eau sont maintenues en place par des interactions électrostatiques entre les deux charges positives de l'ion et la charge négative partielle de l'oxygène de chaque molécule d'eau. Dans les solutions aqueuses, tous les ions sont entourés d'une gaine d'hydratation similaire.

La force relative des interactions entre deux ions A^- et C^+ dépend de la concentration des autres ions dans une solution. Plus la concentration de ces autres ions (comme Na^+ et Cl^-) est forte, plus A^- et C^+ auront d'opportunités pour établir des interactions ioniques avec ces autres ions et donc, plus l'énergie nécessaire pour rompre l'interaction entre A^- et C^+ sera faible. Par conséquent, en augmentant les concentrations de sels tels que NaCl dans une solution de molécules biologiques, on peut affaiblir et même rompre les interactions ioniques maintenant les biomolécules ensemble.

Les liaisons hydrogène déterminent la solubilité dans l'eau des molécules non chargées

Une **liaison hydrogène** est l'interaction entre un atome d'hydrogène partiellement chargé positivement dans un dipôle moléculaire (comme de l'eau) avec des électrons non appariés appartenant à un autre atome de la même molécule (intramoléculaire) ou d'une molécule différente (intermoléculaire). Normalement, un atome d'hydrogène établit une liaison covalente avec un seul autre atome. Toutefois, un atome d'hydrogène lié covalemment à un atome donneur électronégatif D peut former une association faible supplémentaire, la liaison hydrogène, avec un atome accepteur A dont une paire d'électrons ne participant à aucune liaison doit être disponible pour l'interaction :

$$D^{\delta-}—H^{\delta+} + :A^{\delta-} \rightleftharpoons D^{\delta-}—\underbrace{H^{\delta+}\cdots\cdots:}_{\text{Liaison hydrogène}}A^{\delta-}$$

La longueur de la liaison covalente D — H est un peu plus grande qu'elle ne le serait sans liaison hydrogène, car l'accepteur « éloigne » l'hydrogène du donneur. Une caractéristique importante de toutes les liaisons hydrogène est leur capacité d'alignement. Dans les liaisons hydrogène les plus fortes, l'atome donneur, l'atome d'hydrogène et l'atome accepteur sont tous trois alignés. Les liaisons hydrogène non linéaires sont plus faibles que les liaisons linéaires. Pourtant, de multiples liaisons hydrogène non linéaires participent à la stabilisation de la structure tridimensionnelle de nombreuses protéines.

Les liaisons hydrogène sont à la fois plus longues et plus faibles que les liaisons covalentes établies entre les mêmes atomes. Dans l'eau par exemple, la distance entre les noyaux des atomes d'hydrogène et d'oxygène de molécules adjacentes formant des liaisons hydrogène est d'environ 0,27 nm, soit près de deux fois la longueur des liaisons covalentes O — H dans une molécule d'eau isolée (Figure 2-6a). La force d'une liaison hydrogène entre des molécules d'eau (approximativement 5 kcal/mol) est nettement inférieure à celle d'une liaison O — H covalente (près de 110 kcal/mol), même si elle est supérieure à celle de nombreuses autres liaisons hydrogène dans des molécules biologiques (1 à 2 kcal/mol). L'abondance de liaisons hydrogène entre les molécules d'eau explique de nombreuses propriétés de ce composé, dont ses points de fusion et d'ébullition inhabituellement élevés et sa capacité d'interagir avec de nombreuses autres molécules.

La solubilité de substances non chargées dans un environnement aqueux dépend fortement de leur capacité de former des liaisons hydrogène avec l'eau. Par exemple, le groupement hydroxyle (— OH) dans le méthanol (CH_3OH) et le groupement aminé (— NH_2) dans la méthylamine (CH_3NH_2) peuvent former

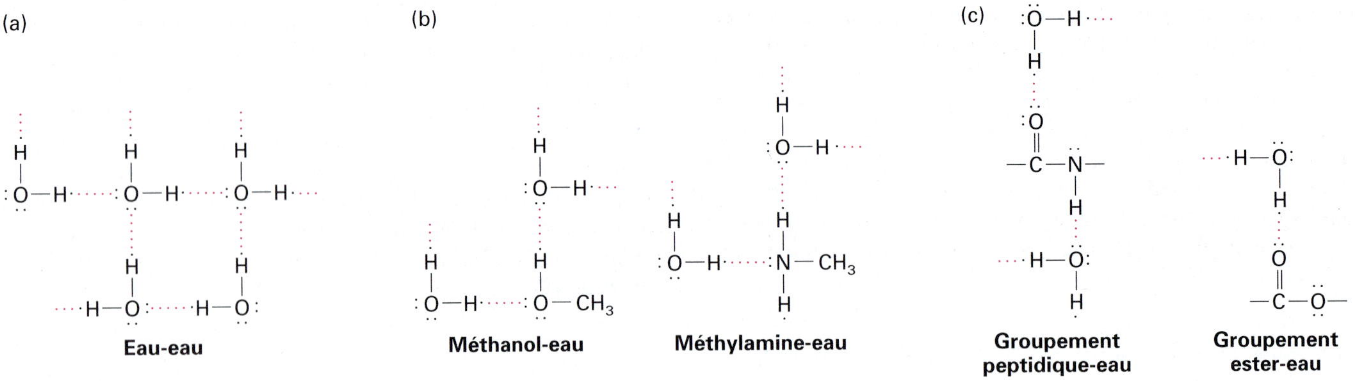

FIGURE 2-6 La formation de liaisons hydrogène des molécules d'eau entre elles et avec d'autres composés. Chaque paire d'électrons externes non liés dans un atome d'oxygène ou d'azote peut accepter un atome d'hydrogène au travers d'une liaison hydrogène. Les groupements hydroxyle et aminé peuvent également former des liaisons hydrogène avec l'eau. (a) Dans l'eau liquide, chaque molécule forme apparemment des liaisons hydrogène transitoires avec plusieurs autres molécules d'eau, créant ainsi un réseau dynamique de molécules liées par des liaisons hydrogène. (b) L'eau peut également former des liaisons hydrogène avec le méthanol ou la méthylamine, ce qui explique la solubilité élevée de ces composés. (c) Le groupement peptidique et le groupement ester qui sont présents dans de nombreuses molécules participent fréquemment à des liaisons hydrogène avec l'eau ou avec des groupements polaires appartenant à d'autres molécules.

plusieurs liaisons hydrogène avec l'eau, ce qui permet à ces molécules d'être dissoutes dans l'eau jusqu'à des concentrations élevées (Figure 2-6b). En général, les molécules possédant des liaisons polaires qui forment facilement des liaisons hydrogène avec l'eau peuvent facilement s'y dissoudre ; c'est-à-dire qu'elles sont hydrophiles. De nombreuses molécules biologiques comportent, en plus des groupements hydroxyle et amine, des groupements peptide et ester qui forment des liaisons hydrogène avec l'eau (Figure 2-6c). La cristallographie aux rayons X combinée à une analyse informatique permet une description précise de la distribution des électrons dans les liaisons covalentes et des électrons non liés (les plus externes) des atomes, comme l'illustre la Figure 2-7. Ces électrons non liés peuvent former des liaisons hydrogène avec des hydrogènes donneurs.

Les interactions de van der Waals sont créées par des dipôles transitoires

Lorsque deux atomes sont suffisamment proches l'un de l'autre, ils créent une force d'attraction faible et non spécifique appelée **interaction de van der Waals.** Ces interactions non spécifiques résultent de fluctuations aléatoires momentanées dans la distribution des électrons de n'importe quel atome, ce qui donne lieu à une distribution transitoire inégale des électrons. Si deux atomes non liés covalemment sont suffisamment proches l'un de l'autre, les électrons d'un atome perturbent les électrons de l'autre. Cette perturbation crée un dipôle transitoire dans le second atome et les deux dipôles s'attirent faiblement l'un l'autre (Figure 2-8). De même, une liaison covalente polaire dans une molécule attire un dipôle d'orientation inverse dans une autre molécule.

Les interactions de van der Waals, impliquant des dipôles électriques induits transitoirement ou permanents, apparaissent dans tous les types de molécules, qu'elles soient polaires ou non. En particulier, les interactions de van der Waals sont responsables de la cohésion entre des molécules de liquides et de solides non polaires, tels que l'heptane CH_3—$(CH_2)_5$—CH_3, qui ne peuvent former de liaisons hydrogène ni d'interactions ioniques avec d'autres molécules. La force des interactions de van der Waals diminue rapidement avec l'augmentation de la distance entre les

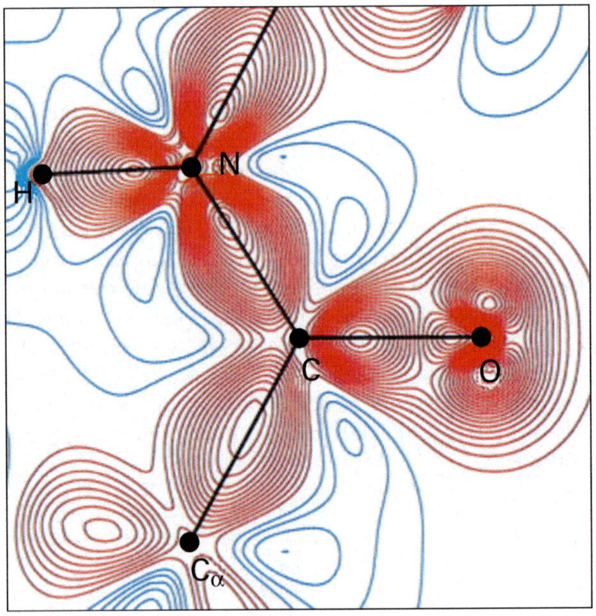

FIGURE 2-7 La distribution des électrons impliqués dans les liaisons et des électrons externes libres dans le groupement peptidique. Nous voyons ici un acide aminé dans une protéine appelée crambine. Les lignes noires symbolisent les liaisons covalentes entre les atomes. Les lignes rouges (négatives) et bleues (positives) représentent les contours des charges. Plus le nombre de lignes de contour est élevé, plus la charge est importante. La densité élevée des lignes rouges de contour entre atomes représente les liaisons covalentes (paires d'électrons partagées). Les deux groupes de lignes rouges de contour provenant de l'oxygène (O) qui ne sont pas impliquées dans une liaison covalente (ligne noire) représentent les deux paires d'électrons libres de l'oxygène, disponibles pour participer à des liaisons hydrogène. La densité élevée des lignes bleues de contour près de l'atome d'hydrogène (H) lié à un atome d'azote (N) représente une charge positive partielle, ce qui indique que ce H peut agir comme donneur dans la formation d'une liaison hydrogène. [D'après C. Jelsch et al., 2000, *Proc. Natl. Acad. Sci.* EU **97**:3171. Aimablement communiqué par M. M. Teeter.]

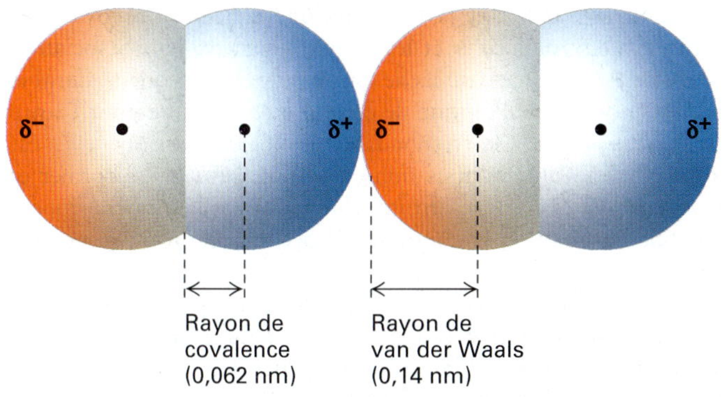

FIGURE 2-8 Deux molécules d'oxygène en contact de van der Waals. Dans ce modèle compact, le rouge indique les charges négatives et le bleu, les charges positives. Les dipôles transitoires dans les nuages électroniques de tous les atomes donnent lieu à des forces attractives faibles, appelées *interactions de van der Waals*. Chaque type d'atome possède un rayon de van der Waals caractéristique qui correspond à la distance à laquelle les interactions avec les autres atomes sont optimales. Puisque des atomes se repoussent mutuellement lorsqu'ils sont si proches que leurs électrons externes se chevauchent, le rayon de van der Waals est une mesure de la taille du nuage électronique entourant un atome. Le rayon de covalence indiqué ici correspond à la double liaison O=O. Le rayon de covalence de l'oxygène correspondant à la simple liaison est légèrement supérieur.

molécules. Par conséquent, ces liaisons non covalentes ne peuvent se former que lorsque les atomes sont suffisamment proches l'un de l'autre. Toutefois, si les atomes s'approchent trop l'un de l'autre, ils se repoussent en raison des charges négatives de leurs électrons. Lorsque l'attraction de van der Waals entre deux atomes équilibre exactement la répulsion entre leurs deux nuages d'électrons, on dit que les atomes sont en contact de van der Waals. La force de l'interaction de van der Waals est voisine de 1 kcal/mol, c'est-à-dire inférieure à celle des liaisons hydrogène et seulement légèrement supérieure à l'énergie thermique moyenne des molécules à 25°C. Par conséquent, des interactions multiples de van der Waals, ou bien une interaction de van der Waals avec d'autres interactions non covalentes ou encore les deux, sont nécessaires pour influencer significativement les contacts intermoléculaires.

Les liaisons hydrophobes entraînent l'adhésion des molécules non polaires entre elles

Puisque les molécules non polaires ne contiennent pas de groupements chargés, ne possèdent pas de moment dipolaire et ne s'hydratent pas, elles sont totalement ou presque insolubles dans l'eau, c'est-à-dire qu'elles sont hydrophobes. Les liaisons covalentes entre deux atomes de carbone et entre atomes de carbone et d'hydrogène sont les liaisons non polaires les plus courantes dans les systèmes biologiques. Les **hydrocarbures**, des molécules constituées exclusivement de carbone et d'hydrogène, sont presque insolubles dans l'eau. Les gros triacylglycérols (ou triglycérides) qui comprennent les graisses animales et les huiles végétales, sont également insolubles dans l'eau. Comme nous le verrons plus tard, la plus grande partie de ces molécules est constituée de longues chaînes hydrocarbonées. Après avoir été agités dans l'eau, les triacylglycérols forment une phase séparée. La séparation de l'huile et du vinaigre (composé aqueux) dans une vinaigrette en est un exemple familier.

Les molécules non polaires et les parties non polaires des molécules ont tendance à s'agréger dans l'eau en raison d'un phénomène appelé **liaison hydrophobe**. Puisque les molécules d'eau ne peuvent former de liaisons hydrogène avec des substances non polaires, elles ont tendance à former des « gaines » de pentagones et d'hexagones *relativement* rigides associées par des liaisons hydrogène autour des molécules non polaires (Figure 2-9 *à gauche*). Cet état est défavorable énergétiquement car il diminue le désordre (l'entropie) de la population de molécules d'eau. (Le rôle de l'entropie dans les systèmes chimiques sera traité dans une section ultérieure.) Si des molécules non polaires dans un environnement aqueux s'agrègent avec leurs surfaces hydrophobes les unes en face des autres, la surface hydrophobe exposée à l'eau est réduite (Figure 2-9, *à droite*). Par conséquent, il faut moins d'eau pour former les gaines entourant les molécules non polaires et l'entropie augmente (un état plus favorable énergétiquement) par rapport à un état non agrégé. En un sens, l'eau exerce une pression sur les molécules non polaires qui forment alors spontanément des agrégats. Au lieu de constituer une force attractive comme dans les liaisons hydrogène, la liaison hydrophobe consiste à éviter un état instable (des gaines d'eau volumineuses qui se forment autour de molécules non polaires individuelles).

Les molécules non polaires peuvent également s'associer, bien que faiblement, par le biais d'interactions de van der Waals. Le résultat net des liaisons hydrophobes et des interactions de van der Waals est une tendance très puissante des molécules hydrophobes à interagir les unes avec les autres plutôt qu'avec l'eau. Dit simplement, *qui se ressemble s'assemble*. Les molécules polaires se dissolvent dans des solvants polaires tels que l'eau. Les molécules non polaires se dissolvent dans des solvants non polaires tels que l'hexane.

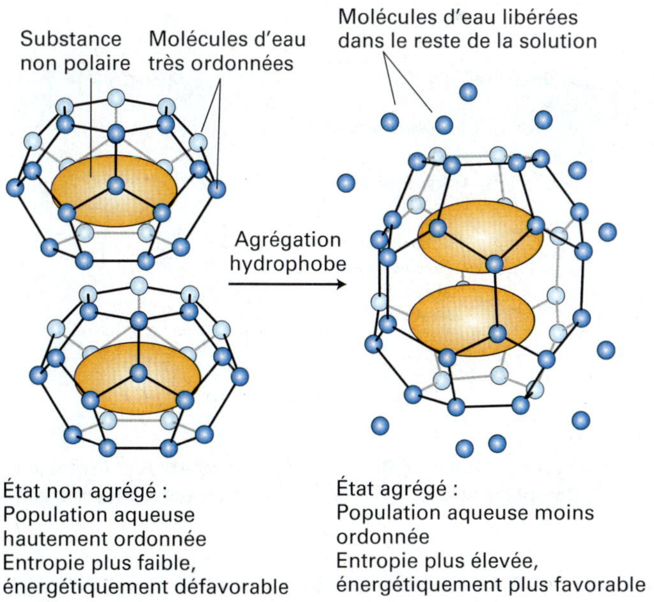

FIGURE 2-9 Une représentation schématique de la liaison hydrophobe. Les gaines de molécules d'eau qui se forment autour des molécules non polaires en solution sont plus ordonnées que les molécules d'eau dans le liquide environnant. L'agrégation de molécules non polaires réduit le nombre de molécules d'eau impliquées dans les gaines hautement ordonnées, ce qui aboutit à un état dont l'entropie est plus élevée (*à droite*), donc davantage favorable énergétiquement que l'état non agrégé (*à gauche*).

La complémentarité des molécules permet une liaison étroite et hautement spécifique des biomolécules

Tant à l'intérieur qu'à l'extérieur des cellules, les ions et les molécules se cognent constamment les uns aux autres. Plus le nombre de copies de deux paires de molécules par unité de volume est élevé (c'est-à-dire plus leurs concentrations sont importantes), plus elles sont susceptibles de se rencontrer. Lorsque deux molécules entrent en contact, elles s'écartent le plus souvent l'une de l'autre car les interactions non covalentes qui pourraient les relier sont trop faibles et ont une existence transitoire aux températures physiologiques. Pourtant, les molécules qui présentent une **complémentarité moléculaire**, une sorte de correspondance de type clé-serrure entre leurs formes, leurs charges ou d'autres propriétés physiques, peuvent former de multiples interactions non covalentes lorsqu'elles sont proches. Lorsque deux de ces molécules de structure complémentaire se cognent l'une dans l'autre, elles peuvent s'associer (s'emboîter).

La Figure 2-10 illustre la façon dont de multiples liaisons faibles différentes peuvent relier deux protéines. C'est quasiment le seul arrangement des groupes à la surface de ces deux molécules qui leur permet une association aussi étroite. Ce sont ces interactions spécifiques multiples entre les régions complémentaires d'une molécule de protéine qui lui permettent de se replier en adoptant une configuration tridimensionnelle unique (Chapitre 3) et maintiennent les deux chaînes d'ADN associées en une double hélice (Chapitre 4). Des interactions similaires sont à l'origine de l'association des groupes de plus de deux molécules en complexes plurimoléculaires, conduisant à la formation des fibres musculaires, aux associations qui « collent » les cellules en tissus solides et à l'assemblage de nombreuses autres structures cellulaires.

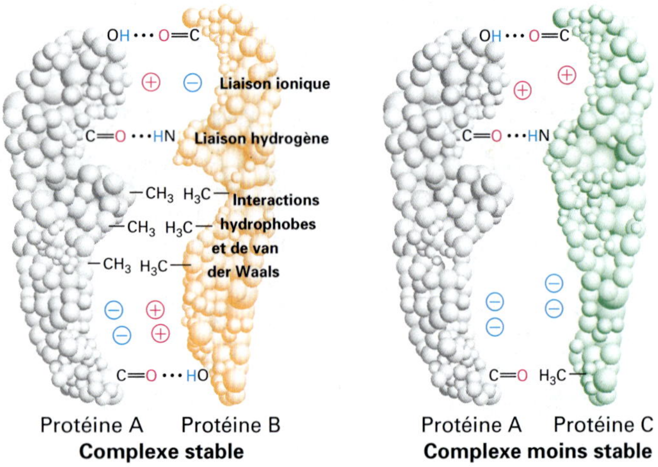

FIGURE 2-10 La complémentarité moléculaire et la liaison des protéines par le biais de multiples interactions non covalentes. Les formes, charges, polarité et hydrophobicité complémentaires de deux surfaces protéiques permettent de multiples interactions faibles dont l'ensemble produit une interaction forte et une liaison étroite. Les écarts par rapport à la complémentarité moléculaire affaiblissant fortement les liaisons, une biomolécule donnée ne peut généralement fixer qu'une ou qu'un nombre limité d'autres molécules. La complémentarité des deux molécules de protéines à gauche leur permet de s'associer plus étroitement que les deux protéines non complémentaires à droite.

Selon le nombre et la force des interactions non covalentes entre les deux molécules et leur environnement, leur association peut être étroite (forte) ou lâche (faible) et par conséquent, durable ou transitoire. Plus l'**affinité** de deux molécules l'une pour l'autre est élevée, plus la « correspondance » moléculaire entre elles est forte, plus des interactions non covalentes peuvent se former et plus leur association est étroite. Une mesure quantitative importante de l'affinité est la constante de dissociation K_d, décrite plus loin.

Comme nous le verrons au Chapitre 3, presque toutes les réactions chimiques qui se déroulent dans les cellules dépendent également des propriétés de liaison des enzymes. Ces protéines accélèrent non seulement les réactions mais elles le font avec un haut degré de **spécificité**, qui reflète leur capacité de se fixer étroitement à une seule ou à quelques molécules apparentées. En effet, la spécificité de liaison de grandes molécules biologiques, en particulier les protéines et les acides nucléiques, est l'une des caractéristiques qui différencient la biochimie de la chimie classique en solution. Il est évident que la complémentarité moléculaire et les interactions non covalentes sont à l'origine de la structure des biomolécules et de nombreux processus essentiels à la vie.

CONCEPTS CLÉS DE LA SECTION 2.1

Les liaisons atomiques et les interactions moléculaires

- Les liaisons covalentes, qui relient les atomes constituant une molécule selon une orientation constante, sont composées de paires d'électrons partagés par deux atomes. Des énergies relativement élevées sont nécessaires pour les rompre (50-200 kcal/mol).
- Dans les liaisons polaires, qui relient des atomes d'électronégativité différente, les électrons de la liaison sont distribués de façon inégale. Une extrémité d'une liaison polaire possède une charge positive partielle et l'autre, une charge négative partielle (voir Figure 2-3).
- Les interactions non covalentes entre atomes sont considérablement plus faibles que les liaisons covalentes, avec des énergies de liaison comprises entre 1 et 5 kcal/mol (voir Figure 2-4).
- Quatre types principaux d'interactions non covalentes existent dans les systèmes biologiques : les liaisons ioniques, les liaisons hydrogène, les interactions de van der Waals et les liaisons hydrophobes.
- Les liaisons ioniques résultent de l'attraction électrostatique entre les charges positives et négatives des ions. En solution aqueuse, tous les cations et les anions sont entourés d'une gaine de molécules d'eau liées (voir Figure 2-5). L'augmentation de la concentration de sel (par exemple de NaCl) d'une solution peut abaisser la force relative et même rompre les liaisons ioniques entre les biomolécules.
- Dans une liaison hydrogène, un atome d'hydrogène lié covalemment à un atome électronégatif s'associe à un atome accepteur dont les électrons qui ne participent à aucune liaison attirent l'hydrogène (voir Figure 2-6).
- Les interactions faibles et relativement peu spécifiques de van der Waals sont créées dès que deux atomes quelconques s'approchent l'un de l'autre. Elles résultent de l'attraction entre des dipôles transitoires associés à toutes les molécules (voir Figure 2-8).

- Dans un environnement aqueux, les molécules non polaires ou les parties non polaires des grosses molécules sont attirées les unes vers les autres par les liaisons hydrophobes, ce qui réduit l'étendue de leur contact direct avec les molécules d'eau (voir Figure 2-9).
- La complémentarité moléculaire est une correspondance de type clé-serrure entre des molécules dont les formes, les charges et d'autres propriétés physiques sont complémentaires. De multiples interactions non covalentes peuvent se former entre des molécules complémentaires, entraînant leur liaison étroite (voir Figure 2-10) mais pas entre des molécules non complémentaires.
- Le haut degré de spécificité de liaison qui résulte de la complémentarité moléculaire est l'une des caractéristiques qui distinguent la biochimie de la chimie classique en solution.

2.2 Les éléments chimiques de construction des cellules

Les trois macromolécules les plus abondantes — les **protéines**, les **acides nucléiques** et les **polysaccharides** — sont toutes des polymères constitués de petites molécules identiques ou presque, liées covalemment, que l'on appelle des **monomères** (Figure 2-11). Les liaisons covalentes entre des molécules de monomères sont généralement formées par des **réactions de déshydratation** au cours desquelles une molécule d'eau est perdue :

$$H{-}X_1{-}OH + H{-}X_2{-}OH \rightarrow H{-}X_1{-}X_2{-}OH + H_2O$$

Les protéines sont des polymères linéaires contenant dix à plusieurs milliers d'acides aminés reliés par des **liaisons peptidiques**.

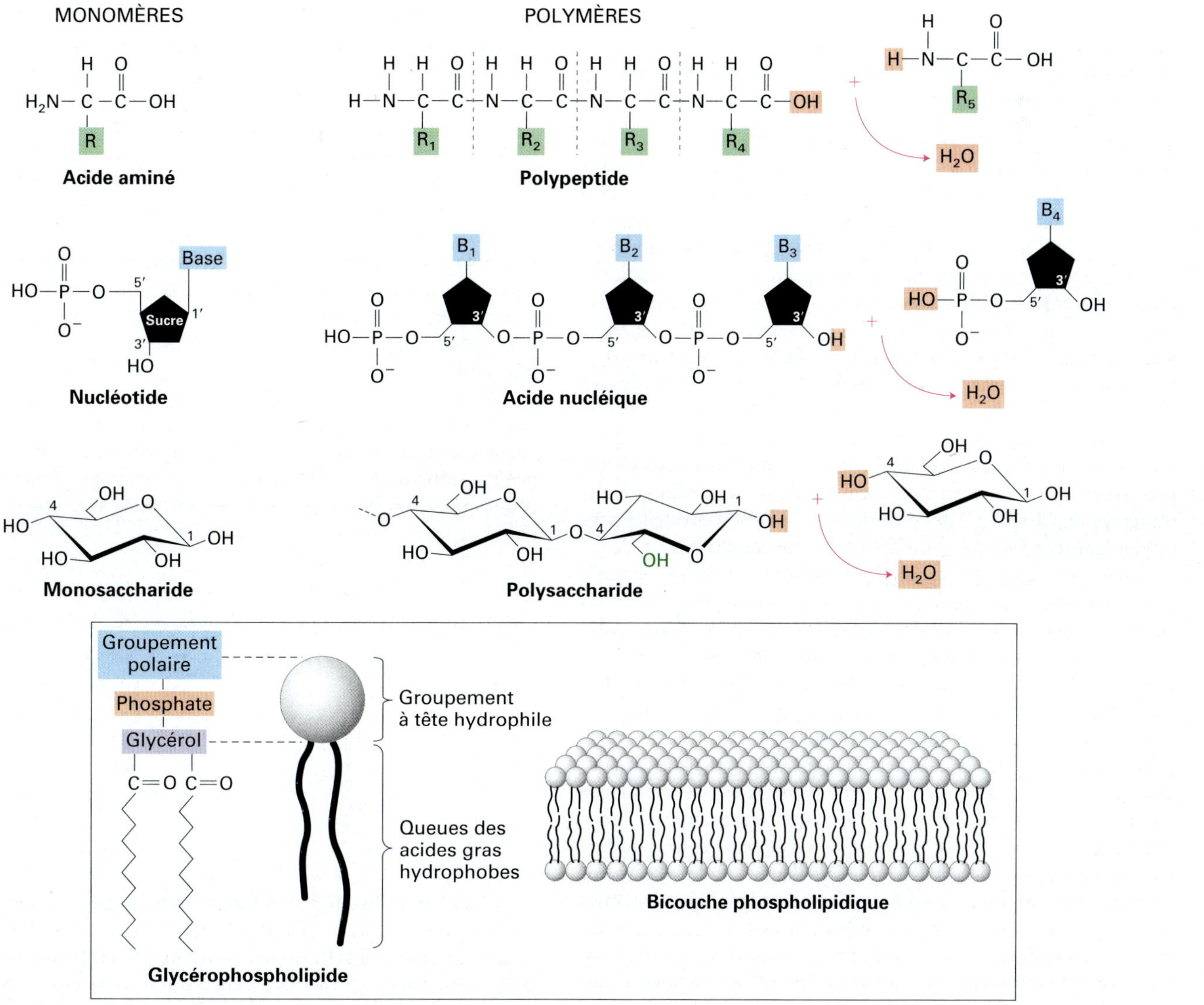

FIGURE 2-11 Les liaisons covalentes ou non covalentes des monomères pour former des biopolymères et des membranes. Une vision d'ensemble des éléments chimiques de construction des cellules et des macrostructures formées à partir de celles-ci. (*En haut*) Les trois types principaux de macromolécules biologiques sont tous assemblés par la polymérisation de nombreuses petites molécules (monomères) d'un type particulier : les protéines à partir d'acides aminés (Chapitre 3), les acides nucléiques à partir de nucléotides et les polysaccharides à partir de monosaccharides (sucres). Les monomères sont liés covalemment en polymères grâce à des réactions couplées dont le résultat net est la condensation par le biais des réactions de déshydratation présentées ci-dessus. (*En bas*) Au contraire, les monomères phospholipidiques s'assemblent de façon non covalente en une bicouche, à l'origine de toutes les membranes cellulaires (Chapitre 5).

Les acides nucléiques sont des polymères linéaires contenant plusieurs centaines jusqu'à des millions de nucléotides reliés par des **liaisons phosphodiester**. Les polysaccharides sont des polymères linéaires ou ramifiés de monosaccharides (sucres) tels que le glucose, liés par des **liaisons glycosidiques**.

Une approche similaire est utilisée pour former différentes structures de grande taille dans lesquelles les composants répétés sont associés par des interactions non covalentes. Par exemple, les fibres du cytosquelette sont composées de nombreuses molécules répétées de protéines. Et, comme nous le verrons plus loin, les phospholipides s'assemblent de manière non covalente en une structure à deux feuillets (bicouche) qui est à la base de toutes les membranes cellulaires (voir Figure 2-11). Par conséquent, la construction de structures et molécules de grande taille par l'association covalente ou non covalente de nombreuses petites molécules similaires ou identiques est un thème récurrent en biologie.

Les protéines sont constituées d'acides aminés qui diffèrent uniquement par leurs chaînes latérales

Les éléments de construction monomériques des protéines sont 20 **acides aminés** qui ont tous une structure caractéristique constituée d'un **atome de carbone α** central (C_α) lié à quatre groupes chimiques différents : un groupement aminé (NH_2), un groupement carboxyle (COOH), un atome d'hydrogène (H) et un groupement variable, appelé **chaîne latérale**, ou groupement R (pour Radical). Puisque l'atome de carbone α de tous les acides aminés sauf la glycine est asymétrique, ces molécules peuvent exister sous deux formes, images l'une de l'autre dans un miroir, appelées conventionnellement isomère D (dextrogyre) et L (lévogyre) (Figure 2-12). Les deux isomères ne peuvent s'interconvertir (que l'un se transforme en l'autre) sans une rupture et une reformation d'un liaison chimique dans l'un d'entre eux. À de rares exceptions près, on trouve uniquement des formes L dans les protéines. Nous traiterons au Chapitre 3 des propriétés de la liaison covalente peptidique qui relie les acides aminés en de longues chaînes.

Pour comprendre les structures et les fonctions des protéines, il faut connaître certaines des propriétés qui distinguent les acides aminés les uns des autres et sont déterminées par leurs chaînes latérales. Les chaînes latérales d'acides aminés différents varient par leur taille, leur forme, leur hydrophobicité et leur réactivité. Les acides aminés peuvent être classés en plusieurs catégories définies avant tout par leur solubilité dans l'eau, qui est influencée par la polarité de leurs chaînes latérales (Figure 2-13). Les acides aminés avec des chaînes latérales polaires sont hydrophiles et ont tendance à se trouver à la surface des protéines ; en interagissant avec l'eau, ils rendent les protéines solubles en solution aqueuse et peuvent former des interactions non covalentes avec d'autres molécules hydrosolubles. Au contraire, les acides aminés dont les chaînes latérales ne sont pas polaires sont hydrophobes ; ils évitent l'eau et constituent souvent des agrégats qui aident à la formation de poches insolubles dans l'eau, au sein de nombreuses protéines. La polarité des chaînes latérales des acides aminés est donc responsable de la détermination de la structure tridimensionnelle finale des protéines.

Un sous-groupe des acides aminés hydrophiles est chargé (ionisé) au pH ($\approx$7) typique des conditions physiologiques (voir Section 2.3). L'**arginine** et la **lysine** sont chargées positivement ; l'**acide aspartique** et l'**acide glutamique** sont chargés négativement (leurs formes chargées s'appellent *aspartate* et *glutamate*). Ces quatre acides aminés sont les principaux responsables de la charge globale d'une protéine. Un cinquième acide aminé, l'**histidine**, possède une chaîne latérale imidazole, qui peut être chargée positivement ou négativement en fonction de faibles changements dans l'acidité de son environnement :

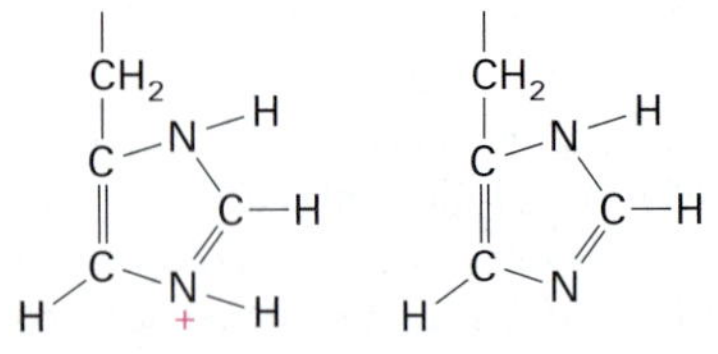

Les activités de nombreuses protéines sont modulées par des changements dans l'acidité de leur environnement par le biais de la protonation des chaînes latérales de l'histidine. L'**asparagine** et la **glutamine** ne sont pas chargées mais possèdent des chaînes latérales polaires contenant des groupements amide capables de former de nombreuses liaisons hydrogène. De même, la **sérine** et la **thréonine** ne sont pas chargées mais ont des groupements hydroxyle polaires, qui participent également à la formation de liaisons hydrogène avec d'autres molécules polaires.

Les chaînes latérales des acides aminés hydrophobes sont insolubles ou seulement légèrement solubles dans l'eau. Les chaînes latérales linéaires de l'**alanine**, la **valine**, la **leucine**, l'**isoleucine** et la **méthionine** sont entièrement constituées d'hydrocarbures, à l'exception d'un atome de soufre dans la méthionine et tous sont non polaires. La **phénylalanine**, la **tyrosine** et le **tryptophane** possèdent des chaînes latérales aromatiques volumineuses. Dans des chapitres ultérieurs, nous verrons en détail comment des résidus hydrophobes tapissent la *surface* de protéines enchâssées dans les biomembranes.

Pour finir, la cystéine, la glycine et la proline jouent un rôle particulier dans les protéines en raison des propriétés uniques de leurs chaînes latérales. La chaîne latérale de la cystéine contient un **groupement sulfhydryle (— SH)** qui peut s'oxyder pour former une **liaison** ou **pont disulfure (— S — S —)** covalente avec une autre cystéine :

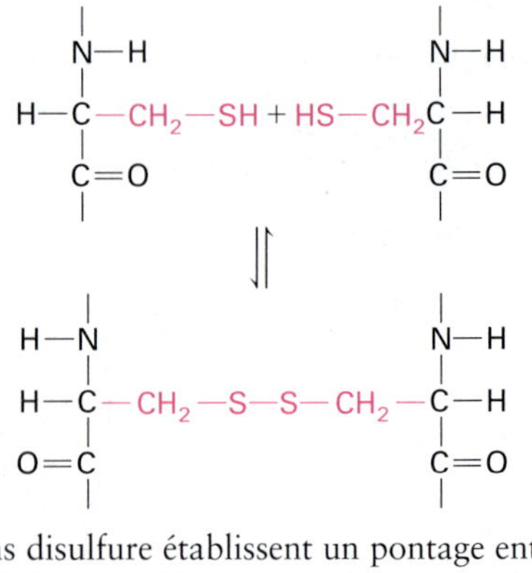

Ces liaisons disulfure établissent un pontage entre des régions de la même chaîne protéique ou parfois entre des chaînes distinctes. Les ponts disulfure sont courants dans les protéines extracellulaires, dans lesquelles ils aident à stabiliser la structure repliée. L'acide aminé le plus petit, la **glycine**, possède un seul atome d'hydrogène comme groupement R. Sa petite taille lui permet de s'intégrer dans de petits espaces. Au contraire des autres acides aminés, la chaîne latérale de la **proline** se recourbe pour former un cycle en établissant une liaison covalente avec l'atome d'azote (groupement aminé) fixé à son C_α. Par conséquent, la proline est très rigide et crée un coude fixe dans une chaîne protéique, ce qui limite la façon dont une protéine peut se replier dans la région contenant les résidus proline.

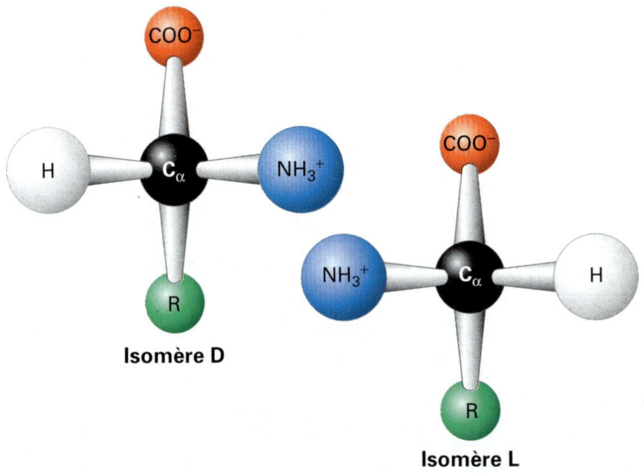

◄ **FIGURE 2-12 La structure habituelle des acides aminés.** L'atome de carbone α (C_α) de chaque acide aminé est lié à quatre groupements chimiques. La chaîne latérale ou groupement R est propre à chaque type d'acide aminé (voir Figure 2-13). Puisque le C_α de tous les acides aminés, sauf la glycine, est asymétrique, ces molécules présentent deux formes symétriques, appelées L et D. Bien que les propriétés de tels isomères optiques soient identiques, leurs activités biologiques sont distinctes. On trouve uniquement des acides aminés L dans les protéines.

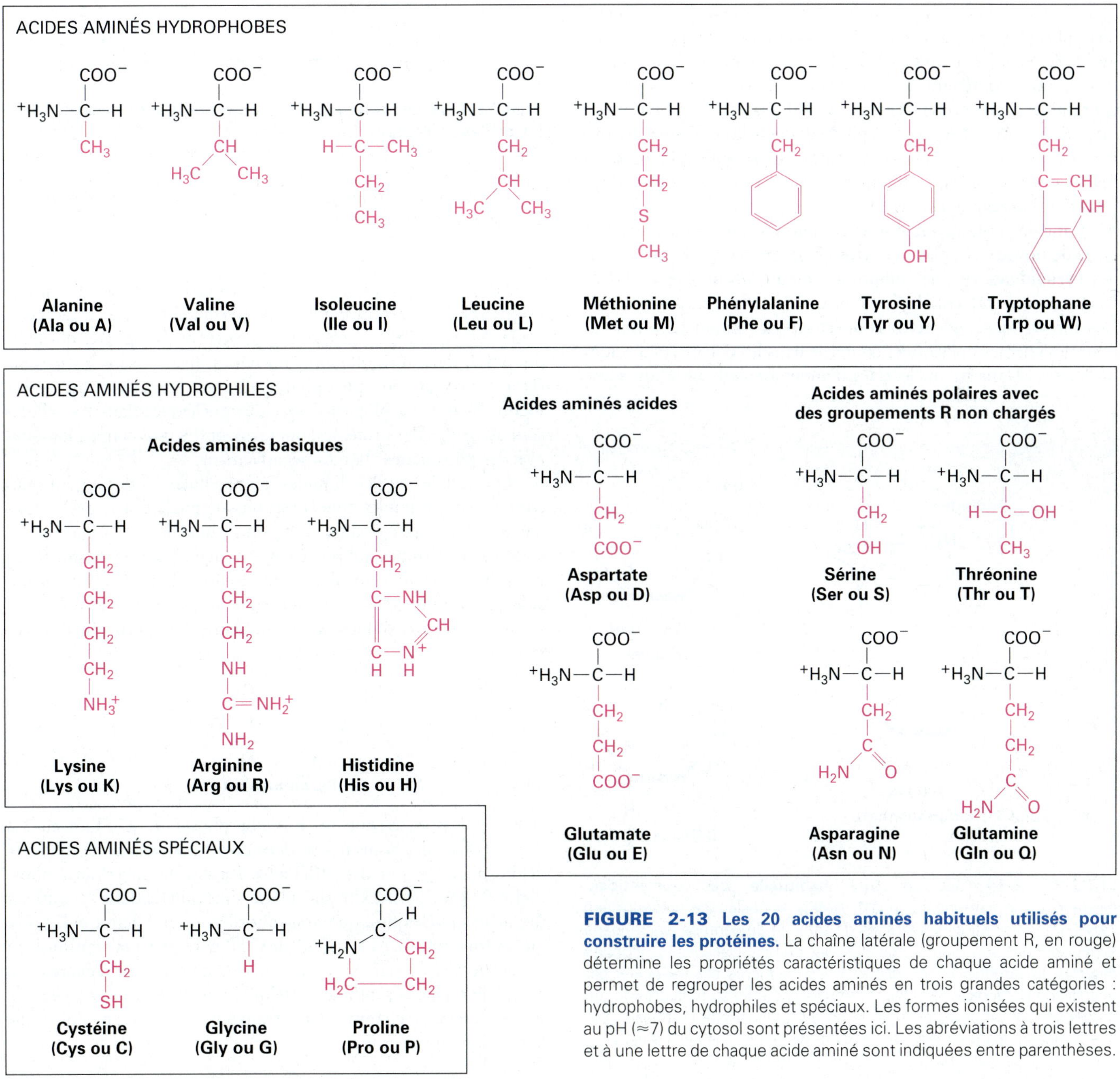

FIGURE 2-13 Les 20 acides aminés habituels utilisés pour construire les protéines. La chaîne latérale (groupement R, en rouge) détermine les propriétés caractéristiques de chaque acide aminé et permet de regrouper les acides aminés en trois grandes catégories : hydrophobes, hydrophiles et spéciaux. Les formes ionisées qui existent au pH (≈7) du cytosol sont présentées ici. Les abréviations à trois lettres et à une lettre de chaque acide aminé sont indiquées entre parenthèses.

Dans les protéines, certains acides aminés sont plus abondants que d'autres. La cystéine, le tryptophane et la méthionine sont des acides aminés rares ; ils représentent au total environ 5 % des acides aminés d'une protéine. Quatre acides aminés — la leucine, la sérine, la lysine et l'acide glutamique — sont les acides aminés les plus courants, totalisant 32 % de tous les acides aminés d'une protéine type. Cependant, la composition en acides aminés d'une protéine peut s'écarter fortement des ces valeurs.

Cinq nucléotides différents sont utilisés pour construire les acides nucléiques

Deux sortes d'acides nucléiques similaires chimiquement, l'**ADN** (acide désoxyribonucléique) et l'**ARN** (acide ribonucléique) sont les principales molécules porteuses d'information dans la cellule. Les monomères à partir desquels sont construits l'ADN et l'ARN, appelés **nucléotides**, ont tous une structure commune : un groupement phosphate lié par une liaison phosphoester à un pentose (une molécule de sucre à cinq carbones) reliée à son tour à une structure cyclique contenant de l'azote et du carbone que l'on appelle couramment une « base » (Figure 2-14a). Dans l'ARN, le pentose est le ribose ; dans l'ADN, il s'agit du désoxyribose (Figure 2-14b). Les bases **adénine, guanine** et **cytosine** sont présentes à la fois dans l'ADN et dans l'ARN. La **thymine** est exclusivement présente dans l'ADN et l'**uracile** dans l'ARN.

L'adénine et la guanine sont des **purines**, qui contiennent une paire de noyaux couplés ; la cytosine, la thymine et l'uracile sont des **pyrimidines**, qui ne comportent qu'un noyau (Figure 2-15). Les bases sont souvent abrégées en A, G, C, T et U respectivement. Ces abréviations à une lettre sont également couramment utilisées pour désigner les nucléotides complets dans les polymères d'acides nucléiques. Dans les nucléotides, l'atome de carbone 1' du sucre (ribose ou désoxyribose) est attaché à l'azote en position 9 d'une purine (N_9) ou en position 1 d'une pyrimidine (N_1). Le caractère acide des nucléotides est dû au groupement phosphate, qui dans des conditions intracellulaires normales libère un ion hydrogène (H^+), laissant le phosphate chargé négativement (voir Figure 2-14a). La plupart des acides nucléiques dans les cellules sont associés à des protéines, qui forment des interactions ioniques avec les phosphates chargés négativement.

Les cellules et les liquides extracellulaires des organismes contiennent de faibles concentrations de **nucléosides**, des combinaisons d'une base et d'un sucre sans phosphate. Les nucléotides sont des nucléosides qui possèdent un, deux ou trois groupements phosphate estérifiés au niveau de l'hydroxyle en 5'. Les nucléosides monophosphate ont un seul phosphate estérifié (voir Figure 2-14a) ; les diphosphates contiennent un groupement pyrophosphate :

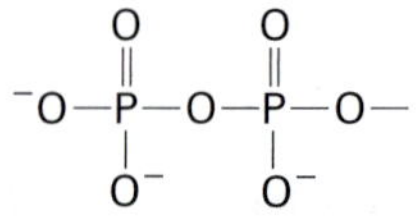

Pyrophosphate

et les triphosphates ont un troisième phosphate. Le Tableau 2-2 dresse la liste des noms des nucléosides et des nucléotides dans les acides nucléiques et des différentes formes de nucléosides phosphate. Les nucléosides triphosphate sont utilisés dans la synthèse des acides nucléiques, que nous aborderons au Chapitre 4. Entre autres fonctions dans la cellule, le GTP participe à la transmission intracellulaire de signaux et joue le rôle de réservoir d'énergie, en particulier dans la synthèse protéique. L'ATP, dont nous parlerons plus loin dans ce chapitre, est le transporteur d'énergie biologique le plus largement utilisé.

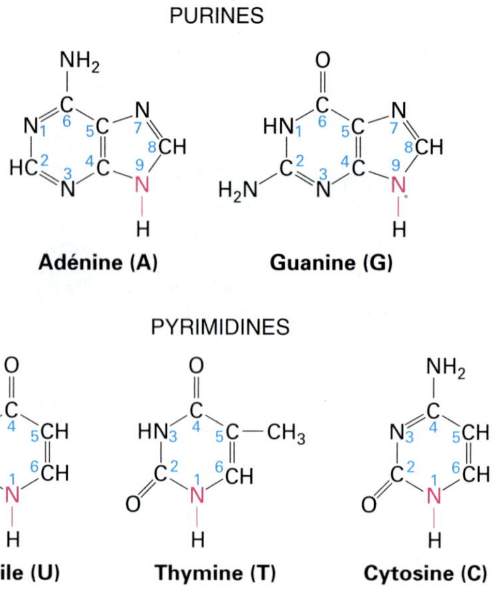

FIGURE 2-15 Les structures chimiques des bases principales dans les acides nucléiques. Dans les acides nucléiques et les nucléotides, l'azote 9 des purines et l'azote 1 des pyrimidines (en rouge) sont liés au carbone 1' du ribose ou du désoxyribose. U est présent uniquement dans l'ARN et T, seulement dans l'ADN. L'ARN et l'ADN contiennent tous deux A, G et C.

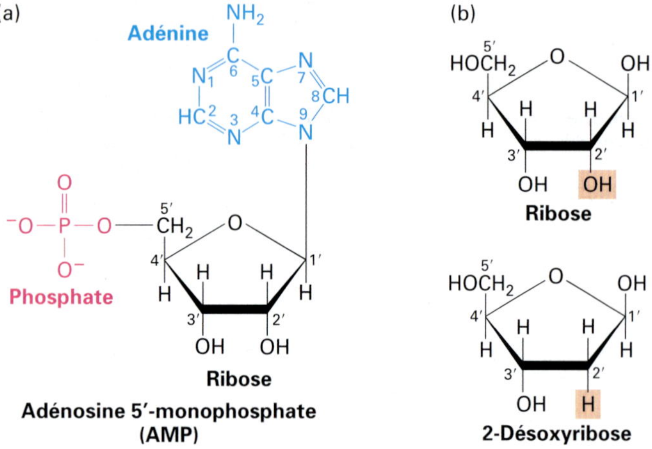

FIGURE 2-14 La structure habituelle des nucléotides. (a) L'adénosine 5'-monophosphate (AMP), un nucléotide présent dans l'ARN. Par convention, les atomes de carbone du pentose (sucre) dans les nucléotides sont numérotés avec des primes. Dans les nucléotides naturels, le carbone 1' est relié à la base (dans ce cas l'adénine) par une liaison ß. La base (en bleu) et le phosphate lié au 5' hydroxyle (en rouge) sortent du plan défini par le noyau furanose. (b) Le ribose et le désoxyribose, les pentoses de l'ARN et de l'ADN, respectivement.

TABLEAU 2-2 Terminologie des nucléosides et des nucléotides

		Bases			
		Purines		Pyrimidines	
		Adénine (A)	Guanine (G)	Cytosine (C)	Uracile (U) Thymine [T]
Nucléosides	dans l'ARN	Adénosine	Guanosine	Cytidine	Uridine
	dans l'ADN	Désoxyadénosine	Désoxyguanosine	Désoxycytidine	Désoxythymidine
Nucléotides	dans l'ARN	Adénylate	Guanylate	Cytidylate	Uridylate
	dans l'ADN	Désoxyadénylate	Désoxyguanylate	Désoxycytidylate	Désoxythymidylate
Nucléosides monophosphate		AMP	GMP	CMP	UMP
Nucléosides diphosphate		ADP	GDP	CDP	UDP
Nucléosides triphosphate		ATP	GTP	CTP	UTP
Désoxynucléosides mono-, di- et triphosphate		dAMP, etc.			

Les monosaccharides reliés par des liaisons glycosidiques forment des polysaccharides linéaires ou ramifiés

Les éléments de construction des polysaccharides sont les sucres simples ou **monosaccharides.** Les **monosaccharides** sont des **hydrates de carbone** (ou glucides), qui sont littéralement des combinaisons de carbone et d'eau liés covalemment dans un rapport un pour un $(CH_2O)_n$, où n égale 3, 4, 5, 6 ou 7. Les **hexoses** (n = 6) et les **pentoses** (n = 5) sont les monosaccharides les plus courants. Tous les monosaccharides contiennent des groupements hydroxyle (— OH) et un groupement aldéhyde ou un groupement céto :

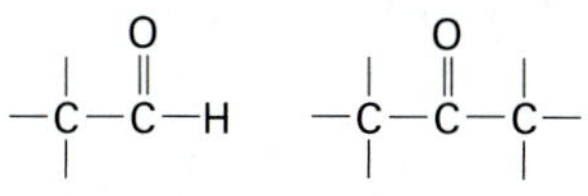

Aldéhyde **Céto**

Le D-glucose ($C_6H_{12}O_6$)est la source externe principale d'énergie de la plupart des cellules des organismes supérieurs. Il peut exister sous trois formes différentes : une structure linéaire et deux structures cycliques hémiacétaliques (Figure 2-16a). Si le groupement aldéhyde du carbone 1 réagit avec le groupement hydroxyle porté par le carbone 5, l'hémiacétal résultant, le D-glucopyranose, contient un cycle à six carbones. Dans l'anomère α du D-glucopyranose, le groupement hydroxyle lié au carbone 1 est orienté « vers le bas » du cycle comme le montre la Figure 2-16a ; dans l'anomère β, cet hydroxyle est orienté « vers le haut ». En solution aqueuse, les anomères α et β s'interconvertissent facilement de manière spontanée. À l'équilibre, il y a environ un tiers d'anomère α, deux tiers d'anomère β et très peu de formes linéaires. Puisque les enzymes sont capables de distinguer les anomères α et β du D-glucose, ces formes jouent des rôles biologiques différents. La

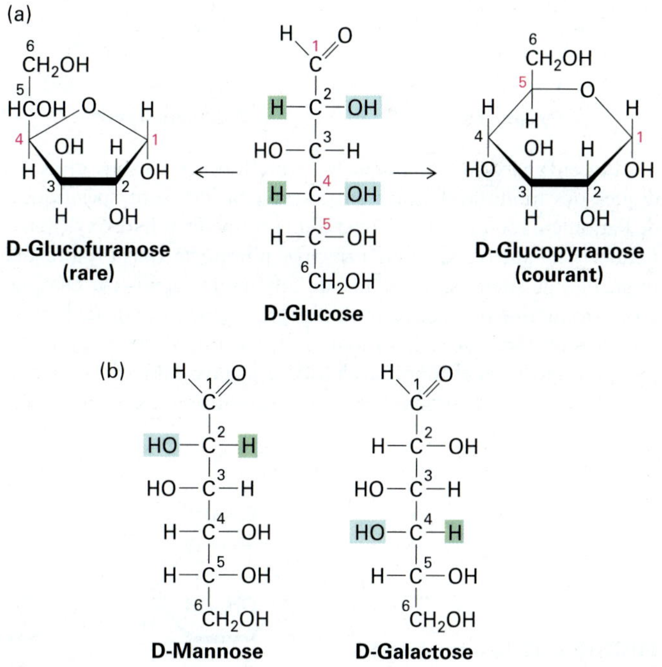

FIGURE 2-16 La structure chimique des hexoses. Tous les hexoses ont la même formule chimique ($C_6H_{12}O_6$) et contiennent un groupement aldéhyde ou un groupement céto. (a) Les formes cycliques du D-glucose sont produites à partir de la molécule linéaire par réaction de l'aldéhyde du carbone 1 avec l'hydroxyle du carbone 5 ou du carbone 4. Les trois formes sont facilement interconvertibles, bien que la forme pyranose (*à droite*) prédomine dans les systèmes biologiques. (b) Dans le D-mannose et le D-galactose, la configuration du H (en vert) et du OH (en bleu) liés à un atome de carbone diffèrent de leur configuration dans le glucose. Ces sucres, comme le glucose, existent principalement sous forme de pyranoses.

condensation du groupement hydroxyle du carbone 4 du glucose linéaire avec son groupement aldéhyde aboutit à la formation de D-glucofuranose, un hémiacétal contenant un cycle à cinq carbones. Bien que les trois formes du D-glucose existent dans les systèmes biologiques, la forme pyranose est de loin la plus abondante.

Un grand nombre de sucres importants en biologie sont des sucres à six carbones apparentés structuralement au D-glucose (Figure 2-16b). Le mannose est identique au glucose à l'exception des groupements liés au carbone 2 dont l'orientation est inversée. De même le galactose, un autre hexose, diffère du glucose uniquement par l'orientation de ses groupements attachés au carbone 4. L'interconversion du glucose et du mannose ou du galactose nécessite la rupture et la reformation de liaisons covalentes ; de telles réactions sont assurées par des enzymes appelées **épimérases**.

Le noyau pyranose de la Figure 2-16a est représenté comme plan. En réalité, du fait de la géométrie tétraédrique autour des atomes de carbone, la conformation la plus stable d'un noyau pyranose a une forme non plane, qui ressemble à une chaise. Dans cette conformation, chaque liaison entre un carbone du cycle et un carbone hors du cycle (comme H ou O) est soit quasiment perpendiculaire au cycle, on l'appelle alors axiale (a), soit proche du plan du cycle ; on l'appelle alors équatoriale (e) :

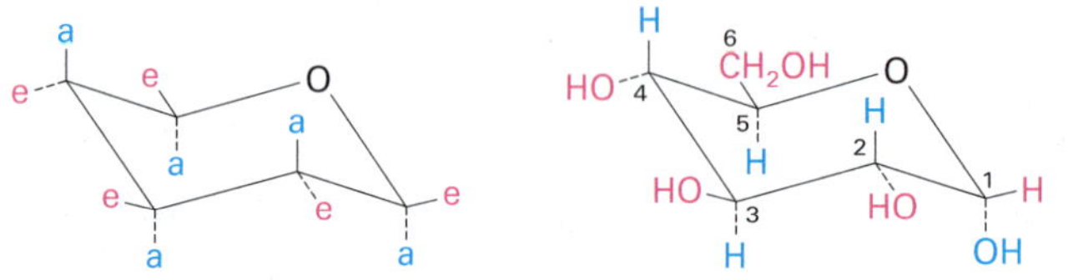

Pyranoses **α-D-Glucopyranose**

Les enzymes qui catalysent la formation des liaisons glycosidiques des monosaccharides en polysaccharides sont spécifiques de l'anomère α ou β d'un sucre et d'un groupement hydroxyle particulier de l'autre sucre. En principe, n'importe quelle paire de molécules de sucre peut être liée de différentes façons car chaque monosaccharide possède de multiples groupements hydroxyle susceptibles de participer à la formation de liaisons glycosidiques. De plus, n'importe quel monosaccharide a la possibilité de se lier à plus de deux autres monosaccharides, produisant alors un site de ramification et des polymères non linéaires. Les liaisons glycosidiques sont généralement formées entre un sucre modifié covalemment et la chaîne polymérique en cours d'élongation. De telles modifications mettent en jeu un phosphate (comme le glucose 6-phosphate) ou un nucléotide (comme l'UDP-galactose) :

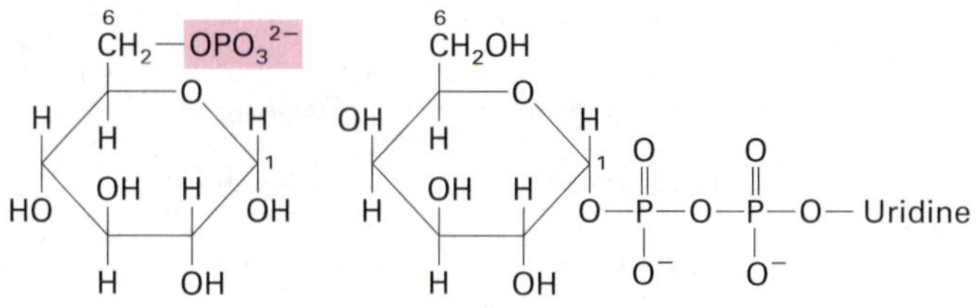

Glucose 6-phosphate **UDP-galactose**

Les épimérases qui interconvertissent différents monosaccharides utilisent le plus souvent lors de la catalyse des sucres liés à des nucléotides plutôt que des sucres non substitués.

Les **disaccharides**, formés à partir de deux monosaccharides, sont les polysaccharides les plus simples. Le lactose, constitué de galactose et de glucose est le sucre principal du lait. Le saccharose, composé de glucose et de fructose est un produit essentiel de la photosynthèse chez les plantes ; il est raffiné en sucre de table (Figure 2-17).

Les polysaccharides plus gros, contenant des douzaines voire des centaines d'unités monosaccharidiques, peuvent servir de réservoirs de glucose, de composants structuraux ou de « colle » pour maintenir les cellules en tissus. Le glucide le plus couramment utilisé comme réservoir dans les cellules animales est le **glycogène**, un très long polymère hautement ramifié du glucose. Il peut représenter jusqu'à 10 % de la masse du foie. Le principal glucide utilisé comme réservoir chez les plantes est l'**amidon**, qui est également un polymère de glucose. Il existe sous forme non ramifiée (amylose) et sous forme légèrement ramifiée (amylopectine). Le glycogène et l'amidon sont tous deux constitués de l'anomère α du glucose. À l'inverse, la **cellulose**, le constituant principal des parois cellulaires végétales est un polymère non ramifié de l'anomère β du glucose. Les enzymes de la digestion chez l'homme peuvent hydrolyser les liaisons glycosidiques α de l'amidon mais pas les liaisons glycosidiques β de la cellulose. De nombreuses espèces de plantes, de bactéries et de moisissures produisent des

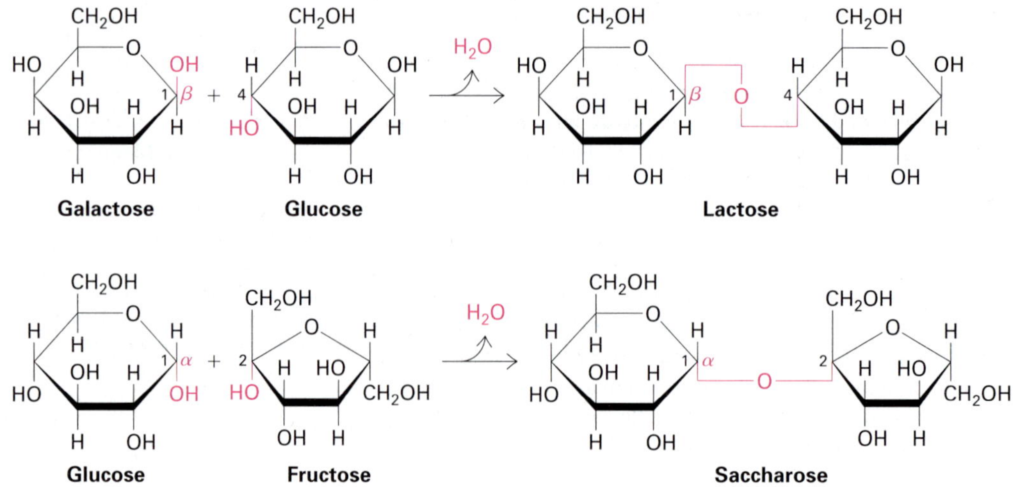

FIGURE 2-17 La formation des disaccharides lactose et saccharose. Dans toute liaison glycosidique, le carbone anomérique d'une molécule de sucre (en conformation α ou β) est lié à un oxygène d'hydroxyle d'une autre molécule de sucre. Les liaisons sont dénommées en fonction de la liaison : ainsi, le lactose contient une liaison $\beta(1 \rightarrow 4)$ et le saccharose, une liaison $\alpha(1 \rightarrow 2)$.

enzymes qui dégradent la cellulose. Les vaches et les termites sont capables de dégrader la cellulose car ils possèdent les bactéries adéquates dans leurs intestins.

De nombreux polysaccharides complexes contiennent des sucres modifiés liés covalemment à différents petits groupes, en particulier à des groupements amine, sulfate et acétyle. De telles modifications sont courantes dans les glycosaminoglycanes, les principaux composants polysaccharidiques de la matrice extracellulaire que nous décrirons au Chapitre 6.

Les acides gras sont les précurseurs de nombreux lipides cellulaires

Avant de nous intéresser aux phospholipides et à leur rôle dans la structure des biomembranes, nous allons revoir brièvement les propriétés des **acides gras**. Comme le glucose, les acides gras sont une importante source d'énergie pour de nombreuses cellules et sont stockés sous la forme de triacylglycérols dans le tissu adipeux (Chapitre 8). Les acides gras sont également les précurseurs des phospholipides et de nombreux autres lipides et remplissent différentes fonctions (Chapitre 18).

Les acides gras sont constitués d'une chaîne hydrocarbonée liée à un groupement carboxyle (— COOH). Ils diffèrent par leur longueur, même si les acides gras prédominants dans les cellules ont un nombre pair d'atomes de carbone, généralement 14, 16, 18 ou 20. Les principaux acides gras dans les phospholipides sont répertoriés dans le Tableau 2-3. On désigne souvent les acides gras par l'abréviation Cx:y, où x est le nombre de carbones dans la chaîne et y le nombre de doubles liaisons. Les acides gras contenant 12 atomes de carbone ou plus sont quasiment insolubles en solution aqueuse en raison de leurs longues chaînes hydrocarbonées hydrophobes.

Les acides gras dépourvus de double liaison carbone-carbone sont dits **saturés**, ceux qui possèdent au moins une double liaison sont dits **insaturés**. Les acides gras insaturés qui possèdent plus d'une double liaison carbone-carbone sont dits **polyinsaturés**. Deux acides gras polyinsaturés « essentiels », l'acide linoléique (C18 :2) et l'acide linolénique (C18 :3), ne sont pas synthétisés par les mammifères qui doivent les trouver dans leur alimentation. Les mammifères sont capables de fabriquer les autres acides gras courants. Deux configurations stéréoisomériques, *cis* et *trans*, sont possibles autour de chaque double liaison carbone-carbone :

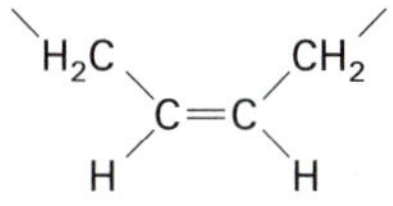

Cis

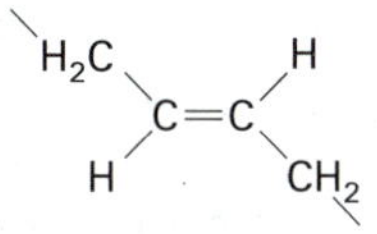

Trans

Une double liaison *cis* introduit un coude rigide dans la chaîne par ailleurs flexible d'un acide gras (Figure 2-18). En général, les acides gras des systèmes biologiques contiennent uniquement des doubles liaisons *cis*.

Les acides gras peuvent être liés covalemment à une autre molécule par une sorte de réaction de déshydratation appelée **estérification**, dans laquelle le OH du groupement carboxyle de l'acide gras et un H du groupement hydroxyle de l'autre molécule sont perdus. Dans la molécule combinée formée à partir de cette réaction, la fraction provenant de l'acide gras est appelée *groupement* **acyle**. On le voit dans les **triacylglycérols**, qui contiennent trois groupements acyle estérifiés avec le glycérol :

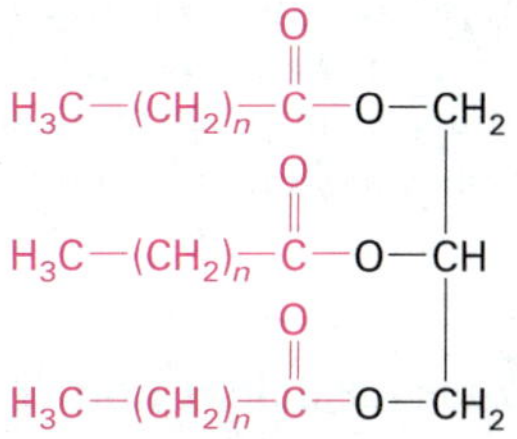

Triacylglycérol

TABLEAU 2-3 Les acides gras qui prédominent dans les phospholipides		
Nom courant de l'acide (forme ionisée entre parenthèses)	**Abréviation**	**Formule chimique**
ACIDES GRAS SATURÉS		
Myristique (myristate)	C14:0	$CH_3(CH_2)_{12}COOH$
Palmitique (palmitate)	C16:0	$CH_3(CH_2)_{14}COOH$
Stéarique (stéarate)	C18:0	$CH_3(CH_2)_{16}COOH$
ACIDES GRAS INSATURÉS		
Oléique (oléate)	C18:1	$CH_3(CH_2)_7CH{=}CH(CH_2)_7COOH$
Linoléique (linoléate)	C18:2	$CH_3(CH_2)_4CH{=}CHCH_2CH{=}CH(CH_2)_7COOH$
Arachidonique (arachidonate)	C20:4	$CH_3(CH_2)_4(CH{=}CHCH_2)_3CH{=}CH(CH_2)_3COOH$

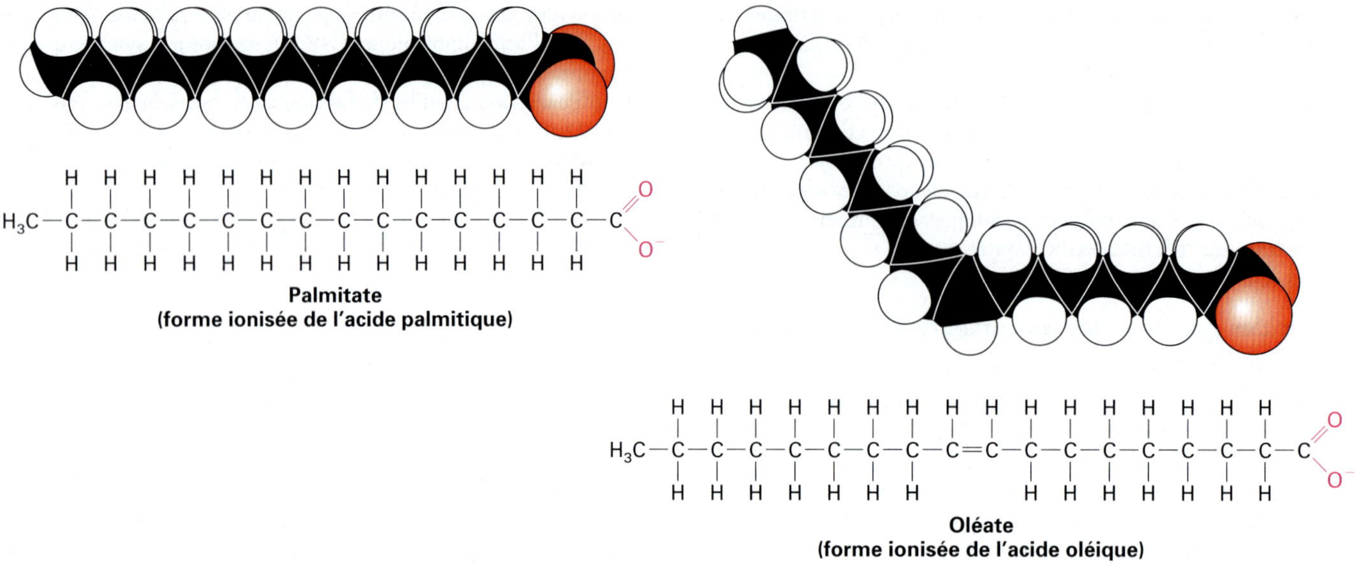

FIGURE 2-18 La conséquence d'une double liaison sur la forme des acides gras. Nous voyons ici les modèles compacts et les structures chimiques de la forme ionisée de l'acide palmitique, un acide gras saturé comportant 16 atomes de C et de l'acide oléique, un acide gras insaturé avec 18 atomes de C. Dans les acides gras saturés, la chaîne hydrocarbonée est souvent linéaire. La double liaison *cis* dans l'oléate crée un coude rigide dans la chaîne hydrocarbonée. [D'après L. Stryer, 1994, *Biochemistry*, 4° éd., W. H. Freeman and Company, p. 265.]

Si les groupements acyle sont suffisamment longs, ces molécules sont insolubles dans l'eau même si elles contiennent trois liaisons ester polaires. Les groupements acyle forment également la fraction hydrophobe des phospholipides, dont nous allons parler plus loin.

Les phospholipides s'associent non covalemment pour former la structure élémentaire en bicouche des biomembranes

Les biomembranes sont des feuillets flexibles de grande taille. Elles servent de frontières aux cellules et à leurs organites intracellulaires et constituent les surfaces externes de certains virus. Les membranes définissent littéralement ce qu'est une cellule (la membrane externe et ce qui est contenu dans la membrane) et ce qui n'en fait pas partie (l'espace extracellulaire hors de la membrane). Au contraire des protéines, des acides nucléiques et des polysaccharides, les membranes sont assemblées par l'association *non covalente* de leurs éléments de construction. Les principaux éléments de construction de toutes les biomembranes sont les **phospholipides**, dont les propriétés physiques sont responsables de la formation de la structure en feuillet des membranes.

Les phospholipides sont constitués de deux groupements acyle à longue chaîne, non polaires, liés (généralement par une liaison ester) à de petits groupements hautement polaires, y compris le phosphate. Dans les **phosphoglycérides**, la principale classe de phospholipides, les chaînes latérales d'acides gras sont estérifiées avec deux des trois groupements hydroxyle du glycérol. Le troisième groupement hydroxyle est estérifié avec un phosphate. Le phospholipide le plus simple, l'acide phosphatidique, contient seulement ces composants. Dans la plupart des phospholipides présents dans les membranes, le groupement phosphate est estérifié avec un groupement hydroxyle appartenant à un autre composant hydrophile. Dans la phosphatidylcholine par exemple, la choline

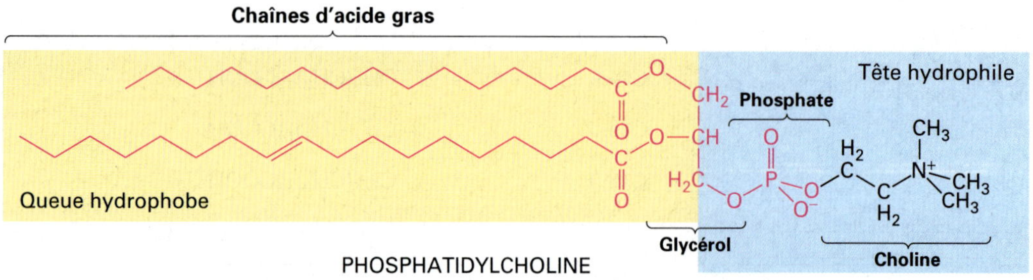

FIGURE 2-19 La phosphatidylcholine, un phosphoglycéride type. Tous les phosphoglycérides sont amphipathiques, en raison d'une queue hydrophobe (en jaune) et d'une tête hydrophile (en bleu) dans laquelle le glycérol est lié à un alcool par un groupement phosphate. L'une ou l'autre des chaînes latérales d'acide gras d'un phosphoglycéride ou même les deux peuvent être saturées ou insaturées. Dans l'acide phosphatidique (en rouge), le phospholipide le plus simple, le phosphate, n'est pas lié à un alcool.

est fixée au phosphate (Figure 2-19). La charge négative sur le phosphate ainsi que les groupements chargés ou polaires estérifiés avec celui-ci peuvent interagir fortement avec l'eau. Le phosphate et le groupement estérifié qui lui est associé — le groupement de « tête » d'un phospholipide — sont hydrophiles, tandis que les chaînes acyle — les « queues » — sont hydrophobes.

La nature amphipathique des phospholipides qui régit leurs interactions est fondamentale pour la structure des biomembranes. Lorsqu'une suspension de phospholipides est dispersée mécaniquement dans une solution aqueuse, les phospholipides s'agrègent selon trois formes : les **micelles** et **liposomes** sphériques et les **bicouches phospholipidiques** d'une largeur de deux molécules en forme de feuillets (Figure 2-20). Le type de structure formé par un phospholipide pur ou un mélange de phospholipides dépend de plusieurs facteurs, dont la longueur des chaînes d'acides gras, leur degré de saturation et la température. Dans ces trois structures, les liaisons hydrophobes entraînent l'agrégation des chaînes d'acide gras et l'exclusion des molécules d'eau du « cœur » de la structure. Les micelles sont rarement formées à partir de phosphoglycérides naturels, car leurs chaînes d'acide gras sont généralement trop volumineuses pour tenir à l'intérieur d'une micelle. Si l'une des deux chaînes d'acide gras est enlevée par hydrolyse, formant alors un lysophospholipide, le type d'agrégat prédominant est la micelle. Les savons et détergents usuels forment des micelles en solution aqueuse qui se comportent comme de minuscules balles, donnant ainsi aux solutions savonneuses leur caractère glissant et leurs propriétés lubrifiantes.

Dans des conditions adéquates, les phospholipides cellulaires forment spontanément des bicouches symétriques de phospholipides. Chaque couche de phospholipides de cette structure lamellaire est appelée monocouche. Les chaînes d'acides gras de chaque monocouche minimisent le contact avec l'eau en s'alignant étroitement les unes avec les autres au centre de la bicouche, formant ainsi un cœur d'environ 3 nm de large (voir Figure 2-20). L'entassement de ces queues non polaires est stabilisé par les liaisons hydrophobes et les interactions de van der Waals qui se forment entre elles. Les liaisons ioniques et hydrogène stabilisent l'interaction des groupements polaires de tête des phospholipides les uns avec les autres et avec l'eau.

Une bicouche phospholipidique peut avoir une taille quasiment illimitée — de quelques micromètres (μm) à plusieurs millimètres (mm) de long ou de large — et peut contenir de quelques dizaines jusqu'à plusieurs millions de molécules phospholipidiques. En raison de leur cœur hydrophobe, les bicouches sont quasiment imperméables aux sels, aux sucres et à la plupart des autres petites molécules hydrophiles. La bicouche phospholipidique est l'unité structurale élémentaire de presque toutes les membranes biologiques. Ainsi, bien qu'elles contiennent d'autres molécules (comme le cholestérol, les glycolipides, les protéines) les biomembranes ont un cœur hydrophobe qui sépare deux solutions aqueuses et joue le rôle de barrière de perméabilité. L'organisation structurale des biomembranes et les propriétés générales des protéines membranaires seront décrites au Chapitre 5.

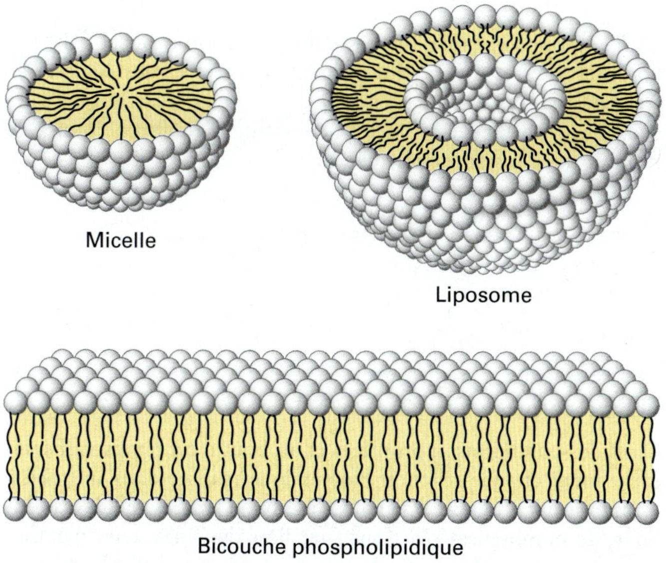

FIGURE 2-20 Vues en coupe des trois structures formées par les phospholipides en solution aqueuse. Les sphères blanches représentent les têtes hydrophiles des phospholipides et les lignes noires ondulées (dans les régions jaunes) correspondent aux queues hydrophobes. On peut voir ici une micelle sphérique avec un intérieur hydrophobe constitué uniquement de chaînes d'acide gras, un liposome sphérique qui possède deux feuillets de phospholipides et un cœur aqueux et enfin, un feuillet de phospholipides d'une largeur de deux molécules, ou bicouche, qui est l'unité structurale élémentaire des biomembranes.

CONCEPTS CLÉS DE LA SECTION 2.2

Les éléments chimiques de construction des cellules

- Trois biopolymères importants sont présents dans les cellules : les protéines, constituées d'acides aminés reliés par des liaisons peptidiques ; les acides nucléiques, composés de nucléotides associés par des liaisons phosphodiester et les polysaccharides, formés de monosaccharides (sucres) assemblés par des liaisons glycosidiques (voir Figure 2-11).

- De nombreuses molécules dans les cellules contiennent au moins un atome de carbone asymétrique, lié à quatre atomes différents. De telles molécules peuvent exister sous la forme d'isomères optiques (images l'un de l'autre dans un miroir) appelés D et L, qui présentent des activités biologiques distinctes. Dans les systèmes biologiques, quasiment tous les sucres sont des isomères D, tandis que presque tous les acides aminés sont des isomères L.

- Les différences de taille, de forme, de charge, d'hydrophobicité et de réactivité des chaînes latérales des acides aminés déterminent les propriétés structurales et chimiques des protéines (voir Figure 2-13).

- Les acides aminés qui possèdent des chaînes latérales hydrophobes ont tendance à se regrouper vers l'intérieur des protéines, le plus loin possible de l'environnement aqueux ; ceux qui ont des chaînes latérales hydrophiles se trouvent généralement à la surface.

- Les bases dans les nucléotides constituant l'ADN et l'ARN sont des noyaux hétérocycliques liés à un pentose (sucre). Elles constituent deux groupes : les purines — adénine (A) et guanine (G) — et les pyrimidines — cytosine (C), thymine (T) et uracile (U) (voir Figure 2-15). A, G, T et C sont présentes dans l'ADN et A, G, U et C, dans l'ARN.

- Le glucose et les autres hexoses peuvent exister sous trois formes : une structure linéaire ouverte, un cycle à six côtés (pyranose) et un cycle à cinq côtés (furanose) (voir Figure 2-16). Dans les systèmes biologiques, la forme pyranose du D-glucose est prédominante.

- Les liaisons glycosidiques sont établies entre l'anomère α ou l'anomère β d'un sucre et un groupement hydroxyle appartenant à un autre sucre, ce qui conduit à la formation de disaccharides et autres polysaccharides (voir Figure 2-17).
- La longue chaîne hydrocarbonée d'un acide gras peut ne contenir aucune double liaison carbone-carbone (saturée) ou comporter une ou plusieurs doubles liaisons (non saturée) qui coudent alors la chaîne.
- Les phospholipides sont des molécules amphipathiques avec une queue hydrophobe (souvent constituée de deux chaînes d'acide gras) et une tête hydrophile (voir Figure 2-19).
- En solution aqueuse, les liaisons hydrophobes et les interactions de van der Waals organisent et stabilisent les phospholipides en l'une des trois structures suivantes : micelle, liposome ou bicouche (voir Figure 2-20).
- Dans une bicouche phospholipidique qui constitue la structure de base de toutes les biomembranes, les chaînes d'acide gras de chaque monocouche sont orientées les unes vers les autres, formant ainsi un cœur hydrophobe ; les groupements polaires de tête s'alignent au niveau des deux surfaces et interagissent directement avec la solution aqueuse.

2.3 L'équilibre chimique

Nous allons à présent orienter notre discussion vers les réactions chimiques dans lesquelles des liaisons, principalement des liaisons covalentes de **réactifs** chimiques sont rompues et de nouvelles liaisons sont établies pour former les **produits** de la réaction. À tout moment, plusieurs centaines de réactions chimiques de différentes sortes se déroulent simultanément dans chaque cellule et de nombreuses substances chimiques peuvent en principe subir de multiples réactions. C'est l'*ampleur* des réactions et la *vitesse* à laquelle elles se produisent qui déterminent la composition chimique des cellules.

Lorsque des réactifs sont mis en contact — avant la formation de tout produit — leur vitesse de réaction est déterminée en partie par leurs concentrations initiales. À mesure que les produits de la réaction s'accumulent, la concentration de chaque réactif diminue, de même que la vitesse de la réaction. Une partie des molécules produites commence alors à participer à la réaction inverse qui reforme les réactifs (réversibilité microscopique). Cette réaction est tout d'abord lente, mais s'accélère à mesure que la concentration des produits augmente. À terme, les vitesses des réactions directe et inverse deviennent égales et les concentrations des réactifs et des produits ne se modifient plus. On dit alors que le système est en **équilibre chimique**.

À l'équilibre, le rapport entre produits et réactifs, appelé **constante d'équilibre**, est une valeur constante indépendante de la vitesse de réaction. La vitesse d'une réaction peut être augmentée grâce à un **catalyseur**, qui réunit les réactifs et accélère leurs interactions mais n'est pas modifié durablement par la réaction. Dans la section qui suit, nous envisagerons plusieurs aspects de l'équilibre chimique ; dans la suivante, nous examinerons les variations d'énergie au cours des réactions et leur relation avec l'équilibre.

Les constantes d'équilibre reflètent l'ampleur d'une réaction chimique

La constante d'équilibre K_{eq} dépend de la nature des réactifs et des produits, de la température et de la pression (en particulier pour les réactions impliquant des gaz). Dans des conditions physiques standard (25°C, pression de 1 atm, pour les systèmes biologiques) K_{eq} est constante pour une réaction donnée, qu'un catalyseur soit présent ou non.

Pour la réaction générale

$$\mathrm{aA + bB + cC} + \cdots \rightleftharpoons \mathrm{zZ + yY + xX} + \cdots \quad (2\text{-}1)$$

dans laquelle les majuscules représentent des molécules ou des atomes particuliers et les minuscules, le nombre de chacun d'eux dans la formule de la réaction, la constante d'équilibre est donnée par

$$K_{eq} = \frac{[X]^x [Y]^y [Z]^z}{[A]^a [B]^b [C]^c} \quad (2\text{-}2)$$

où les crochets désignent les concentrations des molécules. La vitesse de la réaction directe (de gauche à droite dans l'Équation 2-1) est

$$\text{Vitesse}_{\text{directe}} = k_{\text{dir}}[A]^a[B]^b[C]^c$$

où k_{dir} est la constante de vitesse de la réaction directe. De même la vitesse de la réaction inverse (de droite à gauche dans l'Équation 2-1) est

$$\text{Vitesse}_{\text{inverse}} = k_{\text{inv}}[X]^x[Y]^y[Z]^z$$

où k_{inv} est la constante de vitesse de la réaction inverse. À l'équilibre, les vitesses des réactions directe et inverse sont égales. Par conséquent : $\text{Vitesse}_{\text{directe}}/\text{Vitesse}_{\text{inverse}} = 1$. En réarrangeant ces équations, on peut exprimer la constante d'équilibre comme le rapport des constantes de vitesse

$$K_{eq} = \frac{k_{\text{dir}}}{k_{\text{inv}}} \quad (2\text{-}3)$$

Les réactions chimiques dans les cellules sont en état stationnaire

Dans des conditions appropriées et au bout d'un temps suffisamment long, chaque réaction biochimique réalisée dans un tube à essai finit par atteindre un état d'équilibre. Dans les cellules cependant, de nombreuses réactions sont liées dans des voies métaboliques dans lesquelles le produit d'une réaction sert de réactif pour une autre réaction ou est exporté hors de la cellule. Dans cette situation plus complexe, lorsque la vitesse de formation d'une substance est égale à la vitesse de sa consommation, la concentration de la substance reste constante et le système de réactions liées pour produire et consommer cette substance est dit en **état stationnaire** (Figure 2-21). L'une des conséquences de ces réactions liées est qu'elles empêchent l'accumulation d'un excès d'intermédiaires et protègent les cellules des effets néfastes des intermédiaires susceptibles d'être toxiques à des concentrations élevées.

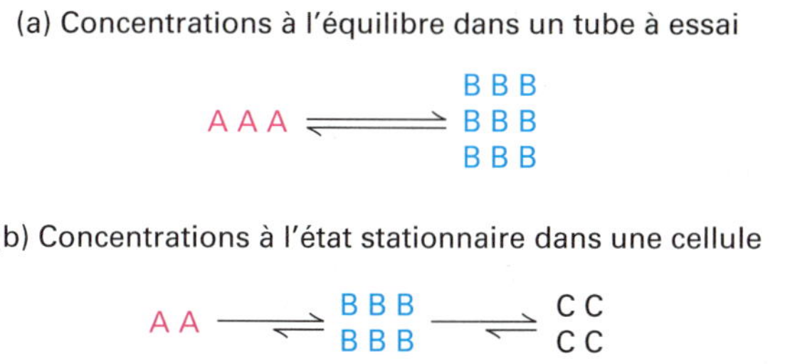

FIGURE 2-21 Une comparaison des réactions à l'équilibre et à l'état stationnaire. (a) Dans un tube à essai, une réaction biochimique (A → B) finira par atteindre un équilibre dans lequel les vitesses des réactions directe et inverse seront égales (comme l'indique la longueur égale des flèches de la réaction). (b) Dans les voies métaboliques intracellulaires, le produit B sera généralement consommé, dans cet exemple par sa conversion en C. Un ensemble de réactions liées les unes aux autres sera en état stationnaire lorsque la vitesse de formation des intermédiaires (comme B) sera égale à leur vitesse de disparition. Comme l'indique la longueur inégale des flèches, les réactions réversibles individuelles constituant une voie métabolique n'atteignent pas un équilibre. De plus, les concentrations des intermédiaires à l'état stationnaire diffèrent de ce qu'elles seraient à l'équilibre.

Les constantes de dissociation des réactions de liaison reflètent l'affinité des molécules qui interagissent

Le concept d'équilibre chimique s'applique également à la liaison d'une molécule à une autre. De nombreux processus cellulaires dépendent de telles « réactions » de liaison, qui impliquent la création et la rupture de diverses interactions non covalentes plutôt que de liaisons covalentes, comme nous l'avons vu plus haut. Un exemple courant est la fixation d'un **ligand** (comme l'insuline ou l'adrénaline) à son **récepteur** situé à la surface d'une cellule, déclenchant alors une réponse biologique. Un autre exemple est la fixation d'une protéine à une séquence spécifique de paires de bases dans une molécule d'ADN, qui entraîne souvent l'augmentation ou la diminution de l'expression d'un gène voisin (Chapitre 11). Si l'on connaît la constante d'équilibre pour une réaction de liaison, on peut prédire la stabilité intracellulaire du complexe résultant. Pour illustrer l'approche générale permettant de déterminer la concentration de complexes associés non covalemment, nous allons calculer l'ampleur de la fixation d'une protéine à l'ADN dans une cellule.

Le plus souvent, les réactions de liaison sont décrites en termes de **constante de dissociation** K_d qui est l'inverse de la constante d'équilibre. Pour la réaction de liaison P + A $\rightleftharpoons$ PA, où PA est le complexe spécifique d'une protéine (P) et de l'ADN (A), la constante de dissociation est donnée par

$$K_d = \frac{[P][A]}{[PA]} \qquad (2\text{-}4)$$

Les réactions type dans lesquelles une protéine se fixe à une séquence spécifique d'ADN ont un K_d de 10^{-10} M, où M symbolise la molarité : les moles par litre (mol/l). Pour relier l'ampleur de cette constante de dissociation au rapport intracellulaire de l'ADN lié à l'ADN non lié, considérons l'exemple simple d'une cellule bactérienne d'un volume de 1,5 x 10^{-15} l et contenant 1 *molécule* d'ADN et 10 *molécules* de la protéine P qui se fixe à l'ADN. Dans ce cas, avec une K_d de 10^{-10} M, dans 99 % des cas la séquence spécifique d'ADN fixera une protéine P et dans 1 % des cas elle ne le fera pas, même si la cellule contient seulement 10 molécules de la protéine ! À l'évidence, P et A sont associés très étroitement (ont une affinité élevée) comme le montre la valeur faible de la constante de dissociation de leur réaction de liaison.

La grande taille des macromolécules biologiques telles que les protéines peut aboutir à une disponibilité de multiples surfaces pour des interactions intermoléculaires complémentaires. Par conséquent, de nombreuses macromolécules sont capables de se lier simultanément à un grand nombre d'autres molécules. Dans certains cas, ces réactions de liaison sont indépendantes et possèdent leurs propres valeurs de K_d qui sont constantes. Dans d'autres cas, la fixation d'une molécule sur un site d'une macromolécule peut modifier la forme tridimensionnelle d'un site éloigné, changeant ainsi les interactions de liaison au niveau de celui-ci. Il s'agit d'un mécanisme important grâce auquel une molécule peut modifier (réguler) l'activité d'une deuxième molécule (comme une protéine) en changeant sa capacité d'interaction avec une troisième molécule. Nous examinerons plus en détail ce mécanisme de régulation au Chapitre 3.

Les liquides biologiques ont des valeurs caractéristiques de pH

Le solvant intracellulaire et de tous les liquides extracellulaires est l'eau. Des concentrations importantes pour n'importe quelle solution aqueuse sont les concentration en ions hydrogène chargés positivement (H^+) et en ions hydroxyle chargés négativement (OH^-). Ces ions étant les produits de dissociation de H_2O, ils sont présents dans tous les systèmes vivants et sont libérés par de nombreuses réactions qui se déroulent entre les molécules organiques dans les cellules.

Lorsqu'une molécule d'eau se dissocie, l'une de ses liaisons polaires H — O est rompue. L'ion hydrogène résultant, qu'on appelle souvent un **proton**, a une durée de vie brève sous la forme d'une particule libre et se combine rapidement avec une molécule d'eau pour former un ion hydronium (H_3O^+). Pour des raisons de commodité, on parle de la concentration des ions hydrogène dans une solution $[H^+]$, même si celle-ci correspond en réalité à la concentration des ions hydronium $[H_3O^+]$. La dissociation de H_2O produit un ion OH^- pour chaque ion H^+. Il s'agit d'une réaction réversible,

$$H_2O \rightleftharpoons H^+ + OH^-$$

À 25 °C, $[H^+] [OH^-] = 10^{-14}$ M^2. Par conséquent, dans l'eau pure, $[H^+] = [OH^-] = 10^{-7}$ M.

On appelle par convention **pH**, la concentration des ions hydrogène dans une solution. Il s'agit de l'opposé du log de la concentration en ions hydrogène. Le pH de l'eau pure à 25 °C est 7 :

$$\text{pH} = -\log[H^+] = \log\frac{1}{[H^+]} = \log\frac{1}{10^{-7}} = 7$$

Il est important de garder à l'esprit qu'une différence de 1 unité de pH représente une différence de dix fois la concentration de protons. À l'échelle des pH, 7,0 est considéré comme neutre : les valeurs de pH inférieures à 7,0 correspondent aux solutions acides (avec des $[H^+]$ plus élevées) et les valeurs supérieures à 7,0 aux solutions basiques (alcalines). Par exemple, le suc gastrique qui est riche en acide chlorhydrique (HCl) a un pH voisin de 1. Sa $[H^+]$ est environ un million de fois supérieure à celle du cytoplasme dont le pH est proche de 7.

Bien que le cytosol des cellules ait normalement un pH voisin de 7,2, le pH est nettement inférieur (environ 4,5) à l'intérieur des lysosomes, un type d'organite présent dans les cellules eucaryotes. Les nombreuses enzymes lysosomales de dégradation fonctionnent de façon optimale dans un environnement acide, alors que leur action est inhibée dans l'environnement neutre voisin du cytoplasme. Ceci illustre le fait que le maintien d'un pH spécifique est impératif pour le fonctionnement correct de certaines structures cellulaires. D'un autre côté, des changements considérables de pH peuvent jouer un rôle important dans le contrôle de l'activité cellulaire. Par exemple, le pH du cytoplasme d'un œuf non fécondé d'oursin est de 6,6. Une minute après la fécondation, il s'élève à 7,2 c'est-à-dire que la concentration en H^+ a diminué d'environ un quart par rapport à sa valeur initiale, un changement nécessaire à la croissance et à la division qui vont suivre dans cet œuf.

Les ions hydrogène sont libérés par des acides et captés par des bases

En général, un **acide** est une molécule, un ion ou un groupement chimique qui a tendance à perdre un ion hydrogène (H^+) ; on peut citer comme exemple l'acide chlorhydrique (HCl) et le groupement carboxyle (— COOH) qui tend à se dissocier pour former l'ion carboxylate chargé négativement (— COO^-). De même, une **base** est une molécule, un ion ou un groupement chimique qui se combine facilement avec un H^+ comme l'ion hydroxyle (OH^-), l'ammoniac (NH_3) qui forme un ion ammonium (NH_4^+) et le groupement amine (— NH_2).

Lorsque l'on ajoute de l'acide à une solution aqueuse, $[H^+]$ augmente (le pH diminue). À l'inverse, lorsqu'on ajoute une base à une solution, $[H^+]$ diminue (le pH augmente). Puisque $[H^+][OH^-] = 10^{-14}$ M^2, toute augmentation de $[H^+]$ est couplée à une diminution de $[OH^-]$ et *vice versa.*

De nombreuses molécules biologiques contiennent à la fois des groupements acides et des groupements basiques. Par exemple, dans les solutions neutres (pH = 7,0) les acides aminés existent de façon prédominante sous la forme doublement ionisée dans laquelle le groupement carboxyle a perdu un proton et le groupement aminé en a accepté un :

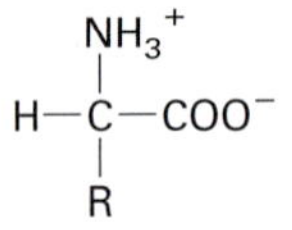

où R représente la chaîne latérale. Une telle molécule, contenant un nombre égal d'ions positifs et négatifs est appelée **zwitterion.** Les zwitterions, dépourvus de charge, sont neutres. À des valeurs extrêmes de pH, seul l'un de ces deux groupes ionisables d'un acide aminé sera chargé.

La réaction de dissociation pour un acide (ou un groupement acide d'une molécule plus grande) HA peut s'écrire $HA \rightleftharpoons H^+ + A^-$.

La constante d'équilibre de cette réaction, notée K_a (l'indice a pour « acide ») est définie comme $K_a = [H^+][A^-]/[HA]$. En prenant le logarithme des deux membres de l'équation et en réarrangeant le résultat, on obtient une relation très utile entre la constante d'équilibre et le pH :

$$pH = pK_a + \log \frac{[A^-]}{[HA]} \qquad (2\text{-}5)$$

où pK_a égale $-\log K_a$.

D'après cette expression couramment appelée **équation de Henderson-Hasselbach,** on peut voir que le pK_a de n'importe quel acide est égal au pH auquel la moitié des molécules sont dissociées et la moitié sont neutres (non dissociées). Ceci est dû au fait que lorsque pK_a = pH, log ($[A^-]/[HA]$) = 0 et donc $[A^-] = [HA]$. L'équation de Henderson-Hasselbach nous permet de calculer le degré de dissociation d'un acide si l'on connaît à la fois le pH de la solution et le pK_a de l'acide. En mesurant $[A^-]$ et $[HA]$ en fonction du pH de la solution, on peut établir expérimentalement le pK_a de l'acide et donc la constante d'équilibre K_a pour la réaction de dissociation.

Le pH des liquides intra- et extracellulaires est maintenu grâce à des tampons

Une cellule en cours de croissance doit maintenir un pH constant dans le cytoplasme, aux alentours de 7,2-7,4, en dépit de la production de nombreux acides par le métabolisme, tels que l'acide lactique et le dioxyde de carbone. Ce dernier réagit avec l'eau pour former l'acide carbonique (H_2CO_3). Les cellules possèdent un réservoir de bases et d'acides faibles, appelés **tampons,** qui garantissent le maintien d'un pH à peu près constant dans la cellule, en dépit de petites fluctuations dans les quantités de H^+ et de OH^- produits par le métabolisme ou par l'absorption ou la sécrétion de molécules et d'ions par la cellule. Les tampons jouent leur rôle en « absorbant » les H^+ ou OH^- en excès lorsque ces ions sont ajoutés à la cellule ou produits par le métabolisme.

Si l'on ajoute un acide (ou une base) à une solution qui contient un tampon et dont le pH est égal au pK_a de ce tampon (un mélange 1 :1 de HA et de A^-) le pH de la solution change, mais dans une moindre mesure qu'en l'absence de tampon. Ceci est dû au fait que les protons libérés par l'acide ajouté sont captés par la forme ionisée du tampon (A^-) ou que les ions hydroxyle produits par l'addition de la base sont neutralisés par les protons libérés par le tampon non dissocié (HA). La capacité d'une substance de libérer des ions hydrogène ou d'en capter dépend en partie de la quantité de protons que la substance a déjà libérés ou fixés, qui dépend à son tour du pH de la solution. La capacité d'un tampon de minimiser les changements de pH, son **pouvoir tampon,** dépend de la relation entre sa valeur de pK_a et le pH, qui est exprimée par l'équation de Henderson-Hasselbach.

La courbe de titrage de l'acide acétique présentée dans la Figure 2-22 illustre l'effet du pH sur la fraction de molécules sous forme non ionisée (HA) et sous forme ionisée (A^-). À une unité de pH au-dessous du pK_a d'un acide, 91 % des molécules sont sous forme HA ; à une unité au-dessus du pK_a 91 % sont sous la forme A^-. À des valeurs de pH distantes de plus d'une unité au-dessus ou au-dessous du pK_a, le pouvoir tampon des acides et des bases faibles diminue rapidement. En d'autres termes, l'addition du

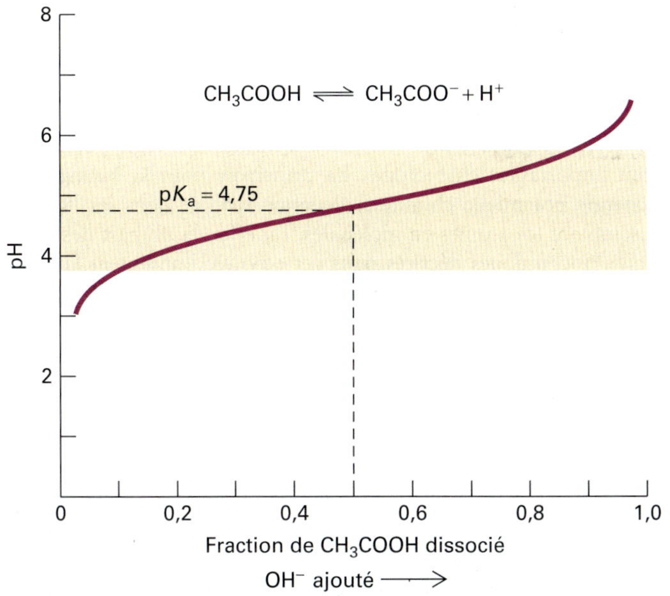

FIGURE 2-22 La courbe de titrage de l'acide acétique (CH_3COOH). Le pK_a de la dissociation de l'acide acétique en hydrogène et en ions acétate est de 4,75. À ce pH, la moitié des molécules d'acide sont dissociées. Puisque le pH est mesuré en fonction d'une échelle logarithmique, la solution passe de 91 % de CH_3COOH à un pH de 3,75, à 9 % de CH_3COOH à un pH de 5,75. L'acide présente sa capacité maximale de tampon dans cette gamme de pH.

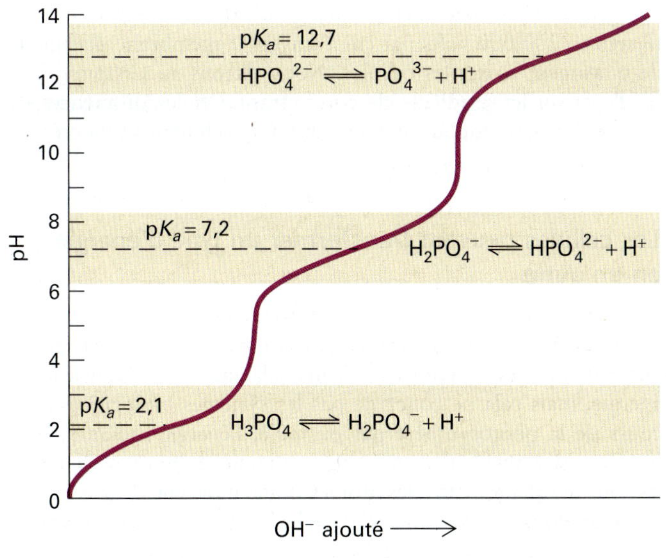

FIGURE 2-23 La courbe de titrage de l'acide phosphorique (H_3PO_4). Cette molécule omniprésente en biologie possède trois atomes d'hydrogène qui se dissocient à des valeurs différentes de pH ; ainsi, l'acide phosphorique possède trois valeurs de pK_a comme le montre le graphique. Les zones ombrées signalent les gammes de pH — une unité au-dessous et au-dessus de chacune des trois valeurs de pK_a — où le pouvoir tampon de l'acide phosphorique est le plus élevé. Dans ces régions, l'addition d'acide (ou de base) provoquera relativement peu de changement du pH.

même nombre de moles d'acide dans une solution contenant un mélange de HA et de A^- dont le pH est proche du pK_a provoque un changement moindre du pH qu'en l'absence de HA et A^- ou pour un pH très éloigné de la valeur de pK_a.

Tous les systèmes biologiques contiennent un ou plusieurs tampons. Les ions phosphate, les formes ionisées de l'acide phosphorique, sont présentes en quantités considérables dans les cellules et constituent un facteur important pour le maintien du pH dans le cytoplasme. L'acide phosphorique (H_3PO_4) possède trois protons capables de se dissocier, mais qui ne le font pas simultanément. On peut décrire la perte de chaque proton par une réaction individuelle de dissociation et un pK_a propre, comme le montre la Figure 2-23. La courbe de titrage de l'acide phosphorique montre que le pK_a correspondant à la dissociation du deuxième proton est de 7,2. Ainsi à un pH de 7,2 environ, 50 % du phosphate cellulaire est sous la forme $H_2PO_4^-$ et 50 % environ sous la forme HPO_4^{2-} d'après l'équation de Henderson-Hasselbach. Pour cette raison, le phosphate est un excellent tampon aux valeurs de pH proches de 7,2 (le pH approximatif du cytoplasme des cellules) et proches de 7,4 (celui du sang humain).

CONCEPTS CLÉS DE LA SECTION 2.3

L'équilibre chimique

- Une réaction chimique est à l'équilibre lorsque la vitesse de la réaction directe est égale à la vitesse de la réaction inverse (il n'y a pas de changement net dans la concentration des réactifs ou des produits).
- La constante d'équilibre K_{eq} d'une réaction reflète le rapport entre produits et réactifs à l'équilibre et représente donc une mesure de l'ampleur de la réaction et des stabilités relatives des réactifs et des produits.
- K_{eq} dépend de la température, de la pression et des propriétés chimiques des réactifs et des produits, mais est indépendante de la vitesse de la réaction et des concentrations initiales des réactifs et des produits.
- Pour toute réaction, la constante d'équilibre K_{eq} est égale au rapport de la constante de vitesse directe sur la constante de vitesse inverse (k_{dir}/k_{inv}).
- Dans les cellules, les réactions liées les unes aux autres dans les voies métaboliques sont généralement dans un état stationnaire et non en équilibre. Dans ce cas, la vitesse de formation des intermédiaires est égale à la vitesse de leur disparition (voir Figure 2-21).
- La constante de dissociation K_d d'une réaction impliquant la liaison non covalente de deux molécules est une mesure de la stabilité du complexe formé entre les molécules (comme les complexes ligand-récepteur ou protéine-ADN).
- Le pH est l'opposé du logarithme de la concentration des ions hydrogène (- log [H^+]). Le pH du cytoplasme est normalement voisin de 7,2-7,4, tandis qu'il est de l'ordre de 4,5 dans les lysosomes.
- Les acides libèrent des protons (H^+) et les bases en fixent. Dans les molécules biologiques, les groupements carboxyle et

phosphate sont les groupements acides les plus courants. Le groupement aminé est quant à lui le groupement basique le plus fréquent.

- Les tampons sont des mélanges d'un acide faible (HA) et de sa forme basique correspondante (A^-), qui minimisent les changements de pH d'une solution à laquelle on ajoute acide ou base. Les systèmes biologiques utilisent différents tampons pour maintenir leur pH dans une gamme très étroite.

2.4 L'énergétique biochimique

La production d'énergie, son stockage et son utilisation sont essentiels pour l'économie de la cellule. L'énergie peut être définie comme la capacité d'exécuter un travail, un concept que l'on peut appliquer aux moteurs d'automobiles et aux centrales électriques dans notre monde physique et aux moteurs cellulaires dans le monde biologique. L'énergie associée aux liaisons chimiques peut être utilisée pour le travail chimique et le déplacement physique des cellules.

Plusieurs formes d'énergie sont importantes dans les systèmes biologiques

Il existe deux formes principales d'énergie : l'énergie cinétique et l'énergie potentielle. L'**énergie cinétique** est l'énergie du mouvement — celui des molécules par exemple. La deuxième forme d'énergie, l'**énergie potentielle** ou énergie de réserve, est particulièrement importante pour l'étude des systèmes biologiques et chimiques.

L'énergie cinétique La chaleur ou **énergie thermique** est une forme d'énergie cinétique, celle du mouvement des molécules. La chaleur ne peut fournir de travail qu'en circulant d'un milieu de température plus élevée — où la vitesse moyenne des molécules est supérieure — à un autre de température inférieure. Bien qu'il puisse y avoir des différences de température entre les environnements interne et externe des cellules, ces gradients thermiques ne servent généralement pas de source d'énergie pour des activités cellulaires. L'énergie thermique chez les animaux à sang chaud, qui ont mis au point un système de régulation thermique, est principalement utilisée pour maintenir constante la température des organismes. Il s'agit d'une fonction importante car les vitesses de nombreuses activités cellulaires dépendent de la température. Par exemple, refroidir des cellules de mammifère de leur température normale de 37°C jusqu'à 4°C peut littéralement « geler » ou interrompre de nombreux processus cellulaires (comme les mouvements membranaires intracellulaires).

L'**énergie radiante** correspond à l'énergie cinétique des photons, ou ondes lumineuses, et est capitale en biologie. Elle peut être transformée en énergie thermique, par exemple lorsque la lumière est absorbée par des molécules et que l'énergie est convertie en déplacement moléculaire. Au cours de la photosynthèse, l'énergie lumineuse absorbée par des molécules spécialisées (comme la chlorophylle) est ensuite transformée en énergie pour fabriquer des liaisons chimiques (Chapitre 8).

L'**énergie mécanique**, une forme importante de l'énergie cinétique en biologie résulte généralement de la transformation d'énergie chimique en réserve. Par exemple, des changements de la longueur des filaments cytosquelettiques créent des forces qui poussent ou tirent les membranes ou les organites (Chapitre 19).

L'**énergie électrique** — l'énergie du déplacement des électrons ou d'autres particules chargées — est encore une autre forme essentielle d'énergie cinétique.

L'énergie potentielle Plusieurs formes d'énergie potentielle sont importantes en biologie. La principale pour la biologie est l'**énergie potentielle chimique**, l'énergie stockée dans les liaisons assemblant les atomes en molécules. En effet, la plupart des réactions biochimiques décrites dans cet ouvrage impliquent la création ou la rupture d'au moins une liaison chimique covalente. On reconnaît cette énergie lorsque des substances chimiques participent à des réactions qui libèrent de l'énergie. Par exemple, l'énergie potentielle élevée des liaisons covalentes du glucose peut être libérée par une combustion enzymatique contrôlée dans les cellules (voir la discussion plus loin). Cette énergie est utilisée par la cellule pour exécuter de nombreuses sortes de tâches.

Une deuxième forme d'énergie potentielle importante en biologie est l'énergie contenue dans un **gradient de concentration**. Lorsque la concentration d'une substance d'un côté d'une barrière telle qu'une membrane est différente de la concentration de l'autre côté, il existe un gradient de concentration. Toutes les cellules établissent des gradients de concentration entre leurs liquides internes et externes en assurant un échange sélectif de leurs nutriments, détritus et ions avec leur environnement. De même, les organites intracellulaires (comme les mitochondries et les lysosomes) comportent souvent des concentrations différentes d'ions et d'autres molécules. La concentration des protons dans un lysosome, comme nous l'avons vu dans la section précédente, est environ 500 fois celle du cytoplasme.

Une troisième forme d'énergie potentielle dans les cellules est le **potentiel électrique**, l'énergie créée par la séparation des charges. Il existe par exemple un gradient de charge électrique d'environ 200 000 volts par cm à travers la membrane plasmique de quasiment toutes les cellules. Nous verrons au Chapitre 7 de quelle façon les gradients de concentration et les différences de potentiel de part et d'autre des membranes cellulaires sont créés et conservés.

Les cellules peuvent transformer un type d'énergie en un autre

D'après la première loi de la thermodynamique, l'énergie n'est jamais créée ni perdue mais peut être convertie d'une forme en une autre. (Dans les réactions nucléaires, la masse est convertie en énergie, mais cela ne concerne pas les systèmes biologiques.) Au cours de la photosynthèse par exemple, l'énergie radiante de la lumière est transformée en énergie potentielle chimique dans les liaisons covalentes entre les atomes d'une molécule de saccharose ou d'amidon. Dans les muscles et les nerfs, l'énergie potentielle chimique stockée dans les liaisons covalentes est transformée respectivement en énergie cinétique pour la contraction musculaire et en énergie électrique pour la transmission nerveuse. Dans toutes les cellules, l'énergie potentielle libérée par la rupture de certaines liaisons chimiques est utilisée pour produire de l'énergie potentielle sous la forme de gradients de concentration et de potentiel électrique. De la même façon, l'énergie stockée dans des gradients chimiques de concentration ou dans des gradients de potentiel électrique est utilisée pour synthétiser des liaisons chimiques ou pour transporter des molécules d'un côté d'une membrane vers l'autre côté, produisant ainsi un gradient de concentration. Ce dernier processus se produit au cours du transport des nutriments tels que le glucose dans certaines cellules et le transport de nombreux détritus hors des cellules.

Puisque toutes les formes d'énergie sont interconvertibles, elles peuvent être exprimées dans une même unité de mesure. Bien que l'unité standard de l'énergie soit le joule, les biochimistes utilisent traditionnellement une autre unité, la **calorie** (1 joule = 0,239 calorie). Dans tout cet ouvrage, nous utiliserons la kilocalorie pour mesurer les changements d'énergie (1 kcal = 1000 cal).

La variation d'énergie libre détermine le sens d'une réaction chimique

Les systèmes biologiques étant généralement maintenus à température et pression constantes, il est possible de prévoir le sens d'une réaction chimique d'après la variation de l'**énergie libre G**, ainsi nommée d'après J. W. Gibbs, qui montra que « tous les systèmes évoluent dans le sens d'une diminution de leur énergie libre [G] ». Dans le cas d'une réaction chimique, réactifs $\rightleftharpoons$ produits, la variation d'énergie libre ΔG est donnée par

$$\Delta G = G_{\text{produits}} - G_{\text{réactifs}}$$

La relation entre ΔG et le sens de n'importe quelle réaction chimique peut être résumée par trois affirmations :

- Si ΔG est négatif, la réaction directe (comme écrit de gauche à droite) aura tendance à se produire spontanément.
- Si ΔG est positif, la réaction inverse (écrite de droite à gauche) sera privilégiée.
- Si ΔG est nul, les deux réactions se dérouleront à des vitesses égales : la réaction globale sera à l'équilibre.

Le changement standard d'énergie libre d'une réaction $\Delta G^{\circ\prime}$ est la valeur de la variation d'énergie libre dans des conditions précises : 298 K (25 °C), 1 atm de pression, un pH de 7,0 (comme dans l'eau pure) et des concentrations initiales de 1 M pour tous les réactifs et les produits à l'exception des protons, qui sont maintenus à 10^{-7} M (pH 7,0). La plupart des réactions biologiques ne se déroulent pas dans des conditions standard, en particulier en ce qui concerne les concentrations des réactifs qui sont généralement inférieures à 1 M.

L'énergie libre d'un système chimique peut être définie par $G = H — TS$, où H est l'énergie de liaison ou **enthalpie** du système ; T est sa température en degrés Kelvin (K) et S est l'**entropie**, une mesure de son désordre. Si la température reste constante, une réaction se déroule spontanément uniquement si la variation d'énergie libre ΔG dans l'équation suivante est négative :

$$\Delta G = \Delta H - T\,\Delta S \qquad (2\text{-}6)$$

Dans une réaction **exothermique**, les produits contiennent moins d'énergie de liaison que les réactifs, l'énergie libérée est généralement convertie en chaleur (l'énergie du mouvement moléculaire) et ΔH est négatif. Dans une réaction **endothermique**, les produits contiennent davantage d'énergie de liaison que les réactifs, de la chaleur est absorbée et ΔH est positif. Les effets combinés des variations d'enthalpie et d'entropie déterminent si le ΔG d'une réaction est positif ou négatif. Une réaction exothermique ($\Delta H <$ 0) dans laquelle l'entropie augmente ($\Delta S > 0$) se produit spontanément ($\Delta G < 0$). Une réaction endothermique ($\Delta H > 0$) se produira spontanément si ΔS augmente suffisamment pour que le terme $T\,\Delta S$ puisse dépasser le ΔH positif.

De nombreuses réactions biologiques conduisent à une augmentation de l'ordre et donc à une diminution de l'entropie ($\Delta S < 0$). Un exemple frappant est la réaction qui lie les acides aminés en une protéine. Une solution de molécules protéiques possède une entropie inférieure à celle d'une solution des mêmes acides aminés libres, car le mouvement d'un acide aminé est limité lorsqu'il est intégré dans une longue chaîne protéique. Les cellules compensent souvent ces diminutions d'entropie par un « couplage » des réactions de synthèse avec des réactions indépendantes présentant un ΔG fortement négatif (voir plus loin). De cette façon, les cellules peuvent utiliser des sources d'énergie de leur environnement pour élaborer des structures hautement organisées et construire des voies métaboliques essentielles à la vie.

La véritable variation d'énergie libre ΔG au cours d'une réaction est influencée par la température, la pression et les concentrations initiales des réactifs et des produits. Elle diffère généralement de $\Delta G^{\circ\prime}$. La plupart des réactions biologiques — comme d'autres réactions qui se déroulent en milieu aqueux — sont également affectées par le pH de la solution. On peut estimer les variations d'énergie libre pour différentes températures et concentrations initiales grâce à l'équation

$$\Delta G = \Delta G^{\circ\prime} + RT \ln Q = \Delta G^{\circ\prime} + RT \ln \frac{[\text{produits}]}{[\text{réactifs}]} \qquad (2\text{-}7)$$

où R est la constante des gaz qui vaut 1,987 cal.degré$^{-1}$.mol^{-1}, T la température (en degrés Kelvin) et Q le rapport *initial* entre concentrations des produits et des réactifs. Pour une réaction A + B $\rightleftharpoons$ C, dans laquelle deux molécules se combinent en une troisième, Q dans l'Équation 2-7 est égal à [C]/[A][B]. Dans ce cas, une augmentation de la concentration initiale de [A] ou [B] aboutira à une valeur négative élevée pour ΔG et déplacera alors la réaction vers la formation de C.

Indépendamment de son $\Delta G^{\circ\prime}$, une réaction biochimique donnée ne se produira spontanément dans une cellule que si ΔG est négatif, pour des concentrations intracellulaires habituelles de ses réactifs et de ses produits. Par exemple, la conversion du glycéraldéhyde 3-phosphate (G3P) en dihydroxyacétone phosphate (DHAP), deux intermédiaires de la dégradation du glucose,

$$\text{G3P} \rightleftharpoons \text{DHAP}$$

a un $\Delta G^{\circ\prime}$ de — 1840 cal/mol. Si les concentrations initiales de G3P et de DHAP sont égales, alors $\Delta G = \Delta G^{\circ\prime}$ car $RT \ln 1 = 0$. Dans cette situation, la réaction réversible G3P $\rightleftharpoons$ DHAP se déroulera dans le sens de la formation de DHAP jusqu'à ce que l'équilibre soit atteint. Cependant, si la concentration initiale de [DHAP] est de 0,1 M et celle de [G3P] de 0,001 M, les autres conditions restant standard, alors Q dans l'Équation 2-7 est égal à 0,1/0,001 = 100, ce qui donne un ΔG de + 887 cal/mol. Dans ces conditions, la réaction se déroulera dans le sens de la formation de G3P.

Le ΔG d'une réaction est indépendant de la vitesse de celle-ci. En effet, dans des conditions physiologiques classiques, peu, voire aucune des réactions biochimiques nécessaires à la vie ne se produiraient sans un mécanisme quelconque pour augmenter leur vitesse de réaction. Comme nous le verrons au Chapitre 3, les vitesses des réactions des systèmes biologiques sont généralement déterminées par l'activité d'**enzymes**, les catalyseurs protéiques qui accélèrent la formation des produits à partir des réactifs sans modifier la valeur de ΔG.

Le $\Delta G^{\circ\prime}$ d'une réaction peut être calculé à partir de sa constante d'équilibre K_{eq}

Un mélange chimique à l'équilibre est déjà dans un état d'énergie libre minimum, c'est-à-dire qu'aucune énergie libre n'est créée ni libérée. Ainsi, pour un système à l'équilibre ($\Delta G = 0$, $Q = K_{eq}$), on peut écrire

$$\Delta G^{\circ\prime} = -2{,}3RT \log K_{eq} = -1362 \log K_{eq} \qquad (2\text{-}8)$$

dans des conditions standard (à noter le changement en logarithme décimal). Par conséquent, si les concentrations des réactifs et des produits à l'équilibre (c'est-à-dire K_{eq}) sont déterminées, on peut calculer la valeur de $\Delta G^{\circ\prime}$. Par exemple, K_{eq} pour l'interconversion du glycéraldéhyde 3-phosphate en dihydroxyacétone phosphate (G3P $\rightleftharpoons$ DHAP) est de 22,2 dans des conditions standard. Si l'on replace cette valeur dans l'Équation 2-8, on peut facilement calculer le $\Delta G^{\circ\prime}$ de cette réaction qui vaut –1840 cal/mol.

En réarrangeant l'Équation 2-8 et en prenant l'inverse du logarithme, on obtient

$$K_{eq} = 10^{-(\Delta G^{\circ\prime}/2{,}3RT)} \qquad (2\text{-}9)$$

D'après cette expression, il est clair que si $\Delta G^{\circ\prime}$ est négatif, l'exposant sera positif et donc K_{eq} sera supérieure à 1. Par conséquent à l'équilibre, il y aura davantage de produits que de réactifs. En d'autres termes, la formation des produits à partir des réactifs sera favorisée. À l'inverse, si $\Delta G^{\circ\prime}$ est positif, l'exposant sera négatif et K_{eq} sera inférieure à 1.

Une réaction chimique défavorable peut avoir lieu si elle est couplée à une réaction énergétiquement favorable

De nombreuses réactions cellulaires sont défavorables énergétiquement ($\Delta G > 0$) et ne se dérouleront pas spontanément. On peut citer comme exemples la synthèse d'ADN à partir de nucléotides et le transport d'une substance à travers la membrane plasmique d'une concentration donnée vers une concentration supérieure. Les cellules peuvent exécuter une réaction nécessitant de l'énergie ($\Delta G_1 > 0$) en la couplant avec une réaction libérant de l'énergie ($\Delta G_2 < 0$) si la somme des deux réactions a un ΔG net négatif.

Supposons par exemple que la réaction $A \rightleftharpoons B + X$ ait un ΔG de + 5 kcal/mol et que la réaction $X \rightleftharpoons Y + Z$ ait un ΔG de –10 kcal/mol.

$$(1)\quad A \rightleftharpoons B + X \qquad \Delta G = +5 \text{ kcal/mol}$$

$$(2)\quad X \rightleftharpoons Y + Z \qquad \Delta G = -10 \text{ kcal/mol}$$

$$\textit{Somme:}\quad A \rightleftharpoons B + Y + Z \qquad \Delta G^{\circ\prime} = -5 \text{ kcal/mol}$$

En l'absence de la seconde réaction, il y aurait bien plus de A que de B à l'équilibre. Toutefois, comme la conversion de X en Y + Z est une réaction très favorable, elle déplacera la première réaction vers la formation de B et la consommation de A. Des réactions cellulaires énergétiquement défavorables sont souvent couplées à l'hydrolyse d'ATP, comme nous le verrons plus loin.

L'hydrolyse d'ATP libère beaucoup d'énergie libre et permet le déroulement de nombreux processus cellulaires

Dans presque tous les organismes, l'**adénosine triphosphate** ou **ATP** est la molécule la plus importante pour la capture, le stockage provisoire et le transfert ultérieur d'énergie pour exécuter un travail (comme la biosynthèse, le mouvement mécanique). L'énergie utile dans une molécule d'ATP est contenue dans ses **liaisons phosphoanhydride**, qui sont des liaisons covalentes formées à partir de la condensation de deux molécules de phosphate par la perte d'une molécule d'eau :

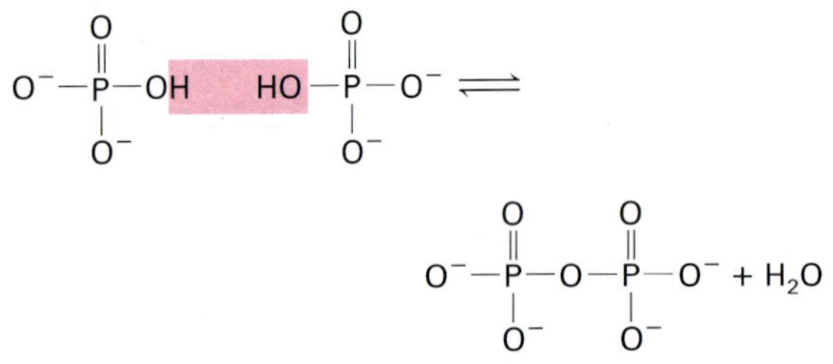

Une molécule d'ATP possède deux liaisons phosphoanhydride essentielles (Figure 2-24). L'hydrolyse d'une liaison phosphoanhydride (~) dans chacune des réactions suivantes a un $\Delta G^{\circ\prime}$ hautement négatif d'environ –7,3 kcal/mol :

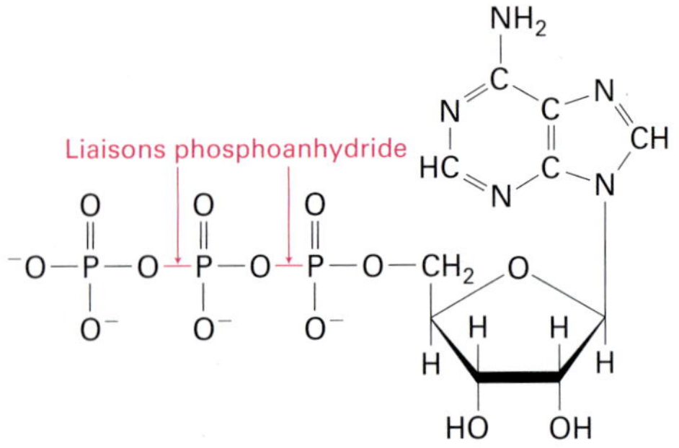

Adénosine triphosphate (ATP)

FIGURE 2-24 L'adénosine triphosphate (ATP). Les deux liaisons phosphoanhydride (en rouge) dans l'ATP, qui relient les trois groupements phosphate ont chacune un $\Delta G^{\circ\prime}$ de –7,3 kcal/mol pour leur hydrolyse. L'hydrolyse de ces liaisons, en particulier celle de la dernière permet le déroulement de nombreuses réactions qui nécessitent de l'énergie dans les systèmes biologiques.

$$\text{Ap}{\sim}\text{p}{\sim}\text{p} + H_2O \longrightarrow \text{Ap}{\sim}\text{p} + P_i + H^+$$
$$\textbf{(ATP)} \qquad\qquad \textbf{(ADP)}$$

$$\text{Ap}{\sim}\text{p}{\sim}\text{p} + H_2O \longrightarrow \text{Ap} + PP_i + H^+$$
$$\textbf{(ATP)} \qquad\qquad \textbf{(AMP)}$$

$$\text{Ap}{\sim}\text{p} + H_2O \longrightarrow \text{Ap} + P_i + H^+$$
$$\textbf{(ADP)} \qquad\qquad \textbf{(AMP)}$$

Dans ces réactions, P_i représente le phosphate inorganique (PO_4^{3-}) et PP_i le pyrophosphate inorganique, deux groupements phosphate liés par une liaison phosphodiester. Comme le montrent les deux réactions du haut, la libération d'un groupement phosphate ou pyrophosphate de l'ATP produit respectivement de l'adénosine diphosphate (ADP) ou de l'adénosine monophosphate (AMP).

Une liaison phosphoanhydride ou une autre **liaison riche en énergie** (symbolisée généralement par ~) n'est pas différente en soi des autres liaisons covalentes. Les liaisons riches en énergie libèrent simplement des quantités particulièrement élevées d'énergie lorsqu'elles sont cassées à la suite de l'addition d'eau (hydrolyse). Par exemple, le $\Delta G^{\circ\prime}$ de l'hydrolyse d'une liaison phosphoanhydride dans l'ATP (–7,3 kcal/mol) vaut plus de 3 fois le $\Delta G^{\circ\prime}$ de l'hydrolyse d'une liaison phosphoester (en rouge) dans le glycérol 3-phosphate (–2,2 kcal/mol) :

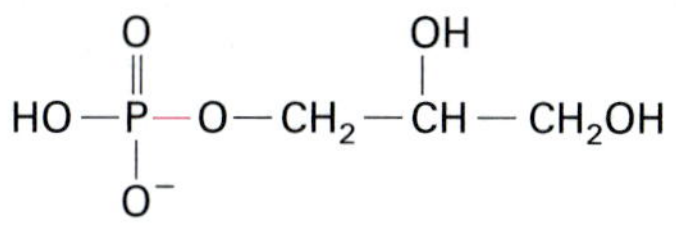

Glycérol 3-phosphate

Une raison essentielle de cette différence est la charge élevée de l'ATP et de ses produits d'hydrolyse, ADP et P_i à pH neutre. Au cours de la synthèse d'ATP, un gros apport d'énergie est nécessaire pour forcer les charges négatives de l'ADP et du P_i à s'associer. À l'inverse, une grande quantité d'énergie est libérée lorsque l'ATP est hydrolysé en ADP et en P_i. Par comparaison, la formation de la liaison phosphoester entre un hydroxyle non chargé dans le glycérol et du P_i nécessite moins d'énergie, et une quantité plus faible d'énergie est donc libérée lors de l'hydrolyse de cette liaison.

Les cellules ont mis au point des mécanismes pour transférer vers d'autres molécules l'énergie libre libérée par l'hydrolyse des liaisons phosphoanhydride, ce qui autorise le déroulement de réactions énergétiquement défavorables sans cela. Par exemple, si le ΔG de la réaction $B + C \rightarrow D$ est positif mais inférieur au ΔG de l'hydrolyse de l'ATP, la réaction peut être déplacée vers la droite si elle est couplée à l'hydrolyse de la liaison phosphoanhydride terminale de l'ATP. Au cours d'un mécanisme courant tel que le **couplage énergétique**, une partie de l'énergie en réserve dans cette liaison phosphoanhydride est transférée à l'un des réactifs par la rupture de la liaison dans l'ATP et la formation d'une liaison covalente entre le groupement phosphate libéré et l'un des réactifs. L'intermédiaire phosphorylé produit de cette manière peut ensuite réagir avec C pour former $D + P_i$ au cours d'une réaction dont le ΔG est négatif :

$$B + \text{Ap}{\sim}\text{p}{\sim}\text{p} \longrightarrow B{\sim}\text{p} + \text{Ap}{\sim}\text{p}$$

$$B{\sim}\text{p} + C \longrightarrow D + P_i$$

La réaction globale

$$B + C + ATP \rightleftharpoons D + ADP + P_i$$

est favorable énergétiquement ($\Delta G < 0$).

Un autre mécanisme de couplage d'énergie consiste à utiliser l'énergie libérée par l'hydrolyse d'ATP pour modifier la conformation de la molécule vers un état contraint « riche en énergie ». À son tour, l'énergie stockée sous la forme d'une contrainte conformationnelle peut être libérée lorsque la molécule « se détend » en reprenant sa conformation sans contrainte. Si ce processus de relâchement peut être couplé mécaniquement à une autre réaction, l'énergie libérée peut alors servir à d'autres réactions cellulaires importantes.

Comme de nombreuses réactions de biosynthèse, le transport de molécules vers l'intérieur ou vers l'extérieur de la cellule a souvent un ΔG positif et nécessite donc un apport d'énergie pour son déroulement. De telles réactions simples de transport n'impliquent pas *directement* la création ou la rupture de liaisons covalentes. Par conséquent, $\Delta G^{\circ\prime}$ est nul. Dans le cas d'une substance pénétrant dans une cellule, l'Équation 7 devient

$$\Delta G = RT \ln \frac{[C_{int}]}{[C_{ext}]} \qquad (2\text{-}10)$$

où $[C_{int}]$ est la concentration initiale de la substance à l'intérieur de la cellule et $[C_{ext}]$ sa concentration à l'extérieur de la cellule. Nous pouvons voir d'après l'Équation 2-10 que ΔG est positif pour le transport d'une substance vers l'intérieur d'une cellule contre son gradient de concentration (lorsque $[C_{int}] > [C_{ext}]$) ; l'énergie nécessaire pour un tel transport « à contre-courant » est souvent fournie par l'hydrolyse d'ATP. À l'inverse, lorsqu'une substance circule dans le sens de son gradient de concentration ($[C_{ext}] > [C_{int}]$), ΔG est négatif. Un tel transport « dans le sens du courant » libère de l'énergie qui peut être couplée à une réaction nécessitant de l'énergie comme le déplacement d'une autre substance contre son gradient de concentration au travers d'une membrane ou la synthèse de l'ATP lui-même (voir Chapitre 7).

La photosynthèse et la respiration produisent de l'ATP

Il est évident que pour continuer à fonctionner, les cellules doivent constamment réapprovisionner leur réserve en ATP. La première source d'énergie dans la plupart des cellules, qui, après de multiples réactions, est transformée en liaisons phosphoanhydride dans l'ATP et en liaisons dans d'autres composants est la lumière du soleil. Lors de la **photosynthèse**, les plantes et certains micro-organismes peuvent capter l'énergie contenue dans la lumière et l'utiliser pour synthétiser de l'ATP à partir d'ADP et de P_i. Une grande partie de l'ATP produit au cours de la photosynthèse est hydrolysée pour fournir de l'énergie permettant la conversion de dioxyde de carbone en sucres à six carbones, un processus appelé **fixation du carbone** :

$$6\,CO_2 + 6\,H_2O \xrightarrow{ATP \;\; ADP + P_i} C_6H_{12}O_6 + 6\,O_2$$

Chez les animaux, l'énergie libre contenue dans les sucres et autres molécules issues de l'alimentation est libérée au cours du processus de **respiration**. Toutes les synthèses d'ATP dans les cellules animales et chez les micro-organismes non photosynthétiques résultent de la transformation chimique de composés riches en énergie provenant de l'alimentation (comme le glucose, l'amidon). Nous traiterons des mécanismes de la photosynthèse et de la respiration cellulaire au Chapitre 8.

L'oxydation complète du glucose pour former du dioxyde de carbone

$$C_6H_{12}O_6 + 6\ O_2 \longrightarrow 6\ CO_2 + 6\ H_2O$$

a un $\Delta G^{\circ\prime}$ de −686 kcal/mol et est l'inverse de la fixation de carbone au cours de la photosynthèse. Les cellules utilisent un ensemble complexe de réactions catalysées par des enzymes qui leur permettent de coupler le métabolisme de 1 molécule de glucose à une synthèse qui peut aller jusqu'à 30 molécules d'ATP à partir de 30 molécules d'ADP. Cette dégradation (**catabolisme**) dépendante de l'oxygène (**aérobie**) du glucose est la voie principale de production de l'ATP dans toutes les cellules animales, les cellules des plantes qui ne réalisent pas la photosynthèse et de nombreuses cellules bactériennes.

L'énergie lumineuse capturée au cours de la photosynthèse n'est pas la seule source d'énergie chimique pour les cellules. Certains micro-organismes vivant dans des failles océaniques profondes dont la lumière est complètement absente, récupèrent l'énergie permettant de convertir ADP et P_i en ATP, à partir de l'oxydation de composés inorganiques réduits. Ces composés réduits proviennent du centre de la terre et sont libérés dans les failles.

NAD^+ et FAD sont couplés à de multiples réactions biologiques d'oxydation et de réduction

Dans de nombreuses réactions chimiques, les électrons sont transférés d'une molécule ou d'un atome à un autre. Ce transfert peut ou non s'accompagner de la formation de nouvelles liaisons chimiques. La perte d'électrons par un atome ou une molécule s'appelle une **oxydation** et le gain d'électrons une **réduction**. Puisque aucun électron n'est créé ni détruit au cours d'une réaction chimique, si une molécule ou un atome est oxydé, un autre doit être réduit. Par exemple, l'oxygène capture des électrons des ions Fe^{2+} (ferreux) ce qui produit des ions Fe^{3+} (ferriques), une réaction qui fait partie de la dégradation des glucides dans les mitochondries. Chaque atome d'oxygène reçoit deux électrons, un de chaque ion Fe^{2+} :

$$2\ Fe^{2+} + \tfrac{1}{2}\ O_2 \longrightarrow 2\ Fe^{3+} + O^{2-}$$

Par conséquent, Fe^{2+} est oxydé et O_2 est réduit. Les réactions de ce type dans lesquelles une molécule est réduite et l'autre est oxydée sont souvent appelées **réactions redox.** L'oxygène est un accepteur d'électrons dans de multiples réactions redox ayant lieu dans des cellules aérobies.

De nombreuses réactions d'oxydation et de réduction importantes en biologie impliquent le retrait ou l'addition d'atomes d'hydrogène (protons plus électrons) plutôt que le transfert d'électrons isolés. L'oxydation du succinate en fumarate qui se produit également dans les mitochondries en est un exemple (Figure 2-25). Les protons sont solubles en solution aqueuse (sous la forme H_3O^+) mais pas les électrons qui doivent être transférés directement d'une

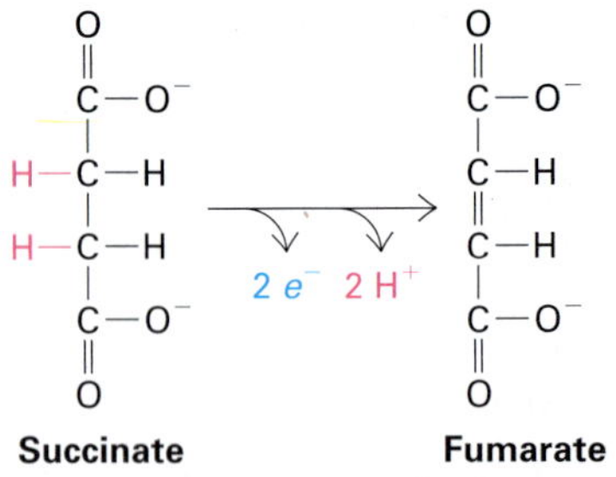

FIGURE 2-25 La conversion du succinate en fumarate. Dans cette réaction d'oxydation qui se produit dans les mitochondries au cours du cycle de Krebs, le succinate perd deux électrons et deux protons. Ils sont transférés au FAD qui est alors réduit en $FADH_2$.

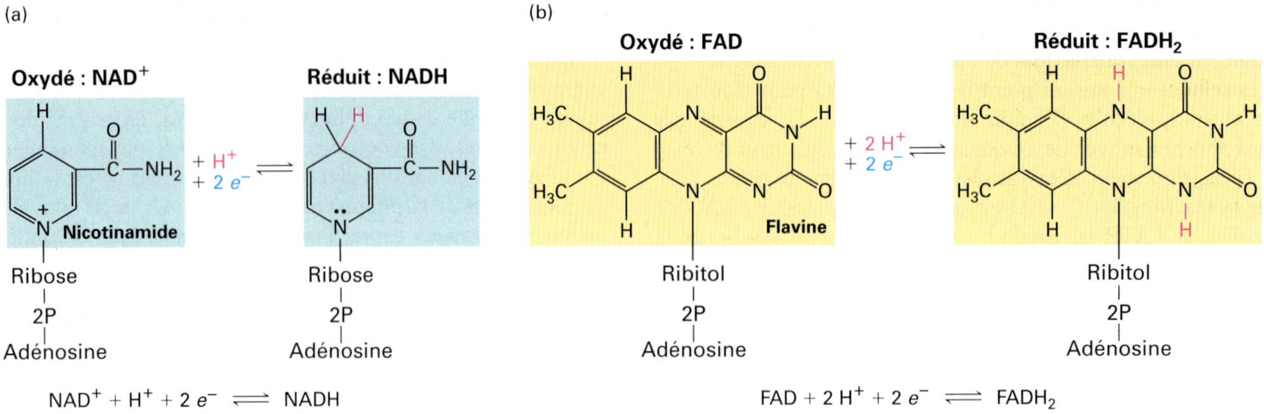

FIGURE 2-26 Les coenzymes transporteurs d'électrons NAD^+ et FAD. (a) NAD^+ (nicotinamide adénine dinucléotide) est réduit en NADH par l'addition simultanée de deux électrons et d'un proton. Dans de nombreuses réactions redox biologiques (comme succinate → fumarate) une paire d'atomes hydrogène (deux protons et deux électrons) est enlevée de la molécule. L'un des protons et les deux électrons sont transférés au NAD^+ ; l'autre proton est libéré en solution. (b) FAD (flavine adénine dinucléotide) est réduit en $FADH_2$ par l'addition de deux protons et deux électrons. Dans cette réaction à deux étapes, l'addition simultanée d'un électron et d'un proton produit comme intermédiaire une semiquinone d'une faible durée de vie (non représentée) qui accepte ensuite un deuxième électron et un deuxième proton.

molécule ou d'un atome à un autre sans intermédiaire dissous dans l'eau. Dans ce type de réaction d'oxydation, les électrons sont souvent transférés à de petits transporteurs moléculaires d'électrons, que l'on appelle parfois des coenzymes. Les plus courants sont **NAD^+** (nicotinamide adénine dinucléotide) qui est réduit en NADH et **FAD** (flavine adénine dinucléotide) réduit en $FADH_2$ (Figure 2-26). Les formes réduites de ces coenzymes peuvent transférer des protons et des électrons à d'autres molécules, provoquant alors leur réduction.

Pour décrire les réactions redox comme la réaction entre l'ion ferreux (Fe^{2+}) et l'oxygène (O_2), il est plus facile de les diviser en deux **demi-réactions** :

$$\textit{Oxydation de } Fe^{2+}\text{:}\quad 2\ Fe^{2+} \longrightarrow 2\ Fe^{3+} + 2\ e^-$$
$$\textit{Réduction de } O_2\text{:}\quad 2\ e^- + \tfrac{1}{2}\ O_2 \longrightarrow O^{2-}$$

Dans ce cas, l'oxygène réduit (O^{2-}) réagit facilement avec deux protons pour former une molécule d'eau (H_2O). L'empressement avec lequel une molécule ou un atome *gagne* un électron est son **potentiel de réduction** E. La tendance à *perdre* des électrons, le **potentiel d'oxydation**, est de même grandeur mais de signe opposé au potentiel de réduction de la réaction inverse.

Les potentiels de réduction sont mesurés en volts (V) à partir d'un point zéro arbitraire qui correspond au potentiel de réduction de la demi-réaction ci-dessous, dans des conditions standard (25°C, 1 atm et des réactifs à 1 M) :

$$H^+ + e^- \underset{\text{oxydation}}{\overset{\text{réduction}}{\rightleftharpoons}} \tfrac{1}{2}\ H_2$$

La valeur de E pour une molécule ou un atome dans des conditions standard est son potentiel standard de réduction E'_0. Une molécule ou un ion qui possède un E'_0 positif a une affinité pour les électrons supérieure à celle d'un ion H^+ dans des conditions standard. À l'inverse, une molécule ou un ion qui possède un E'_0 négatif a une affinité pour les électrons inférieure à celle d'un ion H^+ dans des conditions standard. Comme les valeurs de $\Delta G^{\circ\prime}$, les potentiels standard de réduction peuvent différer quelque peu de ceux observés dans les conditions cellulaires, car les concentrations des réactifs n'y sont pas de 1 M.

Au cours d'une réaction redox, les électrons rejoignent spontanément des molécules ou atomes dont le potentiel de réduction est *davantage positif*. En d'autres termes, un composé ayant un potentiel de réduction plus négatif peut transférer des électrons (c'est-à-dire réduire) à un composé dont le potentiel de réduction est davantage positif. Dans ce type de réaction, le changement de potentiel électrique ΔE est la somme des potentiels de réduction et d'oxydation des deux demi-réactions. Le ΔE d'une réaction redox est lié au changement d'énergie libre par l'expression suivante :

$$\Delta G\ (\text{cal/mol}) = -n\ (23\ 064)\ \Delta E\ (\text{volts}) \qquad (2\text{-}11)$$

où n est le nombre d'électrons transférés. Il est à noter qu'une réaction redox avec une valeur positive ΔE aura un ΔG négatif et aura donc tendance à se dérouler de gauche à droite.

CONCEPTS CLÉS DE LA SECTION 2.4

L'énergétique biochimique

- Le changement d'énergie libre ΔG est la mesure la plus utile pour prédire le sens de déroulement des réactions chimiques dans les systèmes biologiques. Les réactions chimiques ont tendance à se produire dans le sens d'un ΔG négatif.
- De manière directe ou indirecte, l'énergie lumineuse capturée au cours de la photosynthèse par les plantes et les bactéries photosynthétiques est la principale source d'énergie chimique de la plupart des cellules.
- La variation d'énergie libre chimique $\Delta G^{\circ\prime}$ est égale à –2,3 $RT \log K_{eq}$. La valeur de $\Delta G^{\circ\prime}$ peut donc être calculée à partir des concentrations déterminées expérimentalement des réactifs et des produits à l'équilibre.
- Une réaction chimique avec un ΔG positif peut avoir lieu si elle est couplée à une réaction avec un ΔG négatif plus important.
- De nombreuses réactions défavorables énergétiquement sont rendues possibles grâce à l'hydrolyse de liaisons phosphoanhydride dans l'ATP (voir Figure 2-24).
- Une réaction d'oxydation (perte d'électrons) est toujours couplée avec une réaction de réduction (gain d'électrons).
- Les réactions biologiques d'oxydation et de réduction sont souvent couplées à des coenzymes transporteurs d'électrons tels que NAD^+ et FAD (voir Figure 2-26).
- Les réactions d'oxydation et de réduction avec un ΔE positif ont un ΔG négatif et ont donc tendance à se dérouler spontanément.

MOTS CLÉS

RÉVISIONS

1. Le gecko est un reptile qui possède la capacité étonnante de grimper sur des surfaces lisses, y compris le verre. Des découvertes récentes indiquent que le gecko se colle aux surfaces lisses par le biais d'interactions de van der Waals entre les lamelles adhésives de ses pattes et la surface lisse. En quoi cette technique d'adhésion est-elle plus avantageuse que des interactions covalentes ? Étant donné que les forces de van der Waals sont parmi les interactions moléculaires les plus faibles, comment les pattes du gecko peuvent-elles coller si efficacement ?
2. Le canal K^+ est un exemple de protéine transmembranaire (une protéine qui traverse la bicouche phospholipidique de la membrane plasmique). Quels sont les types d'acides aminés susceptibles (a) de tapisser le canal par lequel passent les ions K^+ ; (b) d'être au contact de la bicouche phospholipidique contenant les acides gras ; (c) d'être présents dans le domaine cytosolique de la protéine ; et (d) d'être présents dans le domaine extracellulaire de la protéine ?
3. V-M-Y-Y-E-N : Il s'agit d'une séquence de peptide écrite à l'aide des abréviations à une seule lettre des acides aminés. Dessinez la structure de ce peptide. Quelle est la charge nette de ce peptide à un pH de 7,0 ? Une enzyme appelée tyrosine kinase peut lier des groupements phosphate aux groupements hydroxyle de la tyrosine. Quelle est la charge nette de ce peptide à pH 7,0 après sa phosphorylation par la tyrosine kinase ? Quelle est l'origine probable du phosphate utilisé par la kinase pour cette réaction ?
4. Les liaisons disulfure aident à stabiliser la structure tridimensionnelle des protéines. Quels sont les acides aminés impliqués dans la formation des ponts disulfure ? La formation d'un pont disulfure provoque-t-elle l'augmentation ou la diminution de l'entropie (ΔS) ?
5. Dans les années 1960 un médicament, le thalidomide, était prescrit aux femmes enceintes pour lutter contre les nausées matinales. Malheureusement, le thalidomide provoqua de graves malformations au niveau des membres des enfants de certaines des femmes qui avaient pris ce médicament et son utilisation fut supprimée. On sait maintenant que le thalidomide était administré sous la forme d'un mélange de deux composés stéréoisomériques, l'un qui supprimait les nausées matinales et l'autre, qui était responsable des malformations. Que sont des stéréoisomères ? Pourquoi deux composés si étroitement apparentés peuvent-ils avoir des effets physiologiques si différents ?
6. Donnez le nom du composé ci-dessous. Ce nucléotide est-il un composant de l'ADN, de l'ARN ou des deux ? Indiquez une autre fonction de ce composé.

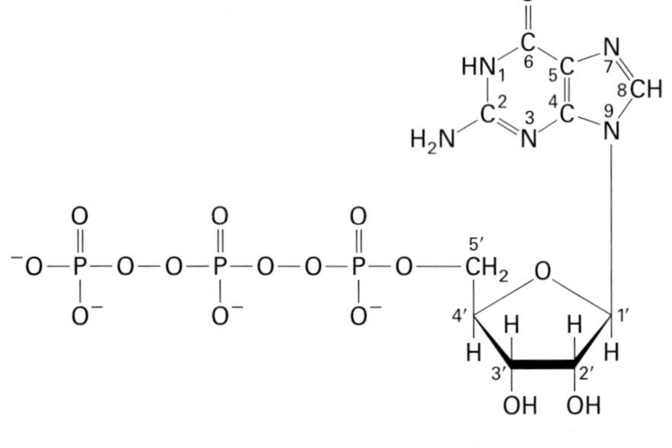

7. L'origine chimique de la spécificité des groupes sanguins réside dans les glucides présents à la surface des globules rouges. Les glucides peuvent avoir une grande spécificité de structure. En effet, la complexité structurale des oligosaccharides susceptibles d'être formés à partir de quatre sucres est supérieure à celle des oligopeptides que l'on peut former à partir de quatre acides aminés. Quelles sont les propriétés des glucides qui permettent cette grande diversité structurale ?
8. L'ammoniaque (NH_3) est une base faible qui, dans des conditions acides, est protonée en ion ammonium selon la réaction suivante :

$$NH_3 + H^+ \rightarrow NH_4{}^+$$

   NH_3 traverse librement les membranes biologiques, y compris celles des lysosomes. Le lysosome est un organite présent dans les cellules, dont le pH est voisin de 5,0 ; le pH du cytoplasme est quant à lui de 7,0. Quel est l'effet sur le pH du contenu liquide des lysosomes lorsque les cellules sont exposées à de l'ammoniaque ? *Note* : L'ammoniaque protoné ne traverse pas librement les membranes.
9. Considérons la réaction de liaison L + R → LR, où L est un ligand et R son récepteur. Lorsque 1×10^{-3} M de L est ajouté à une solution contenant 5×10^{-2} M de R, 90 % de L se fixe pour former LR. Quelle est le K_{eq} de cette réaction ? De quelle façon le K_{eq} sera-t-il affecté par l'addition d'une protéine qui catalyse cette réaction de liaison ? Qu'est-ce que le K_d ?
10. Quel est l'état d'ionisation de l'acide phosphorique dans le cytoplasme ? Pourquoi l'acide phosphorique est-il un composé si important physiologiquement ?
11. Le $\Delta G^{\circ\prime}$ de la réaction X + Y → XY est de −1000 cal/mol. Quel sera le ΔG à 25°C (298 Kelvin) si les concentrations initiales de X, Y et XY sont toutes de 0,01 M ? Proposez deux façons de rendre cette réaction énergétiquement favorable.

RÉFÉRENCES

Alberty, R. A. et. Silbey, R. J, (2000), *Physical Chemistry*, 3e éd., Wiley.

Atkins, P. W., (2000), *The Elements of Physical Chemistry*, 3e éd., W. H. Freeman and Company.

Berg, J. M. *et al.*, (2002), *Biochemistry*, 5e éd., W. H. Freeman and Company.

Cantor, P. R. et Schimmel, C. R., (1980), *Biophysical Chemistry*, W. H. Freeman and Company.

Davenport, H. W, (1974), *ABC of Acid-Base Chemistry*, 6° éd., University of Chicago Press.

Edsall, J. T. et Wyman J., (1958), *Biophysical Chemistry*, vol. 1., Academic Press.

Eisenberg, D. et Crothers, D., (1979), *Physical Chemistry with Applications to the Life Sciences*, Benjamin-Cummings.

Gennis, R. B., (1989), *Biomembranes : Molecular Structure and Function*, Springer-Verlag, New York.

Guyton, A. C. et Hall, J. E., (2000), *Textbook of Medical Physiology*, 10e éd., Saunders.

Hill, T. J., (1977), *Free Energy Transduction in Biology*, Academic Press.

Klotz, I. M., (1978), *Energy Changes in Biochemical Reactions*, Academic Press.

Lehninger, A. L. *et al.*, (2000), *Principles of Biochemistry*, 3e éd., Worth.

Murray, R. K. *et al.*, (1999), *Harper's Biochemistry*, 25e éd., Lange.

Nicholls, D. G. et Ferguson, S. J., (1992), *Bioenergetics* 2, Academic Press.

Oxtoby, D. *et al.*, (2003), *Principles of Modern Chemistry*, 5e éd., Saunders.

Sharon, N., (1980), Carbohydrates, *Sci. Am.* **243**(5) :90-116.

Tanford, C., (1980), *The Hydrophobic Effect : Formation of Micelles and Biological Membranes*, 2e éd., Wiley.

Tinoco, I., *et al.*, (2001), *Physical Chemistry — Principles and Applications in Biological Sciences*, 4e éd., Prentice Hall.

Van Holde, *et al.*, (1998), *Principles of Physical Biochemistry*. Prentice Hall.

Voet, D. et Voet, J., (1998), *Biochimie*, De Boeck Université.

Watson, J. D. *et al.*,. (2003), *Molecular Biology of the Gene*, 5e éd., Benjamin-Cummings.

Wood, W. B. *et al.*, (1981), *Biochemistry : A Problems Approach*, 2e éd., Benjamin-Cummings.

3

LA STRUCTURE ET LA FONCTION DES PROTÉINES

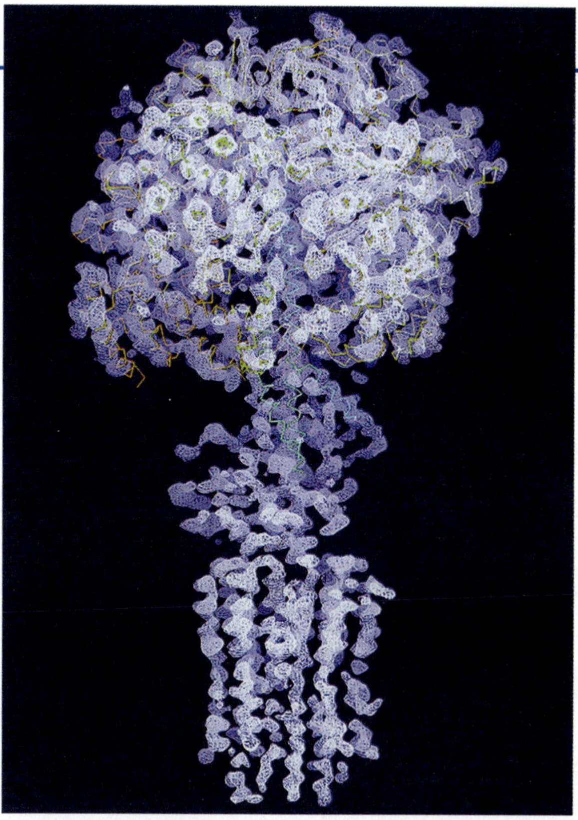

Une carte de densité électronique de la partie ATPasique F_1 associée à un anneau de 10 sous-unités c du domaine F_0 de l'ATP synthétase, une machinerie moléculaire responsable de la synthèse d'ATP chez les eubactéries, les chloroplastes et les mitochondries. [Aimablement communiqué par Andrew Leslie, Laboratoire MRC de Biologie Moléculaire, Cambridge, RU.]

Les protéines, artisans moléculaires de la cellule, exécutent le programme des activités dicté par les gènes. Ce programme nécessite l'effort coordonné de nombreux types distincts de protéines. Celles-ci sont apparues sous la forme de molécules rudimentaires qui facilitaient un nombre limité de réactions chimiques. Progressivement, un grand nombre de ces protéines primitives ont évolué en une vaste gamme d'**enzymes** capables de catalyser un nombre incroyable de réactions chimiques intra- et extracellulaires, avec une vitesse et une spécificité quasiment impossibles à atteindre dans un tube à essai. Avec le temps, d'autres protéines ont acquis des capacités spécialisées et peuvent désormais être regroupées en plusieurs grandes classes fonctionnelles : les *protéines de structure*, qui assurent la rigidité structurale de la cellule ; les *protéines de transport* qui contrôlent le flux de matériaux au travers des membranes cellulaires ; les *protéines régulatrices* qui jouent le rôle de capteurs et de commutateurs pour contrôler l'activité des protéines et le fonctionnement des gènes ; les *protéines de signalisation* qui comprennent les récepteurs à la surface des cellules et d'autres protéines qui transmettent des signaux externes vers l'intérieur de la cellule et enfin, les *protéines motrices*, responsables du mouvement.

Pour comprendre la conception des protéines d'un point de vue fonctionnel, il est important de les visualiser avec des parties « mobiles » et de savoir qu'elles sont capables de transmettre différentes forces et de l'énergie de façon ordonnée. Toutefois, plusieurs processus cellulaires essentiels et complexes — la synthèse des acides nucléiques et des protéines, la transduction du signal et la photosynthèse — sont réalisés par des assemblages macromoléculaires de grande taille que l'on appelle parfois *machineries moléculaires*.

L'un des buts fondamentaux des biologistes moléculaires de la cellule est de comprendre de quelle façon les cellules exécutent différents processus essentiels à la vie. Un élément important pour cela est l'identification de toutes les protéines d'un organisme — c'est-à-dire la liste des parties qui composent la machinerie cellulaire. La création de bases de données à partir de telles listes a été rendue possible ces dernières années grâce au séquençage de **génomes** complets — l'ensemble des gènes — d'organismes de plus

SECTIONS

en plus nombreux. L'analyse informatique de séquences génomiques permet aux chercheurs de déduire le nombre et la structure primaire des protéines (Chapitre 9). Le terme de **protéome** a été créé pour désigner l'ensemble des protéines d'un organisme. Par exemple, le protéome de la levure *Saccharomyces cerevisiae* comporte environ 6000 protéines différentes. Le protéome humain quant à lui est seulement cinq fois plus important et contient près de 32 000 protéines distinctes. En comparant les séquences et les structures protéiques, les scientifiques peuvent classifier de nombreuses protéines dans le protéome d'un organisme et en déduire leur fonction d'après leur homologie avec des protéines de fonction connue. Bien que l'on connaisse les structures tridimensionnelles d'un nombre assez faible de protéines, la fonction d'une protéine dont la structure n'a pas été établie peut souvent être déduite de ses interactions avec d'autres protéines, des conséquences des mutations génétiques sur cette protéine, de la biochimie du complexe auquel elle appartient ou encore de ces trois sources.

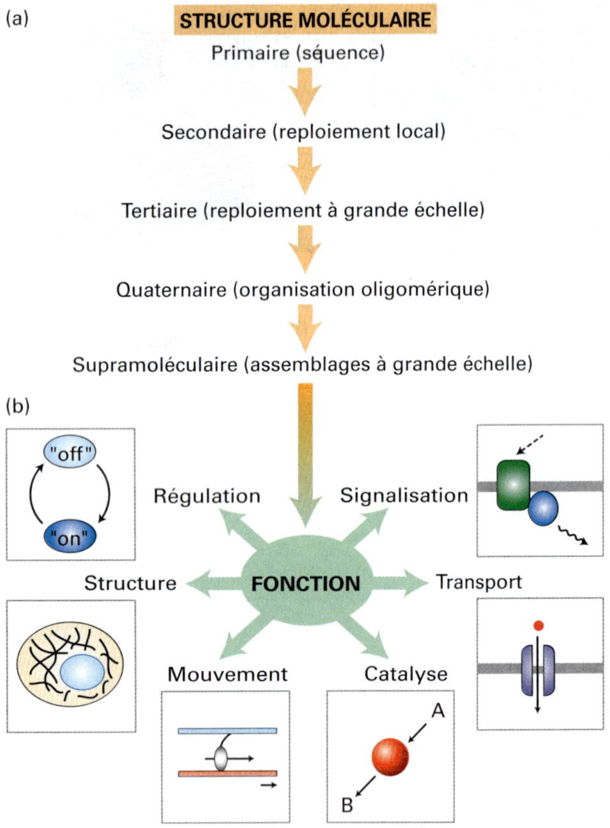

FIGURE 3-1 Une vue d'ensemble de la structure et de la fonction des protéines. (a) La séquence linéaire d'acides aminés (structure primaire) se replie en hélices ou en feuillets (structure secondaire) qui s'agglomèrent en un domaine globulaire ou fibreux (structure tertiaire). Certaines protéines s'associent en complexes (structure quaternaire) qui peuvent être formés de dizaines, voire de centaines de sous-unités (assemblages supramoléculaires). (b) Les protéines remplissent différentes fonctions comme la catalyse de réactions chimiques (enzymes), le transfert de petites molécules et d'ions (transport), la perception et la réaction à l'environnement (signalisation), le contrôle de l'activité protéique (régulation), l'organisation du génome, des membranes en bicouche lipidique et du cytoplasme (structure) et la création d'une force pour les déplacements (protéines motrices). Ces fonctions et d'autres encore naissent d'interactions spécifiques de liaison et de changements conformationnels dans la structure d'une protéine correctement repliée.

Dans ce chapitre, nous commencerons par envisager la manière dont la structure d'une protéine donne naissance à sa fonction, un thème qui reviendra tout au long de cet ouvrage (Figure 3-1). Dans la première section nous examinerons l'arrangement des chaînes d'éléments de construction que sont les acides aminés ainsi que les différents niveaux de reploiement de ces chaînes protéiques. Dans la section suivante, nous traiterons des protéines particulières qui aident au reploiement des protéines, des modifications que subissent les chaînes protéiques après leur synthèse et des mécanismes de dégradation des protéines. Dans la troisième section, nous envisagerons les protéines comme catalyseurs et nous reviendrons sur les propriétés élémentaires des enzymes. Nous parlerons ensuite des moteurs moléculaires qui convertissent l'énergie chimique en mouvement. La structure et la fonction de ces classes fonctionnelles de protéines et de quelques autres seront détaillées dans plusieurs chapitres ultérieurs. Par la suite, nous verrons différents mécanismes utilisés par la cellule pour contrôler l'activité des protéines. Le chapitre se conclura par une section consacrée aux techniques courantes utilisées par les biologistes pour isoler des protéines et caractériser leurs propriétés.

3.1 La structure hiérarchique des protéines

Bien que formées par la polymérisation de seulement 20 **acides aminés** différents en chaînes linéaires, les protéines accomplissent une variété très importante de tâches. Une chaîne protéique se replie en une forme unique, stabilisée par des interactions non covalentes entre des régions de la séquence linéaire d'acides aminés. Cette organisation *spatiale* d'une protéine — sa forme en trois dimensions — est essentielle pour comprendre sa fonction. C'est seulement lorsqu'une protéine présente sa structure tridimensionnelle correcte, sa **conformation**, qu'elle est capable de fonctionner efficacement. Un concept majeur pour comprendre le mode de fonctionnement des protéines est que *la fonction découle de la structure tridimensionnelle, qui est elle-même spécifiée par la séquence d'acides aminés*. Nous allons considérer ici les quatre niveaux d'organisation de la structure des protéines en commençant par les éléments monomériques de construction que sont les acides aminés.

La structure primaire d'une protéine est l'arrangement linéaire de ses acides aminés

Nous avons vu au Chapitre 2 les propriétés des acides aminés utilisés dans la synthèse des protéines ainsi que leur association en chaînes linéaires par des **liaisons peptidiques**. La répétition des atomes N de l'amide, du carbone α (C_α) et des atomes C du carbonyle de chacun des acides aminés forme le *squelette* d'une protéine à partir duquel saillent les différents groupements des chaînes latérales (Figure 3-2). En raison des liaisons peptidiques, le squelette présente une orientation définie car tous les groupements aminés sont situés du même côté des atomes C_α. Par conséquent, l'une des extrémités de la protéine présente un groupement aminé libre (non lié) : c'est l'extrémité N-*terminale* ; l'autre possède un groupement carboxyle libre : c'est l'extrémité C-*terminale*. Par convention, la séquence d'une chaîne protéique est écrite avec l'acide aminé N-terminal à gauche et l'acide aminé C-terminal à droite.

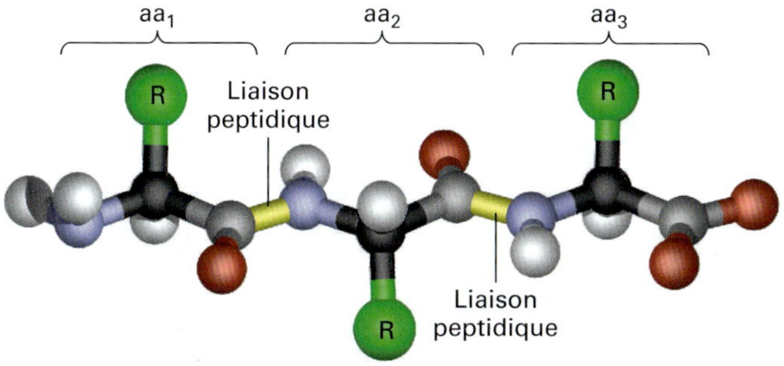

FIGURE 3-2 La structure d'un tripeptide. Les liaisons peptidiques (en jaune) relient l'atome d'azote de l'amide (en bleu) d'un acide aminé (aa) avec l'atome de carbone du carbonyle (en gris) d'un acide aminé adjacent dans l'un des polymères linéaires appelés peptides ou polypeptides, selon leur longueur. Les protéines sont des polypeptides repliés en une structure tridimensionnelle définie (conformation). Les chaînes latérales ou groupements R (en vert) qui s'étendent à partir du carbone α (en noir) des acides aminés composant une protéine, déterminent en grande partie ses propriétés. Aux valeurs physiologiques du pH, les groupements terminaux aminé et carboxyle sont ionisés.

La **structure primaire** d'une protéine est simplement l'arrangement linéaire ou *séquence* des acides aminés qui la composent. On utilise un grand nombre de termes pour désigner les chaînes formées par la polymérisation des acides aminés. Une courte chaîne d'acides aminés associés par des liaisons peptidiques et qui possèdent une séquence définie est un **peptide** ; les chaînes plus longues sont appelées **polypeptides**. Les peptides contiennent généralement de 20 à 30 résidus d'acides aminés tandis que les polypeptides peuvent en comporter jusqu'à 4000. On réserve généralement le terme de **protéine** à un polypeptide (ou un complexe de polypeptides) qui possède une structure tridimensionnelle bien définie. On qualifie par convention de protéines et de peptides les produits naturels d'une cellule.

La taille d'une protéine ou d'un polypeptide est définie par sa masse en **daltons** (1 dalton est 1 unité de masse atomique) ou son poids moléculaire (PM) qui est un nombre sans dimension. Par exemple, une protéine de 10 000 de PM a une masse de 10 000 daltons (Da) ou 10 kilodaltons (kDa). Dans la dernière section de ce chapitre, nous aborderons différentes méthodes pour mesurer les tailles et autres caractéristiques physiques des protéines. Les protéines connues ou supposées, codées par le génome de levure, ont un poids moléculaire moyen de 52 728 et comportent en moyenne 466 acides aminés. Le poids moléculaire moyen des acides aminés dans les protéines est de 113 en tenant compte de leur abondance relative moyenne. On peut utiliser cette valeur pour estimer le nombre de résidus dans une protéine à partir de son poids moléculaire ou à l'inverse, estimer son poids moléculaire à partir du nombre de ses résidus.

Les structures secondaires sont les éléments centraux de l'architecture protéique

Le deuxième niveau de hiérarchie dans la structure des protéines est constitué par les différents arrangements spatiaux résultant du reploiement de parties localisées d'une chaîne polypeptidique. Ces arrangements sont appelés **structures secondaires**. Un polypeptide peut présenter de multiples sortes de structures secondaires en fonction de sa séquence. En l'absence d'interactions non covalentes stabilisantes, un polypeptide adopte une structure *aléatoire*. Cependant, lorsque des liaisons hydrogène stabilisantes se forment entre des résidus, certaines parties du squelette se replient en une ou plusieurs structures périodiques bien définies : l'**hélice alpha** (α), le **feuillet bêta** (β) ou un petit *coude* en forme de U. Dans une protéine type, 60 % de la chaîne polypeptidique existe sous forme d'hélices α et de feuillets β. Le reste de la molécule est composé d'enroulements aléatoires et de coudes. Par conséquent, les hélices α et les feuillets β constituent les principaux éléments internes de soutien dans les protéines. Dans cette section, nous étudierons les forces qui favorisent la formation des structures secondaires. Dans des sections ultérieures, nous examinerons de quelle façon ces structures peuvent former des assemblages plus importants.

L'hélice α Dans un fragment polypeptidique replié en hélice α, l'atome d'oxygène du carbonyle de chaque liaison peptidique est associé par une liaison hydrogène à l'atome d'hydrogène de l'amide de l'acide aminé distant de quatre résidus vers l'extrémité C-terminale. Cet arrangement périodique des liaisons donne un sens à l'hélice car tous les donneurs des liaisons hydrogène ont la même orientation (Figure 3-3). L'arrangement stable des acides

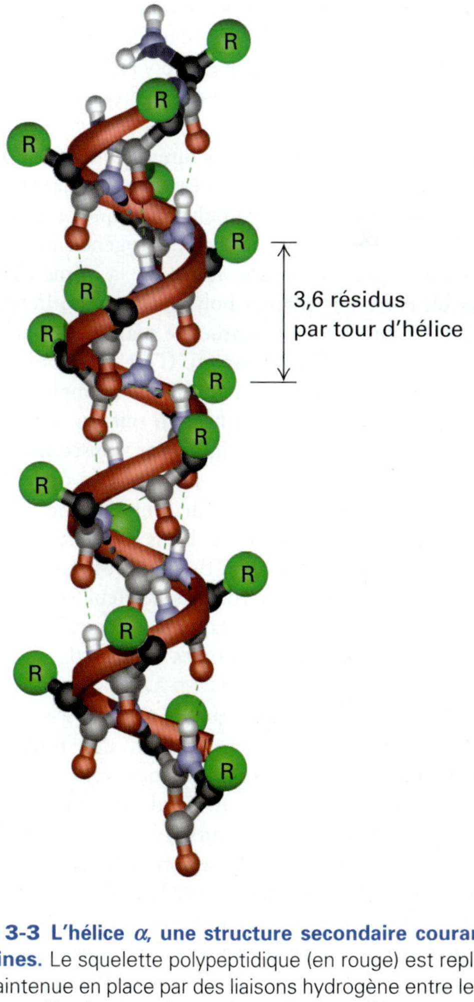

FIGURE 3-3 L'hélice α, une structure secondaire courante dans les protéines. Le squelette polypeptidique (en rouge) est replié en une spirale maintenue en place par des liaisons hydrogène entre les atomes d'oxygène et d'hydrogène du squelette. De la surface externe de l'hélice dépassent les groupements R des chaînes latérales (en vert).

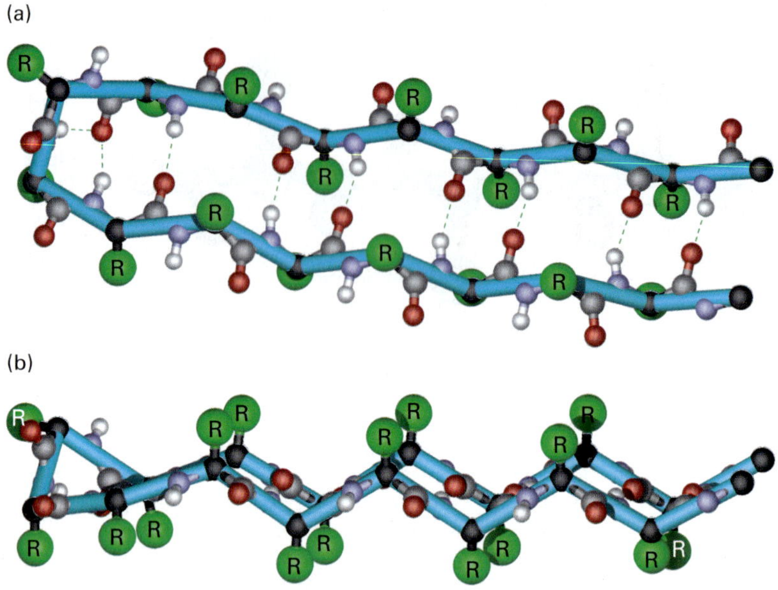

FIGURE 3-4 Le feuillet β, une autre structure secondaire courante dans les protéines. (a) Une vue du dessus d'un feuillet β simple à deux brins, dont les brins sont antiparallèles. Les liaisons hydrogène stabilisantes établies entre les brins du feuillet β sont représentées par des lignes vertes en pointillé. Le petit coude entre les brins β est également stabilisé par une liaison hydrogène. (b) Une vue de côté d'un feuillet β. La projection des groupements R (en vert) au-dessus et au-dessous du plan du feuillet est évidente dans cette représentation. L'angle fixe de la liaison peptidique produit un contour plissé.

aminés dans l'hélice α maintient le squelette sous la forme d'un cylindre allongé duquel saillent les chaînes latérales. La nature hydrophile ou hydrophobe de l'hélice est uniquement déterminée par les chaînes latérales car les groupements polaires du squelette peptidique sont déjà engagés dans des liaisons hydrogène avec l'hélice.

Le feuillet β Un autre type de structure secondaire, le feuillet β, est constitué de brins β regroupés latéralement. Chaque brin β est un court fragment (5 à 8 résidus) polypeptidique presque complètement étiré. La formation de liaisons hydrogène entre les atomes du squelette de brins β adjacents, au sein de la même chaîne polypeptidique ou entre des chaînes polypeptidiques différentes, crée un feuillet β (Figure 3-4a). Le caractère plan de la liaison peptidique force un feuillet β à être aplati. C'est pourquoi on appelle également cette structure *feuillet plissé β* ou simplement *feuillet plissé*. Comme les hélices α, les brins β ont un sens défini par l'orientation de la liaison peptidique. Par conséquent, dans un feuillet plissé, des brins β adjacents peuvent être orientés dans le même sens (brins parallèles) ou en sens opposé (brins antiparallèles) l'un par rapport à l'autre. Dans les deux arrangements, les chaînes latérales saillent à partir des deux faces du feuillet (Figure 3-4b). Dans certaines protéines, les feuillets β forment la base d'une poche de liaison ; la partie centrale hydrophobe d'autres protéines contient de multiples feuillets β.

Coudes Constitués de trois ou quatre résidus, les coudes sont localisés à la surface d'une protéine, formant des virages brusques qui réorientent le squelette polypeptidique vers l'intérieur. Ces petites structures secondaires en forme de U sont stabilisées par une liaison hydrogène entre leurs résidus terminaux (voir Figure 3-4a). La glycine et la proline sont souvent présentes dans ces coudes. L'absence de longue chaîne latérale dans la glycine et la présence intrinsèque d'un coude dans la proline permettent au squelette polypeptidique de se replier en une forme étroite de U. Les coudes permettent aux grandes protéines de se replier en structures compactes. Un squelette polypeptidique peut contenir également des coudes plus longs ou *boucles*. Au contraire des coudes qui présentent seulement quelques structures bien définies, les boucles peuvent être formées de nombreuses façons différentes.

Le reploiement global d'une chaîne polypeptidique conduit à sa structure tertiaire

La structure tertiaire fait référence à la conformation globale d'une chaîne polypeptidique, c'est-à-dire à l'arrangement tridimensionnel de tous ses résidus d'acides aminés. Par opposition aux structures secondaires qui sont stabilisées par des liaisons hydrogène, la structure tertiaire est stabilisée principalement par des interactions hydrophobes entre des chaînes latérales non polaires, des liaisons hydrogène entre des chaînes latérales polaires et des liaisons peptidiques. Ces forces de stabilisation maintiennent les éléments de la structure secondaire — hélices α, feuillets β, coudes et boucles aléatoires — en contact étroit. Les interactions stabilisantes étant faibles cependant, la structure tertiaire d'une protéine n'est pas fixée de manière rigide mais subit en permanence d'infimes fluctuations. Cette variation de la structure a des conséquences importantes dans la fonction et la régulation des protéines.

Les différentes façons de décrire la conformation des protéines fournissent des types distincts d'information. La façon la plus simple de représenter la structure tridimensionnelle d'une protéine est de figurer la disposition des atomes du squelette par une ligne continue (Figure 3-5a) ; le modèle le plus complexe montre chaque atome (Figure 3-5b). La première représentation, le tracé des C_{α}, montre l'organisation globale de la chaîne polypeptidique sans tenir compte des chaînes latérales des acides aminés. La deuxième représentation, un modèle éclaté, détaille les interactions entre les atomes des chaînes latérales, qui stabilisent la conformation de la protéine, ainsi que les atomes du squelette. Même si les deux modélisations sont utiles, on ne peut y discerner facilement les éléments de structure secondaire. Un autre type de représentation utilise des symboles pour les éléments de la structure secondaire — par exemple, des rubans enroulés ou des cylindres pleins pour les

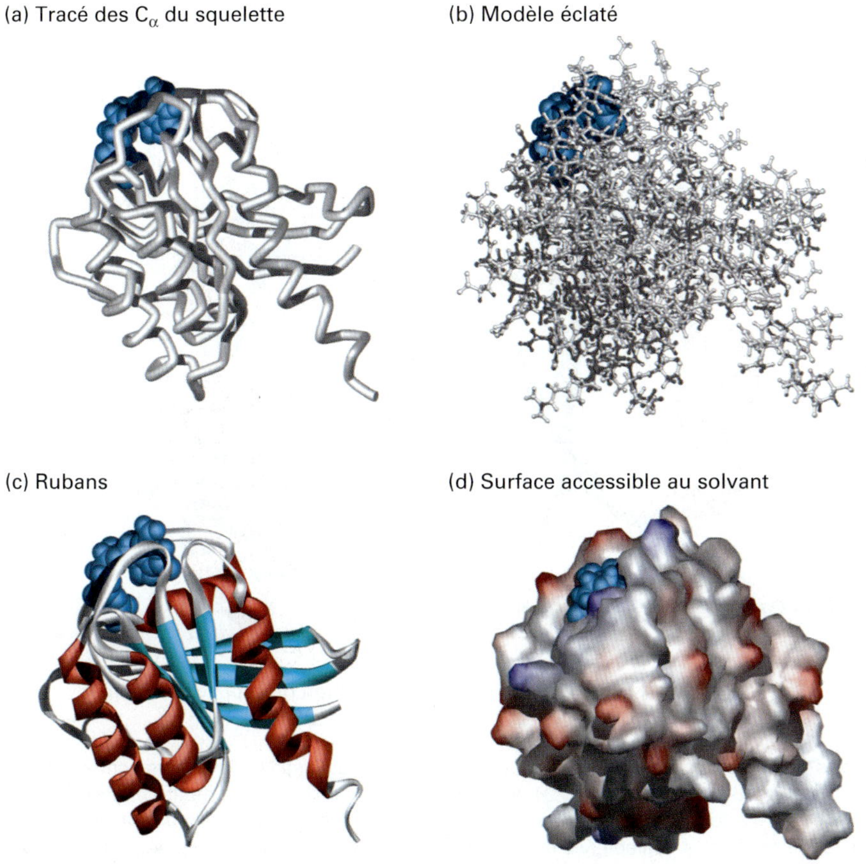

FIGURE 3-5 Différentes représentations graphiques de la structure de Ras, une protéine monomérique qui fixe les nucléotides guanine. La forme inactive liée à la guanosine diphosphate (GDP) est figurée de quatre manières, avec le GDP toujours en représentation compacte bleue. (a) Le tracé des C_{α} du squelette montre la façon dont le polypeptide est empaqueté dans le plus petit volume possible. (b) Un modèle éclaté révèle la position de tous les atomes. (c) Une représentation en ruban souligne la façon dont les brins β en bleu et les hélices α (en rouge) sont organisés dans la protéine. Remarquez les coudes et les boucles reliant les paires d'hélices et de brins. (d) Un modèle de la surface accessible à l'eau révèle les nombreuses saillies et cavités à la surface de la protéine. Les régions de charge positive sont ombrées en violet, les régions de charge négative en rouge.

hélices α, des rubans aplatis ou des flèches pour les feuillets β et des brins fins flexibles pour les coudes et les boucles (Figure 3-5c). Ce type de représentation rend les structures secondaires d'une protéine faciles à voir.

Toutefois, aucune de ces trois représentations de la structure protéique ne fournit beaucoup d'information sur la surface de la protéine, qui présente pourtant un intérêt car c'est là que d'autres molécules se fixent. L'analyse informatique permet d'identifier les atomes de surface qui sont en contact avec l'environnement aqueux. Sur cette surface accessible à l'eau, les régions ayant un caractère chimique (hydrophobicité ou hydrophilie) ou un caractère électrique (basique ou acide) commun peuvent être cartographiées. Ce type de modèles révèle la topographie de la surface protéique et la distribution des charges, toutes deux des facteurs importants des sites de liaisons, ainsi que des cavités à la surface des protéines dans lesquelles se fixent souvent de petites molécules (Figure 3-5d). Cette représentation correspond à la façon dont une molécule « voit » la protéine.

Les motifs sont des combinaisons régulières de structures secondaires

Les combinaisons particulières de structures secondaires, appelées **motifs** ou plis, constituent la structure tertiaire d'une protéine. Dans certains cas, les motifs sont les signatures d'une fonction spécifique. Par exemple, le motif **hélice-boucle-hélice** est un motif de liaison de Ca^{2+}, marqué par la présence de certains résidus hydrophiles à des positions invariantes dans la boucle (Figure 3-6a). Les atomes d'oxygène des résidus invariants fixent un ion Ca^{2+} grâce à des liaisons ioniques. Ce motif, appelé *EF hand* (car les deux hélices ressemblent aux deux doigts écartés d'une main) a été découvert dans plus de 100 protéines fixant du calcium. Dans un autre motif courant, le **doigt à zinc**, trois structures secondaires — une hélice α et deux feuillets β antiparallèles — forment un faisceau en forme de doigt, maintenu par un ion zinc (Figure 3-6b). Ce motif est surtout présent dans des protéines qui se lient à l'ARN ou à l'ADN.

De nombreuses protéines, en particulier des protéines fibreuses, s'auto-associent en oligomères en utilisant un troisième motif, la **torsade d'hélices** (*coil coiled* en anglais). Dans ces protéines, chaque chaîne polypeptidique comporte des segments d'hélice α dans lesquels les résidus hydrophobes, quoique apparemment disposés de manière aléatoire, présentent un arrangement régulier — une séquence répétée de sept acides aminés (heptade). Dans cette heptade, il y a un résidu hydrophobe — parfois la valine, l'alanine ou la méthionine — en position 1 et un résidu leucine en position 4. Puisque les chaînes latérales hydrophiles s'étendent d'un côté de l'hélice et les chaînes latérales hydrophobes de l'autre côté, la structure hélicoïdale globale est **amphipathique**. Le caractère amphipathique de ces hélices α permet à deux, trois ou quatre hélices de s'enrouler les unes autour des autres, formant ainsi une torsade d'hélices ; d'où le nom de ce motif (Figure 3-6c).

Nous rencontrerons de nombreux autres motifs lorsque nous traiterons d'autres protéines plus loin dans ce chapitre et dans des chapitres ultérieurs. La présence du même motif dans des protéines différentes présentant une fonction similaire indique

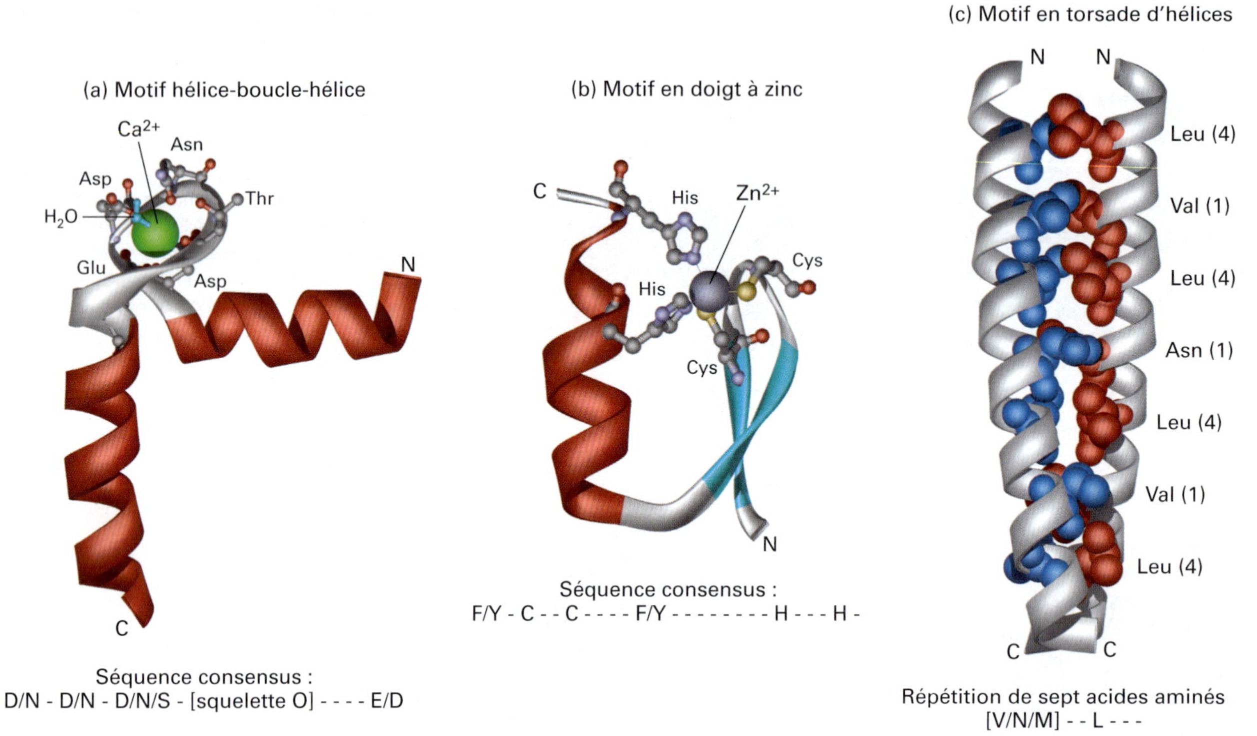

FIGURE 3-6 Les motifs de la structure secondaire des protéines. (a) Deux hélices reliées par une courte boucle dans une conformation spécifique constituent un motif hélice-boucle-hélice. Ce motif existe dans de nombreuses protéines régulatrices qui fixent du calcium et se lient à l'ADN. Dans les protéines qui fixent du calcium telles que la calmoduline, les atomes d'oxygène de cinq résidus appartenant à la boucle et d'une molécule d'eau forment des liaisons ioniques avec un ion Ca^{2+}. (b) Le motif en doigt à zinc est présent dans de nombreuses protéines qui se fixent à l'ADN et aident à réguler la transcription. Un ion Zn^{2+} est maintenu entre une paire de brins β (en bleu) et une hélice α (en rouge) par une paire de résidus cystéine et une paire de résidus histidine. Les deux résidus cystéine invariants occupent généralement les positions 3 et 6 et les deux résidus histidine invariants sont aux positions 20 et 24 de ce motif de 25 résidus. (c) Le motif en torsade d'hélices de deux brins parallèles dans le facteur de transcription Gcn4 se caractérise par deux hélices α enroulées l'une autour de l'autre. Le rapprochement des hélices est stabilisé par des interactions entre les chaînes latérales hydrophobes (rouges et bleues) présentes à intervalles réguliers le long des surfaces des hélices entrelacées. Chaque hélice α présente une séquence répétée caractéristique de sept acides aminés avec un résidu hydrophobe aux positions 1 et 4. Voir A. Lewit-Bentley & S. Rety, 2000, EF-hand calcium-binding proteins, *Curr. Opin. Struct. Biol.* **10** :637-643 ; S. A. Wolfe, L. Nekludova & C. O. Pabo, 2000, DNA Recognition by Cys2His2 Zinc Finger Proteins, *Ann. Rev. Biophys. Biomol. Struct.* **29** :183-212.]

clairement que ces combinaisons utiles de structures secondaires ont été conservées au cours de l'évolution. Jusqu'ici, des centaines de motifs ont été répertoriés et les protéines sont désormais classifiées en fonction de ceux-ci.

Les domaines structuraux et fonctionnels sont des modules de la structure tertiaire

La structure tertiaire des protéines de poids moléculaire supérieur à 15 000 est généralement subdivisée en régions distinctes appelées **domaines**. Structuralement, un domaine est une région repliée de façon compacte dans un polypeptide. Dans le cas des grosses protéines, les domaines peuvent être reconnus dans des structures déterminées par cristallographie aux rayons X ou dans des images obtenues par microscopie électronique. Bien que ces régions distinctes se distinguent bien ou se séparent physiquement facilement les unes des autres, elles sont reliées les unes aux autres par des segments intermédiaires de la chaîne polypeptidique. Chacune des sous-unités de l'hémagglutinine par exemple contient un domaine globulaire et un domaine fibreux (Figure 3-7a).

Un domaine structural est constitué de 100 à 150 résidus organisés selon différentes combinaisons de motifs. Un domaine est souvent caractérisé par un élément structural intéressant : une abondance inhabituelle d'un acide aminé donné (comme un domaine riche en proline, un domaine acide), des séquences communes à (conservées dans) de nombreuses protéines (telles que SH3 ou domaine d'homologie avec Src de type 3) ou un motif particulier de structure secondaire (comme le motif en doigt à zinc dans le domaine *kringle*).

Les domaines sont parfois définis en termes fonctionnels d'après des observations révélant la présence d'une activité particulière dans une petite région de la protéine. Par exemple, une ou plusieurs régions spécifiques d'une protéine peuvent être responsables de l'activité catalytique de celle-ci (comme un domaine kinase) ou de sa capacité de liaison (telles qu'un domaine de liaison à l'ADN, un domaine de fixation à une membrane). Les domaines fonctionnels sont souvent identifiés expérimentalement en réduisant une protéine à son plus petit fragment actif à l'aide de protéases, des enzymes qui clivent le squelette polypeptidique. On peut également soumettre l'ADN codant une protéine à une

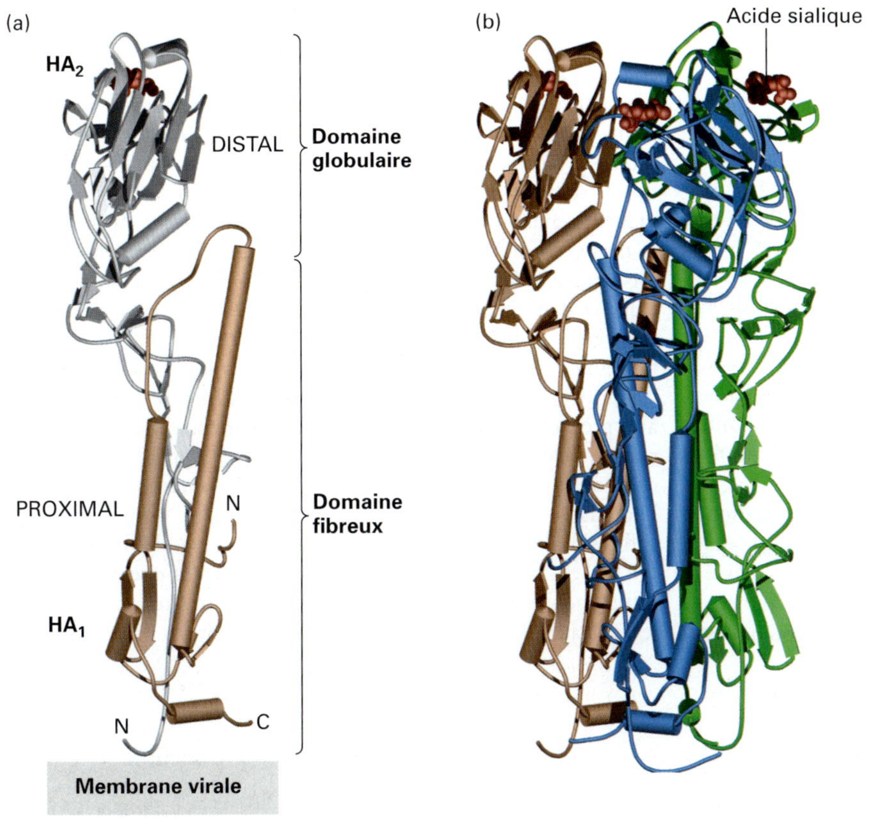

FIGURE 3-7 Les structures tertiaire et quaternaire de l'hémagglutinine (HA), une protéine de surface du virus de la grippe. Cette longue molécule polymérique possède trois sous-unités identiques, composées chacune de deux chaînes polypeptidiques, HA_1 et HA_2. (a) La structure tertiaire de chaque sous-unité HA est le reploiement de ses hélices et de ses brins en une structure compacte de 13,5 nm de long divisée en deux domaines. Le domaine le plus éloigné de la membrane (distal) est replié en une conformation globulaire. Le domaine le plus proche de la membrane (proximal) possède une conformation fibreuse allongée en raison de l'alignement de deux longues hélices α (cylindres) de HA_2 avec des brins β de HA_1. Les petits coudes et les boucles plus longues qui se trouvent généralement à la surface de la molécule, relient les hélices et les brins dans une chaîne donnée. (b) La structure quaternaire de HA est stabilisée par des interactions latérales entre les longues hélices (cylindres) dans les domaines fibreux des trois sous-unités (jaune, bleue et verte), formant une tige triple-brin en torsade d'hélices. Chacun des domaines globulaires distaux dans HA fixe de l'acide sialique (en rouge) à la surface des cellules cibles. Comme de nombreuses protéines membranaires, HA contient plusieurs chaînes glucidiques liées covalemment (non représentées).

mutagenèse de façon à retirer ou modifier les segments du squelette de la protéine. L'activité d'un produit protéique tronqué ou modifié, synthétisé à partir du gène muté est ensuite enregistrée et sert de support pour identifier la partie de la protéine essentielle à sa fonction.

L'organisation des protéines de grande taille en domaines multiples illustre le principe selon lequel des molécules complexes sont construites à partir de composants plus simples. Comme les motifs de la structure secondaire, les domaines de la structure tertiaire sont incorporés en modules dans des protéines différentes. Nous verrons au Chapitre 10 le mécanisme grâce auquel des segments de gènes correspondant aux domaines ont été brassés au cours de l'évolution, ce qui a abouti à leur apparition dans de nombreuses protéines. L'approche modulaire de l'architecture des protéines est particulièrement facile à reconnaître dans les grosses protéines, qui sont souvent des mosaïques de différents domaines et peuvent donc remplir simultanément plusieurs fonctions.

Le domaine du facteur épidermique de croissance (EGF pour *epidermal growth factor* en anglais) est un exemple de module présent dans plusieurs protéines (Figure 3-8). EGF est une petite hormone peptidique soluble qui se fixe aux cellules chez l'embryon et dans la peau et les tissus conjonctifs chez l'adulte, provoquant leur division. Il est produit par un clivage protéolytique entre des domaines répétés d'EGF dans la protéine précurseur de l'EGF, qui est ancrée à la membrane cellulaire grâce à un domaine transmembranaire. Les modules d'EGF sont également présents dans d'autres protéines et sont libérés par protéolyse. Parmi ces protéines, on trouve l'activateur du plasminogène tissulaire (TPA), une protéase utilisée pour dissoudre les caillots sanguins chez les victimes d'attaques cardiaques, la protéine Neu qui participe à la différenciation embryonnaire et la protéine Notch, un récepteur protéique dans la membrane plasmique, impliqué dans la transduction de signaux importants pour le développement (Chapitre 14). En plus du domaine EGF, ces protéines contiennent des domaines présents dans d'autres protéines. Par exemple, TPA possède un domaine trypsine, une caractéristique courante chez les enzymes protéolytiques.

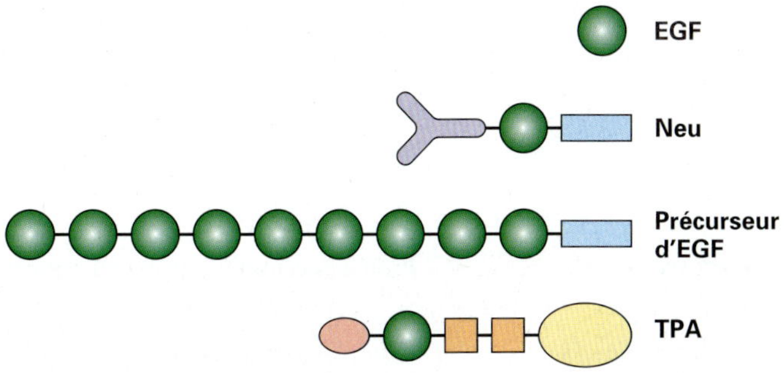

FIGURE 3-8 Les représentations schématiques de différentes protéines illustrant leur nature modulaire. Le facteur épidermique de croissance (EGF) est produit par le clivage protéolytique d'une protéine précurseur contenant de multiples domaines EGF (en vert) et un domaine transmembranaire (en bleu). Le domaine EGF est également présent dans la protéine Neu et dans l'activateur de plasminogène tissulaire (TPA). Ces protéines contiennent également d'autres domaines largement distribués symbolisés par des formes et des couleurs. [Adapté de I. D. Campbell & P. Bork, 1993, *Curr. Opin. Struct. Biol.* **3**:385.]

Les protéines s'associent en structures multimériques et en assemblages macromoléculaires

Les protéines **multimériques** sont constituées d'au moins deux polypeptides ou sous-unités. Un quatrième niveau d'organisation structurale, la **structure quaternaire**, décrit le nombre (la stœchiométrie) et les positions relatives des sous-unités des protéines multimériques. L'hémagglutinine par exemple, est un trimère de trois sous-unités identiques maintenues ensemble par des liaisons non covalentes (Figure 3-7b). D'autres protéines multimériques peuvent être constituées de n'importe quel nombre de sous-unités identiques ou différentes. La nature multimérique de nombreuses protéines est essentielle aux mécanismes de régulation de leur fonction. De plus, des enzymes engagées dans la même suite réactionnelle peuvent être associées sous la forme de sous-unités d'une protéine oligomérique plus importante dans la cellule, augmentant ainsi l'efficacité de cette voie.

Le niveau le plus élevé de structure protéique est l'association de protéines en assemblages macromoléculaires. En général, ces structures sont de très grande taille, dépassant 1 mDa de masse moléculaire ; elles ont une taille voisine de 30 à 300 nm et contiennent des centaines voire des milliers de chaînes polypeptidiques ainsi que des acides nucléiques dans certains cas. Parmi les assemblages macromoléculaires remplissant une fonction structurale, citons la **capside** qui renferme le génome viral et les faisceaux des filaments du cytosquelette qui soutiennent la membrane plasmique et lui donnent sa forme. D'autres assemblages macromoléculaires jouent le rôle de machineries moléculaires, exécutant les processus cellulaires les plus complexes en intégrant plusieurs fonctions individuelles en un processus coordonné. Par exemple, la machinerie de la transcription qui initie la synthèse de l'ARN messager (ARNm) est formée d'ARN polymérase, elle-même une protéine multimérique et d'au moins 50 composants supplémentaires dont des facteurs généraux de la transcription, des protéines de liaison aux promoteurs, une hélicase et d'autres complexes protéiques (Figure 3-9). Les facteurs de transcription et les protéines de liaison aux promoteurs assurent le positionnement correct d'une polymérase au niveau d'un **promoteur**, le site de l'ADN qui détermine l'endroit où commence la transcription d'un gène spécifique. Après que l'hélicase a déroulé la molécule d'ADN double brin, la protéase subit simultanément une translocation le long du brin matrice d'ADN et synthétise un brin d'ARNm. Les détails opérationnels de cette machinerie complexe et de quelques autres répertoriées dans le Tableau 3-1 seront discutés à différents endroits de ce livre.

TABLEAU 3-1 Quelques machineries moléculaires

Machinerie*	Composants principaux	Position dans la cellule	Fonction
Réplisome (4)	Hélicase, primase, ADN polymérase	Noyau	Réplication de l'ADN
Complexe d'initiation de la transcription (11)	Protéine de liaison au promoteur, hélicase, facteurs généraux de la transcription (TF), ARN polymérase, complexe médiateur de la grande sous-unité	Noyau	Synthèse d'ARN
Splicéosome (12)	Pré-ARNm, petits ARN nucléaires (ARNsn), facteurs protéiques	Noyau	Épissage de l'ARNm
Complexe des pores nucléaires (12)	Nucléoporines (50-100)	Membrane nucléaire	Import et export nucléaire
Ribosome (4)	Protéines ribosomales (> 50) et quatre molécules d'ARNr (eucaryotes) organisées en petites et grandes sous-unités ; facteurs protéiques et ARNm associés (IF, EF)	Cytoplasme/Membrane du RE	Synthèse protéique
Chaperonine (3)	GroEL, GroES (bactéries)	Cytoplasme, mitochondries, réticulum endoplasmique	Repliement des protéines
Protéasome (3)	Protéines centrales, protéines régulatrices (coiffe)	Cytoplasme	Dégradation des protéines
Photosystème (8)	Complexe photocollecteur (nombreux pigments et protéines), centre réactionnel (protéine à sous-unités multiples avec des pigments associés et des transporteurs d'électrons)	Membrane des thylacoïdes dans les chloroplastes végétaux membrane plasmique dans les bactéries photosynthétiques	Photosynthèse (étape initiale)
Cascades de MAP kinases (14)	Protéine de l'armature, multiples protéine kinases différentes	Cytoplasme	Transduction du signal
Sarcomère (19)	Filaments épais (myosine), filaments fins (actine) ; stries Z, titine/nébuline	Cytoplasme des cellules musculaires	Contraction

*Les nombres entre parenthèses indiquent les chapitres dans lesquels sont traitées ces différentes machineries.

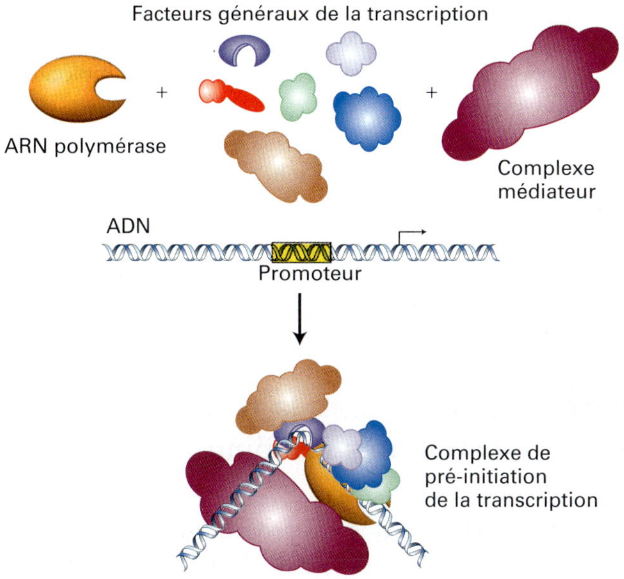

FIGURE 3-9 La machinerie d'initiation de la transcription de l'ARNm. L'ARN polymérase centrale, les facteurs généraux de la transcription, un complexe médiateur contenant environ 20 sous-unités et d'autres complexes protéiques non représentés ici s'assemblent au niveau d'un promoteur de l'ADN. La polymérase exécute la transcription de l'ADN. Les protéines associées sont nécessaires à la fixation initiale de la polymérase à un promoteur spécifique, initiant ainsi la transcription.

Les membres d'une famille de protéines possèdent un ancêtre commun dans l'évolution

Les études sur la myoglobine et l'hémoglobine, les protéines transportant l'oxygène dans les muscles et le sang respectivement, ont fourni les premières preuves du fait que la fonction découle de la structure tridimensionnelle, elle-même spécifiée par la séquence d'acides aminés. L'analyse par cristallographie aux rayons X a montré que les structures tridimensionnelles de la myoglobine et des sous-unités α et β de l'hémoglobine avaient une ressemblance étonnante. Le séquençage ultérieur de la myoglobine et des sous-unités de l'hémoglobine a révélé la présence de nombreux résidus identiques ou de propriétés chimiques voisines à des positions semblables dans les structures primaires des deux protéines.

Des comparaisons similaires avec d'autres protéines ont confirmé la relation entre la séquence d'acides aminés, la structure tridimensionnelle et la fonction des protéines. On utilise maintenant couramment ce principe pour prédire, d'après des comparaisons de séquences avec des protéines de structure et de fonction connues, la structure et la fonction de protéines qui n'ont pas encore été isolées (Chapitre 9). Cette utilisation de la comparaison des séquences s'est beaucoup développée ces dernières années avec le séquençage d'un nombre croissant de génomes.

La révolution moléculaire en biologie au cours des dernières décennies du vingtième siècle a également abouti à la création d'un

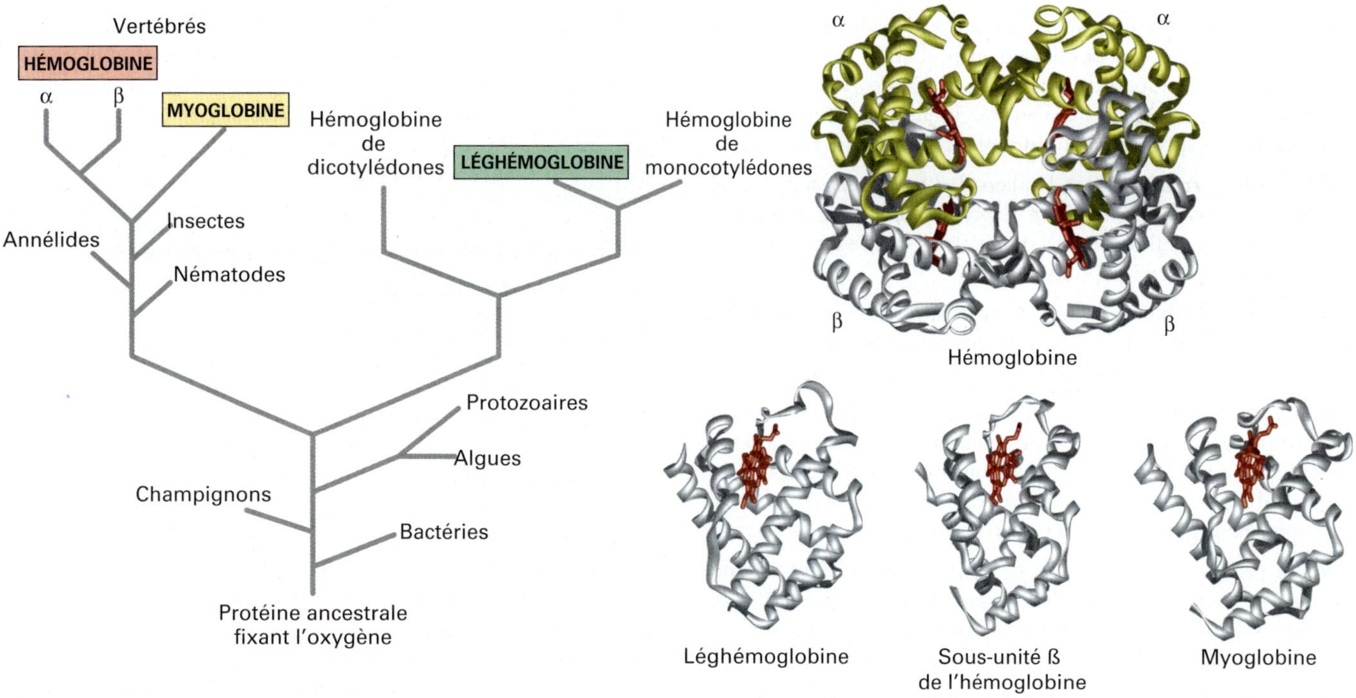

FIGURE 3-10 L'évolution de la famille protéique de la globine. (*À gauche*) Une globine monomérique primitive fixant de l'oxygène est supposée être l'ancêtre des hémoglobines du sang, des myoglobines des muscles et des léghémoglobines des plantes qui existent aujourd'hui. Les comparaisons de séquences ont révélé que les globines animales et végétales évoluent en parallèle. Les séparations principales sont la divergence entre les globines des plantes et celles des animaux, puis la séparation de la myoglobine et de l'hémoglobine. Une duplication ultérieure du gène a donné naissance aux sous-unités α et β de l'hémoglobine. (*À droite*) L'hémoglobine est un tétramère de deux sous-unités α et de deux sous-unités β. La ressemblance structurale de ces sous-unités avec la léghémoglobine et la myoglobine, qui sont toutes deux des monomères, est évidente. Une molécule d'hème (en rouge) liée non covalemment à chaque polypeptide de globine est le véritable responsable de la fixation de l'oxygène par ces protéines.
[(*À gauche*) Adapté de R. C. Hardison, 1996, *Proc. Natl. Acad. Sci. USA* **93**:5675.]

nouveau mode de classification biologique, basé sur les ressemblances et les différences entre les séquences d'acides aminés des protéines. Les protéines qui ont un ancêtre commun sont dites *homologues*. La principale preuve d'**homologie** entre des protéines et donc l'existence d'un ancêtre commun est la ressemblance entre leurs séquences ou leurs structures. Par conséquent, on peut décrire des protéines homologues comme appartenant à une « famille » et remonter leur lignée grâce à la comparaison de leurs séquences. Les structures tridimensionnelles repliées des protéines homologues se ressemblent, même si certaines parties de leurs structures primaires présentent assez peu d'éléments en faveur d'une homologie.

La parenté entre protéines homologues se visualise mieux à l'aide d'un schéma arborescent construit d'après des analyses de séquences. Par exemple, les séquences d'acides aminés des globines de bactéries, de plantes et d'animaux suggèrent qu'elles ont évolué à partir d'une protéine monomérique ancestrale qui fixait l'oxygène (Figure 3-10). Avec le temps, le gène de cette protéine ancestrale s'est lentement modifié et s'est divisé initialement en deux branches ayant conduit aux globines d'animaux et de plantes. Des changements ultérieurs ont donné naissance à la myoglobine, une protéine monomérique qui stocke l'oxygène dans le muscle et aux sous-unités α et β de la molécule tétramérique d'hémoglobine ($\alpha_2\beta_2$) du système circulatoire.

CONCEPTS CLÉS DE LA SECTION 3.1
La structure hiérarchique des protéines

- Une protéine est un polymère linéaire d'acides aminés reliés les uns aux autres par des liaisons peptidiques. De nombreuses interactions (la plupart du temps non covalentes) entre les acides aminés de la séquence linéaire stabilisent une structure tridimensionnelle spécifique (conformation) de chaque protéine.
- Les hélices α, les brins et feuillets β et les coudes sont les éléments les plus fréquents de la structure secondaire d'une protéine, qui est stabilisée par des liaisons hydrogène entre les atomes du squelette peptidique.
- Certaines combinaisons de structures secondaires donnent lieu à différents motifs, présents dans diverses protéines et souvent associés à des fonctions spécifiques (voir Figure 3-6).
- La structure tertiaire d'une protéine résulte des interactions hydrophobes entre des groupements latéraux non polaires et des liaisons hydrogène entre des groupements latéraux polaires, qui stabilisent le reploiement de la structure secondaire en un arrangement global compact ou conformation.
- Les protéines de grande taille contiennent souvent des domaines distincts, qui sont des régions de structure tertiaire repliées indépendamment avec des propriétés structurales, fonctionnelles ou les deux, caractéristiques (voir Figure 3-7).
- L'incorporation de domaines sous la forme de modules dans des protéines différentes au cours de l'évolution a créé une diversité importante dans la structure et la fonction des protéines.
- La structure quaternaire englobe le nombre et l'organisation des sous-unités des protéines oligomériques.
- Les cellules contiennent des assemblages macromoléculaires de grande taille dans lesquels tous les participants nécessaires à des processus cellulaires complexes (comme la synthèse d'ADN, d'ARN et de protéines, la photosynthèse, la transduction du signal) sont intégrés pour former des machineries moléculaires (voir Tableau 3-1).
- La séquence d'une protéine détermine sa structure tridimensionnelle, qui détermine à son tour sa fonction. En résumé, la fonction découle de la structure et la structure, de la séquence.
- Les protéines homologues, qui ont des séquences, des structures et des fonctions similaires, ont évolué à partir d'un ancêtre commun.

3.2 Le reploiement, la modification et la dégradation des protéines

Une chaîne polypeptidique est synthétisée par un processus complexe appelé **traduction** au cours duquel l'assemblage des acides aminés en une séquence particulière est dicté par un **ARN messager (ARNm)**. La traduction sera décrite en détail au Chapitre 4. Nous allons voir ici de quelle façon la cellule garantit le reploiement correct d'une chaîne polypeptidique naissante et dans de nombreux cas, modifie des résidus ou clive le squelette polypeptidique pour former la protéine finale. De plus, la cellule possède des systèmes de contrôle des erreurs qui détruisent les protéines dont la synthèse ou le reploiement est incorrect. Les protéines mal repliées sont généralement dépourvues d'activité biologique et, dans certains cas, peuvent provoquer des maladies. La cellule remédie au mauvais reploiement des protéines par deux mécanismes distincts. Tout d'abord, les cellules possèdent des systèmes pour réduire leur probabilité. Deuxièmement, toute protéine mal formée qui est créée, de même que les protéines cytosoliques qui ne sont plus nécessaires pour une cellule, sont dégradées par un système spécialisé d'éboueurs cellulaires.

L'information déterminant le reploiement des protéines est codé dans la séquence

Toute chaîne polypeptidique contenant *n* résidus devrait en principe pouvoir se replier suivant 8^n conformations. Cette valeur est calculée d'après le fait que seuls huit angles de liaison sont possibles d'un point de vue stéréochimique dans le squelette polypeptidique. En général cependant, toutes les molécules d'une même espèce protéique adoptent une seule conformation, appelé *état natif*. Pour la grande majorité des protéines, l'état natif est la forme repliée la plus stable d'une molécule.

Qu'est-ce qui guide les protéines vers leur état natif replié ? La réponse à cette question a été apportée initialement par des études de reploiement protéique *in vitro*. L'énergie thermique provenant d'un chauffage, des pH extrêmes qui modifient les charges des chaînes latérales des acides aminés et des substances chimiques telles que l'urée ou l'hydrochlorure de guanidine à des concentrations de 6 à 8 M peuvent rompre les interactions non covalentes faibles qui stabilisent la conformation native d'une protéine. La **dénaturation** résultant de traitements de ce type fait perdre à la protéine à la fois sa conformation native et son activité biologique.

De nombreuses protéines complètement dépliées dans 6 à 8 M d'urée ou de β-mercaptoéthanol (qui réduit les ponts disulfure) *se renaturent* spontanément (se replient) en leur état natif lorsque l'on retire les agents dénaturants par dialyse. Puisque aucun cofacteur ni aucune autre protéine ne sont nécessaires, le reploiement des protéines *in vitro* est un processus autonome. En d'autres termes, la séquence primaire de la protéine doit contenir l'information suffisante pour commander son reploiement. La ressemblance observée entre les structures tridimensionnelles repliées de protéines possédant des séquences similaires d'acides aminés, mentionnée dans la Section 3.1, a fourni d'autres éléments de preuve du fait que la séquence primaire détermine également le reploiement des protéines *in vivo*.

Le reploiement des protéines *in vivo* est favorisé par des chaperons

Bien que le reploiement de certaines protéines puisse avoir lieu *in vitro*, seule une minorité de molécules dépliées parvient à un reploiement complet en sa conformation native en quelques minutes. À l'évidence, les cellules ont besoin d'un mécanisme plus efficace pour le reploiement des protéines en leur forme correcte. Dans le cas contraire, les cellules dépenseraient beaucoup d'énergie pour synthétiser des protéines non fonctionnelles et pour dégrader des protéines non ou mal repliées. En effet, on a montré que plus de 95 % des protéines présentes dans les cellules adoptaient leur conformation native en dépit de concentrations protéiques élevées (200 à 300 mg/ml), qui favorisent la précipitation des protéines *in vitro*.

L'explication de la remarquable efficacité du reploiement des protéines réside dans l'existence des **chaperons**, une classe de protéines présentes chez tous les organismes, de la bactérie à l'homme. On trouve des chaperons dans tous les compartiments cellulaires. Ils se fixent à une vaste gamme de protéines et interviennent dans le mécanisme cellulaire général de reploiement des protéines. Il existe deux grandes familles de chaperons :

- Les *chaperons moléculaires*, qui se fixent à des protéines dépliées ou partiellement repliées et les stabilisent, les empêchant de s'agréger et d'être dégradées
- Les *chaperonines*, qui facilitent directement le reploiement des protéines

Les chaperons moléculaires sont constitués de Hsp70 et de ses homologues : Hsp70 dans le cytosol et la matrice mitochondriale, BiP dans le réticulum endoplasmique et DnaK chez les bactéries. Identifiées initialement grâce à leur apparition rapide après qu'une cellule a subi un choc thermique, Hsp70 et ses homologues sont les principaux chaperons chez tous les organismes. (Hsc70 est un homologue de Hsp70, exprimé de façon constitutive.) Lorsqu'elles sont liées à de l'ATP, les protéines qui ressemblent à Hsp70 adoptent une forme ouverte dans laquelle une poche hydrophobe exposée se fixe de façon transitoire à des régions hydrophobes exposées elles aussi, de la protéine cible dépliée. L'hydrolyse de l'ATP lié fait adopter aux chaperons moléculaires une forme fermée dans laquelle une protéine cible peut être repliée. La conversion de l'ATP en ADP provoque la libération de la protéine cible

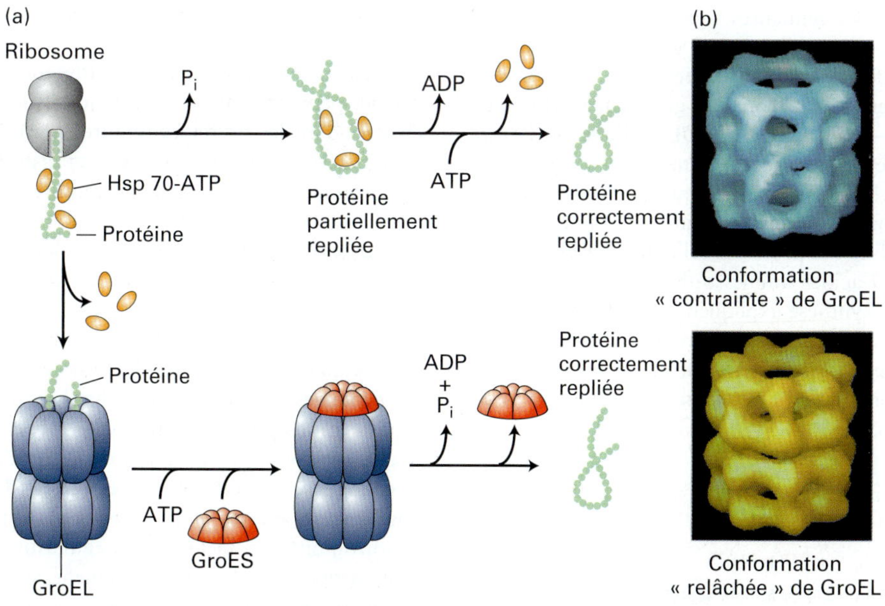

FIGURE 3-11 Le reploiement des protéines assisté par les protéines chaperons et les chaperonines. (a) De nombreuses protéines adoptent leur structure tridimensionnelle correcte avec l'aide de protéines de type Hsp70 (*en haut*). Ces chaperons moléculaires se fixent transitoirement à un polypeptide naissant à mesure qu'il émerge d'un ribosome. Le reploiement correct d'autres protéines (*en bas*) dépend de chaperonines telles que la GroEL procaryote, un complexe creux en forme de tonneau constitué de 14 sous-unités identiques d'un PM de 60 000, disposées en deux anneaux empilés. Une extrémité de GroEL est bloquée transitoirement par la co-chaperonine GroES, un assemblage de sous-unités d'un PM de 10 000. (b) En l'absence d'ATP ou en présence d'ADP, GroEL existe dans un état conformationnel « contraint » qui fixe des protéines partiellement ou mal repliées. La fixation de l'ATP fait passer GroEL dans un état plus ouvert, « relâché », qui libère la protéine repliée. Voir le texte pour plus de détails. [Partie (b) de A. Roseman *et al.*, 1996, *Cell* **87**:241 ; aimablement communiqué par H. Saibil.]

(Figure 3-11a, *en haut*). Ce cycle est accéléré par le co-chaperon Hsp40 chez les eucaryotes. Chez les bactéries, une protéine supplémentaire appelée GrpE interagit également avec DnaK, favorisant la conversion de l'ATP lié au co-chaperon bactérien DnaJ et sans doute sa dissociation. On pense que les chaperons moléculaires se fixent à toutes les chaînes polypeptidiques naissantes lorsqu'elles sont synthétisées par les ribosomes. Chez les bactéries, 85 % des protéines sont libérées de leurs chaperons et se replient normalement ; le pourcentage est même supérieur chez les eucaryotes.

Le reploiement correct d'une grande variété de protéines néosynthétisées ou subissant une translocation nécessite également la présence de chaperonines. Ces gros assemblages macromoléculaires cylindriques sont formés à partir de deux anneaux d'oligomères. La chaperonine eucaryote TriC comporte huit sous-unités par anneau. Dans la chaperonine bactérienne, mitochondriale et chloroplastique, appelée GroEL, chaque anneau comporte sept sous-unités identiques (Figure 3-11b). Le mécanisme de reploiement par GroEL que l'on connaît mieux que le reploiement assisté par TriC sert de modèle général (Figure 3-11a, *en bas*). Dans les bactéries, un polypeptide partiellement ou mal replié est inséré dans la cavité de GroEL, où il se fixe à la paroi interne et se replie dans sa conformation native. Lors d'une étape nécessitant de l'ATP, GroEL subit un changement conformationnel et libère la protéine repliée. Ce processus est assisté par une co-chaperonine, GroES, qui coiffe les extrémités de GroEL.

De nombreuses protéines subissent des modifications chimiques de leurs acides aminés

Presque toutes les protéines cellulaires sont modifiées chimiquement après leur synthèse par un ribosome. De telles modifications, qui peuvent changer leur activité, leur durée de vie ou leur position cellulaire, aboutissent à la liaison d'un groupement chimique au groupement libre — NH_2 ou — COOH à l'une ou l'autre extrémité d'une protéine ou à un groupement réactif d'une chaîne latérale au niveau d'un résidu interne. Bien que les cellules utilisent les 20 acides aminés représentés dans la Figure 2-13 pour synthétiser les protéines, l'analyse des protéines cellulaires révèle qu'elles contiennent jusqu'à 100 acides aminés différents. Les modifications chimiques après la synthèse expliquent cette différence.

L'*acétylation*, l'addition d'un groupement acétyle (CH_3CO) au groupement aminé d'un résidu N-terminal, est la forme la plus courante de modification chimique, affectant sans doute 80 % de l'ensemble des protéines :

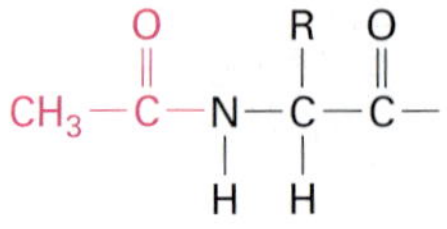

Extrémité N-terminale acétylée

Cette modification pourrait jouer un rôle important dans le contrôle de la durée de vie des protéines cellulaires, car les protéines non acétylées sont rapidement dégradées par des protéases intracellulaires. Les résidus situés au niveau des extrémités de certaines protéines membranaires ou proches de celles-ci, sont modifiées chimiquement par l'addition de groupements de type lipidique. L'accrochage de ces « queues » hydrophobes qui servent à ancrer les protéines à la bicouche lipidique, constitue un moyen pour les cellules de diriger certaines protéines vers les membranes (Chapitre 5).

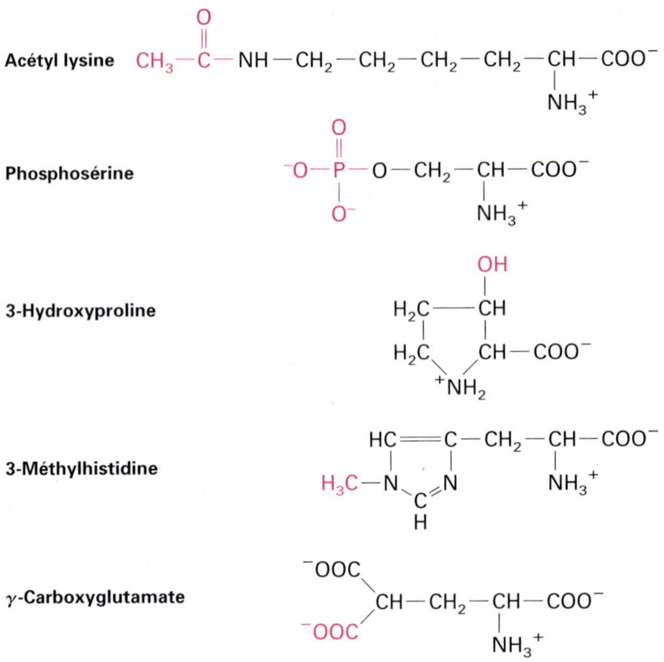

FIGURE 3-12 Les modifications courantes des acides aminés internes présents dans les protéines. Ces résidus modifiés ainsi que de nombreux autres sont formés par l'addition de différents groupements chimiques (en rouge) aux chaînes latérales des acides aminés, après la synthèse d'une chaîne polypeptidique.

Les groupements acétyle et différents autres groupements chimiques peuvent également être ajoutés à des résidus internes spécifiques dans les protéines (Figure 3-12). La *phosphorylation* des résidus sérine, thréonine, tyrosine et histidine est une modification importante. Nous verrons de nombreux exemples de protéines dont l'activité est régulée grâce à une phosphorylation et une déphosphorylation réversibles. Les chaînes latérales de l'asparagine, de la sérine et de la thréonine sont des sites de *glycosylation*, c'est-à-dire de fixation de chaînes glucidiques linéaires ou ramifiées. De nombreuses protéines sécrétées ainsi que des protéines membranaires contiennent des résidus glycosylés. La synthèse de ces protéines sera décrite aux Chapitres 16 et 17. Parmi les autres modifications post-traductionnelles observées dans certaines protéines, on trouve l'*hydroxylation* des résidus proline et lysine dans le collagène, la *méthylation* des résidus histidine dans les récepteurs membranaires et la *γ-carboxylation* du glutamate dans la prothrombine, un facteur de coagulation essentiel. Une modification particulière, abordée brièvement, signale les protéines cytosoliques qui doivent être dégradées.

Des fragments peptidiques sont enlevés de certaines protéines après leur synthèse

Après leur synthèse, certaines protéines subissent des changements irréversibles qui n'entraînent aucune modification de leurs acides aminés. Ce type de changement post-traductionnel est parfois appelé *maturation*. La forme la plus courante en est le clivage enzymatique d'une liaison peptidique du squelette par des protéases, aboutissant au retrait de certains résidus de l'extrémité C- ou N-terminale d'une chaîne polypeptidique. Le clivage protéolytique est un mécanisme courant pour activer des enzymes qui interviennent dans la coagulation du sang, la digestion et la mort cellulaire programmée (Chapitre 22). La protéolyse produit également des hormones peptidiques actives telles que EGF et l'insuline, à partir de précurseurs polypeptidiques plus grands.

Un type inhabituel et rare de maturation appelé *auto-épissage protéique*, a lieu chez les bactéries et chez certains eucaryotes. Ce processus est analogue au montage d'un film : un fragment interne d'un polypeptide est enlevé et les extrémités du polypeptide sont reliées. Au contraire de la maturation protéolytique, l'auto-épissage protéique est un processus auto-catalytique, qui se produit sans la participation d'enzymes. Le peptide excisé semble s'éliminer tout seul de la protéine par un mécanisme similaire à celui utilisé pour la maturation de certaines molécules d'ARN (Chapitre 12). Dans les cellules de vertébrés, la maturation de certaines protéines inclut un auto-clivage, mais l'étape suivante de ligature est absente. La protéine Hedgehog en est un exemple. Il s'agit d'une protéine de signalisation liée à la membrane, qui est essentielle à de nombreux processus développementaux (Chapitre 15).

L'ubiquitine marque les protéines cytosoliques pour qu'elles soient dégradées dans des protéasomes

En plus des modifications chimiques et de la maturation, l'activité d'une protéine cellulaire dépend de sa concentration, qui reflète l'équilibre entre son taux de synthèse et son taux de dégradation dans la cellule. Les nombreuses façons pour les cellules de réguler la synthèse protéique seront envisagées dans des chapitres ultérieurs. Dans cette section, nous examinerons la dégradation des protéines en nous intéressant aux principales voies de dégradation des protéines cytosoliques.

La durée de vie des protéines intracellulaires varie de quelques minutes pour les cyclines mitotiques qui participent à la régulation du déroulement de la mitose, à toute la vie de l'organisme pour les protéines du cristallin. Les cellules eucaryotes possèdent plusieurs voies protéolytiques intracellulaires pour dégrader des protéines mal repliées ou dénaturées, des protéines normales dont la concentration doit être réduite et des protéines extracellulaires captées par la cellule. L'une des principales voies intracellulaires est la dégradation par des enzymes présentes dans les **lysosomes**, des organites délimités par des membranes dont l'intérieur acide est rempli d'enzymes hydrolytiques. La dégradation lysosomiale est principalement consacrée aux protéines extracellulaires captées par la cellule et aux organites cellulaires usés ou défectueux (voir Figure 3-20).

Les mécanismes cytosoliques de dégradation des protéines se distinguent de la voie lysosomiale. Le principal d'entre eux comporte la modification chimique d'une chaîne latérale de lysine par addition d'une **ubiquitine**, un polypeptide de 76 résidus, suivie de la dégradation de la protéine marquée par l'ubiquitine, par une machinerie protéolytique spécialisée. L'ubiquitination est un processus en trois étapes (Figure 3-13a) :

- L'activation d'une *enzyme activatrice de l'ubiquitine* (E1) par addition d'une molécule d'ubiquitine, une réaction qui nécessite de l'ATP

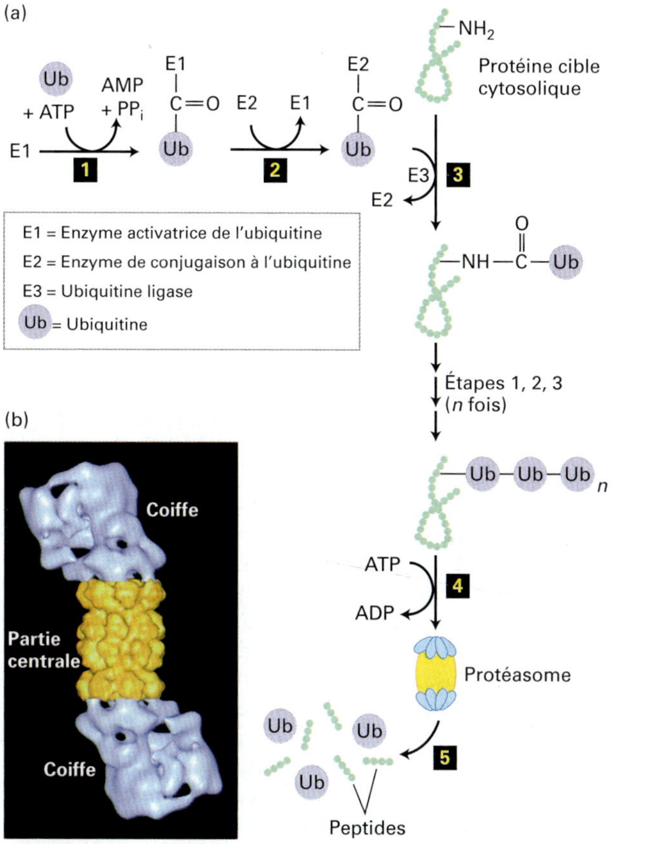

FIGURE 3-13 La voie protéolytique ubiquitine-dépendante. (a) L'enzyme E1 est activée par la fixation d'une molécule d'ubiquitine (Ub) (étape **1**) et transfère ensuite cette molécule d'Ub à E2 (étape **2**). L'ubiquitine ligase (E3) transfère la molécule d'Ub liée à E2 au NH_2 de la chaîne latérale d'un résidu lysine dans une protéine cible (étape **3**). D'autres molécules d'Ub sont ajoutées à la protéine cible par la répétition des étapes **1**–**3**, formant ainsi une chaîne de polyubiquitine qui dirige la protéine marquée vers un protéasome (étape **4**). Dans ce complexe de grande taille, la protéine est clivée en de nombreux petits fragments peptidiques (étape **5**). (b) La modélisation informatique révèle qu'un protéasome possède une structure cylindrique avec une coiffe à chaque extrémité d'une région centrale. La protéolyse des protéines marquées par l'ubiquitine se produit le long de la paroi interne de la partie centrale. [Partie (b) de W. Baumeister *et al.*, 1998, *Cell* **92**:357 ; aimablement communiqué par W. Baumeister.]

- Le transfert de cette molécule d'ubiquitine à un résidu cystéine appartenant à une *enzyme de conjugaison à l'ubiquitine* (E2)
- La formation d'une liaison peptidique entre la molécule d'ubiquitine liée à E2 et un résidu lysine de la protéine cible, une réaction catalysée par l'*ubiquitine ligase* (E3)

Ce processus est répété de nombreuses fois, chaque nouvelle molécule d'ubiquitine étant ajoutée à la précédente. La chaîne résultante de polyubiquitine est reconnue par un **protéasome**, une autre machinerie moléculaire de la cellule (Figure 3-13b). Les nombreux protéasomes dispersés dans le cytosol de la cellule font subir un clivage protéolytique aux protéines marquées par l'ubiquitine, au cours d'un processus ATP-dépendant qui produit de courts peptides (7 à 8 résidus) et des molécules intactes d'ubiquitine.

Les protéines cellulaires dégradées par la voie ubiquitine-dépendante se répartissent en deux grandes catégories : (1) les protéines cytosoliques natives dont la durée de vie est étroitement contrôlée et (2) les protéines mal repliées au cours de leur synthèse dans le réticulum endoplasmique (RE). Toutes deux contiennent des séquences reconnues par le complexe enzymatique d'ubiquitination. Les cyclines par exemple sont des protéines cytosoliques dont les concentrations sont étroitement contrôlées au cours du cycle cellulaire. Ces protéines contiennent la séquence interne Arg-X-X-Leu-Gly-X-Ile-Gly-Asp/Asn (X pouvant être n'importe quel acide aminé), qui est reconnue par des complexes enzymatiques spécifiques d'ubiquitination. À un moment précis du cycle cellulaire, chaque cycline est phosphorylée par une cycline kinase. On suppose que cette phosphorylation provoque un changement conformationnel qui expose la séquence de reconnaissance aux enzymes d'ubiquitination, conduisant ainsi à la dégradation de la cycline marquée (Chapitre 21). De même, le mauvais reploiement des protéines dans le réticulum endoplasmique expose les séquences hydrophobes qui sont normalement enfouies au sein de la protéine repliée. Les protéines de ce type sont transportées dans le cytosol, où des enzymes d'ubiquitination reconnaissent les séquences hydrophobes exposées.

Le système immunitaire utilise également la voie ubiquitine-dépendante en réponse aux cellules modifiées du soi, en particulier aux cellules infectées par des virus. Les protéines virales dans le cytosol des cellules infectées sont ubiquitinées puis dégradées dans des protéasomes spécialement conçus pour ce rôle. Les peptides antigéniques résultants sont transportés dans le réticulum endoplasmique, dans lequel ils se fixent aux molécules du complexe majeur d'histocompatibilité de classe I (CMH) situés dans la membrane du RE. Les complexes peptide-CMH gagnent ensuite la membrane cellulaire où les peptides antigéniques peuvent être reconnus par des lymphocytes T cytotoxiques, qui servent d'intermédiaires pour la destruction des cellules infectées.

Les protéases de la digestion dégradent les protéines alimentaires

La voie extracellulaire principale pour la dégradation des protéines est le système de protéases digestives qui dégrade les protéines ingérées en peptides et acides aminés, dans le tractus intestinal. Trois classes de protéases interviennent dans la digestion. Les *endoprotéases* attaquent de façon sélective certaines liaisons peptidiques dans une chaîne polypeptidique. Les endoprotéases principales sont la pepsine, qui coupe préférentiellement le squelette à côté de résidus phénylalanine et leucine, ainsi que la trypsine et la chymotrypsine, qui clivent le squelette à proximité des résidus basiques et aromatiques. Les *exopeptidases* enlèvent un à un les résidus depuis l'extrémité N-terminale (aminopeptidases) ou C-terminale (carboxypeptidases) d'une protéine. Les *peptidases* fragmentent les oligopeptides contenant environ 20 acides aminés en di- et tripeptides et en acides aminés individuels. Ces petites molécules sont ensuite transportées à travers le revêtement intestinal dans le système sanguin.

Pour empêcher une cellule de s'autodégrader, les endoprotéases et les carboxypeptidases sont synthétisées et sécrétées sous des formes inactives (zymogènes) : la pepsine par les cellules principales du revêtement de l'estomac ; les autres, par les cellules pancréatiques. Le clivage protéolytique des zymogènes dans la lumière gastrique ou intestinale donne naissance aux enzymes actives. Les cellules épithéliales de l'intestin produisent des aminopeptidases et des di- et tripeptidases.

Les protéines adoptant un reploiement alternatif sont impliquées dans des maladies qui se développent lentement

MÉDECINE

Comme nous l'avons dit précédemment, chaque espèce protéique se replie normalement en une seule conformation énergétiquement favorable, spécifiée par sa séquence d'acides aminés. Des éléments récents suggèrent cependant qu'une protéine peut se replier en une structure tridimensionnelle alternative à la suite de mutations, de modifications post-traductionnelles inappropriées ou pour d'autres raisons qui restent à identifier. Un tel « reploiement incorrect » ne provoque pas seulement la perte de la fonction normale de la protéine, mais elle signale également cette protéine pour la dégradation protéolytique. L'accumulation des fragments protéolytiques qui s'ensuit contribue à certaines maladies dégénératives caractérisées par la présence de plaques insolubles de protéines dans différents organes, dont le foie et le cerveau. ▮

Certaines maladies neurodégénératives comme les maladies d'Alzheimer et de Parkinson chez l'homme et l'encéphalopathie spongiforme transmissible (maladie de la « vache folle ») chez les

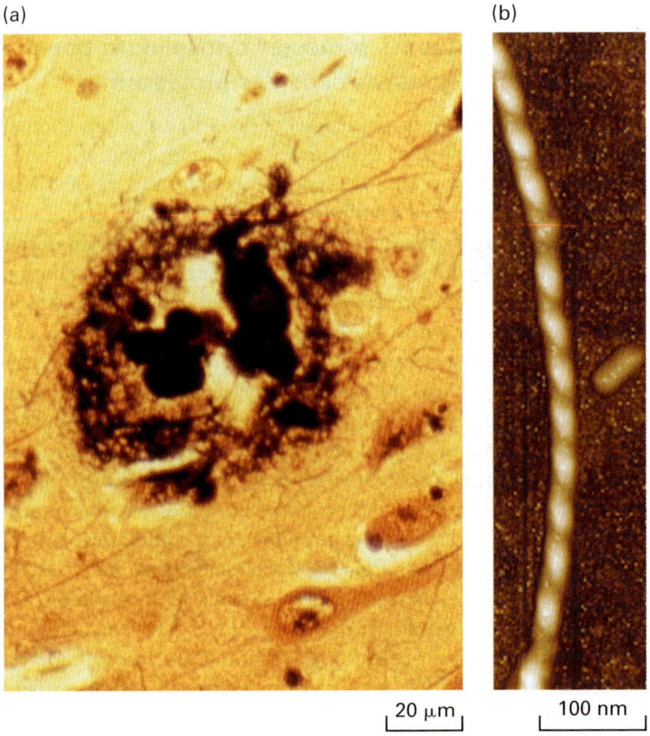

FIGURE EXPÉRIMENTALE 3-14 La maladie d'Alzheimer se caractérise par la formation de plaques insolubles composées de protéine amyloïde. (a) À faible résolution, une plaque amyloïde dans le cerveau d'un malade atteint de maladie d'Alzheimer apparaît sous la forme d'un enchevêtrement de filaments. (b) La structure régulière des filaments provenant de ces plaques apparaît par microscopie à force atomique. La protéolyse de la protéine précurseur de l'amyloïde qui existe en temps normal, produit un court fragment appelé protéine β-amyloïde, qui pour des raisons inconnues passe d'une conformation en hélice α à une conformation en feuillet β. Cette structure alternative s'agrège en filaments d'une très grande stabilité (amyloïdes) présents dans les plaques. Des changements pathologiques similaires dans d'autres protéines provoquent d'autres maladies dégénératives. [Aimablement communiqué par K. Kosik.]

bovins et les ovins sont caractérisées par la formation de plaques de filaments enchevêtrés dans un cerveau qui se détériore (Figure 3-14). Les *filaments amyloïdes* composant ces structures dérivent de protéines naturelles abondantes telles que la protéine précurseur de l'amyloïde, qui est enchâssée dans la membrane plasmique ; Tau, une protéine qui se fixe aux microtubules et la protéine du prion, une protéine « infectieuse » dont la transmission obéit à la génétique mendélienne. Pour des raisons inconnues, ces protéines contenant des hélices α ou leurs fragments protéolytiques se replient en structures alternatives contenant des feuillets β qui polymérisent en filaments très stables. On ignore si les dépôts extracellulaires de ces filaments ou les protéines solubles à reploiement alternatif sont toxiques pour la cellule.

CONCEPTS CLÉS DE LA SECTION 3.2
Le reploiement, la modification et la dégradation des protéines

- La séquence d'acides aminés d'une protéine dicte son reploiement en une conformation tridimensionnelle spécifique, l'état natif.
- Le reploiement des protéines *in vivo* se produit avec l'aide de chaperons moléculaires (protéines de type Hsp70) qui se fixent aux polypeptides naissants émergeant des ribosomes et empêchent ainsi un mauvais reploiement (voir Figure 3-11). Les chaperonines, des complexes de grande taille de protéines de type Hsp60, protègent certaines protéines mal ou partiellement repliées au sein d'une cavité qui ressemble à un tonneau, leur donnant ainsi davantage de temps pour parvenir à un reploiement correct.
- Après leur synthèse, la plupart des protéines sont modifiées par l'addition de différents groupements chimiques à leurs acides aminés. Ces modifications, qui changent la structure et la fonction des protéines, comprennent l'acétylation, l'hydroxylation, la glycosylation et la phosphorylation.
- La durée de vie des protéines intracellulaires est largement déterminée par leur sensibilité à la dégradation protéolytique par différentes voies.
- Les protéines virales produites dans les cellules infectées, les protéines cytosoliques normales et les protéines mal repliées sont marquées pour être détruites par l'addition covalente d'une chaîne de polyubiquitine, puis dégradées dans des protéasomes, qui sont de gros complexes cylindriques contenant de multiples protéases (voir Figure 3-13).
- Certaines maladies neurodégénératives sont provoquées par des agrégats de protéines dont le reploiement en une conformation alternative est stable.

3.3 Les enzymes et le travail chimique dans les cellules

Les protéines sont conçues pour se fixer à toutes les molécules imaginables — des ions et métabolites les plus simples (sucres, acides gras) aux complexes moléculaires de grande taille tels que d'autres protéines et acides nucléiques. En effet, la fonction de presque toutes les protéines dépend de leur capacité de se fixer à d'autres molécules ou **ligands** avec un haut degré de spécificité. Par exemple, une enzyme doit tout d'abord fixer avec la plus grande spécificité sa molécule cible, qui peut être une petite molécule (comme le glucose) ou une macromolécule, avant de pouvoir remplir son rôle spécifique. De la même manière, les nombreux types différents de récepteurs hormonaux à la surface des cellules présentent un degré élevé de sensibilité et de discrimination pour leurs ligands. Et comme nous le verrons au Chapitre 11, la fixation de certaines protéines régulatrices à des séquences spécifiques de l'ADN est un mécanisme essentiel pour le contrôle des gènes. La fixation du ligand entraîne souvent un changement dans la forme d'une protéine. Les changements conformationnels provoqués par le ligand font partie du mécanisme d'action de nombreuses protéines et sont importants pour la régulation de l'activité protéique. Après avoir considéré les propriétés générales de l'association protéine-ligand, nous examinerons plus en détail la façon dont les enzymes sont conçues pour jouer le rôle de chimistes cellulaires.

La spécificité et l'affinité de la liaison protéine-ligand dépendent de la complémentarité moléculaire

Deux propriétés d'une protéine caractérisent son interaction avec des ligands. La *spécificité* fait référence à la capacité d'une protéine de fixer une molécule de préférence à d'autres molécules. L'*affinité* caractérise la force de liaison. Le K_d d'un complexe protéine-ligand, qui est l'inverse de la constante d'équilibre K_{eq} de la réaction de liaison, est la mesure quantitative d'affinité la plus courante (Chapitre 2). Plus l'interaction entre une protéine et un ligand est forte, plus la valeur de K_d est faible. La spécificité et l'affinité d'une protéine pour un ligand dépendent toutes deux de la structure du site de fixation du ligand, qui est conçu pour s'adapter à son partenaire comme un moule. Pour que des interactions d'affinité et de spécificité élevées puissent avoir lieu, la forme et la surface chimique du site de liaison doivent être complémentaires de la molécule de ligand, une propriété appelée **complémentarité moléculaire.**

La capacité des protéines de différencier des molécules distinctes est sans doute la plus développée dans les protéines du sang appelées **anticorps**, que produisent les animaux en réponse aux **antigènes** tels que les agents infectieux (comme une bactérie ou un virus) et certaines substances étrangères (comme des protéines ou des polysaccharides dans les pollens). La présence d'un antigène fait synthétiser à un organisme une grande quantité d'anticorps protéiques distincts, chacun étant capable de se fixer à une région légèrement différente ou **épitope** de l'antigène. Les anticorps servent de détecteurs spécifiques d'antigènes, formant des complexes anticorps-antigène qui initient une cascade de réactions de protection dans les cellules du système immunitaire.

Tous les anticorps sont des molécules en forme de Y, constituées de deux chaînes lourdes identiques et de deux chaînes légères identiques elles aussi (Figure 3-15a). Chaque bras d'une molécule d'anticorps contient une chaîne légère unique liée à une chaîne lourde par un pont disulfure. Près de l'extrémité de chaque bras se trouvent six boucles hautement variables appelées *régions déterminant la complémentarité (CDR)*, qui forment les sites de liaison pour les antigènes. Les séquences des six boucles sont hautement variables d'un anticorps à l'autre, ce qui les rend spécifiques pour des antigènes différents. L'interaction entre un anticorps et l'épitope d'un antigène est complémentaire dans tous les cas ; c'est-à-dire que la surface du site de liaison de l'antigène sur l'anticorps épouse l'épitope correspondant comme un gant (Figure 3-15b). Le contact étroit entre ces deux surfaces, stabilisé par de nombreuses

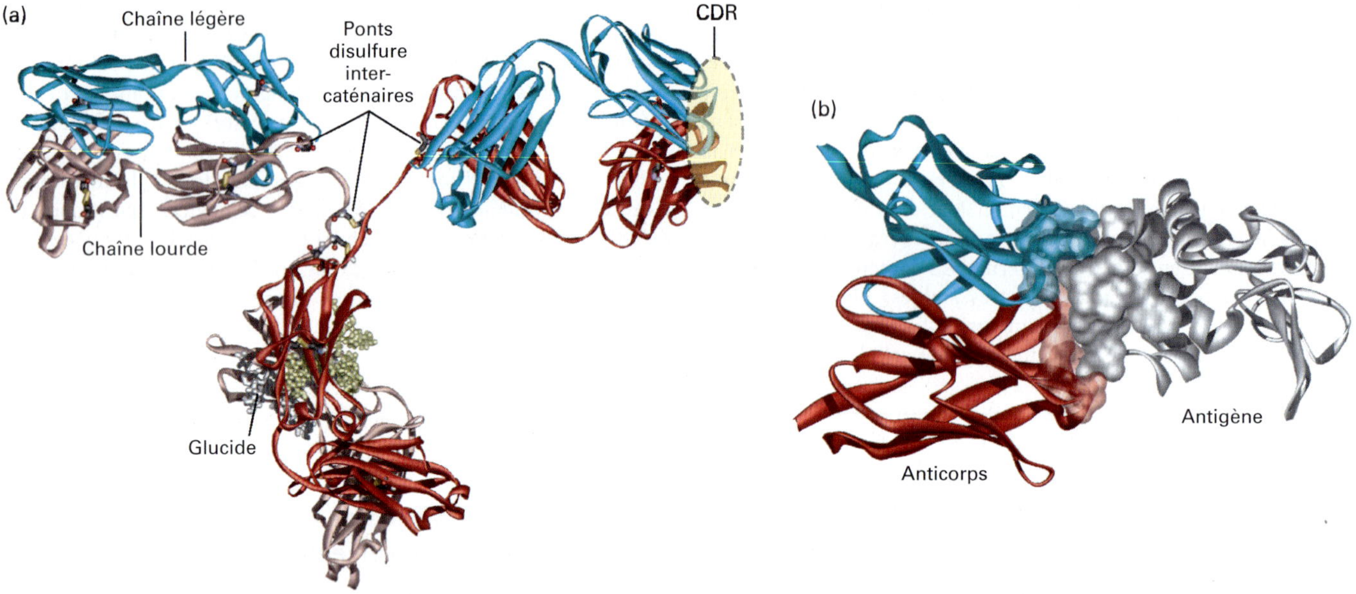

FIGURE 3-15 La structure des anticorps et l'interaction antigène-anticorps. (a) Une représentation en ruban d'un anticorps. Chaque molécule d'anticorps est constituée de deux chaînes lourdes identiques (en rouge) et de deux chaînes légères identiques (en bleu) liées covalemment par des ponts disulfure. (b) La correspondance étroite entre un anticorps et un épitope présent sur l'antigène qu'il reconnaît — dans ce cas le lysozyme du blanc de l'œuf de poule. Les régions au niveau desquelles les deux molécules entrent en contact sont représentées sous formes de surfaces. L'anticorps entre en contact avec l'antigène au niveau de résidus provenant de toutes ses régions déterminant la complémentarité (CDR). Dans cette représentation, la complémentarité de l'antigène et de l'anticorps est particulièrement visible aux endroits où les « doigts » partant de la surface de l'antigène sont en face de « fentes » à la surface de l'anticorps.

liaisons non covalentes, est responsable de la spécificité élevée de liaison présentée par un anticorps.

La spécificité des anticorps est si précise qu'ils peuvent différencier des cellules appartenant aux individus d'une même espèce et dans certains cas, distinguer des protéines qui ne diffèrent que par un acide aminé. En raison de leur spécificité et de la facilité avec laquelle ils peuvent être produits, les anticorps sont des réactifs très utiles dans un grand nombre des expériences discutées dans les chapitres à venir.

Les enzymes sont des catalyseurs présentant une efficacité et une spécificité élevées

Au contraire des anticorps qui fixent simplement leurs ligands et les présentent à d'autres composants du système immunitaire, les enzymes catalysent la modification chimique de leurs ligands appelés **substrats**. Presque toutes les réactions chimiques dans la cellule sont catalysées par une enzyme spécifique. Comme tous les catalyseurs, les enzymes n'affectent pas l'ampleur de la réaction, qui est déterminée par la variation d'énergie libre ΔG entre les réactifs et les produits (Chapitre 2). Dans le cas des réactions énergétiquement favorables ($\Delta G < 0$), les enzymes augmentent la vitesse de réaction en abaissant l'**énergie d'activation** (Figure 3-16). Dans un tube à essai, les catalyseurs tels que le charbon ou le platine facilitent les réactions mais généralement uniquement à température ou pression élevée, à des pH extrêmes ou dans des solvants organiques. En tant que catalyseurs protéiques de la cellule cependant, les enzymes doivent fonctionner efficacement dans un environnement aqueux à 37°C, pour une pression de 1 atm et un pH de 6,5-7,5.

Deux propriétés étonnantes des enzymes leur permettent de jouer leur rôle de catalyseurs dans les conditions modérées qui règnent dans les cellules : leur énorme *puissance catalytique* et leur haut degré de *spécificité*. La puissance catalytique des enzymes augmente de 10^6-10^{12} fois la vitesse des réactions catalysées par des enzymes par rapport aux réactions non catalysées correspondantes dans des conditions similaires par ailleurs. La spécificité remarquable des enzymes — leur capacité d'agir de façon sélective sur un substrat ou sur un petit nombre de substrats chimiquement similaires — est illustrée par les enzymes qui agissent sur les acides aminés. Comme nous l'avons vu au Chapitre 2, les acides aminés peuvent exister sous la forme de deux stéréoisomères, appelés L et D, même si l'on ne trouve généralement que des isomères L dans les systèmes biologiques. Comme on peut s'en douter, les réactions des acides aminés L catalysées par des enzymes sont bien plus rapides que dans le cas des isomères D, même si les deux stéréoisomères d'un acide aminé donné sont de même taille et possèdent les mêmes groupements R (voir Figure 2-12).

3700 types différents d'enzymes environ, chacun catalysant une seule réaction chimique ou un petit groupe de réactions apparentées ont été classifiés dans les bases de données enzymatiques. Certaines enzymes sont présentes dans la majorité des cellules car elles catalysent la synthèse de produits cellulaires courants (comme les protéines, acides nucléiques et phospholipides) ou participent à la production d'énergie par le biais de la conversion de glucose et d'oxygène en dioxyde de carbone et en eau. D'autres

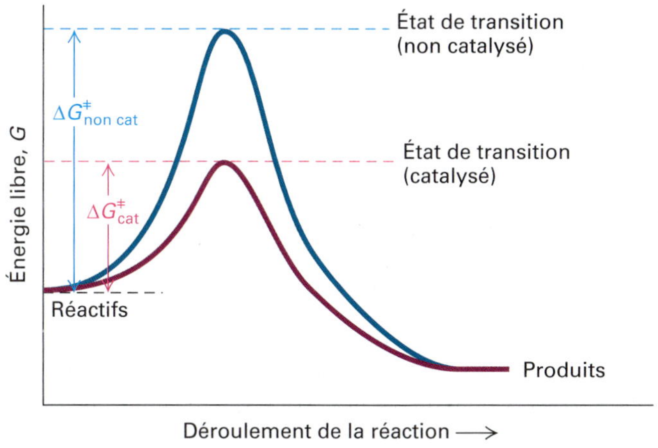

FIGURE 3-16 Les conséquences d'un catalyseur sur l'énergie d'activation d'une réaction chimique. Cette représentation imaginaire d'une réaction montre les changements d'énergie libre *G* pendant le déroulement d'une réaction. Une réaction ne se produira spontanément que si le *G* total des produits est inférieur à celui des réactifs ($\Delta G < 0$). Toutefois, toutes les réactions chimiques passent par un ou plusieurs états de transition et la vitesse de la réaction est inversement proportionnelle à l'énergie d'activation ($\Delta G^{\ddagger}$), qui est la différence d'énergie libre entre les réactifs et le point le plus élevé de la réaction. Les enzymes et autres catalyseurs accélèrent la vitesse d'une réaction en abaissant l'énergie libre de l'état de transition et donc de $\Delta G^{\ddagger}$.

enzymes sont présentes uniquement dans un type cellulaire particulier car elles catalysent des réactions chimiques propres à ce type de cellule (par exemple les enzymes qui convertissent la tyrosine en dopamine, un neurotransmetteur, dans les cellules nerveuses). Bien que la plupart des enzymes soient présentes à l'intérieur des cellules, certaines sont sécrétées et agissent dans des sites extracellulaires tels que le sang, la lumière du tractus digestif ou même à l'extérieur de l'organisme.

L'activité catalytique de certaines enzymes est essentielle pour des processus cellulaires autres que la synthèse ou la dégradation des molécules. Par exemple, de nombreuses protéines régulatrices et de nombreuses protéines de signalisation intracellulaire catalysent la phosphorylation des protéines et certaines protéines de transport catalysent l'hydrolyse de l'ATP couplée au déplacement des molécules à travers les membranes.

Le site actif d'une enzyme fixe les substrats et assure la catalyse

Les chaînes latérales de certains des acides aminés d'une enzyme sont impliquées dans la détermination de sa spécificité et de sa puissance catalytique. Dans la conformation native d'une enzyme, ces chaînes latérales sont proches les unes des autres, formant ainsi le **site actif.** Les sites actifs consistent donc en deux régions importantes fonctionnellement : l'une qui reconnaît et fixe le substrat (ou les substrats) et l'autre qui catalyse la réaction après la fixation du substrat. Dans certaines enzymes, la région catalytique fait partie de la région de liaison du substrat. Dans d'autres, les deux régions sont distinctes tant du point de vue structural que fonctionnel.

Pour illustrer la façon dont le site actif fixe un substrat spécifique puis initie un changement chimique dans la substance liée, examinons l'action de la protéine kinase AMP cyclique-dépendante, généralement appelée **protéine kinase A (PKA)**. Cette enzyme et d'autres protéine kinases, qui ajoutent un groupement pho-sphate aux résidus sérine, thréonine ou tyrosine dans les protéines sont essentielles pour la régulation de l'activité de nombreuses protéines cellulaires, souvent en réponse à des signaux externes. Comme les protéine kinases eucaryotes appartiennent à la même superfamille, la structure de leur site actif et leur mécanisme de phosphorylation sont très semblables. La protéine kinase A peut donc servir de modèle général pour cette classe importante d'enzymes.

Le site actif de la protéine kinase A est situé au niveau du « noyau kinase » de 240 résidus de la sous-unité catalytique. Le noyau kinase, largement conservé dans toutes les protéine kinases, est responsable de la fixation des substrats (l'ATP et une séquence peptidique cible) et du transfert d'un groupement phosphate qui s'ensuit entre l'ATP et un résidu sérine, thréonine ou tyrosine dans la séquence cible. Le noyau kinase est constitué d'un grand et d'un petit domaines, avec une crevasse importante entre les deux. Le site actif comprend des résidus situés dans les deux domaines.

La fixation du substrat par les protéine kinases La structure du site de liaison de l'ATP dans le noyau kinase catalytique est complémentaire de la structure du substrat nucléotidique. Le cycle adénine de l'ATP se trouve exactement à la base de la crevasse entre le grand et le petit domaines. Une séquence hautement conservée, Gly-X-Gly-X-X-Gly-X-Val (X pouvant être n'importe quel acide aminé) surnommée le « couvercle de glycine » (ou casque de glycine) recouvre le cycle de l'adénine et le maintient dans sa position (Figure 3-17a). D'autres résidus hautement conservés dans la poche de liaison stabilisent les groupements phosphate fortement chargés.

Bien que l'ATP soit un substrat commun à toutes les protéine kinases, la séquence du peptide cible varie de l'une à l'autre. La séquence peptidique reconnue par la protéine kinase A est Arg-Arg-X-Ser-Y, dans laquelle X peut être n'importe quel acide aminé et Y est un acide aminé hydrophobe. La partie de la chaîne polypeptidique contenant le résidu sérine ou thréonine cible est fixée à un sillon peu profond dans le grand domaine du noyau kinase. La spécificité de la protéine kinase A pour le peptide est due à plusieurs résidus d'acide glutamique dans le grand domaine, qui forment des ponts salins avec les deux résidus arginine du peptide cible. Des résidus différents déterminent la spécificité des autres protéine kinases.

Le noyau catalytique de la protéine kinase A existe dans une conformation « ouverte » et une conformation « fermée » (Figure 3-17b). Dans la conformation ouverte, le petit et le grand domaines de la région centrale sont suffisamment séparés pour que les molécules de substrat puissent y pénétrer et s'y fixer. Lorsque le site actif est occupé par le substrat, les domaines se rapprochent fortement l'un de l'autre. Ce changement dans la structure tertiaire, un exemple d'*ajustement induit* rapproche suffisamment la séquence peptidique cible pour qu'elle accepte un groupement phosphate de l'ATP lié. Après la réaction de phosphorylation, la présence des produits provoque la rotation des

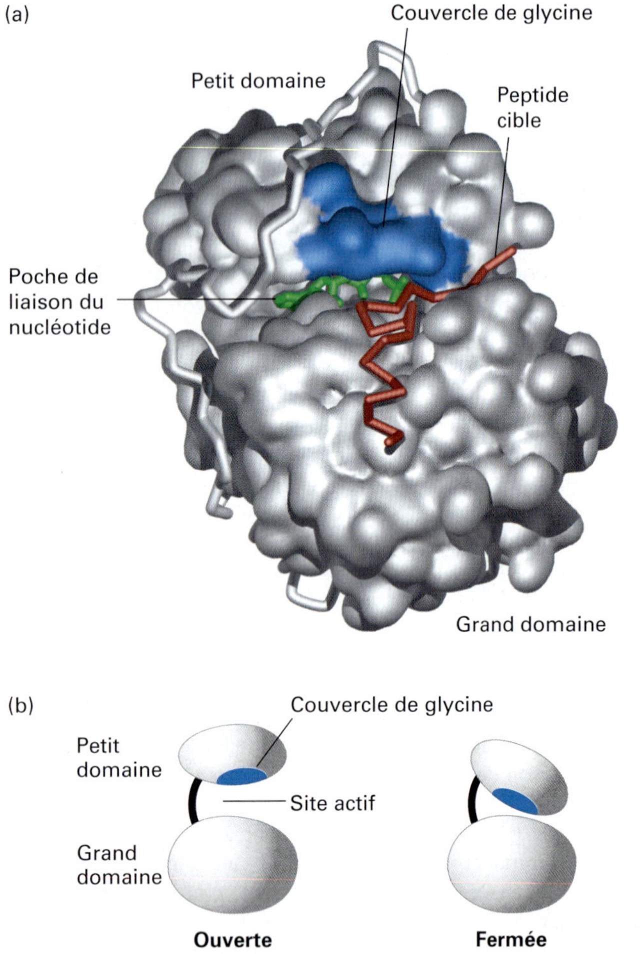

FIGURE 3-17 La protéine kinase A et le changement conformationnel induit par la fixation du substrat. (a) Une modélisation de la sous-unité catalytique de la protéine kinase A avec les substrats qui lui sont liés ; le noyau kinase conservé est indiqué sous la forme d'une surface moléculaire. Une séquence en surplomb riche en glycine (en bleu) piège l'ATP (en vert) dans une profonde crevasse située entre le petit et le grand domaines du noyau catalytique. Des résidus présents dans le grand domaine fixent le peptide cible (en rouge). La structure du noyau kinase est largement conservée dans d'autres protéine kinases eucaryotes. (b) Une représentation schématique des conformations ouverte et fermée du noyau kinase. En l'absence de substrat, le noyau kinase se trouve dans la conformation ouverte. La fixation du substrat provoque une rotation des grand et petit domaines qui rapproche l'un de l'autre les sites de liaison de l'ATP et du peptide et entraîne le déplacement du couvercle de glycine sur le résidu adénine de l'ATP, piégeant ainsi le nucléotide dans la crevasse où a lieu la liaison. Le modèle de la partie (a) se trouve en configuration fermée.

domaines vers la position ouverte, ce qui permet la libération des produits.

La rotation qui permet le changement de la conformation ouverte en une conformation fermée provoque également le déplacement du couvercle de glycine au-dessus de la crevasse fixant l'ATP. Le couvercle de glycine contrôle l'entrée de l'ATP et la libération de l'ADP du site actif. Dans la position ouverte, l'ATP peut entrer et se fixer à la crevasse du site actif ; dans la position fermée, le couvercle de glycine empêche l'ATP de sortir de cette crevasse. Après le transfert de phosphoryle entre l'ATP fixé et la séquence peptidique liée, le couvercle de glycine doit reprendre sa position initiale grâce à un mouvement de rotation pour que l'ADP puisse être libéré. Les mesures cinétiques montrent que la vitesse de libération de l'ADP est 20 fois plus faible que celle du transfert du groupement phosphoryle, ce qui indique l'influence du couvercle de glycine sur la vitesse des réactions de la kinase. Les mutations qui inhibent la flexibilité du couvercle de glycine ralentissent encore davantage la catalyse par la protéine kinase A.

Le transfert de phosphoryle par les protéine kinases Après la liaison des substrats et le passage du noyau catalytique de la protéine kinase A en position fermée, la phosphorylation d'un résidu sérine ou thréonine sur le peptide cible peut avoir lieu (Figure 3-18). Comme dans toutes les réactions chimiques, le transfert de phosphoryle par la protéine kinase A passe par un état de transition dans lequel le groupement phosphate à transférer et le groupement hydroxyle accepteur sont amenés en contact étroit l'un de l'autre. La liaison et la stabilisation des intermédiaires par la protéine kinase A réduisent l'énergie d'activation de la réaction de transfert du groupement phosphoryle, ce qui lui permet de se produire à des vitesses mesurables dans les conditions modérées régnant dans les cellules (voir Figure 3-16). La formation des produits conduit l'enzyme à reprendre sa conformation ouverte, permettant ainsi à l'ADP et au peptide cible phosphorylé de diffuser hors du site actif.

V_{max} et K_m caractérisent une réaction enzymatique

L'action catalytique d'une enzyme sur un substrat donné peut être décrite par deux paramètres : V_{max}, la vitesse maximale de la réaction à des concentrations de saturation du substrat et K_m (la **constante de Michaelis**), une mesure de l'affinité d'une enzyme pour son substrat (Figure 3-19). Le K_m est défini comme la concentration de substrat qui conduit à une vitesse réactionnelle égale à la moitié de la vitesse maximale (c'est-à-dire 1/2 V_{max}). Plus K_m est faible, plus une enzyme fixe son substrat avec avidité dans une solution diluée et plus la concentration de substrat nécessaire pour atteindre la moitié de la vitesse maximale est faible.

Les concentrations des différentes molécules de petite taille présentes dans une cellule sont très variables, de même que les valeurs de K_m pour les diverses enzymes qui agissent sur elles. Généralement, la concentration intracellulaire d'un substrat est approximativement la même ou est supérieure à la valeur de K_m de l'enzyme à laquelle il se fixe.

Les enzymes intervenant dans la même suite réactionnelle sont souvent associées physiquement les unes aux autres

Les enzymes participant à un processus métabolique commun (comme la dégradation du glucose en pyruvate) sont généralement situées dans le même compartiment cellulaire (par exemple dans le cytosol, au niveau d'une membrane ou dans un organite particulier). Dans un même compartiment, les produits d'une réaction peuvent entrer par diffusion au contact de l'enzyme suivante dans la suite réactionnelle. Toutefois, la diffusion repose sur un déplacement aléatoire et est un processus lent et inefficace pour des

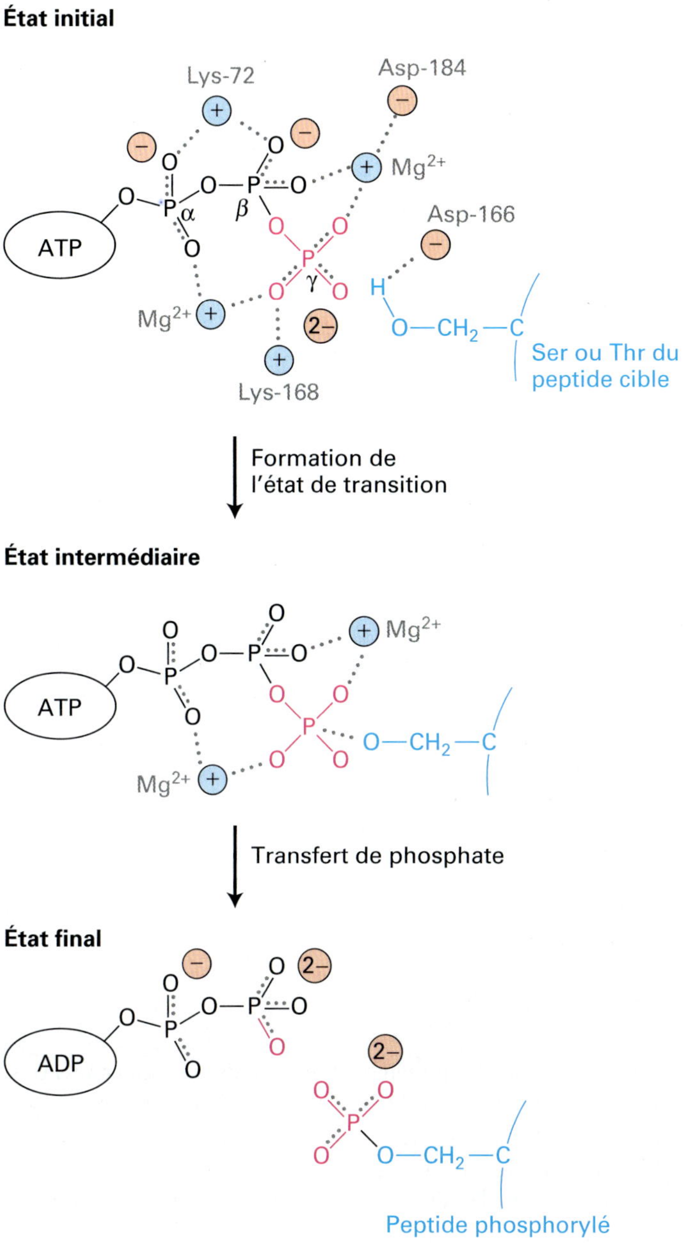

FIGURE 3-18 Le mécanisme de phosphorylation par la protéine kinase A. (*En haut*) Initialement, l'ATP et le peptide cible se fixent au site actif (voir Figure 3-17a). Les électrons du groupement phosphate sont délocalisés par des interactions avec les chaînes latérales de la lysine et avec Mg^{2+}. Les cercles colorés représentent les résidus dans le noyau kinase, qui sont essentiels à la fixation du substrat et au transfert du groupement phosphoryle. Remarquez que ces résidus ne sont pas adjacents les uns aux autres dans la séquence d'acides aminés. (*Au milieu*) Une nouvelle liaison se forme ensuite entre l'atome d'oxygène de la chaîne latérale d'une sérine ou d'une thréonine et le phosphate γ, formant un intermédiaire pentavalent. (*En bas*) La liaison phosphoester entre les phosphates β et γ est rompue, formant les produits : l'ADP et un peptide avec une chaîne latérale phosphorylée de sérine ou de thréonine. Le mécanisme catalytique des autres protéine kinases est similaire.

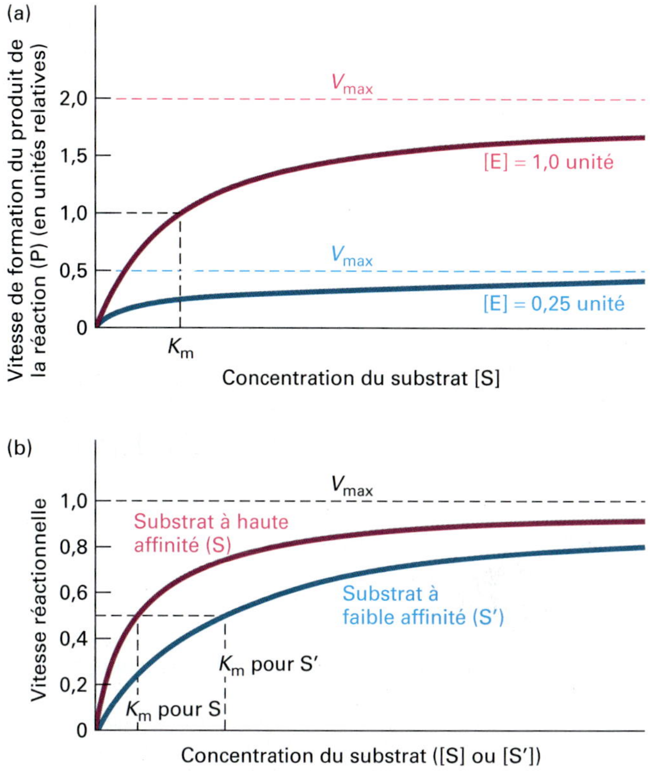

FIGURE EXPÉRIMENTALE 3-19 Le K_m et la V_{max} d'une réaction catalysée par une enzyme sont déterminés à partir des courbes représentant la vitesse initiale en fonction de la concentration du substrat. La forme de ces courbes cinétiques imaginaires est caractéristique d'une réaction enzymatique simple au cours de laquelle un substrat (S) est converti en produit (P). La vitesse initiale est mesurée immédiatement après l'addition de l'enzyme au substrat, avant que la concentration du substrat ne change de façon nette. (a) Les courbes de vitesse initiale pour deux concentrations différentes d'enzyme [E] en fonction de la concentration du substrat [S]. La concentration [S] qui conduit à une vitesse réactionnelle égale à la moitié de la vitesse maximale est la constante de Michaelis K_m, une mesure de l'affinité de E pour S. En doublant la concentration de l'enzyme, on provoque une augmentation proportionnelle de la vitesse réactionnelle et donc le doublement de la V_{max}. K_m au contraire reste constant. (b) Des courbes de la vitesse initiale en fonction de la concentration du substrat S pour lequel l'enzyme a une affinité élevée et pour le substrat S′ pour lequel l'enzyme a une affinité faible. Remarquez que la V_{max} est la même dans le cas des deux substrats mais que le K_m est plus élevé pour S′, le substrat pour lequel l'enzyme a une affinité plus faible.

molécules qui circulent entre des enzymes très dispersées (Figure 3-20a). Pour remédier à cet inconvénient, les cellules ont élaboré des mécanismes pour rapprocher des enzymes impliquées dans la même suite réactionnelle.

Dans le mécanisme le plus simple, les polypeptides assurant les différentes activités catalytiques se regroupent étroitement en constituant les sous-unités d'une enzyme polymérique ou s'assemblent sur une « armature » commune (Figure 3-20b). Cette disposition permet aux produits d'une réaction d'être acheminés directement vers l'enzyme suivante de la suite réactionnelle. La

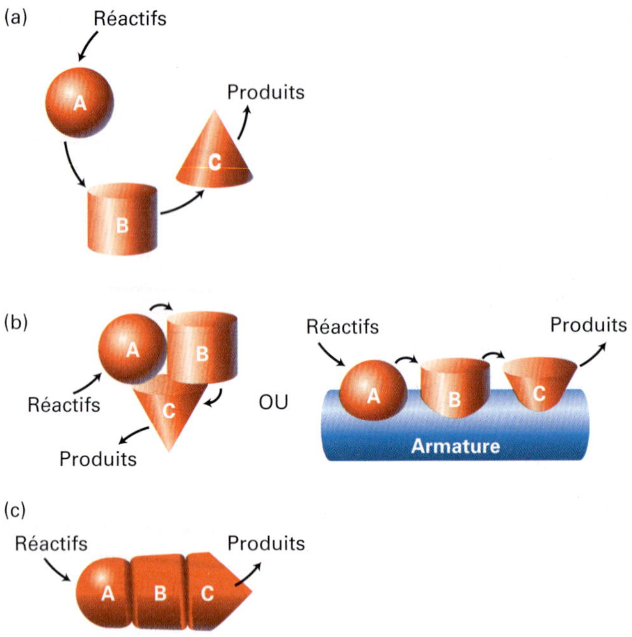

FIGURE 3-20 L'évolution d'une enzyme plurifonctionnelle. Dans la suite réactionnelle imaginaire illustrée ici, les réactifs de départ sont convertis en produits finaux par l'action successive de trois enzymes : A, B et C. (a) Lorsque les enzymes sont à l'état libre en solution ou même confinées dans le même compartiment cellulaire, les intermédiaires dans la séquence réactionnelle doivent diffuser d'une enzyme vers la suivante, un processus lent par nature. (b) La diffusion est fortement limitée voire supprimée lorsque les enzymes s'associent en complexes de plusieurs sous-unités. (c) L'imbrication la plus étroite des différentes activités catalytiques se produit lorsque les enzymes sont liées au niveau génétique, formant alors les domaines d'une même protéine.

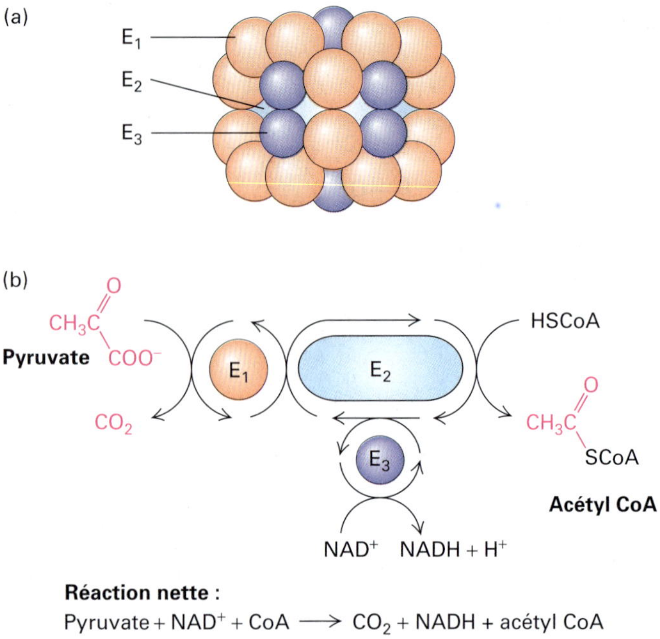

FIGURE 3-21 La structure et la fonction de la pyruvate déshydrogénase, un complexe enzymatique polymérique de grande taille qui convertit le pyruvate en acétyl CoA. (a) Le complexe est composé de 24 copies de pyruvate décarboxylase (E_1), de 24 copies de lipo-amide transacétylase (E_2) et de 12 copies de dihydrolipoyl déshydrogénase (E_3). Les sous-unités E_1 et E_3 sont liées à l'extérieur du noyau formé par les sous-unités E_2. (b) Les réactions catalysées par le complexe comportent plusieurs intermédiaires liés aux enzymes (non représentés). L'intégration structurale étroite des trois enzymes augmente la vitesse de la réaction globale et diminue les possibles réactions alternatives.

première approche est illustrée par la pyruvate déshydrogénase, un complexe de trois enzymes distinctes qui convertit le pyruvate en acétyl CoA dans les mitochondries (Figure 3-21). L'approche utilisant une armature commune est utilisée par les voies de transduction du signal impliquant les MAP kinases, que nous aborderons au Chapitre 14. Chez la levure, trois protéine kinases assemblées sur la protéine Ste5 qui sert d'armature forment une cascade de kinases qui transduit le signal déclenché par la fixation du facteur d'accouplement à la surface de la cellule.

Dans certains cas, des protéines distinctes ont fusionné au niveau génétique pour créer une seule enzyme plurifonctionnelle comportant plusieurs domaines (Figure 3-20c). Par exemple, l'isomérisation du citrate en isocitrate dans le cycle de Krebs est catalysée par l'aconitase, un polypeptide unique qui assure deux réactions distinctes : (1) la déshydratation du citrate en *cis*-aconitate puis (2) l'hydratation du *cis*-aconitate en isocitrate (voir Figure 8-9).

CONCEPTS CLÉS DE LA SECTION 3.3
Les enzymes et le travail chimique dans les cellules

- La fonction de presque toutes les protéines dépend de leur capacité de fixer d'autres molécules (ligands). Les sites de fixation des ligands sur les protéines et les ligands correspondants sont complémentaires d'un point de vue chimique et topologique.
- L'affinité d'une protéine pour un ligand particulier fait référence à la force de la liaison ; sa spécificité représente la fixation préférentielle d'un ou de quelques ligands apparentés.
- Les enzymes sont des catalyseurs protéiques qui accélèrent la vitesse des réactions cellulaires en abaissant l'énergie d'activation et en stabilisant les intermédiaires des états de transition (voir Figure 3-16).
- Un site actif d'enzyme comprend deux parties fonctionnelles : une région à laquelle se fixe le substrat et une région catalytique. Les acides aminés composant le site actif ne sont pas nécessairement adjacents dans la séquence d'acides aminés mais sont proches les uns des autres dans la conformation native.
- Les courbes représentant la vitesse de réaction en fonction de la concentration du substrat permettent de déterminer deux paramètres caractéristiques d'une enzyme : la constante de Michaelis K_m, une mesure de l'affinité de l'enzyme pour son substrat et la vitesse maximale V_{max}, une mesure de sa puissance catalytique (voir Figure 3-19).
- Les enzymes appartenant à la même suite réactionnelle sont situées dans des compartiments cellulaires spécifiques et

peuvent être associées en domaines d'une même protéine monomérique, en sous-unités d'une protéine polymérique ou encore en composants d'un complexe protéique assemblé sur une armature commune (voir Figure 3-20).

3.4 Les moteurs moléculaires et le travail mécanique dans les cellules

Une propriété courante chez les cellules est la motilité, la capacité de se déplacer dans une direction précise. De nombreux processus cellulaires présentent un certain type de mouvement, que ce soit au niveau moléculaire ou cellulaire. Tous les mouvements résultent de l'application d'une force. Dans le mouvement brownien par exemple, l'énergie thermique agite constamment molécules et organites dans des directions *aléatoires* et sur de très courtes distances. À l'inverse, certains matériaux dans une cellule sont transportés suivant des directions spécifiques et sur des distances plus importantes. Ce type de mouvement résulte du travail mécanique réalisé par les protéines qui jouent le rôle de moteurs. Nous décrirons brièvement tout d'abord les types et les propriétés générales des moteurs moléculaires, puis nous examinerons la manière dont un type de protéine motrice produit la force nécessaire au mouvement.

Les moteurs moléculaires convertissent l'énergie en mouvement

À l'échelle du nanomètre qui caractérise les cellules et les molécules, le mouvement est dû à des forces très différentes de celles qui existent dans le monde macroscopique. Par exemple, la concentration protéique élevée (200-300 mg/ml) du cytoplasme empêche les organites et les vésicules de diffuser plus vite que 100 μm/3 heures. Même une bactérie de la taille du micromètre subit une résistance de l'eau qui empêche son déplacement vers l'avant, dans la fraction de nanomètre qui suit le moment où elle s'arrête de nager activement. Pour produire les forces nécessaires à de nombreux mouvements cellulaires, les cellules dépendent d'enzymes spécialisées appelées **protéines motrices**. Ces *enzymes mécanochimiques* convertissent en force mécanique l'énergie libérée par l'hydrolyse de l'ATP ou par les gradients ioniques.

Les protéines motrices induisent un mouvement linéaire ou rotatif (Tableau 3-2). Certaines protéines motrices appartiennent à des assemblages macromoléculaires mais ce n'est pas le cas de celles qui se déplacent le long des fibres du cytosquelette. Parmi ces dernières, on trouve les **myosines**, les **kinésines** et les **dynéines** — des protéines motrices linéaires, qui transportent avec elles un « chargement » attaché pendant qu'elles se déplacent le long des **microfilaments** ou des **microtubules** (Figure 3-22a). Les ADN et ARN polymérases sont également des protéines motrices linéaires car elles subissent une translocation le long de l'ADN au cours de la réplication et de la transcription. Au contraire, les moteurs rotatifs tournent pour provoquer le battement des flagelles bactériens, pour empaqueter l'ADN dans la capside d'un virus ou pour synthétiser de l'ATP. La force de propulsion nécessaire au déplacement des bactéries en milieu aqueux par exemple est produite par un complexe protéique jouant le rôle d'un moteur rotatif dans la membrane bactérienne. Les ions se déplacent dans le sens d'un gradient électrochimique en passant par un anneau immobile de protéines, le *stator*, qui est situé dans la membrane. Le couple de torsion produit par le stator fait tourner un anneau interne de protéines et le flagelle qui y est attaché (Figure 3-22b). De la même façon, dans l'ATP synthétase mitochondriale, ou complexe F_0F_1, un flux d'ions à travers la membrane interne de la mitochondrie est transduit par la partie F_0 en rotation de la sous-unité γ, qui se poursuit dans l'anneau concentrique formé par les sous-unités α et β de la partie F_1. Les interactions entre la sous-unité γ et les sous-unités β commandent la synthèse d'ATP (Chapitre 8).

L'observation des activités des protéines motrices nous permet de déduire trois de leurs propriétés générales :

- Leur capacité de convertir une source d'énergie, que ce soit de l'ATP ou un gradient ionique, en un mouvement linéaire ou rotatif
- Leur capacité de se fixer à un filament cytosquelettique, un brin d'acide nucléique ou un complexe protéique et de subir une translocation le long de celui-ci
- Leur déplacement net dans une direction donnée

Les protéines motrices qui se lient aux fibres du cytosquelette fixent également des chargements et les transportent pendant leur translocation. Les chargements dans les cellules musculaires et les flagelles d'eucaryotes sont constitués de filaments épais et de tubules B, respectivement (voir Figure 3-22a). Ces protéines motrices peuvent également transporter des chromosomes ou des vésicules délimitées par des membranes pendant qu'elles se déplacent le long de microtubules ou de microfilaments (Figure 3-23).

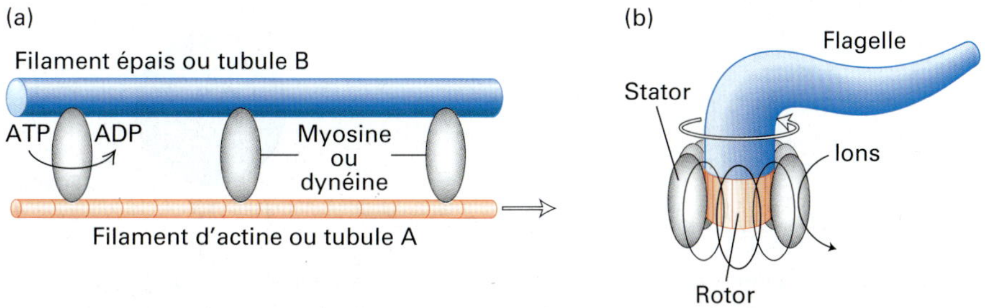

FIGURE 3-22 La comparaison des moteurs moléculaires linéaires et rotatifs. (a) Dans les muscles et les flagelles d'eucaryotes, les domaines de tête des protéines motrices (en bleu) se fixent à un filament fin d'actine (dans le muscle) ou au tubule A d'un doublet de microtubules (dans le flagelle). L'hydrolyse d'ATP dans la tête provoque un mouvement linéaire de la fibre du cytosquelette (en orange) par rapport au filament épais lié ou au tubule B d'un doublet adjacent de microtubules. (b) Dans le moteur rotatif présent dans la membrane bactérienne, le stator (en gris) est immobile dans la membrane. Le flux d'ions à travers le stator crée un moment de torsion qui provoque la rotation du rotor (en orange) et du flagelle qui lui est attaché.

TABLEAU 3-2 Quelques moteurs moléculaires

Moteur*	Source d'énergie	Structure/Composants	Localisation cellulaire	Mouvement produit
MOTEURS LINÉAIRES				
ADN polymérase (4)	ATP	ADN polymérase δ à multiples sous-unités dans le réplisome	Noyau	Translocation le long de l'ADN au cours de la réplication
ARN polymérase (4)	ATP	Polymérase à multiples sous-unités dans le complexe d'élongation de la transcription	Noyau	Translocation le long de l'ADN au cours de la transcription
Ribosome (4)	GTP	Facteur d'élongation 2 (EF2) lié au ribosome	Cytoplasme/membrane du RE	Translocation le long de l'ARNm lau cours de la traduction
Myosins (3, 19)	ATP	Chaînes lourdes et légères ; domaines de tête ayant une activité ATPasique et site de liaison aux microfilaments	Cytoplasme	Transport de vésicules ; contraction
Kinésines (20)	ATP	Chaînes lourdes et légères ; domaines de tête ayant une activité ATPasique et site de liaison aux microtubules	Cytoplasme	Transport de vésicules et de chromosomes au cours de la mitose
Dynéines (20)	ATP	Multiples chaînes lourdes, intermédiaires et légères ; domaines de tête ayant une activité ATPasique et site de liaison aux microtubules	Cytoplasme	Transport de vésicules ; battement des cils et des flagelles d'eucaryotes
MOTEURS ROTATIFS				
Moteur des flagelles bactériens	Gradient H^+/Na^+	Stators et rotors protéiques, flagelles	Membrane plasmique	Rotation du flagelle attaché au rotor
ATP synthétase, F_0F_1 (8)	Gradient H^+	Multiples sous-unités formant les particules F_0 et F_1	Membrane mitochondriale interne, membrane des thylacoïdes, membrane plasmique bactérienne	Rotation de la sous-unité γ conduisant à la synthèse d'ATP
Moteur des capsides virales	ATP	Connecteur, ARN de la procapside, ATPase	Capside	Rotation du connecteur conduisant à l'empaquetage de l'ADN

*Les nombres entre parenthèses indiquent les chapitres dans lesquels sont traités ces différents moteurs.

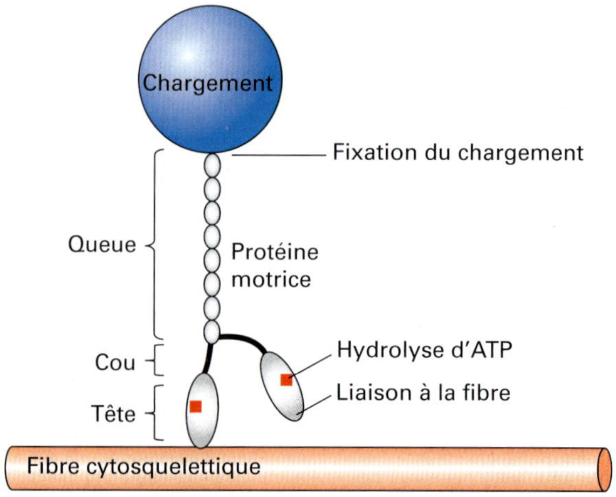

FIGURE 3-23 Le déplacement des chargements portés par les protéines motrices. Les domaines de tête des protéines motrices que sont la myosine, la dynéine et la kinésine se fixent à une fibre du cytosquelette (microfilaments ou microtubules) et le domaine de queue fixe l'un des types de chargements — dans ce cas une vésicule délimitée par une membrane. L'hydrolyse d'ATP dans le domaine de tête entraîne la « marche » de ce domaine le long du rail dans un sens, par un cycle répété de changements conformationnels.

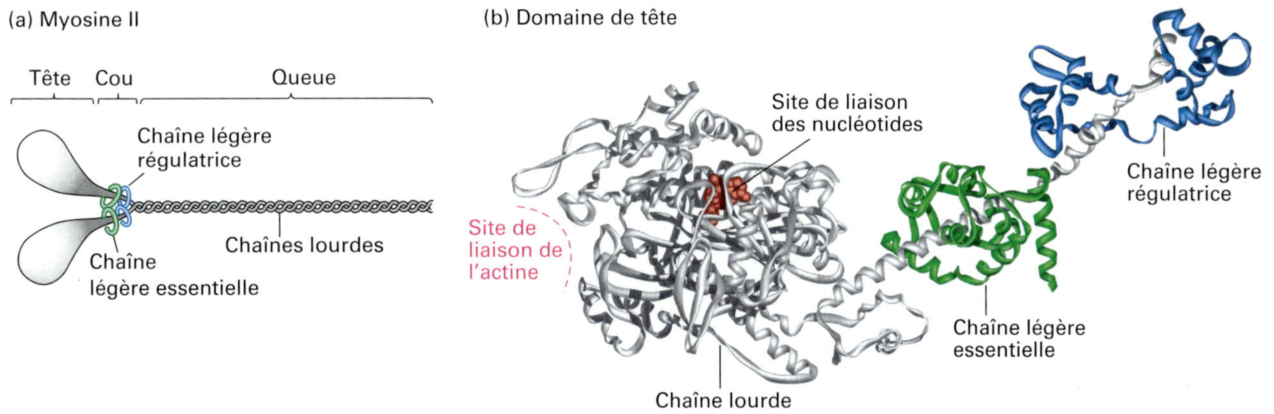

FIGURE 3-24 La structure de la myosine II. (a) La myosine II est une protéine dimérique composée de deux chaînes lourdes identiques (en blanc) et de quatre chaînes légères (en bleu et en vert). Chacun des domaines de tête convertit en mouvement l'énergie libérée par l'hydrolyse d'ATP. Deux chaînes légères sont associées au domaine du cou de chaque chaîne lourde. La séquence en torsade d'hélices du domaine de queue organise la myosine II en un dimère. (b) Une modélisation tridimensionnelle d'un des domaines de tête montre sa forme courbe allongée divisée en deux par une crevasse profonde. La poche de fixation des nucléotides se trouve d'un côté de cette crevasse et le site de liaison de l'actine de l'autre côté, près de l'extrémité de la tête. Les deux chaînes légères sont enroulées autour de l'hélice α du cou. Ces chaînes rigidifient le cou de telle sorte qu'il peut agir comme un bras de levier sur la tête. La conformation représentée ici est celle liée à de l'ADP.

Toutes les myosines possèdent des domaines de tête, du cou et de queue remplissant des fonctions distinctes

Pour illustrer plus en détail les propriétés des protéines motrices, nous allons considérer la myosine II, qui se déplace le long des filaments d'actine dans les cellules musculaires au cours de la contraction. D'autres types de myosine peuvent transporter des vésicules le long des filaments d'actine du cytosquelette. La myosine II et d'autres membres de la superfamille des myosines sont constitués d'une ou deux chaînes lourdes et de plusieurs chaînes légères. Les chaînes lourdes sont organisées en trois types de domaines, distincts d'un point de vue structural et fonctionnel (Figure 3-24a).

Les deux *domaines de tête* globulaires sont des ATPases spécialisées qui couplent l'hydrolyse de l'ATP avec le mouvement. Une caractéristique essentielle de l'activité ATPasique de la myosine réside dans le fait qu'elle est *activée par l'actine*. En l'absence d'actine, les solutions de myosine convertissent lentement l'ATP en ADP et en phosphate. Au contraire, lorsque la myosine est complexée à l'actine, la vitesse de l'activité ATPasique de la myosine est quatre à cinq fois plus élevée qu'en l'absence d'actine. L'étape d'activation par l'actine garantit que l'ATPase de la myosine ne fonctionne à plein rendement que lorsque le domaine de tête de la myosine est lié à de l'actine. La *région du cou* en hélice α est adjacente au domaine de tête. Elle est associée aux chaînes légères. Celles-ci sont essentielles pour la conversion de petits changements conformationnels de la tête en grands mouvements de la molécule et pour la régulation de l'activité du domaine de tête. Le *domaine de queue* en forme de tige contient les sites de liaison qui déterminent les activités spécifiques de chaque type de myosine.

Les résultats des études des fragments de myosine produits par protéolyse ont aidé à percer les fonctions des domaines. L'analyse par cristallographie aux rayons X du fragment S1 de la myosine II, constitué des domaines de tête et du cou a permis d'établir sa forme, les positions des chaînes légères ainsi que celles des sites de fixation de l'ATP et de l'actine. La tête allongée de la myosine est fixée à une extrémité du cou en hélice α (Figure 3-24b). Deux molécules de chaînes légères se trouvent à la base de la tête, enroulées autour du cou comme une pince. Dans cette position, les chaînes légères rigidifient la région du cou et sont donc capables de réguler l'activité du domaine de tête.

Les changements conformationnels dans la tête de myosine couplent l'hydrolyse d'ATP au mouvement

Les résultats des études sur la contraction musculaire ont fourni les premières preuves du glissement ou de la « marche » des têtes de myosine le long des filaments d'actine. Le mécanisme de la contraction musculaire a été élucidé en partie grâce à la mise au point de tests *in vitro* de la motilité et de mesures de forces monomoléculaires. D'après les informations obtenues par ces techniques et la structure tridimensionnelle de la tête de myosine, les chercheurs ont mis au point un modèle général sur la façon dont la myosine utilise l'énergie libérée par l'hydrolyse d'ATP pour se déplacer le long d'un filament d'actine. Puisque l'on pense que toutes les myosines font appel au même mécanisme pour produire du mouvement, nous ne tiendrons pas compte du fait que la queue de myosine soit liée à une vésicule ou appartienne à un filament épais comme dans le muscle. L'une des hypothèses de ce modèle est que l'hydrolyse d'une seule molécule d'ATP est couplée à chaque étape entreprise par une molécule de myosine le long d'un filament d'actine. Les éléments soutenant cette hypothèse seront discutés au Chapitre 19.

Comme le montre la Figure 3-25, la myosine subit une série d'événements au cours de chaque étape du mouvement. Au cours d'un cycle, la myosine doit adopter au moins trois états conformationnels : un état sans actine lié à de l'ATP, un état lié à ADP-P_i avec de l'actine et un état postérieur à la poussée propulsive. La question principale porte sur la façon dont la poche de liaison des nucléotides et le site de fixation de l'actine, qui sont distants l'un de l'autre, s'influencent mutuellement et comment les changements au niveau de ces sites sont convertis en force. Les résultats des études structurales de la myosine en présence de nucléotides et

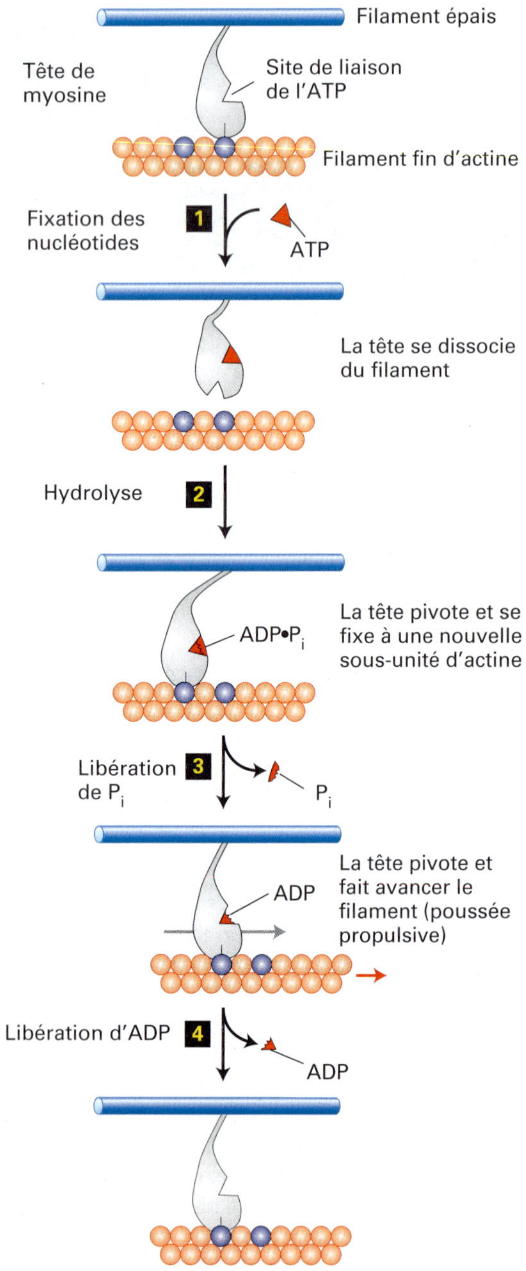

FIGURE 3-25 Le modèle opérationnel du couplage de l'hydrolyse d'ATP au déplacement de la myosine le long d'un filament d'actine. La figure représente le cycle d'une tête de myosine II appartenant au filament épais dans un muscle, mais d'autres myosines qui fixent d'autres chargements (comme la membrane d'une vésicule) semblent fonctionner suivant le même mécanisme cyclique. En l'absence de nucléotide lié, une tête de myosine se fixe étroitement à une molécule d'actine, en un état « contraint ». Étape **1**: La fixation de l'ATP ouvre la crevasse dans la tête de myosine, modifiant le site de liaison de l'actine et affaiblissant l'interaction avec celle-ci. Étape **2**: Libérée de l'actine, la tête de myosine hydrolyse l'ATP, provoquant un changement conformationnel dans la tête qui occupe alors une nouvelle position, plus proche de l'extrémité (+) du filament d'actine, au niveau de laquelle elle se fixe à nouveau au filament. Étape **3**: Lorsque le phosphate (P_i) se dissocie de la poche de liaison de l'ATP, la tête de myosine subit un deuxième changement conformationnel — la poussée propulsive — qui remet la myosine dans son état contraint. Puisque la myosine est liée à l'actine, ce changement conformationnel exerce une force qui provoque le déplacement de la myosine le long du filament d'actine. Étape **4**: La libération de l'ADP achève le cycle. [Adapté de R. D. Vale & R. A. Milligan, 2002, *Science* **288**:88.]

d'analogues de nucléotides qui imitent les différentes étapes du cycle indiquent que la fixation et l'hydrolyse d'un nucléotide provoquent un petit changement conformationnel dans le domaine de tête, amplifié en un grand mouvement dans la région du cou. Le petit changement conformationnel dans le domaine de tête est localisé au niveau d'une région qui sert de « commutateur », constituée des sites de liaison des nucléotides et de l'actine. Une région « convertisseur » à la base de la tête sert de point d'appui et permet à la région du cou qui assure le rôle de bras de levier, de se courber et de pivoter.

Des structures homologues jouant le rôle de commutateur, de convertisseur et de bras de levier dans la kinésine sont responsables du mouvement des protéines motrices de kinésine le long des microtubules. On ignore encore l'origine structurale du mouvement de la dynéine car sa structure tridimensionnelle n'a pas encore été déterminée.

CONCEPTS CLÉS DE LA SECTION 3.4

Les moteurs moléculaires et le travail mécanique dans les cellules

- Les protéines motrices sont des enzymes mécanochimiques qui convertissent l'énergie libérée par l'hydrolyse d'ATP en mouvement linéaire ou rotatif (voir Figure 3-22).
- Les protéines motrices linéaires (myosines, kinésines et dynéines) se déplacent le long des fibres du cytosquelette en transportant des chargements qui leur sont liés, qui peuvent être des vésicules, des chromosomes, des filaments épais dans le muscle et des microtubules dans les flagelles d'eucaryotes.
- La myosine II est constituée de deux chaînes lourdes et de plusieurs chaînes légères. Chaque chaîne lourde possède un domaine de tête (moteur) qui est une ATPase activée par l'actine, un domaine de cou, qui est associé aux chaînes légères et une longue queue en forme de baguette, qui organise la molécule dimérique et se fixe aux filaments épais dans les cellules musculaires (voir Figure 3-24).
- Le mouvement de la myosine par rapport à un filament d'actine résulte de la fixation de la tête de myosine à un filament d'actine, la rotation de la région du cou et le détachement des fibres au cours d'un processus cyclique ATP-dépendant (voir Figure 3-25). On suppose que le même mécanisme général est à l'origine du mouvement créé par l'intermédiaire des myosines et kinésines.

3.5 Les mécanismes courants de la régulation de la fonction des protéines

La plupart des processus cellulaires ne se déroulent pas indépendamment les uns des autres ni à une vitesse constante. Au lieu de cela, l'activité catalytique des enzymes ou l'assemblage d'un complexe macromoléculaire est régulé de telle sorte que la quantité de produit réactionnel ou l'apparition du complexe est juste suffisante pour répondre aux besoins de la cellule. Par conséquent, les concentrations des substrats et des produits correspondant à l'état stationnaire varient en fonction des conditions cellulaires. Le flux de matériel dans une voie enzymatique est contrôlé par plusieurs mécanismes, dont certains régulent également les fonctions de protéines non enzymatiques.

L'un des mécanismes les plus importants pour la régulation de la fonction des protéines est l'**allostérie.** Pour simplifier, l'allostérie fait référence à n'importe quel changement dans la structure tertiaire ou quaternaire d'une protéine, ou les deux, induit par la fixation d'un ligand, qui peut être un activateur, un inhibiteur, un substrat ou les trois. La régulation allostérique est particulièrement utilisée dans le cas des protéines polymériques et d'autres protéines. Nous envisagerons tout d'abord plusieurs moyens grâce auxquels l'allostérie influence la fonction protéique puis nous considérerons d'autres mécanismes de régulation des protéines.

La liaison coopérative augmente la réponse d'une protéine aux petits changements de concentration du ligand

Dans de nombreux cas, en particulier lorsqu'une protéine fixe plusieurs molécules d'un ligand, la liaison est progressive ; c'est-à-dire que la fixation d'une molécule de ligand affecte la fixation des molécules suivantes. Ce type d'allostérie, souvent appelé **coopérativité**, permet à de nombreuses protéines à multiples sous-unités de répondre plus efficacement aux petits changements de concentration du ligand qu'il ne serait possible sans cela. Dans la coopérativité positive, la liaison séquentielle devient de plus en plus efficace ; dans la coopérativité négative, la liaison séquentielle est inhibée progressivement.

L'hémoglobine constitue un exemple classique de liaison coopérative positive. Chacune des quatre sous-unités de l'hémoglobine contient une molécule d'hème, constituée d'un atome de fer maintenu au cœur d'un noyau porphyrique (voir Figure 8-16a). Les groupements héminiques (de l'hème) sont les composants de l'hémoglobine qui fixent l'oxygène (voir Figure 3-10). La liaison de l'oxygène à la molécule d'hème de l'une des quatre sous-unités de l'hémoglobine induit un changement local de conformation dont l'effet se propage aux autres sous-unités, abaissant le K_m pour la fixation d'autres molécules d'oxygène et conduisant à une courbe sigmoïdale de fixation des molécules d'oxygène (Figure 3-26). Par conséquent, la fixation séquentielle de l'oxygène est facilitée, ce qui permet à l'hémoglobine de charger davantage d'oxygène dans les tissus périphériques qu'en l'absence de ce mécanisme pour des concentrations normales d'oxygène.

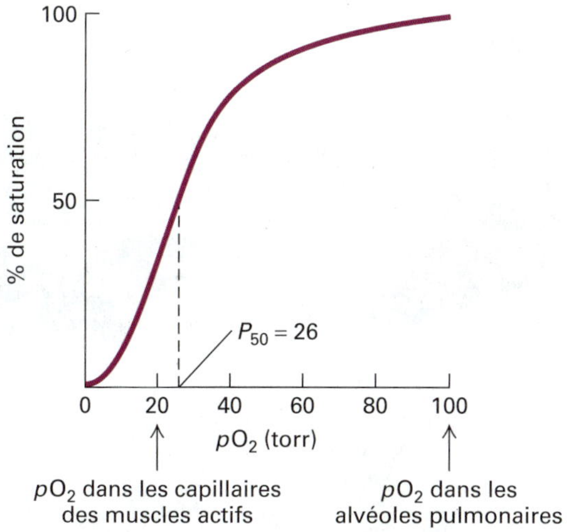

FIGURE EXPÉRIMENTALE 3-26 La fixation séquentielle de l'oxygène à l'hémoglobine présente une coopérativité positive. Chaque molécule d'hémoglobine possède quatre sites de fixation pour l'oxygène ; à saturation, tous les sites sont chargés. La concentration d'oxygène est souvent mesurée sous forme de pression partielle (pO_2). P_{50} est la pO_2 pour laquelle la moitié des sites de liaison de l'oxygène pour une concentration donnée d'hémoglobine sont occupés ; c'est l'équivalent du K_m pour une réaction enzymatique. Le changement important dans la quantité d'oxygène liée pour une petite gamme de valeurs de pO_2 permet une libération efficace de l'oxygène dans les tissus périphériques tels que le muscle. La forme sigmoïdale d'une courbe représentant le pourcentage de saturation en fonction de la concentration du ligand est un indice de fixation coopérative. En l'absence de fixation coopérative, une courbe de liaison est une hyperbole, similaire aux courbes cinétiques simples de la Figure 3-19. [Adapté de L. Stryer, *Biochemistry*, 4ᵉ éd., 1995, W. H. Freeman and Company.]

La fixation du ligand peut induire la libération allostérique des sous-unités catalytiques ou la transition vers un état dont l'activité est différente

Nous avons étudié plus haut la protéine kinase A pour illustrer la fixation et la catalyse par le site actif d'une enzyme. Cette enzyme peut exister sous la forme d'une protéine tétramérique inactive, constituée de deux sous-unités catalytiques et de deux sous-unités régulatrices. Chaque sous-unité régulatrice comporte une séquence *pseudosubstrat* qui se fixe au site actif dans une sous-unité catalytique. En bloquant la liaison du substrat, la sous-unité régulatrice inhibe l'activité de la sous-unité catalytique.

La protéine kinase A inactive est activée par l'**AMP cyclique** (**AMPc**), une petite molécule qui joue le rôle de second messager. La fixation de l'AMPc aux sous-unités régulatrices induit un changement de conformation dans la séquence pseudosubstrat, l'empêchant de continuer à se fixer à la sous-unité catalytique. Par conséquent, en présence d'AMPc, le tétramère inactif se dissocie en deux sous-unités catalytiques monomériques actives et une sous-unité régulatrice dimérique (Figure 3-27). Comme nous le verrons au Chapitre 13, la liaison de différentes hormones aux récepteurs de surface des cellules entraîne une augmentation de la concentration intracellulaire d'AMPc, conduisant à l'activation de la protéine kinase A. Lorsque le signal cesse et que la concentration d'AMPc diminue, l'activité de la protéine kinase A est suspendue par la reformation du tétramère inactif. La liaison de l'AMPc aux sous-unités régulatrices présente une coopérativité positive. De ce fait, les petits changements de concentration de cette molécule allostérique produisent un gros changement dans l'activité de la protéine kinase A.

De nombreuses enzymes multimériques subissent des transitions allostériques qui modifient la relation des sous-unités les unes avec les autres mais n'entraînent pas de dissociation comme dans la protéine kinase A. Dans ce type d'allostérie, l'activité d'une protéine dans l'état lié au ligand diffère de l'activité dans l'état non lié. La chaperonine GroEL traitée plus tôt en est un exemple. Cette machinerie de reploiement protéique en forme de tonneau est constituée de deux anneaux dos à dos, formés de

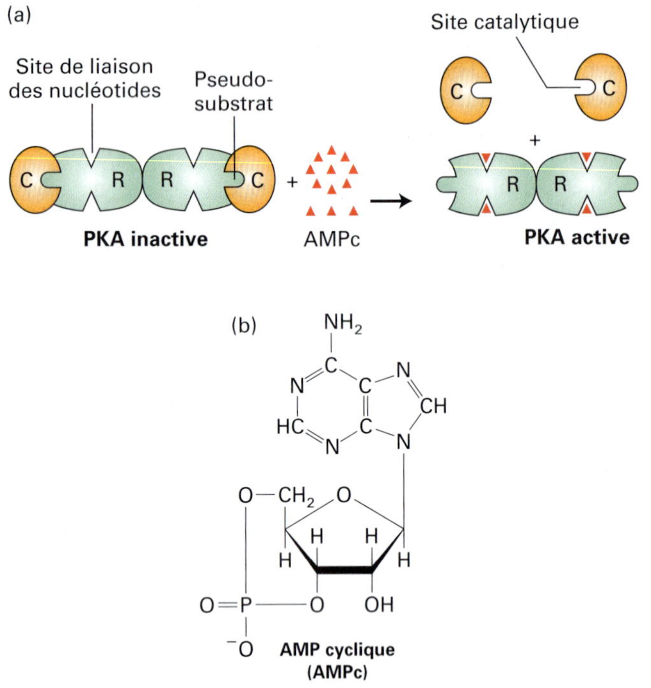

FIGURE 3-27 L'activation induite par le ligand de la protéine kinase A (PKA). Aux faibles concentrations d'AMP cyclique (AMPc), la PKA est un tétramère inactif. La fixation d'AMPc aux sous-unités régulatrices (R) provoque un changement conformationnel dans ces sous-unités, qui permet la libération des sous-unités catalytiques (C) monomériques actives. (b) L'AMP cyclique est un dérivé de l'adénosine monophosphate. Cette molécule de signalisation intracellulaire dont la concentration augmente en réponse à différents signaux extracellulaires, peut moduler l'activité de nombreuses protéines.

plusieurs sous-unités et peut exister dans un état « contraint » lié au peptide et dans un état « relâché » sans peptide (voir Figure 3-11). La liaison de l'ATP et de la co-chaperonine GroES à l'un des anneaux dans l'état contraint multiplie par deux la taille de la cavité de GroEL, déplaçant l'équilibre vers l'état relâché de reploiement du peptide.

Le calcium et le GTP sont largement utilisés pour moduler l'activité des protéines

Dans les exemples précédents, l'oxygène, l'AMPc et l'ATP provoquent des changements allostériques dans l'activité de leurs protéines cibles (hémoglobine, protéine kinase A et GroEL respectivement). Deux ligands allostériques supplémentaires, Ca^{2+} et GTP agissent par l'intermédiaire de deux types de protéines ubiquitaires pour réguler le déroulement de nombreux processus cellulaires.

La régulation assistée par la calmoduline La concentration de Ca^{2+} libre dans le cytosol est maintenue à un niveau très faible ($\approx 10^{-7}$M) par des protéines de transport membranaire qui pompent continuellement Ca^{2+} hors de la cellule ou dans le réticulum endoplasmique. Comme nous l'apprendrons au Chapitre 7, la concentration cytosolique de Ca^{2+} peut augmenter de 10 à 100 fois grâce à la libération de Ca^{2+} des réserves du RE ou par son importation à partir de l'environnement extracellulaire. Cette augmentation de Ca^{2+} cytosolique est perçue par les protéines de liaison de Ca^{2+}, en particulier celles qui appartiennent à la *famille des protéines à EF hand*, contenant toutes le motif hélice-boucle-hélice décrit précédemment (voir Figure 3-6a).

La protéine à EF hand type, la **calmoduline**, est présente dans toutes les cellules eucaryotes et peut exister sous la forme d'une protéine monomérique ou d'une sous-unité de protéine multimérique. La forme en haltère de la calmoduline contient quatre sites de liaison pour du Ca^{2+}, avec un K_D voisin de 10^{-6} M. La liaison de Ca^{2+} à la calmoduline provoque un changement conformationnel qui permet à l'association Ca^{2+}/calmoduline de se fixer à différentes protéines cibles, déclenchant ou interrompant ainsi leur activité (Figure 3-28). La calmoduline et d'autres protéines à EF hand similaires jouent donc le rôle de protéines régulatrices, en agissant de concert avec Ca^{2+} pour moduler l'activité d'autres protéines.

La commutation par des protéines fixant les nucléotides guanine La **superfamille des GTPases** est un autre groupe de protéines commutatrices intracellulaires. Ces protéines comprennent la **protéine Ras** monomérique (voir Figure 3-5) et la sous-unité G_α des **protéines G** trimériques. Ras et G_α sont toutes deux fixées à la membrane plasmique, interviennent dans la signalisation cellulaire et jouent un rôle essentiel dans la prolifération et la différenciation des cellules. D'autres membres de la superfamille des GTPases

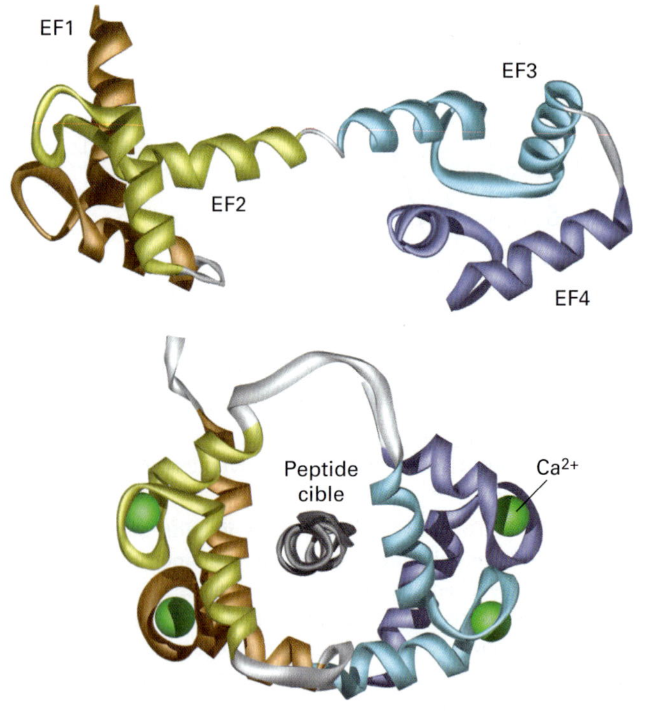

FIGURE 3-28 La commutation par l'intermédiaire du couple Ca^{2+}/calmoduline. La calmoduline est une protéine cytosolique largement distribuée qui contient quatre sites de liaison pour le Ca^{2+}, un dans chacune de ses EF hands. Chaque EF hand possède un motif hélice-boucle-hélice. Aux concentrations cytosoliques de Ca^{2+} supérieures à 5 x 10^{-7} M environ, la fixation de Ca^{2+} à la calmoduline modifie la conformation de la protéine. Le complexe Ca^{2+}/calmoduline résultant s'enroule autour des hélices exposées de différentes protéines cibles, modifiant ainsi leur activité.

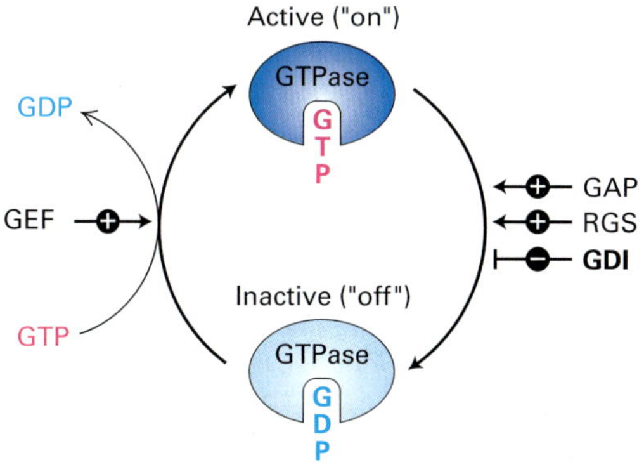

FIGURE 3-29 Le cycle des GTPases, des protéines commutatrices, entre les formes active et inactive. La conversion de la forme active en une forme inactive par l'hydrolyse du GTP lié est accélérée par les GAP (protéines accélérant les GTPases) et les RGS (régulateurs de la signalisation des protéines G) et inhibé par les GDI (inhibiteurs de la dissociation des nucléotides guanine). La réactivation est favorisée par les GEF (facteurs d'échange des nucléotides guanine).

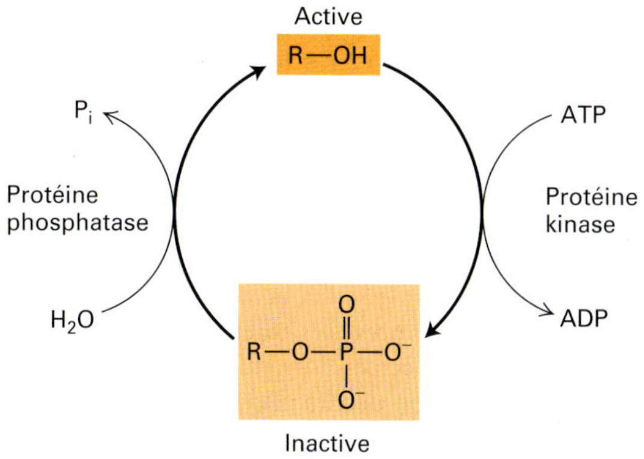

FIGURE 3-30 La régulation de l'activité protéique par le couple kinase/phosphatase. Les cycles de phosphorylation et de déphosphorylation d'une protéine sont un mécanisme cellulaire courant pour la régulation de l'activité protéique. Dans cet exemple, la protéine cible R est inactive (orange clair) lorsqu'elle est phosphorylée et active (orange foncé) lorsqu'elle est déphosphorylée ; certaines protéines fonctionnent suivant le mécanisme inverse.

participent à la synthèse protéique, au transport des protéines entre le noyau et le cytoplasme, à la formation des vésicules recouvertes et à leur fusion avec les membranes cibles ainsi qu'aux réarrangements du cytosquelette d'actine.

Toutes les GTPases commutatrices existent sous deux formes (Figure 3-29) : (1) une forme active (« on ») liée à du GTP (guanosine triphosphate) qui module l'activité de protéines cibles spécifiques et (2) une forme inactive (« off ») liée à du GDP (guanosine diphosphate). L'activité GTPasique de ces protéines commutatrices hydrolyse lentement le GTP lié en GDP, conduisant ainsi à la forme inactive. L'échange consécutif de GDP en GTP pour régénérer la forme active est encore plus lent. L'activation est temporaire et est amplifiée ou inhibée par d'autres protéines jouant le rôle de régulateurs allostériques de la protéine commutatrice. Nous examinerons plus loin le rôle de différentes GTPases commutatrices dans la régulation de la signalisation intracellulaire et d'autres processus.

La phosphorylation et la déphosphorylation cycliques des protéines régulent de nombreux processus cellulaires

Comme nous l'avons dit plus tôt, l'un des mécanismes les plus courants pour réguler l'activité des protéines est la phosphorylation, l'addition et le retrait de groupements phosphate sur des résidus sérine, thréonine ou tyrosine. Les protéine **kinases** catalysent la phosphorylation et les protéines **phosphatases**, la déphosphorylation. Bien que les deux réactions soient quasiment irréversibles, les activités antagonistes des kinases et des phosphatases représentent pour les cellules un « commutateur » qui peut activer ou inactiver la fonction de différentes protéines (Figure 3-30). La phosphorylation modifie la charge d'une protéine et conduit généralement à un changement de conformation ; ces effets peuvent modifier de façon significative la liaison des ligands par une protéine, provoquant alors une augmentation ou une diminution de son activité.

Presque 3 % des protéines de levure sont des protéine kinases ou phosphatases, ce qui indique l'importance des réactions de phosphorylation et de déphosphorylation même dans les cellules simples. Toutes les classes de protéines — y compris les protéines structurales, les enzymes, les canaux membranaires et les molécules de signalisation — sont régulées par des couples kinase/phosphatase. Il faut des protéine kinases et phosphatases différentes selon la protéine cible et cette spécificité permet de réguler de nombreuses voies cellulaires distinctes, comme nous le verrons dans des chapitres ultérieurs. Certaines de ces enzymes agissent sur une ou quelques protéines cibles, tandis que d'autres ont de multiples cibles. Ces dernières sont utiles pour intégrer les activités de protéines contrôlées de façon coordonnée par un seul commutateur kinase/phosphatase. Il est fréquent qu'une autre kinase ou phosphatase en soit la cible, ce qui crée alors un réseau de contrôles interdépendants.

Le clivage protéolytique active ou inactive certaines protéines de façon irréversible

Les mécanismes régulateurs traités jusqu'à présent se comportent comme des commutateurs, activant ou inactivant de façon réversible des protéines. La régulation de certaines protéines a lieu grâce à un mécanisme différent : l'activation ou l'inactivation irréversible de la fonction d'une protéine par un clivage protéolytique. Ce mécanisme est le plus courant dans le cas de certaines hormones (comme l'insuline) et protéases digestives. La trypsine et la chymotrypsine sont de bons exemples d'enzymes de ce type. Elles sont synthétisées dans le pancréas et sécrétées dans l'intestin grêle sous la forme de zymogènes inactifs, le *trypsinogène* et le *chymotrypsinogène* respectivement. L'entérokinase, une aminopeptidase sécrétée par les cellules tapissant l'intestin grêle, convertit le trypsinogène en trypsine, qui clive à son tour le chymotrypsinogène en chymotrypsine. Le délai d'activation de ces protéases, qui ne survient qu'au niveau de l'intestin, les empêche de digérer le tissu pancréatique dans lequel elles sont synthétisées.

Le niveau supérieur de régulation comprend le contrôle de la position et de la concentration des protéines

Les activités protéiques sont finement régulées de façon à ce que les nombreuses protéines d'une cellule puissent travailler harmonieusement les unes avec les autres. Par exemple, toutes les voies métaboliques sont étroitement contrôlées en permanence. Les réactions de synthèse ont lieu uniquement lorsque les produits de ces réactions sont nécessaires ; les réactions de dégradation n'ont lieu que lorsque les molécules doivent être fragmentées. Tous les mécanismes de régulation décrits jusqu'ici affectent une protéine localement au niveau de son site d'action, déclenchant ou interrompant son activité.

Le fonctionnement normal d'une cellule nécessite toutefois également la ségrégation des protéines dans des compartiments particuliers tels que les mitochondries, le noyau et les lysosomes. En ce qui concerne les enzymes, la compartimentation fournit non seulement un moyen de contrôler l'apport de substrat ou la sortie de produit mais permet également à des réactions en compétition de se produire simultanément dans des parties différentes d'une cellule. Nous décrirons aux Chapitres 16 et 17 les mécanismes utilisés par les cellules pour diriger les différentes protéines vers des compartiments distincts.

En plus de cette compartimentation, les processus cellulaires sont régulés par la synthèse et la dégradation des protéines. Par exemple, les protéines sont souvent synthétisées en faible quantité lorsque les cellules en ont un besoin faible ou nul pour leurs activités. Lorsque la cellule fait face à une augmentation de la demande (comme l'apparition d'un substrat dans le cas des enzymes, la stimulation des lymphocytes B par des antigènes) elle répond en synthétisant de nouvelles molécules de protéines. Plus tard, la réserve de protéines est restreinte, lorsque les concentrations de substrat diminuent ou que la cellule devient inactive. Les signaux extracellulaires servent souvent à induire des changements des taux de synthèse et de dégradation des protéines (Chapitres 13 à 15). De tels changements régulés jouent un rôle essentiel dans le cycle cellulaire (Chapitre 21) et dans la différenciation des cellules (Chapitre 22).

CONCEPTS CLÉS DE LA SECTION 3.5

Les mécanismes courants de la régulation de la fonction des protéines

- Dans l'allostérie, la fixation d'une molécule de ligand (un substrat, un activateur ou un inhibiteur) induit un changement conformationnel ou une transition allostérique, qui modifie l'activité d'une protéine ou son affinité pour d'autres ligands.
- Dans les protéines multimériques telles que l'hémoglobine, qui fixent de multiples molécules de ligands, la fixation d'une molécule de ligand peut moduler l'affinité de liaison pour les molécules suivantes. Les enzymes qui fixent des substrats de façon coopérative présentent une cinétique sigmoïdale similaire à celle de la courbe de liaison de l'oxygène par l'hémoglobine (voir Figure 3-26).
- Plusieurs mécanismes allostériques jouent le rôle de commutateurs, déclenchant ou interrompant de manière réversible l'activité d'une protéine.
- La liaison des molécules allostériques de ligand peut conduire à la conversion d'une protéine d'un état conformationnel/d'activité en un autre ou à la libération des sous-unités actives (voir Figure 3-27).
- Deux classes de protéines commutatrices intracellulaires régulent différents processus cellulaires : (1) la calmoduline et les protéines apparentées de la famille à EF hand qui fixent le calcium et (2) les membres de la superfamille des GTPases (comme Ras et G_{α}) qui alternent entre une forme active liée à du GTP et une forme inactive liée à du GDP (voir Figure 3-29).
- La phosphorylation et la déphosphorylation des chaînes latérales d'acides aminés par des protéine kinases et phosphatases constituent une régulation réversible on/off pour de nombreuses protéines.
- Les mécanismes non allostériques pour réguler l'activité des protéines comprennent le clivage protéolytique, qui convertit de manière irréversible les zymogènes inactifs en enzymes actives, la compartimentation des protéines et la modulation induite par un signal de la synthèse et de la dégradation des protéines.

3.6 Purifier, détecter et caractériser les protéines

Une protéine doit être purifiée avant que sa structure et son mécanisme d'action puissent être étudiés. Toutefois, en raison de la variation de la taille, la charge et la solubilité dans l'eau des protéines, une seule technique ne peut suffire à isoler chaque sorte de protéine. Isoler une protéine donnée des 10 000 protéines différentes environ que contient une cellule est une tâche titanesque qui nécessite des techniques à la fois pour séparer les protéines les unes des autres et pour détecter la présence de protéines spécifiques.

Toute molécule, qu'il s'agisse d'une protéine, d'un glucide ou d'un acide nucléique peut être séparée d'autres molécules d'après leurs différences au niveau d'une ou plusieurs caractéristiques physiques ou chimiques. Plus les différences entre deux protéines sont nombreuses et importantes, plus leur séparation est facile et efficace. Les deux caractéristiques les plus utilisées pour séparer des protéines sont la *taille*, définie par la longueur ou la masse et l'*affinité de liaison* pour des ligands spécifiques. Dans cette section, nous présenterons les grandes lignes de plusieurs techniques importantes permettant de séparer des protéines. Ces techniques servent également à séparer des acides nucléiques ou d'autres biomolécules. (Des techniques spécialisées pour extraire des membranes les protéines membranaires seront décrites dans le chapitre suivant après une discussion sur les propriétés caractéristiques de ces protéines.) Nous décrirons ensuite des techniques générales permettant de détecter des protéines spécifiques, dont l'utilisation de composés radioactifs pour rechercher une activité biologique donnée. Nous considérerons enfin plusieurs techniques destinées à caractériser la masse d'une protéine, sa séquence et sa structure tridimensionnelle.

La centrifugation permet de séparer des particules de masse ou de densité différente

La première étape d'un protocole classique de purification protéique est la centrifugation. Le principe de cette technique est que deux particules en suspension (cellules, organites ou molécules) avec des masses ou des densités différentes gagneront le fond d'un tube à des vitesses différentes. Rappelons que la *masse* d'un échantillon est mesurée en grammes alors que la *densité* est le rapport de la masse sur le volume (grammes/litre). La masse des protéines est très variable, ce qui n'est pas le cas de leur densité. À moins qu'une protéine ne soit liée à un lipide ou un glucide, sa densité ne variera pas de plus de 15 % de 1,37 g/cm^3, qui est la densité moyenne d'une protéine. Les molécules plus lourdes ou plus denses descendront ou sédimenteront plus vite que les molécules plus légères ou moins denses.

Une centrifugation accélère la sédimentation en soumettant les particules en suspension à des forces de centrifugation qui peuvent atteindre 1 000 000 de fois la force gravitationnelle *g*, ce qui permet la sédimentation de particules aussi petites que 10 kDa. Les ultracentrifugeuses modernes atteignent ces forces grâce à des vitesses de 150 000 tours ou révolutions par minute (rpm) voire plus. Toutefois, les petites particules de 5 kDa ou moins ne sédimenteront pas uniformément à de telles vitesses de rotation.

La centrifugation est utilisée principalement à deux fins : (1) comme technique préparatoire pour séparer une sorte de matériel des autres et (2) comme technique d'analyse pour mesurer des propriétés physiques (comme le poids moléculaire, la densité, la forme et les constantes de liaison à l'équilibre) des macromolécules. La *constante de sédimentation s* d'une protéine mesure sa vitesse de sédimentation. Elle est généralement exprimée en svedbergs (S) : 1 S = 10^{-13} secondes.

La centrifugation différentielle L'étape initiale la plus courante dans la purification des protéines est la séparation des protéines solubles du matériel cellulaire insoluble grâce à la *centrifugation différentielle*. Un mélange de départ, généralement un homogénat cellulaire, est versé dans un tube et soumis à une rotation à une vitesse et pendant une durée qui forcent les organites cellulaires tels que les noyaux à s'accumuler dans le fond du tube sous la forme d'un culot ; les protéines solubles restent dans le surnageant (Figure 3-31a). La fraction du surnageant est ensuite récupérée et peut être soumise à d'autres techniques de purification pour séparer les nombreuses protéines qu'elle contient.

La centrifugation zonale En raison de leurs différences de masse, les protéines peuvent être séparées par centrifugation à travers une solution de densité croissante appelée *gradient de densité*. Une solution concentrée de saccharose est généralement utilisée pour créer ces gradients de densité. Lorsqu'un mélange protéique est déposé en haut d'un gradient de saccharose dans un tube et soumis à une centrifugation, chaque protéine du mélange migre vers le fond du tube, à une vitesse contrôlée par les facteurs qui affectent la constante de sédimentation. Toutes les protéines se trouvent initialement dans une zone étroite en haut du tube et se séparent en bandes ou zones (en réalité des disques) de protéines de masses différentes. Dans cette technique de séparation appelée *centrifugation zonale* (ou centrifugation en gradient), les échantillons sont centrifugés juste assez longtemps pour séparer les molécules recherchées en zones discrètes (Figure 3-31b). Si un échantillon est centrifugé trop brièvement, les différentes molécules de protéines ne seront pas suffisamment séparées. Si un échantillon est centrifugé plus longtemps que nécessaire, toutes les protéines finiront dans un culot au fond du tube.

Bien que la vitesse de sédimentation soit fortement influencée par la masse des particules, la centrifugation zonale est assez peu efficace pour déterminer les poids moléculaires *précis* car les variations de forme affectent également la vitesse de sédimentation. Les conséquences exactes de la forme sont difficiles à évaluer, en particulier pour les protéines et les acides nucléiques simples brins qui peuvent adopter de nombreuses formes complexes. Néanmoins, la centrifugation zonale s'est révélée être la technique la plus pratique pour séparer de nombreux types différents de polymères et de particules. Une deuxième technique utilisant un gradient de densité, appelée *centrifugation à l'équilibre en gradient de densité* est largement utilisée pour séparer l'ADN et les organites (voir Figure 5-37).

L'électrophorèse sépare les molécules en fonction de leur rapport charge : masse

L'**électrophorèse** est une technique qui permet de séparer des molécules dans un mélange soumis à un champ électrique. Des molécules dissoutes dans un champ électrique se déplacent ou migrent à une vitesse déterminée par leur rapport charge : masse. Par exemple, dans le cas de deux molécules de masse et de forme identiques, celle dont la charge nette est supérieure se déplacera plus vite vers l'électrode de charge opposée que celle de charge nette inférieure.

L'électrophorèse en gel de SDS-polyacrylamide Un grand nombre de protéines ou d'acides nucléiques de taille et de forme différentes ont presque le même rapport charge : masse. Par conséquent, l'électrophorèse de ces macromolécules en solution conduit à une séparation faible ou nulle des molécules de longueurs différentes. Toutefois, une séparation efficace des protéines et des acides nucléiques peut être obtenue grâce à l'électrophorèse dans différents gels (des suspensions semi-solides dans l'eau) plutôt qu'en solution liquide. La séparation électrophorétique des protéines est le plus souvent effectuée dans des *gels de polyacrylamide*. Lorsqu'un mélange de protéines est déposé sur un gel puis soumis à un courant électrique, les protéines plus petites migrent plus vite dans le gel que les protéines plus grosses.

Les gels sont coulés entre deux plaques de verre grâce à la polymérisation d'une solution de monomères d'acrylamide en chaînes de polyacrylamide. De plus, ces chaînes subissent simultanément la formation de liaisons croisées qui aboutissent à la création d'une matrice semi-solide. La *taille des pores* d'un gel peut varier grâce à l'ajustement des concentrations de polyacrylamide et du réactif formant les liaisons croisées. La vitesse à laquelle une protéine se déplace dans un gel est influencée par la taille des pores et la force du champ électrique. Grâce à l'ajustement adéquat de ces paramètres, on peut séparer des protéines de tailles très variables.

La technique la plus puissante de séparation des mélanges protéiques consiste à exposer les protéines à un détergent ionique, le SDS (sodium dodécylsulfate) avant et pendant l'électrophorèse sur gel (Figure 3-32). Le SDS dénature les protéines, provoquant la dissociation des protéines polymériques en leurs sous-unités constitutives ; de plus, toutes les chaînes polypeptidiques sont contraintes d'adopter des conformations étirées avec des rapports charge : masse similaires. Le traitement par le SDS supprime donc

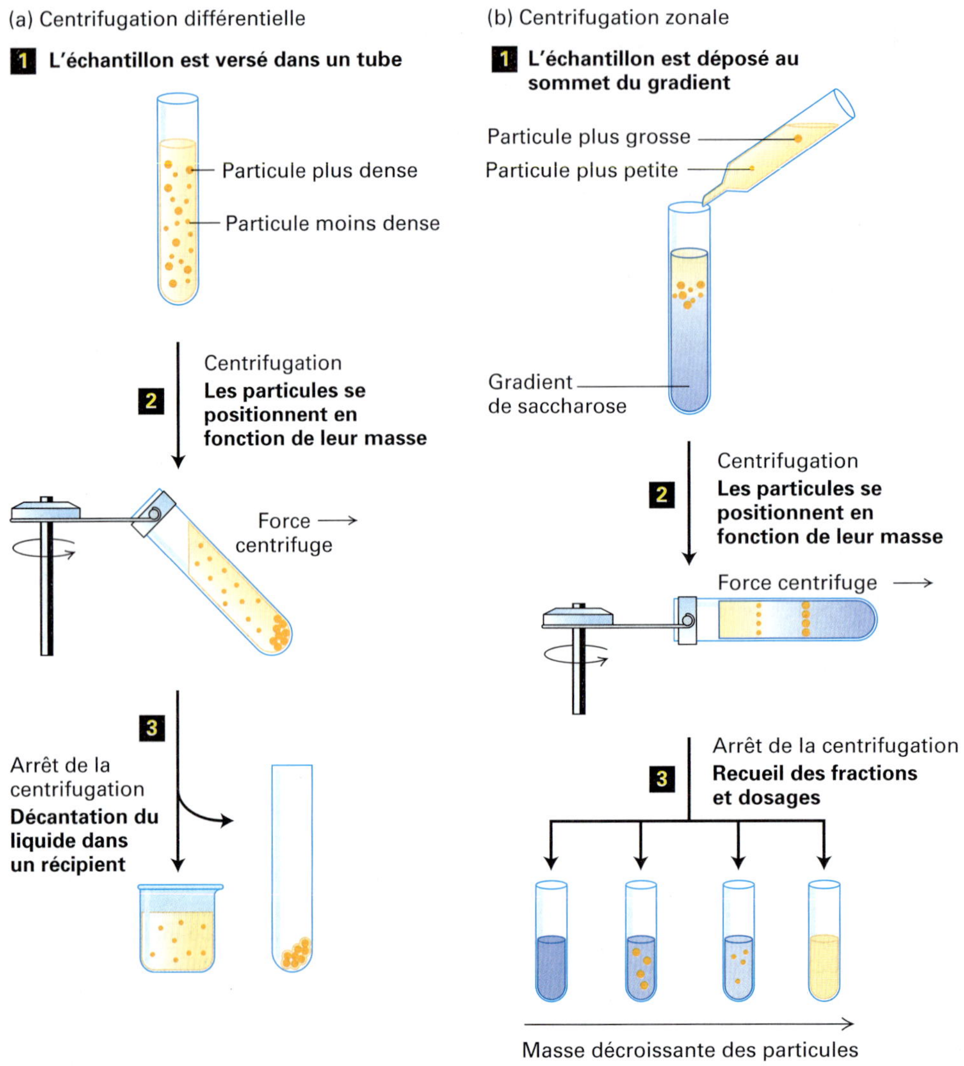

FIGURE EXPÉRIMENTALE 3-31 Les techniques de centrifugation permettent de séparer des particules qui diffèrent par leur masse ou leur densité. (a) Dans la centrifugation différentielle, un homogénat cellulaire ou un autre mélange est soumis à une vitesse de rotation élevée suffisamment longtemps pour que les particules les plus denses (comme les organites cellulaires, les cellules) puissent sédimenter. On les récupère alors sous la forme d'un culot dans le fond du tube (étape 2). Les particules les moins denses (comme les protéines solubles ou les acides nucléiques) restent dans le surnageant liquide, qui peut être transféré dans un autre tube (étape 3). (b) Dans la centrifugation zonale, un mélange est soumis à une vitesse de rotation élevée pendant une durée suffisante pour séparer des molécules de masse différente mais de forme ou de densité similaire (comme des protéines globulaires, des molécules d'ARN) en zones discrètes dans un gradient de densité fréquemment formé par une solution concentrée de saccharose (étape 2). Les fractions sont ensuite recueillies à partir du fond du tube et dosées (étape 5).

l'effet des différences de formes. De ce fait, la longueur de la chaîne, qui correspond à la masse, est le seul critère déterminant la vitesse de migration des protéines lors de l'électrophorèse sur gel de SDS-polyacrylamide. Même les chaînes dont le poids moléculaire diffère de moins de 10 % peuvent être séparées grâce à cette technique. De plus, le poids moléculaire d'une protéine peut être estimé en comparant sa distance de migration dans le gel, avec les distances parcourues par des protéines de poids moléculaire connu.

L'électrophorèse sur gel à deux dimensions L'électrophorèse de toutes les protéines cellulaires dans un gel au SDS permet de séparer des protéines de masses assez différentes mais ne permet pas de différencier les protéines de masses similaires (comme une protéine de 41 kDa d'une protéine de 42 kDa). Pour séparer des protéines de masses similaires, il faut exploiter une autre caractéristique physique. Le plus souvent, il s'agit de la charge électrique, qui est déterminée par le nombre de résidus acides et basiques dans une protéine. Il est peu probable que deux protéines non apparentées de masses similaires aient des charges nettes

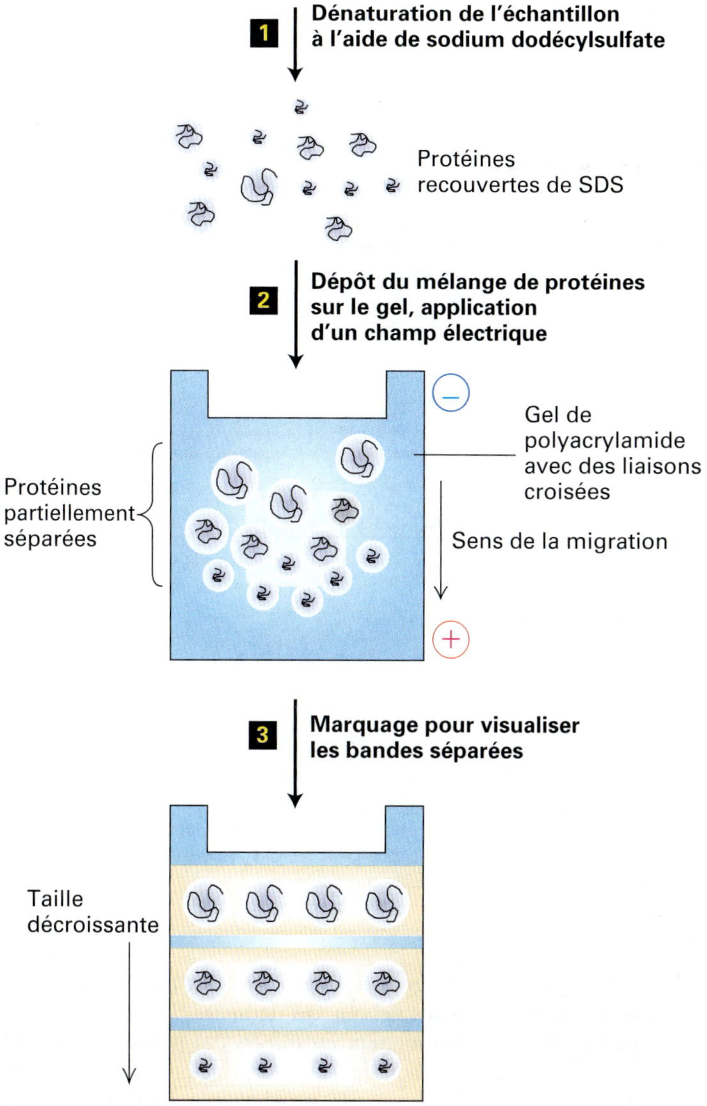

FIGURE EXPÉRIMENTALE 3-32 Une électrophorèse sur gel de SDS-polyacrylamide sépare les protéines uniquement en fonction de leur masse. Un traitement préalable par du SDS, un détergent chargé négativement, dissocie les protéines polymériques et dénature toutes les chaînes polypeptidiques (étape **1**). Au cours de l'électrophorèse, les complexes SDS-protéine migrent dans le gel de polyacrylamide (étape **2**). Les petites protéines peuvent traverser les pores du gel plus facilement et plus vite que les grosses. Par conséquent, les protéines se séparent en bandes en fonction de leur taille en migrant dans le gel. Les bandes protéiques séparées sont visualisées grâce à un marquage par un colorant (étape **3**).

identiques, car leurs séquences (et donc le nombre de résidus acides et basiques qu'elles contiennent) sont différentes.

Lors d'une électrophorèse à deux dimensions, les protéines sont séparées successivement, d'abord en fonction de leur charge, puis en fonction de leur masse (Figure 3-33a). Au cours de la première étape, un extrait cellulaire est entièrement dénaturé par des concentrations élevées (8 M) d'urée, puis déposé sur une piste de gel présentant un gradient continu de pH. Le gradient est formé d'*ampholytes*, un mélange de molécules polyanioniques et polycationiques coulées dans le gel, avec les ampholytes les plus acides à une extrémité du gel et les plus basiques à l'autre extrémité. Une protéine chargée migre à travers le gradient jusqu'à ce qu'elle atteigne son **point isoélectrique (pI)**, c'est-à-dire le pH auquel sa charge nette est nulle. Cette technique, appelée focalisation isoélectrique (IEF pour *isoelectric focusing* en anglais) permet de séparer des protéines qui diffèrent d'une seule unité de charge. Les protéines séparées dans un gel IEF peuvent être séparées suivant une seconde dimension en fonction de leur poids moléculaire. Pour cela, la piste du gel IEF est tournée de 90°, déposée sur un gel épais de polyacrylamide, saturé cette fois avec du SDS. Lorsqu'un champ électrique est appliqué, les protéines migrent du gel IEF vers le gel avec le SDS et se séparent en fonction de leur masse.

La séparation successive des protéines en fonction de leur charge puis de leur masse permet une séparation excellente des protéines cellulaires (Figure 3-33b). Par exemple, les gels à deux dimensions ont permis de comparer les protéomes des cellules différenciées ou non et des cellules saines ou cancéreuses, car ils permettent de séparer simultanément jusqu'à 1000 protéines.

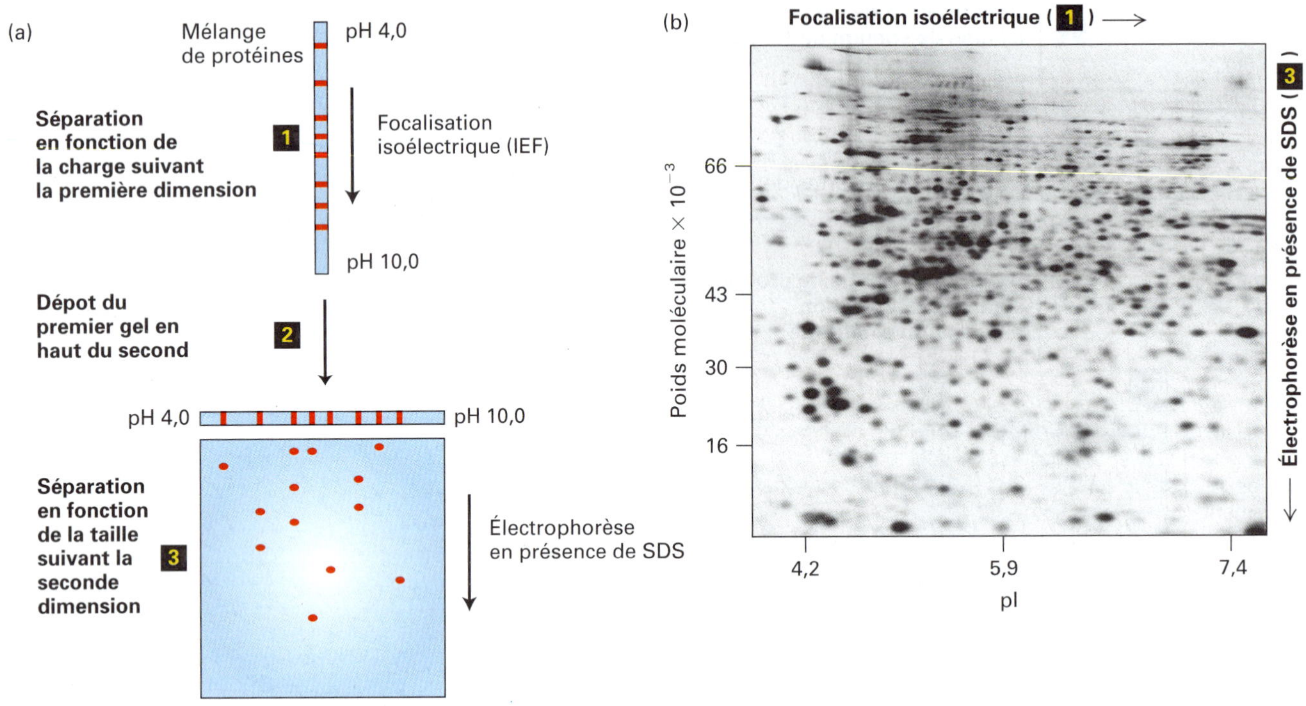

FIGURE EXPÉRIMENTALE 3-33 L'électrophorèse sur gel à deux dimensions permet de séparer des protéines de masse similaire. (a) Dans cette technique, les protéines sont d'abord séparées en fonction de leur charge par une focalisation isoélectrique (étape 1). La bande de gel résultante tournée de 90° est ensuite appliquée sur un gel de SDS-polyacrylamide et les protéines sont séparées en bandes en fonction de leur masse (étape 3). (b) Dans ce gel à deux dimensions d'un extrait protéique provenant de cellules en culture, chaque tache représente un seul polypeptide. Les polypeptides peuvent être détectés à l'aide de colorants comme ici ou par d'autres techniques telles que l'autoradiographie. Chaque polypeptide est caractérisé par son point isoélectrique (pI) et son poids moléculaire.

La chromatographie liquide sépare les protéines en fonction de leur masse, leur charge ou leur affinité de liaison

Une troisième technique courante pour séparer les mélanges de protéines ainsi que d'autres molécules repose sur l'interaction (la fixation et la dissociation) des molécules dissoutes en solution avec une surface solide. Si l'on permet à la solution de traverser la surface, alors les molécules qui interagissent fréquemment avec la surface sont liées plus longtemps à celle-ci et se déplacent donc plus lentement que les molécules qui interagissent plus rarement avec la surface. Dans cette technique, appelée **chromatographie liquide**, l'échantillon est placé en haut d'une colonne dense constituée de perles sphériques maintenues dans un cylindre de verre. En fonction de la nature de ces perles, la séparation des protéines repose sur des différences de masse, de charge ou d'affinité de liaison.

La chromatographie par filtration sur gel Les protéines de masse différente peuvent être séparées sur une colonne constituée de perles poreuses fabriquées à partir de polyacrylamide, de dextran (un polysaccharide bactérien) ou d'agarose (un dérivé provenant des algues), une technique appelée *chromatographie par filtration sur gel*. Bien que les protéines *circulent autour* des perles dans cette technique, elles passent un certain temps dans les profondes dépressions présentes à la surface de celles-ci. Les protéines les plus petites pouvant pénétrer dans ces dépressions plus facilement que les protéines plus grosses, elles traversent plus lentement la colonne de filtration sur gel que ces dernières (Figure 3-34a). (À l'inverse, les protéines migrent *au travers* des pores dans un gel d'électrophorèse ; par conséquent, les protéines plus petites se déplacent plus rapidement que les protéines plus grosses.) Le volume total de liquide nécessaire à l'élution d'une protéine à partir d'une colonne de filtration sur gel dépend de sa masse : plus la masse est faible, plus le volume d'élution est important. En utilisant des protéines de masse connue, on peut se servir du volume d'élution pour estimer la masse d'une protéine dans un mélange.

La chromatographie par échange d'ions Dans une deuxième sorte de chromatographie liquide, appelée *chromatographie par échange d'ions*, les protéines sont séparées en fonction de leurs différences de charges. Cette technique fait appel à des perles spécialement modifiées dont les surfaces sont couvertes de groupements amine ou carboxyle et portent donc soit une charge positive (NH_3^+), soit une charge négative (COO^-) à pH neutre.

Dans un mélange, les protéines portent des charges nettes variées à un pH donné. Lorsqu'une solution de mélange protéique traverse une colonne de perles chargées positivement, seules les protéines avec une charge nette négative (protéines acides) adhèrent aux perles ; les protéines neutres et chargées positivement (basiques) traversent librement la colonne (Figure 3-34b). Les protéines acides sont ensuite éluées sélectivement en soumettant la colonne à un gradient de concentration saline croissante. Aux concentrations salines faibles, les molécules de protéines et les

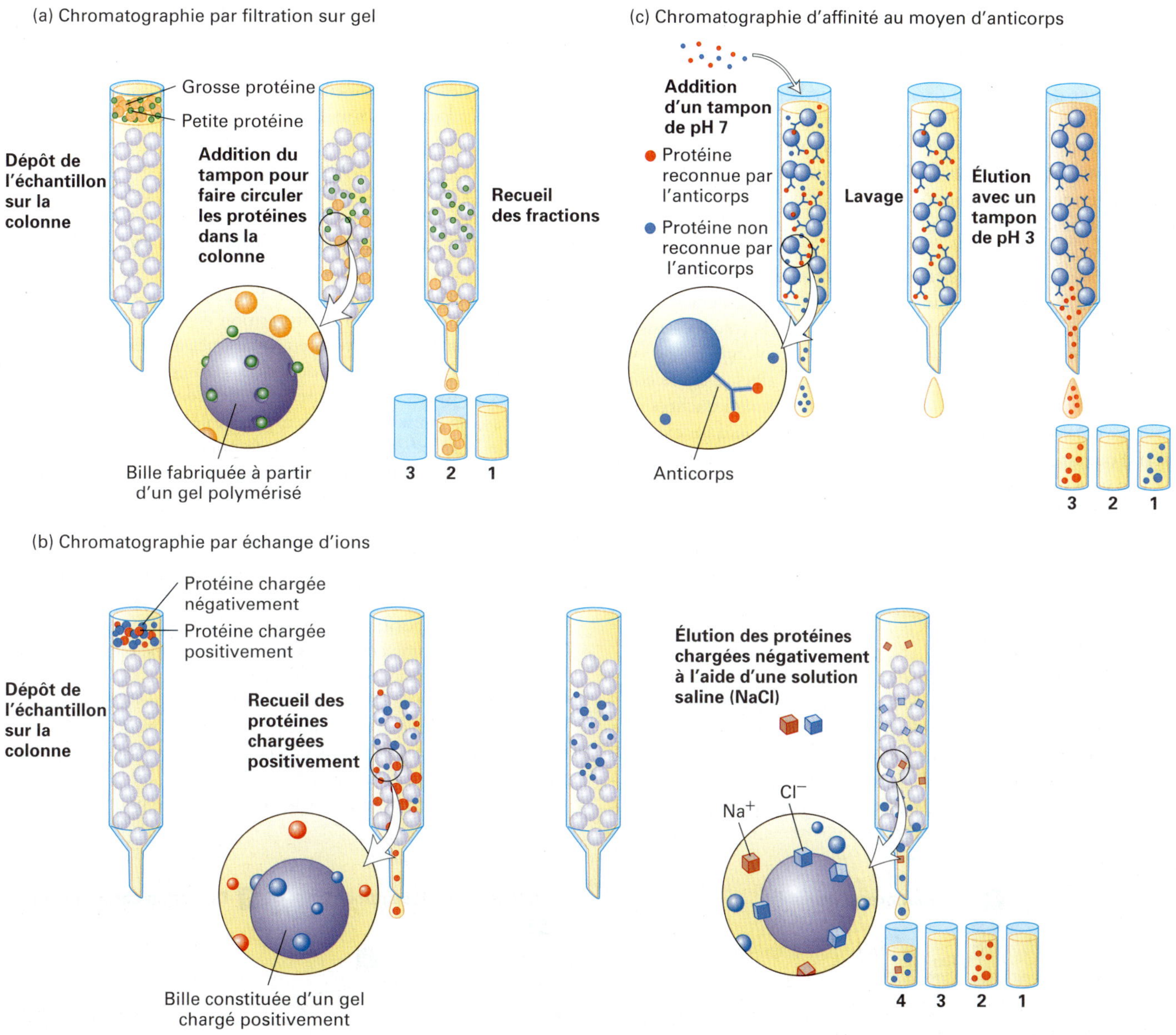

FIGURE EXPÉRIMENTALE 3-34 Trois techniques de chromatographie en phase liquide couramment utilisées pour séparer des protéines en fonction de leur masse, leur charge ou leur affinité pour un ligand spécifique. (a) La chromatographie par filtration sur gel sépare les protéines de taille différente. Un mélange de protéines est déposé avec précaution en haut d'un cylindre de verre rempli de billes poreuses. Les protéines les plus petites traversent la colonne plus lentement que les grosses. C'est pourquoi des protéines différentes présentent des volumes d'élution distincts et peuvent donc être recueillies dans des fractions liquides séparées, à partir du fond du tube. (b) La chromatographie par échange d'ions sépare les protéines qui diffèrent par leur charge nette dans des colonnes remplies de billes spéciales qui portent soit une charge positive (l'exemple présenté ici), soit une charge négative. Les protéines de même charge nette que les billes sont repoussées et traversent librement la colonne, tandis que les protéines de charge opposée se fixent aux billes. Les protéines fixées — dans ce cas, celles qui sont chargées négativement — sont éluées grâce au passage d'un gradient salin (en général de NaCl ou de KCl) à travers la colonne. Lorsque les ions se fixent aux billes, ils chassent les protéines. (c) Dans la chromatographie d'affinité au moyen d'anticorps, un anticorps spécifique est lié covalemment aux billes constituant la colonne. Seule la protéine ayant une affinité élevée pour l'anticorps reste fixée sur la colonne ; toutes les autres la traversent librement. La protéine fixée est éluée à l'aide d'une solution acide, qui sépare les complexes antigène-anticorps.

perles sont attirées par des charges qui leur sont opposées. À des concentrations salines supérieures, les ions négatifs des sels se fixent aux perles chargées positivement, déplaçant alors les protéines chargées négativement. Dans un gradient de concentration saline croissante, les protéines faiblement chargées sont éluées en premier et les protéines fortement chargées en dernier. De même, une colonne chargée négativement peut être utilisée pour conserver et séparer des protéines basiques.

La chromatographie d'affinité La capacité des protéines de fixer spécifiquement d'autres molécules est le fondement de la *chromatographie d'affinité*. Dans cette technique, les molécules de ligand qui se fixent aux protéines recherchées sont liées covalemment aux perles qui constituent la colonne. Les ligands peuvent être des substrats pour des enzymes ou d'autres petites molécules qui se fixent à des protéines spécifiques. Dans une forme largement utilisée de cette technique, la *chromatographie d'affinité au moyen d'anticorps*, le ligand attaché est un anticorps spécifique de la protéine recherchée (Figure 3-34c).

Une colonne d'affinité retiendra uniquement les protéines qui se fixent au ligand attaché aux perles ; les autres protéines, quelle que soit leur masse ou leur charge, traverseront la colonne sans s'y fixer. Toutefois, si une protéine attachée à la colonne réagit avec d'autres molécules en formant un complexe, alors, c'est le complexe entier qui est fixé à la colonne. Les protéines attachées à la colonne d'affinité sont ensuite éluées par l'addition d'un excès de ligand ou par la modification de la concentration saline ou du pH. La capacité de séparation de la colonne pour des protéines spécifiques dépend de la sélection de ligands appropriés.

Des tests utilisant des enzymes et des anticorps hautement spécifiques permettent de détecter des protéines individuelles

La purification d'une protéine ou de n'importe quelle autre molécule nécessite un test spécifique qui permet de détecter la molécule étudiée dans des fractions de colonne ou des bandes de gel. Le test exploite certaines caractéristiques hautement spécifiques d'une protéine : sa capacité de fixer un ligand particulier, de catalyser une réaction précise ou d'être reconnue par un anticorps spécifique. Un test doit également être simple et rapide pour limiter les erreurs et la probabilité que la protéine recherchée soit dénaturée ou dégradée au cours de celui-ci. Le but de tout protocole de purification est d'isoler des quantités suffisantes d'une protéine donnée pour pouvoir l'étudier. Un test utilisable doit donc être suffisamment sensible pour que seule une faible proportion du matériel disponible soit consommée. De nombreux tests courants de protéines nécessitent seulement 10^{-9} à 10^{-12} g de matériel.

Les réactions chromogènes et à émission de lumière De nombreux tests sont conçus pour détecter un aspect fonctionnel particulier d'une protéine. Par exemple, les tests enzymatiques reposent sur la capacité de détecter la disparition de substrat ou la formation de produit. Certains tests enzymatiques utilisent des substrats *chromogènes*, qui changent de couleur au cours de la réaction. (Certains substrats sont naturellement chromogènes ; si ce n'est pas le cas, ils peuvent être liés à une molécule chromogène.) En raison de la spécificité d'une enzyme pour son substrat, seuls les échantillons contenant l'enzyme changent de couleur en présence d'un substrat chromogène et des autres composants nécessaires à la réaction. La vitesse de celle-ci fournit une mesure de la quantité d'enzyme présente.

Les enzymes chromogènes peuvent également être fusionnées ou liées chimiquement à un anticorps et utilisées pour « signaler » la présence ou la position de l'antigène. Il est également possible de lier la *luciférase*, une enzyme présente chez les lucioles et certaines bactéries, à un anticorps. En présence d'ATP et de luciférine, la luciférase catalyse une réaction au cours de laquelle de la lumière est émise. Dans les deux cas, après la liaison de l'anticorps à la protéine recherchée, les substrats de l'enzyme liée sont ajoutés et l'apparition de couleur ou l'émission de lumière est mesurée. Une variante de cette technique particulièrement utile pour détecter des

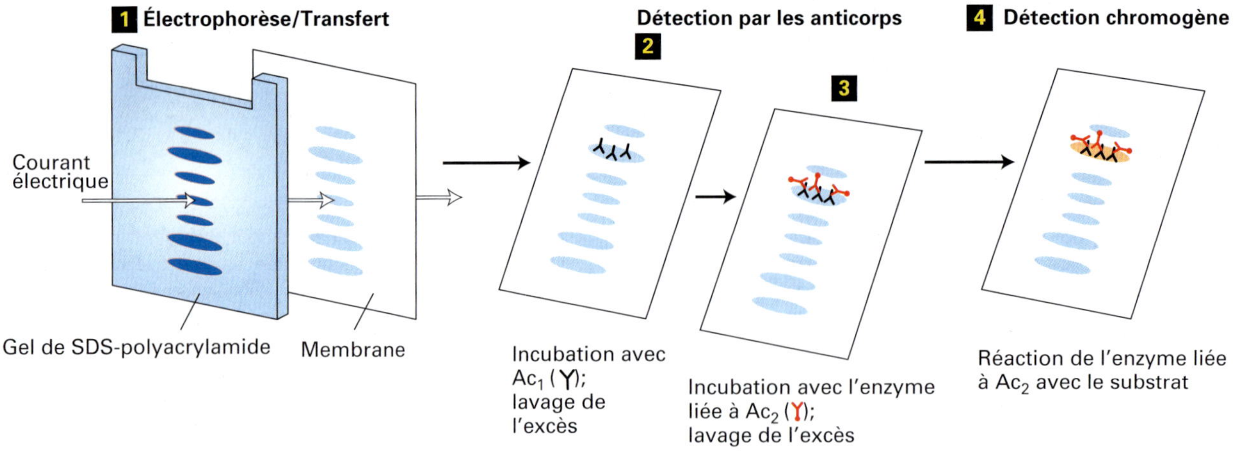

FIGURE EXPÉRIMENTALE 3-35 Le Western blot (immunotransfert) combine plusieurs techniques pour séparer et détecter une protéine spécifique. Étape **1** : Après l'électrophorèse d'un mélange de protéines dans un gel contenant du SDS, les bandes séparées sont transférées du gel vers une membrane poreuse. Étape **2** : La membrane est saturée à l'aide d'une solution d'anticorps (Ac_1) spécifique de la protéine recherchée. Seule la bande contenant cette protéine fixe l'anticorps, conduisant à la formation d'une couche de molécules d'anticorps (bien que leur position ne soit pas visible à ce stade). Après un temps suffisant pour permettre la fixation, la membrane est lavée pour enlever l'Ac_1 non lié. Étape **3** : La membrane est incubée en présence d'un second anticorps (Ac_2) qui se fixe à l'Ac_1 lié. Ce second anticorps est lié covalemment à de la phosphatase alcaline, qui catalyse une réaction chromogène. Étape **4** : Enfin, le substrat est ajouté et un précipité violet foncé se forme, identifiant la bande contenant la protéine recherchée.

protéines spécifiques dans des cellules vivantes utilise la protéine verte fluorescente (GFP). Il s'agit d'une protéine naturellement fluorescente présente chez les méduses (voir Figure 5-46).

Le transfert de type Western (Western blot) Une technique efficace pour détecter une protéine donnée dans un mélange complexe combine le pouvoir élevé de résolution de l'électrophorèse sur gel, la spécificité des anticorps et la sensibilité des tests enzymatiques. Appelée **transfert de type Western** ou immunotransfert, cette procédure à multiples étapes est couramment utilisée pour séparer des protéines, puis pour identifier une protéine particulière. Comme le montre la Figure 3-35, deux anticorps distincts sont utilisés dans cette technique, l'un spécifique de la protéine désirée et l'autre lié à une enzyme « rapporteuse » (*reporter* en anglais).

Les radio-isotopes sont des outils indispensables pour détecter des molécules biologiques

Une technique sensible pour repérer une protéine ou une autre molécule biologique consiste à détecter la radioactivité émise par des radio-isotopes introduits dans la molécule. Dans une molécule radioactive, au moins un atome est présent sous une forme radioactive, appelée **radio-isotope**.

Les radio-isotopes utiles pour la recherche en biologie Des centaines de composants biologiques (comme des acides aminés, des nucléosides et de nombreux intermédiaires métaboliques) marqués avec différents radio-isotopes sont disponibles dans le commerce. Ces préparations varient considérablement du point de vue de leur *activité spécifique*, qui est la quantité de radioactivité par unité de matériel, mesurée en désintégrations par minute (dpm) par millimole. L'activité spécifique d'un composé marqué dépend de la probabilité de décomposition du radio-isotope, indiquée par sa *demi-vie*, qui est le temps nécessaire pour que la moitié des atomes subissent une désintégration radioactive. En général, plus la demi-vie d'un radio-isotope est brève, plus son activité est spécifique (Tableau 3-3).

L'activité spécifique d'un composant marqué doit être assez élevée pour qu'une quantité suffisante de radioactivité soit incorporée dans les molécules cellulaires que l'on doit détecter avec précision. Par exemple, la méthionine et la cystéine marquées avec du soufre-35 (^{35}S) sont largement utilisées pour marquer des protéines cellulaires, car il existe des préparations de ces acides aminés avec des activités spécifiques élevées (> 10^{15} dpm/mmol). De même, les préparations de précurseurs d'acides nucléiques marqués au ^{3}H que l'on trouve dans le commerce ont des activités bien plus spécifiques que celles des préparations correspondantes marquées au ^{14}C. Dans la plupart des expériences, les premières sont préférables car elles permettent de marquer correctement l'ADN ou l'ARN après une durée faible d'incorporation ou ne demandent qu'un échantillon cellulaire de petite taille. On trouve facilement différents composés contenant du phosphate dans lesquels chaque atome de phosphore est le radioisotope phosphore–32. En raison de leur spécificité élevée, les nucléotides marqués au ^{32}P sont couramment utilisés pour marquer les acides nucléiques dans les systèmes acellulaires.

Les composés marqués dans lesquels un radioisotope remplace des atomes présents normalement dans la molécule ont les mêmes propriétés chimiques que les composants non marqués correspondants. Les enzymes par exemple ne sont pas capables de distinguer les substrats marqués de cette manière des substrats non marqués. À l'inverse, le marquage à l'aide du radioisotope iode-125 (^{125}I) nécessite l'addition covalente de ^{125}I à une protéine ou à un acide nucléique. Ce protocole de marquage modifiant la structure chimique d'une protéine ou d'un acide nucléique, l'activité biologique de la molécule marquée peut différer quelque peu de celle de la forme non marquée.

TABLEAU 3-3 Les radioisotopes couramment utilisés dans la recherche en biologie

Isotope	Demi-vie
Phosphore-32	14,3 jours
Iode-125	60,4 jours
Soufre-35	87,5 jours
Tritium (hydrogène-3)	12,4 ans
Carbone-14	5730,4 ans

Les expériences de marquage et la détection de molécules marquées radioactivement Selon la nature de l'expérience, les composés marqués peuvent être détectés par **autoradiographie**, une mesure visuelle semi-quantitative ou leur radioactivité peut être mesurée à l'aide d'un « compteur » approprié, une mesure purement quantitative qui permet de déterminer la concentration d'un composé marqué radioactivement dans un échantillon. Certaines expériences font appel aux deux types de détection.

L'une des utilisations de l'autoradiographie consiste à marquer une cellule ou un constituant cellulaire à l'aide d'un composé radioactif, puis à recouvrir la préparation d'une émulsion photographique sensible aux radiations. Le développement de l'émulsion produit de petits grains d'argent dont la distribution correspond à celle du matériel radioactif. Les études de cellules entières par autoradiographie ont joué un rôle clé dans la détermination des sites intracellulaires de synthèse des différentes macromolécules et des mouvements consécutifs de celles-ci dans les cellules. Diverses techniques utilisant la microscopie par fluorescence, que nous décrirons dans le prochain chapitre, ont largement supplanté l'autoradiographie pour les études de ce type. Cependant, l'autoradiographie est couramment utilisée pour différents tests destinés à détecter des séquences isolées spécifiques d'ADN ou d'ARN (Chapitre 9).

Les mesures quantitatives du taux de radioactivité dans du matériel marqué peuvent être réalisées à l'aide de plusieurs instruments différents. Un *compteur Geiger* mesure les ions produits dans un gaz par les particules β ou les rayons γ émis par un radioisotope. Dans un *compteur à scintillations*, un échantillon marqué radioactivement est mélangé avec un liquide contenant un composé fluorescent qui émet un éclair de lumière lorsqu'il absorbe de l'énergie provenant des particules β ou des rayons γ émis par la dégradation du radioisotope. Un photomultiplicateur dans l'instrument détecte et compte ces éclairs de lumière. Les *phosphorimagers* sont utilisés pour détecter les composants marqués radioactivement sur une surface, en enregistrant le nombre de désintégrations par minute par pixel sur une surface. Ces instruments que l'on peut considérer comme une sorte de film

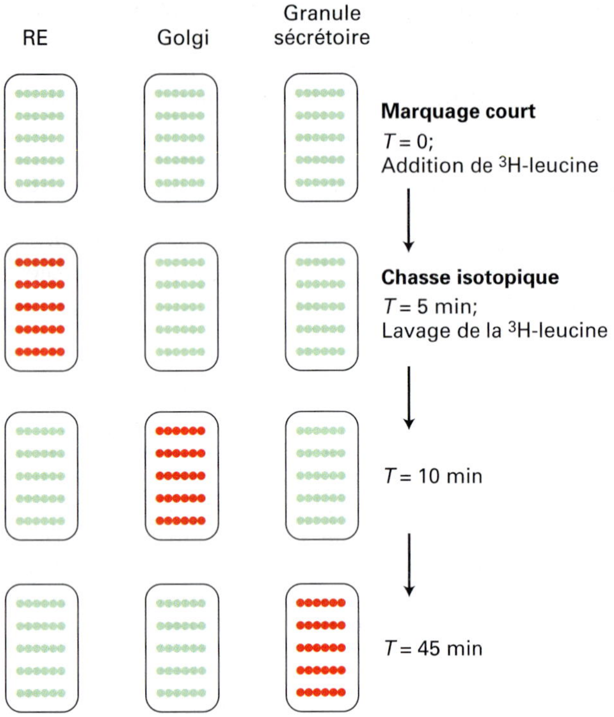

FIGURE EXPÉRIMENTALE 3-36 Des expériences de marquage isotopique permettent de suivre la trajectoire des protéines dans les cellules. Pour déterminer le trajet suivi par des protéines sécrétées après leur synthèse dans le réticulum endoplasmique rugueux (RE), les cellules sont brièvement incubées dans un milieu contenant un acide aminé marqué radioactivement (comme la [^{3}H]leucine), le marquage court (*pulse*), qui marquera toute protéine synthétisée au cours de cette période. Les cellules sont ensuite lavées à l'aide d'un tampon qui enlève l'isotope radioactif, puis transférées sur un milieu dépourvu de précurseur radioactif, la chasse isotopique. Des échantillons prélevés périodiquement sont analysés par autoradiographie pour déterminer la position de la protéine marquée dans la cellule. Au début de l'expérience (t = 0), aucune protéine n'est marquée, comme l'indiquent les lignes vertes en pointillés. À la fin du marquage court (t = 5 minutes) toutes les protéines marquées (lignes rouges) apparaissent dans le RE. À des temps ultérieurs, cette protéine néosynthétisée marquée est visible tout d'abord dans l'appareil de Golgi puis dans des vésicules sécrétoires. Puisque aucune protéine synthétisée durant la période de chasse isotopique n'est marquée, le déplacement de la protéine marquée peut être déterminé avec précision.

électronique réutilisable, sont couramment utilisés pour compter le nombre de molécules radioactives séparées par électrophorèse sur gel et remplacent les émulsions photographiques pour cette utilisation.

Une combinaison de techniques de marquage et de techniques biochimiques ainsi que de méthodes de détection visuelle et quantitative est souvent utilisée au cours des expériences de marquage. Par exemple, pour identifier les principales protéines synthétisées par un type cellulaire particulier, un échantillon de cellules est incubé avec un acide aminé radioactif (comme la [^{35}S]méthionine) pendant quelques minutes. Le mélange de protéines cellulaires est ensuite séparé par électrophorèse sur gel. Puis, le gel est soumis à une autoradiographie ou à une analyse par phosphorimager. Les bandes radioactives correspondent aux protéines néosynthétisées, qui ont incorporé l'acide aminé marqué radioactivement. Les protéines peuvent également être séparées par chromatographie en phase liquide et la radioactivité dans les fractions éluées peut être mesurée à l'aide d'un compteur.

Les expériences de **marquage isotopique** (*pulse-chase* en anglais) sont particulièrement utiles pour suivre les changements dans la distribution intracellulaire des protéines ou la transformation d'un métabolite en d'autres constituants au cours du temps. Dans ce protocole expérimental, un échantillon cellulaire est exposé à un composé marqué radioactivement — marquage court (*pulse*) — pendant une période brève, puis lavé à l'aide d'un tampon pour enlever l'isotope marqué et enfin incubé en présence d'une forme non marquée (froide) du composé — la « chasse isotopique » (Figure 3-36). Des échantillons prélevés périodiquement sont analysés pour déterminer la position ou la forme chimique du marquage radioactif. La technique de marquage isotopique a été utilisée couramment pour tenter de déterminer le trajet de protéines sécrétées depuis leur site de synthèse dans le réticulum endoplasmique, jusqu'à la surface de la cellule (Chapitre 17).

La spectrométrie de masse mesure la masse des protéines et des peptides

La *spectrométrie de masse* est une technique puissante permettant de mesurer la masse de molécules telles que des protéines ou des peptides. Cette technique exige un moyen d'ioniser l'échantillon (généralement un mélange de peptides ou de protéines) en accélérant les ions contenus dans les molécules puis en les détectant.

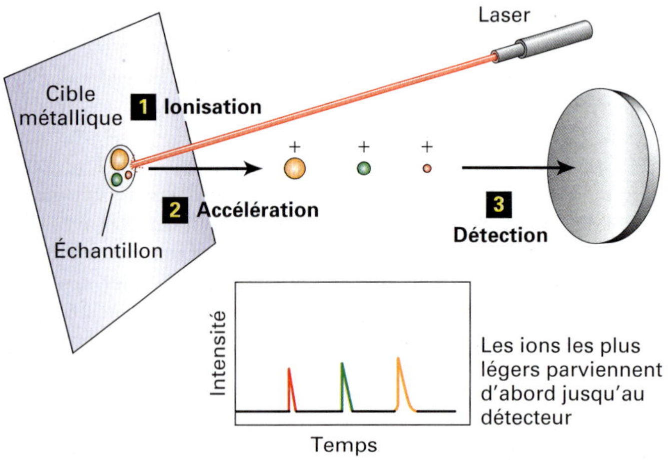

FIGURE EXPÉRIMENTALE 3-37 La masse moléculaire des protéines et des peptides peut être déterminée par spectrométrie de masse avec mesure du temps de vol. Dans un spectromètre de masse à désorption assistée par laser, des éclairs de lumière émis par un laser ionisent un mélange de protéines ou de peptides adsorbé sur une cible de métal (**1**). Un champ électrique accélère les molécules dans l'échantillon en direction du détecteur (**2** and **3**). Pour des molécules de même charge, le temps mis pour atteindre le détecteur est inversement proportionnel à la masse. La masse moléculaire est calculée en utilisant comme référence le temps de vol d'une molécule étalon.

Dans un spectromètre de masse à désorption assistée par laser, l'échantillon protéique est mélangé à un acide organique puis séché sur une cible métallique. L'énergie provenant d'un laser ionise les protéines et un champ électrique accélère les ions au travers d'un tube jusqu'à un détecteur (Figure 3-37). Il est également possible d'utiliser un spectromètre de masse à électronébulisation (ou électrospray) dans lequel un fin nuage contenant l'échantillon est ionisé puis introduit dans une chambre de séparation dans laquelle les molécules chargées positivement sont accélérées par un champ électrique. Dans les deux instruments, le temps de vol est proportionnel à la charge de la protéine et inversement proportionnel à sa masse. On peut mesurer de 1×10^{-15} mol (1 femtomole) d'une protéine jusqu'à un poids moléculaire de 200 000 avec une erreur de 0,1 %.

La structure primaire d'une protéine peut être déterminée à l'aide de techniques chimiques et à partir de séquences de gènes

La technique classique utilisée pour déterminer la séquence d'acides aminés d'une protéine est la *dégradation d'Edman*. Dans ce protocole, le groupement aminé libre de l'acide aminé N-terminal d'un polypeptide est marqué. L'acide aminé marqué est ensuite clivé du polypeptide et identifié par chromatographie liquide à haute pression. Le polypeptide obtenu a donc un acide aminé de moins et un nouvel acide aminé au niveau de l'extrémité N-terminale. Le cycle est répété sur le polypeptide raccourci à chaque fois d'un acide aminé, jusqu'à ce que tous les résidus aient été identifiés.

Avant 1985 environ, les biologistes utilisaient fréquemment le protocole chimique d'Edman pour déterminer les séquences protéiques. De nos jours cependant, les séquences protéiques sont établies principalement d'après l'analyse des séquences génomiques. Les génomes complets de plusieurs organismes ont déjà été séquencés et les bases de données concernant les séquences génomiques de l'homme et de nombreux organismes modèles se répandent rapidement. Comme nous le verrons au Chapitre 9, les séquences des protéines peuvent être déduites des séquences de l'ADN que l'on suppose coder ces protéines.

Une approche efficace pour déterminer la structure primaire d'une protéine isolée combine la spectrométrie de masse et l'utilisation de bases de données de séquences. La spectrométrie de masse est d'abord utilisée pour la *prise d'empreintes de masse peptidique* de la protéine. Celle-ci rassemble les masses moléculaires des peptides produits par une protéase spécifique. Les masses moléculaires de la protéine de départ et de ses fragments protéolytiques sont utilisées pour rechercher dans les bases de données génomiques, des protéines de taille similaire avec des cartes de masses peptidiques identiques ou proches.

Les peptides dont on connaît la séquence peuvent être synthétisés chimiquement

Les peptides synthétiques identiques aux peptides synthétisés *in vivo* sont des outils expérimentaux utiles pour les études de protéines et de cellules. Par exemple, de courts peptides synthétiques de 10 à 15 résidus peuvent servir d'antigènes pour déclencher la production d'anticorps chez des animaux. Un peptide synthétique, une fois couplé à un porteur protéique de grande taille, peut amener un animal à produire des anticorps qui se fixent à la totalité de l'antigène constitué par la protéine naturelle. Comme nous le verrons tout au long de cet ouvrage, les anticorps sont des réactifs extrêmement performants pour isoler des protéines dans un mélange traité par chromatographie d'affinité (voir Figure 3-34c), pour séparer et détecter des protéines par transfert de type Western (voir Figure 3-35) et pour localiser des protéines dans des cellules grâce aux techniques de microscopie décrites au Chapitre 5.

Les peptides sont synthétisés en routine dans un tube à essai, à partir d'acides aminés monomériques, grâce à des réactions de condensation au cours desquelles sont créées des liaisons peptidiques. Les peptides sont construits de manière séquentielle en couplant l'extrémité C-terminale d'un acide aminé monomérique à l'extrémité N-terminale du peptide en cours d'élongation. Pour empêcher les réactions indésirables au niveau des groupements amine et carboxyle des chaînes latérales pendant les étapes de couplage, un groupement protecteur (bloquant) est fixé aux chaînes latérales. Sans ces groupements protecteurs, des peptides ramifiés seraient produits. Au cours des dernières étapes de synthèse, les groupements protecteurs des chaînes latérales sont enlevés et le peptide est détaché de la résine sur laquelle s'est déroulée la synthèse.

La conformation des protéines est déterminée grâce à des techniques physiques sophistiquées

Dans ce chapitre, nous avons mis l'accent sur le fait que la fonction d'une protéine dépend de sa structure. Par conséquent, pour avoir une idée du mode de fonctionnement d'une protéine, il faut connaître sa structure tridimensionnelle. La détermination de la conformation d'une protéine nécessite des techniques physiques sophistiquées et des analyses complexes des données expérimentales. Nous allons brièvement décrire trois méthodes utilisées pour obtenir des modèles tridimensionnels de protéines.

La cristallographie aux rayons X L'utilisation de la **cristallographie aux rayons X** pour déterminer la structure tridimensionnelle des protéines fut élaborée par Max Perutz et John Kendrew dans les années 1950. Dans cette technique, des faisceaux de rayons X passent au travers d'un cristal protéique dans lequel des millions de molécules de protéines sont alignés précisément selon une disposition caractéristique de la protéine. Les longueurs d'onde des rayons X sont de l'ordre de 0,1-0,2 nm, c'est-à-dire suffisamment courtes pour pouvoir distinguer les uns des autres les atomes du cristal protéique. Les atomes présents dans le cristal dispersent les rayons X, ce qui produit un diagramme de diffraction sous la forme de taches séparées, lorsque ces rayons sont interceptés par un film photographique (Figure 3-38). De tels diagrammes sont extrêmement complexes : ils comportent jusqu'à 25 000 taches de diffraction pour une petite protéine. Des calculs élaborés et des modifications de la protéine (telles que la liaison de métaux lourds) sont nécessaires pour interpréter le diagramme de diffraction et déterminer la structure de la protéine. L'opération s'apparente à la reconstruction de la forme précise d'un caillou à partir des perturbations qu'il crée à la surface d'une mare. Jusqu'à présent, les structures tridimensionnelles détaillées de plus de 10 000 protéines ont été établies à l'aide de la cristallographie aux rayons X.

La microscopie cryoélectronique Bien que certaines protéines cristallisent facilement, obtenir le cristal d'autres protéines — en particulier de protéines de grande taille à sous-unités multiples —

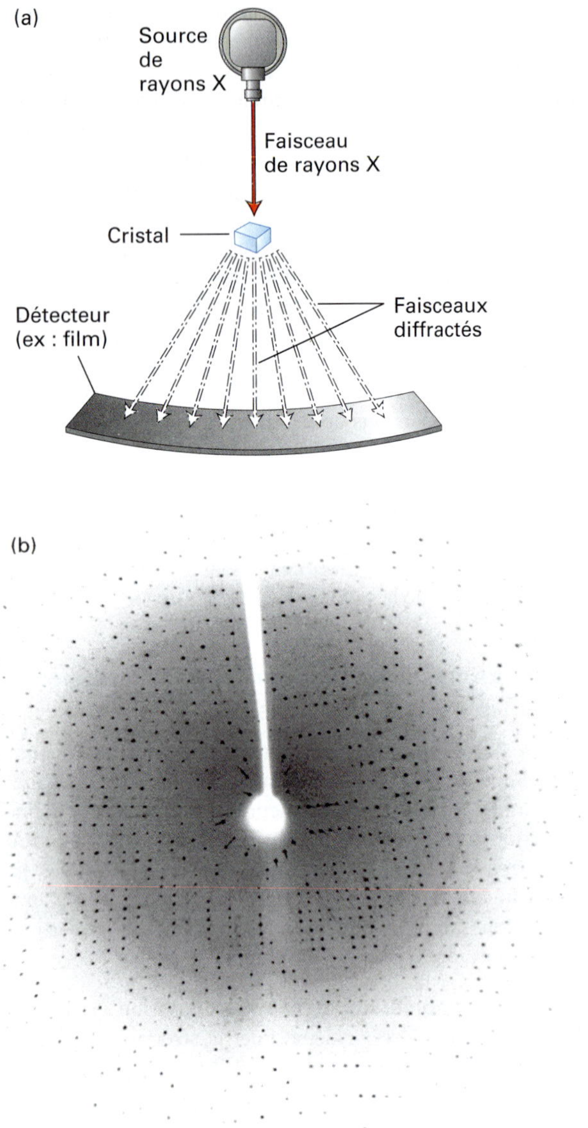

FIGURE EXPÉRIMENTALE 3-38 La cristallographie aux rayons X fournit des données de diffraction qui permettent de déterminer la structure tridimensionnelle d'une protéine. (a) Les composants de base d'une détermination par cristallographie aux rayons X. Lorsqu'un faisceau étroit de rayons X frappe un cristal, une partie de celui-ci le traverse et le reste est dispersé (diffracté) dans différentes directions. L'intensité des ondes diffractées est enregistrée sur un film ou à l'aide d'un détecteur électronique solide. (b) Le diagramme de diffraction aux rayons X obtenu pour un cristal de topoisomérase établi à l'aide d'un détecteur électronique solide. On peut déterminer la position de chaque atome d'une protéine à l'aide d'analyses complexes de diagrammes tels que celui-ci. [Partie (a) adaptée de L. Stryer, 1995, *Biochemistry*, 4° éd, W. H. Freeman and Company, p. 64 ; partie (b) aimablement communiquée par J. Berger.]

nécessite beaucoup de temps et de tentatives d'essai-erreur pour en déterminer les conditions adéquates. La structure de telles protéines peut être obtenue à l'aide de la *microscopie cryoélectronique*. Dans cette technique, un échantillon de protéines est refroidi rapidement dans de l'hélium liquide pour préserver sa structure, puis examiné dans l'état gelé hydraté à l'aide d'un microscope cryoélectronique. Des images sont enregistrées sur un film en utilisant une faible dose d'électrons pour empêcher les dégâts sur la structure, provoqués par les radiations. Des programmes informatiques sophistiqués analysent les images et reconstruisent la structure tridimensionnelle de la protéine. Des progrès récents de cette technique permettent désormais aux chercheurs d'obtenir des modèles moléculaires comparables à ceux produits par cristallographie aux rayons X. L'utilisation de la microscopie cryoélectronique et d'autres types de microscopie électronique sera discutée au Chapitre 5.

La spectroscopie par RMN Les structures tridimensionnelles de petites protéines formées d'environs 200 acides aminés peuvent être étudiées à l'aide de la spectroscopie par résonance magnétique (RMN). Dans cette technique, une solution concentrée de protéines est placée dans un champ magnétique et l'on mesure les effets de plusieurs fréquences radio sur le spin de différents atomes. Le comportement de chaque atome est influencé par les atomes voisins des résidus adjacents, les perturbations étant plus importantes pour les résidus les plus proches. On peut calculer les distances entre les résidus d'après l'ampleur de cet effet. Ces distances sont ensuite utilisées pour établir un modèle de la structure tridimensionnelle de la protéine.

Bien que la RMN ne nécessite pas la cristallisation d'une protéine, ce qui est un avantage considérable, cette technique est limitée aux protéines de taille inférieure à 20 kDa. Néanmoins, l'analyse par RMN peut également être appliquée aux domaines d'une protéine, qui sont suffisamment petits pour cela et peuvent fréquemment être obtenus sous la forme de structures stables.

CONCEPTS CLÉS DE LA SECTION 3.6

Purifier, détecter et caractériser les protéines

- Les protéines peuvent être séparées des autres constituants cellulaires ou les unes des autres d'après les différences existant entre leurs propriétés physiques et chimiques.
- La centrifugation sépare des protéines d'après leur vitesse de sédimentation, qui est influencée par leur masse et leur forme.
- L'électrophorèse sur gel permet de séparer des protéines d'après leur vitesse de déplacement dans un champ électrique appliqué. L'électrophorèse sur gel de SDS-polyacrylamide permet de séparer des chaînes polypeptidiques dont le poids moléculaire ne diffère que de 10 % ou moins (voir Figure 3-32).
- La chromatographie en phase liquide sépare des protéines d'après leur vitesse de déplacement à travers une colonne constituée de billes sphériques. Les protéines de masse différente sont séparées sur des colonnes de filtration sur gel ; celles qui diffèrent par leur charge, sur des colonnes échangeuses d'ions et celles dont les propriétés de fixation de ligand sont distinctes, sur des colonnes d'affinité (voir Figure 3-34).
- On utilise différents tests pour détecter et quantifier des protéines. Certains font appel à une réaction émettant de la lumière ou de la radioactivité pour produire un signal. D'autres produisent un signal coloré amplifié à l'aide d'enzymes et de substrats chromogènes.
- Les anticorps sont des réactifs puissants utilisés pour détecter, quantifier et isoler des protéines. Ils sont utilisés pour la

chromatographie d'affinité et combinés à l'électrophorèse sur gel dans le transfert de type Western, une technique efficace pour isoler et détecter une protéine donnée dans un mélange (voir Figure 3-35).

- L'autoradiographie est une technique semi-quantitative utilisée pour détecter des molécules marquées radioactivement dans des cellules, des tissus ou des gels d'électrophorèse.
- Le marquage isotopique permet de suivre le devenir intracellulaire des protéines et d'autres métabolites (voir Figure 3-36).
- Les structures tridimensionnelles des protéines sont déterminées par cristallographie aux rayons X, microscopie cryoélectronique et spectroscopie par RMN. La cristallographie aux rayons X fournit les structures les plus détaillées mais nécessite la cristallisation des protéines. La microscopie cryoélectronique est la plus utile pour les complexes protéiques de grande taille, qui sont difficiles à cristalliser. Seules les protéines relativement petites peuvent être analysées par RMN.

PERSPECTIVES POUR LE FUTUR

La progression extraordinaire de la puissance de calcul des ordinateurs est au cœur des avancées dans la détermination des structures tridimensionnelles des protéines. Par exemple, ce sont des ordinateurs composés de tubes à vide exécutant des programmes écrits sur des cartes perforées qui ont permis de déterminer les premières structures protéiques à partir de la cristallographie aux rayons X. À l'avenir, les chercheurs envisagent de prédire les structures des protéines uniquement d'après les séquences d'acides aminés déduites des séquences de gènes. Ce problème, exigeant en puissance de calcul, nécessite des superordinateurs ou des groupes importants d'ordinateurs travaillant en parallèle. Actuellement, seules les structures de très petits domaines contenant 100 résidus ou moins peuvent être prédites à faible résolution. Toutefois, les progrès continus de l'informatique et des modèles de reploiement des protéines, combinés aux efforts à grande échelle en vue de déterminer les structures de tous les motifs protéiques par cristallographie aux rayons X, permettront de prédire la structure de protéines plus grandes. Avec une augmentation exponentielle des bases de données sur les motifs, les domaines et les protéines, les scientifiques seront capables d'identifier les motifs dans une protéine inconnue et de faire correspondre le motif à la séquence pour prédire la structure tridimensionnelle de la protéine complète.

De nouvelles approches combinées aideront également à déterminer des structures à haute résolution de machineries moléculaires telles que celles indiquées dans le Tableau 3-1. Bien que ces assemblages macromoléculaires de très grande taille soient généralement difficiles à cristalliser et donc à analyser par cristallographie aux rayons X, ils peuvent être représentés à l'aide de la microscopie cryoélectronique aux températures auxquelles l'hélium est liquide et avec des énergies électroniques élevées. On peut construire la structure tridimensionnelle d'un complexe protéique à partir de millions de « particules » individuelles représentant chacune une vue aléatoire de ce complexe. Puisque les sous-unités du complexe peuvent être établies par cristallographie, une structure composite constituée des structures des sous-unités établies par les rayons X combinées à un modèle dérivé de la microscopie électronique sera élaborée. Une application intéressante de ce type d'étude serait la résolution de la structure des protéines amyloïdes et du prion, en particulier aux stades précoces de la formation de filaments insolubles.

Comprendre le fonctionnement des machineries protéiques nécessitera la mesure de nombreuses autres caractéristiques des protéines. Par exemple, comme de nombreuses machineries remplissent des fonctions non chimiques d'un certain type, les biologistes devront identifier les sources d'énergie (mécanique, électrique ou thermique) et mesurer les quantités d'énergie mises en jeu pour déterminer les limites d'une machinerie particulière. La plupart des activités des machineries comprennent une sorte ou une autre de mouvement ; c'est pourquoi la force à l'origine de ce mouvement et sa relation à l'activité biologique peuvent offrir un aperçu de la façon dont la production de la force est couplée à la chimie. Des outils plus performants tels que des pièges optiques et des microscopes à force atomique permettront des études détaillées des forces et de la chimie du fonctionnement des machineries protéiques individuelles.

MOTS CLÉS

Allostérie *83*
Autoradiographie *93*
Centrifugation zonale *87*
Chaperon *69*
Chromatographie en phase liquide *90*
Conformation *60*
Coopérativité *83*
Cristallographie aux rayons X *95*
Domaine *63*
Électrophorèse *87*
Énergie d'activation *74*
Feuillet *β* *61*
Filament amyloïde *73*
Hélice *α* *61*
Homologie *68*
K_m *76*
Liaison peptidique *60*
Ligand *73*
Machinerie moléculaire *59*
Motif *63*
Protéine motrice *79*
Polypeptide *61*
Protéasome *71*
Protéine *61*
Protéome *60*
Site actif *75*
Structure quaternaire *66*
Structure primaire *61*
Structure secondaire *61*
Structure tertiaire *62*
Ubiquitine *71*
V_{max} *76*

RÉVISIONS

1. La structure tridimensionnelle d'une protéine est déterminée par ses structures primaire, secondaire et tertiaire. Définissez-les toutes les trois. Citez quelques motifs courants de structure secondaire. Quelles sont les forces qui maintiennent ensemble les structures secondaire et tertiaire ? Qu'est-ce que la structure quaternaire ?
2. Le reploiement correct d'une protéine est essentiel pour son activité biologique. Décrivez le rôle des chaperons moléculaires et des chaperonines dans le reploiement des protéines.
3. Les protéines sont dégradées dans les cellules. Qu'est-ce que l'ubiquitine et quel rôle joue-t-elle dans le marquage des protéines à dégrader ? Quel est le rôle des protéasomes dans la dégradation des protéines ?
4. Les enzymes peuvent catalyser des réactions chimiques. De quelle façon accroissent-elles la vitesse d'une réaction ? De quoi est formé le site actif d'une enzyme ? Pour une réaction catalysée

par une enzyme, que sont K_m et V_{max} ? Imaginons une enzyme X dont le K_m pour le substrat A est de 0,4 mM et pour le substrat B de 0,01 mM. Quel est le substrat qui a l'affinité la plus élevée pour l'enzyme X ?

5. Les protéines motrices telles que la myosine convertissent l'énergie en une force mécanique. Décrivez les trois propriétés générales caractéristiques des protéines motrices. Décrivez également les événements qui se produisent au niveau biochimique au cours d'un cycle de déplacement de la myosine par rapport à un filament d'actine.
6. La fonction des protéines peut être régulée par de nombreux moyens. Qu'est-ce que la coopérativité et comment influence-t-elle la fonction des protéines ? De quelle façon la phosphorylation des protéines et le clivage protéolytique peuvent-ils moduler la fonction des protéines ?
7. De nombreuses techniques permettent de séparer des protéines d'après leur différence de masse. Décrivez l'utilisation de deux de ces techniques, la centrifugation et l'électrophorèse sur gel. Les protéines sanguines que sont la transferrine (masse moléculaire 76 kDa) et le lysozyme (MM 15 kDa) peuvent être séparées par une centrifugation zonale ou par une électrophorèse sur gel de SDS-polyacrylamide. Laquelle de ces deux protéines sédimentera le plus vite au cours de la centrifugation ? Laquelle migrera le plus rapidement pendant l'électrophorèse ?
8. La chromatographie est une technique analytique utilisée pour séparer des protéines. Décrivez les principes régissant la séparation des protéines à l'aide des chromatographies d'affinité, par filtration sur gel et par échange d'ions.
9. Différentes techniques ont été mises au point pour détecter des protéines. Décrivez la façon dont les radioisotopes et l'autoradiographie peuvent être utilisés pour marquer et détecter des protéines. De quelle manière le transfert de type Western permet-il de détecter des protéines ?
10. Des techniques physiques sont souvent utilisées pour établir la conformation des protéines. Décrivez la façon dont on peut utiliser la cristallographie aux rayons X, la microscopie cryoélectronique et la spectroscopie par RMN pour déterminer la forme des protéines.

ANALYSEZ LES RÉSULTATS SUIVANTS

La protéomique est l'analyse globale de l'expression des protéines. Selon l'une des approches, toutes les protéines des cellules témoins et des cellules traitées sont extraites puis séparées à l'aide d'une électrophorèse sur gel à deux dimensions. On observe généralement des centaines voire des milliers de taches de protéines et l'on compare les concentrations de chaque protéine à l'état stationnaire entre les cellules témoins et les cellules traitées. Dans l'exemple suivant, seules quelques taches de protéines sont figurées pour des raisons de simplicité. Les protéines sont séparées suivant la première dimension d'après leur charge grâce à une focalisation isoélectrique (pH 4-10) puis séparées en fonction de leur taille par une électrophorèse sur gel de SDS-polyacrylamide. Les protéines sont détectées à l'aide d'un marqueur tel que le bleu de Coomassie et on attribue aux taches des nombres permettant de les identifier.

a) Les cellules sont traitées à l'aide d'une substance chimique (« + SC ») ou ne sont pas traitées (« Témoin »). Les protéines sont ensuite extraites puis séparées par une électrophorèse sur gel à deux dimensions. Les gels marqués sont représentés ci-dessous. Que concluez-vous quant aux effets de la substance chimique sur les concentrations à l'état stationnaire des protéines 1 à 7 ?

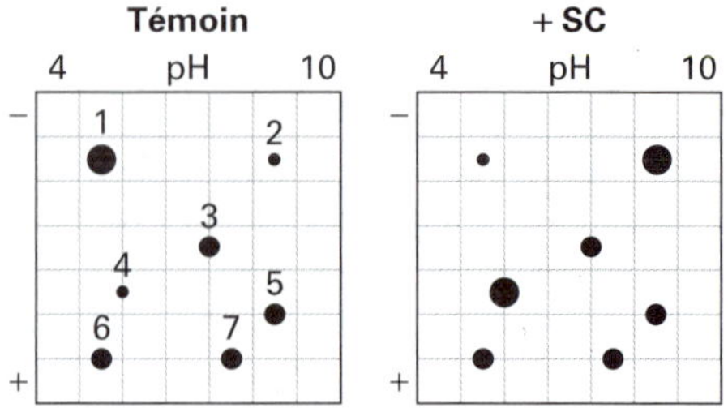

b) Vous pensez que la substance chimique pourrait induire une protéine kinase et vous répétez donc l'expérience menée dans la partie a en présence de phosphate inorganique marqué au ^{32}P. Dans cette expérience, les gels en deux dimensions sont exposés à un film aux rayons X pour détecter la présence de protéines marquées au ^{32}P. Les films aux rayons X sont représentés ci-dessous. Que vous permet de conclure cette expérience quant aux conséquences de la substance chimique sur les protéines 1 à 7 ?

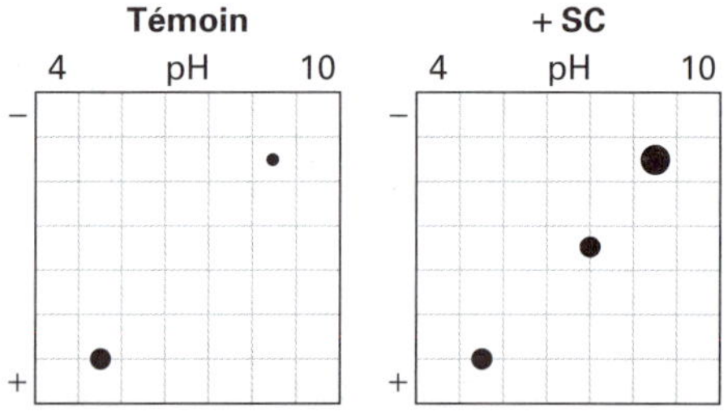

c) Pour déterminer la localisation cellulaire des protéines 1 à 7, les cellules de la partie a sont séparées en fractions nucléaire et cytoplasmique par centrifugation différentielle. Des gels à deux dimensions sont réalisés et marqués. Le résultat est présenté ci-dessous. Que pouvez-vous conclure quant à la localisation cellulaire des protéines 1 à 7 ?

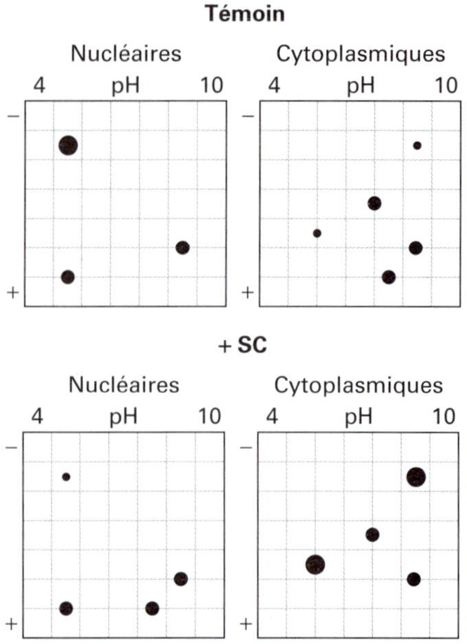

d) Résumez l'ensemble des propriétés des protéines 1 à 7 en combinant les données obtenues dans les parties a, b et c. Décrivez la manière dont vous pourriez déterminer l'identité de n'importe laquelle de ces protéines.

RÉFÉRENCES

Références générales

Berg, J. M. *et al.*, (2002), *Biochemistry*, 5e éd., W. H. Freeman and Company, chapitre 2-4, 7-10.

Nelson, D. L. et Cox, M. M., (2000), *Lehninger Principles of Biochemistry*, 3e éd., Worth Publishers, chapitres 5-8.

Sites Internet

Site traitant des protéines, structures, génomes et taxonomie : http://www.ncbi.nlm.nih.gov/Entrez/

Une base de données sur la structure 3D des protéines : http://www.rcsb.org/

Les classifications structurales des protéines : http://scop.mrclmb.cam.ac.uk/scop/

Des sites contenant des informations générales sur les protéines : http://www.expasy.ch/ ; http://www.proweb.org/

Des sites concernant des familles protéiques spécifiques : les protéine kinases, http://www.pkr.sdsc.edu/html/index.shtml ; la page d'accueil de la myosine, http://www.mrc-lmb.cam.ac.uk/myosin/myosin.html ; la page d'accueil de la kinésine, http://www.proweb.org/kinesin//

La structure hiérarchique des protéines

Branden, C. et Tooze, J., (1999), *Introduction to Protein Structure*, Garland.

Creighton, T. E., (1993), *Proteins : Structures and Molecular Properties*, 2e éd., W. H. Freeman and Company.

Hardison, R., (1998), Hemoglobins from bacteria to man : Evolution of different patterns of gene expression, *J. Exp. Biol.* **201** :1099.

Lesk, A. M., (2001), *Introduction to Protein Architecture*, Oxford.

Macromolecular Machines, (1998), *Cell* **92** :291-423. Un numéro spécial sur les machineries protéiques.

Patthy, L., (1999), *Protein Evolution*, Blackwell Science.

Le reploiement, la modification et la dégradation des protéines

Cohen, F. E., (1999), Protein misfolding and prion diseases, *J. Mol. Biol.* **293** :313-320.

Dobson, C. M, (1999), Protein misfolding, evolution and disease, *Trends Biochem. Sci* **24** :329-332.

Hartl, F. U. et Hayer-Hartl, M., (2002), Molecular chaperones in the cytosol : From nascent chain to folded protein, *Science* **295** :1852-1858.

Kirschner, M, (1999), Intracellular proteolysis, *Trends Cell Biol.* **9** :M42-M45.

Kornitzer, D. et Ciechanover, A., (2000), Modes of regulation of ubiquitin-mediated protein degradation, *J. Cell Physiol.* **182** :1-11.

Laney, J. D. et Hochstrasser, M., (1999), Substrate targeting in the ubiquitin system, *Cell* **97** :427-430.

Rochet, J.-C. et Landsbury, P. T., (2000), Amyloid fibrillogenesis : Themes and variations, *Curr. Opin. Struct. Biol.* **10** :60-68

Weissman, A. M, (2001), Themes and variations on ubiquitylation, *Nature Cell Biol.* **2** :169-177.

Zhang, X. *et al.*, (2002), Machinery of protein folding and unfolding, *Curr. Opin. Struct. Biol.* **12** :231-238.

Zwickil, P. *et al.*, (2000), Dis-assembly lines : The proteasome and related ATPase-assisted proteases, *Curr. Opin. Struct. Biol.* **10** :242-250.

Les enzymes et le travail chimique dans les cellules

Dressler, D. H. et Potter, H., *Discovering Enzymes*, Scientific American Library.

Fersht, A, (1999), *Enzyme Structure and Mechanism*, 3e éd., W. H. Freeman and Company.

Smith, C. M. *et al.*, (1998), The protein kinase resource, *Trends Biochem. Sci.* **22** :444-446.

Taylor, S. S. et Radzio-Andzelm, E., (1994), Three protein kinase structures define a common motif, *Structure* **2** :345-355.

Les moteurs moléculaires et le travail mécanique dans les cellules

Cooke, R, (2001), Motor proteins, *Encyclopedia Life Sciences*, Nature Publishing Group.

Spudich, J. A, (2001), The myosin swinging cross-bridge model, *Nature Rev. Mol. Cell Biol.* **2** :387-392.

Vale, R. D. et Milligan, R. A., (2000), The way things move : Looking under the hood of molecular motor proteins, *Science* **288** :88-95.

Les mécanismes courants de la régulation de la fonction des protéines

Ackers, G. K, (1998), Deciphering the molecular code of hemoglobin allostery, *Adv. Protein Chem.* **51** :185-253.

Austin, D. J. *et al.*, (1998), Proximity versus allostery : The role of regulated protein dimerization in biology, *Chem. Biol.* **1** :131-136.

Burack, W. R. et Shaw, A. S., (2000), Signal transduction : Hanging on a scaffold, *Curr. Opin. Cell Biol.* **12** :211-216.

Cox, S. *et al.*, (1998), Domain movements in protein kinases, *Curr. Opin. Struct. Biol.* **4** :893-901.

Horovitz, A. *et al.*, (2001), Review : Allostery in chaperonins, *J. Struct. Biol.* **135** :104-114.

Kawasaki, H., *et al.*, (1998), Classification and evolution of EF-hand proteins, *Biometals* **11** :277-295.

Lim, W. A, (2002), The modular logic of signaling proteins : Building allosteric switches from simple binding domains, *Curr. Opin. Struct. Biol.* **12** :61-68.

Ptashne, M. et Gann, A., (1998), Imposing specificity by localization : Mechanism and evolvability, *Curr. Biol.* **8** :R812-R822.

Saibil, H. R. *et al.*, (2001), Allostery and protein substrate conformational change during GroEL/GroES-mediated protein folding, *Adv. Protein Chem.* **59** :45-72.

Yap, K. L. *et al.*, (1999), Diversity of conformational states and changes within the EF-hand protein superfamily, *Proteins* **37** :499-507.

Purifier, détecter et caractériser les protéines

Hames, B. D. *A, Practical Approach*, Oxford University Press. Un ouvrage qui décrit les techniques de purification et les dosages des protéines.

4

LES MÉCANISMES MOLÉCULAIRES FONDAMENTAUX DE LA GÉNÉTIQUE

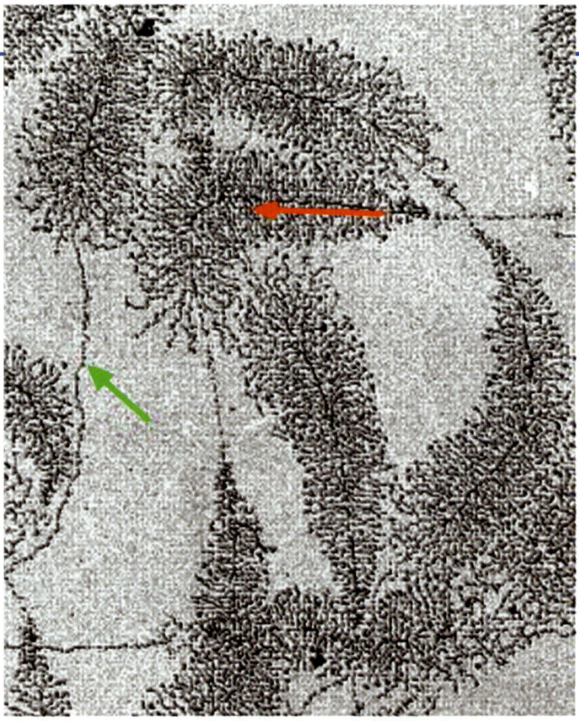

Une micrographie électronique d'un ADN (flèche verte) en cours de transcription en ARN (flèche rouge). [O. L. Miller, Jr. & Barbara R. Beatty, Oak Ridge National Laboratory.]

Nous avons décrit au Chapitre 3 les multiples aptitudes des protéines, qui peuvent jouer dans les cellules le rôle de machineries moléculaires et de régulateurs, de catalyseurs et de constituants structuraux. Dans ce chapitre, nous allons nous intéresser aux **acides nucléiques**. Ces macromolécules (1) portent l'information déterminant la séquence d'acides aminés, et par conséquent la structure et la fonction de toutes les protéines de la cellule, (2) entrent dans la composition des structures cellulaires qui sélectionnent et alignent les acides aminés dans l'ordre correct au cours de la formation d'une chaîne polypeptidique et (3) catalysent de nombreuses réactions chimiques fondamentales dans les cellules, entre autres la formation des liaisons peptidiques entre les acides aminés au cours de la synthèse protéique.

L'**acide désoxyribonucléique** (**ADN**) contient toute l'information nécessaire pour construire les cellules et les tissus d'un organisme. La réplication exacte de cette information chez n'importe quelle espèce lui garantit une continuité génétique d'une génération à l'autre et est essentielle au développement normal d'un individu. L'information présente dans l'ADN est organisée en unités de l'hérédité, que l'on appelle des **gènes**. Ceux-ci déterminent les caractères propres à un organisme. Au cours du processus de **transcription**, l'information stockée dans l'ADN est copiée sous la forme d'**acide ribonucléique** (**ARN**), qui intervient à trois niveaux dans la synthèse des protéines.

L'ARN messager (ARNm) porte les instructions contenues initialement dans l'ADN, qui spécifient l'ordre correct des acides aminés au cours de la synthèse protéique. L'assemblage séquentiel et remarquablement précis des acides aminés en protéines a lieu au cours de la **traduction** de l'ARNm. Pendant ce processus, l'information de l'ARNm est interprétée par un deuxième type d'ARN appelé ARN de transfert (ARNt) à l'aide d'une troisième sorte d'ARN, l'ARN ribosomial (ARNr) et des protéines qui lui sont associées. À mesure que les acides aminés corrects sont apportés par les ARNt à la séquence en cours d'élongation, ils sont associés les uns aux autres par des liaisons peptidiques afin de former des protéines.

La découverte de la structure de l'ADN en 1953 et plus tard, de la façon dont l'ADN commande la synthèse d'ARN qui se poursuit par l'assemblage des protéines — ce que l'on appelle le *dogme central* — furent des avancées considérables qui marquèrent le début de la biologie moléculaire. Cependant, la représentation simplifiée du dogme central par ADN → ARN → protéine ne reflète pas le rôle exact des protéines au cours de la synthèse des acides nucléiques. De plus, comme nous le verrons dans des chapitres ultérieurs, les protéines assument une grande responsabilité dans la *régulation* de l'**expression des gènes**, le processus par lequel l'information codée dans l'ADN est décodée pour former les différentes protéines propres à chaque type cellulaire.

SECTIONS

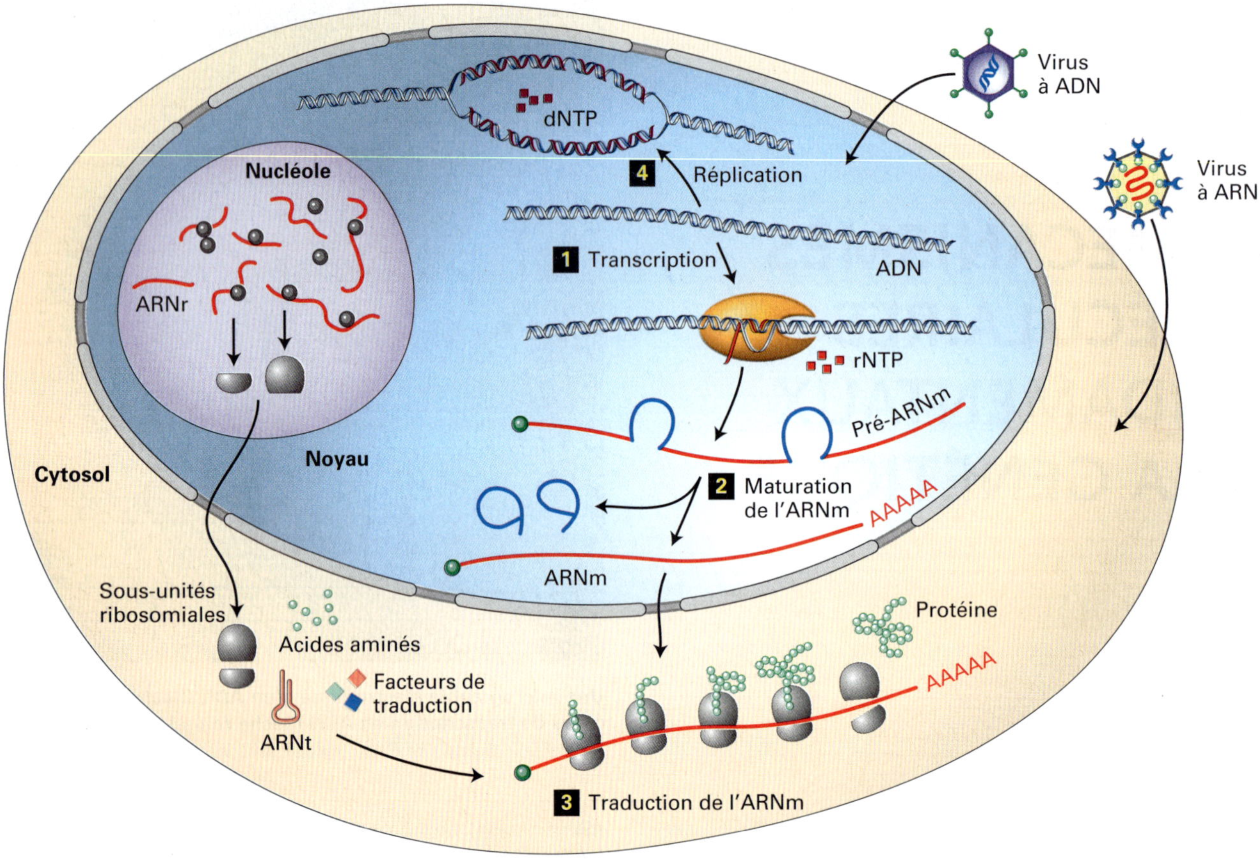

FIGURE 4-1 Une vue d'ensemble des quatre processus génétiques moléculaires fondamentaux. Dans ce chapitre, nous parlerons des trois processus qui conduisent à la production de protéines (**1**-**3**) et de la réplication de l'ADN (**4**). Les virus utilisent la machinerie cellulaire de l'hôte, c'est pourquoi ils ont joué un rôle important dans l'étude de ces processus. Au cours de la transcription par l'ARN polymérase d'un gène codant une protéine (**1**), le code à quatre bases de l'ADN spécifiant la séquence d'acides aminés d'une protéine est copié en un ARN messager précurseur (pré-ARNm) par polymérisation de monomères de ribonucléosides triphosphate (rNTP). Le retrait de certaines séquences et d'autres modifications du pré-ARNm (**2**), collectivement désignés sous le nom de *maturation de l'ARN*, produisent un ARNm fonctionnel, qui est transporté dans le cytoplasme. Au cours de la traduction (**3**) le code à quatre bases de l'ARNm est décodé dans le « langage » des protéines, constitué de 20 acides aminés. Les ribosomes, les machineries macromoléculaires qui traduisent le code d'ARNm, sont constitués de deux sous-unités assemblées dans le nucléole à partir des ARN ribosomiaux (ARNr) et de multiples protéines (*à gauche*). Après leur transport vers le cytoplasme, les sous-unités ribosomiales s'associent à un ARNm et exécutent la synthèse protéique avec l'aide d'ARN de transfert (ARNt) et de différents facteurs de traduction. Au cours de la réplication de l'ADN (**4**) qui se produit uniquement dans les cellules se préparant à se diviser, les monomères de désoxyribonucléosides triphosphate (dNTP) sont polymérisés pour former deux copies identiques de chaque molécule d'ADN chromosomique. Chaque cellule fille reçoit l'une des deux copies.

Dans ce chapitre, nous allons d'abord considérer la structure fondamentale et les propriétés de l'ADN et de l'ARN. Plus loin, nous traiterons des processus élémentaires résumés dans la Figure 4.1 : la transcription de l'ADN en ARN précurseurs, la maturation de ces précurseurs en molécules fonctionnelles d'ARN, la traduction des ARNm en protéines et la réplication de l'ADN. Ce faisant, nous comparerons la structure des gènes chez les procaryotes et les eucaryotes et nous décrirons le contrôle de la transcription chez les bactéries. Ceci nous permettra ensuite, au Chapitre 11, d'examiner les mécanismes plus complexes du contrôle de la transcription chez les eucaryotes. Après avoir décrit brièvement le rôle respectif des ARNm, ARNt et ARNr au cours de la synthèse protéique, nous détaillerons les constituants et les étapes biochimiques de la traduction. Nous envisagerons également au niveau moléculaire les problèmes potentiels lors de la réplication de l'ADN et la machinerie cellulaire complexe garantissant une copie fidèle du matériel génétique. La dernière section de ce chapitre présentera des informations élémentaires sur les virus, qui sont des organismes modèles importants pour étudier la synthèse macromoléculaire et d'autres processus cellulaires.

4.1 La structure des acides nucléiques

D'un point de vue chimique, l'ADN et l'ARN se ressemblent beaucoup. Leur structure primaire est formée de **polymères** linéaires constitués de **monomères** appelés **nucléotides.** La longueur des ARN cellulaires varie d'une centaine à plusieurs milliers de nucléotides. Les molécules d'ADN cellulaire peuvent contenir plusieurs centaines de millions de nucléotides. Ces grandes unités d'ADN, associées à des protéines, peuvent être marquées par des colorants et examinées à l'aide d'un microscope photonique sous la forme de chromosomes, ainsi appelés en raison de la possibilité de les colorer.

Un brin d'acide nucléique est un polymère linéaire qui possède une orientation définie

L'ADN et l'ARN sont constitués tous deux de seulement quatre nucléotides différents. Comme nous l'avons vu au Chapitre 2, tous les nucléotides sont formés d'une base organique liée à un sucre à cinq carbones qui possède un groupement phosphate fixé à son carbone 5. Dans l'ARN, le sucre est le ribose ; dans l'ADN il s'agit du désoxyribose (voir Figure 2-14). Les nucléotides utilisés pour la synthèse de l'ADN et de l'ARN contiennent cinq bases différentes.

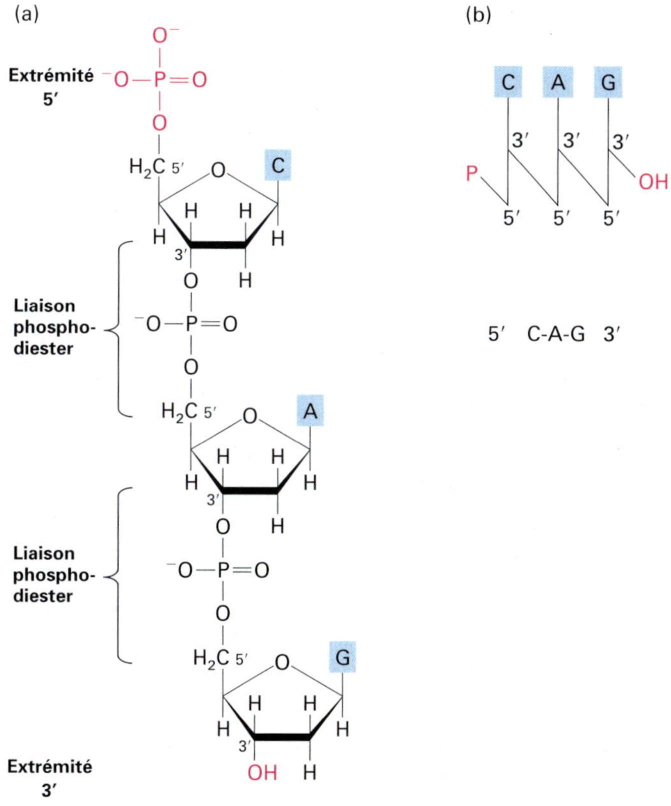

FIGURE 4-2 Les représentations alternatives d'un brin d'acide nucléique illustrant son orientation chimique. La figure présente un brin unique d'ADN contenant seulement trois bases : la cytosine (C), l'adénine (A) et la guanine (G). (a) La structure chimique montre un groupement hydroxyle au niveau de l'extrémité 3′ et un groupement phosphate au niveau de l'extrémité 5′. Remarquez également que deux liaisons phosphoester relient des nucléotides adjacents ; on désigne généralement ce doublet sous le terme de *liaison phosphodiester*. (b) Dans la représentation du haut, les sucres sont figurés par des traits verticaux et les liaisons phosphodiester par des lignes obliques. Les bases sont indiquées par leurs abréviations à une lettre. Dans la représentation la plus simple (*en bas*), seules les bases sont indiquées. Par convention, une séquence polynucléotidique est toujours écrite dans le sens 5′ ⟶ 3′ (de gauche à droite) sauf indication contraire.

Les bases *adénine* (A) et *guanine* (G) sont des **purines** comportant une paire de noyaux couplés. Les bases *cytosine* (C), *thymine* (T) et *uracile* (U) sont des **pyrimidines** à un seul cycle (voir Figure 2-15). L'ADN et l'ARN ont trois de ces bases en commun : A, G et C. T cependant n'est présente que dans l'ADN et U seulement dans l'ARN. (Ces abréviations à une lettre pour les bases sont couramment utilisées pour désigner tous les nucléotides constituant les polymères d'acides nucléiques.)

Un brin d'acide nucléique possède un *squelette* constitué d'unités pentose phosphate répétées, à partir desquelles les bases puriques et pyrimidiques s'étendent, sous la forme de groupements latéraux. Tout comme un polypeptide, un brin d'acide nucléique possède une orientation chimique : l'*extrémité 5'* présente un groupement hydroxyle ou phosphate sur le carbone 5' de son dernier sucre. L'extrémité 3' quant à elle possède habituellement un groupement hydroxyle au niveau du carbone 3' de son dernier sucre (Figure 4-2). Cette orientation, ajoutée au déroulement de la synthèse dans le sens 5' vers 3', fait que par convention les séquences polynucléotidiques sont écrites et lues dans le sens 5' ⟶ 3' (de gauche à droite). Par exemple, la séquence AUG est supposée être (5')AUG(3'). Comme nous le verrons, l'orientation 5' ⟶ 3' d'un brin d'acide nucléique est une propriété importante de la molécule. La liaison chimique entre des nucléotides adjacents, couramment appelée **liaison phosphodiester**, est composée en réalité de deux liaisons phosphoester, l'une du côté 5' du phosphate et l'autre du côté 3'.

La séquence linéaire de nucléotides associés par des liaisons phosphodiester constitue la structure primaire des acides nucléiques. Comme les polypeptides, les polynucléotides peuvent s'enrouler et se replier en conformations tridimensionnelles, stabilisées par des liaisons non covalentes. Bien que la structure primaire des ADN et des ARN soit généralement similaire, leurs conformations tridimensionnelles sont très différentes. Ces différences structurales sont essentielles pour que ces deux types d'acides nucléiques remplissent leurs fonctions spécifiques.

L'ADN natif est une double hélice formée de brins antiparallèles complémentaires

L'ère moderne de la biologie moléculaire débuta en 1953, lorsque James D. Watson et Francis H. Crick proposèrent la structure en double hélice de l'ADN. Leur hypothèse, basée sur des analyses de diagrammes de diffraction aux rayons X couplées à la construction rigoureuse d'un modèle, se révéla correcte. C'est elle qui nous a permis de comprendre le mode de fonctionnement de l'ADN en tant que matériel génétique.

L'ADN est constitué de deux brins polynucléotidiques associés, qui s'enroulent l'un autour de l'autre pour former une **double hélice**. Les deux squelettes sucre-phosphate sont à l'extérieur de la double hélice et les bases se projettent vers l'intérieur. Les bases adjacentes dans un même brin s'empilent les unes sur les autres dans des plans parallèles (Figure 4-3a). L'orientation des deux brins est *antiparallèle*, c'est-à-dire que leurs sens 5' ⟶ 3' sont opposés. Les deux brins coïncident grâce à la formation de **paires de bases** entre eux : A s'apparie avec T par deux liaisons hydrogène et G avec C par trois liaisons hydrogène (Figure 4-3b). Cette complémentarité entre les paires de bases est une conséquence de la taille, la forme et la composition chimique des bases. La présence de ces milliers de liaisons hydrogène dans une double hélice d'ADN contribue fortement à sa stabilité. Les interactions de van

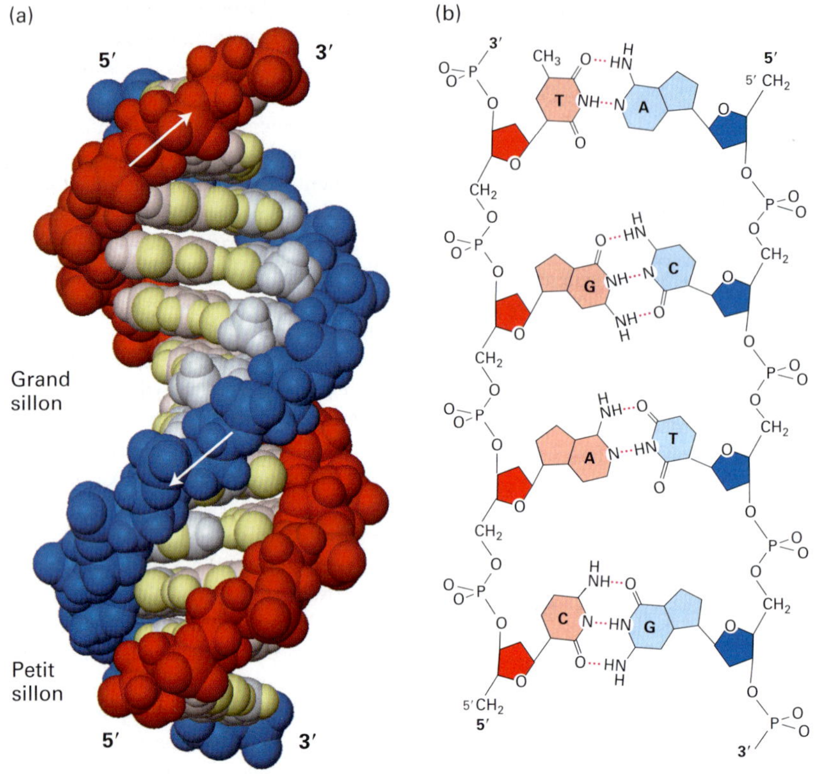

FIGURE 4-3 La double hélice d'ADN. (a) Un modèle compact de l'ADN B qui est la forme la plus courante d'ADN dans les cellules. Les bases (ombrage clair) se projettent vers l'intérieur à partir des squelettes sucre-phosphate (rouge et bleu vif) de chaque brin, mais leurs groupements latéraux sont accessibles depuis le grand et le petit sillons. Les flèches indiquent le sens 5′ → 3′ de chaque brin. Les liaisons hydrogène entre les bases sont au centre de la structure. Le grand et le petit sillons sont alignés grâce à des donneurs et des accepteurs potentiels de liaisons hydrogène (en jaune). (b) La structure chimique de la double hélice d'ADN. Ce schéma éclaté montre les deux squelettes sucre-phosphate et les liaisons hydrogène entre les paires de bases de type Watson-Crick A·T et G·C.[Partie (a) d'après R. Wing *et al.*, 1980, *Nature* **287**:755 ; partie (b) d'après R. E. Dickerson, 1983, *Sci. Am.* **249**:94.]

der Waals et les liaisons hydrophobes entre les paires de bases adjacentes verticalement stabilisent encore davantage la structure en double hélice.

Dans l'ADN naturel, A s'apparie toujours avec T et G avec C, par le biais de liaisons hydrogène, formant des paires de bases A•T et G•C comme le montre la Figure 4-3b. Ces associations entre une purine et une pyrimidine plus petite sont souvent appelées *paires de bases de Watson-Crick*. Deux brins polynucléotidiques (ou des régions de ceux-ci) dans lesquels les nucléotides forment ces paires de bases sont dits **complémentaires.** Toutefois, en théorie et dans des ADN synthétiques, d'autres paires de bases peuvent être formées. Par exemple, une guanine (purine) pourrait théoriquement établir des liaisons hydrogène avec une thymine (pyrimidine) ne provoquant qu'une faible déformation de l'hélice. L'espace disponible dans l'hélice devrait également permettre l'appariement entre les deux pyrimidines, cytosine et thymine. Bien que l'on ne rencontre généralement pas de paires de bases G•T et C•T dans l'ADN, les paires de bases G•U sont assez courantes dans les régions en double hélice qui se forment dans les ARN par ailleurs simple brin.

Dans les cellules, la plus grande partie de l'ADN est sous forme d'hélice *droite*. Le diagramme de diffraction aux rayons X de l'ADN indique que les bases empilées sont régulièrement espacées de 0,36 nm le long de l'axe de l'hélice. L'hélice effectue un tour complet tous les 3,6 nm, c'est-à-dire qu'elle contient environ 10,5 paires de bases par tour. C'est ce que l'on appelle la *forme B* de l'ADN, qui est la forme normalement présente dans la plupart des segments d'ADN cellulaire. Sur la partie externe de l'ADN de forme B, les espaces entre les brins entrelacés créent deux sillons hélicoïdaux de largeur différente, appelés *grand* sillon et *petit* sillon (voir Figure 4-3a). Par conséquent, les atomes qui dépassent de ces bases dans les sillons sont accessibles de l'extérieur de l'hélice, formant ainsi deux surfaces de liaison. Les protéines de liaison à l'ADN peuvent « lire » la séquence de bases dans l'ADN double brin en se plaçant au contact des atomes du grand ou du petit sillon.

En plus de la forme B prédominante, trois autres structures d'ADN ont été décrites. Deux d'entre elles sont comparées à l'ADN B dans la Figure 4-4. Dans des conditions de très faible humidité, la structure cristallographique de l'ADN B se change en *forme A*. Des hélices ARN-ADN et ARN-ARN existent sous cette forme dans les cellules et *in vitro*. De courtes molécules d'ADN constituées d'une alternance de nucléotides purine-pyrimidine (en particulier des G et des C) adoptent une configuration alternative en hélice gauche. Cette structure est appelée *ADN Z* car les bases semblent former un zigzag lorsqu'on les regarde de côté. Certains éléments suggèrent que de l'ADN Z pourrait être présent dans les cellules, même si l'on ignore son rôle éventuel. Enfin, une structure triple-brin d'ADN est créée lorsque des polymères synthétiques de poly(A) et de polydésoxy(U) sont mélangés dans un tube à essai. De plus, des segments homopolymériques d'ADN constitués de résidus C et T dans un brin et de résidus A et G dans l'autre peuvent former une structure à trois brins en se liant à des fragments correspondants de poly (C + T) synthétique. De telles structures ne se forment probablement pas naturellement dans les cellules mais pourraient servir d'agents thérapeutiques.

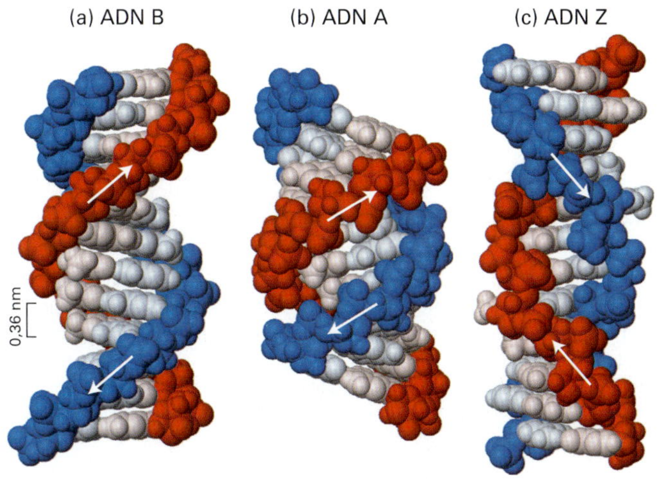

FIGURE 4-4 Des modèles de structures connues dans l'ADN. Les squelettes sucre-phosphate des deux brins, qui sont à l'extérieur dans toutes les structures, sont indiqués en rouge et en bleu. Les bases (ombrages clairs) sont orientées vers l'intérieur. (a) La forme B de l'ADN comprend ≈ 10,5 paires de bases par tour d'hélice. Des paires de bases adjacentes empilées les unes sur les autres sont distantes de 0,36 nm. (b) La forme A plus compacte de l'ADN possède 11 paires de bases par tour, qui sont très inclinées par rapport à l'axe de l'hélice. (c) L'ADN Z est une double hélice gauche.

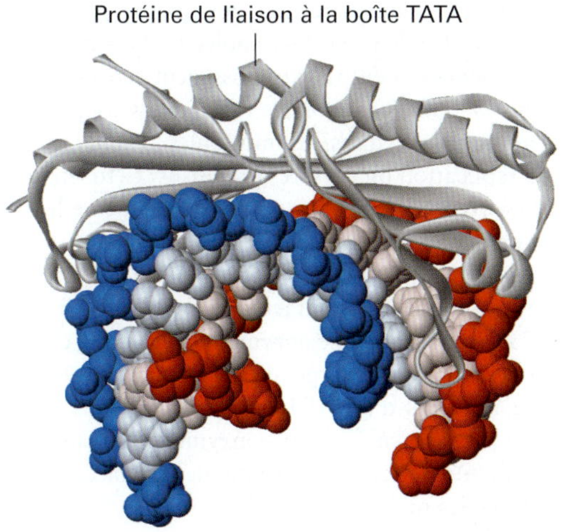

FIGURE 4-5 La courbure de l'ADN résultant de la liaison d'une protéine. Le domaine C-terminal conservé de la protéine de liaison à la boîte TATA (TBP) se fixe dans le petit sillon, au niveau de séquences spécifiques d'ADN, riches en A et T, déroulant la double hélice et lui imposant une forte courbure. La transcription de la plupart des gènes eucaryotes nécessite la participation de la TBP. [Adapté de D. B. Nikolov & S. K. Burley, 1997, *Proc. Natl. Acad. Sci. USA* **94**:15.]

Les modifications de loin les plus importantes dans la structure standard de l'ADN de forme B résultent de la fixation d'une protéine à des séquences spécifiques d'ADN. Bien que la multitude de liaisons hydrogène et hydrophobes entre les bases assure une certaine stabilité à l'ADN, la double hélice est flexible le long de son axe longitudinal. Au contraire de l'hélice α des protéines (voir Figure 3-3) il n'y a pas de liaisons hydrogène parallèles à l'axe de l'hélice d'ADN. Cette propriété permet à l'ADN de se plier lorsqu'il est complexé à une protéine de liaison à l'ADN (Figure 4-5). La courbure de l'ADN est essentielle à l'empaquetage dense de l'ADN sous forme de chromatine, qui est le complexe ADN-protéine sous la forme duquel on trouve l'ADN nucléaire dans les cellules eucaryotes (Chapitre 10).

Les brins d'ADN peuvent se séparer de manière réversible

Au cours de la réplication et de la transcription de l'ADN, les brins de la double hélice doivent se séparer pour permettre aux parties internes des bases de s'apparier avec les bases des nucléotides à polymériser en nouvelles chaînes polynucléotidiques. Nous décrirons plus loin les mécanismes cellulaires qui séparent puis réassocient les brins d'ADN au cours de la réplication et de la transcription. Dans cette partie, nous traiterons des facteurs influençant la séparation et la réassociation des brins d'ADN *in vitro*.

Le déroulement et la séparation des brins d'ADN, que l'on appelle **dénaturation** ou « fusion » (*melting* en anglais), peuvent être provoqués expérimentalement en élevant la température dans une solution d'ADN. L'augmentation de l'énergie thermique provoque l'accroissement de l'agitation moléculaire, ce qui finit par rompre les liaisons hydrogène et les autres forces stabilisant la double hélice. Les brins se séparent alors et s'éloignent l'un de l'autre en raison de la répulsion électrostatique des squelettes désoxyribose-phosphate chargés négativement dans chacun d'eux. Lorsqu'elle est voisine de la température de dénaturation, une légère augmentation de la température du milieu entraîne la perte rapide et quasiment simultanée des multiples interactions faibles maintenant les brins ensemble sur toute la longueur des molécules d'ADN. Ceci provoque un changement brusque de l'absorption des rayons ultraviolets (Figure 4-6a).

La *température de fusion*, T_m, à laquelle les brins d'ADN se séparent dépend de plusieurs facteurs. Les molécules contenant une forte proportion de paires G•C se dénaturent à des températures plus élevées, car les trois liaisons hydrogène dans les paires G•C rendent ces paires de bases plus stables que les paires A•T qui n'en comportent que deux. De ce fait, on peut estimer le pourcentage de paires G•C dans un échantillon d'ADN d'après son T_m (Figure 4-6b). La concentration ionique influence également le T_m car les groupements phosphate chargés négativement dans les deux brins sont protégés par les ions positifs. Si la concentration

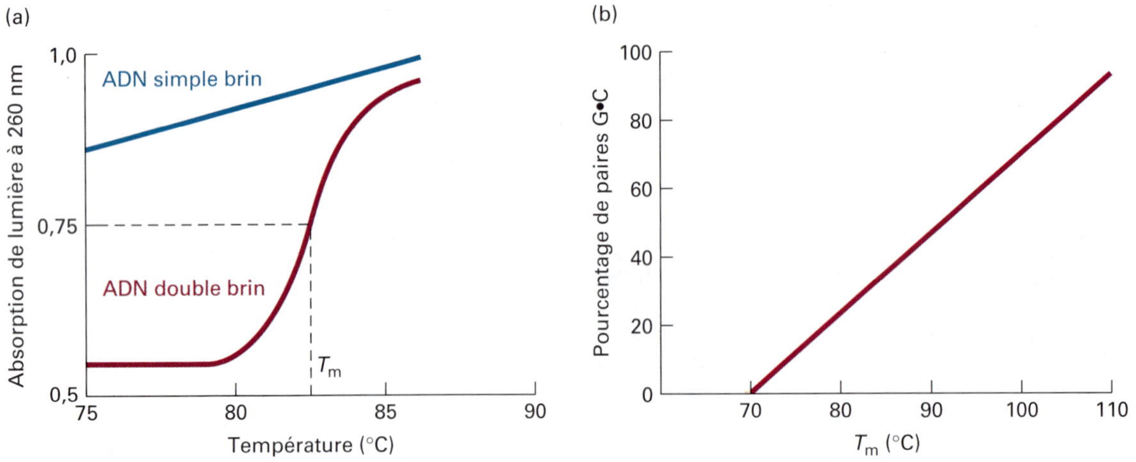

FIGURE EXPÉRIMENTALE 4-6 La température à laquelle un ADN se dénature augmente avec la proportion de paires G•C qu'il contient. (a) La fusion d'un ADN double brin peut être suivie par l'absorption de rayons ultraviolets à 260 nm. Lorsque des régions d'ADN double brin se séparent, l'absorption de la lumière par ces régions double quasiment. La température à laquelle la moitié des bases d'un échantillon d'ADN double brin sont dénaturées est appelée T_m (température de fusion). L'absorption de lumière par un ADN simple brin change beaucoup moins à mesure que la température augmente. (b) Le T_m est fonction du contenu en G•C de l'ADN ; plus le pourcentage de G + C est important, plus le T_m est élevé.

ionique est faible, cette protection diminue, ce qui augmente les forces de répulsion entre les deux brins et abaisse le T_m. Les agents déstabilisant les liaisons hydrogène, tels que le formamide ou l'urée, abaissent également le T_m. Enfin, les pH extrêmes entraînent la dénaturation de l'ADN à faible température. À pH bas (acide), les bases sont protonées et donc chargées positivement, ce qui provoque leur répulsion. À pH élevé (alcalin), les bases perdent leurs protons et se chargent négativement, se repoussant une fois encore en raison de leur charge similaire.

Les molécules d'ADN simple brin créées par la dénaturation se courbent de façon aléatoire, sans structure organisée. En abaissant la température, en augmentant la concentration ionique ou en neutralisant le pH, les deux brins complémentaires se réassocient en une double hélice parfaite. L'ampleur d'une telle *renaturation* dépend du temps, de la concentration d'ADN et de la concentration ionique. Deux brins non complémentaires d'ADN restent à l'état de structures non organisées et ne se renaturent pas. Une chose importante est qu'ils n'empêchent pas deux brins complémentaires d'ADN de se trouver et de se renaturer. La dénaturation et la renaturation de l'ADN sont à la base de l'**hybridation** des acides nucléiques, une technique très utile pour étudier la ressemblance entre deux échantillons d'ADN et pour détecter et isoler des molécules spécifiques d'ADN dans un mélange contenant de nombreuses séquences différentes d'ADN (voir Figure 9-16).

Un grand nombre de molécules d'ADN sont circulaires

De nombreux ADN génomiques procaryotes et ADN viraux sont des molécules circulaires. On observe également des molécules circulaires d'ADN dans les mitochondries, qui sont présentes dans presque toutes les cellules eucaryotes, ainsi que dans les chloroplastes que l'on trouve chez les plantes et certains eucaryotes unicellulaires.

Chacun des deux brins d'une molécule circulaire d'ADN forme une structure fermée sans extrémité libre. Le déroulement local d'une molécule circulaire d'ADN qui se produit au cours de la réplication, induit une contrainte de torsion dans le reste de la molécule car les extrémités des brins ne peuvent tourner librement. Par conséquent, la molécule d'ADN s'enroule sur elle-même, comme un élastique entortillé, formant des *supertours* (Figure 4-7b). En d'autres termes, lorsqu'une partie de l'hélice d'ADN est déroulée, le reste de la molécule est superenroulé. Les cellules bactériennes et eucaryotes possèdent cependant une enzyme, la *topoisomérase I*, capable de relâcher les contraintes de torsion qui apparaissent dans les molécules d'ADN cellulaire au cours de la réplication ou d'autres processus. Cette enzyme se fixe à l'ADN au niveau de sites aléatoires et rompt une liaison phosphodiester dans un brin. Une telle cassure simple brin dans l'ADN s'appelle une *coupure* (*nick* en anglais). Une extrémité du brin coupé tourne autour du brin intact, ce qui supprime les supertours (Figure 4-7a). Enfin, la même enzyme relie les deux extrémités du brin sectionné. Un autre type d'enzyme, la *topoisomérase II*, rompt les deux brins d'un ADN double brin, puis les ressoude. Grâce à ce mécanisme, cette enzyme peut supprimer les contraintes de torsion et lier ensemble deux molécules circulaires d'ADN comme les maillons d'une chaîne.

Bien que l'ADN nucléaire eucaryote soit linéaire, de longues boucles d'ADN sont maintenues par endroit dans les chromosomes (Chapitre 10). Ceci peut provoquer l'apparition d'une contrainte de torsion et la formation consécutive de supertours au cours de la réplication de l'ADN nucléaire. Comme dans les cellules bactériennes, des molécules abondantes de topoisomérases I dans les noyaux eucaryotes suppriment dans l'ADN nucléaire, les contraintes de torsion qui apparaîtraient en l'absence de cette enzyme.

(a) Superenroulé (b) Cercle relâché

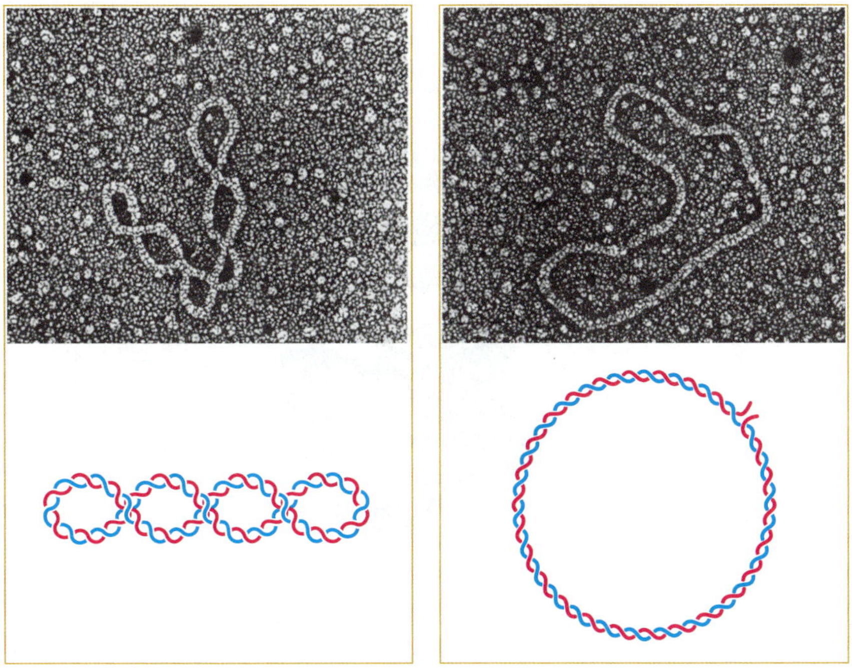

FIGURE EXPÉRIMENTALE 4-7 Les supertours d'ADN peuvent être supprimés par le clivage de l'un des brins. (a) Une micrographie électronique de l'ADN viral de SV40. Lorsque l'ADN circulaire du virus SV40 est isolé et séparé des protéines qui lui sont associées, l'ADN double brin est déroulé et adopte alors pour compenser, une configuration superenroulée. (b) Si l'ADN superenroulé est coupé (c'est-à-dire si l'un des brins est clivé), les brins peuvent se dérouler, ce qui entraîne la perte d'un supertour. La topoisomérase I catalyse cette réaction et ressoude également les extrémités créées par la coupure. Tous les supertours dans un ADN isolé de SV40 peuvent être supprimés grâce à l'action séquentielle de cette enzyme, ce qui produit une conformation en cercle relâché. Pour plus de clarté, les formes des molécules du bas ont été simplifiées.

Les différents types d'ARN présentent des conformations variées en liaison avec leurs fonctions

Comme nous l'avons dit précédemment, la structure primaire de l'ARN ressemble à celle de l'ADN à deux exceptions près : le sucre qui entre dans la composition de l'ARN, le ribose, possède un groupement hydroxyle en position 2' (voir Figure 2-14b) et la thymine dans l'ADN est remplacée par de l'uracile dans l'ARN. Le groupement hydroxyle sur le C_2 du ribose rend l'ARN chimiquement plus labile (instable) que l'ADN et constitue un groupement chimique réactif impliqué dans la catalyse par l'intermédiaire de l'ARN. En raison de cette labilité, l'ARN est clivé en mononucléotides par une solution alcaline, ce qui n'est pas le cas de l'ADN. À l'instar de l'ADN, l'ARN est un long polynucléotide qui peut être double ou simple brin, linéaire ou circulaire. Il peut également former une hélice hybride avec un brin d'ADN. Comme nous l'avons vu plus haut, les doubles hélices ARN-ARN et ADN-ARN ont une conformation compacte comme la forme A de l'ADN (voir Figure 4-4b).

Au contraire de l'ADN qui existe essentiellement sous forme de double hélice très longue, la plupart des ARN cellulaires sont simples brins et présentent de multiples conformations (Figure 4-8). La diversité des tailles et des conformations des différents types d'ARN leur permet de remplir des fonctions spécifiques dans une cellule. Les structures secondaires les plus simples dans les ARN simple brin apparaissent par appariement de bases complémentaires. Des « boucles en épingle à cheveux » se forment par appariement des bases et sont longues de ≈ 5 à 10 nucléotides chacune. Des structures « tige-boucle » résultent de l'appariement de bases séparées de 10 à plusieurs centaines de nucléotides. Ces reploiements simples peuvent coopérer pour former des structures tertiaires plus complexes, dont l'une s'appelle le « pseudo-nœud ».

Comme nous le verrons plus en détail ultérieurement, les molécules d'ARNt adoptent en solution une architecture tridimensionnelle bien définie, essentielle pour la synthèse protéique. Les molécules plus grandes d'ARNr présentent également des structures tridimensionnelles précises, reliées par des parties intermédiaires plus flexibles. Des structures secondaires et tertiaires ont également été observées dans l'ARNm, en particulier près des extrémités des molécules. À l'évidence donc, les molécules d'ARN ressemblent aux protéines par le fait qu'elles possèdent des domaines structurés reliés par des segments flexibles moins structurés.

Les domaines repliés des molécules d'ARN sont non seulement analogues aux hélices α et aux feuillets β présents dans les protéines, mais ils possèdent également dans certains cas des propriétés catalytiques. On appelle **ribozymes** ces ARN catalytiques. Bien que les ribozymes soient généralement associés à des protéines qui stabilisent leur structure, c'est l'ARN qui joue le rôle de catalyseur. Certains ribozymes catalysent des réactions d'épissage. Il s'agit d'un processus remarquable au cours duquel une séquence interne d'un ARN est coupée puis retirée et les deux extrémités ainsi créées sont réunies. Ce processus se déroule lors de la formation de la majorité des molécules d'ARNm fonctionnel dans les cellules eucaryotes, ainsi que chez certaines bactéries et archaebactéries. Certains ARN sont même capables d'*auto-épissage*, l'activité catalytique étant alors située dans la séquence qui est retirée. Les mécanismes d'épissage et d'auto-épissage seront discutés en détail

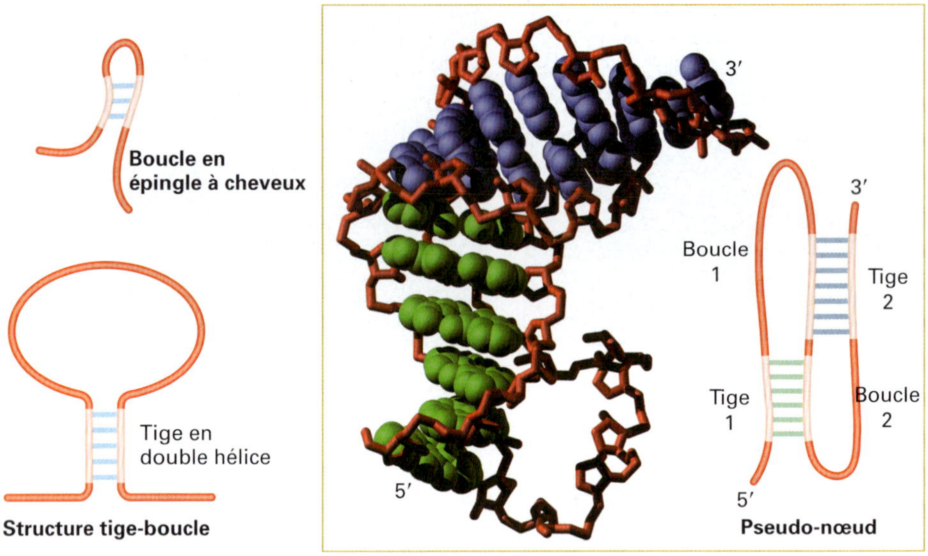

FIGURE 4-8 Les structures secondaire et tertiaire de l'ARN. (a) Des structures tige-boucle, des épingles à cheveux et d'autres structures secondaires peuvent se former par appariement de bases appartenant à des segments complémentaires éloignés dans une même molécule d'ARN. Dans les structures tige-boucle, la boucle simple brin au milieu de la tige hélicoïdale double brin peut être longue de centaines, voire de milliers de nucléotides. Les boucles en épingle à cheveux au contraire ont un coude qui peut ne contenir que quatre nucléotides. (b) Des pseudo-nœuds, un type de structure tertiaire de l'ARN, sont formés à la suite de l'interaction de boucles de structure secondaire, grâce à l'appariement de bases complémentaires (en vert et en bleu). Seules les bases appariées sont figurées. Un schéma de structure secondaire est présenté à droite. [Partie (b) adaptée de P. J. A. Michiels *et al.*, 2001, *J. Mol. Biol.* **310**:1109.]

au Chapitre 12. Comme nous le verrons plus loin dans ce chapitre, l'ARNr joue un rôle catalytique lors de la formation des liaisons peptidiques au cours de la synthèse protéique.

Dans ce chapitre, nous nous concentrerons sur le rôle de l'ARNm, l'ARNt et l'ARNr dans l'expression des gènes. Dans des chapitres ultérieurs, nous rencontrerons d'autres ARN, souvent associés à des protéines, qui participent à d'autres fonctions cellulaires.

CONCEPTS CLÉS DE LA SECTION 4.1

La structure des acides nucléiques

- L'acide désoxyribonucléique (ADN) est le matériel génétique. Il porte l'information nécessaire pour spécifier les séquences d'acides aminés des protéines. Il est transcrit en plusieurs types d'acide ribonucléique (ARN), qui comprennent l'ARN messager (ARNm), l'ARN de transfert (ARNt) et l'ARN ribosomial (ARNr), intervenant dans la synthèse des protéines (voir Figure 4.1).
- L'ADN et l'ARN sont tous deux de longs polymères non ramifiés constitués de nucléotides. Ceux-ci sont formés d'un pentose phosphorylé lié à une base organique, qui est soit une purine, soit une pyrimidine.
- Les purines, adénine (A) et guanine (G) et la cytosine (C) qui est une pyrimidine sont présentes à la fois dans l'ADN et l'ARN. La thymine (T), une pyrimidine présente dans l'ADN, est remplacée dans l'ARN par l'uracile (U), une autre pyrimidine.
- Les nucléotides adjacents dans un polynucléotide sont reliés par des liaisons phosphodiester. Le brin complet présente une orientation définie : l'extrémité 5' porte un groupement hydroxyle ou phosphate libre sur le carbone 5' du sucre et l'extrémité 3', un groupement hydroxyle libre sur le carbone 3' du sucre (voir Figure 4-2).
- L'ADN naturel (ADN B) contient deux brins polynucléotidiques complémentaires et antiparallèles. Ils sont enroulés régulièrement l'un autour de l'autre, formant ainsi une double hélice droite. Les bases sont à l'intérieur de celle-ci et les deux squelettes sucre-phosphate, à l'extérieur (voir Figure 4-3). L'appariement des bases entre les brins et les interactions hydrophobes entre des bases adjacentes dans le même brin stabilisent cette structure native.
- Les bases présentes dans les acides nucléiques peuvent interagir par le biais de liaisons hydrogène. Les paires de bases standard de Watson-Crick sont G•C (dans l'ADN et l'ARN), A•T (dans l'ADN) et A•U (dans l'ARN). L'appariement des bases stabilise les structures tridimensionnelles natives de l'ADN et de l'ARN.
- La liaison de protéines à l'ADN peut déformer sa structure hélicoïdale, provoquant une courbure locale ou le déroulement de la molécule d'ADN.
- La chaleur entraîne la séparation (dénaturation) des brins d'ADN. Le température de fusion T_m de l'ADN augmente avec le pourcentage de paires de bases G•C. Dans des conditions adéquates, les brins complémentaires séparés d'acides nucléiques peuvent se renaturer.
- Les molécules circulaires d'ADN peuvent être enroulées sur elles-mêmes, formant alors des supertours (voir Figure 4-7). Des enzymes appelées *topoisomérases* peuvent relâcher les contraintes de torsion et supprimer les supertours des molécules circulaires d'ADN.
- Les ARN cellulaires sont des polynucléotides simple brin, dont certains forment des structures secondaire et tertiaire bien définies (voir Figure 4-8). Il existe des ARN, appelés *ribozymes*, qui possèdent une activité catalytique.

4.2 La transcription des gènes codant des protéines et la formation de l'ARNm fonctionnel

La définition élémentaire d'un gène est « une unité d'ADN qui contient l'information nécessaire pour spécifier la synthèse d'une seule chaîne polypeptidique ou d'un ARN fonctionnel (tel qu'un

ARNt) ». La grande majorité des gènes portent l'information permettant la synthèse des molécules de protéines et ce sont les copies d'ARN de ces *gènes codant des protéines* qui constituent les molécules d'ARNm des cellules. Les molécules d'ADN des petits virus ne contiennent que quelques gènes, tandis que la molécule unique de chacun des chromosomes des végétaux et animaux supérieurs peut comporter plusieurs milliers de gènes.

Au cours de la synthèse d'ARN, le langage à quatre bases de l'ADN contenant A, G, C et T est simplement copié ou *transcrit* dans le langage à quatre bases de l'ARN qui est identique, à l'exception de T qui est remplacée par U. Au contraire, au cours de la synthèse protéique, le langage à quatre bases de l'ADN et de l'ARN est *traduit* dans le langage des protéines, qui comporte 20 acides aminés. Dans cette section, nous nous intéresserons à la formation des ARNm fonctionnels à partir des gènes codant des protéines (voir Figure 4-1, étape 1). Un processus similaire aboutit aux précurseurs des ARNr et des ARNt codés par des gènes d'ARNr et d'ARNt. Ces précurseurs sont ensuite modifiés pour former des ARNr et ARNt fonctionnels (Chapitre 12).

Un brin matrice d'ADN est transcrit par l'ARN polymérase en une chaîne complémentaire d'ARN

Au cours de la transcription de l'ADN, un brin d'ADN sert de *matrice* (de modèle), déterminant l'ordre dans lequel les monomères de ribonucléosides triphosphate (rNTP) sont polymérisés pour former une chaîne complémentaire d'ARN. Les bases du brin matrice d'ADN s'apparient avec les rNTP entrants complémentaires qui sont ensuite reliés les uns aux autres par une réaction de polymérisation catalysée par une **ARN polymérase**. La polymérisation implique l'attaque nucléophile de l'oxygène en 3' dans la chaîne d'ARN en cours de synthèse sur le phosphate α du précurseur nucléotidique qui doit être ajouté ensuite. Ceci aboutit à la formation d'une liaison phosphodiester et à la libération de pyrophosphate (PP_i). En raison de ce mécanisme, les molécules d'ARN sont toujours synthétisées dans le sens 5'→3' (Figure 4-9).

D'un point de vue énergétique, la réaction est nettement en faveur de l'addition de ribonucléotides à la chaîne d'ARN en cours d'élongation, car la liaison riche en énergie entre les phosphates α et β des monomères de rNTP est remplacée par une liaison phosphodiester d'énergie plus faible entre les nucléotides. L'équilibre de cette réaction est encore davantage déplacé vers l'élongation de la chaîne par la pyrophosphatase, une enzyme qui catalyse le clivage du PP_i libéré, en deux molécules de phosphate inorganique. Comme les deux brins d'ADN, l'orientation du brin matrice d'ADN et celle du brin d'ARN en cours de synthèse qui lui est apparié sont opposées.

Par convention, le site au niveau duquel l'ARN polymérase commence la transcription est numéroté par +1. **En aval** désigne le sens dans lequel un brin matrice d'ADN est transcrit (ou un brin d'ARNm, traduit). Par conséquent, une séquence en aval est orientée vers l'extrémité 3' en partant du site de début de la transcription, lorsqu'on considère le brin d'ADN de même polarité que l'ARN transcrit. **En amont** désigne le sens inverse. Les positions nucléotidiques en aval dans la séquence d'ADN à partir d'un site de départ sont indiquées par un signe positif (+) ; celles qui sont en amont, par un signe négatif (-).

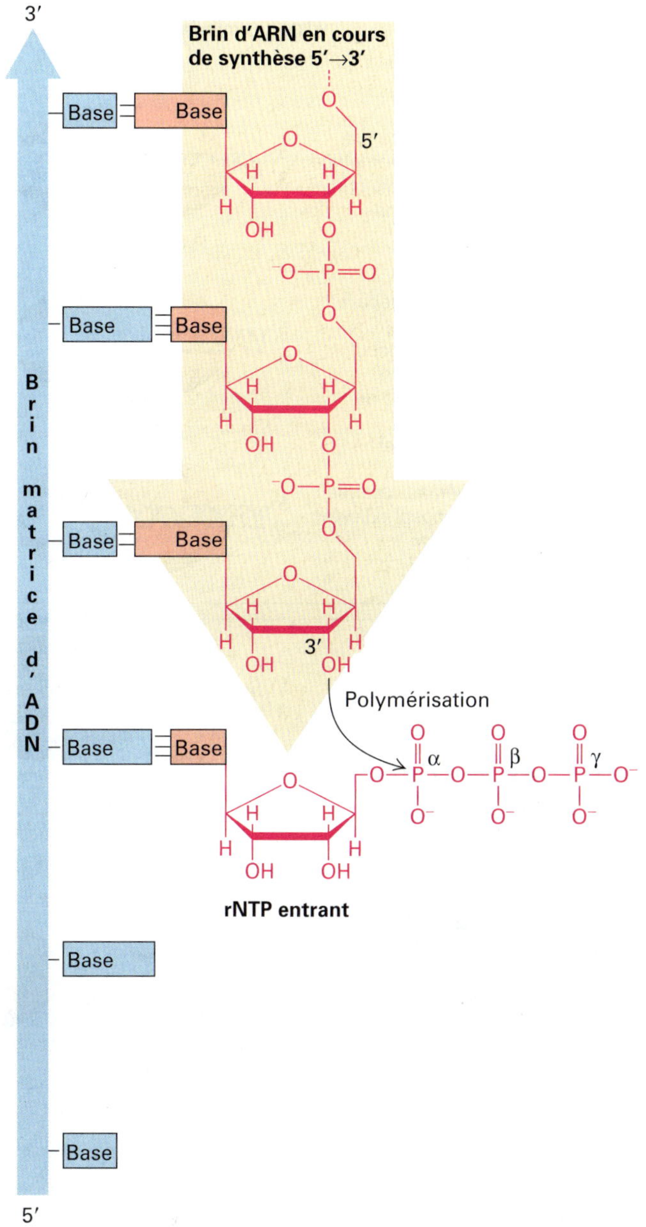

FIGURE 4-9 La polymérisation des ribonucléotides par l'ARN polymérase au cours de la transcription. Le ribonucléotide qui doit être ajouté à l'extrémité 3' d'un brin d'ARN en cours d'élongation est spécifié par l'appariement entre la base suivante dans le brin matrice d'ADN et le ribonucléoside triphosphate (rNTP) entrant complémentaire. Une liaison phosphodiester est créée lorsque l'ARN polymérase catalyse une réaction entre le 3' O du brin en cours de synthèse et le phosphate α d'un rNTP apparié correctement. Les brins d'ARN sont toujours synthétisés dans le sens 5' → 3' et ont une orientation inverse de celle des brins d'ADN qui leur servent de matrice.

Les étapes de la transcription Lors de la transcription, l'ARN polymérase remplit plusieurs fonctions distinctes, comme le décrit la Figure 4-10. Au cours de l'*initiation* de la transcription, l'ARN polymérase reconnaît un site spécifique de l'ADN double brin, que l'on appelle un **promoteur**, et s'y fixe (étape 1). Les ARN

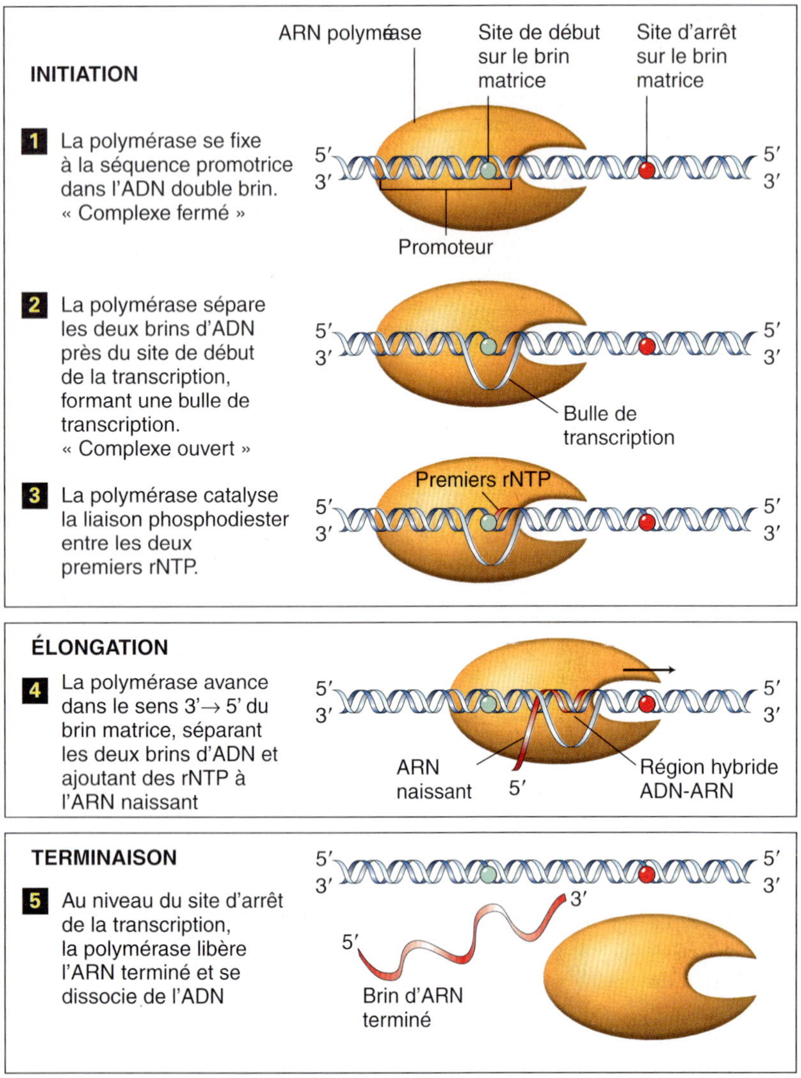

FIGURE 4-10 Les trois étapes de la transcription. Au cours de l'initiation de la transcription, l'ARN polymérase forme une bulle de transcription et commence la polymérisation de ribonucléotides (rNTP) au niveau du site de début de la transcription, qui est situé dans la région promotrice. Une fois la région d'ADN transcrite, les brins séparés se réassocient en une double hélice, déplaçant l'ARN naissant à l'exception de son extrémité 3′. L'extrémité 5′ du brin d'ARN quitte l'ARN polymérase en passant par un canal dans l'enzyme. La terminaison se produit lorsque la polymérase rencontre une séquence spécifique de terminaison (site d'arrêt). Voir le texte pour plus de détails.

polymérases nucléaires ont besoin de différents facteurs protéiques, appelés **facteurs généraux de la transcription**, pour les aider à localiser les promoteurs et à initier la transcription. Après s'être fixée à un promoteur, l'ARN polymérase sépare les brins d'ADN afin de rendre les bases du brin matrice disponibles pour s'apparier avec les ribonucléosides triphosphate qu'elle polymérisera ensemble. Les ARN polymérases cellulaires séparent environ 14 paires de bases d'ADN autour du site de début de la transcription, qui est situé sur le brin matrice dans la région du promoteur (étape 2). L'initiation de la transcription est considérée comme terminée lorsque les deux premiers ribonucléotides d'une chaîne d'ARN sont assemblés par une liaison phosphodiester (étape 3).

Après la polymérisation de plusieurs ribonucléotides, l'ARN polymérase se dissocie de l'ADN promoteur et des facteurs généraux de la transcription. Au cours de l'étape d'*élongation du brin*, l'ARN polymérase se déplace d'une base à la fois le long de l'ADN matrice, ouvrant l'ADN double brin devant elle dans le sens de son déplacement et hybridant les brins derrière elle (Figure 4-10, étape 4). Les ribonucléotides sont ajoutés un par un à partir de l'extrémité 3′ de la chaîne d'ARN en cours de synthèse (*naissante*) pendant l'élongation du brin par la polymérase. L'enzyme maintient une région dénaturée d'environ 14 paires de bases, appelée *bulle de transcription*. Environ 8 nucléotides au niveau de l'extrémité 3′ du brin naissant d'ARN restent appariés au brin matrice d'ADN dans la bulle de transcription. Le complexe d'élongation, comprenant l'ARN polymérase, l'ADN matrice et le brin d'ARN naissant est d'une stabilité remarquable. Par exemple, l'ARN polymérase transcrit les plus longs gènes connus de mammifères, contenant $\approx 2 \times 10^6$ paires de bases, sans se dissocier de la matrice d'ADN ni libérer l'ARN naissant. Puisque la synthèse d'ARN se déroule à une vitesse voisine de 1000 nucléotides par minute à 37°C, le complexe d'élongation doit rester intact pendant plus de 24 heures pour garantir la synthèse continue de l'ARN.

Au cours de la *terminaison* de la transcription qui est la dernière étape de la synthèse d'ARN, la molécule terminée d'ARN ou **transcrit primaire**, est libérée de l'ARN polymérase. Cette dernière se dissocie alors de l'ADN matrice (Figure 4-10, étape 5). Des séquences spécifiques dans le brin matrice d'ADN signalent à l'ARN polymérase liée de terminer la transcription. Une fois libérée, l'ARN polymérase est libre de transcrire une nouvelle fois le gène ou un autre gène.

La structure des ARN polymérases Les ARN polymérases des bactéries, archaebactéries et cellules eucaryotes se ressemblent beaucoup, tant d'un point de vue structural que fonctionnel. Les ARN polymérases bactériennes sont constituées de deux grosses sous-unités apparentées (β et β'), de deux copies d'une sous-unité plus petite (α) et d'une copie d'une cinquième sous-unité (ω) qui n'est essentielle ni pour la transcription ni pour la viabilité des cellules, mais stabilise l'enzyme et participe à l'assemblage de ses sous-unités. Les ARN polymérases des eucaryotes et des archaebactéries possèdent plusieurs petites sous-unités supplémentaires

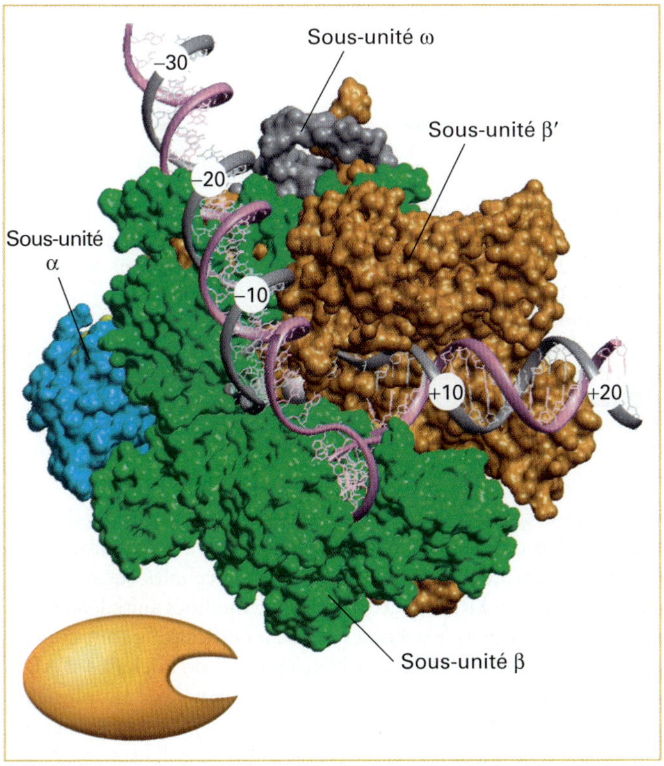

FIGURE 4-11 Un modèle courant de l'ARN polymérase bactérienne liée à un promoteur. Cette structure correspond à la molécule de polymérase telle qu'elle est schématisée dans l'étape **2** de la Figure 4-10. La sous-unité β' est en orange, la sous-unité β en vert. On peut voir une partie de l'une des deux sous-unités α en bleu ; la sous-unité ω est en gris. Les brins matrice d'ADN et complémentaire du brin matrice sont figurés respectivement par des rubans gris et rose. Un ion Mg^{2+} au niveau du centre actif est représenté par une sphère grise. Les nombres indiquent les positions de la séquence d'ADN par rapport au site de début de la transcription. Les nombres positifs (+) vont dans le sens de la transcription et les nombres négatifs (-) dans le sens inverse. [Aimablement communiqué par R. H. Ebright, Waksman Institute.]

associées à ce complexe central, que nous décrirons au Chapitre 11. Les représentations schématiques de la transcription montrent généralement l'ARN polymérase liée à une molécule non courbée d'ADN, comme dans la Figure 4-10. Pourtant, d'après le modèle usuel de l'interaction entre l'ARN polymérase bactérienne et l'ADN promoteur, l'ADN se courbe fortement après son entrée dans l'enzyme (Figure 4-11).

L'organisation des gènes diffère dans l'ADN procaryote et dans l'ADN eucaryote

Maintenant que nous avons décrit le déroulement de la transcription, nous allons considérer rapidement l'organisation à grande échelle de l'information dans l'ADN et la façon dont celle-ci impose des contraintes à la synthèse d'ARN pour que le transfert d'information se déroule sans accroc. Ces dernières années, le séquençage des **génomes** complets de plusieurs organismes a révélé non seulement des variations importantes dans le nombre de gènes codant des protéines, mais également des différences d'organisation entre procaryotes et eucaryotes.

L'arrangement le plus courant des gènes codant des protéines chez tous les procaryotes présente une logique intéressante : les gènes destinés à la même fonction métabolique, comme la synthèse de l'acide aminé tryptophane, sont le plus souvent contigus dans l'ADN. On appelle **opéron** un tel arrangement des gènes en un groupement fonctionnel, car il opère comme une unité à partir d'un promoteur unique. La transcription d'un opéron produit un brin continu d'ARNm qui porte le message spécifiant une série de protéines apparentées (Figure 4-12a). Chaque portion de l'ARNm représente l'unité (le gène) codant l'une des protéines de la série. Dans l'ADN procaryote, les gènes sont étroitement empaquetés et ne sont séparés que par quelques segments non codants. L'ADN est transcrit directement en un ARNm colinéaire, traduit ensuite en protéine.

Ce regroupement économique des gènes destinés à une même fonction métabolique n'existe pas chez les eucaryotes, même chez les levures les plus simples dont le métabolisme s'apparente à celui des bactéries. Au lieu de cela, les gènes eucaryotes dont les produits sont impliqués dans la même voie métabolique sont souvent séparés physiquement dans l'ADN. En effet, ces gènes sont généralement situés sur des chromosomes distincts. Chaque gène est transcrit à partir de son propre promoteur, produisant un ARNm qui est généralement traduit en un seul polypeptide (Figure 4-12b).

Lorsque les chercheurs comparèrent pour la première fois les séquences nucléotidiques des ARNm eucaryotes d'organismes pluricellulaires avec les séquences d'ADN qui les codaient, ils eurent la surprise de voir que la séquence ininterrompue d'un ARNm donné codant une protéine était fragmentée (discontinue) dans la partie correspondante de l'ADN. Ils conclurent que le gène eucaryote était formé de fragments de séquence codante, les **exons**, séparés par des fragments ne codant pas de protéine, les **introns**. Cette découverte étonnante impliquait que le long transcrit primaire de départ — la copie d'ARN de la séquence entière d'ADN transcrit — devait être coupée en plusieurs endroits pour enlever les introns, puis soigneusement reformée pour produire de nombreux ARNm eucaryotes.

Bien que les introns soient courants chez les eucaryotes pluricellulaires, ils sont extrêmement rares chez les bactéries et

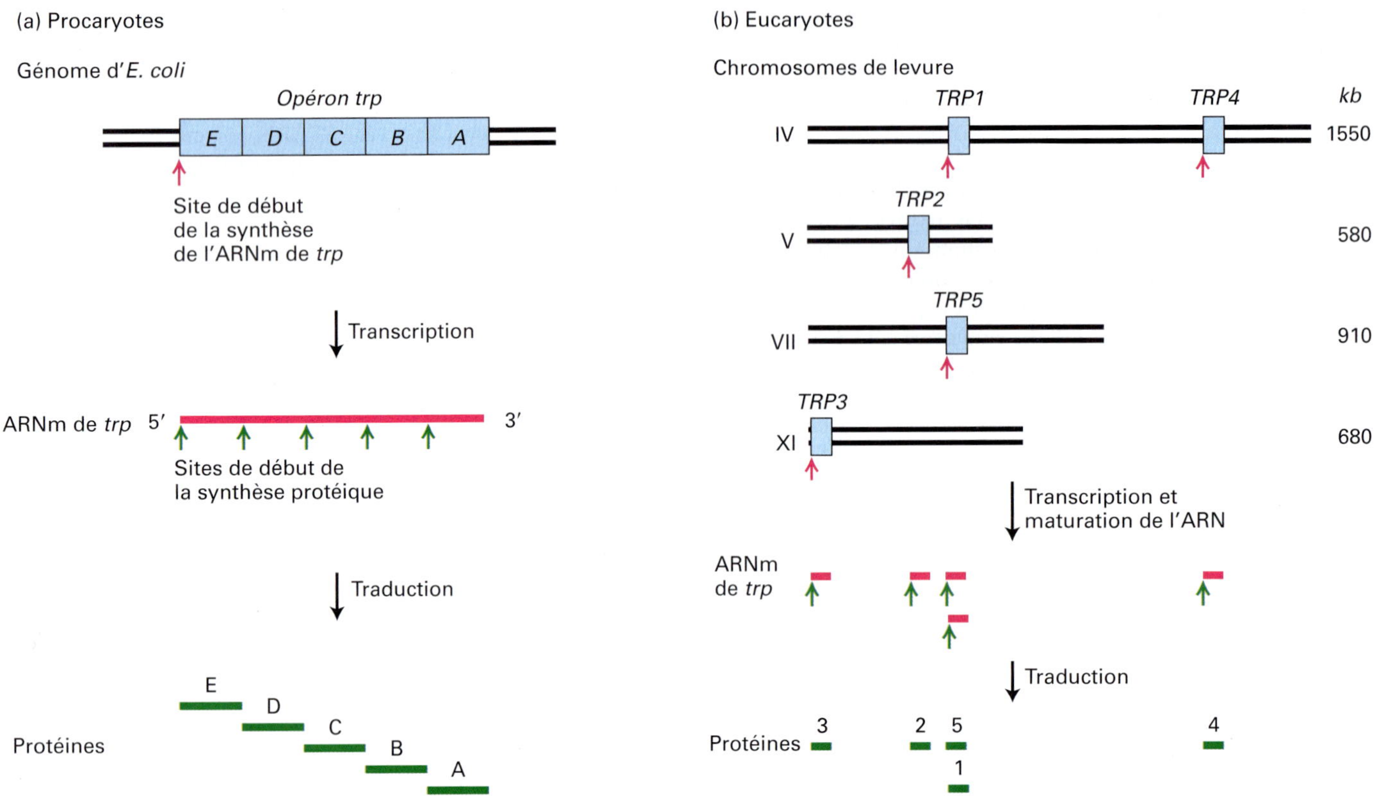

FIGURE 4-12 La comparaison de l'organisation des gènes, de la transcription et de la traduction chez les procaryotes et les eucaryotes. (a) L'opéron tryptophane (*trp*) est un segment continu du chromosome d'*E. coli*, contenant cinq gènes (en bleu) qui codent les enzymes nécessaires à la synthèse séquentielle du tryptophane. L'opéron complet est transcrit à partir d'un promoteur en un long ARNm *trp* continu (en rouge). La traduction de cet ARNm commence au niveau de cinq sites différents, produisant cinq protéines (en vert). L'ordre des gènes dans le génome bactérien est parallèle à la fonction séquentielle des protéines codées dans la voie de biosynthèse du tryptophane. (b) Les cinq gènes codant les enzymes nécessaires à la synthèse du tryptophane chez la levure (*Saccharomyces cerevisiae*) sont situés sur quatre chromosomes différents. Chaque gène est transcrit à partir de son propre promoteur pour former un transcrit primaire qui subit une maturation en un ARNm fonctionnel codant une protéine unique. Les longueurs des chromosomes de levure sont indiquées en kilobases (10^3 bases).

archaebactéries et chez de nombreux eucaryotes unicellulaires tels que la levure de boulanger. Toutefois, les introns sont présents dans l'ADN des virus qui infectent les cellules eucaryotes. En effet, la présence d'introns fut découverte initialement chez ce type de virus, dont l'ADN est transcrit par les enzymes de la cellule hôte.

Les ARNm précurseurs eucaryotes subissent une maturation pour former des ARNm fonctionnels

Dans les cellules procaryotes, qui sont dépourvues de noyau, la traduction d'un ARNm en protéine peut commencer à partir de l'extrémité 5' de l'ARNm, même lorsque l'extrémité 3' est encore en cours de synthèse par l'ARN polymérase. En d'autres termes, la transcription et la traduction peuvent se produire simultanément chez les procaryotes. Dans les cellules eucaryotes cependant, le noyau est non seulement séparé du cytoplasme dans lequel se déroule la traduction, mais les transcrits primaires des gènes codant des protéines sont des ARNm précurseurs (**pré-ARNm**) qui doivent subir plusieurs modifications. L'ensemble de ces modifications est désigné par le terme de *maturation de l'ARN* et aboutit à un ARNm fonctionnel (voir Figure 4-1, étape 2). Cet ARNm doit ensuite être exporté dans le cytoplasme avant d'être traduit en protéine. Par conséquent, la transcription et la traduction ne peuvent pas se dérouler simultanément dans les cellules eucaryotes.

Tous les pré-ARNm eucaryotes sont modifiés initialement au niveau de leurs deux extrémités et ces modifications sont conservées dans les ARNm. Dès que l'extrémité 5' de la chaîne d'ARN naissant atteint la surface de l'ARN polymérase II, plusieurs enzymes agissent sur elle en synthétisant la *coiffe 5'*, un 7-méthylguanylate relié au nucléotide terminal par une liaison 5',5' triphosphate inhabituelle (Figure 4-13). La coiffe protège un ARNm d'une dégradation enzymatique et aide son exportation dans le cytoplasme. De plus, un facteur protéique nécessaire au début de la transcription dans le cytoplasme se fixe à celle-ci.

La maturation au niveau de l'extrémité 3' d'un pré-ARNm implique le clivage par une endonucléase pour créer un groupement hydroxyle 3' libre auquel de multiples résidus d'acide adénylique sont ajoutés un par un par une enzyme appelée *poly(A) polymérase*. La *queue de poly(A)* résultante contient 100 à 250 bases. Elle est plus courte chez les levures et les invertébrés que chez les vertébrés. La poly(A) polymérase fait partie d'un complexe de protéines capables de localiser un transcrit et de le cliver au niveau d'un site spécifique, puis d'ajouter le nombre correct de résidus A au cours d'un processus qui ne nécessite pas de matrice.

La dernière étape de la maturation de nombreuses molécules différentes d'ARNm eucaryote est l'**épissage de l'ARN**. Il s'agit du clivage interne d'un transcrit pour exciser les introns qu'il contient, suivi de la ligature des exons codants. La Figure 4-14 résume les étapes fondamentales de la maturation des ARNm eucaryotes, l'exemple étant celui du gène de la *ß*-globine. Nous examinerons au Chapitre 12 la machinerie cellulaire nécessaire à l'épissage de l'ARNm, de l'ARNt et de l'ARNr.

Les ARNm eucaryotes fonctionnels conservent après maturation, des régions non codantes appelées *régions non traduites en 5' et en 3'* (*UTR* pour *untranslated regions* en anglais) à chaque extrémité. Dans les ARNm de mammifères, l'UTR 5' peut être longue de cent nucléotides ou plus et l'UTR 3', de plusieurs kilobases. Les ARNm procaryotes possèdent souvent aussi des UTR 5' et 3' mais celles-ci sont beaucoup plus courtes que dans les ARNm eucaryotes. Elles comportent en effet généralement moins de 10 nucléotides.

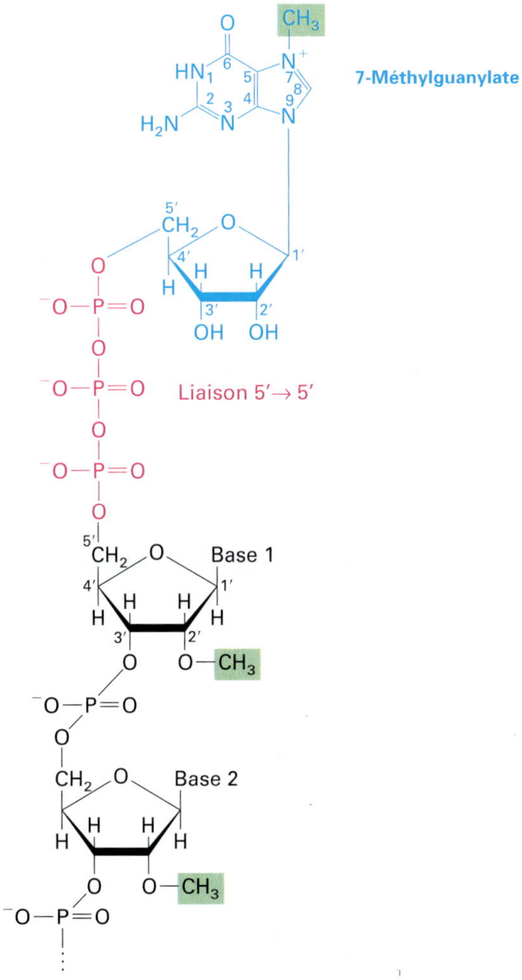

FIGURE 4-13 La structure de la coiffe méthylée de l'ARNm eucaryote. Les caractéristiques chimiques spécifiques sont la liaison 5'→5' du 7-méthylguanylate au nucléotide initial de la molécule d'ARNm et le groupement méthyle sur l'hydroxyle 2' du ribose du premier nucléotide (base 1). Ces deux éléments se retrouvent dans toutes les cellules animales et dans les cellules des végétaux supérieurs. Les levures ne possèdent pas de groupement méthyle sur le nucléotide 1. Le ribose sur le deuxième nucléotide (base 2) est également méthylé chez les vertébrés. [Voir A.J. Shatkin, 1976, *Cell* **9**:645.]

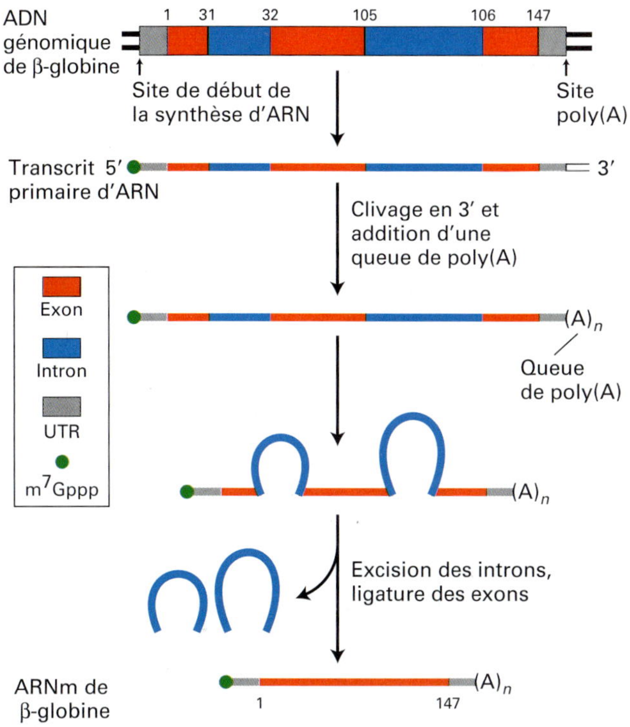

FIGURE 4-14 Une vue d'ensemble de la maturation de l'ARN pour produire un ARNm fonctionnel chez les eucaryotes. Le gène de la *ß*-globine contient trois exons codant des protéines (région codante, en rouge) et deux introns intermédiaires non codants (en bleu). Les introns interrompent la séquence codant des protéines entre les codons spécifiant les acides aminés 31 et 32 et 105 et 106. La transcription des gènes eucaryotes codant des protéines commence avant la séquence spécifiant le premier acide aminé et s'étend au-delà de la séquence codant le dernier acide aminé, produisant ainsi des régions non codantes (en gris) aux extrémités du transcrit primaire. Ces régions non traduites (UTR) sont conservées au cours de la maturation. La coiffe en 5' (m^7Gppp) est ajoutée au cours de la formation du transcrit primaire d'ARN, qui s'étend au-delà du site poly(A). Après un clivage au niveau du site poly(A) et l'addition de multiples résidus A au niveau de l'extrémité 3', l'épissage retire les introns et réunit les exons. Les petits nombres indiquent les positions dans la séquence de 147 acides aminés de la *ß*-globine.

L'épissage alternatif de l'ARN augmente le nombre de protéines exprimées à partir d'un seul gène eucaryote

Au contraire des gènes de bactéries et d'archaebactéries, la grande majorité des gènes d'eucaryotes pluricellulaires supérieurs contiennent de multiples introns. Comme nous l'avons vu au Chapitre 3,

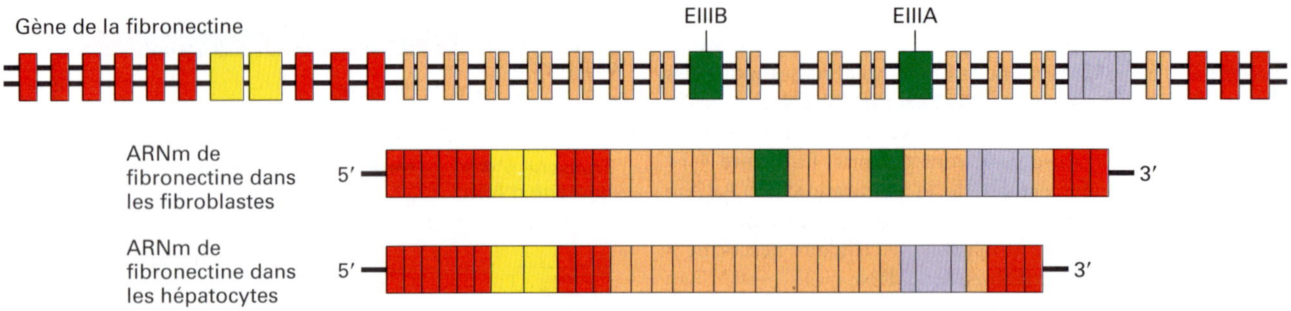

FIGURE 4-15 L'épissage spécifique des types cellulaires, du pré-ARNm de la fibronectine dans les fibroblastes et les hépatocytes. Le gène de la fibronectine, long de ≈ 75 kb (*en haut*) contient de multiples exons. Les exons EIIIB et EIIIA (en vert) codent des domaines de liaison pour des protéines spécifiques situées à la surface des fibroblastes. L'ARNm de la fibronectine produit dans les fibroblastes comprend les exons EIIIA et EIIIB, tandis que ces exons sont excisés de l'ARNm de la fibronectine dans les hépatocytes. Dans ce schéma, les introns (lignes noires) ne sont pas dessinés à l'échelle ; la plupart d'entre eux sont bien plus longs que n'importe quel exon.

de nombreuses protéines d'eucaryotes supérieurs possèdent une structure tertiaire à multiples domaines (voir Figure 3-8). Des domaines protéiques individuels répétés sont souvent codés par un exon ou un petit nombre d'exons codant des séquences d'acides aminés identiques ou presque. On suppose que ces répétitions d'exons résultent de multiples duplications accidentelles d'un fragment d'ADN présent entre deux sites, dans des introns adjacents. Ceci aboutit à l'insertion d'une série d'exons répétés, séparés par des introns, entre les deux introns d'origine. La présence de multiples introns dans de nombreux gènes eucaryotes permet l'expression d'un grand nombre de protéines apparentées à partir d'un seul gène, grâce à un **épissage alternatif**. Chez les Eucaryotes supérieurs, l'épissage alternatif est un mécanisme important pour que des types cellulaires distincts produisent différentes formes d'une protéine appelées **isoformes**.

La fibronectine, une protéine d'adhérence extracellulaire à domaines multiples présente chez les mammifères offre un bon exemple d'épissage alternatif (Figure 4-15). Le gène de la fibronectine comporte de nombreux exons, groupés en plusieurs régions correspondant aux domaines spécifiques de la protéine. Les fibroblastes produisent des ARNm de fibronectine contenant les exons EIIIA et EIIIB. Ces exons codent des séquences d'acides aminés qui se fixent étroitement aux protéines de la membrane plasmique des fibroblastes. En conséquence, cette isoforme de la fibronectine fait adhérer les fibroblastes à la matrice extracellulaire. L'épissage alternatif du transcrit primaire de la fibronectine dans les hépatocytes (le type cellulaire principal du foie) produit des ARNm dépourvus des exons EIIIA et EIIIB. Pour cette raison, la fibronectine sécrétée dans le sang par les hépatocytes n'adhère pas fortement aux fibroblastes ni à la plupart des autres types cellulaires, ce qui leur permet de circuler dans le sang. Au cours de la formation des caillots sanguins cependant, les domaines de liaison à la fibrine de la fibronectine des hépatocytes se fixent à la fibrine, qui est l'un des principaux constituants des caillots. La fibronectine liée interagit alors avec les intégrines présentes sur les membranes des plaquettes sanguines activées circulantes, ce qui agrandit le caillot.

Plus de 20 isoformes différentes de fibronectine ont été identifiées, chacune étant codée par un ARNm différent, produit par un épissage alternatif et constitué d'une combinaison unique d'exons du gène de la fibronectine. Le séquençage récent d'un grand nombre d'ARNm isolés à partir de différents tissus et la comparaison de leurs séquences avec l'ADN génomique a montré que près de 60 % de l'ensemble des gènes humains étaient exprimés sous la forme d'ARNm produits par un épissage alternatif. À l'évidence, l'épissage alternatif de l'ARN aboutit à une forte augmentation du nombre de protéines codées par les génomes des organismes pluricellulaires supérieurs.

CONCEPTS CLÉS DE LA SECTION 4.2

La transcription des gènes codant des protéines et la formation de l'ARNm fonctionnel

- La transcription de l'ADN est réalisée par l'ARN polymérase, qui ajoute un par un, des ribonucléotides à l'extrémité 3' d'une chaîne d'ARN naissant (voir Figure 4-10). La séquence du brin matrice d'ADN détermine l'ordre dans lequel les ribonucléotides sont polymérisés pour former une chaîne d'ARN.
- Au cours de l'initiation de la transcription, l'ARN polymérase se fixe à un site spécifique de l'ADN (le promoteur), sépare localement les deux brins d'ADN pour révéler le brin matrice non apparié et polymérise les deux premiers nucléotides.
- Pendant l'élongation du brin, l'ARN polymérase se déplace le long de l'ADN, en séparant les uns après les autres des segments d'ADN et en ajoutant des nucléotides au brin d'ARN en cours d'élongation.
- Lorsque l'ARN polymérase atteint une séquence de terminaison dans l'ADN, l'enzyme interrompt la transcription, ce qui aboutit à la libération de l'ARN achevé et à la dissociation de l'enzyme du brin matrice d'ADN.
- Dans l'ADN procaryote, plusieurs gènes codant des protéines sont souvent regroupés en une région fonctionnelle, un opéron, qui est transcrit à partir d'un promoteur unique en un ARNm codant de multiples protéines avec des fonctions apparentées (voir Figure 4-12a). La traduction d'un ARNm bactérien peut commencer avant même la fin de sa synthèse.
- Dans l'ADN eucaryote, chaque gène codant une protéine est transcrit à partir de son propre promoteur. Le transcrit primaire initial contient très souvent des régions non codantes (introns) dispersées entre des régions codantes (exons).

■ Les transcrits primaires eucaryotes doivent subir une maturation pour donner lieu à des ARN fonctionnels. Au cours de la maturation, les extrémités de presque tous les transcrits primaires produits à partir de gènes codant des protéines sont modifiées par l'addition d'une coiffe en 5' et d'une queue de poly(A) en 3'. Les transcrits de gènes contenant des introns peuvent subir un épissage, qui est le retrait des introns et la réunion des exons (voir Figure 4-14).

■ Les domaines individuels de protéines à multiples domaines présentes chez les eucaryotes supérieurs sont souvent codés par des exons uniques ou peu nombreux. Des isoformes distinctes de ces protéines sont fréquemment exprimées dans des types cellulaires distincts à la suite de l'épissage alternatif des exons.

4.3 Le contrôle de l'expression des gènes chez les procaryotes

Puisque la structure et la fonction d'une cellule sont déterminées par les protéines qu'elle contient, le contrôle de l'expression des gènes est un aspect fondamental de la biologie moléculaire de la cellule. Plus généralement, la « décision » d'initier la transcription du gène codant une protéine particulière est le principal mécanisme de contrôle de la production de la protéine codée dans une cellule. En contrôlant l'initiation de la transcription, une cellule peut réguler le type de protéines qu'elle produit et la vitesse de cette synthèse. Lorsque la transcription d'un gène est *réprimée*, l'ARNm et la ou les protéines codées qui lui correspondent sont synthétisés à de faibles concentrations. À l'inverse, lorsque la transcription d'un gène est *activée*, l'ARNm et la ou les protéines codées correspondantes sont produits à des concentrations bien plus élevées.

Chez la plupart des bactéries et des autres organismes unicellulaires, l'expression des gènes est fortement régulée afin que la cellule puisse ajuster sa machinerie enzymatique et ses composants structuraux aux changements nutritionnels et physiques de son environnement. Par conséquent en temps normal, une cellule bactérienne synthétise à tout moment uniquement les protéines nécessaires à sa survie dans des conditions particulières, parmi celles de l'ensemble de son protéome. Chez les organismes pluricellulaires, le contrôle de l'expression des gènes porte principalement sur l'expression du bon gène au moment oportun dans la cellule adéquate, au cours du développement embryologique et de la différenciation des tissus. Nous allons décrire ici les caractéristiques fondamentales du contrôle de la transcription chez les bactéries, en prenant comme exemple central l'opéron *lac* chez *E. coli*. De nombreux processus identiques, ainsi que d'autres processus différents, sont impliqués dans le contrôle de la transcription chez les eucaryotes, dont nous parlerons au Chapitre 11.

Chez *E. coli*, environ la moitié des gènes sont regroupés en opérons codant chacun des enzymes impliquées dans une voie métabolique particulière, ou des protéines qui interagissent pour former une seule protéine à multiples sous-unités. Par exemple, l'opéron *trp* mentionné plus haut code cinq enzymes nécessaires à la biosynthèse du tryptophane (voir Figure 4-12). De même, l'opéron *lac* code trois enzymes impliquées dans le métabolisme du lactose, un sucre présent dans le lait. Puisqu'un opéron bactérien est transcrit en un seul ARNm à partir d'un site de début de la transcription, tous les gènes d'un opéron sont régulés de façon coordonnée, c'est-à-dire qu'ils sont tous activés ou réprimés de la même façon.

La transcription des opérons, comme celle des gènes isolés, est contrôlée par l'interaction entre l'ARN polymérase et des *répresseurs* ou *activateurs* protéiques spécifiques. Pour initier la transcription cependant, l'ARN polymérase d'*E. coli* doit être associée avec l'un des quelques *facteurs* σ *(sigma)* qui jouent le rôle de facteurs d'initiation. Le plus courant d'entre eux chez les bactéries est σ^{70}.

L'initiation de la transcription de l'opéron *lac* peut être réprimée ou activée

Lorsque *E. coli* se trouve dans un environnement dépourvu de lactose, la synthèse de l'ARNm de *lac* est réprimée, afin que l'énergie de la cellule ne soit pas gaspillée en synthétisant des enzymes non utilisables. Dans un environnement contenant à la fois du lactose et du glucose, les cellules d'*E. coli* métabolisent préférentiellement le glucose, qui est la molécule centrale du métabolisme des glucides. Le lactose est métabolisé à un taux élevé seulement lorsque le milieu contient du lactose et très peu de glucose. Cet ajustement métabolique est réalisé par la répression de la transcription de l'opéron *lac* jusqu'à ce que du lactose soit présent, et par la synthèse de faibles quantités d'ARNm de *lac* seulement, jusqu'à ce que la concentration cytosolique de glucose atteigne un taux très faible. La transcription de l'opéron *lac* dans des conditions différentes est contrôlée par le répresseur *lac* et la protéine activatrice des catabolites (CAP), chacun se fixant à une séquence spécifique d'ADN dans la région de contrôle de la transcription de *lac* (Figure 4-16, *en haut*).

Pour que la transcription de l'opéron *lac* commence, la sous-unité σ^{70} de l'ARN polymérase doit se fixer au promoteur *lac*, qui se trouve juste en amont du site de début de la transcription. En l'absence de lactose, la liaison du répresseur *lac* à une séquence appelée l'**opérateur** *lac*, qui englobe le site de début de la transcription, bloque l'initiation de la transcription par la polymérase (Figure 4-16a). En présence de lactose, il se fixe à des sites spécifiques de liaison dans chaque sous-unité du répresseur tétramérique *lac*, provoquant un changement conformationnel de la protéine ; celle-ci se dissocie alors de l'opéron *lac*. Dès lors, la polymérase peut initier la transcription de l'opéron *lac*. Cependant, lorsque le milieu contient également du glucose, le taux d'initiation de la transcription (c'est-à-dire le nombre de fois par minute où des molécules différentes de polymérase initient la transcription) est très faible, ce qui aboutit à la synthèse de petites quantités seulement d'ARNm *lac* et des protéines codées par l'opéron *lac* (Figure 4-16b).

Une fois le glucose disparu du milieu et donc la chute de sa concentration intracellulaire, les cellules d'*E. coli* répondent en synthétisant de l'AMP cyclique, AMPc (voir Figure 3-27b). Lorsque la concentration d'AMPc augmente, celui-ci se fixe à un site présent dans chaque sous-unité de la protéine dimérique CAP, entraînant un changement de conformation qui permet à la protéine de se fixer au site CAP dans la région de contrôle de la transcription de *lac*. Le complexe CAP-AMPc lié interagit avec la polymérase fixée au promoteur, ce qui stimule fortement le taux

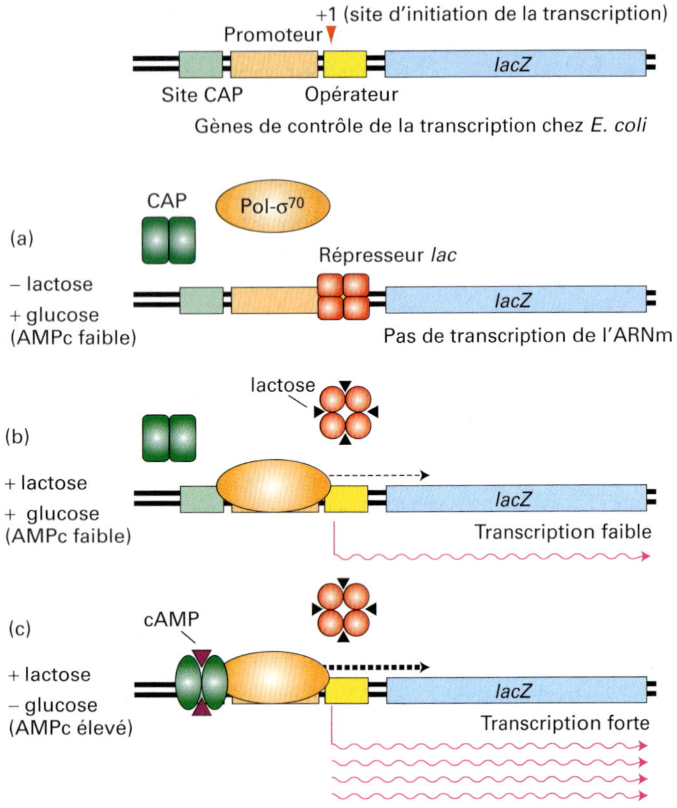

FIGURE 4-16 La régulation de la transcription à partir de l'opéron *lac* d'*E. coli*. (*En haut*) La région de contrôle de la transcription, constituée de ≈ 100 paires de bases comprend trois régions de fixation pour des protéines : le site CAP, qui fixe la protéine activatrice des catabolites, le promoteur *lac* auquel se lie le complexe ARN polymérase-σ^{70} et l'opérateur *lac*, qui fixe le répresseur *lac*. Le gène *lacZ*, le premier des trois gènes de l'opéron, est représenté à droite. (a) En l'absence de lactose, très peu d'ARNm de *lac* sont produits car le répresseur *lac* se fixe à l'opérateur, inhibant ainsi l'initiation de la transcription par l'ARN polymérase-σ^{70}. (b) En présence de glucose et de lactose, le répresseur *lac* fixe du lactose et se dissocie de l'opérateur, ce qui permet à l'ARN polymérase-σ^{70} d'initier la transcription à un taux faible. (c) La transcription maximale de l'opéron *lac* a lieu en présence de lactose et en l'absence de glucose. Dans cette situation, l'AMPc augmente en réponse à la concentration faible de glucose et forme le complexe CAP-AMPc, qui se fixe au site CAP, au niveau duquel il interagit avec l'ARN polymérase pour stimuler le taux d'initiation de la transcription.

d'initiation de la transcription. Cette activation conduit à la synthèse de concentrations élevées d'ARNm de *lac* et ce faisant, des enzymes codées par l'opéron *lac* (Figure 4-16c).

Bien que les promoteurs de différents gènes *d'E. coli* présentent une homologie considérable, leurs séquences exactes sont différentes. Le promoteur détermine la fréquence intrinsèque à laquelle un complexe ARN polymérase-σ initie la transcription d'un gène en l'absence d'un répresseur ou d'un activateur protéique. Les promoteurs responsables d'un taux élevé d'initiation de la transcription sont appelés *promoteurs forts*. Ceux qui entraînent un faible taux d'initiation de la transcription sont des *promoteurs faibles*. L'opéron *lac* par exemple possède un promoteur faible. Son taux bas d'initiation est encore réduit par le répresseur *lac* et nettement augmenté par l'activateur AMPc-CAP.

De petites molécules régulent l'expression de nombreux gènes bactériens par le biais de répresseurs qui se fixent à l'ADN

La transcription de la plupart des gènes d'*E. coli* est régulée par des processus qui ressemblent à ceux décrits pour l'opéron *lac*. Le mécanisme général met en jeu un répresseur spécifique qui se fixe à la région de l'opérateur d'un gène ou d'un opéron, bloquant ainsi l'initiation de la transcription. Une (ou plusieurs) petite molécule appelée *inducteur* se fixe au répresseur, contrôlant ainsi son activité de liaison à l'ADN et donc le taux de transcription pour l'adapter aux besoins de la cellule.

Par exemple, lorsque la concentration de tryptophane dans le milieu et le cytosol est élevée, la cellule ne synthétise pas les enzymes codées dans l'opéron *trp*. La liaison du tryptophane au répresseur *trp* provoque un changement conformationnel qui permet à la protéine de se fixer à l'opérateur *trp*, réprimant ainsi l'expression des enzymes qui synthétisent le tryptophane. À l'inverse, lorsque la concentration de tryptophane dans le milieu et le cytosol est faible, le tryptophane se dissocie du répresseur *trp*, entraînant un changement conformationnel de la protéine qui se dissocie alors de l'opérateur *trp* et permet la transcription de l'opéron *trp*. Dans le cas de l'opéron *lac*, la liaison au répresseur *lac* de l'inducteur, le lactose, réduit la fixation du répresseur à l'opérateur, ce qui conduit à l'initiation de la transcription.

Des protéines activatrices spécifiques, telles que CAP pour l'opéron *lac*, contrôlent également la transcription de quelques gènes bactériens, mais pas de tous. Ces activateurs se fixent à l'ADN conjointement avec l'ARN polymérase, stimulant la transcription à partir d'un promoteur spécifique. L'activité de liaison à l'ADN que possède un activateur est modulée en fonction des besoins cellulaires par la fixation de petites molécules spécifiques (comme l'AMPc) qui altèrent la conformation de l'activateur.

La transcription par l'ARN polymérase-σ^{54} est contrôlée par des activateurs qui se fixent loin du promoteur

La plupart des promoteurs d'*E. coli* interagissent avec l'ARN polymérase-σ^{70}, la forme principale de l'enzyme bactérienne. La transcription de certains groupes de gènes cependant est assurée par les ARN polymérases d'*E. coli* contenant l'un des quelques facteurs sigma alternatifs qui reconnaissent des séquences consensus promotrices différentes de celles reconnues par σ^{70}. Tous sauf un ont une séquence apparentée à celle de σ^{70}. L'initiation de la transcription par les ARN polymérases contenant ces facteurs de type σ^{70} est régulée par des répresseurs et des activateurs qui se fixent à l'ADN près de la région de liaison de la polymérase, ressemblant en cela à l'initiation par le complexe σ^{70}-ARN polymérase lui-même.

La séquence d'un facteur sigma d'*E. coli*, σ^{54}, est très différente de celle de tous les autres facteurs de type σ^{70}. La transcription des gènes par les ARN polymérases contenant σ^{54} est régulée uniquement par des activateurs dont les sites de liaison dans l'ADN, appelés **amplificateurs** (*enhancers* en anglais) sont généralement situés à 80-160 paires de bases en amont du site de début de la transcription. Même lorsque les amplificateurs sont distants de plus d'une kilobase du site de début de la transcription, les activateurs avec σ^{54} peuvent activer la transcription.

L'activateur à σ^{54} le mieux caractérisé — la protéine NtrC (protéine C régulatrice de l'azote) — stimule la transcription à partir du promoteur du gène *glnA*. Ce gène code une enzyme, la glutamine synthétase, qui synthétise l'acide aminé glutamine à partir d'acide glutamique et d'ammoniaque. L'ARN polymérase-σ^{54} se fixe au promoteur *glnA* mais déroule les brins d'ADN et initie la transcription seulement après avoir été activée par NtrC, une protéine dimérique. NtrC à son tour, est régulée par une protéine kinase appelée NtrB. En réponse aux concentrations faibles de glutamine, NtrB phosphoryle la NtrC dimérique, qui se fixe ensuite à un amplificateur en amont du promoteur *glnA*. La NtrC phosphorylée liée à l'amplificateur stimule ensuite la polymérase-σ^{54} liée au promoteur, pour séparer les brins d'ADN et initier la transcription. Des études de microscopie électronique ont montré que la NtrC phosphorylée liée aux amplificateurs et la polymérase-σ^{54} liée au promoteur interagissent directement, formant une boucle dans l'ADN entre les sites de liaison (Figure 4-17). Comme nous le verrons au Chapitre 11, ce mécanisme d'activation ressemble un peu au mécanisme prédominant de l'activation de la transcription chez les eucaryotes.

NtrC possède une activité ATPasique et l'hydrolyse d'ATP est nécessaire à l'activation de la polymérase-σ^{54} liée par la NtrC phosphorylée. La preuve de ceci est donnée par des mutants dont la NtrC est défectueuse pour l'hydrolyse d'ATP et qui sont toujours incapables de stimuler le déroulement des brins d'ADN par la polymérase-σ^{54} au niveau d'un site de début de la transcription. On suppose que l'hydrolyse d'ATP fournit l'énergie nécessaire à la dénaturation des brins d'ADN. À l'inverse, la polymérase-σ^{70} n'a pas besoin d'hydrolyse d'ATP pour séparer les brins au niveau du site de début de la transcription.

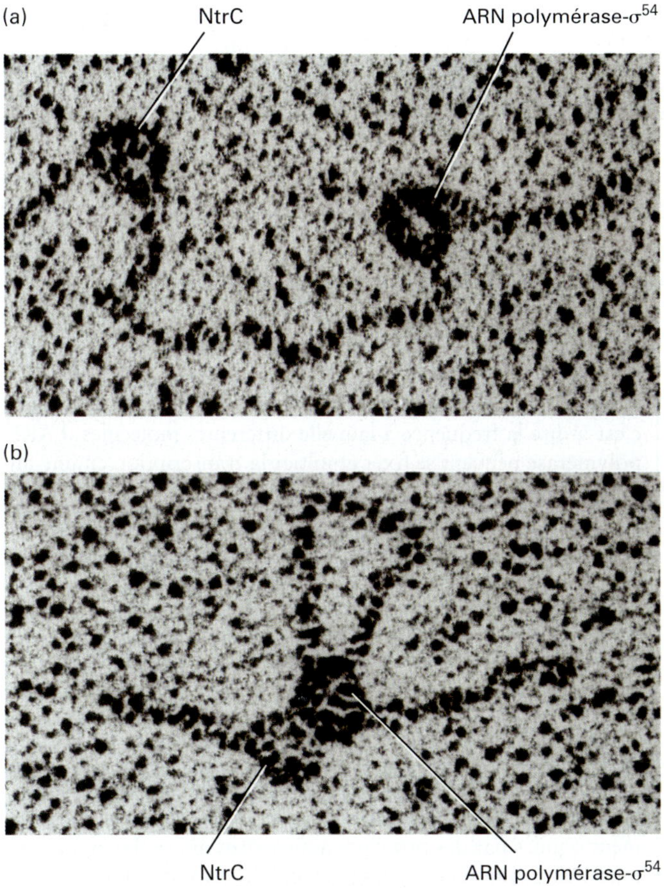

FIGURE EXPÉRIMENTALE 4-17 La formation de boucles dans l'ADN permet une interaction entre la NtrC liée et la polymérase-σ^{54}. (a) Une micrographie électronique d'un fragment de restriction d'ADN avec un dimère phosphorylé de NtrC lié à la région amplificatrice près d'une extrémité et l'ARN polymérase-σ^{54} liée au promoteur de *glnA* près de l'autre extrémité. (b) Une micrographie électronique de la même préparation montrant la liaison des dimères de NtrC et de l'ARN polymérase-σ^{54} l'un à l'autre, avec l'ADN intermédiaire formant une boucle entre eux. [D'après W. Su *et al.*, 1990, *Proc. Natl. Acad. Sci. USA* **87**:5505 ; aimablement communiqué par S. Kutsu.]

De nombreuses réponses bactériennes sont contrôlées par des systèmes régulateurs à deux composants

Comme nous venons de le voir, le contrôle du gène *glnA* d'*E. coli* dépend de deux protéines, NtrC et NtrB. De tels systèmes régulateurs à deux composants contrôlent de multiples réponses des bactéries aux changements dans leur environnement. Un autre exemple implique les protéines PhoR et PhoB d'*E. coli*, qui régulent la transcription en réponse à la concentration de phosphate libre. PhoR est une protéine transmembranaire située dans la membrane (plasmique) interne, dont le domaine périplasmique fixe le phosphate avec une affinité modérée et dont le domaine cytosolique possède une activité protéine kinase ; PhoB est une protéine cytosolique.

Les pores protéiques de grande taille dans la membrane externe d'*E. coli* permettent aux ions de diffuser librement entre l'environnement externe et l'espace périplasmique. En conséquence, lorsque la concentration de phosphate chute dans l'environnement, elle chute également dans l'espace périplasmique, entraînant la dissociation du phosphate depuis le domaine périplasmique de PhoR, comme le montre la Figure 4-18. Ceci provoque un changement conformationnel dans le domaine cytoplasmique de PhoR qui déclenche son activité de protéine kinase. La protéine PhoR activée transfère initialement un phosphate γ de l'ATP vers une chaîne latérale d'histidine dans le domaine kinase de PhoR. Le même phosphate est ensuite transféré à une chaîne latérale d'acide aspartique dans PhoB, convertissant ainsi PhoB en un activateur de la transcription actif. La PhoB active, phosphorylée, induit ensuite la transcription de plusieurs gènes qui aident la cellule à supporter de faibles concentrations de phosphate.

De nombreuses autres réponses bactériennes sont régulées par deux protéines ayant une certaine homologie avec PhoR et PhoB. Dans chacun de ces systèmes régulateurs, une protéine servant de capteur, appelée *protéine capteur*, contient un domaine transmetteur homologue du domaine protéine kinase de PhoR. Le domaine transmetteur de la protéine capteur est régulé par un second domaine protéique unique (comme le domaine périplasmique de PhoR) qui perçoit les changements de l'environnement. La secon-

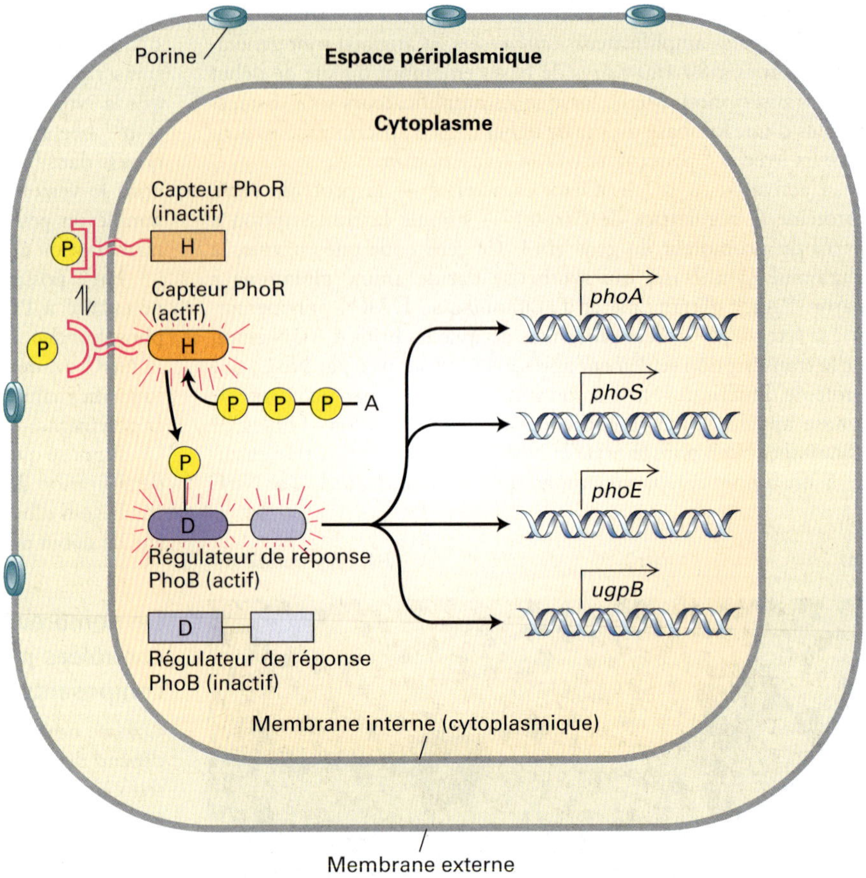

FIGURE 4-18 Le système régulateur à deux composants PhoR/PhoB chez *E. coli*. En réponse aux concentrations faibles de phosphate dans l'environnement et dans l'espace périplasmique, un ion phosphate se dissocie du domaine périplasmique de la protéine capteur PhoR inactive. Ceci provoque un changement conformationnel qui active un domaine protéine kinase transmetteur dans la région cytosolique de PhoR. Le domaine transmetteur activé transfère un phosphate γ de l'ATP vers une histidine conservée présente dans le domaine transmetteur. Ce phosphate est ensuite transféré à un acide aspartique dans le domaine récepteur du régulateur de réponse PhoB. Une PhoR activée peut phosphoryler plusieurs protéines PhoB. Les protéines PhoB phosphorylées activent ensuite la transcription à partir des gènes codant des protéines qui aident la cellule à répondre à une concentration faible de phosphate, y compris *phoA*, *phoS*, *phoE* et *ugpB*.

de protéine, appelée *régulateur de réponse* contient un domaine récepteur présentant une homologie avec la région de PhoB phosphorylée par la PhoR activée. Le domaine récepteur du régulateur de réponse est associé à un second domaine qui détermine la fonction de la protéine. L'activité de ce second domaine fonctionnel est régulée par la phosphorylation du domaine récepteur. Bien que tous les domaines transmetteurs soient homologues (comme le sont les domaines récepteurs), le domaine transmetteur d'une protéine capteur spécifique phosphoryle uniquement les domaines récepteurs des régulateurs spécifiques de réponse, permettant des réponses spécifiques adaptées aux changements dans l'environnement. Remarquez que les protéines NtrB et NtrC, dont nous avons parlé plus haut, fonctionnent comme des capteurs et des régulateurs de réponse respectivement, dans le système régulateur à deux composants qui contrôle la transcription de *glnA*. Des systèmes régulateurs à deux composants histidyl-aspartyl existent aussi chez les plantes.

CONCEPTS CLÉS DE LA SECTION 4.3

Le contrôle de l'expression des gènes chez les procaryotes

- L'expression des gènes chez les procaryotes et les eucaryotes est régulée principalement par des mécanismes qui contrôlent l'initiation de la transcription.
- La liaison à un promoteur, de la sous-unité σ d'une ARN polymérase, est la première étape de l'initiation de la transcription chez *E. coli*.
- La séquence nucléotidique d'un promoteur détermine sa force, c'est-à-dire la fréquence à laquelle différentes molécules d'ARN polymérase peuvent se fixer et initier la transcription en une minute.
- Les répresseurs sont des protéines qui se fixent à des séquences opératrices qui englobent ou sont proches des promoteurs. La liaison d'un répresseur à un opérateur inhibe l'initiation de la transcription.
- L'activité de liaison à l'ADN de la plupart des répresseurs bactériens est modulée par de petites molécules effectrices (inducteurs). Ceci permet aux cellules bactériennes de réguler la transcription de gènes spécifiques en réponse aux changements de concentration de différents nutriments dans l'environnement.
- L'opéron *lac* et quelques autres gènes bactériens sont également régulés par des protéines activatrices qui se fixent à proximité des promoteurs et augmentent le taux d'initiation de la transcription par l'ARN polymérase.
- Le principal facteur sigma chez *E. coli* est σ^{70}, mais plusieurs autres facteurs sigma moins abondants existent également, chacun reconnaissant des séquences promotrices consensus différentes.
- L'initiation de la transcription par toutes les ARN polymérases d'*E. coli*, sauf celles qui contiennent σ^{54}, peut être régulée par des répresseurs et des activateurs qui se fixent près du site de début de la transcription (voir Figure 4-16).
- Les gènes transcrits par l'ARN polymérase-σ^{54} sont régulés

par des activateurs qui se fixent à des amplificateurs situés ≈ 100 paires de bases en amont du site de début de la transcription.

- Lorsque l'activateur et l'ARN polymérase-σ^{54} interagissent, l'ADN présent entre leurs sites de liaison forme une boucle (voir Figure 4-17).
- Dans les systèmes régulateurs à deux composants, une protéine sert de capteur, enregistrant la concentration des nutriments ou d'autres constituants dans l'environnement. Dans des conditions appropriées, le phosphate γ d'un ATP est transféré d'abord à une histidine dans la protéine capteur puis à un acide aspartique dans une seconde protéine, le régulateur de réponse. Le régulateur de réponse phosphorylé se fixe ensuite à des séquences régulatrices dans l'ADN, stimulant ou réprimant alors la transcription de gènes spécifiques (voir Figure 4-18).

4.4 Les trois rôles de l'ARN dans la traduction

Bien que l'ADN contienne l'information nécessaire à la synthèse protéique et que l'ARNm transmette les instructions codées dans l'ADN, la plupart des activités biologiques sont exécutées par des protéines. Comme nous l'avons vu au Chapitre 3, l'ordre linéaire des acides aminés dans chaque protéine détermine sa structure tridimensionnelle et son activité. Pour cette raison, l'assemblage des acides aminés suivant un ordre correct, tel qu'il est codé dans l'ARN, est essentiel à la production de protéines fonctionnelles et donc au fonctionnement correct des cellules et des organismes.

La traduction est l'ensemble du processus au cours duquel la séquence nucléotidique d'un ARNm est utilisée pour diriger et relier les acides aminés en une chaîne polypeptidique (voir Figure 4-1, étape 3). Dans les cellules eucaryotes, la synthèse protéique se déroule dans le cytoplasme, où trois types de molécules d'ARN travaillent conjointement pour remplir des fonctions différentes mais complémentaires (Figure 4-19) :

1. **L'ARN messager (ARNm)** porte l'information génétique transcrite à partir de l'ADN sous la forme d'une série de séquences de trois nucléotides, appelées codons, qui spécifient chacune un acide aminé particulier.

2. **L'ARN de transfert (ARNt)** est l'élément central pour le déchiffrage des codons de l'ARNm. Chaque type d'acide aminé possède son propre sous-groupe d'ARNt. Ceux-ci fixent l'acide aminé et le transportent jusqu'à l'extrémité d'une chaîne polypeptidique en cours d'élongation, si le codon suivant dans l'ARNm l'exige. L'ARNt correct avec l'acide aminé qui lui est fixé, est sélectionné à chaque étape, car chaque molécule spécifique d'ARNt comporte une séquence de trois nucléotides appelée anticodon, qui peut s'apparier avec son codon complémentaire dans l'ARNm.

3. **L'ARN ribosomial (ARNr)** s'associe avec un groupe de protéines pour former des ribosomes. Ces structures complexes, qui se déplacent le long d'une molécule d'ARNm, catalysent l'assemblage des acides aminés en chaînes polypeptidiques. Elles fixent également les ARNt et différentes protéines accessoires nécessaires à la synthèse protéique. Les

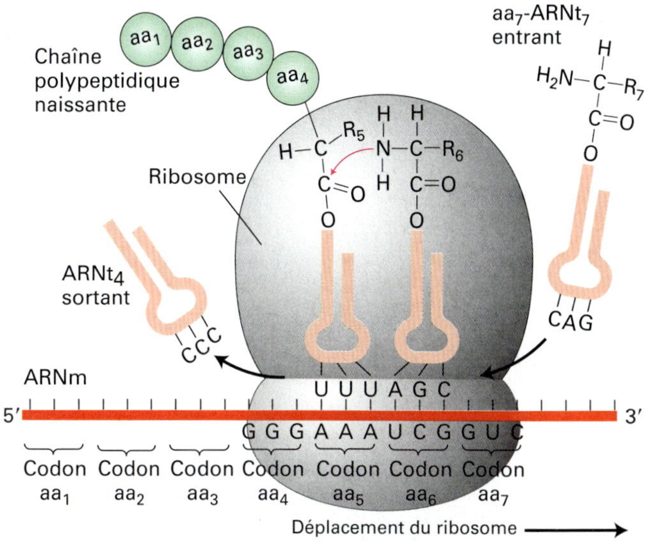

FIGURE 4-19 Les trois rôles de l'ARN dans la synthèse des protéines. L'ARN messager (ARNm) est traduit en protéine par l'action conjuguée de l'ARN de transfert (ARNt) et du ribosome, qui est constitué de nombreuses protéines et de deux molécules principales d'ARN ribosomial (ARNr) (non représentées ici). Remarquez l'appariement des bases entre les anticodons des ARNt et les codons complémentaires dans l'ARNm. La formation d'une liaison peptidique entre le groupement aminé N de l'aa-ARNt entrant et du C carboxy-terminal sur la chaîne protéique naissante (en violet) est catalysée par l'un des ARNr. aa = acide aminé ; R = groupement latéral. [Adapté de A. J. F. Griffiths *et al.*, 1999, *Analyse génétique moderne*, W. H. Freeman and Company. Traduction De Boeck 2001.]

ribosomes sont constitués d'une grande et d'une petite sous-unités, chacune comprenant sa ou ses propres molécules d'ARNr.

Ces trois types d'ARN participent à la traduction dans toutes les cellules. En effet, le développement de trois ARN distincts fonctionnellement fut probablement l'élément moléculaire déterminant de l'apparition de la vie. Le lien entre la structure de chaque ARN et sa tâche spécifique est décrit dans cette section et la synthèse protéique grâce au travail concerté des trois types d'ARN avec leurs facteurs protéiques associés, est détaillée dans la section suivante. Puisque la traduction est essentielle à la synthèse protéique, on parle souvent indifféremment de l'un ou l'autre processus. Toutefois, les chaînes polypeptidiques résultant de la traduction subissent un reploiement post-traductionnel et souvent d'autres changements (comme des modifications chimiques ou une association avec d'autres chaînes) nécessaires à la production de protéines matures fonctionnelles (Chapitre 3).

L'ARN messager porte l'information provenant de l'ADN, selon un code génétique à trois lettres

Comme nous l'avons vu précédemment, le **code génétique** utilisé par les cellules est un code à *triplets*. Chaque séquence de trois nucléotides ou codon est « lue » à partir d'un point de départ spécifié dans l'ARNm. Parmi les 64 codons possibles du code génétique, 61 spécifient des acides aminés distincts et trois sont des

TABLEAU 4-1 Le code génétique (de l'ARN vers les acides aminés)*

Première position (Extrémité 5')	Deuxième position U	C	A	G	Troisième position (Extrémité 3')
U	Phe	Ser	Tyr	Cys	U
	Phe	Ser	Tyr	Cys	C
	Leu	Ser	Stop	Stop	A
	Leu	Ser	Stop	Trp	G
C	Leu	Pro	His	Arg	U
	Leu	Pro	His	Arg	C
	Leu	Pro	Gln	Arg	A
	Leu (Met)*	Pro	Gln	Arg	G
A	Ile	Thr	Asn	Ser	U
	Ile	Thr	Asn	Ser	C
	Ile	Thr	Lys	Arg	A
	Met (début)	Thr	Lys	Arg	G
G	Val	Ala	Asp	Gly	U
	Val	Ala	Asp	Gly	C
	Val	Ala	Glu	Gly	A
	Val (Met)*	Ala	Glu	Gly	G

*AUG est généralement le codon initiateur ; GUG code habituellement la valine et CUG la leucine, mais dans de rares cas, ces codons peuvent également coder la méthionine pour initier une chaîne protéique..

codons stop. Le Tableau 4-1 montre que la plupart des acides aminés sont déterminés par plusieurs codons. Seuls deux — la méthionine et le tryptophane — sont spécifiés par un seul codon. À l'inverse, la leucine, la sérine et l'arginine sont codés chacun par six codons différents. On dit que les différents codons d'un acide aminé donné sont synonymes. Le code lui-même est dit *dégénéré*, ce qui signifie que plusieurs codons peuvent spécifier le même acide aminé.

La synthèse de toutes les chaînes polypeptidiques dans les cellules procaryotes et eucaryotes commence avec le même acide aminé, la méthionine. Dans la plupart des ARNm, le *codon de départ* (*initiateur*) spécifiant cette méthionine amino-terminale, est AUG. Dans quelques ARNm bactériens, GUG est utilisé comme codon initiateur et CUG occasionnellement comme codon initiateur pour la méthionine chez les eucaryotes. Les trois codons UAA, UGA et UAG ne spécifient aucun acide aminé. Ce sont des *codons stop* (de *terminaison*) qui marquent l'extrémité carboxy-terminale des chaînes polypeptidiques dans presque toutes les cellules. La séquence de codons qui s'étend entre un codon initiateur spécifique et un codon stop est appelée **cadre de lecture**. Cette séquence linéaire précise de ribonucléotides organisés par groupes de trois dans l'ARNm, spécifie la séquence linéaire des acides aminés de la chaîne polypeptidique correspondante et signale également les sites de début et de fin de la chaîne.

Le code génétique étant un code à triplets, sans ponctuation ni chevauchement, un ARNm particulier devrait théoriquement pouvoir être traduit suivant trois cadres de lecture distincts. On a d'ailleurs montré que certains ARNm contenaient des informations chevauchantes qui pouvaient être traduites suivant plusieurs cadres de lecture, produisant alors des polypeptides différents (Figure 4-20). Toutefois, la grande majorité des ARNm ne peut être lue que suivant un cadre de lecture, car les codons stop rencontrés dans les deux autres cadres possibles achèvent la traduction avant la production d'une protéine fonctionnelle. Un autre arrangement codant inhabituel peut se produire à la suite d'un *décalage du cadre de lecture*. Dans ce cas, la machinerie de

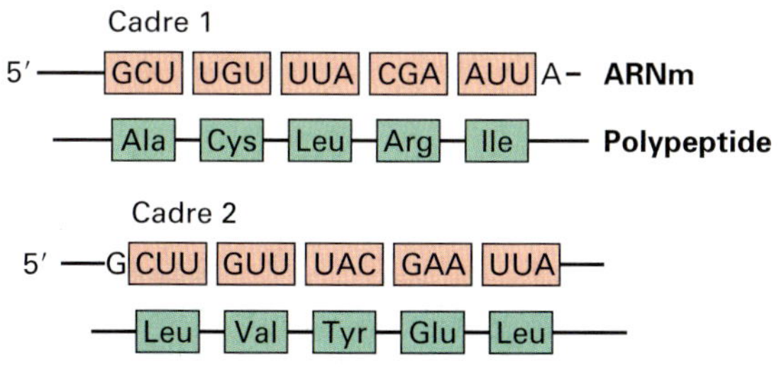

FIGURE 4-20 Un exemple de la façon dont le code génétique — un code de triplets, sans ponctuation ni chevauchement — peut être lu suivant différents cadres de lecture. Si la traduction de la séquence d'ARNm présentée commence au niveau de deux sites différents de début de la transcription, situés en amont (non représentés), alors deux cadres de lecture chevauchants sont possibles. Dans cet exemple, les codons sont décalés d'une base vers la droite suivant le cadre de lecture du bas. Dans ce cas, la même séquence nucléotidique spécifie des acides aminés distincts au cours de la traduction. Bien que rares, des exemples de tels chevauchements ont été découverts dans des gènes viraux et cellulaires de procaryotes et d'eucaryotes. Il est théoriquement possible pour l'ARNm d'avoir un troisième cadre de lecture.

synthèse protéique peut lire quatre nucléotides pour spécifier un acide aminé puis poursuivre sa lecture par triplets, ou bien ne lire que deux bases puis lire tous les triplets suivants, selon le nouveau cadre de lecture jusqu'à la terminaison de la chaîne. Ces décalages du cadre de lecture ne sont pas courants, mais on en connaît quelques douzaines de cas.

La signification de chaque codon est la même chez presque tous les organismes connus — ce qui est un argument fort en faveur d'une origine unique de la vie sur terre. Néanmoins, le code génétique diffère pour quelques codons dans de nombreuses mitochondries, chez les protozoaires ciliés et chez les acétabulaires (des plantes unicellulaires). Comme le montre le Tableau 4-2, la plupart de ces changements impliquent la lecture des codons stop habituels comme des codons d'acides aminés et non le remplacement d'un acide aminé par un autre. Ces exceptions au code général viennent probablement de développements ultérieurs dans l'évolution. Cela signifie que le code n'a pas été fixé une fois pour toutes, même s'il n'a pas toléré de changements massifs après son apparition au cours de l'évolution.

La structure repliée de l'ARNt favorise sa fonction de décodeur

La traduction (ou le décodage) du langage à quatre nucléotides de l'ADN et de l'ARNm vers le langage à vingt acides aminés des protéines fait appel aux ARNt et aux enzymes appelées *aminoacyl-ARNt synthétases*. Pour participer à la synthèse protéique, une molécule d'ARNt doit établir une liaison chimique riche en énergie avec un acide aminé particulier, formant ainsi un **aminoacyl-ARNt**. L'anticodon dans l'ARNt s'apparie ensuite avec un codon de l'ARNm, de sorte que l'acide aminé activé peut être ajouté à la chaîne polypeptidique naissante (Figure 4-21).

Quelque 30 à 40 ARNt différents ont été identifiés dans les cellules bactériennes et jusqu'à 50 ou 100 dans les cellules animales ou végétales. Par conséquent, le nombre d'ARNt dans la plupart des cellules est supérieur au nombre d'acides aminés utilisés au cours de la synthèse protéique (20) et diffère également du nombre de codons spécifiant des acides aminés dans le code génétique (61). De ce fait, de nombreux acides aminés possèdent plusieurs ARNt auxquels se fixer (ce qui explique pourquoi il peut y avoir plus d'ARNt que d'acides aminés). De plus, de nombreux ARNt peuvent s'apparier avec plus d'un codon (ce qui explique pourquoi il peut y avoir plus de codons que d'ARNt).

La fonction des molécules d'ARNt, qui sont longues de 70 à 80 nucléotides, dépend de leurs structures tridimensionnelles précises. En solution, toutes les molécules d'ARNt se replient en un arrangement similaire tige-boucle qui ressemble à une feuille de trèfle, lorsqu'on les dessine en deux dimensions (Figure 4-22a). Les quatre tiges sont de courtes hélices doubles stabilisées par des appariements de type Watson-Crick. Trois des quatre tiges possèdent des boucles à leur extrémité, longues de sept à huit bases, tandis que la tige restante, sans boucle contient les extrémités 3' et 5' de la chaîne. Les trois nucléotides constituant l'anticodon sont situés au centre de la boucle du milieu, dans une position accessible qui facilité l'appariement codon-anticodon. Dans tous les ARNt, l'extrémité 3' de la *tige acceptrice* de l'acide aminé, sans

TABLEAU 4-2 Les exceptions connues au code génétique universel

Codon	Code universel	Code inhabituel*	Organismes concernés
UGA	Stop	Trp	Mycoplasmes, spiroplasmes, mitochondries de nombreuses espèces
CUG	Leu	Thr	Mitochondries de levures
UAA, UAG	Stop	Gln	Acétabulaires, *Tetrahymena*, paramécies, etc.
UGA	Stop	Cys	Euplotes

*Le «code inhabituel» est utilisé dans les gènes nucléaires des organismes indiqués et dans les gènes mitochondriaux lorsque c'est précisé.
SOURCE: S. Osawa et al., 1992, *Microbiol. Rev.* 56:229.

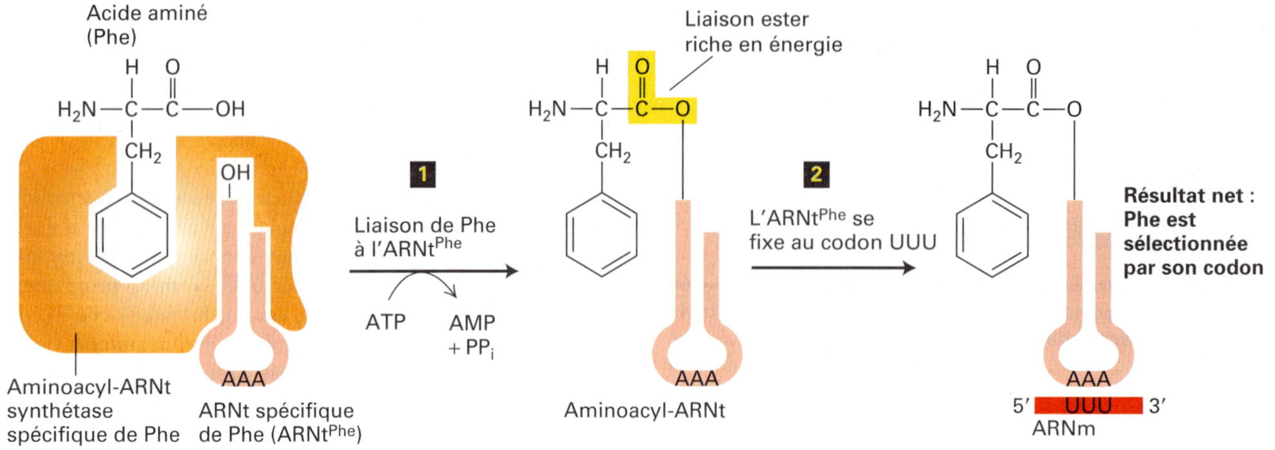

FIGURE 4-21 Le processus de décodage en deux étapes, pour traduire les séquences d'acides nucléiques de l'ARNm en séquences d'acides aminés dans les protéines. Étape **1** : Une aminoacyl-ARNt synthétase couple d'abord un acide aminé spécifique, par une liaison ester riche en énergie (en jaune) à l'hydroxyle 2′ ou 3′ de l'adénosine terminale dans l'ARNt correspondant. Étape **2** : Une séquence de trois bases dans l'ARNt (l'anticodon) s'apparie ensuite avec un codon dans l'ARNm spécifiant l'acide aminé attaché. Si une erreur survient dans l'une ou l'autre étape, l'acide aminé erroné peut être incorporé dans une chaîne polypeptidique. Phe = phénylalanine.

boucle, possède la séquence CCA, qui est le plus souvent ajoutée après la fin de la synthèse et de la maturation de l'ARNt. Dans la plupart des ARNt, plusieurs bases sont également modifiées après leur synthèse. En trois dimensions, la molécule repliée d'ARNt a une forme de L ; la boucle de l'anticodon et la tige acceptrice forment les extrémités des deux bras (Figure 4-22b).

Un appariement non standard se produit souvent entre les codons et les anticodons

Si un appariement exact de type Watson-Crick était exigé entre les codons et les anticodons, les cellules devraient contenir exactement 61 sortes différentes d'ARNt, une pour chaque codon spécifiant un acide aminé. Comme nous l'avons vu plus haut cependant, de nombreuses cellules possèdent moins de 61 ARNt. L'explication de ce nombre inférieur réside dans la possibilité pour un même anticodon d'ARNt de reconnaître plusieurs, mais pas nécessairement tous, les codons correspondant à un acide aminé. Cette reconnaissance élargie est permise par l'appariement non standard entre des bases situées au niveau des positions dites de *flottement*, c'est-à-dire, au niveau de la troisième base (en 3') dans le codon d'ARNm et de la première base correspondante (en 5') dans son anticodon d'ARNt.

Les première et deuxième bases d'un codon forment presque toujours des appariements standard de type Watson-Crick avec les troisième et deuxième bases respectivement, de l'anticodon

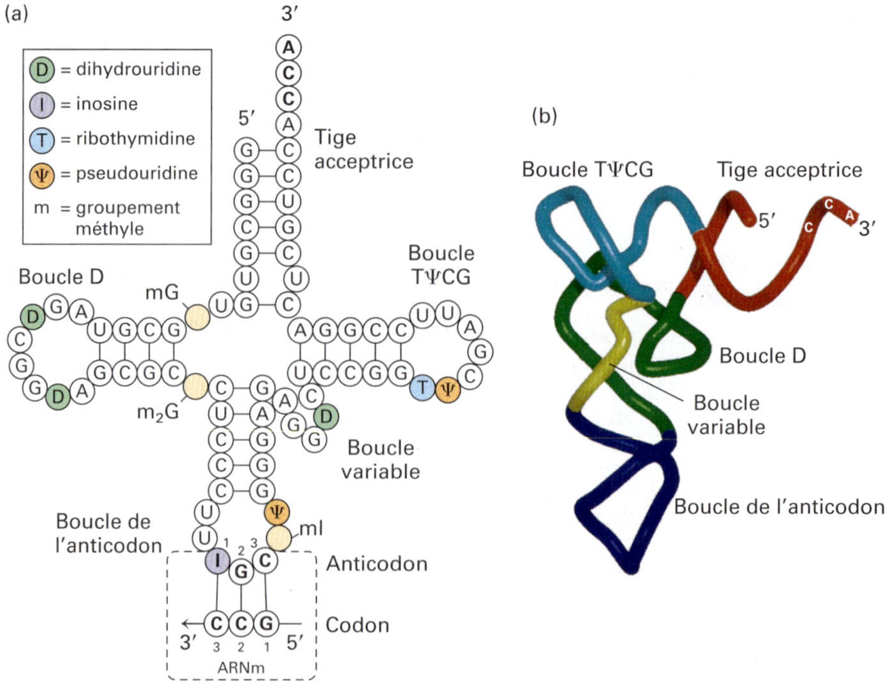

FIGURE 4-22 La structure des ARNt. (a) Bien que la séquence nucléotidique exacte varie d'un ARNt à l'autre, tous les ARNt se replient en une conformation à quatre tiges appariées et trois boucles. La séquence CCA à l'extrémité 3′ est présente également dans tous les ARNt. La liaison d'un acide aminé au A en 3′ produit un aminoacyl-ARNt. Une partie des résidus A, C, G et U est modifiée dans la plupart des ARNt (voir encadré). La dihydrouridine (D) est presque toujours présente dans la boucle D ; de même, la ribothymidine (T) et la pseudouridine (Ψ) sont presque toujours présentes dans la boucle TΨCG. L'ARNt pour l'alanine de levure, représenté ici, contient également d'autres bases modifiées. Le triplet à l'extrémité de la boucle de l'anticodon s'apparie avec le codon correspondant dans l'ARNm. (b) Un modèle tridimensionnel du squelette généralisé de tous les ARNt. Remarquez la forme de L de la molécule.

correspondant. Néanmoins, quatre interactions non standard peuvent se former entre les bases présentes aux positions de flottement. La paire de base G•U est particulièrement importante, car sa correspondance structurale est presque aussi bonne que pour la paire standard G•C. Par conséquent, un anticodon donné dans l'ARNt avec un G en première position (de flottement) peut s'apparier avec les deux codons correspondants qui possèdent une pyrimidine (C ou U) en troisième position (Figure 4-23). Par exemple, les codons phénylalanine UUU et UUC (5' ⟶ 3') sont tous deux reconnus par l'ARNt dont l'anticodon est GAA (5' ⟶ 3'). En réalité, n'importe quelle paire de codons de type NNPyr (N = n'importe quelle base ; Pyr = pyrimidine) code un seul acide aminé et est décodée par un seul ARNt avec G en première position (flottante) de l'anticodon.

Bien que l'adénine soit rarement présente en position flottante dans l'anticodon, de nombreux ARNt de plantes et d'animaux contiennent à cette position de l'inosine, un produit désaminé de l'adénine. L'inosine peut former des paires de bases non standard avec A, C et U. Un ARNt possédant une inosine en position de flottement peut donc reconnaître les codons correspondants dans l'ARNm avec A, C ou U en troisième position (flottante) (voir Figure 4-23). Pour cette raison, les ARNt contenant de l'inosine sont abondamment utilisés dans la traduction des codons synonymes spécifiant un même acide aminé. Par exemple, quatre des six codons spécifiant la leucine (CUA, CUC, CUU et UUA) sont reconnus par le même ARNt avec l'anticodon 3'-GAI-5'. L'inosine en position de flottement forme des appariements non standard avec la troisième base des quatre codons. Dans le cas du codon UUA, une paire non standard G•U se forme également entre la position 3 de l'anticodon et la position 1 du codon.

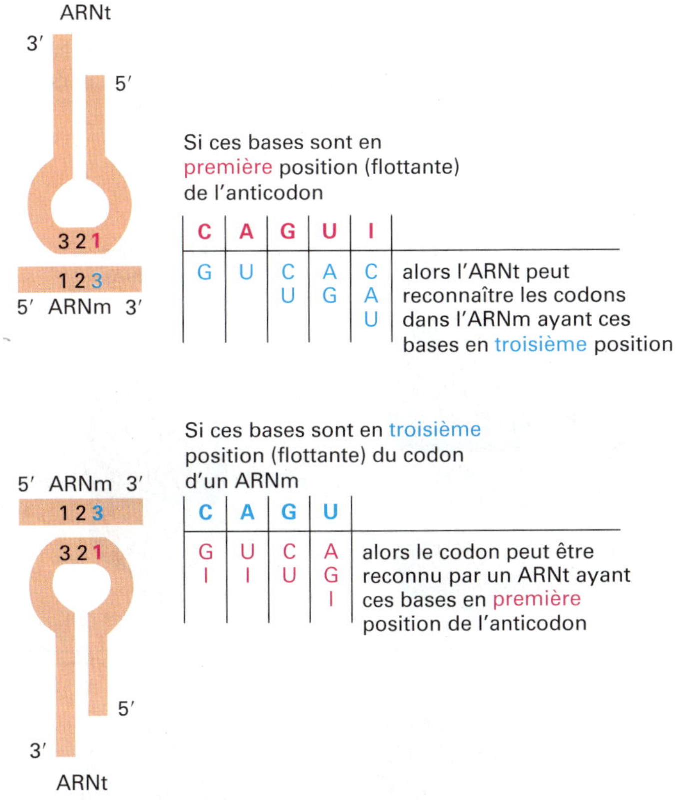

FIGURE 4-23 L'appariement non standard codon-anticodon au niveau de la position de flottement. La base en troisième position (flottante) du codon d'un ARNm, forme souvent un appariement non standard avec la base en première position (flottante) d'un anticodon d'ARNt. L'appariement flottant permet à un ARNt de reconnaître plusieurs codons d'ARNm (*en haut*). Inversement, il permet à un codon d'être reconnu par plusieurs sortes d'ARNt (*en bas*), qui portent tous le même acide aminé. Remarquez qu'un ARNt avec I (inosine) en position flottante peut « lire » (s'apparier avec) trois codons différents et qu'un ARNt avec G ou U en position de flottement peut lire deux codons. Bien que A puisse théoriquement occuper la position flottante de l'anticodon, on ne l'y trouve quasiment jamais dans la nature.

Les aminoacyl-ARNt synthétases activent des acides aminés en les liant covalemment aux ARNt

La reconnaissance par un ARNt particulier, du ou des codons spécifiant un acide aminé donné, est en fait la deuxième étape du décodage du message génétique. La première étape, la fixation de l'acide aminé approprié à un ARNt, est catalysée par une aminoacyl-ARNt synthétase spécifique. Chacune des 20 synthétases différentes reconnaît *un* acide aminé et *tous* ses ARNt *isoaccepteurs* ou *apparentés*. Ces enzymes de couplage lient un acide aminé à l'extrémité libre 2' ou 3' hydroxyle de l'adénosine présente au niveau de l'extrémité 3' des molécules d'ARNt, au cours d'une réaction nécessitant de l'ATP. Dans cette réaction, l'acide aminé est lié à l'ARNt par une liaison riche en énergie ; on dit alors qu'il est *activé*. L'énergie de cette liaison permet ensuite la formation des liaisons peptidiques entre les acides aminés adjacents d'une chaîne polypeptidique en cours d'élongation. L'équilibre de la réaction d'aminoacylation est encore déplacé vers l'activation de l'acide aminé par l'hydrolyse de la liaison phosphoanhydride riche en énergie dans le pyrophosphate libéré (voir Figure 4-21).

Certains acides aminés ont une structure si proche que les aminoacyl-ARNt synthétases commettent parfois des erreurs. Elles sont toutefois corrigées par les enzymes elles-mêmes, qui possèdent une activité de correction d'épreuves (*proofreading* en anglais) vérifiant la correspondance dans leur poche de liaison pour les acides aminés. Si le mauvais acide aminé est fixé à un ARNt, la synthétase liée catalyse le retrait de cet acide aminé de l'ARNt. Cette fonction essentielle garantit l'apport par un ARNt, de l'acide aminé correct à la machinerie de synthèse protéique. Le taux global d'erreur lors de la traduction chez *E. coli* est très faible, de l'ordre de 1 pour 50 000 codons, une preuve de l'importance de l'activité correctrice des aminoacyl-ARNt synthétases.

Les ribosomes synthétisent les protéines

Si les nombreux composants impliqués dans la traduction des ARNm devaient interagir librement en solution, la probabilité de collisions simultanées entre eux serait si faible que la polymérisation des acides aminés serait très lente. L'efficacité de la traduction est nettement accrue par la liaison de l'ARNm et de chaque aminoacyl-ARNt au complexe ARN-protéine le plus abondant dans la cellule, le ribosome, qui dirige l'élongation d'un polypeptide à une vitesse de 3 à 5 acides aminés par seconde. Les petites protéines de 100 à 200 acides aminés sont donc fabriquées en une minute ou moins. La titine, la plus grande protéine connue, est quant à elle synthétisée en 2 à 3 heures. On la trouve dans les muscles et elle comporte environ 30 000 acides aminés. La machinerie cellulaire qui accomplit cette tâche doit donc être précise et persévérante.

Les ribosomes furent découverts par microscopie électronique, sous la forme de petites particules discrètes riches en ARN dans des cellules qui sécrétaient de grandes quantités de protéines. Cependant, leur rôle dans la synthèse protéique ne fut pas reconnu avant que des préparations relativement pures de ribosomes aient pu être obtenues. Des expériences de marquage radioactif *in vitro* sur des préparations de ce type montrèrent que les acides aminés radioactifs étaient d'abord incorporés dans des chaînes polypeptidiques en cours d'élongation associées à des ribosomes, avant d'apparaître dans les chaînes terminées.

Un ribosome est constitué de trois (chez les bactéries) ou quatre (chez les eucaryotes) molécules différentes d'ARNr et jusqu'à 83 protéines. Il est organisé en une grande et une petite sous-unités (Figure 4-24). Les sous-unités ribosomiales et les molécules d'ARNr sont généralement désignées par leur nombre d'unités Svedberg (S), une mesure de la vitesse de sédimentation de particules en suspension, centrifugées dans des condition standard. La petite sous-unité ribosomiale contient une seule molécule d'ARNr, que l'on appelle le *petit ARNr*. La grande sous-unité contient une molécule de *grand ARNr* et une molécule d'ARNr 5S, plus une molécule supplémentaire d'ARNr 5,8S chez les vertébrés. Les longueurs des molécules d'ARNr, la quantité de protéines dans chaque sous-unité et donc les tailles des sous-unités, diffèrent dans les cellules bactériennes et les cellules eucaryotes. Le ribosome assemblé a un coefficient de sédimentation de 70S chez les bactéries et de 80S chez les vertébrés. Mais, plus que les différences, les ressemblances structurales et fonctionnelles entre les ribosomes de toutes les espèces sont intéressantes. Cette cohérence est un autre argument en faveur d'une origine commune dans l'évolution, des constituants élémentaires des cellules vivantes.

On connaît désormais les séquences des petit et grand ARNr de plusieurs milliers d'organismes. Bien que les séquences nucléotidiques primaires de ces ARNr varient considérablement, en théorie les mêmes parties de chaque type d'ARNr peuvent former des structures appariées tige-boucle, ce qui donnerait aux ARNr de tous les organismes une structure tridimensionnelle similaire. Les véritables structures tridimensionnelles des ARNr bactériens de *Thermus thermophilus* ont récemment été déterminées par la cristallographie aux rayons X du ribosome 70S. Les multiples

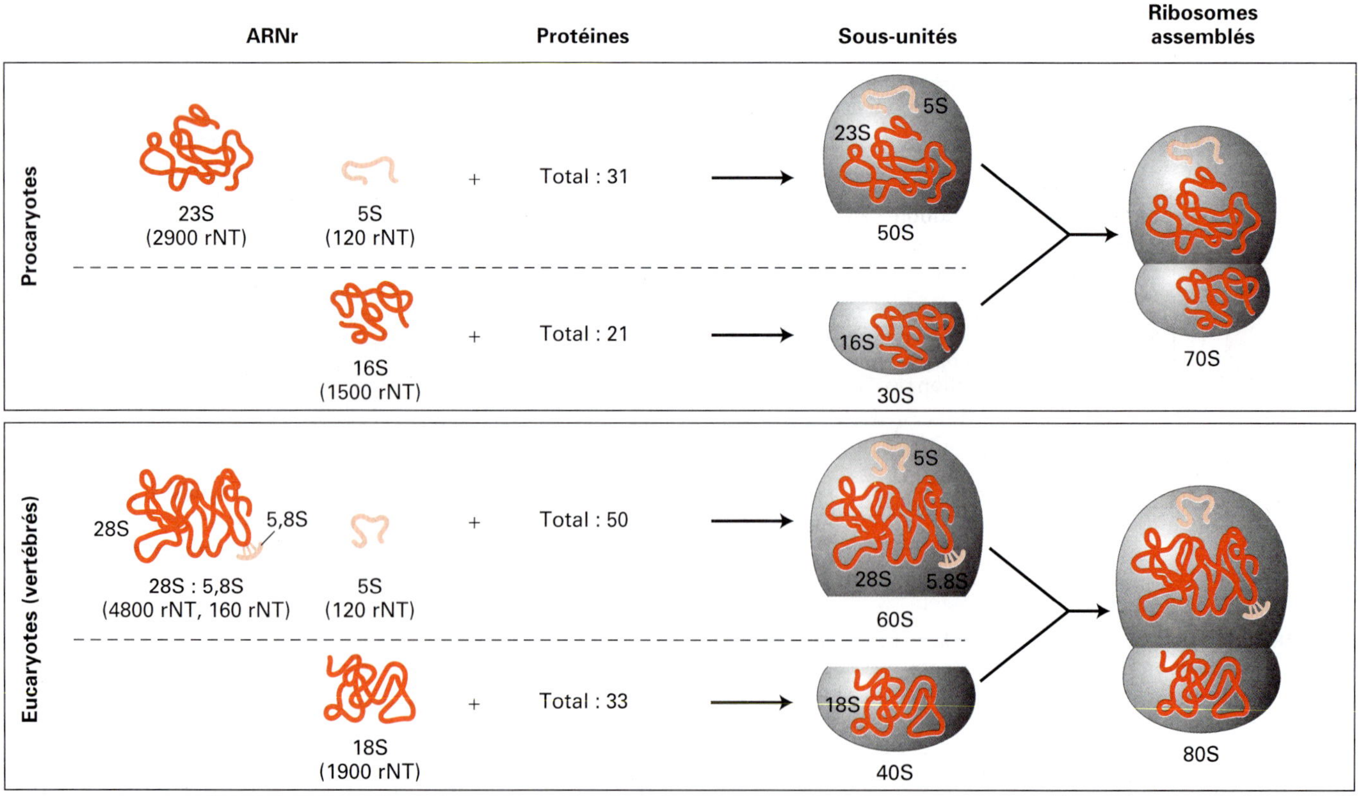

FIGURE 4-24 La structure générale des ribosomes chez les procaryotes et les eucaryotes. Dans toutes les cellules, chaque ribosome est constitué d'une grande et d'une petite sous-unités. Les deux sous-unités contiennent des ARNr (en rouge) de longueurs distinctes, ainsi qu'un ensemble de protéines qui leur est propre. Tous les ribosomes comportent deux molécules principales d'ARNr (ARNr 23S et 16S chez les bactéries ; ARNr 28S et 18S chez les vertébrés) et un ARNr 5S. La grande sous-unité des ribosomes de vertébrés possède également un ARNr 5,8S apparié à l'ARNr 28S. Le nombre de ribonucléotides (rNT) dans chaque type d'ARNr est indiqué.

protéines ribosomiales, sont associées avec la surface des ARNr et sont pour la plupart bien plus petites que ceux-ci. Bien que le nombre de molécules de protéines dans les ribosomes excède nettement le nombre de molécules d'ARN, ces derniers constituent environ 60 % de la masse d'un ribosome.

Au cours de la traduction, un ribosome se déplace le long d'une chaîne d'ARN, interagissant avec différents facteurs protéiques et ARNt et subissant très probablement des changements conformationnels importants. En dépit de la complexité du ribosome, de grands progrès ont été accomplis dans la détermination de la structure globale des ribosomes bactériens et dans l'identification de divers sites réactifs. Les études par cristallographie aux rayons X du ribosome 70S de *T. thermophilus* par exemple, ont révélé non seulement les dimensions et la forme globale des sous-unités ribosomiales, mais ont également permis de localiser les positions des ARNt liés au ribosome au cours de l'élongation d'une chaîne protéique naissante. De plus, des techniques chimiques puissantes telles que la **prise d'empreintes** (*footprinting* en anglais), décrite au Chapitre 11, ont été utilisées pour identifier des séquences nucléotidiques spécifiques dans des ARNr qui se fixent à une protéine ou à un autre ARN. Quelque 40 ans environ après la découverte des ribosomes, leur structure globale et leur fonctionnement au cours de la synthèse protéique ont enfin été élucidés, comme nous le verrons dans la section suivante.

CONCEPTS CLÉS DE LA SECTION 4.4

Les trois rôles de l'ARN dans la traduction

- L'information génétique est transcrite de l'ADN vers l'ARNm sous la forme d'un code de triplets, dégénéré, non chevauchant et sans ponctuation.
- Chaque acide aminé est codé par une ou plusieurs séquences de trois nucléotides (codons) dans l'ARNm. Chaque codon spécifie un acide aminé, mais la plupart des acides aminés sont codés par de multiples codons (voir Tableau 4-1).
- Le codon AUG spécifiant la méthionine est le codon initiateur le plus courant au niveau de l'extrémité NH_2-terminale d'une chaîne protéique. Trois codons (UAA, UAG et UGA) servent de codons stop et ne spécifient aucun acide aminé.
- Un cadre de lecture, qui est la séquence ininterrompue des codons dans l'ARNm à partir d'un codon spécifique de départ jusqu'à un codon stop, est traduit en une séquence linéaire d'acides aminés d'une chaîne polypeptidique.
- Le décodage de la séquence nucléotidique de l'ARNm en séquence d'acides aminés d'une protéine dépend des ARNt et des aminoacyl-ARNt synthétases.
- Tous les ARNt possèdent une structure tridimensionnelle similaire qui comporte un bras accepteur pour fixer un acide aminé spécifique et une structure tige-boucle avec une séquence anticodon de trois bases à ses extrémités (voir Figure 4-22). L'anticodon peut s'apparier avec le codon qui lui correspond dans l'ARNm.
- En raison d'interactions non standard, un ARNt peut s'apparier avec plusieurs codons d'ARNm ; inversement, un codon donné peut s'apparier avec de multiples ARNt. Dans chaque cas cependant, seul l'acide aminé correct peut être inséré dans une chaîne polypeptidique en cours d'élongation.
- Chacune des 20 aminoacyl-ARNt synthétases reconnaît un seul acide aminé et le lie covalemment à l'un de ses ARNt isoaccepteurs, formant un aminoacyl-ARNt (voir Figure 4-21). Cette réaction active l'acide aminé, lui permettant ainsi de participer à la formation d'une liaison peptidique.
- Les ribosomes procaryotes et eucaryotes — les gros complexes ribonucléoprotéiques dans lesquels se déroule la traduction — sont constitués d'une petite et d'une grande sous-unités (voir Figure 4-24). Chaque sous-unité contient de nombreuses protéines différentes et une molécule principale d'ARNr (petite ou grande). La grande sous-unité comporte également un ARNr 5S dans les bactéries et deux ARNr accessoires chez les eucaryotes (5S et 5,8S chez les vertébrés).
- Des ARNr analogues appartenant à de nombreuses espèces différentes se replient en conformations tridimensionnelles très semblables contenant de nombreuses structures tige-boucle et des sites de liaison pour des protéines, des ARNm et des ARNt. Des protéines ribosomiales sont associées à la périphérie des ARNr qui sont bien plus grands qu'elles.

4.5 La synthèse des protéines sur les ribosomes, étape par étape

Nous avons introduit dans les sections précédentes les participants majeurs à la synthèse protéique : l'ARNm, les ARNt aminoacylés et les ribosomes contenant le grand et le petit ARNr. Nous allons maintenant considérer en détail la façon dont ces composants sont agencés pour exécuter les événements biochimiques conduisant à la formation des chaînes polypeptidiques sur les ribosomes. Comme pour la transcription, le processus complexe de la traduction peut être divisé en trois étapes — l'initiation, l'élongation et la terminaison — que nous allons considérer successivement. Nous limiterons notre description à la traduction dans les cellules eucaryotes, mais le mécanisme de la traduction est fondamentalement le même dans toutes les cellules.

Le méthionyl-ARNt$_i^{Met}$ reconnaît le codon initiateur AUG

Comme nous l'avons dit plus tôt, le codon AUG spécifiant la méthionine sert de codon de départ dans la grande majorité des ARNm. Un aspect critique de l'initiation de la traduction est le début de la synthèse protéique au niveau du codon de départ, afin de définir le cadre de lecture correct pour l'ARNm complet. Les procaryotes et les eucaryotes contiennent tous deux, deux ARNt différents pour la méthionine : l'ARNt$_i^{Met}$, capable d'initier la synthèse protéique, et l'ARNt^{Met} pour importer la méthionine seulement dans la chaîne en cours de synthèse. La même aminoacyl-ARNt synthétase (MetRS) charge les deux ARNt avec de la méthionine. Mais *seul* le Met-ARNt$_i^{Met}$ (c'est-à-dire la méthionine activée attachée à l'ARNt$_i^{Met}$) peut se lier au site approprié sur la petite sous-unité ribosomiale, le *site P*, pour commencer la synthèse d'une chaîne polypeptidique. Le Met-ARNt^{Met} habituel et tous les autres ARNt chargés se fixent uniquement à l'autre site du ribosome, le *site A*, comme nous le décrirons plus loin.

L'initiation de la traduction se produit généralement près du codon AUG le plus proche de l'extrémité 5' d'un ARNm

Au cours de la première étape de la traduction, un ribosome s'assemble, en se complexant avec un ARNm et un ARNt initiateur activé, qui est positionné correctement au niveau du codon initiateur. Les petites et grandes sous-unités ribosomiales qui ne sont pas activement engagées dans la traduction sont maintenues à l'écart grâce à deux **facteurs d'initiation**, appelés eIF3 et eIF6 chez les eucaryotes. Un *complexe de pré-initiation* de la traduction est formé lorsque le complexe sous-unité 40S-eIF3 est lié par eIF1A et un complexe ternaire formé du Met-ARNt$_i^{Met}$, de eIF2 et de GTP (Figure 4-25, étape 1). Les cellules peuvent réguler la synthèse protéique en phosphorylant un résidu sérine sur le facteur eIF2 lié au GDP ; le complexe phosphorylé est incapable d'échanger le GDP lié contre du GTP et ne peut donc fixer le Met-ARNt$_i^{Met}$, ce qui inhibe la synthèse protéique.

Au cours de l'initiation de la traduction, la coiffe en 5' d'un ARNm à traduire est liée par la sous-unité eIF4E du complexe de liaison de la coiffe, eIF4. Le complexe ARNm-eIF4 s'associe ensuite au complexe de pré-initiation par une interaction de la sous-unité eIF4G et de eIF3, formant le *complexe d'initiation* (Figure 4-25, étape 2). Le complexe d'initiation glisse probablement alors le long de l'ARNm associé, pendant que l'activité **hélicase** de eIF4A utilise l'énergie provenant de l'hydrolyse d'ATP, pour dérouler la structure secondaire de l'ARN. Le glissement s'arrête lorsque l'anticodon de l'ARNt$_i^{Met}$ reconnaît le codon initiateur, qui est le premier AUG en aval de l'extrémité 5' dans la plupart des ARNm eucaryotes (étape 3). La reconnaissance du codon initiateur provoque l'hydrolyse du GTP associé à eIF2, une étape irréversible qui empêche le glissement de se poursuivre. La sélection du codon AUG initiateur est facilitée par les nucléotides spécifiques environnants appelés *séquence de Kozak*, du nom de Marilyn Kozak qui l'a définie : (5') ACC<u>AUG</u>G (3'). Le A précédant AUG (en gras) et le G qui le suit immédiatement sont les nucléotides qui affectent le plus l'efficacité de l'initiation de la traduction. Une fois la petite sous-unité ribosomiale liée à son Met-ARNt$_i^{Met}$ correctement positionnée sur le codon initiateur, l'union avec la grande sous-unité ribosomiale (60S) termine la formation d'un ribosome 80S. Ceci nécessite l'action d'un autre facteur

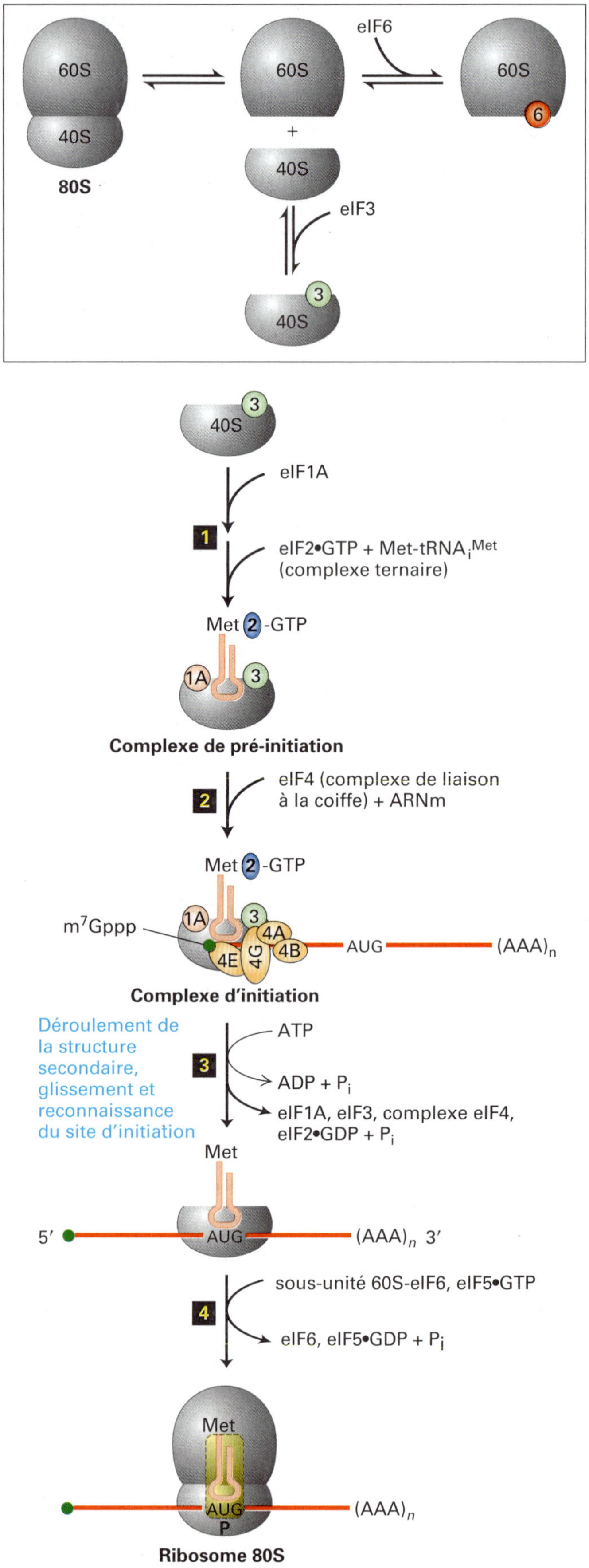

FIGURE 4-25 L'initiation de la traduction chez les eucaryotes. (*Encadré*) Lorsqu'un ribosome se dissocie à la fin de la traduction, les sous-unités 40S et 60S s'associent aux facteurs d'initiation eIF3 et eIF6, formant des complexes capables d'initier un nouveau cycle de traduction. Étapes **1** et **2** : L'addition séquentielle des composants indiqués au complexe sous-unité 40S-eIF3 forme le complexe d'initiation. Étape **3** : Le glissement le long de l'ARNm, du complexe d'initiation associé conduit au positionnement de la petite sous-unité et du Met-ARNt$_i^{Met}$ qui lui est lié, au niveau du codon de départ. Étape **4** : L'association avec la grande sous-unité (60S) forme un ribosome 80S capable de traduire l'ARNm. Deux facteurs d'initiation, eIF2 (étape **1**) et eIF5 (étape **4**) sont des protéines qui fixent du GTP et dont le GTP lié est hydrolysé au cours de l'initiation de la traduction. Le moment précis auquel chaque facteur d'initiation est libéré n'a pas encore été bien caractérisé. Voir le texte pour les détails [Adapté de R. Mendez & J. D. Richter, 2001, *Nature Rev. Mol. Cell Biol.* **2**:521.]

(eIF5) et l'hydrolyse d'un GTP qui lui est associé (étape 4). Le couplage de la réaction de réunion et de l'hydrolyse de GTP rend cette étape irréversible, de sorte que les sous-unités ribosomiales ne peuvent plus se dissocier avant que l'ARNm soit traduit et la synthèse protéique terminée. Comme nous le verrons plus loin, au cours de l'élongation de la chaîne, le polypeptide naissant reste attaché à l'ARNt au niveau du site P du ribosome.

La machinerie de synthèse protéique des eucaryotes commence la traduction de la plupart des ARNm cellulaires à 100 nucléotides environ de l'extrémité portant la coiffe 5', comme nous venons de le décrire. Cependant, certains ARNm cellulaires contiennent un site d'entrée interne pour le ribosome (IRES pour *internal ribosome entry site* en anglais) situé très loin en aval de l'extrémité 5'. De plus, la traduction de certains ARNm viraux dépourvus de coiffe en 5' est initiée au niveau des IRES par la machinerie cellulaire des cellules eucaryotes infectées. Certains des facteurs d'initiation de la traduction qui assistent le glissement du ribosome à partir d'une coiffe en 5' sont nécessaires pour localiser un codon de départ AUG interne. On ignore cependant la façon exacte dont un IRES est reconnu. Des résultats récents indiquent que certains IRES se replient en une structure d'ARN qui se fixe à un troisième site du ribosome, le *site E*, positionnant alors dans le site P un codon AUG interne proche.

Au cours de l'élongation de la chaîne, chaque aminoacyl-ARNt entrant passe par trois sites ribosomiaux

Le complexe eucaryote ribosome 80S-Met-ARNt$_i^{Met}$ correctement positionné est maintenant prêt à commencer l'addition séquentielle des acides aminés par la traduction de l'ARNm suivant le cadre de lecture correct. Comme c'est le cas pour l'initiation, un groupe de protéines spéciales, appelées **facteurs d'élongation** (**EF** pour *elongation factor* en anglais) est nécessaire pour exécuter le processus d'élongation de la chaîne. Les étapes clés de l'élongation sont l'entrée successive de chaque aminoacyl-ARNt, la formation d'une liaison peptidique et le déplacement, ou *translocation*, du ribosome un codon à la fois le long de l'ARNm.

À la fin de l'initiation de la traduction, comme nous l'avons vu précédemment, le Met-ARNt$_i^{Met}$ est fixé au site P sur le ribosome 80S assemblé (Figure 4-26, *en haut*). Cette région du ribosome

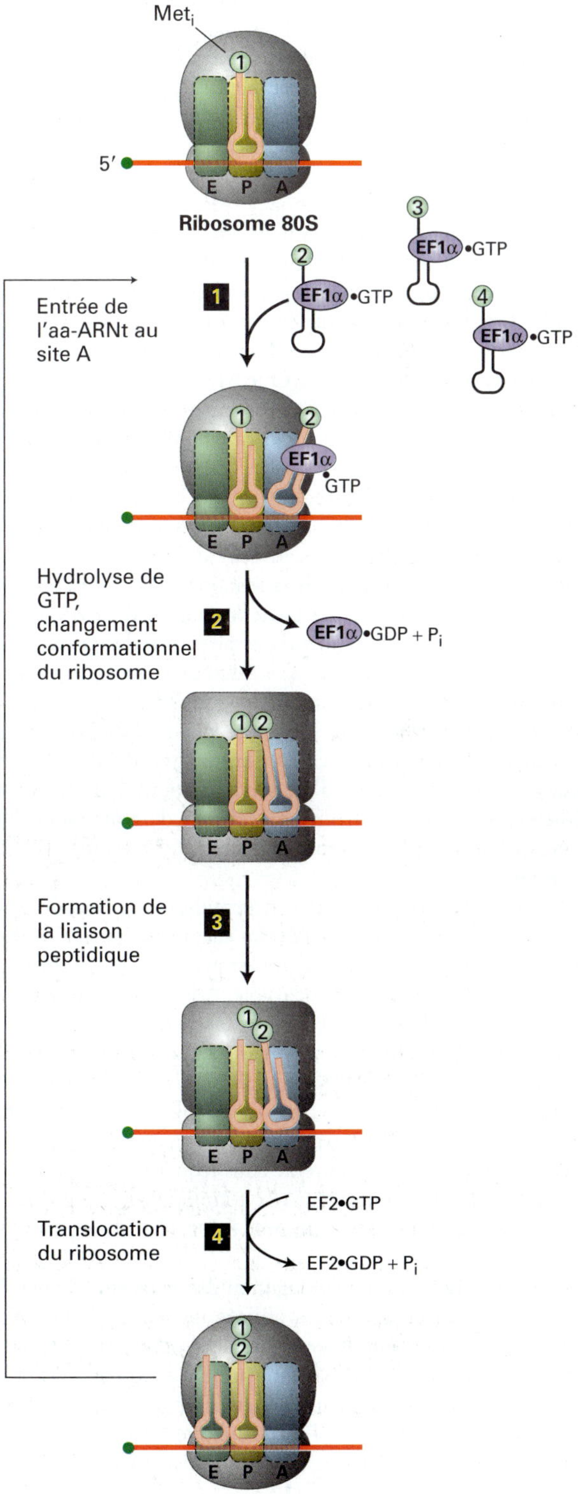

FIGURE 4-26 Le cycle d'élongation de la chaîne peptidyl au cours de la traduction chez les eucaryotes. Une fois le ribosome 80S assemblé, avec le Met-ARNt$_i^{Met}$ dans son site P (*en haut*), un complexe ternaire portant le deuxième acide aminé (aa_2) codé par l'ARNm se fixe au site A (étape **1**). Après un changement de conformation dans le ribosome, induit par l'hydrolyse du GTP du complexe EF1α·GTP (étape **2**), le grand ARNr catalyse la formation d'une liaison peptidique entre Met$_i$ et aa_2 (étape **3**). L'hydrolyse du GTP de EF2·GTP provoque un autre changement conformationnel dans le ribosome qui provoque la translocation d'une longueur égale à un codon le long de l'ARNm et déplace l'ARNt$_i^{Met}$ non acylé jusqu'au site E et l'ARNt lié au peptide jusqu'au site P (étape **4**). Le cycle peut recommencer avec la liaison d'un complexe ternaire portant aa_3 au site A désormais ouvert. Dans le deuxième cycle d'élongation et les suivants, l'ARNt au niveau du site E est éjecté au cours de l'étape **2** à la suite du changement de conformation induit par l'hydrolyse du GTP de EF1α·GTP. Voir le texte pour les détails. [Adapté de K. H. Nierhaus et al., 2000 in R. A. Garrett *et al.*, eds, *The Ribosome : Structure, Function, Antibiotics, and Cellular Interactions*, ASM Press, p. 319.]

s'appelle le *site P* car l'ARNt lié chimiquement à la chaîne poly*p*eptidique naissante est situé là. Le deuxième aminoacyl-ARNt est conduit jusqu'au ribosome sous la forme d'un complexe ternaire en association avec EF1α·GTP et se lie au site *A*, ainsi appelé car c'est là où se fixe l'*a*minoacyl-ARNt (étape 1). Si l'anticodon de l'aminoacyl-ARNt entrant (le deuxième) s'apparie correctement avec le deuxième codon de l'ARNm, le GTP dans le complexe EF1α·GTP est hydrolysé. L'hydrolyse de GTP entraîne un changement de conformation dans le ribosome, qui conduit à la liaison étroite de l'aminoacyl-ARNt dans le site A et à la libération du complexe EF1α·GDP résultant (étape 2). Ce changement conformationnel positionne également l'extrémité 3' aminoacylée de l'ARNt dans le site A, très près de l'extrémité 3' du Met-ARNt$_i^{Met}$ dans le site P. L'hydrolyse de GTP et donc la fixation étroite, n'a pas lieu si l'anticodon de l'aminoacyl-ARNt entrant ne peut s'apparier avec le codon présent dans le site A. Dans ce cas, le complexe ternaire diffuse au loin, laissant vide le site A qui peut alors s'associer avec d'autres complexes aminoacyl ARNt-EF1α·GTP, jusqu'à ce qu'un ARNt correctement apparié soit lié. Ce phénomène contribue à la fidélité avec laquelle l'aminoacyl-ARNt correct est chargé dans le site A. Avec le Met-ARNt$_i^{Met}$ dans le site P et le deuxième aminoacyl-ARNt étroitement lié au site A, le groupement α aminé du deuxième acide aminé réagit avec la méthionine « activée » (liée à l'ester) sur l'ARNt initiateur, formant alors une liaison peptidique (Figure 4-26, étape 3 ; voir Figures 4-19 et 4-21). Cette *réaction* de type *peptidyltransférase* est catalysée par le grand ARNr, qui oriente précisément les atomes en interaction, ce qui permet le déroulement de la réaction. Les propriétés catalytiques du grand ARNr chez les bactéries ont été démontrées par le retrait méticuleux de la majorité des protéines des grandes sous-unités ribosomiales. L'ARNr 23S bactérien quasiment pur est capable de catalyser une réaction peptidyltransférase entre des analogues d'ARNt aminoacylé et le peptidyl-ARNt. D'autres arguments en faveur du rôle catalytique du grand ARNr lors de la synthèse protéique viennent d'études cristallographiques montrant qu'aucune protéine ne se trouve près du site de synthèse de la liaison peptidique dans la structure cristalline de la grande sous-unité bactérienne.

Après la synthèse de la liaison peptidique, le ribosome subit une translocation le long de l'ARNm sur une distance égale à un codon. Cette étape de translocation est permise par l'hydrolyse du GTP du complexe EF2·GTP eucaryote. À la suite de cette translocation, l'ARNt$_i^{Met}$, désormais sans sa méthionine activée, est conduit vers le site *E* (*exit*, sortie en anglais) du ribosome. Pendant ce temps, le deuxième ARNt, à présent lié covalemment à un dipeptide (un peptidyl-ARNt) est déplacé vers le site P (Figure 4-26, étape 4). La translocation ramène donc la conformation du ribosome dans un état dans lequel le site A est ouvert et capable d'accepter un autre ARNt aminoacylé complexé avec EF1α·GTP, pour commencer un nouveau cycle d'élongation de la chaîne.

La répétition du cycle d'élongation décrit dans la Figure 4-26 conduit à l'addition des acides aminés un par un à l'extrémité C-terminale du polypeptide en cours de synthèse suivant les instructions de la séquence d'ARNm, jusqu'à ce qu'un codon stop apparaisse. Dans les cycles ultérieurs, le changement conformationnel qui se produit lors de l'étape 2 éjecte l'ARNt non acylé du site E. À mesure que la chaîne polypeptidique naissante s'allonge, elle passe par un canal dans la grande sous-unité ribosomiale, sortant par un endroit situé à l'opposé du côté qui interagit avec la petite sous-unité (Figure 4-27).

Les positions des ARNt liés aux sites A, P et E sont visibles dans la structure cristalline du ribosome bactérien déterminée récemment (Figure 4-28). L'appariement des bases est également visible entre les ARNt dans les sites A et P avec leurs codons respectifs dans l'ARNm (voir Figure 4-28, *en arrière-plan*). Un hybride ARN-ARN de seulement trois paires de bases n'est pas stable

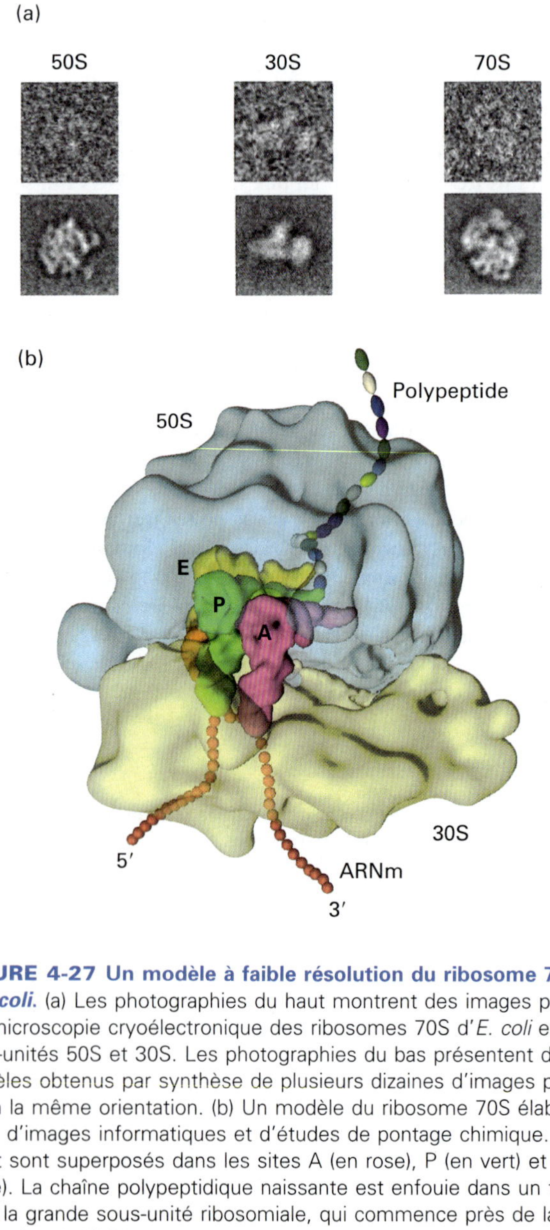

FIGURE 4-27 Un modèle à faible résolution du ribosome 70S d'*E. coli*. (a) Les photographies du haut montrent des images prises par microscopie cryoélectronique des ribosomes 70S d'*E. coli* et des sous-unités 50S et 30S. Les photographies du bas présentent des modèles obtenus par synthèse de plusieurs dizaines d'images prises selon la même orientation. (b) Un modèle du ribosome 70S élaboré à partir d'images informatiques et d'études de pontage chimique. Trois ARNt sont superposés dans les sites A (en rose), P (en vert) et E (en jaune). La chaîne polypeptidique naissante est enfouie dans un tunnel dans la grande sous-unité ribosomiale, qui commence près de la tige acceptrice de l'ARNt dans le site P. [Voir I. S. Gabashvili et al., 2000, *Cell* **100**:537 ; aimablement communiqué par J. Frank.]

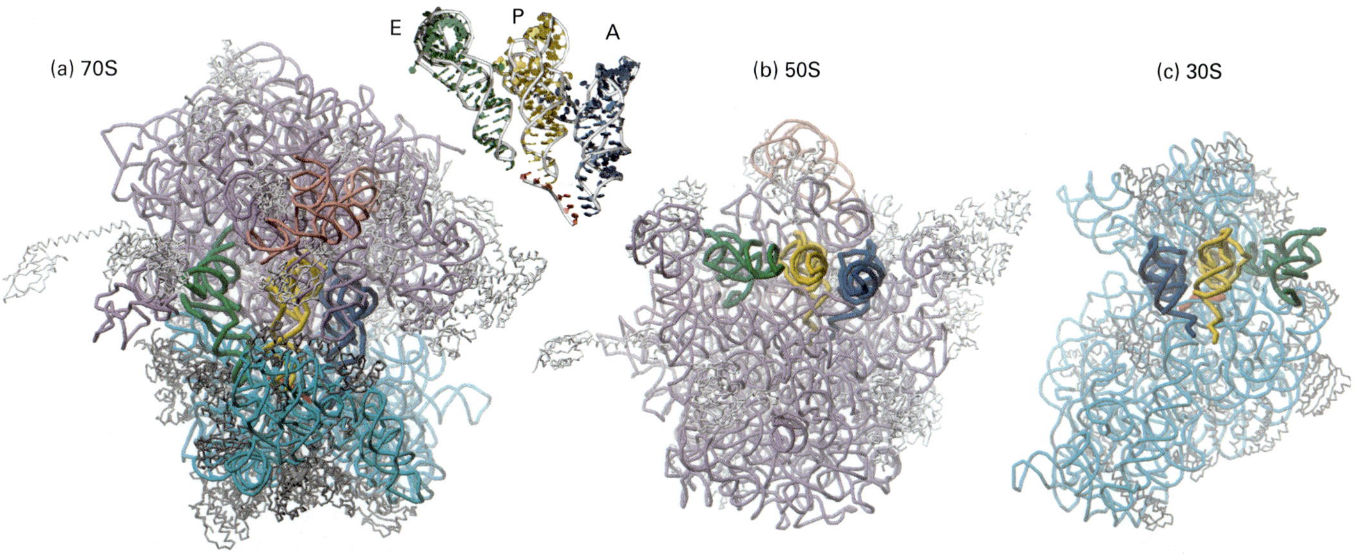

FIGURE 4-28 La structure du ribosome 70S de *T. thermophilus*, telle qu'elle a été déterminée par cristallographie aux rayons X. (a) Un modèle du ribosome complet vu du côté schématisé dans la figure 4-26, avec la grande sous-unité au-dessus et la petite sous-unité au-dessous. Les ARNt présents dans les sites A (en bleu), P (en jaune) et E (en vert) sont visibles à l'interface entre les sous-unités, avec leurs boucles de l'anticodon qui pointent vers le bas dans la petite sous-unité. L'ARNr 16S est en bleu clair, l'ARNr 23S en violet, l'ARNr 5S en rose, l'ARNm en rouge, les petites protéines ribosomiales en gris foncé et les grosses protéines ribosomiales en gris clair. Remarquez la position des protéines ribosomiales, essentiellement à la surface du ribosome, et les ARNr, principalement à l'intérieur. (b) Une vue de la grande sous-unité tournée de 90° par rapport à l'axe horizontal de la vue en (a), qui montre la face interagissant avec la petite sous-unité. Les boucles de l'anticodon des ARNt pointent vers le lecteur. Dans le ribosome intact, elles s'étendent dans la petite sous-unité où les anticodons des ARNt dans les sites A et P s'apparient avec les codons dans l'ARNm. (c) Une vue de face de la petite sous-unité en interaction avec la grande sous-unité représentée en (b). Ici, les boucles de l'anticodon des ARNt pointent vers l'arrière de la page. Les boucles TΨCG et les tiges acceptrices s'étendent hors de la page et les extrémités 3' CCA des ARNt dans les sites A et P pointent vers le bas. Remarquez l'opposition étroite entre les tiges acceptrices des ARNt dans les sites A et P, qui permettent au groupement aminé de l'ARNt acylé dans le site A de réagir avec le C carboxy-terminal du peptidyl-ARNt dans le site P (voir Figure 4-19). Dans le ribosome intact, elles sont situées dans le centre peptidyltransférase de la grande sous-unité. [Adapté de M. M. Yusupov *et al.*, 2001, *Science* **292**:883.]

dans des conditions physiologiques. Cependant, de multiples interactions entre les grand et petit ARNr et les domaines généraux des ARNt (comme les boucles D et TΨCG) stabilisent les ARNt dans les sites A et P, tandis que d'autres interactions ARN-ARN détectent les appariements corrects codon-anticodon, ce qui assure une lecture correcte du code génétique.

La traduction est terminée par des facteurs de libération lorsqu'un codon stop est atteint

La dernière étape de la traduction, comme l'initiation et l'élongation, nécessite des signaux moléculaires hautement spécifiques qui décident du destin du complexe ARNm-ribosome-peptidyl-ARNt. On a découvert deux types de protéines spécifiques, les **facteurs de libération** ou facteurs de relargage (**RF** pour *release factors* en anglais). Le eRF1 eucaryote, dont la forme ressemble à celle des ARNt, intervient apparemment en se fixant au site A du ribosome et en reconnaissant directement les codons stop. Comme certains des facteurs d'initiation et d'élongation traités précédemment, le deuxième facteur de libération eucaryote, eRF3 est une protéine qui fixe du GTP. Le complexe eRF3·GTP agit de concert avec eRF1 pour déclencher le clivage du peptidyl-ARNt, libérant ainsi la chaîne protéique terminée (Figure 4-29). Les bactéries possèdent deux facteurs de libération (RF1 et RF2) analogues fonctionnellement à eRF1 et un facteur de liaison de GTP (RF3) analogue à eRF3.

Après sa libération du ribosome, une protéine néosynthétisée adopte en se repliant sa conformation tridimensionnelle native, un processus facilité par d'autres protéines appelées **chaperons** (Chapitre 3). D'autres facteurs de libération provoquent ensuite la dissociation du ribosome, libérant ses sous-unités, l'ARNm et l'ARNt terminal pour un nouveau cycle de traduction.

Nous pouvons maintenant voir qu'une ou plusieurs protéines fixant du GTP participent à chaque étape de la traduction. Ces protéines appartiennent à la **superfamille GTPasique** des protéines de commutation qui alternent entre une forme active liée à du GTP et une forme inactive liée à du GDP (voir Figure 3-29). On suppose que l'hydrolyse du GTP lié provoque des changements conformationnels dans la GTPase elle-même ou dans d'autres protéines associées, essentielles à divers processus moléculaires complexes. Au cours de l'initiation de la traduction par exemple, l'hydrolyse de eIF2·GTP en eIF2·GDP empêche la poursuite du glissement du complexe d'initiation le long de l'ARNm une fois le site de départ rencontré, et permet l'association de la grande sous-

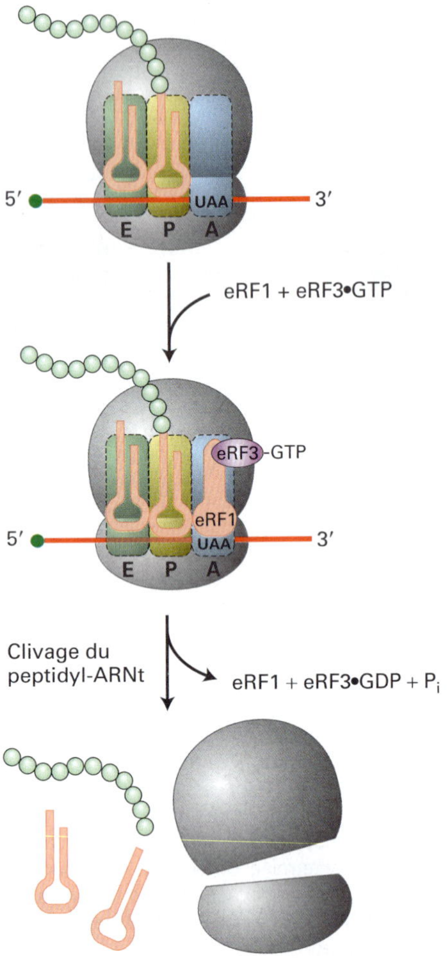

FIGURE 4-29 La terminaison de la traduction chez les eucaryotes. Lorsqu'un ribosome portant une chaîne protéique naissante atteint un codon stop (UAA, UGA ou UAG), le facteur de libération eRF1 pénètre dans le complexe ribosomial, probablement au niveau ou à côté du site A avec eRF3·GTP. L'hydrolyse du GTP lié s'accompagne du clivage de la chaîne peptidique et de l'ARNt dans le site P, et de la libération des ARNt et de deux sous-unités ribosomiales.

unité ribosomiale à la petite (voir Figure 4-25, étape 3). De même, l'hydrolyse de EF2·GTP en EF2·GDP au cours de l'élongation de la chaîne conduit à la translocation du ribosome le long de l'ARNm (voir Figure 4-26, étape 4).

Les polysomes et le recyclage rapide des ribosomes augmentent l'efficacité de la traduction

Comme nous l'avons dit plus haut, la traduction d'une seule molécule d'ARNm eucaryote en une protéine de taille moyenne demande 30 à 60 secondes. Deux phénomènes augmentent de façon significative la vitesse totale à laquelle les cellules peuvent synthétiser une protéine : la traduction simultanée d'une même molécule d'ARNm par de multiples ribosomes et le recyclage rapide des sous-unités ribosomiales une fois détachées de l'extrémité 3' d'un ARNm. La traduction simultanée d'un ARNm par de multiples ribosomes s'observe facilement au microscope électronique et par des analyses de sédimentation, révélant que l'ARNm est fixé à de nombreux ribosomes portant des chaînes polypeptidiques naissantes de longueur croissante. Ces structures, que l'on appelle **polyribosomes** ou *polysomes* sont apparues circulaires dans les micrographies électroniques de certains tissus. Des études ultérieures de cellules de levure ont permis d'expliquer la forme circulaire des polysomes et de suggérer l'origine du recyclage efficace des ribosomes.

Ces études ont révélé que les multiples copies d'une protéine cytosolique présente dans les cellules eucaryotes, la *protéine de liaison au poly(A)* (PABPI), peuvent interagir à la fois avec la queue de poly(A) d'un ARNm et la sous-unité 4G du facteur eIF4 de levure. De plus, la sous-unité 4E du facteur eIF4 de levure se fixe à l'extrémité 5' d'un ARNm. À la suite de ces interactions, les deux extrémités d'une molécule d'ARNm peuvent être pontées par des protéines intermédiaires, formant ainsi un ARNm circulaire (Figure 4-30). Les deux extrémités d'un polysome étant relativement proches l'une de l'autre, les sous-unités ribosomiales qui se détachent de l'extrémité 3' sont positionnées près de l'extrémité 5', ce qui facilite la réinitiation par l'interaction de la sous-unité 40S avec le facteur eIF4 lié à la coiffe en 5'. Le mécanisme cyclique décrit dans la Figure 4-31, qui peut se produire dans de nombreuses cellules eucaryotes, permet sans doute d'accélérer le recyclage des ribosomes et donc d'augmenter l'efficacité de la synthèse protéique.

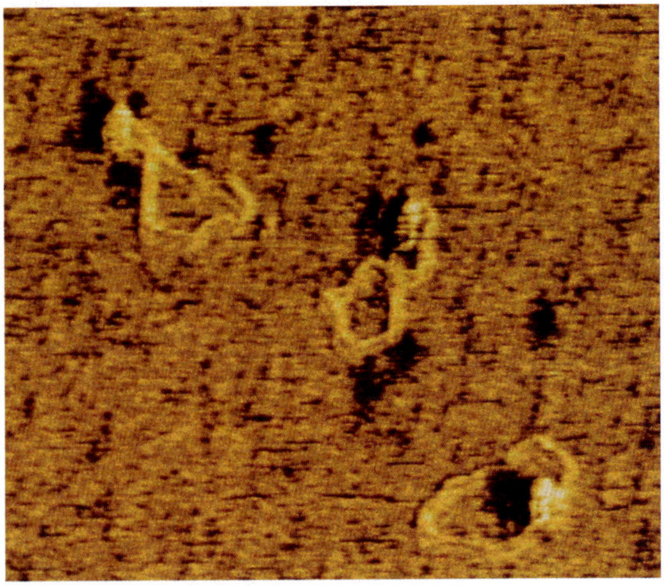

FIGURE EXPÉRIMENTALE 4-30 L'ARNm eucaryote forme une structure circulaire grâce à l'interaction de trois protéines. En présence de la protéine I de liaison au poly(a) purifiée (PABPI), de eIF4E et eIF4G, les ARNm eucaryotes forment des structures circulaires, visibles ici par micrographie électronique en champ de force. Dans ces structures, les interactions protéine-protéine et protéine-ARNm forment un pont entre les extrémités 5' et 3' de l'ARNm comme le schématise la Figure 4-31. [Aimablement communiqué par A. Sachs.]

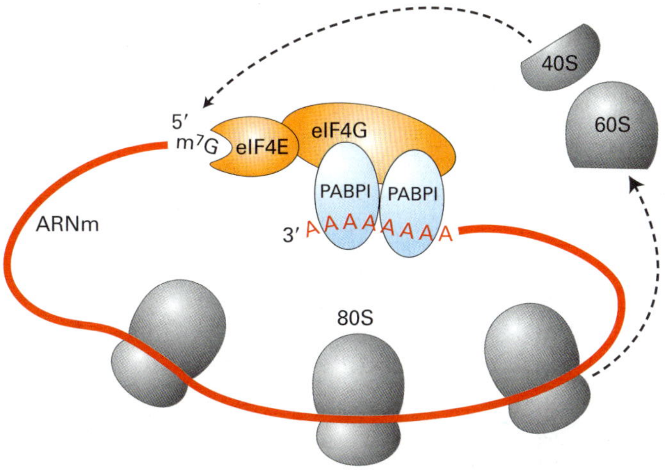

FIGURE 4-31 Un modèle de la synthèse protéique sur les polysomes circulaires et du recyclage des sous-unités ribosomiales. De multiples ribosomes individuels peuvent traduire simultanément un ARNm eucaryote, représenté ici sous une forme circulaire stabilisée par des interactions entre des protéines liées aux extrémités 3′ et 5′. Lorsqu'un ribosome achève la traduction et se dissocie de l'extrémité 3′, les sous-unités séparées peuvent rapidement se retrouver près de la coiffe en 5′ (m^7G) et initier un nouveau cycle de synthèse.

CONCEPTS CLÉS DE LA SECTION 4.5

La synthèse séquentielle des protéines sur les ribosomes

■ Parmi les deux ARNt de la méthionine présents dans toutes les cellules, seul l'un d'eux ($ARNt_i^{Met}$) intervient dans l'initiation de la traduction.

■ Chaque étape de la traduction — initiation, élongation de la chaîne et terminaison — nécessite des facteurs protéiques spécifiques dont des protéines qui fixent du GTP et hydrolysent le GTP qui leur est lié en GDP lorsqu'une étape est terminée.

■ Au cours de l'initiation, les sous-unités ribosomiales s'assemblent à proximité du site de début de la traduction d'une molécule d'ARNm avec l'ARNt portant la méthionine aminoterminale (Met-$ARNt_i^{Met}$) apparié au codon initiateur (Figure 4-25).

■ L'élongation de la chaîne comporte un cycle répété de quatre étapes : la fixation lâche d'un aminoacyl-ARNt entrant au site A du ribosome ; la liaison étroite de l'aminoacyl-ARNt correct au site A, accompagnée de la libération de l'ARNt utilisé auparavant hors du site E ; le transfert de la chaîne peptidyl en cours d'élongation vers l'acide aminé entrant, catalysé par le grand ARNr et enfin la translocation du ribosome vers le codon suivant, ce qui déplace donc le peptidyl-ARNt du site A vers le site P et l'ARNt désormais non acylé du site P vers le site E (voir Figure 4-26).

■ Lors de chaque cycle d'élongation de la chaîne, le ribosome subit deux changements conformationnels perçus par les protéines qui fixent du GTP. Le premier changement permet la liaison étroite de l'aminoacyl-ARNt entrant au site A et l'éjection d'un ARNt hors du site E, et le deuxième conduit à la translocation.

■ La terminaison de la traduction est assurée par deux types de facteurs de terminaison : ceux qui reconnaissent les codons stop et ceux qui déclenchent l'hydrolyse du peptidyl-ARNt (voir Figure 4-29).

■ L'efficacité de la synthèse protéique est accrue par la traduction simultanée d'un même ARNm par de multiples ribosomes. Dans les cellules eucaryotes, des interactions ayant des protéines comme intermédiaires rapprochent les deux extrémités d'un polysome l'une de l'autre, ce qui permet un recyclage rapide des sous-unités ribosomiales et augmente encore l'efficacité de la synthèse protéique (voir Figure 4-31).

4.6 La réplication de l'ADN

Maintenant que nous avons vu comment l'information génétique codée dans les séquences nucléotidiques de l'ADN est traduite en structures protéiques qui accomplissent la plupart des fonctions cellulaires, nous pouvons apprécier la nécessité d'une copie précise des séquences d'ADN au cours de la réplication de celui-ci (voir Figure 4-1, étape 4). L'appariement normal des bases dans la structure en double hélice de l'ADN suggéra à Watson et Crick que les nouveaux brins d'ADN étaient synthétisés en utilisant les brins existants (*parentaux*) comme des **matrices** pour la formation des nouveaux brins (*brins fils*) complémentaires des brins parentaux.

Ce modèle d'appariement avec une matrice pouvait théoriquement être produit par un mécanisme *conservatif* ou *semi-conservatif*. Selon le mécanisme conservatif, les deux brins fils d'ADN forment un nouvel ADN double brin (*duplex*) et le duplex parental reste intact. Selon le mécanisme semi-conservatif, les brins parentaux sont séparés définitivement et chacun forme un duplex avec le brin fils auquel il s'apparie. Des preuves irréfutables du mécanisme semi-conservatif de la réplication de l'ADN purent être apportées par une expérience désormais classique, réalisée par M. Meselson et W. F. Stahl, décrite dans la Figure 4.32.

La copie d'une matrice d'ADN en un brin complémentaire est donc une caractéristique commune à la réplication de l'ADN et à la transcription de l'ADN en ARN. Dans les deux cas, l'information portée par la matrice est conservée. Chez certains virus, les molécules simples brins d'ARN servent de matrices à la synthèse de brins complémentaires d'ARN ou d'ADN. Cependant, dans la grande majorité des cas, l'ARN et l'ADN cellulaires sont synthétisés à partir d'ADN double brin préexistant.

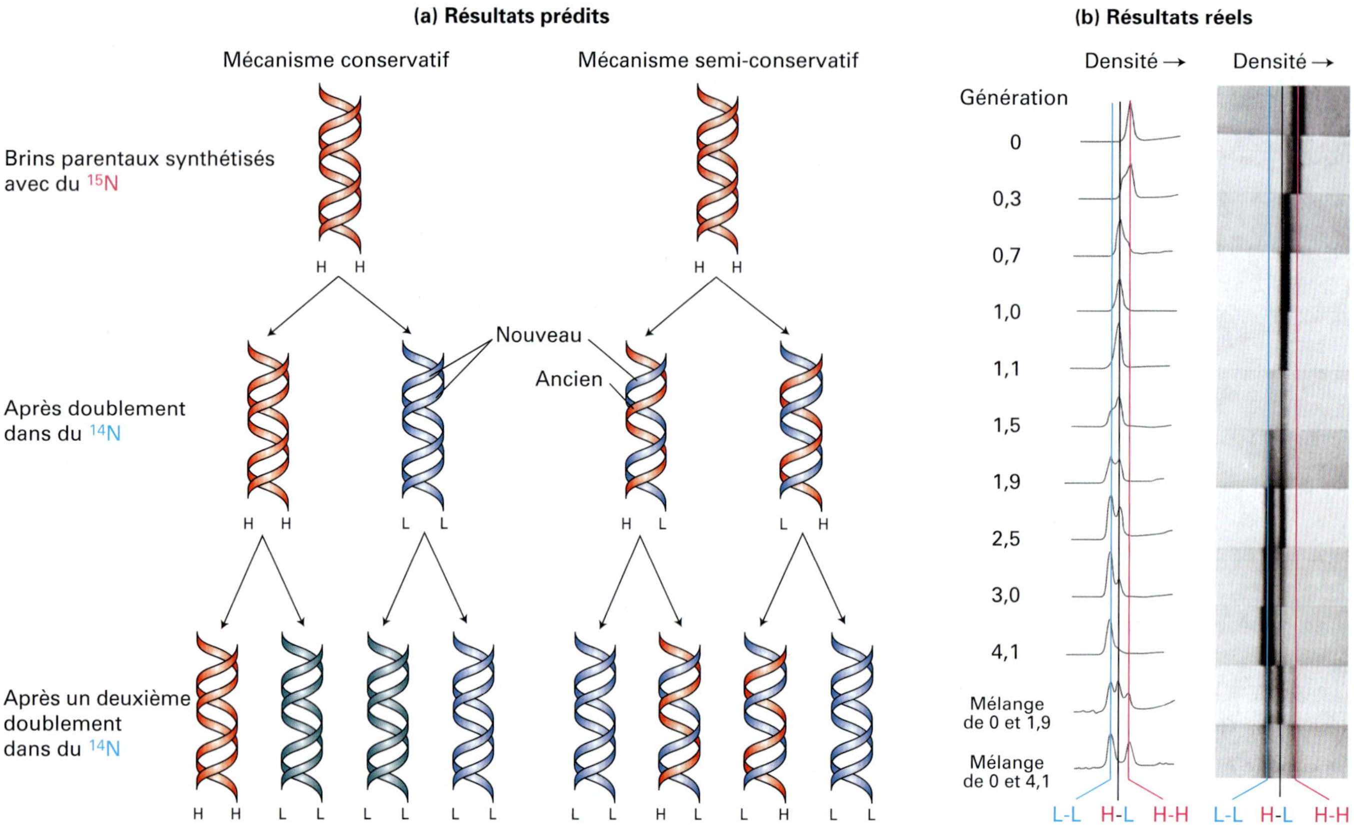

FIGURE EXPÉRIMENTALE 4-32 L'expérience de Meselson-Stahl a montré que l'ADN se réplique par un mécanisme semi-conservatif. Dans cette expérience, des cellules d'*E. coli* sont d'abord mises en culture sur un milieu contenant des sels d'ammonium préparés à partir d'azote « lourd » (H pour *heavy* en anglais) (^{15}N) jusqu'à ce que l'ADN cellulaire soit marqué. Après le transfert des cellules sur un milieu contenant l'isotope « léger » (L pour *light* en anglais) normal (^{14}N), les échantillons sont prélevés périodiquement des cultures et l'ADN de chacun est analysé par une centrifugation en gradient de densité à l'équilibre (voir Figure 5-37). Cette technique permet de séparer les duplex lourd-lourd (H-H), léger-léger (L-L) et lourd-léger (H-L) en bandes distinctes. (a) La composition attendue des molécules filles doubles brins synthétisées à partir d'ADN marqué au ^{15}N après le transfert des cellules d'*E. coli* sur un milieu contenant du ^{14}N, si la réplication d'ADN se déroule suivant un mécanisme conservatif ou semi-conservatif. Les brins lourds parentaux (H) sont en rouge et les brins légers (L), synthétisés après le transfert sur un milieu contenant du ^{14}N, sont en bleu. Remarquez que le mécanisme conservatif ne produit aucun ADN H-L et que le mécanisme semi-conservatif ne produit jamais d'ADN H-H mais donne lieu à de l'ADN H-L au cours de la deuxième duplication et des duplications suivantes. Après des cycles supplémentaires de réplication, les brins marqués au ^{15}N (H) provenant des ADN originaux sont dilués, de sorte que la grande majorité de l'ADN est constituée de duplex L-L avec les deux mécanismes. (b) Les distributions de bandes obtenues dans la réalité avec l'ADN soumis à une centrifugation en gradient de densité à l'équilibre avant et après le transfert des cellules d'*E. coli* marquées au ^{15}N vers un milieu contenant du ^{14}N. Les bandes d'ADN sont visualisées sous lumière UV puis photographiées. Les tracés à gauche sont une mesure de la densité du signal photographique et donc de la concentration d'ADN, correspondant aux cellules centrifugées de gauche à droite. Le nombre de générations (le plus à gauche) qui suit le transfert sur le milieu contenant du ^{14}N a été déterminé d'après la concentration des cellules d'*E. coli* dans la culture. Cette valeur correspond au nombre de cycles de réplication de l'ADN qui ont eu lieu au moment du prélèvement de l'échantillon. Après une génération, tout l'ADN extrait est de l'ADN de densité H-L. Après 1,9 générations, environ la moitié de l'ADN est de l'ADN H-L et l'autre moitié, de l'ADN L-L. La fraction d'ADN constituée de duplex L-L augmente avec le nombre de générations ; aucun duplex H-H n'apparaît jamais. Ces résultats correspondent aux résultats prédits pour le mécanisme de réplication semi-conservatif décrit en (a). Les deux cellules centrifugées du bas contiennent des mélanges d'ADN H-H et d'ADN isolé après 1,9 et 4,1 générations afin de montrer clairement les positions des ADN H-H, H-L et L-L dans le gradient de densité. [Partie (b) d'après M. Meselson & W. F. Stahl, 1958, *Proc. Natl. Acad. Sci. USA* **44**:671.]

Les ADN polymérases ont besoin d'une amorce pour initier la réplication

Comme l'ARN, l'ADN est synthétisé à partir de désoxynucléosides 5'-triphosphate précurseurs (dNTP). Comme dans la synthèse d'ARN également, la synthèse d'ADN a toujours lieu dans le sens 5' → 3' car l'allongement de la chaîne résulte de la formation d'une liaison phosphoester entre l'oxygène 3' d'un brin naissant et le phosphate α d'un dNTP (voir Figure 4-9). Comme nous l'avons dit plus tôt, une ARN polymérase peut trouver un site approprié d'initiation de la transcription sur un duplex d'ADN et initier la synthèse d'un ARN complémentaire au brin matrice d'ADN (voir

Figure 4-10). À l'inverse, les **ADN polymérases** sont incapables d'initier *de novo* la synthèse d'une chaîne. En effet, elles ont besoin d'un court brin d'ARN ou d'ADN préexistant, appelé **amorce**, pour commencer la synthèse d'une chaîne. À partir d'une amorce appariée au brin matrice, une ADN polymérase ajoute des désoxynucléotides au groupement hydroxyle libre à l'extrémité 3' de l'amorce, en respectant la séquence du brin matrice :

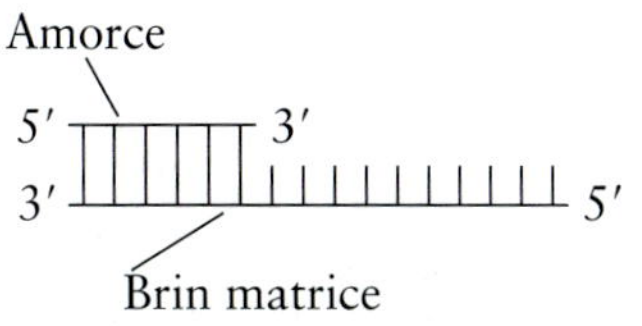

Lorsque l'amorce est un fragment d'ARN, le brin fils formé est constitué d'ARN au niveau de l'extrémité 5' et d'ADN à l'extrémité 3'.

L'ADN double brin est déroulé et les brins fils sont formés au niveau de la fourche de réplication de l'ADN

Pour que l'ADN double brin serve de matrice au cours de la réplication, les deux brins entrelacés doivent être déroulés afin de rendre les bases disponibles pour un appariement avec les bases des dNTP polymérisés en brins fils. Ce déroulement des brins parentaux d'ADN est assuré par des **hélicases** spécifiques et commence au niveau de segments uniques dans une molécule d'ADN, appelés *origines de réplication* ou simplement *origines*. Les séquences nucléotidiques des origines de réplication d'organismes différents varient considérablement, bien qu'elles contiennent généralement des séquences riches en A·T. Une fois que les hélicases ont déroulé l'ADN parental au niveau de l'origine de réplication, une ARN polymérase spécialisée appelée **primase** synthétise une courte amorce d'ARN complémentaire des brins matrices déroulés. L'amorce, toujours appariée à son brin d'ADN complémentaire est ensuite allongée par une ADN polymérase, formant ainsi un nouveau brin fils.

La région d'ADN au niveau de laquelle ces protéines se groupent pour réaliser la synthèse des brins fils est appelée **fourche de réplication**, ou fourche d'élongation. À mesure de l'avancée de la réplication, la fourche de réplication et les protéines associées s'éloignent de l'origine. Comme nous l'avons noté précédemment, le déroulement local de l'ADN double brin produit une contrainte de torsion qui est soulagée par la topoisomérase I. Pour que les ADN polymérases se déplacent le long du duplex d'ADN et le copient, l'hélicase doit dérouler séquentiellement le duplex et la topoisomérase doit supprimer les supertours qui se forment.

La fourche de réplication rencontre deux problèmes résultant des propriétés de l'ADN : les deux brins du duplex parental d'ADN sont antiparallèles et les ADN polymérases (de même que les ARN polymérases) peuvent ajouter des nucléotides aux nouveaux brins en cours d'élongation uniquement dans le sens 5'→3'. La synthèse d'un brin fils, appelé **brin précoce**, peut se dérouler de façon continue à partir d'une amorce unique d'ARN dans le sens 5' → 3', qui est *le même sens que celui du déplacement de la fourche de réplication* (Figure 4-33). Le problème vient de la synthèse de l'autre brin fils, appelé **brin tardif**.

La croissance de ce brin tardif devant se dérouler, elle aussi, dans le sens 5'→ 3', la copie de son brin matrice doit d'une façon ou d'une autre, se dérouler dans le sens inverse de celui du déplacement de la fourche de réplication. Une cellule remédie au problème en synthétisant une nouvelle amorce toutes les quelques centaines de bases environ sur le second brin parental, à mesure que le brin est exposé grâce au déroulement par l'hélicase. Chacune de ces amorces, appariée à son brin matrice, est allongée dans le sens 5' → 3', formant des fragments discontinus appelés **fragments d'Okazaki** d'après leur découvreur Reiji Okazaki (voir Figure 4-33). L'amorce d'ARN de chaque fragment d'Okazaki est retirée puis remplacée par une chaîne d'ADN synthétisée à partir du fragment d'Okazaki voisin. Enfin une enzyme, l'*ADN ligase* réunit les fragments adjacents.

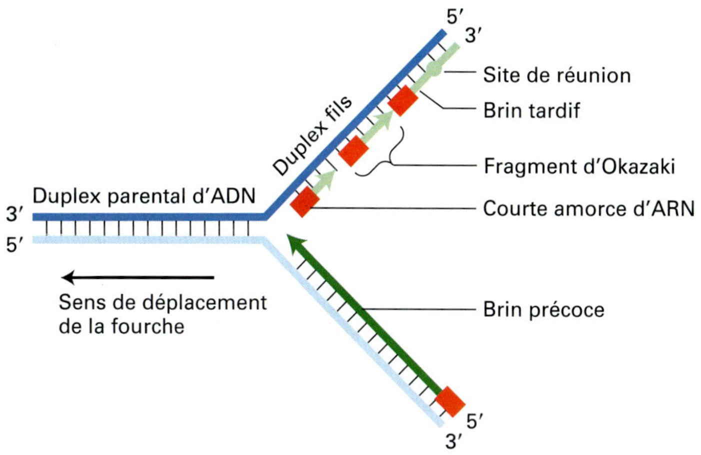

FIGURE 4-33 Une représentation schématique de la synthèse d'ADN sur laquelle figurent le brin précoce et le brin tardif au niveau d'une fourche de réplication. Les nucléotides sont ajoutés par une ADN polymérase dans le sens 5'→ 3' (indiqué par la pointe des flèches) à chaque brin fils en cours d'élongation. Le brin précoce est synthétisé de façon continue à partir d'une amorce unique d'ARN (en rouge) au niveau de son extrémité 5'. Le brin tardif est synthétisé de façon discontinue à partir de multiples amorces d'ARN, formées périodiquement au fur et à mesure du déroulement d'une nouvelle région du duplex parental. L'élongation de ces amorces produit initialement des fragments d'Okazaki. Lorsque chaque fragment approche de l'amorce précédente, celle-ci est enlevée et les fragments sont réunis. La répétition de ce processus aboutit à la synthèse du brin tardif complet.

L'hélicase, la primase, les ADN polymérases et d'autres protéines participent à la réplication de l'ADN

La compréhension détaillée des protéines eucaryotes qui participent à la réplication de l'ADN a nettement progressé grâce à des études de petits ADN viraux, en particulier l'ADN de SV40, le génome circulaire d'un petit virus infectant les singes. La Figure 4-34 décrit les multiples protéines qui coordonnent la copie de l'ADN de SV40 au niveau de la fourche de réplication. Les protéines assemblées au niveau de la fourche de réplication illustrent elles aussi le concept de machineries moléculaires introduit au Chapitre 3. Ces complexes à composants multiples permettent à la cellule de réaliser une séquence d'événements pour exécuter des fonctions cellulaires complexes.

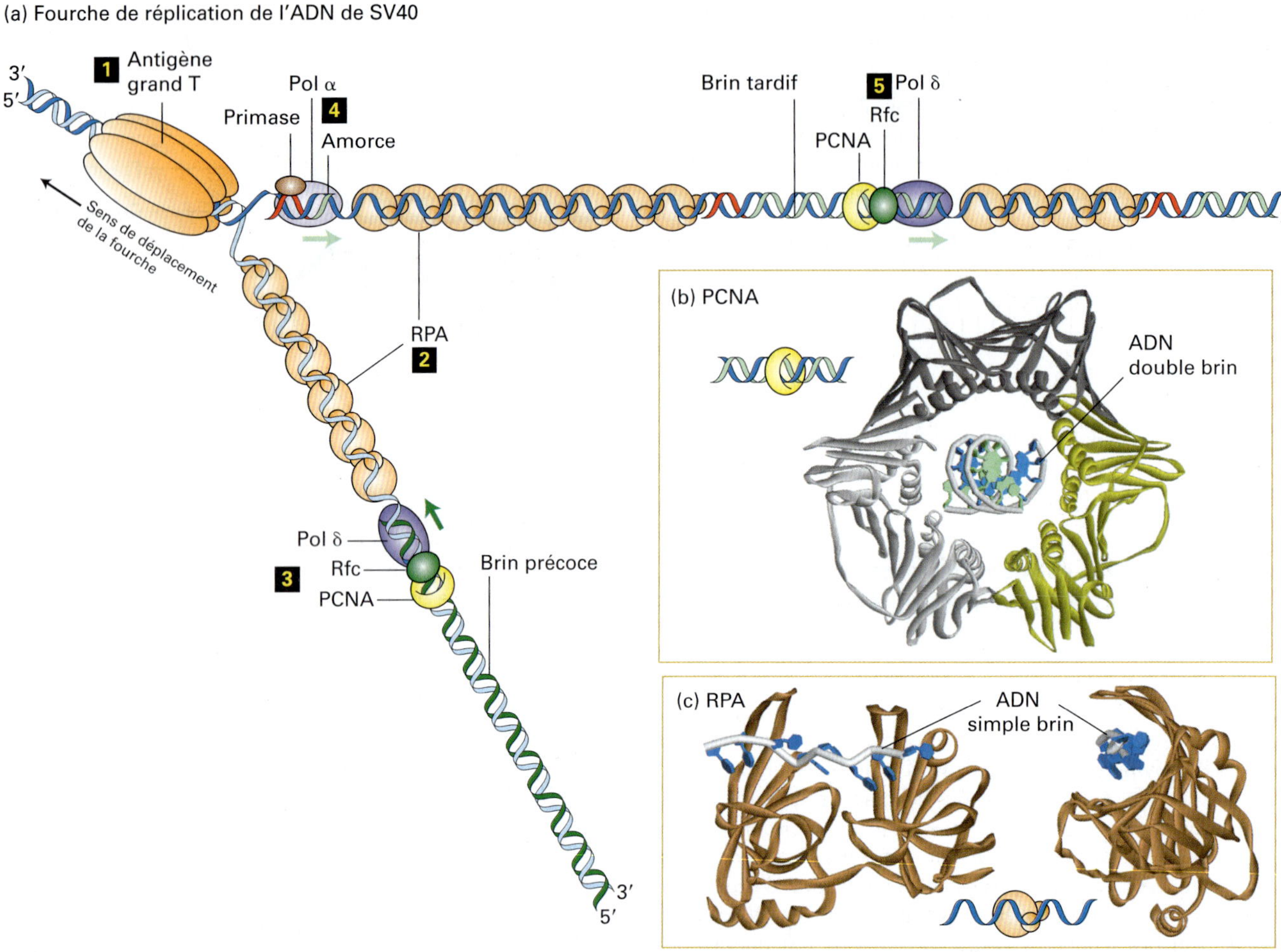

FIGURE 4-34 Un modèle d'une fourche de réplication de l'ADN de SV40 et des protéines assemblées. (a) Un hexamère de l'antigène grand T (**1**) une protéine virale, joue le rôle d'hélicase en déroulant les brins parentaux d'ADN. De multiples copies de la protéine hétérotrimérique RPA se fixent à des régions simples brins de la matrice parentale, déroulée par l'antigène grand T (**2**). Le brin précoce est synthétisé par un complexe formé de l'ADN polymérase δ (Pol δ), de PCNA et de Rfc (**3**). Les amorces pour la synthèse du brin tardif (en rouge, l'ARN ; en bleu clair, l'ADN) sont synthétisées par un complexe formé de l'ADN polymérase α (Pol α) et de la primase (**4**). L'extrémité 3' de chaque amorce synthétisée par le complexe Pol α-primase est ensuite liée par un complexe PCNA-Rfc-Pol δ, qui allonge l'amorce et synthétise la plus grande partie de chaque fragment d'Okazaki (**5**). Voir le texte pour les détails. (b) Les trois sous-unités de PCNA, présentées dans des couleurs différentes, forment une structure circulaire avec un orifice central par lequel passe l'ADN double brin. Un schéma d'ADN est montré au milieu d'un modèle en ruban du trimère de PCNA. (c) La grande sous-unité de RPA contient deux domaines qui fixent de l'ADN simple brin. À gauche, les deux domaines de liaison à l'ADN de RPA sont représentés perpendiculairement au squelette d'ADN (le squelette est en blanc avec des bases en bleu). Remarquez que le brin unique d'ADN est allongé avec ses bases exposées, en une conformation optimale pour la réplication par une ADN polymérase. À droite, la représentation est vue du dessus de l'ADN simple brin, révélant la façon dont les brins β de RPA entourent l'ADN. [Partie (a) adaptée de S. J. Flint *et al.*, 2000, *Virology : Molecular Biology, Pathogenesis, and Control,* ASM Press ; partie (b) d'après J. M. Gulbis *et al.*, 1996, *Cell* **87**:297 ; partie (c) d'après A. Bochkarev *et al.*, 1997, *Nature* **385**:176.]

Dans la machinerie moléculaire qui réplique l'ADN de SV40, un hexamère d'une protéine virale appelé *antigène grand T* déroule les brins parentaux au niveau d'une fourche de réplication. Toutes les autres protéines impliquées dans la réplication de l'ADN de SV40 sont fournies par la cellule hôte. Les amorces des brins fils précoce et tardif sont synthétisées par un complexe formé d'une primase qui synthétise une courte amorce d'ARN et d'une *ADN polymérase* α (Pol α) qui allonge l'amorce d'ARN avec des désoxynucléotides, formant une amorce mixte ADN-ARN.

L'amorce est allongée en un brin fils d'ADN par l'*ADN polymérase* δ (Pol δ) qui commet moins d'erreurs au cours de la copie du brin matrice que Pol α. Pol δ forme un complexe avec *Rfc* (facteur de réplication C) et PCNA (antigène nucléaire de la prolifération cellulaire) qui déplace le complexe primase-Pol α après la synthèse de l'amorce. Comme l'illustre la Figure 4-34b, PCNA est une protéine homotrimérique qui possède un orifice central par lequel passe le duplex fils d'ADN, empêchant ainsi le complexe PCNA-Rfc-Pol δ de se dissocier de la matrice.

Après la séparation de l'ADN parental en deux matrices simples brins au niveau de la fourche de réplication, de multiples copies de la protéine hétérotrimérique RPA (protéine de réplication A), s'y fixent (Figure 4-34c). La fixation des RPA maintient la matrice dans une conformation uniforme optimale pour qu'elle soit copiée par les ADN polymérases. Les protéines RPA liées sont délogées des brins parentaux par Pol α et Pol δ, à mesure qu'elles synthétisent les brins complémentaires appariés aux brins parentaux.

Plusieurs protéines eucaryotes intervenant dans la réplication de l'ADN ne sont pas représentées dans la Figure 4-34. Une topoisomérase s'associe à l'ADN parental derrière l'hélicase pour supprimer la contrainte de torsion créée par le déroulement des brins parentaux. La ribonucléase H et FEN I retirent les ribonucléotides au niveau des extrémités 5' des fragments d'Okazaki ; ils sont ensuite remplacés par des désoxynucléotides ajoutés par l'ADN polymérase δ lorsqu'elle allonge le fragment d'Okazaki en amont. Les fragments d'Okazaki successifs sont réunis par l'ADN ligase grâce à des liaisons phosphoester standard 5' $\rightarrow$ 3'.

La réplication de l'ADN se déroule généralement dans les deux sens à partir de chaque origine

Comme l'indiquent les Figures 4-33 et 4-34, les deux brins parentaux d'ADN exposés par un déroulement local au niveau d'une fourche de réplication sont copiés en brins fils. En théorie, la réplication de l'ADN à partir d'une origine devrait impliquer une fourche de réplication se déplaçant dans un seul sens. Ou bien, deux fourches de réplication pourraient s'assembler au niveau d'une même origine et se déplacer en sens inverse, conduisant à la *croissance bidirectionnelle* des deux brins fils. Plusieurs types d'expériences, dont celle illustrée dans la Figure 4-35, ont fourni des éléments en faveur d'une élongation bidirectionnelle des brins.

Le consensus général est que toutes les cellules procaryotes et eucaryotes utilisent un mécanisme bidirectionnel de réplication de l'ADN. Dans le cas de l'ADN de SV40, la réplication est initiée par la fixation de deux hélicases hexamériques de l'antigène grand T, au niveau de l'origine unique de SV40 et par l'assemblage d'autres protéines pour former deux fourches de réplication. Celles-ci s'éloignent alors en sens inverse de l'origine de SV40 et la synthèse de brins précoces et tardifs a lieu au niveau des deux fourches. Comme le montre la Figure 4-36, la fourche de réplication de gauche exécute la synthèse d'ADN vers la gauche ; de même, la fourche de réplication de droite poursuit la synthèse d'ADN vers la droite.

Au contraire de l'ADN de SV40, les molécules d'ADN chromosomique eucaryote comportent de multiples origines de réplication séparées de dizaines voire de centaines de kilobases. Une protéine à six sous-unités appelée *ORC* (Complexe de Reconnaissance de l'Origine) se fixe à chaque origine et s'associe à d'autres protéines nécessaires pour charger des hélicases hexamériques cellulaires constituées de six protéines *MCM* homologues. Deux hélicases MCM opposées séparent les brins parentaux au niveau d'une origine et des protéines RPA se fixent à l'ADN simple brin résultant. On suppose que la synthèse des

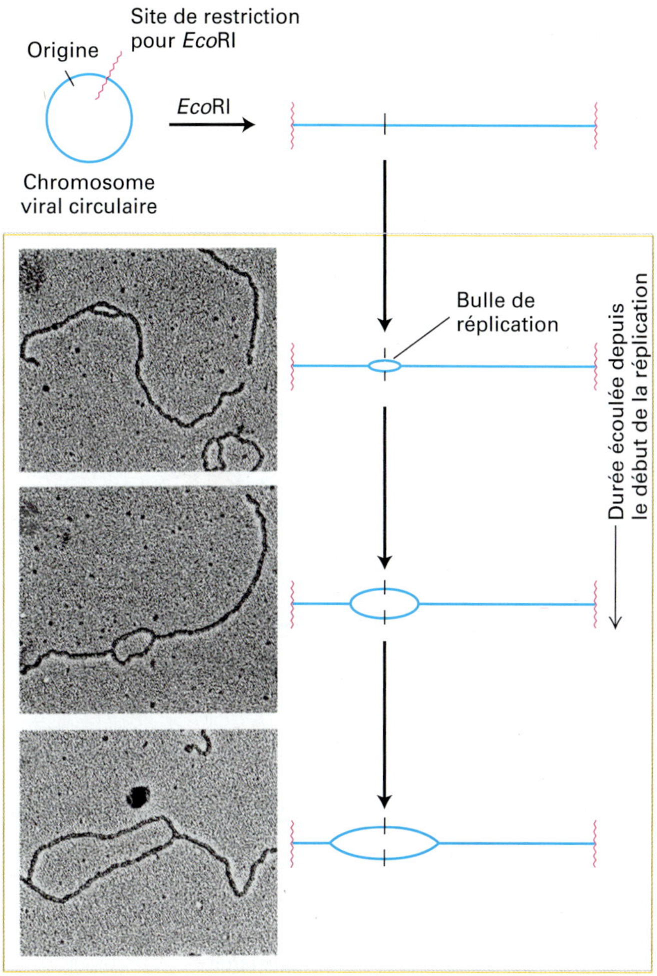

FIGURE EXPÉRIMENTALE 4-35 Une micrographie électronique d'un ADN de SV40 en cours de réplication montre la croissance bidirectionnelle des brins d'ADN à partir d'une origine. L'ADN viral en cours de réplication dans des cellules infectées par SV40 a été coupé par l'enzyme de restriction *Eco*RI, qui reconnaît un site dans l'ADN circulaire. Les micrographies électroniques d'échantillons traités ont montré une collection de molécules coupées avec des « bulles » de réplication de longueur croissante, dont le milieu est à distance constante de chaque extrémité des molécules coupées. Cette découverte s'accorde avec une élongation bidirectionnelle de la chaîne à partir d'une origine commune située au centre de la bulle, comme l'illustrent les schémas correspondants. [Voir G. C. Fareed *et al.*, 1972, *J. Virol.* **10**:484 ; photographies aimablement communiquées par N. P. Salzman.]

amorces et les étapes suivantes de la réplication de l'ADN cellulaire sont analogues à celles de la réplication de l'ADN de SV40 (voir Figures 4-34 et 4-36).

La réplication de l'ADN cellulaire et d'autres événements conduisant à la prolifération des cellules sont finement régulés, ce qui permet la production du nombre approprié de cellules dans chaque tissu au cours du développement et durant toute la vie d'un organisme. Comme pour la transcription de la plupart des gènes, le contrôle de l'étape d'initiation est le mécanisme principal de régulation de la réplication de l'ADN cellulaire. L'activation de l'activité hélicase des MCM, nécessaire pour initier la réplication

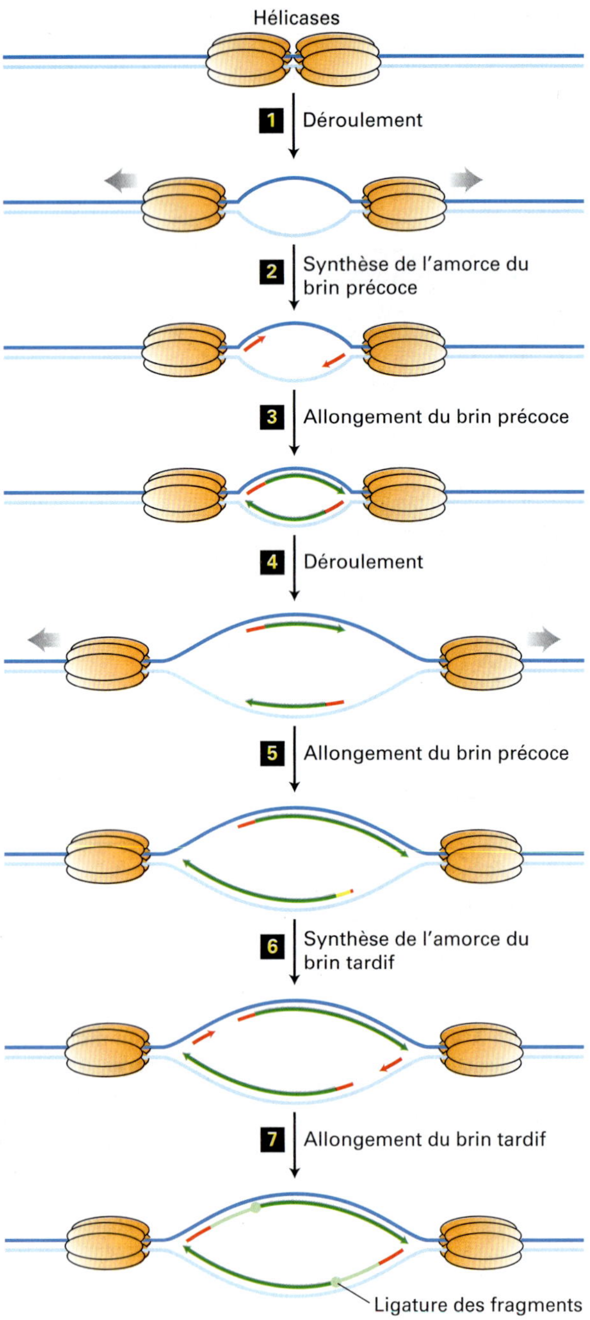

FIGURE 4-36 Le mécanisme bidirectionnel de la réplication d'ADN. La fourche de réplication de gauche est ici comparable à le fourche de réplication décrite dans la Figure 4-34, qui montre également d'autres protéines que l'antigène grand T. (*En haut*) Deux grandes hélicases hexamériques d'antigène grand T se fixent d'abord en sens inverse à l'origine de réplication. Étape **1** : En utilisant l'énergie fournie par l'hydrolyse d'ATP, les hélicases se déplacent en sens inverse, déroulant l'ADN parental et produisant des matrices simples brins auxquelles se fixent des protéines RPA. Étape **2** : Les complexes primase-Pol α synthétisent de courtes amorces appariées avec chacun des brins parentaux séparés. Étape **3** : Les complexes PCNA-Rfc-Pol δ remplacent les complexes primase-Pol α et allongent les courtes amorces, synthétisant les brins précoces (en vert foncé) au niveau de chaque fourche de réplication. Étape **4** : Les hélicases continuent à dérouler les brins parentaux et des protéines RPA se fixent aux régions simples brins nouvellement exposées. Étape **5** : Les complexes PCNA-Rfc-Pol δ continuent à allonger les brins précoces. Étape **6** : Les complexes primase-Pol α synthétisent des amorces pour la synthèse des brins tardifs au niveau de chaque fourche de réplication. Étape **7** : Les complexes PCNA-Rfc-Pol δ déplacent les complexes primase-Pol α et allongent les fragments d'Okazaki des brins tardifs (en vert clair) qui, pour finir, sont ligaturés aux extrémités 5' des brins précoces. Le site de ligature est représenté par un cercle. La réplication se poursuit en continuant le déroulement des brins parentaux et la synthèse des brins précoces et tardifs comme dans les étapes **4** à **7**. Bien que représentés comme des étapes distinctes pour des raisons de simplicité, le déroulement et la synthèse des brins précoces et tardifs ont lieu simultanément.

de l'ADN cellulaire, est régulée par des protéine kinases spécifiques appelées **kinases dépendant des cyclines au cours de la phase S** (ou kinases cycline-dépendantes de la phase S). D'autres kinases cycline-dépendantes régulent d'autres aspects de la prolifération cellulaire, y compris le processus complexe de la mitose par lequel une cellule eucaryote se divise en deux cellules filles. Nous traiterons au Chapitre 21 des différents mécanismes régulateurs qui déterminent le taux de division cellulaire.

CONCEPTS CLÉS DE LA SECTION 4.6

La réplication de l'ADN

- Chaque brin d'un duplex parental d'ADN sert de matrice pour la synthèse d'un brin fils et reste apparié au nouveau brin, formant un duplex fils (mécanisme semi-conservatif). Les nouveaux brins sont synthétisés dans le sens 5'→ 3'.
- La réplication commence au niveau d'une séquence appelée *origine de réplication*. Chaque molécule d'ADN chromosomique eucaryote contient de multiples origines de réplication.
- Les ADN polymérases, au contraire des ARN polymérases, ne peuvent dérouler les brins des duplex d'ADN et ne sont pas capables d'initier la synthèse des nouveaux brins, complémentaires des brins matrices.
- Au niveau d'une fourche de réplication, un brin fils (le brin précoce) est allongé de façon continue. L'autre brin fils (le brin tardif) est formé d'une série de fragments d'Okazaki discontinus, à partir d'amorces synthétisées toutes les quelques centaines de nucléotides (Figure 4-33).
- Les ribonucléotides présents à l'extrémité 5' de chaque fragment d'Okazaki sont retirés et remplacés par l'élongation de l'extrémité 3' du fragment d'Okazaki suivant. Enfin, les fragments d'Okazaki adjacents sont réunis par l'ADN ligase.
- Les hélicases utilisent l'énergie libérée à partir de l'hydrolyse d'ATP pour séparer les brins parentaux d'ADN (matrices). La primase synthétise une courte amorce d'ARN, qui reste appariée à l'ADN matrice. Celle-ci est initialement allongée au niveau de l'extrémité 3' par l'ADN polymérase α (Pol α), formant ainsi un court brin fils ARN (5')-ADN (3').

- La plus grande partie de l'ADN des cellules eucaryotes est synthétisée par Pol δ, qui prend le relais de Pol α et poursuit l'élongation du brin fils dans le sens 5' → 3'. Pol δ reste associée de façon stable à la matrice en se fixant à la protéine Rfc qui lie à son tour PCNA, une protéine trimérique encerclant l'ADN double brin fils (voir Figure 4-34).
- La réplication de l'ADN se produit généralement grâce à un mécanisme bidirectionnel au cours duquel deux fourches de réplication se forment au niveau d'une origine et se déplacent en sens inverse, les deux brins matrices étant copiés au niveau de chaque fourche (Figure 4-36).
- La synthèse de l'ADN eucaryote *in vivo* est régulée grâce au contrôle de l'activité des hélicases MCM qui initient la réplication d'ADN au niveau d'origines multiples, espacées le long de l'ADN chromosomique.

4.7 Les virus : des parasites du système génétique des cellules

Les **virus** ne peuvent se reproduire par eux-mêmes. Ils doivent réquisitionner la machinerie de la cellule hôte pour synthétiser leurs protéines et dans certains cas, répliquer leur génome. Les virus à ARN, qui d'ordinaire se répliquent dans le cytoplasme de la cellule hôte possèdent un génome constitué d'ARN. Les virus à ADN quant à eux, se répliquent généralement dans le noyau de la cellule hôte et ont un génome composé d'ADN (voir Figure 4-1). Les génomes viraux peuvent être simple ou double brin selon le type de virus considéré. La particule virale complète, que l'on appelle un **virion**, est constituée de l'acide nucléique et d'une enveloppe protéique externe. Les virus les plus simples contiennent juste assez d'ARN ou d'ADN pour coder quatre protéines ; les plus complexes possèdent de quoi coder 100 à 200 protéines. En plus de leur importance évidente comme sources de maladies, les virus peuvent être des outils de recherche extrêmement utiles pour l'étude des processus biologiques fondamentaux.

La plupart des gammes d'hôtes des virus sont limitées

La surface d'un virion comporte de nombreuses copies d'un type de protéine. Celles-ci se fixent spécifiquement à de multiples copies d'un récepteur protéique situées à la surface d'une cellule hôte. Cette interaction détermine la *gamme d'hôtes* — l'ensemble des types cellulaires susceptibles d'être infectés par un virus — et marque le début de l'infection. La plupart des virus ont une gamme d'hôtes assez limitée.

Les virus qui infectent uniquement des bactéries sont des **bactériophages** ou, plus simplement, des *phages*. Les virus qui infectent des cellules animales ou végétales sont généralement désignés par les termes de virus animaux ou virus végétaux. Quelques virus peuvent se développer à la fois dans les plantes et les insectes qui s'en nourrissent. Ces insectes très mobiles servent de vecteurs pour le transfert des virus entre des plantes hôtes sensibles. Les gammes d'hôtes étendues sont également caractéristiques de certains virus strictement animaux, tels que le virus de la stomatite vésiculaire, qui se développe chez des insectes vecteurs et chez de nombreux types de mammifères. La plupart des virus animaux cependant restent dans la même série évolutive et certains (comme le poliovirus) infectent des espèces étroitement apparentées telles que les primates. La gamme de cellules hôtes de certains virus animaux est restreinte à un nombre encore plus limité de types cellulaires, car seules ces cellules possèdent des récepteurs de surface auxquels les virions peuvent se fixer.

Les capsides virales sont des successions régulières d'un ou de quelques types de protéines

L'acide nucléique d'un virion est enfermé à l'intérieur d'une enveloppe protéique ou **capside**, constituée de multiples copies d'une protéine ou de quelques protéines différentes, chacune étant codée par un seul gène viral. En raison de cette structure, un virus est capable de coder toute l'information nécessaire à la fabrication d'une capside relativement grande avec un petit nombre de gènes. Cette utilisation efficace de l'information génétique est importante, puisque seule une quantité limitée d'ARN ou d'ADN et donc un nombre restreint de gènes, peut tenir dans une capside de virion. On appelle **nucléocapside** une capside et l'acide nucléique qu'elle contient.

La nature a trouvé deux moyens élémentaires pour arranger les nombreuses sous-unités protéiques de la capside et le génome viral en une nucléocapside. Chez certains virus, de multiples copies d'une même protéine de la capside forment une structure *hélicoïdale* qui renferme et protège l'ARN ou l'ADN viral, situé dans le sillon de l'hélice au sein du canal formé par la protéine. Les virus possédant une telle nucléocapside hélicoïdale, tels que le virus de la mosaïque du tabac, ont une forme de baguette. L'autre type structural important est construit sur la base de l'*icosaèdre*, un objet solide approximativement sphérique constitué de 20 faces identiques, qui ont chacune la forme d'un triangle équilatéral.

Le nombre et l'arrangement des protéines de l'enveloppe chez les virus icosaédriques, ou quasi-sphériques diffèrent quelque peu en fonction de leur taille. Chez les petits virus de ce type, chacune des 20 faces triangulaires est constituée de trois sous-unités protéiques identiques, ce qui fait un total de 60 sous-unités par capside. Toutes les sous-unités protéiques sont en contact *équivalent* les unes avec les autres (Figure 4-37a). Chez les grands virus quasi-sphériques, chaque face de l'icosaèdre est constituée de plus de trois sous-unités. Pour cette raison, les contacts entre les sous-unités qui ne sont pas aux sommets sont *quasi-équivalents* (Figure 4-37b). Des modèles de plusieurs virus quasi-sphériques, obtenus par microscopie cryoélectronique, sont présentés dans la Figure 4-37. Chez les virus plus petits (comme le poliovirus), les sillons qui encerclent chacun des sommets de la structure icosaédrique interagissent avec les récepteurs présents à la surface des cellules hôtes au cours de l'infection. Chez les virus plus gros (comme les adénovirus), de longues protéines en forme de fibres qui s'étendent à partir de la nucléocapside interagissent avec les récepteurs présents à la surface des cellules hôtes.

Chez de nombreux bactériophages à ADN, l'ADN viral est situé dans une « tête » icosaédrique attachée à une « queue » en forme de baguette. Au cours de l'infection, les protéines virales présentes à l'extrémité de la queue se fixent aux récepteurs de la cellule hôte, puis l'ADN viral gagne le cytoplasme de la cellule hôte en passant par la queue.

Chez certains virus, l'arrangement symétrique de la nucléocapside est recouvert d'une membrane externe ou **enveloppe**

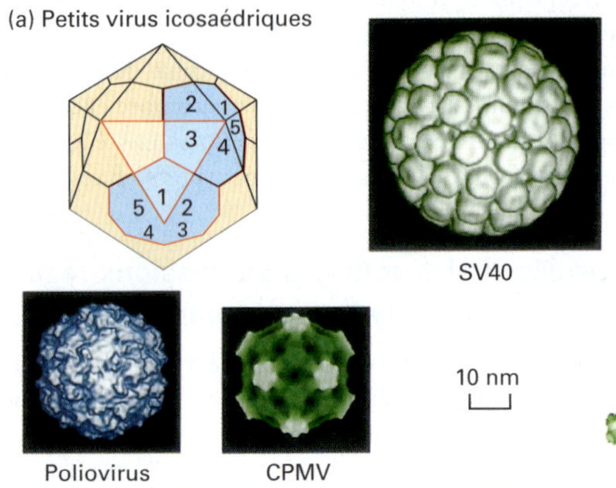

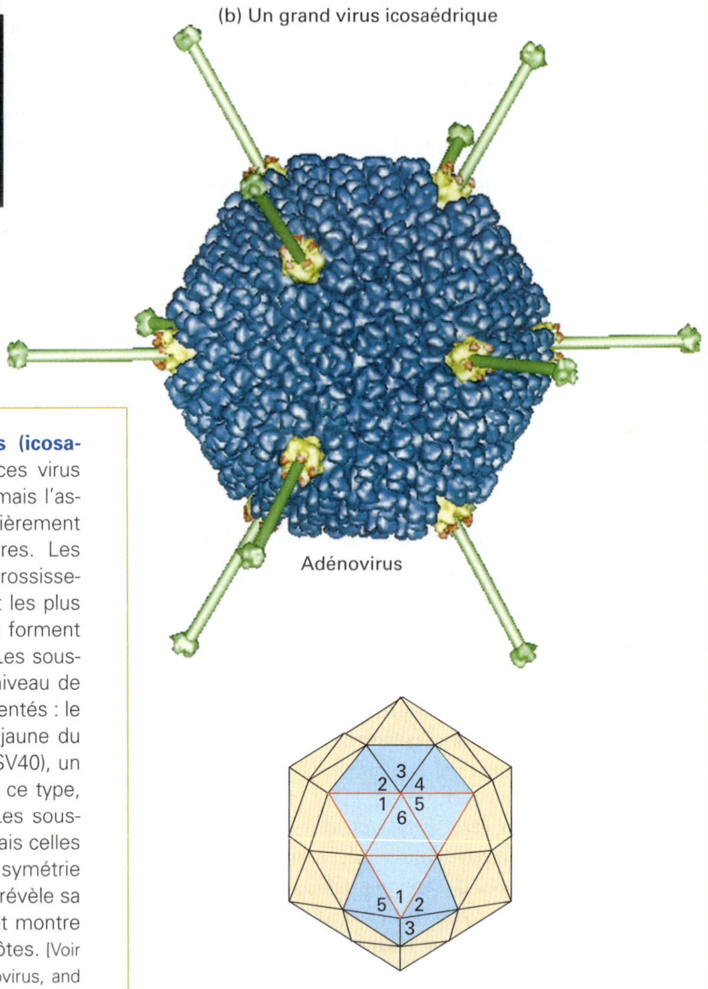

FIGURE 4-37 La structure des virus quasi-sphériques (icosaédriques). La forme réelle des sous-unités protéiques de ces virus n'est pas un triangle plat comme le montrent les schémas, mais l'aspect global lorsque les sous-unités sont assemblées est grossièrement celui d'une structure sphérique avec des faces triangulaires. Les modèles tridimensionnels sont tous présentés au même grossissement. (a) Chez les virus quasi-sphériques les plus simples et les plus petits, trois sous-unités protéiques identiques de la capside forment chaque face triangulaire (en rouge) de l'icosaèdre (*schéma*). Les sous-unités sont organisées selon une symétrie d'ordre cinq au niveau de chaque sommet. Des modèles de trois de ces virus sont présentés : le poliovirus, un virus humain à ARN, le virus de la mosaïque jaune du niébé (CPMV), un virus végétal à ARN et le virus simien 40 (SV40), un virus à ADN du singe. (b) Chez certains virus plus grands de ce type, chaque face triangulaire est constituée de six sous-unités. Les sous-unités aux sommets conservent une symétrie d'ordre cinq, mais celles qui constituent les surfaces intermédiaires présentent une symétrie d'ordre six. Un modèle d'adénovirus, un virus humain à ADN, révèle sa taille nettement supérieure à celle des virus de la partie (a) et montre les fibres (en vert) qui se fixent aux récepteurs des cellules hôtes. [Voir P. L. Stewart *et al.*, 1997, *EMBO J.* **16**:1189. Models of CPMV, poliovirus, and SV40. Aimablement communiqué par T. S. Baker ; modèle d'adénovirus aimablement communiqué par P. L. Stewart.]

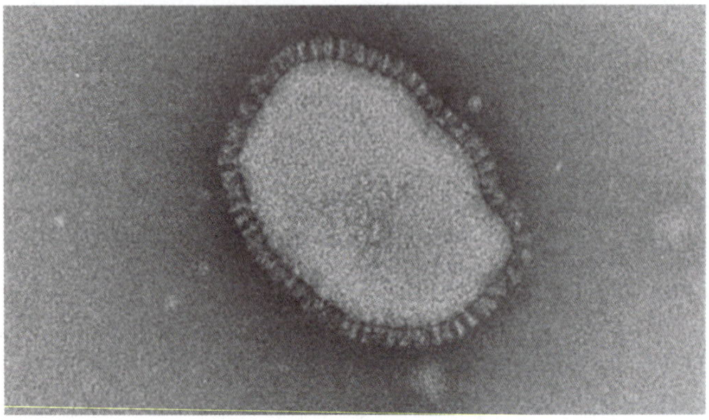

FIGURE EXPÉRIMENTALE 4-38 Des spicules de protéines virales saillent à la surface d'un virion du virus de la grippe. Les virus de la grippe sont entourés d'une enveloppe constituée d'une bicouche phospholipidique et de protéines virales enchâssées. Les grands spicules visibles dans cette micrographie électronique d'un virion de la grippe apparent grâce à un marquage négatif sont constitués de neuraminidase, une protéine tétramérique, ou d'hémagglutinine, une protéine trimérique (voir Figure 3-7). À l'intérieur se trouve la nucléocapside hélicoïdale. [Aimablement communiqué par A. Helenius & J. White.]

constituée principalement d'une bicouche phospholipidique, mais contenant également une ou deux sortes de glycoprotéines codées par le virus (Figure 4-38). Les phospholipides présents dans l'enveloppe virale ressemblent à ceux de la membrane plasmique d'une cellule hôte infectée. L'enveloppe virale est en fait créée par un bourgeonnement de cette membrane, mais contient de nombreuses glycoprotéines virales, comme nous le verrons un peu plus loin.

Les virus peuvent être clonés et comptés par un dosage des plages de lyse

Le nombre de particules virales infectieuses dans un échantillon peut être quantifié par un **dosage des plages de lyse.** Ce dosage est réalisé en cultivant un échantillon dilué de particules virales sur une boîte de culture recouverte de cellules hôtes, puis en comptant le nombre de lésions locales appelées *plages de lyse* qui se développent (Figure 4-39). Une plage de lyse apparaît sur la culture dès qu'un virion infecte une cellule. Le virus se réplique ensuite dans cette cellule hôte puis lyse (rompt) la cellule, libérant ainsi de nombreux virions fils qui infectent les cellules voisines de la culture. Après quelques cycles d'infection, il y a suffisamment de cellules

(a)

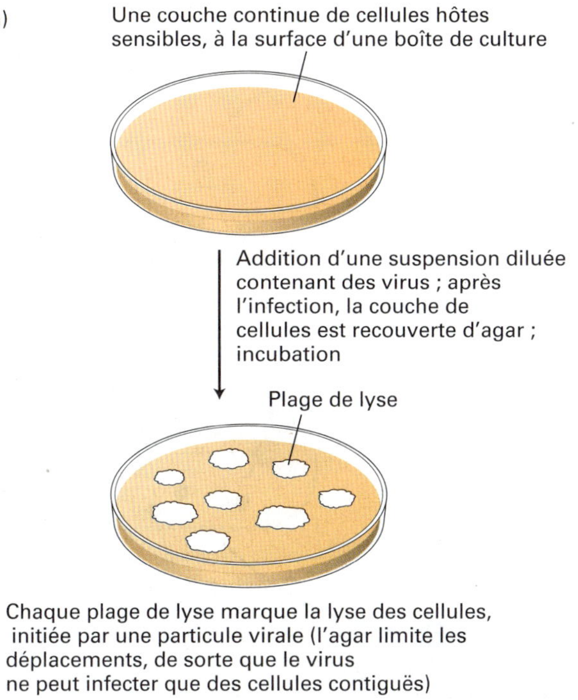

FIGURE EXPÉRIMENTALE 4-39 Un dosage des plages de lyse détermine le nombre de particules infectieuses dans une suspension virale. (a) Chaque lésion, ou plage de lyse, qui se développe là où un virion unique infecte initialement une seule cellule, constitue un clone viral pur. (b) La boîte de culture éclairée par en dessous montre des plages de lyse formées par le bactériophage λ étalé sur *E. coli.* (c) Une boîte de culture présentant des plages de lyse produites par un poliovirus étalé sur des cellules HeLa. [Partie (b) aimablement communiquée par Barbara Morris ; partie (c) de E. S. Luria *et al.*, 1978, *General Virology*, 3e éd., Wiley, p. 26.]

(b) Plage de lyse (c) Plage de lyse

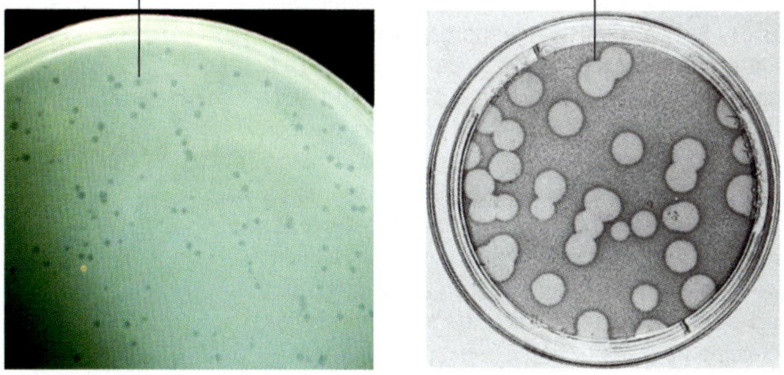

lysées pour qu'apparaisse une zone claire, dans la couche restante de cellules non infectées.

Puisque tous les virions fils d'une plage de lyse proviennent d'un même virus parental, ils constituent un **clone** viral. Ce type de dosage des plages de lyse est couramment utilisé pour les virus bactériens et animaux. Les virus végétaux peuvent être analysés d'une façon voisine en comptant les lésions locales sur les feuilles d'une plante inoculée avec des virus. L'analyse de mutants viraux, que l'on isole régulièrement lors des dosages de plages de lyse a nettement contribué à la compréhension actuelle des processus moléculaires fondamentaux. Les dosages de plages de lyse sont également essentiels pour isoler des clones de bactériophages λ portant des fragments d'ADN cellulaire, comme nous le verrons au Chapitre 9.

Les cycles de croissance des virus lytiques aboutissent à la mort des cellules hôtes

Bien que les détails varient d'un type de virus à l'autre, les virus à *cycle lytique* passent par les mêmes étapes générales :

1. L'adsorption — Le virion interagit avec une cellule hôte par la liaison de multiples copies d'une protéine de la capside à des récepteurs spécifiques présents à la surface de la cellule hôte.

2. L'entrée — Le génome viral traverse la membrane plasmique. Dans le cas des virus animaux et végétaux, des protéines virales pénètrent également dans la cellule hôte.

3. La réplication — Les ARNm viraux sont produits à l'aide de la machinerie de transcription de la cellule hôte (virus à ADN) ou par des enzymes virales (virus à ARN). Pour les deux types de virus, les ARNm viraux sont traduits par la machinerie de traduction de la cellule hôte. La production de multiples copies du génome viral est assurée par des protéines virales seules ou avec l'aide de protéines de la cellule hôte.

4. L'assemblage — Les protéines virales et les génomes répliqués s'associent pour former des virions fils.

5. La libération — Les cellules infectées peuvent se rompre brusquement (lyse) en libérant en une fois tous les virus néosynthétisés, ou bien se désintégrer progressivement, avec une libération lente des virions.

La Figure 4-40 illustre le cycle lytique du bactériophage T4, un virus à ADN dépourvu d'enveloppe qui infecte *E. coli*. Les protéines de la capside virale sont généralement synthétisées en grandes quantités car de nombreuses copies en sont nécessaires pour l'assemblage de chaque virion fils. Environ 100 à 200 virions fils de T4 sont produits et libérés par la lyse de chaque cellule infectée.

Le cycle lytique est un peu plus compliqué pour les virus à ADN qui infectent les cellules eucaryotes. Chez la plupart de ces virus, le génome d'ADN est transporté (avec quelques protéines associées) dans le noyau de la cellule. Une fois à l'intérieur de celui-ci, l'ADN viral est transcrit en ARN par la machinerie de transcription de la cellule hôte. La maturation du transcrit primaire d'ARN viral par les enzymes de la cellule hôte aboutit à l'ARNm viral, qui est transporté jusqu'au cytoplasme et traduit en protéines virales par les ribosomes de la cellule hôte, l'ARNt et les facteurs de traduction. Les protéines virales sont ensuite transportées vers le noyau, dans lequel certaines d'entre elles répliquent directement l'ADN viral ou imposent aux protéines cellulaires de le faire, comme dans le cas de SV40 décrit dans la section précédente. L'assemblage des protéines de la capside avec l'ADN viral qui vient d'être répliqué a lieu dans le noyau, aboutissant à la production de centaines, voire de milliers de virions fils.

La plupart des virus végétaux et animaux possédant un génome d'ARN n'ont pas besoin de fonctions nucléaires pour leur

FIGURE 4-40 Le cycle lytique de réplication du bactériophage T4 d'*E. coli*, un virus nu (non enveloppé) avec un génome double brin d'ADN. Après l'interaction des protéines de l'enveloppe virale situées à l'extrémité de la queue de T4, avec les récepteurs protéiques spécifiques présents à l'extérieur de la cellule hôte, le génome viral est injecté dans l'hôte (étape **1**). Les enzymes de la cellule hôte transcrivent ensuite les gènes viraux « précoces » en ARNm puis les traduisent en protéines « précoces » (étape **2**). Les protéines précoces répliquent l'ADN viral et induisent l'expression des protéines virales « tardives » par les enzymes de la cellule hôte (étape **3**). Parmi les protéines virales tardives se trouvent les protéines de la capside, les protéines d'assemblage et les enzymes qui dégradent l'ADN de la cellule hôte, fournissant ainsi les nucléotides nécessaires à la synthèse de davantage d'ADN viral. Les virions fils sont assemblés dans la cellule (étape **4**) et libérés (étape **5**) lorsque les protéines virales lysent la cellule. Les virus qui viennent d'être libérés débutent un autre cycle d'infection dans de nouvelles cellules hôtes.

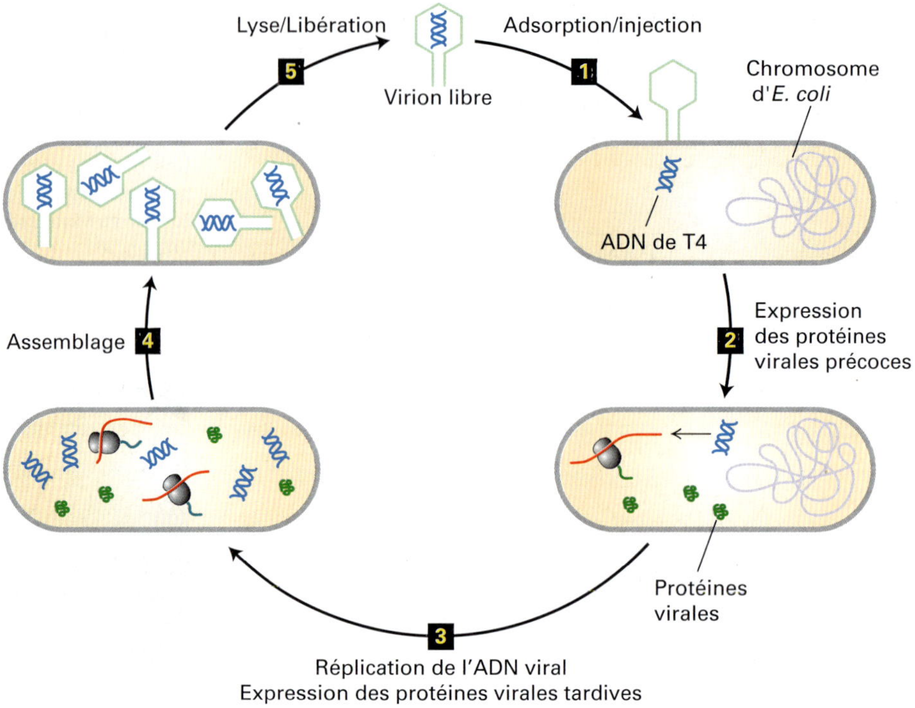

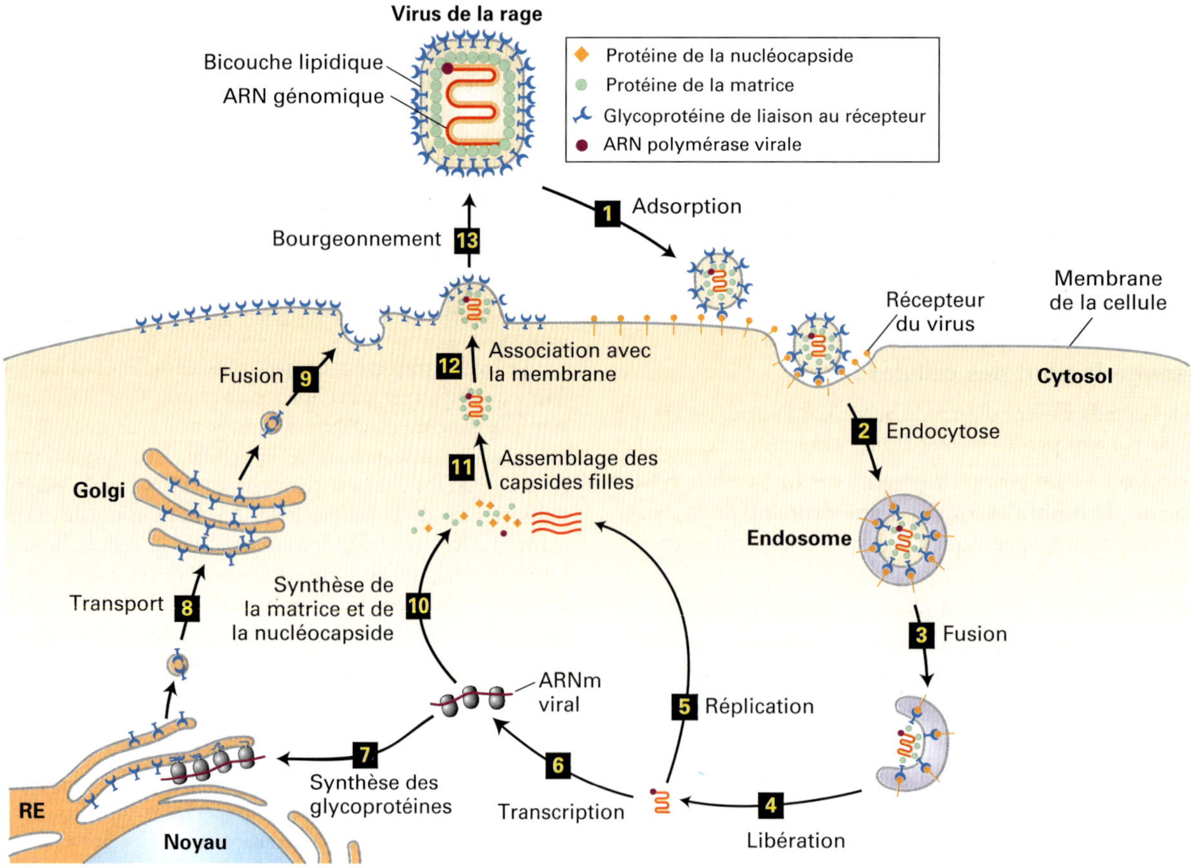

réplication lytique. Chez certains de ces virus, une enzyme virale qui pénètre dans l'hôte au cours de l'étape d'entrée transcrit l'ARN génomique en plusieurs ARNm dans le cytoplasme de la cellule. L'ARNm est traduit directement en protéines virales par la machinerie de traduction de la cellule hôte. Une ou plusieurs de ces protéines synthétisent ensuite des copies supplémentaires du génome viral d'ARN. Enfin, les génomes fils sont assemblés en virions fils dans le cytoplasme, avec les protéines néosynthétisées de la capside.

Après la synthèse de centaines ou même de milliers de nouveaux virions, la plupart des cellules bactériennes infectées et certaines cellules végétales ou animales infectées sont lysées, libérant alors simultanément tous les virions. Néanmoins, l'infection de nombreuses cellules par des virus animaux ou végétaux n'entraîne pas de lyse. Au lieu de cela, la cellule hôte morte libère les virions progressivement, au fur et à mesure de sa dégradation.

Comme nous l'avons noté plus haut, les virus animaux à enveloppe sont entourés d'une membrane phospholipidique externe dérivée de la membrane plasmique des cellules hôtes et contenant d'abondantes glycoprotéines virales. Les processus d'adsorption et de libération des virus enveloppés diffèrent fortement des mêmes processus chez les virus nus (non enveloppés). Pour illustrer la réplication lytique des virus enveloppés, considérons le virus de la rage ; sa nucléocapside est constituée d'un génome d'ARN simple brin entouré de multiples copies d'une protéine de la nucléocapside. Comme d'autres virus lytiques à ARN, les virions de la rage sont répliqués dans le cytoplasme et n'ont pas besoin des enzymes nucléaires de la cellule hôte. La Figure 4-41 montre un virus de la rage adsorbé par endocytose et la libération des virions fils qui se produit par *bourgeonnement* à partir de la membrane plasmique de la cellule hôte. Les virions créés par bourgeonnement sont bien visibles sur les micrographies électroniques des cellules infectées, comme l'illustre la Figure 4-42. Des dizaines de milliers de virions fils bourgeonnent à partir d'une cellule hôte infectée avant la mort de celle-ci.

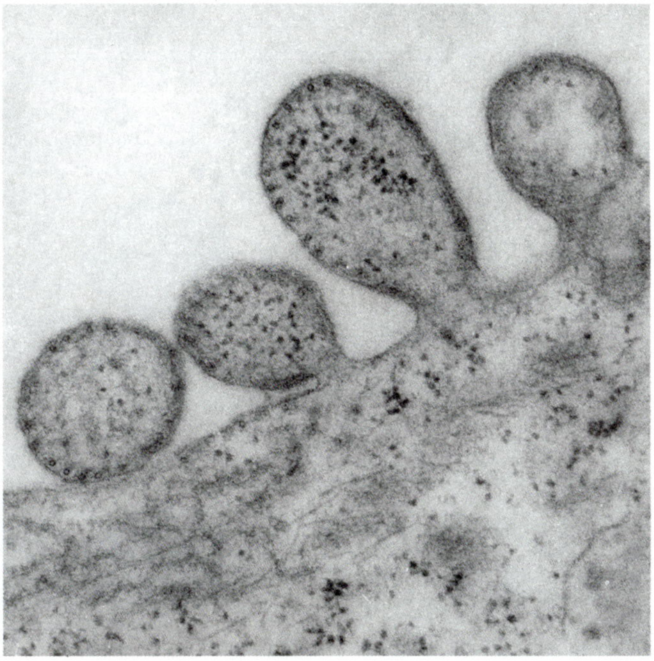

FIGURE EXPÉRIMENTALE 4-42 Les virions fils de virus enveloppés sont libérés par un bourgeonnement à partir des cellules infectées. Dans cette micrographie électronique d'une cellule infectée par le virus de la rougeole, les bourgeons de virions sont nettement visibles sous la forme de saillies à la surface de la cellule. Le virus de la rougeole est un virus enveloppé à génome d'ARN avec une nucléocapside hélicoïdale, comme le virus de la rage, qui se réplique de la façon illustrée par la Figure 4-41. [D'après A. Levine, 1991, *Viruses*, Scientific American Library, P. 22.]

◀ **FIGURE 4-41 Le cycle lytique de réplication du virus de la rage, un virus enveloppé contenant un génome simple brin d'ARN.** Les constituants structuraux de ce virus sont représentés en haut. Remarquez la nucléocapside hélicoïdale plutôt qu'icosaédrique. Après l'adsorption du virus sur de multiples copies d'une protéine membranaire spécifique de l'hôte (étape **1**), la cellule l'engloutit dans un endosome (étape **2**). Une protéine cellulaire située dans la membrane de l'endosome pompe des ions H^+ du cytosol vers l'intérieur de l'endosome. La baisse résultante du pH de l'endosome induit un changement de conformation dans la glycoprotéine virale, ce qui conduit à la fusion de l'enveloppe virale et de la membrane de la bicouche lipidique de l'endosome, puis à la libération de la nucléocapside dans le cytosol (étapes **3** et **4**). Une ARN polymérase virale utilise des ribonucléosides triphosphate du cytosol pour répliquer le génome d'ARN viral (étape **5**) et pour synthétiser des ARNm viraux (étape **6**). L'un des ARNm viraux code la glycoprotéine transmembranaire virale, qui est insérée dans la membrane du réticulum endoplasmique (RE) au fur et à mesure de sa synthèse sur les ribosomes du RE (étape **7**). Un glucide est ajouté au grand domaine replié dans la lumière du RE et est modifié à mesure que la membrane et la glycoprotéine associée traversent l'appareil de Golgi (étape **8**). Les vésicules portant la glycoprotéine mature fusionnent avec la membrane plasmique de l'hôte, déposant la glycoprotéine virale à la surface de la cellule, avec son grand domaine de liaison des récepteurs dépassant hors de celle-ci (étape **9**). Pendant ce temps, d'autres ARNm viraux sont traduits sur des ribosomes de la cellule hôte en protéines de la nucléocapside, de la matrice et en ARN polymérase virale (étape **10**). Ces protéines sont assemblées avec l'ARN génomique viral répliqué (en rouge vif) en nucléocapsides filles (étape **11**) qui s'associent ensuite au domaine cytosolique des glycoprotéines transmembranaires virales de la membrane plasmique (étape **12**). La membrane plasmique se replie autour de la nucléocapside, formant un « bourgeon » qui finit par se détacher (étape **13**).

L'ADN viral est intégré dans le génome de la cellule hôte lors de certains cycles non lytiques de croissance viraux

Certains virus bactériens, appelés *phages tempérés*, sont capables d'établir une association non lytique avec leurs cellules hôtes, sans tuer celles-ci. Par exemple, lorsqu'un bactériophage λ infecte une cellule d'*E. coli*, l'ADN viral peut être intégré dans le chromosome de la cellule hôte au lieu d'être répliqué indépendamment. L'ADN viral intégré, appelé *prophage*, est répliqué comme une partie de l'ADN de la cellule, d'une génération de cellule hôte à la suivante. On appelle ce phénomène la **lysogénie**. Dans certaines conditions, l'ADN du prophage est activé, ce qui entraîne son excision du chromosome de la cellule hôte, son engagement dans le cycle lytique et la production consécutive des virions fils, suivie de leur libération.

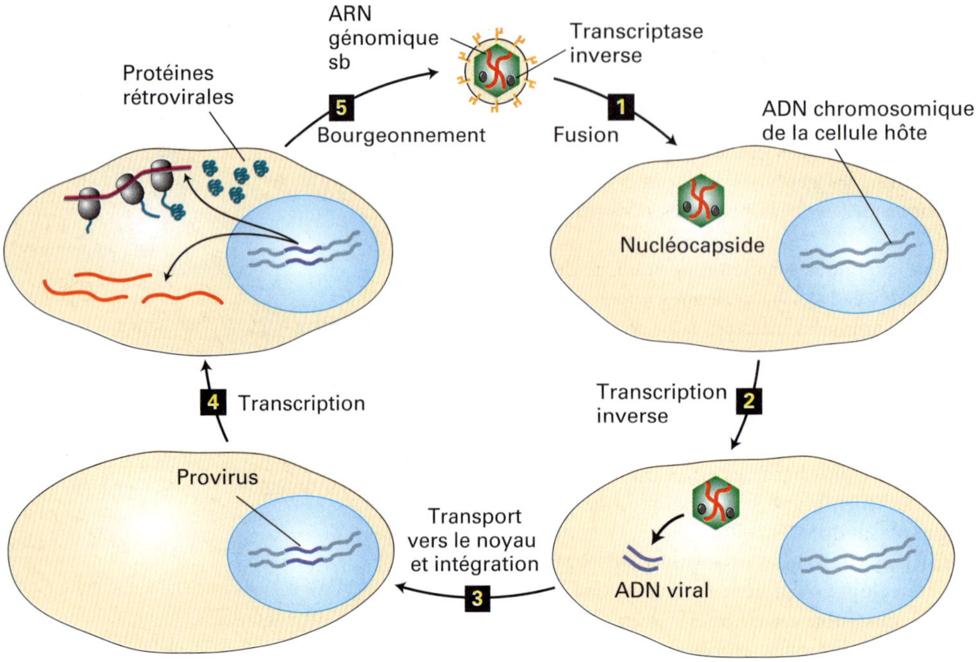

FIGURE 4-43 Le cycle de vie des rétrovirus. Les rétrovirus possèdent un génome constitué de deux copies identiques d'ARN simple brin et d'une enveloppe externe. Étape **1** : Après l'interaction des glycoprotéines virales de l'enveloppe avec une protéine membranaire spécifique appartenant à la cellule hôte, l'enveloppe du rétrovirus fusionne directement avec la membrane plasmique, ce qui permet l'entrée de la nucléocapside dans le cytoplasme de la cellule. Étape **2**: La transcriptase inverse virale et d'autres protéines copient le génome viral d'ARN simple brin (sb) en un ADN double brin (db). Étape **3** : L'ADN db viral est transporté dans le noyau et intégré dans l'un des nombreux sites possibles de l'ADN chromosomique de la cellule hôte. Pour des raisons de simplicité, seul un chromosome de la cellule hôte est représenté. Étape **4** : L'ADN viral intégré (provirus) est transcrit par l'ARN polymérase de la cellule hôte, produisant des ARNm (en rouge foncé) et des molécules d'ARN génomique (en rouge clair). La machinerie de la cellule hôte traduit les ARNm viraux en glycoprotéines et protéines de la nucléocapside. Étape **5** : Les virions fils s'assemblent ensuite et sont libérés par bourgeonnement comme l'illustre la Figure 4-41.

Les génomes de nombreux virus animaux peuvent également s'intégrer dans le génome de la cellule hôte. Les plus importants sont probablement les **rétrovirus**, qui sont des virus enveloppés dont le génome est constitué de deux brins identiques d'ARN. On appelle ces virus *rétrovirus* car leur génome d'ARN sert de matrice pour la formation d'une molécule d'ADN — le sens inverse du flux habituel d'information génétique par rapport à la transcription plus courante de l'ADN en ARN. Dans le cycle de vie des rétrovirus (Figure 4-43), une enzyme virale appelée **transcriptase inverse** copie tout d'abord le génome d'ARN viral en un ADN simple brin complémentaire de l'ARN du virion. La même enzyme catalyse ensuite la synthèse d'un brin complémentaire d'ADN. (Cette réaction complexe est détaillée au Chapitre 10, dans lequel nous traiterons de parasites intracellulaires étroitement apparentés appelés rétrotransposons.) L'ADN double brin résultant est intégré dans l'ADN chromosomique de la cellule infectée. Enfin, l'ADN intégré, appelé *provirus*, est transcrit en ARN par la propre machinerie de la cellule, puis traduit en protéines virales ou empaqueté dans les protéines de l'enveloppe des virions, pour former des virions fils. Ceux-ci sont libérés par bourgeonnement de la membrane de la cellule hôte. La plupart des rétrovirus ne tuent pas leurs cellules hôtes. De ce fait, les cellules infectées sont capables d'engendrer des cellules filles avec de l'ADN proviral intégré. Ces cellules filles continuent à transcrire l'ADN proviral et à former des virions fils par bourgeonnement.

MÉDECINE

Certains rétrovirus contiennent des gènes responsables de cancers (**oncogènes**) ; les cellules infectées par ces rétrovirus sont alors transformées en cellules tumorales. L'étude de rétrovirus oncogènes (la plupart étant des virus qui touchent les oiseaux et les souris) ont fourni de nombreuses informations sur les processus qui conduisent à la transformation d'une cellule normale en cellule cancéreuse (Chapitre 23).

Parmi les rétrovirus humains connus, on trouve le virus de la leucémie humaine des cellules T (HTLV) qui provoque une forme de leucémie, ainsi que le virus de l'immunodéficience humaine (VIH) qui provoque le syndrome immunodéficitaire acquis (SIDA). Ces deux virus ne peuvent infecter que des types cellulaires spécifiques, principalement certaines cellules du système immunitaire et, dans le cas du VIH, certains neurones du système nerveux central et des cellules gliales. Seules ces cellules possèdent les récepteurs de surface interagissant avec les protéines de l'enveloppe virale, ce qui explique la spécificité des virus de ce type. Au contraire de la plupart des autres rétrovirus, le VIH finit par tuer ses cellules hôtes. La mort d'un grand nombre de cellules du système immunitaire qui s'ensuit aboutit à la déficience des réactions immunitaires, caractéristique du SIDA.

Certains virus à ADN peuvent également s'intégrer dans un chromosome de la cellule hôte. Citons par exemple les papillomavirus (HPV) qui provoquent le plus souvent des verrues et d'autres lésions bénignes de la peau. Les génomes de certains sérotypes HPV cependant, s'intègrent occasionnellement dans l'ADN chromosomique de cellules épithéliales cervicales infectées, provoquant alors un cancer du col de l'utérus. Le test de Papanicolaou permet de détecter des cellules aux stades précoces du processus de transformation initié par l'intégration de HPV, ce qui permet un traitement efficace. ■

CONCEPTS CLÉS DE LA SECTION 4.7

Les virus : les parasites du système génétique cellulaire

■ Les virus sont de petits parasites capables de se répliquer uniquement dans des cellules hôtes. Les génomes viraux peuvent être constitués soit d'ADN (virus à ADN), soit d'ARN (virus à ARN) et peuvent être simple ou double brin.

■ La capside, qui entoure le génome viral, est constituée de multiples copies d'une ou d'un petit nombre de protéines codées par le virus. Certains virus possèdent également une enveloppe externe, qui ressemble à la membrane plasmique mais contient des protéines transmembranaires virales.

■ La plupart des virus animaux et végétaux à ADN ont besoin des enzymes nucléaires de la cellule hôte pour assurer la transcription du génome viral en ARNm et la production de génomes fils. À l'inverse, la plupart des virus à ARN codent des enzymes capables de transcrire le génome d'ARN en ARNm viral et de produire de nouvelles copies du génome d'ARN.

■ Les ribosomes, les ARNt et les facteurs de traduction de la cellule hôte sont utilisés pour la synthèse de toutes les protéines virales dans les cellules infectées.

■ L'infection virale lytique comprend les phases d'adsorption, d'entrée, de synthèse des protéines virales et des génomes fils (réplication), l'assemblage des virions fils et la libération de centaines voire de milliers de virions, conduisant à la mort de la cellule hôte (voir Figure 4-40). La libération des virus enveloppés se produit par un bourgeonnement de la membrane plasmique de la cellule hôte (voir Figure 4-41).

■ L'infection non lytique a lieu lorsque le génome viral est intégré dans l'ADN de la cellule hôte et ne conduit généralement pas à la mort cellulaire.

■ Les rétrovirus sont des virus animaux enveloppés contenant un génome d'ARN simple brin. Après l'entrée dans une cellule hôte, la transcriptase inverse, une enzyme virale contenue dans le virion, convertit le génome viral d'ARN en ADN double brin, qui s'intègre dans l'ADN chromosomique (voir Figure 4-43).

■ Au contraire des infections par d'autres rétrovirus, l'infection par le VIH finit par tuer les cellules hôtes, provoquant une déficience des réactions immunitaires, caractéristique du SIDA.

■ Les virus tumoraux, qui contiennent des oncogènes, peuvent avoir un génome constitué d'ARN (comme le virus de la leucémie humaine des cellules T) ou d'ADN (comme les papillomavirus humains). Dans le cas de ces virus, l'intégration du génome viral dans le chromosome d'une cellule hôte peut provoquer la transformation de la cellule en cellule tumorale.

PERSPECTIVES POUR LE FUTUR

Dans ce chapitre, nous avons d'abord considéré la structure élémentaire de l'ADN et de l'ARN, puis décrit les aspects fondamentaux de la transcription de l'ADN par les ARN polymérases. Les ARN polymérases eucaryotes seront présentées plus en détail au Chapitre 11, ainsi que les facteurs associés nécessaires à l'initiation de la transcription dans les cellules eucaryotes et aux interactions avec les facteurs régulateurs de la transcription qui en contrôlent l'étape d'initiation. Nous avons ensuite abordé le code génétique ainsi que le rôle de l'ARNt et de la machinerie de synthèse protéique, le ribosome, dans le décodage de l'information en ARNm, pour permettre un assemblage précis des chaînes protéiques. Les mécanismes de régulation de la synthèse protéique seront traités au Chapitre 12. Enfin, nous avons considéré les détails moléculaires sous-jacents à la réplication exacte de l'ADN, nécessaire à la division des cellules. Le Chapitre 21 traite des mécanismes de régulation de la réplication de l'ADN d'une cellule et de coordination de cette réplication d'ADN avec le processus complexe de la mitose qui répartit équitablement les molécules filles d'ADN entre les cellules filles.

Ces processus cellulaires élémentaires constituent les fondements de la biologie moléculaire de la cellule. Notre compréhension actuelle de ces événements repose sur de multiples résultats expérimentaux et ne sera probablement pas modifiée en profondeur dans l'avenir. Toutefois, nous allons certainement comprendre de mieux en mieux ces mécanismes avec la découverte de détails supplémentaires concernant les structures et les interactions des machineries moléculaires impliquées. La détermination, ces dernières années, de la structure tridimensionnelle des ARN polymérases, des sous-unités ribosomiales et des protéines de réplication de l'ADN a permis aux chercheurs de concevoir des approches expérimentales plus adaptées pour révéler le fonctionnement moléculaire de ces macromolécules. Cette compréhension détaillée permettra sans doute d'imaginer de nouveaux médicaments plus efficaces pour traiter les maladies humaines. Par exemple, la structure à haute résolution des ribosomes, récemment élucidée, permet de mieux comprendre comment les antibiotiques inhibent la synthèse protéique bactérienne sans affecter la fonction des ribosomes de mammifères. Ces nouvelles connaissances pourraient permettre de concevoir des antibiotiques encore plus efficaces. De même, mieux comprendre les mécanismes de régulation de la transcription de gènes humains spécifiques pourrait permettre d'imaginer des stratégies thérapeutiques capables de réduire ou d'empêcher des réponses immunitaires inadaptées conduisant à de multiples scléroses et arthrites, à la division cellulaire anarchique caractéristique du cancer ainsi qu'à d'autres processus pathologiques.

Une grande partie de la recherche biologique actuelle porte sur la façon dont les interactions moléculaires dotent les cellules d'une capacité de prise de décision et de propriétés spécifiques. Pour cette raison, plusieurs des chapitres suivants décrivent les connaissances actuelles sur la façon dont de telles interactions régulent la transcription et la synthèse protéique chez les organismes pluricellulaires et comment cette régulation donne aux cellules la capacité de se spécialiser et de former des organes complexes. D'autres chapitres traiterons des interactions protéine-protéine à l'origine de la construction d'organites cellulaires spécialisés et leur détermination de la forme et du déplacement des cellules. Les avancées rapides de la biologie moléculaire ces dernières années laissent espérer que dans peu de temps, nous comprendrons comment la régulation de la fonction de cellules spécialisées, de leur forme et de leur mobilité, couplée avec la régulation de la réplication et de la mort cellulaires (apoptose) aboutissent à la croissance d'organismes complexes tels que les arbres et les êtres humains.

MOTS CLÉS

ADN polymérases *133*
Amorce *133*
Anticodon *119*
ARN de transfert (ARNt) *119*
ARN messager (ARNm) *119*
ARN polymérase *109*
ARN ribosomial (ARNr) *119*
Brin précoce *133*
Brin tardif *133*
Cadre de lecture *120*
Code génétique *119*
Codons *119*
Complémentaire *104*
Dosage de plages de lyse *138*
Double hélice *103*
Enveloppe (virale) *137*
Exons *111*
Fourche de réplication *133*
Fragments d'Okazaki *133*
Introns *111*
Liaison phosphodiester *103*
Opéron *111*
Paires de bases Watson-Crick *103*
Polyribosomes *130*
Promoteur *109*
Ribosomes *119*
Transcrit primaire *110*
Transcriptase inverse *142*
Transcription *101*
Traduction *101*

RÉVISIONS

1. Que sont les paires de bases Watson-Crick ? Pourquoi sont-elles importantes ?
2. La protéine de liaison à la boîte TATA se fixe au petit sillon de l'ADN, ce qui provoque la courbure de l'hélice d'ADN (voir Figure 4-5). Quelle propriété de l'ADN permet à la protéine de liaison à la boîte TATA de reconnaître la double hélice d'ADN ?
3. La préparation d'ADN plasmidique (circulaire, double brin) en vue d'un séquençage implique l'appariement d'une courte amorce d'ADN oligonucléotidique simple brin avec l'un des brins de la matrice plasmidique. On le fait habituellement en chauffant l'ADN plasmidique et l'amorce à 90°C, puis en abaissant très lentement la température jusqu'à 25°C. Pourquoi ce protocole fonctionne-t-il ?
4. Quelle différence existant entre l'ARN et l'ADN permet d'expliquer la stabilité plus importante de l'ADN ? Quelles en sont les conséquences sur la fonction remplie par l'ADN ?
5. Quelles sont les principales différences dans la synthèse et la structure des ARNm procaryotes et eucaryotes ?
6. En étudiant la fonction d'un gène humain du récepteur d'un facteur de croissance spécifique, on a découvert deux types de protéines synthétisées à partir de ce gène. Une protéine contenant un domaine transmembranaire reconnaît les facteurs de croissance à la surface des cellules et stimule alors une voie de signalisation spécifique en aval. À l'inverse, une protéine apparentée, plus petite, est sécrétée hors de la cellule et se fixe au facteur de croissance circulant dans le sang, inhibant alors la voie de signalisation en aval. Imaginez comment la cellule peut synthétiser des protéines si différentes.
7. Décrivez les événements moléculaires qui se produisent au niveau de l'opéron *lac* lorsque des cellules d'*E. coli* sont transférées d'un milieu contenant du glucose vers un milieu contenant du lactose.
8. La concentration de phosphate libre affecte la transcription de certains gènes d'*E. coli*. Décrivez le mécanisme mis en jeu.
9. Comparez la sélection du site de début de la traduction dans les ARNm de bactéries, d'eucaryotes et de poliovirus.
10. Qu'est-ce qui prouve la présence d'une activité peptidyl transférase dans l'ARNr 23S de la grande sous-unité ribosomiale ?
11. Comment une mutation dans le gène I de la protéine de liaison au poly(A) affecte-t-elle la traduction ? En quoi une micrographie électronique des polyribosomes de ce mutant différerait-elle de la micrographie correspondant à la situation normale ?
12. Quelle caractéristique de l'ADN nécessite qu'une synthèse de l'ADN soit en partie discontinue ? De quelle façon les fragments d'Okazaki et l'ADN ligase sont-ils utilisés par la cellule ?
13. Quel gène est spécifique des rétrovirus ? Pourquoi la protéine codée par ce gène est-elle absolument nécessaire au déroulement du cycle de vie des rétrovirus et non de celui des autres virus ?

ANALYSEZ LES RÉSULTATS SUIVANTS

La NASA a identifié un nouveau microbe présent sur Mars et vous demande de déterminer le code génétique de cet organisme. Pour cela, vous isolez un extrait de ce microbe contenant tous les composants nécessaires à la synthèse protéique, sauf de l'ARNm. Des ARNm synthétiques sont ajoutés à cet extrait et on analyse les polypeptides résultants :

ARNm synthétiques	*Polypeptides résultants*
AAAAAAAAAAAAAAAA	Lysine-Lysine-Lysine etc.
CACACACACACACACA	Thréonine-Histidine-Thréonine-Histidine etc.
AACAACAACAACAACA	Thréonine-Thréonine-Thréonine etc.
	Glutamine-Glutamine-Glutamine etc.
	Asparagine-Asparagine-Asparagine etc.

À partir de ces données, que pouvez-vous conclure sur le code génétique de ce microbe ? Quelle est la séquence de la boucle de l'anticodon d'un ARNt portant une thréonine ? Si vous découvriez que ce microbe contient 61 ARNt différents, que pourriez-vous penser de la fidélité de la traduction chez cet organisme ?

RÉFÉRENCES

La structure des acides nucléiques

Dickerson, R. E, (1983), The DNA helix and how it is read, *Sci. Am.* **249** :94-111.

Doudna, J. A. et. Cech, T. R., (2002), The chemical repertoire of natural ribozymes, *Nature* **418** :222-228.

Kornberg, A. et Baker, T. A., (1992), *DNA Replication*, 2e éd., W. H. Freeman and Company, chapitre 1. Un bon résumé des principes de la structure de l'ADN.

Wang, J. C., (1980), Superhelical DNA, *Trends Biochem. Sci.* **5** :219-221.

La transcription des gènes codant des protéines et la formation de l'ARNm fonctionnel

Brenner *et al.*, (1961), Unstable intermediate carrying information from genes to ribosomes for protein synthesis, *Nature* **190** :576-581.

Young, B. A. *et al*, (2002), Views of transcription initiation, *Cell* **109** :417-420.

Le contrôle de l'expression des gènes chez les procaryotes

Bell, C. E. et Lewis, M., (2001), The Lac repressor : a second generation of structural and functional studies, *Curr. Opin. Struc. Biol.* **11** :19-25.

Busby, S. et Ebright, R. H., (1999), Transcription activation by catabolite activator protein (CAP), *J. Mol. Biol.* **293** :199-213.

Darst, S. A, (2001), Bacterial RNA polymerase, *Curr. Opin. Struc. Biol.* **11** :155-162.

Muller-Hill, B., (1998), Some repressors of bacterial transcription, *Curr. Opin. Microbiol.* **1** :145-151.

Les trois rôles de l'ARN dans la traduction

Alexander, R. W. et Schimmel, P., (2001), Domain-domain communication in aminoacyl-tRNA synthetases, *Prog. Nucleic Acid Res. Mol. Biol.* **69** :317-349.

Bjork, G. R. *et al.*,(1987), Transfer RNA modification, *Ann. Rev. Biochem.* **56** :263-287.

Garrett, R. A. *et al.* (Éds), (2000), *The Ribosome : Structure, Function, Antibiotics, and Cellular Interactions*, ASM Press.

Hatfield, D. L. et Gladyshev, V. N., (2002), How selenium has altered our understanding of the genetic code, *Mol. Cell Biol.* **22** :3565-3576.

Hoagland, M. B. *et al.*, (1958), A soluble ribonucleic acid intermediate in protein synthesis, *J. Biol. Chem.* **231** :241-257.

Holley, R. W. *et al*, (1965), Structure of a ribonucleic acid. *Science* **147** :1462-1465.

Ibba, M. et Soll, D., (2001), The renaissance of aminoacyl-tRNA synthesis, *EMBO Rep.* **2** :382-387.

Khorana, G. H. *et al.*, (1966), Polynucleotide synthesis and the genetic code, *Cold Spring Harbor Symp. Quant. Biol.* **31** :39-49.

Maguire, B. A. et Zimmermann, R. A., (2001), The ribosome in focus. *Cell* **104** :813-816.

Nirenberg, M. *et al.*, (1966), The RNA code in protein synthesis, *Cold Spring Harbor Symp. Quant. Biol.* **31** :11-24.

Ramakrishnan, V, (2002), Ribosome structure and the mechanism of translation, *Cell* **108** :557-572.

Rich, A. et. Kim, S.-H., (1978), The three-dimensional structure of transfer RNA, *Sci. Am.* **240**(1) :52-62 (tiré à part 1377).

La synthèse des protéines sur les ribosomes, étape par étape

Gingras, A. C. *et al.*, (1999), eIF4 initiation factors : effectors of mRNA recruitment to ribosomes and regulators of translation, *Ann. Rev. Biochem.* **68** :913-963.

Green, R, (2000), Ribosomial translocation : EF-G turns the crank, *Curr. Biol.* **10** :R369-R373.

Hellen, C. U. et Sarnow, P., (2001), Internal ribosome entry sites in eukaryotic mRNA molecules, *Genet. Devel.* **15** :1593-1612.

Kisselev, L. L. et Buckingham, R. H., (2000), Translational termination comes of age, *Trends Biochem. Sci.* **25** :561-566.

Kozak, M, (1999), Initiation of translation in procaryotes and eucaryotes, *Gene* **234** :187-208.

Noller, H. F. *et al.*, (2002), Translocation of tRNA during protein synthesis, *FEBS Lett.* **514** :11-16.

Pestova, T. V. *et al.*, (2001), Molecular mechanisms of translation initiation in eucaryotes, *Proc Natl. Acad. Sci. USA* **98** :7029-7036.

Poole, E. et Tate, W., (2000), Release factors and their role as decoding proteins : specificity and fidelity for termination of protein synthesis, *Biochim. Biophys. Acta* **1493** :1-11.

Ramakrishnan, V, (2002), Ribosome structure and the mechanism of translation, *Cell* **108** :557-572.

Sonenberg, N. *et al.* (Éds), (2000), *Translational Control of Gene Expression*, Cold Spring Harbor Laboratory Press.

La réplication de l'ADN

Bullock, P. A, (1997), The initiation of simian virus 40 DNA replication in vitro, *Crit. Rev. Biochem. Mol. Biol.* **32** :503-568.

Kornberg, A. et Baker, T. A., (1992), *DNA Replication*, 2e éd., W. H. Freeman and Company.

Waga, S. et Stillman, B., (1998), The DNA replication fork in eukaryotic cells, *Ann. Rev. Biochem.* **67** :721-751.

Les virus : des parasites du système génétique des cellules

Flint, S. J. *et al.*, (2000), *Principles of Virology : Molecular Biology, Pathogenesis, and Control*, ASM Press

Hull, R, (2002), *Mathews' Plant Virology*, Academic Press.

Knipe, D. M. et Howley, P. M., (Éds), (2001), *Fields Virology*, Lippincott Williams et Wilkins.

Kornberg, A. et Baker, T. A., (1992), *DNA Replication*, 2e éd., W. H. Freeman and Company. Un bon résumé de la biologie moléculaire des bactériophages.

5

LES BIOMEMBRANES ET L'ARCHITECTURE DE LA CELLULE

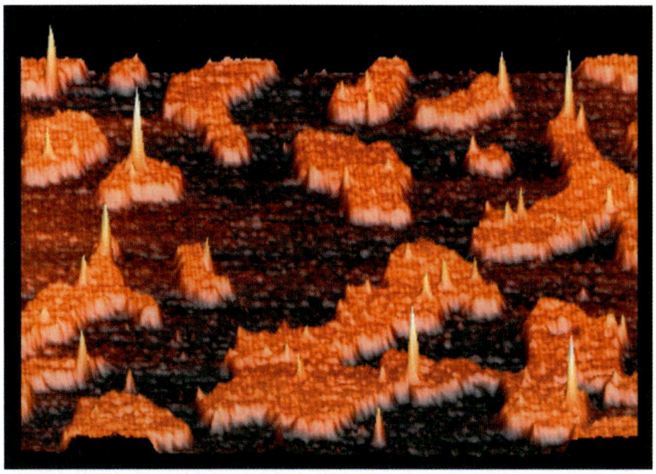

La microscopie à force atomique révèle les radeaux de sphingomyéline (en orange) saillant d'un tapis de dioléylphosphatidylcholine (en noir) sur une bicouche lipidique reposant sur du mica. On voit que la phosphatase alcaline placentaire (pics jaunes), une protéine ancrée à du glycosylphosphatidylinositol, est presque exclusivement associée aux radeaux lipidiques. [D'après D. E. Saslowsky *et al.*, 2002, *J. Biol. Chem.* **277**:26966-26970.]

Les procaryotes, qui représentent les cellules les plus simples et les plus petites, d'une longueur de 1 à 2 μm, sont entourés d'une **membrane plasmique** mais ne contiennent pas de compartiments internes délimités par des membranes (voir Figure 1-2a). Bien que l'ADN soit concentré au cœur de ces organismes unicellulaires, on suppose que la plupart des enzymes et des métabolites diffusent librement dans l'unique compartiment aqueux interne. Certaines réactions métaboliques, y compris la synthèse des protéines et la glycolyse anaérobie, s'y déroulent. D'autres, telles que la réplication de l'ADN et la production d'ATP, ont lieu au niveau de la membrane plasmique.

Dans les cellules plus grandes des eucaryotes cependant, les vitesses des réactions chimiques devraient être limitées par la diffusion des petites molécules, si la cellule n'était pas subdivisée en compartiments plus petits appelés **organites.** Chaque organite est entouré d'une ou plusieurs **biomembranes** et chaque type d'organite contient un ensemble unique de protéines. Certaines de ces protéines sont enchâssées dans la ou les membranes de l'organite, d'autres sont dans l'espace aqueux interne, la **lumière**. Les protéines propres à chaque organite lui permettent de remplir ses fonctions cellulaires caractéristiques. Le **cytoplasme** est la partie de la cellule qui entoure l'organite le plus grand, le noyau. Le **cytosol**, la partie aqueuse du cytoplasme à l'extérieur des organites, contient également ses propres protéines.

Toutes les biomembranes forment des structures fermées, séparant l'intérieur (la lumière), de l'extérieur ; elles ont une structure similaire de bicouche. Elles contrôlent le déplacement des molécules entre l'intérieur et l'extérieur d'une cellule, et entre l'intérieur et l'extérieur des organites des cellules eucaryotes. La surface totale de ces membranes est environ dix fois celle de la membrane plasmique (Figure 5-1), ce qui est en accord avec le rôle joué par les membranes internes dans les fonctions cellulaires.

Bien que l'architecture fondamentale de toutes les cellules eucaryotes comprenne les membranes, les organites et le cytosol, chaque type de cellule est conçu d'une façon caractéristique, définie par sa forme et la position de ses organites. L'élément structural qui donne à chaque type cellulaire son aspect unique est le **cytosquelette**, un réseau dense de trois classes de filaments protéiques occupant le cytosol, qui soutiennent mécaniquement les membranes cellulaires. Les protéines du cytosquelette sont parmi les protéines les plus abondantes d'une cellule et la surface considérable du cytosquelette (voir Figure 5-1) constitue une armature à laquelle sont fixés des groupes spécifiques de protéines et de membranes.

Nous commencerons notre étude de l'architecture cellulaire par la structure élémentaire des biomembranes. Nous verrons que les composants lipidiques des membranes affectent non seulement

SECTIONS

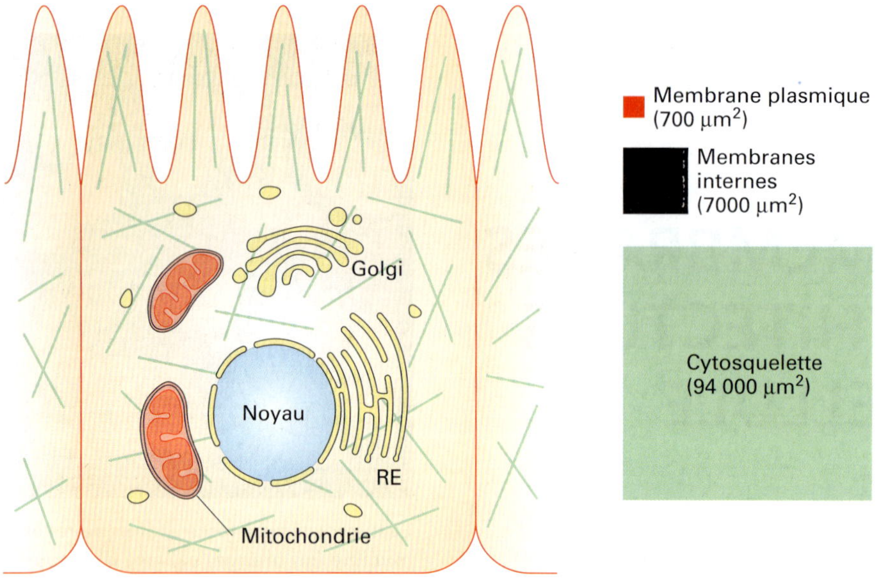

FIGURE 5-1 Une représentation schématique des principaux composants de l'architecture de la cellule eucaryote. La membrane plasmique (en rouge) définit l'extérieur de la cellule et contrôle le déplacement des molécules entre le cytosol et le milieu extracellulaire. Différents types d'organites et de petites vésicules délimitées par leurs propres membranes (en noir) exécutent certaines fonctions particulières telles que l'expression des gènes, la production d'énergie, la synthèse membranaire et le transport intracellulaire. Les fibres du cytosquelette (en vert) fournissent un support structural à la cellule et à ses compartiments internes. Les membranes internes des organites et des vésicules possèdent une surface plus importante que la membrane plasmique, mais moins étendue que celle du cytosquelette, comme le symbolisent les carrés rouge, noir et vert. La structure très étendue du cytosquelette lui permet de jouer le rôle d'une armature sur laquelle les réactions chimiques peuvent se dérouler.

leur forme et leur fonction mais jouent également un rôle important dans l'ancrage des protéines à la membrane, la modification des activités des protéines membranaires et la transduction de signaux vers le cytoplasme. Nous considérerons ensuite la structure générale des protéines membranaires et la façon dont elles peuvent interagir avec différentes membranes. La fonction unique de chaque membrane est largement déterminée par l'ensemble des protéines qu'elle contient ou qui sont proches d'elle. Nous poursuivrons notre approche des compartiments délimités par des membranes en passant en revue les fonctions de différents organites. Après cela, nous introduirons la structure et la fonction du cytosquelette, qui est intimement associé à toutes les biomembranes. Les changements dans l'organisation de ce réseau filamenteux affectent la structure et la fonction des membranes auxquelles il est fixé. Dans le reste du chapitre, nous décrirons des techniques courantes permettant d'isoler des types particuliers de cellules et de structures subcellulaires, ainsi que des techniques microscopiques variées pour étudier la structure et la fonction des cellules.

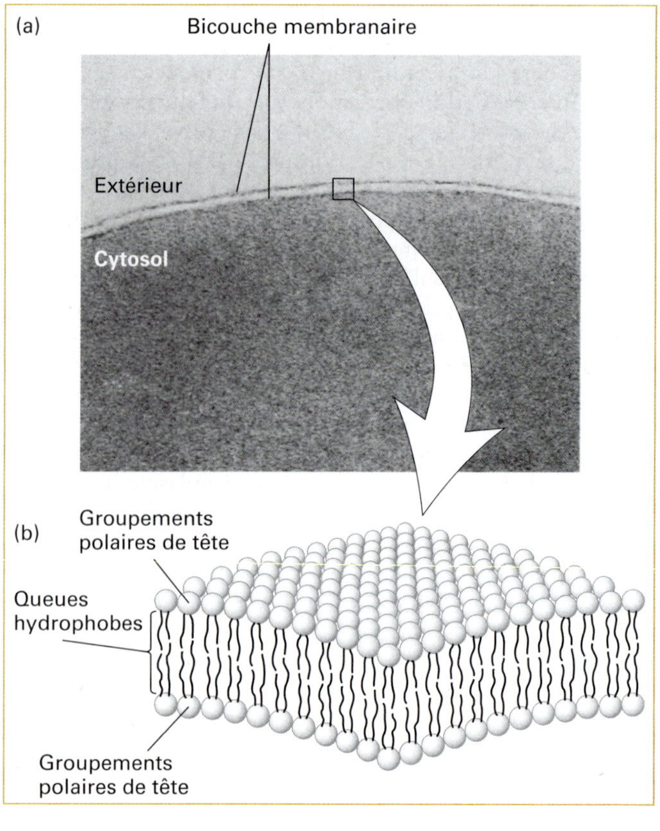

FIGURE 5-2 La structure en bicouche des biomembranes. (a) Une micrographie électronique d'une coupe fine d'une membrane d'érythrocyte marquée à l'aide de tétroxyde d'osmium. L'aspect caractéristique en « voie ferrée » de la membrane indique la présence de deux couches polaires, qui correspondent à la structure en bicouche des membranes phospholipidiques. (b) L'interprétation schématique de la bicouche phospholipidique dans laquelle les groupements polaires sont tournés vers l'extérieur pour protéger les queues hydrophobes d'acides gras de l'eau. Les interactions hydrophobes et de van der Waals entre les queues d'acides gras sont à l'origine de l'assemblage de la bicouche (Chapitre 2). [Partie (a) aimablement communiquée par J. D. Robertson.]

5.1 Les biomembranes : leur composition lipidique et leur organisation structurale

Les phospholipides de la composition présente dans les cellules s'assemblent spontanément en **bicouches lipidiques** semblables à des feuillets, d'une épaisseur de deux molécules. Les chaînes hydrocarbonées des phospholipides de chaque couche, ou *feuillet*, forment une partie centrale ou cœur **hydrophobe** de 3 à 4 nm d'épaisseur dans la plupart des biomembranes. L'étude par microscopie électronique de coupes membranaires fines marquées à l'aide de tétroxyde d'osmium, qui se fixe fortement aux groupements polaires de tête des phospholipides, révèle la structure en bicouche (Figure 5-2). Une coupe transversale de toutes les membranes simples marquées avec du tétroxyde d'osmium ressemble à une voie ferrée : deux lignes sombres fines (les complexes dont les groupements de tête sont marqués) séparées par un espace clair uniforme large d'environ 2 nm (les queues hydrophobes).

La bicouche lipidique possède deux propriétés importantes. Tout d'abord, le cœur hydrophobe est une barrière imperméable qui empêche la diffusion des solutés hydrosolubles (**hydrophiles**) à travers la membrane. Il est important de noter que cette fonction de barrière simple est modulée par la présence de protéines membranaires permettant le passage de molécules spécifiques à travers cette bicouche, qui sans cela, serait imperméable. La deuxième propriété de la bicouche est sa stabilité. La structure en bicouche est permise grâce à des interactions hydrophobes et de van der Waals entre les chaînes lipidiques. Même si l'environnement extérieur aqueux peut varier considérablement du point de vue de sa force ionique et de son pH, la bicouche est capable de conserver son architecture caractéristique.

Les membranes naturelles de différents types cellulaires présentent des formes variées, adaptées à une fonction cellulaire particulière (Figure 5-3). La surface flexible et lisse de la membrane plasmique des érythrocytes (globules rouges) permet à la cellule de passer dans d'étroits capillaires sanguins. Certaines cellules possèdent une longue extension fine de la membrane plasmique, appelée cil ou flagelle, qui bat comme un fouet. Ce mouvement fait glisser le liquide à la surface d'une cellule épithéliale ou d'un spermatozoïde, qui peut alors se déplacer dans le milieu. Les axones de nombreux neurones sont entourés de multiples couches d'une membrane plasmique modifiée appelée **gaine de myéline**. Cette structure membraneuse est synthétisée par une cellule adjacente

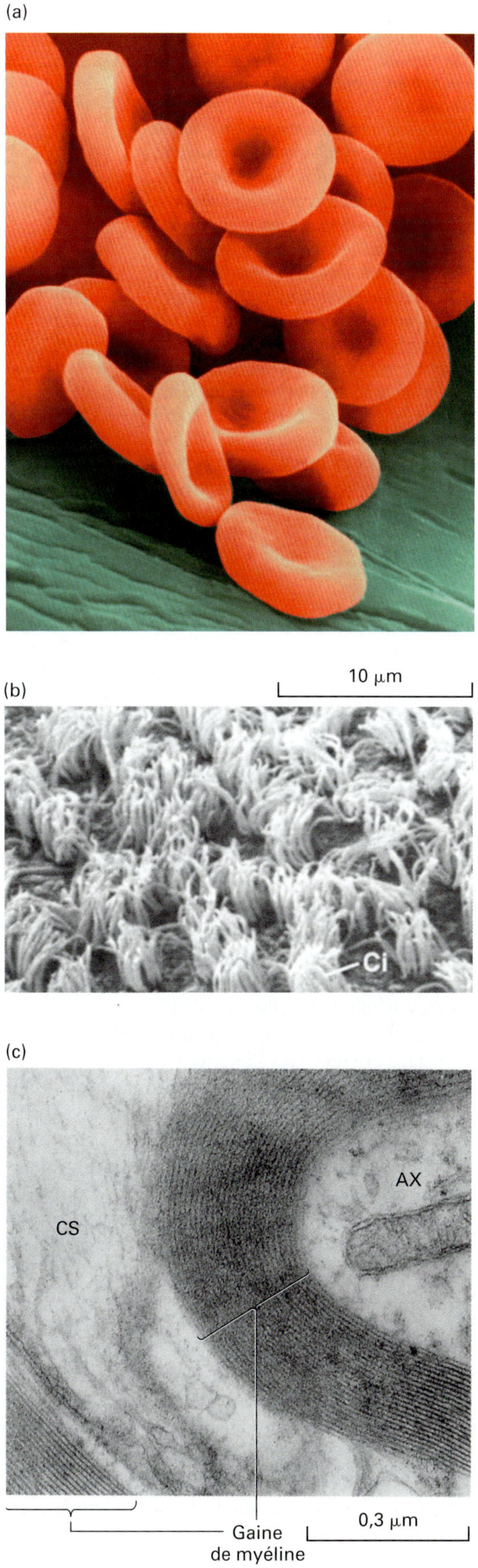

FIGURE 5-3 Les différences qui existent entre les biomembranes de types cellulaires distincts. (a) Une membrane lisse et flexible couvre la surface discoïdale des érythrocytes. (b) Des touffes de cils (Ci) se projettent à partir des cellules épendymaires qui tapissent les ventricules cérébraux. (c) De nombreux axones nerveux sont enveloppés d'une gaine de myéline constituée de multiples couches de membrane plasmique modifiée. Les couches individuelles de myéline sont visibles dans cette micrographie électronique d'une coupe transversale d'axone (AX). La gaine de myéline est formée par une cellule de soutien (gliale) adjacente (CS). [Parties (a) et (b) d'après R. G. Kessel & R. H. Kardon, 1979, *Tissues and Organs : A Text-Atlas of Scanning Electron Microscopy*, W. H. Freeman and Company. Partie (c) d'après P. C. Cross & K. L. Mercer, 1993, *Cell and Tissue Ultrastructure : A Functional Perspective*, W. H. Freeman and Company, p. 137.]

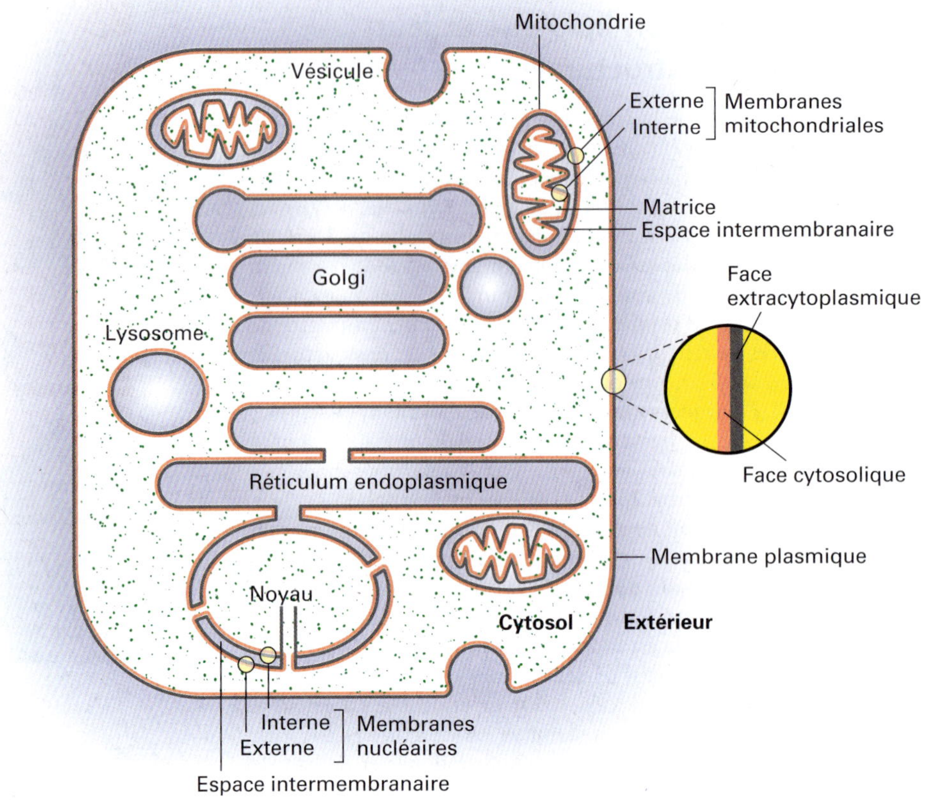

FIGURE 5-4 Les faces des membranes cellulaires. La membrane plasmique, une membrane constituée d'une seule bicouche, entoure la cellule. Dans cette représentation très schématique, le cytosol interne (pointillés verts) et l'environnement externe (en mauve) définissent les faces cytosolique (en rouge) et extracytoplasmique (en noir) de la bicouche. Les vésicules et certains organites possèdent une seule membrane et leur espace aqueux interne (en mauve) est équivalent topologiquement à l'extérieur de la cellule. Trois organites — le noyau, la mitochondrie et le chloroplaste (qui n'est pas représenté) — sont délimités par deux membranes séparées par un petit espace intermembranaire. Les faces extracytoplasmiques des membranes interne et externe autour de ces organites bordent l'espace intermembranaire qui les sépare. Pour des raisons de simplicité, l'intérieur hydrophobe de la membrane n'est pas figuré dans ce schéma.

de soutien et facilite la conduction des impulsions nerveuses sur de longues distances (Chapitre 7). En dépit de la diversité de leurs formes et de leurs fonctions, ces biomembranes et toutes les autres biomembranes ont une structure en bicouche commune.

Toutes les membranes cellulaires délimitent une cellule entière ou un compartiment interne. C'est pourquoi elles ont une *face interne* (la surface orientée vers l'intérieur du compartiment) et une *face externe* (la surface tournée vers l'environnement). On désigne généralement les surfaces d'une membrane cellulaire par les termes de **face cytosolique** et **face extracytoplasmique**. Cette nomenclature permet de souligner l'équivalence topologique des faces des différentes membranes, comme le schématise la Figure 5-4. Par exemple, la face extracytoplasmique de la membrane plasmique tourne le dos au cytosol, faisant face à l'espace extracellulaire ou à l'environnement externe et marque la limite externe de la cellule. Dans le cas des organites et des vésicules entourés d'une seule membrane cependant, la face qui tourne le dos au cytosol — la face extracytoplasmique — est à l'intérieur, au contact d'un espace aqueux interne équivalent à l'espace extracellulaire. Cette équivalence se comprend mieux pour les vésicules qui se forment par invagination de la membrane plasmique. Ce processus transforme la face externe de la membrane plasmique en face interne de la membrane vésiculaire. Trois organites — le noyau, la mitochondrie et le chloroplaste — sont entourés de deux membranes ; la surface extracytoplasmique de chaque membrane fait face à l'espace compris entre les deux membranes.

Les biomembranes contiennent trois classes de lipides

Une biomembrane type est assemblée à partir de phosphoglycérides, de sphingolipides et de stéroïdes. Ces trois classes de lipides sont des molécules **amphipathiques** qui possèdent un groupement de tête polaire (hydrophile) et une queue hydrophobe. Les interactions hydrophobes et de van der Waals, discutées au Chapitre 2, provoquent l'auto-association des groupements de queue en une bicouche avec les groupements de tête orientés vers l'eau (voir Figure 5-2). Bien que les lipides membranaires partagent ce caractère amphipathique, leurs structures chimiques, leur abondance et leurs fonctions dans la membrane sont différentes.

Les **phosphoglycérides**, la classe la plus abondante de lipides dans la plupart des membranes, sont des dérivés du glycérol 3-phosphate (Figure 5-5a). Une molécule type de phosphoglycéride est constituée d'une queue hydrophobe composée de deux chaînes d'acide gras estérifiées avec les deux groupements hydroxyle du glycérol phosphate, et d'un groupement polaire de tête lié au groupement phosphate. Les deux chaînes d'acides gras peuvent différer par leur nombre de carbones (en général 16 ou 18) et leur degré de saturation (0, 1 ou 2 doubles liaisons). Un phosphoglycéride est classifié en fonction de la nature de son groupement de tête. Dans les phosphatidylcholines, les phospholipides les plus abondants dans la membrane plasmique, le groupement de tête est constitué d'une choline, un alcool chargé positivement, estérifié avec un phosphate chargé négativement. Dans d'autres phosphoglycérides, une molécule contenant un groupement — OH comme l'éthanolamine, la sérine et l'inositol, un dérivé sucré, est liée au groupement phosphate. Le groupement phosphate chargé négativement et les groupements chargés positivement ou les groupements hydroxyle sur le groupement de tête interagissent fortement avec l'eau.

Les *plasmalogènes* sont un groupe de phosphoglycérides contenant une chaîne d'acide gras attachée au glycérol par une liaison ester et une longue chaînes hydrocarbonée, liée au glycérol par une liaison éther (C — O — C). Ces molécules constituent environ 20 % du contenu total des phosphoglycérides chez l'homme. Leur abondance varie d'un tissu ou d'une espèce à l'autre, mais elle est particulièrement élevée dans le cerveau humain et le tissu cardiaque. La stabilité chimique supplémentaire apportée par la liaison éther dans les plasmalogènes ou les légères différences dans leur structure tridimensionnelle par rapport à celle d'autres phosphoglycérides pourraient avoir une importance physiologique que l'on ignore encore.

Les **sphingolipides** constituent une deuxième classe de lipides membranaires. Tous ces composants sont des dérivés de la sphingosine, un alcool aminé avec une longue chaîne hydrocarbonée. Ils contiennent un acide gras à longue chaîne, attaché au groupement aminé de la sphingosine. Dans la sphingomyéline, le sphingolipide le plus abondant, une phosphocholine, est attaché au groupement hydroxyle terminal de la sphingosine (Figure 5-5b). La sphingomyéline est donc un phospholipide et sa structure globale ressemble fortement à celle de la phosphatidylcholine. D'autres sphingolipides sont des **glycolipides** amphipathiques dont les groupements polaires de tête sont des sucres. Le glucosylcérébroside, le glycosphingolipide le plus simple, contient une seule unité de glucose liée à la sphingosine. Dans les glycosphingolipides complexes appelés *gangliosides*, une ou deux chaînes sucrées ramifiées contenant des groupements d'acide sialique sont attachées à la

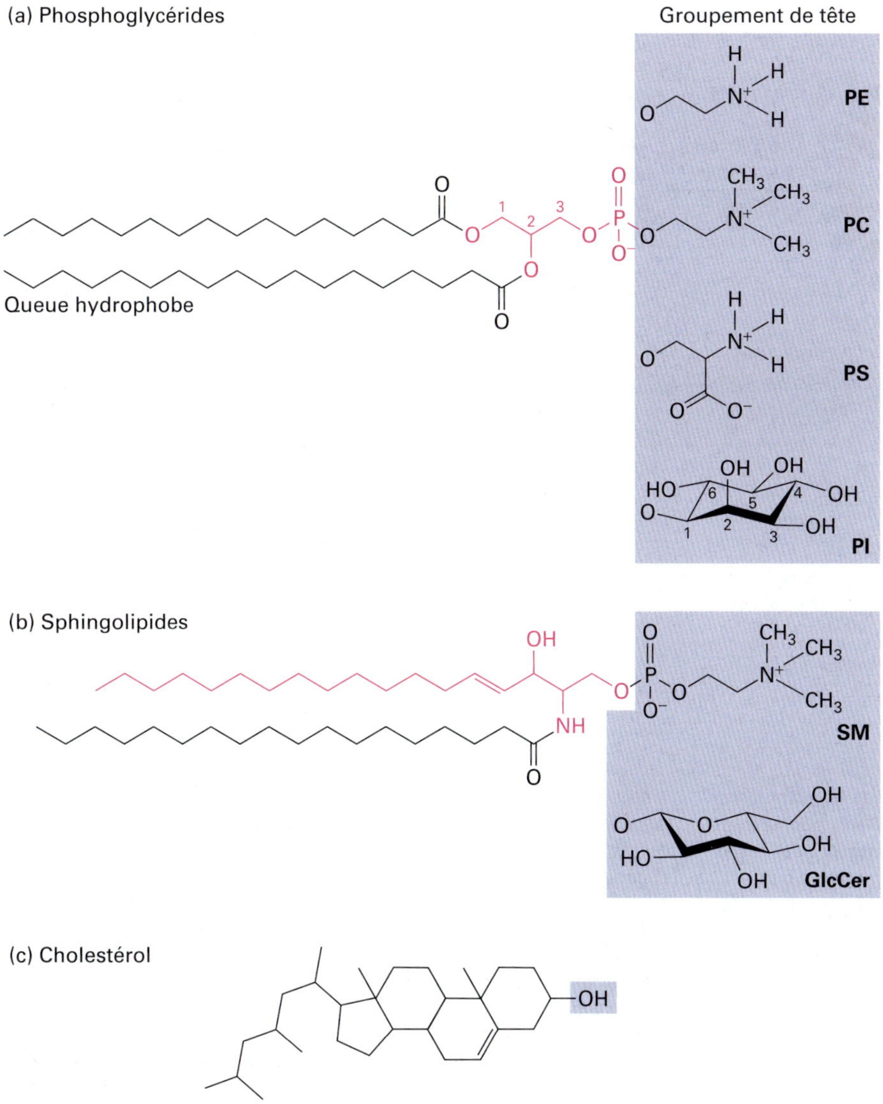

FIGURE 5-5 Trois classes de lipides membranaires. (a) La plupart des phosphoglycérides sont des dérivés du glycérol 3-phosphate (en rouge) contenant deux chaînes d'acides gras estérifiées constituant la « queue » hydrophobe et un « groupement de tête » polaire estérifié avec le phosphate. Les acides gras peuvent être de longueur variable et saturés (sans double liaison) ou insaturés (avec une, deux ou trois doubles liaisons). Dans la phosphatidylcholine (PC), le groupement de tête est une choline. La figure présente également les molécules attachées au groupement phosphate dans trois autres phosphoglycérides courants : la phosphatidyl-éthanolamine (PE), la phosphatidylsérine (PS) et le phosphatidylinositol (PI). (b) Les sphingolipides sont des dérivés de la sphingosine (en rouge), un alcool aminé avec une longue chaîne hydrocarbonée. Différentes chaînes d'acides gras sont reliées à la sphingosine par une liaison amide. Les sphingomyélines (SM), qui contiennent un groupement de tête phosphocholine, sont des phospholipides. Les glycolipides sont d'autres sphingolipides. Ils possèdent un seul résidu sucré ou un oligosaccharide ramifié lié au squelette de sphingosine. Par exemple, le glucosylcérébroside, un glycolipide simple (GlcCer) possède un glucose comme groupement de tête. (c) Comme les autres lipides membranaires, le cholestérol, un stéroïde, est amphipathique. Son groupement hydroxyle est l'équivalent du groupement de tête polaire dans d'autres lipides. Le cycle conjugué et la courte chaîne hydrocarbonée forment la queue hydrophobe. [Voir H. Sprong *et al.*, 2001, *Nature Rev. Mol. Cell Biol.* **2**:504.]

sphingosine. Les glycolipides constituent 2 à 10 % des lipides totaux des membranes plasmiques ; c'est dans le tissu nerveux qu'ils sont le plus abondants.

Le **cholestérol** et ses dérivés constituent la troisième classe importante de lipides membranaires, les **stéroïdes**. La structure élémentaire des stéroïdes est une chaîne hydrocarbonée à quatre cycles. Le cholestérol, le principal constituant stéroïde des tissus animaux, a un groupement hydroxyle sur l'un des cycles (Figure 5-5c). Bien que le cholestérol soit de par sa composition presque un hydrocarbure, il est amphipathique car son groupement hydroxyle peut interagir avec l'eau. Le cholestérol est particulièrement abondant dans les membranes plasmiques des cellules de mammifères mais est absent de la plupart des cellules procaryotes. Jusqu'à 30 à 50 % des lipides des membranes plasmiques végétales sont des stéroïdes propres aux plantes.

À pH neutre, certains phosphoglycérides (comme la phosphatidylcholine et la phosphatidyléthanolamine) ne portent pas de charge électrique nette, tandis que d'autres (comme le phosphatidylinositol et la phosphatidylsérine) portent une seule charge nette négative. Néanmoins, les groupements polaires de tête de tous les phospholipides peuvent s'assembler en une structure caractéristique en bicouche. Les sphingomyélines ont une forme similaire à celle des phosphoglycérides et peuvent former des bicouches mixtes avec eux. Le cholestérol et d'autres stéroïdes sont trop hydrophobes pour former une structure en bicouche, sauf s'ils sont mélangés à des phospholipides.

La plupart des lipides et de nombreuses protéines peuvent se déplacer latéralement dans les biomembranes

Dans le plan bidimensionnel d'une membrane, l'agitation thermique permet aux molécules de lipides de tourner librement autour de leur axe longitudinal et de diffuser latéralement dans chaque feuillet. Ces mouvements étant soit latéraux, soit rotatoires, les chaînes d'acides gras restent dans la partie intérieure hydrophobe de la bicouche. Tant dans les membranes naturelles qu'artificielles, une molécule lipidique type change de place avec ses voisines dans

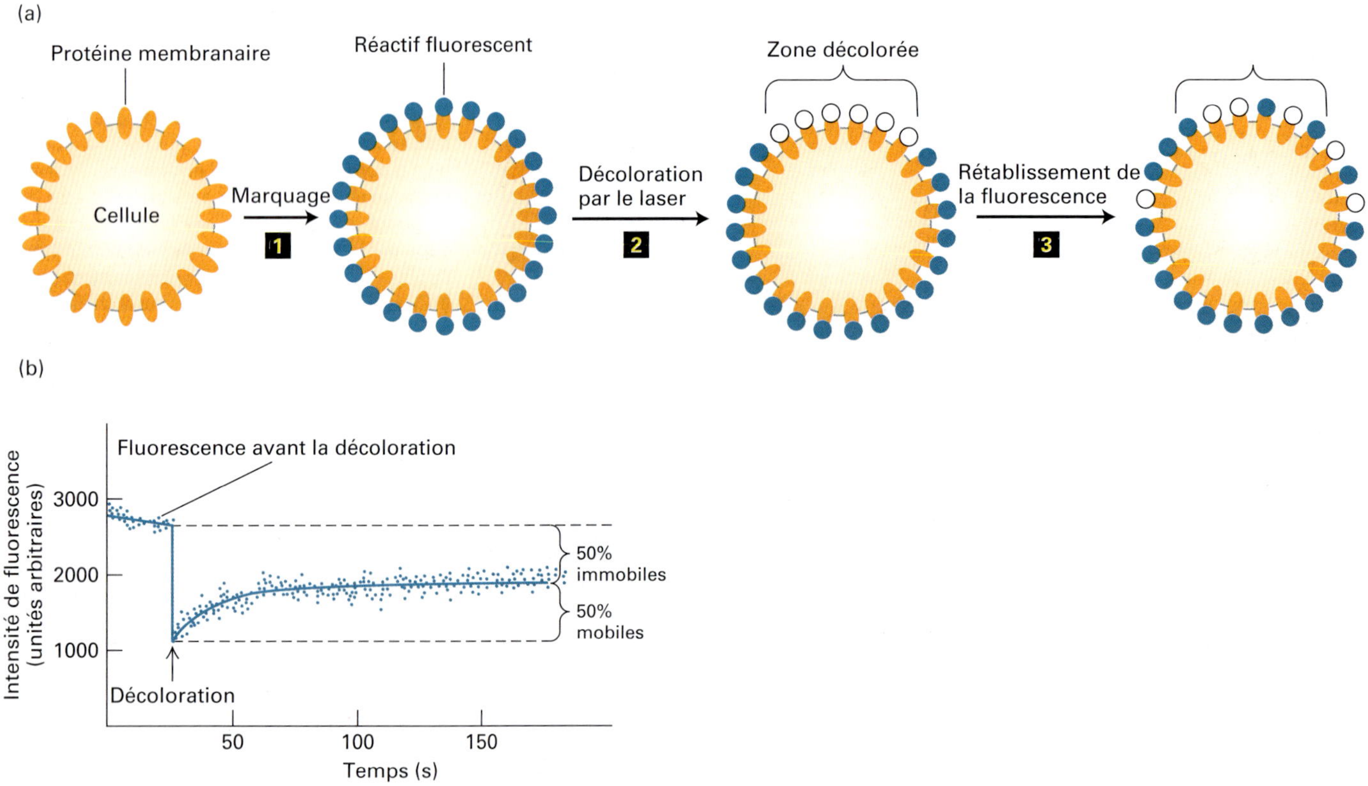

FIGURE EXPÉRIMENTALE 5-6 Des expériences de rétablissement de la fluorescence après photoextinction (FRAP) permettent de quantifier les déplacements latéraux des protéines et des lipides dans la membrane plasmique. (a) Protocole expérimental. Étape (1) : Les cellules sont d'abord marquées à l'aide d'un réactif fluorescent qui se fixe uniformément à un type spécifique de lipide ou de protéine membranaire. Étape (2) : Un faisceau laser est ensuite concentré sur une petite zone de la surface, décolorant irréversiblement le réactif lié et réduisant donc la fluorescence dans la zone illuminée. Étape (3) : Au cours du temps, la fluorescence de la zone décolorée augmente à mesure que les molécules de la surface non décolorée diffusent dans la zone décolorée et que les molécules décolorées diffusent à l'extérieur. L'étendue du rétablissement de la fluorescence dans la zone décolorée est proportionnelle à la fraction de molécules marquées mobiles dans la membrane. (b) Les résultats de l'expérience FRAP avec des cellules d'hépatome humain traitées à l'aide d'un anticorps fluorescent spécifique du récepteur de l'asialoglycoprotéine. 50 % de la fluorescence sont réapparus dans la zone décolorée, ce qui indique que 50 % des molécules réceptrices dans la zone illuminée de la membrane étaient mobiles et les 50 % restants, immobiles. La vitesse du rétablissement de la fluorescence est proportionnelle à la vitesse de déplacement des molécules marquées dans la région décolorée, ce qui permet de calculer le coefficient de diffusion d'une protéine ou d'un lipide dans la membrane. [Voir Y. I. Henis *et al.*, 1990, *J. Cell Biol.* **111**:1409.]

un feuillet environ 10^7 fois par seconde et diffuse de plusieurs micromètres par seconde à 37°C. Ces vitesses de diffusion indiquent que la viscosité de la bicouche vaut 100 fois celle de l'eau — ce qui correspond à une viscosité voisine de celle de l'huile d'olive. Même si les lipides diffusent plus lentement dans la bicouche que dans un solvant aqueux, un lipide membranaire peut diffuser sur toute la longueur d'une cellule bactérienne type (1 μm) en 1 seconde seulement et d'une cellule animale en 20 secondes environ.

Le déplacement latéral des protéines et des lipides spécifiques de la membrane plasmique peut être quantifié à l'aide d'une technique appelée *FRAP (fluorescence recovery after photobleaching* : rétablissement de la fluorescence après photoextinction). Cette technique — décrite dans la Figure 5-6 — permet de déterminer la vitesse de déplacement des molécules de protéine ou de lipide dans les membranes — le coefficient de diffusion — ainsi que la proportion des molécules mobiles latéralement.

Les résultats des études par FRAP menées sur des phospholipides marqués par fluorescence ont montré que dans la membrane plasmique des fibroblastes, tous les phospholipides se déplacent librement sur des distances voisines de 0,5 μm, mais la plupart ne peuvent diffuser sur de plus longues distances. Ces découvertes suggèrent que dans la membrane plasmique, des régions riches en protéines, d'un diamètre d'environ 1 μm, séparent des régions riches en lipides contenant la plus grande fraction des phospholipides membranaires. Les phospholipides sont libres de diffuser dans une région de ce type mais ne peuvent passer d'une région riche en lipides à la région adjacente du même type. De plus, la vitesse de diffusion latérale des lipides dans la membrane plasmique est environ 10 fois moindre que dans les bicouches phospholipidiques pures : les constantes de diffusion de 10^{-8} cm^2/s et de 10^{-7} cm^2/s sont caractéristiques de la membrane plasmique et d'une bicouche lipidique, respectivement. Cette différence suggère que les lipides pourraient être liés étroitement mais de manière non irréversible, à certaines protéines membranaires intrinsèques.

La composition lipidique influence les propriétés physiques des membranes

Une cellule type contient de multiples sortes de membranes, chacune possédant des propriétés uniques dues à sa composition lipidique et protéique. Les données du Tableau 5-1 illustrent la variation de composition lipidique de membranes différentes. Plusieurs phénomènes contribuent à cette variation. Par exemple, les différences entre les membranes du réticulum endoplasmique (RE) et du Golgi s'expliquent largement par le fait que les phospholipides sont synthétisés dans le RE, tandis que les sphingolipides sont synthétisés dans le Golgi. Par conséquent, la proportion de sphingomyéline en pourcentage du phosphore lipidique membranaire total est environ six fois plus élevée dans les membranes du Golgi que dans les membranes du RE. Dans d'autres cas, la translocation des membranes d'un compartiment cellulaire vers un autre peut enrichir de façon sélective des membranes en un certain type de lipides.

Les différences de composition lipidique peuvent également correspondre à une spécialisation de la fonction membranaire. Par exemple, la membrane plasmique des cellules épithéliales absorbantes qui tapissent les intestins présente deux régions distinctes : la surface **apicale** face à la lumière de l'intestin est exposée à des conditions externes très variables et la surface **basolatérale** interagit avec d'autres cellules épithéliales ainsi qu'avec des structures extracellulaires sous-jacentes (voir Figure 6-5). Dans ces **cellules polarisées**, le rapport entre sphingolipides, phosphoglycérides et cholestérol dans la membrane basolatérale est de 0,5 :1,5 :1 qui équivaut environ au rapport observé dans la membrane plasmique d'une cellule non polarisée type, soumise à de légères perturbations. Au contraire, la membrane apicale des cellules intestinales, soumise à des perturbations considérables, présente un rapport 1 :1 :1 pour ces lipides. La concentration relativement élevée des sphingolipides dans cette membrane pourrait augmenter sa

TABLEAU 5-1 Les principaux composants de quelques biomembranes

	Composition (% mol)			
Origine/Position	**PC**	**PE + PS**	**SM**	**Cholestérol**
Membrane plasmique (érythrocytes humains)	21	29	21	26
Membrane de myéline (neurones humains)	16	37	13	34
Membrane plasmique (*E. coli*)	0	85	0	0
Membrane du réticulum endoplasmique (rat)	54	26	5	7
Membrane du Golgi (rat)	45	20	13	13
Membrane mitochondriale interne (rat)	45	45	2	7
Membrane mitochondriale externe (rat)	34	46	2	11
Présence majoritaire dans le feuillet externe	Extracytoplasmique	Cytosolique	Extracytoplasmique	Les deux

PC = phosphatidylcholine ; PE = phosphatidyléthanolamine ; PS = phosphatidylsérine ; SM = sphingomyéline.
SOURCE: W. Dowhan & M. Bogdanov, 2002, in D. E. Vance and J. E. Vance, eds., *Biochemistry of Lipids, Lipoproteins, and Membranes,* Elsevier.

stabilité en raison de l'abondance de liaisons hydrogène établies avec le groupement —OH libre de la partie sphingosine (voir Figure 5-5).

La capacité de diffusion latérale des lipides dans une bicouche indique qu'elle peut se comporter comme un fluide. Le degré de fluidité de la bicouche dépend de sa composition lipidique, de la structure des queues hydrophobes des phospholipides et de la température. Comme nous l'avons déjà vu, les interactions hydrophobes et de van der Waals entraînent l'agrégation des queues non polaires des phospholipides. Les longues chaînes saturées d'acides gras ont la tendance la plus forte à s'agréger en adoptant un état gélifié. Les phospholipides possédant de courtes chaînes d'acides gras, qui ont une surface moindre pour les interactions, forment des bicouches plus fluides. De la même façon, les coudes dans les chaînes insaturées d'acides gras provoquent la formation d'interactions de van der Waals moins stables avec les autres lipides que dans le cas des chaînes saturées, et donc des bicouches plus fluides. Lorsqu'une bicouche gélifiée hautement ordonnée est chauffée, l'augmentation de l'agitation moléculaire des queues d'acides gras lui fait subir une transition vers un état désordonné, plus fluide (Figure 5-7).

Aux températures physiologiques habituelles, l'intérieur hydrophobe des membranes naturelles a généralement une viscosité faible et une consistance plutôt fluide que gélifiée. Le cholestérol joue un rôle important dans le maintien de la fluidité des membranes naturelles, une propriété qui semble essentielle à la croissance et à la reproduction des cellules normales. Comme nous l'avons dit plus haut, le cholestérol seul ne peut former de structure en bicouche. Aux concentrations observées dans les membranes naturelles, le cholestérol est intercalé (inséré) entre des phospholipides. Le cholestérol limite le déplacement aléatoire des groupements de tête des phospholipides au niveau des surfaces externes des feuillets, mais son effet sur le déplacement des longues queues phospholipidiques dépend de la concentration. Aux concentrations habituelles de cholestérol, l'interaction du noyau stéroïde avec les longues queues hydrophobes des phospholipides a tendance à immobiliser ces lipides et donc à diminuer la fluidité des biomembranes. À des concentrations plus faibles de cholestérol cependant, le noyau stéroïde se détache et disperse les queues phospholipidiques, ce qui rend les régions internes de la membrane légèrement plus fluides.

La composition lipidique d'une bicouche influence également son épaisseur, qui peut à son tour jouer un rôle dans la localisation des protéines au sein d'une membrane donnée. Les résultats d'études menées sur des membranes artificielles démontrent que

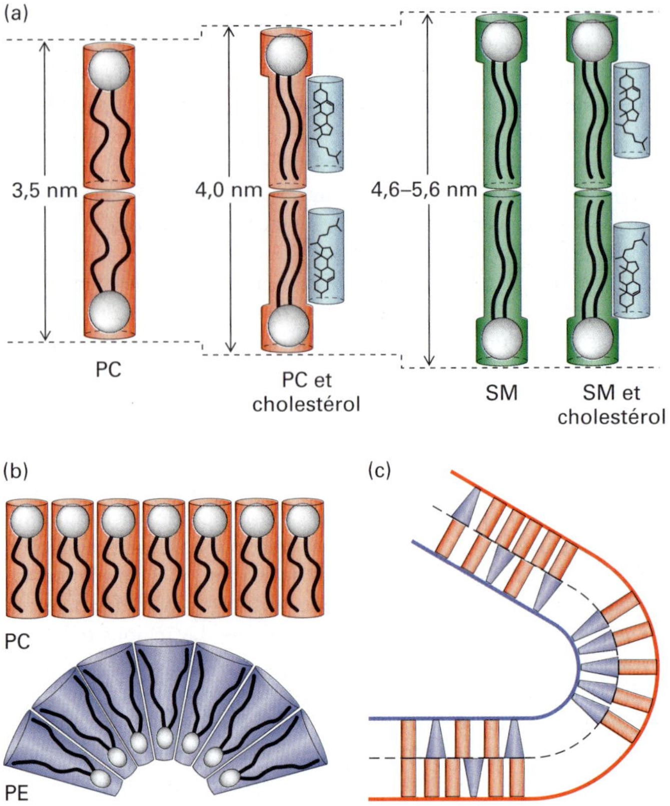

FIGURE 5-8 Les conséquences de la composition lipidique sur la courbure et l'épaisseur de la bicouche. (a) Une bicouche pure de sphingomyéline (SM) est plus épaisse qu'une bicouche formée d'un phosphoglycéride tel que la phosphatidylcholine (PC). Le cholestérol a un effet organisateur sur les lipides des bicouches de phosphoglycérides, qui augmente leur épaisseur mais n'affecte pas celle de la bicouche de SM, plus ordonnée. (b) Les phospholipides tels que la PC ont une forme cylindrique et constituent des feuillets plus ou moins plats, tandis que ceux dont les groupements de tête sont plus petits comme la phosphatidyléthanolamine (PE) ont une forme conique. (c) Une bicouche enrichie en PC dans le feuillet extracytoplasmique et en PE sur la face cytosolique, comme dans nombreuses membranes plasmiques, aura une courbure naturelle. [Adapté de H. Sprong *et al.*, 2001, *Nature Rev. Mol. Cell Biol.* **2**:504.]

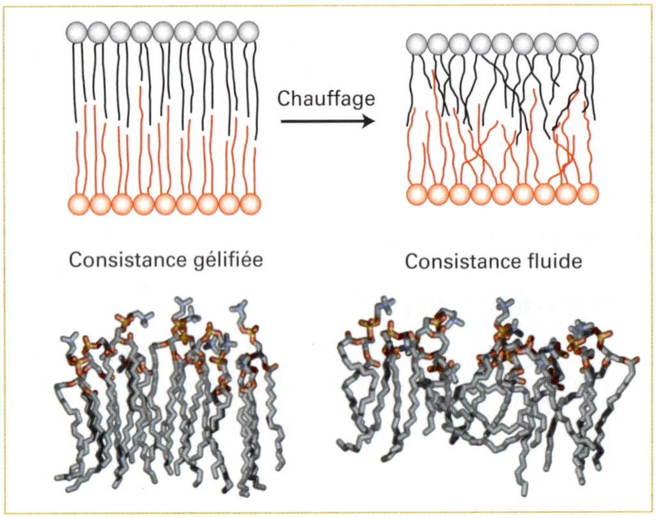

FIGURE 5-7 Les formes gélifiée et fluide des bicouches phospholipidiques. (*En haut*) La représentation de la transition gel-fluide. Les phospholipides avec de longues chaînes d'acides gras saturés ont tendance à s'assembler en une bicouche gélifiée hautement ordonnée, dans laquelle les queues non polaires se chevauchent peu dans les deux feuillets. La chaleur désorganise les queues non polaires et induit une transition du gel vers un fluide dans un intervalle de température de quelques degrés seulement. Lorsque les chaînes commencent à se désorganiser, l'épaisseur de la bicouche diminue également. (*En bas*) Des modèles moléculaires des feuillets phospholipidiques dans les états gélifié et fluide, tels qu'ils ont été déterminés par des calculs de dynamique moléculaire. [Modèle du bas d'après H. Heller *et al.*, 1993, *J. Phys. Chem.* **97**:8343.]

la sphingomyéline s'associe en une bicouche davantage gélifiée et plus épaisse que dans le cas des phospholipides (Figure 5-8a). De même, le cholestérol et les autres molécules qui abaissent la fluidité de la membrane augmentent l'épaisseur de celle-ci. Les queues de sphingomyéline étant déjà stabilisées de façon optimale, l'addition de cholestérol n'a pas d'effet sur l'épaisseur d'une bicouche de sphingomyéline.

Une autre propriété dépendant de la composition lipidique d'une bicouche est sa courbure locale, liée aux tailles relatives des groupements polaires de tête et des queues non polaires de ses constituants phospholipidiques. Les lipides avec de longues queues et des groupements de tête volumineux sont de forme cylindrique ; ceux qui ont de petits groupements de tête sont coniques (Figure 5-8b). En conséquence, les bicouches constituées de lipides cylindriques sont relativement aplaties, alors que celles qui contiennent de grandes quantités de lipides coniques forment des bicouches courbes (Figure 5-8c). Les conséquences de la composition lipidique sur la courbure des bicouches pourraient jouer un rôle dans la formation de puits ou de bulles membranaires, de vésicules membranaires internes et de structures membranaires spécialisées telles que les microvillosités.

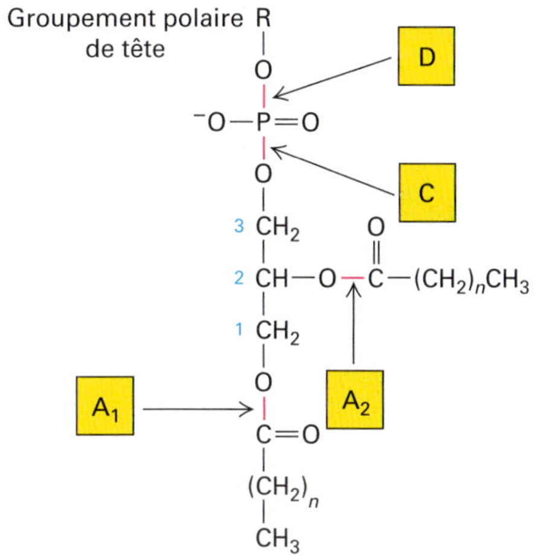

FIGURE 5-9 La spécificité des phospholipases. Chaque type de phospholipase clive l'une des liaisons sensibles signalées en rouge. Les atomes de carbone du glycérol sont indiqués par les chiffres en bleu. Dans les cellules intactes, seuls les phospholipides du feuillet extracytoplasmique de la membrane plasmique sont clivés par des phospholipases dans le milieu environnant. La phospholipase C, une enzyme cytosolique, clive certains phospholipides du feuillet cytosolique de la membrane plasmique.

Les lipides membranaires sont généralement distribués de façon inégale dans les feuillets extracytoplasmique et cytosolique

Toutes les membranes se caractérisent pas l'asymétrie de la composition lipidique de leur bicouche. Bien que la plupart des phospholipides soient présents dans les deux feuillets membranaires, ils sont généralement plus abondants dans l'un ou l'autre. Par exemple, dans les membranes plasmiques des érythrocytes (globules rouges) humains et dans certaines cellules canines de rein en culture, presque toute la sphingomyéline et la phosphatidylcholine, qui forment toutes deux des bicouches moins fluides, se trouvent dans le feuillet extracytoplasmique. Au contraire, la phosphatidyléthanolamine, la phosphatidylsérine et le phosphatidylinositol, qui forment des bicouches plus fluides, sont localisés préférentiellement dans le feuillet cytosolique. Cette ségrégation des lipides au sein de la bicouche pourrait influencer la courbure de la membrane (voir Figure 5-8c). Au contraire des phospholipides, le cholestérol est distribué à peu près équitablement dans les deux feuillets des membranes cellulaires.

L'abondance relative d'un phospholipide donné dans les deux feuillets d'une membrane plasmique peut être déterminée d'après la sensibilité de celle-ci à l'hydrolyse par des **phospholipases**, qui sont des enzymes clivant différentes liaisons au niveau des extrémités hydrophiles des phospholipides (Figure 5-9). Les phospholipides dans le feuillet cytosolique sont résistants à l'hydrolyse par les phospholipases ajoutées au milieu externe, car les enzymes ne peuvent pénétrer dans la face cytosolique de la membrane plasmique.

On ignore la façon dont apparaît la distribution asymétrique des phospholipides dans les feuillets membranaires. Dans les bicouches pures, les phospholipides ne migrent pas spontanément d'un feuillet à l'autre (flip-flop). D'un point de vue énergétique, ce mouvement de flip-flop est extrêmement défavorable car il implique le passage du groupement phospholipidique polaire de tête à travers l'intérieur hydrophobe de la membrane. En première approximation, l'asymétrie de la distribution phospholipidique résulte de la synthèse vectorielle des lipides dans le réticulum endoplasmique et dans le Golgi. La sphingomyéline est synthétisée sur la face luminale (extracytoplasmique) du Golgi, qui devient la face extracytoplasmique de la membrane plasmique. À l'inverse, les phosphoglycérides sont synthétisés sur la face cytosolique de la membrane du RE, qui est identique d'un point de vue topologique à la face cytosolique de la membrane plasmique (voir Figure 5-4). Cette explication ne prend évidemment pas en compte la localisation préférentielle de la phosphatidylcholine dans le feuillet extracytoplasmique. Le déplacement de celle-ci et peut-être celui d'autres phosphoglycérides d'un feuillet à l'autre dans certaines membranes naturelles est catalysé par des protéines de transport utilisant l'ATP appelées **flippases**, dont nous parlerons aux Chapitres 7 et 18.

La localisation préférentielle des lipides dans l'une ou l'autre face de la bicouche est nécessaire pour diverses fonctions impliquant la membrane. Par exemple, les groupements de tête de toutes les formes phosphorylées du phosphatidylinositol font face au cytosol. Certains d'entre eux sont clivés par la phospholipase C présente dans le cytosol. Cette enzyme est activée à son tour lorsque la cellule est stimulée par de nombreuses hormones. Ces clivages produisent des phosphoinositols solubles dans le cytoplasme et des diacylglycérols solubles dans la membrane. Comme nous le verrons dans des chapitres ultérieurs, ces molécules participent à des voies de signalisation intracellulaire qui influencent de nombreux aspects du métabolisme cellulaire. En temps normal, la phosphatidylsérine est également plus abondante dans le feuillet cytosolique de la membrane plasmique. Dans les premières étapes de la stimulation des plaquettes sanguines par le sérum, la phosphatidylsérine subit une translocation brève vers la face extracytoplasmique, sans doute à l'aide d'une flippase. Là, la phosphatidylsérine active des enzymes impliquées dans la coagulation du sang.

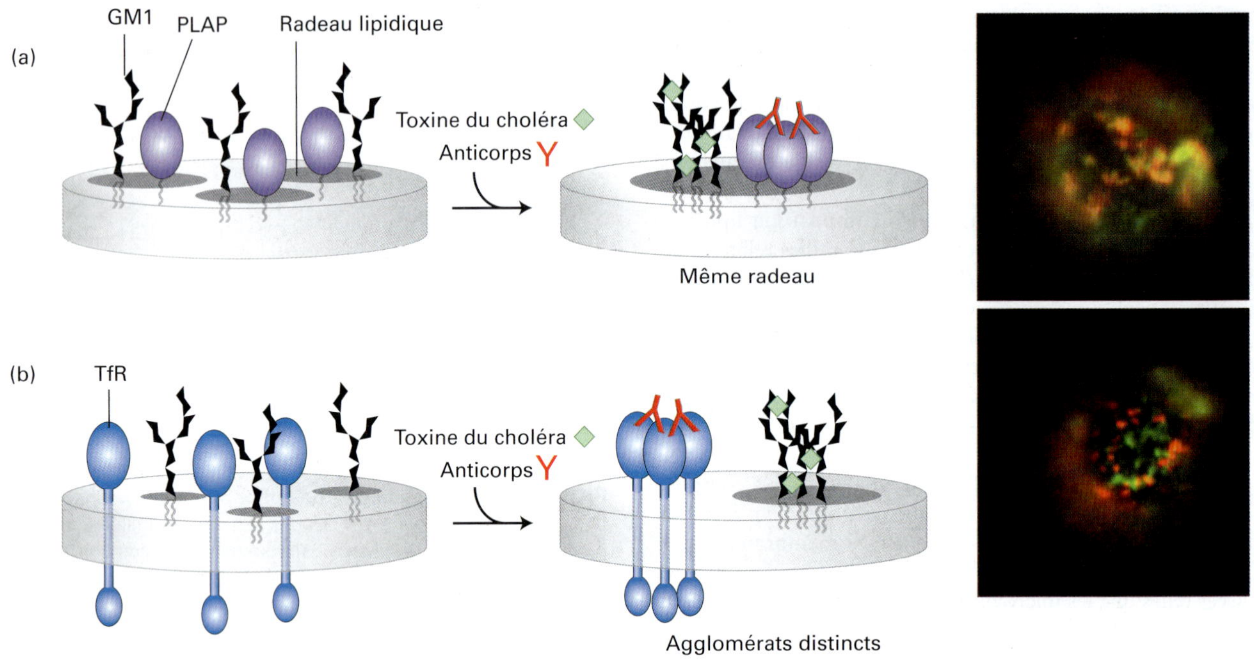

FIGURE EXPÉRIMENTALE 5-10 Certains lipides et protéines membranaires sont localisés dans les mêmes radeaux lipidiques. Les résultats d'études biochimiques suggèrent que le GM1, un glycosphingolipide et la phosphatase alcaline placentaire (PLAP), une protéine membranaire à ancrage lipidique, s'agrègent en radeaux lipidiques, au contraire du récepteur de la transferrine (TfR), qui traverse toute la membrane. Pour localiser ces composants dans la membrane plasmique intacte, les cellules ont été traitées par de la toxine du choléra marquée par fluorescence (en vert), qui forme des liaisons croisées (pontages) entre des molécules proches de GM1, et par des anticorps marqués par fluorescence (en rouge), spécifiques de la PLAP ou du TfR. Chaque anticorps peut établir des liaisons croisées entre des molécules proches de la protéine qu'il reconnaît. Ces pontages provoquent l'agglomération des protéines ou des lipides en groupes plus volumineux qui peuvent être détectés à l'aide d'un microscope à fluorescence (voir Figure 5-42). (a) Une micrographie de cellule traitée par la toxine et par l'anticorps anti-PLAP montre le GM1 et la PLAP localisés dans les mêmes agglomérats (en jaune). Cette présence simultanée suggère que le GM1 et la PLAP sont tous deux situés dans les radeaux lipidiques qui s'associent en présence des réactifs pontants. (b) Une micrographie électronique d'une cellule traitée par la toxine et l'anticorps anti-TfR montre que le GM1 et le TfR sont présents dans des amas séparés (en rouge et en vert), indiquant que le TfrR n'est pas présent dans les radeaux lipidiques. [Micrographies électroniques de T. Harder *et al.*, 1998, *J. Cell Biol.* **141**:929.]

Le cholestérol et les sphingolipides se regroupent avec des protéines spécifiques dans des microdomaines membranaires

Les résultats d'études récentes ont bousculé une croyance de longue date, selon laquelle les lipides seraient mélangés au hasard dans chaque feuillet d'une bicouche. Le premier indice de l'organisation des lipides dans les feuillets fut la présence de deux lipides après l'extraction de membranes plasmiques à l'aide de détergents : du cholestérol et de la sphingomyéline. Ces deux lipides étant présents dans les bicouches moins fluides, plus ordonnées, les chercheurs supposèrent qu'ils formaient des microdomaines appelés **radeaux lipidiques**, entourés d'autres phospholipides davantage fluides, facilement extraits par des détergents.

Des preuves biochimiques et microscopiques soutiennent l'existence de radeaux lipidiques dans les membranes naturelles. Par exemple, la microscopie par fluorescence révèle des agrégats de lipides et de protéines spécifiques des radeaux dans la membrane (Figure 5-10). Les radeaux sont de taille très variable mais leur diamètre est généralement proche de 50 nm. Les radeaux peuvent être désorganisés par la méthyl-ß-cyclodextrine, qui enlève le cholestérol de la membrane, ou par des antibiotiques tels que la filipine, qui piège le cholestérol. Ces découvertes indiquent l'importance du cholestérol dans le maintien de l'intégrité de ces radeaux. Outre la présence importante du cholestérol et des sphingolipides dans les radeaux lipidiques, ceux-ci contiennent également de nombreux types de récepteurs protéiques de surface cellulaire, ainsi que de multiples protéines de signalisation, qui sont activées en se fixant à des récepteurs. Ces complexes lipides-protéines ne peuvent se former que dans l'environnement bidimensionnel d'une bicouche hydrophobe et, comme nous le verrons dans d'autres chapitres, on pense qu'ils facilitent la détection de signaux chimiques de l'environnement externe et le déclenchement consécutif d'événements cytosoliques.

CONCEPTS CLÉS DE LA SECTION 5.1

Les biomembranes : leur composition lipidique et leur organisation structurale

- La cellule eucaryote est séparée de l'environnement externe par la membrane plasmique et organisée en compartiments internes délimités par des membranes (les organites et les vésicules).
- La surface totale des membranes internes dépasse largement celle de la membrane plasmique.
- La bicouche phospholipidique, l'unité structurale fondamentale

de toutes les biomembranes, est un feuillet lipidique bidimensionnel avec des faces hydrophiles et une partie centrale hydrophobe, imperméable aux ions et aux molécules hydrosolubles (voir Figure 5-2).

- Certaines protéines présentes dans les biomembranes rendent celles-ci sélectivement perméables aux molécules hydrosolubles et aux ions.
- Les composants lipidiques principaux des biomembranes sont les phosphoglycérides, les sphingolipides et les stéroïdes (voir Figure 5-5).
- La plupart des lipides et de nombreuses protéines se déplacent latéralement dans les biomembranes.
- Les membranes cellulaires différentes ont des compositions lipidiques distinctes (voir Tableau 5-1). Les phospholipides et les sphingolipides sont distribués de façon asymétrique dans les deux feuillets de la bicouche, alors que le cholestérol est réparti presque équitablement entre les deux.
- Dans l'ensemble, les biomembranes naturelles ont une consistance fluide. Cette fluidité est généralement abaissée par la présence de sphingolipides et de cholestérol et accrue par la présence de phosphoglycérides. La composition lipidique d'une membrane influence également son épaisseur et sa courbure (voir Figure 5-8).
- Les radeaux lipidiques sont des microdomaines contenant du cholestérol, des sphingolipides et certaines protéines membranaires qui se forment dans le plan de la bicouche. Ces agrégats sont des sites de signalisation à travers la membrane plasmique.

5.2 Les biomembranes : leurs composants protéiques et leurs fonctions principales

Les protéines membranaires sont définies par leur position à l'intérieur ou à la surface d'une bicouche phospholipidique. Bien que toutes les membranes biologiques aient la même structure fondamentale en bicouche, les protéines associées à une membrane donnée sont responsables de ses activités caractéristiques. La densité et le type de protéines associées aux biomembranes varie en fonction du type cellulaire dans lequel elles se trouvent et de leur localisation subcellulaire. Par exemple, la membrane mitochondriale interne contient 76 % de protéines et la membrane de myéline, seulement 18 %. La concentration phospholipidique élevée de la myéline lui permet d'isoler électriquement une cellule nerveuse de son environnement. L'importance des protéines membranaires est suggérée par le fait qu'environ un tiers de l'ensemble des gènes de levure codent une protéine membranaire. L'abondance relative des gènes de protéines membranaires est encore supérieure chez les organismes pluricellulaires, chez lesquels les protéines membranaires interviennent également dans l'adhérence cellulaire.

La bicouche lipidique présente un environnement bidimensionnel hydrophobe unique pour les protéines membranaires. Certaines protéines sont enfouies dans la bicouche riche en lipides, d'autres sont associées au feuillet extracytoplasmique ou cytosolique de la bicouche. Les domaines protéiques présents au niveau de la surface extracellulaire de la membrane plasmique fixent généralement d'autres molécules, comme des protéines externes de signalisation, des ions ou de petits métabolites (par exemple, du glucose, des acides gras) ainsi que des molécules d'adhérence présentes sur d'autres cellules ou dans l'environnement externe. Les domaines situés dans la membrane plasmique, en particulier ceux qui forment des canaux ou des pores, permettent à des molécules de circuler vers l'intérieur ou vers l'extérieur des cellules. Les domaines présents le long de la face cytosolique de la membrane plasmique peuvent remplir des fonctions très variées, qui vont de l'ancrage des protéines cytosoliques à la membrane jusqu'au déclenchement de systèmes de signalisation intracellulaire.

Dans de nombreux cas, la fonction d'une protéine membranaire et la topologie de sa chaîne polypeptidique dans la membrane peuvent être prédites d'après son homologie avec d'autres protéines mieux caractérisées. Nous examinerons dans cette section les caractéristiques structurales des protéines membranaires et certaines de leurs fonctions principales. Une description plus complète de la structure et de la fonction de différents types de protéines membranaires est présentée dans plusieurs autres chapitres ; la synthèse et la maturation de ce groupe important et varié de protéines seront décrites aux Chapitres 16 et 17.

Les protéines interagissent de trois façons avec les membranes

Les protéines membranaires peuvent être classifiées en trois catégories — intrinsèques, à ancrage lipidique et périphériques — d'après la nature des interactions membrane-protéine (Figure 5-11).

Les **protéines intrinsèques** (ou intégrées), également appelées *protéines transmembranaires* traversent une bicouche lipidique et sont formées de trois segments. Les domaines cytosolique et extracytoplasmique ont des surfaces externes hydrophiles qui interagissent avec les solutions aqueuses présentes sur les faces cytosolique et extracytoplasmique de la membrane. Ces domaines ressemblent aux autres protéines hydrosolubles, de par leur composition en acides aminés et leur structure. À l'inverse, le domaine traversant la membrane de 3 nm d'épaisseur contient de nombreux acides aminés hydrophobes dont les chaînes latérales saillent à l'extérieur et interagissent avec la partie hydrocarbonée de la bicouche phospholipidique. Dans toutes les protéines transmembranaires examinées jusqu'à présent, les domaines traversant la membrane sont constitués d'une ou plusieurs hélices α ou de multiples brins β. De plus, la plupart des protéines transmembranaires sont glycosylées, avec un groupement sucré ramifié complexe, attaché à une ou plusieurs chaînes latérales d'acides aminés. Ces chaînes sucrées sont toujours localisées dans les domaines extracytoplasmiques.

Les **protéines à ancrage lipidique** sont liées covalemment à une ou plusieurs molécules lipidiques. La chaîne carbonée hydrophobe du lipide attaché est enchâssée dans un feuillet de la membrane et ancre la protéine à celle-ci. La chaîne polypeptidique elle-même ne pénètre pas dans la bicouche phospholipidique.

Les **protéines périphériques** n'interagissent pas avec la partie centrale de la bicouche phospholipidique. Au lieu de cela, elles sont généralement liées indirectement à la membrane par des interactions avec les protéines intrinsèques ou directement par des interactions avec les groupements lipidiques de tête. Les protéines périphériques sont localisées soit sur la face cytosolique, soit sur la face extracytoplasmique de la membrane plasmique.

En plus de ces protéines étroitement liées à la bicouche, les filaments cytosquelettiques sont associés de façon plus lâche à la face

FIGURE 5-11 Un schéma de l'association de différentes classes de protéines avec la bicouche lipidique. Les protéines intrinsèques (transmembranaires) traversent la bicouche. Les protéines à ancrage lipidique sont liées covalemment à un feuillet par une longue chaîne glucidique. Les protéines périphériques s'associent à la membrane, principalement par le biais d'interactions non covalentes spécifiques avec des protéines intrinsèques ou des lipides membranaires. Plus loin de la membrane, on trouve des protéines associées à la membrane, dont le cytosquelette, la matrice extracellulaire dans les cellules animales et la paroi cellulaire dans les cellules végétales ou bactériennes (non représentées ici). Les chaînes glucidiques sont attachées à de nombreuses protéines extracellulaires et aux domaines extracytoplasmiques de multiples protéines transmembranaires.

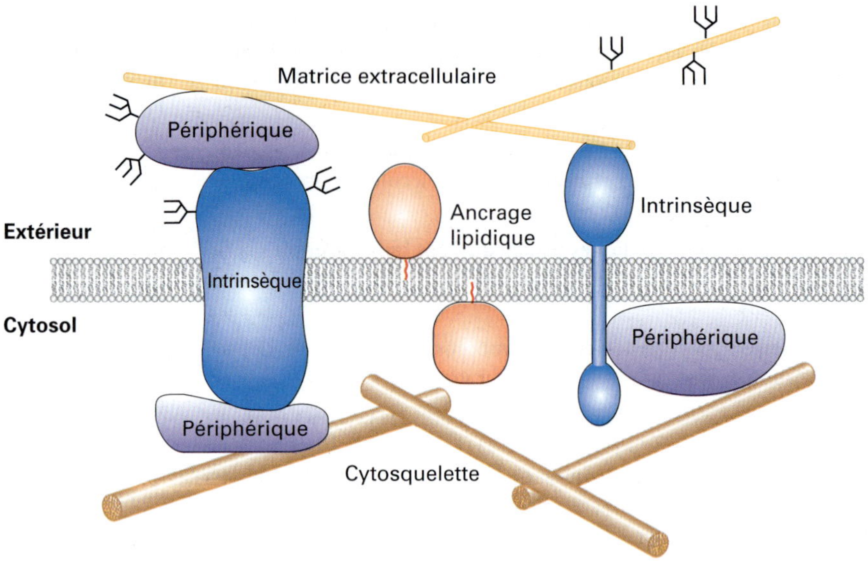

cytosolique, généralement par l'intermédiaire d'une ou plusieurs protéines périphériques (adaptatrices) (voir Figure 5-11). Ces associations avec le cytosquelette fournissent un support à différentes membranes cellulaires (voir Section 5.4). Elles jouent également un rôle dans la communication à double sens entre l'intérieur et l'extérieur de la cellule, comme nous le verrons au Chapitre 6. Enfin, les protéines périphériques sur la surface externe de la membrane plasmique et les domaines extracytoplasmiques des protéines intrinsèques sont souvent liés à des composants de la **matrice extracellulaire** ou de la **paroi cellulaire** entourant les cellules bactériennes et végétales.

Les hélices α enchâssées dans les membranes sont les principales structures secondaires dans la plupart des protéines transmembranaires

Les protéines solubles présentent localement des centaines de structures repliées distinctes ou de motifs différents (voir Figure 3-6). Par comparaison, le répertoire des structures repliées des protéines intrinsèques est très limité ; les hélices α y sont prédominantes. Les protéines intrinsèques contenant des domaines transmembranaires à hélice α sont enchâssées dans les membranes par des interactions hydrophobes avec des lipides spécifiques et probablement aussi par des interactions ioniques avec les groupements polaires de tête des phospholipides.

La glycophorine A, la principale protéine de la membrane plasmique des érythrocytes est une protéine transmembranaire représentative *à un seul passage*. Elle contient une seule hélice α transmembranaire (Figure 5-12). Une hélice α enchâssée dans la membrane comporte généralement 20 à 25 acides aminés hydrophobes (non chargés) (voir Figure 2-13). La longueur prévue d'une telle hélice (3,75 nm) est juste suffisante pour traverser la partie hydrocarbonée d'une bicouche phospholipidique. Les chaînes latérales hydrophobes saillent à l'extérieur de l'hélice et forment des interactions de van der Waals avec les chaînes d'acides gras dans la bicouche. Au contraire, les groupements carbonyle (C = O) et imino (NH) participant à la formation des liaisons peptidiques du squelette par des liaisons hydrogène sont à l'intérieur de l'hélice α (voir Figure 3-3) ; ces groupements polaires sont donc protégés de l'intérieur hydrophobe de la membrane. L'hélice transmembranaire d'une molécule de glycophorine A s'associe à l'hélice d'une autre glycophorine A pour former un dimère en torsade d'hélices (voir Figure 5-12b). De telles interactions entre hélices transmembranaires constituent un mécanisme courant pour créer des protéines membranaires dimériques. De nombreux récepteurs présents à la surface des cellules par exemple, sont activés par dimérisation.

Une famille importante et abondante de protéines intrinsèques est définie par la présence de sept hélices α transmembranaires. Parmi les protéines à sept passages transmembranaires identifiées (qui sont plus de 150), on trouve les récepteurs couplés à des protéines G décrits au Chapitre 13. La structure de la bactériorhodopsine, une protéine présente dans la membrane de certaines bactéries photosynthétiques, illustre la structure générale de toutes ces protéines (Figure 5-13). L'absorption de lumière par le groupement rétinal lié covalemment à la bactériorhodopsine provoque un changement conformationnel dans la protéine qui aboutit au pompage des protons du cytosol vers l'espace extracellulaire, à travers la membrane bactérienne. Le gradient de concentration des protons ainsi produit à travers la membrane est utilisé pour synthétiser de l'ATP (Chapitre 8). Dans la structure à haute résolution dont on dispose désormais pour la bactériorhodopsine, on a pu déterminer les positions de tous les acides aminés, du rétinal et des lipides environnants. Comme on pouvait s'y attendre, presque tous les acides aminés à l'extérieur des segments transmembranaires de la bactériorhodopsine sont hydrophobes et interagissent avec la partie centrale hydrocarbonée de la bicouche lipidique environnante.

Les canaux ioniques constituent une deuxième famille importante et abondante de protéines transmembranaires à passages multiples. Comme le révèle la structure cristalline d'un canal à K^+ au repos, les canaux ioniques sont généralement des protéines tétramériques. Chacune des quatre sous-unités possède une paire

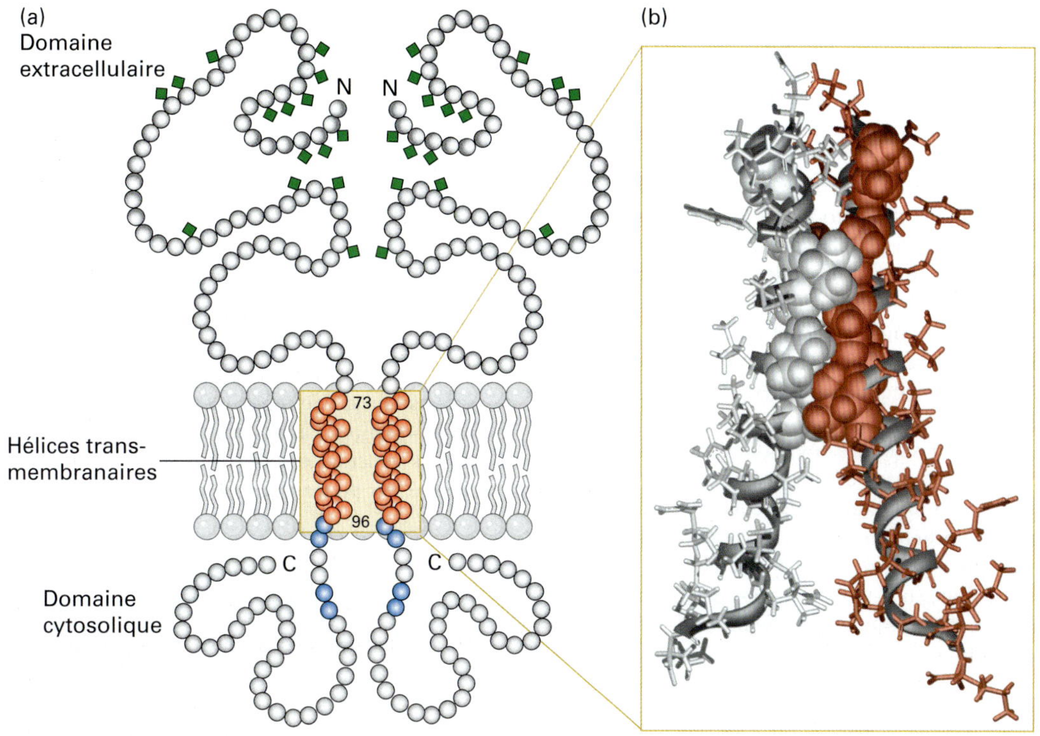

FIGURE 5-12 La structure de la glycophorine A, une protéine type à un seul passage transmembranaire. (a) Un schéma de glycophorine dimérique montrant les principales caractéristiques de sa séquence et sa relation à la membrane. L'unique hélice α transmembranaire de 23 résidus dans chaque monomère est constituée d'acides aminés avec des chaînes latérales (sphères rouges) hydrophobes (non chargées). En se fixant aux groupements de tête chargés négativement des phospholipides, les résidus arginine et lysine, chargés positivement (sphères bleues) près de la partie cytosolique de l'hélice aident à ancrer la glycophorine dans la membrane. Les domaines extracellulaire et cytosolique sont tous deux riches en résidus chargés et en résidus polaires non chargés ; le domaine extracellulaire est fortement glycosylé, avec les chaînes latérales glucidiques (carrés verts) attachées à des résidus spécifiques de sérine, thréonine et asparagine. (b) Un modèle moléculaire du domaine transmembranaire de la glycophorine dimérique correspondant aux résidus 73-96. Les chaînes latérales de l'hélice α d'un monomère sont indiquées en rouge, celles de l'autre monomère, en gris. Les résidus représentés sous la forme de structures compactes participent à des interactions de van der Waals entre les monomères, qui stabilisent le dimère en torsade d'hélices. [Partie (b) adaptée de K. R. MacKenzie *et al.*, 1997, *Science* **276**:131.]

d'hélices transmembranaires, qui forment des faisceaux avec les hélices des autres sous-unités, créant un canal central (voir Figure 7-15). Les résidus polaires et hydrophobes tapissant le centre du faisceau forment un canal dans la membrane, mais comme dans le cas de la bactériorhodopsine, presque tous les acides aminés à l'extérieur du domaine transmembranaire sont hydrophobes. Dans de nombreux canaux ioniques, des facteurs externes (comme un ligand, le voltage ou une force mécanique) régulent les flux ioniques à travers la bicouche en réorientant les hélices. Nous étudierons en détail les canaux ioniques et leurs structures au Chapitre 7.

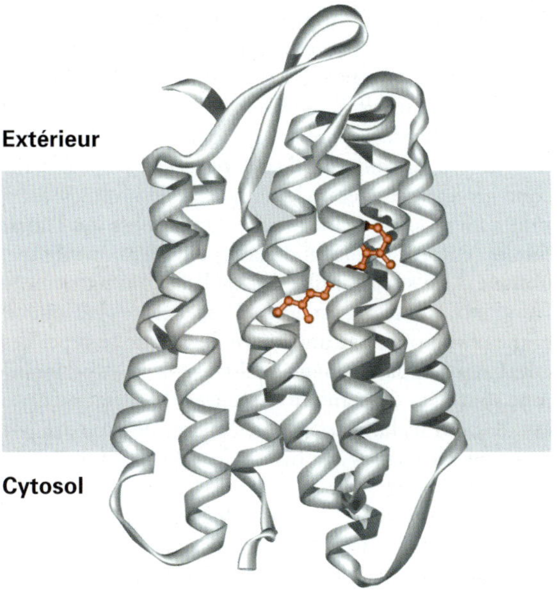

FIGURE 5-13 Un modèle structural de la bactériorhodopsine, une protéine transmembranaire à passages multiples qui joue le rôle de photorécepteur dans certaines bactéries. Les sept hélices α hydrophobes de la bactériorhodopsine traversent la bicouche lipidique. Une molécule de rétinal (en rouge) liée covalemment à une hélice absorbe la lumière. La classe abondante des récepteurs couplés aux protéines G dans les cellules eucaryotes possède également sept hélices α transmembranaires. Leur structure tridimensionnelle est similaire à celle de la bactériorhodopsine. [D'après H. Luecke *et al.*, 1999, *J. Mol. Biol.* **291**:899.]

De multiples brins β dans les porines forment des « tonneaux » transmembranaires

Les **porines** constituent une classe de protéines transmembranaires dont la structure est radicalement différente de celle des autres protéines intrinsèques. On trouve plusieurs types de porines dans la membrane externe des bactéries gram-négatives comme *E. coli* et dans la membrane externe des mitochondries et des chloroplastes. La membrane externe protège une bactérie intestinale des agents qui lui sont nocifs (comme les antibiotiques, les sels biliaires et les protéases) mais permet l'absorption et le rejet de petites molécules hydrophiles telles que les nutriments et les déchets. Les porines dans la membrane externe d'*E. coli* constituent des canaux pour le passage des disaccharides et d'autres petites molécules ainsi que pour le phosphate.

Les séquences d'acides aminés des porines sont principalement polaires et ne contiennent pas de longs segments hydrophobes typiques des protéines membranaires intrinsèques avec des domaines transmembranaires en hélice α. Grâce à la cristallographie aux rayons X, on sait que les porines sont des trimères de sous-unités identiques. Dans chaque sous-unité, 16 brins β forment une structure en tonneau avec un pore au centre (Figure 5-14). Au contraire d'une protéine globulaire hydrosoluble type, une porine présente un intérieur hydrophile et un extérieur hydrophobe. De ce point de vue, les porines sont inversées. Dans un monomère de porine, les groupements latéraux situés face à l'extérieur sur chacun des brins β sont hydrophobes et forment une bande non polaire qui ressemble à un ruban et entoure l'extérieur du tonneau. Cette bande hydrophobe interagit avec les groupements d'acides gras des lipides membranaires ou avec d'autres monomères de porine. Les groupements latéraux présents face à l'intérieur d'un monomère de porine sont principalement hydrophiles ; ils tapissent le pore à travers lequel les petites molécules hydrosolubles traversent la membrane.

Comme nous l'avons vu au Chapitre 7, les membranes plasmiques des cellules animales contiennent un canal aqueux appelé *aquaporine*. Comme la plupart des autres protéines membranaires intrinsèques, l'aquaporine contient de multiples hélices α transmembranaires. Par conséquent, en dépit de son nom, l'aquaporine diffère structuralement et fonctionnellement des porines, par le fait qu'elle sert au transport d'une seule molécule, l'eau.

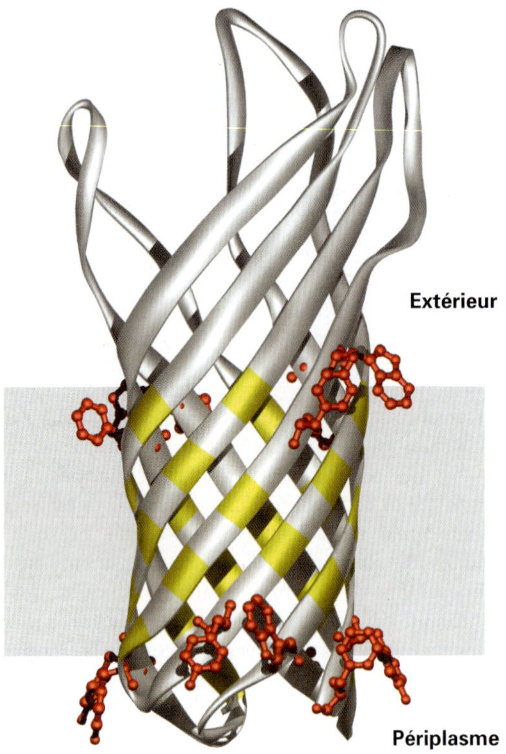

FIGURE 5-14 Un modèle structural d'une sous-unité de OmpX, une porine présente dans la membrane externe d'*E. coli*. Toutes les porines sont des protéines transmembranaires trimériques. Chaque sous-unité a une forme de tonneau, avec ses brins β formant la paroi et un pore transmembranaire au centre. Une bande de chaînes latérales (en jaune) aliphatiques (non cycliques) et une bordure de chaînes latérales (en rouge) aromatiques (contenant des cycles) positionnent la protéine dans la bicouche. [D'après G. E. Schulz, 2000, *Curr. Opin. Struc. Biol.* **10**:443.]

Les chaînes hydrocarbonées liées covalemment ancrent certaines protéines aux membranes

Dans les cellules eucaryotes, plusieurs sortes de lipides liés covalemment ancrent des protéines à l'un ou l'autre feuillet de la membrane plasmique et à d'autres membranes cellulaires. Dans ces protéines à ancrage lipidique, les chaînes hydrocarbonées des lipides sont enchâssées dans la bicouche, mais la protéine elle-même n'y pénètre pas.

Un groupe de protéines cytosoliques est ancré à la face cytosolique d'une membrane par un groupement acide gras (comme le myristate ou le palmitate), attaché au résidu glycine N-terminal (Figure 5-15a). L'accrochage de telles protéines à la membrane par l'ancrage acyle N-terminal pourrait jouer un rôle important dans une fonction associée à la membrane. Par exemple, v-Src, une forme mutante de la tyrosine kinase cellulaire, est oncogène et peut transformer des cellules uniquement lorsqu'elle possède une extrémité N-terminale myristylée.

Un autre groupe de protéines cytosoliques est ancré aux membranes par un groupement acide gras insaturé, attaché à un résidu cystéine situé au niveau ou près de l'extrémité C-terminale (Figure 5-15b). Dans ces protéines, un groupement farnésyle ou géranylgéranyle est lié par une liaison thioéther à un groupement –SH d'un résidu cystéine C-terminal. Ces *ancres prényle* sont élaborées à partir d'unités isoprène (C_5), qui sont également utilisées pour la synthèse du cholestérol (Chapitre 18). Dans certains cas, un second groupement géranylgéranyle ou un groupement palmitate est lié à un résidu cystéine proche. On suppose que l'ancre supplémentaire renforce la liaison de la protéine à la membrane. Ras, une protéine de la superfamille des GTPases qui participe à la signalisation intracellulaire, est accrochée à la face cytosolique de la membrane plasmique, par une ancre double de ce type. Les protéines Rab, qui appartiennent également à la superfamille des GTPases, sont liées de manière similaire à la surface cytosolique des vésicules intracellulaires par des ancres de type prényle. Ces protéines sont nécessaires à la fusion des vésicules avec leurs membranes cibles (Chapitre 17).

Certaines protéines de surface cellulaire et des protéoglycanes fortement glycosylés de la matrice extracellulaire sont liés à la face extracytoplasmique de la membrane plasmique par un troisième

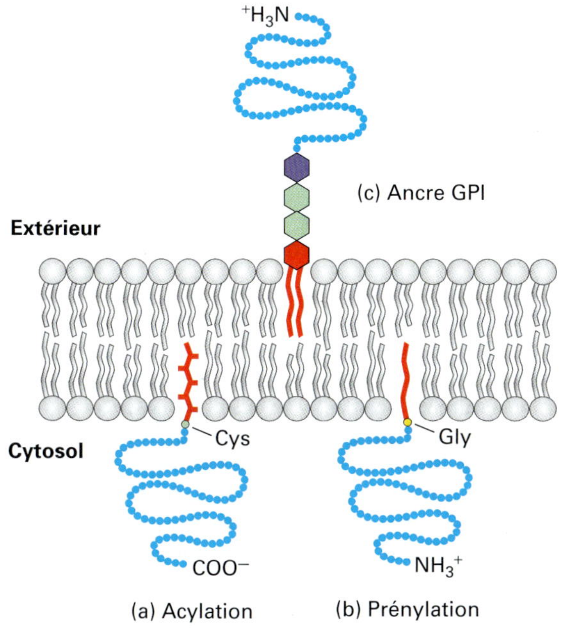

FIGURE 5-15 L'ancrage de protéines de la membrane plasmique à la bicouche par des groupements hydrocarbonés liés covalemment. (a) Les protéines cytosoliques telles que v-Src sont associées à la membrane plasmique par une chaîne unique d'acide gras attachée à un résidu glycine N-terminal (Gly) du polypeptide. Le myristate (C_{14}) et le palmitate (C_{16}) sont des ancrages acyle courants. (b) D'autres protéines cytosoliques (comme les protéines Ras et Rab) sont ancrées à la membrane par prénylation d'un ou deux résidus cystéine (Cys) situés au niveau ou près de l'extrémité C-terminale. Les ancres sont des groupements farnésyle (C_{15}) et géranylgéranyle (C_{20}), qui sont tous deux insaturés. (c) L'ancrage lipidique à la surface extracytoplasmique de la membrane plasmique est le glycosylphosphatidylinositol (GPI). La partie phosphatidylinositol (en rouge) de l'ancre contient deux chaînes d'acide gras qui s'étendent dans la bicouche. L'unité phosphoéthanolamine (en violet) dans l'ancre la relie à la protéine. Les deux hexagones verts représentent des unités sucrées, dont le nombre et l'arrangement varient dans les différentes ancres GPI. La structure complète d'une ancre GPI de levure est présentée dans la Figure 16-14. [Adapté de H. Sprong *et al.*, 2001, *Nature Rev. Mol. Cell Biol.* **2**:504.]

type de groupement d'ancrage, le glycosylphosphatidylinositol (GPI). Les structures exactes des *ancres GPI* varient fortement d'un type cellulaire à l'autre, mais ces ancres contiennent toujours du phosphatidylinositol (PI) dont les deux chaînes d'acides gras s'étendent dans la bicouche lipidique, de la phosphoéthanolamine qui lie covalemment l'ancre à l'extrémité C-terminale d'une protéine et plusieurs résidus sucrés (Figure 5-15c). Différentes expériences ont montré que l'ancre GPI est à la fois nécessaire et suffisante pour lier les protéines à la membrane. Par exemple la phospholipase C, une enzyme, clive la liaison phosphate-glycérol dans les phospholipides et dans les ancres GPI (voir Figure 5-9). Le traitement des cellules par la phospholipase C libère les protéines à ancrage GPI telles que Thy-1 et la phosphatase alcaline placentaire (PLAP) de la surface cellulaire.

Comme nous l'avons déjà dit, la PLAP est concentrée dans les radeaux lipidiques, les microdomaines les plus ordonnés de la bicouche, qui sont enrichis en sphingolipides et en cholestérol (voir Figure 5-10). Bien que la PLAP et les protéines à ancrage GPI soient présentes dans le feuillet membranaire opposé à celui des protéines à ancrage acyle, les deux types de protéines membranaires sont concentrés dans des radeaux lipidiques. À l'inverse, les protéines prénylées sont absentes des radeaux lipidiques.

Tous les glycolipides et protéines transmembranaires sont orientés de manière asymétrique dans la bicouche

Les protéines à ancrage lipidique sont juste un exemple de protéines membranaires positionnées de manière asymétrique par rapport aux faces des membranes cellulaires. Chaque type de protéine transmembranaire présente également une orientation spécifique par rapport aux faces membranaires. En particulier, la ou les mêmes parties d'une protéine donnée font toujours face au cytosol, tandis que d'autres parties font face à l'espace extracytoplasmique. Cette asymétrie dans l'orientation des protéines confère des propriétés différentes aux deux faces membranaires. (Nous décrirons au Chapitre 16 la façon dont l'orientation des différents types de protéines transmembranaires est établie au cours de leur synthèse.) On n'a jamais observé de protéine membranaire effectuant un mouvement de flip-flop à travers une membrane. Un tel déplacement, qui nécessite un mouvement transitoire des résidus hydrophiles d'acides aminés à travers l'intérieur hydrophobe de la membrane, serait énergétiquement défavorable. Par conséquent, l'asymétrie d'une protéine transmembranaire, qui est établie au cours de sa biosynthèse et de son insertion dans une biomembrane, est conservée durant toute la durée de vie de la protéine.

De nombreuses protéines transmembranaires comportent des chaînes glucidiques liées covalemment aux chaînes latérales des résidus sérine, thréonine ou asparagine du polypeptide. Ces glycoprotéines transmembranaires sont toujours orientées de telle sorte que les chaînes glucidiques sont situées dans le domaine extracytoplasmique (voir Figures 5-11 et 5-12). De même, les glycolipides, dans lesquels une chaîne glucidique est liée à un squelette glycérol ou sphingosine, sont toujours présents dans le feuillet extracytoplasmique, avec leur chaîne glucidique saillant à la surface de la membrane. Les glycoprotéines et les glycolipides sont particulièrement abondants dans les membranes plasmiques des cellules eucaryotes. Ils sont absents de la membrane mitochondriale interne, des lamelles des chloroplastes et de plusieurs autres membranes intracellulaires. Les chaînes glucidiques des glycoprotéines et des glycolipides dans la membrane plasmique s'étendent dans l'espace extracellulaire. Elles sont donc disponibles pour interagir avec des composants de la matrice extracellulaire ainsi qu'avec les lectines, les facteurs de croissance et les anticorps.

MÉDECINE Une conséquence importante de ces interactions est illustrée par les antigènes des groupes sanguins A, B et O. Ces trois oligosaccharides de structure voisine, composants de certaines glycoprotéines et de certains glycolipides, sont exprimés à la surface des érythrocytes humains et de nombreux autres types cellulaires (Figure 5-16). Tous les êtres humains possèdent les enzymes permettant de synthétiser l'antigène O. Les personnes de groupe sanguin A possèdent également une glycosyltransférase qui ajoute une *N*-acétylgalactosamine

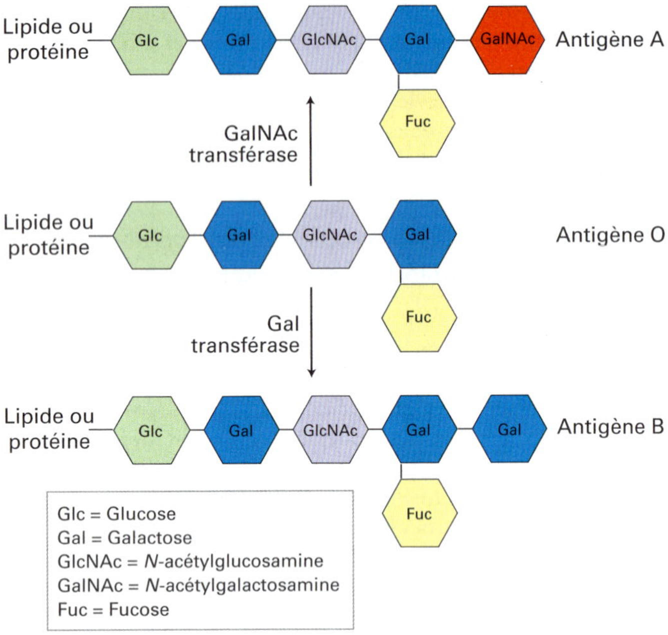

FIGURE 5-16 Les antigènes des groupes sanguins humains ABO. Ces antigènes sont des chaînes oligosaccharidiques liées covalemment à des glycolipides ou des glycoprotéines dans la membrane plasmique. Les sucres terminaux des oligosaccharides distinguent les trois antigènes. La présence ou l'absence des glycosyltransférases qui ajoutent du galactose (Gal) ou de la *N*-acétylgalactosamine (GalNAc) à l'antigène O déterminent le groupe sanguin d'une personne.

supplémentaire à l'antigène O, pour former l'antigène A. Les personnes de groupe sanguin B ont une transférase différente qui ajoute un galactose supplémentaire à l'antigène O, pour former l'antigène B. Les personnes possédant les deux transférases produisent les deux antigènes, A et B (groupe sanguin AB) ; celles qui sont dépourvues de ces transférases produisent uniquement l'antigène O (groupe sanguin O).

Les personnes dont les érythrocytes sont dépourvus de l'antigène A, de l'antigène B ou des deux à leur surface possèdent dans leur sérum des anticorps contre les antigènes absents. Par conséquent, si une personne de groupe A ou O reçoit une transfusion d'une personne de groupe B, les anticorps dirigés contre l'épitope B pénétreront dans les globules rouges et provoqueront leur destruction. Pour empêcher de telles réactions dangereuses, des déterminations des groupes sanguins ainsi que la compatibilité entre donneurs et receveurs de sang sont nécessaires lors de toutes les transfusions (Tableau 5-2). ▮

Les interactions avec le cytosquelette diminuent la mobilité des protéines membranaires intrinsèques

Les résultats des expériences comme celle décrite dans la Figure 5-6 et d'autres types d'études ont montré que de nombreuses protéines transmembranaires et protéines à ancrage lipidique, comme les phospholipides, flottent presque librement dans le plan d'une membrane naturelle. De 30 à 90 % des protéines membranaires intrinsèques dans la membrane plasmique sont libres de se déplacer, selon le type cellulaire dans lequel elles se trouvent. La vitesse de diffusion latérale d'une protéine mobile dans une bicouche phospholipidique pure ou dans une membrane plasmique isolée est voisine de celle des lipides. Néanmoins, la vitesse de diffusion d'une protéine dans la membrane plasmique de cellules intactes est généralement 10 à 30 fois plus faible que celle de la même protéine enchâssée dans des structures sphériques synthétiques en bicouche (liposomes). Ces découvertes suggèrent que la mobilité des protéines intrinsèques dans la membrane plasmique des cellules vivantes est limitée par leur interaction avec le cytosquelette rigide en contact avec la membrane. Certaines protéines intrinsèques sont liées en permanence au cytosquelette sous-jacent ; ces protéines sont parfaitement immobiles dans la membrane. En ce qui concerne les protéines mobiles, ce type d'interaction est rompu et reformé à mesure que les protéines diffusent latéralement dans la membrane plasmique, ce qui ralentit leur vitesse de déplacement. Nous considérerons au Chapitre 6 la nature et les conséquences fonctionnelles des liaisons entre protéines intrinsèques et cytosquelette.

Les motifs de liaison aux lipides participent à l'assignation des protéines périphériques à la membrane

Jusqu'à ces dix dernières années environ, on pensait que l'interaction des protéines périphériques et des protéines intrinsèques était le principal mécanisme de liaison des protéines périphériques aux

TABLEAU 5-2 Les groupes sanguins ABO

Groupe sanguin	Antigène sur les érythrocytes*	Anticorps dans le sérum	Peuvent recevoir les groupes sanguins
A	A	Anti-A	A et O
B	B	Anti-B	B et O
AB	A et B	Aucun	Tous
O	O	Anti-A et anti-B	O

*Voir Figure 5-16 pour la structure des antigènes.

TABLEAU 5-3 **Quelques motifs de liaison aux lipides**

Motif	Ligand*	Protéines contenant le motif
PH	PIP_2, PIP_3	Phospholipase Cγ1, protéine kinase B, plectine
C2	Phospholipides acides	Protéine kinase C, PI-3 kinase, phospholipase, PTEN phosphatase
Répétition ankyrine	PS	Ankyrine†
FERM	PIP_2	Protéine de la bande 4.1 ; ezrine, radixine, moésine (ERM) †

* PIP_2, PIP_3, et PI-3P = des dérivés du phosphatidylinositol avec des groupements phosphate supplémentaires sur le noyau inositol (voir Figure 14-26) ; PH = homologie avec la plectine ; PS = phosphatidylsérine.
† Ces protéines interviennent dans la liaison du cytosquelette d'actine à la membrane plasmique.

membranes. Les résultats de recherches plus récentes indiquent que les interactions protéine-lipide ont la même importance pour la localisation des protéines périphériques au niveau des membranes cellulaires (voir Figure 5-11).

Des analyses de séquences génomiques ont révélé dans les protéines plusieurs motifs largement distribués de liaison à des lipides (Tableau 5-3). Par exemple, le *domaine d'homologie à la plectine (PH)*, qui fixe deux sortes de phosphatidylinositols phosphorylés, est le onzième domaine protéique le plus courant dans le génome humain. Ce domaine fut identifié initialement dans la plectine, une protéine présente dans les plaquettes sanguines. La fréquence élevée du domaine PH indique que les protéines localisées au niveau des surfaces membranaires remplissent de nombreuses fonctions importantes. Parmi les autres motifs courants de liaison aux lipides se trouvent le domaine C2, le domaine de répétition ankyrine et le domaine FERM. Découvert dans la protéine kinase C, le domaine C2 est également un domaine d'assignation membranaire pour différentes kinases, phosphatases et phospholipases.

Les phospholipases sont représentatives des enzymes hydrosolubles qui s'associent aux groupements polaires de tête des phospholipides membranaires pour remplir leurs fonctions catalytiques. Comme nous l'avons vu plus haut, les phospholipases hydrolysent différentes liaisons dans les groupements de tête des phospholipides (voir Figure 5-9). Ces enzymes jouent un rôle important dans la dégradation des membranes cellulaires anciennes ou endommagées et sont des molécules actives dans le venin de nombreux serpents. Le mécanisme d'action de la phospholipase A_2 illustre la façon dont ces enzymes hydrosolubles peuvent interagir de façon réversible avec les membranes et catalyser des réactions à l'interface d'une solution aqueuse et d'une surface lipidique. Lorsque cette enzyme se trouve en solution aqueuse, son site actif contenant du Ca^{2+} est enfoui dans un canal tapissé d'acides aminés hydrophobes. L'affinité de liaison de l'enzyme est la plus forte dans le cas des bicouches constituées de phospholipides chargés négativement (comme la phosphatidyléthanolamine). Cette découverte suggère qu'une bordure de résidus lysine et arginine chargés positivement autour de l'entrée du canal catalytique est particulièrement importante pour la liaison à l'interface (Figure 5-17a). La fixation induit un petit changement conformationnel dans la phospholipase

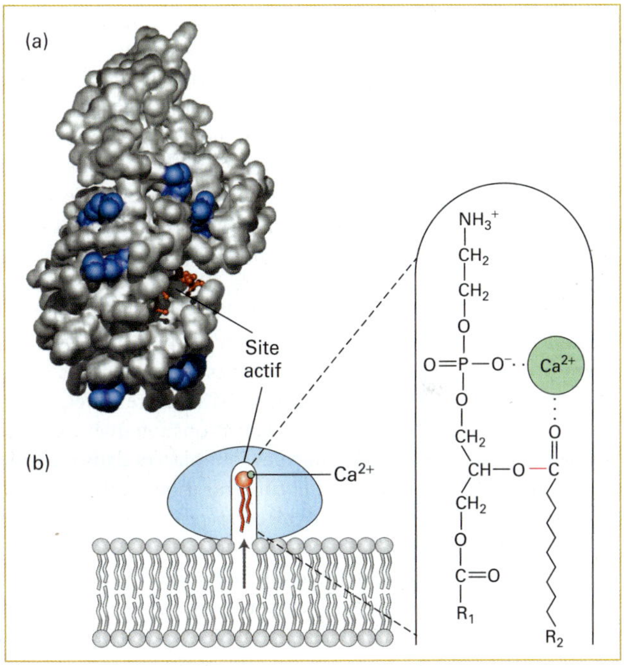

FIGURE 5-17 La surface de liaison au niveau de l'interface et le mécanisme d'action de la phospholipase A_2. (a) Un modèle structural de l'enzyme montrant la surface qui interagit avec une membrane. Cette surface de liaison à l'interface contient une bordure de résidus lysine et arginine colorés en bleu autour de la cavité du site actif catalytique dans lequel un substrat lipidique (structure rouge en bâtonnets) est lié. (b) Un schéma de la catalyse par la phospholipase A_2. Lorsqu'ils sont ancrés à une membrane lipidique modèle, les résidus chargés positivement du site de liaison à l'interface se fixent aux groupements polaires chargés négativement à la surface de la membrane. Cette fixation provoque un petit changement conformationnel, qui ouvre un canal tapissé d'acides aminés hydrophobes qui s'étend de la bicouche jusqu'au site catalytique. Lorsque le phospholipide se déplace dans le canal, un ion Ca^{2+} (en vert) lié à l'enzyme se fixe au groupement de tête, positionnant la liaison ester qui doit être clivée ensuite, dans le site catalytique. [Partie (a) adaptée de M. H. Gelb *et al.*, 1999, *Curr. Opin. Struc. Biol.* **9**:428. Partie (b), voir D. Blow, 1991, *Nature* **351**:444.]

A_2 qui lie la protéine aux têtes phospholipidiques et ouvre le canal hydrophobe. Lorsqu'une molécule de phospholipide diffuse de la bicouche vers le canal, le Ca^{2+} lié à l'enzyme se fixe au phosphate du groupement de tête, positionnant ainsi la liaison ester qui doit être clivée ensuite, près du site catalytique (Figure 5-17b).

La membrane plasmique remplit de nombreuses fonctions identiques dans toutes les cellules

Bien que la composition lipidique d'une membrane détermine en grande partie ses caractéristiques physiques, les protéines qu'elle comporte jouent un rôle prédominant en ce qui concerne ses propriétés fonctionnelles. Nous avons évoqué de nombreuses fonctions de la membrane plasmique dans la discussion précédente et nous allons aborder brièvement ici ses fonctions principales.

Dans toutes les cellules, la membrane plasmique sert de barrière de perméabilité pour empêcher l'entrée de matériaux indésirables venant du milieu extracellulaire et la sortie de métabolites nécessaires aux cellules. Des **protéines spécifiques de transport** dans la membrane plasmique permettent le passage des nutriments à l'intérieur de la cellule et des déchets hors de celle-ci. D'autres protéines maintiennent la composition ionique et le pH ($\approx$7,2) corrects dans le cytosol. La structure et la fonction des protéines qui rendent la membrane plasmique sélectivement perméable aux différentes molécules seront décrites au Chapitre 7.

La membrane plasmique est hautement perméable à l'eau mais peu perméable aux sels et aux petites molécules telles que les sucres et les acides aminés. En raison du phénomène d'**osmose**, l'eau traverse une telle membrane semi-perméable, d'une solution de faible concentration de solutés (avec beaucoup d'eau) vers une solution à forte concentration de solutés (avec peu d'eau) jusqu'à ce que les concentrations totales des solutés et donc les concentrations en eau de part et d'autre soient égales. La Figure 5-18 illustre l'effet, sur des cellules animales, de différentes concentrations ioniques externes. Lorsque la plupart des cellules animales sont placées dans une solution **isotonique** (c'est-à-dire dont la concentration totale en solutés est égale à celle régnant à l'intérieur de la cellule) il n'y a pas de déplacement net d'eau vers l'intérieur ou vers l'extérieur des cellules. Quand les cellules sont placées dans une solution **hypotonique** (c'est-à-dire dont la concentration en solutés est inférieure à celle qui règne à l'intérieur de la cellule) l'eau entre dans les cellules, qui gonflent alors. Au contraire, dans une solution **hypertonique** (avec une concentration en solutés supérieure à celle qui règne dans la cellule) l'eau s'échappe des cellules qui se ratatinent. Dans des conditions *in vivo* normales, les canaux ioniques dans la membrane plasmique contrôlent le mouvement des ions vers l'intérieur et vers l'extérieur des cellules de façon à ce qu'il n'y ait pas de mouvement net d'eau et que le volume des cellules reste constant.

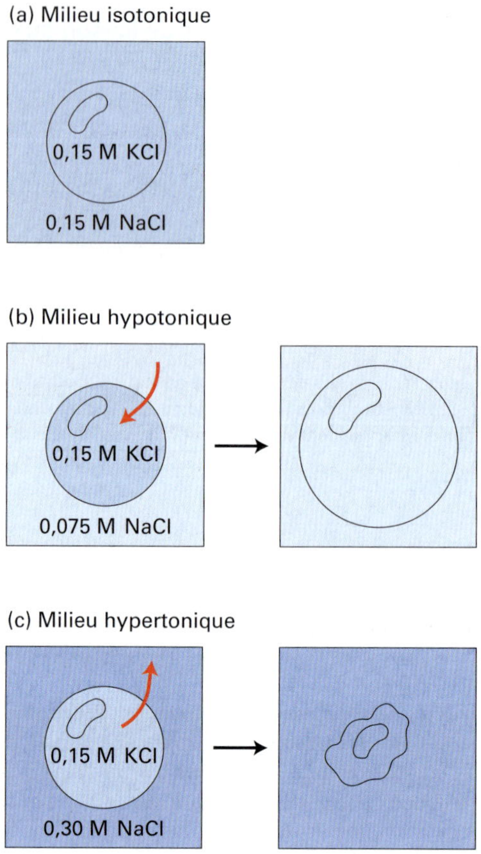

FIGURE 5-18 L'effet de la concentration ionique externe sur le flux d'eau à travers la membrane plasmique d'une cellule animale. Les ions sodium, potassium et chlorure ne traversent pas librement la membrane plasmique, mais des canaux aqueux (aquaporines) dans la membrane permettent le déplacement d'eau dans le sens imposé par la concentration ionique du milieu environnant. (a) Lorsque le milieu est isotonique, il n'y a pas de flux net d'eau vers l'intérieur ou vers l'extérieur de la cellule. (b) Lorsque le milieu est hypotonique, l'eau entre dans la cellule (flèche rouge) jusqu'à ce que les concentrations ioniques externe et interne soient égales. En raison de l'entrée d'eau, le volume de la cellule augmente. (c) Lorsque le milieu est hypertonique, l'eau sort de la cellule jusqu'à ce que les concentrations ioniques externe et interne soient égales. En raison de la perte d'eau, le volume cellulaire diminue.

Au contraire des cellules animales, les cellules de bactéries, de champignons et de plantes sont entourées d'une paroi cellulaire rigide et sont dépourvues de la matrice extracellulaire présente dans les tissus animaux. La membrane plasmique participe activement à l'assemblage des parois cellulaires, qui, chez les végétaux, sont construites principalement à partir de **cellulose**. La paroi cellulaire empêche le gonflement ou la contraction de la cellule qui se produirait sans cela une fois la cellule placée respectivement dans un milieu hypotonique ou hypertonique. Pour cette raison, les cellules entourées d'une paroi peuvent croître lorsqu'elles sont placées dans un milieu dont la pression osmotique est nettement supérieure à celle du cytosol. Les propriétés, la fonction et la formation de la paroi d'une cellule végétale seront traitées au Chapitre 6.

En plus de ces fonctions universelles, la membrane plasmique joue d'autres rôles fondamentaux chez les organismes pluricellulaires. Très peu des cellules de végétaux ou d'animaux pluricellulaires existent sous la forme d'entités isolées. Au lieu de cela, des groupes de cellules ayant des spécialisations apparentées se combinent en tissus. Dans les cellules animales, des zones spécialisées de la membrane plasmique contiennent des protéines et des glycolipides qui forment des jonctions spécifiques entre les cellules pour renforcer les tissus et permettre l'échange de métabolites entre ces cellules. Certaines protéines de la membrane plasmique ancrent les cellules à des composants de la matrice extracellulaire, le mélange de protéines fibreuses et de polysaccharides qui forme une couche de soutien sur laquelle reposent la plupart des feuillets de cellules épithéliales ou les petites glandes. Nous examinerons ces deux fonctions membranaires au Chapitre 6. D'autres protéines de la membrane plasmique servent de points d'ancrage pour de nombreuses fibres du cytosquelette qui garnissent le cytosol, déterminant la forme et la tonicité des cellules (voir Section 5.4).

Les membranes plasmiques de nombreux types de cellules eucaryotes contiennent également des récepteurs protéiques qui fixent des molécules spécifiques de signalisation (comme des hormones, des facteurs de croissance, des neurotransmetteurs) conduisant à différentes réponses cellulaires. Ces protéines, essentielles au développement et au fonctionnement des cellules, seront décrites dans plusieurs chapitres ultérieurs. Enfin, les protéines cytosoliques périphériques utilisées par la surface membranaire, servent d'enzymes, de transducteurs de signaux intracellulaires et de protéines de structure pour stabiliser la membrane.

Comme la membrane plasmique, la membrane entourant chaque organite dans les cellules eucaryotes contient un ensemble unique de protéines, qui est essentiel pour son fonctionnement correct. Dans la section suivante, nous ferons un inventaire succinct des principaux organites eucaryotes.

CONCEPTS CLÉS DE LA SECTION 5.2

Les biomembranes : leurs composants protéiques et leurs fonctions principales

- Les membranes biologiques contiennent généralement à la fois des protéines intrinsèques (transmembranaires) et des protéines périphériques qui ne pénètrent pas dans la partie hydrophobe de la bicouche (voir Figure 5-11).
- La plupart des protéines membranaires intrinsèques contiennent une ou plusieurs hélices α transmembranaires hydrophobes et des domaines hydrophiles qui s'étendent à partir des faces cytosolique et extracytoplasmique de la membrane (voir Figure 5-12).
- Les porines, au contraire des autres protéines membranaires intrinsèques, comportent des feuillets β transmembranaires constituant un canal en forme de tonneau au travers de la bicouche.
- Les lipides à longue chaîne attachés à des acides aminés ancrent certaines protéines à l'un ou l'autre des feuillets membranaires (voir Figure 5-15).
- Certaines protéines périphériques s'associent à la membrane par le biais d'interactions avec des protéines intrinsèques. Les motifs de liaison aux lipides dans d'autres protéines périphériques interagissent avec les groupements polaires de tête des phospholipides membranaires (voir Tableau 5-3).
- La liaison d'une enzyme hydrosoluble (comme une phospholipase, une kinase ou une phosphatase) à une surface membranaire rapproche l'enzyme de son substrat et dans certains cas, l'active. Une telle liaison au niveau de l'interface est due à l'attraction entre les charges positives sur les résidus basiques de la protéine et les charges négatives sur les groupements phospholipidiques de tête de la bicouche.

5.3 Les organites de la cellule eucaryote

La cellule est située au cœur d'un flux dynamique. Sous un microscope photonique, une cellule vivante abrite de multiples mouvements qui vont de la translocation des chromosomes et des vésicules jusqu'aux changements de forme associés à son propre déplacement. L'étude des structures intracellulaires commence par l'observation au microscope de cellules coupées et fixées, dans lesquelles les mouvements cellulaires sont figés. De telles images statiques de la cellule révèlent l'organisation du cytoplasme en compartiments et la position de chaque type d'organite dans la cellule à un moment donné. Dans cette section, nous décrirons les structures et fonctions essentielles des principaux organites des cellules animales et végétales (Figure 5-19). Les cellules de plantes et de champignons contiennent la plupart des organites présents dans une cellule animale, à l'exception des lysosomes. À la place, elles possèdent une grande vacuole centrale qui remplit de nombreuses fonctions identiques à celles des lysosomes. Une cellule végétale contient aussi des chloroplastes et sa membrane est renforcée par une paroi cellulaire rigide. Les protéines propres à l'intérieur et aux membranes de chaque type d'organite déterminent en grande partie les caractéristiques fonctionnelles spécifiques de ces organites, qui seront examinées plus en détail dans des chapitres ultérieurs. Ces organites délimités par une seule membrane seront abordés en premier, avant les trois types d'organites à double membrane — le noyau, la mitochondrie et le chloroplaste.

Les endosomes absorbent des macromolécules présentes à l'extérieur de la cellule

Bien que des protéines de transport dans la membrane plasmique permettent le déplacement des ions et des petites molécules à travers la bicouche lipidique, les protéines et d'autres macromolécules solubles présentes dans le milieu extracellulaire sont internalisées par **endocytose**. Lors de ce processus, une partie de la membrane plasmique s'invagine en un « puits recouvert » dont la face cytosolique est tapissée par un ensemble spécifique de protéines comprenant la **clathrine**. Le puits se resserre à partir de la membrane jusqu'à former une petite vésicule délimitée par celle-ci, qui contient le matériel extracellulaire et est conduite jusqu'à un **endosome** précoce, une station de tri des tubules et vésicules délimités par une membrane (Figure 5-20a, b). À partir de ce compartiment, certaines protéines membranaires sont recyclées et retournent vers la membrane plasmique. D'autres protéines membranaires sont transportées vers un endosome tardif dans lequel un tri plus précis aura lieu. La voie de l'endocytose se termine lorsqu'un endosome tardif délivre son contenu membranaire et interne à des lysosomes pour qu'il y soit dégradé. La voie complète de l'endocytose sera décrite en détail au Chapitre 17.

Les lysosomes sont des organites acides qui contiennent une batterie d'enzymes de dégradation

Les **lysosomes** fournissent un excellent exemple de la capacité des membranes intracellulaires à former des compartiments fermés dans lesquels la composition de la lumière (l'intérieur aqueux du compartiment) diffère nettement de celle du cytosol environnant. Présents uniquement dans les cellules animales, les lysosomes sont responsables de la dégradation de certains composants devenus

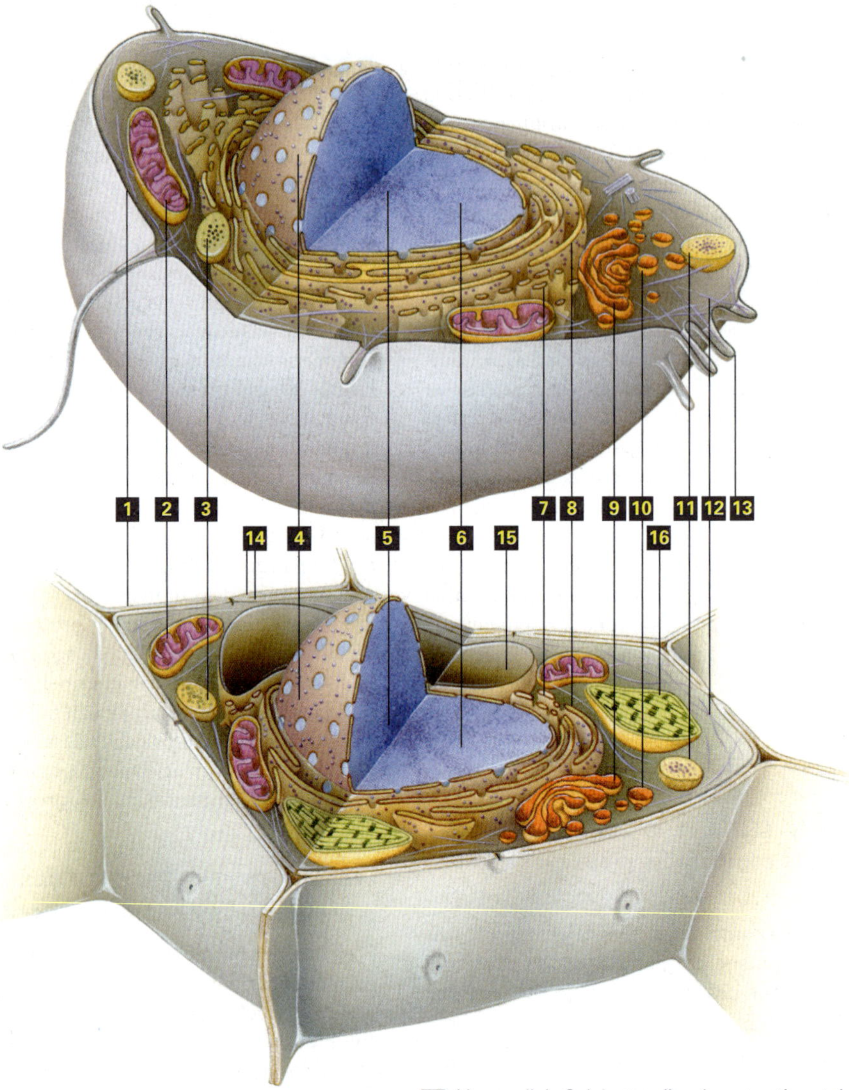

1 La membrane plasmique contrôle le déplacement des molécules vers l'intérieur ou l'extérieur de la cellule et intervient dans la signalisation intercellulaire ainsi que dans l'adhérence cellulaire.

2 Les mitochondries, entourées d'une double membrane, produisent de l'ATP par oxydation du glucose et des acides gras.

3 Les lysosomes, qui possèdent une lumière acide, dégradent le matériel internalisé par la cellule, ainsi que les membranes et organites cellulaires usagés.

4 L'enveloppe nucléaire, une double membrane, contient le matériel du noyau ; la membrane nucléaire externe est continue avec le RE rugueux.

5 Le nucléole est un sous-compartiment nucléaire dans lequel la plupart des ARNr cellulaires sont synthétisés.

6 Le noyau est rempli de chromatine constituée d'ADN et de protéines ; dans les cellules en cours de division, c'est le site de synthèse des ARNm et des ARNt.

7 Le réticulum endoplasmique (RE) lisse synthétise les lipides et détoxifie certains composés hydrophobes.

8 Le réticulum endoplasmique (RE) rugueux est un lieu de synthèse, de maturation et de tri des protéines sécrétées, des protéines lysosomiales et de certaines protéines membranaires.

9 L'appareil de Golgi est un lieu de maturation et de tri des protéines sécrétées, des protéines lysosomiales et des protéines membranaires synthétisées sur le RE rugueux.

10 Les vésicules sécrétoires stockent les protéines sécrétées et fusionnent avec la membrane plasmique pour libérer leur contenu.

11 Les peroxysomes détoxifient différentes molécules et cassent également des acides gras pour produire des groupements acétyle utilisés lors de biosynthèses.

12 Les fibres du cytosquelette forment des réseaux et des faisceaux qui servent de soutien aux membranes cellulaires, aident à l'organisation des organites et participent au déplacement des cellules.

13 Les microvillosités augmentent l'étendue de la surface disponible pour l'absorption des nutriments présents dans le milieu environnant.

14 La paroi cellulaire, constituée en grande partie de cellulose, aide à maintenir la forme de la cellule et sert de protection contre les contraintes mécaniques.

15 La vacuole stocke l'eau, les ions et les nutriments, dégrade les macromolécules et intervient dans l'élongation des cellules au cours de leur croissance.

16 Les chloroplastes, qui exécutent la photosynthèse, sont entourés d'une double membrane et contiennent un réseau de petits sacs internes délimités par une membrane.

FIGURE 5-19 Le schéma d'une vue globale d'une cellule animale et d'une cellule végétale « typiques » et leurs structures subcellulaires principales. Chaque cellule ne contient pas tous les organites, granules et structures fibreuses représentés ici, et d'autres structures subcellulaires peuvent exister en plus dans certaines cellules. Les cellules présentent également des formes très diverses ainsi qu'une grande variation du nombre de types d'organites ou de structures subcellulaires.

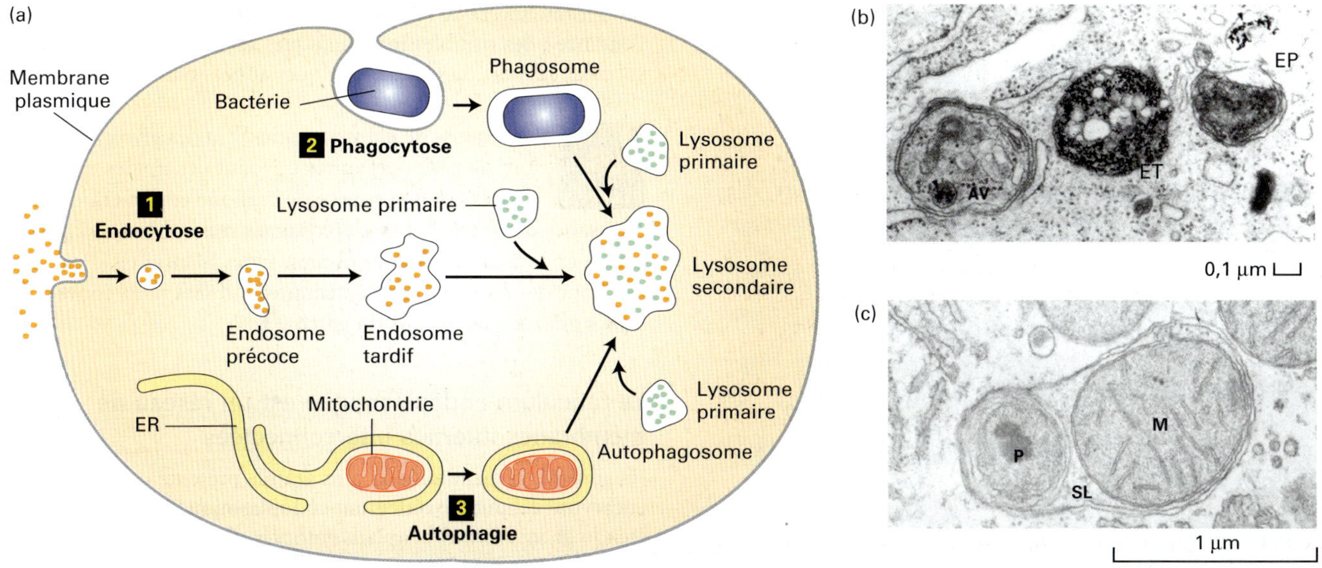

FIGURE 5-20 Les structures cellulaires qui participent à l'acheminement des matériaux jusqu'aux lysosomes. (a) Une vue d'ensemble schématique de trois voies grâce auxquelles les matériaux sont acheminés vers les lysosomes. Les macromolécules solubles sont captées dans la cellule par l'invagination de puits recouverts dans la membrane plasmique et conduites jusqu'aux lysosomes par la voie de l'endocytose (**1**). Des cellules entières et d'autres grosses particules insolubles passent de la surface cellulaire jusqu'aux lysosomes par la voie de la phagocytose (**2**). Les organites usagés et une grande partie du cytoplasme sont acheminés vers les lysosomes par la voie de l'autophagie (**3**). Dans la lumière acide des lysosomes, des enzymes hydrolytiques dégradent les protéines, les acides nucléiques et d'autres grosses molécules. (b) Une micrographie électronique d'une coupe de cellule de mammifère en culture qui a absorbé de petites particules d'or recouvertes d'ovalbumine, une protéine de l'œuf. L'ovalbumine marquée à l'or (taches noires) est visible dans les endosomes précoces (EP) et les endosomes tardifs (ET), mais il y en a très peu dans les autophagosomes (AV). (c) Une micrographie électronique d'une coupe de cellule hépatique de rat montrant un lysosome secondaire contenant des fragments d'une mitochondrie (M) et d'un peroxysome (P). [Partie (b) d'après T. E. Tjelle *et al.*, 1996, *J. Cell Sci.* **109**:2905. Partie (c) aimablement communiquée par D. Friend.]

inutiles pour la cellule ou pour l'organisme. Le processus par lequel un organite usagé est dégradé dans un lysosome s'appelle l'*autophagie* (« se manger soi-même »). Les matériaux absorbés dans une cellule par endocytose ou **phagocytose** peuvent également être dégradés dans les lysosomes (voir Figure 5-20a). Au cours de la phagocytose, de grandes particules insolubles (comme des bactéries) sont enveloppées par la membrane plasmique puis internalisées.

Les lysosomes contiennent un groupe d'enzymes qui dégradent les polymères en leurs sous-unités monomériques constituantes. Par exemple, les nucléases dégradent l'ARN et l'ADN en leurs éléments mononucléotidiques ; les protéases dégradent différents peptides et protéines ; les phosphatases enlèvent les groupements phosphate des mononucléotides, phospholipides et autres composants ; d'autres enzymes encore dégradent des polysaccharides et glycolipides complexes en unités plus petites. Toutes les enzymes lysosomiales accomplissent le plus efficacement leur tâche à des valeurs acides de pH. On les désigne par le terme collectif d'*hydrolases acides*. Deux sortes de protéines de transport dans la membrane lysosomiale travaillent de concert pour pomper les ions H^+ et Cl^- (HCl) du cytosol à travers la membrane, acidifiant ainsi la lumière (voir Figure 7-10b). Le pH acide aide à dénaturer les protéines, ce qui les rend accessibles à l'action des hydrolases lysosomiales, elles-mêmes résistantes à la dénaturation acide. Les enzymes lysosomiales sont peu actives au pH neutre des cellules et de la plupart des liquides extracellulaires. Par conséquent, la libération par un lysosome de ses enzymes dans le cytosol où le pH est compris entre 7,0 et 7,3 provoque peu de dégradation des composants cytosoliques. Les protéines cytosoliques et nucléaires ne sont généralement pas dégradées dans les lysosomes, mais plutôt dans les protéasomes, de grands complexes multiprotéiques présents dans le cytosol (voir Figure 3-13).

Les lysosomes ont des tailles et des formes variables et il peut y en avoir plusieurs centaines dans une cellule animale type. En effet, ils servent de sites de collecte pour divers matériaux à dégrader. Les *lysosomes primaires* sont quasiment sphériques et ne contiennent pas de gros débris de particules ou de membranes. Les *lysosomes secondaires*, qui sont plus gros et de forme irrégulière, semblent résulter de la fusion des lysosomes primaires avec d'autres organites ou vésicules délimités par des membranes. Ils contiennent des particules ou des membranes en cours de digestion (Figure 5-20c).

MÉDECINE La *maladie de Tay-Sachs* est provoquée par la déficience d'une enzyme catalysant une étape dans la dégradation lysosomiale des gangliosides. L'accumulation des glycolipides qui en résulte, en particulier dans les cellules nerveuses, a des conséquences dramatiques. Les symptômes de cette maladie héréditaire sont généralement visibles avant l'âge de 1 an. Les enfants atteints présentent souvent des troubles mentaux et deviennent aveugles vers 2 ans ; ils meurent avant leur troisième anniversaire. Les cellules nerveuses de ces enfants sont fortement agrandies par la présence de lysosomes gonflés, remplis de lipides.

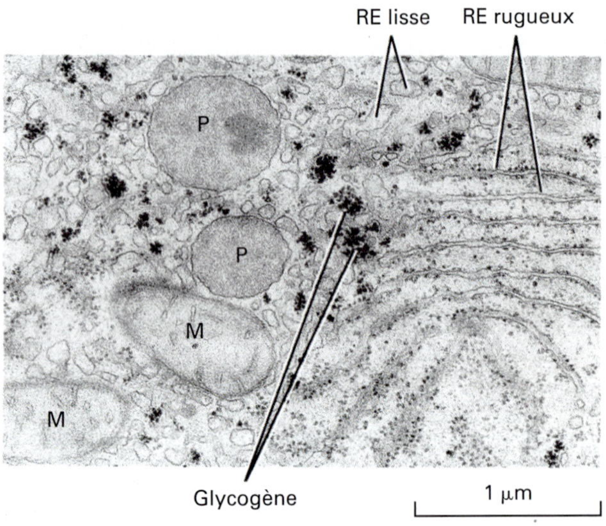

FIGURE 5-21 Une micrographie électronique montrant différents organites dans un hépatocyte de rat. Deux peroxysomes (P) se trouvent à proximité des mitochondries (M) et du réticulum endoplasmique (RE) lisse et rugueux. On voit également des accumulations de glycogène, un polysaccharide, qui est la principale molécule de stockage du glucose chez les animaux. [Aimablement communiqué par P. Lazarow.]

Les peroxysomes dégradent les acides gras et les composés toxiques

Toutes les cellules animales (sauf les érythrocytes) et de nombreuses cellules végétales contiennent des **peroxysomes**, une classe d'organites presque sphériques de 0,2 à 1,0 μm de diamètre (Figure 5-21). Les peroxysomes abritent plusieurs *oxydases* — des enzymes qui utilisent l'oxygène moléculaire pour oxyder des substances organiques, au cours d'un processus entraînant la formation de peroxyde d'hydrogène (H_2O_2), une substance corrosive. Les peroxysomes contiennent également de grandes quantités de *catalase*, une enzyme qui dégrade le peroxyde d'hydrogène en eau et en oxygène :

$$2\,H_2O_2 \xrightarrow{\text{Catalase}} 2\,H_2O + O_2$$

Au contraire de l'oxydation des acides gras dans les mitochondries, qui produit du CO_2 et est couplée à la production d'ATP, l'oxydation des acides gras dans les peroxysomes produit des groupements acétyle et n'est pas liée à la formation d'ATP (voir Figure 8-11). L'énergie libérée au cours de l'oxydation peroxysomiale est convertie en chaleur et les groupements acétyle sont transportés dans le cytosol, où ils sont utilisés pour la synthèse de cholestérol et d'autres métabolites. Dans la plupart des cellules eucaryotes, le peroxysome est le principal organite dans lequel les acides gras sont oxydés, ce qui produit des précurseurs pour d'importantes voies de biosynthèse. Dans les cellules hépatiques et rénales en particulier, différentes molécules toxiques pénétrant dans le système sanguin sont également dégradées dans les peroxysomes, donnant alors naissance à des produits inoffensifs.

MÉDECINE Dans la maladie génétique humaine appelée adrénoleucodystrophie liée à l'X (ADL), l'oxydation peroxysomiale des très longues chaînes d'acides gras est déficiente. Le gène de l'ADL code la protéine membranaire peroxysomiale qui transporte dans les peroxysomes une enzyme nécessaire à l'oxydation de ces acides gras. Les personnes atteintes de la forme sévère de l'ADL ne sont pas affectées avant le milieu de l'enfance ; des troubles neurologiques sévères apparaissent alors, suivis de la mort du malade quelques années plus tard.

PLANTES Les graines de plantes contiennent des *glyoxysomes*, qui sont de petits organites oxydant des lipides en réserve, utilisés comme source de carbone et d'énergie pour la croissance des plantes. Les glyoxysomes ressemblent aux peroxysomes et contiennent de nombreux types identiques d'enzymes, ainsi que des enzymes supplémentaires utilisées pour convertir les acides gras en précurseurs du glucose.

Le réticulum endoplasmique est un réseau de membranes internes interconnectées

En général, la membrane la plus grande présente dans une cellule eucaryote délimite le **réticulum endoplasmique** (RE) — un réseau étendu de sacs fermés et aplatis entourés d'une membrane, que l'on appelle des **citernes** (voir Figure 5-19). Le réticulum endoplasmique remplit de nombreuses fonctions dans la cellule mais est particulièrement important pour la synthèse des lipides, des protéines membranaires et des protéines sécrétées. Le *réticulum endoplasmique lisse* doit son nom à l'absence de ribosomes à sa surface. À l'inverse, la face cytosolique du *réticulum endoplasmique rugueux* est parsemée de ribosomes.

Le réticulum endoplasmique lisse La synthèse des acides gras et des phospholipides se déroule dans le RE lisse. Bien que de nombreuses cellules possèdent peu de RE lisse, cet organite est abondant dans les hépatocytes. Les enzymes contenues dans le RE lisse du foie modifient ou détoxifient également des produits chimiques hydrophobes tels que des pesticides et des carcinogènes, en les convertissant chimiquement en produits conjugués davantage hydrosolubles, qui peuvent être excrétés du corps. Des doses élevées de ces composants provoquent une prolifération importante du RE lisse dans les cellules hépatiques.

Le réticulum endoplasmique rugueux Les **ribosomes** liés au RE rugueux synthétisent certaines protéines de membranes ou d'organites et presque toutes les protéines sécrétées par la cellule (Chapitre 16). Un ribosome fabriquant l'une de ces protéines est lié au RE rugueux par la chaîne polypeptidique naissante de la protéine. Au fur et à mesure de l'émergence du polypeptide hors du ribosome, il passe à travers la membrane du RE rugueux, avec l'aide de protéines spécifiques présentes dans la membrane. Les protéines membranaires néosynthétisées restent associées à la membrane du RE rugueux et les protéines qui doivent être sécrétées s'accumulent dans la lumière de l'organite.

Toutes les cellules eucaryotes contiennent une quantité visible de RE rugueux car il est nécessaire à la synthèse de protéines de la membrane plasmique et de protéines de la matrice extracellulaire. Le RE rugueux est particulièrement abondant dans les cellules spécialisées qui produisent de nombreuses protéines spécifiques destinées à êtres sécrétées. Par exemple, les cellules du plasma produisent des anticorps, les cellules acineuses du pancréas synthétisent des enzymes digestives et les cellules des îlots de Langherans également dans le pancréas produisent des hormones polypeptidiques, l'insuline et le glucagon. Dans ces cellules sécrétoires et d'autres encore, une grande partie du cytosol est occupée par le RE rugueux et des vésicules sécrétoires (Figure 5-22).

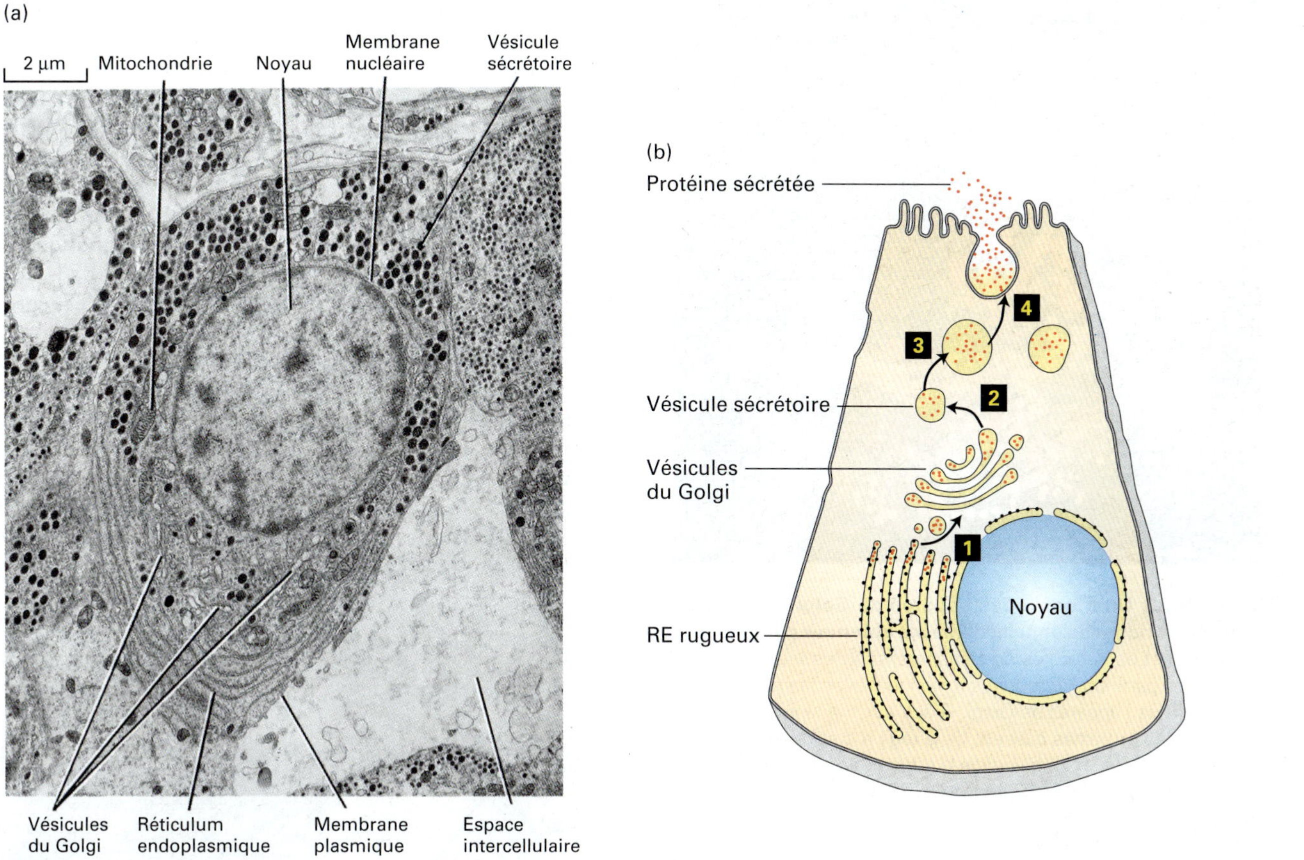

FIGURE 5-22 Les caractéristiques des cellules spécialisées dans la sécrétion de grandes quantités de protéines particulières (comme les hormones et les anticorps). (a) Une micrographie électronique d'une coupe fine de cellule sécrétant une hormone, provenant de l'hypophyse d'un rat. Une extrémité de la cellule (*en haut*) est remplie de RE rugueux et de multiples sacs du Golgi, dans lesquels des hormones polypeptidiques sont synthétisées et regroupées. À l'autre extrémité de la cellule (*en bas*) se trouvent de nombreuses vésicules sécrétoires contenant des hormones néosynthétisées qui seront sécrétées plus tard. (b) Un schéma d'une cellule sécrétoire type retraçant la voie suivie par une protéine (petits points rouges) qui sera sécrétée. Immédiatement après leur synthèse sur les ribosomes (points bleus) du RE rugueux, les protéines sécrétées se retrouvent dans la lumière du RE rugueux. Les vésicules de transport bourgeonnent et transportent ces protéines jusqu'à l'appareil de Golgi (1) dans lequel les protéines sont concentrées et empaquetées dans des vésicules sécrétoires immatures (2). Ces vésicules se regroupent ensuite pour former des vésicules sécrétoires matures plus grandes qui perdent leur eau dans le cytosol, laissant un mélange presque cristallin de protéines sécrétées dans la lumière (3). Après l'accumulation de ces vésicules sous la surface apicale, elles fusionnent avec la membrane plasmique et libèrent leur contenu (exocytose) en réponse à des stimulations hormonales ou nerveuses appropriées (4). [Partie (a) aimablement communiquée par Biophoto Associates.]

L'appareil de Golgi fait subir une maturation aux protéines membranaires et sécrétées et les trie

Plusieurs minutes après la synthèse des protéines dans le RE rugueux, la plupart d'entre elles quittent l'organite au sein de petites vésicules de transport délimitées par une membrane. Ces vésicules, qui bourgeonnent à partir de régions du RE rugueux non recouvertes de ribosomes, transportent les protéines vers un autre organite délimité par une membrane, l'**appareil de Golgi** (ou complexe de Golgi ; voir Figure 5-22).

La reconstruction tridimensionnelle de l'appareil de Golgi à partir d'une série de coupes révèle que cet organite est constitué d'une série de vésicules membranaires aplaties ou sacs (citernes) entourés de nombreuses vésicules plus ou moins sphériques délimitées par une membrane (Figure 5-23). L'empilement des citernes du Golgi est formé de trois régions définies — les régions *cis*, *médiane* et *trans*. Les vésicules de transport provenant du RE rugueux fusionnent avec la région *cis* de l'appareil de Golgi, dans laquelle elles déposent les protéines qu'elles contiennent. Comme nous le verrons en détail au Chapitre 17, ces protéines passent alors vers la région *médiane* puis *trans*. Chaque région abrite des enzymes distinctes qui modifient différemment les protéines à sécréter et les protéines membranaires, en fonction de leur structure et de leur destination finale.

Après la modification dans l'appareil de Golgi, des protéines à sécréter et des protéines membranaires, elles sont transportées à l'extérieur du complexe par un second groupe de vésicules, qui semblent bourgeonner à partir de la face *trans* de l'appareil de Golgi. Certaines vésicules transportent des protéines membranaires destinées à la membrane plasmique ou des protéines solubles qui

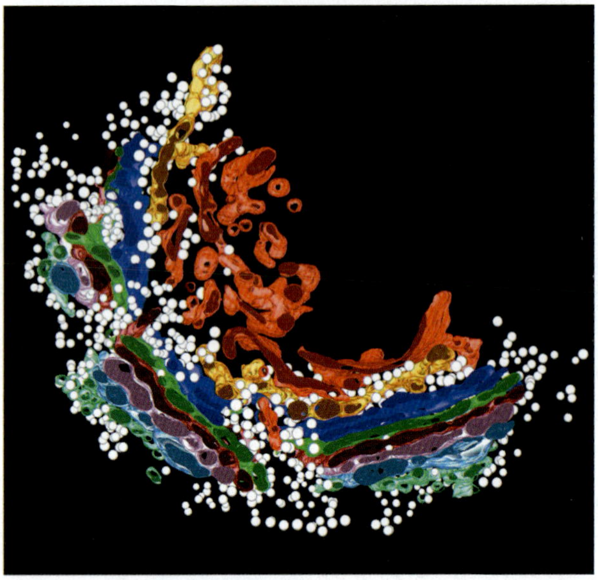

FIGURE 5-23 Un modèle de l'appareil de Golgi basé sur la reconstruction tridimensionnelle d'images obtenues par microscopie électronique. Les vésicules de transport (sphères blanches) qui ont bourgeonné à partir du RE rugueux fusionnent avec les membranes *cis* (en bleu clair) de l'appareil de Golgi. Grâce aux mécanismes décrits au Chapitre 17, les protéines passent de la région *cis* à la région médiane de l'appareil de Golgi, pour finir dans la région *trans*. Enfin, les vésicules bourgeonnent à partir des membranes du *trans*-Golgi (orange et rouge). Certaines gagnent la surface de la cellule et d'autres, les lysosomes. L'appareil de Golgi, comme le réticulum endoplasmique rugueux, est particulièrement abondant dans les cellules sécrétoires. [D'après B. J. Marsh *et al.*, 2001, *Proc. Natl. Acad. Sci. USA* **98**:2399.]

seront libérées à partir de la surface de la cellule. D'autres transportent des protéines solubles ou membranaires vers les lysosomes ou d'autres organites. Nous verrons également au Chapitre 17 comment les vésicules de transport « savent » avec quelles membranes fusionner et où délivrer leur contenu.

Les vacuoles des plantes stockent de petites molécules et permettent à une cellule de s'allonger rapidement

PLANTES La plupart des plantes contiennent au moins une vacuole interne délimitée par une membrane. Le nombre et la taille des vacuoles dépendent à la fois du type de cellule et de son stade développemental. Une seule vacuole peut occuper jusqu'à 80 % d'une cellule végétale mature (Figure 5-24). Différentes protéines de transport dans la membrane de la vacuole permettent aux cellules végétales d'accumuler et de stocker de l'eau, des ions et des nutriments (comme du saccharose ou des acides aminés) dans les vacuoles (Chapitre 7). Comme dans le cas du lysosome, la lumière d'une vacuole contient une batterie d'enzymes de dégradation et présente un pH acide, maintenu par des protéines de transport similaires, dans la membrane vacuolaire. Les vacuoles des plantes peuvent donc avoir une fonction de dégradation semblable à celle des lysosomes dans les cellules animales. Des vésicules de stockage similaires sont présentes chez les algues vertes et de nombreux micro-organismes tels que les champignons.

Comme la plupart des membranes cellulaires, la membrane vacuolaire est perméable à l'eau mais peu perméable aux petites molécules présentes dans celle-ci. La concentration de solutés étant nettement supérieure dans la lumière de la vacuole à ce qu'elle est dans le cytosol ou les liquides extracellulaires, l'eau a tendance à pénétrer dans les vacuoles sous l'effet du flux osmotique, exactement comme elle entre dans les cellules placées dans un milieu hypotonique (voir Figure 5-18). Cette entrée d'eau provoque l'expansion de la vacuole, ce qui crée une pression hydrostatique ou *pression de turgescence* à l'intérieur de la cellule. Cette pression est équilibrée par la résistance mécanique des parois cellulaires contenant de la cellulose, qui entourent les cellules végétales. La plupart des cellules végétales présentent une pression de turgescence de 5 à 20 atmosphères (atm). Leurs parois cellulaires doivent donc être suffisamment solides pour réagir à cette pression de manière contrôlée. Au contraire des cellules animales, les cellules

(a)

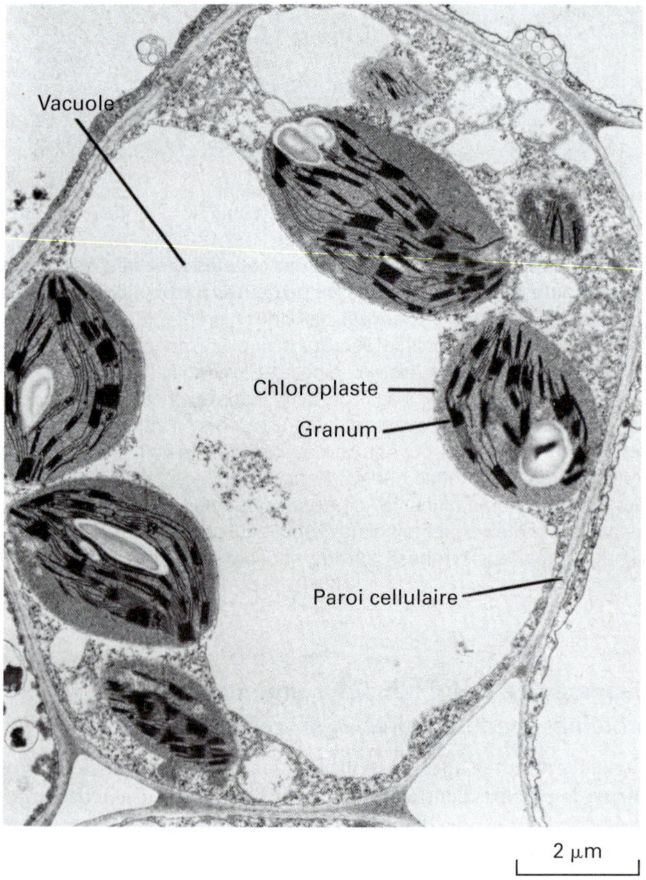

FIGURE 5-24 Une micrographie électronique d'une coupe fine de cellule de feuille. Dans cette cellule, une vacuole unique de grande taille occupe une grande partie du volume cellulaire. Des parties de cinq chloroplastes et de la paroi cellulaire sont également visibles. Remarquez les sous-compartiments internes dans les chloroplastes. [Aimablement communiqué par Biophoto Associates/Myron C. Ledbetter/Brookhaven National Laboratory.]

végétales peuvent s'allonger extrêmement rapidement, à des vitesses de 20 à 75 μm/h. Cette élongation, qui accompagne généralement la croissance de la plante, a lieu lorsqu'un segment d'une paroi de cellule quelque peu élastique s'étire sous l'effet de la pression créée par l'eau absorbée dans la vacuole.

Le noyau contient le génome d'ADN, l'appareil de synthèse de l'ARN et une matrice fibreuse

Le **noyau**, l'organite le plus grand des cellules animales, est entouré de deux membranes, constituées chacune d'une bicouche phospholipidique contenant de nombreux types différents de protéines. La membrane nucléaire interne définit le noyau lui-même. Dans la plupart des cellules, la membrane nucléaire externe est continue avec le réticulum endoplasmique rugueux et l'espace compris entre les membranes nucléaires interne et externe est continu avec la lumière du réticulum endoplasmique rugueux (voir Figure 5-19). Les deux membranes nucléaires semblent fusionner au niveau des **pores nucléaires**, les complexes en forme d'anneau constitués de protéines membranaires spécifiques par lesquels les matériaux circulent entre le noyau et le cytosol. La structure des pores nucléaires et le transport régulé de matériel à travers eux seront décrits en détail au Chapitre 12.

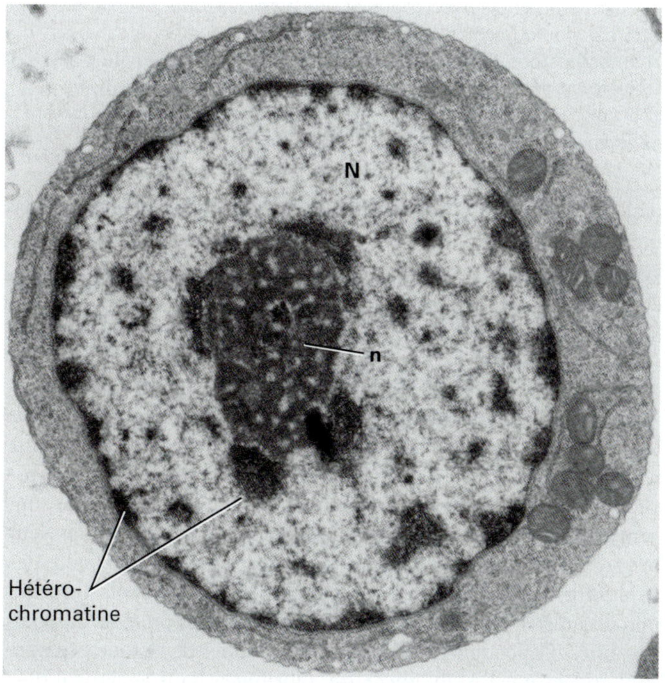

FIGURE 5-25 Une micrographie électronique d'une coupe fine de cellule souche de la moelle osseuse. Le nucléole (n) est un sous-compartiment du noyau (N) et n'est pas entouré d'une membrane. La plus grande partie de l'ARN ribosomial est produite dans le nucléole. Les zones à marquage sombre dans le noyau, à l'extérieur du nucléole, correspondent à de l'hétérochromatine. [D'après P. C. Cross & K. L. Mercer, 1993, *Cell and Tissue Ultrastructure*, W. H. Freeman and Company, p. 165.]

Dans une cellule en cours de croissance ou de différenciation, le noyau est actif d'un point de vue métabolique, répliquant de l'ADN et synthétisant de l'ARNr, de l'ARNt et de l'ARNm. Dans le noyau, l'ARNm se fixe à des protéines spécifiques, formant ainsi des particules ribonucléoprotéiques. La plus grande partie de l'ARN ribosomial cellulaire est synthétisée dans le **nucléole**, un sous-compartiment du noyau qui n'est pas délimité par une membrane phospholipidique (Figure 5-25). Certaines protéines ribosomiales sont également ajoutées aux ARN ribosomiaux au sein du nucléole. Les sous-unités ribosomiales entièrement ou partiellement achevées, ainsi que les particules contenant des ARNt et des ARNm passent au travers d'un pore nucléaire vers le cytosol pour être utilisées au cours de la synthèse protéique (Chapitre 4). Dans les érythrocytes matures de vertébrés non mammifères et dans d'autres types de cellules « au repos », le noyau est inactif ou dormant et une synthèse minimum d'ADN et d'ARNm a lieu.

L'empaquetage de l'ADN nucléaire en chromosomes est décrit au Chapitre 10. Dans un noyau qui n'est pas en cours de division, les chromosomes sont dispersés et ne sont pas suffisamment denses pour pouvoir être observés sous microscope photonique. C'est seulement au cours de la division cellulaire que les chromosomes individuels sont observables. Sous microscope électronique, les régions non nucléolaires du noyau, appelées *nucléoplasme*, sont visibles sous la forme de zones marquées, claires et sombres. Les zones sombres, souvent étroitement associées à la membrane nucléaire contiennent de l'ADN concentré, l'**hétérochromatine** (voir Figure 5-25). Les protéines fibreuses appelées **lamines** forment un réseau bidimensionnel le long de la surface intérieure de la membrane interne ; elles lui donnent sa forme et semblent y attacher l'ADN. La rupture de ce réseau se produit au début de la division cellulaire, comme nous le verrons en détail au Chapitre 21.

Les mitochondries sont les principaux sites de production d'ATP dans les cellules aérobies

La plupart des cellules eucaryotes contiennent de nombreuses **mitochondries** qui occupent jusqu'à 25 % du volume du cytoplasme. Ces organites complexes, qui sont les principaux sites de production d'ATP dans le métabolisme aérobie, sont plus petits que le noyau, les vacuoles et les chloroplastes seulement.

Les deux membranes qui délimitent une mitochondrie diffèrent de par leur composition et leur fonction. La membrane externe, constituée pour moitié de lipides et pour moitié de protéines, contient des porines (voir Figure 5-14) qui la rendent perméable à des molécules dont le poids moléculaire peut atteindre 10 000. De ce point de vue, la membrane externe est similaire à la membrane externe des bactéries gram-négatives. La membrane interne, beaucoup moins perméable, est constituée d'environ 20 % de lipides et de 80 % de protéines — une proportion plus élevée de protéines que dans les autres membranes cellulaires. La surface de la membrane interne est nettement augmentée par un grand nombre de replis ou *crêtes*, qui saillent à l'intérieur de la matrice ou espace central (Figure 5-26).

Dans les cellules non photosynthétiques, les principaux combustibles pour la synthèse d'ATP sont les acides gras et le glucose. La dégradation aérobie complète du glucose en CO_2 et H_2O permet de synthétiser jusqu'à 30 molécules d'ATP. Dans les cellules eucaryotes, les étapes initiales de la dégradation du glucose se

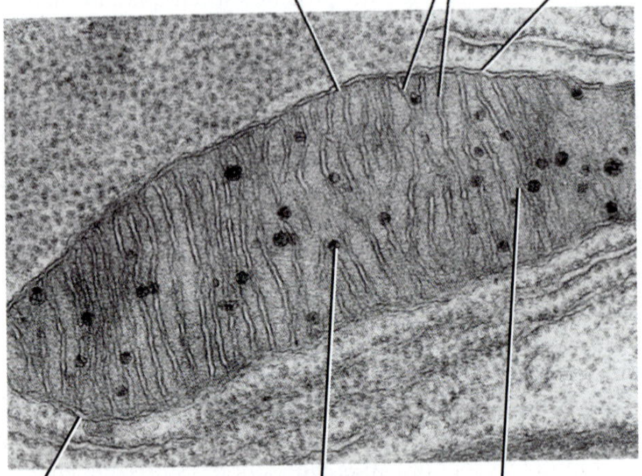

FIGURE 5-26 Une micrographie électronique de mitochondrie. La plus grande partie de la production d'ATP dans les cellules non photosynthétiques a lieu dans les mitochondries. La membrane interne, qui entoure l'espace matriciel, présente de nombreuses invaginations, appelées crêtes membranaires. De petits granules matriciels contenant du calcium sont également visibles. [D'après D. W. Fawcett, 1981, *The Cell*, 2° éd., Saunders, p. 421.]

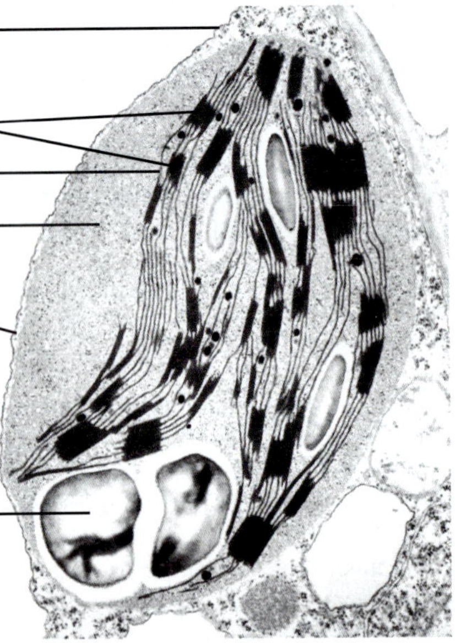

Figure 5-27 Une micrographie électronique de chloroplaste végétal. Les vésicules dans la membrane interne (thylacoïdes) forment des empilements (grana) présents dans une matrice (le stroma). Toute la chlorophylle de la cellule est contenue dans les membranes des thylacoïdes, où la production d'ATP induite par la lumière se déroule au cours de la photosynthèse. [Aimablement communiqué par Biophoto Associates/M. C. Ledbetter/Brookhaven National Laboratory.]

déroulent dans le cytosol, où 2 molécules d'ATP sont produites par molécule de glucose. Les dernières étapes de l'oxydation et la synthèse d'ATP qui lui est couplée sont exécutées par des enzymes dans la matrice mitochondriale et dans la membrane interne (Chapitre 8). Jusqu'à 28 molécules d'ATP peuvent être synthétisées par molécule de glucose dans les mitochondries. De même, presque tout l'ATP formé lors de l'oxydation des acides gras en CO_2 est produit dans les mitochondries. On peut donc considérer les mitochondries comme les « centrales énergétiques » de la cellule.

Les chloroplastes contiennent des compartiments internes dans lesquels se déroule la photosynthèse

PLANTES

À l'exception des vacuoles, les **chloroplastes** sont les organites les plus gros et les plus caractéristiques des cellules de plantes et d'algues vertes. Leur longueur peut atteindre 10 μm et leur épaisseur est généralement de 0,5 à 2 μm, mais leur taille et leur forme varient d'une cellule à l'autre, en particulier au sein des algues. En plus de la double membrane qui entoure un chloroplaste, cet organite contient un système interne étendu de sacs interconnectés délimités par des membranes, appelés **thylacoïdes**. Ces sacs sont aplatis et ont l'aspect de disques (Figure 5-27). Les thylacoïdes forment souvent des empilements appelés *grana* et sont enchâssés dans une matrice, le *stroma*. Les membranes des thylacoïdes contiennent des pigments verts (chlorophylles) et d'autres pigments qui absorbent la lumière ainsi que des enzymes qui produisent de l'ATP au cours de la photosynthèse. Une partie de l'ATP est utilisée pour transformer du CO_2 en intermédiaires à trois carbones, grâce à des enzymes présentes dans le stroma ; les intermédiaires sont ensuite exportés dans le cytosol et convertis en sucres.▌

Les mécanismes moléculaires par lesquels l'ATP est formé dans les mitochondries et les chloroplastes sont très voisins, comme nous l'expliquerons au Chapitre 8. Les chloroplastes et les mitochondries ont d'autres caractéristiques communes ; ils migrent souvent d'un endroit à l'autre au sein des cellules et contiennent leur propre ADN, qui code une partie de leurs protéines principales (Chapitre 10). Les protéines codées par l'ADN chloroplastique ou mitochondrial sont synthétisées sur les ribosomes présents dans ces organites. Cependant, la plupart des protéines de chaque organite sont codées par l'ADN nucléaire, fabriquées dans le cytosol puis incorporées dans les organites par des processus décrits au Chapitre 16.

CONCEPTS CLÉS DE LA SECTION 5.3
Les organites de la cellule eucaryote

- Toutes les cellules eucaryotes contiennent un noyau et de nombreux autres organites dans leur cytosol (voir Figure 5-19).
- Le noyau, la mitochondrie et le chloroplaste sont délimités par deux membranes formées chacune d'une bicouche et

séparées par un espace intermembranaire. Tous les autres organites sont entourés d'une seule membrane.

- Les endosomes internalisent les protéines de la membrane plasmique et les matériaux solubles provenant du milieu extracellulaire. Ils les trient ensuite vers les membranes ou vers les lysosomes pour qu'ils y soient dégradés.
- Les lysosomes ont un intérieur acide et contiennent différentes hydrolases, qui dégradent les composants cellulaires usagés ou devenus inutiles, ainsi que certains matériaux ingérés (voir Figure 5-20).
- Les peroxysomes sont de petits organites contenant des enzymes qui oxydent différents composés organiques sans production d'ATP. Les sous-produits de l'oxydation sont utilisés pour des réactions de biosynthèse.
- Les protéines sécrétées et les protéines membranaires sont synthétisées sur le réticulum endoplasmique rugueux, un réseau de sacs aplatis délimités par des membranes, parsemés de ribosomes.
- Les protéines synthétisées sur le RE rugueux passent d'abord par l'appareil de Golgi où elles subissent une maturation et sont triées en vue d'être transportées vers la surface de la cellule ou vers une autre destination (voir Figure 5-22).
- Les cellules végétales contiennent une ou plusieurs grandes vacuoles, qui sont des sites de stockage pour les ions et les nutriments. Le flux osmotique de l'eau dans les vacuoles crée une pression de turgescence qui pousse la membrane plasmique contre la paroi de la cellule.
- Le noyau abrite le génome d'une cellule. Les membranes nucléaires interne et externe fusionnent au niveau de nombreux pores nucléaires, qui permettent la circulation de matériaux entre le noyau et le cytosol. La membrane nucléaire externe est continue avec celle du réticulum endoplasmique rugueux.
- Les mitochondries ont une membrane externe fortement perméable et une membrane interne enrichie en protéines qui présente de nombreux replis. Les enzymes de la membrane mitochondriale interne et de la matrice centrale exécutent les dernières étapes de l'oxydation des sucres et des lipides, qui est couplée à la synthèse d'ATP.
- Les chloroplastes contiennent un système complexe de membranes thylacoïdes. Ces membranes comportent des pigments et des enzymes qui absorbent la lumière et produisent de l'ATP au cours de la photosynthèse.

5.4 Le cytosquelette : ses composants et ses fonctions structurales

Le cytosol est un site important du métabolisme cellulaire. Il contient un grand nombre d'enzymes différentes. Les protéines constituent 20 à 30 % de la masse du cytosol et environ un quart à la moitié des protéines cellulaires totales s'y trouvent. Les estimations de la concentration protéique dans le cytosol vont de 200 à 400 mg/ml. En raison de la concentration élevée des protéines cytosoliques, des complexes protéiques peuvent se former même si l'énergie qui les stabilise est faible. De nombreux chercheurs pensent que le cytosol est hautement organisé, avec la plupart des protéines solubles liées à des filaments ou situées dans des régions spécifiques. Dans une micrographie électronique de cellule animale type, les protéines solubles remplissant l'intérieur de la cellule cachent une grande partie de la structure interne. Si une cellule est traitée au préalable par un détergent non ionique (comme du Triton X-100) qui rend la membrane perméable, les protéines cytosoliques diffusent vers l'extérieur. Dans les micrographies de cellules animales ayant subi une extraction par un détergent, deux types de structures apparaissent : les organites délimités par des membranes et les filaments du cytosquelette, qui emplissent le cytosol (Figure 5-28).

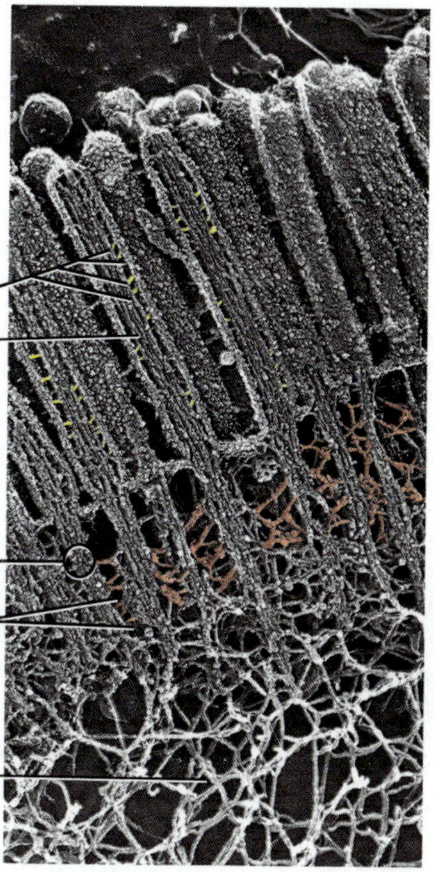

FIGURE 5-28 Une micrographie électronique de la partie apicale d'une cellule d'épithélium intestinal ayant subi une extraction par un détergent. Les microvillosités, les projections en forme de doigt de la membrane plasmique, couvrent la surface apicale d'une cellule d'épithélium intestinal. Un faisceau de filaments au centre de chaque microvillosité stabilise la structure. La membrane plasmique entourant une microvillosité est liée aux côtés du faisceau par des liaisons membrane-microfilament (en jaune) régulièrement espacées. Le faisceau se poursuit à l'intérieur de la cellule sous la forme d'une radicelle. Les petites racines des multiples microvillosités sont reliées les unes aux autres par des fibres de connexion (en rouge) constituées d'une isoforme intestinale de la spectrine. Cette protéine fibreuse qui se lie à l'actine est présente dans une bande étroite juste en dessous de la membrane plasmique de nombreuses cellules animales. Les radicelles sont attachées par leur base aux filaments intermédiaires de kératine. Ces nombreuses connexions ancrent les radicelles dans un maillage de filaments et assurent donc l'orientation vers le haut des microvillosités. [Aimablement communiqué par N. Hirokawa.]

Dans cette section, nous introduirons les filaments protéiques qui constituent le cytosquelette. Nous décrirons ensuite la façon dont ils soutiennent la membrane plasmique et les membranes nucléaires et organisent le contenu de la cellule. Nous verrons dans des chapitres ultérieurs les propriétés dynamiques du cytosquelette — son assemblage et son démantèlement, ainsi que son rôle dans les déplacements cellulaires.

Trois types de filaments constituent le cytosquelette

Le cytosol d'une cellule eucaryote contient trois types de filaments que l'on peut distinguer d'après leur diamètre, le type de sous-unité qui les compose et l'arrangement de ces sous-unités (Figure 5-29). Les **filaments d'actine**, également appelés **microfilaments**, ont un diamètre de 8 à 9 nm et une structure double brin hélicoïdale. Les **microtubules** sont des structures qui ressemblent à des tubes creux de 24 nm de diamètre dont les parois sont formées de protofilaments adjacents. Les **filaments intermédiaires** (FI) ont une structure en corde de 10 nm de diamètre.

Chaque type de filament cytosquelettique est un polymère de sous-unités protéiques (Tableau 5-4). Les sous-unités monomériques d'**actine** s'assemblent en microfilaments ; les sous-unités dimériques composées d'**α-** et **β-tubuline** polymérisent en microtubules. Au contraire des microfilaments et des microtubules, qui sont assemblés à partir d'une ou deux protéines, les filaments intermédiaires résultent de l'assemblage de protéines variées appartenant à une grande famille. Les filaments intermédiaires les plus courants, présents dans le noyau, sont constitués de *lamines*. Les filaments intermédiaires construits à partir d'autres protéines sont exprimés préférentiellement dans certains tissus : par exemple, les filaments contenant de la *kératine* dans les cellules épithéliales, les filaments contenant de la *desmine* dans les cellules musculaires et les filaments contenant de la *vimentine* dans les cellules mésenchymateuses.

FIGURE 5-29 Une comparaison des trois types de filaments formant le cytosquelette. (a) Un schéma des structures élémentaires d'un filament d'actine (FA), d'un filament intermédiaire (FI) et d'un microtubule (MT). La structure perlée d'un filament d'actine montre l'empaquetage des sous-unités d'actine. Les sous-unités d'un filament intermédiaire s'assemblent en cordes dans lesquelles les sous-unités individuelles sont difficiles à distinguer. Les parois des microtubules sont formées de protofilaments de sous-unités de tubuline. (b) Une micrographie d'un mélange de filaments d'actine, de microtubules et de filaments intermédiaires de vimentine, montrant les différences de forme, de taille et de flexibilité. Des préparations purifiées de sous-unités d'actine, de tubuline et de vimentine ont été polymérisées séparément dans un tube à essai pour former les filaments correspondants. Un mélange des filaments a été appliqué sur un film de carbone déposé sur une grille de microscope, puis rincé avec une solution diluée d'uranyl acétate (UC) qui entoure la protéine mais n'y pénètre pas (c). L'uranyl acétate étant un métal lourd qui disperse facilement les électrons, les zones de la grille du microscope occupées par la protéine produisent une image « en négatif » dans le film de métal lorsqu'elles sont projetées sur une plaque photographique, comme le montre la partie (b). [Partie (b) aimablement communiquée par G. Waller et P. Matsudaira.]

La plupart des cellules eucaryotes contiennent les trois types de filaments cytosquelettiques, souvent concentrés en des positions distinctes. Par exemple, dans les cellules absorbantes qui tapissent la lumière de l'intestin, les microfilaments d'actine sont abondants dans la région apicale, au niveau de laquelle ils sont associés aux jonctions intercellulaires et assurent un soutien au revêtement dense de microvillosités (Figure 5-30a). Les filaments d'actine sont également présents dans une zone étroite adjacente à la membrane plasmique, dans les régions latérales de ces cellules. Les filaments intermédiaires de kératine formant un treillage relient les

TABLEAU 5-4 Les sous-unités protéiques dans les filaments cytosquelettiques

Sous-unités protéiques	PM	Expression	Fonction
MICROFILAMENTS			
Actine	42 000	Champignons, plantes, animaux	Soutien structural, motilité
MreB	36 000	Bactéries en bâtonnet	Contrôle de la largeur
MICROTUBULES			
Tubuline (α et β)	58 000	Champignons, plantes, animaux	Soutien structural, motilité, polarité des cellules
FtsZ	58 000	Bactéries	Division cellulaire
FILAMENTS INTERMÉDIAIRES			
Lamines	Divers	Plantes, animaux	Soutien de la membrane nucléaire
Desmine, kératine, vimentine, autres	Divers	Animaux	Adhérence cellulaire
AUTRES			
MSP	50 000	Spermatozoïdes de nématode	Motilité

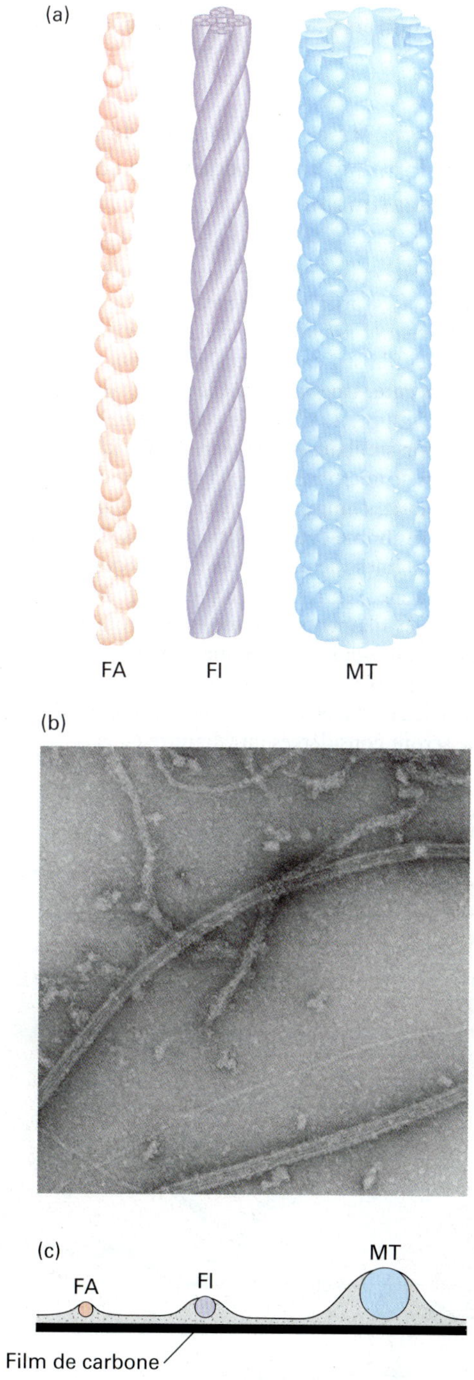

microvillosités et sont attachés aux jonctions intercellulaires. Les filaments intermédiaires de lamine soutiennent la membrane nucléaire interne. Enfin, les microtubules, alignés le long de l'axe longitudinal de la cellule, sont très proches des principaux organites cellulaires tels que le réticulum endoplasmique, l'appareil de Golgi et les vésicules.

Le cytosquelette a été hautement conservé au cours de l'évolution. Une comparaison des séquences de gènes montre seulement un faible pourcentage de différences de séquence entre l'actine et la tubuline de levure d'une part et l'actine et la tubuline humaines d'autre part. Cette conservation structurale s'explique par la diversité des fonctions capitales qui dépendent du cytosquelette. Une mutation dans une sous-unité protéique du cytosquelette pourrait perturber l'assemblage des filaments et leur liaison à d'autres protéines. Des analyses des séquences de gènes et des structures protéiques ont permis d'identifier des homologues bactériens de l'actine et de la tubuline. L'absence de protéines de type FI dans les bactéries et les eucaryotes unicellulaires est une preuve de l'apparition plus tardive des filaments intermédiaires au cours de l'évolution du système cytosquelettique. La première protéine de type FI apparue était probablement une lamine nucléaire à partir de laquelle les protéines FI cytosoliques ont évolué.

Le cytosquelette bactérien simple contrôle la longueur de la cellule, sa largeur et le site de division cellulaire. La protéine FtsZ, un homologue bactérien de la tubuline, est située autour de l'étranglement des cellules bactériennes en cours de division, ce qui suggère une participation de FtsZ à la division cellulaire (Figure 5-30b). Les résultats des expériences biochimiques menées avec de la FtsZ purifiée démontrent qu'elle peut polymériser en protofilaments mais que ceux-ci ne s'assemblent pas en microtubules intacts. On a montré qu'une autre protéine bactérienne, MreB, avait une structure atomique et une structure filamenteuse similaires à celles de l'actine, ce qui laisse fortement penser que l'actine a évolué à partir de MreB. Parmi les preuves de la fonction de MreB, il y a sa localisation dans un filament qui ceinture les cellules bactériennes en bâtonnet, son absence des protéines sphériques et le fait que les cellules mutantes dépourvues de MreB deviennent plus larges mais pas plus longues. Ces observations suggèrent que MreB contrôle la largeur des bactéries en bâtonnet.

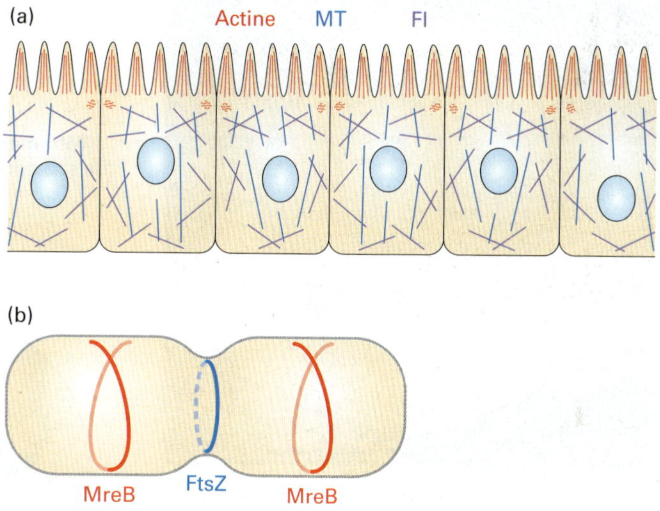

FIGURE 5-30 Une représentation schématique de la distribution des filaments cytosquelettiques dans les cellules eucaryotes et les cellules bactériennes. (a) Dans les cellules épithéliales absorbantes, les filaments d'actine (en rouge) sont concentrés dans la région apicale et dans une bande étroite de la région basolatérale. Les microtubules (en bleu) sont orientés le long de l'axe longitudinal de la cellule et les filaments intermédiaires (en violet) sont concentrés le long de la périphérie de la cellule, en particulier au niveau des jonctions spécialisées avec des cellules voisines et tapissent la membrane nucléaire. (b) Dans une cellule de bactérie en bâtonnet, des filaments de MreB, l'homologue bactérien de l'actine, entourent la cellule et réduisent sa largeur. L'homologue bactérien de la tubuline, FtsZ, forme des filaments au niveau du site de division cellulaire.

Les filaments du cytosquelette sont organisés en faisceaux et en réseaux

Au premier abord, lorsque l'on regarde des micrographies d'une cellule, on est frappé par le treillis dense et apparemment désorganisé de filaments, présent dans le cytosol. Toutefois, un œil exercé commence à distinguer des zones — généralement les endroits où la membrane saille de la surface cellulaire ou bien les sites d'adhérence de la cellule avec la surface ou avec une autre cellule — au niveau desquelles les filaments sont concentrés en faisceaux. Les filaments continuent vers l'intérieur de la cellule à partir de ces faisceaux, se déploient et s'intègrent à un réseau de filaments. Ces deux structures, les *faisceaux* et les *réseaux*, sont les arrangements les plus courants des filaments cytosquelettiques dans une cellule.

D'un point de vue structural, les faisceaux se distinguent des réseaux, principalement par l'organisation des filaments. Dans les faisceaux, les filaments sont étroitement regroupés en rangées parallèles. Dans les réseaux, les filaments s'entrecroisent, souvent à angle droit et sont regroupés de façon lâche. Les réseaux peuvent être subdivisés. Un type de réseau associé aux membranes nucléaires et plasmiques est plan (bidimensionnel) comme un filet ou une toile d'araignée ; l'autre type, présent à l'intérieur de la cellule est tridimensionnel, donnant au cytosol des propriétés proches de celles d'un gel. Dans tous les faisceaux et réseaux, les filaments sont maintenus ensemble par différentes protéines de pontage. Nous traiterons de plusieurs protéines cytosquelettiques de ce type et de leurs fonctions aux Chapitres 19 et 20.

Les microfilaments et les protéines de liaison à la membrane forment un cytosquelette sous-jacent à la membrane plasmique

La forme caractéristique d'une cellule dépend de l'organisation des filaments d'actine et des protéines qui relient les microfilaments à la membrane. Ces protéines, appelées *protéines de liaison des microfilaments à la membrane*, ressemblent à des soudures par points qui fixent la structure cytosquelettique d'actine à la membrane sous-jacente. Une fois attachée à un faisceau de filaments, la membrane adopte la forme en doigt d'une microvillosité ou d'une projection similaire (voir Figure 5-28). Lorsqu'elle est fixée à un réseau plan de microfilaments, la membrane est maintenue sous une forme aplatie, comme la membrane des globules rouges. Les connexions membrane-cytosquelette les plus simples entraînent la liaison des protéines membranaires intrinsèques directement aux filaments d'actine. On rencontre plus fréquemment des liaisons établies entre les filaments d'actine et les protéines membranaires intrinsèques ayant pour intermédiaires des protéines membranaires périphériques qui servent de protéines adaptatrices. Des liaisons de ce type entre le cytosquelette et certaines protéines de la membrane plasmique seront considérées au Chapitre 6.

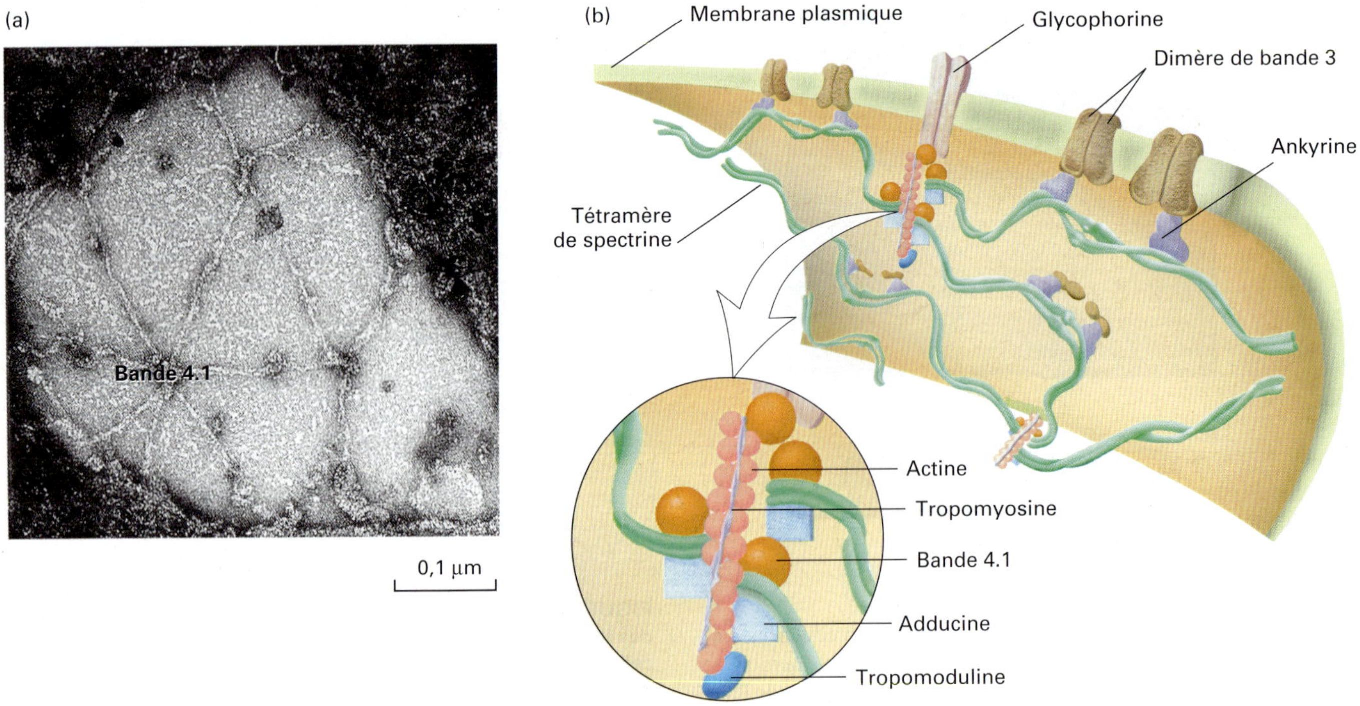

FIGURE 5-31 Le cytosquelette cortical servant de soutien à la membrane plasmique dans les érythrocytes humains. (a) Une micrographie électronique de la membrane de l'érythrocyte montrant l'organisation en forme de roue du cytosquelette. Les longs rayons sont constitués principalement de spectrine et se croisent au niveau des moyeux ou sites de liaison à la membrane. Les taches plus sombres le long des rayons sont des molécules d'ankyrine. Elles forment des pontages entre la spectrine et les protéines membranaires intrinsèques. (b) Un schéma du cytosquelette d'un érythrocyte montrant les différents composants. Voir le texte pour la discussion. [Partie (a) d'après T. J. Byers & D. Branton, 1985, *Proc. Natl. Acad. Sci. USA* **82**:6153. Aimablement communiqué par D. Branton. Partie (b) adaptée de S. E. Lux, 1979, *Nature* **281**:426 et E. J. Luna & A. L. Hitt, 1992 *Science* **258**:955.]

La zone la plus riche en filaments d'actine dans de nombreuses cellules se trouve dans le *cortex*, une zone étroite située juste en dessous de la membrane plasmique. Dans cette région, la plupart des filaments d'actine sont arrangés suivant un réseau qui exclut la majorité des organites du cytoplasme cortical. Le cytosquelette le plus simple est sans doute le réseau bidimensionnel des filaments d'actine adjacents à la membrane plasmique des érythrocytes. Dans les cytosquelettes corticaux plus complexes, tels que ceux des plaquettes sanguines, des cellules épithéliales et des muscles, les filaments d'actine font partie d'un réseau tridimensionnel qui garnit le cytosol et ancre la cellule au substrat.

Un globule rouge doit passer dans d'étroits capillaires sanguins sans que sa membrane ne casse. La force et la flexibilité de la membrane plasmique des érythrocytes dépendent d'un réseau cytosquelettique dense sous-jacent à la membrane plasmique et qui lui est attaché en de nombreux endroits. Le composant principal du cytosquelette des érythrocytes est la *spectrine*, une protéine fibreuse longue de 200 nm. Le cytosquelette complet est arrangé suivant un réseau qui ressemble à une roue (Figure 5-31a). Chaque rayon est constitué d'une seule molécule de spectrine, qui s'étend à partir de deux moyeux et les relie. Chaque moyeu comprend un court (14 sous-unités) filament d'actine plus de l'adducine, de la tropomyosine et de la tropomoduline (Figure 5-31b, *agrandissement*). Les deux dernières protéines renforcent le réseau en empêchant le filament d'actine de se dépolymériser. Six ou sept rayons partent de chaque moyeu, ce qui suggère que six ou sept molécules de spectrine sont liées au même filament d'actine.

Pour garantir le maintien de la forme caractéristique du globule rouge, le cytosquelette spectrine-actine est solidement attaché à la membrane plasmique sous-jacente par deux protéines membranaires périphériques, liées chacune à une protéine membranaire intrinsèque et à des phospholipides membranaires. L'*ankyrine* relie le centre de la spectrine à la protéine de la bande 3, une protéine membranaire qui transporte des anions. La *protéine de la bande 4.1*, un composant du moyeu, se fixe à la glycophorine, une protéine membranaire intrinsèque dont la structure a été décrite précédemment (voir Figure 5-12). L'ankyrine et la protéine de la bande 4.1 contiennent toutes deux des motifs de liaison aux lipides, qui les aident à se fixer à la membrane (voir Tableau 5.3). La double liaison par l'ankyrine et la protéine de la bande 4.1 garantissent à la membrane d'être connectée à la fois aux rayons et aux moyeux du cytosquelette spectrine-actine (voir Figures 5-31b).

Les filaments intermédiaires soutiennent la membrane nucléaire et aident à l'assemblage des cellules en tissus

Les filaments intermédiaires s'entrecroisent généralement dans le cytosol, formant une armature interne qui s'étend de l'enveloppe nucléaire jusqu'à la membrane plasmique (Figure 5-32). Un réseau de filaments intermédiaires est présent au contact de certaines membranes cellulaires, auxquelles il assure un soutien mécanique. Par exemple, les filaments de lamine A et de lamine C forment un treillis orthogonal associé à la lamine B. L'ensemble de cette structure de soutien, appelé **lamina nucléaire** est ancré à la membrane nucléaire interne par des ancres prénylées sur la lamine B.

Au niveau de la membrane plasmique, les filaments intermédiaires sont attachés par des protéines adaptatrices à des jonctions cellulaires spécialisées appelées *desmosomes* et *hémidesmosomes*

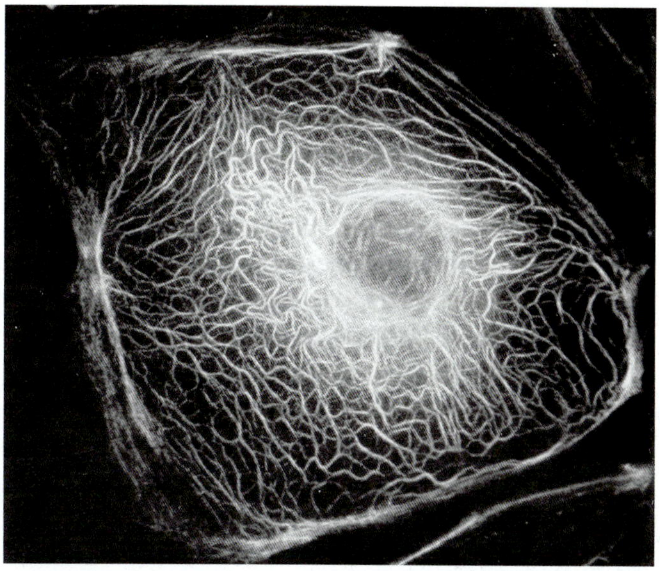

FIGURE 5-32 Une micrographie par fluorescence d'un fibroblaste PtK2 marqué de manière à révéler les filaments intermédiaires de kératine. Un réseau de filaments s'entrecroise dans la cellule, du noyau jusqu'à la membrane plasmique. Au niveau de celle-ci, les filaments sont liés par des protéines adaptatrices à deux types de jonctions d'ancrage : les desmosomes entre des cellules adjacentes et les hémidesmosomes entre la cellule et la matrice. [Aimablement communiqué par R. D. Goldman.]

responsables de l'adhérence cellule-cellule et cellule-matrice respectivement, en particulier dans les tissus épithéliaux. Par ce moyen, les filaments intermédiaires d'une cellule sont reliés indirectement aux filaments intermédiaires de la cellule voisine ou de la matrice extracellulaire. En raison du rôle important des jonctions cellulaires dans l'adhérence cellulaire et la stabilité des tissus, nous considérerons en détail au Chapitre 6 leur structure et leur relation avec les filaments cytosquelettiques.

Les microtubules rayonnent à partir des centrosomes et organisent certaines structures subcellulaires

Comme les microfilaments et les filaments intermédiaires, les microtubules ne sont pas distribués aléatoirement dans les cellules. Au contraire, ils rayonnent à partir du **centrosome**, qui est le principal **centre d'organisation des microtubules** (**MTOC** pour *microtubule-organizing center* en anglais) dans les cellules animales (Figure 5-33). Comme nous le verrons au Chapitre 20, les deux extrémités d'un microtubule diffèrent par leurs propriétés dynamiques et sont couramment appelées extrémités (+) et (-). Pour cette raison, les microtubules peuvent avoir deux orientations distinctes les uns par rapport aux autres et par rapport aux autres structures cellulaires. Dans de nombreuses cellules animales qui ne sont pas en cours de division, le MTOC est situé au centre de la cellule, près du noyau, et les microtubules rayonnant à partir de ce centre sont tous orientés avec leur extrémité (+) dirigée vers la périphérie de la cellule. Bien que la plupart des cellules animales en interphase contiennent un seul MTOC périnucléaire, les cellules épithéliales et végétales comportent des centaines de MTOC. Ces

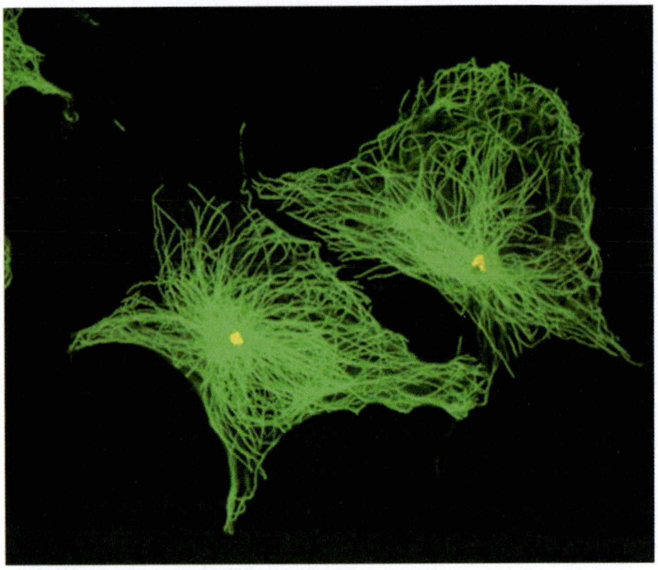

FIGURE 5-33 Une micrographie par fluorescence d'une cellule d'ovaire de hamster marquée de manière à révéler les microtubules et le MTOC. Les microtubules (en vert), détectés à l'aide d'un anticorps dirigé contre la tubuline irradient à partir d'un point central, le centre d'organisation des microtubules (MTOC), près du noyau. Le MTOC (en jaune) est détecté par un anticorps reconnaissant une protéine localisée au niveau du centrosome. [Aimablement communiqué par R. Kuriyame.]

deux types cellulaires présentent des propriétés structurales et fonctionnelles distinctes dans des régions différentes de la cellule. La **polarité** structurale et fonctionnelle de ces cellules est liée à l'orientation des microtubules qu'elles contiennent.

Des découvertes provenant d'études décrites au Chapitre 20 montrent que l'association des microtubules au réticulum endoplasmique et aux autres organites délimités par une membrane peut être essentielle au positionnement et à l'organisation de ces organites au sein de la cellule. Par exemple, si les microtubules sont détruits par des substances telles que le nocodazole ou le colcémide, le RE perd son organisation en réseau. Les microtubules sont également essentiels pour la formation de l'appareil mitotique — la structure transitoire élaborée qui fixe puis sépare les chromosomes répliqués lors de la division cellulaire.

CONCEPTS CLÉS DE LA SECTION 5.4

Le cytosquelette : ses composants et ses fonctions structurales

- Le cytosol est le milieu aqueux interne d'une cellule à l'exception de tous les organites et du cytosquelette. Il contient de nombreuses enzymes solubles assurant la plus grande partie de l'activité métabolique de la cellule.
- Trois types principaux de filaments protéiques — les filaments d'actine, les microtubules et les filaments intermédiaires — constituent le cytosquelette (voir Figure 5-29).
- Les microfilaments sont assemblés à partir de sous-unités monomériques d'actine, les microtubules à partir de sous-unités de tubuline α et β et les filaments intermédiaires à partir de sous-unités de lamines et d'autres protéines tissu-spécifiques.
- Dans toutes les cellules animales et végétales, le cytosquelette fournit un soutien structural à la cellule et contribue au déplacement de celle-ci. Certaines bactéries possèdent un cytosquelette primitif.
- Les faisceaux d'actine forment le cœur des microvillosités et des autres projections en forme de doigt de la membrane plasmique.
- Les réseaux corticaux spectrine-actine sont attachés à la membrane cellulaire par des protéines bivalentes de liaison membrane-microfilaments, telles que l'ankyrine et la protéine de la bande 4.1 (voir Figure 5-31).
- Les filaments intermédiaires sont assemblés en réseaux et en faisceaux par différentes protéines de liaison aux filaments intermédiaires, qui forment également des pontages entre les filaments intermédiaires et les membranes plasmiques et nucléaires, les microtubules et les microfilaments.
- Dans certaines cellules animales, les microtubules rayonnent à partir d'un centre unique d'organisation des microtubules situé au cœur de la cellule (voir Figure 3-33). Des microtubules intacts semblent être nécessaires aux membranes du réticulum endoplasmique et du Golgi pour qu'elles aient une structure organisée.

5.5 La purification des cellules et de leurs constituants

De nombreuses études sur la structure et la fonction des cellules exigent des échantillons d'un type de cellule ou d'organite subcellulaire particulier. La plupart des tissus animaux et végétaux cependant contiennent un mélange de types cellulaires ; de même la majorité des cellules est remplie de divers organites. Dans cette section, nous décrirons plusieurs techniques couramment utilisées pour séparer les différents types de cellules et d'organites. La purification des protéines membranaires pose certains problèmes spécifiques dont nous parlerons également ici.

La cytométrie en flux permet de séparer des types cellulaires différents

Certains types cellulaires ont des densités si différentes que cette propriété physique permet de les séparer. Les globules blancs (leucocytes) et les globules rouges (érythrocytes) par exemple, ont des densités très différentes car les érythrocytes sont dépourvus de noyau. Ces cellules peuvent donc être séparées grâce à une centrifugation à l'équilibre en gradient de densité (décrite brièvement). La plupart des types cellulaires ne pouvant être différenciés aussi facilement, d'autres techniques telles que la cytométrie en flux doivent être utilisées pour les séparer.

Un cytomètre en flux identifie des cellules différentes en mesurant la lumière qu'elles dispersent et la fluorescence qu'elles émettent en passant au travers d'un faisceau laser. Il permet donc de trier les cellules d'un type donné au sein d'un mélange. En effet, un *trieur de cellules marquées par fluorescence (FACS)*, un instrument basé sur la cytométrie en flux, est capable de sélectionner une cellule parmi des milliers d'autres cellules (Figure 5-34). Par exemple, si un anticorps spécifique d'une molécule de surface donnée est lié à un colorant fluorescent, toutes les cellules portant cette

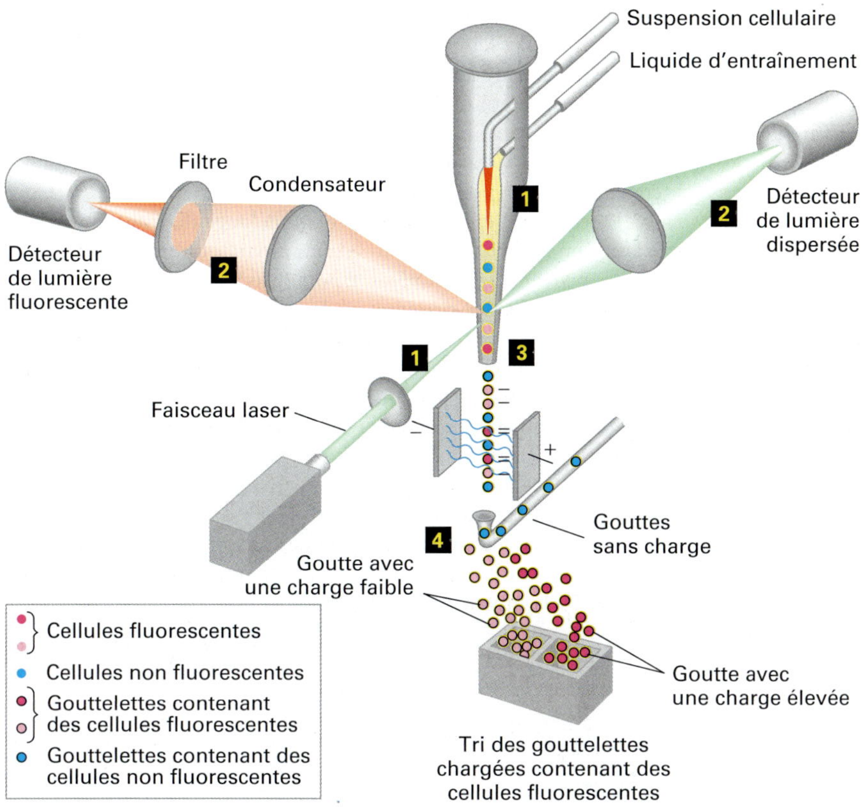

FIGURE EXPÉRIMENTALE 5-34 Un trieur de cellules marquées par fluorescence (FACS) sépare les cellules marquées de façon différente par un réactif fluorescent. Étape **1** : Une suspension concentrée de cellules marquées est mélangée avec un tampon (liquide d'entraînement) de sorte que les cellules passent en file indienne à travers un faisceau laser. Étape **2** : La lumière fluorescente émise et la lumière dispersée par chaque cellule sont mesurées toutes les deux. La taille et la forme de la cellule peuvent être établies d'après les mesures de la lumière dispersée. Étape **3** : On force ensuite la suspension à passer à travers un embout, qui produit de minuscules gouttes contenant au maximum une cellule. Au moment de sa formation, chaque gouttelette reçoit une charge négative proportionnelle à la quantité de fluorescence présente dans la cellule qu'elle contient. Étape **4** : Les gouttelettes non chargées et celles de charges électriques différentes sont séparées par un champ électrique et recueillies. Il ne faut que quelques millisecondes pour trier chaque gouttelette, de sorte que la machine peut analyser jusqu'à 10 millions de cellules par heure. Les cellules possédant les propriétés recherchées peuvent alors être séparées puis mises en culture. [Adapté de D. R. Parks & L. A. Herzenberg, 1982, *Meth. Cell Biol.* **26**:283.]

molécule se lient à l'anticorps et sont alors séparées des autres cellules lorsqu'elles fluorescent dans le FACS. Une fois séparées des autres cellules, les cellules sélectionnées peuvent être mises en culture.

La technique du FACS est couramment utilisée pour purifier les différents types de globules blancs, qui portent chacun à leur surface une ou plusieurs protéines particulières et se fixeront donc aux anticorps monoclonaux spécifiques de cette protéine. Seuls les lymphocytes T du système immunitaire par exemple possèdent les protéines CD3 et Thy1.2 à leur surface. La présence de ces protéines de surface permet de séparer facilement les lymphocytes T des autres types de cellules sanguines ou de cellules de la rate (Figure 5-35). Une variation de l'utilisation des anticorps monoclonaux consiste à se servir de petites perles magnétiques recouvertes d'un anticorps monoclonal spécifique d'une protéine de surface telle que CD3 ou Thy1.2. Seules les cellules possédant ces protéines colleront aux perles et pourront être récupérées de la préparation par leur adhérence à un petit aimant présent sur le côté du tube à essai.

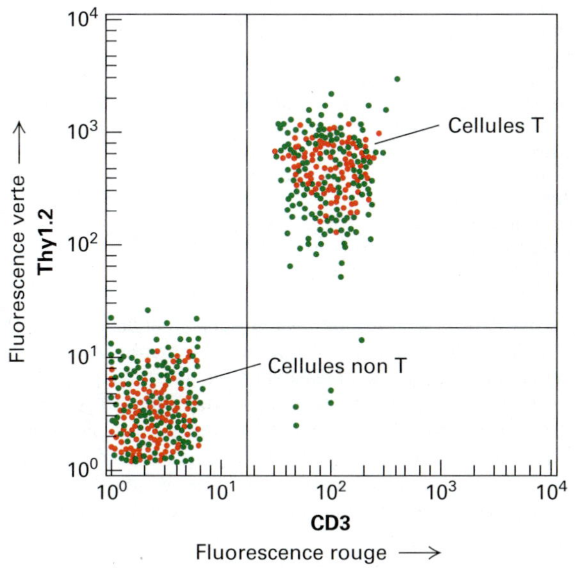

FIGURE EXPÉRIMENTALE 5-35 Les cellules T liées à des anticorps marqués par fluorescence dirigés contre deux protéines de surface cellulaire sont séparées des autres globules blancs par FACS. Des cellules de rate de souris ont réagi avec un anticorps monoclonal marqué par fluorescence (en vert) spécifique de la protéine de surface CD3 et avec un autre anticorps (fluorescence rouge) spécifique d'une seconde protéine de surface, Thy1.2. Lorsque les cellules passent par le FACS, l'intensité de la fluorescence rouge et de la fluorescence verte émises par chaque cellule est enregistrée. La représentation graphique de la fluorescence rouge (axe vertical) en fonction de la fluorescence verte (axe horizontal) pour des milliers de cellules montre qu'environ la moitié des cellules — les cellules T — expriment à la fois la protéine CD3 et la protéine Thy1.2 à leur surface (cadran en haut à droite). Les autres cellules, qui présentent une fluorescence faible (cadran en bas à gauche), expriment seulement des concentrations minimes de ces protéines et correspondent à d'autres types de globules blancs. Remarquez l'échelle logarithmique sur les deux axes. [Aimablement communiqué par Chengcheng Zhang.]

Parmi les autres techniques utilisant la cytométrie en flux, on trouve la mesure du contenu en ADN ou en ARN d'une cellule et la détermination de la forme générale et de la taille de celle-ci. Le FACS permet de mesurer simultanément la taille d'une cellule (à partir de la quantité de lumière dispersée) et la quantité d'ADN qu'elle contient (d'après la dose de fluorescence émise par un colorant lié à l'ADN).

La rupture des cellules permet de libérer leurs organites et leurs autres constituants

L'étape initiale de la purification des structures subcellulaires consiste à rompre la membrane plasmique et la paroi cellulaire s'il y en a une. Tout d'abord, les cellules sont placées en suspension dans une solution de pH et de contenu salin appropriés, généralement du saccharose isotonique (0,25 M) ou une combinaison de sels similaires à ceux présents à l'intérieur de la cellule. De nombreuses cellules peuvent ensuite être rompues en plaçant la suspension cellulaire dans un mélangeur à grande vitesse ou en l'exposant à des ultrasons (*sonication*). Les membranes plasmiques peuvent également être cassées par des homogénéisateurs tissulaires sous pression dans lesquels les cellules sont forcées de passer au travers d'un espace très étroit compris entre un piston et la paroi d'un cylindre. Comme nous l'avons noté plus haut, l'eau pénètre dans les cellules lorsqu'elles sont placées dans une solution hypotonique (voir Figure 5-18). Ce flux osmotique fait gonfler les cellules, affaiblissant la membrane plasmique, ce qui facilite sa rupture. Généralement, la solution est conservée à 0°C pour mieux préserver les enzymes et les autres constituants après leur libération de la cellule.

La rupture de la cellule libère un mélange de composants cellulaires en suspension, l'homogénat, à partir duquel les organites désirés peuvent être récupérés. L'homogénéisation de la cellule et la dilution du cytosol provoquent la dépolymérisation des microfilaments d'actine et des microtubules, libérant leurs sous-unités monomériques et cassant les filaments intermédiaires en petits fragments. D'autres techniques, décrites aux Chapitres 19 et 20 sont donc utilisées pour étudier ces constituants importants. Le foie de rat a été utilisé lors de nombreuses études classiques d'organites cellulaires car il contient une grande quantité d'un type cellulaire unique. Toutefois, les mêmes principes d'isolement s'appliquent à presque tous les tissus et cellules et des variantes de ces techniques de fractionnement cellulaire peuvent être utilisées pour séparer et purifier les composants recherchés.

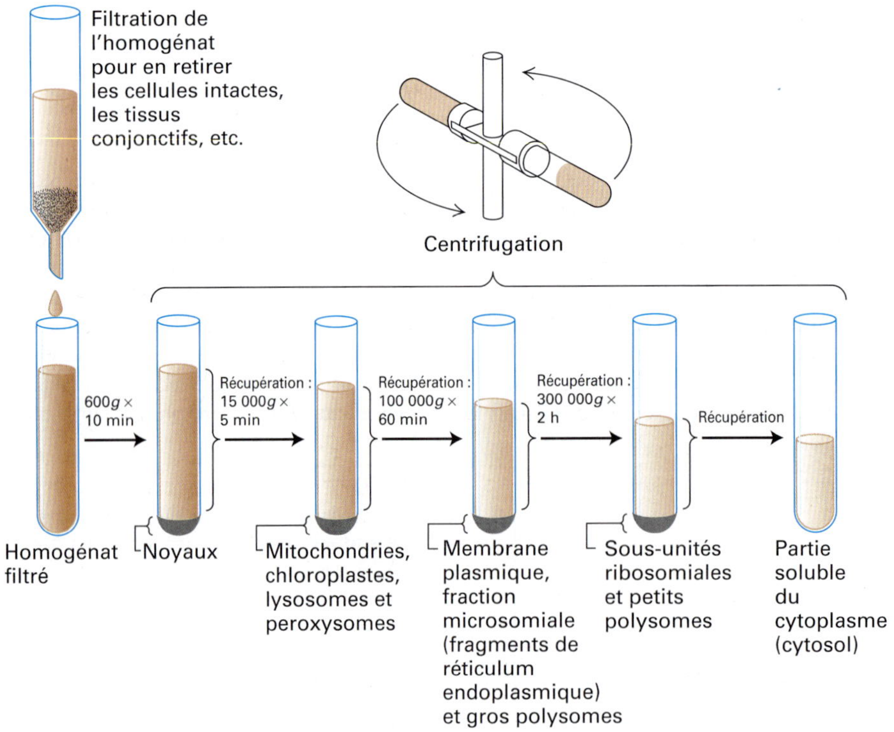

FIGURE EXPÉRIMENTALE 5-36 La centrifugation différentielle est généralement la première étape du fractionnement d'un homogénat cellulaire. L'homogénat résultant de la rupture des cellules est le plus souvent filtré pour en retirer les cellules intactes, puis centrifugé à une vitesse assez faible pour que les noyaux — les plus gros organites — se retrouvent de manière sélective dans le culot. Le matériel non précipité (le surnageant) est ensuite centrifugé à une vitesse supérieure provoquant la sédimentation des mitochondries, des chloroplastes, des lysosomes et des peroxysomes. Une centrifugation supplémentaire à 100 000 *g* pendant 60 minutes entraîne le dépôt des membranes plasmiques, des fragments de réticulum endoplasmique et des gros polysomes. La récupération des sous-unités ribosomiales, des petits polysomes et des particules telles que les complexes enzymatiques nécessite des centrifugations supplémentaires à des vitesses encore plus élevées. Seul le cytosol — la partie aqueuse du cytoplasme — reste dans le surnageant après une centrifugation à 300 000 *g* pendant 2 heures.

La centrifugation permet de séparer de nombreux types d'organites

Nous avons décrit au Chapitre 3 les principes de la centrifugation et les utilisations des techniques de centrifugation pour séparer des protéines et des acides nucléiques. Des approches similaires sont utilisées pour séparer et purifier les divers organites, qui diffèrent à la fois par leur taille et leur densité et sédimentent donc à des vitesses distinctes.

La plupart des techniques de fractionnement cellulaire commencent par la *centrifugation différentielle* d'un homogénat cellulaire filtré à des vitesses croissantes (Figure 5-36). Après une centrifugation à chaque vitesse pendant une durée appropriée, le surnageant est récupéré et centrifugé à une vitesse plus élevée. Les fractions obtenues dans les culots successifs grâce à la centrifugation différentielle contiennent généralement un mélange d'organites, même si les noyaux et les particules virales peuvent parfois être parfaitement purifiés grâce à cette technique. Une fraction d'organite obtenue par centrifugation différentielle peut être davantage purifiée par une *centrifugation à l'équilibre en gradient de densité*, qui sépare les composants cellulaires en fonction de leur densité. Après la remise en suspension de la fraction, elle est déposée en haut d'une solution contenant un gradient d'une substance dense non ionique (comme du saccharose ou du glycérol). Le tube est centrifugé à une vitesse élevée (de l'ordre de 40 000 rpm) pendant plusieurs heures, ce qui permet à chaque particule de migrer jusqu'à une position d'équilibre au niveau de laquelle la densité du liquide environnant est égale à la densité de la particule (Figure 5-37).

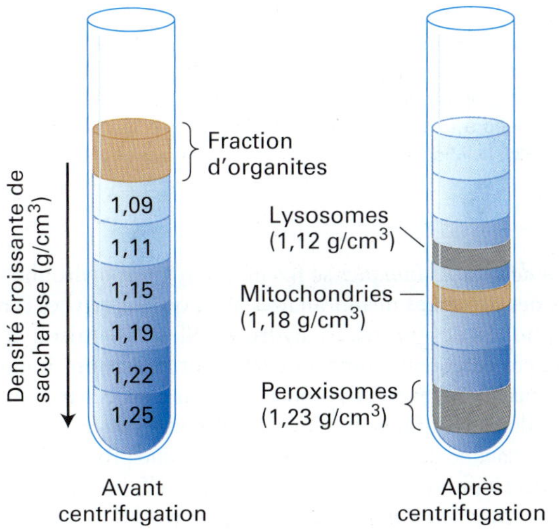

FIGURE EXPÉRIMENTALE 5-37 Une fraction contenant un mélange d'organites peut être séparée plus finement grâce à une centrifugation à l'équilibre en gradient de densité. Dans cet exemple, le matériel présent dans le culot formé lors d'une centrifugation à 15 000 *g* (voir Figure 5-36) est remis en suspension et déposé au sommet d'un gradient de solutions de saccharose de densité croissante dans un tube de centrifugation. Au cours d'une centrifugation de plusieurs heures, chaque organite migre jusqu'à sa densité d'équilibre et y demeure. Pour obtenir une bonne séparation des lysosomes et des mitochondries, le foie est perfusé à l'aide d'une solution contenant une faible quantité de détergent avant d'être fragmenté. Au cours de la période de perfusion, le détergent pénètre dans les cellules par endocytose et est transféré vers les lysosomes, ce qui les rend plus denses qu'ils ne le sont en temps normal. Ceci permet une séparation « nette » des lysosomes et des mitochondries.

Chaque organite présentant des caractéristiques morphologiques propres, la pureté de la préparation des organites peut être testée par un examen au microscope électronique. On peut également quantifier les molécules marqueurs spécifiques de chaque organite. Par exemple le cytochrome *c*, une protéine, est présent uniquement dans les mitochondries. La présence de cette protéine dans une fraction de lysosomes indiquerait la contamination de cette fraction par des mitochondries. De même, la catalase est présente seulement dans le peroxysomes, la phosphatase acide dans les lysosomes et les ribosomes, dans le réticulum endoplasmique rugueux ou le cytosol.

Les anticorps spécifiques des organites sont utiles pour préparer des organites hautement purifiés

Les fractions cellulaires obtenues après centrifugation différentielle et centrifugation à l'équilibre en gradient de densité peuvent encore contenir plusieurs types d'organites. Les anticorps monoclonaux dirigés contre différentes protéines membranaires spécifiques d'un organite constituent un outil puissant pour purifier davantage ces fractions. On peut par exemple purifier de la sorte des vésicules dont la surface externe est recouverte de clathrine (Figure 5-38). Un anticorps anti-clathrine, lié à un porteur bactérien, peut se lier de façon sélective à ces vésicules au sein d'une préparation grossière de membranes et le complexe complet contenant l'anticorps peut être isolé ensuite par une centrifugation à faible vitesse. Une technique apparentée utilise de minuscules billes métalliques recouvertes d'anticorps spécifiques. Les organites qui se fixent aux anticorps et sont de ce fait, liés aux billes métalliques, sont séparés de la préparation grâce à leur adhérence à un petit aimant présent sur le côté du tube à essai.

Toutes les cellules contiennent une dizaine ou plus de types différents de petites vésicules délimitées par des membranes, qui ont pratiquement la même taille (50 à 100 nm de diamètre) et la même densité. En raison de cette similitude, il est difficile de séparer ces vésicules les unes des autres par les techniques de centrifugation. Les techniques immunologiques sont particulièrement utiles pour purifier des classes spécifiques de vésicules de ce type. Les cellules graisseuses et musculaires par exemple, contiennent un transporteur spécifique du glucose (GLUT4) localisé au niveau de la membrane d'un type particulier de vésicule. Lorsque l'on ajoute de l'insuline à ces cellules, les vésicules fusionnent avec la membrane des cellules, augmentant ainsi le nombre de transporteurs capables de capter du glucose dans le sang. Comme nous le verrons au Chapitre 15, ce processus est essentiel pour maintenir la concentration appropriée de sucre dans le sang. Les vésicules contenant la protéine GLUT4 peuvent être purifiées à l'aide d'un anticorps qui se fixe à un segment de cette protéine situé face au cytosol. De même, les différentes vésicules de transport traitées au Chapitre 17 sont caractérisées par des protéines spécifiques de surface qui permettent leur séparation à l'aide d'anticorps spécifiques.

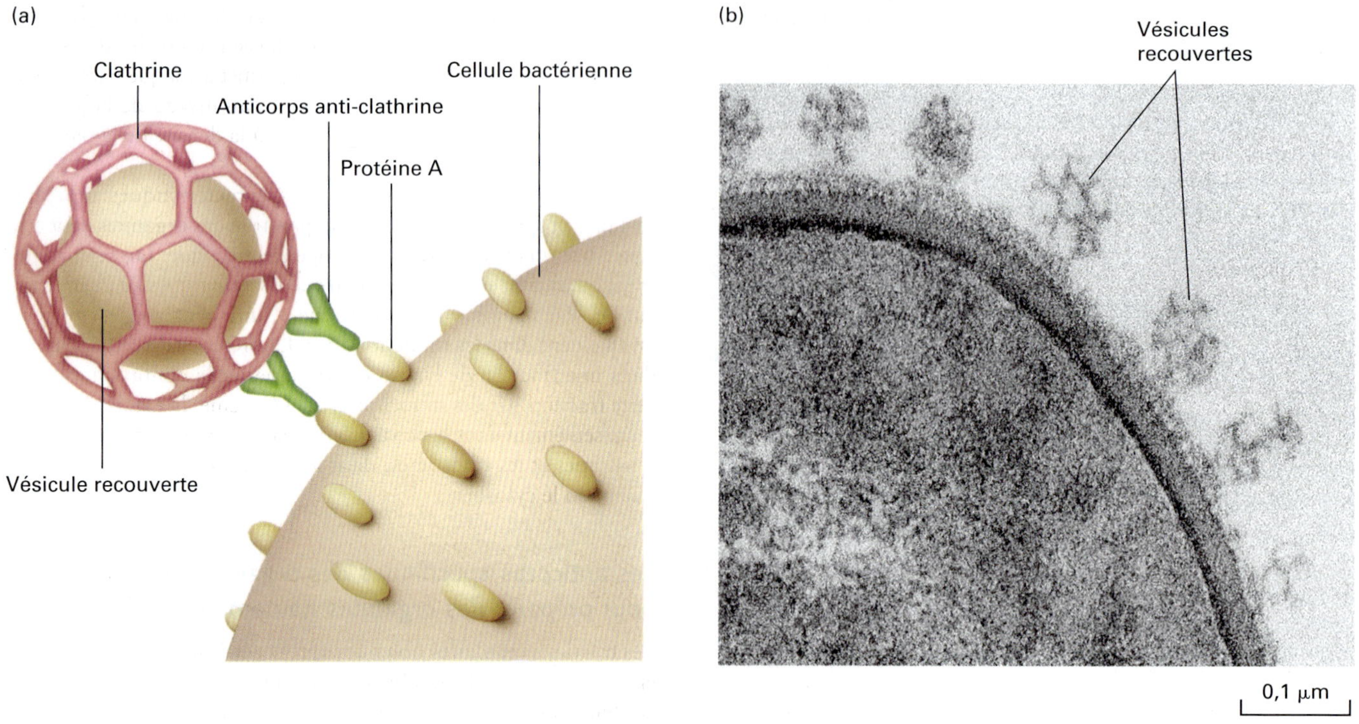

FIGURE EXPÉRIMENTALE 5-38 Les petites vésicules peuvent être purifiées par la fixation d'un anticorps spécifique d'une protéine de surface de la vésicule et par la liaison à des cellules bactériennes. Dans cet exemple, une suspension de membranes de foie de rat est incubée en présence d'un anticorps spécifique de la clathrine, une protéine qui recouvre la surface externe de certaines vésicules cytosoliques. On ajoute à ce mélange une suspension de bactéries *Staphylococcus aureus* dont la membrane de surface contient la protéine A, qui se fixe à la région constante Fc des anticorps. (a) L'interaction entre la protéine A et les anticorps relie les vésicules aux cellules bactériennes. Les complexes vésicule-bactérie peuvent ensuite être récupérés par centrifugation à faible vitesse. (b) Une coupe fine d'une micrographie électronique révèle des vésicules recouvertes de clathrine liées à une cellule de *S. aureus*. [Voir E. Merisko *et al.*, 1982, *J. Cell Biol.* **93**:846. Micrographie aimablement communiquée par G. Palade.]

Les protéines peuvent être extraites des membranes par des détergents ou des solutions salines hautement concentrées

Les détergents sont des molécules amphipathiques qui désorganisent les membranes en s'intercalant dans les bicouches phospholipidiques et en solubilisant les lipides et les protéines. La partie hydrophobe d'une molécule de détergent est attirée par les glucides et se mélange rapidement à eux. La partie hydrophile est fortement attirée par l'eau. Certains détergents sont des produits naturels, mais la plupart sont des molécules de synthèse élaborées pour le nettoyage ou la dispersion des mélanges d'huile et d'eau (Figure 5-39). Les détergents ioniques comme le sodium désoxycholate et le sodium dodécylsulfate (SDS) contiennent un groupement chargé. Les détergents non ioniques tels que le Triton X-100 et l'octylglucoside sont dépourvus de groupement chargé. À des concentrations très faibles, les détergents se dissolvent dans l'eau sous la forme de molécules isolées. Lorsque la concentration augmente, les molécules commencent à former des **micelles** — de petits agrégats sphériques dans lesquels les parties hydrophiles des molécules sont dirigées vers l'extérieur et les parties hydrophobes regroupées au centre (voir Figure 2-20). La *concentration micellaire critique (CMC)* à laquelle les micelles se forment est caractéristique de chaque détergent et dépend des structures de ses parties hydrophobe et hydrophile.

Les *détergents ioniques* se fixent aux régions hydrophobes exposées des protéines membranaires ainsi qu'aux parties centrales hydrophobes des protéines hydrosolubles. En raison de leur charge, ces détergents rompent également les liaisons ioniques et les liaisons hydrogène. À des concentrations élevées par exemple, le sodium dodécylsulfate dénature complètement les protéines en se fixant à chacune de leurs chaînes latérales, une propriété exploitée dans l'électrophorèse sur gel contenant du SDS (voir Figure 3-32). Les *détergents non ioniques* ne dénaturent pas les protéines et sont donc utiles pour les extraire des membranes avant de les purifier. Ces détergents agissent de manière différente selon leur concentration. À des concentrations élevées (supérieures à la CMC), ils solubilisent les membranes biologiques en formant des micelles mixtes de détergent, de phospholipides et de protéines membranaires intrinsèques (Figure 5-40). À des concentrations faibles (inférieures à la CMC), ces détergents se fixent aux régions hydrophobes de la plupart des protéines membranaires intrinsèques, les rendant solubles en solution aqueuse.

Le traitement des cellules en culture par une solution tampon saline contenant un détergent non ionique tel que le Triton X-100 permet d'extraire les protéines hydrosolubles ainsi que les protéines membranaires intrinsèques. Comme nous l'avons vu plus haut, les domaines cytosoliques et extracytoplasmiques des protéines membranaires intrinsèques sont généralement hydrophiles et hydrosolubles. Les domaines transmembranaires cependant, sont

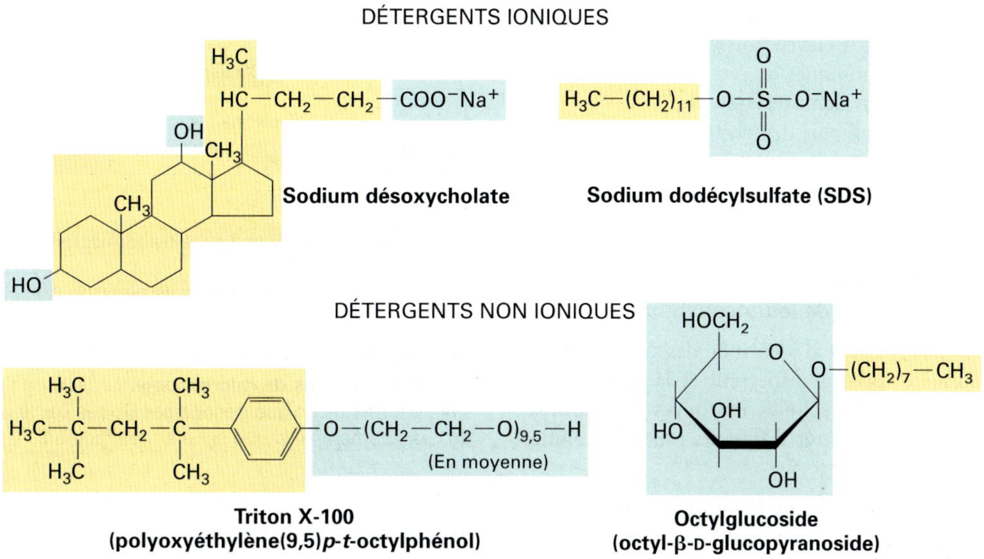

FIGURE 5-39 La structure de quatre détergents courants. La partie hydrophobe de chaque molécule est en jaune, la partie hydrophile, en bleu. Le sodium désoxycholate, un sel biliaire, est un produit naturel ; les autres sont synthétiques. Bien que les détergents ioniques provoquent généralement la dénaturation des protéines, ce n'est pas le cas des détergents non ioniques qui servent à solubiliser les protéines membranaires intrinsèques.

riches en résidus hydrophobes et non chargés (voir Figure 5-12). Une fois séparés des membranes, ces segments hydrophobes exposés ont tendance à interagir les uns avec les autres, provoquant l'agrégation des molécules de protéines et leur précipitation en solution aqueuse. Les parties hydrophobes des molécules de détergent non ionique se fixent préférentiellement aux segments hydrophobes des protéines transmembranaires, empêchant ainsi l'agrégation des protéines, ce qui leur permet de rester dans la solution aqueuse. Les protéines transmembranaires solubilisées par des détergents peuvent alors être purifiées par chromatographie d'affinité et par d'autres techniques de purification des protéines hydrosolubles (Chapitre 3).

Comme nous l'avons vu précédemment, la plupart des protéines périphériques sont liées à des protéines transmembranaires spécifiques ou à des phospholipides membranaires, par des interactions ioniques ou d'autres interactions faibles. Les protéines

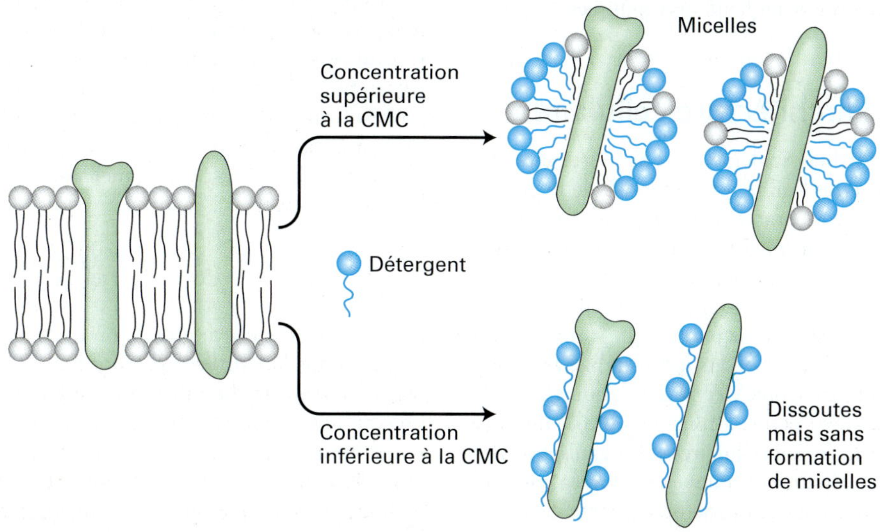

FIGURE 5-40 La solubilisation des protéines membranaires intrinsèques par des détergents non ioniques. Aux concentrations supérieures à sa concentration micellaire critique (CMC), un détergent solubilise les lipides et les protéines membranaires intrinsèques, formant des micelles mixtes contenant des molécules de détergent, de protéines et de lipides. Aux concentrations inférieures à leur CMC, les détergents non ioniques (comme l'octylglucoside, le Triton X-100) peuvent dissoudre les protéines membranaires sans former de micelles, en recouvrant les régions transmembranaires.

périphériques peuvent généralement être extraites de la membrane par des solutions de force ionique élevée (fortes concentrations salines) qui rompent les liaisons ioniques ou par des substances chimiques qui fixent des cations divalents tels que Mg^{2+}. Au contraire des protéines intrinsèques, la plupart des protéines périphériques sont solubles en solution aqueuse et n'ont pas besoin d'être solubilisées par des détergents non ioniques.

CONCEPTS CLÉS DE LA SECTION 5.5

La purification des cellules et de leurs constituants

- La cytométrie en flux permet d'identifier des cellules différentes d'après la lumière qu'elles dispersent et la fluorescence qu'elles émettent. Le trieur de cellules marquées par fluorescence (FACS) est utile pour séparer différents types de cellules (voir Figures 5-34 et 5-35).
- La rupture des cellules par homogénéisation vigoureuse, sonication ou d'autres techniques libère leurs organites. Le gonflement des cellules placées dans une solution hypotonique affaiblit leurs membranes plasmiques, rendant ainsi leur rupture plus facile.
- La centrifugation différentielle progressive d'un homogénat cellulaire fournit des fractions d'organites partiellement purifiés de masse et de densité différentes (voir Figure 5-36).
- La centrifugation à l'équilibre en gradient de densité, qui sépare les composants cellulaires en fonction de leur densité, permet une purification supérieure des fractions cellulaires obtenues par centrifugation différentielle.
- Les techniques immunologiques utilisant des anticorps dirigés contre des protéines membranaires spécifiques des organites sont particulièrement utiles pour purifier les organites et les vésicules de taille et de densité similaires.
- Les protéines transmembranaires sont solubilisées et purifiées de façon sélective à l'aide de détergents non ioniques.

5.6 Visualiser l'architecture cellulaire

Dans les années 1830, Matthias Schleiden et Theodore Schwann suggérèrent que la cellule était l'unité fondamentale de la vie. La première formulation de cette théorie cellulaire reposait sur des observations effectuées grâce à des microscopes photoniques assez primitifs. Les biologistes cellulaires actuels disposent d'outils beaucoup plus performants pour révéler l'architecture cellulaire. Par exemple, les variantes de la microscopie photonique standard permettent aux scientifiques de voir des objets indétectables plusieurs décennies auparavant. La microscopie électronique, qui permet de révéler des objets extrêmement petits, a fourni un grand nombre d'informations sur les particules subcellulaires et l'organisation des tissus végétaux et animaux. Chaque technique est adaptée pour détecter et visualiser des caractéristiques structurales particulières de la cellule (Figure 5-41). Les systèmes d'enregistrement numérique et les algorithmes de calcul appropriés représentent une autre avancée dans la visualisation de l'architecture cellulaire, qui s'est largement développée ces dix dernières années. Les systèmes numériques fournissent non seulement des images microscopiques de qualité supérieure mais permettent également de reconstruire en

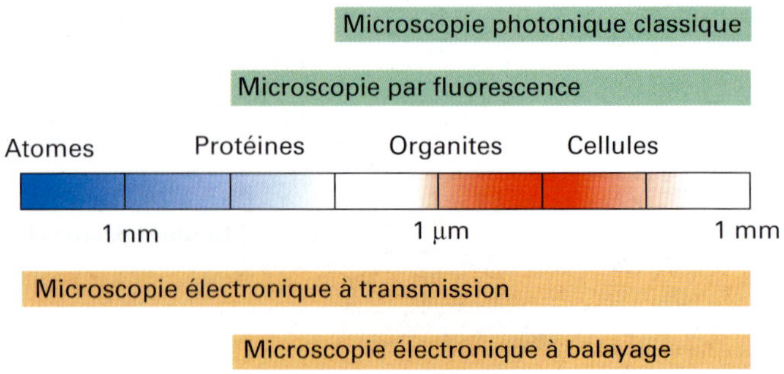

FIGURE 5-41 La gamme des tailles des objets visibles par différentes techniques de microscopie. La taille de l'objet le plus petit visible par une technique donnée est limitée par le pouvoir de résolution de l'équipement ainsi que par d'autres facteurs.

trois dimensions l'image de composants cellulaires obtenue en deux dimensions.

Un microscope détecte, grossit et permet de distinguer de petits objets

Tous les microscopes produisent une image grossie d'un petit objet, mais la nature des images dépend du type de microscope employé et de la façon dont le spécimen est préparé. Le microscope composé utilisé pour la traditionnelle *microscopie photonique en champ clair*, contient plusieurs lentilles qui grossissent l'image d'un spécimen étudié (Figure 5-42a, b). Le grossissement total est le produit du grossissement de chaque lentille : si la lentille objectif grossit de 100 fois (la lentille 100X est la plus forte généralement utilisée) et que la lentille projecteur ou l'oculaire grossit de 10 fois, le grossissement total enregistré par un œil humain ou un film sera de 1000 fois.

Cependant, la propriété la plus importante d'un microscope n'est pas son grossissement mais son pouvoir de résolution ou **résolution** — sa capacité de distinguer deux objets très proches. Agrandir l'image d'un spécimen ne sert à rien si l'image est floue. La résolution d'une lentille de microscope équivaut numériquement à D, la distance minimum entre deux objets distinguables. Plus la valeur de D est petite, meilleure est la résolution. La valeur de D est donnée par l'équation :

$$D = \frac{0{,}61\lambda}{N \sin\alpha} \qquad (5\text{-}1)$$

où α est l'ouverture angulaire ou demi-angle, du cône de lumière entrant dans la lentille objectif à partir du spécimen ; N est l'indice de réfraction du milieu présent entre le spécimen et la lentille objectif (c'est-à-dire la vitesse relative de la lumière dans le milieu par rapport à sa vitesse dans l'air) et λ est la longueur d'onde de la lumière incidente. La résolution est augmentée par l'utilisation de longueurs d'onde inférieures de lumière (ce qui abaisse la valeur de λ) ou par une concentration supérieure de la lumière (ce qui augmente N ou α). Remarquez que le grossissement n'intervient pas dans cette équation.

En raison des limitations imposées par les valeurs de α, λ et N, la *limite de résolution* d'un microscope photonique utilisant la lumière visible est voisine de 0,2 μm (200 nm). Quel que soit le

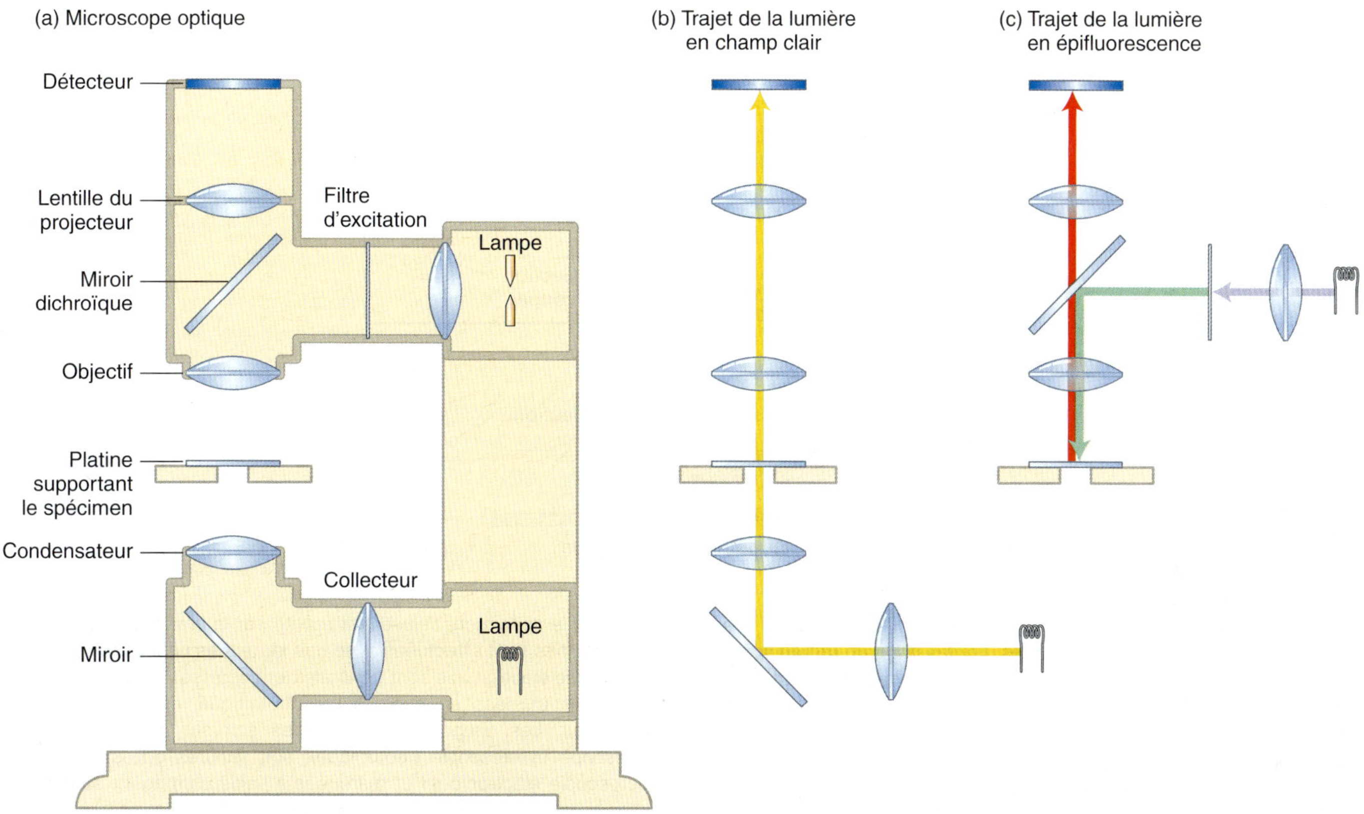

FIGURE EXPÉRIMENTALE 5-42 Les microscopes optiques sont souvent configurés pour la microscopie en champ clair (à transmission) et la microscopie à épifluorescence. (a) Dans un microscope photonique classique, le spécimen est généralement monté sur une lamelle de verre transparent et positionné sur la platine mobile d'observation. Les deux techniques d'observation nécessitent des systèmes d'éclairage distincts mais utilisent le même collecteur et le même système de détection. (b) Dans la microscopie photonique en champ clair, la lumière émise par une lampe au tungstène est dirigée sur le spécimen par une lentille du condensateur située sous la platine ; la lumière suit le trajet indiqué. (c) Dans la microscopie à épifluorescence la lumière ultraviolette issue d'une lampe à mercure située au-dessus de la platine est concentrée sur le spécimen par la lentille de l'objectif. Des filtres disposés sur le parcours de la lumière permettent de sélectionner une longueur d'onde particulière pour les rayons ultraviolet éclairant l'objet étudié et sont adaptés pour capturer la longueur d'onde de la lumière émise par le spécimen.

grossissement de l'image, le microscope ne permet pas de distinguer des objets distants de moins de 0,2 µm ou de révéler des détails de taille inférieure à 0,2 µm. Malgré cette limite de résolution, le microscope photonique peut être utilisé pour rechercher la position d'une petite bille de taille connue avec une précision de quelques nanomètres seulement. Si l'on connaît la taille et la forme précises d'un objet — disons une sphère d'or de 5 nm de diamètre — et si l'on utilise un appareil photo numérique pour enregistrer l'image microscopique sous la forme d'une image numérique, alors un ordinateur peut calculer la position du centre de l'objet à quelques nanomètres près. Cette technique a été utilisée pour mesurer des distances de l'ordre du nanomètre lors du déplacement de molécules et de vésicules le long de filaments du cytosquelette (voir Figures 19-17, 19-18 et 20-18).

Les échantillons utilisés en microscopie doivent être fixés, coupés et marqués pour rendre visibles des détails subcellulaires

Les cellules et tissus vivants manquent de composés absorbant la lumière et sont donc quasiment invisibles au microscope photonique. Bien que de tels spécimens puissent être visualisés grâce à des techniques particulières dont nous parlerons brièvement, ces méthodes ne révèlent pas les détails minuscules de la structure et exigent de placer les cellules dans des chambres de verre spéciales, appelées chambres de culture, susceptibles d'être installées sur la platine du microscope. Pour ces raisons, les cellules sont souvent fixées, coupées et marquées pour en révéler les structures subcellulaires.

Les spécimens destinés à être observés par microscopie photonique ou électronique sont généralement fixés à l'aide d'une solution contenant des substances chimiques qui pontent la plupart des protéines et des acides nucléiques. Le formaldéhyde, un fixateur courant, établit des pontages entre les groupements aminés de molécules adjacentes ; ces liaisons covalentes stabilisent les interactions protéine-protéine et protéine-acide nucléique et rendent les molécules insolubles et stables en vue d'autres opérations. Après sa fixation, un échantillon est généralement recouvert de paraffine ou de plastique et sectionné en coupes de 0,5 à 50 μm d'épaisseur (Figure 5-43). L'échantillon peut également être congelé sans fixation préalable, puis coupé. Ce traitement préserve l'activité des enzymes pour une détection ultérieure à l'aide de réactifs cytochimiques.

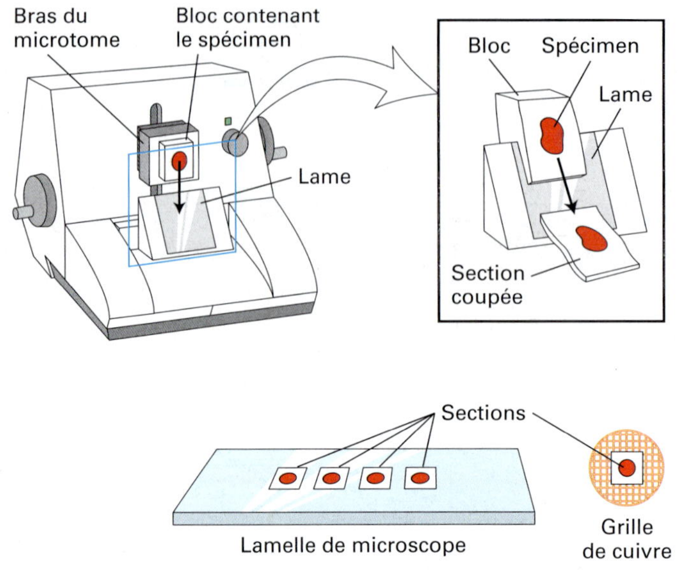

FIGURE EXPÉRIMENTALE 5-43 Les tissus observés par microscopie sont généralement fixés, coulés dans un milieu solide et coupés en sections fines. Un tissu fixé est déshydraté par séchage dans une succession de solutions alcool-eau, se terminant par un solvant organique compatible avec le milieu qui recouvre le spécimen. Pour recouvrir ce tissu avant de le couper, il est placé dans de la paraffine liquide pour la microscopie photonique ou dans du plastique liquide pour la microscopie électronique. Après le durcissement du bloc contenant le spécimen, celui-ci est monté sur le bras d'un microtome et des coupes sont effectuées avec une lame. Les coupes utilisées en microscopie électronique sont généralement épaisses de 50 à 100 nm ; les coupes utilisées en microscopie photonique, ont 0,5 à 50 μm d'épaisseur. Les coupes sont recueillies soit sur des lamelles de microscope (microscopie photonique), soit sur des grilles de cuivre (microscopie électronique) et marquées à l'aide d'un agent approprié.

La dernière étape de la préparation d'un spécimen pour la microscopie photonique consiste à le marquer de façon à pouvoir visualiser les éléments principaux de la cellule ou du tissu. De nombreux marqueurs chimiques se fixent aux molécules qui ont des caractéristiques particulières. Par exemple, l'*hématoxyline* se fixe aux acides aminés basiques (lysine et arginine) de nombreux types différents de protéines, alors que l'*éosine* se lie aux molécules acides (telles que l'ADN et les chaînes latérales de l'aspartate et du glutamate). En raison de leurs propriétés différentes de liaison, ces colorants marquent des types cellulaires distincts de manière suffisamment différente pour les distinguer sous le microscope. Si une enzyme catalyse une réaction produisant un précipité coloré ou visible d'une autre manière à partir d'un précurseur incolore, l'enzyme peut être détectée dans les coupes cellulaires grâce aux produits colorés de la réaction. De telles techniques de marquage, bien qu'assez courantes autrefois, ont été largement remplacées par d'autres techniques permettant de visualiser des protéines ou des structures particulières comme nous allons le voir.

La microscopie optique à contraste de phase et à contraste interférentiel permet d'observer des cellules vivantes non marquées

Deux méthodes couramment utilisées pour observer des cellules vivantes et des tissus non marqués créent un contraste en utilisant les différences d'indice de réfraction et d'épaisseur des matériaux cellulaires. Ces techniques appelées *microscopie à contraste de phase* et *microscopie à contraste d'interférence différentielle* (*DIC*) (ou microscopie interférentielle de Nomarski ou encore microscopie à contraste interférentiel) produisent des images d'aspect distinct qui révèlent différentes caractéristiques de l'architecture cellulaire. La Figure 5-44 compare des images de cellules vivantes obtenues à l'aide de ces deux techniques et par microscopie standard en champ clair.

Dans les images obtenues par contraste de phase, l'objet tout entier et les structures subcellulaires sont mis en évidence grâce à des anneaux d'interférence — des halos concentriques de bandes sombres et claires. Cet artéfact est inhérent à la méthode, qui produit un contraste grâce à l'interférence de la lumière diffractée et de la lumière non diffractée par le spécimen. Les anneaux d'interférence autour d'un objet cachent de nombreux détails ; c'est pour cela que l'on utilise cette technique uniquement pour les cellules isolées ou pour de fines couches cellulaires, mais pas pour des tissus épais. Elle est particulièrement utile lorsqu'on examine la position et le déplacement des organites les plus gros contenus dans les cellules vivantes.

La microscopie DIC est basée sur une interférence de la lumière polarisée et représente une méthode de choix pour visualiser des détails extrêmement petits et des objets épais. Le contraste est créé par des différences entre l'indice de réfraction de l'objet et celui de son milieu environnant. Dans les images DIC, les objets semblent projeter leur ombre d'un côté. L' « ombre » représente en fait une différence d'indice de réfraction d'un spécimen plutôt que sa topographie. La microscopie DIC définit bien les contours des gros organites tels que le noyau et la vacuole. En plus de fournir un aspect en relief, une image DIC est une fine *coupe optique* d'un

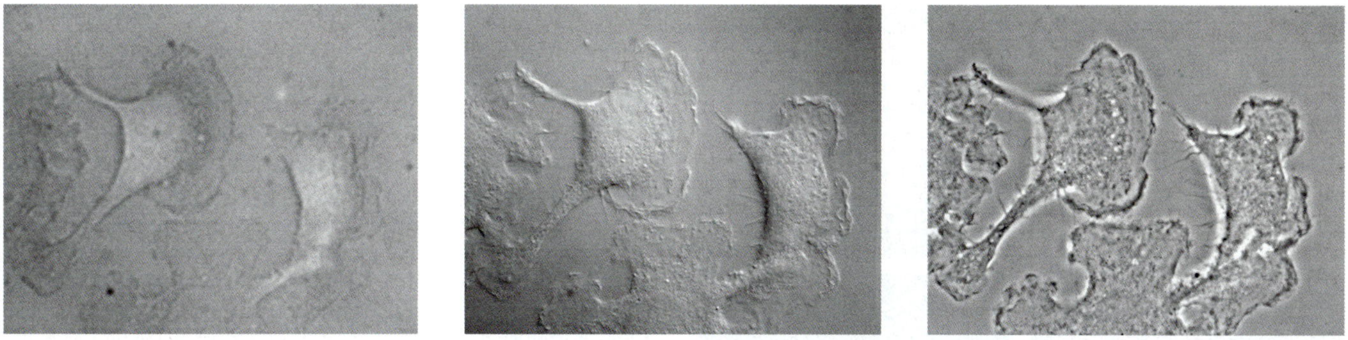

FIGURE EXPÉRIMENTALE 5-44 Les cellules vivantes peuvent être visualisées par des techniques de microscopie qui créent un contraste par interférence. Ces micrographies montrent des macrophages vivants, en culture, observés par microscopie en champ clair (*à gauche*), microscopie à contraste de phase (*au milieu*) et microscopie à contraste d'interférence différentielle (DIC) (*à droite*). Dans une image à contraste de phase, les cellules sont entourées d'une alternance de bandes claires et sombres ; les détails dans et hors du plan focal sont visibles simultanément sous un microscope à contraste de phase. Dans une image DIC, les cellules apparaissent en pseudorelief. Seule une région étroite étant visible dans le plan focal, une image DIC est une coupe optique à travers l'objet examiné. [Aimablement communiqué par N. Watson & J. Evans.]

objet. Les détails des noyaux des spécimens épais (comme un ver nématode *Caenorhabditis elegans* entier) peuvent être observés grâce à une série de coupes optiques de ce type et la structure tridimensionnelle de l'objet peut être reconstruite en combinant ces images DIC.

La microscopie par fluorescence permet de localiser et de quantifier des molécules spécifiques dans des cellules fixées et vivantes

La technique la plus polyvalente et la plus puissante pour localiser les protéines dans une cellule par microscopie photonique est sans doute le **marquage par fluorescence** des cellules et leur observation grâce à la *microscopie par fluorescence*. Une substance chimique est dite fluorescente si elle absorbe de la lumière à une longueur d'onde (la longueur d'onde d'excitation) et émet de la lumière (fluoresce) à une longueur d'onde spécifique et supérieure. La plupart des colorants fluorescents ou **fluorochromes** émettent de la lumière visible mais certains (tels que Cy5 et Cy7) émettent de la lumière infrarouge. Dans les microscopes à fluorescence modernes, seule la lumière fluorescente émise par l'échantillon est utilisée pour former une image. La lumière de la longueur d'onde excitatrice induit la fluorescence mais ne peut passer au travers des filtres placés entre la lentille objectif et l'œil ou l'appareil photographique (voir Figure 5-42a, c).

La détection immunologique de protéines spécifiques dans des cellules fixées Les colorants chimiques usuels mentionnés précédemment marquent les acides nucléiques ou de vastes classes de protéines. Toutefois, les chercheurs ont souvent besoin de détecter la présence et la position de protéines spécifiques. Une technique largement répandue consiste à utiliser des anticorps spécifiques liés covalemment à des fluorochromes. Les fluorochromes couramment utilisés comprennent la rhodamine et le rouge Texas qui émettent de la lumière rouge, Cy3 qui émet de la lumière orange et la fluorescéine qui émet de la lumière verte. Ces fluorochromes peuvent être couplés chimiquement à des anticorps purifiés, spécifiques de quasiment n'importe quelle macromolécule désirée. Lorsqu'un complexe fluorochrome-anticorps est ajouté à une coupe tissulaire ou cellulaire perméabilisée, le complexe se fixe aux antigènes correspondants, qui émettent de la lumière lorsqu'ils sont éclairés par la longueur d'onde excitatrice, une technique appelée *microscopie d'immunofluorescence* (Figure 5-45). Le marquage d'un spécimen avec deux ou trois colorants qui fluorescent à des longueurs d'onde différentes permet de localiser de multiples protéines dans une cellule (voir Figure 5-33).

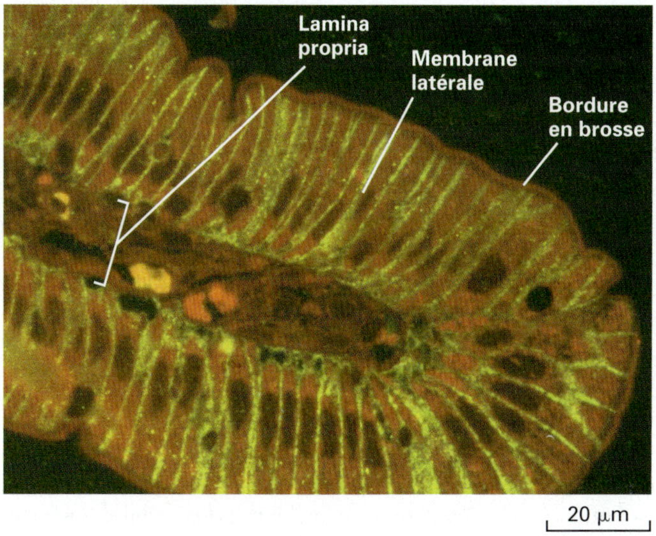

FIGURE EXPÉRIMENTALE 5-45 Une ou plusieurs protéines spécifiques peuvent être localisées grâce à la microscopie d'immunofluorescence dans des coupes de tissus fixés. Une coupe de paroi intestinale de rat a été marquée par du bleu d'Evans, qui produit une fluorescence rouge non spécifique et par un anticorps jaune à fluorescence verte, spécifique de GLUT2, une protéine de transport du glucose. Comme le montre clairement cette micrographie fluorescente, GLUT2 est présente dans les faces basale et latérales des cellules intestinales mais est absente de la bordure en brosse, constituée de microvillosités étroitement regroupées au niveau de la surface apicale, face à la lumière intestinale. Les capillaires passent à travers la lamina propria, un tissu conjonctif lâche situé sous la couche épithéliale. [Voir B. Thorens *et al.*, 1990, *Am. J. Physio.* **259**:C279 ; aimablement communiqué par B. Thorens.]

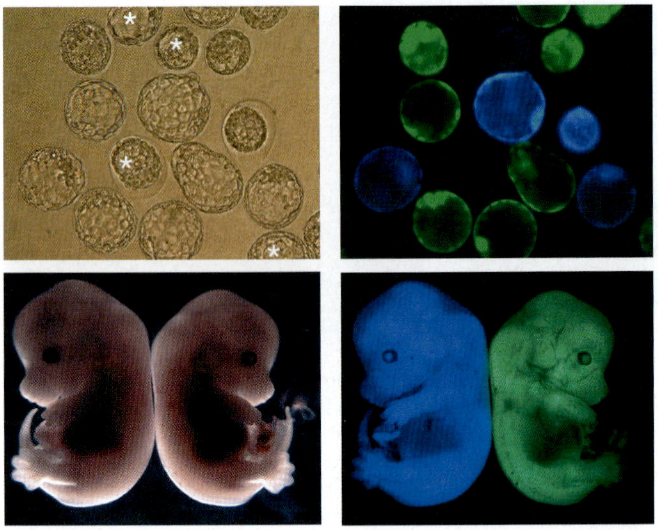

FIGURE EXPÉRIMENTALE 5-46 L'expression de protéines fluorescentes chez des embryons de souris à un stade précoce et à un stade tardif de développement est détectée par la lumière bleue et la lumière jaune émises. Les gènes codant la protéine à fluorescence bleue (ECFP) et la protéine à fluorescence jaune (EYFP) ont été introduits dans des cellules souches d'embryons de souris, que l'on a ensuite laissées se développer jusqu'à ce que les embryons atteignent un stade précoce (*en haut*) et un stade tardif de développement (*en bas*). Ces micrographies en champ clair (*à gauche*) et à fluorescence (*à droite*) révèlent que tous les embryons sauf quatre à un stade précoce de développement présentent une fluorescence bleue ou jaune. Ceci indique l'expression des gènes de ECFP et EYFP introduits. Parmi les deux embryons à un stade tardif de développement, l'un a exprimé le gène de ECFP (*à gauche*) et l'autre, le gène de EYFP (*à droite*). [D'après A.-K. Hadjantonakis *et al.*, 2002, *BMC Biotechnol.* **2**:11.]

L'expression des protéines fluorescentes dans les cellules vivantes Une protéine naturellement fluorescente présente chez la méduse *Aequorea victoria* peut être exploitée pour visualiser des cellules vivantes et des protéines spécifiques à l'intérieur de celles-ci. Cette protéine de 238 résidus, appelée protéine verte fluorescente (GFP) contient une séquence de sérines, tyrosines et glycines dont les chaînes latérales se sont cyclisées spontanément pour former un chromophore à fluorescence verte. À l'aide des techniques de l'ADN recombinant décrites au Chapitre 9, le gène de GFP peut être introduit dans des cellules vivantes en culture ou dans des cellules spécifiques présentes chez un animal intact. Les cellules contenant le gène introduit exprimeront GFP et émettront donc une fluorescence verte lorsqu'elles seront irradiées ; cette fluorescence de GFP peut être utilisée pour localiser les cellules dans un tissu. La Figure 5-46 illustre les résultats de cette approche, dans laquelle un variant de GFP émettant une fluorescence bleue a été utilisé.

Une application particulièrement utile de la GFP consiste à « étiqueter » une protéine intéressante avec la GFP, afin de la localiser. Dans cette technique, le gène de GFP est fusionné avec le gène d'une protéine cellulaire donnée, produisant ainsi un ADN recombinant codant une longue protéine chimérique qui contient la totalité des deux protéines. Les cellules dans lesquelles cet ADN recombinant a été introduit synthétiseront la protéine chimérique dont la fluorescence verte révélera la position subcellulaire de la protéine étudiée. Cette technique d'étiquetage par la GFP a permis par exemple de visualiser l'expression et la distribution de protéines spécifiques intervenant dans l'adhérence intercellulaire (voir Figure 6-8).

Dans certains cas, une protéine purifiée liée chimiquement à un colorant fluorescent peut être injectée dans des cellules et suivie grâce à la microscopie par fluorescence. Par exemple, des résultats d'études biochimiques minutieuses ont établi que l'actine purifiée « étiquetée » avec un fluorochrome ne peut se distinguer fonctionnellement de son équivalent normal. Lorsque la protéine étiquetée est injectée dans une cellule en culture, les monomères endogènes cellulaires et injectés d'actine étiquetée copolymérisent en longues fibres normales d'actine. Cette technique peut également être utilisée pour étudier des microtubules individuels dans une cellule.

La détermination des concentrations intracellulaires de Ca^{2+} et de H^+ à l'aide de colorants fluorescents sensibles aux ions Les fluorochromes dont la fluorescence dépend de la concentration de Ca^{2+} et H^+ se sont révélés utiles pour mesurer la concentration de ces ions dans les cellules vivantes. Comme nous le verrons dans des chapitres ultérieurs, les concentrations intracellulaires de Ca^{2+} et H^+ ont des conséquences importantes sur de nombreux processus cellulaires. Par exemple, différentes hormones ou d'autres stimulus provoquent une augmentation du Ca^{2+} cytosolique par rapport à la concentration au repos de 10^{-7} M à 10^{-6} M, qui induit de multiples réponses cellulaires dont la contraction musculaire.

Le colorant fluorescent *fura-2*, sensible à Ca^{2+}, contient cinq groupements carboxylate qui forment des liaisons ester avec l'éthanol. L'ester de fura-2 résultant est lipophile et peut diffuser depuis

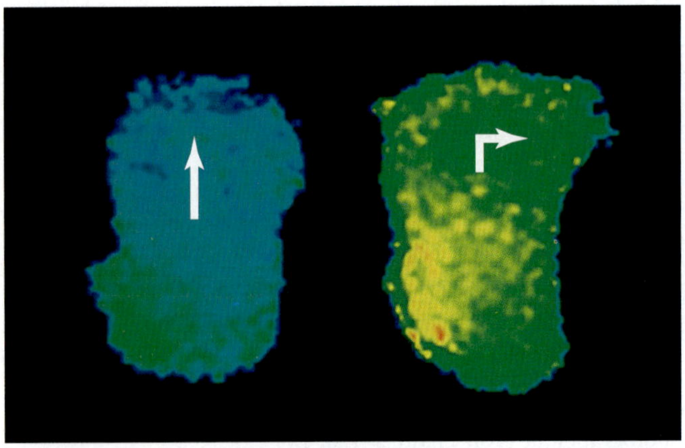

FIGURE EXPÉRIMENTALE 5-47 Le fura-2, un fluorochrome sensible au Ca^{2+}, peut être utilisé pour suivre les concentrations cytosoliques relatives de Ca^{2+} dans différentes régions des cellules vivantes. (*À gauche*) Dans un leucocyte en mouvement, un gradient de Ca^{2+} est établi. Les concentrations les plus élevées (en vert) se trouvent à l'arrière de la cellule, à l'endroit des contractions corticales et les concentrations les plus faibles (en bleu) sont à l'avant de la cellule, là où l'actine subit la polymérisation. (*À droite*) Lorsqu'une pipette remplie de molécules chimiotactiques placées au niveau d'un côté de la cellule fait tourner celle-ci, la concentration du Ca^{2+} augmente momentanément dans le cytoplasme et un nouveau gradient est établi. Le gradient est orienté de telle sorte que la concentration la plus faible en Ca^{2+} (en bleu) se trouve dans la direction du virage de la cellule, tandis qu'une région à concentration élevée en Ca^{2+} (jaune) se forme toujours au niveau du site qui deviendra l'arrière de la cellule. [D'après R. A. Brundage *et al.*, 1991, *Science* **254**:703 ; aimablement communiqué par F. Fay.]

le milieu à travers la membrane plasmique et pénétrer dans les cellules. Dans le cytosol, des estérases hydrolysent l'ester de fura-2, produisant du fura-2 dont les groupements carboxylate libres rendent la molécule non lipophile ; celle-ci ne peut alors plus retraverser les membranes cellulaires et demeure dans le cytosol. À l'intérieur des cellules, chaque molécule de fura-2 peut fixer un ion Ca^{2+} mais pas d'autre cation cellulaire. Cette liaison, qui est proportionnelle à la concentration de Ca^{2+} dans une certaine mesure, accroît la fluorescence du fura-2 à une longueur d'onde particulière. À une deuxième longueur d'onde, la fluorescence du fura-2 est la même, que du Ca^{2+} lui soit lié ou non, et sert de mesure de la quantité totale de fura-2 présente dans une région de la cellule. En examinant en continu les cellules sous un microscope à fluorescence et en mesurant les changements rapides dans le rapport de la fluorescence du fura-2 à ces deux longueurs d'onde, il est possible de quantifier les changements rapides dans la fraction de fura-2 lié à des ions Ca^{2+} et donc dans la concentration du Ca^{2+} cytosolique (Figure 5-47).

Comme le fura-2, des colorants fluorescents (tels que SNARF-1) sensibles à la concentration de H^+ peuvent être utilisés pour enregistrer le pH cytosolique des cellules vivantes.

La microscopie confocale à balayage et à déconvolution fournit des images fines d'objets en trois dimensions

La microscopie classique à fluorescence présente deux limitations essentielles. Tout d'abord, le processus physique qui consiste à débiter l'objet en coupes détruit du matériel. De ce fait, la découpe en série entraîne la perte d'une partie de la structure cellulaire. Deuxièmement, la lumière fluorescente émise par un échantillon provient de molécules situées au-dessus et au-dessous du plan focal. L'observateur voit donc une image floue due à la superposition des images fluorescentes provenant de molécules situées à différentes profondeurs dans la cellule. Le flou rend difficile la détermination du véritable arrangement tridimensionnel des molécules (Figure 5-48a). Deux perfectionnements de la microscopie par fluorescence fournissent des images plus précises en réduisant les effets de flou dus à la lumière émise hors du plan focal.

Dans la *microscopie confocale à balayage*, une lumière excitatrice provenant d'un faisceau laser illumine seulement une petite partie d'un échantillon pendant un instant, puis se déplace rapidement vers différents endroits du plan focal de l'échantillon. La lumière fluorescente émise passe à travers un micro-diaphragme qui élimine la lumière hors du plan focal, produisant ainsi une image précise. La lumière dans le plan focal étant récupérée par le micro-diaphragme, la zone balayée est donc une coupe optique du spécimen. L'intensité de la lumière émise par ces zones dans le plan focal est enregistrée par un tube photomultiplicateur et l'image est enregistrée dans un ordinateur (Figure 5-48b).

La *microscopie à déconvolution* produit les mêmes images précises que la microscopie confocale à balayage mais grâce à un processus différent. Dans cette technique, les images provenant de plans focaux consécutifs du spécimen sont récupérées. Une autre série d'images de plans focaux différents, d'une bille de taille inférieure à la résolution (de 0,2 μm de diamètre) qui sert d'étalon, est également récupérée. Chaque bille représente un minuscule point lumineux qui se transforme en un objet flou en raison de l'optique imparfaite du microscope. La déconvolution inverse la dégradation de l'image en utilisant les billes floues comme objets de référence.

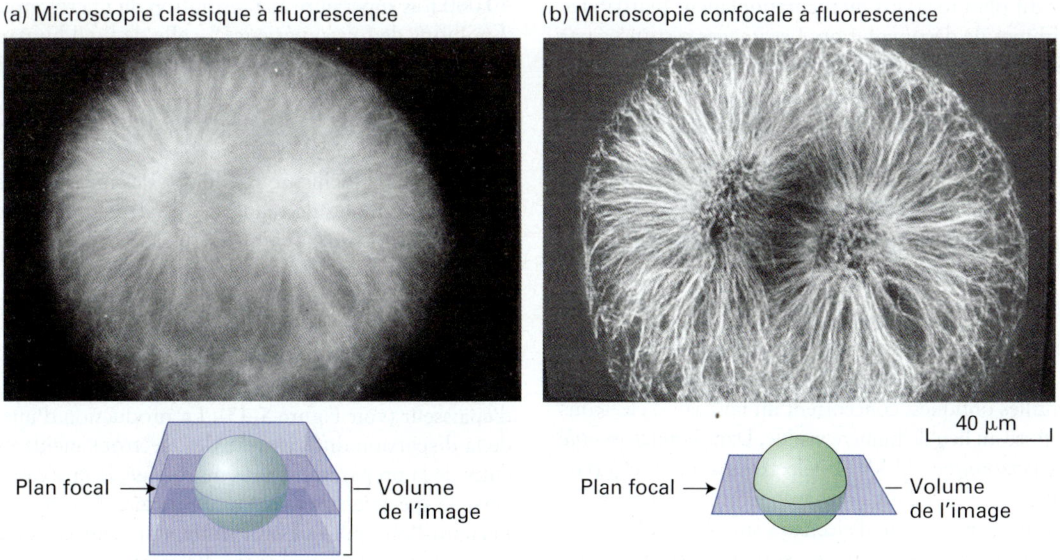

FIGURE EXPÉRIMENTALE 5-48 La microscopie confocale produit une coupe optique dans le plan focal à travers des cellules épaisses. Un œuf fécondé en cours de mitose provenant d'un oursin (*Psammechinus*) a été lysé à l'aide d'un détergent, exposé à un anticorps anti-tubuline, puis à un autre anticorps marqué par la fluorescéine, qui se fixe au premier anticorps. (a) Lorsqu'on le regarde par microscopie classique à fluorescence, le fuseau mitotique paraît flou. Ce flou est dû au fait que de la fluorescence est émise également par la tubuline située au-dessus et au-dessous du plan focal comme le montre le schéma. (b) L'image obtenue par microscopie confocale est nette, en particulier au centre du fuseau mitotique. Dans ce cas, la fluorescence détectée provient uniquement des molécules situées dans le plan focal, ce qui produit une coupe optique très fine. [Micrographies de J. G. White et col., 1987, *J. Cell Biol.* **104**:41.]

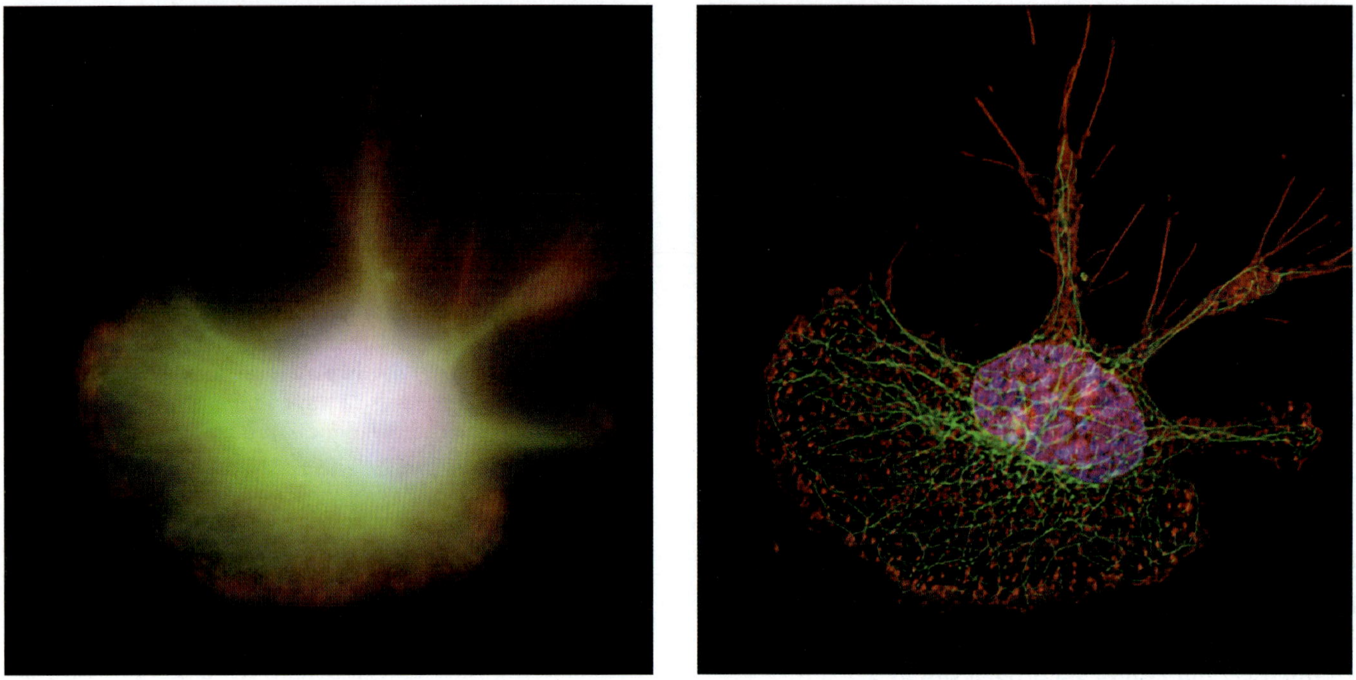

FIGURE EXPÉRIMENTALE 5-49 La microscopie à déconvolution produit des coupes optiques à haute résolution qui peuvent être reconstituées en une image tridimensionnelle. Une cellule de macrophage a été marquée à l'aide de réactifs liés à des fluorochromes, spécifiques de l'ADN (en bleu), des microtubules (en vert) et des microfilaments d'actine (en rouge). Les séries d'images fluorescentes obtenues au niveau des plans focaux consécutifs (coupes optiques) à travers la cellule ont été recombinées en trois dimensions. (a) Dans cette reconstruction tridimensionnelle des images non corrigées, l'ADN, les microtubules et l'actine apparaissent sous la forme de zones diffuses dans la cellule. (b) Après l'application aux images d'un algorithme de déconvolution, l'organisation fibrillaire des microtubules et la localisation de l'actine au niveau des adhérences deviennent bien visibles dans la reconstruction. [Aimablement communiqué par J. Evans.]

La lumière hors du plan focal est mathématiquement réattribuée à l'aide d'algorithmes de déconvolution. Les images restituées par la déconvolution présentent des détails précis sans flou (Figure 5-49). Les astronomes utilisent des algorithmes de déconvolution pour affiner les images d'étoiles lointaines.

La résolution de la microscopie électronique à transmission est nettement supérieure à celle de la microscopie photonique

Les principes fondamentaux de la microscopie électronique ressemblent à ceux de la microscopie photonique. La différence principale réside dans le fait que les lentilles électromagnétiques, au contraire des lentilles optiques, concentrent un faisceau d'électrons émis à grande vitesse au lieu de lumière visible. Dans la *microscopie à transmission électronique* (TEM), les électrons sont émis à partir d'un filament et accélérés dans un champ électrique. La lentille du condensateur dirige le faisceau d'électrons sur l'échantillon. Les lentilles de l'objectif et du projecteur concentrent les électrons qui passent à travers le spécimen et les projettent sur un écran ou sur un autre détecteur (Figure 5-50, *à gauche*). Les électrons étant absorbés par les atomes de l'air, la totalité du tube situé entre la source d'électrons et le détecteur est maintenue sous vide.

La courte longueur d'onde des électrons signifie que la limite de résolution du microscope électronique à transmission est théoriquement de 0,005 nm (inférieure au diamètre d'un atome), soit 40 000 fois supérieure à la résolution du microscope photonique et 2 millions de fois supérieure à celle de l'œil humain. Cependant, la résolution effective d'un microscope électronique à transmission est nettement inférieure à cet idéal. Dans des conditions optimales, une résolution de 0,10 nm peut être obtenue grâce aux microscopes électroniques à transmission, soit une résolution 2000 fois supérieure à la meilleure résolution des microscopes photoniques. Plusieurs exemples de cellules et de structures subcellulaires obtenues par TEM sont présentés dans la Section 5.3.

La TEM nécessitant des coupes fixées très fines (de l'ordre de 50 nm), seule une petite partie d'une cellule peut être observée dans n'importe quelle coupe. Des spécimens sectionnés sont préparés d'une manière similaire à celle de la microscopie photonique, en utilisant une lame capable de produire des coupes de 50 à 100 nm d'épaisseur (voir Figure 5-43). La production d'une image dépend de la dispersion différentielle des électrons incidents par les molécules de la préparation. Sans marquage, le faisceau d'électrons traverse le spécimen de manière uniforme, de sorte que la totalité de l'échantillon apparaît uniformément éclairée, avec peu de différences entre les composants. Pour obtenir des images utiles par TEM, les coupes sont généralement marquées à l'aide de métaux lourds tels que l'or ou l'osmium. Les zones marquées par le métal apparaissent sombres sur les micrographies car les métaux dispersent (diffractent) la plupart des électrons incidents. Les électrons diffractés ne sont pas concentrés par les lentilles électromagnétiques et ne contribuent pas à la formation de l'image. Les zones moins fortement marquées apparaissent plus claires. Le tétroxyde

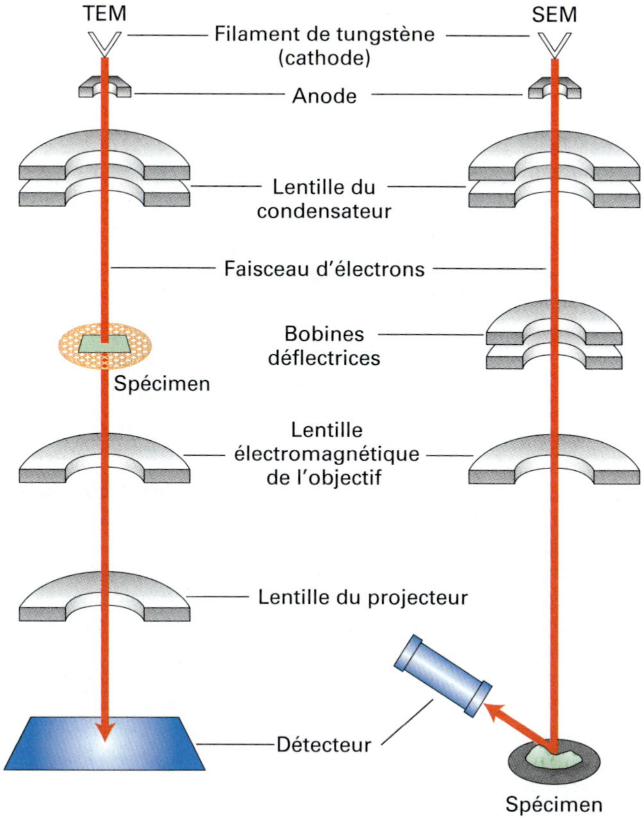

FIGURE EXPÉRIMENTALE 5-50 En microscopie électronique, les images sont formées à partir d'électrons qui passent à travers un spécimen ou qui sont libérés à partir d'un spécimen recouvert de métal. Dans un microscope électronique à transmission (TEM), les électrons sont émis par un filament chauffé, accélérés par un champ électrique et dirigés sur le spécimen par la lentille magnétique du condensateur. Les électrons qui traversent le spécimen sont concentrés grâce à une succession de lentilles magnétiques de l'objectif et du projecteur pour former une image agrandie du spécimen sur le détecteur, qui peut être un écran d'observation, un film photographique ou un appareil photographique à capteur CDD. Dans un microscope électronique à balayage (SEM), les électrons sont concentrés sur un spécimen recouvert de métal grâce aux lentilles du condensateur et de l'objectif. Des bobines déflectrices déplacent le faisceau à travers le spécimen et les électrons provenant du métal sont récupérés par un détecteur dans le tube photomultiplicateur. Dans les deux types de microscopes, les électrons étant facilement dispersés par les molécules de l'air, la colonne est maintenue intégralement sous vide.

d'osmium marque préférentiellement certains composants cellulaires tels que les membranes (voir Figure 5-2a). Des protéines spécifiques peuvent être détectées dans des coupes fines grâce à l'utilisation de particules d'or recouvertes de protéine A, une protéine qui fixe de manière non spécifique des molécules d'anticorps (Figure 5-51).

La microscopie électronique standard ne peut être utilisée pour étudier les cellules vivantes car elles sont généralement trop sensibles aux conditions requises pour cette méthode et aux techniques préparatoires. En particulier, l'absence d'eau entraîne la dénaturation des macromolécules qui deviennent non fonctionnelles. Toutefois, la technique de *microscopie cryoélectronique* permet l'examen de spécimens biologiques non marqués, hydratés et non fixés, directement sous un microscope électronique à transmission. Dans cette technique, une suspension aqueuse d'un échantillon est appliquée en un film extrêmement fin sur une grille. Après son refroidissement dans de l'azote liquide et le maintien dans cet état grâce à un support spécial, l'échantillon est observé sous microscope électronique. La température très basse (-196°C) empêche l'eau de s'évaporer, même sous vide et l'échantillon peut être observé en détail dans son état natif hydraté sans fixation ni marquage par des métaux lourds. Grâce à l'obtention par calcul d'une moyenne de centaines d'images, un modèle tridimensionnel à

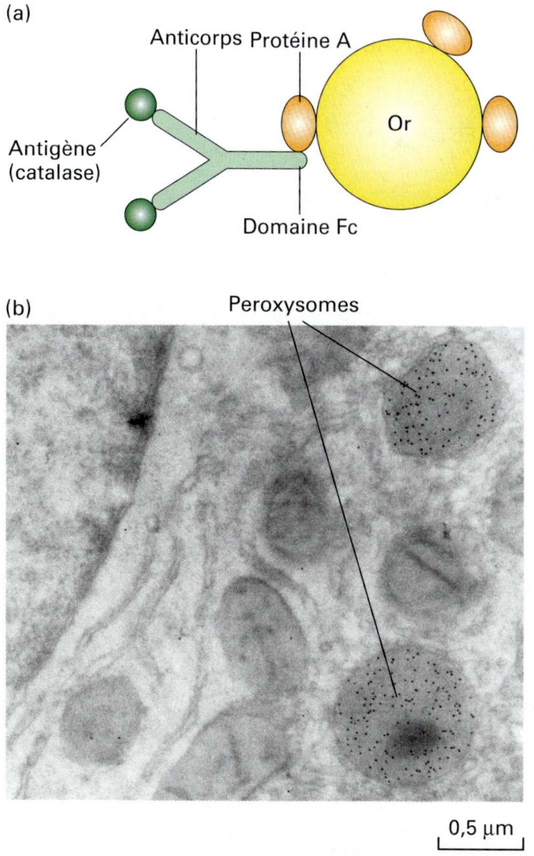

FIGURE EXPÉRIMENTALE 5-51 Des particules d'or recouvertes de protéine A sont utilisées pour détecter une protéine liée à un anticorps grâce à la microscopie électronique à transmission. (a) Les anticorps primaires interagissent avec leur antigène spécifique (par exemple, la catalase) dans une coupe de tissu fixé. La coupe est ensuite traitée avec un complexe de protéines A issues de la bactérie *S. aureus* et de particules d'or denses aux électrons. La fixation de ce complexe aux domaines Fc des molécules d'anticorps rend la position de la protéine cible, ici la catalase, visible au microscope électronique. (b) Un fragment de tissu hépatique a été fixé à l'aide de glutaraldéhyde, sectionné puis traité de la façon décrite dans la partie (a) afin de localiser la catalase. Les particules d'or (points noirs) indiquant la présence de la catalase, sont situées exclusivement dans les peroxysomes. [D'après H. J. Geuze et al., 1981, *J. Cell Biol.* **89**:653. Reproduit d'après *Journal of Cell Biology* par autorisation du copyright de The Rockfeller University Press.]

résolution quasi atomique peut être obtenu. Par exemple, cette technique a permis d'obtenir des modèles de ribosomes (voir Figure 4-27), de la pompe musculaire à calcium décrite au Chapitre 7 et d'autres grosses protéines difficiles à cristalliser.

La microscopie électronique de spécimens recouverts par du métal révèle des caractéristiques de la surface des cellules et de leurs composants

La microscopie électronique à transmission est également utilisée pour obtenir des informations sur la forme de virus purifiés, de fibres, d'enzymes et d'autres particules subcellulaires en utilisant une technique appelée *ombrage métallique* dans laquelle une fine couche de métal tel que du platine est évaporée au-dessus d'un échantillon biologique fixé et sectionné ou rapidement congelé (Figure 5-52). Un traitement acide dissout la cellule, laissant une réplique de métal observée par microscopie électronique à transmission.

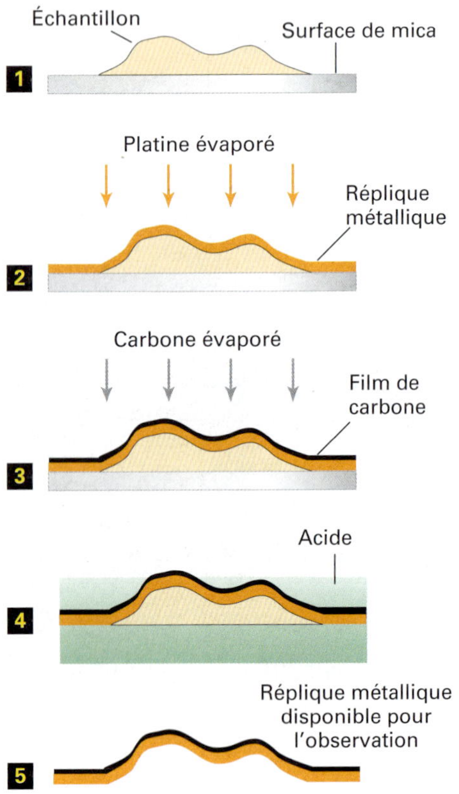

FIGURE EXPÉRIMENTALE 5-52 L'ombrage métallique rend les détails de la surface de petites particules, visibles sous microscope électronique à transmission. L'échantillon est déposé sur une surface de mica puis séché dans un évaporateur sous vide (**1**). Un filament de métal lourd, tel que du platine ou de l'or, est chauffé électriquement de façon à faire évaporer le métal, afin qu'une partie en tombe sur la grille portant l'échantillon sous la forme d'un film très fin (**2**). Pour stabiliser la réplique, ce spécimen est ensuite recouvert d'un film de carbone évaporé à partir d'une électrode située au-dessus de lui (**3**). Le matériel biologique est ensuite dissous par de l'acide (**4**), laissant une réplique métallique de l'échantillon (**5**) qui est examinée par TEM. Dans les micrographies électroniques de ces préparations, les zones recouvertes de carbone apparaissent claires — l'inverse des micrographies de préparations simplement marquées par du métal dans lesquelles les zones de marquage aux métaux lourds apparaissent les plus sombres.

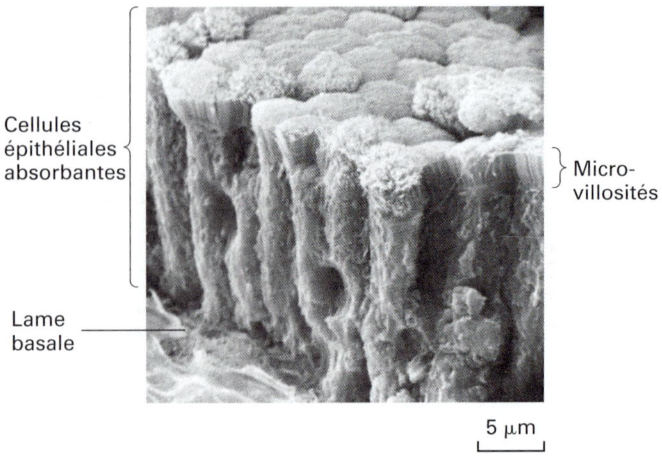

FIGURE EXPÉRIMENTALE 5-53 La microscopie électronique à balayage (SEM) produit une image tridimensionnelle de la surface d'un spécimen non sectionné. On voit ici une image SEM de l'épithélium tapissant la lumière de l'intestin. D'abondantes microvillosités en forme de doigt s'étendent à partir de la surface de chaque cellule, située face à la lumière. La lame basale située sous l'épithélium lui sert de support et l'ancre au tissu conjonctif sous-jacent (Chapitre 6). Comparez cette image de cellules intestinales avec celle de la Figure 5-28, obtenue grâce à un microscope électronique à transmission et avec celle de la Figure 5-45, obtenue grâce à un microscope à fluorescence. [D'après R. G. Kessel & R. H. Kardon, 1979, *Tissues and Organs : A Text-Atlas of Scanning Electron Microscopy*, W. H. Freeman and Company, p. 176.]

Il est également possible pour les chercheurs d'observer grâce à la *microscopie électronique à balayage*, les surfaces de spécimens non sectionnés recouverts de métal. Un faisceau intense d'électrons dans le microscope balaye rapidement l'échantillon. Les molécules du revêtement sont excitées et libèrent des électrons secondaires dirigés sur un détecteur de scintillations. Le signal résultant est visualisé sur un tube cathodique (voir Figure 5-50, *à droite*). Le nombre d'électrons secondaires produits par chaque point de l'échantillon dépend de l'angle du faisceau d'électrons par rapport à la surface. La micrographie obtenue par balayage électronique a donc un aspect tridimensionnel (Figure 5-53). Le pouvoir de résolution des microscopes électroniques à balayage, qui est limité par l'épaisseur du revêtement métallique, est seulement de 10 nm environ, soit nettement inférieur à celui des instruments à transmission.

Des modèles tridimensionnels peuvent être construits à partir d'images obtenues par microscopie

Ces dix dernières années, les appareils photographiques numériques ont largement remplacé les appareils optiques pour enregistrer les images obtenues par microscopie. Les images numériques peuvent être stockées dans un ordinateur et manipulées grâce à des logiciels photographiques traditionnels ou à des algorithmes spécialisés. Comme nous l'avons vu plus haut, un algorithme de déconvolution permet d'affiner une image en réattribuant les photons hors du plan focal à leur origine — un exemple de technique de calcul qui augmente la qualité de l'image. Les détails contenus dans les images digitales peuvent également être quantifiés et les objets présents dans ces images peuvent être reconstruits en trois dimensions. Par exemple, le modèle tridimensionnel d'un objet peut être calculé par des techniques tomographiques à partir d'une série d'images qui couvrent différentes vues de l'objet. En microscopie photonique, un empilement de coupes optiques obtenues à l'aide d'un microscope confocal ou à déconvolution peut être recombiné en une image tridimensionnelle (voir Figure 5-49). Si un spécimen obtenu par TEM est incliné suivant différents angles, les images résultantes peuvent également être recombinées pour former une vue tridimensionnelle de l'objet (voir Figure 5-23).

CONCEPTS CLÉS DE LA SECTION 5.6
Visualiser l'architecture cellulaire

- La limite de résolution d'un microscope photonique est voisine de 200 nm, celle d'un microscope électronique à balayage de 10 nm et celle d'un microscope électronique à transmission, de 0,1 nm.
- Certains tissus et cellules étant quasiment transparents, différents types de marquages et de techniques optiques sont utilisés pour produire des contrastes permettant une visualisation de ces objets.
- La microscopie optique à contraste de phase et la microscopie à contraste interférentiel (DIC) sont utilisées pour observer des détails de cellules vivantes, non marquées et pour suivre le mouvement des cellules.
- Dans la microscopie d'immunofluorescence, des protéines et organites spécifiques présents dans des cellules fixées sont repérés à l'aide d'anticorps monoclonaux marqués par fluorescence. De multiples protéines peuvent être visualisées dans le même échantillon si l'on utilise des anticorps marqués par des fluorochromes différents.
- Lorsque des protéines marquées grâce à la protéine naturelle à fluorescence verte (GFP) ou ses variants sont exprimées dans des cellules vivantes, elles peuvent être observées sous un microscope à fluorescence.
- Grâce à l'utilisation de colorants dont la fluorescence est proportionnelle à la concentration des ions Ca^{2+} ou H^+, la microscopie par fluorescence permet de mesurer la concentration locale des ions Ca^{2+} et le pH intracellulaire dans des cellules vivantes.
- La microscopie confocale et la microscopie à déconvolution utilisent différentes méthodes pour produire des coupes optiques d'un spécimen, réduisant ainsi le flou dû à la lumière fluorescente hors du plan focal. Les deux techniques fournissent des images bien plus précises, en particulier de spécimens épais, que la microscopie classique à fluorescence.
- Les spécimens utilisés en microscopie électronique doivent généralement être fixés, coupés, déshydratés puis marqués à l'aide de métaux lourds denses aux électrons.
- Les détails de la surface des objets peuvent être révélés par l'observation en microscopie électronique à transmission, de spécimens recouverts par des métaux. La microscopie électronique à balayage de cellules ou tissus non sectionnés recouverts de métal produit des images qui semblent être en trois dimensions.

PERSPECTIVES POUR LE FUTUR

Les avancées du génie biologique nous permettront de mieux comprendre le fonctionnement des cellules et des tissus mais seront également bénéfiques pour la santé humaine. Sur une lamelle de verre creusée de puits et de canaux microscopiques par exemple, on peut introduire des réactifs et les mettre en contact avec des parties sélectionnées de cellules isolées. Les réponses des cellules peuvent ensuite être observées par microscopie photonique et analysées grâce à des logiciels performants de traitement de l'image. Les études de ce type permettront la mise au point de nouveaux médicaments, la détection de phénomènes subtils dans des cellules mutantes (comme les cellules tumorales) et la construction de modèles détaillés des processus cellulaires. Les bioingénieurs sont également en train de fabriquer des tissus artificiels, en organisant des couches de cellules différentes suivant une architecture tridimensionnelle synthétique. Ces tissus artificiels finiront par remplacer des tissus déficients chez des individus malades, blessés ou vieillissants.

La microscopie constituera toujours un outil essentiel en biologie cellulaire, en fournissant des images reposant sur la chimie (les interactions entre les protéines) et la mécanique (les déplacements) de différents processus cellulaires. Les forces responsables des mouvements moléculaires et cellulaires seront détectées directement par des capteurs fluorescents dans les cellules et la matrice extracellulaire. Les progrès réalisés dans les techniques d'imagerie à haute résolution permettront d'étudier des molécules isolées au sein de cellules vivantes, ce qui est déjà possible *in vitro*. Enfin, nous serons capables d'étudier les cellules dans des contextes plus naturels, non plus sur des lamelles de verre, mais dans des gels 3D de molécules de matrice extracellulaire. Pour favoriser l'interprétation des images, l'utilisation de marqueurs à plus forte fluorescence permettra de visualiser simultanément cinq ou six sortes différentes de molécules. L'amélioration du marquage des protéines permettra de mieux comprendre les interactions complexes entre protéines et organites.

Enfin, la microscopie électronique deviendra l'instrument principal de l'étude des machineries protéiques *in vitro* et *in situ*. Les méthodes tomographiques appliquées à des cellules et molécules isolées, combinées aux techniques de reconstruction automatisée permettront d'élaborer des modèles de structures basées sur des protéines, impossibles à déterminer par cristallographie aux rayons X. Les modèles tridimensionnels à haute résolution de molécules dans les cellules nous aideront à expliquer les interactions biochimiques complexes entre les protéines.

MOTS CLÉS

Lamina nucléaire *177*
Lumière *147*
Lysosome *165*
Marquage fluorescent *187*
Microfilament *174*
Microscopie d'immunofluorescence *187*
Microtubule *174*
Mitochondrie *171*
Nucléole *171*
Peroxysome *168*
Phosphoglycéride *150*
Porine *160*
Protéine membranaire intrinsèque *157*
Protéine membranaire périphérique *157*
Radeau lipidique *156*
Résolution *184*
Réticulum endoplasmique (RE) *168*
Sphingolipide *151*

RÉVISIONS

1. Lorsqu'on l'observe par microscopie électronique, la bicouche lipidique ressemble souvent à une voie ferrée. Expliquez de quelle manière la structure de la bicouche produit cette image.

2. Les biomembranes contiennent de nombreux types différents de molécules lipidiques. Quels sont les trois principaux présents dans les membranes ? Cites les similitudes et les différences entre ces trois types.

3. Les bicouches lipidiques sont considérées comme des fluides bidimensionnels. Qu'est-ce que cela signifie ? Qu'est-ce qui est à l'origine du mouvement des lipides et des protéines au sein de la bicouche ? Comment peut-on mesurer ce type de mouvement ? Quels facteurs affectent le degré de fluidité de la membrane ?

4. Expliquez l'énoncé suivant : La structure de toutes les biomembranes dépend des propriétés chimiques des phospholipides, alors que la fonction de chaque biomembrane dépend des protéines qui lui sont associées.

5. Citez les trois groupes selon lesquels on classifie les protéines associées aux membranes. Expliquez le mécanisme par lequel chaque groupe s'associe à une biomembrane.

6. Bien que les deux faces d'une biomembrane soient constituées des mêmes types généraux de macromolécules, principalement des lipides et des protéines, les deux faces de la bicouche ne sont pas identiques. Qu'est-ce qui explique l'asymétrie de ces deux faces ?

7. L'une des caractéristiques définissant les cellules eucaryotes est la présence d'organites. Quels sont les principaux organites des cellules eucaryotes et quelle est la fonction de chacun ? Qu'est-ce que le cytosol. Quels processus cellulaires se déroulent dans le cytosol ?

8. Les organites cellulaires tels que les mitochondries, les chloroplastes et l'appareil de Golgi possèdent des structures uniques. Quelle est la structure de chaque organite associée à sa fonction ?

9. La plupart de nos connaissances sur le fonctionnement cellulaire reposent sur des expériences menées sur des cellules spécifiques ou des parties spécifiques de cellules (comme les organites). Quelles sont les techniques couramment utilisées par les scientifiques pour isoler les cellules et les organites à partir de mélanges complexes et quel est le principe de ces techniques ?

10. L'isolement de certaines protéines membranaires nécessite l'utilisation de détergents, tandis que pour d'autres, on se sert de solutions salines hautement concentrées. Quels types de protéines membranaires nécessitent des détergents pour pouvoir être isolées ? Quels types de protéines membranaires exigent des solutions salines hautement concentrées ? Expliquez comment les propriétés chimiques des détergents et des solutions salines hautement concentrées facilitent le processus d'isolement de chaque type de protéine membranaire.

11. Trois systèmes de filaments cytosquelettiques existent dans la plupart des cellules eucaryotes. Comparez leur composition, leur fonction et leur structure.

12. Les filaments cytosquelettiques individuels sont organisés de façon caractéristique en structures plus complexes dans le cytosol. Quels sont les deux types généraux de structure selon lesquels se combinent les filaments individuels dans le cytosol ? Comment ces structures sont-elles formées et conservées ?

13. La microscopie photonique et la microscopie électronique sont couramment utilisées pour examiner les cellules, les structures cellulaires et la position de molécules spécifiques. Expliquez pourquoi un scientifique choisira l'une plutôt que l'autre technique de microscopie pour ses recherches.

14. Pourquoi faut-il des marqueurs chimiques pour pouvoir observer les cellules et les tissus par microscopie photonique classique ? Quel est l'avantage de la microscopie par fluorescence par rapport aux colorants utilisés pour marquer les spécimens en microscopie photonique ? Quels sont les avantages de la microscopie confocale à balayage et de la microscopie à déconvolution sur la microscopie par fluorescence traditionnelle ?

15. Dans certaines techniques microscopiques, on n'observe pas directement le spécimen. De quelle façon ces méthodes fournissent-elles des informations sur la structure cellulaire et quels types de structures permettent-elles de visualiser ?

ANALYSEZ LES RÉSULTATS SUIVANTS

Des cellules hépatiques de rat ont été homogénéisées et l'homogénat est soumis à une centrifugation à l'équilibre en gradient de densité, dans du saccharose. On a testé les fractions obtenues à partir de ces gradients à la recherche de *molécules marqueurs* (c'est-à-dire, des molécules dont la présence est limitée à certains organites). Les résultats de ces tests sont présentés dans la figure. Les molécules marqueurs assurent les fonctions suivantes : la cytochrome oxydase est une enzyme impliquée dans la formation de l'ATP au cours de la dégradation complète du glucose ou des acides gras ; l'ARN ribosomial est l'un des constituants des ribosomes, les machineries de synthèse protéique ; la catalase catalyse la décomposition du peroxyde d'hydrogène ; la phosphatase acide hydrolyse les esters monophosphoriques aux pH acides ; la cytidylyl transférase est impliquée dans la biosynthèse des phospholipides et la perméase pour les acides aminés (translocase) aide au transport des acides aminés à travers les membranes.

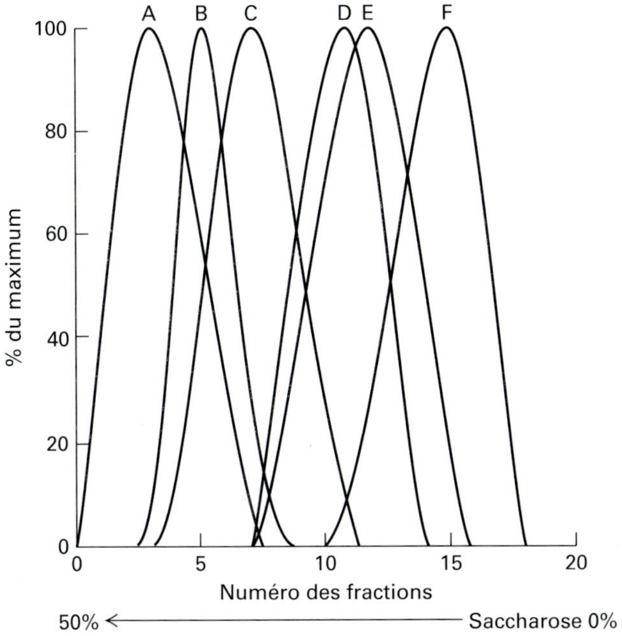

Courbe A = cytochrome oxydase
Courbe B = ARN ribosomial
Courbe C = catalase
Courbe D = phosphatase acide
Courbe E = cytidylyl transférase
Courbe F = perméase pour les acides aminés

a) Donnez le nom de la molécule marqueur et le numéro de la fraction la plus enrichie en chacun des constituants suivants : lysosomes ; peroxysomes ; mitochondries ; membrane plasmique ; réticulum endoplasmique rugueux ; réticulum endoplasmique lisse.
b) Le réticulum endoplasmique rugueux est-il plus ou moins dense que le réticulum endoplasmique lisse ?
c) Décrivez une autre approche qui permettrait d'identifier la fraction enrichie en un organite type.
d) De quelle façon l'addition d'un détergent à l'homogénat affecterait-elle les résultats de la centrifugation à l'équilibre en gradient de densité ?

RÉFÉRENCES

Textes généraux et atlas d'histologie

Cross, P. A. et Mercer, K. L., (1993), *Cell and Tissue Ultrastructure : A Functional Perspective,* W. H. Freeman and Company.

Fawcett, D. W, (1993), *Bloom and Fawcett : A Textbook of Histology*, 12e éd., Chapman et Hall.

Kessel, R. et Kardon, R., (1979), *Tissues and Organs : A Textbook of Scanning Electron Microscopy,* W. H. Freeman and Company.

Les biomembranes : leur composition lipidique et leur organisation structurale

Simons, K. et Toomre, D., (2000), Lipid rafts and signal transduction, *Nature Rev. Mol. Cell Biol.* **1** :31-41.

Sprong, H., P. *et al.,* (2001), How proteins move lipids and lipids move proteins, *Nature Rev. Mol. Cell Biol.* **2** :504-513.

Tamm, L. K. *et al.,* (2001), Membrane dynamics, *Encyclopedia of Life Sciences*. Nature Publishing Group.

Vance, D. E. et Vance, J. E., (2002), *Biochemistry of Lipids, Lipoproteins, and Membranes*, 4e éd., Elsevier.

Yeager, P. L, (2001), Lipids, *Encyclopedia of Life Sciences*, Nature Publishing Group.

Les biomembranes : leurs composants protéiques et leurs fonctions principales

Cullen, P. J. *et al.,* (2001), Modular phosphoinositide-binding domains : their role in signaling and membrane trafficking, *Curr. Biol.* **11** :R882 :R893.

Lanyi, J. K. et Luecke, H., (2001), Bacteriorhodopsine, *Curr. Opin. Struc. Biol.* **11** :415 :519.

MacKenzie, K. R. *et al.,* (1997), A transmembrane helix dimer : structure and implications, *Science* **276** :131-133.

Minor, D. L, (2001), Potassium channels : life in the post-structural world, *Curr. Opin. Struc. Biol.* **11** :408-414.

Schulz, G. E, (2000), ß-barrel membrane proteins, *Curr. Opin. Struc. Biol.* **10** :443-447.

Les organites de la cellule eucaryote

Bainton, D, (1981), The discovery of lysosomes, *J. Cell. Biol.* **91** :66s-76s.

Cuervo, A. M. et Dice, J. F., (1998), Lysosomes : a meeting point of proteins, chaperones, and proteases, *J. Mol. Med.* **76** :6-12.

De Duve, C, (1996), The peroxisome in retrospect, *Ann. NY Acad. Sci.* **804** :1-10.

Holtzman, E., (1989), *Lysosomes*, Plenum Press.

Lamond, A. et Earnshaw, W., (1998), Structure and function in the nucleus, *Science.* **280** :547-553.

Masters, C. et Crane, D., (1996), Recent developments in peroxisome biology, *Endeavour.* **20** :68-73.

Palade, G., (1975), Intracellular aspects of the process of protein synthesis, *Science* **189** :347-358. L'exposé du Prix Nobel d'un pionnier dans l'étude des organites cellulaires. (voir aussi de Duve, 1996.)

Subramani, S, (1998), Components involved in peroxisome import, biogenesis, proliferation, turnover, and movement, *Physiol. Rev.* **78** :171-188.

Le cytosquelette : ses composants et ses fonctions structurales

Bray, D, (2001), *Cell Movements : From Molecules to Motility*, Garland. Une excellente description du cytosquelette et de la motilité.

Plusieurs auteurs, *Curr. Topics Cell Biol.* Le numéro de février est toujours consacré au cytosquelette.

La purification des cellules et de leurs constituants

Battye, F. L. et Shortman, K., (1991), Flow cytometry and cell-separation procedures, *Curr. Opin. Immunol.* **3** :238-241.

De Duve, C., (1975), Exploring cells with a centrifuge, *Science* **189** :186-194. L'exposé du Prix Nobel d'un pionnier dans l'étude des organites cellulaires.

De Duve, C. et Beaufay, H., (1981), A short history of tissue fractionation, *J. Cell Biol.* **91** :293s-299s.

Howell, K. E. *et al.,* (1989), Subcellular fractionation of tissue culture cells, *Trends Biochem. Sci.* **14** :44-48.

Ormerod, M. G., (Éd.), (1990), *Flow Cytometry : A Practical Approach,* IRL Press.

Rickwood, D, (1992), *Preparative Centrifugation : A Practical Approach,* IRL Press.

Visualiser l'architecture cellulaire

Bastiaens, P. I. H. et Pepperkok, R., (2000), Observing proteins in their natural habitat : the living cell, *Trends Biochem. Sci.* **25** :631-637.

Baumeister, W. et Steven, A. C., (2000), Macromolecular electron microscopy in the era of structural genomics, *Trends Biochem. Sci.* **25** :624-630.

Bozzola, J. J. et Russell, L. D., (1992), *Electron Microscopy,* Jones and Bartlett.

Dykstra, M. J, (1992), *Biological Electron Microscopy : Theory, Techniques, and Troubleshooting*, Plenum Press.

Gilroy, S, (1997), Fluorescence microscopy of living plant cells, *Ann. Rev. Plant Physiol. Plant. Mol. Biol.* **48** :165-190.

Inoué, S. et Spring, K., (1997), *Video Microscopy*, 2e éd., Plenum Press.

Lippinscott-Schwartz, J. et Smith, C. L., (1997), Insights into secretory and endocytic membrane traffic using green fluorescent protein chimeras, *Curr. Opin. Neurobiol.* 7 :631-639.

Mason, W. T, (1999), *Fluorescent and Luminescent Probes for Biological Activity*, 2e éd., Academic Press.

Matsumoto, B., (Éd.), (2002), *Methods in Cell Biology*, Vol. 70 : *Cell Biological Applications of Confocal Microscopy,* Academic Press.

Misteli, T. et Spector, D. L., (1997), Applications of the green fluorescent protein in cell biology and biotechnology, *Nature Biotech.* **15** :961-964.

Sluder, G. et Wolf, D., (Éds), (1998), *Methods in Cell Biology*, Vol. 56 : *Video Microscopy*, Academic Press.

6

L'ORGANISATION DES CELLULES EN TISSUS

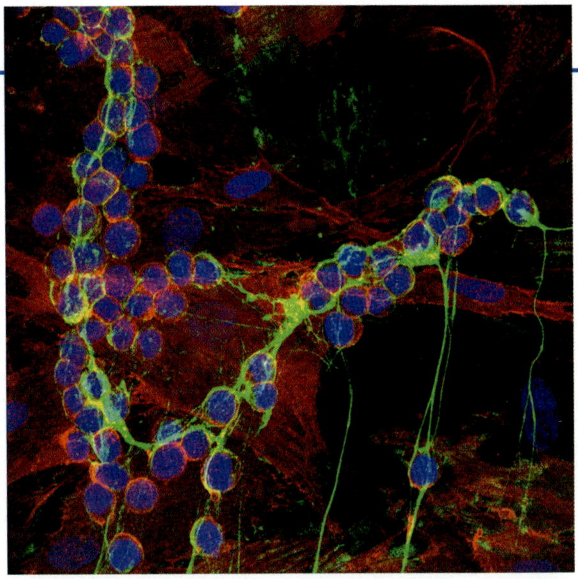

Un modèle d'inflammation des intestins dans lequel on a induit des cellules musculaires cultivées en colonies afin qu'elles sécrètent des chaînes de hyaluronane (en vert) qui se fixent à des leucocytes mononucléaires sphéroïdes par le biais de leurs récepteurs CD44 (en rouge). Les noyaux sont colorés en bleu. [Aimablement communiqué par C. de la Motte *et al.*, Lerner Research Institute.]

Au cours du développement d'organismes pluricellulaires complexes tels que les plantes ou les animaux, les cellules souches se différencient en « types » distincts qui possèdent des compositions, structures et fonctions caractéristiques. Les cellules d'un même type s'assemblent souvent en un *tissu* pour exécuter de manière coopérative une fonction commune : les muscles se contractent ; les tissus nerveux transmettent des impulsions électriques ; les tissus du xylème chez les végétaux transportent de l'eau. Des tissus distincts peuvent s'agencer en un *organe*, une fois encore pour remplir une ou plusieurs fonctions spécifiques. Par exemple, les muscles, valvules et vaisseaux sanguins du cœur travaillent de concert pour envoyer le sang dans le corps. Le fonctionnement coordonné de nombreux types cellulaires en tissus, de même que celui de multiples tissus spécialisés, permet à l'organisme de se déplacer, d'assurer son métabolisme, sa reproduction et d'autres activités essentielles.

La forme adulte du ver nématode *Caenorhabditis elegans* contient seulement 959 cellules ; pourtant ces cellules se classent en 12 types cellulaires différents et de nombreux sous-types distincts. Les vertébrés possèdent des centaines de types cellulaires différents, dont les leucocytes (globules blancs), les érythrocytes et les macrophages dans le sang ; les photorécepteurs dans la rétine ; les adipocytes qui stockent les graisses ; les cellules sécrétoires α et β du pancréas ; les fibroblastes dans le tissu conjonctif et des centaines de sous-types distincts de neurones dans le cerveau humain. En dépit de leur variété de forme et de fonction, toutes les cellules animales peuvent être classifiées dans l'une des cinq grandes classes de tissus : le *tissu épithélial*, le *tissu conjonctif*, le *tissu musculaire*, le *tissu nerveux* et le *sang*. Des types cellulaires distincts présentent une organisation d'une complexité étonnante pour créer les différents tissus et organes. Une telle complexité nécessite un supplément d'information, de matériel, d'énergie et de temps au cours du développement d'un organisme individuel. Bien que les tissus et organes complexes aient des coûts physiologiques élevés, ils permettent aux organismes de se développer dans des environnements variés et variables, ce qui est un avantage important sur le plan de l'évolution.

Les morphologies complexes et variées des plantes et des animaux sont des exemples de la supériorité du tout sur ses parties, qui se traduit techniquement par l'apparition de nouvelles propriétés dans un système complexe. Par exemple, l'organisation racines-tiges-feuilles des plantes leur permet de se procurer simultanément de l'énergie (lumière solaire) et du carbone (CO_2)

SECTIONS

à partir de l'atmosphère, et de l'eau et des nutriments (des éléments minéraux par exemple) à partir du sol. Les propriétés mécaniques distinctes des os (rigidité), des articulations (flexibilité) et des muscles (contractilité) permettent aux vertébrés de se déplacer efficacement et d'atteindre une taille notable. Les feuillets de cellules épithéliales étroitement associées peuvent agir comme des barrières réglables, avec une perméabilité sélective, ce qui permet la création de compartiments chimiquement et fonctionnellement distincts chez un organisme (par exemple l'estomac, le système sanguin). En conséquence, des fonctions distinctes et parfois opposées (comme la dégradation et la synthèse) peuvent se dérouler simultanément au sein d'un même organisme. Une telle compartimentation permet également une régulation plus sophistiquée des diverses fonctions biologiques. Par bien des côtés, les rôles des tissus et des organes complexes chez un organisme sont analogues à ceux des organites et des membranes dans une cellule.

L'assemblage de tissus distincts et leur agencement en organes sont déterminés par des interactions moléculaires au niveau cellulaire et seraient impossibles sans l'expression régulée dans le temps et dans l'espace d'une vaste gamme de molécules d'adhérence. Dans un tissu, les cellules peuvent adhérer directement l'une à l'autre (*adhérence cellule-cellule* ou adhérence intercellulaire) grâce à des protéines membranaires intrinsèques spécialisées appelées **molécules d'adhérence cellulaire** (**CAM** pour *cell-adhesion molecules* en anglais) qui se regroupent souvent en jonctions spécialisées (Figure 6-1). Les cellules constituant les tissus animaux adhèrent également les unes aux autres de manière indirecte (*adhérence cellule-matrice*) grâce à la liaison de **récepteurs**

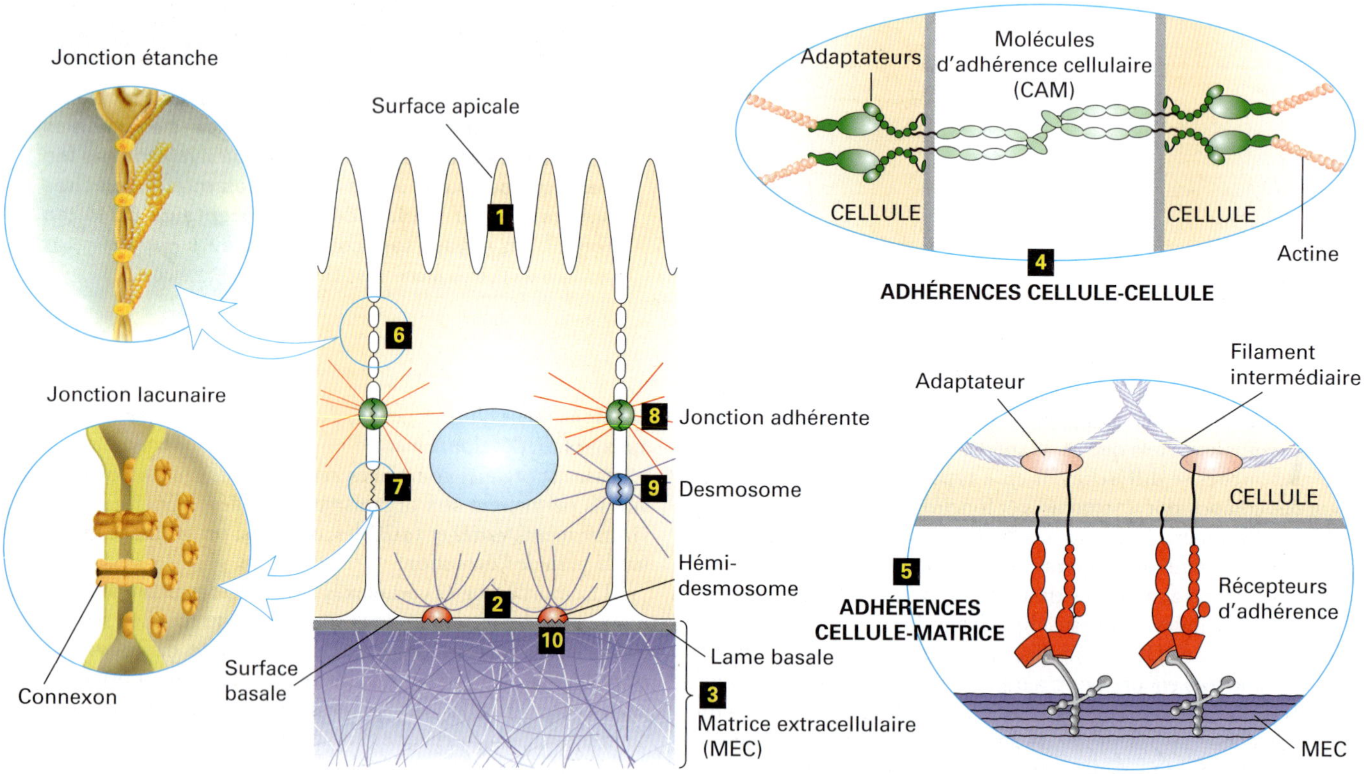

FIGURE 6-1 Une représentation schématique des principales interactions d'adhérence qui associent les cellules les unes aux autres et avec la matrice extracellulaire. Une représentation schématique en coupe d'un tissu épithélial type tel que celui des intestins. La surface supérieure (apicale) de ces cellules comporte des microvillosités en forme de doigt **1** qui se projettent dans la lumière intestinale et la surface basale (inférieure) **2** repose sur la matrice extracellulaire (MEC). La MEC associée aux cellules épithéliales est généralement organisée en différents feuillets interconnectés (comme la lame basale, les fibres de connexion, le tissu conjonctif) dans lesquels des macromolécules de MEC entrecroisées se fixent les unes aux autres et aux cellules **3**. Les molécules d'adhérence cellulaire (CAM) se fixent aux CAM présentes sur d'autres cellules, participant ainsi aux adhérences intercellulaires **4** ; les récepteurs d'adhérence se lient à différents composants de la MEC, participant aux adhérences cellule-matrice **5**. Les deux types de molécules d'adhérence de la surface cellulaire sont généralement des protéines membranaires intrinsèques dont les domaines cytosoliques se fixent souvent à de multiples protéines adaptatrices intracellulaires. Ces adaptateurs, de façon directe ou indirecte, relient les CAM au cytosquelette (filaments d'actine ou filaments intermédiaires) et aux voies de signalisation intracellulaire. En conséquence, l'information peut être transférée par les CAM et les macromolécules auxquelles elles se fixent, de l'extérieur de la cellule vers l'environnement intracellulaire et *vice versa*. Dans certains cas, un agrégat complexe de CAM, d'adaptateurs et de protéines associées est formé. Des agrégats spécifiques localisés constitués de CAM ou de récepteurs d'adhérence forment différents types de jonctions cellulaires qui jouent un rôle important dans le maintien des tissus les uns avec les autres et facilitent la communication entre les cellules et leur environnement. Les jonctions étanches **6**, situées juste au-dessous des microvillosités, empêchent la diffusion de nombreuses substances à travers les espaces extracellulaires présents entre les cellules. Les jonctions lacunaires (gap) **7** permettent le déplacement de petites molécules et d'ions à travers des canaux appelés connexons entre les cytosols de cellules adjacentes. Les trois autres sortes de jonctions, les jonctions adhérentes **8**, les desmosomes ponctuels **9** et les hémi-desmosomess **10**, relient le cytosquelette d'une cellule aux autres cellules ou à la MEC. [Voir V. Vasioukhin et E. Fuchs, 2001, *Curr. Opin. Cell Biol.* **13**:76.]

d'adhérence présents dans la membrane plasmique, à la **matrice extracellulaire environnante** (MEC), un réseau complexe de protéines et polysaccharides imbriqués, sécrétés par les cellules dans les espaces qui les séparent. Ces deux types élémentaires d'interactions permettent non seulement aux cellules de s'agréger en tissus distincts mais servent également au transfert bidirectionnel d'information entre l'extérieur et l'intérieur des cellules.

Dans ce chapitre, nous examinerons les différentes sortes de molécules d'adhérence et la façon dont elles interagissent. On pense que les plantes et les animaux se sont séparés au cours de l'évolution, avant l'apparition des organismes pluricellulaires. De ce fait, les organisations pluricellulaires et les moyens moléculaires à l'origine de l'assemblage des tissus et des organes ont dû apparaître de façon indépendante dans les lignées animales et végétales. Dès lors, il n'est pas surprenant que les animaux et les plantes présentent de nombreuses différences dans l'organisation et la formation de leurs tissus. Pour cette raison, nous considérerons d'abord l'organisation des tissus épithéliaux et non épithéliaux chez les animaux, puis nous traiterons séparément des tissus végétaux. Bien que la plupart des cellules des organismes vivants soient organisées en tissus, nos connaissances sur les cellules reposent en grande partie sur l'étude de cellules isolées. Nous présenterons donc dans la dernière section de ce chapitre, certaines caractéristiques générales du travail sur des populations de cellules prélevées à partir de tissus ou d'organismes.

6.1 L'adhérence cellule-cellule et cellule-matrice : une vue d'ensemble

Nous considérerons brièvement tout d'abord les différents types de molécules d'adhérence, leurs fonctions essentielles chez les organismes et leur origine dans l'évolution. Dans les sections suivantes, nous examinerons en détail les structures et propriétés spécifiques des différents participants aux interactions cellule-cellule et cellule-matrice chez les animaux.

Les molécules d'adhérence cellulaire se fixent les unes aux autres ainsi qu'aux protéines intracellulaires

Un grand nombre de CAM se répartissent en quatre grandes familles : les **cadhérines**, la **superfamille des immunoglobulines** (**Ig**), les **intégrines** et les **sélectines**. Comme l'illustre le schéma de la Figure 6-2, de nombreuses CAM sont des mosaïques de multiples domaines distincts dont beaucoup sont présents dans plusieurs

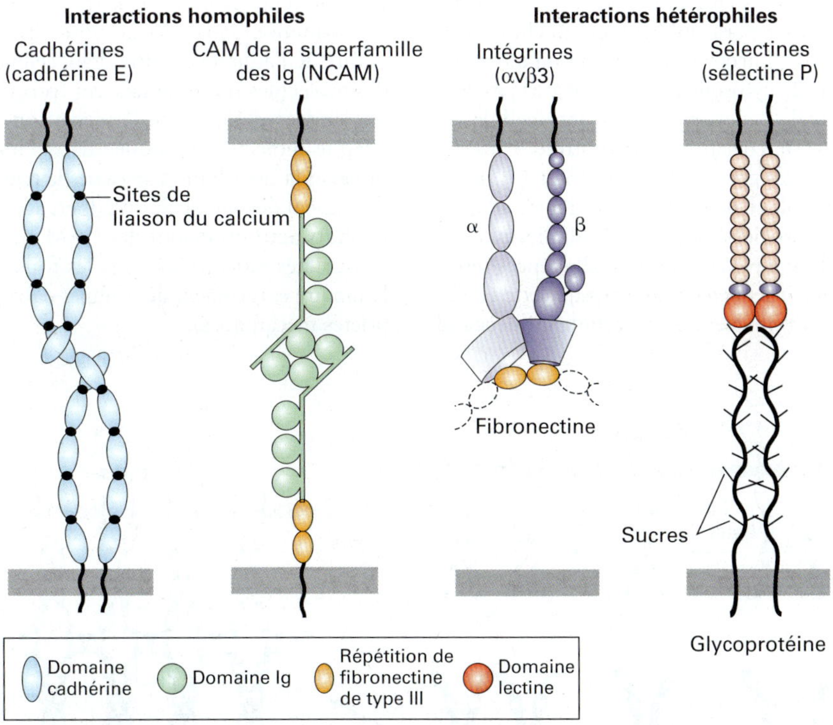

FIGURE 6-2 Les principales familles de molécules d'adhérence cellulaire (CAM) et de récepteurs d'adhérence. Les cadhérines E dimériques forment généralement des liaisons croisées homophiles (de même nature) avec des cadhérines E situées sur des cellules adjacentes. Les membres de la superfamille d'immunoglobulines (Ig) des CAM peuvent former à la fois des liaisons homophiles (représentées ici) et hétérophiles (de nature différente). Les sélectines, figurées sous la forme de dimères, contiennent un domaine lectine de liaison des glucides, qui reconnaît des structures sucrées spécialisées sur des glycoprotéines (dessinées ici) et des glycolipides sur des cellules adjacentes. Les intégrines hétérodimériques (par exemple les chaînes αv et β3) jouent le rôle de CAM ou de récepteurs d'adhérence (représentés ici) qui se fixent à de très grosses protéines de la matrice à plusieurs pôles d'adhérence telles que la fibronectine, dont seulement une petite partie est figurée ici (voir également Figure 6-25). Remarquez que les CAM forment souvent des oligomères d'ordre supérieur dans le plan de la membrane plasmique. De nombreuses molécules d'adhérence contiennent de multiples domaines distincts, dont certains sont présents dans plusieurs types de CAM. Les domaines cytoplasmiques de ces protéines sont souvent associés aux protéines adaptateurs qui les relient au cytosquelette ou aux voies de signalisation. [Voir R. O. Hynes, 1999, *Trends Cell Biol.* **9**(12) :M33 et R. O. Hynes, 2002, *Cell* **100**:673-687.]

sortes de CAM. On les appelle des « répétitions » lorsqu'ils sont présents de nombreuses fois dans la même molécule. Certains de ces domaines sont responsables de la spécificité de liaison d'une protéine donnée. D'autres protéines membranaires, dont les structures n'appartiennent à aucune des classes principales de CAM, participent également à l'adhérence cellule-cellule dans différents tissus.

Par l'intermédiaire de leurs domaines extracellulaires, les CAM interviennent dans les interactions d'adhérence entre des cellules du même type (adhérence *homotypique*) ou entre des cellules de types différents (adhérence *hétérotypique*). Une CAM présente sur une cellule peut se lier directement au même type de CAM sur une cellule adjacente (liaison *homophile*) ou à une classe différente de CAM (liaison *hétérophile*). Les CAM peuvent être largement distribuées le long des régions des membranes plasmiques en contact avec d'autres cellules ou regroupées en zones discrètes, appelées **jonctions cellulaires**. L'adhérence intercellulaire peut être forte et durable ou relativement faible et transitoire. Les contacts entre les cellules nerveuses de la moelle épinière ou les cellules métaboliques du foie présentent une adhérence forte. Au contraire, les cellules immunitaires dans le sang ne peuvent former que des interactions faibles et courtes, ce qui leur permet de circuler à l'intérieur d'un vaisseau sanguin et de traverser sa paroi lorsqu'elles doivent combattre une infection dans un tissu.

Les domaines des CAM situés face au cytosol nécessitent des groupes de protéines adaptatrices multifonctionnelles (voir Figure 6-1). Ces adaptateurs connectent directement ou indirectement les CAM aux éléments du cytosquelette (Chapitre 5) ; ils peuvent également faire appel à des molécules intracellulaires impliquées dans les voies de signalisation pour contrôler l'activité des protéines et l'expression des gènes (Chapitres 13 et 14). Dans certains cas, un agrégat complexe de CAM, de protéines adaptatrices et d'autres protéines associées est assemblé au niveau de la surface interne de la membrane plasmique. Les adhérences intercellulaires étant associées intrinsèquement au cytosquelette et aux voies de signalisation, l'environnement d'une cellule influence sa forme et ses propriétés fonctionnelles ; de même, la forme et la fonction d'une cellule influencent son environnement (effets réciproques). La *communication* est donc une propriété importante des cellules organisées en tissus.

La formation de nombreuses adhérences intercellulaires implique deux types d'interactions moléculaires (Figure 6-3). Tout d'abord, les CAM d'une cellule s'associent latéralement par l'intermédiaire de leurs domaines extracellulaires ou de leurs domaines cytosoliques ou des deux, en homodimères ou oligomères d'ordre supérieur, dans le plan de la membrane plasmique de la cellule. On appelle ces interactions, des interactions intracellulaires, latérales ou *cis*. Deuxièmement, les oligomères de CAM sur une cellule se fixent aux mêmes CAM ou à des CAM différentes sur une cellule adjacente. On parle alors d'interactions intercellulaires ou *trans*. Les interactions *trans* induisent parfois des interactions *cis* supplémentaires et, en conséquence, encore davantage d'interactions *trans*.

Les interactions d'adhérence entre cellules varient considérablement en fonction des CAM et du tissu impliqués. Exactement comme du Velcro, une adhérence très forte peut être créée par la combinaison d'un grand nombre d'interactions faibles dans une petite zone nettement définie. De plus, l'association de molécules intracellulaires avec les domaines cytosoliques des CAM peut fortement influencer les interactions intermoléculaires des CAM en favorisant leur association *cis* (regroupement) ou en modifiant leur conformation. Parmi les nombreuses variables qui déterminent la nature de l'adhérence entre deux cellules, il y a l'affinité de liaison des molécules qui interagissent (propriétés thermodynamiques) ; les vitesses globales de l'association et de la dissociation pour chaque molécule impliquée dans l'interaction (propriétés cinétiques) ; la distribution spatiale (le regroupement, la densité faible ou élevée) des molécules d'adhérence (propriétés géométriques) ; les états actif ou inactif des CAM en fonction de leur adhérence (propriétés biochimiques) et les forces externes telles que le flux laminaire et turbulent des cellules dans le système circulatoire (propriétés mécaniques).

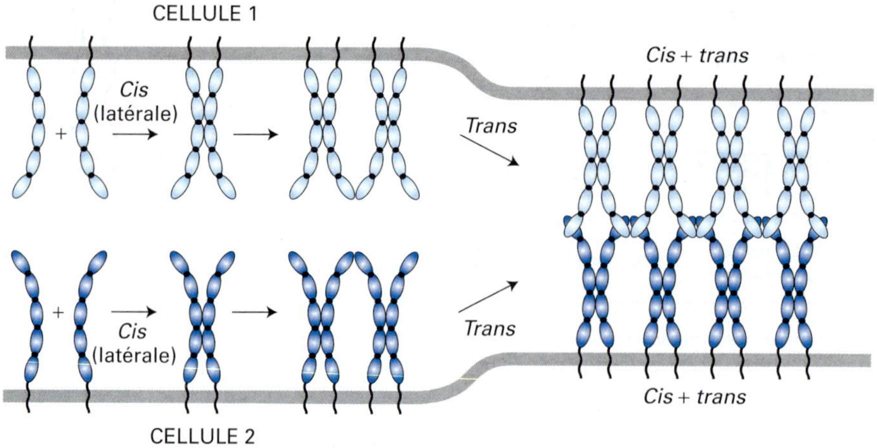

FIGURE 6-3 Un modèle schématique de la formation d'adhérences cellule-cellule. Les interactions latérales entre molécules d'adhérence cellulaire (CAM) dans la membrane plasmique d'une cellule forment des dimères et de gros oligomères. Les parties des molécules qui participent à ces interactions *cis* varient d'une CAM à l'autre. Les interactions *trans* qui s'ensuivent entre les domaines distaux des CAM situées sur des cellules adjacentes créent une adhérence forte semblable à une fermeture à glissière entre les cellules. [Adapté de M. S. Steinberg & P. M. McNutt, 1999, *Curr. Opin. Cell Biol.* **11**:554.]

La matrice extracellulaire participe à l'adhérence et à d'autres fonctions

Certains récepteurs présents à la surface des cellules, y compris des intégrines, peuvent fixer des composants de la matrice extracellulaire (MEC). Ils provoquent alors indirectement l'adhérence des cellules les unes aux autres grâce à leur interaction avec la matrice. La MEC comporte trois composants abondants : les protéoglycanes, un type unique de glycoprotéines ; les collagènes, des protéines qui forment souvent des fibres et les protéines solubles de matrice à plusieurs pôles d'adhérence (comme la fibronectine). Les volumes relatifs des cellules et de la matrice varient fortement d'un tissu animal à l'autre ou d'un organe à l'autre. Certains tissus conjonctifs par exemple, sont principalement constitués de matrice, tandis que de nombreux organes sont formés de cellules étroitement assemblées avec relativement peu de matrice.

Bien que la matrice extracellulaire fournisse généralement un support mécanique aux tissus, elle remplit également plusieurs autres fonctions. Des combinaisons variables des composants de la MEC adaptent la matrice extracellulaire à des buts différents : la solidité dans les tendons, les dents et les os ; l'élasticité dans les cartilages et l'adhérence dans la plupart des tissus. De plus, la composition de la matrice, qui peut varier en fonction du site anatomique et de l'état physiologique du tissu, informe la cellule de l'endroit où elle se trouve et de ce qu'elle doit y faire (signaux de l'environnement). Les changements dans les composants de la MEC, qui sont constamment remodelés, dégradés et resynthétisés localement, peuvent moduler les interactions d'une cellule avec son environnement. La matrice sert également de réservoir à de nombreuses molécules de signalisation extracellulaire qui contrôlent la croissance des cellules et leur différenciation. De plus, la matrice fournit un treillage à travers ou sur lequel les cellules peuvent se déplacer, en particulier aux stades précoces de l'assemblage des tissus. La morphogenèse, le dernier stade du développement embryonnaire au cours duquel les tissus, organes et parties du corps sont formés grâce à des déplacements et des réarrangements cellulaires, dépend également fortement de l'adhérence cellule-matrice ainsi que de l'adhérence intercellulaire.

La diversité des tissus animaux repose sur l'évolution de molécules d'adhérence avec des propriétés variées

Les adhérences cellule-cellule et cellule-matrice sont responsables de la formation, de la composition, de l'architecture et de la fonction des tissus animaux. Les molécules d'adhérence des animaux sont anciennes sur le plan de l'évolution et sont parmi les protéines les mieux conservées chez les organismes pluricellulaires (métazoaires), ce qui n'a rien de surprenant. Les éponges (les métazoaires les plus primitifs) expriment certaines CAM et molécules de la MEC à plusieurs pôles d'adhérence dont les structures sont étonnamment similaires à celles des protéines humaines correspondantes. L'évolution des organismes avec des tissus et des organes complexes est due à l'évolution de divers CAM, récepteurs d'adhérence et molécules de la MEC avec des propriétés et des fonctions nouvelles, dont les taux d'expression diffèrent d'un type cellulaire à l'autre.

La diversité des molécules d'adhérence vient en grande partie de deux phénomènes susceptibles de produire des protéines étroitement apparentées appelées **isoformes**, qui constituent une famille de protéines. Dans certains cas, les différents membres d'une famille de protéines sont codés par de multiples gènes apparus à partir d'un ancêtre commun, à la suite d'une duplication des gènes et d'une divergence des copies ainsi produites au cours de l'évolution (Chapitre 9). Les analyses de gènes et de séquences d'ADNc permettent parfois de déceler l'existence d'un groupe de gènes apparentés, ou famille de gènes. Dans d'autres cas, un même gène donne naissance à un transcrit d'ARN qui, grâce à un épissage alternatif, produit de multiples ARNm, codant chacun une isoforme distincte (Chapitre 4). L'épissage alternatif augmente donc le nombre de protéines qui peuvent être exprimées à partir d'un gène. Ces deux phénomènes contribuent à la diversité de certaines familles de protéines telles que les cadhérines. Des isoformes particulières d'une protéine d'adhérence sont souvent exprimées dans certains types cellulaires mais pas dans d'autres, ce qui explique leur différence de distribution dans des tissus distincts.

CONCEPTS CLÉS DE LA SECTION 6.1

L'adhérence cellule-cellule et cellule-matrice : une vue d'ensemble

- Les molécules d'adhérence cellulaire (CAM) sont impliquées dans les adhérences intercellulaires directes (homotypiques et hétérotypiques) et les récepteurs d'adhérence de la surface cellulaire, dans les adhérences cellule-matrice (voir Figure 6-1). Ces interactions assemblent les cellules en tissus et facilitent la communication entre les cellules et leur environnement.
- Les domaines cytosoliques des CAM et des récepteurs d'adhérence fixent des protéines adaptatrices multifonctionnelles qui participent à l'interaction avec des fibres du cytosquelette et des protéines de signalisation intracellulaire.
- Les principales familles de molécules d'adhérence de la surface cellulaire sont les cadhérines, les sélectines, les CAM de la superfamille des Ig et les intégrines (voir Figure 6-2).
- Les adhérences intercellulaires fortes comprennent l'oligomérisation *cis* (latérale ou intracellulaire) des CAM et l'interaction *trans* (intercellulaire) de CAM semblables (homophiles) ou différentes (hétérophiles) (voir Figure 6-3).
- La matrice extracellulaire (MEC) est un réseau complexe de protéines et de polysaccharides qui contribue à la structure et à la fonction d'un tissu.
- L'évolution des CAM, des récepteurs d'adhérence et des molécules de la MEC ayant des structures et des fonctions spécialisées permet aux cellules de s'assembler en diverses classes de tissus possédant des fonctions spécifiques.

6.2 Les tissus épithéliaux en feuillets : les jonctions et les molécules d'adhérence

En général, les surfaces interne et externe des organes sont recouvertes d'une structure en feuillet de tissu épithélial que l'on appelle un **épithélium**. On dit des cellules formant les tissus épithéliaux qu'elles sont *polarisées* car leurs membranes plasmiques sont organisées en deux régions discrètes au moins. On appelle généralement les surfaces distinctes d'une cellule épithéliale polarisée, les

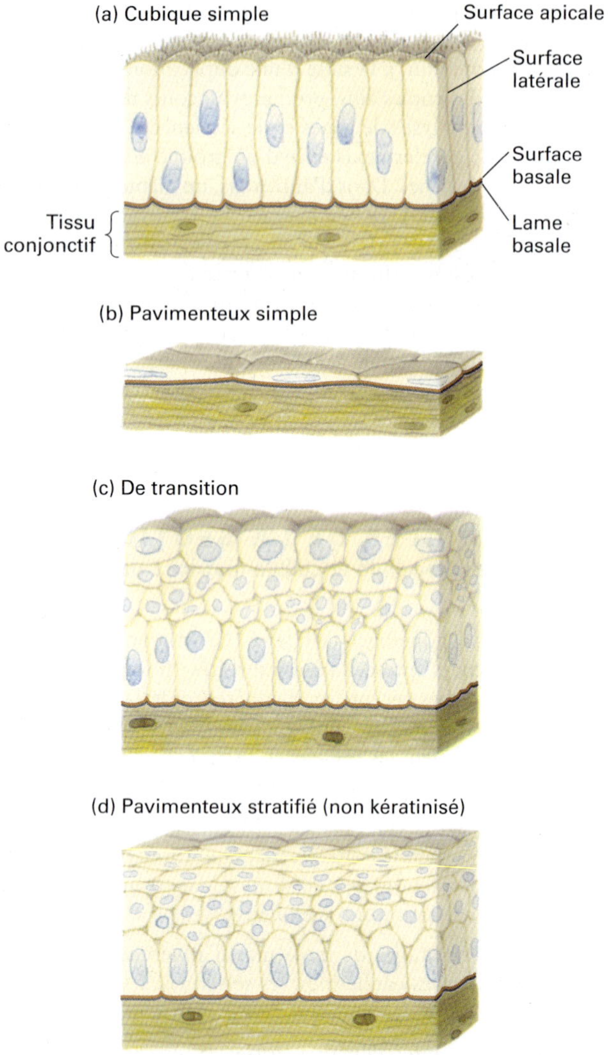

FIGURE 6-4 Les principaux types d'épithéliums. Les surfaces apicales et basolatérales des cellules épithéliales présentent des caractéristiques distinctes. (a) Les épithéliums cubiques simples sont constitués de cellules allongées, y compris des cellules sécrétant du mucus (dans le revêtement de l'estomac et du tractus cervical) et des cellules absorbantes (dans le revêtement de l'intestin grêle). (b) Des épithéliums pavimenteux simples, composés de cellules aplaties, tapissent les vaisseaux sanguins (cellules endothéliales/endothélium) et de nombreuses cavités du corps. (c) Les épithéliums de transition, constitués de plusieurs couches de cellules de formes différentes, tapissent certaines cavités soumises à des expansions et des contractions (comme la vessie). (d) Des épithéliums pavimenteux stratifiés (non kératinisés) tapissent des surfaces telles que la bouche et le vagin ; ces revêtements résistent à l'abrasion et ne participent généralement pas à l'absorption ni à la sécrétion de matériaux vers l'intérieur ou vers l'extérieur de la cavité. La lame basale, un réseau fibreux fin de collagène et d'autres constituants de la MEC, soutient tous les épithéliums et les relie au tissu conjonctif sous-jacent.

surfaces **apicale** (en haut), **basale** (en bas ou au fond) et **latérales** (sur les côtés ; Figure 6-4). La surface basale se trouve généralement au contact d'une matrice extracellulaire sous-jacente appelée **lame basale** dont la composition et la fonction seront traitées dans la Section 6.3. Les surfaces basales et latérales ont une composition voisine et on les désigne souvent par le terme collectif de surface basolatérale. Les surfaces basolatérales de la plupart des épithéliums se trouvent le plus souvent sur la face de la cellule la plus proche des vaisseaux sanguins. Chez les animaux à circuit sanguin fermé, le sang coule dans des vaisseaux dont le revêtement interne est constitué de cellules épithéliales aplaties appelées cellules endothéliales. La face apicale des cellules endothéliales, au contact du sang, est généralement appelée surface *luminale* et la face basale à l'opposé, surface *abluminale*.

Les épithéliums situés en différents endroits du corps présentent des morphologies et des fonctions caractéristiques (voir Figure 6-4). Les épithéliums stratifiés (à couches multiples) servent souvent de barrières et de surfaces protectrices (comme la peau), tandis que les épithéliums simples (à une seule couche) laissent généralement passer de façon sélective les ions et petites molécules d'une face de cette couche à l'autre. Par exemple, l'épithélium cubique simple qui tapisse l'estomac sécrète de l'acide chlorhydrique dans la lumière de cet organe ; un épithélium similaire tapissant l'intestin grêle transporte les produits de la digestion (comme le glucose et les acides aminés) de la lumière de l'intestin jusqu'au sang, en passant par la surface basolatérale (Chapitre 7). L'épithélium cubique simple qui tapisse l'intestin grêle présente de nombreuses projections en forme de doigts (de 100 nm de diamètre) appelées **microvillosités** qui s'étendent à partir de la surface luminale (apicale) (voir Figure 5-45). L'orientation ascendante d'une microvillosité est permise grâce à de nombreuses connexions entre la membrane plasmique qui l'entoure et un faisceau central de microfilaments d'actine, qui s'étend dans la cellule et interagit avec les filaments intermédiaires de kératine (voir Figure 5-28). Les microvillosités permettent un net accroissement de la surface apicale et donc du nombre de protéines qu'elle contient, ce qui augmente la capacité d'absorption de l'épithélium intestinal.

Nous allons décrire ici les différentes jonctions cellulaires et les CAM qui jouent des rôles fondamentaux dans l'assemblage et le fonctionnement des feuillets épithéliaux. Nous considérerons dans la Section 6.3 les constituants de la matrice extracellulaire intimement associés aux épithéliums.

Les jonctions spécialisées aident à définir la structure et la fonction des cellules épithéliales

Toutes les cellules épithéliales d'un même feuillet sont reliées les unes aux autres et à la matrice extracellulaire par le biais de jonctions cellulaires spécialisées constituées de groupes denses de CAM. Bien que des centaines d'interactions individuelles mettant en jeu des CAM suffisent à l'adhérence des cellules entre elles, les jonctions jouent des rôles particuliers. Elles interviennent dans la détermination de la force et de la rigidité d'un tissu, la transmission de l'information entre l'espace extracellulaire et intracellulaire, le contrôle du passage des ions et des molécules à travers les feuillets cellulaires. Elles forment également des passages pour le déplacement des ions et des molécules, du cytoplasme d'une cellule à celui de sa voisine immédiate.

Trois classes importantes de jonctions dans les cellules animales sont des composants fondamentaux de l'épithélium intestinal (Figure 6-5 ; voir également Figure 6-1). Les **jonctions d'ancrage** et les **jonctions étanches** (*tight junctions* en anglais) maintiennent les cellules associées en tissus. Ces jonctions sont organisées en trois parties : des protéines d'adhérence dans la membrane plasmique qui relient une cellule à une autre (CAM) ou à la matrice extracellulaire (récepteurs d'adhérence) ; des protéines servant d'adaptateurs, qui relient les CAM ou les récepteurs d'adhérence aux filaments du cytosquelette et aux molécules de

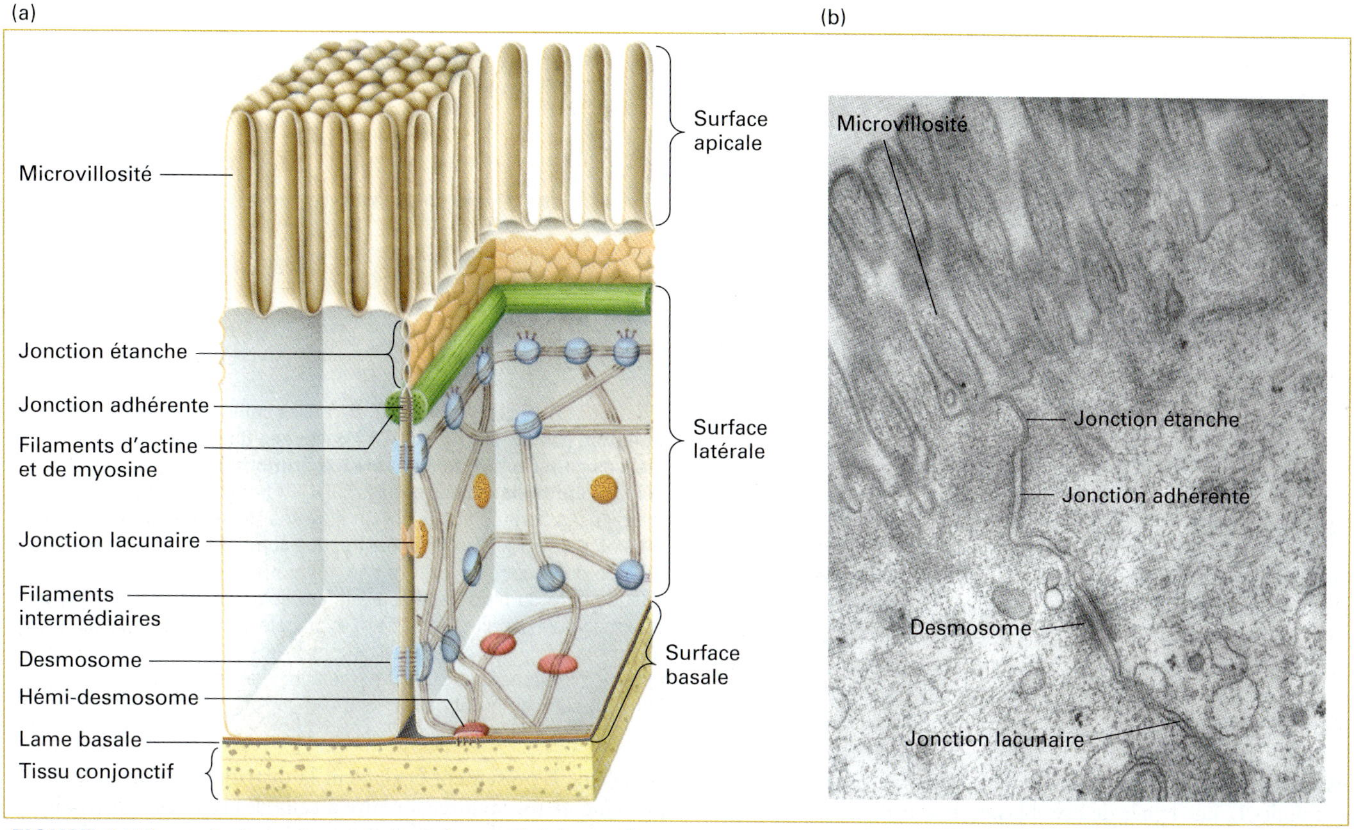

FIGURE 6-5 Les principaux types de jonctions cellulaires qui relient les cellules de l'épithélium cubique tapissant l'intestin grêle. (a) Une représentation schématique en coupe des cellules épithéliales de l'intestin. La surface basale des cellules repose sur une lame basale et la surface apicale est organisée en microvillosités en forme de doigts qui se projettent dans la lumière intestinale. Les jonctions étanches, situées juste sous les microvillosités, empêchent la diffusion de nombreuses substances entre la lumière intestinale et le sang, à travers l'espace extracellulaire situé entre les cellules. Les jonctions lacunaires permettent le déplacement de petites molécules entre les cytosols de cellules adjacentes. Les trois autres types de jonctions — les jonctions adhérentes, les desmosomes ponctuels et les hémi-desmosomes — sont essentiels à l'adhérence cellule-cellule et cellule-matrice ainsi qu'à la transmission de signaux. (b) Une micrographie électronique d'une coupe fine de cellules épithéliales de l'intestin, montrant les positions relatives des différentes jonctions. [Partie (b) C. Jacobson *et al.*, 2001, *Journal Cell Biol.* **152**:435-450.]

signalisation ; et enfin, les filaments du cytosquelette eux-mêmes. Les jonctions étanches contrôlent également le flux de solutés entre les cellules formant un feuillet épithélial. Les **jonctions lacunaires** (ou *jonctions gap*) permettent la diffusion rapide de molécules hydrosolubles entre le cytoplasme de cellules adjacentes. Bien qu'elles soient présentes dans les épithéliums, les jonctions lacunaires sont également abondantes dans les tissus non épithéliaux et sont, d'un point de vue structural, très différentes des jonctions d'ancrage et des jonctions étanches. Elles présentent également des ressemblances avec une jonction intercellulaire importante chez les végétaux. Pour ces raisons, nous ne considérerons les jonctions lacunaires qu'à la fin de la Section 6.5.

Parmi les trois types de jonctions d'ancrage présentes dans les cellules épithéliales, deux d'entre elles participent à l'adhérence intercellulaire, tandis que la troisième intervient dans l'adhérence cellule-matrice. Les *jonctions adhérentes* qui relient les membranes latérales des cellules épithéliales adjacentes sont généralement proches de la surface apicale, juste en dessous des jonctions étanches (voir Figures 6-1 et 6-5). Une ceinture de filaments d'actine et de myosine dans un complexe formé avec la jonction adhérente joue le rôle de câble tenseur capable d'enserrer intérieurement la cellule et donc de contrôler sa forme. Les cellules épithéliales et certains autres types cellulaires tels que le muscle lisse sont également étroitement reliés par des *desmosomes*, des points de contact en forme de bouton parfois appelés desmosomes ponctuels. Les *hémi-desmosomes*, présents essentiellement au niveau de la surface basale des cellules épithéliales, ancrent un épithélium aux composants de la matrice extracellulaire sous-jacente, un peu comme des clous fixant un tapis. Des faisceaux de filaments intermédiaires (plutôt que des filaments d'actine), parallèles à la surface de la cellule ou qui traversent cette cellule, relient les desmosomes ponctuels et les hémi-desmosomes, conférant à la cellule sa forme et sa rigidité.

Les desmosomes et les hémi-desmosomes transmettent également des forces de cisaillement d'une région d'une couche cellulaire jusqu'à la totalité de l'épithélium, ce qui confère force et rigidité à l'ensemble de la couche cellulaire épithéliale. Ces jonctions sont particulièrement importantes dans le maintien de l'intégrité de l'épithélium cutané. Par exemple, les mutations qui interfèrent avec l'ancrage des hémi-desmosomes dans la peau peuvent conduire à des boursouflures de l'épithélium qui se détache alors de sa matrice de soutien, ainsi qu'à l'accumulation de liquide extracellulaire au niveau de la surface basolatérale, ce qui force la peau à former des cloques vers l'extérieur.

L'adhérence intercellulaire homophile Ca^{2+}-dépendante dans les jonctions adhérentes et les desmosomes a lieu par l'intermédiaire des cadhérines

Les principales CAM dans les jonctions adhérentes et les desmosomes appartiennent à la famille des **cadhérines**. Chez les vertébrés et les invertébrés, cette famille de protéines compte plus de 100 membres qui peuvent être regroupés en au moins six sous-familles. La diversité des cadhérines vient de la présence de multiples gènes de cadhérines et de l'épissage alternatif des ARN, ce qui permet la production de plusieurs ARNm à partir d'un seul gène.

Les cadhérines sont des molécules essentielles dans l'adhérence cellule-cellule et dans la signalisation cellulaire et jouent un rôle fondamental au cours de la différenciation tissulaire. Les cadhérines « classiques » E, P et N sont les plus exprimées, en particulier au cours des stades précoces de la différenciation. Des feuillets de cellules épithéliales polarisées, tels que ceux qui tapissent l'intestin grêle ou les tubules rénaux, contiennent d'abondantes cadhérines E le long de leurs surfaces latérales. Bien que la cadhérine E soit concentrée dans les jonctions adhérentes, elle est présente au niveau des surfaces latérales où l'on pense qu'elle relie les membranes cellulaires adjacentes. C'est le cerveau qui exprime le plus grand nombre de cadhérines différentes, sans doute en raison de la nécessité de former de nombreux contacts intercellulaires très spécifiques pour créer son réseau complexe de connexions.

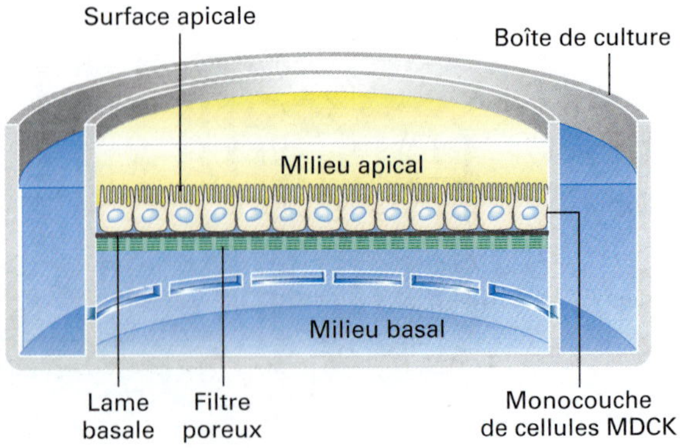

FIGURE EXPÉRIMENTALE 6-6 Des cellules rénales de chien de la lignée Madin-Darby (MDCK) cultivées dans des récipients spécialisés constituent un système expérimental utile pour étudier les cellules épithéliales. Les cellules MDCK forment un épithélium polarisé lorsqu'elles sont cultivées sur un filtre membranaire poreux recouvert d'un côté de collagène et de l'autre, des composants de la lame basale. À l'aide de la boîte de culture particulière représentée ici, le milieu de chaque côté du filtre (faces apicale et basale de la monocouche) peut être manipulé expérimentalement et on peut enregistrer le déplacement des molécules à travers cette couche de cellules. Les jonctions d'ancrage et les jonctions étanches se forment uniquement si le milieu contient suffisamment de Ca^{2+}.

Les cadhérines classiques Les résultats d'expériences menées sur des cellules L, une lignée de fibroblastes de souris cultivés en laboratoire, ont démontré que la cadhérine E et la cadhérine P servent préférentiellement d'intermédiaires à des interactions homophiles. Les cellules L n'expriment pas de cadhérine et adhèrent faiblement les unes aux autres ou à d'autres types de cellules en culture. Lorsque des gènes codant la cadhérine E ou la cadhérine P sont introduits dans les cellules L grâce aux techniques décrites au Chapitre 9, les cellules L ainsi modifiées par génie génétique expriment la cadhérine codée. On a découvert que ces cellules L exprimant la cadhérine adhéraient préférentiellement aux cellules exprimant le même type de molécules de cadhérine, c'est-à-dire qu'elles participent à des interactions homophiles. Les cellules L exprimant la cadhérine E présentent également la distribution polarisée d'une protéine membranaire similaire à celle des cellules épithéliales et forment avec celles-ci et avec des cellules épithéliales isolées des poumons, des agrégats semblables à des épithéliums.

L'adhésivité des cadhérines dépend de la présence de Ca^{2+} extracellulaire, la propriété à laquelle elles doivent leur nom (*c*alcium *adhering* en anglais). Par exemple, l'adhérence de cellules L modifiées par génie génétique ne peut avoir lieu lorsque les cellules baignent dans une solution (milieu de croissance) à faible concentration en Ca^{2+}. Le rôle de la cadhérine E dans l'adhérence peut également être démontré au cours d'expériences menées sur des cellules en culture appelées *cellules rénales de chien de la lignée Madin-Darby* (*MDCK*). Lorsqu'elles sont cultivées dans des

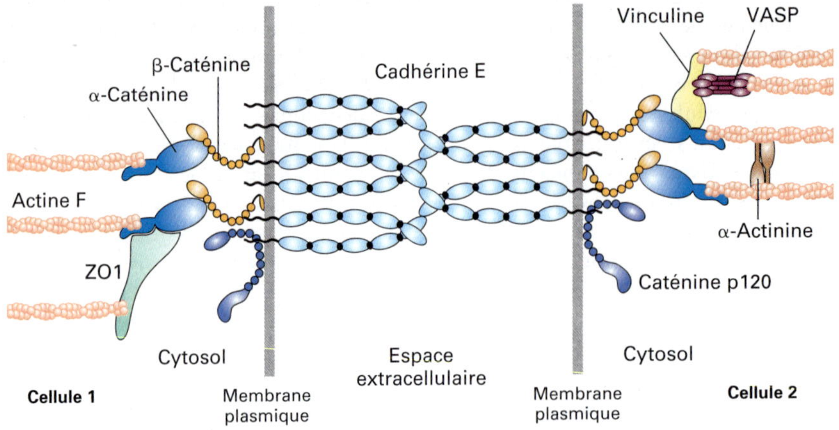

FIGURE 6-7 Les constituants protéiques typiques des jonctions adhérentes. Les domaines extracytoplasmiques des dimères de cadhérine E regroupés au niveau de jonctions adhérentes présentes sur des cellules adjacentes (1 et 2) forment des interactions homophiles Ca^{2+}-dépendantes. Les domaines cytosoliques des cadhérines E se fixent directement ou indirectement aux multiples protéines adaptateurs qui relient les jonctions aux filaments d'actine (actine F) du cytosquelette et participent aux voies de signalisation intracellulaire (comme la ß-caténine). Des groupes quelque peu différents de protéines adaptateurs sont illustrés dans les deux cellules dessinées ici pour insister sur le fait que différents adaptateurs peuvent interagir avec des jonctions adhérentes, et donc participer à des activités variées. [Adapté de V. Vasioukhin E. Fuchs, 2001, *Curr. Opin. Cell Biol.* **13**:76.]

récipients spéciaux, ces cellules forment un feuillet continu d'une cellule d'épaisseur (monocouche) de cellules épithéliales polarisées de type rénal (Figure 6-6). Dans ce système expérimental, l'addition d'un anticorps qui se fixe à la cadhérine E, empêchant ses interactions homophiles, bloque la liaison Ca^{2+}-dépendante des cellules MDCK en suspension avec un substrat et la formation consécutive de jonctions adhérentes intercellulaires.

Chaque cadhérine classique contient un seul domaine transmembranaire, un domaine C-terminal cytosolique relativement court et cinq domaines « cadhérine » extracellulaires (voir Figure 6-2). Les domaines extracellulaires sont nécessaires à la liaison de Ca^{2+} et à l'adhérence intercellulaire par l'intermédiaire des cadhérines. Cette adhérence implique à la fois des interactions moléculaires latérales (intracellulaires) et *trans* (intercellulaires) comme nous l'avons vu précédemment (voir Figure 6-3). Les sites de liaison du Ca^{2+}, situés entre les répétitions de cadhérines servent à rigidifier les oligomères de cadhérines. Les oligomères de cadhérines forment ensuite des complexes intercellulaires pour créer une adhérence intercellulaire, ainsi que des contacts latéraux, ce qui aboutit à un regroupement des cadhérines en « fermetures à glissière ». De cette façon, de multiples interactions à faible affinité s'ajoutent pour produire une adhérence intercellulaire très forte.

Les résultats d'expériences d'échange de domaines au cours desquelles un domaine extracellulaire d'un type de cadhérine est remplacé par le domaine correspondant d'une autre cadhérine ont montré que la spécificité de liaison réside, au moins en partie, dans le domaine extracellulaire le plus distal, le domaine N-terminal. On pensait autrefois que l'adhérence par l'intermédiaire des cadhérines nécessitait uniquement des interactions tête contre tête entre les domaines N-terminaux des oligomères de cadhérines présents sur des cellules adjacentes, comme on le voit dans la Figure 6-3. Cependant, des résultats expérimentaux suggèrent que dans certaines conditions, au moins trois domaines de cadhérine de chaque molécule et non plus seulement les domaines N-terminaux, participent à ces associations *trans* en raison de leur imbrication les uns dans les autres.

Le domaine cytosolique des cadhérines classiques est lié au cytosquelette d'actine par un grand nombre d'adaptateurs protéiques cytosoliques (Figure 6-7). Ces liaisons sont essentielles pour une adhérence forte, principalement en raison du fait qu'elles augmentent les associations latérales. Si par exemple, on perturbe les interactions entre les cadhérines classiques et l'α- ou la β-caténine — deux protéines adaptateurs courantes qui lient ces cadhérines aux filaments d'actine — l'adhérence intercellulaire par l'intermédiaire des cadhérines est nettement diminuée. Cette perturbation se produit spontanément dans les cellules tumorales qui parfois n'expriment pas l'α-caténine. On peut induire expérimentalement ces cellules tumorales en appauvrissant la réserve cytosolique de β-caténines accessibles. Les domaines cytosoliques des cadhérines interagissent également avec des molécules de signalisation intracellulaire telles que la β-caténine et la caténine p120. Il est intéressant de constater que la β-caténine participe non seulement à la liaison au cytosquelette mais peut également subir une translocation vers le noyau et modifier la transcription des gènes (voir Figure 15-32).

Bien que les cadhérines E soient principalement impliquées dans les liaisons homophiles, certaines cadhérines participent à des interactions hétérophiles. Il est important de noter que chaque cadhérine classique possède une distribution tissulaire caractéristique. Au cours de la différenciation, la quantité ou la nature des cadhérines situées à la surface des cellules change, ce qui affecte de nombreux aspects de l'adhérence et de la migration cellulaires. Par exemple, la réorganisation des tissus au cours de la morphogenèse s'accompagne souvent de la conversion de cellules épithéliales non motiles en précurseurs cellulaires motiles pour d'autres tissus (cellules mésenchymateuses). De telles transitions épithéliale → mésenchymateuse sont associées à une diminution de l'expression de la cadhérine E. La conversion des cellules épithéliales en cellules cancéreuses de mélanome est également marquée par une réduction de l'activité de la cadhérine E. La diminution consécutive de l'adhérence cellule-cellule permet aux cellules de mélanome d'envahir le tissu sous-jacent et de se répandre dans le corps.

Les cadhérines dans les desmosomes Les desmosomes (Figure 6-8) contiennent deux cadhérines spécialisées, la *desmogléine* et la *desmocolline*, dont les domaines cytosoliques sont différents

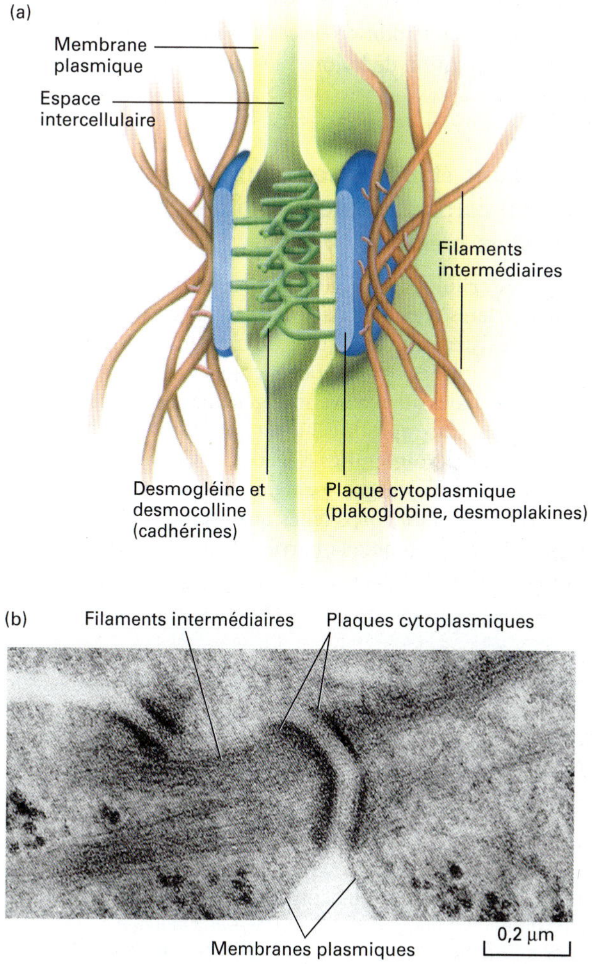

FIGURE 6-8 Les desmosomes. (a) Une représentation schématique montrant les composants d'un desmosome entre des cellules épithéliales et des adhérences au niveau des filaments intermédiaires de kératine qui s'entrecroisent à l'intérieur des cellules. Les CAM transmembranaires que sont la desmogléine et la desmocolline appartiennent à la famille des cadhérines. (b) Une micrographie électronique d'une coupe mince d'un desmosome reliant deux kératinocytes humains différenciés en culture. Des faisceaux de filaments intermédiaires rayonnent à partir de deux plaques cytoplasmiques à marquage sombre, parallèles à la surface interne de la membrane plasmique adjacente. [Partie (a) voir B. M. Gumbiner, 1993, *Neuron* **11**:551 & D. R. Garrod, 1993, *Curr. Opin. Cell Biol.* **5**:30. Partie (b) aimablement communiquée par R. van Buskirk.]

de ceux des cadhérines classiques. Les domaines cytosoliques des cadhérines des desmosomes interagissent avec la plakoglobine (de structure similaire à la ß-caténine) et les plakophilines. Ces protéines adaptateurs, qui forment les plaques cytoplasmiques épaisses caractéristiques des desmosomes interagissent elles-mêmes avec les filaments intermédiaires. Les desmosomes et les jonctions adhérentes sont donc liés à des fibres cytosquelettiques distinctes.

MÉDECINE

La desmogléine (une cadhérine) a été identifiée grâce à une maladie auto-immune de la peau rare mais révélatrice, appelée *pemphigus vulgaire*. Les personnes atteintes de maladies auto-immunes synthétisent des anticorps qui se fixent à une protéine normale de leur corps. Dans ce cas, les anticorps perturbent l'adhérence entre les cellules épithéliales, ce qui provoque des érosions bulleuses cutanées ou muqueuses. On a montré que l'autoanticorps prédominant était spécifique de la desmogléine ; en effet, l'addition de ces anticorps à une peau normale provoque l'apparition de lésions bulleuses et perturbe l'adhérence cellulaire.

Les jonctions étanches condamnent l'accès aux cavités du corps et limitent la diffusion des composants membranaires

Pour que les cellules épithéliales polarisées puissent remplir leurs rôles de barrières et de médiateurs du transport sélectif, une séparation doit exister entre les liquides extracellulaires entourant leurs membranes apicale et basolatérale. Les jonctions étanches entre des cellules épithéliales adjacentes sont généralement situées juste au-dessous de la surface apicale et aident à établir et à maintenir la polarité des cellules (voir Figures 6-1 et 6-5). Ces régions spécialisées de la membrane plasmique forment une barrière qui condamne l'accès aux cavités du corps telles que les intestins, la lumière de l'estomac, le sang (comme la barrière hémato-encéphalique) et le canal biliaire dans le foie.

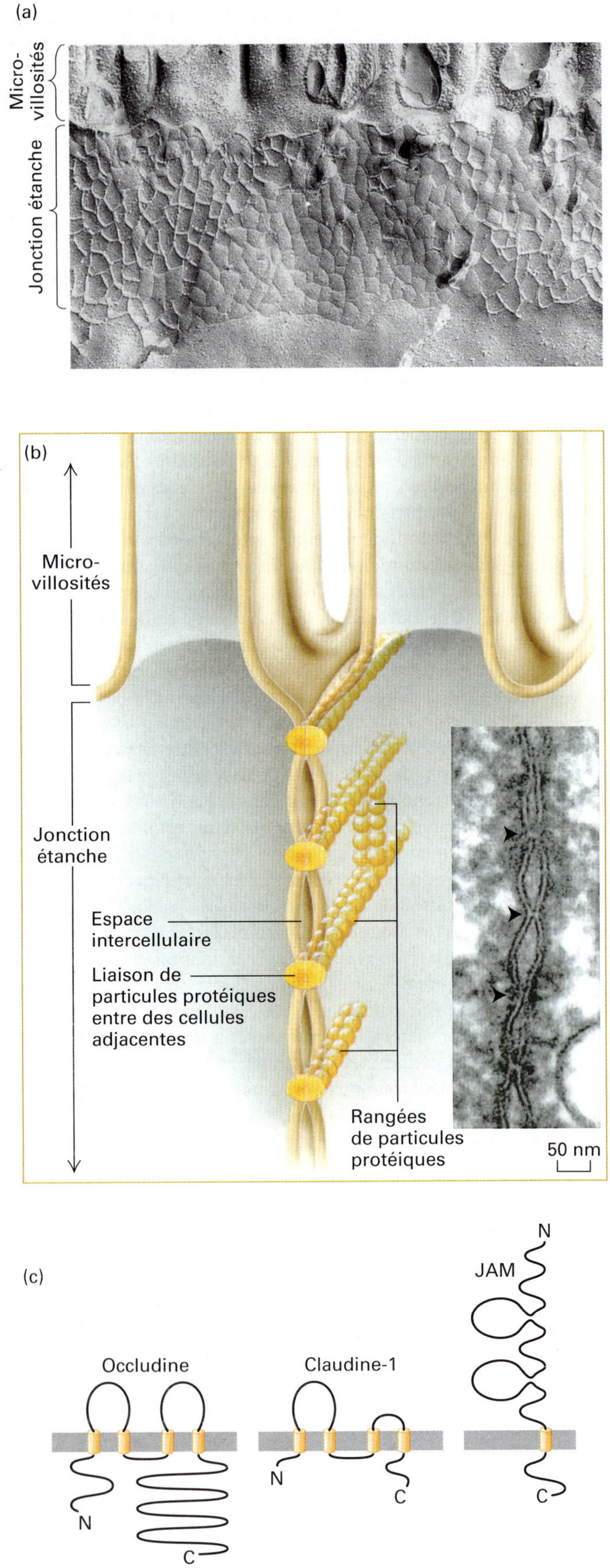

FIGURE 6-9 Les jonctions étanches. (a) Une préparation après cryofracture d'une zone comportant des jonctions étanches entre deux cellules de l'épithélium intestinal. Le plan de la fracture passe à travers la membrane plasmique de l'une des deux cellules adjacentes. Un réseau de type alvéolaire de crêtes et de sillons au-dessous des microvillosités constitue la zone de jonctions étanches. (b) Une représentation schématique montre de quelle façon une jonction étanche peut être formée par la liaison de rangées de particules protéiques dans des cellules adjacentes. La micrographie dans l'encadré montre une coupe transversale ultrafine d'une jonction étanche, dans laquelle on peut voir les cellules adjacentes en contact étroit au niveau des sites d'interaction des rangées de protéines. (c) Comme le montrent les représentations schématiques des principales protéines des jonctions étanches, l'occludine et la claudine-1 contiennent toutes deux quatre hélices transmembranaires, alors que la molécule d'adhérence de jonction (JAM) possède un seul domaine transmembranaire et une grande région extracellulaire. Voir le texte pour la discussion. [Partie (a) aimablement communiquée par L. A. Staehelin. Dessin de la partie (b) adapté de L. A. Staehelin & B. E. Hull, 1978, *Sci. Am.* **238**(5) :140 & D. Goodenough, 1999, *Proc. Natl. Acad. Sci. USA* **96**:319. Photographie de la partie (b) aimablement communiquée par S. Tsukita *et al.*, 2001, *Nature Rev. Mol. Cell Biol.* **2**:285. Dessin de la partie (c) adapté de S. Tsukita *et al.*, 2001, *Nature Rev. Mol. Cell Biol.* **2**:285.]

Les jonctions étanches empêchent la diffusion de macromolécules et à des degrés divers, celle d'ions et de petites molécules hydrosolubles à travers un feuillet épithélial, dans les espaces intercellulaires. Elles permettent également de maintenir la polarité des cellules épithéliales en empêchant la diffusion des protéines et glycolipides membranaires (des lipides liés covalemment à des sucres) entre les régions apicale et basolatérale de la membrane plasmique, ce qui garantit la présence de composants différents dans ces membranes. En conséquence, le passage de nombreux nutriments à travers l'épithélium intestinal se fait principalement par *voie transcellulaire*. Dans cette voie, des protéines spécifiques de transport présentes dans la membrane apicale importent de petites molécules de la lumière intestinale vers l'intérieur des cellules ; d'autres protéines de transport situées dans la membrane basolatérale exportent ensuite ces molécules dans l'espace extracellulaire. Le transport transcellulaire dont il est question sera détaillé au Chapitre 7.

Les jonctions étanches sont constituées de bandes fines de protéines de la membrane plasmique qui encerclent la totalité d'une cellule polarisée et sont au contact de bandes fines similaires sur des cellules adjacentes. Lorsque l'on regarde des coupes fines de ces cellules au microscope électronique, les surfaces latérales des cellules adjacentes semblent se toucher par endroits et même fusionner dans la zone située juste sous la membrane apicale (voir Figure 6-5b). Dans des préparations destinées à la cryofracture, les jonctions étanches ressemblent à un réseau entrecroisé de crêtes dans la membrane plasmique (Figure 6-9a). Plus précisément, il semble y avoir des crêtes sur la face cytosolique de la membrane plasmique de chacune des deux cellules en contact. Les sillons correspondants se trouvent sur la face extracytoplasmique.

Un très fort grossissement révèle des rangées de particules protéiques de 3 à 4 nm de diamètre formant les crêtes visibles dans les micrographies après cryofracture des jonctions étanches. Dans le modèle de la Figure 6-9b, la jonction étanche est formée d'une double rangée de ces particules, une rangée étant fournie par chaque cellule. Les deux principales protéines membranaires intrinsèques présentes dans les jonctions étanches sont l'*occludine* et la *claudine*. Les chercheurs pensaient initialement que l'occludine était le seul composant protéique important des jonctions étanches. Pourtant, lorsqu'ils modifiaient des souris par génie génétique avec des mutations inactivant le gène de l'occludine, ces souris continuaient à présenter des jonctions étanches de morphologie caractéristique. (Cette technique, appelée **inactivation complète des gènes** sera décrite au Chapitre 9.) Une analyse plus approfondie révéla l'existence de la claudine. La claudine et l'occludine possèdent toutes deux quatre hélices α transmembranaires (Figure 6-9c). La famille multigénique des claudines code de nombreuses protéines homologues (isoformes) dont les patrons d'expression tissu-spécifiques sont distincts. On a récemment découvert un groupe de molécules d'adhérence des jonctions (*JAM* pour *junction adhesion molecules* en anglais) impliquées dans l'adhérence homophile et d'autres fonctions des jonctions étanches. Ces molécules, qui contiennent une seule hélice α transmembranaire, appartiennent aux CAM de la superfamille des Ig. Les domaines extracellulaires des rangées d'occludine, de claudine et de JAM dans la membrane plasmique d'une cellule semblent être très étroitement associés aux mêmes protéines dans la cellule adjacente, ce qui crée un joint d'étanchéité. Le traitement d'un épithélium par la trypsine (une protéase) détruit les jonctions étanches, ce qui souligne l'importance fondamentale des protéines comme constituants structuraux de ces jonctions.

Le long segment cytosolique C-terminal de l'occludine se fixe aux domaines PDZ de certains gros adaptateurs protéiques cytosoliques. Ces domaines sont présents dans différentes protéines cytosoliques et sont impliqués dans la fixation des extrémités C-terminales de protéines particulières de la membrane plasmique. Les protéines adaptateurs contenant des domaines PDZ et associées à l'occludine, sont elles-mêmes liées à d'autres protéines du cytosquelette et de signalisation ainsi qu'à des fibres d'actine. Ces interactions semblent stabiliser la liaison entre les molécules d'occludine et de claudine, qui est essentielle au maintien de l'intégrité des jonctions étanches.

Une expérience simple démontre l'imperméabilité de certaines jonctions étanches vis-à-vis de nombreuses substances hydrosolubles. Dans cette expérience, de l'hydroxyde de lanthanum (un colloïde dense aux électrons de masse moléculaire élevée) est injecté dans le vaisseau sanguin pancréatique d'un animal modèle. Quelques minutes plus tard, les cellules des acinus pancréatiques, qui sont des cellules épithéliales spécialisées, sont fixées et préparées pour être observées au microscope. Comme on le voit dans la Figure 6-10, l'hydroxyde de lanthanum diffuse du sang vers l'espace qui sépare les surfaces latérales des cellules acineuses adjacentes, mais est arrêté par la jonction étanche.

L'importance du Ca^{2+} dans la formation et l'intégrité des jonctions étanches a été mise en évidence par des études sur les cellules MDCK grâce au système expérimental décrit précédemment (voir Figure 6-6). Si le milieu de croissance présent dans la boîte de culture contient des concentrations très faibles de Ca^{2+}, les cellules MDCK forment une monocouche dans laquelle les cellules ne sont pas reliées par des jonctions étanches. Par conséquent, les liquides et les sels circulent librement à travers la couche de cellules. Si l'on ajoute suffisamment de Ca^{2+} au milieu, des jonctions étanches se

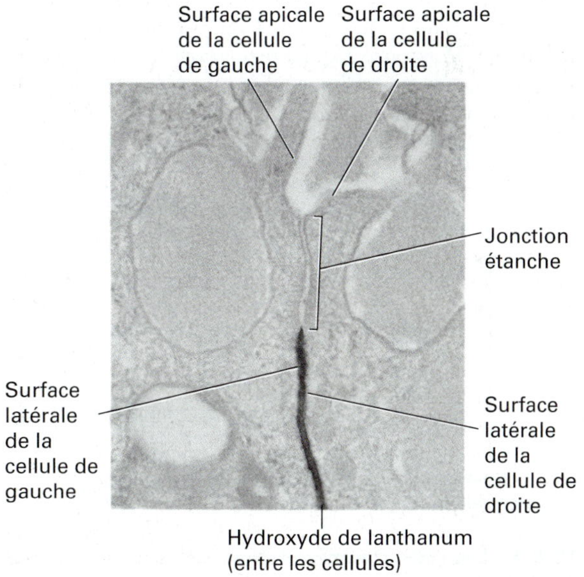

FIGURE EXPÉRIMENTALE 6-10 Les jonctions étanches empêchent le passage de grosses molécules à travers l'espace extracellulaire compris entre les cellules épithéliales. Cette expérience, décrite dans le texte, démontre l'imperméabilité des jonctions étanches dans le pancréas, vis-à-vis de l'hydroxyde de lanthanum (un colloïde hydrosoluble de grande taille). [Aimablement communiqué par D. Friend.]

forment dans l'heure qui suit et la couche cellulaire devient imperméable aux liquides et aux sels. Il faut donc du Ca^{2+} pour la formation des jonctions étanches ainsi que pour l'adhérence intercellulaire par l'intermédiaire des cadhérines.

Les protéines de la membrane plasmique ne peuvent diffuser dans le plan de la membrane au-delà des jonctions étanches. Ces jonctions limitent également le déplacement latéral des lipides dans le feuillet extracytoplasmique de la membrane plasmique, dans les régions apicale et basolatérale des cellules épithéliales. En effet, la composition lipidique du feuillet extracytoplasmique dans ces deux régions est différente. Quasiment tous les glycolipides sont présents dans la face extracytoplasmique de la membrane apicale, de même que toutes les protéines liées à la membrane par une ancre glycosylphosphatidylinositol (GPI) (voir Figure 5-15). À l'inverse, les lipides présents dans le feuillet cytosolique des régions apicale et basolatérale des cellules épithéliales ont la même composition et peuvent apparemment diffuser latéralement d'une région de la membrane à l'autre.

Les différences de perméabilité des jonctions étanches permettent de contrôler le passage des petites molécules à travers les épithéliums

Le barrage anti-diffusion constitué par les jonctions étanches n'est pas parfait. En raison au moins des propriétés variables des claudines situées dans les différentes jonctions étanches, leur perméabilité aux ions, aux petites molécules et à l'eau varie énormément d'un tissu épithélial à l'autre. Dans les épithéliums comportant des jonctions « partiellement » étanches, les petites molécules peuvent passer d'une face à l'autre de la couche de cellules par la *voie paracellulaire* en plus de la voie transcellulaire (Figure 6-11).

L' » écoulement » des jonctions étanches peut être modifié par des voies de signalisation intracellulaire, en particulier les voies couplées aux protéines G, mettant en jeu de l'AMP cyclique et la protéine kinase C (Chapitre 13). La régulation de la perméabilité des jonctions étanches est souvent étudiée grâce à la mesure du flux ionique (de la résistance électrique) ou du déplacement de molécules radioactives ou fluorescentes à travers les monocouches de cellules MDCK.

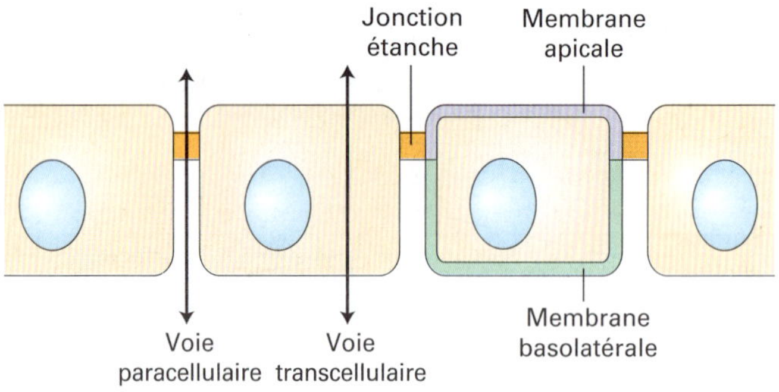

FIGURE 6-11 Les voies transcellulaire et paracellulaire du transport transépithélial. Le transport transcellulaire repose sur l'absorption des molécules d'un côté et leur relargage ultérieur du côté opposé par des mécanismes discutés dans les Chapitres 7 et 17. Dans le transport paracellulaire, les molécules circulent hors des cellules à travers des parties des jonctions étanches, dont la perméabilité aux petites molécules et aux ions dépend de la composition de la jonction et de l'état physiologique des cellules épithéliales. [Adapté de S. Tsukita *et al.*, 2001, *Nature Rev. Mol. Cell Biol.* **2**:285.]

MÉDECINE

L'importance du transport paracellulaire est révélée dans plusieurs maladies humaines. Dans l'hypomagnésiémie héréditaire, des défauts dans le gène *claudine16* empêchent le flux paracellulaire normal du magnésium au travers des jonctions étanches dans le rein. Ceci entraîne l'existence d'une concentration anormalement faible de magnésium dans le sang, qui peut provoquer des convulsions. De plus, une mutation dans le gène *claudine14* entraîne une surdité héréditaire, apparemment en raison de la modification du transport autour des cellules ciliées sensorielles dans la cochlée de l'oreille interne.

Les toxines produites par *Vibrio cholerae* (qui provoque le choléra) et par plusieurs autres bactéries entériques (du tractus gastro-intestinal) modifient la barrière de perméabilité de l'épithélium intestinal en changeant la composition ou l'activité des jonctions étanches. D'autres toxines bactériennes peuvent affecter l'activité de pompe ionique des protéines membranaires de transport dans les cellules de l'épithélium intestinal. Les changements induits par les toxines dans la perméabilité des jonctions étanches (augmentation du transport paracellulaire) et des protéines qui servent de pompes à ions (augmentation du transport transcellulaire) peuvent provoquer le passage massif des ions et de l'eau vers le tractus gastro-intestinal, ce qui entraîne des diarrhées et une déshydratation qui peut être mortelle.

De nombreuses interactions cellule-matrice et quelques interactions cellule-cellule impliquent des intégrines

La famille des **intégrines** comprend des protéines membranaires intrinsèques hétérodimériques qui jouent le rôle de récepteurs d'adhérence et participent à de nombreuses interactions cellule-matrice (voir Figure 6-2). On connaît chez les vertébrés au moins 24 hétérodimères d'intégrines, constitués de 18 sortes de sous-unités α et de 8 sortes de sous-unités β dans des combinaisons variées. Une seule chaîne β peut interagir avec n'importe laquelle des chaînes α, formant des intégrines qui se fixent à des ligands différents. Ce phénomène de *diversité des combinaisons*, qui existe dans l'ensemble du monde biologique, permet à un nombre relativement faible de constituants de remplir de multiples fonctions.

Dans les cellules épithéliales, l'intégrine $\alpha6\beta4$ est concentrée dans les hémi-desmosomes et joue un rôle fondamental dans l'adhérence des cellules à la matrice de la lame basale sous-jacente, comme nous le verrons en détail dans la Section 6.3. Certaines intégrines, en particulier celles exprimées par des cellules sanguines, participent à des interactions intercellulaires hétérophiles. Les membres de cette grande famille jouent des rôles importants dans l'adhérence et la signalisation dans les tissus épithéliaux et non épithéliaux.

Les intégrines présentent généralement des affinités faibles pour leurs ligands, avec des constantes de dissociation K_D comprises entre 10^{-6} et 10^{-8} mol/l. Toutefois, les multiples interactions faibles créées par la liaison de centaines ou de milliers de molécules d'intégrines à leurs ligands situés sur les cellules ou dans la matrice extracellulaire permettent à une cellule de rester fermement ancrée à sa cible exprimant le ligand. De plus, la faiblesse des interactions individuelles impliquant des intégrines facilite la migration cellulaire.

Des parties des sous-unités α et β d'une molécule d'intégrine sont impliquées dans le site extracellulaire principal de fixation du ligand (voir Figure 6-2). La fixation du ligand aux intégrines nécessite également la liaison simultanée de cations divalents (ions chargés positivement). Comme les autres molécules d'adhérence de la surface cellulaire, la région cytosolique des intégrines interagit avec des protéines adaptateurs elles-mêmes liées au cytosquelette et aux molécules de signalisation intracellulaire. Bien que la plupart des intégrines soient liées aux filaments d'actine du cytosquelette, le domaine cytosolique de la chaîne $\beta 4$ de l'intégrine $\alpha 6 \beta 4$ dans les hémi-desmosomes, qui est bien plus long que ceux des autres intégrines β, se fixe à des protéines adaptateurs spécialisées (comme la plectine), qui interagissent elles-mêmes avec les filaments intermédiaires à base de kératine.

En plus de leur fonction d'adhérence, les intégrines peuvent participer au transfert extérieur-intérieur et intérieur-extérieur d'information (signalisation). Dans la signalisation extérieur-intérieur, la liaison par les intégrines de leurs ligands extracellulaires peut, par l'intermédiaire de protéines adaptateurs liées à la région cytosolique de l'intégrine, influencer le cytosquelette et les voies de signalisation intracellulaire. À l'inverse, dans la transmission intérieur-extérieur du signal, les voies de signalisation intracellulaire peuvent, depuis le cytoplasme, modifier la structure des intégrines et donc leurs propriétés de liaison des ligands extracellulaires et leur participation aux interactions cellule-cellule et cellule-matrice. Les voies de signalisation impliquant les intégrines influencent des processus aussi divers que la survie des cellules, leur prolifération et l'apoptose (Chapitre 22). De nombreuses cellules expriment plusieurs intégrines différentes qui fixent le même ligand. En régulant de façon sélective l'activité de chaque type d'intégrine, ces cellules peuvent réguler finement leurs interactions cellule-cellule et cellule-matrice et la transmission de signaux qui leur est associée.

Nous considérerons plus en détail différentes intégrines et la régulation de leurs activités dans la Section 6.5.

CONCEPTS CLÉS DE LA SECTION 6.2

Les tissus épithéliaux en feuillets : les jonctions et les molécules d'adhérence

- Les cellules épithéliales polarisées présentent des surfaces apicale, basale et latérales distinctes. Les microvillosités qui se projettent à partir de la surface apicale de nombreuses cellules épithéliales augmentent considérablement la surface de celle-ci.
- Trois classes principales de jonctions cellulaires — les jonctions d'ancrage, les jonctions étanches et les jonctions lacunaires — assemblent les cellules épithéliales en feuillets et participent à la communication entre ceux-ci (voir Figures 6-1 et 6-5).
- Les jonctions adhérentes et les desmosomes sont des jonctions d'ancrage contenant des cadhérines qui relient les membranes de cellules adjacentes, conférant solidité et rigidité à l'ensemble du tissu. Les hémi-desmosomes sont des jonctions d'ancrage contenant des intégrines qui fixent les cellules à la matrice extracellulaire sous-jacente.
- Les cadhérines sont des molécules d'adhérence cellulaire (CAM) responsables des interactions Ca^{2+}-dépendantes entre les cellules des tissus épithéliaux et non épithéliaux. Elles favorisent l'adhérence forte cellule-cellule grâce à des interactions latérales et intercellulaires.
- Les protéines adaptateurs qui se fixent au domaine cytosolique des cadhérines et des autres CAM participent à l'association des molécules du cytosquelette et de la transmission du signal avec la membrane plasmique (voir Figure 6-9). L'adhérence forte cellule-cellule repose sur la liaison des CAM interagissant avec le cytosquelette.
- Les jonctions étanches bloquent la diffusion des protéines et de quelques lipides dans le plan de la membrane plasmique, ce qui contribue à la polarité des cellules épithéliales. Elles limitent et régulent également le flux extracellulaire (paracellulaire) d'eau et de solutés d'une face de l'épithélium à l'autre (voir Figure 6-11).
- Les intégrines forment une grande famille de protéines hétérodimériques $\alpha\beta$ situées à la surface des cellules, qui participent à l'adhérence cellule-cellule et cellule-matrice, ainsi qu'à la transmission de signaux intérieur-extérieur et extérieur-intérieur dans de nombreux tissus.

6.3 La matrice extracellulaire des feuillets épithéliaux

Chez les animaux, la matrice extracellulaire aide à organiser les cellules en tissus et à coordonner leurs fonctions cellulaires, en activant des voies de signalisation intracellulaire qui contrôlent la croissance des cellules, leur prolifération et l'expression de leurs gènes. De nombreuses fonctions de la matrice nécessitent des récepteurs transmembranaires d'adhérence qui se fixent directement aux composants de la MEC et interagissent également avec le cytosquelette, par l'intermédiaire de protéines adaptateurs. La classe principale de récepteurs d'adhérence impliqués dans l'adhérence cellule-matrice est celle des intégrines, dont nous avons parlé dans la Section 6.2. Toutefois, d'autres sortes de molécules servent également de récepteurs d'adhérence et jouent un rôle important dans certains tissus non épithéliaux.

Il y a trois sortes de molécules abondantes dans la matrice extracellulaire de tous les tissus.

- Les **protéoglycanes**, très visqueux : ils constituent un groupe de glycoprotéines qui recouvrent les cellules et se fixent à de nombreux types de molécules extracellulaire.
- Les fibres de **collagène**, qui offrent force mécanique et résistance
- Les **protéines solubles de matrice à plusieurs pôles d'adhérence**, qui se fixent aux récepteurs d'adhérence situés à la surface des cellules, ainsi qu'aux autres composants de la MEC et créent des liaisons croisées entre eux

Nous commencerons dans cette section à décrire les structures et les fonctions de ces composants essentiels de la MEC, en nous focalisant sur les composants moléculaires et l'organisation de la lame basale — la matrice extracellulaire spécialisée qui aide à déterminer l'architecture globale d'un tissu épithélial. Dans la Section 6.4, nous étendrons notre discussion aux molécules spécifiques de la MEC, qui sont souvent présentes dans les tissus non épithéliaux.

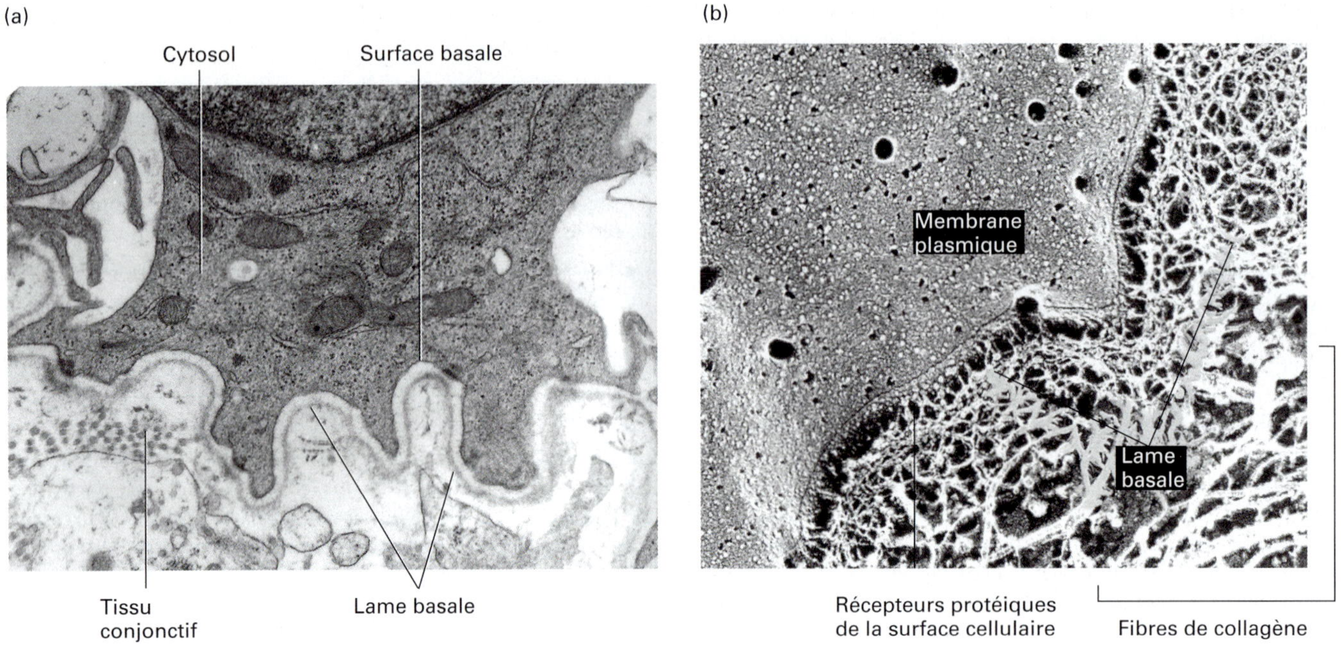

FIGURE EXPÉRIMENTALE 6-12 La lame basale sépare les cellules épithéliales et certaines autres cellules, du tissu conjonctif. (a) Une micrographie électronique à transmission d'une coupe mince de cellules (*en haut*) et du tissu conjonctif sous-jacent (*en bas*). On peut voir que la couche dense aux électrons de la lame basale suit les ondulations de la surface basale des cellules. (b) Une micrographie électronique d'une préparation par cryofracture et cryodécapage de muscle squelettique montrant la relation de la membrane plasmique, de la lame basale et du tissu conjonctif environnant. Dans cette préparation, la lame basale apparaît comme un réseau de protéines filamenteuses associées à la membrane plasmique et aux fibres plus épaisses de collagène du tissu conjonctif. [Partie (a) aimablement communiquée par P. FitzGerald. Partie (b) d'après D. W. Fawcett, 1981, *The Cell*, 2° éd., Saunders/Photo Researchers ; aimablement communiqué par John Heuser.]

La lame basale constitue les fondations des feuillets épithéliaux

Chez les animaux, les épithéliums et la plupart des groupes cellulaires organisés reposent sur la lame basale ou sont entourés par celle-ci. La lame basale est un réseau en feuillet formé de composants de la MEC. Son épaisseur est généralement comprise entre 60 et 120 nm (Figure 6-12 ; voir aussi les Figures 6-1 et 6-4). La structure de la lame basale varie en fonction du tissu concerné. Dans les épithéliums cubiques et d'autres épithéliums (comme le revêtement intestinal, la peau), elle est au contact d'une seule surface des cellules. Dans d'autres tissus tels que le muscle ou le tissu adipeux, la lame basale entoure chaque cellule. La lame basale joue un rôle important dans la régénération des tissus après une blessure ainsi qu'au cours du développement embryonnaire. Elle aide par exemple à l'adhérence des embryons au stade quatre ou

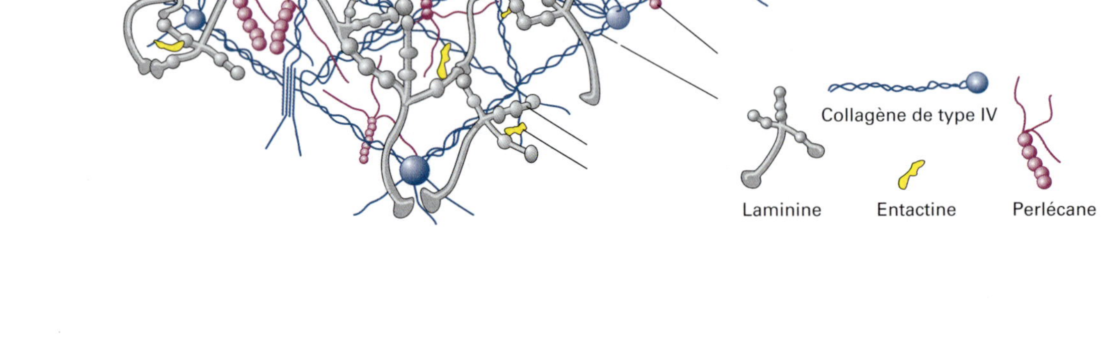

FIGURE 6-13 Les principaux composants de la lame basale. Une représentation schématique de la lame basale, montrant l'organisation des principaux composants protéiques. Le collagène de type IV et la laminine établissent tous deux des réseaux bidimensionnels, entre lesquels les molécules d'entactine et de perlécane forment des liaison croisées. [Adapté de B. Alberts *et al.*, 1994, *Molecular Biology of the Cell*, 3° éd., Garland, p 991.]

huit cellules en une sorte de balle. Lors du développement du système nerveux, les neurones migrent le long des voies de la MEC contenant des composants de la lame basale. La lame basale est donc importante non seulement pour la réparation des tissus, mais également pour guider les cellules en déplacement lors de la formation des tissus.

La plupart des composants de la MEC présents dans la lame basale sont synthétisés par les cellules qui reposent sur elle. Quatre composants protéiques ubiquitaires sont présents dans les lames basales (Figure 6-13) :

- Le *collagène de type IV*, constitué de molécules trimériques possédant à la fois des domaines en forme de baguette et des domaines globulaires qui s'associent en un réseau bidimensionnel
- Les *laminines*, une famille de protéines à plusieurs pôles d'adhérence qui forment un réseau bidimensionnel fibreux avec le collagène de type IV et qui se fixent également aux intégrines
- *L'entactine* (également appelée nidogène), une molécule en forme de bâtonnet responsable de liaisons croisées entre le collagène de type IV et la laminine et qui aide à incorporer d'autres composants dans la MEC
- *Le perlécane*, un protéoglycane de grande taille à plusieurs domaines, qui se fixe à de nombreux composants de la MEC et molécules de la surface cellulaire et établit entre eux des liaisons croisées

Comme le montre la Figure 6-1, un côté de la lame basale est lié aux cellules par l'intermédiaire de récepteurs d'adhérence, y compris l'intégrine $\alpha 6\beta 4$ qui fixe la laminine de la lame basale. L'autre côté de la lame basale est ancré au tissu conjonctif adjacent par une couche de fibres de collagène enchâssées dans une matrice riche en protéoglycanes. Dans les épithéliums pavimenteux stratifiés (comme la peau), cette liaison a pour intermédiaire les fibrilles de collagène de type VII. La structure formée par la lame basale et cette couche contenant du collagène (voir la micrographie de la page 197) s'appelle *membrane basale*.

Le collagène de type IV formant des feuillets est un composant structural essentiel de la lame basale

Le collagène de type IV, le principal composant de toutes les lames basales, est l'un des 20 types au moins de collagène qui participent à la formation de la matrice extracellulaire dans différents tissus. Bien qu'ils diffèrent en ce qui concerne certaines de leurs caractéristiques structurales et leur distribution tissulaire, tous les collagènes sont des protéines trimériques constituées de trois polypeptides appelés chaînes α de collagène. Ces trois chaînes α peuvent être identiques (homotrimériques) ou différentes (hétérotrimériques). Une molécule trimérique de collagène contient un ou plusieurs segments triple brin, chacun ayant une structure similaire en triple hélice (Figure 6-14a). Chaque brin provenant de l'une des chaînes α est enroulé en une hélice gauche et trois de ces brins issus de trois chaînes α s'enroulent les uns autour des autres pour former une triple hélice droite.

La formation d'une triple hélice de collagène est possible en raison de l'abondance inhabituelle de trois acides aminés : la glycine, la proline et une forme modifiée de la proline appelée hydroxyproline (voir Figure 3-12). Ces acides aminés forment un

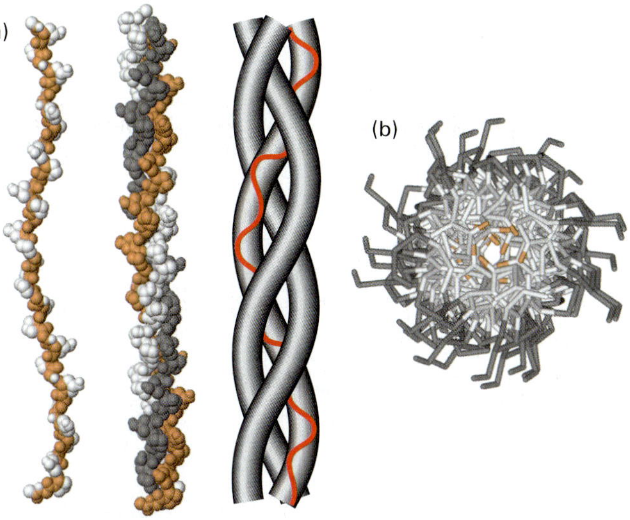

FIGURE 6-14 La triple hélice de collagène. (a) (*À gauche*) Une vue latérale de la structure cristalline d'un fragment polypeptidique dont la séquence est basée sur des groupes répétés de trois acides aminés, Gly-X-Y, caractéristiques des chaînes α de collagène. (Au centre) Chaque chaîne est enroulée en une double hélice gauche et trois chaînes s'enroulent les unes autour des autres pour former une triple hélice droite. La représentation schématique (*à droite*) illustre clairement la nature en triple hélice de la structure. (b) Une vue du dessus de l'axe de la triple hélice. Les chaînes latérales protonées des résidus glycine (en orange) pointent vers l'espace très étroit compris entre les chaînes polypeptidiques au centre de la triple hélice. Dans les mutations touchant le collagène, dans lesquelles d'autres acides aminés se substituent à la glycine, le proton de la glycine est remplacé par des groupements plus volumineux qui perturbent le regroupement des chaînes et déstabilisent la structure en triple hélice. [Adapté de R. Z. Kramer *et al.*, 2001, *J. Mol. Biol.* **311**(1):131.]

motif caractéristique répété, Gly-X-Y, dans lequel X et Y peuvent être n'importe quel acide aminé mais sont souvent de la proline et de l'hydroxyproline, et plus rarement, de la lysine et de l'hydroxylysine. La glycine est essentielle car sa courte chaîne latérale (un atome d'hydrogène) est la seule capable de prendre place au sein de l'espace encombré au centre de la triple hélice (Figure 6-14b). Les liaisons hydrogène aident à maintenir les trois chaînes ensemble. Bien que les liaisons rigides peptidyl-proline et peptidyl-hydroxyproline ne soient pas compatibles avec la formation d'une hélice α simple brin classique, elles stabilisent l'hélice triple brin de collagène, qui est différente. Le groupement hydroxyle dans l'hydroxyproline participe au maintien de son cycle dans une conformation qui stabilise l'hélice triple brin.

Les propriétés uniques de chaque type de collagène sont dues essentiellement aux différences (1) du nombre et de la longueur des segments en triple hélice dans le collagène ; (2) des segments qui flanquent ou interrompent les segments en triple hélice et qui se replient en d'autres structures tridimensionnelles et (3) dans la modification covalente des chaînes α (comme l'hydroxylation, la glycosylation, l'oxydation, la formation de liaisons croisées). Par exemple, les chaînes présentes dans le collagène de type IV, qui est spécifique de la lame basale, sont appelées chaînes IVα. Les mammifères expriment six chaînes IVα homologues, qui s'assemblent

(a)

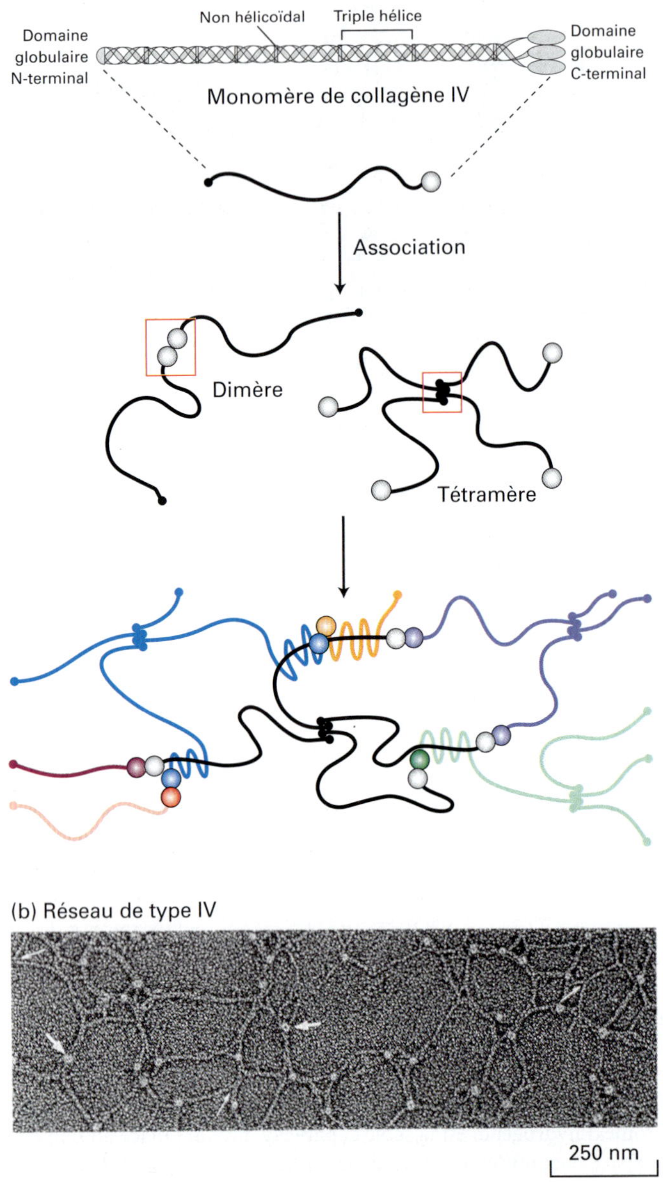

FIGURE 6-15 La structure et l'assemblage du collagène de type IV. (a) Une représentation schématique du collagène de type IV. Cette molécule longue de 400 nm possède un petit domaine globulaire non collagénique au niveau de son extrémité N-terminale et un domaine globulaire plus gros au niveau de son extrémité C-terminale. La triple hélice est interrompue par des segments non hélicoïdaux qui introduisent des coudes flexibles dans la molécule. Les interactions latérales entre segments en triple hélice, ainsi que les interactions tête contre tête ou queue contre queue des domaines globulaires, forment des dimères, des tétramères et des complexes d'ordre supérieur, ce qui aboutit à la création d'un réseau en forme de feuillet. (b) Une micrographie électronique d'un réseau de collagène de type IV formé *in vitro*. L'aspect en dentelle résulte de la flexibilité de la molécule, des associations latérales des segments en triple hélice (flèches étroites) et des interactions entre les domaines globulaires C-terminaux (flèches épaisses). [Partie (a) adaptée de A. Boutaud, 2000, *J. Biol. Chem.* **275**:30716. Partie (b) aimablement communiquée par P. Yurchenko ; voir P. Yurchenko & G. C. Ruben, 1987, *J. Cell Biol.* **105**:2559.]

en une série de collagènes de type IV ayant des propriétés différentes. Toutes les sous-classes de collagène de type IV cependant, forment une triple hélice longue de 400 nm, interrompue environ 24 fois par des segments non hélicoïdaux et flanquée de gros domaines globulaires au niveau des extrémités C-terminales de ses chaînes et de domaines globulaires plus petits au niveau des extrémités N-terminales. Les régions non hélicoïdales introduisent une certaine flexibilité dans la molécule. Par le biais d'associations latérales et d'interactions mettant en jeu les extrémités globulaires N- et C-terminales, les molécules de collagène de type IV s'assemblent en un réseau bidimensionnel fibreux ramifié et irrégulier qui forme le treillage sur lequel repose la lame basale (Figure 6-15).

MÉDECINE Dans le rein, une double lame basale, la membrane basale glomérulaire, sépare l'épithélium qui tapisse l'espace urinaire, de l'endothélium qui recouvre les capillaires environnants remplis de sang. Des défauts dans cette structure, qui est responsable de l'ultrafiltration du sang et de la formation initiale d'urine, peuvent conduire à une défaillance rénale. Par exemple, les mutations qui modifient le domaine globulaire C-terminal de certaines chaînes IVα sont associées à une insuffisance rénale progressive, ainsi qu'à une perte de l'ouïe sensorineurale et à des anomalies oculaires, une maladie appelée *syndrome d'Alport*. Dans le *syndrome de Goodpasture*, une maladie auto-immune rare, des autoanticorps se fixent aux chaînes $\alpha 3$ du collagène de type IV présentes dans la membrane basale glomérulaire et les poumons. Cette liaison déclenche une réponse immunitaire qui provoque des dégâts cellulaires aboutissant à une insuffisance rénale progressive et à une hémorragie pulmonaire.

La laminine, une protéine de matrice à plusieurs pôles d'adhérence, aide à établir des liaisons croisées entre les composants de la lame basale

Les protéines de matrice à plusieurs pôles d'adhérence sont de longues molécules flexibles, qui contiennent de multiples domaines responsables de la liaison avec différents types de collagène, d'autres protéines de la matrice, des polysaccharides, des récepteurs d'adhérence situés au niveau de la surface cellulaire et des molécules de signalisation extracellulaire (comme les facteurs de croissance et les hormones). Ces protéines sont importantes pour l'organisation des autres composants de la matrice extracellulaire et pour la régulation de l'adhérence cellule-matrice, la migration cellulaire et la forme des cellules, à la fois dans les tissus épithéliaux et non épithéliaux.

La laminine, la principale protéine de matrice à plusieurs pôles d'adhérence dans la lame basale, est une protéine hétérotrimérique en forme de croix d'un poids moléculaire total de 820 000 (Figure 6-16). De nombreuses isoformes de laminine, contenant des chaînes polypeptidiques légèrement différentes, ont été identifiées. Les *domaines* globulaires *LG* au niveau de l'extrémité C-terminale de la sous-unité α de la laminine participent à la liaison Ca^{2+}-dépendante à des glucides spécifiques présents sur certaines molécules de surface cellulaire telles que le syndécane et le dystroglycane. On trouve des domaines LG dans de nombreuses protéines ; ils interviennent dans la fixation des protéines et des stéroïdes aussi bien que des glucides. Par exemple, les domaines LG dans la chaîne α de la laminine peuvent participer à la liaison à certaines intégrines, y compris l'intégrine $\alpha 6 \beta 4$ présente sur les cellules épithéliales.

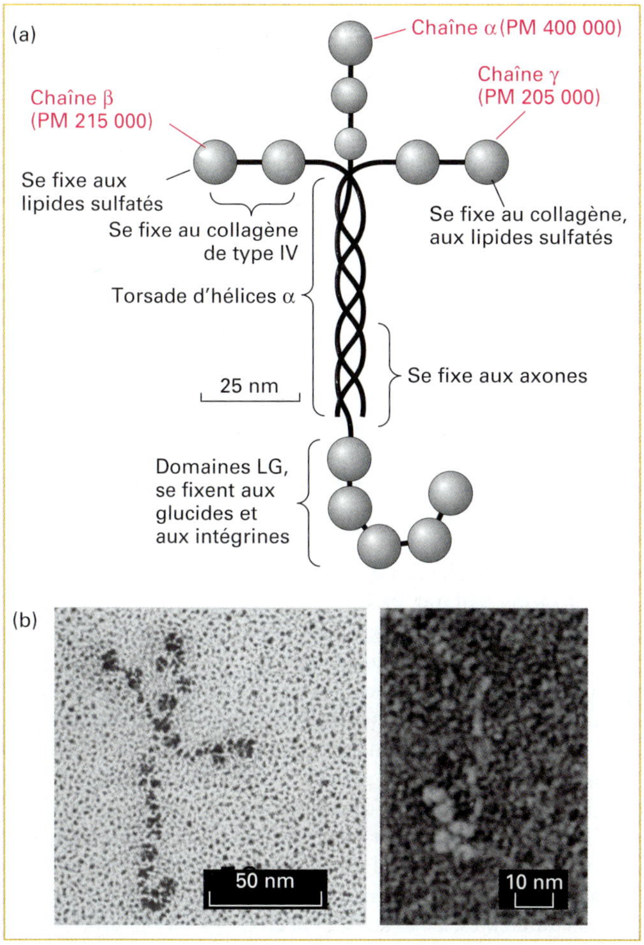

FIGURE 6-16 La laminine, une protéine de matrice à plusieurs pôles d'adhérence présente dans toutes les lames basales. (a) Une représentation schématique montrant la forme générale, la position des domaines globulaires et la région en torsade d'hélices dans laquelle trois chaînes de laminine sont liées covalemment par plusieurs ponts disulfure. Différentes régions de laminine se fixent aux récepteurs de surface cellulaire et à divers composants de la matrice. (b) Des micrographies électroniques d'une molécule intacte de laminine, montrant sa forme caractéristique en croix (*à gauche*) et les domaines LG de fixation des glucides près de l'extrémité C-terminale (*à droite*). [Partie (a) adaptée de G. R. Martin & R. Timpl, 1987, *Ann. Rev. Cell Biol.* **3**:57 et K. Yamada, 1991, *J. Biol. Chem.* **266**:12809. Partie (b) d'après R. Timpl *et al.*, 2000, *Matrix Biol.* **19**:309 ; photographie de droite aimablement communiquée par Jürgen Engel.]

Les protéoglycanes sécrétés et fixés à la surface des cellules sont exprimés par de nombreux types cellulaires

Les protéoglycanes sont un sous-groupe de glycoprotéines contenant des chaînes polysaccharidiques spécialisées liées, appelées **glycosaminoglycanes** (GAG), qui sont de longs polymères linéaires constitués de répétitions disaccharidiques spécifiques. En général, l'un des sucres est soit un acide uronique (acide D-glucuronique ou acide L-iduronique) soit du D-galactose ; l'autre sucre est la N-acétylglucosamine ou la *N*-acétylgalactosamine (Figure 6-17). Un ou les deux sucres contiennent au moins un groupement anionique (carboxylate ou sulfate). La chaîne des GAG porte donc de nombreuses charges négatives. Les GAG sont classifiés en plusieurs grands types d'après la nature de leur unité disaccharidique

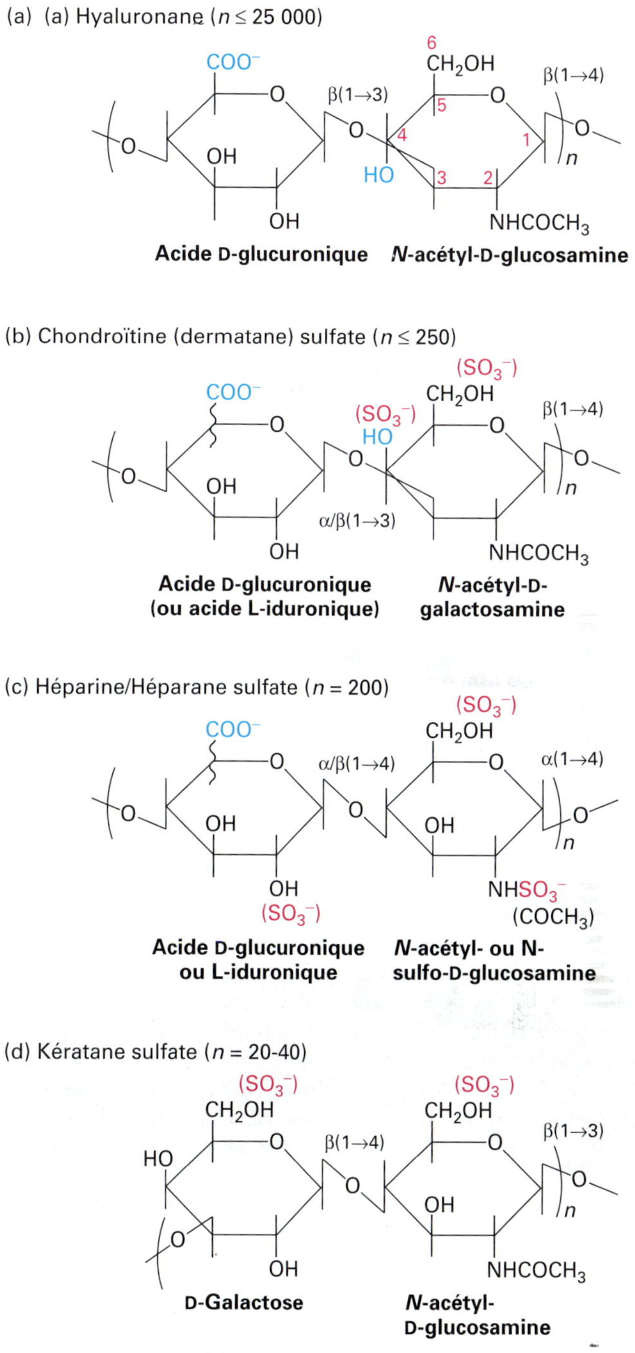

FIGURE 6-17 Les répétitions de disaccharides des glycosaminoglycanes (GAG), qui sont les constituants polysaccharidiques des protéoglycanes. Chacune des quatre classes de GAG est formée par la polymérisation d'unités monomériques, en répétitions d'un disaccharide donné et par les modifications ultérieures de celles-ci, dont l'addition de groupements sulfate et l'inversion (épimérisation) du groupement carboxyle sur le carbone 5 de l'acide D-glucuronique, produisant de l'acide L-iduronique. L'héparine résulte de l'hypersulfatation de l'héparane sulfate, alors que le hyaluronane n'est pas sulfaté. Le nombre (*n*) de disaccharides typiquement présent dans chaque chaîne de glycosaminoglycane est indiqué. Les lignes ondulées représentent des liaisons covalentes orientées soit au-dessus (acide D-glucuronique) soit au-dessous (acide L-iduronique) du cycle.

répétée : l'héparane sulfate, le chondroïtine sulfate, le dermatane sulfate, le kératane sulfate et le hyaluronane. Une forme hypersulfatée de l'héparane sulfate appelée héparine, produite essentiellement par les mastocytes, joue un rôle fondamental dans les réactions allergiques. Elle est également utilisée comme anticoagulant en raison de sa capacité d'activer un inhibiteur naturel de la coagulation appelé antithrombine III.

Comme nous le verrons dans des chapitres ultérieurs, les voies complexes de signalisation commandent la formation de différents types cellulaires à la bonne position et au moment adéquat au cours du développement embryonnaire. La création et l'analyse en laboratoire de mutants présentant une déficience dans la production de protéoglycanes chez *Drosophila melanogaster* (la mouche du vinaigre), *C. elegans* (un ver nématode) et chez les souris a clairement montré le rôle essentiel des protéoglycanes dans le développement, vraisemblablement dans la régulation fine de différentes voies de signalisation.

La biosynthèse des protéoglycanes À l'exception du hyalunorane dont nous parlerons dans la section suivante, les principaux GAG existent naturellement comme composants des protéoglycanes. Comme d'autres glycoprotéines sécrétées et transmembranaires, les protéines centrales des protéoglycanes sont synthétisées dans le réticulum endoplasmique (Chapitre 16). Les chaînes de GAG sont assemblées sur ces protéines centrales dans l'appareil de Golgi. Pour produire des chaînes d'héparane sulfate ou de chondroïtine sulfate, un « élément de liaison » constitué de trois sucres est tout d'abord attaché aux chaînes latérales hydroxyle de certains résidus sérine d'une protéine centrale (Figure 6-18). À l'inverse, les éléments de liaison pour l'addition des chaînes de kératane sulfate sont des chaînes oligosaccharidiques attachées à des résidus asparagine. De tels **oligosaccharides *N*-liés** sont présents dans la plupart des glycoprotéines, bien que seule une fraction d'entre elles porte des chaînes de GAG. Toutes les chaînes de GAG sont allongées par l'addition alternée de monomères de sucres pour former les répétitions disaccharidiques caractéristiques d'un GAG donné. Les chaînes sont souvent modifiées ensuite par la liaison covalente de petites molécules telles que le sulfate. On ignore les mécanismes qui permettent de déterminer quelles protéines seront modifiées avec des GAG, la séquence des disaccharides à ajouter, les sites à sulfater

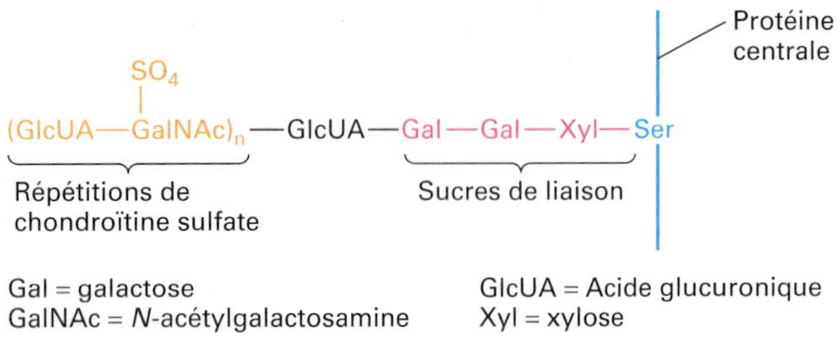

FIGURE 6-18 La biosynthèse des chaînes d'héparane et de chondroïtine sulfate dans les protéoglycanes. La synthèse d'une chaîne de chondroïtine sulfate (présentée ici) est initiée par le transfert d'un résidu xylose sur un résidu sérine dans la protéine centrale, très probablement dans l'appareil de Golgi, suivie de l'addition successive de deux résidus galactose. Les résidus d'acide glucuronique et de *N*-acétylgalactosamine sont ensuite ajoutés successivement à ces sucres liés, formant la chaîne de chondroïtine sulfate. Les chaînes d'héparane sulfate sont liées aux protéines centrales par le même élément de liaison de trois sucres.

et la longueur des chaînes de GAG. Le rapport polysaccharide:protéine dans tous les protéoglycanes est bien plus élevé que dans la plupart des autres glycoprotéines.

La diversité des protéoglycanes Les protéoglycanes constituent un groupe remarquablement divers de molécules qui sont abondantes dans la matrice extracellulaire de tous les tissus animaux et sont également exprimées à la surface des cellules. Par exemple, parmi les cinq grandes classes de protéoglycanes contenant de l'héparane sulfate, trois sont situées dans la matrice extracellulaire (perlécane, agrine et collagène de type XVIII) et deux sont des protéines situées à la surface des cellules. Ces dernières comprennent les protéines membranaires intrinsèques (syndécanes) et les protéines à ancre GPI (glypicanes) ; les chaînes de GAG dans les deux types de protéoglycanes de surface s'étendent dans l'espace extracellulaire. Les séquences et la longueur des protéines centrales dans les protéoglycanes varient considérablement et le nombre de chaînes de GAG attachées peut aller de quelques exemplaires à plus de 100. De plus, une protéine centrale est souvent liée à deux types différents de chaînes de GAG (comme l'héparane sulfate et le chondroïtine sulfate), ce qui produit un protéoglycane « hybride ». Par conséquent, le poids moléculaire et la densité de charges d'une population de protéoglycanes ne peuvent être exprimés que comme des moyennes. La composition et la séquence des molécules individuelles peuvent différer considérablement.

Le perlécane, le principal protéoglycane sécrété dans les lames basales, est constitué d'une grande protéine centrale à domaines multiples ($\approx$ 400 kDa) avec trois ou quatre chaînes spécialisées de GAG. La protéine et le GAG du perlécane contribuent tous deux à sa capacité d'incorporation dans la lame basale et à la définition de sa structure. En raison de ses multiples domaines avec des propriétés de liaison différentes, le perlécane peut créer des liaisons croisées non seulement entre les composants de la MEC mais également entre ces composants et certaines molécules de la surface cellulaire.

Les **syndécanes** sont exprimés par les cellules épithéliales et par de nombreux autres types cellulaires. Ces protéoglycanes de surface se fixent aux collagènes et aux protéines de matrice à plusieurs pôles d'adhérence telles que les fibronectines, dont nous parlerons dans la Section 6.4. De cette façon, les protéoglycanes de surface peuvent ancrer les cellules à la matrice extracellulaire. Comme dans le cas de nombreuses protéines membranaires intrinsèques, le domaine cytosolique des syndécanes interagit avec le cytosquelette d'actine et dans certains cas, avec des molécules intracellulaires régulatrices. De plus, les protéoglycanes de surface se fixent à de multiples facteurs protéiques de croissance ainsi qu'à d'autres molécules de signalisation externe, participant de ce fait à la régulation du métabolisme et de la fonction des cellules. Par exemple, les syndécanes dans la région hypothalamique du cerveau modulent la sensation de faim en réponse à une privation de nourriture (jeûne). Pour cela, ils participent à la liaison des peptides anti-satiété à des récepteurs de surface qui aident à contrôler le comportement alimentaire. Dans l'état rassasié, le domaine extracellulaire du syndécane garni de chaînes d'héparane sulfate est libéré de la surface par protéolyse, ce qui supprime l'activité des peptides anti-satiété et la sensation de faim. Chez les souris modifiées par génie génétique pour surexprimer le gène syndécane-1 dans la région hypothalamique du cerveau et dans d'autres tissus, le contrôle normal de l'alimentation grâce aux peptides anti-satiété est perturbé ; les animaux mangent alors plus que nécessaire et deviennent obèses. D'autres exemples de protéoglycanes interagissant avec des molécules de signalisation externe seront décrits au Chapitre 14.

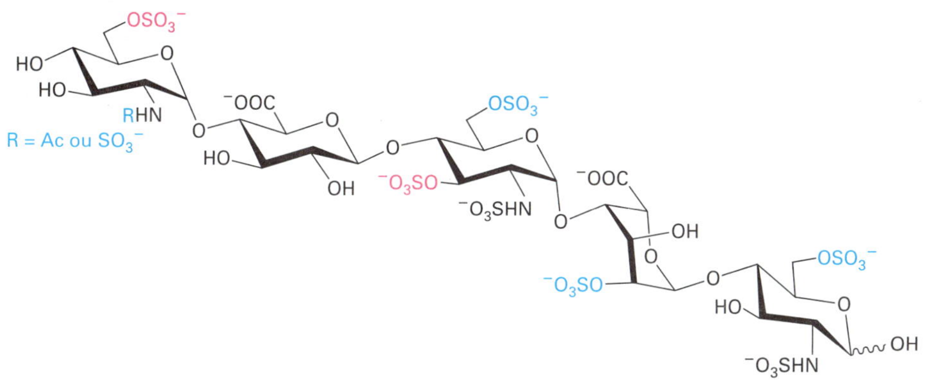

FIGURE 6-19 La séquence pentasaccharidique des GAG, qui régule l'activité de l'antithrombine III (ATIII). Des groupes de séquences modifiées de cinq résidus dans l'héparine, avec la composition indiquée ici, se fixent à ATIII et l'activent, inhibant alors la coagulation du sang. Les groupements sulfate en caractères rouges sont essentiels à cette fonction de l'héparine ; les modifications en caractères bleus peuvent être présentes mais ne sont pas essentielles. On suppose que d'autres groupes de séquences modifiées de GAG régulent l'activité d'autres protéines cibles. [Aimablement communiqué par Robert Rosenberg & Balagurunathan Kuberan.]

Des modifications dans les chaînes de glycosaminoglycanes (GAG) peuvent déterminer les fonctions des protéoglycanes

Comme c'est le cas de la séquence des acides aminés dans les protéines, l'arrangement des résidus sucrés dans les chaînes de GAG et la modification de sucres spécifiques (comme l'addition de sulfate) dans ces chaînes peut déterminer leur fonction et celle des protéoglycanes qui les contiennent. Par exemple, le regroupement de certains sucres modifiés dans les chaînes de GAG des protéoglycanes contenant de l'héparane sulfate peut contrôler la liaison des facteurs de croissance à certains récepteurs, les activités des protéines dans la cascade de coagulation et l'activité de la lipoprotéine lipase, une enzyme associée à la membrane, qui hydrolyse les triglycérides en acides gras (Chapitre 18).

Pendant des années, la complexité chimique et structurale des protéoglycanes a constitué une barrière infranchissable pour l'analyse de leur structure et la compréhension de leurs nombreuses fonctions. Ces dernières années, des chercheurs utilisant des techniques biochimiques classiques et nouvelles (comme la chromatographie liquide à haute pression), la spectrométrie de masse et la génétique ont commencé à élucider les structures et les fonctions détaillées de ces molécules ubiquitaires de la MEC. Les résultats des études en cours suggèrent que des groupes de séquences de résidus sucrés présentant certaines modifications communes, plutôt que des séquences uniques, spécifient les fonctions distinctes des GAG. On connaît par exemple un groupe de séquences de cinq résidus (pentasaccharidiques) dans une sous-classe de GAG contenant de l'héparine, qui contrôlent l'activité de l'antithrombine III (ATIII), un inhibiteur de la thrombine, qui est une protéase essentielle à la coagulation du sang. Lorsque ces séquences pentasaccharidiques dans l'héparine sont sulfatées en deux positions spécifiques, l'héparine peut activer ATIII, inhibant alors la coagulation (Figure 6-19). Plusieurs autres sulfates peuvent être présents dans le pentasaccharide actif selon différentes combinaisons, mais ne sont pas essentiels à l'activité anti-coagulante de l'héparine. On ne comprend pas encore bien l'intérêt de produire des groupes de séquences d'activité similaire plutôt qu'une séquence unique, ni les mécanismes qui contrôlent les voies de biosynthèse des GAG, permettant la création de telles séquences actives.

CONCEPTS CLÉS DE LA SECTION 6.3

La matrice extracellulaire des feuillets épithéliaux

- La lame basale, un réseau fin de molécules de la matrice extracellulaire (MEC), sépare la plupart des épithéliums et autres groupes organisés de cellules, du tissu conjonctif adjacent. La lame basale et la lame réticulaire du collagène forment une structure appelée membrane basale.
- Quatre protéines de la MEC sont présentes dans toutes les lames basales (voir Figure 6-13) : le collagène de type IV, la laminine (une protéine de matrice à plusieurs pôles d'adhérence), l'entactine (nidogène) et le perlécane (un protéoglycane).
- Les récepteurs d'adhérence situés à la surface des cellules (comme l'intégrine $\alpha6\beta4$ dans les hémi-desmosomes) ancrent les cellules à la lame basale, qui est elle-même reliée aux autres composants de la MEC (voir Figure 6-1).
- Les séquences répétées de Gly-X-Y donnent naissance à la structure en triple hélice du collagène (voir Figure 6-14). On distingue différents collagènes par leur longueur et les modifications chimiques de leurs chaînes α, ainsi que par les segments qui interrompent ou flanquent leurs régions en triple hélice.
- Les grandes molécules flexibles du collagène de type IV interagissent bout à bout et latéralement pour former une armature en treillage à laquelle d'autres composants de la MEC et des récepteurs d'adhérence peuvent se fixer (voir Figure 6-15).
- La laminine et d'autres protéines de matrice à plusieurs pôles d'adhérence sont des molécules à domaines multiples qui se fixent à de nombreux récepteurs d'adhérence et aux composants de la MEC.
- Les protéoglycanes sont constitués de protéines centrales associées à la membrane ou sécrétées, liées covalemment à une ou plusieurs chaînes de glycosaminoglycanes (GAG), qui sont des polymères linéaires de disaccharides sulfatés.
- Le perlécane, un protéoglycane sécrété de grande taille présent essentiellement dans la lame basale, se fixe à de nombreux composants de la MEC et récepteurs d'adhérence.
- Les protéoglycanes situés à la surface des cellules, tels que les syndécanes, facilitent les interactions cellule-matrice et aident à la présentation de certaines molécules de signalisation interne à leurs récepteurs de surface.

6.4 La matrice extracellulaire des tissus non épithéliaux

Nous avons vu comment diverses CAM et récepteurs d'adhérence participaient à l'assemblage des cellules animales en feuillets épithéliaux qui reposent et adhèrent sur une structure bien définie de la MEC, la lame basale. Ce sont les mêmes molécules ou des molécules similaires qui participent et contrôlent les interactions cellule-cellule et cellule-matrice dans le tissu conjonctif, musculaire et neural, ainsi qu'entre les cellules sanguines et les vaisseaux dans lesquels elles circulent. Dans cette section, nous considérerons certaines des molécules de la MEC caractéristiques de ces tissus non épithéliaux. Nous décrirons également la synthèse des collagènes fibrillaires, qui sont les protéines les plus abondantes chez les animaux. Les interactions impliquant les CAM et les récepteurs d'adhérence exprimés par différentes cellules non épithéliales, qui remplissent un grand nombre de fonctions distinctes, seront décrites dans la Section 6.5.

TABLEAU 6-1 Quelques collagènes

Type	Composition moléculaire	Caractéristiques structurales	Tissus représentatifs
COLLAGÈNES FIBRILLAIRES			
I	$[\alpha1(I)]_2[\alpha2(I)]$	Fibrilles de 300 nm de long	Peau, tendons, os, ligaments, dentine, tissus interstitiels
II	$[\alpha1(II)]_3$	Fibrilles de 300 nm de long	Cartilage, humeur vitrée
III	$[\alpha1(III)]_3$	Fibrilles de 300 nm de long ; souvent avec le type I	Peau, muscles, vaisseaux sanguins
V	$[\alpha1(V)_2\ \alpha2(V)]$, $[\alpha1(V)_3]$	Fibrilles de 390 nm de long avec une extension globulaire N-terminale ; souvent avec le type I	Cornée, dents, os, placenta, peau, muscle lisse
COLLAGÈNES ASSOCIÉS AUX FIBRILLES			
VI	$[\alpha1(VI)][\alpha2(VI)]$	Association latérale avec le type I ; domaines globulaires périodiques	La plupart des tissus interstitiels
IX	$[\alpha1(IX)][\alpha2(IX)][\alpha3(IX)]$	Association latérale avec le type II ; domaines N-terminaux globulaires ; GAG liés	Cartilage, humeur vitrée
COLLAGÈNES D'ANCRAGE ET FORMANT DES FEUILLETS			
IV	$[\alpha1(IV)]_2[\alpha2(IV)]$	Réseau bidimensionnel	Toutes les lames basales
VII	$[\alpha1(VII)]_3$	Longues fibrilles	Sous la lame basale de la peau
XV	$[\alpha1(XV)]_3$	Protéine centrale des protéoglycanes avec du chondroïtine sulfate	Disséminés ; près de la lame basale des muscles
COLLAGÈNES TRANSMEMBRANAIRES			
XIII	$[\alpha1(XIII)]_3$	Protéine membranaire intrinsèque	Hémi-desmosomess dans la peau
XVII	$[\alpha1(XVII)]_3$	Protéine membranaire intrinsèque	Hémi-desmosomess dans la peau
COLLAGÈNES DE DÉFENSE DE L'HÔTE			
Collectines		Oligomères de triple hélice ; domaines de lectine	Sang, espace alvéolaire
C1q		Oligomères de triple hélice	Sang (complément)
Récepteurs des éboueurs cellulaires de classe A (*scavengers*)		Protéines membranaires homotrimériques	Macrophages

SOURCES: K. Kuhn, 1987, in R. Mayne and R. Burgeson, eds., *Structure and Function of Collagen Types*, Academic Press, p. 2; et M. van der Rest & R. Garrone, 1991, *FASEB J.* 5:2814.

Les collagènes fibrillaires sont les principales protéines fibreuses dans la matrice extracellulaire des tissus conjonctifs

Le tissu conjonctif, comme les tendons et les cartilages, diffère des autres tissus solides en raison du fait que la plus grande partie de son volume est constituée de matrice extracellulaire plutôt que de cellules. Cette matrice est remplie de fibres protéiques insolubles et contient des protéoglycanes, différentes protéines de matrice à plusieurs pôles d'adhérence et du **hyaluronane**, un très gros GAG non sulfaté. La protéine fibreuse la plus importante dans le tissu conjonctif est le collagène. Des fibres caoutchouteuses d'élastine, qui peuvent être étirées et relâchées, sont également présentes dans les sites déformables (comme la peau, les tendons, le cœur). Comme nous le verrons plus tard, les fibronectines, une famille de protéines de matrice à plusieurs pôles d'adhérence, forment leurs propres fibrilles dans la matrice de certains tissus conjonctifs. Bien que l'on trouve plusieurs types de cellules dans les tissus conjonctifs, les différents composants de la MEC sont principalement synthétisés par des cellules appelées **fibroblastes**.

Environ 80 à 90 % du collagène dans le corps est constitué des collagènes de types I, II et III, situés principalement dans les tissus conjonctifs. En raison de son abondance dans les tissus riches en tendon tels que la queue du rat, le collagène de type I est facile à isoler et a été le premier collagène caractérisé. Son unité structurale fondamentale est une longue (300 nm) triple hélice mince (1,5 nm de diamètre) constituée de deux chaînes $\alpha 1(I)$ et d'une chaîne $\alpha 2(I)$, chacune étant longue précisément de 1050 acides aminés (voir Figure 6-14). Les molécules triple brin s'assemblent en polymères d'ordre supérieur appelés *fibrilles* de collagène, qui s'associent souvent à leur tour en faisceaux plus épais, les *fibres* de collagène.

Parmi les classes secondaires de collagène, se trouvent les *collagènes associés aux fibrilles*, qui relient les collagènes fibrillaires les uns aux autres ou aux autres composants de la MEC ; les *collagènes d'ancrage et formant des feuillets*, organisés en réseaux bidimensionnels dans les lames basales (type IV) et reliant la lame basale de la peau au tissu conjonctif sous-jacent (type VII) ; les *collagènes transmembranaires*, qui jouent le rôle de récepteurs d'adhérence et les *collagènes de défense de l'hôte*, qui aident le corps à reconnaître et à éliminer les agents pathogènes. Le Tableau 6-1 dresse une liste d'exemples spécifiques des différentes classes de collagènes. Il est intéressant de noter que plusieurs collagènes (comme les types XVIII et XV) servent de protéines centrales dans les protéoglycanes.

La formation des fibrilles de collagène commence dans le réticulum endoplasmique et se termine hors de la cellule

La biosynthèse et la sécrétion du collagène suivent la voie normale pour une protéine sécrétée, qui sera décrite en détail dans les Chapitres 16 et 17. Les chaînes α du collagène sont synthétisées sous la forme de précurseurs plus longs appelés chaînes pro-α, par des ribosomes attachés au réticulum endoplasmique (RE). Les chaînes pro-α subissent une série de modifications covalentes et se replient en molécules de *procollagène*, en triple hélice, avant d'être libérées des cellules (Figure 6-20).

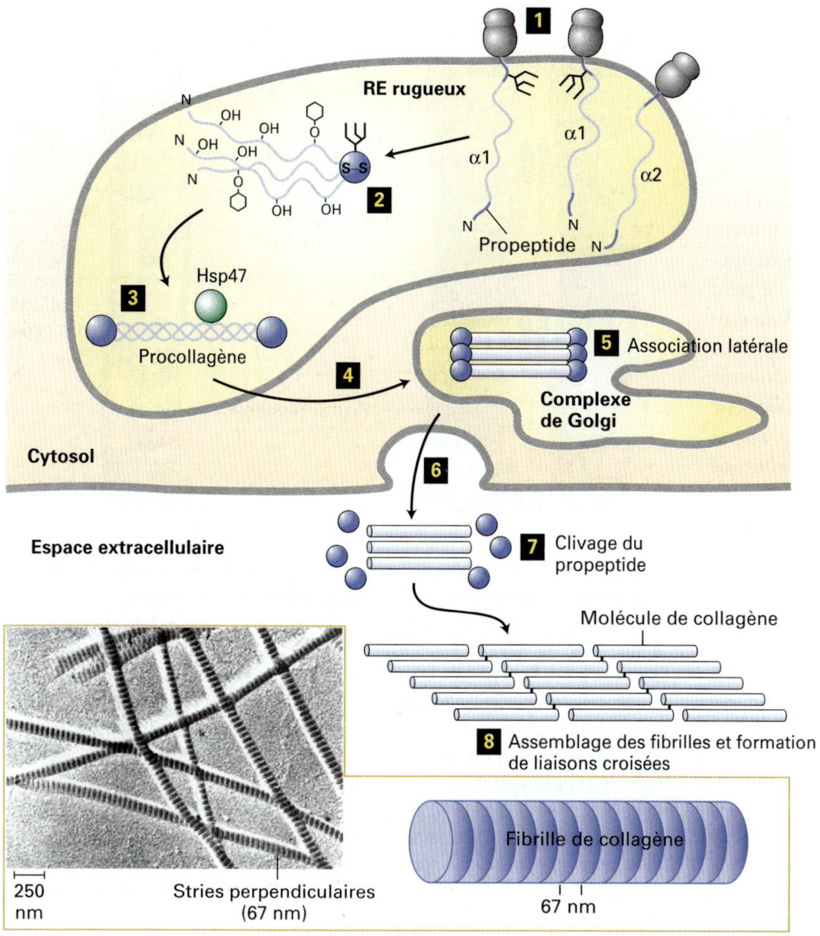

FIGURE 6-20 Les principaux événements de la biosynthèse des collagènes fibrillaires. Étape **1** : Les chaînes de procollagène α sont synthétisées sur des ribosomes associés à la membrane du réticulum endoplasmique (RE) et des oligosaccharides liés à des résidus asparagine sont ajoutés au propeptide C-terminal. Étape **2** : Les propeptides s'associent en trimères et sont reliés covalemment par des ponts disulfure. Des résidus sélectionnés dans les répétitions Gly-X-Y sont modifiés covalemment [certaines prolines et lysines sont hydroxylées, du galactose (Gal) ou du galactose-glucose (hexagones) est attaché à certaines hydroxylysines, les prolines subissent une isomérisation cis→trans]. Étape **3** : Les modifications facilitent la formation d'une structure en fermeture à glissière, la stabilisation des triples hélices et la liaison par la protéine chaperon Hsp47 (Chapitre 16), qui peut stabiliser les hélices ou empêcher une agrégation prématurée des trimères, ou les deux. Étapes **4** et **5** : Les procollagènes repliés sont transportés dans l'appareil de Golgi et à travers celui-ci ; il s'y produit une association latérale des chaînes en petits faisceaux. Les chaînes sont ensuite sécrétées (étape **6**) et les propeptides N- et C-terminaux sont enlevés (étape **7**). Les trimères s'assemblent en fibrilles et sont pontés covalemment (étape **8**). Le décalage de 67 nm des trimères donne aux fibrilles une apparence striée sur les micrographies électroniques (encadré). [Adapté de A. V. Persikov & B. Brodsky, 2002, *Proc. Natl. Acad. Sci. USA* **99**(3) :1101-1103.]

Après la sécrétion du procollagène hors de la cellule, des peptidases extracellulaires (comme la protéine morphogénétique osseuse 1) enlèvent les polypeptides N- et C-terminaux. En ce qui concerne les collagènes fibrillaires, les molécules résultantes constituées presque exclusivement d'une hélice triple brin s'associent latéralement en fibrilles de 50 à 200 nm de diamètre. Dans les fibrilles, les molécules adjacentes de collagène sont décalées les unes par rapport aux autres de 67 nm, soit environ un quart de leur longueur. Ce décalage produit un effet strié visible dans les micrographies électroniques des fibrilles de collagène (voir Figure 6-20, *encadré*). Les propriétés uniques des collagènes fibreux (comme les types I, II et III) sont principalement dues à la formation des fibrilles.

De courts segments qui ne sont pas en triple hélice sont présents à chaque extrémité des chaînes α de collagène et sont particulièrement importants pour la formation des fibrilles de collagène. Les chaînes latérales de lysine et d'hydroxylysine dans ces segments sont modifiées covalemment par des lysyl oxydases extracellulaires qui forment des aldéhydes à la place des groupements amine à l'extrémité de la chaîne latérale. Ces groupements aldéhydiques réactifs établissent des liaisons croisées covalentes avec les résidus lysine, hydroxylysine et histidine des molécules adjacentes. Ces liaisons croisées stabilisent l'association latérale des molécules de collagène et produisent une fibrille résistante. Le retrait des propeptides et la formation de liaisons covalentes croisées se déroule dans l'espace extracellulaire pour empêcher un assemblage des fibrilles à l'intérieur de la cellule, qui pourrait se révéler catastrophique.

MÉDECINE Les modifications post-traductionnelles des chaînes pro-α sont essentielles pour la formation de molécules matures de collagène et leur assemblage en fibrilles. Des défauts dans ces modifications ont des conséquences graves, comme les marins en firent cruellement l'expérience autrefois. Par exemple, l'acide ascorbique (vitamine C) est un cofacteur essentiel pour les hydroxylases responsables de l'addition des groupements hydroxyle aux résidus proline et lysine dans les chaînes pro-α. Dans les cellules dépourvues d'ascorbate, comme c'est le cas dans le *scorbut*, les chaînes pro-α ne sont pas hydroxylées suffisamment pour synthétiser du procollagène stable en triple hélice à la température habituelle du corps et le procollagène qui se forme ne peut s'assembler en fibrilles normales. Sans le soutien structural du collagène, les vaisseaux sanguins, les tendons et la peau deviennent fragiles. Les fruits frais dans un régime alimentaire peuvent fournir la vitamine C suffisante pour permettre la formation de collagène normal ; c'est pourquoi les marins britanniques recevaient autrefois des citrons verts (*lime* en anglais) pour prévenir le scorbut, ce qui leur valut le surnom de « limeys ».

Des mutations rares dans les gènes des lysyl hydroxylases provoquent le syndrome de Bruck et une forme du syndrome de Ehlers-Danlos. Ces maladies se caractérisent toutes deux par des défauts dans le tissu conjonctif, même si leurs symptômes cliniques diffèrent.

Les collagènes de type I et II forment des structures diverses et s'associent en différents collagènes non fibrillaires

Les collagènes ont des capacités différentes en ce qui concerne la formation des fibres et l'organisation de ces fibres en réseaux. Dans les tendons par exemple, les longues fibrilles de collagène de type I sont assemblées côte à côte en faisceaux parallèles, formant des fibres épaisses de collagène. Les tendons relient les muscles aux os et doivent résister à des forces considérables. Les fibres de collagène de type I ayant une grande capacité d'extension, les tendons peuvent être étirés sans casser. En effet, une comparaison gramme pour gramme révèle que le collagène de type I est plus solide que l'acier. Deux collagènes fibrillaires quantitativement mineurs, le type V et le type XI, s'assemblent en fibres tous les deux et avec le collagène de type I, régulant ainsi les structures et les propriétés des fibres. L'incorporation de collagène de type V par exemple, conduit à la formation de fibres de diamètre plus petit.

Les fibrilles de collagène de type I servent également d'armature lors de la construction de l'os. Les os et les dents sont durs et solides car ils contiennent de grandes quantités de carbapatite, un minéral cristallin contenant du calcium et du phosphate. La plupart des os contiennent environ 70 % de minéraux et 30 % de protéines, dont la grande majorité est du collagène de type I. Les os se forment lorsque certaines cellules (chondrocytes et ostéoblastes) sécrètent des fibrilles de collagène qui sont ensuite minéralisées par un dépôt de petits cristaux de carbapatite.

Dans de nombreux tissus conjonctifs, le collagène de type VI et les protéoglycanes sont liés non covalemment aux côtés des fibrilles de type I et peuvent relier les fibrilles ensemble pour former des fibres plus épaisses de collagène (Figure 6-21a). Le collagène de type VI est inhabituel en raison du fait que la molécule est constituée

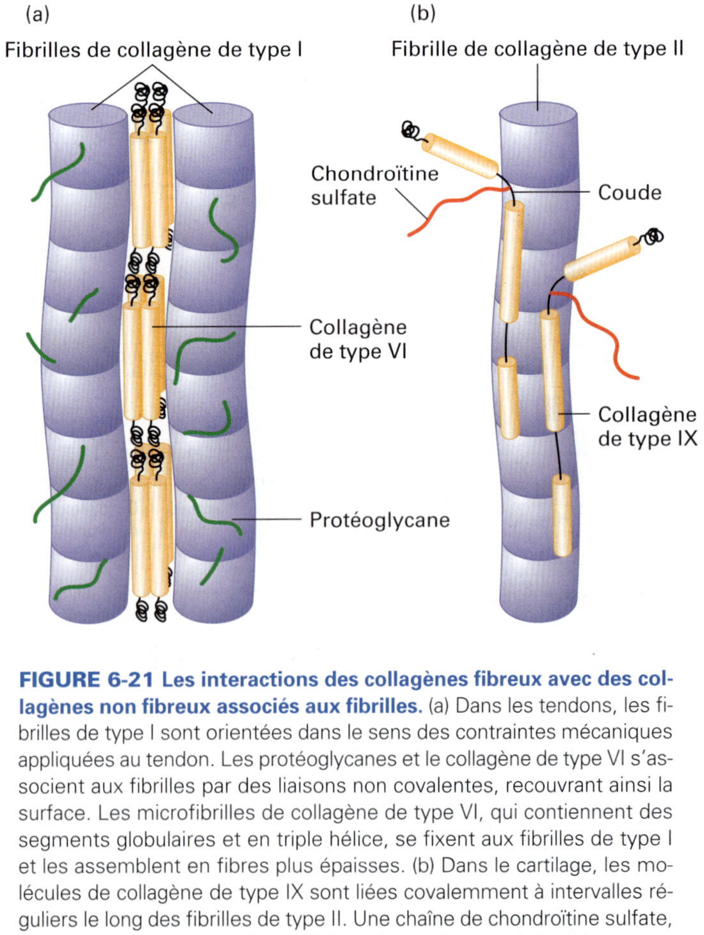

FIGURE 6-21 Les interactions des collagènes fibreux avec des collagènes non fibreux associés aux fibrilles. (a) Dans les tendons, les fibrilles de type I sont orientées dans le sens des contraintes mécaniques appliquées au tendon. Les protéoglycanes et le collagène de type VI s'associent aux fibrilles par des liaisons non covalentes, recouvrant ainsi la surface. Les microfibrilles de collagène de type VI, qui contiennent des segments globulaires et en triple hélice, se fixent aux fibrilles de type I et les assemblent en fibres plus épaisses. (b) Dans le cartilage, les molécules de collagène de type IX sont liées covalemment à intervalles réguliers le long des fibrilles de type II. Une chaîne de chondroïtine sulfate, liée covalemment à la chaîne $\alpha 2$(IX) au niveau d'un coude flexible, se projette vers l'extérieur de la fibrille, comme la région globulaire N-terminale. [Partie (a), voir R. R. Bruns *et al.*, 1986, *J. Cell Biol.* **103**:393. Partie (b) voir L. M. Shaw & B. Olson, 1991, *Trends Biochem. Sci.* **18**:191.]

d'une triple hélice relativement courte avec des domaines globulaires aux deux extrémités. L'association latérale de deux monomères de type VI crée un dimère « antiparallèle ». L'association bout à bout de ces dimères par le biais de leurs domaines globulaires forme des « microfibrilles » de type VI. Ces microfibrilles ont l'aspect de perles sur un collier, avec des régions en triple hélice longues d'environ 60 nm, séparées par des domaines globulaires de 40 nm de long.

Les fibrilles de collagène de type II, le principal collagène dans le cartilage, ont un diamètre inférieur à celui des fibrilles de type I et sont orientées aléatoirement dans une matrice visqueuse de protéoglycanes. Les fibrilles rigides de collagène confèrent solidité et compressibilité à la matrice et lui permettent de résister à de grandes déformations. Cette propriété confère aux articulations la capacité d'absorber les chocs. Les fibrilles de type II sont associées par des liaisons croisées aux protéoglycanes de la matrice, grâce au collagène de type IX, un autre collagène associé aux fibrilles. Le collagène de type IX et plusieurs types apparentés possèdent deux ou trois segments en triple hélice, reliés par des coudes flexibles et un segment globulaire N-terminal (Figure 6-22b). Le segment globulaire N-terminal du collagène de type IX s'étend à partir des fibrilles à l'extrémité de l'un de ses segments hélicoïdaux, comme une chaîne de GAG qui est parfois liée à l'une des chaînes de type IX. On pense que ces structures non hélicoïdales saillantes ancrent la fibrille de type II aux protéoglycanes et aux autres composants de la matrice. La structure interrompue en triple hélice du type IX et des collagènes apparentés les empêche de s'assembler en fibrilles, bien qu'ils puissent s'associer avec des fibrilles formées à partir d'autres types de collagènes et établir entre eux des liaisons covalentes croisées.

MÉDECINE Certaines mutations dans les gènes codant les chaînes de collagène $\alpha 1$(I) ou $\alpha 2$(I), qui forment le collagène de type I, sont responsables de l'*osteogenesis imperfecta* ou maladie des os de verre. Chaque troisième position d'une chaîne α de collagène doit être occupée par une glycine pour que la triple hélice se forme (voir Figure 6-14). Des mutations qui remplacent la glycine par presque n'importe quel acide aminé sont néfastes, conduisant à des hélices instables et mal formées. Une seule chaîne α déficiente sur les trois dans une molécule de collagène peut perturber l'ensemble de la structure en triple hélice et la fonction du collagène. Une mutation dans un seul exemplaire (allèle) du gène de $\alpha 1$(I) ou du gène de $\alpha 2$(I), tous deux situés sur des chromosomes non sexuels (autosomes), peut provoquer cette maladie. Elle présente donc une transmission autosomique dominante (Chapitre 9).

Le hyaluronane résiste à la compression et facilite la migration cellulaire

Le hyaluronane, également appelé acide hyaluronique (HA) ou hyaluronate est un GAG non sulfaté formé d'une répétition disaccharidique constituée d'acide glucuronique et de *N*-acétylglucosamine (voir Figure 6-17a). Il est synthétisé par une enzyme liée à la membrane plasmique (HA synthétase) et est directement sécrété dans l'espace extracellulaire. C'est un constituant essentiel de la matrice extracellulaire qui entoure les cellules en cours de migration et de prolifération, en particulier dans les tissus embryonnaires. De plus, comme nous le décrirons brièvement, le hyaluronane forme le squelette d'agrégats complexes de protéoglycanes présents dans de nombreuses matrices extracellulaires, en particulier le cartilage. En raison de ses remarquables propriétés physiques, le hyaluronane confère fermeté et élasticité ainsi qu'un caractère lubrifiant à de nombreux types de tissus conjonctifs tels que les articulations.

La longueur des molécules de hyaluronane est très variable et peut aller de quelques répétitions disaccharidiques à environ 25 000. Le hyaluronane type présent dans les articulations telles que le coude possède 10 000 répétitions pour une masse totale de 4×10^6 Da et une longueur de 10 µm (soit le diamètre d'une petite cellule). Les segments individuels d'une molécule de hyaluronane se replient en une conformation en forme de baguette en raison des liaisons β-glycosidiques entre les sucres et de nombreuses liaisons hydrogène intracaténaires. La répulsion mutuelle entre les groupements carboxylate chargés négativement qui saillent à l'extérieur de la molécule à intervalles réguliers contribue également à ces structures locales rigides. La forme globale du hyaluronane n'est cependant pas celle d'une tige rigide comme le collagène fibrillaire. Au lieu de cela, le hyaluronane est très flexible en solution, se courbe et se replie en de nombreuses conformations, formant une structure aléatoire.

En raison du nombre important de résidus anioniques à sa surface, la molécule type de hyaluronane fixe une grande quantité d'eau et se comporte comme une grosse sphère hydratée d'un diamètre voisin de 500 nm. À mesure que la concentration de hyaluronane augmente, les longues chaînes commencent à s'enchevêtrer, créant un gel visqueux. Même à de faibles concentrations, le hyaluronane forme un gel hydraté. Lorsqu'elles sont placées dans un espace restreint tel qu'une matrice entre deux cellules, les longues molécules de hyaluronane ont tendance à appuyer sur les bords. Cette poussée vers l'extérieur crée une *pression de turgescence* dans l'espace extracellulaire. De plus, la fixation de cations par les groupements COO^- à la surface du hyaluronane augmente la concentration des ions et donc de la pression osmotique dans le gel. Par conséquent, de grandes quantités d'eau sont absorbées par la matrice, ce qui contribue à la pression de turgescence. Ces forces confèrent aux tissus conjonctifs leur capacité de résistance aux forces de compression, au contraire des fibres de collagène, qui sont capables de résister aux forces d'étirement.

Du hyaluronane est lié à la surface de nombreuses cellules migrantes par de multiples récepteurs d'adhérence (par exemple, celui appelé CD44) contenant des domaines de liaison de HA, de conformation tridimensionnelle similaire. En raison de sa nature lâche, poreuse et hydratée, le « feutrage » de hyaluronane lié aux cellules semble maintenir les cellules éloignées les unes des autres, leur permettant de se déplacer et de proliférer. L'arrêt du déplacement des cellules et l'initiation de liaisons intercellulaires sont fréquemment corrélés avec une diminution du hyaluronane ainsi que des molécules de surface liant HA et à une augmentation de la hyaluronidase, une enzyme extracellulaire qui dégrade le hyaluronane dans la matrice. Ces fonctions du hyaluronane sont particulièrement importantes au cours des nombreuses migrations cellulaires qui facilitent la différenciation et lors de la libération de l'œuf non fécondé (ovocyte) des mammifères à partir des cellules environnantes, après l'ovulation.

L'association du hyaluronane et des protéoglycanes forme de grands agrégats complexes

Le protéoglycane prédominant dans le cartilage, appelé *agrécan*, s'assemble avec le hyaluronane en agrégats de très grande taille, illustratifs des structures complexes que forment parfois les protéoglycanes. Le squelette de l'agrégat de protéoglycanes du cartilage est une longue molécule de hyaluronane à laquelle de multiples molécules d'agrécan sont liées étroitement mais non covalemment (Figure 6-22a). Un agrégat unique d'agrécan, l'un des plus gros complexes macromoléculaires, peut être long de plus de 4 mm et avoir un volume supérieur à celui d'une cellule bactérienne. Ces agrégats confèrent au cartilage ses propriétés uniques de gel et sa résistance à la déformation, essentielle à la répartition de la charge

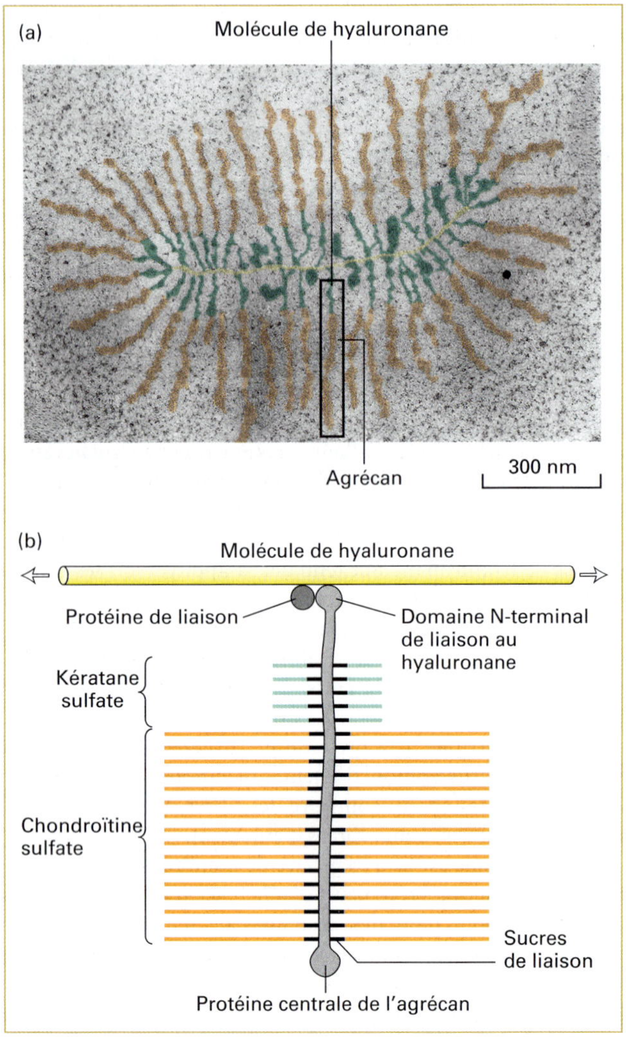

FIGURE 6-22 La structure d'un agrégat de protéoglycanes issu du cartilage. (a) Une micrographie électronique d'un agrégat d'agrécan provenant d'un cartilage épiphysaire de fœtus bovin. Les protéines centrales de l'agrécan sont liées tous les 40 nm environ à une molécule de hyaluronane. (b) Une représentation schématique d'un monomère d'agrécan lié à du hyaluronane. Dans l'agrécan, les chaînes de kératane sulfate et de chondroïtine sulfate sont liées à la protéine centrale. Le domaine N-terminal de la protéine centrale se lie de façon non covalente à une molécule de hyaluronane. La fixation est facilitée par une protéine de liaison, qui se fixe à la fois à la molécule de hyaluronane et à la protéine centrale d'agrécan. Chaque protéine centrale d'agrécan possède des séquences de 127 Ser-Gly au niveau desquelles peuvent être ajoutées des chaînes de GAG. Le poids moléculaire d'une molécule d'agrécan est voisin de 2×10^6. L'agrégat complet, qui peut contenir jusqu'à 100 monomères d'agrécan, a un poids moléculaire maximum de 2×10^8. [Partie (a) d'après J. A. Buckwalter & L. Rosenberg, 1983, *Coll. Rel. Res.* **3**:489 ; aimablement communiqué par L. Rosenberg.]

sur les articulations supportant le poids du corps.

La protéine centrale de l'agrécan (PM ≈ 250 000) possède un seul domaine globulaire N-terminal qui se fixe avec une forte affinité à une séquence décasaccharidique spécifique au sein du hyaluronane. Cette séquence spécifique est produite par la modification covalente de certains des disaccharides répétés dans la chaîne de hyaluronane. L'interaction entre l'agrécan et le hyaluronane est facilitée par une protéine de liaison qui se fixe à la fois à la protéine centrale de l'agrécan et au hyaluronane (Figure 6-22b). L'agrécan et la protéine de liaison ont en commun un domaine « de liaison » de ≈ 100 acides aminés de long, présent dans de nombreuses protéines fixant le hyaluronane, situées à la surface des cellules et dans la matrice, à la fois dans les tissus cartilagineux et non cartilagineux. Ces protéines sont presque certainement apparues au cours de l'évolution à partir d'un gène ancestral unique qui codait exclusivement ce domaine.

MÉDECINE

L'importance des chaînes de GAG que l'on retrouve dans différents protéoglycanes de la matrice est illustrée par les rares personnes présentant une déficience génétique dans l'une des enzymes nécessaires à la synthèse du GAG appelé dermatane sulfate. Ces personnes ont de nombreuses anomalies osseuses, articulaires et musculaires. Elles n'atteignent pas une taille normale et présentent une peau ridée, qui leur donne prématurément un aspect âgé.

Les fibronectines relient de nombreuses cellules aux collagènes fibreux et à d'autres composants de la matrice

De nombreux types cellulaires différents synthétisent la **fibronectine**, une protéine de matrice abondante à plusieurs pôles d'adhérence, présente chez tous les vertébrés. La fonction de molécule d'adhérence de la fibronectine a été révélée par des observations indiquant sa présence sur les surfaces des cellules fibroblastiques normales, qui adhèrent fortement aux boîtes de Pétri au cours des expériences de laboratoire, et son absence de la surface des cellules tumorales, qui y adhèrent faiblement. Les 20 isoformes environ de la fibronectine sont produites par un épissage alternatif (voir Figure 4-15). Les fibronectines sont essentielles à la migration et à la différenciation de nombreux types cellulaires au cours de l'embryogenèse. Ces protéines sont également importantes en cas de blessures car elles initient la coagulation du sang et facilitent la migration des macrophages et autres cellules immunitaires dans la zone lésée.

Les fibronectines aident les cellules à se fixer à la matrice extracellulaire en se liant à d'autres composants de la MEC, en particulier aux collagènes fibreux et aux protéoglycanes contenant de l'héparane sulfate, ainsi qu'aux récepteurs d'adhérence situés à la surface des cellules, tels que les intégrines (voir Figure 6-2). Les fibronectines influencent la forme et le déplacement des cellules ainsi que l'organisation du cytosquelette grâce à leurs interactions avec les récepteurs d'adhérence (comme l'intégrine $\alpha 5 \beta 1$). À l'inverse, en régulant par le biais de récepteurs, leurs liaisons à la fibronectine et aux autres composants de la MEC, les cellules peuvent sculpter l'environnement immédiat que constitue la MEC pour l'adapter à leurs besoins.

Les fibronectines sont des dimères de deux polypeptides similaires liés au niveau de leurs extrémités C-terminales par deux

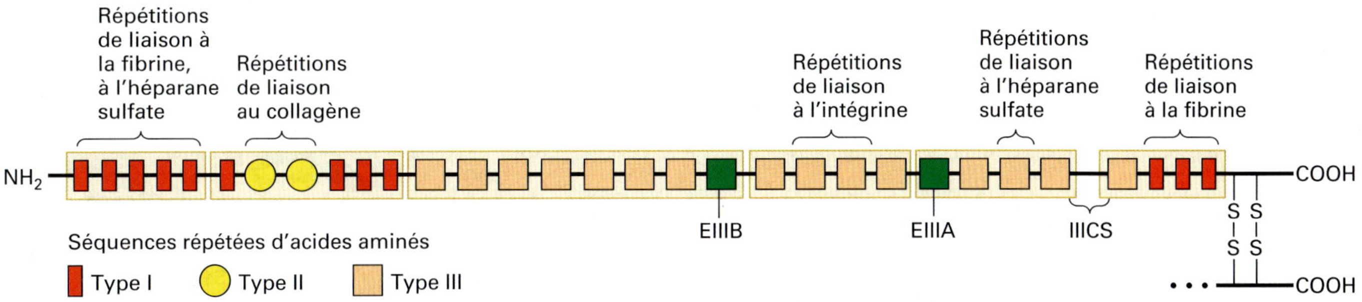

FIGURE 6-23 L'organisation des chaînes de fibronectine. Seule l'une des deux chaînes présentes dans la molécule dimérique de fibronectine est représentée. Les deux chaînes ont des séquences très voisines. Chaque chaîne contient environ 2446 acides aminés et est constituée de trois types de séquences répétées d'acides aminés. La fibronectine en circulation est dépourvue de l'une ou des deux répétitions de types III appelées EIIIA et EIIIB en raison de l'épissage alternatif d'ARN (voir Figure 4-15). Au moins cinq séquences différentes peuvent être présentes dans la région IIICS à la suite d'un épissage alternatif. Chaque chaîne comporte six domaines (carrés orange), dont certains contiennent des sites spécifiques de liaison pour l'héparane sulfate, la fibrine (un constituant essentiel des caillots sanguins), le collagène et les intégrines de surface cellulaire. Le domaine de liaison à l'intégrine est également connu comme un domaine de liaison aux cellules. [Adapté de G. Paolella, M. Barone & F. Baralle, 1993, chez M. Zern and L. Reid, eds., *Extracellular Matrix*, Marcel Dekker, pp. 3-24.]

ponts disulfure. Chaque chaîne a une longueur de 60 à 70 nm environ et une épaisseur de 2 à 3 nm. La digestion partielle de la fibronectine par de faibles quantités de protéases, suivie de l'analyse des fragments, a montré que chaque chaîne comporte six régions fonctionnelles avec des spécificités distinctes de fixation des ligands (Figure 6-23). Chaque région, à son tour, contient de multiples copies de certaines séquences qui peuvent être classifiées en l'un des trois types. On les appelle répétitions de type I, II et III de fibronectine, d'après la ressemblance de leurs séquences d'acides aminés, bien que les séquences des répétitions d'un type donné prises deux à deux ne soient pas toujours identiques. Ces répétitions liées donnent à la molécule l'aspect d'un collier de perles. La combinaison des différentes répétitions composant les régions, donne à la fibronectine sa capacité de fixer de multiples ligands.

L'une des répétitions de type III dans la région de fixation de la fibronectine à la cellule sert d'intermédiaire pour la liaison à certaines intégrines. Les résultats d'études menées avec des peptides synthétiques correspondant à des parties de cette répétition ont permis d'identifier la séquence tripeptidique Arg-Gly-Asp, généralement appelée *séquence RGD*, comme la séquence minimale de cette répétition nécessaire à la reconnaissance par les intégrines. Dans une étude, on a testé la capacité d'heptapeptides contenant la séquence RGD ou une variation de cette séquence de participer à l'adhérence de cellules rénales de rat à une boîte de culture. Les résultats ont montré que les heptapeptides contenant la séquence RGD reproduisaient la capacité de la fibronectine intacte de stimuler l'adhérence due aux intégrines, tandis que les variants heptapeptidiques dépourvus de cette séquence étaient inefficaces (Figure 6-24).

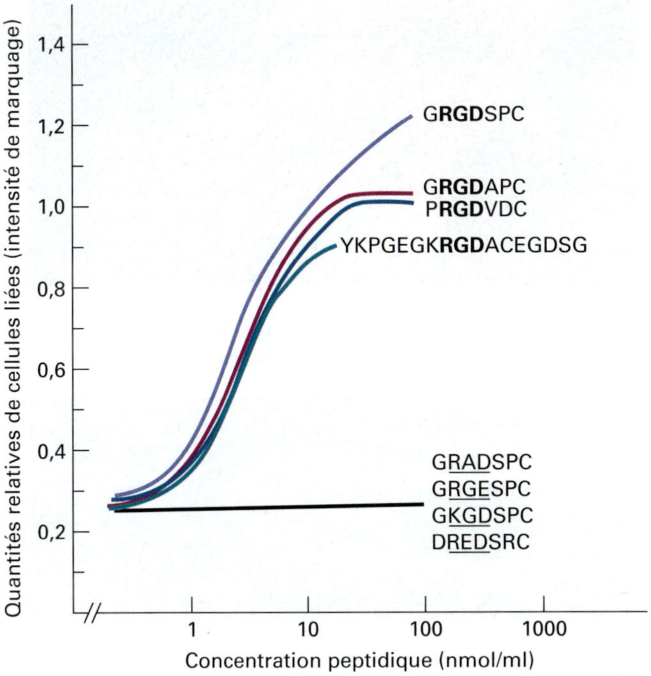

FIGURE EXPÉRIMENTALE 6-24 Une séquence tripeptidique spécifique (RGD) dans la région de liaison de la fibronectine à la cellule, est nécessaire à l'adhérence des cellules. La région de liaison de la fibronectine aux cellules contient une séquence heptapeptidique de liaison à l'intégrine, GRGDSPC selon le code à une lettre des acides aminés (voir Figure 2-13). Cet heptapeptide et plusieurs variants ont été synthétisés chimiquement. Différentes concentrations de chaque peptide synthétique ont été ajoutées à des boîtes de polystyrène à la surface desquelles était solidement fixée de l'immunoglobuline G (IgG), une protéine. Les peptides étaient ensuite pontés chimiquement avec l'IgG. Des cellules rénales normales de rat en culture étaient ensuite ajoutées aux boîtes et incubées pendant 30 minutes pour permettre l'adhérence. Après le lavage des boîtes pour éliminer les cellules non liées, les quantités relatives de cellules ayant adhéré fortement étaient déterminées grâce au marquage des cellules liées par un colorant et par la mesure de l'intensité du marquage à l'aide d'un spectrophotomètre. Les courbes présentées ici indiquent que l'adhérence des cellules a dépassé le niveau de référence à la suite de l'augmentation de la concentration des peptides contenant la séquence RGD mais pas dans le cas des variants dépourvus de cette séquence (modification soulignée). [D'après M. D. Pierschbacher & E. Ruoslahti, 1984, *Proc. Natl. Acad. Sci. USA* **81**:5985.]

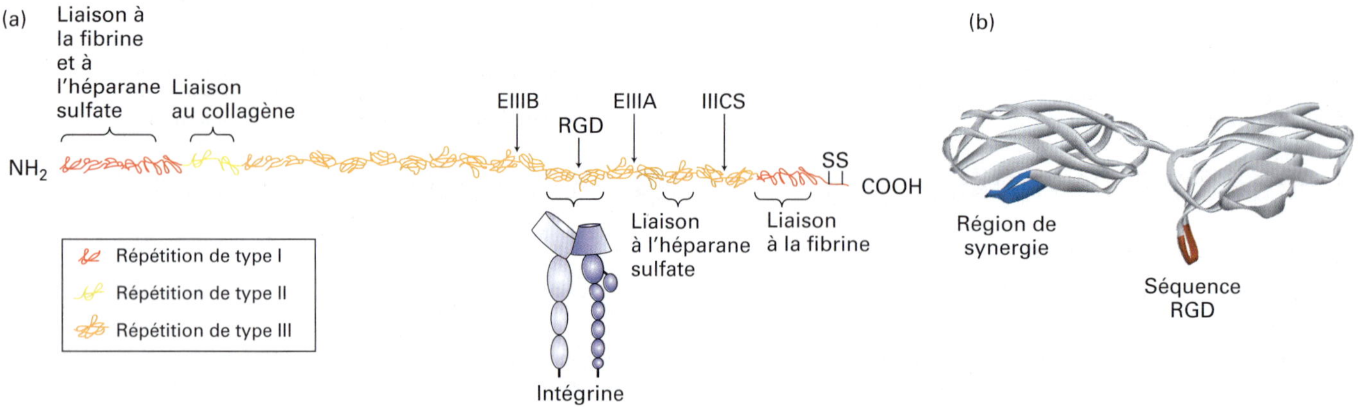

FIGURE 6-25 Un modèle de liaison de la fibronectine à l'intégrine par le biais de la répétition de type III contenant la séquence RGD. (a) Un modèle de fibronectine ancrée par deux répétitions de type III aux domaines extracellulaires de l'intégrine. Les structures des domaines de la fibronectine ont été déterminées à partir de fragments de la molécule. Les domaines EIIIA, EIIIB et IIICS (non représenté ; voir Figure 6-23) sont épissés de différentes façons aux positions indiquées par les flèches. (b) Une structure à haute résolution montre que la séquence RGD de liaison (en rouge) s'étend vers l'extérieur dans une boucle, à partir de son domaine compact de type III sur le même côté de la fibronectine que la région de synergie (en bleu) qui contribue également à la liaison à forte affinité pour les intégrines. [Adapté de D. J. Leahy *et al.*, 1996, *Cell* **84**:161.]

Un modèle tridimensionnel de la liaison de la fibronectine à l'intégrine a été élaboré à partir de structures de parties de la fibronectine et de l'intégrine (Figure 6-25a). Dans une structure à haute résolution de la répétition de type III du domaine de liaison de la fibronectine à l'intégrine et de son voisin, le domaine de type III, la séquence RGD se trouve au sommet d'une boucle qui saille vers l'extérieur de la molécule, en une position facilitant la fixation aux intégrines (Figure 6-25a, b). Bien que la séquence RGD soit nécessaire à la liaison à plusieurs intégrines, son affinité pour celles-ci est nettement inférieure à celle de la fibronectine intacte ou de la région entière de liaison à la cellule dans la fibronectine. Par conséquent, les caractéristiques structurales de la région proche de la séquence RGD dans les fibronectines (par exemple, des parties des répétitions adjacentes telles que la région de synergie ; voir Figure 6-25b) et dans les autres protéines contenant des séquences RGD favorisent leur liaison à certaines intégrines. De plus, les formes dimériques simples solubles de la fibronectine, produites par le foie ou les fibroblastes sont initialement dans une conformation fermée non fonctionnelle qui se fixe assez mal aux intégrines car la séquence RGD n'est pas facilement accessible.

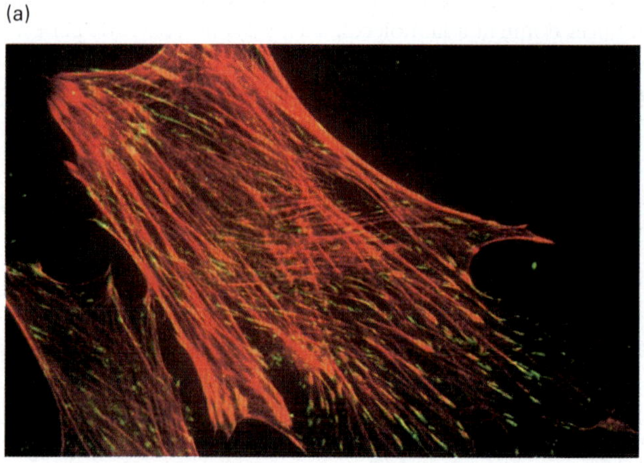

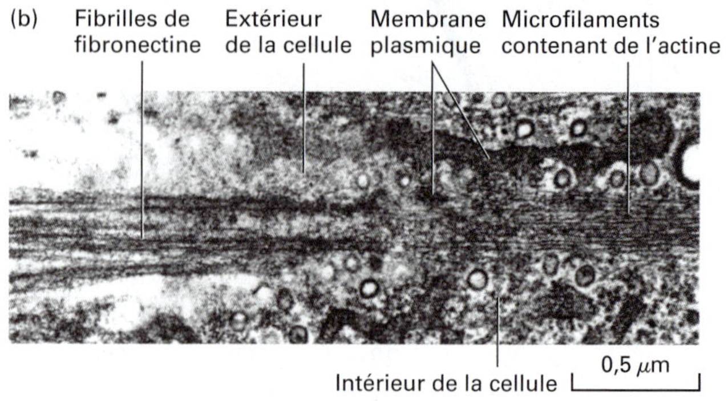

FIGURE EXPÉRIMENTALE 6-26 Les intégrines participent à la liaison entre la fibronectine dans la matrice extracellulaire et le cytosquelette. (a) Une micrographie obtenue par immunofluorescence d'un fibroblaste en culture fixé montrant la présence concomitante de l'intégrine $\alpha 5\beta 1$ et des fibres de stress contenant de l'actine. La cellule a été incubée avec deux types d'anticorps monoclonaux : un anticorps spécifique de l'intégrine lié à un colorant vert fluorescent et un anticorps spécifique de l'actine lié à un colorant rouge fluorescent. Les fibres de stress sont de longs faisceaux de microfilaments d'actine qui rayonnent vers l'intérieur à partir de points de contact entre la cellule et un substrat. À l'extrémité distale de ces fibres, près de la membrane plasmique, la présence simultanée de l'actine (en rouge) et de l'intégrine liant la fibronectine (en vert) produit une fluorescence jaune. (b) Une micrographie électronique de la jonction de la fibronectine et des fibres d'actine dans un fibroblaste en culture. Les microfilaments individuels de 7 nm contenant de l'actine, les constituants d'une fibre de stress , se terminent au niveau de la membrane de la cellule coupée en biais. Les microfilaments semblent très proches des fibrilles de fibronectine, plus épaisses et au marquage plus dense, situées à l'extérieur de la cellule. [Partie (a) d'après J. Duband *et al.*, 1988, *J. Cell Biol.* **107**:1385. Partie (b) d'après I. J. Singer, 1979, *Cell* **16**:675 ; aimablement communiqué par I. J. Singer ; copyright 1979, MIT.]

L'adsorption de la fibronectine sur une matrice de collagène ou sur la lame basale ou encore dans un cadre expérimental, à une boîte de culture tissulaire en plastique, provoque un changement conformationnel qui accroît sa capacité de liaison aux cellules. Il est vraisemblable que ce changement conformationnel augmente l'accessibilité de la séquence RGD à la fixation de l'intégrine.

La microscopie et d'autres approches expérimentales (comme les expériences de liaison chimique) ont démontré le rôle des intégrines dans la formation de liaisons croisées entre la fibronectine et d'autres composants de la MEC avec le cytosquelette. Par exemple, la localisation au même endroit des filaments d'actine du cytosquelette et des intégrines au sein des cellules est visible par microscopie à fluorescence (Figure 6-26a). La liaison des intégrines de surface à la fibronectine présente dans la matrice induit le déplacement dépendant de l'actine du cytosquelette, de certaines molécules d'intégrines dans le plan de la membrane. La tension mécanique due au mouvement relatif des différentes intégrines liées à un même dimère de fibronectine étire la fibronectine. Cet étirement déclenche l'auto-association de la fibronectine en fibrilles multimériques.

La force nécessaire pour déplier et exposer les sites fonctionnels d'auto-association dans la fibronectine est bien moindre que celle exigée par la rupture de la liaison fibronectine-intégrine. Les molécules de fibronectine restent donc liées à l'intégrine tant que des forces mécaniques créées par la cellule induisent la formation de fibrilles. En effet, par le biais de protéines adaptateurs, les intégrines transmettent à la fibronectine extracellulaire, les forces intracellulaires créées par le cytosquelette d'actine. Progressivement, les fibrilles de fibronectine initialement produites subissent une maturation en composants matriciels extrêmement stables grâce à la formation de liaisons croisées. Dans certaines images de microscopie électronique, les fibrilles extérieures de fibronectine semblent être alignées de façon quasi continue avec les faisceaux de fibres d'actine présents à l'intérieur de la cellule (Figure 6-26b). Ces observations et les résultats provenant d'autres études ont fourni le premier exemple d'un récepteur d'adhérence bien défini au niveau moléculaire (comme une intégrine) formant un pont entre les composants intracellulaires du cytosquelette et les composants extracellulaires de la matrice — un phénomène apparemment peu répandu.

CONCEPTS CLÉS DE LA SECTION 6.4
La matrice extracellulaire des tissus non épithéliaux

- Le tissu conjonctif, comme le tendon et le cartilage, diffère des autres tissus solides par le fait que la plus grande partie de son volume est constituée de matrice extracellulaire (MEC) plutôt que de cellules.
- La synthèse de collagène fibrillaire (par exemple, les types I, II et III) débute à l'intérieur des cellules avec la modification chimique de chaînes α néosynthétisées et leur assemblage en procollagène (dont la structure est en triple hélice) à l'intérieur du réticulum endoplasmique. Après leur sécrétion, les molécules de procollagène sont clivées, associées latéralement et assemblées en faisceaux appelés fibrilles, grâce à des liaisons covalentes croisées. Ces fibrilles peuvent à leur tour former des assemblages plus gros appelés fibres (voir Figure 6-20).
- On distingue les différents collagènes d'après la capacité de leurs régions hélicoïdales et non hélicoïdales de s'associer en fibrilles, de former des feuillets ou d'établir des liaisons croisées avec d'autres types de collagènes (voir Tableau 6-1).
- Le hyaluronane, un GAG fortement hydraté, est un composant fondamental de la MEC des cellules en cours de migration ou de prolifération. Certains récepteurs d'adhérence situés à la surface des cellules fixent du hyaluronane aux cellules.
- Les grands agrégats de protéoglycanes contenant une molécule centrale de hyaluronane liée non covalemment à la protéine centrale de multiples molécules de protéoglycanes (comme l'agrécan) contribuent aux propriétés mécaniques distinctes de la matrice (voir Figure 6-22).
- Les fibronectines sont des protéines abondantes de matrice à plusieurs pôles d'adhérence qui jouent un rôle essentiel dans la migration et la différenciation des cellules. Elles contiennent des sites de liaison pour les intégrines et les composants de la MEC (collagènes, protéoglycanes) et peuvent donc fixer les cellules à la matrice (voir Figure 6-23).
- La séquence tripeptidique RGD (Arg-Gly-Asp) présente dans les fibronectines et certaines autres protéines de la matrice, est reconnue par plusieurs intégrines.

6.5 Les interactions adhésives impliquant des cellules non épithéliales

Après leur formation dans les épithéliums au cours de la différenciation, les interactions adhésives sont souvent très stables et peuvent perdurer pendant toute la vie des cellules épithéliales ou jusqu'à ce qu'elles subissent une différenciation en cellules mésenchymateuses non polarisées, associées lâchement (la transition épithéliale → mésenchymateuse). Bien qu'une telle adhérence de longue durée existe aussi dans les tissus non épithéliaux, certaines cellules non épithéliales doivent pouvoir passer à l'intérieur ou à travers une couche de la matrice extracellulaire ou d'autres cellules. Dans cette section, nous décrirons diverses structures présentes à la surface des cellules non épithéliales qui participent à l'adhérence de longue durée et aux interactions adhésives transitoires, particulièrement adaptées au déplacement des cellules. Les mécanismes intracellulaires détaillés utilisés pour produire les forces mécaniques qui propulsent les cellules et modifient leur forme seront décrits au Chapitre 19.

Les structures adhésives contenant de l'intégrine relient physiquement et fonctionnellement la MEC et le cytosquelette dans les cellules non épithéliales

Comme nous l'avons vu dans le cas des épithéliums, les hémidesmosomes contenant de l'intégrine relient les cellules épithéliales à la lame basale et, par le biais de protéines adaptateurs, aux filaments intermédiaires du cytosquelette (voir Figure 6-1). Dans les cellules non épithéliales, les intégrines dans la membrane plasmique sont également regroupées avec d'autres molécules en différentes structures adhésives appelées adhérences focales, contacts focaux, complexes focaux, adhérences 3D et adhérences fibrillaires ainsi qu'en adhérences circulaires appelées podosomes (Chapitre 14). Ces structures s'observent facilement grâce à la microscopie par fluorescence, à l'aide d'anticorps dirigés contre des intégrines ou d'autres molécules qui leur sont associées (Figure

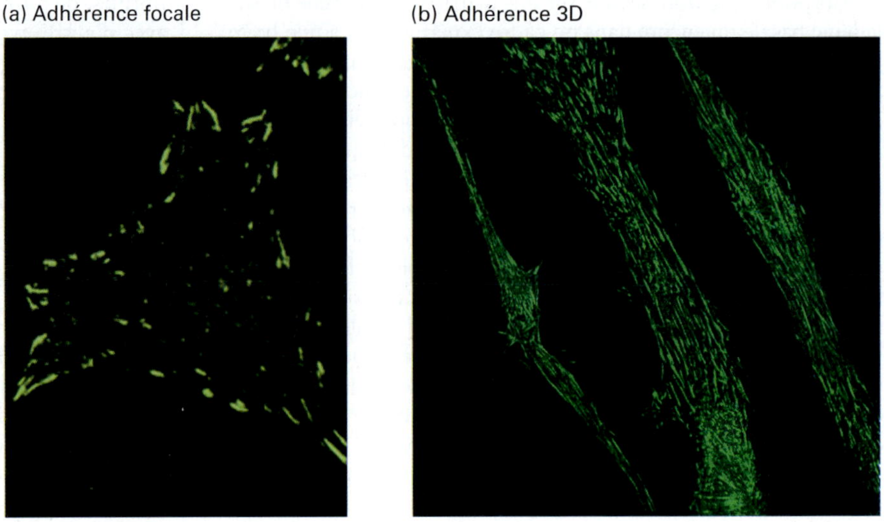

FIGURE EXPÉRIMENTALE 6-27 Les intégrines se regroupent en structures adhésives avec des morphologies variées dans les cellules non épithéliales. Les techniques d'immuno-fluorescence ont été utilisées pour détecter les structures adhésives (en vert) sur les cellules en culture. On voit ici des adhérences focales (a) et des adhérences 3D (b) à la surface de fibroblastes humains. Les cellules ont été directement déposées sur la surface plane d'une boîte de culture (a) ou sur une matrice tridimensionnelle formée de composants de la MEC (b). La forme, la distribution et la composition des adhérences à base d'intégrine formées par les cellules varient, en fonction des conditions de culture. [Partie (a) d'après B. Geiger *et al.*, 2001, *Nature Rev. Mol. Cell Biol.* **2**:793. Partie (b) aimablement communiquée par K. Yamada & E. Cukierman ; voir E. Cukierman *et al.*, 2001, *Science* **294**:1708-12.]

627). Comme les jonctions d'ancrage dans la matrice des cellules épithéliales, les différentes structures adhésives fixent les cellules non épithéliales à la matrice extracellulaire ; elles contiennent également des dizaines d'adaptateurs protéiques intracellulaires et de protéines associées qui participent à la liaison des filaments d'actine du cytosquelette et activent des signaux dépendant de l'adhérence pour la croissance et la motilité des cellules.

Bien qu'on les trouve dans de nombreuses cellules non épithéliales, les structures adhésives contenant de l'intégrine ont été le plus souvent étudiées dans des fibroblastes en culture cellulaire sur des surfaces vitrées ou des surfaces plastiques (substrats). Ces conditions ne ressemblent que de loin à l'environnement tridimensionnel de la MEC qui entoure normalement ces cellules *in vivo*. Lorsque des fibroblastes sont mis en culture dans des matrices tridimensionnelles de MEC issues de cellules ou de tissus, ils forment des adhérences avec le substrat tridimensionnel de la MEC, appelées adhérences 3D. Ces structures diffèrent légèrement du point de vue de leur composition, leur forme, leur distribution et leur activité, des adhérences focales ou fibrillaires visibles dans les cellules qui poussent sur le substrat plat typiquement utilisé pour les expériences de culture cellulaire (voir Figure 6-27). Les fibroblastes en culture avec ces jonctions d'ancrage « plus naturelles » présentent une adhérence et une mobilité supérieures, une prolifération cellulaire accrue et des morphologies allongées davantage semblables à celles des fibroblastes tissulaires que les cellules en culture sur des surfaces planes. Ces observations indiquent que les propriétés topologiques, de composition et mécaniques (comme la flexibilité) de la matrice extracellulaire jouent toutes un rôle dans le contrôle de la forme et de l'activité d'une cellule. Les différences tissu-spécifiques de ces caractéristiques matricielles contribuent probablement aux propriétés tissu-spécifiques des cellules.

TABLEAU 6-2 Quelques intégrines de vertébrés*

Sous-unités constituantes	Principale distribution cellulaire	Ligands
α1β1	Nombreux types cellulaires	Essentiellement des collagènes ; également des laminines
α2β1	Nombreux types cellulaires	Essentiellement des collagènes ; également des laminines
α4β1	Cellules hématopoïétiques	Fibronectine ; VCAM-1
α5β1	Fibroblastes	Fibronectine
αLβ2	Lymphocytes T	ICAM-1, ICAM-2
αMβ2	Monocytes	Protéines sériques (ex : C3b, fibrinogène, facteur X) ; ICAM-1
αIIbβ3	Plaquettes sanguines	Protéines sériques (ex : fibrinogène, facteur Willebrand, vitronectine) ; fibronectine
α6β4	Cellules épithéliales	Laminine

*Les intégrines sont regroupées en sous-familles ayant en commun une sous-unité ß. Les ligands indiqués en rouge sont des CAM ; tous les autres sont des protéines sériques ou de la MEC. Certaines sous-unités peuvent avoir de multiples isoformes dues à un épissage alternatif avec des domaines cytosoliques différents.

SOURCE: R. O. Hynes, 1992, *Cell* 69:11.

La diversité des interactions ligand-intégrine contribue à de nombreux processus biologiques

Bien que la plupart des cellules expriment plusieurs intégrines distinctes qui fixent le même ligand ou des ligands différents, de nombreuses intégrines sont exprimées principalement par certains types cellulaires. Le Tableau 6-2 dresse la liste de quelques-unes des nombreuses interactions impliquant des intégrines, avec des composants de la MEC, des CAM, ou les deux. Non seulement de nombreuses intégrines fixent plusieurs ligands, mais plusieurs de ces ligands se fixent à de multiples intégrines.

Toutes les intégrines semblent avoir évolué à partir de deux grands sous-groupes ancestraux ; ceux qui fixent des molécules contenant la séquence RGD (comme la fibronectine) et ceux qui fixent la laminine. Par exemple, l'intégrine $\alpha5\beta1$ fixe la fibronectine tandis que les intégrines $\alpha1\beta1$ et $\alpha2\beta1$, largement exprimées, ainsi que l'intégrine $\alpha6\beta4$ exprimée par les cellules épithéliales, fixent la laminine. Les sous-unités $\alpha1$ et $\alpha2$ et plusieurs autres sous-unités α d'intégrine contiennent un domaine inséré distinct, le *domaine I*. Le domaine I dans certaines intégrines (comme $\alpha1\beta1$ et $\alpha2\beta1$) participe à la liaison à différents collagènes. D'autres intégrines contenant des sous-unités α avec des domaines I sont exprimées exclusivement sur les leucocytes et les cellules hématopoïétiques ; ces intégrines reconnaissent les molécules d'adhérence cellulaire présentes sur d'autres cellules, y compris les membres de la superfamille des Ig (comme les ICAM et VCAM) et participent donc à l'adhérence intercellulaire.

La diversité des intégrines et de leurs ligands dans la MEC leur permet de participer à de nombreux processus biologiques essentiels, y compris la formation du plan d'organisation du corps d'un embryon (morphogenèse) et les réactions inflammatoires. L'importance des intégrines dans divers processus est mise en évidence par les déficiences présentées par des souris ayant subi une extinction complète (*knockout* en anglais) de la plupart des gènes codant les sous-unités de l'intégrine. Ces défauts comprennent des anomalies importantes du développement, de la formation des vaisseaux sanguins, du fonctionnement des leucocytes, de la réponse aux infections (inflammation), du remodelage des os et de l'hémostase.

L'adhérence cellule-matrice est modulée par des changements dans l'activité de liaison et le nombre d'intégrines

Les cellules peuvent contrôler finement la force des interactions cellule-matrice impliquant l'intégrine en régulant l'activité de liaison des intégrines, leur expression ou les deux phénomènes. Une telle régulation est essentielle au rôle de ces interactions dans la migration cellulaire et d'autres fonctions.

Un grand nombre, voire toutes les intégrines, peuvent exister dans deux conformations : une forme à faible affinité (inactive) et une forme à forte affinité (active) (Figure 6-28). Les résultats d'études structurales et d'expériences portant sur la fixation des ligands par les intégrines ont permis d'élaborer un modèle des changements qui se produisent lors de l'activation des intégrines. Dans l'état inactif, l'hétérodimère $\alpha\beta$ est coudé, la conformation du site de fixation du ligand au sommet de la molécule permet uniquement une fixation de faible affinité du ligand et les queues C-terminales cytoplasmiques des deux sous-unités sont étroitement liées ensemble. Dans l'état « droit » actif, des modifications de la conformation des domaines qui forment le site de liaison permettent une fixation plus étroite du ligand (forte affinité) et entraînent la séparation des queues cytoplasmiques.

Ces modèles structuraux fournissent également une explication attrayante de la capacité des intégrines à intervenir dans la signalisation dans le sens extérieur-intérieur ou intérieur-extérieur. La liaison de certaines molécules de la MEC ou de CAM présentes sur d'autres cellules, à la structure coudée à faible affinité, obligerait la cellule à redresser et donc à séparer les queues cytoplasmiques. Les adaptateurs intracellulaires pourraient « percevoir » la séparation des queues, et en conséquence, se fixer aux queues ou s'en dissocier. Les changements dans ces adaptateurs pourraient ensuite

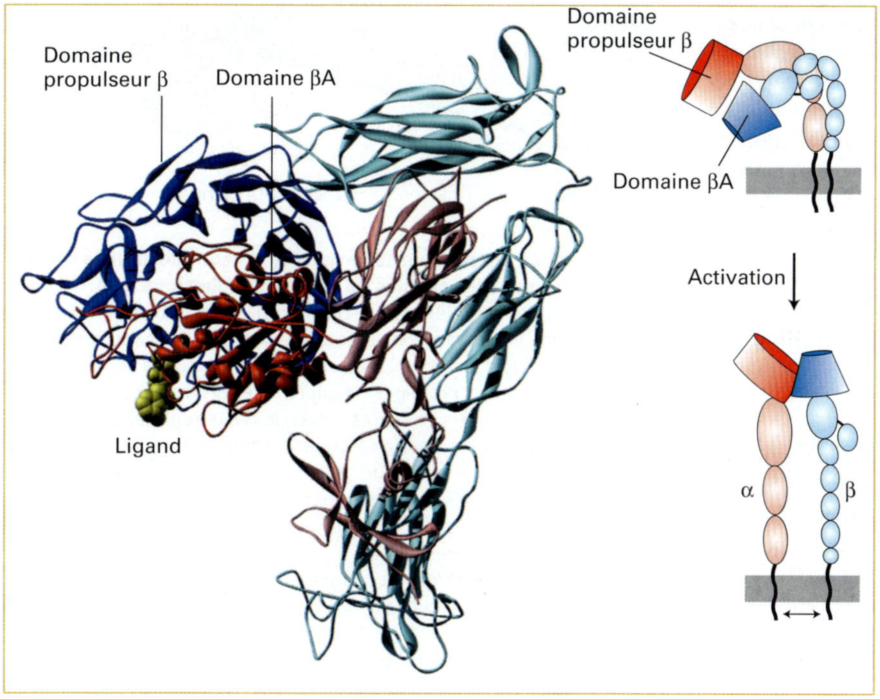

FIGURE 6-28 Un modèle d'activation de l'intégrine. *(À gauche)* Le modèle moléculaire est établi à partir de la structure cristalline déterminée par les rayons X, de la région extracellulaire de l'intégrine $\alpha v\beta3$ dans sa forme inactive, à faible affinité («coudée»), avec la sous-unité α (ombrage bleu) et la sous-unité β (ombrage rouge). Les principaux sites de fixation du ligand se trouvent au sommet de la molécule à l'endroit où le domaine propulseur β (en bleu foncé) et le domaine βA (rouge foncé) interagissent. Un ligand peptidique RGD est figuré en jaune. *(À droite)* On pense que l'activation des intégrines est due à des changements conformationnels qui comprennent le redressement de la molécule, des mouvements essentiels près des domaines propulseur et βA qui augmentent l'affinité de l'intégrine pour les ligands, et enfin à la séparation des domaines cytoplasmiques qui modifie les interactions avec les adaptateurs protéiques. Voir le texte pour une discussion plus détaillée. [Adapté de M. Arnaout et al., 2002, *Curr. Opin. Cell Biol.* **14**:641, et R. O. Hynes, 2002, Cell **110**:673.]

modifier le cytosquelette et activer ou inhiber les voies de signalisation intracellulaire. À l'inverse, des changements dans l'état métabolique des cellules (comme des changements dans le cytosquelette des plaquettes qui accompagnent l'activation de ces cellules ; voir Figure 19-5) pourraient entraîner la fixation des adaptateurs intracellulaires aux queues ou leur dissociation de celles-ci et donc forcer les queues à se séparer ou à s'associer. En conséquence, l'intégrine se courberait (état inactif) ou se redresserait (état actif), modifiant ainsi son interaction avec la MEC ou d'autres cellules.

Le fonctionnement des plaquettes sanguines offre un bon exemple de la modulation des interactions cellule-matrice par le contrôle de l'activité de liaison des intégrines. Dans son état basal, l'intégrine αIIbβ3 présente sur les membranes plasmiques des plaquettes ne peut normalement pas fixer fortement ses ligands protéiques (comme le fibrinogène ou la fibronectine), qui participent tous à la formation des caillots sanguins, ceci en raison de sa conformation inactive (courbée). La liaison d'une plaquette au collagène ou à la thrombine dans un caillot en formation induit à partir du cytoplasme un changement conformationnel activateur dans l'intégrine αIIbβ3, qui lui permet de fixer étroitement les protéines de coagulation et de participer à la formation des caillots. Les personnes présentant un défaut génétique dans la sous-unité β3 de l'intégrine sont sujettes aux hémorragies, ce qui atteste le rôle de cette intégrine dans la formation de caillots sanguins.

La liaison des cellules aux composants de la MEC peut également être modulée par la modification du nombre de molécules d'intégrines exposées à la surface des cellules. L'intégrine α4β1, présente sur de nombreuses cellules hématopoïétiques (précurseurs des globules rouges et des globules blancs) offre un exemple de ce mécanisme de régulation. Pour que ces cellules hématopoïétiques prolifèrent et se différencient, elles doivent être attachées à la fibronectine synthétisée par les cellules de la charpente (cellules du stroma) dans la moelle osseuse. L'intégrine α4β1 sur les cellules hématopoïétiques se fixe à une séquence Glu-Ile-Leu-Asp-Val (EILDV) dans la fibronectine, ancrant ainsi les cellules à la matrice. Cette intégrine se fixe également à une séquence dans une CAM appelée CAM-1 vasculaire (VCAM-1), présente sur les cellules du stroma de la moelle osseuse. Les cellules hématopoïétiques entrent donc directement en contact avec les cellules du stroma et se lient également à la matrice. Plus tard au cours de leur différenciation, les cellules hématopoïétiques réduisent l'expression de l'intégrine α4β1. On pense que la diminution consécutive du nombre de molécules d'intégrine α4β1 à la surface des cellules permet aux cellules sanguines matures de se détacher de la matrice et des cellules du stroma dans la moelle osseuse et donc de pouvoir gagner la circulation.

Les connexions moléculaires entre la MEC et le cytosquelette sont déficientes dans les dystrophies musculaires

MÉDECINE

L'importance des liaisons impliquant des récepteurs d'adhérence, entre les composants de la MEC et le cytosquelette, est mise en évidence par un groupe de maladies à dégénérescence musculaire, désignées sous le terme collectif de dystrophies musculaires. La dystrophie musculaire de Duchenne (DMD), la forme la plus courante, est une maladie liée au sexe qui touche 1 garçon sur 3300. Elle se traduit par une insuffisance cardiaque ou respiratoire avant ou juste après 20 ans. Le premier élément ayant permis de mieux comprendre l'origine moléculaire de la maladie a été la découverte, chez les personnes atteintes de DMD, de mutations dans le gène d'une protéine appelée *dystrophine*. On a découvert que cette très grande protéine était un adaptateur cytosolique, se liant aux filaments d'actine et à un récepteur d'adhérence appelé *dystroglycane*.

Le dystroglycane est synthétisé sous la forme d'un grand précurseur glycoprotéique, clivé par protéolyse en deux sous-unités. La sous-unité α est une protéine membranaire périphérique et la sous-unité β, une protéine transmembranaire dont le domaine extracellulaire s'associe à la sous-unité α (Figure 6-29). De multiples **oligosaccharides O-liés** sont attachés covalemment aux groupements hydroxyle des chaînes latérales des résidus sérine et thréonine dans la sous-unité α. Ces oligosaccharides O-liés se fixent à différents composants de la lame basale, y compris la laminine (une protéine de matrice à plusieurs pôles d'adhérence), le perlécane et l'agrine (des protéoglycanes). Les neurexines, une famille de molécules d'adhérence exprimées par les neurones, sont également liées par la sous-unité α.

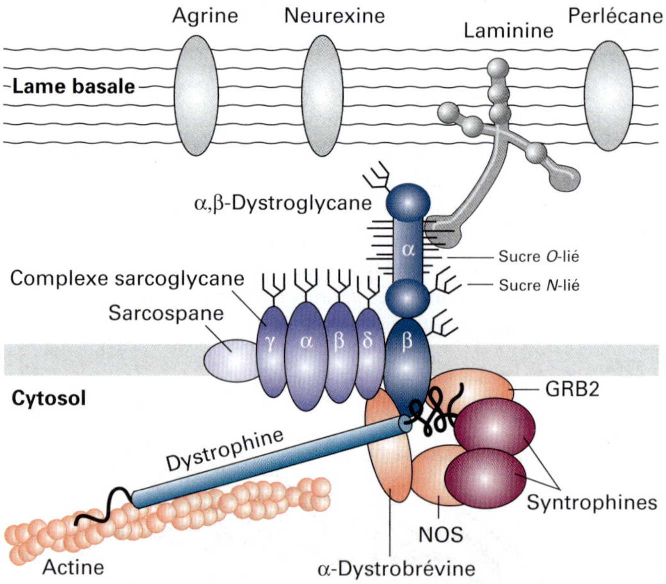

FIGURE 6-29 Un modèle schématique du complexe de la dystrophine (DGC) dans les cellules de muscle squelettique. Le DGC comporte trois sous-complexes : le sous-complexe α,β-dystroglycane ; le sous-complexe sarcoglycane/sarcospane des protéines membranaires intrinsèques et le sous-complexe adaptateur cytosolique comprenant la dystrophine, d'autres protéines adaptateurs et des molécules de signalisation. Par le biais de ses sucres *O*-liés, le β-dystroglycane se fixe aux composants de la lame basale tels que la laminine. La dystrophine — la protéine déficiente dans la dystrophie musculaire de Duchenne — lie le β-dystroglycane au cytosquelette d'actine et l'α-dystrobrévine lie la dystrophine au sous-complexe sarcoglycane/sarcospane. L'oxyde nitrique synthétase (NOS) produit de l'acide nitrique, une molécule gazeuse de signalisation et le GRB2 est un composant des voies de signalisation activé par certains récepteurs de surface cellulaire (Chapitre 14). Voir le texte pour plus de détails. [Adapté de S. J. Winder, 2001, *Trends Biochem. Sci.* **26**:118 et D. E. Michele & K. P. Campbell, 2003, *J. Biol. Chem.*]

Le segment transmembranaire de la sous-unité *ß* du dystroglycane s'associe à un complexe de protéines membranaires intrinsèques. Son domaine cytosolique fixe la dystrophine et d'autres protéines adaptateurs, ainsi que diverses protéines de signalisation intracellulaire. L'assemblage hétérogène de grande taille ainsi formé, le *complexe dystrophine-glycoprotéines (DGC* pour *dystrophin glycoprotein complex* en anglais) ou complexe de dystrophine lie la matrice extracellulaire au cytosquelette et aux voies de signalisation dans les cellules musculaires (voir Figure 6-29). Par exemple, l'enzyme de signalisation, oxyde nitrique synthétase (NOS pour *nitric oxide synthase* en anglais) est associée par le biais de la syntrophine au sous-complexe cytosolique de la dystrophine dans le muscle squelettique. L'augmentation du Ca^{2+} intracellulaire au cours de la contraction musculaire active NOS. Celle-ci produit alors de l'oxyde nitrique (ON) qui diffuse dans les cellules de muscle lisse entourant les vaisseaux sanguins voisins. Grâce à une voie de signalisation décrite au Chapitre 13, l'ON provoque le relâchement des muscles lisses, conduisant à une augmentation locale du flux sanguin apportant nutriments et oxygène au muscle squelettique.

Des mutations touchant la dystrophine, d'autres composants du DGC, la laminine ou encore des enzymes qui ajoutent les sucres O-liés au dystroglycane perturbent la liaison impliquant le DGC entre l'extérieur et l'intérieur des cellules musculaires et provoquent des dystrophies musculaires. De plus, on a montré que les mutations dans le dystroglycane réduisaient fortement le regroupement des récepteurs d'acétylcholine sur les cellules musculaires, au niveau des jonctions neuro-musculaires (Chapitre 7), qui dépend également de la laminine et de l'agrine, des protéines de la lame basale. Les conséquences de ces déficiences du DGC et d'autres encore probablement semblent conduire à un affaiblissement cumulé de la stabilité mécanique des cellules musculaires à mesure qu'elles subissent contraction et relâchement, ce qui aboutit à la détérioration de ces cellules et à une dystrophie musculaire.

L'adhérence intercellulaire Ca^{2+}-indépendante dans les neurones et d'autres tissus implique des CAM de la superfamille des immunoglobulines

De nombreuses protéines transmembranaires caractérisées par la présence de multiples domaines d'immunoglobulines (répétitions) dans leurs régions extracellulaires constituent la superfamille des Ig des CAM ou **IgCAM**. Le domaine Ig est un motif protéique courant, contenant de 70 à 110 résidus, découvert dans des anticorps, les immunoglobulines fixant des antigènes. Les génomes de l'homme, de *D. melanogaster* et de *C. elegans* comportent respectivement environ 765, 150 et 64 gènes codant des protéines contenant des domaines Ig. Les domaines d'immunoglobulines sont présents dans une grande variété de protéines de surface cellulaire, dont les récepteurs des cellules T produits par les lymphocytes et de nombreuses protéines qui participent aux interactions adhésives. Les IgCAM comprennent les CAM neurales, les CAM intracellulaires (ICAM) qui interviennent dans le déplacement des leucocytes au sein des tissus et les molécules d'adhérence des jonctions (JAM), présentes dans les jonctions étanches.

Comme leur nom l'implique, les CAM neurales sont particulièrement importantes dans les tissus nerveux. Des CAM de ce type, les NCAM, participent principalement aux interactions homophiles. Exprimées initialement au cours de la morphogenèse, les NCAM jouent un rôle important dans la différenciation des cellules musculaires, gliales et nerveuses. Leur rôle dans l'adhérence cellulaire a été démontré directement par l'inhibition de l'adhérence par utilisation d'anticorps anti-NCAM. De nombreuses isoformes de NCAM, codées par un seul gène, sont produites par épissage alternatif de l'ARNm et par des différences de glycosylation. D'autres CAM neurales (comme L1-CAM) sont codées par des gènes distincts. Chez l'homme, des mutations dans différentes parties du gène de L1-CAM provoquent diverses neuropathologies (telles que retard mental, hydrocéphalie congénitale et spasticité).

Une NCAM comporte une région extracellulaire avec cinq répétitions d'Ig et deux répétitions de type III de fibronectine, un segment transmembranaire unique et un segment cytosolique qui interagit avec le cytosquelette (voir Figure 6-2). À l'inverse, la région extracellulaire de la L1-CAM possède six répétitions Ig et quatre répétitions de type III de fibronectine. Comme dans le cas des cadhérines, les interactions *cis* (intracellulaires) et *trans* (extracellulaires) jouent probablement des rôles importants dans l'adhérence impliquant des IgCAM (voir Figure 6-3).

La liaison covalente aux NCAM de multiples chaînes d'acide sialique (un dérivé sucré chargé négativement) modifie leurs propriétés d'adhérence. Dans les tissus embryonnaires tels que le cerveau, l'acide polysialique représente jusqu'à 25 % de la masse des NCAM. Sans doute en raison de la répulsion entre les nombreux sucres chargés négativement dans ces NCAM, les contacts intercellulaires sont plutôt transitoires, se formant et se rompant, ce qui est une propriété nécessaire au développement du tissu nerveux. À l'inverse, les NCAM des tissus adultes ne contiennent qu'un tiers de l'acide sialique des NCAM embryonnaires, ce qui permet des adhérences plus stables.

Le déplacement des leucocytes dans les tissus dépend d'une séquence précise de groupes d'interactions adhésives à combinaison variable

Dans les organismes adultes, plusieurs types de globules blancs (leucocytes) participent à la lutte contre les infections provoquées par des envahisseurs étrangers (comme les bactéries et les virus) et contre les lésions tissulaires dues à des traumatismes ou des inflammations. Pour combattre l'infection et enlever le tissu endommagé, ces cellules doivent passer rapidement du sang dans lequel elles circulent à l'état de cellules libres relativement quiescentes, vers le tissu sous-jacent au niveau des sites d'infection, d'inflammation ou de lésion. Nous connaissons bien le déplacement dans les tissus, appelé *extravasation*, de quatre types de leucocytes : les neutrophiles, qui libèrent plusieurs protéines antibactériennes ; les monocytes, qui sont les précurseurs des macrophages, des cellules capables d'engloutir et de détruire des particules étrangères ; et les lymphocytes T et B, les cellules du système immunitaire qui reconnaissent les antigènes.

L'extravasation nécessite la formation et la rupture successives des contacts intercellulaires entre les leucocytes dans le sang et les cellules endothéliales tapissant les vaisseaux. Certains de ces contacts ont pour intermédiaires des **sélectines**, une famille de CAM impliquées dans les interactions leucocytes-cellules vasculaires. Un acteur clé de ces interactions est la *sélectine P*, localisée au niveau de la partie de la surface des cellules endothéliales au contact du sang. Toutes les sélectines contiennent un *domaine lectine* Ca^{2+}-dépendant, situé à l'extrémité distale de la région extracellulaire de la molécule et qui reconnaît les oligosaccharides dans les glycoprotéines ou les glycolipides (voir Figure 6-2). Par exemple, le ligand principal des sélectines P et E est un oligosaccharide appelé *antigène Lewis sialylé*. Il s'agit d'un fragment d'oligosaccharides plus longs, présents en abondance sur les glycoprotéines et les glycolipides des leucocytes.

La Figure 6-30 illustre la séquence élémentaire des interactions intercellulaires conduisant à l'extravasation des leucocytes. Différents signaux inflammatoires libérés dans les zones d'infection ou d'inflammation provoquent d'abord l'activation de l'endothélium. La sélectine P exposée à la surface des cellules endothéliales activées participe à l'adhérence faible des leucocytes circulants. En raison de la force du flux sanguin et des vitesses rapides de fixation et de rupture de la sélectine P avec ses ligands, ces leucocytes « piégés » sont ralentis mais ne sont pas stoppés et roulent littéralement le long de la surface de l'endothélium. Parmi les signaux déclenchant l'activation de l'endothélium, on trouve les *chimiokines*, un groupe de petites protéines sécrétées (8 à 12 kDa) produites par une grande variété de cellules, y compris les cellules endothéliales et les leucocytes.

Pour qu'une adhérence forte ait lieu entre les cellules endothéliales activées et les leucocytes, les intégrines ayant un domaine $\beta 2$, situées à la surface des leucocytes doivent également être activées par des chimiokines ou d'autres signaux locaux d'activation plaquettaire (PAF, pour *platelet activating factor* en anglais). Le facteur d'activation plaquettaire est inhabituel car il s'agit d'un phospholipide et non d'une protéine ; il est exposé à la surface des cellules endothéliales activées en même temps que la sélectine P est exposée. La liaison du PAF ou d'autres activateurs à leurs récepteurs sur les leucocytes conduit à l'activation des intégrines des leucocytes qui adoptent alors leur forme à haute affinité (voir Figure 6-28). (La plupart des récepteurs des chimiokines et du PAF sont des membres de la superfamille de récepteurs couplés aux protéines G dont nous parlerons au Chapitre 13.) Les intégrines activées sur les leucocytes se fixent ensuite à chacune des deux IgCAM distinctes présentes à la surface des cellules endothéliales :

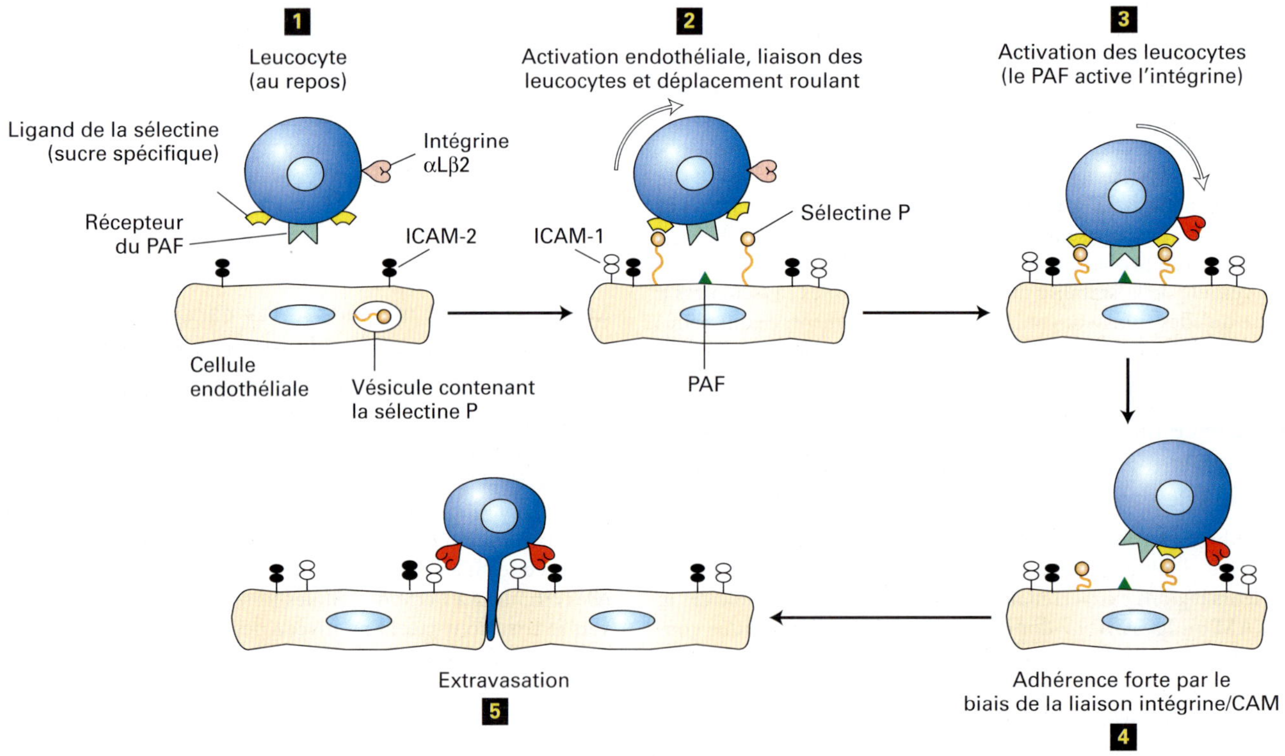

FIGURE 6-30 La séquence des interactions intercellulaires conduisant à la liaison étroite des leucocytes aux cellules endothéliales activées et l'extravasation qui s'ensuit. Étape **1** : En l'absence d'inflammation ou d'infection, les leucocytes et les cellules endothéliales tapissant les vaisseaux sanguins sont au repos. Étape **2** : Des signaux inflammatoires libérés uniquement dans les zones d'inflammation, d'infection, ou les deux, activent les cellules endothéliales au repos pour qu'elles fassent passer en surface des sélectines emprisonnées dans des vésicules. Les sélectines exposées participent à la fixation lâche des leucocytes en interagissant avec des ligands sucrés présents sur les leucocytes. L'activation de l'endothélium déclenche également la synthèse du facteur d'activation plaquettaire (PAF) et de l'ICAM-1, tous deux exprimés à la surface des cellules. Le PAF et d'autres activateurs sécrétés couramment, dont les chimiokines, induisent ensuite un changement dans la forme des leucocytes et l'activation des intégrines leucocytaires telles que $\alpha L\beta 2$, qui est exprimée par les lymphocytes T (**3**). La liaison étroite qui s'ensuit entre les intégrines activées sur les leucocytes et les CAM sur l'endothélium (par exemple ICAM-2 et ICAM-1) aboutit à une adhérence forte (**4**) et au passage (extravasation) dans le tissu sous-jacent (5). Voir le texte pour plus de détails. [Adapté de R. O. Hynes & A. Lander, 1992, *Cell* **68**:303.]

ICAM-2, qui est exprimée de manière constitutive, et ICAM-1. ICAM-1, dont la synthèse en même temps que celle des sélectines E et P est induite par activation, contribue généralement assez peu à l'adhérence leucocytes-cellules endothéliales immédiatement après activation, mais intervient plutôt à des moments ultérieurs dans les cas d'inflammation chronique. L'adhérence étroite résultante, impliquant des interactions intégrine-ICAM Ca^{2+}-indépendantes conduit à l'arrêt du déplacement roulant des leucocytes et à leur éparpillement à la surface de l'endothélium. Peu de temps après, les cellules associées se déplacent entre les cellules endothéliales adjacentes et dans le tissu sous-jacent.

L'adhérence sélective des leucocytes à l'endothélium situé près des sites d'infection ou d'inflammation dépend donc de l'apparition séquentielle et de l'activation de plusieurs CAM différentes à la surface des cellules qui interagissent. Différents types de leucocytes expriment des intégrines spécifiques contenant la sous-unité $\beta 2$: par exemple $\alpha L\beta 2$ par les lymphocytes T et $\alpha M\beta 2$ par les monocytes, qui sont les précurseurs circulants des macrophages tissulaires. Néanmoins, tous les leucocytes gagnent les tissus par le même mécanisme général décrit dans la Figure 6-30.

Un grand nombre des CAM utilisées pour commander l'adhérence des leucocytes sont communes à différents types de leucocytes et tissus cibles. Pourtant, souvent, un seul type de leucocyte est dirigé vers un tissu donné. Un modèle à trois étapes a été proposé pour expliquer la spécificité de telles interactions leucocytes-cellules endothéliales pour un type cellulaire donné. En premier lieu, l'activation de l'endothélium déclenche une liaison relativement faible, transitoire et réversible (comme l'interaction des sélectines et de leurs ligands sucrés). Sans signaux supplémentaires d'activation locale, le leucocyte s'en va rapidement. Deuxièmement, les cellules situées au voisinage immédiat du site d'infection ou d'inflammation libèrent ou expriment à leur surface des signaux chimiques (comme les chimiokines, le PAF) qui activent uniquement des sous-groupes particuliers des leucocytes liés transitoirement. Troisièmement, d'autres CAM dépendantes de l'activation (comme les intégrines) attirent leurs partenaires de liaison, ce qui conduit à renforcer l'adhérence. Un leucocyte n'adhérera fortement qu'en cas de combinaison correcte des CAM, de leurs partenaires de liaison et des signaux d'activation dans le bon ordre au niveau d'un site spécifique. Ce nouvel exemple de diversité des combinaisons et de coopération permet l'exploitation parcimonieuse d'un petit groupe de CAM pour remplir diverses fonctions dans tout le corps.

MÉDECINE

La *déficience d'adhérence des leucocytes* est due à un défaut génétique de la synthèse de la sous-unité $\beta 2$ des intégrines. Les personnes atteintes de cette maladie sont sujettes aux infections bactériennes répétées car leurs leucocytes ne peuvent subir d'extravasation correcte et donc combattre l'infection dans le tissu.

Certains virus pathogènes ont développé des mécanismes pour exploiter à leurs propres fins les protéines de surface cellulaire qui participent à la réaction inflammatoire normale. Par exemple, un grand nombre de virus à ARN responsables du rhume banal (rhinovirus) se fixent aux cellules et y pénètrent par l'intermédiaire de l'ICAM-1 ; les récepteurs de chimiokines peuvent eux aussi être des sites importants d'entrée pour le virus de l'immunodéficience humaine (VIH), responsable du SIDA.

Les jonctions lacunaires constituées de connexines permettent à de petites molécules de passer entre des cellules adjacentes

Les premières micrographies électroniques de presque toutes les cellules animales en contact révélèrent des sites de contact cellule-cellule avec un fossé (*gap* en anglais) intercellulaire caractéristique (Figure 6-31a). Cet élément conduisit les morphologistes à appeler ces régions, jonctions gap ou jonctions lacunaires. Rétrospectivement, on voit que la caractéristique la plus importante de ces jonctions n'est pas le fossé lui-même mais un groupe bien défini de particules cylindriques qui traversent ce fossé et constituent des pores reliant les cytoplasmes de cellules adjacentes — d'où leur autre nom de jonctions *intercytoplasmiques*. Dans les épithéliums, les jonctions lacunaires sont distribuées le long des surfaces latérales de cellules adjacentes (voir Figure 6-1 et 6-5).

Dans de nombreux tissus (comme le foie), un grand nombre de particules cylindriques individuelles se regroupent. Cette propriété a permis aux chercheurs de séparer les jonctions lacunaires des autres constituants de la membrane plasmique. Lorsque la membrane plasmique est purifiée puis fragmentée, certains morceaux contenant essentiellement des zones de jonctions lacunaires sont produits. En raison de leur contenu protéique relativement élevé, ces fragments ont une densité plus élevée que celle du reste de la membrane plasmique et peuvent être purifiés grâce à une centrifugation à l'équilibre en gradient de densité (voir Figure 5-37). Lorsque l'on regarde une coupe latérale de ces préparations, les

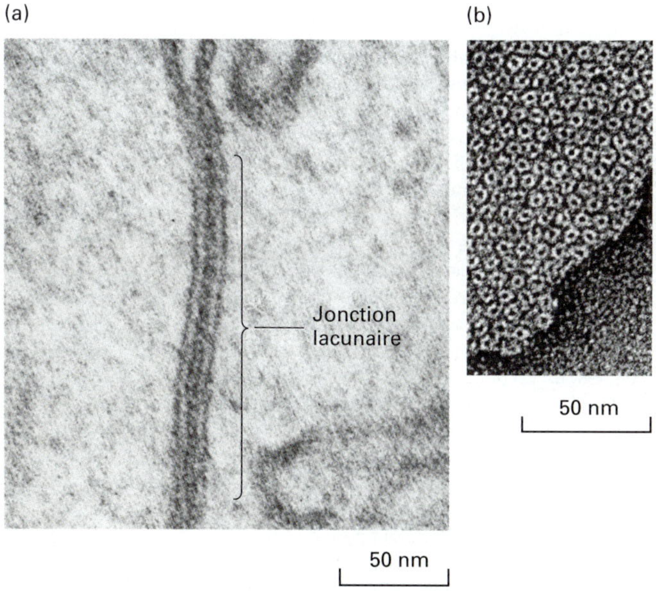

FIGURE EXPÉRIMENTALE 6-31 Les jonctions lacunaires ont un aspect caractéristique dans les micrographies électroniques. (a) Dans cette coupe mince au travers d'une jonction lacunaire reliant deux cellules de foie de rat, les deux membranes plasmiques sont étroitement associées sur une distance de plusieurs centaines de nanomètres, séparées par un « fossé » (*gap* en anglais) de 2 à 3 nm. De nombreuses particules grossièrement hexagonales sont visibles dans cette vue perpendiculaire de la face cytosolique d'une région de la membrane plasmique enrichie en jonctions lacunaires. Chaque particule est alignée avec une particule similaire présente sur une cellule adjacente, formant un canal reliant les deux cellules. [Partie (a) aimablement communiquée par D. Goodenough. Partie (b) aimablement communiquée par N. Gilula.]

jonctions lacunaires apparaissent comme des groupes de particules hexagonales entourant des canaux remplis d'eau (Figure 6-31b). Des préparations pures de jonctions lacunaires ont permis une analyse biophysique et fonctionnelle détaillée de ces structures.

La taille des pores des jonctions lacunaires peut être mesurée en injectant dans une cellule un colorant fluorescent lié covalemment à des molécules de différentes tailles et en observant à l'aide d'un microscope à fluorescence le passage ou non du colorant dans les cellules voisines. Les jonctions lacunaires entre des cellules de mammifères permettent le passage de molécules d'un diamètre aussi important que 1,2 nm. Chez les insectes, ces jonctions sont perméables à des molécules d'un diamètre pouvant aller jusqu'à 2 nm. En règle générale, les molécules inférieures à 1200 Da circulent librement au contraire des molécules supérieures à 2000 Da. Le passage des molécules de taille intermédiaire est variable et limité. Par conséquent, des ions, de nombreux précurseurs de faible masse moléculaire de macromolécules cellulaires, des produits du métabolisme intermédiaire et de petites molécules de signalisation intracellulaire peuvent passer d'une cellule à l'autre à travers des jonctions lacunaires.

Dans le tissu nerveux, certains neurones sont reliés grâce à des jonctions lacunaires au travers desquelles passent rapidement des ions, ce qui permet une transmission des signaux électriques à une vitesse élevée. La transmission d'impulsions à travers ces connexions appelées synapses électriques est quasiment 1000 fois plus rapide que dans les synapses chimiques (Chapitre 7). Les jonctions lacunaires sont également présentes dans de nombreux tissus autres que le tissu nerveux, dans lesquels ils aident à intégrer les activités électriques et métaboliques de nombreuse cellules. Dans le cœur par exemple, les jonctions lacunaires transmettent rapidement des signaux ioniques entre les cellules musculaires et contribuent donc à la contraction coordonnée stimulée électriquement des cellules du muscle cardiaque au cours d'un battement. Comme nous le verrons au Chapitre 13, certains signaux hormonaux extracellulaires induisent la production ou la libération de petites molécules de signalisation intracellulaire appelées **seconds messagers** (comme l'AMP cyclique et le Ca^{2+}) qui régulent le métabolisme cellulaire. Les seconds messagers peuvent être transférés d'une cellule à l'autre au travers des jonctions lacunaires ; la stimulation hormonale d'une cellule peut donc déclencher une réponse coordonnée par cette même cellule et un grand nombre de ses voisines. Une telle transmission du signal par les jonctions lacunaires joue un rôle important, par exemple, dans la sécrétion des enzymes digestives par le pancréas et les vagues coordonnées de contraction musculaire (péristaltisme) dans l'intestin. Un autre exemple flagrant de transport par l'intermédiaire des jonctions lacunaires est le phénomène de *couplage métabolique* ou *coopération métabolique*, lors duquel une cellule transfère des nutriments ou des métabolites intermédiaires à une cellule voisine, incapable de les synthétiser par elle-même. Les jonctions lacunaires jouent des rôles essentiels dans le développement des ovules dans l'ovaire, en permettant le déplacement de métabolites et de molécules de signalisation entre un ovocyte et les cellules granuleuses de la corona radiata qui l'entourent, ainsi qu'entre des cellules granuleuses voisines.

La Figure 6-32 présente un modèle courant de jonction lacunaire. Les jonctions lacunaires des vertébrés sont constituées de

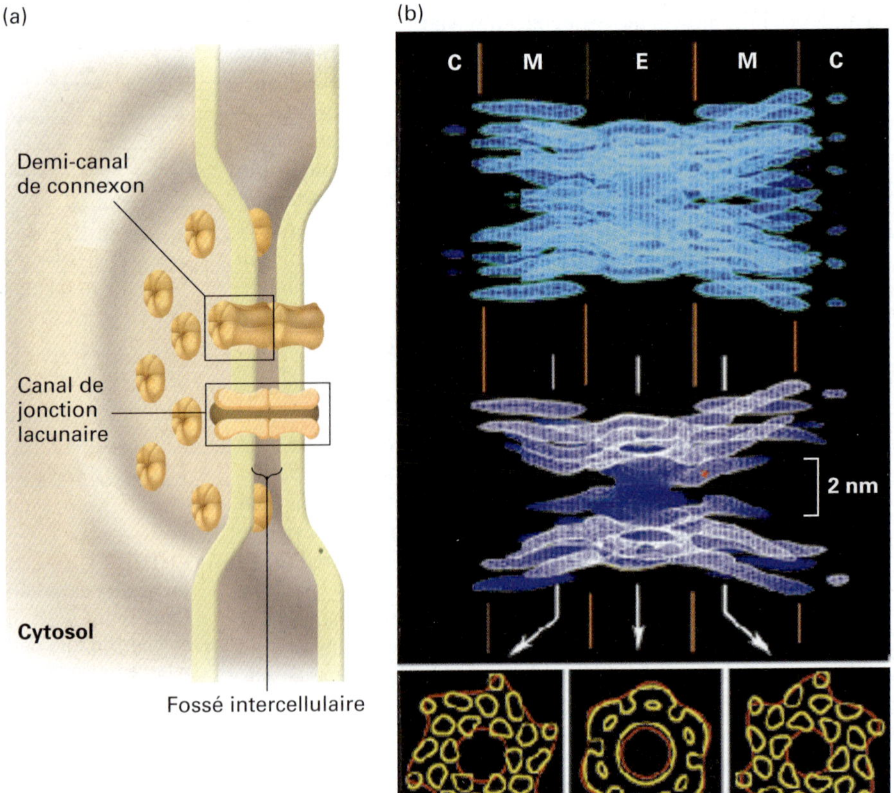

FIGURE 6-32 La structure moléculaire des jonctions lacunaires. (a) Un modèle schématique d'une jonction lacunaire, qui comporte un groupe de canaux entre deux membranes plasmiques séparées par un fossé de 2 à 3 nm. Les deux membranes contiennent des demi-canaux de connexons, des cylindres de molécules de connexines en forme d'haltère. Deux connexons sont reliés l'un à l'autre dans le fossé compris entre les cellules pour former un canal de jonction lacunaire, de 1,5 à 2,0 nm de diamètre, qui relie les cytosols des deux cellules. (b) La densité électronique d'un canal recombinant de jonction lacunaire déterminée par cristallographie électronique. On voit ici des représentations latérales de la structure complète (*en haut*) et de la même structure avec plusieurs chaînes en moins pour montrer l'intérieur du canal (*au centre*). La figure du bas présente des coupes transversales perpendiculaires à travers la jonction lacunaire, à l'intérieur et entre les bicouches membranaires. Il semble y avoir 24 hélices α transmembranaires par demi-canal de connexon, ce qui s'accorde avec la présence de quatre hélices α dans chacune des six sous-unités de connexine. La partie la plus étroite du canal a un diamètre voisin de 1,5 nm. M = bicouche membranaire ; E = fossé extracellulaire ; C = cytosol. [Partie (b) d'après V. M. Unger *et al.*, 1999, *Science* **283**:1176.]

connexines, une famille de protéines transmembranaires structuralement apparentées dont les poids moléculaires sont compris entre 26 000 et 60 000. Une famille complètement différente de protéines, les innexines, forme les jonctions lacunaires chez les invertébrés. Chez les vertébrés, chaque particule hexagonale est constituée de 12 molécules de connexine : 6 des molécules sont arrangées en un demi-canal de connexon — un cylindre hexagonal dans une membrane plasmique — et reliées au demi-canal de connexon de la membrane cellulaire adjacente, formant ainsi le canal aqueux continu entre les cellules. Chaque molécule de connexine traverse quatre fois la membrane plasmique ; apparemment, une hélice α transmembranaire conservée provenant de chaque sous-unité tapisse le canal aqueux.

Il existe probablement plus de 20 gènes distincts de connexine chez les vertébrés et les groupes de connexines exprimés varient suivant les types cellulaires. Certaines cellules expriment une seule connexine ; par conséquent, les canaux de leurs jonctions lacunaires sont homotypiques (constitués de connexons identiques). La plupart des cellules cependant, expriment au moins deux connexines ; ces protéines distinctes s'assemblent en connexons hétéro-oligomériques, qui forment à leur tour des canaux hétérotypiques de jonctions lacunaires. Cette diversité dans la composition du canal conduit à des différences de perméabilité entre les canaux des diverses molécules. Par exemple, les canaux constitués d'une isoforme de connexine de 43 kDa, Cx43, sont plus de 100 fois plus perméables à l'ADP et à l'ATP que ceux composés de Cx32 (32 kDa). De plus, la perméabilité des jonctions lacunaires peut être modifiée par des changements du pH intracellulaire et de la concentration de Ca^{2+}, ainsi que par la phosphorylation des connexines, ce qui offre de nombreux mécanismes pour réguler le transport à travers ces jonctions.

La modification par génie génétique de souris chez lesquelles on a créé des mutations inactivant les gènes de connexines a montré l'importance des connexines dans une grande variété de systèmes cellulaires. Par exemple, les souris déficientes en Cx43 présentent de nombreux défauts dont la maturation des ovocytes, en raison d'une diminution de la communication par l'intermédiaire des jonctions lacunaires entre les cellules granuleuses de l'ovaire.

MÉDECINE

Des mutations dans plusieurs gènes de connexine sont impliqués dans des maladies humaines comme la surdité neurosensorielle (Cx26 et Cx31), la cataracte ou des malformations cardiaques (Cx43, Cx46 et Cx50) et la forme liée à l'X de la maladie de Charcot-Marie-Tooth (Cx32) caractérisée par une dégénérescence progressive des nerfs périphériques. ■

CONCEPTS CLÉS DE LA SECTION 6.5

Les interactions adhésives impliquant des cellules non épithéliales

- De nombreuses cellules non épithéliales possèdent des agrégats contenant de l'intégrine (comme les adhérences focales, les adhérences 3D, les podosomes) qui relient physiquement et fonctionnellement les cellules à la matrice extracellulaire et facilitent la transmission de signaux intérieur-extérieur et extérieur-intérieur.
- Les intégrines existent dans deux conformations, qui diffèrent par leur affinité pour les ligands et leurs interactions avec les protéines adaptateurs cytosoliques (voir Figure 6-28).
- Le dystroglycane, un récepteur d'adhérence exprimé par les cellules musculaires, forme un complexe de grande taille avec la dystrophine, d'autres protéines adaptateurs et des molécules de signalisation (voir Figure 6-29). Ce complexe lie le cytosquelette d'actine à la matrice environnante, ce qui offre une stabilité mécanique au muscle. Les mutations dans divers composants de ce complexe provoquent différents types de dystrophies musculaires.
- Les molécules neurales d'adhérence cellulaire (CAM), qui appartiennent à la famille des immunoglobulines (Ig) des CAM, participent à l'adhérence intercellulaire Ca^{2+}-indépendante, principalement dans le tissu nerveux et le muscle.
- L'interaction combinée et séquentielle de plusieurs types de CAM (par exemple les sélectines, les intégrines et les ICAM) est essentielle pour l'adhérence forte et spécifique de différents types de leucocytes aux cellules endothéliales, en réponse aux signaux locaux induits par infection ou inflammation (voir Figure 6-30).
- Les jonctions lacunaires sont constituées de multiples copies de connexines (des protéines), assemblées en un canal transmembranaire qui relie le cytoplasme de deux cellules adjacentes (voir Figure 6-32). Les petites molécules et les ions peuvent passer à travers les jonctions lacunaires, ce qui permet un couplage métabolique et énergétique des cellules adjacentes.

6.6 Les tissus végétaux

PLANTES

Nous allons maintenant nous intéresser à l'assemblage des cellules végétales en tissus. L'organisation structurale globale des plantes est généralement plus simple que celle des animaux. Par exemple, les végétaux ne possèdent que quatre grands types de cellules, qui forment chez les plantes matures quatre classes fondamentales de tissus : l'*épiderme* interagit avec l'environnement ; le *tissu vasculaire* transporte de l'eau et des substances dissoutes (comme les sucres, les ions) ; le *tissu de soutien* comblant les espaces comprend les principaux sites du métabolisme et le *tissu sporifère* forme les organes reproducteurs. Les tissus végétaux sont organisés en quatre systèmes organiques principaux : les *tiges* assurent les fonctions de support et de transport ; les *racines* servent d'ancrage, absorbent et stockent les nutriments ; les *feuilles* sont les sites de la photosynthèse et les *fleurs* contiennent les structures reproductrices. Par conséquent, au niveau cellulaire, tissulaire et organique, les végétaux sont généralement moins complexes que la plupart des animaux.

De plus, au contraire des animaux, les plantes ne remplacent ni ne réparent les cellules ou tissus anciens ou endommagés ; elles développent à la place de nouveaux organes. Ce qui est important dans ce chapitre est de savoir qu'au contraire des animaux, peu de cellules végétales sont directement au contact les unes des autres par l'intermédiaire de molécules incorporées dans leurs membranes plasmiques. Au lieu de cela, les cellules végétales sont généralement entourées d'une **paroi cellulaire** rigide qui est au contact des parois des cellules adjacentes (Figure 6-33). Au contraire des cellules animales également, une cellule végétale change rarement de position dans l'organisme par rapport aux autres cellules. Ces caractéristiques des plantes et leur organisation ont déterminé les mécanismes moléculaires spécifiques grâce auxquels leurs cellules sont organisées en tissus. ■

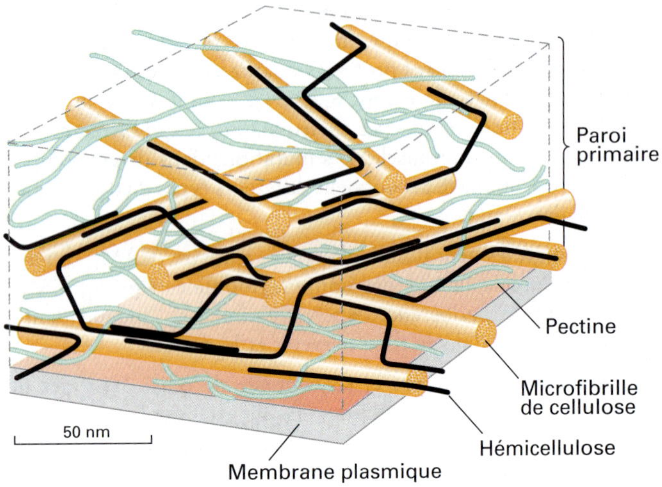

FIGURE 6-33 La représentation schématique d'une paroi cellulaire d'oignon. La cellulose et l'hémicellulose sont arrangées en au moins trois feuillets dans une matrice de polymères de pectine. La taille des polymères et celle de leurs séparations sont dessinées à l'échelle. Pour simplifier ce schéma, la plupart des liaisons croisées dans l'hémicellulose et les autres constituants de la matrice (comme l'extensine et la lignine) ne sont pas figurées. [Adapté de M. McCann & K. R. Roberts, 1991, chez C. Lloyd, ed., *The Cytoskeletal Basis of Plant Growth and Form*, Academic Press, p. 126.]

La paroi des cellules végétales est une structure lamellaire de fibrilles de cellulose dans une matrice de glycoprotéines

La paroi des cellules végétales a une épaisseur de ≈ 0,2 μm et recouvre entièrement l'extérieur de la membrane plasmique de la cellule végétale. Cette structure remplit plusieurs fonctions identiques à celles de la matrice extracellulaire produite par les cellules animales, même si les deux structures sont constituées de macromolécules totalement différentes et ont une organisation distincte. Comme la matrice extracellulaire, la paroi des cellules végétales assemble les cellules en tissus, signale à une cellule végétale de croître et de se diviser et contrôle la forme des organes des plantes. De même que la matrice extracellulaire aide à définir celles des cellules animales, la paroi cellulaire définit les formes des cellules végétales. Lorsque la paroi cellulaire est enlevée des cellules végétales grâce à une digestion par des enzymes hydrolytiques, il reste des cellules sphériques délimitées par une membrane plasmique. On imaginait autrefois la paroi des cellules végétales comme une boîte rigide sans vie, mais on sait maintenant qu'il s'agit d'une structure dynamique qui joue un rôle important dans le contrôle de la différenciation des cellules végétales au cours de l'embryogenèse et de la croissance.

Une des fonctions principales de la paroi des cellules végétales est de résister à la pression de turgescence de la cellule ; pour cette raison, la paroi cellulaire est renforcée latéralement. Elle est organisée en feuillets de microfibrilles de **cellulose** — des faisceaux de longs polymères linéaires de glucose contenant de nombreuses liaisons hydrogène, associés par des liaisons ß-glycosidiques. Les microfibrilles de cellulose sont enchâssées dans une matrice constituée de *pectine*, un polymère d'acide *D*-galacturonique et d'autres monosaccharides, et d'*hémicellulose*, un court polymère abondamment ramifié, constitué de plusieurs monosaccharides à cinq ou six carbones. La résistance mécanique de la paroi cellulaire repose sur les liaisons croisées entre les microfibrilles et les chaînes d'hémicellulose (voir Figure 6-33). Les couches de microfibrilles empêchent la paroi cellulaire de s'étirer latéralement. Les microfibrilles de cellulose sont synthétisées sur la face extracytoplasmique de la membrane plasmique, à partir d'UDP-glucose et d'ADP-glucose formés dans le cytosol. L'enzyme de polymérisation, appelée *cellulose synthétase*, se déplace dans le plan de la membrane plasmique au fur et à mesure de la formation de la cellulose, dans des directions déterminées par le cytosquelette sous-jacent de microtubules.

Au contraire de la cellulose, la pectine et l'hémicellulose sont synthétisées dans l'appareil de Golgi et transportées jusqu'à la surface cellulaire où elles forment un réseau entrecroisé qui aide à relier les parois des cellules adjacentes les unes aux autres et les tapisse. Lorsqu'elle est purifiée, la pectine fixe de l'eau et forme un gel en présence d'ions Ca^{2+} et d'ions borate — d'où l'utilisation des pectines dans de nombreux aliments industriels. Jusqu'à 15 % de la paroi cellulaire peuvent être composés d'*extensine*, une glycoprotéine qui contient beaucoup d'hydroxyproline et de sérine. La plupart des résidus d'hydroxyproline sont liés à de courtes chaînes d'arabinose (un monosaccharide à cinq carbones) et les résidus sérine sont liés au galactose. Les glucides représentent environ 65 % de la masse de l'extensine et son squelette protéique forme une hélice allongée avec les glucides hydroxylés ou O-liés saillant vers l'extérieur. La *lignine* — un polymère insoluble complexe de résidus phénoliques — s'associe à la cellulose et sert de matériau de renfort. Comme les protéoglycanes du cartilage, la lignine résiste aux forces de compression exercées sur la matrice.

La paroi cellulaire est un filtre sélectif dont la perméabilité est contrôlée en grande partie par les pectines présentes dans la matrice cellulaire. Alors que l'eau et les ions diffusent librement à travers les parois cellulaires, la diffusion des grosses molécules, y compris les protéines supérieures à 20 kDa, est limitée. Cette limitation peut expliquer pourquoi de nombreuses hormones végétales sont de petites molécules hydrosolubles, capables de diffuser à travers la paroi cellulaire et d'interagir avec des récepteurs présents dans la membrane plasmique des cellules végétales.

Le relâchement de la paroi cellulaire permet l'allongement des cellules végétales

Puisque la paroi cellulaire entourant une cellule végétale empêche celle-ci de s'étendre, sa structure doit se relâcher lorsque la cellule grandit. L'ampleur, la nature et le sens de la croissance des cellules végétales sont régulés par de petites hormones (comme l'acide indole 3-acétique) appelées *auxines*. Le relâchement de la paroi cellulaire induit par l'auxine permet l'expansion de la vacuole intracellulaire grâce à l'absorption d'eau, qui conduit à l'allongement de la cellule. Pour avoir une idée de l'ampleur de ce phénomène, on peut considérer que, si toutes les cellules d'un séquoia étaient réduites à la taille d'une cellule hépatique typique, l'arbre aurait une hauteur maximale de 1 mètre.

La paroi cellulaire subit ses plus grands changements au niveau du **méristème** d'une racine ou d'un bourgeon. C'est à ce niveau que les cellules se divisent et s'agrandissent. Les jeunes cellules méristématiques sont reliées par de fines parois cellulaires primaires qui peuvent être relâchées et étirées pour permettre à la cellule de continuer à s'allonger. À la fin de l'allongement de la cellule, la paroi cellulaire est généralement épaissie, soit par la sécrétion de macromolécules supplémentaires dans la paroi primaire, soit plus généralement, par la formation d'une paroi cellulaire secondaire constituée de plusieurs feuillets. La plus grande partie de la cellule finit par dégénérer, et il n'en reste plus que la paroi cellulaire dans les tissus matures tels que le xylème — les vaisseaux qui conduisent les sels et l'eau, des racines vers les tiges et les feuilles (voir Figure 8-45). Les propriétés uniques du bois et des fibres végétales telles que le coton sont dues aux propriétés moléculaires des parois cellulaires dans les tissus d'origine.

Les plasmodesmes relient directement les cytosols des cellules adjacentes chez les végétaux supérieurs

Les cellules végétales peuvent communiquer directement par le biais de jonctions intercellulaires spécialisées appelées **plasmodesmes**, qui s'étendent à travers la paroi cellulaire. Comme les jonctions lacunaires, les plasmodesmes sont des canaux ouverts qui relient le cytosol d'une cellule à celui d'une cellule adjacente. Le diamètre du canal rempli de cytosol est d'environ 30 à 60 nm et les plasmodesmes peuvent traverser des parois cellulaires dont l'épaisseur peut aller jusqu'à 90 nm. La densité des plasmodesmes varie en fonction du type de cellule et de plante et même les plus petites cellules méristématiques possèdent plus de 1000 interconnexions avec leurs voisines.

Les molécules inférieures à 1000 Da, y compris de nombreux composants métaboliques et de signalisation, peuvent généralement diffuser à travers les plasmodesmes. Cependant, la taille du canal par lequel passent les molécules est hautement régulée. Dans certaines circonstances, le canal est maintenu fermé ; dans d'autres, il est suffisamment dilaté pour permettre le passage de molécules supérieures à 10 000 Da. Parmi les facteurs affectant la perméabilité des plasmodesmes se trouve la concentration cytosolique de Ca^{2+}. Une augmentation du Ca^{2+} cytosolique inhibe de façon réversible le déplacement des molécules à travers ces structures.

Bien que les plasmodesmes et les jonctions lacunaires se ressemblent fonctionnellement, leurs structures diffèrent sur deux points fondamentaux (Figure 6-34). Les membranes plasmiques des cellules végétales adjacentes fusionnent pour former un canal continu, l'*anneau*, au niveau de chaque plasmodesme, alors que les membranes des cellules au niveau d'une jonction lacunaire ne sont pas continues. De plus, une extension du réticulum endoplasmique appelée *desmotubule* passe à travers l'anneau, qui relie les cytosols de cellules végétales adjacentes. De nombreux types de molécules passent d'une cellule à l'autre à travers les plasmodesmes, y compris des protéines, des acides nucléiques, des produits du métabolisme et des virus végétaux. Les molécules solubles circulent à travers l'anneau cytosolique, tandis que les molécules liées à une membrane peuvent passer d'une cellule à l'autre par le desmotubule.

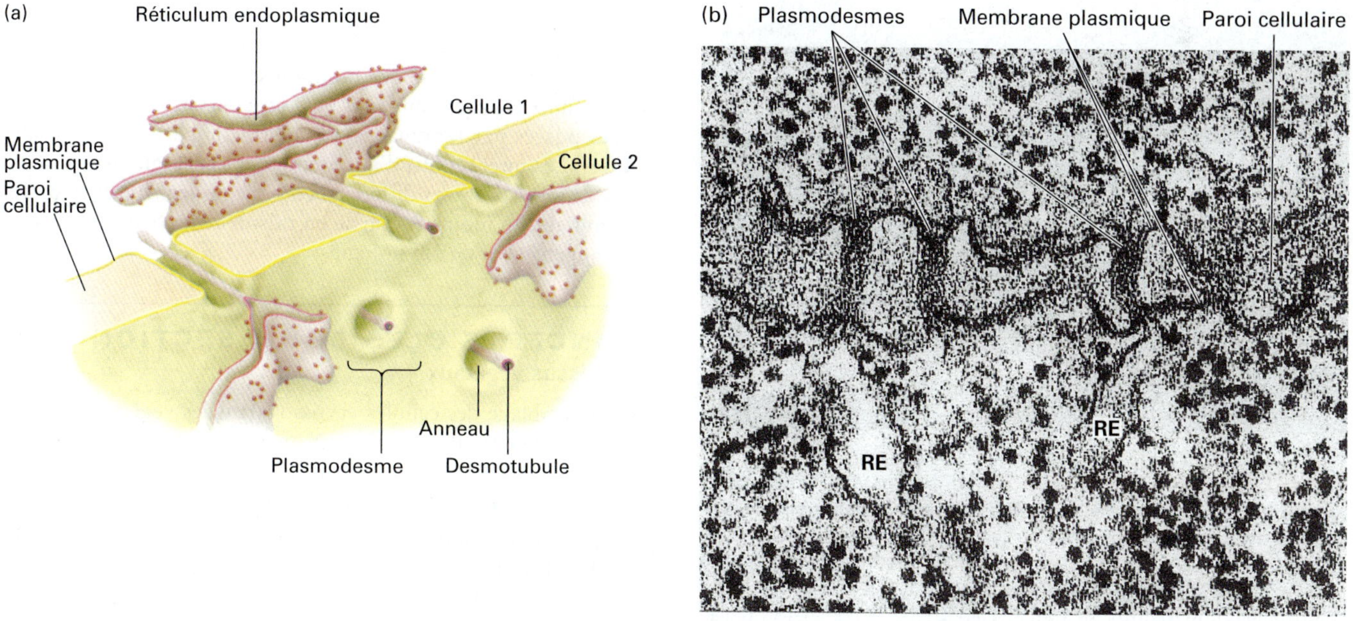

FIGURE 6-34 La structure d'un plasmodesme. Un modèle schématique de plasmodesme, montrant le desmotubule, une extension du réticulum endoplasmique et l'anneau, un canal tapissé de membrane plasmique rempli de cytosol, qui relie les cytosols de cellules adjacentes. On ne voit pas ici le complexe qui joue le rôle de barrière dans le canal et contrôle le transport des matériaux à travers le plasmodesme. (b) Une micrographie électronique d'une coupe fine de cellule végétale et de paroi cellulaire contenant de multiples plasmodesmes. [E. H. Newcomb & W. P. Wergin/Biological Photo Service.]

Seules quelques molécules d'adhérence ont été identifiées chez les plantes

Des analyses systématiques du génome d'*Arabidopsis* et des analyses biochimiques d'autres espèces végétales n'ont pas fourni de preuves de l'existence d'homologues végétaux de la plupart des CAM animales, des récepteurs d'adhérence et des composants de la MEC. Cette découverte n'est pas surprenante étant donné la différence très nette de nature entre les interactions cellule/cellule et cellule-matrice/paroi chez les animaux et les végétaux.

Parmi les protéines adhésives apparemment propres aux végétaux se trouvent cinq kinases associées à la paroi (WAK pour *wall-associated kinases* en anglais) et des protéines de type WAK exprimées dans la membrane plasmique des cellules d'*Arabidopsis*. Les régions extracellulaires de toutes ces protéines contiennent de multiples répétitions du facteur épidermique de croissance (EGF), qui peut participer directement à la liaison d'autres molécules. On a montré que certaines WAK se fixaient à des protéines riches en glycine dans la paroi cellulaire, assurant ainsi des contacts membrane-paroi. Ces protéines d'*Arabidopsis* possèdent un seul domaine transmembranaire et un domaine tyrosine kinase cytosolique intracellulaire, qui pourrait participer aux voies de signalisation, un peu comme les tyrosine kinases récepteurs traitées au Chapitre 14.

Les résultats de tests de liaison *in vitro* combinés à des études *in vivo* et à des analyses de plantes mutantes ont permis d'identifier plusieurs macromolécules dans la MEC, qui sont importantes pour l'adhérence. Par exemple, l'adhérence normale du pollen (qui contient les spermatozoïdes) au stigmate ou au style dans l'organe reproducteur femelle du lys nécessite une protéine riche en cystéine appelée adhésine riche en cystéine du stigmate/style (SCA) et une pectine spécialisée capable de se fixer à la SCA (Figure 6-35).

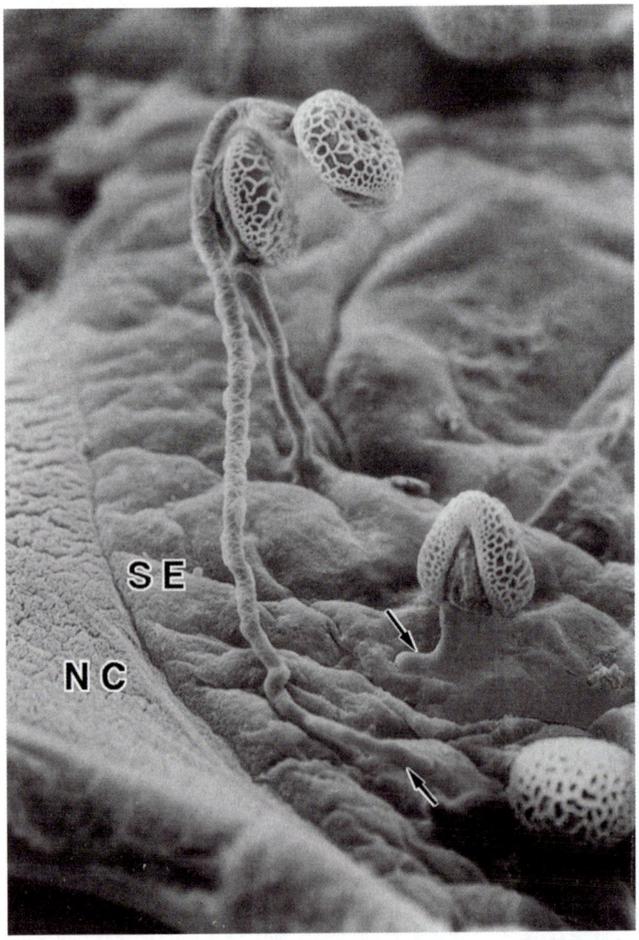

FIGURE EXPÉRIMENTALE 6-35 Un test *in vitro* utilisé pour identifier les molécules nécessaires à l'adhérence des tubes de pollen à la matrice du style. Dans ce test, la matrice extracellulaire recueillie à partir des styles de lys (SE) ou une matrice artificielle est séchée sur des membranes de nitrocellulose (NC). Des tubes de pollen contenant les spermatozoïdes sont ensuite ajoutés et l'on teste leur liaison à la matrice séchée. Dans cette micrographie obtenue par microscopie électronique à balayage, on peut voir les extrémités des tubes de pollen (flèches) liées à la matrice stylaire séchée. Ce type de test a montré que l'adhérence du pollen dépendait de l'adhésine riche en cystéine des stigmates/style (SCA) et d'une pectine qui se fixe à la SCA. [D'après G. Y. Jauh *et al.*, 1997, *Sex Plant Reprod.* **10**:173.]

L'inactivation du gène codant la glucuronyltransférase 1, une enzyme essentielle de la biosynthèse de la pectine a fourni une illustration éclatante de l'importance des pectines dans l'adhérence intercellulaire, au sein des méristèmes végétaux. En temps normal, les molécules spécialisées de pectine aident à maintenir les cellules étroitement associées en méristèmes. Lorsqu'on les cultive sous la forme d'un groupe de cellules relativement peu différenciées, appelé cal, les cellules méristématiques normales adhèrent fortement les unes aux autres et sont capables de se différencier en cellules productrices de chlorophylle, ce qui donne une couleur verte au cal. Au bout de quelques temps, le cal développe des racines. Au contraire, les cellules mutantes dont on a inactivé le gène de la glucuronyltransférase 1 sont grandes, associées lâchement les unes aux autres et ne se différencient pas normalement ; elles forment un cal jaune. L'introduction d'un gène normal de glucuronyltransférase 1 dans les cellules mutantes grâce aux techniques décrites au Chapitre 9 restaure leur capacité normale d'adhérence et de différenciation.

La pénurie de molécules végétales d'adhérence identifiées jusqu'à présent, à l'inverse des nombreuses molécules d'adhérence bien définies chez les animaux, peut être due aux difficultés techniques posées par le travail avec la MEC/la paroi cellulaire des plantes. Les interactions d'adhérence sont généralement susceptibles de jouer des rôles différents en biologie végétale et en biologie animale, au moins en partie en raison de leurs différences de développement et de physiologie.

CONCEPTS CLÉS DE LA SECTION 6.6

Les tissus végétaux

- L'assemblage des cellules en tissus dans les végétaux est fondamentalement différent de leur organisation en tissus chez les animaux, essentiellement en raison du fait que chaque cellule végétale est entourée d'une paroi cellulaire relativement rigide.
- La paroi des cellules végétales comprend des feuillets de microfibrilles de cellulose enchâssées dans une matrice d'hémicellulose, de pectine, d'extensine et d'autres molécules moins abondantes.
- La cellulose, un grand polymère linéaire de glucose, s'assemble spontanément en microfibrilles stabilisées par des liaisons hydrogène.
- La paroi cellulaire définit les formes des cellules végétales et limite leur allongement. Le relâchement de la paroi cellulaire induit par l'auxine permet l'allongement de la cellule.

- Les cellules végétales adjacentes peuvent communiquer à travers des plasmodesmes, qui permettent le passage de petites molécules d'une cellule à l'autre (voir Figure 6-34).
- Les plantes ne produisent pas d'homologues des molécules d'adhérence courantes chez les animaux. À ce jour, seules quelques molécules d'adhérence propres aux végétaux ont été décrites de façon détaillée.

6.7 La croissance et l'utilisation de cellules en culture

De nombreuses contraintes techniques gênent les études de cellules spécifiques ou de petits groupes de cellules dans des animaux ou végétaux intacts. Une alternative consiste à utiliser des organes intacts prélevés sur des animaux et à les transfuser à l'aide d'une solution tampon appropriée pour maintenir leur intégrité et leur fonction physiologique. De tels systèmes de transfusion d'organes ont été abondamment utilisés par les physiologistes. Cependant, l'organisation des organes, même isolés, est suffisamment complexe pour poser de nombreux problèmes sur de multiples aspects fondamentaux de la biologie cellulaire. Pour ces raisons, les biologistes moléculaires de la cellule réalisent souvent leurs études expérimentales sur des cellules isolées à partir d'un organisme et maintenues dans des conditions qui permettent leur survie et leur croissance, un protocole que l'on appelle la *culture cellulaire*.

Les cellules en culture présentent plusieurs avantages sur les organismes intacts pour la recherche en biologie cellulaire. Tout d'abord, la plupart des tissus animaux et végétaux sont constitués de différents types de cellules, alors que des cellules d'un type spécifique avec des propriétés homogènes peuvent être cultivées. Deuxièmement, les conditions expérimentales (comme la composition de l'environnement extracellulaire) peuvent être nettement mieux contrôlées en culture que dans un organisme intact. Troisièmement, dans de nombreux cas, une cellule unique peut rapidement se développer en une colonie constituée de nombreuses cellules identiques, un processus appelé clonage cellulaire, ou simplement clonage (Figure 6-36). On appelle **clone** la souche résultante de cellules, génétiquement homogènes. Cette technique simple, couramment utilisée avec de nombreuses bactéries, levures et types cellulaires de mammifères, permet d'isoler facilement des clones distincts de cellules.

Un des principaux inconvénients des cellules en culture est le fait qu'elles ne sont pas dans leur environnement normal et que, par conséquent, leurs activités ne sont pas régulées par les autres cellules et tissus comme dans le cas d'un organisme intact. Par exemple, l'insuline produite par le pancréas joue un grand rôle dans le métabolisme du glucose dans le foie. Néanmoins, ce mécanisme régulateur normal est absent dans une population purifiée de cellules du foie (les hépatocytes) en culture. De plus, comme nous l'avons déjà décrit, la distribution tridimensionnelle des cellules et de la matrice extracellulaire autour d'une cellule influence sa forme et son comportement. L'environnement immédiat des cellules en culture diffère radicalement de leur environnement « normal » ; par conséquent, leurs propriétés peuvent être affectées de plusieurs façons. Il faut donc toujours prendre des précautions avant de tirer des conclusions sur les propriétés normales des cellules dans les tissus et les organismes complexes d'après des expériences menées uniquement sur des cellules isolées en culture.

La culture des cellules animales nécessite un milieu riche en nutriments et des surfaces solides particulières

Au contraire de la plupart des cellules bactériennes qui peuvent être cultivées assez facilement, les cellules animales nécessitent de nombreux nutriments spécialisés et souvent des boîtes de culture avec un revêtement spécial. Pour permettre la survie et le fonctionnement normal des tissus ou des cellules en culture, la température (37°C pour les cellules de mammifères), le pH, la concentration ionique et l'accès aux nutriments essentiels doivent ressembler le plus possible aux conditions régnant dans l'organisme intact. Les cellules animales isolées sont généralement placées dans un liquide riche en nutriments, le milieu de culture, dans des boîtes ou des flacons de culture en plastique ayant subi un traitement spécial. Les cultures sont maintenues dans des incubateurs, dans lesquels la température, l'atmosphère et l'humidité peuvent être contrôlées. Pour réduire les risques de contamination bactérienne ou fongique, on ajoute souvent des antibiotiques au milieu de culture. Pour se

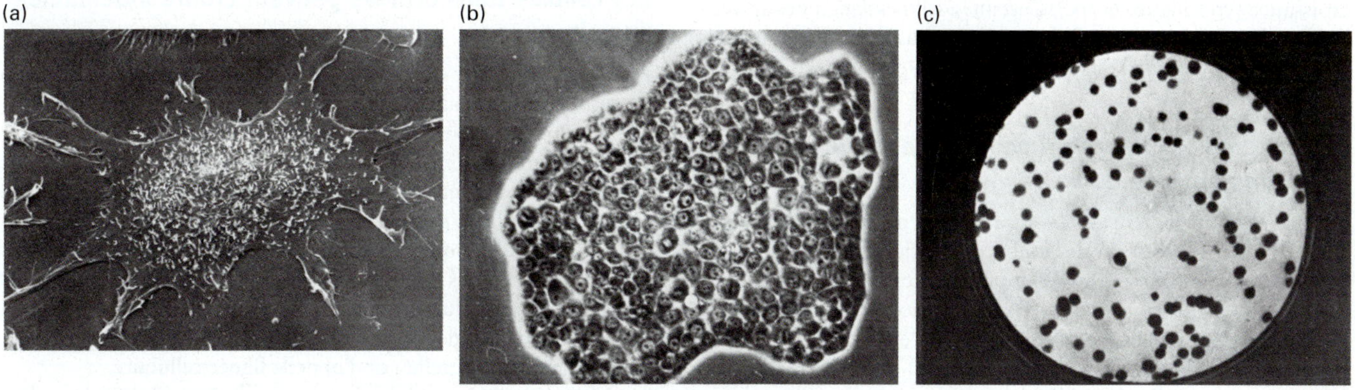

FIGURE 6-36 Des cellules de mammifères en culture observées à trois grossissements différents. (a) Une cellule de souris fixée sur une boîte de Pétri en plastique, vue au microscope électronique à balayage. (b) Une colonie de cellules humaines HeLa d'environ 1 mm de diamètre produite à partir d'une seule cellule, après 2 semaines de croissance. (c) Après le développement pendant plusieurs jours de cellules dans une boîte de Pétri de 6 cm de diamètre, et leur marquage, les colonies individuelles sont bien visibles et peuvent facilement être comptées. Toutes les cellules dans une colonie sont des descendantes d'une seule cellule précurseur et sont donc génétiquement identiques. [Partie (a) aimablement communiquée par N. K. Weller. Parties (b) et (c) aimablement communiquées par T. T. Puck.]

prémunir davantage encore contre la contamination, les chercheurs répartissent généralement les cellules en plusieurs boîtes, ajoutent des réactifs au milieu de culture et manipulent les spécimens dans des lieux fermés à circulation d'air. Cet air est filtré pour supprimer les micro-organismes et autres contaminants.

Les milieux de culture des cellules animales doivent contenir histidine, isoleucine, leucine, lysine méthionine, phénylalanine, thréonine, tryptophane et valine, car aucune cellule de vertébré adulte n'est capable de synthétiser ces neuf acides aminés essentiels. De plus, la plupart des cellules en culture ont également besoin de trois autres acides aminés (cystéine, glutamine et tyrosine) synthétisés uniquement par des cellules spécialisées chez les animaux intacts. Les autres composants nécessaires dans un milieu de culture de cellules animales sont des vitamines, différents sels, des acides gras, du glucose et du sérum — le liquide restant après la coagulation de la partie non cellulaire du sang (plasma). Le sérum contient différents facteurs protéiques nécessaires à la prolifération des cellules de mammifères en culture. Parmi ces facteurs se trouvent l'insuline (une hormone polypeptidique), la transferrine, qui fournit du fer sous une forme assimilable et de nombreux facteurs de croissance. Certaines cellules nécessitent en outre des facteurs de croissance spécialisés absents du sérum. Par exemple, les cellules hématopoïétiques ont besoin d'érythropoïétine et les lymphocytes T, d'interleukine 2 (Chapitre 14). Quelques types cellulaires de mammifères peuvent être mis en culture dans un milieu chimiquement défini, dépourvu de sérum, contenant des acides aminés, du glucose, des vitamines et des sels, ainsi que certains minéraux à l'état de trace, des facteurs de croissance protéiques spécifiques et d'autres composants.

Au contraire des cellules de bactéries et de levures qui peuvent être cultivées en suspension, la plupart des cellules animales ne se développeront que sur une surface solide. Ceci souligne l'importance des molécules d'adhérence cellulaire. De nombreux types cellulaires peuvent croître sur du verre ou sur des plastiques ayant subi un traitement spécial avec des groupements chargés négativement à leur surface (comme SO_3^{2-}). Les cellules sécrètent des composants de la MEC qui adhèrent à ces surfaces, puis se fixent et se développent sur la matrice sécrétée. Une cellule unique en culture sur une boîte en verre ou en plastique prolifère jusqu'à former une masse visible ou *colonie*, contenant des milliers de cellules génétiquement identiques au bout de 4 à 14 jours, selon leur taux de croissance (voir Figure 6-36c). Certaines cellules sanguines spécialisées et les cellules tumorales peuvent être maintenues ou mises à pousser en suspension sous la forme de cellules uniques.

Les cultures cellulaires primaires et les souches cellulaires ont une durée de vie finie

On utilise couramment des tissus animaux normaux (comme la peau, le rein, le foie) ou des embryons entiers pour établir des *cultures cellulaires primaires*. Pour préparer les cellules de tissus en vue de cette culture primaire, les interactions cellule-cellule et cellule-matrice doivent être rompues. Pour cela, des fragments de tissus sont traités à l'aide d'une combinaison de protéase (comme la trypsine ou la collagénase, l'enzyme hydrolysant le collagène, ou les deux) et d'un chélateur de cations divalents (par exemple, l'EDTA) qui retire du milieu les ions Ca^{2+} ou Mg^{2+} utilisables. Les cellules séparées sont ensuite placées dans des boîtes de culture contenant un milieu riche en nutriments, enrichi en sérum ; elles peuvent alors adhérer à la surface de ces boîtes et entre elles. La même solution protéase/chélateur est utilisée pour récupérer les cellules ayant adhéré à une boîte de culture en vue d'études biochimiques ou d'un transfert vers une autre boîte sur laquelle se poursuivra la culture.

Souvent, les fibroblastes des tissus conjonctifs se divisent plus rapidement en culture que les autres cellules d'un tissu, et finissent par devenir le type cellulaire prédominant d'une culture primaire, sauf si l'on prend des précautions particulières pour les retirer lorsqu'on isole d'autres types de cellules. Certaines cellules du sang, de la rate ou de la moelle osseuse ont une adhérence faible, voire nulle sur la boîte de culture mais se développent néanmoins correctement. Dans le corps, ces cellules *non adhésives* sont maintenues en suspension (dans le sang) ou adhèrent peu (dans la moelle osseuse et la rate). Ces cellules correspondent souvent à des stades immatures du développement des cellules sanguines différenciées, ce qui les rend très utiles pour étudier la différenciation normale des cellules sanguines et le développement anormal de leucémies.

Lorsque des cellules prélevées sur un embryon ou un animal adulte sont mises en culture, la plupart des cellules adhésives se divisent un nombre fini de fois puis cessent de croître (sénescence cellulaire, Figure 6-38a). Par exemple, les fibroblastes de fœtus humain se divisent environ 50 fois avant d'interrompre leur croissance. Si l'on débute avec 10^6 cellules, 50 doublements peuvent produire $10^6 \times 2^{50}$, soit plus de 10^{20} cellules, ce qui équivaut à la masse de 10^5 personnes environ. On utilise normalement seulement une très petite fraction de ces cellules au cours d'une expérience. Par conséquent, même si sa durée de vie est limitée, une culture entretenue avec soin peut être étudiée pendant de nombreuses générations. Une telle lignée de cellules provenant d'une même culture primaire est appelée **souche cellulaire**.

Les souches cellulaires peuvent être congelées dans un état d'« hibernation » artificielle et stockées pendant de longues périodes à la température de l'azote liquide, à condition d'utiliser un conservateur pour empêcher la formation de cristaux de glace délétères. Bien que certaines cellules ne résistent pas à la décongélation, la plupart survivent et reprennent leur croissance. La recherche portant sur les souches cellulaires est simplifiée par la possibilité de les congeler et de les décongeler ultérieurement avec succès pour leur faire subir d'autres analyses expérimentales.

Les cellules transformées peuvent croître indéfiniment en culture

Pour pouvoir cloner des cellules individuelles, modifier le comportement de cellules ou sélectionner des mutants, les biologistes désirent souvent maintenir des cultures cellulaires pendant plus de 100 doublements. Une telle croissance prolongée est possible chez les cellules provenant de certaines tumeurs. De plus, dans une population de cellules primaires, de rares cellules subissent certains changements génétiques spontanés appelés **transformation** oncogène et sont capables de croître indéfiniment. Ces cellules sont dites transformées en cellules cancéreuses ou simplement *transformées*. Une culture de cellules dont la durée de vie est indéfinie est considérée comme immortelle ; on l'appelle **lignée cellulaire**.

La lignée cellulaire HeLa, la première lignée cellulaire humaine, fut obtenue en 1952 à partir d'une tumeur maligne (carcinome) du col de l'utérus. Bien que les cultures cellulaires primaires de cellules humaines normales subissent rarement une transformation en lignée cellulaire, cela est courant dans le cas des cellules de rongeurs. Après la mise en culture de cellules de rongeurs pendant plusieurs générations, la culture entre en sénescence (Figure 6-37b). Au cours de cette période, la plupart des cellules arrêtent de croître, mais souvent une cellule transformée qui se divise rapidement apparaît spontanément et envahit la culture. Une lignée cellulaire provenant d'un tel variant transformé continuera à croître indéfiniment si on lui fournit les nutriments nécessaires.

Quelle que soit leur origine, les cellules des lignées immortelles possèdent souvent des chromosomes avec des structures anormales. De plus, le nombre de chromosomes dans ces cellules est généralement supérieur à celui de la cellule normale dont ils sont issus et le nombre de leurs chromosomes augmente et diminue au fur et à mesure de la division des cellules en culture. Une exception notable est celle de la lignée de l'ovaire du hamster chinois (CHO) et de ses dérivés, qui ont moins de chromosomes que les cellules dont ils sont issus. Les cellules possédant un nombre anormal de chromosomes sont dites *aneuploïdes*.

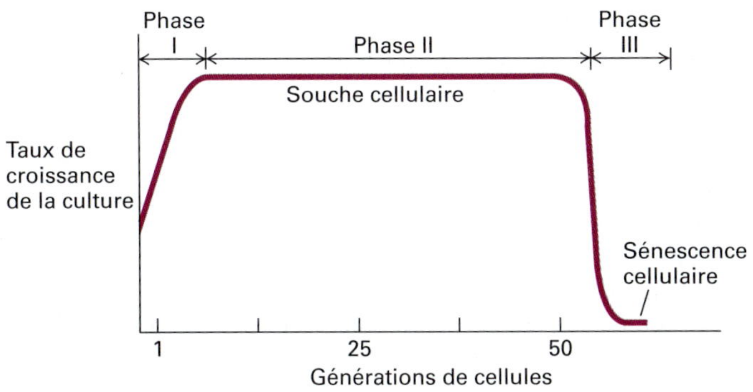

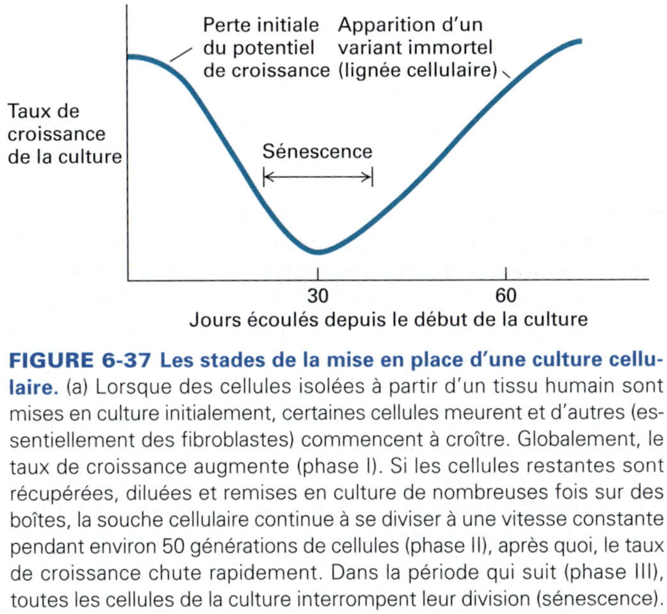

FIGURE 6-37 Les stades de la mise en place d'une culture cellulaire. (a) Lorsque des cellules isolées à partir d'un tissu humain sont mises en culture initialement, certaines cellules meurent et d'autres (essentiellement des fibroblastes) commencent à croître. Globalement, le taux de croissance augmente (phase I). Si les cellules restantes sont récupérées, diluées et remises en culture de nombreuses fois sur des boîtes, la souche cellulaire continue à se diviser à une vitesse constante pendant environ 50 générations de cellules (phase II), après quoi, le taux de croissance chute rapidement. Dans la période qui suit (phase III), toutes les cellules de la culture interrompent leur division (sénescence). (b) Dans une culture préparée à partir de cellules de souris et d'autres rongeurs, la mort initiale des cellules (non figurée) est couplée avec l'apparition de cellules saines qui se développent. Au fur et à mesure de la dilution et de la remise en culture de ces cellules, elles commencent à perdre leur potentiel de croissance et la plupart arrêtent de se développer (c'est-à-dire que la culture entre en sénescence). De très rares cellules survivent et continuent à se diviser jusqu'à ce que leurs descendants envahissent la culture. Ces cellules constituent une lignée cellulaire, qui continuera à croître indéfiniment si on la dilue correctement et si on lui fournit les nutriments indispensables : on dit de ces cellules qu'elles sont immortelles.

La plupart des lignées cellulaires ont perdu une ou plusieurs des fonctions caractéristiques des cellules différenciées dont elles proviennent. De telles cellules relativement peu différenciées sont de mauvais modèles pour l'étude des fonctions normales de types cellulaires spécifiques. De ce point de vue, plusieurs lignées cellulaires davantage différenciées qui présentent de nombreuses propriétés des cellules normales non transformées sont plus utiles. Parmi ces lignées se trouve la lignée HepG2 de la tumeur de foie (hépatome) qui synthétise la plupart des protéines sériques produites par les hépatocytes normaux. Un autre exemple est celui de cellules d'une certaine lignée de fibroblastes en culture, qui, dans certaines conditions expérimentales se comportent comme des précurseurs de cellules musculaires ou myoblastes. On peut induire ces cellules pour qu'elles fusionnent en myotubes, qui ressemblent aux cellules musculaires plurinucléées différenciées et synthétisent un grand nombre des protéines associées à la contraction musculaire. Les résultats d'études menées sur cette lignée cellulaire ont fourni des informations pertinentes sur la différenciation musculaire (Chapitre 22). Enfin, comme nous l'avons vu plus tôt, la lignée cellulaire MDCK conserve de nombreuses propriétés des cellules épithéliales différenciées et forme en culture des feuillets épithéliaux bien différenciés (voir Figure 6-6).

Les cellules hybrides appelées hybridomes produisent d'abondants anticorps monoclonaux

En plus de leur utilisation comme modèles de recherche pour des études sur les fonctions cellulaires, les cellules en culture peuvent être converties en « usines » pour produire des protéines spécifiques. Nous décrirons au chapitre 9 l'introduction des gènes codant l'insuline, des facteurs de croissance et d'autres protéines à usage thérapeutique dans des bactéries ou des cellules eucaryotes. Nous allons considérer ici l'utilisation de cellules spéciales en culture pour produire des **anticorps monoclonaux**, qui sont des outils expérimentaux très utilisés et dont l'usage en médecine dans un but diagnostique ou thérapeutique connaît un essor important.

Pour comprendre la difficulté posée par la synthèse d'anticorps monoclonaux, nous allons rappeler brièvement la façon dont ces anticorps sont produits chez les mammifères. Chaque lymphocyte B normal chez un mammifère est capable de produire un seul type d'anticorps dirigé contre (qui peut se fixer à) une structure chimique spécifique (appelée déterminant ou épitope) présente sur une molécule d'antigène. Si l'on injecte un antigène à un animal, les lymphocytes B qui synthétisent les anticorps reconnaissant cet antigène sont stimulés pour croître et sécréter ces anticorps. Chaque lymphocyte B activé par l'antigène forme un clone de cellules dans la rate ou les ganglions lymphatiques, et chacune des cellules du clone produit le même anticorps — c'est-à-dire un anticorps monoclonal. La plupart des antigènes contiennent de multiples épitopes, c'est pourquoi l'exposition d'un animal à un antigène stimule généralement la formation de multiples clones différents de lymphocytes B, produisant chacun un anticorps différent. Le mélange résultant d'anticorps qui reconnaissent différents épitopes sur le même antigène est dit *polyclonal*. De tels anticorps polyclonaux circulent dans le sang, peuvent être isolés sous la forme d'un groupe et utilisés pour différentes expériences. Cependant, des anticorps monoclonaux sont nécessaires à de nombreux types

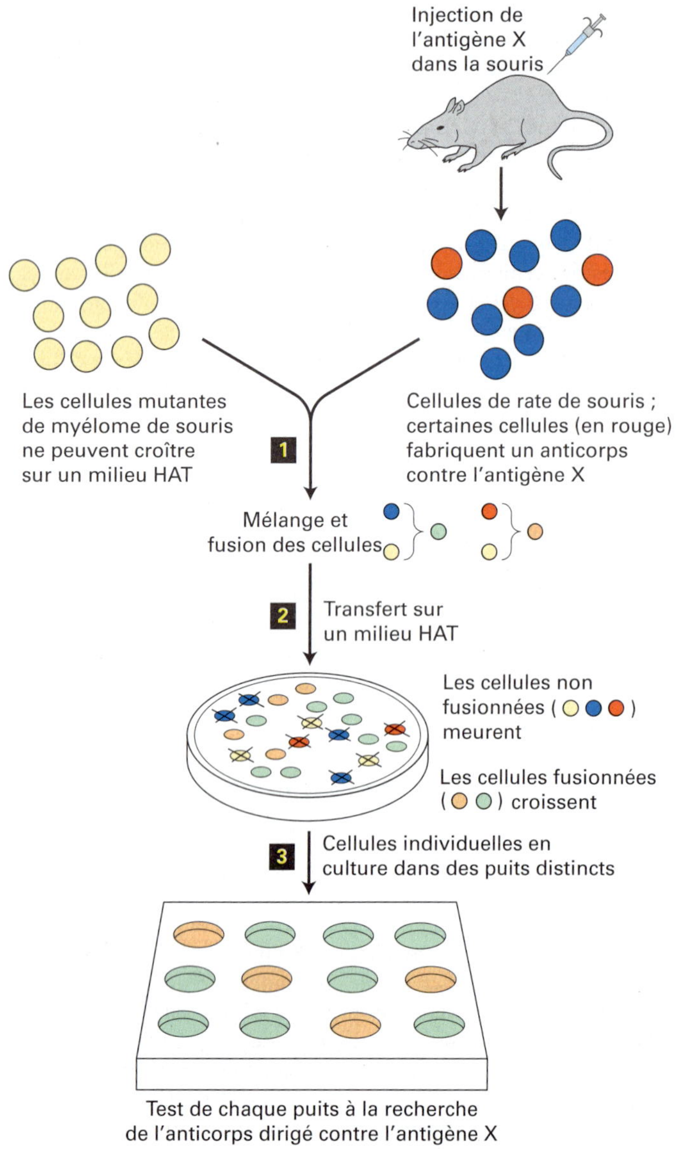

FIGURE EXPÉRIMENTALE 6-38 L'utilisation de la fusion cellulaire et de la sélection pour obtenir des hybridomes produisant des anticorps monoclonaux dirigés contre une protéine spécifique. Étape 1 : Des cellules immortelles de myélome dépourvues de HGPRT, une enzyme nécessaire à la croissance sur un milieu sélectif HAT, sont fusionnées avec des cellules normales de rate produisant l'anticorps, prélevées sur un animal ayant été immunisé grâce à l'antigène X. Les cellules de rate sont capables de synthétiser HGPRT. Étape 2 : Étalées sur un milieu HAT, les cellules non fusionnées ne sont pas capables de croître, ni les cellules mutantes de myélome car elles ne peuvent fabriquer de purines à partir d'une voie de « récupération » métabolique dépendante de HGPRT (voir Figure 6-41), ni les cellules de rate en raison de leur durée de vie limitée en culture. Par conséquent, seules les cellules fusionnées formées à partir d'une cellule de myélome et d'une cellule de rate survivent sur un milieu HAT, proliférant en clones appelés hybridomes. Chaque hybridome produit un seul anticorps. Étape 3 : Le test des clones individuels permet d'identifier ceux qui reconnaissent l'antigène X. Après l'identification d'un hybridome synthétisant l'anticorps désiré, le clone peut être mis en culture pour produire de grandes quantités de cet anticorps.

d'expériences ou applications médicales. Malheureusement, la purification biochimique d'un seul type d'anticorps monoclonal à partir du sang n'est pas possible, en partie parce que la concentration de n'importe quel anticorps est très faible.

En raison de leur durée de vie limitée, les cultures primaires de lymphocytes B normaux sont d'une utilité limitée pour la production d'anticorps monoclonaux. La première étape en vue de recueillir un anticorps monoclonal consiste donc à fabriquer des cellules immortelles produisant cet anticorps. Cette immortalité est obtenue en fusionnant des lymphocytes B normaux provenant d'un animal immunisé, avec des lymphocytes immortels transformés appelés *cellules de myélome*. Au cours de la fusion cellulaire, les membranes plasmiques des deux cellules fusionnent, ce qui permet à leurs cytosols et à leurs organites de se mélanger. Un traitement à l'aide de certaines glycoprotéines virales ou d'une substance chimique appelée polyéthylène glycol induit la fusion des cellules. Certaines des cellules fusionnées peuvent subir des divisions et leurs noyaux finissent par devenir coalescents, ce qui produit des *cellules hybrides* viables avec un seul noyau contenant les chromosomes des deux « parents ». La fusion de deux cellules génétiquement différentes peut produire une cellule hybride avec des caractéristiques nouvelles. Par exemple, la fusion d'une cellule de myélome avec une cellule normale produisant des anticorps, issue de la rate d'un rat ou d'une souris aboutit à un hybride qui prolifère en un clone appelé **hybridome**. Comme les cellules de myélome, les cellules d'hybridome croissent rapidement et sont immortelles. Chaque hybridome produit l'anticorps monoclonal codé par son lymphocyte B parental.

La deuxième étape pour produire des anticorps monoclonaux consiste à séparer ou sélectionner les cellules d'hybridome, des cellules parentales non fusionnées et des cellules d'un même type fusionnées entre elles. On effectue généralement cette sélection en incubant le mélange de cellules dans un milieu de culture particulier, appelé *milieu sélectif*, qui permet uniquement la croissance des cellules d'hybridome en raison de leurs caractéristiques nouvelles. On réalise facilement une telle sélection si les cellules de myélome utilisées pour la fusion portent une mutation qui bloque une voie métabolique et les rend, au contraire de leurs partenaires lymphocytaires de fusion dépourvus de la mutation, sensibles au milieu sélectif qui les tue. Chez les cellules hybrides immortelles, le gène fonctionnel provenant du lymphocyte peut fournir le produit manquant dans les cellules de myélome en raison de leur mutation. Les cellules d'hybridome seront donc capables de croître sur le milieu sélectif, ce qui n'est pas le cas des cellules de myélome. Les lymphocytes utilisés pour la fusion ne sont pas immortalisés et ne se divisent pas rapidement. Par conséquent, seules les cellules d'hybridome prolifèrent rapidement sur le milieu sélectif et peuvent donc facilement être isolées du mélange initial de cellules.

La Figure 6-38 décrit la procédure générale permettant de produire et de sélectionner des hybridomes. Dans ce cas, les lymphocytes B normaux sont fusionnés avec des cellules de myélome incapables de croître sur un *milieu HAT*, le milieu sélectif le plus couramment utilisé pour produire des hybridomes. Seuls les hybrides myélome-lymphocyte peuvent survivre et se développer pendant une longue période sur milieu HAT pour des raisons décrites brièvement. Par conséquent, ce milieu de sélection permet la séparation des cellules d'hybridomes des deux types de cellules parentales et de toutes les cellules d'un même type fusionnées entre elles. Enfin, on teste pour chaque hybridome sélectionné la production de l'anticorps désiré. Tout clone produisant cet anticorps est ensuite mis à pousser sur de vastes cultures, à partir desquelles on peut obtenir une quantité substantielle d'anticorps monoclonal pur.

BIOTECH Les anticorps monoclonaux sont couramment utilisés en chromatographie d'affinité pour isoler et purifier des protéines à partir de mélanges complexes (voir Figure 3-34c). On peut également s'en servir pour marquer et donc localiser une protéine particulière dans certaines cellules spécifiques d'un organe et dans des cellules en culture à l'aide des techniques de microscopie d'immunofluorescence (voir Figures 6-26a et 6-27) ou dans des fractions cellulaires spécifiques à l'aide d'immunotransfert (voir Figure 3-35). Les anticorps monoclonaux occupent également aujourd'hui une place importante comme outils thérapeutiques et diagnostiques en médecine. Par exemple, des anticorps monoclonaux qui se fixent à des protéines toxiques (toxines) sécrétées par des pathogènes bactériens et les inactivent, sont utilisés pour traiter des maladies provoquées par ces pathogènes. D'autres anticorps monoclonaux sont spécifiques de protéines de surface cellulaire exprimées par certains types de cellules tumorales ; des complexes chimiques de ces anticorps monoclonaux avec des médicaments toxiques ou simplement les anticorps eux-mêmes ont été mis au point pour la chimiothérapie du cancer. ▮

Le milieu HAT est fréquemment utilisé pour isoler des cellules hybrides

Les principes sous-tendant la sélection HAT sont importants, non seulement pour comprendre comment on isole les cellules d'hybridomes, mais également pour plusieurs autres techniques de sélection d'usage courant, dont la sélection des cellules ES utilisées dans la création de souris KO (chez lesquelles un gène a été inactivé) (Chapitre 9). Un milieu HAT contient de l'*h*ypoxanthine (une purine), de l'*a*minoptérine et de la *t*hymidine. La plupart des cellules animales sont capables de synthétiser des nucléotides puriques et pyrimidiques à partir de composés plus simples contenant du carbone et de l'azote (Figure 6-39, *en haut*). L'améthoptérine et l'amino-ptérine, des antagonistes de l'acide folique, interfèrent avec le transfert de groupements méthyle et formyle à partir d'acide tétrahydrofolique aux premiers stades de synthèse de la glycine, des nucléosides monophosphate puriques et de la thymidine monophosphate. Ces substances chimiques sont appelées *antifolates* car elles bloquent les réactions du tétrahydrofolate, une forme active de l'acide folique.

De nombreuses cellules cependant sont résistantes aux antifolates car elles possèdent des enzymes capables de synthétiser les nucléotides nécessaires à partir des bases puriques et de la thymidine (Figure 6-39, *en bas*). L'hypoxanthine-guanine phosphoribosyl transférase (HGPRT) et la thymidine kinase (TK) sont deux enzymes clés de ces *voies de récupération des nucléotides*. Les cellules produisant ces enzymes sont capables de croître sur un

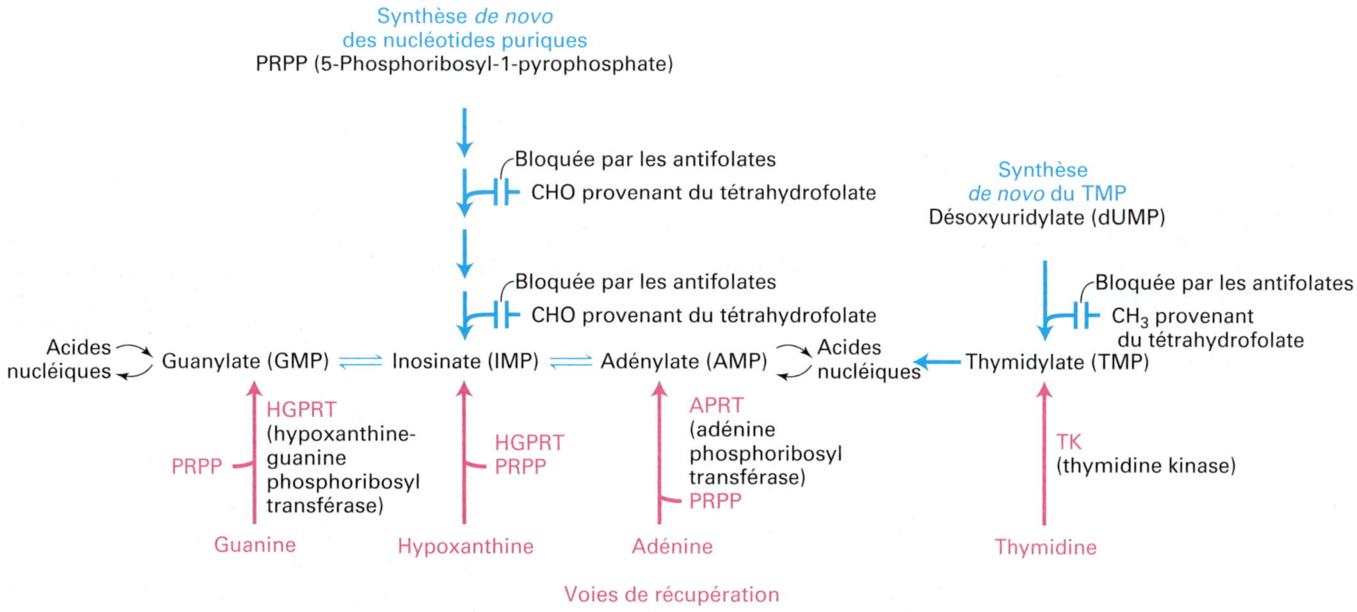

FIGURE 6-39 Les voies de synthèse *de novo* et de récupération des nucléotides. Les cellules animales peuvent synthétiser des nucléotides puriques (AMP, GMP, IMP) et du thymidylate (TMP) à partir de composants plus simples, grâce à des voies de synthèse *de novo* (en bleu). Elles nécessitent pour cela le transfert d'un groupement méthyle ou formyle (CHO) à partir d'une forme activée de tétrahydrofolate (comme le N^5,N^{10}-méthylènetétrahydrofolate) comme on le voit dans le haut du schéma. Les antifolates tels que l'aminoptérine et l'améthoptérine bloquent la réactivation du tétrahydrofolate, empêchant alors la synthèse de purine et de thymidylate. De nombreuses cellules animales peuvent également utiliser des voies de récupération (en rouge) pour incorporer des nucléosides ou des bases puriques et de la thymidine. Si ces précurseurs sont présents dans le milieu, les cellules normales croîtront même en présence d'antifolates. Les cellules en culture dépourvues de l'une des enzymes — HGPRT, APRT ou TK — des voies de récupération ne survivront pas dans des milieux contenant des antifolates.

milieu HAT qui fournit des purines et thymidines de récupération, alors que les cellules dépourvues de ces enzymes en sont incapables.

Les cellules présentant une mutation de TK qui empêche la production de l'enzyme TK fonctionnelle peuvent être isolées, car elles sont résistantes à l'analogue toxique de thymidine qu'est la 5-bromodésoxyuridine. Les cellules contenant TK convertissent ce composé en 5-bromodésoxyuridine monophosphate, elle-même convertie en un nucléoside triphosphate par d'autres enzymes. L'analogue triphosphaté est incorporé dans l'ADN par l'ADN polymérase, et y exerce ses effets toxiques. Cette voie est bloquée chez les mutants TK^-, qui sont donc résistants aux effets toxiques de la 5-bromodésoxyuridine. De même, les cellules dépourvues de l'enzyme HGPRT, telles que les lignées cellulaires de myélome $HGPRT^-$ utilisées pour produire des hybridomes, peuvent être isolées car elles sont résistantes à l'analogue de guanine toxique, la 6-thioguanine.

Les cellules normales peuvent se développer sur un milieu HAT car, même si l'aminoptérine présente dans le milieu bloque la synthèse *de novo* des purines et du TMP, la thymidine dans le milieu est transportée dans la cellule et convertie en TMP par TK. L'hypoxanthine, quant à elle, est transportée et convertie en purines utilisables par HGPRT. D'autre part, ni les cellules TK^-, ni les cellules $HGPRT^-$ ne peuvent croître sur milieu HAT car il manque à chacune une enzyme de la voie de récupération. Cependant, les hybrides formés par la fusion de ces deux mutants posséderont un gène *TK* normal provenant du parent $HGPRT^-$ et un gène *HGPRT* normal du parent TK^-. Les hybrides synthétiseront donc des enzymes fonctionnelles pour la voie de récupération et pourront pousser sur milieu HAT.

CONCEPTS CLÉS DE LA SECTION 6.7

La croissance et l'utilisation de cellules en culture

- La croissance des cellules de vertébrés en culture nécessite un milieu riche contenant les acides aminés essentiels, des vitamines, des acides gras et des facteurs de croissance peptidiques ou protéiques (ces derniers étant souvent fournis par le sérum).
- La plupart des cellules de vertébrés en culture ne pousseront que si elles sont fixées à un substrat chargé négativement, recouvert de composants de la matrice extracellulaire.
- Les cellules primaires, qui proviennent directement du tissu animal, ont un potentiel de croissance limité en culture et peuvent donner lieu à une souche cellulaire. Les cellules transformées, issues de tumeurs animales ou qui apparaissent spontanément à partir de cellules primaires, poussent indéfiniment en culture, formant des lignées cellulaires (voir Figure 6-37).
- La fusion d'une cellule immortelle de myélome et d'un lymphocyte B produit une cellule hybride capable de proliférer indéfiniment et de former un clone appelé hybridome (voir Figure 6-38). Chaque lymphocyte B produit des anticorps spécifiques d'un déterminant antigénique (épitope). Un hybridome produira donc uniquement l'anticorps monoclonal synthétisé par son lymphocyte B parental.
- On utilise couramment un milieu HAT pour isoler les cellules d'hybridome et les autres types de cellules hybrides.

PERSPECTIVES POUR LE FUTUR

Une meilleure compréhension de l'organisation des cellules en tissus chez les organismes complexes viendra de l'avancée des connaissances et des techniques de nombreuses sous-disciplines de la biologie moléculaire de la cellule : la biochimie, la biophysique, la microscopie, la génétique, la génomique, la protéomique et la biologie du développement. L'une des questions importantes à l'avenir concerne les moyens grâce auxquels les cellules détectent les forces mécaniques qui s'exercent sur elles et sur la matrice extracellulaire, ainsi que l'influence de leurs arrangements tridimensionnels et de leurs interactions. On s'intéressera également à la façon dont l'information est utilisée pour contrôler la structure et la fonction des cellules et des tissus. Des perturbations dues à des chocs peuvent induire des patrons distincts d'expression des gènes et de la croissance cellulaire et modifier fortement le métabolisme et les réponses des cellules aux stimulus extracellulaires. À l'avenir, la recherche devrait nous fournir des informations plus détaillées sur le rôle de l'organisation tridimensionnelle des cellules et des composants de la MEC dans le contrôle des structures et des activités des tissus.

De nombreuses questions se rapportent à la transmission intracellulaire du signal à partir des CAM et des récepteurs d'adhérence. Une telle signalisation doit être intégrée avec les autres voies cellulaires de transmission du signal, activées par différents signaux externes (comme les facteurs de croissance) pour que la cellule réponde de manière appropriée et coordonnée aux différents stimulus simultanés, internes et externes. Comment les circuits logiques qui permettent une communication transversale entre les multiples voies de signalisation sont-ils construits ? De quelle façon ces circuits intègrent-ils l'information provenant de ces voies ? Comment la combinaison de la transmission de signaux extérieur-intérieur et intérieur-extérieur impliquant des CAM et des récepteurs d'adhérence est-elle unifiée entre les différents circuits ?

L'importance des séquences spécialisées des GAG dans le contrôle des activités cellulaires, en particulier des interactions entre certains facteurs de croissance et leurs récepteurs est maintenant évidente. L'identification des mécanismes de biosynthèse grâce auxquels ces structures complexes sont produites et la mise au point d'outils pour manipuler les structures des GAG et tester leurs fonctions dans des systèmes de culture et des animaux intacts permettront sans doute de mieux comprendre la biologie cellulaire des GAG dans les prochaines années.

L'une des caractéristiques structurales des CAM, des récepteurs d'adhérence et des protéines de la MEC est la présence de multiples domaines responsables des fonctions diverses d'une chaîne polypeptidique. On s'accorde généralement à dire que de telles protéines à domaines multiples sont apparues au cours de l'évolution à la suite de l'assemblage de séquences distinctes d'ADN codant des domaines différents. Les gènes codant des domaines multiples offrent l'opportunité de produire une diversité considérable de séquences et de fonctions grâce à l'épissage alternatif et l'utilisation de plusieurs promoteurs au sein d'un même gène. Par conséquent, même si le nombre de gènes indépendants dans le génome humain semble étonnamment petit comparé à celui d'autres organismes, des molécules protéiques différentes peuvent être produites en un nombre bien plus important que le nombre de gènes ne le laisse supposer. Une telle diversité semble particulièrement adaptée à la synthèse des protéines spécifiant les connexions d'adhérence dans le système nerveux, plus spécialement dans le cerveau. En effet, plusieurs groupes de protéines exprimées par les neurones semblent avoir une telle diversité de structure due à des variations de combinaisons. Parmi celles-ci se trouvent les protocadhérines, une famille de cadhérines dont chaque gène peut coder jusqu'à 70 protéines ; les neurexines, chez lesquelles plus de 1000 protéines sont codées par trois gènes et les Dscam, des membres de la superfamille des IgCAM codées par un gène de drosophile susceptible d'exprimer 38 016 protéines distinctes par épissage alternatif. L'une des prochaines tâches de la recherche consistera à décrire et comprendre l'origine moléculaire des liaisons fonctionnelles cellule-cellule et cellule-matrice — le « système de câblage » — dans le système nerveux ainsi que la façon dont ce câblage aboutit à un contrôle neuronal complexe et fournit donc l'intelligence nécessaire pour comprendre la biologie moléculaire de la cellule.

MOTS CLÉS

RÉVISIONS

1. À l'aide de deux exemples spécifiques, décrivez les deux phénomènes à l'origine de la diversité des molécules d'adhérence.
2. On sait que les cadhérines interviennent dans les interactions homophiles entre cellules. Qu'est-ce qu'une interaction homophile et comment peut-on démontrer expérimentalement son existence dans le cas des cadhérines E ?
3. Quelle est la fonction normale des jonctions étanches ? Que se passe-t-il dans les tissus lorsque les jonctions étanches ne fonctionnent pas correctement ?
4. Qu'est-ce que le collagène et comment est-il synthétisé ? Comment sait-on que le collagène est nécessaire à l'intégrité des tissus ?
5. Vous avez synthétisé un oligopeptide contenant une séquence RGD entourée d'autres acides aminés. Quel effet ce peptide a-t-il une fois ajouté à une culture de fibroblastes mis à croître sur une couche de fibronectine adsorbée sur une boîte de culture ? Pourquoi ?
6. La coagulation du sang est une fonction essentielle à la survie des mammifères. De quelle façon les propriétés d'adhérence multiple de la fibronectine conduisent-elles au recrutement des plaquettes sanguines pour former des caillots sanguins ?
7. À l'aide de modèles structuraux, expliquez de quelle façon les intégrines participent à la signalisation extérieur-intérieur et intérieur-extérieur.
8. Comment les changements dans les connexions moléculaires entre la matrice extracellulaire (MEC) et le cytosquelette aboutissent-ils à la dystrophie musculaire de Duchenne ?
9. Quelle est la différence entre une souche cellulaire, une lignée cellulaire et un clone ?
10. Expliquez pourquoi le processus de fusion cellulaire est nécessaire pour produire des anticorps monoclonaux utilisés pour la recherche.

ANALYSEZ LES RÉSULTATS SUIVANTS

Des chercheurs ont isolé deux isoformes mutantes de cadhérine E qui semblent fonctionner différemment de la cadhérine E de type sauvage. Une lignée cellulaire de carcinome mammaire dépourvue de cadhérine E a été transfectée à l'aide des gènes A de cadhérine mutante (partie a dans la figure) et B (partie b) (triangles) et du gène de cadhérine E de type sauvage (cercles noirs), puis comparée aux cellules non transfectées (cercles clairs) au cours d'un test d'agrégation. Dans ce test, les cellules sont d'abord dissociées par un traitement à la trypsine, puis on les laisse s'agréger en solution pendant une période de quelques minutes. L'agrégation des cellules des mutants A et B est représentée dans les graphiques a et b respectivement. Pour démontrer que l'adhérence observée impliquait les cadhérines, les cellules ont subi un traitement préalable avec un anticorps non spécifique (diagramme de gauche) ou un anticorps monoclonal bloquant la fonction de la cadhérine E (diagramme de droite).

a) Pourquoi les cellules transfectées par le gène de cadhérine E de type sauvage ont-elles une agrégation plus importante que les cellules témoins, non transfectées ?

b) D'après ces données, que peut-on dire sur la fonction des mutants A et B ?

c) Pourquoi l'addition de l'anticorps monoclonal anti-cadhérine E bloque-t-elle l'agrégation alors que ce n'est pas le cas de l'anticorps non spécifique ?

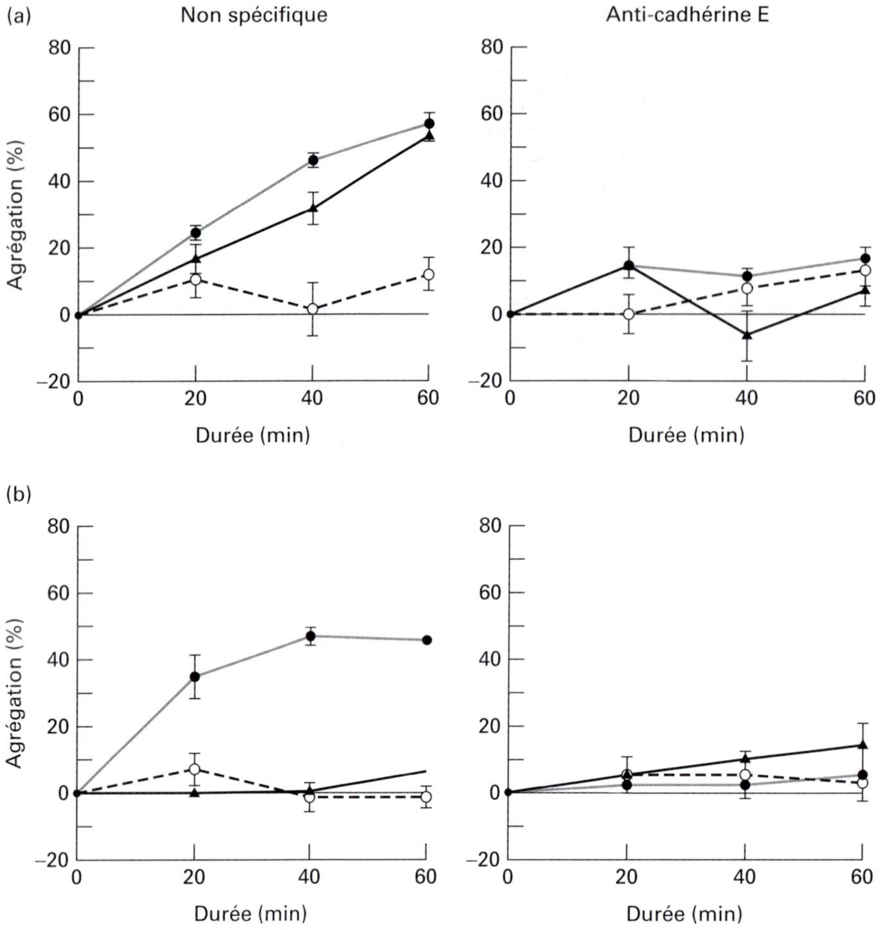

d) Qu'observerait-on à propos de la capacité d'agrégation des cellules transfectées à l'aide du gène de cadhérine E de type sauvage si le test était réalisé sur un milieu pauvre en Ca^{2+} ?

RÉFÉRENCES

L'adhérence cellule-cellule et cellule-matrice : une vue d'ensemble

Gumbiner, B. M, (1996) Cell adhesion : the molecular basis of tissue architecture and morphogenesis, *Cell* **84** :345-357.

Hynes, R. O, (1999) Cell adhesion : old and new questions, *Trends Cell Biol.* **9**(12) :M33-M337. Le numéro du millénaire.

Hynes, R. O, (2002), Integrins : bidirectional, allosteric signaling machines, *Cell* **110** :673-687.

Jamora, C. et Fuchs, E., (2002), Intercellular adhesion, signaling and the cytoskeleton, *Nature Cell Biol.* **4**(4) :E101-E108.

Juliano, R. L, (2002), Signal transduction by cell adhesion receptors and the cytoskeleton : functions of integrins, cadherins, selectins, and immunoglobulin-superfamily members, *Ann. Rev. Pharmacol. Toxicol.* **42** :283-323.

Leahy, D. J, (1997), Implications of atomic resolution structures for cell adhesion, *Ann. Rev. Cell Devel. Biol.* **13** :363-393.

Les tissus épithéliaux en feuillets : les jonctions et les molécules d'adhérence

Boggon, T. J. *et al.*, (2002), C-cadherin ectodomain structure and implications for cell adhesion mechanisms, *Science* **296** :1308-1313.

Clandinin, T. R. et Zipursky, S. L., (2002), Making connections in the fly visual system, *Neuron* **35** :827-841.

Conacci-Sorrell, M. J. *et al.*, (2002), The cadherin-catenin adhesion system in signaling and cancer, *J. Clin. Invest.* **109** :987-991.

Fuchs, E. et Raghavan, S., (2002), Getting under the skin of epidermal morphogenesis, *Nature Rev. Genet.* 3(3) :199-209.

Leckband, D, (2002), The structure of the C-cadherin ectodomain resolved, *Structure (Camb).* **10** :739-740.

Pierschbacher, M. D. et Ruoslahti, E, (1984), Cell attachment activity of fibronectin can be duplicated by small synthetic fragments of the molecule, *Nature* **309**(5963) :30-33.

Schöck, F. et Perrimon, N., (2002), Molecular mechanisms of epithelial morphogenesis, *Ann. Rev. Cell Devel. Biol.* **18** :463-493.

Shimaoka, M. *et al.*, (2002), Conformational regulation of integrin structure and function, *Ann. Rev. Biophys. Biomol. Struc.* **31** :485-516.

Tsukita, S. *et al.*, (2001), Multifunctional strands in tight junctions, *Nature Rev. Mol. Cell Biol.* **2** :285-293.

Xiong, J. P. *et al.*, (2001), Crystal structure of the extracellular segment of integrin αVß3, *Science* **294** :339-345.

La matrice extracellulaire des feuillets épithéliaux

Boutaud, A. *et al.*, (2000), Type IV collagen of the glomerular basement membrane : evidence that the chain specificity of network assembly is encoded by the noncollagenous NC1 domains, *J. Biol. Chem.*

275 :30716-30724.

Esko, J. D. et Lindahl, U., (2001), Molecular diversity of heparan sulfate, *J. Clin. Invest.* **108** :169-173.

Hohenester, E. et Engel, J., (2002), Domain structure and organisation in extracellular matrix proteins, *Matrix Biol.* **21**(2) :115-128.

Nakato, H. et Kimata, K., (2002), Heparan sulfate fine structure and specificity of proteoglycan functions, *Biochim. Biophys. Acta* **1573** :312-318.

Perrimon, N. et Bernfield, M., (2001), Cellular functions of proteoglycans : an overview, *Semin. Cell Devel. Biol.* **12**(2) :65-67.

Rosenberg, R. D. *et al.*, (1997), Heparan sulfate proteoglycans of the cardiovascular system : specific structures emerge but how is synthesis regulated ?, *J. Clin. Invest.* **99** :2062-2070.

La matrice extracellulaire des tissus non épithéliaux

Kramer, R. Z. *et al.*, (2001), The crystal and molecular structure of a collagen-like peptide with a biologically relevant sequence, *J. Mol. Biol.* **311** :131-147.

Mao, J. R. et Bristow, J., (2001), The Ehlers-Danlos syndrome : on beyond collagens, *J. Clin. Invest.* **107** :1063-1069.

Shaw, L. M. et Olsen, B. R., (1991), FACIT collagens : diverse molecular bridges in extracellular matrices, *Trends Biochem. Sci.* **16**(5) :191-194.

Weiner, S. *et al.*, (1999), Lamellar bone : structure-function relations, *J. Struc. Biol.* **126** :241-255.

Les interactions adhésives impliquant des cellules non épithéliales

Bartsch, U, (2003), Neural CAMs and their role in the development and organization of myelin sheaths, *Front. Biosci.* **8** :D477-D490.

Brummendorf, T. et Lemmon, V., (2001), Immunoglobulin superfamily receptors : cis-interactions, intracellular adapters and alternative splicing regulate adhesion, *Curr. Opin. Cell Biol.* **13** :611-618.

Cukierman, E. *et al.*, (2002), Cell interactions with three-dimensional matrices, *Curr. Opin. Cell Biol.* **14** :633-639.

Durbeej, M. et. Campbell, K.P., (2002), Muscular dystrophies involving the dystrophin-glycoprotein complex : an overview of current mouse models, *Curr. Opin. Genet. Devel.* **12** :349-361.

Geiger, B. *et al.*, (2001), Transmembrane crosstalk between the extracellular matrix and the cytoskeleton, *Nature Rev. Mol. Cell Biol.* **2** :793-805.

Hobbie, L. *et al.*, (1987), Restoration of LDL receptor activity in mutant cells by intercellular junctional communication, *Science* **235** :69-73.

Lawrence, M. B. et Springer T. A., (1991), Leukocytes roll on a selectin at physiologic flow rates : distinction from and prerequisite for adhesion through integrins, *Cell* **65** :859-873.

Lo, C., (2003), Gap junctions in development and disease, *Ann. Rev. Cell Devel. Biol.* 10.1146/annurev.cellbio.19.111301.144309.

Reizes, O. *et al.*, (2001), Transgenic expression of syndecan-1 uncovers a physiological control of feeding behavior by syndecan-3, *Cell* **106** :105-116.

Somers, W. S. *et al.*, (2000), Insights into the molecular basis of leukocyte tethering and rolling revealed by structures of P- et E-selectin bound to Sle(X), and PSGL-1, *Cell* **103** :467-479.

Stein, E. et Teissier-Lavigne, M., (2001), Hierarchical organization of guidance receptors : silencing of netrin attraction by Slit through a Robo/DCC receptor complex, *Science* **291** :1928-1938.

Les tissus végétaux

Delmer, D. P. et Haigler, C. H., (2002), The regulation of metabolic flux to cellulose, a major sink for carbon in plants, *Metab. Eng.* **4** :22-28.

Iwai, H. *et al.*, (2000), A pectin glucuronyltransferase gene is essential for intercellular attachment in the plant meristem, *Proc. Natl. Acad. Sci. USA* **99** :16319-16324.

Lord, E. M, (2003), Adhesion and guidance in compatible pollination, *J. Exp. Bot.* **54**(380) :47-54.

Lord, E. M. et Mollet, J. C., (2002), Plant cell adhesion : a bioassay facilitates discovery of the first pectin biosynthetic gene, *Proc. Natl. Acad. Sci. USA* **99** :15843-15845.

Lord, E. M. et Russell, S. D., (2002), The mechanisms of pollination and fertilization in plants, *Ann. Rev. Cell Devel. Biol.* **18** :81-105.

Pennell, R, (1998), Cell walls : structures and signals, *Curr. Opin. Plant Biol.* **1** :504-510.

Ross, W. *et al.*, (1998), Recent advances in understanding lignin biosynthesis, *Ann. Rev. Plant Physiol. Plant Mol. Biol.* **49** :585-609.

Zambryski, P. et Crawford, K., (2000), Plasmodesmata : gate-keepers for cell-to-cell transport of developmental signals in plants, *Ann. Rev. Cell Devel. Biol.* **16** :393-421.

La croissance et l'utilisation de cellules en culture

Davis, J. M., (Éd.), (1994), *Basic Cell Culture : A Practical Approach*, IRL Press.

Goding, J. W, (1996), *Monoclonal Antibodies : Principles and Practice. Production and Application of Monoclonal Antibodies in Cell Biology, Biochemistry, and Immunology*, 3e éd., Academic Press.

Kohler, G. et Milstein, C., (1975), Continuous cultures of fused cells secreting antibody of predefined specificity, *Nature* **256** :495-497.

Shaw, A. J., (Éd.), (1996), *Epithelial Cell Culture*, IRL Press.

Tyson, C. A. et Frazier, J. A. (Éds), (1993), *Methods in Toxicology*. Vol. I (Partie A) : *In Vitro Biological Systems*, Academic Press. Décrit les techniques de cultures de nombreux types de cellules primaires.

7

LE TRANSPORT DES IONS ET DES PETITES MOLÉCULES À TRAVERS LES MEMBRANES CELLULAIRES

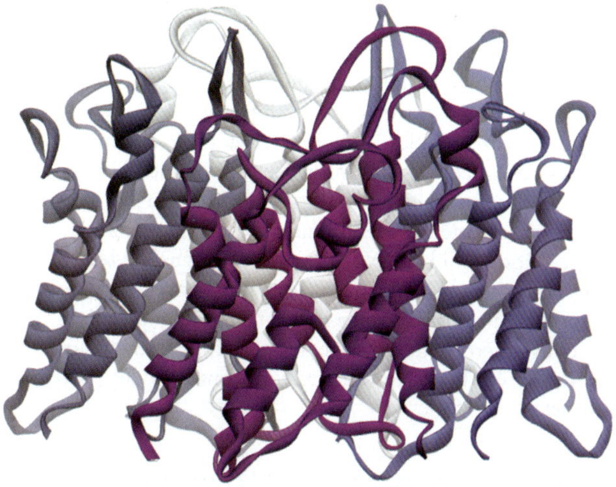

L'aquaporine, le canal aqueux, est constitué de quatre polypeptides transmembranaires identiques.

La membrane plasmique est une barrière à perméabilité sélective qui sépare la cellule de son environnement extracellulaire. Ses propriétés de perméabilité garantissent une entrée facile dans la cellule des molécules essentielles telles que les ions, le glucose, les acides aminés et les lipides, le maintien dans la cellule des intermédiaires métaboliques et la sortie des déchets hors de celle-ci. En bref, la perméabilité sélective de la membrane plasmique permet à la cellule de maintenir un environnement interne constant. Nous avons décrit au Chapitre 5 les composants et l'organisation structurale des membranes cellulaires. Le déplacement de quasiment tous les ions et molécules à travers les membranes cellulaires se fait par l'intermédiaire de protéines de transport membranaire sélectives, enchâssées dans la bicouche lipidique. Chaque type cellulaire nécessite son propre assortiment de composés de faible masse moléculaire ; c'est pourquoi la membrane plasmique de chaque type cellulaire contient un ensemble spécifique de protéines de transport qui permettent le passage de certains ions et molécules seulement. De même, les organites intracellulaires ont un environnement interne distinct de celui du cytosol qui les entoure et les membranes des organites contiennent des protéines spécifiques de transport qui maintiennent cette différence.

Nous commencerons notre discussion par la description des principes généraux du transport à travers les membranes et par la distinction de trois grandes classes de protéines de transport. Dans des sections ultérieures, nous décrirons la structure et le fonctionnement d'exemples spécifiques de chaque classe et nous montrerons de quelle façon des membres des familles de protéines homologues de transport peuvent avoir des propriétés différentes, qui permettent à des cellules distinctes de fonctionner correctement. Nous expliquerons également comment des combinaisons spécifiques de protéines de transport dans des membranes subcellulaires différentes permettent aux cellules de réaliser des processus physiologiques essentiels, comme le maintien du pH cytosolique, l'accumulation de saccharose et de sels dans les vacuoles des cellules végétales, et le flux orienté de l'eau à la fois chez les animaux et les plantes. Les cellules épithéliales, telles que celles qui tapissent l'intestin grêle, transportent des ions, des sucres, d'autres petites molécules et de l'eau d'un côté à l'autre. Nous verrons comment, pour cela, leurs membranes plasmiques sont organisées en au moins deux régions discrètes, contenant chacune son propre lot de protéines de transport. Les deux dernières sections du chapitre porteront sur la panoplie de protéines de transport qui permet aux cellules nerveuses de produire et de conduire le type de signal électrique appelé **potentiel d'action** sur toute leur longueur et de transmettre ces signaux à d'autres cellules, induisant un changement des propriétés électriques des cellules réceptrices.

SOMMAIRE

7.1 Une vue d'ensemble du transport membranaire

La bicouche phospholipidique, l'unité structurale fondamentale des biomembranes, est quasiment imperméable à la plupart des molécules hydrosolubles, aux ions et à l'eau elle-même. Après avoir décrit les facteurs qui influencent la perméabilité des membranes lipidiques, nous comparerons brièvement les trois classes principales de protéines membranaires qui augmentent la perméabilité des biomembranes. Nous examinerons ensuite le type le plus simple de protéine de transport pour illustrer les caractéristiques élémentaires du transport par l'intermédiaire de protéines. Enfin, nous considérerons deux systèmes expérimentaux couramment utilisés pour étudier les propriétés fonctionnelles des protéines de transport.

Quelques molécules traversent les membranes par diffusion passive

Les gaz tels que O_2 et CO_2, et de petites molécules polaires non chargées comme l'urée et l'éthanol, peuvent facilement traverser par **diffusion passive** (**simple**) une membrane artificielle composée uniquement de phospholipides ou d'un mélange de phospholipides et de cholestérol (Figure 7-1). Ces molécules peuvent également diffuser à travers des membranes cellulaires sans l'aide de protéines de transport. Aucune énergie métabolique n'est nécessaire car le déplacement se fait dans le sens de la concentration la plus élevée vers la concentration la plus faible de la molécule, c'est-à-dire dans le sens de son gradient chimique de concentration. Comme nous l'avons vu au Chapitre 2, de telles réactions de transport sont spontanées en raison d'une valeur positive de ΔS (augmentation de l'entropie) et donc d'une valeur négative de ΔG (diminution de l'énergie libre).

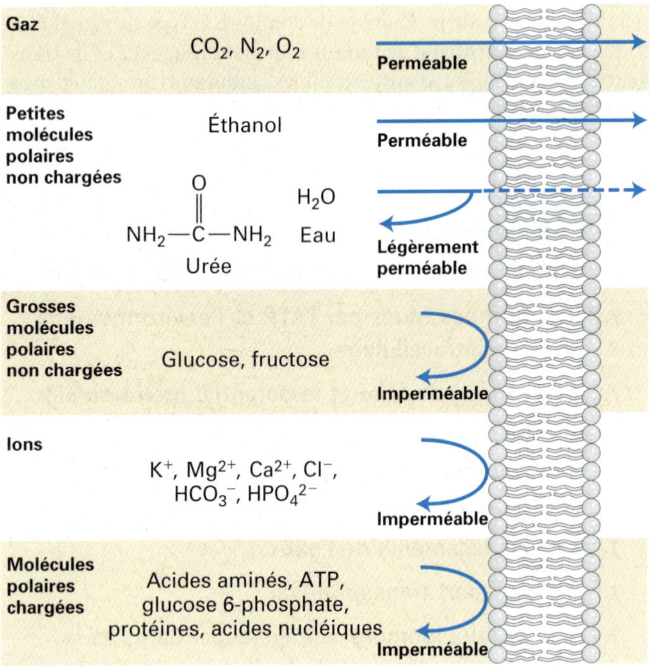

FIGURE 7-1 La perméabilité relative d'une bicouche phospholipidique pure pour différentes molécules. Une bicouche est perméable aux petites molécules hydrophobes et aux petites molécules polaires non chargées, légèrement perméable à l'urée et à l'eau et quasiment imperméable aux ions et aux grosses molécules polaires.

La vitesse relative de diffusion de n'importe quelle substance à travers une bicouche phospholipidique pure est proportionnelle à son gradient de concentration à travers le feuillet, ainsi qu'à son hydrophobicité et sa taille. Les molécules chargées sont également affectées par tout potentiel électrique transmembranaire (voir ci-dessous). Lorsqu'une bicouche phospholipidique sépare deux compartiments aqueux, la perméabilité membranaire peut facilement être déterminée par l'addition d'une petite quantité de matériel radioactif à l'un des compartiments et par la mesure de sa vitesse d'apparition dans l'autre compartiment. Plus le gradient de concentration de la substance est important, plus la diffusion à travers une bicouche est rapide.

L'hydrophobicité d'une substance est mesurée par son coefficient de partage (ou de partition) *K*, la constante d'équilibre de sa répartition entre l'huile et l'eau. Plus le coefficient de partage d'une substance est élevé, plus elle est liposoluble. La première étape du transport passif, qui détermine également la vitesse, est le déplacement d'une molécule, depuis une solution aqueuse vers l'intérieur hydrophobe de la bicouche phospholipidique, dont les propriétés chimiques ressemblent à celles de l'huile. Ceci explique pourquoi, plus une molécule est hydrophobe, plus elle diffuse vite à travers une bicouche phospholipidique pure. Par exemple, la diéthylurée, qui possède un groupement éthyle (CH_3CH_2—) lié à chaque atome d'azote de l'urée, a un *K* de 0,01, alors que le K de l'urée est de 0,0002 (voir Figure 7-1). La diéthyl-urée, qui est 50 fois plus (0,01/0,0002) hydrophobe que l'urée, diffusera à travers les membranes des bicouches phospholipidiques environ 50 fois plus vite que celle-ci. La diéthylurée pénètre également dans les cellules près de 50 fois plus vite que l'urée. De la même façon, les acides gras avec de longues chaînes hydrocarbonées sont plus hydrophobes que ceux avec des chaînes courtes et diffusent plus rapidement à travers une membrane phospholipidique pure, quelle que soit leur concentration.

Si une substance transportée porte une charge nette, son déplacement est influencé à la fois par son gradient de concentration et le **potentiel de membrane**, qui est le potentiel électrique (voltage) établi à travers la membrane. La combinaison de ces deux forces, que l'on appelle le **gradient électrochimique**, détermine le sens énergétiquement favorable du transport d'une molécule chargée à travers une membrane. Le potentiel électrique qui existe à travers la plupart des membranes cellulaires résulte d'un léger déséquilibre de la concentration des ions chargés positivement et négativement de part et d'autre de la membrane. Nous verrons dans les Sections 7.2 et 7.3 de quelle façon ce déséquilibre ionique et le potentiel qui en résulte apparaissent et sont maintenus.

Des protéines membranaires assurent le transport de la plupart des molécules et de tous les ions à travers les biomembranes

Comme le montre clairement la Figure 7-1, très peu de molécules et aucun ion ne peuvent traverser par diffusion passive une

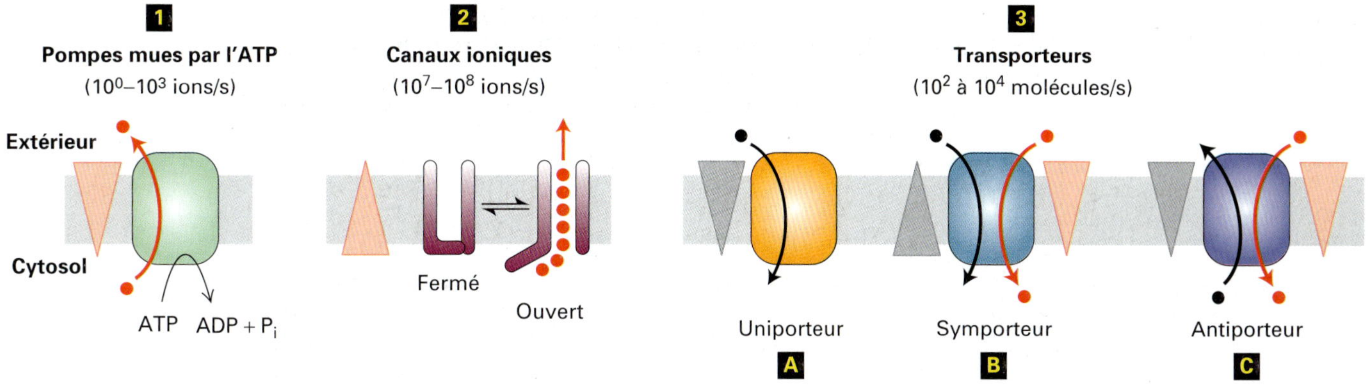

FIGURE 7-2 Une vue d'ensemble des protéines de transport membranaire. Les gradients sont représentés par des triangles dont la pointe est dirigée vers la concentration ou le potentiel électrique le plus faible ou les deux. **1** Les pompes utilisent l'énergie libérée par l'hydrolyse d'ATP pour le déplacement d'ions spécifiques (ronds rouges) ou de petites molécules contre leur gradient électrochimique. **2** Les canaux permettent le déplacement d'ions spécifiques (ou d'eau) dans le sens de leur gradient électrochimique. Les transporteurs, qui se répartissent en trois groupes, facilitent le passage de petites molécules ou ions spécifiques. Les uniporteurs transportent un seul type de molécule dans le sens de leur gradient de concentration **3A**. Les protéines de co-transport (les symporteurs, **3B**, et les antiporteurs, **3C**) catalysent le déplacement d'une molécule *contre* son gradient de concentration (ronds noirs), grâce au déplacement d'un ou plusieurs ions dans le sens de leur gradient électrochimique (ronds rouges). Les différences entre les mécanismes de transport de ces trois grandes classes de protéines expliquent les variations des vitesses de déplacement des solutés qu'elles permettent.

bicouche phospholipidique pure à des vitesses significatives. Par conséquent, le transport de la plupart des molécules vers l'intérieur ou vers l'extérieur des cellules exige l'assistance de protéines membranaires spécialisées. Même le transport des molécules ayant des coefficients de partage relativement élevés (comme l'eau ou l'urée) est fréquemment accéléré par des protéines spécifiques, car leur transport par diffusion passive n'est généralement pas assez rapide pour combler les besoins de la cellule.

Toutes les protéines de transport sont des protéines transmembranaires contenant de multiples segments transmembranaires qui sont généralement des hélices α. On pense qu'en formant un passage tapissé de protéines à travers la membrane, les protéines de transport permettent le déplacement des substances hydrophiles sans que celles-ci entrent en contact avec l'intérieur hydrophobe de la membrane. Nous allons considérer à présent les différents types de protéines de transport traités dans ce chapitre (Figure 7-2).

Les *pompes mues par l'ATP* (ou plus simplement **pompes**) sont des **ATPases** qui utilisent l'énergie provenant de l'hydrolyse d'ATP pour faire circuler des ions ou de petites molécules à travers une membrane *contre* un gradient chimique de concentration ou un potentiel électrique, ou les deux. Ce processus, que l'on appelle le **transport actif**, est un exemple de réaction chimique couplée (Chapitre 2). Dans ce cas, le transport des ions ou des petites molécules « dans le sens inverse du courant », contre un gradient électrochimique qui nécessite de l'énergie, est couplé à l'hydrolyse d'ATP qui libère de l'énergie. La réaction globale — l'hydrolyse d'ATP et le déplacement « dans le sens inverse du courant » des ions ou des petites molécules — est énergétiquement favorable.

Les *canaux protéiques* transportent de l'eau ou des types spécifiques d'ions et de petites molécules hydrophiles *dans le sens* de leurs gradients de concentration ou du potentiel électrique. On appelle parfois ce transport assisté par des protéines, la **diffusion facilitée.** Les canaux protéiques forment un passage hydrophile à travers la membrane, par lequel peuvent passer simultanément de nombreuses molécules d'eau ou des ions, en file indienne et à une vitesse très élevée. Certains canaux ioniques sont ouverts la plupart du temps ; on parle alors de canaux *de fuite*. La plupart des canaux ioniques cependant s'ouvrent uniquement en réponse à des signaux chimiques ou électriques spécifiques ; on parle alors de canaux *dépendant d'un ligand* ou *voltage-dépendants*.

Les *transporteurs* assurent le transport d'une grande variété d'ions et de molécules à travers les membranes cellulaires. On a identifié trois types de transporteurs. Les *uniporteurs* transportent une seule sorte de molécule *dans le sens* de leur gradient de concentration grâce à la diffusion facilitée. Le glucose et les acides aminés traversent la membrane plasmique pour pénétrer dans la plupart des cellules de mammifères à l'aide d'uniporteurs. À l'inverse, les *antiporteurs* et les *symporteurs* couplent le déplacement d'un type d'ion ou de molécule *contre* son gradient de concentration, avec le déplacement d'un ou plusieurs ions différents *dans le sens* de leur gradient de concentration. On appelle souvent ces protéines des *co-transporteurs*, en référence à leur capacité de transporter simultanément deux solutés différents.

Comme les pompes mues par l'ATP, les co-transporteurs abritent des réactions couplées dans lesquelles une réaction énergétiquement défavorable (comme le mouvement des molécules dans le sens inverse de leur gradient) est couplée à une réaction énergétiquement favorable. Remarquez cependant que la nature de la réaction fournissant l'énergie qui permet le transport actif par ces deux classes de protéines diffère. Les pompes mues par l'ATP utilisent l'énergie provenant de l'hydrolyse d'ATP tandis que les co-transporteurs se servent de l'énergie stockée dans un gradient électrochimique. On appelle parfois ce dernier processus, le transport actif *secondaire*.

Le Tableau 7-1 résume les quatre mécanismes grâce auxquels les petites molécules et les ions sont transportés à travers les membranes cellulaires. Dans ce chapitre, nous nous intéresserons aux propriétés et au fonctionnement des protéines membranaires intervenant dans les trois mécanismes de transport protéine-

TABLEAU 7-1 Les mécanismes du transport des ions et des petites molécules à travers les membranes cellulaires

	Mécanisme de transport			
Propriété	**Diffusion passive**	**Diffusion facilitée**	**Transport actif**	**Co-transport***
Nécessite une protéine spécifique	–	+	+	+
Soluté transporté contre son gradient	–	–	+	+
Couplé à une hydrolyse d'ATP	–	–	+	–
Permis par le déplacement d'un ion co-transporté dans le sens de son gradient	–	–	–	+
Exemples de molécules transportées	O_2, CO_2, hormones stéroïdes, nombreuses substances chimiques	Glucose et acides aminés (uniporteurs) ; ions et eau (canaux)	Ions, petites molécules hydrophiles, lipides (pompes mues par l'ATP)	Glucose et acides aminés (symporteurs) ; différents ions et saccharose (antiporteurs)

*Également appelé *transport actif secondaire.*

dépendants. Les changements conformationnels sont essentiels au fonctionnement de toutes les protéines de transport. Les pompes mues par l'ATP et les transporteurs suivent un cycle de changements conformationnels exposant un (ou plusieurs) site de liaison d'un côté de la membrane dans une conformation particulière et de l'autre côté dans une autre conformation. Comme chacun de ces cycles implique le mouvement d'une seule (ou de quelques) molécule de substrat, ces protéines sont caractérisées par des vitesses relativement faibles de transport, de 10^0 à 10^4 ions ou molécules par seconde (voir Figure 7-2). Les canaux ioniques alternent entre un état fermé et un état ouvert mais de nombreux ions peuvent passer au travers d'un canal ouvert sans aucun changement conformationnel supplémentaire. Pour cette raison, les canaux se caractérisent par des vitesses de transport très élevées, qui peuvent atteindre 10^8 ions par seconde.

Plusieurs éléments distinguent le transport par uniport de la diffusion passive

Le déplacement du glucose et d'autres petites molécules hydrophiles à travers une membrane par l'intermédiaire de protéines — le transport par **uniport** — présente les caractéristiques suivantes :

1. La vitesse de diffusion facilitée assurée par les uniporteurs est nettement supérieure à celle de la diffusion passive à travers une bicouche phospholipidique pure.

2. Les molécules transportées n'entrent jamais en contact avec le cœur hydrophobe de la bicouche phospholipidique, aussi le coefficient de partage K n'a-t-il aucun sens.

3. Le transport utilise un petit nombre de molécules d'uniporteur, plutôt que de traverser directement la bicouche phospholipidique. Par conséquent, il existe une vitesse maximale de transport V_{max}, atteinte lorsque le gradient de concentration à travers la membrane est très élevé et que chaque uniporteur fonctionne à son rendement maximal.

4. Le transport est spécifique. Chaque uniporteur transporte une seule sorte de molécule ou un seul groupe de molécules étroitement apparentées. Une mesure de l'affinité d'un transporteur pour son substrat est K_m, qui est la concentration de substrat pour laquelle le transport atteint la moitié de sa vitesse maximale.

Ces propriétés s'appliquent également au transport impliquant d'autres classes de protéines, décrit dans la Figure 7-2.

L'un des uniporteurs les mieux connus est le transporteur de glucose *GLUT1* présent dans la membrane plasmique des érythrocytes (globules rouges). Les propriétés de GLUT1 et de nombreuses autres protéines de transport issues d'érythrocytes matures ont fait l'objet d'études approfondies. Ces cellules, dépourvues de noyau et d'autres organites internes, sont en quelque sorte des « sacs » d'hémoglobine contenant relativement peu d'autres protéines intracellulaires et possédant une seule membrane, la membrane plasmique (voir Figure 5-3a). La membrane plasmique des érythrocytes peut être isolée et bien purifiée, ce qui permet d'isoler et de purifier assez facilement une protéine de transport à partir d'érythrocytes matures.

La Figure 7-3 montre que l'absorption de glucose par les érythrocytes et les hépatocytes (cellules du foie) présente une cinétique caractéristique d'une réaction catalysée par une seule enzyme impliquant un substrat unique. La cinétique des réactions de transport impliquant d'autres types de protéines est plus compliquée que celle des uniporteurs. Néanmoins, toutes les réactions de transport assistées par des protéines sont plus rapides que la diffusion passive, sont spécifiques de leurs substrats comme

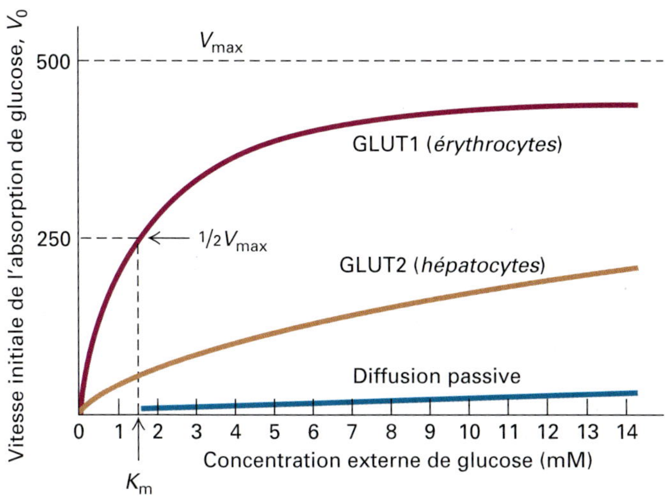

FIGURE EXPÉRIMENTALE 7-3 L'absorption cellulaire du glucose par l'intermédiaire des protéines GLUT présente la cinétique d'une enzyme simple et dépasse nettement la vitesse calculée pour l'entrée du glucose par la seule diffusion passive. La vitesse initiale de l'entrée du glucose (mesurée en micromoles par millilitre de cellules et par heure) dans les premières secondes est représentée en fonction de la concentration croissante de glucose dans le milieu extracellulaire. Dans cette expérience, la concentration initiale de glucose dans les cellules est toujours nulle. GLUT1 exprimé par les érythrocytes et GLUT2 exprimé par les hépatocytes augmentent fortement la vitesse d'absorption du glucose (courbes rouge et orange) par rapport à la diffusion passive (courbe bleue) quelle que soit la concentration externe de glucose. Comme les réactions catalysées par des enzymes, l'absorption de glucose facilitée par GLUT présente une vitesse maximale (V_{max}). Le K_m est la concentration pour laquelle la vitesse d'absorption du glucose est égale à la moitié de la vitesse maximale. GLUT2, avec un K_m d'environ 20 mM a une affinité bien plus faible pour le glucose que GLUT1, dont le K_m est voisin de 1,5 mM.

l'indiquent les valeurs de K_m plus faibles pour certains substrats que pour d'autres, et présentent une vitesse maximale (V_{max}).

L'uniporteur GLUT1 transporte du glucose dans la plupart des cellules de mammifères

La plupart des cellules de mammifères utilisent le glucose sanguin comme principale source d'énergie cellulaire et expriment GLUT1. La concentration de glucose étant généralement supérieure dans le milieu extracellulaire (le sang dans le cas des érythrocytes) à celle de la cellule, GLUT1 catalyse le plus souvent l'entrée nette du glucose du milieu extracellulaire vers l'intérieur de la cellule. Dans ces conditions, V_{max} est atteinte pour des concentrations externes élevées de glucose.

Comme les autres uniporteurs, GLUT1 alterne entre deux états conformationnels : dans l'un, un site de liaison du glucose se trouve face à l'extérieur de la membrane ; dans l'autre, un site de liaison du glucose est face à l'intérieur. La Figure 7-4 décrit la séquence des événements qui se produisent au cours du transport unidirectionnel du glucose de l'extérieur de la cellule vers le cytosol. GLUT1 peut également catalyser la sortie nette de glucose du cytosol vers le milieu extracellulaire lorsque la concentration intracellulaire de glucose est supérieure à la concentration extracellulaire.

La cinétique du transport unidirectionnel de glucose par GLUT1 de l'extérieur vers l'intérieur d'une cellule peut être décrite par le même type d'équation que celui caractérisant une réaction chimique catalysée par une seule enzyme. Pour des raisons de simplicité, supposons que le substrat (le glucose) S, soit présent initialement uniquement à l'extérieur de la membrane. Dans ce cas, nous pouvons écrire :

$$S_{ext} + \text{GLUT1} \underset{}{\overset{K_m}{\rightleftharpoons}} S_{ext} - \text{GLUT1} \overset{V_{max}}{\rightleftharpoons} S_{int} + \text{GLUT1}$$

où S_{ext} — GLUT1 désigne GLUT1 dans sa conformation face à l'extérieur de la cellule, ayant fixé un glucose. Grâce à un

FIGURE 7-4 Un modèle d'uniport assuré par GLUT1. Dans l'une des conformations, le site de liaison du glucose est situé face à l'extérieur de la cellule ; dans l'autre, le site de liaison se trouve face à l'intérieur de la cellule. La fixation du glucose au site tourné vers l'extérieur (étape **1**) déclenche un changement conformationnel du transporteur qui fait pivoter le site de liaison. Celui-ci se retrouve alors face à l'intérieur de la cellule, du côté du cytosol (étape **2**). Le glucose est ensuite libéré à l'intérieur de la cellule (étape **3**). Enfin, l'uniporteur subit le changement conformationnel inverse, et le site de liaison du glucose se retrouve sur la face externe de la membrane (étape **4**). Si la concentration intracellulaire de glucose est supérieure à la concentration extracellulaire, le cycle fonctionne à l'envers (étape **4** → étape **1**), ce qui aboutit à un déplacement net du glucose de l'intérieur vers l'extérieur. Les véritables changements conformationnels sont sans doute moins marqués que ceux représentés dans la figure.

raisonnement similaire à celui utilisé au Chapitre 3 pour parvenir à l'équation de Michaelis-Menten, nous pouvons déduire l'expression suivante pour v, la vitesse initiale du transport de S dans la cellule catalysé par GLUT1 :

$$v = \frac{V_{max}}{1 + \frac{K_m}{C}} \quad (7\text{-}1)$$

où C est la concentration de S_{ext} (au début, la concentration de S_{int} = 0). V_{max}, la vitesse de transport lorsque toutes les molécules de GLUT1 ont fixé un S, correspond à une concentration infiniment élevée de S_{ext}. Plus la valeur de K_m est basse, plus la liaison du substrat au transporteur est forte et plus la vitesse de transport pour une concentration déterminée de substrat est élevée. L'Équation 7-1 décrit la courbe de l'absorption du glucose par les érythrocytes, représentée dans la Figure 7-3, ainsi que des courbes similaires pour d'autres uniporteurs.

Dans le cas de GLUT1 dans la membrane des érythrocytes, le K_m du transport de glucose est de 1,5 millimolaires (mM) ; à cette concentration, environ la moitié des transporteurs dont les sites de liaison font face à l'extérieur de la cellule auront un glucose lié et le transport se déroulera à 50 % de la vitesse maximale. La glycémie (concentration de glucose dans le sang) étant normalement de 5 mM, le transporteur de glucose dans les érythrocytes fonctionne généralement à 77 % de sa vitesse maximale, comme le montre la Figure 7-3. GLUT1, et GLUT3 qui lui ressemble beaucoup, sont exprimés par les érythrocytes et d'autres cellules qui doivent capter du glucose dans le sang de façon continue et à des vitesses élevées. La vitesse d'absorption du glucose par ces cellules reste élevée quels que soient les petits changements de la glycémie.

En plus du glucose, GLUT1 transporte également à des vitesses mesurables des sucres isomériques, le D-mannose et le D-galactose, dont la configuration ne diffère de celle du glucose qu'au niveau d'un atome de carbone. Cependant, le K_m du glucose (1,5 mM) est nettement plus faible que le K_m du D-mannose (20 mM) ou du D-galactose (30 mM). GLUT1 est donc très spécifique et il a une affinité nettement supérieure (traduite par un K_m inférieur) pour son substrat normal, le D-glucose, à son affinité pour les autres substrats.

GLUT1 représente 2 % des protéines de la membrane plasmique des érythrocytes. Après avoir été transporté dans un érythrocyte, le glucose est rapidement phosphorylé en glucose 6-phosphate, qui ne peut plus sortir de la cellule. Cette réaction, la première étape du métabolisme du glucose (voir Figure 8-4), est rapide. La concentration intracellulaire de glucose n'augmente donc pas à mesure que du glucose pénètre dans la cellule. Par conséquent, le gradient de concentration du glucose à travers la membrane est maintenu, de même que la vitesse d'entrée du glucose dans la cellule.

Le génome humain code une famille de protéines GLUT transportant des sucres

Le génome humain code 12 protéines, GLUT1 à GLUT12, dont les séquences présentent une homologie forte et chez lesquelles on suppose la présence de 12 hélices α transmembranaires. Des études détaillées de GLUT1 ont montré que les résidus des acides aminés formant les hélices α transmembranaires étaient principalement hydrophobes. Plusieurs hélices cependant comportent des acides aminés (comme la sérine, la thréonine, l'asparagine et la glutamine) dont les chaînes latérales peuvent établir des liaisons hydrogène avec les groupements hydroxyle du glucose. On pense que ces résidus forment les sites de liaison pour le glucose face à l'extérieur et face à l'intérieur de la cellule, présents à l'intérieur de la protéine (voir Figure 7-4).

Les structures de toutes les isoformes de GLUT se ressemblent beaucoup et transportent toutes des sucres. Néanmoins, leur expression différentielle dans des types cellulaires variés et les propriétés fonctionnelles spécifiques de chacune des isoformes permettent aux différentes cellules du corps de réguler le métabolisme du glucose de façon indépendante et en même temps, de maintenir une glycémie constante. Par exemple, GLUT2, exprimé dans le foie et les cellules β du pancréas qui sécrètent l'insuline, a un K_m de ≈ 20 mM, soit environ 13 fois plus élevé que le K_m de GLUT1. Pour cette raison, lorsque le glucose sanguin passe de son niveau de base de 5 mM à 10 mM environ après un repas, la vitesse de l'influx de glucose double quasiment dans les cellules exprimant GLUT2, alors qu'elle augmente seulement légèrement dans les cellules exprimant GLUT1 (voir Figure 7-3). Dans le foie, le glucose « en excès » absorbé dans les cellules est stocké sous la forme d'un polymère, le **glycogène**. Dans les cellules β des îlots pancréatiques, l'augmentation de la concentration de glucose déclenche la sécrétion d'une hormone, l'**insuline**, qui abaisse à son tour le glucose sanguin en augmentant l'absorption de glucose et son métabolisme dans les muscles et en inhibant la production de glucose dans le foie.

Une autre isoforme de GLUT, GLUT4, est exprimée uniquement dans les cellules adipeuses et les cellules musculaires, c'est-à-dire les cellules qui répondent à l'insuline par une augmentation de leur absorption de glucose et donc à une diminution du glucose sanguin. En l'absence d'insuline, on trouve GLUT4 dans les membranes intracellulaires, mais pas sur la membrane plasmique. À l'évidence, GLUT4 est incapable de faciliter l'absorption de glucose. Par un processus détaillé au Chapitre 15, l'insuline provoque la fusion de ces membranes internes riches en GLUT4 avec la membrane plasmique, augmentant ainsi le nombre de molécules de GLUT4 à la surface de la cellule et donc la vitesse d'absorption du glucose. Des défauts dans ce processus, qui est l'un des principaux mécanismes grâce auxquels l'insuline abaisse la glycémie, se traduisent par du diabète, une maladie caractérisée par une glycémie élevée en permanence.

Au contraire de GLUT1-GLUT4, qui transportent tous du glucose aux concentrations physiologiques, GLUT5 transporte du fructose. Les propriétés des autres membres de la famille GLUT n'ont pas encore été étudiées en détail.

On peut enrichir des membranes artificielles et des cellules en protéines de transport

Bien que l'on puisse isoler des protéines de transport à partir des membranes et les purifier, les propriétés fonctionnelles de ces protéines peuvent être étudiées uniquement lorsqu'elles sont associées à une membrane. La plupart des membranes cellulaires contiennent de nombreux types différents de protéines de transport mais chacune en concentration faible, ce qui rend difficiles les études fonctionnelles d'une protéine isolée. Pour faciliter ces études, les

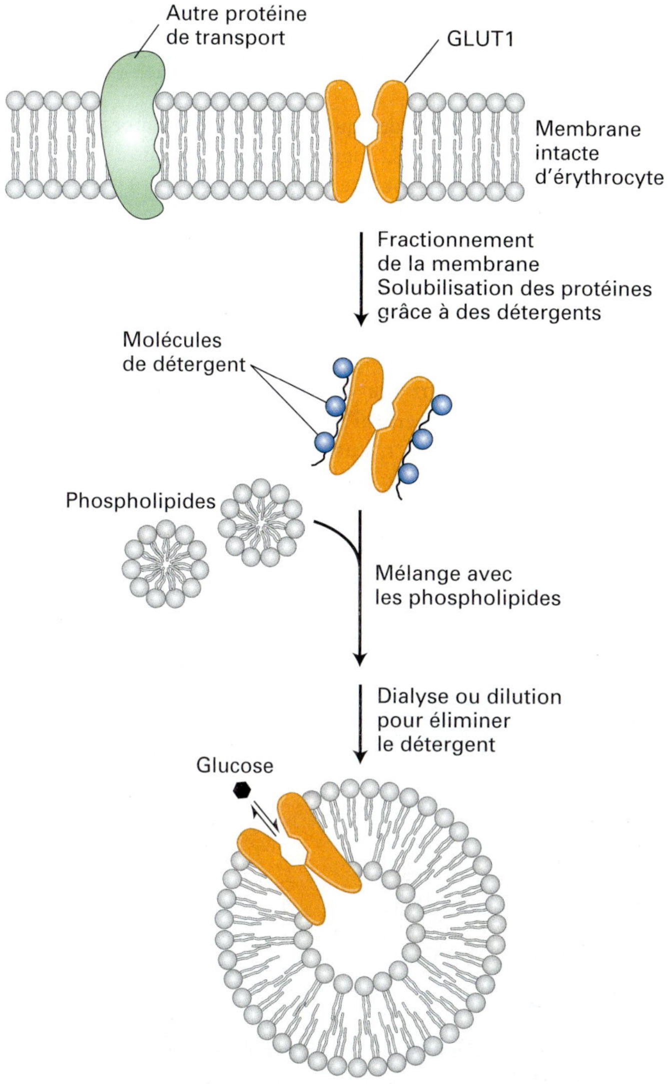

FIGURE EXPÉRIMENTALE 7-5 Les liposomes contenant un seul type de protéine de transport sont très utiles pour étudier les propriétés fonctionnelles de ce type de protéines. Dans cette figure, toutes les protéines membranaires intrinsèques des érythrocytes sont solubilisées à l'aide d'un détergent non ionique tel que l'octylglucoside. GLUT1, l'uniporteur de glucose, peut être purifié par chromatographie d'affinité sur une colonne contenant un anticorps monoclonal spécifique, puis incorporé dans des liposomes constitués de phospholipides purs.

chercheurs utilisent deux approches permettant d'enrichir une membrane en une protéine de transport intéressante.

Dans l'une des approches courantes, une protéine spécifique de transport est extraite et purifiée. La protéine purifiée est ensuite réincorporée dans des bicouches membranaires phospholipidiques pures, telles que des **liposomes** (Figure 7-5). On peut également provoquer l'expression du gène codant la protéine spécifique de transport, dans un type cellulaire qui ne l'exprime pas en temps normal. La différence mesurable entre le transport d'une substance par les cellules transfectées et par les cellules témoins non transfectées sera due à la protéine de transport exprimée. Dans ces systèmes, les propriétés fonctionnelles des différentes protéines membranaires peuvent être examinées sans ambiguïté.

CONCEPTS CLÉS DE LA SECTION 7.1

Une vue d'ensemble du transport membranaire

- La membrane plasmique régule le passage des molécules vers l'intérieur et vers l'extérieur de la cellule.
- À l'exception des gaz (comme O_2 et CO_2) et des petites molécules hydrophobes, la plupart des molécules ne peuvent diffuser à travers la bicouche phospholipidique à des vitesses suffisantes pour satisfaire les besoins de la cellule.
- Trois classes de protéines transmembranaires participent au transport des ions, des sucres, des acides aminés et d'autres métabolites à travers les membranes cellulaires : les pompes mues par l'ATP, les canaux et les transporteurs (voir Figure 7-2).
- Au cours du transport actif, une protéine de transport couple le déplacement d'un substrat contre son gradient de concentration, avec l'hydrolyse d'ATP.
- Au cours de la diffusion facilitée, une protéine de transport facilite le déplacement d'un substrat spécifique (molécule ou ion) dans le sens de son gradient de concentration.
- Dans le transport actif secondaire ou co-transport, une protéine de transport couple le déplacement d'un substrat contre son gradient de concentration avec le déplacement d'un second substrat dans le sens de son gradient de concentration (voir Tableau 7-1).
- Le transport d'un soluté à travers une membrane, catalysé par une protéine, est plus rapide que la diffusion passive. Il présente une V_{max} lorsque le nombre limité de molécules de transporteur est saturé par du substrat et une spécificité élevée pour ce substrat (voir Figure 7-3).
- On pense que les uniporteurs protéiques, tels que les transporteurs de glucose (GLUT), alternent entre deux états conformationnels, l'un dans lequel le site de liaison du substrat est face à l'extérieur de la cellule et l'autre dans lequel il est face à l'intérieur de la cellule (voir Figure 7-4).
- Tous les membres de la famille des protéines GLUT transportent des sucres et ont une structure similaire. Des différences entre leurs valeurs de K_m, leur expression dans des types cellulaires distincts et leurs spécificités pour un substrat sont importantes pour un métabolisme correct des sucres dans le corps.
- Deux systèmes expérimentaux courants permettent d'étudier les fonctions des protéines de transport : les liposomes contenant une protéine de transport purifiée (voir Figure 7-5) et les cellules transfectées avec le gène codant un transporteur protéique particulier.

7.2 Les pompes mues par l'ATP et l'environnement ionique intracellulaire

Nous allons à présent nous intéresser aux pompes mues par l'ATP, qui transportent des ions et différentes petites molécules contre leur gradient de concentration. Toutes les pompes mues par l'ATP sont des protéines transmembranaires qui possèdent un ou plusieurs sites de liaison pour l'ATP, situés sur la face cytosolique de la membrane. Bien que l'on appelle souvent ces protéines des *ATPases*, elles n'hydrolysent normalement pas l'ATP en ADP et P_i, sauf si des ions ou d'autres molécules sont transportés simultanément. En raison de ce couplage étroit entre l'hydrolyse d'ATP et le transport, l'énergie stockée dans la liaison phosphoanhydride n'est pas perdue mais est au contraire utilisée pour le déplacement des ions ou d'autres molécules contre leur gradient électrochimique.

Différentes classes de pompes présentent des propriétés structurales et fonctionnelles caractéristiques

Les structures générales des quatre classes de pompes mues par l'ATP sont décrites dans la Figure 7-6, avec une liste d'exemples de chaque classe au-dessous de la représentation correspondante. Remarquez que les membres de trois de ces classes (P, F et V) transportent uniquement des ions, alors que les membres de la superfamille ABC transportent essentiellement des petites molécules.

Toutes les *pompes à ions de classe P* possèdent deux sous-unités catalytiques α identiques, qui contiennent un site de liaison pour l'ATP. La plupart ont également deux sous-unités β plus petites qui assurent en général des fonctions régulatrices. Au cours du processus de transport, l'une des sous-unités α au moins est phosphorylée (d'où le nom de classe « P ») et on suppose que les ions transportés passent à travers cette sous-unité phosphorylée.

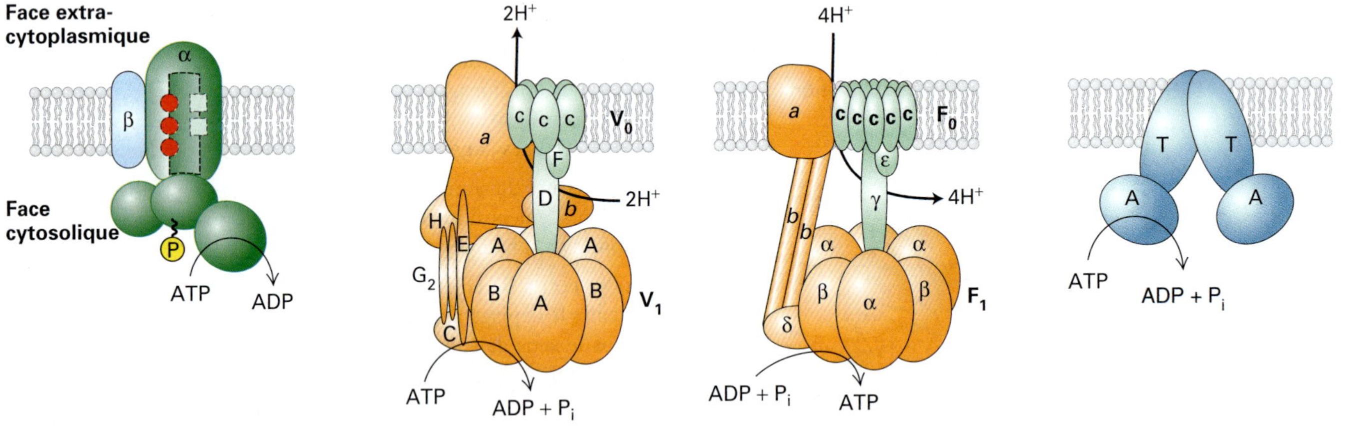

Pompes de classe P

Membrane plasmique des plantes, champignons, bactéries (pompe à H^+)

Membrane plasmique des eucaryotes supérieurs (pompe à Na^+/K^+)

Membrane plasmique apicale de l'estomac des mammifères (pompe à H^+/K^+)

Membrane plasmique de toutes les cellules eucaryotes (pompe à Ca^{2+})

Membrane du réticulum sarcoplasmique dans les cellules musculaires (pompe à Ca^{2+})

Pompes protoniques de classe V

Membranes vacuolaires des plantes, levures et autres champignons

Membranes endosomiales et lysosomiales dans les cellules animales

Membrane plasmique des ostéoclastes et de quelques cellules des tubules rénaux

Pompes protoniques de classe F

Membrane plasmique des bactéries

Membrane mitochondriale interne

Membrane des thylacoïdes des chloroplastes

Superfamille ABC

Membranes plasmiques des bactéries (transporteurs d'acides aminés, de sucres et de peptides)

Membranes plasmiques des mammifères (transporteurs de phospholipides, petites substances chimiques lipophiles, cholestérol et autres petites molécules)

FIGURE 7-6 Les quatre classes de protéines de transport mues par l'ATP. La position de chaque type de pompe est indiquée en dessous de chaque classe. Les pompes de classe P sont constituées d'une sous-unité catalytique α, qui est phosphorylée au cours du cycle de transport. Une sous-unité ß, présente dans certaines de ces pompes, peut réguler le transport. Les pompes des classes F et V ne forment pas d'intermédiaires phosphoprotéiques et transportent uniquement des protons. Leurs structures se ressemblent et contiennent des protéines similaires, mais aucune de leurs sous-unités n'est apparentée à celles des pompes de classe P. Les pompes de classe V couplent l'hydrolyse d'ATP au transport de protons contre un gradient de concentration, tandis que les pompes de classe F fonctionnent normalement en sens inverse pour utiliser l'énergie contenue dans un gradient de protons ou un gradient électrochimique afin de synthétiser de l'ATP. Tous les membres de la grande superfamille ABC de protéines contiennent deux domaines transmembranaires (T) et deux domaines cytosoliques fixant l'ATP (A) qui couplent l'hydrolyse d'ATP au déplacement des solutés. Ces domaines centraux sont présents sous la forme de sous-unités séparées dans certaines protéines ABC (représentées ici) mais sont fusionnées en un seul polypeptide dan s d'autres protéines ABC. [Voir T. Nishi et M. Forgac, 2002, *Nature Rev. Mol. Cell Biol.* **3** :94 ; G. Chang et C. Roth, 2001, *Science* **293** :1793 ; C. Toyoshima et al., 2000, *Nature* **405** :647 ; D. McIntosh, 2000, *Nature Struc. Biol.* **7** :532 et T. Elston, H. Wang et G. Oster, 1998, *Nature* **391** :510.]

La séquence autour du résidu phosphorylé est homologue dans différentes pompes. La classe P comprend l'ATPase à Na^+/K^+ dans la membrane plasmique, qui maintient les concentrations cytosoliques faible de Na^+ et élevée de K^+, caractéristiques des cellules animales. Certaines ATPases à Ca^{2+} pompent les ions Ca^{2+} hors du cytosol vers le milieu externe. D'autres pompent le Ca^{2+} du cytosol vers le réticulum endoplasmique ou vers le RE spécialisé appelé *réticulum sarcoplasmique* présent dans les cellules musculaires. Un autre membre de la classe P présent dans les cellules sécrétant de l'acide dans l'estomac des mammifères, transporte les protons (ions H^+) vers l'extérieur et les ions K^+ vers l'intérieur de la cellule. La pompe à H^+ qui crée et maintient le potentiel électrique de membrane dans les cellules de plantes, de champignons et de bactéries appartient également à cette classe.

Les structures des *pompes à ions de classe F* et *de classe V* sont similaires entre elles mais bien différentes et plus compliquées que les structures des pompes de classe P. Les pompes des classes V et F contiennent plusieurs sous-unités transmembranaires et cytosoliques différentes. Toutes les pompes des classes V et F connues transportent uniquement des protons, au cours d'une réaction qui n'implique pas d'intermédiaire phosphoprotéique. Les pompes de classe V servent généralement à maintenir un pH bas dans les lysosomes et vacuoles de plantes, ainsi que dans d'autres vésicules acides des cellules animales, en pompant des protons de la face cytosolique vers la face extracytoplasmique de la membrane, contre le gradient électrochimique des protons. On trouve des pompes de classe F dans les membranes plasmiques des bactéries, ainsi que dans les mitochondries et les chloroplastes. Au contraire des pompes V, leur rôle est généralement de permettre la synthèse d'ATP à partir d'ADP et de P_i grâce au passage des protons de la face extracytoplasmique vers la face cytoplasmique de la membrane, dans le sens de leur gradient électrochimique. En raison de leur importance dans la synthèse d'ATP à l'intérieur des chloroplastes et des mitochondries, les pompes à protons de classe F, couramment appelées ATP synthétases, seront traitées séparément au Chapitre 8.

La dernière classe de protéines mues par l'ATP contient davantage de membres et sa diversité est plus importante que celle des autres classes. Appelée **superfamille ABC** (de l'anglais *A*TP-*b*inding *c*assette, cassette fixant de l'ATP) cette classe comprend plusieurs centaines de protéines différentes de transport, présentes dans des organismes qui vont de la bactérie à l'homme. Chaque protéine ABC est spécifique d'un seul substrat ou groupe de substrats apparentés, qui peuvent être des ions, des sucres, des acides aminés, des phospholipides, des peptides, des polysaccharides ou même des protéines. Toutes les protéines ABC de transport ont la même organisation structurale constituée de quatre domaines « centraux » : deux domaines transmembranaires (T) formant le passage à travers lequel les molécules transportées traversent la membrane et deux domaines cytosoliques de liaison à l'ATP (A). Dans certaines protéines ABC, principalement chez les bactéries, les domaines centraux sont présents dans quatre polypeptides séparés ; dans d'autres, ces domaines centraux sont fusionnés en un ou deux polypeptides à domaines multiples.

Les pompes à ions mues par l'ATP créent et maintiennent des gradients ioniques à travers les membranes cellulaires

La composition ionique spécifique du cytosol diffère généralement nettement de celle du liquide extracellulaire environnant. Dans presque toutes les cellules — y compris les cellules de micro-organismes, de plantes et d'animaux — le pH cytosolique est maintenu aux alentours de 7,2 quel que soit le pH extracellulaire. De plus, la concentration cytosolique de K^+ est nettement supérieure à celle de Na^+. En outre, tant chez les invertébrés que chez les vertébrés, la concentration intracellulaire de K^+ est de 20 à 40 fois supérieure à sa concentration dans le sang, alors que la concentration intracellulaire de Na^+ est de 8 à 12 fois plus basse que sa concentration sanguine (Tableau 7-2). Une partie du Ca^{2+} cytosolique est liée aux groupements chargés négativement de l'ATP et d'autres molécules, mais c'est la concentration du Ca^{2+} libre (non lié) qui est essentielle aux fonctions du calcium dans les voies de transmission du signal et de contraction musculaire. La concentration cytosolique de Ca^{2+} libre est généralement inférieure à 0,2 micromolaire (2×10^{-7} M), soit mille fois moins environ que sa concentration dans le sang. Les cellules des plantes et de nombreux micro-organismes maintiennent elles aussi des concentrations cytosoliques élevées de K^+ et des concentrations basses de Ca^{2+} et de Na^+, même si les cellules sont mises en culture dans des solutions salines très diluées.

Les pompes à ions traitées dans cette section jouent un grand rôle dans la création et le maintien des gradients ioniques

TABLEAU 7-2 Les concentrations ioniques intracellulaires et extracellulaires typiques

Ion	Cellule (mM)	Sang (mM)
AXONE DE CALAMAR (INVERTÉBRÉ)*		
K^+	400	20
Na^+	50	440
Cl^-	40–150	560
Ca^{2+}	0,0003	10
X^-†	300–400	5–10
CELLULE DE MAMMIFÈRE (VERTÉBRÉ)		
K^+	139	4
Na^+	12	145
Cl^-	4	116
HCO_3^-	12	29
X^-	138	9
Mg^{2+}	0,8	1,5
Ca^{2+}	<0,0002	1,8

*Le long axone nerveux du calmar a été largement utilisé pour des études du mécanisme de conduction des impulsions électriques.

†X^- représente les protéines qui portent une charge négative au pH neutre du sang et des cellules.

habituels à travers les membranes plasmique et intracellulaires. Les cellules dépensent une énergie considérable pour accomplir ces tâches. Par exemple, jusqu'à 25 % de l'ATP produit par les cellules nerveuses et rénales servent au transport ionique et les érythrocytes humains consomment jusqu'à 50 % de leur ATP disponible dans ce but. Dans les deux cas, la plus grande partie de l'ATP est utilisée pour le fonctionnement de la pompe à Na^+/K^+.

Dans les cellules traitées par des poisons qui inhibent la production aérobie d'ATP (comme le 2,4-dinitrophénol dans les cellules aérobies), les concentrations intracellulaires des ions approchent progressivement celles de l'environnement externe à mesure que les ions passent dans les canaux présents dans la membrane plasmique dans le sens de leurs gradients électrochimiques. Les cellules finissent par mourir : en partie parce que la synthèse protéique nécessite une concentration élevée d'ions K^+ et en partie parce qu'en l'absence d'un gradient de Na^+ à travers la membrane cellulaire, une cellule ne peut importer certains nutriments tels que des acides aminés. Les études sur les effets de tels poisons ont fourni l'une des premières preuves de l'existence des pompes à ions.

L'ATPase musculaire à Ca^{2+} pompe les ions Ca^{2+} du cytosol vers le réticulum sarcoplasmique

Dans les cellules des muscles squelettiques, les ions Ca^{2+} sont concentrés et stockés dans le réticulum sarcoplasmique (RS). La libération des ions Ca^{2+} de la lumière du RS vers le cytosol provoque une contraction, comme nous le verrons au Chapitre 19. Une ATPase à Ca^{2+} de classe P située dans la membrane du RS des muscles squelettiques pompe le Ca^{2+} du cytosol vers la lumière du RS, induisant alors le relâchement du muscle. Cette *pompe musculaire à calcium* représente plus de 80 % des protéines membranaires intrinsèques du RS, c'est pourquoi elle est facilement purifiée et a été étudiée en détail.

Dans le cytosol des cellules musculaires, la concentration de Ca^{2+} libre va de 10^{-7} M (cellules au repos) à plus de 10^{-6} M (cellules contractées), alors que la concentration *totale* de Ca^{2+} dans la lumière du RS peut atteindre 10^{-2} M. Toutefois, deux protéines solubles dans la lumière des vésicules du RS fixent le Ca^{2+} et servent de réservoir pour le Ca^{2+} intracellulaire, réduisant ainsi la concentration des ions Ca^{2+} libres dans les vésicules du RS et donc l'énergie nécessaire pour pomper ces ions du cytosol vers l'intérieur de ces vésicules. L'activité de l'ATPase musculaire à Ca^{2+} augmente parallèlement à la croissance de la concentration de Ca^{2+} libre dans le cytosol. Par conséquent, dans les cellules des muscles squelettiques, la pompe à calcium dans la membrane du RS peut augmenter l'activité d'une pompe à Ca^{2+} similaire située dans la membrane plasmique, pour garantir le maintien de la concentration cytosolique de Ca^{2+} libre dans le muscle au repos au-dessous de 1 μM.

Le modèle actuel du mécanisme d'action de l'ATPase à Ca^{2+} dans la membrane du RS implique deux états conformationnels de la protéine, appelés E1 et E2. Le couplage de l'hydrolyse d'ATP et du pompage des ions comprend plusieurs étapes qui doivent se

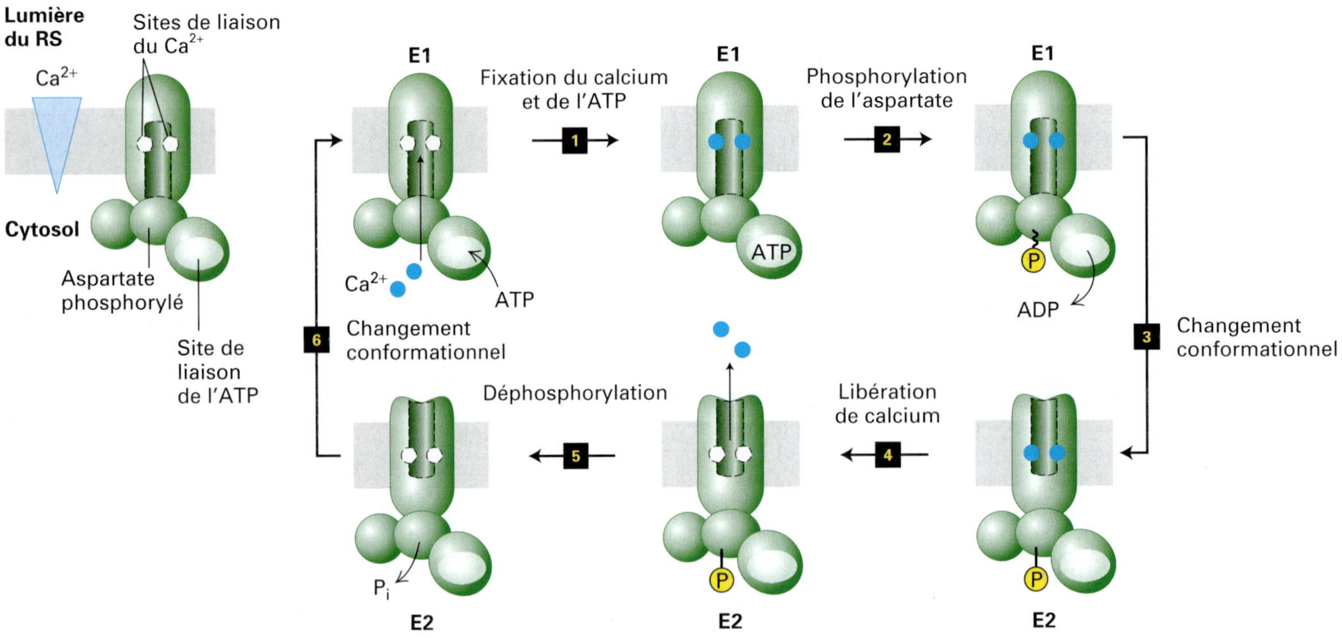

FIGURE 7-7 Un modèle opérationnel de l'ATPase à Ca^{2+} dans la membrane du RS des cellules du muscle squelettique. Seule l'une des deux sous-unités catalytiques α de cette pompe de classe P est représentée. E1 et E2 sont des conformations alternatives de la protéine dans lesquelles les sites de liaison du Ca^{2+} sont accessibles respectivement sur la face cytosolique et sur la face extracytoplasmique. Une succession ordonnée des étapes (1-6), telle qu'elle est schématisée dans la figure, est essentielle au couplage de l'hydrolyse d'ATP et du transport des ions Ca^{2+} à travers la membrane. Dans la figure, ~P indique une liaison acyl phosphate riche en énergie et –P, une liaison phosphoester pauvre en énergie. L'affinité du Ca^{2+} pour les sites de E1 situés sur la face cytosolique étant mille fois supérieure à son affinité pour les sites de E2 situés sur la face extracytoplasmique, cette pompe transporte du Ca^{2+} dans un seul sens, du cytosol vers la lumière du RS. Voir le texte et la Figure 7-8 pour plus de détails. [Voir C. Toyoshima et al., 2000, *Nature* **405** :647 ; P. Zhang et al., 1998, *Nature* **392** :835 et P. Jencks, 1989, *J. Biol. Chem.* **264** :18855.]

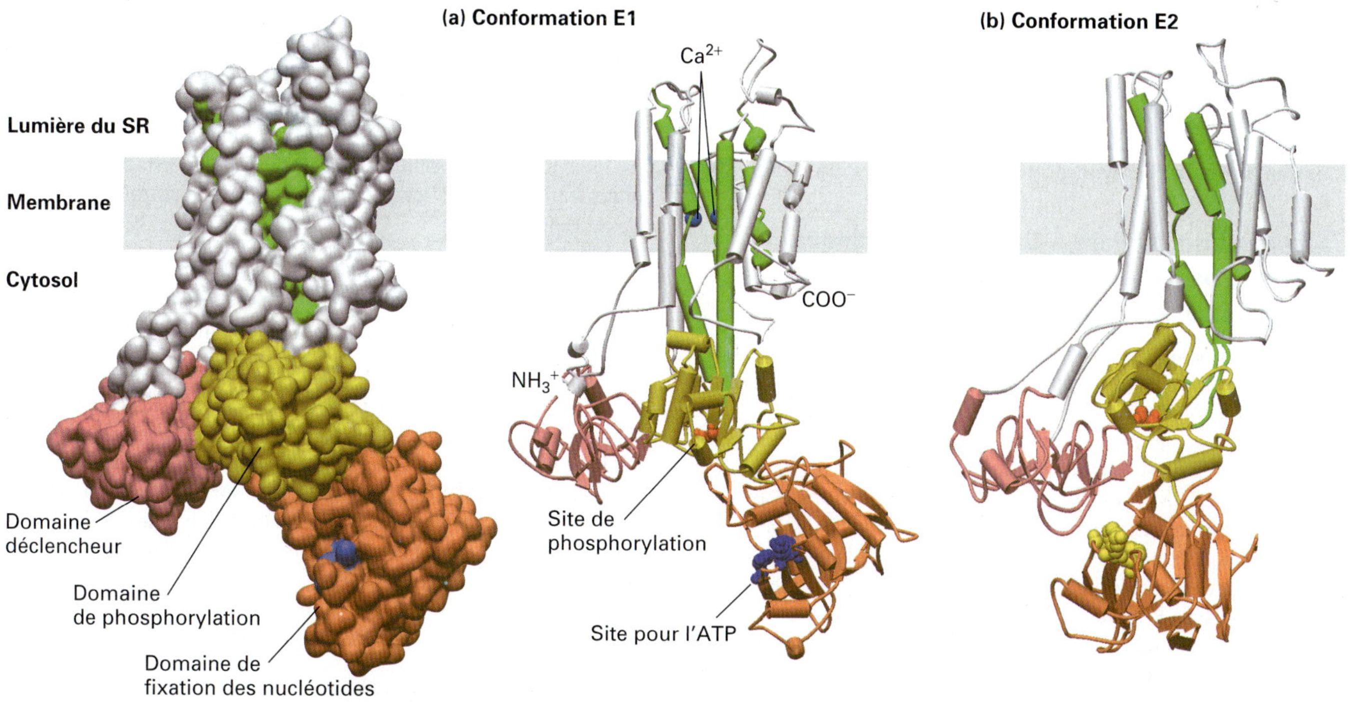

FIGURE 7-8 La structure de la sous-unité catalytique α de l'ATPase musculaire à Ca^{2+}. (a) Des modèles tridimensionnels de la protéine dans sa conformation E1, basés sur la structure déterminée par cristallographie aux rayons X. Il y a 10 hélices α transmembranaires, dont 4 (en vert) comportent des résidus que des études par mutagenèse dirigée ont identifié comme participant à la liaison du Ca^{2+}. Le segment cytosolique forme trois domaines : le domaine de fixation des nucléotides (en orange), le domaine de phosphorylation (en jaune) et le domaine déclencheur (*actuator* en anglais) (en rose) qui relie deux des hélices transmembranaires. (b) Un modèle hypothétique de la pompe dans sa conformation E2, construit d'après une structure à faible résolution déterminée par microscopie électronique de cristaux congelés de la protéine pure. Remarquez les différences entre les états E1 et E2, en ce qui concerne les conformations des domaines de fixation des nucléotides et déclencheur. Ces changements sont probablement à l'origine des changements conformationnels des hélices α transmembranaires (en vert) qui constituent les sites de liaison du Ca^{2+}. Ils convertissent probablement les sites de liaison pour le Ca^{2+} accessibles sur la face cytosolique (état E1), en sites accessibles depuis la face extracytoplasmique (état E2). [Adapté de C. Xu, 2002, J. Mol. Biol. **316** :201 et D. McIntosh, 2000, Nature Struc. Biol. **7** :532.]

dérouler suivant un ordre défini, comme le montre la Figure 7-7. Lorsque la protéine se trouve dans la conformation E1, deux ions Ca^{2+} se fixent à deux sites de liaison à haute affinité, accessibles depuis la face cytosolique et un ATP se fixe à un site au niveau de la surface cytosolique (étape [1]). L'ATP lié est hydrolysé en ADP au cours d'une réaction qui nécessite du Mg^{2+} et le phosphate libéré est transféré vers un résidu aspartate spécifique dans la protéine, formant la liaison acyl phosphate riche en énergie notée E1~P (étape [2]). La protéine subit ensuite un changement conformationnel en E2, qui possède deux sites de liaison à faible affinité pour Ca^{2+} accessibles depuis la lumière du RS (étape [3]). L'énergie libre de l'hydrolyse de la liaison aspartyl-phosphate dans E1~P est supérieure à celle dans E2-P et l'on peut dire que cette diminution d'énergie libre de la liaison aspartyl-phosphate permet le changement conformationnel E1 → E2. Les ions Ca^{2+} se dissocient spontanément des sites à faible affinité pour pénétrer dans la lumière du RS (étape [4]), après quoi la liaison aspartyl-phosphate est hydrolysée (étape [5]). La déphosphorylation permet le changement conformationnel E2 → E1 (étape [6]) et E1 est alors disponible pour transporter deux nouveaux ions Ca^{2+}.

De nombreux éléments sont en faveur du modèle décrit dans la Figure 7-7. Par exemple, la pompe à calcium musculaire a été isolée avec du phosphate lié à un résidu aspartate et des études spectroscopiques ont détecté de légères modifications de la conformation protéique au cours de la conversion E1 → E2. On pense que les 10 hélices *α* transmembranaires dans la sous-unité catalytique forment un passage pour les ions Ca^{2+}, et des études de mutagenèse ont identifié des acides aminés dans quatre de ces hélices qui pourraient former les deux sites de liaison pour le Ca^{2+} (Figure 7-8). La microscopie cryoélectronique et la cristallographie aux rayons X de la protéine dans différents états conformationnels ont également révélé que la plus grosse partie de la sous-unité catalytique était constituée de domaines globulaires cytosoliques impliqués dans la liaison de l'ATP, la phosphorylation de l'aspartate et la transduction de l'énergie libérée par l'hydrolyse de l'aspartyl phosphate en changements conformationnels dans la protéine. Ces domaines sont reliés par une « tige » au domaine enchâssé dans la membrane.

Toutes les pompes à ions de classe P, quel que soit l'ion transporté, sont phosphorylées au cours du processus de transport sur un résidu aspartate hautement conservé. Par conséquent, le modèle opérationnel de la Figure 7-7 peut généralement s'appliquer à toutes ces pompes à ions mues par l'ATP. De plus, les sous-unités *α* catalytiques de toutes les pompes P examinées jusqu'à présent ont une masse moléculaire similaire et, comme on peut le déduire de leurs séquences d'acides aminés provenant de clones d'ADNc, ont un arrangement similaire de leurs hélices α transmembranaires (voir Figure 7-8). Ces découvertes suggèrent fortement que toutes ces protéines ont évolué à partir d'un précurseur commun, même si elles transportent désormais des ions différents.

L'activation de l'ATPase à Ca^{2+} de la membrane plasmique par l'intermédiaire de la calmoduline conduit à une sortie rapide de Ca^{2+}

Comme nous l'expliquerons au Chapitre 13, de petites augmentations de la concentration des ions Ca^{2+} libres dans le cytosol déclenchent différentes réponses cellulaires. Pour que le Ca^{2+} joue son rôle dans la signalisation intracellulaire, la concentration des ions Ca^{2+} libres dans le cytosol doit généralement être maintenue entre 0,1 et 0,2 μM. Les cellules d'animaux, de levures et probablement de plantes expriment des ATPases à Ca^{2+} dans la membrane plasmique, qui transportent du Ca^{2+} hors de la cellule contre son gradient électrochimique. La sous-unité α catalytique de ces pompes de classe P a une structure et une séquence similaires à celles de la sous-unité α de la pompe musculaire à Ca^{2+} du RS.

L'activité des ATPases à Ca^{2+} de la membrane plasmique est régulée par la **calmoduline**, une protéine cytosolique qui fixe le Ca^{2+} (voir Figure 3-28). Une augmentation du Ca^{2+} cytosolique induit la liaison des ions Ca^{2+} à la calmoduline, qui déclenche l'activation allostérique de l'ATPase à Ca^{2+}. En conséquence, la sortie des ions Ca^{2+} de la cellule s'accélère, ce qui restaure la faible concentration du Ca^{2+} cytosolique libre caractéristique de la cellule au repos.

L'ATPase à Na^+/K^+ maintient les concentrations intracellulaires de Na^+ et de K^+ dans les cellules animales

Une deuxième pompe à ions importante de classe P, présente dans la membrane plasmique de toutes les cellules animales est l'**ATPase à Na^+/K^+**. Cette pompe à ions est un tétramère constitué des sous-unités $\alpha_2\beta_2$. (L'expérience 7.1, désormais classique, décrit la découverte de cette enzyme.) Le petit polypeptide β glycosylé aide les sous-unités α néosynthétisées à se replier correctement dans le réticulum endoplasmique mais n'est apparemment pas impliqué directement dans le pompage des ions. La séquence d'acides aminés et la structure secondaire prédite pour la sous-

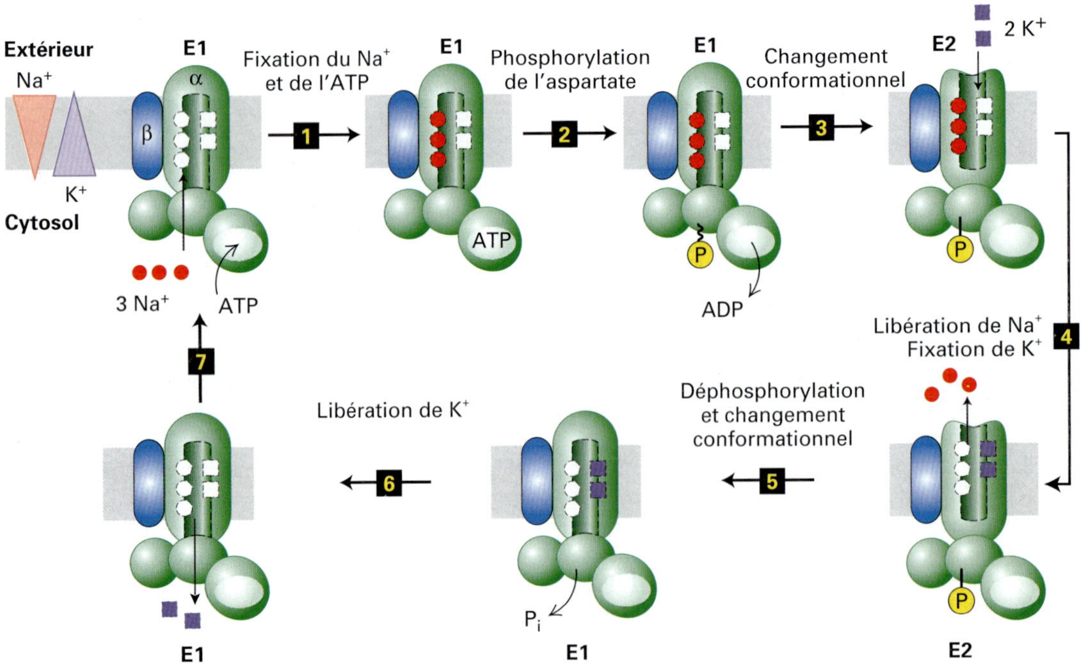

FIGURE 7-9 Un modèle du fonctionnement de l'ATPase à Na^+/K^+ dans la membrane plasmique. Seule l'une des deux sous-unités catalytiques α de cette pompe de classe P est représentée. On ignore encore si une seule ou les deux sous-unités d'une molécule d'ATPase transportent des ions. Le pompage des ions par l'ATPase à Na^+/K^+ implique une phosphorylation, une déphosphorylation et des changements conformationnels similaires à ceux existant dans l'ATPase à Ca^{2+} (voir Figure 7-7). Dans ce cas, l'hydrolyse de l'intermédiaire E2-P provoque le changement conformationnel E2 → E1 et le transport concomitant de deux ions (K^+) vers l'intérieur. Les ions Na^+ sont indiqués par des ronds rouges, les ions K^+ par des carrés violets, la liaison acyl phosphate riche en énergie par ~P et la liaison phosphoester pauvre en énergie par –P. [Voir K. Sweadner et C. Donnet, 2001, *Biochem. J.* **356** :6875, pour les détails de la structure de la sous-unité α.]

unité catalytique α sont très semblables à celles de l'ATPase musculaire à Ca^{2+} du RS (voir Figure 7-8). En particulier, l'ATPase à Na^+/K^+ possède une tige sur la face cytosolique, qui relie les domaines contenant le site de liaison pour l'ATP et l'aspartate phosphorylé, au domaine enchâssé dans la membrane. Le processus global de transport fait sortir trois ions Na^+ et rentrer deux ions K^+ dans la cellule pour une molécule d'ATP hydrolysée.

Le mécanisme d'action de l'ATPase à Na^+/K^+, décrit dans la Figure 7-9, est similaire à celui de la pompe musculaire à calcium, à l'exception du fait que des ions sont pompés dans les deux sens à travers la membrane. Dans sa conformation E1, l'ATPase à Na^+/K^+ possède trois sites de liaison à haute affinité pour Na^+ et deux sites de liaison à faible affinité pour K^+, accessibles au niveau de la surface cytosolique de la protéine. Le K_m de la liaison du Na^+ à ces sites cytosoliques est de 0,6 mM, une valeur extrêmement faible comparée à celle de la concentration intracellulaire de Na^+ qui est de ≈ 12 mM. Par conséquent, les ions Na^+ occupent en général pleinement ces sites. À l'inverse, l'affinité des sites de liaison cytosoliques pour K^+ est suffisamment faible pour que les ions K^+, transportés vers l'intérieur par l'intermédiaire de la protéine, se dissocient de E1 dans le cytosol en dépit de la concentration intracellulaire élevée de K^+. Au cours de la transition E1 → E2, les trois ions Na^+ liés deviennent accessibles du côté extracytoplasmique et simultanément, l'affinité des trois sites de liaison pour Na^+ diminue. Les trois ions Na^+ transportés à l'extérieur de la cellule à travers la protéine et maintenant liés aux sites à faible affinité pour Na^+ exposés du côté extracytoplasmique, se dissocient un par un dans le milieu extracellulaire en dépit de la concentration extracellulaire élevée de Na^+. La transition vers la conformation E2 crée également deux sites de liaison à haute affinité pour K^+, accessibles du côté extracytoplasmique. Le K_m de ces sites pour la liaison de K^+ (0,2 mM) est inférieur à la concentration extracellulaire de cet ion (4 mM) ; ces sites se rempliront donc d'ions K^+. De même, au cours de la transition E2 → E1, les deux ions K^+ liés sont transportés à l'intérieur, puis libérés dans le cytosol.

Certaines substances chimiques (comme l'ouabaïne et la digoxine) se fixent au domaine extracytoplasmique de l'ATPase à Na^+/K^+ de la membrane plasmique et inhibent spécifiquement son activité ATPasique. La perturbation qui s'ensuit de l'équilibre Na^+/K^+ des cellules est un élément important du rôle critique de cette pompe à ions dans le maintien des gradients normaux de concentration des ions Na^+ et K^+.

Les ATPases à H^+ de classe V pompent les protons à travers les membranes lysosomiales et vacuolaires

Toutes les ATPases de classe V transportent exclusivement des ions H^+. Ces pompes à protons, présentes dans les membranes des lysosomes, des endosomes et des vacuoles végétales servent à acidifier la lumière de ces organites. Le pH de la lumière lysosomiale peut être mesuré précisément dans les cellules vivantes à l'aide de particules marquées par un colorant fluorescent sensible au pH. Après la phagocytose de ces particules par les cellules et leur transfert dans les lysosomes, on peut calculer le pH lysosomial à partir du spectre d'émission de la fluorescence. Le maintien d'un rapport de concentrations de protons de 100 ou plus entre la lumière du lysosome (pH ≈ 4,5-5,0) et le cytosol (pH ≈ 7,0) dépend de da production d'ATP par la cellule.

Des pompes à protons mues par l'ATP présentes dans les membranes des lysosomes et des vacuoles ont été isolées, purifiées et incorporées dans des liposomes. Comme l'illustre la Figure 7-6 (au centre), ces pompes de classe V contiennent deux domaines discrets : un domaine cytosolique hydrophile (V_1) et un domaine transmembranaire (V_0), avec de multiples sous-unités dans chaque domaine. La liaison et l'hydrolyse d'ATP par les sous-unités B dans V1 fournissent l'énergie nécessaire au pompage des ions H^+ à travers le canal conducteur de protons formé par les sous-unités c et a dans V_0. Au contraire des pompes à ions de classe P, les pompes à protons de classe V ne sont pas phosphorylées et déphosphorylées au cours du transport des protons. Les pompes à protons de classe F, de structure similaire, que nous décrirons au chapitre suivant, fonctionnent normalement « en sens inverse » pour synthétiser de l'ATP et non pour pomper des protons. Leur mécanisme d'action est très bien compris.

L'acidification d'une vésicule intracellulaire nécessite le pompage d'un nombre relativement faible de protons. Pour en comprendre la raison, rappelons qu'une solution de pH 4 a une concentration en ions H^+ de 10^{-4} moles par litre, ou 10^{-7} moles par millilitre. Puisqu'il y a 6,02 x 10^{23} molécules par mole (le nombre d'Avogadro), alors 1 millilitre d'une solution de pH 4 contient 6,02 x 10^{16} ions H^+. Par conséquent, à pH 4, un lysosome primaire sphérique avec un volume de 4,18 x 10^{-15} ml (diamètre de 0,2 μm) contiendra seulement 252 protons.

Seules, les pompes à protons mues par l'ATP ne peuvent acidifier la lumière d'un organite (ou l'espace extracellulaire) car ces pompes sont *électrogènes*, c'est-à-dire qu'il se produit un déplacement net des charges électriques au cours du transport. Le pompage de quelques protons seulement provoque l'accumulation d'ions H^+ chargés positivement sur la face extracytoplasmique (interne) de la membrane de l'organite. Pour chaque ion H^+ pompé à travers la membrane, un ion négatif (comme OH^- ou Cl^-) sera « laissé derrière » sur la face cytosolique, provoquant de ce côté une accumulation de charges négatives. Ces ions de charge opposée s'attireront mutuellement de part et d'autre de la membrane, créant une séparation de charges, ou potentiel électrique, à travers celle-ci. À mesure que des protons sont pompés, l'excès de charges positives sur la face extracytoplasmique repousse les autres ions H^+, empêchant rapidement le pompage d'ions H^+ supplémentaires, bien avant qu'un gradient de concentration transmembranaire significatif de H^+ ne soit établi (Figure 7-10a). En fait, c'est de cette façon que les pompes à H^+ de classe P établissent un potentiel négatif dans le cytosol à travers les membranes plasmiques des plantes et levures.

Pour que la lumière d'un organite ou un espace extracellulaire (comme la lumière de l'estomac) devienne acide, le déplacement des protons doit s'accompagner soit (1) d'un déplacement d'un nombre égal d'anions (comme Cl^-) dans le même sens, ou (2) du déplacement d'un nombre égal d'un autre cation dans le sens inverse. C'est le premier processus qui se produit dans les lysosomes et les vacuoles des plantes, dont les membranes contiennent des ATPases à H^+ de classe V et des canaux anioniques par lesquels passent les ions Cl^- (Figure 7-10b). Le deuxième processus a lieu au niveau du revêtement de l'estomac, qui contient une ATPase à H^+/K^+ de classe P qui n'est pas électrogène et pompe un ion H^+ vers l'extérieur et un ion K^+ vers l'intérieur. Le fonctionnement de cette pompe sera discuté plus loin dans ce chapitre.

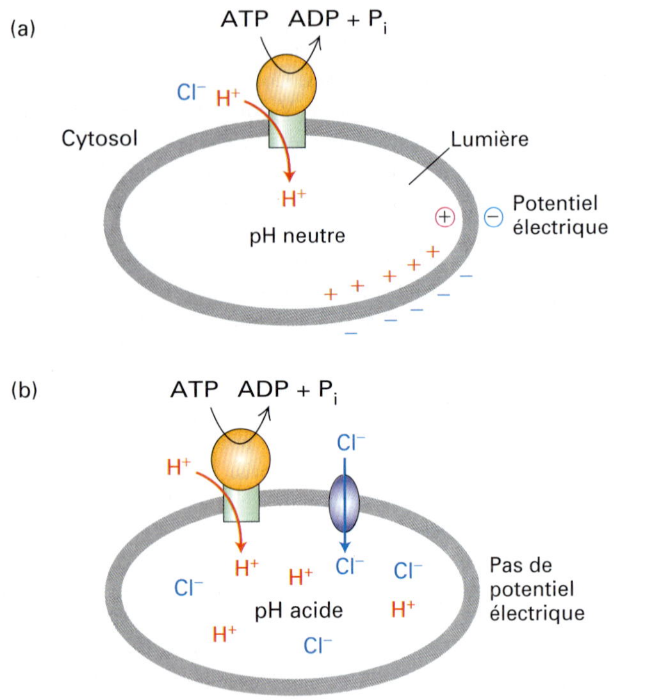

FIGURE 7-10 Les conséquences du pompage des protons par les pompes à ions de classe V sur les gradients de concentration de H^+ et le potentiel électrique à travers les membranes cellulaires. (a) Si un organite intracellulaire contient uniquement des pompes de classe V, le pompage des protons crée un potentiel électrique à travers la membrane, positif du côté luminal (face à la lumière), mais n'entraîne pas de changement significatif du pH intraluminal. (b) Si la membrane de l'organite contient également des canaux à Cl^-, les anions suivent passivement les protons pompés, ce qui provoque une accumulation d'ions H^+ (pH luminal faible), mais ne crée pas de potentiel électrique à travers la membrane.

Les perméases bactériennes sont des protéines ABC qui importent différents nutriments de l'environnement

Comme nous l'avons vu plus haut, tous les membres de la très grande et diverse superfamille ABC de protéines de transport contiennent deux domaines transmembranaires (T) et deux domaines cytosoliques fixant l'ATP (A) (voir Figure 7-6). Les domaines T, constitués chacun de six hélices α transmembranaires, forment le passage par lequel la substance transportée (le substrat) traverse la membrane et détermine la spécificité de chaque protéine ABC pour son substrat. Les séquences des domaines A présentent une homologie de ≈ 30-40 % chez tous les membres de cette superfamille, ce qui indique une origine commune dans l'évolution. Certaines protéines ABC possèdent également un domaine extracytoplasmique supplémentaire de liaison pour le substrat ou une sous-unité régulatrice.

La membrane plasmique d'un grand nombre de bactéries contient de nombreuses *perméases* qui appartiennent à la superfamille ABC. Ces protéines utilisent l'énergie libérée par l'hydrolyse d'ATP pour transporter des acides aminés, des sucres, des vitamines spécifiques, ou même des peptides dans la cellule. Les bactéries se développent fréquemment dans le sol ou l'eau des mares, lieux dans lesquels la concentration des nutriments est faible. De ce fait, les protéines de transport ABC permettent aux cellules d'importer des nutriments contre des gradients de concentration importants. Les perméases bactériennes sont généralement inductibles, c'est-à-dire que la quantité d'une protéine de transport dans la membrane cellulaire est régulée à la fois par la concentration du nutriment dans le milieu et les besoins métaboliques de la cellule.

Dans l'histidine perméase d'*E. coli*, une protéine bactérienne ABC typique, les deux domaines transmembranaires et les deux domaines cytosoliques de liaison à l'ATP sont formés de quatre sous-unités séparées. Chez les bactéries gram-négatives telles qu'*E. coli*, la membrane externe contient des **porines** qui la rendent hautement perméable à la plupart des petites molécules (voir Figure 5-14). Une protéine soluble de liaison à l'histidine est située dans l'espace périplasmique entre la membrane externe et la membrane plasmique. Cette protéine soluble fixe étroitement l'histidine et la dirige vers les sous-unités T de la perméase, par lesquelles l'histidine traverse la membrane plasmique grâce à l'énergie libérée par l'hydrolyse d'ATP. Des cellules mutantes d'*E. coli* présentant une déficience pour n'importe laquelle des sous-unités de l'histidine perméase ou de la protéine soluble de liaison sont incapables de transporter l'histidine dans la cellule, mais peuvent transporter d'autres acides aminés dont l'absorption est facilitée par des protéines différentes de transport. De telles analyses génétiques indiquent que l'histidine perméase et des protéines ABC similaires servent à transporter divers solutés dans les cellules bactériennes.

On connaît environ 50 pompes ABC transportant de petites molécules chez les mammifères

La première protéine ABC eucaryote fut découverte au cours d'études de cellules tumorales et de cellules en culture, qui présentaient une résistance à plusieurs substances chimiques de structures très différentes. On finit par montrer que ces cellules exprimaient des quantités élevées d'une *protéine de transport résistante à de multiples substances chimiques* [*multidrug-resistance (MDR) transport protein* en anglais] appelée *MDR1*. Cette protéine utilise l'énergie issue de l'hydrolyse d'ATP pour *exporter* une grande variété de substances chimiques du cytosol vers le milieu extracellulaire. Le gène *Mdr1* est souvent amplifié dans les cellules présentant une résistance à de multiples substances chimiques, ce qui aboutit à une surproduction forte de la protéine MDR1.

La plupart des substances chimiques transportées par MDR1 sont de petites molécules hydrophobes qui diffusent depuis le milieu, à travers la membrane plasmique et sans l'aide de protéines de transport, et gagnent le cytosol de la cellule dans lequel elles bloquent différentes fonctions cellulaires. Deux de ces substances chimiques sont la colchicine et la vinblastine, qui bloquent l'assemblage des microtubules. L'export de ces substances chimiques par MDR1, permis par l'hydrolyse d'ATP, réduit leur concentration dans le cytosol. Par conséquent, il faut une concentration extracellulaire bien plus élevée de ces substances chimiques pour tuer les cellules qui expriment MDR1 que pour celles qui ne l'expriment pas. Le fait que cette protéine MDR1 soit une pompe mue par l'ATP qui transporte de petites molécules a été démontré en utilisant des liposomes contenant la protéine purifiée (voir Figure 7-5). L'activité ATPasique de ces liposomes est stimulée par différentes substances chimiques, d'une manière dose-dépendante qui correspond à leur capacité d'être transportées par MDR1.

On connaît désormais environ 50 transporteurs protéiques ABC différents chez les mammifères (voir Tableau 18-2). Ils sont abondamment exprimés dans le foie, les intestins et les reins — les sites au niveau desquels les déchets et substances toxiques naturels sont éliminés du corps. Parmi les substrats de ces protéines ABC, on trouve des sucres, des acides aminés, du cholestérol, des peptides, des protéines, des toxines et des xénobiotiques (substances étrangères à l'organisme vivant). La fonction normale de MDR1 est donc probablement le transport de différentes toxines naturelles et métaboliques dans la bile, la lumière intestinale ou l'urine. Au cours de son évolution, MDR1 semble avoir acquis la capacité de transporter des substances chimiques dont la structure est similaire à celle de ces toxines endogènes. Les tumeurs dérivées des types cellulaires exprimant MDR, telles que les hépatomes (cancers du foie), sont très souvent résistantes à presque tous les agents chimiothérapeutiques et donc difficiles à traiter, sans doute parce qu'elles présentent une expression accrue de MDR1 ou de la protéine apparentée MDR2.

MÉDECINE

Plusieurs maladies génétiques humaines sont associées à des protéines ABC déficientes. L'adréno-leucodystrophie liée à l'X (ADL) par exemple, est caractérisée par une protéine de transport ABC déficiente (ABCD1) située dans la membrane des peroxysomes. Cette protéine régule normalement l'import de très longues chaînes d'acides gras dans les peroxysomes, dans lesquels elles sont oxydées. En son absence, ces acides gras s'accumulent dans le cytosol et provoquent des dégâts dans la cellule. La maladie de Tangier est marquée par une déficience de la protéine ABC de la membrane plasmique (ABCA1) qui transporte des phospholipides et sans doute du cholestérol (Chapitre 18).

La mucoviscidose (CF pour *cystic fibrosis* en anglais) en est un autre exemple. Elle est due à une mutation dans le gène codant le régulateur transmembranaire de la mucoviscidose (*CFTR*). Cette protéine de transport du Cl^- est exprimée dans les membranes plasmiques apicales des cellules épithéliales des poumons, des glandes sudoripares, du pancréas et d'autres tissus. Par exemple, la protéine CFTR est importante pour la résorption du Cl^- dans les cellules des glandes sudoripares et les bébés atteints de mucoviscidose, si on les lèche, ont souvent un goût « salé ». Une augmentation de l'AMP cyclique (AMPc), une petite molécule de signalisation intracellulaire, provoque la phosphorylation de CFTR et stimule le transport de Cl^- par les cellules correspondantes chez les individus sains, mais pas chez les individus CF dont la protéine CFTR est déficiente. (Le rôle de l'AMPc dans de nombreuses voies de transmission du signal sera décrit au Chapitre 13.) La séquence et la structure prédites pour la protéine CFTR, d'après une analyse du gène cloné, sont très semblables à celles de la protéine MDR1, à l'exception de la présence d'un domaine supplémentaire, le domaine régulateur (R) sur la face cytosolique. De plus, l'activité de transport du Cl^- de la protéine CFTR est accrue par la fixation d'ATP. Étant donné sa ressemblance avec d'autres protéines ABC, CFTR pourrait également servir de pompe mue par l'ATP pour une molécule non encore identifiée. ▮

Les protéines ABC qui transportent des substrats liposolubles peuvent fonctionner comme des flippases

Les substrats de la MDR1 de mammifères sont principalement des molécules planes, liposolubles, avec une ou plusieurs charges positives. Elles sont toutes en compétition pour être transportées par

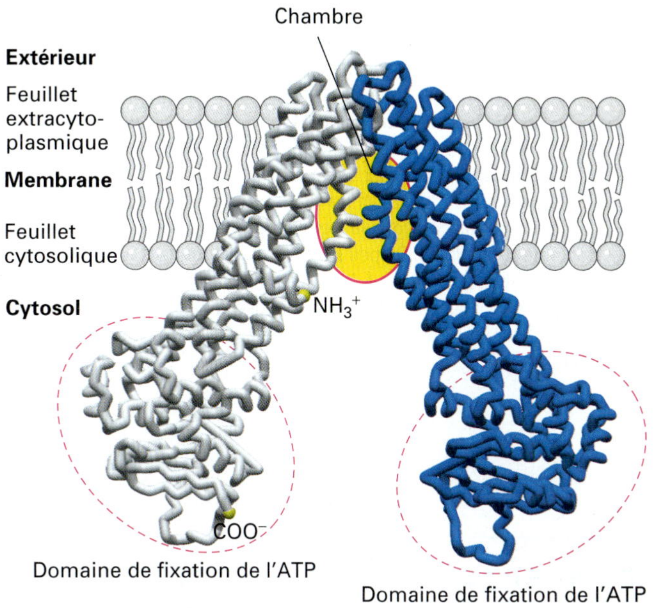

FIGURE 7-11 Un modèle structural de la flippase à lipides d'*E. coli*, une protéine ABC homologue de la MDR1 de mammifère. La protéine en forme de V abrite une « chambre » au cœur de la bicouche, au niveau de laquelle on pense que les substrats liés sont basculés à travers la membrane, comme le décrit la Figure 7-12. Chaque sous-unité identique de cette protéine homodimérique possède un domaine transmembranaire, comprenant six hélices α et un domaine cytosolique dans lequel a lieu la fixation de l'ATP. [Adapté de G. Chang et C. Roth, 2001, *Science* **293** :1793.]

MDR1, ce qui suggère qu'elles se fixent au(x) même(s) site(s) sur la protéine. Au contraire des protéines ABC bactériennes, les quatre domaines de MDR1 sont fusionnés en une seule protéine d'un PM de 170 000. La structure tridimensionnelle récemment déterminée d'une protéine homologue de transport des lipides chez *E. coli* révèle que la molécule a une forme de V, avec son apex (partie supérieure) dans la membrane et ses bras contenant les sites de liaison pour l'ATP qui saillent dans le cytosol (Figure 7-11).

Bien que le mécanisme de transport par MDR1 et les protéines ABC similaires n'ait pas été définitivement établi, le *modèle de la flippase* décrit dans la Figure 7-12 est probable. D'après ce modèle, MDR1 fait « basculer » une molécule de substrat chargé du feuillet cytosolique vers le feuillet extracytoplasmique, une réaction énergétiquement défavorable permise par l'activité ATPasique couplée de la protéine. L'élément en faveur du modèle de la flippase pour le transport par MDR1 vient de MDR2, une protéine homologue présente dans la région de la membrane plasmique des hépatocytes, face au canal biliaire. Comme nous le verrons en détail au Chapitre 18, on a montré que MDR2 faisait basculer les phospholipides du feuillet situé face au cytosol de la membrane plasmique, vers le feuillet extracytoplasmique, créant ainsi un excès de phospholipides dans ce feuillet. Ces phospholipides se détachent ensuite et gagnent le canal biliaire dans lequel ils forment une partie importante de la bile.

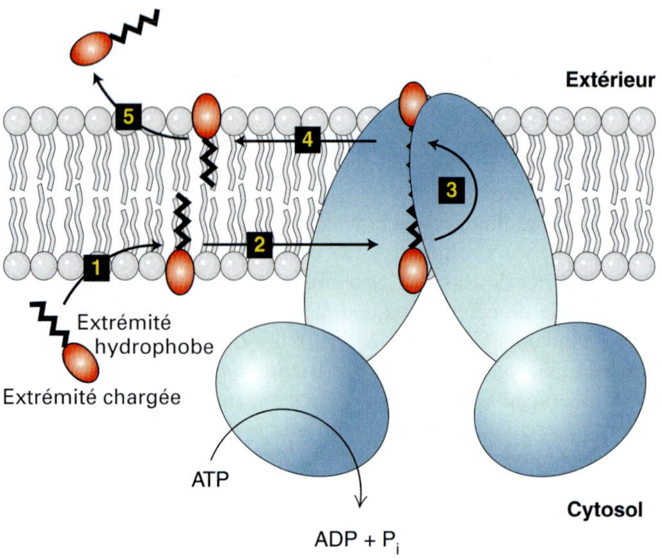

FIGURE 7-12 Le modèle de la flippase pour le transport par MDR1 et des protéines ABC similaires. Étape **1** : La fraction hydrophobe (en noir) d'une molécule de substrat passe spontanément du cytosol dans le feuillet membranaire face au cytosol, tandis que l'extrémité chargée (en rouge) demeure dans le cytosol. Étape **2** : Le substrat diffuse latéralement jusqu'à ce qu'il rencontre une protéine MDR1 au cœur de la bicouche et se fixe à un de ses sites. Étape **3** : La protéine fait ensuite « basculer » la molécule chargée de substrat dans le feuillet extracytoplasmique, une réaction énergétiquement défavorable permise par l'hydrolyse couplée d'ATP par le domaine cytosolique. Étapes **4** et **5** : Une fois dans le feuillet extracytoplasmique, le substrat peut à nouveau diffuser latéralement dans la membrane et gagne ensuite la phase aqueuse à l'extérieur de la cellule. [Adapté de P. Borst, N. Zelcer et A. van Helvoort, 2000, *Biochim. Biophys. Acta* **1486** :128.]

CONCEPTS CLÉS DE LA SECTION 7.2

Les pompes mues par l'ATP et l'environnement ionique intracellulaire

- Quatre classes de protéines transmembranaires couplent l'hydrolyse d'ATP libérant de l'énergie, au transport de substances contre leur gradient de concentration, qui nécessite de l'énergie : les pompes de classes P, V et F et les protéines ABC (voir Figure 7-6).
- L'action combinée des ATPases à Na^+/K^+ de classe P dans la membrane plasmique et de leurs homologues, les ATPases à Ca^{2+} dans la membrane plasmique ou le réticulum sarcoplasmique crée le milieu ionique habituel des cellules animales : des concentrations élevée de K^+, faibles de Ca^{2+} et de Na^+ dans le cytosol ; des concentrations faible de K^+, élevées de Ca^{2+} et de Na^+ dans le liquide extracellulaire.
- Dans les pompes de classe P, la phosphorylation de la sous-unité α (catalytique) et un changement des états conformationnels sont essentiels au couplage de l'hydrolyse d'ATP et du transport des ions H^+, Na^+, K^+ ou Ca^{2+} (voir Figures 7-7 et 7-9).
- Les ATPases des classes V et F, qui transportent exclusivement des protons sont de gros complexes à multiples sous-unités, avec un canal servant de passage pour les protons dans le domaine transmembranaire et des sites de liaison pour l'ATP dans le domaine cytosolique.
- Les pompes à H^+ de classe V dans les membranes des lysosomes et des endosomes des animaux ainsi que dans les membranes des vacuoles des plantes sont responsables du maintien à l'intérieur des organites d'un pH plus faible que celui du cytosol environnant (voir Figure 7-10b).
- Tous les membres de la grande et diverse superfamille ABC des protéines de transport contiennent quatre domaines centraux : deux domaines transmembranaires qui forment un passage pour le déplacement des solutés et déterminent la spécificité pour un substrat, et deux domaines cytosoliques qui fixent l'ATP (voir Figure 7-11).
- La superfamille ABC comprend des perméases bactériennes pour les sucres et les acides aminés et environ 50 protéines de mammifères (par exemple, MDR1, ABCA1) qui transportent une large gamme de substrats dont des toxines, des substances chimiques, des phospholipides, des peptides et des protéines.
- D'après le modèle de la flippase pour l'activité de MDR, une molécule de substrat diffuse dans le feuillet cytosolique de la membrane plasmique, puis est basculée dans le feuillet extracytoplasmique au cours d'un processus nécessitant de l'ATP, et pour finir diffuse de la membrane vers l'espace extracellulaire (voir Figure 7-12).

7.3 Les canaux de fuite et le potentiel membranaire de repos

En plus des pompes à ions mues par l'ATP qui transportent des ions contre leur gradient de concentration, la membrane plasmique contient des canaux protéiques qui permettent aux principaux ions de la cellule (Na^+, K^+, Ca^{2+} et Cl^-) de la traverser à des vitesses différentes, dans le sens de leur gradient de concentration. Les gradients de concentration des ions créés par les pompes et le déplacement sélectif des ions à travers les canaux constituent le principal mécanisme grâce auquel une différence de voltage, ou potentiel électrique, est créée au travers de la membrane plasmique. L'amplitude de ce potentiel électrique est généralement ≈ 70 millivolts (mV), l'intérieur de la cellule étant négatif par rapport à l'extérieur. Cette valeur semble faible jusqu'à ce que l'on considère l'épaisseur de la membrane plasmique (3,5 nm). Ainsi, le gradient de voltage à travers la membrane plasmique est de 0,07 V pour 3,5 x 10^{-7} cm, soit 200 000 volts par centimètre ! (Pour apprécier la signification de cette valeur, considérons les lignes électriques à haute tension qui utilisent des gradients d'environ 200 000 volts par kilomètre.)

Les gradients ioniques et le potentiel électrique à travers la membrane plasmique sont impliqués dans de nombreux processus biologiques. Comme nous l'avons vu précédemment, une augmentation de la concentration cytosolique de Ca^{2+} est un signal régulateur important, qui initie la contraction dans les cellules musculaires et déclenche la sécrétion des enzymes digestives dans les cellules pancréatiques exocrines. Dans de nombreuses cellules animales, la force combinée du gradient de concentration de Na^+ et du potentiel électrique de membrane permet l'absorption d'acides aminés et d'autres molécules contre leur gradient de concentration, grâce à des symporteurs et des antiporteurs liés aux ions (voir Section 7-4). De plus, la conduction des potentiels d'action par les cellules nerveuses dépend de l'ouverture et de la fermeture de canaux ioniques en réponse aux changements du potentiel de membrane (voir Section 7-7).

Nous allons considérer ici l'origine du potentiel électrique de membrane dans les cellules au repos, la façon dont les canaux ioniques servent d'intermédiaires au déplacement sélectif des ions à travers une membrane et les techniques expérimentales utiles pour caractériser les propriétés fonctionnelles des canaux protéiques.

Le déplacement sélectif des ions crée une différence de potentiel électrique à travers la membrane

Pour comprendre plus facilement comment un potentiel électrique peut apparaître à travers la membrane plasmique, nous allons d'abord considérer un ensemble de systèmes expérimentaux simplifiés dans lesquels une membrane sépare une solution de 150 mM de NaCl/15 mM de KCl à droite, d'une solution de 15 mM de NaCl/150 mM de KCl à gauche. Un potentiomètre (voltmètre) est connecté aux deux solutions pour mesurer toute différence de potentiel électrique à travers la membrane. Si la membrane est imperméable à tous les ions, aucun ion ne la traversera et il n'y aura pas de création de potentiel électrique, comme le montre la Figure 7-13a.

Supposons à présent que la membrane contienne des canaux protéiques à Na^+, qui laissent passer les ions Na^+ mais ni les ions K^+, ni les ions Cl^- (Figure 7-13b). Dans ce cas, les ions Na^+ auront tendance à se déplacer dans le sens de leur gradient de concentration, du côté droit vers le côté gauche, laissant un excès d'ions négatifs Cl^- comparé aux ions Na^+ du côté droit, et créant un excès d'ions positifs Na^+ comparé aux ions Cl^- du côté gauche. Les ions Na^+ en excès à gauche et Cl^- à droite restent proches des surfaces respectives de la membrane car les charges positives en excès d'un côté de la membrane sont attirées par les charges négatives en excès de l'autre côté. La séparation de charges résultante

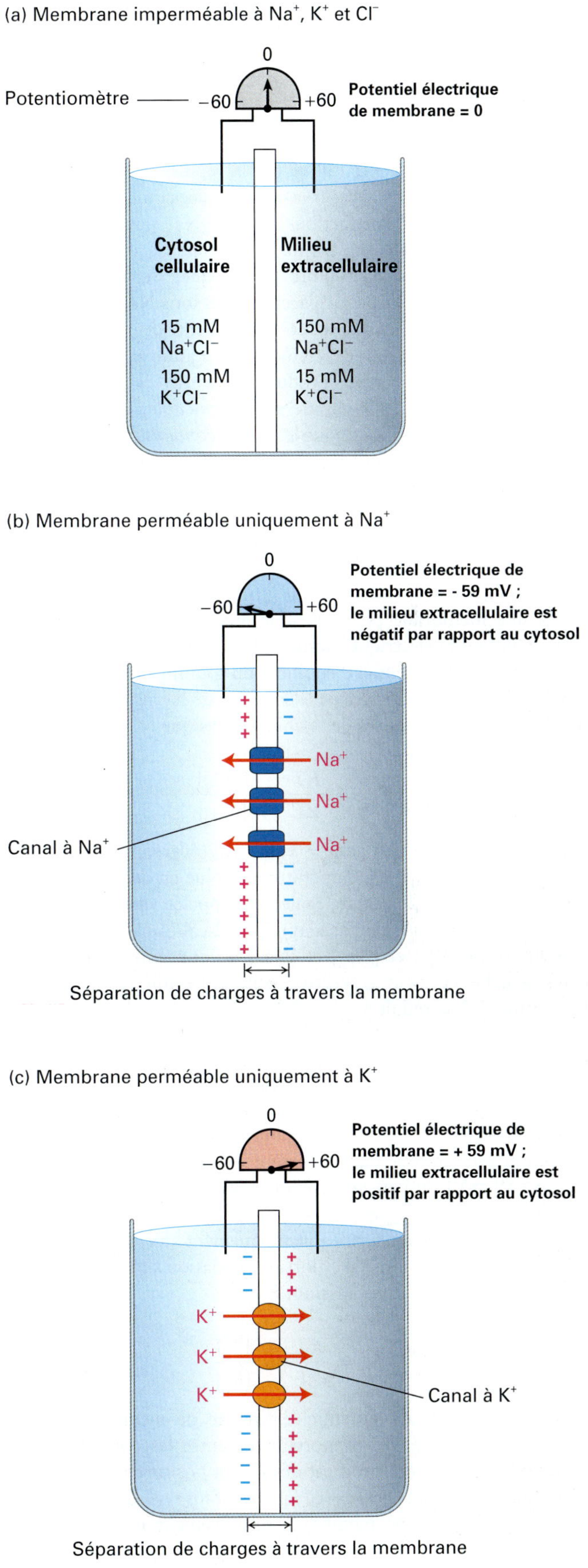

FIGURE EXPÉRIMENTALE 7-13 La création d'un potentiel électrique transmembranaire (voltage) dépend du déplacement sélectif des ions à travers une membrane semi-perméable. Dans ce système expérimental, une membrane sépare une solution de 15 mM de NaCl/150 mM de KCl (*à gauche*) d'une solution de 150 mM de NaCl/15 mM de KCl (*à droite*). Ces concentrations ioniques sont similaires à celles du cytosol et du sang respectivement. Si la membrane séparant les deux solutions est imperméable à tous les ions (a), aucun ion ne pourra la traverser et l'on n'enregistrera aucune différence de potentiel électrique sur le potentiomètre reliant les deux solutions. Si la membrane est sélectivement perméable uniquement à Na^+ (b) ou à K^+ (c), alors la diffusion des ions à travers leurs canaux respectifs conduira à une séparation de charges à travers la membrane. À l'équilibre, le potentiel de membrane créé par la séparation des charges deviendra égal au potentiel de Nernst E_{Na} ou E_K enregistré sur le potentiomètre. Voir le texte pour plus d'explications.

à travers la membrane constitue un potentiel, ou voltage, le côté droit de la membrane possédant un excès de charges négatives par rapport au côté gauche.

Au fur et à mesure du passage des ions Na^+ à travers les canaux ioniques membranaires, la différence de charge (voltage) augmente. Cependant, le déplacement continu de droite à gauche des ions Na^+ finit par être inhibé par la répulsion mutuelle entre les charges positives en excès (Na^+) accumulées du côté gauche de la membrane et par l'attraction des ions Na^+ pour les charges négatives en excès accumulées du côté droit. Le système atteint rapidement un point d'équilibre pour lequel les deux facteurs inverses qui déterminent le déplacement des ions Na^+ — le potentiel électrique de membrane et le gradient de concentration ionique — se compensent exactement. À l'équilibre, aucun déplacement net d'ions Na^+ ne se produit plus à travers la membrane. Par conséquent, cette membrane *semi-perméable*, comme toutes les membranes biologiques, joue le rôle de *condensateur* — un système constitué d'un feuillet mince de matériau non conducteur (l'intérieur hydrophobe) entouré de part et d'autre d'un matériau électriquement conducteur (les groupements polaires de tête des phospholipides et les ions de la solution aqueuse environnante) — qui peuvent accumuler des charges positives d'un côté et des charges négatives de l'autre.

Si une membrane est perméable uniquement aux ions Na^+, alors le potentiel électrique mesuré à l'équilibre à travers la membrane est égal au potentiel d'équilibre du sodium en volts, E_{Na}. La grandeur de E_{Na} est donnée par l'équation de Nernst, qui provient des principes élémentaires de la chimie physique :

$$E_{Na} = \frac{RT}{ZF} \ln \frac{[Na_g]}{[Na_d]} \quad (7.2)$$

où R (la constante des gaz) = 1,987 cal/(degré.mol), soit 8,28 joules/(degré.mol) ; T (la température absolue en degrés Kelvin) = 293 K à 20°C ; Z (la charge, également appelée valence) égale ici à + 1 ; F (la constante de Faraday) 23 062 cal/(mol.V) ou 96 000 coulombs/(mol.V) ; et $[Na_g]$ et $[Na_d]$ les concentrations sur les côtés gauche et droit respectivement, à l'équilibre. À 20 °C, l'Équation 7-2 se réduit à :

$$E_{Na} = 0{,}059 \log_{10} \frac{[Na_g]}{[Na_d]} \quad (7.3)$$

Si $[Na_g]/[Na_d]$ = 0,1, c'est-à-dire pour un rapport de 10 entre les concentrations comme dans la Figure 7-13b, alors E_{Na} = –0,059 V (ou –59 mV), le côté droit étant négatif par rapport au côté gauche.

Si la membrane est perméable uniquement aux ions K^+ mais ni aux ions Na^+ ni aux ions Cl^-, alors une équation similaire décrit le potentiel d'équilibre du potassium E_K :

$$E_K = \frac{RT}{ZF} \ln \frac{[K_g]}{[K_d]} \quad (7.4)$$

La *valeur absolue* du potentiel électrique de membrane est la même (59 mV pour un rapport de 10 entre les concentrations ioniques), mais le côté droit est désormais *positif* par rapport au côté gauche (Figure 7-13c), ce qui est l'inverse de la polarité obtenue à travers une membrane sélectivement perméable aux ions Na^+.

Le potentiel de membrane dans les cellules animales dépend en grande partie des canaux de fuite à K^+

Les membranes plasmiques des cellules animales contiennent de nombreux canaux à K^+ ouverts mais peu de canaux à Na^+, Cl^- ou Ca^{2+} ouverts. Par conséquent, le principal déplacement ionique à travers la membrane plasmique est celui des ions K^+ de l'intérieur vers l'extérieur, dans le sens du gradient de concentration de K^+, laissant un excès de charges négatives à l'intérieur et créant un excès de charges positives à l'extérieur, comme c'est le cas pour le système expérimental décrit dans la Figure 7-13c. Le flux vers l'extérieur des ions K^+ à travers ces canaux appelés **canaux de fuite à K^+** est donc le principal déterminant du potentiel membranaire négatif à l'intérieur. Comme tous les canaux, ils alternent entre un état ouvert et un état fermé, mais du fait que leur ouverture et leur fermeture ne sont pas affectées par le potentiel de membrane ou par de petites molécules de transmission du signal, on appelle ces canaux, des *canaux de fuite*. Les différents autres canaux décrits dans des sections ultérieures s'ouvrent uniquement en réponse à des ligands spécifiques ou à des changements du potentiel membranaire.

D'un point de vue quantitatif, le potentiel de membrane habituel au repos de –70 mV est proche mais inférieur en valeur absolue au potentiel d'équilibre du potassium calculé à partir de l'équation de Nernst, en raison de la présence de quelques canaux à Na^+ ouverts. Ces canaux à Na^+ ouverts permettent une entrée nette d'ions Na^+ ce qui rend la face cytosolique de la membrane

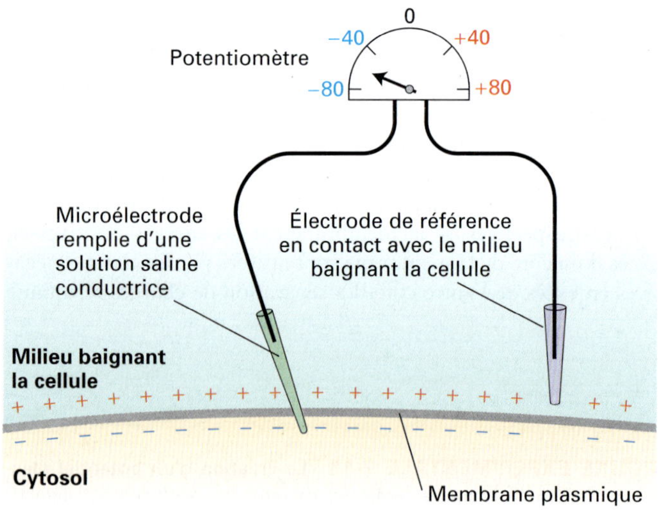

FIGURE EXPÉRIMENTALE 7-14 On peut mesurer le potentiel électrique à travers la membrane plasmique des cellules vivantes. Une microélectrode, construite en remplissant un tube de verre de très petit diamètre d'un liquide conducteur tel qu'une solution de KCl, est insérée dans une cellule de telle sorte que la membrane de surface enserre étroitement l'extrémité de l'électrode. Une électrode de référence est placée dans le milieu baignant la cellule. Un potentiomètre reliant les deux électrodes enregistre le potentiel, dans ce cas –60 mV. Une différence de potentiel est enregistrée uniquement lorsque la microélectrode est insérée dans la cellule. Aucun potentiel n'est enregistré lorsque la microélectrode se trouve dans le milieu baignant la cellule.

plasmique plus positive, c'est-à-dire moins négative, que ne le prévoit l'équation de Nernst pour K^+. Le gradient de concentration de K^+ qui dirige le flux des ions à travers les canaux de fuite à K^+ est créé par une ATPase à Na^+/K^+ décrite plus haut (voir Figure 7-9). En l'absence de cette pompe, ou lorsqu'elle est inhibée, le gradient de concentration de K^+ ne peut être maintenu et le potentiel de membrane finit par devenir nul.

Bien que les canaux de fuite à K^+ jouent le rôle principal dans la création du potentiel électrique à travers la membrane plasmique des cellules animales, ce n'est pas le cas dans les cellules de plantes et de champignons. Le potentiel de membrane négatif à l'intérieur est créé dans ces cellules par le transport des ions H^+ hors de la cellule par des pompes à protons de classe P (voir Figure 7-10a).

Le potentiel à travers la membrane plasmique des cellules de grande taille peut être mesuré à l'aide d'une microélectrode insérée à l'intérieur de la cellule et d'une électrode de référence placée dans le liquide extracellulaire. Les deux électrodes sont reliées à un potentiomètre capable de mesurer de faibles différences de potentiel (Figure 7-14). Dans presque toutes les cellules, l'intérieur (face cytosolique) de la membrane cellulaire est négatif par rapport à l'extérieur ; les potentiels typiques de membrane sont compris entre −30 et −70 mV. Le potentiel existant à travers la membrane de surface de la plupart des cellules animales ne varie généralement pas au cours du temps. À l'inverse, les neurones et les cellules musculaires — les principaux types cellulaires ayant une activité électrique — subissent des changements contrôlés de leur potentiel de membrane, dont nous parlerons plus loin.

Les canaux ioniques contiennent un filtre sélectif formé d'hélices α transmembranaires et de segments P conservés au cours de l'évolution

Tous les canaux ioniques présentent une spécificité pour certains ions : les canaux à K^+ permettent le passage des ions K^+ mais pas celui des ions Na^+ qui leur sont pourtant étroitement apparentés, tandis que les canaux à Na^+ laissent passer les ions Na^+ mais pas les ions K^+. La détermination de la structure tridimensionnelle d'un canal bactérien à K^+ a révélé l'origine de cette sélectivité ionique si précise. Lorsque les séquences des autres canaux à K^+, Na^+ et Ca^{2+} furent établies, il devint évident que toutes ces protéines possédaient une structure commune et avaient probablement évolué à partir d'un seul type de canal protéique.

Comme tous les autres canaux à K^+, les canaux bactériens à K^+ sont constitués de quatre sous-unités identiques disposées symétriquement autour d'un pore central (Figure 7-15). Chaque sous-unité contient deux hélices α transmembranaires (S5 et S6) et un court segment P (domaine du pore) qui pénètre en partie dans la bicouche membranaire. Dans le canal tétramérique à K^+, les huit hélices α transmembranaires (deux de chaque sous-unité) forment un « tipi inversé », créant une cavité remplie d'eau appelée vestibule dans la partie centrale du canal. Quatre boucles étirées qui appartiennent aux segments P forment le véritable *filtre de sélectivité ionique* dans la partie étroite du pore, près de la surface extracytoplasmique au-dessus du vestibule.

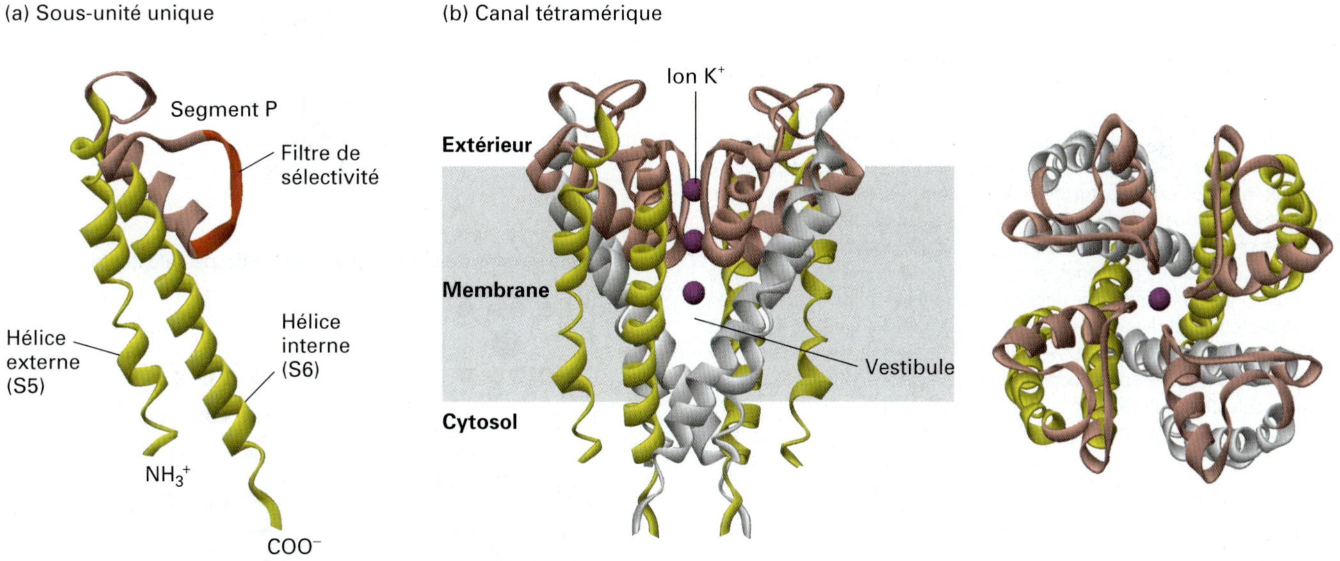

FIGURE 7-15 La structure d'un canal de fuite à K^+ provenant de la bactérie *Streptomyces lividans*. Tous les canaux protéiques à K^+ sont des tétramères constitués de quatre sous-unités identiques, contenant chacune deux hélices α transmembranaires conservées, appelées par convention S5 et S6 (en jaune) et un segment P ou segment du pore (en rose), plus court. (a) Une vue latérale d'une des sous-unités, avec ses principales caractéristiques structurales. (b) L'ensemble du canal tétramérique vu de côté (*à gauche*) et vu du dessus, c'est-à-dire de son extrémité extracellulaire (*à droite*). Les segments P sont situés à proximité de la surface extracytoplasmique et relient les hélices α S5 et S6 ; ils sont constitués d'une « tourelle » non hélicoïdale, qui tapisse la partie supérieure du pore, d'une courte hélice α et d'une boucle étirée qui dépasse dans la partie la plus étroite du pore et constitue le filtre de sélectivité ionique. Ce filtre permet le passage des ions K^+ (sphères violettes) mais pas celui des autres ions. Sous le filtre se trouve la cavité centrale ou vestibule, tapissée des hélices α internes ou S6. Les sous-unités des canaux à K^+ ligand- ou voltage-dépendants, qui s'ouvrent et se ferment en réponse à des stimulus spécifiques, contiennent d'autres hélices transmembranaires non représentées ici. [Voir Y. Zhou *et al.*, 2001, *Nature* **414** :43.]

Plusieurs éléments laissent penser que les segments P sont impliqués dans la sélectivité ionique. Tout d'abord, la séquence d'acides aminés du segment P a une forte homologie dans tous les canaux à K^+ connus et est différente de celle des autres canaux ioniques. Deuxièmement, la mutation des acides aminés dans ce segment modifie la capacité d'un canal à K^+ de distinguer Na^+ de K^+. Enfin, si l'on remplace le segment P d'un canal bactérien à K^+ par le segment homologue provenant d'un canal à K^+ de mammifère, la protéine chimérique ainsi obtenue présente une sélectivité normale pour K^+ par rapport aux autres ions. Par conséquent, on suppose que tous les canaux à K^+ utilisent le même mécanisme pour distinguer K^+ des autres ions.

La capacité du filtre de sélectivité ionique des ions K^+ de distinguer K^+ de Na^+ est due essentiellement aux oxygènes des carbonyles du squelette des résidus glycine situés dans la séquence Gly-Tyr-Gly présente en position analogue dans le segment P de tous les canaux à K^+ connus. Lorsqu'un ion K^+ pénètre dans le filtre étroit de sélectivité, il perd sa couche d'hydratation mais se lie à huit oxygènes de carbonyles du squelette, deux appartenant à la boucle étirée de chaque segment P tapissant le canal (Figure 7-16a, *à gauche*). En conséquence, le passage des ions K^+ à travers le canal ne nécessite qu'une faible énergie d'activation. Un ion Na^+ déshydraté étant trop petit pour se fixer aux huit oxygènes de carbonyles tapissant le filtre de sélectivité, l'énergie d'activation nécessaire au passage des ions Na^+ est relativement élevée (Figure 7-16a, *à droite*). Cette différence d'énergie d'activation favorise le passage des ions K^+ par rapport aux ions Na^+ d'un

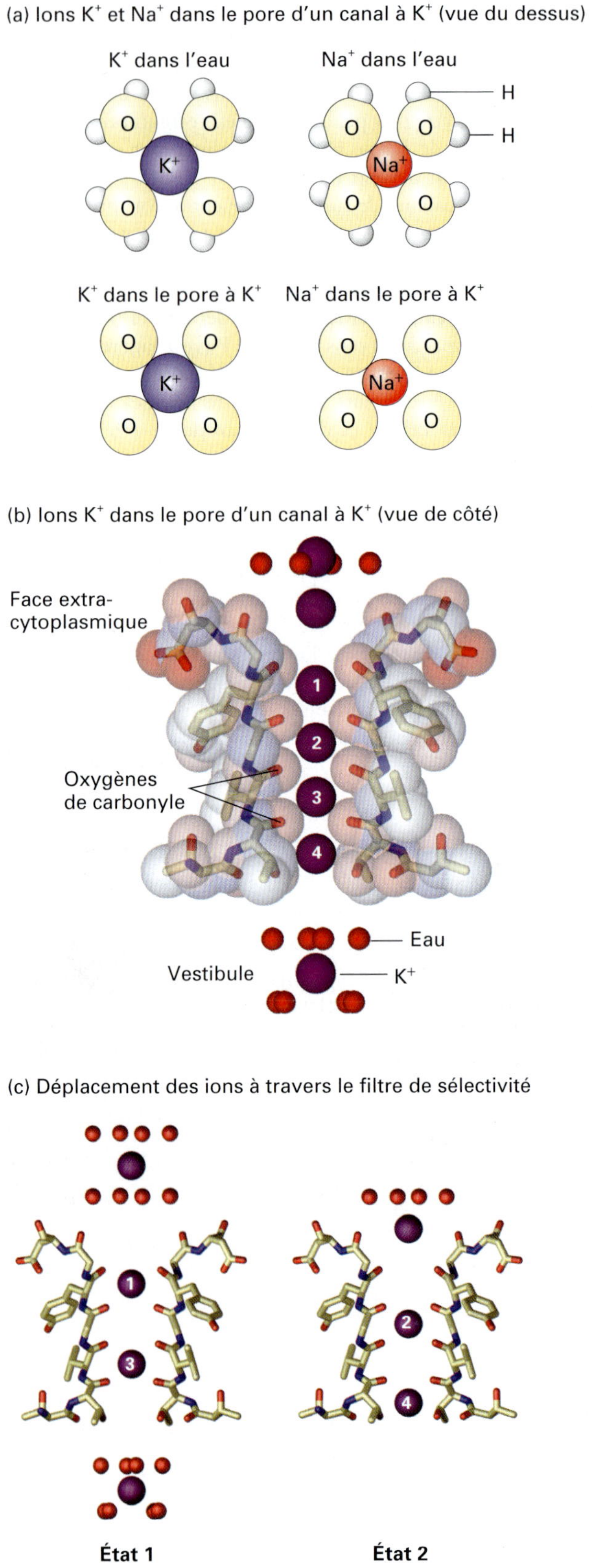

FIGURE 7-16 Le mécanisme de sélectivité ionique et de transport dans les canaux de fuite à K^+. (a) Des représentations schématiques des ions K^+ et Na^+ hydratés, en solution et dans le pore d'un canal à K^+. Lorsque les ions K^+ passent à travers le filtre de sélectivité, ils perdent les molécules d'eau qui leur sont liées et s'associent alors à huit oxygènes de carbonyles du squelette (quatre d'entre eux sont représentés) qui appartiennent à des acides aminés conservés dans la boucle tapissant le canal de chaque segment P. Les ions Na^+, plus petits, ne peuvent être parfaitement coordonnés à ces oxygènes et ne passent donc que rarement dans ces canaux. (b) Une carte de densité électronique à haute résolution obtenue par cristallographie aux rayons X, montrant les ions K^+ (sphères violettes) en train de passer à travers le filtre de sélectivité. Seules deux des sous-unités diagonalement opposées dans le canal sont figurées. Dans le filtre de sélectivité, chaque ion K^+ non hydraté interagit avec huit atomes d'oxygène de carbonyles (traits rouges) tapissant le canal, deux provenant de chacune des sous-unités, comme pour imiter les huit molécules d'eau d'hydratation. (c) Une interprétation de la carte de densité électronique montrant les deux états alternatifs dans lesquels les ions K^+ traversent le canal. Dans l'état 1, en passant de la face extracytoplasmique du canal vers l'intérieur de la cellule, on voit un ion K^+ hydraté avec ses huit molécules d'eau liées, des ions K^+ aux positions 1 et 3 à l'intérieur du filtre de sélectivité et un ion K^+ totalement hydraté dans le vestibule. Au cours du déplacement de K^+, chaque ion dans l'état 1 avance d'un cran vers l'intérieur, se retrouvant dans l'état 2. Par conséquent, dans l'état 2, l'ion K^+ sur la face extracytoplasmique du canal a perdu 4 de ses 8 molécules d'eau, l'ion en position 1 dans l'état 1 est parvenu en position 2 et l'ion en position 3 dans l'état 1 se retrouve en position 4. En passant de l'état 2 à l'état 1, l'ion K^+ en position 4 gagne le vestibule et récupère 8 molécules d'eau, tandis qu'un autre ion K^+ hydraté s'engage dans le canal en train de s'ouvrir et les autres ions K^+ avancent d'un cran. [Partie (a) adaptée de C. Armstrong, 1998, *Science* **280** :56. Parties (b) et (c) adaptées de Y. Zhou *et al.*, 2001, *Nature* **414** :43.]

facteur 1 000 environ. Les ions calcium sont trop gros pour passer au travers d'un canal à K^+ avec ou sans leur couche d'hydratation.

Des études récentes de cristallographie aux rayons X ont montré que le canal contient des ions K^+ dans le filtre de sélectivité même lorsqu'il est fermé ; sans ces ions, le canal se refermerait probablement. On pense que ces ions sont présents soit aux positions 1 et 3, soit 2 et 4, chaque position étant au cœur de huit atomes d'oxygène de carbonyles (Figure 7-16b et c). Les ions K^+ se déplacent simultanément à travers le canal, de sorte que lorsque l'ion présent sur la face extracytoplasmique a été partiellement débarrassé de sa couche d'hydratation et gagne la position 1, l'ion en position 2 saute en position 3 et l'ion en 4 quitte le canal (Figure 7-16c).

Bien que les séquences d'acides aminés du segment P dans les canaux à Na^+ et K^+ diffèrent quelque peu, elles se ressemblent suffisamment pour laisser penser que la structure générale des filtres de sélectivité ionique est comparable dans les deux types de canaux. Le diamètre du filtre dans les canaux à Na^+ est sans doute suffisamment étroit pour permettre aux ions Na^+ déshydratés de se fixer aux oxygènes des carbonyles du squelette, mais il empêche l'entrée des ions K^+ qui sont plus gros.

La technique de patch-clamp permet de mesurer le déplacement des ions à travers des canaux individuels

La technique de **patch-clamp** permet aux chercheurs d'étudier l'ouverture, la fermeture, la régulation et la conductance ionique d'un canal ionique *individuel*. Dans cette technique, le déplacement des ions vers l'intérieur ou vers l'extérieur de la cellule à travers une zone (*patch* en anglais) de la membrane est quantifié d'après la quantité de courant électrique nécessaire pour maintenir le potentiel de membrane à une valeur particulière (imposée : *clamped* en anglais ; Figure 7-17a, b). Pour préserver l'électroneutralité et maintenir constant le potentiel de membrane, l'entrée de chaque ion positif (par exemple, un ion Na^+) dans la cellule à travers un canal dans cette zone de la membrane est équilibrée par l'addition d'un électron dans le cytosol, à travers une microélectrode insérée dans celui-ci ; un système électronique mesure le nombre d'électrons (le courant) nécessaire pour compenser l'entrée d'ions à travers les canaux membranaires. À l'inverse, la sortie de chaque ion positif hors de la cellule (par exemple, un ion K^+) est compensée par la sortie d'un électron hors du cytosol. La technique de patch-clamp peut être utilisée sur des cellules entières ou sur des zones isolées de la membrane, pour mesurer les effets de différentes substances et concentrations ioniques sur le flux d'ions (Figure 7-17c).

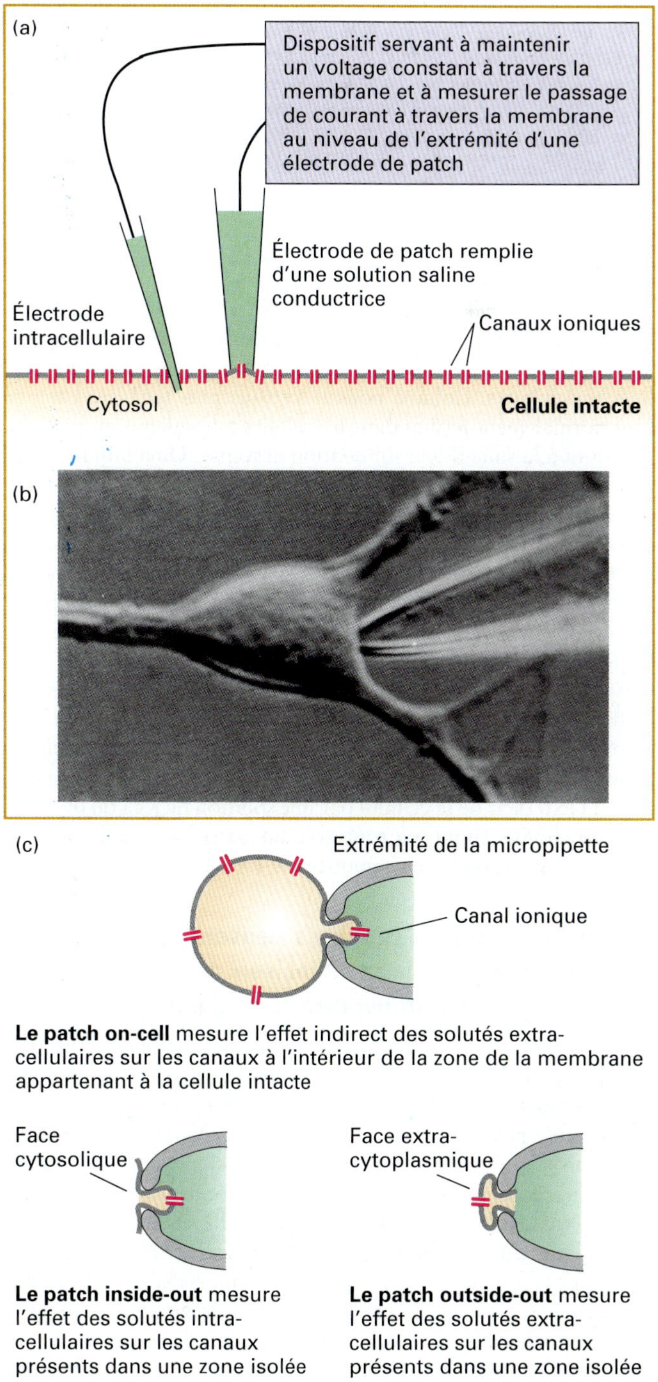

FIGURE EXPÉRIMENTALE 7-17 Le passage de courant à travers des canaux ioniques individuels peut être mesuré grâce à la technique de patch-clamp. (a) L'arrangement expérimental élémentaire pour mesurer le passage de courant à travers des canaux ioniques individuels dans la membrane plasmique d'une cellule vivante. L'électrode de patch, remplie d'une solution saline conductrice du courant électrique est appliquée avec une légère succion, contre la membrane plasmique. L'extrémité de 0,5 μm de diamètre recouvre une région qui contient un seul ou quelques canaux ioniques seulement. La deuxième électrode est insérée dans le cytosol à travers la membrane. Un appareil de mesure enregistre le flux de courant uniquement à travers les canaux situés dans la zone étudiée de la membrane plasmique. (b) Une microphotographie du corps cellulaire d'un neurone en culture et de l'extrémité d'une pipette de patch au contact de la membrane cellulaire. (c) Différentes configurations pour la technique de patch-clamp. Des zones détachées et isolées sont les meilleures configurations pour étudier les conséquences sur les canaux des concentrations de différents ions et solutés, tels que les hormones extracellulaires et les seconds messagers intracellulaires (comme l'AMPc). [Partie (b) d'après B. Sakmann, 1992, *Neuron* **8** :613. (Exposé du prix Nobel) ; également publié dans E. Neher et B. Sakmann, 1992, *Sci. Am.* **266**(3) :44. Partie (c) adaptée de B. Hille, 1992, *Ion Channels of Excitable Membranes*, 2e éd., Sinauer Associates, p. 89.]

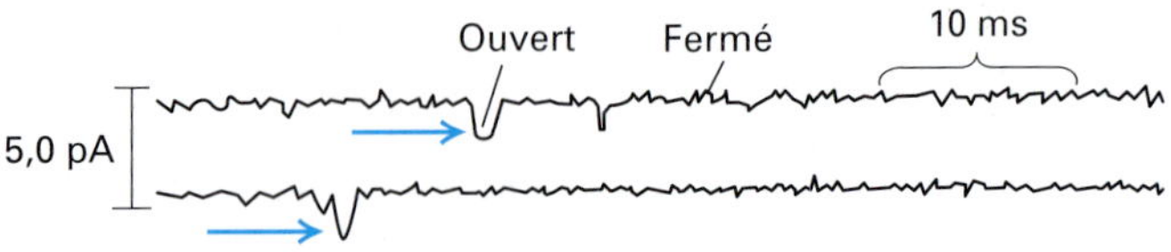

FIGURE EXPÉRIMENTALE 7-18 Le flux d'ions à travers des canaux individuels à Na^+ peut être calculé d'après des tracés obtenus par patch-clamp. On impose à deux zones inside-out d'une membrane plasmique de muscle un potentiel légèrement inférieur au potentiel de membrane au repos. L'électrode de patch contient du NaCl. Les impulsions transitoires de courant électrique en picoampères (pA), qui apparaissent sur l'enregistrement comme de grands pics vers le bas (flèches bleues), indiquent l'ouverture d'un canal à Na^+ et le déplacement des ions Na^+ vers l'intérieur de la cellule, à travers la membrane. Les pics de courant plus petits correspondent au bruit de fond. Le courant moyen à travers un canal ouvert est de 1,6 pA, soit $1{,}6 \times 10^{-12}$ ampères. Puisque 1 ampère = 1 coulomb (C) de charge par seconde, ce courant est équivalent au déplacement d'environ 9900 ions Na^+ par canal par milliseconde ; $(1{,}6 \times 10^{-12}$ C/s) $(10^{-3}$ s/ms)$(6 \times 10^{23}$ molécules/mol) ÷ 96 500 C/mol. [Voir F. J. Sigworth et E. Neher, 1980, *Nature* **287** :447.]

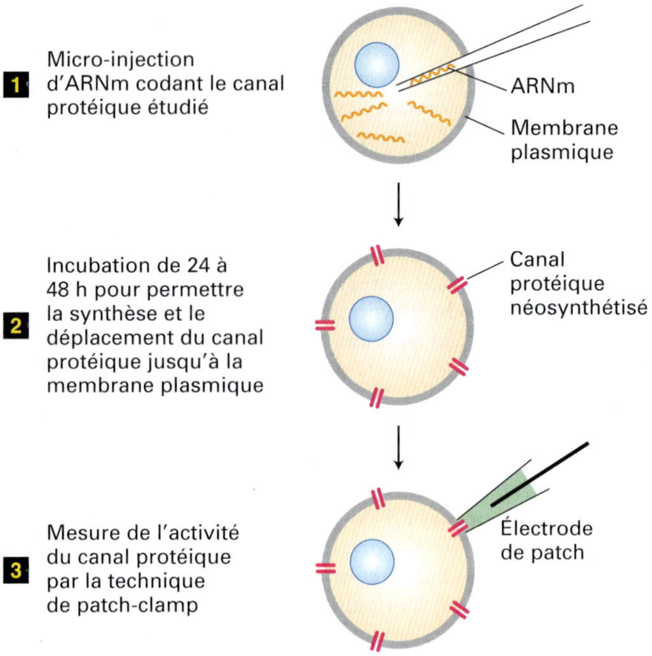

FIGURE EXPÉRIMENTALE 7-19 Le test d'expression dans un ovocyte permet de comparer le fonctionnement des formes normale et mutante d'un canal protéique. Un ovocyte provenant d'un follicule de grenouille est d'abord traité par de la collagénase pour le débarrasser des cellules folliculaires qui l'entourent, laissant un ovocyte dénudé, qui subit ensuite une micro-injection d'ARNm codant le canal protéique étudié. [Adapté de T. P. Smith, 1998, *Trends Neurosci.* **11** :250.]

Les tracés de patch-clamp dans la Figure 7-18 illustrent l'utilisation de cette technique pour étudier les propriétés des canaux à Na^+ voltage-dépendants dans la membrane plasmique des cellules musculaires. Comme nous le verrons plus tard, ces canaux sont normalement fermés dans les cellules musculaires au repos et s'ouvrent à la suite d'une stimulation nerveuse. On a imposé à des zones de membrane de muscle, contenant chacune un canal à Na^+, un voltage légèrement inférieur au potentiel de membrane au repos. Dans ces circonstances, des impulsions brèves de courant traversent la membrane lorsque les canaux individuels à Na^+ s'ouvrent puis se ferment. Chaque canal est soit complètement ouvert, soit complètement fermé. Ce type de tracés permet de déterminer la durée pendant laquelle un canal est ouvert ainsi que le flux d'ions qui le traverse. Pour les canaux étudiés dans la Figure 7-18, le flux est d'environ 10 millions d'ions Na^+ par canal et par seconde, une valeur typique des canaux ioniques. Le remplacement dans la pipette de patch de la solution de NaCl (correspondant à l'extérieur de la cellule) par une solution de KCl ou de chlorure de choline supprime tout courant dans les canaux, ce qui confirme qu'ils conduisent uniquement les ions Na^+.

Les canaux ioniques supposés peuvent être caractérisés grâce à la combinaison des techniques d'expression dans un ovocyte et de patch-clamp

Le clonage de gènes provoquant des maladies humaines ainsi que le séquençage du génome humain ont permis d'identifier de nombreux gènes susceptibles de coder des canaux protéiques, dont 67 canaux à K^+ possibles. L'une des façons de caractériser la fonction de ces protéines est de transcrire un ADNc cloné dans un système acellulaire pour produire l'ARNm correspondant. L'injection de cet ARNm dans des ovocytes de grenouille et des mesures de patch-clamp du canal protéique néosynthétisé permettent souvent de révéler sa fonction (Figure 7-19). Cette approche expérimentale est particulièrement utile car les ovocytes de grenouille n'expriment normalement pas de canaux protéiques, de sorte que seul le canal étudié est présent dans la membrane. De plus, en raison de la grande taille des ovocytes de grenouille, les études de patch-clamp sont techniquement plus faciles que sur des cellules plus petites.

MÉDECINE Cette approche a permis de mieux comprendre la déficience sous-jacente à la polykystose rénale, la maladie la plus courante parmi les affections causées par un gène unique, qui conduit à une insuffisance rénale. Des mutations dans l'une des protéines PKD1 ou PKD2, aboutissent aux symptômes cliniques de la polykystose rénale : l'accumulation de kystes, remplis de liquide dans tout l'organe. La séquence d'acides aminés de PKD2 laisse penser qu'il s'agit d'un canal protéique ; elle contient en outre un segment P conservé. Lorsqu'elle est exprimée dans des ovocytes, PKD2 permet le transport d'ions Na^+, K^+ et Ca^{2+}. En revanche, la séquence de PKD1 diffère nettement de celle des canaux protéiques et elle possède un long domaine extracellulaire qui se fixe probablement à un composant de la matrice extracellulaire. La co-expression de PKD1 et PKD2 dans des ovocytes de grenouille modifie l'activité de transport cationique de PKD2. Ces découvertes ont fourni les premiers éléments de la compréhension au niveau moléculaire de la formation de kystes caractéristique de la polykystose rénale et suggèrent également que des canaux protéiques peuvent être régulés de manière complexe. En effet, la plupart des canaux protéiques à Na^+ et K^+ sont associés à d'autres protéines membranaires ou cytosoliques qui semblent réguler leur ouverture, leur fermeture et leur conductivité ionique. ∎

L'entrée de Na^+ dans les cellules de mammifères présente une variation négative d'énergie libre (ΔG)

Comme nous l'avons vu plus haut, deux forces gouvernent le déplacement des ions à travers les membranes sélectivement perméables : le voltage et le gradient de concentration ionique transmembranaires. La somme de ces forces, qui peuvent s'exercer dans le même sens ou en sens inverse, constitue le gradient électrochimique. Pour calculer la **variation d'énergie libre** ΔG correspondant au transport de n'importe quel ion à travers une membrane, il nous faut considérer les contributions indépendantes de chacune des forces au gradient électrochimique.

Par exemple, lorsque Na^+ passe de l'extérieur à l'intérieur de la cellule, la variation d'énergie libre créée par le gradient de concentration de Na^+ est donnée par :

$$\Delta G_c = RT \ln \frac{[Na_{int}]}{[Na_{ext}]} \qquad (7.5)$$

Aux concentrations de Na_{int} et Na_{ext} indiquées dans la Figure 7-20, qui sont typiques des cellules de mammifères, ΔG_c, la variation d'énergie libre due au gradient de concentration, est de –1,45 kcal pour le transport de 1 mole d'ions Na^+ de l'extérieur vers l'intérieur de la cellule, en supposant l'absence de potentiel électrique de membrane. La variation d'énergie libre due au potentiel électrique de membrane est donnée par :

$$\Delta G_m = FE \qquad (7.6)$$

où F est la constante de Faraday et E, le potentiel électrique de membrane. Si E = –70 mV, alors ΔG_m, la variation d'énergie libre due au potentiel de membrane est de –1,61 kcal pour le transport de 1 mole d'ions Na^+ de l'extérieur vers l'intérieur de la cellule, en supposant l'absence de gradient de concentration de Na^+. Puisque en réalité les deux forces s'exercent sur les ions Na^+, ΔG total est la somme des deux valeurs partielles :

$$\Delta G = \Delta G_c + \Delta G_m = (-1{,}45) + (-1{,}61) = -3{,}06 \text{ kcal/mol}$$

Dans cet exemple, le gradient de concentration de Na^+ et le potentiel électrique de membrane apportent quasiment la même contribution au ΔG total du transport des ions Na^+. Puisque $\Delta G < 0$, le déplacement des ions Na^+ vers l'intérieur est thermodynamiquement favorable. Comme nous le verrons dans la section prochaine, certaines protéines de co-transport utilisent le déplacement vers l'intérieur de Na^+ pour permettre le déplacement contre leur gradient de concentration, d'autres ions et de plusieurs types de petites molécules vers l'intérieur ou vers l'extérieur des cellules animales. Le déplacement rapide, énergétiquement favorable des ions Na^+ à travers des canaux à Na^+ voltage- ou potentiel-dépendants, est également essentiel pour la création de potentiels d'action dans les cellules nerveuses et musculaires.

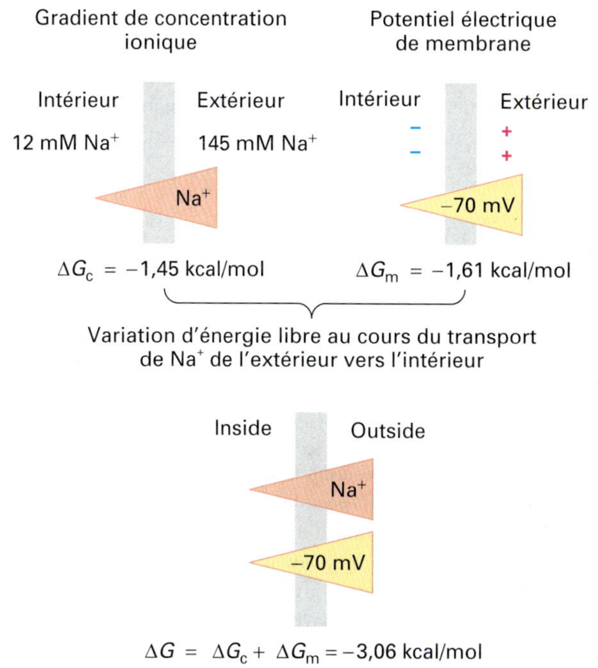

FIGURE 7-20 Les forces transmembranaires agissant sur les ions Na^+. Comme pour tous les ions, le déplacement des ions Na^+ à travers la membrane plasmique est gouverné par la somme de deux forces distinctes — le gradient de concentration ionique et le potentiel électrique de membrane. Aux concentrations interne et externe de Na^+ typiques des cellules de mammifères, ces forces s'exercent généralement dans le même sens, rendant le déplacement des ions Na^+ vers l'intérieur énergétiquement favorable.

CONCEPTS CLÉS DE LA SECTION 7.3

Les canaux de fuite et le potentiel membranaire de repos

- Un potentiel électrique négatif à l'intérieur (voltage) de 50-70 mV existe de part et d'autre de la membrane plasmique de toutes les cellules.
- Dans les cellules animales, le potentiel de membrane est créé principalement par le déplacement des ions K^+ cytosoliques à travers les canaux de fuite à K^+ vers le milieu extérieur. Au contraire des canaux ioniques potentiel- ou voltage-dépendants plus courants, qui s'ouvrent uniquement en réponse à différents signaux, ces canaux de fuite à K^+ sont généralement ouverts.
- Chez les plantes et les champignons, le potentiel de membrane est maintenu grâce au pompage des protons mu par l'ATP, du cytosol vers l'extérieur de la cellule.
- Les canaux à K^+ sont assemblés à partir de quatre sous-unités identiques, contenant chacune au moins deux hélices α transmembranaires conservées et un segment P non hélicoïdal qui tapisse le pore ionique (voir Figure 7-15).
- La spécificité ionique des canaux protéiques à K^+ est due principalement à la coordination de l'ion sélectionné avec les atomes d'oxygène des carbonyles d'acides aminés spécifiques dans les segments P, ce qui abaisse l'énergie d'activation pour le passage de l'ion K^+ privilégié par rapport aux autres ions (voir Figure 7-16).
- Les techniques de patch-clamp, qui permettent de mesurer le déplacement des ions à travers des canaux individuels, sont utilisées pour déterminer la conductivité ionique d'un canal et les conséquences de différents signaux sur son activité (voir Figure 7-17).
- Les techniques de l'ADN recombinant et du patch-clamp permettent l'expression et la caractérisation fonctionnelle de canaux protéiques dans des ovocytes de grenouille (voir Figure 7-19).

- Le gradient électrochimique à travers une membrane semi-perméable détermine le sens de déplacement des ions à travers les canaux protéiques. Les deux forces constituant le gradient électrochimique, le potentiel électrique de membrane et le gradient de concentration ionique, peuvent s'exercer dans le même sens ou en sens inverse (voir Figure 7-20).

7.4 Le co-transport par des symporteurs et des antiporteurs

En plus des pompes mues par l'ATP, les cellules possèdent une autre classe de protéines qui transportent des ions et des petites molécules telles que le glucose et les acides aminés, contre leur gradient de concentration. Comme nous l'avons vu précédemment, les co-transporteurs utilisent l'énergie contenue dans le gradient électrochimique des ions Na^+ ou H^+ pour permettre le déplacement contre son gradient de concentration d'une autre substance, qui peut être une petite molécule organique ou un autre ion. Par exemple, le déplacement énergétiquement favorable d'un ion Na^+ (l'ion co-transporté) dans une cellule à travers la membrane plasmique, grâce à son gradient de concentration et au gradient de voltage transmembranaire, peut être couplé au déplacement de la molécule transportée (comme le glucose) contre son gradient de concentration. Une caractéristique importante de ce type de **co-transport** est le fait qu'aucune des molécules ne peut se déplacer seule ; le déplacement conjoint ou *couplé* des deux molécules est donc obligatoire.

Les co-transporteurs ont quelques caractéristiques en commun avec les uniporteurs tels que les protéines GLUT. Les deux types de transporteurs présentent certaines ressemblances structurales, fonctionnent à des vitesses équivalentes et subissent des changements conformationnels cycliques au cours du transport de leurs substrats. Ils diffèrent par le fait que les uniporteurs peuvent seulement accélérer un transport favorable thermodynamiquement dans le sens du gradient de concentration, tandis que les co-transporteurs sont capables d'utiliser l'énergie d'une réaction favorable couplée pour le transport actif de molécules contre leur gradient de concentration.

Lorsque la molécule transportée et l'ion co-transporté se déplacent dans le même sens, on parle de **symport** ; lorsqu'ils se déplacent en sens inverse, on parle d'**antiport** (voir Figure 7-2). Certains co-transporteurs transportent uniquement des ions positifs (cations) tandis que d'autres transportent exclusivement des ions négatifs (anions). Un exemple important de co-transporteur de cations est l'*antiporteur à Na^+/H^+, responsable de l'export des ions H^+* hors des cellules couplé à l'import énergétiquement favorable de Na^+. L'*antiporteur à anions AE1* est un exemple de co-transporteur d'anions. Cette protéine catalyse l'échange un contre un de Cl^- et HCO_3^- à travers la membrane plasmique. D'autres co-transporteurs encore sont impliqués dans le déplacement simultané de cations et d'anions. Dans cette section, nous décrirons le fonctionnement et le rôle physiologique de plusieurs symporteurs et antiporteurs largement distribués.

Les symporteurs à Na^+ importent des acides aminés et du glucose dans les cellules animales contre des gradients de concentration élevés

La plupart des cellules du corps importent du glucose sanguin dans le sens de son gradient de concentration, utilisant l'une ou l'autre des protéines GLUT pour faciliter ce transport. Cependant, certaines cellules telles que celles qui tapissent l'intestin grêle et les tubules rénaux, ont besoin d'importer du glucose depuis la lumière intestinale ou l'urine en formation, contre un gradient de concentration très élevé. Ces cellules utilisent un *symporteur à deux Na^+/un glucose*, une protéine qui couple l'entrée d'une molécule de glucose à l'entrée de deux ions Na^+ :

$$2\ Na^+_{ext} + glucose_{ext} \rightleftharpoons 2\ Na^+_{int} + glucose_{int}$$

D'un point de vue quantitatif, la variation d'énergie libre pour le symport de deux ions Na^+ et d'une molécule de glucose peut s'écrire :

$$\Delta G = RT \ln \frac{[glucose_{int}]}{[glucose_{ext}]} + 2RT \ln \frac{[Na^+_{int}]}{[Na^+_{ext}]} + 2FE \quad (7.7)$$

Par conséquent, le ΔG de la réaction globale est la somme des variations d'énergie libre dues au gradient de concentration du glucose (1 molécule transportée), au gradient de concentration de Na^+ (2 ions Na^+ transportés) et au potentiel de membrane (2 ions Na^+ transportés). À l'équilibre, $\Delta G = 0$. Comme l'illustre la Figure 7-20, l'énergie libre libérée par le déplacement de Na^+ dans les cellules de mammifères dans le sens de son gradient électrochimique a une variation d'environ –3 kcal par mole de Na^+ transporté. De ce fait, ΔG pour le transport de deux moles de Na^+ est voisin de –6 kcal. En intégrant cette valeur dans l'Équation 7-7 et en posant que $\Delta G = 0$, on voit que :

$$0 = RT \ln \frac{[glucose_{int}]}{[glucose_{ext}]} - 6\ \text{kcal}$$

et l'on peut calculer qu'à l'équilibre, le rapport $glucose_{int}/glucose_{ext} \approx 30\ 000$. Le flux de deux moles de Na^+ vers l'intérieur de la cellule peut donc aboutir à une concentration intracellulaire de glucose environ 30 000 fois supérieure à la concentration extérieure. Si un seul ion Na^+ était importé (ΔG de – 3 kcal par mole) par molécule de glucose, alors l'énergie disponible pourrait créer un gradient de concentration pour le glucose (intérieur > extérieur) dans un rapport de 170 seulement. En conséquence, en couplant le transport de deux ions Na^+ au transport d'un glucose, le symporteur à deux Na^+/un glucose permet aux cellules de créer une concentration particulièrement élevée de glucose par rapport à sa valeur externe.

On pense que le symporteur à deux Na^+/un glucose contient 14 hélices α transmembranaires, avec ses deux extrémités, N- et C-terminales qui s'étendent dans le cytosol. Une protéine recombinante tronquée constituée seulement des 5 hélices α transmembranaires C-terminales est capable de transporter du glucose indépendamment du Na^+ à travers la membrane plasmique, *dans le sens* de son gradient de concentration. Cette portion de la molécule fonctionne donc comme un uniporteur de glucose. La fraction N-terminale de la protéine comprenant les hélices 1-9, est nécessaire au couplage de la liaison de Na^+ et du transport de glucose contre son gradient de concentration.

La Figure 7-21 décrit le modèle actuel du transport par les symporteurs à Na^+/glucose. Ce modèle implique des changements conformationnels dans la protéine, analogues à ceux qui ont lieu dans les uniporteurs, tels que GLUT1, qui ne font pas appel à un ion co-transporté (voir Figure 7-4). La liaison de tous les substrats à leurs sites sur le domaine extracellulaire est nécessaire avant que

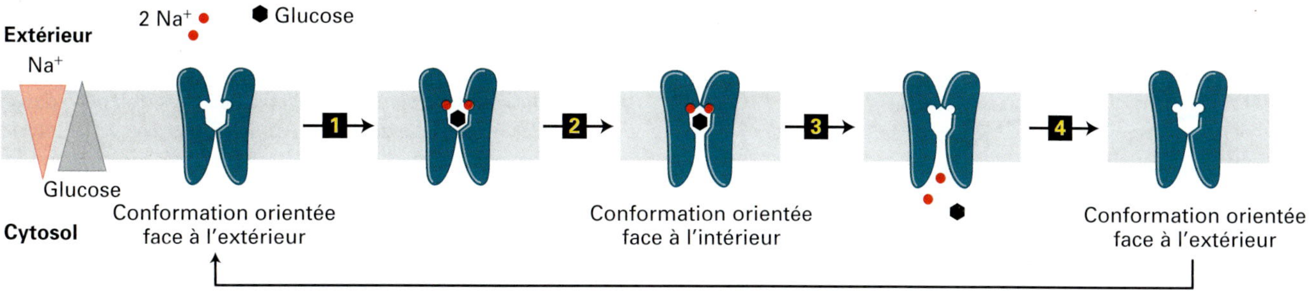

FIGURE 7-21 Un modèle de fonctionnement du symporteur à deux Na^+/un glucose. La fixation simultanée du Na^+ et du glucose à la conformation dont les sites de liaison sont tournés vers l'extérieur (étape **1**) provoque l'apparition d'une seconde conformation, avec les sites tournés vers l'intérieur (étape **2**). La dissociation dans le cytosol, du Na^+ et du glucose liés (étape **3**) permet à la protéine de revenir à sa conformation originale (sites tournés vers l'extérieur) (étape **4**). Elle est alors prête à transporter d'autres substrats. [Voir M. Panayotova-Heiermann *et al.*, 1997, *J. Biol. Chem.* **272** :20324, pour les détails sur la structure et la fonction de cette protéine et des transporteurs apparentés.]

la protéine subisse le changement conformationnel qui modifie les sites de fixation pour les substrats, de la face externe vers la face interne. Ceci garantit le couplage du transport de glucose et des ions Na^+ vers l'intérieur.

L'antiporteur à Na^+ exporte du Ca^{2+} hors des cellules du muscle cardiaque

Dans les cellules du muscle cardiaque, un *antiporteur à trois Na^+/un Ca^{2+}*, et non l'ATPase à Ca^{2+} de la membrane plasmique décrite plus haut, joue le rôle principal dans le maintien d'une concentration faible de Ca^{2+} dans le cytosol. La réaction de transport assurée par cet *antiporteur à cations* peut s'écrire :

$$3\ Na^+_{ext} + Ca^{2+}_{int} \rightleftharpoons 3Na^+_{int} + Ca^{2+}_{ext}$$

Remarquez qu'il faut un déplacement de trois ion Na^+ pour permettre la sortie d'un ion Ca^{2+} du cytosol dans lequel $[Ca^{2+}] \approx 2 \times 10^{-7}$ M, vers le milieu extracellulaire où $[Ca^{2+}] \approx 2 \times 10^{-3}$ M, un gradient voisin d'un facteur 10 000. Comme dans les autres cellules musculaires, une augmentation de la concentration cytosolique de Ca^{2+} dans le muscle cardiaque déclenche la contraction. En abaissant la concentration cytosolique de Ca^{2+}, le fonctionnement de l'antiporteur à Na^+/Ca^{2+} diminue la force de la contraction du muscle cardiaque.

MÉDECINE

L'ATPase à Na^+/K^+ dans la membrane plasmique des cellules cardiaques, comme dans les autres cellules du corps, crée le gradient de concentration de Na^+ nécessaire à l'export de Ca^{2+} grâce à l'antiporteur à Ca^{2+} lié à Na^+. Comme nous l'avons vu plus haut, l'inhibition de l'ATPase à Na^+/K^+ par les substances chimiques telles que l'ouabaïne et la digoxine abaisse la concentration cytosolique de K^+ et, ce qui est plus important, augmente la concentration cytosolique de Na^+. Le gradient électrochimique transmembranaire de Na^+ ainsi réduit diminue l'efficacité du fonctionnement de l'antiporteur à Ca^{2+} lié à Na^+. En conséquence, le nombre d'ions Ca^{2+} exportés diminue et la concentration cytosolique de Ca^{2+} augmente, ce qui accroît la force de la contraction musculaire. En raison de leur capacité d'augmenter la force des contractions du muscle cardiaque, les inhibiteurs de l'ATPase à Na^+/K^+ sont largement utilisés dans le traitement des congestions cardiaques. ▮

Plusieurs co-transporteurs régulent le pH cytosolique

Le métabolisme anaérobie du glucose produit de l'acide lactique et son métabolisme aérobie, du CO_2, qui se combine avec l'eau pour former de l'acide carbonique (H_2CO_3). Ces acides faibles se dissocient, produisant des ions H^+ (protons). Si ces protons en excès n'étaient pas éliminés des cellules, le pH cytosolique chuterait rapidement, mettant en danger les fonctions cellulaires. Deux sortes de co-transporteurs protéiques aident au retrait de ces protons « en excès » produits par le métabolisme des cellules animales. L'un est l'*antiporteur à $Na^+HCO_3^-/Cl^-$*, qui importe un ion Na^+ dans le sens de son gradient de concentration conjointement à un HCO_3^- en échange de l'export d'un ion Cl^- contre son gradient de concentration. L'*anhydrase carbonique*, une enzyme cytosolique, catalyse la dissociation des ions HCO_3^- importés en CO_2 et OH^- (ion hydroxyle) :

$$HCO_3^- \rightleftharpoons CO_2 + OH^-$$

Le CO_2 diffuse hors de la cellule et les ions OH^- se combinent avec des protons intracellulaires, formant de l'eau. Par conséquent, l'action globale de ce transporteur est de consommer des ions H^+ cytosoliques, augmentant de ce fait le pH cytosolique. Un *antiporteur à Na^+/H^+* joue également un rôle important dans l'augmentation du pH cytosolique. Il couple l'entrée d'un ion Na^+ dans la cellule dans le sens de son gradient de concentration, à la sortie d'un ion H^+.

Dans certaines circonstances, le pH cytosolique peut dépasser l'intervalle normal de 7,2-7,5. Pour supporter l'excès d'ions OH^- associé à un pH élevé, de nombreuses cellules animales utilisent un *antiporteur à anions* qui catalyse l'échange un contre un de HCO_3^- et Cl^- à travers la membrane plasmique. Aux pH élevés, cet *antiporteur à Cl^-/HCO_3^-* exporte du HCO_3^- (que l'on peut considérer comme un complexe de OH^- et de CO_2) en échange de Cl^-, abaissant ainsi le pH cytosolique. L'import de Cl^- dans le sens de son gradient de concentration ($Cl^-_{milieu} > Cl^-_{cytosol}$) fournit l'énergie nécessaire à la réaction.

L'activité de ces trois antiporteurs protéiques dépend du pH. Elle procure aux cellules un mécanisme précis pour contrôler le pH cytosolique (Figure 7-22). Les deux antiporteurs dont l'action provoque l'augmentation du pH cytosolique sont activés lorsque le pH du cytosol chute. De même, une augmentation du pH au-delà de 7,2 stimule l'antiporteur à Cl^-/HCO_3^-, provoquant alors

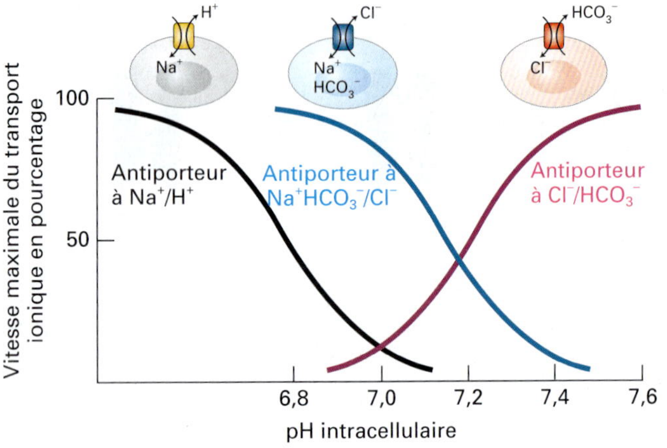

FIGURE EXPÉRIMENTALE 7-22 L'activité des transporteurs protéiques membranaires qui régulent le pH cytosolique des cellules de mammifères varie selon le pH. Le sens du transport ionique est indiqué au-dessus de la courbe correspondant à chaque protéine. Voir le texte pour la discussion. [Voir S. L. Alper *et al.*, 2001, *J. Pancreas* **2** :171 et S. L. Alper, 1991, *Ann. Rev. Physiol.* **53** :549.]

un export plus rapide de HCO_3^- et une diminution du pH cytosolique. De cette manière, le pH cytosolique des cellules en cours de croissance est maintenu très proche de 7,4.

De nombreux transporteurs protéiques permettent aux vacuoles des plantes d'accumuler des métabolites et des ions

PLANTES La lumière des vacuoles de plantes est nettement plus acide (pH de 3 à 6) que le cytosol (pH 7,5). L'acidité des vacuoles est maintenue par une pompe à protons de classe V mue par l'ATP (voir Figure 7-6) et par une pompe mue par PP_i qui existe uniquement chez les plantes. Ces deux pompes, situées dans la membrane des vacuoles, importent des ions H^+ contre leur gradient de concentration dans la lumière des vacuoles. La membrane vacuolaire contient également des canaux à Cl^- et à NO_3^- qui transportent ces anions du cytosol vers l'intérieur de la vacuole. L'entrée de ces anions contre leurs gradients de concentration est permise par le potentiel positif à l'intérieur, créé par les pompes à H^+. Le fonctionnement combiné de ces pompes à protons et des canaux à anions produit un potentiel électrique positif à l'intérieur, d'environ 20 mV à travers la membrane vacuolaire, ainsi qu'un gradient de pH élevé (Figure 7-23).

Le gradient électrochimique des protons à travers les membranes des vacuoles de plantes est utilisé quasiment de la même façon que le gradient électrochimique des ions Na^+ à travers la membrane plasmique des cellules animales : il fournit l'énergie nécessaire à l'entrée ou à la sortie sélective des ions et petites molécules par différents antiporteurs. Dans la feuille par exemple, l'excès de saccharose produit au cours de la photosynthèse dans la journée est stocké dans la vacuole. Au cours de la nuit, le saccharose stocké passe dans le cytoplasme et est métabolisé en CO_2 et H_2O avec la production concomitante d'ATP à partir d'ADP et de P_i. Un *antiporteur à proton/saccharose* dans la membrane vacuolaire intervient pour accumuler du saccharose dans les vacuoles des plantes. Le déplacement de saccharose vers l'intérieur est permis par la sortie de H^+, qui est favorisée par son gradient de concentration (lumière > cytosol) et par le potentiel négatif du côté cytosolique à travers la membrane des vacuoles (voir Figure 7-23). Le passage de Ca^{2+} et de Na^+ du cytosol vers la vacuole contre leurs gradients de concentration est lui aussi permis par des antiporteurs à protons. ▮

BIOTECH La compréhension du fonctionnement des protéines de transport dans les membranes vacuolaires de plantes pourrait permettre d'accroître la production agricole dans les sols à forte concentration saline (NaCl) présents dans le monde entier. La plupart des espèces cultivées ne pouvant croître dans des milieux à concentration saline aussi élevée, les chercheurs en agriculture essaient depuis longtemps de développer des espèces végétales tolérantes au sel par les méthodes traditionnelles de sélection. Grâce à l'existence du gène cloné codant l'antiporteur vacuolaire à Na^+/H^+, les chercheurs sont désormais capables de produire des plantes transgéniques qui surexpriment cette

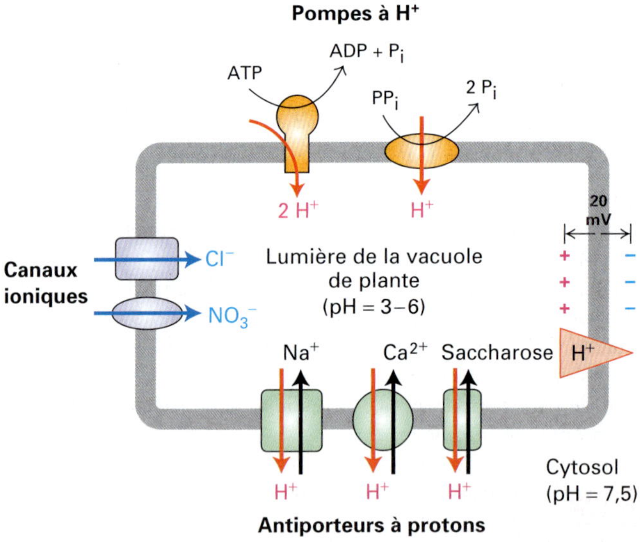

FIGURE 7-23 La concentration des ions et du saccharose par la vacuole d'une plante. La membrane vacuolaire contient deux types de pompes à protons (en orange) : une ATPase à H^+ de classe V (*à gauche*) et une pompe à protons qui hydrolyse le pyrophosphate (*à droite*), différente de toutes les autres protéines et probablement spécifique des plantes. Ces pompes créent un pH luminal faible ainsi qu'un potentiel électrique positif à l'intérieur à travers la membrane vacuolaire, permettant le pompage des ions H^+ vers l'intérieur. Le potentiel positif à l'intérieur permet le déplacement de Cl^- et NO_3^- du cytosol à travers des canaux protéiques distincts (en violet). Les antiporteurs à protons (en vert), qui tirent leur énergie du gradient de H^+ accumulent Na^+, Ca^{2+} et du saccharose dans la vacuole. [D'après P. Rea et D. Sanders, 1987, *Physiol. Plant* **71** :131 ; J. M. Maathuis et D. Sanders, 1992, *Curr. Opin. Cell Biol.* **4** :661 ; P. Rea *et al.*, 1992, *Trends Biochem. Sci.* **17** :348.]

protéine de transport, ce qui aboutit à l'augmentation du piégeage de Na^+ dans la vacuole. On a par exemple réussi à créer des plants transgéniques de tomates surexprimant l'antiporteur vacuolaire à Na^+/H^+, qui poussent, fleurissent et donnent des fruits en présence de concentrations de NaCl dans le sol qui tuent les plants de type sauvage. De plus, malgré l'accumulation de grandes quantités de sel dans les feuilles de ces plants transgéniques de tomates, le fruit lui-même est très peu salé. ▮

CONCEPTS CLÉS DE LA SECTION 7.4
Le co-transport par des symporteurs et des antiporteurs

- Les co-transporteurs utilisent l'énergie libérée par le déplacement d'un ion (généralement H^+ ou Na^+) dans le sens de son gradient électrochimique pour permettre l'import ou l'export d'une petite molécule ou d'un autre ion contre son gradient de concentration.
- Les cellules qui tapissent l'intestin grêle et les tubules rénaux expriment des symporteurs protéiques qui couplent l'entrée énergétiquement favorable de Na^+ à l'import de glucose et d'acides aminés contre leurs gradients de concentration (voir Figure 7-21).
- Dans les cellules du muscle cardiaque, l'export de Ca^{2+} est couplé et permis par l'import de Na^+ grâce à un antiporteur à cations, qui transporte 3 ions Na^+ vers l'intérieur pour chaque ion Ca^{2+} exporté.
- Deux co-transporteurs activés à pH faible aident à maintenir le pH cytosolique des cellules animales très proche de 7,4 en dépit de la production métabolique d'acide carbonique et d'acide lactique. L'un, un antiporteur à Na^+/H^+ exporte les protons en excès. L'autre, un co-transporteur à $Na^+HCO_3^-/Cl^-$, importe HCO_3^- qui se dissocie dans le cytosol en produisant des ions OH^- qui augmentent le pH.
- Un antiporteur à Cl^-/HCO_3^- activé à pH élevé, sert à exporter HCO_3^- lorsque le pH cytosolique est supérieur à la normale. Il provoque alors la diminution du pH.
- L'absorption de saccharose, Na^+, Ca^{2+} et autres substances dans les vacuoles de plantes est permise par des antiporteurs à protons situés dans la membrane des vacuoles. Des canaux ioniques et des pompes à protons présents dans la membrane sont essentiels pour créer un gradient de protons suffisamment important pour permettre l'accumulation d'ions et de métabolites dans les vacuoles grâce à ces antiporteurs à protons (voir Figure 7-23).

7.5 Les déplacements de l'eau

Nous allons décrire dans cette section les facteurs qui influencent le déplacement de l'eau vers l'intérieur et vers l'extérieur des cellules, une caractéristique importante de la vie des plantes et des animaux. La section suivante traitera d'autres phénomènes de transport essentiels pour certains processus physiologiques fondamentaux, qui reposent sur la distribution asymétrique de certaines protéines de transport dans les cellules épithéliales. Nous verrons de quelle façon ces phénomènes permettent l'absorption des nutriments à partir de la lumière intestinale et l'acidification de la lumière de l'estomac.

La pression osmotique provoque le passage de l'eau à travers les membranes

L'eau a tendance à traverser une membrane semi-perméable d'une solution de faible concentration de soluté vers une solution de concentration plus élevée, un processus appelé **osmose** ou flux osmotique. En d'autres termes, puisque les solutions à concentration élevée en solutés ont une concentration plus faible en eau, l'eau passera spontanément d'une solution à forte concentration en eau vers une solution moins concentrée. En effet, l'osmose équivaut à la « diffusion » de l'eau. La **pression osmotique** est définie comme la pression hydrostatique nécessaire pour interrompre le flux net d'eau à travers une membrane séparant des solutions de compositions différentes (Figure 7-24). Dans ce contexte, la « membrane » peut être une couche de cellules ou une membrane plasmique perméable à l'eau mais pas aux solutés. La pression osmotique est directement proportionnelle à la différence de concentration du nombre total de molécules de solutés de part et d'autre de la membrane. Par exemple, une solution de NaCl à 0,5 M est en réalité constituée de 0,5 M d'ions Na^+ et de 0,5 M d'ions Cl^- et a donc la même pression osmotique qu'une solution à 1 M de glucose ou de saccharose.

Les bicouches phospholipidiques pures sont quasiment imperméables à l'eau mais la plupart des membranes cellulaires contiennent des canaux protéiques pour l'eau, qui facilitent le passage rapide de l'eau vers l'intérieur et vers l'extérieur des cellules. Un tel passage d'eau à travers l'épithélium tapissant les tubules rénaux des vertébrés est responsable de la concentration de l'urine. Si cela ne se produisait pas, chacun de nous éliminerait plusieurs litres d'urine par jour ! Chez les végétaux supérieurs, l'eau et les minéraux sont absorbés depuis le sol par les racines et gagnent la plante grâce à des vaisseaux de transport (le xylème). La perte d'eau par la plante, essentiellement par évaporation au niveau des feuilles,

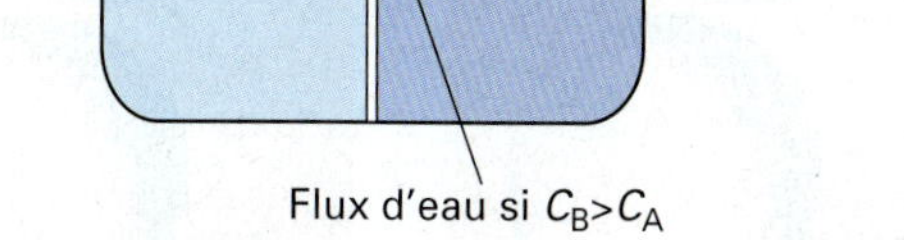

FIGURE 7-24 La pression osmotique. Les solutions A et B sont séparées par une membrane perméable à l'eau mais imperméable à tous les solutés. Si C_B (la concentration totale de solutés dans la solution B) est supérieure à C_A, l'eau a tendance à passer à travers la membrane, de la solution A vers la solution B. La pression osmotique π entre les solutions est la pression hydrostatique qu'il faudrait appliquer à la solution B pour empêcher cette eau de sortir. D'après l'équation de van't Hoff, la pression osmotique est donnée par $\pi = RT(C_B - C_A)$, où R est la constante des gaz parfaits et T, la température absolue.

est responsable de ces mouvements de l'eau. Le passage de l'eau à travers la membrane plasmique détermine également le volume des cellules individuelles, qui doit être régulé afin d'éviter que ces cellules ne soient pas endommagées. Dans tous les cas, la pression osmotique est la force responsable de la circulation de l'eau dans les systèmes biologiques.

Le mécanisme de contrôle du volume des cellules varie selon le type cellulaire

Lorsqu'on les place dans une solution **hypotonique** (c'est-à-dire une solution dans laquelle la concentration des solutés est *inférieure* à celle du cytosol), les cellules animales gonflent en raison du flux osmotique d'eau vers l'intérieur. À l'inverse, lorsqu'on les place dans une solution **hypertonique** (dans laquelle la concentration des solutés est *supérieure* à celle du cytosol), les cellules animales se rétractent à mesure que l'eau du cytosol les quitte par flux osmotique. Par conséquent, les cellules animales en culture doivent être maintenues dans un milieu **isotonique**, dont la concentration en solutés est identique à celle de leur cytosol (voir Figure 5-18).

Même dans un environnement isotonique cependant, les cellules animales font face à un problème pour maintenir leur volume dans un intervalle limité, afin d'éviter la lyse. Les cellules contiennent non seulement un grand nombre de macromolécules et de petits métabolites chargés qui attirent les ions de charge opposée présents à l'extérieur, mais il y a également un léger flux vers l'intérieur d'ions extracellulaires, en particulier de Na^+ et Cl^- dans le sens de leurs gradients de concentration. En l'absence d'un mécanisme compensatoire, l'osmolarité du cytosol dépasserait celle du liquide environnant, entraînant un flux osmotique d'eau vers l'intérieur, qui aboutirait à la lyse de la cellule. Pour empêcher cela, les cellules animales assurent un export actif d'ions inorganiques. L'export net de cations par la pompe à Na^+/K^+ mue par l'ATP (3 Na^+ vers l'extérieur pour 2 K^+ vers l'intérieur) joue le rôle principal dans ce mécanisme qui empêche la cellule de gonfler. Si l'on traite des cellules en culture à l'aide d'un inhibiteur empêchant la production d'ATP, elles gonflent et finissent par éclater, ce qui démontre l'importance du transport actif dans le maintien du volume cellulaire.

PLANTES Au contraire des cellules animales, les cellules de plantes, d'algues, de champignons et de bactéries sont entourées d'une paroi cellulaire rigide. En raison de l'existence de cette paroi, le flux osmotique d'eau vers l'intérieur qui se produit lorsque les cellules sont placées dans une solution hypotonique (même de l'eau pure) conduit à une augmentation de la pression intracellulaire mais pas du volume de la cellule. Dans les cellules végétales, la concentration des solutés (comme les sucres et les sels) est généralement supérieure dans la vacuole à ce qu'elle est dans le cytosol, qui à son tour a une concentration en solutés supérieure à celle de l'espace extracellulaire. La pression osmotique, appelée *pression de turgescence*, créée par l'entrée de l'eau dans le cytosol, puis dans la vacuole, pousse le cytosol et la membrane plasmique contre la paroi cellulaire résistante. L'allongement des cellules au cours de leur croissance se produit sous l'action d'hormones grâce à un relâchement localisé d'une région de la paroi cellulaire, suivi d'une entrée d'eau dans la vacuole, dont la taille augmente. ▮

Bien que la plupart des protozoaires (comme les cellules animales) ne possèdent pas de paroi cellulaire rigide, un grand nombre contiennent une vacuole contractile qui leur permet d'éviter la lyse osmotique. Une vacuole contractile capte de l'eau depuis le cytosol et, au contraire des vacuoles de plantes, décharge périodiquement son contenu par fusion avec la membrane plasmique. De ce fait, même si de l'eau pénètre en permanence par flux osmotique dans la cellule de protozoaire, la vacuole contractile empêche l'accumulation d'une trop grande quantité d'eau à l'intérieur, qui provoquerait le gonflement de la cellule jusqu'à son point d'éclatement.

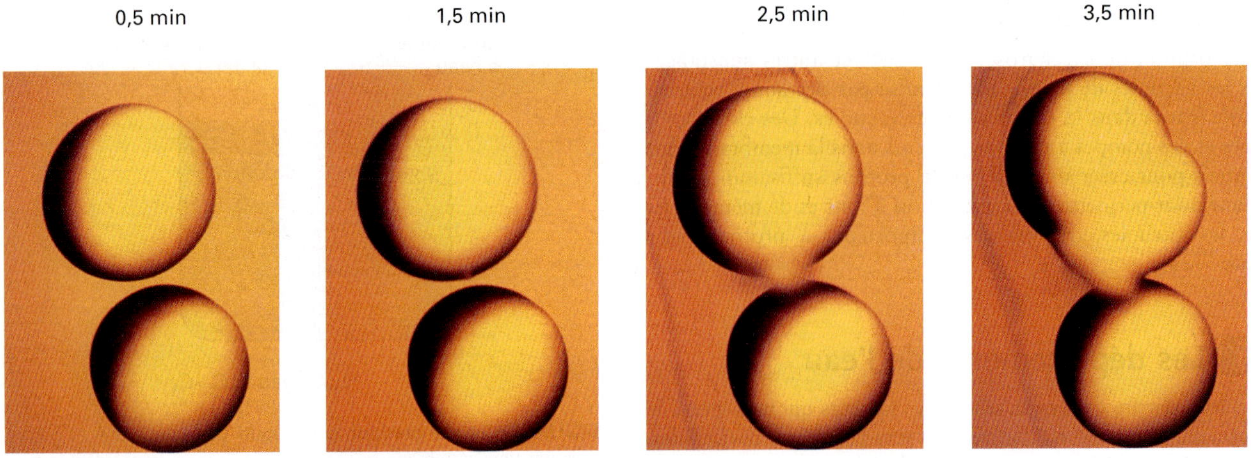

FIGURE EXPÉRIMENTALE 7-25 L'expression de l'aquaporine par des ovocytes de grenouille augmente leur perméabilité à l'eau. On a injecté à des ovocytes de grenouille (qui n'expriment pas l'aquaporine en temps normal) de l'ARNm codant l'aquaporine. Ces photographies montrent des ovocytes témoins (en bas sur chaque photographie) et des ovocytes ayant subi la micro-injection (en haut sur chaque photographie) après le temps écoulé (indiqué en haut) depuis le transfert d'une solution saline isotonique (0,1 mM) vers une solution saline hypotonique (0,035 mM). Le volume des ovocytes témoins reste constant car ils sont peu perméables à l'eau. Au contraire, les ovocytes ayant subi la micro-injection, qui expriment donc l'aquaporine, gonflent en raison du flux osmotique d'eau vers l'intérieur de la cellule, ce qui indique que l'aquaporine est un canal pour l'eau. [Aimablement communiqué par Gregory M. Preston et Peter Agre, Johns Hopkins University School of Medicine.]

Les aquaporines augmentent la perméabilité des membranes cellulaires à l'eau

Comme nous venons de le voir, de petits changements de la pression osmotique extracellulaire entraînent le gonflement ou la rétraction rapide de la plupart des cellules animales. À l'inverse, les ovocytes et les œufs de grenouille ne gonflent pas lorsqu'on les place dans de l'eau de mare ayant une très faible pression osmotique, même si leur concentration saline interne (due essentiellement au KCl) est comparable à celle des autres cellules (≈ 150 mM KCl). Ces observations ont conduit les chercheurs à supposer que les membranes plasmiques des érythrocytes et d'autres types cellulaires, mais pas des ovocytes de grenouille, pourraient contenir des canaux protéiques à eau, qui accéléreraient le flux osmotique de celle-ci. Les résultats expérimentaux décrits dans la Figure 7-25 démontrent que la protéine de surface des érythrocytes appelée *aquaporine* sert de canal pour l'eau.

Dans sa forme fonctionnelle, l'aquaporine est un tétramère constitué de sous-unités identiques de 28 kDa (Figure 7-26a). Chaque sous-unité contient six hélices α transmembranaires qui forment un pore central à travers lequel passe l'eau (Figure 7-26b, c). En son centre, ce pore sélectif pour l'eau de ≈ 2 nm de long a un diamètre de 0,28 nm, ce qui est seulement légèrement supérieur au diamètre d'une molécule d'eau. Les propriétés moléculaires de constriction sont déterminées par plusieurs acides aminés hydrophiles conservés, dont les chaînes latérales et les groupements carbonyle s'étendent vers le centre du canal. Plusieurs molécules d'eau traversent simultanément ce canal, chacune d'entre elle établissant séquentiellement des liaisons hydrogène spécifiques et déplaçant vers l'avant la molécule d'eau qui la précède. La formation de liaisons hydrogène entre l'atome d'oxygène de l'eau et les groupements aminés des chaînes latérales garantit le passage exclusif de l'eau à travers le canal ; même les protons ne peuvent le traverser.

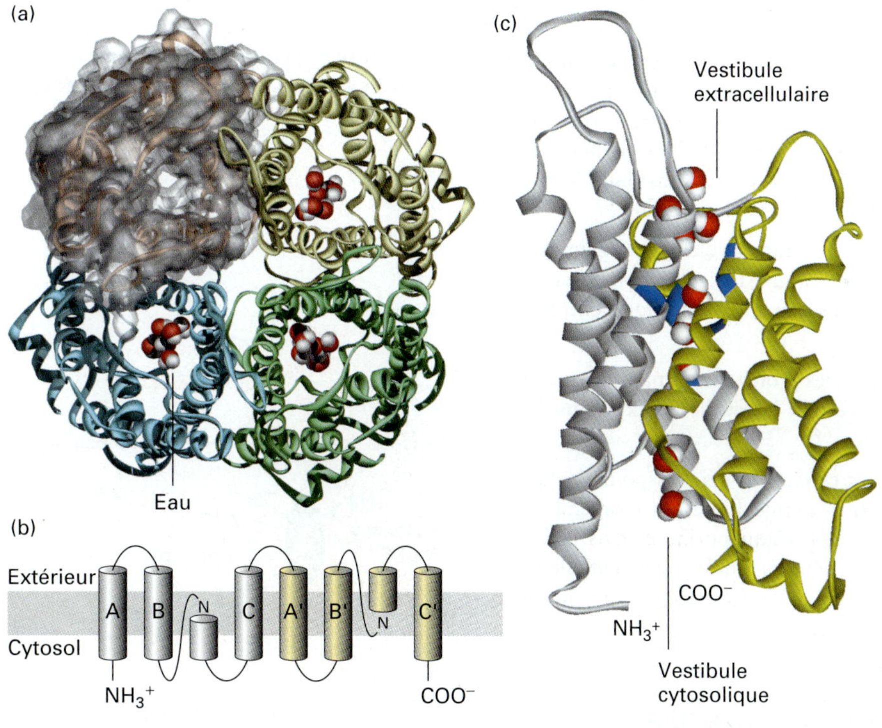

FIGURE 7-26 La structure de l'aquaporine, un canal protéique pour l'eau. (a) Un modèle structural de la protéine tétramérique constituée de quatre sous-unités identiques. Chaque sous-unité forme un canal pour l'eau, comme le montre la vue depuis l'extrémité extracytoplasmique. On voit l'entrée du pore à la surface de l'un des monomères. (b) Une représentation schématique de la topologie d'une sous-unité d'aquaporine par rapport à la membrane. Trois paires d'hélices α transmembranaires (A et A', B et B' et C et C') sont orientées en sens inverse par rapport à la membrane ; elles sont reliées par deux boucles hydrophiles contenant de courtes hélices qui ne traversent pas la membrane et des résidus asparagine conservés (N). Les boucles passent dans la cavité délimitée par les six hélices transmembranaires et se rencontrent au milieu pour former une partie du filtre sélectif de l'eau. (c) Une vue latérale du pore dans une sous-unité d'aquaporine dans laquelle on peut voir plusieurs molécules d'eau (les oxygènes en rouge et les hydrogènes en blanc) dans le pore sélectif de l'eau long de 2 nm qui sépare les vestibules aqueux cytosolique et extracellulaire. Le filtre contient des résidus arginine et histidine hautement conservés, ainsi que les deux résidus asparagine (en bleu) dont les chaînes latérales forment des liaisons hydrogène avec les molécules d'eau transportées. (Les résidus essentiels du filtre sont signalés en bleu.) Les molécules d'eau transportées forment également des liaisons hydrogène avec le groupement carbonyle de la chaîne principale d'un résidu cystéine. L'arrangement de ces liaisons hydrogène et du faible diamètre du pore (0,28 nm) empêche le passage des protons (c'est-à-dire de H_3O^+) et des autres ions. [D'après H. Sui *et al.*, 2001, *Nature* **414** :872. Voir aussi T. Zeuthen, 2001, *Trends Biochem. Sci.* **26** :77 et K. Murata *et al.*, 2000, *Nature* **407** :599.]

Comme dans le cas des transporteurs de glucose, les mammifères expriment une famille d'aquaporines. L'aquaporine 1 est abondamment exprimée dans les érythrocytes ; l'aquaporine 2, homologue de la première, est présente dans les cellules de l'épithélium rénal, qui résorbent l'eau de l'urine. Les mutations inactivant les deux allèles du gène de l'aquaporine 2 provoquent le diabète insipide, une maladie caractérisée par l'excrétion de volumes importants d'urine de faible densité. Cette découverte établit l'étiologie de la maladie et démontre que la concentration d'aquaporine 2 est le facteur vitesse-limitant du transport d'eau par le rein. D'autres membres de la famille des aquaporines transportent des molécules contenant de l'hydroxyle (comme le glycérol) plutôt que de l'eau. ▮

CONCEPTS CLÉS DE LA SECTION 7.5

Les déplacements de l'eau

- La plupart des membranes biologiques sont semi-perméables, plus perméables à l'eau qu'aux ions ou à la plupart des autres solutés. L'eau traverse les membranes par osmose, d'une solution de plus faible concentration en solutés vers une solution de concentration plus élevée.
- Les cellules animales se gonflent ou se rétractent lorsqu'on les place respectivement dans des solutions hypotoniques ou hypertoniques. En maintenant l'équilibre osmotique normal entre l'intérieur et l'extérieur des cellules, l'ATPase à Na^+/K^+ et d'autres transporteurs protéiques d'ions situés dans la membrane plasmique contrôlent le volume de la cellule.
- La paroi cellulaire rigide entourant les cellules végétales empêche leur gonflement et est à l'origine de la création d'une pression de turgescence en réponse au flux osmotique entrant de l'eau.
- En réponse à l'entrée d'eau, les protozoaires maintiennent leur volume cellulaire dans un certain intervalle en expulsant l'eau de vacuoles contractiles.
- Les aquaporines sont des canaux protéiques pour l'eau, qui augmentent spécifiquement la perméabilité des biomembranes pour celle-ci (voir Figure 7-26). L'aquaporine 2 dans la membrane plasmique de certaines cellules rénales est essentielle pour la résorption de l'eau de l'urine en formation ; son absence conduit à une forme de diabète.

7.6 Le transport transépithélial

Nous avons vu au Chapitre 6 que plusieurs sortes de régions spécialisées de la membrane plasmique, appelées *jonctions cellulaires*, associent les cellules épithéliales les unes aux autres, formant le revêtement en feuillet des intestins et d'autres surfaces du corps (voir Figure 6-5). Nous allons nous intéresser ici aux **jonctions étanches**, qui empêchent les matériaux hydrosolubles situés d'un côté de l'épithélium, de passer de l'autre côté de celui-ci à travers l'espace extracellulaire compris entre les cellules. Pour cette raison, l'absorption de nutriments depuis la lumière intestinale a lieu grâce à l'import de molécules de la face luminale des cellules de l'épithélium intestinal et à leur export sur le côté situé face au sang (séreux), un processus en deux étapes appelé *transport transcellulaire*.

Une cellule d'épithélium intestinal, comme toutes les cellules épithéliales, est dite **polarisée** car les domaines apical et basolatéral de la membrane plasmique contiennent des groupes différents de protéines. Ces deux domaines de la membrane plasmique sont séparés par des jonctions étanches entre les cellules. La partie apicale de la membrane plasmique située face à la lumière intestinale, est spécialisée dans l'absorption de sucres, d'acides aminés et d'autres molécules produites par différentes enzymes digestives à partir de la nourriture. De nombreuses projections en forme de doigt (de 100 nm de diamètre) appelées **microvillosités**, augmentent nettement la surface apicale et donc le nombre de protéines de transport qu'elle contient, accroissant de cette manière la capacité d'absorption de la cellule.

De multiples transporteurs protéiques sont nécessaires au déplacement du glucose et des acides aminés à travers les épithéliums

La Figure 7-27 représente les protéines impliquées dans l'absorption du glucose depuis la lumière intestinale vers le sang. Dans la première étape du processus, un symporteur à deux Na^+/un glucose situé dans les membranes des microvillosités, importe du glucose contre son gradient de concentration, de la lumière intestinale à travers la surface apicale des cellules épithéliales. Comme nous

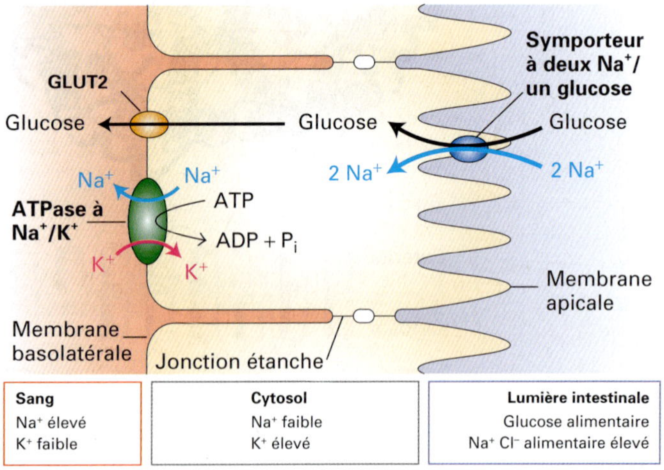

FIGURE 7-27 Le transport transcellulaire du glucose de la lumière intestinale vers le sang. L'ATPase à Na^+/K^+ dans la membrane de la surface basolatérale crée des gradients de concentration pour Na^+ et K^+. La sortie des ions K^+ par des canaux de fuite à K^+ (non représentés) crée un potentiel de membrane négatif à l'intérieur. Le gradient de concentration de Na^+ et le potentiel de membrane sont tous deux utilisés pour permettre l'absorption de glucose depuis la lumière intestinale, grâce à un symporteur à deux Na^+/un glucose, situé dans la membrane de la surface apicale. Le glucose quitte la cellule par diffusion facilitée. Ce phénomène est catalysé par GLUT2, un uniporteur du glucose situé dans la membrane basolatérale.

l'avons noté plus haut, ce symporteur couple l'entrée énergétiquement défavorable d'une molécule de glucose à l'entrée énergétiquement favorable de deux ions Na^+ (voir Figure 7-21). Dans l'état stationnaire, tous les ions Na^+ transportés de la lumière intestinale vers l'intérieur de la cellule au cours du symport Na^+/glucose ou du processus similaire de symport Na^+/acide aminé, sont pompés vers l'extérieur à travers la membrane basolatérale, située face au tissu sous-jacent. Par ce moyen, la concentration intracellulaire de Na^+ est maintenue. L'ATPase à Na^+/K^+ qui remplit cette fonction est présente exclusivement dans la membrane basolatérale des cellules de l'épithélium intestinal. Le fonctionnement coordonné de ces deux transporteurs protéiques permet le déplacement contre leurs gradients, du glucose et des acides aminés de l'intestin vers la cellule. La première étape de ce transport transcellulaire est permise en fin de compte par l'hydrolyse de l'ATP par l'ATPase à Na^+/K^+.

Dans la seconde étape, le glucose et les acides aminés concentrés à l'intérieur des cellules intestinales par des symporteurs, sont exportés dans le sang, dans le sens de leurs gradients de concentration, grâce à des uniporteurs protéiques présents dans la membrane basolatérale. Dans le cas du glucose, ce déplacement a lieu grâce à GLUT2 (voir Figure 7-27). Comme nous l'avons vu plus tôt, cette isoforme de GLUT présente une affinité relativement faible pour le glucose mais augmente nettement sa vitesse de transport lorsque le gradient de glucose à travers la membrane augmente lui aussi (voir Figure 7-3).

Le résultat net de ce processus en deux étapes est le passage des ions Na^+, du glucose et des acides aminés de la lumière intestinale à travers l'épithélium intestinal, vers le milieu extracellulaire qui entoure la surface basolatérale des cellules de l'épithélium intestinal. Les jonctions étanches présentes entre les cellules épithéliales empêchent ces molécules de retourner par diffusion dans la lumière intestinale. En dernier lieu, elles gagnent le sang. L'augmentation de la pression osmotique créée par le transport transcellulaire de sels, de glucose et d'acides aminés à travers l'épithélium intestinal, conduit l'eau de la lumière intestinale jusqu'au milieu extracellulaire qui entoure la surface basolatérale. En un sens, les sels, le glucose et les acides aminés « transportent » l'eau avec eux.

La thérapie par réhydratation simple dépend du gradient osmotique créé par l'absorption de glucose et de Na^+

MÉDECINE La compréhension de l'osmose et de l'absorption intestinale des sels et du glucose est à l'origine d'une thérapie simple, qui sauve des millions de vies chaque année, en particulier dans les pays en voie de développement. Dans ces pays, le choléra et d'autres pathogènes intestinaux sont les principales causes de mortalité chez les jeunes enfants. Une toxine libérée par les bactéries active la sécrétion de chlorure dans la lumière intestinale par les cellules de l'épithélium intestinal ; l'eau suit par osmose et la perte massive d'eau résultante provoque diarrhée, déshydratation, et pour finir, la mort de l'individu. Le traitement consiste non seulement à tuer les bactéries à l'aide d'antibiotiques, mais à *réhydrater* — remplacer l'eau perdue par le sang et les autres tissus.

Boire simplement de l'eau ne suffit pas car elle est excrétée du tractus gastro-intestinal presque aussi vite qu'elle y pénètre. Toutefois, comme nous l'avons appris, le transport coordonné de glucose et de Na^+ à travers l'épithélium intestinal crée un gradient osmotique transépithélial qui impose le passage de l'eau de la lumière intestinale à travers la couche de cellules. Par conséquent, donner aux enfants atteints une solution de sucre et de sels à boire (mais pas du sucre et des sels seuls) crée un flux osmotique d'eau dans le sang, depuis la lumière intestinale et permet la réhydratation. Des solutions similaires de sucre et de sels sont à la base des boissons prisées par les athlètes pour que leur organisme absorbe rapidement et efficacement du sucre et de l'eau. ▮

Les cellules pariétales acidifient le contenu de l'estomac en maintenant un pH cytosolique neutre

L'estomac des mammifères contient une solution à 0,1 M d'acide chlorhydrique (HCl). Ce milieu fortement acide tue de nombreux pathogènes ingérés et dénature un grand nombre des protéines absorbées avant leur dégradation par des enzymes protéolytiques (comme la pepsine) qui fonctionnent à pH acide. L'acide chlorhydrique est sécrété dans l'estomac par des cellules épithéliales spécialisées appelées *cellules pariétales*, situées dans le revêtement gastrique. Ces cellules contiennent une *ATPase à H^+/K^+ dans leur membrane apicale, qui se trouve face à la lumière de l'estomac et crée un gradient de concentration pour H^+* d'un facteur un million : pH = 1,0 dans la lumière de l'estomac contre un pH = 7,0 dans le cytosol des cellules. Cette protéine de transport est une pompe à ions de classe P mue par l'ATP, dont la structure et la fonction ressemblent à celles de l'ATPase à Na^+/K^+ traitée précédemment. Les nombreuses mitochondries présentes dans les cellules pariétales produisent de l'ATP en abondance pour qu'il soit utilisé par l'ATPase à H^+/K^+.

Si les cellules pariétales exportaient simplement les ions H^+ en échange des ions K^+, la perte de protons conduirait à une augmentation de la concentration des ions OH^- dans le cytosol et donc à une élévation marquée du pH cytosolique. (Rappelons que $[H^+]$ x $[OH^-]$ est toujours constant et équivaut à 10^{-14} M^2.) Les cellules pariétales évitent cette augmentation du pH cytosolique liée à l'acidification de la lumière de l'estomac en utilisant les antiporteurs à Cl^-/HCO_3^- présents dans la membrane basolatérale pour exporter les ions OH^- « en excès » du cytosol vers le sang. Comme nous l'avons dit plus haut, cet antiporteur à anions est activé aux pH cytosoliques élevés (voir Figure 7-22).

Le processus global grâce auquel les cellules pariétales acidifient la lumière de l'estomac est illustré dans la Figure 7-28. Au cours d'une réaction catalysée par l'anhydrase carbonique, les ions OH^- « en excès » dans le cytosol se combinent avec du CO_2 qui diffuse dans la cellule depuis le sang, formant du HCO_3^-. Grâce à l'antiporteur à anions situé dans la membrane basolatérale, l'ion bicarbonate est exporté à travers cette membrane (et se retrouve ensuite dans le sang) en échange d'un ion Cl^-. Les ions Cl^- sortent ensuite par des canaux à Cl^- présents dans la membrane apicale et gagnent la lumière de l'estomac. Pour préserver l'électroneutralité, chaque ion Cl^- qui passe dans la lumière de l'estomac à travers la membrane apicale est accompagné d'un ion K^+ qui sort par un canal à K^+ distinct. De cette façon, les ions K^+ en excès pompés vers l'intérieur par l'ATPase à H^+/K^+ sont ramenés dans la lumière stomacale, ce qui maintient la concentration intracellulaire

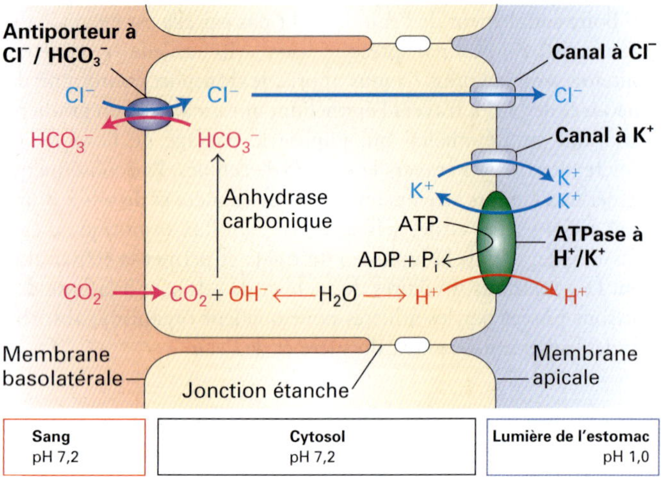

FIGURE 7-28 L'acidification de la lumière de l'estomac par les cellules pariétales situées dans le revêtement gastrique. La membrane apicale des cellules pariétales contient une ATPase à Na^+/K^+ (une pompe de classe P) ainsi que des canaux protéiques à Cl^- et K^+. Remarquez le transport cyclique des ions K^+ à travers la membrane apicale : les ions K^+ sont pompés vers l'intérieur par l'ATPase à Na^+/K^+ et sortent par un canal à K^+. La membrane basolatérale contient un antiporteur à anions qui échange des ions HCO_3^- et Cl^-. Le fonctionnement combiné de ces quatre transporteurs protéiques différents et de l'anhydrase carbonique acidifie la lumière de l'estomac tout en maintenant le pH neutre et l'électroneutralité du cytosol. Voir le texte pour plus de détails.

normale de K^+. Le résultat net est la sécrétion de quantités égales d'ions H^+ et Cl^- (c'est-à-dire, de HCl) dans la lumière de l'estomac, qui s'accompagne d'un pH neutre dans le cytosol et du transport des ions OH^- en excès, sous la forme de HCO_3^- dans le sang.

CONCEPTS CLÉS DE LA SECTION 7-6

Le transport transépithélial

- Les domaines apical et basolatéral de la membrane plasmique des cellules épithéliales contiennent des transporteurs protéiques différents et assurent des processus de transport distincts.

- Dans les cellules de l'épithélium intestinal, le fonctionnement coordonné des symporteurs à Na^+ dans la membrane apicale, des ATPases à Na^+/K^+ et des uniporteurs dans la membrane basolatérale permet le transport transcellulaire des acides aminés et du glucose de la lumière intestinale vers le sang (voir Figure 7-27).

- L'action combinée de l'anhydrase carbonique et de quatre transporteurs protéiques différents permet aux cellules pariétales situées dans le revêtement de l'estomac de sécréter du HCl dans la lumière tout en maintenant le pH cytosolique proche de la neutralité (voir Figure 7-28).

7.7 Les canaux ioniques voltage-dépendants et la propagation des potentiels d'action dans les cellules nerveuses

Dans la section précédente, nous avons examiné la façon dont différents transporteurs protéiques travaillent de concert pour absorber des nutriments à travers l'épithélium intestinal et pour acidifier l'estomac. Le système nerveux cependant offre l'exemple le plus frappant d'interaction entre différents canaux ioniques, transporteurs et pompes à ions pour remplir des fonctions physiologiques. Les **neurones** (les cellules nerveuses) et certaines cellules musculaires sont spécialisés dans la création et la propagation d'un type particulier d'impulsion électrique, le **potentiel d'action**. Cette modification du potentiel électrique à travers la membrane cellulaire est due à l'ouverture et à la fermeture de certains canaux ioniques voltage-dépendants.

Dans cette section, nous envisagerons d'abord certaines des propriétés essentielles des neurones et des potentiels d'action, qui traversent un axone très rapidement. Nous décrirons ensuite le fonctionnement des canaux voltage-dépendants responsables de la propagation des potentiels d'action dans les neurones. Dans la section suivante, nous examinerons la façon dont l'arrivée d'un potentiel d'action au niveau de l'extrémité d'un axone provoque la sécrétion de substances chimiques appelées **neurotransmetteurs**. Ces substances se fixent à leur tour à des récepteurs situés sur des cellules adjacentes et provoquent des changements dans le potentiel de membrane de ces cellules. Ainsi, des signaux électriques transportent l'information dans une cellule nerveuse, tandis que des signaux chimiques transmettent cette information d'un neurone à un autre ou d'un neurone à une cellule musculaire ou une autre cellule cible.

Des régions spécialisées des neurones remplissent des fonctions différentes

Bien que la morphologie des différents types de neurones varie sur certains points, ils contiennent tous quatre régions distinctes jouant des rôles spécifiques : le corps cellulaire, l'axone, les terminaisons axonales et les dendrites (Figure 7-29).

Le *corps cellulaire* contient le noyau. Il est le site de synthèse de quasiment toutes les protéines et membranes neuronales. Certaines protéines sont synthétisées dans les dendrites mais aucune n'est fabriquée dans l'axone ni dans les terminaisons axonales. Des processus de transport spécialisé impliquant des microtubules déplacent les protéines et les membranes depuis leurs sites de synthèse dans le corps cellulaire, le long de l'axone et vers les terminaisons (Chapitre 20).

Les **axones**, dont le diamètre varie de 1 μm dans certains nerfs du cerveau humain, à 1 mm dans la fibre géante du calmar, sont spécialisés dans la conduction des potentiels d'action. Un potentiel d'action est une succession de changements brusques du voltage, ou potentiel électrique, à travers la membrane plasmique. Lorsqu'un neurone est à l'état de repos (non stimulé), le potentiel électrique à travers la membrane axonale est voisin de –60 mV (l'intérieur étant négatif par rapport à l'extérieur). Ce *potentiel de repos* est similaire au potentiel de membrane dans la plupart des cellules qui ne sont pas des neurones. Au plus fort du potentiel d'action, le potentiel de

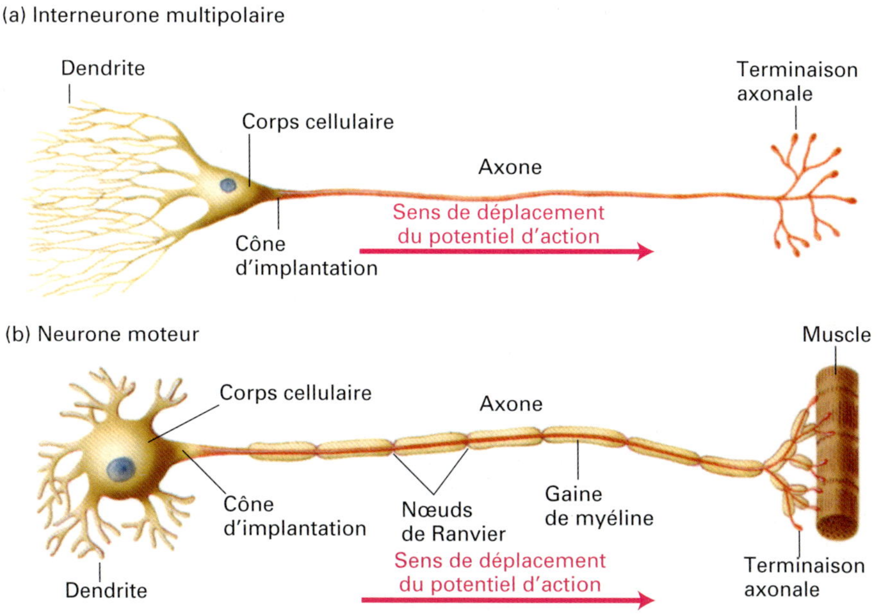

FIGURE 7-29 La morphologie typique de deux types de neurones de mammifères. Les potentiels d'action apparaissent dans le cône d'implantation et sont conduits vers les terminaisons axonales. (a) Un interneurone multipolaire possède de nombreux dendrites ramifiés, qui *reçoivent* des signaux au niveau de synapses les reliant à plusieurs centaines d'autres neurones. Un seul long axone qui se ramifie à son extrémité *transmet* les signaux aux autres neurones. (b) Un neurone moteur innervant une cellule musculaire possède généralement un seul long axone qui s'étend du corps cellulaire jusqu'à la cellule effectrice. Dans les neurones moteurs de mammifères, une gaine isolante de myéline recouvre généralement toutes les parties de l'axone à l'exception des nœuds de Ranvier et des terminaisons axonales.

membrane peut atteindre jusqu'à + 50 mV (intérieur positif), un changement net de ≈ 110 mV. Cette **dépolarisation** de la membrane est suivie d'une repolarisation rapide, qui ramène le potentiel de membrane à sa valeur au repos (Figure 7-30).

Un potentiel d'action prend naissance au niveau du *cône d'implantation*, la jonction de l'axone et du corps cellulaire, et est conduit activement le long de l'axone jusqu'aux *terminaisons axonales*, qui sont de petites ramifications de l'axone formant les **synapses** ou connexions, avec d'autres cellules. Les potentiels d'action se déplacent à des vitesses pouvant atteindre 100 mètres par seconde. Chez l'homme par exemple, les axones peuvent être longs de plus d'un mètre, pourtant, il ne faut que quelques millisecondes pour qu'un potentiel d'action les parcoure sur toute leur longueur. L'arrivée d'un potentiel d'action au niveau d'une terminaison axonale déclenche l'ouverture des canaux à Ca^{2+} sensibles au voltage et l'influx de Ca^{2+}, provoquant une augmentation localisée de la concentration cytosolique de Ca^{2+} dans la terminaison axonale. L'augmentation de Ca^{2+} provoque à son tour la fusion de petites vésicules contenant des neurotransmetteurs avec la membrane plasmique, libérant des neurotransmetteurs de cette *cellule présynaptique* dans la fente synaptique, l'espace étroit qui sépare cette cellule des *cellules postsynaptiques* (Figure 7-31).

Il faut environ 0,5 millisecondes (ms) aux neurotransmetteurs pour diffuser à travers la fente synaptique et se fixer à un récepteur situé sur les cellules postsynaptiques. La liaison des neurotransmetteurs déclenche l'ouverture ou la fermeture de canaux ioniques spécifiques dans la membrane plasmique des cellules postsynaptiques, ce qui conduit à des changements du potentiel de membrane à cet endroit. Un axone unique dans le système nerveux central peut établir des synapses avec de nombreux neurones et induire simultanément des réponses dans tous ces neurones.

La plupart des neurones possèdent de multiples **dendrites**, qui s'étendent vers l'extérieur à partir du corps cellulaire et sont spécialisés dans la réception de signaux chimiques provenant des terminaisons axonales ou d'autres neurones. Les dendrites convertissent ces signaux en petites impulsions électriques et les conduisent jusqu'au corps cellulaire. Les corps cellulaires des neurones peuvent également former des synapses et donc recevoir des signaux. Les neurones du système nerveux central ont des dendrites extrêmement longs avec des ramifications complexes. Ceci leur permet de former des synapses avec un grand nombre d'autres neurones (sans doute jusqu'à un millier) et d'en recevoir des signaux (voir Figure 7-29a). Les dépolarisations ou hyperpolarisations de la membrane créées au niveau des dendrites ou du corps cellulaire se

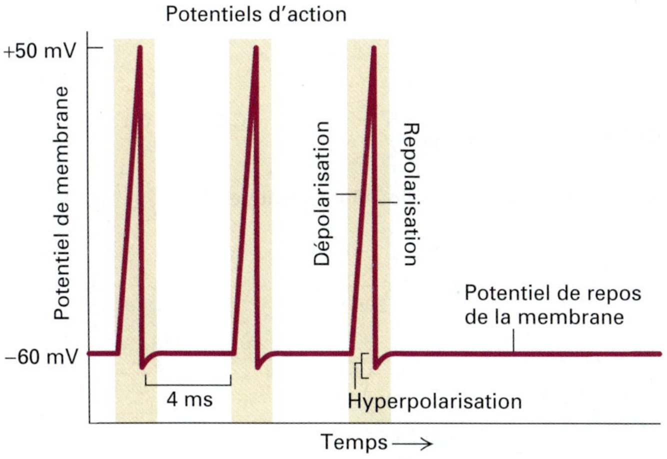

FIGURE EXPÉRIMENTALE 7-30 L'enregistrement d'un potentiel de membrane au niveau d'un axone révèle l'amplitude et la fréquence des potentiels d'action. Un potentiel d'action est une dépolarisation brusque et transitoire de la membrane, suivie d'une repolarisation jusqu'au potentiel de repos, qui est proche de –60 mV. Le potentiel de membrane d'un axone peut être mesuré à l'aide d'une petite électrode placée dans celle-ci (voir Figure 7-14). L'enregistrement du potentiel de la membrane axonale de ce neurone montre qu'un potentiel d'action est créé toutes les 4 millisecondes environ.

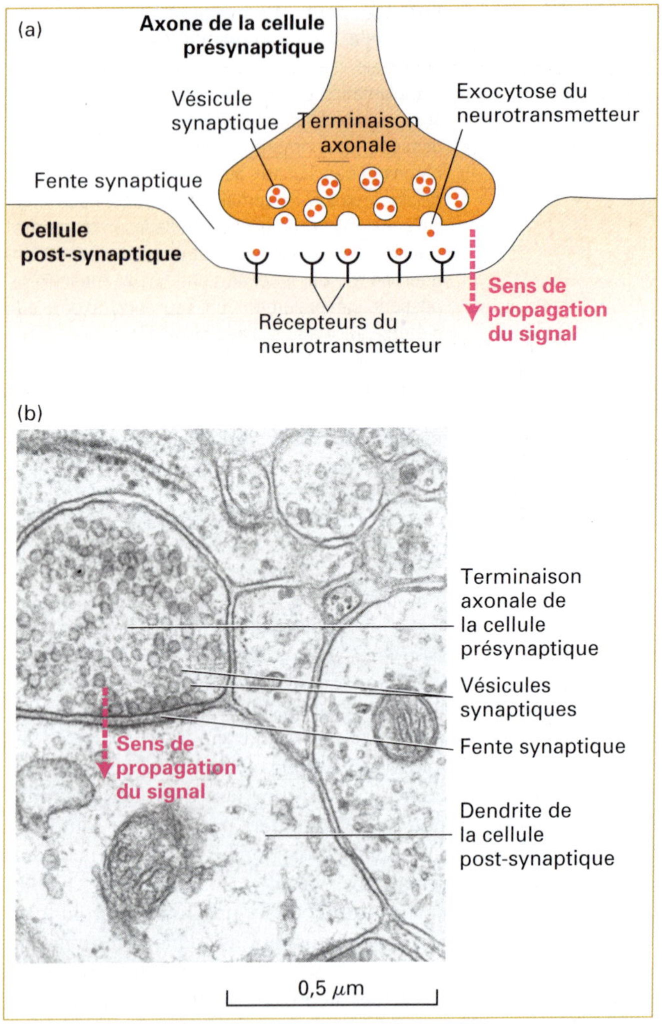

FIGURE 7-31 Une synapse chimique. (a) Une région étroite — la fente synaptique — sépare les membranes plasmiques des cellules présynaptique et post-synaptique. L'arrivée des potentiels d'action au niveau d'une synapse provoque la libération de neurotransmetteurs (ronds rouges) par la cellule présynaptique, leur diffusion à travers la fente synaptique et leur fixation sur des récepteurs spécifiques présents sur la membrane plasmique de la cellule post-synaptique. Ces signaux dépolarisent en général la membrane post-synaptique (rendant le potentiel à l'intérieur moins négatif), ce qui tend à provoquer un potentiel d'action dans celle-ci. (b) La micrographie électronique montre la synapse formée entre un dendrite et une terminaison axonale remplie de vésicules synaptiques. Dans la région synaptique, la membrane plasmique de la cellule présynaptique est spécialisée dans l'exocytose des vésicules. Les vésicules synaptiques contenant un neurotransmetteur sont regroupées dans ces régions. La membrane de la cellule post-synaptique (dans ce cas un neurone) située en face de la membrane présynaptique contient des récepteurs spécifiques du neurotransmetteur. [Partie (b) de C. Raine *et al.*, Éds, 1981, *Basic Neurochemistry*, 3e éd., Little, Brown, p. 32.]

propagent jusqu'au cône d'implantation. Si la dépolarisation membranaire est suffisamment importante à ce niveau, un potentiel d'action naîtra et sera conduit activement le long de l'axone.

Ainsi, les neurones utilisent les changements du potentiel de membrane, les potentiels d'action, pour la conduction de signaux sur toute leur longueur et de petites molécules, les neurotransmetteurs, pour envoyer des signaux d'une cellule à l'autre.

L'amplitude du potentiel d'action est proche de E_{Na}

Nous avons vu plus tôt dans ce chapitre de quelle façon le fonctionnement de la pompe à Na^+/K^+ aboutit à une concentration élevée de K^+ et faible de Na^+ dans le cytosol, par rapport aux mêmes concentrations dans le milieu extracellulaire. La sortie de K^+ qui s'ensuit par les canaux de fuite à K^+ se fait grâce au gradient de concentration de K^+ (cytosol > milieu), aboutissant au potentiel membranaire de repos. L'entrée des ions Na^+ du milieu vers le cytosol est également favorable thermodynamiquement, et s'effectue sous l'influence du gradient de concentration de Na^+ (milieu > cytosol) et du potentiel de membrane négatif à l'intérieur (voir Figure 7-20). Cependant, la plupart des canaux à Na^+ présents dans la membrane plasmique sont fermés dans les cellules au repos. L'entrée des ions Na^+ dans la cellule ne peut donc être que faible (Figure 7-32a).

Si le nombre de canaux à Na^+ ouverts est suffisant, l'entrée résultante d'ions Na^+ surpassera la sortie d'ions K^+ par les canaux de fuite à K^+. Le résultat sera une entrée *nette* de cations, aboutissant à un excès de charges positives sur la face cytosolique et à l'excès correspondant de charges négatives (dû aux ions Cl^- laissés « en arrière » dans le milieu extracellulaire après l'entrée des ions Na^+) sur la face extracellulaire (Figure 7-32b). En d'autres termes, la membrane plasmique est dépolarisée à tel point que la face interne devient positive.

L'amplitude du potentiel de membrane au pic de dépolarisation d'un potentiel d'action est très proche du potentiel d'équilibre de Na^+, E_{Na} donné par l'équation de Nernst (Équation 7-2)

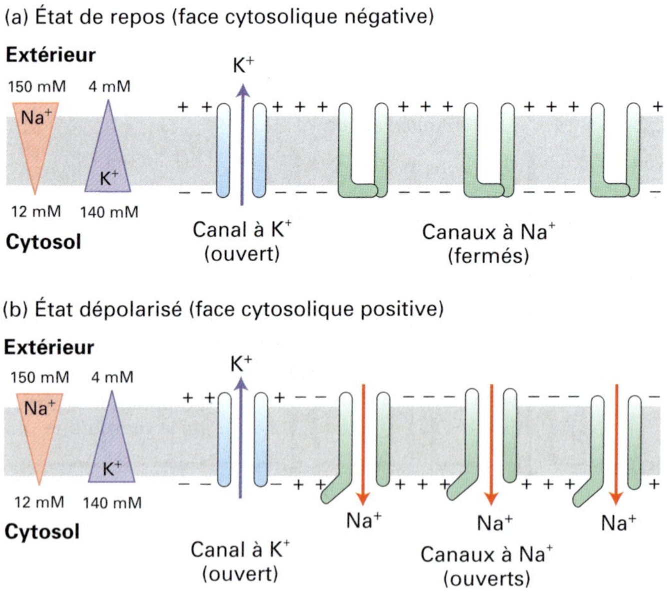

FIGURE 7-32 La dépolarisation de la membrane plasmique due à l'ouverture des canaux à Na^+ voltage-dépendants. (a) Dans les neurones au repos, les canaux de fuite à K^+ sont ouverts mais les canaux à Na^+, bien plus nombreux, sont fermés. La sortie des ions K^+ établit le potentiel de membrane négatif à l'intérieur, caractéristique de la plupart des cellules. (b) L'ouverture des canaux à Na^+ voltage-dépendants permet une entrée d'ions Na^+ suffisante pour provoquer une inversion du potentiel de membrane. Voir le texte pour plus de détails.

comme on s'y attendrait si l'ouverture des canaux à Na^+ voltage-dépendants était responsable de la création des potentiels d'action. Par exemple, la valeur mesurée du pic du potentiel d'action pour l'axone géant de calmar est de 35 mV, ce qui est proche de la valeur de E_{Na} (55 mV) calculée à partir de concentrations de 440 mM à l'extérieur et 50 mM à l'intérieur. La relation entre l'amplitude du potentiel d'action et la concentration des ions Na^+ à l'intérieur et à l'extérieur de la cellule a été confirmée expérimentalement. Par exemple, si la concentration des ions Na^+ dans la solution baignant l'axone de calmar est réduite au tiers de la concentration normale, l'amplitude de la dépolarisation est réduite de 40 mV, ce qui est presque la valeur prédite.

L'ouverture et la fermeture séquentielles des canaux à Na^+ et à K^+ voltage-dépendants créent les potentiels d'action

Le cycle de dépolarisation membranaire, hyperpolarisation et retour à la valeur de repos qui constitue un potentiel d'action dure 1 à 2 millisecondes et peut se produire plusieurs centaines de fois par seconde dans un neurone type (voir Figure 7-30). Ces changements cycliques du potentiel de membrane résultent de l'ouverture et de la fermeture séquentielles, tout d'abord des *canaux à Na^+ voltage-dépendants* et en second lieu des *canaux à K^+ voltage-dépendants*. Le rôle de ces canaux dans la création des potentiels d'action a été élucidé grâce à des études classiques menées sur l'axone géant de calmar, dans lequel de multiples électrodes peuvent être insérées sans endommager la membrane plasmique. Le même mécanisme est toutefois utilisé par tous les neurones.

Les canaux à Na^+ voltage-dépendants Comme nous venons de le voir, les canaux à Na^+ voltage-dépendants sont fermés dans les neurones au repos. Une petite dépolarisation de la membrane provoque un changement conformationnel dans ces canaux protéiques qui ouvre une barrière située du côté cytosolique du pore, permettant aux ions Na^+ de pénétrer dans la cellule en passant par le pore. Plus la dépolarisation membranaire initiale est importante, plus le nombre de canaux à Na^+ voltage-dépendants ouverts est élevé et plus il y a d'ions Na^+ qui pénètrent dans la cellule.

Lorsque les ions Na^+ pénètrent dans la cellule par les canaux ouverts, les charges positives en excès sur la face cytosolique et les charges négatives sur la face extracytoplasmique diffusent sur une courte distance à partir du site initial de dépolarisation. Cette *propagation passive* des charges positives et négatives dépolarise (rend l'intérieur moins négatif) des segments adjacents de la membrane plasmique, ce qui provoque l'ouverture de canaux à Na^+ voltage-dépendants supplémentaires dans ces segments et l'augmentation de l'entrée d'ions Na^+. Plus le nombre d'ions Na^+ entrants est élevé, plus l'intérieur de la membrane cellulaire est dépolarisé, ce qui déclenche l'ouverture de nouveaux canaux à Na^+ et une dépolarisation supplémentaire de la membrane, aboutissant à une entrée massive d'ions Na^+. Pendant une fraction de milliseconde, la perméabilité au Na^+ de cette région de la membrane devient nettement supérieure à la perméabilité au K^+ et le potentiel de membrane s'approche de E_{Na}, le potentiel d'équilibre d'une membrane perméable uniquement aux ions Na^+. Lorsque le potentiel de membrane approche de E_{Na} cependant, l'entrée nette de nouveaux ions Na^+ cesse, puisque le gradient de concentration des ions Na^+ (extérieur > intérieur) est maintenant équilibré par le potentiel de membrane E_{Na} positif à l'intérieur. Le potentiel d'action est à son maximum, proche de la valeur de E_{Na}.

La Figure 7-33 montre les caractéristiques structurales essentielles des canaux à Na^+ voltage-dépendants et les changements conformationnels responsables de leur ouverture et de leur fermeture. Dans l'état de repos, un segment de la protéine sur la face cytosolique — la « *barrière* » (*gate* en anglais) — obstrue le pore central, empêchant le passage des ions. Une petite dépolarisation de la membrane déclenche le déplacement vers la surface extracytoplasmique, d'hélices *α sensibles au voltage* et chargées positivement, provoquant un changement conformationnel de la barrière, ce qui ouvre le canal et permet le passage des ions. Après 1 milliseconde environ, l'entrée d'autres ions Na^+ est inhibée par le déplacement d'un *segment inactivant le canal* situé face au cytosol, à l'intérieur du canal ouvert. Tant que la membrane reste dépolarisée, le segment inactivant le canal reste dans l'ouverture de celui-ci. Au cours de cette *période réfractaire*, le canal est inactivé et ne peut être rouvert. Quelques millisecondes après le rétablissement du potentiel de repos négatif à l'intérieur, le segment inactivant le canal sort du pore et le canal retourne dans son état fermé au repos. Dès lors, il peut être ouvert à la suite d'une nouvelle dépolarisation.

Les canaux à K^+ voltage-dépendants La repolarisation de la membrane au cours de la période réfractaire est due en grande partie à l'ouverture des canaux à K^+ voltage-dépendants. L'augmentation consécutive de la sortie de K^+ hors du cytosol enlève l'excès de charges positives au niveau de la face cytosolique de la membrane plasmique (c'est-à-dire, la rend davantage négative) restaurant ainsi le potentiel de repos négatif à l'intérieur. En réalité, pendant un bref instant, la membrane devient hyperpolarisée, avec un potentiel qui approche E_K, plus négatif que le potentiel de repos (voir Figure 7-30).

L'ouverture des canaux à K^+ voltage-dépendants est induite par la dépolarisation importante du potentiel d'action. Au contraire des canaux à Na^+ voltage-dépendants, la plupart des types de canaux à K^+ voltage-dépendants restent ouverts tant que la membrane est dépolarisée et ne se referment que lorsque le potentiel de membrane a retrouvé une valeur négative à l'intérieur. Les canaux à K^+ voltage-dépendants ne s'ouvrent que légèrement après la dépolarisation initiale, au sommet du potentiel d'action. C'est pourquoi on les appelle parfois *canaux retardés à K^+*. Pour finir, tous les canaux à K^+ et à Na^+ voltage-dépendants retournent dans leur état de repos (fermé). Les seuls canaux ouverts dans cet état de repos sont les canaux de fuite à K^+ responsables du potentiel de repos de la membrane, qui revient rapidement à sa valeur habituelle (voir Figure 7-32a).

Les tracés des patch-clamps de la Figure 7-34 révèlent les propriétés essentielles des canaux à K^+ voltage-dépendants. Dans cette expérience, on maintient de petits segments d'une membrane plasmique neuronale à différents potentiels et on mesure le flux de charges électriques à travers cette zone, dû au passage d'ions K^+ à travers les canaux à K^+ ouverts. Lorsque le potentiel de dépolarisation est de −10 mV, les canaux de la zone membranaire étudiée s'ouvrent rarement et ne restent ouverts que quelques millisecondes, si l'on en juge respectivement par le nombre et la largeur des pics vers le haut sur les tracés. Ensuite, le flux d'ions à travers ces canaux est assez faible, comme l'indique la mesure du courant électrique à travers chaque canal ouvert (la hauteur des pics). Si l'on continue de dépolariser la membrane jusqu'à 20 mV, ces

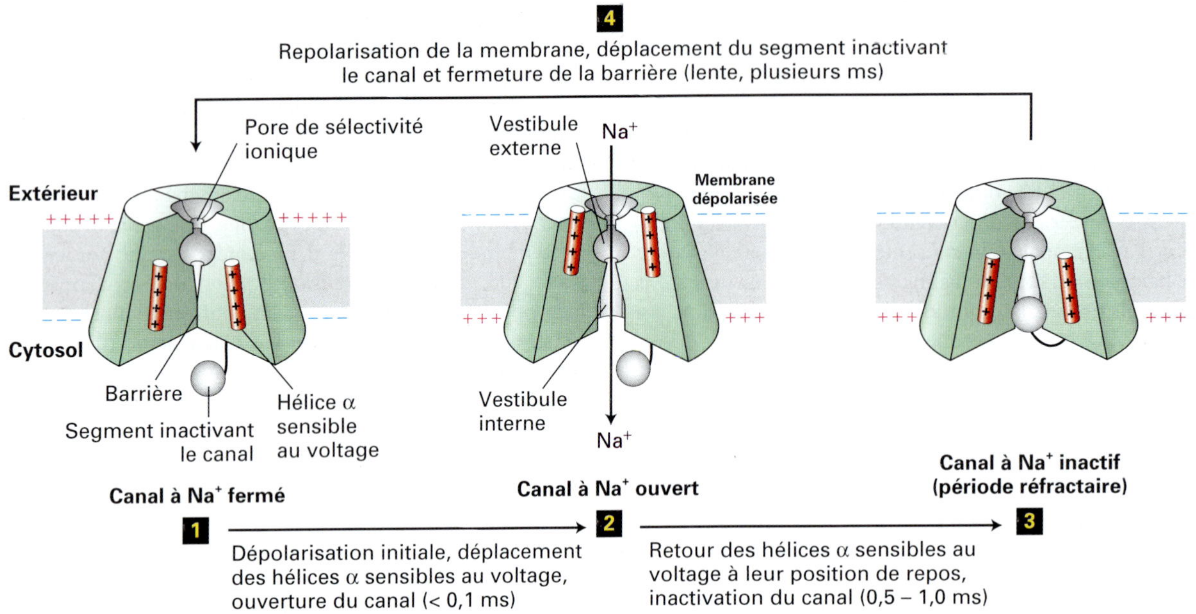

FIGURE 7-33 Un modèle de fonctionnement du canal à Na^+ voltage-dépendant. Quatre domaines transmembranaires dans la protéine forment le pore central par lequel passent les ions. Les composants essentiels pour le contrôle du déplacement des ions Na^+ sont visibles dans les coupes représentant trois des quatre domaines transmembranaires. **1** Dans l'état de repos (fermé) les hélices α sensibles au voltage, qui possèdent des chaînes latérales chargées positivement tous les trois résidus, sont attirées par les charges négatives présentes sur la face cytosolique de la membrane au repos. Ceci maintient le segment barrière en une position qui bloque le canal, empêchant dès lors l'entrée d'ions Na^+. **2** En réponse à une petite dépolarisation, les hélices sensibles au voltage pivotent comme une vis vers la surface externe de la membrane, provoquant un changement conformationnel immédiat dans le segment barrière, qui provoque l'ouverture du canal. **3** Les hélices sensibles au voltage reviennent rapidement dans leur position de repos et le segment inactivant le canal pénètre dans le canal ouvert, empêchant alors le passage d'autres ions. **4** Une fois la membrane repolarisée, le segment inactivant le canal est déplacé de l'ouverture du canal et la barrière se referme. La protéine revient à son état de repos (fermé) et peut être rouverte par une nouvelle dépolarisation. [Voir W. A. Catterall, 2001, *Nature* **409** :988 ; M. Zhou *et al.*, 2001, *Nature* **411** :657 et B. A. Yi et et L. Y. Jan, 2000, *Neuron* **27** :423.]

canaux s'ouvrent environ deux fois plus souvent. De plus, davantage d'ions K^+ passent à travers chaque canal ouvert (la hauteur des pics est plus importante) car la force poussant les ions K^+ cytosoliques vers l'extérieur est supérieure pour un potentiel de membrane de + 20 mV que de — 10 mV. Pour une dépolarisation atteignant + 50 mV, la valeur au niveau du pic d'un potentiel d'action provoque l'ouverture de davantage de canaux à K^+ et augmente également le flux de K^+ à travers ces canaux. Par conséquent, en s'ouvrant au sommet du potentiel d'action, les canaux à K^+ permettent la sortie d'ions K^+ et la repolarisation de la membrane,

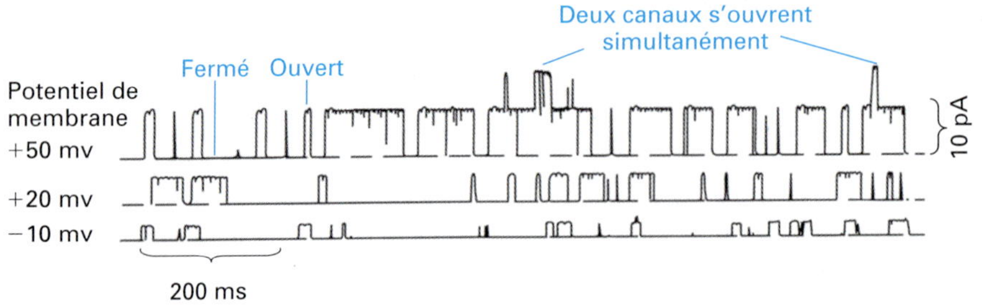

FIGURE EXPÉRIMENTALE 7-34 La probabilité d'ouverture et de passage de courant à travers les canaux à K^+ voltage-dépendants individuels augmente avec la surface membranaire dépolarisée. Ces tracés obtenus par patch-clamp proviennent de zones de la membrane plasmique de neurones maintenues à trois potentiels différents, + 50, + 20 et −10 mV. Les tracés vers le haut indiquent l'ouverture des canaux à K^+ et la sortie d'ions K^+ (de la face cytosolique vers la face extracytoplasmique) à travers la membrane. L'augmentation de la dépolarisation membranaire (c'est-à-dire le voltage appliqué) de −10 mV à + 50 mV augmente la probabilité d'ouverture d'un canal, sa durée d'ouverture et la quantité de courant électrique (nombre d'ions) qui le traverse. [D'après B. Pallota *et al.*, 1981, *Nature* **293** :471, modifié par B. Hille, 1992, *Ion Channels of Excitable Membranes*, 2e éd., Sinauer Associates, p. 122.]

tandis que les canaux à Na^+ voltage-dépendants sont fermés et inactivés.

On a isolé plus de 100 protéines de canaux à K^+ voltage-dépendants chez l'homme et d'autres vertébrés. Comme nous le verrons plus tard, toutes ces protéines de canaux ont une structure générale similaire mais elles présentent des différences au niveau de leur dépendance au voltage, leur conductivité, la cinétique de leurs canaux et d'autres propriétés fonctionnelles. Cependant, un grand nombre d'entre elles ne s'ouvrent qu'en présence de voltages correspondant à une dépolarisation forte, une propriété nécessaire pour produire la dépolarisation maximale caractéristique du potentiel d'action avant le début de la repolarisation de la membrane.

Les potentiels d'action se propagent dans un seul sens et avec une amplitude constante

La création d'un potentiel d'action telle que nous venons de la décrire s'apparente aux changements qui se produisent dans une petite zone de membrane plasmique neuronale. Au sommet du potentiel d'action, la propagation passive de la dépolarisation membranaire est suffisante pour dépolariser un segment voisin de la membrane. Ceci provoque l'ouverture de quelques canaux à Na^+ voltage-dépendants dans cette région, augmentant de ce fait l'étendue de la dépolarisation dans cette région et provoquant une ouverture explosive de nouveaux canaux à Na^+, ainsi que la création d'un potentiel d'action. Cette dépolarisation déclenche rapidement l'ouverture de canaux à K^+ voltage-dépendants et restaure

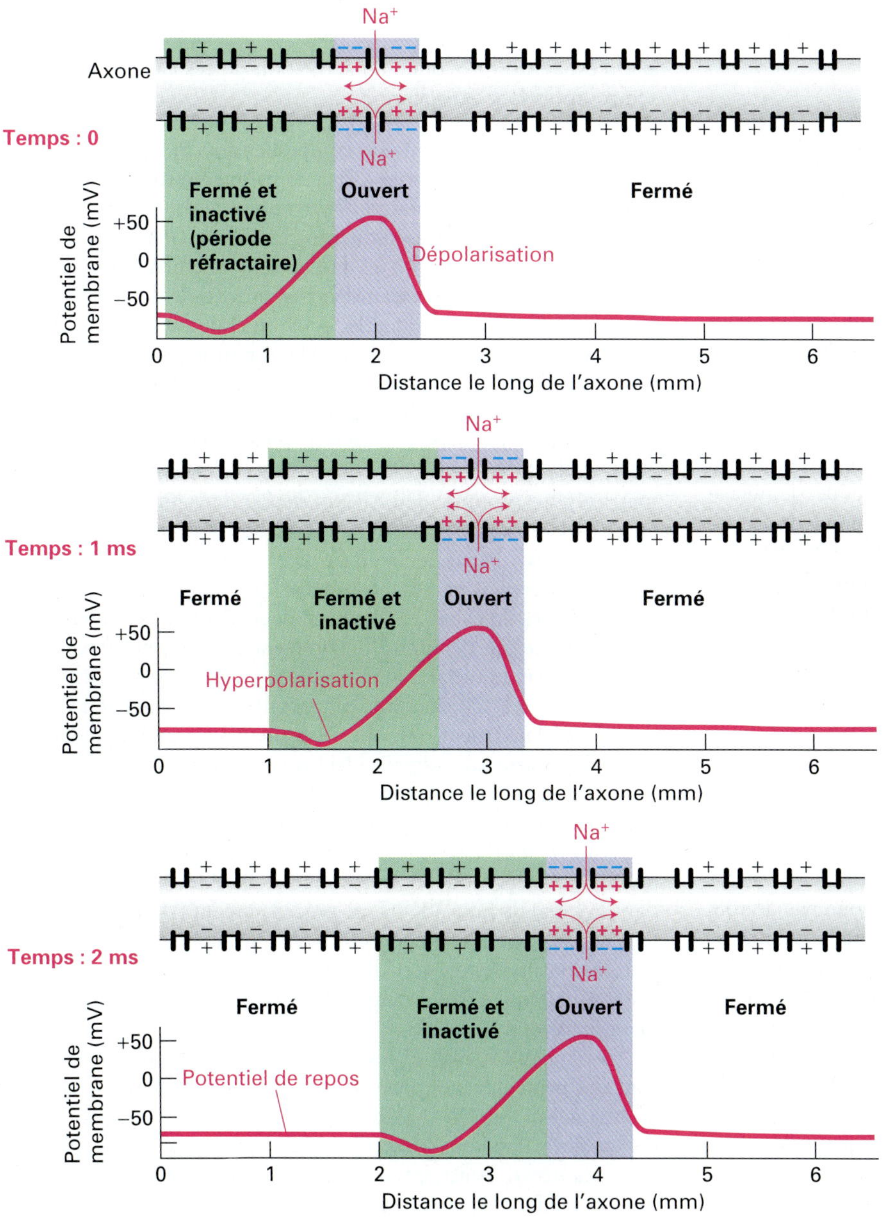

FIGURE 7-35 Le déplacement unidirectionnel d'un potentiel d'action dû à l'inactivation transitoire des canaux à Na^+ individuels voltage-dépendants. Au temps 0, un potentiel d'action (en rouge) est situé à 2 mm de l'axone ; les canaux à Na^+ présents à cet endroit sont ouverts et les ions Na^+ pénètrent dans la cellule. Les ions Na^+ en excès diffusent dans les deux sens le long de l'intérieur de la membrane, propageant passivement la dépolarisation. Puisque les canaux à Na^+ à la position 1 mm sont toujours inactivés (en vert), ils ne peuvent pas encore être rouverts par la petite dépolarisation créée par la propagation passive ; les canaux à Na^+ à la position 3 mm au contraire, commencent à s'ouvrir. Chaque région de la membrane est réfractaire (inactive) pendant quelques millisecondes après le passage d'un potentiel d'action. Par conséquent, la dépolarisation au site 2 mm au temps 0 déclenche la conduction des potentiels d'action uniquement vers l'aval ; à 1 ms, un potentiel d'action est transmis à la position 3 mm et au bout de 2 ms, à la position 4 mm.

le potentiel de repos. Le potentiel d'action se propage donc de façon constante, comme une onde à partir de son site initial.

Comme nous l'avons vu plus haut, au cours de la période réfractaire les canaux à Na^+ voltage-dépendants sont inactivés pendant plusieurs millisecondes. Ces canaux, ouverts auparavant, ne peuvent s'ouvrir au cours de cette période, même si la membrane est dépolarisée à la suite de la propagation passive. Comme l'illustre la Figure 7-35, l'incapacité des canaux à Na^+ de se rouvrir au cours de la période réfractaire garantit la propagation des potentiels d'action dans un seul sens, depuis le cône d'implantation où ils apparaissent, jusqu'à la terminaison axonale. Cette propriété des canaux à Na^+ limite également le nombre de potentiels d'action qu'un neurone peut conduire par seconde. La réouverture des canaux à Na^+ « en amont » d'un potentiel d'action (c'est-à-dire plus proches du corps cellulaire) est également différée en raison de l'hyperpolarisation de la membrane qui résulte de l'ouverture des canaux à K^+ voltage-dépendants.

Les cellules nerveuses peuvent conduire de nombreux potentiels d'action en l'absence d'ATP

Il est important de noter que la dépolarisation de la membrane, caractéristique d'un potentiel d'action, résulte du déplacement d'un petit nombre seulement d'ions Na^+ dans un neurone et n'affecte pas significativement le gradient de concentration intracellulaire de Na^+. Une cellule nerveuse type possède environ 10 canaux à Na^+ voltage-dépendants par micromètre carré (μm^2) de membrane plasmique. Puisque pendant sa milliseconde d'ouverture chaque canal laisse passer de 5 000 à 10 000 ions environ (voir Figure 7-18), 10^5 ions par μm^2 de membrane plasmique au maximum pénétreront à l'intérieur de la cellule au cours de chaque potentiel d'action.

Pour évaluer l'effet de ce flux d'ions sur la concentration cytosolique de Na^+ de 10 mM (0,01 mol/L) typique d'un axone au repos, nous considérerons un segment d'axone de 1 micromètre(μm) de long et de 10 μm de diamètre. Le volume de ce segment est de 78 μm^3 ou 7,8 x 10^{-14} litre et il contient 4,7 x 10^8 ions Na^+ : (10^{-2} mol/L) (7,8 x 10^{-14} L) (6 x 10^{23} Na^+/mol). La surface de ce segment de l'axone est de 31 μm^2 et, au cours du passage d'un potentiel d'action, 10^5 ions Na^+ pénétreront par μm^2 de membrane. Par conséquent, la contribution de cette entrée de Na^+ au nombre d'ions Na^+ dans ce segment n'est que de 1/150 environ : (4,7 x 10^8) ÷ (3,1 x 10^6). De même, la repolarisation de la membrane due à la sortie d'ions K^+ à travers les canaux à K^+ voltage-dépendants ne modifie pas significativement la concentration intracellulaire de K^+.

Comme très peu d'ions Na^+ et K^+ traversent la membrane plasmique durant chaque potentiel d'action, la pompe à Na^+/K^+ qui maintient les gradients ioniques habituels ne joue pas de rôle direct dans la conduction de l'impulsion. Lorsque cette pompe est inhibée expérimentalement par du dinitrophénol ou un autre inhibiteur de la production d'ATP, les concentrations de Na^+ et K^+ s'équilibrent peu à peu à l'intérieur et à l'extérieur de la cellule et le potentiel de membrane devient progressivement nul. Cette suppression des gradients électrochimiques habituels de Na^+ et de K^+ se produit très lentement dans les neurones géants de calmar mais demande environ 5 minutes dans les neurones plus petits de mammifères. Dans tous les cas, les gradients électrochimiques sont quasiment indépendants de l'apport d'ATP au cours de la brève durée nécessaire aux cellules nerveuses pour créer et propager des potentiels d'action. Puisque les déplacements d'ions au cours de chaque potentiel d'action impliquent seulement une minuscule fraction des ions Na^+ et K^+ de la cellule, une cellule nerveuse peut être stimulée des centaines, voire des milliers de fois en l'absence d'ATP.

Tous les canaux ioniques voltage-dépendants ont des structures similaires

Maintenant que nous avons expliqué la dépendance du potentiel d'action vis-à-vis de l'ouverture et de la fermeture régulées des canaux voltage-dépendants, nous allons examiner la structure moléculaire de ces protéines remarquables. Après avoir décrit la structure élémentaire de ces canaux, nous nous poserons trois questions :

- Comment ces protéines perçoivent-elles les changements du potentiel de membrane ?
- De quelle façon ce changement se traduit-il en ouverture du canal ?
- Qu'est-ce qui provoque l'inactivation de ces canaux si peu de temps après leur ouverture ?

Les premiers éléments de compréhension du fonctionnement des canaux ioniques voltage-dépendants ont été fournis par l'analyse des mouches du vinaigre (*Drosophila melanogaster*) portant la mutation *shaker*. Ces mouches remuaient (*shake* en anglais) vigoureusement, lorsqu'on les anesthésiait à l'éther, ce qui reflétait une perte de leur contrôle moteur et un défaut de certains neurones moteurs dont le potentiel d'action était anormalement prolongé. Ce phénotype suggérait que la mutation *shaker* provoquait un défaut dans les canaux à K^+ voltage-dépendants qui les empêchait de s'ouvrir normalement dès le début de la dépolarisation. Pour montrer que le gène *shaker* de type sauvage codait un canal à K^+, de l'ADNc *shaker* de type sauvage cloné fut utilisé comme matrice pour produire de l'ARNm *shaker* dans un système acellulaire. L'expression de cet ARNm dans des ovocytes de grenouille et des mesures de patch-clamp sur la protéine de canal néosynthétisée montrèrent que ses propriétés fonctionnelles étaient identiques à celles du canal à K^+ voltage-dépendant dans la membrane neuronale, ce qui démontrait clairement que le gène *shaker* code cette protéine du canal à K^+.

Le canal à K^+ Shaker et la plupart des autres canaux à K^+ voltage-dépendants identifiés sont des protéines tétramériques constituées de quatre sous-unités identiques arrangées dans la membrane autour d'un pore central. Chaque sous-unité est formée de six hélices α transmembranaires, appelées S1 à S6 et d'un segment P (Figure 7-36a). Les hélices S5, S6 et le segment P présentent une homologie structurale et fonctionnelle avec les mêmes éléments dans le canal de fuite à K^+ traité précédemment (voir Figure 7-15). L'hélice S4, qui contient de nombreux résidus lysine et arginine chargés positivement, sert de détecteur de voltage. La « balle » N-terminale qui s'étend dans le cytosol à partir de S1 est le segment inactivant le canal.

Les canaux à Na^+ et les canaux à Ca^{2+} voltage-dépendants sont des protéines monomériques organisées en quatre domaines homologues, I à IV (Figure 7-36b). Chacun de ces domaines ressemble à une sous-unité d'un canal à K^+ voltage-dépendant. Cependant, au contraire des canaux à K^+ voltage-dépendants qui possèdent quatre segments inactivateurs, les canaux

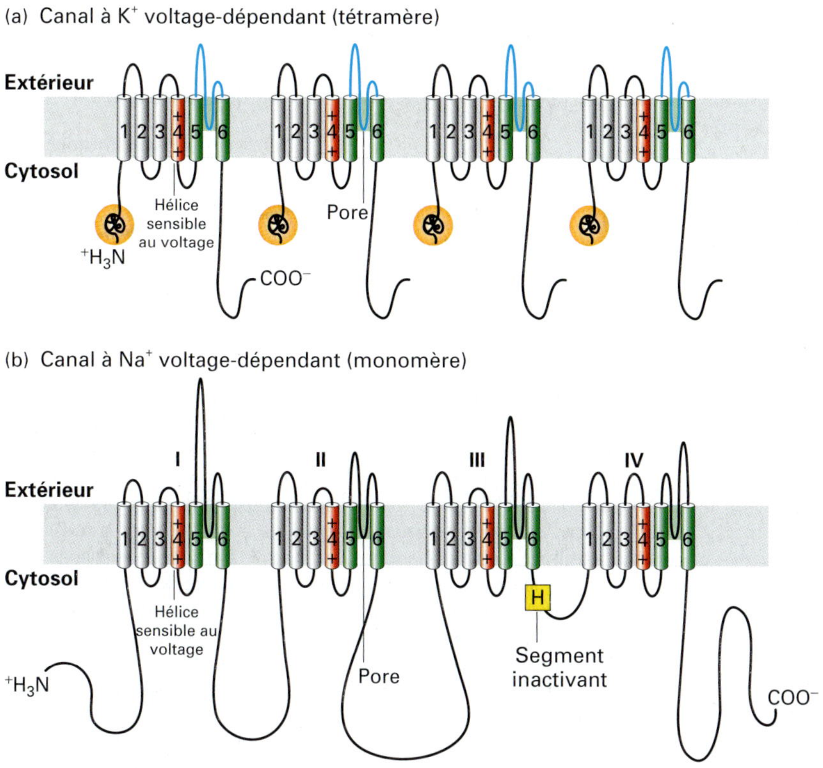

FIGURE 7-36 Une représentation schématique de la structure secondaire des canaux à K⁺ et à Na⁺ voltage-dépendants. (a) Les canaux à K^+ voltage-dépendants sont constitués de quatre sous-unités identiques, contenant chacune 600 à 700 acides aminés et six hélices α transmembranaires, S1-S6. L'extrémité N-terminale de chaque sous-unité, située dans le cytosol, forme un domaine globulaire (balle orange) essentiel pour l'inactivation du canal ouvert. Les hélices S5 et S6 (en vert) et le segment P (en bleu) présentent une homologie avec les composants des canaux de fuite à K^+, mais chaque sous-unité contient quatre hélices α transmembranaires supplémentaires. L'une d'elles, S4 (en rouge), est l'hélice α sensible au voltage. (b) Les canaux à Na^+ voltage-dépendants sont des monomères contenant 1800 à 2000 acides aminés organisés en quatre domaines transmembranaires (I à IV) similaires aux sous-unités présentes dans les canaux à K^+ voltage-dépendants. L'unique segment inactivant le canal, situé dans le cytosol entre les domaines III et IV, contient un motif hydrophobe conservé (H). Les canaux à Ca^{2+} voltage-dépendants ont une structure globale voisine. La plupart des canaux ioniques voltage-dépendants contiennent également des sous-unités régulatrices (ß) qui ne sont pas représentées ici. [Partie (a) adaptée de C. Miller, 1992, *Curr. Biol.* **2** :573 et H. Larsson *et al.*, 1996, *Neuron* **16** :387. Partie (b) adaptée de W. A. Catterall, 2001, *Nature* **409** :988.]

monomériques voltage-dépendants n'en possèdent qu'un seul. Excepté cette petite différence structurale et les différences de perméabilité ionique, on pense que tous les canaux ioniques voltage-dépendants fonctionnent d'une manière voisine et ont évolué à partir d'une protéine monomérique ancestrale de canal qui contenait six hélices α transmembranaires.

Les hélices α S4 sensibles au voltage se déplacent en réponse à la dépolarisation membranaire

Des mesures électriques fines suggèrent que l'ouverture d'un canal à Na^+ ou à K^+ voltage-dépendant s'accompagne du déplacement de 10 à 12 charges positives liées à des protéines, de la surface cytosolique vers la surface extracytoplasmique de la membrane. Il se pourrait également qu'un nombre plus important de charges parcourent une distance plus courte à travers la membrane. Le déplacement de ces charges sensibles au voltage sous la force du champ électrique provoque un changement conformationnel dans la protéine qui ouvre le canal. Les quatre hélices α transmembranaires sensibles au voltage, sont présentes dans tous les canaux voltage-dépendants et possèdent généralement tous les trois ou quatre résidus, une lysine ou une arginine chargée positivement. Dans l'état de repos (fermé), la moitié C-terminale de chaque hélice S4 est exposée au cytosol. Lorsque la membrane est dépolarisée, ces acides aminés passent à l'extérieur, subissent une rotation de 180° et sont alors exposés à la surface extracytoplasmique du canal (voir Figure 7-33).

Les études sur des canaux à K^+ mutants Shaker sont en faveur du rôle de détecteur de voltage de l'hélice S4. Si l'on remplace un ou plusieurs résidus lysine ou arginine dans l'hélice S4 du canal à K^+ Shaker par des résidus neutres ou acides, un nombre moins important de charges positives traverse la membrane en réponse à une dépolarisation de celle-ci, ce qui indique que les résidus lysine ou arginine dans l'hélice S4 traversent effectivement la membrane. Dans d'autres études, on a testé sur des protéines mutantes Shaker dans lesquelles différents résidus de S4 étaient convertis en cystéines, leur réactivité vis-à-vis d'un agent chimique hydrosoluble modifiant les cystéines et incapable de traverser la membrane. D'après la réaction ou non des cystéines avec l'agent ajouté d'un côté ou de l'autre de la membrane, les résultats indiquent que dans l'état de repos, les acides aminés proches de l'extrémité C-terminale de l'hélice S4 sont situés face au cytosol. Après la dépolarisation de la membrane, certains de ces acides aminés se retrouvent exposés du côté extracytoplasmique du canal. Ces expériences démontrent le déplacement de l'hélice S4 à travers la membrane, tel qu'il est schématisé dans la Figure 7-33 pour les canaux à Na^+ voltage-dépendants.

On suppose que la barrière elle-même comprend les extrémités N-terminales cytosoliques des quatre hélices S5 et les extrémités C-terminales des quatre hélices S6 (voir Figure 7-36). Par analogie avec le canal bactérien à K^+, les extrémités de ces hélices vont probablement se placer ensemble juste en dessous du véritable filtre de sélectivité ionique, bloquant ainsi le pore dans son état fermé (voir Figure 7-15). Des études par cristallographie aux rayons X des canaux bactériens indiquent que dans l'état ouvert, les extrémités de ces hélices sont passées à l'extérieur, laissant un trou au centre qui est suffisant pour le passage des ions. Les barrières sont donc probablement constituées des extrémités cytosoliques des hélices S5 et S6. Toutefois, puisqu'on ne connaît pour l'instant la structure moléculaire d'aucun canal voltage-dépendant, on ignore de quelle façon ce changement conformationnel supposé est induit par le déplacement des hélices sensibles au voltage.

Le déplacement du segment inactivant le canal dans le pore ouvert bloque le flux d'ions

L'une des caractéristiques importante de la plupart des canaux voltage-dépendants est leur inactivation, c'est-à-dire que peu après leur ouverture, ils se ferment spontanément. Ces canaux désormais inactifs ne se rouvriront pas avant la repolarisation de la membrane. Dans l'état de repos, les balles chargées positivement aux extrémités N-terminales des quatre sous-unités d'un canal à K^+ voltage-dépendant sont libres dans le cytosol. Plusieurs millisecondes après l'ouverture du canal par dépolarisation, une balle passe à travers l'ouverture (« fenêtre latérale ») entre deux des sous-unités et se fixe dans une poche hydrophobe située dans la cavité centrale du pore, bloquant ainsi le flux d'ions K^+ (Figure 7-37). Après quelques millisecondes, la balle est déplacée hors du pore et la protéine retourne à son état fermé, au repos. Les domaines de la chaîne et de la balle dans les canaux à K^+ sont équivalents d'un point de vue fonctionnel au segment inactivant le canal dans les canaux à Na^+.

Les résultats expérimentaux présentés dans la Figure 7-38 démontrent que l'inactivation des canaux à K^+ dépend des domaines présents au niveau de la balle, se produit après l'ouverture du canal et ne nécessite pas la liaison covalente des domaines de la balle à la protéine du canal. Dans d'autres expériences, des canaux à K^+ mutants dont les chaînes sont dépourvues de segments de 40 résidus de long environ reliant la balle à l'hélice S1 ont été exprimés dans des ovocytes de grenouille. Des mesures par patch-clamp de l'activité du canal ont montré que plus la chaîne est courte, plus l'inactivation est rapide, comme si une balle attachée à une chaîne plus courte pouvait gagner plus facilement le canal ouvert. À l'inverse, l'addition d'acides aminés aléatoires à la chaîne normale ralentit l'inactivation du canal.

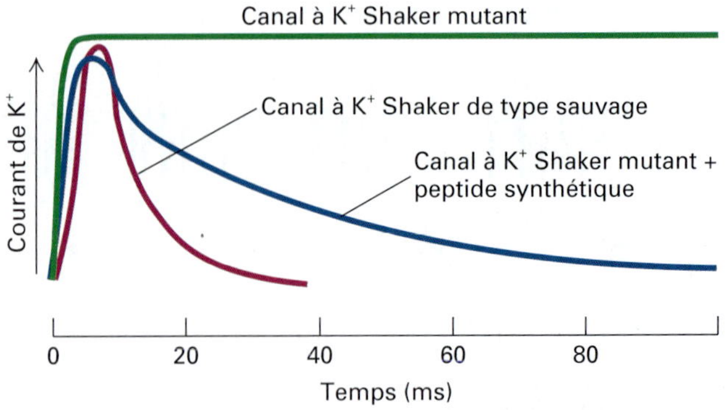

FIGURE EXPÉRIMENTALE 7-38 Des expériences menées avec un canal mutant à K^+ dépourvu des domaines globulaires N-terminaux, en faveur du modèle d'inactivation « balle et chaîne ». Le canal à K^+ Shaker de type sauvage et une forme mutante dépourvue des acides aminés composant la balle N-terminale sont exprimés dans des ovocytes de xénope. L'activité des canaux est ensuite enregistrée par la technique de patch-clamp. Lorsque les zones de la membrane sont dépolarisées de 0 à + 30 mV, le canal de type sauvage s'ouvre pendant ≈ 5 ms puis se referme (courbe rouge), alors que le canal mutant s'ouvre normalement, mais ne peut se refermer (courbe verte). Lorsqu'un peptide synthétisé chimiquement et correspondant à la balle est ajouté à la face cytosolique de la zone membranaire, le canal mutant s'ouvre normalement puis se ferme (courbe bleue). Ceci démontre que le peptide ajouté inactive le canal après son ouverture et que la balle n'a pas besoin d'être ancrée à la protéine pour fonctionner. [D'après W. N. Zagotta *et al.*, 1990, *Science* **250** :568.]

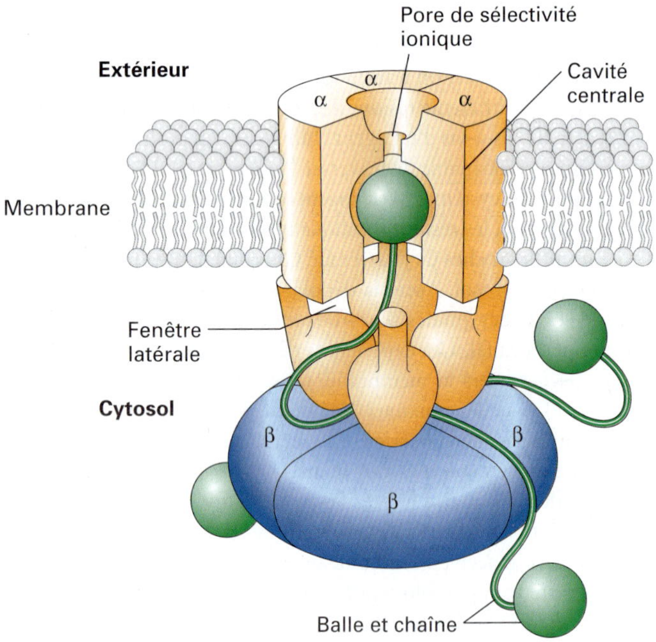

FIGURE 7-37 Le modèle de la balle et de la chaîne pour l'inactivation des canaux à K^+ voltage-dépendants. Une vue tridimensionnelle en coupe du canal dans son état inactif. Le domaine globulaire (balle verte) à l'extrémité d'une sous-unité est passé par une fenêtre latérale pour bloquer le pore central. En plus des quatre sous-unités α (orange) qui forment le canal, ces protéines du canal possèdent également quatre sous-unités β régulatrices (en bleu). Voir le texte pour la discussion. [Adapté de R. Aldrich, 2001, *Nature* **411** :643 et M. Zhou *et al.*, 2001, *Nature* **411** :657.]

L'unique segment inactivant le canal dans les canaux à Na^+ voltage-dépendants contient un motif hydrophobe conservé, constitué de résidus isoleucine, phénylalanine, méthionine et thréonine (voir Figure 7-36b). Comme le domaine balle et chaîne dans les canaux à K^+, ce segment se replie et bloque le pore par lequel passent les ions Na^+, jusqu'à la repolarisation de la membrane (voir Figure 7-33).

La myélinisation augmente la vitesse de transmission de l'impulsion

Comme nous l'avons vu, les potentiels d'action peuvent parcourir un axone avec une amplitude constante et à une vitesse qui peut atteindre 1 mètre par seconde. Mais même de telles vitesses sont insuffisantes pour permettre les mouvements complexes typiques des animaux. Chez l'homme par exemple, les corps cellulaires des neurones moteurs innervant les muscles des jambes sont situés dans la moelle épinière et leurs axones ont une longueur voisine d'un mètre. Les contractions musculaires coordonnées nécessaires à la marche, la course et d'autres mouvements similaires, seraient impossibles s'il fallait une seconde au potentiel d'action pour se propager de la moelle épinière jusqu'au muscle d'une jambe. La présence d'une **gaine de myéline** autour d'un axone augmente la vitesse de conduction de l'impulsion électrique jusqu'à 10 ou

100 mètres par seconde. De ce fait, dans un neurone moteur humain typique, un potentiel d'action peut se propager le long d'un axone de 1 mètre et stimuler un muscle pour qu'il se contracte en 0,01 secondes.

Dans les neurones non myélinisés, la vitesse de conduction d'un potentiel d'action est globalement proportionnelle au diamètre de l'axone, car plus un axone est épais plus il contient d'ions susceptibles de diffuser. Le cerveau humain comporte des neurones myélinisés relativement petits. Si les neurones du cerveau n'étaient pas myélinisés, le diamètre de leurs axones devrait être multiplié par 10 000 environ pour atteindre la même vitesse de conduction que dans les neurones myélinisés. Par conséquent, les cerveaux de vertébrés avec leurs neurones condensés n'auraient jamais pu voir le jour sans myéline.

La gaine de myéline est un empilement de feuillets de membrane plasmique produits par une cellule gliale qui s'enroule autour de l'axone (Figure 7-39). Dans le système nerveux périphérique, on appelle ces cellules gliales les *cellules de Schwann*.

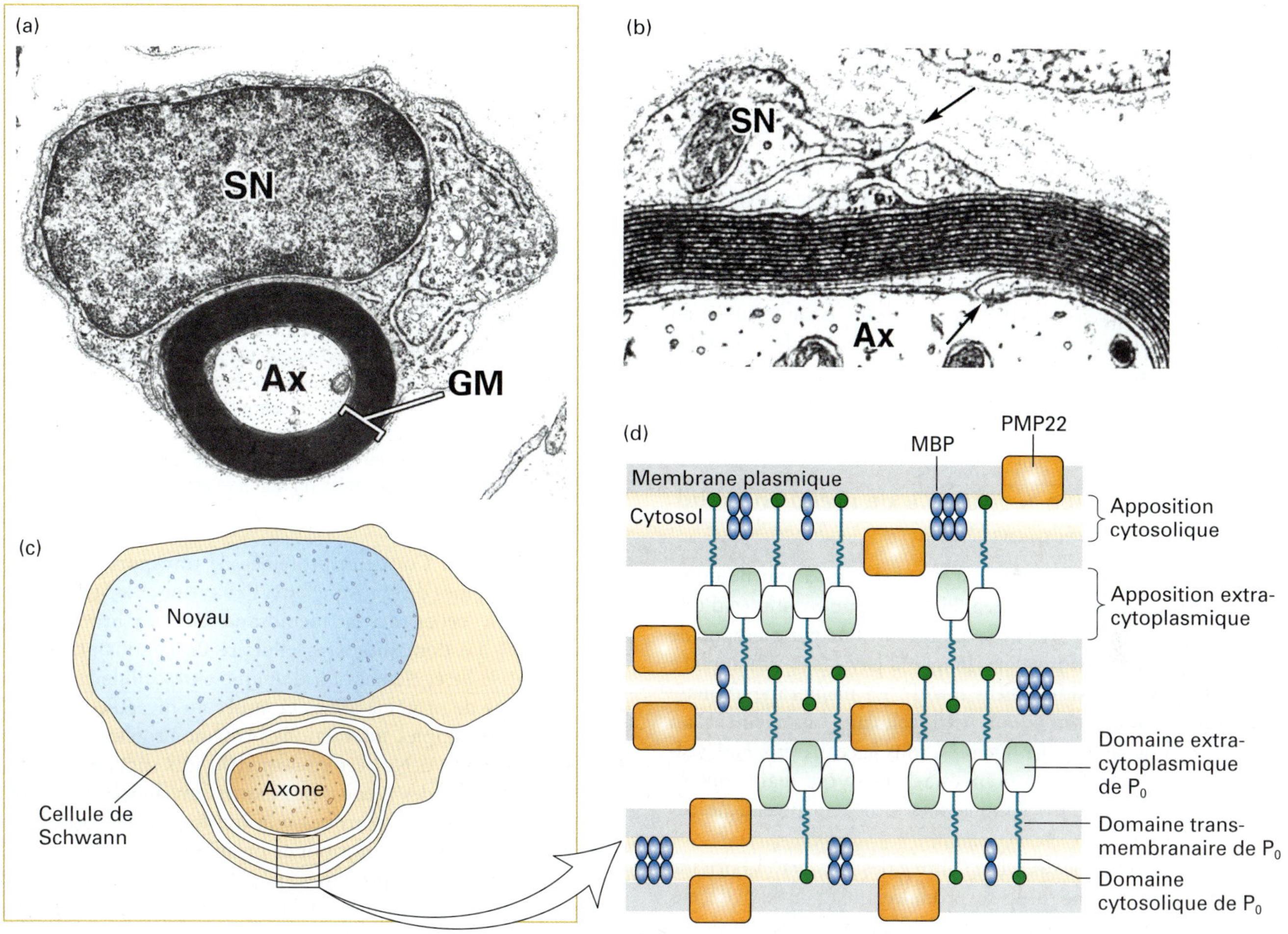

FIGURE 7-39 La formation et la structure d'une gaine de myéline dans le système nerveux périphérique. Les axones myélinisés sont entourés d'un feuillet isolant de membranes comprimées. (a) Une micrographie électronique de la coupe transversale d'un axone (Ax) entouré d'une gaine de myéline (GM) et d'une cellule de Schwann (SN). (b) À fort grossissement, cette membrane spécialisée en spirale apparaît comme une série de feuillets, ou lamelles, de bicouches phospholipidiques. Dans cette image, les extrémités des enveloppes interne et externe sont bien visibles (flèches). (c) Comme chaque cellule de Schwann s'entoure de manière répétée autour d'un axone, tous les espaces entre les feuillets de sa membrane plasmique, tant cytosoliques qu'extracytoplasmiques, sont réduits. Enfin, tout le cytosol est évacué et une structure de feuillets de membrane plasmique, empilés de façon compacte (la gaine de myéline) est formée. (d) Les deux protéines membranaires les plus abondantes, P_0 et PMP22, dans la myéline périphérique, sont exprimées uniquement par les cellules de Schwann. Le domaine extracytoplasmique d'une protéine P_0 replié comme celui d'une immunoglobuline, s'associe aux domaines similaires appartenant aux protéines P_0 de la surface membranaire opposée, ce qui conduit à l'apposition étroite des surfaces extracytoplasmiques de la membrane, comme dans une fermeture à glissière. Ces interactions sont stabilisées par la liaison d'un résidu tryptophane situé à l'extrémité du domaine extracytoplasmique, aux lipides présents dans la membrane opposée. L'apposition étroite des faces cytosoliques de la membrane pourrait résulter de la liaison de la queue cytosolique de chaque protéine P_0 à des phospholipides présents dans la membrane opposée. PMP22 pourrait également contribuer à ce compactage de la membrane. La protéine basique de myéline (MBP), une protéine cytosolique, reste entre les membranes étroitement accolées lorsque le cytosol est évacué. [Parties (a) et (b) aimablement communiquées par Graham Kidd, Lerner Research Institute. Partie (d) adaptée de L. Shapiro *et al.*, 1996, *Neuron* **17** :435 et E. J. Arroyo et S. S. Scherer, 2000, *Histochem. Cell Biol.* **113** :1.]

Dans le système nerveux central, on parle d'*oligodendrocytes*. Chez les vertébrés et chez certains invertébrés, on trouve des cellules gliales sur toute la longueur des axones, mais la spécialisation de cellules pour former de la myéline s'observe principalement chez les vertébrés. Les cellules gliales de vertébrés qui formeront plus tard de la myéline possèdent à leur surface une glycoprotéine associée à la myéline ainsi que d'autres protéines qui se fixent à des axones adjacents et déclenchent la formation de la myéline.

La Figure 7-39d illustre la formation et la structure élémentaire d'une gaine de myéline, qui comporte à la fois des composants membranaires et cytosoliques. Une membrane de myéline, comme toutes les biomembranes, est une bicouche de phospholipides. Cependant, elle contient bien moins de protéines que la plupart des autres membranes. Deux protéines prédominent dans la membrane de myéline entourant les axones périphériques : P_0, responsable de l'empilement serré des membranes plasmiques adjacentes, et *PMP22*. Des études par inactivation complète (*knockout* en anglais) de gènes de souris ont récemment mis en évidence le rôle central de PMP22 dans la myélinisation. Dans le système nerveux central, une protéine membranaire différente associée à une lipoprotéine fonctionne d'une manière voisine de P_0. La principale protéine cytosolique dans toutes les gaines de myéline est la *protéine basique de myéline* (MBP pour *myelin basic protein* en anglais). Les souris portant la mutation *shiverer* dans le gène MBP présentent des problèmes neurologiques graves, ce qui démontre l'importance de la myélinisation dans le fonctionnement normal du système nerveux.

Les potentiels d'action « sautent » de nœud en nœud dans les axones myélinisés

La gaine de myéline entourant un axone est formée par de nombreuses cellules gliales. Chaque région de myéline constituée d'une seule cellule gliale est séparée de la région suivante par une zone de membrane axonale sans myéline, longue d'environ 1 μm appelée *nœud de Ranvier* (ou simplement nœud). La membrane axonale est au contact direct du liquide extracellulaire uniquement au niveau des nœuds de Ranvier. De plus, tous les canaux à Na^+ voltage-dépendants et toutes les pompes à Na^+/K^+ qui maintiennent les gradients ioniques dans l'axone sont situés au niveau de ces nœuds.

En raison de cette localisation, l'entrée des ions Na^+ à l'origine du potentiel d'action ne peut se produire qu'au niveau de ces nœuds dépourvus de myéline (Figure 7-40). L'excès d'ions positifs cytosoliques créé au niveau du nœud au cours de la dépolarisation membranaire, associé à un potentiel d'action traverse passivement le cytosol axonal jusqu'au nœud suivant avec très peu de perte ou d'atténuation, car ces ions ne peuvent traverser la membrane axonale myélinisée. Ceci provoque une dépolarisation qui se propage rapidement d'un nœud à l'autre et permet au potentiel d'action de « sauter » de nœud en nœud. Ce phénomène explique pourquoi la vitesse de conduction dans les neurones myélinisés est quasiment la même que dans des neurones non myélinisés d'un diamètre bien plus important. Par exemple, un axone myélinisé de vertébré de 12 μm de diamètre et un axone non myélinisé de calmar de 600 μm de diamètre conduisent les impulsions électriques à une vitesse de 12 m/s.

Plusieurs facteurs contribuent au regroupement des canaux à Na^+ voltage-dépendants et des pompes à Na^+/K^+ au niveau des

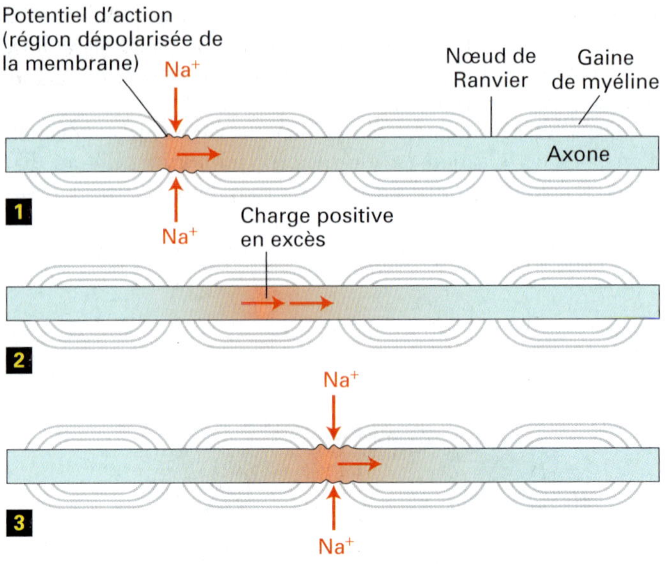

FIGURE 7-40 La conduction des potentiels d'action le long des axones myélinisés. Les canaux à Na^+ voltage-dépendants étant présents près de la membrane axonale, au niveau des nœuds de Ranvier, l'entrée d'ions Na^+ associée à un potentiel d'action ne peut avoir lieu qu'au niveau des nœuds. Lorsqu'un potentiel d'action est créé au niveau d'un nœud (étape **1**), les ions positifs en excès dans le cytosol qui ne peuvent traverser la gaine pour quitter la cellule diffusent rapidement le long de l'axone, provoquant une dépolarisation suffisante au niveau du nœud suivant (étape **2**) pour y induire un potentiel d'action (étape **3**). Grâce à ce mécanisme, le potentiel d'action saute de nœud en nœud le long de l'axone.

nœuds de Ranvier. Ces deux protéines de transport interagissent avec deux protéines du cytosquelette, l'ankyrine et la spectrine, qui ressemblent à celles de la membrane des érythrocytes (voir Figure 5-31). Le domaine extracellulaire de la sous-unité $\beta 1$ du canal à Na^+ se lie également au domaine extracellulaire de la Nr-CAM, un type de protéine adhésive située au niveau du nœud. En raison de ces multiples interactions protéine-protéine, la concentration des canaux à Na^+ est environ 100 fois supérieure dans la membrane nodale (des nœuds) des axones myélinisés à celle de la membrane axonale des neurones non myélinisés. De plus, les cellules gliales sécrètent des hormones protéiques qui déclenchent le regroupement de ces protéines membranaires au niveau des nœuds. Enfin, des jonctions étanches entre l'axone et la membrane plasmique de la cellule gliale dans les jonctions paranodales qui jouxtent les nœuds peuvent empêcher la diffusion des canaux à Na^+ et des pompes à Na^+/K^+ loin des nœuds.

MÉDECINE

La sclérose en plaques est une maladie neurologique courante chez l'adulte. Elle se caractérise généralement par des spasmes et une faiblesse dans un ou plusieurs membres, un dysfonctionnement de la vessie, des pertes sensorielles localisées et des perturbations visuelles. Cette maladie — le prototype de la maladie *démyélinisante* — est due à une perte irrégulière de myéline dans certaines zones du cerveau et de la moelle épinière. Chez les malades atteints de sclérose en plaques, la conduction des potentiels d'action par les neurones démyélinisés est ralentie et les canaux à Na^+ s'éparpillent hors des nœuds. On ignore la cause de cette maladie. On pense cependant qu'elle pourrait résulter de la production d'autoanticorps par l'organisme (des anticorps qui se fixent aux protéines normales du corps) qui réagiraient avec la protéine basique de myéline ou de la sécrétion de protéases détruisant les protéines de myéline. ▮

CONCEPTS CLÉS DE LA SECTION 7.7

Les canaux ioniques voltage-dépendants et la propagation des potentiels d'action dans les cellules nerveuses

- Les potentiels d'action sont des dépolarisations soudaines de la membrane, suivies d'une repolarisation rapide. Ils débutent dans le cône d'implantation et parcourent l'axone jusqu'aux terminaisons axonales, au niveau desquelles l'impulsion électrique est transmise à d'autres cellules par l'intermédiaire d'une synapse (voir Figures 7-29 et 7-31).
- Un potentiel d'action résulte de l'ouverture et de la fermeture successives de canaux à Na^+ et à K^+ voltage-dépendants dans la membrane plasmique des neurones et des cellules musculaires.
- L'ouverture des canaux à Na^+ voltage-dépendants permet l'entrée d'ions Na^+ pendant environ 1 ms, provoquant ainsi une brusque dépolarisation importante d'un segment de la membrane. Les canaux se referment ensuite et sont alors incapables de s'ouvrir (période réfractaire) pendant plusieurs millisecondes, empêchant tout flux supplémentaire d'ions Na^+ (voir Figure 7-33).
- Lorsque le potentiel d'action atteint son maximum, l'ouverture des canaux à K^+ voltage-dépendants permet la sortie d'ions K^+, ce qui repolarise, et même hyperpolarise la membrane. Lorsque ces canaux se referment, la membrane retrouve son potentiel de repos (voir Figure 7-30).
- Les cations cytosoliques en excès associés à un potentiel d'action créé en un endroit de l'axone, gagnent passivement le segment adjacent, déclenchant alors l'ouverture de canaux à Na^+ voltage-dépendants et la propagation du potentiel d'action le long de l'axone.
- En raison de la période réfractaire des canaux à Na^+ voltage-dépendants et de la brève hyperpolarisation résultant de la sortie d'ions K^+, le potentiel d'action se propage dans un seul sens, vers les terminaisons axonales.
- Les canaux à Na^+ et à Ca^{2+} voltage-dépendants sont des protéines monomériques comportant quatre domaines qui présentent une ressemblance structurale et fonctionnelle avec chacune des sous-unités des canaux tétramériques à K^+ voltage-dépendants.
- Chaque domaine ou sous-unité des canaux à cations voltage-dépendants contient six hélices α transmembranaires et un segment P non hélicoïdal qui forme le pore de sélectivité ionique (voir Figure 7-36).
- L'ouverture des canaux voltage-dépendants résulte du déplacement depuis l'extérieur, des hélices α S4 chargées positivement en réponse à une dépolarisation d'amplitude suffisante.
- La fermeture et l'inactivation des canaux à cations voltage-dépendants résultent du passage d'un segment cytosolique à l'intérieur du pore ouvert (voir Figure 7-37).
- La myélinisation, qui augmente la vitesse de conduction des impulsions électriques d'un facteur 100 environ, permet le regroupement dense des neurones, caractéristique des cerveaux de vertébrés.
- Dans les neurones myélinisés, les canaux à Na^+ voltage-dépendants sont concentrés au niveau de l'un de ces nœuds de Ranvier. La dépolarisation au niveau de ces nœuds se propage rapidement et quasiment sans atténuation jusqu'au nœud suivant, de sorte que le potentiel d'action « saute » de nœud en nœud (voir Figure 7-40).

7.8 Le rôle des neurotransmetteurs, protéines récepteurs et protéines de transport dans la transmission des signaux au niveau des synapses

Comme nous l'avons vu plus tôt, les synapses sont les jonctions au niveau desquelles les neurones libèrent un neurotransmetteur chimique qui agit sur une cellule postsynaptique cible. Celle-ci peut être un autre neurone, ou encore une cellule de muscle ou de glande (voir Figure 7-31). Dans cette section, nous nous intéresserons à plusieurs problèmes essentiels liés à la transmission de l'impulsion :

- Comment les neurotransmetteurs sont-ils empaquetés dans des *vésicules synaptiques* délimitées par des membranes dans les terminaisons axonales ?
- De quelle façon l'arrivée d'un potentiel d'action au niveau des terminaisons axonales dans les cellules présynaptiques déclenche-t-elle la sécrétion des neurotransmetteurs ?
- Comment la fixation des neurotransmetteurs sur les récepteurs présents sur les cellules postsynaptiques conduit-elle à des changements de leur potentiel de membrane ?
- Par quel moyen les neurotransmetteurs sont-ils évacués de la fente synaptique après la stimulation des cellules postsynaptiques ?

Les récepteurs de neurotransmetteurs se répartissent en deux grandes classes : les canaux ioniques dépendant d'un ligand qui s'ouvrent immédiatement après la fixation d'un neurotransmetteur et les récepteurs couplés à une protéine G. La liaison d'un neurotransmetteur à un récepteur couplé à une protéine G induit l'ouverture ou la fermeture d'un canal ionique *séparé* pendant quelques secondes à plusieurs minutes. Ces récepteurs « lents » de neurotransmetteurs seront traités au Chapitre 13 en même temps que les récepteurs couplés à une protéine G qui fixent d'autres types de ligands et modulent l'activité de protéines cytosoliques autres que des canaux ioniques. Nous allons examiner ici la structure et le fonctionnement du *récepteur nicotinique de l'acétylcholine* présent au niveau de nombreuses synapses nerf-muscle. C'est le premier canal ionique dépendant d'un ligand, purifié, cloné et caractérisé au niveau moléculaire. Ce récepteur sert de modèle de recherche pour les autres canaux ioniques dépendants de neurotransmetteurs.

Les neurotransmetteurs sont transportés dans des vésicules synaptiques par des antiporteurs protéiques liés à H^+

De nombreuses petites molécules jouent le rôle de neurotransmetteurs au niveau de différentes synapses. À l'exception de

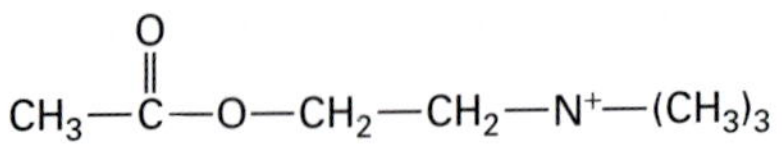

Acétylcholine

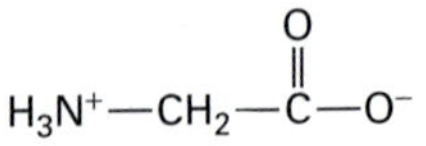

Glycine

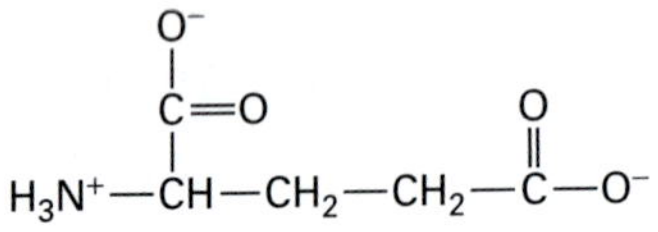

Glutamate

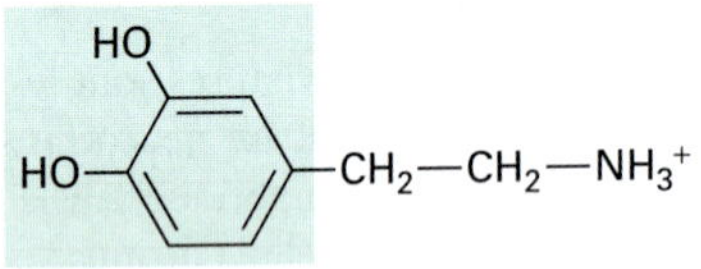

Dopamine
(dérivé de tyrosine)

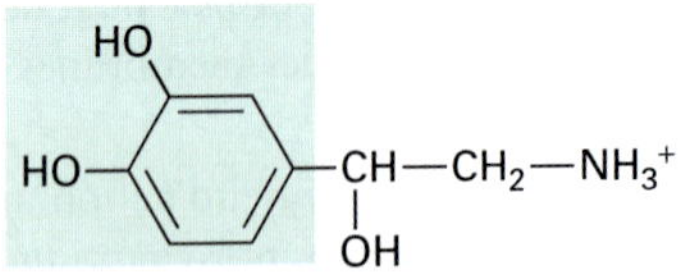

Noradrénaline
(dérivé de tyrosine)

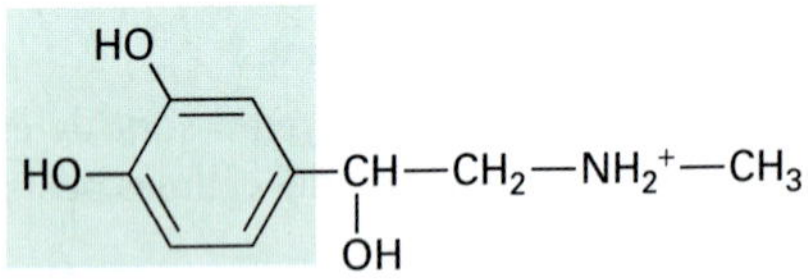

Adrénaline
(dérivé de tyrosine)

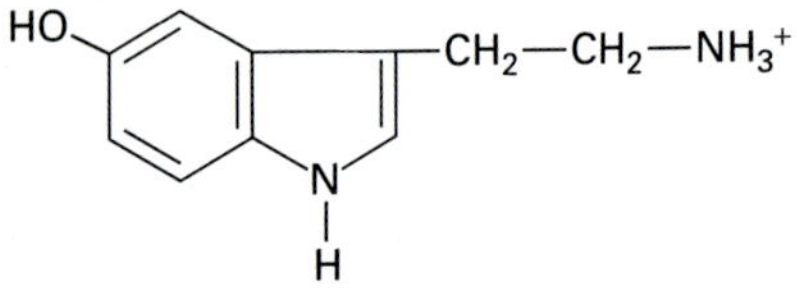

Sérotonine ou **5-hydroxytryptamine**
(dérivé de tryptophane)

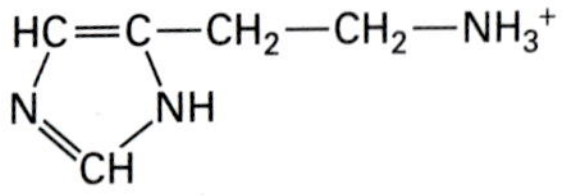

Histamine
(dérivé d'histidine)

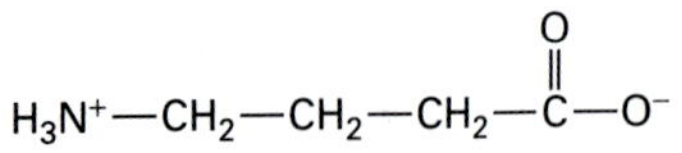

Acide γ-aminobutyrique ou **GABA**
(dérivé du glutamate)

FIGURE 7-41 La structure de plusieurs petites molécules jouant le rôle de neurotransmetteurs. À l'exception de l'acétylcholine, toutes ces molécules sont des acides aminés (glycine et glutamate) ou des dérivés des acides aminés indiqués entre parenthèses. Les trois transmetteurs synthétisés à partir de la tyrosine qui contiennent un groupement catéchol (cadre bleu) sont appelés catécholamines.

l'**acétylcholine**, les neurotransmetteurs présentés dans la Figure 7-41 sont des acides aminés ou des dérivés d'acides aminés. Les nucléotides tels que l'ATP et les nucléosides correspondants (dépourvus de groupement phosphate) servent également de neurotransmetteurs. Chaque neurone produit généralement un seul type de neurotransmetteur.

Tous les neurotransmetteurs classiques sont synthétisés dans le cytosol et importés dans des vésicules synaptiques délimitées par des membranes dans les terminaisons axonales, à l'intérieur desquelles elles sont stockées. Ces vésicules ont un diamètre de 40 à 50 nm et le pH de leur lumière est faible, en raison d'une pompe à protons de classe V présente dans leur membrane. Comme l'accumulation de métabolites dans les vacuoles de plantes (voir Figure 7-23), ce gradient de concentration de protons (lumière de la vésicule > cytosol) fournit l'énergie nécessaire à l'import des neurotransmetteurs par des antiporteurs spécifiques d'un ligand, liés à H^+ dans la membrane de la vésicule.

Par exemple, l'acétylcholine est synthétisée à partir d'acétyl coenzyme A (acétyl CoA), un intermédiaire dans la dégradation du glucose et des acides gras, et de choline, au cours d'une réaction catalysée par la choline acétyltransférase :

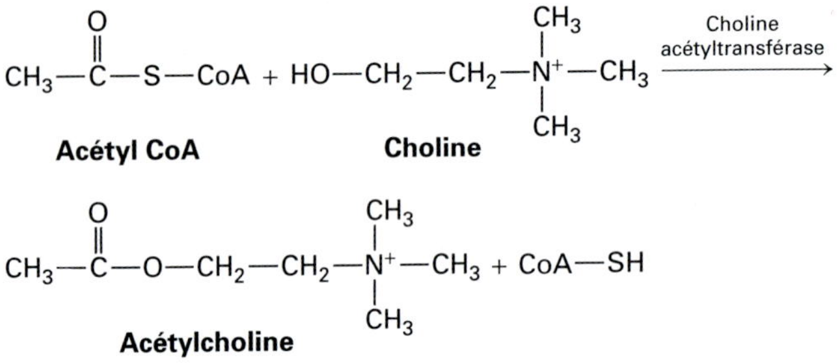

Les vésicules synaptiques absorbent et concentrent l'acétylcholine à partir du cytosol, contre un gradient de concentration élevé, en utilisant un antiporteur à H^+/acétylcholine présent dans la membrane de la vésicule. Curieusement, le gène codant cet antiporteur est entièrement inclus dans le premier intron du gène codant la choline acétyltransférase, un mécanisme conservé au cours de l'évolution pour garantir l'expression coordonnée de ces deux protéines. Différents antiporteurs protéiques à H^+/neurotransmetteur sont utilisés pour importer d'autres neurotransmetteurs dans les vésicules synaptiques.

L'entrée de Ca^{2+} par des canaux à Ca^{2+} voltage-dépendants déclenche la libération des neurotransmetteurs

Les neurotransmetteurs sont libérés par **exocytose**, un processus au cours duquel des vésicules synaptiques remplies de neurotransmetteurs fusionnent avec la membrane axonale, libérant leur contenu dans la fente synaptique. L'exocytose de neurotransmetteurs à partir de vésicules synaptiques implique des événements d'adressage des vésicules et de fusion, similaires à ceux qui se produisent au cours du transport intracellulaire de protéines destinées à la membrane plasmique ou à la sécrétion (Chapitre 17). Deux caractéristiques essentielles au fonctionnement des synapses diffèrent des autres voies de sécrétion : (a) la sécrétion est étroitement couplée à l'arrivée d'un potentiel d'action au niveau de la terminaison axonale et (b) les vésicules synaptiques sont recyclées localement près de la terminaison axonale après leur fusion avec la membrane plasmique. La Figure 7-42 présente le cycle complet au cours duquel les vésicules synaptiques sont emplies de neurotransmetteurs, libèrent leur contenu et sont recyclées.

La dépolarisation de la membrane plasmique ne peut, seule, provoquer la fusion des vésicules synaptiques avec la membrane plasmique. Pour déclencher la fusion des vésicules, un potentiel d'action doit être converti en un signal chimique — une augmentation localisée de la concentration cytosolique de Ca^{2+}. Les transducteurs de signaux électriques sont des *canaux à* Ca^{2+} *voltage-dépendants* localisés près de la région de la membrane plasmique adjacente aux vésicules synaptiques. La dépolarisation membranaire due à l'arrivée d'un potentiel d'action ouvre ces canaux, ce qui permet le passage d'ions Ca^{2+} du milieu extracellulaire vers la terminaison axonale. Ce flux d'ions augmente la concentration cytosolique locale de Ca^{2+} près des vésicules synaptiques, qui passe de moins de 0,1 μM (caractéristique de l'état de repos) à 1-100 μM. La liaison des ions Ca^{2+} aux protéines qui relient la vésicule synaptique à la membrane plasmique induit la fusion de la membrane et donc l'exocytose du neurotransmetteur. L'export d'ions Ca^{2+} supplémentaires qui s'ensuit, par les ATPases à Ca^{2+} présentes dans la membrane plasmique, abaisse rapidement la concentration cytosolique de Ca^{2+} jusqu'à celle de l'état de repos. La terminaison axonale peut alors répondre à l'arrivée d'un nouveau potentiel d'action.

Une expérience simple démontre l'importance des canaux à Ca^{2+} voltage-dépendants dans la libération des neurotransmetteurs. Une préparation de neurones dans un milieu contenant du Ca^{2+} est traitée avec de la tétrodotoxine, une substance qui bloque les canaux à Na^+ voltage-dépendants et empêche donc la conduction des potentiels d'action. Comme prévu, aucun neurotransmetteur n'est sécrété dans le milieu de culture. Si la membrane axonale est ensuite dépolarisée artificiellement en ajustant le milieu à ≈ 100 mM de KCl, les neurotransmetteurs sont libérés des cellules en

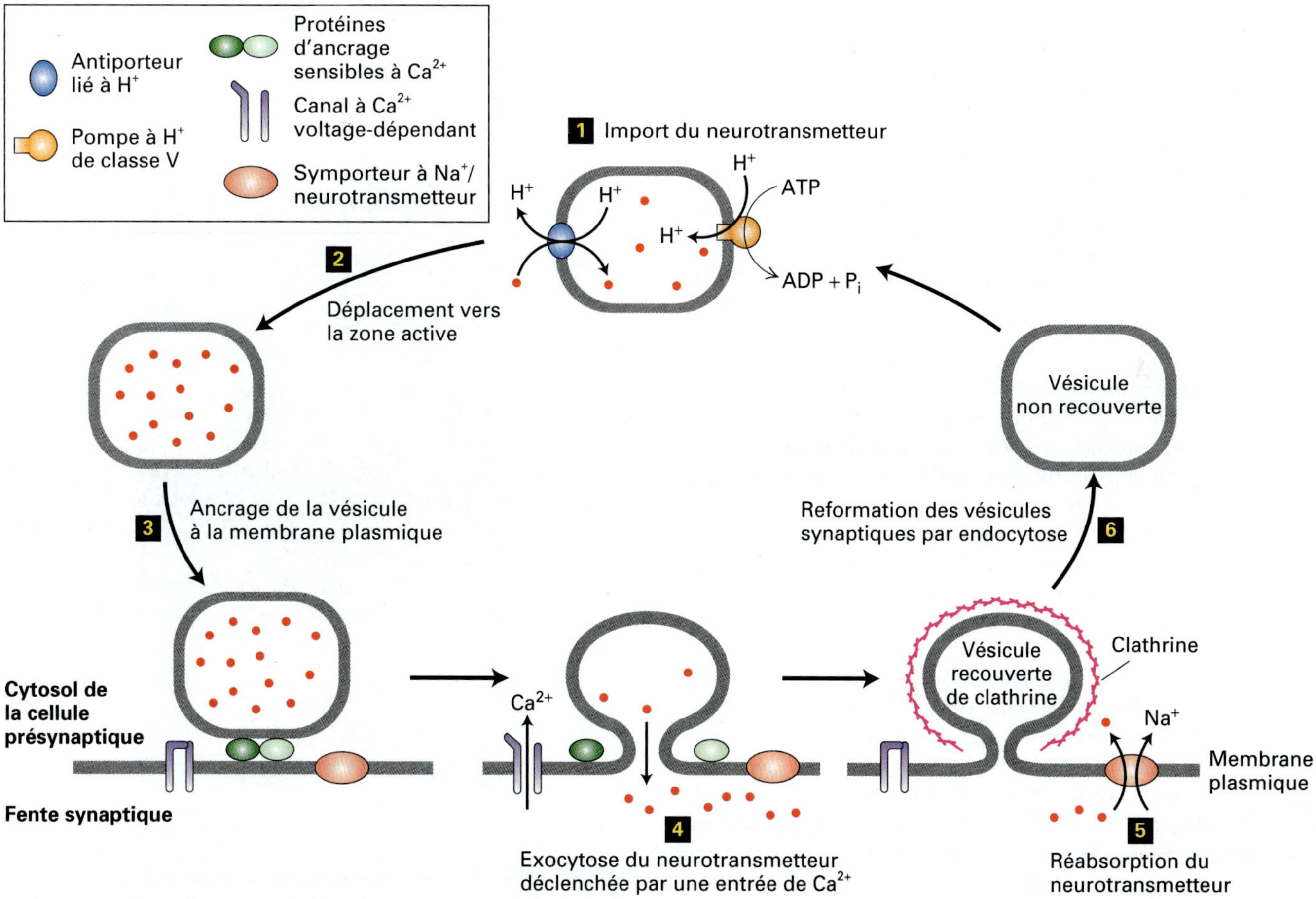

FIGURE 7-42 Le cycle des neurotransmetteurs et des vésicules synaptiques dans les terminaisons axonales. Le cycle complet représenté ici dure environ 60 secondes. Remarquez la participation de plusieurs protéines de transport au remplissage des vésicules synaptiques avec un neurotransmetteur (ronds rouges), la libération de celui-ci par exocytose et sa réabsorption à partir de la fente synaptique. Une fois les protéines membranaires (comme les pompes, les antiporteurs et les protéines de fusion nécessaires à l'exocytose) des vésicules synaptiques récupérées spécifiquement par endocytose dans des vésicules recouvertes de clathrine, le revêtement de clathrine est dépolymérisé, formant des vésicules qui peuvent être remplies de neurotransmetteur. Au contraire de la plupart des neurotransmetteurs, l'acétylcholine n'est pas recyclée. Voir le texte pour les détails. [Voir T. Südhof et R. Jahn, 1991, *Neuron* **6** :665 ; K. Takei *et al.*, 1996, *J. Cell. Biol.* **133** :1237 et V. Murthy et C. Stevens, 1998, *Nature* **392** :497.]

raison de l'entrée de Ca^{2+} par les canaux à Ca^{2+} voltage-dépendants ouverts. En effet, des expériences de patch-clamp montrent que les canaux à Ca^{2+} voltage-dépendants, comme les canaux à Na^+ voltage-dépendants, s'ouvrent transitoirement lors de la dépolarisation de la membrane.

Les terminaisons axonales abritent deux sortes de vésicules synaptiques contenant des neurotransmetteurs : les vésicules « ancrées » à la membrane plasmique qui peuvent facilement subir une exocytose et les vésicules en réserve dans la *zone active* située près de la membrane plasmique. Chaque augmentation de la concentration de Ca^{2+} déclenche l'exocytose d'environ 10 % des vésicules ancrées. Les protéines membranaires propres aux vésicules synaptiques sont ensuite internalisées spécifiquement par **endocytose**, généralement par le même type de vésicules recouvertes de clathrine que celles utilisées dans des types cellulaires distincts pour la capture d'autres protéines de la membrane plasmique. Après avoir perdu leur revêtement de clathrine, les vésicules d'endocytose sont rapidement remplies de neurotransmetteurs. La capacité de nombreux neurones d'être stimulés 50 fois par seconde est une preuve du recyclage rapide des protéines membranaires contenues dans les vésicules.

La transmission de signaux au niveau des synapses s'achève généralement par la dégradation ou la réutilisation des neurotransmetteurs

Après leur libération hors d'une cellule présynaptique, les neurotransmetteurs doivent être retirés ou détruits pour empêcher la stimulation continue de la cellule postsynaptique. La transmission de signaux peut s'achever par la diffusion d'un neurotransmetteur hors de la fente synaptique, mais ce processus est lent. Il existe par ailleurs deux mécanismes plus rapides, dont l'un est utilisé pour interrompre l'action des neurotransmetteurs au niveau de la plupart des synapses.

La transmission de signaux à l'aide d'acétylcholine se termine par l'hydrolyse de ce neurotransmetteur en acétate et en choline par l'*acétylcholinestérase*, une enzyme située près de la fente synaptique. La choline libérée au cours de cette réaction regagne la terminaison axonale de la cellule présynaptique par un symporteur à Na^+/choline et sert à synthétiser d'autres molécules d'acétylcholine. Le fonctionnement de ce transporteur ressemble à celui des symporteurs liés à Na^+ utilisés pour transporter du glucose dans les cellules, contre un gradient de concentration (voir Figure 7-21).

À l'exception de l'acétylcholine, tous les neurotransmetteurs représentés dans la Figure 7-41 sont évacués de la fente synaptique en étant transportés dans les terminaisons axonales dont ils proviennent. Ces transmetteurs sont donc recyclés sans avoir été dégradés, comme le décrit la Figure 7-42 (étape 5). Les transporteurs de GABA, de noradrénaline, dopamine et sérotonine ont été clonés et étudiés les premiers. Ces quatre protéines de transport sont toutes des symporteurs liés à Na^+. Leurs séquences d'acides aminés sont identiques à 60-70 % et on pense que chacune comporte 12 hélices α transmembranaires. Comme pour les autres symporteurs à Na^+, le déplacement de Na^+ dans la cellule dans le sens de son gradient électrochimique fournit l'énergie nécessaire à la capture du neurotransmetteur. Pour maintenir l'électroneutralité, Cl^- est souvent transporté par un canal ionique en même temps que Na^+ et le neurotransmetteur.

MÉDECINE La cocaïne inhibe les transporteurs de noradrénaline, sérotonine et dopamine. La liaison de la cocaïne au transporteur de dopamine inhibe toute nouvelle fixation de dopamine, ce qui prolonge la transmission de signaux au niveau de synapses clés du cerveau ; en effet, le transporteur de dopamine est le principal « récepteur de cocaïne » dans le cerveau. Des agents thérapeutiques tels que la fluoxetine (Prozac) et l'imipramine (des antidépresseurs) bloquent la liaison de la sérotonine et l'antidépresseur tricyclique désipramine empêche la fixation de la noradrénaline.

L'ouverture des canaux à cations dépendant de l'acétylcholine provoque une contraction musculaire

L'acétylcholine est le neurotransmetteur présent au niveau des synapses reliant les neurones moteurs aux cellules musculaires, que l'on appelle souvent *jonctions neuromusculaires*. Une seule terminaison axonale de neurone moteur de grenouille peut abriter un million de vésicules synaptiques ou plus, contenant chacune 1 000 à 10 000 molécules d'acétylcholine. Ces vésicules s'accumulent souvent sous la forme d'alignements dans la zone active (Figure 7-43). Un tel neurone peut former des synapses en plusieurs centaines d'endroits avec une cellule de muscle squelettique.

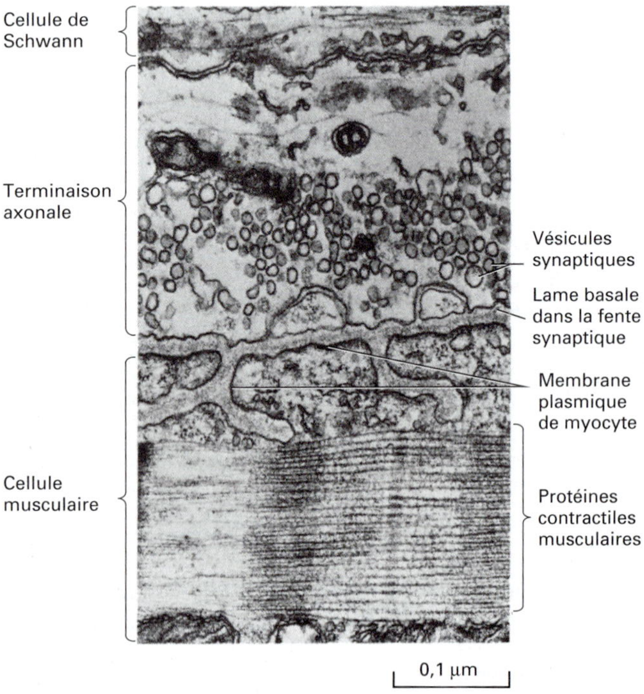

FIGURE 7-43 Des vésicules synaptiques dans la terminaison axonale près de la région dans laquelle le neurotransmetteur est libéré. Dans cette coupe longitudinale de jonction neuromusculaire, la lame basale se trouve dans la fente synaptique séparant le neurone et la membrane du myocyte (cellule musculaire), qui est fortement repliée. Les récepteurs de l'acétylcholine sont concentrés vers le haut et les côtés des replis de la membrane musculaire postsytnaptique. Une cellule de Schwann entoure la terminaison axonale. [D'après J. E. Heuser et T. Reese, 1977, chez E. R. Kandel, ed., *The Nervous System*, vol. 1, *Handbook of Physiology*, Williams et Wilkins, p. 266.]

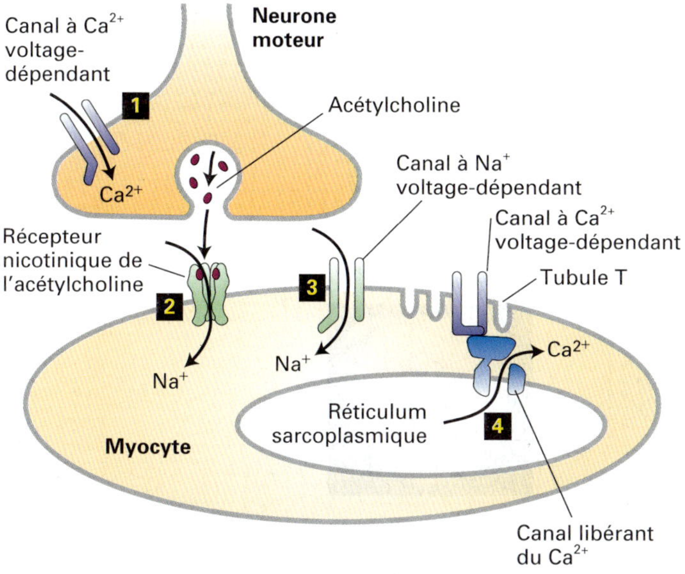

FIGURE 7-44 L'activation séquentielle des canaux ioniques dépendant d'un ligand ou du voltage au niveau d'une jonction neuromusculaire. L'arrivée d'un potentiel d'action au niveau d'une terminaison axonale d'un neurone moteur présynaptique induit l'ouverture des canaux à Ca^{2+} voltage-dépendants (étape 1) et la libération consécutive d'acétylcholine, qui déclenche l'ouverture des récepteurs de l'acétylcholine dépendants d'un ligand dans la membrane plasmique du myocyte (étape 2). L'entrée de Na^{+} qui en résulte produit une dépolarisation localisée de la membrane, conduisant à l'ouverture de canaux à Na^{+} voltage-dépendants et la création d'un potentiel d'action (étape 3). Lorsque la dépolarisation atteint les tubules T, elle est perçue par des canaux à Ca^{2+} voltage-dépendant présents dans la membrane plasmique. Ceci conduit à l'ouverture des canaux libérant du Ca^{2+} qui sont situés dans la membrane du réticulum sarcoplasmique. Le Ca^{2+} en réserve est alors libéré dans le cytosol (étape 4). L'augmentation résultante du Ca^{2+} cytosolique entraîne une contraction musculaire par des mécanismes traités au Chapitre 19.

Le récepteur nicotinique de l'acétylcholine, qui est exprimé dans les muscles, est un canal dépendant d'un ligand, qui laisse passer à la fois Na^{+} et K^{+}. On peut déterminer l'effet de l'acétylcholine sur ce récepteur par des études de patch-clamp outside-out sur des zones de membranes plasmiques isolées de myocytes (cellules musculaires) (voir Figure 7-17c). De telles mesures ont montré que l'acétylcholine provoque l'ouverture d'un canal à cations dans le récepteur, capable de laisser passer 15 000 à 30 000 ions Na^{+} ou K^{+} par milliseconde. Cependant, puisque le potentiel de repos de la membrane plasmique des myocytes est proche de E_K (le potentiel d'équilibre du potassium), l'ouverture des canaux récepteurs de l'acétylcholine provoque seulement une légère augmentation de la sortie des ions K^{+}. Les ions Na^{+} en revanche, pénètrent massivement dans la cellule sous l'effet du gradient électrochimique de Na^{+}.

L'augmentation simultanée de la perméabilité aux ions Na^{+} et K^{+} qui suit la fixation d'acétylcholine produit une dépolarisation nette proche de –15 mV à partir du potentiel de repos du myocyte, qui est de –85 à –90 mV. Comme le montre la Figure 7-44, cette dépolarisation localisée de la membrane plasmique des myocytes déclenche l'ouverture des canaux à Na^{+} voltage-dépendants, ce qui conduit à la création et à la propagation d'un potentiel d'action dans la surface membranaire des myocytes, par des mécanismes identiques à ceux décrits précédemment pour les neurones. Lorsque la dépolarisation membranaire atteint les tubules T, des invaginations spécialisées de la membrane plasmique, elle affecte les canaux à Ca^{2+} présents dans la membrane plasmique, apparemment sans provoquer leur ouverture. D'une façon ou d'une autre, cette dépolarisation provoque l'ouverture de canaux à Ca^{2+} adjacents dans la membrane du réticulum sarcoplasmique. Le passage consécutif d'ions Ca^{2+} en réserve, du réticulum sarcoplasmique vers le cytosol, augmente suffisamment la concentration de Ca^{2+} pour induire la contraction musculaire.

Un enregistrement précis du potentiel de la membrane de myocyte au niveau d'une synapse avec un neurone moteur cholinergique (qui libère de l'acétylcholine) a mis en évidence des dépolarisations spontanées intermittentes et aléatoires de 0,5 à 1,0 mV pendant ≈ 2 ms, en l'absence de stimulation du neurone moteur. Chacune de ces dépolarisations est due à la libération spontanée d'acétylcholine à partir d'une seule vésicule synaptique. En effet, la mise en évidence de ces petites dépolarisations spontanées a conduit à la notion de libération de quanta d'acétylcholine (appliquée ultérieurement aux autres neurotransmetteurs) et donc à l'hypothèse de l'exocytose des vésicules au niveau des synapses. La libération du contenu d'une vésicule synaptique remplie d'acétylcholine provoque l'ouverture d'environ 3 000 canaux ioniques dans la membrane postsynaptique, soit nettement moins que le nombre nécessaire pour atteindre le seuil de dépolarisation qui induit un potentiel d'action. À l'évidence, la stimulation de la contraction musculaire par un neurone moteur nécessite la libération quasiment simultanée d'acétylcholine par de nombreuses vésicules synaptiques.

Les cinq sous-unités du récepteur nicotinique de l'acétylcholine sont impliquées dans le canal ionique

Le récepteur de l'acétylcholine dans le muscle squelettique est une protéine pentamérique dont les sous-unités sont $\alpha_2\beta\gamma\delta$. Les sous-unités α, β, γ, et δ ont une homologie de séquence considérable. En moyenne, environ 35 à 40 % des résidus des sous-unités comparées deux à deux sont similaires. Le récepteur complet présente une symétrie d'ordre cinq et le canal à cations effectif est un pore central fin, tapissé des segments homologues de chacune des cinq sous-unités (Figure 7-45).

Le canal s'ouvre lorsque le récepteur fixe de manière coopérative deux molécules d'acétylcholine au niveau de sites présents aux interfaces des sous-unités $\alpha\delta$ et $\alpha\gamma$. Une fois l'acétylcholine liée à un récepteur, le canal s'ouvre après quelques microsecondes. Des études mesurant la perméabilité de différents petits cations suggèrent que le canal ionique ouvert présente, à son passage le plus étroit, un diamètre de 0,65 à 0,80 nm, ce qui s'accorde avec les estimations établies d'après des micrographies électroniques. Cette ouverture paraît suffisante pour le passage des ions Na^{+} et K^{+} avec leur couche d'hydratation. C'est pourquoi le récepteur de l'acétylcholine transporte probablement les ions sous leur forme hydratée, au contraire des canaux à Na^{+} et K^{+} qui permettent uniquement le passage des ions déshydratés (voir Figure 7-16).

Bien que l'on ignore les détails moléculaires de la structure du canal ionique central, de nombreux éléments indiquent qu'il est tapissé de cinq hélices α M2 transmembranaires homologues, fournies par les cinq sous-unités. Les hélices M2 sont constituées en grande partie d'acides aminés hydrophobes ou polaires et non

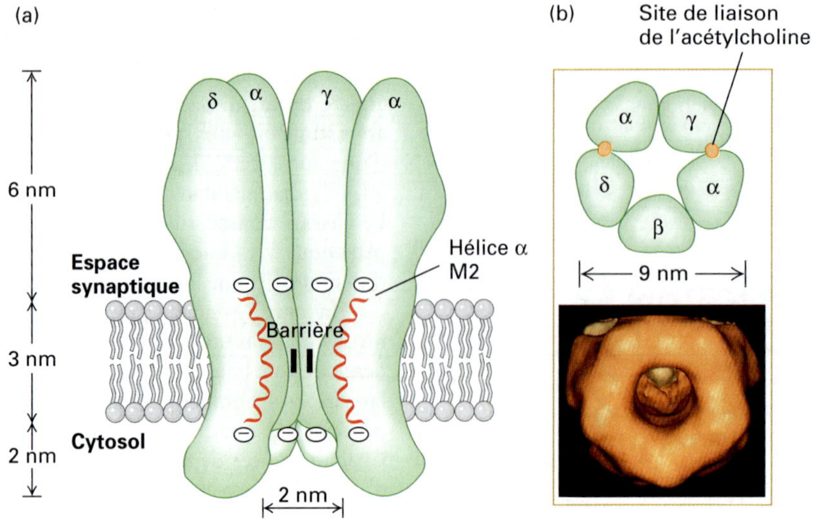

FIGURE 7-45 La structure tridimensionnelle du récepteur nicotinique de l'acétylcholine. (a) Un modèle en coupe du récepteur pentamérique dans la membrane. Pour plus de clarté, la sous-unité ß n'est pas représentée. Chaque sous-unité contient une hélice α M2 (en rouge) face au pore central. Les chaînes latérales de l'aspartate et du glutamate aux deux extrémités des hélices M2 forment deux anneaux de charges négatives qui aident à exclure les anions du canal et à y attirer les cations. La barrière, qui est ouverte grâce à la fixation d'acétylcholine, se trouve dans le pore. (b) *En haut* : Une coupe transversale de la face extracytoplasmique du récepteur montrant l'arrangement des sous-unités autour du pore central. Les deux sites de liaison de l'acétylcholine sont situés à environ 3 nm de la surface membranaire. *En bas* : Une vue du dessus de l'entrée du canal au niveau de la synapse. L'entrée en forme de tunnel se rétrécit brutalement après 6 nm environ. Ces modèles ont été élaborés à partir de séquences d'acides aminés, de moyennes calculées d'après des micrographies électroniques à haute résolution et d'informations provenant de mutations au niveau de sites spécifiques. [Partie (b) d'après N. Unwin, 1993, *Cell* **72** et *Neuron*, **10** (suppl.), p. 31.]

chargés. Les résidus aspartate et glutamate (chargés négativement) sont situés à chaque extrémité, près des faces membranaires, et plusieurs résidus sérine ou thréonine sont proches du milieu des hélices. Des récepteurs mutants de l'acétylcholine dans lesquels un résidu chargé négativement (glutamate ou aspartate) d'une hélice M2 est remplacé par une lysine (chargée positivement) ont été exprimés dans des ovocytes de grenouille. Des mesures par patch-clamp indiquent que les protéines modifiées qui en résultent peuvent fonctionner comme des canaux, mais que le nombre d'ions qui les traversent dans leur état ouvert est réduit. Plus le nombre de résidus glutamate ou aspartate mutés est élevé (dans une ou plusieurs hélices M2), plus le passage des ions est réduit. Ces découvertes suggèrent que les résidus glutamate et aspartate forment un anneau de charges négatives sur la face externe du pore, qui aide à filtrer les anions et attire les ions Na^+ et K^+ lorsqu'ils pénètrent dans le canal. Un anneau similaire de charges négatives tapissant la surface du pore cytosolique aide également à sélectionner les cations adéquats (voir Figure 7-45).

Les deux sites de liaison de l'acétylcholine dans le domaine extracellulaire du récepteur se trouvent à ≈ 4-5 nm du centre du pore. La fixation de l'acétylcholine doit donc déclencher des changements conformationnels dans les sous-unités réceptrices, susceptibles de provoquer une ouverture du canal à une certaine distance des sites de liaison. Les récepteurs présents dans des membranes postsynaptiques isolées peuvent être bloqués dans leur état ouvert ou fermé, par une congélation rapide dans de l'azote liquide. Les images de préparations de ce type suggèrent que les cinq hélices M2 pivotent autour de l'axe vertical du canal au cours de son ouverture et de sa fermeture (Figure 7-46).

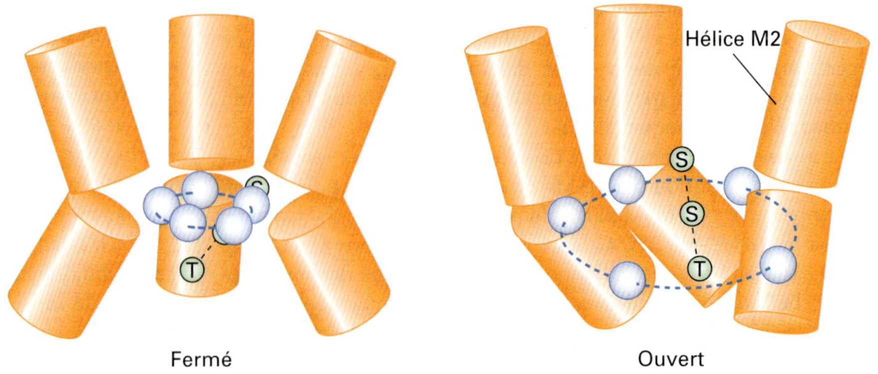

FIGURE 7-46 Des modèles des hélices α M2 tapissant le pore, dans les états ouvert et fermé. Dans l'état fermé, le coude au milieu de chaque hélice M2 pointe vers l'intérieur, rétrécissant le passage dont le périmètre est indiqué par les sphères bleues. Dans l'état ouvert, les coudes pivotent vers un côté, ce qui éloigne les hélices les unes des autres. Les sphères vertes représentent les groupements hydroxyle des résidus sérine (S) et thréonine (T) au centre des hélices M2. Dans l'état ouvert, elles sont parallèles à l'axe du canal et permettent aux ions de passer. [Adapté de N. Unwin, 1995, *Nature* **373** :37.]

Les cellules nerveuses prennent une décision « tout ou rien » pour la création d'un potentiel d'action

Au niveau de la jonction neuromusculaire, presque tous les potentiels d'action dans le neurone moteur présynaptique déclenchent un potentiel d'action dans la cellule musculaire (myocyte) postsynaptique. La situation au niveau des synapses reliant deux neurones, en particulier dans le cerveau, est bien plus complexe car le neurone postsynaptique reçoit généralement des signaux de nombreux neurones présynaptiques (Figure 7-47). Les neurotransmetteurs libérés par des neurones présynaptiques peuvent se fixer à un *récepteur excitateur* situé sur le neurone postsynaptique, ouvrant alors un canal qui laisse passer soit Na^+, soit K^+. Le récepteur de l'acétylcholine dont nous venons de parler, est l'un des nombreux récepteurs excitateurs, et l'ouverture de canaux ioniques de ce type provoque la dépolarisation de la membrane plasmique postsynaptique, favorisant la création d'un potentiel d'action. À l'inverse, la liaison d'un neurotransmetteur à un *récepteur inhibiteur* situé sur la cellule postsynaptique provoque l'ouverture des canaux à K^+ ou Cl^-, aboutissant à une sortie d'ions K^+ supplémentaires à partir du cytosol, ou à une entrée d'ions Cl^-. Dans les deux cas, le flux d'ions tend à hyperpolariser la membrane plasmique, ce qui inhibe la création d'un potentiel d'action dans la cellule postsynaptique.

Un même neurone peut être affecté simultanément par des signaux reçus de multiples synapses excitatrices et inhibitrices. Le neurone intègre de façon continue ces signaux et détermine s'il faut ou non créer un potentiel d'action. Dans ce processus, les différentes petites dépolarisations et hyperpolarisations produites au niveau des synapses se propagent le long de la membrane plasmique, des dendrites vers le corps cellulaire, puis jusqu'au cône d'implantation, où elles sont additionnées. Un potentiel d'action est produit dès que la dépolarisation de la membrane au niveau du cône d'implantation atteint un certain voltage appelé *potentiel seuil* (Figure 7-48). Dès lors, un potentiel d'action est produit selon un processus de « tout ou rien ». Toute dépolarisation jusqu'au seuil provoque la création d'un potentiel d'action, tandis qu'une dépolarisation qui n'atteint pas le potentiel seuil n'en induit jamais.

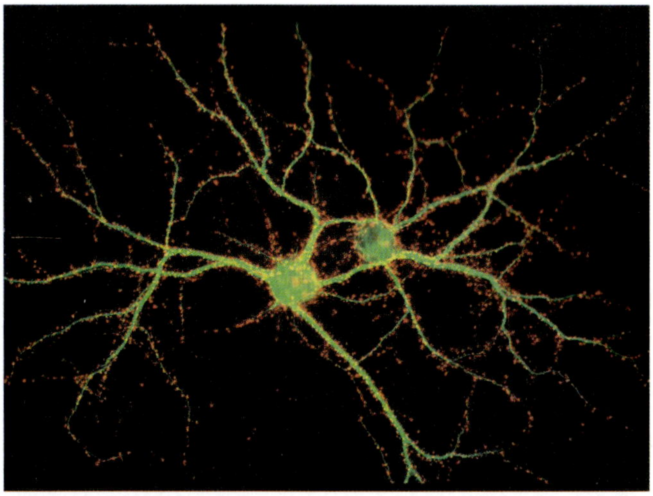

FIGURE EXPÉRIMENTALE 7-47 Une micrographie par fluorescence de deux interneurones révèle que de nombreux autres neurones forment des synapses avec eux. Ces cellules, issues de l'hippocampe (une région du cerveau) ont été marquées à l'aide de deux anticorps fluorescents : l'un, spécifique de la protéine associée aux microtubules MAP2 (en vert) présente uniquement dans les dendrites et les corps cellulaires et l'autre, spécifique de la synaptotagmine (rouge orangé), une protéine située dans les terminaisons axonales présynaptiques. Les nombreux points rouge orangé, qui représentent les terminaisons axonales présynaptiques de neurones invisibles sur cette photographie, indiquent que ces interneurones reçoivent des signaux de nombreuses autres cellules. [Aimablement communiqué par O. Mundigl et P. deCamilli.]

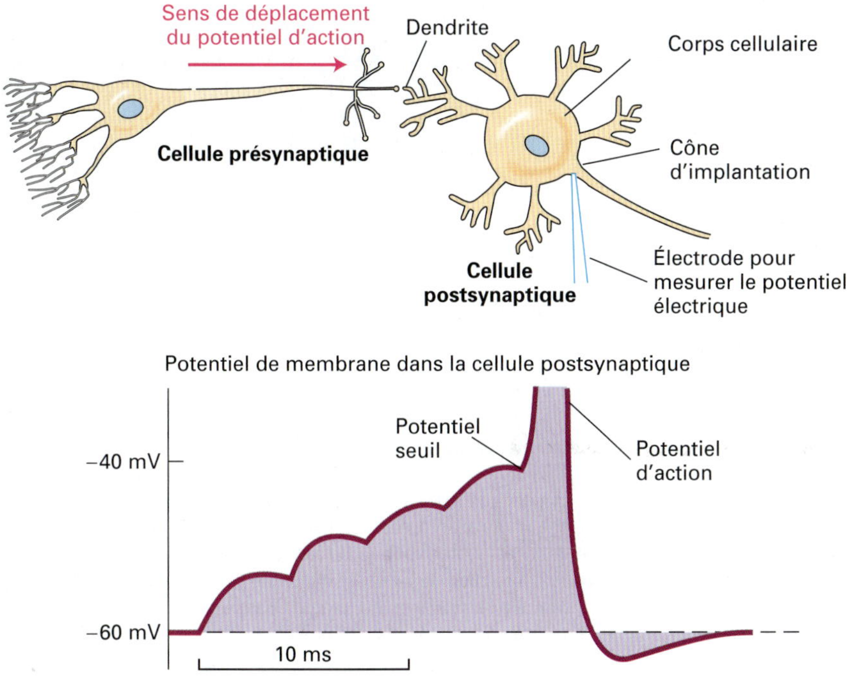

FIGURE EXPÉRIMENTALE 7-48 Les signaux entrants doivent atteindre le potentiel seuil pour déclencher un potentiel d'action dans une cellule postsynaptique. Dans cet exemple, le neurone présynaptique produit un potentiel d'action toutes les 4 millisecondes environ. L'arrivée de chaque potentiel d'action au niveau de la synapse provoque un petit changement du potentiel de membrane au niveau du cône d'implantation de la cellule postsynaptique, dans cet exemple, une dépolarisation de ≈ 5 mV. Lorsque de multiples stimulus provoquent la dépolarisation de la membrane de cette cellule postsynaptique jusqu'au potentiel seuil, ici environ −40 mV, un potentiel d'action y est induit.

La création d'un potentiel d'action dans le cône d'implantation d'un neurone dépend d'un équilibre entre le moment, l'amplitude et la localisation des différents signaux qu'il reçoit. Ce calcul des signaux diffère pour chaque type de neurone. On peut comparer chaque neurone à un minuscule calculateur qui fait la moyenne de toutes les activations de récepteurs et des perturbations électriques de sa membrane. Il prend alors la décision de déclencher ou non un potentiel d'action qui se propage le long de son axone. Un potentiel d'action a toujours la même *amplitude* dans un neurone donné. La *fréquence* de création des potentiels d'action dans un neurone donné est le paramètre déterminant de sa capacité d'envoyer des signaux vers d'autres cellules.

Le système nerveux utilise des circuits de signalisation constitués de multiples neurones

Chez les animaux pluricellulaires complexes tels que les insectes et les mammifères, différents types de neurones forment des circuits de signalisation. Dans le circuit simple appelé *arc réflexe*, des interneurones relient de multiples neurones sensitifs et moteurs, ce qui permet à un neurone sensitif d'affecter de multiples neurones moteurs et à un neurone moteur d'être affecté par de multiples neurones sensitifs. De cette façon, les interneurones intègrent et déclenchent les réflexes. Par exemple, le réflexe rotulien chez l'homme implique un arc réflexe complexe dans lequel la contraction d'un muscle est stimulée tandis qu'elle est inhibée dans un autre muscle (Figure 7-49). Ces circuits permettent à un organisme de répondre à un signal sensitif par l'action coordonnée de groupes de muscles qui exécutent ensemble une même action.

Toutefois, ces circuits simples de signalisation n'expliquent pas directement les fonctions cérébrales plus élaborées telles que le raisonnement, le calcul et le développement de la mémoire. Les neurones typiques du cerveau peuvent recevoir des signaux d'un millier d'autres neurones et émettre à leur tour des signaux chimiques vers de nombreux autres neurones. Les signaux émis dans le système nerveux dépendent de ses propriétés en tant que circuit, c'est-à-dire du câblage ou des interconnexions entre les neurones et de la force de celles-ci. Les aspects complexes du système nerveux, tels que la vision et la conscience, ne peuvent s'expliquer au niveau de la cellule, mais seulement en termes de réseaux de cellules nerveuses qui peuvent être étudiés par des méthodes d'analyse de systèmes. Le système nerveux est en perpétuel changement. Le nombre et la nature des interconnexions entre les neurones individuels peuvent être modifiés, par exemple, au cours de la mémorisation.

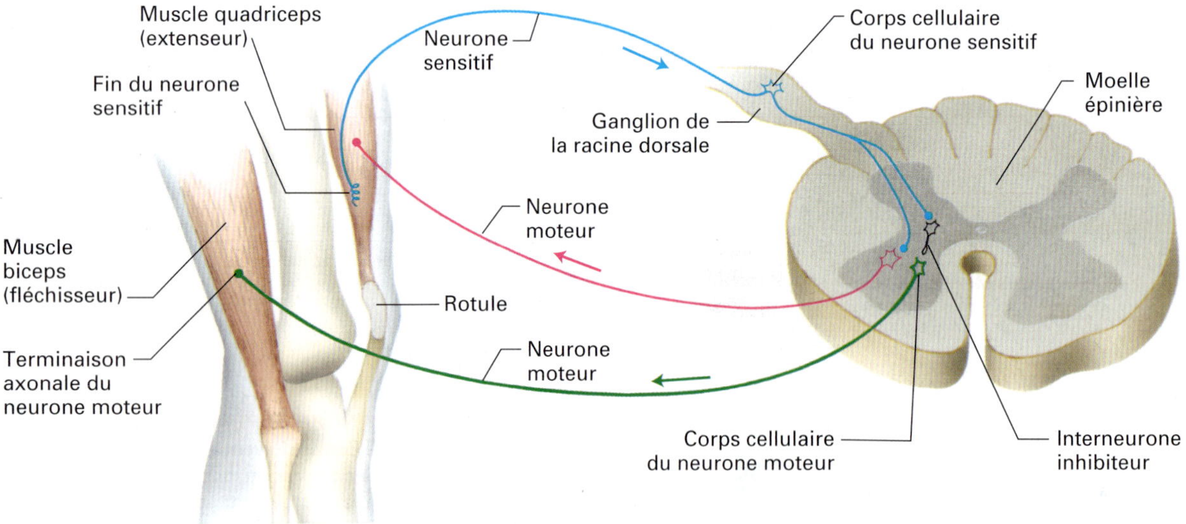

FIGURE 7-49 L'arc réflexe du réflexe rotulien chez l'homme. La position et le déplacement de l'articulation du genou dépendent de deux muscles dont les actions sont opposées : la contraction du quadriceps étire la jambe tandis que la contraction du biceps la replie. Le réflexe rotulien, une brusque extension de la jambe, est stimulé par un coup asséné juste sous la rotule. Le coup stimule directement les neurones sensitifs (en bleu) situés dans le tendon du quadriceps. L'axone de chaque neurone sensitif s'étend du tendon jusqu'au corps cellulaire dans un ganglion de la racine dorsale. L'axone sensitif se poursuit dans la moelle épinière, où il se connecte par des synapses à deux neurones : (1) un neurone moteur (en rouge) qui innerve le muscle quadriceps et (2) un interneurone inhibiteur (en noir) formant une synapse avec un neurone moteur (en vert) qui innerve le biceps. La stimulation du neurone sensitif provoque une contraction du quadriceps et, par l'intermédiaire du neurone inhibiteur, l'inhibition simultanée de la contraction du biceps. Le résultat net est une extension de la jambe à partir de l'articulation du genou. Chaque cellule illustrée ici représente en réalité un nerf, c'est-à-dire une population de neurones.

CONCEPTS CLÉS DE LA SECTION 7.8

Les neurotransmetteurs, les protéines récepteurs et les protéines de transport dans la transmission des signaux au niveau des synapses

- Les récepteurs de neurotransmetteurs se répartissent en deux classes : les canaux ioniques dépendant d'un ligand qui permettent le passage des ions lorsqu'ils sont ouverts, et les récepteurs couplés à une protéine G, liés à un canal ionique séparé.

- Au niveau des synapses, les impulsions électriques sont transmises par le biais de neurotransmetteurs libérés depuis la terminaison axonale de la cellule présynaptique, qui se fixent ensuite à des récepteurs spécifiques présents sur la cellule postsynaptique (voir Figure 7-31).

- Les neurotransmetteurs de faible poids moléculaire (comme l'acétylcholine, la dopamine ou l'adrénaline) sont importés à partir du cytosol dans des vésicules synaptiques par des antiporteurs liés à H^+. Les pompes à protons de classe V maintiennent le pH intravésiculaire faible qui permet l'import des neurotransmetteurs contre un gradient de concentration.

- L'arrivée d'un potentiel d'action au niveau d'une terminaison axonale présynaptique provoque l'ouverture de canaux à Ca^{2+} voltage-dépendants, ce qui conduit à une augmentation localisée de la concentration cytosolique de Ca^{2+} déclenchant à son tour l'exocytose des vésicules synaptiques. Après avoir libéré leurs neurotransmetteurs, les vésicules se reforment par endocytose et sont recyclées (voir Figure 7-42).

- Le fonctionnement coordonné de quatre canaux ioniques au niveau de la synapse d'un neurone moteur et d'une cellule de muscle strié conduit à la libération d'acétylcholine par la terminaison axonale, la dépolarisation de la membrane du myocyte, la création d'un potentiel d'action et enfin, à la contraction (voir Figure 7-44).

- Le récepteur nicotinique de l'acétylcholine, un canal à cations dépendant d'un ligand, contient cinq sous-unités. Chacune possède une hélice α transmembranaire (M2) qui tapisse le canal (voir Figure 7-45).

- Un neurone postsynaptique crée un potentiel d'action uniquement lorsque la membrane plasmique au niveau du cône d'implantation est dépolarisée jusqu'au potentiel seuil, par la somme de petites dépolarisations et hyperpolarisations provoquées par l'activation de multiples récepteurs neuronaux (voir Figure 7-48).

PERSPECTIVES POUR LE FUTUR

Nous avons considéré dans ce chapitre certains aspects de la physiologie humaine du point de vue de l'action de protéines membranaires spécifiques du transport. Une telle approche de physiologie moléculaire présente de nombreuses applications médicales. Aujourd'hui encore, les inhibiteurs ou activateurs spécifiques de canaux, pompes et transporteurs constituent la classe médicamenteuse la plus abondante. Un inhibiteur de l'ATPase gastrique à H^+/K^+, qui acidifie l'estomac, est par exemple le médicament le plus utilisé pour traiter les ulcères de l'estomac. Des inhibiteurs des canaux protéiques dans le rein sont abondamment employés pour contrôler l'hypertension (une pression sanguine élevée). En bloquant la résorption de l'eau, de l'urine en formation vers le sang, ces médicaments réduisent le volume sanguin et donc la pression sanguine. On a souvent recours aux substances bloquant les canaux à calcium pour contrôler l'intensité de la contraction cardiaque. Les protéines de symport liées à Na^+ qui sont utilisées par les cellules nerveuses pour récupérer les neurotransmetteurs sont inhibées spécifiquement par de nombreuses drogues (comme la cocaïne) et des antidépresseurs (le Prozac par exemple).

Avec l'achèvement du projet de séquençage du génome humain, nous allons pouvoir déterminer les séquences de toutes les protéines membranaires de transport chez l'homme. Nous savons déjà que les mutations touchant un grand nombre de ces protéines sont responsables de maladies. Par exemple, une mutation dans un canal à Na^+ voltage-dépendant exprimé dans le cœur est à l'origine d'une fibrillation ventriculaire et d'attaques cardiaques. Des mutations dans d'autres canaux à Na^+, exprimés principalement dans le cerveau, peuvent provoquer l'épilepsie et des accès de fièvre. Dans certains cas, on connaît les mécanismes moléculaires impliqués. L'une des mutations faux-sens dans un canal à Na^+ à l'origine de l'épilepsie affecte la dépendance vis-à-vis du voltage, de l'ouverture et de la fermeture du canal. Une autre ralentit l'inactivation du canal aux potentiels de dépolarisation, prolongeant l'entrée des ions Na^+. Des études chez des souris exprimant des formes mutantes de ces protéines membranaires de transport et d'autres sortes de protéines continuent à fournir des éléments sur leur rôle dans la physiologie et les maladies humaines.

Ces connaissances en pleine expansion permettront aux chercheurs d'identifier de nouveaux types de composants qui inhibent ou activent un type particulier de ces protéines membranaires de transport mais pas ses homologues. Un des objectifs importants toutefois est de comprendre le rôle d'une protéine de transport donnée dans chacun des tissus dans lesquels elle est exprimée. Par exemple, un médicament qui inhibe un canal ionique particulier dans les neurones sensoriels peut être utile pour traiter une douleur chronique, mais si ce canal est également exprimé dans certaines zones du cerveau, son inhibition pourrait avoir des effets secondaires graves.

Une compréhension approfondie du fonctionnement des cellules nerveuses exige la connaissance des structures tridimensionnelles de nombreux canaux, récepteurs de neurotransmetteurs et autres protéines membranaires. La détermination de la structure du premier canal à K^+ voltage-dépendant devrait révéler les mécanismes de dépendance, d'ouverture et d'inactivation qui pourraient également s'appliquer à d'autres canaux voltage-dépendants. De même, les récepteurs nicotiniques de l'acétylcholine, du glutamate, de GABA et de la glycine sont tous des canaux ioniques dépendant d'un ligand, mais on ignore s'ils ont tous une structure similaire dans la membrane. Répondre à cette question exigera de connaître leur structure tridimensionnelle qui devrait nous apprendre en détail de quelle façon la liaison d'un neurotransmetteur déclenche l'ouverture du canal.

Comment un neurone acquiert-il sa structure très allongée et ramifiée ? Pourquoi une partie d'un neurone devient-elle un dendrite et l'autre, un axone ? Pourquoi certaines protéines membranaires essentielles sont-elles regroupées au niveau de sites particuliers — les récepteurs des neurotransmetteurs dans les dendrites postsynaptiques, les canaux à Ca^{2+} dans les terminaisons axonales et les canaux à Na^+ dans les neurones myélinisés au niveau des nœuds de Ranvier ? Ces questions sur la forme des cellules et l'adressage des protéines s'appliquent également à d'autres types de cellules, mais la diversité morphologique des neurones les rend particulièrement énigmatiques dans le système nerveux. Établir des cultures pures de types spécifiques de neurones conservant leurs propriétés normales permettrait d'étudier un grand nombre de ces problèmes grâce aux techniques de biologie moléculaire de la cellule. Les questions les plus ardues concernent sans doute la formation de synapses spécifiques dans le système nerveux, c'est-à-dire comment un neurone « sait-il » qu'il doit établir une synapse avec un type de cellule et pas avec un autre ? La recherche actuelle sur le développement du système nerveux, dont nous parlerons brièvement au Chapitre 15, commence à fournir des réponses plus complètes sur le câblage complexe entre les neurones et sur le lien de ces interconnexions et du fonctionnement du cerveau.

MOTS CLÉS

RÉVISIONS

1. L'unité structurale élémentaire des biomembranes est la bicouche phospholipidique. L'acide acétique et l'éthanol contiennent chacun deux carbones, de l'hydrogène et de l'oxygène et tous deux pénètrent dans la cellule par diffusion passive. À pH 7, la perméabilité de la membrane vis-à-vis de l'un est supérieure à celle de l'autre. Pour quel composé cette perméabilité est-elle la plus élevée et pourquoi ? À votre avis, de quelle façon la perméabilité pour chacun de ces composés est-elle modifiée lorsque le pH est abaissé à 1,0, une valeur caractéristique de l'estomac ?
2. Les uniporteurs et les canaux ioniques participent à la diffusion facilitée à travers les biomembranes. Bien que tous deux soient des exemples de diffusion facilitée, la vitesse de déplacement des ions à travers un canal est 10^4 à 10^5 fois plus élevée que celle des molécules à travers un uniporteur. Quelle différence fondamentale de mécanisme provoque une si grande disparité dans la vitesse de transport ?
3. Citez le nom des trois classes de transporteurs. Expliquez laquelle de ces classes est capable de transporter du glucose ou du bicarbonate (HCO_3^-) par exemple contre un gradient électrochimique. Dans le cas du bicarbonate, mais pas du glucose, le ΔG du processus de transport a deux termes. Quels sont ces termes et pourquoi le second terme ne s'applique-t-il pas au glucose ? Pourquoi les co-transporteurs sont-ils souvent utilisés comme exemples pour le transport actif secondaire ?
4. GLUT1, présente dans la membrane plasmique des érythrocytes, est un exemple classique d'uniporteur. Imaginez un protocole expérimental permettant de prouver que GLUT1 est bien un uniporteur spécifique du glucose plutôt qu'un uniporteur spécifique du galactose ou du mannose. Le glucose est un sucre à 6 carbones tandis que le ribose est un sucre à 5 carbones. En dépit de sa petite taille, le ribose n'est pas transporté efficacement par GLUT1. Comment cela peut-il s'expliquer ?
5. Citez les quatre classes de pompes mues par l'ATP, responsables du transport actif d'ions et de molécules. Indiquez parmi ces classes celles qui transportent uniquement des ions et celles qui transportent principalement des petites molécules. L'une de ces classes de pompes mues par l'ATP a été découverte grâce à des études du transport de substrats artificiels utilisés pour la chimiothérapie du cancer. De l'avis des chercheurs, quels sont les exemples courants de substrats naturels de cette classe particulière de pompes mues par l'ATP ?
6. Les projets de séquençage de génome continuent et l'on connaît la séquence complète du génome d'un nombre croissant d'organismes. De quelle façon ces informations permettent-elles d'établir le nombre total de transporteurs ou de pompes d'un type donné chez la souris ou chez l'homme ? Un grand nombre des transporteurs ou pompes dont la séquence a été identifiée sont des protéines orphelines, car on ignore leur substrat naturel ou leur rôle physiologique. Comment cela est-il possible et comment pourrait-on déterminer le rôle physiologique d'une protéine orpheline ?
7. Comme nous l'avons vu dans la rubrique Perspectives, des inhibiteurs ou des activateurs spécifiques des canaux, pompes et transporteurs constituent la classe la plus abondante de médicaments produits par l'industrie pharmaceutique. La contraction du muscle squelettique est provoquée par l'augmentation de la concentration de Ca^{2+} dans le cytosol. Quel peut être l'effet sur la contraction musculaire, de l'inhibition sélective par un médicament, de l'ATPase à Ca^{2+} de classe P dans le réticulum sarcoplasmique ?
8. Le potentiel de membrane dans les cellules animales, au contraire des cellules végétales, dépend fortement des canaux de fuite à K^+. De quelle façon ces canaux contribuent-ils au potentiel de repos ? Pourquoi ces canaux sont-ils considérés comme des canaux sans dépendance vis-à-vis d'un ligand ou du potentiel ? Comment ces canaux établissent-ils la sélectivité vis-à-vis de K^+ plutôt que de Na^+ ?
9. La technique de patch-clamp peut servir à mesurer les propriétés de conductance des canaux ioniques individuels. Décrivez la façon dont cette technique peut être utilisée pour déterminer si le gène codant un canal à K^+ supposé code en réalité un canal à K^+ ou un canal à Na^+.

10. Les plantes utilisent le gradient électrochimique de protons à travers la membrane de leur vacuole pour fournir l'énergie nécessaire à l'accumulation des sels et des sucres dans l'organite. Ceci crée un état hypertonique. Pourquoi cet état ne provoque-t-il pas l'éclatement de la cellule végétale ? Comment l'ATPase à Na^+/K^+ de la membrane plasmique permet-elle aux cellules animales d'éviter une lyse osmotique même dans des conditions isotoniques ?

11. Le passage du glucose d'une face à l'autre de l'épithélium intestinal est un exemple important de transport transcellulaire. Comment l'ATPase à Na^+/K^+ permet-elle ce processus ? Pourquoi les jonctions étanches sont-elles essentielles à ce processus ? Les suppléments de réhydratation tels que les boissons pour sportifs contiennent un sucre et un sel. Pourquoi ces deux éléments sont-ils importants pour la réhydratation ?

12. Citez les trois phases d'un potentiel d'action. Décrivez pour chacune le mécanisme moléculaire sous-jacent et l'ion impliqué. Pourquoi l'expression *canal voltage-dépendant* s'applique-t-elle aux canaux à Na^+ impliqués dans la création d'un potentiel d'action ?

13. La myélinisation augmente la vitesse de propagation d'un potentiel d'action le long d'un axone. Qu'est-ce que la myélinisation ? La myélinisation provoque le regroupement des canaux à Na^+ voltage-dépendants et des pompes à Na^+/K^+ au niveau des nœuds de Ranvier le long de l'axone. À votre avis, quelles seront les conséquences sur la propagation d'un potentiel d'action, d'une augmentation d'un facteur 10 de l'espace entre les nœuds de Ranvier ?

14. Comparez le rôle des antiporteurs liés à H^+ dans l'accumulation des neurotransmetteurs dans les vésicules synaptiques et du saccharose dans la vacuole des plantes. L'acétylcholine est un neurotransmetteur courant libéré au niveau de la synapse. À votre avis, quelles seront les conséquences sur l'activation musculaire, d'une diminution de l'activité de l'acétylcholinestérase au niveau des jonctions neuromusculaires ?

15. Les neurones, en particulier ceux du cerveau, reçoivent de multiples signaux excitateurs et inhibiteurs. Quel est le nom de l'extension du neurone qui reçoit ces signaux ? Comment le neurone intègre-t-il ces signaux pour décider de la création ou non d'un potentiel d'action ?

ANALYSEZ LES RÉSULTATS SUIVANTS

Imaginez que vous recherchiez des candidats pour le transporteur de glutamate présent dans la membrane des vésicules synaptiques du cerveau. Le glutamate est un neurotransmetteur important. Vous effectuez une recherche minutieuse dans les bases de données et la littérature concernant les protéines et vous découvrez que la protéine EAT-4 de *Caenorhabditis elegans* présente un grand nombre des propriétés attendues du transporteur de glutamate dans le cerveau. La protéine est en position présynaptique chez *C. elegans* et des mutations dans celle-ci sont associées à des déficiences du transport de glutamate. Une comparaison de séquences révèle que l'homologue chez les mammifères est BNP1. On sait que des transporteurs apparentés de type I transportent des anions organiques.

a. Pour déterminer si BNP1 permet le transport du glutamate dans les vésicules synaptiques, vous transfectez de l'ADNc de BNP1 dans des cellules PC12, dépourvues de protéines BNP1 endogènes. Vous préparez ensuite une population de microvésicules ressemblant aux vésicules synaptiques, à partir de cellules transfectées et de cellules non transfectées. Les propriétés de transport du glutamate dans les vésicules isolées sont indiquées dans la figure de droite. De quelle façon ces résultats mettent-ils en évidence la capture du glutamate dépendante du transporteur dans les cellules transfectées, au contraire des vésicules présentes dans les cellules non transfectées et les cellules PC12 de type sauvage ? Quel est le K_m apparent du transporteur de glutamate ? La littérature rapporte des valeurs de K_m de ~10-100 μM pour des transporteurs d'acides aminés excitateurs dans la membrane plasmique. Le K_m observé indique-t-il que BNP1 est un transporteur d'acides aminés présent dans la membrane plasmique ?

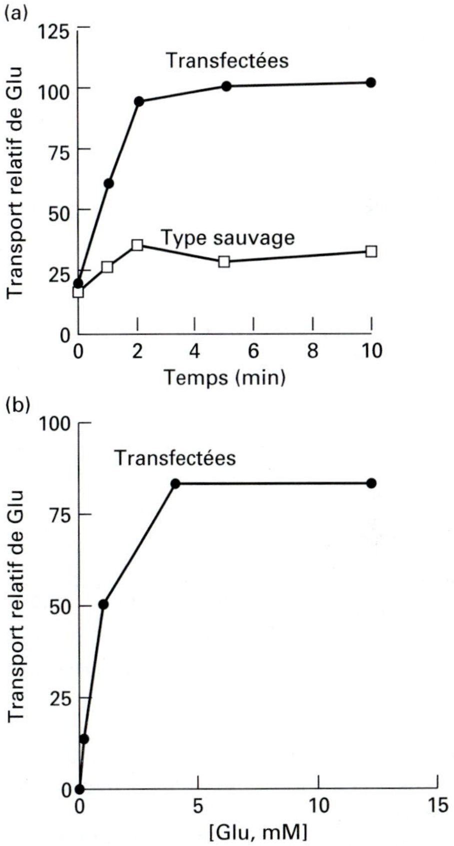

L'effet de la transfection de BNP1 sur la capture de glutamate par les vésicules des cellules PC12.

b. Vous décidez ensuite de tester la spécificité de BNP1 pour des acides aminés isolés et de vérifier si la capture de glutamate dépend ou non du gradient électrique comme cela était prédit. Pour ces expériences vous effectuez une série de mélanges d'incubation avec différents acides aminés en compétition et séparément, un mélange avec de la valinomycine (V) et de la nigéricine (N) pour supprimer spécifiquement le gradient électrique. D'après les données présentées dans la figure suivante, le transport dépendant de BNP1 présente-t-il les propriétés attendues ? Pourquoi les acides aminés choisis sont-ils des choix logiques pour des compétiteurs potentiels ?

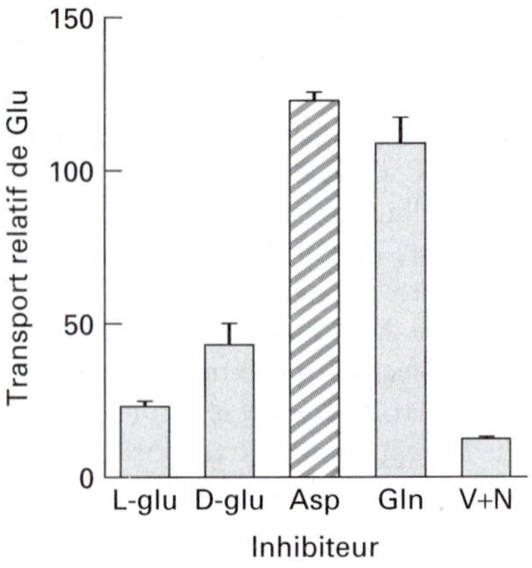

L'effet des acides aminés en compétition et de la valinomycine plus la nigéricine (V + N) sur le transport de BNP1.

c. Votre dernier test consiste à déterminer la dépendance du transport par BNP1 vis-à-vis de la concentration de chlorure. On sait que le transport vésiculaire de glutamate présente une dépendance biphasique vis-à-vis de la concentration de chlorure. Les résultats de votre expérience sont représentés dans la Figure ci-dessous. Ces données indiquent-elles une dépendance biphasique vis-à-vis du chlorure ? Comment une telle dépendance peut-elle s'expliquer ?

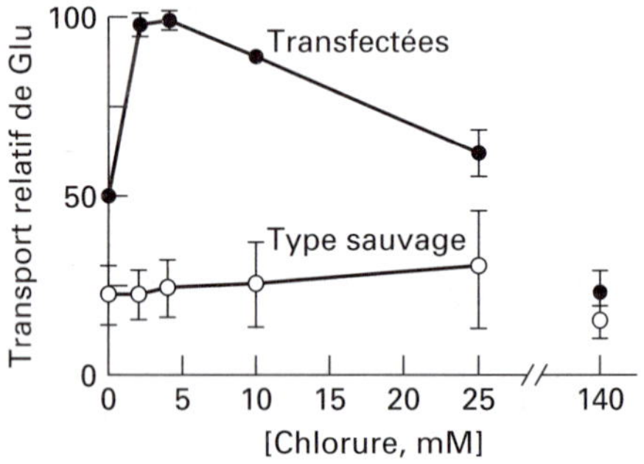

La dépendance du transport par BNP1 vis-à-vis du chlorure.

d. D'après toutes ces données vous concluez que BNP1 est le transporteur de glutamate des vésicules synaptiques. Comment pourriez-vous vérifier sur des cellules PC12 si des mutations choisies d'après celles qui touchent la protéine EAT-4 de *C. Elegans* sont importantes pour la protéine de mammifère ?

RÉFÉRENCES

Une vue d'ensemble du transport membranaire

Hruz, P. W. et Mueckler, M. M., (2001), Structural analysis of the GLUT1 facilitative glucose transporter (review), *Mol. Memb. Biol.* **18** :183-193.

Malandro, M. et Kilberg, M., (1996), Molecular biology of the mammalian amino acid transporters, *Ann. Rev. Biochem.* **66** :305-336.

Mueckler, M., (1994), Facilitative glucose transporters, *Eur. J. Biochem.* **219** :713-725.

Les pompes mues par l'ATP et l'environnement ionique intracellulaire

Borst, P. *et al.*, (2000), ABC transporters in lipid transport, *Biochim. Biophys. Acta* **1486** :128-144.

Carafoli, E. et Brini, M., (2000), Calcium pumps : structural basis for and mechanism of calcium transmembrane transport, *Curr. Opin. Chem. Biol.* **4** :152-161.

Davies, J. F. *et al.*, (2000), Transmembrane molecular pump activity of Niemann-Pick C1 protein, *Science* **290** :2295-2298.

Doige, C. A. et Ames, G. F., (1993), ATP-dependent transport systems in bacteria and humans : relevance to cystic fibrosis and multidrug resistance, *Ann. Rev. Microbiol.* **47** :291-319.

Gottesman, M. M., (2002), Mechanisms of cancer drug resistance, *Ann. Rev. Med.* **53** :615-627.

Gottesman, M. M. et Ambudkar, S. V., (2001), Overview : ABC transporters and human disease, *J. Bioenerg. Biomemb.* **33** :453-458.

Higgins, C. F. et Linton, K. J., (2001), Structural biology. The xyz of ABC transporters, *Science* **293** :1782-1784.

Holmgren, M. *et al.*, (2000), Three distinct and sequential steps in the release of sodium ions by the Na^+/K^+-ATPase, *Nature* **403** :898-901.

Jencks, W. P., (1995), The mechanism of coupling chemical and physical reactions by the calcium ATPase of sarcoplasmic reticulum and other coupled vectorial systems, *Biosci. Rept.* **15** :283-287.

Nishi, T. et Forgac, M., (2002), The vacuolar (H^+)-ATPases-nature's most versatile proton pumps, *Nature Rev. Mol. Cell Biol.* **3** :94-103.

Ostedgaard, L. S. *et al.*, (2001), Regulation of the cystic fibrosis transmembrane conductance regulator Cl^- channel by its R domain, *J. Biol. Chem.* **276** :7689-7692.

Raggers, R. J. *et al.*, (2000), Lipid traffic : the ABC of transbilayer movement, *Traffic* **1** :226-234.

Rea, P. A. *et al.* 1992. Vacuolar H^+-translocating pyrophosphatases : a new category of ion translocase, *Trends Biochem. Sci.* **17** :348-353.

Sweadner, K. J. et Donnet, C., (2001), Structural similarities of Na,K-ATPase and SERCA, the Ca(2+)-ATPase of the sarcoplasmic reticulum, *Biochem. J.* **356** :685-704.

Toyoshima, C. *et al.*, (2000), Crystal structure of the calcium pump of sarcoplasmic reticulum at 2,6 Å resolution, *Nature* **405** :647-655.

Xu, C., W. J. Rice, W. He et D. L. Stokes., (2002), A structural model for the catalytic cycle of Ca(2+)-ATPase, *J. Mol. Biol.* **316** :201-211.

Les canaux de fuite et le potentiel membranaire de repos

Clapham, D., (1999), Unlocking family secrets : K^+ channel transmembrane domains, *Cell* **97** :547-550.

Cooper, E. C. et Jan, L. Y, (1999), Ion channel genes and human neurological disease : recent progress, prospects, and challenges, *Proc. Natl. Acad. Sci. Usa* **96** :4759-4766.

Dutzler, R. *et al.*, (2002), X-ray structure of a ClC chloride channel at 3.0 Å reveals the molecular basis of anion selectivity, *Nature* **415** :287-294.

Gulbis, J. M. *et al.*, (2000), Structure of the cytoplasmic beta subunit-T1 assembly of voltage-dependant K^+ channels, *Science* **289** :123-127.

Hanaoka, K. *et al.*, (2000), Co-assembly of polycystin-1 and –2 produces unique cation-permeable currents, *Nature* **408** :990-994.

Hille, B., (2001), *Ion Channels of Excitable Membranes*, 3e éd., Sinauer Associates.

Montel, C. *et al.*, (2002), The TRP channels, a remarkably functional family, *Cell* **108** :595-598.

Neher, E., (1992), Ion channels for communication between and within cells. Exposé du Nobel réimprimé dans *Neuron* **8** :605-612 et *Science* **256** :498-502.

Neher, E. et Sakmann, B., (1992), The patch clamp technique, *Sci. Am.* **266**(3) :28-35.

Nichols, C. et Lopatin, A., (1997), Inward rectifier potassium channels, *Ann. Rev. Physiol.* **59** :171-192.

Yi, B. A. *et al.*, (2001), Controlling potassium channel activities : interplay between the membrane and intracellular factors. *Proc. Natl. Acad. Sci. USA* **98** :11016-11023.

Zhou, M., *et al.*, (2001), Potassium channel receptor site for the inactivation gate and quaternary amine inhibitors, *Nature* **411** :657-661.

Zhou, Y. *et al.*, (2001), Chemistry of ion coordination and hydration revealed by a K^+ channel-Fab complex at 2 Å resolution, *Nature* **414** :43-48.

Le co-transport par des symporteurs et des antiporteurs

Alper, S. L. *et al.*, (2001), Regulation of Na^+-independent Cl^-/HCO_3^- exchangers by pH, *J. Pancreas* **2** :171-175.

Barkla, B. et Pantoja, O., (1996), Physiology of ion transport across the tonoplast of higher plants. *Ann. Rev. Plant Physiol. Plant. Mol. Biol.* **47** :159-184.

Orlowski, J. et Grinstein., S., (1997), Na^+/H^+ exchangers of mammalian cells, *J. Biol. Chem.* **272** :22373-22376.

Shrode, L. D. *et al.*, (1997), Role of intracellular pH in proliferation, transformation, and apoptosis, *J. Bioenerg. Biomemb.* **29** :393-396.

Wakayabashi, S. *et al.*, (1997), Molecular physiology of vertebrate Na^+/H^+ exchangers, *Physiol. Rev.* **77** :51-74.

Wright, E. M., (2001), Renal Na(+)-glucose cotransporters, *Am. J. Physiol. Renal Physiol.* **280** :F10-F18.

Wright, E. M. et Loo, D. D., (2000), Coupling between Na^+, sugar, and water transport across the intestine, *Ann. NY Acad. Sci.* **915** :54-66.

Zhang, H.-X. et Blumwald, E., (2001), Transgenic salt-tolerant tomato plants accumulate salt in foliage but not in fruit, *Nature Biotech.* **19** :765-769.

Les déplacements de l'eau

Agre, P. M. Bonhivers et Borgina, M., (1998), The aquaporins, blueprints for cellular plumbing systems, *J. Biol. Chem.* **273** :14659.

Engel, A. *et al.*, (2000), The importance of aquaporin water channel protein structures, *EMBO J.* **19** :800-806.

Maurel, C., (1997), Aquaporins and water peremability of plant membranes, *Ann. Rev. Plant. Physiol. Plant Mol. Biol.* **48** :399-430.

Nielsen, S. *et al.*, (2002), Aquaporins in the kidney : from molecules to medicine, *Physiol. Rev.* **82** :205-244.

Schultz, S. G., (2001), Epithelial water absorption : osmosis or cotransport ? *Proc. Natl. Acad. Sci. USA* **98** :3628-3630.

Sui, H. *et al.*, (2001), Structural basis of water-specific transport through the AQP1 water channel, *Nature* **414** :872-878.

Verkman, A. S., (2000), Phyisiological importance of aquaporins : lessons from knockout mice, *Curr. Opin. Nephrol. Hypertens.* **9** :517-522.

Le transport transépithélial

Cereijido, M. *et al.*, (1998), Role of tight junctions in establishing and maintaining cell polarity, *Ann. Rev. Physiol.* **60** :161-177.

Goodenough, D. A., (1999), Plugging the leaks, *Proc. Natl. Acad. Sci. USA* **96** :319.

Mitic, L. et Anderson, J., (1998), Molecular architecture of tight junctions, *Ann. Rev. Physiol.* **60** :121-142.

Schultz, S. *et al.*, Éds, (1997), *Molecular Biology of Membrane Transport Disorders*, Plenum Press.

Les canaux ioniques voltage-dépendants et la propagation des potentiels d'action dans les cellules nerveuses

Aldrich, R. W., (2001), Fifty years of inactivation, *Nature* **411** :643-644.

Armstrong, C. et Hille., B., (1998), Voltage-gated ion channels and electrical excitability, *Neuron* **20** :371-380.

Catterall, W. A., (2000), From ionic currents to molecular mechanisms : the structure and function of voltage-gated sodium channels, *Neuron* **26** :13-25.

Catterall, W. A., (2000), Structure and regulation of voltage-gated Ca^{2+} channels, *Ann. Rev. Cell Dev. Biol.* **16** :521-555.

Catterall, W. A., (2001), A 3D view of sodium channels, *Nature* **409** :988-989.

Del Camino, D. et Yellen, G., (2001), Tight steric closure at the intracellular activation gate of a voltage-gated K(+) channel, *Neuron* **32** :649-656.

Doyle, D. A. *et al.*, (1998), The structure of the potassium channel : molecular basis of K^+ conduction and selectivity, *Science* **280** :69-77.

Hille, B., (2001), *Ion Channels of Excitable Membranes*, 3ᵉ éd., Sinauer Associates.

Jan, Y. N. et Jan, L. Y., (2001), Dendrites, *Genes Dev.* **15** :2627-2641.

Miller, C., (2000), Ion channel surprises : procaryotes do it again !, *Neuron* **25** :7-9.

Sato, C. *et al.*, (2001), The voltage-sensitive sodium channel is a bell-shaped molecule with several cavities, *Nature* **409** :1047-1051.

Yi, B. A. et Jan, L. Y. (2000), Taking apart the gating of voltage-gated K^+ channels, *Neuron.* **27** :423-425.

La myéline

Arroyo, E. J. et Scherer, S. S., (2000), On the molecular architecture of myelinated fibers, *Histochem. Cell Biol.* **113** :1-18.

Pedraza, L. *et al.*, (2001), Organizing principles of the axoglial apparatus, *Neuron* **30** :335-344.

Salzer, J. L., (1997), Clustering sodium channels at the node of Ranvier : close encounters of the axon-glia kind, *Neuron* **18** :843-846.

Trapp, B. D. et Kidd, G. J., (2000), Axo-glial septate junctions. The maestro of nodal formation and myelination ?, *J. Cell Biol.* **150** :F97-F100.

Les neurotransmetteurs, les protéines récepteurs et les protéines de transport dans la transmission des signaux au niveau des synapses

Amara, S. G. et Kuhar, M. J., (1993), Neurotransmitter transporters : recent progress, *Ann. Rev. Neurosci.* **16** :73-93.

Bajjalieh, S. M. et Scheller, R. H., (1995), The biochemistry of neurotransmitter secretion, *J. Biol. Chem.* **270** :1971-1974.

Betz, W. et Angleson, J., (1998), The synaptic vesicle cycle, *Ann. Rev. Physiol.* **60** :347-364.

Brejc, K. *et al.*, (2001), Crystal structure of an ACh-binding protein reveals the ligand-binding domain of nicotinic receptors, *Nature* **411** :269-276.

Fernandez, J. M., (1997), Cellular and molecular mechanics by atomic force microscopy : capturing the exocytotic fusion pore in vivo ?, *Proc. Natl. Acad. Sci. USA* **94** :9-10.

Ikeda, S. R., (2001), Signal transduction. Calcium channels — link locally, act globally, *Science* **294** :318-319.

Jan, L. Y. et Stevens, C. F., (2000), Signaling mechanisms : a decade of signalling, *Curr. Opin. Neurobiol.* **10** :625-630.

Karlin, A., (2002), Emerging structure of the nicotinic acetylcholine receptors, *Nature Rev. Neurosci.* **3** :102-114.

Kavanaugh, M. P., (1998), Neurotransmitter transport : models in flux, *Proc. Natl. Acad. Sci. USA* **95** :12737-12738.

Lin, R. C. et Scheller, R. H., (2000), Mechanisms of synaptic vesicle exocytosis, *Ann. Rev. Cell Dev. Biol.* **16** :19-49.

Neher, E., (1998), Vesicle pools and Ca^{2+} microdomains : new tools for understanding their roles in neurotransmitter release, *Neurons* **20** :389-399.

Reith, M., Éd., (1997), *Neurotransmitter Transporters : Structure, Function, and Regulation*, Humana Press.

Sakmann, B., (1992), Elementary steps in synaptic transmission revealed by currents through single ion channels. Exposé du Prix Nobel réimprimé dans *EMBO J.* **11** :2002-2016 et *Science* **256** :503-512.

Sudhof, T. C., (1995), The synaptic vesicle cycle : a cascade of protein-protein interactions, *Nature* **375** :645-653.

Usdin, T. B. *et al.*, (1995), Molecular biology of the vesicular ACh transporteur, *Trends Neurosci.* **18** :218-224.

8

L'ÉNERGÉTIQUE CELLULAIRE

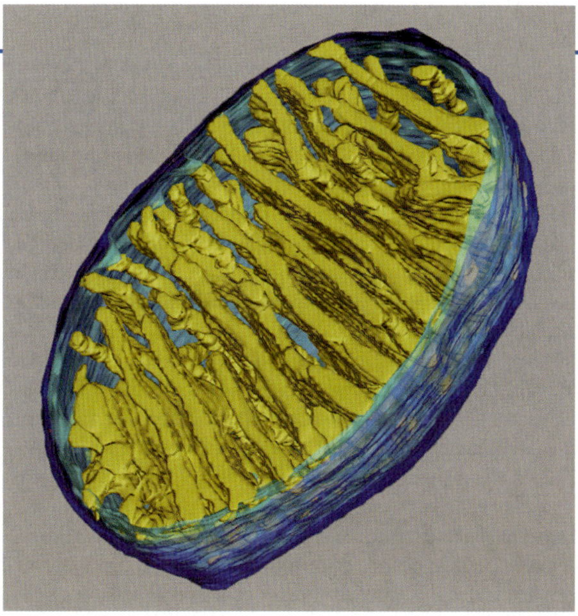

Un modèle informatique d'une coupe de mitochondrie de cerveau de poulet, construit à l'aide des données d'une tomographie électronique à trois dimensions. [T. G. Frey (San Diego State University) et G. A. Perkins (UCSD).]

La molécule la plus importante pour la mise en réserve et le transfert d'énergie libre dans les systèmes biologiques est l'adénosine triphosphate ou ATP (voir Figure 2-24). Les cellules utilisent l'énergie libérée au cours de l'hydrolyse de la dernière liaison phosphoanhydride « riche en énergie » de l'ATP pour le déroulement de nombreuses réactions énergétiquement défavorables. Parmi ces processus, citons la synthèse des protéines à partir des acides aminés et celle des acides nucléiques à partir des nucléotides (Chapitre 4), le transport de molécules contre un gradient de concentration par des pompes mues par l'ATP (Chapitre 7), la contraction musculaire (Chapitre 19) et le mouvement (battements) des cils (Chapitre 20). Bien que la cellule contienne d'autres molécules riches en énergie, l'ATP est la « monnaie » universelle de l'énergie chimique. On trouve de l'ATP dans tous les types d'organismes. On pense donc qu'il est apparu dans les formes de vie les plus précoces.

Ce chapitre traite de la façon dont les cellules créent la liaison phosphoanhydride riche en énergie de l'ATP, à partir de l'ADP et du phosphate inorganique (HPO_4^{2-}). Cette réaction endergonique, qui est l'inverse de l'hydrolyse de l'ATP, nécessite un apport de 7,3 kcal/mol pour son déroulement et peut s'écrire ainsi :

$$P_i^{2-} + H^+ + ADP^{3-} \longrightarrow ATP^{4-} + H_2O$$

où P_i^{2-} représente le phosphate inorganique (HPO_4^{2-}). L'énergie nécessaire au déroulement de cette réaction est produite essentiellement par deux processus : l'**oxydation aérobie** qui a lieu dans presque toutes les cellules et la **photosynthèse** qui se déroule uniquement dans les cellules des feuilles de plantes et dans certains petits organismes unicellulaires.

Au cours de l'oxydation aérobie, des acides gras et des sucres, principalement du glucose, sont métabolisés en dioxyde de carbone (CO_2) et en eau (H_2O). L'énergie libérée est convertie en énergie chimique dans les liaisons phosphoanhydride de l'ATP. Dans les cellules animales et la plupart des autres cellules non photosynthétiques, l'ATP est produit essentiellement par ce processus. Les étapes initiales de l'oxydation du glucose — la **glycolyse** — se déroulent dans le cytosol tant chez les eucaryotes que chez les procaryotes et ne nécessitent pas d'oxygène (O_2). Les dernières étapes, qui exigent de l'oxygène, sont celles qui produisent le plus d'ATP. Chez les eucaryotes, elles se déroulent dans les mitochondries. Chez les procaryotes, qui contiennent uniquement une membrane plasmique et sont dépourvus d'organites internes, un grand nombre des étapes finales ont lieu dans la membrane plasmique. Les dernières étapes du métabolisme des acides gras se déroulent parfois dans les mitochondries et produisent de l'ATP. Dans la plupart des cellules eucaryotes cependant, les acides gras sont métabolisés en CO_2 et H_2O dans les **peroxysomes**, sans qu'il y ait production d'ATP.

Au cours de la photosynthèse, l'énergie lumineuse est convertie en énergie chimique dans les liaisons phosphoanhydride de l'ATP et stockée dans les liaisons chimiques des glucides (en

SOMMAIRE

particulier le glucose et l'amidon). De l'oxygène est également formé au cours de la photosynthèse. Chez les plantes et les algues eucaryotes monocellulaires, la photosynthèse a lieu dans les **chloroplastes.** Plusieurs procaryotes effectuent également la photosynthèse sur leur membrane plasmique ou ses invaginations, par un mécanisme similaire à celui des chloroplastes. L'oxygène créé au cours de la photosynthèse fournit presque tout l'oxygène de l'air, et les glucides produits sont la principale source d'énergie de la plupart des organismes non photosynthétiques. Les bactéries qui vivent dans les profondeurs océaniques, en l'absence totale de lumière solaire, démentent l'opinion commune selon laquelle le soleil est la source d'énergie fondamentale de tous les organismes sur terre. Ces bactéries produisent leur énergie en convertissant du dioxyde de carbone en glucides et autres constituants cellulaires, grâce à l'oxydation de composés inorganiques réduits présents dans les gaz dissous dans l'eau de mer.

À première vue, la photosynthèse et l'oxydation aérobie semblent avoir peu de points communs. Toutefois, on a découvert que les bactéries, les mitochondries et les chloroplastes utilisent tous le même mécanisme de base, appelé **chimiosmose** (ou couplage chimiosmotique) pour produire de l'ATP à partir d'ADP et de P_i. Lors de la chimiosmose, un gradient de concentration de protons (H^+) et un potentiel électrique (gradient de voltage) transmembranaire, désignés sous le terme collectif de **force proton-motrice**, fournissent l'énergie nécessaire aux processus tels que la synthèse d'ATP (Figure 8-1, *en bas*).

La chimiosmose ne peut se produire que dans des compartiments fermés, délimités par des membranes et imperméables à H^+. La force proton-motrice est créée par les passages successifs d'électrons d'états supérieurs d'énergie vers des états inférieurs, par le biais de **transporteurs d'électrons.** Dans les mitochondries et les cellules de bactéries non photosynthétiques, les électrons provenant de NADH (qui est produit au cours du métabolisme des sucres, des acides gras et d'autres substances) sont transférés vers O_2, le dernier accepteur d'électrons. Dans la membrane thylacoïde des chloroplastes, l'énergie provenant des radiations lumineuses est absorbée par les électrons de l'eau (en formant O_2) et permet leur déplacement jusqu'à d'autres transporteurs d'électrons, en particulier $NADP^+$. Pour finir, ces électrons sont transférés à des molécules de CO_2 pour synthétiser des glucides. Tous ces systèmes contiennent cependant certains transporteurs similaires qui couplent le **transport d'électrons** au pompage des protons à travers la membrane — toujours de la **face cytosolique** vers la **face extracytoplasmique** — créant de ce fait la force proton-motrice (Figure 8-1, *en haut*). Invariablement, la face cytosolique présente un potentiel électrique négatif par rapport à la face extracytoplasmique.

De plus, les mitochondries, les chloroplastes et les bactéries utilisent globalement le même type de protéine membranaire, le **complexe F_0F_1** pour synthétiser de l'ATP. Le complexe F_0F_1 que l'on appelle couramment l'**ATP synthétase**, est un membre de la classe F des pompes à protons mues par l'ATP (voir Figure 7-6). Dans tous les cas, l'ATP synthétase est toujours positionnée avec son domaine globulaire F_1 (qui catalyse la synthèse d'ATP) sur la face cytosolique de la membrane. Ainsi, l'ATP est toujours formé sur la face cytosolique de la membrane (Figure 8-2). Les protons passent à travers l'ATP synthétase de la face extracytoplasmique vers la face cytosolique de la membrane, grâce à l'action combinée du gradient de concentration de protons ($[H^+]_{extracytoplasmique} > ([H^+]_{cytosolique}$) et du potentiel électrique de membrane (la face extracytoplasmique étant positive par rapport à la face cytosolique).

Ces points communs entre les mitochondries, les chloroplastes et les bactéries ont sans aucun doute leur origine dans l'évolution. Dans les bactéries, la photosynthèse et la phosphorylation oxydative se déroulent toutes deux dans la membrane plasmique. L'analyse des séquences et la transcription des ADN mitochondriaux et chloroplastiques (Chapitres 10 et 11) laisse penser que ces organites sont apparus tôt au cours de l'évolution des cellules eucaryotes grâce à l'endocytose de bactéries capables respectivement de phosphorylation oxydative ou de photosynthèse (Figure 8-3). D'après cette *hypothèse endosymbiotique*, la

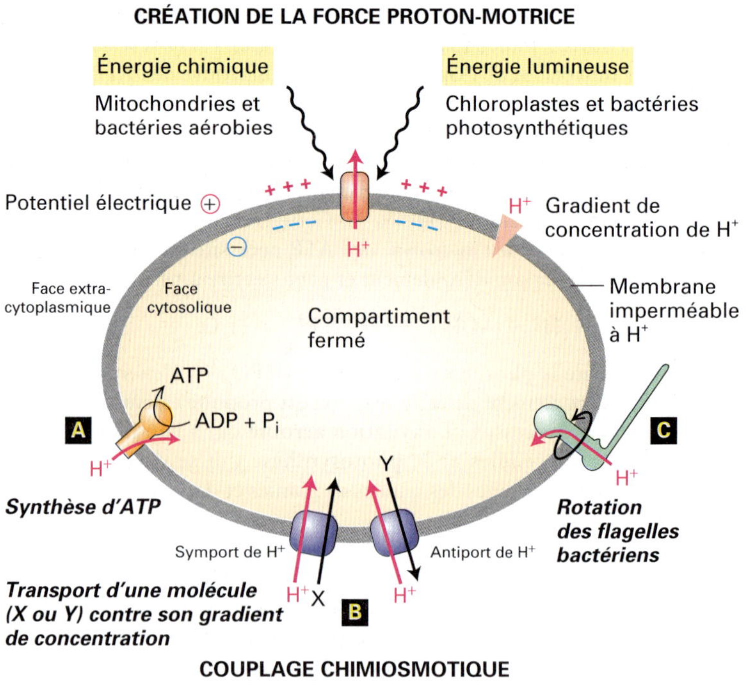

FIGURE 8-1 Une vue d'ensemble de la création et de l'utilisation d'une force proton-motrice. Un gradient transmembranaire de concentration de protons et un gradient de voltage, désignés sous le terme collectif de *force proton-motrice* sont créés au cours de la photosynthèse et de l'oxydation aérobie de composés carbonés dans les mitochondries et les bactéries aérobies. Lors du couplage chimiosmotique, une force proton-motrice permet un processus endergonique (qui nécessite de l'énergie) tel que la synthèse d'ATP (A), le transport transmembranaire de métabolites contre leur gradient de concentration (B) ou la rotation des flagelles de bactéries (C).

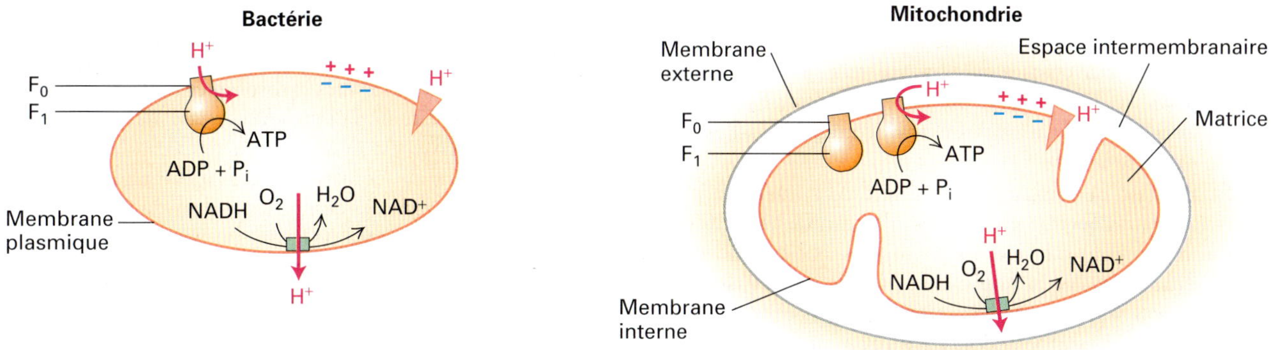

FIGURE 8-2 L'orientation de la membrane et le sens de circulation des protons au cours de la synthèse d'ATP lors du couplage chimiosmotique dans les bactéries, les mitochondries et les chloroplastes. La surface de la membrane située face à une zone ombrée est une face cytosolique ; la surface située face à une zone non ombrée est une face extracytoplasmique. Remarquez que la face cytosolique de la membrane plasmique bactérienne, la face matricielle de la membrane interne des mitochondries et la face du stroma de la membrane thylacoïde sont équivalentes. Au cours du transport d'électrons, les protons sont toujours pompés de la face cytosolique vers la face extracytoplasmique, créant un gradient de concentration de protons (face extracytoplasmique > face cytosolique) et un potentiel électrique (face cytosolique négative et face extracytoplasmique positive) à travers la membrane. Au cours de la synthèse couplée d'ATP, les protons circulent dans le sens inverse (dans le sens de leur gradient électrochimique) à travers l'ATP synthétase (complexe F_0F_1) qui dépasse toujours de la face cytosolique.

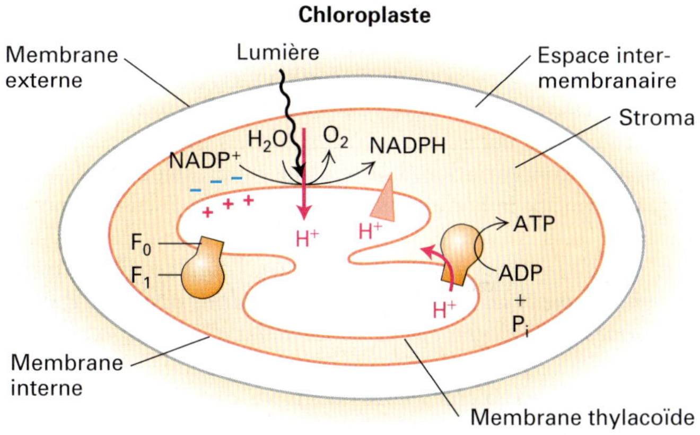

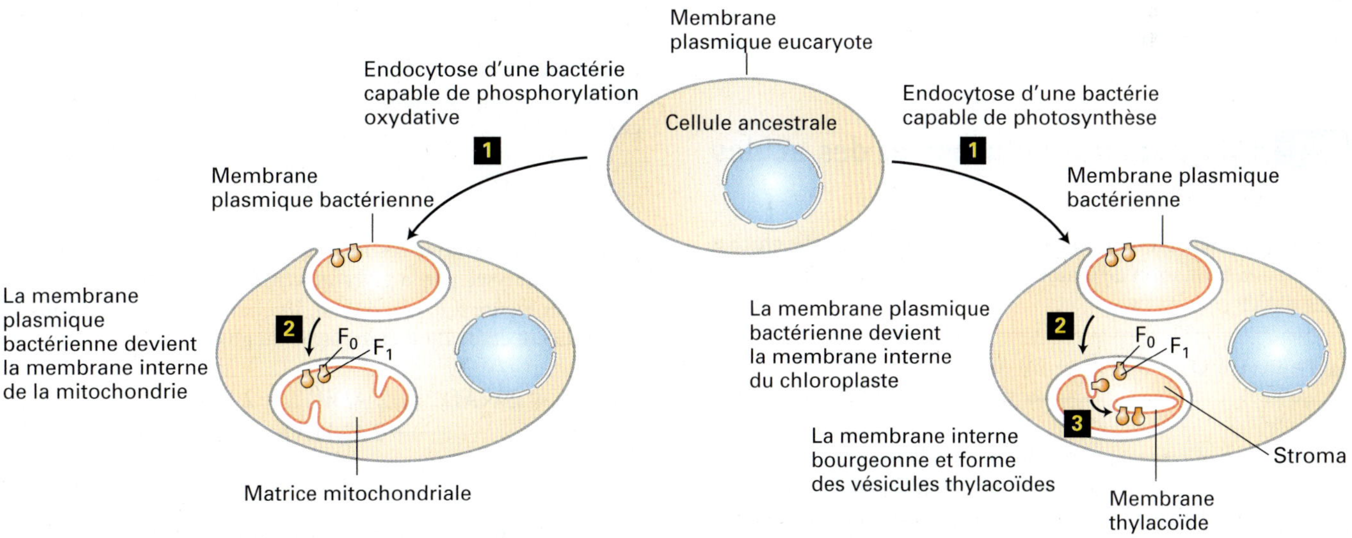

FIGURE 8-3 L'origine des mitochondries et des chloroplastes au cours de l'évolution d'après l'hypothèse endosymbiotique. Les surfaces membranaires situées face à une zone ombrée sont des faces cytosoliques ; les surfaces situées face à une zone non ombrée sont des faces extracytoplasmiques. L'endocytose d'une bactérie par une cellule eucaryote ancestrale aurait abouti à un organite avec deux membranes, la membrane externe dérivée de la membrane plasmique eucaryote et la membrane interne, de la membrane bactérienne. La sous-unité F_1 de l'ATP synthétase, localisée près de la face cytosolique de la membrane bactérienne, serait alors face à la matrice de la mitochondrie (*à gauche*) ou du chloroplaste (*à droite*) en cours d'évolution. Le bourgeonnement des vésicules à partir de la membrane interne du chloroplaste, tel qu'il se produit au cours de la formation des chloroplastes dans les plantes actuelles, aurait produit des vésicules thylacoïdes avec la sous-unité F_1 restant sur la face cytosolique, en face du stroma du chloroplaste.

membrane interne des mitochondries proviendrait de la membrane plasmique bactérienne avec le domaine globulaire F_1 toujours sur sa face cytosolique, orienté vers l'espace matriciel de la mitochondrie. De même, le domaine globulaire F_1 serait sur la face cytosolique de la membrane thylacoïde, face à l'espace du stroma du chloroplaste.

En plus de permettre la synthèse d'ATP, la force proton-motrice fournit l'énergie nécessaire au transport de petites molécules à travers la membrane, contre un gradient de concentration (voir Figure 8-1). Par exemple, un symporteur à H^+/sucre catalyse l'absorption de lactose par certaines bactéries et des antiporteurs mus par des protons permettent l'accumulation d'ions et de saccharose dans les vacuoles des plantes (Chapitre 7). La force proton-motrice est également à l'origine de la rotation des flagelles bactériens. (En revanche, le battement des cils eucaryotes est permis par l'hydrolyse d'ATP.) À l'inverse, l'hydrolyse d'ATP par des pompes à protons de classe V mues par l'ATP, dont la structure ressemble à celle des pompes de classe F (voir Figure 7-6) fournit l'énergie nécessaire au transport des protons contre un gradient de concentration. Le couplage chimiosmotique illustre donc un principe important introduit dans notre discussion sur le transport actif au Chapitre 7 : *le potentiel de membrane, les gradients de concentration des protons (et d'autres ions) à travers une membrane et les liaisons phosphoanhydride dans l'ATP sont des formes équivalentes et interconvertibles d'énergie potentielle chimique.*

Dans ce bref aperçu, nous avons vu que l'oxygène et les glucides sont produits au cours de la photosynthèse et sont consommés pendant l'oxydation aérobie. Dans ces deux processus, le flux d'électrons crée un gradient électrochimique de H^+ ou force proton-motrice, qui fournit l'énergie nécessaire à la synthèse d'ATP. Lorsque nous examinerons au niveau moléculaire l'oxydation aérobie puis la photosynthèse, les parallèles entre les deux processus deviendront évidents.

8.1 L'oxydation du glucose et des acides gras en CO_2

L'oxydation aérobie complète de chaque molécule de glucose conduit à la formation de 6 molécules de CO_2 et jusqu'à 30 molécules d'ATP :

$$C_6H_{12}O_6 + 6\ O_2 + 30\ P_i^{2-} + 30\ ADP^{3-} + 30\ H^+ \longrightarrow 6\ CO_2 + 30\ ATP^{4-} + 36\ H_2O$$

La glycolyse, l'étape initiale du métabolisme du glucose, se déroule dans le cytosol et n'implique pas d'O_2 moléculaire. Elle produit une faible quantité d'ATP et un composé à trois carbones, le *pyruvate*. Dans les cellules aérobies, le pyruvate formé au cours de la glycolyse est transporté dans les mitochondries, où il est oxydé en CO_2 grâce à O_2. Par le biais du couplage chimiosmotique, l'oxydation du pyruvate dans les mitochondries produit la majeure partie de l'ATP lors de la conversion du glucose en CO_2. Dans cette section, nous étudierons les voies biochimiques qui oxydent le glucose et les acides gras en CO_2 et H_2O. Le devenir des électrons libérés sera décrit dans la section suivante.

Des enzymes cytosoliques convertissent le glucose en pyruvate au cours de la glycolyse

Un groupe de 10 enzymes cytosoliques hydrosolubles catalyse les réactions constituant la *voie glycolytique* dans laquelle une molécule de glucose est convertie en deux molécules de pyruvate (Figure 8-4). Tous les intermédiaires métaboliques entre le glucose et le pyruvate sont des composés hydrosolubles phosphorylés.

Quatre molécules d'ATP sont formées à partir d'ADP au cours de la glycolyse par une **phosphorylation au niveau du substrat**, catalysée par des enzymes cytosoliques (réactions 7 et 10). Au contraire de la formation d'ATP dans les mitochondries et les chloroplastes, aucune force proton-motrice n'est impliquée dans la phosphorylation au niveau du substrat. Au début de la glycolyse, deux molécules d'ATP sont consommées : l'une par l'addition d'un résidu phosphate au glucose au cours de la réaction catalysée par l'*hexokinase* (réaction 1) et l'autre par l'addition d'un second phosphate au fructose 6-phosphate dans la réaction catalysée par la *phosphofructokinase-1* (réaction 3). La glycolyse produit donc un bilan net de deux molécules d'ATP seulement par molécule de glucose.

L'équation chimique complète de la conversion du glucose en pyruvate montre que quatre atomes d'hydrogène (quatre protons et quatre électrons) sont également formés :

$$\underset{\textbf{Glucose}}{C_6H_{12}O_6} \longrightarrow 2\ \underset{\textbf{Pyruvate}}{CH_3{-}\overset{\overset{\displaystyle O}{\|}}{C}{-}\overset{\overset{\displaystyle O}{\|}}{C}{-}OH} + 4\ H^+ + 4\ e^-$$

(Pour plus de simplicité, le pyruvate est écrit ici sous sa forme non ionisée, l'acide pyruvique, alors qu'au pH physiologique, il est en grande partie dissocié.) Les quatre électrons et deux des quatre protons sont transférés vers deux molécules de la forme oxydée **nicotinamide adénine dinucléotide** (**NAD⁺**) (un transporteur d'électrons) pour produire sa forme réduite, **NADH** (voir Figure 2-26) :

$$2\ H^+ + 4\ e^- + 2\ NAD^+ \longrightarrow 2\ NADH$$

La réaction qui produit ces ions hydrogène et les transfère vers NAD^+ est catalysée par la *glycéraldéhyde 3-phosphate déshydrogénase* (voir Figure 8-4, réaction 6). L'équation chimique complète de la première étape du métabolisme du glucose est :

$$C_6H_{12}O_6 + 2\ NAD^+ + 2\ ADP^{3-} + 2\ P_i^{2-} \longrightarrow 2\ C_3H_4O_3 + 2\ NADH + 2\ ATP^{4-}$$

Le métabolisme anaérobie de chaque molécule de glucose produit seulement deux molécules d'ATP

De nombreux eucaryotes sont des *organismes aérobies obligés :* ils ne se développent qu'en présence d'oxygène et métabolisent complètement le glucose (ou des sucres apparentés) en CO_2, en produisant une grande quantité d'ATP. La plupart des eucaryotes cependant, sont capables de produire un peu d'ATP grâce à un métabolisme anaérobie. Quelques eucaryotes sont des *organismes*

FIGURE 8-4 La voie glycolytique par laquelle le glucose est dégradé en acide pyruvique. Deux réactions consomment de l'ATP, formant de l'ADP et des sucres phosphorylés (en rouge). Deux réactions produisent de l'ATP à partir d'ADP par une phosphorylation au niveau du substrat (en vert) et une autre produit du NADH à la suite de la réduction de NAD^+ (en jaune). Remarquez que tous les intermédiaires entre le glucose et le pyruvate sont des composés phosphorylés. Les réactions 1, 3 et 10 avec les flèches simples, sont quasiment irréversibles (valeurs de ΔG fortement négatives) dans les conditions régnant généralement dans les cellules.

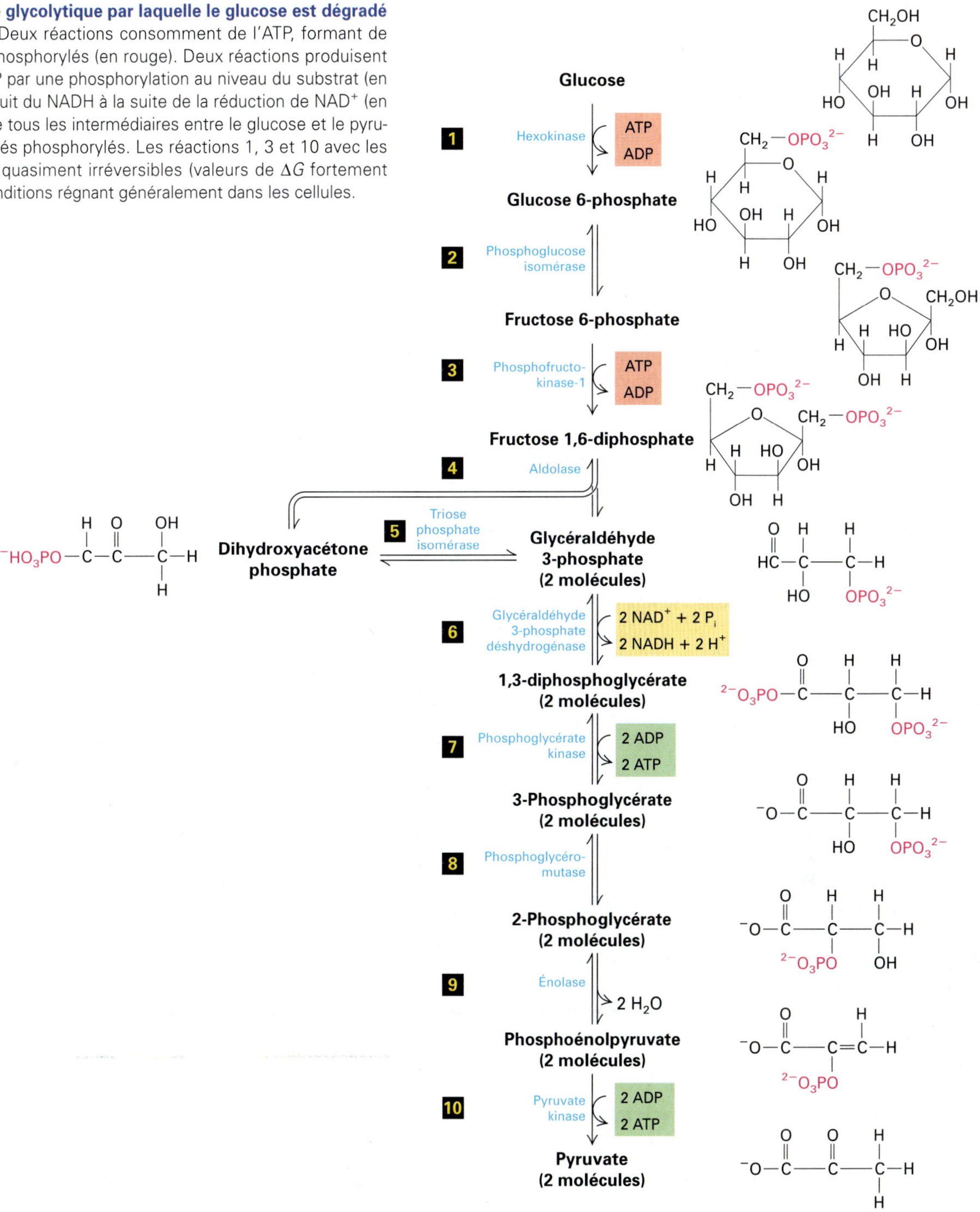

aérobies facultatifs : ils peuvent se développer en présence ou en l'absence d'oxygène. Par exemple, les annélides, les mollusques et certaines levures peuvent vivre et croître pendant de nombreux jours sans oxygène.

En l'absence d'oxygène, les organismes aérobies facultatifs convertissent le glucose en un ou plusieurs composés à deux ou trois carbones, qui sont généralement libérés dans le milieu environnant. Par exemple, les levures dégradent le glucose en deux molécules de pyruvate grâce à la glycolyse, avec un bilan net de deux ATP. Au cours de ce processus, deux molécules de NADH sont formées à partir de NAD^+, pour chaque molécule de glucose. En l'absence d'oxygène, les levures convertissent le pyruvate en une molécule d'éthanol et une de CO_2. Au cours de ces réactions, deux molécules de NADH sont oxydées en NAD^+ pour chaque paire de pyruvates convertis en éthanol, régénérant ainsi le supplément de NAD^+ (Figure 8-5a, *à gauche*). Cette dégradation anaérobie du glucose, appelée *fermentation*, est à l'origine de la production de la bière et du vin.

Au cours de la contraction prolongée des cellules de muscle squelettique chez les mammifères, lorsque l'oxygène devient

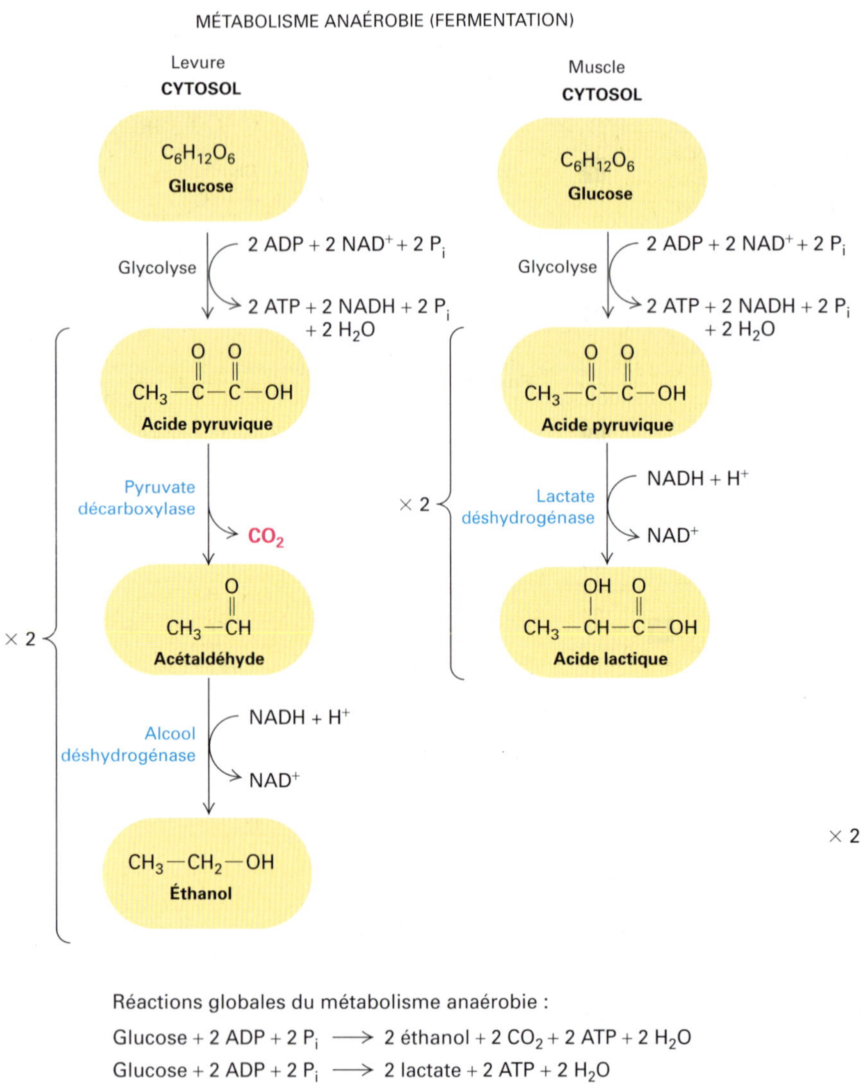

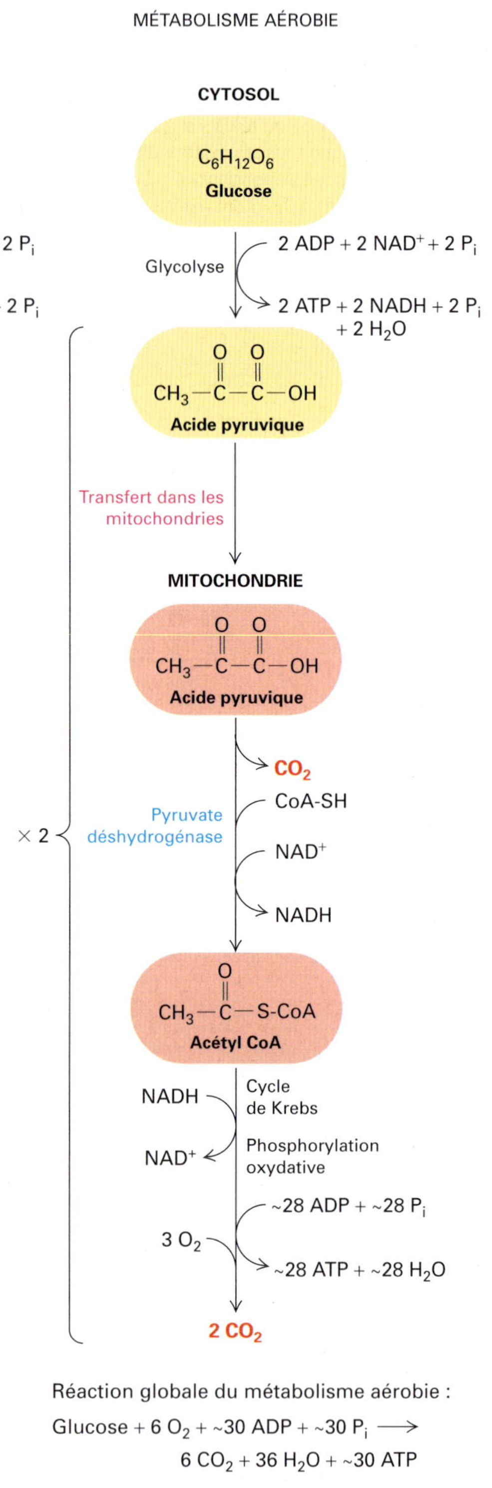

FIGURE 8-5 Le métabolisme aérobie et le métabolisme anaérobie du glucose. Le devenir du pyruvate formé au cours de la glycolyse dépend de la présence ou de l'absence d'oxygène. Lors de la formation du pyruvate à partir du glucose, une molécule de NAD$^+$ est réduite (par addition de deux électrons) en NADH pour chaque molécule de pyruvate formée (voir Figure 8-4, réaction 6). (*À gauche*) En l'absence d'oxygène, deux électrons sont transférés à partir de chaque molécule de NADH vers une molécule acceptrice pour reformer du NAD$^+$, nécessaire à la poursuite de la glycolyse. Chez les levures, l'acétaldéhyde est l'accepteur et l'éthanol est le produit. Ce processus s'appelle la *fermentation alcoolique*. Lorsque l'oxygène est limité dans les cellules musculaires, le NADH réduit le pyruvate pour former de l'acide lactique, ce qui régénère du NAD$^+$. (*À droite*) En présence d'oxygène, le pyruvate est transporté à l'intérieur des mitochondries. Il est d'abord converti par la pyruvate déshydrogénase en une molécule de CO_2 et une molécule d'acide acétique, ce dernier étant lié au coenzyme A (CoA-SH) pour former de l'acétyl CoA, conjointement avec la réduction d'une molécule de NAD$^+$ en NADH. La poursuite du métabolisme de l'acétyl CoA et du NADH produit environ 28 molécules supplémentaires d'ATP par molécule de glucose oxydée.

limité, les cellules musculaires assurent la fermentation du glucose en deux molécules d'acide lactique — une fois encore avec une production nette de deux molécules d'ATP par molécule de glucose (Figure 8-5a, *à droite*). L'acide lactique est responsable de douleurs dans les muscles et les articulations. Il est majoritairement sécrété dans le sang. Une partie passe dans le foie, où il est réoxydé en pyruvate. Il est ensuite métabolisé plus avant par un mécanisme aérobie en CO_2 ou bien converti en glucose. Une grande partie du lactate est métabolisé en CO_2 par le cœur, où il est transféré vers le sang et peut poursuivre son métabolisme aérobie aux moments où les muscles squelettiques en fonctionnement sécrètent du lactate. Les bactéries lactiques (les organismes qui « font tourner » le lait) et d'autres procaryotes produisent également de l'ATP par fermentation du glucose en lactate.

En présence d'oxygène cependant, le pyruvate formé au cours de la glycolyse est transporté dans les mitochondries, où il est oxydé en CO_2 par O_2, lors d'une série de réactions d'oxydation désignées sous le terme collectif de **respiration cellulaire** (Figure 8-5b). On estime que ces réactions produisent 28 molécules d'ATP supplémentaires par molécule du glucose, soit une quantité bien plus importante que l'ATP obtenu par le métabolisme anaérobie du glucose. Pour comprendre le rôle d'usines à ATP des mitochondries, nous décrirons tout d'abord leur structure puis les réactions qu'elles utilisent pour dégrader le pyruvate.

Les mitochondries possèdent deux membranes de structure et de fonction distinctes

Les mitochondries sont parmi les plus gros organites dans la cellule, avec une taille voisine de celle d'une bactérie *E. coli*. La plupart des cellules eucaryotes contiennent un grand nombre de bactéries, dont l'ensemble occupe jusqu'à 25 % du volume du cytoplasme. Elles sont suffisamment grandes pour être visibles au microscope photonique, mais les détails de leur structure ne peuvent être observés que par microscopie électronique (voir Figure 5-26). La membrane externe définit le périmètre externe lisse de la mitochondrie. À l'inverse, la membrane interne possède de nombreuses invaginations appelées *crêtes*. Ces membranes délimitent deux compartiments mitochondriaux : l'*espace intermembranaire* entre la membrane externe et la membrane interne avec ses crêtes et la *matrice* ou compartiment central (Figure 8-6). Le fractionnement et la purification de ces membranes et compartiments a permis de déterminer leur composition en protéines et en phospholipides et de localiser chaque réaction catalysée enzymatiquement sur une membrane ou dans un espace spécifique.

La membrane externe contient une *porine* mitochondriale, un canal transmembranaire dont la structure ressemble à celle des porines bactériennes (voir Figure 5-14). Les ions et la plupart des

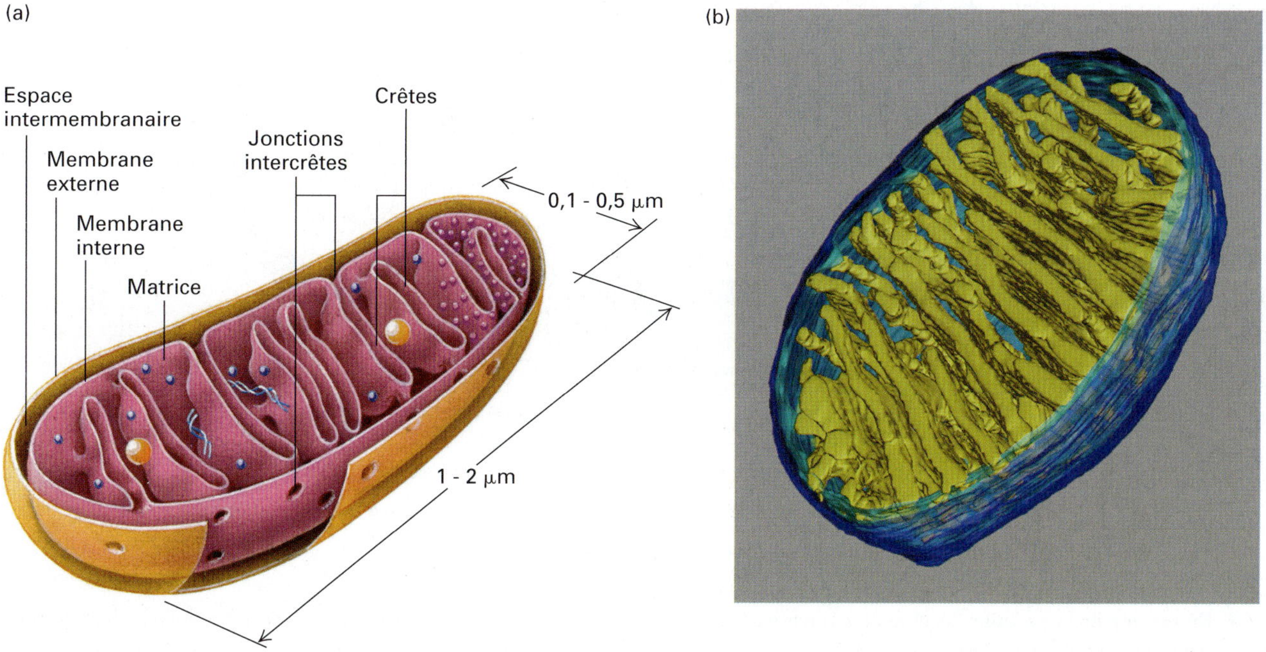

FIGURE 8-6 La structure interne d'une mitochondrie. (a) Une représentation schématique montrant les principaux compartiments et membranes. Les crêtes forment des feuillets et des tubes par une invagination de la membrane interne et sont reliées à la membrane interne par des structures tubulaires uniformes relativement petites appelées *jonctions intercrêtes*. L'espace intermembranaire semble continu avec la lumière de chaque crête. Les complexes F_0F_1 (petites sphères rouges) qui synthétisent de l'ATP sont des particules intramembranaires qui saillent des crêtes et de la membrane interne, dans la matrice. La matrice contient de l'ADN mitochondrial (brins bleus), des ribosomes (petites sphères bleues) et des granules (grosses sphères orange). (b) Un modèle informatique d'une coupe de mitochondrie de cerveau de poulet. Ce modèle est construit par tomographie électronique, à partir d'une série de micrographies électroniques à deux dimensions enregistrées à intervalles angulaires réguliers. Cette technique est analogue à la tomographie tridimensionnelle aux rayons X. Remarquez les crêtes étroitement regroupées (vert-jaune), la membrane interne (bleu clair) et la membrane externe (bleu foncé). [Partie (a) aimablement communiquée par T. Frey ; partie (b) d'après T. Frey et C. Mannella, 2000, *Trends Biochem. Sci.* **25** :319.]

petites molécules (jusqu'à environ 5 000 Da) peuvent facilement passer à travers ces canaux protéiques. Bien que le flux de métabolites à travers la membrane externe puisse limiter la vitesse d'oxydation mitochondriale, la membrane interne et les crêtes sont les principales barrières de perméabilité entre le cytosol et la matrice mitochondriale.

Des études par cryofracture indiquent que les crêtes mitochondriales comportent de nombreuses particules intramembranaires riches en protéines. Certaines sont les complexes F_0F_1 qui synthétisent de l'ATP ; d'autres assurent le transport des électrons vers O_2, à partir de NADH ou d'autres transporteurs d'électrons. Différentes protéines de transport situées dans la membrane interne et les crêtes permettent le passage de molécules imperméables sans cela, telles que l'ADP et P_i, du cytosol vers la matrice et le passage d'autres molécules telles que l'ATP, de la matrice vers le cytosol. Les protéines constituent 76 % de la masse totale de la membrane interne — un pourcentage nettement supérieur à celui de toute autre membrane cellulaire. La cardiolipine (diphosphatidyl glycérol), un lipide concentré dans la membrane interne, réduit suffisamment la perméabilité membranaire vis-à-vis des protons pour permettre l'établissement d'une force proton-motrice à travers cette membrane.

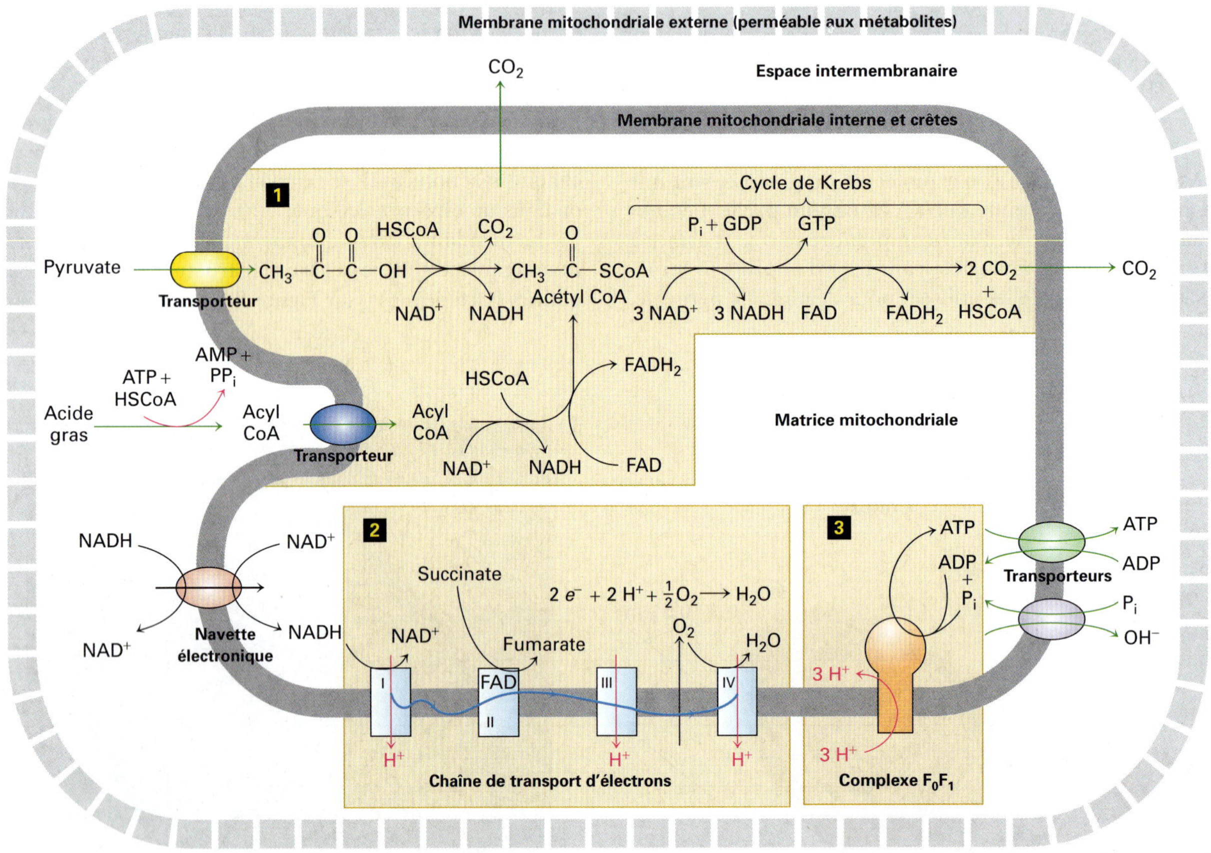

1 Pyruvate déshydrogénase, cycle de Krebs et métabolisme des acides gras

2 Transport d'électrons de NADH et $FADH_2$ vers l'oxygène ; création d'une force proton-motrice

3 Synthèse d'ATP par F_0F_1 à l'aide de la force proton-motrice

FIGURE 8-7 Un résumé de l'oxydation aérobie du pyruvate et des acides gras dans les mitochondries. La membrane externe est perméable à tous les métabolites, mais des protéines spécifiques de transport (ovales colorés) dans la membrane interne, sont nécessaires pour importer du pyruvate (en jaune), de l'ADP (en vert) et du P_i (en violet) dans la matrice et pour exporter de l'ATP (en vert). Le NADH produit dans le cytosol n'est pas transporté directement jusqu'à la matrice car la membrane interne est imperméable à NAD^+ et à NADH. À la place, un système de navette (en rouge) transporte des électrons du NADH cytosolique vers le NAD^+ présent dans la matrice. O_2 diffuse dans la matrice et CO_2, hors de celle-ci. Étape 1 : les groupements acides gras sont transférés depuis des acyl CoA et transportés à travers la membrane interne par un transporteur spécial (ovale bleu) puis rattachés au CoA sur la face matricielle. Le pyruvate est converti en acétyl CoA avec formation de NADH. Des acides gras (liés à du CoA) sont également convertis en acétyl CoA avec la formation de NADH et de $FADH_2$. L'oxydation de l'acétyl CoA au cours du cycle de Krebs produit NADH et $FADH_2$. Étape 2 : Les électrons provenant de ces coenzymes réduits sont transférés vers O_2 par des complexes de transport d'électrons (rectangles bleus), en même temps que des ions H^+ sont transportés de la matrice vers l'espace intermembranaire, créant la force proton-motrice. Les électrons provenant de NADH passent directement du complexe I au complexe III, évitant le complexe II. Étape 3 : L'ATP synthétase, le complexe F_0F_1 (orange), utilise la force proton-motrice pour synthétiser de l'ATP. Les flèches bleues indiquent le flux d'électrons, les flèches rouges, le déplacement transmembranaire des protons et les flèches vertes, le transport des métabolites.

La membrane interne, les crêtes et la matrice mitochondriales sont les sites de la plupart des réactions impliquant l'oxydation du pyruvate et des acides gras en CO_2 et H_2O et la synthèse couplée d'ATP à partir d'ADP et de P_i. Ces processus comportent de nombreuses étapes mais peuvent être subdivisées en trois groupes réactionnels, se déroulant chacun dans une membrane ou un espace précis de la mitochondrie (Figure 8-7) :

1. L'oxydation du pyruvate et des acides gras en CO_2 couplée à la réduction de NAD^+ en NADH et du **flavine adénine dinucléotide (FAD)**, un autre transporteur d'électrons oxydé en sa forme réduite $FADH_2$ (voir Figure 2-26). On appelle souvent ces transporteurs d'électrons des *coenzymes*. NAD^+, NADH, FAD et $FADH_2$ peuvent tous diffuser et ne sont pas liés en permanence à des protéines. La plupart des réactions ont lieu dans la matrice ; deux d'entre elles sont catalysées par les enzymes de la membrane interne situées face à la matrice.

2. Le transfert d'électrons de NADH et $FADH_2$ vers O_2, régénérant les transporteurs d'électrons oxydés NAD^+ et FAD. Ces réactions se déroulent dans la membrane interne et sont couplées à la création d'une force proton-motrice à travers celle-ci.

3. L'utilisation de l'énergie stockée dans le gradient électrochimique de protons pour la synthèse d'ATP par le complexe F_0F_1 dans la membrane interne.

Les crêtes accroissent fortement la surface de la membrane mitochondriale interne, ce qui augmente sa capacité de synthèse d'ATP (voir Figure 8-6). Dans les mitochondries typiques du foie par exemple, la surface de la membrane interne englobant les crêtes est environ cinq fois supérieure à celle de la membrane externe. En fait, la surface totale de toutes les membranes mitochondriales internes des cellules du foie représente près de 17 fois la surface de la membrane plasmique. Les mitochondries présentes dans le cœur et les muscles squelettiques ont approximativement trois fois plus de crêtes que les mitochondries hépatiques — ce qui reflète sans doute la demande en ATP supérieure des cellules musculaires.

PLANTES Dans les plantes, les glucides, présents essentiellement sous forme d'amidon, sont hydrolysés en glucose. La glycolyse produit ensuite du pyruvate, qui est transporté dans les mitochondries comme dans les cellules animales. L'oxydation mitochondriale du pyruvate et la formation concomitante d'ATP a lieu dans les cellules photosynthétiques lors des périodes d'obscurité, quand la photosynthèse n'est plus possible, et en permanence dans les racines et les autres tissus non photosynthétiques. ▮

L'acétyl CoA dérivé du pyruvate est oxydé pour produire du CO_2 et des coenzymes réduits dans les mitochondries

Immédiatement après le transport du pyruvate du cytosol vers la matrice (à travers les membranes mitochondriales), il réagit avec le coenzyme A, en formant du CO_2 et l'intermédiaire **acétyl CoA** (Figure 8-8). Cette réaction, catalysée par la *pyruvate déshydrogénase*, est hautement exergonique (libère beaucoup d'énergie : $\Delta G^{\circ\prime} = -8{,}0$ kcal/mol) et est quasiment irréversible. Il est à noter qu'au cours de la réaction catalysée par la pyruvate déshydrogénase, NAD^+ est réduit en NADH. Inversement, au cours des réactions catalysées par la lactate déshydrogénase et l'alcool déshydrogénase, NADH est oxydé en NAD^+ (voir Figure 8-5).

Comme nous le verrons plus tard, l'acétyl CoA joue un rôle central dans l'oxydation des acides gras et d'un grand nombre d'acides aminés. De plus, il sert d'intermédiaire à de nombreuses réactions de biosynthèse, telles que le transfert d'un groupement acétyle aux résidus lysine des histones et aux extrémités N-terminales de nombreuses protéines de mammifères. L'acétyl CoA est également un précurseur de la biosynthèse du cholestérol et d'autres stéroïdes ainsi que du farnésyle et des groupements apparentés qui forment les ancrages lipidiques utilisés pour fixer quelques protéines (par exemple Ras) aux membranes (voir Figure 5-15). Dans les mitochondries impliquées dans la respiration toutefois, le groupement acétyle de l'acétyl CoA est presque toujours oxydé en CO_2.

La dernière étape de l'oxydation du glucose comporte un groupe de 9 réactions dans lesquelles un groupement acétyle de l'acétyl CoA est oxydé en CO_2. Ces réactions appartiennent à un cycle désigné par plusieurs noms : le **cycle du citrate** (ou de l'acide citrique), le **cycle des acides tricarboxyliques** ou encore le **cycle de Krebs**. Le résultat net de cette suite réactionnelle est la production de deux molécules de CO_2 pour chaque groupement acétyle engagé dans le cycle sous forme d'acétyl CoA.

Comme le montre la Figure 8-9, le cycle débute par la condensation de deux groupements acétyle à deux carbones issus de l'acétyl CoA, avec la molécule à quatre carbones appelée *oxaloacétate* pour produire l'*acide citrique* à six carbones. La conversion en deux étapes du citrate en isocitrate (réactions 2 et 3) est réalisée par la même enzyme plurifonctionnelle. Dans les réactions 4 et 5, une molécule de CO_2 est libérée. La réaction 5, catalysée par l'enzyme α-cétoglutarate déshydrogénase, aboutit également à la réduction de NAD^+ en NADH. Cette réaction est semblable d'un point de vue chimique à celle catalysée par la pyruvate déshydrogénase. En effet, ces deux gros complexes enzymatiques ont une structure et un mécanisme similaires. La réduction de NAD^+ en NADH a également lieu au cours des réactions 4 et 9. Ainsi, trois

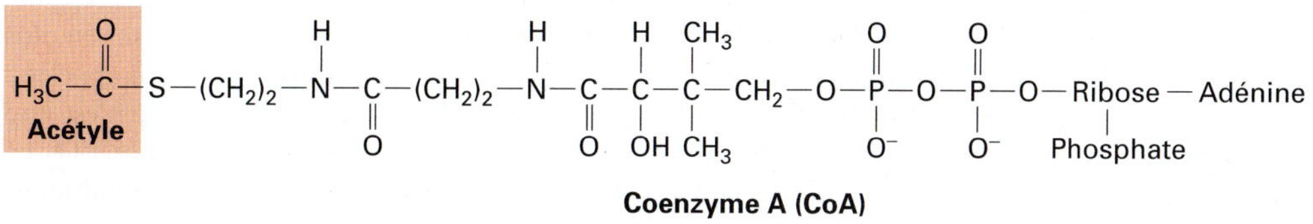

Coenzyme A (CoA)

FIGURE 8-8 La structure de l'acétyl CoA. Ce composé est un intermédiaire important dans l'oxydation aérobie du pyruvate, des acides gras et de nombreux acides aminés. Il fournit également des groupements acétyle dans de nombreuses voies de biosynthèse.

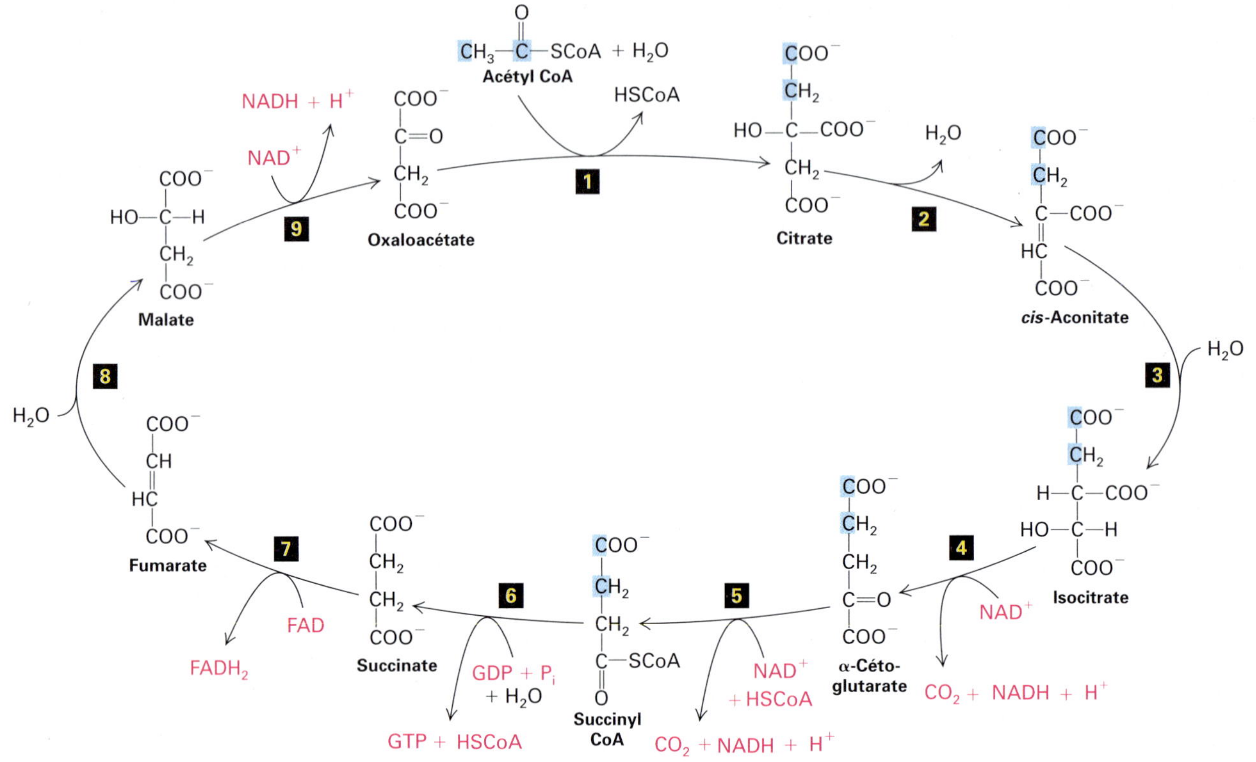

FIGURE 8-9 Le cycle de Krebs, dans lequel des groupements acétyle transférés depuis l'acétyl CoA sont oxydés en CO_2. Dans la réaction 1, un résidu acétyle à deux carbones issu de l'acétyl CoA se condense avec l'oxaloacétate (une molécule à quatre carbones) pour former le citrate à six carbones. Dans les autres réactions (2-9) chaque molécule de citrate est à nouveau convertie en oxaloacétate, perdant deux molécules de CO_2 au cours du processus. À chaque tour de cycle, quatre paires d'électrons sont retirées des atomes de carbone, formant trois molécules de NADH et une molécule de $FADH_2$. Les deux atomes de carbone qui s'engagent dans le cycle avec l'acétyl CoA sont entourés de bleu jusqu'au succinyl CoA. Dans le succinate et le fumarate, qui sont des molécules symétriques, on ne peut plus les attribuer spécifiquement. Des études par marquage isotopique ont montré que ces atomes de carbone *ne sont pas* perdus lors du tour de cycle qui suit leur entrée. L'un des deux sera perdu en moyenne sous la forme de CO_2 au tour de cycle suivant et l'autre, dans des tours ultérieurs.

molécules de NADH sont produites par tour de cycle. Dans la réaction 7, deux électrons et deux protons sont transférés vers FAD, donnant naissance à la forme réduite de ce coenzyme, $FADH_2$. Au cours de la réaction 6, l'hydrolyse de la liaison thioester riche en énergie dans le succinyl CoA est couplée à la synthèse d'un GTP par une phosphorylation au niveau du substrat (GTP et ATP sont interconvertibles). La réaction 9, qui est la dernière, régénère l'oxaloacétate, ce qui permet au cycle de recommencer. Remarquez que l'oxygène moléculaire ne participe pas au cycle de Krebs.

La plupart des enzymes et petites molécules impliquées dans le cycle de Krebs sont solubles en solution aqueuse et sont localisées près de la matrice mitochondriale. Citons parmi celles-ci le CoA, l'acétyl CoA, le succinyl CoA, NAD^+ et NADH ainsi que six des huit enzymes du cycle. La *succinate déshydrogénase* (réaction 7) et l'*α-cétoglutarate déshydrogénase* (réaction 5) sont des protéines membranaires intrinsèques présentes dans la membrane interne, avec leurs sites actifs face à la matrice. Lorsque les mitochondries sont perturbées par des vibrations faibles créées par des ultrasons ou par une lyse osmotique, les six enzymes du cycle de Krebs non liées à des membranes sont libérées sous la forme d'un très gros complexe multiprotéique. On suppose que le produit réactionnel d'une enzyme est transmis directement à l'enzyme suivante sans diffuser dans la solution. Néanmoins, d'autres études seront nécessaires avant de déterminer la structure exacte de ce complexe enzymatique dans la cellule.

Puisque la glycolyse d'une molécule de glucose produit deux molécules d'acétyl CoA, les réactions de la voie glycolytique et du cycle de Krebs conduisent à six molécules de CO_2, 10 molécules de NADH et deux molécules de $FADH_2$ par molécule de glucose (Tableau 8-1). Bien que ces réactions produisent également quatre liaisons phosphoanhydride riches en énergie sous la forme de deux molécules d'ATP et de deux GTP, ceci représente seulement une fraction de l'énergie disponible libérée lors de l'oxydation aérobie complète du glucose. Le reste de l'énergie est stocké dans les coenzymes réduits NADH et $FADH_2$.

La synthèse de la plus grande partie de l'ATP créée au cours de l'oxydation aérobie est couplée à la réoxydation de NADH et $FADH_2$ par O_2, au cours d'un processus en plusieurs étapes impliquant la **chaîne respiratoire**, également appelée *chaîne de transport d'électrons*. Même si l'O_2 moléculaire n'est impliqué dans aucune réaction du cycle de Krebs, en l'absence d'O_2 le cycle s'arrête rapidement car l'apport de NAD^+ et FAD diminue. Avant d'envisager en détail le transport d'électrons et la formation couplée d'ATP, nous verrons de quelle façon la réserve de NAD^+ dans le cytosol est régénérée, puis l'oxydation des acides gras en CO_2.

TABLEAU 8-1 Le résultat net de la voie glycolytique et du cycle de Krebs

Réaction	Molécules de CO_2 produites	Molécules de NAD^+ réduites en NADH	Molécules de FAD réduites en $FADH_2$
1 molécule de glucose produit 2 molécules de pyruvate	0	2	0
2 pyruvates produisent 2 molécules d'acétyl CoA	2	2	0
2 acétyl CoA produisent 4 molécules de CO_2	4	6	2
Total	6	10	2

Les transporteurs présents dans la membrane mitochondriale interne permettent la capture des électrons à partir du NADH cytosolique

Pour que l'oxydation aérobie se poursuive, le NADH produit au cours de la glycolyse dans le cytosol doit être oxydé en NAD^+. Comme pour le NADH produit dans la matrice mitochondriale, les électrons du NADH cytosolique sont finalement transférés vers O_2 par le biais de la chaîne respiratoire, conjointement avec la création d'une force proton-motrice. Bien que la membrane mitochondriale interne soit imperméable à NADH, plusieurs *navettes à électrons* peuvent transférer les électrons du NADH cytosolique vers la matrice.

Le fonctionnement de la navette la plus abondante — la *navette malate/aspartate* — est décrit dans la Figure 8-10. Deux protéines d'antiport présentes dans la membrane mitochondriale interne sont essentielles à cette navette. Il s'agit d'un antiporteur à malate/α-cétoglutarate et d'un antiporteur à glutamate/aspartate,

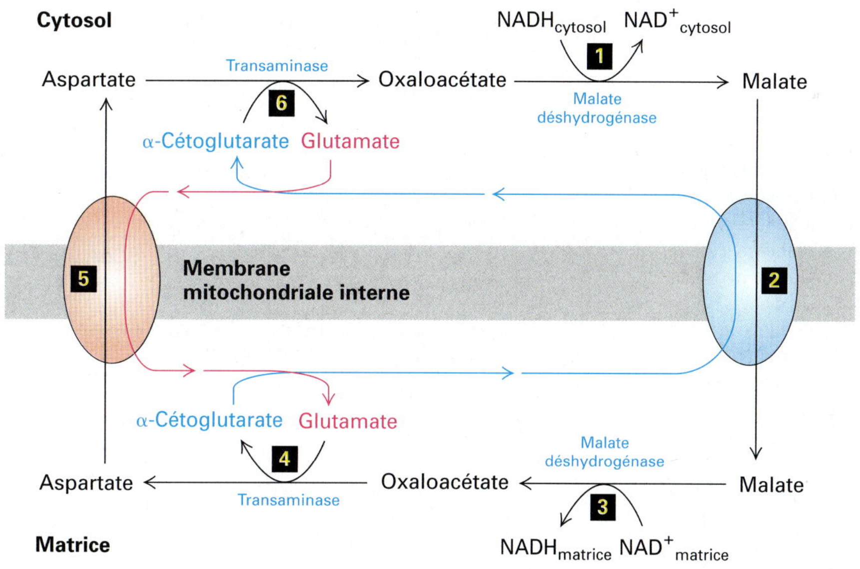

FIGURE 8-10 La navette du malate. Cette suite réactionnelle cyclique transfère des électrons du NADH présent dans le cytosol (espace intermembranaire) à travers la membrane mitochondriale interne, imperméable au NADH. Étape **1** : La malate déshydrogénase cytosolique transfère des électrons du NADH cytosolique vers l'oxaloacétate, formant du malate. Étape **2** : Un antiporteur (ovale bleu) présent dans la membrane mitochondriale interne transporte le malate dans la matrice en échange d'α-cétoglutarate. Étape **3** : La malate déshydrogénase mitochondriale convertit à nouveau le malate en oxaloacétate, réduisant le NAD^+ dans la matrice en NADH au cours de ce processus. Étape **4** : L'oxaloacétate qui ne peut traverser directement la membrane interne est converti en aspartate par l'addition d'un groupement aminé provenant du glutamate. Dans cette réaction catalysée dans la matrice par une transaminase, le glutamate est converti en α-cétoglutarate. Étape **5** : Un deuxième antiporteur (ovale rouge) exporte l'aspartate dans le cytosol en échange de glutamate. Étape **6** : Une transaminase cytosolique convertit l'aspartate en oxaloacétate, complétant le cycle. Les flèches bleues et rouges symbolisent le trajet de l'α-cétoglutarate et du glutamate respectivement. Dans l'étape **4**, le glutamate est désaminé en α-cétoglutarate, qui est transporté dans le cytosol par un antiporteur (étape **2**) ; dans l'étape **6**, l'α-cétoglutarate est aminé (converti à nouveau en glutamate). Le glutamate est ensuite transporté dans la matrice par l'antiporteur de l'étape **5**.

qui permettent le transport de leurs substrats vers l'intérieur et vers l'extérieur de la matrice. Comme l'oxaloacétate (un composant de la navette) ne peut traverser directement la membrane interne, il est converti en aspartate (un acide aminé) dans la matrice et en malate dans le cytosol. Le bilan net des réactions de la navette malate/aspartate est l'oxydation du NADH cytosolique en NAD^+ et la réduction du NAD^+ de la matrice en NADH :

$$NADH_{cytosol} + NAD^+_{matrice} \longrightarrow NAD^+_{cytosol} + NADH_{matrice}$$

L'oxydation mitochondriale des acides gras est couplée à la formation d'ATP

Les acides gras sont stockés sous forme de **triacylglycérols** et organisés principalement en gouttelettes dans les cellules adipeuses (qui stockent la graisse). En réponse aux hormones telles que l'adrénaline, les triacylglycérols sont hydrolysés dans le cytosol en acides gras libres et en glycérol :

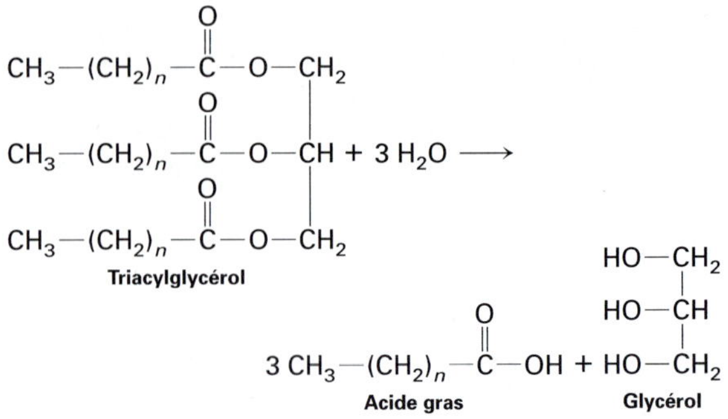

Les acides gras libérés dans le sang sont captés et oxydés par la plupart des autres cellules et représentent la principale source d'énergie pour de nombreux tissus, en particulier le muscle cardiaque. Chez l'homme, l'oxydation des graisses fournit plus d'ATP que l'oxydation du glucose. L'oxydation de 1 g de triacylglycérol en CO_2 fournit environ 6 fois plus d'ATP que l'oxydation

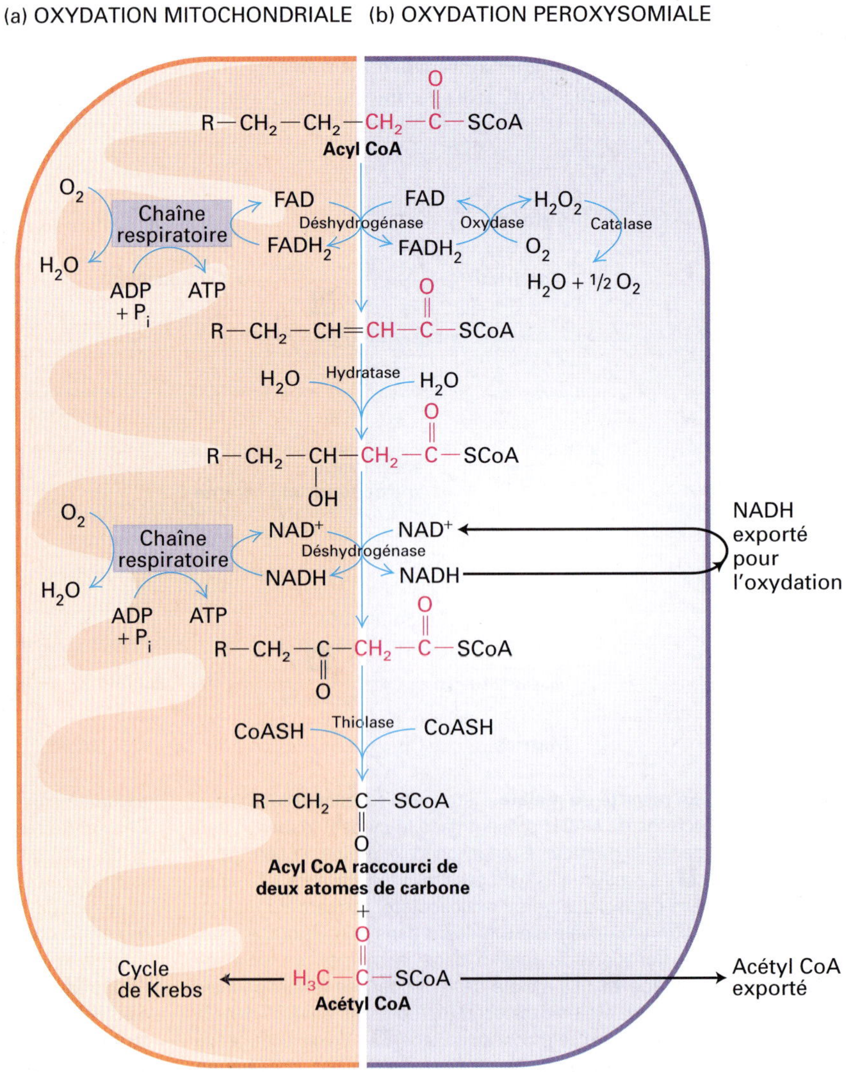

FIGURE 8-11 L'oxydation des acides gras dans les mitochondries et les peroxysomes. Tant dans l'oxydation mitochondriale (a) que dans l'oxydation peroxysomiale (b) quatre réactions catalysées enzymatiquement (représentées au milieu de la figure) convertissent une molécule d'acyl CoA en un acétyl CoA et un acyl CoA raccourci de deux atomes de carbones. Simultanément (dans les réactions au centre gauche pour les mitochondries et au centre droit pour les peroxysomes), une molécule de FAD est réduite en $FADH_2$ et une molécule de NAD^+ est réduite en NADH. Le cycle se répète sur l'acyl CoA raccourci jusqu'à ce que les acides gras avec un nombre pair d'atomes de carbone soient entièrement convertis en acétyl CoA. Dans les mitochondries, les électrons provenant de $FADH_2$ et de NADH s'engagent dans la chaîne respiratoire et sont en dernier lieu utilisés pour produire de l'ATP. L'acétyl CoA formé est oxydé dans le cycle de Krebs, aboutissant à la synthèse d'ATP supplémentaires. Les peroxysomes étant dépourvus des complexes de transport d'électrons constituant la chaîne respiratoire et des enzymes du cycle de Krebs, l'oxydation des acides gras dans ces organites ne produit aucun ATP. [Adapté de D. L. Nelson et M. M. Cox, *Lehninger Principles of Biochemistry*, 3e éd., 2000, Worth Publishers.]

de 1 g de glycogène hydraté, la forme de stockage polymérique du glucose dans les muscles et le foie. Les triglycérides sont plus efficaces pour la mise en réserve de l'énergie car ils sont stockés sous une forme anhydre et sont donc plus réduits (ont davantage d'hydrogène) que les glucides ; de ce fait, ils libèrent davantage d'énergie lorsqu'ils sont oxydés.

Dans le cytosol, les acides gras libres sont estérifiés avec du coenzyme A pour former des acyl CoA lors d'une réaction exergonique (qui libère de l'énergie) couplée à l'hydrolyse d'ATP en AMP et PP_i (pyrophosphate inorganique) :

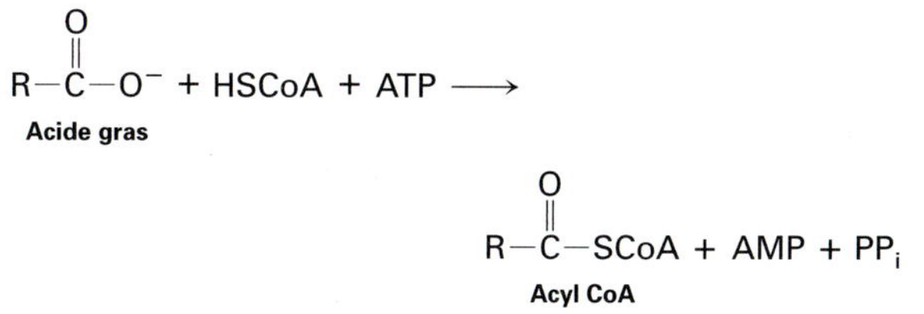

L'hydrolyse consécutive de PP_i en deux molécules de phosphate achève cette réaction. Le groupement acyle est ensuite transféré sur la carnitine et traverse la membrane mitochondriale interne grâce à un transporteur d'acylcarnitine (voir Figure 8-7, ovale bleu). Sur la face matricielle, le groupement acyle est libéré de la carnitine et rattaché à une autre molécule de CoA.

Chaque molécule d'acyl CoA dans la mitochondrie est oxydée au cours d'une séquence cyclique de quatre réactions, pendant laquelle tous les atomes de carbone sont convertis en acétyl CoA avec une production de NADH et de $FADH_2$ (Figure 8-11a). Par exemple, l'oxydation mitochondriale de chaque molécule d'acide stéarique à 18 carbones, $CH_3(CH_2)_{16}COOH$ produit neuf molécules d'acétyl CoA et huit molécules de NADH et de $FADH_2$. Comme pour l'acétyl CoA produit à partir du pyruvate, ces groupements acétyle s'engagent dans le cycle de Krebs et sont oxydés en CO_2. Les électrons issus des coenzymes réduits produits lors de l'oxydation des acyl CoA en acétyl CoA et à la suite de l'oxydation de l'acétyl CoA dans le cycle de Krebs sont transférés vers O_2 grâce à la chaîne respiratoire. Ce flux d'électrons est couplé à la création d'une force proton-motrice utilisée pour la synthèse d'ATP comme nous l'avons décrit précédemment pour l'oxydation du pyruvate (voir Figure 8-7).

L'oxydation peroxysomiale des acides gras ne produit pas d'ATP

L'oxydation mitochondriale des acides gras est la principale source d'ATP dans les cellules hépatiques de mammifères et les biochimistes pensaient autrefois que c'était le cas pour tous les types cellulaires. Toutefois, des rats traités à l'aide de clofibrate, un médicament utilisé pour réduire la concentration de lipoprotéines dans le sang, présentaient une augmentation de l'oxydation des acides gras et un fort accroissement du nombre de peroxysomes dans leurs hépatocytes. Cette découverte suggérait que les peroxysomes, tout comme les mitochondries, sont capables d'oxyder les acides gras. Ces petits organites, de 0,2 à 1 μm de diamètre, sont entourés d'une membrane unique (voir Figure 5-21). Ils sont présents dans toutes les cellules de mammifères à l'exception des érythrocytes. On les trouve également dans les cellules de végétaux, les levures et sans doute dans la plupart des autres cellules eucaryotes.

On sait maintenant que dans la plupart des types cellulaires, le peroxysome est le principal organite dans lequel sont oxydés les acides gras. En effet, de très longues chaînes d'acides gras contenant plus de 20 groupements CH_2 sont dégradées uniquement dans les peroxysomes. Dans les cellules de mammifères, les acides gras de longueur moyenne contenant 10 à 20 groupements CH_2 peuvent être dégradés à la fois dans les peroxysomes et les mitochondries. Au contraire de l'oxydation mitochondriale des acides gras qui est couplée à la production d'ATP, l'oxydation peroxysomiale des acides gras n'est pas liée à la formation d'ATP et l'énergie libérée est convertie en chaleur.

La voie réactionnelle par laquelle les acides gras sont dégradés en acétyl CoA dans les peroxysomes est similaire à celle utilisée dans les mitochondries du foie (Figure 8-11b). Cependant, les peroxysomes ne possèdent pas de chaîne respiratoire et les électrons du $FADH_2$ produit au cours de l'oxydation des acides gras sont immédiatement transférés vers O_2 grâce à des *oxydases*, régénérant FAD et formant du peroxyde d'hydrogène (H_2O_2). Outre des oxydases, les peroxysomes contiennent d'abondantes *catalases* qui décomposent rapidement H_2O_2, un métabolite hautement cytotoxique. Le NADH produit au cours de l'oxydation des acides gras est exporté et réoxydé dans le cytosol. Les peroxysomes ne possèdent pas non plus de cycle de Krebs. Pour cette raison, l'acétyl CoA produit au cours de la dégradation peroxysomiale des acides gras ne peut être oxydé davantage. Il est alors transporté dans le cytosol pour servir à la synthèse de cholestérol et d'autres métabolites.

MÉDECINE

Avant d'être dégradés dans le peroxysome, les acides gras doivent être transportés du cytosol vers cet organite. Les acides gras de longueur moyenne sont estérifiés avec du coenzyme A présent dans le cytosol. Les acyl CoA résultants sont ensuite conduits dans le peroxysome par un transporteur spécifique. Néanmoins, les acides gras à très longue chaîne gagnent le peroxysome par un autre transporteur et sont ensuite estérifiés avec le CoA une fois à l'intérieur de l'organite. Dans l'adrénoleucodystrophie liée à l'X (ALD), une maladie génétique humaine, l'oxydation peroxysomiale des très longues chaînes d'acides gras est déficiente, tandis que l'oxydation des chaînes de taille moyenne est normale. L'ALD est la maladie peroxysomiale la plus courante. Elle se caractérise par des concentrations élevées des très longues chaînes d'acides gras dans le plasma et les tissus. Les malades atteints de la forme la plus grave d'ALD ne sont touchés qu'au milieu de leur enfance, lorsque de graves problèmes neurologiques apparaissent et meurent quelques années plus tard. Le gène déficient chez les malades atteints d'ALD a récemment été identifié et cloné par les techniques décrites au Chapitre 9. L'analyse de séquences montre que le gène code une protéine de transport ABC (ABCD1) localisée dans les membranes peroxysomiales, qui servirait d'intermédiaire au transport des très longues chaînes d'acides gras dans l'organite. ▮

L'oxydation du glucose est ajustée aux besoins en ATP de la cellule

Toutes les réactions catalysées enzymatiquement et les voies métaboliques sont régulées par les cellules de façon à produire exactement les quantités nécessaires de métabolites. La fonction principale de l'oxydation du glucose en CO_2 par la voie glycolytique, la réaction de la pyruvate déshydrogénase et le cycle de Krebs est de produire NADH et $FADH_2$, dont l'oxydation dans les mitochondries aboutit à la synthèse d'ATP. La glycolyse et le cycle de Krebs sont constamment régulés, essentiellement par des mécanismes **allostériques**, pour s'ajuster aux besoins de la cellule en ATP (voir le Chapitre 3 pour les principes généraux du contrôle allostérique).

Trois enzymes glycolytiques contrôlées allostériquement jouent un rôle fondamental dans la régulation de l'ensemble de la glycolyse (voir Figure 8-4). L'*hexokinase* (étape [1]) est inhibée par son produit réactionnel, le glucose 6-phosphate. La *pyruvate kinase* (étape [10]) est inhibée par l'ATP, de sorte que la glycolyse est ralentie en présence d'un excès d'ATP. La troisième enzyme, la *phosphofructokinase-1*, qui convertit le fructose 6-phosphate en fructose 1,6-diphosphate (étape [3]) est la principale enzyme vitesse-limitante de la glycolyse. Cette enzyme est contrôlée allostériquement par plusieurs molécules (Figure 8-12), ce qui explique son rôle critique dans la régulation de l'activité de la glycolyse.

La phosphofructokinase-1 est *inhibée* allostériquement par l'ATP et *activée* allostériquement par l'AMP. Par conséquent, l'activité de la glycolyse est très sensible à la charge énergétique de la cellule, reflétée par le rapport ATP :AMP. L'inhibition allostérique de la phosphofructokinase-1 par l'ATP peut sembler étrange car l'ATP est également un substrat de cette enzyme. Mais l'affinité du site de liaison du substrat pour l'ATP est nettement supérieure (a un K_m inférieur) à celle du site allostérique. Ainsi, aux concentrations faibles, l'ATP se fixe au site catalytique et non au site allostérique inhibiteur et la catalyse enzymatique fonctionne à un rendement presque maximal. Aux concentrations élevées, l'ATP se fixe également au site allostérique, induisant un changement conformationnel qui réduit l'affinité de l'enzyme pour l'autre substrat, le fructose 6-phosphate et inhibe donc l'activité réactionnelle et de ce fait l'activité globale de la glycolyse.

Un autre activateur allostérique important de la phosphofructokinase-1 est le *fructose 2,6-diphosphate*. Ce métabolite est formé à partir du fructose 6-phosphate par la *phosphofructokinase-2*, une enzyme différente de la phosphofructokinase-1. Le fructose 6-phosphate accélère la formation de fructose 2,6-diphosphate, qui à son tour active la phosphofructokinase-1. Ce type de contrôle, par analogie avec le *rétrocontrôle* (*feedback control* en anglais) est désigné par le terme d'*activation par les produits en amont* (*feed-forward activation* en anglais), dans lequel l'abondance d'un métabolite (ici le fructose 6-phosphate) provoque une accélération de son métabolisme. Le fructose 2,6-diphosphate active allostériquement la phosphofructokinase-1 dans les hépatocytes, en abaissant l'effet inhibiteur d'une concentration élevée d'ATP et en diminuant l'affinité de la phosphofructokinase-1 pour l'un de ses substrats, le fructose 6-phosphate.

Les trois enzymes glycolytiques régulées par des molécules allostériques catalysent des réactions avec des valeurs de $\Delta G^{\circ\prime}$ très négatives — des réactions quasiment irréversibles dans les conditions ordinaires. Ces enzymes conviennent donc particulièrement bien à la régulation de l'ensemble de la glycolyse. Un contrôle supplémentaire est exercé par la glycéraldéhyde 3-phosphate déshydrogénase, qui catalyse la réduction du NAD^+ en NADH (voir Figure 8-4, étape [6]).

Si le NADH cytosolique s'accumule en raison d'un ralentissement de l'oxydation mitochondriale, cette réaction sera ralentie par l'action de masse. Comme nous le verrons plus tard, l'oxydation mitochondriale du NADH et du $FADH_2$ produits au cours de la glycolyse et du cycle de Krebs est elle aussi étroitement contrôlée afin qu'elle produise la quantité d'ATP nécessaire à la cellule.

Le métabolisme du glucose est contrôlé différemment selon les tissus des mammifères, pour répondre aux besoins métaboliques de l'organisme complet. Au cours des périodes à faible apport glucidique par exemple, le glycogène présent dans le foie est converti directement en glucose 6-phosphate (sans intervention de l'hexokinase). Dans ces conditions, on observe une diminution de la concentration du fructose 2,6-diphosphate et une réduction de l'activité phosphofructokinase-1 (voir Figure 8-12). Le glucose 6-phosphate dérivé du glycogène n'est alors pas métabolisé en pyruvate. Au lieu de cela, il est converti en glucose par une

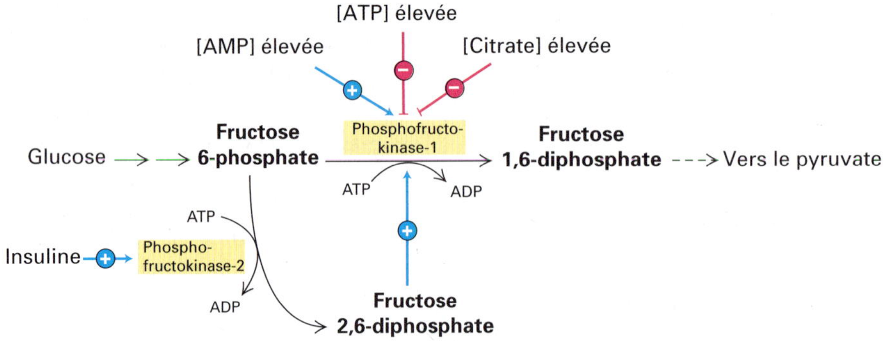

FIGURE 8-12 Le contrôle allostérique du métabolisme du glucose dans le cytosol au niveau du fructose 6-phosphate. L'enzyme régulatrice fondamentale de la glycolyse, la phosphofructokinase-1, est activée allostériquement par l'AMP et le fructose 2,6-diphosphate, dont les concentrations sont élevées lorsque les réserves énergétiques de la cellule sont faibles. L'enzyme est inhibée par l'ATP et le citrate, dont les concentrations sont élevées lorsque la cellule oxyde activement le glucose en CO_2. La phosphofructokinase-2 (PFK_2) est une enzyme à double activité : son activité kinase forme du fructose 2,6-diphosphate à partir de fructose 6-phosphate et son activité phosphatase catalyse la réaction inverse. L'insuline, qui est libérée par le pancréas lorsque la glycémie est élevée, favorise l'activité kinase de PFK2 et stimule donc la glycolyse. Lorsque la glycémie est faible, du glucagon est libéré par le pancréas et favorise l'activité phosphatase de PFK2 dans le foie, ralentissant indirectement la glycolyse. Nous décrirons au Chapitre 15 le rôle de l'insuline et du glucagon dans le contrôle complexe de la glycémie.

phosphatase et libéré dans le sang pour alimenter le cerveau et les globules rouges, dont le carburant principal est le glucose. (Le chapitre 13 contient une discussion plus détaillée du contrôle hormonal du métabolisme du glucose dans le foie et les muscles.) Dans tous les cas, l'activité de ces enzymes régulées est contrôlée par la concentration des petits métabolites, généralement grâce à des interactions allostériques ou par une phosphorylation et une déphosphorylation impliquant des hormones.

CONCEPTS CLÉS DE LA SECTION 8.1

L'oxydation du glucose et des acides gras en CO_2

■ Dans le cytosol des cellules eucaryotes, le glucose est converti en pyruvate par la voie glycolytique, avec la formation nette de deux ATP et la réduction de deux molécules de NAD^+ en NADH (voir Figure 8-4). L'ATP est formé par deux réactions de phosphorylation au niveau du substrat, lors de la conversion du glycéraldéhyde 3-phosphate en pyruvate.

■ Dans des conditions anaérobies, les cellules peuvent métaboliser le pyruvate en lactate ou en éthanol et en CO_2 (dans le cas des levures), avec une réoxydation de NADH. Dans des conditions aérobies, le pyruvate est transporté dans la mitochondrie, où la pyruvate déshydrogénase le convertit en acétyl CoA et en CO_2 (voir Figure 8-5).

■ Les mitochondries possèdent une membrane externe perméable et une membrane interne qui est le site du transport d'électrons et de la synthèse d'ATP.

■ À chaque tour du cycle de Krebs, l'acétyl CoA se condense avec l'oxaloacétate (une molécule à quatre carbones) pour former le citrate à six carbones, qui est converti à nouveau en oxaloacétate par une série de réactions qui libèrent deux molécules de CO_2 et produisent trois molécules de NADH, une de $FADH_2$ et une de GTP (voir Figure 8-9).

■ Bien que le NADH cytosolique produit au cours de la glycolyse ne puisse pas pénétrer directement dans les mitochondries, la navette malate/aspartate transfère indirectement des électrons du cytosol vers la matrice mitochondriale, régénérant ainsi le NAD^+ cytosolique, ce qui permet la poursuite de la glycolyse.

■ Le flux d'électrons de NADH et $FADH_2$ vers O_2, assuré par une série de transporteurs d'électrons présents dans la membrane interne des mitochondries, est couplé au pompage des protons à travers la membrane interne (voir Figure 8-7). La force proton-motrice résultante fournit l'énergie nécessaire à la synthèse d'ATP et produit la majorité de l'ATP résultant de l'oxydation aérobie du glucose.

■ L'oxydation des acides gras dans les mitochondries produit de l'acétyl CoA qui s'engage dans le cycle de Krebs et les coenzymes réduits NADH et $FADH_2$. L'oxydation résultante de ces métabolites est couplée à la formation d'ATP.

■ Dans la plupart des cellules eucaryotes, l'oxydation des acides gras, en particulier ceux qui possèdent de très longues chaînes, a lieu principalement dans les peroxysomes et n'est pas liée à la production d'ATP. L'énergie libérée est convertie en chaleur.

■ L'activité d'oxydation du glucose par la glycolyse et le cycle de Krebs est contrôlée par l'inhibition ou la stimulation de plusieurs enzymes, en fonction des besoins en ATP de la cellule. Cette régulation complexe coordonne les activités de la glycolyse et du cycle de Krebs et aboutit au stockage du glucose (sous forme de glycogène) ou de graisses lorsque l'ATP est abondant.

8.2 Le transport d'électrons et la création de la force proton-motrice

Comme nous l'avons vu dans la section précédente, la plus grande partie de l'énergie libre produite au cours de l'oxydation du glucose en CO_2 est stockée dans les coenzymes réduits NADH et $FADH_2$, produits au cours de la glycolyse et du cycle de Krebs. Pendant la respiration, les électrons sont libérés par NADH et $FADH_2$ et sont finalement transférés vers 0_2, formant H_2O d'après les réactions ci-dessous :

$$NADH + H^+ + \tfrac{1}{2}\, O_2 \longrightarrow NAD^+ + H_2O$$

$$FADH_2 + \tfrac{1}{2}\, O_2 \longrightarrow FAD + H_2O$$

Les valeurs de $\Delta G^{\circ\prime}$ de ces réactions fortement exergoniques sont –52,6 kcal/mol (NADH) et –43,4 kcal/mol ($FADH_2$). Rappelons que la conversion de 1 molécule de glucose en CO_2 par la glycolyse et le cycle de Krebs aboutit à la production de 10 molécules de NADH et 2 $FADH_2$ (voir Tableau 8-1). L'oxydation de ces coenzymes réduits présente un $\Delta G^{\circ\prime}$ total de –613 kcal/mol [10 (- 52,6) + 2 (- 43,4)]. Par conséquent, environ 90 % de l'énergie libre potentielle contenue dans les liaisons chimiques du glucose (– 680 kcal/mol) sont conservés dans les coenzymes réduits.

L'énergie libre libérée au cours de l'oxydation par O_2 d'une seule molécule de NADH ou $FADH_2$ est suffisante pour permettre la synthèse de plusieurs molécules d'ATP à partir d'ADP et de P_i, une réaction avec un $\Delta G^{\circ\prime}$ de + 7,3 kcal/mol. La mitochondrie maximise la production d'ATP en transférant des électrons de NADH et $FADH_2$ grâce à une série de transporteurs d'électrons, qui sont tous sauf un des composants intrinsèques de la membrane interne. Ce transfert étape par étape des électrons par la chaîne respiratoire (de transport d'électrons) permet la libération en petites quantités de l'énergie libre contenue dans NADH et $FADH_2$ et son stockage sous la forme d'une force proton-motrice.

En plusieurs endroits du trajet des électrons de NADH vers O_2, des protons sont pompés à travers la membrane mitochondriale interne. Ce transport « à contre-courant » crée un gradient de concentration de protons à travers la membrane interne (Figure 8-13). La membrane externe étant perméable aux protons, au contraire de la membrane interne, ce pompage augmente le pH de la matrice mitochondriale (abaisse la concentration de H^+) par rapport à celui du cytosol et de l'espace intermembranaire. Un potentiel électrique à travers la membrane interne résulte également du pompage à contre-courant de H^+ hors de la matrice, qui devient négative par rapport à l'espace intermembranaire. Ainsi, l'énergie libre libérée au cours de l'oxydation de NADH ou de $FADH_2$ est stockée à la fois sous la forme d'un potentiel électrique et d'un gradient de concentration des protons — désignés sous le

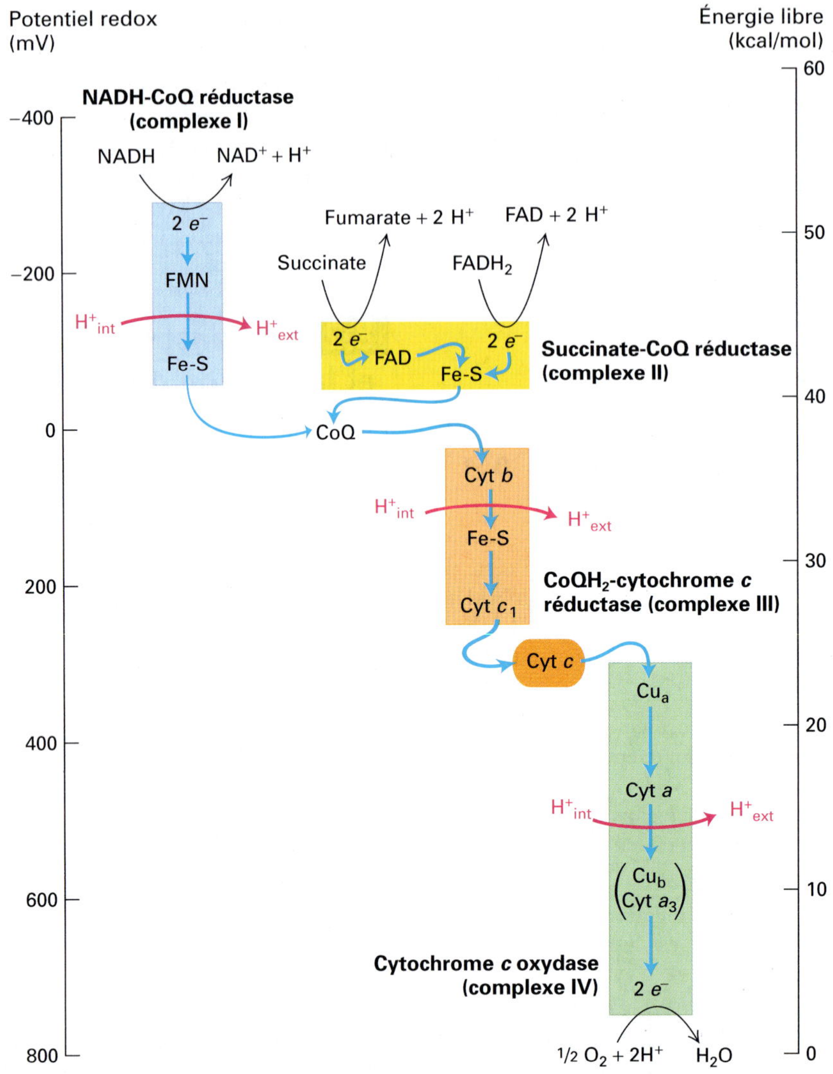

FIGURE 8-13 Les changements du potentiel redox et de l'énergie libre au cours du flux progressif des électrons dans la chaîne respiratoire. Les flèches bleues représentent le flux d'électrons et les flèches rouges, la translocation des protons à travers la membrane mitochondriale interne. Quatre gros complexes multiprotéiques situés dans la membrane interne contiennent plusieurs groupements prosthétiques qui transportent des électrons. Le coenzyme Q (CoQ) et le cytochrome *c* transportent des électrons d'un complexe à l'autre. Les électrons passent à travers les complexes multiprotéiques dans le sens d'un potentiel redox (indiqué par l'échelle de gauche) inférieur vers un potentiel redox supérieur (plus positif), avec une diminution correspondante de l'énergie libre (échelle de droite). L'énergie libérée par le passage de ces électrons à travers trois de ces complexes est suffisante pour permettre le pompage des ions H^+ à travers la membrane, établissant ainsi une force proton-motrice.

terme collectif de force proton-motrice — à travers la membrane interne. Le retour des protons à travers la membrane interne permis par cette force est couplé à la synthèse d'ATP à partir d'ADP et de P_i grâce à l'ATP synthétase (voir Figure 8-7).

La synthèse d'ATP à partir d'ADP et de P_i permise par le transfert d'électrons de NADH ou $FADH_2$ vers O_2, est la principale source d'ATP dans les cellules aérobies non photosynthétiques. De nombreux éléments laissent penser que dans les mitochondries et les bactéries, ce processus appelé **phosphorylation oxydative,** dépend de la création d'une force proton-motrice à travers la membrane interne, avec un transport d'électrons, un pompage de protons et une formation d'ATP simultanés. En laboratoire par exemple, l'addition d'O_2 et d'un substrat oxydable tel que le pyruvate ou le succinate à des mitochondries intactes isolées aboutit à la synthèse nette d'ATP si la membrane mitochondriale interne est intacte. En présence de minuscules quantités de détergent qui rendent la membrane perméable en certains endroits, le transport d'électrons et l'oxydation de ces métabolites par O_2 persiste, mais aucun ATP n'est synthétisé. Dans ces conditions, aucun gradient transmembranaire de concentration de protons ni de potentiel électrique de membrane ne peut être maintenu.

Dans cette section, nous examinerons d'abord l'amplitude de la force proton-motrice, puis les composants de la chaîne respiratoire et enfin le pompage des protons à travers la membrane interne. Dans la section suivante, nous décrirons la structure de l'ATP synthétase et la façon dont elle utilise la force proton-motrice pour synthétiser de l'ATP. Nous considérerons également le contrôle de l'oxydation mitochondriale de NADH et $FADH_2$ pour répondre aux besoins de la cellule en ATP.

La force proton-motrice dans les mitochondries est due principalement à un potentiel électrique à travers la membrane interne

Comme nous l'avons vu, la force proton-motrice (fpm) est la somme d'un gradient transmembranaire de concentration de protons (pH) et d'un potentiel électrique ou gradient de voltage. La contribution relative de ces deux composants à la fpm totale dépend de la perméabilité de la membrane aux ions autres que H^+. Un potentiel électrique significatif ne peut se développer que si la membrane est faiblement perméable aux autres cations et anions, comme dans le cas de la membrane mitochondriale interne. Dans ce cas, le potentiel électrique en cours de formation (c'est-à-dire l'excès d'ions H^+ sur la face intermembranaire et l'excès d'anions sur la face matricielle) empêche rapidement tout déplacement supplémentaire de protons. À l'inverse, un gradient de pH significatif ne peut se mettre en place que si la membrane est également perméable à un anion important (comme Cl^-) ou si les ions H^+ sont échangés contre un autre cation (comme K^+). Dans les deux cas, le flux de protons ne conduit pas à un gradient de voltage transmembranaire car il y a toujours une concentration égale des ions positifs et négatifs de part et d'autre de la membrane. C'est le cas dans la membrane thylacoïde des chloroplastes au cours de la photosynthèse, comme nous le verrons plus tard. Par comparaison avec les chloroplastes, dans les mitochondries, une fraction plus importante de la fpm est due au potentiel électrique de membrane, et le gradient de pH est inférieur.

Puisqu'une différence d'une unité de pH représente une différence de la concentration de H^+ d'un ordre 10, d'après l'équation de Nernst un gradient de pH d'une unité à travers une membrane équivaut à un potentiel électrique de 59 mV à 20°C (Chapitre 7). Par conséquent, nous pouvons définir la force proton-motrice, fpm, par :

$$\text{fpm} = \Psi - \left(\frac{RT}{F} \times \Delta\text{pH}\right) = \Psi - 59\ \Delta\text{pH}$$

où R est la constante des gaz parfaits égale à 1,987 cal/(degré.mol), T est la température (en degrés Kelvin), F est la constante de Faraday [23 062 cal/(V.mol)] et Ψ est le potentiel électrique transmembranaire. Ψ et fpm sont mesurés en millivolts. Des mesures effectuées sur des mitochondries engagées dans la respiration ont montré que le potentiel électrique Ψ à travers la membrane interne est de –160 mV (négatif à l'intérieur de la matrice) et que ΔpH est voisin de 1,0 (équivalent à ≈ 60 mV). La fpm totale est donc de –220 mV, dont 73 % sont dus au potentiel électrique transmembranaire.

Les mitochondries étant trop petites pour qu'on y plante des électrodes, le potentiel électrique et le gradient de pH à travers la membrane mitochondriale interne ne peuvent être déterminés par une mesure directe. Néanmoins, les chercheurs peuvent mesurer le pH intérieur en piégeant des colorants fluorescents sensibles au pH, à l'intérieur de vésicules formées à partir de la membrane mitochondriale interne. Ils peuvent également déterminer le potentiel électrique en ajoutant des ions $^{42}K^+$ radioactifs et une très faible quantité de valinomycine à une suspension de mitochondries engagées dans la respiration. Bien que la membrane interne soit normalement imperméable à K^+, la valinomycine est un **ionophore**, une petite molécule liposoluble qui fixe un ion spécifique (dans ce cas, K^+) dans sa partie intérieure hydrophile et le transporte à travers des membranes qui sans cela lui seraient imperméables. En présence de valinomycine, $^{42}K^+$ s'équilibre en fonction du potentiel électrique, à travers la membrane interne de mitochondries isolées. Plus la face matricielle de la membrane est négative, plus $^{42}K^+$ s'accumule dans la matrice.

L'addition de faibles quantités de valinomycine et de K^+ radioactif a peu d'effet sur la phosphorylation oxydative assurée par une suspension de mitochondries engagées dans la respiration. À l'équilibre, la concentration mesurée d'ions K^+ radioactifs dans la matrice $[K_{int}]$ est environ 500 fois supérieure à la concentration dans le milieu environnant, $[K_{ext}]$. En utilisant cette valeur dans l'équation de Nernst, on voit que le potentiel électrique E (en mV) à travers la membrane interne dans les mitochondries participant à la respiration est de – 160 mV (l'intérieur étant négatif) :

$$E = -59 \log \frac{[K_{int}]}{[K_{ext}]} = -59 \log 500 = -160 \text{ mV}$$

Le transport des électrons dans les mitochondries est couplé à la translocation des protons

Le couplage entre le transport des électrons de NADH (ou $FADH_2$) vers O_2 et le transport des protons à travers la membrane mitochondriale interne, responsable de la force proton-motrice, peut également être démontré expérimentalement sur des mitochondries isolées (Figure 8-14). Dès que l'on ajoute O_2 à une suspension de mitochondries, le milieu à l'extérieur des mitochondries devient acide. Au cours du transport d'électrons de NADH vers O_2, les protons subissent une translocation de la matrice vers l'espace intermembranaire. La membrane externe étant perméable aux protons, le pH du milieu extérieur est brièvement abaissé. Le changement de pH mesuré indique qu'environ 10 protons sont transportés hors de la matrice pour chaque paire d'électrons transférée de NADH vers O_2.

Lorsque l'on répète cette expérience en utilisant comme substrat réduit du succinate à la place du NADH, le milieu hors des mitochondries devient une fois encore acide, mais dans une moindre mesure. Rappelons que l'oxydation du succinate en fumarate au cours du cycle de Krebs produit du $FADH_2$ (voir Figure 8-9). Les électrons du $FADH_2$ ayant une énergie potentielle inférieure (43,4 kcal/mol) à celle des électrons du NADH (52,6 kcal/mol), $FADH_2$ transfère ses électrons plus loin dans la chaîne respiratoire que ne le fait NADH. De ce fait, le transport d'électrons depuis $FADH_2$ (ou le succinate) provoque la translocation d'un nombre inférieur de protons depuis la matrice et donc un changement plus faible du pH (voir Figure 8-13).

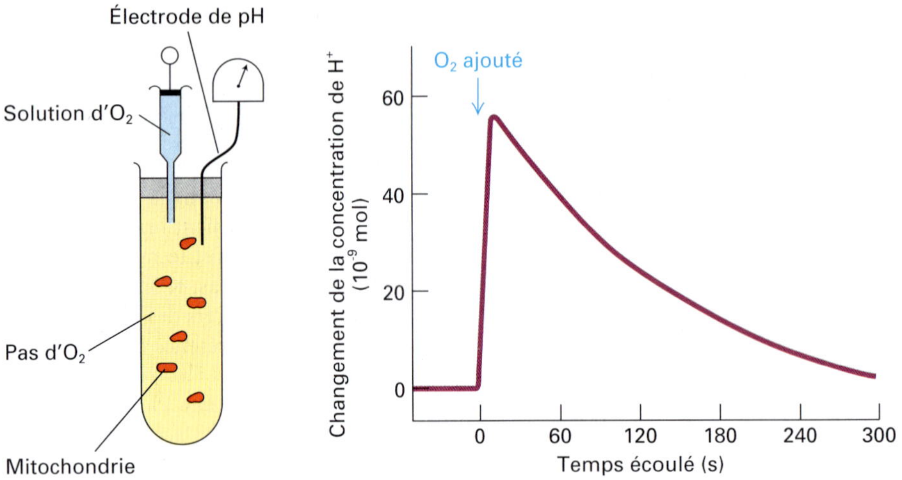

FIGURE EXPÉRIMENTALE 8-14 Le transfert d'électrons de NADH ou $FADH_2$ vers O_2 est couplé au transport de protons à travers la membrane mitochondriale. Si l'on ajoute du NADH à une solution dépourvue d'O_2, aucun NADH n'est oxydé. Lorsqu'on ajoute une faible quantité d'O_2 au système (flèche), le pH du milieu environnant chute brutalement — un changement qui correspond à une *augmentation* des protons à l'extérieur des mitochondries. (La présence d'une grande quantité de valinomycine et de K^+ dans la réaction dissipe le gradient de voltage créé par la translocation des ions H^+, de sorte que tous les ions H^+ pompés contribuent au changement de pH.) Par conséquent, l'oxydation de NADH par O_2 est couplée au déplacement des protons à l'extérieur de la matrice. Une fois O_2 supprimé, les protons en excès reviennent lentement à l'intérieur des mitochondries (permettant la synthèse d'ATP) et le pH du milieu extracellulaire retrouve sa valeur initiale.

Les électrons passent de $FADH_2$ et NADH vers O_2 grâce à une série de quatre complexes multiprotéiques

Nous allons à présent examiner plus en détail le déplacement favorisé énergétiquement (exergonique) des électrons de NADH et $FADH_2$ jusqu'à l'accepteur final d'électrons, O_2. Dans les mitochondries impliquées dans la respiration, chaque molécule de NADH libère deux électrons dans la chaîne respiratoire. En dernier lieu, ces électrons réduisent un atome d'oxygène (une demi-molécule d'O_2), formant alors une molécule d'eau :

$$\text{NADH} \longrightarrow \text{NAD}^+ + \text{H}^+ + 2\,e^-$$

$$2\,e^- + 2\,\text{H}^+ + \tfrac{1}{2}\,\text{O}_2 \longrightarrow \text{H}_2\text{O}$$

Lorsque les électrons passent de NADH à O_2 leur potentiel s'abaisse de 1,14 V, ce qui correspond à 26,2 kcal/mol d'électrons transférés, ou ≈ 53 kcal/mol pour une paire d'électrons. Comme nous l'avons vu plus tôt, une grande partie de cette énergie est conservée dans la force proton-motrice créée à travers la membrane mitochondriale interne.

Chacun des quatre gros complexes multiprotéiques dans la chaîne respiratoire traverse la membrane mitochondriale interne et contient plusieurs *groupements prosthétiques* qui participent au déplacement des électrons. Ces ions métalliques ou petites molécules organiques non peptidiques sont étroitement et spécifiquement associés aux complexes multiprotéiques (Tableau 8-2). Avant de considérer la fonction de chaque complexe, nous examinerons plusieurs de ces transporteurs d'électrons.

Plusieurs types d'*hèmes*, des groupements prosthétiques contenant du fer tels qu'on en trouve dans l'hémoglobine ou la myoglobine, sont liés étroitement ou covalemment aux protéines mitochondriales, formant des **cytochromes** (Figure 8-15a). Le flux d'électrons à travers les cytochromes a lieu grâce à l'oxydation et la réduction de l'atome de Fe au centre de l'hème :

$$\text{Fe}^{3+} + e^- \rightleftharpoons \text{Fe}^{2+}$$

TABLEAU 8-2 Les groupements prosthétiques transportant des électrons dans la chaîne respiratoire

Composant protéique	Groupements prosthétiques*
NADH-CoQ réductase (complexe I)	FMN Fe-S
Succinate-CoQ réductase (complexe II)	FAD Fe-S
$CoQH_2$-cytochrome *c* réductase (complexe III)	Hème b_L Hème b_H Fe-S Hème c_1
Cytochrome *c*	Hème *c*
Cytochrome c oxydase (complexe IV)	Cu_a^{2+} Hème *a* Cu_b^{2+} Hème a_3

*Le coenzyme Q n'est pas inclus car c'est un transporteur d'électrons qui n'est pas lié en permanence à un complexe protéique.
SOURCE: J. W. De Pierre et L. Ernster, 1977, *Ann. Rev. Biochem.* **46**:201.

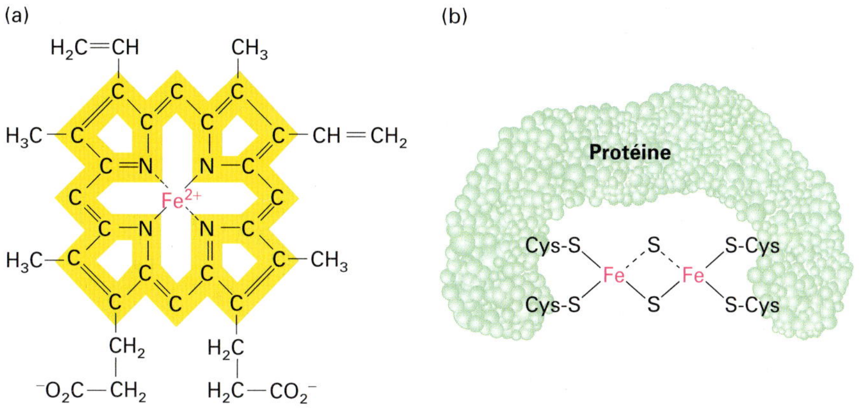

FIGURE 8-15 Les groupements prosthétiques héminiques et fer-soufre dans la chaîne respiratoire (de transport d'électrons). (a) La fraction héminique des cytochromes b_L et b_H, qui sont des composants du complexe $CoQH_2$-cytochrome *c* réductase. Le même noyau porphyrique (en jaune) est présent dans tous les hèmes. Les substituants chimiques du noyau porphyrique diffèrent dans les autres cytochromes de la chaîne respiratoire. Tous les hèmes acceptent et libèrent un électron à la fois. (b) Le groupement dimérique ion-soufre (2Fe-2S). Chaque atome de Fe est lié à quatre atomes de S ; deux d'entre eux sont des soufres inorganiques et les deux autres appartiennent aux chaînes latérales des cystéines de la protéine associée. (Remarquez que seuls les deux atomes de S inorganiques sont comptabilisés dans la formule chimique.) Tous les groupements Fe-S acceptent et libèrent un électron à la fois.

Dans la chaîne respiratoire, les électrons parcourent les cytochromes dans l'ordre suivant : *b*, c_1, *c*, *a* et a_3 (voir Figure 8-13). Les cinq cytochromes possèdent des hèmes et des ligands axiaux légèrement différents, qui produisent des environnements distincts pour Fe. Par conséquent, chaque cytochrome possède son propre potentiel de réduction, ou tendance à accepter un électron — une propriété importante qui détermine le flux unidirectionnel des électrons le long de la chaîne. Le noyau héminique dans les cytochromes étant constitué d'une alternance d'atomes liés par des liaisons simples et doubles, un grand nombre de formes de résonance existent et l'électron surnuméraire est délocalisé entre les atomes de carbone et d'hydrogène de l'hème et l'ion Fe. Tous les cytochromes sauf le cytochrome *c* sont des composants des complexes multiprotéiques présents dans la membrane mitochondriale interne. Bien que le cytochrome *c* comporte un complexe hème-protéine, il diffuse librement dans l'espace intermembranaire.

Les *groupements fer-soufre* sont des groupements prosthétiques non héminiques contenant du fer, constitués d'atomes de Fe liés à des atomes de S inorganiques et des atomes de S appartenant à des résidus cystéine d'une protéine (Figure 8-15b). Certains atomes de Fe dans le groupement portent une charge +2 et d'autres, une charge +3. Cependant, la charge nette de chaque Fe est comprise entre +2 et +3 car les électrons présents dans les orbitales les plus externes sont dispersés entre les ions Fe et circulent rapidement de l'un à l'autre. Les groupements fer-soufre acceptent et libèrent les électrons un par un ; l'électron surnuméraire est également partagé entre tous les ions Fe dans le groupement.

Le *coenzyme Q* (CoQ) également appelé *ubiquinone* est le seul transporteur d'électrons dans la chaîne respiratoire qui n'est pas un groupement prosthétique lié à une protéine. Il s'agit d'un transporteur d'atomes d'hydrogène, c'est-à-dire, de protons et d'électrons. La forme quinonique oxydée de CoQ peut accepter un seul électron pour former une semi-quinone, un radical libre chargé noté CoQ^{-}•. L'addition d'un second électron et de deux protons à CoQ^{-}• conduit à la dihydro-ubiquinone ($CoQH_2$), la forme complètement réduite du composé (Figure 8-16). CoQ et $CoQH_2$ sont tous deux solubles dans les phospholipides et diffusent librement dans la membrane mitochondriale interne.

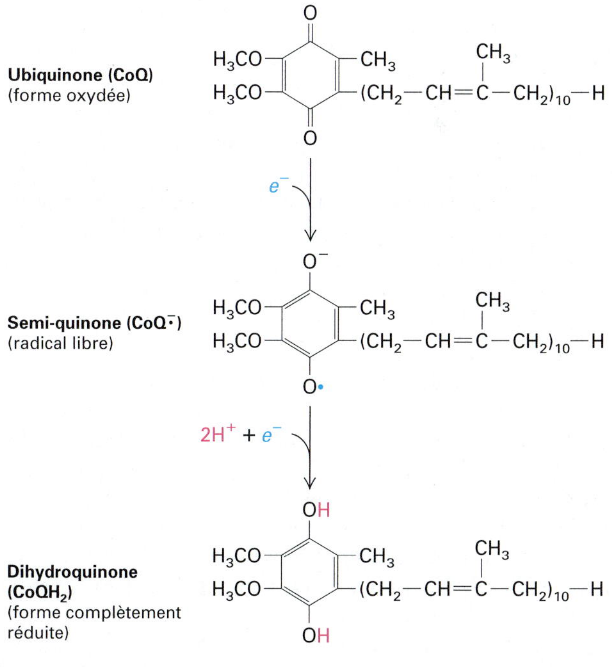

FIGURE 8-16 Les formes oxydée et réduite du coenzyme Q (CoQ) qui porte deux protons et deux électrons. En raison de sa longue « queue » d'unités isoprène, CoQ est soluble dans la partie centrale hydrophobe des bicouches phospholipidiques et est très mobile. La réduction de CoQ en sa forme complètement réduite QH_2 se produit en deux étapes avec un radical libre intermédiaire à moitié réduit appelé *semi-quinone*.

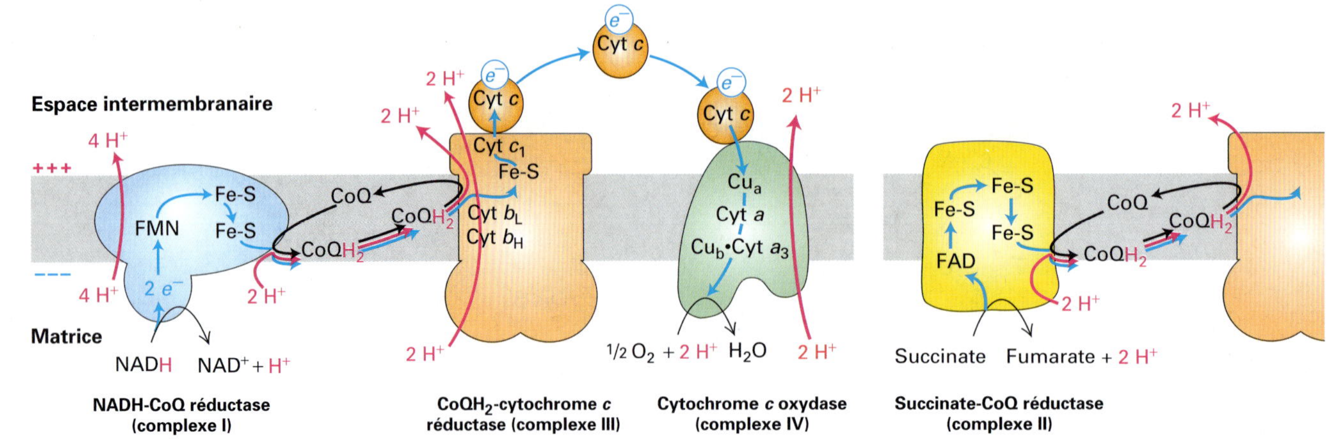

FIGURE 8-17 Une vue d'ensemble des complexes multiprotéiques, des groupements prosthétiques qui leur sont liés et des transporteurs mobiles associés dans la chaîne respiratoire. Les flèches bleues symbolisent le flux d'électrons et les flèches rouges, la translocation des protons. (*À gauche*) Le trajet à partir de NADH. 10 protons au total subissent une translocation pour chaque paire d'électrons transmise de NADH à O_2. Les protons libérés dans l'espace matriciel au cours de l'oxydation de NADH par la NADH-CoQ réductase sont consommés pour la formation d'eau à partir d'O_2 par la cytochrome *c* oxydase, ce qui aboutit à une translocation nette nulle de protons parallèlement à ces réactions. (*À droite*) Le trajet à partir du succinate. Au cours de l'oxydation du succinate en fumarate et de la réduction de CoQ par le complexe succinate-CoQ réductase, aucun proton ne subit de translocation à travers la membrane. Le reste du transport des électrons depuis $CoQH_2$ suit le même trajet que dans le schéma de gauche. Par conséquent, pour chaque paire d'électrons transportée du succinate vers O_2, six protons subissent une translocation de la matrice vers l'espace intermembranaire. Le coenzyme *Q* et le cytochrome *c* jouent le rôle de transporteurs mobiles d'électrons depuis le NADH et le succinate. Voir le texte pour les détails.

Comme le montre la Figure 8-17, CoQ accepte les électrons libérés par le complexe NADH-CoQ réductase (I) et le complexe succinate-CoQ réductase (II) et les donne au complexe $CoQH_2$-cytochrome *c* réductase (III). Il est important de noter que la réduction et l'oxydation du CoQ sont couplées au pompage des protons. CoQ accepte des électrons au niveau d'un site de liaison présent sur la face cytosolique (matrice) du complexe protéique et capte toujours les protons depuis le milieu situé face au côté cytosolique. $CoQH_2$ libère ses électrons depuis un site de liaison présent sur la face extracytoplasmique du complexe protéique et libère ses protons dans le milieu extracytoplasmique (espace intermembranaire). Le transport de chaque paire d'électrons par CoQ est donc obligatoirement couplé au déplacement de deux protons du milieu cytosolique vers le milieu extracytoplasmique.

La NADH-CoQ réductase (Complexe I) Les électrons sont transportés de NADH vers CoQ par le complexe NADH-CoQ réductase. NAD^+ transporte exclusivement les électrons deux par deux : il accepte ou libère une paire d'électrons à chaque fois. Dans le complexe NADH-CoQ réductase, les électrons passent d'abord de NADH à FMN (flavine mononucléotide), un cofacteur apparenté à FAD, puis à un groupement fer-soufre et enfin à CoQ (voir Figure 8-17). FMN, comme FAD, peut accepter deux électrons, mais l'un après l'autre.

La réaction globale catalysée par ce complexe est :

$$\underset{\text{(Réduit)}}{\text{NADH}} + \underset{\text{(Oxydé)}}{\text{CoQ}} + 2\,H^+ \longrightarrow \underset{\text{(Oxydé)}}{\text{NAD}^+} + H^+ + \underset{\text{(Réduit)}}{\text{CoQH}_2}$$

Chaque électron transporté subit une chute de potentiel de ≈ 360 mV, équivalente à un $\Delta G°'$ de — 16,6 kcal/mol pour les deux électrons transportés (voir Figure 8-13). Une grande partie de cette énergie libérée est utilisée pour transporter quatre protons à travers la membrane interne par molécule de NADH oxydée par le complexe NADH-CoQ réductase.

La succinate-CoQ réductase (Complexe II) La succinate déshydrogénase, l'enzyme qui oxyde une molécule de succinate en fumarate dans le cycle de Krebs est un composant intrinsèque du complexe succinate-CoQ réductase. Les deux électrons libérés au cours de la conversion du succinate en fumarate sont transférés d'abord vers FAD, puis vers un groupement fer-soufre et enfin vers CoQ (voir Figure 8-17). La réaction globale catalysée par ce complexe est :

$$\underset{\text{(Réduit)}}{\text{Succinate}} + \underset{\text{(Oxydé)}}{\text{CoQ}} \longrightarrow \underset{\text{(Oxydé)}}{\text{fumarate}} + \underset{\text{(Réduit)}}{\text{CoQH}_2}$$

Bien que le $\Delta G°'$ de cette réaction soit négatif, l'énergie libérée est insuffisante pour le pompage des protons. En conséquence, aucun proton ne subit de translocation à travers la membrane par le complexe succinate-CoQ réductase et aucune force proton-motrice n'est créée dans cette partie de la chaîne respiratoire.

Le complexe $CoQH_2$-cytochrome c réductase (Complexe III) Un $CoQH_2$ produit par le complexe I ou par le complexe II donne deux électrons au complexe $CoQH_2$-cytochrome *c* réductase, régénérant du CoQ oxydé. En même temps, il libère dans l'espace intermembranaire deux protons absorbés sur la face cytosolique, créant une partie de la force proton-motrice. Dans le complexe III, les électrons libérés sont d'abord transférés vers un groupement fer-soufre présent dans le complexe III, puis vers deux cytochromes de type *b* (b_L et b_H) ou vers le cytochrome c_1. Enfin, les deux électrons sont transférés vers deux molécules de la forme oxydée du cytochrome *c*, une protéine périphérique hydrosoluble qui diffuse dans l'espace intermembranaire (voir Figure 8-17). Pour chaque paire d'électrons transférée, la réaction globale catalysée par le complexe $CoQH_2$-cytochrome *c* réductase est :

$$\underset{\text{(Réduit)}}{CoQH_2} + \underset{\text{(Oxydé)}}{2\ Cyt\ c^{3+}} \longrightarrow \underset{\text{(Oxydé)}}{CoQ} + 2\ H^+ + \underset{\text{(Réduit)}}{2\ Cyt\ c^{2+}}$$

Le $\Delta G°'$ de cette réaction est suffisamment négatif pour permettre la translocation de deux protons supplémentaires de la matrice mitochondriale à travers la membrane interne, pour chaque paire d'électrons transférée. Ceci met en jeu le cycle Q de la force proton-motrice décrit plus loin.

La cytochrome c oxydase (Complexe IV) Le cytochrome *c*, après avoir été réduit par le complexe $CoQH_2$-cytochrome *c* réductase, transporte un par un des électrons jusqu'au complexe cytochrome *c* oxydase (Figure 8-18). Dans ce complexe, les électrons sont transférés une fois encore un par un, d'abord jusqu'à une paire d'ions cuivre appelés Cu_a^{2+}, ensuite vers le cytochrome *a*, puis vers un complexe d'un autre ion cuivre Cu_b^{2+}, vers le cytochrome a_3 et enfin jusqu'à O_2, le dernier accepteur d'électrons, formant ainsi

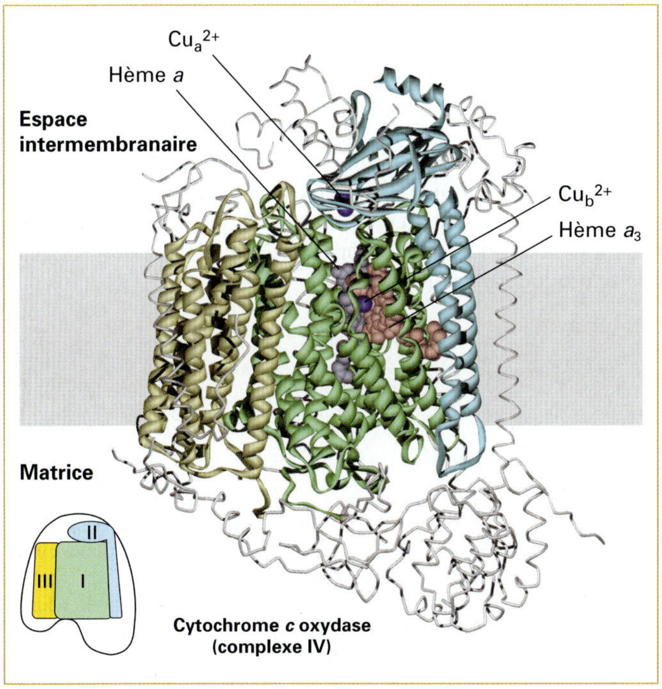

FIGURE 8-18 La structure moléculaire du cœur du complexe cytochrome c oxydase dans la membrane mitochondriale interne. La cytochrome *c* oxydase mitochondriale contient 13 sous-unités différentes, mais la partie centrale catalytique de l'enzyme n'est constituée que de trois sous-unités : I (en vert), II (en bleu) et III (en jaune). On ignore la fonction des autres sous-unités (en blanc). Les cytochromes *c* oxydases bactériennes contiennent seulement les trois sous-unités catalytiques. Les hèmes *a* et a_3 sont colorés respectivement en violet et en rouge dans le modèle compact. Les trois atomes de cuivre sont figurés par des sphères bleu foncé. [Adapté de T. Tsukihara et al., 1996, *Science* **272** :1136.]

H_2O. Pour chaque paire d'électrons transférée, la réaction globale catalysée par le complexe cytochrome *c* oxydase est :

$$\underset{\text{(Réduit)}}{2\ Cyt\ c^{2+}} + 2\ H^+ + \tfrac{1}{2}\ O_2 \longrightarrow \underset{\text{(Oxydé)}}{2\ Cyt\ c^{3+}} + H_2O$$

Au cours du transport de chaque paire d'électrons à travers le complexe cytochrome *c* oxydase, deux protons subissent une translocation à travers la membrane.

Le CoQ et la cytochrome c oxydase dans le rôle de navettes mobiles à électrons Les complexes de transport de quatre électrons décrits jusqu'à présent peuvent bouger latéralement dans la membrane mitochondriale interne. De plus, ils sont présents en quantités inégales et n'établissent pas de contacts stables les uns avec les autres. Ces propriétés ne concernent pas le transfert direct des électrons d'un complexe au suivant. Au lieu de cela, les électrons sont transportés d'un complexe à l'autre par diffusion de CoQ dans la membrane et par le cytochrome *c* dans l'espace intermembranaire, comme on le voit dans la Figure 8-17.

Les potentiels de réduction des transporteurs d'électrons favorisent le flux d'électrons de NADH vers O_2

Comme nous l'avons vu au Chapitre 2, le **potentiel de réduction *E*** d'une réaction de réduction donnée :

$$\text{Molécule oxydée} + e^- \rightleftharpoons \text{molécule réduite}$$

est une mesure de la constante d'équilibre de cette réaction partielle. À l'exception des cytochromes *b* dans le complexe $CoQH_2$-cytochrome *c* réductase, le potentiel standard de réduction $E°'$ des transporteurs dans la chaîne respiratoire mitochondriale augmente nettement de NADH à O_2. Par exemple, pour la réaction partielle :

$$NAD^+ + H^+ + 2\ e^- \rightleftharpoons NADH$$

la valeur du potentiel standard de réduction est de –320 mV, ce qui équivaut à un $\Delta G°'$ de + 14,8 kcal/mol pour deux électrons transférés. Par conséquent, cette réaction partielle a tendance à se dérouler vers la gauche, c'est-à-dire vers l'oxydation de NADH en NAD^+.

Inversement, le potentiel standard de réduction de la réaction partielle :

$$\text{Cytochrome } c_{ox}\ (Fe^{3+}) + e^- \rightleftharpoons \text{cytochrome } c_{réd}\ (Fe^{2+})$$

est de + 220 mV ($\Delta G°'$ = –5,1 kcal/mol) pour le transfert d'un électron. Pour cette raison, cette réaction partielle a tendance à se dérouler vers la droite, c'est-à-dire vers la réduction du cytochrome *c* (Fe^{3+}) en cytochrome *c* (Fe^{2+}).

La dernière réaction dans la chaîne respiratoire, la réduction d'O_2 en H_2O :

$$2\ H^+ + \tfrac{1}{2}\ O_2 + 2\ e^- \longrightarrow H_2O$$

a un potentiel standard de réduction de + 816 mV ($\Delta G°'$ = – 37,8 kcal/mol pour le transfert de deux électrons), qui est le plus positif parmi toutes les réactions. Cette réaction tend donc également à se dérouler vers la droite.

Comme l'illustre la Figure 8-13, l'augmentation régulière des valeurs de $E°'$ et la diminution correspondante des valeurs de $\Delta G°'$ des transporteurs de la chaîne respiratoire favorisent le flux d'électrons du NADH et du succinate vers l'oxygène.

CoQ et trois complexes transporteurs d'électrons pompent les protons hors de la matrice mitochondriale

Les complexes multiprotéiques responsables du pompage des protons couplé au transport d'électrons ont été identifiés grâce à l'extraction sélective des protéines de membranes mitochondriales à l'aide de détergents, qui a permis d'isoler chacun des complexes quasiment à l'état pur, puis à la préparation de vésicules phospholipidiques artificielles (liposomes) contenant chacun des complexes (voir Figure 7-5). Lorsque l'on ajoute un donneur et un accepteur d'électrons appropriés à ces liposomes, on observe un changement de pH du milieu si le complexe enchâssé dans la membrane transporte des protons (Figure 8-19). Les études de ce type indiquent que le complexe NADH-CoQ réductase assure la translocation de quatre protons par paire d'électrons transportés, tandis que le complexe de la cytochrome *c* oxydase ne permet la translocation que de deux protons par paire d'électrons transportés (ou, ce qui revient au même, pour chaque paire de molécules de cytochrome *c* oxydés).

Certains éléments suggèrent qu'au total, 10 protons sont transportés depuis l'espace matriciel, à travers la membrane mitochondriale interne pour chaque paire d'électrons transférée de NADH à O_2 (voir Figure 8-17). Puisque le complexe succinate-CoQ réductase ne transporte pas de protons, seuls six protons seront transportés à travers la membrane pour chaque paire d'électrons transférés du succinate (ou de $FADH_2$) vers O_2. On sait relativement peu de choses sur le couplage du flux d'électrons et de la translocation des protons par le complexe NADH-CoQ réductase. On en sait davantage sur le fonctionnement du complexe cytochrome *c* oxydase, dont nous allons parler. Les déplacements couplés des électrons et des protons assurés par le complexe $COQH_2$-cytochrome *c* réductase, qui impliquent un mécanisme unique, seront décrits séparément.

Après la réduction du cytochrome *c* par le complexe QH_2-cytochrome *c* réductase, il est réoxydé par le complexe cytochrome *c* oxydase, qui transfère des électrons à l'oxygène. Comme nous l'avons vu plus tôt, la cytochrome *c* oxydase contient trois ions cuivre et deux hèmes (voir Figure 8-18). Le flux d'électrons à travers ces transporteurs est décrit dans la Figure 8-20. Quatre molécules de cytochrome *c* réduit se fixent (une par une) à un site présent sur la sous-unité II de l'oxydase. Un électron est transféré depuis l'hème de chaque cytochrome *c*, d'abord vers un Cu_a^{2+} lié à la sous-unité II, puis vers l'hème *a* lié à la sous-unité I et enfin vers Cu_b^{2+} et l'hème a_3 qui constituent le centre de réduction de l'oxygène.

L'oxydation et la réduction cycliques du fer et du cuivre dans le centre de réduction de l'oxygène de la cytochrome *c* oxydase, ainsi que la capture de quatre protons dans l'espace matriciel, sont couplées au transfert de quatre électrons vers l'oxygène et la formation d'eau. Les intermédiaires supposés de la réduction de l'oxygène comprennent l'anion peroxyde (O_2^{2-}) et sans doute le radical hydroxyle (OH•) ainsi que des complexes inhabituels d'atomes de fer et d'oxygène. Ces intermédiaires seraient dangereux pour la cellule s'ils s'échappaient du centre réactionnel, mais cela se produit rarement.

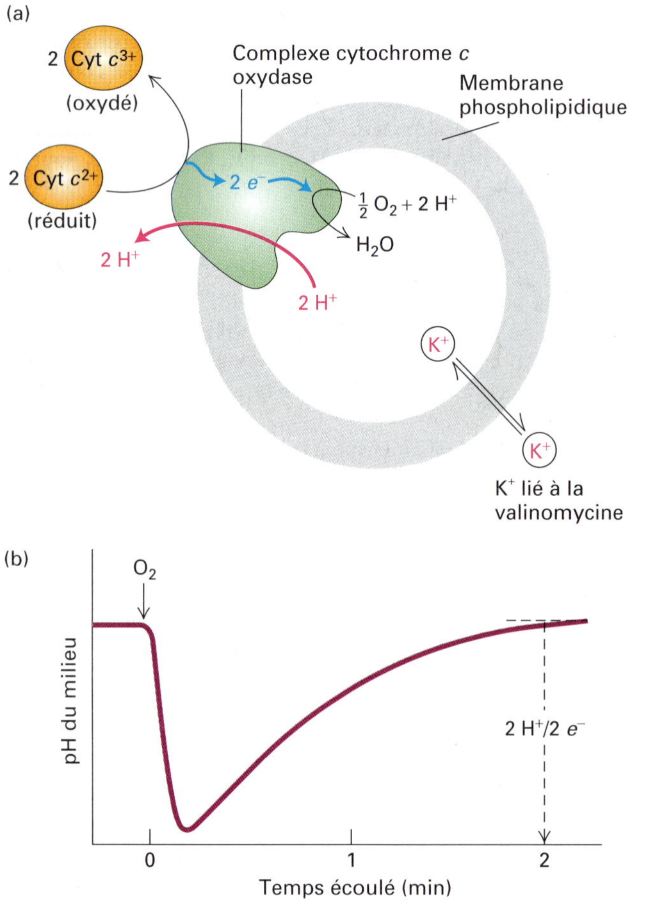

FIGURE EXPÉRIMENTALE 8-19 Le transfert d'électrons du cytochrome *c* réduit (Cyt c^{2+}) jusqu'à O_2, par le biais du complexe cytochrome *c* oxydase est couplé au transport de protons. Le complexe oxydase est incorporé dans des liposomes, avec son site de liaison pour le cytochrome *c* sur la surface externe. (a) Lorsque l'on ajoute O_2 et du cytochrome *c* réduit, les électrons sont transférés vers O_2 pour former H_2O et les protons sont transportés de l'intérieur vers l'extérieur des vésicules. On ajoute de la valinomycine et des ions K^+ au milieu afin de dissiper le potentiel électrique créé par la translocation de H^+, qui sans cela réduirait le nombre de protons transportés à travers la membrane. (b) Un enregistrement du pH du milieu révèle une chute brutale du pH après l'addition d'O_2. Pendant l'oxydation du cytochrome *c* réduit, les protons regagnent les vésicules et le pH du milieu retrouve finalement sa valeur initiale. Les mesures montrent que deux protons sont transportés par atome de O réduit. Deux électrons sont nécessaires pour réduire un atome de O, mais le cytochrome *c* transfère seulement un électron. Par conséquent, deux molécules de Cyt c^{2+} sont oxydées pour chaque O réduit. [Adapté de B. Reynafarje et al., 1986, *J. Biol. Chem.* **261** :8254.]

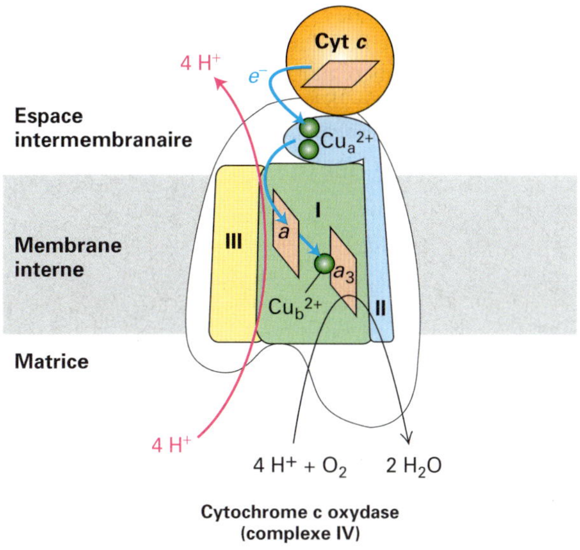

FIGURE 8-20 Une représentation schématique du complexe cytochrome *c* oxydase montrant le trajet du flux d'électrons du cytochrome *c* réduit jusqu'à O_2. Les groupements héminiques sont représentés par des losanges rouges. Les flèches bleues indiquent le flux d'électrons. Quatre électrons, libérés séquentiellement de quatre molécules de cytochrome *c* réduit, en même temps que quatre protons de la matrice, se combinent avec une molécule d'O_2 pour former deux molécules d'eau. De plus, pour chaque électron transféré du cytochrome *c* vers l'oxygène, un proton est transporté de la matrice vers l'espace intermembranaire, soit un total de quatre, pour chaque molécule d'O_2 réduite sous la forme de deux molécules de H_2O.

Pour chaque groupe de quatre électrons transféré depuis le cytochrome *c* réduit à travers la cytochrome *c* oxydase (c'est-à-dire pour chaque molécule d'O_2 réduite en deux molécules de H_2O), quatre protons subissent une translocation de l'espace matriciel vers l'espace intermembranaire (deux protons par paire d'électrons). On ignore toutefois le mécanisme de translocation de ces protons.

Le cycle Q augmente le nombre de protons subissant une translocation, lorsque des électrons passent par le complexe $CoQH_2$-cytochrome c réductase

Des expériences comme celle décrite dans la Figure 8-19 ont montré que quatre protons subissent une translocation à travers la membrane, pour chaque paire d'électrons transportée depuis $CoQH_2$ par le complexe $CoQH_2$-cytochrome *c* réductase. Ce complexe transporte donc deux protons par électron transféré, alors que le complexe cytochrome *c* oxydase n'en transporte qu'un. Un mécanisme conservé au cours de l'évolution, appelé *cycle Q*, explique le transport deux pour un des protons et des électrons par le complexe $CoQH_2$-cytochrome *c* réductase.

$CoQH_2$ est produit à la fois par les complexes NADH-CoQ réductase et succinate-CoQ réductase et, comme nous le verrons, par le complexe $CoQH_2$-cytochrome *c* réductase lui-même. Dans tous les cas, une molécule provenant de la réserve de $COQH_2$ réduits dans la membrane se fixe au site Q_o sur la *face de l'espace intermembranaire* (*externe*) du complexe $CoQH_2$-cytochrome *c* réductase (Figure 8-21, étape [1]). Une fois fixé à ce site, $CoQH_2$ libère deux protons dans l'espace intermembranaire (étape [2a]). Ceux-ci représentent deux des quatre protons pompés par paire d'électrons transférés. Le fonctionnement du cycle Q aboutit au pompage des deux autres protons. Pour comprendre ce cycle, nous devons d'abord nous intéresser au devenir des deux électrons

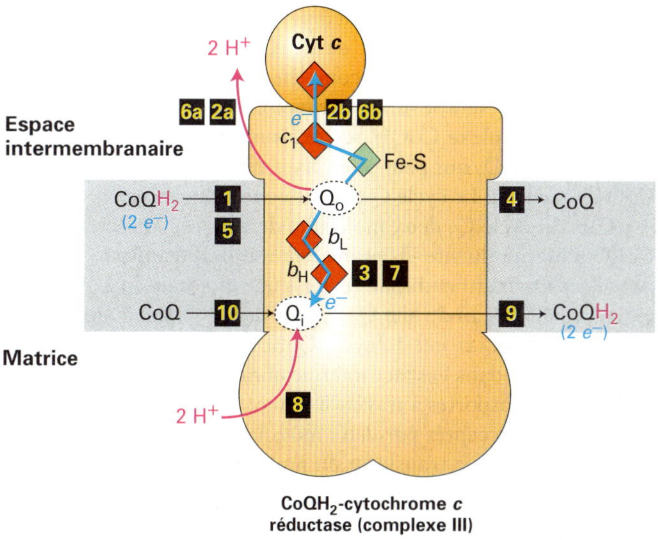

Dans le site Q_o : $2\ CoQH_2 + 2\ Cyt\ c^{3+} \longrightarrow 2\ CoQ + 2\ Cyt\ c^{2+} + 2\ e^- + 4\ H^+_{(extérieur)}$

$CoQH_2$: $(4\ H^+, 4\ e^-)$; $2\ CoQ$: $(2\ e^-)$

Dans le site Q_i : $CoQ + 2\ e^- + 2\ H^+_{(face\ matricielle)} \longrightarrow CoQH_2$

$CoQH_2$: $(2\ H^+, 2\ e^-)$

Cycle Q net (somme des réactions dans les sites Q_o et Q_i):

$CoQH_2 + 2\ Cyt\ c^{3+} + 2\ H^+_{(face\ matricielle)} \longrightarrow CoQ + 2\ Cyt\ c^{2+} + 4\ H^+_{(extérieur)}$

$CoQH_2$: $(2\ H^+, 2\ e^-)$; CoQ : $(2\ e^-)$

Pour $2\ e^-$ transférés par le complexe III jusqqu'au ctochrome *c*, $4\ H^+$ libérés dans l'espace intermembranaire

FIGURE 8-21 Le cycle Q. $CoQH_2$ se fixe au site Q_o sur la face située du côté de l'espace intermembranaire (externe) du complexe CoQ-cytochrome *c* réductase et CoQ se fixe au site Q_i sur la face matricielle (interne). Un électron du $CoQH_2$ lié à Q_o gagne directement le cytochrome *c* grâce à un groupement Fe-S et au cytochrome c_1. L'autre électron passe par les cytochromes *b* puis atteint CoQ sur le site Q_i, formant la semi-quinone partiellement réduite ($Q^{\cdot -}$). Simultanément, $CoQH_2$ libère ses deux protons dans l'espace intermembranaire. Le CoQ maintenant dans le site Q_o se dissocie et un deuxième $CoQH_2$ s'y fixe. Comme précédemment, un électron gagne directement le cytochrome c_1 et l'autre, $Q^{\cdot -}$ dans le site Q_i, formant un $CoQH_2$ avec les deux protons captés dans l'espace matriciel. $CoQH_2$ se dissocie ensuite. Le résultat net est la translocation de quatre protons de la matrice vers l'espace intermembranaire pour chaque paire d'électrons transportés par le complexe $CoQH_2$-cytochrome *c* réductase (*en bas*). Voir le texte pour les détails. [Adapté de B. Trumpower, 1990, *J. Biol. Chem.* **265** :11409 et E. Darrouzet et al., 2001, *Trends Biochem Sci.* **26** :445.]

libérés par $CoQH_2$ au niveau du site Q_0. L'un des deux électrons de $CoQH_2$ est transporté par une protéine à groupement fer-soufre et le cytochrome c_1 directement vers le cytochrome *c* (étape 2b). L'autre électron libéré par $CoQH_2$ passe par les cytochromes b_L et b_H et réduit partiellement une molécule oxydée de CoQ liée au site Q_i sur la *face matricielle (interne)* du complexe, formant un anion CoQ semi-quinonique Q^{-}• (étape 3).

Après la perte de deux protons et de deux électrons, le CoQ à présent oxydé au site Q_o se dissocie (étape 4) et un deuxième $CoQH_2$ se fixe au site (étape 5). Comme précédemment, le $CoQH_2$ lié libère deux protons dans l'espace intermembranaire (étape 6a) tandis que simultanément, un électron de $CoQH_2$ gagne directement le cytochrome *c* (étape 6b) et que l'autre électron gagne le Q^{-}• par l'intermédiaire des cytochromes *b* au site Q_i (étape 7). Là, l'addition de deux protons provenant de la matrice produit une molécule complètement réduite de $CoQH_2$ au niveau du site Q_i (étape 8). Cette molécule de $CoQH_2$ se dissocie ensuite du complexe $CoQH_2$-cytochrome *c* réductase (étape 9) libérant le site Q_i qui peut alors fixer une nouvelle molécule de CoQ (étape 10). Le cycle Q peut alors recommencer.

Lors du cycle Q, deux molécules de $CoQH_2$ sont oxydées en CoQ au niveau du site Q_0 et libèrent un total de quatre protons dans l'espace intermembranaire, mais une molécule de $CoQH_2$ est régénérée au niveau du site Q_i à partir de CoQ (voir Figure 8-21, *en bas*). Le résultat *net* du cycle Q est donc la translocation de quatre protons dans l'espace intermembranaire pour chaque paire d'électrons transportés à travers le complexe $CoQH_2$-cytochrome *c* réductase et acceptés par deux molécules de cytochrome *c*. Les protons subissant la translocation proviennent tous de la matrice et sont captés soit par le complexe NADH-CoQ réductase, soit par le complexe $CoQH_2$-cytochrome *c* réductase au cours de la réduction de CoQ. Même si le fonctionnement du cycle Q semble lourd, il augmente le nombre de protons pompés par paire d'électrons passant par le complexe $CoQH_2$-cytochrome *c* réductase. Le cycle Q est présent chez les plantes et les animaux ainsi que chez les bactéries. Son apparition à un stade précoce de l'évolution cellulaire fut probablement essentielle pour que toutes les formes de vie puissent convertir l'énergie potentielle du coenzyme Q réduit en une force proton-motrice maximale à travers une membrane.

Bien que le modèle présenté dans la Figure 8-21 corresponde assez bien aux études de mutagenèse et de spectroscopie réalisées sur le complexe $CoQH_2$-cytochrome *c* réductase, il soulève un certain nombre de questions. Par exemple, comment les deux électrons libérés par $CoQH_2$ au niveau du site Q_o sont-ils dirigés vers différents accepteurs (cytochromes c_1 et b_L) ? Des études anciennes impliquaient un groupement fer-soufre (2Fe-2S) dans le transfert des électrons un par un, du $CoQH_2$ au site Q_o vers le cytochrome c_1. Pourtant, la structure tridimensionnelle récemment établie du complexe $CoQH_2$-cytochrome *c* réductase, qui est une protéine dimérique, suggérait initialement que le groupement 2Fe-2S était positionné trop loin du site Q_o pour qu'un électron puisse « sauter » jusqu'à lui. Plus tard, des chercheurs découvrirent que la sous-unité contenant le groupement 2Fe-2S possède une charnière flexible qui lui permet d'exister dans deux états conformationnels (Figure 8-22). Dans l'une des conformations, le groupement 2Fe-2S est suffisamment proche du site Q_o pour prendre un électron au $CoQH_2$ qui lui est lié. Le mouvement de la charnière place alors le groupement 2Fe-2S suffisamment près de l'hème sur le cytochrome c_1 pour permettre le transfert d'électrons. Avec la sous-unité Fe-S dans cette conformation alternative, le deuxième électron libéré par le $CoQH_2$ lié au site Q_o ne peut gagner le groupement 2Fe-2S et doit emprunter un chemin moins favorable thermodynamiquement jusqu'au cytochrome b_L.

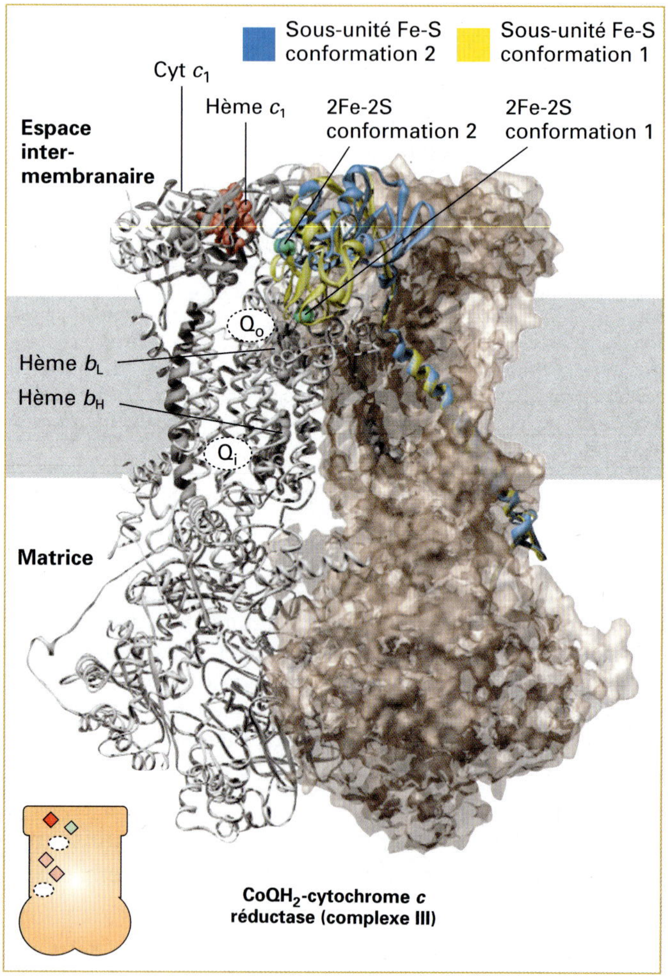

FIGURE 8-22 Les conformations tridimensionnelles alternatives de la sous-unité Fe-S du complexe CoQ-cytochrome *c* réductase. Dans le complexe dimérique, les cytochromes b_L et b_H sont associés à une sous-unité et le groupement 2Fe-2S à l'autre. La sous-unité contenant le groupement 2Fe-2S est montrée dans ses deux états conformationnels alternatifs, qui diffèrent principalement dans la partie de la protéine proche de l'espace intermembranaire. Dans l'une des conformations (en jaune), le groupement 2Fe-2S (en vert) est positionné près du site Q_o sur le côté intermembranaire de la protéine et peut alors prendre un électron à $CoQH_2$. Dans la conformation alternative (en bleu) le groupement 2Fe-2S est situé près de l'hème c_1 sur le cytochrome c_1 et peut transférer un électron à celui-ci. [Adapté de Z. Zhang et al., 1998, *Nature* **392** :678 ; voir aussi Darrouzet et al., 2001, *Trends Biochem Sci.* **26** :445.]

CONCEPTS CLÉS DE LA SECTION 8.2

Le transport d'électrons et la création de la force proton-motrice

- La force proton-motrice est une combinaison d'un gradient de concentration de protons (pH) (face extracytoplasmique > face cytosolique) et d'un potentiel électrique (face cytosolique négative) à travers une membrane.
- Dans la mitochondrie, la force proton-motrice est créée par le couplage du flux d'électrons de NADH et $FADH_2$ vers O_2, avec le transport des protons contre leur gradient, de la matrice jusqu'à l'espace intermembranaire en passant par la membrane interne.
- Les principaux composants de la chaîne respiratoire mitochondriale sont quatre complexes multiprotéiques de la membrane interne : la NADH-CoQ réductase (I), la succinate-CoQ réductase (II), la $CoQH_2$-cytochrome *c* réductase (III) et la cytochrome *c* oxydase (IV). Le dernier complexe transfère les électrons vers O_2 pour former H_2O.
- Chaque complexe contient un ou plusieurs groupements prosthétiques transportant des électrons qui peuvent être des groupements fer-soufre, des flavines, des hèmes ou des ions cuivre (voir Tableau 8-2). Le cytochrome *c* qui contient un hème et le coenzyme Q (CoQ) sont des transporteurs mobiles d'électrons.
- Chaque transporteur d'électrons accepte un électron ou une paire d'électrons à partir d'un transporteur dont le potentiel de réduction est moins positif et transfère cet ou ces électrons vers un transporteur dont le potentiel de réduction est davantage positif. Ainsi, les potentiels de réduction des transporteurs d'électrons favorisent le flux unidirectionnel d'électrons de NADH et $FADH_2$ vers O_2 (voir Figure 8-13).
- Au total, 10 ions H^+ subissent une translocation de la matrice à travers la membrane interne, pour chaque paire d'électrons passant de NADH à O_2 (voir Figure 8-17).
- Le cycle Q permet la translocation de quatre protons (au lieu de deux) par paire d'électrons passant dans le complexe $CoQH_2$-cytochrome *c* réductase (voir Figure 8-21).

8.3 L'utilisation de la force proton-motrice pour les processus endergoniques

L'hypothèse selon laquelle une force proton-motrice à travers la membrane mitochondriale est la source d'énergie immédiate pour la synthèse d'ATP fut proposée en 1961 par Peter Mitchell. Presque tous les chercheurs travaillant sur la phosphorylation oxydative et la photosynthèse s'opposèrent initialement à ce mécanisme chimiosmotique. Ils imaginaient un mécanisme similaire à celui bien connu de la phosphorylation au niveau du substrat dans la glycolyse, dans lequel l'oxydation d'une molécule de substrat est directement couplée à la synthèse d'ATP. Par analogie, on pensait que le transport d'électrons à travers les membranes des chloroplastes ou des mitochondries créait un intermédiaire avec une liaison chimique riche en énergie (comme un phosphate lié à une enzyme par une liaison ester) qui était ensuite utilisée pour convertir P_i et l'ADP en ATP. Néanmoins, en dépit des efforts considérables d'un grand nombre de chercheurs, aucun intermédiaire de ce type n'a jamais été identifié.

Les preuves définitives du rôle de la force proton-motrice dans la synthèse d'ATP durent attendre la mise au point des techniques permettant de purifier et de reconstituer les membranes des organites et les protéines membranaires. L'expérience menée avec des vésicules thylacoïdes de chloroplastes contenant des particules F_0F_1 décrite dans la Figure 8-23, contribua à démontrer que le complexe F_0F_1 est une enzyme permettant la synthèse d'ATP et

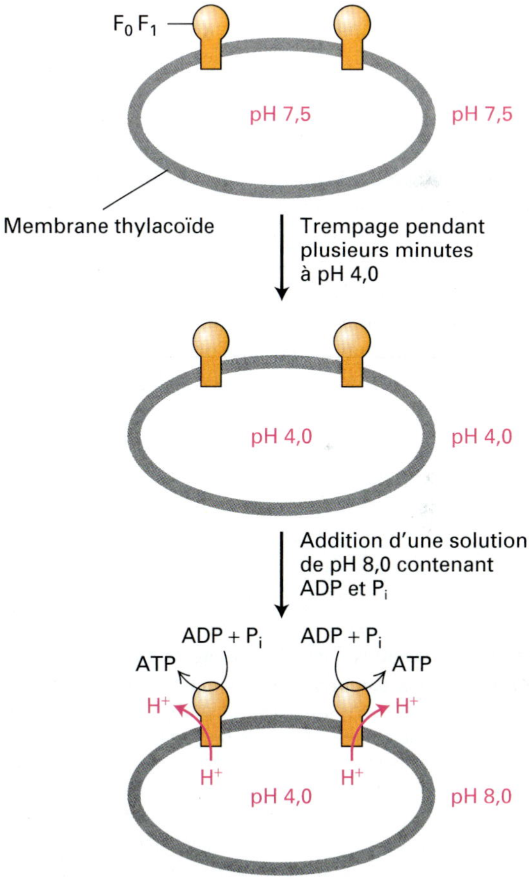

FIGURE EXPÉRIMENTALE 8-23 La synthèse d'ATP par F_0F_1 dépend du gradient de pH à travers la membrane. Des vésicules thylacoïdes isolées de chloroplastes contenant des particules F_0F_1 ont été équilibrées dans l'obscurité à l'aide d'une solution tampon de pH 4,0. Lorsque le pH de la lumière du thylacoïde a atteint 4,0, les vésicules ont rapidement été mélangées avec une solution de pH 8,0 contenant de l'ADP et du P_i. Une forte augmentation de la synthèse d'ATP accompagne le déplacement transmembranaire de protons dû au gradient de concentration de H^+ de 10 000 (10^{-4} M vs 10^{-8} M). Dans des expériences similaires utilisant des préparations « inside-out » de vésicules submitochondriales, un potentiel électrique membranaire créé artificiellement aboutissait également à la synthèse d'ATP.

que cette synthèse dépend du déplacement des protons dans le sens de leur gradient électrochimique. Une fois admis le mécanisme chimiosmotique de Mitchell, les chercheurs s'intéressèrent à la structure et au fonctionnement du complexe F_0F_1.

Les protéines des membranes plasmiques bactériennes catalysent le transport d'électrons et la synthèse d'ATP qui lui est couplée

Bien que les bactéries soient dépourvues de membranes internes, les bactéries aérobies effectuent la phosphorylation oxydative par les mêmes processus que les mitochondries eucaryotes. Les enzymes qui catalysent les réactions de la glycolyse et du cycle de Krebs sont toutes présentes dans le cytosol des bactéries. Les enzymes qui oxydent NADH en NAD^+ et transfèrent les électrons jusqu'à l'accepteur final O_2 sont situées près de la membrane plasmique bactérienne.

Le déplacement des électrons à travers ces transporteurs membranaires est couplé au pompage des protons hors de la cellule (voir Figure 8-2). Le retour des protons dans la cellule, dans le sens de leur gradient de concentration, est couplé à la synthèse d'ATP. Les complexes bactériens F_0F_1 ont une structure et une fonction quasiment identiques à celles du complexe F_0F_1 mitochondrial mais sont plus faciles à purifier et à étudier. La force proton-motrice à travers la membrane plasmique bactérienne est également utilisée pour permettre l'absorption de nutriments tels que les sucres, grâce à l'utilisation des symporteurs à proton/sucre, ainsi que la rotation des flagelles bactériens (voir Figure 8-1). Comme nous l'avons vu plus haut, une bactérie aérobie primitive est probablement à l'origine des mitochondries présentes dans les cellules eucaryotes (voir Figure 8-3).

L'ATP synthétase comporte deux complexes multiprotéiques appelés F_0 et F_1

Le complexe F_0F_1 ou ATP synthétase possède deux composants essentiels, F_0 et F_1 qui sont tous deux des complexes multiprotéiques (Figure 8-24). Le composant F_0 contient trois types de protéines membranaires intrinsèques, appelées **a**, **b**, et **c**. Dans les bactéries et les mitochondries de levure, la composition la plus courante des sous-unités est $\mathbf{a}_1\mathbf{b}_2\mathbf{c}_{10}$, mais les complexes F_0 dans les mitochondries animales possèdent 12 sous-unités **c** et dans les chloroplastes, 14. Dans tous les cas, les sous-unités **c** s'organisent en un anneau en forme de beignet dans le plan de la membrane. La sous-unité **a** et les deux sous-unités **b** sont liées de façon rigide les unes aux autres, mais ne sont pas reliées à l'anneau des sous-unités **c**.

La partie F_1 est un complexe hydrosoluble constitué de cinq polypeptides distincts de composition $\alpha_3\beta_3\gamma\delta\varepsilon$. La partie inférieure de la sous-unité γ de F_1 est une torsade d'hélices qui s'adapte au centre de l'anneau des sous-unités **c** dans F_0 et semble y être fixée de manière rigide. De même, la sous-unité ε de F_1 est liée à γ et présente également des contacts rigides avec plusieurs des sous-unités **c** de F_0. Les sous-unités α et β de F_1 s'associent alternativement de manière à former un hexamère, $\alpha\beta\alpha\beta\alpha\beta$ ou $(\alpha\beta)_3$ qui repose sur l'unique longue sous-unité γ. La sous-unité δ de F_1 est liée en permanence à l'une des sous-unités α de F_1 ainsi qu'à la sous-unité **b** de F_0. Par conséquent, les sous-unités **a** et **b** de F_0 forment avec la sous-unité δ et l'hexamère $(\alpha\beta)_3$ du complexe F_1 une structure rigide ancrée dans la membrane. Les sous-unités **b** en forme de bâtonnet constituent un « stator » qui empêche l'hexamère $(\alpha\beta)_3$ de bouger tant qu'il repose sur la sous-unité γ (voir Figure 8-24).

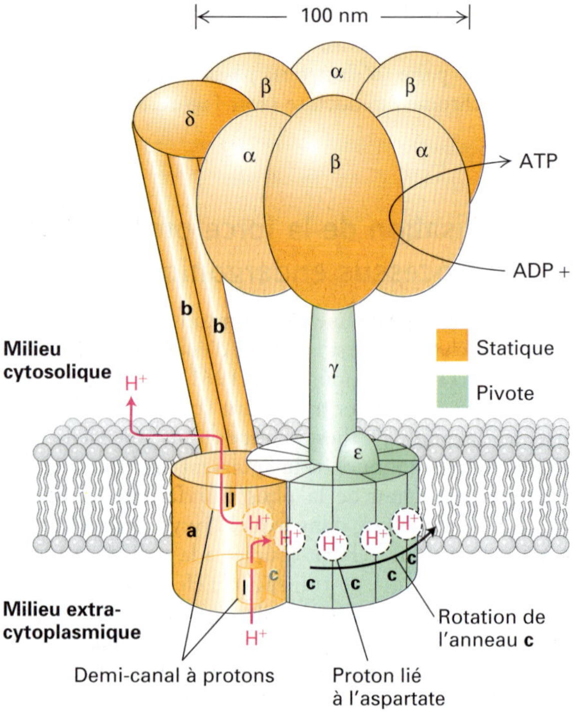

FIGURE 8-24 Un modèle de la structure et de la fonction de l'ATP synthétase (le complexe F_0F_1) dans la membrane plasmique bactérienne. La partie F_0 est constituée de trois protéines membranaires intrinsèques : une copie de **a**, deux copies de **b** et en moyenne, 10 copies de **c** formant un anneau dans le plan de la membrane. Deux demi-canaux à protons sont situés au niveau de l'interface entre la sous-unité **a** et l'anneau **c**. Le demi-canal I permet aux protons de passer un par un depuis le milieu extracytoplasmique et de se fixer à l'aspartate 61 au centre d'une sous-unité **c** près du milieu de la membrane. Le demi-canal II (après rotation de l'anneau **c**) permet aux protons de se dissocier de l'aspartate et de gagner le milieu cytosolique. La partie F_1 contient trois copies de chacune des sous-unités α et β qui forment un hexamère reposant sur l'unique sous-unité γ en forme de roue qui est insérée dans l'anneau **c** de F_0. La sous-unité ε est liée de manière rigide à la sous-unité γ ainsi qu'à plusieurs des sous-unités **c**. La sous-unité δ relie en permanence l'une des sous-unités α du complexe F_1 à la sous-unité **b** de F_0. Ainsi, les sous-unités **a** et **b** de F_0 forment avec la sous-unité δ et l'hexamère $(\alpha\beta)_3$ du complexe F_1 une structure rigide ancrée dans la membrane (orange). Au cours du flux de protons, l'anneau **c** et les sous-unités liées ε et γ de F_1 subissent une rotation sous la forme d'une unité (en vert) provoquant des changements de conformation dans les sous-unités β de F_1 qui conduisent à la synthèse d'ATP. [Adapté de M. J. Schnitzer, 2001, *Nature* **410** :878 et P. D. Boyer, 1999, *Nature* **402** :247.]

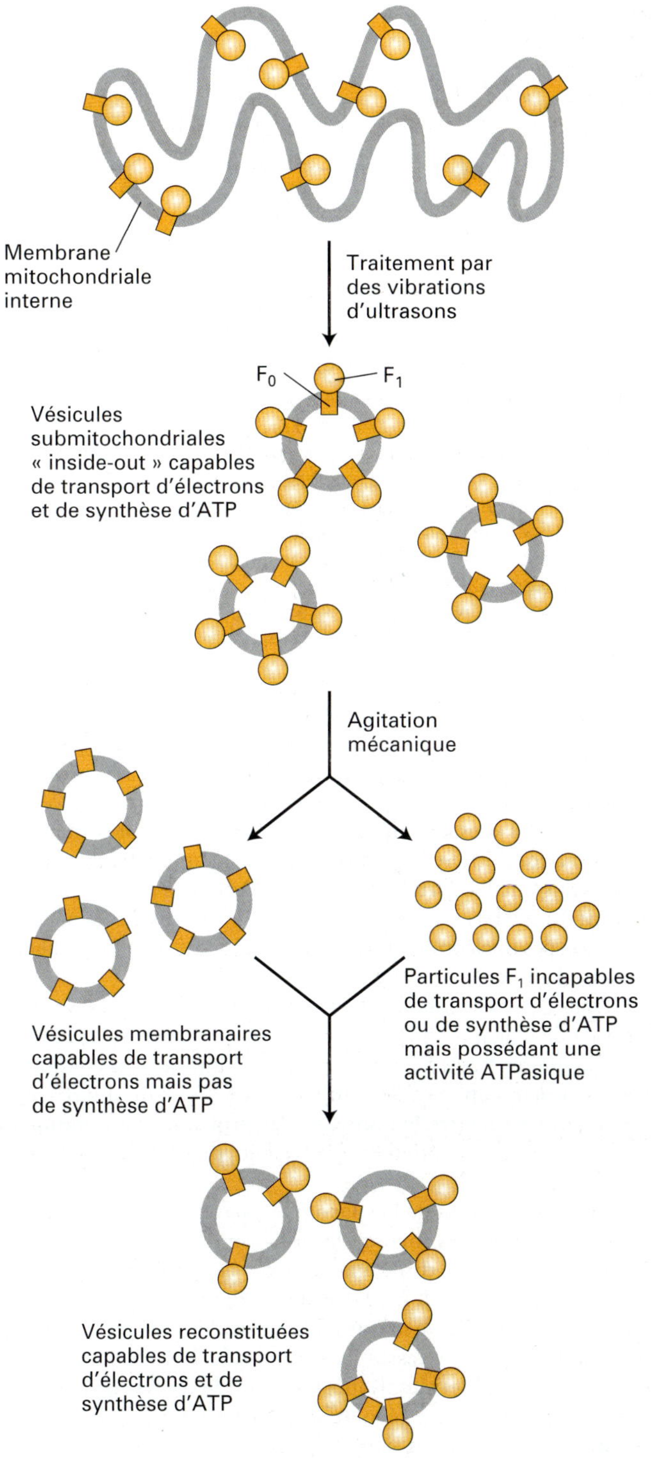

FIGURE EXPÉRIMENTALE 8-25 Les particules F_1 mitochondriales sont nécessaires à la synthèse d'ATP, mais pas au transport d'électrons. Des vésicules membranaires « inside-out » dont on a enlevé les complexes F_1 mais conservé les complexes de transport électronique sont préparées de la manière indiquée. Bien qu'elles puissent transférer des électrons de NADH vers O_2, elles sont incapables de synthétiser de l'ATP. L'addition ultérieure de particules F_1 reforme la structure membranaire native, restaurant la capacité de synthèse d'ATP. Même détachées de la membrane, les particules F_1 présentent une activité ATPasique.

Lorsque l'ATP synthétase est enchâssée dans une membrane, la partie F_1 forme un renflement qui dépasse de la face cytosolique. Comme le démontre l'expérience décrite dans la Figure 8-25, les vésicules submitochondriales privées de F_1 par une agitation mécanique ne peuvent catalyser la synthèse d'ATP. Lorsque les particules F_1 se réassocient avec ces vésicules, la synthèse d'ATP reprend normalement. F_1 séparée de la membrane est capable de catalyser l'hydrolyse d'ATP, c'est pourquoi on l'appelle ATPase F_1. Néanmoins, son rôle dans la cellule est de synthétiser de l'ATP. Nous examinerons son fonctionnement dans la prochaine section.

La rotation de la sous-unité γ de F_1, due au passage des protons à travers F_0 permet la synthèse d'ATP

Chacune des trois sous-unités β du complexe F_0F_1 complet peut fixer ADP et P_i et catalyser la synthèse d'ATP. Toutefois, le couplage entre le flux de protons et la synthèse d'ATP doit être indirect car les sites de liaison des nucléotides sur les sous-unités β de F_1, au niveau desquels a lieu la synthèse d'ATP sont distants de 9 à 10 nm de la surface de la membrane mitochondriale. Le modèle le plus répandu pour la synthèse d'ATP par le complexe F_0F_1 — le *mécanisme par changement d'affinité* — postule pour un tel couplage indirect (Figure 8-26).

D'après ce mécanisme, l'énergie libérée par le déplacement des protons à travers F_0 dans le sens de leur gradient de concentration permet directement la rotation de l'anneau des sous-unités **c** avec les sous-unités γ et ε qui lui sont attachées (voir Figure 8-24). La sous-unité γ joue le rôle d'une came ou d'un axe de rotation dont le mouvement dans F_1 provoque des changements cycliques de conformation des sous-unités β. Comme le schématise la Figure 8-26, la rotation de la sous-unité γ par rapport à l'hexamère fixe $(\alpha\beta)_3$, provoque l'alternance cyclique du site de liaison des nucléotides de chaque sous-unité β entre trois états conformationnels, dans l'ordre suivant :

1. Un état O qui fixe très peu d'ATP et faiblement l'ADP et P_i
2. Un état L qui lie l'ADP et P_i plus fortement
3. Un état T qui fixe l'ADP et P_i si fermement qu'ils forment spontanément de l'ATP, et lie également fortement l'ATP

Une dernière rotation de γ fait revenir la sous-unité β à l'état O. Celle-ci libère alors l'ATP et recommence son cycle. L'ATP ou l'ADP se fixe également aux sites régulateurs ou allostériques sur les trois sous-unités α. Cette liaison modifie le taux de synthèse d'ATP en fonction de la concentration d'ATP et d'ADP dans la matrice mais n'est pas directement impliquée dans la synthèse d'ATP à partir d'ADP et P_i.

Plusieurs types d'éléments sont en faveur de ce mécanisme par changement d'affinité, qui est désormais généralement accepté. Tout d'abord, des études biochimiques ont montré que l'une des trois sous-unités β sur des particules F_1 isolées peut fixer étroitement l'ADP et P_i puis former à partir de ceux-ci de l'ATP qui reste étroitement lié. Le ΔG mesuré pour cette réaction est quasiment nul, ce qui indique qu'une fois l'ADP et P_i liés à ce que l'on appelle maintenant l'état T d'une sous-unité β, ils s'associent spontanément en ATP. La dissociation de l'ATP à partir de la sous-unité β de particules F_1 isolées est extrêmement lente, ce qui suggère que la dissociation de l'ATP est permise par un changement conformationnel dans la sous-unité β, lui-même dû au déplacement des protons.

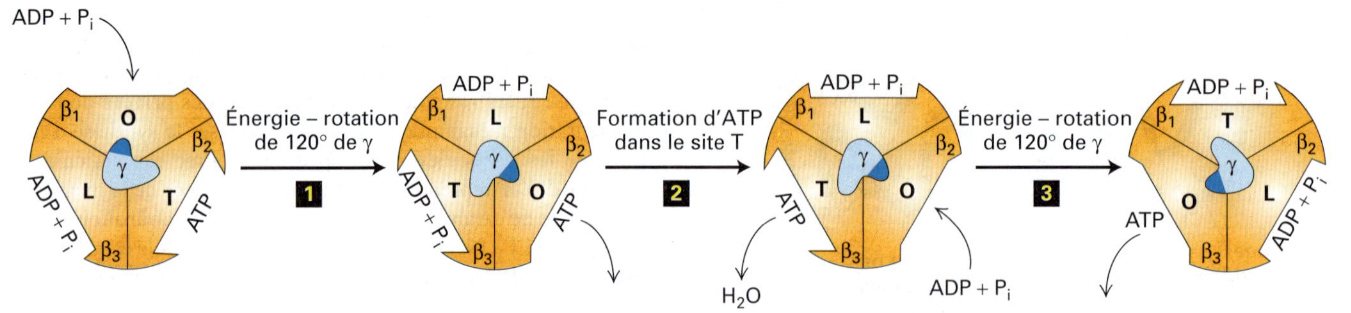

FIGURE 8-26 Le mécanisme par changement d'affinité de la synthèse d'ATP à partir d'ADP et de P_i, par le complexe F_0F_1. Il s'agit d'une vue de F_1 à partir de la surface membranaire (voir Figure 8-24). Chacune des sous-unités ß de F_1 alterne entre trois états conformationnels dont l'affinité de liaison pour l'ATP, l'ADP et P_i diffère. Étape 1 : Après la fixation de l'ADP et de P_i à l'une des trois sous-unités ß (notée ici arbitrairement $ß_1$) dont le site de liaison pour les nucléotides est dans la conformation O (ouverte), le flux de protons permet une rotation de 120° de la sous-unité γ (par rapport aux sous-unités fixes ß). Ceci provoque une augmentation de l'affinité de liaison de la sous-unité $ß_1$ pour l'ADP et P_i jusqu'à l'état L (fixation lâche), une augmentation de l'affinité de liaison de la sous-unité $ß_3$ pour l'ADP et P_i de l'état L à T (*tight* en anglais, fixation étroite) et une diminution de l'affinité de la sous-unité $ß_2$ pour l'ATP, de l'état T à O, entraînant la libération de l'ATP lié. Étape 2 : l'ADP et P_i dans le site T (ici dans la sous-unité $ß_3$) forment de l'ATP, au cours d'une réaction qui ne nécessite pas d'énergie supplémentaire. De l'ADP et du P_i se fixent à la sous-unité $ß_2$ qui est dans l'état O. Ceci aboutit à un complexe F_1 identique au complexe initial (*à gauche*) à l'exception d'une rotation de 120°. Étape 3 : Une autre rotation de 120° de γ provoque à nouveau les changements conformationnels O → L → T → O dans les sous-unités ß, décrits ci-dessus. La répétition des étapes 1 et 2 aboutit à la formation de trois molécules d'ATP à chaque rotation de 360° de γ. [Adapté de P. Boyer, 1989, *FASEB J.* **3** :2164 et Y. Zhou et al., 1997, *Proc. Natl. Acad. Sci. USA* **94** :10583.]

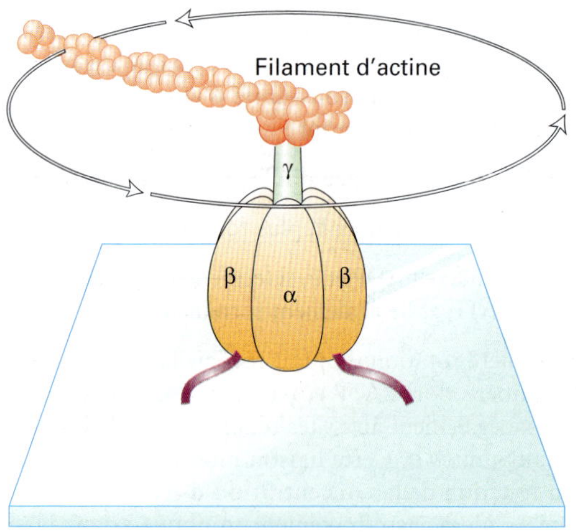

FIGURE EXPÉRIMENTALE 8-27 On peut observer au microscope la rotation de la sous-unité γ du complexe F_1 par rapport à l'hexamère $(αß)_3$. On a modifié par génie génétique des complexes F_1 contenant des sous-unités ß avec une séquence His_6 supplémentaire, qui leur permet d'adhérer à une plaque de verre recouverte d'un réactif métallique qui fixe l'histidine. La sous-unité γ de ces complexes modifiés a été liée covalemment à un filament d'actine marqué par fluorescence. Lorsqu'on les observe par microscopie à fluorescence, on voit les filaments d'actine pivoter dans le sens inverse des aiguilles d'une montre, par paliers de 120° en présence d'ATP, grâce à l'hydrolyse d'ATP par les sous-unités ß. [Adapté de H. Noji et al., 1997, *Nature* **386** :299 et R. Yasuda et al., 1998, *Cell* **93** :1117. Voir aussi K. Nishio et al., 2002, *Proc. Natl. Acad. Sci.* **97** :13448, pour une autre démonstration de la rotation des sous-unités α et ß par rapport à l'anneau des sous-unités **c**.]

Une analyse de l'hexamère $(αß)_3$ par cristallographie aux rayons X a conduit à une conclusion surprenante : bien que les trois sous-unités ß aient une séquence et une structure globales identiques, les sites de liaison pour l'ADP et l'ATP présentent des conformations différentes dans chaque sous-unité. La conclusion la plus raisonnable était l'alternance cyclique des trois sous-unités ß entre trois états conformationnels, avec des sites différents pour la liaison des nucléotides, lors d'une réaction nécessitant de l'énergie (endergonique).

Dans d'autres études, des complexes F_0F_1 intacts ont été traités à l'aide d'agents chimiques pontants qui liaient covalemment les sous-unités γ et ε à l'anneau de sous-unités **c**. Ces complexes traités étaient capables de synthétiser de l'ATP ou d'utiliser de l'ATP pour permettre le pompage des protons, ce qui indiquait que les protéines pontées pouvaient pivoter normalement ensemble.

Enfin, la rotation de la sous-unité γ par rapport à l'hexamère $(αß)_3$ fixe, comme le proposait le mécanisme par changement d'affinité, fut observée directement dans l'expérience ingénieuse décrite dans la Figure 8-27. Dans une variante de cette expérience au cours de laquelle de minuscules particules d'or étaient liées à la sous-unité γ, des vitesses de rotation de 134 révolutions par seconde étaient observées. Rappelons que l'hydrolyse de 3 ATP est supposée permettre une révolution (voir Figure 8-26). Ce résultat est donc proche de la vitesse d'hydrolyse de l'ATP par les complexes F_0F_1, déterminée expérimentalement : environ 400 ATP par seconde. Dans une expérience similaire, on a observé la rotation d'une sous-unité γ liée à une sous-unité ε et à un anneau de sous-unités **c** par rapport à l'hexamère $(αß)_3$ fixe. La rotation de la sous-unité γ dans ces expériences était permise par l'hydrolyse d'ATP, l'inverse du processus normal lors duquel le déplacement des protons à travers le complexe F_0 permet la rotation de la sous-unité γ. Néanmoins, ces observations confirmaient que la sous-unité γ avec l'anneau **c** et la sous-unité ε qui lui sont fixés, subit effectivement une rotation, qui provoque des changements conformationnels des sous-unités *ß*, nécessaires à la fixation d'ADP et P_i suivie de la synthèse et de la libération d'ATP.

Le nombre de protons subissant une translocation, nécessaires à la synthèse d'ATP Un calcul simple indique que la synthèse d'une molécule d'ATP à partir d'ADP et P_i nécessite le passage de plus d'un proton. Bien que le ΔG de cette réaction dans des conditions standard soit de + 7,3 kcal/mol, pour les concentrations mitochondriales des réactifs, ΔG est probablement supérieur (+10 à +12 kcal/mol). Nous pouvons calculer la quantité d'énergie libre libérée par le passage de 1 mole de protons dans le sens de leur gradient électrochimique de 220 mV (0,22 V) à partir de l'équation de Nernst, en posant n = 1 et en mesurant ΔE en volts :

$$\begin{aligned}\Delta G\ (\text{cal/mol}) &= -nF\Delta E = -(23\,062\ \text{cal}\cdot\text{V}^{-1}\cdot\text{mol}^{-1})\ \Delta E \\ &= (23\,062\ \text{cal}\cdot\text{V}^{-1}\cdot\text{mol}^{-1})(0{,}22\ \text{V}) \\ &= -5074\ \text{cal/mol, ou } -5{,}1\ \text{kcal/mol}\end{aligned}$$

Puisque le déplacement de 1 mole de protons dans le sens de leur gradient électrochimique libère juste un peu plus de 5 kcal d'énergie libre, le passage de deux protons au moins est nécessaire à la synthèse de chaque molécule d'ATP à partir d'ADP et de P_i.

Le passage des protons à travers F_0 et la rotation de l'anneau c Chaque copie de sous-unité **c** contient deux hélices α transmembranaires qui forment une épingle à cheveux. On pense qu'un résidu aspartate, Asp 61, situé au centre de l'une des ces hélices, participe à la circulation des protons. La modification chimique de cet aspartate par le poison dicyclohexylcarbodiimide ou sa mutation en alanine bloque spécifiquement le passage des protons à travers F_0. D'après un modèle actuel, deux demi-canaux à protons se trouvent à l'interface entre la sous-unité **a** et la sous-unité **c** (voir Figure 8-24). On suppose que les protons passent un par un à travers le demi-canal I depuis le milieu extracytoplasmique et se fixent à la chaîne latérale carboxylate de Asp 61 de l'une des sous-unités **c**. La liaison d'un proton à cet aspartate provoquerait un changement conformationnel dans la sous-unité **c**, la faisant bouger par rapport à la sous-unité **a** fixe, ou ce qui revient au même, pivoter dans le plan de la membrane. Cette rotation amènerait la sous-unité **c** adjacente avec sa chaîne latérale aspartyle ionisée, dans le canal I, lui permettant alors de recevoir un proton et en conséquence, de bouger par rapport à la sous-unité **a**. La rotation continue de l'anneau **c** due à la liaison de protons à d'autres sous-unités **c** aboutirait finalement à l'alignement de la première sous-unité **c** contenant un Asp61 protoné, avec le second demi-canal (II), au contact du cytosol. Après cela, le proton du résidu aspartyle pourrait se dissocier (formant de l'aspartate ionisé) et passer dans le milieu cytosolique.

La sous-unité γ de F_1 étant solidement fixée à l'anneau **c** de F_0, la rotation de l'anneau **c** associée au déplacement des protons provoque la rotation de la sous-unité γ. D'après le mécanisme par changement d'affinité, une rotation de 120° de γ permet la synthèse d'un ATP (voir Figure 8-26). Par conséquent, la rotation complète de l'anneau **c** (360°) devrait produire trois ATP. Dans le cas d'*E. coli*, où la composition de F_0 est $\mathbf{a}_1\mathbf{b}_2\mathbf{c}_{10}$, le mouvement de 10 protons permet une rotation complète et donc la synthèse de trois ATP. Cette valeur s'accorde avec les données expérimentales sur le flux de protons au cours de la synthèse d'ATP, qui fournit des preuves indirectes pour le modèle de couplage du flux de protons et de la rotation de l'anneau **c** décrit dans la Figure 8-24.

Le composant F_0 des chloroplastes contient 14 sous-unités **c** par anneau, et la synthèse de trois ATP nécessiterait le déplacement de 14 protons. On ignore pourquoi ces complexes F_0F_1 par ailleurs similaires ont élaboré au cours de l'évolution des rapports H^+:ATP différents.

L'échange ATP-ADP à travers la membrane mitochondriale interne est permis par la force proton-motrice

En plus de permettre la synthèse d'ATP, la force proton-motrice à travers la membrane mitochondriale interne fournit également l'énergie nécessaire à l'échange de l'ATP formé par phosphorylation oxydative dans les mitochondries, en ADP et P_i dans le cytosol. Cet échange, qui est nécessaire à la poursuite de la phosphorylation oxydative a pour intermédiaires deux protéines situées dans la membrane interne ; un *transporteur de phosphate* (antiporteur à HPO_4^{2-}/OH^-) et un *antiporteur à ATP/ADP* (Figure 8-28).

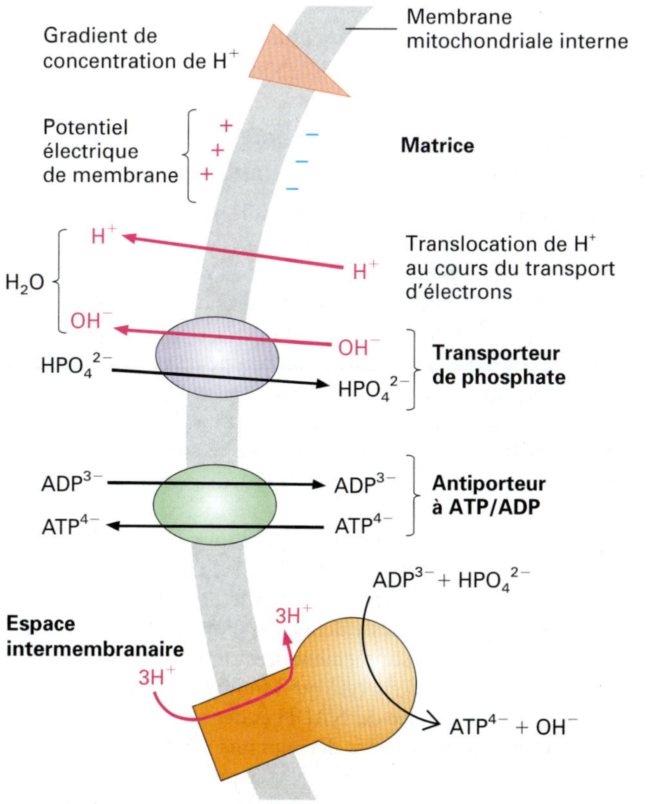

FIGURE 8-28 Le système de transport du phosphate et de l'ATP/ADP dans la membrane mitochondriale interne. L'action coordonnée de deux antiporteurs (violet et vert) aboutit à la capture d'un ADP^{3-} et d'un HPO_4^{2-} en échange d'un ATP^{4-}, grâce à la translocation d'un proton au cours du transport d'électrons. La membrane externe n'est pas représentée ici car elle est perméable aux molécules de masse inférieure à 5000 Da.

Le transporteur de phosphate catalyse l'import d'un HPO_4^{2-} couplé à l'export d'un OH^-. De même, l'antiporteur à ATP/ADP permet l'entrée d'une molécule d'ADP seulement si une molécule d'ATP sort simultanément. L'antiporteur à ATP/ADP, un dimère constitué de deux sous-unités de 30 000 Da, constitue 10 à 15 % des protéines totales de la membrane interne. Il s'agit donc de l'une des protéines mitochondriales les plus abondantes. Le fonctionnement simultané de ces deux antiporteurs aboutit à l'entrée d'un ADP et d'un P_i et à la sortie d'un ATP et d'un OH^-. Chaque OH^- transporté à l'extérieur se combine avec un proton, qui a subi au cours du transport d'électrons une translocation jusqu'à l'espace intermembranaire, pour former H_2O. Ceci déplace la réaction globale dans le sens d'un export d'ATP et d'un import d'ADP et P_i.

Certains des protons ayant subi une translocation hors de la mitochondrie au cours du transport d'électrons fournissent, en se combinant aux OH^- exportés, l'énergie nécessaire à l'échange ATP-ADP. C'est pourquoi il reste moins de protons disponibles pour la synthèse d'ATP. On estime que pour la translocation de quatre protons à l'extérieur, trois sont utilisés pour synthétiser une molécule d'ATP et un sert à l'export de l'ATP hors de la mitochondrie au cours de l'échange contre ADP et P_i. La dépense d'énergie du gradient de concentration des protons, nécessaire à l'export d'ATP hors de la mitochondrie en échange d'ADP et P_i, garantit un rapport élevé entre ATP et ADP dans le cytosol, où l'hydrolyse de la liaison phosphoanhydride riche en énergie de l'ATP permet le déroulement de nombreuses réactions endergoniques.

L'activité de l'oxydation mitochondriale dépend en temps normal de la concentration en ADP

Si l'on fournit à des mitochondries isolées intactes, NADH (ou $FADH_2$), O_2 et P_i mais pas d'ADP, l'oxydation du NADH et la réduction d'O_2 cessent rapidement, en raison de la diminution de la quantité d'ADP endogène due à la formation de l'ATP. Si l'on ajoute ensuite de l'ADP, l'oxydation de NADH reprend rapidement. Par conséquent, les mitochondries peuvent oxyder $FADH_2$ et NADH uniquement lorsqu'il existe une source d'ADP et de P_i pour former de l'ATP. Ce phénomène, appelé *contrôle respiratoire*, existe du fait du couplage obligatoire entre l'oxydation du NADH, du succinate ou du $FADH_2$ et le transport de protons à travers la membrane mitochondriale interne. Si la force proton-motrice résultante n'est pas dissipée par la synthèse d'ATP à partir d'ADP et P_i (ou pour une autre raison), le gradient de concentration transmembranaire des protons et le potentiel électrique de membrane atteindront des valeurs très élevées. À ce moment, le pompage de protons supplémentaires à travers la membrane interne nécessite tant d'énergie qu'il finit par s'arrêter, bloquant alors l'oxydation couplée du NADH et des autres substrats.

Certains poisons appelés **découplants** rendent la membrane mitochondriale interne perméable aux protons. Le 2,4-dinitrophénol (DNP) liposoluble, qui peut réversiblement fixer et libérer des protons et constituer une navette pour ceux-ci à travers la membrane interne, de l'espace intermembranaire jusqu'à la matrice, en est un exemple. De ce fait, le DNP annule la force proton-motrice en court-circuitant à la fois le gradient de concentration de protons et le potentiel électrique de membrane. Les découplants tels que le DNP suppriment la synthèse d'ATP et ignorent le contrôle respiratoire, ce qui permet la poursuite de l'oxydation de NADH quelle que soit la concentration d'ADP. L'énergie libérée par l'oxydation de NADH en présence de DNP est alors convertie en chaleur.

Les mitochondries de la graisse brune contiennent un découplant de la phosphorylation oxydative

La *graisse brune* dont la couleur est due à l'abondance de mitochondries, est spécialisée dans la production de chaleur. À l'inverse, la *graisse blanche* est spécialisée dans le stockage des graisses et possède relativement peu de mitochondries.

La membrane interne des mitochondries de la graisse brune contient la *thermogénine*, une protéine qui joue le rôle de découplant naturel pour la phosphorylation oxydative. Comme les découplants synthétiques, la thermogénine annule la force proton-motrice à travers la membrane mitochondriale interne, convertissant en chaleur l'énergie libérée par l'oxydation de NADH. La thermogénine est un transporteur de protons, mais pas un canal à protons, et sert de navette aux protons à travers la membrane. Elle fonctionne à une vitesse un million de fois inférieure à celle des canaux ioniques typiques. Sa séquence d'acides aminés est similaire à celle de l'antiporteur mitochondrial à ATP/ADP et sa vitesse est caractéristique de celle des autres transporteurs (voir Figure 7-2).

Les conditions environnementales régulent la quantité de thermogénine dans les mitochondries de la graisse brune. Par exemple, au cours de l'adaptation des rats au froid, la capacité de leurs tissus à produire de la chaleur est accrue par l'induction de la synthèse de thermogénine. Chez les animaux adaptés au froid, la thermogénine peut constituer jusqu'à 15 % des protéines totales de la membrane mitochondriale interne.

Les humains adultes ont peu de graisse brune, au contraire des enfants. Chez le nouveau-né, la thermogenèse assurée par les mitochondries de la graisse brune est vitale, de même que chez les animaux qui hibernent. Chez les loutres et les autres animaux naturellement acclimatés au froid, les mitochondries des cellules musculaires contiennent de la thermogénine. De ce fait, une grande partie de la force proton-motrice est utilisée pour produire de la chaleur, afin de maintenir la température du corps.

CONCEPTS CLÉS DE LA SECTION 8.3

L'utilisation de la force proton-motrice pour les processus endergoniques

- Le complexe multiprotéique F_0F_1 catalyse la synthèse d'ATP lorsque les protons retraversent la membrane mitochondriale interne (la membrane plasmique chez les bactéries) dans le sens de leur gradient électrochimique.

- F_0 contient un anneau de 10 à 14 sous-unités **c** lié rigidement à la sous-unité γ en forme de bâtonnet et à la sous-unité ε de F_1. Le renflement hexamérique de F_1 $[(\alpha\beta)_3]$ qui saille dans la matrice mitochondriale (le cytosol chez les bactéries) repose au sommet de la sous-unité γ. Les trois sous-unités β sont des sites de synthèse d'ATP (voir Figure 8-24).

- Le passage des protons à travers la membrane par deux demi-canaux situés à l'interface de la sous-unité **a** et de l'anneau **c** de F_0 permet la rotation de l'anneau **c** et des sous-unités ε et γ qui lui sont liées.
- La rotation de la sous-unité γ de F_1 conduit à des changements dans la conformation des sites de fixation des nucléotides dans les sous-unités β (voir Figure 8-26). Grâce à ce mécanisme par changement d'affinité, les sous-unités β fixent ADP et P_i, les condensent pour former de l'ATP, puis libèrent celui-ci.
- La force proton-motrice permet également la capture de P_i et d'ADP en provenance du cytosol, en échange d'ATP mitochondrial et de OH^-, ce qui consomme une partie de l'énergie disponible pour la synthèse d'ATP.
- L'oxydation mitochondriale continue de NADH et la réduction d'O_2 dépendent de la présence d'une quantité suffisante d'ADP. Ce phénomène, appelé *contrôle respiratoire*, est un mécanisme important pour la coordination de l'oxydation et de la synthèse d'ATP dans les mitochondries.
- Dans la graisse brune, la membrane mitochondriale interne contient de la thermogénine, un transporteur de protons qui convertit la force proton-motrice en chaleur. Certains agents chimiques (comme le DNP) ont le même effet, et suppriment le couplage entre la phosphorylation oxydative et le transport d'électrons.

8.4 Les étapes de la photosynthèse et les pigments photorécepteurs

PLANTES

Nous allons à présent nous intéresser à la photosynthèse, le deuxième grand processus de synthèse d'ATP. Chez les plantes, la photosynthèse a lieu dans les chloroplastes, de gros organites présents essentiellement dans les cellules de feuilles. Les principaux produits terminaux sont deux sucres, qui sont des polymères d'hexoses (des sucres à 6 carbones) : le saccharose, un disaccharide glucose-fructose (voir Figure 2-17) et l'**amidon**, présent dans les feuilles, un gros polymère insoluble de glucose qui est le principal glucide stocké chez les végétaux supérieurs (Figure 8-29). L'amidon est synthétisé et stocké dans le chloroplaste. Le saccharose est synthétisé dans le cytosol des cellules de feuilles à partir de précurseurs à trois carbones produits dans le chloroplaste. Il est transporté vers les tissus non photosynthétiques (qui ne sont pas verts) de la plante (comme les racines et les graines), qui métabolisent le saccharose pour en tirer de l'énergie, grâce aux voies métaboliques décrites dans les sections précédentes. La photosynthèse chez les plantes, comme chez les algues eucaryotes unicellulaires et chez plusieurs bactéries photosynthétiques (par exemple, les cyanobactéries et les prochlorophytes), produit également de l'oxygène. La réaction globale de production d'oxygène par la photosynthèse est :

$$6\ CO_2 + 6\ H_2O \longrightarrow 6\ O_2 + C_6H_{12}O_6$$

C'est la réaction inverse de l'oxydation des glucides en CO_2 et H_2O.

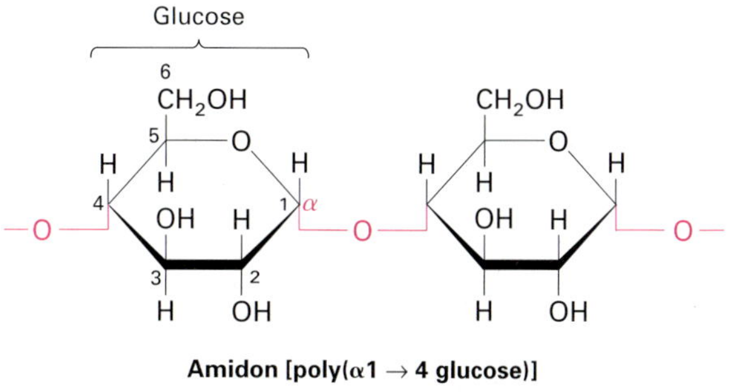

FIGURE 8-29 La structure de l'amidon. Ce grand polymère de glucose et le saccharose (un disaccharide représenté dans la Figure 2-17) sont les principaux produits terminaux de la photosynthèse. Tous deux sont constitués de sucres à six carbones.

Bien que les bactéries vertes ou pourpres réalisent elles aussi la photosynthèse, elles utilisent un processus qui ne produit pas d'oxygène. Comme nous l'avons vu dans la Section 8.5, l'analyse détaillée du système photosynthétique chez ces bactéries a permis de mieux connaître les premières étapes du processus photosynthétique plus courant qui produit de l'oxygène. Dans cette section, nous envisagerons les étapes de la photosynthèse productrice d'oxygène et nous en introduirons les composants essentiels, y compris les **chlorophylles**, les principaux pigments phororécepteurs.

Les membranes thylacoïdes sont les sites de la photosynthèse chez les plantes

Les chloroplastes sont délimités par deux membranes qui ne contiennent pas de chlorophylle et ne participent pas directement à la photosynthèse (Figure 8-30). Comme dans les mitochondries, la membrane externe des chloroplastes comporte des porines, ce qui la rend perméable aux métabolites de faible poids moléculaire. La membrane interne forme une barrière de perméabilité qui contient des protéines de transport permettant de réguler le déplacement des métabolites vers l'extérieur et vers l'intérieur de l'organite.

À la différence des mitochondries, les chloroplastes possèdent une troisième membrane — la *membrane thylacoïde* — au niveau de laquelle se produit la photosynthèse. On pense que la membrane thylacoïde des chloroplastes est constituée d'un feuillet unique qui forme de nombreuses vésicules aplaties et interconnectées de petite taille, les **thylacoïdes**, qui sont généralement arrangés en empilements appelés *grana* (voir Figure 8-30). Les espaces contenus dans tous les thylacoïdes constituent un compartiment unique, la *lumière thylacoïde*. La membrane thylacoïde contient un grand nombre de protéines membranaires intrinsèques auxquelles sont liées plusieurs groupements prosthétiques et pigments photorécepteurs importants, en particulier la chlorophylle. La synthèse des glucides a lieu dans le *stroma*, la phase soluble comprise entre la membrane thylacoïde et la membrane interne. Chez les bactéries photosynthétiques, des invaginations importantes de la membrane plasmique forment un ensemble de membranes internes, également appelées *membranes thylacoïdes*, au niveau desquelles se déroule la photosynthèse.

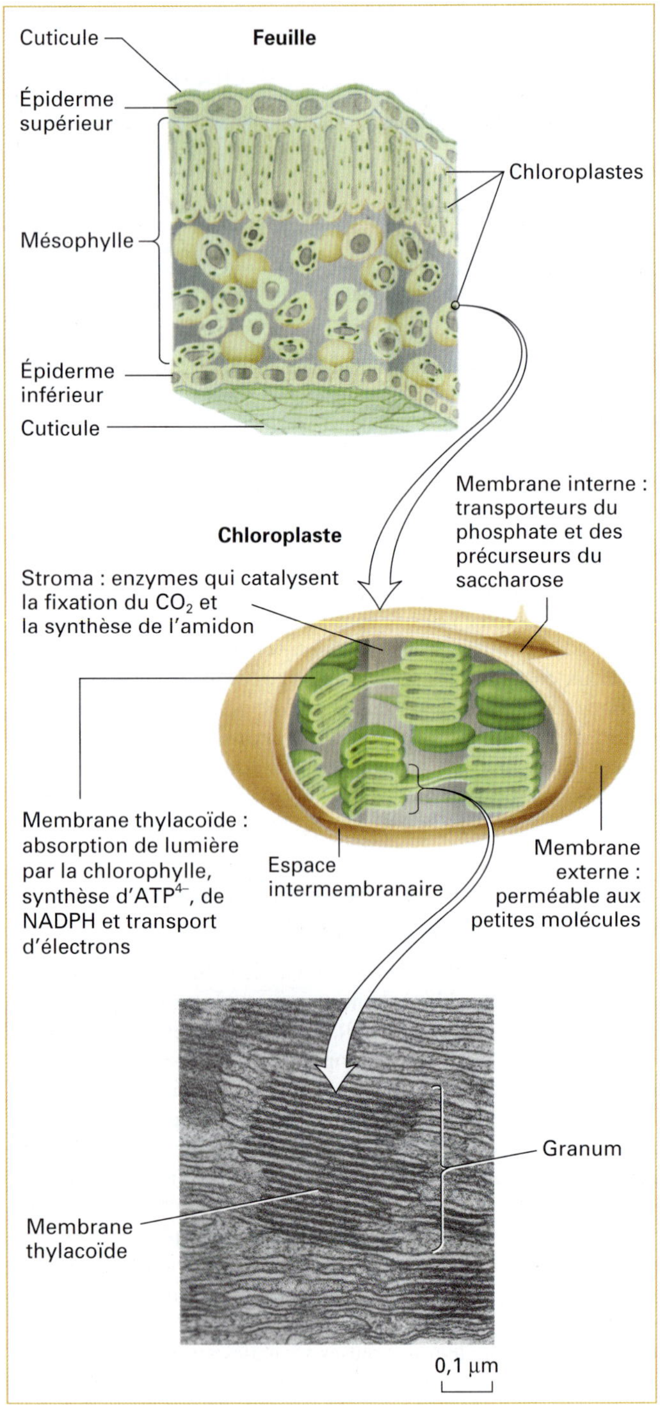

FIGURE 8-30 La structure cellulaire d'une feuille et d'un chloroplaste. Comme les mitochondries, les chloroplastes des plantes sont délimités par deux membranes séparées par un espace intermembranaire. La photosynthèse se déroule au niveau de la membrane thylacoïde, qui forme une série de vésicules aplaties (thylacoïdes) délimitant un espace luminal unique. La couleur verte des plantes est due à la couleur verte de la chlorophylle, localisée en totalité près de la membrane thylacoïde. Un granum est un empilement de thylacoïdes adjacents. Le stroma est l'espace délimité par la membrane interne et entourant les thylacoïdes. [Photomicrographie aimablement communiquée par Katherine Esau, Université de Californie, Davis.]

Trois des quatre étapes de la photosynthèse se produisent uniquement pendant la phase lumineuse

Chez les plantes, la photosynthèse peut être divisée en quatre étapes, qui se déroulent chacune dans une zone définie du chloroplaste : (1) l'absorption de lumière, (2) le transport d'électrons aboutissant à la formation d'O_2 à partir de H_2O, la réduction de $NADP^+$ en NADPH et la création d'une force proton-motrice, (3) la synthèse d'ATP et (4) la conversion du CO_2 en glucides, généralement appelée **fixation du carbone.** Les quatre étapes de la photosynthèse sont étroitement couplées et contrôlées de manière à produire la quantité de glucides nécessaire à la plante. Toutes les réactions des étapes 1 à 3 sont catalysées par des protéines présentes dans la membrane thylacoïde. Les enzymes qui incorporent le CO_2 dans des intermédiaires chimiques puis les convertissent en amidon sont des constituants solubles du stroma chloroplastique. Les enzymes qui forment du saccharose à partir des intermédiaires tricarbonés se trouvent dans le cytosol.

Étape 1 : L'absorption de lumière La première étape de la photosynthèse est l'absorption de lumière par les chlorophylles liées aux protéines dans les membranes thylacoïdes. Comme l'hème des cytochromes, les chlorophylles sont constituées d'un noyau porphyrique attaché à une longue chaîne latérale hydrocarbonée (Figure 8-31). Au contraire des hèmes, les chlorophylles contiennent un ion Mg^{2+} central (au lieu d'un atome de Fe) et ont un noyau supplémentaire à cinq atomes. L'énergie de la lumière

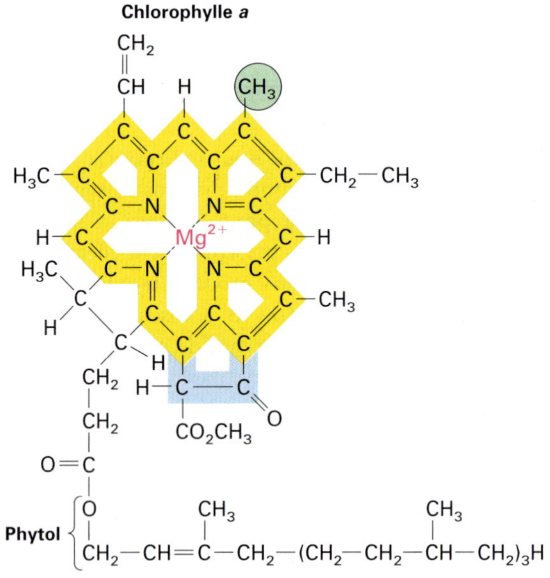

FIGURE 8-31 La structure de la chlorophylle *a*, le principal pigment captant l'énergie lumineuse. Le groupement CH_3 (en vert) est remplacé par un groupement CHO dans la chlorophylle *b*. Dans le noyau porphyrique (en jaune), les électrons sont délocalisés entre trois des quatre cycles centraux et les atomes qui les relient dans la molécule. Dans la chlorophylle, un ion Mg^{2+}, au lieu d'un ion Fe^{3+}, se trouve au centre du noyau porphyrique et un cycle à cinq atomes (en bleu) est présent. Hormis cela, sa structure est similaire à celle de l'hème présent dans des molécules telles que l'hémoglobine et les cytochromes (voir Figure 8-15a). La « queue » hydrocarbonée appelée phytol facilite la liaison de la chlorophylle aux régions hydrophobes des protéines qui la fixent.

absorbée est utilisée pour prendre des électrons à un donneur forcé (de l'eau, dans les plantes vertes) et former de l'oxygène :

$$2\,H_2O \xrightarrow{\text{lumière}} O_2 + 4\,H^+ + 4\,e^-$$

puis pour transférer les électrons vers un *accepteur primaire d'électrons*, une quinone notée Q, qui est l'équivalent de CoQ.

Étape 2 : Le transport d'électrons et la création d'une force proton-motrice Les électrons passent de l'accepteur primaire d'électrons, la quinone, par une série de transporteurs d'électrons jusqu'à ce qu'ils atteignent le dernier accepteur d'électrons, généralement la forme oxydée du **nicotinamide adénine dinucléotide phosphate ($NADP^+$)**, qu'ils réduisent en NADPH. (NADP a une structure identique à celle de NAD, à l'exception d'un groupement phosphate supplémentaire. Les deux molécules captent et perdent des électrons de la même façon ; voir Figure 2-26a.) Le transport des électrons dans la membrane thylacoïde est couplé au déplacement des protons du stroma vers la lumière thylacoïde, formant un gradient de pH à travers la membrane ($pH_{\text{lumière}} < pH_{\text{stroma}}$). Ce processus est analogue à la création d'une force proton-motrice à travers la membrane mitochondriale interne au cours du transport d'électrons (voir Figure 8-2).

Les réactions globales des étapes 1 et 2 peuvent donc se résumer à :

$$2\,H_2O + 2\,NADP^+ \xrightarrow{\text{lumière}} 2\,H^+ + 2\,NADPH + O_2$$

Étape 3 : La synthèse d'ATP Les protons se déplacent dans le sens de leur gradient de concentration de la lumière thylacoïde vers le stroma, en passant par le complexe F_0F_1 (ATP synthétase), qui couple le flux de protons à la synthèse d'ATP à partir d'ADP et P_i. Le mécanisme grâce auquel le complexe chloroplastique F_0F_1 utilise la force proton-motrice pour synthétiser de l'ATP est le même que celui utilisé par l'ATP synthétase dans la membrane mitochondriale interne et la membrane plasmique des bactéries (voir Figures 8-24 et 8-26).

Étape 4 : La fixation de carbone L'ATP et le NADH produits par les deuxième et troisième étapes de la photosynthèse fournissent l'énergie et les électrons nécessaires à la synthèse de polymères de sucres à six carbones à partir de CO_2 et de H_2O. L'équation chimique globale équilibrée est :

$$6\,CO_2 + 18\,ATP^{4-} + 12\,NADPH + 12\,H_2O \longrightarrow$$
$$C_6H_{12}O_6 + 18\,ADP^{3-} + 18\,P_i^{2-} + 12\,NADP^+ + 6\,H^+$$

Les réactions qui produisent l'ATP et le NADPH utilisés pour la fixation du carbone dépendent directement de l'énergie lumineuse. C'est pourquoi on appelle les étapes 1-3 *réactions lumineuses* (ou claires) de la photosynthèse. Les réactions de l'étape 4 dépendent indirectement de l'énergie lumineuse ; on les appelle donc parfois *réactions sombres* de la photosynthèse car elles peuvent se dérouler dans l'obscurité, en utilisant les réserves d'ATP et de NADPH produites grâce à l'énergie lumineuse. Toutefois, les réactions de l'étape 4 ne sont pas limitées à l'obscurité ; en fait, elles se déroulent principalement pendant les périodes d'illumination.

Chaque photon de la lumière possède une quantité définie d'énergie

La mécanique quantique a établi que la lumière, une forme de radiation électromagnétique, possède à la fois les propriétés des ondes et des particules. Lorsque la lumière interagit avec la matière, elle se comporte comme une multitude de paquets discrets d'énergie (les quanta) appelés *photons*. L'énergie d'un photon, ε, est proportionnelle à la fréquence de la lumière : $\varepsilon = h\gamma$, où h est la constante de Planck ($1{,}58 \times 10^{-34}$ cal.s, ou $6{,}63 \times 10^{-34}$ J.s) et γ, la fréquence de la lumière. Par convention en biologie, on fait référence à la longueur d'onde de la lumière, λ, plutôt qu'à sa fréquence γ. Toutes deux sont reliées par l'équation simple $\gamma = c \div \lambda$, où c est la vitesse de la lumière (3×10^{10} cm/s dans le vide). Remarquez que les photons de longueur d'onde *inférieure* possèdent des énergies *plus élevées*.

On peut également noter l'énergie contenue dans une mole de photons $E = N\varepsilon$, où N est le nombre d'Avogadro ($6{,}02 \times 10^{23}$ molécules ou photons/mol). Par conséquent :

$$E = Nh\gamma = \frac{Nhc}{\lambda}$$

L'énergie contenue dans la lumière est considérable, comme on peut le voir en la calculant pour une lumière de longueur d'onde 550 nm (550×10^{-7} cm), typique du soleil :

$$E = \frac{(6{,}02 \times 10^{23}\ \text{photons/mol})\,(1{,}58 \times 10^{-34}\text{cal}\cdot\text{s})\,(3 \times 10^{10}\ \text{cm/s})}{550 \times 10^{-7}\text{cm}}$$
$$= 51\,881\ \text{cal/mol}$$

soit environ 52 kcal/mol. Cette énergie suffirait à synthétiser plusieurs moles d'ATP à partir d'ADP et de P_i si elle était entièrement utilisée pour cela.

Les photosystèmes comportent un centre réactionnel et des complexes photocollecteurs associés

L'absorption de l'énergie lumineuse et sa conversion en énergie chimique est assurée par des complexes multiprotéiques appelés **photosystèmes**. Présents dans tous les organismes photosynthétiques, tant eucaryotes que procaryotes, les photosystèmes sont constitués de deux composants étroitement liés : un *centre réactionnel* dans lequel se déroulent les premiers événements de la photosynthèse et une *antenne* constituée de multiples complexes protéiques appelés *complexes photocollecteurs* (*CPC*), qui absorbent l'énergie lumineuse et la transmettent au centre réactionnel.

Les centres réactionnels et les antennes contiennent tous deux des molécules de pigments photorécepteurs (qui absorbent la lumière) qui leur sont étroitement liées. La chlorophylle *a* est le principal pigment impliqué dans la photosynthèse, dans les centres réactionnels et les antennes. Outre la chlorophylle *a*, les antennes contiennent d'autres pigments photorécepteurs : la chlorophylle *b* dans les plantes vasculaires et les *caroténoïdes* à la fois dans les plantes et les bactéries photosynthétiques. Les caroténoïdes sont constitués de longues chaînes hydrocarbonées avec une alternance de liaisons simples et doubles. Leur structure est similaire à celle du pigment de la rétine, le rétinal, qui absorbe la lumière dans l'œil (Chapitre 7). La présence de différents pigments

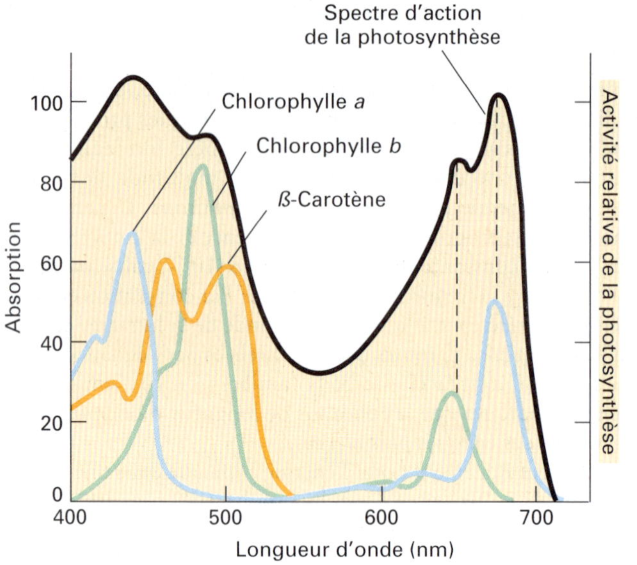

FIGURE EXPÉRIMENTALE 8-32 L'activité de la photosynthèse est supérieure pour des longueurs d'onde de la lumière, absorbées par trois pigments. Le spectre d'action de la photosynthèse chez les plantes, c'est-à-dire la capacité de la lumière de différentes longueurs d'onde de permettre la photosynthèse, est figuré en noir. Les spectres d'absorption des trois pigments photosynthétiques présents dans les antennes des photosystèmes végétaux sont en couleur. Chaque spectre d'absorption montre la façon dont la lumière des différentes longueurs d'onde est absorbée par l'un des pigments. Une comparaison du spectre d'action et de chacun des spectres d'absorption suggère que la photosynthèse à 680 nm est principalement due à la lumière absorbée par la chlorophylle *a*, à 650 nm, à la lumière absorbée par la chlorophylle *b* et à des longueurs d'onde plus courtes, à la lumière absorbée par les chlorophylles *a* et *b* et les pigments caroténoïdes, dont le ß-carotène.

dans les antennes, qui absorbent la lumière à des longueurs d'onde distinctes augmente nettement la gamme de la lumière susceptible d'être absorbée et utilisée pour la photosynthèse.

L'un des éléments les plus probants de l'implication des chlorophylles et des caroténoïdes dans la photosynthèse est le spectre d'absorption de ces pigments, qui est similaire au spectre d'action de la photosynthèse (Figure 8-32). Ce dernier est une mesure de la capacité relative de la lumière de différentes longueurs d'onde de permettre la photosynthèse.

Lorsque la chlorophylle *a* (ou n'importe quelle autre molécule) absorbe de la lumière visible, l'énergie lumineuse absorbée fait passer la chlorophylle *a* à un état supérieur d'énergie (excité). Cet état diffère de l'état fondamental (non excité) en grande partie par la distribution des électrons autour des atomes de C et de N dans le noyau porphyrique. Les états excités sont instables et les molécules reviennent à leur état fondamental par l'un des différents processus en compétition. Dans le cas des molécules de chlorophylle *a* dissoutes dans des solvants organiques tels que l'éthanol, les principales réactions qui dissipent l'énergie de l'état excité sont l'émission de lumière (fluorescence et phosphorescence) et l'émission de chaleur. Lorsque la même chlorophylle *a* est liée à l'environnement protéique spécifique du centre réactionnel, la dissipation de l'énergie de l'état excité se produit par un processus très différent, fondamental pour la photosynthèse.

Le transport photo-électronique à partir de la chlorophylle *a* chargée d'énergie du centre réactionnel produit une séparation de charges

L'absorption d'un photon de longueur d'onde ≈ 680 nm par la chlorophylle *a* augmente son énergie de 42 kcal/mol (le premier état excité). Une telle molécule de chlorophylle *a* chargée d'énergie dans un centre réactionnel de plante donne rapidement un électron à un accepteur intermédiaire. Cet électron est transmis peu après à l'accepteur primaire d'électrons, la quinone Q, située à la surface du stroma de la membrane thylacoïde. Ce transfert d'électron permis par la lumière, que l'on appelle **transport photo-électronique**, dépend de l'environnement spécifique des chlorophylles et de l'accepteur présent dans le centre réactionnel. Le transport photo-électronique qui se produit presque à chaque fois qu'un photon est absorbé, laisse une charge positive sur la chlorophylle *a* près de la surface luminale et forme un accepteur réduit chargé négativement (Q^-) près de la surface du stroma (Figure 8-33).

Le Q^- produit par le transport photo-électronique est un agent réducteur puissant qui a une forte tendance à transférer un électron vers une autre molécule. Ce transfert se termine au niveau de $NADP^+$. La chlorophylle a^+ chargée positivement, un agent oxydant puissant, attire un électron depuis un donneur d'électrons situé au niveau de la surface luminale pour régénérer la chlorophylle *a* originelle. Chez les plantes, il faut le pouvoir oxydant de quatre molécules de chlorophylle a^+, par le biais de plusieurs intermédiaires, pour enlever quatre électrons de 2 molécules de H_2O liées à un site présent sur la surface luminale, et former enfin O_2 :

$$2\,H_2O + 4\text{ chlorophylle } a^+ \longrightarrow 4\,H^+ + O_2 + 4\text{ chlorophylle } a$$

Ces puissants oxydants et réducteurs biologiques fournissent l'énergie nécessaire à toutes les réactions ultérieures de la photosynthèse : le transport d'électrons, la synthèse d'ATP et la fixation de CO_2.

La chlorophylle *a* absorbe également la lumière à des longueurs d'onde discrètes inférieures à 680 nm (voir Figure 8-32). Ce type

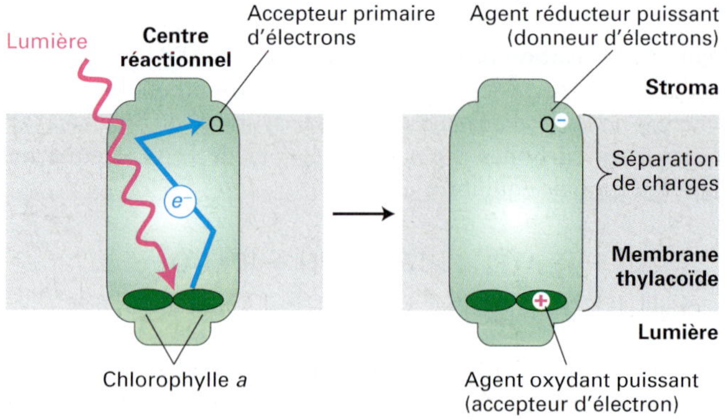

FIGURE 8-33 Le transport photo-électronique, le principal événement de la photosynthèse. Après l'absorption d'un photon, l'une des paires spéciales excitées des molécules de chlorophylle *a* dans le centre réactionnel (à gauche) donne un électron à une molécule acceptrice faiblement liée, la quinone Q, au niveau de la surface du stroma de la membrane thylacoïde, créant une séparation de charges quasiment irréversible à travers la membrane (*à droite*). Il est difficile pour l'électron de repasser par le centre réactionnel pour neutraliser la chlorophylle *a* chargée positivement.

d'absorption fait passer la molécule dans l'un des multiples états supérieurs d'excitation, qui revient en moins de 10^{-12} secondes (1 picoseconde, ps) au premier état excité avec perte de l'excédent d'énergie sous forme de chaleur. Le transport photo-électronique et la séparation de charges résultante se produisent uniquement à partir du premier état d'excitation de la chlorophylle *a* du centre réactionnel, c'est pourquoi le rendement quantique — la quantité de photosynthèse par photon absorbé — est le même pour toutes les longueurs d'onde des lumières visibles inférieures (et donc d'énergie supérieure) à 680 nm.

Les complexes photocollecteurs augmentent l'efficacité de la photosynthèse

Bien que les molécules de chlorophylle *a* dans un centre réactionnel soient capables d'absorber directement la lumière et d'initier la photosynthèse, le plus souvent leur énergie leur est transférée indirectement par les complexes photocollecteurs (CPC) présents dans une antenne associée. Même lorsque les organismes photosynthétiques sont soumis à une intensité lumineuse maximale (comme la lumière du soleil à midi sous les tropiques), chaque molécule de chlorophylle *a* du centre réactionnel absorbe seulement environ un photon par seconde, ce qui ne permet pas une photosynthèse suffisante pour les besoins de la plante. La participation des CPC augmente nettement l'efficacité de la photosynthèse, en particulier dans le cas des intensités lumineuses plus courantes, en augmentant l'absorption de la lumière à 680 nm et en élargissant la gamme des longueurs d'onde de la lumière susceptibles d'être absorbées par les autres pigments des antennes.

Les photons peuvent être captés par n'importe quelle molécule de pigment dans un CPC. L'énergie absorbée est ensuite rapidement transférée (en moins de 10^{-9} seconde) vers l'une des deux molécules de chlorophylle *a* de la « paire spéciale » dans le centre réactionnel associé, où elle permet la première séparation de charges de la photosynthèse (voir Figure 8-33). Les protéines du CPC maintiennent les molécules de pigment dans l'orientation précise et la position optimale pour l'absorption de lumière et le transfert d'énergie, maximisant ainsi le *transfert de l'énergie de résonance* très rapide et efficace des pigments des antennes vers les chlorophylles du centre réactionnel. Des études récentes de l'un des deux photosystèmes des cyanobactéries, qui sont similaires à ceux des végétaux supérieurs, suggèrent que l'énergie provenant de la lumière absorbée est d'abord canalisée vers une chlorophylle « pontante » dans chaque CPC, puis acheminée vers la paire spéciale de chlorophylles du centre réactionnel (Figure 8-34). Il est toutefois étonnant de constater que le structures moléculaires des CPC des plantes et des cyanobactéries sont complètement différentes de celles des bactéries vertes ou pourpres, même si tous contiennent des caroténoïdes et des chlorophylles disposés selon un arrangement géométrique dense dans la membrane.

Bien que les chlorophylles des antennes puissent transférer l'énergie lumineuse captée à partir d'un photon, elles ne peuvent libérer un électron. Comme nous l'avons déjà vu, cette fonction est assurée par les deux chlorophylles des centres réactionnels. Pour comprendre cette capacité de libération des électrons, nous examinerons dans la prochaine section la structure et la fonction du centre réactionnel dans les photosystèmes de bactéries et de plantes.

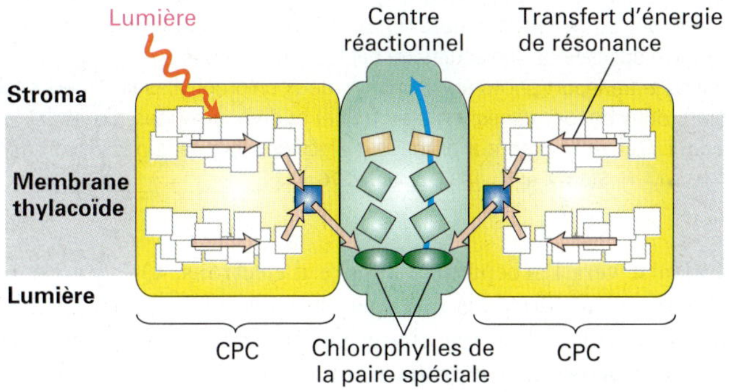

FIGURE 8-34 Le transfert d'énergie des complexes photocollecteurs vers le centre réactionnel associé dans le photosystème I des cyanobactéries. Le complexe photocollecteur multiprotéique fixe 90 molécules de chlorophylle (en blanc et en bleu) et 31 autres petites molécules, toutes maintenues selon un arrangement optimal pour l'absorption de lumière. Sur les six molécules de chlorophylle (en vert) présentes dans le centre réactionnel, deux constituent les chlorophylles de la paire spéciale (ovales) capables d'initier le transport photo-électronique lorsqu'elles sont excitées (flèche bleue). Le transfert d'énergie de résonance (flèches rouges) canalise rapidement l'énergie provenant de la lumière absorbée vers l'une des deux chlorophylles « pontantes » (en bleu) puis vers les chlorophylles du centre réactionnel. [Adapté de W. Kühlbrandt, 2001, *Nature* **411** :896 et P. Jordan et al., 2001, *Nature* **411** :909.]

CONCEPTS CLÉS DE LA SECTION 8.4

Les étapes de la photosynthèse et les pigments photorécepteurs

- Les principaux produits terminaux de la photosynthèse chez les plantes sont l'oxygène et des polymères de sucres à six carbones (l'amidon et le saccharose).
- Les réactions d'absorption de la lumière et de synthèse d'ATP de la photosynthèse se produisent dans la membrane thylacoïde située dans les chloroplastes. La membrane externe perméable et la membrane interne qui entourent les chloroplastes ne participent pas à la photosynthèse (voir Figure 8-30).
- Dans l'étape 1 de la photosynthèse, la lumière est absorbée par des molécules de chlorophylle *a* liées aux protéines du centre réactionnel dans la membrane thylacoïde. Les chlorophylles chargées d'énergie donnent un électron à une quinone située du côté opposé de la membrane, créant ainsi une séparation de charges (voir Figure 8-33). Dans les plantes vertes, les chlorophylles chargées positivement enlèvent ensuite des électrons à l'eau, ce qui conduit à la formation d'oxygène.
- Dans l'étape 2, les électrons sont transportés par l'intermédiaire de transporteurs présents dans la membrane thylacoïde depuis la quinone réduite jusqu'au dernier accepteur d'électrons, généralement $NADP^+$, qu'ils réduisent en NADPH. Le transport d'électrons est couplé au flux de protons à travers la membrane, du stroma jusqu'à la lumière thylacoïde, formant un gradient de pH (force proton-motrice) à travers la membrane thylacoïde.
- Dans l'étape 3, le déplacement des protons dans le sens de leur gradient électrochimique à travers les complexes F_0F_1 permet la synthèse d'ATP à partir d'ADP et de P_i.
- Dans l'étape 4, l'ATP et le NADPH produits au cours des étapes 2 et 3 fournissent l'énergie et les électrons nécessaires à la fixation du CO_2 et à la synthèse des glucides. Ces réactions ont lieu dans le stroma des thylacoïdes et le cytosol.

- De multiples complexes photocollecteurs (CPC), qui contiennent des chlorophylles *a* et *b*, des caroténoïdes et d'autres pigments absorbant la lumière à des longueurs d'onde distinctes, sont associés à chaque centre réactionnel. L'énergie passe des molécules de chlorophylle des CPC aux chlorophylles des centres réactionnels, par un transfert d'énergie de résonance (voir Figure 8-34).

8.5 L'analyse moléculaire des photosystèmes

PLANTES

Comme nous l'avons vu dans la section précédente, la photosynthèse chez les bactéries vertes ou pourpres ne produit pas d'oxygène, au contraire de la photosynthèse chez les cyanobactéries, les algues et les végétaux supérieurs*. Cette différence est due à la présence de deux types de photosystèmes (PS) dans ces derniers organismes : PSI réduit $NADP^+$ en NADPH et PSII forme O_2 à partir de H_2O. Les bactéries vertes ou pourpres au contraire possèdent un seul type de photosystème, incapable de former O_2. Nous traiterons d'abord du système plus simple des bactéries pourpres puis nous envisagerons la machinerie photosynthétique plus complexe présente dans les chloroplastes.

L'unique photosystème des bactéries pourpres produit une force proton-motrice mais pas de O_2

Les structures tridimensionnelles des centres réactionnels photosynthétiques de deux bactéries pourpres ont été élucidées, ce qui a permis aux chercheurs de déterminer précisément les trajets des électrons pendant et après l'absorption de lumière. Ces centres comportent des protéines et des pigments similaires à ceux qui composent le photosystème II des plantes et les conclusions tirées de ce photosystème simple se sont révélées vraies pour les systèmes végétaux.

Le centre réactionnel des bactéries pourpres contient trois sous-unités protéiques (L, M et H) situées dans la membrane plasmique (Figure 8-35). Ces protéines sont liées à des groupements prosthétiques qui absorbent la lumière et transportent des électrons au cours de la photosynthèse. Ces groupements prosthétiques comprennent une « paire spéciale » de molécules de bactériochlorophylle *a* (équivalentes aux molécules de chlorophylle *a* présentes dans les plantes) ainsi que plusieurs autres pigments et deux quinones, appelées Q_A et Q_B, dont la structure est similaire à celle de l'ubiquinone mitochondriale.

La séparation initiale des charges Le mécanisme de séparation des charges qui se déroule dans le photosystème des bactéries pourpres est identique à celui décrit plus haut dans les plantes. C'est-à-dire que l'énergie lumineuse absorbée est utilisée pour arracher un électron d'une molécule de bactériochlorophylle *a* d'un centre réactionnel et le transférer par l'intermédiaire de plusieurs pigments, vers l'accepteur primaire d'électrons, Q_B, qui est lié faiblement à un site de la face membranaire cytosolique. La chlorophylle acquière donc une charge positive et Q_B, une charge négative. Pour déterminer le trajet emprunté par les électrons dans le centre réactionnel bactérien, les chercheurs ont exploité le fait que chaque pigment absorbe la lumière à des longueurs d'onde bien définies et que son spectre d'absorption change lorsqu'il possède un électron supplémentaire. Ces déplacements d'électrons s'effectuant en moins d'une milliseconde (ms), il faut une technique spéciale appelée *spectroscopie d'absorption picoseconde* pour enregistrer les changements des spectres d'absorption des différents pigments en fonction du temps, peu après l'absorption d'un photon.

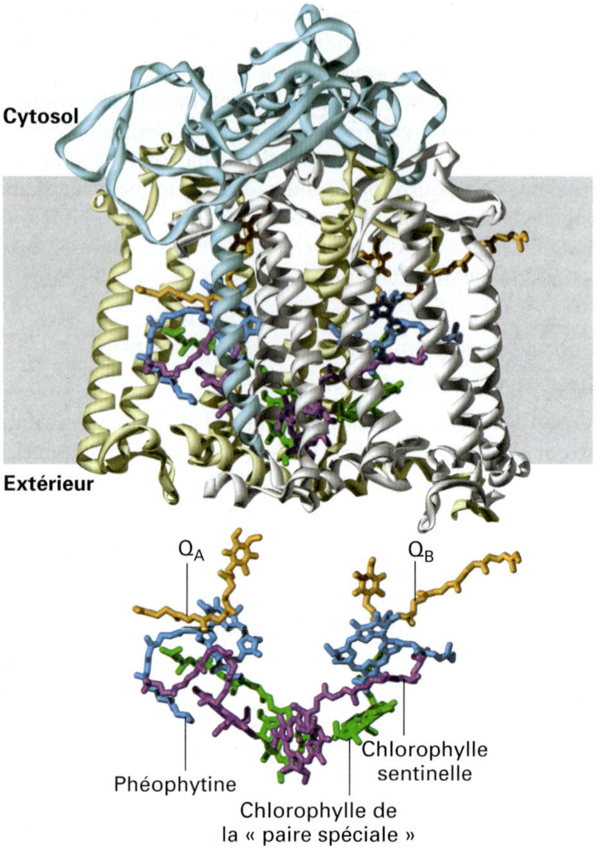

FIGURE 8-35 La structure tridimensionnelle du centre réactionnel de la photosynthèse chez la bactérie pourpre *Rhodobacter spheroides*. (*En haut*) La sous-unité L (en jaune) et la sous-unité M (en blanc) forment chacune 5 hélices transmembranaires et présentent une structure globale similaire. La sous-unité H (en bleu clair) est ancrée à la membrane par une seule hélice α transmembranaire. Une quatrième sous-unité (non représentée) est une protéine périphérique qui se fixe aux segments extracytoplasmiques des autres sous-unités. (*En bas*) Chaque centre réactionnel abrite une paire spéciale de molécules de bactériochlorophylle *a* (en vert) capable d'initier le transport photo-électronique, deux chlorophylles sentinelles (en violet), deux phéophytines (en bleu foncé) et deux quinones, Q_A et Q_B (en orange). Q_B est l'accepteur primaire d'électrons lors de la photosynthèse. [D'après M. H. Stowell et al., 1997, *Science* **276** :812.]

*Il existe un type de photosynthèse bactérienne qui n'existe que chez certaines archaebactéries. Nous n'en parlerons pas ici car il est très différent de la photosynthèse chez les végétaux supérieurs. Dans ce type de photosynthèse, la bactériorhodopsine, une protéine présente dans la membrane plasmique, pompe un proton dans le cytosol et le fait passer dans l'espace extracellulaire, pour chaque quantum de lumière absorbé. Cette petite protéine possède sept segments transmembranaires et du rétinal (un pigment) lié covalemment (voir Figure 5-13).

Lorsqu'une préparation de vésicules de membranes bactériennes est soumise à une illumination intense par un laser pendant une durée inférieure à 1 ps, chaque centre réactionnel absorbe un photon. La lumière absorbée par les molécules de chlorophylle *a* dans chaque centre réactionnel les fait passer dans l'état excité et les processus ultérieurs de transfert d'électrons sont synchronisés dans tous les centres réactionnels. En moins de 4 x 10^{-12} secondes (4 ps), un électron gagne l'une des molécules de phéophytine (Ph) laissant une charge positive sur la chlorophylle *a*. Il faut 200 ps à l'électron pour atteindre Q_A, puis, au cours d'une étape plus lente, 200 μs pour qu'il gagne Q_B. Le parcours de ce flux d'électron est indiqué dans la partie gauche de la Figure 8-36.

Le flux ultérieur d'électrons et le déplacement couplé des protons Après l'acceptation d'un électron par l'accepteur primaire d'électrons Q_B dans le centre réactionnel, qui conduit à la formation de Q_B^{-}•, celui-ci accepte un second électron de la même chlorophylle du centre réactionnel, après l'absorption par celle-ci d'un second photon. La quinone fixe ensuite deux protons du cytosol, formant la quinone réduite (QH_2) qui est libérée du centre réactionnel (voir Figure 8-36). QH_2 diffuse dans la membrane bactérienne jusqu'au site Q_0 présent sur la face extracytoplasmique d'un complexe de cytochromes bc_1, où il libère ses deux protons dans l'espace périplasmique (l'espace compris entre la membrane plasmique et la paroi de la cellule bactérienne). Ce processus conduit les protons du cytosol vers l'extérieur de la cellule, produisant une force proton-motrice à travers la membrane plasmique. Simultanément, QH_2 libère ses deux électrons qui passent dans le complexe de cytochromes bc_1, tel que le décrit la Figure 8-21 pour le complexe mitochondrial $CoQH_2$-cytochrome *c* réductase. Le cycle Q dans le centre réactionnel bactérien, comme le cycle Q dans les mitochondries, pompe des protons supplémentaires du cytosol vers l'espace intermembranaire, augmentant ainsi la force proton-motrice.

L'accepteur des électrons transférés par le complexe de cytochromes bc_1, est un cytochrome soluble présent dans l'espace périplasmique, qui transporte les électrons un par un, et qui est réduit de l'état Fe^{3+} à l'état Fe^{2+}. Le cytochrome réduit (analogue au cytochrome *c* dans les mitochondries) diffuse ensuite vers un centre réactionnel, au niveau duquel il donne son électron à une chlorophylle chargée positivement, a^+, ramenant la chlorophylle dans son état fondamental et le cytochrome dans son état Fe^{3+}. Ce flux *cyclique* d'électrons ne produit ni oxygène ni coenzymes réduits.

Les électrons peuvent également circuler à travers l'unique photosystème des bactéries pourpres par un chemin *linéaire* (non cyclique). Dans ce cas, les électrons arrachés des chlorophylles du centre réactionnel finissent par être transférés à NAD^+ (au lieu de $NADP^+$ chez les plantes), formant du NADH. Pour réduire la chlorophylle *a* oxydée du centre réactionnel, un électron lui est transféré à partir d'un cytochrome *c* réduit. Le cytochrome *c* oxydé formé est réduit par des électrons arrachés depuis l'hydrogène sulfuré (H_2S) en formant du soufre élémentaire (S), ou depuis l'hydrogène gazeux (H_2). Puisque H_2O n'est pas le donneur d'électrons, aucun O_2 n'est formé.

Les trajets des électrons dans le photosystème bactérien, tant cycliques que linéaires, créent une force proton-motrice. Comme

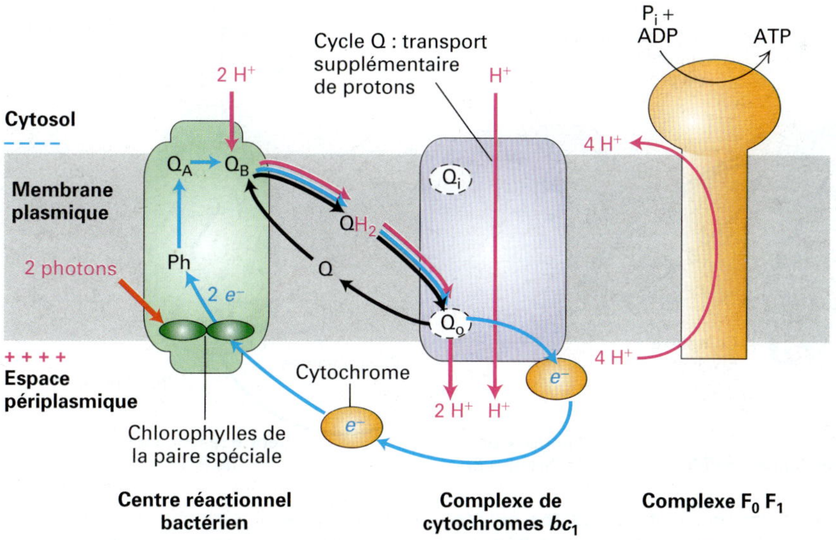

FIGURE 8-36 Le flux cyclique d'électrons dans l'unique photosystème des bactéries pourpres. Les flèches bleues représentent le flux d'électrons et les flèches rouges, le flux de protons. (*À gauche*) L'énergie canalisée à partir d'un CPC associé (non figuré) est transmise aux chlorophylles de la paire spéciale dans le centre réactionnel. Le transport photoélectronique à partir de la chlorophylle excitée, qui passe par la phéophytine (Ph) et la quinone A (Q_A) jusqu'à la quinone B (Q_B) forme la semi-quinone Q⁻• et laisse une charge positive sur la chlorophylle. Après l'absorption d'un second photon et le transfert d'un second électron vers la semi-quinone, celle-ci capte rapidement deux protons dans le cytosol pour former QH_2. (*Au centre*) Après avoir diffusé à travers la membrane et s'être fixée au site Q_0 sur la face extracytoplasmique du complexe de cytochromes bc_1, QH_2 donne deux électrons et abandonne simultanément deux protons au milieu externe, créant une force proton-motrice ($H^+_{extracytoplasmique} > H^+_{cytosolique}$). Les électrons sont ramenés vers la chlorophylle du centre réactionnel par le biais d'un cytochrome soluble, qui diffuse dans l'espace périplasmique. Un cycle Q dans le complexe de cytochromes bc_1, aboutit au pompage de protons supplémentaires à travers la membrane vers le milieu externe, comme dans les mitochondries. La force proton-motrice est utilisée par le complexe F_0F_1 pour synthétiser de l'ATP et, comme dans d'autres bactéries, pour transporter des molécules vers l'intérieur ou vers l'extérieur de la cellule. [Adapté de J. Deisenhofer et H. Michael, 1991, *Ann. Rev. Cell Biol.* **7** :1.]

dans d'autres systèmes, cette force proton-motrice est utilisée par le complexe F_0F_1 situé dans la membrane plasmique pour synthétiser de l'ATP et transporter également des molécules à travers la membrane, contre leur gradient de concentration.

Les chloroplastes contiennent deux photosystèmes de fonction et de distribution distinctes

Dans les années 1940, le biophysicien R. Emerson découvrit que chez les végétaux, l'activité de la photosynthèse due à la lumière de 700 nm de longueur d'onde pouvait être fortement accrue en rajoutant de la lumière de longueur d'onde inférieure. Il remarqua qu'une combinaison de lumières de 600 et 700 nm par exemple conduisait à une activité photosynthétique supérieure à la somme des activités dues à chacune des longueurs d'onde. Ce que l'on appelle l'*effet Emerson* conduisit les chercheurs à conclure que la photosynthèse chez les plantes impliquait l'interaction de deux photosystèmes séparés, appelés *PSI* et *PSII*. PSI fonctionne avec la lumière de 700 nm de longueur d'onde ou moins et PSII uniquement grâce aux lumières de longueurs d'onde inférieures à 680 nm.

Comme dans le centre réactionnel des bactéries vertes ou pourpres, chaque photosystème chloroplastique contient une paire de molécules spécialisées de chlorophylle *a* dans son centre réactionnel, qui sont capables d'initier le transport photo-électronique. Les chlorophylles du centre réactionnel de PSI et PSII ont des maximum d'absorption de la lumière différents en raison de leur environnement protéique distinct. Pour cette raison, on note souvent ces chlorophylles P_{680} (PSII) et P_{700} (PSI). Comme les centres réactionnels bactériens, chaque centre réactionnel chloroplastique est associé à de multiples complexes photocollecteurs (CPC). Ceux-ci contiennent des protéines différentes dans PSII et PSI.

La distribution des deux photosystèmes dans les membranes thylacoïdes est également distincte : on trouve PSII principalement dans les empilements (grana) et PSI dans les régions non empilées. L'empilement des membranes thylacoïdes pourrait s'expliquer par les propriétés de liaison des protéines dans PSII. Des preuves de cette distribution furent apportées par des expériences au cours desquelles les membranes thylacoïdes étaient fragmentées doucement en vésicules par des ultrasons. Les vésicules thylacoïdes empilées et non empilées étaient ensuite fragmentées par centrifugation en gradient de densité. Les fractions empilées contenaient principalement les éléments protéiques de PSII et la fraction non empilée, ceux de PSI.

Enfin, les deux photosystèmes chloroplastiques ont des fonctions très différentes : seul PSII clive l'eau pour former de l'oxygène et seul PSI transfère les électrons jusqu'à l'accepteur final d'électrons $NADP^+$. La photosynthèse dans les chloroplastes peut suivre un chemin cyclique ou linéaire, une fois encore comme chez les bactéries vertes ou pourpres. La voie linéaire, dont nous parlerons en premier, permet la fixation du carbone ainsi que la synthèse d'ATP. À l'inverse, la voie cyclique permet uniquement la synthèse d'ATP et ne produit pas de NADPH utilisable pour la fixation de carbone. Les cyanobactéries et les algues photosynthétiques comportent deux photosystèmes analogues à ceux des chloroplastes.

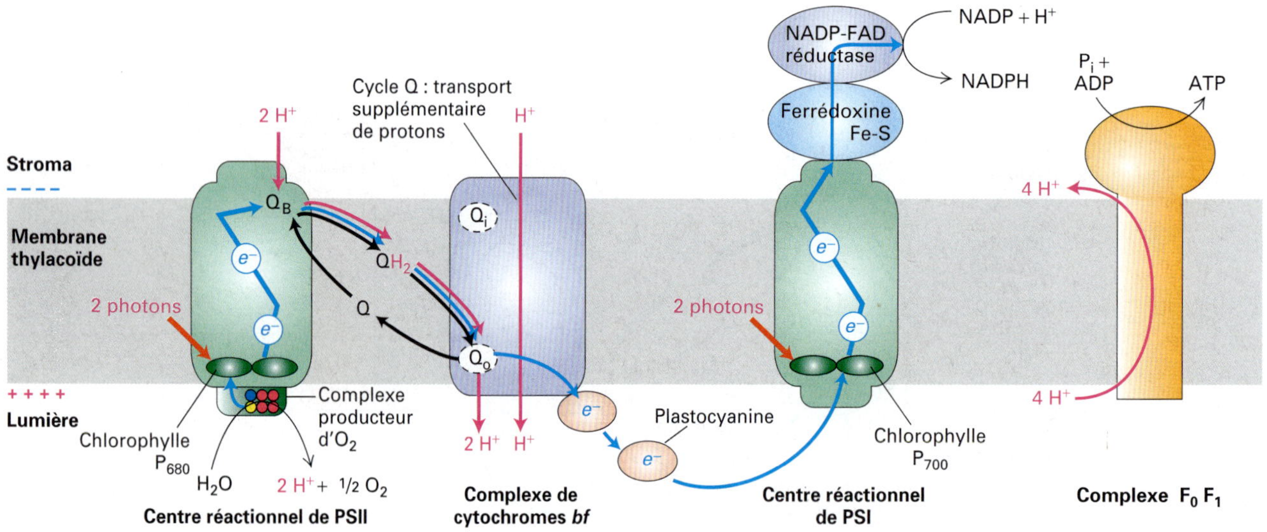

FIGURE 8-37 Le flux linéaire d'électrons dans les plantes, qui met en jeu les deux photosystèmes chloroplastiques, PSI et PSII. Les flèches bleues représentent le flux d'électrons et les flèches rouges, le déplacement des protons. Les CPC ne sont pas figurés. (*À gauche*) Dans le centre réactionnel de PSII, deux excitations successives des mêmes chlorophylles P_{680}, induites par la lumière, conduisent à la réduction de l'accepteur primaire d'électrons Q_B en QH_2. Sur la face luminale de PSII, les électrons retirés à H_2O dans la lumière thylacoïde sont transférés vers P_{680}^+, restaurant l'état fondamental des chlorophylles du centre réactionnel et produisant O_2. (*Au centre*) Le complexe de cytochromes *bf* accepte ensuite des électrons de QH_2. Ce phénomène est couplé à la libération de deux protons dans la lumière. Le fonctionnement d'un cycle Q dans le complexe de cytochromes *bf* aboutit à la translocation de protons supplémentaires à travers la membrane, vers la lumière thylacoïde, ce qui augmente la force proton-motrice produite. (*À droite*) Dans le centre réactionnel de PSI, chaque électron libéré par les chlorophylles P_{700} excitées par la lumière, passe par une série de transporteurs dans le centre réactionnel et gagne la surface du stroma, où une ferrédoxine soluble (une protéine Fe-S) transfère l'électron à FAD et enfin à $NADP^+$, formant du NADPH. P_{700}^+ retourne à son état fondamental grâce à l'addition d'un électron transporté à partir de PSII par l'intermédiaire du complexe de cytochromes *bf* et de la plastocyanine, un transporteur soluble d'électrons. La force proton-motrice créée par le flux linéaire d'électrons de PSII vers la NADP-FAD réductase permet la synthèse d'ATP par le complexe F_0F_1.

Le flux linéaire d'électrons à travers les photosystèmes végétaux PSII et PSI produit une force proton-motrice, de l'O_2 et du NADPH

Le flux linéaire d'électrons dans les chloroplastes met en jeu PSII et PSI selon une séquence immuable au cours de laquelle les électrons sont transférés de H_2O vers $NADP^+$. Le processus commence par l'absorption d'un photon par PSII, ce qui fait passer un électron d'une chlorophylle *a* P_{680} vers une plastoquinone acceptrice (Q_B) présente à la surface du stroma (Figure 8-37). Le $P_{680}{}^+$ oxydé qui en résulte arrache un électron du donneur récalcitrant H_2O, produisant un intermédiaire dans la formation d'O_2 ainsi qu'un proton qui reste dans la lumière thylacoïde et contribue à la force proton-motrice. Après l'absorption d'un second photon par P_{680}, la semiquinone $Q^{-}\bullet$ accepte un second électron et capte deux protons dans l'espace du stroma, créant QH_2. Après diffusion dans la membrane, QH_2 se fixe au site Q_o sur un complexe de cytochromes *bf*, dont la structure et la fonction sont analogues à celles du complexe de cytochromes bc_1 chez les bactéries pourpres et du complexe $CoQH_2^-$ cytochrome *c* réductase dans les mitochondries. Comme dans ces systèmes, un cycle Q se déroule dans le complexe de cytochromes *bf* en association avec le centre réactionnel de PSII, ce qui augmente la force proton-motrice créée par le transport électronique.

L'absorption d'un photon par PSI conduit au retrait d'un électron de la chlorophylle *a* du centre réactionnel, P_{700} (voir Figure 8-37). Le $P_{700}{}^+$ oxydé résultant est réduit par un électron transféré depuis le centre réactionnel de PSII par le biais du complexe de cytochromes *bf* et de la *plastocyanine*, un transporteur soluble d'électrons qui contient un seul atome de cuivre (Cu). Après avoir accepté des électrons de QH_2, le complexe de cytochromes *bf* les transfère un par un vers la forme Cu^{2+} de la plastocyanine, qui est réduite en sa forme Cu^+. La plastocyanine réduite diffuse ensuite dans la lumière thylacoïde, transportant l'électron vers $P_{700}{}^+$ dans PSI. L'électron capté à la surface luminale par P_{700} gagne par l'intermédiaire de plusieurs transporteurs, la surface stromale de la membrane thylacoïde, où il est absorbé par la ferrédoxine, une protéine fer-soufre (Fe-S). Les électrons excités dans PSI peuvent être transférés depuis la ferrédoxine vers $NADP^+$ en passant par le transporteur d'électrons FAD. Ils forment alors, avec un proton capté dans le stroma, la molécule réduite NADPH.

Les complexes F_0F_1 dans la membrane thylacoïde utilisent la force proton-motrice créée au cours du flux linéaire d'électrons pour synthétiser de l'ATP sur la face stromale de la membrane. Cette voie linéaire conduit à la formation de NADPH et d'ATP dans le stroma du chloroplaste, où ils sont utilisés pour la fixation de CO_2.

Un complexe producteur d'oxygène est situé sur la surface luminale du centre réactionnel de PSII

Curieusement, la structure du centre réactionnel de PSII qui capte des électrons de H_2O pour former O_2, ressemble à celle du centre réactionnel des bactéries pourpres photosynthétiques, qui ne produit pas d'O_2. Comme le centre réactionnel bactérien, le centre réactionnel de PSII contient deux molécules de chlorophylle *a* (P_{680}) ainsi que deux autres chlorophylles, deux phéophytines, deux quinones (Q_A et Q_B) et un atome de fer non héminique. Ces petites molécules sont liées à deux molécules de protéines de PSII, appelées D1 et D2. Leurs séquences présentent une forte ressemblance avec celles des peptides L et M du centre réactionnel bactérien, ce qui atteste leur origine commune dans l'évolution (voir Figure 8-35). L'absorption d'un photon de longueur d'onde < 680 nm par PSII déclenche la perte d'un électron d'une molécule de P_{680}, créant $P_{680}{}^+$. Comme dans les bactéries pourpres photosynthétiques, l'électron est transféré par le biais d'une phéophytine et d'une quinone (Q_A) vers l'accepteur primaire d'électrons, Q_B, présent au niveau de la surface externe (stromale) de la membrane thylacoïde (Figures 8-37 et 8-38).

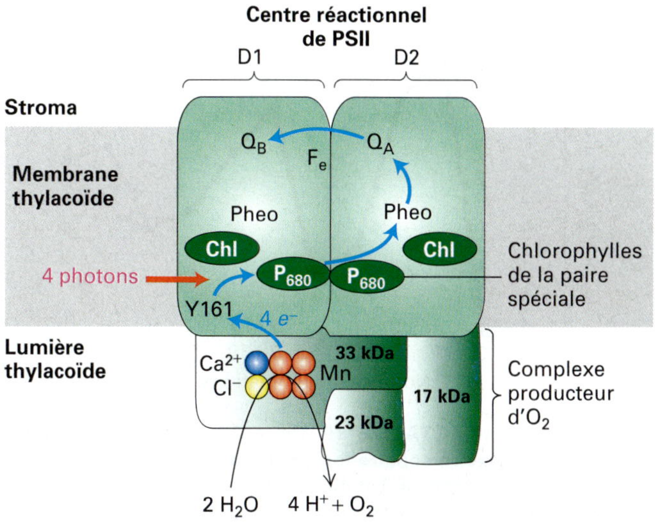

FIGURE 8-38 Le flux d'électrons et la production d'O_2 dans le photosystème PSII du chloroplaste. Le centre réactionnel de PSII, contenant deux protéines membranaires intrinsèques, D1 et D2, des chlorophylles de la paire spéciale (P_{680}) et d'autres transporteurs d'électrons, est associé à un complexe producteur d'oxygène sur la face luminale. Quatre ions manganèse (en rouge), un ion Ca^{2+} (en bleu) et un ion Cl^- (en jaune) sont liés à trois protéines extrinsèques (33, 23 et 17 kDa). Ces ions liés interviennent dans le clivage de H_2O et dans le maintien de l'environnement essentiel à une production élevée d'O_2. La tyrosine 161 (Y161) du polypeptide D1 conduit les électrons des ions Mn vers la chlorophylle oxydée du centre réactionnel ($P_{680}{}^+$), la réduisant en son état fondamental P_{680}. Voir le texte pour les détails. [Adapté de C. Hoganson et G. Babcock, 1997, *Science* **277** :1953.]

La chlorophylle du centre réactionnel de PSII oxydée photochimiquement, $P_{680}{}^+$, est le plus fort des oxydants biologiques connus. Le potentiel de réduction de $P_{680}{}^+$ est davantage positif que celui de l'eau et peut donc oxyder celle-ci pour produire O_2 et des ions H^+. Les bactéries photosynthétiques ne peuvent oxyder l'eau car leur chlorophylle excitée a^+ dans le centre réactionnel n'est pas un oxydant suffisamment fort. (Comme nous l'avons vu plus haut, les bactéries pourpres utilisent H_2S et H_2 comme donneurs d'électrons pour réduire la chlorophylle a^+ grâce au flux linéaire d'électrons.)

Le clivage de H_2O, qui fournit les électrons nécessaires à la réduction de $P_{680}{}^+$ dans PSII, est catalysé par un complexe composé de trois protéines, le *complexe producteur d'oxygène*, situé au niveau de la surface luminale de la membrane thylacoïde. Ce complexe contient quatre ions manganèse (Mn) ainsi que des ions Cl^- et Ca^{2+} liés (voir Figure 8-38). C'est l'un des très rares cas

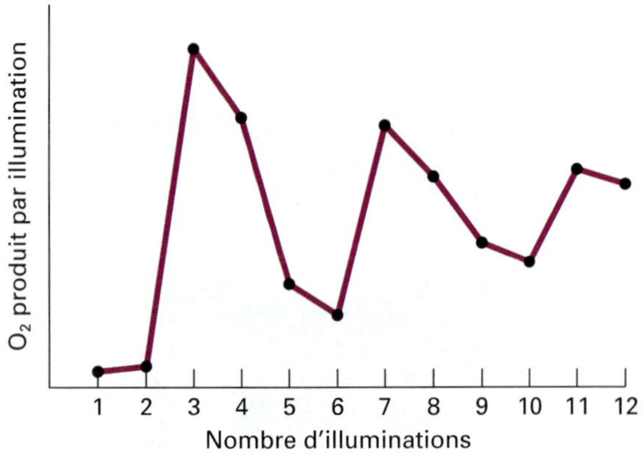

FIGURE EXPÉRIMENTALE 8-39 Un seul PSII absorbe un photon et transfère un électron quatre fois pour produire un O_2. Des chloroplastes adaptés à l'obscurité ont été soumis à une série d'illuminations brèves (5 μs) et peu espacées qui ont activé quasiment tous les PSII de la préparation. Les pics de formation d'O_2 apparaissent toutes les quatre illuminations, ce qui indique que l'absorption de quatre photons par un PSII est nécessaire pour produire chaque molécule d'O_2. Les chloroplastes adaptés à l'obscurité étaient initialement dans un état partiellement réduit, c'est pourquoi les pics de formation d'O_2 se sont produits après les illuminations 3, 7 et 11. [D'après J. Berg et al., 2002, *Biochemistry*, 5° éd., W. H. Freeman and Company.]

dans lesquels Mn joue un rôle dans un système biologique. On peut retirer du centre réactionnel ces ions Mn conjointement avec les trois protéines extrinsèques grâce à un traitement par des solutions salines concentrées. Ceci supprime toute formation d'O_2 mais n'affecte pas l'absorption de lumière ni les étapes initiales du transport d'électrons.

L'oxydation de deux molécules de H_2O pour former O_2 nécessite le retrait de quatre électrons. Cependant, l'absorption de chaque photon par PSII aboutit au transfert d'un seul électron. Une expérience simple, décrite dans la Figure 8-39, permit de vérifier si la formation d'O_2 dépendait d'un seul PSII ou de multiples PSII agissant de concert. Les résultats indiquèrent qu'un seul PSII doit perdre un électron puis oxyder le complexe producteur d'oxygène quatre fois de suite pour qu'une molécule d'O_2 soit formée.

On sait que le manganèse existe dans de multiples états d'oxydation, qui varient de deux à cinq charges positives. Des études spectroscopiques approfondies ont effectivement montré que les ions Mn liés au complexe producteur d'oxygène alternent entre cinq états différents d'oxydation, S_0-S_4. Dans ce cycle S, deux molécules de H_2O au total sont clivées en quatre protons, quatre électrons et une molécule d'O_2. Les électrons libérés à partir de H_2O sont transférés un par un par l'intermédiaire des ions Mn et de la chaîne latérale d'une tyrosine voisine sur la sous-unité D1, vers la chlorophylle $P_{680}{}^+$ du centre réactionnel. Là, ils régénèrent la chlorophylle réduite P_{680}. Les protons libérés depuis H_2O restent dans la lumière thylacoïde. En dépit de nombreuses expériences, on ignore toujours comment O_2 est formé par ce complexe contenant des ions Mn.

BIOTECH Les herbicides qui inhibent la photosynthèse sont importants pour l'agriculture mais se sont également révélés utiles pour décomposer le trajet du transport photo-électronique dans les plantes. L'une de ces classes d'herbicides, les *s*-triazines (comme l'atrazine), se fixe spécifiquement à D1 dans le centre réactionnel de PSII, inhibant alors la fixation du Q_B oxydé, au niveau de son site présent à la surface du stroma de la membrane thylacoïde. Lorsqu'on les ajoute à des chloroplastes illuminés, les *s*-triazines entraînent l'accumulation de tous les transporteurs d'électrons en aval sous leur forme oxydée, puisque aucun électron ne peut plus être libéré depuis PSII. Chez les mutants résistants à l'atrazine, un seul changement d'acide aminé dans D1 la rend incapable de fixer l'herbicide, de sorte que la photosynthèse peut se dérouler normalement. De telles mauvaises herbes résistantes sont courantes et représentent un problème majeur pour l'agriculture. ■

Le flux cyclique d'électrons à travers PSI crée une force proton-motrice mais pas de NADPH ni d'O_2

Comme nous l'avons vu, les électrons de la ferrédoxine réduite dans PSI sont transférés vers $NADP^+$ au cours du flux linéaire d'électrons (voir Figure 8-37). La ferrédoxine peut également donner deux électrons à une quinone (Q) liée à un site présent sur la surface du stroma de PSI. La quinone capte ensuite deux protons dans le stroma, formant alors QH_2. QH_2 diffuse ensuite à travers la membrane thylacoïde jusqu'au site de liaison de Q_O sur la surface luminale du complexe de cytochromes *bf*. Là, QH_2 donne deux électrons au complexe de cytochromes *bf* et deux protons à la lumière thylacoïde, créant ainsi une force proton-motrice. Comme dans le flux linéaire d'électrons, ces électrons reviennent vers PSI en passant par la plastocyanine. Ce flux cyclique d'électrons qui n'implique pas PSII est similaire au processus cyclique qui se déroule dans le photosystème unique des bactéries pourpres (voir Figure 8-36). Un cycle Q a lieu dans le complexe de cytochromes *bf* au cours du flux cyclique d'électrons. Il conduit au transport de deux protons supplémentaires dans la lumière pour chaque paire d'électrons transportée et donc à une force motrice plus importante.

La force proton-motrice créée au cours du flux cyclique d'électrons dans les chloroplastes permet la synthèse d'ATP par les complexes F_0F_1 dans la membrane thylacoïde. Ce processus ne produit toutefois ni NADPH ni O_2.

L'activité relative des photosystèmes I et II est régulée

Pour que PSII et PSI agissent successivement au cours du flux linéaire d'électrons, la quantité d'énergie lumineuse délivrée aux deux centres réactionnels doit être contrôlée afin que chacun d'eux active le même nombre d'électrons. Si les deux photosystèmes ne sont pas excités de la même façon, le flux cyclique d'électrons a lieu dans PSI, et PSII devient moins actif. L'un des mécanismes de régulation de la contribution relative des flux linéaire et cyclique d'électrons dans les chloroplastes met en jeu la phosphorylation et la déphosphorylation réversibles des protéines associées au complexe photocollecteur de PSII (CPCII).

D'après ce mécanisme, une protéine kinase liée à la membrane perçoit les activités relatives des deux photosystèmes. Cette

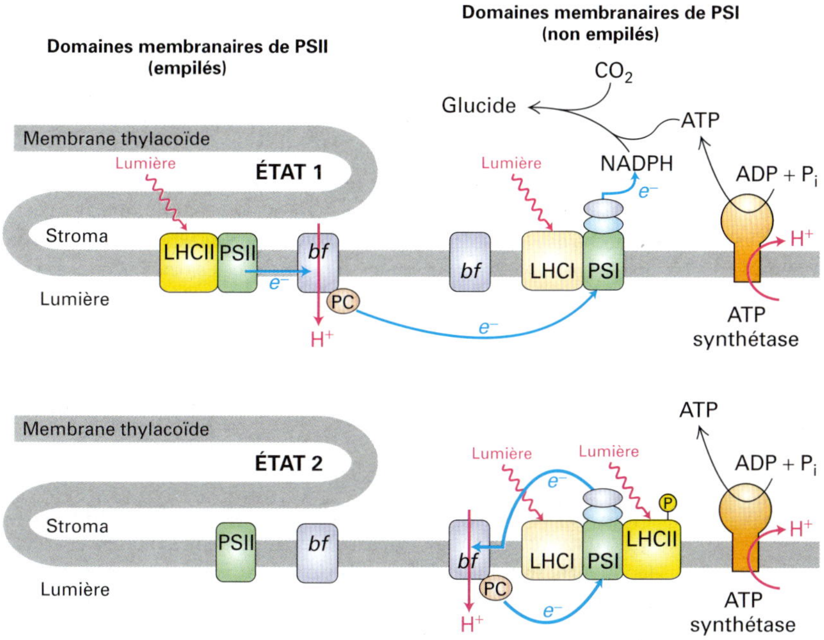

FIGURE 8-40 La distribution des complexes multiprotéiques dans la membrane thylacoïde et la régulation des flux linéaire et cyclique des électrons. (*En haut*) Au soleil, PSI et PSII sont autant activés l'un que l'autre et les photosystèmes sont dans l'état I. Dans cette disposition, le complexe photocollecteur II (CPCII) n'est pas phosphorylé et est étroitement associé au centre réactionnel de PSII dans les grana. De ce fait, PSII et PSI peuvent fonctionner en parallèle pour le flux linéaire d'électrons. (*En bas*) Lorsque l'excitation des deux photosystèmes par la lumière est déséquilibrée, CPCII est phosphorylé, se dissocie de PSII et diffuse dans les membranes non empilées dans lesquelles il s'associe à PSI et au CPCI qui lui est lié en permanence. Dans cette organisation supramoléculaire alternative (état II), la plus grande partie de l'énergie lumineuse absorbée est transférée vers PSI, favorisant le flux cyclique d'électrons et la production d'ATP, mais pas la formation de NADPH ni, de ce fait, la fixation de CO_2. PC = plastocyanine. [Adapté de F. A. Wollman, 2001, *EMBO J.* **20** :3623.]

évaluation pourrait impliquer la reconnaissance de l'état oxydé ou réduit de la réserve de plastoquinones qui transfère les électrons de PSII au complexe de cytochromes *bf*, lorsqu'ils gagnent PSI. L'excitation équilibrée des deux photosystèmes est associée au flux linéaire d'électrons (Figure 8-40, état I). Néanmoins, s'il y a trop de plastoquinones réduites (ce qui indique une activation excessive de PSII par rapport à PSI), la kinase est activée et certains CPCII sont phosphorylés. Ces CPCII phosphorylés se dissocient de PSII qui est situé préférentiellement dans les grana, et diffusent dans la membrane jusqu'aux membranes thylacoïdes non empilées, au niveau desquelles ils peuvent activer PSI. Cette redistribution des CPCII qui diminue la taille des antennes de PSII et augmente celle des antennes de PSI, ainsi que la redistribution concomitante des complexes de cytochromes *bf* des domaines membranaires riches en PSII vers les domaines riches en PSI favorisent le flux cyclique d'électrons (Figure 8-40, état II).

L'organisation supramoléculaire des photosystèmes végétaux les conduit vers la production d'ATP (état II) ou vers la création d'équivalents réduits (NADPH) et ATP (état I). Le NADPH et l'ATP sont tous deux nécessaires pour convertir le CO_2 en saccharose ou en amidon, lors de la quatrième étape de la photosynthèse, que nous traiterons dans la dernière section de ce chapitre.

CONCEPTS CLÉS DE LA SECTION 8.5

L'analyse moléculaire des photosystèmes

- Dans le photosystème unique des bactéries pourpres, le flux cyclique d'électrons à partir des molécules de chlorophylle *a* du centre réactionnel excitées par la lumière crée une force proton-motrice, utilisée essentiellement pour la synthèse d'ATP par le complexe F_0F_1 dans la membrane plasmique (Figure 8-36).
- Les plantes possèdent deux photosystèmes, PSI et PSII, qui ont des fonctions distinctes et sont séparées dans la membrane thylacoïde. PSII clive H_2O pour former O_2. PSI réduit $NADP^+$ en NADPH. Les cyanobactéries possèdent deux photosystèmes analogues.
- Dans les chloroplastes, l'énergie lumineuse absorbée par les complexes photocollecteurs (CPC) est transférée vers les molécules de chlorophylle *a* dans les centres réactionnels (P_{680} dans PSII et P_{700} dans PSI).
- Les électrons passent à travers PSII par l'intermédiaire des mêmes transporteurs que ceux présents dans le photosystème bactérien. Au contraire du système bactérien, la chlorophylle $P_{680}{}^+$ oxydée photochimiquement dans PSII est régénérée en P_{680} par des électrons provenant du clivage de H_2O avec production d'O_2 (voir Figure 8-37, *à gauche*).
- Lors du flux linéaire d'électrons, la chlorophylle $P_{700}{}^+$ oxydée photochimiquement dans PSI est réduite, régénérant P_{700} grâce à des électrons transférés depuis PSII par l'intermédiaire du complexe de cytochromes *bf* et de la plastocyanine soluble. Les électrons perdus par P_{700} après l'excitation de PSI sont transportés par plusieurs transporteurs d'électrons jusqu'à $NADP^+$, formant du NADPH (voir Figure 8-37, *à droite*).
- Au contraire du flux linéaire d'électrons qui implique à la fois PSII et PSI, le flux cyclique d'électrons dans les plantes met en jeu uniquement PSI. Dans cette voie, il n'y a pas de formation de NADPH ni d'O_2, même si une force proton-motrice est créée.
- La force proton-motrice créée par le transport photo-électronique dans les photosystèmes végétaux et bactériens est accrue par le fonctionnement du cycle Q dans les complexes de cytochromes *bf* associés à chacun des photosystèmes.
- La phosphorylation et la déphosphorylation réversibles du complexe photocollecteur de PSII contrôle l'organisation fonctionnelle de la machinerie photosynthétique dans les membranes thylacoïdes. L'état I favorise le flux linéaire d'électrons, tandis que l'état II favorise le flux cyclique (voir Figure 8-40).

8.6 Le métabolisme du CO_2 au cours de la photosynthèse

PLANTES

Les chloroplastes effectuent de nombreuses réactions métaboliques dans les feuilles vertes. Outre la fixation du CO_2, les chloroplastes abritent la synthèse de presque tous les acides aminés, celle de tous les acides gras et des carotènes, de toutes les pyrimidines et probablement de toutes les purines. Cependant, la synthèse des sucres à partir de CO_2 est la voie de biosynthèse la plus étudiée dans les cellules végétales. Nous considérerons d'abord la voie unique, appelée **cycle de Calvin** (d'après le nom de son découvreur, Melvin Calvin) qui fixe le CO_2 en composants à trois carbones, grâce à l'énergie libérée au cours de l'hydrolyse d'ATP et de l'oxydation de NADPH.

▶ **FIGURE 8-42 La voie suivie par le carbone au cours de la photosynthèse.** (*En haut*) Six molécules de CO_2 sont converties en deux molécules de glycéraldéhyde 3-phosphate. Ces réactions, qui constituent le cycle de Calvin, se déroulent dans le stroma du chloroplaste. Par le biais de l'antiporteur à phosphate/triosephosphate, une partie du glycéraldéhyde 3-phosphate est transportée vers le cytosol en échange de phosphate. (*En bas*) Dans le cytosol, une série exergonique de réactions convertit le glycéraldéhyde 3-phosphate en fructose 1,6-diphosphate et en dernier lieu, en saccharose (un disaccharide). Une partie du glycéraldéhyde 3-phosphate (non figurée ici) est également convertie en acides aminés et en graisses, des composés essentiels à la croissance de la plante.

La fixation de CO_2 a lieu dans le stroma des chloroplastes

La réaction qui fixe le CO_2 en glucides est catalysée par la *ribulose 1,5-diphosphate carboxylase* (souvent appelée *Rubisco*) située dans l'espace stromal du chloroplaste. Cette enzyme ajoute un CO_2 au sucre à cinq carbones ribulose 1,5-diphosphate pour former deux molécules de 3-phosphoglycérate (Figure 8-41). La Rubisco est une enzyme volumineuse (≈ 500 kDa) constituée de huit grosses sous-unités identiques et de huit petites sous-unités elles aussi identiques entre elles. L'une des sous-unités est codée par de l'ADN chloroplastique, l'autre, par de l'ADN nucléaire. La vitesse catalytique de la Rubisco étant assez faible, il faut un grand nombre de copies de l'enzyme pour fixer suffisamment de CO_2. En effet, la Rubisco constitue près de 50 % des protéines chloroplastiques et l'on suppose que c'est la protéine la plus abondante sur terre.

Lorsque l'on expose brièvement (*pulse*) des algues photosynthétiques à du CO_2 marqué au ^{14}C et que l'on fragmente rapidement les cellules, on remarque que le marquage radioactif le plus rapide est celui du 3-phosphoglycérate et que la totalité de la radioactivité se trouve dans son groupement carboxyle. Cette découverte indique que la ribulose 1,5-diphosphate carboxylase fixe le CO_2. Le CO_2 étant incorporé initialement dans un composé à trois carbones, le cycle de Calvin est également appelé cycle *C_3 de la fixation du carbone.*

Le devenir du 3-phosphoglycérate formé par la Rubisco est complexe : une partie est convertie en amidon ou en saccharose et une autre partie sert à régénérer le ribulose 1,5-diphosphate. Il faut au moins neuf enzymes pour régénérer le ribulose 1,5-diphosphate à partir de 3-phosphoglycérate. Pour chaque groupe de 12 molécules de 3-phosphoglycérate produites par la Rubisco (un total de 36 atomes de C), 2 molécules (6 atomes de C) sont converties en 2 molécules de glycéraldéhyde 3-phosphate (et plus tard 1 hexose) tandis que 10 molécules (30 atomes de C) sont converties en 6 molécules de ribulose 1,5-diphosphate (Figure 8-42 *en haut*). La fixation de six molécules de CO_2 et la formation nette de deux molécules de glycéraldéhyde 3-phosphate consomment 18 ATP et 12 NADPH, produits par les réactions lumineuses de la photosynthèse.

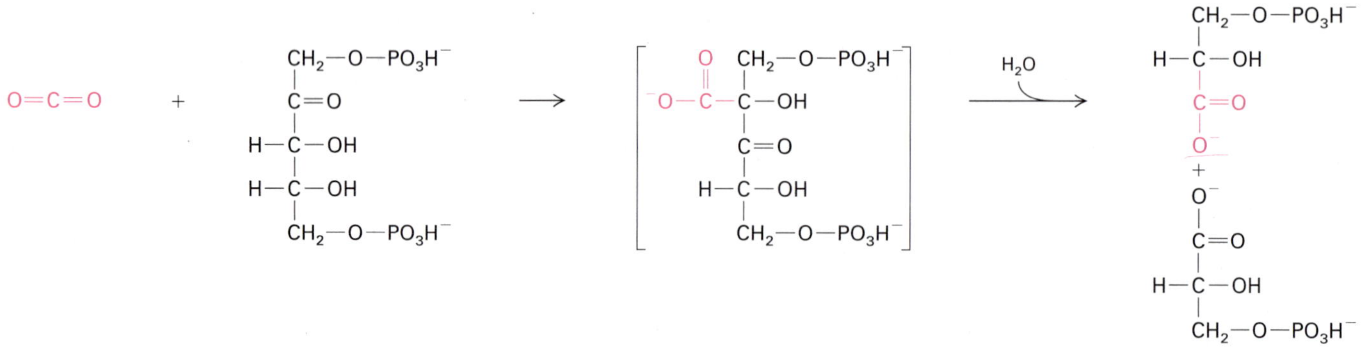

CO_2 | Ribulose 1,5-diphosphate | Intermédiaire lié à l'enzyme | 3-Phosphoglycérate (deux molécules)

FIGURE 8-41 La réaction initiale de fixation de CO_2 dans les composés organiques. Dans cette réaction catalysée par la ribulose 1,5-diphosphate carboxylase, le CO_2 se condense avec le ribulose 1,5-diphosphate, un sucre à cinq carbones. Les produits sont deux molécules de 3-phosphoglycérate.

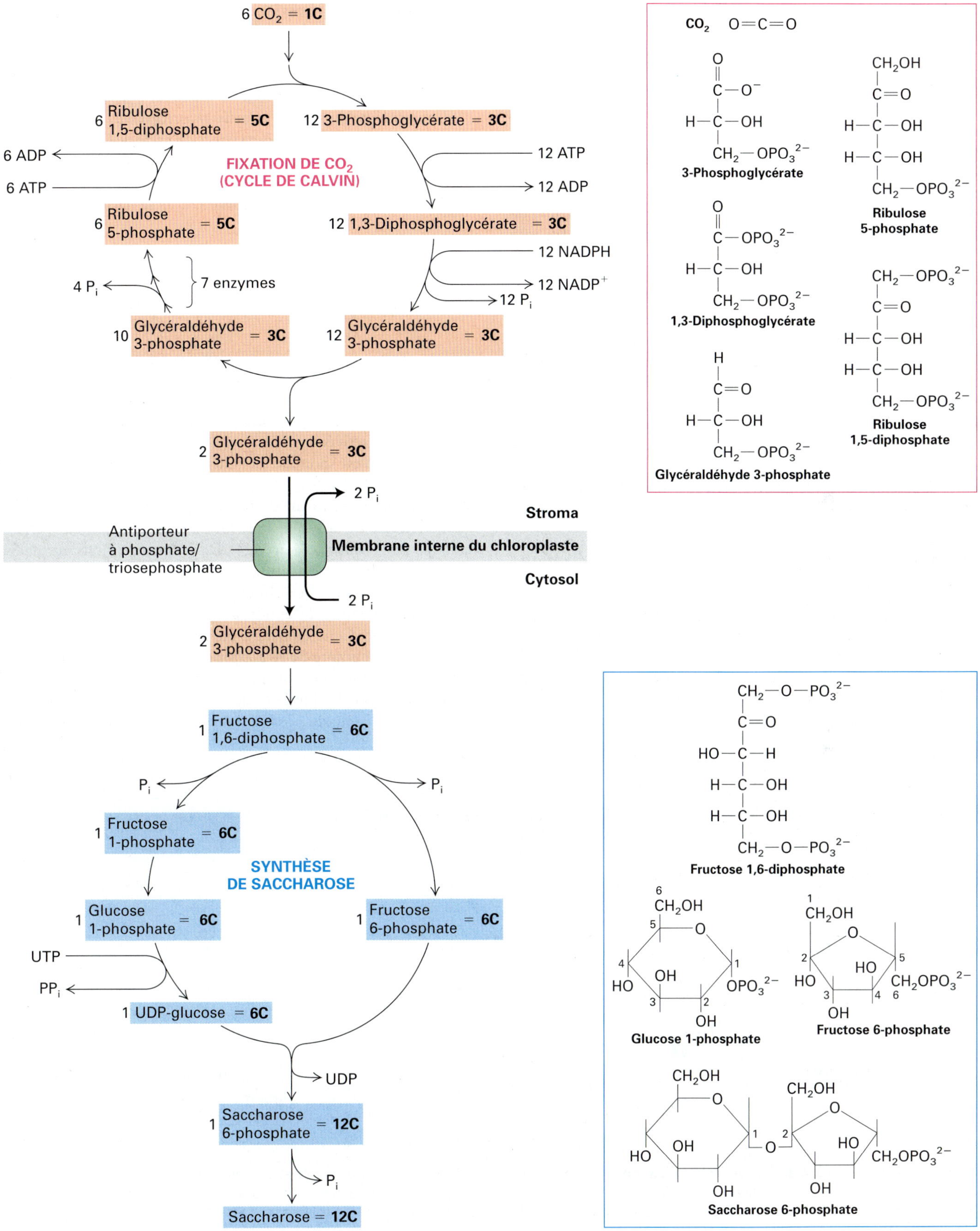

6 CO2 = 1C
6 Ribulose 1,5-diphosphate = 5C
12 3-Phosphoglycérate = 3C
6 ADP
6 ATP
FIXATION DE CO2 (CYCLE DE CALVIN)
12 ATP
12 ADP
6 Ribulose 5-phosphate = 5C
12 1,3-Diphosphoglycérate = 3C
12 NADPH
12 NADP+
12 Pi
4 Pi
7 enzymes
10 Glycéraldéhyde 3-phosphate = 3C
12 Glycéraldéhyde 3-phosphate = 3C
2 Glycéraldéhyde 3-phosphate = 3C
2 Pi
Stroma
Antiporteur à phosphate/ triosephosphate
Membrane interne du chloroplaste
Cytosol
2 Pi
2 Glycéraldéhyde 3-phosphate = 3C
1 Fructose 1,6-diphosphate = 6C
Pi
Pi
1 Fructose 1-phosphate = 6C
SYNTHÈSE DE SACCHAROSE
1 Glucose 1-phosphate = 6C
1 Fructose 6-phosphate = 6C
UTP
PPi
1 UDP-glucose = 6C
UDP
1 Saccharose 6-phosphate = 12C
Pi
Saccharose = 12C
CO2 O=C=O
3-Phosphoglycérate
Ribulose 5-phosphate
1,3-Diphosphoglycérate
Ribulose 1,5-diphosphate
Glycéraldéhyde 3-phosphate
Fructose 1,6-diphosphate
Glucose 1-phosphate
Fructose 6-phosphate
Saccharose 6-phosphate

La synthèse de saccharose à l'aide du CO_2 fixé a lieu dans le cytosol

Après sa formation dans le stroma chloroplastique, le glycéraldéhyde 3-phosphate est transporté dans le cytosol en échange de phosphate. Les dernières étapes de la synthèse du saccharose se déroulent dans le cytosol des cellules de feuilles. Dans ces réactions, une molécule de glycéraldéhyde 3-phosphate est isomérisée en dihydroxyacétone phosphate. Ce composé se condense avec une seconde molécule de glycéraldéhyde 3-phosphate pour former du fructose 1,6-diphosphate, au cours d'une réaction inverse de la réaction de l'aldolase dans la glycolyse (voir Figure 8-4, étape 4). Le fructose 1,6-diphosphate est converti principalement en saccharose grâce aux réactions décrites dans la partie inférieure de la Figure 8-42.

Le transporteur protéique présent dans la membrane chloroplastique, qui conduit le CO_2 fixé (sous forme de glycéraldéhyde 3-phosphate) dans le cytosol lorsque la cellule exporte une grande quantité de saccharose est un véritable antiporteur : aucun CO_2 fixé ne quitte le chloroplaste sans entrée de phosphate. Le phosphate est produit dans le cytosol, principalement au cours de la formation de saccharose, à partir d'intermédiaires tricarbonés phosphorylés. La synthèse de saccharose et son export des cellules de feuilles vers d'autres cellules favorisent le transport de molécules supplémentaires de glycéraldéhyde 3-phosphate du chloroplaste vers le cytosol.

La lumière et la Rubisco activase stimulent la fixation de CO_2

Les enzymes du cycle de Calvin qui catalysent la fixation de CO_2 sont rapidement inactivées dans le noir, ce qui réserve l'ATP produit alors pour d'autres réactions de synthèse, comme la biosynthèse des lipides et des acides aminés. La dépendance de plusieurs enzymes du cycle de Calvin vis-à-vis du pH est l'un des mécanismes de ce contrôle. Les protons étant transportés du stroma vers la lumière thylacoïde au cours du transport photoélectronique (voir Figure 8-37), le pH du stroma augmente jusqu'à ≈ 7 dans l'obscurité et ≈ 8 à la lumière. L'augmentation de l'activité des enzymes du cycle de Calvin à un pH supérieur favorise la fixation de CO_2 lors des périodes d'illumination.

Une protéine du stroma appelée *thiorédoxine (Tx)* intervient également dans le contrôle des enzymes du cycle de Calvin. Dans le noir, la thiorédoxine contient un pont disulfure. À la lumière, des électrons sont transférés de PSI, par l'intermédiaire de la ferrédoxine, vers la thiorédoxine, réduisant alors sa liaison disulfure :

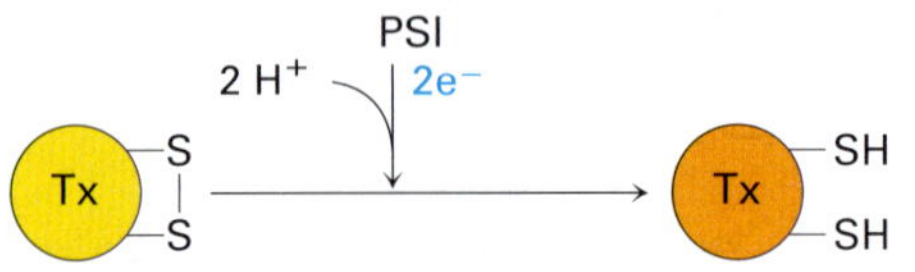

La thiorédoxine réduite active ensuite plusieurs enzymes du cycle de Calvin en réduisant leurs ponts disulfure. Dans le noir, lorsque la thiorédoxine est réoxydée, ces enzymes sont elles-mêmes réoxydées et donc inactivées.

La Rubisco est spontanément activée en présence de concentrations élevées de CO_2 et de Mg^{2+}. La réaction d'activation comporte l'addition covalente de CO_2 au groupement aminé de la chaîne latérale de la lysine 191, formant un groupement carbamate qui fixe ensuite un ion Mg^{2+}. Dans des conditions normales cependant, aux concentrations ambiantes de CO_2, la réaction nécessite la catalyse de la Rubisco activase, une enzyme qui hydrolyse simultanément l'ATP et utilise l'énergie produite pour fixer un CO_2 à la lysine. Cette enzyme a été découverte lors d'une étude d'une souche mutante de *Arabidopsis thaliana* qui avait besoin de grosses quantités de CO_2 pour croître et qui ne présentait pas d'activation par la lumière de sa ribulose 1,5-diphosphate carboxylase. Ce mutant possédait une Rubisco activase déficiente.

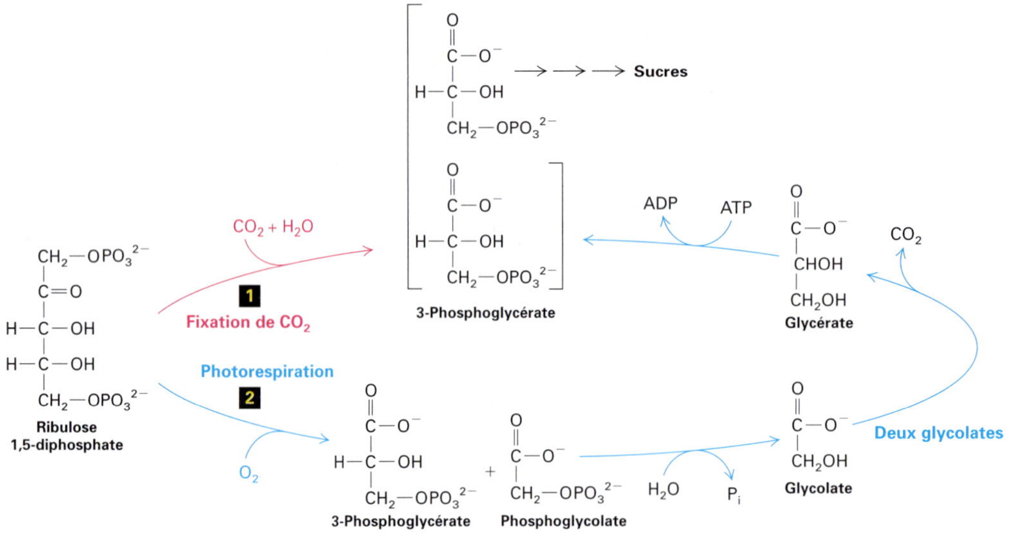

FIGURE 8-43 La fixation de CO_2 et la photorespiration. Ces voies en compétition sont toutes deux initiées par la ribulose 1,5-diphosphate carboxylase (Rubisco) et utilisent du ribulose 1,5-diphosphate. La fixation de CO_2, la voie (1), est favorisée par les concentrations élevées de CO_2 et les faibles pressions d'O_2, la voie (2) est suivie dans le cas des concentrations faibles de CO_2 et des pressions élevées d'O_2 (c'est-à-dire dans les conditions atmosphériques normales). Le phosphoglycolate est recyclé grâce à un ensemble complexe de réactions qui se déroulent dans les peroxysomes et les mitochondries, ainsi que dans les chloroplastes. Le résultat net est : pour chaque paire de molécules de phosphoglycolate formées par la photorespiration (quatre atomes de C), une molécule de 3-phosphoglycérate est produite et recyclée et une molécule de CO_2 est perdue.

La photorespiration en compétition avec la photosynthèse est limitée dans les plantes qui fixent le CO_2 grâce à la voie en C_4

La photosynthèse est toujours accompagnée de la **photorespiration** — un processus qui se déroule en période d'illumination, consomme de l'O_2 et convertit le ribulose 1,5-diphosphate en partie en CO_2. Comme le montre la Figure 8-43, la Rubisco catalyse deux réactions en compétition : l'addition de CO_2 au ribulose 1,5-diphosphate pour former deux molécules de 3-phosphoglycérate et l'addition d'O_2 pour former une molécule de 3-phosphoglycérate et une molécule de phosphoglycolate, un composé à deux carbones. La photorespiration est très coûteuse en énergie pour la plante : elle consomme de l'O_2 et de l'ATP et produit du CO_2. Il est donc surprenant que toutes les Rubisco connues catalysent la photorespiration. Il est probable que la structure du site actif de la Rubisco ait empêché l'évolution d'une enzyme qui ne catalyse pas la photorespiration.

Dans un environnement chaud et sec, les plantes doivent maintenir fermés une grande partie du temps les pores d'échange gazeux (stomates) présents dans leurs feuilles, afin d'éviter une perte excessive d'humidité. Ceci provoque la diminution de la concentration de CO_2 dans la feuille jusqu'à une valeur inférieure au K_m de la Rubisco pour le CO_2. Dans ces conditions, l'activité de la photosynthèse est ralentie et la photorespiration est nettement favorisée. Le maïs, la canne à sucre, la digitaire et d'autres plantes capables de pousser dans des environnements chauds et secs ont élaboré une stratégie pour éviter ce problème en utilisant un processus à deux étapes pour la fixation de CO_2 au cours duquel une étape de mise en réserve de CO_2 précède le cycle de Calvin. On appelle ce processus la *voie en C_4* car un marquage au $[^{14}C]$ CO_2 a montré que les premières molécules radioactives formées au cours de la photosynthèse dans cette voie sont des composés à quatre carbones, tels que l'oxaloacétate et le malate, plutôt que les molécules tricarbonées présentes au début du cycle de Calvin (voie en C_3).

La voie en C_4 met en jeu deux types de cellules : les *cellules du mésophylle*, adjacentes aux lacunes aériennes à l'intérieur de la feuille et les *cellules de la gaine périvasculaire*, qui entourent le tissu vasculaire (Figure 8-44a). Dans les cellules du mésophylle des plantes utilisant la voie en C_4 (plantes C_4), le phosphoénolpyruvate, une molécule tricarbonée dérivée du pyruvate, réagit avec du CO_2 pour former de l'oxaloacétate, un composé à quatre

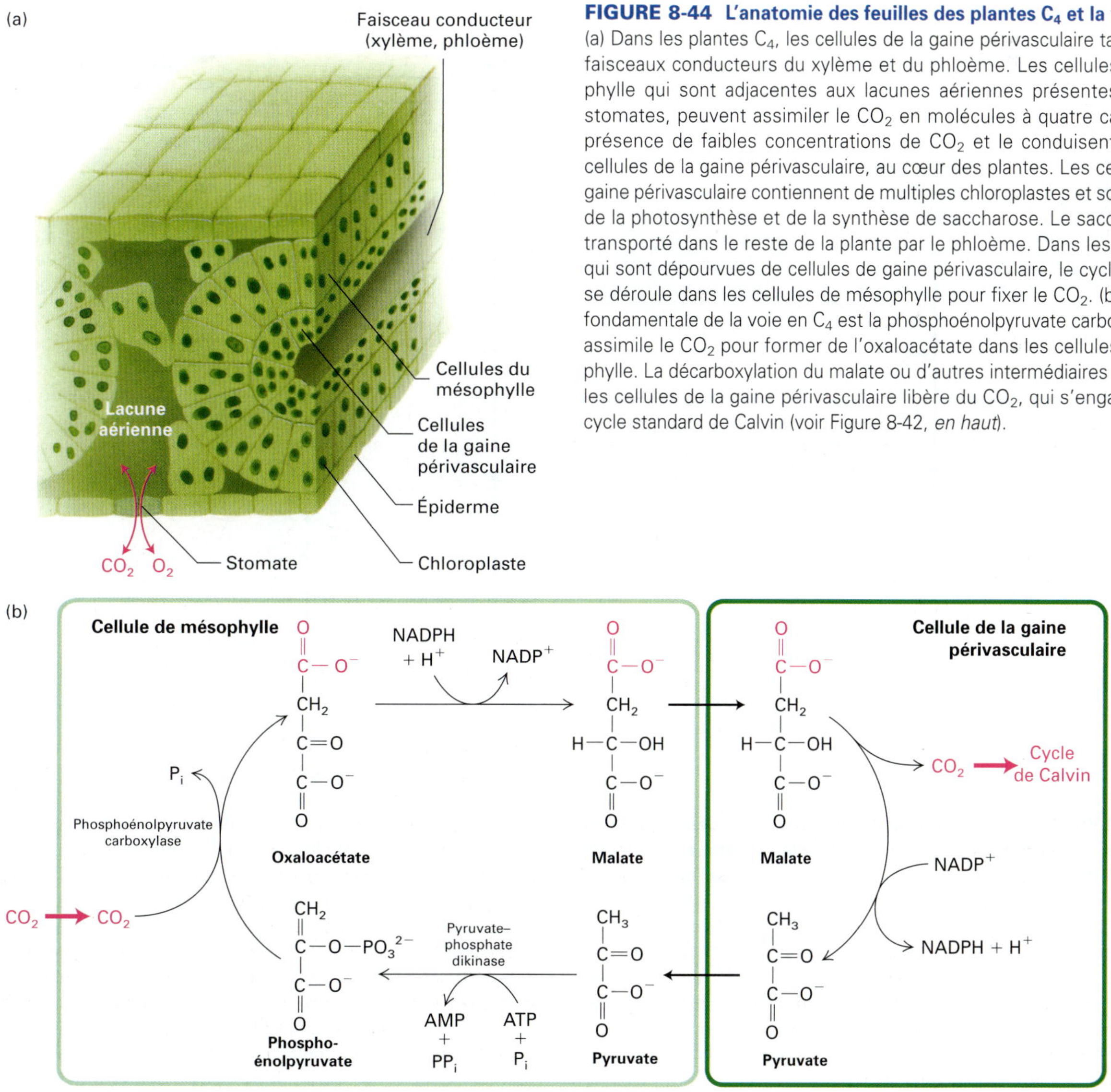

FIGURE 8-44 L'anatomie des feuilles des plantes C_4 et la voie en C_4. (a) Dans les plantes C_4, les cellules de la gaine périvasculaire tapissent les faisceaux conducteurs du xylème et du phloème. Les cellules du mésophylle qui sont adjacentes aux lacunes aériennes présentes entre les stomates, peuvent assimiler le CO_2 en molécules à quatre carbones en présence de faibles concentrations de CO_2 et le conduisent jusqu'aux cellules de la gaine périvasculaire, au cœur des plantes. Les cellules de la gaine périvasculaire contiennent de multiples chloroplastes et sont les sites de la photosynthèse et de la synthèse de saccharose. Le saccharose est transporté dans le reste de la plante par le phloème. Dans les plantes C_3 qui sont dépourvues de cellules de gaine périvasculaire, le cycle de Calvin se déroule dans les cellules de mésophylle pour fixer le CO_2. (b) L'enzyme fondamentale de la voie en C_4 est la phosphoénolpyruvate carboxylase, qui assimile le CO_2 pour former de l'oxaloacétate dans les cellules de mésophylle. La décarboxylation du malate ou d'autres intermédiaires en C_4 dans les cellules de la gaine périvasculaire libère du CO_2, qui s'engage dans le cycle standard de Calvin (voir Figure 8-42, *en haut*).

carbones. L'enzyme qui catalyse cette réaction, la *phosphoénolpyruvate carboxylase*, est présente presque exclusivement dans les plantes C_4 et, au contraire de la Rubisco, elle est insensible à O_2. La réaction globale du pyruvate jusqu'à l'oxaloacétate implique l'hydrolyse d'une liaison phosphoanhydride dans l'ATP et présente un ΔG négatif. De ce fait, la fixation de CO_2 aura lieu même si sa concentration est faible. L'oxaloacétate formé dans les cellules de mésophylle est réduit en malate. Celui-ci est transféré par un transporteur spécial jusqu'aux cellules de la gaine périvasculaire, où le CO_2 est libéré par décarboxylation et s'engage dans le cycle de Calvin (Figure 8-44b).

En raison du transport de CO_2 depuis les cellules de mésophylle, la concentration en CO_2 dans les cellules de la gaine périvasculaire des plantes C_4 est bien plus élevée que dans l'atmosphère normale. Les cellules de la gaine périvasculaire présentent également la particularité d'être dépourvues de PSII. Pour cette raison, elles effectuent uniquement le flux électronique cyclique catalysé par PSI. Par conséquent, aucun O_2 n'est produit. Les concentrations élevée de CO_2 et faible d'O_2 dans les cellules de la gaine périvasculaire favorisent la fixation de CO_2 par la Rubisco pour former du 3-phosphoglycérate et inhibent l'utilisation de ribulose 1,5-diphosphate lors de la photorespiration.

À l'inverse, les concentrations élevées d'O_2 dans l'atmosphère favorisent la photorespiration dans les cellules de mésophylle des plantes C_3 (voie 2 dans la Figure 8-43). Dès lors, jusqu'à 50 % du carbone fixé par la Rubisco peut être réoxydé en CO_2 par les plantes C_3. Les plantes C_4 utilisent mieux le CO_2 disponible que les plantes C_3, car l'enzyme C_4 phosphoénolpyruvate carboxylase, une enzyme impliquée dans la voie en C_4, a une affinité pour le CO_2 supérieure à celle de la Rubisco dans le cycle de Calvin. Cependant, une liaison phosphodiester de l'ATP est consommée dans le processus cyclique en C_4 (pour produire le phosphoénolpyruvate à partir du pyruvate). L'efficacité globale de la production par photosynthèse de sucres à partir de NADPH et d'ATP est inférieure à celle des plantes C_3, qui utilisent uniquement le cycle de Calvin pour la fixation de CO_2. Néanmoins, en raison des pertes dues à la photorespiration, l'activité nette de la photosynthèse chez les plantes C_4 telles que le maïs ou la canne à sucre peut être deux à trois fois supérieure à l'activité de plantes C_3 par ailleurs similaires, telles que le blé, le riz ou l'avoine.

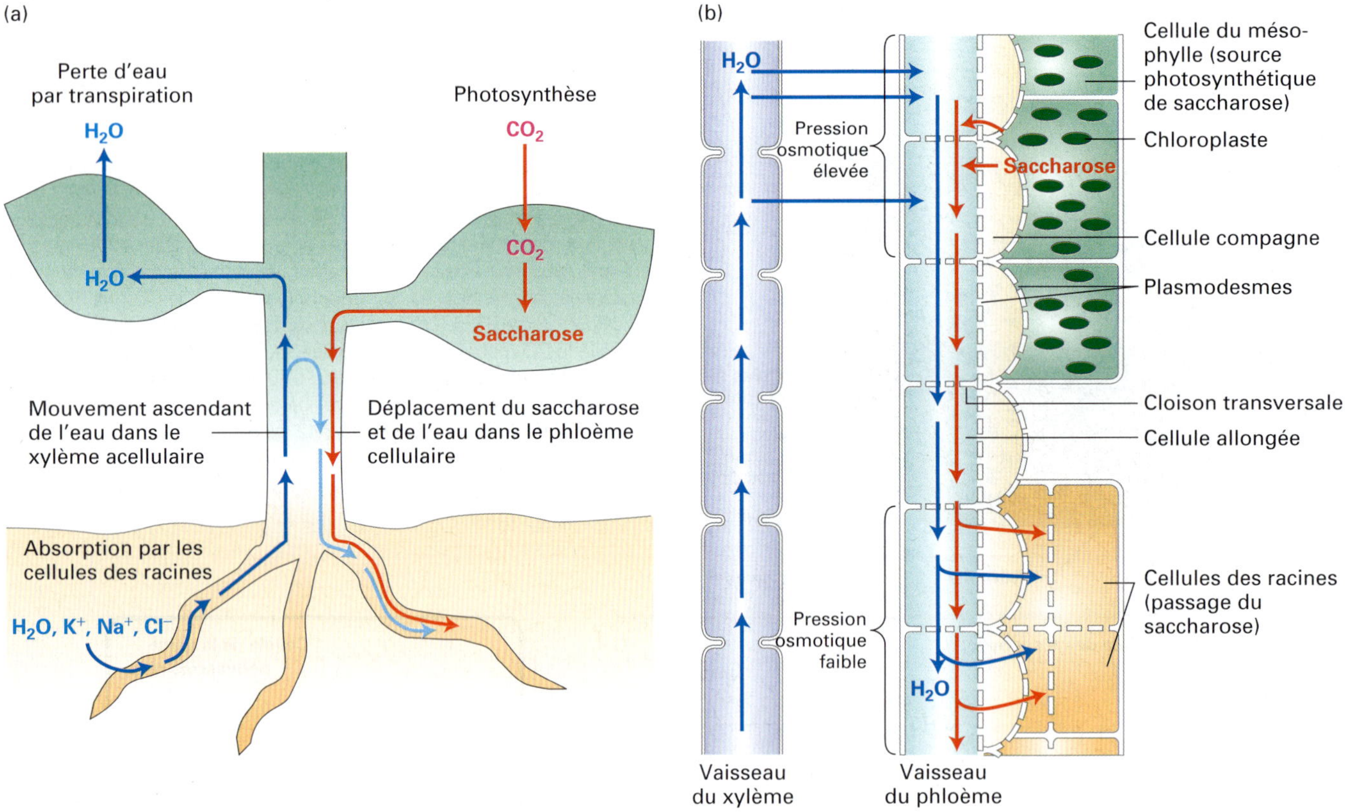

FIGURE 8-45 Une représentation schématique des deux systèmes vasculaires — le xylème et le phloème — chez les végétaux supérieurs, montrant le transport de l'eau (en bleu) et du saccharose (en rouge). (a) L'eau et les sels entrent dans le xylème par les racines. De l'eau est perdue par évaporation, principalement au niveau des feuilles, ce qui crée une pression d'aspiration qui attire l'eau et les sels dissous vers le haut dans le xylème. Le phloème sert au transport du saccharose dissous produit dans les feuilles, vers les autres parties de la plante. (b) Un agrandissement illustre le mécanisme du flux de saccharose chez les végétaux supérieurs. Le saccharose est l'objet d'un transport actif des cellules de mésophylle vers les cellules compagnes, puis gagne, par l'intermédiaire des plasmodesmes, les cellules allongées qui constituent les vaisseaux du phloème. L'augmentation résultante de la pression osmotique dans le phloème provoque le passage de l'eau contenue dans les vaisseaux du xylème, vers les vaisseaux du phloème, grâce à un flux osmotique. Les cellules des racines et les autres cellules non photosynthétiques captent le saccharose contenu dans le phloème par un transport actif, puis le métabolisent. Ceci abaisse la pression osmotique dans le phloème et fait sortir l'eau de celui-ci. Ces différences de pression osmotique dans le phloème entre l'entrée et la sortie du saccharose créent une force qui permet le transport du saccharose hors du phloème.

Le saccharose est transporté des feuilles vers tous les tissus de la plante par le phloème

L'un des deux glucides produits au cours de la photosynthèse, l'amidon, reste dans les cellules du mésophylle des plantes C_3 et dans les cellules de la gaine périvasculaire des plantes C_4. Dans ces cellules, l'amidon est soumis à la glycolyse, essentiellement pendant les périodes d'obscurité. De l'ATP, du NADH et de petites molécules utilisées dans la synthèse des acides aminés, des lipides et d'autres constituants cellulaires sont alors produits. Le saccharose au contraire, est exporté par les cellules photosynthétiques et transporté dans toute la plante. Le système vasculaire utilisé par les végétaux supérieurs pour transporter l'eau, les ions, le saccharose et d'autres substances hydrosolubles possède deux composants : le *xylème* et le *phloème*, que l'on désigne sous l'appellation collective de *faisceau conducteur* (voir Figure 8-44).

Comme le montre la Figure 8-45a, le xylème transporte les sels et l'eau des racines jusqu'aux tiges puis aux feuilles. L'eau transportée vers le haut par le xylème est perdue par la plante par évaporation, principalement au niveau des feuilles. Chez les jeunes plantes, le xylème est constitué de cellules reliées par des plasmodesmes, mais dans les tissus matures, le corps cellulaire dégénère, et seules les parois cellulaires persistent. Le phloème au contraire transporte du saccharose dissous et des molécules organiques telles que des acides aminés, de leurs sites d'origine dans les feuilles vers tous les tissus de la plante. L'eau est également transportée vers le bas par le phloème.

Un vaisseau du phloème est constitué de longues cellules étroites appelées cellules allongées, reliées par des cloisons transversales, un type de paroi cellulaire qui contient de multiples **plasmodesmes** et de nombreuses perforations (Figure 8-45b). De nombreux plasmodesmes relient également les cellules allongées aux cellules compagnes, qui tapissent les vaisseaux du phloème, et les cellules du mésophylle aux cellules compagnes. Les cellules allongées ont perdu leurs noyaux et la plupart de leurs autres organites mais conservent une membrane plasmique perméable à l'eau et un cytoplasme par lequel passent le saccharose et l'eau. En effet, les cellules allongées forment un tube continu de cytosol qui s'étend dans l'ensemble de la plante. Les différences de pression osmotique provoquent le déplacement du saccharose des cellules photosynthétiques du mésophylle jusqu'aux feuilles par le phloème, jusqu'aux racines et aux autres tissus non photosynthétiques qui catabolisent le saccharose.

CONCEPTS CLÉS DE LA SECTION 8.6

Le métabolisme du CO_2 au cours de la photosynthèse

- Lors du cycle de Calvin, le CO_2 est assimilé dans des molécules organiques au cours d'une série de réactions qui se déroulent dans le stroma chloroplastique. La réaction initiale, catalysée par la Rubisco, forme un intermédiaire tricarboné. Une partie du glycéraldéhyde 3-phosphate produit au cours du cycle est transportée vers le cytosol et convertie en saccharose (voir Figure 8-42).
- L'activation photo-dépendante de plusieurs enzymes du cycle de Calvin et d'autres mécanismes augmentent la fixation de CO_2 pendant les périodes lumineuses.
- Dans les plantes C_3, une grande partie du CO_2 fixé lors du cycle de Calvin est perdue à la suite de la photorespiration, une réaction très coûteuse catalysée par la Rubisco, qui est favorisée aux faibles concentrations de CO_2 et aux pressions élevées d'O_2 (voir Figure 8-43).
- Dans les plantes C_4, le CO_2 est fixé initialement dans les cellules du mésophylle externe grâce à une réaction avec du phosphoénolpyruvate. Les molécules à quatre carbones ainsi produites sont transportées jusqu'aux cellules de la gaine périvasculaire, au cœur des plantes, où le CO_2 est libéré puis utilisé dans le cycle de Calvin. L'activité de la photorespiration chez les plantes C_4 est nettement inférieure à celle des plantes C_3.
- Le saccharose produit par les cellules photosynthétiques est transporté par le phloème vers les parties non photosynthétiques de la plante. Les différences de pression osmotique fournissent la force nécessaire au transport du saccharose (voir Figure 8-45).

PERSPECTIVES POUR LE FUTUR

Bien que les processus de la photosynthèse et de l'oxydation mitochondriale soient globalement bien compris, de nombreux détails importants restent à découvrir par une nouvelle génération de scientifiques. On sait par exemple peu de choses sur le couplage du déplacement des protons et des électrons par les complexes I et IV pour créer une force proton-motrice. De même, bien que le mécanisme par changement d'affinité pour la synthèse d'ATP par le complexe F_0F_1 soit désormais couramment accepté, on ignore la façon dont les changements conformationnels dans chaque sous-unité *ß* sont couplés à la fixation cyclique d'ADP et de P_i, à la formation d'ATP, puis à la libération d'ATP. Il reste également de nombreuses questions en suspens sur la structure et la fonction des protéines de transport dans les membranes chloroplastiques et mitochondriales internes qui jouent des rôles centraux dans la phosphorylation oxydative et la photosynthèse. L'analyse moléculaire de ces protéines membranaires est difficile et de nouvelles techniques seront nécessaires pour élucider les détails de leur structure et de leur fonctionnement.

On sait maintenant que la libération de cytochrome *c* et d'autres protéines de l'espace intermembranaire des mitochondries vers le cytosol joue un rôle majeur dans le déclenchement de l'apoptose (Chapitre 22). Certains membres de la famille Bcl-2 des protéines de l'apoptose et des canaux ioniques situés en partie près de la membrane mitochondriale externe participent à ce processus. Il nous reste néanmoins beaucoup de choses à apprendre sur la structure de ces protéines dans la membrane mitochondriale, leurs fonctions normales dans le métabolisme cellulaire et leurs altérations qui conduisent à l'apoptose.

MOTS CLÉS

RÉVISIONS

1. La force proton-motrice (fpm) est essentielle au fonctionnement des mitochondries et des chloroplastes. Qu'est-ce qui produit cette force et quelle est la relation de celle-ci avec l'ATP ?
2. La membrane mitochondriale interne présente toutes les caractéristiques fondamentales d'une membrane cellulaire typique, mais elle possède également certaines particularités étroitement associées à son rôle dans la phosphorylation oxydative. Quelles sont ces caractéristiques spécifiques ? Comment chacune d'elle contribue-t-elle au fonctionnement de la membrane interne ?
3. La production maximale d'ATP à partir du glucose met en jeu les réactions de la glycolyse, du cycle de Krebs et de la chaîne de transport électronique. Parmi ces réactions, lesquelles nécessitent de l'O_2 et pourquoi ? Lesquelles, dans certains organismes ou conditions physiologiques particulières peuvent avoir lieu en l'absence d'O_2 ?
4. Décrivez la façon dont les électrons produits par la glycolyse sont délivrés à la chaîne de transport électronique. Quel est le rôle des acides aminés dans ce processus ? Quelle serait la conséquence sur le rendement global du nombre d'ATP par molécule de glucose si une mutation inactivait ce système de transport ? Quelle serait la conséquence à plus long terme de l'activité de la voie glycolytique ?
5. Chacun des cytochromes des mitochondries contient des groupements prosthétiques. Qu'est-ce qu'un groupement prosthétique ? Quel type de groupement prosthétique est associé aux cytochromes ? Quelle propriété des différents cytochromes garantit le flux unidirectionnel des électrons le long de la chaîne de transport électronique ?
6. On estime que chaque paire d'électrons donnée par NADH conduit à la synthèse d'environ trois molécules d'ATP, tandis que chaque paire d'électrons cédée par $FADH_2$ permet la synthèse d'approximativement deux molécules d'ATP. Quelle est la raison à l'origine de cette différence de rendement pour les électrons donnés par $FADH_2$ et NADH ?
7. Une grande partie de nos connaissances de l'ATP synthétase vient de la recherche sur les bactéries aérobies. Qu'est-ce qui rend ces organismes utiles pour ce type de recherche ? À quel endroit les réactions de la glycolyse, du cycle de Krebs et de la chaîne de transport électronique se déroulent-elles dans ces organismes ? Où la fpm est-elle créée dans les bactéries aérobies ? Quels sont les autres processus cellulaires qui dépendent de la fpm dans ces organismes ?
8. Une caractéristique importante de la membrane mitochondriale interne est son rôle de barrière sélectivement perméable à des molécules hydrosolubles et la création inhérente d'environnements chimiques distincts de part et d'autre de la membrane. Toutefois, un grand nombre de substrats et de produits de la phosphorylation oxydative sont hydrosolubles et doivent traverser la membrane interne. Comment ce transport a-t-il lieu ?
9. Le cycle Q joue un rôle fondamental dans la chaîne de transport électronique des mitochondries, chloroplastes et bactéries. Quelle est la fonction du cycle Q et comment l'assure-t-il ? Quels composants de la chaîne de transport électronique participent au cycle Q dans les mitochondries, les bactéries pourpres et les chloroplastes ?
10. Écrivez la réaction globale de la photosynthèse génératrice d'oxygène. Expliquez la phrase suivante : l'O_2 créé par la photosynthèse est un simple produit secondaire de la synthèse des glucides et de l'ATP.
11. La photosynthèse peut être divisée en de multiples étapes. Quelles sont ces étapes et à quel endroit du chloroplaste chacune d'elle se déroule-t-elle ? Où se trouve le saccharose produit par la photosynthèse ?
12. Les photosystèmes responsables de l'absorption de l'énergie lumineuse sont constitués de deux composants associés, le centre réactionnel et l'antenne. Quels pigments contient chacun d'eux et quel est le rôle de ces deux composants dans le processus d'absorption de la lumière ? Quelle est la preuve de la participation des pigments à la photosynthèse ?
13. La photosynthèse chez les bactéries vertes ou pourpres ne produit pas d'O_2. Pourquoi ? De quelle façon ces organismes utilisent-ils pourtant la photosynthèse pour produire de l'ATP ? Quelles molécules servent de donneurs d'électrons à ces organismes ?
14. Les chloroplastes contiennent deux photosystèmes. Quelle est la fonction de chacun ? Schématisez le flux linéaire d'électrons, de l'absorption des photons jusqu'à la formation de NADPH. Que permet de synthétiser l'énergie stockée sous la forme de NADPH ?
15. Les réactions du cycle de Calvin qui fixent le CO_2 n'ont pas lieu dans le noir. Quelles en sont les raisons probables ? De quelle façon ces réactions sont-elles régulées par la lumière ?

ANALYSEZ LES RÉSULTATS SUIVANTS

Un gradient de protons peut être analysé à l'aide de colorants fluorescents dont les profils d'intensité d'émission dépendent du pH. L'un des colorants les plus utiles pour mesurer le gradient de pH à travers les membranes mitochondriales est le fluorophore hydrosoluble 2', 7'-di-(2-carboxyéthyl)-5(6)-carboxyfluorescéine (BCECF) qui ne peut traverser les membranes. L'effet du pH sur l'intensité de l'émission de BCECF excité à 505 nm est schématisé dans la figure ci-après. Dans une étude, des vésicules fermées contenant ce composé ont été préparées en mélangeant des membranes mitochondriales internes ouvertes avec du BCECF.

Après la fermeture des membranes, les vésicules ont été recueillies par centrifugation puis remises en suspension dans un milieu non fluorescent.

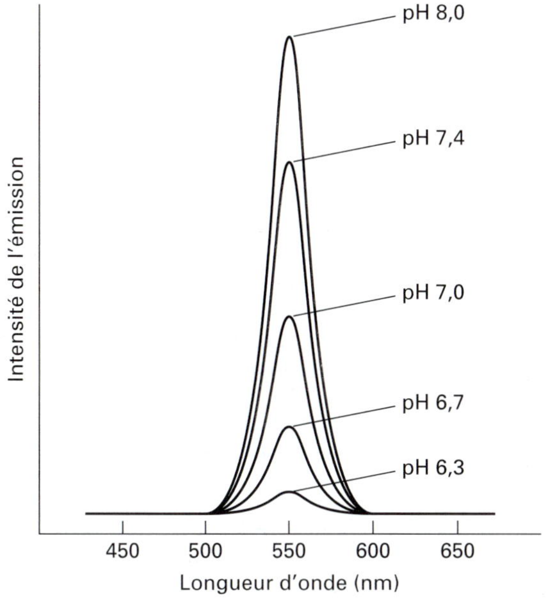

a. Lorsque l'on incube ces vésicules dans un tampon physiologique contenant NADH, ADP, P_i et O_2, l'intensité de la fluorescence du BCECF piégé à l'intérieur diminue progressivement. Que suggère la diminution d'intensité de la fluorescence quant à cette préparation vésiculaire ?

b. À votre avis, de quelle façon les concentrations d'ADP, P_i et O_2 changent-elles au cours de l'expérience décrite dans la partie a ? Pourquoi ?

c. Après l'incubation des vésicules dans un tampon contenant ADP, P_i et O_2 pendant un certain moment, l'addition de dinitrophénol provoque une augmentation de la fluorescence du BCECF. À l'inverse, l'addition de valinomycine a seulement un faible effet transitoire. Expliquez ces observations.

d. Prédisez le résultat d'une expérience réalisée de la façon décrite dans la partie a si l'on utilisait de la graisse brune comme source de membranes mitochondriales internes isolées ouvertes. Expliquez votre réponse.

RÉFÉRENCES

L'oxydation du glucose et des acides gras en CO_2

Berg, J. *et al.*, (2002), *Biochemistry*, 5e éd., W. H. Freeman and Company, chapitres. 16 et 17.

Depre, C. *et al.*, (1998), Mechanisms of control of heart glycolysis, *Eur. J. Biochem.* **258** :277–290.

Fell, D, (1997), *Understanding the Control of Metabolism*, Portland Press.

Fersht, A, (1999), *Structure and Mechanism in Protein Science : A Guide to Enzyme Catalysis and Protein Folding*, W. H. Freeman and Company. Contient une excellente discussion sur les mécanismes réactionnels de certaines enzymes fondamentales.

Fothergill-Gilmore, L. A. et Michels, P. A., (1993), Evolution of glycolysis, *Prog. Biophys. Mol. Biol.* **59** :105–135.

Guest, J. R. & Russell, G. C., (1992), Complexes and complexities of the citric acid cycle in *Escherichia coli*, *Curr. Top. Cell Reg.* **33** :231–247.

Krebs, H. A., (1970), The history of the tricarboxylic acid cycle, *Perspect. Biol. Med.* **14** :154–170.

Mannaerts, G. P. & Van Veldhoven, P. P., (1993), Metabolic pathways in mammalian peroxisomes, *Biochimie* **75** :147–158.

Nelson, D. L. & Cox, M. M., (2000), *Lehninger Principles of Biochemistry*, Worth, chapitres 14–17, 19.

Pilkis, S. J. *et al.*, (1995), 6-Phosphofructo-2-kinase/fructose-2,6-bisphosphatase : a metabolic signaling enzyme, *Ann. Rev. Biochem.* **64** :799–835.

Rasmussen, B. & Wolfe, R., (1999), Regulation of fatty acid oxidation in skeletal muscle, *Ann. Rev. Nutrition* **19** :463–484.

Velot, C. *et al.*, (1997), Model of a quinary structure between Krebs TCA cycle enzymes : a model for the metabolon, *Biochemistry* **36** :14271–14276.

Le transport d'électrons et la création de la force proton-motrice

Babcock, G, (1999), How oxygen is activated and reduced in respiration, *Proc. Natl. Acad. Sci. USA* **96** :12971–12973.

Beinert, H. *et al.*, (1997), Iron-sulfur clusters : nature's modular, multipurpose structures, *Science* **277** :653–659.

Brandt, U. & Trumpower, B., (1994), The protonmotive Q cycle in mitochondria and bacteria, *Crit. Rev. Biochem. Mol. Biol.* **29** :165–197.

Darrouzet, E. *et al.*, (2001), Large scale domain movement in cytochrome bc1 : a new device for electron transfer in proteins, *Trends Biochem. Sci.* **26** :445–451.

Grigorieff, N, (1999), Structure of the respiratory NADH :ubiquinone oxidoreductase (complex I), *Curr. Opin. Struc. Biol.* **9** :476–483.

Michel, H. *et al.*, (1998), Cytochrome c oxidase, *Ann. Rev. Biophys. Biomol. Struc.* **27** :329–356.

Mitchell, P., (1979), Keilin's respiratory chain concept and its chemiosmotic consequences, *Science* **206** :1148–1159. (Exposé du Prix Nobel.)

Ramirez, B. E. *et al.*, (1995), The currents of life : the terminal electron-transfer complex of respiration, *Proc. Natl. Acad. Sci. USA* **92** :11949–11951.

Ruitenberg, M. *et al.*, (2002), Reduction of cytochrome c oxidase by a second electron leads to proton translocation, *Nature* **417** :99–102.

Saraste, M, (1999), Oxidative phosphorylation at the fin de siècle, *Science* **283** :1488–1492.

Scheffler, I, (1999), *Mitochondria*, Wiley.

Schultz, B. & Chan, S., (2001), Structures and proton-pumping strategies of mitochondrial respiratory enzymes, *Ann. Rev. Biophys. Biomol. Struc.* **30** :23–65.

Tsukihara, T. *et al.*, (1996), The whole structure of the 13-subunit oxidized cytochrome c oxidase at 2.8 Å, *Science* **272** :1136–1144.

Walker, J. E, (1995), Determination of the structures of respiratory enzyme complexes from mammalian mitochondria, *Biochim. Biophys. Acta* **1271** :221–227.

Xia, D. *et al.*, *(1997)*, Crystal structure of the cytochrome bc_1 complex from bovine heart mitochondria, *Science* **277** :60–66.

Zaslavsky, D. & Gennis, R., (2000), Proton pumping by cytochrome oxidase : progress and postulates, *Biochim. Biophys. Acta* **1458** :164–179.

Zhang, Z. *et al.*, (1998), Electron transfer by domain movement in cytochrome bc_1. *Nature* **392** :677–684.

L'utilisation de la force proton-motrice pour les processus endergoniques

Bianchet, M. A. *et al.*,The 2.8-Å structure of rat liver F1-ATPase : configuration of a critical intermediate in ATP synthesis/hydrolysis, *Proc. Natl. Acad. Sci. USA* **95** :11065–11070.

Boyer, P. D., (1989), A perspective of the binding change mechanism for ATP synthesis, *FASEB J.* 3 :2164–2178.

Boyer, P. D., (1997), The ATP synthase—a splendid molecular machine, *Ann. Rev. Biochem.* **66** :717–749.

Capaldi, R. & Aggeler, R., (2002), Mechanism of the F_0F_1-type ATP synthase—a biological rotary motor, *Trends Biochem. Sci.* **27** :154–160.

Elston, T. *et al.*, (1998), Energy transduction in ATP synthase, *Nature* **391** :510–512.

Kinosita, K. *et al.*, (1998), F_1-ATPase : a rotary motor made of a single molecule, *Cell* **93** :21–24.

Klingenberg, M. & Huang, S., (1999), Structure and function of the uncoupling protein from brown adipose tissue, *Biochim. Biophys. Acta* **1415** :271–296.

Tsunoda, S. *et al.*, (2001), Rotation of the c subunit oligomer in fully functional F_0F_1 ATP synthase, *Proc. Natl. Acad. Sci. USA* **98** :898–902.

Yasuda, R. *et al.*, (2001), Resolution of distinct rotational substeps by submillisecond kinetic analysis of F1- ATPase, *Nature* **410** :898–904.

Les étapes de la photosynthèse et les pigments photo-récepteurs

Blankenship, R. E, (2002), *Molecular Mechanisms of Photosynthesis*, Blackwell.

Deisenhofer, J. & Norris, J. R., Éds, (1993), *The Photosynthetic Reaction Center*, volumes. 1 et 2, Academic Press.

Govindjee & Coleman, W. J., (1990), How plants make oxygen, *Sci. Am.* **262**(2) :50–58.

Harold, F. M., (1986), *The Vital Force : A Study of Bioenergetics,* W. H. Freeman and Company, chap. 8.

McDermott, G. *et al.*, (1995), Crystal structure of an integral membrane light-harvesting complex from photosynthetic bacteria, *Nature* **364** :517.

Prince, R, (1996), Photosynthesis : the Z-scheme revisited, *Trends Biochem. Sci.* **21** :121–122.

Wollman, F. A, (2001), State transitions reveal the dynamics and flexibility of the photosynthetic apparatus, *EMBO J.* **20** :3623–3630.

L'analyse moléculaire des photosystèmes

Allen, J. F, (2002), Photosynthesis of ATP—electrons, proton pumps, rotors, and poise, *Cell* **110** :273–276.

Aro, E. M. *et al.*, (1993), Photoinhibition of photosystem II. Inactivation, protein damage, and turnover, *Biochim. Biophys. Acta* **1143** :113–134.

Deisenhofer, J. & Michel, H., (1989), The photosynthetic reaction center from the purple bacterium *Rhodopseudomonas viridis, Science* **245** :1463–1473. (Exposé du Prix Nobel.)

Deisenhofer, J. & Michel, H., (1991), Structures of bacterial photosynthetic reaction centers, *Ann. Rev. Cell Biol.* **7** :1–23.

Golbeck, J. H, (1993), Shared thematic elements in photo-chemical reaction centers, *Proc. Natl. Acad. Sci. USA* **90** :1642–1646.

Haldrup, A. *et al.*, (2001), Balance of power : a view of the mechanism of photosynthetic state transitions, *Trends Plant Sci.* **6** :301–305.

Hankamer, B. *et al.*, (1997), Structure and membrane organization of photosystem II from green plants, *Ann. Rev. Plant Physiol. Plant Mol. Biol.* **48** :641–672.

Heathcote, P. *et al.* (2002), Reaction centres : the structure and evolution of biological solar power, *Trends Biochem. Sci.* **27** :79–87.

Horton, P. *et al.*, (1996), Regulation of light harvesting in green plants, *Ann. Rev. Plant Physiol. Plant Mol. Biol.* **47** :655–684.

Jordan, P. *et al.*, (2001), Three-dimensional structure of cyanobacterial photosystem I at 2.5 Å resolution, *Nature* **411** :909–917.

Kühlbrandt, W, (2001), Chlorophylls galore, *Nature* **411** :896–898.

Martin, J. L. & Vos, M. H., (1992), Femtosecond biology, *Ann. Rev. Biophys. Biomol. Struc.* **21** :199–222.

Penner-Hahn, J, (1998), Structural characterization of the Mn site in the photosynthetic oxygen-evolving complex, *Struc. and Bonding* **90** :1–36.

Tommos, C. & Babcock, G., (1998), Oxygen production in nature : a light-driven metalloradical enzyme process, *Accounts Chem. Res.* **31** :18–25.

Le métabolisme du CO_2 au cours de la photosynthèse

Bassham, J. A., (1962), The path of carbon in photosynthesis, *Sci. Am.* **206**(6) :88–100.

Buchanan, B. B, (1991), Regulation of CO_2 assimilation in oxygenic photosynthesis : the ferredoxin/thioredoxin system. Perspective on its discovery, present status, and future development, *Arch. Biochem. Biophys.* **288** :1–9.

Portis, A, (1992), Regulation of ribulose 1,5-bisphosphate carboxylase/oxygenase activity, *Ann. Rev. Plant Physiol. Plant Mol. Biol.* **43** :415–437.

Rawsthorne, S, (1992), Towards an understanding of C_3-C_4 photosynthesis, *Essays Biochem.* **27** :135–146.

Rokka, A. *et al.*, (2001), Rubisco activase : an enzyme with a temperature-dependent dual function ?, *Plant J.* **25** :463–472.

Sage, R. & Colemana, J., (2001), Effects of low atmospheric CO_2 on plants : more than a thing of the past, *Trends Plant Sci.* **6** :18–24.

Schneider, G. *et al.*, (1992), Rubisco : structure and mechanism, *Ann. Rev. Biophys. Biomol. Struc.* **21** :119–153.

Wolosiuk, R. A. *et al.*, (1993), The reductive pentose phosphate cycle for photosynthetic CO_2 assimilation : enzyme modulation, *FASEB J.* **7** :622–637.

9

LES TECHNIQUES DE GÉNÉTIQUE MOLÉCULAIRE ET LA GÉNOMIQUE

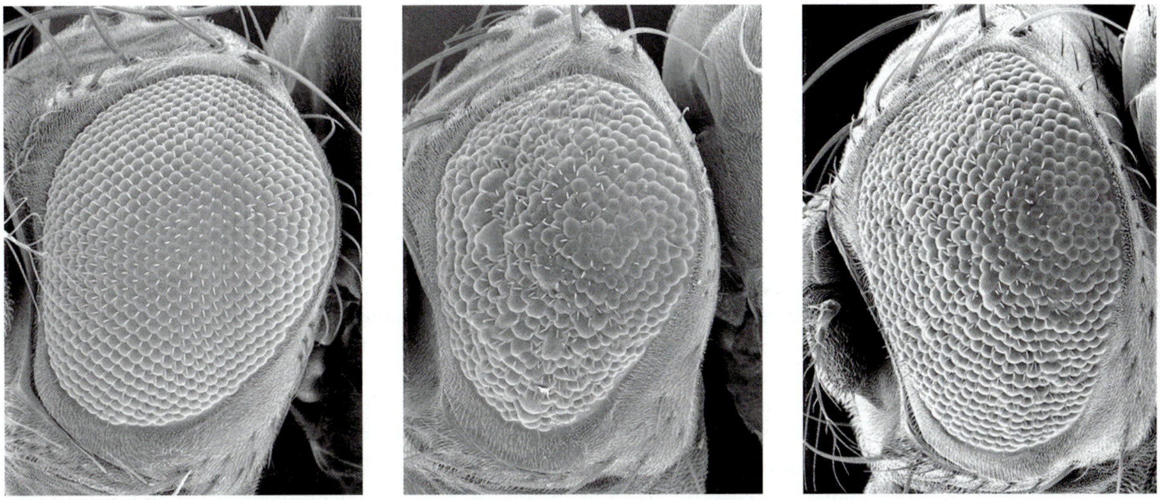

Les conséquences de certaines mutations sur le développement de la drosophile. Des photographies prises sous microscope électronique à balayage de l'œil d'une mouche de type sauvage (*à gauche*), d'une mouche portant une mutation dominante liée au développement produite par les techniques de l'ADN recombinant (*au milieu*) et d'une mouche portant une mutation suppressive qui inverse partiellement l'effet de la mutation dominante (*à droite*). [Aimablement communiqué par Ilaria Rebay, Whitehead Institute, MIT.]

Nous avons abordé dans les chapitres précédents, les différentes tâches accomplies par les protéines dans les systèmes biologiques. Nous verrons en détail dans des chapitres ultérieurs la façon dont certaines protéines accomplissent leurs tâches spécifiques. Lorsqu'ils étudient une protéine nouvellement découverte, les biologistes cellulaires commencent par se demander quelles sont sa fonction, sa localisation et sa structure. Pour répondre à ces questions, les chercheurs disposent de trois outils : le gène qui code la protéine, une lignée de cellules ou un organisme mutants chez lesquels la fonction de cette protéine est absente et une source de protéine purifiée pour des études biochimiques. Dans ce chapitre, nous considérerons différents aspects de deux des stratégies fondamentales qui permettent d'obtenir ces outils (Figure 9-1).

La première stratégie que l'on qualifie souvent de *génétique classique* commence par l'isolement d'un mutant qui semble présenter une déficience pour un processus intéressant. On utilise ensuite des techniques de génétique pour identifier le gène affecté.

SOMMAIRE

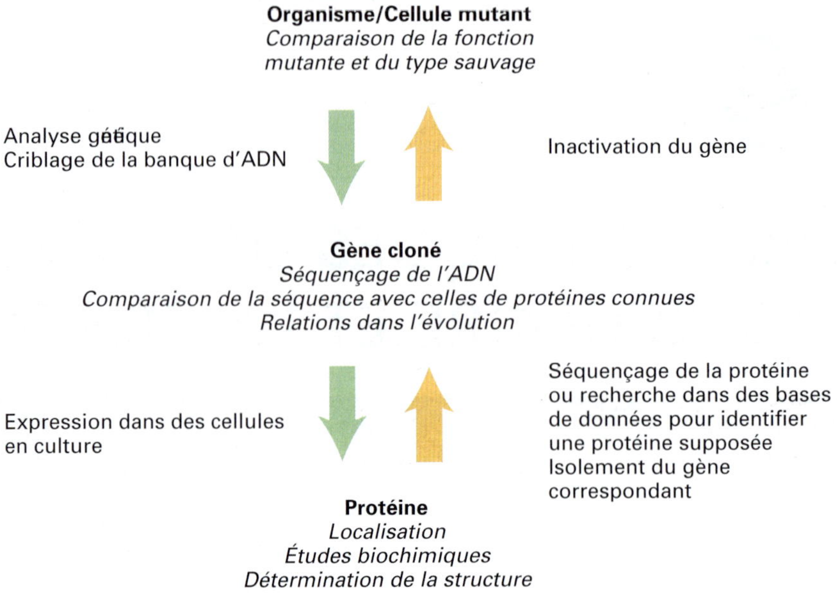

FIGURE 9-1 Une vue d'ensemble de deux stratégies visant à déterminer la fonction, la position et la structure primaire des protéines. Le point de départ de la stratégie de génétique classique (flèches vertes) est un organisme mutant. La stratégie inverse (flèches orange) commence par l'isolement biochimique d'une protéine ou l'identification d'une protéine supposée d'après l'analyse de séquences de gènes et de protéines recensés. Dans les deux stratégies, le véritable gène est isolé à partir d'une banque d'ADN, qui est une vaste collection de séquences d'ADN représentant le génome d'un organisme. Une fois que l'on a isolé un gène cloné, il peut être utilisé pour produire la protéine codée dans des systèmes d'expression bactériens ou eucaryotes. Un gène cloné peut également être inactivé par différentes techniques et utilisé pour produire des cellules ou des organismes mutants.

Celui-ci est ensuite isolé à partir d'une **banque d'ADN** adéquate, c'est-à-dire une collection importante de séquences différentes d'ADN représentant tout ou partie du génome d'un organisme. On peut manipuler le gène isolé pour produire de grandes quantités de la protéine afin de réaliser des expériences biochimiques et concevoir des sondes permettant d'étudier les endroits et les moments auxquels la protéine est exprimée dans un organisme. La deuxième stratégie suit quasiment les mêmes étapes que l'approche classique mais dans l'ordre inverse. On commence par isoler une protéine intéressante ou par l'identifier d'après une analyse de la séquence génomique d'un organisme. Une fois le gène correspondant isolé à partir d'une banque d'ADN, celui-ci peut être modifié puis réintroduit dans un organisme. En observant les effets du gène modifié sur l'organisme, les chercheurs peuvent souvent déduire la fonction de la protéine normale.

L'isolement du gène correspondant est une partie importante des deux stratégies d'étude d'une protéine et de sa fonction biologique. Nous allons donc envisager ici différentes techniques grâce auxquelles les chercheurs peuvent isoler, séquencer et manipuler des régions spécifiques de l'ADN d'un organisme. Les vastes collections de séquences d'ADN accumulées ces dernières années ont donné naissance à un nouveau champ d'étude appelé **génomique**, qui porte sur la caractérisation moléculaire de génomes complets et des patrons globaux d'expression des gènes. Nous présenterons également dans ce chapitre plusieurs exemples de types d'information disponibles grâce à l'analyse des génomes complets.

9.1 L'analyse génétique des mutations pour identifier et étudier les gènes

Comme nous l'avons décrit au Chapitre 4, l'information codée dans la séquence d'ADN des gènes spécifie la séquence et donc la structure et la fonction de chaque molécule de protéine dans une cellule. La génétique constitue un outil puissant pour étudier les cellules et les organismes, car les chercheurs sont capables de modifier sélectivement chaque copie d'un type unique de protéine dans une cellule, en effectuant un changement dans le gène qui la code. Les analyses génétiques des mutants présentant une déficience pour un processus particulier peuvent révéler (a) de nouveaux gènes nécessaires au déroulement du processus ; (b) l'ordre dans lequel les produits des gènes agissent dans ce processus ; et (c) l'interaction ou non de protéines codées par des gènes différents. Avant d'envisager la façon dont des études génétiques de ce type permettent de mieux connaître le mécanisme d'un processus cellulaire ou développemental compliqué, nous allons définir certains termes de génétique qui seront utilisés dans la discussion qui va suivre.

On appelle **allèles** les différentes formes ou variants d'un gène. Les généticiens utilisent couramment le terme d'allèles en référence aux nombreux variants génétiques qui existent naturellement dans les populations, en particulier dans les populations humaines. Le terme de **mutation** est généralement réservé aux cas dans lesquels on sait qu'un nouvel allèle vient d'apparaître, par exemple après le traitement d'un organisme expérimental à l'aide d'un **mutagène**, un agent qui provoque un changement héréditaire dans la séquence d'ADN.

À proprement parler, l'ensemble des allèles de tous les gènes portés par un individu est son **génotype**. Cependant, on utilise également ce terme dans un sens plus restreint pour désigner les allèles du ou des gènes étudiés. Dans le cas des organismes expérimentaux, on qualifie souvent de **type sauvage** un génotype standard qui sert de référence pour les expériences de croisement. Dès lors, on appelle généralement allèle de type sauvage (ou allèle sauvage) l'allèle normal (non mutant). En raison de la variation allélique importante qui existe naturellement dans les populations humaines, le *type sauvage* désigne le plus souvent un allèle présent à une fréquence nettement supérieure à celle de toutes les autres possibilités.

Les généticiens établissent une distinction importante entre le *génotype* et le **phénotype** d'un organisme. Le phénotype fait référence à tous les attributs ou caractères physiques d'un individu qui sont la conséquence d'un génotype donné. En pratique cependant, on utilise fréquemment le terme *phénotype* pour désigner les conséquences physiques résultant des seuls allèles en cours d'étude. Les caractéristiques phénotypiques facilement observables sont essentielles pour l'analyse génétique des mutations.

Les allèles mutants récessifs et dominants ont généralement des effets opposés sur la fonction d'un gène

Une différence génétique fondamentale entre des organismes expérimentaux est la présence dans leurs cellules d'un seul ou de deux jeux de chromosomes. Les premières sont dites **haploïdes** et les secondes, **diploïdes**. Les organismes pluricellulaires complexes (comme la drosophile, la souris, l'homme) sont diploïdes, tandis qu'un grand nombre d'organismes unicellulaires simples sont haploïdes. Certains organismes, en particulier la levure *Saccharomyces*, peuvent exister dans l'état haploïde ou diploïde. De nombreuses cellules cancéreuses et les cellules normales de certains organismes, tant chez les végétaux que chez les animaux, portent plus de deux copies de chaque chromosome. Néanmoins, notre discussion sur les techniques et l'analyse génétique s'appliquera aux organismes diploïdes, y compris aux levures diploïdes.

Puisque les organismes diploïdes portent deux copies de chaque gène, ils peuvent avoir deux allèles identiques, c'est-à-dire être **homozygotes** pour un gène, ou porter des allèles différents, c'est-à-dire être **hétérozygotes** pour un gène. Un allèle mutant est **récessif** s'il en faut deux copies mutantes pour que l'on observe le phénotype mutant, c'est-à-dire que l'individu doit être homozygote pour l'allèle mutant pour présenter le phénotype mutant. À l'inverse, on observe les conséquences phénotypiques d'un allèle mutant **dominant**, chez un individu hétérozygote portant un allèle mutant et un allèle de type sauvage (Figure 9-2).

La récessivité ou la dominance d'un allèle mutant fournit une information sur la fonction du gène affecté et la nature de la mutation responsable. Les allèles récessifs résultent généralement d'une mutation qui inactive le gène affecté, conduisant à une *perte de fonction* partielle ou totale. De telles mutations récessives peuvent enlever du chromosome une partie ou la totalité du gène, perturber l'expression du gène ou modifier la structure de la protéine codée, altérant de ce fait sa fonction. Inversement, les allèles dominants sont souvent la conséquence d'une mutation qui provoque une forme de *gain de fonction*. De telles mutations dominantes peuvent accroître l'activité de la protéine codée, lui conférer une nouvelle activité ou conduire à son expression inappropriée dans le temps ou dans l'espace.

Les mutations dominantes dans certains gènes sont cependant associées à une perte de fonction. Par exemple, certains gènes sont *haplo-insuffisants*, ce qui signifie que les deux allèles sont nécessaires à la fonction normale. Le retrait ou l'inactivation d'un seul allèle dans un gène de ce type conduit à un phénotype mutant. Dans d'autres exemples rares, une mutation dominante dans un allèle peut provoquer un changement de structure dans la protéine, qui interfère alors avec la fonction de la protéine de type sauvage codée par l'autre allèle. Ce type de mutation, souvent appelée *dominante négative* produit un phénotype similaire à celui provoqué par une mutation perte de fonction.

MÉDECINE Certains allèles peuvent présenter à la fois des propriétés dominantes et récessives. Dans certains cas, la dominance ou la récessivité d'un allèle s'applique au phénotype. Ainsi, l'allèle du gène de l'hémoglobine humaine noté Hb^s a plusieurs conséquences phénotypiques. Les individus homozygotes pour cet allèle (Hb^s/Hb^s) sont atteints d'anémie à cellules falciformes, ce qui n'est pas le cas des individus hétérozygotes (Hb^s/Hb^a). Hb^s est donc *récessif* pour le caractère anémie à cellules falciformes. Par ailleurs, les individus hétérozygotes (Hb^s/Hb^a) sont plus résistants à la malaria que les individus homozygotes (Hb^a/Hb^a), ce qui signifie que Hb^s est *dominant* pour le caractère résistance à la malaria.

L'éthylméthane sulfonate (EMS) est un agent couramment utilisé pour induire des mutations (mutagenèse) chez des organismes expérimentaux. Bien que ce mutagène puisse modifier de plusieurs façons les séquences d'ADN, l'un de ses principaux effets est de modifier chimiquement les guanines dans l'ADN, ce qui aboutit à la conversion d'une paire de bases G•C en A•T. Une telle modification de la séquence d'un gène, qui implique une seule paire de bases, est une **mutation ponctuelle**. Une mutation ponctuelle *silencieuse* ne provoque aucun changement dans la séquence d'acides aminés ou l'activité d'une protéine codée par ce gène. Toutefois, des conséquences phénotypiques visibles dues à des changements d'activité d'une protéine peuvent apparaître à la suite de mutations ponctuelles qui résultent du remplacement d'un acide aminé par un autre (mutation *faux-sens*), de l'introduction d'un codon

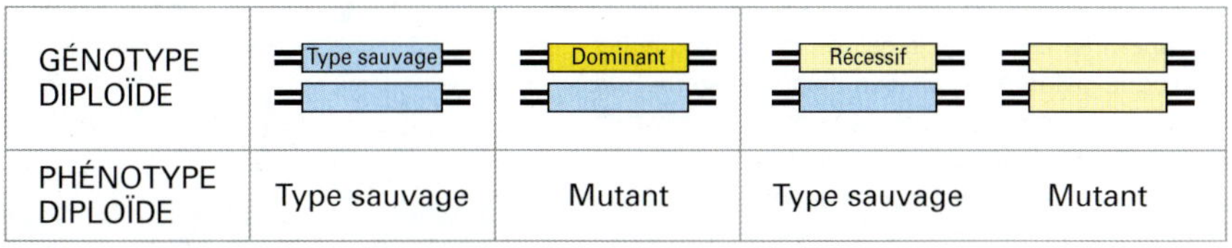

FIGURE 9-2 Les conséquences des allèles mutants dominant et récessif sur le phénotype d'organismes diploïdes. Une seule copie d'un allèle dominant suffit à produire un phénotype mutant, tandis que deux copies d'un allèle récessif doivent être présentes pour aboutir à un phénotype mutant. Les mutations récessives conduisent généralement à une perte de fonction et les mutations dominantes, à un gain de fonction ou une fonction modifiée.

stop prématuré (mutation *non-sens*) ou d'un changement du cadre de lecture d'un gène (mutation par *décalage du cadre de lecture*). Les changements dans la séquence d'ADN qui conduisent à une diminution de l'activité d'une protéine sont bien plus probables que les modifications provoquant une augmentation ou un changement qualitatif de son activité. C'est pourquoi la mutagenèse produit généralement bien plus de mutations récessives que de mutations dominantes.

La ségrégation des mutations dans les expériences de croisements entre lignées pures révèle leur dominance ou leur récessivité

Les généticiens se servent du cycle vital d'un organisme pour tester la dominance ou la récessivité des allèles. Pour comprendre cela, il nous faut d'abord revoir le type de division cellulaire à l'origine des **gamètes** (les spermatozoïdes et les ovules chez les

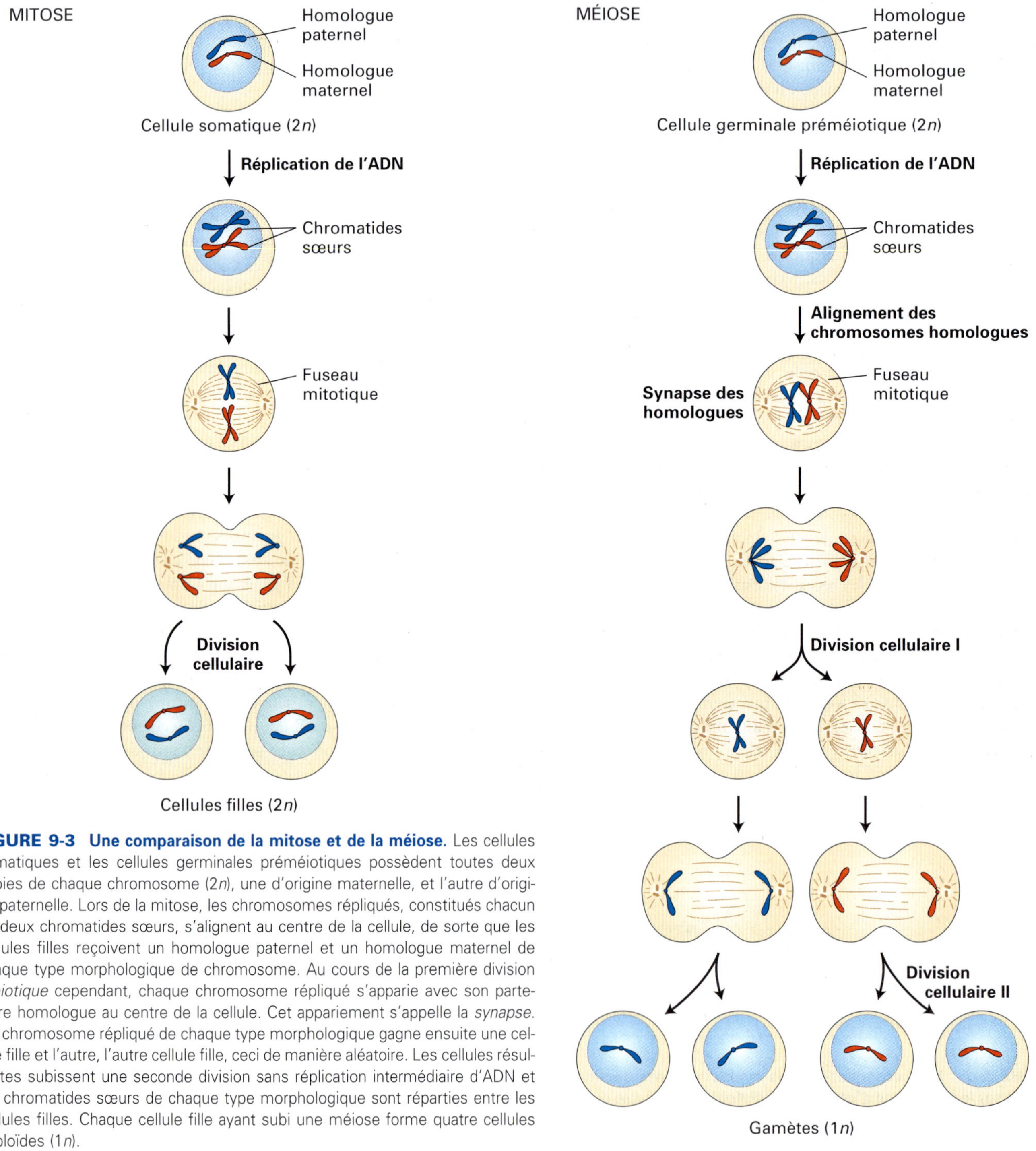

FIGURE 9-3 Une comparaison de la mitose et de la méiose. Les cellules somatiques et les cellules germinales préméiotiques possèdent toutes deux copies de chaque chromosome (2*n*), une d'origine maternelle, et l'autre d'origine paternelle. Lors de la mitose, les chromosomes répliqués, constitués chacun de deux chromatides sœurs, s'alignent au centre de la cellule, de sorte que les cellules filles reçoivent un homologue paternel et un homologue maternel de chaque type morphologique de chromosome. Au cours de la première division *méiotique* cependant, chaque chromosome répliqué s'apparie avec son partenaire homologue au centre de la cellule. Cet appariement s'appelle la *synapse*. Un chromosome répliqué de chaque type morphologique gagne ensuite une cellule fille et l'autre, l'autre cellule fille, ceci de manière aléatoire. Les cellules résultantes subissent une seconde division sans réplication intermédiaire d'ADN et les chromatides sœurs de chaque type morphologique sont réparties entre les cellules filles. Chaque cellule fille ayant subi une méiose forme quatre cellules haploïdes (1*n*).

végétaux et animaux supérieurs). Alors que les cellules du corps (somatiques) de la plupart des organismes pluricellulaires se divisent par **mitose**, les **cellules germinales**, qui donnent naissance aux gamètes, se divisent par **méiose**. Comme les cellules somatiques, les cellules germinales préméiotiques sont diploïdes : elles contiennent les deux **homologues** de chaque type morphologique de chromosome. Les deux homologues constituant chaque paire de **chromosomes homologues** proviennent de parents différents. De ce fait, les gènes qu'ils portent peuvent exister sous des formes alléliques distinctes. La Figure 9-3 décrit les principaux événements des divisions cellulaires méiotique et mitotique. Lors de la mitose, la réplication de l'ADN est toujours suivie d'une division cellulaire, formant deux cellules filles diploïdes. Pendant la méiose, *un* cycle de réplication d'ADN est suivi de *deux* divisions cellulaires distinctes, produisant quatre cellules haploïdes ($1n$) qui contiennent un seul chromosome de chaque paire d'homologues. La répartition ou **ségrégation** des chromosomes homologues répliqués entre les cellules filles au cours de la première division méiotique est aléatoire, c'est-à-dire que les homologues d'origine maternelle et paternelle ségrègent indépendamment. Les cellules filles ainsi produites possèdent des mélanges distincts des chromosomes paternels et maternels.

Afin d'éviter une complexité non souhaitée, les généticiens commencent généralement par des expériences de croisements entre des souches homozygotes pour les gènes étudiés. Dans ces souches de *lignées pures*, chaque individu recevra le même allèle de chaque parent ; la composition des allèles sera donc constante d'une génération à l'autre. Lorsqu'une souche mutante de lignée pure est croisée avec une souche sauvage de lignée pure elle aussi, tous les descendants de la première génération (F_1) sont hétérozygotes (Figure 9-4). Si les descendants F_1 présentent le caractère mutant, alors l'allèle mutant est dominant. Si les descendants F_1 présentent le caractère sauvage, alors l'allèle mutant est récessif. D'autres croisements entre les individus F_1 laisseront également voir différents modes de transmission selon la dominance ou la récessivité de la mutation. Lorsque des individus F_1 hétérozygotes pour un allèle dominant sont croisés entre eux, les trois-quarts des descendants de la F_2 présentent le caractère mutant. À l'inverse, lorsque des individus F_1 hétérozygotes pour un allèle récessif sont croisés entre eux, seul un quart des descendants de la F_2 présente le caractère mutant.

Comme nous l'avons vu plus haut, la levure *Saccharomyces*, un organisme expérimental important, peut exister dans l'état haploïde ou dans l'état diploïde. Chez cet eucaryote unicellulaire, des croisements entre cellules haploïdes permettent de déterminer si un allèle mutant est dominant ou récessif. Les cellules haploïdes de levure, qui portent une copie de chaque chromosome, peuvent être de type sexuel **a** ou α. Les cellules de type sexuel opposé peuvent produire des diploïdes **a**/α qui portent deux copies de chaque chromosome. Si l'on isole une nouvelle mutation avec un phénotype observable dans une souche haploïde, la souche mutante peut être croisée avec une souche de type sauvage du type sexuel opposé, pour produire des diploïdes **a**/α hétérozygotes pour l'allèle mutant. Si ces diploïdes présentent le caractère mutant, alors l'allèle mutant est dominant, mais si les diploïdes apparaissent avec le type sauvage, alors l'allèle mutant est récessif. Lorsque l'on place des diploïdes **a**/α sur un milieu appauvri, les cellules s'engagent dans une méiose, donnant lieu à une tétrade de quatre spores haploïdes, deux de type **a** et deux de type α. La sporulation d'une

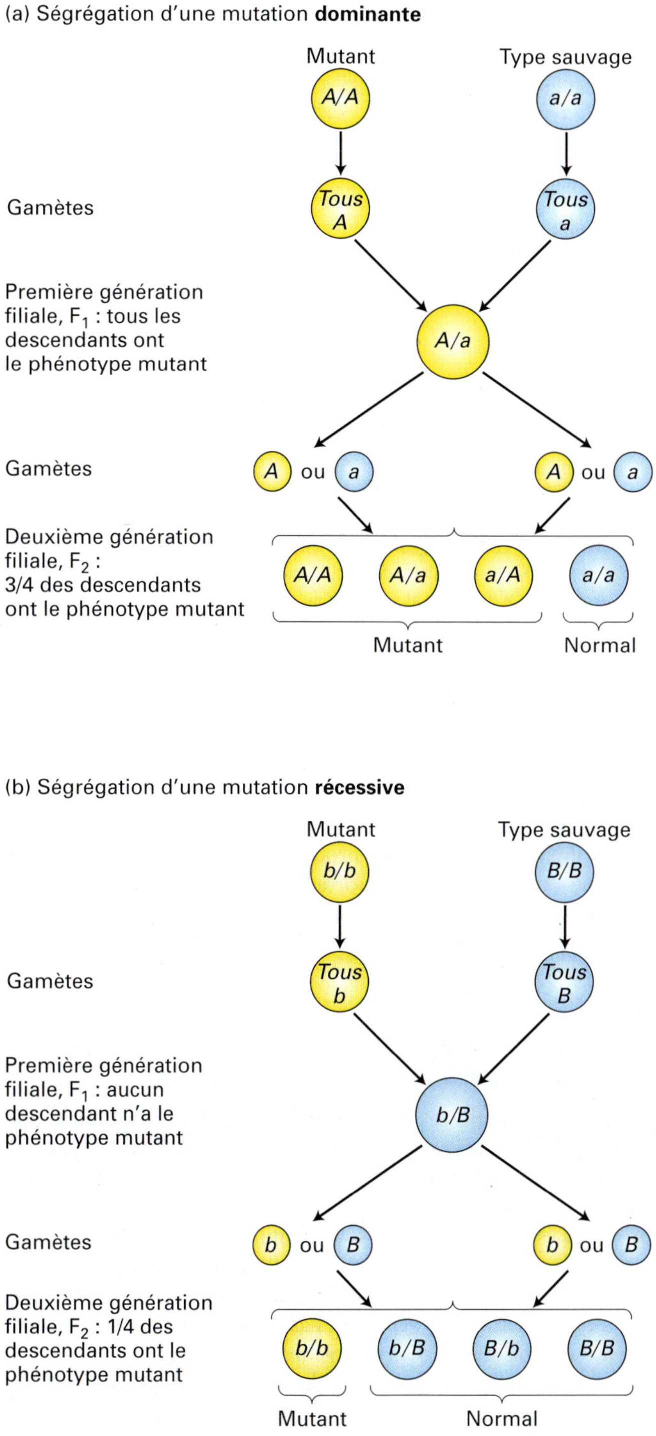

FIGURE 9-4 Les profils de ségrégation des mutations dominantes et récessives dans des croisements entre des souches de lignée pure d'organismes diploïdes. Tous les descendants de la première génération (F_1) sont hétérozygotes. Si l'allèle mutant est dominant, les descendants F_1 présenteront le phénotype mutant, comme dans la partie (a). Si l'allèle mutant est récessif, les descendants F_1 présenteront le phénotype sauvage, comme dans la partie (b). Un croisement des descendants F_1 entre eux produit également différents rapports de ségrégation entre allèles mutants dominant et récessif dans la génération F_2.

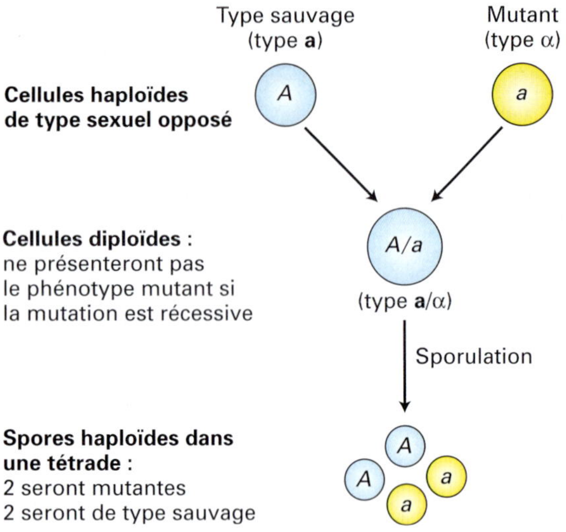

FIGURE 9-5 La ségrégation des allèles chez la levure. Les cellules haploïdes de *Saccharomyces* de type sexuel opposé (c'est-à-dire l'une de type *α* et l'autre de type **a**) peuvent fusionner en un diploïde **a**/*α*. Si un haploïde porte un allèle mutant dominant et l'autre, un allèle récessif de type sauvage du même gène, le diploïde hétérozygote résultant exprimera le caractère dominant. Dans certaines conditions, une cellule diploïde formera une tétrade de quatre spores haploïdes. Deux des spores de la tétrade exprimeront le caractère récessif et les deux autres, le caractère dominant.

cellule diploïde hétérozygote produit deux spores portant l'allèle mutant et deux spores portant l'allèle de type sauvage (Figure 9-5). Dans des conditions appropriées, les spores de levure germent, formant des souches végétatives haploïdes des deux types sexuels.

On peut utiliser des mutations conditionnelles pour étudier des gènes essentiels chez la levure

Les procédures utilisées pour identifier et isoler des mutants, que l'on appelle le *criblage génétique*, varient suivant l'haploïdie ou la diploïdie d'un organisme et, dans ce dernier cas, suivant la récessivité ou la dominance de la mutation. Les gènes qui codent les protéines essentielles à la vie sont parmi les plus intéressants et les plus importants à étudier. Puisque l'expression phénotypique des mutations dans des gènes essentiels conduit à la mort de l'individu, il faut des criblages génétiques astucieux pour isoler et conserver des organismes porteurs d'une mutation létale.

Dans les cellules haploïdes de levure, on peut étudier les gènes essentiels grâce à l'utilisation de *mutations conditionnelles*. Les **mutations thermosensibles** sont parmi les mutations conditionnelles les plus courantes. On peut les isoler chez des bactéries et des eucaryotes inférieurs mais pas chez les eucaryotes à sang chaud. Par exemple, une protéine peut être parfaitement fonctionnelle à une température (comme 23 °C) mais complètement inactive à une autre (par exemple, 36 °C) alors que la protéine normale serait pleinement fonctionnelle aux deux températures. Une température à laquelle on observe le phénotype mutant est dite *non permissive*. Une température *permissive* est une température à laquelle on n'observe pas le phénotype mutant même si l'allèle mutant est présent. On peut donc conserver des souches mutantes

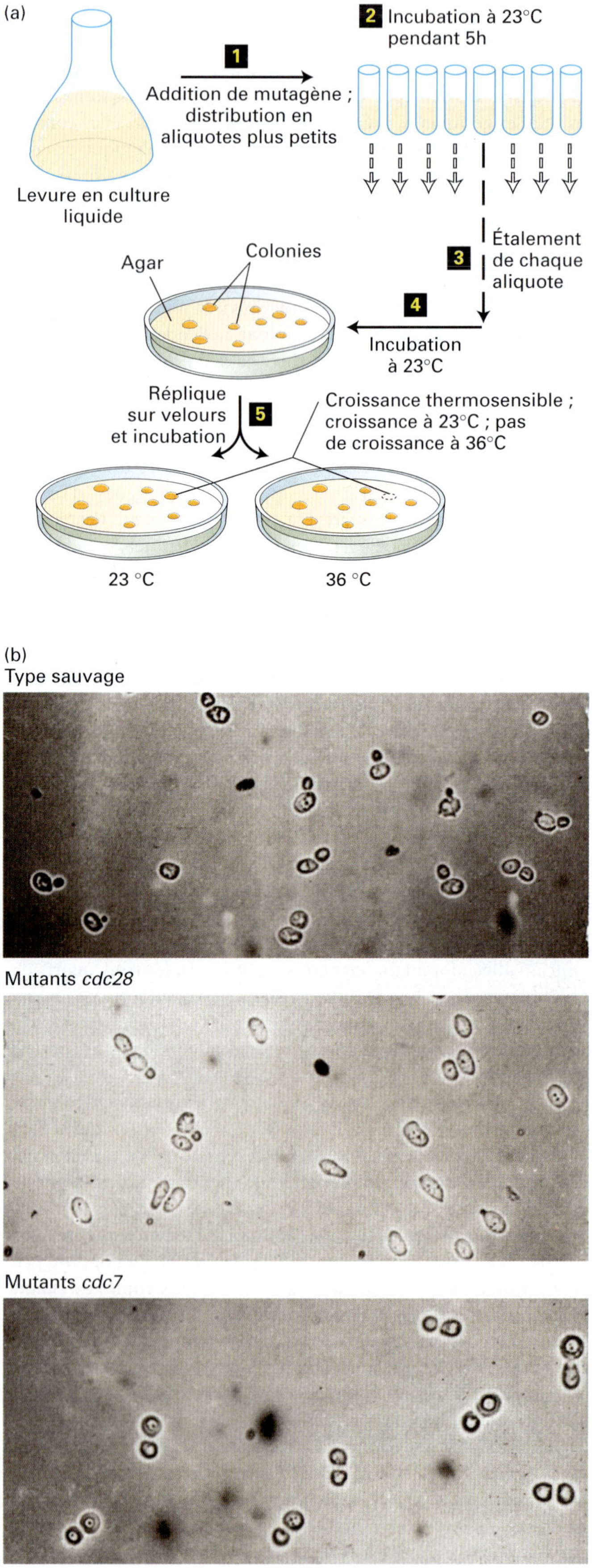

◀ **FIGURE EXPÉRIMENTALE 9-6 Des levures haploïdes portant des mutations thermosensibles létales sont maintenues à température permissive et analysées à température non permissive.** (a) Un criblage génétique de levures présentant une mutation thermosensible touchant le cycle de division cellulaire (*cdc*). Les levures qui se développent et forment des colonies à 23 °C (température permissive) mais pas à 36°C (température non permissive) peuvent présenter une mutation létale qui bloque la division cellulaire. (b) Une étude des colonies thermosensibles à la recherche de blocages à des stades spécifiques du cycle cellulaire. On voit ici des micrographies de levures de type sauvage et de deux mutants thermosensibles différents après incubation à une température non permissive pendant 6h. On peut voir les cellules de type sauvage qui continuent à pousser avec des bourgeons de taille variable, reflétant des stades différents du cycle cellulaire. À l'inverse, les cellules dans les deux micrographies du bas présentent un blocage à un stade spécifique du cycle cellulaire. Les mutants *cdc28* s'arrêtent juste avant l'apparition d'un nouveau bourgeon et apparaissent donc comme des cellules sans bourgeon. Les mutants *cdc7*, qui sont bloqués juste avant la séparation de la cellule mère et du bourgeon (cellule fille émergente) ont l'aspect de cellules avec de gros bourgeons. [Partie (a) voir L. H. Hartwell, 1967, *J. Bacteriol.* **93** :1662 ; partie (b) d'après L. M. Hereford et L. H. Hartwell, 1974, *J. Mol. Biol.* **84** :445.]

à une température permissive puis en réaliser une sous-culture et la placer à une température non permissive afin d'analyser le phénotype mutant.

L'un des criblages importants de mutants thermosensibles chez la levure *Saccharomyces cerevisiae* a été réalisé lors d'études menées par L. H. Hartwell et ses collègues vers la fin des années 1960 et le début des années 1970. Ils décidèrent de rechercher des gènes importants pour la régulation du **cycle cellulaire** au cours duquel une cellule synthétise ses protéines, réplique son ADN puis subit une division cellulaire mitotique, lors de laquelle chaque cellule fille reçoit une copie de chacun des chromosomes. La croissance exponentielle d'une seule cellule de levure pendant 20 à 30 divisions cellulaires forme une colonie de levure visible sur un milieu solide d'agar. Puisque des mutants présentant un blocage complet de leur cycle cellulaire auraient été incapables de former une colonie, il fallait des mutants conditionnels afin d'étudier les mutations affectant ce processus cellulaire fondamental. Pour rechercher ce type de mutants, les chercheurs sélectionnèrent d'abord des cellules de levure ayant subi une mutagenèse, qui pouvaient croître normalement à 23 °C mais ne pouvaient former de colonie à 36 °C (Figure 9-6a).

Une fois les mutants thermosensibles isolés, d'autres analyses révélèrent que leur division cellulaire était effectivement déficiente. Chez *S. cerevisiae*, la division cellulaire se déroule par le biais d'un processus de bourgeonnement et la taille du bourgeon, que l'on voit bien sous microscope photonique, indique l'étape du cycle cellulaire en cours. Chacun des mutants incapables de croître à 36 °C était examiné au microscope après plusieurs heures passées à la température non permissive. L'examen de nombreux mutants thermosensibles différents révéla qu'environ 1 % d'entre eux présentaient un blocage effectif du cycle cellulaire. On les appela donc mutants *cdc* (*c*ycle de *d*ivision *c*ellulaire). Ces levures mutantes n'étaient pas seulement incapables de se développer, ce qui aurait pu résulter d'une mutation affectant leur métabolisme cellulaire général, mais à la température non permissive, elles se développaient normalement pendant une partie du cycle cellulaire et s'interrompaient à un stade particulier de celui-ci, de sorte que l'on voyait un grand nombre de cellules à ce stade (Figure 9-6b). Chez la levure, la plupart des mutations sont récessives. C'est-à-dire que lorsque l'on croise des souches *cdc* avec des haploïdes de type sauvage, les diploïdes hétérozygotes résultants ne sont pas thermosensibles et ne présentent pas de division cellulaire déficiente.

Les mutations létales récessives chez les diploïdes peuvent être identifiées par endogamie et conservées chez des hétérozygotes

Chez les organismes diploïdes, on peut observer les phénotypes résultants de mutations récessives uniquement chez des individus homozygotes pour les allèles mutants. Puisque la mutagenèse chez un organisme diploïde modifie seulement un allèle d'un gène, produisant alors des mutants hétérozygotes, les criblages génétiques doivent comprendre des étapes d'endogamie pour produire des descendants homozygotes pour les allèles mutants. Le généticien H. Muller mit au point un protocole général et efficace pour réaliser de telles expériences d'endogamie chez la drosophile. Chez cette mouche et d'autres organismes diploïdes, les mutations létales récessives peuvent être conservées chez des individus hétérozygotes et les conséquences phénotypiques de ces mutations peuvent être analysées chez les homozygotes.

L'approche de Muller fut utilisée avec succès par C. Nüsslein-Volhard et E. Wieschaus, qui recherchèrent systématiquement les mutations létales récessives affectant l'embryogenèse chez la drosophile. Les embryons homozygotes morts portant des mutations létales récessives identifiées grâce à ce criblage furent examinés au microscope pour rechercher des défauts morphologiques spécifiques. La compréhension actuelle des mécanismes moléculaires sous-tendant le développement des organismes pluricellulaires est basée en grande partie sur la description détaillée du développement embryonnaire révélé par la caractérisation de ces mutants de drosophile. Nous traiterons au Chapitre 15 de certaines des découvertes fondamentales basées sur ces études génétiques.

Les tests de complémentation permettent de déterminer si des mutations récessives différentes se trouvent dans le même gène

Dans l'approche génétique permettant d'étudier un processus cellulaire particulier, les chercheurs isolent souvent de multiples mutations récessives produisant le même phénotype. Un test usuel permettant de déterminer si ces mutations se trouvent dans le même gène ou dans des gènes différents exploite le phénomène de **complémentation** génétique, c'est-à-dire la restauration du phénotype sauvage par le croisement de deux mutants différents. Si deux mutations récessives *a* et *b* se trouvent dans le *même* gène, alors un organisme diploïde hétérozygote pour les deux mutations (c'est-à-dire portant un allèle *a* et un allèle *b*) est de phénotype mutant car aucun des deux allèles ne fournit de copie fonctionnelle du gène. À l'inverse, si les mutations *a* et *b* se trouvent dans des gènes *distincts*, alors les hétérozygotes portant une seule copie de chaque allèle mutant ne présenteront pas le phénotype mutant

FIGURE EXPÉRIMENTALE 9-7 Une analyse par complémentation permet de déterminer si des mutations récessives se trouvent dans le même gène ou dans des gènes différents. Les tests de complémentation chez la levure sont effectués en croisant des cellules haploïdes **a** et α portant des mutations récessives différentes, afin de produire des cellules diploïdes. Lors de l'analyse des mutations *cdc*, des paires de différentes souches *cdc* mutantes thermosensibles ont été croisées systématiquement et l'on examine la croissance des diploïdes résultants aux températures permissive et non permissive. Dans cet exemple imaginaire, les mutants *cdcX* et *cdcY* complémentent et ont donc des mutations dans des gènes différents, tandis que les mutants *cdcX* et *cdcZ* ont des mutations dans le même gène.

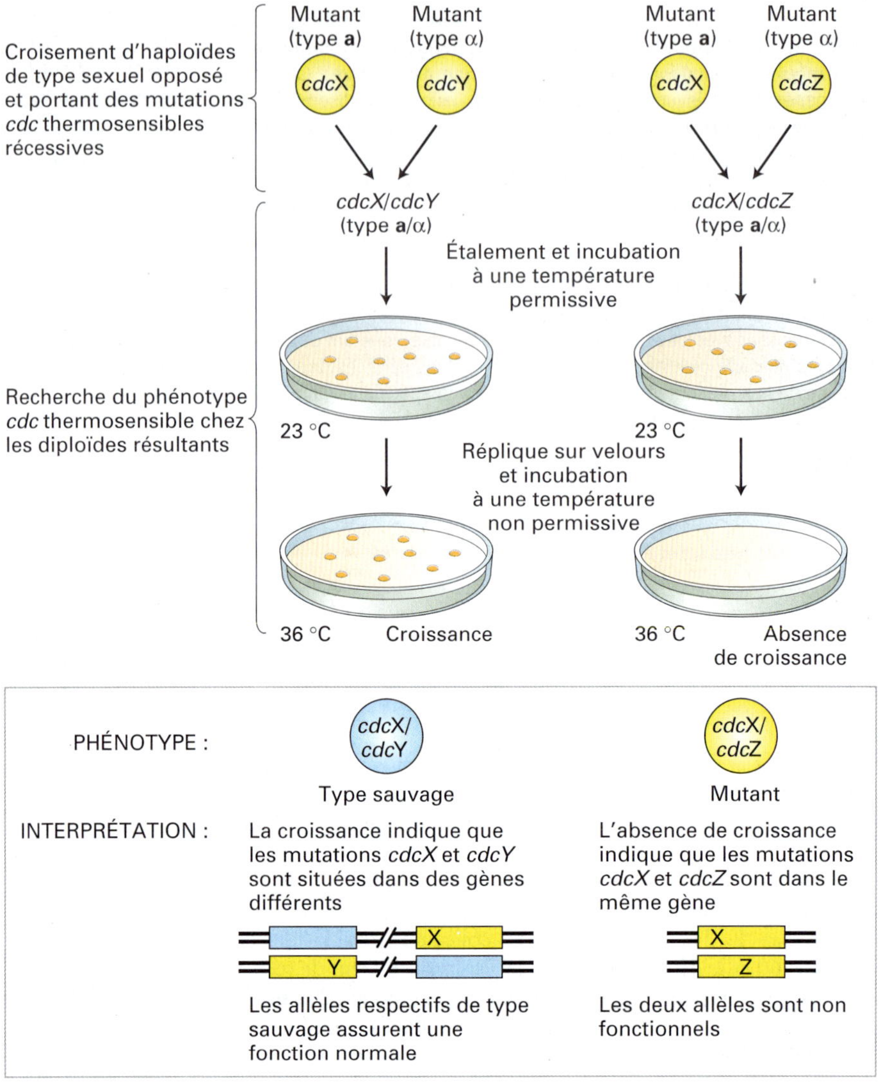

car un allèle sauvage de chaque gène sera également présent. Dans ce cas, on dit que les mutations *complémentent*.

L'analyse par complémentation d'un groupe de mutants de même phénotype permet de distinguer les différents gènes dans un ensemble de gènes fonctionnellement apparentés, qui doivent tous être fonctionnels pour produire un caractère phénotypique donné. Par exemple, le criblage de mutations *cdc* chez *Saccharomyces* décrit plus haut a produit de nombreux mutants thermosensibles récessifs qui apparaissaient avec une interruption au même stade du cycle cellulaire. Pour déterminer le nombre de gènes affectés par ces mutations, Hartwell et ses collègues réalisèrent des tests de complémentation sur toutes les combinaisons deux à deux de mutants *cdc* à l'aide du protocole général décrit dans la Figure 9-7. Ces tests permirent d'identifier plus de 20 gènes *CDC* différents. La caractérisation moléculaire ultérieure de ces gènes *CDC* et des protéines correspondantes, telle que nous la décrirons au Chapitre 21, a fourni un support pour comprendre la façon dont la division cellulaire est régulée chez des organismes allant de la levure à l'homme.

Les doubles mutants sont utiles pour déterminer l'ordre dans lequel fonctionnent les protéines

L'analyse rigoureuse des phénotypes mutants associés à un processus cellulaire particulier permet souvent aux chercheurs de déduire l'ordre dans lequel fonctionnent un groupe de gènes et leurs produits protéiques. On peut réaliser une telle analyse grâce à deux grands types de processus réactionnels : (a) les voies de biosynthèse dans lesquelles un substrat précurseur est converti en un produit final, par le biais d'un ou plusieurs intermédiaires et (b) les voies de signalisation qui régulent d'autres processus et concernent le flux d'information plutôt que les intermédiaires chimiques.

Déterminer l'ordre dans les voies de biosynthèse Un exemple simple du premier type de processus est la biosynthèse d'un métabolite tel que le tryptophane (un acide aminé) chez les bactéries. Dans ce cas, chacune des enzymes nécessaires à la synthèse du tryptophane catalyse la conversion de l'un des intermédiaires de la voie en l'intermédiaire suivant. Chez *E. coli*, les gènes codant ces

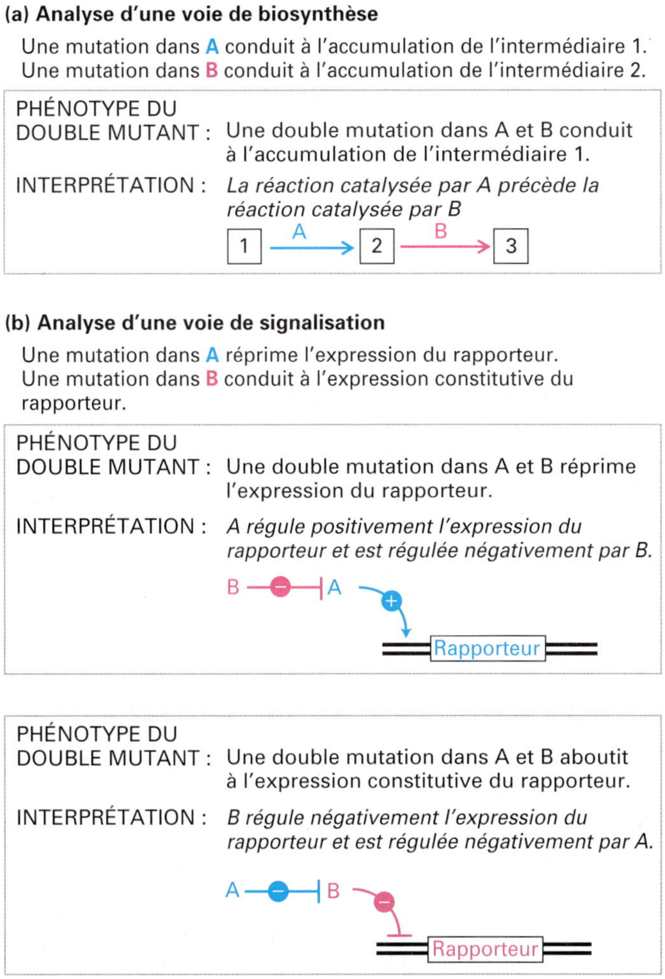

FIGURE EXPÉRIMENTALE 9-8 L'analyse de doubles mutants permet souvent de déterminer l'ordre des étapes des voies de biosynthèse ou de signalisation. Lorsque des mutations dans deux gènes distincts affectent le même processus cellulaire mais conduisent à des phénotypes différents, le phénotype du double mutant permet souvent de déterminer l'ordre dans lequel les deux gènes doivent fonctionner. (a) Dans le cas de mutations qui affectent la même voie de biosynthèse, un double mutant accumulera le produit intermédiaire de l'étape catalysée par la protéine agissant juste avant celle des deux protéines mutées qui intervient le plus tôt dans l'organisme de type sauvage. (b) Une analyse à l'aide de doubles mutants d'une voie de signalisation est possible si deux mutations ont des effets opposés sur l'expression d'un gène rapporteur. Dans ce cas, le phénotype observé du double mutant fournit l'information concernant l'ordre dans lequel les protéines agissent et indique s'il s'agit de régulateurs positifs ou négatifs.

enzymes sont adjacents dans le génome et constituent l'opéron *trp* (voir Figure 4-12a). L'ordre d'action des différents gènes codant ces enzymes et donc, l'ordre des réactions biochimiques de cette voie de biosynthèse a été déduit d'après les types de composés intermédiaires accumulés chez chaque mutant. Dans le cas de voies complexes de biosynthèse cependant, l'analyse phénotypique de mutants déficients pour une seule étape peut donner des résultats ambigus qui ne permettent pas de déterminer définitivement l'ordre des étapes. Des doubles mutants déficients dans deux étapes de la voie sont particulièrement utiles pour déterminer l'ordre de celles-ci (Figure 9-8a).

Nous verrons au Chapitre 17 l'utilisation classique de la stratégie des doubles mutants pour déterminer la voie de sécrétion. Dans cette voie, des protéines qui doivent être sécrétées hors de la cellule passent de leur site de synthèse sur le réticulum endoplasmique rugueux (RE) à l'appareil de Golgi, puis aux vésicules sécrétoires et gagnent enfin la surface de la cellule.

Déterminer l'ordre des voies de signalisation Comme nous le verrons dans des chapitres ultérieurs, l'expression de nombreux gènes eucaryotes est régulée par des voies de signalisation initiées par des hormones extracellulaires, des facteurs de croissance ou d'autres signaux. Ces voies peuvent comporter de nombreux composants et l'analyse à l'aide de doubles mutants fournit souvent des informations sur les fonctions et les interactions de ces composants. La seule condition indispensable pour obtenir des informations utiles à partir de ce type d'analyse est de disposer de deux mutations dont les effets ont un résultat opposé sur la même voie régulée. Le plus souvent, l'une des mutations réprime l'expression d'un gène rapporteur donné, même en présence du signal tandis que l'autre mutation entraîne l'expression du gène rapporteur, même en l'absence du signal (on parle d'expression constitutive). Comme le montre la Figure 9-8b, deux mécanismes régulateurs simples correspondent à ce type de simples mutants, mais le phénotype du double mutant permet de les différencier. Cette approche générale a permis aux généticiens de définir un grand nombre des étapes clés de différentes voies de régulation, offrant un point de départ pour des études biochimiques plus spécifiques.

La suppression génétique et la létalité synthétique révèlent l'interaction ou la redondance des protéines

Deux autres types d'analyse génétique fournissent des éléments supplémentaires sur la façon dont des protéines impliquées dans le même processus cellulaire peuvent interagir les unes avec les autres dans la cellule vivante. Ces deux méthodes, applicables à de nombreux organismes expérimentaux, impliquent l'utilisation de doubles mutants chez lesquels les effets phénotypiques d'une mutation sont modifiés par la présence d'une seconde mutation.

Les mutations suppressives Le premier type d'analyse est basé sur la *suppression génétique*. Pour comprendre ce phénomène, supposons que des mutations ponctuelles conduisent à des changements structuraux dans une protéine (A) qui suppriment sa capacité de s'associer avec une autre protéine (B) impliquée dans le même processus cellulaire. De même, des mutations dans la protéine B provoquent de petits changements structuraux qui inhibent sa capacité d'interaction avec la protéine A. Supposons en outre que le fonctionnement normal des protéines A et B dépende de leur interaction. En théorie, un changement structural spécifique dans la protéine A peut être supprimé par des changements compensatoires dans la protéine B, qui permettraient aux protéines mutantes d'interagir l'une avec l'autre. Dans les rares cas où se produisent de telles **mutations suppressives**, des souches portant les deux allèles mutants seraient normales, tandis que des souches portant seulement l'un ou l'autre des allèles mutants présenteraient un phénotype mutant (Figure 9-9a).

L'observation de la suppression génétique chez des souches de levure portant un allèle mutant de l'actine (*act1-1*) et une seconde mutation (*sac6*) dans un autre gène fournit une preuve de l'interaction directe *in vivo* entre les protéines codées par les deux gènes. Des études biochimiques ultérieures montrèrent que ces deux protéines — Act1 et Sac6 — interagissaient effectivement lors de la construction de structures fonctionnelles d'actine dans la cellule.

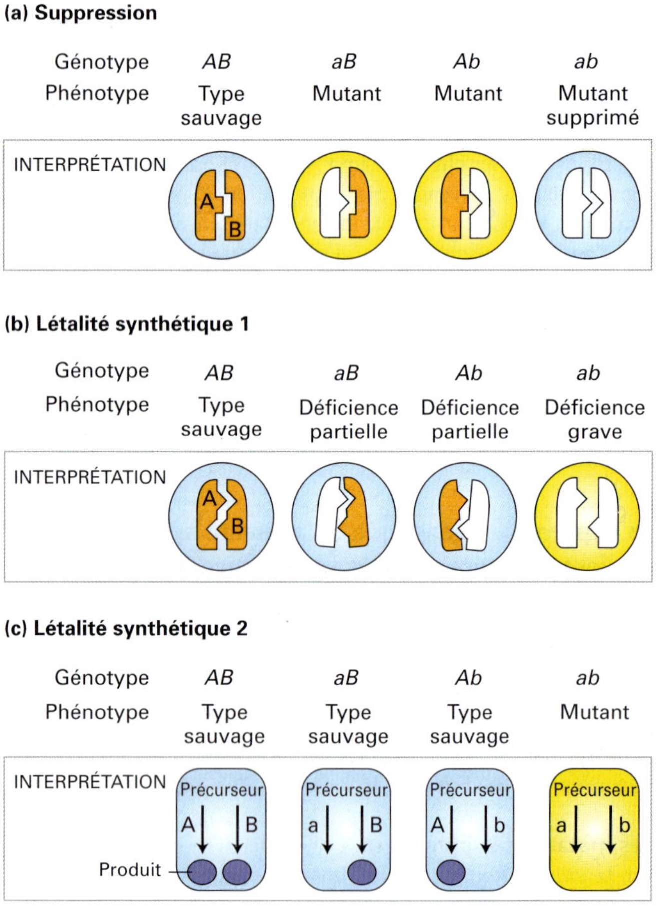

FIGURE EXPÉRIMENTALE 9-9 Des mutations provoquant une suppression génétique ou la létalité synthétique révèlent les protéines en interaction ou les protéines redondantes. (a) Si des doubles mutants possédant deux protéines déficientes (A et B) ont un phénotype sauvage et que les simples mutants correspondants ont un phénotype mutant, alors la fonction de chaque protéine dépend de son interaction avec l'autre. (b) De même, si des doubles mutants ont dans leur phénotype un défaut plus prononcé que les simples mutants correspondants, alors les deux protéines (par exemple les sous-unités d'un hétérodimère) doivent interagir pour fonctionner normalement. (c) Si un double mutant n'est pas viable mais que les simples mutants correspondants ont un phénotype sauvage, alors les deux protéines interviennent dans des voies redondantes qui aboutissent à la synthèse du même produit essentiel.

Les mutations létales synthétiques Un autre phénomène, appelé *létalité synthétique*, a des conséquences phénotypiques opposées à celles de la suppression. Dans ce cas, l'effet délétère d'une mutation est fortement exacerbé (et non plus supprimé) par une seconde mutation dans un gène apparenté. La Figure 9-9b illustre une situation dans laquelle ces **mutations létales synthétiques** peuvent se produire. Dans cet exemple, une protéine hétérodimérique est partiellement, mais pas complètement, inactivée par des mutations dans l'une ou l'autre des sous-unités non identiques. Cependant, chez les doubles mutants portant des mutations spécifiques dans les gènes codant les deux sous-unités, il y a peu d'interaction entre les sous-unités, ce qui a des conséquences phénotypiques graves.

Des mutations létales synthétiques peuvent également révéler des gènes non essentiels dont les protéines correspondantes agissent dans des voies redondantes pour produire un composant cellulaire essentiel. Comme on le voit dans la Figure 9-9c, si chacune des voies est inactivée par une mutation, l'autre voie sera en mesure de fournir le produit nécessaire. Néanmoins, si les deux voies sont inactivées en même temps, le produit essentiel ne pourra être synthétisé et les doubles mutants ne seront pas viables.

CONCEPTS CLÉS DE LA SECTION 9.1

L'analyse génétique des mutations pour identifier et étudier les gènes

- Les organismes diploïdes portent deux copies (allèles) de chaque gène alors que les organismes haploïdes en portent une seule.
- Les mutations récessives conduisent à une perte de fonction, qui est masquée si un allèle normal du gène est présent. Pour que le phénotype mutant apparaisse, les deux allèles doivent porter la mutation.
- Les mutations dominantes aboutissent à un phénotype mutant en présence d'un allèle normal du gène. Les phénotypes associés aux mutations dominantes correspondent souvent à un gain de fonction mais, dans le cas de certains gènes, résultent d'une perte de fonction.
- Lors de la méiose, une cellule diploïde subit une réplication d'ADN et deux divisions cellulaires, produisant quatre cellules haploïdes dans lesquelles les allèles maternels et paternels sont distribués au hasard (voir Figure 9-3).
- Les mutations dominantes et récessives présentent des profils caractéristiques de ségrégation lors des croisements génétiques (voir Figure 9-4).
- Chez la levure haploïde, les mutations thermosensibles sont particulièrement utiles pour identifier et étudier des gènes essentiels à la survie.
- Le nombre de gènes fonctionnellement apparentés impliqués dans un processus peut être défini grâce à une analyse par complémentation (voir Figure 9-7).
- L'ordre dans lequel interviennent les gènes dans une voie de biosynthèse ou une voie de signalisation peut être déduit du phénotype de doubles mutants déficients dans les deux étapes du processus affecté.

■ Les interactions fonctionnellement importantes entre des protéines peuvent être déduites des conséquences phénotypiques de mutations suppressives allèles-spécifiques ou de mutations létales synthétiques.

9.2 Le clonage de l'ADN par les techniques de l'ADN recombinant

Pour analyser de façon détaillée la structure et la fonction d'un gène au niveau moléculaire, il faut disposer de grandes quantités de celui-ci sous forme pure. Différentes techniques, souvent regroupées sous l'appellation de *technologie de l'ADN recombinant*, sont utilisées pour le **clonage de l'ADN**, ce qui permet aux chercheurs de préparer de grandes quantités de molécules identiques d'ADN. L'**ADN recombinant** désigne simplement toute molécule d'ADN constituée de séquences provenant de différentes origines.

La base du clonage d'un fragment intéressant d'ADN consiste à le lier à un **vecteur** d'ADN, une molécule capable de se répliquer dans une cellule hôte. Après l'introduction dans une cellule hôte d'une molécule unique d'ADN recombinant constituée d'un vecteur dans lequel est inséré un fragment d'ADN, l'ADN inséré est répliqué en même temps que le vecteur, ce qui produit un grand nombre de molécules identiques d'ADN. La procédure élémentaire peut être résumée ainsi :

Vecteur + fragment d'ADN
↓
ADN recombinant
↓
Réplication de l'ADN recombinant dans des cellules hôtes
↓
Isolement, séquençage et manipulation
du fragment purifié d'ADN

Bien que les chercheurs aient élaboré de nombreuses variations expérimentales, ce diagramme indique les étapes essentielles du clonage de l'ADN. Nous les examinerons dans cette section et étudierons en détail les deux types de vecteurs les plus couramment utilisés dans les cellules hôtes d'*E. coli* : les vecteurs plasmidiques (ou plasmides) qui se répliquent dans leurs cellules hôtes et les vecteurs du bactériophage λ, qui se répliquent comme des virus lytiques, en tuant la cellule hôte et en empaquetant leur ADN dans des virions. Nous verrons dans des sections ultérieures la caractérisation et les différentes utilisations des fragments clonés d'ADN.

Les enzymes de restriction et les ADN ligases permettent l'insertion de fragments d'ADN dans des vecteurs de clonage

L'un des objectifs principaux du clonage de l'ADN est d'obtenir de petites régions discrètes de l'ADN d'un organisme qui constituent des gènes spécifiques. De plus, seules les molécules relativement petites d'ADN peuvent être clonées dans les vecteurs disponibles actuellement. Pour ces raisons, les très longues molécules d'ADN qui constituent le génome d'un organisme doivent être clivées en fragments insérables dans l'ADN vecteur. Deux types d'enzymes — les **enzymes de restriction** et les **ADN ligases** — facilitent la création de ces molécules d'ADN recombinant.

Couper les molécules d'ADN en petits fragments Les enzymes de restriction sont des endonucléases produites par des bactéries, qui reconnaissent des séquences spécifiques de 4 à 8 pb, appelées *sites de restriction*, et clivent les deux brins d'ADN au niveau de ces sites. Les sites de restriction sont généralement de courtes séquences *palindromiques* ; c'est-à-dire que la séquence du site de restriction est la même sur chacun des deux brins d'ADN lu dans son sens 5' → 3' (Figure 9-10).

Pour chaque enzyme de restriction, les bactéries produisent également une *enzyme de modification*, qui protège l'ADN de la bactérie du clivage, en le modifiant au niveau de chaque site potentiel de clivage ou près de celui-ci. L'enzyme de modification ajoute un groupement méthyle à une ou deux bases, généralement dans le site de restriction. Lorsqu'un groupement méthyle est présent, il empêche l'endonucléase de restriction de couper l'ADN. L'endonucléase de restriction et la méthylase forment un système de modification restriction qui protège l'ADN hôte tout en détruisant l'ADN étranger entrant (par exemple l'ADN des bactériophages ou l'ADN intégré par transformation) en le clivant au niveau de tous ses sites de restriction.

De nombreuses enzymes de restriction effectuent des coupures décalées dans le site qu'elles reconnaissent, produisant des fragments qui possèdent une « queue » aux deux extrémités (voir Figure 9-10). Les extrémités de ces fragments créées au niveau d'un site de restriction donné sont complémentaires de celles des autres fragments produits par la même enzyme de restriction. À température ambiante, ces régions simple-brin, souvent appelées « extrémités collantes » (ou cohésives) peuvent s'apparier transitoirement aux extrémités des autres fragments d'ADN créés par la même enzyme de restriction. Quelques enzymes de restriction telles que *Alu*I et *Sma*I clivent les deux brins d'ADN au même endroit du site de restriction, produisant des fragments avec des « extrémités franches », dans lesquels tous les nucléotides présents aux extrémités sont appariés à des nucléotides dans le brin complémentaire.

L'ADN isolé d'un organisme possède une séquence spécifique, qui par simple hasard, contient un ensemble spécifique de sites de

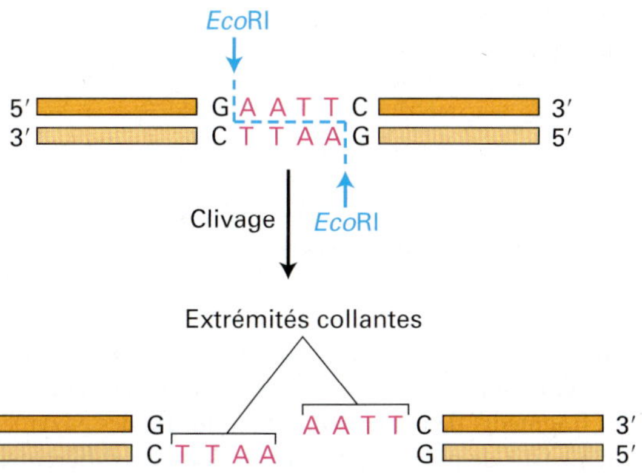

FIGURE 9-10 Le clivage d'un ADN par l'enzyme de restriction *Eco*RI. Cette enzyme de restriction issue d'*E. coli* effectue des coupures décalées dans la séquence spécifique présentée, qui est constituée d'une répétition inversée de 6 pb (palindrome). Ces coupures produisent des fragments avec des extrémités complémentaires « collantes » simple-brin. Un grand nombre d'autres enzymes de restriction créent également des fragments avec des extrémités collantes.

TABLEAU 9-1 Quelques enzymes de restriction et leurs séquences de reconnaissance

Enzyme	Micro-organisme d'origine	Site de reconnaissance*	Extrémités produites
BamHI	*Bacillus amyloliquefaciens*	↓ -G-G-A-T-C-C- -C-C-T-A-G-G- ↑	Collantes
*Eco*RI	*Escherichia coli*	↓ -G-A-A-T-T-C- -C-T-T-A-A-G- ↑	Collantes
*Hind*III	*Haemophilus influenzae*	↓ -A-A-G-C-T-T- -T-T-C-G-A-A- ↑	Collantes
*Kpn*I	*Klebsiella pneumonia*	↓ -G-G-T-A-C-C- -C-C-A-T-G-G- ↑	Collantes
*Pst*I	*Providencia stuartii*	↓ -C-T-G-C-A-G- -G-A-C-G-T-C- ↑	Collantes
*Sac*I	*Streptomyces achromogenes*	↓ -G-A-G-C-T-C- -C-T-C-G-A-G- ↑	Collantes
*Sal*I	*Streptomyces albue*	↓ -G-T-C-G-A-C- -C-A-G-C-T-G- ↑	Collantes
*Sma*I	*Serratia marcescens*	↓ -C-C-C-G-G-G- -G-G-G-C-C-C- ↑	Franches
*Sph*I	*Streptomyces phaeochromogenes*	↓ -G-C-A-T-G-C- -C-G-T-A-C-G- ↑	Collantes
*Xba*I	*Xanthomonas badrii*	↓ -T-C-T-A-G-A- -A-G-A-T-C-T- ↑	Collantes

*Ces séquences de reconnaissance sont incluses dans une séquence polylinker commune (voir Figure 9-12).

restriction. De ce fait, une enzyme de restriction coupera l'ADN d'une origine donnée en un ensemble reproductible de fragments appelés **fragments de restriction.** On a purifié des enzymes de restriction à partir de plusieurs centaines d'espèces différentes de bactéries, ce qui permet de couper des molécules d'ADN en un grand nombre de séquences différentes correspondant aux sites de reconnaissance de ces enzymes (Tableau 9-1).

Insérer des fragments d'ADN dans des vecteurs On peut insérer des fragments d'ADN à extrémités collantes ou franches dans un vecteur d'ADN, grâce à des ADN ligases. Au cours de la réplication normale de l'ADN, l'ADN ligase catalyse la réunion bout à bout (ligature) de courts fragments d'ADN appelés *fragments d'Okazaki*. Lors d'un clonage d'ADN, une ADN ligase purifiée est utilisée pour lier covalemment les extrémités d'un fragment de restriction à celles d'un ADN vectoriel qui leur sont complémentaires (Figure 9-11). L'ADN vectoriel et le fragment de restriction sont liés covalemment grâce aux liaisons phosphodiester 3'→5' standard de l'ADN. En plus de ligaturer des extrémités collantes complémentaires, l'ADN ligase du bactériophage T4 peut ligaturer n'importe quel paire d'extrémités franches d'ADN. Toutefois, ce type de ligature est inefficace par nature et nécessite

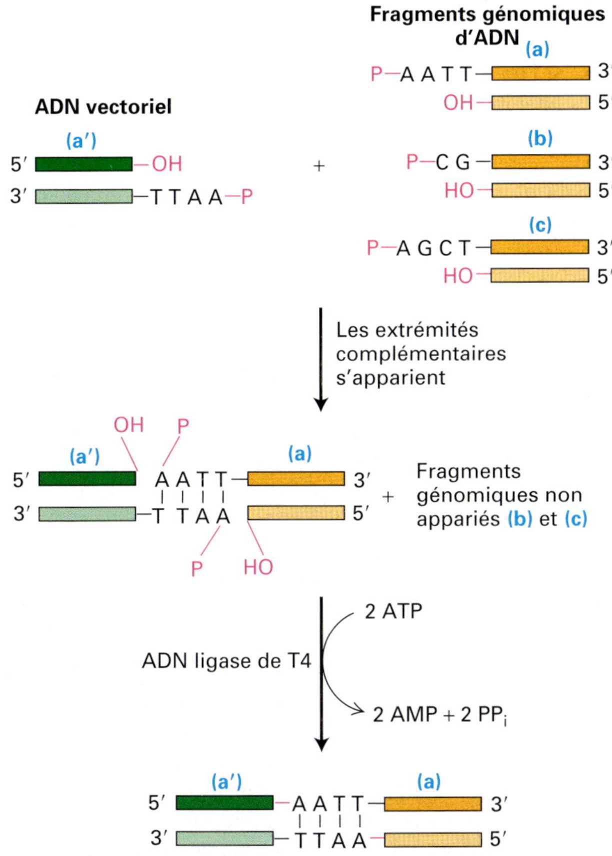

FIGURE 9-11 La ligature des fragments de restriction avec des extrémités collantes complémentaires. Dans cet exemple, un ADN vectoriel coupé par *Eco*RI est mélangé avec un échantillon contenant des fragments de restriction produits en clivant l'ADN génomique à l'aide de plusieurs enzymes de restriction différentes. On voit les courtes séquences de bases constituant les extrémités collantes de chaque type de fragment. L'extrémité collante sur l'ADN du vecteur coupé (a') s'apparie uniquement avec l'extrémité collante sur le fragment créé par *Eco*RI (a) dans l'échantillon génomique. Les groupements 3'-hydroxyle et 5'-phosphate adjacents (en rouge) sur les fragments appariés sont ensuite liés covalemment (ligaturés) par l'ADN ligase de T4.

une concentration des ADN et de l'ADN ligase, plus élevée que pour la ligature des extrémités collantes.

Les vecteurs plasmidiques d'*E. coli* sont adaptés au clonage de fragments isolés d'ADN

Les **plasmides** sont des molécules circulaires d'ADN double-brin (ADNdb) qui sont distinctes de l'ADN chromosomique de la cellule. Ces ADN supplémentaires qui existent naturellement chez les bactéries et les cellules d'eucaryotes inférieurs (comme la levure) entretiennent une relation de parasitisme ou d'endosymbiose avec leur cellule hôte. Comme l'ADN chromosomique de la cellule hôte, l'ADN plasmidique est dupliqué avant chaque division cellulaire. Au cours de la division cellulaire, des copies de l'ADN plasmidique gagnent chaque cellule fille, garantissant la propagation continue du plasmide tout au long des générations successives de la cellule hôte.

Les plasmides les plus couramment utilisés dans la technologie de l'ADN recombinant sont ceux qui se répliquent dans les cellules d'*E. coli*. Les chercheurs ont modifié ces plasmides afin d'optimiser leur utilisation comme vecteurs pour le clonage de l'ADN. Par exemple, le retrait de portions indésirables existant à l'état naturel dans les plasmides d'*E. coli* produit des vecteurs plasmidiques de 1,2 à 3 kb de circonférence qui contiennent trois régions essentielles pour le clonage de l'ADN : une origine de réplication, un marqueur permettant la sélection (généralement un gène de résistance à une substance chimique) et une région dans laquelle les fragments d'ADN exogène peuvent être insérés (Figure 9-12). Les enzymes de la cellule hôte répliquent un plasmide en commençant au niveau de l'origine de réplication (ORI), une séquence spécifique d'ADN de 50 à 100 paires de bases. Une fois la réplication de l'ADN initiée au niveau de l'ORI, elle se poursuit autour du plasmide circulaire sans tenir compte de la séquence nucléotidique. Ainsi, n'importe quelle séquence d'ADN insérée dans l'un de ces plasmides est répliquée en même temps que le reste de l'ADN plasmidique.

La Figure 9-13 décrit le protocole général du clonage d'un fragment d'ADN à l'aide des vecteurs plasmidiques d'*E. coli*. Lorsque l'on mélange des cellules d'*E. coli* avec un ADN vectoriel recombinant dans certaines conditions, une petite fraction de ces cellules absorbe cet ADN plasmidique, un processus appelé **transformation.** Typiquement, 1 cellule sur environ 10 000 incorpore *une seule* molécule d'ADN plasmidique et est donc transformée. Après l'incubation des vecteurs plasmidiques avec *E. coli*, on peut facilement sélectionner les cellules ayant incorporé le plasmide parmi le grand nombre initial de cellules. Par exemple, si le plasmide porte un gène conférant la résistance à un antibiotique tel que l'ampicilline, les cellules transformées peuvent être sélectionnées grâce à une culture sur un milieu contenant de l'ampicilline.

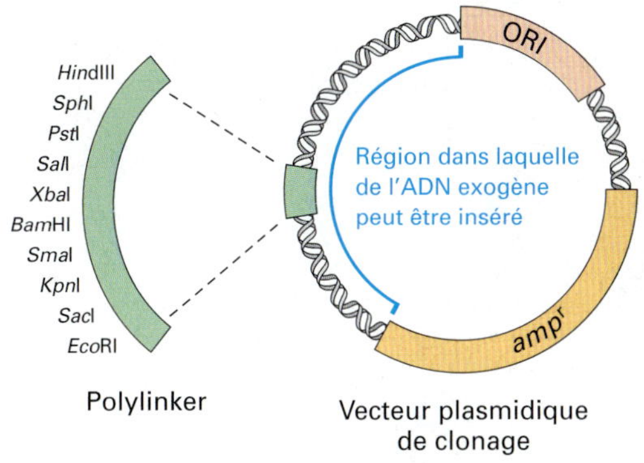

FIGURE 9-12 Les composants élémentaires d'un vecteur de clonage plasmidique qui peut se répliquer dans une cellule d'*E. coli*. Les vecteurs plasmidiques contiennent un gène sélectionnable tel que *amp*^{r}, qui code l'enzyme ß-lactamase et confère la résistance à l'ampicilline. De l'ADN exogène peut être inséré dans la région indiquée par le trait bleu sans modifier la capacité du plasmide de se répliquer ou d'exprimer le gène *amp*^{r}. Les vecteurs plasmidiques contiennent également une origine de réplication (ORI) au niveau de laquelle la réplication de l'ADN est initiée par les enzymes de la cellule hôte. L'incorporation d'un polylinker synthétique contenant les séquences de reconnaissance de plusieurs enzymes de restriction différentes augmente l'adaptabilité d'un vecteur plasmidique. Le vecteur est conçu de telle sorte que chaque site dans le polylinker est unique sur le plasmide.

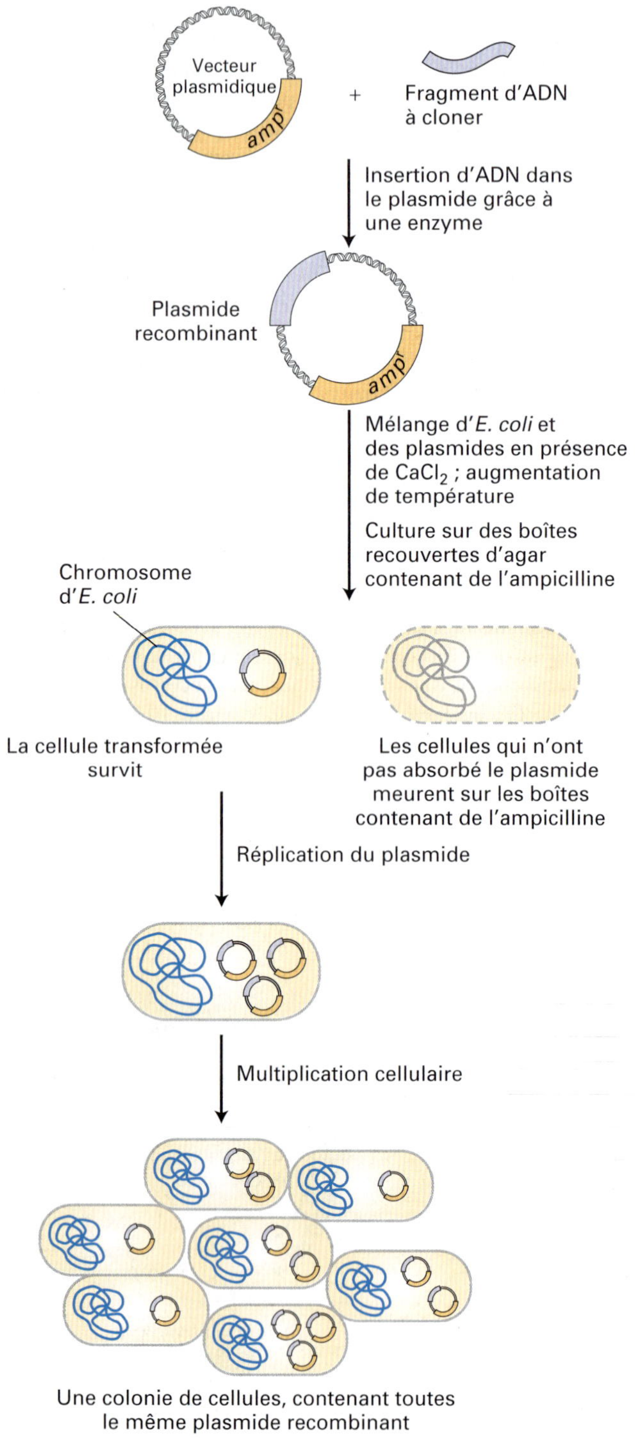

FIGURE EXPÉRIMENTALE 9-13 Le clonage d'ADN dans un vecteur plasmidique permet l'amplification d'un fragment d'ADN. Un fragment d'ADN à cloner est d'abord inséré dans un vecteur plasmidique contenant un gène de résistance à l'ampicilline (*amp*^{r}) tel qu'il est représenté dans la Figure 9-12. Seules les quelques cellules transformées par incorporation d'une molécule de plasmide survivront sur un milieu contenant de l'ampicilline. Dans les cellules transformées, l'ADN plasmidique se réplique et ségrège dans les cellules filles, ce qui aboutit à la formation d'une colonie résistante à l'ampicilline.

Les fragments d'ADN longs de quelques paires de bases jusqu'à ≈ 20 kb sont facilement insérés dans des vecteurs plasmidiques. Si l'on prend certaines précautions particulières pour éviter des manipulations qui pourraient rompre mécaniquement l'ADN, on peut même insérer des fragments plus longs d'ADN dans un vecteur plasmidique. Lorsqu'un plasmide recombinant contenant un fragment inséré d'ADN transforme une cellule d'*E. coli*, toutes les cellules filles résistantes à l'antibiotique issues de la cellule transformée initialement contiendront des plasmides avec le même ADN inséré. L'ADN inséré est répliqué en même temps que le reste de l'ADN plasmidique et ségrège dans les cellules filles au fur et à mesure que la colonie se développe. De cette façon, le fragment initial d'ADN est répliqué dans la colonie de cellules en un grand nombre de copies identiques. Puisque toutes les cellules d'une colonie descendent de la même cellule parentale transformée, elles constituent un **clone** de cellules et le fragment initial d'ADN inséré dans le plasmide parental est qualifié d'*ADN cloné* ou de *clone d'ADN*.

La souplesse d'un vecteur plasmidique d'*E. coli* est accrue si on lui incorpore un *polylinker*. Il s'agit d'une séquence créée synthétiquement qui contient une copie de plusieurs sites de restriction différents qui ne sont présents nulle part ailleurs dans la séquence plasmidique (voir Figure 9-12). Lorsqu'un vecteur de ce type est traité par une enzyme de restriction qui reconnaît un site de restriction dans le polylinker, le vecteur est coupé une seule fois dans celui-ci. On peut ensuite, grâce à l'ADN ligase, insérer dans le plasmide coupé n'importe quel fragment d'ADN de longueur appropriée, produit grâce à la même enzyme de restriction. Les plasmides contenant un polylinker permettent aux chercheurs de cloner des fragments d'ADN produits par différentes enzymes de restriction à l'aide du même vecteur plasmidique, ce qui simplifie les procédures expérimentales.

Les vecteurs du bactériophage λ permettent la construction efficace de grandes banques d'ADN

Les vecteurs construits à partir du bactériophage λ sont environ 1 000 fois plus efficaces que les vecteurs plasmidiques pour cloner un grand nombre de fragments d'ADN. Pour cette raison, les vecteurs du phage λ ont été abondamment utilisés pour créer les banques d'ADN, qui sont des collections complètes des fragments d'ADN représentant le génome d'un organisme ou les ARNm exprimés par celui-ci. Deux facteurs expliquent l'efficacité supérieure du phage λ en tant que vecteur de clonage : l'infection des cellules hôtes *E. coli* par des virions λ se produit à une fréquence environ 1 000 fois plus élevée que la transformation par des plasmides et l'on peut faire pousser et détecter sur une seule boîte de culture bien plus de clones de λ.

Lorsqu'un virion λ infecte une cellule d'*E. coli*, il peut subir un cycle de croissance lytique au cours duquel l'ADN phagique est répliqué et assemblé en plus de 100 descendants phagiques complets, qui sont libérés lorsque la cellule infectée est lysée (voir Figure 4-40). Si un échantillon de phage λ est placé sur un tapis de bactéries *E. coli* en culture sur une boîte de Pétri, chaque virion infecte une seule cellule. Les cycles suivants de croissance phagique produisent une région claire visible appelée *plage de lyse*, dans laquelle les cellules ont été lysées et les particules phagiques libérées (voir Figure 4-39).

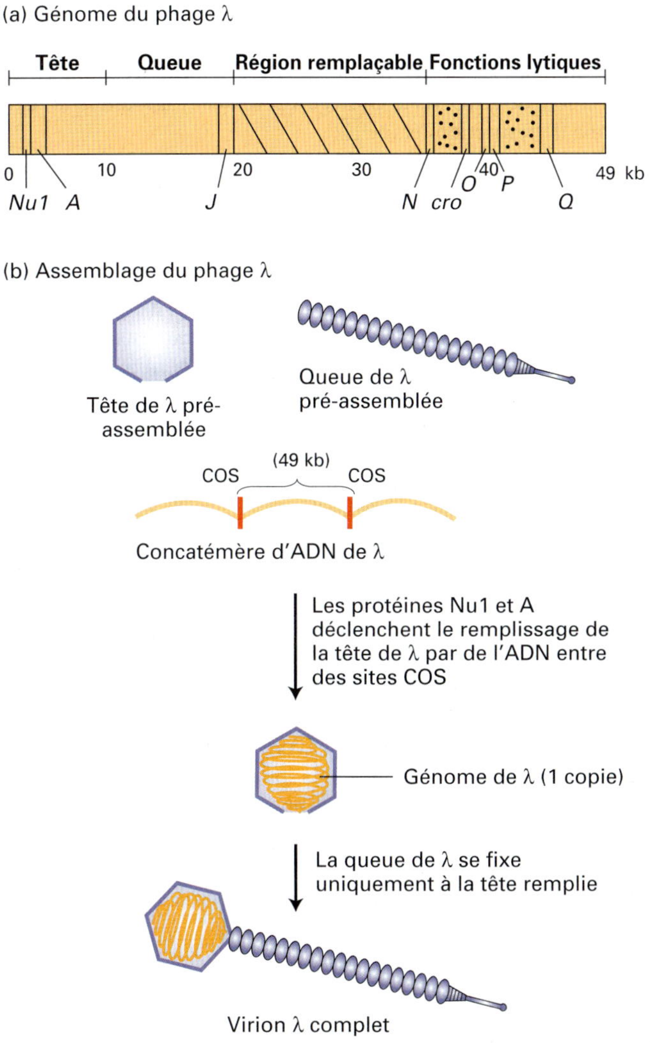

FIGURE 9-14 Le génome d'ADN du bactériophage λ et son empaquetage. (a) Une carte simplifiée du génome du phage λ. Il contient environ 60 gènes dont quelques-uns seulement sont représentés dans ce schéma. Les gènes codant les protéines nécessaires à l'assemblage de la tête et de la queue sont situés du côté gauche ; ceux qui codent les protéines supplémentaires nécessaires au cycle lytique, du côté droit. Certaines régions du génome peuvent être remplacées par de l'ADN exogène (hachures) ou délétées (pointillés) sans affecter la capacité du phage λ d'infecter des cellules hôtes et de former de nouveaux virions. On peut insérer de façon stable jusqu'à ≈ 25 kb d'ADN exogène entre les gènes *J* et *N*. (b) L'assemblage *in vivo* des virions λ. Les têtes et les queues sont formées à partir de multiples copies de protéines différentes de λ. Au cours de la dernière étape d'infection de λ, de longues molécules d'ADN appelées *concatémères* sont formées. Ces molécules polymériques sont constituées de multiples copies du génome de 49 kb de λ, liées bout à bout et séparées par des sites COS (en rouge), des séquences nucléotidiques de liaison des protéines qui existent en un seul exemplaire dans le génome de λ. La liaison des protéines de tête Nu1 et A de λ aux sites COS déclenche l'insertion du segment d'ADN entre deux sites COS adjacents dans une tête vide. Après l'entrée de l'ADN dans les têtes, les queues de λ assemblées sont attachées, produisant des virions λ complets, capables d'infecter des cellules d'*E. coli*.

Un virion λ est constitué d'une tête qui contient le génome d'ADN phagique et d'une queue, qui intervient dans l'infection des cellules hôtes d'*E. coli*. Les gènes de λ codant les protéines de tête et de queue, ainsi que diverses protéines impliquées dans la réplication de l'ADN phagique et la lyse cellulaire, sont groupés en régions discrètes du génome viral de ≈ 50 kb (Figure 9-14a). La région centrale du génome de λ toutefois, contient des gènes qui ne sont pas essentiels à la voie lytique. Enlever cette région et la remplacer par un fragment d'ADN étranger dont la longueur peut atteindre ≈ 25 kb produit un ADN recombinant qui peut être empaqueté *in vitro* pour former un phage capable de se répliquer et de former des plages de lyse sur des tapis de cellules hôtes *E. coli*. L'empaquetage *in vitro* de l'ADN recombinant de λ, qui ressemble au processus d'empaquetage *in vivo*, nécessite des têtes et des queues pré-assemblées ainsi que deux protéines virales (Figure 9-14b).

On peut techniquement utiliser des vecteurs de clonage issus du phage λ pour produire une *banque génomique*, qui est une collection de clones de λ dont l'ensemble représente toutes les séquences d'ADN du génome d'un organisme donné. Néanmoins, ces banques génomiques posent certaines difficultés expérimentales dans le cas des eucaryotes supérieurs. Tout d'abord, les gènes de ces organismes contiennent généralement de longues séquences d'introns et sont donc trop grands pour être insérés en totalité dans des vecteurs issus du phage λ. De ce fait, les séquences des gènes individuels sont cassées et portées par plusieurs clones de λ (c'est également le cas pour les clones plasmidiques). De plus, la présence d'introns et de longues séquences intergéniques dans l'ADN génomique rend souvent difficile l'identification des parties importantes d'un gène qui codent effectivement des séquences protéiques. Par conséquent, pour de nombreuses études, les ARNm cellulaires, qui sont dépourvus des régions non codantes présentes dans l'ADN génomique, constituent un matériel de départ plus utile pour produire une banque d'ADN. Dans cette approche, les copies des ARNm sous forme d'ADN, appelées **ADN complémentaires (ADNc)**, sont synthétisées et clonées dans des vecteurs phagiques. Une vaste collection des clones d'ADN résultants représentant tous les ARNm exprimés dans un type cellulaire, est appelée *banque d'ADNc*.

Les ADNc préparés par la transcription inverse d'ARNm cellulaires peuvent être clonés pour produire des banques d'ADNc

La première étape pour préparer une banque d'ADNc consiste à isoler tout l'ARNm d'un type cellulaire ou d'un tissu intéressant. En raison de leurs queues de poly(A), il est facile de séparer les ARNm, des ARNr et ARNt plus abondants présents dans un extrait cellulaire en utilisant une colonne contenant une matrice à laquelle sont liées de courtes chaînes de thymidylate (oligo-dT).

Le protocole général utilisé pour préparer une banque d'ADNc de phage λ à partir d'un mélange d'ARNm cellulaires est décrit dans la Figure 9-15. L'enzyme appelée **transcriptase inverse**, que l'on trouve chez les rétrovirus, est utilisée pour synthétiser un brin d'ADN complémentaire de chaque molécule d'ARNm, en commençant par une amorce d'oligo-dT (étapes [1] et [2]). Les molécules hybrides ADNc-ARNm résultantes sont converties en plusieurs étapes en molécules double-brin d'ADNc correspondant à toutes les molécules d'ARNm présentes dans la préparation initiale (étapes 3-5). Chaque ADNc double-brin contient une région double-brin oligo-dC·oligo-dG à une extrémité et une région double-brin oligo-dT·oligo-dA à l'autre extrémité. La méthylation de l'ADNc le protège de tout clivage ultérieur par l'enzyme de restriction (étape 6).

Pour préparer des ADNc double-brin en vue d'un clonage, de courtes molécules d'ADN double-brin contenant le site de reconnaissance d'une enzyme de restriction particulière sont ligaturées aux extrémités des ADNc à l'aide de l'ADN ligase du bactériophage T4 (Figure 9-15, étape 7). Comme nous l'avons vu plus haut, cette ligase est capable de lier des molécules d'ADN double-brin à extrémités franches. Les molécules résultantes sont ensuite traitées au moyen d'une enzyme de restriction spécifique du linker attaché, produisant des molécules d'ADNc avec des extrémités collantes de chaque côté (étape 8a). Lors d'une autre procédure, l'ADN de λ est d'abord traité à l'aide de la même enzyme de restriction pour produire des fragments appelés *bras du vecteur λ*, qui possèdent des extrémités collantes et contiennent tous les gènes nécessaires à la croissance lytique (étape 8b).

Les bras de λ et l'ensemble des ADNc, contenant tous des extrémités collantes complémentaires, sont ensuite mélangés et reliés covalemment par l'ADN ligase (Figure 9-15, étape 9). Chacune des molécules résultantes d'ADN recombinant contient un ADNc situé entre les deux bras de l'ADN du vecteur λ. Les virions contenant les ADN recombinants ligaturés sont ensuite assemblés *in vitro* comme nous l'avons vu plus tôt (étape 10). Seules les molécules d'ADN de la taille correcte peuvent être empaquetées afin de produire des phages λ recombinants infectieux. Enfin, les phages λ recombinants sont étalés sur un tapis de cellules *E. coli* afin de former un grand nombre de plages de lyses individuelles (étape 11).

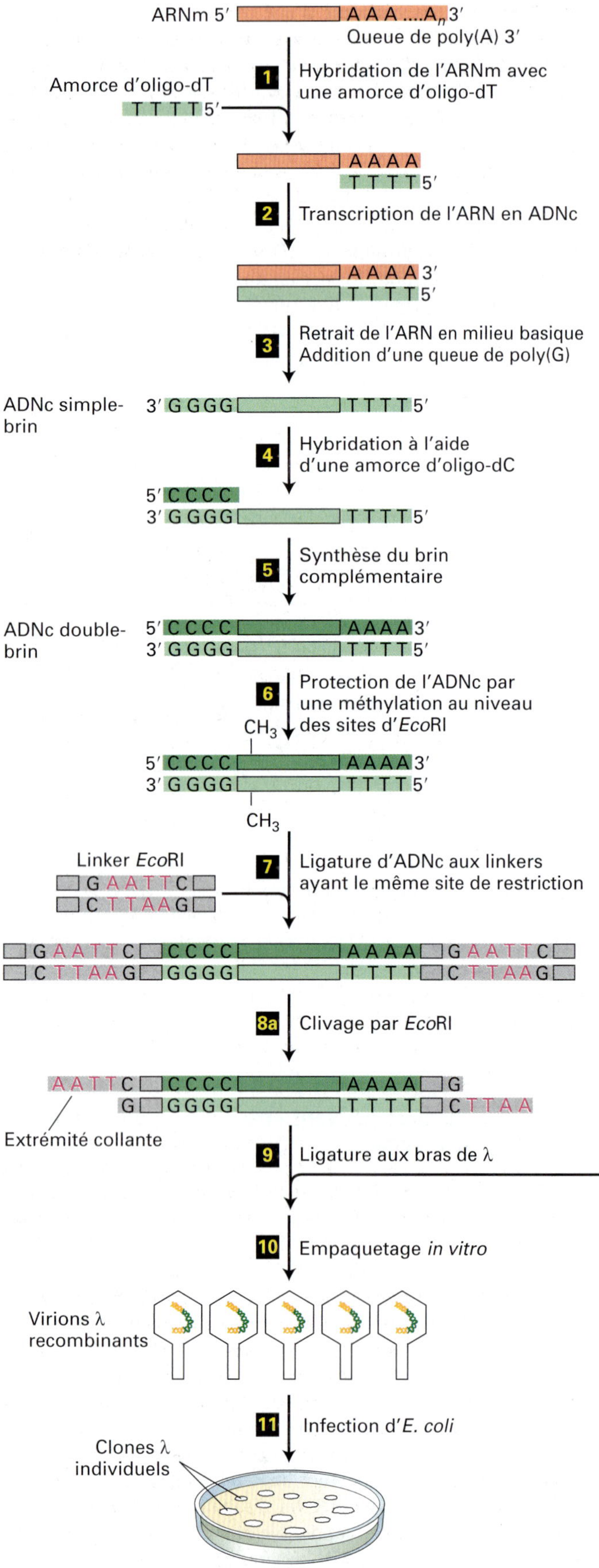

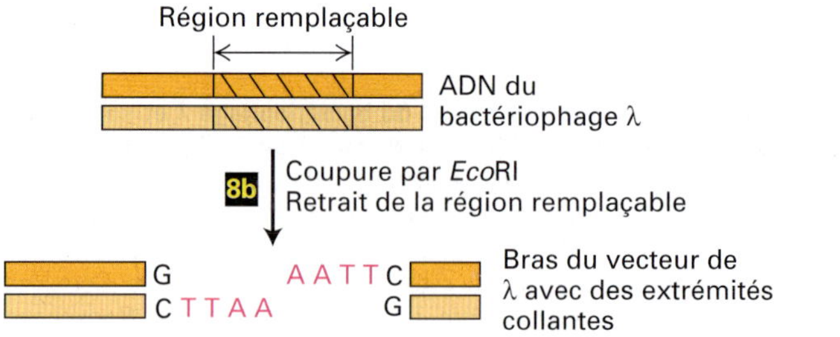

FIGURE EXPÉRIMENTALE 9-15 Une banque d'ADNc peut être construite en utilisant un vecteur de bactériophage λ. Un mélange d'ARNm constitue le point de départ de la préparation de virions λ recombinants contenant chacun un ADNc. Pour maximiser la taille de l'ADN exogène susceptible d'être inséré dans le génome de λ, les régions non essentielles de ce génome (hachures dans la Figure 9-14) sont généralement délétées. L'étalement des phages recombinants sur un tapis d'*E. coli* produit un ensemble de clones d'ADNc représentant tous les ARNm cellulaires. Voir le texte pour une discussion détaillée du protocole.

Chaque plage de lyse correspond à un seul phage recombinant, c'est pourquoi tous les phages λ descendants qui se développent sont génétiquement identiques et constituent un clone portant un ADNc dérivé d'un seul ARNm. L'ensemble de ces clones constitue une banque d'ADNc. L'une des caractéristiques des banques d'ADNc s'explique par la vitesse de transcription très variable des différents gènes. Ainsi, les clones d'ADNc correspondant à des gènes transcrits rapidement seront représentés en un grand nombre d'exemplaires dans une banque d'ADNc, tandis que les ADNc correspondant à des gènes transcrits lentement seront extrêmement rares, voire absents. Cette propriété est un avantage pour le chercheur intéressé par un gène transcrit à grande vitesse dans un type cellulaire particulier. Dans ce cas, une banque d'ADNc préparée à partir d'ARNm exprimés dans ce type cellulaire sera enrichie en cet ADNc. Ceci facilitera le criblage de la banque lors de la recherche des clones de λ portant cet ADNc. Toutefois, pour avoir une chance raisonnable d'intégrer des clones correspondant à des gènes transcrits lentement, les banques d'ADNc doivent contenir 10^6 à 10^7 clones de phages λ recombinants différents.

Les banques d'ADN peuvent être criblées par une hybridation avec une sonde oligonucléotidique

Les banques génomiques et les banques d'ADNc de différents organismes contiennent de quelques centaines de milliers à un million de clones différents dans le cas des eucaryotes supérieurs. Il existe deux approches générales pour identifier des clones portant un gène ou une autre région intéressante d'ADN : (1) la détection à l'aide de **sondes** oligonucléotidiques qui se fixent au clone recherché et (2) la détection basée sur l'expression de la protéine codée. Nous allons décrire ici la première méthode. Un exemple de la seconde sera présenté dans la section suivante.

Le criblage à l'aide de sondes oligonucléotidiques repose sur l'**hybridation**, c'est-à-dire la capacité de molécules d'ADN ou d'ARN simple-brin de s'associer (s'hybrider) spécifiquement l'une avec l'autre par le biais de l'appariement des bases. Comme nous l'avons vu au Chapitre 4, l'ADN double-brin (duplex) peut être dénaturé (fusion) en simples brins en le chauffant dans une solution saline diluée. Si la température est ensuite abaissée et la concentration ionique élevée, les simples brins complémentaires se réassocient (s'hybrident) en duplex. Dans un mélange d'acides nucléiques, seuls les brins complémentaires (ou les brins contenant des régions complémentaires) se réassocient. De plus, l'étendue de cette réassociation n'est quasiment pas affectée par la présence de brins non complémentaires.

Dans le *test d'hybridation sur filtre* décrit dans la Figure 9-16, une sonde simple-brin d'acide nucléique est utilisée pour détecter dans le mélange les fragments d'ADN complémentaires de la sonde. L'échantillon d'ADN est d'abord dénaturé et les brins simples sont fixés sur un support solide, généralement un filtre de nitrocellulose ou une membrane de nylon traitée. La membrane est ensuite incubée dans une solution contenant une sonde marquée radioactivement. Dans des conditions d'hybridation (pH proche de 7, 40-65 °C, 0,3-0,6 M de NaCl), cette sonde marquée s'hybride à n'importe quel brin d'acide nucléique complémentaire, lié à la membrane. Toute molécule de sonde en excès qui ne s'hybride pas est éliminée par lavage et les hybrides marqués sont détectés par autoradiographie du filtre.

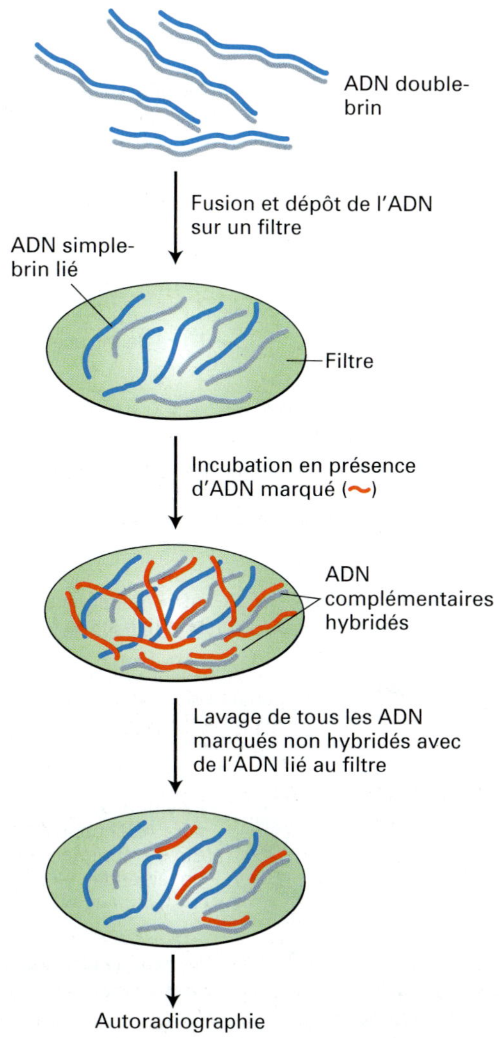

FIGURE EXPÉRIMENTALE 9-16 La technique d'hybridation sur filtre permet de détecter des acides nucléiques complémentaires d'une sonde oligonucléotidique. On peut utiliser cette technique pour détecter à la fois des ADN et des ARN. La sonde complémentaire marquée radioactivement peut être soit de l'ADN, soit de l'ARN.

L'application de ce protocole au criblage d'une banque d'ADNc construite à l'aide de λ est décrite dans la Figure 9-17. Dans ce cas, on réalise une *réplique* de la boîte de Pétri contenant un grand nombre de clones individuels de λ sur une membrane de nitrocellulose. On teste ensuite la membrane en utilisant une sonde marquée radioactivement, spécifique de l'ADN recombinant contenant le fragment intéressant. L'hybridation de la membrane à l'aide d'oligonucléotides marqués radioactivement est la technique la plus fréquemment utilisée pour cribler des banques d'ADNc construites à l'aide de λ. Une fois que l'on a obtenu un clone d'ADNc codant une protéine donnée, on peut marquer radioactivement l'ADNc complet et l'utiliser comme sonde dans une banque génomique afin de rechercher des clones contenant des fragments du gène correspondant.

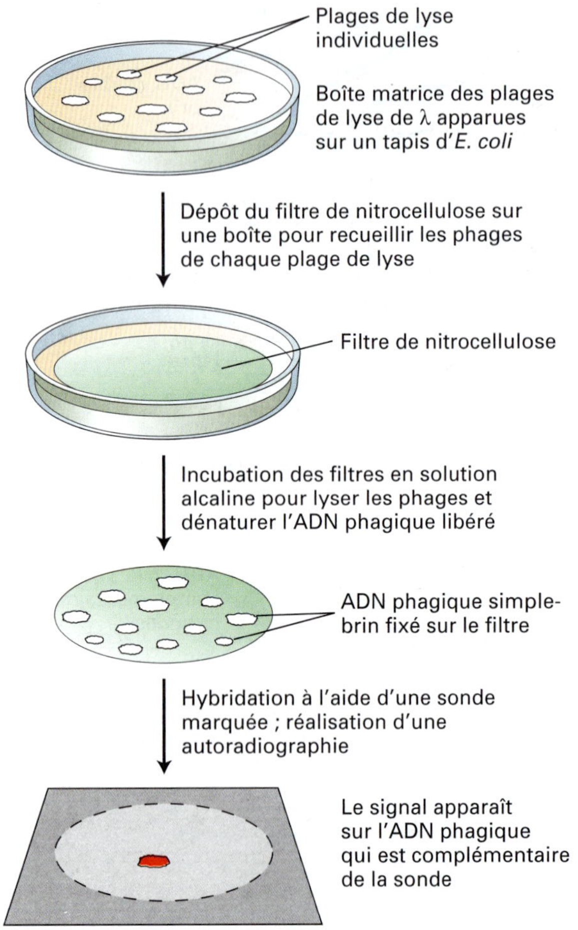

FIGURE EXPÉRIMENTALE 9-17 On peut cribler des banques d'ADNc phagique à l'aide d'une sonde marquée radioactivement pour identifier le clone recherché. Lors de l'étalement initial d'une banque, on ne laisse pas les plages de lyse du phage λ se développer jusqu'à une taille visible, ce qui permet d'analyser jusqu'à 50 000 recombinants sur une seule boîte. L'apparition d'une tache sur l'autoradiogramme indique la présence d'un clone de λ recombinant contenant de l'ADN complémentaire de la sonde. La position de la tache sur l'autoradiogramme est l'image en miroir de la position de ce clone sur la boîte de Pétri d'origine. L'alignement de l'autoradiogramme avec la boîte de Pétri permettra de localiser le clone correspondant dont les particules phagiques pourront être recueillies et réétalées à faible densité, ce qui produira des plages de lyse bien distinctes. On finit par obtenir des clones purs en répétant cette procédure d'hybridation.

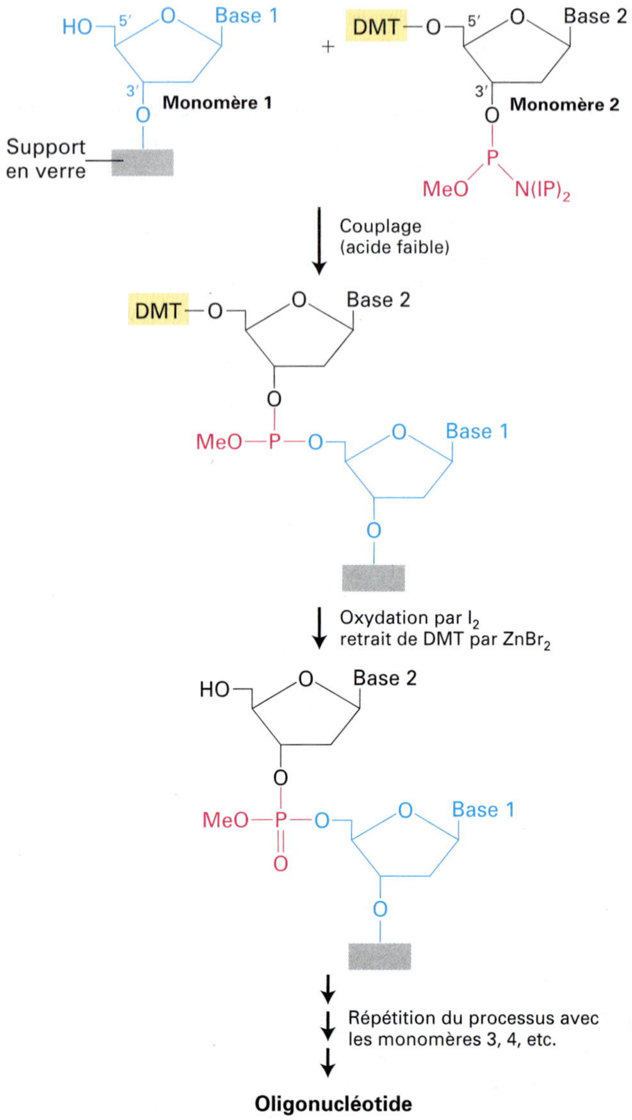

FIGURE 9-18 La synthèse chimique des oligonucléotides grâce à l'addition séquentielle de dérivés nucléotidiques réactifs. Le premier nucléotide (3') de la séquence (monomère 1) est lié à un support en verre par son hydroxyle en 3' ; son hydroxyle en 5' est disponible pour l'addition du deuxième nucléotide. Le deuxième nucléotide de la séquence (monomère 2) est modifié par l'addition de 4',4'-diméthoxytrityl (DMT) à son hydroxyle en 5', bloquant ainsi cet hydroxyle qui ne peut plus réagir. De plus, un groupement hautement réactif (lettres rouges) est attaché à l'hydroxyle en 3'. Lorsque les deux monomères sont mélangés en présence d'un acide faible, ils forment une liaison phosphodiester 5' → 3' dont le phosphore est dans son état trivalent. L'oxydation de cet intermédiaire augmente la valence du phosphore jusqu'à 5 et le retrait ultérieur du groupement DMT à l'aide de bromure de zinc ($ZnBr_2$) libère l'hydroxyle en 5'. Le monomère 3 est ajouté et les réactions sont répétées. Ce processus se termine par la synthèse de l'oligonucléotide entier. Enfin, tous les groupements méthyle présents sur les phosphates sont enlevés en même temps à un pH basique et la liaison reliant le monomère 1 à son support en verre est clivée. [Voir S. L. Beaucage et M. H. Caruthers, 1981, *Tetrahedron Lett.* **22** :1859.]

Les sondes d'oligonucléotides sont synthétisées à partir de séquences partielles de protéines

Bien évidemment, l'identification de clones spécifique par la technique d'hybridation sur filtre dépend de la disponibilité de sondes complémentaires marquées radioactivement. Pour qu'un oligonucléotide puisse servir de sonde, il doit être suffisamment long pour que sa séquence existe exclusivement dans le clone recherché et pas dans d'autres clones. Dans la plupart des cas, il suffit que les oligonucléotides contiennent environ 20 nucléotides. Ceci est dû au fait qu'une séquence spécifique de 20 nucléotides existe environ tous les 4^{20} ($\approx 10^{12}$ nucléotides). Puisque tous les génomes sont nettement inférieurs ($\approx 3 \times 10^9$ nucléotides pour l'homme) une séquence spécifique de 20 nucléotides dans un génome n'existe qu'en un seul exemplaire. Les oligonucléotides de cette longueur avec une séquence spécifique peuvent être synthétisés chimiquement puis marqués radioactivement en utilisant une polynucléotide kinase pour transférer un groupement phosphate marqué au ^{32}P de l'ATP vers l'extrémité 5' de chaque oligonucléotide.

Comment un chercheur peut-il synthétiser une sonde oligonucléotidique pour identifier un clone d'ADNc codant une protéine donnée ? Si l'on connaît une fraction ou la totalité de la séquence d'acides aminés de la protéine, alors on peut synthétiser une sonde d'ADN correspondant à une petite région du gène d'après le code génétique. Cependant, comme le code génétique est dégénéré (c'est-à-dire que de nombreux acides aminés sont codés par plusieurs codons), une sonde basée sur la séquence d'acides aminés doit comprendre *tous* les oligonucléotides possibles qui pourraient théoriquement coder cette séquence peptidique. L'un des oligonucléotides de ce mélange s'hybridera parfaitement avec le clone recherché.

Ces dernières années, cette approche a été simplifiée par la disponibilité des séquences génomiques complètes de l'homme et de quelques organismes modèles importants tels que la souris, la drosophile et le ver nématode *Caenorhabditis elegans*. À l'aide d'un programme informatique approprié, un chercheur peut rechercher dans la banque de données des séquences génomiques, la séquence codante correspondant à une portion spécifique de la séquence d'acides aminés de la protéine étudiée. S'il y a correspondance, alors une sonde unique d'ADN construite d'après cette séquence génomique connue s'hybridera parfaitement avec le clone codant la protéine étudiée.

La synthèse chimique des sondes d'ADN simple-brin de séquence définie peut être réalisée grâce à la suite réactionnelle décrite dans la Figure 9-18. En utilisant les instruments automatisés désormais disponibles, les chercheurs peuvent programmer la synthèse d'oligonucléotides de séquence spécifique comprenant jusqu'à 100 nucléotides environ. Ces sondes peuvent également être préparées par réaction en chaîne de la polymérase (PCR), une technique largement utilisée pour amplifier des séquences spécifiques d'ADN, qui sera décrite plus loin.

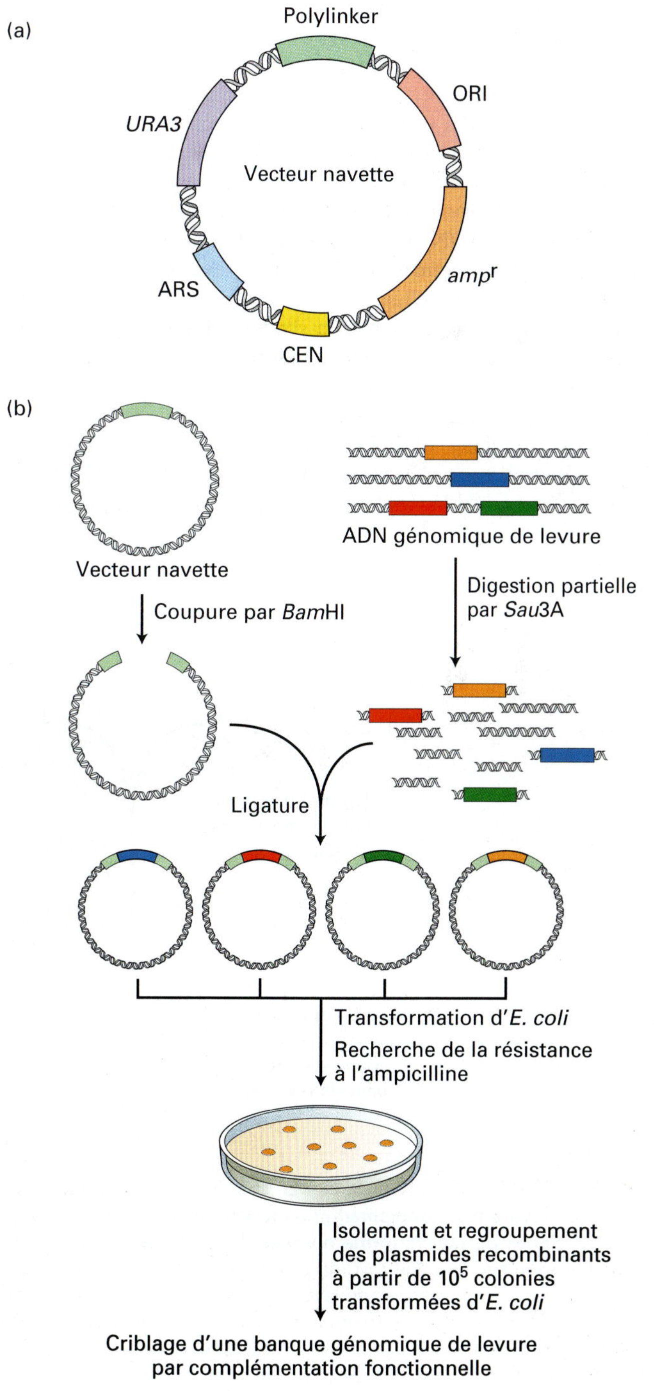

FIGURE EXPÉRIMENTALE 9-19 On peut construire une banque génomique à l'aide d'un vecteur navette plasmidique capable de se répliquer dans des cellules de levure et d'*E. coli*. (a) Les composants d'un vecteur navette plasmidique type pour le clonage des gènes de *Saccharomyces*. La présence d'une origine de réplication d'ADN de levure (ARS) et d'un centromère de levure (CEN) permet sa réplication stable et sa ségrégation dans les cellules de levure. Le plasmide contient également un marqueur de levure sélectionnable tel que *URA3*, ce qui permet à un mutant $ura3^-$ de pousser sur un milieu dépourvu d'uracile. Enfin, le vecteur contient des séquences permettant la réplication et la sélection chez *E. coli* (ORI et amp^r) ainsi qu'un polylinker pour une insertion facile des fragments d'ADN de levure. (b) Le protocole type pour construire une banque génomique de levure. La digestion partielle de l'ADN génomique total de levure avec une utilisation précise de *Sau*3A pour produire des fragments de ≈ 10 kb de moyenne. Le vecteur est préparé en vue d'accepter les fragments génomiques obtenus grâce à une digestion par *Bam*HI, qui produit les mêmes extrémités collantes que *Sau*3A. Chaque clone transformé d'*E. coli* qui se développe après une sélection de la résistance à l'ampicilline contient un seul type de fragment d'ADN de levure.

Les banques génomiques de levure peuvent être construites à l'aide de vecteurs navettes et criblées par complémentation fonctionnelle

Dans certains cas, on peut rechercher dans une banque d'ADN, les ADN capables d'exprimer une protéine fonctionnelle complémentant une mutation récessive. Une telle stratégie de criblage constitue une manière efficace d'isoler un gène cloné correspondant à une mutation récessive intéressante identifiée chez un organisme expérimental. Pour illustrer cette technique, appelée **complémentation fonctionnelle**, nous décrirons la façon dont des gènes de levure clonés dans des plasmides spéciaux d'*E. coli* peuvent être introduits dans des cellules mutantes de levure pour identifier le gène de type sauvage déficient dans la souche mutante.

Les banques construites dans le but de cribler des séquences géniques de levure sont généralement élaborées à partir d'ADN génomique plutôt que d'ADNc. Les gènes de *Saccharomyces* ne contiennent pas d'introns multiples, c'est pourquoi ils sont suffisamment compacts pour que la totalité de la séquence d'un gène puisse être incluse dans un fragment d'ADN génomique inséré dans un vecteur plasmidique. Pour construire une banque génomique de plasmide qui sera criblée par complémentation fonctionnelle dans des cellules de levure, le vecteur plasmidique doit être capable de se répliquer à la fois dans les cellules d'*E. coli* et dans les cellules de levure. Ce type de vecteur, capable de se propager dans deux hôtes différents est appelé **vecteur navette**. La structure typique d'un vecteur navette de levure est représentée dans la Figure 9-19a (voir page 369). Ce vecteur contient les éléments de base permettant le clonage de fragments d'ADN dans des cellules d'*E. coli*. De plus, le vecteur navette contient une séquence à réplication autonome (ARS) qui sert d'origine pour la réplication de l'ADN dans la levure, un centromère de levure (appelé CEN) qui permet une ségrégation exacte du plasmide au cours de la division cellulaire de la levure et un gène de levure codant une enzyme permettant la synthèse d'uracile (*URA3*), qui sert de marqueur de sélection chez un mutant de levure approprié.

Pour augmenter la probabilité d'un clonage réussi et de la représentation de toutes les régions du génome de levure dans la banque plasmidique, l'ADN génomique est en général digéré seulement partiellement pour obtenir des fragments de restriction chevauchants de ≈ 10 kb. Ces fragments sont ensuite ligaturés dans le vecteur navette dont le polylinker a été clivé par une enzyme de restriction produisant des extrémités collantes complémentaires de celles des fragments d'ADN de levure (Figure 9-19b). Les fragments de restriction de 10 kb d'ADN de levure étant incorporés au hasard dans les vecteurs navettes, il faut au moins 10^5 colonies d'*E. coli* contenant chacune un vecteur navette recombinant particulier, pour garantir à chaque région d'ADN de levure une probabilité élevée d'être représentée au moins une fois dans la banque.

La Figure 9-20 décrit l'un des modes de criblage d'une banque génomique de levure pour isoler le gène de type sauvage correspondant à l'une des mutations *cdc* thermosensibles mentionnées plus tôt dans ce chapitre. La souche initiale de levure est un double mutant : elle a besoin d'uracile pour croître en raison d'une mutation *ura3* et est thermosensible à cause d'une mutation *cdc28* identifiée grâce à son phénotype (voir Figure 9-6). Les plasmides recombinants isolés à partir de la banque génomique de levure sont mélangés avec des cellules de levure dans des conditions qui provoquent la transformation des cellules par intégration de l'ADN étranger. Les cellules de levure transformées portent une copie plasmidique du gène *URA3* de type sauvage, c'est pourquoi elles peuvent être sélectionnées grâce à leur capacité de croître en l'absence d'uracile. En général, il suffit d'environ 20 boîtes de Pétri contenant chacune environ 500 levures transformées pour représenter le génome complet de levure. Cette collection de levures transformées peut être maintenue à 23 °C, une température permissive pour la croissance du mutant *cdc28*. Les 20 boîtes sont ensuite transférées sur des boîtes répliques, placées à 36 °C, une température non permissive pour les mutants *cdc*. Les colonies de levure qui portent des plasmides recombinants exprimant une copie de type sauvage du gène *CDC28* pourront pousser à 36 °C.

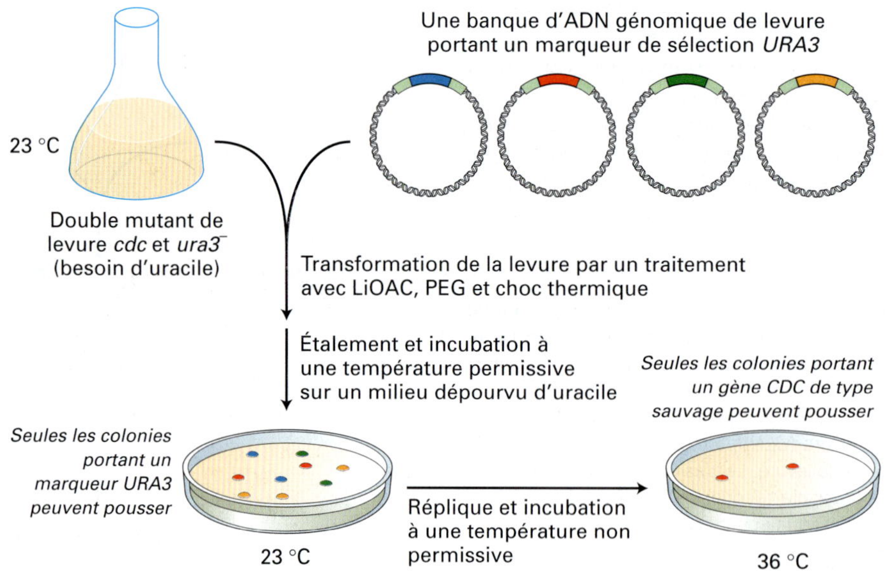

FIGURE EXPÉRIMENTALE 9-20 Le criblage d'une banque génomique de levure par complémentation fonctionnelle permet d'identifier des clones portant la forme normale du gène mutant de levure. Dans cet exemple, un gène *CDC* de type sauvage est isolé par complémentation avec un mutant *cdc* de levure. La souche *Saccharomyces* utilisée pour cribler la banque de levure porte *ura3*⁻ et une mutation *cdc* thermosensible. Cette souche mutante est cultivée et maintenue à une température permissive (23°C). Les plasmides recombinants regroupés et préparés selon la technique décrite dans la Figure 9-19 sont incubés avec des cellules mutantes de levure dans des conditions provoquant la transformation. Les rares cellules transformées de levure, qui contiennent de l'ADN plasmidique recombinant, peuvent pousser en l'absence d'uracile à 23°C. Lorsque l'on réplique ces colonies transformées de levure et qu'on les place à 36°C (une température non permissive), seuls les clones portant un plasmide de la banque qui contient la copie de type sauvage du gène CDC survivront. LiOAC = acétate de lithium ; PEG = polyéthylène glycol.

Une fois identifiées les colonies de levure résistantes à la température, on peut extraire l'ADN plasmidique des cellules de levure en culture et l'analyser grâce à un sous-clonage et un séquençage, des techniques que nous verrons dans la section suivante.

CONCEPTS CLÉS DE LA SECTION 9.2

Le clonage de l'ADN par les techniques de l'ADN recombinant

- Le clonage d'ADN consiste à former *in vitro* des molécules d'ADN recombinant en insérant des fragments d'ADN dans des molécules d'ADN vectoriel. Les molécules d'ADN recombinant sont ensuite introduites dans des cellules hôtes, dans lesquelles elles se répliquent et produisent un grand nombre de molécules d'ADN recombinant.
- Les enzymes de restriction (endonucléases) coupent typiquement l'ADN au niveau de séquences palindromiques spécifiques de 4 à 8 pb, produisant des fragments définis qui possèdent souvent des extrémités simple-brin complémentaires l'une de l'autre (extrémités collantes).
- Deux fragments de restriction avec des extrémités collantes peuvent être réunis à l'aide de l'ADN ligase pour former un ADN recombinant (voir Figure 9-11).
- Les vecteurs de clonage d'*E. coli* sont de petites molécules circulaires d'ADN (plasmides) qui comportent trois régions fonctionnelles : une origine de réplication, un gène de résistance à une substance chimique et un site dans lequel un fragment d'ADN peut être inséré. Les cellules transformées qui portent un vecteur poussent en formant des colonies sur le milieu de sélection (voir Figure 9-13).
- Les vecteurs de clonage phagique sont formés en remplaçant des parties non essentielles du génome de λ par des fragments d'ADN dont la longueur peut atteindre $\approx$ 25 kb et en assemblant les ADN recombinants résultants avec des têtes et des queues pré-assemblées *in vitro*.
- Lors du clonage d'ADNc, les ARNm exprimés subissent une transcription inverse en ADN complémentaires ou ADNc. À la suite d'une série de réactions, les ADNc simple-brin sont convertis en ADN double-brin, qui peuvent ensuite être ligaturés dans un vecteur issu du phage λ (voir Figure 9-15).
- Une banque d'ADNc est un ensemble de clones d'ADNc préparés à l'aide des ARNm isolés à partir d'un type de tissu particulier. Une banque génomique est un ensemble de clones portant des fragments de restriction produits à la suite du clivage du génome complet.
- Le nombre de clones dans une banque d'ADNc ou une banque génomique doit être suffisamment important pour que toutes les séquences nucléotidiques originelles ou presque soient présentes dans au moins un clone.
- Un fragment particulier d'ADN cloné dans une banque peut être détecté par une hybridation avec un oligonucléotide marqué radioactivement, dont la séquence est complémentaire d'une partie du fragment (voir Figures 9-16 et 9-17).
- Les vecteurs navettes qui se répliquent à la fois dans les cellules de levure et d'*E. coli* peuvent être utilisés pour construire une banque génomique de levure. On peut isoler des gènes spécifiques grâce à leur capacité de complémentation avec les gènes mutants correspondants dans les cellules de levure (voir Figure 9-20).

9.3 Caractériser et utiliser des fragments clonés d'ADN

Après avoir décrit les techniques fondamentales pour utiliser la technologie de l'ADN recombinant dans le but d'isoler des clones spécifiques d'ADN, nous allons voir comment caractériser plus précisément des ADN clonés et différentes manières de les utiliser. Nous allons débuter par l'étude de plusieurs techniques générales largement répandues et examiner certaines applications plus spécifiques dans les sections suivantes.

L'électrophorèse sur gel permet de séparer l'ADN du vecteur, des fragments clonés

Pour manipuler ou séquencer un fragment cloné d'ADN, il faut d'abord le séparer de l'ADN du vecteur. Ceci peut être effectué en coupant le clone d'ADN recombinant à l'aide de l'enzyme de restriction utilisée pour produire les vecteurs recombinants initiaux. L'ADN cloné et l'ADN vectoriel sont ensuite soumis à une **électrophorèse** sur gel, une technique très efficace pour séparer des molécules d'ADN de tailles différentes.

À un pH presque neutre, les molécules d'ADN présentent une forte charge négative et se déplacent donc vers l'électrode positive au cours de l'électrophorèse sur gel. La matrice gélifiée limite la diffusion aléatoire des molécules. Pour cette raison, les molécules de même longueur migrent ensemble sous la forme d'une bande dont la largeur équivaut à celle du puits dans lequel a été déposé le mélange initial d'ADN au départ de la migration électrophorétique. Les molécules plus petites traversent plus facilement la matrice gélifiée que les molécules plus longues. C'est pourquoi les molécules de longueurs différentes migrent sous forme de bandes distinctes (Figure 9-21). Les molécules d'ADN comportant jusqu'à $\approx$ 2 000 nucléotides sont généralement séparées par électrophorèse sur des *gels de polyacrylamide* et les molécules d'environ 200 nucléotides à plus de 20 kb, sur des *gels d'agarose*.

Une technique courante pour visualiser les bandes d'ADN séparées sur un gel consiste à incuber celui-ci dans une solution contenant du bromure d'éthidium, un colorant fluorescent. Cette molécule plane se fixe à l'ADN en s'intercalant entre les paires de bases. La concentration d'éthidium dans l'ADN augmente alors la fluorescence intrinsèque de celui-ci. De ce fait, lorsque le gel est illuminé par des rayons ultraviolets, les régions du gel contenant de l'ADN émettent une fluorescence plus marquée que les régions du gel dépourvues d'ADN.

Une fois qu'un fragment d'ADN cloné, en particulier s'il est long, a été séparé de l'ADN du vecteur, il est souvent traité à l'aide de différentes enzymes pour obtenir des petits fragments. Après la séparation par électrophorèse sur gel, tous ces fragments plus petits ou une partie d'entre eux peuvent être ligaturés individuellement dans un vecteur plasmidique et clonés dans des cellules d'*E. coli* suivant le protocole classique. Ce processus, appelé *sous-clonage*, est une étape importante lors du réarrangement des parties de gènes en nouvelles configurations utiles. Par exemple, un chercheur qui désire changer les conditions dans lesquelles un gène est exprimé peut utiliser le sous-clonage pour remplacer le promoteur normal associé à un gène cloné, par un segment d'ADN contenant un promoteur différent. On peut également utiliser le sous-clonage pour obtenir des fragments clonés d'ADN d'une longueur appropriée afin d'en déterminer la séquence nucléotidique.

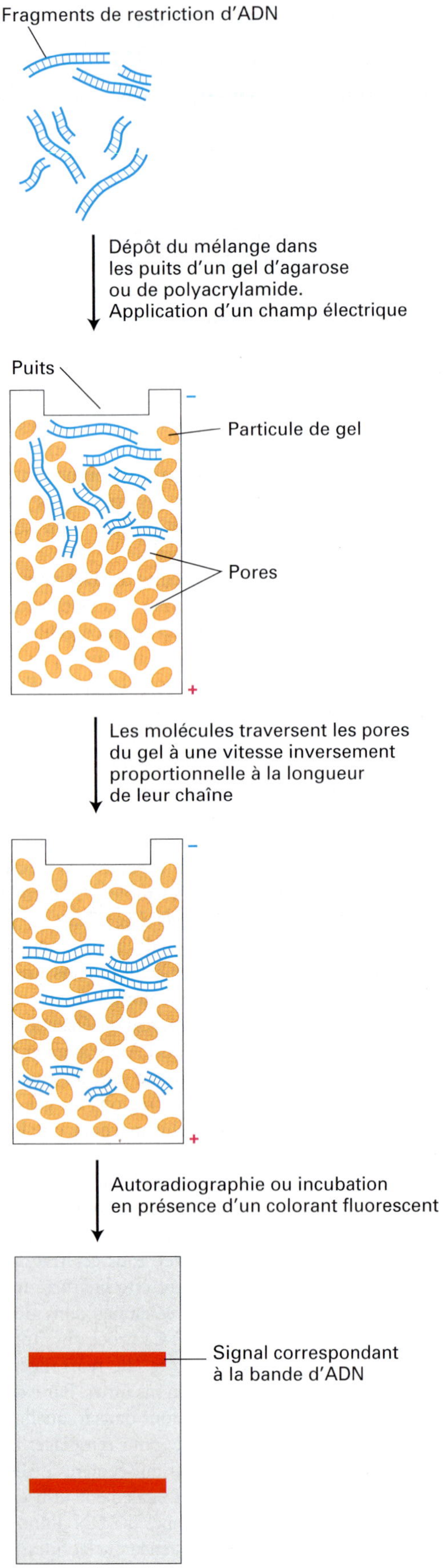

FIGURE EXPÉRIMENTALE 9-21 L'électrophorèse sur gel sépare les molécules d'ADN de longueurs différentes. On prépare un gel en versant une solution d'agarose fondu ou d'acrylamide non polymérisé entre deux plaques de verre distantes de quelques millimètres. Lorsque l'agarose se solidifie ou que l'acrylamide polymérise en polyacrylamide, une matrice gélifiée (ovales orange) constituée de longues chaînes enchevêtrées de polymères, se forme. Les dimensions des canaux interconnectés, ou pores, dépendent de la concentration de l'agarose ou de l'acrylamide utilisé pour constituer le gel. Les bandes séparées peuvent être visualisées par autoradiographie (si les fragments ont été marqués radioactivement) ou par addition d'un colorant fluorescent (comme le bromure d'éthidium) qui se fixe à l'ADN.

Les molécules clonées d'ADN peuvent être séquencées rapidement par la technique des didésoxynucléotides

Pour caractériser complètement un fragment cloné d'ADN, il faut déterminer sa séquence nucléotidique. F. Sanger et ses collègues ont mis au point la méthode la plus utilisée actuellement pour déterminer la séquence nucléotidique exacte des fragments d'ADN d'une longueur pouvant atteindre ≈ 500 nucléotides. Le principe fondamental de cette technique est de synthétiser à partir d'un fragment d'ADN à séquencer, un ensemble de brins fils marqués à une extrémité et dont la longueur diffère d'un seul nucléotide. La séparation de ces brins fils tronqués par une électrophorèse sur gel permet ensuite d'établir la séquence nucléotidique du fragment d'ADN originel.

La synthèse des brins fils tronqués se fait à l'aide de 2'-3'-didésoxyribonucléosides triphosphate (ddNTP). Ces molécules, au contraire des désoxyribonucléotides normaux (dNTP) n'ont pas de groupement hydroxyle en 3' (Figure 9-22). Bien que les ddNTP puissent être incorporés par l'ADN polymérase dans une chaîne

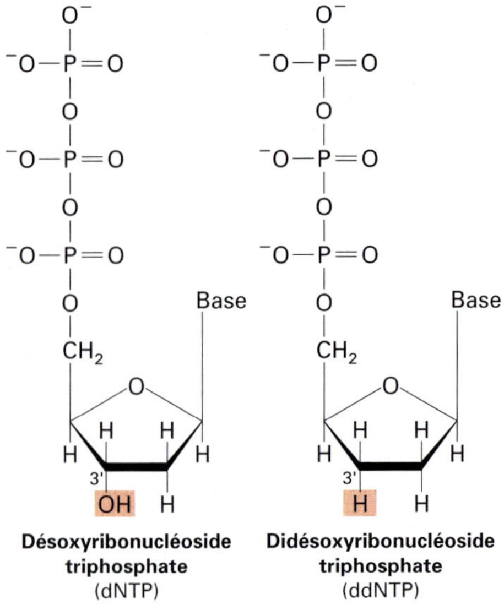

FIGURE 9-22 La structure des désoxyribonucléosides triphosphate (dNTP) et des didésoxyribonucléosides triphosphate (ddNTP). L'incorporation d'un résidu ddNTP dans un brin d'ADN en cours de synthèse achève l'élongation à cet endroit.

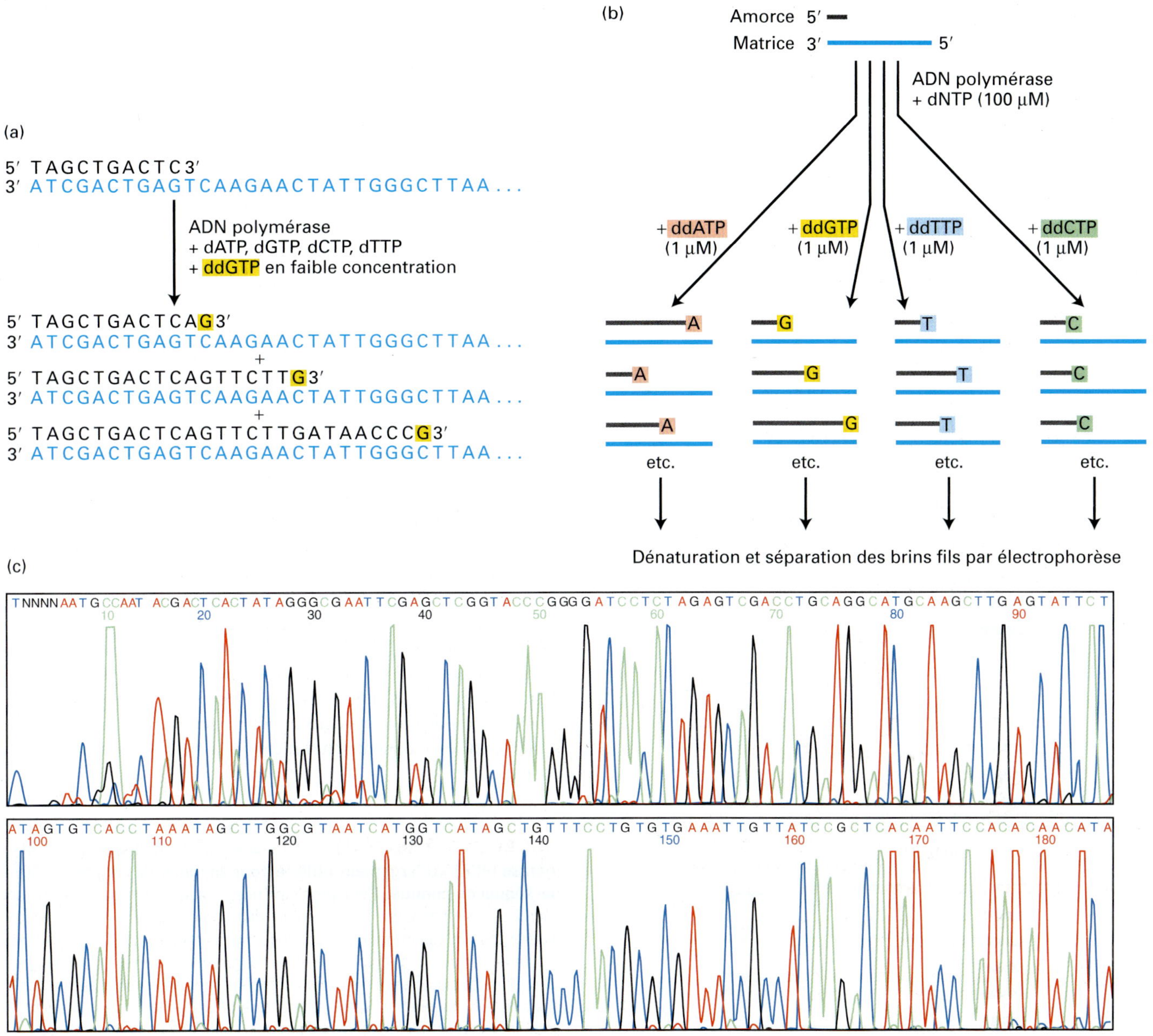

FIGURE EXPÉRIMENTALE 9-23 On peut séquencer les ADN clonés grâce à la technique de Sanger utilisant des didésoxyribonucléosides triphosphate marqués par fluorescence (ddNTP). (a) Un seul brin (matrice) de l'ADN à séquencer (lettres bleues) est hybridé à une amorce constituée d'un désoxyribonucléotide synthétique (lettres noires). L'amorce est allongée dans un mélange réactionnel contenant les quatre désoxyribonucléosides normaux plus une quantité relativement faible de l'un des quatre didésoxyribonucléosides triphosphate. Dans cet exemple, du ddGTP (en jaune) est présent. En raison de la concentration relativement faible de ddGTP, son incorporation et donc la terminaison de la chaîne se produit à une position donnée de la séquence dans environ 1 % des cas. À la fin, le mélange réactionnel contiendra un mélange de fragments fils terminés prématurément (tronqués) qui se termineront à toutes les positions des ddGTP. (b) Pour déterminer la séquence complète d'un ADN matrice, on effectue quatre réactions distinctes, chacune avec un didésoxyribonucléoside triphosphate différent (ddNTP). Le ddNTP qui termine chaque fragment tronqué peut être identifié en utilisant des ddNTP marqués par quatre colorants fluorescents différents (indiqués par les carrés de couleur). (c) Dans un séquenceur automatique, les quatre mélanges réactionnels sont soumis à une électrophorèse sur gel et l'ordre d'apparition de chacun des quatre colorants fluorescents est enregistrée à l'extrémité du gel. On voit ici le tracé provenant d'un séquenceur automatique sur lequel on peut lire directement la séquence du brin matrice d'origine. N = nucléotide indéterminable. [Partie (c) d'après Griffiths *et al.*, Figure 14-27.]

d'ADN en cours d'élongation, une fois incorporés, ils ne peuvent former de liaison phosphodiester avec le nucléotide triphosphate entrant. Par conséquent, l'incorporation d'un ddNTP achève la synthèse de la chaîne, ce qui donne lieu à un brin fils tronqué.

Le séquençage à l'aide de la *technique des didésoxynucléotides* de Sanger commence par la dénaturation d'un fragment d'ADN double-brin, produisant des brins matrices destinés à la synthèse d'ADN *in vitro*. Un oligodésoxynucléotide synthétique est utilisé comme amorce pour *quatre* réactions distinctes de polymérisation, contenant chacune une faible concentration de l'un des quatre ddNTP en plus des concentrations plus élevées des dNTP normaux. Dans chaque réaction, le ddNTP est incorporé au hasard aux positions des dNTP correspondants, ce qui provoque l'arrêt de la polymérisation au niveau de ces positions de la séquence (Figure 9-23a). L'addition d'« étiquettes » fluorescentes de différentes couleurs à chaque ddNTP permet de distinguer chaque groupe de fragments fils tronqués des autres, grâce à leur marquage fluorescent spécifique (Figure 9-23b). Par exemple, tous les fragments tronqués qui se terminent par un G émettront une fluorescence d'une certaine couleur (comme du jaune) et ceux qui finissent par un A en émettront une autre (par exemple, du rouge) quelle que soit leur longueur. Les mélanges de fragments fils tronqués obtenus par chacune des quatre réactions sont soumis à une électrophorèse sur des gels spéciaux de polyacrylamide qui permettent de séparer des molécules d'ADN simple-brin dont la longueur ne diffère que d'un nucléotide. Dans les machines de séquençage automatisé d'ADN, un détecteur de fluorescence capable de différencier les quatre étiquettes fluorescentes est situé à l'extrémité du gel. La séquence du brin matrice original d'ADN peut être déterminée d'après l'ordre dans lequel les fragments marqués différemment passent devant le détecteur de fluorescence au cours de leur migration (Figure 9-23c).

Pour séquencer une longue région continue d'ADN génomique, les chercheurs commencent souvent par une collection de fragments d'ADN clonés dont les séquences se chevauchent. Une fois déterminée la séquence de l'un de ces fragments, des oligonucléotides construits d'après cette séquence peuvent être synthétisés chimiquement pour servir d'amorces pour le séquençage des fragments chevauchants adjacents. De cette façon, la séquence d'un ADN de grande taille est déterminée nucléotide par nucléotide en séquençant les fragments chevauchants d'ADN cloné qui le composent.

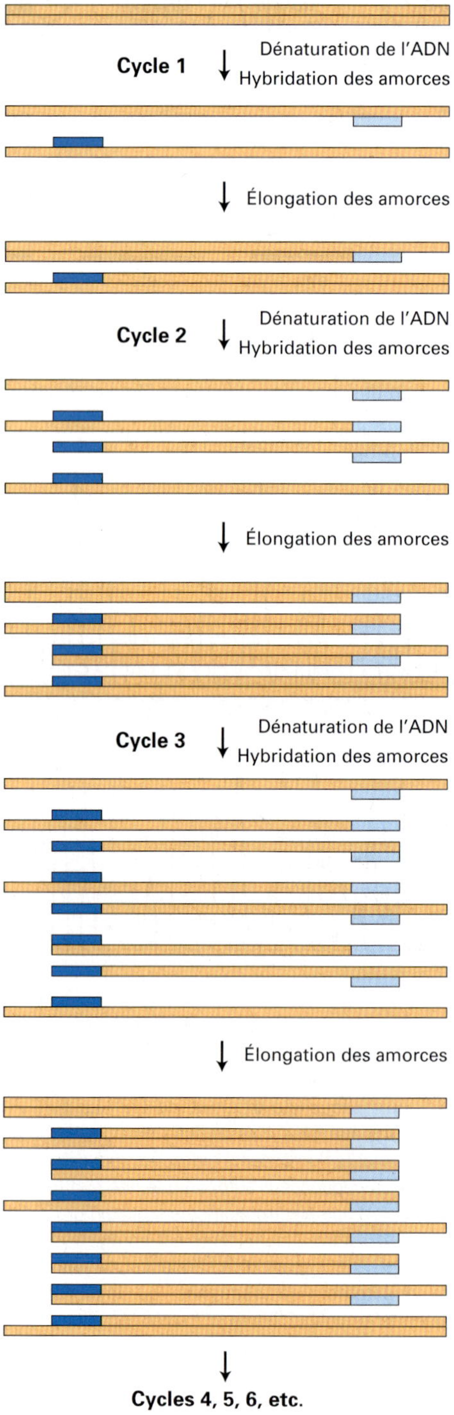

FIGURE EXPÉRIMENTALE 9-24 La réaction en chaîne de la polymérase (PCR) est largement utilisée pour amplifier des régions d'ADN de séquence connue. Pour amplifier une région spécifique d'ADN, un chercheur synthétisera chimiquement deux amorces oligonucléotidiques différentes, complémentaires de séquences longues de 18 bases en moyenne flanquant la région intéressante (représentées par les rectangles bleu foncé et bleu clair). La réaction complète met en jeu un mélange complexe d'ADN double-brin (généralement de l'ADN génomique contenant la séquence cible étudiée), un excès stœchiométrique des deux amorces, les quatre désoxynucléosides triphosphate et une ADN polymérase stable à haute température appelée *polymérase Taq*. Au cours de chaque cycle de PCR, le mélange réactionnel est tout d'abord chauffé pour séparer les deux brins, puis refroidi pour permettre aux amorces de se fixer aux séquences complémentaires flanquant la région à amplifier. La polymérase *Taq* allonge ensuite chaque amorce à partir de son extrémité 3', produisant ainsi des brins néosynthétisés qui s'étendent dans le sens 3' → 5' du brin matrice. Au cours du troisième cycle, deux molécules d'ADN double-brin sont produites et leur longueur est égale à celle de la séquence de la région à amplifier. Dans chacun des cycles successifs, le segment étudié, qui s'apparie aux amorces, est dupliqué. À la fin du protocole, il sera en grand excès par rapport aux autres segments d'ADN du mélange réactionnel. On peut automatiser les cycles successifs de PCR en recommençant la réaction à intervalles réguliers à température élevée pour fusionner l'ADN et à une température inférieure définie pour les étapes d'appariement et d'élongation du cycle. Une réaction comprenant 20 cycles amplifiera la séquence cible spécifique un million de fois.

La réaction en chaîne de la polymérase amplifie une séquence spécifique à partir d'un mélange complexe

Si l'on connaît les séquences nucléotidiques situées aux extrémités d'une région particulière d'ADN, le fragment situé entre elles peut être amplifié directement par la **réaction en chaîne de la polymérase (PCR)**. Nous allons décrire ici la technique élémentaire de la PCR et trois situations dans lesquelles on l'utilise.

La PCR repose sur la possibilité d'effectuer alternativement une dénaturation (fusion) de molécules d'ADN double-brin et une renaturation (appariement) de simples brins complémentaires d'une manière contrôlée. Comme dans la technique d'hybridation sur filtre décrite plus haut, la présence de brins non complémentaires dans un mélange a peu d'effet sur l'appariement de simples brins complémentaires d'ADN ou de régions complémentaires. La PCR requiert également la synthèse d'oligonucléotides longs d'au moins 18 à 20 nucléotides de séquence définie. Il est facile de produire ce type de nucléotides synthétiques grâce à des instruments automatiques, suivant le schéma réactionnel standard présenté dans la Figure 9-18.

Comme le décrit la Figure 9-24, un protocole type de PCR commence par la dénaturation par chauffage d'un échantillon d'ADN en simples brins. Ensuite, deux oligonucléotides synthétiques complémentaires des extrémités 3' du segment cible d'ADN étudié sont ajoutés en grand excès à l'ADN dénaturé et la température est abaissée à 50-60°C. Ces oligonucléotides spécifiques, qui sont présents en concentration très élevée, s'hybrident avec leurs séquences complémentaires dans l'échantillon d'ADN, tandis que les longs brins d'ADN restent séparés en raison de leur faible concentration. Les oligonucléotides servent ensuite d'amorces pour la synthèse de chaînes d'ADN en présence de désoxynucléotides (dNTP) et d'une ADN polymérase résistante aux températures élevées telle que celle de *Thermus aquaticus* (une bactérie qui vit dans les sources chaudes). Cette enzyme, appelée *polymérase Taq*, peut rester active même après avoir été chauffée à 95°C et est capable d'allonger des amorces à des températures pouvant atteindre 72°C. Lorsque la synthèse est terminée, l'ensemble est chauffé à 95°C pour que les doubles brins néosynthétisés d'ADN soient dénaturés. Après une nouvelle baisse de la température, un autre cycle de synthèse s'engage en raison de la présence d'un excès d'amorce. Des cycles répétés de fusion (chauffage) et de synthèse (refroidissement) amplifient rapidement la séquence étudiée. À chaque cycle, le nombre de copies de la séquence comprise entre les sites amorces est doublée. Par conséquent, le nombre d'exemplaires de la séquence étudiée augmente de façon exponentielle — environ un million de fois en 20 cycles — alors que toutes les autres séquences de l'échantillon initial d'ADN ne sont pas amplifiées.

L'isolement direct d'un segment spécifique d'ADN génomique

Dans le cas des organismes dont la totalité ou la plus grande partie du génome a été séquencée, il est souvent plus facile d'effectuer une amplification par PCR avec l'ADN génomique total, pour obtenir une région spécifique d'ADN destinée à être clonée. Dans cette application, les deux amorces oligonucléotidiques sont conçues pour s'hybrider à des séquences flanquant la région génomique recherchée et comprennent des séquences reconnues par des enzymes de restriction spécifiques (Figure 9-25). Après l'amplification de la séquence cible recherchée pendant environ 20 cycles de PCR, le clivage par les enzymes de restriction appropriées produit des extrémités collantes qui permettent une ligature efficace du fragment dans un vecteur plasmidique clivé par les enzymes de restriction correspondant aux sites existant dans le polylinker. Les plasmides recombinants résultants, portant tous le même fragment d'ADN génomique, peuvent ensuite être clonés dans des cellules d'*E. coli*. En prenant certaines dispositions lors de la PCR, on peut amplifier et cloner de cette façon des segments d'ADN de plus de 10 kb.

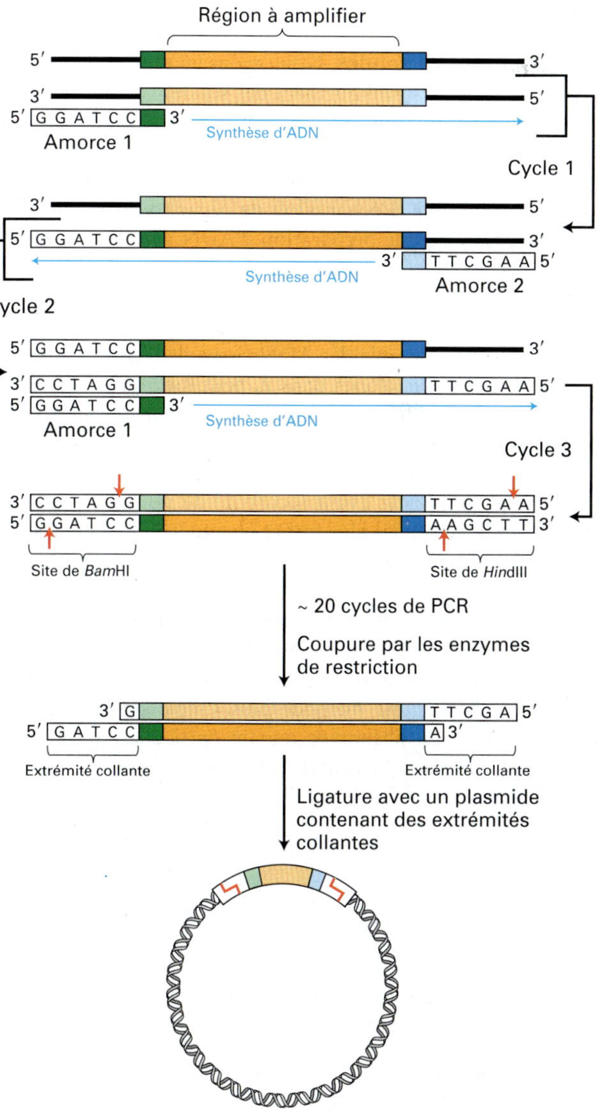

FIGURE EXPÉRIMENTALE 9-25 Une région cible spécifique de l'ADN génomique total peut être amplifiée par PCR pour être clonée. Chaque amorce de la PCR est complémentaire d'une extrémité de la séquence cible et comporte la séquence de reconnaissance d'une enzyme de restriction qui ne possède aucun site dans la région cible. Dans cet exemple, l'amorce 1 contient une séquence pour *Bam*HI, tandis que l'amorce 2 contient une séquence pour *Hin*dIII. [Il est à noter que pour des raisons de clarté, à chaque cycle, seule l'amplification de l'un des deux brins — celui sous lequel figure l'accolade — est représentée.] Après amplification, les segments cibles sont traités par les enzymes de restriction appropriées, produisant des fragments avec des extrémités collantes. Ces fragments peuvent être incorporés dans des vecteurs plasmidiques complémentaires et clonés dans des cellules d'*E. coli* suivant le protocole habituel (voir Figure 9-13).

Remarquez que cette méthode n'implique pas le clonage d'un grand nombre de fragments de restriction issus de l'ADN génomique ni leur criblage pour identifier le fragment spécifique étudié. En effet, la technique de PCR est l'inverse de l'approche traditionnelle et évite donc ses étapes les plus fastidieuses. La PCR est très utile pour isoler des séquences de gènes à manipuler suivant les différents protocoles que nous décrirons plus loin. En outre, la PCR peut servir à isoler des séquences de gènes à partir d'organismes mutants, afin de déterminer leur différence avec le type sauvage.

La préparation des sondes Nous avons vu plus tôt la façon dont on peut synthétiser chimiquement des sondes oligonucléotidiques en vue d'une hybridation. La préparation de ces sondes par amplification PCR nécessite la synthèse chimique de seulement deux amorces relativement courtes correspondant aux deux extrémités de la séquence cible. L'échantillon de départ pour l'amplification par PCR peut être une préparation d'ADN génomique. Ou bien, si la séquence cible correspond à une séquence d'ARNm mature, un ensemble complet d'ADNc cellulaires synthétisés à partir des ARNm cellulaires totaux par la transcriptase inverse ou obtenus en regroupant l'ensemble des ADNc issus de tous les clones dans une banque d'ADNc clonés dans λ, peut fournir l'ADN matrice. Pour créer un produit marqué radioactivement destiné à la PCR, des dNTP marqués au ^{32}P peuvent être ajoutés au cours des derniers cycles d'amplification. Les sondes préparées par PCR étant relativement longues et ayant incorporé de nombreux atomes de ^{32}P donneront un signal plus fort et plus spécifique que des sondes synthétisées chimiquement.

L'étiquetage des gènes grâce aux mutations par insertion Une autre des applications utiles de la PCR consiste à amplifier un gène « étiqueté » à partir de l'ADN génomique d'une souche mutante. Cette approche est une méthode plus simple pour identifier des gènes associés à un phénotype mutant particulier, que le criblage d'une banque par complémentation fonctionnelle (voir Figure 9-20).

Cette utilisation de la PCR repose sur la capacité de produire des mutations par insertion d'une séquence connue d'ADN dans le génome d'un organisme expérimental. De telles mutations par insertion peuvent être créées à l'aide d'**éléments mobiles d'ADN,** qui peuvent se déplacer (ou se transposer) d'un site chromosomique à un autre. Comme nous le verrons plus en détail au Chapitre 10, ces séquences d'ADN existent naturellement dans les génomes de la plupart des organismes et peuvent engendrer des mutations perte de fonction si elles se transposent dans une région codante.

Les chercheurs ont par exemple modifié un élément mobile d'ADN de drosophile appelé **élément P** afin d'optimiser son utilisation pour produire expérimentalement des mutations par insertion. Après avoir démontré que l'insertion d'un élément P provoque une mutation produisant un phénotype intéressant, les séquences génomiques adjacentes au site d'insertion peuvent être amplifiées par une variation du protocole standard de PCR qui utilise des amorces synthétiques complémentaires de la séquence connue de l'élément P mais qui permet d'amplifier des séquences voisines inconnues. Une fois encore, cette approche évite le clonage d'un grand nombre de fragments d'ADN et leur criblage pour détecter un ADN cloné correspondant au gène muté intéressant.

Des techniques similaires ont été appliquées à d'autres organismes chez lesquels des mutations par insertion peuvent être produites à l'aide d'éléments mobiles d'ADN ou de virus dont les génomes ont été séquencés, capables de s'insérer au hasard dans le génome.

Les techniques de transfert permettent de détecter des fragments spécifiques d'ADN et des ARNm à l'aide de sondes d'ADN

Deux techniques très efficaces pour détecter une séquence particulière d'ADN ou d'ARN dans un mélange complexe combinent la séparation par électrophorèse sur gel et l'hybridation à l'aide d'une sonde complémentaire d'ADN marquée radioactivement.

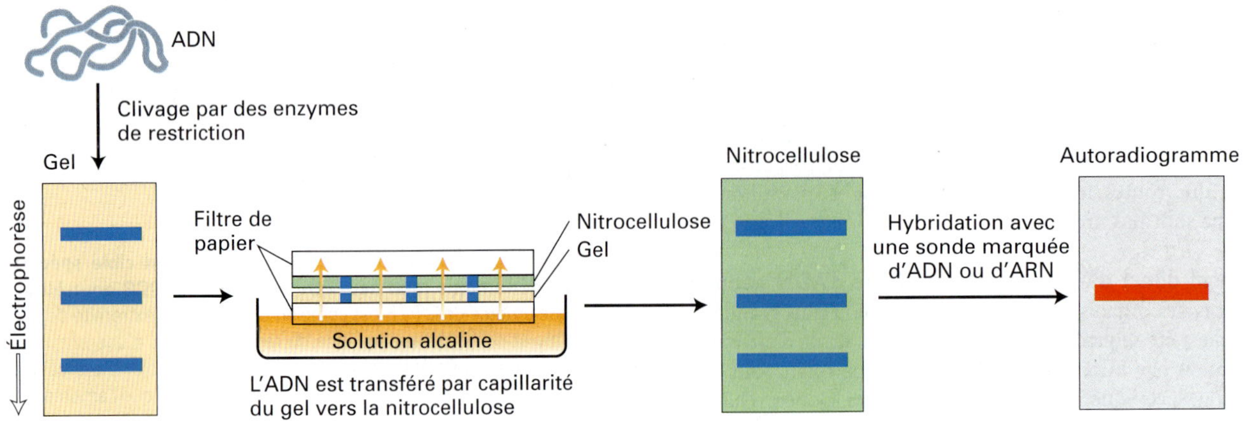

FIGURE EXPÉRIMENTALE 9-26 La technique de Southern blot permet de détecter un fragment spécifique d'ADN dans un mélange complexe de fragments de restriction. Le schéma représente trois fragments de restriction différents dans le gel, mais le protocole peut être appliqué à un mélange de millions de fragments d'ADN. Seuls les fragments qui s'hybrident à une sonde marquée produiront un signal sur l'autoradiogramme. Une technique similaire, appelée *Northern blot* permet de détecter des ARNm spécifiques dans un mélange. [Voir E. M. Southern, 1975, *J. Mol. Biol.* **98** :508.]

Nous rencontrerons dans d'autres chapitres des références à ces deux techniques, qui possèdent de nombreuses applications.

Le transfert de type Southern La première technique de transfert mise au point est le **transfert de type Southern** (*Southern blot* en anglais) du nom de son inventeur E. M. Southern. Cette technique permet de détecter un fragment de restriction spécifique unique dans un mélange complexe de fragments produits par le clivage de la totalité du génome humain à l'aide d'une enzyme de restriction. Dans un mélange complexe de ce type, de nombreux fragments auront la même longueur ou presque et migreront donc ensemble au cours d'une électrophorèse. Même si tous les fragments ne sont pas séparés complètement par une électrophorèse sur gel, on peut identifier un fragment unique dans l'une de ces bandes, grâce à une hybridation à l'aide d'une sonde spécifique d'ADN. Pour cela, les fragments de restriction présents dans le gel sont dénaturés en milieu alcalin et transférés sur un filtre de nitrocellulose ou une membrane de nylon (Figure 9-26). Cette procédure conserve la distribution des fragments dans le gel, créant une réplique de celui-ci sur le filtre, semblable au filtre réplique produit à partir des clones dans une banque de λ. (On utilise un transfert car les sondes ne diffusent pas facilement dans le gel d'origine.) Le filtre est ensuite incubé dans des conditions d'hybridation avec une sonde d'ADN spécifique marquée radioactivement, généralement produite à partir d'un fragment de restriction cloné. Le fragment de restriction d'ADN complémentaire de la sonde s'hybride et sa position sur le filtre peut être révélée par autoradiographie.

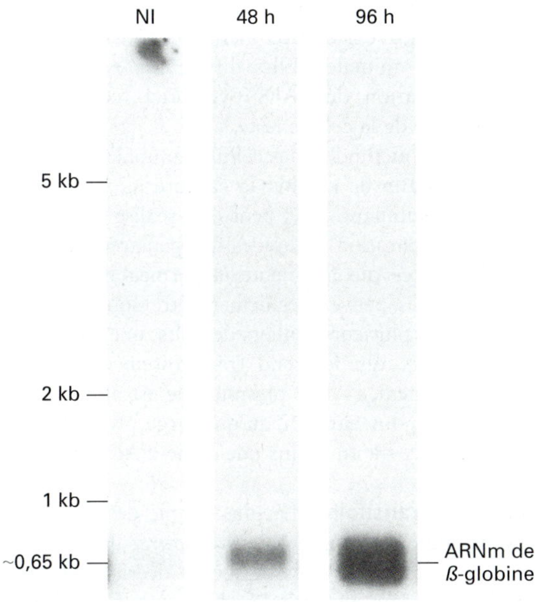

FIGURE EXPÉRIMENTALE 9-27 L'analyse par Northern blot révèle l'augmentation de l'expression de l'ARNm de ß-globine dans des cellules érythroleucémiques différenciées. On a recherché par un transfert de type Northern, l'ARNm de ß-globine parmi les ARNm totaux extraits de cellules érythroleucémiques qui ont été cultivées mais non induites et de cellules dont on a stoppé la croissance et que l'on a laissées se différencier pendant 48 à 96 heures. La densité d'une bande est proportionnelle à la quantité d'ARNm présent. L'ARNm de ß-globine est faiblement détecté dans les cellules non induites (piste NI) mais augmente plus de 1 000 fois dans les 96 heures qui suivent la différenciation. [Aimablement communiqué par L. Kole.]

Le transfert de type Northern L'une des façons les plus simples de caractériser un gène cloné consiste à déterminer où et quand le gène est exprimé dans un organisme. On peut suivre l'expression d'un gène donné en recherchant les ARNm correspondants par **transfert de type Northern**, ainsi appelé d'après un jeu de mots sur la technique apparentée du transfert de type Southern. Un échantillon d'ARN, souvent les ARN cellulaires totaux, est dénaturé par un traitement avec un agent tel que le formaldéhyde qui rompt les liaisons hydrogène entre les paires de bases, garantissant que toutes les molécules d'ARN se trouvent dans une conformation linéaire, non repliée. Les différents ARN sont séparés en fonction de leur taille par une électrophorèse sur gel et transférés sur un filtre de cellulose auquel adhèrent les ARN dénaturés linéaires. Comme dans le transfert de type Southern, le filtre est ensuite exposé à une sonde d'ADN marquée radioactivement qui est complémentaire du gène étudié. Enfin, le filtre marqué est soumis à une autoradiographie. La quantité d'un ARN spécifique dans un échantillon peut être estimée d'après un transfert de type Northern, c'est pourquoi cette technique est largement utilisée pour comparer les quantités d'un ARNm donné dans des cellules soumises à des conditions différentes (Figure 9-27).

Les systèmes d'expression d'*E. coli* peuvent produire de grandes quantités de protéines à partir de gènes clonés

MÉDECINE

De nombreuses hormones protéiques et d'autres protéines de signalisation ou protéines régulatrices sont normalement exprimées à des concentrations très faibles, avant d'être isolées et purifiées en grandes quantités par des techniques biochimiques standard. L'utilisation thérapeutique massive de ces protéines ainsi que les recherches fondamentales sur leur structure et leur fonction dépendent de protocoles efficaces qui permettent de les produire en grandes quantités et à un coût raisonnable. Les techniques de l'ADN recombinant qui transforment des cellules d'*E. coli* en usines de synthèse de protéines faiblement représentées sont maintenant utilisées dans un but commercial pour produire le facteur VIII (un facteur de coagulation), le facteur de stimulation des colonies de granulocytes (G-CSF), l'insuline, l'hormone de croissance et d'autres protéines humaines à usage thérapeutique. Par exemple, G-CSF stimule la production de granulocytes, les phagocytes essentiels à la défense contre les infections bactériennes. L'administration de G-CSF aux malades atteints de cancer les aide à compenser la diminution de la production de granulocytes provoquée par une chimiothérapie, ce qui les protège des infections graves lors de leur traitement. ▌

La première étape pour produire de grandes quantités d'une protéine assez rare consiste à obtenir un clone d'ADNc codant la protéine entière grâce aux techniques décrites précédemment. La deuxième étape est la fabrication par génie génétique de vecteurs plasmidiques qui exprimeront de grandes quantités de la protéine codée lorsqu'ils seront insérés dans des cellules d'*E. coli*. La clé de

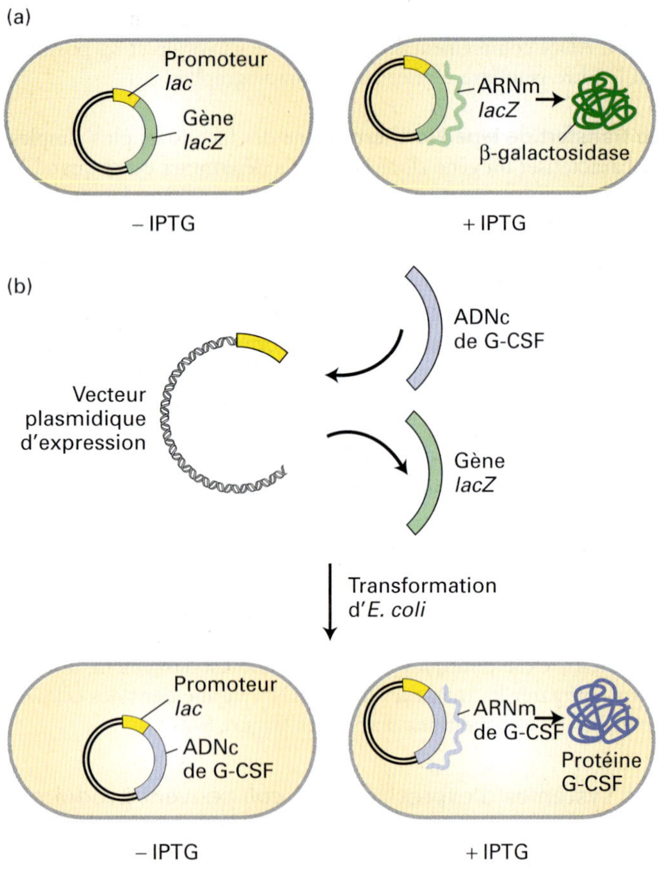

FIGURE EXPÉRIMENTALE 9-28 Certaines protéines eucaryotes peuvent être produites dans des cellules d'*E. coli* grâce à des vecteurs plasmidiques contenant le promoteur *lac*. (a) Le vecteur plasmidique d'expression possède un fragment du chromosome d'*E. coli* qui contient le promoteur *lac* et le gène voisin *lacZ*. En présence d'IPTG, un analogue du lactose, l'ARN polymérase transcrit normalement le gène *lacZ*, produisant l'ARNm *lacZ* qui est traduit en ß-galactosidase. (b) Le gène *lacZ* peut être excisé du vecteur d'expression par des enzymes de restriction et remplacé par un ADNc cloné. Il s'agit ici d'un ADNc codant le facteur de stimulation des colonies de granulocytes (G-CSF). Lorsque des cellules d'*E. coli* sont transformées par le plasmide résultant, l'addition d'IPTG et la transcription qui s'ensuit à partir du promoteur *lac*, produit de l'ARNm de G-CSF qui est traduit en protéine G-CSF.

la conception de ces **vecteurs d'expression** est l'inclusion d'un **promoteur**, une séquence d'ADN à partir de laquelle peut commencer la transcription de l'ADNc. Considérons par exemple le système relativement simple d'expression de G-CSF décrit dans la Figure 9-28. Dans ce cas, G-CSF est exprimé dans des cellules d'*E. coli* transformées par intégration de vecteurs plasmidiques contenant le promoteur *lac* à côté de l'ADNc cloné codant G-CSF. Le taux de transcription à partir du promoteur *lac* est très élevé uniquement lorsque du lactose ou un analogue du lactose tel que l'isopropylthiogalactoside (IPTG) est ajouté au milieu de culture. On peut même produire des quantités encore plus élevées d'une protéine étudiée dans des systèmes d'expression plus compliqués d'*E. coli*.

Pour faciliter la purification d'une protéine eucaryote produite dans un système d'expression d'*E. coli*, les chercheurs modifient souvent l'ADNc codant la protéine recombinante afin de faciliter sa séparation des protéines endogènes d'*E. coli*. Une modification couramment utilisée de ce type consiste à ajouter une courte séquence nucléotidique à l'extrémité de l'ADNc, de sorte que la protéine exprimée possédera six résidus histidine à son extrémité C-terminale. Les protéines modifiées de cette façon se fixent étroitement à une matrice d'affinité qui contient des chélates de nickel, tandis que la plupart des protéines d'*E. coli* ne se fixent pas à ce type de matrice. Les protéines liées peuvent être libérées des atomes de nickel par une diminution du pH du milieu environnant. Dans la plupart des cas, ce protocole produit une protéine recombinante pure qui est fonctionnelle puisque l'addition de courtes séquences d'acides aminés à l'extrémité C- ou N-terminale d'une protéine n'interfère pas avec son activité biochimique.

Les vecteurs plasmidiques d'expression peuvent être conçus pour être utilisés dans des cellules animales

L'un des inconvénients des systèmes bactériens d'expression est que de nombreuses protéines eucaryotes subissent différentes modifications (comme une glycosylation ou une hydroxylation) après leur synthèse sur les ribosomes (Chapitre 3). Ces modifications post-traductionnelles sont généralement nécessaires à la fonction cellulaire normale d'une protéine, mais elles ne peuvent être réalisées dans des cellules d'*E. coli* dépourvues des enzymes nécessaires. Pour contourner ce problème, les gènes clonés sont introduits dans des cellules animales en culture, un processus appelé **transfection.** Il existe deux méthodes courantes pour transfecter des cellules animales. Elles diffèrent par l'intégration ou l'absence d'intégration de l'ADN vectoriel recombinant dans l'ADN génomique de la cellule hôte.

Dans les deux méthodes, des cellules animales en culture doivent être traitées afin de faciliter la capture initiale d'un vecteur plasmidique recombinant. Ceci peut être réalisé en exposant des cellules à une préparation de lipides qui pénètrent dans la membrane plasmique, ce qui augmente la perméabilité de celle-ci à l'ADN. Les cellules peuvent également être soumises à un bref choc électrique de plusieurs milliers de volts, une technique appelée *électroporation*, qui les rend transitoirement perméables à l'ADN. Généralement, l'ADN plasmidique est ajouté en concentration suffisante pour garantir qu'une large proportion des cellules en culture recevra au moins une copie d'ADN plasmidique.

La transfection transitoire La plus simple des deux méthodes d'expression, appelée *transfection transitoire*, utilise un vecteur similaire aux vecteurs navettes de levure décrits précédemment. Pour être utilisés dans des cellules de mammifères, les vecteurs plasmidiques portent également une origine de réplication dérivée d'un virus qui infecte les cellules de mammifères, un promoteur fort reconnu par l'ADN polymérase, ainsi que l'ADNc cloné codant la protéine à exprimer à côté du promoteur (Figure 9-29a). Une fois qu'un plasmide de ce type pénètre dans une cellule de mammifère, l'origine virale de réplication lui permet de se répliquer efficacement, produisant de nombreux plasmides à partir desquels la protéine est exprimée. Cependant, au cours de la division cellulaire, ces plasmides ne ségrègent pas équitablement entre les cellules filles et à terme, une fraction importante des cellules de

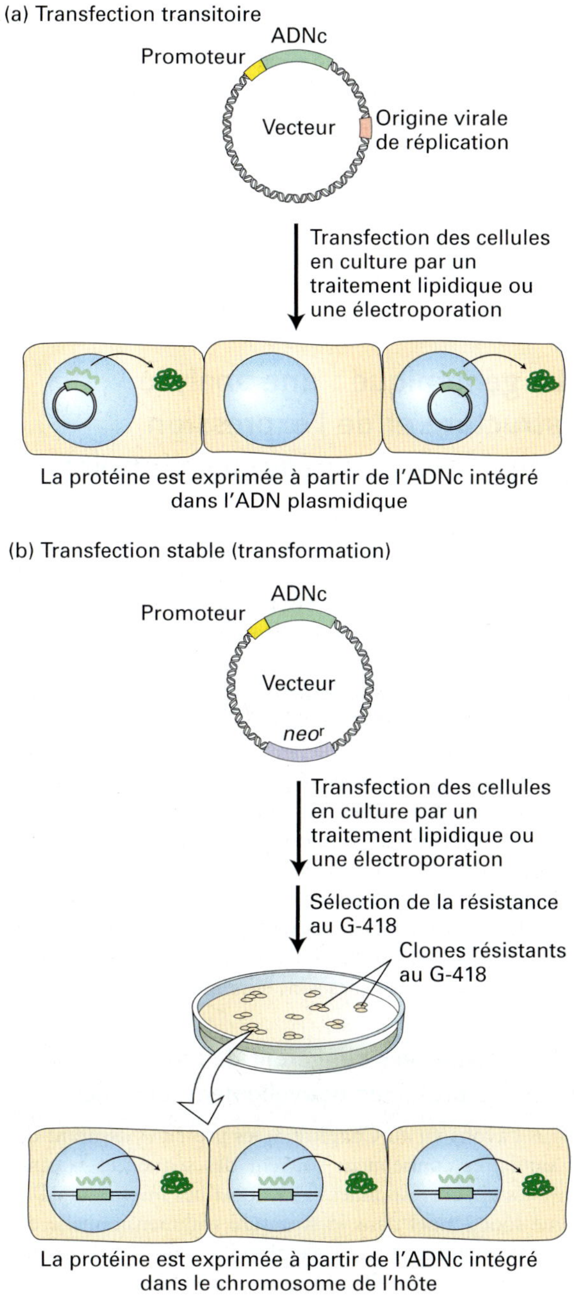

FIGURE EXPÉRIMENTALE 9-29 La transfection stable et la transfection transitoire à l'aide de vecteurs plasmidiques conçus spécialement permettent l'expression de gènes clonés dans des cellules animales en culture. Les deux techniques utilisent des vecteurs plasmidiques qui contiennent les éléments habituels — ORI, un marqueur de sélection (comme *amp*^{r}) et le polylinker — qui permettent la propagation dans les cellules d'*E. coli* et l'insertion d'un ADNc cloné avec un promoteur animal adjacent. Pour des raisons de simplicité, ces éléments ne sont pas représentés. (a) Dans la transfection transitoire, le vecteur plasmidique contient une origine de réplication pour un virus qui peut se répliquer dans les cellules animales en culture. Puisque le vecteur n'est pas incorporé dans le génome des cellules en culture, la synthèse de la protéine codée par l'ADNc se poursuit uniquement pendant une période limitée. (b) Dans la transfection stable, le vecteur porte un marqueur de sélection tel que *neo*^{r}, qui confère la résistance au G-418. Les rares cellules animales transfectées qui intègrent l'ADN exogène dans leur génome sont sélectionnées sur un milieu contenant du G-418. Ces cellules ayant subi une transfection stable (cellules transformées) continueront à produire la protéine codée par l'ADNc tant que la culture sera maintenue. Voir le texte pour la discussion.

la culture ne contiendra aucun plasmide. C'est pour cela que l'on parle de *transfection transitoire*.

La transfection stable (Transformation) Si un vecteur introduit s'intègre dans le génome de la cellule hôte, le génome est modifié de façon définitive et l'on dit que la cellule est *transformée*. Il est très probable que l'intégration soit effectuée par des enzymes de mammifères qui interviennent normalement dans la recombinaison et la réparation de l'ADN. L'intégration étant un événement rare, les vecteurs plasmidiques d'expression conçus pour transformer des cellules animales doivent porter un marqueur sélectionnable afin d'identifier la petite fraction des cellules qui ont intégré l'ADN plasmidique. Un marqueur sélectionnable couramment utilisé est le gène de la néomycine phosphotransférase (abrégé en *neo*^{r}) qui confère la résistance à une substance chimique toxique apparentée à la néomycine connue sous le nom de G-418. La procédure élémentaire pour exprimer ADNc cloné par *transfection stable* est décrite dans la Figure 9-29b. Seules les cellules qui ont intégré le vecteur d'expression dans le chromosome hôte survivront et produiront un clone en présence d'une concentration élevée de G-418. L'intégration se produit au niveau de sites aléatoires du génome, c'est pourquoi les différents clones transformés résistants au G-418 auront des taux variables de transcription de l'ADNc inséré. Par conséquent, on crible généralement les transfectants stables pour identifier parmi eux ceux qui produisent la protéine intéressante en quantités les plus élevées.

L'étiquetage par des épitopes (*epitope tagging*) En plus de produire des protéines modifiées après traduction, les vecteurs eucaryotes d'expression constituent un moyen facile d'étudier la localisation intracellulaire des protéines eucaryotes. Dans cette méthode, on modifie un ADNc cloné en le fusionnant avec une courte séquence d'ADN codant une séquence d'acides aminés reconnue par un anticorps monoclonal connu. Un tel peptide de petite taille lié par un anticorps est appelé **épitope.** Cette technique est donc appelée *étiquetage par des épitopes*. Après transfection au moyen d'un vecteur plasmidique d'expression contenant l'ADNc fusionné, la forme exprimée de la protéine étiquetée par un épitope peut être détectée grâce à un marquage par immunofluorescence des cellules possédant l'anticorps monoclonal spécifique de l'épitope. La Figure 9-30 illustre l'utilisation de cette technique pour localiser les protéines adaptatrices AP1, qui participent à la formation des vésicules recouvertes de clathrine impliquées dans le trafic intracellulaire des protéines (Chapitre 17). L'étiquetage d'une protéine par un épitope qui permet de la détecter à l'aide d'un anticorps monoclonal disponible supprime la tâche fastidieuse de produire un nouvel anticorps monoclonal spécifique de la protéine naturelle.

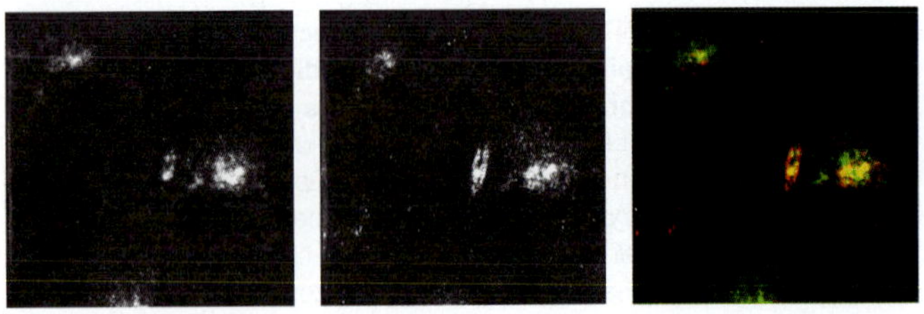

FIGURE EXPÉRIMENTALE 9-30 L'étiquetage par un épitope facilite la localisation cellulaire des protéines exprimées à partir de gènes clonés. Dans cette expérience, l'ADNc cloné codant une sous-unité de la protéine adaptatrice AP1 a été modifié par l'addition d'une séquence codant un épitope reconnu par un anticorps monoclonal spécifique. Des vecteurs plasmidiques d'expression, similaires à ceux présentés dans la Figure 9-29, ont été construits de telle sorte qu'ils contiennent l'ADNc de AP1 étiqueté par un épitope. Après la transfection des cellules et leur expression de la version de la protéine AP1 étiquetée par un épitope, les cellules ont été fixées et marquées à l'aide d'un anticorps monoclonal dirigé contre l'épitope et d'un anticorps anti-furine, une protéine marqueur des membranes du *trans*-Golgi et des endosomes. L'addition d'un anticorps secondaire spécifique de l'anticorps anti-épitope et marqué par de la fluorescence verte, signale la protéine AP1 (*à gauche*). Un autre anticorps secondaire avec un signal fluorescent différent (rouge) a été utilisé pour visualiser la furine (*au centre*). La présence simultanée de l'AP1 étiquetée par un épitope et de la furine dans le même compartiment intracellulaire est évidente lorsque les deux signaux fluorescents se mélangent.

CONCEPTS CLÉS DE LA SECTION 9.3

Caractériser et utiliser des fragments clonés d'ADN

- Les longs fragments clonés d'ADN sont souvent clivés à l'aide d'enzymes de restriction, produisant des fragments plus petits qui sont ensuite séparés par une électrophorèse sur gel et sont sous-clonés dans des vecteurs plasmidiques avant un séquençage ou une manipulation expérimentale.
- Les fragments d'ADN d'une longueur inférieure à 500 nucléotides sont le plus souvent séquencés grâce à des instruments automatisés basés sur la technique de Sanger (technique des didésoxynucléotides) (voir Figure 9-23).
- La réaction en chaîne de la polymérase (PCR) permet l'amplification exponentielle d'un fragment spécifique d'ADN à partir d'une seule molécule d'ADN matrice, si la séquence flanquant la région d'ADN à amplifier est connue (voir Figure 9-24).
- Le transfert de type Southern permet de détecter un seul fragment spécifique d'ADN dans un mélange complexe, en combinant l'électrophorèse sur gel, le transfert des bandes séparées sur un filtre et l'hybridation avec une sonde d'ADN marquée radioactivement (voir Figure 9-26). La technique similaire du transfert de type Northern permet de détecter un ARN spécifique au sein d'un mélange.
- Les vecteurs d'expression dérivés des plasmides permettent de produire de grandes quantités d'une protéine étudiée après le clonage de l'ADNc qui la code. La caractéristique propre à ces vecteurs est la présence d'un promoteur fusionné à l'ADNc qui permet un taux élevé de transcription dans les cellules hôtes.
- Les vecteurs eucaryotes d'expression peuvent être utilisés pour exprimer des gènes clonés dans des cellules de levure ou de mammifères (voir Figure 9-29). Une application importante de ces méthodes est l'étiquetage des protéines à l'aide d'un épitope qui permet une détection par des anticorps.

9.4 La génomique : une analyse de la structure et de l'expression des gènes dans des génomes complets

En utilisant des techniques spécialisées de l'ADN recombinant, les chercheurs ont déterminé de nombreuses séquences d'ADN, y compris la séquence génomique complète de l'homme et de nombreux organismes expérimentaux essentiels. Cet énorme volume de données, qui s'étend à une vitesse considérable, a été stocké et organisé en deux grandes banques de données : la GenBank à l'Institut national de la santé de Bethesda (Maryland) et la banque de données de séquences EMBL au laboratoire européen de biologie moléculaire de Heidelberg (Allemagne). Ces banques de données échangent en permanence les séquences nouvellement découvertes et les rendent disponibles par Internet aux chercheurs du monde entier. Dans cette section, nous allons examiner quelques-uns des moyens dont disposent les chercheurs pour utiliser ces données précieuses afin d'y découvrir des éléments sur la fonction des gènes et leurs relations au cours de l'évolution, d'identifier de nouveaux gènes dont les protéines n'ont jamais été isolées et de déterminer où et quand ces gènes sont exprimés.

Les séquences stockées suggèrent des fonctions pour les gènes et les protéines nouvellement identifiés

Comme nous l'avons vu au Chapitre 3, les protéines assurant des fonctions similaires contiennent souvent des séquences voisines d'acides aminés qui correspondent aux domaines importants d'un point de vue fonctionnel dans la structure tridimensionnelle des protéines. En comparant la séquence d'acides aminés de la protéine codée par un gène nouvellement cloné, avec les séquences des protéines de fonction connue, un scientifique peut chercher les ressemblances de séquences qui donnent des indices sur la fonction de la protéine codée. En raison de la dégénérescence du code génétique, les protéines apparentées présentent invariablement davantage de ressemblance entre leurs séquences que les gènes qui les codent. Pour cette raison, on compare généralement les séquences protéiques plutôt que les séquences d'ADN correspondantes.

Le programme informatique utilisé dans ce but est connu sous l'appellation de BLAST (*b*asic *l*ocal *a*lignment *s*earch *t*ool en anglais, outil de recherche élémentaire d'alignement local). L'algorithme BLAST divise la nouvelle séquence protéique (appelée *séquence requête*) en fragments plus courts et recherche dans la base de données les alignements significatifs avec n'importe quelle séquence stockée. Ce programme d'alignement de séquences assigne un score élevé aux acides aminés identiques et un score inférieur aux acides aminés apparentés (comme les acides aminés hydrophobes, polaires, chargés positivement, chargés négativement). Lorsqu'on trouve une correspondance importante pour un fragment, l'algorithme BLAST cherche localement à étendre la région présentant des similitudes. À la fin de la recherche, le programme classe les alignements entre la protéine requête et différentes protéines connues d'après leurs valeurs *p*. Ce paramètre est une mesure de la probabilité de trouver par hasard un tel degré de ressemblance entre deux séquences protéiques. Plus la valeur *p* est élevée, plus la ressemblance entre deux séquences est importante. Une valeur de *p* inférieure à 10^{-3} environ est considérée comme une preuve significative de l'existence d'un ancêtre commun pour deux protéines.

MÉDECINE

Pour illustrer la puissance de cette approche, considérons *NF1*, un gène humain identifié et cloné par des techniques décrites plus loin dans ce chapitre. Des mutations dans *NF1* sont associées à une maladie héréditaire, la neurofibromatose 1, au cours de laquelle de multiples tumeurs se développent dans le système nerveux périphérique, provoquant de grosses protubérances de la peau (le syndrome d'« Elephant man »). Après isolement et séquençage d'un clone d'ADNc de *NF1*, la séquence déduite de la protéine NF1 a été comparée à toutes les séquences protéiques de GenBank. On a découvert une homologie considérable entre une région de la protéine NF1 et une région de la protéine de levure appelée Ira (Figure 9-31). Des études antérieures ont montré que Ira est une protéine activant une GTPase (GAP) qui module l'activité GTPasique de la protéine G monomérique appelée Ras. Comme nous le verrons en détail aux Chapitres 14 et 15, le rôle normal des protéines GAP et Ras est le contrôle de la réplication cellulaire et de la différenciation en réponse aux signaux émis par les cellules voisines. Des études fonctionnelles menées sur la protéine NF1 obtenue grâce à l'expression du gène sauvage cloné ont montré qu'effectivement, NF1 régule l'activité de Ras comme le laissait penser son homologie avec Ira. Ces découvertes suggèrent que les individus atteints de neurofibromatose expriment une protéine NF1 mutante dans les cellules du système nerveux périphérique, conduisant à une division cellulaire inappropriée et à la formation des tumeurs caractéristiques de la maladie. ▮

Même lorsqu'une protéine ne présente aucune ressemblance significative avec les autres protéines d'après l'algorithme BLAST, elle peut néanmoins avoir en commun une courte séquence importante fonctionnellement avec d'autres protéines. On appelle ces segments courts récurrents dans de nombreuses protéines, des **motifs** ; ils remplissent généralement des fonctions similaires. Plusieurs de ces motifs sont décrits au Chapitre 3 (voir Figure 3-6). Pour chercher ces motifs et d'autres encore dans une nouvelle protéine, les scientifiques comparent la séquence de la protéine requête avec une base de données de séquences de motifs connus. Le tableau 9-2 dresse une liste des motifs les plus courants.

FIGURE 9-31 La comparaison des régions de la protéine humaine NF1 et de la protéine Ira de *S. cerevisiae* qui montre une ressemblance de séquence évidente. Les séquences de NF1 et d'Ira sont indiquées respectivement dans les lignes supérieure et inférieure de chaque rangée, suivant le code à une lettre des acides aminés (voir Figure 2-13). Les acides aminés identiques dans les deux protéines sont sur fond jaune. Les acides aminés dont les chaînes latérales ne sont pas identiques mais qui ont une ressemblance chimique sont reliés par un point bleu. Les numéros des acides aminés des séquences protéiques sont indiqués aux extrémités gauche et droite de chaque rangée. Les pointillés symbolisent les « vides » dans la séquence protéique, ajoutés afin de maximiser l'alignement des acides aminés homologues. La valeur *p* de BLAST de ces deux séquences est de 10^{-28}, ce qui indique un degré élevé de similitude. [D'après Xu *et al.*, 1990, *Cell* **62** :599.]

TABLEAU 9-2 Des motifs de séquences protéiques

Nom	Séquence*	Fonction
Liaison de ATP/GTP	[A,G]-X_4-G-K-[S,T]	Les résidus présents dans un domaine de liaison nucléotidique qui sont au contact du nucléotide
Site de liaison d'un groupement prényle	C-Ø-Ø-X (Extrémité C-terminale)	La séquence C-terminale liée covalemment à des lipides isoprénoïdes dans certaines protéines à ancrage lipidique (comme Ras)
Doigt à zinc (type C_2H_2)	C-$X_{2–4}$-C-X_3-Ø-X_8-H-$X_{3–5}$-H	La séquence de liaison de Zn^{2+} dans le domaine de liaison de l'ADN ou de l'ARN de certaines protéines
Boîte DEAD	$Ø_2$-D-E-A-D-[R,K,E,N]-Ø	Une séquence présente dans de nombreuses hélicases à ARN ATP-dépendantes
Répétition de sept résidus	(Ø-X_2-Ø-X_3)$_n$	Une séquence répétée dans les protéines qui forment les structures en torsade d'hélices

*Suivant le code à une lettre des acides aminés (voir Figure 2-13). X = n'importe quel résidu ; Ø = résidu hydrophobe. Les crochets contiennent les résidus alternatifs possibles.

La comparaison de séquences apparentées de différentes espèces fournit des indices sur les relations des protéines au cours de l'évolution

La recherche de séquences protéiques apparentées par BLAST peut révéler l'appartenance de protéines à une même **famille de protéines.** (Les gènes correspondants constituent une **famille de gènes.**) On pense que les familles de protéines apparaissent à la suite de deux processus évolutifs différents, la *duplication des gènes* et la *divergence des espèces* (ou spéciation), traités au Chapitre 10. Considérons par exemple la famille de protéines de la tubuline. (La tubuline est la sous-unité de base des microtubules.) D'après le schéma simplifié de la Figure 9-32a, on pense que les premières cellules eucaryotes contenaient un gène unique de tubuline, dupliqué assez tôt au cours de l'évolution. Une divergence ultérieure des différentes copies du gène original de la

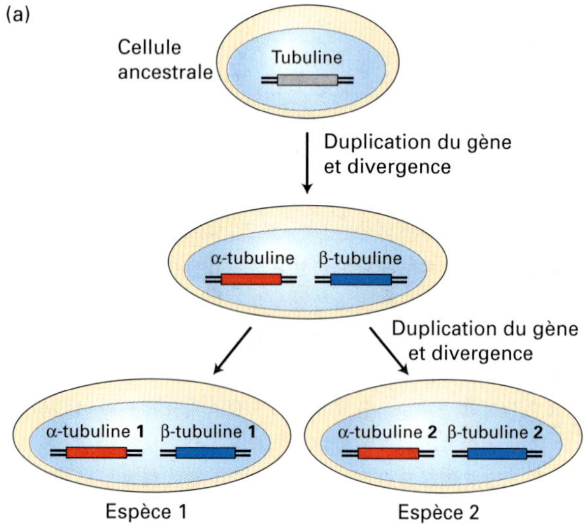

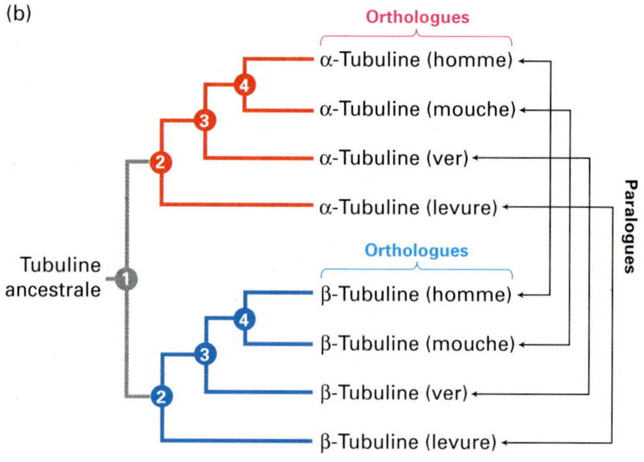

FIGURE 9-32 La formation de diverses séquences de tubuline au cours de l'évolution des eucaryotes. (a) Le mécanisme probable ayant donné lieu aux gènes de tubuline présents dans les espèces actuelles. Il est possible de déduire l'existence d'un événement de duplication de gènes avant la divergence des espèces car les séquences d'α-tubuline de différentes espèces (comme l'homme et la levure) se ressemblent davantage que les séquences d'α- et de ß-tubuline d'une même espèce. (b) Un arbre phylogénétique représentant la relation entre les séquences de tubuline. Les endroits des séparations (nœuds) indiqués par les petits chiffres, représentent les gènes ancestraux communs au moment où les deux séquences ont divergé. Par exemple, le nœud 1 représente l'événement de duplication qui a donné naissance aux familles de l'α-tubuline et de la ß-tubuline et le nœud 2 correspond à la divergence entre la levure et les espèces pluricellulaires. Les accolades et les flèches désignent respectivement les gènes orthologues de tubuline qui ont différé à la suite d'une divergence des espèces et les gènes paralogues, qui ont différé à la suite d'une duplication de gènes. Ce schéma est un peu simplifié car chacune des espèces représentées contient en réalité de multiples gènes d'α- et de ß-tubuline apparus à la suite d'événements postérieurs de duplication.

tubuline a donné naissance aux versions ancestrales des gènes de l'α- et de la β-tubuline. À mesure que les espèces différentes ont divergé de ces cellules eucaryotes précoces, chacune de ces séquences de gènes a continué à diverger, produisant les formes légèrement différentes de l'α- et de la β-tubuline présentes actuellement dans chaque espèce.

Les différents membres de la famille des tubulines présentent une ressemblance de séquence suffisante pour suggérer une séquence ancestrale commune. On considère donc que toutes ces séquences sont *homologues*. Plus précisément, les séquences supposées avoir divergé à la suite d'une duplication de gènes (comme les séquences de l'α- et de la β-tubuline) sont dites *paralogues*. Les séquences apparues en raison d'une divergence des espèces (comme les gènes de l'α-tubuline de différentes espèces) sont dites *orthologues*. Le degré de parenté entre les séquences des tubulines présentes actuellement dans différents organismes permet de déduire des relations entre ces protéines au cours de l'évolution, comme l'illustre la Figure 9-32b. Parmi les trois types de parenté entre séquences, les séquences orthologues ont la probabilité la plus élevée de remplir une fonction commune.

On peut identifier des gènes dans des séquences d'ADN génomique

La séquence génomique complète d'un organisme contient l'information nécessaire pour déduire la séquence de chaque protéine fabriquée par les cellules de cet organisme. Dans le cas des organismes tels que les bactéries ou les levures dont les génomes contiennent quelques introns et de courtes séquences intergéniques, on peut trouver la plupart des séquences codant des protéines simplement en recherchant dans la séquence génomique les **cadres de lecture ouvert** (**ORF**, pour *open reading frame* en anglais) de longueur significative. On définit généralement un cadre de lecture ouvert comme un segment d'ADN contenant au moins 100 codons, qui commence par un codon de début de transcription et se termine par un codon stop. La probabilité qu'une séquence aléatoire d'ADN ne contienne aucun codon stop pendant 100 codons de suite est très faible, c'est pourquoi la plupart des ORF codent une protéine.

L'analyse des ORF permet d'identifier plus de 90 % des gènes chez les levures et les bactéries. Cette technique ne permet pas de détecter certains des gènes les plus courts et à l'occasion, il existe de longs cadres de lecture ouverts qui ne correspondent à aucun gène. Ces deux types d'erreurs peuvent être corrigés par une analyse plus sophistiquée de la séquence et par des tests génétiques de la fonction du gène. Parmi les gènes de *Saccharomyces* identifiés de cette façon, environ la moitié était déjà connue grâce à un critère fonctionnel tel qu'un phénotype mutant. Les fonctions de certaines protéines codées par d'autres gènes supposés, identifiés d'après l'analyse des ORF, ont été assignées d'après la ressemblance de leur séquence avec des protéines connues d'autres organismes.

L'identification des gènes dans des organismes ayant une structure génomique plus complexe nécessite des algorithmes plus sophistiqués que la recherche des cadres de lecture ouverts. La Figure 9-33 montre une comparaison des gènes identifiés dans un segment représentatif de 50 kb issu des génomes de levure, de drosophile et d'homme. La plupart des gènes d'eucaryotes supérieurs, y compris l'homme et la drosophile, étant constitués de multiples régions

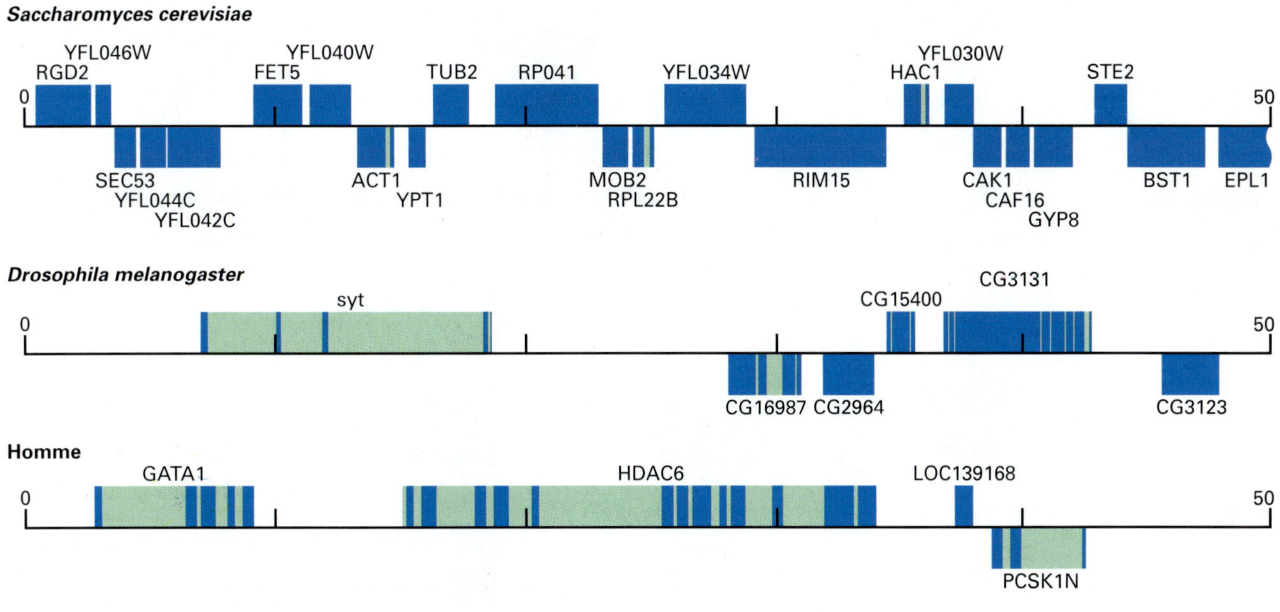

FIGURE 9-33 L'arrangement des séquences de gènes dans des segments représentatifs de 50 kb de génomes de levure, de drosophile et d'homme. Les gènes situés au-dessus de la ligne sont transcrits vers la droite, ceux qui sont au-dessous, vers la gauche. Les rectangles bleus représentent des exons (séquences codantes) et les rectangles verts, des introns (séquences non codantes). Les gènes de levure contiennent peu ou pas d'intron ; de ce fait, la recherche des cadres de lecture ouverts (ORF) dans les séquences génomiques permet d'identifier correctement la plupart des séquences de gènes. À l'inverse, les gènes des eucaryotes supérieurs comportent le plus souvent de multiples exons séparés par des introns. L'analyse des ORF n'est pas efficace pour identifier les gènes de ces organismes. Les séquences probables de gènes pour lesquelles on ne dispose d'aucune donnée fonctionnelle sont désignées par des numéros. Chez la levure, elles commencent par Y, chez la drosophile, par CG et chez l'homme, par LOC. Les autres gènes représentés ici codent des protéines de fonction connue.

codantes relativement courtes (**exons**) séparées par des régions non codantes (**introns**), la recherche des ORF est assez peu efficace pour identifier des gènes. Les meilleurs algorithmes d'identification des gènes combinent toutes les données disponibles qui pourraient suggérer la présence d'un gène au niveau d'un site génomique particulier. Parmi ces données, citons l'alignement ou l'hybridation avec un ADNc entier ; l'alignement avec une séquence partielle d'ADNc longue généralement de 200 à 400 pb, appelée *séquence marqueur exprimée (EST* pour *expressed sequence tag* en anglais) ; la correspondance avec les modèles de séquences d'exons, d'introns et de sites d'épissage et enfin, la ressemblance avec des séquences d'autres organismes. Grâce à ces méthodes, les bio-informaticiens ont identifié environ 35 000 gènes du génome humain, bien que pour 10 000 gènes supposés, il n'y ait pas de preuve définitive du fait qu'ils codent effectivement des protéines ou des ARN.

Une méthode particulièrement performante pour identifier des gènes humains consiste à comparer la séquence génomique humaine avec celle de la souris. Les humains et les souris sont suffisamment apparentés pour avoir en commun la plupart de leurs gènes. Néanmoins, les séquences d'ADN en grande partie non fonctionnelles telles que les régions intergéniques et les introns ont tendance à être très différentes car elles ne sont pas soumises à une forte pression de sélection. Pour cette raison, les segments correspondants entre les génomes humain et murin (de souris) qui présentent une grande ressemblance de séquence sont probablement des régions codantes fonctionnelles (c'est-à-dire des exons).

La taille du génome d'un organisme n'est pas directement liée à sa complexité biologique

La combinaison du séquençage génomique et des algorithmes informatiques de découverte de gènes a conduit à l'inventaire complet des gènes codant des protéines pour divers organismes. La Figure 9-34 indique le nombre total de gènes codant des protéines dans plusieurs génomes eucaryotes entièrement séquencés. La fonction de près de la moitié des protéines codées dans ces génomes est connue ou a été prédite à partir de comparaisons de séquences. L'une des caractéristiques surprenantes de cette comparaison est que le nombre de gènes codant des protéines dans différents organismes ne semble pas proportionnel à notre évaluation intuitive de la complexité biologique. Par exemple, le ver nématode de *C. Elegans* semble posséder davantage de gènes que la drosophile, qui a un patron d'organisation du corps et un comportement plus complexes. De plus, les humains ont moins de deux fois plus de gènes que *C. Elegans*, ce qui semble complètement inexplicable en raison des différences énormes entre ces organismes.

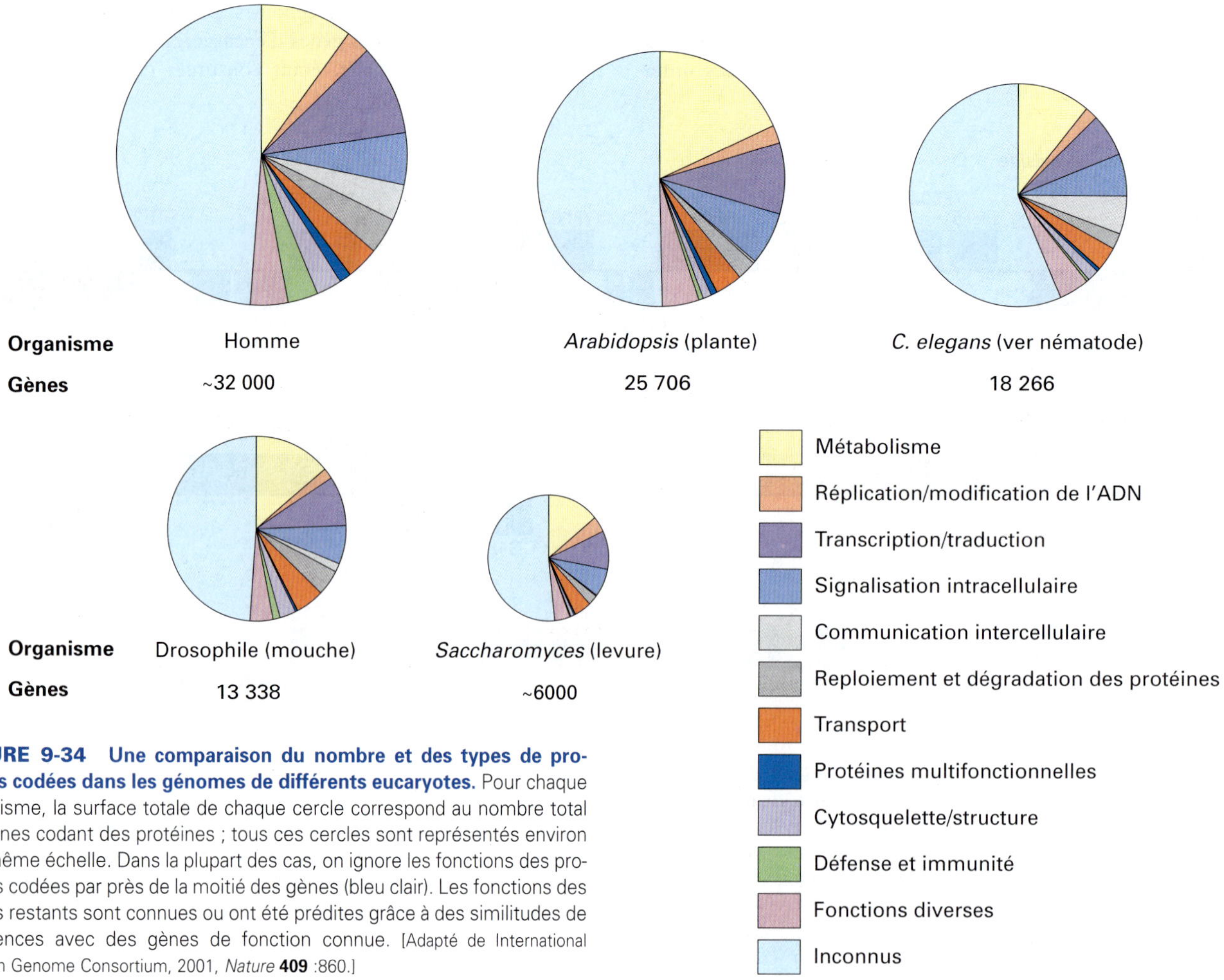

FIGURE 9-34 Une comparaison du nombre et des types de protéines codées dans les génomes de différents eucaryotes. Pour chaque organisme, la surface totale de chaque cercle correspond au nombre total de gènes codant des protéines ; tous ces cercles sont représentés environ à la même échelle. Dans la plupart des cas, on ignore les fonctions des protéines codées par près de la moitié des gènes (bleu clair). Les fonctions des gènes restants sont connues ou ont été prédites grâce à des similitudes de séquences avec des gènes de fonction connue. [Adapté de International Human Genome Consortium, 2001, *Nature* **409** :860.]

À l'évidence, les seules différences quantitatives entre les génomes d'organismes distincts ne permettent pas d'expliquer les différences de complexité biologique. Néanmoins, plusieurs phénomènes peuvent créer davantage de complexité dans les protéines exprimées chez les eucaryotes supérieurs, que ne le laisse supposer leur génome. Tout d'abord, l'épissage alternatif d'un pré-ARNm peut produire de multiples ARNm fonctionnels correspondant à un même gène (Chapitre 12). Deuxièmement, les variations des modifications post-traductionnelles de certaines protéines peuvent entraîner des différences fonctionnelles. Enfin, les différences qualitatives des interactions entre protéines et leur intégration dans des voies biochimiques peuvent contribuer de façon significative aux différences de complexité biologique entre les organismes. Les fonctions spécifiques de nombreux gènes et protéines identifiés par une analyse des séquences génomiques n'ont toujours pas été déterminées. La découverte par les chercheurs des fonctions des protéines individuelles chez différents organismes et des détails de leurs interactions aboutira à une compréhension plus fine de l'origine génétique des systèmes biologiques complexes.

Les micro-alignements d'ADN peuvent être utilisés pour évaluer simultanément l'expression de nombreux gènes

Enregistrer simultanément l'expression de milliers de gènes est possible grâce à l'analyse de **micro-alignements d'ADN**. Un micro-alignement d'ADN est constitué de milliers de séquences individuelles spécifiques d'un gène, déposées très près les unes des autres et fixées à la surface d'une lamelle microscopique de verre. En couplant l'analyse de micro-alignements et les résultats obtenus grâce aux projets de séquençage des génomes, les chercheurs peuvent analyser les patrons d'expression des gènes d'un organisme au cours de réponses physiologiques ou de processus développementaux spécifiques.

La préparation des micro-alignements d'ADN Dans l'un des protocoles de préparation des micro-alignements, une portion de 1 kb de la région codante de chaque gène analysé est amplifiée individuellement par PCR. Un robot est utilisé pour appliquer chaque échantillon d'ADN amplifié à la surface de la lamelle microscopique de verre, qui est ensuite traitée afin que les séquences d'ADN soient fixées définitivement à la surface du verre, puis dénaturées. Un alignement type peut contenir ≈ 6000 dépôts d'ADN sur une grille de 2 x 2 cm.

Selon une autre technique, de multiples oligonucléotides d'ADN longs généralement de plus de 20 nucléotides sont synthétisés à partir d'un nucléotide initial lié covalemment à la surface d'une lamelle de verre. La synthèse d'un oligonucléotide de séquence spécifique peut être programmée dans une petite région de la surface de la lamelle. Plusieurs séquences oligonucléotidiques sont donc synthétisées à partir d'un même gène dans des régions adjacentes de la lamelle, afin d'analyser l'expression de ce gène. Grâce à cette technique, on peut produire sur une seule lamelle de verre, des oligonucléotides représentant des milliers de gènes. Les méthodes pour construire ces alignements d'oligonucléotides synthétiques ont été adaptées à partir des techniques de fabrication des circuits intégrés microscopiques utilisés dans les ordinateurs, c'est pourquoi on appelle souvent ces micro-alignements d'oligonucléotides, des *puces à ADN* (*DNA chips* en anglais).

Les conséquences de la source de carbone sur l'expression des gènes de levure La première étape d'une étude d'expression de micro-alignements consiste à préparer des ADNc marqués par fluorescence, correspondant aux ARNm exprimés par les cellules étudiées. Lorsque la préparation d'ADNc est appliquée sur un micro-alignement, les dépôts correspondant aux gènes exprimés

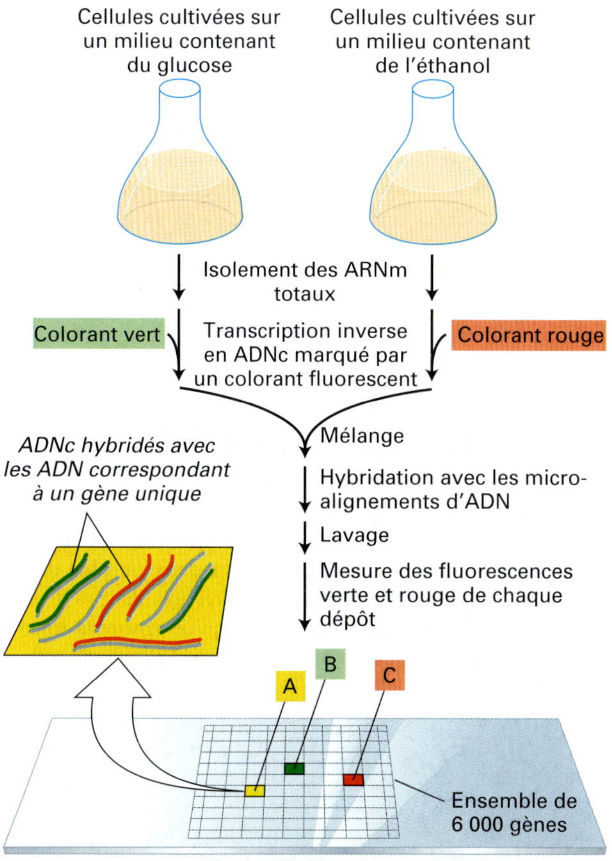

A Si un dépôt est jaune, l'expression du gène correspondant est la même dans des cellules cultivées sur du glucose ou de l'éthanol

B Si un dépôt est vert, l'expression du gène correspondant est supérieure dans les cellules cultivées sur du glucose

C Si un dépôt est rouge, l'expression du gène correspondant est supérieure dans les cellules cultivées sur de l'éthanol

FIGURE EXPÉRIMENTALE 9-35 L'analyse de micro-alignements d'ADN permet de révéler des différences d'expression des gènes dans des cellules de levures soumises à diverses conditions expérimentales. Dans cet exemple, l'ADNc préparé grâce à de l'ARNm isolé à partir de cellules de *Saccharomyces* de type sauvage cultivées sur du glucose ou de l'éthanol, est marqué à l'aide de différents colorants fluorescents. Un micro-alignement constitué de dépôts d'ADN représentant chaque gène de levure est exposé à un mélange égal de deux préparations d'ADNc dans des conditions d'hybridation. Le rapport entre les intensités des fluorescences rouge et verte émises par chaque dépôt et détecté à l'aide d'un microscope confocal à balayage, indique l'expression relative de chaque gène dans des cellules cultivées sur chacune des sources de carbone. L'analyse de micro-alignements est également utile pour détecter des différences dans l'expression des gènes entre des souches sauvages et mutantes.

s'hybrideront dans des conditions appropriées avec leurs ADNc complémentaires et pourront dès lors être détectés grâce à un microscope laser à balayage.

La Figure 9-35 décrit l'application de cette technique à la comparaison de l'expression des gènes dans des cellules en culture sur un milieu dont la source de carbone et d'énergie est le glucose ou l'éthanol. Dans ce type d'expérience, les préparations séparées d'ADNc des cellules cultivées sur glucose et des cellules cultivées sur éthanol sont marquées par des colorants fluorescents différents. Un groupe d'ADN incluant les 6 000 gènes est enduite incubé avec un mélange contenant la même quantité des deux préparations d'ADNc dans des conditions d'hybridation. Après l'élimination par lavage de l'ADNc non hybridé, on mesure l'intensité des fluorescences verte et rouge au niveau de chaque dépôt d'ADN, grâce à un microscope à fluorescence. Les informations sont ensuite stockées sur informatique sous le nom du gène, d'après sa position sur la lamelle. Les intensités relatives des signaux de fluorescences verte et rouge au niveau de chaque dépôt fournissent une mesure relative de l'expression de ce gène dans les cellules en culture sur du glucose ou de l'éthanol. Les gènes qui ne sont pas transcrits dans ces conditions de croissance ne produisent aucun signal détectable.

L'hybridation de préparations d'ADNc marquées par fluorescence avec des micro-alignements d'ADN offre un moyen d'analyser les profils d'expression des gènes à l'échelle du génome. Ce type d'analyse a montré que le transfert des cellules de levure du milieu de croissance avec du glucose vers le milieu avec de l'éthanol provoque l'augmentation d'un facteur deux ou plus de l'expression de 710 gènes, tandis que l'expression de 1 030 gènes diminue d'un facteur deux ou plus. Bien qu'on ignore la fonction de près de 400 gènes présentant une expression différentielle, ces résultats laissent supposer qu'ils pourraient être impliqués dans la biologie de la levure.

L'analyse de groupes de gènes par de multiples expériences d'expression permet d'identifier des gènes co-régulés

Il est rare qu'une seule expérience menée sur des micro-alignements permette d'établir de façon indiscutable si des gènes qui présentent des changements similaires d'expression sont co-régulés et sont donc étroitement apparentés fonctionnellement. Par exemple, un grand nombre des différences observées dans l'expression des gènes, décrites plus haut sur des cellules de levure cultivées sur du glucose ou de l'éthanol pourraient être des conséquences indirectes des nombreux changements de physiologie cellulaire adoptés par les cellules à la suite du transfert d'un milieu vers un autre. En d'autres termes, les gènes qui semblent co-régulés lors d'une expérience d'expression menée sur des micro-alignements peuvent subir des changements d'expression pour des raisons très différentes et peuvent en fait avoir des fonctions biologiques très éloignées. Pour répondre à cette interrogation, on peut combiner les informations obtenues par plusieurs expériences d'étude d'expression menées sur des micro-alignements afin de découvrir les gènes présentant une régulation similaire dans différentes conditions et pendant une période donnée.

Cette utilisation d'expériences multiples d'étude d'expression sur des micro-alignements qui fournit davantage d'informations est illustrée par les changements d'expression des gènes après le transfert de fibroblastes humains cultivés sur un milieu appauvri, vers un milieu de croissance riche, contenant du sérum. Lors d'une étude, l'expression relative de 8 600 gènes a été établie à différents

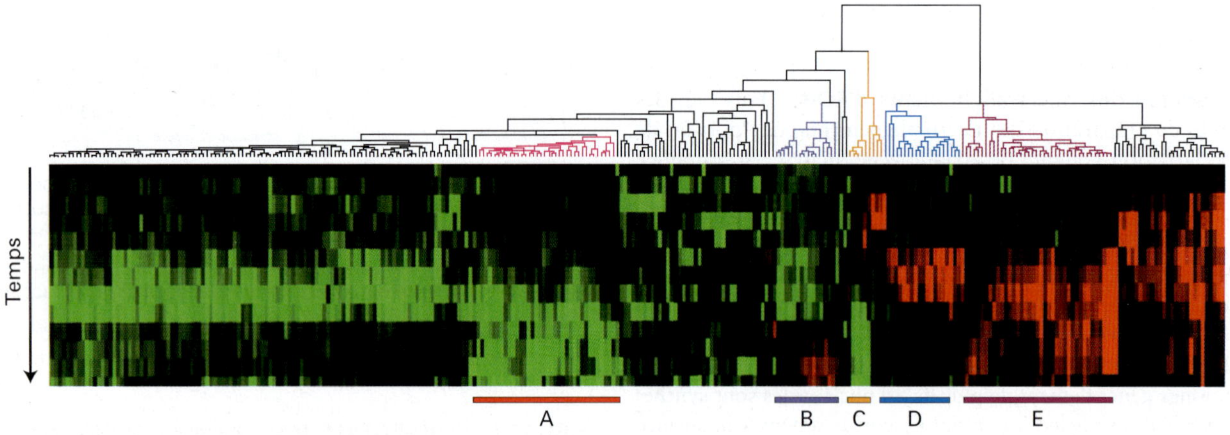

FIGURE EXPÉRIMENTALE 9-36 L'analyse par groupes de gènes, de données obtenues par de multiples expériences d'expression menées sur des micro-alignements permet d'identifier des gènes co-régulés. Dans cette expérience, l'expression de 8 600 gènes de mammifères a été détectée grâce à une analyse de micro-alignements à différents moments pendant 24 heures, après l'addition de sérum à des fibroblastes cultivés sur milieu appauvri. Le diagramme de groupes de gènes présenté ici est construit à partir d'un algorithme informatique qui regroupe les gènes présentant des changements d'expression similaires à ceux d'une culture témoin sur milieu appauvri pendant la même période. Chaque colonne de rectangles de couleur représente un gène unique et chaque rangée correspond à un instant donné. Un rectangle rouge indique une augmentation de l'expression par rapport au témoin, un rectangle vert, une diminution de l'expression et un rectangle noir, l'absence de changement significatif d'expression. L'« arbre » dessiné en haut montre la façon dont on peut organiser les patrons d'expression des gènes, afin de regrouper les gènes dont les patrons d'expression présentent le plus de similitudes dans le temps. Cinq groupes de gènes régulés de façon coordonnée ont été identifiés dans cette expérience, comme l'indiquent les traits au bas de la figure. Chaque groupe contient de multiples gènes dont les protéines correspondantes interviennent dans un processus cellulaire particulier : la biosynthèse du cholestérol (A), le cycle cellulaire (B), la réponse précoce immédiate (C), la signalisation et l'angiogenèse (D) et enfin, la cicatrisation et le remodelage des tissus (E). [Aimablement communiqué par Michael B. Eisen, Lawrence Berkeley National Laboratory.]

moments après l'addition de sérum, ce qui a fourni plus de 10^4 informations différentes. Un programme informatique, similaire à celui utilisé pour déterminer les relations entre diverses séquences protéiques, permet d'organiser ces données et de regrouper les gènes qui présentent une expression similaire dans le temps après l'addition de sérum. Ce programme d'*analyse de groupes de gènes*, a permis de rassembler des gènes qui codent des protéines impliquées dans un même processus cellulaire, tel que la biosynthèse du cholestérol ou le cycle cellulaire (Figure 9-36).

Puisque les gènes présentant des patrons de régulation identiques ou similaires codent des protéines fonctionnellement apparentées, l'analyse de groupes de gènes grâce à de multiples expériences d'expression menées sur des micro-alignements offre un autre outil pour déduire les fonctions de gènes nouvellement identifiés. Cette approche permet la combinaison d'un nombre gigantesque d'expériences différentes. Chaque nouvelle expérience affinera l'analyse et les groupes de gènes deviendront de plus en plus précis.

CONCEPTS CLÉS DE LA SECTION 9.4

La génomique : une analyse de la structure et de l'expression des gènes dans des génomes complexes

- La fonction d'une protéine qui n'a pas encore été isolée peut être déduite d'après sa ressemblance avec les séquences d'acides aminés de protéines de fonction connue.
- Un algorithme informatique appelé BLAST parcourt rapidement les bases de données de séquences protéiques connues pour y découvrir celles qui ont une ressemblance significative avec une nouvelle protéine (requête).
- Les protéines ayant des motifs fonctionnels communs peuvent ne pas être identifiées au cours d'une recherche type par BLAST. Ces séquences courtes peuvent être repérées grâce à des recherches dans des bases de données de séquences.
- Une famille protéique comprend de multiples protéines qui descendent toutes de la même protéine ancestrale. Les gènes codant ces protéines, qui constituent la famille correspondante de gènes, sont apparus par un événement de duplication de gène suivi par une divergence au cours de la spéciation (voir Figure 9-32).
- Les gènes apparentés issus d'un événement de duplication et les protéines qu'ils codent sont paralogues, ceux qui résultent d'une divergence d'espèces sont orthologues. Les protéines orthologues assurent le plus souvent une fonction similaire.
- Les cadres de lecture ouverts (ORF) sont des régions d'ADN génomique contenant au moins 100 codons situés entre un codon de début de transcription et un codon stop.
- La recherche informatique des cadres de lecture ouverts (ORF) dans des séquences génomiques complètes de bactéries ou de levures permet d'identifier correctement la plupart des gènes codant des protéines. Il faut utiliser plusieurs sortes de données pour identifier des gènes probables dans les séquences génomiques de l'homme et des autres eucaryotes supérieurs en raison de la structure plus complexe des gènes chez ces organismes.
- L'analyse de séquences génomiques complètes chez plusieurs organismes indique que la complexité biologique n'est pas directement liée au nombre de gènes codant des protéines (voir Figure 9-34).
- L'analyse de micro-alignements d'ADN permet de détecter l'expression relative de milliers de gènes dans différents types de cellules ou dans les mêmes cellules soumises à des conditions différentes (voir Figure 9-35).
- L'analyse par groupes de gènes des données issues de multiples expériences d'expression menées sur des micro-alignements permet d'identifier des gènes régulés de façon similaire dans différentes conditions. Les gènes co-régulés de ce type codent fréquemment des protéines ayant des fonctions biologiques apparentées.

9.5 Inactiver la fonction de gènes spécifiques chez les eucaryotes

La découverte des séquences d'ADN et de protéines ces dernières années a permis d'identifier de nombreux gènes grâce aux motifs de séquences connus dans l'ADN et à la ressemblance de séquences des protéines codées correspondantes avec des protéines de fonction connue. Comme nous l'avons vu dans la section précédente, les fonctions générales des protéines identifiées grâce à des recherches de séquences peuvent être prédites par analogie avec des protéines connues. Cependant, les rôles précis *in vivo* de ces « nouvelles » protéines peuvent ne pas être établis précisément en l'absence de formes mutantes des gènes correspondants. Dans cette section, nous décrirons plusieurs techniques permettant de supprimer la fonction normale d'un gène spécifique dans le génome d'un organisme. L'analyse du phénotype mutant résultant aide souvent à révéler la fonction *in vivo* du gène normal et de la protéine qu'il code.

Trois approches élémentaires sous-tendent ces techniques d'inactivation (ou invalidation) de gènes : (1) le remplacement d'un gène normal par d'autres séquences ; (2) l'introduction d'un allèle dont la protéine correspondante inhibe le fonctionnement de la protéine exprimée normalement et (3) la destruction de l'ARNm exprimé à partir d'un gène. Le gène endogène normal est modifié dans les techniques basées sur la première approche mais reste inchangé dans les autres approches.

On peut remplacer par recombinaison homologue les gènes normaux de levure par des allèles mutants

Modifier le génome de la levure *Saccharomyces* est particulièrement facile pour deux raisons : les cellules de levure absorbent facilement l'ADN exogène dans certaines conditions, et l'ADN introduit est échangé efficacement contre le site chromosomique homologue dans la cellule receveuse. Cette **recombinaison** ciblée spécifique de segments identiques d'ADN permet de remplacer par un allèle mutant, n'importe quel gène dans les chromosomes de levure. (Comme nous le verrons dans la Section 9.6, la recombinaison entre chromosomes homologues se produit naturellement au cours de la méiose.)

Dans l'une des méthodes courantes utilisées pour modifier de cette façon les gènes de levure, la PCR est utilisée pour fabriquée une *construction inactivante* contenant un marqueur de sélection, qui est ensuite transfectée dans des cellules de levure. Comme le montre la Figure 9-37a, les amorces pour l'amplification par PCR du marqueur de sélection sont conçues de manière à contenir environ 20 nucléotides identiques aux séquences flanquant le gène de

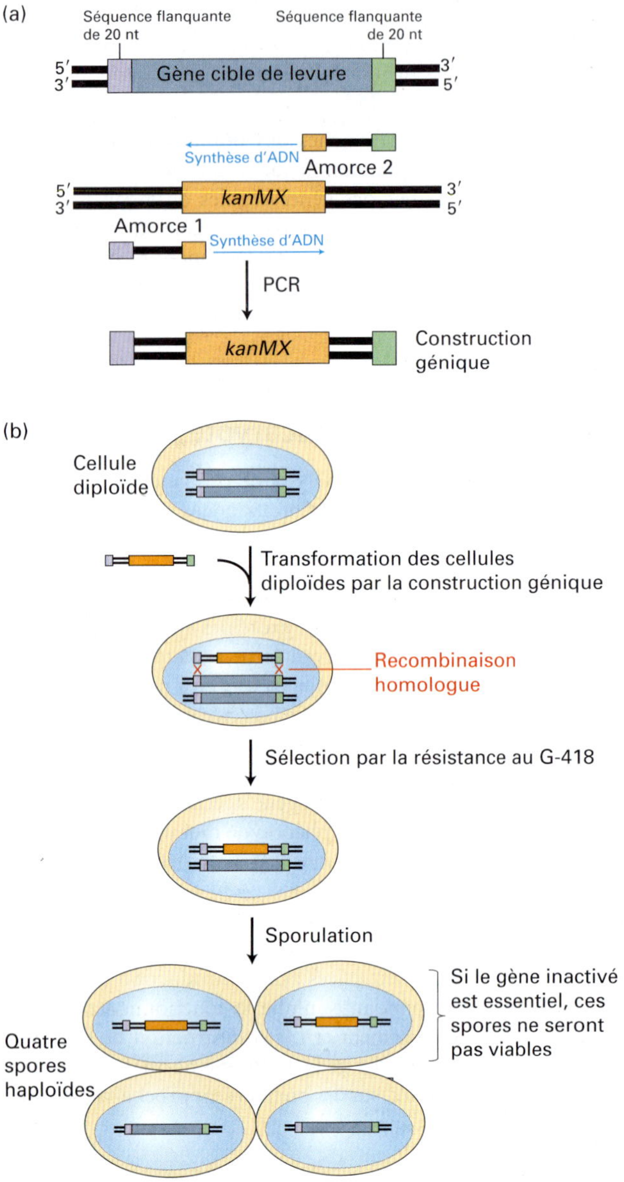

FIGURE EXPÉRIMENTALE 9-37 Une recombinaison homologue après transfection d'une construction génique invalidante peut inactiver un gène cible spécifique de la levure. (a) Une construction appropriée pour l'inactivation d'un gène cible peut être préparée par PCR. Les deux amorces synthétisées dans ce but contiennent chacune une séquence d'environ 20 nucléotides (nt) homologue d'une extrémité du gène cible de levure ainsi que les séquences nécessaires pour amplifier un segment d'ADN portant un gène marqueur de sélection tel que *kanMX*, qui confère la résistance au G-418. (b) Lorsque des cellules diploïdes receveuses de *Saccharomyces* sont transformées à l'aide de la construction génique invalidante, la recombinaison homologue entre les extrémités de la construction génique et les séquences chromosomiques correspondantes intègre le gène *kanMX* dans le chromosome, remplaçant la séquence du gène cible. Les cellules diploïdes recombinantes se développent sur un milieu contenant du G-418, au contraire des cellules non transformées. Si le gène cible est essentiel à la viabilité des cellules, la moitié des spores haploïdes qui se formeront après la sporulation des cellules diploïdes recombinantes ne seront pas viables.

levure à remplacer. La construction amplifiée résultante comprend le marqueur de sélection (comme le gène *kanMX*, qui confère comme *neo*^{r} la résistance au G-418) encadré par environ 20 paires de bases complémentaires des extrémités du gène cible de levure. Les cellules diploïdes transformées de levure, dans lesquelles l'une des deux copies du gène endogène cible a été remplacée par la construction inactivante, sont identifiées par leur résistance au G-418 ou par un autre phénotype sélectionnable. Ces cellules diploïdes hétérozygotes de levure poussent normalement indépendamment de la fonction du gène cible, mais la moitié des spores haploïdes issues de ces cellules porteront uniquement l'allèle inactivé (Figure 9-37b). Si un gène est essentiel à la viabilité, alors les spores portant un allèle inactivé ne survivront pas.

L'inactivation des gènes de levure par ce protocole s'est révélée particulièrement utile pour attribuer un rôle aux protéines identifiées par une analyse des ORF de séquences complètes d'ADN génomique. De nombreux scientifiques ont remplacé chacun des 6 000 gènes environ identifiés grâce à l'analyse des ORF, au moyen de la construction inactivante contenant *kanMX* et déterminé les inactivations de gènes ayant produit ces spores haploïdes non viables. Ces analyses ont montré que près de 4 500 des 6 000 gènes de levure ne sont pas nécessaires à la viabilité de ces organismes, ce qui constitue un nombre étonnamment élevé de gènes apparemment non essentiels. Dans certains cas, l'inactivation d'un gène donné peut provoquer des défauts subtils qui ne compromettent pas la viabilité des cellules de levure dans les conditions de laboratoire. D'autre part, des cellules portant un gène inactivé peuvent être viables en raison de l'existence d'un gène de sauvegarde ou de voies compensatoires. Pour étudier cette possibilité, les généticiens de la levure recherchent régulièrement les mutations synthétiques létales qui pourraient révéler des gènes non essentiels avec des fonctions redondantes (voir Figure 9-9c).

La transcription des gènes liés à un promoteur régulé peut être contrôlée expérimentalement

Bien que l'inactivation d'un gène essentiel à la croissance cellulaire produise des spores non viables, cette technique fournit peu d'informations sur le rôle exact de la protéine codée dans les cellules. Pour en apprendre davantage sur la contribution d'un gène spécifique à la croissance et à la viabilité des cellules, les chercheurs doivent pouvoir inactiver de façon sélective le gène dans une population de cellules en cours de croissance. L'une des méthodes possibles consiste à utiliser un promoteur régulé, pour interrompre de façon sélective la transcription d'un gène essentiel.

Le promoteur de levure *GAL1* est un promoteur utile dans ce cas. Il est actif dans les cellules cultivées sur du galactose mais complètement inactif dans les cellules cultivées sur du glucose. Dans cette approche, la séquence codante d'un gène essentiel (*X*) ligaturé avec le promoteur *GAL1* est insérée dans un vecteur navette de levure (voir Figure 9-19a). Le vecteur recombinant est ensuite introduit dans des cellules haploïdes de levure dans lesquelles le gène *X* a été inactivé. Les cellules haploïdes transformées pousseront sur un milieu contenant du galactose puisque la copie normale du gène *X* située sur le vecteur est exprimée en présence de galactose. Lorsque les cellules sont transférées sur un milieu contenant du glucose, le gène *X* n'est plus transcrit. Lorsque les cellules se divisent, la quantité de protéine X diminue progressivement, jusqu'à atteindre une quasi-absence, qui imite le résultat d'une mutation perte de fonction. Les changements observés dans le phénotype de ces cellules après le transfert sur milieu glucosé peuvent indiquer les processus qui dépendent de la protéine codée par le gène essentiel *X*.

Au cours d'une des premières applications de cette méthode, les chercheurs étudièrent la fonction des gènes cytosoliques *Hsc70* de levure. Les cellules haploïdes dont les quatre gènes redondants *Hsc70* étaient inactivés n'étaient pas viables, sauf si elles portaient un vecteur contenant une copie du gène *Hsc70* qui pouvait être exprimée à partir du promoteur *GAL1* sur le milieu contenant du galactose. Une fois transférées sur du glucose, les cellules portant le vecteur finissaient par stopper leur croissance en raison d'une activité insuffisante de Hsc70. Un examen attentif de ces cellules mourantes révéla que les protéines sécrétoires ne pouvaient plus pénétrer dans le réticulum endoplasmique (RE). Cette étude fournit la première preuve du rôle inattendu de la protéine Hsc70 dans la translocation des protéines sécrétoires dans le RE, un processus examiné en détail au Chapitre 16.

Des gènes spécifiques peuvent être définitivement inactivés dans la lignée germinale d'une souris

Un grand nombre des techniques d'inactivation des gènes chez la levure peuvent être appliquées aux gènes d'eucaryotes supérieurs. Ces gènes peuvent être introduits dans la **lignée germinale** par recombinaison homologue, afin de produire des animaux avec une **inactivation de gènes** (*knockout*) ou animaux KO. Les souris KO chez lesquelles un gène spécifique est inactivé constituent un système expérimental performant pour étudier le développement des mammifères, leur comportement et leur physiologie. Elles sont également précieuses pour étudier l'origine moléculaire de certaines maladies génétiques humaines.

Les souris KO pour un gène déterminé (inactivation ciblée) sont créées en deux étapes. Tout d'abord, une construction d'ADN contenant un allèle inactivé d'un gène cible particulier est introduite dans des *cellules de la lignée embryonnaire* (*Embryonic Stem*) ou cellules ES. Ces cellules, issues du blastocyste, peuvent être mises en culture pendant de nombreuses générations (voir Figure 22-3). Dans une petite fraction des cellules transfectées, l'ADN introduit subit une recombinaison homologue avec le gène cible, même si les recombinaisons au niveau de sites chromosomiques non homologues sont les plus fréquentes. Pour sélectionner des cellules ayant subi une insertion homologue ciblée, la construction d'ADN recombinant introduite dans les cellules ES doit comprendre deux gènes marqueurs sélectionnables (Figure 9-38). L'un de ces gènes (*neo*^{r}) qui confère la résistance au

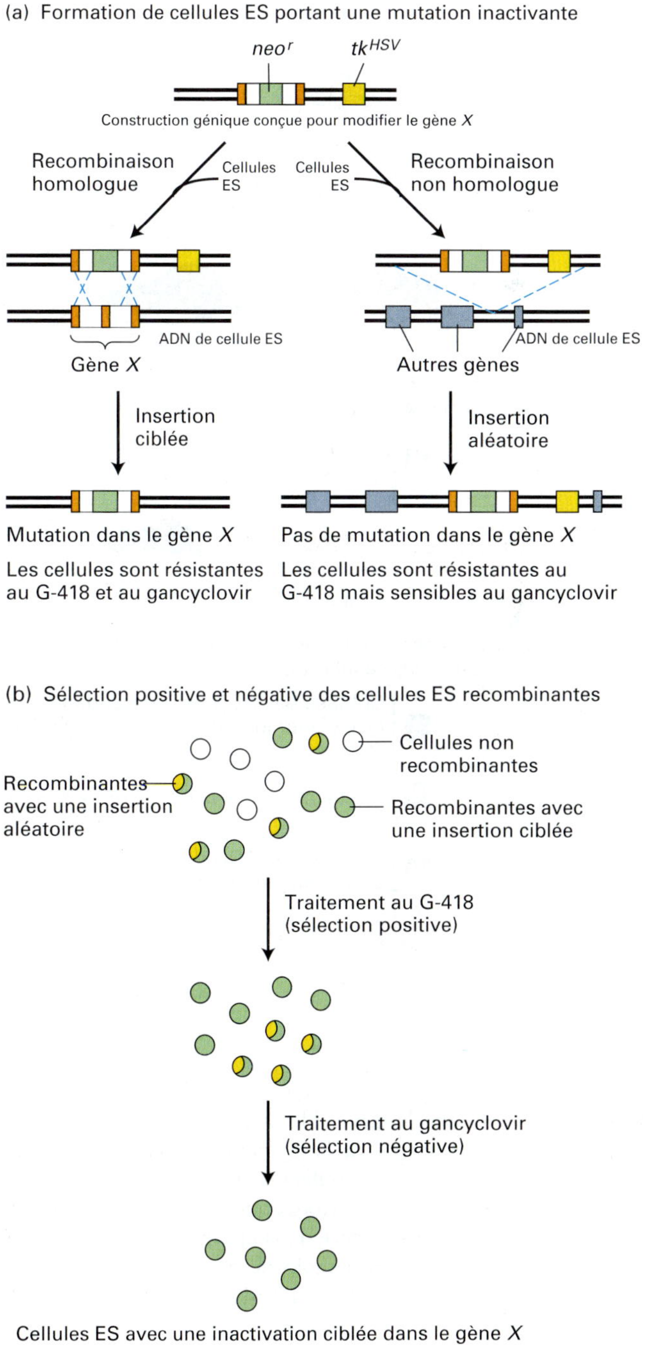

FIGURE EXPÉRIMENTALE 9-38 L'isolement de cellules ES de souris portant un gène cible inactivé est la première étape pour produire des souris KO. (a) Lorsque de l'ADN exogène est introduit dans des cellules de la lignée embryonnaire (ES), l'insertion aléatoire par recombinaison non homologue est bien plus fréquente que l'insertion dans un gène précis par recombinaison homologue. On peut obtenir des cellules recombinantes dans lesquelles un allèle du gène *X* (orange et blanc) est inactivé en utilisant un vecteur recombinant qui porte le gène *X* inactivé avec *neo*^{r} (en vert), qui confère la résistance au G-418 et, hors de la région d'homologie, *tk*^{HSV} (en jaune), le gène de la thymidine kinase provenant du virus herpes simplex. La thymidine kinase virale, au contraire de l'enzyme endogène de souris, peut convertir le gancyclovir, un analogue de nucléotide, en sa forme monophosphatée. Celle-ci est ensuite modifiée en sa forme triphosphatée qui inhibe la réplication de l'ADN cellulaire dans les cellules ES. Le gancyclovir est donc cytotoxique pour les cellules ES recombinantes portant le gène *tk*^{HSV}. L'insertion non homologue inclut le gène *tk*^{HSV}, ce qui n'est pas le cas de l'insertion homologue. Par conséquent, seules les cellules ayant subi une insertion non homologue seront sensibles au gancyclovir. (b) Les cellules recombinantes sont sélectionnées par un traitement au G-418 car les cellules qui n'ont pas absorbé l'ADN et celles qui ne l'ont pas intégré dans leur génome sont sensibles à ce composé cytotoxique. Les cellules recombinantes survivantes sont traitées au gancyclovir. Seules les cellules avec une inactivation ciblée du gène *X*, et donc dépourvues du gène *tk*^{HSV} survivront. [Voir S. L. Mansour *et al.*, 1988, *Nature* **336** :348.]

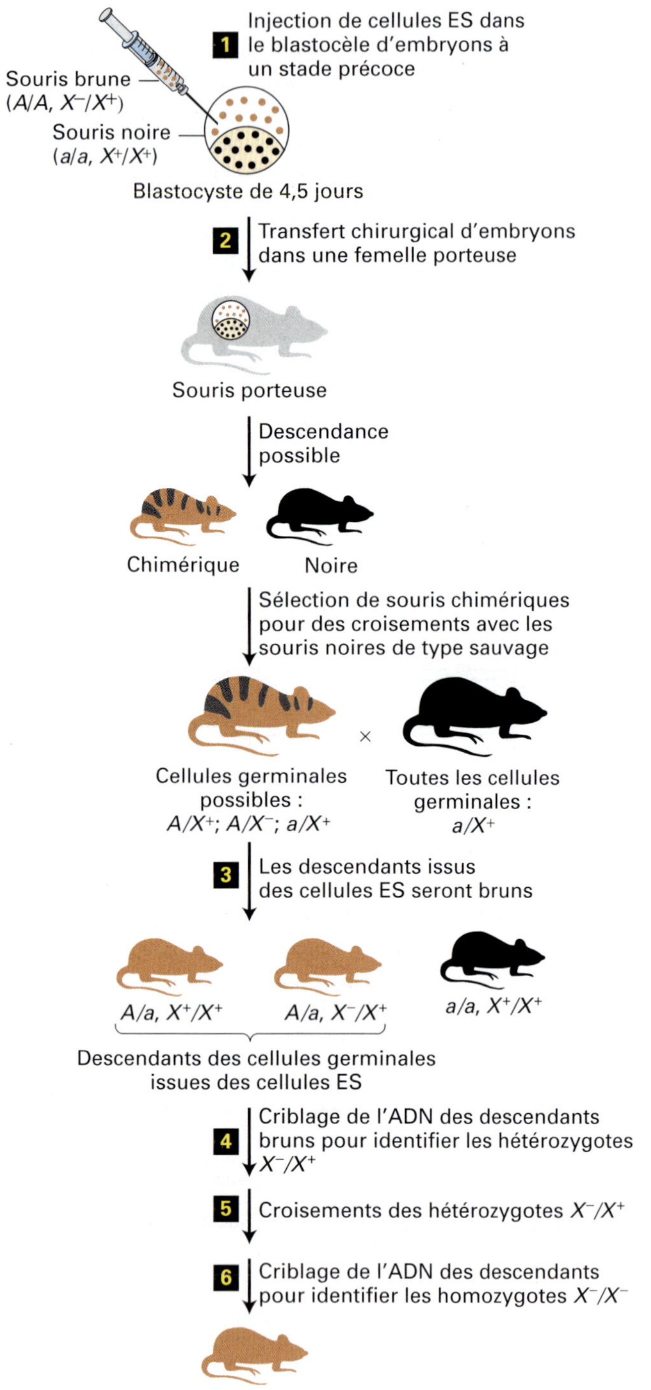

FIGURE EXPÉRIMENTALE 9-39 Des cellules ES hétérozygotes pour un gène inactivé sont utilisées pour produire des souris KO grâce à une mutation ciblée. Étape **1** : Les cellules de la lignée embryonnaire (ES) hétérozygotes pour une mutation inactivante dans un gène intéressant (*X*) et homozygotes pour un allèle dominant d'un gène marqueur (ici, celui de la couleur brune du pelage, *A*) sont transplantées dans le blastocèle d'embryons de 4,5 jours qui sont homozygotes pour un allèle récessif du marqueur (ici, la couleur noire du pelage, *a*). Étape **2** : Les embryons au stade précoce sont implantés dans une femelle porteuse. Les descendants contenant des cellules dérivées des cellules ES sont des chimères, comme l'indique leur pelage mixte brun et noir. Étape **3** : On fait ensuite subir un croisement en retour entre souris chimériques et souris noires ; les descendants bruns de ce croisement possèdent des cellules dérivées des cellules ES dans leur lignée germinale. Étape **4**-**6** : L'analyse de l'ADN isolé à partir d'une petite quantité de tissu de la queue permet d'identifier les souris brunes hétérozygotes pour l'allèle inactivé. Le croisement de ces souris entre elles produit des individus homozygotes pour l'allèle inactivé, c'est-à-dire, des souris KO. [Adapté de M. R. Capecchi, 1989, *Trends Genet.* **5** :70.]

G-418, est inséré dans le gène cible (*X*), ce qui l'inactive. L'autre gène sélectionnable, le gène de la thymidine kinase provenant du virus herpes simplex (tk^{HSV}) confère la sensibilité au gancyclovir, un analogue de nucléotide cytotoxique. Il est inséré dans la construction hors de la séquence du gène cible. Seules les cellules ES ayant subi une insertion homologue peuvent survivre en présence de G-418 et de gancyclovir. Dans ces cellules, un allèle du gène *X* est inactivé.

Lors de la deuxième étape de la création de souris KO, les cellules ES hétérozygotes pour une mutation inactivante dans le gène *X* sont injectées dans un blastocyste receveur d'une souris de type sauvage qui est ensuite transféré dans une souris femelle « porteuse » (Figure 9-39). Les descendants résultants sont des **chimères** (ou mosaïques). Ils contiennent des tissus dérivés des cellules ES transplantées et des cellules de l'hôte. Si les cellules ES sont également homozygotes pour un caractère marqueur visible (comme la couleur du pelage), alors les descendants chimériques chez lesquels les cellules ES ont survécu et proliféré sont facilement identifiables. Les souris chimériques sont ensuite croisées avec des souris homozygotes pour un autre allèle du caractère marqueur afin de déterminer si la mutation inactivante est incorporée dans la lignée germinale. Enfin, le croisement de souris hétérozygotes pour l'allèle inactivé, produit des descendants homozygotes pour la mutation inactivante.

MÉDECINE Le développement de souris KO atteintes de maladies qui ressemblent à des affections humaines peut être illustré par la mucoviscidose. Grâce aux techniques traitées dans la Section 9.6, on a pu montrer que la mutation récessive responsable de cette maladie était située dans un gène appelé *CFTR*, qui code un canal à chlorure. À l'aide du gène *CFTR* humain de type sauvage cloné, les chercheurs ont isolé le gène homologue chez la souris et y ont introduit des mutations. La technique de l'inactivation a ensuite été utilisée pour produire des souris mutantes homozygotes, qui présentaient certains symptômes (c'est-à-dire un phénotype) dont un dysfonctionnement des cellules épithéliales, semblable à ceux observés chez les malades atteints de mucoviscidose. Ces souris KO sont actuellement utilisées comme système modèle pour étudier cette maladie génétique et mettre au point des thérapies efficaces.

La recombinaison des cellules somatiques permet d'inactiver des gènes dans des tissus spécifiques

Les chercheurs s'intéressent souvent aux effets des mutations inactivantes dans un tissu particulier de la souris ou à un stade précis du développement, ou les deux. Toutefois, des souris présentant

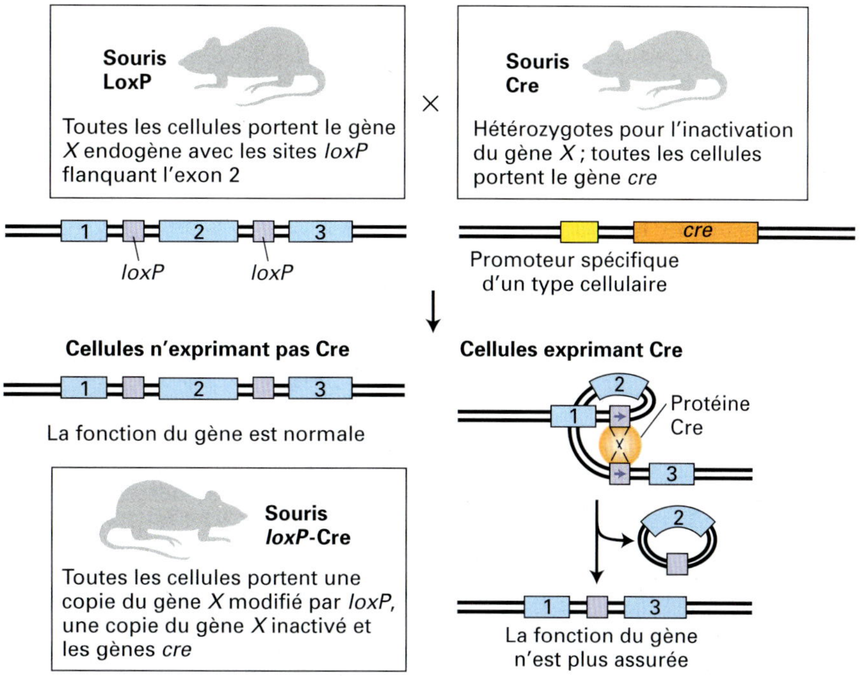

FIGURE EXPÉRIMENTALE 9-40 Le système de recombinaison *loxP*-Cre peut inactiver des gènes dans des types cellulaires spécifiques. Deux sites *loxP* sont insérés par recombinaison homologue de chaque côté d'un exon essentiel (2) du gène cible *X* (bleu), produisant une souris *loxP*. Puisque les sites *loxP* sont situés dans les introns, ils ne perturbent pas la fonction de *X*. La souris Cre porte un allèle dont le gène *X* est inactivé et un gène *cre* introduit (orange) issu du bactériophage P1, lié à un promoteur spécifique d'un type cellulaire (jaune). Le gène *cre* est incorporé par recombinaison non homologue dans le génome de la souris et n'affecte pas la fonction des autres gènes. Chez les souris *loxP*-Cre issues du croisement, la protéine Cre est produite uniquement dans les cellules dans lesquelles le promoteur est actif. Ce sont donc les seules cellules dans lesquelles a lieu une recombinaison entre les sites *loxP* catalysée par Cre, conduisant à une délétion de l'exon 2. L'autre allèle comporte une inactivation constitutive du gène *X*. Pour cette raison, la délétion entre les sites *loxP* aboutit à une perte de fonction complète du gène *X* dans toutes les cellules exprimant Cre. En utilisant différents promoteurs, les chercheurs peuvent étudier les effets de l'inactivation du gène *X* dans différents types de cellules.

une inactivation dans leur lignée germinale peuvent avoir des déficiences dans de nombreux tissus ou mourir avant le stade étudié du développement. Pour résoudre ce problème, les généticiens de la souris ont élaboré une technique astucieuse afin d'inactiver des gènes cibles dans des types spécifiques de cellules somatiques ou à des moments particuliers du développement.

Cette technique utilise des sites spécifiques de recombinaison d'ADN (appelés sites *loxP*) et l'enzyme Cre qui catalyse la recombinaison entre ces sites. Le *système de recombinaison loxP-Cre* provient du bactériophage P1, mais ce système de recombinaison site-spécifique fonctionne également une fois introduit dans des cellules de souris. Une caractéristique essentielle de cette technique est le contrôle de l'expression de Cre par un promoteur spécifique d'un type cellulaire. Dans les souris *loxP*-Cre créées par le protocole décrit dans la Figure 9-40, l'inactivation du gène intéressant (*X*) a lieu uniquement dans les cellules dans lesquelles le promoteur contrôlant le gène *cre* est actif.

L'une des premières applications de cette technique montra clairement qu'un récepteur particulier de neurotransmetteur était important pour l'apprentissage et la mémorisation. Des études pharmacologiques et physiologiques indiquèrent qu'un apprentissage normal nécessitait la classe NMDA de récepteurs du glutamate dans l'hippocampe, une région du cerveau. Mais les souris chez lesquelles le gène codant une sous-unité du récepteur NMDA était inactivé mouraient peu de temps après leur naissance, avant l'analyse du rôle du récepteur dans l'apprentissage. Grâce au protocole décrit dans la Figure 9-40, les chercheurs créèrent des souris chez lesquelles le gène de la sous-unité du récepteur était inactivé dans l'hippocampe mais exprimé dans d'autres tissus. Ces souris survécurent jusqu'à l'âge adulte et présentèrent des déficiences d'apprentissage et de mémorisation, confirmant le rôle de ces récepteurs dans la capacité des souris à mémoriser leurs expériences.

Les allèles dominants négatifs peuvent inhiber fonctionnellement certains gènes

Chez les organismes diploïdes, comme nous l'avons vu dans la Section 9.1, la conséquence phénotypique d'un allèle récessif est exprimée uniquement chez les individus homozygotes, alors que les allèles dominants sont exprimés chez les hétérozygotes. C'est-à-dire qu'un individu doit porter deux copies d'un allèle récessif mais une seule copie d'un allèle dominant pour présenter les phénotypes correspondants. Nous avons vu comment produire des lignées de souris homozygotes pour une mutation KO récessive donnée, en croisant des individus hétérozygotes pour la même mutation KO (voir Figure 9-39). Dans le cas de cellules animales en culture cependant, il est généralement difficile d'inactiver les deux copies d'un gène pour produire un phénotype mutant. De plus, la difficulté pour produire des lignées avec les deux copies d'un gène muté est souvent due à la présence de gènes apparentés de fonction similaire qui doivent également être inactivés afin de révéler un phénotype observable.

Pour certains gènes, on peut contourner les difficultés pour produire des mutants homozygotes KO en utilisant un allèle portant une **mutation dominante négative.** Ces allèles sont génétiquement dominants, c'est-à-dire qu'ils produisent un phénotype mutant même dans des cellules portant une copie sauvage du gène.

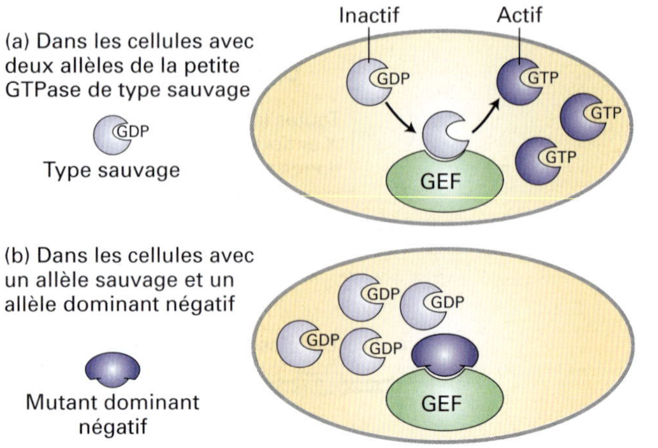

FIGURE 9.42 L'inactivation de la fonction d'une GTPase de type sauvage par l'action d'un allèle mutant dominant négatif. (a) De petites (monomériques) GTPases (violettes) sont activées par leur interaction avec un facteur d'échange des nucléotides guanine (GEF) qui catalyse l'échange de GDP contre du GTP. (b) L'introduction d'un allèle dominant négatif d'un gène de petite GTPase dans des cellules en culture ou des animaux transgéniques conduit à l'expression d'une GTPase mutante qui se fixe au GEF et l'inactive. En conséquence, les copies endogènes de type sauvage de la même petite GTPase sont piégées dans l'état inactif lié à du GDP. Un seul allèle dominant négatif crée donc un phénotype perte de fonction chez les hétérozygotes, similaire à ce que l'on observe chez des homozygotes portant deux allèles perte de fonction récessifs.

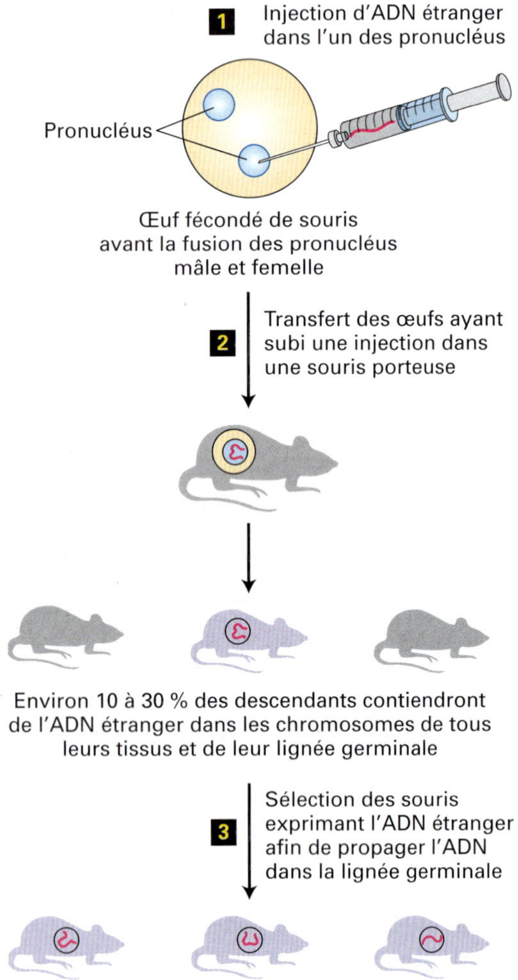

FIGURE EXPÉRIMENTALE 9-41 Les souris transgéniques sont produites par l'intégration aléatoire d'un gène étranger dans la lignée germinale de souris. L'ADN étranger injecté dans l'un des deux pronucléus (les noyaux haploïdes mâle et femelle fournis par les parents) a une bonne chance de s'intégrer au hasard dans les chromosomes du zygote diploïde. Un transgène étant intégré dans le génome receveur par recombinaison non homologue, il n'inactive pas les gènes endogènes. [Voir R. L. Brinster *et al.*, 1981, *Cell* **27** :223.]

Mais, au contraire des autres types d'allèles dominants, les allèles dominants négatifs produisent un phénotype équivalent à celui d'une mutation perte de fonction.

Des allèles dominants négatifs utiles ont été identifiés pour différents gènes et peuvent être introduits dans des cellules en culture par transfection ou dans la lignée germinale des souris ou d'autres organismes. Dans les deux cas, le gène introduit est intégré dans le génome par recombinaison non homologue. Ces gènes insérés aléatoirement sont appelés **transgènes** et les cellules ou organismes qui les portent sont dits **transgéniques.** Les transgènes portant un allèle dominant négatif sont généralement modifiés génétiquement de sorte que l'allèle est contrôlé par un promoteur régulé, ce qui permet l'expression d'une protéine mutante dans différents tissus et à des moments variés. Comme nous l'avons vu plus haut, l'intégration aléatoire d'ADN exogène par recombinaison non homologue a lieu à une fréquence nettement supérieure à l'insertion par recombinaison homologue. En raison de ce phénomène, la production de souris transgéniques est un processus efficace et direct (Figure 9-41).

Parmi les gènes susceptibles d'être inactivés fonctionnellement par l'introduction d'un allèle dominant négatif, on trouve ceux qui codent les petites protéines (monomériques) qui fixent le GTP et appartiennent à la superfamille des GTPases. Comme nous le verrons dans des chapitres ultérieurs, ces protéines (comme Ras, Rac et Rab) jouent le rôle de commutateurs intracellulaires. La conversion des petites GTPases de l'état inactif lié à du GDP vers l'état actif lié à du GTP dépend de leur interaction avec une protéine équivalente, le facteur d'échange des nucléotides guanine (GEF).

Une petite GTPase mutante qui se fixe définitivement à la protéine GEF bloquera la conversion des petites GTPases endogènes de type sauvage à l'état actif lié à du GTP, les empêchant ainsi de jouer leur rôle de commutateurs (Figure 9-42).

Les molécules d'ARN double-brin peuvent interférer avec la fonction d'un gène en ciblant l'ARNm à détruire

Les chercheurs exploitent actuellement un phénomène découvert récemment appelé **interférence d'ARN** (**ARNi**) afin d'inhiber la fonction de gènes spécifiques. Cette approche est techniquement plus simple que les méthodes décrites ci-dessus pour inactiver les gènes. Observée initialement chez le ver nématode *C. elegans*, l'interférence d'ARN fait référence à la capacité d'un ARN double-brin (db) de bloquer l'expression de l'ARNm simple-brin correspondant mais pas des ARNm de séquence différente.

Pour utiliser l'interférence d'ARN afin d'empêcher l'expression d'un gène étudié, les chercheurs produisent d'abord des ARNdb d'après la séquence du gène à inactiver (Figure 9-43a). Cet ARNdb est injecté dans la gonade d'un ver adulte, où il est au contact des embryons en cours de développement. Pendant le développement, les molécules d'ARNm correspondant aux ARNdb injectés sont rapidement détruites. Les vers résultants présentent un phénotype semblable à celui qui résulterait de l'inactivation du gène correspondant lui-même. Dans certains cas, l'entrée de quelques molécules seulement d'un ARNdb particulier dans une cellule suffit à inactiver un grand nombre de copies de l'ARNm correspondant. La Figure 9-43b illustre la capacité d'un ARNdb injecté d'interférer avec la production de l'ARNm endogène correspondant chez les embryons de *C. elegans*. Dans cette expérience, les concentrations d'ARNm dans les embryons ont été déterminées en incubant les embryons avec une sonde marquée par fluorescence, spécifique de l'ARNm intéressant. Cette technique, appelée **hybridation *in situ*** est utile pour évaluer l'expression d'un ARNm donné dans des cellules ou des régions tissulaires.

Au départ, le phénomène d'interférence d'ARN était mystérieux pour les généticiens. Des études récentes ont montré que des enzymes spécialisées dans la maturation de l'ARN clivent l'ARNdb en courts fragments, qui s'apparient avec l'ARNm endogène. Les molécules hybrides résultantes sont reconnues et clivées par des nucléases spécifiques au niveau de ces sites d'hybridation. Ce modèle explique la spécificité de l'interférence d'ARN puisqu'il repose sur l'appariement des bases et sa capacité d'empêcher l'expression des gènes, car l'ARNm complémentaire est définitivement détruit par dégradation nucléolytique. Bien que l'on ignore la fonction normale de l'interférence d'ARN, ce phénomène pourrait constituer un système de défense contre les virus possédant des génomes d'ARNdb ou aider à réguler certains gènes endogènes. (Pour une discussion plus détaillée du mécanisme de l'interférence d'ARN, voir Section 12.4).

Parmi les autres organismes chez lesquels l'inactivation des gènes par l'intermédiaire de l'interférence d'ARN a été concluante, citons la drosophile, de nombreux végétaux, le poisson zèbre, les araignées, le xénope et la souris. Bien que la plupart des autres organismes ne semblent pas aussi sensibles aux effets de l'interférence d'ARN que *C. elegans*, cette technique fonctionne bien lorsque l'ARNdb est injecté directement dans des tissus embryonnaires.

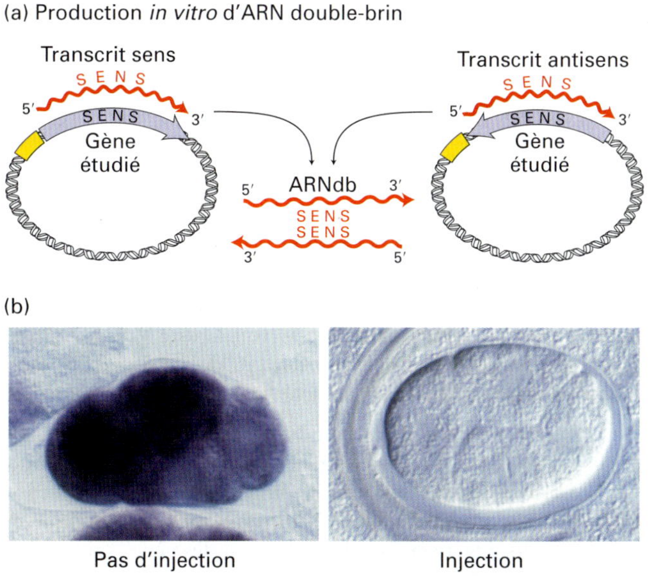

FIGURE EXPÉRIMENTALE 9-43 L'interférence d'ARN peut inactiver fonctionnellement des gènes chez *C. elegans* et certains autres organismes. (a) La production d'ARN double-brin (ARNdb) pour l'interférence d'ARN avec l'ARN d'un gène cible spécifique. La séquence codante du gène, provenant soit d'un clone d'ADNc soit d'un segment d'ADN génomique, est placée dans les deux orientations dans un vecteur plasmidique adjacent à un promoteur fort. La transcription des deux constructions *in vitro* à l'aide de l'ARN polymérase et de ribonucléotides triphosphate produit de nombreuses copies d'ARN dans la même orientation (identique à celle de la séquence d'ARNm, transcrit sens sur la figure) ou dans l'orientation antisens complémentaire (transcrit antisens). Dans des conditions adéquates, ces molécules complémentaires d'ARN s'hybrideront pour former des ARNdb. (b) L'inhibition de l'expression de l'ARN de *mex3* par l'ARNi chez les embryons de ver (voir le texte pour le mécanisme). (*À gauche*) On a testé l'expression de l'ARN de *mex3* chez les embryons par une hybridation *in situ* avec une sonde marquée par fluorescence (en violet) spécifique de cet ARNm. (*À droite*) L'embryon issu d'un ver dans lequel a été injecté de l'ARNm double-brin de *mex3* produit peu ou pas d'ARNm de *mex3* endogène, comme l'indique l'absence de couleur. Chaque embryon au stade quatre cellules est long de ≈ 50 μm. [Partie (b) d'après A. Fire *et al.*, 1998, *Nature* 391 :806.]

CONCEPTS CLÉS DE LA PARTIE 9.5

Inactiver la fonction de gènes spécifiques chez les eucaryotes

- Une fois qu'un gène a été cloné, on peut déduire des informations importantes sur sa fonction normale *in vivo* d'après les conséquences phénotypiques de la mutation de celui-ci.
- On peut inactiver des gènes chez la levure en insérant par recombinaison homologue un gène marqueur sélectionnable dans un allèle de gène de type sauvage, ce qui produit un mutant hétérozygote. Lorsqu'un tel hétérozygote subit une sporulation, l'inactivation d'un gène essentiel produit deux spores haploïdes non viables (Figure 9-37).
- Un gène de levure peut être inactivé de manière contrôlée en utilisant le promoteur *GAL1* pour interrompre la transcription d'un gène lorsque les cellules sont transférées sur un milieu contenant du glucose.

- Chez les souris, les gènes modifiés peuvent être incorporés par recombinaison homologue dans la lignée germinale au niveau de leur position génomique originelle, ce qui produit des souris KO (voir Figures 9-38 et 9-39). Les souris KO peuvent servir de modèles pour des maladies génétiques humaines telles que la mucoviscidose.
- Le système de recombinaison *loxP*-Cre permet la production de souris chez lesquelles un gène est inactivé dans un tissu spécifique.
- Lors de la production de cellules ou d'organismes transgéniques, l'ADN exogène est intégré par recombinaison non homologue dans le génome de l'hôte (voir Figure 9-41). L'introduction d'un allèle dominant négatif de cette façon peut inactiver fonctionnellement un gène sans modifier sa séquence.
- Chez certains organismes dont le ver nématode *C. elegans*, un ARN double-brin provoque la destruction de tous les ARN double-brin de même séquence (voir Figure 9-43). Ce phénomène appelé interférence d'ARN offre un moyen spécifique et puissant pour inactiver fonctionnellement des gènes sans modifier leur structure.

9.6 Identifier et localiser des gènes de maladies humaines

MÉDECINE

Les maladies humaines héréditaires sont la conséquence phénotypique de gènes déficients chez l'homme. Le Tableau 9-3 dresse la liste de plusieurs des maladies héréditaires les plus courantes. Bien qu'un gène de « maladie » puisse résulter d'une nouvelle mutation apparue à la génération précédente, la plupart des cas de maladies héréditaires sont causés par des allèles mutants préexistants, transmis d'une génération à la suivante depuis de nombreuses générations.

De nos jours, la première étape pour déchiffrer l'origine d'une maladie humaine héréditaire quelconque consiste à identifier le gène affecté et la protéine qu'il code. La comparaison des séquences d'un gène de maladie et de son produit avec celles des gènes et des protéines dont la séquence et la fonction sont connues peut fournir des éléments sur l'origine moléculaire et cellulaire de la maladie.

TABLEAU 9-3 Quelques maladies héréditaires courantes chez l'homme

Maladie	Déficience moléculaire et cellulaire	Fréquence
AUTOSOMIQUE RÉCESSIVE		
Anémie à cellules falciformes	Une hémoglobine anormale provoque la déformation des globules rouges qui peuvent s'empiler dans les capillaires ; confère également la résistance à la malaria.	1/625 d'origine africaine subsaharienne
Mucoviscidose	Un canal à chlorure déficient (CFTR) dans les cellules épithéliales entraîne l'accumulation d'un excès de mucus dans les poumons.	1/2500 d'origine européenne
Phénylcétonurie (PCU)	Une enzyme déficiente dans le métabolisme de la phénylalanine (tyrosine hydroxylase) conduit à un excès de phénylalanine, aboutissant à un retard mental sauf en cas de régime alimentaire.	1/10 000 d'origine européenne
Maladie de Tay-Sachs	Une hexosaminidase entraîne l'accumulation de sphingolipides en excès dans les lysosomes des neurones, endommageant le développement neural.	1/1000 Juifs d'Europe de l'Est
AUTOSOMIQUE DOMINANTE		
Chorée de Huntington	Une protéine neurale déficiente (huntingtine) peut s'agréger, endommageant alors le tissu neural.	1/10 000 d'origine européenne
Hypercholestérolémie	Un récepteur de LDL déficient conduit à un excès de cholestérol dans le sang et à des attaques cardiaques précoces.	1/122 Canadiens français
RÉCESSIVE LIÉE À L'X		
Dystrophie musculaire de Duchenne	La dystrophine déficiente, une protéine du cytosquelette, endommage la fonction musculaire.	1/3500 garçons
Hémophilie A	Le facteur de coagulation VIII déficient provoque une hémophilie.	1–2/10 000 garçons

L'un des premiers exemples concluants de ces hypothèses est le cas de l'anémie à cellules falciformes. On savait qu'il s'agissait d'une maladie du sang et on pensait qu'elle pouvait être due à une hémoglobine déficiente. Cette idée conduisit à l'identification d'une substitution spécifique d'acide aminé dans l'hémoglobine, qui provoque la polymérisation des molécules déficientes d'hémoglobine. Ceci donne aux globules rouges une forme de faucille chez les individus ayant reçu deux copies de l'allèle Hb^s codant cette hémoglobine déficiente.

Le plus souvent cependant, il faut trouver les gènes responsables de maladies héréditaires sans rien connaître d'elles ni posséder des hypothèses raisonnables sur la nature du gène ou de la protéine en cause. Dans cette section, nous verrons comment les généticiens humains peuvent découvrir le gène responsable d'une maladie héréditaire en suivant la ségrégation de la maladie dans les familles. La ségrégation de la maladie peut être corrélée à la ségrégation de nombreux autres **marqueurs génétiques**, ce qui permet d'établir la position chromosomique du gène affecté. Cette information, ainsi que la connaissance de la séquence du génome humain, permet finalement de faire concorder le gène affecté et les mutations responsables de la maladie. ▮

La plupart des maladies héréditaires présentent l'un des trois principaux modes de transmission

Les maladies génétiques humaines qui résultent d'une mutation dans un gène spécifique présentent plusieurs modes de transmission selon la nature et la position chromosomique des allèles responsables. L'un des modes de transmission caractéristique est présenté par un allèle dominant présent dans un **autosome** (c'est-à-dire l'un des 22 chromosomes humains qui n'est pas un chromosome sexuel). Un allèle *autosomique dominant* est exprimé chez un hétérozygote ; c'est pourquoi en général au moins l'un des parents d'un individu affecté est lui aussi atteint de la maladie. Souvent, les maladies dues à des allèles dominants apparaissent plus tard, après la puberté. Si ce n'était pas le cas, la sélection naturelle aurait éliminé l'allèle au cours de l'évolution de l'homme. La chorée de Huntington (HD pour *Huntington's disease*) est un exemple de maladie autosomique dominante. Il s'agit d'une maladie neuro-dégénérative qui se déclare vers la moitié ou la fin de la vie. Si l'un ou l'autre parent porte un allèle mutant *HD*, chacun de ses enfants (indépendamment du sexe) a un risque de 50 % de recevoir l'allèle mutant et d'être affecté par la maladie (Figure 9-44a).

Un allèle récessif dans un autosome présente un mode de ségrégation très différent. Dans le cas d'un *allèle autosomique récessif*, les deux parents doivent être **porteurs** hétérozygotes de l'allèle pour que leur enfant ait un risque d'être affecté par la maladie. Chaque enfant de parent hétérozygote a une probabilité de 25 % de recevoir les deux allèles récessifs et donc d'être affecté, une probabilité de 50 % de recevoir un allèle normal et un allèle mutant et donc d'être porteur et enfin, une probabilité de 25 % de recevoir les deux allèles normaux. La mucoviscidose est un bon exemple de maladie autosomique récessive. Elle est due à un gène appelé *CFTR* (Figure 9-44b) qui code un canal à chlorure déficient. Des individus apparentés (comme des cousins du premier ou du deuxième degré) ont une probabilité assez élevée d'être porteurs des mêmes allèles récessifs. De ce fait, les enfants issus de parents ayant un lien de parenté ont une probabilité nettement

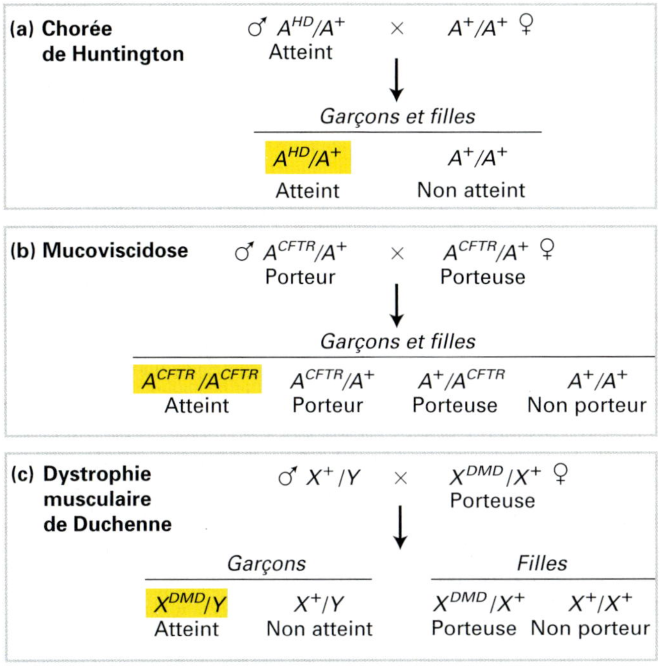

FIGURE 9-44 Trois modes de transmission courants de maladies génétiques humaines. Les autosomes (A) et les chromosomes sexuels (X et Y) de type sauvage sont indiqués par des signes plus en exposant. (a) Dans une maladie autosomique dominante telle que la chorée de Huntington, seul un allèle mutant est nécessaire pour que la maladie se déclare. Si l'un ou l'autre parent est hétérozygote pour l'allèle mutant *HD*, chacun de leurs enfants aura une probabilité de 50 % de recevoir l'allèle mutant et donc de développer la maladie. (b) Dans une maladie autosomique dominante telle que la mucoviscidose, il faut deux allèles pour que la maladie apparaisse. Les deux parents doivent être porteurs hétérozygotes du gène mutant *CFTR* pour que leurs enfants risquent d'être affectés ou d'être porteurs. (c) Une maladie récessive liée à l'X telle que la dystrophie musculaire de Duchenne est due à une mutation récessive sur le chromosome X et présente un patron de ségrégation lié à l'X typique. Les fils de femmes hétérozygotes pour un allèle mutant *DMD* ont une probabilité de 50 % de recevoir l'allèle mutant et d'être affectés. Les filles de femmes hétérozygotes ont une probabilité de 50 % d'être porteuses.

supérieure à celle des enfants de parents sans lien de parenté, d'être homozygotes et donc affectés par une maladie autosomique dominante.

Le troisième patron de ségrégation courant est celui d'un allèle *récessif lié à l'X*. Un allèle récessif sur le chromosome X s'exprimera plus souvent chez les garçons qui ont reçu un seul chromosome X de leur mère, que chez les filles qui reçoivent un chromosome X à la fois de leur père et de leur mère. Ceci conduit à un profil de ségrégation lié au sexe, dans lequel la maladie apparaît le plus souvent chez les garçons que chez les filles. Par exemple, la dystrophie musculaire de Duchenne (DMD), une maladie musculaire dégénérative qui affecte spécifiquement les garçons, est due à un allèle récessif présent sur le chromosome X. La DMD présente un profil de ségrégation lié au sexe typique dans lequel les mères qui sont hétérozygotes et présentent donc un phénotype normal sont porteuses et peuvent transmettre l'allèle de la DMD et donc la maladie à 50 % de leurs fils (Figure 9-44c).

L'analyse par recombinaison permet de localiser les gènes sur un chromosome

La ségrégation indépendante des chromosomes au cours de la méiose aide à déterminer si des gènes sont situés sur le même chromosome ou sur des chromosomes différents. Les caractères génétiques qui ségrègent ensemble au cours de la méiose plus fréquemment que ne le laisserait supposer la ségrégation aléatoire, sont contrôlés par des gènes situés sur le même chromosome. (On appelle **liaison génétique** la tendance de gènes situés sur le même chromosome à être transmis ensemble.) Néanmoins, le phénomène de recombinaison au cours de la méiose peut séparer des gènes liés. La recombinaison permet de localiser (cartographier) un gène donné par rapport à d'autres gènes situés sur le *même* chromosome.

La recombinaison se produit avant la première division cellulaire de la méiose dans les cellules germinales, lorsque les chromosomes répliqués de chaque paire d'homologues s'alignent les uns avec les autres, une étape appelée *synapse* (voir Figure 9-3). À ce moment, les séquences homologues d'ADN présentes sur les chromatides d'origine paternelle et maternelle peuvent s'échanger au cours d'un processus appelé ***crossing-over***. Les sites de recombinaison sont plus ou moins aléatoires sur toute la longueur des chromosomes. Par conséquent, plus deux gènes sont proches, moins une recombinaison entre eux au cours de la méiose est probable (Figure 9-45). En d'autres termes, *plus la recombinaison entre deux gènes situés sur le même chromosome est rare, plus leur liaison génétique est élevée et plus ils sont proches*. La fréquence de recombinaison entre deux gènes peut être déterminée à partir de la proportion de descendants recombinants issus d'unions entre des parents portant des allèles différents de chaque gène impliqué et dont les phénotypes diffèrent des phénotypes parentaux.

La présence de nombreux caractères génétiques différents déjà cartographiés, ou marqueurs, distribués sur toute la longueur d'un chromosome facilite la cartographie d'une nouvelle mutation en étudiant sa liaison possible avec ces gènes marqueurs lors de croisements adéquats. Plus il y a de marqueurs disponibles, plus la cartographie d'une mutation est précise. Lorsque de nombreuses mutations sont cartographiées, l'ordre linéaire des gènes sur toute la longueur d'un chromosome peut être établi. Cette détermination de l'ordre des gènes le long d'un chromosome s'appelle une *carte génétique* ou *carte de liaison génétique*. Par convention, une unité génétique est définie comme la distance entre deux positions chromosomiques pour laquelle apparaît 1 individu recombinant sur 100 descendants. La distance correspondant à cette fréquence de recombinaison de 1 % est appelée un *centimorgan* (*cM*). La comparaison de la fréquence de recombinaison entre des gènes connus et des distances physiques réelles déterminées par analyse moléculaire, indique que chez l'homme, 1 centimorgan représente en moyenne une distance de $7,5 \times 10^5$ paires de bases.

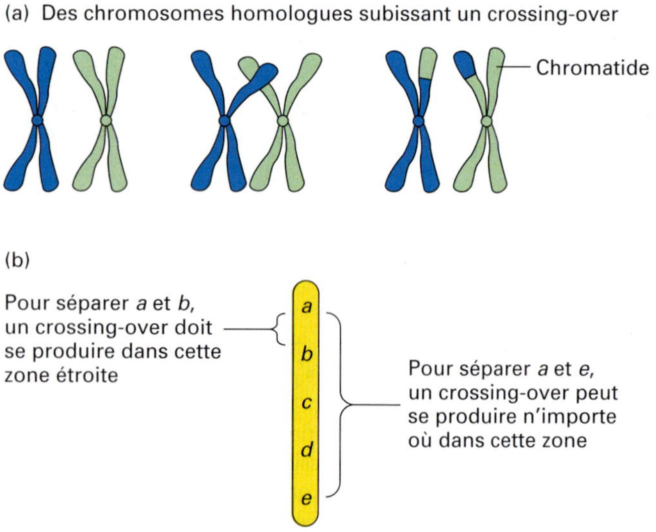

FIGURE 9-45 La recombinaison au cours de la méiose. (a) Un crossing-over peut se produire entre des chromatides de chromosomes homologues avant la première division méiotique (voir Figure 9-3). (b) Plus la distance entre deux gènes sur une chromatide est élevée, plus il est probable que ces gènes soient séparés par recombinaison.

Les polymorphismes d'ADN sont utilisés pour la cartographie de liaison génétique des mutations humaines

Il faut de nombreux marqueurs génétiques différents pour construire une carte génétique à haute résolution. Les organismes expérimentaux couramment utilisés pour les études génétiques possèdent de nombreux marqueurs avec des phénotypes facilement identifiables disponibles pour la cartographie génétique des mutations. Ce n'est pas le cas lorsqu'on veut cartographier des gènes dont les allèles mutants sont associés à des maladies héréditaires chez l'homme. Néanmoins, la technologie de l'ADN recombinant a fourni une profusion de *marqueurs moléculaires* d'ADN utiles. La plus grande partie du génome humain ne code aucune protéine, c'est pourquoi il existe une grande variation de séquence entre les individus. En effet, on estime que des différences nucléotidiques existent entre individus non apparentés en moyenne tous les 10^3 nucléotides. Si l'on peut suivre d'une génération à l'autre ces variations de la séquence de l'ADN appelées *polymorphismes d'ADN*, elles peuvent servir de marqueurs génétiques pour les études de liaison génétique. Actuellement, on utilise pour les études de liaison génétique chez l'homme un groupe de 10^4 polymorphismes différents connus, dont les positions ont été cartographiées dans le génome humain.

Les *polymorphismes de longueur des fragments de restriction* (*RFLP* pour *restriction fragment length polymorphisms* en anglais) ont été le premier type de marqueurs moléculaires utilisé dans les études de liaison génétique. Les RFLP apparaissent à la suite de mutations qui créent ou détruisent les sites reconnus par des enzymes de restriction spécifiques, conduisant à des variations entre les individus, de la longueur des fragments de restriction produits à partir de régions identiques du génome. On peut détecter les différences de taille entre les fragments de restriction appartenant à des individus distincts, en réalisant un transfert de type Southern avec une sonde spécifique d'une région d'ADN dans laquelle on connaît l'existence d'un RFLP (Figure 9-46a). La ségrégation et la recombinaison méiotique de ces polymorphismes d'ADN peuvent être suivies comme celles des marqueurs génétiques typiques. La Figure 9-46b illustre comment détecter la ségrégation des RFLP dans une famille, par analyse à l'aide des RFLP. Celle-ci peut alors être utilisée pour rechercher les liaisons génétiques significatives d'un point de vue statistique, à l'allèle d'une maladie héréditaire ou d'un autre caractère humain étudié.

Le regroupement de grandes quantités d'informations sur les séquences génomiques d'individus différents ces dernières années a permis d'identifier d'autres polymorphismes utiles de l'ADN. Les *polymorphismes de nucléotides uniques* (*SNP* pour *single nucleotide polymorphisms* en anglais) sont les plus courants et sont donc utiles pour construire des cartes génétiques à haute résolution. Un autre type utile de polymorphisme d'ADN est celui des nombres variables de répétitions de séquences d'une, deux ou trois bases. Ces polymorphismes, que l'on appelle *répétitions de séquences simples* (*SSR* pour *simple sequence repeats*) ou *microsatellites* sont sans doute formées par un mécanisme de recombinaison ou de glissement (*slippage*) du brin matrice ou du brin néosynthétisé au cours de la réplication de l'ADN. Une propriété importante des SSR est la présence fréquente d'un nombre distinct de répétitions chez des individus différents. L'existence de multiples versions d'une SSR augmente sa probabilité de produire un patron de ségrégation informatif dans un arbre généalogique et donc d'offrir une utilisation plus générale pour la cartographie des positions des gènes de maladies. Si un SNP ou un SSR altère un site de restriction, ce changement peut être détecté par une analyse à l'aide des RFLP. Le plus souvent cependant, ces polymorphismes ne modifient pas les fragments de restriction et doivent être détectés par une amplification par PCR et un séquençage de l'ADN.

Les études de liaison génétique permettent de cartographier des gènes de maladies avec une résolution proche de 1 centimorgan

Sans rentrer dans des considérations trop techniques, voyons comment cartographier l'allèle responsable d'un caractère dominant particulier (par exemple l'hypercholestérolémie familiale). La première étape consiste à obtenir des échantillons d'ADN de tous les membres d'une famille dont certains sont atteints de la maladie. L'ADN de chaque individu, affecté ou non, est ensuite analysé pour déterminer la présence d'un grand nombre de polymorphismes connus d'ADN (on peut utiliser des marqueurs SSR ou SNP). Le profil de ségrégation de chaque polymorphisme d'ADN

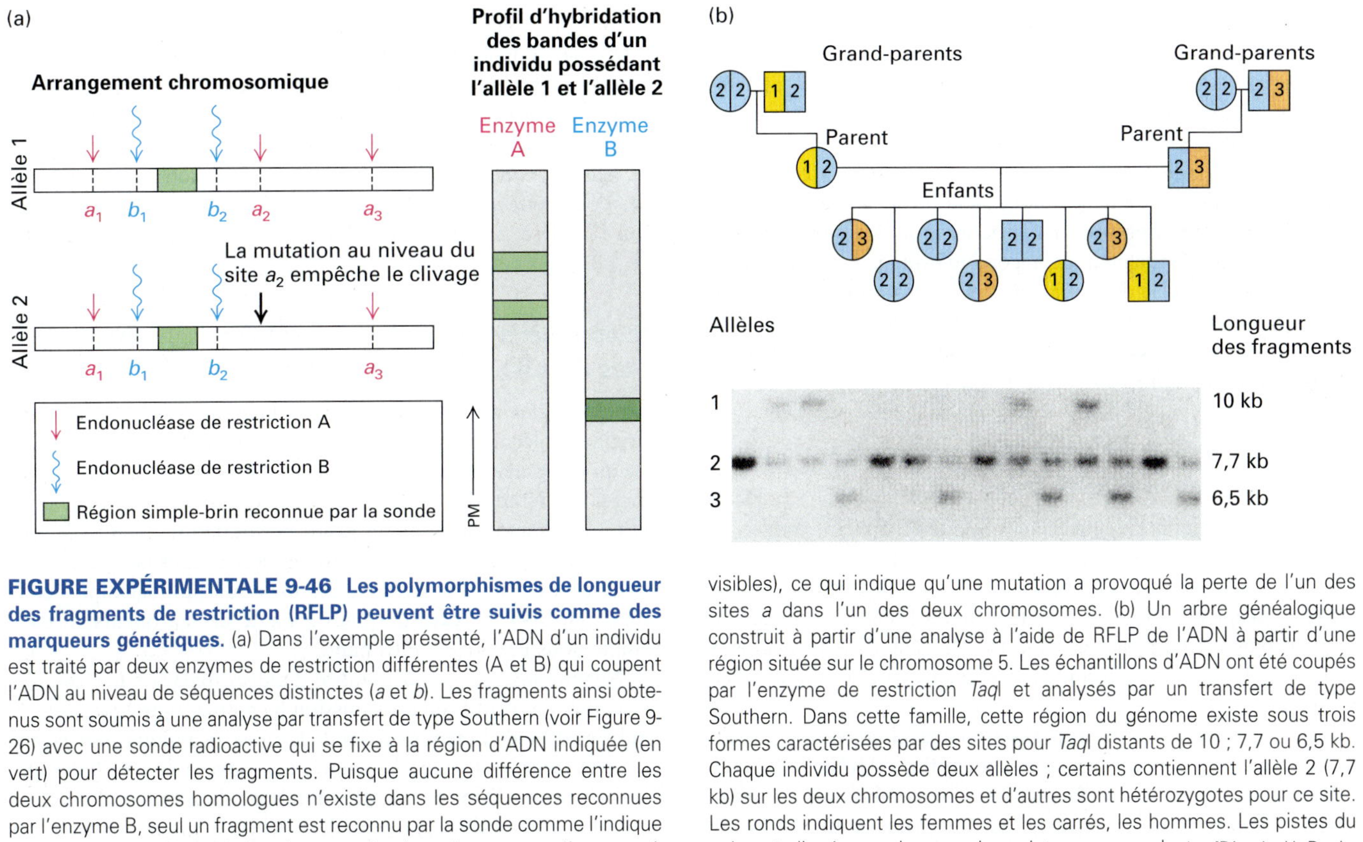

FIGURE EXPÉRIMENTALE 9-46 Les polymorphismes de longueur des fragments de restriction (RFLP) peuvent être suivis comme des marqueurs génétiques. (a) Dans l'exemple présenté, l'ADN d'un individu est traité par deux enzymes de restriction différentes (A et B) qui coupent l'ADN au niveau de séquences distinctes (*a* et *b*). Les fragments ainsi obtenus sont soumis à une analyse par transfert de type Southern (voir Figure 9-26) avec une sonde radioactive qui se fixe à la région d'ADN indiquée (en vert) pour détecter les fragments. Puisque aucune différence entre les deux chromosomes homologues n'existe dans les séquences reconnues par l'enzyme B, seul un fragment est reconnu par la sonde comme l'indique la bande unique d'hybridation. Au contraire, le traitement par l'enzyme A produit des fragments de deux longueurs différentes (deux bandes sont visibles), ce qui indique qu'une mutation a provoqué la perte de l'un des sites *a* dans l'un des deux chromosomes. (b) Un arbre généalogique construit à partir d'une analyse à l'aide de RFLP de l'ADN à partir d'une région située sur le chromosome 5. Les échantillons d'ADN ont été coupés par l'enzyme de restriction *Taq*I et analysés par un transfert de type Southern. Dans cette famille, cette région du génome existe sous trois formes caractérisées par des sites pour *Taq*I distants de 10 ; 7,7 ou 6,5 kb. Chaque individu possède deux allèles ; certains contiennent l'allèle 2 (7,7 kb) sur les deux chromosomes et d'autres sont hétérozygotes pour ce site. Les ronds indiquent les femmes et les carrés, les hommes. Les pistes du gel sont alignées au-dessous des sujets correspondants. [D'après H. Donis-Keller *et al.*, 1987, *Cell* 51 :319.]

dans une famille est ensuite comparé à la ségrégation de la maladie étudiée, afin de déterminer les polymorphismes qui ont tendance à ségréger avec la maladie. Enfin, une analyse informatique des données de ségrégation est utilisée pour calculer la probabilité de liaison entre chaque polymorphisme d'ADN et l'allèle responsable de la maladie.

En pratique, les données sur la ségrégation sont recueillies à partir de familles différentes présentant la même maladie, puis regroupées. Plus l'on peut examiner de familles atteintes d'une maladie particulière, plus la preuve d'une liaison génétique est significative d'un point de vue statistique et plus la précision avec laquelle on peut mesurer la distance entre un polymorphisme d'ADN lié et un allèle de maladie est grande. La plupart des études de familles comportent au maximum une centaine d'individus chez lesquels on peut rechercher une liaison entre un allèle de maladie et un groupe de polymorphismes d'ADN. Ce nombre d'individus fixe la limite supérieure de la résolution d'une telle étude par cartographie à environ 1 centimorgan, soit une distance physique voisine de $7,5 \times 10^5$ paires de bases.

Un phénomène appelé *déséquilibre de liaison* est à la base d'une autre stratégie, qui permet dans certains cas d'atteindre un degré de résolution plus élevé dans les études de cartographie. Cette approche dépend d'une circonstance particulière dans laquelle une maladie génétique courante dans une population spécifique résulte d'une mutation unique apparue de nombreuses générations auparavant. Ce chromosome ancestral porte des polymorphismes d'ADN conservés pendant de nombreuses générations. Les polymorphismes les plus éloignés sur le chromosome auront tendance à être séparés du gène de la maladie par recombinaison, tandis que ceux qui sont les plus proches du gène de la maladie resteront associés avec celui-ci. En examinant la distribution de marqueurs spécifiques chez tous les individus affectés d'une population, les généticiens peuvent identifier les marqueurs d'ADN étroitement associés à la maladie, localisant alors le gène associé à la maladie dans une région relativement petite. Le pouvoir de résolution de cette technique vient de la capacité de déterminer si un polymorphisme et l'allèle de la maladie ont déjà été séparés par un événement de recombinaison méiotique depuis l'apparition de l'allèle de la maladie sur le chromosome ancestral. Dans des circonstances idéales, les études de *déséquilibre de liaison* permettent d'accroître la résolution des études cartographiques jusqu'à moins de 0,1 centimorgan.

Il faut une analyse plus précise pour localiser un gène de maladie dans un ADN cloné

Bien que la cartographie génétique permette généralement de localiser un gène de maladie humaine dans une région comportant environ $7,5 \times 10^5$ paires de bases, une région de cette taille peut contenir jusqu'à 50 gènes différents. L'objectif final d'une étude de cartographie est de parvenir à localiser le gène dans un segment cloné d'ADN puis de déterminer la séquence nucléotidique de ce fragment.

L'une des stratégies pour localiser plus précisément un gène de maladie dans le génome consiste à identifier l'ARNm codé par l'ADN dans la région du gène étudié. Une comparaison de l'expression du gène dans les tissus d'individus sains et atteints pourrait donner une idée des tissus dans lesquels le gène de la maladie est exprimé en temps normal. Par exemple, une mutation qui affecte le phénotype des muscles mais pas des autres tissus pourrait se trouver dans un gène exprimé uniquement dans le tissu musculaire. L'expression de l'ARNm chez des individus sains et affectés est généralement déterminée grâce à un transfert de type Northern ou une hybridation *in situ* de l'ADN ou l'ARN marqué sur des coupes tissulaires. Les transferts de type Northern permettent de comparer le taux d'expression et la taille des ARNm dans des tissus mutants et sauvages (voir Figure 9-27). Bien que la sensibilité de l'hybridation *in situ* soit inférieure à celle d'une analyse par transfert de type Northern, elle peut être très utile pour identifier un ARNm qui est exprimé à de faibles concentrations dans un tissus donné, mais à des concentrations bien plus élevées dans une sous-classe de cellules présentes dans ce tissu. Un ARNm modifié ou absent chez différents individus atteints d'une maladie par rapport aux individus de type sauvage serait un excellent candidat pour coder la protéine dont la fonction altérée est responsable de la maladie.

Dans de nombreux cas, les mutations ponctuelles qui produisent des allèles responsables de maladies peuvent ne provoquer aucun changement détectable du taux d'expression ou de la mobilité électrophorétique des ARNm. Par conséquent, si la comparaison des ARNm exprimés chez les individus sains et atteints ne révèle pas de différence décelable entre les ARNm candidats, on entreprend une recherche des mutations ponctuelles dans les régions d'ADN codant les ARNm. Maintenant qu'il existe des techniques très efficaces de séquençage de l'ADN, les chercheurs déterminent souvent la séquence des régions candidates de l'ADN isolé à partir d'individus affectés pour identifier des mutations ponctuelles. La stratégie globale consiste à rechercher une séquence codante dont les altérations pourraient être néfastes dans l'ADN des individus atteints de la maladie. L'une des limites de cette approche est la présence éventuelle de polymorphismes naturels dans la région proche du gène affecté, sans lien avec le gène recherché. Ces polymorphismes, qui n'ont rien à voir avec la maladie, peuvent conduire à une erreur d'identification du gène recherché. Pour cette raison, plus il y a d'allèles mutants disponibles pour l'analyse, plus la probabilité d'identifier le bon gène est élevée.

De nombreuses maladies héréditaires sont dues à des défauts génétiques multiples

La plupart des maladies héréditaires humaines dont on connaît l'origine moléculaire sont des *caractères monogéniques*. C'est-à-dire qu'une maladie clairement discernable est produite par la présence d'un défaut dans un seul gène. Les maladies monogéniques dues à une mutation dans un gène spécifique présentent l'un des patrons de ségrégation caractéristiques décrits dans la Figure 9-44. Les gènes associés à la plupart des maladies monogéniques courantes ont déjà été cartographiés à l'aide de marqueurs d'ADN comme nous l'avons vu plus haut.

Néanmoins, un grand nombre d'autres maladies héréditaires présentent des profils de transmission bien plus compliqués, ce qui rend très difficile l'identification de la cause génétique sous-jacente. Cette complexité supplémentaire est souvent due à l'*hétérogénéité génétique*. Dans ce cas, des mutations dans l'un ou l'autre de multiples gènes différents peut déclencher la même maladie. La rétinite pigmentaire par exemple, qui se caractérise par une dégénérescence de la rétine aboutissant le plus souvent à la cécité, peut être provoquée par des mutations dans un gène parmi 60 différents. Dans les études humaines de liaison génétique, les données provenant de multiples familles doivent généralement être combinées afin de déterminer s'il existe une liaison significative d'un point de vue statistique entre un gène de maladie et des marqueurs moléculaires connus. L'hétérogénéité génétique telle qu'elle existe dans la rétinite pigmentaire, peut faire échouer ce type d'approche car toute tendance statistique dégagée des données cartographiques d'une famille peut s'opposer à la tendance des données obtenues à partir d'une autre famille dont la maladie est due à un gène indépendant.

Les généticiens humains ont utilisé deux approches différentes pour identifier les nombreux gènes associés à la rétinite pigmentaire. La première approche reposait sur des études de cartographie génétique menées sur des familles exceptionnellement nombreuses qui comportaient un nombre suffisant d'individus affectés pour fournir des preuves statistiques significatives de liaison entre des polymorphismes d'ADN connus et un gène responsable unique. Les gènes identifiés dans ces études montrèrent que plusieurs des mutations responsables de la rétinite pigmentaire se trouvaient dans des gènes codant des protéines abondantes dans la rétine. À la suite de cette découverte, les généticiens concentrèrent leur attention sur les gènes fortement exprimés dans la rétine lorsqu'ils examinèrent les autres individus atteints. Cette approche consistant à utiliser l'information supplémentaire obtenue pour concentrer les efforts de recherche sur un sous-groupe de gènes candidats permit l'identification d'autres mutations responsables rares, dans de nombreux gènes distincts codant des protéines de la rétine.

L'analyse génétique de maladies humaines telles que les diabètes, les maladies cardiaques, l'obésité, la prédisposition au cancer et différentes maladies mentales pose un autre type de complication car ces affections possèdent au moins certaines propriétés héréditaires. Ces maladies et bien d'autres encore peuvent être considérées comme des *caractères polygéniques* dans le sens où des allèles de gènes multiples agissant de concert chez un individu contribuent à la fois à l'apparition et à la gravité de la maladie. Il n'existe donc pour le moment pas de solution systématique au problème de la cartographie de caractères polygéniques complexes chez l'homme. À l'avenir, les progrès pourraient venir du développement de techniques plus fines de diagnostic qui permettraient de distinguer les différentes formes des maladies résultant de causes multiples.

Des modèles de maladies humaines dans des organismes expérimentaux pourraient également permettre d'élucider la génétique de caractères complexes tels que l'obésité ou les diabètes. Par exemple, des expériences de croisements contrôlés à grande échelle entre des souris pourraient permettre d'identifier des gènes murins associés à des maladies analogues à des maladies humaines. Les gènes humains orthologues de gènes murins identifiés dans ce type d'étude pourraient être des candidats potentiels susceptibles d'être impliqués dans la maladie humaine correspondante. L'ADN issu des populations humaines pourrait alors être examiné afin de déterminer si des allèles particuliers des gènes candidats ont tendance à être présents chez des individus atteints de la maladie mais absents chez des individus non atteints. Cette approche par les « gènes candidats » est très utilisée actuellement pour rechercher des gènes qui pourraient contribuer aux principales maladies polygéniques chez l'homme.

CONCEPTS CLÉS DE LA SECTION 9.6

Identifier et localiser des gènes de maladies humaines

- Les maladies héréditaires et d'autres caractères chez l'homme présentent trois modes de transmission principaux : autosomique dominant, autosomique récessif et récessif lié à l'X (voir Figure 9-44).
- Des gènes situés sur le même chromosome peuvent être séparés par crossing-over au cours de la méiose, produisant alors de nouveaux génotypes à la génération suivante (voir Figure 9-45).
- Les gènes déterminant des maladies humaines et d'autres caractères peuvent être cartographiés en établissant leur co-ségrégation avec des marqueurs de positions connues dans le génome. Plus un gène est proche d'un marqueur particulier, plus leur co-ségrégation est probable.
- La cartographie des gènes humains avec une grande précision nécessite des milliers de marqueurs moléculaires distribués le long des chromosomes. Les marqueurs les plus utiles sont les différences de séquence d'ADN (polymorphismes) entre des individus dans des régions non codantes du génome.
- Parmi les polymorphismes d'ADN utiles pour la cartographie des gènes humains, il y a les polymorphismes de longueur des fragments de restriction (RFLP), les polymorphismes de nucléotides uniques (SNP) et les répétitions de séquences simples (SSR).
- La cartographie de liaison génétique permet souvent de localiser un gène humain de maladie dans une région chromosomique contenant près de 50 gènes. Pour identifier le gène recherché dans cette région candidate, il faut généralement l'analyse de l'expression et la comparaison des séquences d'ADN entre des individus de type sauvage et des individus atteints.
- Certaines maladies héréditaires peuvent résulter de mutations dans des gènes différents chez des individus distincts (hétérogénéité génétique). L'apparition et la gravité d'autres maladies dépendent de la présence d'allèles mutants de gènes multiples chez les mêmes individus (caractères polygéniques). La cartographie des gènes associés à ces maladies est particulièrement difficile car leur apparition ne peut pas facilement être corrélée à un locus chromosomique unique.

PERSPECTIVES POUR LE FUTUR

Comme l'illustrent les exemples rencontrés dans ce chapitre et tout au long de ce livre, l'analyse génétique est à l'origine de notre compréhension d'un grand nombre des processus fondamentaux de la biologie cellulaire. En examinant les conséquences phénotypiques des mutations qui inactivent un gène spécifique, les généticiens parviennent à mettre en relation les connaissances dont ils disposent sur sa séquence, sa structure et l'activité biologique de la protéine qu'il code, avec sa fonction dans le contexte d'une cellule vivante ou d'un organisme pluricellulaire. L'approche classique pour relier les informations sur l'homme et les organismes expérimentaux plus simples a été d'identifier de nouvelles mutations intéressantes d'après leurs phénotypes, puis d'isoler le gène affecté et la protéine correspondante.

Bien que les scientifiques continuent à utiliser cette approche génétique classique pour analyser des voies biochimiques et des processus cellulaires fondamentaux, la disponibilité de la séquence génomique complète de la plupart des organismes expérimentaux couramment utilisés a changé fondamentalement la façon dont les expériences génétiques sont menées. En utilisant différents outils informatiques, les scientifiques ont identifié les séquences de gènes codant des protéines chez *E. coli*, la levure, la drosophile, *Arabidopsis*, la souris et l'homme. Les séquences géniques révèlent à leur tour la séquence primaire d'acides aminés des produits protéiques codés, ce qui nous fournit une liste presque complète des protéines présentes dans chacun des principaux organismes expérimentaux.

L'approche suivie par la plupart des chercheurs est donc passée de la découverte de nouveaux gènes et protéines à la découverte des fonctions des gènes et des protéines de séquence connue. Une fois qu'un gène intéressant a été identifié, l'information disponible sur sa séquence génomique facilite nettement les manipulations génétiques ultérieures de ce gène, y compris son inactivation ciblée, ce qui informe encore davantage sur sa fonction. Les 6000 inactivations possibles environ de gènes de levure ont quasiment toutes déjà été réalisées. Quoique relativement limitée, cette collection complète de mutants constitue le point de départ principal pour de nombreux criblages génétiques chez la levure. De même, des groupes de vecteurs pour l'inactivation par interférence d'ARN d'un grand nombre de gènes définis chez le nématode *C. elegans* permettent désormais des criblages génétiques efficaces chez cet organisme pluricellulaire. Si les progrès se poursuivent à ce rythme, il est probable que dans un futur proche, les techniques utilisant l'ARNi ou les inactivations permettront d'inactiver chaque gène chez les principaux organismes modèles, y compris la levure.

Autrefois, un scientifique pouvait passer plusieurs années à étudier un seul gène alors que les scientifiques actuels étudient souvent simultanément des groupes entiers de gènes. Par exemple, grâce aux micro-alignements d'ADN, le degré d'expression de tous les gènes d'un organisme peut être étudié presque aussi facilement que l'expression d'un seul gène. L'un des grands défis attendant les généticiens du vingt-et-unième siècle sera d'exploiter la grande quantité de données disponibles sur la fonction et la régulation des gènes individuels pour en déduire des informations fondamentales sur l'organisation des voies biochimiques complexes et des voies de régulation.

MOTS CLÉS

ADN complémentaires (ADNc) *365*
ADN recombinant *361*
Allèles *352*
Banque d'ADN *352*
Clonage de l'ADN *361*
Clone *364*
Complémentation *357*
Dominant *353*
Enzymes de restriction *361*
Génomique *352*
Génotype *352*
Hétérozygote *353*
Homozygote *353*
Hybridation *367*
Inactivation des gènes *389*
Interférence d'ARN *393*
Liaison génétique *396*
Micro-alignement d'ADN *385*
Mutation *352*
Mutations thermosensibles *356*
Phénotype *352*
Plasmides *363*
Réaction en chaîne de la polymérase (PCR) *375*
Récessif *353*
Recombinaison *387*
Ségrégation *355*
Sondes *367*
Transfection *378*
Transfert de type Northern *377*
Transfert de type Southern *377*
Transformation *363*
Transgènes *392*
Vecteurs *361*

RÉVISIONS

1. Les mutations génétiques fournissent des informations sur les mécanismes de processus cellulaires ou développementaux complexes. Quelle est la différence entre des mutations récessives et des mutations dominantes ? Qu'est-ce qu'une mutation thermosensible et à quoi peut servir ce type de mutation ?
2. On peut suivre de nombreuses approches expérimentales pour analyser des mutations. Décrivez comment l'on peut utiliser l'analyse par complémentation pour révéler si deux mutations touchent le même gène ou des gènes différents. Que sont les mutations suppressives et les mutations létales synthétiques ?
3. Les enzymes de restriction et l'ADN ligase jouent un rôle essentiel dans le clonage de l'ADN. Comment se fait-il qu'une bactérie produisant une enzyme de restriction ne coupe pas son propre ADN ? Décrivez certaines caractéristiques essentielles des sites reconnus par les enzymes de restriction. Quels sont les trois types d'extrémités d'ADN qui peuvent être créées après une coupure par des enzymes de restriction ? Quelle réaction est catalysée par l'ADN ligase ?
4. Les plasmides bactériens et le phage λ servent de vecteurs de clonage. Décrivez les caractéristiques essentielles d'un plasmide et d'un vecteur de phage λ. Quels sont les avantages et les applications des plasmides et du phage λ en tant que vecteurs de clonage ?
5. Une banque d'ADN est une collection de clones contenant chacun un fragment différent d'ADN, inséré dans un vecteur de clonage. Quelle est la différence entre une banque d'ADNc et une banque d'ADN génomique ? Comment pouvez-vous utiliser l'hybridation ou l'expression pour rechercher un gène spécifique dans une banque ? Quelles amorces oligonucléotidiques pourraient être synthétisées afin de servir de sondes pour rechercher dans une banque le gène codant le peptide Met-Pro-Glu-Phe-Tyr ?
6. En 1993, Kerry Mullis reçut le Prix Nobel de chimie pour son invention de la PCR. Décrivez les trois étapes de chaque cycle d'une réaction de PCR. En quoi la découverte d'une ADN polymérase thermostable (comme la polymérase Taq) était-elle si importante pour la mise au point de la PCR ?
7. Les transferts de type Southern et de type Northern sont des outils performants en biologie moléculaire ; décrivez chacune de ces techniques. Quelles sont leurs applications ?
8. De nombreuses protéines étrangères ont été exprimées dans des cellules de bactéries et de mammifères. Décrivez les

caractéristiques essentielles d'un plasmide recombinant, nécessaires à l'expression d'un gène étranger. Comment pouvez-vous modifier la protéine étrangère pour faciliter sa purification ? Quel est l'avantage d'exprimer une protéine dans des cellules de mammifères plutôt que dans des bactéries ?

9. Pourquoi la recherche des ORF (cadres de lecture ouverts) est-elle plus efficace pour les génomes bactériens que pour les génomes eucaryotes ? Que sont des gènes paralogues et des gènes orthologues ? Donnez quelques explications du fait que les humains, qui sont des organismes bien plus complexes que le ver nématode *C. elegans*, ont pourtant moins de deux fois plus de gènes que lui (35 000 et 19 000 respectivement) ?

10. Une analyse globale de l'expression des gènes peut être réalisée à l'aide d'un micro-alignement d'ADN. Qu'est-ce qu'un micro-alignement d'ADN ? Comment utilise-t-on les micro-alignements d'ADN pour étudier l'expression des gènes ? En quoi les expériences menées sur des micro-alignements diffèrent-elles des expériences de transfert de type Northern décrites dans la question 7 ?

11. La capacité de modifier de façon sélective le génome de la souris a révolutionné la génétique de cet animal. Décrivez la procédure suivie pour créer une souris KO au niveau d'un locus génétique spécifique. Comment le système *loxP*-Cre peut-il être utilisé pour inactiver un gène de façon conditionnelle ? Citez une application médicale importante des souris KO.

12. Il existe deux méthodes pour inactiver un gène sans modifier sa séquence : il s'agit des mutations dominantes négatives et de l'interférence d'ARN. Décrivez la façon dont chaque méthode permet d'inhiber l'expression d'un gène.

13. On peut utiliser les polymorphismes d'ADN comme des marqueurs d'ADN. Décrivez les différences entre les polymorphismes RFLP, SNP et SSR. Comment peut-on utiliser ces marqueurs pour des études de cartographie d'ADN ?

14. Les études de liaison génétique permettent d'identifier grossièrement la position chromosomique d'un gène de maladie. Décrivez l'utilisation possible de l'analyse de l'expression et de l'analyse de séquences d'ADN pour identifier un gène de maladie.

ANALYSEZ LES RÉSULTATS SUIVANTS

L'interférence d'ARN est un processus qui empêche l'expression d'un gène après la transcription, grâce à de petites molécules d'ARN double-brin appelées ARNsi (petits ARN interférents, *small interference RNA* en anglais). Dans les cellules de mammifères, la transfection d'ARNsi de 21 à 22 nucléotides provoque la dégradation des molécules d'ARNm qui contiennent la même séquence que les ARNsi. Dans l'expérience suivante, on utilise des ARNsi et des souris KO pour étudier deux protéines de la surface cellulaire apparentées appelées p24 et p25 qui semblent être des récepteurs pour un virus nouvellement isolé.

a. Pour tester l'efficacité de l'ARNi dans les cellules, des ARNsi spécifiques des protéines de surface cellulaire p24 (ARNsi-p24) et p25 (ARNsi-p25) sont transfectés individuellement dans des cellules de souris (cellules murines) en culture. L'ARN est extrait de ces cellules transfectées et l'ARNm codant les protéines p24 et p25 est détecté grâce à des transferts de type Northern en utilisant comme sondes des ADNc marqués de p24 ou p25. Le témoin de cette expérience est une transfection factice sans ARNsi. Que permet de conclure ce transfert de type Northern quant à la spécificité des ARNsi pour leurs ARNm cibles ?

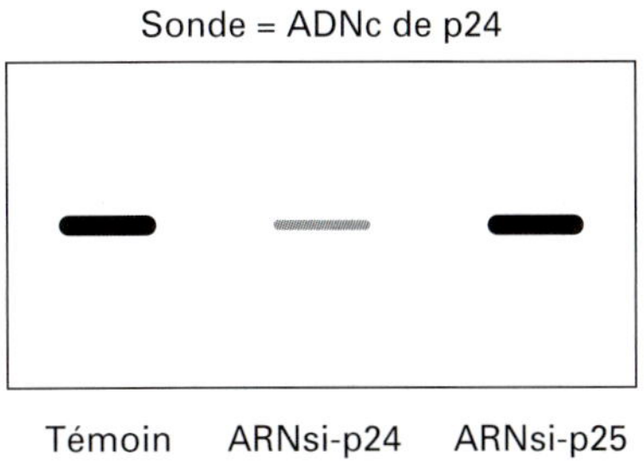

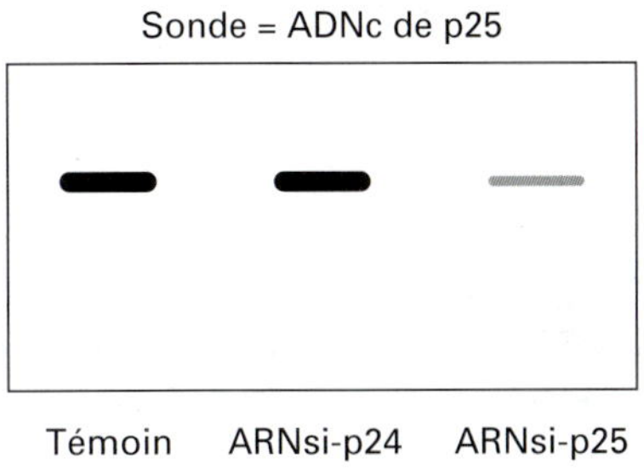

b. On teste ensuite la capacité des ARNsi d'inhiber la réplication virale. On transfecte les cellules avec des ARNsi-p24 ou des ARNsi-p25 ou encore avec des ARNsi visant une protéine virale essentielle. Vingt heures plus tard, les cellules transfectées sont infectées par le virus. Après une période supplémentaire d'incubation, les cellules sont recueillies et lysées. Le nombre de virus produits par chaque culture est présenté ci-après. Le témoin est une transfection factice sans ARNsi. Que concluez-vous sur le rôle de p24 et p25 dans la capture du virus ? Pourquoi les ARNsi visant la protéine virale pourraient-ils être plus efficaces que les ARNsi visant les récepteurs, pour réduire le nombre de virus ?

Traitement des cellules	Nombre de virus/ml
Témoin	1×10^7
ARNsi-p24	3×10^6
ARNsi-p25	2×10^6
ARNsi-p24 et ARNsi-p25	1×10^4
ARNsi visant la protéine virale	1×10^2

c. Pour étudier le rôle des protéines p24 et p25 dans la réplication virale des souris vivantes, on produit par génie génétique des souris transgéniques modifiées dépourvues des gènes de p24 et p25. Le système d'inactivation conditionnelle *loxP*-Cre est utilisé pour déléter sélectivement les gènes dans des cellules hépatiques ou pulmonaires. Des souris de type sauvage et des souris KO sont infectées par le virus. Après une période d'incubation de 24 heures, les souris sont tuées et on prélève les tissus des poumons et du foie. On examine ces tissus afin de déterminer par immuno-histochimie la présence (cellules infectées) ou l'absence (cellules normales) de virus. Qu'indiquent ces données quant aux besoins des virus pour infecter les cellules de différents tissus ?

	Tissu examiné	
Souris	Foie	Poumon
Type sauvage	infecté	infecté
Inactivation de p24 dans le foie	normal	infecté
Inactivation de p24 dans les poumons	infecté	infecté
Inactivation de p25 dans le foie	infecté	infecté
Inactivation de p25 dans les poumons	infecté	normal

d. En effectuant des transferts de type Northern sur différents tissus prélevés sur des souris de type sauvage, vous vous apercevez que p24 est exprimée dans le foie mais pas dans les poumons, alors que p25 est exprimée dans les poumons mais pas dans le foie. D'après toutes les données recueillies, proposez un modèle pour expliquer quelle est ou quelles sont les protéines impliquées dans l'entrée du virus dans les hépatocytes et les cellules des poumons. À votre avis, les cellules murines en culture utilisées dans les parties (a) et (b) expriment-elles p24, p25 ou les deux protéines ?

RÉFÉRENCES

L'analyse génétique des mutations pour identifier et étudier les gènes

Adams, A. E. M. *et al.*, (1989), A yeast actin-binding protein is encoded by sac6, a gene found by suppression of an actin mutation, *Science* **243** :231.

Griffiths, A. G. F. *et al.*, (2000), *An Introduction to Genetic Analysis*, 7ᵉ éd., W. H. Freeman and Company.

Guarente, L., (1993), Synthetic enhancement in gene interaction : a genetic tool comes of age, *Trends Genet.* **9** :362–366.

Hartwell, L. H., (1967), Macromolecular synthesis of temperature-sensitive mutants of yeast, *J. Bacteriol.* **93** :1662.

Hartwell, L. H., (1974), Genetic control of the cell division cycle in yeast. *Science* **183** :46.

Nüsslein-Volhard, C. et Wieschaus, E., (1980), Mutations affecting segment number and polarity in *Drosophila. Nature* **287** :795–801.

Simon, M. A. *et al.*, (1991), Ras1 and a putative guanine nucleotide exchange factor perform crucial steps in signaling by the sevenless protein tyrosine kinase, *Cell* **67** :701–716.

Tong, A. H. *et al.*, (2001), Systematic genetic analysis with ordered arrays of yeast deletion mutants, *Science* **294** :2364–2368.

Le clonage de l'ADN par les techniques de l'ADN recombinant

Ausubel, F. M. *et al.*, (2002), *Current Protocols in Molecular Biology,* Wiley.

Gubler, U. et Hoffman, B. J., (1983), A simple and very efficient method for generating cDNA libraries, *Gene* **25** :263–289.

Han, J. H. *et al.*, (1987), Isolation of full-length putative rat lysophospholipase cDNA using improved methods for mRNA isolation and cDNA cloning, *Biochem.* **26** :1617–1632.

Itakura, K. *et al.*, (1984), Synthesis and use of synthetic oligonucleotides, *Ann. Rev. Biochem.* **53** :323–356.

Maniatis, T. *et al.*, (1978), The isolation of structural genes from libraries of eucaryotic DNA, *Cell* **15** :687–701.

Nasmyth, K. A. et Reed, S. I., (1980), Isolation of genes by complementation in yeast : molecular cloning of a cell-cycle gene, *Proc. Natl. Acad. Sci. USA* **77** :2119–2123.

Nathans, D. et Smith, H. O., (1975), Restriction endonucleases in the analysis and restructuring of DNA molecules, *Ann. Rev. Biochem.* **44** :273–293.

Roberts, R. J. et Macelis, D., (1997), REBASE—restriction enzymes and methylases, *Nucl. Acids Res.* **25** :248–262. Des informations mises à jour dans une base de données consacrée aux enzymes de restriction et de modification sont accessibles sur le site http://www.neb.com/rebase.

Sambrook, J. et Russell., D., (2001), *Molecular Cloning : A Laboratory Manual,* Cold Spring Harbor Laboratory.

Thomas, M. *et al.*, (1974), Viable molecular hybrids of bacteriophage lambda and eukaryotic DNA, *Proc. Natl. Acad. Sci. USA* **71** :4579–4583.

Caractériser et utiliser des fragments clonés d'ADN

Andrews, A. T., (1986), Electrophoresis, 2ᵉ éd., Oxford University Press.

Erlich, H., Éd., (1992), *PCR Technology : Principles and Applications for DNA Amplification,* W. H. Freeman and Company.

Pellicer, A. *et al.*, (1978), The transfer and stable integration of the HSV thymidine kinase gene into mouse cells, *Cell* **41** :133–141.

Saiki, R. K. *et al.*, (1988), Primer-directed enzymatic amplification of DNA with a thermostable DNA polymerase, *Science* **239** :487–491.

Sanger, F., (1981), Determination of nucleotide sequences in DNA, *Science* **214** :1205–1210.

Souza, L. M. *et al.*, (1986), Recombinant human granulocyte-colony stimulating factor : effects on normal and leukemic myeloid cells, *Science* **232** :61–65.

Wahl, G. M. *et al.*, (1987), Northern and Southern blots, *Meth. Enzymol.* **152** :572–581.

Wallace, R. B. *et al.*, (1981), The use of synthetic oligonucleotides as hybridization probes. II : Hybridization of oligonucleotides of mixed sequence to rabbit b-globin DNA, *Nucl. Acids Res.* **9** :879–887.

La génomique : une analyse de la structure et de l'expression des gènes dans des génomes complexes

Des informations sur BLAST peuvent être trouvées sur le site : http://www.ncbi.nlm.nih.gov/Education/BLASTinfo/information3.htm

Ballester, R. *et al.*, (1990), The NF1 locus encodes a protein functionally related to mammalian GAP and yeast IRA proteins, *Cell* **63** :851–859.

Chervitz, S. A. *et al.*, (1998), Comparison of the complete protein sets of worm and yeast : orthology and divergence, *Science* **282** :2022–2028.

Gene Ontology Consortium., (2000), Gene ontology : tool for the unification of biology, *Nature Gen.* **25** :25–29.

Lander, E. S. *et al.* 2001 Initial sequencing and analysis of the human genome, *Nature* **409** :860–921.

Rubin, G. M., *et al.*, (2000), Comparative genomics of the eukaryotes, *Science* **287** :2204–2215.

Waterston, R. H. *et al.*, (2002), Initial sequencing and comparative analysis of the mouse genome, *Nature* **420** :520–562.

Inactiver la fonction de gènes spécifiques chez les eucaryotes

Capecchi, M. R., (1989), Altering the genome by homologous recombination, *Science* **244** :1288–1292.

Deshaies, R. J. *et al.*, (1988), A subfamily of stress proteins facilitates translocation of secretory and mitochondrial precursor polypeptides, *Nature* **332** :800–805.

Fire, A. *et al.*, (1998), Potent and specific genetic interference by double-stranded RNA in Caenorhabditis elegans, *Nature* **391** :806–811.

Gu, H. *et al.*, (1994), Deletion of a DNA polymerase beta gene segment in T cells using cell type-specific gene targeting, *Science* **265** :103–106.

Zamore, P. D. *et al.*, (2000), RNAi : double-stranded RNA directs the ATP-dependent cleavage of mRNA at 21 to 23 nucleotide intervals, *Cell* **101** :25–33.

Zimmer, A., (1992), Manipulating the genome by homologous recombination in embryonic stem cells, *Ann. Rev. Neurosci.* **15** :115.

Identifier et localiser des gènes de maladies humaines

Botstein, D. *et al.* 1980. Construction of a genetic linkage map in man using restriction fragment length polymorphisms, *Am. J. Genet.* **32** :314–331.

Donis-Keller, H. *et al.*, (1987), A genetic linkage map of the human genome, *Cell* **51** :319–337.

Hartwell *et al.*, (2000), *Genetics : From Genes to Genomes,* Mc-Graw-Hill.

Hastbacka, T. *et al.*, (1994), The diastrophic dysplasia gene encodes a novel sulfate transporter : positional cloning by fine-structure linkage disequilibrium mapping, *Cell* **78** :1073.

Orita, M. *et al.*, (1989), Rapid and sensitive detection of point mutations and DNA polymorphisms using the polymerase chain reaction, *Genomics* **5** :874.

Tabor, H. K. *et al.*, (2002), Opinion : candidate-gene approaches for studying complex genetic traits : practical considerations, *Nat. Rev. Genet.* **3** :391–397.

10

LA STRUCTURE MOLÉCULAIRE DES GÈNES ET DES CHROMOSOMES

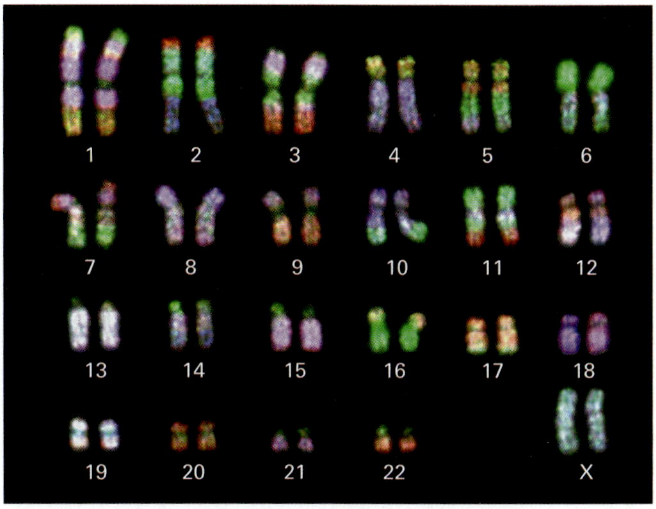

Ces chromosomes colorés par la technique de RxFISH sont à la fois beaux et utiles pour révéler les anomalies chromosomiques et pour comparer les caryotypes d'espèces différentes. [© Département de cytogénétique clinique, Addenbrookes Hospital/Photo Researchers, Inc.]

En ce début de vingt-et-unième siècle, les biologistes moléculaires ont achevé le séquençage des génomes complets de centaines de levures et de bactéries, et du génome de la levure bourgeonnante *S. cerevisiae*, un eucaryote unicellulaire. En outre, on connaît la majeure partie de la séquence génomique de plusieurs eucaryotes pluricellulaires tels que le ver nématode *C. elegans*, la mouche du vinaigre *D. Melanogaster* et l'homme (voir Figure 9-34). Une analyse détaillée de ces données de séquençage a révélé qu'une grande partie des génomes d'eucaryotes supérieurs ne code ni ARNm ni autres ARN nécessaires à l'organisme. Il est stupéfiant de constater que les ADN non codants constituent plus de 95 % de l'ADN chromosomique humain.

Dans les organismes pluricellulaires, l'ADN non codant contient de nombreuses régions similaires mais non identiques. Les variations dans certaines étendues de cet *ADN répété* (ou ADN répétitif) sont si importantes que chaque personne peut être distinguée grâce à son « empreinte » d'ADN construite à partir de ces variations de séquence. De plus, certaines répétitions d'ADN ne sont pas présentes à des positions constantes dans l'ADN des individus d'une même espèce. Ces éléments « mobiles » d'ADN, qui sont présents à la fois dans les organismes procaryotes et eucaryotes, peuvent provoquer des mutations lorsqu'ils gagnent de nouveaux sites dans le génome. Bien qu'ils n'exercent généralement aucune fonction dans le cycle vital d'un organisme, les éléments mobiles ont probablement joué un rôle important dans l'évolution.

Chez les eucaryotes supérieurs, on trouve des régions d'ADN codant des protéines — c'est-à-dire des **gènes** — dans cette abondance d'ADN apparemment non fonctionnel. En plus de l'ADN non fonctionnel présent *entre* les gènes, des **introns** non codants sont courants *à l'intérieur* des gènes de plantes et d'animaux pluricellulaires. Les introns sont moins courants mais existent parfois chez les eucaryotes unicellulaires et sont très rares chez les bactéries. Le séquençage du même gène codant une protéine chez différentes espèces eucaryotes a montré que la pression de sélection au cours de l'évolution favorise le maintien de séquences assez semblables dans les régions codantes ou **exons**. À l'inverse, de grosses variations de séquences, y compris leur perte totale, existent parmi les introns, ce qui suggère que la plupart des séquences d'introns ont peu d'importance fonctionnelle.

La longueur extraordinaire de l'ADN cellulaire est un problème important auquel les cellules doivent faire face. Dans une seule cellule humaine, la longueur totale de l'ADN est proche de 2 mètres et doit tenir dans des cellules de diamètre inférieur à 10 μm, soit un rapport de compaction supérieur à 10^5. Des protéines eucaryotes spécialisées associées à l'ADN nucléaire le replient et l'organisent pour former les structures d'ADN et de protéines que l'on voit sous l'apparence de **chromosomes** individuels lors de la mitose. Les mitochondries et les chloroplastes

SOMMAIRE

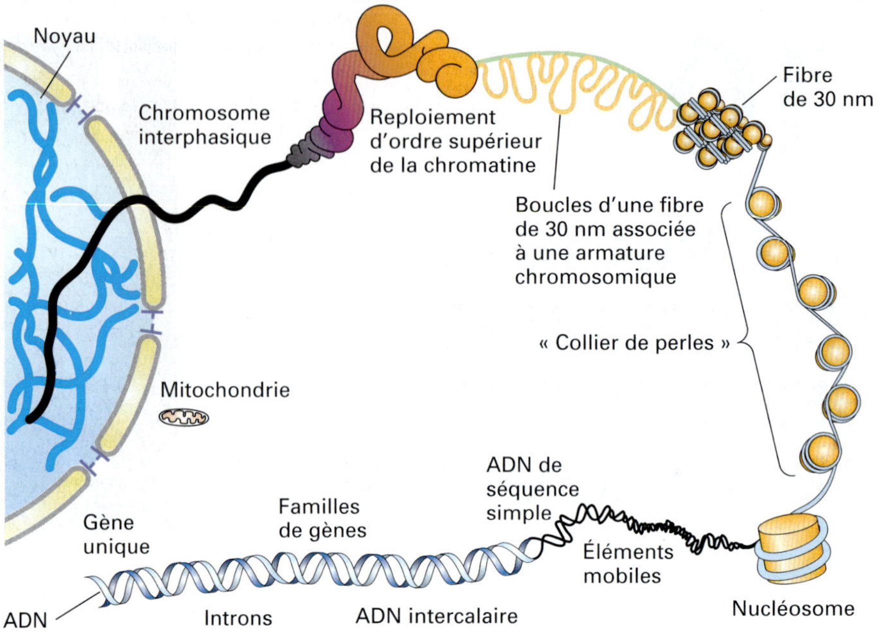

FIGURE 10-1 Une vue d'ensemble de la structure des gènes et des chromosomes. L'ADN des eucaryotes supérieurs est constitué de séquences uniques et de séquences répétées. Seul ~ 5 % de l'ADN humain codent des protéines et des ARN fonctionnels et les séquences régulatrices qui contrôlent leur expression ; le reste est constitué principalement d'ADN intercalaire entre les gènes et d'introns à l'intérieur des gènes. La plus grande partie de cet ADN, ~ 50 % chez l'homme, est issue d'éléments mobiles d'ADN, des symbiotes génétiques qui ont contribué à l'évolution des génomes actuels. Chaque chromosome est constitué d'une longue molécule unique d'ADN qui peut atteindre ~ 280 Mb chez l'homme, organisée en niveaux croissants de condensation grâce à des histones et des protéines non histones avec lesquelles elle est étroitement complexée. Des molécules d'ADN bien plus petites sont présentes dans les mitochondries et les chloroplastes.

contiennent également de l'ADN. Celui-ci est probablement un vestige de leur évolution et code des composants essentiels de ces organites vitaux.

Dans ce chapitre, nous présenterons une définition moléculaire des gènes et des difficultés rencontrées par les organismes supérieurs pour faire subir un épissage alternatif aux ARNm précurseurs. Nous traiterons ensuite des principales classes d'ADN eucaryotes et des propriétés spéciales de l'ADN mobile. Nous considérerons également l'empaquetage de l'ADN et des protéines en structures complexes, la structure des chromosomes à grande échelle et les éléments fonctionnels nécessaires à la duplication des chromosomes et à leur ségrégation. Dans la dernière section, nous étudierons l'ADN des organites et nous verrons ses différences avec l'ADN nucléaire. La Figure 10-1 donne un aperçu de ces sujets étroitement liés.

10.1 La définition moléculaire d'un gène

En termes moléculaires, un gène se définit souvent comme *la séquence complète d'acide nucléique nécessaire à la synthèse du produit fonctionnel d'un gène (polypeptide ou ARN)*. D'après cette définition, un gène comprend davantage que les nucléotides codant la séquence d'acides aminés d'une protéine, qui forme la *région codante*. Un gène inclut également toutes les séquences d'ADN nécessaires à la synthèse d'un transcrit particulier d'ARN. Dans les gènes eucaryotes, les régions de contrôle de la transcription appelées **amplificateurs** ou **enhancers** peuvent être distantes de 50 kb ou plus de la région codante. Parmi les autres régions non codantes essentielles dans les gènes eucaryotes, citons les séquences qui spécifient le clivage et la polyadénylation en 3', appelés *sites poly(A)* et l'épissage des transcrits primaires d'ARN, appelés *sites d'épissage* (voir Figure 4-14). Des mutations dans ces signaux de maturation de l'ARN empêchent l'expression d'un ARNm fonctionnel et donc du polypeptide codé.

Bien que la plupart des gènes soient transcrits en ARNm codant des protéines, certaines séquences d'ADN sont transcrites en ARN qui ne codent aucune protéine (comme les ARNt et les ARNr). Néanmoins, puisque l'ADN codant les ARNt et les ARNr est responsable de phénotypes spécifiques lorsqu'il est muté, on qualifie généralement ces régions d'ADN de *gènes* d'ARNt et d'ARNr, même si les produits finaux de ces gènes sont des molécules d'ARN et non des protéines. Un grand nombre des autres molécules d'ARN décrites dans des chapitres ultérieurs sont également transcrites à partir de gènes ne codant pas de protéines.

La plupart des gènes eucaryotes produisent des ARNm monocistroniques et contiennent de longs introns

Comme nous l'avons vu au Chapitre 4, de nombreux ARNm bactériens sont *polycistroniques*, c'est-à-dire qu'une seule molécule d'ARNm (par exemple l'ARNm codé par l'opéron *trp*) comprend la région codante de plusieurs protéines impliquées dans un même processus biologique. Inversement, la plupart des ARNm eucaryotes sont *monocistroniques*, c'est-à-dire que chaque molécule d'ARNm code une seule protéine. Cette différence entre des ARNm polycistroniques et monocistroniques est liée à une différence fondamentale dans leur mode de traduction.

Dans un ARNm polycistronique bactérien, un site de fixation pour les ribosomes est présent dans l'ARNm, près du site de début de la traduction de chaque région codant une protéine, ou cistron. L'initiation de la traduction peut commencer au niveau de n'importe lequel de ces multiples sites internes, produisant plusieurs protéines (voir Figure 4-12a). Dans la plupart des ARNm eucaryotes au contraire, la structure de la coiffe en 5' impose la fixation des ribosomes et la traduction débute au niveau du codon AUG de début de la traduction, le plus proche (voir Figure 4-12b). De ce fait, la traduction commence uniquement au niveau de ce site. Dans de nombreux cas, les transcrits primaires des gènes eucaryotes codant des protéines subissent une maturation en un seul type d'ARN, qui est traduit en un seul type de polypeptide (voir Figure 4-14).

Au contraire des gènes de bactéries et de levures, qui sont généralement dépourvus d'introns, la plupart des gènes d'animaux et de plantes pluricellulaires contiennent des introns, qui sont excisés au cours de la maturation des ARN. Très souvent, les introns dans un gène sont bien plus longs que les exons. Par exemple, sur les ≈ 50 000 paires de bases composant les nombreux gènes humains codant des protéines de taille moyenne, plus de 95 % appartiennent à des introns et aux régions non codantes en 5' et en 3'. De nombreuses protéines de grande taille chez les organismes supérieurs possèdent des domaines répétés et sont codées par des gènes constitués de répétitions d'exons similaires, séparés par des introns de longueur variable. La fibronectine en est un exemple. Il s'agit d'un composant de la matrice extracellulaire, codé par un gène contenant de multiples copies de trois sortes d'exons (voir Figure 4-15).

On trouve des unités de transcription simples et complexes dans les génomes eucaryotes

Le groupe de gènes qui forme un opéron bactérien comporte une seule **unité de transcription**, transcrite à partir d'un promoteur particulier en un transcrit primaire unique. En d'autres termes, chez les procaryotes, on distingue généralement gènes et unités de transcription. À l'inverse, la plupart des gènes eucaryotes et des unités de transcription sont le plus souvent identiques et les deux termes sont fréquemment utilisés de façon interchangeable. Les unités eucaryotes de transcription sont néanmoins classifiées en deux types, selon le devenir du transcrit primaire.

Le transcrit primaire produit à partir d'une unité de transcription *simple* subit une maturation en un seul type d'ARNm, codant une protéine unique. Des mutations dans les exons, les introns et les régions de contrôle de la transcription peuvent toutes influencer l'expression de la protéine codée par une unité de transcription simple (Figure 10-2a).

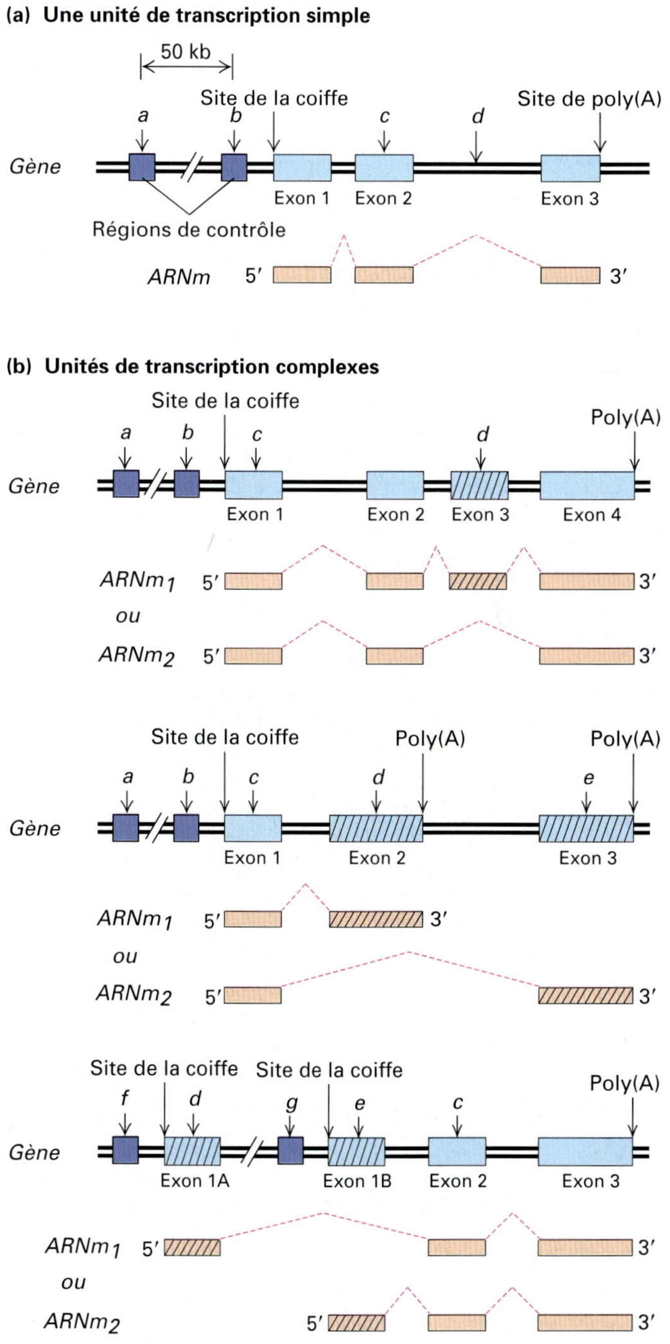

FIGURE 10-2 La comparaison d'unités de transcription eucaryotes simples et complexes. (a) Une unité simple de transcription comprend une région codant une protéine, qui s'étend du site de la coiffe en 5' jusqu'au site poly(A) en 3' et aux régions de contrôle associées. Les introns se trouvent entre les exons (rectangles bleus) et sont enlevés (excisés) au cours de la maturation des transcrits primaires (tirets rouges) ; on ne les retrouve donc pas dans l'ARNm fonctionnel monocistronique. Des mutations dans une région de contrôle de la transcription (*a*, *b*) peuvent diminuer ou empêcher la transcription, réduisant ou supprimant alors la synthèse de la protéine codée. Une mutation dans un exon (*c*) peut aboutir à la synthèse d'une protéine anormale avec une activité réduite. Une mutation dans un intron (*d*) qui crée un nouveau site d'épissage produit un ARNm épissé de façon anormale, qui code une protéine non fonctionnelle. (b) Les unités de transcription complexes produisent des transcrits primaires qui peuvent être épissés de plusieurs façons. (*En haut*) Si un transcrit primaire contient des sites alternatifs d'épissage, il peut subir une maturation en ARNm possédant les mêmes exons en 5' et en 3' mais des exons internes différents. (*Au milieu*) Si un transcrit primaire possède deux sites de poly(A), il peut subir une maturation en ARNm avec des exons 3' alternatifs. (*En bas*) Si des promoteurs alternatifs (*f* ou *g*) sont actifs dans des types cellulaires distincts, l'$ARNm_1$ produit dans un type cellulaire dans lequel *f* est activé, a un intron différent (1A) de celui de l'$ARNm_2$ qui est produit dans un type cellulaire dans lequel *g* est activé (et où l'exon 1B est utilisé). Les mutations dans des régions de contrôle (*a* et *b*) et les mutations notées *c* à l'intérieur des exons communs aux deux ARNm alternatifs affectent les protéines codées par les deux ARNm. À l'inverse, les mutations (*d* et *e*) dans les exons propres à chacun des ARNm produits par épissage alternatif affectent uniquement la protéine traduite à partir de l'ARNm concerné. Dans le cas de gènes transcrits à partir de promoteurs différents dans des types cellulaires distincts (*en bas*), des mutations dans des régions de contrôle différentes (*f* et *g*) affectent uniquement l'expression dans le type cellulaire dans lequel la région de contrôle est active.

Dans le cas des unités de transcription *complexes* qui sont assez courantes chez les organismes pluricellulaires, le transcrit primaire d'ARN peut subir plusieurs sortes de maturations, conduisant à la formation d'ARNm contenant des exons différents. Chaque ARNm cependant est monocistronique et est traduit en un seul polypeptide dont la traduction débute généralement au niveau du premier AUG de l'ARNm. Des ARNm multiples peuvent être formés de trois façons à partir d'un même transcrit primaire (Figure 10-2b) :

1. L'utilisation de sites d'épissage différents, produisant des ARNm avec les mêmes exons 5' et 3' mais des exons internes différents. La Figure 10-2b (*en haut*) montre un exemple de ce type d'épissage alternatif de l'ARN (« *saut d'exons* »).

2. L'utilisation de sites poly(A) alternatifs, produisant des ARNm qui ont les mêmes exons en 5' mais des exons différents en 3' (Figure 10-2b [*au milieu*]).

3. L'utilisation de promoteurs alternatifs, produisant des ARNm avec des exons 5' distincts mais les mêmes exons en 3'. Un gène exprimé de façon sélective dans deux types cellulaires ou plus est souvent transcrit à partir de promoteurs distincts qui sont tissu-spécifiques (Figure 10-2b [*en bas*]).

Il existe des exemples des trois types de maturation alternative des ARN, au cours de la différenciation sexuelle chez la drosophile (voir Figure 12-14). Il est fréquent qu'un ARNm soit produit à partir d'une unité de transcription complexe dans certains types cellulaires et qu'un autre ARNm soit synthétisé dans d'autres types cellulaires. Par exemple, des différences d'épissage du transcrit primaire d'ARN de fibronectine dans les fibroblastes et les hépatocytes déterminent si la protéine sécrétée comporte ou non des domaines qui adhèrent à la surface cellulaire (voir Figure 4-15).

La relation entre une mutation et un gène n'est pas toujours directe lorsqu'ils concernent des unités de transcription complexes. Une mutation dans la région de contrôle ou dans un exon commun à plusieurs ARNm alternatifs affectera toutes les protéines alternatives codées par une unité de transcription complexe donnée. Inversement, des mutations dans un exon présent dans un seul des ARNm alternatifs affecteront uniquement la protéine codée par cet ARNm. Comme nous l'avons vu au Chapitre 9, les tests de **complémentation génétique** sont souvent utilisés pour déterminer si deux mutations sont situées dans le même gène ou dans des gènes différents (voir Figure 9-7). Toutefois, dans l'unité de transcription complexe présentée dans la Figure 10-2b (*au milieu*), les mutations *d* et *e* complémenteraient au cours d'un test de complémentation génétique, même si elles se trouvaient dans le même gène. Ceci est dû au fait qu'un chromosome avec une mutation *d* peut exprimer une protéine normale codée par l'$ARNm_2$ et un chromosome portant une mutation *e* peut exprimer une protéine normale codée par l'$ARNm_1$. Au contraire, un chromosome avec une mutation *c* dans un exon commun aux deux ARNm ne complémenterait ni la mutation *d* ni la mutation *e*. En d'autres termes, la mutation *c* se trouverait dans les mêmes groupes de complémentation que les mutations *d* et *e*, alors que *d* et *e* appartiendraient à des groupes différents !

CONCEPTS CLÉS DE LA SECTION 10.1

La définition moléculaire d'un gène

- En termes moléculaires, un gène est la séquence complète d'ADN nécessaire à la synthèse d'une protéine fonctionnelle ou d'une molécule d'ARN. En plus des régions codantes (exons), un gène comporte des régions de contrôle et parfois des introns.
- La plupart des gènes de bactéries et de levures sont dépourvus d'introns alors que la majorité des gènes des organismes pluricellulaires en contiennent. La longueur totale des séquences introniques est souvent supérieure à celle des exons.
- Une unité de transcription eucaryote simple produit un seul ARNm monocistronique, qui est traduit en une protéine unique.
- Une unité de transcription eucaryote complexe est transcrite en un transcrit primaire qui peut subir une maturation en deux ARNm monocistroniques différents ou plus, selon le choix des sites d'épissage ou des sites de polyadénylation (voir Figure 10-2b).
- De nombreuses unités de transcription complexes (comme le gène de la fibronectine) expriment un ARNm dans un type cellulaire et un autre ARNm dans un type cellulaire différent.

10.2 L'organisation chromosomique des gènes et de l'ADN non codant

Après avoir étudié la relation entre les unités de transcription et les gènes, nous allons à présent considérer l'organisation des gènes sur les chromosomes et la relation entre les séquences non codantes et les séquences codantes de l'ADN.

Les génomes de nombreux organismes contiennent une forte proportion d'ADN non fonctionnel

La comparaison de l'ADN chromosomique total par cellule dans différentes espèces a d'abord suggéré qu'une grande partie de l'ADN de certains organismes ne code pas d'ARN et ne semble pas non plus exercer de fonction régulatrice ou structurale. Par exemple, les levures, les drosophiles, les poules et les humains ont dans cet ordre de plus en plus d'ADN dans leurs jeux haploïdes de chromosomes (12 ; 180 ; 1300 et 3300 Mb respectivement) conformément à ce qui nous paraît être une complexité croissante de ces organismes. Pourtant, les vertébrés qui possèdent la plus grande quantité d'ADN par cellule sont les amphibiens, dont la structure et le comportement sont sûrement moins complexes que ceux des humains. Il est encore plus surprenant de constater que le protozoaire unicellulaire *Amoeba dubia* a 200 fois plus d'ADN par cellule que l'homme. De nombreuses espèces végétales possèdent également beaucoup plus d'ADN par cellule que l'homme. Par exemple, les cellules de tulipes ont 10 fois plus d'ADN que les cellules humaines. Le contenu d'ADN par cellule varie également considérablement entre espèces étroitement apparentées. Ainsi, tous les insectes ou tous les amphibiens semblent avoir la même complexité, mais la quantité d'ADN haploïde entre des espèces de chacune de ces classes phylogénétiques varie d'un facteur 100.

Le séquençage détaillé et l'identification des exons dans l'ADN chromosomique ont fourni des preuves directes de la grande proportion d'ADN non codant dans les génomes d'eucaryotes supérieurs. Par exemple, seule une petite fraction du groupe de gènes de la ß-globine humaine, long d'environ 80 kb, code la

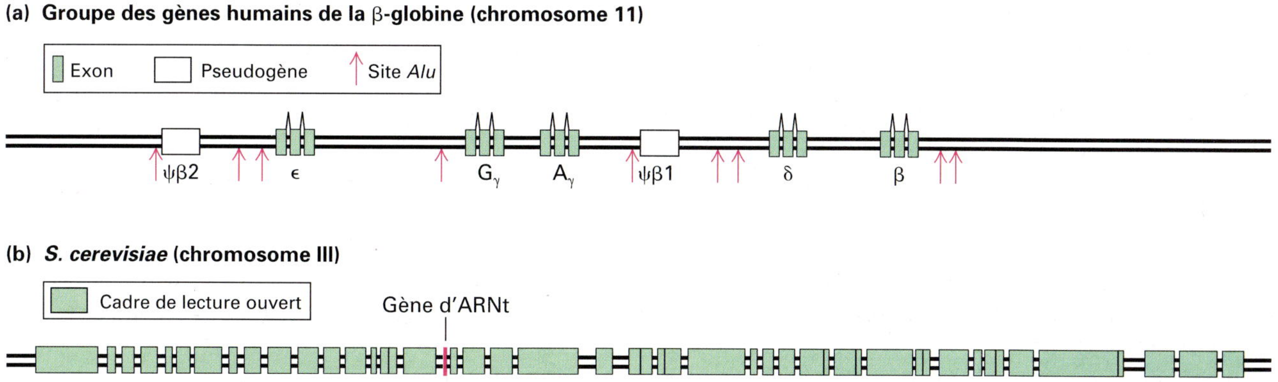

FIGURE 10-3 Une comparaison de la densité des gènes dans des régions de ≈ 80 kb d'ADN génomique d'homme et de levure *S. cerevisiae*. (a) Dans le schéma du groupe de gènes de la ß-globine, sur le chromosome humain 11, les rectangles verts représentent des exons de gènes apparentés à la ß-globine. Les exons épissés les uns aux autres pour former un ARNm sont reliés par des pics. Le groupe des gènes humains de la ß-globine contient deux pseudogènes (en blanc) ; ces régions sont apparentées aux gènes fonctionnels de type globine mais ne sont pas transcrites. Chaque flèche rouge indique la position d'une séquence *Alu* qui est une séquence non codante répétée de ≈ 300 pb, abondante dans le génome humain. (b) Dans le schéma de l'ADN de levure du chromosome III, les rectangles verts signalent les cadres de lecture ouverts. La plupart de ces séquences qui semblent être des séquences codant des protéines sont probablement des gènes fonctionnels dépourvus d'introns. Remarquez la proportion supérieure de séquences non codantes par rapport aux séquences codantes dans l'ADN humain, comparée à l'ADN de levure. [Partie (a), voir F. S. Collins et S. M. Weissman, 1984, *Prog. Nucl. Acid Res. Mol. Biol.* **31** :315 ; partie (b) voir S. G. Oliver *et al.*, 1992, *Nature* **357** :28.]

protéine (Figure 10-3a). De plus, comparé à d'autres régions de l'ADN de vertébré, le groupe de gènes de la ß-globine est inhabituellement riche en séquences codant des protéines et les introns présents dans les gènes de globine sont nettement plus courts que ceux présents dans de nombreux autres gènes humains. À l'inverse, un segment typique de 80 kb d'ADN de levure *S. cerevisiae*, un eucaryote unicellulaire (Figure 10-3b) contient de nombreuses séquences très proches codant des protéines, dépourvues d'introns et bien moins d'ADN non codant.

La densité des gènes varie fortement dans les régions différentes de l'ADN chromosomique humain, de régions « riches en gènes » telles que le groupe de la ß-globine, à de longs « déserts » pauvres en gènes. Sur les 94 % d'ADN génomique humain séquencés, seul ≈ 1,5 % correspond à des séquences codant des protéines (exons). La plupart des exons humains contiennent 50 à 200 paires de bases, même si l'exon en 3' est nettement plus long dans de nombreuses unités de transcription. La longueur des introns humains varie considérablement. Même si un grand nombre d'entre eux sont longs de ≈ 90 pb, d'autres sont bien plus longs encore. Leur longueur moyenne est de 3,3 kb. On suppose qu'environ un tiers de l'ADN génomique humain est transcrit en pré-ARNm précurseurs, mais environ 95 % de ces séquences sont situées dans les introns, qui sont retirés lors de l'épissage de l'ARN.

Des pressions de sélection différentes au cours de l'évolution peuvent expliquer au moins en partie la différence remarquable entre les quantités d'ADN non fonctionnel chez les organismes unicellulaires et pluricellulaires. Par exemple, les micro-organismes sont en compétition pour les quantités limitées de nutriments disponibles dans leur environnement et l'économie de métabolisme est donc une caractéristique essentielle. Puisque la synthèse d'ADN non fonctionnel (c'est-à-dire non codant) consomme du temps et de l'énergie, il y a sans doute eu une pression de sélection forte pour que les micro-organismes perdent leur ADN non fonctionnel au cours de l'évolution. Chez les vertébrés au contraire, la sélection naturelle dépend largement de leur comportement. L'énergie investie dans la synthèse d'ADN est faible comparée à l'énergie métabolique nécessaire au mouvement des muscles. Il y a donc eu une pression de sélection faible pour éliminer l'ADN non fonctionnel chez les vertébrés.

Les gènes codant des protéines peuvent être uniques ou appartenir à une famille de gènes

Les séquences nucléotidiques de l'ADN chromosomique peuvent être classifiées d'après leur structure et leur fonction, comme le montre le Tableau 10-1. Nous examinerons les propriétés de chaque classe en commençant par les gènes codant des protéines, qui comportent deux groupes.

Chez les organismes pluricellulaires, environ 25 à 50 % des gènes codant des protéines sont représentés une seule fois dans le génome haploïde. On parle donc de gènes uniques. Le gène du lysozyme de la poule est un exemple bien étudié de gène unique codant une protéine. La séquence d'ADN de 15 kb codant cette protéine constitue une unité de transcription simple qui contient quatre exons et trois introns. Les régions flanquantes, qui s'étendent environ 20 kb en amont et en aval de l'unité de transcription, ne codent aucun ARNm détectable. Le lysozyme, une enzyme qui clive les polysaccharides dans les parois cellulaires des bactéries, est

TABLEAU 10-1 Les principales classes d'ADN eucaryote et leur représentation dans le génome humain

Classe	Longueur	Nombre de copies dans le génome humain	Fraction du génome humain (en %)
Gène codant des protéines			
Gènes uniques	Variable	1	≈15* (0,8)†
Gène dupliqués ou produits par une divergence dans des familles de gènes	Variable	2–≈1000	≈15* (0,8)†
Gènes répétés en tandem codant des ARNr et des ARNsn	Variable	20–300	0,3
ADN répété			
ADN de séquence simple	1–500 pb	Variable	3
Répétitions dispersées			
Transposons d'ADN	2–3 kb	300 000	3
Rétrotransposons à LTR	6–11 kb	440 000	8
Rétrotransposons sans LTR			
LINE	6–8 kb	860 000	21
SINE	100–300 pb	1 600 000	13
Pseudogènes remaniés	Variable	1–≈100	≈0,4
ADN intercalaire non classifié	Variable	n.a.‡	≈25

*Unités de transcription complètes, y compris les introns.
†Exons codant des protéines. Le nombre total de gènes humains codant des protéines est estimé à 30 000-35 000 mais ce nombre est calculé d'après les méthodes actuelles pour identifier des gènes dans la séquence du génome humain et peut être sous-estimé.
‡Non applicable.

SOURCE: E. S. Lander et al., 2001, *Nature* **409**:860.

un composant abondant de la protéine du blanc d'œuf de poule ; il est également présent dans les larmes humaines. Son activité aide à maintenir stérile la surface de l'œil et de l'œuf de poule.

Les gènes dupliqués constituent le second groupe de gènes codant des protéines. Il s'agit de gènes ayant des séquences similaires mais non identiques et généralement distants de 5 à 50 kb les uns des autres. Dans les génomes de vertébrés, les gènes dupliqués représentent probablement la moitié des séquences d'ADN codant des protéines. Un groupe de gènes dupliqués qui codent des protéines ayant des séquences d'acides aminés similaires mais non identiques est appelé famille de gènes. Les protéines homologues correspondantes, étroitement apparentées, constituent une famille de protéines. Quelques familles protéiques telles que les protéines kinases, les facteurs de transcription et les immunoglobulines de vertébrés comprennent des centaines de membres. La plupart des familles de protéines cependant contiennent de quelques-uns à une trentaine de membres. Citons par exemple les protéines du cytosquelette, les protéines de choc thermique de 70 kD, la chaîne lourde de la myosine, l'ovalbumine de poule et l'(- et la ß-globines chez les vertébrés.

Les gènes codant les globines de type ß sont un bon exemple de familles de gènes. Comme le montre la Figure 10-3a, la famille des gènes de globines de type ß contient cinq gènes fonctionnels appelés ß, (, A(, G(et (. Les polypeptides codés sont désignés de la même façon. Deux polypeptides identiques de globines de type ß se combinent à deux polypeptides identiques de globines de type ((codés par une autre famille de gènes) et quatre petits hèmes pour former une molécule d'hémoglobine (voir Figure 3-10). Toutes les hémoglobines formées à partir de globines de type ß différentes transportent l'oxygène dans le sang, mais elles présentent des propriétés quelque peu différentes adaptées à leur rôle spécifique dans la physiologie humaine. Par exemple, les hémoglobines contenant les polypeptides A(ou G(sont exprimées uniquement au cours de la vie fœtale. Ces hémoglobines fœtales ayant une affinité pour l'oxygène supérieure à celle des hémoglobines de l'adulte, elles peuvent extraire efficacement l'oxygène de la circulation sanguine maternelle dans le placenta. L'affinité plus faible pour l'oxygène des hémoglobines adultes, qui sont exprimées après la naissance, permet une meilleure libération de l'oxygène dans les tissus, en

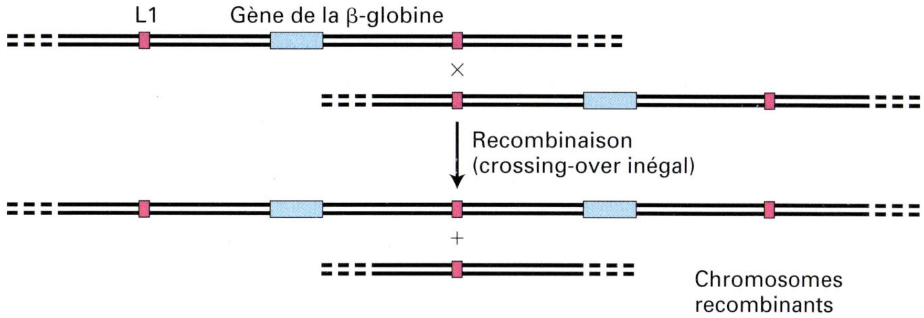

FIGURE 10-4 La duplication d'un gène résultant d'un crossing-over inégal. Chaque chromosome parental (*en haut*) contient un gène ancestral de β-globine comportant trois exons et deux introns. Les séquences homologues non codantes répétées L1 se trouvent en 5′ et en 3′ du gène de β-globine. Les chromosomes parentaux sont représentés décalés les uns par rapport aux autres, pour que les séquences L1 soient alignées. La recombinaison homologue entre les séquences L1 telle qu'elle est représentée produirait un chromosome recombinant avec deux copies du gène de la β-globine et un chromosome avec une délétion du gène de la β-globine. Les mutations indépendantes qui s'ensuivraient dans les gènes dupliqués pourraient provoquer de légers changements de séquences qui pourraient aboutir à des propriétés fonctionnelles légèrement différentes des protéines correspondantes. Un crossing-over inégal pourrait également résulter de recombinaisons rares entre des séquences sans lien. [Voir D. H. A. Fitch *et al.*, 1991, *Proc. Natl. Acad. Sci. USA* **88** :7396.]

particulier dans les muscles, dont la demande en oxygène est élevée lorsqu'ils fonctionnent.

Les différents gènes de β-globine sont sans doute apparus par duplication d'un gène ancestral, très probablement à la suite d'un « crossing-over inégal » au cours d'une recombinaison méiotique dans une cellule germinale en formation (ovule ou spermatozoïde) (Figure 10-4). Au cours de l'évolution, les deux copies de gènes ainsi formées ont accumulé des mutations aléatoires. Les mutations bénéfiques qui amélioraient la fonction élémentaire de transport d'oxygène de l'hémoglobine ont été conservées par la sélection naturelle, aboutissant à une *dérive génétique*. On pense que les duplications répétées de gènes et les dérives de séquences qui s'en sont suivies ont produit les gènes de type globine que l'on observe actuellement chez l'homme et d'autres espèces complexes.

Deux régions du groupe de gènes de globine de type β contiennent des séquences non fonctionnelles appelées **pseudogènes**, similaires à celles des gènes de globine fonctionnels de type β (voir Figure 10-3a). L'analyse de séquences montre que ces pseudogènes ont la même structure apparente exon-intron que les gènes fonctionnels de type β, ce qui suggère qu'ils sont également apparus par duplication du même gène ancestral. Néanmoins, la dérive de séquences au cours de l'évolution a produit des séquences qui interrompent la traduction ou bloquent la maturation de l'ARNm, rendant ces régions non fonctionnelles même si elles étaient transcrites en ARN. Ces pseudogènes n'étant pas défavorables, ils demeurent dans le génome et signalent le site d'une duplication de gène qui s'est produite chez l'un de nos ancêtres. Comme nous le verrons dans une section ultérieure, d'autres copies non fonctionnelles de gènes peuvent apparaître par transcription inverse d'ARNm en ADNc et par intégration de cet ADN sans intron dans un chromosome.

Plusieurs familles disctintes de gènes codent les différentes protéines qui constituent le cytosquelette. Ces protéines sont présentes en quantités variables dans presque toutes les cellules. Chez les vertébrés, les principales protéines du cytosquelette sont les actines, les tubulines et les protéines des filaments intermédiaires telles que les kératines. Nous avons examiné l'origine de l'une de ces familles, la famille des tubulines dans le chapitre précédent (voir Figure 9-32). Bien que la logique physiologique à l'origine des familles des protéines du cytosquelette ne soit pas aussi évidente que pour les globines, les différents membres d'une famille ont probablement des fonctions similaires mais légèrement distinctes, adaptées au type particulier de cellule dans lequel elles sont exprimées.

Les gènes répétés en tandem codent des ARNr et des ARNsn

Chez les vertébrés et les invertébrés, les gènes codant des ARNr et quelques autres ARN non codants tels que certains des ARNsn impliqués dans l'épissage de l'ARN sont organisés en *séquences répétées en tandem*. Elles se distinguent des gènes dupliqués des familles de gènes par le fait que les multiples gènes répétés en tandem codent des protéines identiques ou presque, ou bien des ARN fonctionnels. Le plus souvent, les copies d'une séquence apparaissent l'une après l'autre, tête-bêche, sur une longue étendue d'ADN. Dans une répétition en tandem de gènes d'ARNr, chaque copie est identique ou presque à toutes les autres. Bien que les parties transcrites des gènes d'ARNr soient les mêmes chez un individu donné, les régions intermédiaires non transcrites situées entre les régions transcrites peuvent varier.

Les gènes répétés en tandem d'ARNr et d'ARNsn sont nécessaires pour répondre à la demande cellulaire importante de leurs transcrits. Pour bien comprendre cela, considérons qu'un nombre maximal fixé de copies d'ARN puisse être produit à partir d'un seul gène, en une seule génération cellulaire, lorsque le nombre maximum de molécules d'ARN polymérases est fixé au gène. S'il faut davantage d'ARN que ce qui peut être transcrit à partir d'un gène, de multiples copies de ce gène sont nécessaires. Par exemple, au cours du développement embryonnaire précoce chez l'homme, de nombreuses cellules embryonnaires doublent leur nombre en ≈ 24 heures et contiennent 5 à 10 millions de ribosomes. Pour

TABLEAU 10-2 Les conséquences du nombre de copies de gènes et de la fixation des ARN polymérases sur le taux de synthèse des pré-ARNr chez l'homme

Copies de gènes de pré-ARNr	Molécules d'ARN polymérases par gène	Molécules de pré-ARNr produites en 24 h
1	1	288
1	≈250	≈70 000
100	≈250	≈7 000 000

produire suffisamment d'ARNr pour former ces ribosomes, une cellule embryonnaire humaine a besoin d'au moins 100 copies des gènes d'ARNr des grande et petite sous-unités et la plupart d'entre eux doivent être proches pour avoir une activité maximum et permettre à la cellule de se diviser toutes les 24 heures (Tableau 10-2). C'est-à-dire que les multiples ARN polymérases doivent être actives et transcrire chaque gène d'ARNr au même moment (voir Figure 12-32).

Tous les eucaryotes y compris les levures, contiennent 100 copies ou plus des gènes codant l'ARNr 5S et les ARNr des grande et petite sous-unités ribosomiales. L'importance des gènes répétés d'ARNr est illustrée par les mutants de drosophile appelés *bobbed* (car ils ont des ailes tronquées) qui ne possèdent pas le jeu complet de gènes répétés en tandem de **pré-ARNr**. Une mutation *bobbed* qui réduit le nombre de gènes de pré-ARNr à moins de ≈ 50 est une mutation létale récessive.

Il existe également de multiples copies des gènes d'ARNt et des gènes d'histones ; elles sont souvent organisées en groupes mais généralement pas en séquences en tandem.

La plupart des ADN de séquence simple occupent des positions chromosomiques spécifiques

En plus des gènes dupliqués codant des protéines et des gènes répétés en tandem, les cellules eucaryotes contiennent dans leur génome de multiples copies d'autres séquences d'ADN souvent appelées *ADN répété* ou *ADN répétitif* (voir Tableau 10-1). Parmi les deux principaux types d'ADN répété, le moins abondant est l'**ADN de séquence simple**, qui représente environ 3 % du génome humain et est constitué de répétitions exactes ou presque de séquences relativement courtes. Le type le plus courant d'ADN répété est composé de séquences bien plus longues et sera traité dans la Section 10.3.

L'ADN de séquence simple est souvent appelé *ADN satellite* car dans les premières études menées par centrifugation à l'équilibre en gradient de densité sur de l'ADN issu d'organismes supérieurs, certains ADN de séquence simple formaient une bande à une position différente de celle du reste de l'ADN cellulaire. On les a appelées *bandes satellites* pour les distinguer de la bande principale d'ADN dans le gradient de densité. On appelle souvent *microsatellites*, les ADN de séquence simple dans lesquels les répétitions contiennent 1 à 13 paires de bases. La plupart ont des répétitions de 1 à 4 paires de bases et existent parfois sous la forme de répétitions en tandem de 150 paires de bases ou moins. On pense que les microsatellites sont apparus par « glissement vers l'arrière » d'un brin fils sur son brin matrice au cours de la réplication de l'ADN, de sorte que la même séquence courte a été copiée deux fois.

MÉDECINE

On trouve occasionnellement des microsatellites dans des unités de transcription. Certains individus naissent avec un nombre de répétitions dans des gènes spécifiques supérieur à ce que l'on observe en général dans la population, sans doute en raison du glissement d'un brin fils au cours de la réplication de l'ADN dans une des cellules germinales à partir desquelles ils se sont développés. On sait que ces extensions de microsatellites provoquent au moins 14 types différents de maladies neuromusculaires, selon le gène qu'elles touchent. Dans certains cas, ces extensions de microsatellites se comportent comme une mutation récessive car elles interfèrent avec la fonction ou l'expression du gène codé. Mais, dans les types les plus courants de maladies associées à ces extensions de microsatellites, la *dystrophie myotonique* et l'*ataxie cérébro-spinale*, les extensions de répétitions se comportent comme des mutations dominantes car elles interfèrent avec la maturation de l'ARN, en général dans les neurones dans lesquels les gènes affectés sont exprimés. ▮

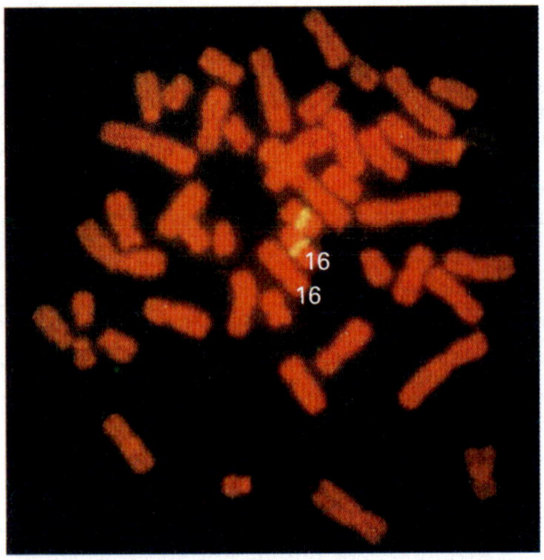

FIGURE EXPÉRIMENTALE 10.5 Les ADN de séquence simple sont des marqueurs chromosomiques utiles. Des chromosomes métaphasiques humains marqués par un colorant fluorescent ont été hybridés *in situ* avec un ADN de séquence simple particulier, marqué à l'aide d'un dérivé fluorescent de la biotine. Lorsqu'on l'examine sous une lumière de longueur d'onde appropriée, l'ADN apparaît en rouge et l'ADN de séquence simple hybridé sous la forme d'une bande jaune sur le chromosome 16, ce qui permet de localiser cette séquence simple au niveau d'un site du génome. [Voir R. K. Moyzis *et al.*, 1987, *Chromosoma* **95** :378 ; aimablement communiqué par R. K. Moyzis.]

La majorité de l'ADN satellite est constituée de répétitions de 14 à 500 paires de bases organisées en répétitions en tandem de 20 à 100 kb. Les études d'hybridation *in situ* de chromosomes métaphasiques ont permis de localiser ces ADN satellites dans des régions chromosomiques spécifiques. Chez la plupart des mammifères, la majeure partie de l'ADN satellite se trouve près des **centromères**, les régions chromosomiques discrètes qui s'associent aux microtubules du fuseau au cours de la mitose et de la méiose. On trouve également de l'ADN satellite au niveau des **télomères**, les extrémités des chromosomes et à des positions spécifiques dans les bras des chromosomes chez certains organismes. Ces dernières séquences peuvent être utiles pour identifier des chromosomes particuliers par **hybridation fluorescente *in situ*** (**FISH**), comme l'illustre la Figure 10-5.

L'ADN de séquence simple localisé au niveau des centromères pourrait participer à l'association des chromosomes avec les microtubules du fuseau au cours de la mitose. Pourtant, il n'existe pas à l'heure actuelle de preuve expérimentale incontestable démontrant une fonction pour la plupart de l'ADN de séquence simple, à l'exception des courtes répétitions situées aux extrémités des chromosomes et que nous traiterons dans une section ultérieure.

La prise d'empreintes de l'ADN dépend des différences de longueur des ADN de séquence simple

Dans une espèce, les séquences nucléotidiques des unités répétées constituant les répétitions en tandem d'ADN de séquence simple sont hautement conservées d'un individu à l'autre. Au contraire, les différences du *nombre* de répétitions et donc de la longueur des régions en tandem de séquence simple contenant la même unité répétée sont assez fréquentes d'une personne à l'autre. On pense que ces différences de longueur résultent de crossing-over inégaux au cours de la méiose, dans des régions contenant de l'ADN de séquence simple (Figure 10-6). En raison de ces crossing-over inégaux, la longueur de certaines régions en tandem est propre à chaque individu.

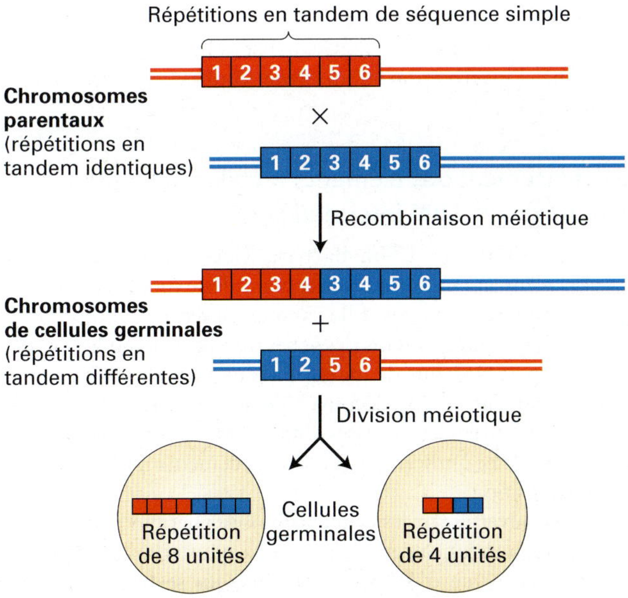

FIGURE 10-6 La création d'ADN de séquence simple de longueurs différentes par un crossing-over inégal au cours de la méiose. Dans cet exemple, un crossing-over inégal dans une zone d'ADN contenant six copies (1-6) d'une unité répétée donnée de séquence simple produit des cellules germinales contenant une région en tandem de huit ou de quatre unités.

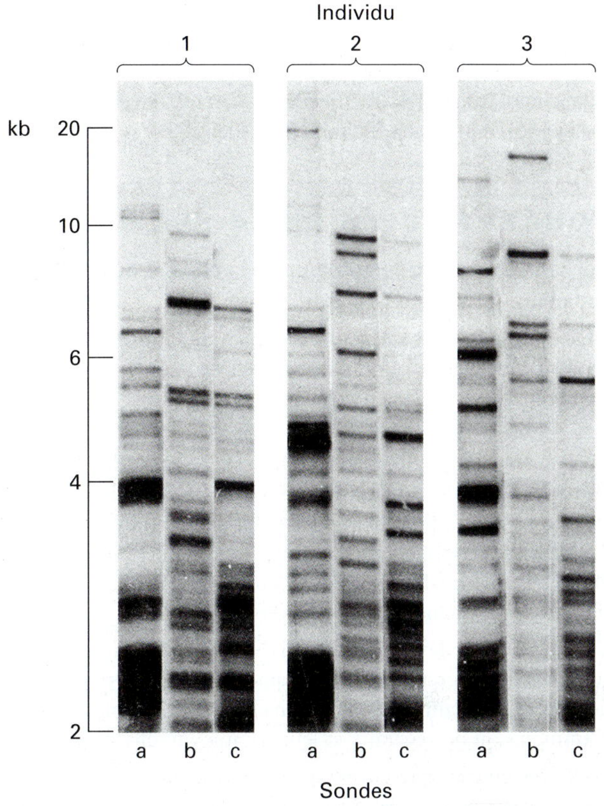

FIGURE EXPÉRIMENTALE 10-7 Les sondes spécifiques des minisatellites peuvent révéler des fragments de restriction uniques (empreintes d'ADN) qui permettent de distinguer des individus. Les échantillons d'ADN prélevés sur trois individus (1, 2 et 3) ont été soumis à une analyse par transfert de type Southern à l'aide de l'enzyme de restriction *Hin*f1 et de trois minisatellites marqués différemment comme sondes (pistes a, b et c). L'ADN de chaque individu produit un profil unique de bandes avec chaque sonde. On peut ajuster les conditions de l'électrophorèse pour qu'au moins 50 bandes soient produites avec cette enzyme de restriction. On voit facilement que ces bandes ne sont pas identiques. [D'après A. J. Jeffreys *et al.*, 1985, Nature **316** :76 ; aimablement communiqué par A. J. Jeffreys.]

Chez l'homme et d'autres mammifères, une partie de l'ADN satellite est organisée en régions relativement courtes de 1 à 5 kb constituées de 20 à 50 unités répétées, contenant chacune 15 à 100 paires de bases environ. On appelle ces régions des *minisatellites* pour les différencier des régions plus communes d'ADN satellite répété en tandem, dont la longueur est ≈ 20 à 100 kb. Les minisatellites diffèrent des microsatellites mentionnés plus haut, qui possèdent de très courtes unités répétées. Même de légères différences entre les longueurs totales de différents minisatellites d'individus distincts peuvent être détectées par un **transfert de type Southern** d'ADN cellulaire traité par une enzyme de restriction qui coupe hors de la séquence répétée (Figure 10-7). La réaction en chaîne de la polymérase (PCR) à l'aide des amorces qui s'hybrident aux séquences uniques flanquant chaque minisatellite, permet également de détecter des différences de longueur entre les minisatellites de différents individus. Ces polymorphismes d'ADN sont à la base de la technique de *prise d'empreintes de l'ADN*, qui est plus efficace que la prise d'empreintes digitales pour identifier des individus.

CONCEPTS CLÉS DE LA SECTION 10.2

L'organisation chromosomique des gènes et de l'ADN non codant

- Dans les génomes des procaryotes et de la plupart des eucaryotes inférieurs qui contiennent peu de séquences non fonctionnelles, les régions codantes sont étroitement regroupées le long de l'ADN génomique.
- À l'inverse, les génomes de vertébrés contiennent de nombreuses séquences qui ne codent aucun ARN et ne remplissent aucune fonction structurale ni régulatrice. La plus grande partie de ces ADN non fonctionnels est constituée de séquences répétées. Chez l'homme, environ 1,5 % de l'ADN total (les exons), code effectivement des protéines ou des ARN fonctionnels.
- La variation de quantité d'ADN non fonctionnel dans les génomes de différentes espèces explique en grande partie la relation entre la quantité d'ADN dans les chromosomes haploïdes d'animaux ou de végétaux et leur complexité phylogénétique.
- L'ADN génomique eucaryote est constitué de trois grandes classes de séquences : les gènes codant des protéines et des ARN fonctionnels y compris les familles de gènes et les gènes répétés en tandem ; l'ADN répété et l'ADN intercalaire (voir Tableau 10-1).
- Environ la moitié des gènes codant des protéines dans l'ADN génomique des vertébrés sont des gènes uniques, existant en un seul exemplaire dans le génome haploïde. Le reste est constitué de gènes dupliqués, apparus à la suite d'une duplication ancestrale d'un gène et de mutations ultérieures indépendantes (voir Figure 10-4).
- Les gènes dupliqués codent des protéines étroitement apparentées et apparaissent le plus souvent sous la forme d'un groupe dans une région particulière de l'ADN. Les protéines codées par une famille de gènes ont des séquences d'acides aminés homologues mais non identiques et présentent des propriétés légèrement différentes.
- Chez les invertébrés et les vertébrés, les ARNr sont codés par de multiples copies de gènes, organisées en séquences répétées en tandem dans l'ADN génomique. Les multiples copies des gènes d'ARNt et d'histones sont souvent organisées en groupes mais ne forment généralement pas de séquences répétées en tandem.
- L'ADN de séquence simple principalement constitué de séquences très courtes répétées en tandem sur de longues régions, est situé préférentiellement dans les centromères, les télomères et à des positions spécifiques dans les bras de chromosomes particuliers.
- La longueur d'une région de séquences simples répétées en tandem est très variable d'un individu à l'autre au sein d'une même espèce, probablement en raison de crossing-over inégaux pendant la méiose (voir Figure 10-6). Les différences de longueur de certaines régions de séquences simples répétées en tandem sont à la base de la technique de prise d'empreintes de l'ADN.

10.3 L'ADN mobile

Le deuxième type d'ADN répété dans les génomes eucaryotes, appelé *courtes répétitions dispersées* (*interspersed repeats*) ou ADN moyennement répété, est constitué d'un grand nombre de copies de familles comprenant relativement peu de séquences (voir Tableau 10-1). Ces séquences, dispersées dans l'ensemble des génomes de mammifères, constituent ≈ 25 à 50 % de l'ADN des mammifères (≈ 45 % de l'ADN humain).

Les séquences d'ADN moyennement répété ont la capacité unique de « se déplacer » dans le génome, c'est pourquoi on les appelle des **éléments mobiles d'ADN** (ou *éléments transposables*). Bien que les éléments mobiles d'ADN, de quelques centaines à quelques milliers de paires de bases de long, aient été découverts chez les eucaryotes, ils existent également chez les procaryotes. Le processus par lequel ces séquences sont copiées et insérées dans un nouveau site du génome est appelé **transposition**. Les éléments mobiles d'ADN (ou simplement *éléments mobiles*) sont essentiellement des symbiotes moléculaires. Dans la plupart des cas, ils ne semblent pas jouer de rôle spécifique dans la biologie des organismes qui les abritent, mais existent uniquement pour se perpétuer. Pour cette raison, Francis Crick les appelait « l'ADN égoïste ».

Lorsque la transposition des éléments mobiles eucaryotes a lieu dans les cellules germinales, les séquences transposées au niveau de nouveaux sites peuvent être transmises aux générations suivantes. De cette façon, les éléments mobiles se sont multipliés et se sont lentement accumulés dans les génomes eucaryotes au cours de l'évolution. Les éléments mobiles étant éliminés très lentement des génomes eucaryotes, ils en constituent désormais une fraction non négligeable. La transposition peut également avoir lieu dans une cellule somatique. Dans ce cas, la séquence transposée est transmise uniquement aux cellules filles dérivées de cette cellule. Dans de rares cas, ce phénomène peut aboutir à une mutation dans une cellule somatique avec des conséquences phénotypiques néfastes telles que l'inactivation d'un gène suppresseur de tumeurs (Chapitre 23).

Le déplacement des éléments mobiles implique un ADN ou un ARN intermédiaire

Au cours des années 1940, Barbara McClintock découvrit les premiers éléments mobiles en effectuant des expériences de génétique classique sur le maïs. Elle caractérisa des entités génétiques qui pouvaient s'intégrer dans des gènes ou en sortir, modifiant alors le phénotype des grains de maïs. Sa théorie fut très controversée jusqu'au moment où l'on découvrit des éléments mobiles chez des bactéries, qui furent caractérisés comme étant des séquences spécifiques d'ADN et où l'on élucida les fondements moléculaires de leur transposition.

Les découvertes sur les éléments mobiles permirent de les classer en deux grandes catégories : (1) ceux qui se transposent directement sous forme d'ADN et (2) ceux qui se transposent par le biais d'un intermédiaire d'ARN transcrit à partir de l'élément mobile, puis converti à nouveau en ADN double-brin par une **transcriptase inverse** (Figure 10-8). On appelle généralement **transposons d'ADN** les éléments mobiles qui se transposent par le biais d'un intermédiaire d'ADN. Les éléments mobiles qui se transposent en de nouveaux sites du génome en utilisant un intermédiaire

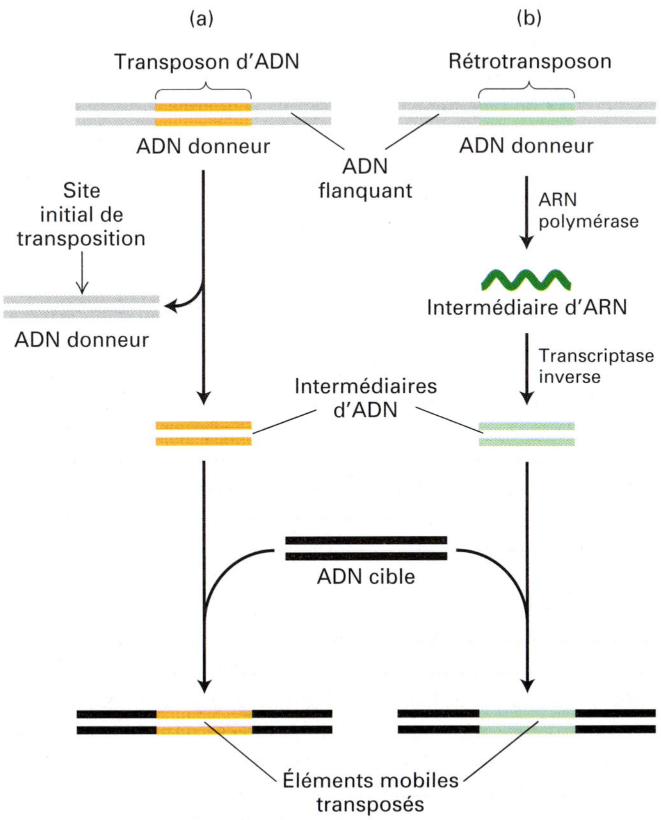

FIGURE 10-8 La répartition des éléments mobiles en deux classes principales. (a) Les transposons eucaryotes d'ADN (en orange) se déplacent par le biais d'un intermédiaire d'ADN, qui est excisé du site donneur. (b) Les rétrotransposons (en vert) sont d'abord transcrits en une molécule d'ARN, qui subit ensuite une transcription inverse en ADN double-brin. Dans les deux cas, l'intermédiaire d'ADN double-brin est intégré dans l'ADN du site cible, ce qui interrompt le déplacement. Les transposons d'ADN se déplacent donc par un mécanisme de « couper-coller », alors que les rétrotransposons utilisent un mécanisme de « copier-coller ».

d'ARN sont des **rétrotransposons**, car leur déplacement est analogue à celui de l'infection par des rétrovirus. En effet, on peut considérer les rétrovirus comme des rétrotransposons qui ont élaboré des gènes codant des capsides virales, ce qui leur permet de se transposer d'une cellule à l'autre. On peut différencier les rétrotransposons en sous-catégories d'après le mécanisme spécifique de leur transposition. Nous décrirons la structure et le déplacement des principaux types d'éléments mobiles puis nous envisagerons leur rôle probable dans l'évolution.

Les éléments mobiles qui se déplacent sous forme d'ADN existent chez les procaryotes et les eucaryotes

La plupart des éléments mobiles dans les bactéries se transposent directement sous forme d'ADN. Inversement, la plupart des éléments mobiles chez les eucaryotes sont des rétrotransposons mais il existe également des transposons eucaryotes d'ADN. De fait, les premiers éléments mobiles découverts par Barbara McClintock étaient des transposons d'ADN.

Les séquences bactériennes d'insertion Les premières informations sur le mécanisme moléculaire des éléments mobiles furent apportées par l'étude de certaines mutations dans des cellules d'*E. coli*, provoquées par l'insertion spontanée d'une séquence d'ADN longue de 1 à 2 kb au milieu d'un gène. On appelle *séquences d'insertion* ou *éléments IS* (pour *insertion sequences*) ces fragments d'ADN. Jusqu'à présent, plus de 20 éléments IS différents ont été découverts chez *E. coli* et d'autres bactéries.

La transposition d'un élément IS est un événement très rare qui se produit uniquement dans 1 cellule sur 10^5 à 10^7 par génération, selon l'élément IS concerné. Un grand nombre de transpositions inactivent des gènes essentiels, tuant la cellule hôte et les éléments IS qu'elle abrite. C'est pourquoi des taux plus élevés de transposition provoqueraient sans doute un taux de mutation trop élevé pour que la cellule hôte survive. Néanmoins, puisque les éléments IS se transposent plus ou moins au hasard, certaines séquences transposées s'intègrent dans des régions non essentielles du génome (comme les régions entre les gènes), ce qui permet à la cellule de survivre. À un taux très faible de transposition, la plupart des cellules hôtes survivent et propagent donc l'élément symbiotique IS. Les éléments IS peuvent également s'insérer dans des plasmides ou des virus lysogènes et être transférés dans d'autres cellules. Lorsque cela se produit, les éléments IS peuvent se transposer dans des chromosomes de cellules sans élément mobile.

La structure générale des éléments IS est schématisée dans la Figure 10-9. Une *répétition inversée* contenant habituellement ≈ 50 pb est toujours présente à chaque extrémité d'une séquence d'insertion. Dans une répétition inversée, la séquence 5'→3' sur un brin est répétée ainsi sur l'autre brin :

$$\begin{array}{l} 5'\ \overrightarrow{\mathbf{GAGC}}\text{———GCTC}\ 3' \\ 3'\ \text{CTCG———}\overleftarrow{\mathbf{CGAG}}\ 5' \end{array}$$

Entre les répétitions inversées se trouve une région qui code la *transposase*, une enzyme nécessaire à la transposition de l'élément

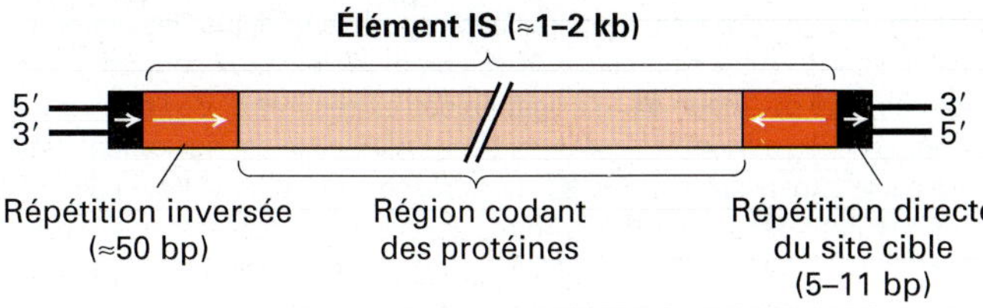

FIGURE 10-9 La structure générale des éléments bactériens IS. La région centrale relativement large d'un élément IS, qui code une ou deux enzymes nécessaires à la transposition, est encadrée par une répétition inversée à chacune de ses extrémités. Les séquences de ces répétitions inversées sont presque identiques mais elles sont orientées en sens inverse. La séquence est caractéristique d'un élément IS donné. Les courtes répétitions *directes* (par opposition à *inversées*) en 5' et en 3', ne sont pas transposées avec l'élément d'insertion. Ce sont en réalité des séquences des sites d'insertion qui sont dupliquées au cours de l'insertion d'un élément mobile, avec une copie à chaque extrémité. La longueur des répétitions directes est constante pour un élément IS donné mais leur séquence dépend du site d'insertion et varie donc avec chaque transposition de l'élément IS. Les flèches indiquent l'orientation des séquences. Dans ce schéma, les régions ne sont pas à l'échelle. La région codante occupe la plus grande partie de la longueur d'un élément IS.

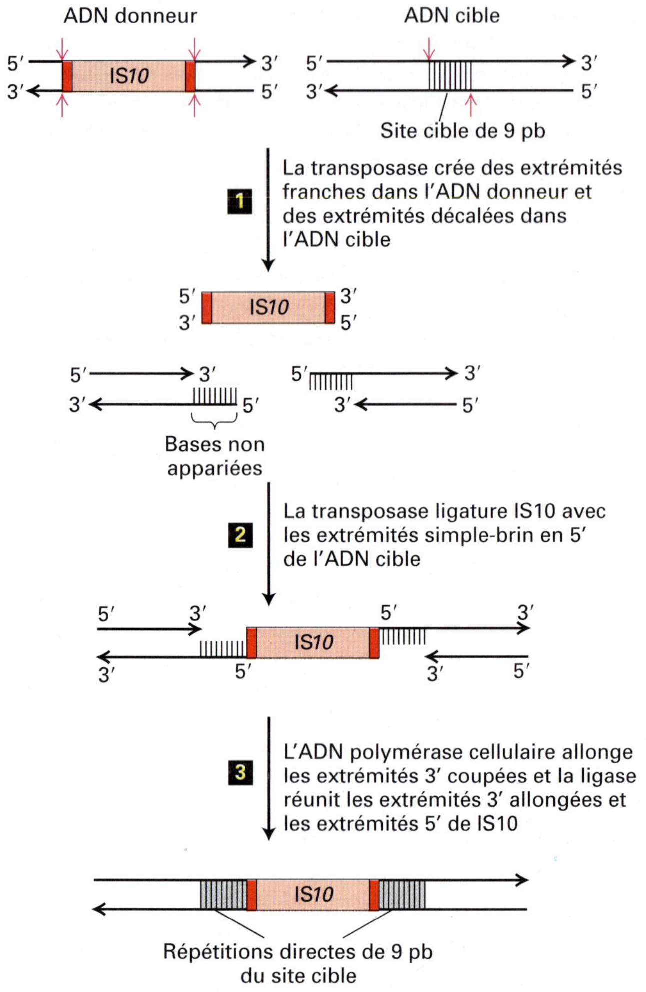

FIGURE 10-10 Un modèle pour la transposition des séquences bactériennes d'insertion. Étape **1** : La transposase, qui est codée par l'élément IS (IS*10* dans cet exemple), clive les deux brins de l'ADN donneur près des répétitions inversées (rouge foncé), excisant l'élément IS*10*. Au niveau d'un site cible très aléatoire, la transposase effectue des coupures décalées dans l'ADN cible. Dans le cas de IS*10*, les deux coupures sont distantes de 9 pb. Étape **2** : La ligature des extrémités 3′ de l'élément IS excisé, avec les extrémités collantes dans l'ADN cible est également catalysée par la transposase. Étape **3** : Les brèches de 9 pb d'ADN simple-brin qui demeurent dans l'intermédiaire résultant sont comblées par une ADN polymérase cellulaire. En dernier lieu, l'ADN ligase cellulaire crée des liaisons phosphodiester 3′ → 5′ entre les extrémités 3′ des brins de l'ADN cible allongé et les extrémités 5′ des brins de IS*10*. Cette réaction aboutit à la duplication de la séquence du site cible située de chaque côté de l'élément IS inséré. Remarquez que la longueur du site cible et de IS*10* n'est pas à l'échelle. [Voir H. W. Benjamin et N. Kleckner, 1989, *Cell* **59** :373 et 1992, *Proc. Natl. Acad. Sci. USA* **89** :4648.]

IS vers un nouveau site. Le taux d'expression de la transposase est très limité, ce qui explique la fréquence très faible de transposition. Les éléments IS se caractérisent par la présence d'une courte *répétition directe* contenant 5 à 11 paires de bases, immédiatement adjacente aux deux extrémités de l'élément inséré. La *longueur* de la répétition directe est caractéristique de chaque type d'élément IS, mais sa *séquence* dépend du site cible dans lequel s'insère une copie particulière de l'élément IS. Lorsque la séquence d'un gène muté contenant un élément IS est comparée à la séquence du gène de type sauvage avant l'insertion, seule une copie de la courte répétition directe est présente dans le gène sauvage. La duplication de cette séquence du site cible en vue de créer la seconde répétition directe adjacente à un élément IS se produit au cours du processus d'insertion.

Comme le décrit la Figure 10-10, la transposition d'un élément IS est similaire à une opération « couper-coller » dans un traitement de texte. La transposase remplit trois fonctions dans ce processus : elle (1) excise précisément l'élément IS dans l'ADN donneur, (2) effectue des coupures décalées dans une courte séquence de l'ADN cible et (3) ligature les extrémités 3' de l'élément IS aux extrémités 5' de l'ADN donneur coupé. Enfin, une ADN polymérase de la cellule hôte remplit les brèches simple-brin, produisant les courtes répétitions directes qui encadrent les éléments IS. En dernier lieu, l'ADN ligase réunit les extrémités libres.

Les transposons eucaryotes d'ADN La découverte des éléments mobiles par McClintock résulta de l'observation de certaines mutations spontanées dans le maïs, qui affectent la production de n'importe laquelle des enzymes impliquées dans la synthèse d'anthocyanine, un pigment pourpre dans les grains de maïs. Les grains mutants sont blancs et les grains de type sauvage sont pourpres. L'une des classes de ces mutations a une fréquence élevée de réversion tandis que la seconde classe de mutations n'est pas réversible, sauf si elle se produit en présence de la première classe de mutations. McClintock appela l'agent responsable de la première classe de mutations *élément activateur (Ac)* et les agents responsables de la seconde classe, *éléments de dissociation (Ds)* car ils sont souvent associés aux cassures des chromosomes.

De nombreuses années après les découvertes de McClintock, le clonage et le séquençage révélèrent que les éléments Ac sont équivalents aux éléments IS bactériens. Comme les éléments IS, ils contiennent des répétitions terminales inversées qui flanquent la région codant une transposase. Celle-ci reconnaît les répétitions terminales et catalyse la transposition vers un nouveau site d'ADN. Les éléments Ds sont des formes délétées de l'élément Ac dépourvu d'une partie de la séquence codant la transposase. Comme il ne code pas de transposase fonctionnelle, un élément Ds ne peut se déplacer seul. Cependant, chez les plantes qui portent l'élément Ac et expriment donc une transposase fonctionnelle, les éléments Ds peuvent se déplacer.

Depuis la découverte par McClintock des éléments mobiles dans le maïs, des transposons ont été identifiés chez d'autres eucaryotes. Par exemple, environ la moitié des mutations spontanées observées chez la drosophile sont dues à l'insertion d'éléments mobiles. Bien que la plupart des éléments mobiles chez la drosophile fonctionnent comme des rétrotransposons, au moins un — l'**élément P** — fonctionne comme un transposon d'ADN et se déplace par un mécanisme de « couper-coller » similaire à celui utilisé par les séquences bactériennes d'insertion. Les techniques actuelles pour produire des drosophiles transgéniques dépendent de l'expression augmentée par génie génétique de la transposase de l'élément P et utilisent les répétitions terminales inversées de l'élément P comme cibles pour la transposition.

La transposition d'ADN par le mécanisme de « couper-coller » peut provoquer une augmentation du nombre de copies d'un transposon, lorsqu'elle se produit en phase S, la période du cycle cellulaire au cours de laquelle a lieu la synthèse d'ADN. C'est le cas lorsque l'ADN donneur provient de l'une des deux molécules filles d'ADN dans une région chromosomique répliquée, alors que l'ADN cible se trouve dans la région non encore répliquée. Lorsque la réplication d'ADN est achevée à la fin de la phase S, l'ADN cible à sa nouvelle position est également répliqué. Ceci aboutit à une augmentation nette de 1 du nombre total de ces transposons dans la cellule. Lorsque la transposition d'ADN a lieu au cours de la phase S précédant la méiose, deux des quatre cellules germinales produites possèdent la copie supplémentaire. La répétition de ce processus au cours de l'évolution a abouti à l'accumulation de grands nombres de transposons dans les génomes de certains organismes. L'ADN humain contient environ 300 000 copies entières ou délétées de transposons d'ADN, ce qui correspond à ≈ 3 % de l'ADN humain.

Certains rétrotransposons contiennent des LTR et se comportent comme des rétrovirus intracellulaires

Les génomes de tous les eucaryotes étudiés, de la levure à l'homme, contiennent des rétrotransposons, des éléments mobiles d'ADN qui se transposent grâce à une transcriptase inverse en utilisant un intermédiaire d'ARN (voir Figure 10-8b). Ces éléments mobiles sont divisés en deux grandes catégories, ceux qui contiennent des **longues répétitions terminales** (LTR pour *long terminal repeats*) et ceux qui en sont dépourvus. Les rétrotransposons à LTR que nous verrons dans cette section, sont courants chez la levure (comme les éléments Ty) et chez la drosophile (par exemple les éléments *copia*). Bien que moins abondants chez les mammifères que les rétrotransposons sans LTR, les rétrotransposons à LTR n'en constituent pas moins ≈ 8 % de l'ADN génomique humain. Comme ils présentent certaines ressemblances avec les rétrovirus, on appelle parfois ces éléments mobiles des *rétrotransposons viraux*. Chez les mammifères, les rétrotransposons sans LTR sont le type le plus courant d'éléments mobiles. Nous les décrirons dans la section suivante.

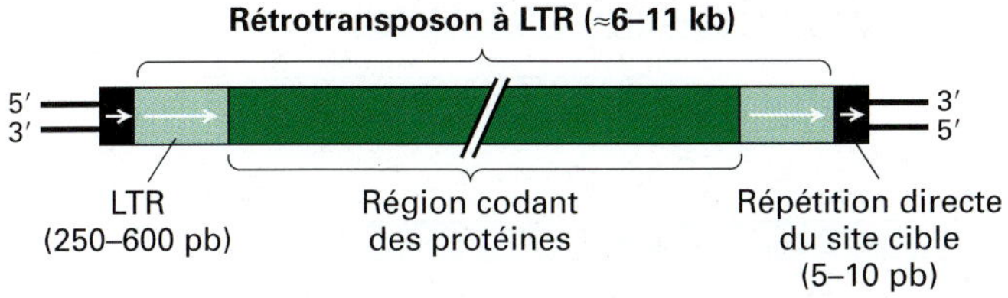

FIGURE 10-11 La structure générale des rétrotransposons eucaryotes à LTR. La région centrale codant une protéine est flanquée de deux longues répétitions terminales (LTR) qui sont des répétitions directes spécifiques de chaque élément mobile. Comme les autres éléments mobiles, les rétrotransposons intégrés possèdent de courtes répétitions directes du site cible à chaque extrémité. Remarquez que les différentes régions ne sont pas dessinées à l'échelle. La région codant les protéines constitue 80 % ou plus d'un rétrotransposon et code une transcriptase inverse, une intégrase et d'autres protéines rétrovirales.

La structure générale des rétrotransposons à LTR présents chez les eucaryotes est décrite dans la Figure 10-11. En plus des courtes répétitions directes en 5' et en 3' typiques de tous les éléments mobiles, ces rétrotransposons se caractérisent par la présence de LTR flanquant la région centrale codant une protéine. Ces longues répétitions terminales, contenant ≈ 250-600 pb sont caractéristiques de l'ADN rétroviral intégré et sont essentielles pour le cycle de vie des rétrovirus. En plus de partager les LTR avec les rétrovirus, les rétrotransposons à LTR codent toutes les protéines des rétrovirus les plus courants, à l'exception des protéines de l'enveloppe. Sans celles-ci, les rétrotransposons à LTR ne peuvent bourgeonner à partir de la cellule hôte et infecter d'autres cellules. Ils peuvent néanmoins se transposer vers de nouveaux sites de l'ADN de leur cellule hôte.

La formation de l'ARN génomique viral à partir d'ADN rétroviral intégré est une étape clé dans le cycle de vie des rétrovirus (voir Figure 4-43). Ce processus sert de modèle pour la synthèse d'un intermédiaire d'ARN au cours de la transposition des rétrotransposons à LTR. Comme le montre la Figure 10-12, la LTR rétrovirale du côté gauche joue le rôle de promoteur et dirige l'amorçage de la transcription par l'ARN polymérase II de la cellule hôte au niveau du nucléotide en 5' de la séquence R. À la fin de la transcription de l'ADN rétroviral, la séquence d'ARN correspondant à la LTR de droite guide les enzymes de maturation de l'ARN de la cellule hôte pour qu'elles clivent le transcrit primaire et ajoutent une queue de poly(A) à l'extrémité 3' de la séquence R. Le génome d'ARN rétroviral ainsi produit, dépourvu d'une LTR

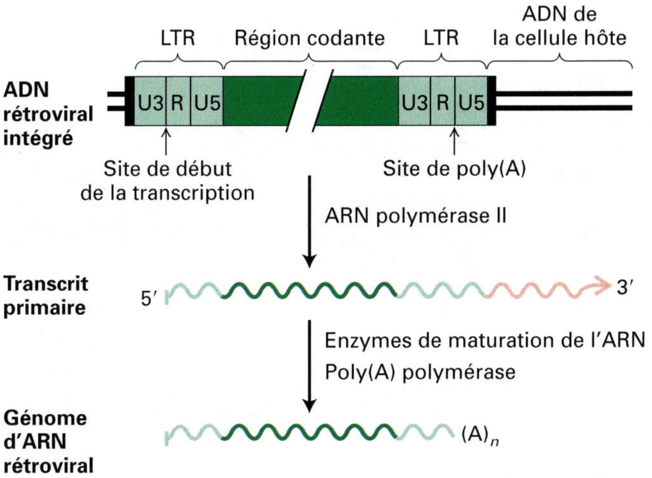

FIGURE 10-12 La création d'ARN génomique rétroviral à partir d'ADN rétroviral intégré. La LTR de gauche guide l'ARN polymérase II pour qu'elle débute la transcription au niveau du premier nucléotide de la région R de gauche. Le transcrit primaire résultant s'étend au-delà de la LTR de droite. La LTR de droite, désormais présente dans le transcrit primaire d'ARN, guide les enzymes cellulaires pour qu'elles clivent le transcrit primaire au niveau du dernier nucléotide de la région R de droite et ajoutent une queue de poly(A), produisant un génome d'ARN rétroviral avec la structure représentée en haut dans la Figure 10-13. On pense qu'un mécanisme similaire produit l'intermédiaire d'ARN au cours de la transposition des rétrotransposons. Les courtes répétitions directes (en noir) de l'ADN du site cible sont créées au cours de l'intégration de l'ADN rétroviral dans le génome de la cellule hôte.

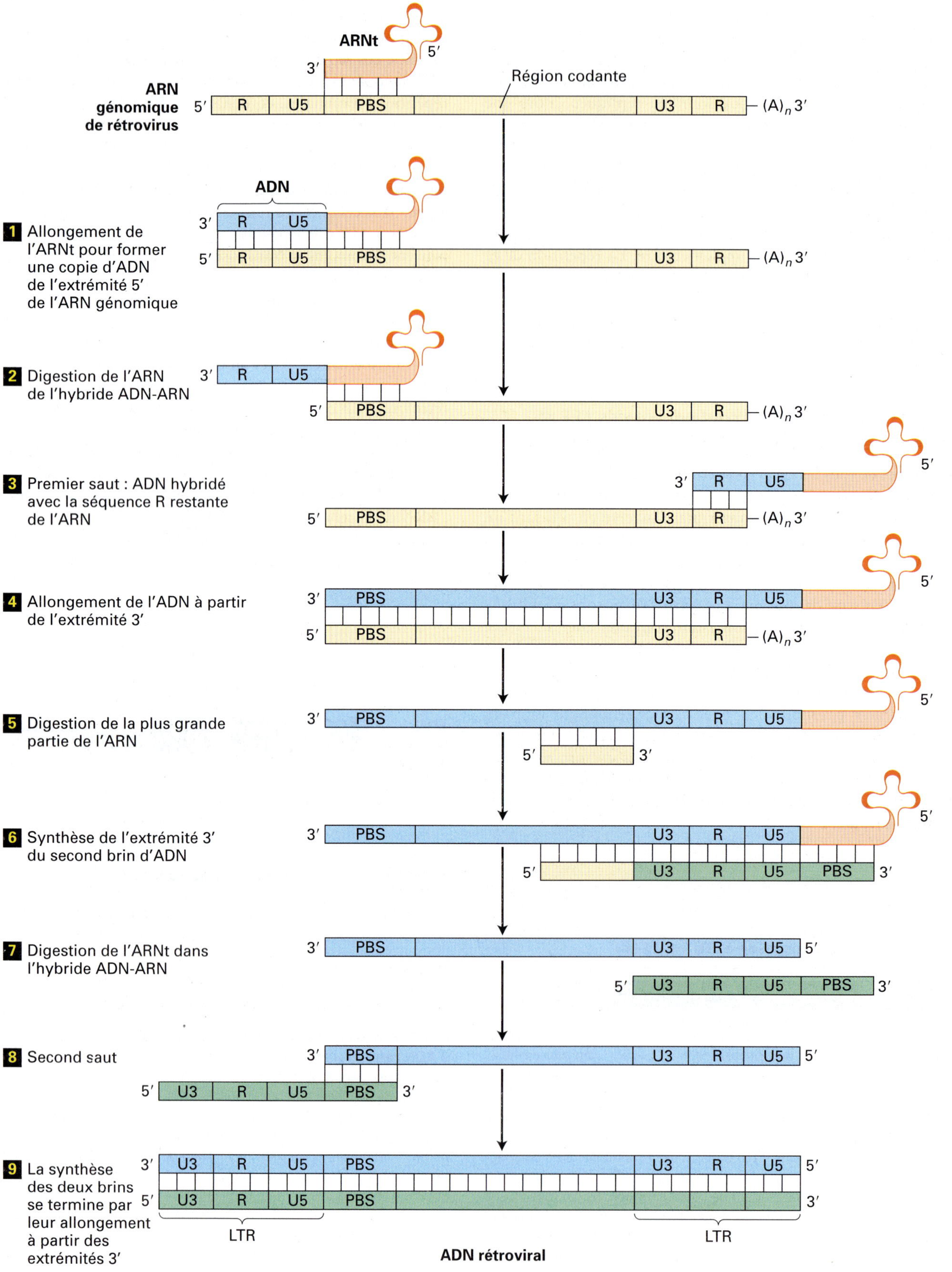
ARNt
3′
5′
Région codante
ARN génomique de rétrovirus
5′ R U5 PBS U3 R (A)n 3′
ADN
1 Allongement de l'ARNt pour former une copie d'ADN de l'extrémité 5′ de l'ARN génomique
2 Digestion de l'ARN de l'hybride ADN-ARN
3 Premier saut : ADN hybridé avec la séquence R restante de l'ARN
4 Allongement de l'ADN à partir de l'extrémité 3′
5 Digestion de la plus grande partie de l'ARN
6 Synthèse de l'extrémité 3′ du second brin d'ADN
7 Digestion de l'ARNt dans l'hybride ADN-ARN
8 Second saut
9 La synthèse des deux brins se termine par leur allongement à partir des extrémités 3′
LTR
LTR
ADN rétroviral

FIGURE 10-13 Un modèle de la transcription inverse de l'ARN génomique rétroviral en ADN. Dans ce modèle, une série complexe de neuf événements produit une copie d'ADN double-brin du génome d'ARN simple-brin d'un rétrovirus (*en haut*). L'ARN génomique est empaqueté dans le virion avec un ARNt cellulaire spécifique du rétrovirus hybridé avec une séquence complémentaire proche de son extrémité 5′ appelée *site de liaison de l'amorce* (PBS : *primer-binding site*). L'ARN rétroviral possède une courte répétition terminale directe (R) à chaque extrémité. La réaction totale est assurée par la transcriptase inverse, qui catalyse la polymérisation des désoxyribonucléotides. L'ARNase H digère le brin d'ARN dans l'hybride ADN-ARN. Le processus complet aboutit à une molécule d'ADN double-brin plus longue que l'ARN matrice et qui possède une longue répétition terminale (LTR) à chaque extrémité. Les différentes régions ne sont pas représentées à l'échelle. Les régions PBS et R sont en réalité bien plus courtes que les régions U5 et U3, et la région codante centrale est nettement plus longue que les autres régions. [Voir E. Gilboa *et al.*, 1979, *Cell* **18** :93.]

complète, est empaqueté dans un virion qui bourgeonne à partir de la cellule hôte.

Après l'infection d'une cellule par un rétrovirus, la transcription inverse de son génome d'ARN par la transcriptase inverse codée par le rétrovirus produit un ADN double-brin contenant les LTR complètes (Figure 10-13). L'intégrase, une autre enzyme codée par les rétrovirus qui est très proche de la transposase de certains transposons d'ADN, utilise un mécanisme similaire pour insérer l'ADN rétroviral double-brin dans le génome de la cellule hôte. Dans ce processus, de courtes répétitions directes de la séquence du site cible sont produites d'un côté ou de l'autre de la séquence d'ADN viral insérée.

Comme nous l'avons vu plus haut, les rétrotransposons à LTR codent une transcriptase inverse et une intégrase. Par analogie avec les rétrovirus, on pense que ces éléments mobiles se déplacent par un mécanisme de « copier-coller » lors duquel la transcriptase inverse convertit en ADN une copie d'ARN d'un élément du site donneur, qui est inséré dans un site cible par l'intégrase. Les expériences décrites dans la Figure 10-14 ont fourni des preuves du rôle de l'intermédiaire d'ARN dans la transposition des éléments Ty.

Le séquençage du génome humain a révélé que les séquences les plus courantes apparentées aux rétrotransposons à LTR chez l'homme sont dérivées des rétrovirus endogènes (ERV). La plus grande partie des 443 000 séquences d'ADN apparentées aux ERV dans le génome humain consistent uniquement en LTR isolées. Elles sont produites par une recombinaison homologue entre les deux LTR d'un ADN proviral entier, aboutissant à la délétion des séquences rétrovirales internes.

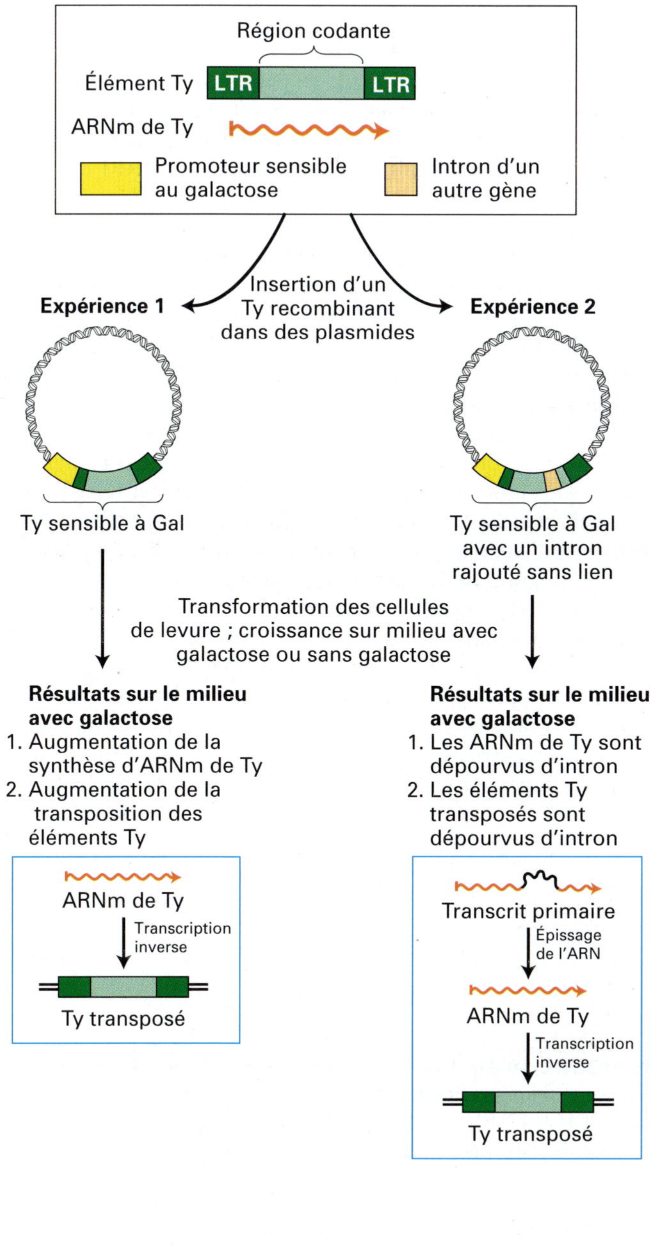

FIGURE EXPÉRIMENTALE 10-14 Les plasmides recombinants démontrent que l'élément Ty de levure se transpose par le biais d'un intermédiaire d'ARN. Lorsque des cellules de levure sont transformées par un plasmide contenant Ty, l'élément Ty peut se transposer vers de nouveaux sites, même si cela se produit normalement à un taux très faible. À l'aide des éléments schématisés en haut, les chercheurs ont fabriqué deux vecteurs plasmidiques différents contenant des éléments Ty recombinants adjacents à un promoteur sensible au galactose. Ces plasmides ont servi à transformer des cellules de levure cultivées sur un milieu contenant du galactose et sur un milieu sans galactose. Dans l'expérience 1, la croissance des cellules sur un milieu avec galactose a abouti à des transpositions bien plus nombreuses que sur le milieu sans galactose, ce qui indique que la transcription en un intermédiaire d'ARN est nécessaire à la transposition de Ty. Dans l'expérience 2, un intron provenant d'un gène de levure non apparenté a été inséré dans une région codante supposée de l'élément Ty recombinant sensible au galactose. L'absence de l'intron dans les éléments Ty transposés indique fortement que la transposition implique un intermédiaire d'ARN à partir duquel l'intron a été retiré par épissage de l'ARN, comme le montre la partie encadrée à droite. Au contraire, les transposons eucaryotes d'ADN, comme l'élément Ac du maïs, contiennent des introns dans le gène de la transposase, ce qui indique qu'ils ne se transposent pas en utilisant un intermédiaire d'ARN. [Voir J. Boeke *et al.*, 1985, *Cell* **40** :491.]

Les rétrotransposons dépourvus de LTR se déplacent grâce à un autre mécanisme

Les éléments mobiles les plus abondants chez les mammifères sont les rétrotransposons sans LTR, parfois appelés *rétrotransposons non viraux*. Ces séquences d'ADN moyennement répété forment deux classes dans les génomes de mammifères : les *longues séquences dispersées* (LINE pour *long interspersed elements*) et les *courtes répétitions dispersées* (SINE pour *short interspersed elements*). Chez l'homme les LINE entières sont longues de ≈ 6 kb et les SINE, de ≈ 300 pb. On a observé des séquences répétées avec les caractéristiques des LINE chez les protozoaires, les insectes et les plantes, mais pour des raisons inconnues, elles sont particulièrement abondantes dans les génomes de mammifères. On trouve également principalement les SINE dans les génomes de mammifères. Un grand nombre des LINE et des SINE chez les eucaryotes supérieurs se sont accumulées au cours de l'évolution, par des copies répétées de séquences au niveau de quelques positions dans le génome et par l'insertion de ces copies en de nouvelles positions. Bien que ces éléments mobiles ne contiennent pas de LTR, les informations disponibles indiquent qu'ils se transposent par le biais d'un intermédiaire d'ARN.

Les LINE L'ADN humain contient trois grandes familles de séquences LINE dont le mécanisme de transposition est similaire mais qui ont des séquences différentes : L1, L2 et L3. Seuls les membres de la famille de L1 se transposent dans le génome humain actuel. Les séquences LINE sont présentes au niveau de ≈ 900 000 sites environ, ce qui représente 21 % de l'ADN humain total ! La structure générale d'une LINE complète est schématisée dans la Figure 10-15. En général, les LINE sont encadrées par de courtes répétitions directes caractéristiques des éléments mobiles et contiennent deux longs cadres de lecture ouverts (ORF). ORF1, long de ≈ 1 kb, code une protéine de liaison à l'ARN. ORF2, long de ≈ 4 kb, code une protéine qui présente une longue région d'homologie avec les transcriptases inverses des rétrovirus et des rétrotransposons viraux, mais possède également une activité endonucléasique.

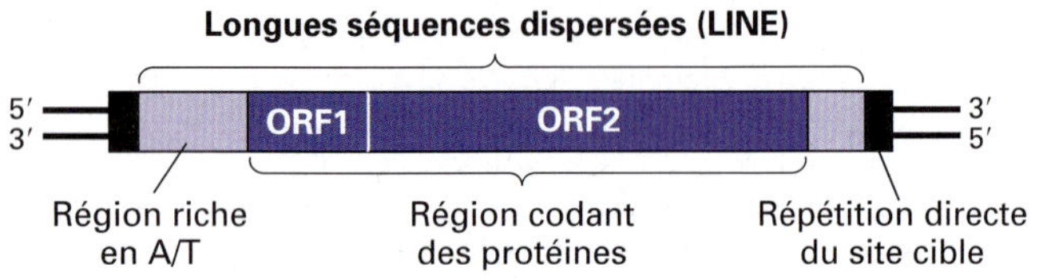

FIGURE 10-15 La structure générale d'une LINE, l'une des deux classes de rétrotransposons sans LTR dans l'ADN de mammifère. La longueur des répétitions directes du site cible varie d'une copie à l'autre de l'élément en différents sites du génome. Bien que la séquence L1 entière soit longue de ≈ 6 kb, des quantités variables de l'extrémité gauche sont absentes dans 90 % des sites dans lesquels on trouve cet élément mobile. Le cadre de lecture ouvert (ORF1) plus court, ≈ 1 kb de long, code une protéine de liaison à l'ARN. ORF2, plus long (≈ 4 kb) code une protéine avec une activité transcriptase et ADN endonucléasique.

MÉDECINE La preuve de la mobilité des éléments L1 fut fournie par l'analyse d'ADN cloné provenant d'humains atteints de certaines maladies génétiques. On découvrit que l'ADN de ces patients portait des mutations résultant de l'insertion d'un élément L1 dans un gène, tandis qu'aucun élément de ce type n'existait dans le gène correspondant de l'un ou l'autre parent du malade. Environ 1 mutation sur 600 responsables de maladies graves chez l'homme est due à des transpositions de L1 ou de SINE catalysées par des protéines codées par L1. Des expériences ultérieures similaires à celles que nous venons de décrire avec les éléments Ty (voir Figure 10-14) ont confirmé que les éléments L1 se transposent par le biais d'un intermédiaire d'ARN. Dans ces expériences, un intron a été introduit dans un élément L1 cloné de souris et l'élément L1 recombinant a été transformé de façon stable dans des cellules de hamster en culture. Après plusieurs doublements de la population cellulaire, un fragment amplifié par PCR correspondant à l'élément L1 mais dépourvu de l'intron inséré a été détecté dans ces cellules. Cette découverte suggère fortement qu'au cours de l'évolution, l'élément L1 recombinant contenant l'intron inséré s'est transposé dans de nouveaux sites du génome de hamster par le biais d'un intermédiaire d'ARN qui a subi un épissage pour retirer l'intron. ▌

Puisque les LINE ne contiennent pas de LTR, leur mécanisme de transposition par le biais d'un intermédiaire d'ARN diffère de celui des rétrotransposons à LTR. Les protéines ORF1 et ORF2 sont traduites à partir de l'ARN de LINE. Des études *in vitro* indiquent que la transcription par l'ARN polymérase II est dirigée par des promoteurs situés à l'extrémité gauche de l'ADN intégré de LINE. L'ARN de LINE est polyadénylé par le même mécanisme post-transcriptionnel que celui responsable de la polyadénylation des autres ARNm. L'ARN de LINE est ensuite transporté dans le cytoplasme, où il est traduit en protéines ORF1 et ORF2. De multiples copies de la protéine ORF1 se fixent ensuite à l'ARN de LINE et la protéine ORF2 se fixe à la queue de poly(A).

L'ARN de LINE est ensuite transporté à nouveau dans le noyau, sous la forme d'un complexe avec ORF1 et ORF2. Puis ORF2 effectue des coupures décalées dans l'ADN chromosomique, de part et d'autre de n'importe quelle séquence riche en A/T du génome (Figure 10-16, étape [1]). La transcription inverse de l'ARN de LINE par ORF2 est amorcée par la séquence simple-brin riche en T créée par la coupure dans le brin du bas, qui s'hybride avec la queue de poly(A) de la LINE (étape [2]). Ensuite, ORF2 effectue la transcription inverse de l'ARN de LINE (étape [3]) et continue d'allonger ce nouveau brin d'ADN, en se servant de la région simple-brin du brin chromosomique du haut comme matrice (étapes [4] et [5]). Les enzymes cellulaires hydrolysent

▶ **FIGURE 10-16 Une hypothèse du mécanisme de transcription inverse et d'intégration de LINE.** Seule la protéine ORF2 est représentée. L'ADN de LINE néosynthétisé est figuré en noir. Voir le texte pour les explications. [Adapté de D. D. Luan *et al.*, 1993, *Cell* **72** :595.]

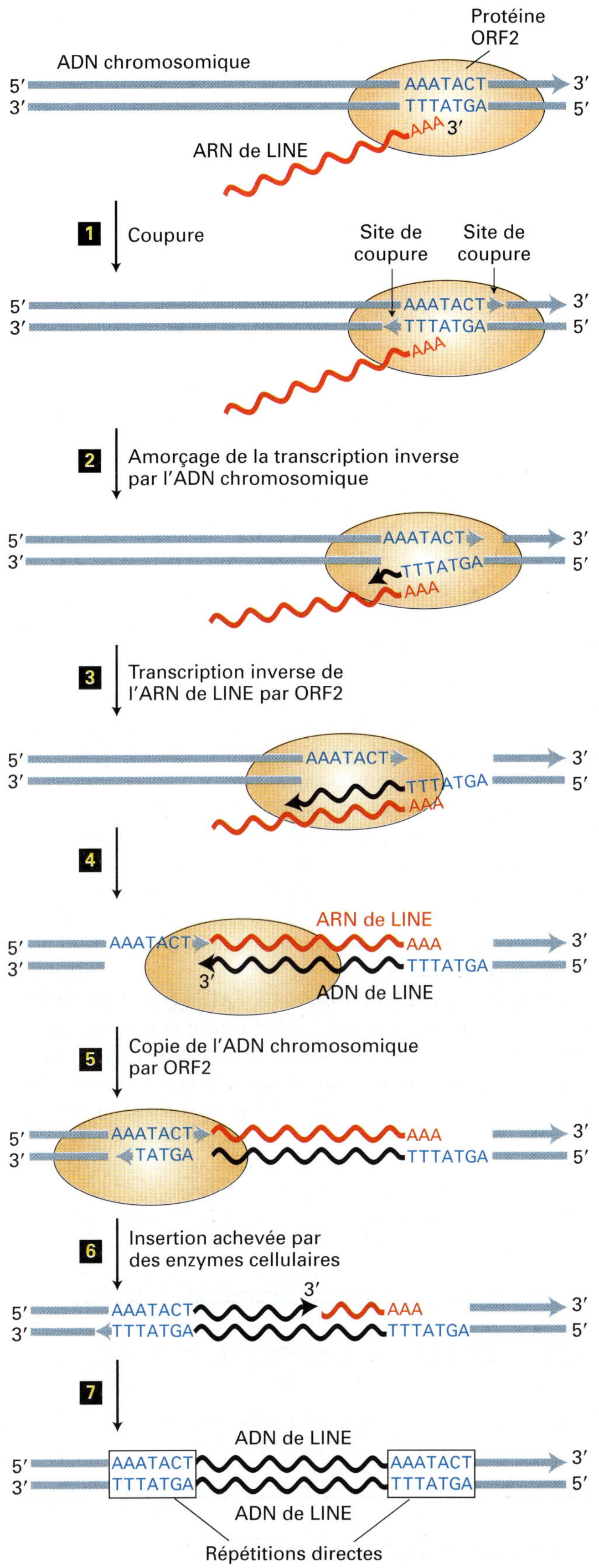

ensuite l'ARN et allongent l'extrémité 3' du brin d'ADN chromosomique du haut, remplaçant l'ARN de LINE par de l'ADN (étape 6). Enfin, les extrémités 5' et 3' des brins d'ADN sont ligaturées, ce qui achève l'insertion (étape 7). Ces dernières étapes (6 et 7) sont probablement catalysées par les mêmes enzymes cellulaires que celles qui retirent les amorces d'ARN et ligaturent les fragments d'Okazaki au cours de la réplication de l'ADN (voir Figure 4-33). La réaction complète aboutit à l'insertion d'une copie du rétrotransposon originel avec LINE dans un nouveau site de l'ADN chromosomique. Une courte répétition directe est produite au niveau du site d'insertion, en raison du clivage décalé initial des deux brins d'ADN chromosomique (étape 1).

La plupart des LINE du génome humain sont tronquées à leur extrémité 5', ce qui suggère que la transcription inverse se termine prématurément et que les fragments résultants de longueur variable à partir de la queue de poly(A) sont insérés. En raison de ce raccourcissement, la taille moyenne des éléments LINE est de seulement ≈ 900 pb, alors que la séquence complète mesure ≈ 6 kb. De plus, presque tous les éléments entiers comportent des codons stop et des mutations par décalage du cadre de lecture dans ORF1 et ORF2. Ces mutations se sont probablement accumulées dans la plupart des séquences LINE au cours de l'évolution. En raison de cette troncature et des mutations, seules ≈ 0,01 % des séquences LINE du génome humain sont entières avec des cadres de lecture ouverts intacts pour ORF1 et ORF2, soit 60 à 100 séquences au total.

Les SINE La deuxième classe la plus abondante d'éléments mobiles dans le génome humain, les SINE, constitue ≈ 13 % de l'ADN humain total. Ces rétrotransposons dont la longueur varie de 100 à 400 pb ne codent pas de protéine mais contiennent pour la plupart une séquence en 3' riche en A/T, similaire à celle des LINE. Les SINE sont transcrites par l'ARN polymérase III qui est également l'ARN polymérase nucléaire qui transcrit les gènes codant les ARNt, les ARNr 5S et d'autres petits ARN stables (Chapitre 11). Très probablement, les protéines ORF1 et ORF2 exprimées à partir des LINE entières participent à la transposition des SINE par le mécanisme de rétrotransposition décrit dans la Figure 10-16.

On trouve des SINE au niveau de 1,6 millions de sites environ du génome humain. Sur ce nombre, près de 1,1 million sont des éléments *Alu* ainsi appelés parce que la plupart d'entre eux contiennent un site de reconnaissance simple pour l'enzyme de restriction *Alu*I. Les éléments *Alu* présentent une homologie considérable de séquence avec l'ARN 7SL et pourraient avoir évolué à partir de celui-ci. Il s'agit d'un composant de la particule de reconnaissance du signal. Cette particule ribonucléoprotéique cytosolique abondante aide à diriger certains polypeptides pendant leur synthèse, vers les membranes du réticulum endoplasmique (Chapitre 16). Les éléments *Alu* sont dispersés dans l'ensemble du génome humain au niveau de sites où leur insertion n'a pas perturbé l'expression d'un gène : entre les gènes, dans les introns et dans les régions non traduites en 3' de certains ARNm. Par exemple, neuf éléments *Alu* sont situés dans le groupe de gènes humains de la *ß*-globine (voir Figure 10-3b). La fréquence globale des rétrotranspositions de L1 et de SINE chez l'homme est estimée à environ une nouvelle rétrotransposition chez un individu sur vingt ; ≈ 40 % concernent des L1 et ≈ 60 % des SINE, dont 90 % sont des éléments *Alu*.

Comme les autres éléments mobiles, la plupart des SINE ont accumulé des mutations depuis leur insertion dans la lignée germinale d'un ancêtre lointain des humains actuels. Comme les LINE, de nombreuses SINE sont tronquées à leur extrémité 5'. Le Tableau 10-1 résume les principaux types de répétitions disséminées dérivées d'éléments mobiles dans le génome humain.

En plus des éléments mobiles indiqués dans le Tableau 10-1, des copies d'ADN de différents ARNm semblent s'être intégrées dans l'ADN chromosomique. Puisque ces séquences sont dépourvues d'introns et ne possèdent pas de séquences flanquantes similaires à celles des copies fonctionnelles de gènes, il est évident qu'il ne s'agit pas simplement de gènes dupliqués qui ont perdu leur fonction et sont devenus des pseudogènes, comme nous l'avons vu plus haut (voir Figure 10-3a). Au lieu de cela, ces segments d'ADN semblent être des copies retransposées d'ARNm épissé et polyadénylé (ayant subi une maturation). Comparés aux gènes normaux codant des ARNm, ces segments insérés contiennent généralement de multiples mutations qui se sont sans doute accumulées depuis que leurs ARNm ont subi une première rétrotranscription et se sont intégrés au hasard dans le génome d'une cellule germinale d'un ancêtre lointain. On appelle *pseudogènes remaniés* (*processed pseudogenes*) ces copies génomiques non fonctionnelles d'ARNm. La plupart d'entre eux sont encadrés par de courtes répétitions directes, soutenant l'hypothèse de leur formation par de rares événements de rétrotransposition impliquant des ARNm cellulaires.

D'autres séquences moyennement répétées représentant des copies partielles ou mutantes de gènes codant de petits ARN nucléaires (ARNsn pour *small nuclear RNA* en anglais) et des ARNt sont présentes dans les génomes de mammifères.

Comme les pseudogènes remaniés dérivés des ARNm, ces copies non fonctionnelles de gènes de petits ARN sont flanquées de courtes répétitions directes et résultent certainement de rares événements de rétrotransposition qui se sont accumulés au cours de l'évolution. On pense que les enzymes exprimées à partir d'une LINE sont responsables de tous ces événements de rétrotransposition ayant impliqué des ARNm, des ARNsn et des ARNt.

Les éléments mobiles d'ADN ont probablement exercé une influence importante au cours de l'évolution

Bien que les éléments mobiles d'ADN n'aient pas de fonction directe autre que de perpétuer leur existence, leur présence a probablement eu un impact important sur l'évolution des organismes actuels. Comme nous l'avons vu précédemment, environ la moitié des mutations spontanées chez la drosophile résultent de l'insertion d'un élément mobile d'ADN à l'intérieur ou près d'une unité de transcription. Chez les mammifères en revanche, les éléments mobiles engendrent une proportion bien plus faible de mutations spontanées : ≈ 10 % chez la souris et seulement 0,1 à 0,2 % chez l'homme. On a pourtant découvert des éléments mobiles dans des allèles mutants associés à plusieurs maladies génétiques humaines.

Dans les lignées évolutives menant aux eucaryotes supérieurs, une recombinaison homologue entre des éléments mobiles d'ADN disséminés dans l'ensemble des génomes ancestraux peut avoir créé des duplications de gènes et d'autres réarrangements d'ADN au cours de l'évolution (voir Figure 10-4). Par exemple, le clonage et le séquençage des groupes de gènes de la *β*-globine issus de différentes espèces de primates ont prouvé que les gènes humains G_γ et A_γ sont apparus à la suite d'un crossing-over homologue inégal entre deux séquences L1 flanquant un gène ancestral de globine. La divergence ultérieure de ces gènes dupliqués a permis l'acquisition de fonctions bénéfiques distinctes associées à chaque membre d'une famille de gènes. Un crossing-over inégal entre les éléments mobiles présents dans les introns d'un gène donné a pu provoquer la duplication des exons de ce gène. Ce processus a très certainement influencé l'évolution des gènes contenant de multiples copies d'exons similaires codant des domaines protéiques ressemblants, tels que le gène de la fibronectine (voir Figure 4-15).

Certains éléments suggèrent qu'au cours de l'évolution des eucaryotes supérieurs, il y a également eu des recombinaisons entre des répétitions dispersées dans les introns de *deux gènes séparés*, ce qui a créé de nouveaux gènes construits à partir de nouvelles combinaisons d'exons préexistants (Figure 10-17). Ce processus évolutif, appelé **brassage des exons** a pu se produire au cours de l'évolution des gènes codant l'activateur du plasminogène tissulaire, le récepteur Neu et le facteur épidermique de croissance, qui contiennent tous un domaine EGF (voir Figure 3-8). Dans ce cas, le brassage des exons a probablement abouti à l'insertion d'un exon codant un domaine EGF dans un intron de la forme ancestrale de chacun de ces gènes.

On a montré que les transposons d'ADN et les rétrotransposons avec LINE portaient occasionnellement des séquences flanquantes non apparentées lorsqu'ils s'insèrent dans de nouveaux sites par les mécanismes schématisés dans la Figure 10-18. Ces mécanismes ont probablement contribué eux aussi au brassage des exons au cours de l'évolution des gènes actuels.

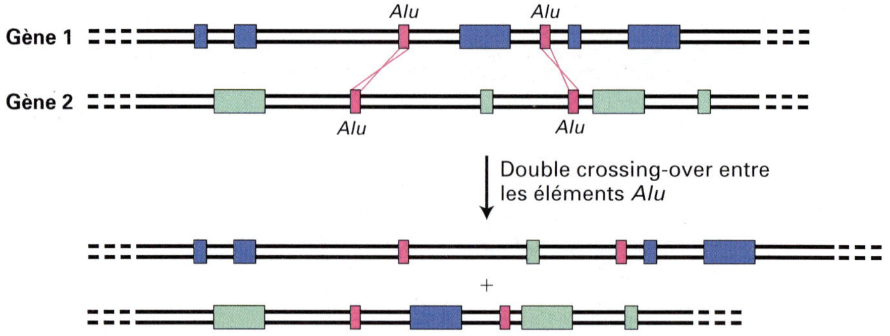

FIGURE 10-17 Le brassage des exons par recombinaison entre des répétitions homologues dispersées. La recombinaison entre des répétitions dispersées dans les introns de gènes séparés produit des unités de transcription avec une nouvelle combinaison d'exons. Dans l'exemple présenté ici, un double crossing-over entre deux groupes de répétitions *Alu* provoque un échange d'exons entre les deux gènes.

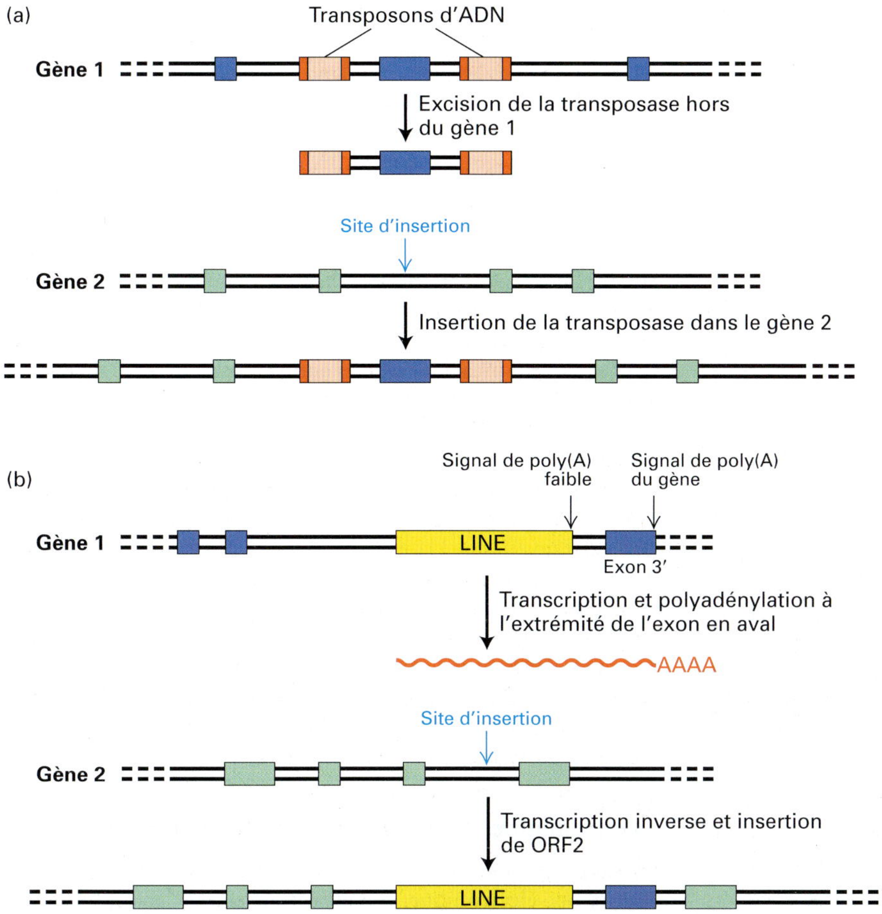

FIGURE 10-18 Le brassage des exons par transposition. (a) La transposition d'un exon flanqué de transposons d'ADN homologue dans un intron appartenant à un second gène. Comme nous l'avons vu dans l'étape 1 de la Figure 10-10, la transposase peut reconnaître et cliver l'ADN aux extrémités des répétitions inversées du transposon. Dans le gène 1, si la transposase clive l'extrémité gauche du transposon de gauche et l'extrémité droite du transposon de droite, elle peut provoquer la transposition de tout l'ADN situé entre les deux y compris l'exon du gène 1, vers un nouveau site présent dans un intron du gène 2. Le résultat net est une insertion de l'exon du gène 1 dans le gène 2. (b) L'intégration d'un exon dans un autre gène par transposition d'une LINE. Certaines LINE possèdent des signaux de poly(A) faibles. Si l'une de ces LINE se trouve dans l'intron le plus en 3′ du gène 1, au cours de la transposition, sa transcription peut se poursuivre au-delà de ses propres signaux de poly(A) et continuer dans l'exon en 3′, transcrivant alors les signaux de clivage et de polyadénylation du gène 1 lui-même. Cet ARN peut ensuite subir une transcription inverse et être intégré par la protéine ORF2 des LINE (Figure 10-16) dans un intron du gène 2, introduisant ainsi un nouvel exon 3′ (du gène 1) dans le gène 2.

En plus de provoquer des changements dans les séquences codantes du génome, la recombinaison entre les éléments mobiles et la transposition d'ADN adjacent aux rétrotransposons et transposons d'ADN a probablement joué un rôle important dans l'évolution des séquences régulatrices qui contrôlent l'expression des gènes. Comme nous l'avons vu plus tôt, les gènes eucaryotes possèdent des régions de contrôle de la transcription appelées amplificateurs ou enhancers, qui sont capables d'agir à des distances pouvant atteindre des dizaines de milliers de paires de bases. La transcription de nombreux gènes est contrôlée par les effets combinés de plusieurs éléments amplificateurs. L'insertion d'éléments mobiles près de ces régions de contrôle de la transcription a probablement contribué à l'évolution de nouvelles combinaisons de séquences amplificatrices. Ces combinaisons déterminent les gènes spécifiques exprimés dans des types cellulaires particuliers et la quantité de la protéine codée produite dans les organismes actuels, comme nous le verrons au chapitre suivant.

Il semblerait donc que ces éléments mobiles ne soient pas simplement des parasites moléculaires égoïstes comme on le pensait initialement. Au lieu de cela, ils ont sans doute contribué profondément à l'évolution des organismes supérieurs en favorisant (1) la création de familles de gènes par duplication de gènes, (2) la création de nouveaux gènes par un brassage des exons préexistants et (3) la formation de régions régulatrices plus complexes qui assurent un contrôle à multiples facettes de l'expression des gènes.

CONCEPTS CLÉS DE LA SECTION 10.3

L'ADN mobile

- Les éléments mobiles d'ADN sont des séquences d'ADN moyennement répété, dispersées dans les génomes des eucaryotes supérieurs. Ils sont moins fréquents dans les génomes procaryotes.
- Les éléments mobiles d'ADN qui se transposent dans de nouveaux sites directement sous forme d'ADN sont appelés *transposons d'ADN* ; ceux qui sont d'abord transcrits en une copie d'ARN de l'élément puis subissent une transcription inverse en ADN, sont appelés *rétrotransposons* (voir Figure 10-8).
- Tous les éléments mobiles possèdent de courtes répétitions directes de part et d'autre de leur séquence.
- Les enzymes codées par les éléments mobiles catalysent elles-mêmes l'insertion de ces séquences au niveau de nouveaux sites de l'ADN génomique.
- Bien que les eucaryotes possèdent des transposons d'ADN de structure similaire à celle des éléments IS bactériens (comme l'élément P de la drosophile), les rétrotransposons sont généralement bien plus abondants, en particulier chez les vertébrés.
- Les rétrotransposons à LTR sont flanqués de longues répétitions terminales (LTR) similaires à celles de l'ADN rétroviral. Comme les rétrovirus, ils codent une transcriptase inverse et une intégrase.

Ils se déplacent dans le génome par transcription en ARN. Celui-ci subit ensuite une transcription inverse et une intégration dans le chromosome de la cellule hôte (voir Figure 10-13).

- Les longues séquences dispersées (LINE) et les courtes répétitions dispersées (SINE) sont les éléments mobiles les plus abondants dans le génome humain. Les LINE représentent ≈ 21 % de l'ADN humain et les SINE ≈ 13 %.
- Les LINE et les SINE sont toutes deux dépourvues de LTR et possèdent une séquence riche en A/T à une de leurs extrémités. On pense qu'elles se déplacent par un mécanisme de rétrotransposition non virale utilisant des protéines codées par les LINE impliquant l'amorçage par l'ADN chromosomique (voir Figure 10-16).
- Les séquences SINE présentent une homologie considérable avec les petits ARN cellulaires transcrits par l'ARN polymérase III. Les éléments *Alu*, les SINE les plus courants chez l'homme, sont des séquences de ≈ 300 pb disséminées dans l'ensemble du génome humain.
- Certaines séquences moyennement répétées d'ADN dérivent d'ARN cellulaires qui ont subi une transcription inverse et ont été insérés dans l'ADN génomique au cours de l'évolution. Les séquences qui proviennent d'ARNm appelées *pseudogènes remaniés*, sont dépourvues d'introns, une caractéristique qui les distingue des pseudogènes apparus par dérive de séquences ou issus de gènes dupliqués.
- Les éléments mobiles d'ADN ont très probablement influencé de façon significative l'évolution, en servant de sites de recombinaison et en mobilisant des séquences adjacentes d'ADN.

10.4 L'organisation structurale des chromosomes eucaryotes

Nous allons maintenant examiner l'organisation des molécules d'ADN dans les cellules eucaryotes. La longueur totale de l'ADN cellulaire équivaut à plus de 100 000 fois la taille d'une cellule. Pour cette raison, l'empaquetage de l'ADN est essentiel dans l'architecture cellulaire. Au cours de l'interphase, lorsque les cellules ne se divisent pas, le matériel génétique est organisé en un complexe nucléoprotéique appelé **chromatine**, dispersé dans l'ensemble du noyau. Le reploiement et la compaction supplémentaires de la chromatine au cours de la mitose produisent les **chromosomes métaphasiques** visibles, dont la morphologie et les caractéristiques de coloration ont été détaillées par les premiers cytogénéticiens. Dans cette section, nous considérerons les propriétés de la chromatine et son organisation en chromosomes. Les caractéristiques des chromosomes considérés dans leur ensemble seront exposées dans la section suivante.

L'ADN nucléaire eucaryote s'associe à des protéines histones pour former de la chromatine

Lorsqu'on isole de l'ADN des noyaux eucaryotes dans des tampons isotoniques (c'est-à-dire des tampons ayant la même concentration saline que les cellules, ≈ 0,15 M de KCl), il est associé à une masse égale de protéines sous forme de chromatine. On a observé que la structure générale de la chromatine était remarquablement similaire dans les cellules de tous les eucaryotes, y compris les champignons, les plantes et les animaux.

Les protéines les plus abondantes associées à l'ADN eucaryote sont les **histones**, une famille de petites protéines basiques présentes dans les noyaux de tous les eucaryotes. Les cinq plus grands types de protéines histones — appelés *H1*, *H2A*, *H2B*, *H3* et *H4* — sont riches en acides aminés chargés positivement, qui interagissent avec des groupements phosphate chargés négativement dans l'ADN.

Les séquences d'acides aminés de quatre histones (H2A, H2B, H3 et H4) présentent une grande ressemblance dans des espèces très éloignées. Par exemple, les séquences de l'histone H3 ne diffèrent que par un acide aminé entre le tissu d'oursin et le thymus de veau et par quatre acides aminés entre le petit pois et le thymus de veau. Il existe également des variantes mineures des histones codées par des gènes différents des principaux types hautement conservés, en particulier chez les vertébrés.

La séquence d'acides aminés de H1 varie davantage d'un organisme à l'autre que les séquences des autres histones majeures. Dans certains tissus, H1 est remplacée par des histones spéciales. Par exemple, dans les globules rouges nucléés des cellules d'oiseaux, une histone appelée *H5* est présente à la place de H1. La ressemblance de séquence entre les histones de tous les eucaryotes suggère qu'elles se replient toutes en conformations tridimensionnelles similaires, qui se sont adaptées de manière optimale à la fonction des histones au début de l'évolution, chez un ancêtre commun à tous les eucaryotes actuels.

La chromatine existe sous forme étirée et condensée

Lorsque la chromatine est extraite des noyaux et examinée sous microscope électronique, son aspect dépend de la concentration saline à laquelle elle est exposée. À faible concentration saline et en l'absence de cations divalents tels que Mg^{2+}, la chromatine isolée ressemble à « des perles sur un collier » (Figure 10-19a). Dans sa forme étirée, le collier est constitué d'ADN libre appelé ADN de liaison (ou ADN linker) qui relie des structures en forme de perles appelées **nucléosomes**. Constitués d'ADN et d'histones, les nucléosomes ont un diamètre voisin de 10 nm et sont les principales unités structurales de la chromatine. Si la chromatine est isolée à une concentration saline physiologique (≈ 0,15 M de KCl, 0,004 M de Mg^{2+}), elle adopte une forme fibrillaire plus condensée de 30 nm de diamètre (Figure 10-19b).

La structure des nucléosomes L'ADN des nucléosomes est nettement moins sensible à la digestion par la nucléase que l'ADN de liaison qui les réunit. Si l'on effectue de façon contrôlée un traitement par la nucléase, tout l'ADN de liaison peut être digéré, libérant les nucléosomes individuels avec l'ADN qui les constitue. Un nucléosome est formé d'un cœur protéique avec de l'ADN enroulé à sa surface, comme un fil autour d'une bobine. Le cœur est un octamère contenant deux copies de chacune des histones H2A, H2B, H3 et H4. La cristallographie aux rayons X a montré que le cœur octamérique d'histones était approximativement une molécule en forme de disque constituée de sous-unités imbriquées d'histones (Figure 10-20). Les nucléosomes de tous les eucaryotes contiennent 147 paires de bases d'ADN enroulé en un peu moins de deux tours autour du cœur protéique. La longueur de l'ADN linker est plus variable d'une espèce à l'autre et va de 15 à 55 paires de bases.

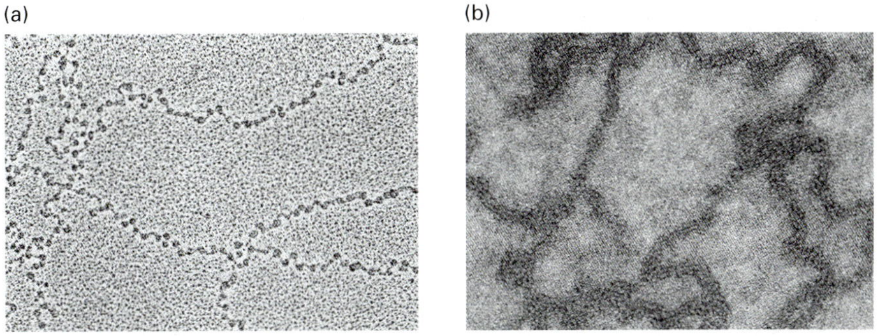

FIGURE EXPÉRIMENTALE 10-19 Les formes étirée et condensée de la chromatine extraite des cellules ont des aspects très différents sur des micrographies électroniques. (a) La chromatine isolée dans un tampon de faible force ionique a un aspect allongé en collier de perles. Les « perles » sont des nucléosomes (10 nm de diamètre) et le « fil » est un ADN de liaison (linker). (b) La chromatine isolée dans un tampon de force ionique physiologique (0,15 M de KCl) apparaît comme une fibre condensée de 30 nm de diamètre. [Partie (a) aimablement communiquée par S. McKnight et O. Miller Jr. ; Partie (b) aimablement communiquée par B. Hamkalo et J. B. Rattner.]

Dans les cellules, l'ADN qui vient d'être répliqué est assemblé en nucléosomes peu après le passage de la fourche de réplication, mais lorsque l'on ajoute *in vitro* des histones isolées à de l'ADN à une concentration saline physiologique, les nucléosomes ne se forment pas spontanément. Néanmoins, on a caractérisé des protéines nucléaires qui se fixent aux histones et les assemblent *in vitro* en nucléosomes avec l'ADN. On pense que des protéines de ce type assemblent également *in vivo* les histones et l'ADN nouvellement répliqué en nucléosomes.

La structure de la chromatine condensée Lorsqu'on l'extrait de cellules dans des tampons isotoniques, la plus grosse partie de la chromatine a l'aspect de fibres de ≈ 30 nm de diamètre (voir Figure 10-19b). Dans ces fibres condensées, on pense que les

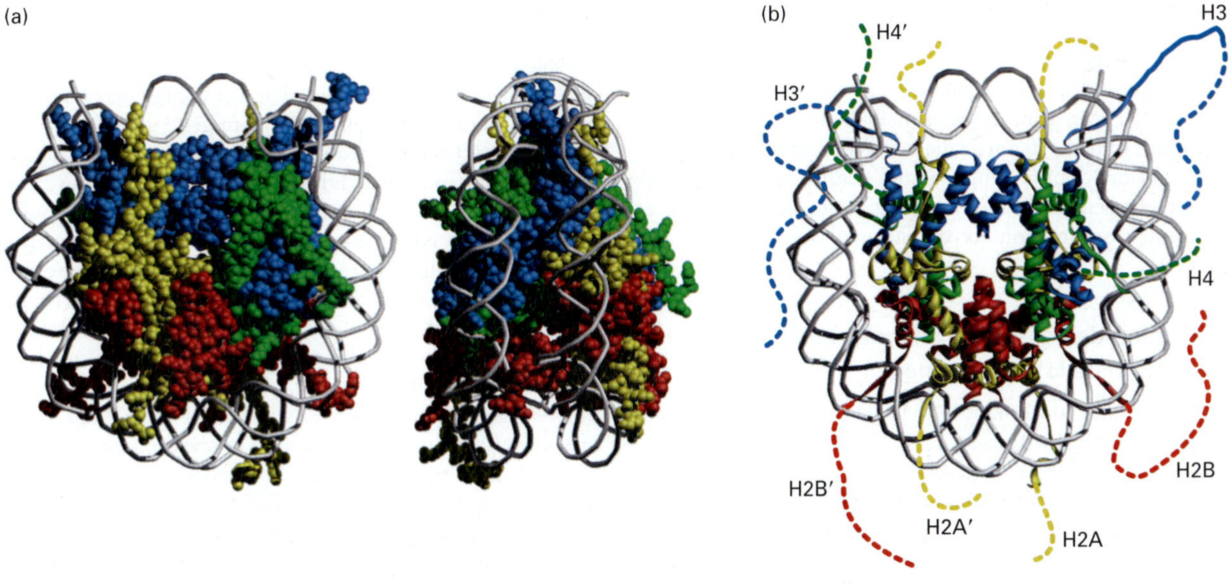

FIGURE 10-20 La structure du nucléosome d'après les données de cristallographie aux rayons X. (a) Un modèle compact vu de face (*à gauche*) et de côté (*à droite*, après une rotation de 90°). H2A est en jaune, H2B en rouge, H3 en bleu et H4 en vert. Le squelette sucre-phosphate des brins d'ADN est représenté sous la forme de tubes blancs. Les queues N-terminales des huit histones et les deux queues C-terminales de H2A impliquées dans la condensation de la chromatine, ne sont pas visibles car elles sont désordonnées dans le cristal. (b) La représentation en rubans des histones montrant les longueurs des queues d'histones (lignes en pointillés) invisibles dans la structure cristalline. Les extrémités N-terminales de H2A sont en bas et les queues C-terminales en haut. [Partie (a) d'après K. Luger *et al.*, 1997, *Nature* **389** :251 ; partie (b) K. Luger et T. J. Richmond, 1998, *Curr. Opin. Gen. Dev.* **8** :140.]

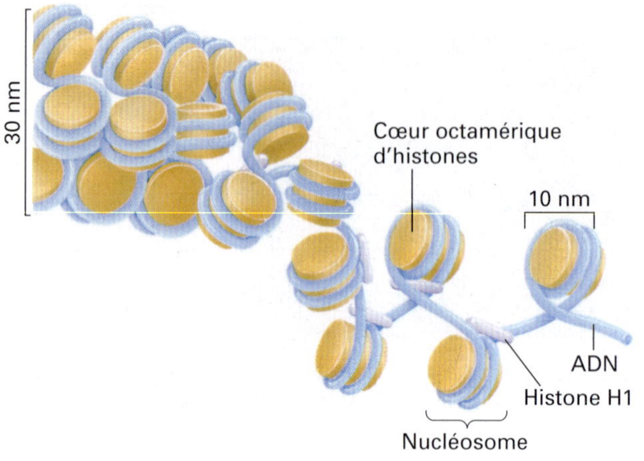

FIGURE 10-21 Un modèle solénoïdal de la fibre de chromatine condensée de 30 nm de diamètre vue de côté. Le cœur octamérique d'histones (voir Figure 10-20) est symbolisé par un disque orange. Chaque nucléosome s'associe à une molécule de H1 et la fibre s'enroule en une structure solénoïdale de 30 nm de diamètre. [Adapté de M. Grunstein, 1992, *Sci. Am.* **267** :68.]

nucléosomes sont empaquetés en une spirale irrégulière ou solénoïde, avec environ six nucléosomes par tour (Figure 10-21). H1, la cinquième des histones essentielles, est liée à l'ADN à l'intérieur du solénoïde, avec une molécule H1 associée à chaque nucléosome. Des études récentes de microscopie électronique suggèrent que la fibre de 30 nm est moins uniforme qu'un solénoïde parfait. La chromatine condensée pourrait en fait être très dynamique, avec des régions qui se déplieraient occasionnellement puis se replieraient en une structure solénoïdale.

Dans les régions chromosomiques qui ne sont pas en cours de transcription, la chromatine existe principalement sous la forme condensée d'une fibre de 30 nm de diamètre et en structures davantage repliées encore dont la conformation détaillée n'est pas bien comprise actuellement. On suppose que les régions de chromatine soumises à une transcription active adoptent la forme étirée en collier de perles.

La modification des queues d'histones contrôle la condensation de la chromatine

Chacune des histones constituant le cœur du nucléosome contient une extrémité aminée flexible de 11 à 37 résidus qui s'étend à partir de la structure fixe du nucléosome. On appelle ces extrémités des *queues d'histones*. Chaque histone H2A possède également une queue C-terminale flexible (voir Figure 10-20b). Les queues d'histones sont nécessaires à la chromatine pour se condenser à partir de la conformation en collier de perles dans la fibre de 30 nm. Plusieurs chaînes latérales de lysines chargées positivement peuvent interagir avec l'ADN linker et les queues d'un nucléosome interagissent probablement avec les nucléosomes voisins. Les lysines des queues d'histones, en particulier celles appartenant à H3 et H4, subissent une acétylation et une désacétylation réversibles par des enzymes qui agissent sur les lysines spécifiques des extrémités N-terminales. Dans sa forme acétylée, la lysine voit la charge positive de son groupement ε-aminé neutralisée, ce qui supprime son interaction avec un groupement phosphate de l'ADN. Par conséquent, plus les extrémités N-terminales des histones sont acétylées, moins il est probable que la chromatine forme des fibres condensées de 30 nm et des structures davantage repliées.

Les queues d'histones peuvent également se fixer à d'autres protéines associées à la chromatine. Ces protéines influencent la structure de la chromatine et des processus tels que la transcription et la réplication de l'ADN. L'interaction des queues d'histones avec ces protéines peut être régulée par différentes modifications covalentes des chaînes latérales des acides aminés des queues d'histones. Parmi ces modifications, citons l'acétylation des groupements ε-aminés de la lysine que nous avons vue plus haut et la méthylation de ces groupements qui empêche l'acétylation et maintient donc leur charge positive. Les chaînes latérales d'arginine peuvent également être méthylées. Les chaînes latérales de sérine et de thréonine peuvent être phosphorylées, ce qui introduit une charge négative. Enfin, une seule molécule d'ubiquitine de 76 acides aminés peut être ajoutée à certaines lysines. Rappelons que l'addition de multiples molécules d'ubiquitine liées à une protéine peut la signaler à un protéasome pour qu'il la dégrade (Chapitre 3). Dans ce cas, l'addition d'une seule ubiquitine n'affecte pas la stabilité d'une histone mais influence la structure de la chromatine. En résumé, différentes sortes de modifications covalentes des queues d'histones peuvent influencer la structure de la chromatine en changeant les interactions histone-ADN et les interactions entre les nucléosomes et en contrôlant les interactions avec d'autres protéines qui participent à la régulation de la transcription, comme nous le verrons dans le chapitre suivant.

L'ampleur de l'acétylation des histones est corrélée à la résistance relative de la digestion de l'ADN de la chromatine par des nucléases. Ce phénomène peut être démontré en digérant des noyaux isolés par de l'ADNase I. Après la digestion, l'ADN est complètement séparé des protéines de la chromatine, entièrement digéré par une enzyme de restriction et analysé par un transfert de type Southern (voir Figure 9-26). Un gène intact traité avec une enzyme de restriction produit des fragments caractéristiques. Lorsqu'un gène est exposé d'abord à une ADNase, il est clivé au niveau de sites aléatoires reconnus par cette enzyme. Par conséquent, toutes les bandes qui pouvaient être observées par transfert de type Southern avant digestion sont perdues. On a utilisé cette technique pour montrer que le gène de β-globine non transcrit dans les cellules non éryhtroïdes où il est associé à des histones relativement peu acétylées, est bien plus résistant à l'ADNase I que le gène de β-globine transcrit dans les précurseurs des cellules érythroïdes, où il est associé à des histones acétylées (Figure 10-22). Ces résultats indiquent que la structure de la chromatine de l'ADN non transcrit est plus condensée et donc davantage protégée contre la digestion par l'ADNase, que l'ADN transcrit. Dans la chromatine condensée, l'ADN est très peu accessible à l'ADNase I en raison de son association étroite avec des histones et d'autres protéines moins abondantes de la chromatine. Au contraire, l'ADN transcrit activement est bien plus accessible à la digestion par l'ADNase I car il est présent sous la forme étirée de la chromatine, en collier de perles.

Des études génétiques réalisées sur la levure indiquent que des acétylases spécifiques des histones sont nécessaires pour l'activation complète de la transcription d'un grand nombre de gènes.

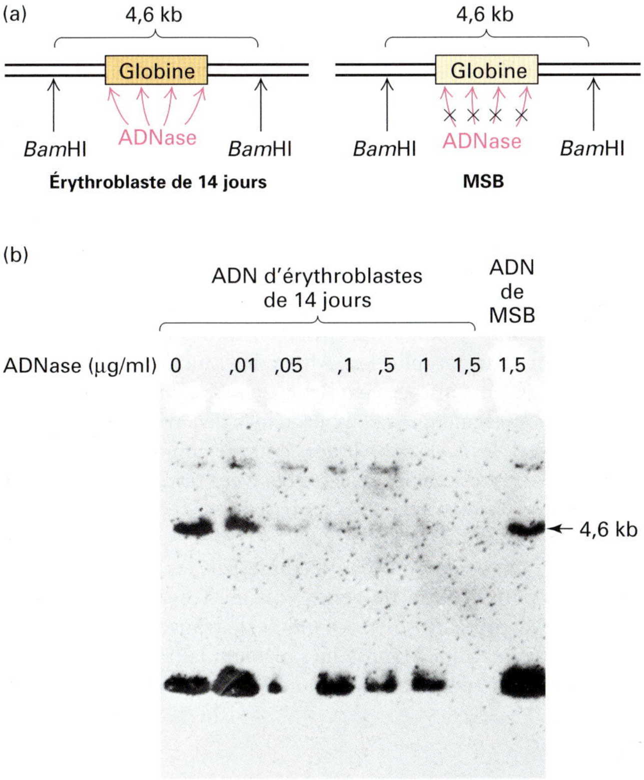

FIGURE EXPÉRIMENTALE 10-22 Les gènes non transcrits sont moins sensibles à la digestion par l'ADNase I que les gènes actifs. Des érythroblastes d'embryons de poussins de 14 jours synthétisent activement la globine, ce qui n'est pas le cas des cellules MSB non différenciées en culture. (a) Des noyaux de chaque type de cellule ont été isolés et exposés à des concentrations croissantes d'ADNase I. L'ADN nucléaire a ensuite été extrait et traité par l'enzyme de restriction *Bam*HI, qui clive l'ADN autour de la séquence de la globine et libère normalement un fragment de globine de 4,6 kb. (b) L'ADN digéré par l'ADNase I et *Bam*HI a été soumis à une analyse par transfert de type Southern avec une sonde d'ADN de globine adulte clonée et marquée, qui s'hybride au fragment de 4,6 kb produit par *Bam*HI. Si le gène de globine était sensible à la digestion initiale par l'ADNase, il serait clivé de façon répétitive et on ne s'attendrait pas à voir le fragment de 4,6 kb sur le gel. Comme le montre le transfert de type Southern, l'ADN transcrit activement, issu des cellules de 14 jours synthétisant la globine, est sensible à la digestion par l'ADNase I, ce qui est indiqué par l'absence de la bande de 4,6 kb aux concentrations supérieures de la nucléase. Au contraire, l'ADN inactif issu des cellules MSB est résistant à la digestion. Ces résultats suggèrent que l'ADN inactif se trouve sous une forme plus condensée de chromatine, dans laquelle le gène de globine est protégé de la digestion par l'ADNase. [Voir J. Stalder *et al.*, 1980 *Cell* **19** :973 ; photographie aimablement communiquée par H. Weintraub.]

C'est pourquoi, comme nous le verrons au Chapitre 11, on pense que le contrôle de l'acétylation des extrémités N-terminales des histones dans des régions chromosomiques spécifiques contribue au contrôle des gènes par la régulation de la force des interactions des histones et de l'ADN, et du reploiement de la chromatine en structures condensées. Les gènes présents dans des régions condensées et repliées de la chromatine sont inaccessibles à l'ARN polymérase et aux autres protéines nécessaires à la transcription.

Les protéines non histones servent d'armature aux longues boucles de chromatine

Bien que les histones soient les protéines prédominantes dans les chromosomes, des protéines non histones sont également impliquées dans l'organisation de la structure des chromosomes. Les micrographies électroniques des chromosomes métaphasiques de cellules HeLa, débarrassés de leurs histones, révèlent de longues boucles d'ADN ancrées à une *armature chromosomique* constituée de protéines non histones (Figure 10-23). Cette armature a la forme du chromosome métaphasique et persiste même lorsque l'ADN est digéré par des nucléases. Comme le schématise la Figure 10-24, on pense que des boucles d'une fibre de chromatine de 30 nm de diamètre, longues de quelques mégabases, s'associent à une armature chromosomique flexible, aboutissant à une forme étirée caractéristique des chromosomes au cours de l'interphase. On suppose que le reploiement de l'armature pourrait produire la structure hautement condensée caractéristique des chromosomes métaphasiques. Mais la géométrie du reploiement de l'armature dans les chromosomes métaphasiques n'a pas encore été déterminée.

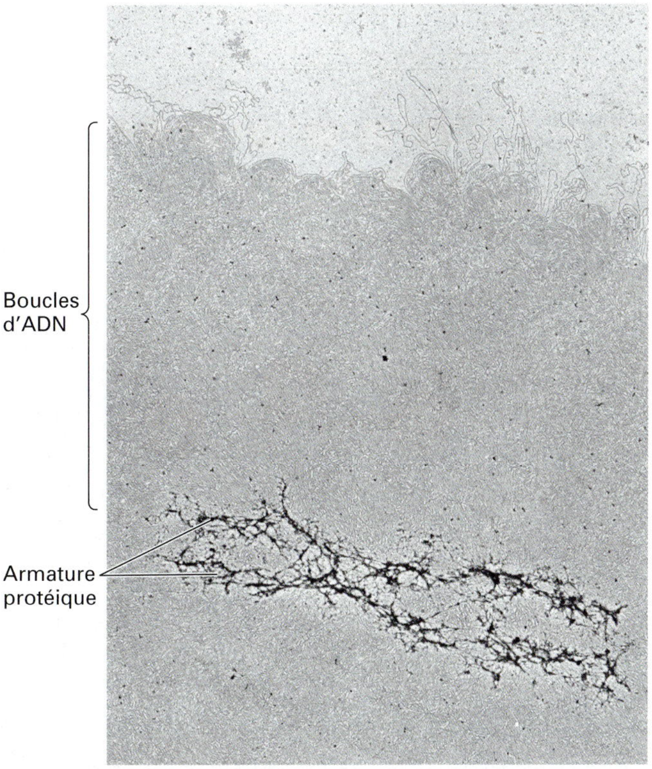

FIGURE EXPÉRIMENTALE 10-23 Une micrographie électronique d'un chromosome métaphasique débarrassé de ses histones révèle l'armature autour de laquelle l'ADN est organisé. On voit de longues boucles d'ADN qui s'étendent à partir de l'armature constituée de protéines non histones (la structure sombre). La forme de l'armature reflète celle du chromosome métaphasique lui-même. Le chromosome a été préparé à partir de cellules HeLa par un traitement avec un détergent doux. [D'après J. R. Paulson et U. K. Laemmli, 1977, *Cell* **12** :817. Copyright 1977 MIT.]

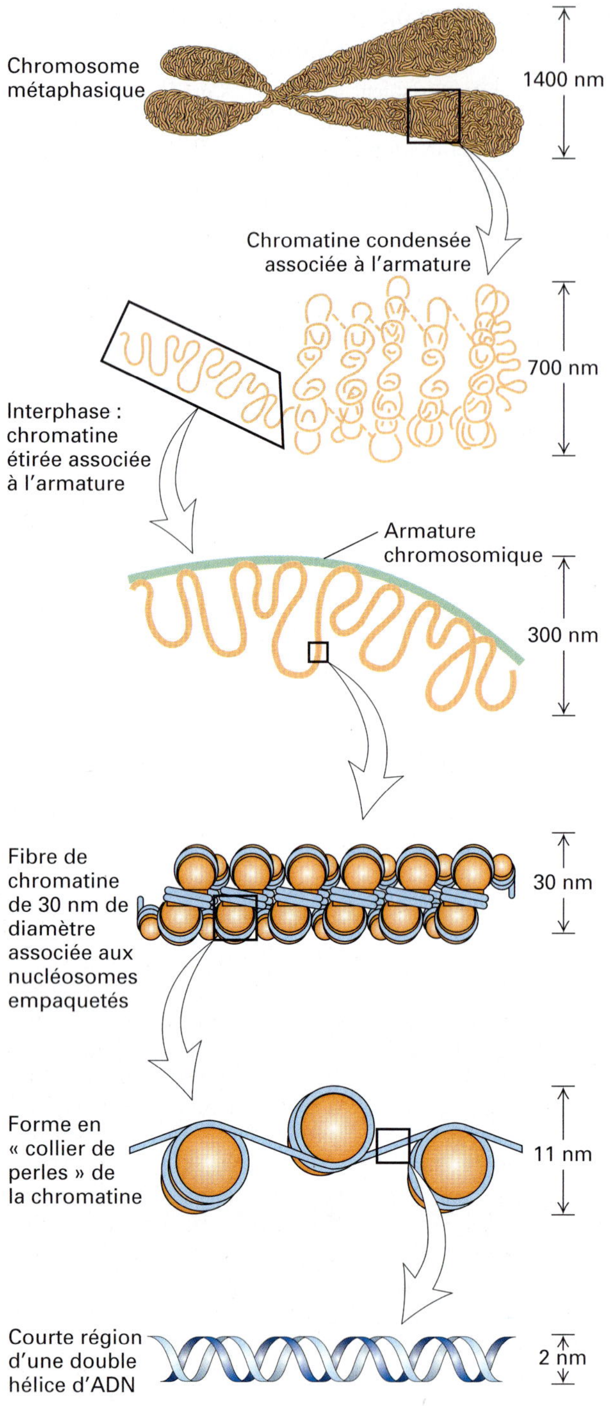

FIGURE 10-24 Un modèle de l'empaquetage de la chromatine et de l'armature protéique dans les chromosomes métaphasiques. Dans les chromosomes interphasiques, de longues étendues de chromatine de 30 nm de diamètre forment des boucles hors des armatures allongées. Dans les chromosomes métaphasiques, l'armature est davantage repliée en une structure hautement compacte dont la géométrie précise n'a pas été déterminée.

Des expériences d'hybridation *in situ* menées avec plusieurs sondes différentes marquées par fluorescence et spécifiques de segments d'ADN dans des cellules humaines en interphase sont en faveur du modèle de boucles présenté dans la Figure 10-24. Dans ces expériences, certaines séquences hybridées distantes de millions de paires de bases dans l'ADN linéaire paraissent très proches dans les noyaux interphasiques de différentes cellules (Figure 10-25) et cette proximité se retrouve d'une cellule à l'autre. Ces sites complémentaires des sondes, régulièrement espacés, semblent situés près de séquences spécifiques de l'ADN appelées *régions de fixation à l'armature* (*SAR* pour *scaffold attachment regions* en anglais) ou *régions de fixation à la matrice* (*MAR*) liées à l'armature chromosomique. On a cartographié les SAR en digérant des chromosomes débarrassés de leurs histones par des enzymes de restriction puis en récupérant les fragments liés aux protéines de l'armature.

En général, les SAR sont situées entre les unités de transcription. En d'autres termes, les gènes se trouvent principalement dans les boucles de chromatine, dont les bases sont fixées à une armature chromosomique. Des expériences réalisées avec des souris transgéniques indiquent que dans certains cas, les SAR sont nécessaires à la transcription de gènes voisins. Chez la drosophile, certaines SAR peuvent isoler des unités de transcription les unes des autres, de sorte que les protéines régulant la transcription d'un gène n'influencent pas la transcription d'un gène voisin, séparé par une SAR.

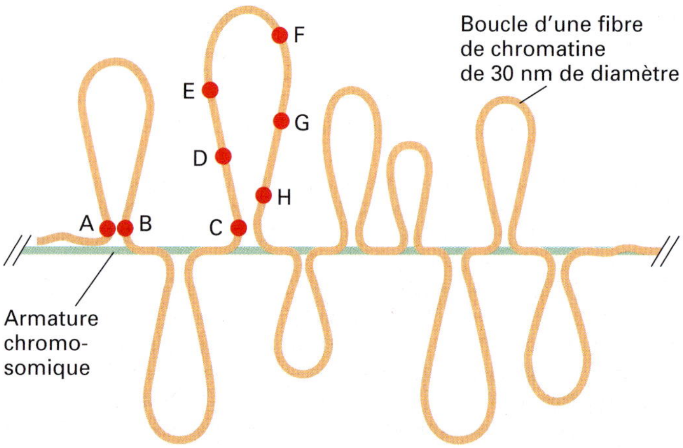

FIGURE EXPÉRIMENTALE 10-25 Des sondes marquées par fluorescence, hybridées à des chromosomes interphasiques démontrent l'existence de boucles de chromatine et permettent leur mesure. Une hybridation *in situ* de cellules interphasiques a été réalisée avec plusieurs sondes différentes spécifiques de séquences séparées par des distances connues dans de l'ADN linéaire cloné. Les points rouges désignés par des majuscules représentent les sondes. La mesure des distances entre les différentes sondes hybridées, que l'on a pu différencier d'après leur couleur, a montré que certaines séquences (comme A, B et C) séparées les unes des autres de millions de paires de bases semblaient très proches les unes des autres dans le noyau. Dans certains groupes de séquences, les distances mesurées dans le noyau à partir d'un groupe de séquences entre une sonde (par exemple C) et des séquences de plus en plus éloignées semblent augmenter initialement (ex : D, E et F) puis diminuer (ex : G et H). Les distances mesurées entre les sondes s'étendent de 1 à 4 millions de paires de bases. [Adapté de H. Yokota *et al.*, 1995. *J. Cell Biol.* **130** :1239.]

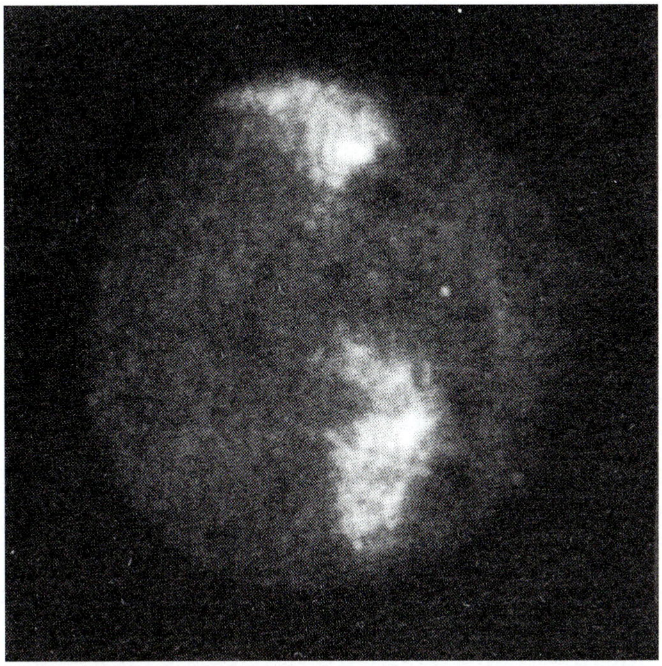

FIGURE EXPÉRIMENTALE 10-26 Au cours de l'interphase, des chromosomes humains restent dans des domaines spécifiques du noyau. Des lymphocytes humains fixés en interphase ont été hybridés *in situ* avec des sondes marquées par de la biotine, spécifiques de séquences situées tout au long du chromosome 7 humain et visualisées grâce à de l'avidine marquée par fluorescence. Dans la cellule diploïde présentée ici, chacun des deux chromosomes 7 est limité à un territoire ou domaine dans le noyau et ne s'étend pas dans la totalité de celui-ci. [D'après P. Lichter *et al.*, 1988, *Hum. Genet.* **80** :224.]

Les chromosomes interphasiques, qui sont moins condensés que les chromosomes métaphasiques, ne peuvent être distingués individuellement par microscopie photonique ou électronique. Malgré cela, on sait que dans les cellules interphasiques, la chromatine est associée à des armatures étirées et présente une organisation supérieure en domaines spécifiques. Ceci peut être démontré grâce à l'hybridation *in situ* de noyaux interphasiques avec un gros mélange de sondes marquées par fluorescence, spécifiques de séquences présentes sur toute la longueur d'un chromosome donné. Comme l'illustre la Figure 10-26, les sondes liées sont visibles dans des régions restreintes du noyau ou domaines, et n'y apparaissent pas n'importe où. L'utilisation de sondes spécifiques de différents chromosomes montre qu'il y a peu de chevauchement entre les chromosomes présents dans les noyaux interphasiques. Pourtant, les positions précises des chromosomes ne sont pas constantes d'une cellule à l'autre.

La chromatine contient de petites quantités de protéines autres que les histones et les protéines de l'armature

La masse totale des histones associées à l'ADN dans la chromatine est quasiment égale à la masse d'ADN. La chromatine interphasique et les chromosomes métaphasiques contiennent également de petites quantités d'un ensemble complexe d'autres protéines. On est par exemple en train d'établir une liste de **facteurs de transcription** qui se fixent à l'ADN et sont associés à la chromatine interphasique. La structure et la fonction de ces protéines non histones fondamentales, qui participent à la régulation de la transcription, seront examinées au Chapitre 11. D'autres protéines non histones peu abondantes associées à la chromatine régulent la réplication de l'ADN au cours du cycle cellulaire eucaryote (Chapitre 21).

Quelques autres protéines non histones qui se fixent à l'ADN existent en quantités bien plus importantes que les facteurs de réplication ou de transcription. Certaines d'entre elles présentent une mobilité élevée au cours de la séparation électrophorétique. Pour cette raison, on les appelle *protéines HMG* (de l'anglais *high-mobility group* : groupement à mobilité élevée). Lorsque les gènes codant les protéines HMG les plus abondantes sont délétés des cellules de levure, la transcription normale est perturbée dans la plupart des autres gènes examinés. Certaines protéines HMG se lient coopérativement à l'ADN avec des facteurs de transcription qui se fixent à des séquences spécifiques d'ADN, stabilisant ainsi des complexes multiprotéiques qui régulent la transcription d'un gène voisin.

Les chromosomes eucaryotes contiennent une molécule linéaire d'ADN

Chez les eucaryotes inférieurs, la taille des molécules les plus longues d'ADN que l'on parvient à extraire indique que chaque chromosome contient une seule molécule d'ADN. Par exemple, l'ADN de chacun des petits chromosomes de *S. cerevisiae* ($2{,}3 \times 10^5$ à $1{,}5 \times 10^6$ paires de bases) peut être séparé et identifié individuellement par une électrophorèse en champs alternés. L'analyse physique des molécules d'ADN les plus grandes extraites de plusieurs espèces génétiquement différentes de drosophile montre que leur taille varie de 6×10^7 à 1×10^8 paires de bases. Ces tailles coïncident avec le contenu d'ADN de chromosomes métaphasiques marqués individuellement, comme l'indique la quantité de colorant absorbé. Les molécules les plus longues d'ADN extraites des chromosomes humains sont trop grandes ($2{,}8 \times 10^8$ paires de bases, soit quasiment 10 cm de long) pour être extraites sans cassure. Néanmoins, les observations effectuées sur les eucaryotes inférieurs laissent penser que chaque chromosome visualisé au cours de la mitose contient une seule molécule d'ADN.

En résumé, nous avons vu jusqu'à présent que le chromosome eucaryote est une structure linéaire constituée d'une seule molécule d'ADN extrêmement longue, enroulée autour d'octamères d'histones toutes les 200 pb environ, formant ainsi des chaînes de nucléosomes étroitement empaquetés. Les nucléosomes se replient en une fibre de chromatine de 30 nm de diamètre, fixée à une armature protéique flexible à des intervalles de millions de paires de bases, créant de longues boucles de chromatine qui s'étendent à partir de l'armature (voir Figure 10-24). En plus de cette structure chromosomique générale, un ensemble complexe de milliers de protéines régulatrices peu abondantes est associé à des séquences spécifiques de l'ADN chromosomique.

CONCEPTS CLÉS DE LA SECTION 10.4

L'organisation structurale des chromosomes eucaryotes

- Dans les cellules eucaryotes, l'ADN est associé à une masse quasiment égale de protéines histones dans un complexe nucléoprotéique hautement condensé appelé *chromatine*. L'élément de construction de la chromatine est le nucléosome. Il est constitué d'un octamère d'histones autour duquel sont enroulées 147 pb d'ADN (voir Figure 10-21).
- On pense que dans les régions de la cellule dans lesquelles la transcription est inactive, la chromatine existe sous la forme d'une fibre condensée de 30 nm de diamètre et de structures d'ordre supérieur formées à partir de celle-ci (voir Figure 10-19).
- Dans les régions de la cellule dans lesquelles la transcription est active, on pense que la chromatine existe dans une forme ouverte étirée.
- L'acétylation et la désacétylation réversibles des résidus lysine des extrémités N-terminales des histones H2A, H2B, H3 et H4 contrôlent la force de la liaison entre l'ADN et l'octamère d'histones et affectent l'assemblage des nucléosomes en formes condensées de chromatine (voir Figure 10-20b).
- Les queues d'histones peuvent également être modifiées par méthylation, phosphorylation et mono-ubiquitination. Ces modifications influencent la structure de la chromatine en régulant la liaison des queues d'histones à d'autres protéines moins abondantes, associées à la chromatine.
- La chromatine hypoacétylée dans laquelle la transcription est inactive adopte une structure plus condensée et est plus résistante à l'ADNase I que la chromatine hyperacétylée, dans laquelle la transcription est active.
- Chaque chromosome eucaryote contient une seule molécule d'ADN empaquetée en nucléosomes et repliée en une fibre de chromatine de 30 nm de diamètre qui est attachée à une armature protéique au niveau de sites spécifiques (voir Figure 10-24). Le reploiement supplémentaire de l'armature compacte encore davantage la structure en une forme hautement condensée, celle des chromosomes métaphasiques.

10.5 La morphologie et les éléments fonctionnels des chromosomes eucaryotes

Dans la section précédente, nous avons examiné en détail l'organisation structurale des chromosomes. Nous allons à présent les envisager d'un point de vue plus global. Les premières observations au microscope du nombre de chromosomes, de leur taille et de leurs profils de coloration ont conduit à la découverte de nombreuses caractéristiques générales importantes de leur structure. Les chercheurs ont ensuite identifié des régions chromosomiques spécifiques, essentielles à la réplication des chromosomes et à leur ségrégation dans les cellules filles pendant la division cellulaire.

Le nombre, la taille et la forme des chromosomes lors de la métaphase sont spécifiques de chaque espèce

Comme nous l'avons dit plus haut, dans les cellules qui ne sont pas en cours de division, les chromosomes ne sont pas visibles individuellement, même à l'aide de colorants histologiques spécifiques de l'ADN tels que le Feulgen et le Giemsa, ni par microscopie électronique. Au cours de la mitose et de la méiose en revanche, les chromosomes se condensent et deviennent visibles sous microscope photonique. Par conséquent, presque toutes les études cytogénétiques (comme l'étude de la morphologie des chromosomes) ont été réalisées sur des chromosomes métaphasiques obtenus à partir de cellules en cours de division — soit des cellules somatiques en cours de mitose, soit des gamètes en cours de division lors de la méiose.

La condensation des chromosomes métaphasiques résulte probablement de plusieurs degrés de reploiement et d'enroulement des fibres de chromatine de 30 nm de diamètre (voir Figure 10-24). Au moment de la mitose, les cellules sont déjà passées par la phase S du cycle cellulaire et ont répliqué leur ADN. Par conséquent, les chromosomes qui deviennent visibles au cours de la métaphase sont des structures dupliquées. Chaque chromosome métaphasique est constitué de deux **chromatides** sœurs (Figure 10-27). Le nombre, la taille et la forme des chromosomes métaphasiques constituent le **caryotype**, représentatif de chaque espèce. Dans la plupart des organismes, toutes les cellules possèdent le même caryotype. Pourtant, des espèces qui se ressemblent beaucoup peuvent avoir des caryotypes très différents, ce qui indique qu'un potentiel génétique similaire peut être organisé de différentes façons dans les chromosomes. Par exemple, deux espèces de cervidés — le muntjac indien et le muntjac Reeves — contiennent approximativement la même quantité totale d'ADN génomique. Dans une espèce, cet ADN est organisé en 22 paires d'**autosomes**

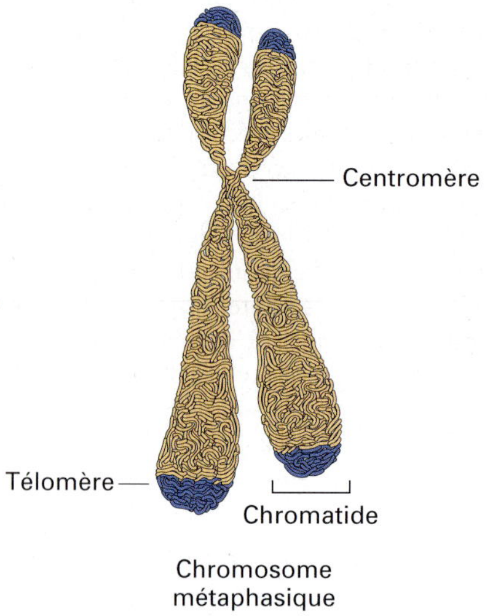

FIGURE 10-27 L'aspect d'un chromosome métaphasique typique sous microscope. Chaque chromosome s'est répliqué et contient deux chromatides constituées chacune de deux molécules identiques d'ADN. Le centromère, au niveau duquel les chromatides sont attachées, est nécessaire à leur séparation à la fin de la mitose. Des séquences télomériques spéciales aux extrémités des chromosomes empêchent leur raccourcissement.

homologues et deux chromosomes sexuels physiquement séparés. À l'inverse, l'autre espèce contient seulement trois paires d'autosomes. Un chromosome sexuel est physiquement séparé mais l'autre est lié à l'extrémité d'un autosome.

Au cours de la métaphase, on peut distinguer les chromosomes par leur profil de bandes et leur coloration

Certains colorants marquent spécifiquement certaines régions des chromosomes métaphasiques plus intensément que d'autres régions, ce qui produit des profils de bandes spécifiques de chaque chromosome. Bien que l'explication moléculaire de la régularité des bandes chromosomiques demeure inconnue, elles servent de points de repère visibles tout au long de chaque chromosome et permettent de distinguer les chromosomes de taille et de forme voisines.

Les *bandes G* sont produites lorsque les chromosomes métaphasiques sont soumis brièvement à un chauffage léger ou à une protéolyse douce, puis marqués avec du Giemsa, un colorant permanent de l'ADN (Figure 10-28). Les bandes G correspondent à de grandes régions du génome humain qui ont un contenu inhabituellement faible en G + C. Le traitement des chromosomes par une solution alcaline chaude avant un marquage par le Giemsa produit des *bandes R* selon un motif quasiment inverse du profil de bandes G. La différence de ces profils de bandes permet aux cytologistes d'identifier des zones spécifiques d'un chromosome et de localiser les sites de translocations et de cassures chromosomiques (Figure 10-29a). De plus, des sondes clonées d'ADN, hybridées à des séquences spécifiques dans les chromosomes peuvent être assignées à des bandes particulières.

Une technique a récemment été mise au point pour visualiser les chromosomes humains à l'aide de couleurs vives différentes. Il s'agit de la *coloration des chromosomes* ou peinture des chromosomes, (*chromosome painting* en anglais). Elle permet de distinguer plus facilement des chromosomes de taille et de forme similaires. Cette technique, qui est une variante de l'hybridation fluorescente *in situ* (FISH) utilise des sondes spécifiques des sites disséminés le long de chaque chromosome. Les sondes sont marquées par l'un ou l'autre de deux colorants qui fluorescent à des longueurs d'onde différentes. Les sondes spécifiques de chaque chromosome sont marquées à l'aide d'une fraction prédéterminée de chacun des deux colorants. Après l'hybridation des sondes sur les chromosomes et l'élimination des sondes en excès, l'échantillon est observé sous un microscope à fluorescence dans lequel un détecteur détermine la fraction de chaque colorant présent au niveau de chacune des positions fluorescentes dans le champ du microscope. Cette information est transmise à un ordinateur et un programme spécial attribue à chaque type de chromosome, une image avec une couleur modifiée. Une technique apparentée appelée *FISH multicolore* permet de détecter les translocations chromosomiques (Figure 10-29b). L'analyse bien plus détaillée obtenue grâce à cette technique permet de révéler les translocations chromosomiques qu'une analyse des profils de bandes n'aurait pas permis de détecter.

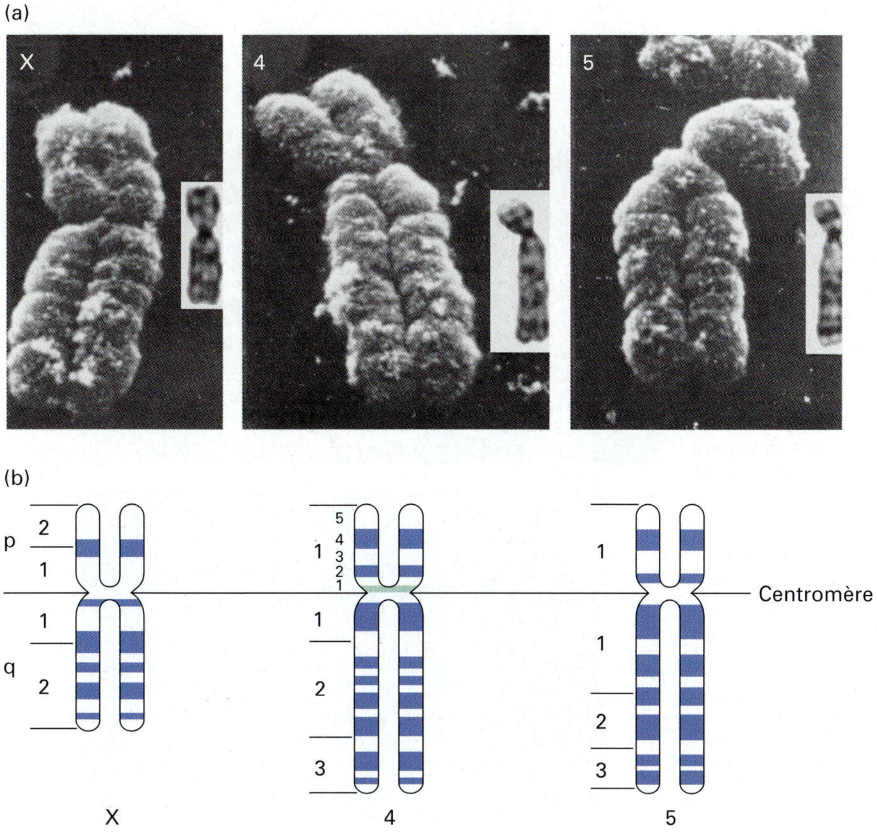

FIGURE EXPÉRIMENTALE 10-28 Des bandes G produites grâce au GIEMSA, un colorant, sont des marqueurs utiles pour identifier des chromosomes spécifiques. Les chromosomes sont soumis à un bref traitement protéolytique et marqués par du GIEMSA, ce qui produit des bandes distinctes à des endroits caractéristiques. (a) Des micrographies électroniques à balayage des chromosomes X, 4 et 5 montrent des constrictions au niveau des sites auxquels apparaissent les bandes sur les micrographies photoniques (*encadrés*). (b) Des schémas standard des bandes G (en violet). Les régions de longueur variable (en vert) sont le plus souvent dans la région centromérique (comme sur le chromosome 4). Par convention, p désigne le bras court et q, le bras long. Chaque bras est divisé en sections principales (1, 2, etc.) et en sous-sections. Le bras court du chromosome 4 par exemple possède cinq sous-sections. On dirait donc de l'ADN situé dans la quatrième sous-section qu'il se trouve dans p14. [Partie (a) d'après C. J. Harrison *et al.*, 1981, *Exp. Cell Res.* **134** :141 ; aimablement communiqué par C. J. Harrison.]

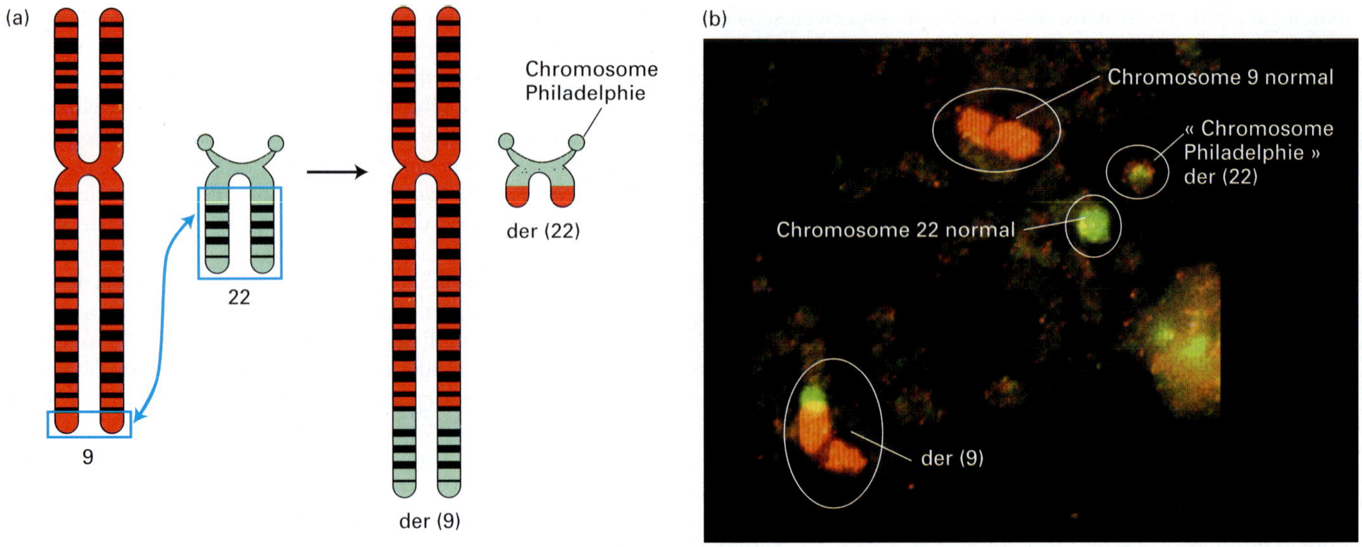

FIGURE EXPÉRIMENTALE 10-29 Les translocations chromosomiques peuvent être analysées à l'aide des profils de bandes et par FISH multicolore. Les translocations chromosomiques caractéristiques sont associées à certaines maladies génétiques et à des types spécifiques de cancers. Par exemple, chez presque tous les malades atteints de leucémie myéloïde chronique, les cellules leucémiques contiennent le chromosome Philadelphie, un chromosome 22 raccourci [der (22)] et un chromosome 9 anormalement long [der (9)]. Ces chromosomes sont produits par une translocation entre les chromosomes normaux 9 et 22. Cette translocation peut être détectée par une analyse classique des bandes (a) et par FISH multicolore (b). [Partie (a) d'après J. Kuby, 1997, *Immunology*, 3° éd., W. H. Freeman and Company, p. 578 ; partie (b) aimablement communiquée par J. Rowley et R. Espinosa.]

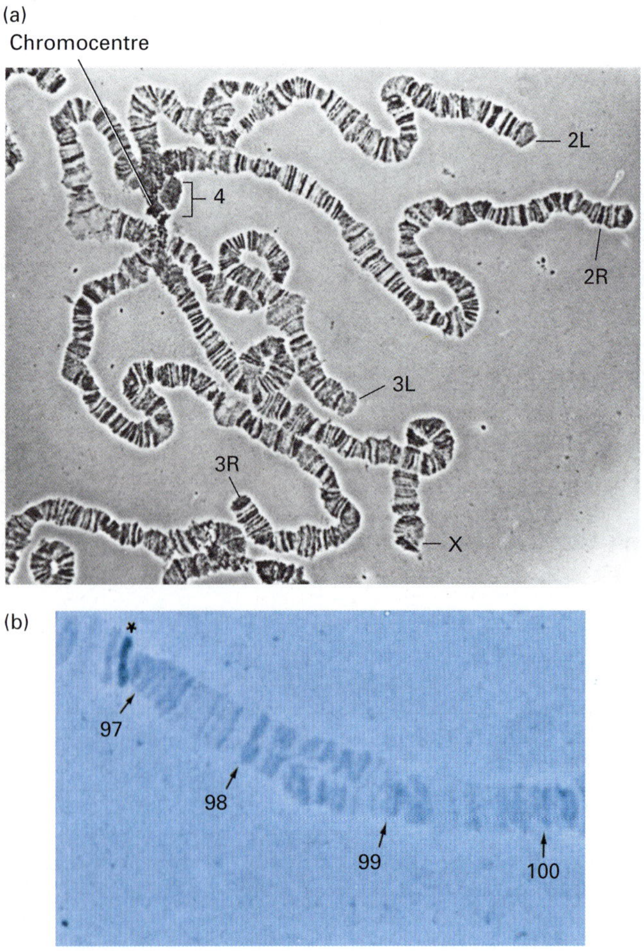

FIGURE EXPÉRIMENTALE 10-30 L'analyse des bandes sur les chromosomes polytènes de glandes salivaires de drosophile et l'hybridation *in situ* sont utilisées conjointement pour localiser des séquences de gènes. (a) Dans cette micrographie photonique de chromosomes de glandes salivaires de larves de *Drosophila melanogaster*, on peut observer quatre chromosomes (X, 2, 3 et 4) sur lesquels on peut distinguer au total environ 5 000 bandes. Les centromères des quatre chromosomes apparaissent souvent fusionnés au niveau du chromocentre. Les extrémités des chromosomes 2 et 3 sont marquées [L = bras gauche (*left* en anglais) ; R = bras droit (*right* en anglais)], de même que l'extrémité du chromosome X. (b) Une séquence particulière d'ADN de drosophile peut être cartographiée sur les chromosomes de glandes salivaires de drosophile, grâce à une hybridation *in situ*. Cette microphotographie montre une région d'un chromosome qui a été hybridée avec une séquence d'ADN cloné, marquée par des nucléotides dérivés de la biotine. L'hybridation est détectée grâce à l'avidine, une protéine qui se fixe à la biotine et est liée covalemment à l'enzyme phosphatase alcaline. Lorsque l'on ajoute un substrat soluble, l'enzyme catalyse une réaction qui aboutit à la formation d'un précipité coloré insoluble au niveau du site d'hybridation (astérisque). Puisque les profils de bandes hautement reproductibles sont caractéristiques de chaque chromosome polytène de drosophile, la séquence hybridée peut être attribuée à un chromosome particulier. Les numéros indiquent les bandes principales. Les bandes comprises entre les bandes indiquées sont désignées par des nombres et des lettres (non représentés). [Partie (a) aimablement communiquée par J. Gall ; partie (b) aimablement communiquée par F. Pignoni.]

Les chromosomes polytènes interphasiques apparaissent par amplification de l'ADN

Les glandes salivaires des larves de certaines espèces de drosophiles et d'autres diptères contiennent des chromosomes interphasiques géants visibles sous microscope photonique. Une fois fixés et marqués, ces chromosomes polytènes se caractérisent par un grand nombre de bandes reproductibles, bien séparées les unes des autres, auxquelles on peut attribuer des nombres arbitraires (Figure 10-30a). Ces profils de bandes hautement reproductibles visibles sur les chromosomes des glandes salivaires de drosophile constituent un outil très puissant pour localiser des séquences spécifiques d'ADN le long des chromosomes de cette espèce. On peut par exemple déterminer avec précision la position chromosomique d'une séquence clonée d'ADN en hybridant un échantillon marqué de l'ADN cloné, avec des chromosomes polytènes préparés à partir de glandes salivaires de larves (Figure 10-30b).

Une amplification généralisée de l'ADN produit les chromosomes polytènes présents dans les glandes salivaires de drosophile. Ce processus, appelé *polyténisation*, a lieu lorsque de l'ADN se réplique de façon répétée mais que les chromosomes fils ne se séparent pas. Le résultat est un chromosome géant constitué de nombreuses copies parallèles de lui-même (Figure 10-31). L'amplification de l'ADN augmente fortement le nombre de copies de gènes, ce qui fournit sans doute suffisamment d'ARNm pour permettre la synthèse protéique dans les cellules massives des glandes salivaires. Bien que les bandes visibles dans les chromosomes métaphasiques humains représentent probablement de très longues étendues repliées ou compactées d'ADN contenant environ 10^7 paires de bases, les bandes dans les chromosomes polytènes correspondent à des régions plus courtes, de seulement 50 000 à 100 000 paires de bases.

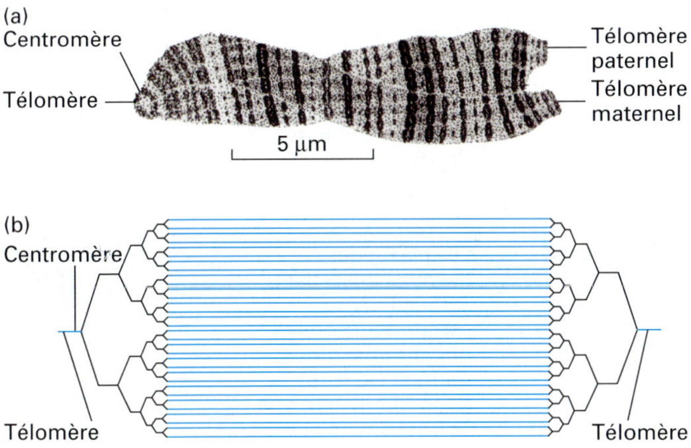

FIGURE 10-31 L'amplification de l'ADN du quatrième chromosome polytène de *Drosophila melanogaster*. (a) La morphologie du quatrième chromosome polytène marqué, tel qu'elle apparaît sous microscope photonique à fort grossissement. Le quatrième chromosome est de loin le plus petit (voir Figure 10-30). Les chromatides homologues (paternelle et maternelle) sont appariées. Le profil de bandes résulte de l'empaquetage reproductible de l'ADN et des protéines dans chaque site amplifié le long du chromosome. Les bandes sombres sont des régions formées de chromatine plus fortement compactée. (b) Le patron d'amplification de l'une des deux chromatides homologues pendant cinq réplications. L'ADN double-brin est représenté par un seul trait. L'ADN télomérique et l'ADN centromérique ne sont pas amplifiés. Dans les chromosomes polytènes des glandes salivaires, chaque chromosome parental subit ≈ 10 réplications (2^{10} = 1024 brins). [Partie (a) d'après C. Bridges, 1935, *J. Hered.* **26** :60 ; partie (b) adaptée de C. D. Laird *et al.*, 1973, *Cold Spring Harbor Symp. Quant. Biol.* **38** :311.]

L'hétérochromatine est constituée de régions chromosomiques qui ne se déroulent pas

Lorsque les cellules achèvent leur mitose et que les chromosomes condensés se déroulent, certaines sections des chromosomes conservent un marquage sombre. Ces zones sombres, appelées **hétérochromatine** sont des régions de chromatine condensée. Les régions moins condensées de la chromatine, à coloration claire, sont appelées **euchromatine**. L'hétérochromatine apparaît le plus souvent — mais pas exclusivement — au niveau du centromère et des télomères des chromosomes et est en général constituée d'ADN de séquence simple.

Dans les cellules de mammifère, l'hétérochromatine a l'aspect de régions du noyau de coloration sombre, souvent associées à l'enveloppe nucléaire. Un marquage bref par de l'^{3}H uridine, suivi d'une autoradiographie a montré que la plus grande partie de la transcription se produisait dans les régions d'euchromatine et dans le nucléole. Pour cette raison et parce que les régions hétérochromatiques demeurent condensées apparemment pendant tout le cycle vital de la cellule, on les a considérées comme des sites de gènes inactifs. Pourtant, certains gènes transcrits ont été localisés dans ces régions d'hétérochromatine. De plus, tous les gènes inactifs et les régions non transcrites de l'ADN ne sont pas visibles sous forme d'hétérochromatine.

Trois éléments fonctionnels sont nécessaires à la réplication et à la transmission stable des chromosomes

Bien que le nombre et la longueur des chromosomes soient différents d'une espèce à l'autre, des études cytogénétiques ont montré qu'ils se comportent tous de façon similaire au moment de la division cellulaire. En outre, chaque chromosome eucaryote doit contenir trois éléments fonctionnels pour se répliquer et ségréger correctement : (1) des **origines de réplication** au niveau desquelles des ADN polymérases et d'autres protéines débutent la synthèse d'ADN (voir Figure 4-34 et 4-36), (2) le centromère et (3) les deux extrémités ou télomères. Les études de transformation de la levure décrites dans la Figure 10-32 ont démontré les fonctions de ces trois éléments chromosomiques et établi leur importance pour la fonction des chromosomes.

Comme nous l'avons vu au Chapitre 4, la réplication de l'ADN commence à partir de sites dispersés dans l'ensemble des chromosomes eucaryotes. Le génome de levure contient de nombreuses séquences de ≈ 100 pb appelées *séquences à réplication autonome* (*ARS* pour *autonomously replicating sequences*) qui servent d'origines de réplication. On a montré que l'insertion d'une ARS dans un plasmide circulaire permettait à ce plasmide de se répliquer dans des cellules de levure, ce qui a permis pour la première fois d'identifier une fonction de ces séquences d'origines dans l'ADN eucaryote (voir Figure 10-32a).

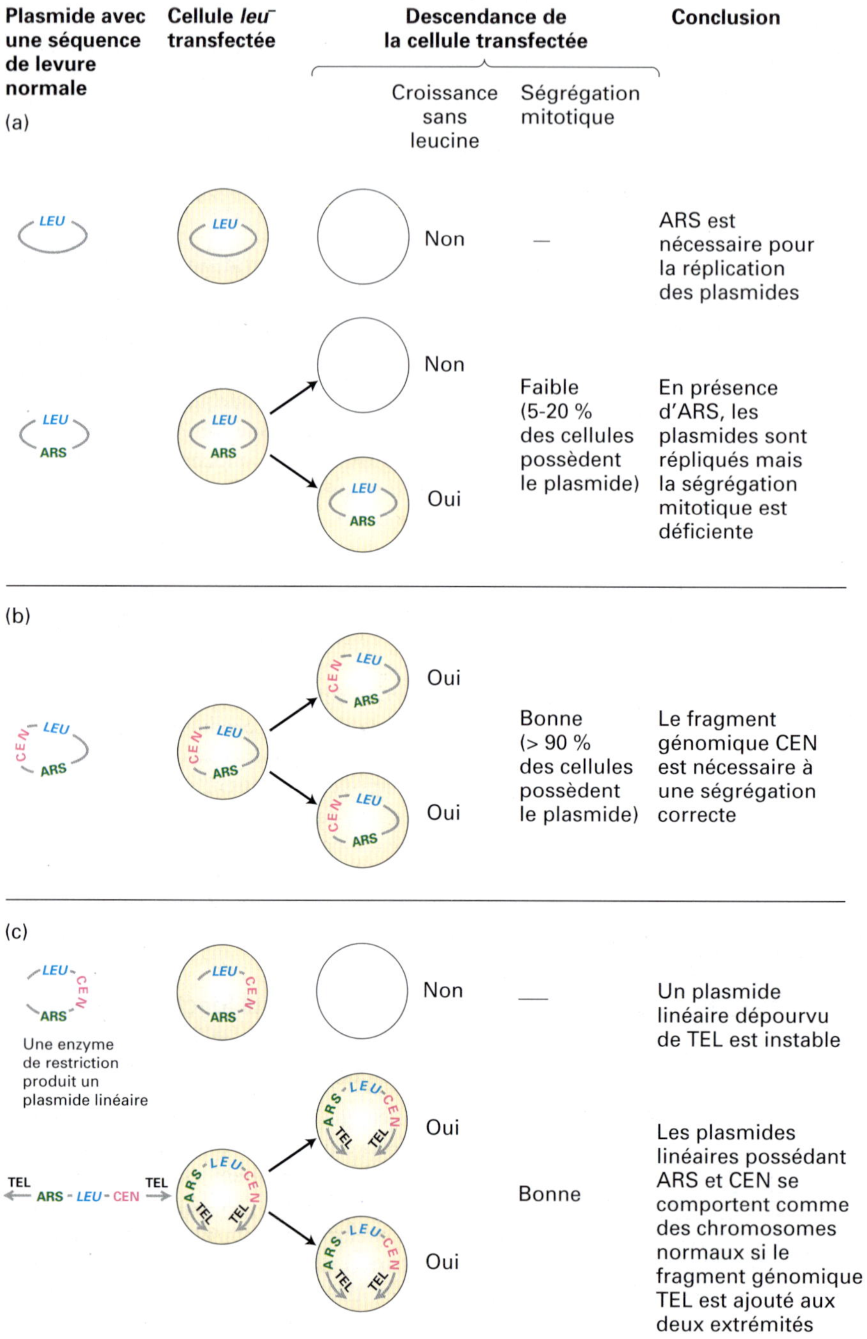

FIGURE EXPÉRIMENTALE 10-32 Les expériences de transfection de levure permettent d'identifier les éléments chromosomiques fonctionnels nécessaires à la réplication et à la ségrégation normales des chromosomes. Dans ces expériences, des plasmides contenant le gène *LEU* de cellules normales de levure sont construits et introduits par transfection dans des cellules *leu⁻*. Si le plasmide est conservé dans les cellules *leu⁻*, elles sont transformées en *LEU⁺* par le gène LEU présent sur le plasmide et peuvent former des colonies sur un milieu dépourvu de leucine. (a) Les séquences qui permettent la réplication autonome (ARS) d'un plasmide ont été identifiées car leur insertion dans un vecteur plasmidique contenant un gène *LEU* cloné a provoqué une augmentation de la fréquence de transformation en *LEU⁺*. Néanmoins, même les plasmides possédant des ARS présentent une ségrégation faible pendant la mitose et n'apparaissent donc pas dans toutes les cellules filles. (b) Lorsque des fragments d'ADN de levure *leu⁻* cassés au hasard sont insérés dans des plasmides contenant ARS et *LEU*, certaines des cellules transfectées produisent des colonies importantes, ce qui indique qu'un taux élevé de ségrégation mitotique de leurs plasmides facilite la croissance continue des cellules filles. L'ADN récupéré à partir des plasmides dans ces grandes colonies comporte des séquences de centromère de levure (CEN). (c) Lorsque des cellules de levure sont transfectées par des plasmides linéarisés contenant *LEU*, ARS et CEN, aucune colonie ne pousse. L'addition de séquences télomériques (TEL) aux extrémités de l'ADN linéaire confère aux plasmides linéarisés la capacité de se répliquer comme de nouveaux chromosomes qui se comportent quasiment comme des chromosomes normaux tant pendant la mitose que pendant la méiose. [Voir A. W. Murray et J. W. Szostak, 1983, *Nature*, **305** :89 et L. Clarke et J. Carbon, 1985, *Ann. Rev. Genet.* **19** :29.]

Même si les plasmides circulaires contenant des ARS peuvent se répliquer dans des cellules de levure, environ 5 à 20 % des cellules filles contiennent le plasmide en raison d'une ségrégation mitotique déficiente de celui-ci. En revanche, les plasmides qui portent également une séquence CEN dérivée des centromères de chromosomes de levure ségrègent équitablement ou presque entre les cellules mères et les cellules filles au cours de la mitose (voir Figure 10-32b).

Si l'on coupe une fois des plasmides circulaires contenant les séquences ARS et CEN, par une enzyme de restriction, les plasmides linéaires résultants ne produisent pas de colonies LEU^+ sauf s'ils contiennent des séquences télomériques spéciales (TEL) ligaturées à leurs extrémités (voir Figure 10-32c). Les premières expériences concluantes impliquant la transfection des cellules de levure par des plasmides linéaires furent réalisées en utilisant les extrémités d'une molécule d'ADN connue pour se répliquer sous forme linéaire chez le protozoaire cilié *Tetrahymena*. Pendant une partie du cycle vital de *Tetrahymena*, la majorité de l'ADN nucléaire est copiée de façon répétée en courts fragments pour former un « *macronoyau* ». L'un de ces fragments répétés fut identifié comme étant un dimère d'ADN ribosomial, dont les extrémités contenaient une séquence répétée $(G_4T_2)_n$. Lorsqu'une région de cette séquence TEL répétée était ligaturée aux extrémités des plasmides linéaires de levure contenant ARS et CEN, les plasmides étaient répliqués et ségrégeaient correctement.

La longueur des séquences centromériques est très variable

Une fois clonées les régions des centromères de levure responsables d'une ségrégation mitotique correcte, leurs séquences purent être déterminées et comparées, révélant trois régions (I, II et III) conservées (Figure 10-33a). De courtes séquences nucléotidiques très bien conservées sont présentes dans les régions I et III. Bien que la région II semble avoir une longueur plutôt constante, elle ne contient pas de séquence consensus définie. Néanmoins, elle est riche en résidus A et T. Les régions I et III sont liées par des protéines interagissant avec un groupe de plus de 30 protéines qui accrochent le petit chromosome de *S. cerevisiae* à un microtubule du fuseau, au cours de la mitose. La région II est liée à un nucléosome qui possède une variante de l'histone H3 à la place de la H3 habituelle. Les centromères de tous les eucaryotes sont liés par des nucléosomes qui possèdent une forme spécialisée de H3, spécifique des centromères, appelée *CENP-A* chez l'homme. La séquence centromérique de *S. cerevisiae* est de loin la plus simple dans la nature.

Chez la levure *S. pombe*, qui se divise par fission, les centromères sont longs de ≈ 40 kb et sont constitués de copies répétées de séquences similaires à celles des centromères de *S. cerevisiae*. De multiples copies de protéines homologues à celles qui interagissent avec les centromères de *S. cerevisiae* se fixent à ces centromères complexes de *S. pombe* qui relient à leur tour les chromosomes bien plus longs de *S. pombe* à plusieurs microtubules du fuseau mitotique. Chez les plantes et les animaux, les centromères ont une longueur de l'ordre de la mégabase et sont formés de multiples répétitions d'ADN de séquence simple. Un ADN de séquence simple de drosophile provenant d'une région centromérique, possède une unité répétée présentant une certaine ressemblance avec les régions CEN I et III de levure (voir Figure 10-33b). Chez l'homme, les centromères contiennent des régions de 2 à 4 mégabases d'un ADN de séquence simple de 171 pb appelé ADN *alphoïde* (ou de type alpha), qui est lié par des nucléosomes au variant CENP-A de l'histone H3, ainsi que d'autres ADN répétés de séquence simple.

Chez les eucaryotes supérieurs, une structure protéique complexe appelée **kinétochore** s'assemble au niveau des centromères et s'associe au cours de la mitose à de multiples fibres du fuseau mitotique. Des homologues de la plupart des protéines centromériques présentes chez les levures existent chez l'homme et la majorité des autres eucaryotes supérieurs et on pense qu'il s'agit de composants du kinétochore. Le rôle du centromère et des protéines qui se fixent à celui-ci lors de la ségrégation des chromatides sœurs au cours de la mitose sera décrit dans les Chapitres 20 et 21.

L'addition de séquences télomériques par la télomérase empêche le raccourcissement des chromosomes

Le séquençage des télomères d'une douzaine d'organismes environ, y compris l'homme, a montré que la plupart sont des oligomères répétés riches en G, dans le brin dont l'extrémité 3' se trouve au bout du chromosome. La séquence télomérique répétée chez l'homme et d'autres vertébrés est TTAGGG. Ces séquences simples sont répétées tout au bout des chromosomes pendant quelques centaines de paires de bases chez les levures et les protozoaires et quelques milliers de paires de bases chez les vertébrés. L'extrémité 3' du brin riche en G s'étend sur 12 à 16 nucléotides au-delà de l'extrémité 5' du brin complémentaire riche en C. Des protéines spécifiques se fixent à cette région. Elles protègent les extrémités des chromosomes linéaires des attaques par les exonucléases et associent les télomères en domaines spécifiques dans le noyau.

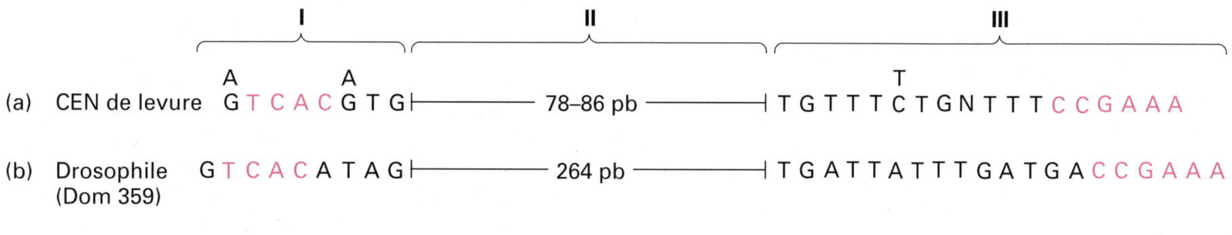

FIGURE 10-33 La comparaison de la séquence CEN de levure et de l'ADN de séquence simple de drosophile. (a) La séquence consensus CEN de levure, établie à partir de l'analyse de 10 centromères de levure, comprend trois régions conservées. La région II, bien que de séquence variable, a une longueur quasiment constante et est riche en résidus A et T. (b) Un ADN de séquence simple de drosophile situé près du centromère possède une unité répétée ayant une certaine homologie avec la séquence consensus CEN de levure, y compris deux segments identiques de 4 et 6 pb (en rouge). [Voir L. Clarke et J. Carbon, 1985, *Ann. Rev. Genet.* **19** :29.]

La nécessité d'une région spécialisée aux extrémités des chromosomes eucaryotes est évidente lorsque l'on sait que toutes les ADN polymérases connues allongent les chaînes d'ADN à partir de leur extrémité 3' et ont besoin d'une amorce d'ARN ou d'ADN. Lorsque la fourche d'élongation approche de l'extrémité d'un chromosome linéaire, la synthèse du brin précoce se poursuit jusqu'à l'extrémité du brin d'ADN matrice, ce qui termine la double hélice fille d'ADN. En revanche, comme la matrice du brin retardé est copiée de manière discontinue, elle ne peut être répliquée entièrement (voir Figure 4-33). Lorsque la dernière amorce d'ARN est enlevée, il n'y a plus de brin en amont que l'ADN polymérase pourrait allonger pour combler la brèche ainsi produite. Sans un mécanisme adapté, le brin fils d'ADN résultant de la synthèse retardée serait raccourci à chaque division cellulaire.

Le problème du raccourcissement des télomères est résolu par une enzyme qui ajoute des séquences télomériques aux extrémités de chaque chromosome. L'enzyme est un complexe d'ARN et de protéines appelé *transférase terminale* ou *télomérase*. Comme c'est la séquence de l'ARN associé à la télomérase qui, comme nous le verrons, sert de matrice à l'addition des désoxyribonucléotides aux extrémités des télomères, c'est l'origine de l'enzyme et non l'origine de l'amorce d'ADN télomérique qui détermine la séquence ajoutée. Ceci fut prouvé en transformant *Tetrahymena* par une forme mutée du gène codant l'ARN associé à la télomérase. La télomérase résultante ajoutait une séquence complémentaire de la séquence mutée d'ARN aux extrémités des amorces télomériques. Par conséquent, la télomérase est une forme spécialisée de

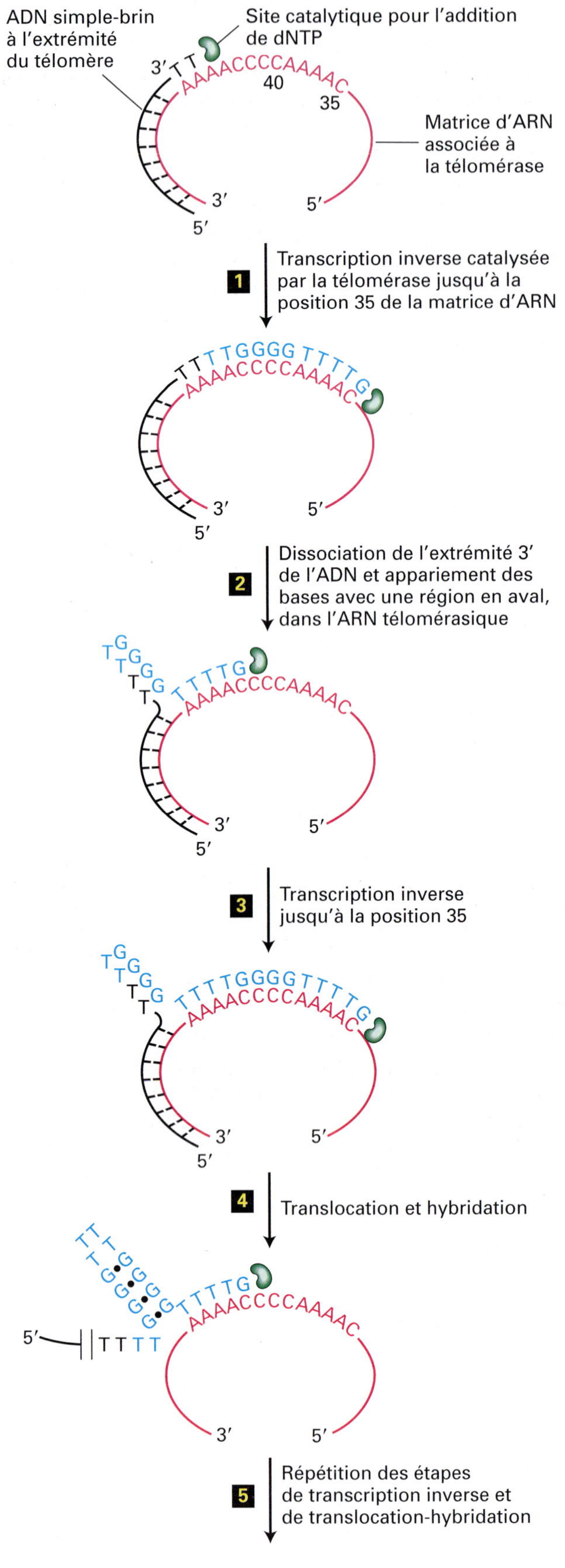

FIGURE 10-34 Le mécanisme d'action de la télomérase. L'extrémité 3' simple-brin d'un télomère est allongée par la télomérase, compensant l'incapacité du mécanisme de réplication de l'ADN de synthétiser l'extrémité d'un ADN linéaire. La télomérase allonge cette extrémité simple-brin par un mécanisme répété de transcription inverse. L'action de la télomérase du protozoaire *Oxytricha*, qui ajoute une unité répétée T_4G_4 est décrite. D'autres télomérases ajoutent des séquences légèrement différentes. La télomérase contient une matrice d'ARN (en rouge) qui s'apparie à l'extrémité 3' de la matrice du brin retardé. Le site catalytique de la télomérase (en vert) ajoute ensuite des désoxyribonucléotides (en bleu) en utilisant la molécule d'ARN comme matrice. Cette transcription inverse se poursuit jusqu'à la position 35 de la matrice d'ARN (étape 1). On suppose qu'ensuite, les brins du duplex ADN-ARN résultant glissent l'un par rapport à l'autre, déplaçant une région simple-brin de l'ADN télomérique et découvrant une partie de la séquence matrice d'ARN (étape 2). La séquence télomérique du brin retardé est à nouveau allongée jusqu'à la position 35 par la télomérase et le duplex ADN-ARN subit une translocation et une hybridation comme précédemment (étapes 3 et 4). On pense que ce mécanisme de glissement est facilité par l'appariement inhabituel (points noirs) entre les résidus G déplacés, qui est moins stable que l'appariement de type Watson-Crick. Les télomérases peuvent ajouter de multiples répétitions grâce à la réitération des étapes 3 et 4. L'α-primase de l'ADN polymérase peut amorcer la synthèse de nouveaux fragments d'Okazaki sur ce brin matrice allongé. Le résultat net empêche le raccourcissement du brin retardé à chaque cycle de réplication de l'ADN. [Adapté de D. Shippen-Lentz et E. H. Blackburn, 1990, *Nature* **247** :550.]

transcriptase inverse, qui utilise son propre ARNt pour diriger la synthèse d'ADN.

La Figure 10-34 décrit la façon dont la télomérase, par une transcription inverse de l'ARN qui lui est associé, allonge l'extrémité 3' de l'ADN simple-brin au bout du brin riche en G mentionné plus haut. Des cellules issues de souris KO incapables de produire l'ARN associé à la télomérase, ne présentent aucune activité télomérasique et leurs télomères raccourcissent progressivement à chaque génération cellulaire. Ces souris peuvent se reproduire normalement pendant trois générations avant que les longues répétitions terminales ne soient fortement érodées. À ce moment, l'absence d'ADN télomérique provoque des effets délétères tels que la fusion ou la perte de chromosomes. À la quatrième génération, le potentiel reproducteur de ces souris KO décline et elles ne peuvent plus avoir de descendance à partir de la sixième génération.

Les gènes humains exprimant la télomérase et l'ARN qui lui est associé sont actifs dans les cellules germinales mais leur expression est inactivée dans la plupart des tissus adultes dans lesquels les cellules se répliquent rarement. Cependant, ces gènes sont réactivés dans la plupart des cellules humaines cancéreuses, dans lesquelles la télomérase est nécessaire aux multiples divisions cellulaires requises pour la formation d'une tumeur. Ce phénomène a encouragé la recherche d'inhibiteurs de la télomérase humaine, comme agents thérapeutiques potentiels pour soigner le cancer. ▮

Alors que la télomérase empêche le raccourcissement des télomères chez la plupart des eucaryotes, certains organismes utilisent d'autres stratégies. Chez la drosophile, la longueur des télomères est maintenue constante par l'insertion régulée de rétrotransposons sans LTR dans les télomères. C'est l'un des rares exemples dans lesquels un élément mobile exerce une fonction spécifique dans son organisme hôte.

Les chromosomes artificiels de levure peuvent être utilisés pour cloner des fragments d'ADN de plusieurs mégabases

La recherche sur les plasmides circulaires et linéaires de levure a permis d'identifier tous les composants fondamentaux d'un *chromosome artificiel de levure* (*YAC* pour *yeast artificial chromosome* en anglais). Pour construire des YAC, les séquences TEL issues de cellules de levure ou du protozoaire *Tetrahymena* sont combinées avec des séquences CEN ou ARS de levure. On ajoute à cela de l'ADN avec des gènes de levure sélectionnables et suffisamment d'ADN de n'importe quelle origine pour que la longueur totale dépasse 50 kb. (Les segments d'ADN plus petits ne fonctionnent pas bien.) Ces chromosomes artificiels se répliquent dans les cellules de levure et leur ségrégation est quasiment parfaite, avec seulement 1 cellule fille sur 1 000 à 10 000 qui ne reçoit pas le chromosome artificiel. Au cours de la méiose, les deux chromatides sœurs du chromosome artificiel se séparent correctement pour produire des spores haploïdes. La propagation réussie des YAC et les études telles que celles décrites dans la Figure 10-32 laissent fortement penser que les chromosomes de levure et probablement tous les chromosomes eucaryotes sont des molécules linéaires d'ADN double-brin qui contiennent des régions spéciales assurant leur réplication et leur ségrégation correctes.

Les YAC sont des outils expérimentaux précieux qui peuvent être utilisés pour cloner de très longs fragments chromosomiques d'autres espèces que la levure. Par exemple, on a abondamment utilisé les YAC pour cloner des fragments d'ADN humain dont la longueur peut atteindre 1 000 kb (1 mégabase), ce qui permet d'isoler des clones de YAC chevauchants dont l'ensemble couvre à peu près la longueur totale de chaque chromosome humain. Actuellement, la recherche progresse pour construire des chromosomes artificiels humains en utilisant l'ADN centromérique et les télomères humains qui sont bien plus longs que les parties correspondantes chez la levure. Ces chromosomes artificiels humains pourraient servir à la thérapie génique pour soigner des maladies génétiques humaines telles que l'anémie à cellules falciformes, la mucoviscidose et les déficiences congénitales du métabolisme. ▮

CONCEPTS CLÉS DE LA SECTION 10.5

La morphologie et les éléments fonctionnels des chromosomes eucaryotes

- Au cours de la métaphase, les chromosomes eucaryotes se condensent suffisamment pour devenir visibles individuellement sous un microscope photonique.
- Le caryotype, l'ensemble des chromosomes métaphasiques, est caractéristique de chaque espèce. Des espèces très proches peuvent avoir des caryotypes très différents, ce qui indique qu'une information génétique similaire peut être organisée de différentes façons sur des chromosomes.
- L'analyse des bandes et la coloration des chromosomes, une technique plus précise, sont utilisées pour identifier les différents chromosomes métaphasiques humains et pour détecter les translocations et les délétions (voir Figure 10-29).
- Dans certaines cellules de la mouche du vinaigre, *Drosophila melanogaster* et certains insectes apparentés, les chromosomes interphasiques sont dupliqués 10 fois, ce qui produit des chromosomes polytènes visibles sous microscope photonique (voir Figure 10-31).
- Les profils de bandes hautement reproductibles des chromosomes polytènes permettent de localiser de l'ADN cloné de drosophile sur un chromosome de drosophile, grâce à une hybridation *in situ* (Figure 10-30) et de visualiser des délétions et des réarrangements chromosomiques sous la forme de changements par rapport au profil habituel de bandes.
- Lorsque des chromosomes métaphasiques se décondensent au cours de l'interphase, certaines régions appelées *hétérochromatine* restent bien plus condensées que le reste de la chromatine ; on les appelle *euchromatine*.
- Trois types de séquences d'ADN sont nécessaires à une longue molécule d'ADN pour qu'elle exerce la fonction de chromosome : une origine de réplication, appelée *ARS* chez la levure ; une séquence centromérique (CEN) et deux séquences télomériques (TEL) aux extrémités de l'ADN (voir Figure 10-32).
- Des fragments d'ADN qui peuvent atteindre une longueur de 10^6 paires de bases peuvent être clonés dans des chromosomes artificiels de levure (YAC).

10.6 Les ADN des organites

Bien que chez les eucaryotes, la majeure partie de l'ADN soit présente dans le noyau, une partie de cet ADN est située dans les mitochondries des animaux, des plantes et des champignons, ainsi que dans les chloroplastes des plantes. Ces organites sont les principaux sites de formation de l'ATP au cours de la phosphorylation oxydative dans les mitochondries et la photosynthèse dans les chloroplastes (Chapitre 8). De nombreux éléments indiquent que les mitochondries et les chloroplastes ont évolué à partir de bactéries ayant subi une endocytose dans des cellules ancestrales qui contenaient un noyau eucaryote, formant des *endosymbiotes*. Au cours de l'évolution, la plupart des gènes bactériens codant les constituants des organites actuels ont été transférés dans le noyau. Néanmoins, les mitochondries et les chloroplastes des eucaryotes actuels conservent de l'ADN codant des protéines essentielles à la fonction des organites ainsi que l'ARN ribosomial et l'ARN de transfert nécessaires à leur traduction. Par conséquent, les cellules eucaryotes possèdent de multiples systèmes génétiques : un système nucléaire prédominant et des systèmes secondaires avec leur propre ADN dans les mitochondries et les chloroplastes.

Les mitochondries contiennent de multiples molécules d'ADNmt

Les mitochondries individuelles ont une taille suffisante pour être visibles sous microscope photonique et l'ADN mitochondrial (ADNmt) lui-même peut être détecté par microscopie à fluorescence. L'ADNmt est situé à l'intérieur de la mitochondrie, dans la région appelée matrice (voir Figure 5-26). Comme l'indique le nombre de points jaunes fluorescents d'ADNmt, une cellule d'*Euglena gracilis* contient au moins 30 molécules d'ADNmt (Figure 10-35).

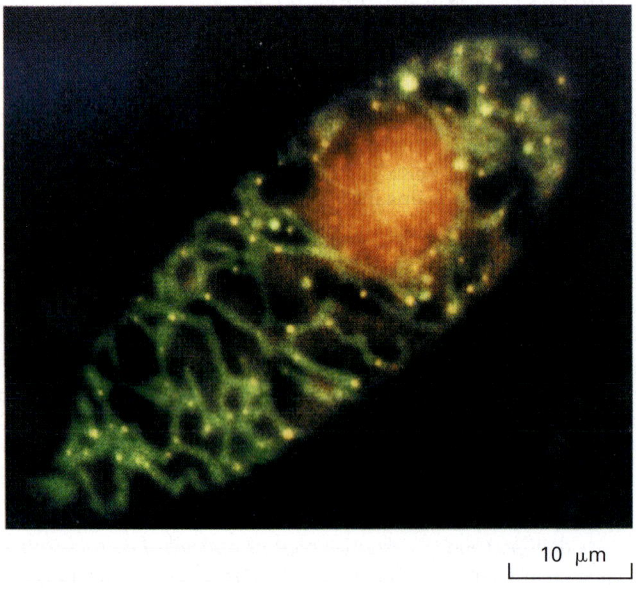

FIGURE EXPÉRIMENTALE 10-35 Le double marquage révèle les multiples molécules d'ADN mitochondrial dans une cellule en cours de croissance d'*Euglena gracilis*. Les cellules ont été traitées par un mélange de deux colorants : du bromure d'éthidium qui se fixe à l'ADN et émet une fluorescence rouge et du DiOC6, qui est incorporé spécifiquement dans les mitochondries et émet une fluorescence verte. Ainsi, le noyau émet-il une fluorescence rouge et les zones riches en ADN mitochondrial, une fluorescence jaune — une combinaison de la fluorescence rouge de l'ADN et de la fluorescence verte des mitochondries. [D'après Y. Hayashi et K. Ueda, 1989, *J. Cell Sci.* **93** :565.]

Puisque les colorants utilisés pour visualiser l'ADN nucléaire et l'ADN mitochondrial n'affectent ni la croissance ni la division des cellules, on peut suivre la réplication de l'ADNmt et la division du réseau mitochondrial par cinématographie sur les cellules vivantes. Ces études montrent que dans la plupart des organismes, l'ADNmt se réplique pendant toute l'interphase. Lors de la mitose, chaque cellule fille reçoit approximativement le même nombre de mitochondries, mais puisqu'il n'existe pas de mécanisme garantissant la répartition exacte des mitochondries entre les cellules filles, certaines cellules contiennent davantage d'ADNmt que d'autres. En isolant les mitochondries des cellules et en analysant l'ADN extrait de celles-ci, on peut voir que chaque mitochondrie contient de multiples molécules d'ADNmt. Par conséquent, la quantité totale d'ADNmt dans une cellule dépend du nombre de mitochondries, de la taille de l'ADNmt et du nombre de molécules d'ADNmt par mitochondrie. Chacun de ces paramètres varie fortement d'un type cellulaire à l'autre.

L'ADNmt est transmis par voie cytoplasmique et code des ARNr, des ARNt et certaines protéines mitochondriales

Les études de mutants de levure et d'autres organismes unicellulaires ont révélé la *transmission* cytoplasmique des mitochondries, qui doivent de ce fait posséder leur propre système génétique (Figure 10-36). Par exemple, les mutants de levure *petite* possèdent des mitochondries de structure anormale, incapables de phosphorylation oxydative. Par conséquent, les cellules *petite* se développent plus lentement et forment des colonies plus petites (d'où leur nom) que les levures de type sauvage. Des croisements génétiques entre des souches différentes (haploïdes) de levure ont montré que la mutation *petite* ne ségrège avec aucun chromosome ni gène nucléaire connu. Des études ultérieures ont montré que la plupart des mutants *petite* présentent des délétions dans leur ADNmt.

Lors d'un croisement par fusion de cellules haploïdes de levure, les deux parents contribuent de manière égale au cytoplasme du diploïde résultant. La transmission des mitochondries est donc biparentale (voir Figure 10-36a). Chez les mammifères et la plupart des autres organismes pluricellulaires en revanche, le spermatozoïde contribue peu (ou pas du tout) au cytoplasme du zygote et quasiment toutes les mitochondries de l'embryon proviennent des mitochondries de l'ovule et non du spermatozoïde. Des études chez la souris ont montré que 99,99 % de l'ADNmt est d'origine maternelle mais qu'une faible partie (0,01 %) est d'origine paternelle. Chez les végétaux supérieurs, l'ADNmt est transmis exclusivement par le parent femelle (ovule) et non par le parent mâle (pollen).

On a désormais cloné et séquencé le génome mitochondrial complet d'un grand nombre d'organismes différents et l'on a découvert que leurs ADNmt codent des ARNr, des ARNt et des protéines mitochondriales essentielles. Toutes les protéines codées par l'ADNmt sont synthétisées dans des ribosomes mitochondriaux. Tous les polypeptides synthétisés dans les mitochondries, identifiés jusqu'ici (peut-être à une exception près) ne sont pas des

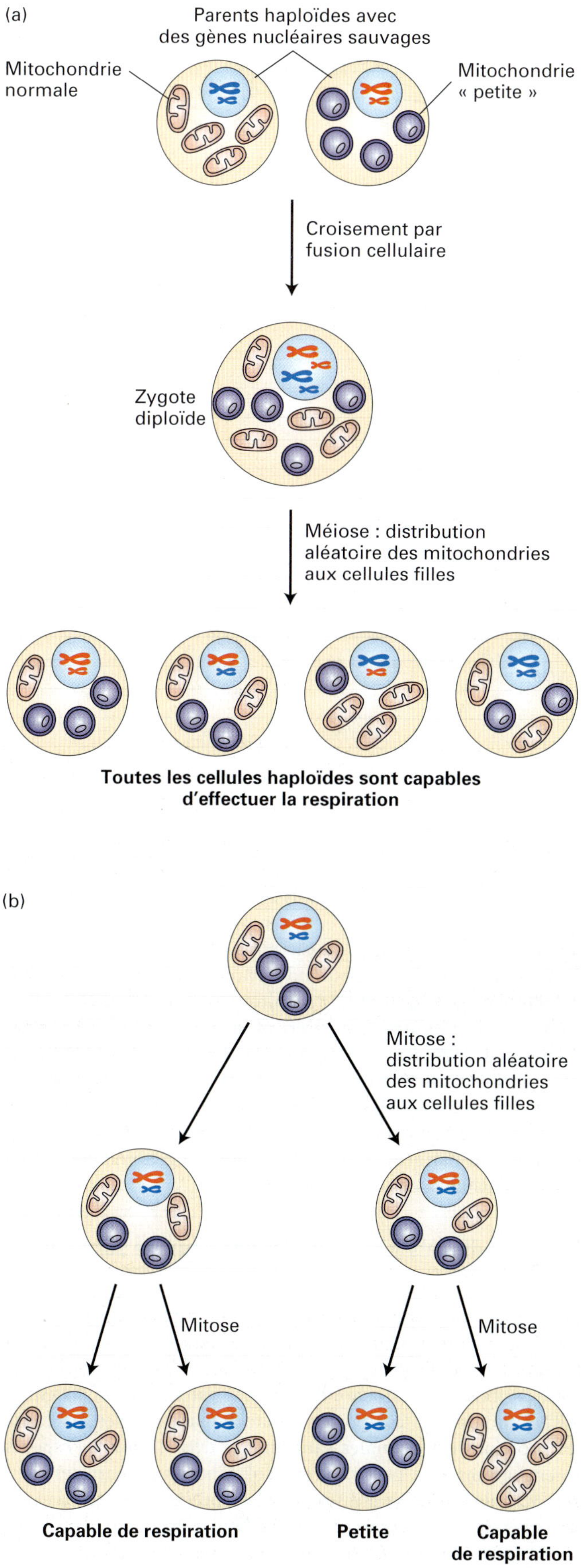

enzymes complètes mais des sous-unités de complexes multimériques utilisés pour le transport d'électrons ou la synthèse d'ATP. La plupart des protéines situées dans les mitochondries telles que les ADN et ARN polymérases mitochondriales, sont synthétisées dans des ribosomes cytosoliques et sont importées dans l'organite par des réactions décrites au Chapitre 16.

La taille et la capacité de codage des ADNmt varient considérablement d'un organisme à l'autre

Curieusement, la taille de l'ADNmt, le nombre et la nature des protéines qu'il code, ainsi que le code génétique mitochondrial lui-même varient fortement d'un organisme à l'autre. L'ADNmt humain, une molécule circulaire qui a été entièrement séquencée, est parmi les ADNmt connus les plus petits. Il contient 16 569 paires de bases (Figure 10-37). Il code les deux ARNr présents dans les ribosomes mitochondriaux et les 22 ARNt utilisés pour traduire les ARNm mitochondriaux. L'ADNmt humain possède 13 séquences qui commencent par un codon ATG (méthionine), se terminent par un codon stop et sont suffisamment longues pour coder un polypeptide de plus de 50 acides aminés. Toutes les protéines possibles codées par ces cadres de lecture ouverts ont été identifiées. L'ADNmt de mammifère, au contraire de l'ADN nucléaire, est dépourvu d'introns et ne contient pas de longues séquences codantes.

L'ADNmt de la plupart des animaux pluricellulaires (métazoaires) a presque la même taille que l'ADNmt humain et code des produits de gènes similaires. À l'inverse, l'ADNmt de levure est quasiment cinq fois plus long (≈ 78 000 pb). Les ADNmt de levure et d'autres champignons codent un grand nombre de produits de gènes identiques à ceux codés par l'ADNmt de mammifère, ainsi que d'autres gènes présents dans les noyaux des cellules de métazoaires.

FIGURE 10-36 La transmission cytoplasmique de la mutation *petite* chez la levure. Les mitochondries de souche *petite* présentent une phosphorylation oxydative déficiente en raison d'une délétion dans leur ADNmt. (a) Les cellules haploïdes fusionnent en une cellule diploïde. Celle-ci subit une méiose au cours de laquelle des chromosomes parentaux et des mitochondries contenant de l'ADNmt ségrègent aléatoirement. Puisque la levure contient normalement ≈ 50 molécules d'ADNmt par cellule, tous les produits de la méiose contiennent généralement à la fois les ADNmt normaux et *petite* et sont capables d'effectuer la respiration. (b) Lorsque ces cellules haploïdes croissent et se divisent par mitose, le cytoplasme (y compris les mitochondries) est réparti au hasard entre les cellules filles. À l'occasion, une cellule contenant uniquement des ADNmt *petite* déficients est produite et forme une colonie *petite*. Par conséquent, la formation de ces cellules *petite* est indépendante de tout marqueur génétique nucléaire.

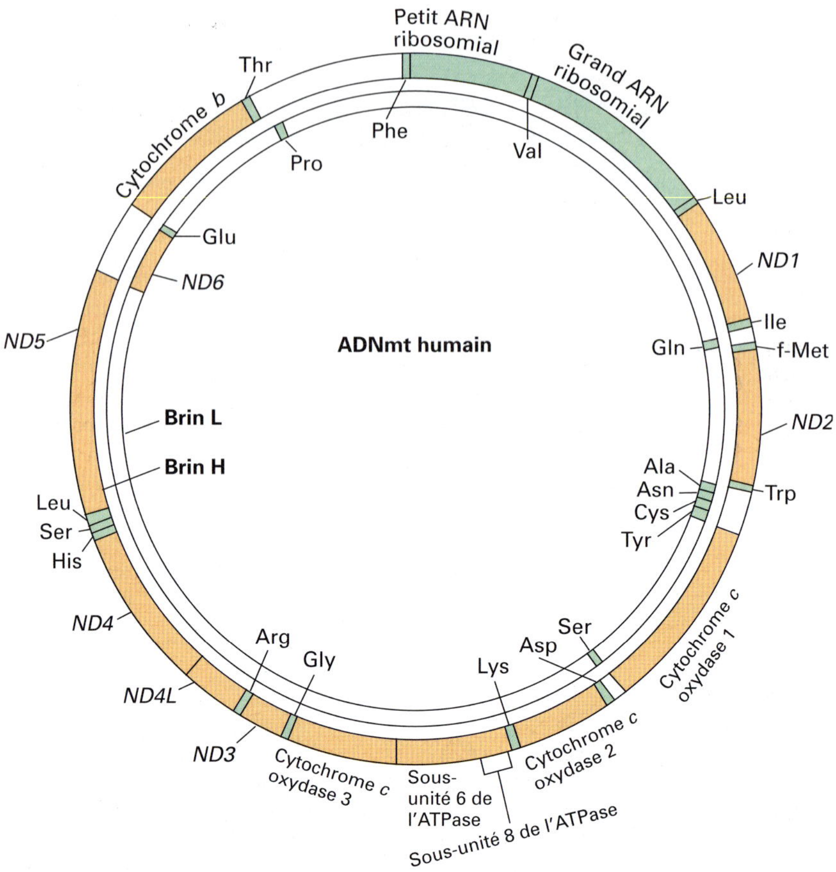

FIGURE 10-37 La capacité de codage de l'ADN mitochondrial humain (ADNmt). Les protéines et les ARN codés par chacun des deux brins sont indiqués séparément. La transcription du brin externe (H) se produit dans le sens des aiguilles d'une montre et celle du brin interne (L) dans le sens inverse. Les abréviations des acides aminés désignent les gènes des ARNt correspondants. *ND1*, *ND2*, etc. correspondent aux gènes codant les sous-unités du complexe NADH-CoQ réductase. Le gène de 207 pb codant la sous-unité 8 de l'ATPase F_0 chevauche avec un décalage du cadre de lecture la partie N-terminale du segment codant la sous-unité 6 de l'ATPase F_0. Les gènes de l'ADNmt de mammifère ne contiennent pas d'intron, bien qu'il existe de l'ADN intercalaire entre certains gènes. [Voir D. A. Clayton, 1991, *Ann. Rev. Cell Biol.* **7** :453.]

PLANTES

Au contraire des autres eucaryotes qui comportent un seul type d'ADNmt, les plantes en possèdent plusieurs types qui semblent recombiner les uns avec les autres. Les ADNmt de végétaux sont bien plus longs et de taille plus variable que les ADNmt des autres organismes. Même à l'intérieur d'une famille de plantes, la taille des ADNmt peut varier jusqu'à huit fois (pastèque = 330 kb ; melon = 2500 kb). Au contraire des ADNmt des animaux, de la levure et des champignons, les ADNmt de plantes contiennent des gènes codant un ARNr mitochondrial 5S, présent uniquement dans les ribosomes mitochondriaux des plantes et la sous-unité α de l'ATPase F_1. Les ARNr mitochondriaux des plantes sont bien plus longs que ceux des autres eucaryotes. Les longues régions non codantes et les séquences dupliquées sont en grande partie responsables de la longueur supérieure des ADNmt végétaux. ▮

Les différences de taille et de capacité de codage des ADNmt de divers organismes reflètent très probablement le transfert de l'ADN entre les mitochondries et le noyau au cours de l'évolution. Ce transfert est prouvé par le fait que plusieurs protéines codées par l'ADNmt dans certaines espèces sont codées par l'ADN nucléaire dans d'autres. Il apparaît donc que des gènes entiers ont été transférés des mitochondries vers le noyau ou *vice versa* au cours de l'évolution.

L'exemple le plus frappant de ce phénomène est celui du gène *cox II* qui code la sous-unité 2 de la cytochrome *c* oxydase. Ce gène est présent dans l'ADNmt de tous les organismes étudiés sauf celui du haricot mungo : chez cet organisme seulement, le gène *cox II* est nucléaire. De nombreux transcrits d'ARN de gènes mitochondriaux de plantes sont édités (subissent des retouches) principalement par la conversion catalysée enzymatiquement de résidus C sélectionnés en résidus U et de temps à autre, de U en C. (L'édition de l'ARN sera traitée au Chapitre 12.) Le gène nucléaire *cox II* du haricot mungo correspond davantage aux transcrits édités d'ARN de cox II qu'aux gènes mitochondriaux *cox II* présents dans d'autres légumes. Ces observations sont nettement en faveur d'un transfert du gène *cox II* des mitochondries vers le noyau au cours de l'évolution de ce haricot, par un processus impliquant un intermédiaire d'ARN. Il est probable que ce transfert a impliqué un mécanisme de transcription inverse, similaire à celui par lequel des pseudogènes matures sont produits dans le génome nucléaire à partir d'ARNm codés dans le noyau.

Les produits des gènes mitochondriaux ne sont pas exportés

D'après les connaissances actuelles, tous les transcrits d'ARN des ADNmt et leurs produits de traduction restent dans la mitochondrie et toutes les protéines codées par des ADNmt sont synthétisées sur des ribosomes mitochondriaux. Les mitochondries codent les ARNr qui forment les ribosomes mitochondriaux, bien que toutes les protéines ribosomiales sauf une ou deux (selon les espèces) soient importées à partir du cytosol. Chez la plupart des eucaryotes, tous les ARNt utilisés pour la synthèse protéique dans les mitochondries sont codés par des ADNmt. Cependant, dans le blé, chez le protozoaire parasite *Trypanosoma brucei* (la cause de la maladie du sommeil) et chez les protozoaires ciliés, la plupart des ARNt mitochondriaux sont codés par l'ADN nucléaire et importés dans la mitochondrie.

MÉDECINE Les ribosomes mitochondriaux ressemblent aux ribosomes bactériens et diffèrent des ribosomes cytosoliques eucaryotes par leur composition en ARN et en protéines, leur taille et leur sensibilité à certains antibiotiques, ce qui reflète l'origine bactérienne des mitochondries (voir Figure 4-24). Par exemple, le chloramphénicol bloque la synthèse protéique par les ribosomes bactériens et mitochondriaux de la plupart des organismes, au contraire du cycloheximide. La sensibilité des ribosomes mitochondriaux à la classe importante d'antibiotiques de type aminoglycoside est la principale cause de la toxicité potentielle de ces antibiotiques. À l'inverse, les ribosomes cytosoliques sont sensibles au cycloheximide et résistants au chloramphénicol. Dans les cellules de mammifères en culture, les seules protéines synthétisées en présence de cycloheximide sont codées par de l'ADNmt et produites par les ribosomes mitochondriaux. ▮

Le code génétique mitochondrial diffère du code nucléaire standard

Le code génétique utilisé dans les mitochondries d'animaux et de champignons diffère du code standard utilisé dans tous les gènes nucléaires procaryotes et eucaryotes. Le code génétique diffère même dans les mitochondries d'espèces distinctes (Tableau 10-3). On ignore pourquoi et comment ces différences sont apparues au cours de l'évolution. UGA par exemple, est normalement un codon stop mais il est lu comme un codon tryptophane par les systèmes de traduction de l'homme et des champignons. En revanche, dans les mitochondries de plantes, UGA reste reconnu comme un codon stop. AGA et AGG, les codons nucléaires standard de l'arginine, codent également l'arginine dans les ADNmt de champignons et de plantes mais sont des codons stop dans l'ADNmt de mammifères et des codons sérine dans l'ADNmt de drosophile.

PLANTES Comme le montre le Tableau 10-3, les mitochondries des plantes semblent utiliser le code génétique standard. Néanmoins, des comparaisons des séquences d'acides aminés des protéines mitochondriales de végétaux avec les séquences nucléotidiques des ADNmt de plantes suggèrent que CGG pourrait coder *soit* l'arginine (l'acide aminé « standard ») *soit* le tryptophane. Cette non spécificité apparente du code mitochondrial des plantes s'explique par l'édition des transcrits mitochondriaux d'ARN, qui peut convertir les résidus cytosine en résidus uracile. Si une séquence CGG est éditée en UGG, le codon spécifie le tryptophane, l'acide aminé standard pour UGG, alors que les codons CGG non édités codent l'arginine standard. Le système de traduction dans les mitochondries végétales utilise donc le code génétique standard. ▮

Les mutations dans l'ADN mitochondrial peuvent provoquer plusieurs maladies génétiques chez l'homme

La gravité d'une maladie provoquée par une mutation dans l'ADNmt dépend de la nature de la mutation et de la proportion des ADNmt mutant et de type sauvage présents dans un type cellulaire particulier. En général, lorsque l'on trouve des mutations dans l'ADNmt, les cellules contiennent un mélange des ADNmt mutant et de type sauvage — un état appelé *hétéroplasmie*. À chaque fois qu'une cellule somatique ou germinale se divise, les ADNmt mutant et de type sauvage se répartissent au hasard entre les cellules filles, comme dans les cellules de levure (voir Figure 10-36). De ce fait, le génotype de l'ADNmt, qui fluctue d'une génération et d'une division cellulaire à l'autre, peut dériver vers des ADNmt essentiellement mutants ou sauvages. Puisque toutes le enzymes de la réplication et de la croissance des mitochondries telles que les ADN et ARN polymérases sont importées à partir du cytosol, un ADNmt mutant ne devrait pas constituer un « inconvénient pour la réplication ». Les mutants qui présentent de grandes délétions de leur

TABLEAU 10-1 Les modifications du code génétique standard dans les mitochondries

Codon	Code standard : protéine codées par l'ADN nucléaire	Mammifères	Mitochondries			
			Drosophile	*Neurospora*	Levures	Plantes
UGA	Stop	Trp	Trp	Trp	Trp	Stop
AGA, AGG	Arg	Stop	Ser	Arg	Arg	Arg
AUA	Ile	Met	Met	Ile	Met	Ile
AUU	Ile	Met	Met	Met	Met	Ile
CUU, CUC, CUA, CUG	Leu	Leu	Leu	Leu	Thr	Leu

SOURCES: S. Anderson et al., 1981, *Nature* **290**:457; P. Borst, in *International Cell Biology 1980–1981*, H. G. Schweiger, ed., Springer-Verlag, p. 239; C. Breitenberger & U. L. Raj Bhandary, 1985, *Trends Biochem. Sci.* **10**:478–483; V. K. Eckenrode & C. S. Levings, 1986, *In Vitro Cell Dev. Biol.* **22**:169–176; J. M. Gualber et al., 1989, *Nature* **341**:660–662; et P. S. Covello & M. W. Gray, 1989, *Nature* **341**:662–666.

ADNmt possèdent même peut-être un avantage pour la réplication car ils sont capables de se répliquer plus rapidement.

Toutes les cellules possèdent des mitochondries. Pourtant, les mutations dans l'ADNmt affectent uniquement certains tissus. Ceux qui sont en général le plus touchés sont les tissus qui ont le plus besoin de l'ATP produit par phosphorylation oxydative et les tissus qui nécessitent la majorité ou la totalité des ADNmt de la cellule pour synthétiser des quantités suffisantes de protéines mitochondriales fonctionnelles. La *neuropathie optique héréditaire de Leber* (une dégénérescence du nerf optique qui s'accompagne d'une cécité progressive) par exemple, est provoquée par une mutation faux-sens dans le gène de l'ADNmt codant la sous-unité 4 de la NADH-CoQ réductase. Plusieurs sortes de grandes délétions dans l'ADNmt peuvent engendrer un autre groupe de maladies dont *l'ophtalmoplégie chronique externe progressive* et le *syndrome de Kearns-Sayre,* qui se caractérisent par une déficience de l'œil et, dans le syndrome de Kearns-Sayre, également par une arythmie cardiaque et une dégénérescence du système nerveux central. Une troisième maladie, aboutissant à des fibres musculaires « en haillons » (avec des mitochondries assemblées de manière incorrecte) et à des mouvements saccadés incontrôlés est due à une mutation unique dans la boucle $T\Psi C$ de l'ARNt mitochondrial de la lysine. À la suite de cette mutation, la traduction de plusieurs protéines mitochondriales semble inhibée. ▮

Les chloroplastes contiennent de grands ADN circulaires codant plus d'une centaine de protéines

Comme nous l'avons dit au Chapitre 8, la structure des chloroplastes est similaire sur de nombreux points à celle des mitochondries. Comme elles, les chloroplastes contiennent de nombreuses copies d'ADN d'organite et de ribosomes, qui synthétisent certaines des protéines codées par les chloroplastes à l'aide du code génétique « standard ». D'autres protéines chloroplastiques sont fabriquées sur les ribosomes cytosoliques et incorporées dans l'organite après leur traduction (Chapitre 16).

Les ADN chloroplastiques sont des molécules circulaires de 120 000 à 160 000 pb selon l'espèce. Les séquences complètes de plusieurs ADN chloroplastiques ont été déterminées. Sur les ≈ 120 gènes de l'ADN chloroplastique, environ 60 sont impliqués dans la transcription en ARN et la traduction de celui-ci, dont des gènes codant des ARNr, des ARNt, des sous-unités d'ARN polymérase et des protéines ribosomiales. Environ 20 gènes codent des sous-unités des complexes de transport photo-électronique intervenant dans les chloroplastes lors de la photosynthèse et du complexe ATP synthétase F_0F_1. La plus grosse des deux sous-unités de la ribulose 1,5-diphosphate carboxylase, impliquée dans la fixation du dioxyde de carbone au cours de la photosynthèse, est également codée dans le génome chloroplastique.

Certaines régions de l'ADN chloroplastique sont étonnamment similaires à l'ADN des bactéries actuelles, ce qui reflète l'origine endosymbiotique des chloroplastes. Par exemple, l'ADN chloroplastique code quatre sous-unités de l'ARN polymérase qui présentent une forte homologie avec les sous-unités de l'ARN polymérase d'*E. coli*. Un segment de l'ADN chloroplastique code huit protéines homologues à huit protéines ribosomiales d'*E. coli*. De plus, l'ordre des gènes est le même dans les deux ADN.

Bien que l'organisation globale des ADN chloroplastiques de différentes espèces soit similaire, il existe certaines différences dans la composition des gènes. Par exemple, l'ADN chloroplastique de l'hépatique possède certaines gènes absents de l'ADN chloroplastique du tabac, qui est plus grand, et *vice versa*. Puisque les chloroplastes des deux espèces contiennent quasiment le même jeu de protéines, ces données suggèrent que certains gènes sont présents dans l'ADN chloroplastique d'une espèce et dans l'ADN nucléaire de l'autre. Ceci indique qu'un certain échange de gènes a eu lieu entre les chloroplastes et le noyau au cours de l'évolution. ▮

Des techniques similaires à celles utilisées pour la transformation de cellules de levure (Chapitre 9) ont été mises au point pour introduire de façon stable de l'ADN étranger dans les chloroplastes de végétaux supérieurs. Le nombre élevé de molécules d'ADN chloroplastique par cellule permet l'introduction de milliers de copies d'un gène modifié par génie génétique dans chaque cellule, ce qui conduit à la production de quantités extraordinairement importantes de la protéine étrangère. La transformation des chloroplastes a récemment permis de modifier par génie génétique des plantes qui sont désormais résistantes aux infections par des bactéries ou des champignons, à la sécheresse et aux herbicides. Le taux de production de ces protéines étrangères est comparable à celui obtenu à l'aide de bactéries modifiées par génie génétique. Ceci laisse penser que la transformation chloroplastique sera utilisée pour produire des médicaments destinés à l'homme et sans doute pour modifier par génie génétique des céréales, afin qu'elles contiennent de fortes concentrations des acides aminés essentiels à l'homme. ▮

CONCEPTS CLÉS DE LA SECTION 10.6

Les ADN des organites

- Les mitochondries et les chloroplastes ont très probablement évolué à partir de bactéries qui ont établi une relation d'endosymbiose avec des cellules ancestrales qui possédaient un noyau eucaryote. La plupart des gènes présents à l'origine dans ces organites ont gagné le génome nucléaire au cours de l'évolution, laissant des jeux de gènes différents dans les ADNmt d'organismes distincts.

- La plupart des ADN mitochondriaux et chloroplastiques sont des molécules circulaires, ce qui reflète leur origine bactérienne probable. Les ADNmt de végétaux et les ADN chloroplastiques sont généralement plus longs que les ADNmt des autres eucaryotes, en grande partie à cause de la présence de davantage de régions non codantes et de séquences répétées.

- Tous les ADNmt et les ADN chloroplastiques semblent coder des ARNr, des ARNt et certaines des protéines impliquées dans le transport mitochondrial ou photosynthétique d'électrons et la synthèse d'ATP.

- La plus grande partie de l'ADNmt est héritée des ovules plutôt que des spermatozoïdes. Pour cette raison, les mutations dans l'ADNmt présentent un mode de transmission cytoplasmique maternel.

■ Les ribosomes mitochondriaux ressemblent aux ribosomes bactériens du point de vue de leur structure, leur sensibilité au chloramphénicol et leur résistance au cycloheximide.

■ Le code génétique des ADNmt des animaux et des champignons diffère légèrement de celui des bactéries et du génome nucléaire. De plus, il varie d'un animal ou d'une plante à l'autre (voir Tableau 10-3). En revanche, les ADNmt de plantes et les ADN chloroplastiques semblent conformes au code génétique standard.

■ Plusieurs maladies neuromusculaires humaines résultent de mutations dans l'ADNmt. Les malades possèdent généralement un mélange d'ADNmt mutant et de type sauvage dans leurs cellules (hétéroplasmie) : plus la proportion d'ADNmt mutant est élevée, plus le phénotype mutant est grave.

PERSPECTIVES POUR LE FUTUR

La séquence du génome humain est une mine d'or pour de nouvelles découvertes sur la biologie moléculaire de la cellule, de nouvelles protéines qui pourraient déboucher sur des thérapies efficaces pour des maladies humaines et même des découvertes concernant les premiers temps de l'histoire humaine et de l'évolution. Néanmoins, du fait que seulement ≈ 1,5 % de la séquence code des protéines, découvrir de nouveaux gènes revient à chercher une aiguille dans une botte de foin. L'identification des gènes dans les séquences du génome bactérien est relativement simple en raison de la rareté des introns. La recherche de longs cadres de lecture ouverts dépourvus de codons stop suffit à identifier la plupart des gènes. Au contraire, rechercher des gènes humains est bien plus complexe du fait de leur structure car la plupart sont constitués de multiples exons relativement courts séparés par des introns non codants bien plus longs. Certains pensent que la moitié des gènes humains pourraient avoir été identifiés. L'identification des unités de transcription complexes en examinant uniquement la séquence d'ADN est encore plus difficile. Les améliorations futures des techniques de bioinformatique destinées à l'identification des gènes et la caractérisation de nouvelles copies d'ADNc provenant d'ARNm isolés à partir des centaines de types cellulaires humains conduira probablement à la découverte de nouvelles protéines et, à travers leur étude, à une meilleure compréhension des processus biologiques et des applications à la médecine et à l'agriculture

Nous avons vu que même si la plupart des transposons n'interviennent pas directement dans les processus cellulaires, ils ont participé à la formation des génomes modernes en initiant des duplications de gènes, le brassage des exons, la création de nouvelles combinaisons de séquences de contrôle de la transcription et d'autres aspects des génomes actuels. Ils sont également riches en enseignements sur notre histoire et nos origines. Ceci est dû au fait que des rétrotransposons L1 et *Alu* se sont insérés dans de nouveaux sites tout au long de notre histoire. Un grand nombre de ces répétitions dispersées sont polymorphes dans la population — elles sont présentes en un site particulier chez certains individus mais pas chez d'autres. Les individus ayant en commun une insertion au niveau d'un site donné descendent d'un même ancêtre qui s'est développé à partir d'un ovule ou d'un spermatozoïde dans lequel l'insertion a eu lieu. Le temps écoulé depuis cette insertion peut être estimé d'après les différences de séquences de l'élément entre des individus qui les portent, car ces différences sont apparues à la suite de l'accumulation de mutations aléatoires. D'autres études de ces polymorphismes de rétrotransposons élargiront sans aucun doute notre connaissance des migrations humaines depuis l'apparition de l'*Homo sapiens* et de l'histoire des populations contemporaines.

MOTS CLÉS

ADN de séquence simple *412*
Armature chromosomique *427*
Bandes G *431*
Brassage des exons *422*
Caryotype *430*
Centromère *413*
Chromatide *430*
Chromatine *424*
Chromosomes polytènes *433*
Éléments mobiles d'ADN *414*
Élément P *416*
Euchromatine *433*
Famille de gènes *410*
Hétérochromatine *433*
Histones *424*
Hybridation fluorescente *in situ* (FISH) *413*
LINE *420*
Longues répétitions terminales (LTR) *417*
Nucléosome *424*
Pseudogène *411*
Régions de fixation à l'armature (SAR) *428*
Rétrotransposons *415*
SINE *420*
Télomère *413*
Transmission cytoplasmique *438*
Transposition *414*
Transposons *414*
Unité de transcription *407*

RÉVISIONS

1. Les gènes codant des protéines sont transcrits en ARNm et les gènes codant des ARN de transfert ou ribosomiaux sont transcrits en ARN. Donnez la définition d'un gène. Décrivez la façon dont une unité complexe de transcription peut subir des maturations alternatives en différents ARNm puis en différentes protéines.
2. Le séquençage du génome humain a révélé de nombreuses informations sur l'organisation des gènes. Décrivez les différences entre les gènes simples, les familles de gènes, les pseudogènes et les gènes répétés en tandem.
3. Une grande partie du génome est constituée d'ADN répété. Décrivez la différence entre ADN microsatellite et ADN minisatellite humains. En quoi cet ADN répété est-il utile pour identifier des individus grâce à la technique de prise d'empreintes de l'ADN ?
4. On appelle transposons d'ADN, les éléments mobiles d'ADN capables de se déplacer ou de se transposer directement sous forme d'ADN. Décrivez le mécanisme de transposition d'une séquence bactérienne d'insertion.
5. Les rétrotransposons sont une classe d'éléments mobiles d'ADN qui utilisent un intermédiaire d'ARN. Comparez le mécanisme de transposition des rétrotransposons qui

possèdent de longues répétitions terminales (LTR) avec celui des rétrotransposons qui en sont dépourvus.

6. Décrivez le rôle probable des éléments mobiles d'ADN au cours de l'évolution jusqu'aux organismes actuels. Qu'est-ce que le processus appelé brassage des exons et quel rôle les éléments mobiles d'ADN y jouent-ils ?

7. Dans une cellule, l'ADN s'associe à des protéines pour former de la chromatine. Qu'est-ce qu'un nucléosome ? Quel rôle les histones jouent-elles dans les nucléosomes ? Comment les nucléosomes sont-ils arrangés dans les fibres condensées de 30 nm de diamètre ?

8. Décrivez l'organisation générale d'un chromosome eucaryote. Quel rôle structural les régions de fixation à l'armature (SAR) ou les régions de fixation à la matrice (MAR) jouent-elles ? Où les gènes sont-ils principalement situés par rapport à la structure du chromosome ?

9. Les chromosomes métaphasiques peuvent être identifiés principalement par des profils de bandes caractéristiques. Que sont les bandes G et les bandes R ? Qu'est-ce que la coloration des chromosomes et à quoi sert cette technique ?

10. La réplication et la ségrégation des chromosomes eucaryotes nécessite trois éléments fonctionnels : des origines de réplication, un centromère et des télomères. Décrivez le fonctionnement de ces trois éléments. Quel est le rôle de la télomérase dans le maintien de la structure des chromosomes ? Qu'est-ce qu'un chromosome artificiel de levure (YAC) ?

11. Les mitochondries contiennent leurs propres molécules d'ADN. Décrivez les types de gènes codés dans le génome mitochondrial. En quoi diffèrent les génomes mitochondriaux de végétaux, de champignons et d'animaux ?

12. On pense que les mitochondries et les chloroplastes ont évolué à partir de bactéries endosymbiotiques qui étaient présentes dans des cellules nucléées. Quels sont les résultats expérimentaux en faveur de cette hypothèse ?

ANALYSEZ LES RÉSULTATS SUIVANTS

Les cellules humaines normales en culture subissent un nombre fini de divisions cellulaires au bout duquel elles cessent de proliférer et s'engagent dans un état appelé sénescence réplicative. On pense que l'incapacité de maintenir la longueur normale des télomères joue un rôle important dans ce processus. La télomérase est un complexe ribonucléoprotéique qui régénère les extrémités des télomères perdues à chaque cycle de réplication de l'ADN. La télomérase humaine est constituée d'une sous-unité d'ARN contenant une matrice et d'une sous-unité protéique catalytique appelée transcriptase inverse de la télomérase (hTERT). La plupart des cellules normales n'expriment pas la télomérase, alors que la majorité des cellules cancéreuses l'expriment. Pour cette raison, on pense que la télomérase joue un rôle clé dans la transformation des cellules de l'état normal vers l'état malin.

a. Dans les expériences suivantes, on recherche le rôle de la télomérase dans la croissance des cellules humaines cancéreuses (voir W. C. Hahn *et al.*, 1999, *Nature Medicine* 5 :1164-1170). Des cellules immortelles télomérase-positive (cellule A) et télomérase-négative (cellule B) ont été transfectées par un plasmide exprimant une hTERT sauvage ou mutante. L'activité télomérasique a été mesurée par un protocole d'amplification des répétitions télomériques (TRAP), une analyse utilisant la PCR qui mesure l'addition d'unités télomériques répétées sur un fragment d'ADN. On observe typiquement un profil de bandes en forme d'échelle dont les barreaux sont séparés les uns des autres de 6 pb. La piste « Témoin » correspond aux cellules qui ont été transfectées par un plasmide. Les pistes « Type sauvage » et « Mutante » indiquent respectivement la transfection par un plasmide exprimant une hTERT de type sauvage ou mutante. Que concluez-vous quant aux conséquences de la hTERT mutante sur l'activité télomérasique dans les cellules transfectées ? À quel type de mutation cela correspondrait-il ?

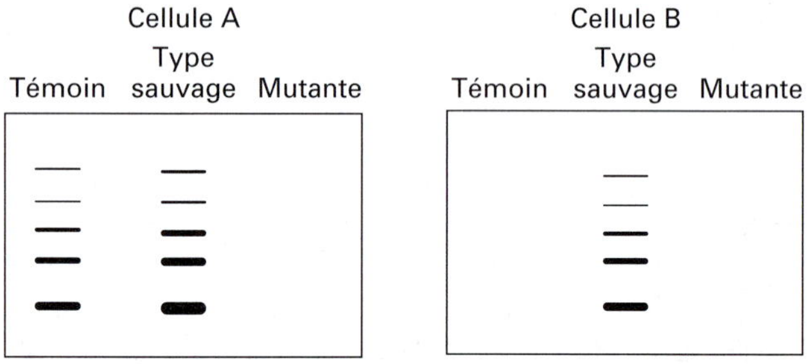

b. La longueur des télomères dans ces cellules transfectées a été examinée par un transfert de type Southern de l'ADN génomique total digéré par une enzyme de restriction, en utilisant comme sonde une séquence d'ADN spécifique des télomères. Que concluez-vous quant à la longueur des télomères dans les cellules A et les cellules B après transfection par la hTERT de type sauvage ou mutante ? Par quel mécanisme les cellules A et B maintiennent-elles la longueur de leurs télomères ?

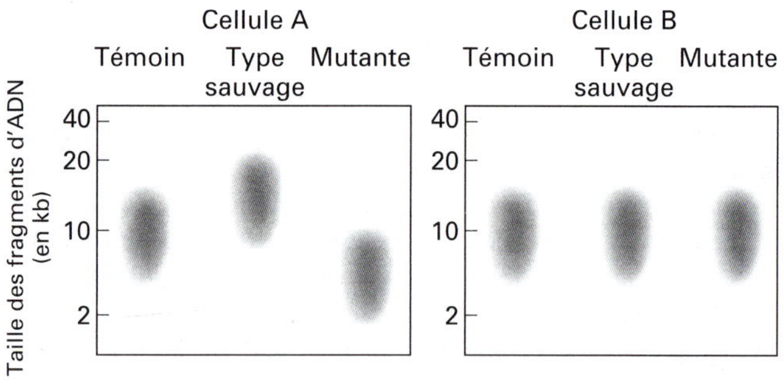

c. La prolifération des cellules A et B transfectées a été étudiée en mesurant le nombre de cellules en fonction du temps de culture. À votre avis, quel effet la hTERT mutante a-t-elle sur la prolifération des cellules A et B transfectées ?

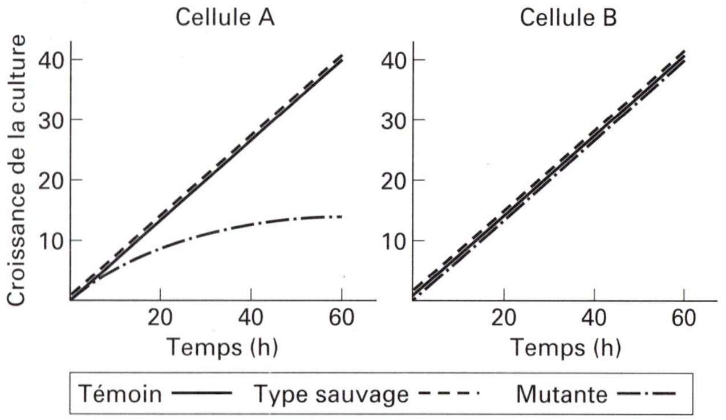

d. Les résultats de ces trois analyses confirment-ils ou infirment-ils le rôle proposé pour la télomérase dans la survie à long terme des cellules en culture ? Quel est l'intérêt de la comparaison entre la transfection des cellules A et celle des cellules B ?

e. Les cellules tumorigènes, capables de se répliquer indéfiniment en culture peuvent provoquer la formation de tumeurs lorsqu'on les injecte dans des souris dont le système immunitaire n'est pas fonctionnel (souris Nude). D'après les analyses décrites ci-dessus, qu'arrivera-t-il à votre avis si l'on injecte des cellules A transfectées par de la hTERT de type sauvage ou mutante dans des souris Nude ?

RÉFÉRENCES

La définition moléculaire d'un gène

Ayoubi, T. A. & Van De Ven, W. J., (1996), Regulation of gene expression by alternative promoters, *FASEB J.* **10** :453–460.

Maniatis, T. & Tasic, B., (2002), Alternative pre-mRNA splicing and proteome expansion in metazoans, *Nature* **418** :236–243.

Mathe, C. *et al.*, (2002), Current methods of gene prediction, their strengths and weaknesses, *Nucl. Acids Res.* **30** :4103–4117.

L'organisation chromosomique des gènes et de l'ADN non codant

Cummings, C. J. & Zoghbi, H. Y., (2000), Trinucleotide repeats : mechanisms and pathophysiology, *Ann. Rev. Genomics Hum. Genet.* **1** :281–328.

Goff, S. A. *et al.*, (2002), A draft sequence of the rice genome (Oryza sativa L. ssp. japonica), *Science* **296** :92–100.

Lander, E. S. *et al.*, (2001), Initial sequencing and analysis of the human genome, *Nature* **409** :860–921.

Ranum, L. P. & Day, J. W., (2002), Dominantly inherited, non-coding microsatellite expansion disorders, *Curr. Opin. Genet. Dev.* **12** :266–271.

L'ADN mobile

Feschotte, C. *et al.*, (2002), Plant transposable elements : where genetics meets genomics, *Nat. Rev. Genet.* **3** :329–341.

Gray, Y. H., (2000), It takes two transposons to tango : transposable-element-mediated chromosomal rearrangements, *Trends Genet.* **16** :461–468.

Kazazian, H. H., Jr., (1999), An estimated frequency of endogenous insertional mutations in humans, *Nature Genet.* **22** :130.

Ostertag, E. M. & Kazazian, H. H., Jr., (2001), Biology of mammalian L1 retrotransposons, *Ann. Rev. Genet.* **35** :501–538.

L'organisation structurale des chromosomes eucaryotes

Horn, P. J. & Peterson, C. L., (2002), Molecular biology. Chromatin higher order folding—wrapping up transcription, *Science* **297** :1824–1827.

Luger, K. & Richmond, T. J., (1998), The histone tails of the nucleosome, *Curr. Opin. Genet. Dev.* **8** :140–146.

La morphologie et les éléments fonctionnels des chromosomes eucaryotes

Cheeseman, I. M. *et al.,* (2002), Simple centromere, complex kinetochore : linking spindle microtubules and centromeric DNA in budding yeast, *J. Cell Biol.* **157** :199–203.

Kelleher, C. *et al.*, (2002), Telomerase : biochemical considerations for enzyme and substrate, *Trends Biochem. Sci.* **27** :572–579.

Kitagawa, K. & Hieter, P., (2001), Evolutionary conservation between budding yeast and human kinetochores, *Nature Rev. Mol. Cell Biol.* 2 :678–687.

Larin, Z. & Mejia., J. E., (2002), Advances in human artificial chromosome technology, *Trends Genet.* **18** :313–319.

McEachern, M. J. *et al.*, (2000), Telomeres and their control, *Ann. Rev. Genet.* **34** :331–358.

Les ADN des organites

Clayton, D. A., (2000), Transcription and replication of mitochondrial DNA, *Hum. Reprod.* **2**(Suppl.) :11–17.

Dahl, H.-H. M. & Thorburn, D. R., (2001), Mitochondrial diseases : beyond the magic circle, *Am. J. Med. Genet.* **106** :1–3.

Daniell, H. *et al.*, (2002), Milestones in chloroplast genetic engineering : an environmentally friendly era in biotechnology, *Trends Plant Sci.* 7 :84–91.

Gray, M. W., (1999), Evolution of organellar genomes, *Curr. Opin. Genet. Dev.* **9** :678–687.

Palmer, J. D. *et al.*, (2000), Dynamic evolution of plant mitochondrial genomes : mobile genes and introns and highly variable mutation rates, *Proc. Natl. Acad. Sci. USA* **97** :6960–6966.

Sugiura, M. *et al.*, (1998), Evolution and mechanism of translation in chloroplasts, *Ann. Rev. Genet.* **32** :437–459.

11

LE CONTRÔLE TRANSCRIPTIONNEL DE L'EXPRESSION DES GÈNES

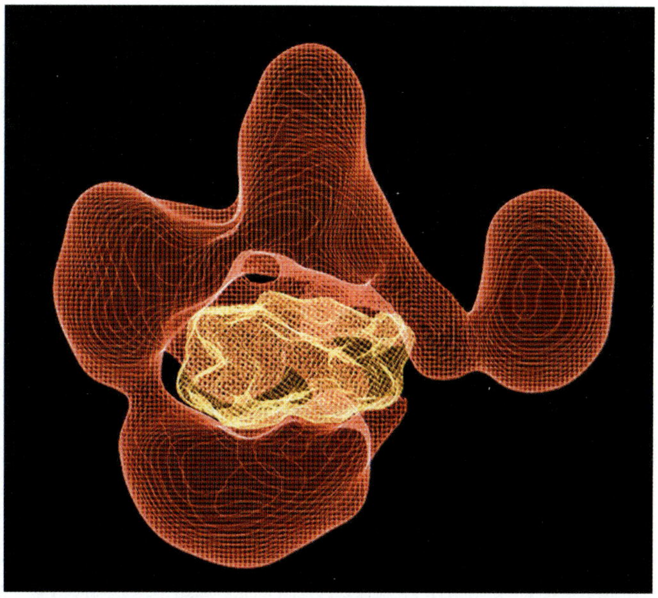

La structure du complexe de remodelage de la chromatine RSC de levure déterminée par microscopie électronique. Le complexe (en rouge) est représenté lié à un nucléosome (en jaune). [Aimablement communiqué par Francisco J. Asturias, 2002, *PNAS* **99** :13477.]

Nous avons vu dans les chapitres précédents que les actions et les propriétés de chaque type cellulaire sont déterminées par les protéines qu'il contient. Dans ce chapitre et le suivant, nous examinerons la régulation dans un type cellulaire particulier, des types de protéines et de leurs quantités chez un organisme pluricellulaire. Les principales étapes de l'**expression des gènes**, le processus complet grâce auquel l'information codée dans un gène donné est décodée en une protéine spécifique, sont traitées au Chapitre 4. La synthèse de l'ARNm exige qu'une **ARN polymérase** débute la transcription, polymérise des ribonucléosides triphosphate complémentaires du brin codant d'ADN, puis achève la transcription (voir Figure 4-10). Chez les procaryotes, les ribosomes et les facteurs d'amorçage de la traduction ont directement accès aux transcrits d'ARN néosynthétisés qui jouent le rôle d'ARNm sans autre modification. Chez les eucaryotes, en revanche, le transcrit initial d'ARN est soumis à une maturation qui produit un ARNm fonctionnel (voir Figure 4-14). L'ARNm est ensuite transporté de son site de synthèse dans le noyau jusqu'au cytoplasme, où il est traduit en protéine à l'aide de ribosomes, d'ARNt et de facteurs de traduction (voir Figure 4-26).

Théoriquement, une régulation au niveau de n'importe laquelle des différentes étapes de l'expression des gènes pourrait conduire à la production *différentielle* de protéines dans des types cellulaires distincts, à des stades différents du développement, ou encore en réponse à des variations des conditions extérieures. Bien qu'il existe des exemples de régulation de l'expression des gènes à chacune de ces étapes, le contrôle de l'amorçage de la transcription — la première étape — est le mécanisme le plus utilisé pour déterminer l'expression ou non de la plupart des gènes et la quantité d'ARNm codés et donc de protéines produites. Les mécanismes moléculaires qui régulent l'amorçage de la transcription sont essentiels dans de nombreux phénomènes biologiques, y compris le développement d'un organisme pluricellulaire à partir de la cellule unique que constitue l'œuf fécondé, les réactions immunitaires qui nous protègent des micro-organismes pathogènes et les processus neurologiques tels que l'apprentissage et la mémorisation. Lorsque ces mécanismes régulateurs fonctionnent mal, des processus pathologiques tels que les cancers ou le vieillissement peuvent se produire.

SOMMAIRE

Dans ce chapitre, nous nous intéresserons aux événements moléculaires qui déterminent le moment auquel débute la transcription des gènes eucaryotes et nous considérerons également brièvement le contrôle de la terminaison prématurée de la transcription. La maturation de l'ARN ainsi que différents mécanismes post-transcriptionnels impliqués dans le contrôle de l'expression des gènes seront traités au chapitre suivant. Des chapitres ultérieurs, notamment les Chapitres 13, 14 et 15 présenteront des exemples de la régulation de la transcription par des interactions entre des cellules et de la contribution du **contrôle des gènes** au développement et à la fonction de types spécifiques de cellules chez des organismes pluricellulaires.

11.1 Une vue d'ensemble du contrôle des gènes eucaryotes et des ARN polymérases

Chez les bactéries, le contrôle des gènes permet principalement à une cellule de s'adapter aux changements de son environnement afin que sa croissance et sa division soient optimales. Chez les organismes pluricellulaires, les changements liés à l'environnement induisent également des modifications de l'expression des gènes. La réponse à une faible concentration d'oxygène (hypoxie) décrite au Chapitre 15 en est un exemple. Toutefois, l'exemple le plus frappant et le plus significatif d'un point de vue biologique du contrôle des gènes chez les organismes pluricellulaires est l'exécution du programme génétique à l'origine du développement embryologique. La création des nombreux types cellulaires différents qui forment un organisme pluricellulaire dépend de l'action des gènes adéquats dans les cellules appropriées et aux moments opportuns du développement.

Une fois qu'une cellule s'est engagée dans une étape du développement, en général elle ne revient pas en arrière. Pour cette raison, les décisions liées au développement sont fondamentalement différentes de l'activation et de la répression réversibles des gènes bactériens en réponse aux conditions de l'environnement. Lorsqu'elles exécutent leur programme génétique, beaucoup de cellules différenciées (comme les cellules de la peau, les globules rouges et les cellules produisant des anticorps) poursuivent leur voie jusqu'à leur mort, sans laisser de descendance derrière elles. Les patrons immuables de contrôle des gènes conduisant à la différenciation servent les intérêts de l'organisme dans sa totalité et non la survie d'une cellule individuelle. En dépit des différences d'utilisation du contrôle des gènes chez les bactéries et les eucaryotes, deux caractéristiques fondamentales du contrôle de la transcription découvertes chez les bactéries et décrites au Chapitre 4 s'appliquent également aux cellules eucaryotes. Tout d'abord, des séquences régulatrices d'ADN ou éléments de contrôle, auxquelles se fixent des protéines, sont associées aux gènes. De plus, des protéines spécifiques qui se fixent aux séquences régulatrices d'un gène déterminent le site de début de la transcription et activent ou répriment cette transcription. Comme le montre la Figure 11-1, chez les eucaryotes pluricellulaires, les gènes inactifs sont assemblés en chromatine condensée, une structure qui inhibe la liaison des ARN polymérases et des facteurs généraux de la transcription nécessaires à l'amorçage de la transcription. Des protéines activatrices se fixent à des éléments de contrôle qui peuvent être proches du site de début de la transcription d'un gène ou en être distants de plusieurs kilobases. Elles provoquent alors la décondensation de la chromatine et la fixation de l'ARN polymérase au promoteur. Les protéines répresseurs se fixent à d'autres éléments de contrôle, induisant la condensation de la chromatine et l'inhibition de la liaison de la polymérase. Nous envisagerons dans ce chapitre le contrôle de la structure de la chromatine par les activateurs et les répresseurs et la stimulation ou l'inhibition de l'amorçage de la transcription par l'ARN polymérase.

La plupart des gènes des eucaryotes supérieurs sont régulés par un contrôle de leur transcription

Des mesures directes des taux de transcription de multiples gènes dans des types cellulaires distincts ont montré que la régulation de l'amorçage de la transcription est la forme la plus répandue de contrôle des gènes chez les eucaryotes, comme chez les bactéries. L'*analyse des chaînes naissantes* est une technique couramment

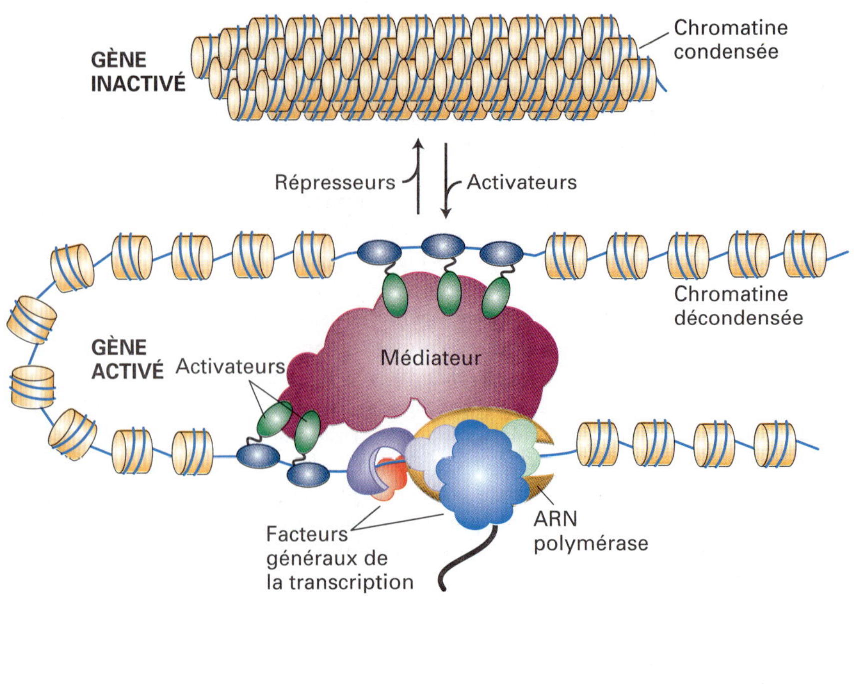

FIGURE 11-1 Une vue d'ensemble du contrôle de la transcription chez les eucaryotes pluricellulaires. Des protéines activatrices se fixent à des éléments spécifiques de contrôle d'ADN présents dans la chromatine et interagissent avec des machineries multiprotéiques co-activatrices telles que le médiateur pour décondenser la chromatine et assembler l'ARN polymérase et les facteurs généraux de la transcription sur les promoteurs. Les gènes inactifs sont assemblés dans des régions de chromatine condensée qui empêchent les ARN polymérases et les facteurs généraux de la transcription qui leur sont associés d'interagir avec les promoteurs. Des protéines répresseurs peuvent également se fixer à d'autres éléments de contrôle pour inhiber l'amorçage par l'ARN polymérase et interagir avec de multiples complexes protéiques co-répresseurs pour condenser la chromatine.

utilisée pour déterminer les taux relatifs de transcription de différents gènes dans des cellules en culture. Dans cette technique, également appelée *technique du run-on*, des noyaux isolés sont incubés pendant un bref instant (5 minutes ou moins) en présence de ribonucléosides triphosphate marqués par du ^{32}P. Pendant cette période d'incubation, les molécules d'ARN polymérases qui étaient en train de transcrire des gènes lors de l'isolement des noyaux incorporent plusieurs centaines de nucléotides marqués dans chaque chaîne d'ARN naissante (en cours d'élongation), mais très peu de nouvelles chaînes sont initiées. Le marquage radioactif total incorporé dans l'ARN est une mesure du taux global de transcription. La fraction des ARN totaux marqués issus de la transcription d'un gène donné — c'est-à-dire son taux relatif de transcription — est déterminée par l'hybridation de l'ARN marqué à l'ADN cloné de ce gène fixé sur une membrane.

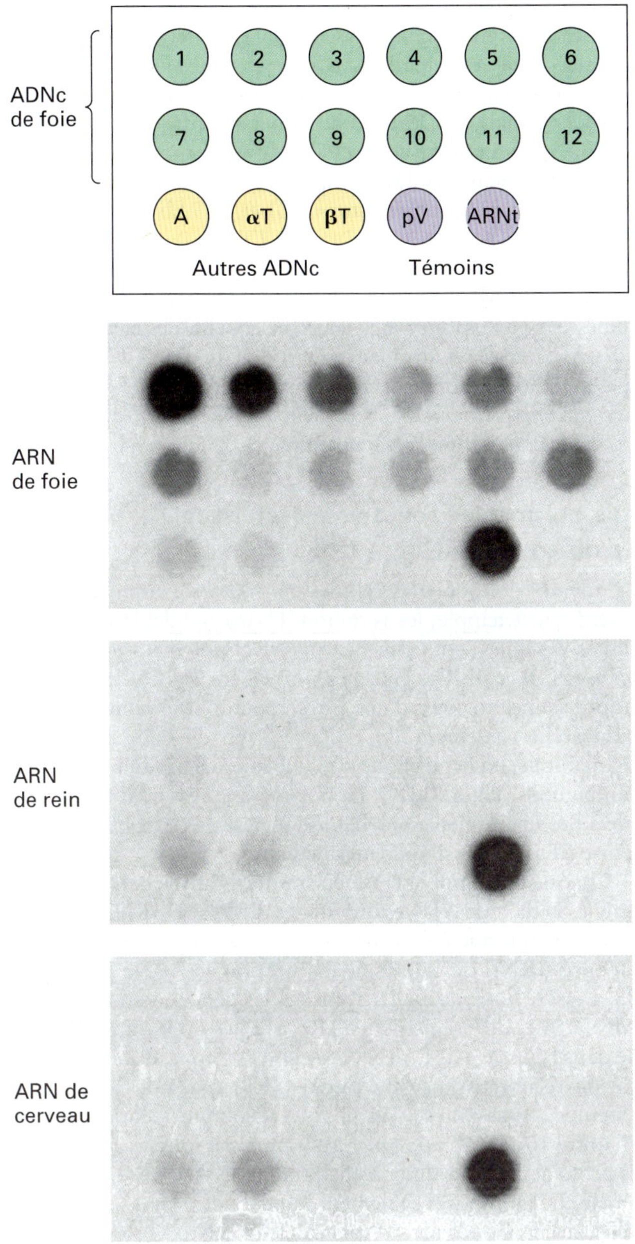

Les résultats de la technique du run-on illustrés dans la Figure 11-2 montrent que la transcription des gènes codant des protéines exprimées spécifiquement dans des hépatocytes (le principal type cellulaire du foie chez les mammifères) se détecte facilement dans des noyaux préparés à partir de cellules provenant du foie, mais pas du cerveau ni du rein. Puisque cette technique du run-on mesure la synthèse des ARN, ces résultats indiquent que la synthèse différentielle des protéines spécifiques du foie est régulée par un contrôle de la transcription des gènes correspondants dans les différents tissus. Des résultats similaires ont été obtenus lors d'expériences de transcription run-on avec d'autres types cellulaires et une gamme variée de protéines tissu-spécifiques, ce qui indique que le contrôle de la transcription est le principal mécanisme de contrôle des gènes chez les organismes complexes.

Dans l'ADN eucaryote, les éléments régulateurs sont souvent distants de plusieurs kilobases des sites de début de la transcription

Chez les eucaryotes comme chez les bactéries, une séquence d'ADN qui spécifie l'endroit où l'ARN polymérase se fixe et débute la transcription d'un gène s'appelle un **promoteur**. La transcription à partir d'un promoteur donné est contrôlée par des protéines qui se fixent à l'ADN, appelées **facteurs de transcription.** Ce sont les équivalents des *activateurs* et *répresseurs* bactériens. Néanmoins, dans les génomes eucaryotes, les éléments de contrôle de l'ADN auxquels se fixent les facteurs de transcription sont souvent bien plus éloignés du promoteur qu'ils régulent que dans le cas des génomes procaryotes. Chez les eucaryotes supérieurs, les facteurs de transcription qui régulent l'expression de gènes codant des protéines se fixent parfois au niveau de sites régulateurs localisés des dizaines de milliers de paires de bases **en amont** (dans le sens inverse du sens de transcription) ou **en aval** (dans le même sens que la transcription) du promoteur. En raison de cet arrangement, la transcription à partir d'un même promoteur peut être régulée par la fixation de multiples facteurs de transcription à des éléments alternatifs de contrôle, ce qui permet un contrôle complexe de l'expression des gènes.

FIGURE EXPÉRIMENTALE 11-2 Une mesure de la production d'ARN dans différents tissus démontre que la transcription d'un gène donné se produit généralement uniquement dans les types cellulaires dans lesquels il est exprimé. Des noyaux de cellules de foie, de rein et de cerveau de souris ont été exposés à du ^{32}P-UTP. Les trois échantillons d'ARN marqués radioactivement ainsi produits ont été hybridés sur des membranes de nitrocellulose différentes. Sur chaque membrane était fixé un arrangement identique de divers ADNc (*en haut*). Les ADNc notés 1 à 12 (en vert) codent des protéines synthétisées activement dans le foie (comme l'albumine, la transferrine) mais pas dans la plupart des autres tissus. Les autres ADNc testés étaient l'actine (A) et l'α- et la β-tubulines (αT, βT) (en jaune) qui sont des protéines présentes dans quasiment tous les types cellulaires. Un gène codant l'ARNt de la méthionine et l'ADN du vecteur plasmidique (pV) dans lequel les ADNc ont été clonés ont servi de témoins (en violet). Après le retrait des ARN non hybridés, les ARN marqués complémentaires des ADNc ont été révélés par autoradiographie. L'ARN de l'échantillon de foie s'hybridait étroitement avec les ADNc. En revanche, les échantillons de rein et de cerveau s'hybridaient peu, ce qui indique que les gènes codant des protéines présentes dans les hépatocytes sont transcrits dans les cellules du foie mais pas dans les cellules des autres tissus. [Voir E. Derman *et al.*, 1981, *Cell* **23** :731 et D. J. Powell *et al.*, 1984, *J. Mol. Biol.* **197** :21.]

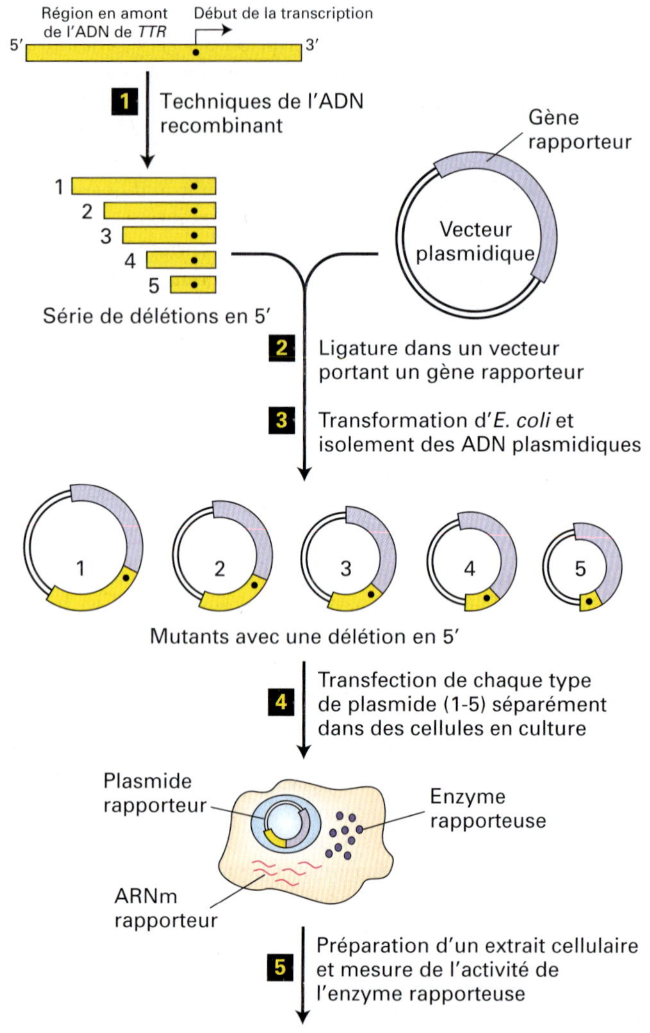

Plasmide n°	Expression du gène rapporteur
1	+++
2	+++
3	+
4	+
5	–

FIGURE EXPÉRIMENTALE 11-3 L'analyse d'une série de délétions en 5' permet d'identifier des séquences de contrôle de la transcription dans l'ADN présent en amont d'un gène eucaryote. Étape **1** : On utilise les techniques de l'ADN recombinant pour préparer une série de fragments d'ADN qui s'étendent en amont sur des distances variables à partir de la région non traduite en 5' d'un gène. Étape **2** : Les fragments d'ADN sont ligaturés dans un plasmide rapporteur en amont d'un gène rapporteur facilement repérable. Étape **3** : L'ADN est transformé dans des cellules d'*E. coli* afin d'isoler des plasmides avec des délétions de différentes longueurs en 5' du site de début de la transcription. Étape **4** : Chaque plasmide est ensuite transfecté dans des cellules en culture (ou utilisé pour préparer des organismes transgéniques) et l'on mesure l'expression du gène rapporteur (étape **5**). Les résultats de cet exemple imaginaire (*en bas*) indiquent que le fragment testé contient deux éléments de contrôle. L'extrémité 5' de l'un est située entre les délétions 2 et 3 ; l'extrémité 5' de l'autre se trouve entre les délétions 4 et 5.

Par exemple, des éléments alternatifs de contrôle de la transcription régulent l'expression du gène de mammifère qui code la transthyrétine (*TTR*). Cette protéine transporte l'hormone thyroïde dans le sang et le liquide cérébrospinal qui entoure le cerveau et la moelle épinière. La transthyrétine est exprimée dans les hépatocytes qui synthétisent et sécrètent la plupart des protéines sériques et dans les cellules des plexus choroïdes dans le cerveau qui sécrètent le liquide cérébro-spinal et les protéines qu'il contient. Les éléments de contrôle nécessaires à la transcription du gène *TTR* ont été identifiés grâce au protocole décrit dans la Figure 11-3. Dans celui-ci, des fragments d'ADN constitués de segments de longueur variable de la séquence située en amont d'un site de début de la transcription sont clonés devant un **gène rapporteur** dans un plasmide bactérien à l'aide des techniques de l'ADN recombinant. Les gènes rapporteurs expriment des enzymes facilement repérables dans des extraits cellulaires. Parmi les gènes rapporteurs couramment utilisés, citons le gène *lacZ* d'*E. coli* qui code la β-galactosidase, le gène de la luciole codant la luciférase qui convertit l'énergie de l'hydrolyse d'ATP en lumière et le gène de la méduse codant la protéine verte fluorescente (GFP).

En effectuant une *série de délétions en 5'* en amont du gène *TTR* et en l'analysant, les chercheurs ont identifié deux éléments de contrôle qui stimulent l'expression du gène rapporteur dans les hépatocytes, mais pas dans les autres types cellulaires. L'une des régions a été cartographiée entre ≈ 2,01 et 1,85 kb en amont du site de début de la transcription du gène *TTR* et l'autre ≈ 200 pb en amont. Des études plus poussées ont montré que des séquences alternatives d'ADN contrôlent la transcription de *TTR* dans les cellules des plexus choroïdes. Par conséquent, des éléments alternatifs de contrôle régulent la transcription du gène *TTR* dans deux types cellulaires différents. Nous examinerons dans des sections ultérieures les principaux événements moléculaires sous-jacents à ce type de contrôle de la transcription.

Trois polymérases eucaryotes catalysent la formation des différents ARN

Les noyaux de toutes les cellules eucaryotes examinées jusqu'à présent (par exemple, les vertébrés, la drosophile, la levure et les cellules végétales) contiennent trois ARN polymérases distinctes, appelées I, II et III. Ces enzymes sont éluées à différentes concentrations salines au cours d'une chromatographie échangeuse d'ions et diffèrent également du point de vue de leur sensibilité à l'α-amanitine, un octapeptide cyclique toxique produit par certains champignons (Figure 11-4). La polymérase I est quasiment insensible à l'α-amanitine, la polymérase II y est très sensible et la polymérase III a une sensibilité intermédiaire.

Chaque ARN polymérase eucaryote catalyse la transcription de gènes codant des classes différentes d'ARN. L'*ARN polymérase I*, située dans le nucléole, transcrit les gènes codant l'ARNr précurseur (**pré-ARNr**) qui subit une maturation en ARNr 28S, 5,8S et 18S. L'*ARN polymérase III* transcrit les gènes codant les ARNt, l'ARNr 5S et différents petits ARN stables dont un ARN impliqué dans l'épissage de l'ARN (U6) et l'ARN appartenant à la particule de reconnaissance du signal (SRP) qui aide à diriger les protéines naissantes jusqu'au réticulum endoplasmique (Chapitre 16). L'*ARN polymérase II* transcrit tous les gènes codant des protéines, c'est-à-dire qu'elle produit les ARNm. L'ARN polymérase II synthétise également quatre des cinq petits ARN nucléaires impliqués dans l'épissage de l'ARN.

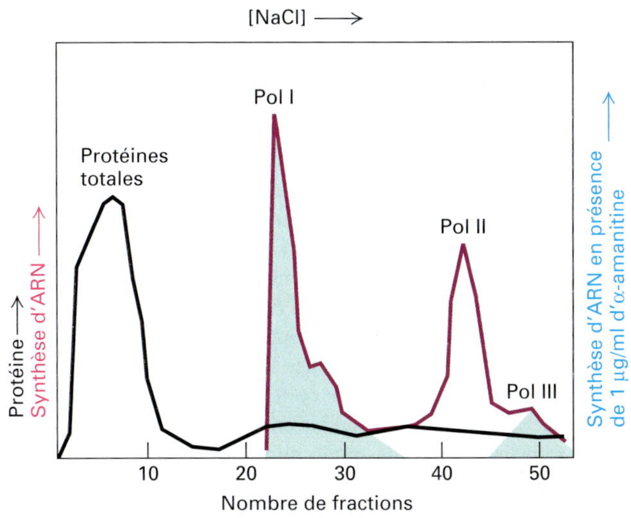

FIGURE EXPÉRIMENTALE 11-4 La chromatographie en phase liquide permet de séparer et d'identifier les trois ARN polymérases eucaryotes grâce à leur sensibilité spécifique à l'α-amanitine. Un extrait protéique provenant de noyaux de cellules eucaryotes en culture passe à travers une colonne DEAE Sephadex et les protéines sont éluées (courbe noire) avec une solution de concentration croissante de NaCl. Trois fractions de l'éluat présentent ensuite une activité ARN polymérasique. À une concentration de 1 μg/ml, l'α-amanitine inhibe l'activité de l'ARN polymérase II mais n'a aucun effet sur les polymérases I et III (ombrage vert). La polymérase III est inhibée par 10 μg/ml d'α-amanitine, alors que cette concentration pourtant assez élevée est sans effet sur la polymérase I. [Voir R. G. Roeder, 1974, *J. Biol. Chem.* **249** :241.]

Chacune des trois ARN polymérases eucaryotes est plus complexe que l'ARN polymérase d'*E. coli*, bien que leurs structures soient similaires. Toutes trois contiennent 2 grosses sous-unités et 10 à 14 sous-unités plus petites, dont certaines sont présentes dans deux des polymérases ou dans les trois. Les ARN polymérases eucaryotes les mieux caractérisées proviennent de la levure *S. cerevisiae*. Les gènes de levure codant les sous-unités de la polymérase ont été clonés et séquencés et l'on a mis en évidence les effets d'une inactivation (KO) de chacun d'eux. De plus, la structure tridimensionnelle de l'ARN polymérase II dépourvue de deux sous-unités non essentielles a été établie (voir Figure 11-5). Les trois ARN polymérases nucléaires de tous les eucaryotes examinés jusqu'à présent ressemblent beaucoup à celles de la levure.

Les deux grosses sous-unités (RBP1 et RBP2) des trois ARN polymérases eucaryotes sont apparentées les unes aux autres et sont similaires aux sous-unités β et β' respectivement (Figure 11-6).

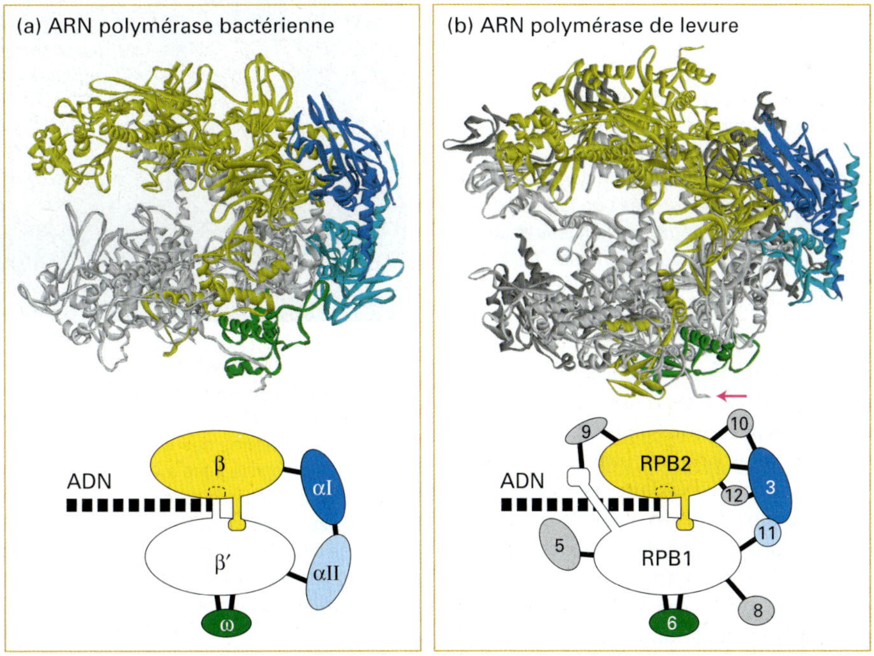

FIGURE 11-5 Une comparaison des structures tridimensionnelles des ARN polymérases bactériennes et eucaryotes. Ces modèles tracés à partir des C_α sont construits d'après des analyses par cristallographie aux rayons X de l'ARN polymérase issue de la bactérie *T. aquaticus* et de l'ARN polymérase II de *S. cerevisiae*. (a) Les cinq sous-unités de l'enzyme bactérienne sont représentées par des couleurs différentes. Seuls les domaines N-terminaux des sous-unités α sont figurés dans ce modèle. (b) Dix des douze sous-unités constituant la polymérase II de levure sont représentées dans ce modèle. Les sous-unités dont la conformation est similaire à celle des sous-unités de l'enzyme bactérienne sont représentées de la même couleur. Le domaine C-terminal de la grosse sous-unité RBP1 n'a pas été observé dans la structure cristalline, mais on sait qu'il s'étend à partir de la position indiquée par une flèche rouge. (RPB est l'abréviation de « RNA polymerase B », ARN polymérase B en français qui est une autre façon de désigner l'ARN polymérase II.) [Partie (a) élaborée à partir de structures cristallines de G. Zhang *et al.*, 1999, *Cell* **98** :811. Partie (b) d'après P. Cramer *et al.*, 2001, *Science* **292** :1863.]

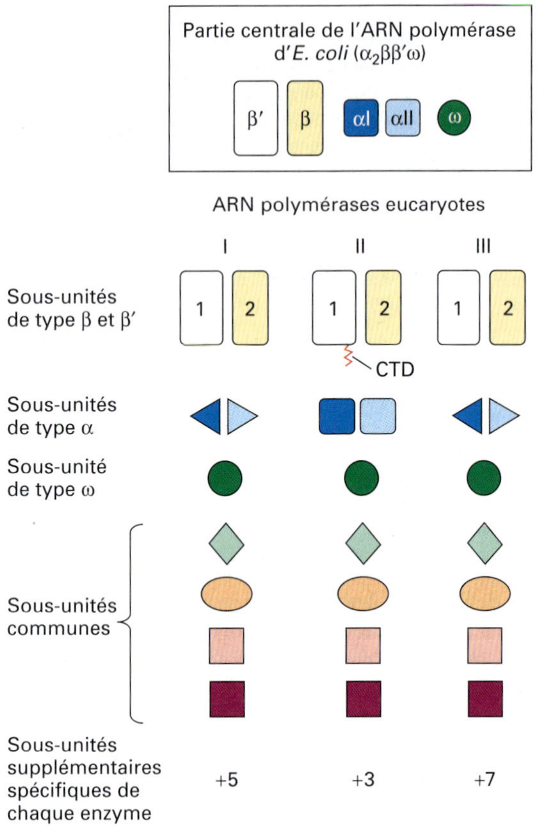

FIGURE 11-6 Une représentation schématique de la structure des sous-unités de la partie centrale de l'ARN polymérase d'*E. coli* et des ARN polymérases nucléaires de levure. Les trois polymérases de levure possèdent cinq sous-unités centrales homologues des sous-unités *ß'*, *ß*, des deux sous-unités α et de la sous-unité ω de l'ARN polymérase d'*E. coli*. La plus grosse sous-unité (RPB1) de l'ARN polymérase II contient également un domaine C-terminal essentiel (CTD). Les ARN polymérases I et III possèdent les deux mêmes sous-unités non identiques de type α alors que l'ARN polymérase II possède deux autres sous-unités non identiques de type α. Les trois polymérases comportent la même sous-unité ω et quatre autres sous-unités communes. De plus, chaque polymérase de levure contient trois à sept sous-unités plus petites qui lui sont propres.

Chacune des polymérases eucaryotes contient également une sous-unité de type ω et deux sous-unités de type α non identiques. La forte similitude entre les structures de ces sous-unités centrales dans les ARN polymérases de différentes origines indique que cette enzyme est apparue très tôt au cours de l'évolution et a été fortement conservée. Ceci semble logique pour une enzyme catalysant un processus aussi fondamental que la copie de l'ADN en ARN.

En plus de leurs sous-unités centrales apparentées aux sous-unités de l'ARN polymérase d'*E. coli*, les trois ARN polymérases de levure contiennent quatre petites sous-unités supplémentaires qui leur sont communes mais qui sont absentes de l'ARN polymérase bactérienne. Enfin, chaque polymérase eucaryote possède plusieurs sous-unités qui lui sont spécifiques et n'existent pas dans les deux autres polymérases. Des expériences d'inactivation de gènes de levure indiquent que la plupart de ces sous-unités sont nécessaires à la viabilité de la cellule. L'inactivation des quelques gènes de sous-unités polymérasiques non vitales produisent néanmoins des cellules à très faible croissance. Il semble donc que toutes les sous-unités soient nécessaires au fonctionnement normal des ARN polymérases.

La plus grosse sous-unité de l'ARN polymérase II possède une répétition carboxy-terminale essentielle

L'extrémité carboxy-terminale de la plus grosse sous-unité de l'ARN polymérase II (RPB1) contient une séquence de sept acides aminés répétée assez précisément un grand nombre de fois. Ni l'ARN polymérase I ni l'ARN polymérase III ne contiennent ces unités répétées. On appelle *domaine carboxy-terminal* (*CTD pour carboxy-terminal domain*) cette répétition heptapeptidique qui possède une séquence consensus Tyr-Ser-Pro-Thr-Ser-Pro-Ser. L'ARN polymérase II de levure contient 26 répétitions ou plus, l'enzyme de mammifère, 52 répétitions et l'ARN polymérase II de presque tous les eucaryotes, un nombre intermédiaire. Le CTD est essentiel à la viabilité des cellules et au moins 10 copies de la répétition doivent être présentes pour que la levure survive.

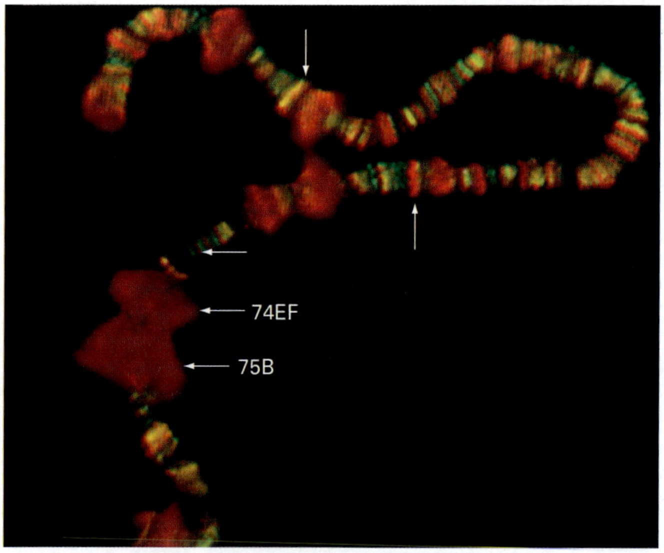

FIGURE EXPÉRIMENTALE 11-7 Le marquage à l'aide d'anticorps démontre que le domaine carboxy-terminal (CTD) de l'ARN polymérase II est phosphorylé au cours de la transcription *in vivo*. Les chromosomes polytènes des glandes salivaires ont été préparés à partir de larves de drosophile juste avant la mue. La préparation a été traitée à l'aide d'un anticorps de lapin spécifique du CTD phosphorylé et d'un anticorps de chèvre spécifique du CTD non phosphorylé. La préparation a ensuite été marquée par un anticorps anti-chèvre marqué par la fluorescéine (en vert) et un anticorps anti-lapin marqué par la rhodamine (en rouge). Par conséquent, les molécules de polymérase avec un CTD non phosphorylé apparaissent en vert et celles avec un CTD phosphorylé, en rouge. L'ecdysone, l'hormone de la mue, induit des taux très élevés de transcription dans les régions des puffs chromosomiques 74EF et 75B ; remarquez que seul le CTD phosphorylé est présent dans ces régions. Des régions plus petites contenant des puffs, avec un taux de transcription élevé sont également visibles. Les sites sans puff colorés en rouge (flèche supérieure) ou en vert (flèche horizontale) sont également indiqués, de même qu'un site de marquage à la fois vert et rouge, ce qui produit une couleur jaune (flèche inférieure). [D'après J. R. Weeks *et al.*, 1993, *Genes et Dev.* **7** :2329 ; aimablement communiqué par J. R. Weeks et A. L. Greenleaf.]

Des expériences *in vitro* menées avec des promoteurs modèles ont montré que les molécules d'ARN polymérase II qui débutent la transcription possèdent un CTD non phosphorylé. Lorsque la polymérase commence la transcription et s'éloigne du promoteur, de nombreux résidus sérine et quelques tyrosines du CTD sont phosphorylés. Des analyses des chromosomes polytènes de glandes salivaires de drosophile préparés juste avant la mue de la larve indiquent que le CTD est également phosphorylé au cours de la transcription *in vivo*. Les « puffs » (ou renflements) chromosomiques induits à ce moment du développement sont des régions dans lesquelles le génome est transcrit très activement. Un marquage à l'aide d'anticorps spécifiques des CTD phosphorylés ou non phosphorylés démontre que l'ARN polymérase II associée aux régions fortement transcrites des puffs contient un CTD phosphorylé (Figure 11-7).

L'ARN polymérase II amorce la transcription au niveau des séquences d'ADN qui correspondent aux coiffes en 5' des ARNm

Plusieurs approches expérimentales ont été utilisées pour identifier les séquences d'ADN au niveau desquelles l'ARN polymérase II amorce la transcription. On peut réaliser une cartographie approximative du site de début de la transcription en exposant des cellules en culture ou des noyaux isolés à des ribonucléotides marqués brièvement par du ^{32}P, comme nous l'avons vu plus tôt. Après la séparation en fonction de leur longueur, des transcrits naissants marqués ainsi produits, chaque fraction de taille définie est incubée dans des conditions d'hybridation avec des fragments de restriction chevauchants qui englobent la région d'ADN intéressante. Le fragment de restriction qui s'hybride à la chaîne naissante marquée la plus courte, ainsi qu'aux chaînes plus longues, contient le site de début de la transcription. L'une des premières unités de transcription analysées de cette façon fut la principale unité de transcription tardive de l'adénovirus. Cette analyse indiquait que la transcription débute au niveau d'une région distante de ≈ 6 kb de l'extrémité gauche du génome viral.

La paire de bases précise au niveau de laquelle l'ARN polymérase II débute la transcription dans l'unité de transcription tardive de l'adénovirus fut déterminée par une analyse des ARN synthétisés au cours de la transcription *in vitro* de fragments de restriction d'ADN d'adénovirus qui s'étendaient un peu en amont et en aval de la région d'amorçage déterminée approximativement par l'analyse à l'aide de transcrits naissants. Le fondement de cette expérience et ses résultats caractéristiques sont illustrés dans la Figure 11-8. Les transcrits d'ARN synthétisés *in vitro* par l'ARN polymérase II à partir du site de début de la transcription déterminé dans cette expérience contenaient une structure de coiffe

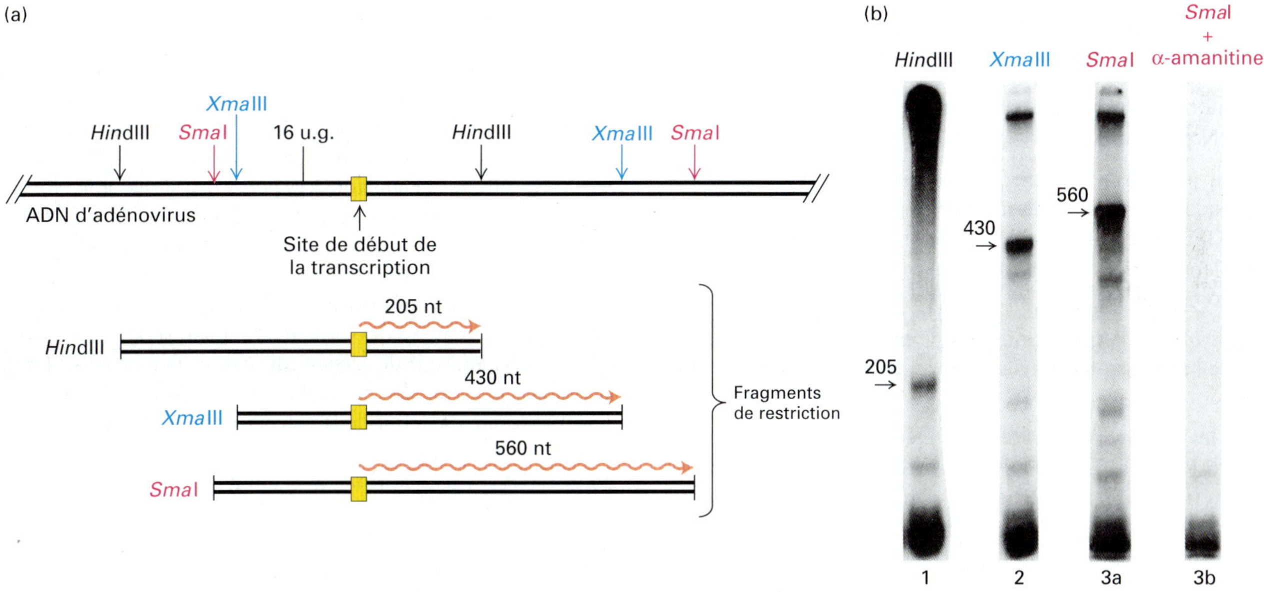

FIGURE EXPÉRIMENTALE 11-8 La transcription *in vitro* de fragments de restriction et la taille des ARN permettent de situer le site d'amorçage de la principale unité de transcription tardive de l'adénovirus. (a) La ligne du haut indique les sites de restriction de *Hin*dIII (en noir), *Xma*III (en bleu) et *Sma*I (en rouge) dans la région du génome de l'adénovirus dans laquelle le site d'amorçage de la transcription a été localisé par une analyse des transcrits naissants (près de 16 unités génétiques). Les fragments de restriction de *Hin*dIII, *Xma*III et *Sma*I qui englobent le site d'amorçage ont été incubés individuellement avec un extrait nucléaire préparé à partir de cellules en culture et de ribonucléosides triphosphate marqués au ^{32}P. La transcription de chaque fragment commence au niveau du site de début de la transcription et se termine lorsqu'une molécule d'ARN polymérase II « se décroche » (*runs off* en anglais) de l'extrémité coupée du fragment matrice, produisant un transcrit run-off (lignes rouges ondulées). (b) Les transcrits run-off synthétisés à partir de chaque fragment ont été soumis à une électrophorèse sur gel et une autoradiographie pour déterminer leurs longueurs exactes. Puisque les positions des sites de restriction dans l'ADN d'adénovirus sont connues, les longueurs des transcrits run-off en nucléotides (nt), produits à partir des fragments de restriction permettent de cartographier précisément le site d'amorçage du génome de l'adénovirus, comme le schématise la partie (a). Dans les gels représentés ici, les bandes en haut et en bas représentent des transcrits d'ARN de poids moléculaire élevé et faible qui se forment dans les conditions expérimentales. L'échantillon de la piste 3b est le même que celui de la piste 3a, à l'exception de l'α-amanitine, un inhibiteur de l'ARN polymérase II, qui était présente dans le mélange transcriptionnel. Voir le texte pour une discussion plus détaillée. [Voir R. M. Evans et E. Ziff, 1978, *Cell* **15** :1463 et P. A. Weil *et al.*, 1979 *Cell* **18** :469. Autoradiogramme aimablement communiqué par R. G. Roeder.]

d'ARN identique à celle présente à l'extrémité 5' de presque tous les ARNm eucaryotes (voir Figure 4-13). Cette coiffe en 5' était ajoutée par des enzymes présentes dans l'extrait nucléaire, capables d'ajouter une coiffe uniquement à un ARN possédant un di- ou un triphosphate en 5'. Puisqu'une extrémité 5' créée par clivage d'un ARN plus long possède un monophosphate en 5', il ne peut pas recevoir de coiffe. Pour cette raison, les chercheurs conclurent que le nucléotide coiffé produit au cours de la réaction de transcription *in vitro* devait être le nucléotide au niveau duquel la transcription avait débuté. La découverte du fait que la séquence à l'extrémité 5' des transcrits d'ARN produits *in vitro* est la même que celle située à l'extrémité 5' des ARNm tardifs des adénovirus isolés à partir de cellules confirma que le nucléotide portant la coiffe dans les ARNm tardifs d'adénovirus coïncide avec le site d'amorçage de la transcription.

Des analyses similaires de transcription *in vitro*, réalisées avec d'autres gènes eucaryotes clonés ont fourni des résultats voisins. Dans chaque cas, on a montré que le site de début de la transcription est équivalent à la séquence en 5' portant la coiffe, dans l'ARNm correspondant. Par conséquent, la synthèse des précurseurs eucaryotes d'ARNm par l'ARN polymérase II commence au niveau de la séquence codant l'extrémité 5' de l'ARNm, avec la coiffe. Aujourd'hui, le site de début de la transcription d'un ARNm nouvellement caractérisé est déterminé simplement en identifiant la séquence d'ADN codant l'extrémité 5' de l'ARNm.

CONCEPTS CLÉS DE LA SECTION 11.1

Une vue d'ensemble du contrôle des gènes eucaryotes et des ARN polymérases

- Le but principal du contrôle des gènes chez les organismes pluricellulaires est l'exécution des décisions précises du développement, de sorte que les gènes corrects sont exprimés dans les cellules appropriées au cours du développement et de la différenciation cellulaire.
- Le contrôle de la transcription est le principal moyen de régulation de l'expression des gènes chez les eucaryotes, comme chez les bactéries.
- Dans les génomes eucaryotes, les éléments du contrôle de la transcription de l'ADN peuvent être situés à plusieurs kilobases du promoteur qu'ils régulent. Des régions différentes peuvent contrôler la transcription du même gène dans des types cellulaires distincts.
- Les eucaryotes contiennent trois sortes d'ARN polymérases nucléaires. Toutes trois possèdent deux grosses sous-unités et trois plus petites dans leur partie centrale, qui présentent une certaine homologie avec les sous-unités β', β, α et ω de l'ARN polymérase d'*E. coli* ainsi que plusieurs petites sous-unités supplémentaires (voir Figure 11-6).
- L'ARN polymérase I synthétise uniquement les pré-ARNr. L'ARN polymérase II synthétise les ARNm et certains des petits ARN nucléaires qui participent à l'épissage de l'ARNm. L'ARN polymérase III quant à elle synthétise les ARNt, l'ARNr 5S et plusieurs autres ARN stables relativement petits.
- Le domaine carboxy-terminal situé dans la grosse sous-unité de l'ARN polymérase II est phosphorylé au cours de l'amorçage de la transcription et reste phosphorylé lorsque l'enzyme transcrit la matrice.
- L'ARN polymérase II débute la transcription des gènes au niveau du nucléotide de la matrice d'ADN, qui correspond au nucléotide en 5' sur lequel est fixée une coiffe dans l'ARNm codé.

11.2 Les séquences régulatrices dans les gènes codant des protéines

Comme nous l'avons vu dans la section précédente, l'expression des gènes eucaryotes codant des protéines est régulée par de multiples séquences d'ADN auxquelles se fixent des protéines, désignées sous le terme générique de **régions de contrôle de la transcription**. Ces régions comprennent les promoteurs et d'autres types d'éléments de contrôle situés près des sites de début de la transcription, ainsi que des séquences bien plus éloignées des gènes qu'elles régulent. Dans cette section, nous examinerons plus en détail les propriétés des différents éléments de contrôle présents dans les gènes eucaryotes codant des protéines ainsi que certaines des techniques qui permettent de les identifier.

La boîte TATA, les initiateurs et les îlots CpG servent de promoteurs dans l'ADN eucaryote

Les premiers gènes séquencés et étudiés dans des systèmes de transcription *in vitro* furent des gènes viraux et des gènes codant des protéines cellulaires, transcrits très activement à des moments déterminés du cycle cellulaire ou dans des types cellulaires différenciés spécifiques. Dans tous ces gènes transcrits rapidement, une séquence conservée appelée **boîte TATA** ou TATA box en anglais a été découverte ≈ 25 à 35 paires de bases en amont du site de début de la transcription (Figure 11-9). Des études de mutagenèse ont montré qu'un changement d'une seule base dans cette séquence nucléotidique abaisse drastiquement la transcription *in vitro* par l'ARN polymérase II des gènes adjacents à une boîte TATA. Dans la plupart des cas, des changements de séquence entre la boîte TATA et le site de début de la transcription n'affectent pas significativement le taux de transcription. Si les paires de bases entre la boîte TATA et le site normal de début de la transcription sont délétées, la transcription de la matrice raccourcie commence au niveau d'un site présent ≈ 25 paires de bases en aval de la boîte TATA. Par conséquent, la boîte TATA agit de la même manière qu'un promoteur d'*E. coli* en positionnant l'ARN polymérase II pour qu'elle amorce la transcription (voir Figure 4-11).

Au lieu d'une boîte TATA, certains gènes eucaryotes comportent un autre promoteur appelé *initiateur*. Les éléments initiateurs les plus fréquents possèdent une cytosine (C) en position –1 et un résidu adénine (A) au niveau du site de début de la transcription (+1). La mutagenèse dirigée de gènes de mammifères possédant un promoteur avec un initiateur a révélé que la séquence nucléotidique entourant immédiatement le site de début de la transcription détermine la force de ces promoteurs. Au contraire de la séquence conservée de la boîte TATA, seule une séquence consensus initiatrice extrêmement dégénérée a été définie :

$$(5')\ \text{Y-Y-A}^{+1}\text{-N-T/A-Y-Y-Y}\ (3')$$

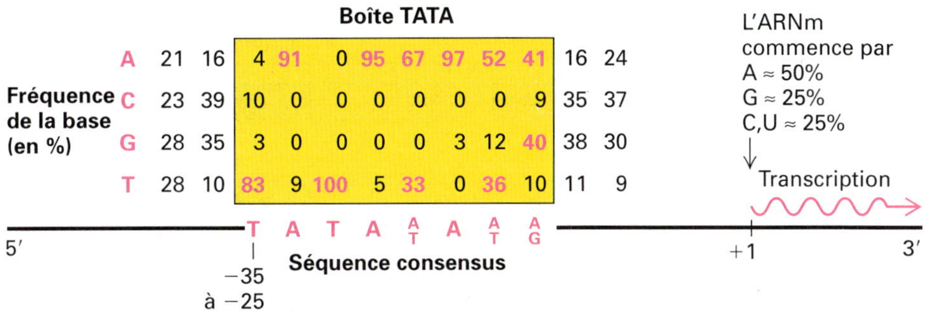

FIGURE 11-9 La détermination de la séquence consensus de la boîte TATA. Les séquences nucléotidiques en amont du site de début de la transcription dans 900 gènes eucaryotes différents codant des protéines ont été alignées afin de maximiser l'homologie dans la région comprise entre –35 et –26. Les nombres dans le tableau et juste à côté représentent les fréquences (en pourcentage) de chaque base à chacune des positions. L'homologie maximum correspond à une région de huit bases appelée *boîte TATA*, dont la séquence consensus est indiquée en bas. La base initiale dans les ARNm codés par les gènes contenant une boîte TATA est le plus souvent un A. [Voir P. Bucher, 1990, *J. Mol. Biol.* **212** :563 et "http://www/epd.isb-sib.ck/promoter_elements"]

où A^{+1} est la base au niveau de laquelle commence la transcription, Y est une pyrimidine (C ou T), N est n'importe laquelle des quatre bases et T/A est T ou A en position +3.

La transcription des gènes dont les promoteurs contiennent une boîte TATA ou un élément initiateur commence au niveau d'un site d'amorçage bien défini. Néanmoins, on a montré que la transcription de nombreux gènes codant des protéines commence au niveau de n'importe quel site parmi de nombreux possibles sur une région étendue, dont la longueur peut aller de 20 à 200 paires de bases. De ce fait, ces gènes donnent lieu à des ARNm avec de multiples extrémités 5'. Ces gènes, qui sont généralement transcrits assez faiblement (par exemple les gènes codant les enzymes du métabolisme intermédiaire souvent appelés « gènes de ménage ») ne contiennent ni boîte TATA ni initiateur. La plupart des gènes de ce type possèdent une séquence riche en GC de 20 à 50 nucléotides dans les ≈ 100 pb en amont de la région du site de début de la transcription. Ce dinucléotide CG est statistiquement sous-représenté dans les ADN de vertébrés et une région riche en CG ou *îlots CpG* juste en amont du site de début de la transcription a une distribution distincte qui ne doit rien au hasard. Pour cette raison, la présence d'un îlot CpG dans l'ADN génomique suggère qu'il peut contenir une région d'amorçage de la transcription.

Les éléments proches du promoteur aident à réguler les gènes eucaryotes

Les techniques de l'ADN recombinant ont été utilisées pour muter systématiquement les séquences nucléotidiques en amont des sites de début de la transcription de différents gènes eucaryotes afin d'identifier les régions de contrôle de la transcription. Jusqu'à présent, des centaines de gènes eucaryotes ont été analysées et de nombreuses régions de contrôle ont été identifiées. Ces éléments de contrôle, conjointement avec la boîte TATA ou l'initiateur, sont souvent appelés *promoteurs* du gène qu'ils régulent. Toutefois, nous préférons réserver le terme *promoteur* à la boîte TATA ou aux séquences d'amorçage qui déterminent le site d'amorçage dans la matrice. Nous utiliserons le terme d'**éléments proches du promoteur** (ou éléments proximaux) pour les régions de contrôle situées dans les 100-200 pb en amont du site de début de la transcription. Dans certains cas, les éléments proches du promoteur sont spécifiques d'un type cellulaire, c'est-à-dire qu'ils interviennent dans des types cellulaires différenciés spécifiques.

Pour déterminer la limite en amont d'une région de contrôle de la transcription d'un gène de mammifère, on réalise souvent un groupe de délétions en 5' comme nous l'avons vu plus tôt (voir Figure 11-3). Une fois déterminée la frontière 5' d'une région de contrôle de la transcription, l'analyse par remplacement de blocs d'ADN (*linker scanning mutations*) permet de faire coïncider les séquences avec les fonctions régulatrices qui se trouvent entre la frontière et le site de début de la transcription. Dans cette approche, on teste l'effet d'un groupe de constructions comportant des mutations chevauchantes contiguës, sur l'expression d'un gène rapporteur ou la production d'un ARNm spécifique (Figure 11-10a). L'une des premières utilisations de ce type d'analyse a permis d'identifier les éléments proches du promoteur du gène de la thymidine kinase (*tk*) du virus herpes simplex (HSV). Les résultats ont démontré que la région d'ADN en amont du gène *tk* de HSV contient trois séquences séparées de contrôle de la transcription : une boîte TATA dans l'intervalle –32 à –16 et deux autres éléments de contrôle bien plus loin en amont (Figure 11-10b).

Pour tester les contraintes d'espacement sur les éléments de contrôle dans la région du promoteur de *tk* de HSV identifiée par l'analyse par remplacement de blocs d'ADN, les chercheurs ont préparé et testé des constructions contenant de petites délétions et insertions entre les éléments. Des changements de 20 nucléotides ou moins de l'espacement entre le promoteur et les éléments de contrôle proches du promoteur ont eu peu ou pas d'effet. En revanche, les insertions de 30 à 50 paires de bases entre un élément proche du promoteur et la boîte TATA équivalaient à une délétion de l'élément. Des analyses similaires d'autres promoteurs eucaryotes ont également montré qu'une flexibilité considérable de l'espacement entre les éléments proches du promoteur est généralement tolérée mais que des séparations de plusieurs dizaines de paires de bases peuvent abaisser le taux de transcription.

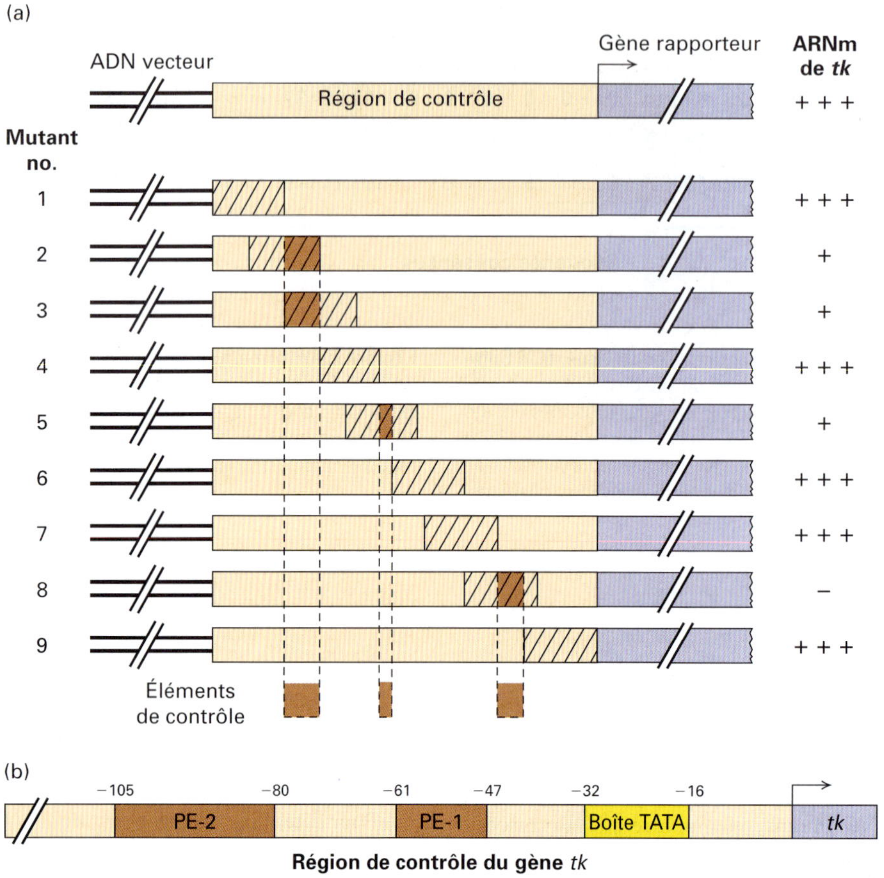

FIGURE EXPÉRIMENTALE 11-10 Des mutations par remplacement de blocs d'ADN permettent d'identifier les éléments de contrôle de la transcription. (a) Une région d'ADN eucaryote (en orange clair) qui permet une forte expression d'un gène rapporteur (en violet), est clonée dans un vecteur plasmidique comme le montre le haut de la figure. Des mutations dues à des remplacement chevauchants de blocs d'ADN (LS) (zones hachurées) sont effectuées à partir d'une extrémité de la région analysée. Ces mutations résultent d'un remaniement de la séquence nucléotidique dans une courte région de l'ADN. Après la transfection de cellules en culture par chacun des plasmides mutants, on mesure l'activité du produit du gène rapporteur. Dans l'exemple imaginaire présenté ici, les mutations LS 1, 4, 6, 7 et 9 ont peu ou pas d'effet sur l'expression du gène rapporteur, ce qui indique que les régions modifiées dans ces mutants ne contiennent pas d'éléments de contrôle. L'expression du gène rapporteur est réduite de façon significative dans les mutants 2, 3, 5 et 8, ce qui indique que les éléments de contrôle (en marron) se trouvent dans les intervalles représentés en bas. (b) Une analyse de mutations LS dans la région de contrôle de la transcription du gène de la thymidine kinase (*tk*) du virus herpes simplex (HSV) a permis d'identifier une boîte TATA et deux éléments proches du promoteur (PE-1 et PE-2). [Partie (b) voir S. L. McKnight et R. Kingsbury, 1982, *Science* **217** :316.]

Des amplificateurs distants stimulent souvent la transcription par l'ARN polymérase II

Comme nous l'avons vu plus haut, la transcription à partir de nombreux promoteurs eucaryotes peut être stimulée par des éléments de contrôle situés à des milliers de paires de bases du site de début de la transcription. Ces éléments de contrôle de la transcription situés à grande distance, appelés **amplificateurs** ou ***enhancers*** sont courants dans les génomes eucaryotes mais assez rares dans les génomes bactériens. Le premier amplificateur découvert qui stimulait la transcription de gènes eucaryotes se trouvait dans un fragment de 366 pb du virus de singe SV40 (Figure 11-11). Une analyse plus approfondie de cette région de l'ADN de SV40 révéla qu'une séquence de ≈ 100 pb située ≈ 100 pb en amont du site de début de la transcription précoce de SV40 était responsable de sa capacité d'augmenter la transcription. Chez SV40, cette séquence amplificatrice stimule la transcription à partir de promoteurs viraux. L'amplificateur de SV40 stimule cependant la transcription à partir de tous les promoteurs de mammifères testés jusqu'à présent, lorsqu'il est inséré dans un sens ou dans l'autre n'importe où dans un plasmide portant le promoteur testé, même s'il est distant de milliers de paires de bases du site de début de la transcription. Un remplacement de blocs d'ADN dans l'amplificateur de SV40 a permis de déterminer qu'il est constitué de multiples éléments individuels, dont chacun contribue à l'activité totale de l'amplificateur. Comme nous le verrons plus loin, chacun de ces éléments régulateurs est un site de fixation pour une protéine.

Peu après la découverte de l'amplificateur de SV40, des amplificateurs ont été identifiés dans d'autres génomes viraux et dans de l'ADN cellulaire eucaryote. Certains de ces éléments de contrôle

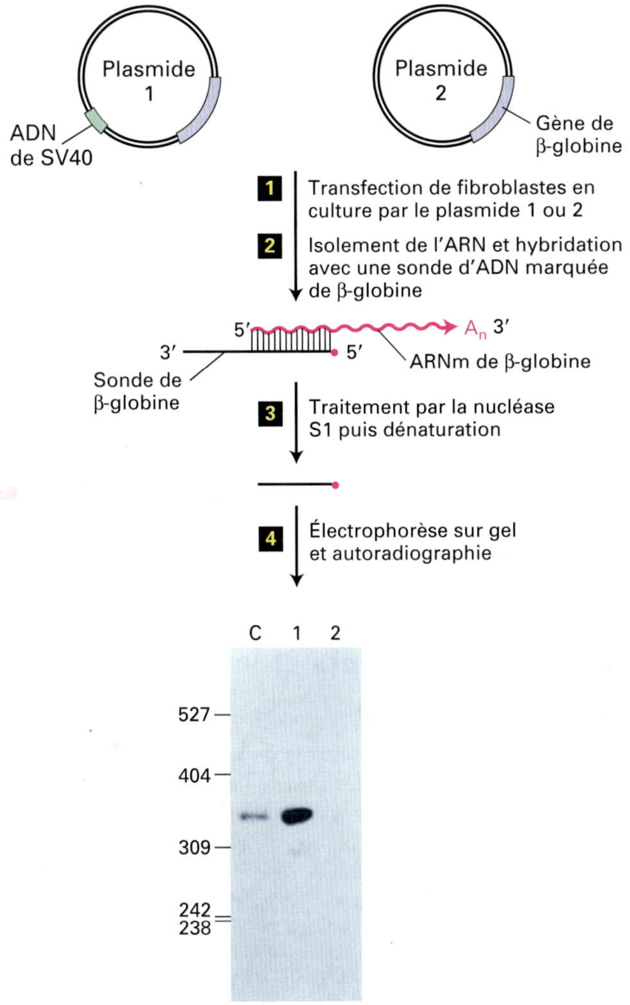

FIGURE EXPÉRIMENTALE 11-11 Des plasmides contenant un fragment particulier d'ADN de SV40 ont montré une augmentation marquée de la production d'ARNm par rapport aux plasmides dépourvus de cet amplificateur. Des plasmides contenant le gène de la ß-globine avec ou sans un fragment de 366 pb de l'ADN de SV40 ont été fabriqués. Ces plasmides ont été transfectés dans des cellules en culture et tous les ARN résultants ont été hybridés à une sonde d'ADN de ß-globine (étapes **1** et **2**). La quantité d'ARNm de ß-globine synthétisée par les cellules transfectées par l'un ou l'autre plasmide a été mesurée grâce à la technique de protection vis-à-vis de la nucléase S1 (étape **3**). La sonde constituée d'un fragment de restriction, produite à partir d'un clone d'ADNc de ß-globine, était complémentaire de l'extrémité 5′ de l'ARNm de ß-globine. L'extrémité 5′ de la sonde était marquée par du ^{32}P (point rouge). L'hybridation de l'ARNm de ß-globine avec la sonde protégeait un fragment de ≈ 340 nucléotides de la digestion par la nucléase S1, qui digère l'ADN simple-brin mais pas l'ADN dans un hybride ARN-ADN. L'autoradiographie de l'électrophorèse des fragments protégés par S1 (étape **4**) a révélé que les cellules transfectées par le plasmide 1 (piste 1) produisaient bien plus d'ARNm de ß-globine que les cellules transfectées par le plasmide 2 (piste 2). La piste C est une mesure témoin de l'ARNm de ß-globine isolé à partir de réticulocytes, qui synthétisent activement la ß-globine. Ces résultats montrent que le fragment d'ADN de SV40 dans le plasmide 1 contient un élément, l'amplificateur (ou enhancer) qui stimule fortement la synthèse d'ARNm de ß-globine. [Adapté de J. Banerji *et al.*, 1981, *Cell* **27** :299.]

sont situés à 50 kilobases ou plus du promoteur qu'ils contrôlent. Des analyses de nombreux amplificateurs cellulaires eucaryotes différents ont montré que ces éléments peuvent se trouver en amont d'un promoteur, en aval d'un promoteur dans un intron ou même en aval de l'exon final d'un gène. Comme les éléments proches du promoteur, de nombreux amplificateurs sont spécifiques d'un type cellulaire. Par exemple, les gènes codant des anticorps (immunoglobulines) contiennent un amplificateur dans le deuxième intron, capable de stimuler la transcription à partir de tous les promoteurs testés, mais seulement dans les lymphocytes B, le type cellulaire qui exprime normalement les anticorps. Des analyses des conséquences des délétions et des remplacement de blocs d'ADN dans des amplificateurs cellulaires ont montré que, comme l'amplificateur de SV40, ils sont généralement constitués de multiples éléments qui contribuent à l'activité totale de l'amplificateur.

La plupart des gènes eucaryotes sont régulés par de multiples éléments de contrôle de la transcription

On pensait initialement que les amplificateurs (ou *enhancers*) et les éléments proches du promoteur étaient des types distincts d'éléments de contrôle de la transcription. Cependant, plus on examinait d'amplificateurs et d'éléments proches du promoteur, plus les différences entre les deux devenaient floues. Par exemple, les deux sortes d'éléments peuvent en général stimuler la transcription même s'il sont orientés en sens inverse du gène qu'ils contrôlent et tous deux sont généralement spécifiques d'un type cellulaire. On s'accorde à dire maintenant qu'un éventail d'éléments de contrôle régule la transcription par l'ARN polymérase II. À un extrême se trouvent les amplificateurs, capables de stimuler la transcription à partir d'un promoteur distant de dizaines de milliers de paires de bases (par exemple l'amplificateur de SV40). À l'autre extrême se trouvent les éléments proches du promoteur, tels que les éléments en amont qui contrôlent le gène *tk* de HSV, qui perdent leur influence lorsqu'on les éloigne de 30 à 50 bases de plus du promoteur. Les chercheurs ont identifié un grand nombre d'éléments de contrôle capables de stimuler la transcription depuis des distances intermédiaires entre ces deux extrêmes.

La Figure 11-12a résume les positions des séquences de contrôle de la transcription pour un gène imaginaire de mammifère. Le site de début de la transcription code le premier nucléotide (5') du premier exon d'un ARNm, le nucléotide qui porte la coiffe. Dans le cas de nombreux gènes, en particulier ceux qui codent des protéines abondamment exprimées, une boîte TATA située environ 25 à 35 paires de bases en amont du site de début de la transcription impose à l'ARN polymérase II de débuter la transcription au niveau du nucléotide correct. Les éléments proches du promoteur qui sont relativement courts (≈ 10-20 paires de bases) sont situés dans les ≈ 200 premières paires de bases en amont du site de début de la transcription. Les amplificateurs au contraire sont généralement longs de ≈ 100 pb et sont constitués de multiples éléments de ≈ 10-20 pb. Les amplificateurs peuvent être situés jusqu'à 50 kilobases en amont ou en aval du site de début de la transcription ou dans un intron. Un grand nombre de gènes de mammifères sont contrôlés par plusieurs régions amplificatrices.

Le génome de *S. cerevisiae* comporte des éléments régulateurs appelés **séquences activatrices en amont** (UAS pour *upstream activation sequences*) qui jouent le même rôle que les amplificateurs

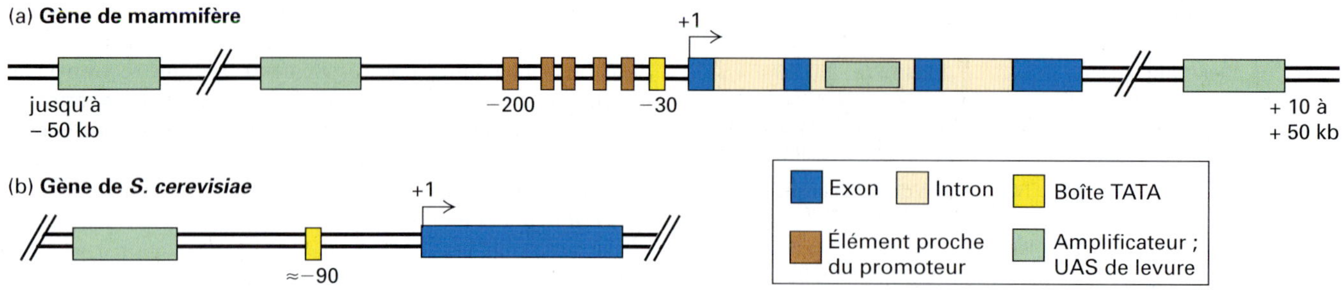

FIGURE 11-12 Le patron général des éléments de contrôle qui régulent l'expression des gènes chez les eucaryotes pluricellulaires et la levure. (a) Les gènes d'organismes pluricellulaires contiennent à la fois des éléments proches du promoteur et des amplificateurs, ainsi qu'une boîte TATA ou un autre élément promoteur. Les éléments promoteurs positionnent l'ARN polymérase II afin qu'elle débute la transcription au niveau du site de début de la transcription et influencent le taux de transcription. Les amplificateurs peuvent être situés en amont ou en aval, et peuvent même être distants de 50 kb du site de début de la transcription. Les amplificateurs se trouvent parfois dans les introns. Dans le cas de certains gènes, des éléments proches du promoteur sont situés en aval et en amont du site de début de la transcription. (b) La plupart des gènes de *S. cerevisiae* contiennent une seule région régulatrice, appelée *séquence activatrice en amont (UAS* pour *upstream activating sequence*) et une boîte TATA, située ≈ 90 paires de bases en amont du site de début de la transcription.

et les éléments proches du promoteur chez les eucaryotes supérieurs. La plupart des gènes de levure contiennent une seule UAS qui se trouve généralement à quelques centaines de paires de bases du site de début de la transcription. De plus, les gènes de *S. cerevisiae* possèdent une boîte TATA environ 90 pb en amont du site de début de la transcription (Figure 11-12b).

CONCEPTS CLÉS DE LA SECTION 11.2

Les séquences régulatrices dans les gènes codant des protéines

- Chez les eucaryotes, l'expression des gènes codant des protéines est généralement régulée par de multiples régions de contrôle auxquelles se fixent des protéines. Ces régions sont situées plus ou moins loin du site de début de la transcription (voir Figure 11-12).
- Les promoteurs commandent la liaison de l'ARN polymérase II à l'ADN, déterminent le site d'amorçage de la transcription et influencent le taux de transcription.
- Trois types principaux de promoteurs ont été identifiés dans l'ADN eucaryote. La boîte TATA, la plus courante, prédomine dans les gènes à transcription rapide. On trouve des éléments initiateurs dans certains gènes et les îlots CpG sont caractéristiques des gènes transcrits lentement.
- Les éléments proches du promoteur se trouvent à moins de 200 paires de bases en amont du site de début de la transcription. Plusieurs de ces éléments, contenant ≈ 10-20 pb peuvent participer à la régulation d'un gène donné.
- Les amplificateurs, qui contiennent de multiples éléments de contrôle de petite taille, peuvent être situés de 200 pb à plusieurs milliers de kilobases en amont ou en aval d'un promoteur, dans un intron, ou en aval du dernier exon d'un gène.
- Les éléments proches du promoteur et les amplificateurs sont souvent spécifiques d'un type cellulaire et ne fonctionnent que dans des types cellulaires différenciés spécifiques.

11.3 Les activateurs et les répresseurs de la transcription

Les différents éléments de contrôle de la transcription présents dans l'ADN eucaryote sont des sites de liaison pour des protéines régulatrices. Dans cette section, nous allons examiner l'identification, la purification et les structures de ces facteurs de transcription, dont le rôle est d'activer ou de réprimer l'expression des gènes eucaryotes codant des protéines.

Les techniques des empreintes et de gel retard permettent de détecter les interactions protéines-ADN

Chez la levure, la drosophile et d'autres eucaryotes facilement manipulables génétiquement, de nombreux gènes codant des activateurs et des répresseurs de la transcription ont été identifiés par des analyses de génétique classique telles que celles décrites au Chapitre 9. En revanche, chez les mammifères et autres vertébrés, qui se prêtent moins à ce type d'analyse génétique, la plupart des facteurs de transcription ont été détectés puis purifiés par des techniques biochimiques. Suivant cette approche, un élément régulateur d'ADN identifié par les analyses par mutations décrites dans la section précédente est utilisé pour identifier des protéines qui se fixent spécifiquement à cet élément. La **technique des empreintes à l'ADNase I** et le **gel retard** sont deux techniques courantes pour identifier les protéines spécifiques de ces éléments.

La technique des empreintes à l'ADNase I repose sur le fait que lorsqu'une protéine est liée à une région de l'ADN, elle protège la séquence d'ADN de la digestion par les nucléases. Comme l'illustre la Figure 11-13, lorsqu'on fait subir le protocole suivant à des échantillons d'un fragment d'ADN marqué à une extrémité : une digestion en présence et en l'absence d'une protéine qui se fixe à l'ADN, une dénaturation, une électrophorèse des fragments résultants, une autoradiographie du gel ainsi obtenu, la région protégée par la protéine fixée apparaît comme une brèche ou une « empreinte », dans l'ensemble de bandes produites par la digestion en l'absence de la protéine. Lorsque la technique des

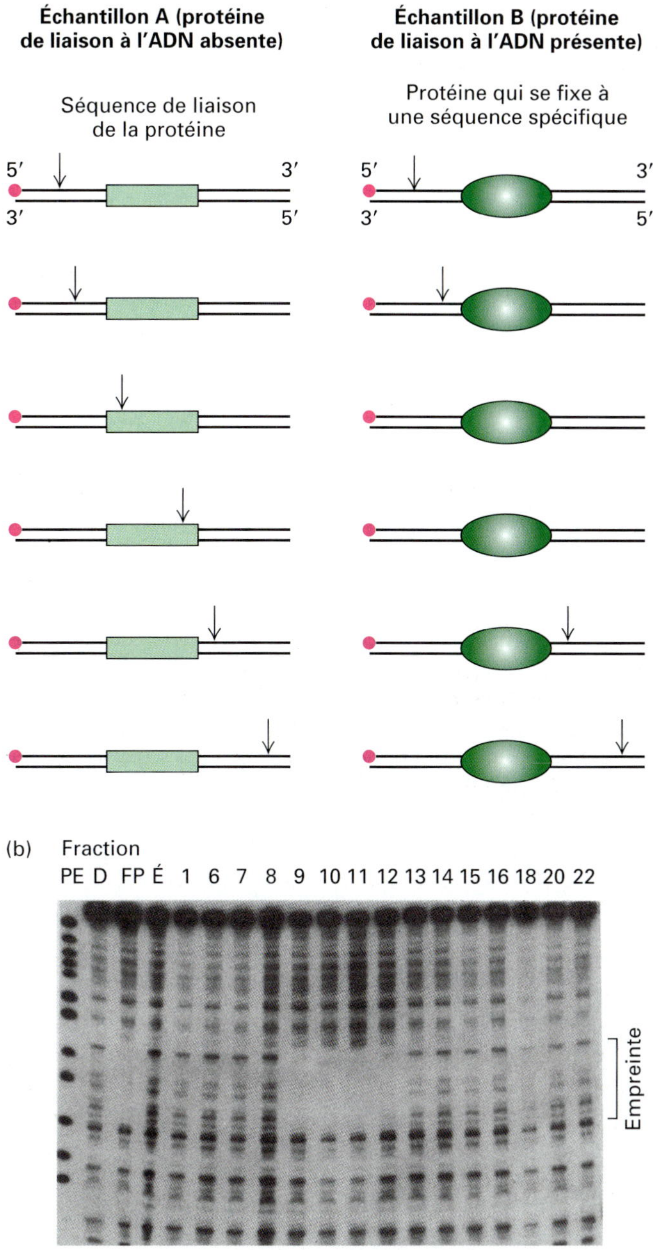

FIGURE EXPÉRIMENTALE 11-13 La technique d'empreintes à l'ADNase I révèle les séquences des éléments de contrôle et peut permettre d'évaluer la purification des facteurs de la transcription. (a) La technique d'empreintes à l'ADNase I permet d'identifier les séquences des éléments de contrôle. Un fragment d'ADN qui contient un élément de contrôle est marqué à l'une de ses extrémités par du ^{32}P (point rouge). Des régions de l'échantillon d'ADN marqué sont ensuite digérées par l'ADNase I en présence ou en l'absence d'échantillons protéiques qui pourraient contenir une protéine de liaison à ces sites. L'ADNase I hydrolyse au hasard les liaisons phosphodiester de l'ADN entre l'oxygène en 3′, sur le désoxyribose d'un nucléotide et le phosphate en 5′ du nucléotide suivant. Une faible concentration d'ADNase I est utilisée de façon à ce qu'en moyenne chaque molécule d'ADN soit clivée une seule fois (flèches verticales). Si l'échantillon protéique ne contient pas de protéine qui se fixe aux sites d'ADN, le fragment d'ADN est clivé en de multiples positions comprises entre les extrémités marquée et non marquée du fragment d'origine, comme dans l'échantillon A sur la gauche. Si l'échantillon protéique contient une protéine qui se fixe à l'ADN, comme dans l'échantillon B sur la droite, la partie du fragment d'ADN à laquelle se fixe la protéine est protégée de la digestion. Après le traitement par l'ADNase, l'ADN est séparé de la protéine, dénaturé pour que les deux brins soient séparés, puis soumis à une électrophorèse. L'autoradiographie du gel résultant permet de détecter uniquement les brins marqués et révèle les fragments qui s'étendent de l'extrémité marquée jusqu'au site de clivage par l'ADNase I. Les fragments clivés contenant la séquence témoin se retrouvent dans le gel correspondant à l'échantillon A, mais sont absents de l'échantillon B car la protéine liée empêche les clivages dans cette séquence et donc, la production des fragments correspondants. Les bandes absentes du gel constituent l'empreinte. (b) Une fraction protéique contenant une protéine de liaison à l'ADN séquence-spécifique peut être purifiée par chromatographie en phase liquide. La technique d'empreintes à l'ADNase I permet ensuite d'identifier les fractions éluées qui contiennent la protéine qui se fixe à l'ADN. En l'absence de protéine ajoutée (PE : *p*as d'*e*xtrait), l'ADNase I clive le fragment d'ADN au niveau de plusieurs sites, produisant de multiples bandes sur le gel présenté ici. Une protéine présente dans l'extrait nucléaire déposé en haut de la colonne (D : *d*épôt) a produit cette empreinte. Cette protéine a été fixée à la colonne car l'empreinte n'a pas été détectée dans la fraction de flux protéique (FP). Après avoir appliqué un gradient salin dans la colonne, la plupart des protéines qui se fixent à l'ADN étudié ont été éluées dans les fractions 9 à 12, comme le montrent les bandes absentes (empreintes). La séquence de la région de liaison des protéines peut être déterminée en comparant les fragments étalons (É) d'ADN de longueur connue, analysés sur le même gel. [Partie (b) d'après S. Yoshinaga *et al.*, 1989, *J. Biol. Chem.* **264**:10529.]

empreintes est appliquée à un fragment d'ADN contenant un élément connu de contrôle d'ADN, l'apparition d'une empreinte indique la présence d'un facteur de transcription qui se fixe à l'élément de contrôle dans l'échantillon protéique testé. La technique des empreintes permet également d'identifier la séquence spécifique d'ADN à laquelle se fixe le facteur de transcription.

La technique de gel retard également appelée mesure des changements de mobilité électrophorétique (EMSA pour *electrophoretic mobility shift assay*) est plus utile que la technique des empreintes pour une analyse quantitative des protéines qui se fixent à l'ADN. En général, la mobilité électrophorétique d'un fragment d'ADN est réduite lorsqu'il est complexé à une protéine, ce qui provoque un changement de position de la bande du fragment. On peut utiliser cette technique pour détecter un facteur de transcription dans des fractions protéiques incubées avec un fragment d'ADN marqué radioactivement contenant un élément de contrôle connu (Figure 11-14).

Lors de l'isolement d'un facteur de transcription par des techniques biochimiques, un extrait des noyaux cellulaires est en général soumis successivement à plusieurs types de chromatographie en phase liquide (Chapitre 3). On fait subir aux fractions éluées hors des colonnes la technique des empreintes à l'ADNase I ou une EMSA en utilisant des fragments d'ADN contenant un élément régulateur identifié (voir Figures 11-13 et 11-14). Les fractions contenant la protéine qui se fixe à l'élément régulateur lors de ces expériences contiennent un facteur de transcription potentiel. Une technique très intéressante couramment utilisée pour l'étape finale de purification des facteurs de transcription est la *chromatographie*

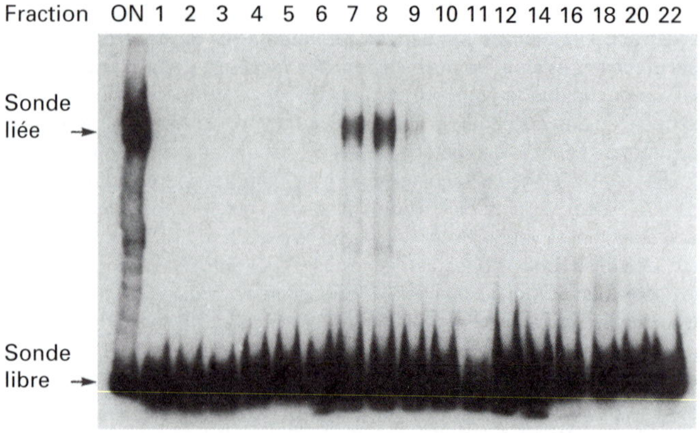

FIGURE EXPÉRIMENTALE 11-14 Une mesure des changements de mobilité électrophorétique peut être utilisée pour détecter des facteurs de transcription au cours de la purification. Dans cet exemple, on a testé la capacité de fractions protéiques séparées par chromatographie en phase liquide, de se fixer à un fragment d'ADN marqué radioactivement contenant un élément régulateur connu. Après avoir déposé un aliquote de la fraction protéique en haut de la colonne (ON) et incubé des fractions successives de la colonne (numéros) avec la sonde marquée, les échantillons ont été soumis à une électrophorèse dans des conditions dans lesquelles les protéines ne sont pas dénaturées. La sonde libre qui n'a pas été fixée par les protéines a migré en bas du gel. Une protéine présente dans la préparation a été déposée en haut de la colonne et dans les fractions 7 et 8 fixées à la sonde, formant un complexe ADN-protéine qui a migré plus lentement que la sonde libre. Ces fractions contiennent donc probablement la protéine régulatrice recherchée. [D'après S. Yoshinaga *et al.*, 1989, *J. Biol. Chem.* **264** :10529.]

d'affinité pour une séquence spécifique d'ADN, un type particulier de chromatographie d'affinité dans lequel de longs brins d'ADN contenant de multiples copies du site de liaison du facteur de transcription sont couplés à une matrice en colonne. Le test final permettant d'établir qu'une protéine isolée est en réalité un facteur de transcription, consiste à tester lors d'une réaction de transcription *in vitro*, sa capacité de moduler la transcription d'une matrice contenant les sites correspondants de fixation de la protéine. La Figure 11-15 montre les résultats d'une de ces études dans le cas de SP1, un facteur de transcription qui se fixe à des séquences riches en GC, activant alors la transcription à partir des promoteurs voisins.

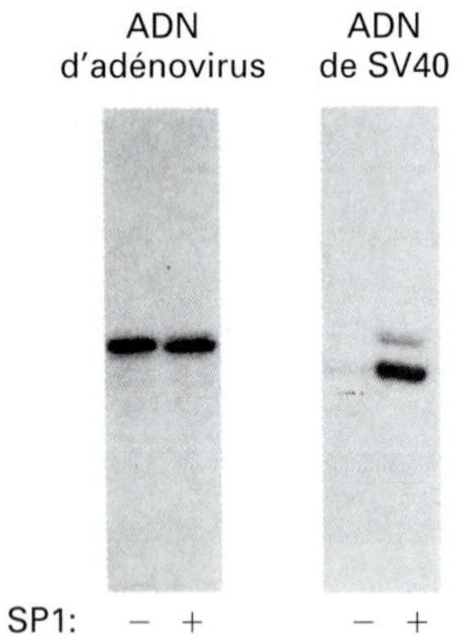

FIGURE EXPÉRIMENTALE 11-15 Les facteurs de transcription peuvent être identifiés par un test *in vitro* de l'activité de transcription. SP1 a été identifiée d'après sa capacité de liaison à une région du génome de SV40 qui contient six copies d'un élément proche du promoteur riche en GC et a été purifiée par chromatographie en phase liquide. Pour tester la capacité d'activation de la transcription de la protéine SP1 purifiée, elle a été incubée *in vitro* avec l'ADN matrice, une fraction protéique contenant l'ARN polymérase II et des facteurs généraux de la transcription associés, ainsi que des ribonucléosides triphosphate marqués. Les produits marqués d'ARN ont été soumis à une électrophorèse et à une autoradiographie. Dans cette figure sont présentés les autoradiogrammes provenant de tests effectués sur de l'ADN d'adénovirus et de SV40 en l'absence (-) et en présence (+) de SP1. SP1 n'a pas eu d'effet significatif sur la transcription à partir du promoteur de l'adénovirus qui ne contient pas de site de liaison pour cette protéine. En revanche, SP1 a multiplié par 10 environ la transcription à partir du promoteur de SV40. [Adapté de M. R. Briggs *et al.*, 1986, *Science* **234** :47.]

Une fois le facteur de transcription isolé et purifié, sa séquence partielle d'acides aminés peut être déterminée et utilisée pour cloner le gène ou l'ADNc qui le code, comme nous l'avons décrit au Chapitre 9. Le gène isolé peut ensuite être utilisé pour tester la capacité de la protéine codée d'activer ou de réprimer la transcription lors d'un test de transfection *in vitro* (Figure 11-16).

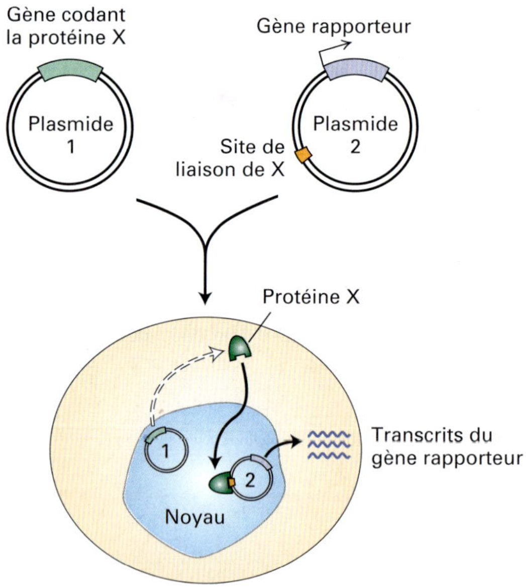

FIGURE EXPÉRIMENTALE 11-16 Cette étude de transfection *in vivo* mesure l'activité de transcription de protéines qui semblent être des facteurs transcriptionnels. Ce système d'étude nécessite deux plasmides. Un plasmide contient le gène codant le facteur transcriptionnel supposé (protéine X) et le second contient un gène rapporteur (par exemple *lacZ*) et un ou plusieurs sites de liaison pour la protéine X. Les deux plasmides sont introduits simultanément dans des cellules dépourvues du gène codant la protéine X. La synthèse des transcrits d'ARN du gène rapporteur est mesurée. On peut également examiner l'activité de la protéine codée. Si la transcription du gène rapporteur est supérieure en présence du plasmide codant X, alors la protéine est un activateur ; si la transcription est inférieure, alors la protéine est un répresseur. L'utilisation de plasmides codant un facteur de transcription mutant ou réarrangé permet d'identifier des domaines importants de la protéine.

Les activateurs sont des protéines modulaires constituées de domaines fonctionnels distincts

Les études menées avec un activateur de la transcription de levure appelé GAL4 ont permis de mieux comprendre la structure en domaines des facteurs de transcription. Le gène codant la protéine GAL4, qui induit l'expression d'enzymes nécessaires au métabolisme du galactose, a été identifié grâce à une analyse par complémentation des mutants *gal4* (Chapitre 9). Des études par mutagenèse dirigée comme celles décrites précédemment ont permis d'identifier les UAS de gènes activés par GAL4. On a trouvé que chacune de ces UAS contenait une ou plusieurs copies d'une séquence apparentée de 17 pb appelée UAS_{GAL}. La technique des empreintes à l'ADNase I menée sur la protéine GAL4 recombinante produite chez *E. coli* à partir du gène GAL4 de levure a montré que la protéine GAL4 se fixe aux séquences UAS_{GAL}. Lorsque l'on clone une copie de UAS_{GAL} en amont d'une boîte TATA suivie d'un gène rapporteur *lacZ*, l'expression de *lacZ* est activée dans les milieux contenant du galactose, dans les cellules de type sauvage mais pas dans les mutants *gal4*. Ces résultats montrent que UAS_{GAL} est un élément de contrôle de la transcription, activé par la protéine GAL4 dans les milieux contenant du galactose.

Un ensemble remarquable d'expériences menées sur des mutants *gal4* portant une délétion a permis de démontrer que le facteur de transcription GAL4 est constitué de domaines fonctionnels séparables : un **domaine** N-terminal **de liaison à l'ADN** qui se fixe à des séquences spécifiques d'ADN et un **domaine** C-terminal **d'activation,** qui interagit avec d'autres protéines pour stimuler la transcription à partir d'un promoteur voisin (Figure 11-17). Lorsque le domaine N-terminal de liaison à l'ADN de GAL4 est

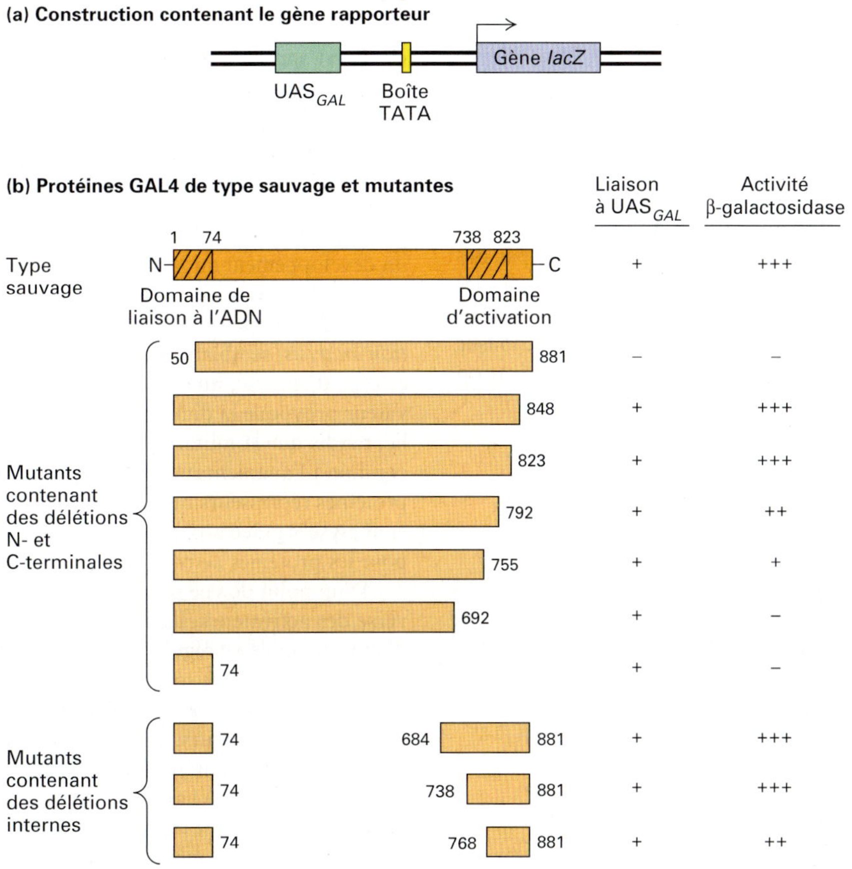

FIGURE EXPÉRIMENTALE 11-17 Des mutants de levure contenant des délétions dans le gène GAL4 avec une construction gène rapporteur-UAS_{GAL} démontrent la présence de domaines fonctionnels séparés dans un activateur. (a) Un schéma de la construction d'ADN contenant un gène rapporteur *lacZ* et une boîte TATA liés à UAS_{GAL}, un élément régulateur qui contient plusieurs sites de liaison pour GAL4. La construction contenant le gène rapporteur et l'ADN codant la protéine GAL4 de type sauvage ou mutante (délétée) ont été introduits simultanément dans des cellules mutantes de levure (*gal4*) et l'on a mesuré l'activité de la ß-galactosidase exprimée à partir de *lacZ*. L'activité sera élevée si l'ADN de *GAL4* introduit code une protéine fonctionnelle. (b) Des représentations schématiques de la protéine GAL4 de type sauvage et de différentes formes mutantes. Les petits nombres représentent les positions dans la séquence de type sauvage. Une délétion de 50 acides aminés à partir de l'extrémité N-terminale a détruit la capacité de GAL4 de se fixer à UAS_{GAL} et de stimuler l'expression de la ß-galactosidase à partir du gène rapporteur. Les protéines comportant des délétions importantes à partir de l'extrémité C-terminale parviennent malgré tout à se fixer à UAS_{GAL}. Ces résultats permettent de localiser le domaine de liaison à l'ADN dans l'extrémité N-terminale de GAL4. La capacité d'activer l'expression de la ß-galactosidase n'a pas été complètement éliminée sauf si des acides aminés présents entre les positions 126 et 189 ont été délétés à partir de l'extrémité C-terminale. Le domaine d'activation se trouve donc dans la région C-terminale de GAL4. Des protéines présentant des délétions internes (*en bas*) ont également été capables de stimuler l'expression de la ß-galactosidase, ce qui indique que la région centrale de GAL4 n'est pas essentielle à sa fonction dans cette étude. [Voir J. Ma &t M. Ptashne, 1987, *Cell* **48** :847 ; I. A. Hope & K. Struhl, 1986, *Cell* **46** :885 & R. Brent & M. Ptashne, 1985, *Cell* **43** :729.]

fusionné directement avec l'un de ses fragments C-terminaux, les protéines tronquées résultantes conservent la capacité de stimuler l'expression d'un gène rapporteur lors d'un test *in vivo* comme celui décrit dans la Figure 11-16. Par conséquent, la partie interne de la protéine n'est pas nécessaire au fonctionnement de GAL4 comme facteur de transcription. Des expériences similaires réalisées avec un autre facteur de transcription de levure, GCN4, qui régule les gènes nécessaires à la synthèse de nombreux acides aminés, indiquent qu'il contient un domaine de liaison à l'ADN de ≈ 60 acides aminés (aa) au niveau de son extrémité C-terminale et un domaine d'activation de ≈ 20 aa près du milieu de sa séquence.

D'autres preuves de l'existence de domaines distincts d'activation dans GAL4 et GCN4 ont été apportées par des expériences au cours desquelles leurs domaines d'activation sont fusionnés avec un domaine de liaison à l'ADN provenant d'une protéine de liaison à l'ADN d'*E coli* sans aucune ressemblance. Lorsque l'on étudie ces protéines de fusion *in vivo*, elles activent la transcription d'un gène rapporteur contenant le site correspondant à la protéine d'*E. coli*. Par conséquent, des facteurs de transcription fonctionnels peuvent être construits à partir de combinaisons entièrement nouvelles d'éléments procaryotes et eucaryotes.

Des études telles que celles-ci ont maintenant été réalisées sur de nombreux activateurs eucaryotes. Le modèle structural des activateurs eucaryotes auquel ont mené ces études est modulaire. Dans ce modèle, un ou plusieurs domaines d'activation sont reliés à un domaine de liaison à l'ADN spécifique d'une séquence, par des domaines protéiques flexibles (Figure 11-18). Dans certains cas, les acides aminés présents dans le domaine de liaison à l'ADN contribuent également à l'activation de la transcription. Comme nous le verrons plus loin, on pense que les domaines d'activation fonctionnent en se fixant à d'autres protéines impliquées dans la transcription. La présence de domaines flexibles reliant les domaines de liaison à l'ADN aux domaines d'activation peut expliquer pourquoi les modifications de l'espacement entre les éléments de contrôle sont si bien tolérées dans les régions de contrôle eucaryotes. Par conséquent, même lorsque les positions des facteurs de transcription liés à l'ADN sont modifiées les unes par rapport aux autres, leurs domaines d'activation peuvent conserver leur capacité d'interaction car ils sont fixés à leurs domaines de liaison à l'ADN par l'intermédiaire de régions protéiques flexibles.

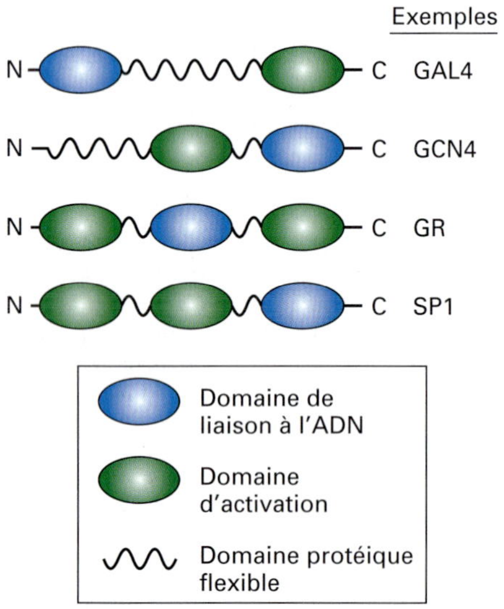

FIGURE 11-18 Des représentations schématiques illustrant la structure modulaire des activateurs eucaryotes de la transcription. Ces facteurs transcriptionnels peuvent contenir plusieurs domaines d'activation mais possèdent rarement plus d'un domaine de liaison à l'ADN. GAL4 et GCN4 sont des activateurs de la transcription chez la levure. Le récepteur des glucocorticoïdes (GR) induit la transcription de gènes cibles lorsque certaines hormones sont liées à son domaine d'activation C-terminal. SP1 se fixe aux promoteurs riches en GC dans un grand nombre de gènes de mammifères.

D'un point de vue fonctionnel, les répresseurs représentent l'inverse des activateurs

La transcription eucaryote est régulée par des répresseurs ainsi que par des activateurs. Les généticiens ont par exemple identifié chez la levure, des mutations qui provoquent l'expression continue de certains gènes. Ce type d'expression non régulée anormalement élevée est appelée expression **constitutive** et résulte de l'inactivation d'un répresseur qui, en temps normal, inhibe la transcription de ces gènes. De même, on a isolé des mutants de drosophile et de *C. elegans* avec un développement embryonnaire déficient car ils expriment des gènes dans des cellules embryonnaires dans lesquelles ceux-ci sont habituellement réprimés. Les mutations présentes chez ces mutants inactivent des répresseurs, conduisant à un développement anormal.

Les sites de fixation des répresseurs sur l'ADN ont été identifiés grâce à des remplacements de blocs d'ADN (*linker scanning mutation analysis*) semblables à ceux décrits dans la Figure 11-10. Dans ce type d'analyse, une mutation d'un site de liaison pour un activateur provoque la diminution de l'expression du gène rapporteur lié, tandis que la mutation d'un site de liaison pour un répresseur conduit à l'augmentation de l'expression du gène rapporteur. Les protéines répresseurs qui se fixent à ces sites peuvent être purifiées et analysées grâce aux techniques biochimiques décrites plus haut pour les protéines activatrices.

D'un point de vue fonctionnel, les répresseurs constituent l'inverse des activateurs. Ils peuvent inhiber la transcription à partir d'un gène qu'ils ne régulent pas en temps normal, lorsque les sites auxquels ils se fixent sont placés à moins de quelques centaines de paires de bases du site de début de la transcription du gène. Comme les activateurs, la plupart des répresseurs eucaryotes sont des protéines modulaires qui possèdent deux domaines fonctionnels : un domaine de liaison à l'ADN et un **domaine de répression.** Comme les domaines d'activation, les domaines de répression continuent à fonctionner lorsqu'ils sont fusionnés avec un autre type de domaine de liaison à l'ADN. Si les sites de liaison de ce deuxième domaine de liaison à l'ADN sont insérés à moins de quelques centaines de paires de bases d'un promoteur, l'expression de la protéine de fusion inhibe la transcription à partir du promoteur. Une fois encore comme les domaines d'activation, les domaines de répression fonctionnent en interagissant avec d'autres protéines, comme nous le verrons plus loin.

MÉDECINE

L'absence d'activité appropriée de répression peut avoir des effets dévastateurs. Par exemple, la protéine codée par le gène *(WT1)* de la *tumeur de Wilms* (ou néphroblastome) est un répresseur exprimé préférentiellement dans le rein en cours de formation. Les enfants qui héritent de mutations à la

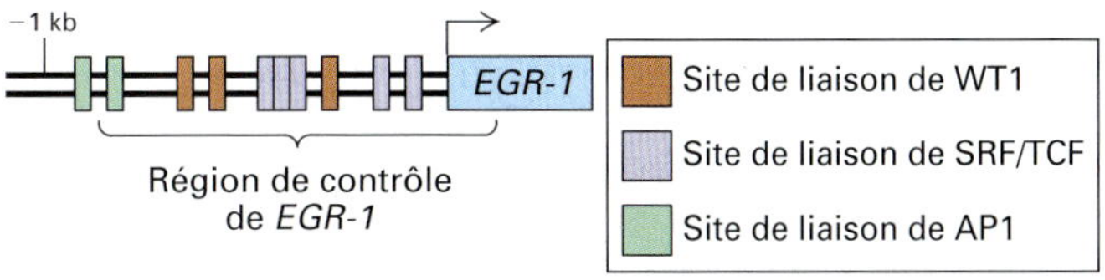

FIGURE 11-19 Un schéma de la région de contrôle du gène codant EGR-1, un activateur de la transcription. Les sites de liaison pour WT1, un répresseur protéique eucaryote, ne sont pas à cheval sur les sites de fixation de l'activateur AP1, ni sur le site composite de liaison pour les activateurs SRF et TCF. Par conséquent, la répression par WT1 n'implique pas d'interférence directe avec la liaison d'autres protéines comme dans le cas des répresseurs bactériens.

fois dans le gène maternel et le gène paternel *WT1*, qui les empêchent de produire la protéine WT1 fonctionnelle développent invariablement des tumeurs rénales très tôt dans leur vie. La protéine WT1 se fixe à la région de contrôle du gène codant un activateur de la transcription appelé EGR-1 (Figure 11-19). Ce gène, comme de nombreux autres gènes eucaryotes, est soumis à la fois à la répression et à l'activation. La liaison de WT1 réprime la transcription du gène *EGR-1* sans inhiber la fixation des activateurs qui stimulent en temps normal l'expression de ce gène. ▮

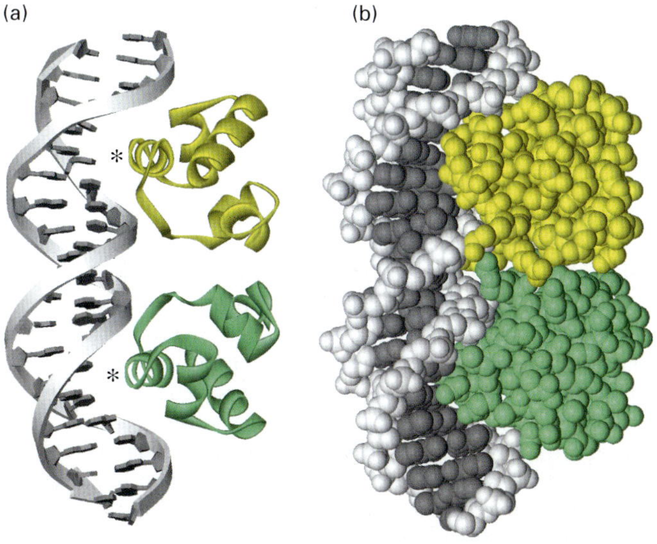

FIGURE 11-20 L'interaction du répresseur 434 du bactériophage avec l'ADN. (a) Une représentation en rubans du répresseur 434 lié à son opérateur spécifique d'ADN. Les monomères de répresseur sont en jaune et en vert. Les hélices de reconnaissance sont indiquées par des astérisques. Un modèle compact du complexe répresseur-opérateur (b) montre l'interaction étroite entre la protéine et un côté de la molécule d'ADN sur une longueur de 1,5 tours. [Adapté de A. K. Aggarwal *et al.*, 1988, *Science* **242** :899.]

Les domaines de liaison à l'ADN peuvent être classifiés en de nombreux types structuraux

Les domaines de liaison à l'ADN des activateurs et répresseurs eucaryotes contiennent différents **motifs** structuraux qui se fixent à des séquences spécifiques d'ADN. La capacité de protéines de liaison à l'ADN de se fixer à des séquences spécifiques d'ADN résulte d'interactions non covalentes entre les atomes dans une hélice α présente dans le domaine de liaison à l'ADN et des atomes présents sur les côtés des bases dans le grand sillon de l'ADN. Des interactions avec le squelette sucre-phosphate et dans certains cas, avec les atomes du petit sillon de l'ADN contribuent également à cette liaison.

Les principes des interactions spécifiques protéine-ADN ont été découverts au cours de l'étude de répresseurs bactériens. De nombreux répresseurs bactériens sont des protéines dimériques dans lesquelles une hélice α de chaque monomère s'insère dans le grand sillon de la double hélice d'ADN (Figure 11-20). On appelle cette hélice α, *hélice de reconnaissance*, car la plupart des chaînes latérales des acides aminés au contact de l'ADN appartiennent à cette hélice. L'hélice de reconnaissance qui dépasse de la surface des répresseurs bactériens pour pénétrer dans le grand sillon de l'ADN et établir de multiples interactions spécifiques avec des atomes dans l'ADN est généralement maintenue dans la structure protéique en partie par des interactions hydrophobes avec une seconde hélice α située juste à côté d'elle du côté N-terminal. Cet élément structural, présent dans de nombreux répresseurs bactériens, est appelé motif *hélice-tour-hélice* (*helix-turn-helix*).

On trouve dans les facteurs de transcription eucaryotes de nombreux autres motifs qui peuvent diriger une hélice α vers le sillon principal de l'ADN. On les classe généralement d'après le type de domaine de liaison à l'ADN qu'ils contiennent. La plupart de ces motifs possèdent des séquences consensus caractéristiques d'acides aminés. Pour cette raison, les facteurs de transcription qui viennent d'être caractérisés peuvent généralement être classifiés une fois que les gènes ou ADNc correspondants ont été clonés et séquencés. Les génomes des eucaryotes supérieurs codent des dizaines de classes de domaines de liaison à l'ADN et des centaines de milliers de facteurs de transcription. Le génome humain par exemple, code ≈ 2 000 facteurs de transcription.

Nous allons introduire à présent plusieurs classes courantes de protéines de liaison à l'ADN dont les structures tridimensionnelles ont été déterminées. Dans tous ces exemples et dans de nombreux autres facteurs de transcription, au moins une hélice α est insérée dans le grand sillon de l'ADN. Néanmoins, certains facteurs de la transcription contiennent d'autres motifs structuraux (comme les feuillets β et les boucles) qui interagissent avec l'ADN.

Les protéines à homéodomaine Un grand nombre de facteurs de transcription eucaryotes intervenant au cours du développement contiennent un motif conservé de liaison à l'ADN de 60 résidus, similaire au motif *hélice-tour-hélice* (*helix-turn-helix*) des répresseurs bactériens. Ces facteurs de transcription, appelés protéines à **homéodomaine** ont d'abord été identifiés chez des mutants de drosophile dont une partie du corps était transformée en une autre au cours du développement (Chapitre 15). La séquence conservée de l'homéodomaine a également été observée dans des facteurs de transcription de vertébrés, y compris ceux qui jouent un rôle important dans le contrôle des fonctions du développement humain.

Les protéines à doigt à zinc De nombreuses protéines eucaryotes différentes possèdent des régions qui se replient autour d'un ion Zn^{2+}, produisant un domaine compact à partir d'une chaîne polypeptidique relativement courte. Ce motif structural, appelé **doigt à zinc**, a été identifié initialement dans des domaines de liaison à l'ADN mais on sait désormais qu'il se trouve également dans des protéines qui ne se fixent pas à l'ADN. Nous allons décrire ici deux classes de motifs en doigt à zinc identifiés dans des facteurs de transcription eucaryotes.

Le *doigt à zinc* C_2H_2 est le motif le plus courant de liaison à l'ADN codé dans le génome humain et les génomes de la plupart des autres animaux pluricellulaires. Il est également courant dans les plantes pluricellulaires mais il n'est pas prépondérant dans les végétaux comme il l'est chez les animaux. Ce motif présente une séquence consensus de 23 à 26 résidus avec deux résidus cystéine (C) et deux résidus histidine (H) conservés, dont les chaînes latérales fixent un ion Zn^{2+} (voir Figure 3-6b). Le nom de « doigt à zinc » vient de la représentation en deux dimensions de la structure, qui ressemble effectivement à un doigt. Lorsque la structure tridimensionnelle fut déterminée, il apparut que la liaison de l'ion Zn^{2+} par les deux cystéines et les deux histidines provoquait le repli de la séquence polypeptidique relativement courte en un domaine compact capable d'insérer son hélice α dans le grand sillon de l'ADN. De nombreux facteurs de transcription contiennent de multiples doigts à zinc C_2H_2 qui interagissent avec des groupements successifs de paires de bases dans le grand sillon, lorsque la protéine s'enroule autour de la double hélice d'ADN (Figure 11-21a).

Un deuxième type de structure en doigt à zinc appelé *doigt à zinc* C_4 *(car il possède quatre cystéines conservées en contact avec* Zn^{2+}) est présent dans ≈ 50 facteurs de transcription humains. Les premiers membres de cette classe ont été identifiés comme des protéines de liaison intracellulaires spécifiques avec une haute affinité, ou « récepteurs » pour les hormones stéroïdes, ce qui a donné le nom de *superfamille des récepteurs de stéroïdes*. Comme on a découvert depuis, des récepteurs intracellulaires similaires pour des hormones non stéroïdes, on appelle désormais ces facteurs de transcription des **récepteurs nucléaires**. La principale caractéristique des doigts à zinc C_4 est la présence de deux groupes de quatre cystéines essentielles, dirigés chacun vers une extrémité du domaine de 55 ou 56 résidus. Bien que le nom de doigt à zinc C_4 ait été choisi par analogie avec le doigt à zinc C_2H_2, les structures tridimensionnelles des protéines contenant ces motifs de liaison se révélèrent en fait être très différentes. Une différence particulièrement importante entre les deux réside dans le fait que les protéines à doigt à zinc C_2H_2 contiennent généralement trois unités répétées en forme de doigt et se fixent sous la forme de monomères, tandis que les protéines à doigt à zinc C_4 possèdent seulement deux unités en forme de doigt et se fixent généralement à l'ADN sous forme d'homodimères ou d'hétérodimères. Les homodimères de domaines de liaison à l'ADN contenant des doigts à zinc C_4 présentent une symétrie de rotation binaire (Figure 11-21b). En conséquence, les récepteurs nucléaires homodimériques se fixent à des séquences consensus d'ADN qui sont des répétitions inversées.

Les protéines à fermeture éclair à leucines Un autre motif structural présent dans les domaines de liaison à l'ADN d'une vaste classe de facteurs de transcription contient la leucine, un acide aminé hydrophobe, toutes les sept positions. Ces protéines se fixent à l'ADN sous la forme de dimères et la mutagenèse des leucines a montré qu'elles étaient nécessaires à la dimérisation. Par conséquent, on a donné le nom de **fermeture éclair à leucines** (*leucine zipper*) à ce motif structural.

Le domaine de liaison à l'ADN du facteur de transcription GCN4 de la levure mentionné plus haut est un domaine à fermeture éclair à leucines. L'analyse par cristallographie aux rayons X de complexes formés entre l'ADN et le domaine de liaison à l'ADN de GCN4 a montré que la protéine dimérique contenait deux hélices α allongées qui « enserrent » la molécule, un peu comme une pince, au niveau de deux grands sillons adjacents séparés par

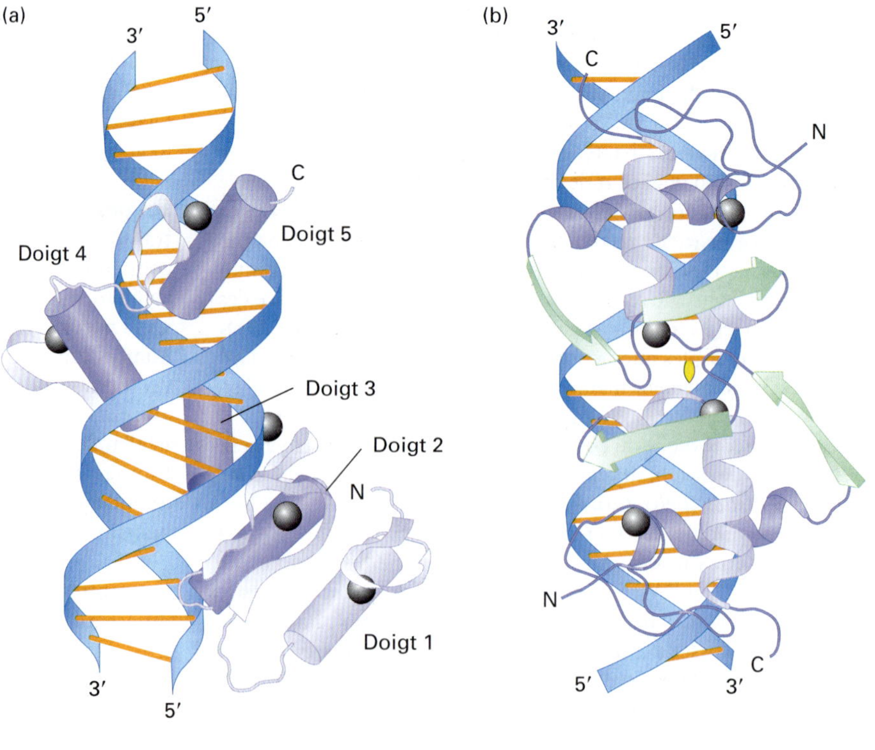

FIGURE 11-21 L'interaction entre l'ADN et les protéines contenant des doigts à zinc. (a) GL1 est une protéine monomérique qui contient cinq doigts à zinc C_2H_2. Les hélices α sont représentées sous la forme de cylindres et les ions Zn^{2+} par des sphères. Le doigt 1 n'interagit pas avec l'ADN au contraire des quatre autres doigts. (b) Le récepteur de glucocorticoïdes est une protéine homodimérique à doigt à zinc C_4. Les hélices α sont représentées par des rubans violets, les brins ß par des flèches vertes et les ions Zn^{2+} par des sphères. Deux hélices α (violet foncé), une dans chaque monomère, interagissent avec l'ADN. Comme tous les homodimères contenant des doigts à zinc C_4, ce facteur de transcription possède une symétrie de rotation binaire. Le centre de symétrie est représenté par une ellipse jaune. En revanche, les récepteurs nucléaires hétérodimériques ne présentent pas de symétrie de rotation. [Voir N. P. Pavlevitch & C. O. Pabo, 1993, *Science* **261** :1701 et B. F. Luisi *et al.*, 1991, *Nature* **352** :497.]

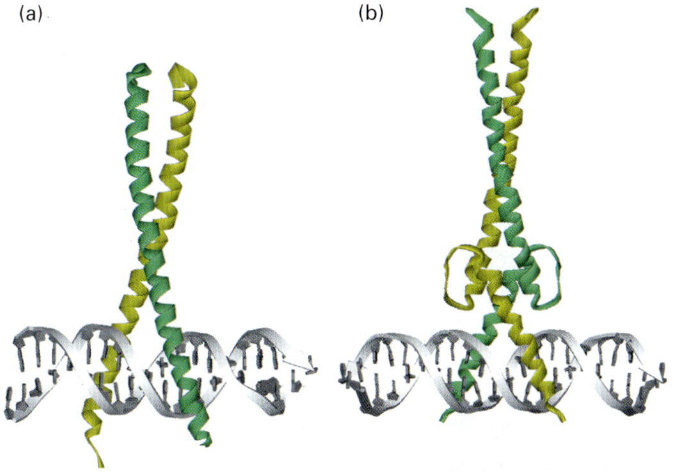

FIGURE 11-22 L'interaction des protéines homodimériques à fermeture éclair à leucines et basiques à motif hélice-boucle-hélice (bHLH) avec l'ADN. (a) Dans les protéines à fermeture éclair à leucines, les résidus basiques présents dans les régions comportant des hélices α allongées appartenant aux monomères interagissent avec le squelette d'ADN présent dans les grands sillons adjacents. Le domaine de dimérisation en torsade d'hélices est stabilisé par des interactions hydrophobes entre les monomères. (b) Dans les protéines à motif bHLH, les hélices de liaison à l'ADN en bas (extrémités N-terminales des monomères) sont séparées par les boucles sans hélice, d'une région de type fermeture éclair à leucines contenant un domaine de dimérisation en torsade d'hélices. [Partie (a) voir T. E. Ellenberger *et al.*, 1992, *Cell* **71** :1223 ; partie (b) voir A. R. Ferre-D'Amare *et al.*, 1993, *Nature* **363** :38.]

un demi-tour de double hélice environ (Figure 11-22a). Les régions des hélices α au contact de l'ADN contiennent des résidus chargés positivement (basiques) qui interagissent avec des phosphates du squelette de l'ADN et d'autres résidus qui interagissent avec des bases spécifiques situées dans le grand sillon.

GCN4 forme des dimères par le biais d'interactions hydrophobes entre les régions C-terminales des hélices α, produisant une structure en **torsade d'hélices** (*coiled-coil*). Cette structure est courante dans les protéines contenant des hélices α amphipathiques dans lesquelles les acides aminés hydrophobes sont régulièrement espacés toutes les trois ou quatre positions dans la séquence, formant un chevron d'un côté de l'hélice α. Ces chevrons hydrophobes constituent les surfaces d'interaction entre les monomères d'hélices α dans un dimère en torsade d'hélices (voir Figure 3-6c).

Même si les premiers facteurs de transcription analysés contenaient des résidus leucine toutes les sept positions dans la région de dimérisation, d'autres protéines de liaison à l'ADN comportant des acides aminés différents à ces positions ont été identifiées par la suite. Comme les protéines à fermeture éclair à leucines, elles forment des dimères contenant une région de dimérisation C-terminale en torsade d'hélices et un domaine N-terminal de liaison à l'ADN. Le terme de *fermeture éclair basique* (*bZip*) est désormais fréquemment utilisé pour désigner toutes les protéines ayant ces caractéristiques structurales. De nombreux facteurs de transcription à fermeture éclair basique sont des hétérodimères formés de deux chaînes polypeptidiques différentes, contenant chacune un domaine à fermeture éclair basique.

Les protéines à motif hélice-boucle-hélice basique (bHLH) Le domaine de liaison à l'ADN d'une autre classe de facteurs de transcription dimériques contient un motif structural qui ressemble beaucoup au motif de fermeture éclair basique à l'exception du fait qu'une boucle non hélicoïdale de la chaîne polypeptidique sépare deux régions en hélices α dans chaque monomère (Figure 11-22b). Ce motif, appelé **hélice-boucle-hélice basique** (**bHLH** pour *basic helix-loop-helix*) a été prédit d'après les séquences d'acides aminés de ces protéines, qui contiennent une hélice α N-terminale avec des résidus basiques interagissant avec l'ADN, une région médiane formée d'une boucle et une région C-terminale avec des acides aminés hydrophobes espacés à des intervalles caractéristiques d'une hélice α amphipathique. Comme dans le cas des protéines à motif fermeture éclair basique, différentes protéines bHLH peuvent former des hétérodimères.

Les interactions des facteurs de transcription augmentent les options de contrôle des gènes

Deux sortes de protéines de liaison à l'ADN traitées dans la section précédente — les protéines à fermeture éclair basique et les protéines bHLH — peuvent souvent exister suivant plusieurs combinaisons hétérodimériques différentes de monomères. D'autres classes de facteurs de transcription dont nous ne parlerons pas ici forment également des protéines hétérodimériques. Dans certains facteurs de transcription hétérodimériques, chaque monomère possède un domaine de liaison à l'ADN avec une spécificité équivalente de séquence. Dans ces protéines, la formation d'hétérodimères alternatifs n'influence pas la spécificité de liaison à l'ADN, mais permet de rapprocher les uns des autres les domaines d'activation associés à chaque monomère, suivant des combinaisons alternatives dans un même facteur de transcription. Comme nous le verrons plus tard, les activités des facteurs de transcription individuels peuvent être régulées par de multiples mécanismes. Grâce à cela, un seul élément régulateur d'ADN avec un motif bZIP ou bHLH dans la région de contrôle d'un gène peut provoquer différentes réponses transcriptionnelles selon les monomères bZIP ou bHLH exprimés dans une cellule particulière à un moment donné et selon la régulation des activités de ces monomères.

Dans certains facteurs hétérodimériques de transcription cependant, chaque monomère possède une spécificité différente de liaison à l'ADN. Les différentes combinaisons possibles augmentent le nombre de séquences potentielles d'ADN auxquelles peut se fixer une famille de facteurs de transcription. Trois monomères différents pourraient théoriquement se combiner en six facteurs homo- et hétérodimériques, comme l'illustre la Figure 11-23a. Quatre monomères différents pourraient former un total de 10 facteurs dimériques ; cinq monomères, 16 facteurs dimériques ; etc. De plus, on sait que les facteurs d'inhibition se fixent à certains monomères avec un motif bZIP ou bHLH, bloquant alors la liaison de ceux-ci à l'ADN. Lorsque ces facteurs inhibiteurs sont exprimés, ils répriment l'activation de la transcription des facteurs avec lesquels ils interagissent (Figure 11-23b). Les lois qui gouvernent les interactions des membres d'une classe hétérodimérique de facteurs de transcription sont complexes. Cette complexité combinatoire augmente à la fois le nombre de sites d'ADN à partir desquels ces facteurs peuvent activer la transcription et les façons dont ils peuvent être régulés.

Une régulation transcriptionnelle utilisant elle aussi de multiples combinaisons est réalisée grâce à l'interaction de facteurs

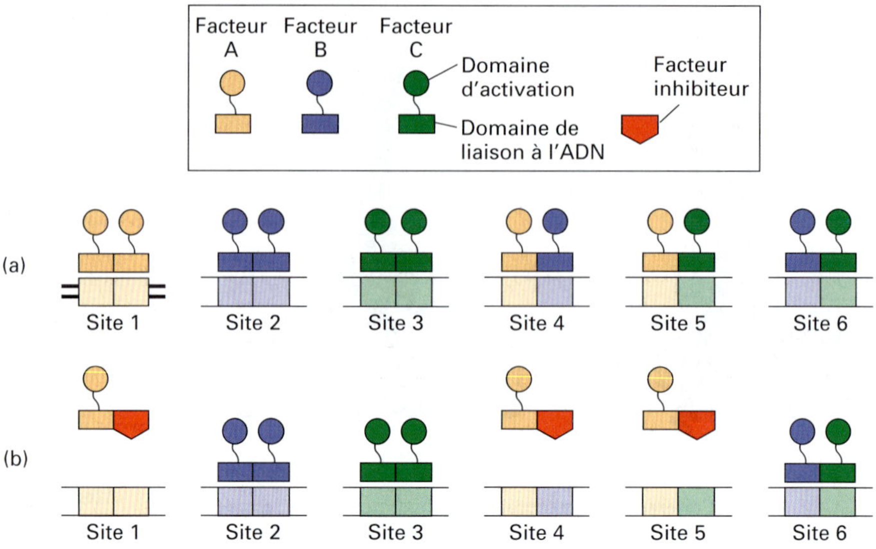

FIGURE 11-23 Les possibilités de combinaisons dues à la formation de facteurs transcriptionnels hétérodimériques. (a) Dans l'exemple imaginaire présenté, les facteurs de transcription A, B et C peuvent tous interagir les uns avec les autres, permettant aux trois facteurs hétérodimériques formés de se fixer à six séquences d'ADN différentes (sites 1-6) et de créer six combinaisons de domaines d'activation. Chaque site composite de liaison est divisé en deux demi-sites et chaque facteur hétérodimérique contient les domaines d'activation de ses deux constituants monomériques. (b) L'expression d'un facteur inhibiteur (en vert) qui interagit uniquement avec le facteur A, inhibe la liaison. Par conséquent, l'activation de la transcription au niveau des sites 1, 4 et 5 est inhibée mais l'activation au niveau des sites 2, 3 et 6 n'est pas affectée.

de transcription sans ressemblance structurale, fixés à des sites de liaison très proches dans l'ADN. L'interaction de deux facteurs de transcription, NFAT et AP1, qui se fixent à des sites voisins dans un élément composite proche du promoteur régulant le gène codant l'interleukine-2 (IL-2) en est un exemple. L'expression du gène *IL-2* est essentielle à la réaction immunitaire, mais l'expression anormale de IL-2 peut provoquer des maladies auto-immunes telles que l'arthrite rhumatoïde. Ni NFAT ni AP1 ne se fixe à son site dans la région de contrôle de *IL-2* en l'absence de l'autre. Les affinités des facteurs de transcription pour ces séquences particulières de l'ADN sont trop faibles pour que les facteurs forment seuls un complexe stable avec l'ADN. Cependant, lorsque NFAT et AP1 sont présentes toutes les deux, les interactions protéine-protéine qu'elles établissent l'une avec l'autre stabilisent le complexe ternaire composé de NFAT, AP1 et l'ADN (Figure 11-24). Une telle *liaison coopérative à l'ADN* de différents facteurs de transcription débouche sur une complexité combinatoire considérable du contrôle de la transcription. De ce fait, les 2 000 facteurs de transcription environ codés dans le génome humain peuvent se fixer à l'ADN grâce à un nombre bien supérieur d'interactions coopératives, ce qui permet un contrôle unique de la transcription de chacun des dizaines de milliers de gènes humains. Dans le cas de *IL-2*, la transcription se produit uniquement lorsque NFAT est activée, ce qui provoque son transport du cytoplasme jusqu'au noyau et la synthèse des deux sous-unités de AP1. Ces événements sont contrôlés par des voies distinctes de transduction du signal (Chapitres 13 et 14), et permettent un contrôle rigoureux de l'expression de IL-2.

La liaison coopérative par NFAT et AP1 se produit uniquement lorsque leurs sites engagés dans des liaisons faibles sont situés à une distance précise, assez réduite dans l'ADN. Des études récentes ont montré que ces exigences pour la liaison coopérative ne sont pas aussi importantes dans le cas de certains autres facteurs de transcription et régions de contrôle. Par exemple, la région de contrôle de *EGR-1* contient un site de liaison composite auquel les facteurs de transcription SRC et TCF se fixent de manière coopérative (voir

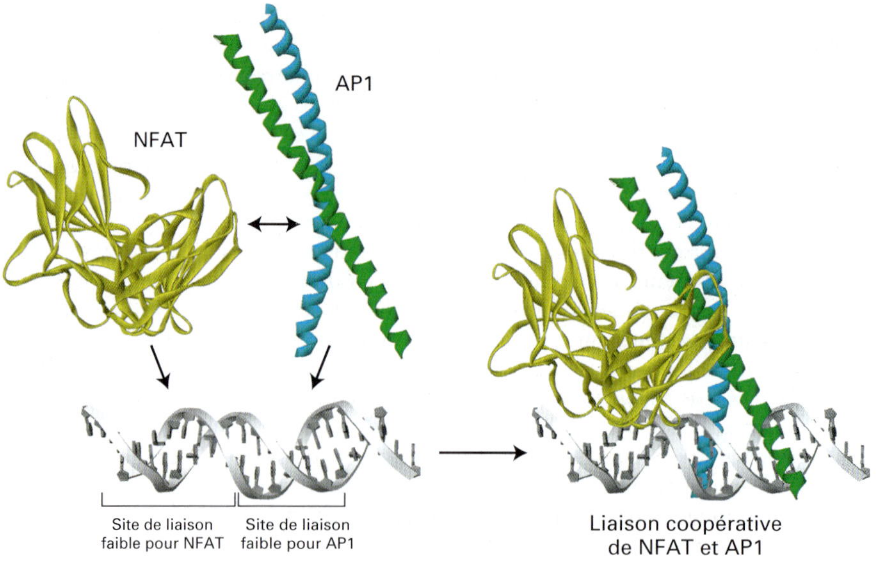

FIGURE 11-24 La fixation coopérative de deux facteurs de transcription non apparentés, à des sites voisins présents dans un élément composite de contrôle. L'affinité spécifique de chacun des facteurs de transcription monomérique (NFAT) et hétérodimérique (AP1) pour son propre site de liaison est faible dans la région proche du promoteur de *IL-2*. En revanche, les interactions protéine-protéine entre NFAT et AP1 ajoutent à la stabilité globale du complexe ADN-NFAT-AP1, rendant coopérative la liaison des deux protéines au site composite. [Voir L. Chen *et al.*, 1998, *Nature* **392**:42.]

Figure 11-19). TCF a un long domaine flexible qui interagit avec SRF. Pour cette raison, les deux protéines peuvent se fixer de manière coopérative lorsque leurs sites dans l'ADN sont distants l'un de l'autre de plus de 10 paires de bases ou sont orientés en sens inverse l'un de l'autre.

Des domaines d'activation et de répression de structure diverse régulent la transcription

Des expériences réalisées avec des protéines de fusion constituées du domaine de liaison à l'ADN de GAL4 et de segments aléatoires de protéines d'*E. coli* ont montré qu'il existe un groupe de diverses séquences d'acides aminés capables de se comporter comme des domaines d'activation. Dans ce groupe, on trouve 1 % de l'ensemble des séquences d'*E. coli*, même si celles-ci ont évolué afin de remplir d'autres fonctions. De nombreux facteurs de transcription contiennent des domaines d'activation caractérisés par un pourcentage inhabituel d'acides aminés particuliers. GAL4, GCN4 et la plupart des autres facteurs de transcription de levure par exemple, possèdent des domaines d'activation riches en acides aminés acides (acides aspartique et glutamique). Ces domaines, appelés *domaines acides d'activation*, sont en général capables de stimuler la transcription de presque tous les types de cellules eucaryotes — les cellules de champignons, d'animaux et de végétaux. Les domaines d'activation de certains facteurs de transcription de drosophile et de mammifères sont riches en glutamine et d'autres, riches en proline. D'autres encore possèdent en grande quantité des acides aminés apparentés avec des groupements hydroxyle : la sérine et la thréonine. Toutefois, certains domaines d'activation puissants ne sont pas particulièrement riches en un acide aminé spécifique quelconque.

Des études biophysiques indiquent que les domaines acides d'activation possèdent une conformation aléatoire non structurée. Ces domaines stimulent la transcription lorsqu'ils sont liés à un *co-activateur* protéique. L'interaction avec un co-activateur induit une conformation plus structurée en hélice α du domaine d'activation dans le complexe domaine d'activation-co-activateur. Un exemple bien connu de facteur de transcription avec un domaine acide d'activation est celui de la protéine de mammifère CREB, qui est phosphorylée en réponse à une augmentation de la concentration d'AMPc. Cette phosphorylation régulée est nécessaire à CREB pour qu'elle se fixe à son co-activateur CBP (protéine de liaison à CREB, *CREB binding protein*), ce qui provoque la transcription de gènes dont les régions de contrôle possèdent un site de liaison pour CREB (voir Figure 13-32). Lorsque le domaine d'activation phosphorylé de structure aléatoire de CREB interagit avec CBP, il subit un changement conformationnel, créant deux hélices α qui s'enroulent autour du domaine de CBP impliqué dans l'interaction.

Certains domaines d'activation sont bien plus gros et plus structurés que ces domaines acides d'activation. Par exemple, les domaines de fixation du ligand dans les récepteurs nucléaires fonctionnent comme des domaines d'activation lorsqu'ils fixent le ligand qui leur est spécifique (Figure 11-25). La fixation du ligand induit un grand changement conformationnel qui permet au domaine de fixation du ligand associé à l'hormone d'interagir avec une courte hélice α des co-activateurs de récepteurs nucléaires. Le complexe résultant peut alors activer la transcription des gènes qui possèdent des régions de contrôle auxquelles se fixe le récepteur nucléaire.

En conclusion, le domaine acide d'activation de CREB et les domaines de fixation du ligand dans les récepteurs nucléaires représentent deux extrêmes structuraux. Le domaine acide d'activation de CREB a une structure aléatoire qui se replie en deux hélices α lorsqu'il se fixe à la surface d'un domaine globulaire dans un co-activateur. À l'inverse, le domaine de fixation du ligand dans les récepteurs nucléaires est un domaine globulaire structuré qui interagit avec une courte hélice α dans un co-activateur qui présentait probablement une structure aléatoire avant de se fixer. Dans les deux cas toutefois, des interactions spécifiques protéine-protéine établies entre des co-activateurs et les domaines d'activation permettent aux facteurs de la transcription de stimuler l'expression des gènes.

On connaît actuellement peu de choses sur la structure des domaines de répression. Les domaines globulaires de fixation du ligand de certains récepteurs nucléaires agissent comme des domaines de répression en l'absence de leur ligand hormonal spécifique (voir Figure 11-25b). Comme les domaines d'activation, les domaines de répression peuvent être relativement petits, comportant 15 acides aminés ou moins. Des études biochimiques et

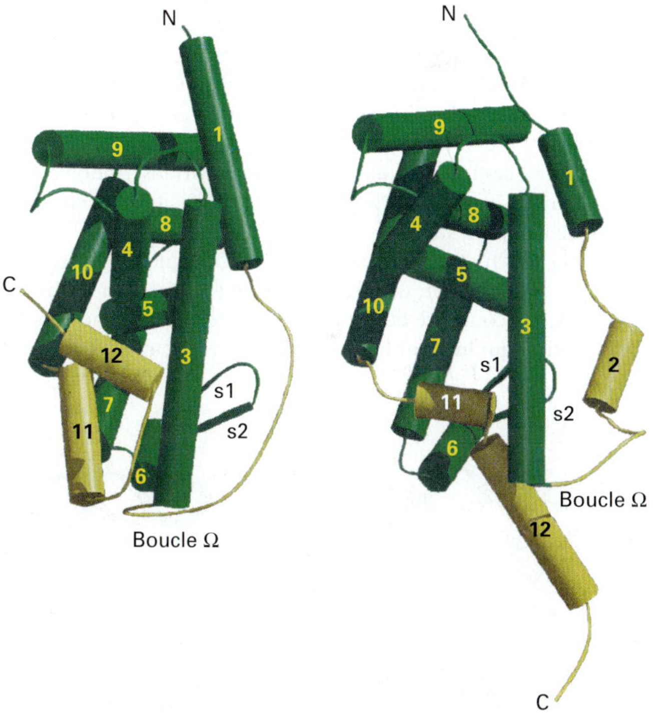

FIGURE 11-25 L'effet de la fixation du ligand sur la conformation des domaines de fixation du ligand dans deux récepteurs nucléaires humains apparentés. Les cylindres symbolisent les hélices α. Les régions dont la conformation ne change pas de manière significative après la fixation du ligand sont colorées en vert et les régions dont la conformation change sont en jaune. (a) Le domaine de fixation du ligand du monomère RAR_γ humain, après la fixation de son ligand, l'acide *trans* rétinoïque. Dans cette conformation assez compacte, RARγ peut stimuler la transcription. (b) Le domaine de fixation du ligand du monomère RXR_α humain, en l'absence de son ligand, l'acide 9-*cis* rétinoïque. Comme nous le verrons plus tard, RXR s'associe à plusieurs monomères différents de récepteurs nucléaires (comme RAR), formant des facteurs de transcription hétérodimériques. [D'après J. M. Wurtz *et al.*, 1996, *Nature Struc.* **3** :87 ; aimablement communiqué par Hinrich Gronemayer.]

génétiques indiquent que les domaines de répression servent également d'intermédiaires à des interactions protéine-protéine et se fixent à des *co-répresseurs* protéiques, formant un complexe qui inhibe l'amorçage de la transcription par des mécanismes que nous traiterons plus loin dans ce chapitre.

Des complexes multiprotéiques se forment sur les amplificateurs

Comme nous l'avons vu précédemment, la longueur des amplificateurs varie généralement de 50 à 200 paires de bases et comporte des sites de liaison pour plusieurs facteurs de la transcription. On pense que les multiples facteurs de transcription qui se fixent à un même amplificateur interagissent. Une analyse de l'amplificateur de ≈ 70 pb qui régule l'expression de l'**interféron *ß***, une protéine importante dans la défense contre les infections virales chez l'homme, offre un bon exemple de ces interactions entre facteurs de transcription. L'amplificateur de l'interféron *ß* contient quatre éléments de contrôle qui fixent simultanément quatre facteurs de transcription différents. En présence d'une petite protéine abondante associée à la chromatine, appelée *HMG1*, la liaison des facteurs de transcription est hautement coopérative, comme la liaison de NFAT et AP1 au site composite proche du promoteur dans la région de contrôle de *IL-2* (voir Figure 11-24). Cette liaison coopérative produit un complexe multiprotéique sur l'amplificateur (ou enhancer) de l'interféron *ß* (Figure 11-26). Le terme d'**enhancesome** a été inventé pour décrire ce type de gros complexes nucléoprotéiques formés à partir de facteurs de transcription qui se fixent de manière coopérative à leurs multiples sites de liaison au niveau de l'amplificateur.

HMG1 se fixe au petit sillon de l'ADN quelle que soit la séquence de celui-ci et, ce faisant, courbe fortement la molécule d'ADN. Cette courbure de l'amplificateur permet aux facteurs de transcription qui lui sont liés d'interagir correctement. Les interactions protéine-protéine non covalentes, faibles par nature, formées entre les facteurs de transcription sont renforcées par leurs liaisons à des sites voisins sur l'ADN, ce qui maintient les protéines à des concentrations relatives très élevées.

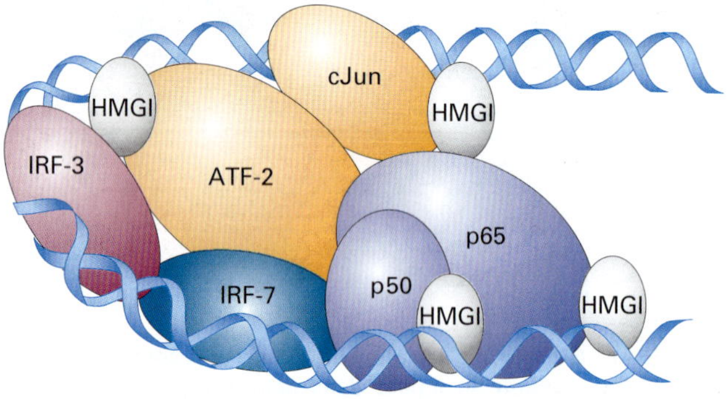

FIGURE 11-26 Un modèle de l'enhancesome qui se forme sur l'amplificateur de l'interféron *ß*. Deux facteurs de transcription monomériques, IRF-3 et IRF-7, ainsi que deux facteurs hétérodimériques, Jun/ATF-2 et p50/p65 (NF-κB) se fixent à quatre éléments de contrôle dans cet amplificateur. La liaison coopérative de ces facteurs de transcription est facilitée par HMGI, qui se fixe au petit sillon de l'ADN et interagit également directement avec les facteurs dimériques. La courbure de la séquence de l'amplificateur résultant de la fixation de HMGI est essentielle à la formation de l'enhancesome. Différentes protéines courbant l'ADN agissent de même au niveau d'autres amplificateurs. [Adapté de D. Thanos & T. Maniatis, 1995, *Cell* **83** :1091 et M. A. Wathel *et al.*, 1998, *Mol. Cell* **1** :507.]

La présence de régions flexibles reliant les domaines de liaison à l'ADN et les domaines d'activation ou de répression dans les facteurs de transcription (voir Figure 11-18) ainsi que la capacité des protéines liées de courber l'ADN, laissent une grande marge de manœuvre à l'espacement entre les éléments régulateurs dans les régions de contrôle de la transcription. Cette propriété a probablement contribué à l'évolution rapide du contrôle des gènes chez les eucaryotes. La transposition des séquences d'ADN et la recombinaison entre des séquences répétées au cours de l'évolution a sans doute créé de nouvelles combinaisons des éléments de contrôle qui ont été soumises à la sélection naturelle et conservées lorsqu'elles étaient favorables. Le peu de contraintes dans l'espacement entre les éléments régulateurs a sans doute permis à un nombre bien plus élevé de combinaisons fonctionnelles d'être soumises à l'épreuve de l'évolution que si les contraintes sur l'espacement entre les éléments régulateurs avaient été strictes.

CONCEPTS CLÉS DE LA SECTION 11.3

Les activateurs et les répresseurs de la transcription

- Les facteurs de transcription, qui stimulent ou répriment la transcription, se fixent à des éléments régulateurs proches du promoteur et à des amplificateurs (enhancers) dans l'ADN eucaryote.
- Les activateurs et les répresseurs de la transcription sont généralement des protéines modulaires contenant un seul domaine de liaison à l'ADN et un seul ou quelques domaines d'activation (pour les activateurs) ou domaines de répression (pour les répresseurs). Les différents domaines sont fréquemment liés par des régions polypeptidiques flexibles (voir Figure 11-18).
- Le doigt à zinc C_2H_2, l'homéodomaine, l'hélice-boucle-hélice basique (bHLH) et la fermeture éclair basique (fermeture éclair à leucines) sont parmi les motifs structuraux les plus courants dans les domaines de liaison à l'ADN des facteurs de transcription eucaryotes. Tous ces motifs de liaison à l'ADN et bien d'autres encore contiennent une ou plusieurs hélices α qui interagissent avec le grand sillon de l'ADN du site auquel ils se fixent.
- Les régions de contrôle de la transcription de la plupart des gènes comportent des sites de liaison pour de multiples facteurs de la transcription. La transcription de ces gènes varie en fonction du répertoire particulier de facteurs de transcription qui sont exprimés et activés dans une cellule donnée à un moment précis.
- La complexité combinatoire du contrôle de la transcription résulte de combinaisons alternatives de monomères qui forment des facteurs de transcription hétérodimériques (voir Figure 11-23) et de la liaison coopérative des facteurs de transcription à des sites composites de contrôle (voir Figure 11-24).
- Les domaines d'activation et de répression dans les facteurs de la transcription possèdent différentes séquences d'acides aminés et structures tridimensionnelles. En général, ces domaines fonctionnels interagissent avec des co-activateurs ou

des co-répresseurs, qui sont essentiels à la capacité des facteurs de transcription de moduler l'expression des gènes.

■ La fixation coopérative de multiples activateurs à des sites voisins sur un amplificateur (*enhancer*) forme un complexe multiprotéique appelé enhancesome (voir Figure 11-26). L'assemblage des enhancesomes nécessite souvent de petites protéines qui se fixent dans le petit sillon de l'ADN et courbent fortement l'ADN, ce qui permet aux protéines liées de part et d'autre du coude d'interagir plus facilement.

11.4 L'amorçage de la transcription par l'ARN polymérase II

Nous avons abordé dans les sections précédentes un grand nombre des séquences d'ADN et des protéines eucaryotes qui participent à la transcription et à son contrôle. Dans cette section, nous allons nous intéresser aux *complexes de pré-amorçage de la transcription* contenant l'ARN polymérase II (Pol II). Rappelons que cette ARN polymérase eucaryote catalyse la synthèse des ARNm et de quelques petits ARN nucléaires (ARNsn pour *small nuclear RNA*). Les mécanismes qui contrôlent l'assemblage des complexes de pré-amorçage de la transcription contenant l'ARN polymérase II, et donc le taux de transcription des gènes codant des protéines, seront considérés dans la section suivante.

Les facteurs généraux de la transcription positionnent l'ARN polymérase II au niveau des sites de début de la transcription et l'aident pour l'amorçage

La transcription *in vitro* par l'ARN polymérase II nécessite l'addition de plusieurs facteurs d'amorçage séparés de la polymérase II pendant la purification. Ces facteurs d'amorçage, qui positionnent les molécules de polymérase au niveau des sites de début de la transcription et les aident à séparer les brins d'ADN pour que le brin matrice puisse pénétrer dans le site actif de l'enzyme, sont appelés *facteurs généraux de la transcription*. Au contraire des facteurs transcriptionnels traités dans la section précédente, qui se fixent à des sites spécifiques dans un nombre limité de gènes, les facteurs généraux de la transcription sont nécessaires à la synthèse de l'ARN de la plupart des gènes.

Les facteurs généraux de la transcription qui assistent Pol II dans l'amorçage de la transcription *in vitro* de la plupart des promoteurs formés d'une boîte TATA ont été isolés et caractérisés. On appelle ces protéines *TFIIA*, *TFIIB*, etc., et la plupart sont des protéines multimériques. La plus grosse d'entre elles est TFIID. Elle est constituée d'une *protéine de liaison à la boîte TATA* (*TBP* pour *TATA-box–binding protein*) de 38 kDa et de treize facteurs associés à TBP (TAF pour *TBP-associated factors*). Des facteurs généraux de la transcription avec des activités similaires ont été isolés à partir de cellules humaines en culture, de foie de rat, d'embryons de drosophile et de levures. Les gènes codant ces protéines chez la levure ont été séquencés lors du séquençage du génome complet de cet organisme et de nombreux ADNc codant les facteurs généraux de la transcription de Pol II de l'homme et de la drosophile ont été clonés et séquencés. Dans tous les cas, les facteurs généraux de la transcription équivalents chez différents eucaryotes sont hautement conservés.

L'assemblage séquentiel des protéines forme *in vitro* le complexe de pré-amorçage de la transcription contenant Pol II

Des études biochimiques approfondies ont révélé la façon dont est assemblé le complexe de pré-amorçage contenant Pol II. Il contient une molécule de Pol II et des facteurs généraux de la transcription liés à un promoteur de l'ADN. Dans ces études, on a utilisé la technique d'empreintes à l'ADNase I et la mesure des changements de mobilité électrophorétique afin de déterminer l'ordre dans lequel Pol II et les facteurs généraux de la transcription se fixent aux promoteurs constitués de boîtes TATA. Comme le facteur TFIID complet qui contient de multiples sous-unités est difficile à purifier, les chercheurs ont utilisé uniquement le composant TBP isolé de ce facteur général de la transcription lors de ces expériences. Pol II est capable de débuter la transcription *in vitro* en l'absence des autres sous-unités de TFIID.

La Figure 11-27 résume les connaissances actuelles de l'assemblage séquentiel du complexe de pré-amorçage contenant Pol II *in vitro*. TBP est la première protéine à se fixer à une boîte TATA. Toutes les TBP eucaryotes analysées jusqu'à présent possèdent des domaines C-terminaux très similaires de 180 résidus. La séquence de cette région présente une identité de 80 % entre les protéines de levure et d'homme et la plupart des différences sont des substitutions conservatives. Ce domaine C-terminal conservé fonctionne aussi bien que la protéine complète pour la transcription *in vitro*. (Le domaine N-terminal de TBP, dont la séquence et la longueur varient considérablement d'un eucaryote à l'autre, intervient lors de la transcription catalysée par Pol II des gènes codant des ARNsn.) TBP est un monomère qui se replie en une structure en forme de selle. Les deux moitiés de la molécule présentent une symétrie globale en dyade mais ne sont pas identiques. Comme HMGI et d'autres protéines courbant l'ADN qui participent à la formation des enhancesomes, TBP interagit avec le petit sillon de l'ADN, courbant considérablement la double hélice (voir Figure 4-5). La surface de liaison à l'ADN de TBP est conservée chez tous les eucaryotes, ce qui explique la forte conservation de la boîte TATA (voir Figure 11-9).

Une fois que TBP s'est fixé à la boîte TATA, TFIIB peut s'accrocher. TFIIB est une protéine monomérique, légèrement plus petite que TBP. Le domaine C-terminal de TFIIB entre en contact avec TBP et avec l'ADN de part et d'autre de la boîte TATA, tandis que son domaine N-terminal s'étend vers le site de début de la transcription. Après la liaison de TFIIB, un complexe préformé constitué de TFIIF (une protéine tétramérique) et de Pol II se fixe, positionnant la polymérase sur le site de début de la transcription. Au niveau de la plupart des promoteurs, deux facteurs transcriptionnels plus généraux doivent se fixer avant que le duplex d'ADN puisse être séparé et que le brin matrice soit exposé. La protéine tétramérique TFIIE est la première à se fixer, ce qui crée un site d'ancrage pour TFIIH, un autre facteur multimérique contenant neuf sous-unités. La liaison de TFIIH complète l'assemblage du complexe de pré-amorçage de la transcription *in vitro* (voir Figure 11-27).

L'activité **hélicase** de l'une des sous-unités de TFIIH utilise l'énergie de l'hydrolyse d'ATP pour dérouler l'ADN double-brin au niveau du site de début de la transcription, ce qui permet à Pol II de former un complexe *ouvert* dans lequel les deux brins du duplex d'ADN entourant le site de début de la transcription sont séparés et le brin matrice est lié au site actif de la polymérase. Si en plus de l'ATP, le milieu contient du GTP, du CTP et de l'UTP, Pol II commence à transcrire le brin matrice. Lorsque la polymérase catalyse la transcription en s'éloignant du promoteur, une autre sous-unité de TFIIH phosphoryle le domaine C-terminal (CTD) de Pol II au niveau de sites multiples (voir Figure 11-27). Lors de l'expérience minimale de transcription *in vitro* contenant ces facteurs généraux de la transcription et l'ARN polymérase II purifiée, TBP reste lié à la boîte TATA lorsque la polymérase catalyse la transcription en s'éloignant du promoteur, mais les autres facteurs généraux de la transcription se dissocient.

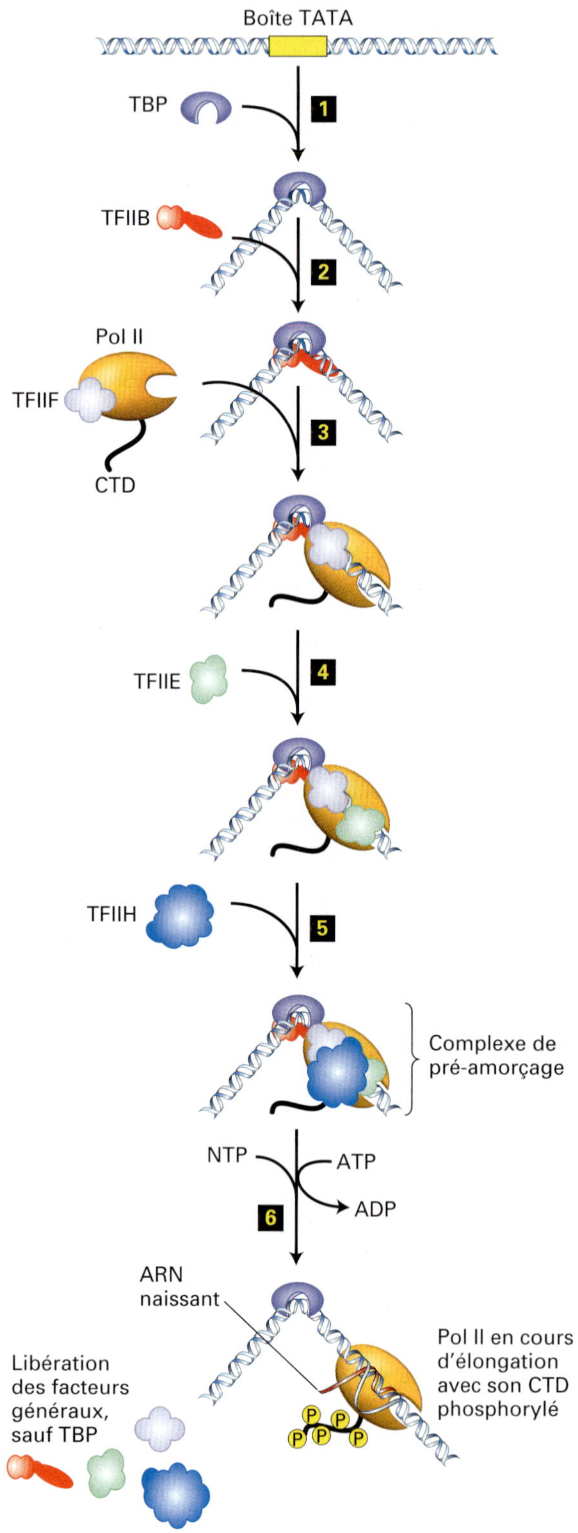

MÉDECINE Chez l'homme, les premières sous-unités clonées de TFIIH ont été identifiées en raison de mutations dans les gènes qui les codaient, provoquant des déficiences dans la réparation de l'ADN endommagé. Chez les individus non atteints, lorsqu'une ARN polymérase en cours de transcription est ralentie au niveau d'une région où l'ADN matrice est endommagé, on pense qu'un sous-complexe de TFIIH reconnaît la polymérase ralentie et recrute d'autres protéines qui aident TFIIH à réparer la région endommagée de l'ADN. En l'absence de TFIIH fonctionnelle, cette réparation de l'ADN endommagé dans les gènes en cours de transcription est déficiente. De ce fait, les individus affectés ont une peau d'une extrême sensibilité au soleil (une cause courante de lésion dans l'ADN) et présentent une fréquence élevée de cancer. Selon la gravité du défaut de fonctionnement de TFIIH, ces individus peuvent souffrir de maladies telles que le *xeroderma pigmentosum* et le syndrome de Cockayne (Chapitre 23). ▮

L'amorçage de la transcription *in vivo* par Pol II nécessite des protéines supplémentaires

Bien que les facteurs généraux de la transcription traités ci-dessus permettent à Pol II de débuter la transcription *in vitro*, un autre facteur général de la transcription, TFIIA, est nécessaire à la transcription par Pol II *in vivo*. La protéine TFIIA purifiée forme un complexe avec TBP et l'ADN de la boîte TATA. La cristallographie aux rayons X de ce complexe montre que TFIIA interagit avec le côté de TBP situé en amont par rapport au sens de la transcription. Des expériences biochimiques suggèrent que dans les cellules d'eucaryotes supérieurs, TFIIA et TFIID avec ses multiples sous-unités de TAF, se fixent d'abord à l'ADN de la boîte TATA et que les autres facteurs généraux de la transcription s'accrochent ensuite, comme l'indique la Figure 11-27.

Les sous-unités TAF de TFIID semblent jouer un rôle dans l'amorçage de la transcription à partir des promoteurs sans boîte TATA. Par exemple, certaines sous-unités de TAF entrent en contact avec les promoteurs de type initiateur, ce qui explique probablement comment ces séquences peuvent remplacer une boîte TATA. Des sous-unités supplémentaires de TAF de TFIID peuvent se fixer à une séquence consensus A/G-G-A/T-C-G-T-G dont le centre se trouve ≈ 30 pb en aval du site de début de la transcription dans de nombreux gènes dépourvus de boîte TATA. En raison de sa

FIGURE 11-27 L'assemblage *in vitro* du complexe de pré-amorçage contenant l'ARN polymérase II. Les facteurs généraux de la transcription indiqués et l'ARN polymérase II (Pol II) purifiée se fixent séquentiellement à l'ADN de la boîte TATA pour former un complexe de pré-amorçage. L'hydrolyse d'ATP fournit ensuite l'énergie nécessaire au déroulement de l'ADN par une sous-unité TFIIH, au niveau du site de début de la transcription. Lorsque Pol II débute la transcription dans le complexe ouvert résultant, elle s'éloigne du promoteur et son CTD est alors phosphorylé. *In vitro*, les facteurs généraux de la transcription (sauf TBP) se dissocient du complexe TBP-promoteur, mais on ignore quels facteurs restent associés aux régions promotrices après chaque cycle d'amorçage de la transcription *in vivo*.

position, cette séquence régulatrice est appelée *élément promoteur en aval* (*DPE* pour *downstream promoter element*). Le DPE facilite la transcription des gènes sans boîte TATA dans lesquels il est présent, en augmentant la liaison de TFIID.

En plus des facteurs généraux de la transcription, des activateurs et des répresseurs spécifiques régulent la transcription des gènes par Pol II. Nous examinerons dans la section suivante la façon dont ces protéines régulatrices influencent l'amorçage de la transcription par Pol II.

CONCEPTS CLÉS DE LA SECTION 11.4

L'amorçage de la transcription par l'ARN polymérase II

- La transcription par Pol II des gènes codant des protéines peut être amorcée *in vitro* par la liaison séquentielle des protéines suivantes dans l'ordre indiqué : TBP, qui se fixe à l'ADN de la boîte TATA ; TFIIB ; un complexe formé de Pol II et TFIIF ; TFIIE et enfin TFIIH (voir Figure 11-27).
- L'activité hélicase d'une sous-unité de TFIIH sépare les brins matrices au niveau du site de début de la transcription de la plupart des promoteurs, un processus qui nécessite l'hydrolyse d'ATP. Lorsque Pol II commence à catalyser la transcription en s'éloignant du site de début de la transcription, son CTD est phosphorylé par une autre sous-unité de TFIIH.
- L'amorçage de la transcription *in vivo* par Pol II nécessite également TFIIA et, chez les métazoaires, une protéine TFIID complète, comprenant ses multiples sous-unités TAF ainsi que la sous-unité TBP.

11.5 Les mécanismes moléculaires de l'activation et de la répression de la transcription

Les activateurs et les répresseurs qui se fixent à des sites spécifiques de l'ADN et régulent l'expression de gènes associés codant des protéines remplissent leur fonction grâce à deux mécanismes généraux. Tout d'abord, ces protéines régulatrices agissent de concert avec d'autres protéines pour moduler la structure de la chromatine, influençant alors la capacité des facteurs généraux de la transcription de se fixer à d'autres promoteurs. Nous avons vu au Chapitre 10 que dans les cellules eucaryotes, l'ADN n'est pas libre ; il est en effet associé à une masse environ égale de protéines sous la forme de **chromatine**. L'unité structurale élémentaire de la chromatine est le **nucléosome**, qui est constitué de ≈ 147 paires de bases d'ADN enroulées étroitement autour d'une partie centrale en forme de disque, constituée de protéines **histones**. Les résidus présents dans la région N-terminale de chaque histone et la région C-terminale de l'histone H2A, appelées *queues d'histones*, s'étendent à partir de la surface du nucléosome et peuvent être modifiés de façon réversible (voir Figure 10-20). Les modifications de ce type, en particulier l'acétylation des queues d'histones H3 et H4, influencent la condensation relative de la chromatine et donc son accessibilité aux protéines nécessaires à l'amorçage de la transcription. En plus de leur rôle dans ce contrôle transcriptionnel impliquant la chromatine, des activateurs et des répresseurs interagissent avec un gros complexe multiprotéique appelé *médiateur du complexe transcriptionnel* ou simplement **médiateur**. Ce complexe se fixe à son tour à Pol II et régule directement l'assemblage des complexes de pré-amorçage de la transcription.

Dans cette section, nous allons présenter les connaissances actuelles du contrôle de la structure de la chromatine et de l'assemblage des complexes de pré-amorçage par les activateurs et les répresseurs. Dans la section suivante, nous envisagerons le contrôle des concentrations et des activités des répresseurs et des activateurs, qui permet un ajustement précis de l'expression des gènes aux besoins de la cellule et de l'organisme.

La formation d'hétérochromatine interrompt l'expression des gènes au niveau des télomères, près des centromères et dans d'autres régions

On sait depuis de nombreuses années que les gènes inactifs dans les cellules eucaryotes sont souvent associés à l'**hétérochromatine**, des régions de la chromatine bien plus condensées et au marquage plus sombre par des colorants d'ADN que l'**euchromatine**, dans laquelle sont situés la plupart des gènes transcrits (voir Figure 5-25). Les régions des chromosomes proches des centromères et des télomères, ainsi que d'autres régions spécifiques variables en fonction du type cellulaire, sont organisées en hétérochromatine. L'ADN présent dans l'hétérochromatine est moins accessible aux protéines d'origine externe que l'ADN contenu dans l'euchromatine. Pour cette raison on qualifie souvent cet ADN de chromatine « fermée ». On a vu par exemple, dans une expérience décrite au chapitre précédent, que l'ADN des gènes inactifs était bien plus résistant à la digestion par l'ADNase I que l'ADN des gènes transcrits (voir Figure 10-22).

L'étude des régions d'ADN de *S. cerevisiae* qui se comportent comme l'hétérochromatine des eucaryotes supérieurs a apporté les premiers renseignements sur la *répression de la transcription par l'intermédiaire de la chromatine*. Cette levure peut se développer sous forme de cellules haploïdes ou diploïdes. Les cellules haploïdes présentent l'un ou l'autre de deux types sexuels possibles, appelés **a** et α. Des cellules de type sexuel différent peuvent « s'accoupler » ou fusionner pour produire une cellule diploïde (voir Figure 1-5). Lorsqu'une cellule haploïde se divise par bourgeonnement, la cellule « mère », plus grande, change de type sexuel (voir Figure 22-21). Des analyses génétiques et moléculaires ont révélé que trois locus génétiques situés sur le chromosome III de levure contrôlent le type sexuel des cellules de levure (Figure 11-28). Seul le locus central du type sexuel, appelé *MAT*, est transcrit activement. Nous verrons au Chapitre 22 comment les protéines codées par le locus *MAT* déterminent le phénotype **a** ou α d'une cellule. Les deux autres locus, appelés *HML* et *HMR*, proches du télomère gauche et du télomère droit respectivement, contiennent des copies « silencieuses » (non transcrites) des gènes **a** ou α. Ces séquences sont transférées alternativement à partir de *HML*α ou *HMR***a** dans le locus *MAT*, par un type de recombinaison non réciproque entre les chromatides sœurs au cours de la division cellulaire. Lorsque le locus *MAT* contient la séquence d'ADN de *HML*α, les cellules se comportent comme des cellules α. Lorsque le locus *MAT* contient la séquence d'ADN de HMR**a**, les cellules se comportent comme des cellules **a**.

Ce qui nous intéresse ici est la façon dont la transcription des locus silencieux de type sexuel *HML* et *HMR* est réprimée. Si les gènes présents au niveau de ces locus sont exprimés, comme ils le

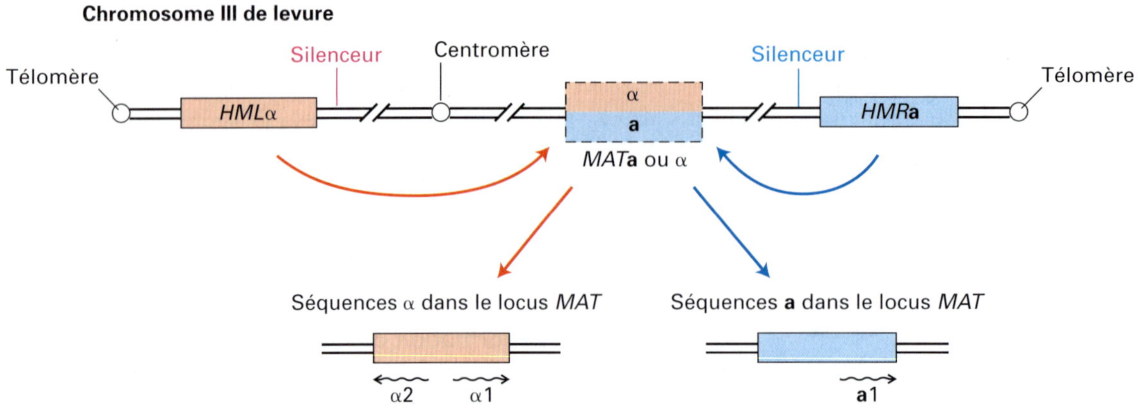

FIGURE 11-28 L'arrangement des locus de type sexuel sur le chromosome III de la levure *S. cerevisiae*. Les gènes silencieux (non exprimés) de type sexuel (**a** ou *α* selon la souche) sont situés dans le locus *HML*. Les gènes de type sexuel opposé sont présents dans le locus silencieux *HMR*. Lorsque les séquences **a** ou *α* sont présentes dans le locus *MAT*, elles peuvent être transcrites en ARNm dont les protéines codées spécifient le phénotype du type sexuel de la cellule. Les séquences appelées silenceurs, situées près de *HML* et *HMR* fixent des protéines essentielles à la répression de ces locus silencieux. Les cellules haploïdes peuvent changer de type sexuel au cours d'un processus qui transfère la séquence d'ADN de *HML* ou *HMR* vers le locus *MAT* au niveau duquel la transcription est active.

sont dans des mutants de levure avec un mécanisme de répression déficient, les protéines **a** et *α* sont exprimées toutes les deux, ce qui produit des cellules dont le comportement est celui de cellules diploïdes incapables de fusionner. Les promoteurs et les UAS contrôlant la transcription des gènes **a** et *α* sont situés près du milieu de la séquence d'ADN transférée et sont identiques si les séquences se trouvent au niveau du locus *MAT* ou de l'un des locus silencieux. Par conséquent, la fonction des facteurs de la transcription qui interagissent avec ces séquences est d'une certaine façon bloquée au niveau de *HML* et *HMR*. Cette répression des locus silencieux dépend de séquences appelées **silenceurs** (*silencers*) situées à côté de la région de l'ADN transféré au niveau de *HML* et *HMR* (voir Figure 11-28). Si le silenceur est délété, le locus silencieux adjacent est transcrit. Il est frappant de constater que tout gène placé près de la séquence silenceur du type sexuel de levure par les techniques de l'ADN recombinant est réprimé, même s'il s'agit d'un gène d'ARNt transcrit par l'ARN polymérase III qui utilise un groupe de facteurs généraux de la transcription, différent de celui de l'ARN polymérase II.

Plusieurs types de preuves indiquent que la répression des locus *HML* et *HMR* résulte d'une structure condensée de la chromatine qui, par son arrangement stérique, empêche les facteurs de la transcription d'interagir avec l'ADN. Lors d'une expérience remarquable, le gène codant une enzyme d'*E. coli* qui méthyle les résidus adénine des séquences GATC, a été introduit dans des cellules de levure placées sous contrôle d'un promoteur de levure, qui permet l'expression de l'enzyme. Les chercheurs ont découvert que les séquences GATC dans le locus *MAT* et la plupart des autres régions du génome de ces cellules étaient méthylées, ce qui n'était pas le cas des séquences présentes dans les locus *HML* et *HMR*. Ces résultats indiquent que l'ADN des locus silencieux est inaccessible à la méthylase d'*E. coli* et sans doute aux protéines en général, y compris aux facteurs de la transcription et à l'ARN polymérase. Des expériences similaires menées avec des levures présentant différentes mutations au niveau de leurs histones ont montré que des interactions spécifiques impliquant les queues d'histones de H3 et H4 sont nécessaires à la formation d'une structure chromatinienne parfaitement réprimée. D'autres études ont mis en évidence le comportement des télomères de chaque chromosome de levure, qui est identique à celui des silenceurs. Par exemple, lorsqu'un gène est placé à moins de quelques kilobases de n'importe quel télomère de levure, son expression est réprimée. De plus, cette répression est levée par les mêmes mutations dans les queues d'histones de H3 et H4 que celles qui interfèrent avec la répression au niveau des locus silencieux de type sexuel.

Des études de génétique ont permis d'identifier plusieurs protéines, RAP1 et trois protéines SIR, qui sont nécessaires à la répression des locus silencieux de type sexuel et des télomères chez la levure. On a découvert que RAP1 se fixait aux silenceurs d'ADN associés à *HML* et *HMR* et à une séquence répétée un grand nombre fois dans chaque télomère chromosomique. D'autres études biochimiques ont montré que les protéines SIR se fixent l'une à l'autre et que le complexe formé s'associe aux queues N-terminales des histones H3 et H4 qui sont maintenues dans un état très peu acétylé, par l'activité désacétylase de SIR2. Plusieurs expériences utilisant la microscopie confocale à fluorescence ont été menées sur des cellules de levure colorées à l'aide d'un anticorps marqué par fluorescence, spécifique de n'importe laquelle des protéines SIR ou RAP1 ou bien hybridées à une sonde d'ADN marquée, spécifique d'un télomère. Ces expériences ont révélé que ces protéines forment de grosses structures nucléoprotéiques condensées au niveau des télomères, qui ressemblent à l'hétérochromatine présente chez les eucaryotes supérieurs (Figure 11-29). La Figure 11-30 décrit un modèle de répression de l'expression des gènes par l'intermédiaire de la chromatine, au niveau des télomères de levure. Ce modèle est construit à partir de ces études et d'autres non décrites ici. La formation de l'hétérochromatine au niveau des télomères est assurée par de multiples protéines RAP1 liées à des séquences répétées dans une région dépourvue de nucléosomes située à l'extrémité d'un télomère. Un réseau d'interactions protéine-protéine impliquant la protéine RAP1 liée au télomère, trois protéines SIR (2, 3 et 4) et les histones H3 et H4 hypoacétylées crée un complexe nucléoprotéique d'ordre supérieur stable, qui comprend plusieurs télomères et dans lequel l'ADN est quasiment

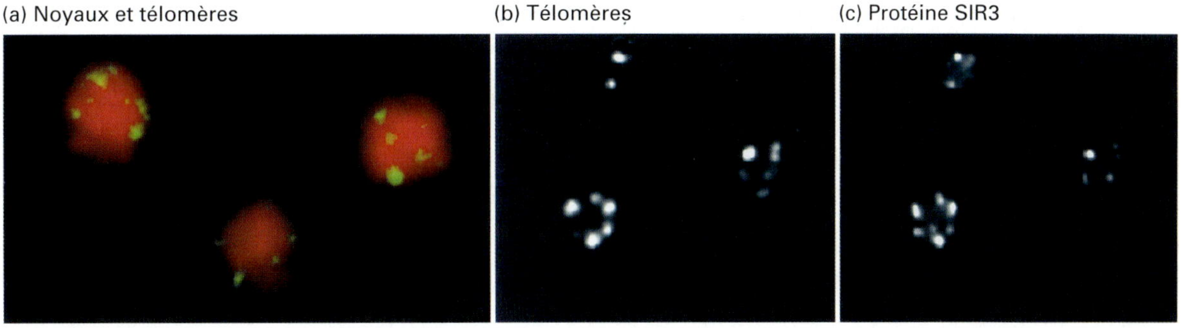

FIGURE EXPÉRIMENTALE 11-29 Des anticorps et des sondes d'ADN permettent de localiser la protéine SIR3 au niveau de l'hétérochromatine télomérique dans les noyaux de levure. (a) Une micrographie confocale d'une coupe de 0,3 μm d'épaisseur à travers trois cellules diploïdes de levure, contenant chacune 68 télomères. Les télomères ont été marqués par une hybridation avec une sonde fluorescente spécifique des télomères (en jaune). L'ADN a été marqué en rouge pour faire apparaître les noyaux. Les 68 télomères coalescent en un nombre nettement inférieur de régions près de la périphérie du noyau. (b, c) Des micrographies confocales de cellules de levure marquées à l'aide d'une sonde d'hybridation spécifique des télomères (b) et d'un anticorps marqué par fluorescence spécifique de SIR3 (c). Remarquez que SIR3 est localisée dans l'hétérochromatine télomérique réprimée. Des expériences similaires avec RAP1, SIR2 et SIR4 ont montré que ces protéines se trouvent également dans l'hétérochromatine télomérique réprimée. [D'après M. Gotta *et al.*, 1996, *J. Cell Biol.* **134** :1349 ; aimablement communiqué par M. Gotta, T. Laroche & S. M. Gasser.]

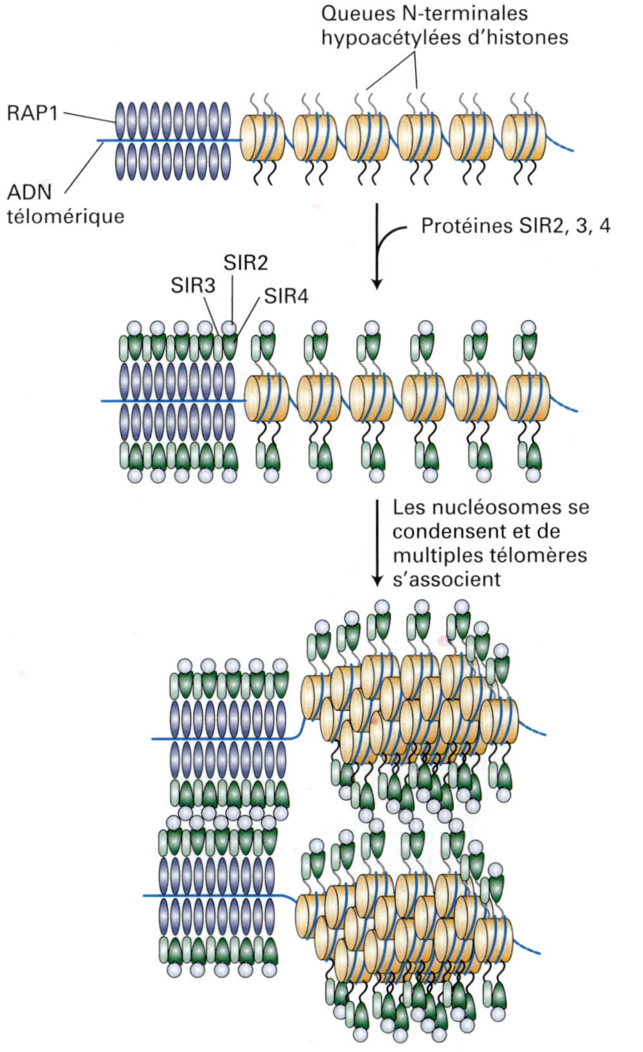

inaccessible à toutes les protéines externes. Une autre protéine, SIR1, est également nécessaire pour réprimer l'expression des gènes présents dans les locus silencieux de type sexuel. Bien que la fonction de SIR1 ne soit pas encore parfaitement comprise, on sait maintenant qu'elle s'associe au silenceur et induit l'assemblage d'un complexe télomérique multiprotéique répresseur similaire, qui englobe *HML* et *HMR*.

Une caractéristique importante de ce modèle est la dépendance de la répression vis-à-vis de l'hypoacétylation des queues d'histones. Ceci fut démontré lors d'expériences menées sur des mutants de levure exprimant des histones dans lesquelles les lysines des extrémités N-terminales étaient remplacées par des arginines ou des glycines. L'arginine est chargée positivement, comme la lysine, mais ne peut être acétylée. On pense qu'elle se comporte dans les queues N-terminales des histones comme une lysine non acétylée. À l'inverse, la glycine simule l'absence de lysine. La répression au niveau des télomères et des locus silencieux de type sexuel était déficiente chez les mutants présentant des substitutions de glycine, mais pas chez les mutants avec des substitutions d'arginine. On a découvert ultérieurement que l'hyperacétylation des lysines de H3 et de H4 interférait avec la fixation de SIR3 et SIR4.

Bien que la répression de la transcription par l'intermédiaire de la chromatine soit également importante chez les eucaryotes

FIGURE 11-30 Un modèle schématique du mécanisme de répression au niveau des télomères de levure. De multiples copies de RAP1 se fixent à une séquence simple répétée au niveau de chaque région télomérique, qui est dépourvue de nucléosomes (*en haut*). Ceci provoque l'assemblage d'un complexe multiprotéique (*en bas*) grâce à des interactions protéine-protéine entre RAP1, SIR2, SIR3, SIR4 et les queues N-terminales hypoacétylées des histones H3 et H4 des nucléosomes voisins. SIR2 désacétyle les queues d'histones. La structure organisée en hétérochromatine de chaque télomère comprend ≈ 4 kb de l'ADN voisin des sites de liaison de RAP1, quelle que soit sa séquence. L'association de plusieurs télomères condensés forme des complexes d'hétérochromatine d'ordre supérieur, dont l'arrangement stérique empêche les autres protéines d'interagir avec l'ADN. Voir le texte pour plus de détails. [Adapté de M. Grunstein, 1997, *Curr. Opin. Cell Biol.* **9** :383.]

pluricellulaires, le mécanisme de cette répression est toujours en cours d'étude. Des analyses génétiques et biochimiques chez la drosophile ont révélé que de multiples protéines associées en gros complexes multiprotéiques participent à ce processus. Ces *complexes Polycomb* seront traités plus en détail au Chapitre 15. Comme dans le cas de la liaison des protéines SIR aux télomères de levure (voir Figure 11-29), ces protéines Polycomb de drosophile peuvent être visualisées lorsqu'elles sont fixées aux gènes qu'elles répriment au niveau de sites spécifiques multiples du génome, grâce à la liaison *in situ* d'anticorps marqués spécifiques, aux chromosomes polytènes des glandes salivaires.

Les répresseurs peuvent induire la désacétylation des histones au niveau de gènes spécifiques

L'importance de la *désacétylation des histones* dans la répression des gènes par l'intermédiaire de la chromatine a été confirmée par des études menées sur des répresseurs eucaryotes qui régulent des gènes à des positions internes des chromosomes. On sait maintenant que ces protéines agissent en partie en provoquant la désacétylation des queues d'histones dans les nucléosomes qui se fixent à la boîte TATA et à la région proche du promoteur des gènes qu'elles répriment. Des études *in vitro* ont montré que lorsque l'ADN promoteur forme un nucléosome avec des histones non acétylées, les facteurs généraux de la transcription ne peuvent se fixer ni à la boîte TATA ni à la région d'amorçage. Dans les histones non acétylées, les lysines N-terminales sont chargées positivement et interagissent fortement avec les phosphates de l'ADN. Les queues des histones non acétylées interagissent également avec les octamères voisins d'histones, ce qui favorise le reploiement de la chromatine en structures condensées d'ordre supérieur, dont la conformation précise n'est pas encore bien comprise. L'effet net est l'impossibilité pour les facteurs généraux de la transcription de s'assembler en un complexe de pré-amorçage sur un promoteur associé à des histones hypoacétylées. Au contraire, la liaison des facteurs généraux de la transcription est bien moins réprimée par les histones possédant des queues hyperacétylées dans lesquelles les lysines chargées positivement sont neutralisées et les interactions électrostatiques avec les phosphates de l'ADN sont éliminées.

Le lien entre la désacétylation des histones et la répression de la transcription au niveau de promoteurs voisins de levure devint plus clair lorsque l'on découvrit que l'ADNc codant une *désacétylase d'histones* humaine présentait une forte homologie avec le gène *RPD3* de levure. On sait en effet que ce dernier est nécessaire à la répression normale d'un certain nombre de gènes de levure. D'autres études ont montré que la protéine RPD3 possède une activité *désacétylase d'histones*. La capacité de RPD3 de désacétyler les histones au niveau de nombreux promoteurs dépend de deux autres protéines : UME6, un répresseur qui se fixe à une séquence régulatrice en amont (URS pour *upstream regulatory sequence*)

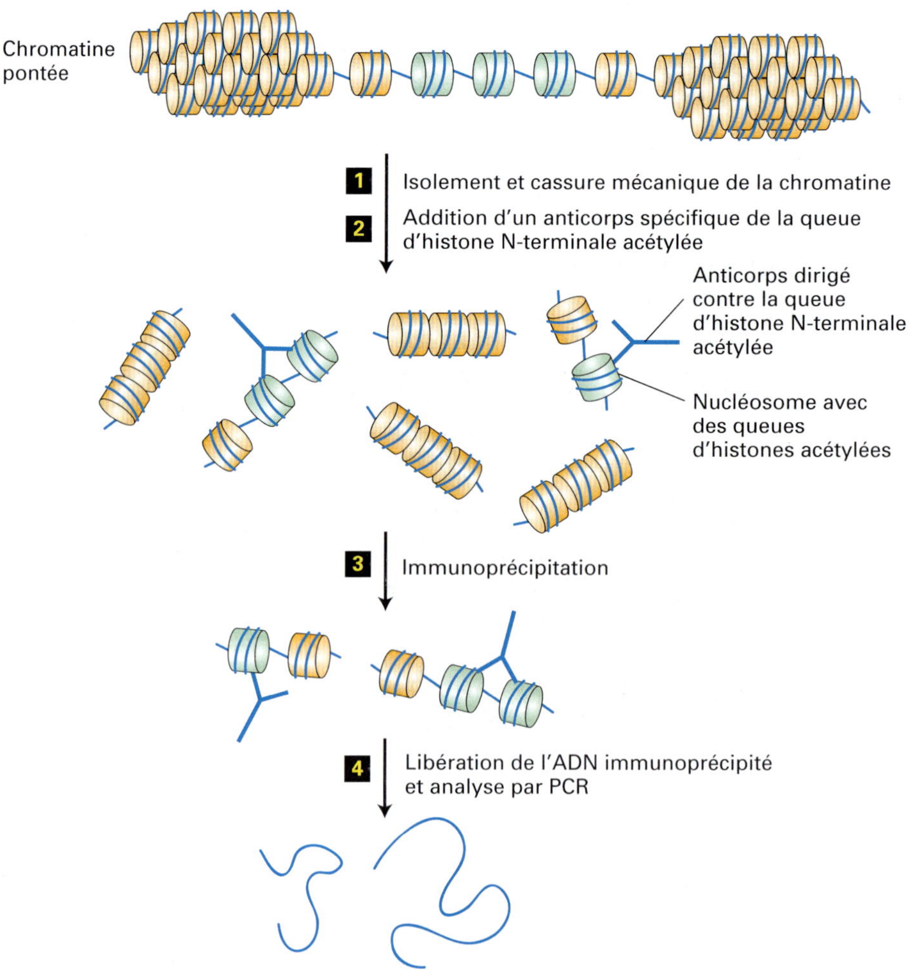

FIGURE EXPÉRIMENTALE 11-31 La technique d'immunoprécipitation de la chromatine permet de révéler l'état d'acétylation des histones dans la chromatine. Les histones forment quelques liaisons croisées (pontages) avec l'ADN *in vivo* si l'on utilise un agent formant des pontages chimiques réversibles, auquel la cellule est perméable. Les nucléosomes avec des queues d'histones acétylées sont représentés en vert. Étape **1** : La chromatine pontée est ensuite isolée et coupée en fragments de 2 à 3 nucléosomes de long en moyenne. Étape **2** : Un anticorps dirigé contre une séquence particulière de queue d'histone acétylée est ajouté et (étape **3**) les nucléosomes liés subissent une immunoprécipitation. Étape **4** : L'ADN présent dans les fragments de chromatine immunoprécipités est libéré grâce à l'inversion des pontages, et quantifié par une technique sensible de PCR. Cette technique peut être utilisée pour analyser *in vivo* l'association de n'importe quelle protéine à une séquence spécifique d'ADN en utilisant un anticorps dirigé contre la protéine intéressante dans l'étape **2**. [Voir S. E. Rundlett *et al.*, 1998, *Nature* **392** :831.]

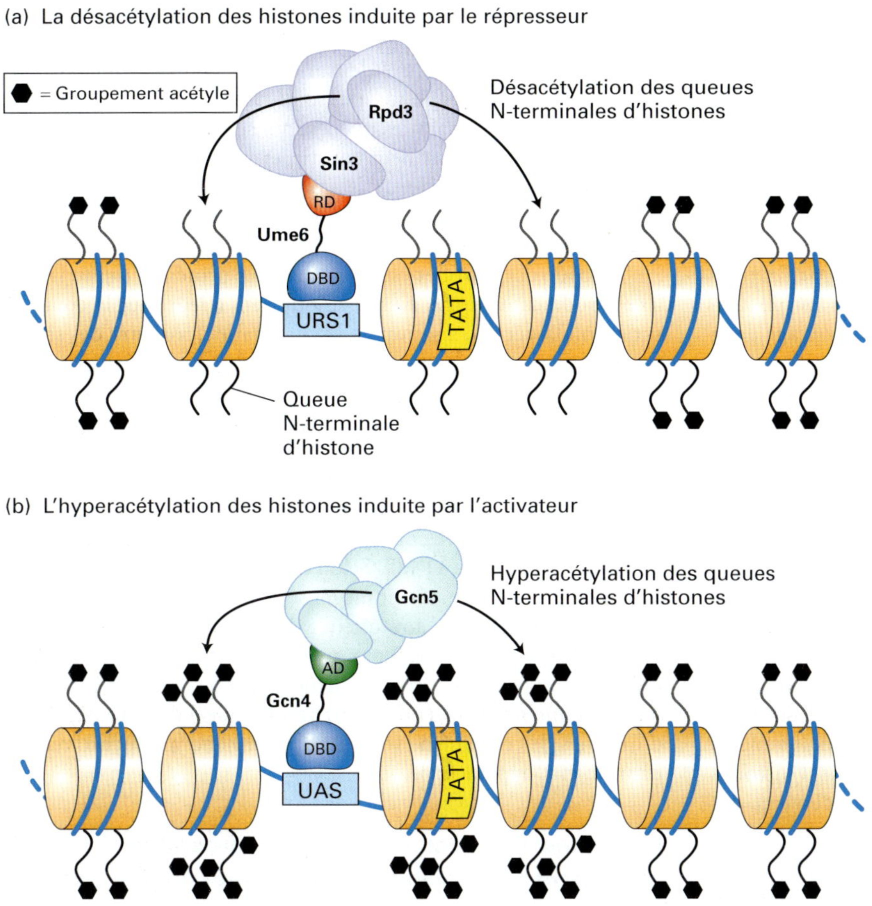

FIGURE 11-32 Une hypothèse du mécanisme de désacétylation et d'hyperacétylation des histones lors du contrôle de la transcription chez la levure. (a) La désacétylation des queues N-terminales d'histones, induite par le répresseur. Le domaine de liaison à l'ADN (DBD) du répresseur UME6 interagit avec un élément spécifique de contrôle en amont (URS1) des gènes qu'il régule. Le domaine de répression de UME6 (RD) se fixe à SIN3, une sous-unité d'un complexe multiprotéique qui comprend RPD3, une désacétylase d'histones. La désacétylation des queues N-terminales d'histones sur les nucléosomes dans la région du site de liaison de UME6 inhibe la fixation des facteurs généraux de la transcription à la boîte TATA, réprimant de ce fait l'expression des gènes. (b) L'hyperacétylation des queues N-terminales d'histones, induite par l'activateur. Le domaine de liaison à l'ADN de l'activateur GCN4 interagit avec des séquences activatrices en amont (UAS) spécifiques des gènes qu'il régule. Le domaine d'activation de GCN4 (AD) interagit ensuite avec un complexe multiprotéique à activité acétylase d'histones qui comprend la sous-unité catalytique GCN5. L'hyperacétylation ultérieure des queues N-terminales d'histones sur les nucléosomes situés au voisinage du site de liaison de GCN4 facilite l'accès des facteurs généraux de la transcription nécessaires à l'amorçage. La répression et l'activation de nombreux gènes chez les eucaryotes supérieurs sont gouvernées par des mécanismes similaires.

spécifique (URS1) et SIN3 qui appartient à un gros complexe multiprotéique contenant également RPD3. SIN3 se fixe aussi au domaine de répression de UME6, positionnant alors la désacétylase d'histones RPD3 dans le complexe, de façon à lui permettre d'interagir avec des nucléosomes voisins, associés au promoteur, et de retirer les groupements acétyle des lysines N-terminales des histones. D'autres expériences utilisant la technique d'*immunoprécipitation de la chromatine* décrite dans la Figure 11-31, ont permis de démontrer que chez la levure de type sauvage, un ou deux nucléosomes situés au voisinage immédiat des sites de liaison de UME6 sont hypoacétylés. Ces régions d'ADN comprennent les promoteurs des gènes réprimés par UME6. Chez les mutants *sin3* et *rpd3* qui présentent une délétion, ces promoteurs sont non seulement déréprimés mais les nucléosomes proches des sites de liaison de UME6 sont hyperacétylés.

Toutes ces découvertes sont en faveur du modèle de désacétylation induite par un répresseur, présenté dans la Figure 11-32. Dans ce modèle, le complexe SIN3-RPD3 fonctionne comme un co-répresseur. On a trouvé également des complexes de co-répresseurs contenant des désacétylases d'histones, associés à de nombreux répresseurs de cellules de mammifères. Certains de ces complexes contiennent l'homologue de SIN3 chez les mammifères (mSin3), qui interagit avec la protéine répresseur. D'autres complexes de désacétylases d'histones identifiés dans des cellules de mammifères semblent contenir des protéines supplémentaires ou différentes qui se fixent au répresseur. On pense que ces différentes combinaisons répresseur et co-répresseur interviennent dans la désacétylation des histones au niveau de promoteurs spécifiques, par un mécanisme similaire à celui de la levure (voir Figure 11-32a). Néanmoins, l'observation de l'inhibition de la transcription *in vitro* en l'absence d'histones par un grand nombre de protéines répresseurs eucaryotes indique qu'il existe également des mécanismes plus directs de répression n'impliquant pas la désacétylation des histones.

La découverte de complexes de désacétylases d'histones contenant mSin3 fournit une explication à des observations effectuées antérieurement. Chez les vertébrés en effet, les régions d'ADN non transcrites contiennent souvent la *5-méthylcytidine* (mC), un résidu cytidine modifié suivi immédiatement d'un G, alors que les régions activement transcrites d'ADN sont dépourvues de résidus mC. On a observé que l'ADN contenant de la 5-méthylcytidine fixait une protéine spécifique qui interagit à son tour spécifiquement avec mSin3. Cette découverte suggère que l'association des co-répresseurs contenant mSin3 avec les sites méthylés de l'ADN conduit à la désacétylation des histones dans des nucléosomes voisins, rendant ces régions inaccessibles aux facteurs généraux de la transcription et à Pol II, et par conséquent inactives du point de vue de la transcription.

Des activateurs peuvent induire l'acétylation des histones au niveau de gènes spécifiques

Des études biochimiques et génétiques chez la levure ont permis de découvrir un complexe multiprotéique de grande taille contenant la protéine GCN5 qui possède une activité acétylase d'histones. Une autre sous-unité de ce complexe se fixe aux domaines acides d'activation dans des protéines activatrices de levure telles que GCN4. L'activation maximale de la transcription par GCN4 dépend de ces complexes à activité acétylase d'histones qui fonctionnent donc comme des co-activateurs. Le modèle représenté dans la Figure 11-32b s'accorde avec l'observation de l'hyperacétylation spécifique des nucléosomes proches du promoteur d'un gène régulé par l'activateur GCN4, comme l'a montré la technique d'immunoprécipitation de la chromatine. L'hyperacétylation des nucléosomes proches du promoteur, déclenchée par l'activateur, modifie (« ouvre ») la structure de la chromatine afin de faciliter la liaison des autres protéines nécessaires à l'amorçage de la transcription.

Un mécanisme similaire d'activation existe chez les eucaryotes supérieurs. Par exemple, les mammifères expriment deux protéines apparentées de ≈ 400 kD à domaines multiples, appelées *CBP* et *P300*, qui semblent fonctionner de façon similaire. Comme nous l'avons vu plus tôt, un domaine de CBP fixe le domaine acide d'activation phosphorylé du facteur de transcription CREB. D'autres domaines de CBP interagissent avec différents domaines d'activation appartenant à d'autres facteurs de transcription. Un autre domaine de CBP possède une activité acétylase d'histones et un autre domaine encore de CBP s'associe avec un complexe multiprotéique possédant cette même activité qui est homologue au complexe de levure contenant GCN5. On pense que l'une des fonctions de CREB et de nombreux autres activateurs de mammifères est de diriger CBP et le complexe à activité acétylase d'histones associé vers des nucléosomes spécifiques, où ils acétylent des queues d'histones. Ceci facilite alors l'interaction des facteurs généraux de la transcription avec le promoteur d'ADN. De plus, la grosse sous-unité TFIID possède également une activité acétylase d'histones et peut jouer le rôle de co-activateur en acétylant des queues N-terminales d'histones au voisinage de la boîte TATA.

Des modifications de résidus spécifiques dans les queues d'histones contrôlent la condensation de la chromatine

En plus de l'acétylation réversible, les queues d'histones dans la chromatine peuvent subir une phosphorylation réversible des résidus sérine et thréonine, une mono-ubiquitination réversible d'un résidu lysine dans la queue C-terminale de H2A et une méthylation irréversible des résidus lysine. Des preuves s'accumulent indiquant que ce n'est pas simplement le niveau total d'acétylation des histones qui contrôle la condensation de la chromatine et donc l'accessibilité de l'ADN. On pense plutôt que les acides aminés spécifiques présents dans les queues, qui sont acétylés ou modifiés d'une autre façon pourraient constituer un « *code des histones* » qui aiderait au contrôle de la condensation de la chromatine (Figure 11-33). La lysine en position 9 dans l'histone H3 par exemple est souvent méthylée dans l'hétérochromatine.

Le code des histones est « lu » par des protéines qui se fixent à ces modifications spécifiques et induisent à leur tour la condensation ou la décondensation de la chromatine, formant des structures chromatiniennes « ouvertes » ou « fermées ». Par exemple, les eucaryotes supérieurs expriment un grand nombre de protéines associées à l'hétérochromatine contenant ce que l'on appelle un *chromodomaine*, qui se fixe à la queue de l'histone H3 lorsqu'elle est méthylée au niveau de la lysine 9. Ces protéines pourraient contribuer au reploiement d'ordre supérieur caractéristique de l'hétérochromatine, un peu comme les protéines SIR dans les télomères de levure (voir Figure 11-30). Selon une autre hypothèse, le *bromodomaine* présent dans de nombreuses protéines associées à l'euchromatine se fixerait aux queues d'histones acétylées. La plus grosse sous-unité de TFIID par exemple contient deux bromodomaines assez proches, qui pourraient l'aider à s'associer à la chromatine contenant un code actif, tandis que l'activité acétylase d'histones de cette même sous-unité maintiendrait la chromatine dans un état hyperacétylé.

Les facteurs de remodelage de la chromatine participent à l'activation ou à la répression de certains gènes

En plus des complexes à activité acétylase d'histones, un autre type de complexe multiprotéique, appelé *complexe SWI/SNF de remodelage de la chromatine* est nécessaire à l'activation de certains promoteurs de levure. Plusieurs des sous-unités de SWI/SNF présentent une certaine homologie avec les hélicases de l'ADN, des enzymes qui utilisent l'énergie provenant de l'hydrolyse d'ATP pour rompre les interactions entre des acides nucléiques appariés ou entre des acides nucléiques et des protéines. On pense que le complexe SWI/SNF dissocie transitoirement l'ADN de la surface des nucléosomes, ce qui permet aux nucléosomes de « glisser » le

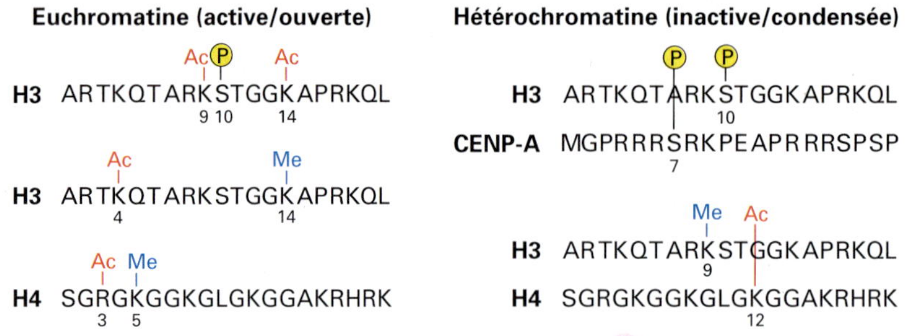

FIGURE 11-33 Des exemples du code des histones. On observe des modifications post-transcriptionnelles spécifiques des queues N-terminales dans les histones H3 et H4 présentes dans l'euchromatine. Celle-ci est accessible aux protéines et peut être transcrite. On observe différentes modifications dans l'hétérochromatine, qui est condensée, donc très peu accessible aux protéines et ne peut être transcrite. Les séquences des queues d'histones sont écrites suivant le code à une lettre des acides aminés. CENP-A est une variante de l'histone H3 présente dans les nucléosomes associés aux centromères des chromosomes de mammifères. [Adapté de T. Jenuwein & C. D. Allis, 2001, *Science* **293** :1074.]

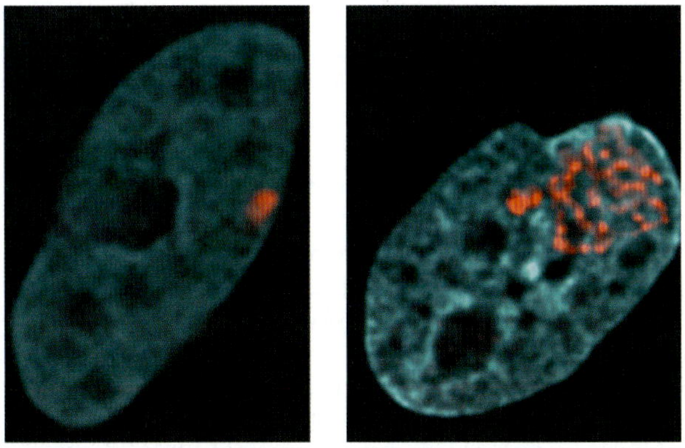

FIGURE EXPÉRIMENTALE 11-34 L'expression des protéines de fusion révèle la décondensation de la chromatine en réponse à un domaine d'activation. Une lignée cellulaire de hamster en culture a été modifiée par génie génétique afin qu'elle contienne de multiples copies d'une répétition en tandem de séquences de l'opérateur *lac* d'*E. coli*, intégrées dans une région d'hétérochromatine d'un chromosome. (a) Lorsqu'un vecteur d'expression du répresseur *lac* est transfecté dans ces cellules, les répresseurs *lac* liés aux sites opérateurs de *lac* sont visibles dans une région de chromatine condensée, grâce à un anticorps dirigé contre le répresseur *lac* (en rouge). L'ADN est visible grâce à un marquage par DAPI (en bleu), révélant le noyau. (b) Lorsqu'un vecteur d'expression du répresseur *lac* fusionné avec un domaine d'activation est transfecté dans ces cellules, le même marquage qu'en (a) révèle que le domaine d'activation provoque la décondensation de cette région de la chromatine en une fibre plus épaisse qui occupe un plus gros volume dans le noyau. [Aimablement communiqué par Andrew S. Belmont, 1999, *J. Cell Biol.* **145** :1341.]

long de l'ADN et d'induire le déploiement des structures chromatiniennes davantage condensées. Le résultat net de ce remodelage de la chromatine est de faciliter la liaison des facteurs de transcription à l'ADN présent dans la chromatine. On a montré que certains domaines d'activation se fixaient au complexe SWI/SNF et que cette liaison stimulait la transcription *in vitro* à partir des matrices de chromatine (l'ADN lié aux nucléosomes). Par conséquent, le complexe SWI/SNF constitue un autre type de complexe co-activateur. D'autres complexes multiprotéiques avec des activités similaires de remodelage de la chromatine ont été identifiées chez la levure, laissant entrevoir la possibilité que différents complexes de remodelage de la chromatine pourraient être nécessaires à différentes familles d'activateurs (voir figure en début de chapitre).

Les eucaryotes supérieurs possèdent également des complexes multiprotéiques présentant une certaine homologie avec le complexe SWI/SNF de la levure. On a montré que ces complexes isolés à partir d'extraits nucléaires de cellules de mammifères et de drosophile facilitaient la fixation des facteurs de transcription à leurs sites spécifiques présents dans l'ADN nucléosomial, au cours d'un processus nécessitant de l'ATP. L'expérience décrite dans la Figure 11-34 montre clairement comment un domaine d'activation peut provoquer la décondensation d'une région de la chromatine. On pense que ceci résulte de l'interaction du domaine d'activation avec les complexes de remodelage de la chromatine et d'acétylase des histones.

Curieusement, des complexes SWI/SNF sont également nécessaires à la répression de certains gènes, sans doute parce qu'ils aident à l'exposition des queues d'histones aux désacétylases ou parce qu'ils participent au reploiement de la chromatine en structures davantage condensées. Il nous reste beaucoup à apprendre sur la façon dont cette classe importante de co-activateurs et de co-répresseurs modifie la structure de la chromatine afin d'influencer l'expression des gènes.

Le complexe médiateur forme un pont moléculaire entre les domaines d'activation et Pol II

Un autre type de co-activateur, le complexe médiateur multiprotéique, participe plus directement à l'assemblage des complexes de pré-amorçage contenant Pol II (Figure 11-35). Certaines des ≈ 20 sous-unités du médiateur se fixent à l'ARN polymérase II et d'autres, aux domaines d'activation de différentes protéines activatrices. Ainsi, le médiateur peut former un pont moléculaire entre

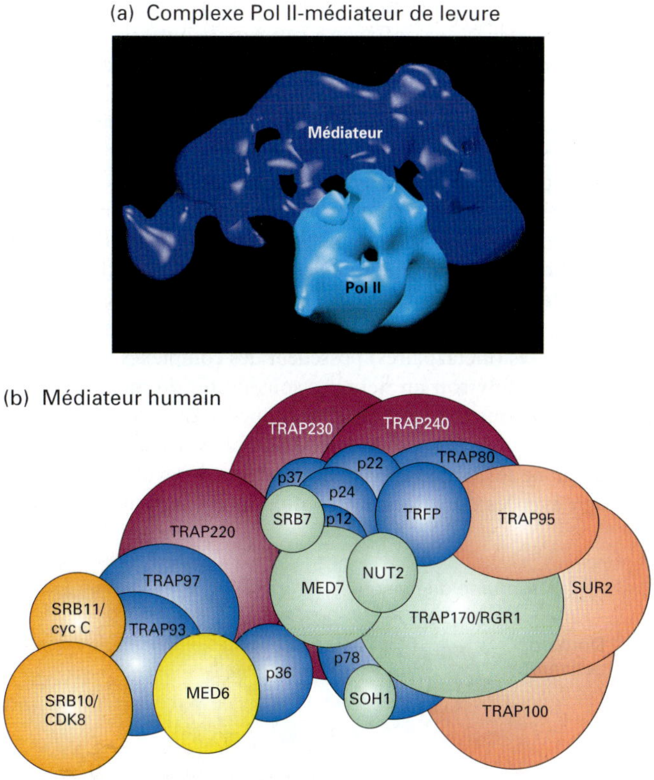

FIGURE 11-35 La structure des complexes médiateurs de la levure et de l'homme. (a) Une image recomposée du médiateur de *S. cerevisiae* lié à Pol II. De multiples images de microscopie électronique ont été alignées et traitées par informatique pour produire cette image moyenne dans laquelle la structure tridimensionnelle de Pol II (bleu vif) est présentée associée au complexe médiateur de levure (bleu foncé). (b) Une représentation schématique des sous-unités du médiateur de cellules humaines. Les sous-unités représentées de la même couleur semblent former un module. Les sous-unités en jaune, orange et vert, sont homologues aux sous-unités correspondantes dans le complexe médiateur de la levure. Des études génétiques menées sur la levure montrent que les mutations dans l'une des sous-unités d'un module inhibent l'association des autres sous-unités présentes dans le même module avec le reste du complexe. [Partie (a) aimablement communiquée par Fransisco J. Asturias, 2002, *Mol. Cell* **10** :409. Partie (b) adaptée de S. Malik & R. G. Roeder, 2000, *Trends Biochem. Sci.* **25** :277.]

un activateur lié à son site dans l'ADN et Pol II fixée au promoteur. En outre, l'une des sous-unités du médiateur possède une activité acétylase d'histones et peut maintenir un promoteur dans un état hyperacétylé.

Des expériences menées sur des mutants de levure thermosensibles indiquent que certaines sous-unités du médiateur sont nécessaires à la transcription de presque tous les gènes de levure. Ces sous-unités aident très probablement à maintenir la structure globale du complexe médiateur ou à fixer Pol II et sont donc nécessaires à l'activation par tous les activateurs. À l'inverse, d'autres sous-unités du médiateur sont indispensables à l'activation de sous-groupes spécifiques de gènes. L'analyse de l'expression des gènes à l'aide de micro-alignements d'ADN, chez des mutants présentant une déficience dans ces sous- unités du médiateur, indique que chaque sous-unité influence la transcription de ≈ 3-10 % de tous les gènes (voir Figure 9-35 pour la technique des micro-alignements d'ADN). On pense que ces sous-unités du médiateur interagissent avec des domaines spécifiques d'activation. Par conséquent, lorsqu'une sous-unité est déficiente, la transcription des gènes régulés par les activateurs qui se fixent à cette sous-unité est fortement réduite alors que la transcription des autres gènes n'est pas affectée. Des études de liaison montrant que certains domaines d'activation interagissent effectivement avec des sous-unités spécifiques du médiateur s'accordent avec cette explication.

Les gros complexes médiateurs isolés à partir de cellules de mammifères en culture, sont nécessaires pour que les activateurs de mammifères stimulent la transcription *in vitro* par Pol II. Puisque les gènes codant des homologues des sous-unités du médiateur des mammifères ont été identifiés dans les séquences génomiques de *C. elegans* et de drosophile, il semble que la plupart des animaux pluricellulaires (métazoaires) possèdent des complexes médiateurs homologues. Environ un tiers des sous-unités du médiateur des métazoaires sont clairement homologues à des sous-unités du médiateur de la levure (voir Figure 11-35b). Mais les autres sous-unités, qui ne ressemblent à aucune protéine de levure, pourraient interagir avec les domaines d'activation qui n'existent pas chez la levure. Comme dans le cas du médiateur de levure, on a montré que certaines des sous-unités du médiateur des mammifères interagissent avec des domaines spécifiques d'activation. Par exemple, la sous-unité Sur2 du médiateur de mammifères se fixe au domaine d'activation d'un facteur transcriptionnel TCF qui contrôle l'expression du gène *EGR-1* (voir Figure 11-19). La fonction de cet activateur de TCF est normalement régulée *in vivo* en réponse à des hormones protéiques spécifiques, présentes dans le sérum. Des cellules de la lignée embryonnaire de souris présentant une inactivation du gène *sur2* n'induisent pas l'expression de la protéine EGR-1 en réponse au sérum, alors que de multiples activateurs différents fonctionnent normalement dans les cellules mutantes. Cette découverte implique la participation de la sous-unité Sur2 du médiateur dans la fonction activatrice de TCF.

Les divers résultats expérimentaux indiquant que des sous-unités individuelles du médiateur se fixent à des domaines spécifiques d'activation suggèrent que de multiples activateurs influencent la transcription à partir d'un même promoteur en interagissant simultanément avec un complexe médiateur (Figure 11-36). Des activateurs liés à des amplificateurs (enhancers) ou à des éléments proches du promoteur peuvent interagir avec le médiateur associé à un promoteur, car l'ADN est flexible et peut former une boucle rapprochant les régions régulatrices et le promoteur. On a observé ce type de boucles au cours d'expériences menées avec l'activateur NtrC d'*E. coli* et l'ARN polymérase-σ^{54} (voir Figure 4-17). Les complexes nucléoprotéiques qui se forment au niveau des promoteurs eucaryotes peuvent comporter jusqu'à 100 polypeptides avec une masse totale de ≈ 3 mégadaltons (MDa), ce qui correspond à la masse d'un ribosome.

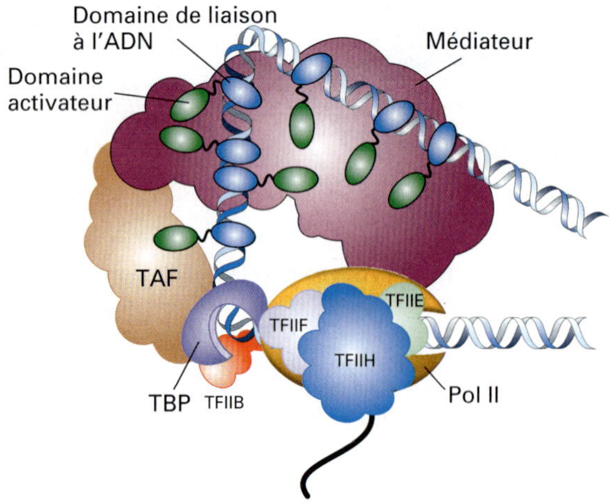

FIGURE 11-36 Un modèle représentant plusieurs activateurs liés à l'ADN interagissant avec un complexe médiateur unique. La capacité de différentes sous-unités d'un médiateur d'interagir avec des domaines spécifiques d'activation peut contribuer à l'intégration des signaux issus de plusieurs activateurs au niveau du même promoteur. Voir le texte pour la discussion.

La transcription de nombreux gènes nécessite la fixation ordonnée des activateurs et l'action des co-activateurs

Nous pouvons à présent étoffer le modèle de l'amorçage de la transcription par Pol II dans la Figure 11-27 pour prendre en compte le rôle des activateurs et des co-activateurs. Ces protéines accessoires rendent non seulement accessibles les gènes dans l'ADN nucléosomial aux facteurs généraux de la transcription et à Pol II mais dirigent également Pol II vers les promoteurs.

Des études récentes ont permis d'établir l'ordre dans lequel les activateurs se fixent à une région de contrôle de la transcription et interagissent avec des co-activateurs lorsqu'un gène est induit. Ces études ont montré que l'assemblage des complexes de pré-amorçage dépend de multiples interactions protéine–ADN et protéine-protéine, comme l'illustre la Figure 11-37 qui décrit l'activation du gène *HO* de levure. Ce gène code une nucléase séquence-spécifique qui induit le changement de type sexuel dans les cellules haploïdes de levure (voir Figure 11-28). L'activation du gène *HO* commence par la fixation de l'activateur SWI5 à un amplificateur situé en amont. Un SWI5 lié interagit ensuite avec le complexe de remodelage de la chromatine et un complexe à activité acétylase d'histones contenant GCN5. Une fois la chromatine présente dans la région de contrôle de *HO* décondensée et hyperacétylée, un second activateur, SBF, peut se fixer à plusieurs sites dans la région proche du promoteur. La liaison ultérieure du complexe médiateur par SBF provoque alors l'assemblage du complexe de pré-amorçage de la transcription contenant Pol II et les facteurs généraux de la transcription décrits dans la Figure 11-36.

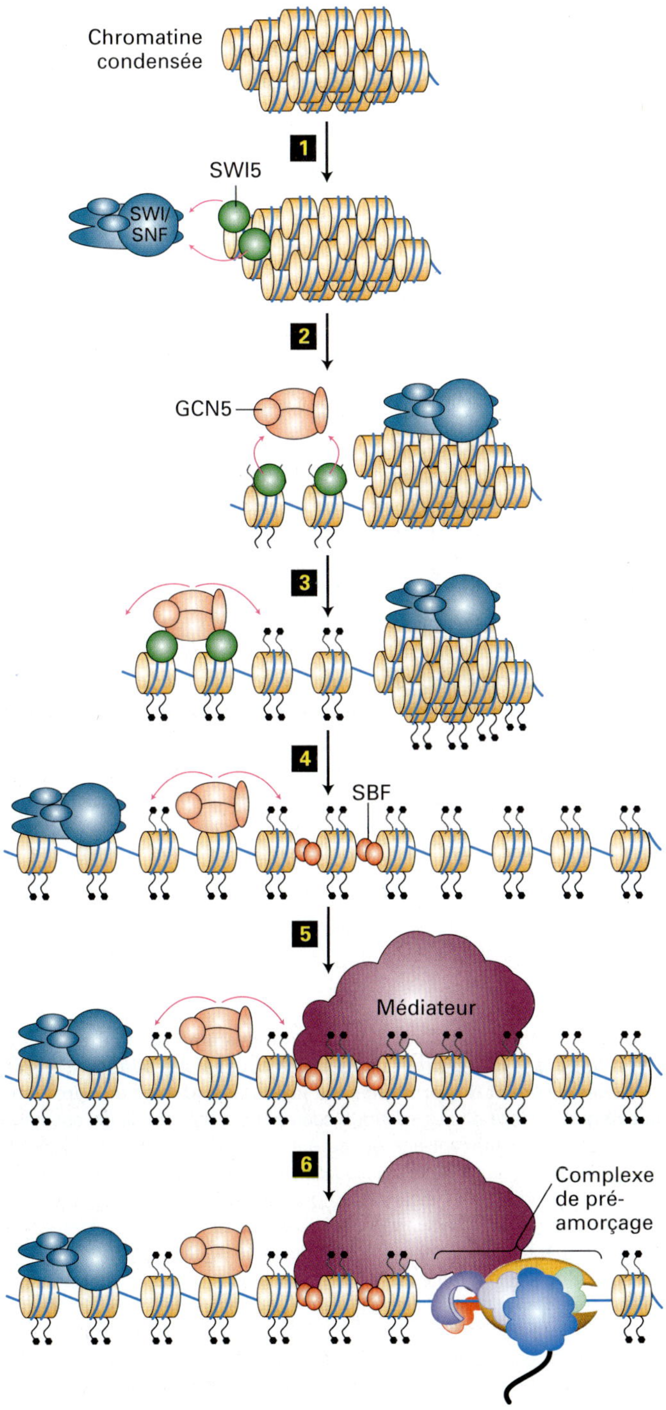

FIGURE 11-37 La fixation ordonnée et l'interaction des activateurs et des co-activateurs conduisant à la transcription du gène de levure *HO*. Étape **1** : Initialement, le gène *HO* est empaqueté dans la chromatine condensée. L'activation débute lorsque l'activateur SWI5 se fixe aux amplificateurs situés 1200 à 1400 pb en amont du site de début de la transcription et interagit avec le complexe de remodelage de la chromatine SWI/SNF. Étape **2** : Le complexe SWI/SNF décondense la chromatine, exposant alors les queues des histones. Étape **3** : Un complexe à activité acétylase d'histones contenant GCN5 s'associe à l'activateur SWI5 lié et acétyle les queues d'histones dans le locus *HO* pendant que SWI/SNF continue à décondenser la chromatine adjacente. Étape **4** : SWI5 est libéré de l'ADN mais les complexes SWI/SNF et GCN5 restent associés à la région de contrôle de *HO* (dans le cas de GCN5, par des interactions mal comprises). Leur action permet à l'activateur SBF de se fixer à plusieurs sites dans la région proche du promoteur. Étape **5** : SBF se fixe alors au complexe médiateur. Étape **6** : La liaison ultérieure de Pol II et des facteurs généraux de la transcription provoque l'assemblage d'un complexe de pré-amorçage de la transcription dont les composants sont détaillés dans la Figure 11-37. [Adapté de C. J. Fry & C. L. Peterson, 2001, *Curr. Biol.* **11** :R185. Voir aussi M. P. Cosma *et al.*, 1999, *Cell* **97** :299 et M. P. Cosma *et al.*, 2001, *Mol. Cell* **7** :1213.]

Nous voyons maintenant que l'assemblage d'un complexe de pré-amorçage et la stimulation de la transcription au niveau d'un promoteur résultent de l'interaction de plusieurs activateurs avec différents complexes multiprotéiques co-activateurs. Ceux-ci comprennent les complexes de remodelage de la chromatine, les complexes à activité acétylase d'histones et un complexe médiateur. Bien qu'on ignore encore beaucoup de choses sur ces processus, le résultat net de ces multiples événements moléculaires est la dépendance de l'activation de la transcription au niveau d'un promoteur vis-à-vis d'interactions hautement coopératives induites par plusieurs activateurs. Ceci permet une régulation des gènes spécifiques d'un type cellulaire, par des combinaisons particulières de facteurs de transcription. Le gène *TTR*, qui code la transthyrétine chez les mammifères, en est un bon exemple. Comme nous l'avons noté plus haut, la transthyrétine est exprimée dans les hépatocytes et les cellules des plexus choroïdes. La transcription du gène *TTR* dans les hépatocytes est contrôlée par au moins cinq activateurs transcriptionnels différents (Figure 11-38). Même si trois de ces activateurs — HNF4, C/EBP et AP1 — sont également exprimés dans les cellules intestinales et rénales, la transcription de *TTR* n'a pas lieu dans ces cellules car les cinq activateurs sont nécessaires mais HNF1 et HNF3 sont absents. D'autres amplificateurs spécifiques des hépatocytes et des régions proches du promoteur qui

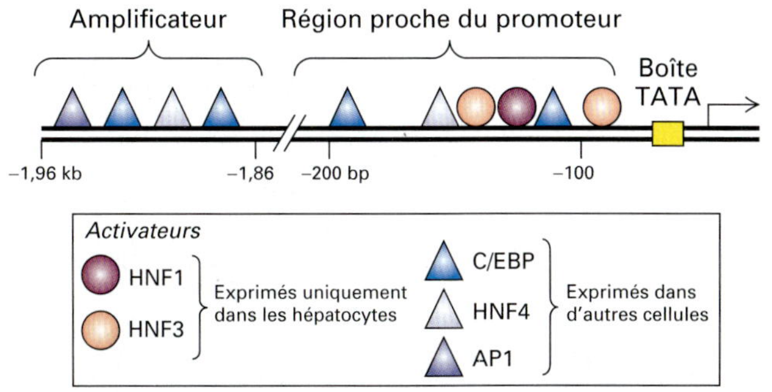

FIGURE 11-38 La région de contrôle de la transcription du gène de transthyrétine (*TTR*) de la souris. Les sites de liaison des cinq activateurs nécessaires à la transcription de *TTR* dans les hépatocytes sont indiqués. Le jeu complet d'activateurs est exprimé aux concentrations nécessaires pour stimuler la transcription uniquement dans les hépatocytes. Un autre jeu d'activateurs stimule la transcription dans les cellules des plexus choroïdes. [Voir R. Costa *et al.*, 1989, *Mol. Cell Biol.* **9** :1415 et K. Xanthopoulos *et al.*, 1989, *Proc. Natl. Acad. Sci. USA* **86** :4117.]

régulent d'autres gènes exprimés uniquement dans les hépatocytes contiennent des sites de liaison pour des combinaisons spécifiques différentes de facteurs de transcription présents exclusivement dans ces cellules et de facteurs exprimés partout.

Le système de levure dit « double hybride » exploite la flexibilité des activateurs pour détecter les ADNc qui codent des protéines en interaction

Une technique importante de génétique moléculaire appelée **système de levure double hybride** exploite la flexibilité des structures activatrices pour identifier des gènes dont les produits se fixent à une protéine étudiée spécifique. En raison de l'importance des interactions protéine-protéine dans la quasi totalité des processus biologiques, le système de levure dit « double hybride » est largement utilisé pour la recherche en biologie.

Cette technique utilise un vecteur de levure pour exprimer un domaine de liaison à l'ADN et une région flexible de liaison sans son domaine d'activation associé, telle que la région GAL4 délétée, ne contenant que ses acides aminés 1-692 (voir Figure 11-17). Une séquence d'ADNc codant une protéine ou un domaine protéique intéressant appelé *domaine « appât »* est fusionnée suivant le même cadre de lecture avec une région flexible de liaison, de sorte que le vecteur exprimera une protéine hybride constituée du domaine de liaison à l'ADN, de la région de liaison et du domaine appât (Figure 11-39a, *à gauche*). Une banque d'ADNc est clonée sous la forme de multiples copies d'un second vecteur de levure qui code un domaine fort d'activation et une région flexible de liaison, afin de produire une banque vectorielle exprimant de multiples protéines hybrides, contenant chacune un *domaine « proie »* différent (Figure 11-39a, *à droite*).

Le vecteur appât et la banque de vecteurs proies sont ensuite transfectés dans des cellules de levure modifiées par génie génétique

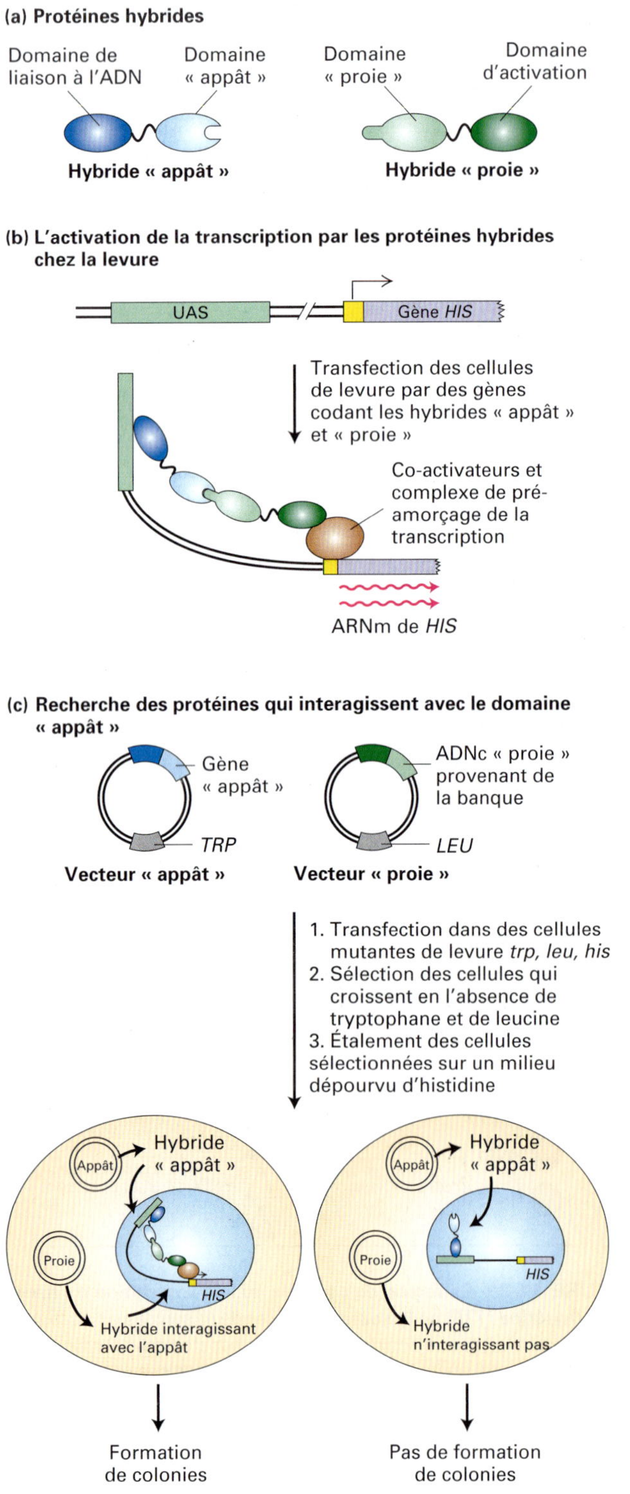

FIGURE EXPÉRIMENTALE 11-39 Le système de levure double hybride de la levure permet de rechercher dans une banque d'ADNc des clones codant des protéines qui interagissent avec une protéine spécifique. Il s'agit d'une technique couramment utilisée. (a) On construit deux vecteurs contenant des gènes qui codent des protéines hybrides (chimériques). Dans un vecteur (*à gauche*), la séquence codante du domaine de liaison à l'ADN d'un facteur de transcription est fusionnée avec les séquences d'une protéine connue, appelées domaine « appât » (bleu clair). Le second vecteur (*à droite*) exprime un domaine d'activation fusionné avec un domaine « proie » (en vert) qui interagit avec le domaine « appât ». (b) Si l'on transforme des cellules de levure par des vecteurs exprimant les deux hybrides, les parties « appât » et « proie » des protéines chimériques interagissent pour produire un activateur fonctionnel de la transcription. Dans cet exemple, l'activateur induit la transcription d'un gène *HIS*. Une extrémité de ce complexe protéique se fixe à la séquence activatrice en amont du gène *HIS3* ; l'autre extrémité, constituée du domaine d'activation, stimule l'assemblage du complexe de pré-amorçage de la transcription (en orange) au niveau du promoteur (en jaune). (c) Pour rechercher dans une banque d'ADNc des clones codant des protéines qui interagissent avec une protéine « appât » spécifique, la banque est clonée dans le vecteur codant le domaine d'activation, ce qui conduit à l'expression des protéines hybrides. Le vecteur « appât » et les vecteurs « proies » contiennent des gènes de type sauvage sélectionnables (comme un gène *TRP* ou *LEU*). Les seules cellules transformées qui survivent au protocole de sélection indiqué sont celles qui expriment l'hybride « appât » et un hybride « proie » qui interagit avec lui. Voir le texte pour la discussion. [Voir S. Fields & O. Song, 1989, *Nature* **340** :245.]

dans lesquelles la seule copie d'un gène nécessaire à la synthèse d'histidine (*HIS*) est sous le contrôle d'une UAS qui possède des sites de liaison pour le domaine de liaison à l'ADN de la protéine appât hybride. La transcription du gène *HIS* doit être activée par des protéines liées à l'UAS. Les cellules transformées qui expriment l'hybride appât et un hybride proie *qui interagissent l'un avec l'autre* seront capables d'activer la transcription du gène *HIS* (Figure 11-39b). Ce système fonctionne en raison de la flexibilité de l'espacement entre les domaines de liaison à l'ADN et les domaines d'activation des activateurs eucaryotes.

On utilise un processus de sélection en deux étapes (Figure 11-39c). Le vecteur appât exprime également un gène *TRP* de type sauvage et le vecteur hybride, un gène *LEU* de type sauvage. Les cellules transfectées sont d'abord mises en culture sur un milieu dépourvu de tryptophane et de leucine mais contenant de l'histidine. Seules les cellules qui ont absorbé le vecteur appât et l'un des plasmides proies survivront sur ce milieu. Les cellules survivantes sont ensuite étalées sur un milieu dépourvu d'histidine. Ces cellules exprimant un hybride proie qui ne se fixe pas à l'hybride appât ne pourront transcrire le gène *HIS* et ne formeront donc pas de colonie sur le milieu dépourvu d'histidine. Les quelques cellules exprimant l'hybride proie croîtront et formeront des colonies en l'absence d'histidine. La récupération des vecteurs proies à partir de ces colonies produira des ADNc codant des domaines protéiques qui interagissent avec le domaine appât.

CONCEPTS CLÉS DE LA SECTION 11.5

Les mécanismes moléculaires de l'activation et de la répression de la transcription

- Le rôle principal des activateurs et des répresseurs de la transcription eucaryotes consiste à se fixer à des co-activateurs ou des co-répresseurs à sous-unités multiples qui influencent l'assemblage des complexes de pré-amorçage de la transcription contenant Pol II, soit en modulant la structure de la chromatine (effet indirect) soit en interagissant avec Pol II et les facteurs généraux de la transcription (effet direct).

- L'ADN dans les régions condensées de la chromatine (hétérochromatine) est relativement inaccessible aux facteurs de transcription et aux autres protéines, de sorte que l'expression des gènes est réprimée.

- Les interactions de plusieurs protéines les unes avec les autres et avec les queues N-terminales hypo-acétylées des histones H3 et H4 sont responsables de la répression de la transcription par l'intermédiaire de la chromatine qui se produit dans les télomères et les locus silencieux du type sexuel chez *S. cerevisiae* (voir Figure 11-30).

- Certains domaines de répression fonctionnent en interagissant avec des co-répresseurs qui sont des complexes à activité désacétylase d'histones. La désacétylation des queues N-terminales d'histones qui s'ensuit dans les nucléosomes près du site de liaison des répresseurs inhibe l'interaction entre le promoteur d'ADN et les facteurs généraux de la transcription, réprimant ainsi l'amorçage de la transcription (voir Figure 11-32a).

- Certains domaines d'activation fonctionnent en fixant des complexes co-activateurs multiprotéiques tels que les complexes à activité acétylase d'histones. L'hyperacétylation des queues N-terminales d'histones qui s'ensuit dans les nucléosomes près du site de liaison des activateurs facilite les interactions entre le promoteur d'ADN et les facteurs généraux de la transcription, stimulant ainsi l'amorçage de la transcription (voir Figure 11-32b).

- Les facteurs de remodelage de la chromatine contenant SWI/SNF constituent un autre type de co-activateur. Ces complexes à sous-unités multiples peuvent transitoirement dissocier l'ADN du cœur d'histones au cours d'une réaction ATP-dépendante et peuvent également décondenser des régions de chromatine, ce qui induit la fixation des protéines de liaison à l'ADN nécessaires à l'amorçage au niveau de certains promoteurs.

- Le médiateur, un autre type de co-activateur, est un complexe constitué de ≈ 20 sous-unités qui forme un pont moléculaire entre les domaines d'activation et l'ARN polymérase II en se fixant directement à la polymérase et aux domaines d'activation. En se fixant simultanément à plusieurs activateurs différents, le médiateur participe probablement à l'intégration des effets des multiples activateurs sur un promoteur unique (voir Figure 11-36).

- Les activateurs fixés à un amplificateur distant peuvent interagir avec des facteurs de transcription liés à un promoteur, car l'ADN est flexible et l'ADN intercalaire peut former une grande boucle.

- L'assemblage hautement coopératif des complexes de pré-amorçage *in vivo* nécessite plusieurs activateurs. Une cellule doit produire l'ensemble spécifique des activateurs nécessaires à la transcription d'un gène particulier afin d'exprimer le gène.

- Le système de levure dit « double hybride » est largement utilisé pour détecter des ADNc codant des domaines protéiques qui se fixent à une protéine spécifique intéressante (voir Figure 11-39).

11.6 La régulation de l'activité des facteurs de la transcription

Nous avons vu dans la discussion précédente de quelle façon des combinaisons d'activateurs et de répresseurs qui se fixent à des séquences régulatrices d'ADN spécifiques contrôlent la transcription des gènes eucaryotes. L'expression ou non d'un gène spécifique chez un organisme pluricellulaire dans une cellule particulière à un moment précis est en grande partie une conséquence de la concentration et de l'activité des facteurs de transcription qui interagissent avec les séquences régulatrices de ce gène. Les facteurs transcriptionnels exprimés dans un type cellulaire particulier et les quantités produites, sont déterminés par de multiples interactions régulatrices entre les gènes des facteurs de la transcription, au cours du développement et de la différenciation d'un type cellulaire donné. Nous présenterons aux Chapitres 15 et 22 des exemples de ce type d'interactions régulatrices au cours du développement et nous discuterons des principes du développement et de la différenciation qui ressortent de ces exemples.

L'expression des facteurs de transcription par une cellule est non seulement régulée, mais les activités des facteurs exprimés dans un type cellulaire particulier sont généralement contrôlées elles aussi indirectement, en réponse aux interactions entre des protéines situées à la surface de cellules voisines et à des hormones et des

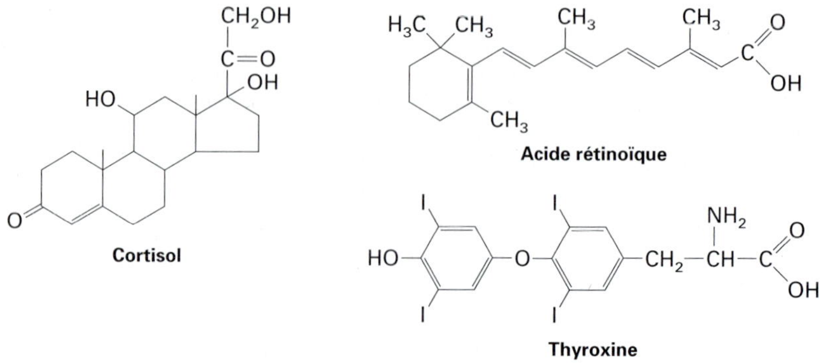

FIGURE 11-40 Quelques exemples des hormones qui se fixent aux récepteurs nucléaires. Ces hormones liposolubles et d'autres hormones apparentées se fixent aux récepteurs situés dans le cytosol ou le noyau. Le complexe ligand-récepteur joue le rôle d'activateur de la transcription.

facteurs de croissance extracellulaires. Chez les organismes pluricellulaires, ces dernières molécules de signalisation sont sécrétées à partir d'un type cellulaire et affectent la fonction des cellules qui peuvent être à une position proche ou différente dans l'organisme. L'un des principaux groupes de signaux extracellulaires comprend les peptides et les protéines, qui se fixent aux récepteurs présents dans la membrane plasmique. La fixation des ligands à ces récepteurs déclenche les voies intracellulaires de **transduction du signal.** Nous décrirons aux Chapitres 14 et 15 les principaux types de récepteurs de surface des cellules et les voies intracellulaires de signalisation qui régulent l'activité des facteurs transcriptionnels.

Nous allons voir dans cette section le deuxième grand groupe de signaux extracellulaires, constitué des petites hormones liposolubles — qui comprennent de nombreuses hormones stéroïdes différentes, des rétinoïdes et des hormones thyroïdiennes — capables de diffuser à travers les membranes plasmique et nucléaire et d'interagir directement avec les facteurs de transcription qu'elles contrôlent (Figure 11-40). Comme nous l'avons noté plus haut, les récepteurs intracellulaires de la plupart des hormones liposolubles, qui constituent la *superfamille des récepteurs nucléaires*, jouent le rôle d'activateurs de la transcription lorsqu'ils ont fixé leurs ligands.

Tous les récepteurs nucléaires sont organisés en domaines

Le clonage et le séquençage des gènes codant différents récepteurs nucléaires ont révélé une conservation remarquable de leurs séquences d'acides aminés et de trois régions fonctionnelles (Figure 11-41). Tous les récepteurs nucléaires possèdent une région N-terminale unique de longueur variable (100-500 acides aminés). Des parties de cette région variable jouent le rôle de domaines d'activation dans certains récepteurs nucléaires. Le domaine de liaison à l'ADN se trouve près du milieu de la séquence primaire et possède un motif répété en doigt à zinc C_4. Le domaine de liaison à l'hormone, situé près de l'extrémité C-terminale, contient un domaine d'activation hormone-dépendant. Dans certains récepteurs nucléaires, le domaine de fixation de l'hormone se comporte comme un domaine de répression en l'absence de ligand.

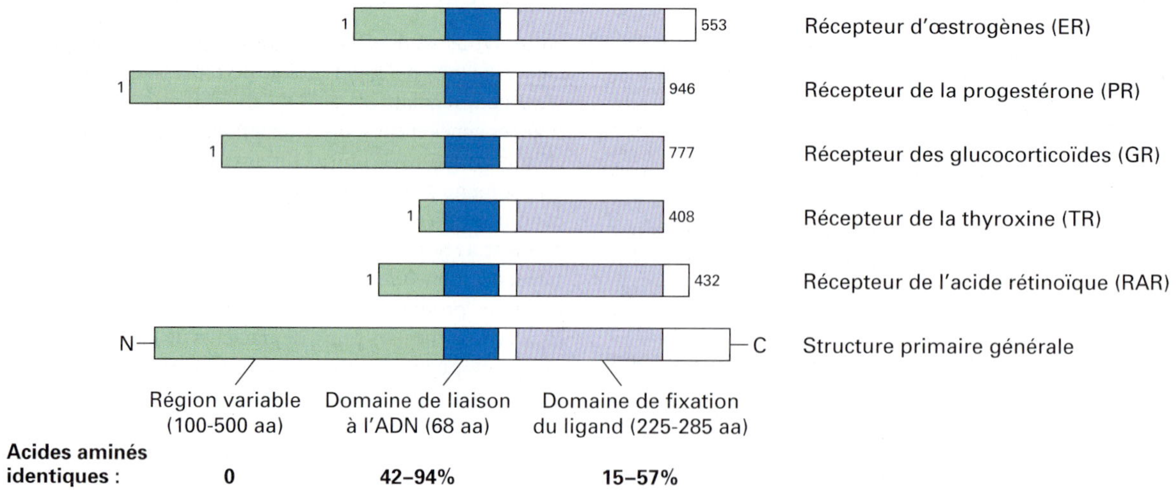

FIGURE 11-41 La représentation générale des facteurs de la transcription dans la superfamille des récepteurs nucléaires. Le domaine central de liaison à l'ADN présente une homologie considérable de séquence dans les différents récepteurs et comporte deux copies du motifs en doigt à zinc C_4. Le domaine C-terminal de fixation de l'hormone présente une homologie moindre. Les régions N-terminales de différents récepteurs ont des longueurs variables, des séquences uniques et peuvent contenir un ou plusieurs domaines d'activation. [Voir R. M. Evans, 1988, *Science* **240** :889.]

Les éléments de réponse aux récepteurs nucléaires contiennent des répétitions directes ou inversées

On a déterminé les séquences nucléotidiques caractéristiques des sites d'ADN, appelées *éléments de réponse*, qui fixent plusieurs récepteurs nucléaires. Les séquences consensus des éléments de réponse aux récepteurs de glucocorticoïdes et d'œstrogènes sont des répétitions inversées de 6 pb séparées par n'importe quel triplet de bases (Figure 11-42a, b). Cette découverte suggérait que les récepteurs des hormones stéroïdes se fixent à leur séquence d'ADN correspondante sous la forme de dimères symétriques, ce qui fut démontré plus tard par une analyse par cristallographie aux rayons X du domaine de liaison à l'ADN en doigt à zinc C_4 appartenant au récepteur homodimérique de glucocorticoïdes (voir Figure 11-21b).

Certains éléments de réponse aux récepteurs nucléaires, tels que ceux pour les récepteurs qui fixent la vitamine D_3, l'hormone thyroïdienne et l'acide rétinoïque, sont des répétitions directes de la même séquence reconnue par le récepteur d'œstrogènes et séparées par 3 à 5 pb (Figure 11-42c-e). La spécificité de réponse à ces différentes hormones grâce à la liaison de récepteurs distincts est déterminée par l'espacement entre les répétitions. Les récepteurs qui se lient à ces éléments de réponse formés de répétitions directes se fixent sous la forme d'hétérodimères avec un récepteur nucléaire monomérique commun appelé RXR. L'élément de réponse à la vitamine D_3 par exemple, fixe l'hétérodimère RXR-VDR et l'élément de réponse à l'acide rétinoïque est lié à RXR-RAR. Les monomères composant ces hétérodimères interagissent l'un avec l'autre de telle sorte que les deux domaines de liaison à l'ADN se trouvent plutôt dans la même orientation que dans l'orientation inverse, ce qui permet aux hétérodimères RXR de se fixer à des répétitions directes du site de liaison de chaque monomère. Inversement, les monomères présents dans les récepteurs nucléaires homodimériques (comme GRE et ERE) présentent une orientation inverse.

(a)	**GRE**	5′ AGAACA(N)$_3$ TGTTCT 3′ 3′ TCTTGT(N)$_3$ ACAAGA 5′
(b)	**ERE**	5′ AGGTCA(N)$_3$ TGACCT 3′ 3′ TCCAGT(N)$_3$ ACTGGA 5′
(c)	**VDRE**	5′ AGGTCA(N)$_3$ AGGTCA 3′ 3′ TCCAGT(N)$_3$ TCCAGT 5′
(d)	**TRE**	5′ AGGTCA(N)$_4$ AGGTCA 3′ 3′ TCCAGT(N)$_4$ TCCAGT 5′
(e)	**RARE**	5′ AGGTCA(N)$_5$ AGGTCA 3′ 3′ TCCAGT(N)$_5$ TCCAGT 5′

FIGURE 11-42 Les séquences consensus des éléments de réponse à l'ADN qui fixent trois récepteurs nucléaires. Les éléments de réponse au récepteur des glucocorticoïdes (GRE) et au récepteur d'œstrogènes (ERE) contiennent des répétitions inversées qui fixent ces protéines homodimériques. Les éléments de réponse aux récepteurs hétérodimériques contiennent une répétition directe courante séparée par trois à cinq paires de bases pour le récepteur de la vitamine D_3 (VDRE), pour le récepteur de l'hormone thyroïdienne (TRE) et pour le récepteur de l'acide rétinoïque (RARE). Les séquences répétées sont indiquées par des flèches rouges. [Voir K. Umesono *et al.*, 1991, *Cell* **65** :1255 et A. M. Naar *et al.*, 1991, *Cell* **65** :1267.]

La fixation d'une hormone à un récepteur nucléaire régule son activité en tant que facteur de la transcription

Le mécanisme par lequel la liaison de l'hormone contrôle l'activité des récepteurs nucléaires diffère dans le cas des récepteurs homodimériques et hétérodimériques. Les récepteurs nucléaires hétérodimériques (comme RXR-VDR, RXR-TR et RXR-RAR) sont présents exclusivement dans le noyau. En l'absence de leur ligand hormonal, ils répriment la transcription lorsqu'ils sont liés aux sites qui leur correspondent dans l'ADN. Cette répression est assurée par l'induction de la désacétylation des histones au niveau des nucléosomes voisins par le mécanisme décrit précédemment (voir Figure 11-32a). Comme nous l'avons vu plus tôt, en présence de l'hormone, le domaine de fixation du ligand du monomère RAR subit un changement conformationnel très important par rapport au domaine de fixation du ligand d'un récepteur nucléaire en l'absence d'hormone (voir Figure 11-25). Dans la conformation associée au ligand, les récepteurs nucléaires hétérodimériques contenant RXR peuvent commander l'hyperacétylation des histones dans des nucléosomes voisins, inversant de ce fait les effets répresseurs du domaine libre de fixation du ligand. En présence du ligand, les domaines de fixation du ligand des récepteurs nucléaires fixent également le médiateur, stimulant alors l'assemblage du complexe de pré-amorçage.

Au contraire des récepteurs nucléaires hétérodimériques, les récepteurs homodimériques sont présents dans le cytoplasme en l'absence de leurs ligands. La liaison des hormones à ces récepteurs conduit à leur translocation dans le noyau. La translocation hormone-dépendante du récepteur homodimérique de glucocorticoïdes (GR) a été démontrée lors d'expériences de transfection décrites dans la Figure 11-43. Le domaine de fixation de l'hormone des GR participe également à ce transport. Des études ultérieures ont montré que, en l'absence d'hormone, le GR est ancré dans le cytoplasme sous la forme d'un gros agrégat protéique complexé à des protéines inhibitrices, dont Hsp90, une protéine apparentée à Hsp70, le principal chaperon de choc thermique des cellules eucaryotes. Tant que le récepteur est confiné dans le cytoplasme, il ne peut interagir avec les gènes cibles et ne peut donc activer la transcription. La fixation de l'hormone à un récepteur nucléaire homodimérique libère les protéines inhibitrices, ce qui permet au récepteur de pénétrer dans le noyau, où il peut se fixer aux éléments de réponse associés aux gènes cibles (Figure 11-44). Une fois que le récepteur associé à l'hormone est fixé à un élément de réponse, il active la transcription en interagissant avec les complexes de remodelage de la chromatine et à activité acétylase d'histones ainsi qu'avec le médiateur.

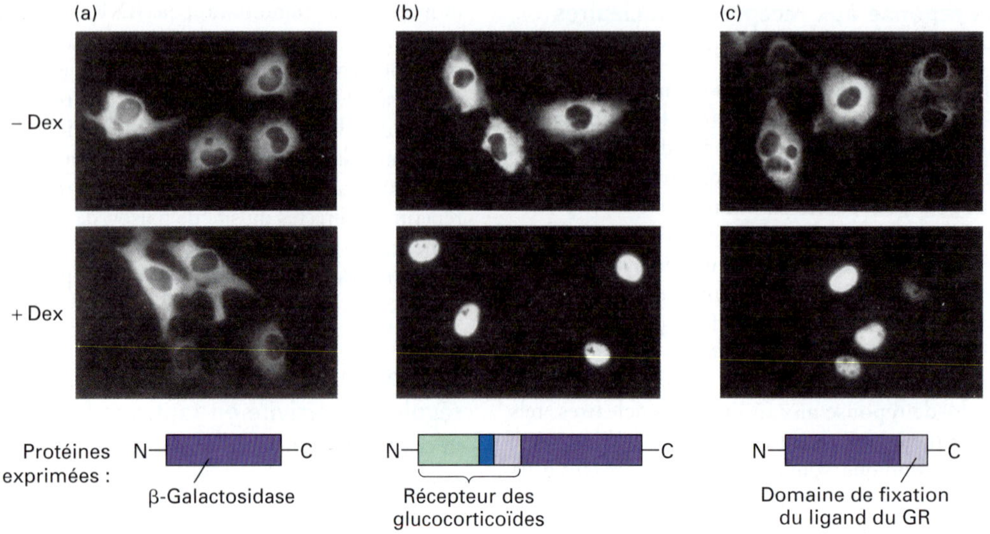

FIGURE EXPÉRIMENTALE 11-43 Des protéines de fusion synthétisées par des vecteurs d'expression démontrent que le domaine de fixation de l'hormone du récepteur des glucocorticoïdes (GR) est impliqué dans la translocation vers le noyau en présence de l'hormone. Des cellules animales en culture ont été transfectées par des vecteurs d'expression codant les protéines schématisées au bas de la figure. La technique d'immunofluorescence utilisant un anticorps marqué spécifique de la ß-galactosidase a permis de détecter les protéines exprimées dans les cellules transfectées. (a) Dans les cellules qui expriment la ß-galactosidase seule, l'enzyme est située dans le cytoplasme en présence et en l'absence de la dexaméthasone (Dex), une hormone de type glucocorticoïde. (b) Dans les cellules qui expriment une protéine de fusion formée de ß-galactosidase et du récepteur entier des glucocorticoïdes (GR), la protéine de fusion est présente dans le cytoplasme en l'absence d'hormone mais elle est transportée dans le noyau en présence de l'hormone. (c) Les cellules qui expriment une protéine de fusion formée de ß-galactosidase et du domaine de fixation du ligand du GR seul (en mauve) présentent également un transport hormone-dépendant de la protéine de fusion vers le noyau. [D'après D. Picard & K. R. Yamamoto, 1987, *EMBO. J.* **6** :3333 ; aimablement communiqué par les auteurs.]

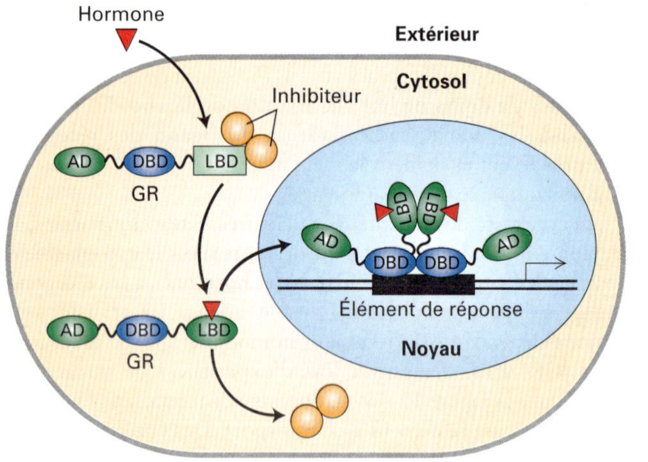

FIGURE 11-44 Un modèle de l'activation hormone-dépendante des gènes par un récepteur nucléaire homodimérique. En l'absence d'hormone, le récepteur est maintenu dans le cytoplasme par des interactions entre son domaine de fixation du ligand (LBD) et des protéines inhibitrices. Lorsque l'hormone est présente, elle diffuse à travers la membrane plasmique et se fixe au domaine de fixation du ligand, provoquant un changement conformationnel qui libère le récepteur des protéines inhibitrices. Le récepteur qui a fixé son ligand subit ensuite une translocation dans le noyau, dans lequel son domaine de liaison à l'ADN (DBD) se fixe à des éléments de réponse. Ceci permet au domaine de fixation du ligand et à un autre domaine d'activation (AD) situé au niveau de l'extrémité N-terminale, de stimuler la transcription des gènes cibles.

CONCEPTS CLÉS DE LA SECTION 11.6

La régulation de l'activité des facteurs de la transcription

- Les activités de nombreux facteurs de la transcription sont régulées indirectement par la fixation de protéines et de peptides extracellulaires à des récepteurs présents à la surface des cellules. Ces récepteurs activent des voies intracellulaires de transduction du signal qui régulent des facteurs spécifiques de la transcription par différents mécanismes décrits aux Chapitres 13 et 14.

- Les récepteurs nucléaires constituent une superfamille de facteurs transcriptionnels dimériques à doigt à zinc C_4 qui fixent des hormones liposolubles et interagissent avec des éléments spécifiques de réponse dans l'ADN (voir Figure 11-41).

- La liaison des hormones aux récepteurs nucléaires induit des changements conformationnels qui modifient leurs interactions avec d'autres protéines.

- Les récepteurs nucléaires hétérodimériques (comme les récepteurs des rétinoïdes, de la vitamine D et de l'hormone thyroïdienne) sont présents uniquement dans le noyau. En l'absence d'hormone, ils répriment la transcription des gènes cibles possédant l'élément de réponse correspondant. Une fois leurs ligands fixés, ils activent la transcription.

- Les récepteurs des hormones stéroïdes sont des récepteurs nucléaires homodimériques. En l'absence d'hormone, ils sont piégés dans le cytoplasme par des protéines inhibitrices. Une fois associés à leurs ligands, ils peuvent subir une translocation vers le noyau et activer la transcription des gènes cibles (voir Figure 11-44).

11.7 La régulation de l'élongation et de la terminaison de la transcription

Chez les eucaryotes, les mécanismes de terminaison de la transcription diffèrent pour chacune des trois ARN polymérases. La transcription des gènes de pré-ARNr par l'ARN polymérase I s'achève par un mécanisme qui nécessite un facteur de terminaison spécifique de la polymérase. Cette protéine de liaison à l'ADN se fixe à une séquence spécifique d'ADN en aval de l'unité de transcription. Une terminaison efficace nécessite que le facteur de terminaison se fixe à l'ADN matrice selon l'orientation correcte. L'ARN polymérase III purifiée termine la transcription après la polymérisation d'une série de résidus U. L'hybride ADN-ARN désoxy$(A)_n$-ribo$(U)_n$ produit lors de la synthèse d'une série de U est particulièrement instable comparé à toutes les autres séquences de paires de bases. La facilité avec laquelle les deux brins de cet hybride peuvent être séparés contribue au mécanisme de terminaison par l'ARN polymérase III.

Dans la plupart des gènes de mammifères codant des protéines, transcrits par l'ARN polymérase II, une fois que la polymérase a transcrit un peu plus de 50 bases, la poursuite de l'élongation est hautement processive et ne se termine pas avant la transcription d'une séquence qui induit le clivage et la polyadénylation de l'ARN au niveau de la séquence qui forme l'extrémité 3' de l'ARNm codé. L'ARN polymérase II peut alors catalyser la terminaison de la transcription au niveau de sites multiples situés à une distance de 0,5-2 kb au-delà de ce site d'addition de poly(A). Des expériences menées avec des gènes mutants montrent que la terminaison est couplée au processus de clivage et de polyadénylation de l'extrémité 3' d'un transcrit, qui sera traité au chapitre suivant. Des expériences d'immunoprécipitation de chromatine et des études biochimiques suggèrent que le complexe protéique qui clive et polyadényle le transcrit d'ARNm naissant au niveau de séquences spécifiques s'associe au domaine carboxy-terminal (CTD) phosphorylé de l'ARN polymérase II après l'amorçage (voir Figure 11-27). Ce complexe de clivage/polyadénylation peut supprimer la terminaison par l'ARN polymérase II jusqu'à la transcription par la polymérase de la séquence signalant le clivage et la polyadénylation.

Alors que la terminaison de la transcription n'est pas régulée pour la plupart des gènes, dans le cas de certains gènes spécifiques, un choix doit être effectué entre l'élongation et la terminaison ou une pause à quelques dizaines de bases du site de début de la transcription. Ce choix peut être régulé. Par conséquent, l'expression de la protéine codée est contrôlée non seulement par l'amorçage de la transcription mais également par un contrôle précoce de l'élongation de la transcription dans l'unité de transcription. Nous verrons plus loin deux exemples de ce type de régulation.

La transcription du génome du VIH est régulée par un mécanisme d'antiterminaison

Actuellement, la transcription du virus de l'immunodéficience humaine (VIH) par l'ARN polymérase II fournit l'exemple le mieux compris de terminaison régulée de la transcription chez les eucaryotes. L'expression efficace des gènes du VIH nécessite une petite protéine virale codée au niveau du locus *tat*. Les cellules infectées par des mutants *tat*$^-$ produisent de courts transcrits viraux qui s'hybrident aux fragments de restriction contenant des régions proches du promoteur de l'ADN du VIH mais pas aux fragments de restriction situés plus loin en aval du promoteur. À l'inverse, les cellules infectées par un VIH de type sauvage synthétisent de longs transcrits viraux qui s'hybrident aux fragments de restriction présents n'importe où dans l'unité de transcription unique du VIH. En conséquence, la protéine Tat joue le rôle de *facteur d'antiterminaison*, qui permet à l'ARN polymérase II de poursuivre sa lecture dans tout le bloc transcriptionnel. Puisque l'antiterminaison par la protéine Tat est nécessaire à la réplication du VIH, une meilleure compréhension de ce mécanisme de contrôle des gènes pourrait permettre d'élaborer des thérapies efficaces pour lutter contre le syndrome d'immunodéficience acquise (SIDA).

Tat est une protéine séquence-spécifique de liaison à l'ARN. Elle se fixe à une copie d'ARN d'une séquence appelée TAR, qui est située près de l'extrémité 5' du transcrit du VIH. La séquence TAR se replie en une épingle à cheveux d'ARN avec un renflement au milieu de la tige (Figure 11-45). TAR contient deux sites de liaison : l'un qui interagit avec Tat et l'autre qui interagit avec une protéine cellulaire appelée *cycline T*. Comme le montre la Figure 11-45, la protéine Tat du VIH et la cycline T cellulaire se fixent toutes les deux à l'ARN TAR et interagissent également directement l'une avec l'autre, ce qui rend leur liaison coopérative. Cette liaison ressemble beaucoup à la liaison coopérative des facteurs de transcription qui se fixent à l'ADN (voir Figure 11-24). L'interaction de la cycline T avec une protéine kinase appelée CDK9 active la kinase, dont le substrat est le CTD (domaine carboxy-terminal) de l'ARN polymérase II. Des études de transcription *in vitro* utilisant un inhibiteur spécifique de CDK9 suggèrent que les molécules d'ARN polymérase II qui initient la transcription du promoteur du VIH achèvent la transcription après avoir transcrit ≈ 50 bases, sauf si le CTD est hyperphosphorylé par CDK9. La liaison coopérative de la cycline T et de Tat à la séquence TAR au niveau de l'extrémité 5' du transcrit du VIH positionne CDK9 de telle sorte qu'elle peut phosphoryler le CTD, empêchant ainsi la terminaison et permettant à la polymérase de poursuivre l'élongation de la chaîne.

Plusieurs autres protéines cellulaires dont Spt4, Spt5 et le complexe NELF participent au processus grâce auquel la Tat du

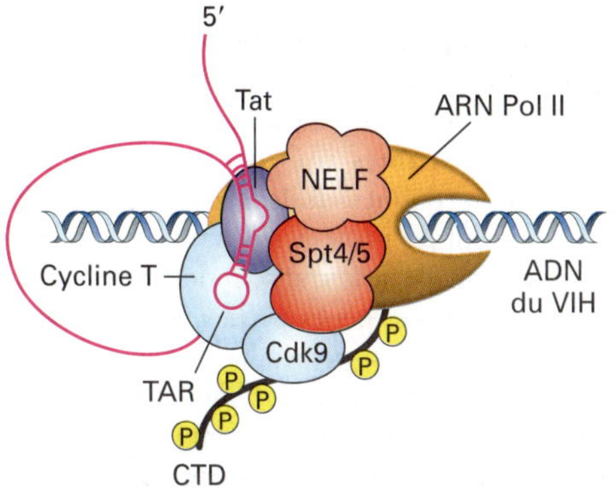

FIGURE 11-45 Un modèle du complexe d'antiterminaison constitué de la protéine Tat du VIH et de plusieurs protéines cellulaires. L'élément *TAR* dans le transcrit du VIH contient des séquences reconnues par Tat et la cycline T, une protéine cellulaire. La cycline T active la protéine kinase CDK9 et l'aide à se positionner près de son substrat, le CTD de l'ARN polymérase II. Voir le texte pour une discussion plus détaillée. [Voir P. Wei *et al.*, 1998, *Cell* **92** :451 ; T. Wada *et al.*, 1998, *Genes et Devel.* **12** :357 et Y. Yamaguchi *et al.*, 1999, *Cell* **97** :41.]

VIH favorise l'élongation par rapport à la terminaison (voir Figure 11-45). Des expériences réalisées avec l'inhibiteur spécifique de CDK9 mentionné ci-dessus et des mutants *spt4* et *spt5* de levure indiquent que ces protéines cellulaires sont nécessaires à la poursuite de la transcription au-delà de ≈ 50 bases pour la plupart des gènes cellulaires. Cependant, dans la majorité des gènes, ces protéines semblent fonctionner de manière constitutive, c'est-à-dire sans être régulées. Comme nous le verrons au Chapitre 12, on pense que la pause marquée par l'ARN polymérase II en réponse à Spt4/5 et NELF ralentit l'élongation jusqu'à ce que les facteurs de maturation de l'ARNm s'associent au domaine CTD phosphorylé. Une phosphorylation supplémentaire du CTD par le complexe cycline T-CDK9 (également appelé pTFEb) semble interrompre cette pause et permettre la poursuite de l'élongation. On ignore actuellement si ce processus est constitutif ou non dans le cas du promoteur du VIH, au niveau duquel la liaison coopérative de la Tat du VIH et de la cycline T à la séquence d'ARN TAR est nécessaire à une élongation efficace.

Une pause de l'ARN polymérase II près du promoteur existe dans certains gènes induits rapidement

Les *gènes de choc thermique* (comme *hsp70*) illustrent un autre mécanisme de régulation de l'élongation de la chaîne d'ARN chez les eucaryotes. Au cours de la transcription de ces gènes, l'ARN polymérase II marque une pause après la transcription de ≈ 25 nucléotides mais ne termine pas celle-ci (comme c'est le cas lors de la transcription du génome du VIH en l'absence de la protéine Tat). La polymérase à l'arrêt reste associée à l'ARN naissant et à l'ADN matrice jusqu'à ce que les conditions correspondent à l'activation du HSTF (facteur transcriptionnel de choc thermique). La fixation ultérieure du HSTF activé à des sites spécifiques présents dans la région proche du promoteur des gènes de choc thermique stimule la polymérase arrêtée qui reprend alors l'élongation de la chaîne et induit un réamorçage rapide par d'autres molécules d'ARN polymérase II.

Cette pause au cours de la transcription des gènes de choc thermique fut découverte chez la drosophile, mais il existe très probablement un mécanisme similaire chez les autres eucaryotes. Les gènes de choc thermique sont induits par des conditions intracellulaires qui dénaturent les protéines (telles que des températures élevées, « choc thermique »). Certains codent des protéines qui sont relativement résistantes aux conditions de dénaturation et protègent d'autres protéines de la dénaturation ; d'autres, les chaperonines, replient les protéines dénaturées (voir Chapitre 3). Le mécanisme de contrôle de la transcription qui a été élaboré pour réguler l'expression de ces gènes permet une réponse rapide : la transcription de ces gènes est suspendue et donc, en cas d'urgence, il n'y a pas de perte de temps pour le remodelage et l'acétylation de la chromatine au niveau du promoteur ni pour l'assemblage d'un complexe de pré-amorçage de la transcription.

CONCEPTS CLÉS DE LA SECTION 11.7

La régulation de l'élongation et de la terminaison de la transcription

- Chaque ARN polymérase nucléaire eucaryote utilise un mécanisme différent pour la terminaison de la transcription. La transcription de la plupart des gènes codant des protéines n'est pas achevée avant qu'une séquence d'ARN spécifiant un site de clivage et de polyadénylation soit synthétisée.
- La transcription du génome du VIH par l'ARN polymérase II est régulée par un mécanisme d'antiterminaison qui nécessite la liaison coopérative de la protéine Tat codée par le virus et de la cycline T à la séquence *TAR* située près de l'extrémité 5' de l'ARN du VIH.
- Au cours de la transcription des gènes de choc thermique de la drosophile, l'ARN polymérase II marque une pause dans la région proche du promoteur en aval. Cette interruption de la transcription est supprimée lorsque le facteur transcriptionnel HSTF est activé, ce qui conduit à la transcription très rapide des gènes de choc thermique en réponse à l'accumulation de protéines dénaturées.

11.8 Les autres systèmes eucaryotes de la transcription

Nous allons conclure ce chapitre en considérant brièvement l'amorçage de la transcription par les deux autres ARN polymérases eucaryotes nucléaires, Pol I et Pol III et par les polymérases différentes qui transcrivent les ADN mitochondriaux et chloroplastiques. Bien que ces systèmes, et plus spécialement leur régulation, soient moins bien compris que la transcription par l'ARN polymérase II, ils sont également fondamentaux pour la vie des cellules eucaryotes.

L'amorçage de la transcription par Pol I et Pol III est analogue à l'amorçage par Pol II

La formation des complexes d'amorçage de la transcription impliquant Pol I et Pol III est sur certains points, similaire à l'assemblage des complexes d'amorçage contenant Pol II (voir Figure 11-27). Néanmoins, chacune des trois ARN polymérases nucléaires eucaryotes fait appel à des facteurs généraux de la transcription qui lui sont spécifiques et reconnaît ses propres éléments de contrôle de l'ADN. De plus, ni Pol I ni Pol III n'exige d'hydrolyse d'ATP pour débuter la transcription, alors que Pol II en a besoin.

L'amorçage de la transcription par Pol I, qui synthétise les pré-ARNr et par Pol III, qui synthétise les ARNt, l'ARNr 5S et d'autres petits ARN stables, a été bien caractérisée chez *S. cerevisiae* en suivant une approche génétique et biochimique. Il est clair que la synthèse des ARNt et des ARNr, qui sont incorporés dans des ribosomes, est étroitement couplée au taux de croissance et de prolifération cellulaires. Toutefois, il nous reste beaucoup à apprendre sur la régulation de l'amorçage de la transcription par Pol I et Pol III, qui permet la coordination de la synthèse des pré-ARNr, des ARNr 5S et des ARNt avec la croissance et la réplication des cellules.

L'amorçage par Pol I Les éléments régulateurs responsables de l'amorçage par Pol I ont une position similaire par rapport au site de début de la transcription chez la levure et les mammifères. Un *élément central* à cheval sur le site de début de la transcription de –40 à + 5 est essentiel à la transcription par Pol I. Un *élément en amont* qui s'étend d'environ –155 à –60 multiplie par 10 la transcription *in vitro* par Pol I.

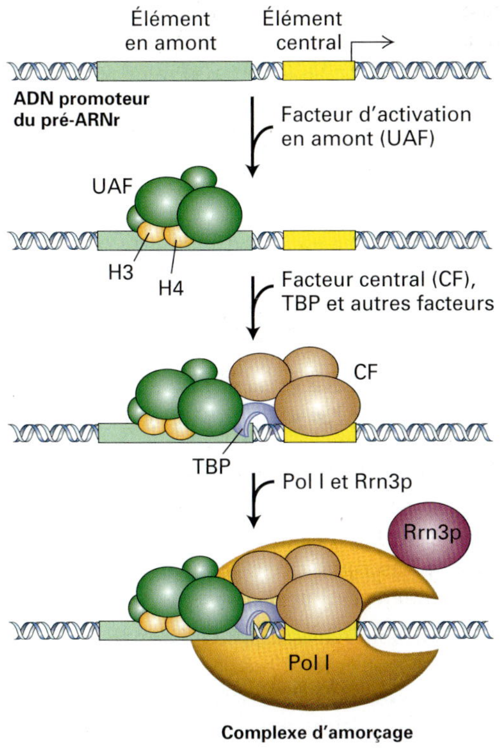

FIGURE 11-46 L'assemblage *in vitro* du complexe multimérique d'amorçage de la transcription de levure impliquant Pol I. UAF et CF, tous deux des facteurs généraux de la transcription, se fixent à l'élément en amont (UE) et à l'élément central respectivement, dans l'ADN promoteur. TBP et un facteur monomérique (Rrn3p) associé à l'ARN polymérase I (Pol I) participent également à la formation du complexe d'amorçage. [Adapté de N. Nomura, 1998, in R. M. Paule, *Transcription of Ribosomal RNA genes by Eukaryotic RNA Polymerase I*, Landes Bioscience, pp. 157-172.]

L'assemblage d'un complexe d'amorçage contenant Pol I, parfaitement actif, commence par la fixation d'un facteur multimérique d'activation en amont (UAF pour *upstream activation factor*) (Figure 11-46). Deux des six sous-unités constituant l'UAF sont des histones, qui participent probablement à la liaison à l'ADN. Ensuite, un facteur central trimérique se fixe à l'élément central conjointement avec TBP, qui entre en contact à la fois avec l'UAF lié et le facteur central. Pour finir, un complexe préformé constitué de Pol I et de Rnp3 s'associe aux protéines liées, positionnant Pol I près du site de début de la transcription. Dans les cellules humaines, TBP est lié de façon stable à trois autres polypeptides, formant un facteur d'amorçage appelé *SL1* qui se fixe au promoteur de l'élément central et est équivalent d'un point de vue fonctionnel au facteur central de levure plus TBP.

L'amorçage par Pol III Au contraire des gènes codant des protéines et des gènes de pré-ARNr, les promoteurs des gènes d'ARNt et d'ARNr 5S sont entièrement compris dans la séquence transcrite (Figure 11-47). Deux de ces éléments promoteurs *internes*, appelés *boîte A* et *boîte B* sont présents dans tous les gènes d'ARNt. Ces séquences hautement conservées fonctionnent non seulement comme promoteurs, mais elles codent aussi deux régions invariantes des ARNt eucaryotes qui sont nécessaires à la synthèse des protéines. Dans les gènes d'ARNr 5S, une seule région interne de contrôle, la *boîte C*, joue le rôle de promoteur.

Trois facteurs généraux de la transcription sont nécessaires à Pol III pour débuter la transcription des gènes d'ARNt et d'ARNr 5S *in vitro*. Deux facteurs multimériques, TFIIIC et TFIIIB, participent à l'amorçage au niveau des promoteurs d'ARNt et d'ARNr 5S. Un troisième facteur, TFIIIA, est nécessaire à l'amorçage au niveau des promoteurs des ARNr 5S. Comme dans le cas de l'assemblage des complexes d'amorçage contenant Pol I et Pol II, les facteurs généraux de la transcription contenant Pol III se fixent au promoteur dans un ordre défini.

La moitié N-terminale d'une sous-unité de TFIIIB appelée *BRF* (pour TFII*B*-*r*elated *f*actor en anglais : facteur apparenté à TFIIB) a une séquence similaire à celle de TFIIB (un facteur de Pol II). Cette ressemblance suggère que BRF et TFIIB remplissent une fonction similaire lors de l'amorçage, celle de conduire la polymérase vers le site correct d'amorçage. Une fois TFIIIB lié à un gène d'ARNt ou d'ARNr 5S, Pol II peut se fixer et débuter la transcription en présence de ribonucléosides triphosphate. La sous-unité BRF de TFIIIB interagit spécifiquement avec l'une des sous-unités polymérasiques propres à Pol III, ce qui explique l'amorçage par cette ARN polymérase nucléaire spécifique.

TBP est une autre des trois sous-unités constituant TFIIIB. Il s'agit d'un composant d'un facteur général de la transcription des trois ARN polymérases eucaryotes nucléaires. Les chercheurs furent surpris de découvrir que TBP participait à l'amorçage de la transcription par Pol I et Pol III, car les promoteurs reconnus par ces enzymes ne contiennent généralement pas de boîte TATA. Cependant, des études récentes indiquent que la sous-unité TBP de TFIIIB interagit avec l'ADN de façon similaire à son interaction avec les boîtes TATA.

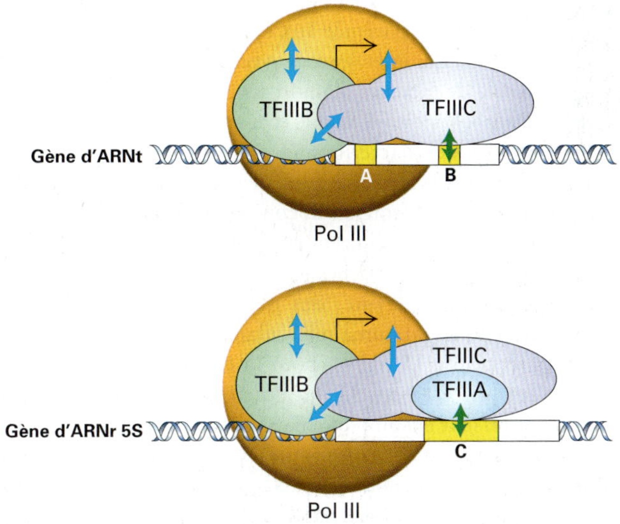

FIGURE 11-47 Les éléments de contrôle de la transcription dans les gènes transcrits par l'ARN polymérase III. Les gènes d'ARNt et d'ARNr 5S contiennent des promoteurs internes (en jaune) situés en aval du site de début de la transcription et appelés boîtes A, B et C comme indiqué. L'assemblage des complexes d'amorçage de la transcription sur ces gènes commence par la liaison à ces éléments de contrôle, des facteurs généraux de la transcription TFIIIA, TFIIIB et TFIIIC spécifiques de Pol III. Les flèches vertes indiquent les interactions fortes séquence-spécifiques protéine-ADN. Les flèches bleues symbolisent les interactions entre les facteurs généraux de la transcription. Les flèches violettes correspondent aux interactions entre les facteurs généraux de la transcription et Pol III. [D'après L. Schramm & N. Hernandez, 2002, *Genes Dev.* **16** :2593.]

Les ADN mitochondriaux et chloroplastiques sont transcrits par des ARN polymérases spécifiques des organites

Comme nous l'avons vu au Chapitre 10, les mitochondries et les chloroplastes ont probablement évolué à partir de bactéries ayant subi une endocytose dans des cellules ancestrales qui possédaient un noyau eucaryote. Chez les eucaryotes actuels, les deux organites contiennent des ADN circulaires distincts qui codent certaines des protéines essentielles à leurs fonctions spécifiques. Les ARN polymérases qui transcrivent l'ADN mitochondrial (mt) et l'ADN chloroplastique ressemblent aux polymérases des bactéries et des bactériophages.

L'ARN polymérase mitochondriale L'ARN polymérase qui transcrit l'ADNmt est codée dans l'ADN nucléaire. Après sa synthèse dans le cytosol, l'enzyme est importée dans la matrice mitochondriale par des mécanismes décrits au Chapitre 16. Les ARN polymérases mitochondriales de *S. cerevisiae* et du crapaud *Xenopus laevis* sont toutes deux constituées d'un grosse sous-unité avec une activité de polymérisation des ribonucléotides et d'une petite sous-unité, ou facteur de spécificité, essentielle à l'amorçage de la transcription au niveau des sites de début de la transcription dans l'ADNmt, utilisés dans la cellule. La grosse sous-unité de l'ARN polymérase mitochondriale de levure est apparentée aux ARN polymérases monomériques du bactériophage T7 et de bactériophages similaires. Néanmoins, l'enzyme mitochondriale se distingue fonctionnellement de l'enzyme du bactériophage car elle dépend de sa petite sous-unité pour que la transcription débute à partir des sites corrects d'amorçage. Cette petite sous-unité est apparentée aux facteurs σ des ARN polymérases bactériennes, qui interagissent avec les promoteurs de l'ADN et jouent le rôle de facteurs d'amorçage. Par conséquent, l'ARN polymérase mitochondriale semble être un hybride des ARN polymérases simples des bactériophages et des ARN polymérases bactériennes à sous-unités multiples, de complexité intermédiaire.

Les séquences promotrices reconnues par les ARN polymérases mitochondriales comprennent le site de début de la transcription. Ces promoteurs, riches en résidus A, ont été caractérisés dans l'ADNmt de la levure, des plantes et des animaux. Le génome mitochondrial humain circulaire contient deux promoteurs apparentés de 15 pb, un pour la transcription de chaque brin. Chaque brin est transcrit intégralement. Les longs transcrits primaires subissent ensuite une maturation en ARNm, ARNr et ARNt mitochondriaux. Une petite protéine basique appelée *TF1mt* qui se fixe immédiatement en amont des deux promoteurs mitochondriaux, stimule fortement la transcription. Une protéine homologue présente dans les mitochondries de levure est nécessaire à la conservation de l'ADNmt et remplit probablement une fonction similaire.

L'ARN polymérase chloroplastique Au contraire de l'ARN polymérase mitochondriale, l'enzyme qui transcrit l'ADN chloroplastique est codée dans le génome chloroplastique lui-même. Cette ARN polymérase possède des sous-unités qui présentent une homologie considérable avec les sous-unités α, β et β' de l'ARN polymérase d'*E. coli*, mais est apparemment dépourvue d'une sous-unité équivalente au facteur σ de cette bactérie.

Certains promoteurs chloroplastiques rappellent fortement le facteur d'amorçage σ^{70} d'*E. coli*, avec des séquences similaires dans les régions –10 et –35. La transcription à partir d'un promoteur de chloroplaste dépend cependant de séquences situées entre ≈ –20 et + 60, qui sont très différentes de la plupart des promoteurs d'*E. coli*. Ce promoteur peut être reconnu par une deuxième ARN polymérase, qui est très probablement codée dans le génome nucléaire et importée dans l'organite. L'analyse de la transcription dans les chloroplastes en est à ses débuts, mais on sait maintenant qu'au moins un système de transcription présente une forte homologie avec la transcription chez *E. coli* et d'autres bactéries à partir desquelles ont évolué les chloroplastes.

CONCEPTS CLÉS DE LA SECTION 11.8

Les autres systèmes eucaryotes de la transcription

- L'amorçage de la transcription par Pol I et Pol III est similaire à l'amorçage par Pol II mais fait appel à d'autres facteurs généraux de la transcription, est commandée par des éléments promoteurs différents et ne nécessite pas d'hydrolyse d'ATP.
- L'ADN mitochondrial est transcrit par une ARN polymérase codée dans le noyau et constituée de deux sous-unités. Une sous-unité est homologue de l'ARN polymérase monomérique du bactériophage T7 ; l'autre ressemble aux facteurs σ bactériens.
- L'ADN chloroplastique est transcrit par une ARN polymérase codée dans les chloroplastes, qui est homologue aux ARN polymérases bactériennes malgré l'absence d'un facteur σ.

PERSPECTIVES POUR LE FUTUR

Nous avons beaucoup appris ces dernières années sur le contrôle de la transcription chez les eucaryotes. Il est possible de reconnaître dans le génome humain des gènes codant environ 2 000 activateurs et répresseurs. Nous avons désormais une petite idée de la façon dont le nombre astronomique de combinaisons de ces facteurs de transcription peut créer la complexité du contrôle des gènes nécessaire à la formation d'organismes aussi remarquables que ceux qui nous entourent. Mais il reste beaucoup à apprendre. Même si nous comprenons partiellement les processus qui activent ou inactivent un gène, nous savons encore peu de choses sur le contrôle de la fréquence de la transcription pour fournir à une cellule les quantités adéquates de ses différentes protéines. Dans un précurseur de globule rouge par exemple, les gènes de globine sont davantage transcrits que les gènes codant les enzymes du métabolisme intermédiaire. Comment ces différences si importantes dans la fréquence d'amorçage de la transcription de différents gènes sont-elles créées ? Que se passe-t-il au niveau des multiples interactions entre les domaines d'activation, les complexes co-activateurs, les facteurs généraux de la transcription et l'ARN polymérase II lorsque la polymérase initie la transcription et la poursuit en s'éloignant du promoteur ? Tous ces éléments se dissocient-ils au niveau des promoteurs rarement transcrits, exigeant que la combinaison des multiples facteurs nécessaires à la transcription soit réunie à nouveau à chaque cycle de transcription ? Les complexes des activateurs avec leurs multiples co-activateurs en interaction restent-ils assemblés au niveau des promoteurs à partir desquels se produisent des réamorçages fréquents, afin que l'assemblage complet n'ait pas à être reconstruit à chaque amorçage par la polymérase ?

Nous savons peu de choses sur la structure de la chromatine et son influence sur la transcription. Qu'est-ce qui induit la formation d'hétérochromatine dans certaines régions de la chromatine dans lesquelles la transcription est réprimée ? De quelle façon exactement la chromatine est-elle modifiée par des activateurs et des répresseurs et comment ceci déclenche-t-il ou inhibe-t-il la transcription ? Une fois que les complexes de remodelage de la chromatine et les complexes à activité acétylase d'histones sont associés à un promoteur, comment restent-ils associés ? Certaines sous-unités de ces complexes s'associent-elles à des queues d'histones modifiées de sorte que d'autres complexes s'associent sur toute la longueur d'une fibre de chromatine lorsque des histones supplémentaires sont modifiées ?

On a découvert que des domaines uniques d'activation interagissaient avec plusieurs complexes co-activateurs. Ces interactions sont-elles transitoires, permettant alors au même domaine d'activation d'interagir séquentiellement avec plusieurs co-activateurs ? Un ordre spécifique d'interaction avec les co-activateurs est-il nécessaire ? De quelle façon l'interaction des domaines d'activation avec le médiateur stimule-t-elle la transcription ? Ces interactions stimulent-elles simplement l'assemblage d'un complexe de pré-amorçage ou influencent-elles la vitesse d'amorçage de la transcription par l'ARN polymérase II à partir d'un complexe de pré-amorçage assemblé ?

L'activation de la transcription est un processus hautement coopératif. Pour cette raison, les gènes exprimés dans un type cellulaire spécifique sont exprimés uniquement lorsque l'ensemble complet des activateurs qui contrôlent ce gène sont eux-mêmes exprimés et activés. Comme nous l'avons vu plus haut, certains des facteurs de la transcription qui contrôlent l'expression du gène *TTR* dans le foie sont également synthétisés dans les cellules intestinales et rénales. Pourtant, le gène *TTR* n'est pas exprimé dans ces derniers tissus puisque sa transcription nécessite deux autres facteurs transcriptionnels produits uniquement dans le foie. Quels sont les mécanismes qui expliquent cette action hautement coopérative des facteurs de transcription, essentielle à l'expression des gènes spécifiques d'un type cellulaire.

Une compréhension profonde du développement normal et des processus anormaux associés aux maladies aura besoin des réponses à ces questions et à bien d'autres encore. Plus les principes de contrôle de la transcription seront compris, plus il y aura d'applications de ces connaissances. Cette compréhension pourra permettre un contrôle fin de l'expression de gènes thérapeutiques introduits par les vecteurs de thérapie génique en cours d'élaboration. La compréhension détaillée des interactions moléculaires qui régulent la transcription pourra fournir de nouvelles cibles pour la mise au point de médicaments qui inhibent ou stimulent l'expression de gènes spécifiques. Une connaissance plus complète des mécanismes du contrôle de la transcription pourrait permettre d'améliorer la mise au point par génie génétique de céréales avec des caractéristiques souhaitées. Il est évident que les progrès dans le domaine du contrôle de la transcription nous aideront à satisfaire notre désir de comprendre de quelle façon des organismes complexes tels que l'homme se développent et fonctionnent.

MOTS CLÉS

Activateurs *449*
Amplificateurs *456*
ARN polymérase II *450*
Boîte TATA *454*
Co-activateur *467*
Code des histones *476*
Désacétylation des histones *474*
Doigt à zinc *463*
Domaine carboxy-terminal (CTD) *452*
Domaine d'activation *461*
Domaine de répression *462*
Éléments proches du promoteur *455*
Enhancesome *468*
Facteur d'antiterminaison *485*
Fermeture éclair à leucines *464*
Facteurs généraux de la transcription *469*
Gènes de choc thermique *486*
Locus *MAT* (chez la levure) *471*
Médiateur *471*
Promoteur *449*
Récepteurs nucléaires *464*
Répresseurs *449*
Répression par l'intermédiaire de la chromatine *471*
Séquence activatrice en amont (UAS) *457*
Silenceurs *472*
Système de levure double hybride *480*
Technique d'empreintes à l'ADNase I *458*

RÉVISIONS

1. Qu'est-ce qui prouve que l'amorçage de la transcription est le mécanisme principal du contrôle des gènes chez les organismes complexes ?
2. Quels sont les types de gènes transcrits par les ARN polymérases I, II et III ? Imaginez une expérience permettant de déterminer si un gène spécifique est transcrit par l'ARN polymérase II.
3. Le CTD de la plus grosse sous-unité de l'ARN polymérase II peut être phosphorylé et hyperphosphorylé au niveau de différents résidus sérine et tyrosine. Quelles sont les conditions qui conduisent à la phosphorylation plutôt qu'à l'hyperphosphorylation ?
4. Qu'ont en commun les boîtes TATA, les initiateurs et les îlots CpG ? Lequel de ces éléments a-t-il été identifié le premier ? Pourquoi ?
5. Décrivez les techniques utilisées pour déterminer la position des éléments de contrôle de l'ADN dans les régions régulatrices des gènes.
6. Quelle est la différence entre un élément proche du promoteur et un amplificateur distal ?
7. Décrivez les techniques utilisées pour déterminer la position des protéines qui se fixent à l'ADN dans la région régulatrice des gènes.
8. Décrivez les caractéristiques structurales des protéines d'activation et de répression de la transcription.
9. De quelle façon la transcription du gène *EGR-1* est-elle affectée chez les malades atteints de la tumeur de Wilms ? Pourquoi ?
10. En utilisant comme exemples la protéine CREB et les récepteurs nucléaires, comparez et indiquez les différences entre les

changements structuraux qui se produisent lorsque ces facteurs transcriptionnels se fixent à leurs co-activateurs.

11. De quelle façon la structure des promoteurs de la polymérase II est-elle modifiée au cours de la formation du complexe de pré-amorçage ?

12. L'expression de protéines recombinantes chez la levure est un outil précieux pour les sociétés de biotechnologie qui produisent de nouveaux médicaments destinés à l'homme. Pour essayer d'obtenir un nouveau gène *X* exprimé chez la levure, un chercheur a intégré ce gène dans le génome de levure, près d'un télomère. Cette stratégie permettra-t-elle une bonne expression du gène *X* ? Pourquoi ou pourquoi pas ? Le résultat de cette expérience sera-t-il différent si elle est réalisée avec une lignée de levure contenant des mutations dans les queues des histones H3 ou H4 ?

13. Vous venez d'isoler une nouvelle protéine appelée STICKY (littéralement, *collante* en anglais). Vous pouvez déduire de comparaisons avec d'autres protéines connues que STICKY contient un domaine bHLH et un domaine d'interaction avec Sin3. À votre avis, quelle est la fonction de STICKY et pourquoi ces domaines sont-ils importants pour cette fonction ?

14. Décrivez au moins un gène que vous pensez pouvoir cloner en utilisant les gènes suivants comme appâts dans une expérience avec le système de levure dit double hybride : l'alpha-globine, la sous-unité catalytique de la protéine A et la sous-unité catalytique de l'aspartate transcarbamylase.

ANALYSEZ LES RÉSULTATS SUIVANTS

Une mesure des changements de mobilité électrophorétique (EMSA) a été effectuée en utilisant un fragment d'ADN marqué radioactivement, issu de la séquence en amont du gène *X*. Cette sonde d'ADN a été incubée avec (+) ou sans (-) un extrait nucléaire isolé à partir des tissus A (os), B (poumon), C (cerveau) et D (peau). Les complexes ADN:protéines ont ensuite été fractionnés sur des gels de polyacrylamide non dénaturants. Les gels ont été exposés à un film autoradiographique. Les résultats sont présentés dans la figure.

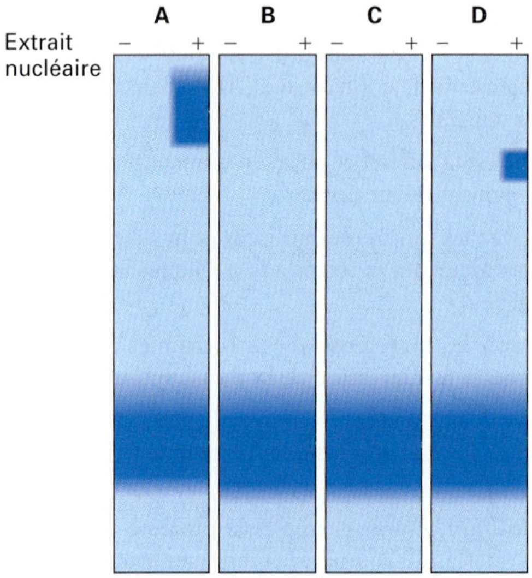

a. Quels sont les tissus qui possèdent une activité de liaison reconnaissant la séquence en amont du gène *X* ? Le facteur de transcription est-il le même dans chaque tissu ?

b. Si l'élément responsable de l'activité de liaison était purifié, quel test permettrait de vérifier qu'il s'agit en réalité d'un facteur de transcription ?

c. Quel type d'expérience pourrait être effectué pour déterminer la ou les séquences spécifiques d'ADN auxquelles se fixe le facteur de transcription ?

d. Si le gène *X* est transcrit dans les poumons et le cerveau mais pas dans les os ni dans la peau, quel type de facteur de transcription présentera l'activité de liaison ? Imaginez quels autres types de facteurs pourraient être complexés au promoteur du gène *X* dans les os et la peau.

RÉFÉRENCES

Une vue d'ensemble du contrôle des gènes eucaryotes et des ARN polymérases

Cramer, P., (2002), Multisubunit RNA polymerases, *Curr. Opin. Struc. Biol.* **12** :89–97.

Les séquences régulatrices dans les gènes codant des protéines

Blackwood, E. M. & Kadonaga, J. T., (1998), Going the distance : a current view of enhancer action, *Science* **281** :60–63.

Butler, J. E. & Kadonaga, J. T., (2002), The RNA polymerase II core promoter : a key component in the regulation of gene expression, *Genes Dev.* **16** :2583–2592.

http://www.epd.isb-sib.ch/promoter_elements

Les activateurs et les répresseurs de la transcription

Brivanlou, A. H. & Darnell, J. E., Jr, (2002), Signal transduction and the control of gene expression, *Science* **295** :813–818.

Luscombe, N. M. *et al.*, (2000), An overview of the structures of protein-DNA complexes, *Genome Biol.* **1** :1–37.

Riechmann, J. L. *et al.*, (2000), Arabidopsis transcription factors : genome-wide comparative analysis among eukaryotes, *Science* **290** :2105–2110.

Tupler, R. *et al.*, (2001), Expressing the human genome, *Nature* **409** :832–833.

L'amorçage de la transcription par l'ARN polymérase

Woychik, N. A. & Hampsey, M., (2002), The RNA polymerase II machinery : structure illuminates function, *Cell* **108** :453–463.

Les mécanismes moléculaires de l'activation et de la répression de la transcription

Berger, S. L., (2002), Histone modifications in transcriptional regulation, *Curr. Opin. Genet. Dev.* **12** :142–148.

Boube, M. *et al.*, (2002), Evidence for a mediator of RNA polymerase II transcriptional regulation conserved from yeast to man, *Cell* **110** :143–151.

Courey, A. J. & Jia, S., (2001), Transcriptional repression : the long and the short of it, *Genes Dev.* **15** :2786–2796.

Horn, P. J. & Peterson, C. L., (2002), Chromatin Higher Order Folding—Wrapping up Transcription, *Science* **297** :1824–1827.

Richards, E. J. & Elgin, S. C., (2002), Epigenetic codes for heterochromatin formation and silencing : rounding up the usual suspects, *Cell* **108** :489–500.

La régulation de l'activité des facteurs de la transcription

Hermanson, O. *et al.*, (2002), Nuclear receptor coregulators : multiple modes of modification, *Trends Endocrinol. Metab.* **13** :55–60.

Lin, R. J. et al, (1998), The transcriptional basis of steroid physiology, *Cold Spring Harbor Symp. Quant. Biol.* **63** :577–585.

McKenna, N. J. & O'Malley, B. W., (2002), Minireview : nuclear receptor coactivators—an update, *Endocrinol.* **143** :2461–2465.

Yamamoto, K. R., (1995), Multilayered control of intracellular receptor function. *Harvey Lect.* **91** :1–19.

La régulation de l'élongation et de la terminaison de la transcription

Garber, M. E. & Jones, K. A., (1999), HIV-1 Tat : coping with negative elongation factors, *Curr. Opin. Immunol.* **11** :460–465.

Kim, D. K. *et al.*, (2001), The regulation of elongation by eukaryotic RNA polymerase II : a recent view, *Mol. Cells* **11** :267–274.

Lis, J, (1998), Promoter-associated pausing in promoter architecture and postinitiation transcriptional regulation, *Cold Spring Harbor Symp. Quant. Biol.* **63** :347–356.

Price, D. H., (2000), P-TEFb, a cyclin-dependent kinase controlling elongation by RNA polymerase II, *Mol. Cell Biol.* **20** :2629–2634.

Les autres systèmes eucaryotes de la transcription

Paule, M. R. & White, R. J., (2000), Survey and summary : transcription by RNA polymerases I and III, *Nucl. Acids Res.* **28** : 1283–1298.

Schramm, L. & N. Hernandez, (2002), Recruitment of RNA polymerase III to its target promoters, *Genes Dev.* **16** :2593–2620.

12

LE CONTRÔLE POST-TRANSCRIPTIONNEL DES GÈNES ET LE TRANSPORT NUCLÉAIRE

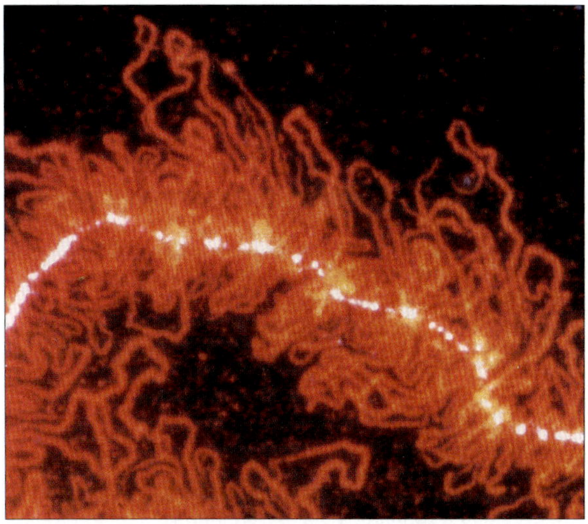

Un fragment de « chromosome en écouvillon » issu d'un ovocyte du triton *Nophtalmus viridescens*. Les protéines des RNPhn associées aux transcrits naissants d'ARN émettent une fluorescence rouge après un marquage par un anticorps monoclonal. [Aimablement communiqué par M. Roth et J. Gall.]

Nous avons vu au chapitre précédent que la plupart des gènes sont régulés lors de la première étape de leur expression, c'est-à-dire au cours de l'amorçage de la transcription. Cependant, une fois la transcription débutée, la synthèse de l'ARN codé exige que l'ARN polymérase transcrive le gène entier et ne termine pas prématurément sa transcription. De plus, les transcrits primaires produits initialement à partir des gènes eucaryotes doivent subir différentes réactions de maturation pour donner lieu aux ARN fonctionnels correspondants. Une fois formés dans le noyau, les ARN matures fonctionnels sont transportés vers le cytoplasme sous forme de composants de ribonucléoprotéines. La maturation des ARN et leur export hors du noyau offrent des opportunités pour réguler l'expression des gènes lors d'étapes postérieures à l'amorçage de la transcription. Un contrôle supplémentaire de l'expression des gènes peut avoir lieu dans le cytoplasme. Dans le cas des gènes codant des protéines par exemple, la quantité de protéine produite dépend de la stabilité des ARNm correspondants dans le cytoplasme et de leur taux de traduction. De plus, la localisation cellulaire de certains ARNm est régulée. Ainsi, la protéine néosynthétisée est concentrée là où elle est nécessaire.

On appelle *contrôle post-transcriptionnel des gènes*, l'ensemble des mécanismes qui régulent l'expression des gènes après leur transcription (Figure 12-1). Bien que ces mécanismes jouent en général un rôle moindre dans le **contrôle des gènes** que l'activation ou la répression de l'amorçage de la transcription, ils sont essentiels pour la régulation de l'expression de certains gènes. Nous considérerons dans ce chapitre les événements qui se produisent au cours de la maturation des ARNm après l'amorçage de la transcription et les différents mécanismes qui régulent ces événements. Dans la dernière section, nous traiterons brièvement de la maturation des transcrits primaires correspondant aux gènes des ARNr et des ARNt.

12.1 La maturation des pré-ARNm eucaryotes

Nous examinerons plus en détail dans cette section la façon dont les cellules eucaryotes convertissent en un ARNm fonctionnel, le transcrit primaire initial synthétisé par l'ARN polymérase II. Trois grands événements se produisent au cours de ce processus : *l'addition d'une coiffe en 5'*, *le clivage et la polyadénylation de l'extrémité 3'* et *l'épissage de l'ARN* (Figure 12-2). La maturation se déroule dans le noyau, pendant la transcription du précurseur d'ARNm naissant. L'ARNm fonctionnel produit est ensuite transporté jusqu'au cytoplasme par des mécanismes décrits plus loin.

La coiffe en 5' est ajoutée aux ARN naissants peu après l'amorçage par l'ARN polymérase II

Lorsque les molécules d'ARN naissant synthétisées par l'ARN polymérase II atteignent 25 à 30 nucléotides de long, la 7-méthylguanosine et les autres composants de la *coiffe en 5'* présente sur

SOMMAIRE

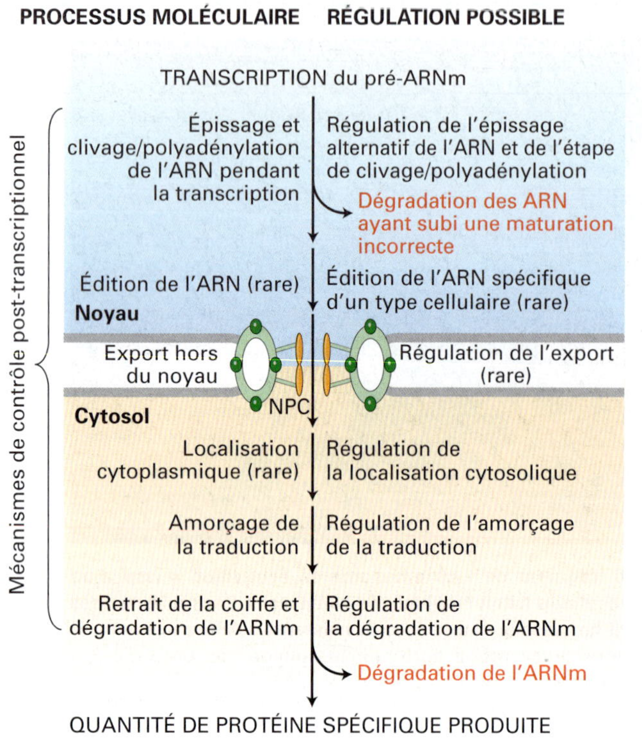

FIGURE 12-1 Une vue d'ensemble du contrôle post-transcriptionnel des gènes codant des protéines. Le contrôle peut être exercé lorsque le transcrit primaire subit une maturation dans le noyau, au cours de l'export de l'ARNm vers le cytoplasme, ou encore dans le cytoplasme. Un gène est en général régulé par un seul ou quelques-uns de ces mécanismes de contrôle.

les ARNm eucaryotes, sont ajoutés à leur extrémité 5' (voir Figure 4-13). Cette première étape de la maturation de l'ARN est catalysée par une enzyme dimérique qui ajoute la coiffe, qui s'associe au *domaine (CTD) phosphorylé de* l'ARN polymérase II. Rappelons que le CTD est phosphorylé au cours de l'amorçage de la transcription (voir Figure 11-27). Les enzymes qui ajoutent la coiffe ne s'associent ni avec l'ARN polymérase I ni avec l'ARN polymérase III car ces enzymes ne contiennent pas de CTD. C'est pourquoi l'addition d'une coiffe est spécifique des transcrits produits par l'ARN polymérase II.

Une sous-unité de l'enzyme qui ajoute la coiffe enlève le phosphate γ de l'extrémité 5' de l'ARN naissant émergeant de la surface d'une ARN polymérase II. Un autre domaine de cette sous-unité transfère la partie GMP du GTP, vers le 5' diphosphate du transcrit naissant, créant une guanine inhabituelle avec une structure 5'-5' triphosphate. Lors des dernières étapes, d'autres enzymes transfèrent des groupements méthyle de la *S*-adénosyl-méthionine vers la position N_7 de la guanine et les oxygènes en 2' des riboses présents au niveau de l'extrémité 5' de l'ARN naissant.

Les pré-ARNm sont associés aux protéines des RNPhn contenant des domaines conservés de liaison à l'ARN

Les transcrits naissants d'ARN correspondant aux gènes codant des protéines et les intermédiaires de la maturation des ARNm, désignés sous le terme collectif de **pré-ARNm** n'existent pas à l'état libre dans les noyaux des cellules eucaryotes. Depuis le moment où les transcrits naissants émergent de l'ARN polymérase II, jusqu'au moment où les ARNm matures sont transportés dans le cytoplasme, les molécules d'ARN sont associées à un groupe abondant de protéines nucléaires. Ces protéines sont les principaux composants protéiques des *particules ribonucléoprotéiques*

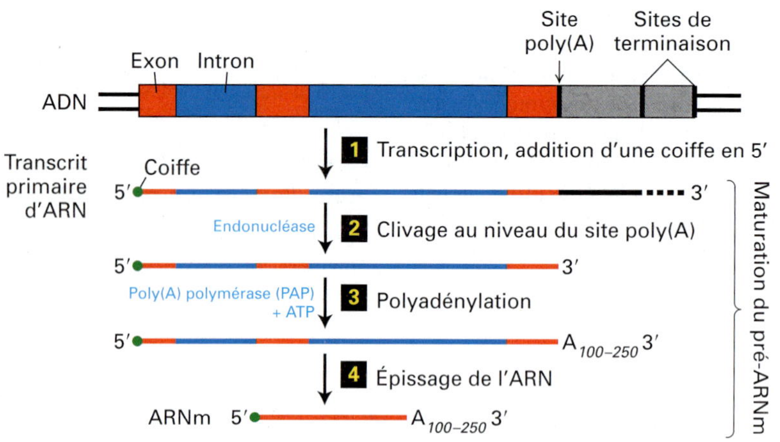

FIGURE 12-2 Une vue d'ensemble de l'épissage de l'ARNm chez les eucaryotes. Peu après l'amorçage de la transcription par l'ARN polymérase II au niveau du premier nucléotide du premier exon d'un gène, une coiffe de 7-méthylguanylate est ajoutée à l'extrémité 5' de l'ARN naissant (étape **1**). La transcription par l'ARN polymérase II s'achève au niveau de l'un des multiples sites de terminaison en aval du site poly(A), qui est situé au niveau de l'extrémité 3' du dernier exon. Après le clivage du transcrit primaire au niveau du site poly(A) (étape **2**), une série de résidus adénosine (A) est ajoutée (étape **3**). La queue de poly(A) contient ≈ 250 résidus A chez les mammifères, ≈ 150 chez les insectes et ≈ 100 chez les levures. Dans le cas des petits transcrits primaires comportant peu d'introns, l'épissage (étape **4**) suit généralement le clivage et la polyadénylation, comme on le voit ici. Dans le cas des grands gènes avec de multiples introns, ceux-ci sont souvent excisés hors du transcrit naissant d'ARN au cours de sa transcription, c'est-à-dire avant la fin de la transcription du gène. Remarquez que la coiffe en 5' et la séquence adjacente à la queue de poly(A) sont conservées dans les ARN matures.

hétérogènes (RNPhn), qui contiennent de l'*ARN nucléaire hétérogène* (*ARNhn*), un terme collectif désignant les pré-ARNm et les autres ARN nucléaires de différentes tailles. Les protéines présentes dans ces particules ribonucléoprotéiques se voient très bien si l'on utilise des anticorps monoclonaux à marquage fluorescent (voir la figure en tête du chapitre).

Les chercheurs identifièrent les protéines des RNPhn en irradiant des cellules en culture par une forte dose d'UV, provoquant la formation de liaisons croisées (pontages) entre des bases d'ARN et des protéines étroitement associées. La chromatographie en phase liquide des extraits nucléaires issus des cellules traitées sur une colonne de cellulose couplée à des oligo-dT, qui fixe les ARN possédant une queue de poly(A), fut utilisée pour recueillir les protéines qui avaient établi des liaisons croisées avec les ARN nucléaires polyadénylés. Le traitement ultérieur des extraits cellulaires provenant des cellules irradiées, avec des anticorps monoclonaux spécifiques des principales protéines identifiées par cette technique de pontage a révélé un groupe complexe et abondant de protéines de RNPhn d'une taille comprise entre 34 à 120 kDa.

Comme les facteurs transcriptionnels, la plupart des protéines des RNPhn présentent une structure modulaire. Elles contiennent un ou plusieurs domaines de liaison à l'ARN et au moins un domaine supplémentaire qui semble interagir avec d'autres protéines. Plusieurs motifs différents de liaison à l'ARN ont été identifiés en délétant des domaines des protéines de RNPhn et en testant la capacité de fixation de ces protéines à l'ARN.

Les motifs conservés de liaison à l'ARN Le *motif de reconnaissance de l'ARN* (*RRM* pour *RNA recognition motif*), également appelé motif RNP et domaine de liaison à l'ARN (RBD pour *RNA-binding domain*) est le domaine le plus courant de liaison à l'ARN présent dans les protéines des RNPhn. Ce domaine de ≈ 80 résidus, que l'on trouve dans de nombreuses protéines qui se fixent à l'ARN, contient deux séquences hautement conservées (RNP1 et RNP2) qui permettent la reconnaissance du motif dans les gènes nouvellement séquencés. L'analyse par cristallographie aux rayons X a montré que le domaine RRM est constitué d'un feuillet β à quatre brins, flanqué d'un côté de deux hélices α. Les séquences conservées RNP1 et RNP2 se trouvent côte à côte sur les deux brins β centraux et leurs chaînes latérales établissent de multiples contacts avec une région simple-brin de l'ARN (Figure 12-3). L'ARN simple-brin est présent à la surface du feuillet β avec les brins centraux RNP1 et RNP2, formant une surface chargée positivement qui interagit avec les phosphates chargés négativement des ARN.

La *boîte RGG*, un autre motif de liaison à l'ARN présent dans les protéines des RNPhn, contient cinq répétitions Arg-Gly-Gly (RGG) avec plusieurs acides aminés aromatiques disséminés. Bien que la structure de ce motif n'ait pas encore été déterminée, sa nature riche en arginine est similaire à celle des domaines de liaison à l'ARN de la protéine Tat du VIH. Le *motif KH* de 45 résidus est présent dans la protéine K des RNPhn et de plusieurs autres protéines de liaison à l'ARN. On trouve en général deux copies ou plus du motif KH, dispersées au sein des répétitions RGG. La structure tridimensionnelle des domaines KH représentatifs est similaire à celle du domaine RRM en plus petit. Elle est constituée d'un feuillet β à trois brins, soutenu d'un côté par deux hélices α. L'ARN se fixe au motif KH en interagissant avec une surface hydrophobe formée par les hélices α et un brin β. Par conséquent, malgré la ressemblance de leur structure, les domaines RRM et KH interagissent différemment avec l'ARN.

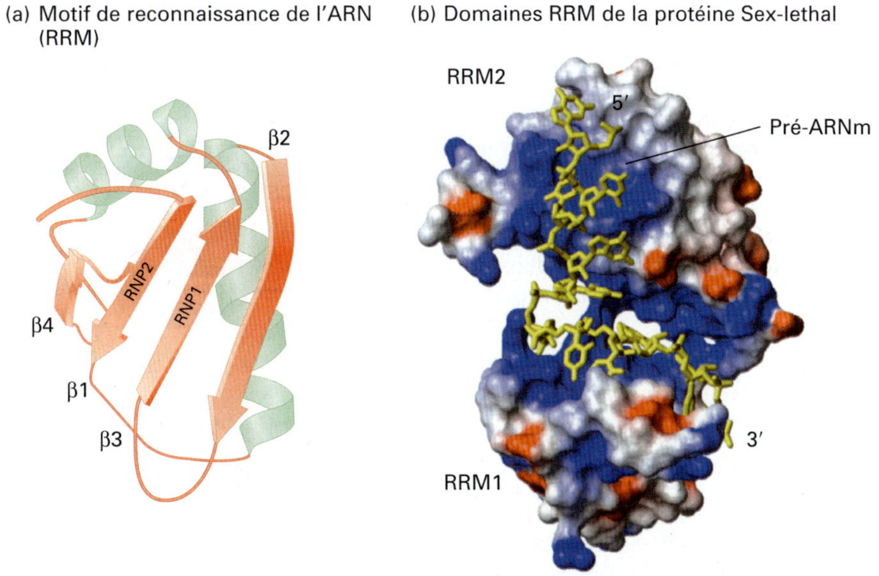

FIGURE 12-3 La structure du domaine RRM et son interaction avec l'ARN. (a) Un schéma du domaine RRM montrant les deux hélices α et les quatre brins β qui caractérisent ce motif. Les régions conservées RNP1 et RNP2 sont situées dans les deux brins β centraux. (b) Une représentation de la surface des deux domaines RRM de la protéine Sex-lethal (Sxl) de drosophile, qui se fixe à une séquence de 9 bases dans le pré-ARNm de *transformer* (en vert). Les deux RRM sont orientés comme les deux parties d'une paire de castagnettes ouverte, avec le feuillet β de RRM1 orienté vers le haut et le feuillet β de RRM2 orienté vers le bas. Les régions chargées positivement de la protéine Sxl sont colorées en bleu et les régions chargées négativement, en rouge. Le pré-ARNm est lié aux surfaces des feuillets β chargés positivement et la plupart de ses contacts sont établis avec les régions RNP1 et RNP2 de chaque RRM. [Partie (a) adaptée de K. Nagai *et al.*, 1995, *Trends Biochem. Sci.* **20** :235 ; partie (b) d'après N. Harada *et al.*, 1999, *Nature* **398** :579.]

Les fonctions des protéines des RNPhn L'association des pré-ARNm avec les protéines des RNPhn empêche la formation de courtes structures secondaires qui dépendent de l'appariement de régions complémentaires, rendant de ce fait les pré-ARNm disponibles pour interagir avec d'autres molécules d'ARN ou de protéines. Les pré-ARNm associés aux protéines des RNPhn constituent un substrat davantage uniforme pour les étapes suivantes de maturation que ne le seraient des pré-ARNm libres (non liés). En effet, chaque type de pré-ARNm forme une structure secondaire unique, selon sa séquence.

Des études de liaison réalisées avec des protéines de RNPhn purifiées suggèrent que des protéines différentes de RNPhn s'associent avec des régions distinctes d'une molécule de pré-ARNm nouvellement fabriquée. Par exemple, les protéines de RNPhn A1, C et D se fixent préférentiellement aux séquences riches en pyrimidines situées aux extrémités 3' des introns (voir la discussion plus loin). Cette observation suggère que certaines protéines des RNPhn pourraient interagir avec les séquences d'ARN qui spécifient l'épissage de l'ARN ou les étapes de clivage/polyadénylation et contribuent à la structure reconnue par les facteurs de maturation de l'ARN. Enfin, des expériences de fusion cellulaire ont montré que certaines protéines de RNPhn restent localisées dans le noyau tandis que d'autres entrent et sortent alternativement du cytoplasme. Ceci laisse penser qu'elles sont impliquées dans le transport de l'ARNm. Nous verrons le rôle de ces protéines dans le transport nucléaire dans la Section 12.3.

Le clivage en 3' et la polyadénylation des pré-ARNm sont étroitement couplés

Dans les cellules eucaryotes, tous les ARNm à l'exception des ARNm d'histones possèdent une *queue de poly(A) en 3'*. Des études de marquage radioactif bref d'ARN d'adénovirus et de SV40 ont permis de démontrer que le transcrit primaire des virus s'étend dans les ARNm viraux au-delà du site au niveau duquel débute la queue de poly(A). Ces résultats suggéraient que les résidus A sont ajoutés à un groupement 3' hydroxyle produit par le clivage endonucléolytique d'un transcrit plus long, mais les fragments d'ARN en aval prédits n'étaient jamais détectés *in vivo*, sans doute parce qu'ils étaient dégradés rapidement. Le fait que le clivage d'un transcrit primaire précède sa polyadénylation fut établi définitivement grâce à la détection des deux produits de clivage lors de réactions de maturation *in vitro* réalisées avec des extraits cellulaires de cellules HeLa.

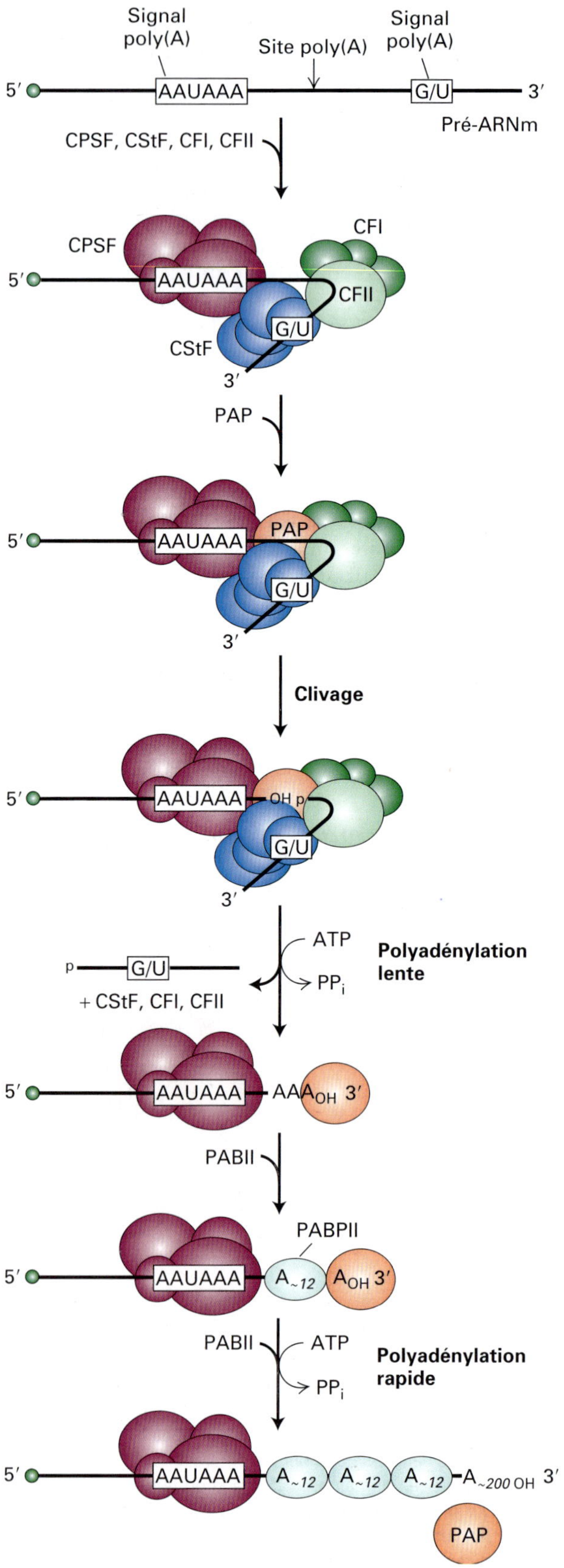

FIGURE 12-4 Un modèle du clivage et de la polyadénylation des pré-ARNm dans les cellules de mammifères. Le facteur de spécificité pour le clivage et la polyadénylation (CPSF) se fixe au signal poly(A) en amont AAUAAA. CStF interagit avec une séquence en aval riche en GU ou en U et avec le CPSF lié, formant une boucle dans l'ARN. La liaison de CFI et CFII aide à stabiliser le complexe. La fixation de la poly(A) polymérase (PAP) stimule ensuite le clivage au niveau du site poly(A), qui se trouve généralement 10 à 35 nucléotides en 3' du signal poly(A) en amont. Les facteurs de clivage sont libérés, de même que le produit de clivage en aval de l'ARN, qui est rapidement dégradé. La PAP liée ajoute alors lentement ≈ 12 résidus A au groupement hydroxyle en 3' produit par la réaction de clivage. La fixation de la protéine II de liaison au poly(A) (PABPII) à la courte queue initiale de poly(A) accélère l'addition par PAP. Après l'adjonction de 200 à 250 résidus A, PABPII signale à PAP d'arrêter la polymérisation.

Le séquençage de clones d'ADNc issus de cellules animales montra que presque tous les ARNm contiennent la séquence AAUAAA 10 à 35 nucléotides *en amont* de la queue de poly(A). La polyadénylation des transcrits d'ARN est quasiment supprimée lorsque la séquence correspondante dans l'ADN matrice est mutée en une autre séquence, sauf si celle-ci code une séquence étroitement apparentée (AUUAAA). Les transcrits non matures d'ARN produits à partir de ces matrices mutantes ne s'accumulent pas dans le noyau et sont rapidement dégradés. D'autres études de mutagenèse révélèrent qu'un second signal *en aval* du site de clivage est nécessaire au clivage efficace et à la polyadénylation de la plupart des pré-ARNm dans les cellules animales. Ce signal en aval n'est pas une séquence spécifique mais plutôt une région riche en GU ou simplement riche en U, distante de moins de 50 nucléotides du site de clivage.

L'identification et la purification des protéines nécessaires au clivage et à la polyadénylation des pré-ARNm ont conduit au modèle présenté dans la Figure 12-4. D'après ce modèle, un *facteur de spécificité pour le clivage et la polyadénylation* (*CPSF* pour *cleavage and polyadenylation specificity factor*) constitué de quatre polypeptides différents, forme d'abord un complexe instable avec le signal poly(A) AAUAAA en amont. Puis, au moins trois autres protéines se fixent au complexe CPSF-ARN : un hétérotrimère de 200 kDa appelé *facteur stimulateur de clivage* (*CStF* pour *cleavage stimulatory factor*) qui interagit avec la séquence riche en G/U, un hétérotrimère de 150 kDa appelé facteur de clivage I (*CFI* pour *cleavage factor I*) et un deuxième facteur de clivage assez mal caractérisé (CFII). Enfin, une *poly(A) polymérase* (*PAP*) se fixe au complexe *avant* que le clivage puisse se produire. La nécessité de la liaison de PAP associe l'étape de clivage et de polyadénylation. Ainsi, l'extrémité 3' libre créée est-elle rapidement polyadénylée.

L'assemblage du gros **complexe** multiprotéique **de clivage/polyadénylation** autour du signal de poly(A) riche en AU dans un pré-ARNm est analogue en de nombreux points à la formation du complexe de transcription-pré-amorçage au niveau de la boîte TATA riche en AT d'une molécule d'ADN matrice (voir Figure 11-27). Dans les deux cas, les complexes multiprotéiques s'assemblent de manière coopérative par le biais d'un réseau d'interactions protéine-acide nucléique et protéine-protéine.

Après le clivage au niveau du site poly(A), la polyadénylation se déroule en deux phases. L'addition des 12 premiers résidus A environ se produit lentement et est suivie de l'addition rapide de 200 à 250 résidus A supplémentaires au maximum. La phase rapide nécessite la fixation de multiples copies d'une *protéine de liaison au poly(A)* contenant le motif RRM. On appelle cette protéine **PABPII** pour la différencier de la protéine de liaison au poly(A) présente dans le cytoplasme. PABPII se fixe à la courte queue de poly(A) ajoutée initialement par PAP, stimulant la polymérisation de résidus A supplémentaires par PAP (voir Figure 12-4). PABPII signale également à la polymérase de terminer la polymérisation lorsque la queue de poly(A) atteint une longueur de 200-250 résidus, même si l'on ignore encore le mécanisme responsable.

L'excision des introns et l'épissage des exons se produit au niveau de courtes séquences conservées dans les pré-ARNm grâce à deux réactions de transestérification

Au cours de la formation d'un ARNm fonctionnel mature, les **introns** sont retirés (excisés) et les **exons** sont réunis (épissés). Dans le cas des petites unités de transcription, **l'épissage* de l'ARN** suit généralement le clivage et la polyadénylation de l'extrémité 3' du transcrit primaire, comme le décrit la Figure 12-2. En revanche, dans le cas des longues unités de transcription contenant de multiples exons, l'épissage des exons dans l'ARN naissant commence généralement avant la fin de la transcription du gène.

*N.d.T. : On utilise souvent en français le terme d'épissage pour désigner l'ensemble des étapes d'excision des introns et d'épissage des exons.

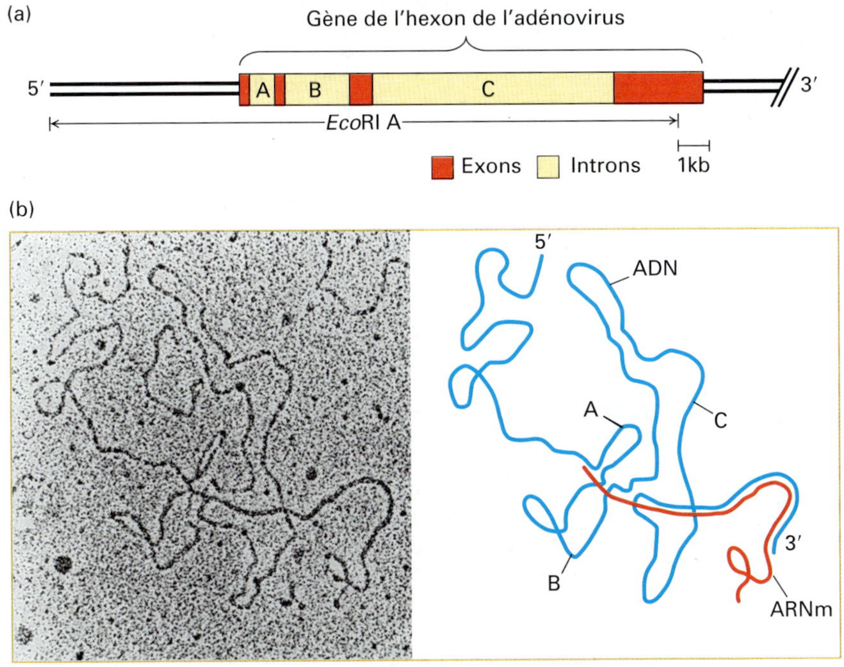

FIGURE EXPÉRIMENTALE 12-5 Les études d'hybridation ARN-ADN montrent que les introns sont excisés au cours de la maturation des pré-ARNm. L'observation sous microscope électronique d'un hybride ADN-ARN formé entre l'ADN d'un adénovirus et l'ARNm codant l'hexon, une protéine virale essentielle, révèle des segments d'ADN (introns) absents de l'ARNm de l'hexon. (a) Un schéma du fragment produit par la digestion de l'ADN de l'adénovirus par *Eco*RI A, qui commence au niveau de l'extrémité gauche du génome et s'étend presque jusqu'à l'extrémité du dernier exon du gène de l'hexon. Le gène est formé de trois courts exons et d'un exon long (≈ 3,5 kb) séparés par trois introns de ≈ 1 ; 2,5 et 9 kb. (b) Une micrographie électronique (*à gauche*) et une représentation schématique (*à droite*) de l'hybride entre un fragment produit par *Eco*RI A et l'ARNm de l'hexon. Les boucles notées A, B et C correspondent aux introns indiqués en (a). Puisque ces séquences d'introns dans l'ADN génomique viral ne sont pas présentes dans l'ARNm mature de l'hexon, elles forment des boucles vers l'extérieur, entre les séquences d'exons qui s'hybrident à leurs séquences complémentaires dans l'ARNm. [Micrographie de S. M. Berget *et al.*, 1977, *Proc. Natl. Acad. Sci. USA* **74** :3171 ; aimablement communiqué par P. A. Sharp.]

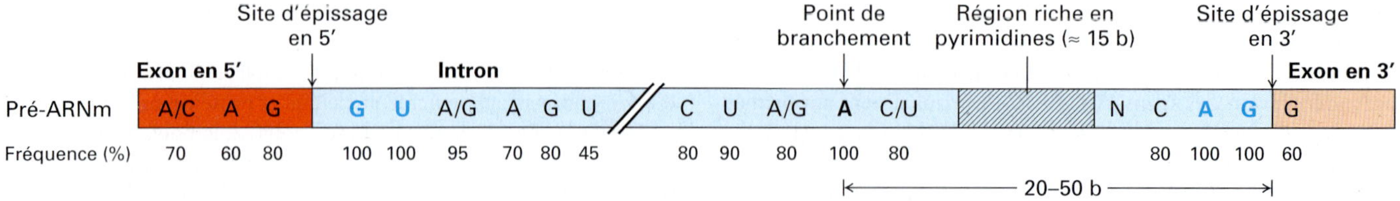

FIGURE 12-6 Les séquences consensus autour des sites d'épissage 5' et 3' dans les pré-ARNm de vertébrés. Les seules bases quasiment invariantes sont les 5' GU et les 3' AG de l'intron (en bleu), bien que les bases flanquantes indiquées se retrouvent à des fréquences supérieures à celles attendues d'une distribution aléatoire. Une région riche en pyrimidines (hachures) près de l'extrémité 3' de l'intron est présente dans la plupart des cas. L'adénosine du point de branchement, également invariante, est généralement distante de 20 à 50 bases du site d'épissage en 3'. La région centrale de l'intron, dont la longueur peut varier de 40 bases à 50 kilobases, n'est généralement pas indispensable à l'épissage. [Voir R. A. Padgett *et al.*, 1986, *Ann. Rev. Biochem.* **55** :1119 et E. B. Keller & W. A. Noon, 1984, *Proc. Natl. Acad. Sci. USA* **81** :7417.]

Des études de microscopie électronique ont fourni rapidement des preuves du retrait des introns au cours de l'épissage, grâce à l'observation d'hybrides ARN-ADN formés entre de l'ADN d'adénovirus et de l'ARNm codant l'hexon, une protéine importante de la capside virale (Figure 12-5). D'autres études révélèrent des ARN viraux nucléaires colinéaires à des ADN viraux (les transcrits primaires) et des ARN avec un ou deux introns excisés (intermédiaires de maturation). Ces résultats, associés à l'observation de la présence de la coiffe en 5' et de la queue de poly(A) en 3' à la fois au niveau de chaque extrémité des longs précurseurs d'ARNm et dans les ARNm cytoplasmiques matures plus courts a permis de comprendre que les introns sont excisés des transcrits primaires en même temps que les exons sont épissés les uns avec les autres.

La position des *sites d'excision-épissage* ou *sites d'épissage* — c'est-à-dire les jonctions exon-intron — dans un pré-ARNm peut être déterminée en comparant la séquence de l'ADN génomique avec celle de l'ADNc préparé à partir de l'ARNm correspondant. Les séquences présentes dans l'ADN génomique mais absentes de l'ADNc correspondent aux introns et indiquent les positions des sites d'épissage. L'analyse d'un grand nombre d'ARNm différents a révélé de courtes séquences consensus moyennement conservées au niveau des sites d'épissage flanquant les introns dans les pré-ARNm eucaryotes. Chez les organismes supérieurs, une région riche en pyrimidine présente juste en amont du site d'épissage en 3' est également courante (Figure 12-6). Des études de mutants comportant des délétions ont montré que la plus grande partie centrale des introns pouvait être retirée sans affecter l'épissage. En général, seuls 30 à 40 nucléotides de chaque côté d'un intron sont nécessaires à une vitesse normale d'épissage.

Une analyse des intermédiaires formés au cours de l'épissage des pré-ARNm *in vitro* a permis de découvrir que l'épissage se produit grâce à deux *réactions de transestérification* (Figure 12-7). Les introns sont enlevés grâce à la formation d'une structure en lasso dans laquelle le 5' G de l'intron est relié par une liaison phosphodiester 2',5' inhabituelle à une adénosine proche de l'extrémité 3' de l'intron. Ce résidu A est appelé *point de branchement* car il forme un branchement (une ramification) d'ARN dans la structure en lasso. Au cours de chaque réaction de transestérification, une liaison phosphodiester est échangée contre une autre. Puisque le nombre de liaisons phosphoester dans la molécule n'est modifié par aucune des deux réactions, il n'y a pas de consommation d'énergie. Le résultat net de ces deux réactions est la ligature des deux exons et la libération de l'intron intermédiaire sous la forme d'une structure ramifiée en lasso.

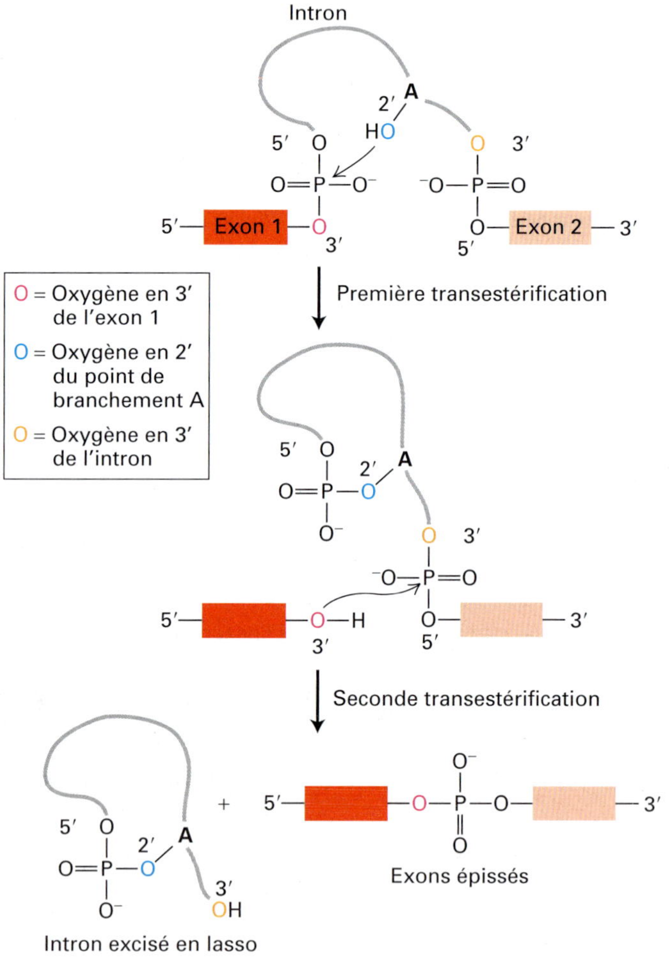

FIGURE 12-7 Les deux réactions de transestérification qui aboutissent à l'épissage des exons dans un pré-ARNm. Au cours de la première réaction, la liaison ester entre le phosphore en 5' de l'intron et l'oxygène en 3' (rouge vif) de l'exon 1 est échangé contre une liaison ester avec l'oxygène en 2' (en bleu) du résidu **A** du site de branchement. Au cours de la seconde réaction, la liaison ester entre le phosphore en 5' de l'exon 2 et l'oxygène en 3' (rose) de l'intron est échangée contre une liaison ester avec l'oxygène en 3' de l'exon 1, libérant l'intron sous la forme d'une structure en lasso et reliant les deux exons. Les flèches indiquent les endroits au niveau desquels les oxygènes des hydroxyles réagissent avec les atomes de phosphore.

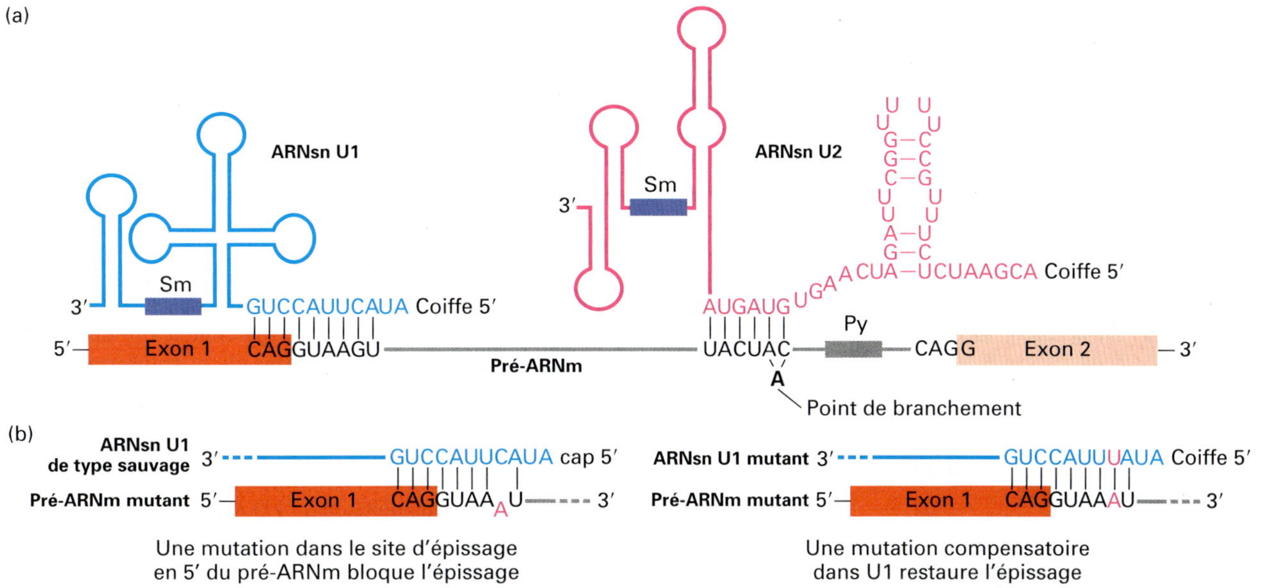

FIGURE 12-8 L'appariement du pré-ARNm, de l'ARNsn U1 et de l'ARNsn U2 au début du processus d'épissage. (a) Dans ce schéma sont représentées les structures secondaires présentes dans les ARNsn, qui ne sont pas modifiées au cours de l'épissage. La séquence du site de branchement de la levure est présentée ici. Remarquez que l'ARNsn U2 s'apparie avec une séquence qui comporte le point de branchement A, bien que ce résidu ne soit pas apparié. Les rectangles violets représentent des séquences auxquelles se fixent les protéines RNPsn reconnues par les anticorps anti-Sm. Pour des raisons inexpliquées, les antisérums de patients atteints de la maladie auto-immune appelée lupus érythémateux aigu disséminé contiennent ces anticorps. Les antisérums de ce type ont aidé à caractériser les composants de la réaction d'épissage. (b) Seules les extrémités 5′ des ARNsn U1 et les sites d'épissage en 5′ dans les pré-ARNm sont représentés. (*À gauche*) Une mutation (A) dans un site d'épissage du pré-ARNm qui interfère dans l'appariement avec l'extrémité 5′ de l'ARNsn U1 bloque l'épissage. L'expression d'un ARNsn U1 avec une mutation compensatoire (U) qui restaure l'appariement des bases restaure également l'épissage du pré-ARNm mutant. [Partie (a) adaptée de M. J. Moore *et al.*, 1993, in R. Gesteland et J. Atkins, eds., *The RNA World*, Cold Spring Harbor Press, pp. 303-357 ; partie (b) voir Y. Zhuang & A. M. Weiner, 1986, *Cell* **46** :827.]

Au cours de l'épissage, les ARNsn s'apparient les uns avec les autres et avec le pré-ARNm

Cinq **petits ARN nucléaires** (**ARNsn** pour *small nuclear RNA*) riches en U, appelés U1, U2, U4, U5 et U6 participent à l'épissage des pré-ARNm. Ces ARN dont la longueur varie de 107 à 210 nucléotides, sont associés avec 6 à 10 protéines en *petites particules ribonucléoprotéiques nucléaires* (*RNPsn* pour *small nuclear ribonucleoprotein particles*) dans le noyau des cellules eucaryotes.

Une preuve indiscutable du rôle de l'ARNsn U1 dans l'épissage fut apportée par des expériences indiquant qu'un appariement entre le site d'épissage en 5' d'un pré-ARNm et la région en 5' de l'ARNsn U1 est nécessaire à l'épissage des ARN (Figure 12-8a). Des expériences *in vitro* ont montré qu'un oligonucléotide synthétique qui s'hybride avec la région de l'extrémité 5' de l'ARNsn U1 bloque l'épissage des ARN. Des expériences *in vivo* ont révélé que des mutations dans le site d'épissage en 5' d'un pré-ARNm qui altèrent l'appariement des bases bloquent l'épissage de l'ARN, mais que cet épissage peut être restauré par l'expression d'un ARNsn U1 mutant qui porte une mutation compensatoire rétablissant l'appariement des bases avec le site d'épissage en 5' du pré-ARNm (Figure 12-8b). L'hypothèse d'une participation de l'ARNsn U2 dans l'épissage fut émise lorsqu'on découvrit qu'il possède une séquence interne présentant une forte complémentarité avec la séquence consensus flanquant le point de branchement dans les pré-ARNm (voir Figure 12-6). Des expériences impliquant des mutations compensatoires, similaires à celles effectuées avec l'ARNsn U1 et les sites d'épissage en 5', démontrèrent que l'appariement des bases entre l'ARNsn U2 et le site de branchement dans le pré-ARNm est également essentiel pour l'épissage.

La Figure 12-8a illustre les structures générales des ARNsn U1 et U2 et leur mode d'appariement avec le pré-ARNm au cours de l'épissage. Il est important de noter que le point de branchement A lui-même, qui n'est pas apparié à l'ARNsn U2, « fait saillie » à l'extérieur, ce qui permet à son hydroxyle en 2' de participer à la première réaction de transestérification de l'épissage d'ARN (voir Figure 12-7).

Des études similaires menées avec d'autres ARNsn ont permis de démontrer qu'ils s'apparient les uns avec les autres également lors de l'épissage. De plus, certains réarrangements de ces interactions ARN-ARN sont essentiels au processus d'épissage, comme nous le décrirons plus loin.

Les spliceosomes, assemblés à partir des RNPsn et d'un pré-ARNm effectuent l'épissage

D'après le modèle actuel de l'épissage des pré-ARNm, les cinq RNPsn impliquées dans l'épissage semblent s'assembler sur le pré-ARNm, formant un gros complexe ribonucléoprotéique appelé **spliceosome** (Figure 12-9). L'assemblage d'un spliceosome commence par l'appariement des ARNsn des RNPsn U1 et U2 avec le pré-ARNm (voir Figure 12-8). Un appariement important entre les ARNsn dans les RNPsn U4 et U6 forme un complexe qui s'associe avec la RNPsn U5. Le complexe U4/U6/U5 s'associe alors avec le complexe U1/U2/pré-ARNm formé auparavant pour constituer un spliceosome.

Après la formation du spliceosome, des réarrangements importants de l'appariement des ARNsn et du pré-ARNm provoquent la libération des RNPsn U1 et U4. Le spliceosome réarrangé, actif d'un point de vue catalytique, catalyse alors la première réaction de transestérification qui forme la liaison 2',5' phosphodiester entre l'hydroxyle en 2' sur le site de branchement A et le phosphate à l'extrémité 5' de l'intron. Après un nouveau réarrangement des RNPsn, la seconde réaction de transestérification relie les deux exons par une liaison phosphodiester 3',5' standard, libérant l'intron sous la forme d'une structure en lasso associée aux RNPsn. Ce dernier complexe intron-RNPsn se dissocie rapidement et les RNPsn individuelles libérées peuvent participer à un nouveau cycle d'épissage. L'intron excisé est ensuite rapidement dégradé par une « enzyme débranchante » et d'autres ARNases nucléaires dont nous parlerons plus loin.

Un spliceosome a environ la taille d'une petite sous-unité ribosomiale et on pense qu'au moins 70 protéines sont impliquées dans l'épissage de l'ARN, ce qui rend la complexité de ce processus comparable à celle de l'amorçage de la transcription et de la synthèse protéique. Certains de ces facteurs d'épissage sont associés aux RNPsn, mais d'autres non. Par exemple, la sous-unité de 65 kD du facteur associé à U2 (U2AF) se fixe à la région riche en pyrimidines proche de l'extrémité 3' des introns ainsi qu'à la RNPsn U2. La sous-unité de 35 kD de U2AF se fixe au dinucléotide AG situé à l'extrémité 3' de l'intron et interagit également avec la sous-unité plus grosse de U2AF, liée à proximité. Ces deux sous-unités de U2AF agissent de concert pour spécifier le site d'épissage en 3', en favorisant l'interaction de la RNPsn U2 avec le point de branchement (voir Figure 12-8). Certains facteurs d'épissage présentent également des homologies de séquences avec des ARN hélicases connues. Ces homologies sont probablement nécessaires aux réarrangements des appariements qui se produisent dans les ARNsn au cours du cycle d'épissage par le spliceosome.

Certains pré-ARNm contiennent des introns dont les sites d'excision ne correspondent pas à la séquence consensus standard. Cette classe d'introns commence par AU et se termine par AC au lieu de suivre la règle habituelle « GU-AG » (voir Figure 12-6). L'excision de cette classe spéciale d'introns semble se produire par un cycle d'excision analogue à celui qui est présenté dans la Figure 12-9, à l'exception de la participation de quatre nouvelles RNPsn peu abondantes, avec la RNPsn U5 standard.

Presque tous les ARNm fonctionnels dans les cellules de vertébrés, d'insectes et de plantes sont créés à partir d'une seule molécule du pré-ARNm correspondant, par le retrait des introns internes et la ligature des exons. Pourtant, chez deux types de protozoaires — les trypanosomes et les euglènes — les ARNm sont

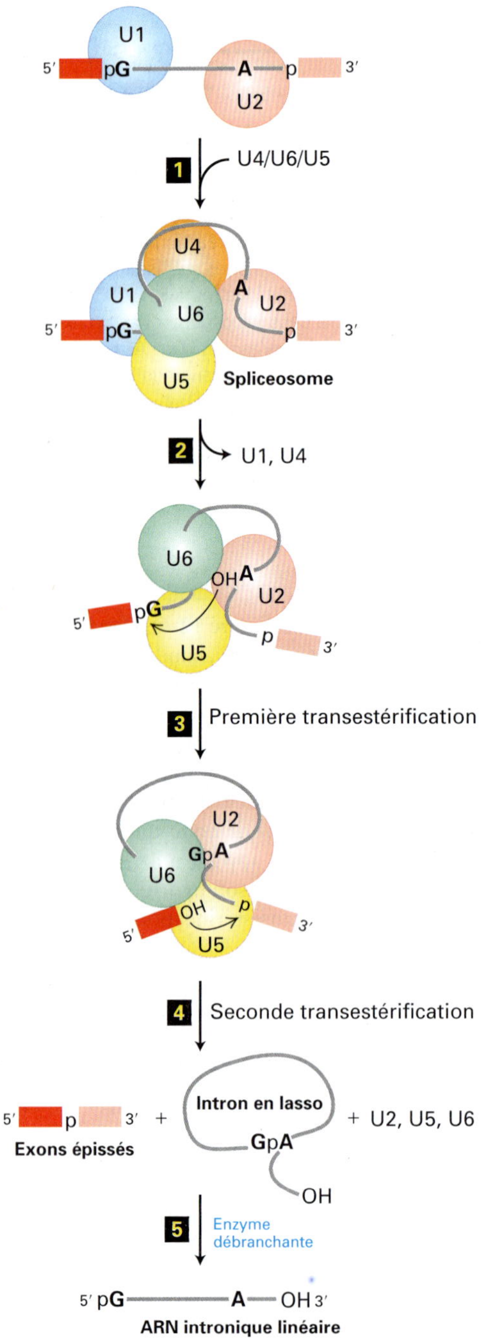

FIGURE 12-9 Un modèle de l'épissage du pré-ARNm impliquant le spliceosome. Étape **1** : Après l'association des RNPsn U1 et U2 avec le pré-ARNm par des interactions entre les paires de bases représentées dans la Figure 12-8, un complexe RNPsn trimérique constitué de U4, U5 et U6 rejoint le complexe initial pour former le spliceosome. Étape **2** : Les réarrangements des interactions des paires de bases entre les ARNsn convertissent le spliceosome en une conformation active du point de vue catalytique et déstabilisent les RNPsn U1 et U4, qui sont libérées. Étape **3** : Le noyau catalytique, qui semble formé par U6 et U2, catalyse ensuite la première réaction de transestérification, formant l'intermédiaire avec une liaison 2',5' phosphodiester représenté dans la Figure 12-7. Étape **4** : Après d'autres réarrangements entre les RNPsn, la seconde réaction de transestérification relie les deux exons par une liaison phosphodiester standard 3',5' et libère l'intron sous la forme d'une structure en lasso ainsi que les RNPsn restantes. Étape **5** : L'intron excisé sous forme de lasso est converti en un ARN linéaire par une « enzyme débranchante ». [Adapté de T. Villa *et al.*, 2002, *Cell* **109** :149.]

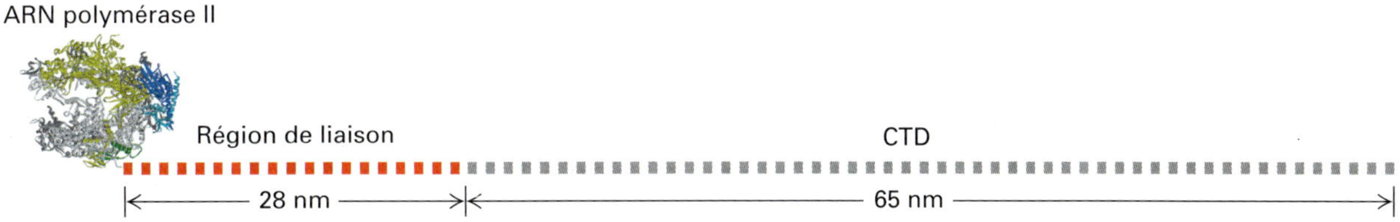

FIGURE 12-10 Une représentation schématique de l'ARN polymérase II avec son CTD étiré. La longueur du domaine carboxy-terminal (CTD) complètement étiré de l'ARN polymérase II de levure et de la région de liaison qui relie celui-ci à la polymérase est comparée à la longueur du domaine globulaire de la polymérase. Le CTD de l'ARN polymérase II des mammifères est deux fois plus long. Dans sa forme étirée, le CTD peut s'associer simultanément à de multiples facteurs de maturation de l'ARN. [D'après P. Cramer, D. A. Bushnell & R. D. Kornberg, 2001, *Science* **292** :1863.]

produits par la ligature de molécules séparées d'ARN. Ce processus, appelé *épissage en trans* est également utilisé pour la synthèse de 10 à 15 % des ARNm du ver nématode *Caenorhabditis elegans*, un organisme modèle important pour l'étude du développement embryonnaire. L'épissage en *trans* est assuré par des RNPsn grâce à un processus similaire à l'épissage des exons dans un pré-ARNm unique.

L'élongation des chaînes par l'ARN polymérase II est couplée à la présence de facteurs de maturation de l'ARN

Le domaine carboxy-terminal (CTD) de l'ARN polymérase II est constitué de multiples répétitions d'une séquence de sept résidus (heptapeptide). Dans sa forme étirée, le CTD de l'enzyme de levure a une longueur voisine de 65 nm (Figure 12-10) ; le CTD de la polymérase humaine est près de deux fois plus long. La longueur remarquable du CTD semble permettre à de multiples protéines de s'associer simultanément à la même molécule d'ARN polymérase II. Par exemple, comme nous l'avons vu plus haut, l'enzyme qui ajoute la coiffe en 5' aux transcrits naissants s'associe au CTD phosphorylé peu après l'amorçage de la transcription. De plus, on a découvert que les facteurs d'épissage de l'ARN et les facteurs de polyadénylation s'associaient au CTD phosphorylé. De ce fait, ces facteurs de maturation sont présents à des concentrations localement élevées lorsque les sites d'épissage et les signaux poly(A) sont transcrits par la polymérase, augmentant alors la vitesse et la spécificité de la maturation de l'ARN.

Des résultats récents indiquent que l'association des facteurs d'épissage de l'ARN avec le CTD phosphorylé stimule également l'élongation de la transcription. Par conséquent, l'élongation de la chaîne est couplée à la liaison des facteurs de maturation de l'ARN au CTD phosphorylé. Ce mécanisme peut garantir qu'un pré-ARNm est synthétisé uniquement si la machinerie de maturation est correctement positionnée.

Les protéines SR contribuent à la définition des exons dans les longs pré-ARNm

La longueur moyenne d'un exon dans le génome humain est de ≈ 150 bases et celle d'un intron est nettement supérieure (≈ 3500 bases). Les introns les plus longs contiennent jusqu'à 500 kb ! Les séquences des sites d'épissage en 5' et en 3' et celles des points de ramification étant elles aussi dégénérées, il est possible que de multiples copies de ces sites apparaissent par hasard dans les longs introns. Pour cette raison, il faut des informations supplémentaires sur la séquence pour définir les exons qui doivent être réunis dans les organismes supérieurs possédant de longs introns.

Le mécanisme le plus sophistiqué de reconnaissance des exons indispensable aux organismes supérieurs comprend une famille de protéines de liaison à l'ARN, les *protéines SR*, qui interagissent avec des séquences présentes dans les exons, appelées *amplificateurs d'épissage des exons* (*exonic splicing enhancers*). Les protéines SR sont caractérisées par la présence d'un ou plusieurs domaines RRM de liaison à l'ARN et par plusieurs domaines d'interaction protéine-protéine riches en résidus sérine et arginine. Une fois liées aux amplificateurs d'épissage des exons, les protéines SR catalysent la fixation coopérative de la RNPsn U1 à un véritable site d'épissage en 5' et de la RNPsn U2 à un point de branchement par le biais d'un réseau d'interactions protéine-protéine qui s'étend dans tout l'exon (Figure 12-11). Le complexe formé des protéines SR, RNPsn et autres facteurs d'épissage (comme U2AF), qui s'assemble sur l'exon s'appelle **complexe de reconnaissance des exons** (*cross-exon recognition complex*) et permet la spécification précise des exons dans les longs pré-ARNm.

MÉDECINE

Dans les unités de transcription des organismes supérieurs avec de longs introns, les exons codent non seulement les séquences d'acides aminés de différentes régions d'une protéine mais contiennent également les sites de liaison pour les protéines SR. Les mutations qui interfèrent avec la fixation de la protéine SR à un amplificateur d'épissage des exons, même si elles ne modifient pas la séquence des acides aminés codée, empêchent la formation du complexe de reconnaissance des exons. Pour cette raison, l'exon affecté est sauté au cours de l'épissage et n'est pas inclus dans l'ARN mature final. L'ARNm tronqué produit dans ce cas est dégradé ou traduit en une protéine mutante dont le fonctionnement est anormal. Des études récentes ont montré que ce type de mutation est responsable de maladies génétiques humaines. Par exemple, l'*atrophie du muscle épineux de la nuque* est l'une des causes génétiques les plus courantes de mortalité infantile. Cette maladie résulte de mutations dans une région du génome contenant deux gènes étroitement apparentés, *SMN1* et *SMN2*, apparus à la suite d'une duplication de gène. *SMN2* code une protéine identique à la protéine codée par *SMN1*, mais son taux d'expression est très inférieur en raison d'une mutation silencieuse dans un exon, qui interfère avec la liaison d'une protéine SR, conduisant au saut d'exon dans la plupart des ARNm *SMN2*. Le gène homologue *SMN* de la souris, présent en un seul exemplaire, est essentiel à la viabilité des cellules. L'atrophie du muscle épineux

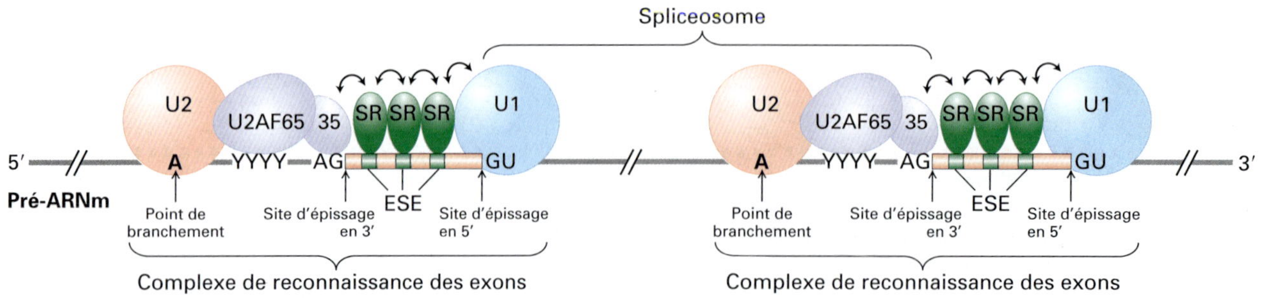

FIGURE 12-11 La reconnaissance des exons par la fixation coopérative des protéines SR et des facteurs d'épissage au pré-ARNm. Les sites corrects d'épissage 5′ GU et 3′ AG sont reconnus par des facteurs d'épissage d'après leur proximité avec les exons. Les exons contiennent des amplificateurs d'épissage des exons (ESE) qui sont des sites de liaison pour les protéines SR. Une fois liées aux ESE, les protéines SR interagissent les unes avec les autres et induisent la liaison coopérative de la RNPsn U1 au site d'épissage en 5′ de l'intron en aval, de la RNPsn U2 au point de branchement de l'intron en amont, des sous-unités de 65 et 35 kD de U2AF à la région riche en pyrimidines et du site d'épissage 3′ AG de l'intron en amont et d'autres facteurs d'épissage (non représentés). Le complexe de reconnaissance des exons ARN-protéine résultant se place sur un exon et active les sites corrects pour l'épissage de l'ARN. Remarquez que les RNPsn U1 et U2 de cette unité n'appartiennent pas au même spliceosome. La RNPsn U2 sur la droite forme un spliceosome avec la RNPsn U1 liée à l'extrémité 5′ du même intron. La RNPsn U1 sur la droite forme un spliceosome avec la RNPsnU2 liée au point de branchement de l'intron en aval (non représenté) et la RNPsn U2 sur la gauche forme un spliceosome avec une RNPsn U1 liée au site d'épissage en 5′ de l'intron en amont (non représenté). Les flèches à double sens signalent les interactions protéine-protéine. [Adapté de T. Maniatis, 2002, *Nature* **418** :236 ; voir aussi S. M. Berget, 1995, *J. Biol. Chem.* **270** :2411.]

chez l'homme résulte de mutations homozygotes qui inactivent *SMN1*. La faible quantité de protéine traduite à partir de la petite fraction d'ARNm *SMN2* correctement épissés est suffisante pour maintenir la viabilité cellulaire pendant l'embryogenèse et le développement fœtal mais est insuffisante à la viabilité des neurones moteurs de la moelle épinière qui meurent pendant l'enfance et provoquent la maladie associée.

Environ 15 % des mutations par substitution d'une seule paire de bases à l'origine des maladies génétique humaines interfèrent avec la définition correcte des exons. Certaines de ces mutations se produisent dans les sites d'épissage en 5' ou en 3', ce qui aboutit fréquemment à l'utilisation de sites d'épissage silencieux alternatifs voisins, présents dans la séquence du gène normal. En l'absence de site normal d'épissage, le complexe de reconnaissance des exons reconnaît ces sites alternatifs. D'autres mutations provoquant un épissage anormal créent de nouvelles séquences consensus de sites d'épissage, qui sont reconnues à la place des sites normaux. Enfin, certaines mutations peuvent interférer avec la liaison de protéines de hnRNP spécifiques à des pré-ARNm qui stimulent ou répriment l'épissage au niveau des sites normaux, comme dans le cas du gène *SMN2*. ■

Les introns du groupe II doués d'auto-excision ont fourni des preuves de l'évolution des ARNsn

Dans certaines conditions non physiologiques *in vitro*, des préparations pures de certains transcrits d'ARN épissent lentement leurs introns en l'absence de toute protéine. Cette observation a démontré l'existence de l'*auto-excision* de certains introns. Deux types d'introns doués d'auto-excision ont été découverts : les *introns du groupe I*, présents dans les gènes d'ARNr nucléaires chez les protozoaires et les *introns du groupe II*, présents dans les gènes codant des protéines et certains gènes d'ARNr et d'ARNt dans les mitochondries et les chloroplastes des plantes et des champignons. La découverte de l'activité catalytique d'auto-excision de ces introns a révolutionné les concepts relatifs aux fonctions de l'ARN. Comme nous l'avons vu au Chapitre 4, l'hypothèse actuelle est la catalyse par l'ARN, de la formation des liaisons peptidiques au cours de la synthèse des protéines dans les ribosomes. Nous discuterons ici du rôle probable dans l'évolution des ARNsn, des introns du groupe II observés jusqu'à présent uniquement dans l'ADN mitochondrial et chloroplastique. Le fonctionnement des introns du groupe I sera considéré dans la dernière section qui traite de la maturation des ARNr.

Même si leurs séquences ne sont pas conservées très précisément, tous les introns du groupe II se replient en une structure secondaire complexe conservée, contenant de nombreux motifs tige-boucle (Figure 12-12a). L'auto-excision par un intron du groupe II se produit par le biais de deux réactions de transestérification, impliquant des intermédiaires et des produits analogues à ceux de l'épissage des pré-ARNm nucléaires. Les ressemblances du mécanisme de l'auto-excision des introns du groupe II et de l'épissage à l'aide du spliceosome laissent supposer que les ARNsn jouent le même rôle que les motifs tige-boucle dans la structure secondaire des introns du groupe II. D'après cette hypothèse, les ARNsn interagissent avec les sites d'épissage en 5' et en 3' des pré-ARNm et les uns avec les autres pour produire une structure tridimensionnelle d'ARN analogue fonctionnellement à celle des introns du groupe II doués d'auto-excision (Figure 12-12b).

Cette hypothèse laisse penser également que les introns d'anciens pré-ARNm pourraient avoir évolué à partir des introns du groupe II doués d'auto-excision à la suite de la perte progressive des structures internes de l'ARN, qui auraient évolué en ARNsn agissant en *trans* en assurant les mêmes fonctions. Des éléments en faveur de ce type de modèle évolutif ressortent d'expériences menées avec des introns mutants du groupe II dans lesquels le domaine V et une partie du domaine I sont délétés. Les transcrits d'ARN contenant ce type d'introns mutants sont incapables d'auto-excision, mais lorsqu'on ajoute à la réaction *in vitro* les molécules d'ARN équivalentes aux régions délétées, l'auto-excision a lieu. Cette découverte démontre que ces domaines dans les introns du groupe II peuvent agir en *trans*, comme les ARNsn.

La ressemblance entre les mécanismes d'auto-excision des introns du groupe II et l'épissage des pré-ARNm à l'aide du

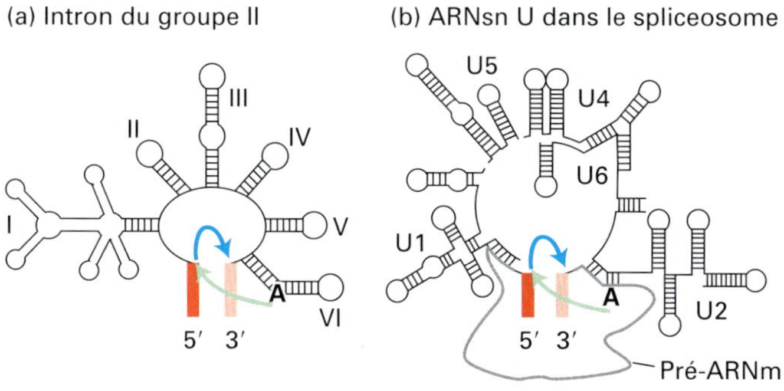

FIGURE 12-12 Des représentations schématiques comparant la structure secondaire des introns du groupe II doués d'auto-excision (a) et des ARNsn U présents dans le spliceosome (b). La première réaction de transestérification est indiquée par des flèches vertes et la seconde, par des flèches bleues. Le point de branchement A est en gras. La ressemblance entre ces structures suggère que les ARN du spliceosome ont évolué à partir des introns du groupe II, avec une analogie fonctionnelle entre les ARNsn agissant en *trans* et les domaines correspondants dans les introns du groupe II. Les petites barres colorées flanquant les introns en (a) et en (b) représentent les exons. [Adapté de P. A. Sharp, 1991, *Science* **254** :663.]

spliceosome suggère également que la réaction d'épissage est catalysée par les ARNsn et non par les protéines entrant dans la composition des spliceosomes. Bien que les introns du groupe II soient doués d'auto-excision *in vitro* à des températures élevées et à de fortes concentrations de Mg^{2+}, dans les conditions *in vivo*, des protéines appelées *maturases*, qui se fixent à l'ARN des introns du groupe II, sont nécessaires à une excision rapide. On pense que les maturases stabilisent les interactions tridimensionnelles précises de l'ARN intronique, nécessaires à la catalyse des deux réactions de transestérification de l'excision. Par analogie les protéines des RNPsn dans les spliceosomes pourraient stabiliser la géométrie précise des ARNsn et des nucléotides introniques, nécessaires à la catalyse de l'épissage des pré-ARNm.

Il est possible que l'évolution des ARNsn ait été une étape importante dans l'évolution rapide des eucaryotes supérieurs. Avec la perte des séquences internes des introns et la prise en charge de leurs fonctions dans l'épissage de l'ARN par des ARNsn agissant en *trans*, les séquences introniques restantes étaient libres de diverger. Ceci a sans doute facilité l'évolution de nouveaux gènes grâce au **brassage des exons** car il existe peu de contraintes sur les séquences des nouveaux introns créés par ce processus (voir Figure 10-17). Cette divergence a également pu augmenter la diversité protéique qui résulte de l'épissage alternatif des ARN et fournir un niveau supplémentaire de contrôle des gènes résultant de l'épissage régulé des ARN.

La transcription et la maturation de l'ARN ont principalement lieu dans un nombre limité de domaines à l'intérieur des noyaux des cellules de mammifères

Plusieurs types d'études suggèrent que la transcription et la maturation de l'ARN se déroulent essentiellement dans des sites discrets du noyau des cellules eucaryotes. Par exemple, le traitement digital des images microscopiques des fibroblastes humains révèle que la plupart des ARN nucléaires polyadénylés (c'est-à-dire les pré-ARNm non épissés ou épissés partiellement et les ARNm nucléaires) sont présents dans une centaine de zones (foyers) (Figure 12-13). Une protéine SR impliquée dans la définition des exons (SC-35) est située au centre de ces foyers.

Ces données impliquent que le noyau n'est pas simplement un organite désorganisé contenant de la chromatine et les protéines responsables de la réplication des chromosomes, de la transcription et de la maturation des ARN. Au lieu de cela, il possède une structure sous-jacente hautement organisée. Un réseau fibrillaire assez mal connu comprenant de multiples protéines, la *matrice nucléaire*,

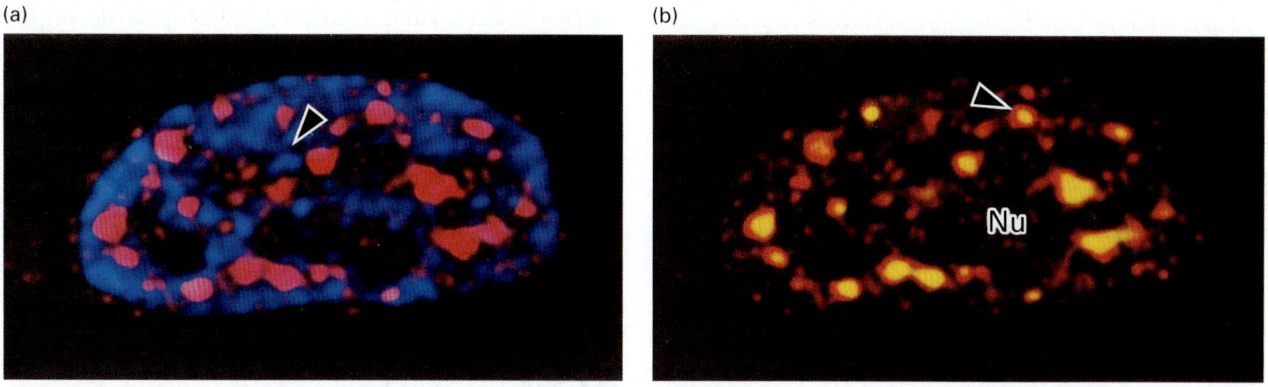

FIGURE EXPÉRIMENTALE 12-13 Le marquage montre que l'ARN polyadénylé et les facteurs d'épissage de l'ARN sont confinés dans des zones précises du noyau des fibroblastes de mammifères. Le traitement digital des images microscopiques a servi à reconstituer une coupe de 1 μm d'épaisseur d'un noyau marqué de fibroblaste humain. (a) Une coupe colorée par du poly(dT) marqué par la rhodamine (en rouge) pour détecter l'ARN polyadénylé et du DAPI pour détecter l'ADN (en bleu). L'ARN polyadénylé est localisé en un nombre limité de foyers discrets (taches colorées) entre les régions de chromatine, même si toutes les régions contenant de faibles quantités d'ADN ne présentaient pas d'ARN polyadénylé en quantité détectable (flèche). (b) La même coupe qu'en (a) avec un marquage permettant de détecter l'ARN polyadénylé (en rouge) et la protéine SR, SC-35, colorée à l'aide d'un anticorps monoclonal marqué par la fluorescéine verte. Les régions dans lesquelles les deux colorants se superposent apparaissent en jaune. SC-35 est présente au centre de nombreux foyers (flèche). Nu = nucléole. [D'après K. C. Carter *et al.*, 1993, *Science* **259** :1330.]

est visible dans le noyau après la digestion de la plupart des ADN et leur extraction grâce à une concentration saline élevée. Ce réseau de protéines fibreuses contribue probablement à l'organisation nucléaire, ce qui rappelle le rôle des fibres du cytosquelette dans l'organisation du cytoplasme. Il nous reste beaucoup à apprendre sur les mécanismes moléculaires responsables de cette organisation et les conséquences de celle-ci sur les processus nucléaires.

Des exonucléases nucléaires dégradent l'ARN excisé des pré-ARNm

Le génome humain contient des introns de grande taille, c'est pourquoi ≈ 5 % seulement des nucléotides polymérisés par l'ARN polymérase II au cours de la transcription se retrouvent dans l'ARNm mature. Les introns excisés et la région en aval du site de clivage et de polyadénylation sont dégradés par des exonucléases nucléaires qui hydrolysent une base à la fois depuis l'extrémité 5' ou 3' d'un brin d'ARN.

Comme nous l'avons vu plus haut, la liaison 2',5' phosphodiester dans les introns excisés est hydrolysée par une « enzyme débranchante », produisant une molécule linéaire dont les extrémités ne sont pas protégées, susceptible alors d'être attaquée par des exonucléases (voir Figure 12-9). La voie principale de dégradation dans le noyau est l'hydrolyse 3'→5' par 11 exonucléases qui s'associent en un gros complexe protéique appelé **exosome**. Ce complexe comprend également des ARN hélicases qui suppriment l'appariement des bases et les interactions ARN-protéine qui empêcheraient sans cela l'hydrolyse par les exonucléases. Les exosomes interviennent également dans le cytoplasme, comme nous le verrons ultérieurement. De plus, les exosomes semblent dégrader les pré-ARNm qui n'ont pas été épissés ou polyadénylés correctement. On ne sait pas encore de quelle façon les exosomes reconnaissent les ARNm dont la maturation est incorrecte.

Pour éviter d'être dégradées par des exonucléases nucléaires, les extrémités des transcrits naissants, des intermédiaires de la maturation des pré-ARNm et des ARNm matures dans le noyau, doivent être protégées. L'extrémité 5' d'un transcrit naissant est protégée par l'addition d'une coiffe en 5', dès que cette extrémité émerge de la polymérase. Une protection supplémentaire est assurée par l'interaction de la coiffe avec un *complexe nucléaire de liaison à la coiffe*, qui intervient également dans l'export de l'ARNm hors du cytoplasme. L'extrémité 3' d'un transcrit naissant se trouve dans l'ARN polymérase, ce qui la rend inaccessible aux exonucléases (voir Figure 4-10). Comme nous l'avons vu plus haut, l'extrémité 3' libre produite par le clivage d'un pré-ARNm en aval du signal poly(A) est rapidement polyadénylée par la poly(A) polymérase associée aux autres facteurs de maturation en 3'. La PABPII se fixe ensuite à la queue résultante (voir Figure 12-4). Ce couplage étroit du clivage et de la polyadénylation protège l'extrémité 3' des attaques des exonucléases.

CONCEPTS CLÉS DE LA SECTION 12.1

La maturation des pré-ARNm eucaryotes

- Dans le noyau des cellules eucaryotes, les pré-ARNm sont associés aux protéines des RNPhn et subissent une maturation qui consiste en l'addition d'une coiffe à leur extrémité 5', le clivage et la polyadénylation de leur extrémité 3' et leur épissage avant d'être transportés dans le cytoplasme (voir Figure 12-2).
- Peu après l'amorçage de la transcription, une enzyme qui place la coiffe associée au CTD phosphorylé de l'ARN polymérase II ajoute la coiffe en 5' au transcrit naissant.
- Dans la plupart des gènes codant des protéines, un signal poly(A) conservé, AAUAAA, se trouve légèrement en amont du site poly(A) de clivage et de polyadénylation. Une séquence riche en GU ou en U en aval du site poly(A) contribue à l'efficacité du clivage et de la polyadénylation.
- Un complexe multiprotéique qui comprend la poly(A) polymérase (PAP) effectue le clivage et la polyadénylation des pré-ARNm. Une protéine nucléaire de liaison au poly(A), PABPII, stimule cette addition des résidus A par PAP et l'interrompt dès que la queue de poly(A) atteint 200 à 250 résidus (voir Figure 12-4).
- Cinq RNPsn différentes s'apparient entre elles et avec les pré-ARNm, formant le spliceosome (voir Figure 12-9). Ce très gros complexe ribonucléoprotéique catalyse deux réactions de trans-estérification au cours desquelles les deux exons sont réunis et l'intron est retiré sous la forme d'une structure en lasso, qui est ensuite dégradée (voir Figure 12-7).
- L'association des facteurs de maturation des pré-ARNm avec le CTD de l'ARN polymérase II stimule l'élongation de la chaîne. Ce couplage empêche la synthèse d'un pré-ARNm avant la mise en place des facteurs nécessaires à sa maturation, qui peuvent alors interagir avec les signaux d'épissage, de clivage et polyadénylation dans le pré-ARNm dès qu'il sort de la polymérase.
- Les protéines SR qui se fixent aux séquences amplificatrices d'épissage des exons sont essentielles à la définition des exons dans les grands pré-ARNm des organismes supérieurs. Un réseau d'interactions entre les protéines SR, les RNPsn et les facteurs d'épissage forme un complexe de reconnaissance des exons qui spécifie les sites corrects d'épissage (voir Figure 12-11).
- On pense que les ARNsn dans le spliceosome ont une structure tertiaire globale similaire à celle des introns du groupe II doués d'auto-excision.
- Dans le cas des longues unités de transcription des organismes supérieurs, l'épissage des exons commence généralement alors que le pré-ARNm est en cours de synthèse. Le clivage et la polyadénylation pour former l'extrémité 3' de l'ARNm se produisent après la transcription du site poly(A).
- Les introns excisés sont dégradés principalement par les exosomes, des complexes multiprotéiques qui contiennent 11 exonucléases 3'→5' ainsi que des ARN hélicases. Les exosomes dégradent également les pré-ARNm dont la maturation est incorrecte.

12.2 La régulation de la maturation des pré-ARNm

Après avoir traité de la maturation des pré-ARNm en ARNm fonctionnels, nous allons examiner de quelle façon la régulation de ce processus peut contribuer au contrôle des gènes. Nous avons vu au Chapitre 10 que les eucaryotes supérieurs possèdent à la fois des unités de transcription simples et complexes. Les transcrits primaires produits à partir des premières contiennent un site poly(A) et présentent un seul mode d'épissage de l'ARN, même si de multiples introns sont présents. Par conséquent, les unités simples de transcription codent un seul ARNm. À l'inverse, les transcrits primaires produits à partir des unités complexes de transcription peuvent subir différents modes de maturation, produisant des ARNm distincts codant des protéines différentes (voir Figure 10-2).

L'épissage alternatif est le principal mécanisme de régulation de l'ARNm

Certaines études génétiques récentes laissent penser que le nombre d'unités complexes de transcription pourrait être nettement supérieur à ce que l'on pensait initialement. Les chercheurs estiment que le génome humain pourrait comporter jusqu'à ≈ 60 % d'unités complexes de transcription. Cette estimation vient de la comparaison de la séquence de l'ADN génomique avec les séquences marqueurs exprimées (EST), qui sont des segments d'ADNc séquencés au hasard (Chapitre 9). La comparaison de ces séquences d'ADNc avec la séquence de l'ADN génomique indique les positions des exons et des introns dans l'ADN génomique. La découverte de combinaisons alternatives d'exons exprimés à partir d'une région d'ADN génomique révèle l'existence d'une unité complexe de transcription. Même si une légère surestimation est possible en raison de la présence dans les bases de données d'EST, d'ARN rares qui résultent d'erreurs de maturation de l'ARN, il est clair que les unités complexes de transcription constituent une grande proportion des séquences codant des protéines chez l'homme. Cette découverte et celle de multiples exemples de maturation régulée de l'ARN indiquent que la maturation alternative de pré-ARNm complexes produits par ces unités de transcription est un mécanisme important pour le contrôle des gènes chez les eucaryotes supérieurs.

Bien que l'on connaisse des exemples de clivage de sites alternatifs de poly(A) dans les pré-ARNm, l'*épissage alternatif* d'exons différents est le mécanisme le plus fréquent permettant d'exprimer des protéines distinctes à partir d'une même unité complexe de transcription. Ces voies alternatives de maturation sont généralement régulées, souvent d'une manière spécifique d'un type cellulaire, c'est-à-dire que l'un des ARNm possibles est exprimé dans un type de cellule ou de tissu, alors qu'un autre est exprimé dans des cellules ou types cellulaires différents. Nous avons par exemple évoqué au Chapitre 4 la synthèse par les fibroblastes d'un type de fibronectine (une protéine extracellulaire) alors que les hépatocytes en synthétisent un autre type. Ces deux **isoformes** de fibronectine sont codées par la même unité de transcription, qui subit un épissage différent dans les deux types cellulaires, produisant deux ARNm distincts (voir Figure 4-15). Dans d'autres cas, un épissage alternatif peut se produire dans le même type cellulaire, en réponse à des signaux distincts liés au développement ou à l'environnement. Nous allons d'abord traiter de l'un des exemples les mieux compris de maturation régulée de l'ARN, puis nous considérerons ses conséquences sur le développement du système nerveux.

Une cascade d'épissages régulés d'ARN contrôle la différenciation sexuelle de la drosophile

L'un des premiers exemples d'épissage alternatif régulé de pré-ARNm fut apporté par des études de la différenciation sexuelle chez la drosophile. Les gènes nécessaires à la différenciation sexuelle normale de la drosophile furent caractérisés initialement par l'isolement de drosophiles mutantes présentant une déficience pour ce processus. Lorsque les protéines codées par les gènes de type sauvage furent caractérisées biochimiquement, on découvrit que deux d'entre elles régulaient une cascade d'épissages alternatifs d'ARN dans les embryons de drosophile. Des recherches plus récentes ont permis de mieux comprendre la régulation de la maturation de l'ARN par ces protéines.

La protéine Sxl, codée par le gène *sex-lethal* est la première protéine impliquée dans cette cascade. Au début du développement, ce gène est transcrit à partir d'un promoteur qui fonctionne uniquement dans les embryons femelles. Plus tard au cours du développement, ce promoteur spécifique des femelles est inactivé et un autre promoteur pour *sex-lethal* est alors actif à la fois dans les embryons mâles et femelles. Toutefois, en l'absence de la première protéine Sxl, l'épissage du pré-ARNm de *sex-lethal* dans les embryons mâles produit un ARNm contenant un codon stop au début de sa séquence. Le résultat net est l'absence de protéine Sxl fonctionnelle au début du développement ou plus tard.

En revanche, la protéine Sxl exprimée dans les embryons de femelles à un stade précoce induit l'épissage du pré-ARNm de *sex-lethal*, ce qui aboutit à la formation d'un ARNm fonctionnel de *sex-lethal* (Figure 12-14a). La protéine Sxl agit en se fixant à une séquence dans le pré-ARNm, proche de l'extrémité 3' de l'intron, entre l'exon 2 et l'exon 3, et bloque alors l'association correcte de U2AF et de la RNPsn U2. De ce fait, la RNPsn U1 liée à l'extrémité 3' de l'exon 2 forme un spliceosome avec la RNPsn U2 fixée au point de branchement à l'extrémité 3' de l'intron entre les exons 3 et 4, ce qui provoque la ligature de l'exon 2 avec l'exon 4 et le saut de l'exon 3. L'ARNm de *sex-lethal* résultant, spécifique des femelles, est traduit en une protéine Sxl fonctionnelle, qui renforce sa propre expression dans les embryons femelles en continuant à provoquer le saut de l'exon 3. L'absence de protéine Sxl dans les embryons mâles permet l'inclusion de l'exon 3 et par conséquent, du codon stop qui empêche la traduction de la protéine Sxl fonctionnelle.

La protéine Sxl régule également l'épissage alternatif du pré-ARNm du gène *transformer* (Figure 12-14b). Dans les embryons mâles, dans lesquels Sxl n'est pas exprimée, l'exon 1 est épissé avec l'exon 2 qui contient un codon stop, empêchant la synthèse de toute protéine Sxl fonctionnelle. Dans les embryons femelles au contraire, la fixation de la protéine Sxl à l'extrémité 3' de l'intron entre les exons 1 et 2 bloque la liaison de U2AF à ce site. L'interaction de Sxl avec le pré-ARNm de *transformer* implique deux domaines RRM de la protéine (voir Figure 12-3). Lorsque Sxl est liée, U2AF se fixe à un site d'affinité plus faible, plus loin du côté 3' dans le pré-ARNm. À la suite de cela, l'exon 1 est épissé avec ce site alternatif d'épissage en 3', éliminant l'exon 2 avec son codon stop. L'ARNm de *transformer* résultant, spécifique des femelles, qui contient des exons supplémentaires épissés de manière constitutive, est traduit en protéine Transformer (Tra) fonctionnelle.

Enfin, la protéine Tra régule l'épissage alternatif du pré-ARNm transcrit à partir du gène *double-sex* (Figure 12-14c). Dans les embryons femelles, un complexe de Tra et de deux protéines exprimées de manière constitutive, Rbp1 et Tra2, induit la ligature de l'exon 3 avec l'exon 4 et induit également les étapes de clivage/polyadénylation au niveau du site poly(A) alternatif à l'extrémité 3' de l'exon 4. Chez les embryons mâles, qui ne produisent aucune protéine Tra, l'exon 4 est « sauté » de sorte que

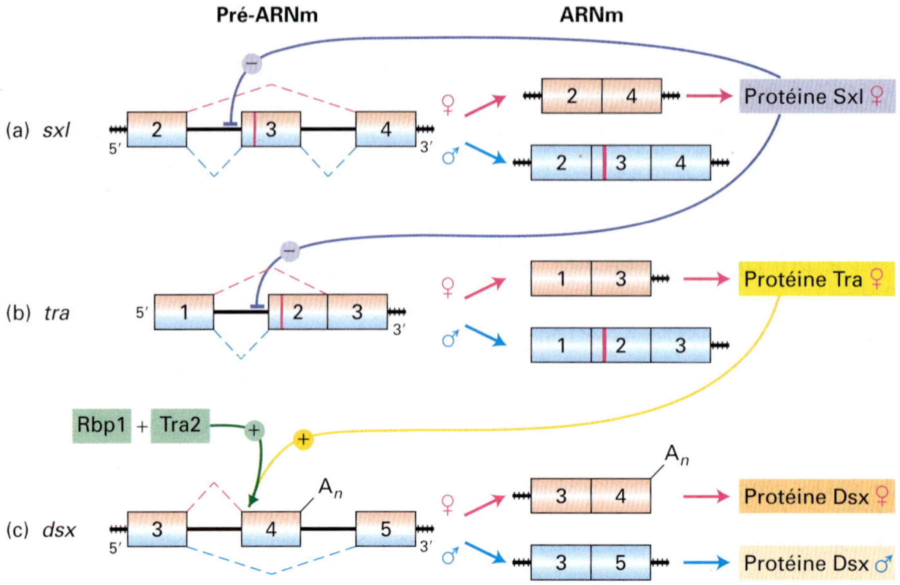

FIGURE 12-14 La cascade d'épissages régulés qui contrôle la détermination du sexe par l'expression des gènes *sex-lethal (sxl)*, *transformer (tra)* et *double-sex (dsx)* dans les embryons de drosophile. Pour plus de clarté, seuls les exons (rectangles) et les introns (lignes noires) dans lesquels l'épissage régulé a lieu sont représentés. L'épissage est indiqué par des tirets rouges au-dessus (femelle) et des tirets bleus au-dessous (mâle) des pré-ARNm. Les traits rouges verticaux dans les exons indiquent les codons stop qui empêchent la synthèse de la protéine fonctionnelle. Seuls les embryons femelles produisent une protéine Sxl fonctionnelle qui *réprime* l'épissage entre les exons 2 et 3 dans le pré-ARNm *sxl* et entre les exons 1 et 2 dans le pré-ARNm *tra* (b). (c) Au contraire, la fixation coopérative de la protéine Tra et des deux protéines SR, Rbp1 et Tra2, *active* l'épissage entre les exons 3 et 4 et l'étape de clivage/polyadénylation A_n à l'extrémité 3′ de l'exon 4 dans le pré-ARNm *dsx* dans les embryons femelles. Dans les embryons mâles, dépourvus de protéine Tra fonctionnelle, les protéines SR ne se fixent pas à l'exon 4. Par conséquent, l'exon 3 est épissé avec l'exon 5. Les protéines Dsx distinctes produites dans les embryons mâles et femelles à la suite de cette cascade d'épissage régulé répriment la transcription des gènes nécessaires à la différenciation sexuelle du sexe opposé. [Adapté de M. J. Moore *et al.*, 1993, in R. Gesterland and J. Atkins, eds., *The RNA World*, Cold Spring Harbor Press, pp. 303-357.]

l'exon 3 est épissé avec l'exon 5. L'exon 5 est épissé de manière constitutive avec l'exon 6, qui est polyadénylé au niveau de son extrémité 3'. À la suite de la cascade de maturation régulée de l'ARN représentée dans la Figure 12-14, des protéines Dsx différentes sont exprimées dans les embryons mâles et femelles. La protéine Dsx des mâles est un répresseur de la transcription des gènes nécessaires au développement femelle. Inversement, la protéine Dsx des femelles réprime la transcription des gènes nécessaires au développement mâle.

La Figure 12-15 illustre la façon dont le complexe Tra/Tra2/Rbp1 interagit avec le pré-ARNm de *double-sex* d'après nos connaissances actuelles. Des études récentes ont montré que Rbp1 et Tra2 sont des protéines SR, similaires à celles que nous avons vues précédemment. Elles participent à la fixation coopérative du complexe Tra/Tra2/Rbp1 à six amplificateurs d'épissage des exons dans l'exon 4. Les protéines Tra2 et Rbp1 liées induisent ensuite la fixation de U2AF et de la RNPsn U2 à l'extrémité 3' de l'intron entre les exons 3 et 4, exactement comme les autres protéines SR le font dans le cas des exons épissés de manière constitutive (voir Figure 12-11). Les complexes Tra/Tra2/Rbp1 peuvent également augmenter la liaison du complexe de clivage/polyadénylation à l'extrémité 3' de l'exon 4.

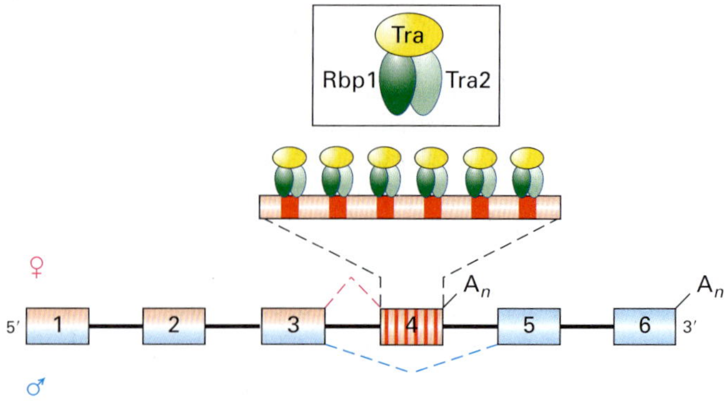

FIGURE 12-15 Un modèle d'activation de l'épissage par la protéine Tra et les protéines SR Rbp1 et Tra2. Dans les embryons femelles, l'épissage des exons 3 et 4 dans le pré-ARNm *dsx* est activé par la liaison des complexes Tra/Tra2/Rbp1 à six sites de l'exon 4. Rbp1 et Tra2 ne pouvant se fixer au pré-ARNm en l'absence de Tra, l'exon 4 est sauté dans les embryons mâles. Voir le texte pour la discussion. A_n = polyadénylation. [Adapté de T. Maniatis & B. Tasic, 2002, *Nature* **418** :236.]

Les répresseurs et les activateurs de l'épissage contrôlent l'épissage au niveau de sites alternatifs

Comme le montre clairement la Figure 12-14, la protéine Sxl et la protéine Tra de la drosophile ont des actions opposées : Sxl empêche l'épissage et provoque un saut d'exons, alors que Tra induit l'épissage. L'action de protéines similaires peut expliquer l'expression spécifique d'un type cellulaire, des isoformes de la fibronectine chez les êtres humains. Par exemple, un répresseur d'épissage de type Sxl exprimé dans les hépatocytes pourrait se fixer aux sites d'épissage correspondant aux exons EIIIA et EIIIB dans le pré-ARNm de la fibronectine, provoquant le saut de ces exons au cours de l'épissage (voir Figure 4-15). Ou bien un activateur d'épissage de type Tra exprimé dans les fibroblastes pourrait activer les sites d'épissage associés aux exons EIIIA et EIIIB de la fibronectine, provoquant l'inclusion de ces exons dans l'ARNm mature. Des études de certains systèmes ont révélé que l'inclusion d'un exon dans certains types cellulaires combinée au saut du même exon dans d'autres types cellulaires résulte de l'influence combinée de plusieurs répresseurs et activateurs de l'épissage.

L'épissage alternatif des exons est particulièrement courant dans le système nerveux, produisant de multiples isoformes des nombreuses protéines nécessaires au développement et à la fonction des neurones, tant chez les vertébrés que chez les invertébrés. Les transcrits primaires issus de ces gènes présentent souvent des profils très complexes d'épissage qui peuvent produire plusieurs ARNm différents, avec des formes épissées distinctes exprimées suivant la position anatomique dans le système nerveux central. Nous allons considérer deux exemples remarquables qui illustrent le rôle critique de ces processus dans la fonction neurale.

L'expression des isoformes de Slo dans les cellules ciliées des vertébrés Dans l'oreille interne des vertébrés, les « cellules ciliées » individuelles, qui sont des neurones ciliés, présentent leur réponse la plus forte à une fréquence sonore spécifique. Les cellules sensibles à une fréquence basse (≈ 50 Hz) sont situées à une extrémité de la cochlée tubulaire qui constitue l'oreille interne ; les cellules répondant à une fréquence élevée (≈ 5 000 Hz) se trouvent à l'autre extrémité (Figure 12-16a). Les cellules situées entre les deux répondent à un gradient de fréquence compris entre ces extrêmes. L'un des composants de la sensibilité des cellules ciliées chez les reptiles et les oiseaux est l'ouverture des canaux ioniques à K^+ en réponse à une augmentation des concentrations intracellulaires de Ca^{2+}. La concentration de Ca^{2+} à laquelle le canal s'ouvre, détermine la fréquence à laquelle oscille le potentiel de membrane et donc la fréquence à laquelle la cellule est sensible.

Le gène codant ce canal (appelé *slo* d'après le gène homologue chez la drosophile) est exprimé sous la forme de multiples ARNm à épissage alternatif. Les différentes protéines Slo codées par ces ARNm alternatifs s'ouvrent en réponse à des concentrations distinctes de Ca^{2+}. Les cellules ciliées avec des fréquences distinctes de réponse expriment des isoformes différentes de la protéine du canal, Slo, selon leur position le long de la cochlée. La variation de séquence dans la protéine est très complexe : il existe au moins huit régions dans l'ARNm au niveau desquelles sont utilisés des exons alternatifs, qui permettraient théoriquement l'expression de 576 isoformes (Figure 12-16b). L'analyse par PCR des ARNm *slo* issus de cellules ciliées individuelles a montré que chaque cellule ciliée exprime un mélange de différents ARNm *slo*, avec des formes prédominantes variables selon la position des cellules le long de la cochlée. Cet arrangement remarquable suggère que l'épissage du pré-ARNm *slo* est régulé en réponse à des signaux extracellulaires qui informent la cellule de sa position le long de la cochlée.

Des résultats récents ont montré que l'épissage au niveau de l'un des sites alternatifs dans le pré-ARNm *slo* chez le rat, est supprimé lorsqu'une protéine kinase spécifique est activée par la dépolarisation du neurone en réponse à des signaux émis par d'autres neurones avec lesquels il forme des synapses. Cette observation laisse penser qu'un répresseur spécifique de l'épissage pour ce site pourrait être activé en étant phosphorylé par cette protéine kinase dont l'activité est elle-même régulée par l'activité synaptique. Puisque les protéines des RNPhn et les protéines SR sont

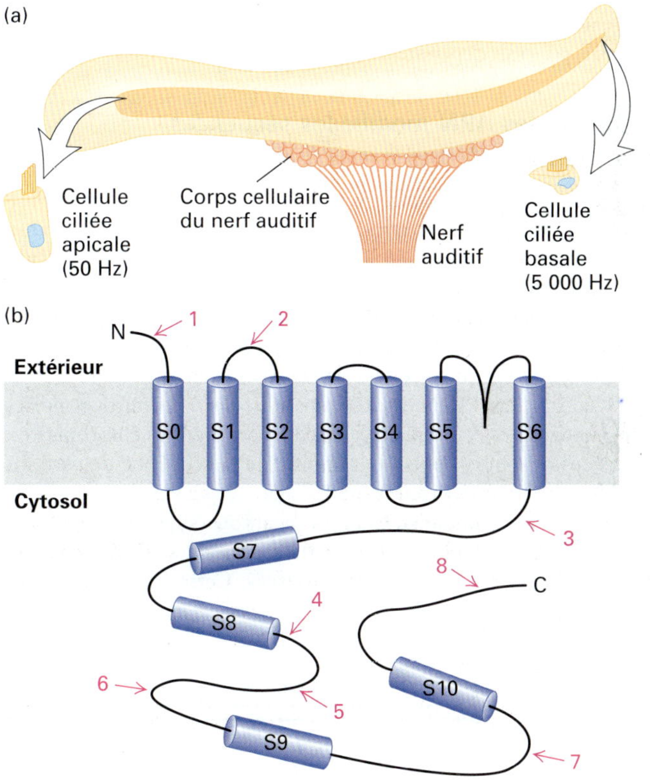

FIGURE 12-16 Le rôle de l'épissage alternatif de l'ARNm *slo* dans la perception des sons de fréquences différentes. (a) La cochlée de la poule, un tube de 5 mm de long, contient un épithélium constitué de cellules ciliées auditives qui sont sensibles à un gradient de fréquences de vibration qui varie de 50 Hz à l'extrémité apicale (*à gauche*) à 5 000 Hz à l'extrémité basale (*à droite*). (b) La protéine Slo comporte sept hélices α transmembranaires (S0-S6), qui s'associent pour former le canal à K^+. Le domaine cytosolique, qui comprend quatre régions hydrophobes (S7-S10) régule l'ouverture du canal en réponse à Ca^{2+}. Les isoformes du canal Slo, codées par les ARNm à épissage alternatif produits à partir du même transcrit primaire, s'ouvrent en réponse à des concentrations spécifiques de Ca^{2+} et répondent donc à des fréquences différentes. Les chiffres en rouge désignent les régions dans lesquelles un épissage alternatif produit des séquences différentes d'acides aminés dans les diverses isoformes de Slo. [Adapté de K. P. Rosenblatt *et al.*, 1997, *Neuron* **19** :1061.]

fortement modifiées par des phosphorylations et d'autres modifications post-traductionnelles, il est probable que la régulation complexe de l'épissage alternatif des ARNm par des modifications post-traductionnelles des facteurs de l'épissage joue un rôle important dans la modulation de la fonction des neurones.

L'expression des isoformes de Dscam dans les neurones rétiniens de la drosophile L'exemple le plus frappant de l'épissage alternatif régulé de l'ARN découvert jusqu'à présent est celui de l'expression du gène *Dscam* chez la drosophile. Des mutations dans ce gène interfèrent avec les connexions normales établies par les axones des neurones rétiniens et les neurones dans une région spécifique du cerveau au cours du développement de cette mouche. Une analyse du gène *Dscam* montre qu'il contient ≈ 95 % d'exons épissés alternativement, dont l'épissage alternatif pourrait produire jusqu'à 38 000 isoformes différentes ! D'après ces résultats, l'expression des différentes isoformes de *Dscam* par l'épissage régulé de l'ARN pourrait aider à spécifier les dizaines de milliers de connexions synaptiques distinctes établies entre les neurones de la rétine et ceux du cerveau. En d'autres termes, le câblage correct des neurones dans le cerveau pourrait dépendre de l'épissage régulé des ARN.

L'édition des ARN modifie les séquences des pré-ARNm

Le séquençage des nombreux clones d'ADNc et des ADN génomiques correspondants issus de multiples organismes a conduit dans le milieu des années 1980 à la découverte inattendue d'un type de maturation des pré-ARNm. Dans ce type de processus appelé **édition** ou **retouche de l'ARN**, la séquence d'un pré-ARNm est modifiée. De ce fait, la séquence de l'ARNm mature correspondant diffère des exons qui la codent dans l'ADN génomique.

L'édition de l'ARN est très répandue dans les mitochondries des protozoaires et des plantes et également dans les chloroplastes. Dans ces organites, plus de la moitié de la séquence de certains ARNm est modifiée par rapport à la séquence des transcrits primaires correspondants. Chez les eucaryotes supérieurs, l'édition de l'ARN est bien plus rare et jusqu'à présent, seuls des changements d'une seule base ont été observés. Cette édition de faible ampleur a pourtant des conséquences fonctionnelles significatives dans certains cas.

Un exemple important de l'édition de l'ARN chez les mammifères implique le gène *apoB*, qui code deux formes alternatives d'une protéine sérique, l'apolipoprotéine B (apoB) : apoB-100 est exprimée dans les hépatocytes et apoB-48, dans les cellules de l'épithélium intestinal. L'isoforme apoB-48 de ≈ 240 kDa correspond à la région N-terminale de l'isoforme apoB-100 de ≈ 500 kDa. Comme nous le verrons en détail au Chapitre 18, les deux protéines apoB sont des composants de gros complexes lipoprotéiques qui transportent les lipides dans le sérum. En revanche, seuls les complexes lipoprotéiques de faible densité (LDL pour *low-density lipoprotein*), à la surface desquels se trouve l'isoforme apoB-100, transportent le cholestérol vers les différents tissus, en se fixant aux récepteurs de LDL présents sur toutes les cellules.

L'expression spécifique des types cellulaires des deux formes de apoB résulte de l'édition du pré-ARNm *apoB*, qui remplace le C en position 6666 de la séquence par un U. Cette modification, qui se produit uniquement dans les cellules intestinales, convertit un codon CAA spécifiant la glutamine, en un codon stop UAA, ce qui conduit à la synthèse de l'isoforme plus courte, apoB-48 (Figure 12-17). Des études réalisées sur l'enzyme partiellement purifiée responsable de la désamination post-transcriptionnelle de C_{6666} en U montrent qu'elle peut reconnaître et éditer un ARN aussi court que 26 nucléotides avec la séquence entourant le C_{6666} dans le transcrit primaire de *apoB*.

CONCEPTS CLÉS DE LA SECTION 12.2

La régulation de la maturation des pré-ARNm

- En raison de l'épissage alternatif des transcrits primaires et de leur clivage au niveau de différents sites poly(A), des ARNm différents peuvent être exprimés à partir du même gène dans des types cellulaires distincts ou à des moments différents du développement (voir Figure 12-14).
- L'épissage alternatif peut être régulé par des protéines qui se fixent à l'ARN au niveau de séquences spécifiques, proches des

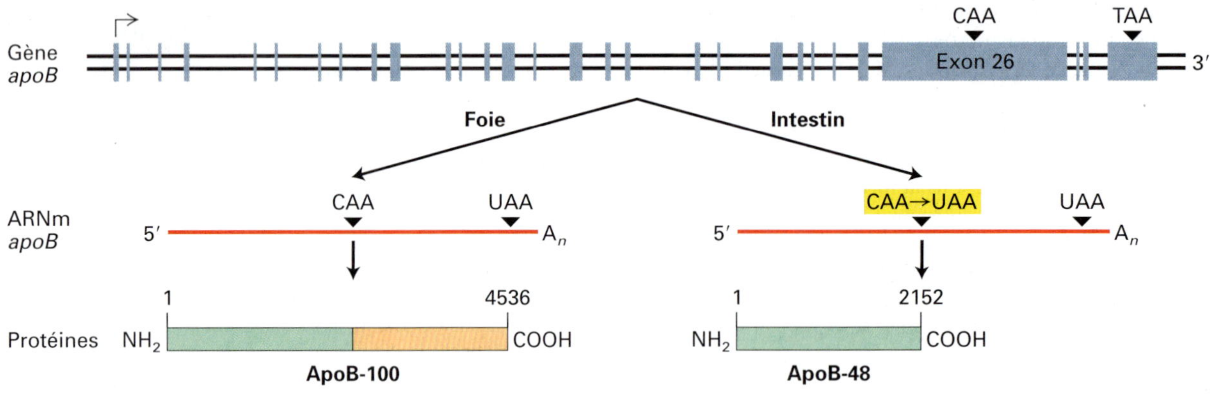

FIGURE 12-17 L'édition du pré-ARNm *apoB*. L'ARNm *apoB* produit dans le foie a la même séquence que l'exon dans le transcrit primaire. Cet ARNm est traduit en apoB-100, qui possède deux domaines fonctionnels : un domaine N-terminal (en vert) qui s'associe aux lipides et un domaine C-terminal (en orange), qui se fixe aux récepteurs de LDL sur les membranes cellulaires. Dans l'ARNm *apoB* produit dans l'intestin, le codon CAA dans l'exon 26 est édité (modifié) en un codon stop UAA. De ce fait, les cellules intestinales produisent apoB, qui correspond au domaine C-terminal de apoB-100. [Adapté de P. Hodges & J. Scott, 1992, *Trends Biochem. Sci.* **17** :77.]

sites d'épissage régulés. Les répresseurs d'épissage peuvent, par leur arrangement stérique, bloquer la liaison des facteurs d'épissage à des sites spécifiques dans les pré-ARNm ou inhiber la fonction de ceux-ci. Les activateurs d'épissage stimulent l'épissage en interagissant avec des facteurs d'épissage, induisant alors leur association avec un site régulé d'épissage.

■ Dans l'édition de l'ARN, la séquence nucléotidique d'un pré-ARNm est modifiée dans le noyau. Chez les vertébrés, ce processus est très rare et entraîne la désamination d'une base unique dans la séquence d'ARNm, ce qui aboutit au changement de l'acide aminé spécifié par le codon correspondant et la production d'une protéine différente d'un point de vue fonctionnel (voir Figure 12-17).

12.3 Le transport macromoléculaire à travers l'enveloppe nucléaire

Après sa maturation dans le noyau, l'ARNm reste associé à certaines protéines des RNPhn, formant un complexe *RNPm* (complexe RNP messager). Avant qu'il puisse être traduit en protéine, cet ARNm doit quitter le noyau et gagner le cytoplasme. Le noyau est séparé du cytoplasme par une double membrane, qui forme l'**enveloppe nucléaire** (voir Figure 5-19). Comme la membrane plasmique entourant les cellules, chaque membrane nucléaire est constituée d'une bicouche phospholipidique imperméable à l'eau et de diverses protéines associées. Le transport des macromolécules hors du noyau, y compris les RNPm, les ARNt et les sous-unités ribosomiales ainsi que le transport vers le noyau de toutes les protéines nucléaires traduites dans le cytoplasme se produisent à travers des *pores nucléaires* au cours d'un processus très différent du transport des petites molécules et des ions à travers les autres membranes cellulaires (Chapitre 7). Les premières informations sur les mécanismes du transport à travers les pores nucléaires furent fournies par des études sur les pores nucléaires et sur l'import et l'export de protéines individuelles, que nous considérerons en premier lieu, avant de revenir à l'export des RNPm.

Les molécules de petite ou grande taille entrent et sortent du noyau par des complexes des pores nucléaires

De nombreux pores perforent l'enveloppe nucléaire dans toutes les cellules eucaryotes. Chaque pore nucléaire est formé à partir d'une structure élaborée appelée **complexe du pore nucléaire (CPN)**, qui, avec une masse de ≈ 125 millions de daltons chez les vertébrés, est bien plus grosse que les autres structures moléculaires et représente ≈ 30 fois la masse d'un ribosome. Un CPN est constitué de multiples copies de 50 (chez la levure) à 100 (chez les vertébrés) protéines différentes environ, appelées **nucléoporines.** Des micrographies électroniques des complexes du pore nucléaire révèlent une structure enchâssée dans la membrane, approximativement octogonale, à partir de laquelle huit filaments de ≈ 100 nm de long s'étendent dans le nucléoplasme (Figure 12-18). Les extrémités distales de ces filaments sont reliées par l'anneau terminal, formant

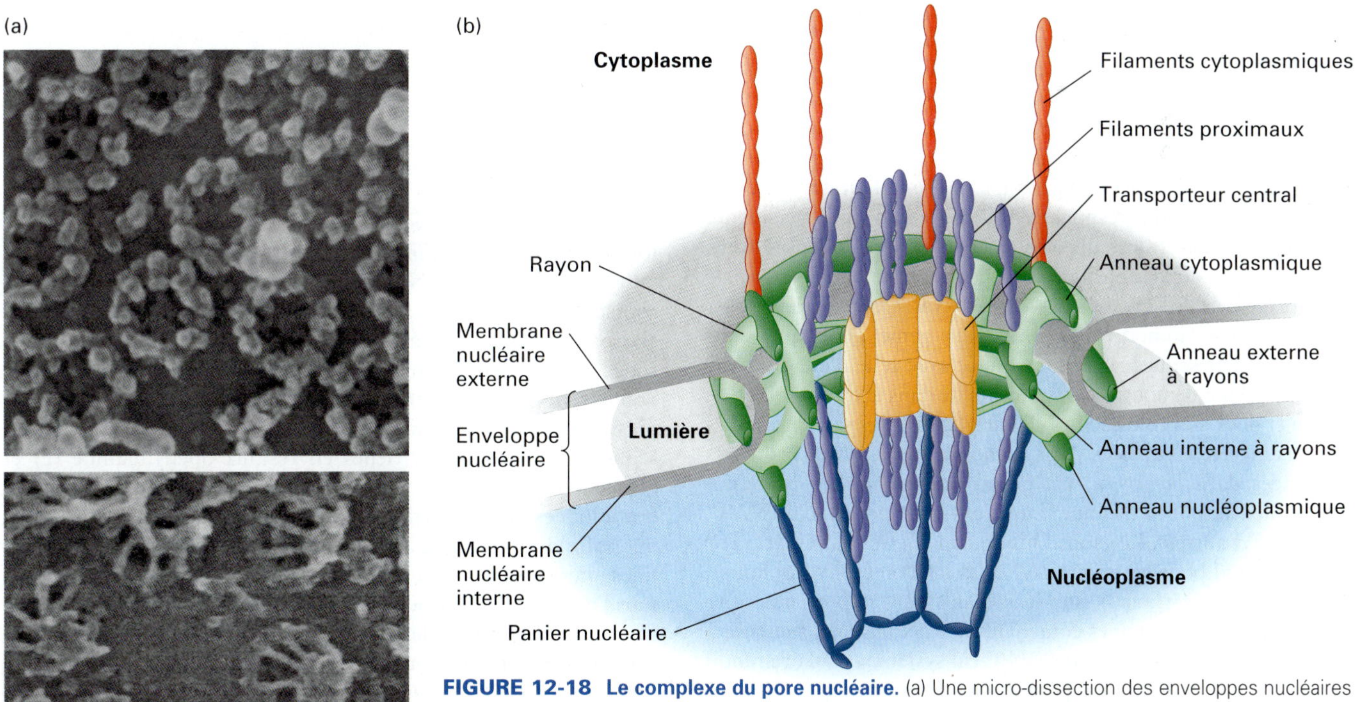

FIGURE 12-18 Le complexe du pore nucléaire. (a) Une micro-dissection des enveloppes nucléaires provenant des gros noyaux d'ovocytes de xénope, visualisées par microscopie électronique à balayage avec émission de champ et détecteur in-lens. *En haut* : Une vue de la face cytoplasmique montre la structure octogonale de la région enchâssée dans la membrane des complexes des pores nucléaires. *En bas* : Une vue de la face nucléoplasmique montre le panier nucléaire qui s'étend à partir de la région membranaire. (b) Un modèle en coupe du complexe du pore. [Partie (a) d'après V. Doye & E. Hurt, 1997, *Curr. Opin. Cell Biol.* **9** :401 ; aimablement communiqué par M. W. Goldberg et T. D. Allen. Partie (b) adaptée de M. P. Rout & J. D. Atchinson, 2001, *J. Biol. Chem.* **276** :16593.]

une structure appelée *panier nucléaire* (*nuclear basket*). La région enchâssée dans la membrane est également fixée directement à la **lamina nucléaire**, un réseau de filaments intermédiaires de lamine qui s'étend le long de la surface interne de l'enveloppe nucléaire (voir Figure 21-16). Les filaments cytoplasmiques partent de la face cytoplasmique du CPN et aboutissent dans le cytosol.

Les ions, les petits métabolites et les protéines globulaires dont la masse peut atteindre ≈ 60 kDa, peuvent diffuser à travers un canal rempli d'eau dans le complexe du pore nucléaire. Ces canaux se comportent comme s'ils avaient un diamètre de ≈ 0,9 nm. Pourtant, les grosses protéines et les complexes ribonucléoprotéiques ne peuvent diffuser vers l'extérieur ni vers l'intérieur du noyau. Au lieu de cela, ces macromolécules sont transportées de façon sélective vers l'intérieur ou vers l'extérieur du noyau avec l'aide de transporteurs protéiques solubles qui fixent les macromolécules et interagissent également avec certaines nucléoporines. Les principes du transport macromoléculaire à travers les complexes des pores nucléaires ont d'abord été déterminés dans le cas de l'import de protéines individuelles dans le noyau, que nous traiterons en premier avant de nous tourner vers le transport dans le cytoplasme, des ARNm dont la maturation est achevée.

Les importines transportent dans le noyau les protéines possédant des signaux de localisation nucléaire

Toutes les protéines présentes dans le noyau sont synthétisées dans le cytoplasme puis importées dans le noyau à travers des complexes du pore nucléaire. Ces protéines possèdent un signal de localisation nucléaire (SLN) (ou signal d'adressage nucléaire) qui induit sélectivement leur transport vers le noyau. Les SLN ont été découverts lors de l'analyse de mutants du virus 40 de singe (SV40) qui produisaient une forme anormale de la protéine virale appelée antigène grand T. La forme sauvage de cette protéine est localisée dans le noyau des cellules infectées par des virus, alors que d'autres formes mutées de l'antigène grand T s'accumulent dans le cytoplasme. Les mutations responsables de cette localisation cellulaire modifiée touchent toutes une séquence spécifique de sept résidus, riche en acides aminés basiques proche de l'extrémité C-terminale de la protéine : Pro-Lys-Lys-Lys-Arg-Lys-Val. Des expériences sur des protéines chimères modifiées par génie génétique dans lesquelles cette séquence était fusionnée avec celle d'une protéine cytosolique ont démontré sa responsabilité dans le transport vers le noyau et donc son rôle de SLN (Figure 12-19). Les séquences SLN ont ensuite été identifiées dans de nombreuses autres protéines importées dans le noyau. Un grand nombre de ces protéines ressemblent au SLN basique dans l'antigène grand T de SV40, alors que d'autres SLN sont chimiquement très différents. Par exemple un SLN de la protéine A1 de la RNPhn est hydrophobe.

Les premiers travaux sur le mécanisme d'import nucléaire portèrent sur des protéines contenant un SLN basique, similaire à celui de l'antigène grand T de SV40. Un système cellulaire rendu perméable par la digitonine permit d'analyser *in vitro* les composants cytosoliques solubles nécessaires à l'import nucléaire (Figure 12-20). Grâce à ce système, quatre protéines indispensables à ce transport furent purifiées : Ran, le facteur de transport nucléaire 2 (NTF2), l'importine α et l'importine β. *Ran* est une **protéine G** monomérique qui peut exister sous deux conformations, l'une complexée au GTP et l'autre, complexée au GDP résultant de l'hydrolyse du GTP (voir Figure 3-29). Les deux **importines** forment un *récepteur d'import nucléaire* hétérodimérique : la sous-unité α se fixe à un SLN basique dans une protéine qui doit être transportée dans le noyau, et la sous-unité β interagit avec une classe de nucléoporines appelées *nucléoporines FG*. Ces nucléoporines, qui tapissent le canal du complexe du pore nucléaire et que l'on trouve également dans le panier nucléaire et les filaments cytoplasmiques, contiennent de multiples répétitions de courtes séquences hydrophobes riches en résidus phénylalanine (F) et glycine (G) (résidus FG). Plus récemment, on a découvert plusieurs homologues de l'importine β qui interviennent dans le transport nucléaire des protéines, avec d'autres classes de SLN. Ces importines interagissent directement avec les SLN qui leur correspondent sans l'aide d'une protéine adaptatrice telle que l'importine α.

Un modèle actuel de l'import des protéines cytoplasmiques à transporter, impliquant une importine monomérique est présenté dans la Figure 12-21. L'importine libre dans le cytoplasme se fixe au SLN qui lui correspond dans une protéine à transporter, formant un complexe dimérique. Ce complexe subit ensuite une translocation à travers le canal CPN lorsque l'importine se fixe transitoirement aux répétitions FG successives dans les nucléoporines FG qui tapissent le canal. On pense que les répétitions FG servent de « tremplins » pour que le complexe transféré diffuse

(a) (b)

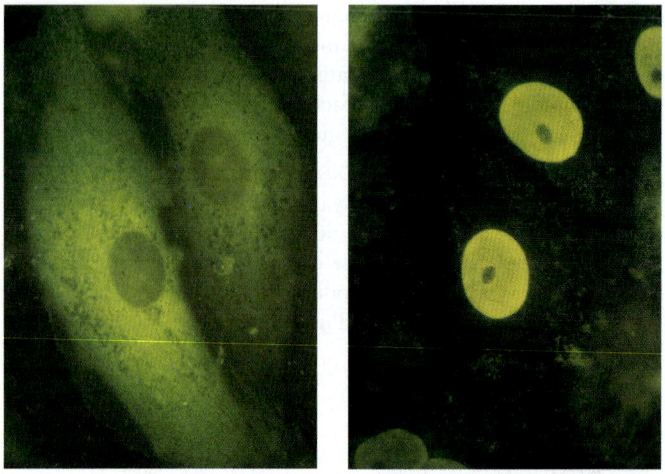

FIGURE EXPÉRIMENTALE 12-19 La fusion du signal de localisation nucléaire (SLN) et d'une protéine cytoplasmique provoque l'entrée de cette protéine dans le noyau. (a) La pyruvate kinase normale visualisée par immunofluorescence après le traitement de cellules en culture par un anticorps spécifique (jaune) est localisée dans le cytoplasme. Cette très grosse protéine cytosolique intervient dans le métabolisme des sucres. (b) Lorsqu'une pyruvate kinase chimérique contenant le SLN de SV40 au niveau de son extrémité N-terminale est exprimée dans des cellules, elle apparaît dans le noyau. La protéine chimérique est exprimée à partir d'un gène transfecté modifié par génie génétique, produit par la fusion d'un fragment de gène viral codant le SLN de SV40, et du gène de la pyruvate kinase. [D'après D. Kalderon *et al.*, 1984, *Cell* **39** :499 ; aimablement communiqué par Dr Alan Smith.]

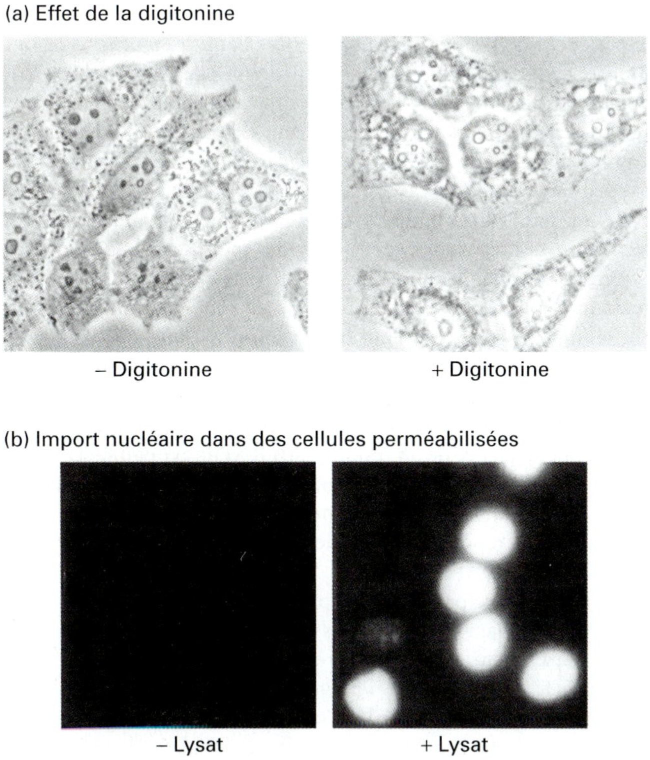

FIGURE EXPÉRIMENTALE 12-20 L'absence de transport nucléaire dans des cellules perméabilisées en culture en l'absence de lysat démontre le rôle de composants cytosoliques solubles dans le processus. (a) Des micrographies obtenues par contraste de phase de cellules HeLa non traitées et de cellules HeLa rendues perméables par la digitonine. Le traitement d'une monocouche de cellules en culture à l'aide de la digitonine, un détergent non ionique doux, rend la membrane plasmique perméable, ce qui permet la sortie des constituants cytosoliques mais laisse l'enveloppe nucléaire et les CPN intacts. (b) Des photographies prises sous microscope à fluorescence de cellules HeLa rendues perméables par la digitonine, incubées avec une protéine fluorescente couplée chimiquement au SLN synthétique de l'antigène grand T de SV40 en présence et en l'absence de cytosol (lysat). L'accumulation dans le noyau de ce substrat transporté a lieu uniquement lorsque du cytosol est ajouté dans le milieu d'incubation (*en bas à droite*). [D'après S. Adam *et al.*, 1990, *J. Cell Biol.* **111** :807 ; aimablement communiqué par Dr Larry Gerace.]

d'une nucléoporine FG à l'autre, le long du canal, par un processus qui ne nécessite pas d'apport direct d'énergie par une hydrolyse d'ATP ou d'autres mécanismes. Les répétitions FG hydrophobes semblent exister dans des régions comportant des chaînes polypeptidiques allongées ou hydrophiles, qui remplissent le canal central du transporteur. Les chaînes étirées pourraient former un réseau de brins hydrophiles associés par des interactions hydrophobes entre les répétitions FG. Ce réseau moléculaire limiterait la diffusion des protéines de masse supérieure à 60 kD. En revanche, les importines transportant des protéines pourraient pénétrer ce réseau moléculaire en établissant des interactions successives avec les répétitions FG.

Lorsque le complexe transféré atteint le nucléoplasme, l'importine interagit avec Ran•GTP, provoquant un changement conformationnel dans l'importine, qui abaisse son affinité pour le SLN, ce qui libère la protéine transférée dans le nucléoplasme. Le complexe importine-Ran•GTP diffuse alors à travers le CPN, une fois encore grâce à des interactions transitoires de l'importine avec les répétitions FG. Une fois le complexe importine-Ran•GTP parvenu sur la face cytoplasmique du CPN, Ran interagit avec une *protéine* spécifique *stimulant les GTPases* (*Ran-GAP*) qui est un composant des filaments cytoplasmiques du CPN. Ceci stimule Ran, qui hydrolyse alors le GTP qui lui est lié en GDP, provoquant sa conversion en une conformation qui a une affinité faible pour l'importine, de sorte que l'importine est libérée dans le cytoplasme dans lequel elle peut participer à un nouveau cycle d'import.

Ran est ramenée au noyau par NTF2. Le dimère NTF2 se fixe spécifiquement à Ran•GDP et interagit également avec les répétitions FG des nucléoporines FG. Ainsi, le complexe NTF2-Ran•GDP peut diffuser à travers le pore grâce à des interactions transitoires entre NTF2 et les répétitions FG. Lorsque ce complexe atteint le nucléoplasme, il rencontre un *facteur* spécifique *d'échange des nucléotides guanine* (*Ran-GEF*), qui induit la libération par Ran du GDP qui lui était lié. Ran fixe alors à nouveau du GTP qui est présent à une concentration nettement supérieure. Le changement conformationnel résultant dans Ran abaisse son

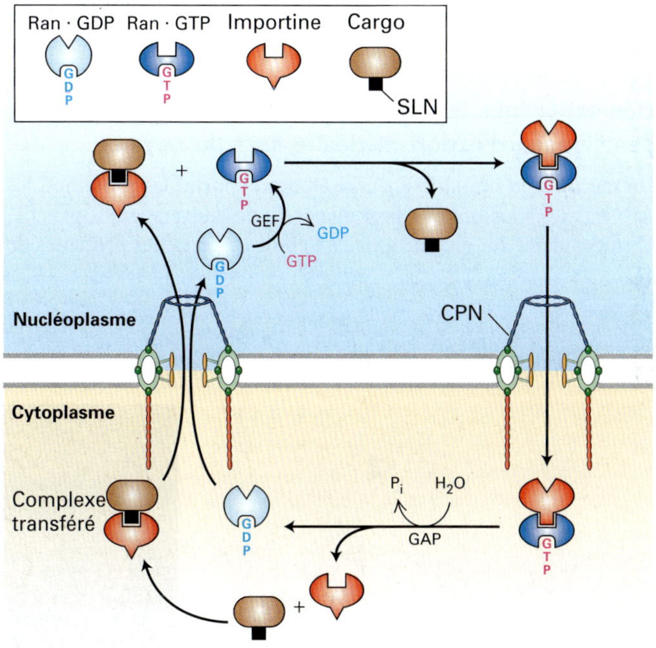

FIGURE 12-21 Le mécanisme d'import nucléaire des protéines à transférer. Dans le cytoplasme (*en bas*), une importine libre se fixe au SLN d'une protéine transférée, formant un complexe dimérique. Dans le cas d'un SLN basique, la protéine adaptatrice, l'importine *α*, établit un pont entre le SLN et l'importine *ß*, formant un complexe trimérique (non représenté). Le complexe transféré diffuse à travers le CPN en interagissant avec des nucléoporines FG successives. Dans le nucléoplasme, l'interaction de Ran•GTP avec l'importine provoque un changement conformationnel qui abaisse son affinité pour le SLN, libérant la cargaison. Le complexe importine-Ran•GTP est ramené dans le cytoplasme en vue d'un nouveau cycle d'import. Une protéine GAP associée aux filaments cytoplasmiques du CPN stimule Ran qui hydrolyse alors le GTP lié. Ceci provoque un changement de conformation, entraînant la dissociation de l'importine, qui peut alors débuter un nouveau cycle d'import. Ran•GDP est fixée par NTF2 (non représentée) et ramenée vers le nucléoplasme, où un facteur d'échange des nucléotides guanine (GEF) provoque la libération de GDP et une nouvelle fixation de GTP.

affinité pour NTF2, de sorte que Ran⟨GTP est libéré dans le nucléoplasme et NTF2 est libre de retraverser le pore.

Le complexe d'import traverse le pore en diffusant. Or, la diffusion est un processus aléatoire. Pourtant, ce transport est unidirectionnel. Le sens du transport est une conséquence de la dissociation rapide du complexe d'import lorsqu'il atteint le nucléoplasme. Pour cette raison, il existe un gradient de concentration du complexe formé par l'importine et sa cargaison à travers le CPN : élevé dans le cytoplasme où le complexe s'assemble et faible dans le nucléoplasme où il se dissocie. Ce gradient de concentration est responsable de la nature unidirectionnelle de l'import nucléaire. Un gradient de concentration similaire est responsable du retour vers le cytoplasme, de l'importine présente dans le noyau. La concentration du complexe importine-Ran•GTP est supérieure dans le nucléoplasme où il s'assemble, à la concentration sur la face cytoplasmique du CPN où il se dissocie. Enfin, le sens du transport dépend de la distribution asymétrique de Ran-GEF et de Ran-GAP. Dans le nucléoplasme, Ran-GEF maintient Ran dans l'état Ran•GTP, où elle induit la dissociation du complexe transféré. Ran-GAP sur la face cytoplasmique du CPN convertit Ran•GTP en Ran•GDP, ce qui provoque la dissociation du complexe importine-Ran•GTP et libère l'importine dans le cytosol.

Des exportines transportent des protéines contenant des signaux d'export nucléaire hors du noyau

Un mécanisme similaire est utilisé pour exporter les protéines, les ARNt et les sous-unités ribosomiales du noyau vers le cytoplasme. Ce mécanisme fut élucidé grâce à l'étude de certaines protéines de RNPhn qui « font la navette » entre le noyau et le cytoplasme. Les expériences de fusion cellulaire décrites dans la Figure 12-22 ont montré initialement que certaines protéines de RNPhn entraient et sortaient de façon cyclique du cytoplasme, tandis que d'autres restaient en permanence dans le noyau. Ces protéines « navettes » comportent un *signal d'export nucléaire* (*SEN*) qui stimule leur export du noyau vers le cytoplasme, à travers des pores nucléaires, ainsi qu'un SLN qui induit leur retour vers le noyau. Des expériences menées avec des gènes hybrides modifiés par génie génétique codant une protéine présente exclusivement dans le noyau, fusionnée à différents segments d'une protéine qui fait la navette entre l'intérieur et l'extérieur du noyau ont permis d'identifier au moins trois classes différentes de SEN : une séquence riche en leucine présente dans PKI (un inhibiteur de la protéine kinase A) et dans la protéine Rev du virus de l'immunodéficience humaine (VIH), une séquence de 38 résidus dans RNPhn A1 et une séquence dans RNPhn K. Jusqu'à présent, aucune caractéristique structurale importante pour le fonctionnement de ces signaux (comme des acides aminés répétés) n'a été identifiée dans ces deux dernières classes.

Le mécanisme par lequel les protéines navettes sont exportées du noyau est bien compris dans le cas des protéines contenant un SEN riche en leucine. D'après le modèle actuel décrit dans la Figure 12-23, un *récepteur nucléaire d'export* dans le noyau, l'**exportine 1**, forme d'abord un complexe avec Ran•GTP puis se fixe au SEN d'une protéine à transporter. La liaison de l'exportine 1 à Ran•GTP provoque un changement conformationnel dans l'exportine 1 qui augmente son affinité pour le SEN, de sorte qu'un *complexe trimérique* est formé. Comme les importines, l'exportine 1 interagit transitoirement avec des répétitions FG dans les

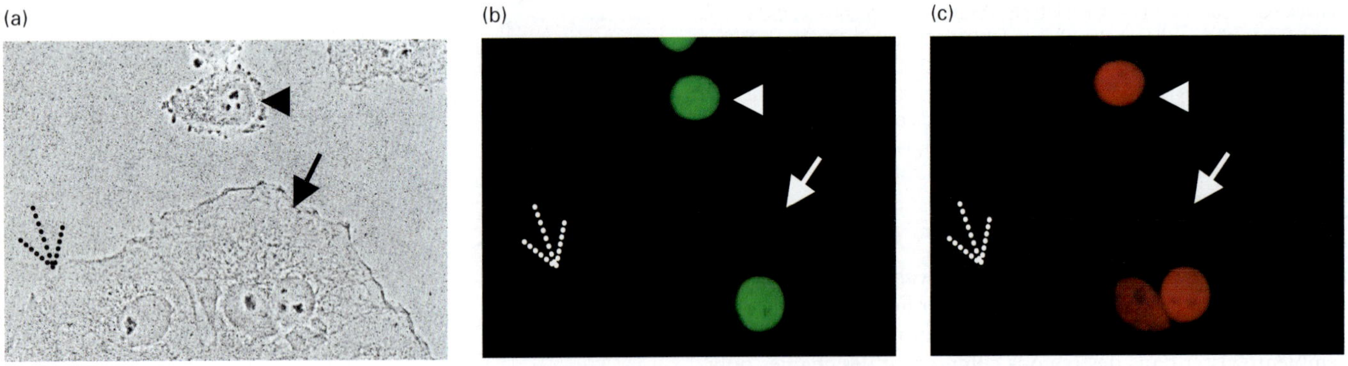

FIGURE EXPÉRIMENTALE 12-22 Le déplacement de la protéine humaine A1 des RNPhn entre les noyaux d'un hétérocaryon montre qu'elle peut entrer et sortir cycliquement du cytoplasme, au contraire de la protéine C humaine des RNPhn. Des cellules HeLa et des cellules de xénope en culture ont été fusionnées par un traitement par du polyéthylène glycol, produisant des hétérocaryons avec des noyaux de chaque type cellulaire. Les cellules hybrides ont été traitées par du cycloheximidine immédiatement après leur fusion afin d'empêcher toute synthèse protéique. Deux heures plus tard, les cellules ont étés fixées et colorées par des anticorps à marquage fluorescent, spécifiques des protéines humaines C et A1 des RNPhn. Ces anticorps ne se fixent pas aux protéines homologues de xénope. (a) Une préparation fixée visualisée sous microscope à contraste de phase qui comprend des cellules HeLa non fusionnées (pointe de flèche), des cellules de xénope (flèche en pointillés) ainsi que des hétérocaryons issus de la fusion des cellules (flèche blanche). Dans l'hétérocaryon de cette micrographie, le noyau rond de la cellule HeLa se trouve à droite du noyau ovale de xénope. (b,c) Lorsqu'on observe la même préparation sous microscope à fluorescence, la protéine C marquée apparaît en vert et la protéine A1, en rouge. Il est à noter que la cellule non fusionnée de xénope sur la gauche n'est pas marquée, ce qui confirme que les anticorps sont spécifiques des protéines humaines. Dans l'hétérocaryon, la protéine C apparaît uniquement dans les noyaux des cellules HeLa (b) alors que la protéine A1 apparaît dans les deux noyaux (c). Puisque la synthèse protéique a été bloquée immédiatement après la fusion des cellules, une partie des protéines A1 humaines a dû quitter le noyau des cellules HeLa, passer à travers le cytoplasme et pénétrer dans le noyau de xénope de l'hétérocaryon. [Voir S. Pinol-Roma & D. Dreyfuss, 1992, *Nature* **355** :730 ; aimablement communiqué par D. Dreyfuss.]

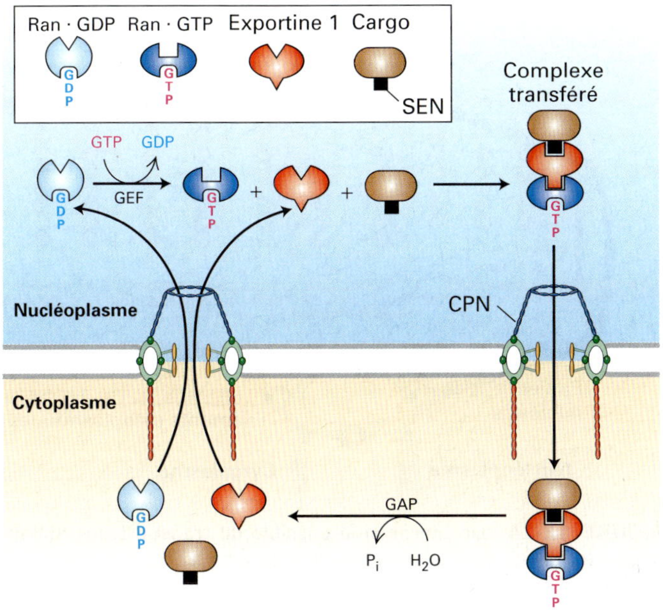

FIGURE 12-23 Le mécanisme de l'export nucléaire des protéines contenant un signal d'export nucléaire riche en leucine (SEN). Dans le nucléoplasme, l'exportine 1 (une protéine) se fixe coopérativement au SEN de la protéine à transporter et à Ran·GTP. Après la diffusion du complexe résultant à travers un CPN, grâce à des interactions transitoires avec les répétitions FG dans les nucléoporines FG, la Ran-GAP associée aux filaments cytoplasmiques du CPN stimule la conversion de Ran·GTP en Ran·GDP. Le changement conformationnel simultané de Ran provoque la dissociation du complexe. La protéine transférée contenant le SEN est libérée dans le cytosol, tandis que l'exportine 1 et Ran·GDP sont ramenés dans le noyau à travers les CPN. Ran·GDP est transportée grâce à son interaction avec NTF2. Ran-GEF dans le nucléoplasme stimule ensuite la conversion de Ran·GDP en Ran·GTP.

nucléoporines FG et diffuse à travers le CPN. Le complexe transféré se dissocie lorsqu'il rencontre Ran-GAP dans les filaments cytoplasmiques du CPN, stimulant Ran pour hydrolyser le GTP qui lui est lié, ce qui provoque son changement en une conformation à faible affinité pour l'exportine 1. La conformation de l'exportine 1 libérée est transformée en une structure à faible affinité pour le SEN, libérant la cargaison dans le cytosol. Le sens du processus d'export est dû à la dissociation de la cargaison de l'exportine 1 dans le cytoplasme, qui crée un gradient de concentration du complexe transféré à travers le CPN, élevé dans le nucléoplasme et faible dans le cytoplasme. L'exportine 1 et Ran•GDP sont ensuite retransportées dans le noyau à travers un CPN. Ran•GDP est transportée par NTF2, comme nous l'avons vu précédemment pour l'import nucléaire. Elle est ensuite convertie en Ran•GTP par le complexe Ran-GEF présent dans le nucléoplasme.

En comparant ce modèle d'export nucléaire à celui de l'import nucléaire décrit dans la Figure 12-21, on peut voir une différence flagrante : Ran•GTP fait partie du complexe transféré au cours de l'export mais pas de l'import. Hormis cette différence, les deux processus de transport présentent de grandes similitudes. Dans ces deux processus, l'association d'un récepteur de signal de transport avec Ran•GTP dans le nucléoplasme provoque un changement conformationnel qui affecte son affinité pour le signal de transport. Au cours de l'import, l'interaction provoque la libération de la cargaison alors que pendant l'import, elle induit l'association avec cette cargaison. Tant dans l'export que dans l'import, la stimulation de l'hydrolyse de Ran•GTP dans le cytoplasme, par le complexe Ran-GAP associé aux filaments cytoplasmiques du CPN, produit un changement conformationnel de Ran, qui libère le récepteur du signal de transport. Au cours de l'export nucléaire, la cargaison est également libérée. On pense que les importines et les exportines diffusent à travers le canal du CPN par des interactions successives avec des répétitions FG dans les nucléoporines FG. La localisation des Ran-GAP et des Ran-GEF dans le cytoplasme et le noyau respectivement, est le fondement du transport unidirectionnel des protéines à travers le CPN.

Comme le laissait penser la ressemblance fonctionnelle entre les importines et les exportines, ces deux types de protéines de transport ont une forte homologie de séquence et de structure. On appelle famille des importines *ß* ou **caryophérines**, la famille complète de ces protéines. Il existe 14 caryophérines chez la levure et plus de 20 dans les cellules de mammifères. Les SEN ou SLN auxquels elles se fixent ont été déterminés uniquement pour une fraction d'entre elles. Il est à noter que certaines caryophérines peuvent jouer à la fois le rôle d'importine et d'exportine.

On a démontré l'existence d'un mécanisme similaire de navette permettant de transporter d'autres substrats hors du noyau. Par exemple, l'*exportine-t* exporte les ARNt. Elle fixe les ARNt matures dans un complexe avec Ran•GTP, qui diffuse à travers les CPN et se dissocie lorsqu'il interagit avec Ran-GAP dans les filaments cytoplasmiques du CPN, libérant l'ARNt dans le cytosol. Un processus dépendant de Ran est également nécessaire pour l'export nucléaire des sous-unités ribosomiales à travers les CPN. De même, certains ARNm spécifiques qui s'associent à des protéines particulières de RNPhn (comme la protéine Rev du VIH dont nous parlerons plus loin) peuvent être exportés par un mécanisme dépendant de Ran. Toutefois, la plupart des ARNm sont exportés hors du noyau par un autre type de transporteur qui n'interagit pas avec Ran. Nous en discuterons après l'examen de la régulation des gènes par le contrôle de l'import et de l'export des facteurs transcriptionnels.

Certains gènes sont contrôlés par la régulation du transport des facteurs de la transcription

Certains gènes sont contrôlés par la régulation du transport nucléaire de facteurs transcriptionnels spécifiques, qui contrôlent leur transcription. Nous avons appris par exemple au Chapitre 11 que des **récepteurs nucléaires** homodimériques tels que le récepteur des glucocorticoïdes sont bloqués dans le cytoplasme en l'absence de ligand. La fixation du ligand stimule leur translocation dans le noyau, où ils peuvent se fixer aux éléments de réponse aux hormones dans des gènes cibles et activer la transcription de ceux-ci (voir Figures 11-43 et 11-44). Le domaine de fixation du ligand de ces facteurs de la transcription contient un SLN, mais en l'absence de ligand, le SLN est masqué par des interactions avec un complexe cytoplasmique d'ancrage. Le changement conformationnel qui résulte de la liaison de l'hormone, libère le domaine du complexe d'ancrage, exposant le SLN de telle sorte qu'il est libre d'interagir avec l'importine qui lui correspond et d'être importé dans le noyau, comme nous l'avons vu ci-dessus. D'autres exemples d'import nucléaire régulé des facteurs de la transcription, par un masquage et une exposition contrôlés des SLN qui leur sont associés seront traités dans des chapitres ultérieurs sur la transduction du signal.

Dans certains cas, le transport nucléaire des facteurs de la transcription est régulé par leur fusion avec des domaines qui les conduisent vers les membranes cytoplasmiques, telles que la membrane plasmique ou la membrane du RE. En réponse à certains signaux, des protéases spécifiques sont activées pour les cliver, libérant les domaines des facteurs de transcription, qui peuvent alors être transportés dans le noyau par une importine. Dans d'autres cas, l'export nucléaire des facteurs de la transcription est régulé par des modifications post-transcriptionnelles telles que la phosphorylation, qui augmentent leur affinité pour une exportine spécifique. La régulation de l'import ou de l'export nucléaire est un mécanisme puissant pour le contrôle de l'activité des facteurs de la transcription, car un facteur de la transcription peut se fixer aux sites qui lui correspondent dans les gènes qu'il régule, uniquement lorsqu'il se trouve dans le noyau.

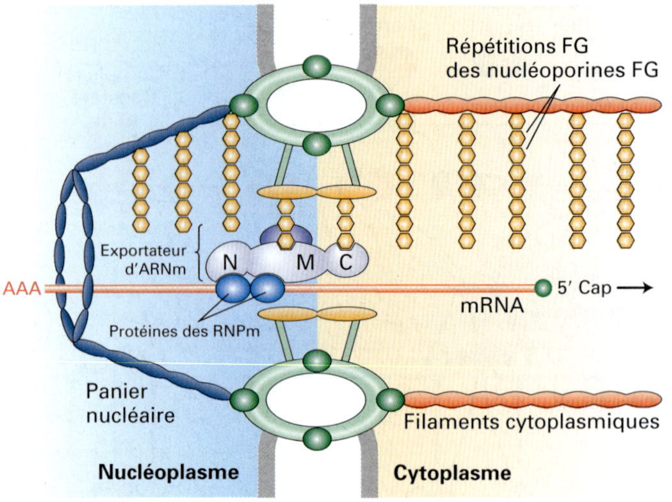

FIGURE 12-24 Un mécanisme possible du transport des RNPm depuis le noyau, par l'exportateur d'ARNm. La grosse sous-unité (en mauve) de l'exportateur d'ARNm contient trois domaines fondamentaux : un domaine central (M pour milieu) et un domaine carboxyle (C) qui se fixent tous deux aux répétitions hydrophobes phénylalanine-glycine (FG) dans les nucléoporines FG ainsi qu'une région N-terminale (N) qui possède une faible activité de liaison à l'ARN pour la plupart des séquences. La fixation de la majorité des RNPm nécessite une liaison coopérative avec d'autres protéines spécifiques de RNPhn. La petite sous-unité (en violet) se fixe au domaine central de la grande sous-unité et contribue à la liaison aux répétitions FG. Pour plus de simplicité, les répétitions FG ne sont pas représentées sur la moitié inférieure du complexe du pore nucléaire. Remarquez que l'exportateur d'ARNm n'est pas dessiné à l'échelle. Il est en réalité bien plus petit que le complexe du pore nucléaire. On pense que l'exportateur d'ARNm diffuse à travers le pore en établissant des interactions transitoires avec des nucléoporines FG adjacentes à mesure qu'il progresse. [Adapté de R. Reed & E. Hurt, 2002, *Cell* **108** :523.]

La plupart des RNPm sont exportées du noyau à l'aide d'un exportateur d'ARNm

Des études récentes menées sur des mutants thermosensibles de la levure présentant une déficience du transport nucléaire ont permis d'identifier une protéine hétérodimérique qualifiée d'**exportateur d'ARNm**, qui semble diriger la plupart des RNPm à travers les pores nucléaires. Les cellules de levure présentant des mutations dans les sous-unités de cette protéine accumulent de l'ARN polyadénylé dans le noyau aux températures non permissives, ce qui indique que la protéine est nécessaire au transport de la plupart des RNPm. Des homologues hautement conservés des petite et grande sous-unités de l'exportateur d'ARNm de levure sont présents chez tous les eucaryotes et plusieurs types de preuves indiquent que l'exportateur d'ARNm est indispensable à l'export de la plupart des RNPm dans les cellules de vertébrés ainsi que dans les cellules de levure. Curieusement, comme nous l'avons vu plus tôt, des expériences menées dans des cellules de levure et de vertébrés indiquent que Ran n'est pas nécessaire à l'export de la grande majorité des RNPm.

La petite sous-unité de l'exportateur d'ARNm est homologue de NTF2 et interagit avec une région de la grande sous-unité, qui présente également une certaine homologie avec NTF2. Elles forment ensemble un domaine qui interagit avec les répétitions FG des nucléoporines FG comme NTF2, qui est un dimère. Un domaine C-terminal de la grande sous-unité interagit également avec les répétitions FG. Bien que plusieurs autres protéines soient également nécessaires au transport des RNPm, les chercheurs considèrent cet exportateur de RNPm comme la principale protéine de transport, en raison de l'importance de la fixation aux répétitions FG pour le mécanisme du transport par les caryophérines. La grande sous-unité de l'exportateur d'ARNm contient également des domaines de liaison à l'ARN qui semblent se fixer à l'ARN de manière coopérative, avec des protéines spécifiques appartenant aux RNPm. La découverte de l'association de l'exportateur d'ARNm avec des RNPm et sa liaison directe aux répétitions FG a conduit au modèle de transport de RNPm décrit dans la Figure 12-24. D'après ce modèle, l'exportateur d'ARNm induit la translocation des RNPm à travers le canal du pore nucléaire de la même manière que les caryophérines, c'est-à-dire par des liaisons transitoires aux répétitions FG successives pendant sa diffusion à travers le canal.

On ignore actuellement ce qui est à l'origine de l'unidirectionnalité de ce mécanisme de transport des RNPm à travers les pores nucléaires. Par analogie avec le transport par les caryophérines, on pense que le complexe RNPm-exportateur d'ARNm pourrait se dissocier en atteignant le cytoplasme. Ceci créerait une concentration élevée du complexe RNPm-exportateur d'ARNm au niveau du panier nucléaire où il s'associe avec les nucléoporines FG et une concentration faible du complexe dans le cytoplasme, où il se dissocie. De même que pour le transport par les caryophérines, un tel gradient de concentration pourrait provoquer la translocation des RNPm dans un seul sens. Il nous reste néanmoins beaucoup à apprendre sur les protéines des RNPhn associées aux RNPm au cours du transport à travers les pores et sur le mécanisme par lequel elles se dissocient des RNPm sur la face cytoplasmique des pores.

Les autres protéines qui participent à l'export des RNPm En plus de l'exportateur d'ARNm et des nucléoporines FG, plusieurs autres types de protéines sont impliqués dans le transport des RNPm par ce mécanisme. Comme nous l'avons vu plus tôt, l'exportateur d'ARNm semble se fixer aux ARNm de manière coopérative avec des protéines spécifiques de RNPm. Par exemple, les protéines SR associées aux exons paraissent stimuler la liaison de l'exportateur d'ARNm aux ARNm matures dans les RNPm. De ce fait, les protéines SR interviennent non seulement pour la définition des exons au cours de l'épissage de l'ARN (voir Figure 12-11) mais participent également au processus d'export qui conduit à la translocation de la plupart des RNPm dans le cytoplasme.

D'autres protéines nucléaires de liaison aux ARN, probablement impliquées dans le transport des RNPm ont récemment été identifiées. Ces protéines, observées pour la première fois associées aux ARNm épissés *in vitro*, se fixent à une région d'environ 20 bases en 5' des séquences exoniques reliées par épissage. Une analyse des protéines présentes dans ces *complexes de jonction des exons* (*exon-junction complexes*) a révélé que plusieurs d'entre elles sont homologues des protéines de levure qui sont modifiées chez les mutants présentant une déficience dans l'export des RNPm. De plus, on a remarqué que l'une des ces protéines se fixe directement à la grande sous-unité de l'exportateur d'ARNm. Ces résultats suggèrent que les complexes de jonction des exons présents sur les ARNm au cours de l'épissage, stimulent le transport des RNPm à travers les pores nucléaires. Certaines des protéines des complexes de jonction des exons jouent également le rôle de facteurs d'épissage. Comme nous le verrons dans la section suivante qui traite des mécanismes du contrôle cytoplasmique post-transcriptionnel, le complexe de jonction des exons participe également à un type de contrôle post-transcriptionnel qui empêche la traduction des ARNm dont l'épissage est incorrect.

L'un des autres participants au transport des RNPm dans le cytoplasme est le complexe nucléaire de liaison à la coiffe, qui, comme nous l'avons vu précédemment, protège l'extrémité 5' des transcrits naissants et des pré-ARNm de l'attaque par les exonucléases. Des expériences de microscopie électronique que nous décrirons plus loin ont démontré que l'extrémité 5' des ARNm dirige le passage à travers le complexe du pore nucléaire. Des expériences récentes chez la levure indiquent que la queue de poly(A) en 3' joue un rôle important dans le transport des RNPm, ce qui suggère la participation d'une protéine de liaison au poly(A). En plus des nucléoporines FG, des nucléoporines associées aux filaments cytoplasmiques des CPN sont nécessaires à l'export de l'ARNm et pourraient participer à la dissociation de l'exportateur d'ARNm et d'autres protéines des RNPm qui accompagnent les RNPm à travers le pore.

Une fois que la RNPm a atteint le cytoplasme, la plupart des protéines des RNPm associées à l'ARNm dans le noyau, le complexe nucléaire de liaison à la coiffe et la protéine nucléaire de liaison au poly(A) (PABPII) se dissocient et regagnent le noyau. Dans le cytoplasme, la coiffe en 5' d'un ARNm exporté est fixée par le facteur eIF4E d'amorçage de la traduction, la queue de poly(A) est liée par de multiples copies de la protéine cytoplasmique de liaison au poly(A) (PABPI) et d'autres protéines de liaison à l'ARN s'associent à la partie centrale de l'ARNm, formant une RNPm cytoplasmique dont le rapport protéine:ARN est inférieur au même rapport dans les RNPm nucléaires.

L'export nucléaire des RNPm des anneaux de Balbiani Les glandes salivaires de la larve de l'insecte *Chironomous tentans* offrent un bon système modèle pour les études de microscopie électronique sur la formation des RNPhn et l'export des RNPm. Dans ces larves, les gènes présents dans de gros puffs (ou renflements) chromosomiques appelés *anneaux de Balbiani* sont abondamment transcrits en pré-ARNm naissants qui s'associent aux protéines des RNPhn et subissent une maturation en RNPm avec un ARNm de ≈ 75 kb (Figure 12-25a, b). Ces ARNm géants codent de grosses protéines adhésives qui collent les larves en cours de développement à une feuille. Après la maturation du pré-ARNm dans les RNPhn des anneaux de Balbiani, les RNPm résultantes traversent les pores nucléaires et gagnent le cytoplasme. Des micrographies électroniques de coupes de ces cellules montrent les RNPm qui semblent se déplier au cours de leur passage à travers les pores nucléaires, puis se fixer aux ribosomes lorsqu'elles pénètrent dans le cytoplasme. Le fait que les RNPm s'associent aux ribosomes au cours du transport indique que l'extrémité 5' dirige le passage à travers le complexe du pore nucléaire, comme nous l'avons dit plus haut. Des études détaillées par microscopie électronique, du transport des RNPm des anneaux de Balbiani à travers les complexes des pores nucléaires ont permis d'établir le modèle représenté dans la Figure 12-25c.

Les pré-ARNm présents dans les spliceosomes ne sont pas exportés hors du noyau

Il est essentiel que seuls les ARNm ayant subi une maturation complète soient exportés hors du noyau car la traduction des pré-ARNm dont la maturation est incomplète et qui contiennent encore des introns produirait des protéines déficientes qui pourraient empêcher le bon fonctionnement de la cellule. Grâce à des mécanismes mal compris encore, des pré-ARNm associés aux RNPsn dans les spliceosomes ne peuvent généralement pas être transportés vers le cytoplasme.

Lors d'un type d'expérience démontrant cette restriction, un gène codant un pré-ARNm avec un seul intron qui normalement est excisé, est muté de telle sorte qu'il présente quelques différences par rapport aux séquences consensus des sites d'épissage. La mutation de l'une ou l'autre des bases invariantes en 3' ou en 5' des sites d'épissage aux extrémités de l'intron produit des pré-ARNm liés à des RNPsn pour former des spliceosomes. Pourtant, l'épissage de l'ARN est bloqué et le pré-ARNm est maintenu dans le noyau. À l'inverse, la mutation des *deux* sites d'épissage en 5' et en 3' dans le même pré-ARNm conduit à l'export du pré-ARNm non épissé, avec une efficacité moindre cependant que pour l'ARNm épissé. Lorsque les deux sites d'épissage sont mutés, les pré-ARNm ne sont pas liés efficacement par les RNPsn et par conséquent, leur export n'est pas bloqué.

MÉDECINE De nombreux cas de thalassémies, une maladie héréditaire qui aboutit à des concentrations anormalement faibles des globines (des protéines), sont dues à des mutations dans les sites d'épissage des gènes de globine, qui abaissent l'efficacité de l'épissage mais n'empêchent pas l'association des pré-ARNm avec les RNPsn. Les pré-ARNm de globine non épissés résultants sont bloqués dans les noyaux des réticulocytes et sont rapidement dégradés. ▮

La protéine Rev du VIH régule le transport des ARNm viraux non épissés

Comme nous l'avons vu plus tôt, le transport, du noyau vers le cytoplasme, des RNPm contenant des ARNm fonctionnels matures, met en jeu un mécanisme complexe essentiel à l'expression des gènes (voir Figures 12-24 et 12-25). La régulation de ce transport pourrait théoriquement fournir un autre moyen de contrôle des gènes, bien que cela semble relativement rare. En effet, les seuls exemples d'export régulé d'ARNm découverts jusqu'à présent se produisent au cours de la réponse cellulaire à des conditions particulières (comme un choc thermique) qui provoque la dénaturation des protéines et au cours de l'infection virale lorsque des modifications du transport nucléaire induites par le virus

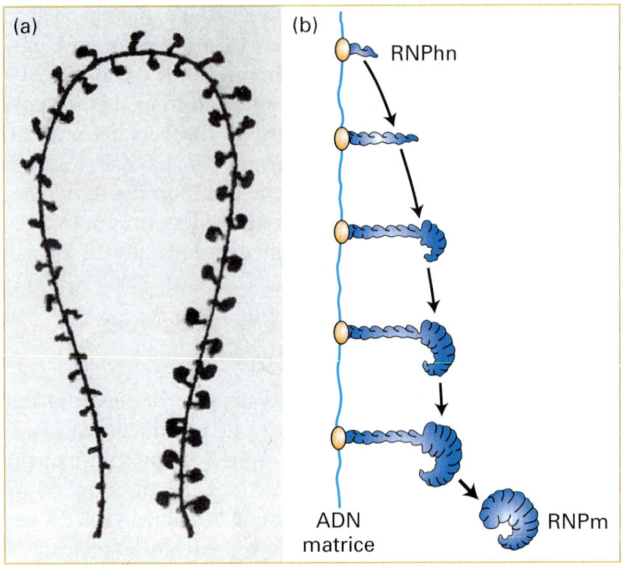

FIGURE 12-25 La formation des particules ribonucléoprotéiques hétérogènes (RNPhn) et l'export des RNPm hors du noyau. (a) Un modèle d'une boucle de transcription unique de chromatine et de l'assemblage de la RNPm de l'anneau de Balbiani chez *Chironomous tentans*. Les transcrits naissants d'ARN produits à partir de la matrice d'ADN s'associent rapidement aux protéines, formant des RNPhn. L'augmentation progressive de la taille des RNPhn reflète la taille croissante des transcrits d'ARN à mesure que l'on s'éloigne du site de début de la transcription. Ce modèle a été reconstitué d'après des micrographies électroniques d'une série de coupes minces de cellules de glandes salivaires. (b) Une représentation schématique de la biogenèse des RNPhn. On appelle RNPm, la particule ribonucléoprotéique après la maturation du pré-ARNm. (c) Un modèle du transport des RNPm des anneaux de Balbiani à travers le complexe du pore nucléaire (CPN) élaboré à partir d'études de microscopie électronique. Remarquez que les RNPm courbées semblent se dérouler lorsqu'elles passent à travers les pores nucléaires. Quand l'ARNm pénètre dans le cytoplasme, il s'associe rapidement à des ribosomes, ce qui indique que l'extrémité 5′ passe la première à travers le CPN. [Partie (a) d'après C. Erricson *et al.*, 1989, *Cell* **56** :631 ; aimablement communiqué par B. Daneholt. Parties (b) et (c) adaptées de B. Daneholt ; 1997, *Cell* **88** :585. Voir aussi B. Daneholt ; 2001, *Proc. Natl. Acad. Sci. USA* **98** :7012.]

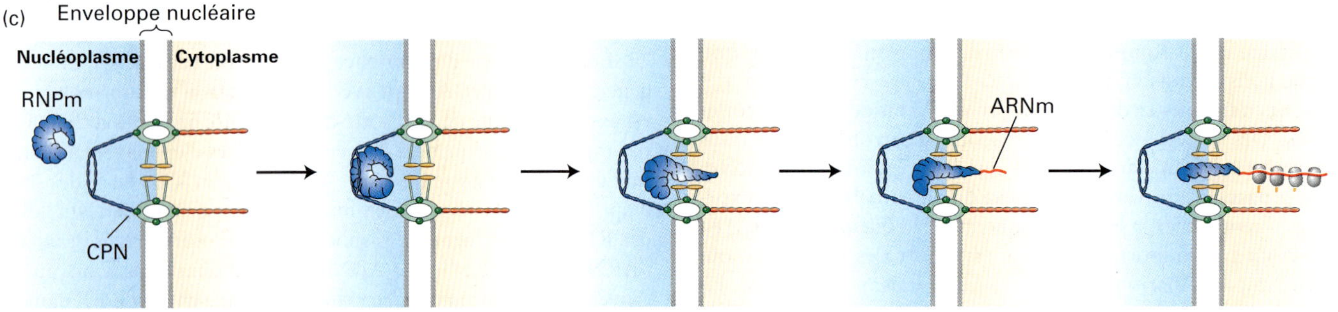

maximisent la réplication virale. Nous allons décrire ici la régulation de l'export des RNPm par l'intermédiaire d'une protéine codée par le virus de l'immunodéficience humaine (VIH).

Le VIH, un rétrovirus, intègre une copie d'ADN de son génome d'ARN dans l'ADN de la cellule hôte (voir Figure 4-43). L'ADN viral intégré ou provirus, contient une seule unité de transcription, transcrite en un transcrit primaire unique par l'ARN polymérase II cellulaire. Le transcrit du VIH peut être épissé de plusieurs façons, produisant trois classes d'ARNm : un ARNm non épissé de 9 kb, des ARNm de ≈ 4 kb formés par le retrait d'un intron et des ARNm de ≈ 2 kb formés par le retrait de deux introns ou plus (Figure 12-26). Après leur synthèse dans le noyau de la cellule hôte, les trois classes d'ARNm de VIH sont transportées dans le cytoplasme et traduites en protéines virales. Certains des ARN non épissés de 9 kb sont utilisés comme génome viral dans les virions fils qui bourgeonnent à partir de la surface cellulaire.

Les ARNm du VIH de 9 kb et 4 kb comportent des sites d'épissage ; pour cette raison, ils peuvent être considérés comme des ARNm ayant subi un épissage incorrect. Néanmoins, comme nous l'avons vu plus haut, l'association de ces ARNm à épissage incomplet avec des RNPsn dans les spliceosomes bloque normalement leur export hors du noyau. Par conséquent, le VIH, comme les autres rétrovirus, doit disposer d'un autre mécanisme pour contourner ce blocage afin de pouvoir exporter les ARNm viraux plus longs. Certains rétrovirus ont élaboré une séquence appelée *élément constitutif de transport* (*CTE* pour *constitutive transport element*) qui se fixe à l'exportateur d'ARNm avec une forte affinité, ce qui permet l'export des ARN rétroviraux non épissés dans le cytoplasme. Le VIH a quant à lui résolu différemment ce problème.

Des études menées sur des mutants du VIH ont montré que le transport du noyau vers le cytoplasme, d'ARNm viraux non épissés de 9 kb ou dont un seul intron a été excisé, de 4 kb, a besoin de la *protéine Rev* codée par le virus. Des expériences biochimiques ultérieures ont démontré que Rev se fixe à un élément de réponse spécifique de Rev (RRE) présent dans l'ARN du VIH. Dans les cellules infectées par des VIH mutants dépourvus de RRE, les ARNm viraux non épissés ou ceux dont un seul intron a été excisé, demeurent dans le noyau, ce qui démontre que le RRE est indispensable à la stimulation du transport impliquant la protéine Rev. Rev contient un SEN riche en leucine qui interagit avec l'exportine 1 complexée avec Ran•GTP. Pour cette raison, Rev exporte les ARNm du VIH non épissés ou ceux dont un seul intron a été excisé, grâce à des interactions avec l'exportine 1 et le complexe du pore nucléaire.

CONCEPTS CLÉS DE LA SECTION 12.3

Le transport moléculaire à travers l'enveloppe nucléaire

- L'enveloppe nucléaire comporte de nombreux complexes des pores nucléaires (CPN), qui sont de grosses structures complexes, constituées de multiples copies de ≈ 50-100 protéines appelées *nucléoporines* (voir Figure 12-18). Les nucléoporines

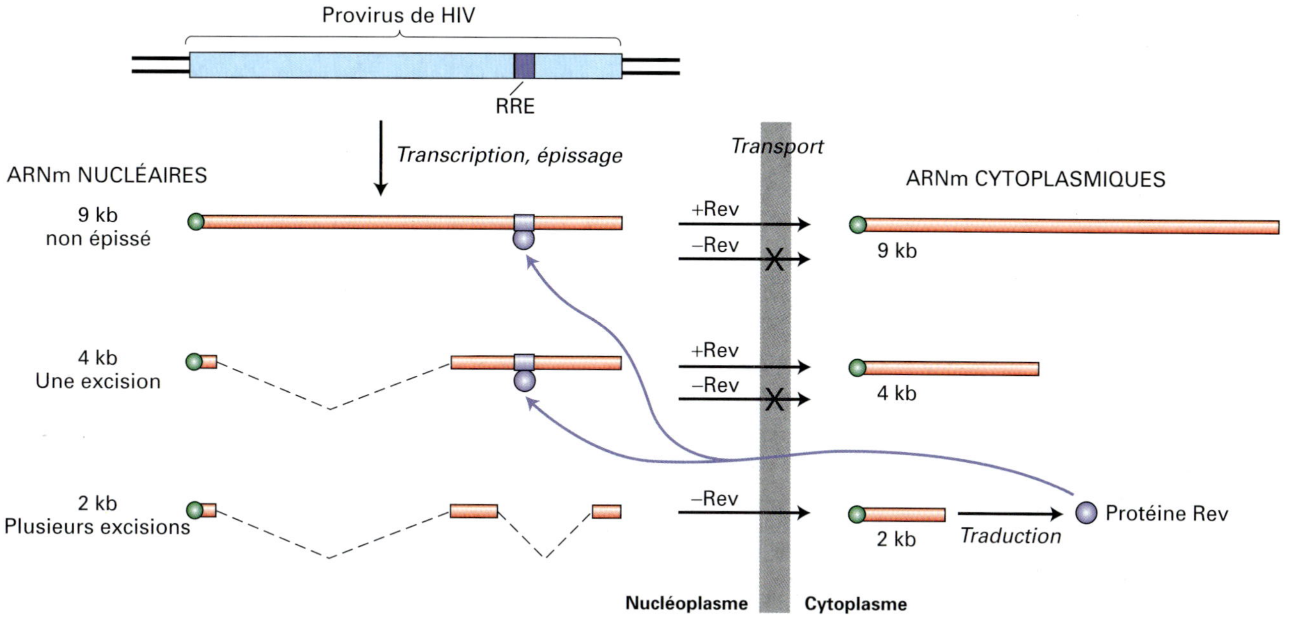

FIGURE 12-26 Le rôle de la protéine Rev dans le transport des ARNm du VIH, du noyau vers le cytoplasme. Le génome du VIH, qui contient plusieurs régions codantes, est transcrit en un transcrit primaire unique de 9 kb. Plusieurs ARNm de 4 kb résultent de l'excision d'un intron parmi plusieurs possibles (lignes en pointillés) et plusieurs ARNm de ≈ 2 kb proviennent de l'excision de deux introns alternatifs ou plus. Après leur transport vers le cytoplasme, les différents types d'ARN sont traduits en des protéines virales distinctes. La protéine Rev, codée par un ARNm de 2 kb, interagit avec un élément de réponse à Rev (RRE) dans les ARNm non épissés ou ceux dont un seul intron a été excisé, ce qui induit leur transport vers le cytoplasme. [Adapté de B. R. Cullen & M. H. Malim, 1991, *Trends Biochem. Sci.* **16** :346.]

FG, qui contiennent de multiples répétitions d'une courte séquence hydrophobe (répétitions FG), tapissent le canal central du transporteur et interviennent dans le transport de toutes les macromolécules à travers les pores nucléaires.

■ Le transport des macromolécules de masse supérieure à ≈ 60 kDa à travers les pores nucléaires nécessite l'assistance des protéines qui interagissent à la fois avec la molécule transportée et avec les répétitions FG des nucléoporines FG.

■ Les protéines importées dans le noyau ou exportées de celui-ci comportent une séquence d'acides aminés spécifique qui sert de signal de localisation nucléaire (SLN) ou de signal d'export nucléaire (SEN). Les protéines localisées exclusivement dans le noyau contiennent un SLN mais pas de SEN, alors que les protéines qui font la navette entre le noyau et le cytoplasme possèdent les deux signaux.

■ Plusieurs types différents de SEN et de SLN ont été identifiés. Chaque type de signal de transport nucléaire semble interagir avec un récepteur protéique spécifique (exportine ou importine), appartenant à une famille de protéines homologues appelées *caryophérines*.

■ Une protéine transférée portant un SEN ou un SLN subit une translocation à travers les pores nucléaires lorsqu'elle est liée à son récepteur protéique approprié (caryophérine), qui interagit également avec les nucléoporines FG. On pense que les importines et les exportines diffusent à travers le canal en se fixant transitoirement à différentes répétitions FG qui servent de « tremplins » à travers le pore. Les deux processus de transport nécessitent également la participation de Ran, une protéine G monomérique qui existe sous différentes conformations, lorsqu'elle est liée à du GTP ou à du GDP.

■ Après l'arrivée d'un complexe transféré à sa destination (le cytoplasme dans le cas de l'export et le noyau dans le cas de l'import), il se dissocie, libérant la protéine qu'il contient et les autres composants. Ces derniers sont ensuite transportés en sens inverse à travers les pores nucléaires, afin de participer au transport de nouvelles molécules de protéines (voir Figures 12-21 et 12-23).

■ Le caractère unidirectionnel de l'export et de l'import des protéines à travers les pores nucléaires résulte de la localisation de la protéine Ran, un facteur d'échange des nucléotides guanine (GEF) dans le noyau et de la protéine Ran stimulant les GTPases (GAP) dans le cytoplasme. L'interaction des complexes transférés importés avec le complexe Ran-GEF dans le nucléoplasme provoque la dissociation du complexe, libérant la cargaison dans le nucléoplasme (voir Figure 12-21). Les complexes transférés exportés se dissocient dans le cytoplasme où ils interagissent avec les Ran-GAP localisées au niveau des filaments cytoplasmiques des CPN (voir Figure 12-23).

■ La plupart des RNPm sont exportées du noyau par un exportateur d'ARNm hétérodimérique qui interagit avec les répétitions FG (voir Figure 12-24). Le sens du transport (noyau → cytoplasme) pourrait résulter de la dissociation du complexe RNPm-exportateur dans le cytoplasme par un mécanisme indépendant de Ran, qui n'a pas encore été caractérisé.

■ L'exportateur d'ARNm se fixe de manière coopérative à la plupart des ARNm, avec des protéines SR liées aux exons, aux complexes de jonction des exons qui s'associent aux ARNm après l'épissage des ARNm et à d'autres protéines de RNPm qui restent à caractériser.

- Les pré-ARNm fixés par un spliceosome ne sont normalement pas exportés du noyau, ce qui garantit que seuls les ARNm fonctionnels dont la maturation est complète, gagnent le cytoplasme pour y être traduits.

12.4 Les mécanismes cytoplasmiques du contrôle post-transcriptionnel

Avant de poursuivre, passons en revue les étapes de l'expression des gènes au niveau desquelles un contrôle peut être exercé. Nous avons vu au chapitre précédent que la régulation de l'amorçage de la transcription est le mécanisme principal du contrôle de l'expression des gènes. Dans les sections précédentes de ce chapitre, nous avons appris que la transcription de certains gènes est régulée par le contrôle du transport vers l'intérieur et vers l'extérieur du noyau, des facteurs de transcription qui les régulent. Nous avons également découvert que l'expression des isoformes protéiques est modulée par la régulation de l'épissage alternatif de l'ARN. Bien que le transport vers le cytoplasme des ARNm dont la maturation est achevée soit rarement régulé, le transport des ARN rétroviraux non épissés est contrôlé de manière spécifique.

Nous allons considérer dans cette section d'autres mécanismes de contrôle post-transcriptionnel qui contribuent à la régulation de l'expression de certains gènes. La plupart de ces mécanismes se déroulent dans le cytoplasme et contrôlent la stabilité ou la localisation de l'ARNm ou sa traduction en protéine. Nous commencerons par présenter deux mécanismes apparentés du contrôle des gènes, découverts récemment.

Les micro-ARN répriment la traduction d'ARNm spécifiques

Les **micro-ARN** (ARNmi) ont été découverts au cours d'analyses de mutations dans les gènes *lin-4* et *let-7* du ver nématode *C. elegans*. Le clonage et l'analyse des gènes *lin-4* et *let-7* de type sauvage a montré que ces gènes ne codent aucun produit protéique, mais codent des ARN longs de 21 et 22 nucléotides respectivement, qui s'hybrident aux régions non traduites en 3' d'ARNm cibles spécifiques. Par exemple, l'ARNmi *lin-4*, exprimé au début de l'embryogenèse, s'hybride aux régions non traduites en 3' des ARNm *lin-14* et *lin-28*, réprimant alors la traduction de ces ARNm par un mécanisme inconnu actuellement. L'expression de l'ARNmi *lin-4* cesse plus tard au cours du développement, permettant la traduction des ARNm *lin-14* et *lin-28* néosynthétisés, à partir de ce moment. L'expression de l'ARNmi *let-7* se produit à des périodes comparables au cours de l'embryogenèse de tous les animaux présentant une symétrie bilatérale. Le rôle des ARNmi *lin-4* et *let-7* dans la coordination du déroulement des événements précoces du développement chez *C. elegans* est traité au Chapitre 22. Nous allons présenter ici les éléments bien compris de la répression de la traduction par les ARNmi.

Cette forme de régulation de la traduction n'est probablement pas limitée aux ARNmi *lin-4* et *let-7* de *C. elegans*. On a trouvé environ 100 ARNmi différents chez *C. elegans* et au moins autant chez l'homme. Tous les ARNmi semblent formés par la maturation d'ARN précurseurs longs de ≈ 70 nucléotides, qui forment des structures en épingle à cheveux avec quelques mésappariements dans la tige de l'épingle. Une ribonucléase appelée *Dicer*, qui clive l'ARN double-brin, est nécessaire pour produire des ARNmi à partir de ces précurseurs. L'appariement entre un ARNmi et la région non traduite en 3' de ses ARNm cibles n'est pas parfaitement complémentaire, de sorte que quelques mésappariements se produisent entre les bases dans la région hybridée. Ces mésappariements distinguent la répression de la traduction impliquant les ARNmi du phénomène apparenté d'interférence d'ARN, que nous allons décrire.

L'interférence d'ARN induit la dégradation des ARNm dont les séquences sont complémentaires de celles d'ARN double-brin

L'**interférence d'ARN** (**ARNi**) a été découverte fortuitement au cours d'essais de manipulation expérimentale de l'expression de gènes spécifiques. Des chercheurs ont tenté d'inhiber l'expression d'un gène chez *C. elegans* en introduisant par une micro-injection, un ARN simple-brin complémentaire qui devait s'hybrider à l'ARNm codé et empêcher sa traduction, une technique appelée *inhibition antisens*. Mais, au cours d'expériences témoins, un ARN double-brin parfaitement apparié long de quelques centaines de bases s'est révélé bien plus efficace pour inhiber l'expression du gène que le brin antisens seul. Une inhibition semblable de l'expression des gènes par l'introduction d'un ARN double-brin fut observée peu de temps après chez les plantes. Dans chaque cas, l'ARN double-brin induisait la dégradation de tous les ARN cellulaires contenant une séquence parfaitement identique à celle d'un brin de l'ARN double-brin. En raison de la spécificité de l'interférence d'ARN pour la destruction d'ARNm, ce phénomène est devenu un outil expérimental précieux pour étudier la fonction des gènes (voir Figure 9-43).

D'autres études biochimiques réalisées sur des extraits d'embryons de drosophile ont montré qu'un long ARN double-brin impliqué dans l'interférence subit d'abord une maturation en *petit ARN interférent* (*ARNsi* pour *short interfering RNA*). Les brins de l'ARNsi contiennent 21-23 nucléotides hybridés l'un à l'autre de telle sorte que les deux bases à l'extrémité 3' de chaque brin sont simple-brin. La découverte de la nécessité de la présence de la ribonucléase Dicer pour la formation des ARNsi laisse penser que l'interférence d'ARN et la répression de la traduction par l'intermédiaire des ARNmi sont des processus apparentés.

Des études récentes indiquent que les ARNsi double-brin et les ARNmi subissent une maturation supplémentaire dans un complexe multiprotéique contenant seulement l'un des brins d'ARN (Figure 12-27). Ce **complexe d'invalidation induit par l'ARN** (**RISC** pour *RNA-induced silencing complexe*) clive ensuite des ARN cibles qui sont *exactement* complémentaires des ARNsi simple-brin qui leur correspondent. Ces complexes semblent également intervenir lors de l'inhibition de la traduction par les ARNmi. L'ARNmi humain *let-7* par exemple, est présent dans un complexe d'invalidation induit par l'ARN, qui peut cliver un ARN cible synthétique exactement complémentaire de l'ARNmi *let-7*. Pourtant, le même complexe ne clive pas un ARN dont la séquence diffère de quelques bases de celle de *let-7*. Cette découverte a abouti à l'hypothèse de deux fonctions distinctes exercées par les

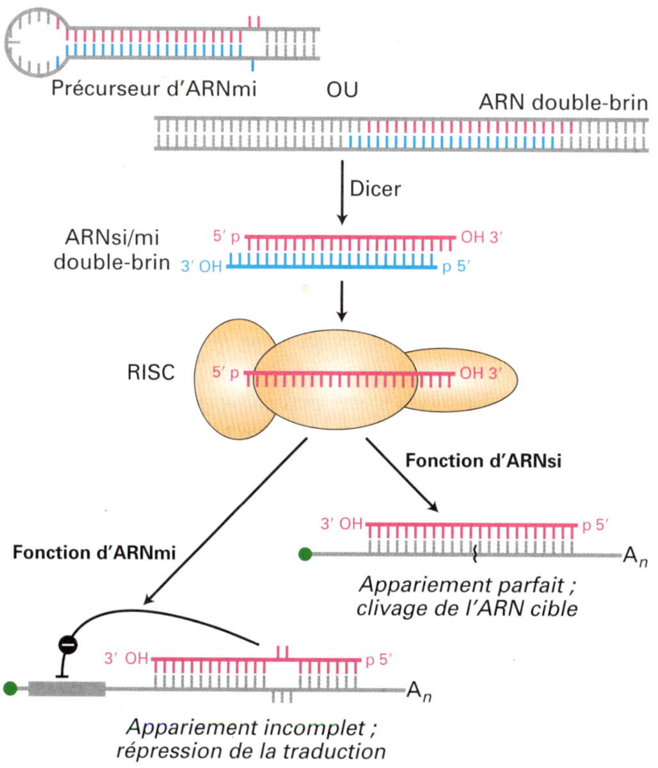

FIGURE 12-27 Un modèle de la répression de la traduction par les ARNmi et de l'interférence d'ARN impliquant le complexe d'invalidation induit par l'ARN (RISC). La maturation des deux précurseurs d'ARNm en ARNmi et celle des longs ARN double-brin en petits RNA interférents (ARNsi) nécessite la présence de la ribonucléase Dicer. Dans les deux cas, le clivage par Dicer produit un intermédiaire double-brin d'ARN contenant 21 à 23 nucléotides par brin avec des extrémités simple-brin de 2 nucléotides en 3'. Un brin de cet intermédiaire s'assemble avec de multiples protéines pour former un complexe d'invalidation induit par l'ARN (RISC). Dans la fonction d'ARNsi, l'ARNm cible s'hybride parfaitement avec l'ARN de RISC, conduisant au clivage de la cible. Dans la fonction d'ARNmi, l'ARN de RISC forme un hybride avec l'ARNm cible qui contient quelques mésappariements. Dans ce cas, la traduction de l'ARNm cible est bloquée. C'est le cas des ARNmi *lin-4* et *lin-7* chez *C. elegans*. [Adapté de G. Hutvagner & P. D. Zamore, 2002, *Science* **297** :2056 ; voir aussi V. Ambrose, 2001, *Cell* **107** :823.]

complexes RISC : (1) une fonction d'ARNsi (c'est-à-dire l'interférence d'ARN) conduisant au clivage d'ARNm parfaitement complémentaires et (2) une fonction d'ARNmi aboutissant à la répression de la traduction des ARNm avec quelques mésappariements (voir Figure 12-27).

MÉDECINE Des mutations dans le gène du X fragile (*FMR1*) qui code une protéine contenant un motif KH de liaison à l'ARN, sont associées à la forme la plus courante de retard mental héréditaire. Des résultats récents indiquent que la protéine FMR1 est une sous-unité des complexes RISC humains. Par conséquent, le retard mental associé aux mutations dans *FMR1* pourrait résulter d'une déficience de la répression de la traduction des ARNm cibles spécifiques au cours du développement du système nerveux central. ▌

On pense que l'interférence d'ARN est une défense ancienne des cellules contre certains virus et éléments génétiques mobiles tant chez les plantes que chez les animaux. Les plantes présentant des mutations dans les gènes codant la protéine Dicer ou les protéines de RISC affichent une sensibilité accrue vis-à-vis des infections par les virus à ARN et une augmentation du déplacement des **transposons** dans leurs génomes. Les intermédiaires d'ARN double-brin produits au cours de la réplication des virus à ARN semblent être reconnus par la ribonucléase Dicer, ce qui induit une réponse d'ARNi qui aboutit à la dégradation des ARNm viraux. Au cours de la transposition, les transposons sont insérés dans des gènes cellulaires au hasard dans un sens ou dans l'autre. Leur transcription à partir de différents promoteurs produit des ARNm complémentaires, capables de s'hybrider les uns avec les autres, induisant alors le système d'interférence d'ARN qui interfère ensuite avec l'expression des protéines des transposons nécessaires à d'autres transpositions.

Chez les végétaux et chez *C. elegans*, la réponse d'interférence d'ARN peut être induite dans toutes les cellules de l'organisme, grâce à l'introduction d'ARN double-brin dans quelques cellules seulement. Une telle induction dans l'organisme entier nécessite une protéine produite par les végétaux et *C. elegans*, homologue des ARN réplicases des virus à ARN. Cette découverte suggère que les ARNsi double-brin sont répliqués puis transférés vers les autres cellules de ces organismes. Chez les végétaux, le transfert des ARNsi pourrait avoir lieu à travers les **plasmodesmes**, qui sont les connexions cytoplasmiques entre les cellules végétales traversant les parois cellulaires établies entre ces cellules (voir Figure 6-34). L'induction dans l'organisme entier de l'interférence d'ARN ne se produit pas chez la drosophile ni chez les mammifères, sans doute parce que leurs génomes ne codent pas d'homologues des ARN réplicases. Chez les plantes, l'ARN double-brin induit également la méthylation de l'ADN des gènes ayant la même séquence, grâce à un mécanisme encore inconnu. Cette méthylation des gènes en réponse à l'interférence d'ARN inhibe la transcription du gène, probablement grâce à la liaison de désacétylases d'histones. Ce type de méthylation des gènes induit par l'ARNi n'existe pas chez les animaux.

La polyadénylation cytoplasmique permet la traduction de certains ARNm

En plus de la répression de la traduction par des micro-ARN, le contrôle de la traduction *par l'intermédiaire des protéines* intervient dans la régulation de l'expression de certains gènes. Des séquences régulatrices ou éléments régulateurs présents dans les ARNm qui interagissent avec des protéines spécifiques pour contrôler la traduction, sont généralement présents dans la région non traduite (UTR) à l'extrémité 3' ou 5' d'un ARNm. Nous allons nous intéresser ici à un type de contrôle de la traduction par l'intermédiaire des protéines, impliquant des éléments régulateurs en 3'. Un autre mécanisme impliquant les protéines de liaison à l'ARN qui interagissent avec des éléments régulateurs en 5' sera décrit plus loin.

Des protéines séquence-spécifiques impliquées dans le contrôle de la traduction peuvent se fixer coopérativement à des sites voisins dans les UTR 3' et fonctionner en combinaisons, d'une manière similaire à la fixation coopérative des facteurs transcriptionnels

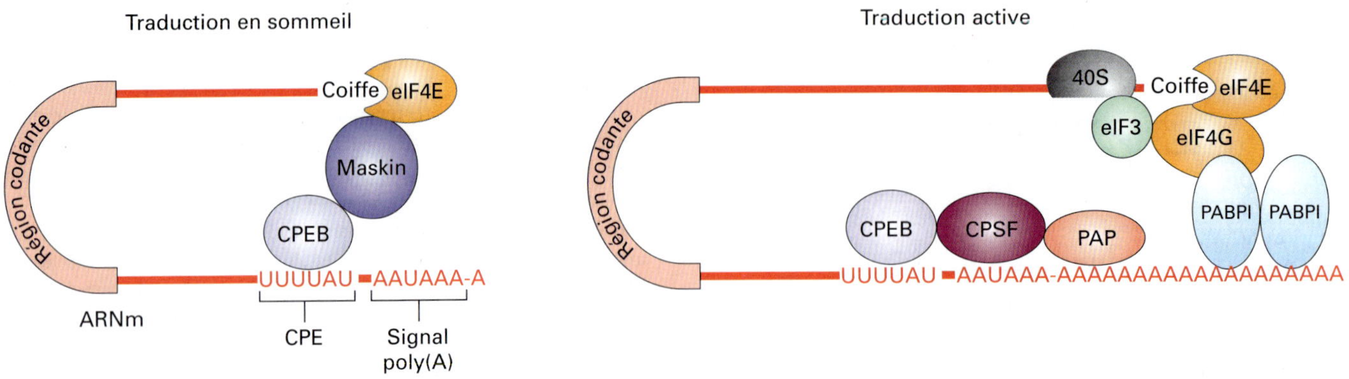

FIGURE 12-28 Un modèle du contrôle de la polyadénylation cytoplasmique et de l'amorçage de la traduction. *À gauche* : Dans les ovocytes immatures, les ARNm contenant un élément cytoplasmique de polyadénylation (CPE) riche en U possèdent de courtes queues de poly(A). La protéine de liaison au CPE (CPEB) sert d'intermédiaire à la répression de la traduction grâce aux interactions décrites, qui empêchent l'assemblage d'un complexe d'amorçage au niveau de l'extrémité 5' de l'ARNm. *À droite* : La stimulation des ovocytes par une hormone active une protéine kinase qui phosphoryle CPEB, ce qui entraîne la libération de Maskin. Le facteur de spécificité pour le clivage et la polyadénylation (CPSF) se fixe ensuite au site poly(A), interagissant à la fois avec la CPEB liée et la forme cytoplasmique de la poly(A) polymérase (PAP). Après l'allongement de la queue de poly(A), de multiples copies de la protéine I cytoplasmique de liaison au poly(A) (PABPI) peuvent s'y fixer et interagir avec eIF4G, qui interagit avec d'autres facteurs d'amorçage pour fixer la sous-unité ribosomiale 40S et débuter la traduction. [Adapté de R. Mendez & J. D. Richter, 2001, *Nature Rev. Mol. Cell Biol.* **2** :521.]

aux sites régulateurs dans une région amplificatrice (enhancer) d'un gène. Dans la plupart des cas étudiés, la traduction est réprimée par la liaison de la protéine aux éléments régulateurs en 3'. Le mécanisme de cette répression est bien compris dans le cas des ARNm qui doivent subir une *polyadénylation cytoplasmique* avant d'être traduits.

La polyadénylation cytoplasmique est un aspect critique de l'expression des gènes dans les embryons à un stade précoce de développement. Les ovocytes des organismes pluricellulaires contiennent de nombreux ARNm, codant de multiples protéines différentes qui ne seront pas traduites avant la fécondation de l'ovocyte par un spermatozoïde. Certains de ces ARNm « en réserve » possèdent une courte queue de poly(A), constituée de ≈ 20-40 résidus A, à laquelle quelques molécules seulement de protéine cytoplasmique de liaison au poly(A) (PABPI) peuvent se fixer. Comme nous l'avons vu au Chapitre 4, un grand nombre de molécules de PABPI liées à la longue queue de poly(A) d'un ARNm interagissent avec le facteur d'amorçage eIFG4, stabilisant alors l'interaction de la coiffe en 5' de l'ARNm avec eIF4E, qui est nécessaire à l'amorçage de la traduction (voir Figure 4-31). Cette stabilisation ne pouvant se produire dans le cas des ARNm qui possèdent de courtes queues de poly(A), ces ARNm stockés dans les ovocytes ne sont pas traduits efficacement. Au moment opportun de la maturation de l'ovocyte ou après la fécondation de celui-ci, généralement en réponse à un signal externe, environ 150 résidus A sont ajoutés aux courtes queues de poly(A) de ces ARNm dans le cytoplasme, ce qui déclenche leur traduction.

Des études récentes d'ARNm stockés dans des ovocytes de xénope ont aidé à mieux comprendre le mécanisme de ce type de contrôle de la traduction. Des expériences au cours desquelles des ARNm à queue courte sont injectés dans des ovocytes ont montré que deux séquences dans leur UTR 3' sont nécessaires à la polyadénylation de ces ARNm dans le cytoplasme : le signal poly(A) AAUAAA qui est également nécessaire à la polyadénylation nucléaire des pré-ARNm et une ou plusieurs copies d'un *élément cytoplasmique de polyadénylation* (*CPE*) riche en U en amont. Cet élément régulateur est lié par une *protéine de liaison aux CPE* (*CPEB*) hautement conservée, qui possède un domaine RRM et un domaine en doigt à zinc.

D'après le modèle actuel, en l'absence de signal de stimulation, CPEB liée au CPE riche en U interagit avec la protéine Maskin, qui se fixe à son tour à eIF4E associée à la coiffe en 5' de l'ARNm (Figure 12-28, *à gauche*). De ce fait, eIF4E ne peut interagir avec d'autres facteurs d'amorçage ni avec la sous-unité 40S du ribosome. L'amorçage de la traduction est alors bloqué. La phosphorylation de CPEB induite par le signal au niveau d'une sérine spécifique provoque le déplacement de Maskin, ce qui permet aux formes cytoplasmiques du facteur de spécificité pour le clivage et la polyadénylation (CPSF) et à la poly(A) polymérase de se fixer à l'ARNm. Lorsque la poly(A) polymérase catalyse l'addition des résidus A, PABPI peut se fixer à la queue de poly(A) rallongée, ce qui stabilise l'interaction de tous les participants nécessaires au début de la traduction (voir Figure 12-28, *à droite* ; voir aussi Figure 4-25). Dans le cas de la maturation des ovocytes de xénope, la protéine kinase qui phosphoryle CPEB est activée en réponse à une hormone, la progestérone. De ce fait, le déroulement de la traduction des ARNm stockés codant les protéines nécessaires à la maturation de l'ovocyte est régulé par ce signal externe.

Des preuves importantes indiquent qu'un mécanisme similaire de contrôle de la traduction intervient dans l'apprentissage et la mémorisation. Dans le système nerveux central, les axones d'un millier environ de neurones peuvent former des connexions (synapses) avec les dendrites d'un même neurone post-synaptique (voir Figure 7-48). Lorsque l'un de ces axones est stimulé, le neurone post-synaptique « se rappelle » quelle synapse a été stimulée. Lors de la stimulation suivante de cette synapse, la force de la réponse déclenchée dans la cellule post-synaptique diffère de la première réponse. On a montré que ce changement dans la réponse résultait en grande partie de l'activation de la traduction d'ARNm stockés dans la région de la synapse, ce qui conduit localement à la synthèse de nouvelles protéines qui augmentent la taille de la synapse et modifient ses caractéristiques physiologiques. La découverte de la présence de CPEB dans les dendrites neuronaux laisse penser que la polyadénylation cytoplasmique pourrait stimuler la traduction d'ARNm spécifiques dans les dendrites, d'une façon très proche de ce qui se passe dans les ovocytes. Dans ce cas sans doute, l'activité synaptique (plutôt qu'une hormone) serait le signal qui induirait la phosphorylation de CPEB et l'activation résultante de la traduction.

Les ARNm sont dégradés dans le cytoplasme par plusieurs mécanismes

La concentration d'un ARNm dépend à la fois de sa vitesse de synthèse et de sa vitesse de dégradation. Pour cette raison, si deux gènes sont transcrits à la même vitesse, la concentration à l'équilibre de l'ARNm correspondant le plus stable, sera plus élevée que la concentration de l'autre ARNm. La stabilité d'un ARNm détermine également la vitesse à laquelle la synthèse de la protéine codée peut être interrompue. Dans le cas d'un ARNm stable, la synthèse de la protéine codée persiste longtemps après la répression de la transcription du gène. La plupart des ARNm bactériens sont instables ; leur dégradation est exponentielle avec une demi-vie moyenne de quelques minutes. Grâce à cela, une cellule bactérienne est capable d'ajuster rapidement la synthèse des protéines en réponse aux changements de son environnement. Dans les organismes pluricellulaires au contraire, l'environnement de la plupart des cellules est assez constant et elles exécutent un ensemble de fonctions pendant des périodes de quelques jours à quelques mois voire même pendant toute la durée de la vie de l'organisme (c'est le cas des cellules nerveuses par exemple). Pour cette raison, la plupart des ARNm des eucaryotes supérieurs ont des demi-vies d'une durée de nombreuses heures.

Toutefois, certaines protéines de cellules eucaryotes sont nécessaires uniquement pendant de courtes périodes et doivent être exprimées par à-coups. Par exemple, des molécules de signalisation appelées **cytokines**, qui sont impliquées dans la réponse immunitaire de certains mammifères, sont synthétisées et sécrétées par à-coups brefs. De même, un grand nombre de facteurs de la transcription qui régulent le début de la phase S du cycle cellulaire, tels que c-Fos et c-Jun, sont synthétisés seulement pendant de brèves périodes (Chapitre 21). L'expression de ces protéines a lieu par à-coups brefs car la transcription de leurs gènes peut rapidement être activée ou inactivée et leurs ARNm ont des demi-vies inhabituellement courtes, de l'ordre de 30 minutes ou moins.

Les ARNm cytoplasmiques sont dégradés par l'une des voies décrites dans la Figure 12-29. Dans le cas de la plupart des ARNm, la longueur de la queue de poly(A) décroît progressivement dans le temps, en raison de l'action d'une nucléase responsable de désadénylation. Lorsque leur queue est suffisamment raccourcie, les molécules de PABPI ne peuvent plus se fixer ni stabiliser l'interaction de la coiffe en 5' et des facteurs d'amorçage (voir Figure 4-31). La coiffe exposée est ensuite retirée par une enzyme qui enlève la coiffe et l'ARNm non protégé est dégradé par une exonucléase 5' → 3'. Le retrait de la queue de poly(A) rend également les ARNm sensibles à la dégradation par les exosomes cytoplasmiques contenant des exonucléases 3' → 5'. Les exonucléases 5' → 3' sont prédominantes chez la levure et l'exosome 3' → 5' semble prédominer dans les cellules de mammifères.

La vitesse à laquelle sont désadénylés les ARNm dégradés dans ces voies dépendantes de la désadénylation contrôle leur vitesse de dégradation. La vitesse de désadénylation est inversement proportionnelle à la fréquence d'amorçage de la traduction d'un ARNm : plus la fréquence d'amorçage est élevée, plus la vitesse de désadénylation est faible. Cette relation est probablement due aux interactions réciproques entre les facteurs d'amorçage et PABPI qui stabilise la liaison de PABPI à la queue de poly(A), ce qui protège celle-ci de l'exonucléase responsable de désadénylation.

Un grand nombre d'ARNm de cellules de mammifères avec des demi-vies courtes contiennent de multiples copies de la séquence AUUUA, parfois chevauchantes, dans leur région non traduite en 3'. On a découvert que des protéines spécifiques de liaison à l'ARN se fixaient à ces séquences en 3' riches en AU. Des expériences récentes suggèrent que les protéines liées pourraient interagir avec

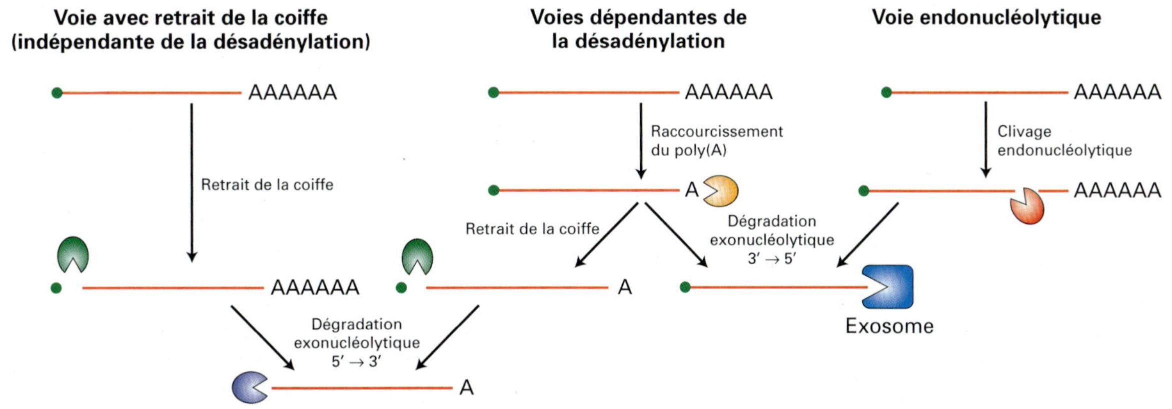

FIGURE 12-29 Les voies de dégradation des ARNm eucaryotes. Dans les voies dépendantes de la désadénylation (*au milieu*), la queue de poly(A) est progressivement raccourcie par une désadénylase (en orange) jusqu'à ce qu'elle atteigne une longueur de 20 résidus A ou moins, pour laquelle l'interaction avec PABPI est déstabilisée. Ceci affaiblit les interactions entre la coiffe en 5' et les facteurs d'amorçage de la traduction. L'ARNm désadénylé peut alors soit (1) subir un retrait de sa coiffe et être dégradé par une exonucléase 5' → 3' soit (2) être dégradé par une exonucléase 3' → 5' dans les exosomes cytoplasmiques. Certains ARNm (*à droite*) sont clivés dans leur partie centrale par une endonucléase et les fragments résultants sont dégradés par un exosome. D'autres ARNm (*à gauche*) subissent un retrait de leur coiffe avant d'être désadénylés puis dégradés par une exonucléase 5' → 3'. [Adapté de M. Tucker & R. Parker, 2000, *Ann. Rev. Biochem.* **69** :571.]

une enzyme responsable de désadénylation et avec l'exosome, induisant la désadénylation rapide et donc la dégradation 3' → 5' de ces ARNm. Dans ce mécanisme, la vitesse de dégradation de l'ARNm n'est pas liée à la fréquence de traduction. De ce fait, les ARNm contenant la séquence AUUUA peuvent être traduits à une fréquence élevée et dégradés aussi rapidement, ce qui permet aux protéines codées d'être exprimées par à-coups.

Comme le montre la Figure 12-29, certains ARNm sont dégradés dans des voies qui n'impliquent pas de désadénylation importante. Dans l'une d'entre elles, la coiffe des ARNm est retirée avant que la queue de poly(A) soit fortement raccourcie. Il semble que certaines séquences d'ARNm rendent la coiffe sensible à une enzyme qui la retire, mais on ne connaît pas précisément le mécanisme responsable. Dans l'autre voie possible, les ARNm sont d'abord clivés dans leur partie centrale par des endonucléases. Le complexe d'invalidation induit par l'ARN (RISC) traité plus haut, est un exemple de ce type d'endonucléase (voir Figure 12-27). Les fragments créés par ce clivage interne sont ensuite dégradés par des exonucléases.

Une protéine de liaison à l'ARN sensible au fer régule la traduction et la dégradation de l'ARNm

La *protéine de liaison aux éléments de réponse au fer* (*IRE-BP*) qui contrôle les concentrations intracellulaires de fer est un bon exemple de protéine régulant la traduction d'un ARNm et la dégradation d'un autre. Lorsque les réserves intracellulaires de fer sont faibles, ce double système de contrôle provoque l'augmentation de la concentration des ions libres du fer disponibles alors pour les enzymes qui en ont besoin. Lorsque le fer est en excès, ce système intervient pour empêcher l'accumulation de concentrations toxiques de ces ions libres. C'est l'un des exemples les plus simples et les mieux compris de contrôle de la traduction impliquant une protéine.

L'un des composants de ce système est la régulation de la production de *ferritine*, une protéine intracellulaire qui fixe le fer. La région non traduite en 5' de l'ARNm de la ferritine contient des *éléments de réponse au fer* (*IRE*) qui présentent une structure en épingle à cheveux (tige-boucle). IRE-BP reconnaît cinq bases spécifiques dans la boucle de l'IRE et la structure double-brin de la tige. Aux faibles concentrations du fer, IRE-BP est dans une conformation active qui se fixe aux IRE (Figure 12-30a). La protéine IRE-BP liée empêche la sous-unité ribosomiale 40S de parcourir l'ARNm à la recherche du codon AUG de début de la traduction (voir Figure 4-25), ce qui inhibe l'amorçage de la traduction. La chute résultante de la concentration de ferritine signifie qu'un nombre inférieur d'ions fer sont complexés avec la ferritine et que davantage d'ions sont alors disponibles pour les enzymes qui en ont besoin. Aux concentrations élevées du fer, IRE-BP est dans une conformation inactive qui ne se fixe pas aux IRE en 5', ce qui permet à la traduction de débuter. La ferritine néosynthétisée fixe ensuite des ions libres du fer, ce qui empêche leur accumulation jusqu'à des concentrations dangereuses pour l'organisme.

L'autre partie de ce système de régulation contrôle l'import du fer dans les cellules. Chez les vertébrés, le fer ingéré circule sous une forme liée à une protéine appelée *transferrine*. Après sa liaison au récepteur de la transferrine (TfR pour *transferrin receptor*) dans la membrane plasmique, le complexe transferrine-fer est conduit dans les cellules par une endocytose dépendant de récepteurs

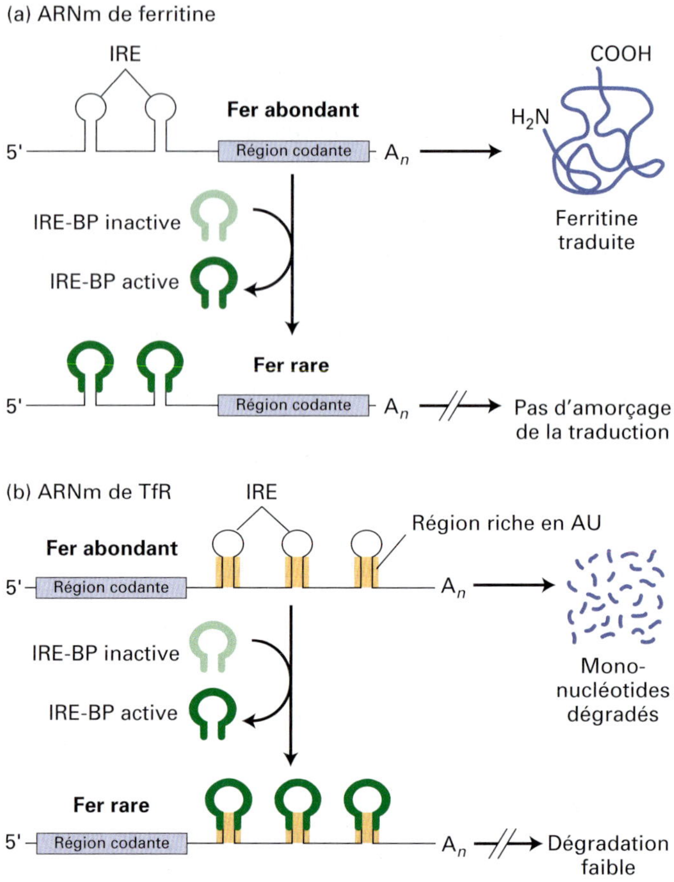

FIGURE 12-30 La régulation dépendante du fer de la traduction et de la dégradation des ARNm. La protéine de liaison aux éléments de réponse au fer (IRE-BP) contrôle la traduction de l'ARNm de ferritine (a) et la dégradation de l'ARNm du récepteur de la transferrine (TfR) (b). Aux faibles concentrations intracellulaires du fer, IRE-BP se fixe aux éléments de réponse au fer (IRE) dans la région 5' ou 3' non traduite de ces ARNm. Aux fortes concentrations du fer, IRE-BP subit un changement conformationnel et ne peut plus fixer aucun des deux ARNm. Le contrôle double exercé par IRE-BP régule précisément la concentration des ions libres du fer dans les cellules. Voir le texte pour la discussion.

(Chapitre 17). La région non traduite en 3' de l'ARNm de TfR contient des IRE dont les tiges comportent des séquences déstabilisantes riches en AU (Figure 12-30b). Aux concentrations élevées du fer, lorsque IRE-BP se trouve dans une conformation inactive qui ne peut se lier aux éléments de réponse, ces séquences riches en AU semblent induire la dégradation de l'ARNm de TfR par le même mécanisme que celui qui est à l'origine de la dégradation rapide des ARNm à demi-vie brève, que nous avons décrit plus haut. La diminution résultante de la production du récepteur de transferrine abaisse rapidement l'import de fer, protégeant ainsi la cellule. Aux faibles concentrations du fer néanmoins, IRE-BP peut se fixer aux IRE en 3' dans l'ARNm de TfR. On pense que la protéine IRE-BP liée bloque la reconnaissance des séquences déstabilisantes riches en AU par les protéines, qui sans cela dégraderaient rapidement les ARNm. De ce fait, la production de récepteurs de la transferrine augmente, et une quantité supérieure de fer pénètre dans la cellule.

D'autres protéines régulées qui se fixent à l'ARN peuvent également intervenir dans le contrôle de la traduction et de la dégradation des ARNm, d'une manière très voisine du système double d'IRE-BP. Par exemple, une protéine de liaison à l'ARN, sensible aux hèmes, contrôle la traduction de l'ARNm codant l'aminolevulinate (ALA) synthétase, une enzyme essentielle à la synthèse de l'hème. Des études *in vitro* ont montré que l'ARNm codant la caséine, une protéine du lait, est stabilisé par la prolactine (une hormone) et est dégradé rapidement en son absence.

La dégradation par l'intermédiaire des non-sens et d'autres mécanismes de surveillance des ARNm empêchent la traduction des ARNm dont la maturation est incorrecte

La traduction d'un ARNm ayant subi une maturation incorrecte pourrait conduire à la production d'une protéine anormale susceptible de gêner le fonctionnement de la protéine normale codée par l'ARNm. (Cet effet est l'équivalent de celui des mutations dominantes négatives traité au Chapitre 9, bien que la cause en soit différente.) Plusieurs mécanismes désignés par l'appellation collective de **surveillance des ARNm** aident les cellules à éviter la traduction de molécules d'ARNm dont la maturation est incorrecte. Nous avons évoqué précédemment deux de ces systèmes de surveillance : la reconnaissance des pré-ARNm dont l'épissage est incorrect dans le noyau et leur dégradation par l'exosome, ainsi que le maintien dans le noyau des pré-ARNm à épissage incomplet qui restent associés au spliceosome.

Un autre mécanisme appelé *dégradation par l'intermédiaire des non-sens* (*nonsense mediated decay*) provoque la dégradation des ARNm dans lesquels un exon ou plus ont été sautés au cours de l'épissage. À l'exception des pré-ARNm qui subissent normalement un épissage alternatif, ces sauts d'exons modifient souvent le cadre de lecture ouvert de l'ARNm en 3' de la jonction incorrecte des exons, ce qui introduit un codon stop inapproprié. Dans le cas de presque tous les ARNm dont l'épissage est correct, le codon stop se trouve dans le dernier exon. La dégradation par l'intermédiaire des non-sens aboutit à la dégradation rapide des ARNm comportant des codons stop situés avant la dernière jonction d'épissage dans l'ARNm.

Une recherche de signaux moléculaires susceptibles d'indiquer les positions des jonctions d'épissage, dans un ARNm devant subir une maturation a conduit à la découverte des complexes de jonction des exons. Comme nous l'avons dit plus haut, ces complexes stimulent l'export des RNPm hors du noyau. Une analyse de mutants de levure suggère la participation de certaines des protéines dans les complexes de jonction des exons, à la dégradation par l'intermédiaire des non-sens. Une hypothèse basée sur ces découvertes et d'autres non citées ici, est l'interaction des complexes de jonction des exons avec une désadénylase qui dégrade rapidement la queue de poly(A) d'un ARNm associé, conduisant en peu de temps au retrait de sa coiffe et à sa dégradation par une exonucléase 5' → 3' (voir Figure 12-29). Dans le cas des ARNm dont l'épissage est correct, les complexes de jonction des exons semblent être délogés de l'ARNm par le passage du premier ribosome qui traduit l'ARNm, ce qui protège alors l'ARNm de la dégradation. Dans le cas des ARNm avec un codon stop juste avant la dernière jonction d'exons, un ou plusieurs complexes de jonction des exons restent associés à l'ARNm, ce qui aboutit à la dégradation par l'intermédiaire des non-sens.

La dégradation par l'intermédiaire des non-sens a lieu dans le cytoplasme des cellules de levure. Il existe un phénomène remarquable dans les cellules de mammifères : on a remarqué que le premier ribosome traduit l'ARNm alors que son extrémité 5' est associée au complexe de liaison à la coiffe et que sa queue de poly(A) est associée à la protéine nucléaire PABPII. Cette découverte et d'autres résultats évoquent la possibilité que, dans les cellules des organismes supérieurs, le premier cycle de traduction pourrait se dérouler dans le noyau et faire partie du mécanisme de dégradation par l'intermédiaire des non-sens de la surveillance des ARNm.

La localisation des ARNm permet la synthèse de certaines protéines au niveau de régions spécifiques du cytoplasme

De nombreux processus cellulaires dépendent de la localisation de protéines particulières au niveau de structures ou régions spécifiques de la cellule. Nous étudierons dans des chapitres ultérieurs le transport de certaines protéines *après* leur synthèse, vers leur emplacement cellulaire correct. La localisation des protéines peut également résulter de la localisation des ARNm dans des régions spécifiques du cytoplasme de la cellule dans lesquelles les protéines qui leur correspondent remplissent leurs fonctions. Dans la plupart des cas examinés jusqu'ici, cette localisation des ARNm est spécifiée par des séquences présentes dans la région non traduite en 3' de l'ARNm.

Un exemple assez bien compris de localisation des ARNm concerne les myoblastes (précurseurs des cellules musculaires) des mammifères lorsqu'ils se différencient en myotubes, qui sont les cellules multinucléées fusionnées qui constituent les fibres musculaires. Les myoblastes sont des cellules douées de motilité (c'est-à-dire capables de se déplacer par elles-mêmes) à partir desquelles s'étendent des régions cytoplasmiques appelées *lamellipodes*, depuis la partie de la cellule du côté du sens du déplacement. Une extension des lamellipodes au cours du déplacement cellulaire nécessite la polymérisation d'actine β (Chapitre 19). Comme prévu, l'ARNm de l'actine β est concentré dans les parties des myoblastes du côté du sens du déplacement, c'est-à-dire dans les régions cytoplasmiques de la cellule dans lesquelles la protéine est nécessaire à la motilité. Lorsque les myoblastes fusionnent en myotubes syncytiaux, l'expression de l'actine β est réprimée et l'actine α spécifique du muscle est induite. Au contraire de l'ARNm de l'actine β, l'ARNm de l'actine α est limité aux régions périnucléaires des myotubes. Lorsque des myoblastes en culture en cours de différenciation sont marqués par des sondes fluorescentes spécifiques de l'ARNm de l'actine α ou β, les deux types d'ARNm sont localisés dans leurs régions cellulaires respectives.

Pour tester la capacité de séquences d'ARNm d'actine d'induire la localisation cytoplasmique d'un ARNm, des fragments d'ADNc d'actine α et β sont insérés dans des vecteurs plasmidiques séparés, dont l'expression de la β-galactosidase est commandée par un promoteur viral fort. Les plasmides résultants sont ensuite transfectés dans des cellules en culture, dont on teste l'activité β-galactosidase. Ces expériences montrent que l'inclusion de l'extrémité 3' non traduite des ADNc de l'actine α ou β induit la localisation de la β-galactosidase exprimée, au contraire de l'inclusion de la région codante ou de la région 5' non traduite (Figure 12-31).

Le traitement de myoblastes en culture par la cytochalasine D, qui dissocie les microfilaments d'actine, provoque une délocalisation rapide des ARNm de l'actine, ce qui indique que les microfilaments

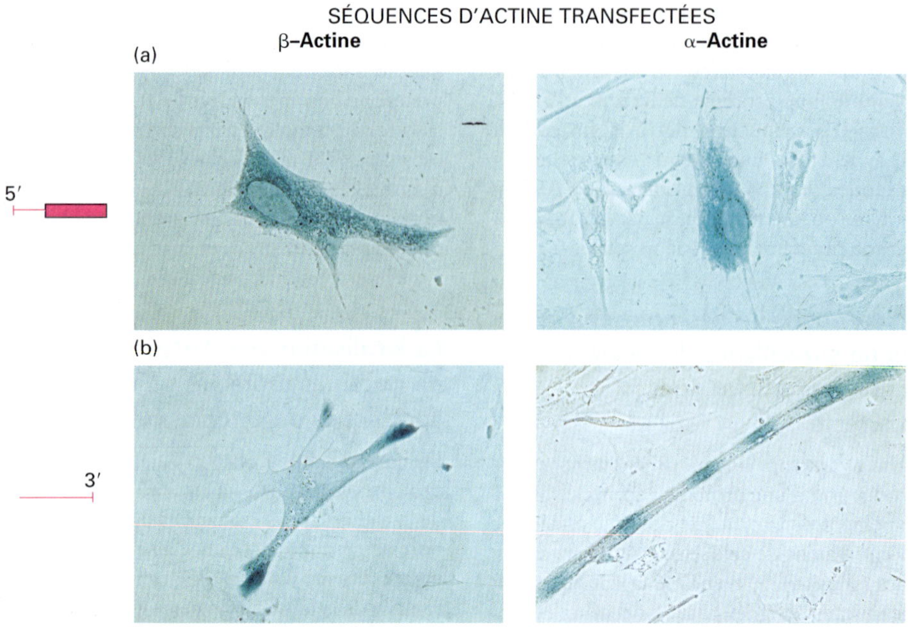

FIGURE EXPÉRIMENTALE 12-31 L'insertion de différentes parties des gènes d'actine dans la région non traduite en 3′ d'un vecteur d'expression montre que les UTR 3′ des ARNm des actines α et ß sont responsables de la localisation de l'ARNm rapporteur. Des vecteurs plasmidiques d'expression construits de telle sorte qu'ils codent les ARNm de la ß-galactosidase contenant comme séquence non traduite en 3′, soit la séquence 5′ non traduite et la région codante de l'ARNm de l'actine α ou de l'actine ß (*photographies du haut*), soit la séquence 3′ non traduite de ces ARNm (*photographies du bas*), comme l'indiquent les schémas de gauche. Les plasmides recombinants ont été transfectés séparément dans des myoblastes en cours de différenciation. Après une période d'expression, les cellules ont été fixées puis on a mesuré leur activité ß-galactosidase en les incubant avec X-gal, un substrat dont l'hydrolyse par la ß-galactosidase forme un produit bleu. (b) Les cellules transfectées qui exprimaient les ARNm de ß-galactosidase modifiés par génie génétique dont la région 3′ non traduite correspondait à la séquence non traduite en 5′ et à la région codante de l'ARNm de l'actine α ou ß. Ces séquences d'actine ne déterminaient pas la localisation précise de l'ARNm de la ß-galactosidase, comme le montre le marquage bleu diffus. (b) Les cellules transfectées qui exprimaient les ARNm de ß-galactosidase modifiés par génie génétique dont la région 3′ non traduite correspondait à la séquence 3′ non traduite de l'ARNm de l'actine α ou ß. Ces séquences ont conduit à la localisation de l'ARNm de la ß-galactosidase dans les lamellipodes des myoblastes (actine ß) ou dans les régions périnucléaires des myotubes (actine α), comme le montre le marquage dense de ces régions. [Micrographies de E. H. Kislaukis *et al.*, 1993, *J. Cell Biol.* **123** :165.]

d'actine du cytosquelette participent au processus de localisation. L'altération d'autres composants du cytosquelette cependant, ne modifie pas la localisation des ARNm de l'actine. D'autres types de preuves impliquent également le cytosquelette d'actine dans la localisation des ARNm. Il est probable que certaines protéines de liaison à l'ARN interagissent avec des séquences spécifiques dans les régions non traduites en 3' d'un ARNm et avec des composants spécifiques de microfilaments, y compris des protéines motrices qui déplacent les cargaisons le long des microfilaments. L'exemple le mieux compris de ce mécanisme de localisation des ARNm se produit au cours de la division cellulaire chez *S. cerevisiae*, comme nous le décrirons au Chapitre 22.

CONCEPTS CLÉS DE LA SECTION 12.4

Les mécanismes cytoplasmiques du contrôle post-transcriptionnel

- La traduction peut être réprimée par des micro-ARN (ARNmi) qui forment des hybrides imparfaits avec des séquences situées dans la région non traduite en 3' (UTR) des ARNm cibles spécifiques.
- Le phénomène apparenté d'interférence d'ARN, qui est probablement un système ancestral de défense contre les virus et les transposons, provoque la dégradation des ARNm qui forment des hybrides parfaits avec de petits ARN interférents (ARNsi).
- Les ARNmi et les ARNsi contiennent tous deux 21-23 nucléotides, sont produits à partir de longues molécules précurseurs et sont assemblés dans un complexe d'invalidation induit par l'ARN (RISC) qui réprime la traduction des ARNm cibles ou les clive (voir Figure 12-27).
- Une polyadénylation cytoplasmique est nécessaire à la traduction des ARNm possédant une courte queue de poly(A). La liaison d'une protéine spécifique aux éléments régulateurs dans leur UTR 3' réprime la traduction de ces ARNm. La phosphorylation de cette protéine de liaison à l'ARN, induite par un signal externe, provoque l'allongement de la queue de poly(A) en 3' et la traduction (voir Figure 12-28).
- La plupart des ARNm sont dégradés à la suite du raccourcissement progressif de leur queue de poly(A) (désadénylation) suivi d'une digestion 3' → 5' impliquant les exosomes ou du retrait de la coiffe en 5' et de la digestion par une exonucléase 5' → 3' (voir Figure 12-29).
- Les ARNm eucaryotes codant des protéines exprimées par à-coups possèdent en général des copies répétées d'une séquence riche en AU dans leur UTR 3'. Les protéines spécifiques qui se fixent à ces éléments interagissent également avec l'enzyme

responsable de désadénylation et les exosomes cytoplasmiques, induisant une dégradation rapide de l'ARN.

- La liaison de diverses protéines à des éléments régulateurs dans les UTR 3' ou 5' des ARNm régule la traduction ou la dégradation de nombreux ARNm dans le cytoplasme.
- La traduction de l'ARNm de ferritine et la dégradation de l'ARNm du récepteur de transferrine (TfR) sont toutes deux régulées par la même protéine de liaison à l'ARN, sensible au fer. Aux concentrations faibles du fer, cette protéine se trouve dans une conformation qui se fixe à des éléments spécifiques dans les ARNm, ce qui inhibe la traduction de l'ARNm de la ferritine ou la dégradation de l'ARNm de TfR (voir Figure 12-30). Ce contrôle double régule précisément la concentration du fer dans les cellules.
- La dégradation par l'intermédiaire des non-sens et d'autres mécanismes de surveillance des ARNm empêchent la traduction d'ARNm dont la maturation est incorrecte, qui codent des protéines anormales susceptibles d'interférer avec le fonctionnement des protéines normales correspondantes.
- Certains ARNm sont dirigés vers des endroits particuliers de la cellule grâce à des séquences présentes généralement dans l'UTR 3', ce qui permet la localisation précise des protéines codées qui leur correspondent.

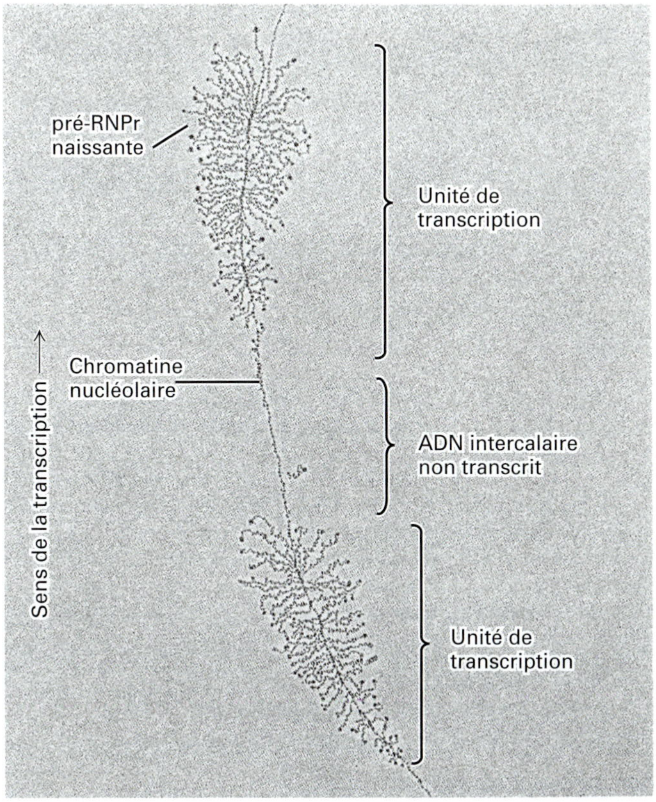

FIGURE 12-32 Une micrographie électronique des unités de transcription de pré-ARNr, issues du nucléole d'un ovocyte de grenouille. Chaque « plume » représente une molécule de pré-ARNr associée à une protéine dans une pré-particule ribonucléoprotéique (pré-RNP) émergeant d'une unité de transcription. Les unités de transcription des pré-ARNr sont organisées en tandem et séparées par des régions intercalaires non transcrites constituées de chromatine nucléolaire. [Aimablement communiqué par Y. Osheim et O. J. Miller, Jr.]

12.5 La maturation de l'ARNr et de l'ARNt

Environ 80 % des ARN totaux des cellules de mammifères à croissance rapide (comme les cellules HeLa en culture) sont des ARNr et 15 % sont des ARNt. Les ARNm codant des protéines ne correspondent donc qu'à une faible fraction des ARN totaux. Les transcrits primaires produits à partir de la plupart des gènes d'ARNr et des gènes d'ARNt, comme les pré-ARNm, subissent une maturation importante pour que soient créées les formes matures fonctionnelles de ces ARN.

Les gènes des pré-ARNr sont similaires chez tous les eucaryotes et jouent le rôle d'organisateurs nucléolaires

Les ARNr 28S et 5,8S associés à la grande sous-unité ribosomiale (60S) et l'ARNr 18S associé à la petite sous-unité ribosomiale (40S) chez les eucaryotes supérieurs (et les ARNr plus petits, équivalents fonctionnellement chez tous les autres eucaryotes) sont codés par un seul type d'unité de transcription de **pré-ARNr**. La transcription par l'ARN polymérase I produit un transcrit primaire 45S (pré-ARNr) qui subit une maturation en ARNr 28S, 18S et 5,8S présents dans les ribosomes cytoplasmiques. Le séquençage de l'ADN codant les pré-ARNr chez de nombreuses espèces a montré que cet ADN a plusieurs propriétés communes chez tous les eucaryotes. Tout d'abord, les gènes de pré-ARNr sont organisés en longues unités en tandem, séparées par des régions intercalaires non transcrites dont la longueur varie de ≈ 2 kb chez la grenouille à ≈ 30 kb chez l'homme (Figure 12-32). Deuxièmement, les régions du génome correspondant aux trois ARNr matures sont toujours disposées dans le même ordre 5' → 3' : 18S, 5,8S et 28S. Troisièmement, dans toutes les cellules eucaryotes (et même chez les bactéries), des régions retirées au cours de la maturation et dégradées rapidement sont codées par le gène de pré-ARNr, et sont présentes dans le transcrit primaire correspondant. La structure générale des pré-ARNr est schématisée dans la Figure 12-33.

La synthèse et la maturation des pré-ARNr se déroule dans le **nucléole**. Lorsque les gènes des pré-ARNr furent identifiés pour la première fois dans le nucléole par hybridation *in situ*, on ignorait si d'autres ADN étaient nécessaires à la formation de cette structure. D'autres expériences avec des souches transgéniques de drosophile démontrèrent qu'une seule unité de transcription de pré-ARNr induit la formation d'un petit nucléole. Par conséquent, un gène unique de pré-ARNr est suffisant pour former un *organisateur nucléolaire* et tous les autres composants du ribosome diffusent vers le pré-ARNr néosynthétisé. La structure du nucléole observée par microscopie photonique ou électronique résulte de la maturation du pré-ARNr et de l'assemblage des sous-unités ribosomiales.

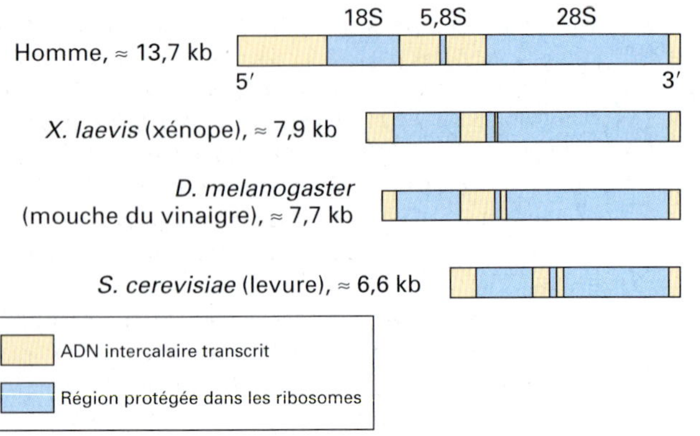

FIGURE 12-33 La structure générale des unités de transcription des pré-ARNr eucaryotes. Les trois régions codantes (en bleu) codent les ARNr 18S, 5,8S et 28S présents dans les ribosomes des eucaryotes supérieurs ou dans leurs équivalents dans d'autres espèces. Ces régions codantes sont toujours disposées dans le même ordre (5′ → 3′) dans le génome. Les variations de la longueur des régions intercalaires transcrites sont essentiellement à l'origine de la différence de longueur entre les unités de transcription des pré-ARNr de différents organismes.

Les petits ARN nucléolaires participent à la maturation des pré-ARNr et à l'assemblage des sous-unités ribosomiales

Après leur synthèse dans le nucléole, les transcrits naissants de pré-ARNr sont immédiatement liés par des protéines, formant des *particules ribonucléoprotéiques pré-ribosomiales* (*pré-RNPr*). La plus grosse d'entre elles (80S) contient une molécule intacte de pré-ARNr 45S, coupée par une série de clivages et d'étapes exonucléolytiques qui aboutissent à la formation des ARNr matures présents dans les ribosomes (Figure 12-34). Au cours de sa maturation, le pré-ARNr est également fortement modifié, principalement par méthylation du groupement 2'-hydroxyle de riboses spécifiques et par la conversion de résidus uridines spécifiques en pseudo-uridines. Certaines des protéines appartenant aux pré-RNPr présentes dans les nucléoles restent associées aux sous-unités ribosomiales matures, alors que d'autres sont limitées au nucléole et participent à l'assemblage des sous-unités.

Les positions des sites de clivage dans le pré-ARNr et les sites spécifiques de la 2'-O-méthylation et de la formation de pseudo-uridine sont déterminés par environ 150 petites espèces différentes d'ARN limitées au nucléole, appelées *petits ARN nucléolaires* (*ARNsno*, pour *small nucleolar RNA*) qui s'hybrident transitoirement aux molécules de pré-ARNr. Comme les ARNsn impliqués dans la maturation des pré-ARNm, les ARNsno s'associent à des protéines, formant des particules ribonucléoprotéiques appelées RNPsno. Une classe importante des ces RNPsno aide l'enzyme méthyltransférase à se positionner près des sites de méthylation dans le pré-ARNm. Une autre met en place l'enzyme qui convertit l'uridine en pseudo-uridine. D'autres interviennent dans les réactions de clivage qui excisent des régions intercalaires *(spacer)* transcrites. Une fois excisées des pré-ARNr, ces séquences sont dégradées par les exonucléases associées aux exosomes nucléaires 3' → 5' qui dégradent aussi les introns excisés des pré-ARNm.

Certains ARNsno sont exprimés à partir de leurs propres promoteurs par l'ARN polymérase II ou III. Curieusement cependant, la grande majorité des ARNsno sont des introns excisés de gènes dont les ARNm fonctionnels codent des protéines impliquées dans la synthèse des ribosomes ou dans la traduction. Certains ARNsno sont des introns excisés à partir d'ARNm apparemment non fonctionnels. Les gènes codant ces ARNm semblent exister uniquement pour exprimer des ARNsno à partir d'introns excisés.

Au contraire des gènes de pré-ARNr, les gènes d'ARNr 5S sont transcrits par l'ARN polymérase III dans le nucléoplasme, hors du nucléole. Sans maturation supplémentaire, l'ARNr 5S diffuse jusqu'au nucléole, où il s'assemble avec les ARNr 28S et 5,8S et avec des protéines, pour former les grandes sous-unités ribosomiales (voir Figure 12-34 et Figure 4-28). Lorsque l'assemblage des sous-unités ribosomiales dans le nucléole est terminé, celles-ci sont transportées à travers des complexes des pores nucléaires vers le cytoplasme, où elles apparaissent sous la forme de sous-unités libres. Les sous-unités ribosomiales sont les plus grosses parmi les structures cellulaires connues pour traverser les complexes des pores nucléaires.

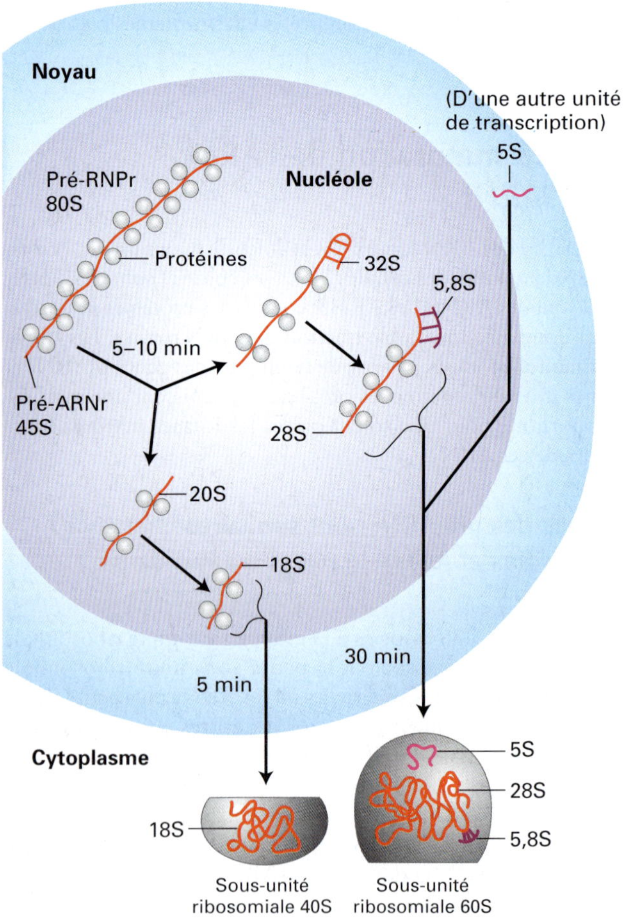

FIGURE 12-34 La maturation des pré-ARNr et l'assemblage des ribosomes chez les eucaryotes supérieurs. Les protéines ribosomiales et nucléolaires s'associent au pré-ARNr 45S au fur et à mesure de sa synthèse, formant une pré-RNPr 80S. Les sites de clivage et de modifications chimiques sont déterminés par les petits ARN nucléolaires (non figurés). Notez que la synthèse de l'ARNr 5S se déroule hors du nucléole.

Les introns du groupe I doués d'auto-excision furent les premiers exemples découverts d'ARN catalytiques

L'ADN du protozoaire *Tetrahymena thermophila* comporte un intron intercalaire dans la région qui code la grosse molécule de pré-ARNr. Des recherches minutieuses n'ont pas permis de découvrir même un gène de pré-ARNr sans cette séquence supplémentaire, ce qui indique qu'un épissage est nécessaire pour produire les ARNr matures chez ces organismes. Des études *in vitro* montrant que le pré-ARNr est épissé au niveau des sites corrects en l'absence de toute protéine ont fourni la première indication du fait que l'ARN peut jouer le rôle de catalyseur, comme les enzymes.

De nombreuses autres séquences douées d'auto-excision ont été découvertes depuis dans les pré-ARNr d'autres organismes unicellulaires, dans les pré-ARNr mitochondriaux et chloroplastiques, dans plusieurs pré-ARNm issus de certains bactériophages d'*E. coli* ainsi que dans plusieurs transcrits primaires d'ARNt bactériens. Les séquences douées d'auto-excision dans tous ces précurseurs, regroupées sous l'appellation collective d'*introns du groupe I*, utilisent la guanosine comme cofacteur et peuvent se replier grâce à un appariement interne entre les bases, qui permet de juxtaposer les deux exons à relier. Comme nous l'avons vu plus tôt, certains pré-ARNm et ARNt mitochondriaux et chloroplastiques contiennent un second type d'intron doué d'auto-excision, dont l'ensemble forme les *introns du groupe II*.

Les mécanismes d'excision utilisés par les introns du groupe I, les introns du groupe II et les spliceosomes sont généralement similaires. Ils mettent en jeu deux réactions de transestérification qui ne demandent pas d'apport d'énergie (Figure 12-35). Des études de la structure de l'intron du groupe I du pré-ARNr de *Tetrahymena* combinées avec des expériences biochimiques et mutationnelles ont révélé que l'ARN se replie en une structure tridimensionnelle précise qui, comme les enzymes protéiques, contient de profonds sillons dans lesquels les substrats peuvent se fixer et des régions inaccessibles au solvant qui interviennent dans la catalyse. Un intron du groupe I fonctionne comme une métallo-enzyme pour orienter précisément les atomes qui participent aux deux réactions de transestérification et sont adjacents aux ions Mg^{2+} catalytiques. De nombreux éléments indiquent que l'épissage par les introns du groupe II et l'épissage par les ARNsn dans le spliceosome implique des ions Mg^{2+} catalytiques liés. Dans les introns doués d'auto-excision des groupes I et II et probablement dans le spliceosome, l'ARN se comporte comme un **ribozyme**, qui est une séquence d'ARN dotée de propriétés catalytiques.

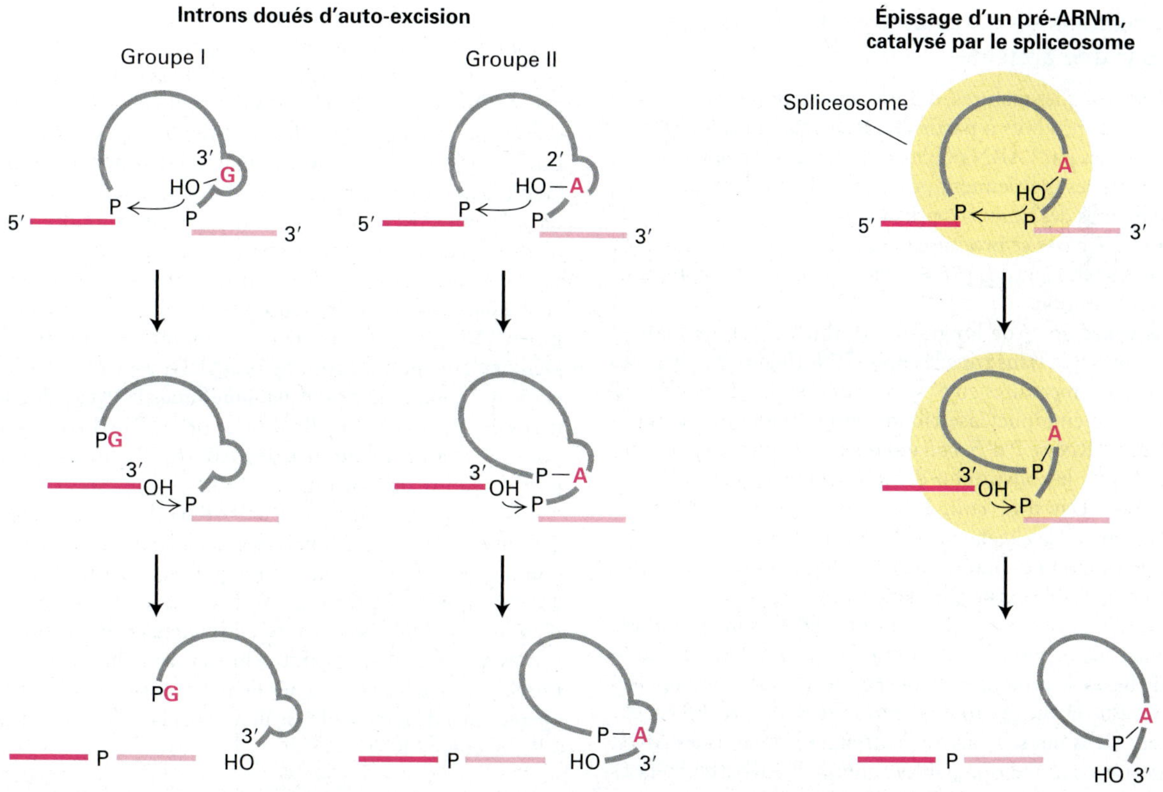

FIGURE 12-35 Les mécanismes de l'épissage par les introns des groupes I et II doués d'auto-excision et de l'épissage des pré-ARNm catalysé par les spliceosomes. L'intron est coloré en gris et les exons à relier, en rouge. Dans les introns du groupe I, un cofacteur guanosine (G) qui n'appartient pas à la chaîne d'ARN, s'associe au site actif. Le groupement 3′ hydroxyle de cette guanosine participe à une réaction de transestérification avec le phosphate de l'extrémité 5′ de l'intron. Cette réaction est analogue à celle qui implique les groupements 2′ hydroxyle du site de branchement A dans les introns du groupe II et les introns des pré-ARNm épissés dans les spliceosomes (voir Figure 12-7). La transestérification suivante qui relie les exons 5′ et 3′ est similaire dans les trois autres mécanismes d'épissage. Remarquez que les introns du groupe I excisés sont des structures linéaires, au contraire des produits introniques ramifiés dans les deux autres cas. [Adapté de P. A. Sharp, 1987, *Science* **235** :769.]

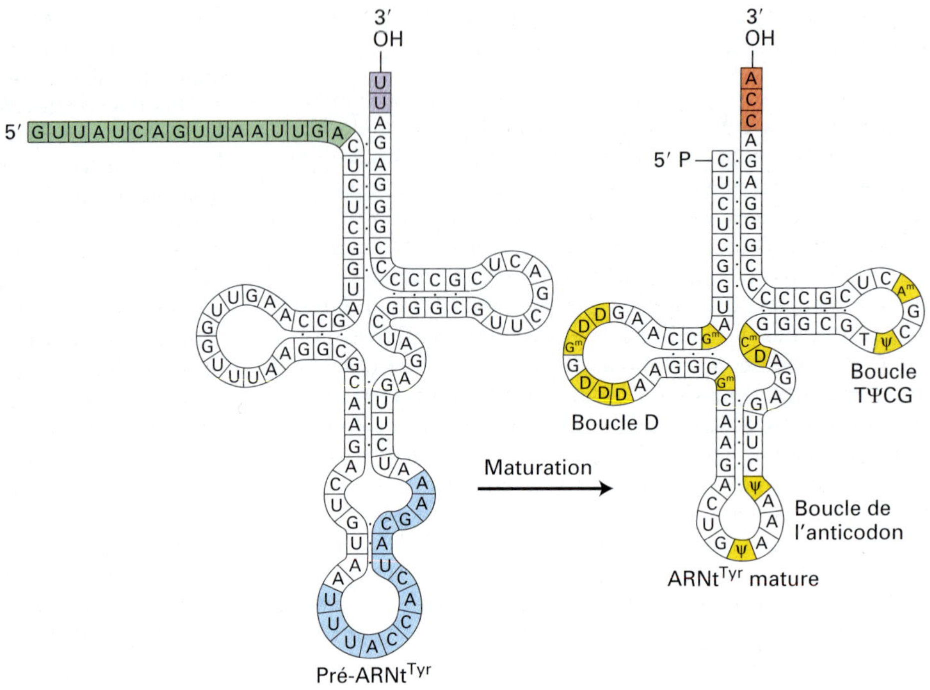

FIGURE 12-36 Les changements au cours de la maturation du pré-ARNt de la tyrosine. Un intron de 14 nucléotides (en bleu) dans la boucle de l'anticodon est excisé. Une séquence de 16 nucléotides (en vert) à l'extrémité 5′ est clivée par l'ARNase P. Les résidus U à l'extrémité 3′ sont remplacés par la séquence CCA (en rouge) présente dans tous les ARNt matures. De nombreuses bases dans les structures en épingle à cheveux sont converties en bases modifiées caractéristiques (en jaune). Les pré-ARNt ne contiennent pas tous des introns excisés au cours de la maturation, mais ils subissent tous les autres types de changements indiqués ici. D = dihydrouridine ; Ψ = pseudouridine.

Les pré-ARNt subissent des clivages, des modifications de bases et parfois un épissage catalysé par une protéine

Les ARNt cytosoliques matures, d'une longueur moyenne de 75-80 nucléotides, sont produits à partir de précurseurs plus longs (pré-ARNt) synthétisés par l'ARN polymérase III dans le nucléoplasme. Les ARNt matures contiennent également de nombreuses bases modifiées absentes des transcrits primaires d'ARNt. Le clivage et la modification des bases se produisent au cours de la maturation de tous les pré-ARNt. Certains pré-ARNt sont également épissés au cours de la maturation.

Une séquence en 5' de longueur variable absente des ARNt matures, est présente dans tous les pré-ARNt (Figure 12-36). Ces nucléotides supplémentaires en 5' sont retirés par la *ribonucléase P* (*ARNaseP*), une endonucléase ribonucléoprotéique. Des études réalisées avec l'ARNase P d'*E. coli* indiquent qu'aux fortes concentrations de Mg^{2+}, le constituant d'ARN seul peut reconnaître et cliver les pré-ARNt d'*E. coli*. Le polypeptide de l'ARNase P augmente la vitesse de clivage par l'ARN, ce qui permet à la réaction de se dérouler aux conditions physiologiques de Mg^{2+}. Une ARNase P comparable existe chez les eucaryotes.

Environ 10 % des bases dans les pré-ARNt sont modifiées enzymatiquement au cours de la maturation. Trois classes de modifications de bases se produisent (voir Figure 12-36) : le remplacement des résidus U au niveau de l'extrémité 3' du pré-ARNt par une séquence CCA qui se trouve à l'extrémité 3' de tous les ARNt et est nécessaire à leur fixation par les aminoacyl-ARNt synthétases au cours de la synthèse protéique ; l'addition de groupements méthyle et isopentyle au noyau hétérocyclique des purines et la méthylation du groupement 2'-OH dans le ribose de n'importe quel résidu ainsi que la conversion d'uridines spécifiques en résidus dihydrouridine, pseudouridine ou ribothymidine.

Comme le montre la Figure 12-36, le pré-ARNt exprimé à partir du gène de l'ARNt de la tyrosine de la levure (ARNt^{Tyr}) contient un intron de 14 bases absent de l'ARNt^{Tyr} mature. Certains autres gènes d'ARNt eucaryotes et certains gènes d'ARNt d'archaebactéries comportent également des introns. Les introns dans les pré-ARNt nucléaires sont plus courts que ceux dans les pré-ARNm et sont dépourvus des séquences consensus des sites d'épissage présents dans les pré-ARNm (voir Figure 12-6). Les introns des pré-ARNt se distinguent aussi nettement des introns bien plus longs des groupes I et II doués d'auto-excision, présents dans les pré-ARNr chloroplastiques et mitochondriaux. Le mécanisme d'épissage des pré-ARNt diffère sur trois points fondamentaux des mécanismes utilisés par les introns doués d'auto-excision et les spliceosomes (voir Figure 12-35). Tout d'abord, l'épissage des pré-ARNt est catalysé par des protéines et non par des ARN. Deuxièmement, un intron de pré-ARNt est excisé au cours d'une étape qui comprend un clivage simultané au niveau des deux extrémités de l'intron. Enfin, l'hydrolyse de GTP et d'ATP est nécessaire pour relier les deux moitiés de l'ARNt produites par le clivage de part et d'autre de l'intron.

Après la maturation des pré-ARNt dans le nucléoplasme, les ARNt matures sont transportés dans le cytoplasme à travers les complexes des pores nucléaires par l'exportine t, comme nous l'avons vu plus tôt. Dans le cytoplasme, les ARNt sont au contact d'aminoacyl ARNt-synthétases, de facteurs d'élongation et de ribosomes au cours de la synthèse protéique (Chapitre 4). Pour cette raison, les ARNt sont généralement associés à des protéines et passent peu de temps à l'état libre dans la cellule, de même que les ARNm et les ARNr.

CONCEPTS CLÉS DE LA SECTION 12.5

La maturation de l'ARNr et de l'ARNt

- Un grand pré-ARNr précurseur (45S chez l'homme) synthétisé par l'ARN polymérase I subit des clivages, une digestion exonucléolytique et des modifications de bases pour produire les

ARNr matures 28S, 18S et 5,8S qui s'associent aux protéines ribosomiales, formant des sous-unités ribosomiales (voir Figure 12-34).

- La synthèse et la maturation des pré-ARNr se déroulent dans le nucléole. L'ARNr 5S appartenant à la grande sous-unité ribosomiale est synthétisé dans le nucléoplasme par l'ARN polymérase III et ne subit pas de maturation.
- Les introns des groupes I et II doués d'auto-excision et les ARNsn dans les spliceosomes sont tous des ribozymes, c'est-à-dire des séquences d'ARN à activité catalytique, qui s'excisent grâce à des réactions analogues de transestérification impliquant des ions Mg^{2+} liés (voir Figure 12-35).
- Les pré-ARNt synthétisés par l'ARN polymérase III dans le nucléoplasme subissent une maturation consistant en un retrait de la séquence à l'extrémité 5', l'addition de CCA au niveau de l'extrémité 3' et la modification de multiples bases internes (voir Figure 12-36).
- Certains pré-ARNt comportent un court intron qui est retiré par un mécanisme catalysé par une protéine, différent de l'épissage des pré-ARNm et des introns de type ribozymes.
- Toutes les espèces de molécules d'ARN sont associées à des protéines dans différents types de particules ribonucléoprotéiques à la fois dans le noyau et après leur export dans le cytoplasme.

PERSPECTIVES POUR LE FUTUR

Dans ce chapitre et le précédent, nous avons vu que dans les cellules eucaryotes, les ARNm sont synthétisés et subissent une maturation dans le noyau, sont transportés vers le cytoplasme à travers des complexes des pores nucléaires, puis dans certains cas, sont transportés vers des zones spécifiques du cytoplasme avant d'être traduits par des ribosomes. Chacun de ces processus fondamentaux est exécuté par des machineries macromoléculaires complexes constituées de nombreuses protéines et bien souvent d'ARN également. La complexité de ces machineries macromoléculaires garantit la précision de l'identification des promoteurs et des sites d'épissage sur toute la longueur des séquences d'ADN et d'ARN et offre de nombreuses possibilités de régulation de la synthèse d'une chaîne polypeptidique. Il nous reste beaucoup à apprendre sur la structure, le fonctionnement et la régulation des machineries complexes telles que les spliceosomes et la structure responsable de l'étape de clivage/polyadénylation.

Des exemples récents de la régulation de l'épissage des pré-ARNm soulèvent la question du contrôle de ces événements par des signaux extracellulaires, en particulier dans le système nerveux des vertébrés. Un bon exemple est fourni par la situation remarquable dans l'oreille interne de la poule, dans laquelle de multiples isoformes d'un canal à K^+ activé par Ca^{2+} appelé *Slo* sont produites par l'épissage alternatif de l'ARN. Les interactions intercellulaires semblent informer les cellules de leur position dans la cochlée, ce qui conduit à l'épissage alternatif du pré-ARNm de Slo. La tâche exaltante qui attend les chercheurs est de découvrir de quelle façon ces interactions intercellulaires régulent l'activité des facteurs de maturation de l'ARN.

Le mécanisme de transport des RNPm à travers les complexes des pores nucléaires pose de nombreuses questions. Des recherches ultérieures révéleront probablement d'autres activités des RNPhn et des protéines des RNPm et permettront de clarifier leurs mécanismes d'action. Il existe par exemple une petite famille de gènes codant des protéines homologues de la grande sous-unité de l'exportateur d'ARNm. Quelles sont les fonctions de ces protéines apparentées ? Participent-elles au transport de groupes en partie redondants de RNPm ? Certaines protéines des RNPhn comportent des signaux de restriction nucléaire qui empêchent leur export du noyau, lorsqu'elles sont fusionnées avec des protéines de RNPhn possédant des signaux d'export nucléaire (SEN). De quelle façon ces protéines de RNPhn sont-elles retirées sélectivement des ARNm matures dans le noyau, permettant le transport de ces ARNm dans le cytoplasme ?

La localisation de certains ARNm à des positions subcellulaires spécifiques est fondamentale pour le développement des organismes pluricellulaires. Comme nous le verrons au Chapitre 22, au cours du développement, une cellule se divise fréquemment en cellules filles qui exercent des fonctions différentes l'une de l'autre. En biologie du développement, on dit que les deux cellules filles ont des destins différents. Dans de nombreux cas, cette différence dans le développement résulte de la localisation d'un ARNm dans une région de la cellule avant la mitose, de sorte qu'après la division cellulaire, cet ARNm est présent dans une cellule fille mais pas dans l'autre. Il reste un travail très intéressant à effectuer pour comprendre en détail les mécanismes moléculaires contrôlant la localisation de l'ARNm, qui sont essentiels au développement normal des organismes pluricellulaires.

Certaines des découvertes les plus extraordinaires et les plus inattendues ces dernières années en biologie moléculaire concernent l'existence et la fonction des ARNmi et le processus de l'interférence d'ARN. L'interférence d'ARN (ARNi) offre aux biologistes moléculaires de la cellule une technique performante pour étudier la fonction d'un gène. La découverte de plus d'une centaine d'ARNmi chez l'homme et d'autres organismes suggère que de multiples exemples importants de contrôle de la traduction par ce mécanisme attendent d'être caractérisés. Des études récentes chez les plantes ont permis d'associer de petits ARN nucléaires similaires avec le contrôle de la méthylation de l'ADN et la formation d'hétérochromatine. Des processus semblables contrôlent-ils l'expression des gènes grâce à l'assemblage de l'hétérochromatine chez l'homme et d'autres animaux ? Quels autres processus de régulation pourraient utiliser ces micro-ARN ? Puisque le contrôle de ces mécanismes dépend de l'appariement de bases entre des ARNmi et des gènes ou ARNm cibles, les techniques de la génomique et de la bio-informatique suggéreront peut-être l'existence de gènes contrôlés par ces mécanismes. Outre le contrôle de la traduction, de la dégradation des ARNm et de l'assemblage de l'hétérochromatine, quels autres processus pourraient être contrôlés par ces ARNmi ?

Voici quelques-unes seulement des questions fascinantes concernant la maturation de l'ARN, le contrôle post-transcriptionnel et le transport nucléaire qui mettront les biologistes moléculaires de la cellule à l'épreuve ces prochaines décennies. Les découvertes étonnantes de mécanismes totalement inattendus du contrôle des gènes par les ARNmi nous rappellent qu'il y aura probablement de nombreuses surprises dans le futur.

MOTS CLÉS

RÉVISIONS

1. Décrivez les trois types de régulation post-transcriptionnelle des gènes codant des protéines.
2. Quelle preuve a-t-on du couplage entre la terminaison de la transcription par l'ARN polymérase II et la polyadénylation ?
3. On a suggéré que la manipulation de l'anti-terminaison du VIH pourrait fournir des thérapies efficaces pour lutter contre le SIDA. Quel effet une mutation dans la séquence TAR qui supprime la liaison de Tat à l'ARN, aurait-elle sur la transcription du VIH après l'infection par ce virus et pourquoi ? Une mutation dans Cdk9 qui supprime cette activité ?
4. Certains gènes de choc thermique codent des protéines qui interviennent rapidement pour protéger d'autres protéines dans des conditions rigoureuses. Décrivez le mécanisme élaboré pour réguler l'expression de ces gènes.
5. Vous étudiez la régulation de la transcription des gènes d'un organisme eucaryote récemment découvert. Vous découvrez que cet organisme possède trois enzymes de type ARN polymérase et que les gènes codant des protéines sont transcrits par une enzyme de type ARN polymérase II. Lorsque vous examinez l'ARNm entier produit, vous remarquez qu'il ne possède pas de structure en 5' (une coiffe). Êtes-vous surpris(e) ? Pourquoi, ou pourquoi pas ?
6. Pourquoi les chercheurs pensent-ils que le syndrome du X fragile implique une aberration de la liaison à l'ARN ?
7. Quelle est la différence entre les ARNhn, les ARNsn, les ARNmi, les ARNsi et les ARNsno ?
8. Décrivez la découverte de l'excision des introns au cours de l'épissage. Comment les positions des jonctions exon-intron sont-elles prédites ?
9. Quelles sont les ressemblances entre le mécanisme d'auto-excision des introns du groupe II et celui de l'épissage par les spliceosomes ? Qu'est-ce qui laisse penser qu'ils pourraient être apparentés du point de vue de l'évolution ?
10. Où les chercheurs pensent-ils que la majorité des événements de transcription et de maturation de l'ARN ont lieu ? Pourquoi ?
11. Vous obtenez la séquence d'un gène contenant 10 exons, 9 introns et une UTR 3' avec une séquence consensus de polyadénylation. Le cinquième intron comporte également un site de polyadénylation. Pour vérifier si les deux sites de polyadénylation sont utilisés, vous isolez l'ARNm de l'organisme et découvrez un transcrit plus long dans le tissu musculaire et un transcrit d'ARNm plus court dans tous les autres tissus. Imaginez le mécanisme impliqué dans la formation de ces deux transcrits.
12. Qu'est-ce qui prouve qu'un exportateur d'ARNm dirige les RNPm à travers les pores nucléaires ? Quelle est la preuve de l'utilisation d'un exportateur de ce type par la plupart des vertébrés ?
13. Pourquoi la localisation de Ran-GAP dans le noyau et du facteur d'échange de nucléotides Ran (RCC1) dans le cytoplasme est-elle nécessaire au transport unidirectionnel des protéines transférées contenant un SEN ?
14. À votre avis, pourquoi les plantes présentant une activité déficiente de Dicer présentent-elles une sensibilité accrue à l'infection par les virus à ARN ?
15. Qu'est-ce qui prouve que certains ARNm reçoivent l'ordre de s'accumuler à des positions subcellulaires spécifiques ?

ANALYSEZ LES RÉSULTATS SUIVANTS

On pense que le gène d'une protéine kinase (PK) spécifique subit un épissage différentiel dans le tissu musculaire. Ce gène comporte trois exons et deux introns et, dans les fibroblastes, il code une protéine de 38,5 kD. Les chercheurs ont transfecté différentes portions d'une copie génomique ou d'une copie d'ADNc du gène PK dans des cellules de muscles et dans des fibroblastes (voir les constructions dans la partie (a) de la figure). Le système d'expression utilise un promoteur actif dans les deux types cellulaires et une fusion C-terminale avec un petit épitope appelé V5 qui sert à l'étiquetage de la protéine, qui contribue pour ≈ 5,5 kD à la protéine de fusion. La partie (b) de la figure montre les résultats d'une expérience d'immunoprécipitation conçue pour analyser les produits d'expression des cellules transfectées. Un témoin négatif (Neg) de cellules musculaires non transfectées est inclus dans l'expérience. Des marqueurs de masse moléculaire en kD sont indiqués sur la gauche. On a ensuite mesuré l'activité protéine kinase des protéines immunoprécipitées représentées dans la partie (c) avec deux substrats différents, A et B, pour différencier l'activité des protéines exprimées.

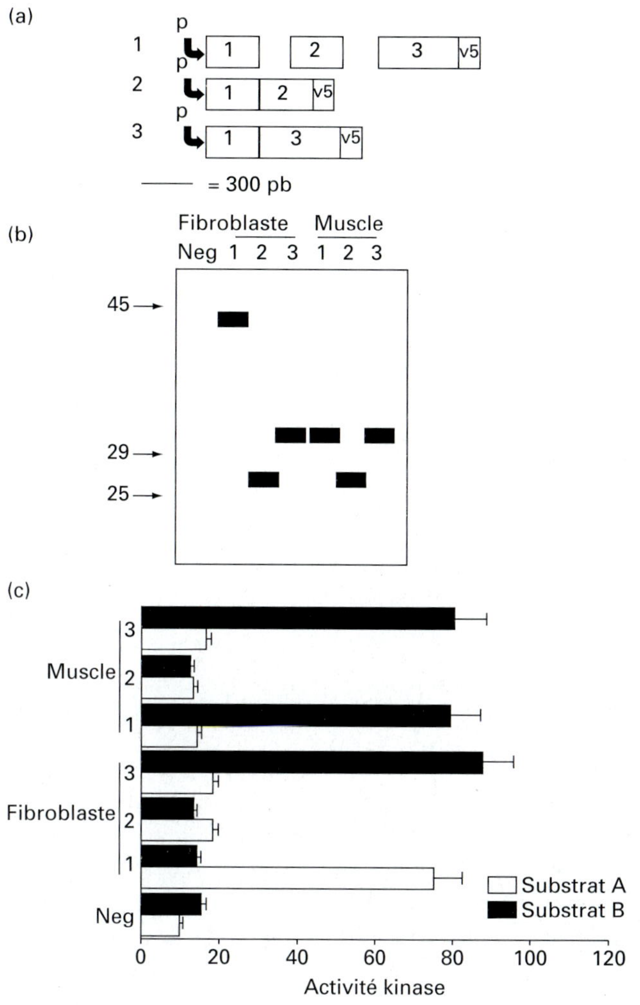

a. Que peut-on conclure à propos de l'épissage différentiel du gène PK dans les fibroblastes et dans les cellules musculaires ? Existe-t-il d'autres expériences qui pourraient confirmer ces résultats ?

b. Quelles sont la ou les séquences qui contribuent à la régulation de l'épissage alternatif ?

c. De quelle façon la présence ou l'absence de l'exon 3 modifie-t-elle l'activité catalytique de la protéine PK codée ? Quelles sont les données en faveur de vos conclusions ?

RÉFÉRENCES

La maturation des pré-ARNm eucaryotes

Bentley, D., (2002), The mRNA assembly line : transcription and processing machines in the same factory, *Curr. Opin. Cell Biol.* **14** :336–342.

Bonen, L. et Vogel, J., (2001), The ins and outs of group II introns, *Trends Genet.* **17** :322–331.

Butler, J. S., (2002), The yin and yang of the exosome, *Trends Cell Biol.* **12** :90–96.

Dreyfuss, G. *et al.*, (2002), Messenger-RNA-binding proteins and the messages they carry, *Nature Rev. Mol. Cell Biol.* **3** :195–205.

Moore, M. J., (2002), Nuclear RNA turnover, *Cell* **108** :431–434.

Shatkin, A. J. et Manley, J. L., (2000), The ends of the affair : capping and polyadenylation, *Nature Struct. Biol.* **7** :838–842.

Villa, T. *et al.*, (2002), Spliceosomal snRNAs : Mg(2+)-dependent chemistry at the catalytic core ?, *Cell* **109** :149–152.

La régulation de la maturation des pré-ARNm

Black, D. L., (2003), Mechanisms of alternative pre-mRNA splicing, *Ann. Rev. Biochem.* **72** :291–336.

Blanc, V. et Davidson, N. O., (2003), C-to-U RNA editing : mechanisms leading to genetic diversity, *J. Biol. Chem.* **278** :1395–1398.

Faustino, N. A. et Cooper, T. A., (2003), Pre-mRNA splicing and human disease, *Genes Devel.* **17** :419–437.

Maas, S. *et al.*, (2003), A-to-I RNA editing : recent news and residual mysteries, *J. Biol. Chem.* **278** :1391–1394.

Maniatis, T. et Tasic, B., (2002), Alternative pre-mRNA splicing and proteome expansion in metazoans. *Nature* **418** :236–243.

Le transport macromoléculaire à travers l'enveloppe nucléaire

Chook, Y. M. et Blobel, G., (2001), Karyopherins and nuclear import, *Curr. Opin. Struct. Biol.* **11** :703–715.

Conti, E. et Izaurralde, E., (2001), Nucleocytoplasmic transport enters the atomic age, *Curr. Opin. Cell Biol.* **13** :310–319.

Johnson, A. W. *et al.*, (2002), Nuclear export of ribosomal subunits, *Trends Biochem Sci.* **27** :580–585.

Reed, R. et Hurt, E., (2002), A conserved mRNA export machinery coupled to pre-mRNA splicing, *Cell* **108** :523–531.

Ribbeck, K. et Gorlich, D., (2001), Kinetic analysis of translocation through nuclear pore complexes, *Embo. J.* **20** :1320–1330.

Rout, M. P. et Aitchison, J. D., (2001), The nuclear pore complex as a transport machine, *J. Biol. Chem.* **276** :16593–16596.

Les mécanismes cytoplasmiques du contrôle post-transcriptionnel

Ambros, V., (2001), MicroRNAs : tiny regulators with great potential, *Cell* **107** :823–826.

Cerutti, H., (2003), RNA interference : traveling in the cell and gaining functions ?, *Trends Genet.* **19** :39–46.

Hannon, G. J., (2002), RNA interference, *Nature* **418** :244–251.

Kloc, M. *et al.*, (2002), Mechanisms of subcellular mRNA localization, *Cell* **108** :533–544.

Maquat, L. E. et Carmichael, G. G., (2001), Quality control of mRNA function, *Cell* **104** :173–176.

Mendez, R. et Richter, J. D., (2001), Translational control by CPEB : a means to the end, *Nat. Rev. Mol. Cell Biol.* **2** :521–529.

Van Hoof, A. et Parker, R., (2002), Messenger RNA degradation : beginning at the end, *Curr. Biol.* **12** :R285–R287.

Wilkinson, M. F. et Shyu, A. B., (2002), RNA surveillance by nuclear scanning ?, *Nature Cell Biol.* **4** :E144–E147.

La maturation de l'ARNr et de l'ARNt

Fatica, A. et Tollervey, D., (2002), Making ribosomes, *Curr. Opin. Cell Biol.* **14** :313–318.

Hopper, A. K. et Phizicky, E. M., (2003), tRNA transfers to the limelight, *Genes Devel.* **17** :162–180.

13

TRANSFERT DES SIGNAUX À LA SURFACE CELLULAIRE

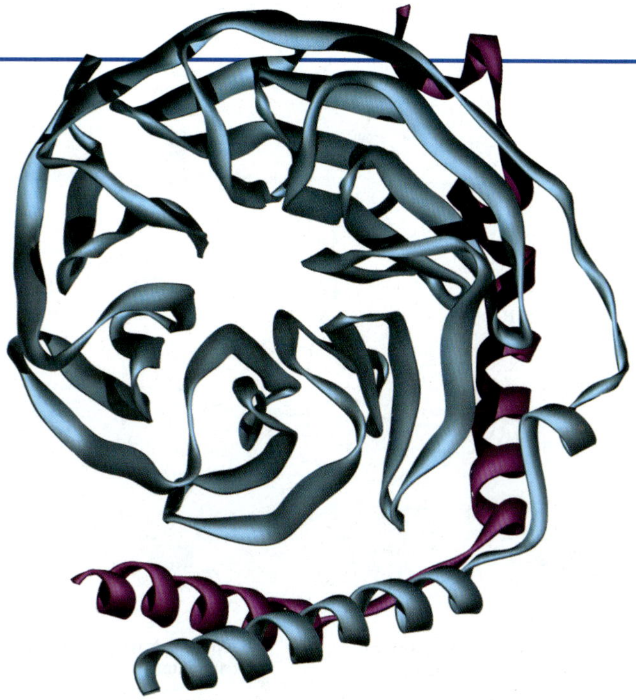

Structure tridimensionnelle du complexe des protéines Gβ (en bleu) et γ (en pourpre) obtenue par diffraction aux rayons X.

Aucune cellule ne vit de manière isolée. Les micro-organismes eucaryotes comme les levures, les moisissures visqueuses et les protozoaires sécrètent des molécules appelées **phéromones** qui coordonnent l'agrégation des cellules libres en vue de leur reproduction sexuée ou de leur différenciation dans un environnement donné. Les facteurs de conjugaison chez les levures illustrent bien le phénomène de signalisation intercellulaire (Chapitre 22). Plus importantes chez les plantes et les animaux sont les **molécules de signalisation** extracellulaires qui fonctionnent au sein de l'organisme pour contrôler les processus métaboliques intracellulaires, la croissance et la différenciation des tissus, la synthèse et la sécrétion de protéines ainsi que la composition des fluides intra- et extracellulaires. Les cellules adjacentes communiquent souvent par contact direct. Par exemple, des jonctions lacunaires (jonctions *gap*) entre les membranes plasmiques de cellules voisines permettent l'échange de petites molécules et de coordonner des réponses métaboliques. D'autres jonctions entre cellules adjacentes déterminent la forme et la rigidité de beaucoup de tissus en permettant, entre autres, l'adhérence des cellules à la matrice extracellulaire. De telles interactions intercellulaires ou de cellules à la matrice, qui sont décrites dans le Chapitre 6, peuvent aussi déclencher des signaux intracellulaires par des voies semblables à celles qui sont discutées dans le présent chapitre et les suivants.

Les molécules de signalisation extracellulaire synthétisées et sécrétées par des *cellules émettrices* déclenchent une réponse uniquement dans des *cellules cibles* porteuses de **récepteurs** pour ces médiateurs. Ceux-ci, dans les organismes multicellulaires, sont des plus variés ; ils comprennent de petites molécules (e.g. des acides aminés, des dérivés lipidiques ou l'acétylcholine) mais aussi des peptides et des protéines. Certains, particulièrement les molécules hydrophobes comme les stéroïdes, les rétinoïdes et la thyroxine, diffusent spontanément à travers la membrane plasmique et se lient à des récepteurs intracellulaires. La signalisation à partir de tels récepteurs intracellulaires est discutée dans le Chapitre 11.

Dans ce chapitre-ci et les deux suivants, nous nous concentrerons sur la signalisation passant par un groupe varié de protéines réceptrices insérées dans la membrane plasmique (Figure 13-1). La molécule qui interagit avec le récepteur est appelée **ligand** ; elle reconnaît un site de structure complémentaire dans les domaines extracellulaires du récepteur. Cette interaction change la conformation des domaines cytosoliques du

SECTIONS

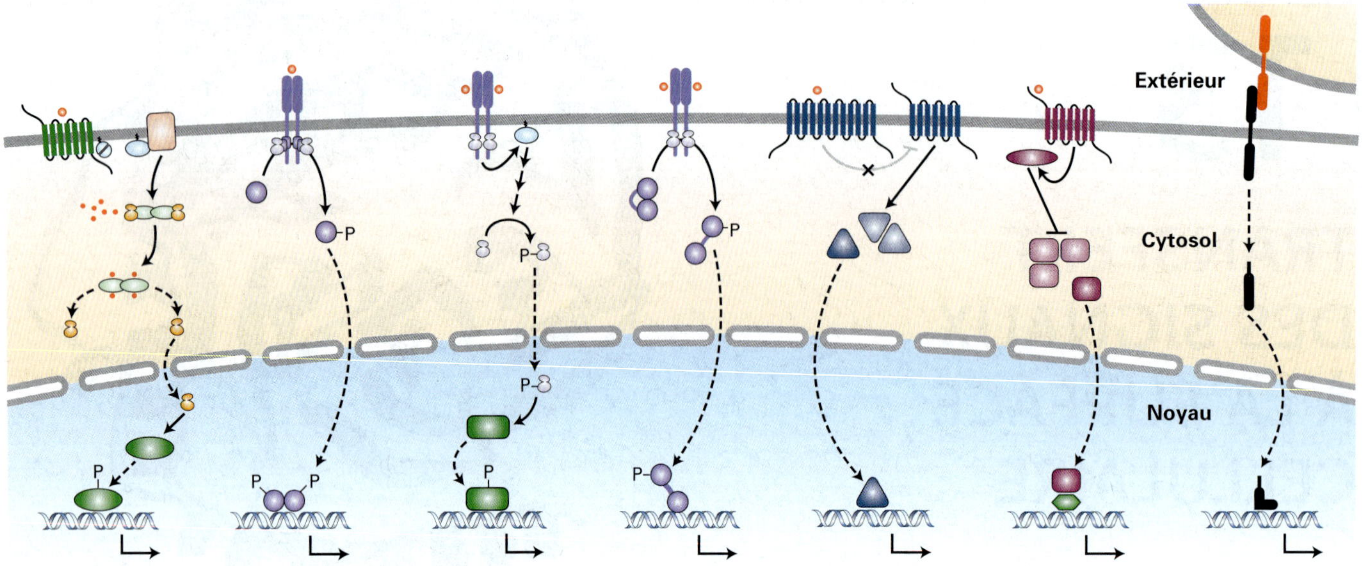

Récepteurs couplés aux protéines G	Récepteurs des cytokines	Récepteurs à activité tyrosine kinase	Récepteurs du TGFβ	Récepteurs de Hedgehog (Hh)	Récepteurs de Wnt	Récepteur Notch
Liés à une protéine G trimérique qui contrôle l'activité d'une protéine effectrice (ici l'adénylate cyclase)	Associés au JAK kinases cytosoliques	Domaine cytosolique doté d'une activité de tyrosine kinase	Domaine cytosolique doté d'une activité sérine/thréonine kinase	Le ligand Hh est attaché par l'intermédiaire d'une « ancre » cholestérol à la membrane de la cellule émettrice du signal	Le ligand Wnt palmitoylé se lie à un complexe protéique formant un récepteur à sept segments transmembranaires	Le ligand, Delta, est une protéine transmembranaire de la cellule émettrice du signal
Activent des facteurs de transcription cytosoliques ou nucléaires par plusieurs voies (ici, la protéine kinase A est impliquée)	Activent par phosphorylation les facteurs de transcription STAT	Activent les kinases cytosoliques (ici la MAP kinase) qui gagnent le noyau et activent par phosphorylation les facteurs de transcription nucléaires	Activent par phosphorylation les facteurs de transcription Smad dans le cytosol	Contrôlent la protéolyse d'un facteur de transcription ; la liaison de Hh libère celui-ci d'un complexe cytosolique	Libèrent un facteur de transcription actif à partir d'un complexe multiprotéique présent dans le cytosol	Le domaine cytosolique de Notch libéré par protéolyse agit en association avec des facteurs de transcription

FIGURE 13-1 Vue générale des sept principales classes de récepteurs de surface décrits dans cet ouvrage. Dans beaucoup de voies de signalisation, la fixation du ligand à son récepteur mène à l'activation des facteurs de transcription dans le cytosol, leur permettant ainsi de gagner le noyau et de stimuler (ou parfois réprimer) la transcription des gènes cibles. Alternativement, la stimulation du récepteur peut mener à l'activation de protéine kinases cytosoliques qui passent alors dans le noyau et régulent l'activité des facteurs de transcription nucléaires. Certains récepteurs activés, particulièrement les récepteurs couplés aux protéines G, peuvent aussi induire des changements dans l'activité de protéines préexistantes. (D'après A. H. Brivanlou & J. Darnell, 2002, *Science* **295**:813)

récepteur, ce qui induit des réponses cellulaires spécifiques. L'ensemble du processus qui convertit les signaux en réponses cellulaires, ainsi que chacune de ses étapes, est appelé **transduction du signal**. Comme nous le verrons, selon les voies de la transduction, peu ou beaucoup de composants seront mobilisés.

Nous commençons ce chapitre par deux sections qui décrivent les principes généraux communs à la plupart de systèmes de signalisation et les techniques qui ont permis de les étudier. Le reste du chapitre sera consacré à la classe immense de récepteurs de surface cellulaire qui activent les **protéines G trimériques**. Les récepteurs de ce type, appelés communément **récepteurs couplés aux protéines G** (RCPG), sont présents dans toutes les cellules d'eucaryotes, de la levure à l'homme. Le génome humain, par exemple, code plusieurs milliers de RCPG, qui comprennent aussi bien des récepteurs visuels, olfactifs et gustatifs que ceux de nombreux neurotransmetteurs ainsi que la plupart des récepteurs des hormones contrôlant le métabolisme des glucides, des acides aminés et des lipides.

13.1 Molécules de signalisation et récepteurs de surface cellulaire

La communication au moyen de signaux extracellulaires met généralement en jeu les étapes suivantes : (1) la synthèse et (2) la libération du transmetteur par la cellule émettrice ; (3) son transport jusqu'à la cellule cible ; (4) la détection du signal par un récepteur protéique particulier menant à son activation ; (5) le déclenchement d'une ou plusieurs voies de transduction intracellulaire ; (6) des changements spécifiques dans la fonction, le métabolisme ou le développement de la cellule et (7) l'élimination du signal, qui souvent met fin à la réponse cellulaire (voir Figure 13-1). La vaste majorité des récepteurs sont activés par interaction avec des molécules sécrétées ou liées à des membranes (hormones, facteurs de croissance, neurotransmetteurs et phéromones). Certains récepteurs cependant sont activés par des changements dans la concentration d'un métabolite (oxygène ou nutriments) ou par des stimulus physiques (lumière, toucher, chaleur). Dans *E. coli*, par exemple, des récepteurs membranaires activent des voies de signalisation qui aident la cellule à répondre à des changements dans les taux extérieurs de phosphate et d'autres nutriments (voir Figure 4-18).

Les molécules de signalisation chez les animaux opèrent à des distances variables

Chez les animaux, on peut classer les signaux extracellulaires en trois types, *endocrines*, *paracrines* ou *autocrines*, selon la distance que doit parcourir le signal ; en outre, certaines protéines ancrées à la membrane d'une cellule transmettent parfois directement un signal à la cellule.

Dans la transmission **endocrine**, les médiateurs appelés **hormones** agissent à distance sur une variété de cellules cibles. Chez les animaux, c'est d'habitude le sang qui transporte l'hormone endocrine du site de libération à la cible.

Dans la transmission **paracrine**, les médiateurs n'affectent que les cellules adjacentes. Le passage d'un influx nerveux d'un nerf à un autre ou à une cellule musculaire (enclenchant son relâchement ou sa contraction) est un exemple typique de paracrinie (Chapitre 7). De nombreux **facteurs de croissance** assurant le développement d'organismes multicellulaires agissent aussi à courte distance. Certaines de ces molécules se lient fermement à la matrice extracellulaire, qui est incapable de transmettre un signal, mais elles peuvent être libérées plus tard sous une forme active. Beaucoup de médiateurs importants pour le développement diffusent à distance de la cellule sécrétrice en formant un gradient de concentration ; ils induisent ainsi, selon leur concentration auprès d'une cellule cible donnée, des réponses diverses (Chapitre 15).

Dans la transmission **autocrine**, les cellules répondent à des substances qu'elles ont libérées elles-mêmes. Ainsi, les cellules en culture répondent souvent à des *facteurs de croissance* qu'elles sécrètent. Beaucoup de cellules tumorales produisent et libèrent un excès de facteurs de croissance qui stimulent la prolifération inappropriée et incontrôlée de la cellule tumorale elle-même, ainsi que des cellules adjacentes non tumorales, ce qui peut mener à la formation d'une masse tumorale.

Les médiateurs protéiques qui font partie intégrante de la membrane à la surface de la cellule jouent aussi un rôle important dans le développement. Dans certains cas, ils se lient à des récepteurs d'une cellule cible voisine, qui sous l'effet de ce signal commence à se différencier. Dans d'autres cas, un clivage protéolytique d'une protéine membranaire de signalisation libère la région extracytoplasmique, qui fonctionne alors comme un médiateur soluble.

Certaines molécules de signalisation peuvent agir à courte ou longue distance. L'**adrénaline**, par exemple, fonctionne comme neurotransmetteur (signalisation paracrine) et comme une hormone systémique (signalisation endocrine). Un autre exemple est celui du facteur de croissance épidermique (EGF), qui est synthétisé comme une protéine membranaire capable de se lier à une cellule voisine et de lui transmettre un signal par contact direct. Le clivage par une protéase extracellulaire libère une forme soluble d'EGF, qui peut agir alors de manière autocrine ou paracrine.

Les récepteurs activent un nombre limité de voies de signalisation

Le nombre de récepteurs et de voies de signalisation dont nous parlons dans cet ouvrage peut paraître à première vue démesuré. De plus, la terminologie utilisée pour désigner les voies en question est une source possible de confusion. Souvent, elles sont appelées selon la classe générale des récepteurs concernés (e.g. RCPG et récepteur à activité tyrosine kinase), le type de ligand (TGF-β, Wnt et Hedgehog) ou un composant intracellulaire qui joue un rôle clé dans la transduction (e.g. NF-κB). Dans certains cas, la même voie porte différents noms. Heureusement, comme les détails moléculaires d'un nombre croissant de récepteurs et de voies de signalisation sont connus, certains principes et mécanismes communs apparaissent ; ces propriétés partagées permettent d'exploiter la richesse des nouvelles informations concernant la signalisation intercellulaire.

Premièrement, les signaux externes induisent deux types majeurs de réponses cellulaires : (1) des changements dans l'activité ou la fonction de protéines spécifiques préexistantes et (2) des changements dans les quantités de protéines spécifiques produites par une cellule, le plus souvent comme résultat d'une modification des facteurs de transcription menant à l'activation ou la répression de la transcription d'un gène. En général, le premier type de réponse survient plus rapidement que le second. Le signal provenant des récepteurs liés aux protéines G, décrit dans des sections ultérieures, aboutit souvent à des changements dans l'activité de protéines préexistantes, bien que l'activité de ces récepteurs sur certaines cellules puisse aussi agir sur l'expression génique.

Les autres classes de récepteurs représentés dans la Figure 13-1 contribuent surtout à la modulation de l'expression génique. Dans certains cas, le récepteur active directement le **facteur de transcription cytosolique** (e.g. TGF-β et les voies des récepteurs de cytokines) ou assemble un complexe de signalisation intracellulaire qui active un facteur de transcription cytosolique (e.g. les voies de Hedgehog, de Notch et de NF-κB). Les facteurs de transcription activés dans le cytosol par ces voies gagnent le noyau où ils stimulent (ou occasionnellement inhibent) la transcription de gènes cibles spécifiques. La signalisation venant des récepteurs à activité tyrosine kinase mène à l'activation de plusieurs protéine kinases cytosoliques qui rejoignent le noyau et régulent l'activité des facteurs de transcription. Nous décrivons dans les deux prochains chapitres ces voies de signalisation, qui contrôlent la transcription de nombreux gènes essentiels à la division cellulaire et à beaucoup de processus de différenciation.

Deuxièmement, certaines classes de récepteurs émettent des signaux qui peuvent suivre plusieurs voies de transduction conduisant à des réponses cellulaires différentes. Cette complication est typique des récepteurs couplés aux protéines G, aux récepteurs à activité tyrosine kinase et aux récepteurs des cytokines.

Troisièmement, malgré la grande diversité de ligands différents et de leurs récepteurs spécifiques, le nombre de mécanismes de transduction et de protéines intracellulaires hautement conservées jouant un rôle majeur dans les voies de signalisation intracellulaire est relativement petit. Notre connaissance de ces deux sujets communs a progressé fortement durant ces dernières années. Par exemple, nous pouvons suivre à la trace entièrement la voie de signalisation allant de la liaison du ligand aux récepteurs de plusieurs classes jusqu'à la réponse cellulaire finale.

Avant de fouiller les particularités de chacune des voies, nous allons discuter, dans la suite de cette section, des propriétés de base des récepteurs de surface ainsi que des méthodes utilisées pour les identifier et les étudier. Les caractéristiques générales et importantes de la transduction intracellulaire du signal sont décrites dans la Section 13.2.

Les récepteurs protéiques sont spécifiques dans la liaison à leur ligand et dans leur activité effectrice

La réponse d'une cellule ou d'un tissu à des signaux extérieurs spécifiques est dictée par des récepteurs particuliers, par les voies de transduction du signal qui sont activées et par les processus intracellulaires qui en résultent. Chaque récepteur lie en général une seule molécule signal ou un groupe de molécules étroitement apparentées (Figure 13.2). Au contraire, beaucoup de molécules de signalisation se lient à de multiples types de récepteurs, chacun pouvant activer des voies de signalisation intracellulaires différentes et induire ainsi des réponses cellulaires distinctes. Par exemple, différents types de récepteurs à l'acétylcholine se trouvent à la surface des muscles striés, des cellules musculaires cardiaques et des acini pancréatiques. La libération d'acétylcholine par un neurone aboutissant à un muscle strié déclenche une contraction par activation d'un LGIC (*ligand-gated ion channel*), tandis que la conséquence sur le muscle cardiaque est un ralentissement du rythme des contractions par activation d'un récepteur couplé aux protéines G. L'effet sur le pancréas se manifeste, lui, par l'exocytose des granules sécrétoires remplis d'enzymes digestives. De même, l'adrénaline se lie à différents récepteurs couplés aux protéines G, chacun induisant une réponse cellulaire distincte. Ainsi chaque récepteur protéique est caractérisé par sa *spécificité de liaison* à un ligand particulier, et le complexe récepteur-ligand qui en résulte montre à son tour une *spécificité effectrice* (c.-à-d. déclenche une réponse cellulaire spécifique).

Par ailleurs, des récepteurs de même classe qui lient des ligands différents induisent souvent les mêmes réponses cellulaires. Dans les hépatocytes, par exemple, l'adrénaline, le glucagon et l'ACTH se lient à différents membres de la famille des récepteurs couplés aux protéines G. Or, tous ces récepteurs activent la même voie de transduction du signal, qui entraîne la synthèse d'**AMP cyclique**

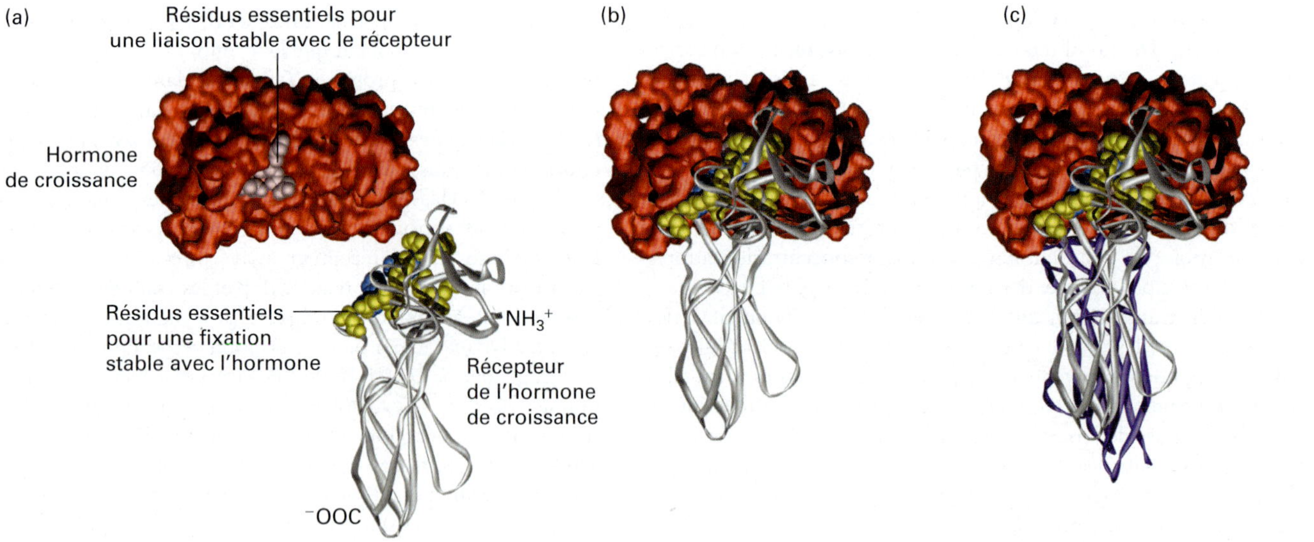

FIGURE EXPÉRIMENTALE 13-2 Des mutations ponctuelles ont permis l'identification des groupes d'acides aminés qui dans l'hormone de croissance et son récepteur déterminent leur interaction hautement spécifique. La surface extérieure de la membrane plasmique est dirigée vers le haut de la figure. Le récepteur est ancré dans la membrane par une hélice alpha hydrophobe (non représentée). À partir de la structure tridimensionnelle du complexe récepteur-hormone, on relève que 28 acides aminés dans l'hormone sont impliqués dans la liaison. On a muté, un à la fois, chacun de ces acides aminés en alanine et testé ainsi l'effet sur la liaison au récepteur. (a) Cette étude a montré que huit acides aminés de l'hormone (en rose) contribuent pour 85 % à l'énergie de liaison ; ces acides aminés sont distants dans la séquence primaire, mais adjacents dans la protéine repliée. Des études similaires ont montré que deux résidus tryptophane (en bleu) dans le récepteur contribuent le plus à l'énergie de liaison à l'hormone, bien que d'autres acides aminés à l'interface avec l'hormone (jaune) soient également importants. (b) La liaison de l'hormone à une molécule de récepteur est suivie par (c) la liaison d'un second récepteur du côté opposé de l'hormone ; ceci implique le même groupe d'acides aminés, jaunes et bleus dans le récepteur mais des résidus différents dans l'hormone. Comme nous le verrons dans le chapitre prochain, une telle dimérisation du récepteur induite par l'hormone est un mécanisme d'activation des récepteurs assez fréquent. (D'après B. Cunningham & J. Wells, 1993, *J. Mol. Biol.* **234**:554, et T. Clackson & J. Wells, 1995, *Science* **267**:383.)

(**AMPc**). Cette petite molécule de signalisation à son tour régule diverses fonctions métaboliques, entre autres l'hydrolyse du glycogène. En fin de compte, les trois hormones exercent le même effet sur le métabolisme hépatique.

Pour qu'une réponse cellulaire à une molécule de signalisation soit maximale, l'activation de tous les récepteurs n'est pas nécessaire

Comme nous l'avons vu, l'activation d'un récepteur de surface et la transduction du signal sont déclenchées par la liaison de la molécule signal (ligand) au récepteur. Cette liaison dépend de forces faibles, non covalentes, c'est-à-dire ioniques, de van der Waals et hydrophobes, et de la **complémentarité moléculaire** entre les deux surfaces en contact (Chapitre 2). La spécificité d'un récepteur veut dire qu'il est capable de distinguer des substances très semblables. Le récepteur de l'insuline, par exemple, lie l'insuline et une hormone apparentée appelée facteur de croissance semblable à l'insuline 1, mais pas d'autres hormones peptidiques.

La fixation d'un ligand est traitée habituellement comme une simple réaction réversible,

$$R + L \underset{k_{off}}{\overset{k_{on}}{\rightleftharpoons}} RL$$

qui peut être décrite par l'équation

$$K_d = \frac{[R][L]}{[RL]} \qquad (13\text{-}1)$$

dans lesquelles [R] et [H] représentent les concentrations respectives du récepteur libre et du ligand libre à l'équilibre et [RL] la concentration du complexe. K_d, la **constante de dissociation** du complexe, est une mesure de l'*affinité* du récepteur envers le ligand. On peut réécrire l'équation comme suit :

$$\frac{[RL]}{R_T} = \frac{1}{1 + \dfrac{K_d}{[L]}} \qquad (13\text{-}2)$$

où R_T représente la concentration totale de récepteur, soit [R] + [RL] ; dès lors $[RL]/R_T$ est la proportion de récepteurs occupés par le ligand. Plus la valeur de K_d est basse, plus l'affinité du récepteur envers son ligand est élevée. La valeur de K_d représente la concentration de ligand nécessaire pour occuper la moitié des molécules de récepteur présentes. Quand $[L] = K_d$, l'équation 13-2 montre que $[RL] = 0{,}5\ [R_T]$. Cette équation a la même forme générale que celle de l'équation de Michaelis-Menten qui décrit les réactions enzymatiques simples avec un seul substrat (Chapitre 3). Le K_d pour une réaction de liaison est équivalent à la constante de Michaelis K_m, qui reflète l'affinité de l'enzyme pour son substrat.

Pour une réaction de liaison simple, $K_d = k_d/k_a$, où k_d est la constante de vitesse de dissociation du complexe et k_a la constante de vitesse de formation du complexe. Plus bas est k_d par rapport à k_a, plus stable est le complexe RL et donc plus basse est la valeur de K_d. Comme toutes les constantes d'équilibre, cependant, la valeur de K_d ne dépend pas des valeurs *absolues* de k_d et k_a mais uniquement de leur rapport. Pour cette raison, les liaisons d'un ligand par deux récepteurs différents peuvent avoir les mêmes valeurs de K_d mais des constantes de vitesse très différentes.

En général, la valeur de K_d d'un récepteur de surface cellulaire pour une hormone circulante est plus grande que le taux sanguin normal (non stimulé) de cette hormone. Dans ce cas, des variations de concentration de l'hormone déterminent des changements proportionnels dans la fraction de récepteurs occupés. Supposons par exemple que le taux sanguin normal de l'hormone soit de 10^{-9} M et que le K_d du récepteur soit de 10^{-7} M ; en introduisant ces valeurs dans l'équation 13-2, nous pouvons calculer la fraction de récepteurs occupés par l'hormone, $[RL]/R_T$, à l'équilibre ; elle est de 0,0099. Dès lors, environ 1 % de l'ensemble des récepteurs sera occupé. Si le taux hormonal augmente de dix fois, jusqu'à 10^{-8} M, la concentration de complexes augmentera proportionnellement ; ainsi environ 10 % des récepteurs auront fixé l'hormone. Si le degré de réponse cellulaire induite est parallèle à la quantité de RL, comme c'est souvent le cas, alors la réponse cellulaire augmentera également de dix fois.

Dans beaucoup de cas, cependant, la réponse maximale à un ligand particulier est obtenue alors que moins de 100 % de récepteurs de la cellule sont occupés par le ligand ; ce que l'on constate en mesurant le niveau de réponse et le taux d'occupation du récepteur à différentes concentrations de ligand (Figure 13-3). Par exemple, une cellule progénitrice érythroïde typique porte ≈ 1000 récepteurs pour l'érythropoïétine, l'agent inducteur de la prolifération de ces progéniteurs et de leur différenciation en globules rouges. Puisque seulement 100 récepteurs doivent fixer l'érythropoïétine pour induire la division d'une cellule cible, la concentration

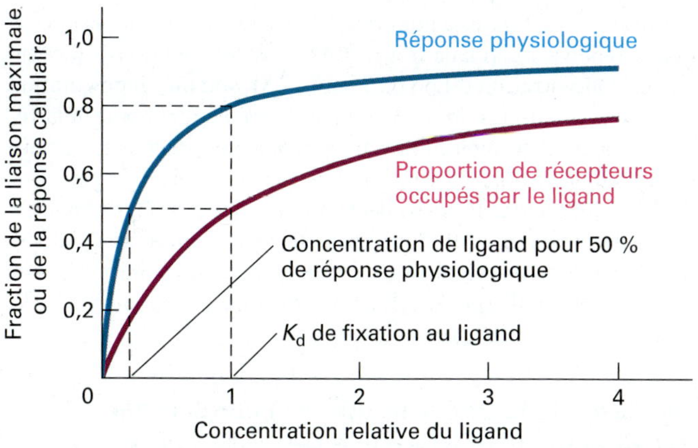

FIGURE EXPÉRIMENTALE 13-3 La réponse physiologique maximale à beaucoup de signaux extérieurs survient quand une fraction seulement des molécules réceptrices est occupée par le ligand. Dans ce cas, la relation entre le taux de fixation du ligand et la réponse cellulaire à différentes concentrations du ligand diffère. Dans l'exemple représenté ici, 50 % de la réponse maximale sont obtenus à une concentration de ligand qui permet seulement que 18 % des récepteurs soient occupés. De même, 80 % de la réponse maximale sont obtenus lorsque la concentration du ligand devient égale à la valeur du Kd, à laquelle 50 % des récepteurs sont occupés.

du ligand nécessaire à l'induction de 50 % de la réponse cellulaire maximale est proportionnellement moindre que la valeur du *K*d de fixation. Dans de tels cas, la relation entre le pourcentage de fixation maximale et la concentration de ligand diffère de la relation entre la réponse cellulaire maximale et la concentration en ligand.

La sensibilité d'une cellule à des signaux extérieurs est déterminée par le nombre de récepteurs de surface

Puisque la réponse cellulaire à un signal particulier dépend du nombre de complexes récepteur-ligand, la *sensibilité* d'une cellule au ligand sera fonction de la densité de récepteurs qu'elle porte à sa surface. En conséquence, une concentration plus élevée de ligand sera nécessaire pour induire la réponse physiologique si le nombre de récepteurs par cellule est moindre.

Pour illustrer ce point important, reprenons l'exemple du progéniteur érythroïde. Le K_d de fixation de l'érythropoïétine (Epo) à son récepteur est d'environ 10^{-10} M. Comme nous le notions plus haut, 10 % seulement des ≈ 1000 récepteurs de l'Epo à la surface d'une cellule doivent être occupés par le ligand pour qu'une réponse cellulaire maximale soit obtenue. Nous pouvons déterminer la concentration de ligand, [L], nécessaire pour induire la réponse maximale en réécrivant l'équation 13-2 comme ceci :

$$[L] = \frac{K_d}{\frac{R_T}{[RL]} - 1} \qquad (13\text{-}3)$$

Si R_T = 1000 (nombre total de récepteurs de l'Epo par cellule), $K_d = 10^{-10}$ et [RL] = 100 (nombre de récepteurs occupés nécessaires à l'induction d'une réponse maximale), une concentration d'Epo de 1,1 x 10^{-11} déclenchera la réponse maximale. Si R_T est réduit à 200/cellule, alors une concentration d'Epo neuf fois supérieure (10^{-10}) est requise pour que 100 récepteurs soient occupés et que la réponse maximale soit induite. Si R_T est réduit à 120/cellule, une concentration d'Epo de 5 x 10^{-10} M, soit une augmentation de 50 fois, est nécessaire pour générer la même réponse cellulaire.

La densité de molécules d'un récepteur exprimé à la surface d'une cellule et donc la sensibilité de celle-ci au ligand spécifique joue un rôle clé dans le déroulement des processus physiologiques ou de différenciation. Il faut également tenir compte de l'endocytose éventuelle des récepteurs. La réduction de leur nombre en surface peut être telle que la cellule ne pourra plus répondre malgré un taux normal du ligand.

Des tests de liaison sont utilisés pour détecter des récepteurs et déterminer leur valeur de K_d

Les récepteurs de la surface cellulaire sont difficiles à identifier et à purifier, surtout parce qu'ils sont présents en très petites quantités. Le récepteur pour un ligand particulier ne représente en général que ≈ 10^{-6} des protéines totales de la cellule, ou ≈ 10^{-4} des protéines de la membrane plasmique. La purification est aussi difficile parce que les protéines intégrées dans la membrane doivent d'abord être solubilisées au moyen d'un détergent non ionique pour qu'elles puissent être séparées des autres protéines (voir Figure 5-40).

D'habitude, on détecte et dose un récepteur en mesurant la capacité de la cellule, ou de certaines de ses fractions, de fixer le ligand radioactif. Les résultats de ce *test de liaison* sont illustrés et expliqués dans la Figure 13-4. Tant le nombre de sites de liaison par cellule que la valeur de K_d sont déterminés facilement à partir de la courbe de fixation spécifique (Figure 13-4, courbe B), qui est décrite par l'équation 13-2. Puisque chaque récepteur ne fixe en général qu'une molécule de ligand, le nombre de sites de liaison est égal au nombre de récepteurs actifs par cellule. Des tests directs de liaison comme celui de la Figure 13-4 sont applicables à des récepteurs qui ont une forte affinité, par exemple celui de l'Epo (K_d = 1 x 10^{-10} M) ou de l'insuline sur les cellules hépatiques (K_d = 1,4 x 10^{-8} M).

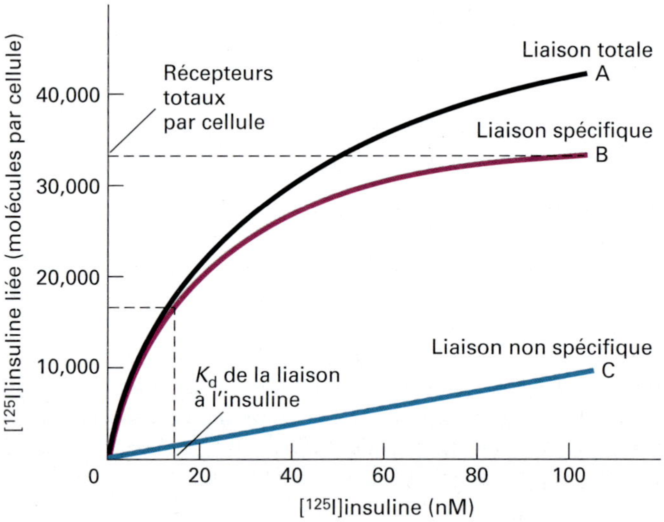

FIGURE EXPÉRIMENTALE 13-4 On peut déterminer le Kd de récepteurs de surface et leur nombre par cellule au moyen d'un test de liaison si l'interaction avec le ligand est de forte affinité. Les résultats qui sont montrés ici concernent le récepteur de l'insuline présent à la surface des hépatocytes. Une suspension cellulaire est incubée pendant 1 heure à 4° C avec des concentrations croissantes d'insuline marquée par l'^{125}I ; il faut opérer à basse température afin de prévenir l'endocytose des récepteurs. Les cellules sont séparées de l'insuline non liée, habituellement par centrifugation, et leur radioactivité est mesurée. La courbe A de fixation totale représente l'insuline liée spécifiquement aux récepteurs de haute affinité ainsi que l'insuline liée non spécifiquement avec faible affinité à d'autres molécules de la surface cellulaire. On détermine la contribution de la liaison non spécifique à la fixation totale en répétant le test en présence d'insuline non marquée en quantité 100 fois supérieure à celle de l'insuline marquée, ce qui sature tous les sites spécifiques de haute affinité. Dans ce cas, toute l'insuline marquée se lie aux sites non spécifiques, fournissant ainsi la courbe C. On calcule la courbe B correspondant à la liaison spécifique en prenant la différence entre les courbes A et C. À partir de la courbe B, on détermine alors le K_d, qui pour l'insuline est de ≈ 1,4 x 10^{-8} M, ou 14 nM, et le nombre de molécules de récepteur par cellule (≈ 33 000). [Adapté de A. Ciechanover *et al.*, 1983, *Cell* **32**:267.]

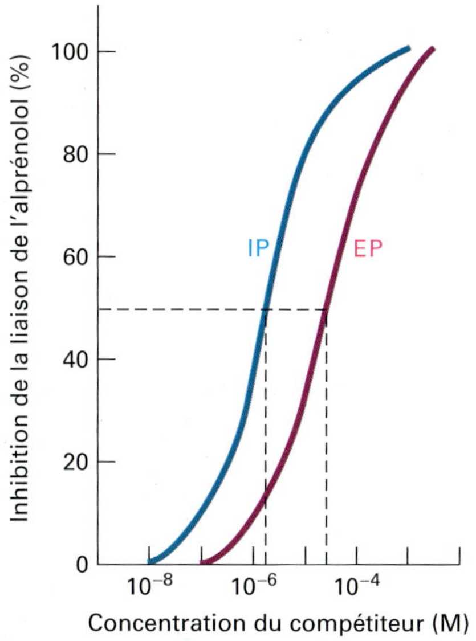

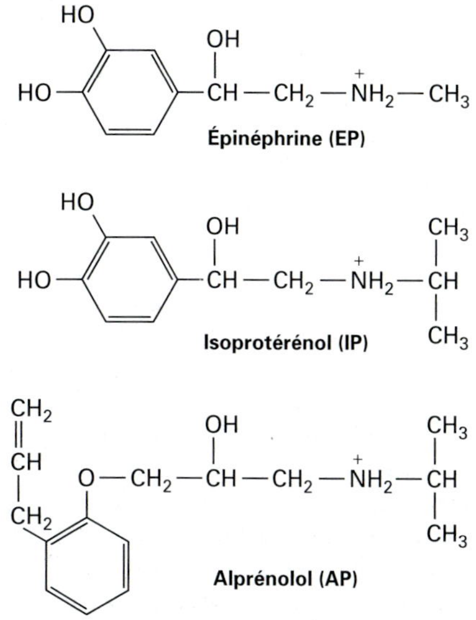

FIGURE EXPÉRIMENTALE 13-5 On peut étudier les récepteurs membranaires de faible affinité par un test de compétition. Dans cet exemple, un ligand de synthèse, l'alprénolol, qui se lie avec forte affinité au récepteur hépatique de l'adrénaline ($K_d \approx 3 \times 10^{-9}$ M), est utilisé pour la détection de la liaison de deux ligands de faible affinité, l'adrénaline ou épinéphrine (EP), l'hormone naturelle, et un ligand synthétique, l'isoprotérénol (IP). Les tests sont effectués comme décrit à la Figure 13-4, mais avec une quantité constante d'[^{3}H]alprénolol auquel on ajoute des quantités croissantes d'adrénaline non marquée ou d'isoprotérénol. À chaque concentration du compétiteur, on mesure la quantité d'alprénolol fixé. En rapportant l'inhibition de la liaison de l'[^{3}H]alprénolol à la concentration d'adrénaline ou d'isoprotérénol, on peut estimer la valeur de K_d du compétiteur ; elle correspond approximativement à la concentration à laquelle celui-ci inhibe à raison de 50 % la liaison de l'alprénolol. Notez que les concentrations du compétiteur sont distribuées le long d'une échelle logarithmique. Le K_d de la liaison de l'adrénaline à son récepteur hépatique n'est que de $\approx 5 \times 10^{-5}$ M et ne serait pas mesurable par un test de liaison direct avec l'[^{3}H]adrénaline. Le K_d de l'isoprotérénol, qui induit une réponse cellulaire normale, est plus de dix fois inférieure.

Beaucoup de ligands, cependant, se lient à leur récepteur avec beaucoup moins d'affinité. Si le K_d est supérieur à $\approx 1 \times 10^{-7}$ M, tout ligand lié à ces récepteurs est susceptible de se détacher dans les quelques secondes nécessaires pour séparer les cellules, e.g. par centrifugation, du ligand libre (non lié) et mesurer la fraction liée. Une manière de détecter une faible liaison est le *test de compétition* en recourant à un autre ligand qui se lie au même récepteur avec une forte affinité (K_d bas). Dans ce type de test, des quantités croissantes d'un ligand de faible affinité, non marqué (le compétiteur) sont ajoutées à un échantillon de cellules avec une quantité constante du ligand de haute affinité, marqué par un radio-isotope (Figure 13-5). La liaison du compétiteur bloque celle du ligand radioactif ; la concentration du compétiteur requise pour inhiber la liaison de la moitié du ligand radioactif correspond approximativement à la valeur du K_d de la liaison du compétiteur au récepteur.

MÉDECINE Des analogues synthétiques d'hormones naturelles sont utilisés largement dans les études des récepteurs de surface mais aussi comme médicaments. Ces analogues se répartissent en deux catégories : les **agonistes** qui imitent la fonction d'une hormone naturelle en se liant à son récepteur et en induisant une réponse normale, et les **antagonistes**, qui se lient au récepteur mais n'induisent pas de réponse. En occupant le site de liaison au ligand, un antagoniste peut bloquer la liaison de l'hormone naturelle ou de l'agoniste et ainsi réduire l'activité physiologique de l'hormone.

Par exemple, l'addition de deux groupes méthyles à l'adrénaline génère l'isoprotérénol, un agoniste qui se lie au récepteur de l'adrénaline sur les muscles lisses bronchiques environ dix fois plus fortement que ne le fait l'adrénaline (voir Figure 13-5). Puisque l'interaction du ligand avec ce récepteur induit un relâchement de la musculature bronchique et augmente ainsi l'ouverture des bronches, l'isoprotérénol est utilisé dans le traitement de l'asthme, de la bronchite chronique et de l'emphysème. L'activation des récepteurs de l'adrénaline sur les muscles du cœur augmente le rythme de ses contractions. L'antagoniste, l'alprénolol et des produits apparentés, dits *β-bloquants*, ont une très forte affinité pour ces récepteurs de l'adrénaline. De tels antagonistes sont utilisés pour ralentir le rythme cardiaque en cas d'arythmie cardiaque et d'angine de poitrine. ▮

Les récepteurs peuvent être purifiés par des techniques d'affinité ou exprimés à partir de gènes clonés

Il est courant que l'on identifie les récepteurs membranaires par *marquage d'affinité* : on laisse le ligand radioactif se fixer aux cellules jusqu'à saturation. Ensuite après avoir lavé les cellules pour éliminer le ligand non fixé, on traite l'ensemble par un réactif qui conjugue par covalence le ligand marqué à son récepteur. Une fois que le ligand marqué est lié par covalence à son récepteur, les détergents ou d'autres agents dénaturants servant à extraire le récepteur de la membrane ne peuvent dissocier le complexe. Le ligand marqué permet alors la détection du récepteur au cours de sa purification.

Une autre technique qui ressemble à la *chromatographie d'affinité* au moyen d'anticorps (voir Figure 3-34) est souvent appliquée pour l'extraction de récepteurs membranaires qui restent capables de fixer leur ligand après avoir été solubilisés par des détergents. Au lieu d'anticorps, un ligand spécifique est couplé chimiquement à des billes servant de phase solide. Un extrait grossier de protéines membranaires solubilisées par un détergent est passé à travers une colonne remplie de ces billes ; seul le récepteur s'y attache ; les autres protéines sont éliminées par lavage. On détache alors le récepteur en passant un excès du ligand soluble à travers la colonne. Dans les cas favorables, après une seule étape de chromatographie d'affinité, la préparation est enrichie de 100 000 fois en molécules de récepteur.

Dès que le récepteur a été purifié, ses propriétés peuvent être étudiées et son gène cloné. L'expression de l'ADNc cloné dans une cellule de mammifère qui en est normalement dépourvue peut fournir la preuve définitive que la protéine adéquate a bien été obtenue (Figure 13-6). Ce *test d'expression* permet aussi l'étude des effets de mutations de certains acides aminés sur la liaison du ligand ou sur la transduction en aval du signal ; on repère ainsi les acides aminés responsables de l'interaction avec le ligand ou avec les protéines impliquées dans la transduction.

Les récepteurs de nombreux médiateurs sont présents en si faible densité qu'ils ne peuvent être purifiés par chromatographie d'affinité ou d'autres techniques biochimiques conventionnelles. Ces récepteurs peu abondants peuvent maintenant être identifiés par divers procédés basés sur l'ADN recombinant, ce qui élimine le besoin de les isoler et de les purifier à partir d'extraits cellulaires. Par exemple, les ADNc clonés préparés à partir des ARNm des cellules qui produisent le récepteur sont insérés dans des vecteurs d'expression par des techniques décrites dans le Chapitre 9. Les vecteurs recombinants sont alors transfectés dans des cellules qui ne synthétisent normalement pas le récepteur en question, comme dans la Figure 13-6. Seules les très rares cellules transfectées qui contiennent l'ADNc codant le récepteur le produisent ; les autres cellules transfectées produisent des protéines sans intérêt immédiat. Les rares cellules exprimant le récepteur étudié peuvent être détectées et purifiées par des techniques comme la cytométrie de flux basée sur un ligand fluorescent (voir Figure 5-34). Une fois que le clone d'ADNc codant le récepteur a été identifié, sa séquence peut être établie et celle du récepteur peut en être déduite.

Les études génomiques couplées à des tests fonctionnels sont maintenant utilisées pour identifier des gènes codant des récepteurs inconnus. On analyse des séquences d'ADN afin de trouver des similitudes avec des séquences codant des récepteurs (Chapitre 9). Tous les gènes susceptibles de coder un récepteur peuvent alors être testés pour leur capacité d'induire la production d'un récepteur capable de lier un médiateur ou d'induire une réponse de cellules en culture.

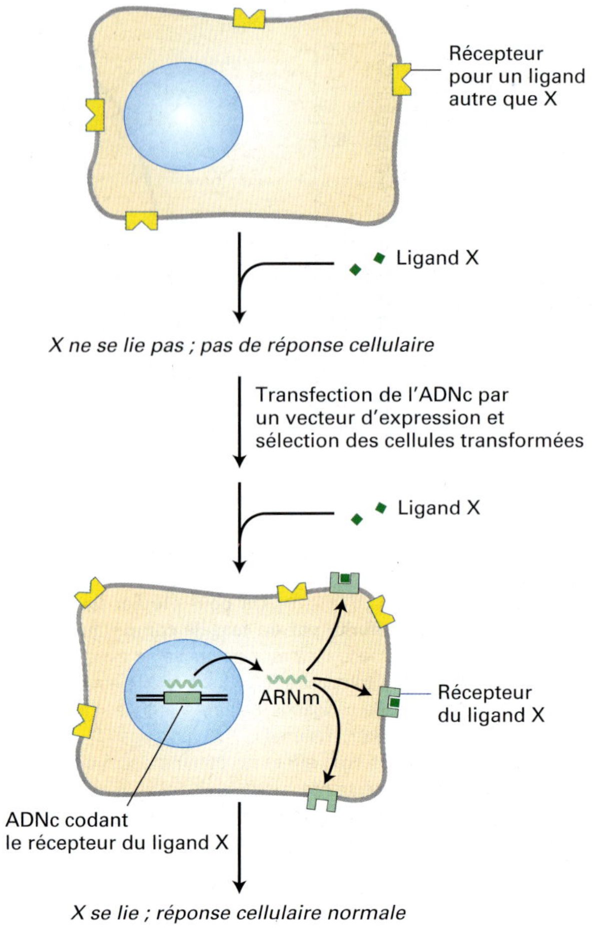

FIGURE EXPÉRIMENTALE 13-6 On peut identifier par un test fonctionnel l'ADNc qui code un récepteur de surface. L'ADNc codant un récepteur pour un ligand particulier (X) est intégré dans un vecteur d'expression, puis l'ensemble est transfecté de manière stable dans des cellules cibles dépourvues du récepteur en question. Un vecteur préparé de manière appropriée permet le repérage des cellules transformées parmi celles qui n'ont pas incorporé le vecteur dans leur génome (voir Figure 9-29b). Si ces cellules disposent de toutes les protéines nécessaires à la transduction du signal en question, les cellules transfectées peuvent alors répondre normalement à X, si l'ADNc est bien celui qui code le récepteur.

CONCEPTS CLÉS DE LA SECTION 13.1

Molécules de signalisation et récepteurs de surface cellulaire

- Les molécules extracellulaires de signalisation régulent les interactions entre les organismes unicellulaires et jouent un rôle essentiel dans le contrôle des fonctions physiologiques et de différenciation dans les organismes multicellulaires.

- La liaison de molécules extracellulaires de signalisation aux récepteurs de surface active des voies intracellulaires de transduction du signal qui aboutissent au contrôle du métabolisme et du fonctionnement de la cellule ou de l'expression génique (Figure 13.1).

- Les signaux extérieurs comprennent des protéines et des peptides membranaires, de petites molécules lipophiles (e.g.

hormones stéroïdiennes, thyroxine), de petites molécules hydrophiles dérivées d'acides aminés (e.g. adrénaline), des substances gazeuses (e.g. oxyde nitrique) et des stimulus physiques (e.g. lumière).

- Les signaux provenant d'une cellule peuvent agir sur des cellules voisines (paracrinie), sur des cellules distantes (endocrinie) ou sur la cellule émettrice du signal (autocrinie).
- Les récepteurs fixent les ligands avec une grande spécificité, qui est déterminée par des interactions non covalentes entre un ligand et des acides aminés spécifiques dans le récepteur protéique (voir Figure 13-2).
- La réponse maximale de la cellule à un ligand particulier survient généralement à des concentrations de ligand insuffisantes pour que la plupart des molécules du récepteur soient occupées (voir Figure 13-3).
- La concentration de ligand à laquelle la moitié des récepteurs d'une cellule est occupée, le *K*d, peut être déterminée expérimentalement et constitue une mesure de l'affinité du récepteur pour son ligand (Figure 13-4).
- Puisque la densité d'un récepteur particulier est en général très faible (2000 à 20 000 molécules par cellule), une purification biochimique peut s'avérer impossible. Les gènes codant ces récepteurs d'un ligand spécifique peuvent être isolés à partir de banques d'ADNc transfectées dans des cellules en culture.
- En testant la fonction, on peut vérifier si un ADNc code un récepteur particulier, ce qui permet également l'étude des effets de mutations dirigées sur la fonction de récepteur (voir Figure 13-6).

13.2 Transduction intracellulaire du signal

Les diverses voies intracellulaires qui transmettent le signal en aval à partir des récepteurs membranaires activés diffèrent par leur complexité et par leurs modalités. Nous décrirons les composants et le déroulement de plusieurs voies particulières plus loin dans ce chapitre et dans d'autres chapitres. Dans cette section, nous nous limiterons aux principes généraux de la transduction applicables à diverses voies.

Des messagers secondaires transfèrent des signaux provenant de nombreux récepteurs différents

La liaison de ligands (« messagers primaires ») à divers récepteurs membranaires mène à une augmentation (ou diminution) de courte durée de la concentration de petites molécules de signalisation intracellulaire appelées **messagers secondaires**, qui comprennent le 3',5'- AMP cyclique (AMPc), le 3',5'- GMP cyclique (GMPc), le 1,2-diacylglycérol (DAG) et l'inositol 1,4,5-*tris*phosphate (IP_3), dont les structures sont montrées dans la Figure 13-7. D'autres messagers secondaires sont le Ca^{2+} et divers phospholipides à base d'inositol, appelés *phosphoinositides*, qui sont intégrés dans les membranes cellulaires.

L'accroissement du taux intracellulaire d'un ou de plusieurs de ces messagers secondaires à la suite de la liaison d'une hormone à son récepteur modifie rapidement l'activité d'une ou de plusieurs enzymes ou de protéines non enzymatiques. Dans le muscle, l'augmentation du Ca^{2+} dans le cytosol déclenche une contraction (voir Figure 19-28) ; une augmentation similaire du Ca^{2+} induit l'exocytose de vésicules sécrétoires dans les cellules endocrines et de vésicules chargées de neurotransmetteurs dans les cellules nerveuses (voir Figure 7-3). De même, une augmentation de l'AMPc induit, dans le métabolisme cellulaire, des changements qui varient selon le type de cellules concernées. Le mode d'action de

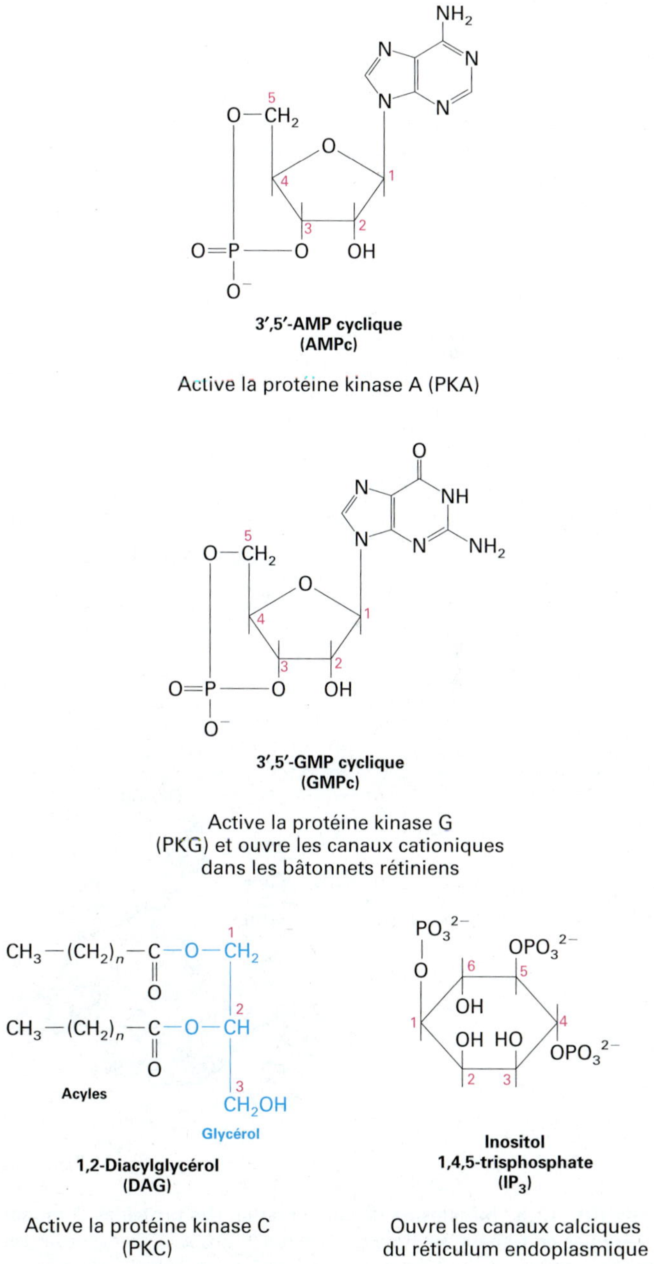

FIGURE 13-7 Quatre messagers secondaires intracellulaires communs. Les effets majeurs directs de chacune de ces substances sont indiqués en dessous de leur formule chimique. L'ion calcique (Ca^{2+}) et plusieurs phosphoinositides membranaires agissent aussi comme messagers secondaires.

l'AMPc et d'autres messagers secondaires est discuté dans de prochaines sections.

Beaucoup de protéines intracellulaires conservées interviennent dans la transduction du signal

En plus des récepteurs de surface et des messagers secondaires, deux groupes de protéines conservées au cours de l'évolution participent aux voies de transduction activées par des signaux extracellulaires. Ici, nous décrivons brièvement ces protéines de signalisation intracellulaire ; leur rôle dans les voies spécifiques est décrit ailleurs.

Protéines de commutation ou GTPases. Nous avons introduit dans le Chapitre 3 le vaste groupe de protéines intracellulaires de commutation qui constituent la **superfamille des GTPases**. Ces protéines qui lient le nucléotide guanine sont activées par liaison au GTP et inactivées par liaison au GDP (voir Figure 3-29). Sous l'effet du signal, le passage de l'état inactif à l'état actif est assuré par GEF (*guanine nucleotide-exchange factor*), qui force la protéine de commutation à lâcher le GDP. La fixation subséquente de GTP, favorisée par sa concentration intracellulaire élevée, induit un changement de conformation dans deux segments de la protéine, appelés commutateur I et commutateur II, et permet ainsi à la protéine de se lier à d'autres protéines de signalisation en aval et de les activer (Figure 13-8). L'activité intrinsèque de GTPase des protéines commutatrices aboutit à l'hydrolyse du GTP lié en GDP et P_i, ramenant ainsi la conformation des commutateurs I et II de la forme active à la forme inactive. L'hydrolyse du GTP est fréquemment accélérée par GAP (*GTPase-accelerating protein*), dont l'activité peut aussi dépendre de signaux extracellulaires. La vitesse d'hydrolyse du GTP détermine la durée durant laquelle la protéine commutatrice garde sa conformation active et sa capacité de transfert du signal en aval.

On distingue deux classes de GTPases : les grandes protéines G, *trimériques*, connectées directement à certains récepteurs, et les

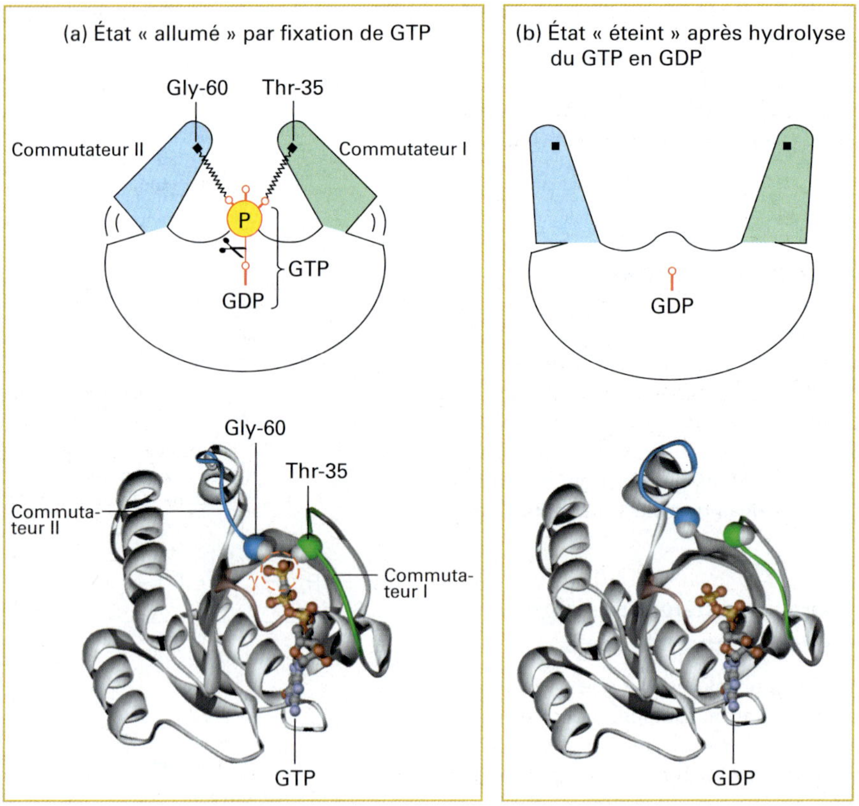

FIGURE 13.8 Mécanisme de commutation des protéines G monomériques ou trimériques. Une protéine G est capable d'interagir avec les autres protéines et de transmettre un signal en aval lorsqu'elle a lié du GTP ; elle est dite « allumée ». Par contre, elle en est incapable quand elle est complexée au GDP ; elle est « éteinte ». (a) À l'état actif, deux domaines, appelés commutateur I (vert) et commutateur II (bleu) sont liés au phosphate γ terminal du GTP par interactions avec les groupes amides des résidus conservés de thréonine et de glycine. (b) La perte du phosphate γ à la suite de l'hydrolyse catalysée par la GTPase relâche les deux commutateurs, qui prennent alors une conformation différente, l'état inactif ou « éteint ». Les modèles en ruban représentent les deux conformations de Ras, une protéine G monomérique. Un tel mécanisme à ressort change la conformation de la sous-unité α des protéines G trimériques et ainsi leur état d'activité. [Adapté de I. Vetter & A. Wittinghofer, 2001, *Science* **294**:1299.]

petites protéines G, *monomériques*, comme Ras et diverses protéines apparentées. Ras est relié de manière indirecte aux récepteurs par l'intermédiaire de protéines adaptatrices et des protéines GEF, dont il sera question dans le prochain chapitre. Toutes les protéines G contiennent des régions agissant comme les commutateurs I et II qui contrôlent l'activité de protéines effectrices spécifiques par des interactions directes protéine-protéine quand la protéine G est liée au GTP. Malgré leurs ressemblances, ces deux classes de protéines liant le GTP sont régulées de manière très différente.

Protéine kinases et phosphatases. L'activation de tout récepteur de surface modifie directement ou indirectement le degré de phosphorylation de protéines par activation de **kinases** ou de **phosphatases**. Les cellules animales contiennent deux types de protéine kinases : celles qui ajoutent un phosphate au groupe hydroxyle des résidus tyrosine et celles qui l'ajoutent au groupe hydroxyle des résidus sérine ou thréonine (ou les deux). Les phosphatases, en enlevant le groupe phosphate, peuvent agir de concert avec les kinases pour déclencher ou suspendre une activité (voir Figure 3-30). Selon les dernières estimations, le génome humain coderait 500 protéine kinases et 100 phosphatases différentes. Dans certaines voies de signalisation, le récepteur lui-même est doté d'une activité de kinase ou de phosphatase ; dans d'autres, le récepteur interagit avec des kinases cytosoliques ou membranaires.

En général, chaque protéine kinase phosphoryle des résidus spécifiques dans une série de protéines cibles dont l'expression diffère le plus souvent d'un type cellulaire à l'autre. Beaucoup de protéines sont le substrat de multiples kinases et chaque phosphorylation, sur un acide aminé différent, modifie la fonction d'une protéine cible particulière ; elle l'active ou l'inhibe. L'activité catalytique d'une protéine kinase elle-même est le plus souvent modulée par phosphorylation, par liaison directe à d'autres protéines ou par des changements dans les taux de divers messagers secondaires. L'activité de toute protéine kinase est contrée par l'activité de phosphatases, dont certaines sont elles-mêmes régulées par des signaux extracellulaires. Ainsi, l'activité d'une protéine dans une cellule peut dépendre des activités de nombreuses kinases et phosphatases. Plusieurs exemples de ce phénomène, impliqué entre autres dans la régulation du cycle cellulaire, sont décrits dans le Chapitre 21.

Certains récepteurs et protéines de transduction du signal ont une localisation particulière

Bien que les récepteurs de l'adrénaline exprimés par les adipocytes (les cellules qui stockent la graisse) paraissent être distribués de manière uniforme à la surface de ces cellules sphériques, une telle répartition est probablement rare. Plus fréquent est le regroupement des récepteurs et d'autres protéines de signalisation associées à la membrane en une région particulière de la surface cellulaire. Dans cette section, nous montrons comment de multiples interactions entre protéines ou entre protéines et lipides peuvent concentrer les protéines de signalisation dans la membrane plasmique et nous discutons des avantages offerts par un tel rassemblement. D'autres exemples de localisation de protéines de signalisation sont décrits ailleurs.

Regroupement de protéines membranaires dépendant des domaines adaptateurs. Le meilleur exemple est la synapse chimique. Dans cette structure hautement spécialisée, des médiateurs (neurotransmetteurs) libérés par une cellule présynaptique se lient à des récepteurs d'une cellule postsynaptique adjacente (voir Figure 7-31). La concentration des récepteurs dans la région membranaire la plus proche de la cellule présynaptique favorise la vitesse et l'efficacité de la transmission. D'autres protéines membranaires de la cellule postsynaptique interagissent avec des protéines de la matrice extracellulaire afin de fixer la cellule dans la synapse.

Les protéines contenant des *domaines PDZ* jouent un rôle fondamental dans l'organisation de la membrane plasmique de la cellule postsynaptique. Le domaine PDZ fut identifié comme un élément commun à plusieurs protéines cytosoliques qui se lient à des protéines intégrées dans la membrane. Il s'agit d'un domaine assez petit, contenant environ 90 résidus d'acides aminés, qui se lie à des séquences de trois résidus dans la partie C-terminale des protéines cibles (Figure 13-9a). Certains domaines PDZ se fixent à la séquence Ser/Thr-X-Φ, où X représente n'importe quel acide aminé, et Φ un acide aminé hydrophobe. D'autres se lient à la séquence Φ-X-Φ.

La plupart des récepteurs et transporteurs contiennent de multiples sous-unités, chacune pouvant se lier à un domaine PDZ. De même, beaucoup de protéines cytosoliques contiennent de multiples domaines PDZ ainsi que d'autres types de domaines qui participent aux interactions interprotéiques, et peuvent ainsi connecter de multiples protéines membranaires, ce qui aboutit à un regroupement de diverses protéines membranaires en de grands complexes (Figure 13-9b). D'autres interactions permettent à ces complexes de se lier aux filaments d'actine qui couvrent la face interne de la membrane plasmique. Puisqu'un seul filament d'actine peut lier beaucoup de complexes du type décrit dans la Figure 13-9b, un nombre encore plus grand de protéines membranaires peuvent être concentrées de manière spécifique, ce qui constitue un des mécanismes par lesquels beaucoup de récepteurs, fixant le même ligand ou des ligands différents, sont concentrés dans une région spécifique de la membrane des cellules postsynaptiques et d'autres cellules.

Regroupement protéique dans les radeaux lipidiques. Dans le Chapitre 5, nous avons vu que certains lipides membranaires, particulièrement le cholestérol et les sphingolipides, sont organisés en agrégats, appelés **radeaux lipidiques**, qui contiennent aussi des protéines spécifiques (voir Figure 5-10). Dans les cellules de mammifères, les radeaux lipidiques appelés *caveolae* offrent un intérêt particulier parce qu'ils contiennent plusieurs récepteurs différents et d'autres protéines transductrices du signal. Ces radeaux se caractérisent par la présence de *cavéoline*, une famille de protéines de ≈ 25 kDa. Les calvéolines ont un segment hydrophobe central qui, croit-on, traverse deux fois la membrane ; elles présentent ainsi à la fois leurs extrémités C- et N-terminales du côté cytosolique. Les grands oligomères de cavéoline forment une couche protéique qui est visible au microscope électronique à la surface cytosolique des caveolae. Comment certaines protéines de signalisation sont ancrées dans les caveolae reste à éclaircir. Néanmoins, le regroupement de protéines de signalisation au sein des caveolae peut faciliter leurs interactions, favorisant ainsi certaines voies de signalisation qui autrement seraient inefficaces.

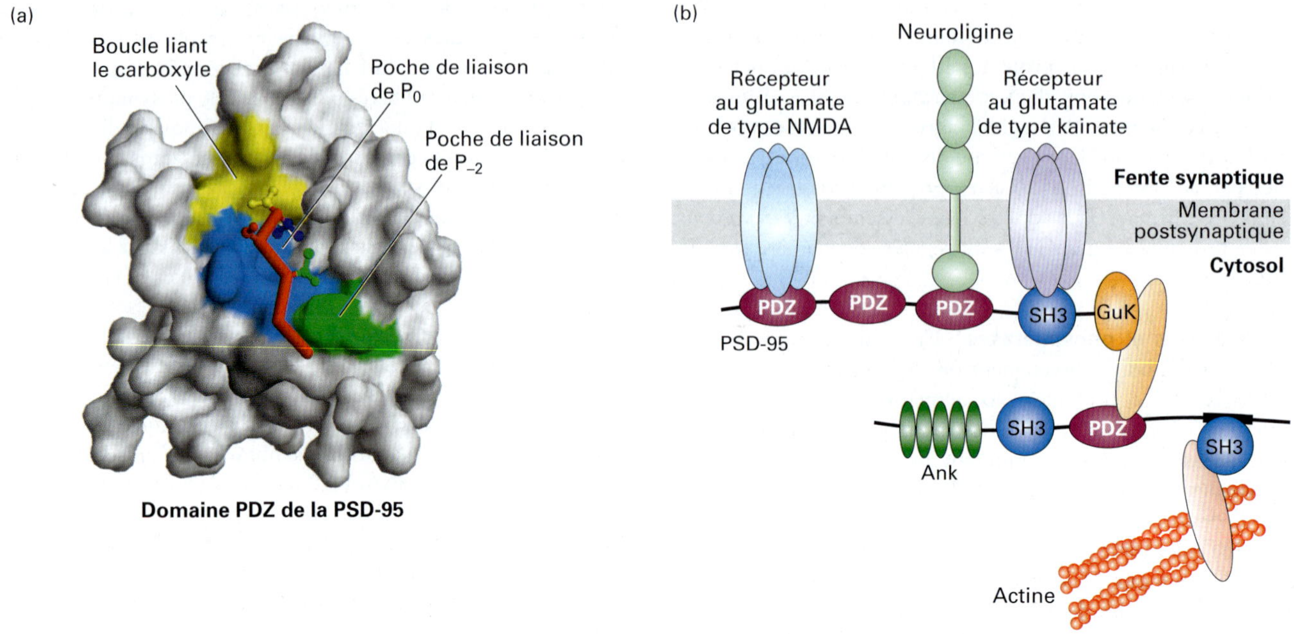

FIGURE 13-9. Regroupement des protéines membranaires assuré par des protéines adaptatrices cytosoliques contenant de multiples domaines capables de s'attacher à d'autres protéines. Le domaine PDZ, qui se lie à certaines séquences C-terminales, le domaine SH3, qui se lie à des séquences riches en proline, sont deux des divers domaines conservés qui participent aux interactions entre protéines. (a) Structure tridimensionnelle d'un domaine PDZ avec le peptide cible coloré en rouge. Dans le domaine PDZ, les régions qui lient le groupe COO^- et la branche latérale du résidu C-terminal sont colorés respectivement en jaune et bleu. La poche de liaison pour le deuxième résidu à partir de l'extrémité C-terminale (P_{-2}) est colorée en vert. (b) Représentation schématique des interactions qui regroupent plusieurs protéines membranaires dans le segment postsynaptique d'une cellule nerveuse et qui ancrent ce complexe aux filaments d'actine du cytosquelette. Dans la protéine adaptrice PSD-95, deux des trois domaines PDZ représentés et un domaine SH3 rassemblent en un complexe trois protéines membranaires différentes. Le domaine guanylate kinase (GuK) de la protéine PSD-95 connecte le complexe, via plusieurs protéines adaptatrices (dont l'une contient aussi des domaines PDZ et SH3), à la protéine fibreuse, l'actine, sous-jacente à la membrane plasmique. La neuroligine est une protéine adhésive qui interagit avec des composants de la matrice extracellulaire. Ank = motifs ankyrine répétés. D'autres protéines adaptatrices à liaisons multiples localisent et regroupent différents récepteurs dans la région synaptique de la membrane plasmique. [Partie (a) adaptée de B. Harris & W. A. Lim, 2001, *J. Cell Sci.* **114**:3219 ; partie (b) adaptée de C. Garner, J. Nash & R. Huganir, 2000, *Trends Cell Biol.* **10**:274.]

Des interactions entre les voies de signalisation et la régulation de celles-ci permettent aux cellules de répondre de manière appropriée

Dans le présent chapitre et le prochain, il n'est question que de voies de transduction déclenchées par fixation du ligand à un seul type de récepteur. Ce processus, qui paraît simple, entraîne souvent la production de multiples messagers secondaires aux effets différents. De plus, la même réponse cellulaire (e.g. le clivage du glycogène) peut être induite par activation de diverses voies de signalisation. De telles interactions entre voies de signalisation différentes permettent un ajustement précis des activités cellulaires impliquées dans le métabolisme ou le développement.

La capacité des cellules de répondre de manière adéquate à des signaux extracellulaires dépend aussi de la régulation des voies de signalisation. Par exemple, dès que la concentration d'un signal extérieur décroît, la dégradation d'un messager secondaire interrompt certaines voies intracellulaires, alors que dans d'autres, la transmission est suspendue par désactivation d'une protéine transductrice. Un autre mécanisme important ajustant les réponses cellulaires est la *désensibilisation* des récepteurs qui survient à de fortes concentrations du signal ou après une exposition prolongée à celui-ci. Une cellule peut être rendue moins sensible à un médiateur particulier soit par **endocytose** des récepteurs, ce qui réduit leur densité dans la membrane, soit par modification de leur aptitude à fixer le ligand ou à former des complexes récepteur-ligand capables de relayer le signal. Ce type de modulation résulte souvent de la phosphorylation du récepteur, de la liaison à d'autres protéines ou des deux mécanismes. Nous décrirons plus en détail les processus de régulation lors de la description des voies individuelles de signalisation.

CONCEPTS CLÉS DE LA SECTION 13.2

Transduction du signal dans la cellule

- Le taux des messagers secondaires, comme le Ca^{2+}, l'AMPc et l'IP3, augmente ou parfois décroît en réponse à la liaison du ligand aux récepteurs de surface (voir Figure 13-7). Ces molécules non protéiques de signalisation intracellulaire, à leur tour, régulent les activités d'enzymes et de protéines non enzymatiques.

- Les protéines G monomériques et trimériques (voir Figure 13.8) ainsi que des protéine kinases et des phosphatases, conservées au long de l'évolution, interviennent dans beaucoup de voies de transduction du signal.
- Des protéines cytosoliques qui contiennent de multiples PDZ ou d'autres domaines de liaison à des protéines regroupent les récepteurs et d'autres protéines dans la membrane plasmique, comme l'illustrent bien les cellules postsynaptiques (voir Figure 13-9).
- De nombreux récepteurs et protéines de transduction du signal se rassemblent dans des radeaux lipidiques contenant la cavéoline. Un tel regroupement facilite l'interaction entre protéines de signalisation, amplifiant ainsi la transduction du signal.
- L'interruption rapide de la signalisation une fois qu'un ligand particulier vient à manquer ainsi que la désensibilisation du récepteur à de fortes concentrations du médiateur ou après une exposition prolongée à celui-ci permettent aux cellules de répondre de manière adaptée à diverses circonstances.

13.3 Récepteurs couplés aux protéines G qui activent ou inhibent l'adénylate cyclase

Nous nous tournons maintenant vers un très vaste groupe de récepteurs de surface cellulaire couplés aux protéines G trimériques transductrices du signal. Les récepteurs couplés aux protéines G (RCPG) contiennent sept segments qui traversent la membrane, leur extrémité N-terminale se trouvant à l'extérieur et leur extrémité C-terminale à l'intérieur de la cellule (Figure 13-10). La famille RCPG comprend des récepteurs pour beaucoup d'hormones et de neurotransmetteurs, des récepteurs oculaires activés par la lumière (rhodopsines) et des milliers de récepteurs olfactifs présents dans le nez des mammifères.

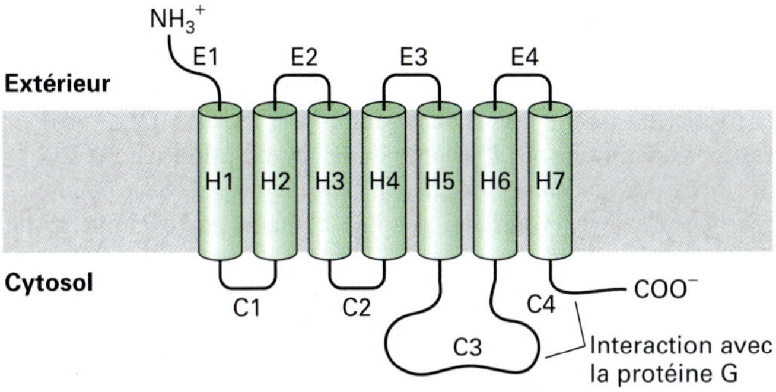

FIGURE 13-10 Structure générale schématique des récepteurs couplés aux protéines G. Tous les récepteurs de ce type ont la même orientation dans la membrane et contiennent sept hélices α transmembranaires (H1-H7), quatre segments extracellulaires (E1-E4) et quatre segments cytosoliques (C1-C4). Le segment C-terminal (C4), la boucle C3 et, dans certains récepteurs, la boucle C2 interviennent dans les interactions avec la protéine G trimérique couplée au récepteur.

TABLEAU 13-1 Classes principales de protéines G trimériques et leurs effecteurs*

Classe G_α	Effecteur associé	Messager 2[e]	Exemples de récepteurs
$G_{s\alpha}$	Adénylate cyclase	AMPc (augmentation)	Récepteur β-adrénergique (adrénaline) ; récepteurs du glucagon, de la sérotonine, de la vasopressine
$G_{i\alpha}$	Adénylate cyclase Canal K^+ ($G_{\beta\gamma}$ active l'effecteur)	AMPc (diminution) Changement de potentiel de membrane	Récepteur α_1-adrénergique Récepteur muscarinique de l'acétylcholine
$G_{olf\alpha}$	Adénylate cyclase	AMPc (augmentation)	Récepteurs olfactifs
$G_{q\alpha}$	Phospholipase C	IP_3, DAG (augmentation)	Récepteur α_2-adrénergique
$G_{o\alpha}$	Phospholipase C	IP_3, DAG (augmentation)	Récepteur de l'acétylcholine des cellules endothéliales
$G_{t\alpha}$	Phosphodiestérase GMPc	GMPc (diminution)	Rhodopsine (récepteur de la lumière) dans les bâtonnets rétiniens

*Une sous-classe donnée G_α peut être associée à plus d'une protéine effectrice. À ce jour, une seule $G_{s\alpha}$ majeure a été identifiée, mais de multiples protéines $G_{q\alpha}$ et $G_{i\alpha}$ ont été décrites. Des protéines effectrices sont fréquemment régulées par G_α, mais dans certains cas par $G_{\beta\gamma}$ ou l'action combinée de G_α et $G_{\alpha\beta\gamma}$. IP_3 = inositol 1,4,5-trisphosphate ; DAG = 1,2-diacylglycérol.

SOURCES : Voir L. Birnbaumer, 1992, *Cell* **71**:1069; Z. Farfel et al., 1999, *New Eng. J. Med.* **340**:1012; et K. Pierce et al., 2002, *Nature Rev. Mol. Cell Biol.* 3:639.

Les protéines G transductrices du signal contiennent trois sous-unités, α, β et γ. Durant la signalisation intracellulaire, les sous-unités β et γ restent unies, aussi parle-t-on habituellement de sous-unité $G_{\beta\gamma}$. La sous-unité G_{α} est une GTPase ou protéine commutatrice qui est alternativement active quand elle contient du GTP et inactive lorsqu'il s'agit de GDP (voir Figure 13-8). Une stimulation du récepteur partenaire active la protéine G, qui à son tour module l'activité d'une *protéine effectrice* associée. Bien que celle-ci soit activée le plus souvent par la G_{α}.GTP, dans certains cas, elle est inhibée. De plus, selon la cellule et le ligand, c'est la sous-unité $G_{\beta\gamma}$, plutôt que la G_{α}.GTP, qui transmet le signal à la protéine effectrice. Ajoutons que l'activité de plusieurs protéines effectrices différentes est contrôlée par différents complexes RCPG-ligand. Cependant, toutes les protéines effectrices sont soit des canaux ioniques membranaires ou des enzymes qui catalysent la formation de messagers secondaires (e.g. AMPc, DAG et IP_3). Ces considérations sur le thème de la signalisation par RCPG se justifient par l'existence de multiples protéines G codées dans les génomes des eucaryotes. Le génome humain, par exemple, code 27 sous-unités G_{α} différentes, 5 G_{β} et 13 G_{γ}. Pour autant qu'on le sache, les différentes sous-unités $G_{\beta\gamma}$ fonctionnent de manière semblable. Le Tableau 13-1 résume les fonctions des classes principales de protéines G composées de sous-unités G_{α} différentes.

Dans cette section, nous décrivons d'abord comment les signaux passent des RCPG à une protéine effectrice, processus qui est le même pour tous les récepteurs du même type. Ensuite, nous nous limiterons aux voies dans lesquelles l'AMPc est impliqué comme messager secondaire, en utilisant comme exemple la dégradation du glycogène induite par l'adrénaline.

La sous-unité G_{α} des protéines G oscille entre activité et inactivité

La Figure 13-11 montre comment des récepteurs couplés aux protéines G transfèrent des signaux provenant d'hormones extracellulaires à des protéines effectrices associées. Tant les sous-unités G_{α} que les G_{γ} sont liées de manière covalente aux lipides de la membrane. En phase de repos, quand le récepteur est inoccupé, la sous-unité G_{α} est liée au GDP et couplée à $G_{\beta\gamma}$. La fixation d'un ligand hormonal normal (e.g. l'adrénaline) ou d'un agoniste (e.g.

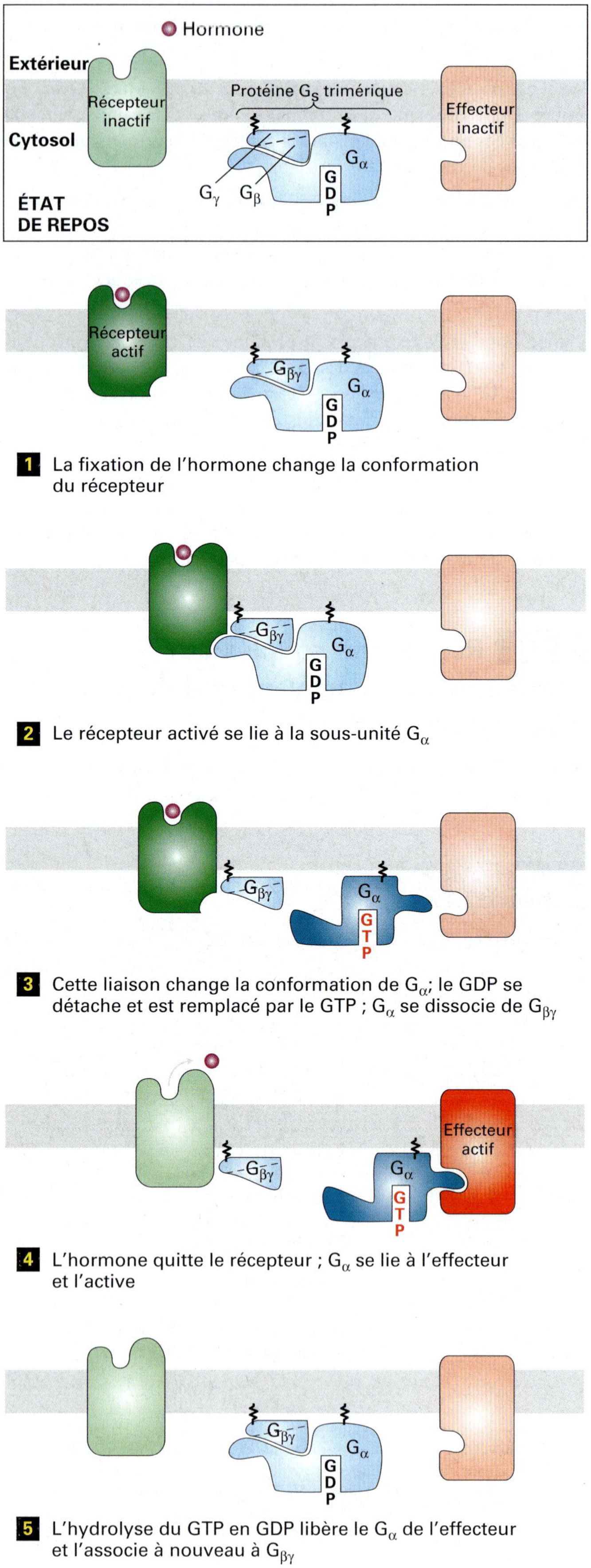

FIGURE 13-11 Modèle décrivant comment des protéines effectrices associées à des récepteurs couplés aux protéines G sont activées. Les sous-unités G_{α} et $G_{\beta\gamma}$ des protéines G trimériques sont accrochées de manière covalente aux lipides de la membrane (lignes noires en forme d'éclair). Suite à la fixation du ligand, à la dissociation de la protéine G et à l'échange entre GDP et GTP (étapes 1-3), la G_{α}·GTP libre se lie à une protéine effectrice qu'elle active (étape 4). L'hydrolyse du GTP met fin à la signalisation, ce qui permet la reconstitution du trimère et la mise au repos du processus (étape 5). L'intervention d'un autre ligand relance le cycle. Dans certaines voies, la protéine effectrice est activée par la sous-unité $G_{\beta\gamma}$ libre.

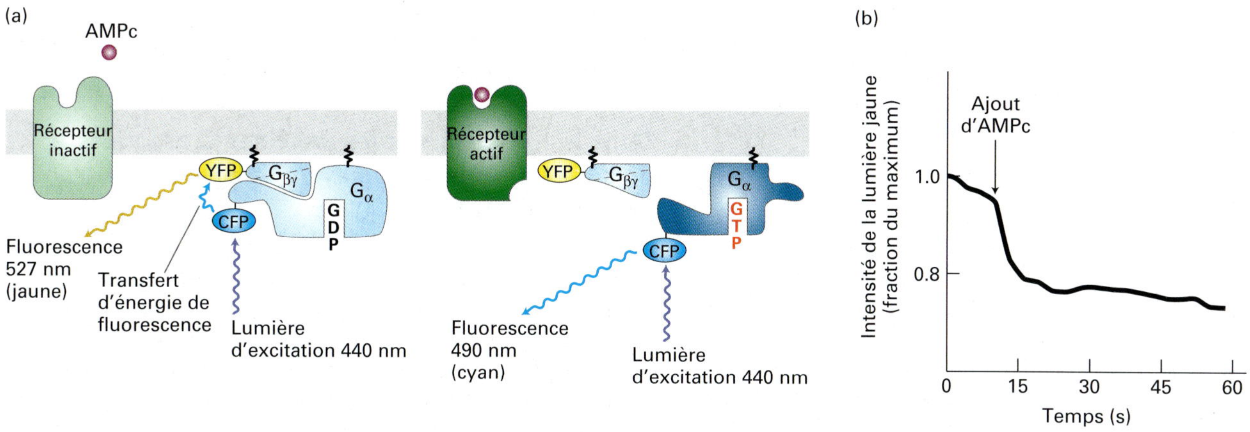

FIGURE EXPÉRIMENTALE 13-12 Dans des cellules vivantes, les protéines G sont activées dans les quelques secondes qui suivent la liaison du ligand au récepteur. L'amibe *Dictyostelium discoideum* a été transfectée avec des gènes codant deux protéines de fusion : une G_α fusionnée à la protéine fluorescente cyan (CFP), une forme mutante de la protéine fluorescente verte (GFP), et une G_β fusionnée à une autre variante de GFP, la protéine fluorescente jaune (YFP). Les longueurs d'ondes d'émission sont pour la CFP de 490 nm et pour la YFP de 527 nm. (a) Quand CFP et YFP sont proches, comme dans le complexe $G_\alpha.G_{\beta\gamma}$ au repos, un transfert d'énergie de fluorescence peut survenir entre CFP et YFP (*à gauche*). En conséquence, l'irradiation de cellules au repos avec de la lumière de 440 nm (qui excite directement CFP mais pas YFP) cause une émission à 527 nm (jaune), caractéristique de YFP. Cependant, si la fixation d'un ligand mène à la dissociation des sous-unités G_α et $G_{\beta\gamma}$ le transfert d'énergie ne se produit pas. Dans ce cas, l'irradiation des cellules à 440 nm causes une émission à 490 nm (cyan) caractéristique de la CFP (à droite). (b) Intensité de lumière jaune (527 nm) d'une seule cellule amibienne transfectée avant et après addition d'AMP cyclique (flèche), le ligand extracellulaire pour le RCPG dans ces cellules. La chute de fluorescence qui résulte de la dissociation de la protéine de fusion G_α-CFP et de la protéine de fusion $G_{\beta\gamma}$-YFP survient dans les quelques secondes qui suivent l'addition d'AMPc [Adapté de C. Janetopoulos *et al.*, 2001, *Science* **291**:2408.]

l'isoprotérénol) au récepteur change la conformation de celui-ci, permettant ainsi sa liaison à la sous-unité G_α de telle manière que le GDP est déplacé de G_α et remplacé par le GTP. Ainsi le récepteur activé par son interaction avec le ligand fonctionne comme un GEF pour la sous-unité G_α (voir Figure 3-29).

Une fois que l'échange de nucléotides a eu lieu, le complexe G_α.GTP se détache de la sous-unité $G_{\beta\gamma}$, mais les deux restent ancrées à la membrane. Dans la plupart des cas, G_α.GTP interagit alors et active une protéine effectrice associée, comme le montre la Figure 13-11. Cette activation est de courte durée car le GTP lié à G_α est hydrolysé en GDP en quelques secondes par l'activité de GTPase exercée par la sous-unité G_α. Ce complexe G_α.GDP se réassocie rapidement avec $G_{\beta\gamma}$, mettant fin ainsi à l'activation de l'effecteur. Dans beaucoup de cas, une protéine appelée *RGS* (*regulator of G protein signaling*) accélère l'hydrolyse du GTP par la sous-unité G_α, ce qui réduit la durée pendant laquelle l'effecteur reste activé.

Les études effectuées avec des substances qui, à l'instar du GTP, se lient aux sous-unités G_α, mais ne peuvent être hydrolysées par la GTPase intrinsèque fournirent les premières indications en faveur du modèle montré dans la Figure 13-11. Dans ces analogues du GTP, la liaison phosphodiester P-O-P connectant les phosphates β et γ du GTP est remplacée par une liaison non hydrolysable, P-CH_2-P ou P-NH-P. Leur ajout à une préparation de membrane plasmique en présence du ligand naturel ou d'un agoniste d'un récepteur particulier entraîne une activation beaucoup plus longue de la protéine effectrice associée que celle qui est obtenue par l'apport de GTP. En effet, une fois le GDP lié à G_α déplacé par l'analogue du GTP non hydrolysable, celui-ci reste attaché à G_α. Comme ce complexe est aussi fonctionnel que le complexe normal G_α.GTP dans l'activation de la protéine effectrice, l'effecteur reste actif de manière permanente.

La dissociation des protéines G trimériques induite par les RCPG a été détectée dans des cellules vivantes. Pour ces expériences, on a tiré parti du phénomène de *transfert d'énergie de fluorescence*, qui peut changer la longueur d'onde de la fluorescence émise quand deux protéines fluorescentes interagissent. La Figure 13-12 montre comment, par cette stratégie, on a pu constater la dissociation du complexe $G_\alpha.G_{\beta\gamma}$ dans les quelques secondes qui suivent l'addition du ligand, ce qui consolidait le modèle cyclique de fonctionnement de la protéine G. Ce protocole expérimental peut être utilisé pour suivre la formation et la dissociation d'autres complexes protéine-protéine dans des cellules vivantes.

L'adrénaline se lie à différents récepteurs couplés à des protéines G

L'adrénaline est particulièrement importante pour susciter la réponse de l'organisme à un stress, comme la peur ou un exercice lourd, tous les tissus ayant à ce moment besoin d'une augmentation du catabolisme du glucose et d'acides gras menant à la production d'ATP. Ces principaux carburants métaboliques deviennent disponibles dans le sang en quelques secondes à la suite du clivage rapide du glycogène en glucose dans le foie (*glycogénolyse*) et des triacylglycérols en acides gras dans les adipocytes (*lipolyse*).

Chez les mammifères, la libération du glucose et des acides gras peut être déclenchée par la liaison de l'adrénaline (ou de la noradrénaline) aux *récepteurs β-adrénergiques* à la surface des hépatocytes et des adipocytes. L'adrénaline liée aux récepteurs β -adrénergiques du myocarde accélère le rythme des contractions, ce qui augmente l'apport sanguin aux tissus. Par contre, la stimulation des récepteurs β -adrénergiques des cellules musculaires lisses de l'intestin cause leur relâchement. Les récepteurs dits *α_2-adrénergiques*, qui eux aussi lient l'adrénaline, sont présents sur les cellules musculaires lisses de la paroi des vaisseaux sanguins dans le tractus intestinal, la peau et les reins. La fixation de l'adrénaline à ces récepteurs déclenche une contraction artérielle, réduisant la circulation dans ces organes. Ces divers effets de l'adrénaline convergent vers un but commun : fournir de l'énergie afin de permettre un mouvement rapide des principaux muscles locomoteurs en réponse au stress de l'organisme.

Bien que tous les récepteurs d'adrénaline soient des récepteurs couplés aux protéines G, les différents types sont couplés à des protéines G distinctes. Donc, en plus de leur importance physiologique, ces récepteurs sont intéressants parce qu'ils ouvrent diverses voies de transduction intracellulaire du signal. Les deux sous-types de récepteurs β-adrénergiques, dits β_1 et β_2, sont couplés à une *protéine G stimulatrice (G_s)* qui active l'**adénylate cyclase**, une enzyme attachée à la membrane (voir Tableau 13-1). Une fois activée, l'adénylate cyclase catalyse la synthèse d'un messager secondaire, l'AMPc. L'augmentation de l'AMPc qui fait suite à la liaison de l'adrénaline à des récepteurs β-adrénergiques a été démontrée par des tests fonctionnels d'expression comme celui que la Figure 13-6 décrit. Quand l'ADNc cloné codant le récepteur β-adrénergique est transfecté dans des cellules dépourvues de ce récepteur, ces cellules accumulent l'AMPc en réponse à une stimulation par l'adrénaline. Des expériences semblables dans lesquelles des récepteurs mutants sont exprimés ont aidé à définir les fonctions d'acides aminés spécifiques dans la liaison des hormones et l'activation des différentes protéines G.

Les deux sous-types de récepteurs α-adrénergiques, α_1 et α_2, sont couplés à des protéines G différentes. Le récepteur α_1-adrénergique est couplé à la protéine G_1 qui inhibe l'adénylate cyclase, l'enzyme effectrice associée aux récepteurs β-adrénergiques. Par contre, la protéine G_q couplée au récepteur α_2-adrénergique active une enzyme effectrice différente qui génère des messagers secondaires différents (voir Section 13.5).

MÉDECINE

Certaines toxines bactériennes contiennent une sous-unité qui pénètre dans la membrane plasmique des cellules et catalyse une modification chimique de $G_{s\alpha}$.GTP qui empêche l'hydrolyse du GTP lié en GDP. En conséquence, $G_{s\alpha}$ reste activé et stimule en permanence l'adénylate cyclase en absence de stimulus hormonal. La toxine cholérique produite par la bactérie *Vibrio cholerae* et des entérotoxines produites par certaines souches de *E. coli* agissent de cette manière sur les cellules épithéliales de l'intestin. L'augmentation excessive de l'AMPc qui en résulte conduit à une perte d'électrolytes et d'eau dans la lumière intestinale et, en conséquence, à une diarrhée aqueuse caractéristique de ce type d'infection.

Bordetella pertussis, une bactérie qui infecte fréquemment les voies respiratoires est responsable de la coqueluche. La toxine qu'elle produit catalyse une modification de $G_{i\alpha}$ qui prévient la libération du GDP lié, bloquant ainsi $G_{i\alpha}$ dans un état inactif. Ceci entraîne une augmentation de l'AMPc dans les cellules épithéliales des voies aériennes et induit de la sorte une perte de liquide et d'électrolytes ainsi qu'une hypersécrétion de mucus. ■

Dans les récepteurs et les protéines G associées, on a identifié des domaines qui exercent une fonction critique

Tous les récepteurs couplés aux protéines G, comme nous l'avons vu, comprennent sept hélices α transmembranaires et partagent probablement une même conformation tridimensionnelle. Des études de récepteurs adrénergiques chimériques, comme ceux décrits dans la Figure 13-13, suggèrent que la longue boucle C3 entre les hélices α 5 et 6 est importante pour les interactions entre un récepteur et la protéine G associée. Il est probable que la fixation au ligand oblige ces hélices à se mouvoir l'une par rapport à l'autre. En conséquence, la boucle C3 reliant ces deux hélices change de conformation et devient ainsi capable d'activer la sous-

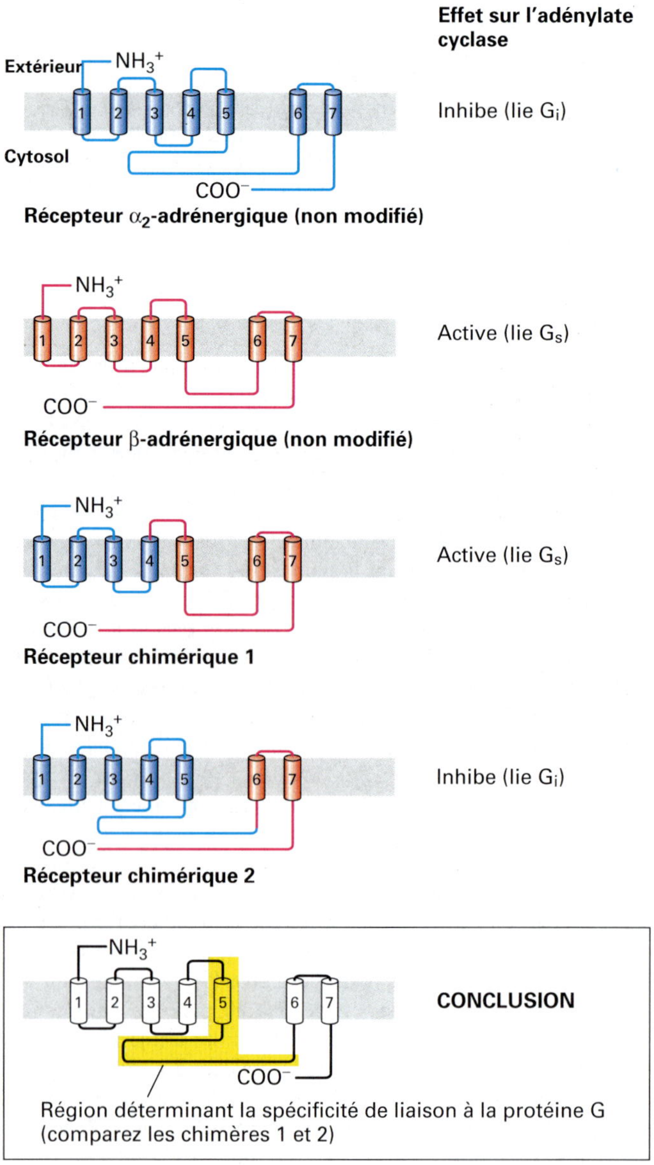

unité transductrice G_α. Des régions spécifiques dans la boucle C3 sont supposées avoir une structure tridimensionnelle unique dans tous les récepteurs qui lient la même protéine G (e.g. G_s ou G_i). D'autres observations indiquent que la boucle C2, entre les hélices 3 et 4, contribue aussi à l'interaction de certains récepteurs avec une protéine G et que les résidus, au moins dans quatre hélices transmembranaires interagissent avec le ligand.

Par cristallographie aux rayons X, on a repéré les régions dans $G_{s\alpha}$.GTP qui interagissent avec l'adénylate cyclase. Cette enzyme comporte plusieurs segments transmembranaires avec deux grands domaines cytosoliques catalytiques (Figure 3-14a). Puisque de telles protéines transmembranaires sont, comme on le sait, difficiles à cristalliser, les chercheurs ont préparé deux fragments protéiques comprenant les domaines catalytiques de l'adénylate cyclase et leur ont permis de s'associer en présence de $G_{s\alpha}$.GTP et de forskoline, qui stabilise les fragments catalytiques de l'adénylate cyclase dans leur conformation active. Le complexe ainsi formé était catalytiquement actif et montrait des propriétés pharmacologiques et biochimiques semblables à celles de l'adénylate cyclase intacte. Dans ce complexe, deux régions de la $G_{s\alpha}$.GTP, l'hélice commutatrice II et la boucle α3-β5, sont en contact avec les fragments de l'adénylate cyclase (Figure 13-14b). Rappelons que le commutateur II est un des segments d'une protéine G dont la conformation change selon la nature du nucléotide lié, le GTP ou le GDP (voir Figure 13-8). La conformation induite par le GTP de $G_{s\alpha}$ qui favorise sa dissociation de $G_{\beta\gamma}$ est précisément la conformation essentielle pour la liaison de $G_{s\alpha}$ à l'adénylate cyclase. D'autres études indiquent que $G_{i\alpha}$ s'attache à une autre région de l'adénylate cyclase, ce qui expliquerait l'effet différent qu'elle exerce sur l'effecteur.

Pour comprendre comment la fixation de $G_{s\alpha}$.GTP stimule l'adénylate cyclase, les chercheurs auront d'abord à définir la structure des domaines catalytiques de l'adénylate cyclase dans leur conformation inactive (en l'absence de $G_{s\alpha}$.GTP lié). On a proposé que l'insertion de l'hélice commutatrice II dans une cavité du domaine catalytique de l'adénylate cyclase entraînerait la rotation d'un autre domaine catalytique, ce qui stabiliserait l'état de transition et dès lors induirait l'activité catalytique.

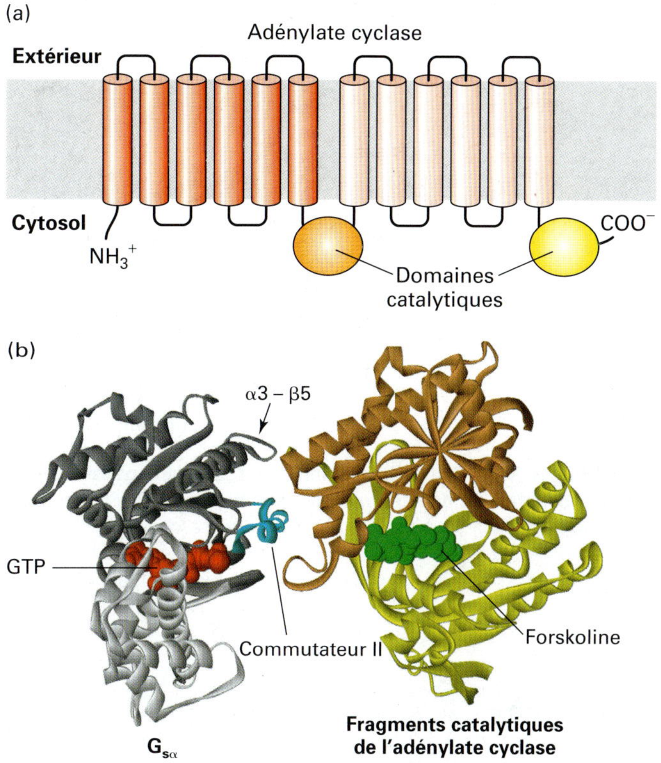

FIGURE 13-14 Structure des adénylate cyclases des mammifères et modalités d'interaction avec la $G_{s\alpha}$.GTP. (a) Schéma représentant les adénylate cyclases de mammifères. L'enzyme liée à la membrane contient deux domaines catalytiques similaires à la face cytosolique de la membrane et deux domaines intégrés dans la membrane, chacun des ces derniers étant supposé contenir six hélices α transmembranaires. (b) Structure tridimensionnelle de $G_{s\alpha}$.GTP complexé aux deux fragments de l'adénylate cyclase. Elle a été déterminée par cristallographie aux rayons X. Les deux fragments entourent le domaine catalytique. La boucle α3-β5 et l'hélice dans la région du commutateur II (en bleu) de $G_{s\alpha}$.GTP interagissent simultanément avec une région spécifique de l'adénylate cyclase. La partie plus sombre de $G_{s\alpha}$ est le domaine GTPase, dont la structure ressemble à celle de Ras (voir Figure 3-8) ; la portion plus claire est un domaine constitué d'hélices. Les deux fragments de l'adénylate cyclase sont colorés respectivement en orange et en jaune. La forskoline (en vert) bloque les fragments de la cyclase dans leur conformation active. [Partie (a) voir W.-J. Tang & A. G. Gilman, 1992, *Cell* **70**:869 ; partie (b) adaptée de J. J. G. Tesmer *et al.*, 1997, *Science* **278**:1907.]

FIGURE EXPÉRIMENTALE 13-13 Des études de récepteurs adrénergiques chimériques ont montré que la longue boucle C3 était essentielle à l'interaction avec les protéines G. Par micro-injection, on a introduit un ARNm codant soit un récepteur α_2-adrénergique, soit un récepteur β-adrénergique, soit un récepteur chimérique α-β dans des oocytes de *Xenopus*. Bien que ceux-ci n'expriment normalement pas de récepteurs adrénergiques, ils contiennent des protéines G qui peuvent s'attacher à des récepteurs étrangers exprimés à la surface des oocytes. L'activité de l'adénylate cyclase de ces cellules exposées à des agonistes de l'adrénaline variait selon que le récepteur adrénergique se liait à une protéine G du type stimulant (G_s) ou inhibiteur (G_i). La comparaison du récepteur chimérique 1, qui interagit avec G_s, et du récepteur chimérique 2, qui interagit avec G_i, montre que la spécificité de la protéine G est déterminée par l'appartenance de la boucle C3 faisant face au cytosol (en jaune) entre les hélices 5 et 6. [Voir B. Kobilka *et al.*, 1988, *Science* **240**:1310.]

L'adénylate cyclase est stimulée et inhibée par différents complexes récepteur-ligand

Les protéines G trimériques, à fonctions multiples, permettent à différents complexes récepteur-hormone de moduler l'activité d'une même protéine effectrice. Dans le foie par exemple, le glucagon et l'adrénaline se lient à des récepteurs distincts, qui interagissent néanmoins avec la même protéine G_s et l'activent, ce qui stimule l'adénylate cyclase et aboutit aux mêmes réponses métaboliques. L'activation de l'adénylate cyclase, et donc le taux d'AMPc, est proportionnelle à la concentration totale de $G_{s\alpha}$.GTP résultant de la liaison des deux hormones à leurs récepteurs respectifs.

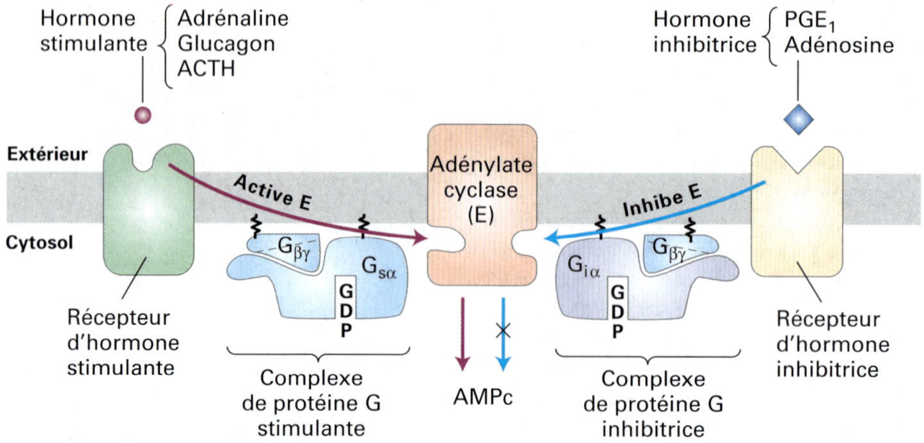

FIGURE 13-15 Activation et inhibition de l'adénylate cyclase induites dans les adipocytes par diverses hormones. La liaison d'un ligand à un récepteur couplé à G_s active l'adénylate cyclase ; par contre, si le récepteur est couplé à G_i, l'enzyme est inhibée. La sous-unité $G_{\beta\gamma}$ des protéines G qu'elles soient stimulantes ou inhibitrices est identique ; les sous-unités G_α et les récepteurs correspondants diffèrent. La formation de complexes G_α. GTP actifs suit le même mécanisme tant dans les protéines G_s que G_i (voir Figure 13.11). Cependant, $G_{s\alpha}$. GTP et $G_{i\alpha}$. GTP interagissent différemment avec l'adénylate cyclase ; l'une stimule et l'autre inhibe son activité catalytique. [Voir A. G. Gilman, 1984, *Cell* **36**:577.]

Une régulation positive et négative de l'activité de l'adénylate cyclase dans certains types cellulaires permet un contrôle fin du taux d'AMPc. Par exemple, une stimulation des adipocytes par l'adrénaline, le glucagon ou l'ACTH active l'adénylate cyclase, tandis que la prostaglandine PGE1 ou l'adénosine inhibe l'enzyme (Figure 13-15). Les récepteurs de PGE1 et de l'adénosine interagissent avec la protéine inhibitrice G_i, qui contient les mêmes sous-unités β et γ que la protéine stimulatrice G_s, mais une sous-unité α différente ($G_{i\alpha}$). En réponse à la fixation d'un ligand inhibiteur à son récepteur, la protéine G_i associée lâche le GDP qu'elle contient et le remplace par du GTP ; le complexe actif $G_{i\alpha}$.GTP se dissocie alors de $G_{\beta\gamma}$, et, au lieu de stimuler l'adénylate cyclase, l'inhibe.

La protéine kinase A activée par l'AMPc suscite des réponses variées dans des cellules différentes

Chez les animaux multicellulaires, pratiquement tous les effets de l'AMPc dépendent de la **protéine kinase A** (**PKA**), appelée aussi *protéine kinase dépendante de l'AMPc*. Comme nous l'avons vu dans le Chapitre 3, PKA est un tétramère composé de deux sous-unités régulatrices (R) et de deux sous-unités catalytiques (C). Chaque sous-unité R possède deux sites distincts de fixation de l'AMPc ; la liaison d'AMPc à deux sites dans une sous-unité R libère la sous-unité C associée, démasquant son site catalytique et déclenchant ainsi son activité de kinase (voir Figure 3-27a). La capture de l'AMPc par une sous-unité régulatrice s'effectue de manière coopérative, c'est-à-dire, la fixation de la première molécule d'AMPc diminue le K_d de liaison de la seconde. Ainsi, de petits changements dans le taux d'AMPc cytosolique peuvent causer des changements relativement importants dans la quantité de sous-unités C dissociées et, donc, dans l'activité kinasique. On retrouve fréquemment ce mode d'activation rapide d'une enzyme par dissociation d'un inhibiteur dans diverses voies de signalisation.

La plupart des cellules de mammifères expriment des récepteurs couplés à la protéine G_s. Leur stimulation par diverses hormones active PKA, mais la réponse cellulaire qui s'ensuit dépend de l'isoforme de cette enzyme et des substrats exprimés par la cellule concernée. Par exemple, les effets de l'adrénaline sur le métabolisme du glycogène, qui dépendent de l'AMPc et de PKA, sont restreints au foie et aux cellules musculaires, qui expriment des enzymes capables de synthétiser et de dégrader le glycogène. Dans les adipocytes, PKA activée par l'adrénaline phosphoryle la phospholipase qui hydrolyse alors les triglycérides de réserve en glycérol et acides gras libres. Ceux-ci, libérés dans le sang, servent de source d'énergie à d'autres tissus comme les reins, le cœur et les muscles. De même, certaines hormones hypophysaires stimulent des cellules ovariennes via des récepteurs couplés aux protéines G, entraînant l'activation de PKA qui, à son tour, induit la synthèse d'œstrogènes et de progestérone, hormones stéroïdiennes nécessaires au développement des caractères sexuels féminins.

Bien que PKA agisse sur différents substrats dans divers types de cellules, elle phosphoryle toujours un résidu sérine ou thréonine inséré dans un même motif : X-Arg-(Arg/Lys)-X-(Ser/Thr)-Φ, où X représente n'importe quel acide aminé et Φ un acide aminé hydrophobe. D'autres sérine/thréonine kinases phosphorylent des résidus cibles intégrés dans des motifs différents.

Le métabolisme du glycogène est régulé par activation hormonale de la protéine kinase A

La libération du glucose à partir du **glycogène**, dans les muscles et les hépatocytes, sous l'action de l'adrénaline ou d'autres récepteurs hormonaux couplés aux protéines G fut la première réponse cellulaire dépendante de l'AMPc à être découverte. Elle montre comment l'activation de la PKA coordonne l'activité d'un groupe d'enzymes intracellulaires en vue d'un même objectif.

Le glycogène, un grand polymère de glucose, est la forme principale du stockage du glucose chez les animaux. Comme les autres biopolymères, le glycogène est synthétisé par une série d'enzymes et dégradé par une autre (Figure 13-16). Trois enzymes convertissent le glucose en uridine diphosphoglucose (UDP-glucose), premier intermédiaire dans la synthèse du glycogène. La *glycogène synthase* transfère ensuite le résidu glucose de l'UDP-glucose à l'OH-4 libre du résidu glucose de l'extrémité d'une chaîne de glycogène. Le glycogène est dépolymérisé graduellement à partir de la même extrémité par la *glycogène phosphorylase* (le groupe coupant la liaison n'est pas H_2O, mais un ion phosphate) avec libération de glucose 1-phosphate.

Dans le muscle et le foie, le glucose 1-phosphate issu du glycogène est converti en glucose 6-phosphate. Dans le muscle, ce métabolite s'engage dans la voie glycolytique et est métabolisé pour générer de l'ATP nécessaire à la contraction musculaire (Chapitre 8). Par contre, les hépatocytes contiennent une phosphatase qui hydrolyse le glucose 6-phosphate en glucose, qui est exporté de ces cellules en partie par un transporteur du glucose (GLUT2) présent dans la membrane plasmique (Chapitre 7). Ainsi, les réserves hépatiques de glycogène sont dégradées essentiellement en glucose, qui est livré immédiatement à la circulation sanguine et capté par d'autres tissus, notamment les muscles et le cerveau.

L'augmentation de l'AMPc induite par l'adrénaline suivie de l'activation de PKA amplifie la conversion du glycogène en glucose 1-phosphate de deux manières : par *inhibition* de la synthèse de glycogène et par *stimulation* de sa dégradation (Figure 13-17a). PKA phosphoryle, et donc inactive, la glycogène synthase, l'enzyme qui synthétise le glycogène. PKA favorise la dégradation du glycogène indirectement en phosphorylant et donc en activant une kinase intermédiaire, la glycogène phosphorylase kinase (GPK), qui à son tour, phosphoryle et active la glycogène phosphorylase, l'enzyme qui dépolymérise le glycogène en glucose 1-phosphate. Tous ces processus s'inversent lorsque l'adrénaline disparaît de la surface cellulaire et que le taux d'AMPc décroît, ce qui inactive PKA. Ce renversement s'opère par l'action d'une *phospho-*

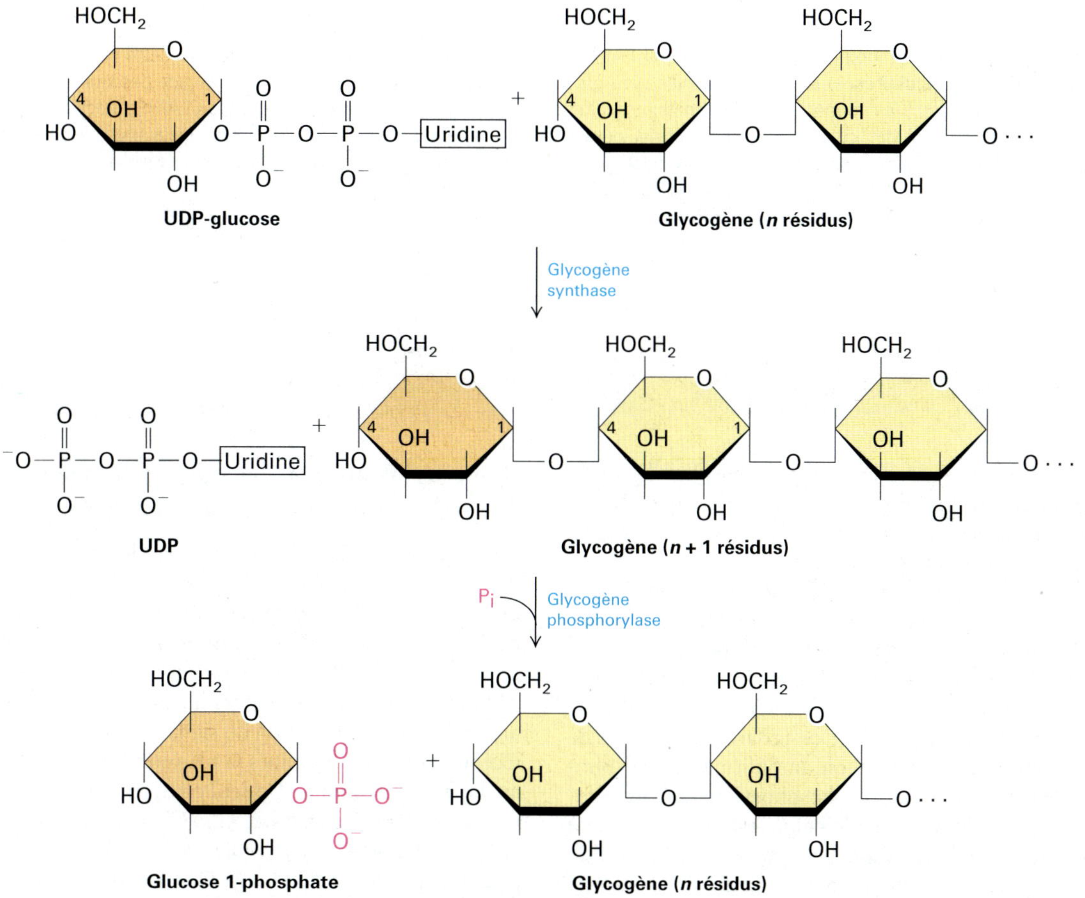

FIGURE 13-16 Synthèse et dégradation du glycogène. L'incorporation du glucose à partir de l'UDP-glucose dans le glycogène est catalysée par la synthase du glycogène. Le retrait d'unités de glucose à partir du glycogène est catalysé par la phosphorylase du glycogène. Puisque deux enzymes différentes catalysent la formation et la dégradation du glycogène, les deux réactions peuvent être régulées de manière indépendante.

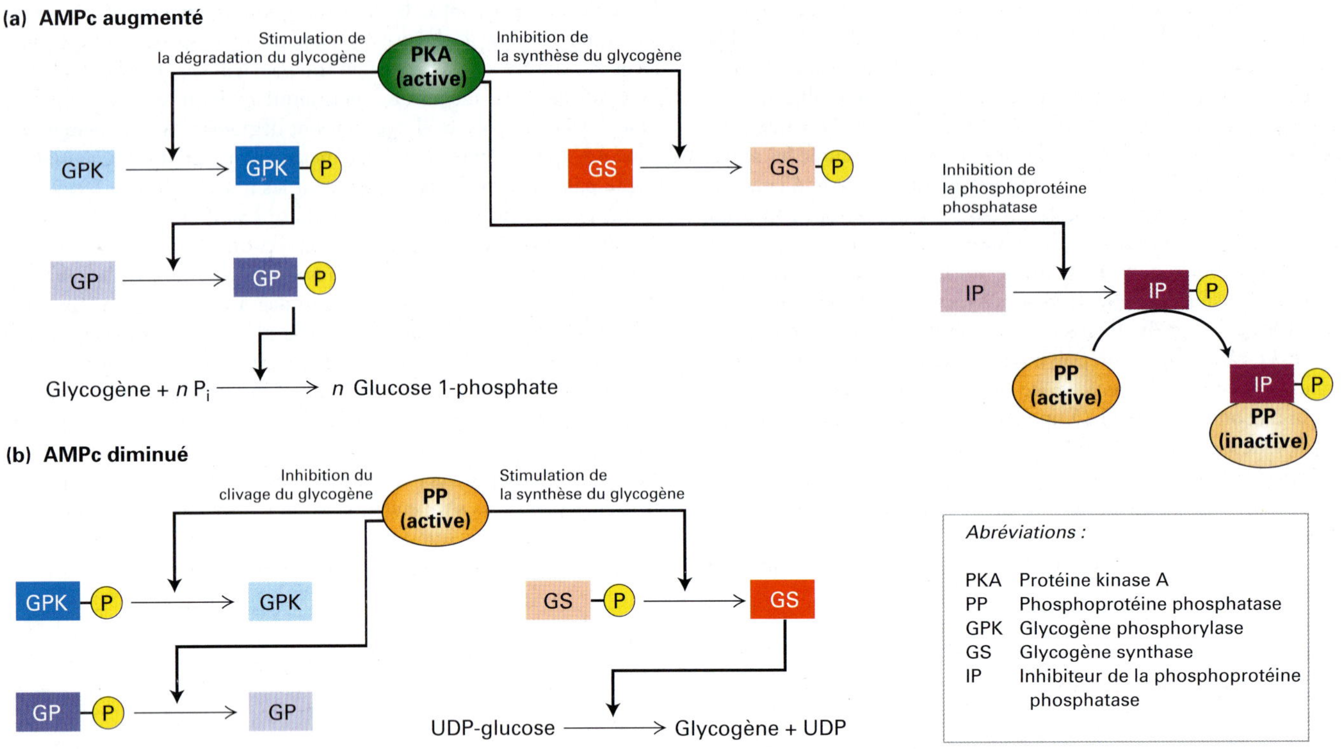

FIGURE 13-17 Régulation du métabolisme du glycogène par l'AMPc dans le foie et les cellules musculaires. Les enzymes actives sont présentées en teintes plus sombres ; les formes inactives, en teintes plus claires. (a) Une augmentation de l'AMPc cytosolique active la PKA, ce qui inhibe directement la synthèse du glycogène et favorise sa dégradation via une cascade de protéine kinases. Quand l'AMPc est élevé, PKA phosphoryle un inhibiteur de la phosphoprotéine phosphatase (PP). La liaison de l'inhibiteur phosphorylé à PP évite que cette phosphatase ne déphosphoryle les enzymes activées dans la cascade des kinases ou la glycogène synthase inactive. (b) Une diminution de l'AMPc inactive la PKA, ce qui mène à la libération d'une forme active de la phosphoprotéine phosphatase. L'action de cette enzyme favorise la synthèse du glycogène et inhibe sa dégradation.

protéine phosphatase, qui enlève les groupes phosphoryles de la forme inactive de la glycogène synthase, ce qui l'active, et des formes actives de glycogène phosphorylase kinase et de glycogène phosphorylase, ce qui les inactive (Figure 13-17b).

La phosphoprotéine phosphatase elle-même est régulée par PKA qui, lorsqu'elle est activée, phosphoryle un inhibiteur de cette phosphatase. L'inhibiteur phosphorylé se fixe alors à la phosphoprotéine phosphatase et l'inactive (voir Figure 13-17a). La protéine phosphatase est donc activée lorsque le taux d'AMPc s'abaisse et que l'inhibiteur est déphosphorylé ; ce faisant, la synthèse de glycogène par la glycogène synthase est amplifiée et la phosphorolyse du glycogène par la glycogène phosphorylase inhibée.

La glycogénolyse induite par l'adrénaline est donc soumise à une double régulation : l'activation des enzymes catalysant la dégradation du glycogène et l'inhibition des enzymes favorisant sa synthèse. Une telle régulation coordonnée de voies de stimulation et d'inhibition constitue un mécanisme efficace pour assurer une réponse cellulaire particulière et intervient fréquemment en biologie.

Une amplification du signal survient souvent en aval des récepteurs de la surface cellulaire

Les réponses cellulaires induites par les récepteurs couplés aux protéines G qui activent l'adénylate cyclase peuvent requérir des dizaines de milliers ou même des millions de molécules d'AMPc par cellule. Aussi, le signal hormonal doit-il être amplifié afin qu'il génère suffisamment de messagers secondaires à partir des quelques milliers de récepteurs hormonaux spécifiques portés par une cellule. L'amplification du signal est possible parce que tant les récepteurs que les protéines G peuvent diffuser rapidement au sein même de la membrane. Un seul complexe récepteur-hormone active près de 100 molécules de $G_{s\alpha}$. Chacune de celles-ci, à leur tour, active probablement une seule molécule d'adénylate cyclase, qui, pendant qu'elle est liée à $G_{s\alpha}$.GTP, catalyse la synthèse de beaucoup de molécules d'AMPc. Bien que l'étendue exacte de cette amplification soit difficile à mesurer, la liaison d'une seule molécule d'hormone à une molécule de récepteur peut aboutir à la synthèse d'au moins plusieurs centaines de molécules d'AMPc avant que le complexe récepteur-hormone ne se dissocie et que l'activation de l'adénylate cyclase ne cesse. Une telle amplification se déroule probablement au cours de signalisations provenant de récepteurs couplés à d'autres protéines G et de certains autres types de récepteurs dont l'activation induit la synthèse de messages secondaires.

Un second niveau d'amplification est illustré par la stimulation induite par l'AMPc de la glycogénolyse. Comme nous venons de le voir, l'AMPc favorise la dégradation du glycogène en passant par trois étapes ; il s'agit là d'une *cascade*, c'est-à-dire une série de réactions dans lesquelles l'enzyme qui catalyse une réaction est activée, ou inhibée, par le produit de la précédente (voir Figure 13-17a). L'amplification qui survient au cours d'une telle cascade dépend du nombre d'étapes qu'elle comprend.

Les deux niveaux d'amplification sont décrits dans la Figure 13-18. Par exemple, des taux sanguins d'adrénaline aussi bas que 10^{-10} M suffisent à stimuler la glycogénolyse hépatique et la libération de glucose. Pareille stimulation adrénergique fait monter la concentration cellulaire d'AMPc à 10^{-6} M, soit une amplification de 10^4. Puisque trois étapes catalytiques supplémentaires précèdent la libération de glucose, une autre amplification de 10^4 l'amplification peut survenir. Dans le muscle strié, la concentration des trois enzymes mises successivement à contribution dans la cascade glycogénolytique, protéine kinase A, glycogène phosphorylase kinase et glycogène phosphorylase, sont dans le rapport 1 :10 :240, ce qui illustre de façon éloquente l'amplification des effets de l'adrénaline et de l'AMPc.

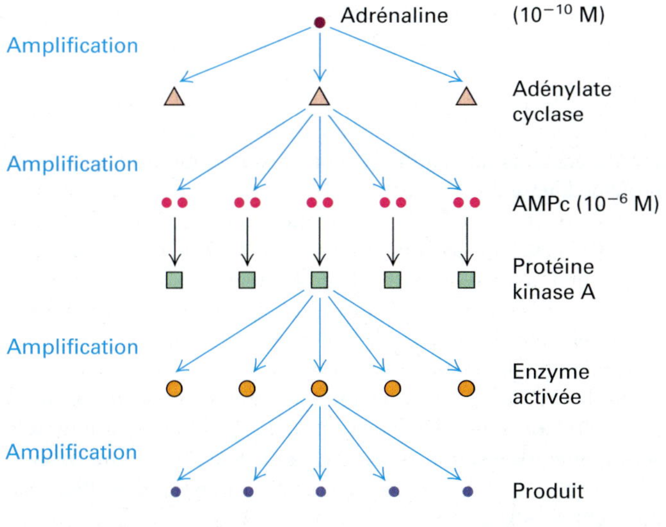

FIGURE 13-18 Amplification d'un signal extérieur en aval d'un récepteur membranaire. Dans cet exemple, la liaison d'une seule molécule d'adrénaline à une molécule de récepteur couplé à une protéine G_s induit la synthèse d'un grand nombre de molécules d'AMPc ; c'est le premier niveau d'amplification. Quatre molécules d'AMPc activent deux molécules de protéine kinase A (PKA), qui à leur tour phosphorylent et activent de multiples molécules. Ce deuxième niveau d'amplification peut impliquer plusieurs réactions séquentielles dans lesquelles le produit d'une réaction active l'enzyme catalysant la réaction suivante. Plus une telle cascade comporte d'étapes, plus l'amplification pourra être forte.

Une telle cascade, qui peut paraître très compliquée, n'amplifie pas seulement le signal extérieur mais permet aussi à un groupe entier de réactions enzymatiques d'être régulé de manière coordonnée par un seul type de molécule de signalisation. De plus, les étapes multiples entre le stimulus et la réponse finale offrent des possibilités de régulation par d'autres voies de signalisation, par lesquelles la réponse cellulaire sera finement ajustée. Nous rencontrerons d'autres exemples de cascades dans les voies de signalisation décrites dans le prochain chapitre.

Plusieurs mécanismes régulent la signalisation provenant des récepteurs couplés aux protéines G

Plusieurs facteurs contribuent à mettre fin à la réponse aux hormones reconnues par les récepteurs β-adrénergiques et d'autres récepteurs couplés aux G_s. Premièrement, l'affinité du récepteur pour l'hormone décroît lorsque le GDP lié à $G_{s\alpha}$ est remplacé par un GTP à la suite de la fixation de l'hormone. Sous l'effet de cette augmentation du *K*d du complexe récepteur-hormone, l'hormone tend à se détacher. Deuxièmement, le GTP lié à $G_{s\alpha}$ est rapidement hydrolysé, inversant l'activation de l'adénylate cyclase et la production de l'AMPc (voir Figure 13-11). Troisièmement, l'AMPc phosphodiestérase hydrolyse l'AMPc en 5'-AMP, terminant ainsi la réponse cellulaire. Donc, la présence continue de l'hormone à une concentration suffisamment élevée est requise pour l'activation continue de l'adénylate cyclase et le maintien d'un taux élevé d'AMPc. Dès que la concentration de l'hormone est tombée suffisamment, la réponse cellulaire se termine rapidement.

Quand un récepteur couplé à une protéine G_s est stimulé par une hormone pendant plusieurs heures, plusieurs résidus sérine et thréonine dans le domaine cytosolique du récepteur sont phosphorylés par la protéine kinase A (PKA). Le récepteur phosphorylé peut fixer son ligand, mais cette liaison entraîne une réduction de l'activation de l'adénylate cyclase ; le récepteur est donc désensibilisé. Ceci est un exemple de suppression par rétrocontrôle, dans laquelle le produit final d'une voie (ici PKA activée) bloque une étape précoce de la voie (ici l'activation du récepteur). Puisque l'activité de PKA est amplifiée par un taux élevé d'AMPc induit par toute hormone qui active G_s, une exposition prolongée à une telle hormone, disons l'adrénaline, cause la désensibilisation non seulement des récepteurs β-adrénergiques mais aussi des récepteurs couplés aux protéines G_s qui lient des ligands différents (e.g. glucagon). Cette régulation croisée est appelée *désensibilisation hétérologue*.

Des résidus supplémentaires dans le domaine cytosolique du récepteur β-adrénergique sont phosphorylés par une enzyme spécifique du récepteur et appelée *BARK (β-adrenergic kinase receptor)*, mais seulement quand l'adrénaline, ou un agoniste, est liée au récepteur. Puisque BARK ne phosphoryle que des récepteurs β-adrénergiques activés, ce processus est appelé *désensibilisation homologue*. Un traitement prolongé de cellules avec de l'adrénaline aboutit à une phosphorylation étendue et donc à une désensibilisation du récepteur β-adrénergique par PKA et BARK.

Des récepteurs phosphorylés (désensibilisés) sont constamment resensibilisés à la suite de la déphosphorylation par des phosphatases constitutives. Ainsi, le nombre de phosphates par molécule de récepteur reflète la quantité de ligand fixé dans le passé récent (e.g. 1-10 minutes). Ceci signifie que, si une cellule est exposée de manière constante à une certaine concentration d'hormone, celle-ci deviendra finalement insuffisante pour stimuler le récepteur. Si la concentration hormonale passe à un niveau supérieur, le récepteur active les voies de signalisation en aval mais avec moins d'intensité que si ce niveau était atteint à partir d'un milieu dépourvu d'hormone. Si celle-ci est complètement éliminée, le récepteur est complètement déphosphorylé et ramené à sa sensibilité maximale, ce qui lui permet de répondre à nouveau à des taux très bas de l'hormone. Donc, une boucle de rétrocontrôle impliquant la phosphorylation du récepteur et sa déphosphorylation module l'activité des récepteurs β-adrénergiques et ceux couplés aux protéines G_s, permettant à une cellule d'ajuster la sensibilité du récepteur au taux de l'hormone auquel elle est exposée.

Un autre participant à la régulation des récepteurs β-adrénergiques est la *β-arrestine*. Cette protéine cytosolique se lie aux récepteurs abondamment phosphorylés par BARK et inhibe complètement leur interaction avec G_s et donc leur aptitude à l'activer.

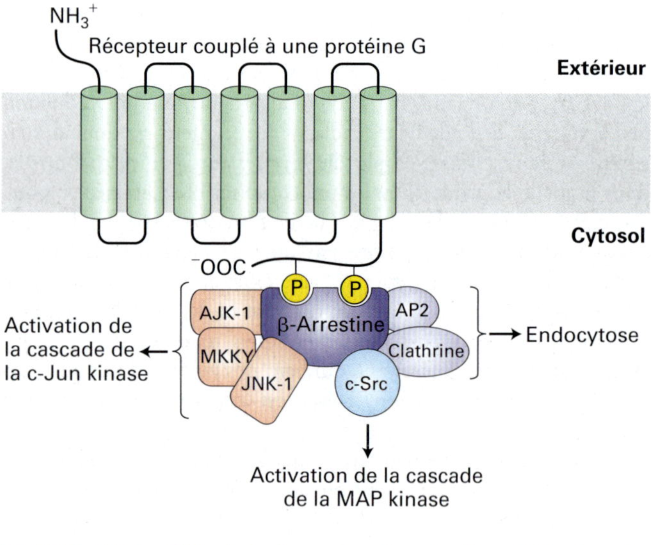

FIGURE 13-19 Rôle de la β-arrestine dans la désensibilisation des RCPG et dans la transduction du signal. La β-arrestine se lie à des résidus sérine et thréonine phosphorylés dans le segment C-terminal des récepteurs couplés aux protéines G (RCPG). La clathrine et l'AP2, deux autres protéines liées par la β-arrestine, favorisent l'endocytose du récepteur. La β-arrestine fonctionne aussi dans le transfert du signal à partir des récepteurs activés en fixant et en activant plusieurs protéine kinases cytosoliques. c-Src active la voie de la MAP kinase, menant à la phosphorylation de facteurs de transcription clés (Chapitre 14). L'interaction de la β-arrestine avec trois autres protéines, entre autres JN1 (une Jun N-terminale kinase), aboutit à la phosphorylation et à l'activation du facteur de transcription c-Jun. [Adapté de W. Miller & R. J. Leftkowitz, 2001, *Curr. Opin. Cell Biol.* **13**:139, et K. Pierce *et al.*, 2002, *Nature Rev. Mol. Cell Biol.* **3**:639.]

Une fonction supplémentaire de la β-arrestine dans la régulation des récepteurs de surface cellulaire fut suggérée initialement par l'observation que la perte des récepteurs β-adrénergiques de surface en réponse à la fixation du ligand est stimulée par la surexpression de BARK et de la β-arrestine. Des études ultérieures révélèrent que la β-arrestine se lie non seulement aux récepteurs phosphorylés mais aussi à la clathrine et à une protéine associée appelée AP2, deux composants essentiels des vésicules tapissées qui sont impliquées dans un type d'endocytose. Ces interactions favorisent la formation des puits tapissés et l'endocytose des récepteurs associés, ce qui réduit ainsi le nombre de récepteurs exposés à la surface cellulaire (Figure 13-19). Finalement, les récepteurs incorporés sont déphosphorylés dans les endosomes, la β-arrestine détachée et les récepteurs resensibilisés reviennent à la surface cellulaire, comme le fait le récepteur des LDL (Chapitre 17). La régulation d'autres récepteurs couplés aux protéines G dépend aussi, pense-t-on, de l'endocytose de récepteurs occupés par le ligand et leur séquestration dans la cellule.

Comme nous en discuterons plus loin, la β-arrestine fonctionne aussi comme protéine adaptatrice dans la transduction de signaux allant de récepteurs couplés aux protéines G_s jusqu'au noyau. Les fonctions multiples de la β-arrestine illustrent l'importance des protéines adaptatrices dans la régulation de la signalisation et de la transduction des signaux provenant des récepteurs de surface.

L'ancrage des protéines restreint les effets de l'AMPc à des régions subcellulaires spécifiques

Dans beaucoup de types cellulaires, une augmentation du taux d'AMPc peut induire une réponse qui est requise dans une partie de la cellule mais est indésirable, peut-être délétère, dans une autre partie. Une famille de protéines d'ancrage assigne aux isoformes de PKA des sites subcellulaires spécifiques, restreignant ainsi les réponses dépendant de l'AMPc à ces localisations. Ces protéines, appelées *protéines associées à la kinase A (AKAP)*, ont une structure en deux domaines ; l'un assure la localisation subcellulaire spécifique, alors que l'autre se lie à la sous-unité régulatrice de la protéine kinase A.

Dans certaines cellules du myocarde, une protéine d'ancrage (AKAP15) est attachée à la face cytosolique de la membrane plasmique près d'un type particulier de canal calcique à ouverture contrôlée. Il s'ouvre sous l'effet de sa phosphorylation par PKA activée elle-même à la suite de l'interaction de l'adrénaline avec les récepteurs β-adrénergiques. L'afflux de Ca^{2+} qui en résulte augmente le rythme des contractions cardiaques (préparant ainsi au combat ou à la fuite). L'interaction d'AKAP15 avec PKA impose à celle-ci une localisation proche de ces canaux, réduisant ainsi le délai requis à la diffusion des sous-unités catalytiques de PKA jusqu'à leur substrat.

Une autre protéine associée à la kinase A (mAKAP) dans le myocarde accroche à la fois la PKA et l'AMPc phosphodiestérase (PDE) à la membrane nucléaire externe. Du fait de la proximité de PDE et de PKA, le taux d'AMPc, et donc l'activité de la PKA, est soumis à une boucle de rétrocontrôle strict (Figure 13-20). La localisation de PKA près de la membrane nucléaire facilite aussi l'entrée des sous-unités catalytiques dans le noyau, où elles phosphorylent et activent certains facteurs de transcription (Section 13.6).

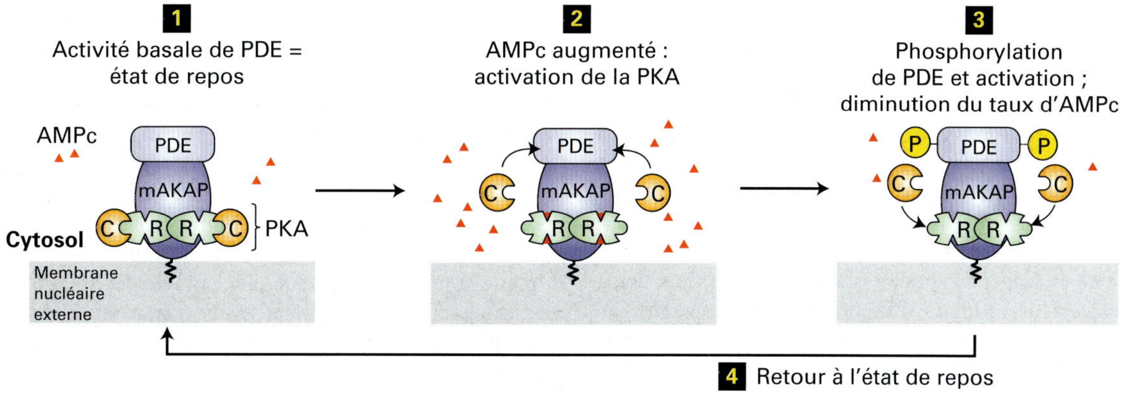

FIGURE 13-20 Localisation de la protéine kinase A (PKA) dans la membrane nucléaire du myocarde. La protéine associée à la kinase A, mAKAP, attache la PKA et l'AMPc phosphodiestérase (PDE) à la membrane nucléaire, les maintenant dans une boucle de rétrocontrôle négatif qui fournit un contrôle local strict du taux d'AMPc. Étape **1** : Le taux basal de l'activité de PDE en absence d'hormone (état de repos) garde les taux d'AMPc en dessous de ceux qui sont nécessaires à l'activation de la PKA. Étape **2** : L'activation des récepteurs adrénergiques induit une augmentation du taux d'AMPc en excès de celui qui peut être dégradé par PDE. La liaison résultante de l'AMPc aux sous-unités régulatrices (R) de PKA libère les sous-unités catalytiques (C) actives. Étape **3** : La phosphorylation subséquente de PDE par PKA stimule son activité catalytique, ramenant ainsi les taux d'AMPc à son niveau de base et causant la restauration de la PKA inactive. La déphosphorylation subséquente de PDE (étape **4**) ramène le complexe à l'état de repos. [Adapté de K. L. Dodge *et al.*, 2001, *EMBO J.* **20** :1921.]

CONCEPTS CLÉS DE LA SECTION 13.3

Activation ou inhibition de l'adénylate cyclase par les récepteurs couplés aux protéines G

- Des protéines G trimériques transmettent des signaux à partir de récepteurs de surface couplés à leur ligand jusqu'à des protéines effectrices associées, qui sont soit des enzymes qui forment des messagers secondaires, soit des protéines constitutives de canaux cationiques (voir Tableau 13-1).
- Le plus souvent, les signaux sont transmis par G_α, une protéine commutatrice GTPasique qui alterne entre état actif (« allumé ») quand elle contient du GTP et une état inactif (« éteint ») quand elle contient du GDP. Les sous-unités β et γ, qui restent attachées l'une à l'autre, parfois transfèrent certains signaux.
- Des récepteurs occupés par une hormone agissent comme GEF pour les protéines G_α, catalysant ainsi la dissociation du GDP et permettant au GTP de le remplacer. Ce changement de conformation des régions commutatrices dans G_α induit sa séparation de la sous-unité $G_{\beta\gamma}$ et son interaction avec une protéine effectrice (voir Figure 13-11).
- $G_{s\alpha}$, qui est activé par de multiples types de RCPG, se lie à l'adénylate cyclase et l'active, augmentant ainsi la synthèse du 3',5'-AMP cyclique (AMPc).
- L'activation dépendante de l'AMPc de la protéine kinase A (PKA) est à la base des effets divers de l'AMPc dans différentes cellules. Le substrat de PKA, et donc la réponse cellulaire à l'activation hormonale de PKA, varient selon le type cellulaire.
- Dans les cellules hépatiques ou musculaires, l'activation de PKA induite par l'adrénaline et d'autres hormones exerce un double effet par la voie d'une cascade de kinases : elle inhibe la synthèse du glycogène et stimule sa dégradation (voir Figure 13-17).
- Les voies de signalisation impliquant des messagers secondaires et des cascades de kinases amplifient fortement le signal extérieur (voir Figure 13-18).
- BARK phosphoryle les récepteurs adrénergiques occupés par leur ligand, ce qui conduit à la fixation de la β-arrestine et à l'endocytose des récepteurs. En conséquence, la réduction de la densité des récepteurs membranaires rend la cellule moins sensible à l'apport hormonal.
- Des protéines d'ancrage assignent des sites spécifiques de la cellule à PKA, ce qui restreint les effets de l'AMPc à des régions subcellulaires particulières.

13.4 Régulation de canaux ioniques par des récepteurs couplés aux protéines G

Comme nous l'avons appris au Chapitre 7, beaucoup de récepteurs des neurotransmetteurs sont des canaux ioniques à ouverture contrôlée par le ligand. Ceux-ci comprennent certains types de récepteurs au glutamate et à la sérotonine, ainsi que le récepteur nicotinique à l'acétylcholine qui se trouve dans les synapses neuromusculaires. Cependant, il existe également beaucoup de récepteurs de neurotransmetteurs qui sont couplés à des protéines G. Pour certains de ceux-ci, la protéine effectrice est un canal à Na^+ ou à K^+. La liaison du neurotransmetteur à ces récepteurs déclenche l'ouverture ou la fermeture du canal concerné, ce qui entraîne des changements de potentiel de membrane. D'autres récepteurs de neurotransmetteurs ainsi que les récepteurs olfactifs et les récepteurs oculaires à la lumière sont couplés aux protéines G, qui modulent indirectement l'activité des canaux ioniques par l'intermédiaire de messagers secondaires. Dans cette section, deux exemples de récepteurs couplés aux protéines G illustrent les mécanismes directs et indirects de régulation des canaux calciques : le récepteur muscarinique à l'acétylcholine et le récepteur couplé à G_t.

Dans le cœur, les récepteurs muscariniques à l'acétylcholine activent une protéine G qui ouvre les canaux à K^+

La liaison de l'acétylcholine aux récepteurs nicotiniques dans les muscles striés génère un potentiel d'action qui déclenche leur contraction (voir Figure 7-45). Par contre, les récepteurs muscariniques de l'acétylcholine dans le muscle cardiaque sont inhibiteurs. La liaison de l'acétylcholine à ces récepteurs ralentit le rythme des contractions en causant une hyperpolarisation de longue durée (plusieurs secondes) de la membrane cellulaire. Ceci peut être étudié expérimentalement par l'ajout direct d'acétylcholine au myocarde en culture.

L'activation du récepteur muscarinique à l'acétylcholine, qui est couplé à une protéine G_i, conduit à l'ouverture des canaux à K^+ associés. L'afflux d'ions K^+ qui s'ensuit cause l'hyperpolarisation de la membrane plasmique. Comme décrit dans la Figure 13-21, le signal des récepteurs activés est transmis à la protéine effectrice par la libération de la sous-unité $G_{\beta\gamma}$ plutôt que par G_α.GTP. Que $G_{\beta\gamma}$ active directement le canal à K^+ fut démontré par des expériences de *patch-clamping*, qui mesurent le flux ionique à travers un seul canal ionique dans un site membranaire restreint (voir Figure 7-17). Lorsque la protéine $G_{\beta\gamma}$ fut ajoutée à la face cytosolique d'un *patch* de membrane plasmique de myocarde, les canaux à K^+ s'ouvrirent immédiatement, même en absence d'acétylcholine ou d'autres neurotransmetteurs.

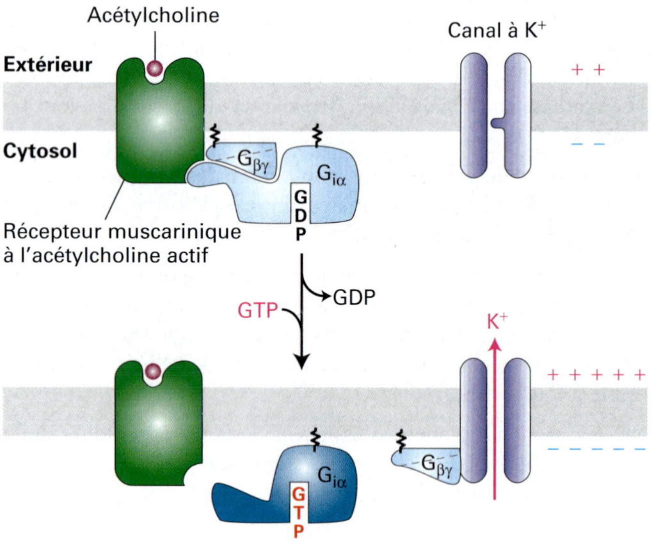

FIGURE 13-21 Modèle opérationnel du récepteur muscarinique de l'acétycholine dans la membrane plasmique du myocarde. Ces récepteurs sont liés à des canaux à K^+ par une protéine G trimérique. La liaison de l'acétylcholine déclenche l'activation de la sous-unité $G_{i\alpha}$ et sa dissociation de la sous-unité $G_{\beta\gamma}$ comme d'habitude (voir Figure 13-11). Dans ce cas, la sous-unité $G_{\beta\gamma}$ libérée (plutôt que $G_{i\alpha}$.GTP) se lie au canal à K^+ associé et déclenche son ouverture. La perméabilité accrue au K^+ hyperpolarise la membrane, ce qui réduit la fréquence des contractions cardiaques. Ce n'est pas montré ici, mais l'activation se termine quand le GTP lié à $G_{i\alpha}$ est hydrolysé en GDP et que $G_{i\alpha}$.GTP se combine à nouveau à $G_{\beta\gamma}$. [Voir K. Ho *et al.*, 1993, *Nature* **362**:31, et Y. Kubo *et al.*, 1993, *Nature* **362**:127.]

Des récepteurs couplés à G_t sont activés par la lumière

La rétine humaine contient deux types de photorécepteurs, les *bâtonnets* et les *cônes*, qui sont les premiers soumis à la stimulation visuelle. Les cônes sont impliqués dans la vision de la couleur, tandis qu'une lumière faible faite d'un large spectre de longueurs d'ondes, celle d'un clair de lune, suffit à stimuler les bâtonnets. Les photorécepteurs forment des synapses avec une double couche d'interneurones innervés par différentes combinaisons de cellules photoréceptrices. Tous ces signaux sont traités et interprétés par la partie du cerveau appelée *cortex visuel.*

La *rhodopsine*, un récepteur couplé à une protéine G et qui est activé par la lumière, est localisée dans les quelque mille disques membranaires remplissant le segment extérieur des bâtonnets (Figure 13-22). La protéine G trimérique couplée à la rhodopsine, souvent appelée *transducine* (G_t), se trouve uniquement dans les bâtonnets. Un bâtonnet humain contient environ 4 x 10^7 molécules de rhodopsine, qui consiste en une protéine à sept segments transmembranaires, l'*opsine*, et en un pigment absorbant la lumière, le 11-*cis*-rétinal, qui est lié à l'opsine de manière covalente. Lors de l'absorption d'un photon, le groupement rétinal est très rapidement converti en son isomère tout-*trans*-rétinal, ce qui cause un changement de conformation dans la portion opsine et ce qui l'active (Figure 13-23). Ceci est équivalent au changement de conformation qui survient lors la fixation d'un ligand par d'autres récepteurs couplés aux protéines G. La forme résultante dans laquelle l'opsine est liée par covalence au tout-*trans*-rétinal est appelée *méta-rhodopsine II* ou *opsine activée.* Analogue à d'autres récepteurs couplés aux protéines G, la rhodopsine activée par la lumière interagit avec une protéine G associée (i.e. G_t) et l'active. L'opsine activée est instable et se dissocie spontanément en ses parties constitutives, libérant l'opsine et le tout-*trans*-rétinal, terminant ainsi la signalisation visuelle. Dans l'obscurité, le tout-*trans*-rétinal est reconverti en 11-*cis*-rétinal, qui peut se lier à nouveau à l'opsine, et reformer ainsi la rhodopsine.

Dans l'obscurité, le potentiel de membrane d'un bâtonnet est d'environ –30 mV, considérablement moins que le potentiel de repos (–60 à 90 mV) typique des neurones et d'autres cellules

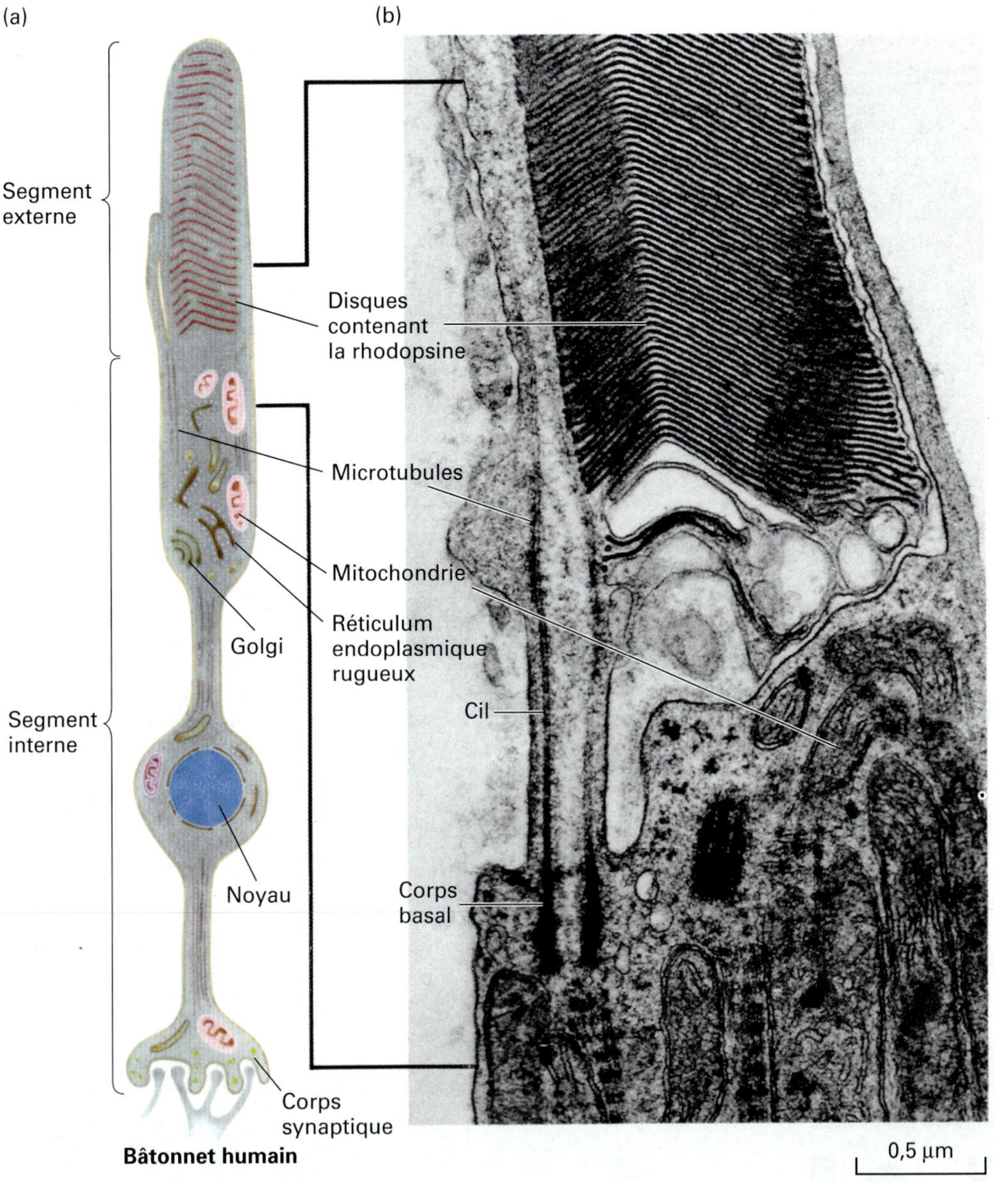

FIGURE 13-22 Bâtonnet humain. (a) Schéma d'un bâtonnet. Au niveau du corps synaptique, le bâtonnet forme une synapse avec un ou plusieurs interneurones bipolaires. La rhodopsine, un récepteur couplé à une protéine G et sensible à la lumière, est localisée dans les disques membranaires du segment extérieur. (b) Micrographie électronique de la région désignée du bâtonnet en (a). Cette région comprend la jonction des deux segments, interne et externe. [Partie (b) de R. G. Kessel & R. H. Kardon, 1979, *Tissues and Organs : A Text-Atlas of Scanning Electron Microscopy*, W. H. Freeman and Company, p. 91.]

électriquement actives. Comme conséquence de cette dépolarisation, les bâtonnets, dans l'obscurité, sécrètent en permanence des neuromédiateurs, et les interneurones bipolaires avec lesquels ils communiquent subissent une stimulation continue. L'état dépolarisé de la membrane plasmique des bâtonnets au repos est dû à l'ouverture d'un grand nombre de canaux ioniques *non sélectifs* qui admettent le Na^+, le Ca^{2+} ainsi que le K^+. L'absorption de la lumière par la rhodopsine entraîne la fermeture de ces canaux, ce qui rend le potentiel de membrane *plus* négatif.

Plus de photons sont absorbés par la rhodopsine, plus de canaux sont fermés, moins d'ions Na^+ pénètrent dans la cellule, plus négatif devient le potentiel de membrane et moins de neuromédiateur est libéré. Ce changement est transmis au cerveau où il est perçu comme sensation de lumière. Un seul photon absorbé par un bâtonnet au repos produit une réponse mesurable, une diminution du potentiel de membrane d'environ 1 mV, qui chez les amphibiens dure une seconde ou deux. Les humains sont capables de détecter un éclair de cinq photons seulement.

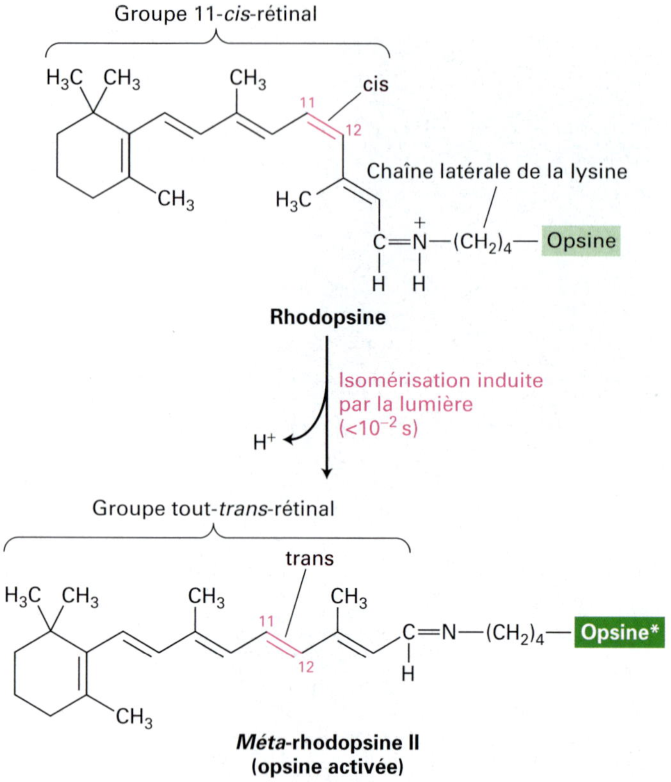

L'activation de la rhodopsine induit la fermeture des canaux cationiques contrôlés par le GMPc

Le messager secondaire qui sert d'intermédiaire entre l'opsine activée et les canaux cationiques de la membrane plasmique des bâtonnets est le **GMP cyclique (GMPc)**. Dans le segment extérieur d'un bâtonnet, la concentration de GMPc est exceptionnellement élevée (≈0,07 mM). Il est formé continuellement à partir de GTP sous l'action de la guanylate cyclase, qui elle-même paraît insensible à la lumière. L'absorption de lumière par la rhodopsine induit l'activation d'une *GMPc phosphodiestérase* qui hydrolyse GMPc en 5'-GMP. Ainsi, la concentration de GMPc diminue avec

FIGURE 13-23 Le processus déclenché par la lumière au cours de la vision. Le pigment absorbant la lumière, le 11-*cis*-rétinal est lié de manière covalente au groupe aminé d'un résidu lysine dans l'opsine, la partie protéique de la rhodopsine. L'absorption de lumière cause une isomérisation rapide du *cis*-rétinal en tout-*trans*-rétinal, formant ainsi la *méta*-rhodopsine II, ou opsine activée, qui active les protéines G_t. En quelques secondes le tout-*trans*-rétinal se dissocie de l'opsine et est converti par une enzyme en isomère *cis*, qui se lie à une autre molécule d'opsine. [Voir J. Nathans, 1992, *Biochemistry* **31**: 4923.]

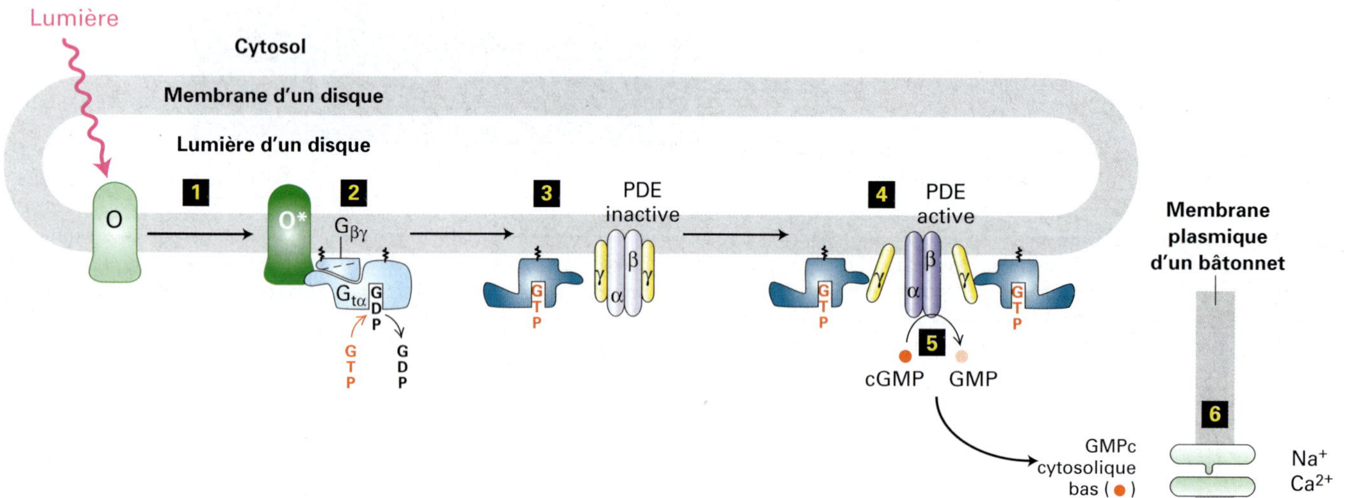

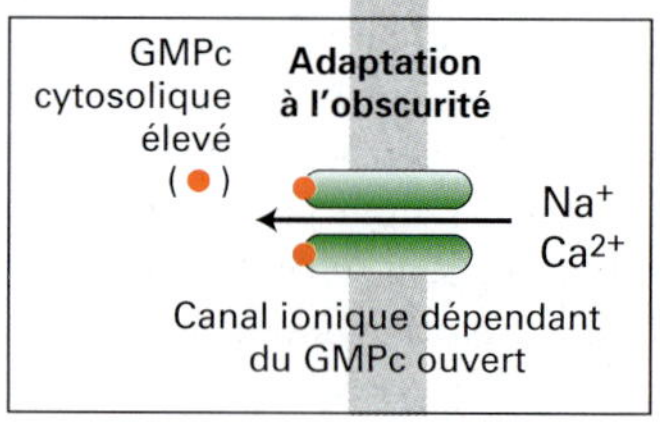

FIGURE 13-24 Modèle opérationnel de la fermeture des canaux cationiques induite par la rhodopsine dans les bâtonnets. Dans les bâtonnets adaptés à l'obscurité, un taux élevé de GMPc garde ouverts les canaux cationiques non sélectifs dépendant du nucléotide. L'absorption de lumière active l'opsine, O* (étape **1**), qui lie la protéine G_t inactive contenant du GDP et induit le remplacement du GDP par le GTP (étape **2**). Le $G_{t\alpha}$.GTP libre active alors la GMPc phosphodiestérase (PDE) en liant ses sous-unités γ inhibitrices (étape **3**) et en les dissociant des sous-unités catalytiques α et β (étape **4**). Leur inhibition étant levée, les sous-unités α et β convertissent le GMPc en GMP (étape **5**). La diminution du GMPc cytosolique entraîne la dissociation du GMPc des canaux dépendants du nucléotide et la fermeture des canaux (étape **6**). La membrane devient alors hyperpolarisée de manière transitoire. [Adapté de V. Ashavsky & E. Pugh, 1998, *Neuron* **20**:11.]

l'intensité de la lumière. Quand il fait sombre, le taux élevé de GMPc maintient les *canaux cationiques* ouverts, alors que la diminution du GMPc induite par la lumière entraîne successivement la fermeture du canal, une hyperpolarisation de la membrane et une diminution de la libération de neuromédiateur.

Comme l'illustre la Figure 13-24, la GMPc phosphodiestérase est la protéine effectrice pour G_t. Le complexe $G_{t\alpha}$.GTP libre qui est généré après absorption de la lumière par la rhodopsine se lie aux deux sous-unités γ inhibitrices de la GMPc phosphodiestérase, libérant les sous-unités catalytiques actives α et β, qui convertissent alors le GMPc en GMP. Il s'agit là d'un mécanisme fréquemment mis en œuvre dans les voies de signalisation ; le signal, en écartant un inhibiteur, active rapidement une enzyme. Une seule molécule d'opsine activée dans la membrane d'un disque peut activer 500 molécules de $G_{t\alpha}$, chacune d'elles à leur tour active la GMPc phosphodiestérase. Ce qui constitue la première phase d'amplification du signal dans le système visuel. Même si l'activation de la GMPc phosphodiestérase entraîne une diminution du messager secondaire, le GMPc, cette activation passe par le même mécanisme général décrit plus tôt, sauf que l'absorption de la lumière par la rhodopsine plutôt que la fixation d'un ligand sert de signal d'activation (voir Figure 13-11).

La conversion de $G_{t\alpha}$.GTP en la forme inactive $G_{t\alpha}$.GDP est accélérée par la protéine activatrice de la GTPase (GAP) spécifique de $G_{t\alpha}$.GTP. Chez les mammifères, la sous-unité$G_{t\alpha}$ ne reste normalement active, c.-à-d. liée à GTP, que pendant une fraction de seconde. Ainsi, la GMPc phosphodiestérase est rapidement inactivée, ce qui permet au taux de GMPc de revenir à son niveau original correspondant à l'absence de lumière. Ceci permet à l'œil de répondre rapidement à la mobilisation ou aux modifications subies par les objets observés.

Les analyses cristallographiques aux rayons X ont révélé récemment comment les sous-unités de la protéine G_t interagissent entre elles ainsi qu'avec la rhodopsine sensible à la lumière. Elles ont aussi permis de comprendre comment G_α se détache de $G_{\beta\gamma}$ à la suite de la liaison du GTP (Figure 13-25). Deux surfaces de $G_{t\alpha}$ interagissent avec G_β : une région N-terminale proche de la surface membranaire et les deux régions commutatrices adjacentes I et II, que l'on trouve dans toutes les protéines G_α. G_β et G_γ sont au contact l'une de l'autre, mais G_γ est distante de $G_{t\alpha}$.

Les études des récepteurs adrénergiques décrites plus haut indiquent qu'à la suite de la fixation du ligand à un récepteur couplé à une protéine G, les hélices transmembranaires de celui-ci se mettent à glisser l'une par rapport à l'autre, entraînant ainsi des changements de conformation dans les boucles cytosoliques, ce qui crée un site de liaison pour la protéine G trimérique correspondante. Les structures cristallographiques de la Figure 13-25 suggèrent que le domaine de $G_{t\alpha}$ liant le nucléotide, avec les séquences d'ancrage lipidique aux extrémités C-terminale de $G\gamma$ et N-terminale de $G_{t\alpha}$, forme une surface qui s'attache à la rhodopsine (O* dans la Figure 13-24), ce qui favoriserait la libération du GDP à partir de la $G_{t\alpha}$ et la fixation subséquente de GTP. Les changements de conformation qui s'en suivent dans $G_{t\alpha}$, particulièrement ceux qui surviennent dans les commutateurs I et II, rompent les interactions moléculaires entre $G_{t\alpha}$ et $G_{\beta\gamma}$, entraînant leur dissociation. Les études structurales de la rhodopsine et de G_t ont donné des résultats qui sont cohérents avec les données concernant d'autres récepteurs couplés aux protéines G et l'on pense que ce modèle est applicable à l'ensemble des récepteurs de ce type.

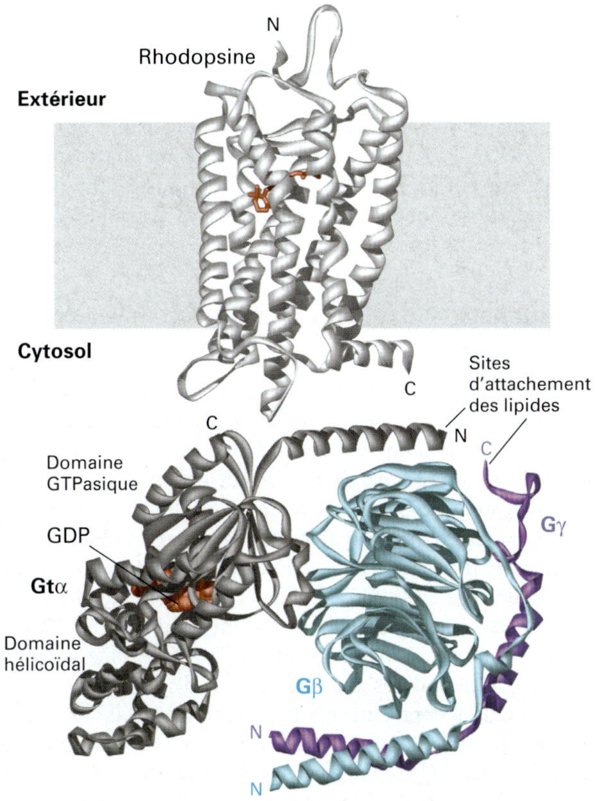

FIGURE 13-25 Modèles de structure de la rhodopsine et de sa protéine G_t associée. Les structures de la rhodopsine et des sous-unités $G_{t\alpha}$ et $G_{\beta\gamma}$ ont été obtenues par cristallographie aux rayons X. Le segment C-terminal de la rhodopsine n'est pas montré. L'orientation de $G_{t\alpha}$ par rapport à la rhodopsine et la membrane est hypothétique ; elle est basée sur la charge et l'hydrophobicité des surfaces protéiques et sur les sites connus de fixation à la rhodopsine dans $G_{t\alpha}$. Comme dans d'autres protéines G trimériques, les sous-unités $G_{t\alpha}$ et G_γ contiennent des lipides attachés de manière covalente qui, pense-t-on, s'insèrent dans la membrane. Dans la forme liée au GDP montrée ici (GDP en rouge), la sous-unité α (gris) et la sous-unité β (bleu clair) interagissent l'une avec l'autre, comme le font les sous-unités β et γ (pourpre), mais la petite sous-unité γ, qui contient seulement deux hélices, n'entre pas en contact avec la sous-unité α. Plusieurs segments de la sous-unité α interagiraient avec le récepteur activé, ce qui causerait un changement de conformation favorisant la libération de GDP de la fixation de GTP. À son tour, la fixation de GTP induit des changements de conformation importants dans les régions commutatrices de $G_{t\alpha}$, ce qui dissocie $G_{t\alpha}$ de $G_{\beta\gamma}$. La structure d'une sous-unité $G_{s\alpha}$ liée au GTP et interagissant avec une protéine effectrice est montrée dans la Figure 13-14b. [Adapté de H. Hamm, 2001, *Proc. Nat'l. Acad. Sci. USA* **98**:4819, et D. G. Lambright *et al.*, 1996, *Nature* **379**:311.]

Un argument direct en faveur du rôle du GMPc dans l'activité des bâtonnets a été fourni par les études de patch-clamping appliquées à des lambeaux isolés de membrane plasmique du segment externe des bâtonnets, une région comptant de nombreux canaux cationiques dépendant du GMPc. Lorsque le GMPc est ajouté à la surface cytosolique, le nombre de canaux ouverts augmente rapidement. L'effet survient en absence de protéine kinases ou phosphatases, et le GMPc agit directement sur les canaux pour les maintenir ouverts, ce qui indique que ceux-ci dépendent bien du nucléotide. Comme les canaux voltaïques à K^+ décrits dans le Chapitre 7, la protéine constitutive du canal dépendant du GMPc contient quatre sous-unités, chacune étant capable de lier une molécule de GMPc (voir Figure 7-36a). Trois ou quatre molécules de GMPc doivent s'y lier afin que le canal puisse s'ouvrir ; cette interaction allostérique rend l'ouverture très sensible à de petits changements dans les taux de GMPc.

Les bâtonnets s'adaptent aux différents niveaux de lumière ambiante

Les cônes sont insensibles à un éclairage faible, alors que l'activité des bâtonnets est inhibée par un éclairage intense. Ainsi, quand nous passons de la lumière du jour dans une chambre faiblement éclairée, la pièce nous paraît tout à fait obscure. Les bâtonnets devenant lentement sensibles à cette faible luminosité, nous sommes progressivement capables de distinguer les objets. Ce processus d'*adaptation visuelle* permet à un bâtonnet de percevoir un contraste de 1 à 100.000 fois dans l'intensité de la lumière ambiante. En conséquence, ce sont des différences dans les niveaux de luminosité, plutôt qu'une quantité absolue de lumière absorbée, qui forment les images que nous distinguons.

Un processus contribuant à l'adaptation visuelle implique la phosphorylation de l'opsine activée (O*) par la *rhodopsine kinase* (Figure 13-26). Cette enzyme des bâtonnets est analogue à la kinase des récepteurs β-adrénergiques (BARK) dont il a été précédemment question. Chaque molécule d'opsine a trois sites principaux de phosphorylation de sérine ; plus il y a de sites phosphorylés, moins l'O* est capable d'activer G_t et ainsi d'induire la fermeture des canaux cationiques dépendant du GMPc. En effet, les bâtonnets de souris avec des rhodopsines mutées contenant zéro ou seulement un des résidus sérine ont une vitesse de désactivation à la lumière intense beaucoup plus lente que normalement. Puisque le degré de phosphorylation de l'opsine est proportionnel au temps que chaque molécule d'opsine passe sous forme activée par la lumière, il constitue une mesure de l'intensité de la lumière de fond (ambiante). Dans des conditions de forte luminosité, l'opsine phosphorylée est abondante et l'activation de G_t réduite ; ainsi, une augmentation plus prononcée dans le niveau de luminosité sera nécessaire pour générer un signal visuel. Quand le niveau de lumière ambiante est réduit, les opsines sont déphosphorylées et leur aptitude d'activer G_t augmente ; dans ce cas, moins de photons supplémentaires seront nécessaires pour générer un signal visuel.

Quand la lumière ambiante est intense (à l'extérieur, à midi), le degré de phosphorylation de l'opsine est tel que la β-arrestine se lie au segment C-terminal de l'opsine et prévient ainsi l'interaction de G_t avec O*, ce qui bloque totalement la formation du complexe $G_{t\alpha}$.GTP actif et suspend toute activité des bâtonnets. Ce mécanisme de contrôle par la rhodopsine kinase et l'arrestine ressemble à l'adaptation (ou désensibilisation) des autres récepteurs couplés aux protéines G lorsqu'ils sont exposés à des taux élevés de ligand.

Les bâtonnets disposent d'un second mécanisme d'adaptation visuelle qui paraît unique. Dans les cellules adaptées à l'obscurité, pratiquement toutes les sous-unités $G_{t\alpha}$ and $G\beta\gamma$ sont dans le segment externe. Mais, une exposition pendant 10 minutes à la lumière du jour d'intensité modérée entraîne le déplacement de 80 % des sous-unités $G_{t\alpha}$ and $G\beta\gamma$ du segment externe vers d'autres compartiments cellulaires (Figure 13-27). On ignore comment ces protéines se déplacent, mais une conséquence est l'incapacité physique pour les protéines G_t de lier l'opsine activée. Comme dans les autres voies de signalisation, de multiples mécanismes contribuent à l'inactivation de la signalisation durant l'adaptation visuelle, probablement afin qu'elle puisse être strictement contrôlée tout au long d'une vaste échelle d'intensité lumineuse.

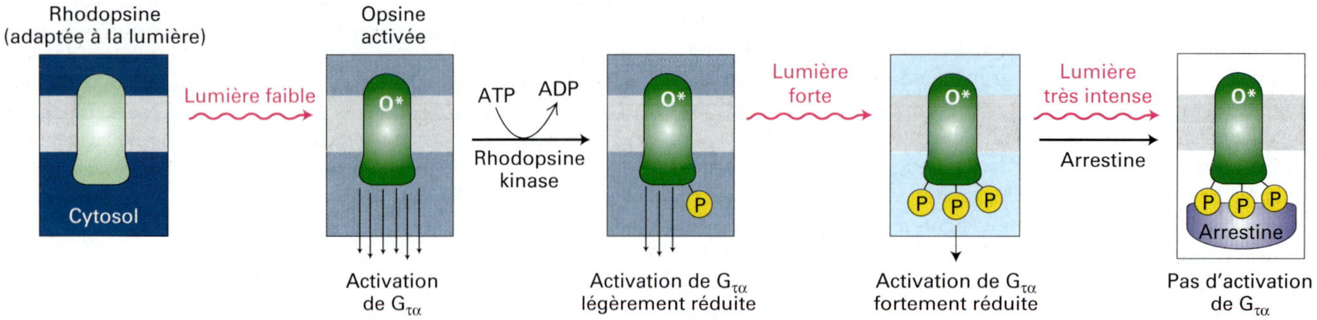

FIGURE 13-26 Rôle de la phosphorylation de l'opsine dans l'adaptation des bâtonnets aux changements d'intensité de la lumière ambiante. Au contraire de la rhodopsine adaptée à l'obscurité, l'opsine activée par la lumière (O*) constitue un substrat pour la rhodopsine kinase. Le degré de phosphorylation de l'opsine est directement proportionnel au temps que chaque molécule a passé sous la forme activée par la lumière et donc à l'intensité moyenne de la lumière ambiante pendant les quelques minutes qui ont précédé. La capacité de O* d'activer $G_{t\alpha}$ est inversement proportionnelle au nombre de résidus phosphorylés. Ainsi, plus la luminosité est élevée, plus étendue est la phosphorylation de l'opsine et plus forte doit être l'amplification de la lumière pour activer le même nombre de molécules $G_{t\alpha}$ (transducine). Si la lumière devient très intense, l'arrestine se lie à l'opsine complètement phosphorylée, formant un complexe qui ne peut plus activer du tout la transducine. [Voir L. Lagnado & D. Baylor, 1992, *Neuron* **8**:995, et A. Mendez *et al.*, 2000, *Neuron* **28**:153.]

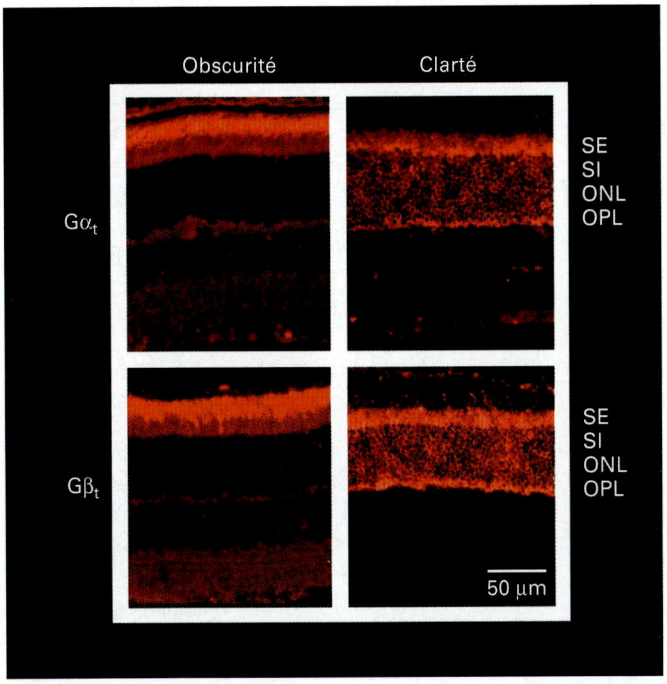

FIGURE EXPÉRIMENTALE 13-27 Le déplacement de Gt à partir du segment extérieur des bâtonnets contribue à l'adaptation visuelle. Comme le montre l'examen en immunofluorescence de rétines de rats adaptés à l'obscurité, les sous-unités α et β de la transducine ($G\alpha_t$et $G\beta_t$) sont localisées dans le segment extérieur (SE) des bâtonnets, où elles peuvent être activées par la rhodopsine des disques membranaires (voir Figure 13-22). Après plusieurs minutes de lumière intense, la plus grande partie des sous-unités α et β de la transducine se retrouve dans le segment interne (SI) des bâtonnets, où elles ne peuvent pas interagir avec l'opsine activée ; ceci contribue à la désensibilisation des bâtonnets aux fortes intensités de lumière. [De M. Sokolov *et al.*, 2002, *Neuron* **33** :95. Document communiqué par Vadim Arshavsky, Harvard Medical School.]

CONCEPTS CLÉS DE LA SECTION 13.4

Régulation de canaux ioniques par des récepteurs couplés aux protéines G

- Le récepteur muscarinique de l'acétylcholine dans le myocarde est un RCPG dont la protéine effectrice est un canal à K^+. L'activation du récepteur cause la libération de la sous-unité Gbg, ce qui ouvre les canaux à K^+ (voir Figure 13-21). L'hyperpolarisation de la membrane cellulaire qui en résulte ralentit le rythme des contractions cardiaques.

- La rhodopsine, le RCPG photosensible des bâtonnets, est constituée de la protéine opsine liée au 11-cis-rétinal, dont l'isomérisation induite par la lumière active l'opsine, qui à son tour active la protéine G trimérique qui lui est associée, la transducine (Gt), en catalysant le remplacement, dans la sous-unité Gtα, le GDP lié par du GTP libre.

- La protéine effectrice activée par Gtα.GTP est la GMPc phosphodiestérase. La réduction du taux de GMPc par cette enzyme entraîne la fermeture des canaux à Na^+/Ca^{2+} dépendants du GMPc, l'hyperpolarisation de la membrane et une diminution de la libération de neuromédiateur (voir Figure 13-24).

- Comme pour les autres protéines Gα, la liaison du GTP à Gtα change la conformation protéique, ce qui rompt ses liens moléculaires avec Gβγ et permet à Gtα.GTP de se lier à l'effecteur en aval (voir Figure 13-25).

- Quand l'opsine activée par la lumière est phosphorylée par la rhodopsine kinase, la fixation subséquente de l'arrestine empêche l'opsine phosphorylée d'activer la transducine (voir Figure 13-26). Ce mécanisme général d'adaptation, ou de désensibilisation, est utilisé par d'autres RCPG lorsque le taux de ligand est élevé.

13.5 Récepteurs couplés aux protéines G et activateurs de la phospholipase C

Dans cette section, nous discutons des voies de transduction du signal provenant des RCPG et passant par plusieurs messagers secondaires ainsi que les mécanismes par lesquels ils régulent diverses activités cellulaires. Un certain nombre de ces messagers secondaires dérive du *phosphatidylinositol* (*PI*). Le groupe inositol dans ce phospholipide, qui s'étend dans le cytosol voisin de la membrane, peut être phosphorylé de manière réversible en plusieurs positions par l'action combinée de diverses kinases et phosphatases. Ces réactions fournissent divers **phospho-inositides** liés à la membrane, dont deux sont décrits dans la Figure 13-28.

Les taux de beaucoup de phospho-inositides dans les cellules sont régulés de manière dynamique par des médiateurs extracellulaires, spécialement ceux qui se fixent aux récepteurs du type tyrosine kinases ou aux récepteurs de cytokines, dont il est question dans le prochain chapitre. Le phospho-inositide PIP_2 (PI 4,5-bisphosphate) lie beaucoup de protéines cytosoliques à la membrane plasmique. Certaines d'entre elles sont requises pour former et remodeler le cytosquelette d'actine (Chapitre 19) ; d'autres sont nécessaires à la fixation de protéines impliquées dans l'endocytose et la fusion des vésicules (Chapitre 17).

Par ailleurs, PIP_2 est clivé par une enzyme associée à la membrane, la **phospholipase C** (**PLC**) et fournit ainsi deux messagers secondaires importants : le **1,2-diacylglycérol** (**DAG**), une molécule lipophile qui reste intégrée à la membrane et l'**inositol 1,4,5-trisphosphate** (**IP_3**), qui diffuse dans le cytosol (voir Figure 13-28). Nous désignons les événements qui impliquent en aval ces deux messagers secondaires comme la *voie IP_3/DAG*. La liaison d'une hormone au récepteur couplé soit à la protéine G_o ou G_q (voir Tableau 13-1) active l'isoforme β de la phospholipase C (PLCβ) par le mécanisme général décrit dans la Figure 13-11.

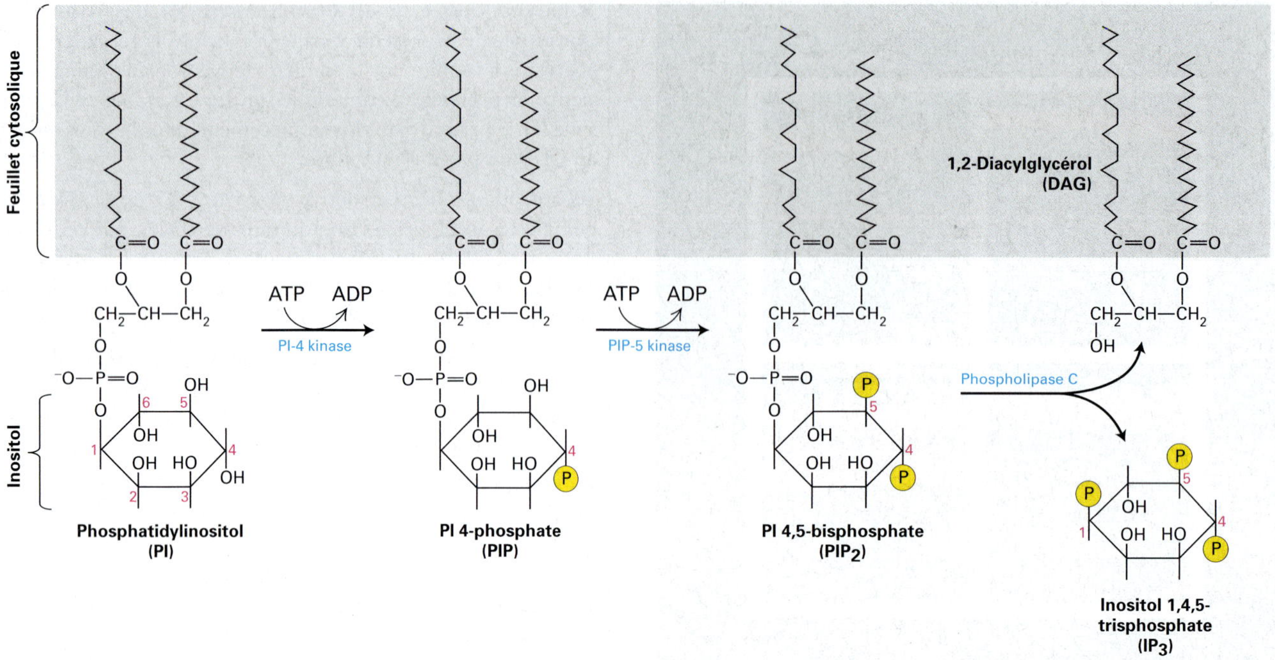

FIGURE 13-28 Synthèse de DAG et d'IP_3 à partir du phosphatidylinositol (PI) membranaire. Chaque molécule de PI kinase membranaire place un phosphate (cercles jaunes) sur un groupe hydroxyle spécifique de l'anneau inositol, produisant les phospho-inositides PIP et PIP_2. Le clivage de PIP_2 par la phospholipase C (PLC) fournit deux messagers secondaires importants DAG et IP_3. [Voir A. Toker & L. C. Cantley. 1997, *Nature* **387**:673, et C. L. Carpenter & L. C. Cantley, 1996, *Curr. Opin. Cell Biol.* **8**:153.]

L'inositol 1,4,5-trisphosphate (IP_3) déclenche la libération de Ca^{2+} par le réticulum endoplasmique

La plupart des ions Ca^{2+} intracellulaires sont séquestrés dans les mitochondries et dans la lumière du réticulum endoplasmique (RE) et d'autres vésicules. Les cellules recourent à divers mécanismes pour réguler la concentration des ions Ca^{2+} dans le cytosol, qui est maintenu habituellement en dessous de 0,2 μM. Par exemple, les Ca^{2+} ATPases pompent les ions Ca^{2+} cytosoliques à travers la membrane plasmique à l'extérieur de la cellule ou dans la lumière des compartiments de stockage du Ca^{2+} intracellulaire (voir Figure 7-7). Comme nous le discutons ci-dessous, une augmentation modérée du Ca^{2+} cytosolique induit diverses réponses cellulaires ; aussi la concentration cytosolique de Ca^{2+} est-elle strictement contrôlée.

La liaison de beaucoup d'hormones aux récepteurs de surface des hépatocytes, des adipocytes et d'autres cellules fait augmenter le Ca^{2+} cytosolique, même quand les ions Ca^{2+} sont absents du liquide extracellulaire environnant. Dans cette situation, le Ca^{2+} passe dans le cytosol à partir de la lumière du RE par les *canaux calciques dépendant de l'IP_3* et présents dans la membrane du RE. La grande protéine constitutive de ces canaux comprend quatre sous-unités identiques, chacune contenant un site liant IP_3 dans le domaine cytosolique N-terminal. La fixation de l'IP_3 induit l'ouverture du canal, permettant aux ions Ca^{2+} d'échapper du RE dans le cytosol (Figure 13-29). Quand divers inositols phosphorylés trouvés dans la cellule sont ajoutés à des préparations de vésicules du RE, seul l'IP_3 cause la libération des ions Ca^{2+} des vésicules. Cette simple expérience démontre la spécificité de l'effet d'IP_3.

L'augmentation du taux de Ca^{2+} cytosolique dépendante d'IP_3 n'est que transitoire car les Ca^{2+} ATPases localisées dans la membrane plasmique et la membrane du RE pompent activement le Ca^{2+} du cytosol à l'extérieur de la cellule et dans la lumière du RE. De plus, dans la seconde de sa formation, un phosphate spécifique d'IP_3 est hydrolysé, ce qui donne l'inositol 1,4 bisphosphate, qui est incapable de stimuler la libération de Ca^{2+} à partir du RE.

Sans certains moyens de restaurer les réserves du Ca^{2+} intracellulaire, une cellule stimulée par une hormone serait rapidement incapable d'élever le taux cytosolique de Ca^{2+} en réponse à l'IP_3. Des études de patch-clamping ont révélé que le canal calcique membranaire appelé canal TRP ou canal dépendant des réserves s'ouvre en réponse à la déplétion des réserves calciques du RE (voir Figure 13-29). Par un mécanisme qui reste incompris, la déplétion de Ca^{2+} dans la lumière du RE mène à un changement de conformation du canal calcique dépendant d'IP_3, ce qui lui permet de se lier au canal calcique TRP dans la membrane plasmique, obligeant celui-ci à s'ouvrir. En effet, l'expression dans des cellules d'un fragment spécifique d'un canal calcique dépendant d'IP_3 de la membrane du RE prévient l'ouverture du canal TRP à la suite de la déplétion des réserves calciques dans le RE, ce qui implique une interaction entre les deux canaux calciques pour l'ouverture du canal TRP.

L'ouverture des canaux calciques dépendant de l'IP_3 est favorisée par les ions Ca^{2+} cytosoliques, qui augmentent l'affinité de ces canaux récepteurs pour l'IP_3, ce qui aboutit à une libération plus abondante du Ca^{2+} de réserve. Des concentrations plus élevées de Ca^{2+} cytosolique, cependant, inhibent la libération de Ca^{2+} induite par IP_3 à partir des réserves intracellulaires par réduction de l'affinité du récepteur pour IP_3. Cette régulation complexe des canaux calciques dépendant d'IP_3 dans les membranes du RE par le Ca^{2+} cytosolique peut mener à des oscillations rapides dans le

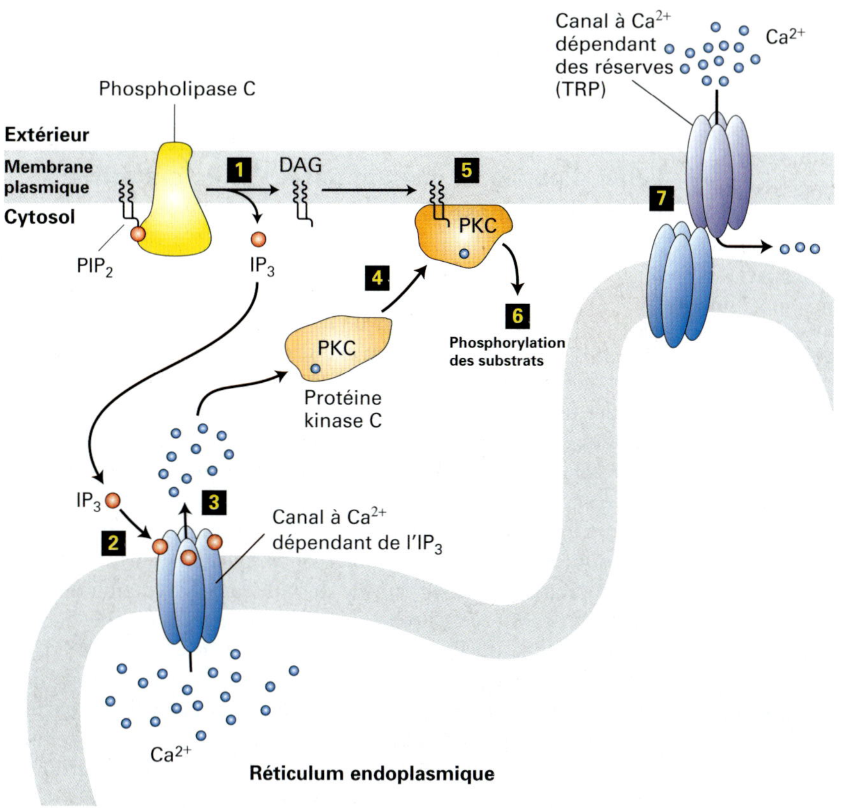

FIGURE 13-29 Voie de l'IP_3/DAG et augmentation du Ca^{2+} cytosolique. Cette voie peut être ouverte par la fixation d'un ligand à des récepteurs couplés aux protéines G et à plusieurs autres types de récepteurs ; elle aboutit à l'activation de la phospholipase C, qui en clivant PIP_2, fournit IP_3 et DAG (étape **1**). Après avoir diffusé dans le cytosol, IP_3 interagit avec les canaux calciques de la membrane du réticulum endoplasmique et les ouvre (étape **2**), libérant ainsi dans le cytosol les réserves d'ions Ca^{2+} (étape **3**). Une des diverses réponses cellulaires induites par l'augmentation du Ca^{2+} cytosolique est le recrutement de la protéine kinase C (PKC) à la membrane plasmique (étape **4**), où elle est activée par DAG (étape **5**). La kinase activée peut phosphoryler diverses enzymes cellulaires ou récepteurs et modifier ainsi leur fonction (étape **6**). Comme les réserves de Ca^{2+} du réticulum endoplasmique sont épuisées, les canaux calciques dépendants de l'IP_3 se lient aux canaux calciques dépendant des réserves (TRP) présents dans la membrane plasmique et les ouvrent en permettant ainsi l'entrée du Ca^{2+} extracellulaire (étape **7**). [Adapté de J. W. Putney, 1999, *Proc. Nat'l. Acad. Sci. USA* **96**:14669.]

taux de Ca^{2+} cytosolique quand la voie de l'IP_3 dans les cellules est stimulée. Par exemple, la stimulation de cellules pituitaires sécrétrices d'hormones par la LHRH (*luteinizing hormone-releasing hormone*) cause des pics rapides et répétés d'augmentation du Ca^{2+} cytosolique, chaque pic étant associé à une poussée de sécrétion d'hormone lutéinisante (LH). On ignore pourquoi la cellule recourt à ces fluctuations de Ca^{2+} plutôt qu'à une augmentation soutenue du Ca^{2+} cytosolique. Une possibilité est qu'une augmentation soutenue du Ca^{2+} serait toxique pour les cellules.

Le diacytglycérol (DAG) active la protéine kinase C, qui régule beaucoup d'autres protéines

Après sa formation par hydrolyse de PIP_2 ou d'autres phosphoinositides, DAG reste associé à la membrane plasmique. Sa fonction principale est d'activer une famille de protéine kinases dont l'ensemble est dénommé **protéine kinase C (PKC)**. Celle-ci, en absence de stimulation hormonale, est une protéine cytosolique soluble inactive sur le plan catalytique. Une augmentation du taux de Ca^{2+} cytosolique entraîne la fixation de la protéine kinase C au feuillet intracellulaire de la membrane plasmique, où le DAG membranaire peut l'activer. Ainsi l'activation de la protéine kinase C dépend d'une augmentation à la fois des ions Ca^{2+} et de DAG, ce qui suggère une interaction entre les deux branches de la voie IP_3/DAG (voir Figure 13-29).

L'activation de la protéine kinase C dans différentes cellules aboutit à diverses réponses cellulaires ; elle joue ainsi un rôle clé dans beaucoup de processus liés à la croissance et au métabolisme de la cellule. Dans les hépatocytes, par exemple, la protéine kinase C contribue à la régulation du métabolisme du glycogène en phosphorylant et donc en inhibant la glycogène synthase. La protéine kinase C phosphoryle aussi divers facteurs de transcription ; selon le type cellulaire, ceux-ci induisent la synthèse d'ARNm qui déclenchent la prolifération cellulaire.

Le complexe Ca^{2+}/calmoduline intervient dans beaucoup de réponses cellulaires à des signaux extérieurs

La fixation d'un ligand à plusieurs types de récepteurs, en plus des récepteurs couplés aux protéines G, peut activer une isoforme de la phospholipase C, ce qui conduit, par l'intermédiaire d'IP_3, à une augmentation du taux de Ca^{2+} libre dans le cytosol. Une telle augmentation localisée du Ca^{2+} cytosolique dans des types cellulaires particuliers est critique pour sa fonction de messager secondaire. Par exemple, la stimulation par l'acétylcholine des récepteurs couplés aux protéines G dans les cellules sécrétrices du pancréas et de la glande parotide induit une augmentation du Ca^{2+} par l'intermédiaire d'IP_3, ce qui déclenche la fusion des granules sécrétoires avec la membrane plasmique et la libération de leur contenu dans l'espace extracellulaire. Dans les plaquettes sanguines, l'augmentation du Ca^{2+} induite par la thrombine déclenche un changement de conformation dans ces fragments de cellules entraînant leur agrégation et ainsi l'obturation des brèches dans la paroi des vaisseaux sanguins. La sécrétion d'insuline par les cellules β pancréatiques est aussi déclenchée par le Ca^{2+}, bien que son augmentation relève d'un autre mécanisme (voir Figure 15-7).

Une petite protéine cytosolique appelée **calmoduline**, qui est ubiquitaire dans les cellules d'eucaryotes, fonctionne comme un commutateur multifonction qui intervient dans beaucoup d'effets cellulaires du Ca^{2+}. La liaison de cet ion aux quatre sites de la calmoduline forme un complexe qui, en interagissant avec de nombreuses enzymes et protéines, module leur activité (voir Figure 3-28). Puisque le Ca^{2+} se lie à la calmoduline d'une manière coopérative, un léger changement dans le taux du Ca^{2+} cytosolique aboutit à un changement important dans le niveau d'activité de la calmoduline. Une enzyme bien étudiée activée par le complexe Ca^{2+}/calmoduline est une kinase des chaînes légères de myosine, qui régule l'activité de la myosine dans les cellules musculaires (Chapitre 19). Une autre est la phosphodiestérase de l'AMPc, l'enzyme qui dégrade l'AMPc en 5'-AMP et met ainsi fin à son activité. Cette réaction qui relie le Ca^{2+} à l'AMPc constitue un des nombreux exemples dans lesquels deux messagers secondaires interagissent pour ajuster finement certains processus de régulation cellulaire.

Dans certaines cellules, l'augmentation du Ca^{2+} cytosolique à la suite d'un signal passant par le récepteur et l'IP_3 généré par la PLC conduit à l'activation de facteurs de transcription spécifiques. D'une part, le complexe Ca^{2+}/calmoduline active des protéine kinases qui, à leur tour, phosphorylent des facteurs de transcription, ce qui modifie leur activité et régule l'expression génique. D'autre part, le complexe Ca^{2+}/calmoduline active une phosphatase qui enlève les groupes phosphate du facteur de transcription. Un exemple important de ce mécanisme intervient dans les cellules T du système immunitaire dans lequel les ions Ca^{2+} renforcent l'activité d'un facteur de transcription essentiel, NFAT (*nuclear factor of activated T cells*). Dans les cellules non stimulées, NFAT phosphorylé est localisé dans le cytosol. À la suite de la stimulation du récepteur et de l'augmentation du Ca^{2+} cytosolique, le complexe Ca^{2+}/calmoduline se lie à la calcineurine, une protéine-sérine phosphatase, et l'active. La calcineurine activée détache alors des groupes phosphate occupant des positions critiques dans le NFAT cytosolique, ce qui expose une séquence de localisation nucléaire qui permet à NFAT de gagner le noyau et de stimuler l'expression des gènes essentiels à l'activation des cellules T.

Le complexe Ca^{2+}/calmoduline joue aussi un rôle clé dans le contrôle du diamètre des vaisseaux sanguins et ainsi de leur capacité à livrer l'oxygène aux tissus. Cette voie implique une nouvelle molécule de signalisation et fournit un autre exemple de la fonction du GMPc comme messager secondaire.

Les muscles lisses des vaisseaux se relâchent sous l'effet d'un signal passant par le GMPc qui active la protéine kinase G

MÉDECINE La nitroglycérine a été utilisée depuis plus d'un siècle comme traitement de la douleur intense de l'angine de poitrine. On sait qu'elle se décompose lentement dans le corps en *oxyde nitrique* (*NO*), qui cause le relâchement des muscles lisses des parois vasculaires qui « nourrissent » le muscle cardiaque, augmentant ainsi le diamètre des vaisseaux sanguins et amplifiant le flux de sang fournissant l'oxygène au myocarde. Une des découvertes les plus intrigantes en médecine moderne est que le NO, un agent toxique que l'on trouve dans les gaz d'échappement des voitures, est en fait une molécule de signalisation naturelle. ■

La preuve définitive du rôle du NO dans l'induction du relâchement des muscles lisses a été fournie par une série d'expériences dans lesquelles l'acétylcholine fut ajoutée à des préparations de muscles lisses qui entourent les vaisseaux sanguins. L'application directe de l'acétycholine à ces cellules déclenchait leur contraction, effet attendu de ce médiateur sur des cellules musculaires. Cependant, quand l'acétylcholine était introduite dans la lumière de petits vaisseaux isolés, les muscles lisses sous-jacents se relâchaient au lieu de se contracter. Des études ultérieures ont montré qu'en réponse à l'acétylcholine, les cellules endothéliales qui bordent la lumière des vaisseaux sanguins libèrent une substance particulière qui à son tour entraîne le relâchement musculaire. Il s'est avéré qu'il s'agissait du NO.

Nous savons maintenant que les cellules endothéliales contiennent un récepteur couplé à la protéine G_o et qu'il fixe l'acétylcholine et active la phospholipase C, menant à une augmentation du taux cytosolique de Ca^{2+}. Après fixation de ce cation par

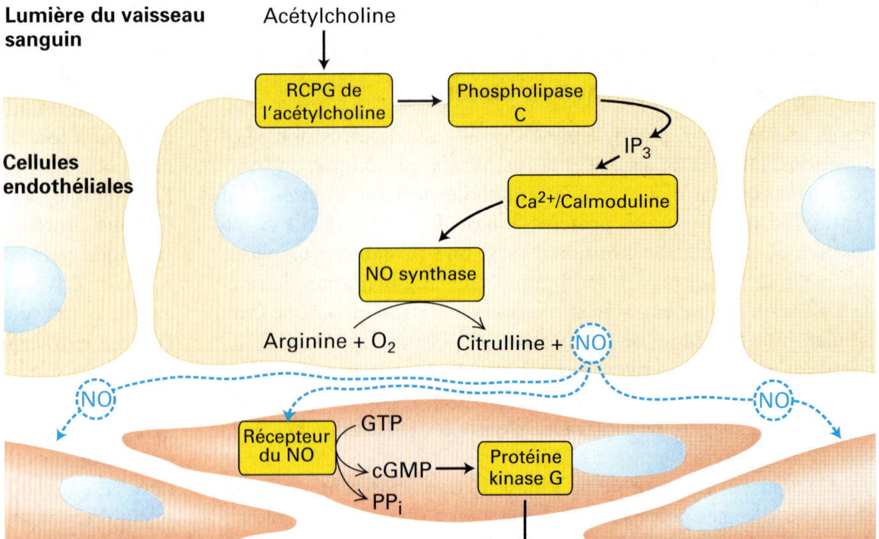

FIGURE 13-30 Régulation de la contraction des muscles lisses artériels par l'oxyde nitrique (NO) et le GMPc. L'oxyde nitrique est produit dans les cellules endothéliales en réponse à l'acétylcholine et à l'augmentation subséquente du Ca^{2+} cytosolique. Le NO diffuse localement dans les muscles lisses voisins où il active un récepteur de NO intracellulaire doté d'activité de guanylate cyclase. L'augmentation résultante du GMPc induit l'activation de la protéine kinase G (PKG), le relâchement musculaire et ainsi la vasodilatation. Le récepteur de surface pour le facteur natriurétique atrial (ANF) est aussi doté d'une activité intrinsèque de guanylate cyclase (non montré). La stimulation de ce récepteur sur les cellules musculaires lisses entraîne aussi une augmentation du GMPc et le relâchement musculaire subséquent. PP_i = pyrophosphate. [Voir C. S. Lowenstein *et al.*, 1994, *Ann. Intern. Med.* **120**:227.]

la calmoduline, le complexe stimule l'activité de la NO synthase, une enzyme qui catalyse la formation de NO à partir d'O2 et d'un acide aminé, l'arginine. Puisque le NO a une demi-vie brève (2-30 secondes), il ne peut diffuser que localement dans les tissus à partir de son lieu de synthèse. En particulier, le NO diffuse de la cellule endothéliale dans les cellules musculaires lisses voisines, où il déclenche le relâchement musculaire (Figure 13-30).

L'effet du NO sur le muscle lisse passe par le messager secondaire GMPc, qui peut être formé par un récepteur intracellulaire du NO exprimé par les cellules musculaires lisses. La fixation du NO au groupe héminique de ce récepteur entraîne un changement de conformation qui augmente son activité intrinsèque de guanylate cyclase, menant à une augmentation du taux de GMPc. La plupart des effets du GMPc sont assurés par une protéine kinase dépendante du GMPc et connue sous le nom de *protéine kinase G (PKG)*. Dans le muscle lisse vasculaire, la protéine kinase G active une voie de signalisation qui aboutit à l'inhibition du complexe actine-myosine, au relâchement de la cellule et à la dilatation du vaisseau sanguin. Dans ce cas, le GMPc agit indirectement par la protéine kinase G, tandis que dans les bâtonnets, le GMPc se lie directement aux canaux cationiques de la membrane plasmique et les ouvre.

Le relâchement du muscle lisse vasculaire est aussi déclenché par fixation du facteur natriurétique atrial (ANF) et quelques autres hormones peptidiques à leurs récepteurs présents sur les cellules musculaires lisses. Le domaine cytosolique de ces récepteurs de surface, à l'instar du récepteur intracellulaire du NO, exerce une activité intrinsèque de guanylate cyclase. Quand une augmentation du volume sanguin distend les cellules musculaires des oreillettes cardiaques (*atrium*), elles libèrent l'ANF, qui se lie alors à ses récepteurs spécifiques sur les cellules musculaires lisses des parois vasculaires, où il stimule l'activité de guanylate cyclase et la formation de GMPc. L'activation subséquente de la protéine kinase G cause la dilatation du vaisseau par le mécanisme décrit plus haut. Cette vasodilatation réduit la pression sanguine et contrecarre le stimulus responsable de la libération initiale d'ANF.

CONCEPTS CLÉS DE LA SECTION 13.5

Récepteurs couplés aux protéines G et qui activent la phospholipase C

- La stimulation de certains RCPG et d'autres récepteurs de surface active la phospholipase C, qui génère deux messagers secondaires : IP_3, qui peut diffuser, et DAG, qui reste fixé à la membrane (voir Figure 13-28).

- IP_3 déclenche l'ouverture de canaux calciques qui lui sont spécifiques dans le réticulum endoplasmique. L'augmentation du Ca^{2+} libre cytosolique qui s'ensuit entraîne la fixation de la protéine kinase C à la membrane basale, où elle est activée par DAG (voir Figure 13-29).

- Le complexe Ca^{2+}/calmoduline régule l'activité de beaucoup de protéines différentes, entre autres l'AMPc phosphodiestérase, l'oxyde nitrique synthase et les protéine kinases ou phosphatases qui contrôlent l'activité des divers facteurs de transcription.

- Une stimulation du RCPG de l'acétylcholine sur les cellules endothéliales induit une augmentation du Ca^{2+} cytosolique et la synthèse subséquente de NO. Après avoir diffusé dans les muscles lisses voisins, le NO déclenche la production de GMPc par la guanylate cyclase intracellulaire (voir Figure 13-30).

- Le GMPc produit dans les cellules musculaires lisses vasculaires active la protéine kinase G, qui ouvre une voie menant au relâchement musculaire et à la vasodilatation.

- Le GMPc est aussi produit dans les cellules musculaires lisses vasculaires par stimulation des récepteurs de surface dotés d'une activité intrinsèque de guanylate cyclase. Ceux-ci comprennent les récepteurs du facteur natriurétique atrial (ANF).

13.6 Activation de la transcription génique par des récepteurs couplés aux protéines G

Comme nous l'avons déjà mentionné dans ce chapitre, les voies de signalisation intracellulaire peuvent aboutir à des effets à court ou long terme. Les résultats obtenus en quelques secondes ou minutes proviennent de la modulation de l'activité d'enzymes ou d'autres protéines déjà présentes, ce qui mène à des changements dans le métabolisme ou la fonction cellulaire. La plupart des voies activées par les récepteurs couplés aux protéines G appartiennent à cette catégorie. Cependant, les RCPG peuvent aussi envoyer des signaux dont les effets ne se manifestent qu'après des heures ou des jours, car ils passent par l'activation ou la répression de la transcription génique, qui entraîne la prolifération ou la différenciation en un autre type cellulaire. Plus haut, nous avons vu comment un signal augmentant le taux du Ca^{2+} cytosolique peut activer des facteurs de transcription. Ici, nous allons décrire d'autres mécanismes par lesquels certains récepteurs couplés aux protéines G régulent l'expression génique.

Le facteur de transcription Tubby localisé dans la membrane est libéré par activation de la phospholipase C

MÉDECINE

Le gène *tubby*, qui est exprimé surtout dans certaines zones du cerveau impliquées dans le contrôle du comportement alimentaire, a d'abord attiré l'attention parce qu'il intervient dans l'obésité. Des souris porteuses de mutations dans le gène *tubby* deviennent obèses à l'âge adulte, et leur métabolisme ressemble par certains aspects à celui de patients obèses.

Selon la séquence du gène *tubby*, la protéine correspondante contient un domaine liant l'ADN et un domaine activateur de transcription (Chapitre 11). Cependant la protéine Tubby a été trouvée près de la membrane plasmique, ce qui paraissait incompatible avec une fonction de facteur de transcription. Des études ultérieures ont révélé que Tubby liait fermement PIP_2, et de la sorte était ancrée dans la membrane plasmique (Figure 13-31). La fixation d'une hormone à des récepteurs couplés aux protéines G_o ou G_q, qui activent la phospholipase C, entraîne l'hydrolyse de PIP_2 et libère dans le cytosol Tubby, qui entre alors dans le noyau où elle active la transcription d'un gène (ou de plusieurs) encore inconnu. L'identification de ces gènes et des protéines qu'ils codent devrait fournir des indications sur leur mode d'intervention dans le mécanisme menant à l'obésité. ■

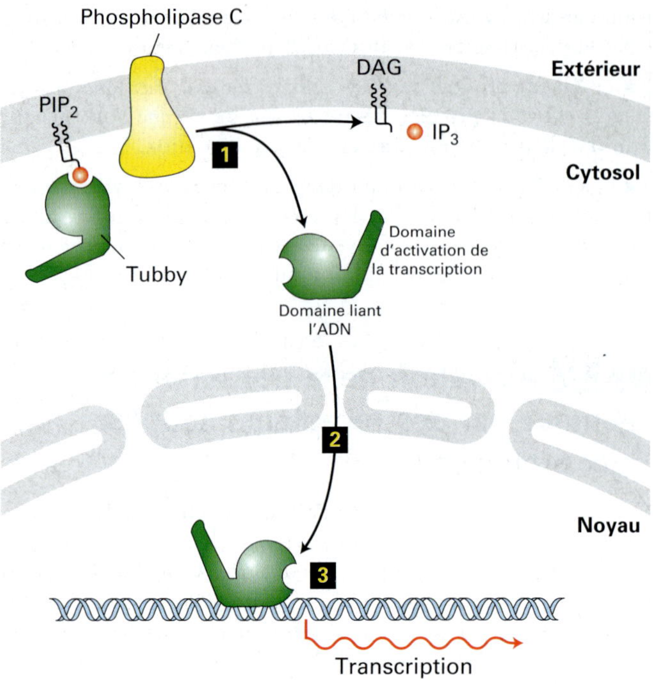

FIGURE 13-31 Activation du facteur de transcription Tubby à la suite de la fixation d'un ligand à des récepteurs couplés à G_o ou G_q. Dans les cellules au repos, Tubby est lié fermement à PIP_2 dans la membrane plasmique. La stimulation du récepteur (non montré) induit l'activation de la phospholipase C, l'hydrolyse de PIP_2 et la libération de Tubby dans le cytosol (**1**). Guidé par deux séquences de son domaine N-terminal qui le destinent à une localisation nucléaire (NLS pour *nuclear localization sequences*), Tubby gagne le noyau (**2**) et active la transcription de gènes cibles (**3**). On ignore encore si IP_3 reste lié à Tubby. [Adapté de S. Santagata *et al.*, 2001, *Science* **292**: 2041.]

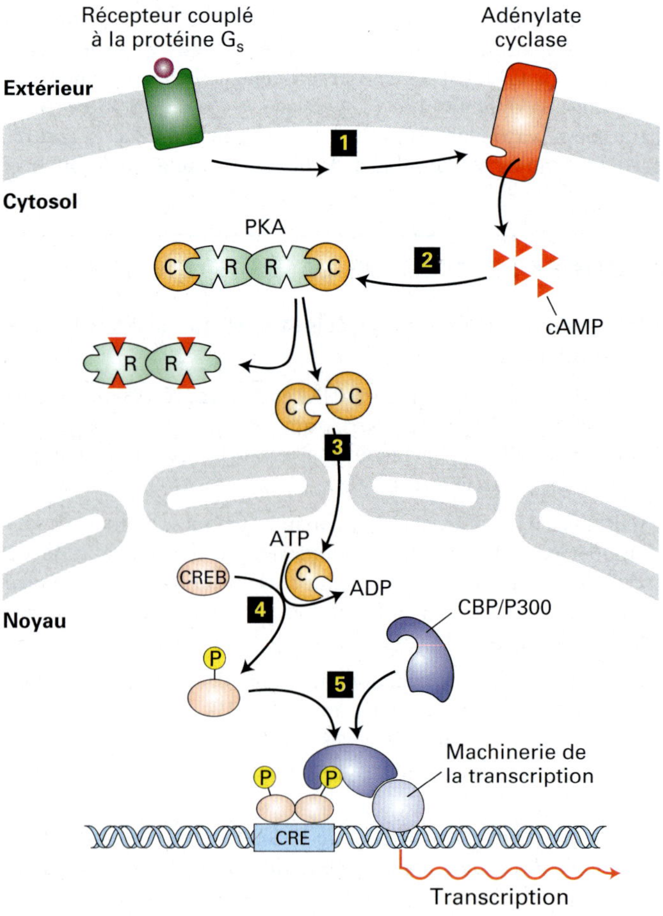

FIGURE 13-32 Activation de l'expression génique à la suite de la fixation d'un ligand à des récepteurs couplés à la protéine G_s. La stimulation du récepteur (**1**) induit l'activation de PKA (**2**). Les sous-unités catalytiques de PKA gagnent le noyau (**3**) et là phosphorylent et activent le facteur de transcription CREB (**4**). CREB phosphorylé s'associe au coactivateur CBP/P300 (**5**) afin de stimuler divers gènes cibles contrôlés par l'élément régulateur CRE. Voir le texte pour les détails. [Voir K. A. Lee & N. Masson, 1993, *Biochim. Biophys. Acta* **1174**:221, et D. Parker *et al.*, 1996, *Mol. Cell Biol.* **16**(2) :694.]

Le facteur CREB sert de pont entre l'AMPc et la transcription

Chez les mammifères, une augmentation du taux d'AMPc dans le cytosol stimule l'expression de beaucoup de gènes. Elle induit, par exemple dans certaines cellules endocrines, la synthèse de somatostatine, un peptide qui inhibe la libération de diverses hormones ; dans le foie, l'AMPc suscite la production de plusieurs enzymes qui convertissent des composés à trois carbones en glucose.

Tous les gènes régulés par l'AMPc contiennent une séquence d'ADN agissant en cis et appelée *CRE (cAMP-response element)* qui lie la forme phosphorylée d'un facteur de transcription appelé *CREB (CRE-binding protein)*, que l'on ne trouve que dans le noyau. Comme décrit plutôt, la liaison de neuromédiateurs et d'hormones aux récepteurs couplés à la protéine G_s active l'adénylate cyclase, aboutissant à une augmentation de l'AMPc et à la libération subséquente de la sous-unité catalytique active de la PKA. Certaines des sous-unités catalytiques sont alors transférées dans le noyau et phosphorylent la sérine 133 de la protéine CREB.

La protéine CREB phosphorylée se lie aux gènes cibles contenant CRE et interagissent aussi avec un *coactivateur* appelé *CBP/P300*, qui permet à CREB d'interagir avec la machinerie assurant la transcription, et ainsi de la stimuler (Figure 13-32). Selon des études antérieures, la phosphorylation induirait un changement de conformation dans la protéine CREB, mais un travail plus récent indique que CBP/P300 lie spécifiquement la phosphosérine 133 dans CREB activé. Comme discuté dans le Chapitre 11, d'autres facteurs de transcription régulés par des signaux s'appuient sur CBP/P300 pour exercer leur effet activateur. Ainsi ce coactivateur joue un rôle important en intégrant les signaux provenant de multiples voies de signalisation régulatrices de la transcription génique.

L'arrestine liée aux RCPG active plusieurs cascades de kinases qui contrôlent l'expression génique

Nous avons vu plutôt que la liaison de la β-arrestine aux sérines phosphorylées du domaine cytosolique des récepteurs couplés aux protéines G à la fois bloque l'activation de G_α et induit l'endocytose des complexes RCPG-arrestine. Cela peut paraître surprenant, mais ces complexes entrent dans la constitution d'une sorte d'échafaudage qui lie et active plusieurs kinases cytosoliques (voir Figure 13-19), parmi lesquelles c-Src, qui active la voie de la MAP kinase et d'autres voies menant à la transcription de gènes nécessaires à la division cellulaire. Un complexe de trois protéines liées à l'arrestine, entre autres une Jun N-terminale kinase (JNK-1), déclenche une cascade de kinases qui aboutit à l'activation du facteur de transcription c-Jun. Celui-ci induit l'expression de certaines enzymes favorisant la croissance et d'autres protéines qui aident les cellules à répondre à certains stress.

MÉDECINE La liaison de l'adrénaline aux récepteurs β-adrénergiques du myocarde stimule la glycogénolyse et accélère le rythme cardiaque. Un traitement prolongé à l'adrénaline, cependant, induit la prolifération des cellules musculaires du cœur. Dans les cas extrêmes, une telle hypertrophie entraîne une décompensation de ces muscles et donc une insuffisance cardiaque. Cette prolifération induite par l'adrénaline provient en partie de l'activation de la cascade de la MAP kinase, qui, nous venons de le voir, peut être déclenchée par le complexe RCPG-arrestine.

Une autre voie, peut-être plus importante, par laquelle l'activation des récepteurs β-adrénergiques conduit à l'hypertrophie cardiaque implique un autre type de récepteur. La protéine G_s activée par les récepteurs β-adrénergiques peut d'une certaine manière activer une métalloprotéase spécifique extracellulaire qui, à son tour, clive le précurseur transmembranaire de l'EGF (*epidermal growth factor*). L'EGF soluble libéré dans l'espace extracellulaire lie et active, de manière autocrine, les récepteurs de l'EGF sur la même cellule. Comme nous l'apprendrons dans le prochain chapitre, le récepteur de l'EGF appartient à la classe des récepteurs RTK (*receptor tyrosine kinases*), qui activent fréquemment la cascade de la MAP kinase menant à la prolifération cellulaire. Semblable interaction entre deux types de récepteurs survient dans beaucoup d'autres systèmes de signalisation. Comme aucune cellule ne vit de manière isolée, aucun récepteur et aucune voie de transduction de signal ne fonctionnent de manière autonome. ▮

CONCEPTS CLÉS DE LA SECTION 13.6

L'activation de la transcription génique par les récepteurs couplés aux protéines G

- L'activation de la phospholipase C par des récepteurs couplés aux protéines G_o ou G_q libère le facteur de transcription Tubby, qui est lié à PIP_2 enfoui dans la membrane plasmique des cellules au repos (voir Figure 3-31).
- Quand un signal vient à activer la protéine kinase A (PKA), cela mène souvent à la phosphorylation de la protéine CREB, qui associée au coactivateur CBP/P300 stimule la transcription de nombreux gènes cibles (voir Figure 13-32).
- Le complexe RCPG-arrestine active plusieurs kinases cytosoliques, déclenchant des cascades qui aboutissent à la transcription de nombreux gènes contrôlant la croissance cellulaire.

PERSPECTIVES POUR LE FUTUR

Très bientôt nous connaîtrons l'identité de toutes les pièces intervenant dans les voies de transduction du signal, mais il est impossible de prévoir comment on assemblera ce puzzle et comment on pourra prévoir de la sorte les réponses cellulaires. Par exemple, nous pouvons énumérer les protéines G, les kinases, les phosphatases, les arrestines et d'autres protéines qui participent à la signalisation déclenchée par les récepteurs β-adrénergiques des cellules hépatiques, mais nous sommes encore loin de pouvoir prédire, comment les hépatocytes vont réagir quantitativement au cours du temps à une dose donnée d'adrénaline. La difficulté tient en partie à la complexité des boucles complexes de rétroaction (et dans certains cas, d'antéroaction) qui régulent l'activité de multiples enzymes et autres intermédiaires. Bien que les expériences de biochimie et de biologie cellulaire nous disent comment ces interactions se déroulent, nous ne pouvons décrire quantitativement la vitesse et l'étendue de ces réactions dans les cellules vivantes.

Une discipline nouvelle se développe dans laquelle, en analysant les systèmes biologiques, on s'efforce d'obtenir une vue intégrée de la réponse cellulaire aux signaux extérieurs. Des équations mathématiques sont formulées qui incorporent les constantes de vitesse de catalyse enzymatique, de formation des complexes protéine-protéine ainsi que les concentrations et les vitesses de diffusion des diverses protéines de transduction du signal. Ces modèles incorporent les changements de localisation intracellulaire des protéines avec le temps (e.g. le mouvement des facteurs de transcription vers le noyau ou l'endocytose des récepteurs de surface) et l'effet de l'activité d'une protéine donnée (e.g. la glycogène phosphorylase), de la concentration du Ca^{2+} local et de la présence de multiples kinases et phosphatases. En comparant les résultats de tels calculs avec les résultats expérimentaux (obtenus après augmentation ou diminution sélective de la concentration d'un intermédiaire) nous pouvons contrôler, en principe, si nous avons tenu compte de tous les agents impliqués dans la voie étudiée. Une telle modélisation mathématique aidera l'industrie pharmaceutique à développer de nouveaux médicaments susceptibles d'activer ou d'inhiber, de manière spécifique, certaines voies. Par cette modélisation, il devrait être possible d'extrapoler les effets exercés par des médicaments sur des protéines en tubes à essai ou sur des cultures cellulaires et de prédire ainsi leur efficacité et leurs effets secondaires sur les organismes vivants.

Dans ce chapitre, nous nous sommes intéressés surtout aux voies de transduction du signal activées par des récepteurs couplés aux protéines G. Cependant, même ces voies relativement simples font présager la la complexité des interactions à l'intérieur des cellules vivantes. Comme nous l'avons vu, l'activation d'un seul type de récepteur conduit souvent à la production de multiples messagers secondaires ou à l'activation de plusieurs types de protéines transductrices en aval. De plus, la même réponse cellulaire (e.g. la dégradation du glycogène) est affectée par de multiples voies de signalisation activées par de multiples types de récepteurs. L'interaction de voies différentes de signalisation permet un ajustement fin des activités cellulaires, ce qui est indispensable au déroulement correct des processus complexes du développement et du métabolisme. L'aptitude des cellules de répondre de manière appropriée aux signaux extracellulaires dépend de la régulation des voies de transduction elles-mêmes.

MOTS CLÉS

Adaptation visuelle *560*
Adénylate cyclase *548*
Agoniste *539*
AMPc *537*
Amplification du signal *552*
Calmoduline *563*
Désensibilisation *544*
Domaines PDZ *543*
Messagers secondaires *541*
Phospholipase C (isoforme β) *561*
Protéine G stimulatrice *548*
Protéine kinase A *550*
Protéine kinase C *563*
Protéines G trimériques *534*
Récepteurs adrénergiques *548*
Récepteurs couplés aux protéines G *534*
Récepteurs muscariniques de l'acétylcholine *556*
Rhodopsine *556*
Signalisation autocrine *535*
Signalisation endocrine *535*
Signalisation paracrine *535*
Test de compétition *539*
Test d'expression fonctionnelle *540*
Transducine *556*
Transduction du signal *534*
Voie IP_3/DAG *561*

RÉVISIONS

1. La signalisation par des molécules solubles peut être endocrine, paracrine ou autocrine. En quoi ces trois modes de signalisation cellulaire diffèrent-ils ? L'hormone de croissance est sécrétée par l'hypophyse, qui est localisée à la base du cerveau, et agit par l'intermédiaire de récepteurs spécifiques présents sur les cellules hépatiques. Est-ce un exemple d'endocrinie, de paracrinie ou d'autocrinie ? Pourquoi ?

2. Un ligand se lie à deux récepteurs différents avec une valeur de Kd de 10^{-7} pour le récepteur 1 et de 10^{-9} M pour le 2. Envers quel récepteur, le ligand montre-t-il l'affinité la plus forte ? Calculez la proportion de récepteurs occupés par le ligand ([RL]/RT) dans le cas du récepteur 1 et dans celui du récepteur 2, si la concentration de ligand libre est 10^{-8} M.

3. Une étude des propriétés des récepteurs de surface cellulaire peut être grandement facilitée par l'isolement ou le clonage du récepteur de membrane. Comment celui-ci peut-il être isolé par chromatographie d'affinité ? Comment pouvez-vous cloner un récepteur en recourant à un test d'expression fonctionnelle ?

4. Les protéines G trimériques transductrices de signal comprennent trois sous-unités appelées α, β et γ. La sous-unité Gα est une GTPase passant de l'état actif à l'état inactif selon qu'elle contient du GTP ou du GDP. Après intervention du ligand, quelles sont les étapes de l'activation des protéines effectrices par le complexe trimérique des protéines G ? Supposons que vous avez isolé une sous-unité Gα mutée qui exerce une activité GTPasique accrue. Quel effet aurait cette mutation sur la protéine G et la protéine effectrice ?

5. Les protéines membranaires sont souvent regroupées. Comment des protéines adaptatrices ou les radeaux lipidiques spécialisés appelés caveolae contribuent-ils à ce rassemblement protéique ? Quel avantage offre cet assemblage de protéines impliquées dans une voie de signalisation par rapport à une distribution qui serait dispersée ?

6. L'adrénaline se lie à des récepteurs β-adrénergiques et α-adrénergiques. La fixation de l'adrénaline à ces deux types de récepteurs aboutit à des effets opposés sur la protéine effectrice, l'adénylate cyclase ; décrivez-les. Quel est l'effet de l'ajout d'un agoniste ou d'un antagoniste au récepteur β-adrénergique sur l'activité de l'adénylate cyclase ?

7. Dans le foie et les cellules musculaires, l'adrénaline stimule la libération du glucose à partir du glycogène par inhibition de la synthèse du glycogène et stimulation de sa dégradation. Signalez les événements moléculaires qui surviennent après la fixation de l'adrénaline à son récepteur et l'augmentation résultante du taux intracellulaire d'AMPc. Comment le taux d'AMPc revient-il à la normale ? Décrivez les événements qui surviennent après le déclin des taux d'AMPc.

8. Lorsqu'un récepteur couplé à une protéine Gs est exposé de manière continue à son ligand, un phénomène de désensibilisation survient. Décrivez plusieurs mécanismes moléculaires expliquant cette désensibilisation. Comment un récepteur peut-il être ramené à son état de sensibilité originale ? Quel effet sur la cellule aurait un récepteur muté dépourvu de sites de phosphorylation de la sérine ou de la thréonine ?

9. Un nombre de molécules différentes agissent comme messagers secondaires. L'activation de la rhodopsine par la lumière induit la fermeture des canaux cationiques par l'intermédiaire du GMPc qui sert de messager secondaire. Décrivez les effets de la lumière sur la rhodopsine. Sur quelle protéine effectrice, la protéine G trimérique agit-elle ? Quel type de protéine G trimérique est impliqué dans cet événement ?

10. L'adaptation visuelle et la désensibilisation des récepteurs reposent sur des mécanismes de phosphorylation semblables. Comment BARK (β-adrenergic receptor kinase) et la rhodopsine kinase interviennent-elles de manière importante dans ces processus ? Quel rôle la déphosphorylation joue-t-elle dans ces réactions ?

11. L'inositol 1,4,5-trisphosphate (IP_3) et le diacylglycérol (DAG) sont des messagers secondaires dérivés du clivage du phosphoinositide PIP_2 (phosphatidylinositol 4,5-bisphosphate) par la phospholipase C activée. Quel est le rôle d'IP_3 dans la libération du Ca^{2+} du réticulum endoplasmique ? Comment les cellules reconstituent-elles les réserves de Ca^{2+} du réticulum endoplasmique ? Quelle est la principale fonction de DAG ?

12. En 1992, le périodique *Science* nommait l'oxyde nitrique *Molécule de l'année*. Comment ce messager secondaire important est-il synthétisé ? Comment l'oxyde nitrique relâche-t-il les cellules musculaires lisses ?

13. La fixation d'un ligand à des récepteurs couplés à des protéines G peut activer la transcription génique. Comment les messagers secondaires PIP_2 et l'AMPc peuvent-ils activer la transcription génique ?

ANALYSEZ LES RÉSULTATS SUIVANTS

Des mutations dans les protéines G trimériques peuvent causer de nombreuses maladies chez l'homme. Les patients acromégales sont en général atteints d'une tumeur pituitaire qui sécrète un excès d'hormone de croissance (GH). Certaines de ces tumeurs pituitaires sécrétrices de GH résultent de mutations dans les protéines G. Le facteur de libération de la GH (GHRH) fait sécréter la GH par l'hypophyse en se liant à ses récepteurs spécifiques et en activant ainsi l'adénylate cyclase. Le clonage et séquençage des gènes de $G_{s\alpha}$ chez des individus normaux et chez des patients atteints d'une tumeur pituitaire ont révélé que ceux-ci avaient une mutation faux-sens dans le gène de $G_{s\alpha}$.

a. Pour étudier l'effet de la mutation sur l'activité de Gsa, on a transfecté les ADNc de type sauvage ou muté dans des cellules dépourvues du gène Gsa. Ces cellules expriment un récepteur β2-adrénergique qui peut être activé par l'isoprotérénol, un agoniste du récepteur β2-adrénergique. Les membranes ont été isolées à partir des cellules transfectées et testées pour l'activité d'adénylate cyclase en présence de GTP ou d'un analogue de GTP résistant à l'hydrolyse, GTP-γS. De la figure ci-dessus, que concluez-vous à propos de l'effet de la mutation sur l'activité de la G_{sa} en présence de GTP seul en comparaison avec le GTP-γS seul ou le GTP plus l'isoprotérénol (iso) ?

b. Dans les cellules transfectées décrites au point a, qu'adviendrait-il aux taux d'AMPc dans les cellules transfectées avec la G_{sa} de type sauvage et la G_{sa} mutante ? Quel effet pourrait avoir ceci sur les cellules ?

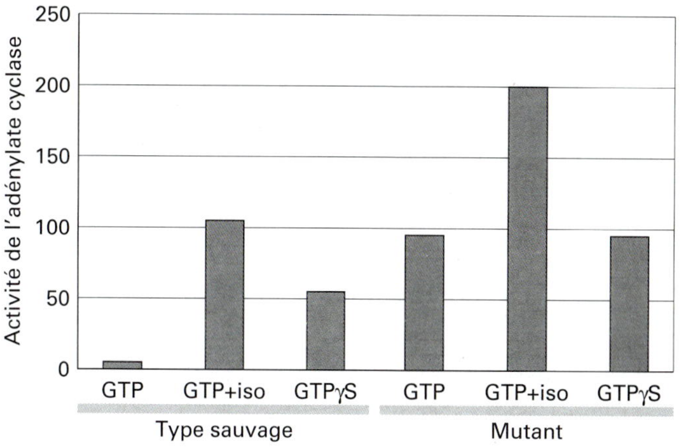

c. Afin de caractériser davantage le déficit moléculaire causé par cette mutation, l'activité GTPase intrinsèque de la G_{sa} de type sauvage et de la G_{sa} mutée fut mesurée. Ces tests ont montré que la $K_{cat\text{-}GTP}$ (constante de vitesse de catalyse pour l'hydrolyse du GTP) passait de 4,1 min-1 pour le type sauvage à 0,1 min-1 pour la G_{sa} mutée. Que concluez-vous de cet effet de la mutation sur l'activité GTPasique de la sous-unité G_{sa} ? Comment ces résultats expliquent-ils les conséquences sur l'activité de l'adénylate cyclase montrées au point a ?

RÉFÉRENCES

Molécules de signalisation et récepteurs de surface cellulaire

Coughlin, S. R., (2000), Thrombin signaling et protease-activated receptors, *Nature* **407** :258–264.

Farfel, Z. *et al.*, (1999), The expeting spectrum of G protein diseases, *New Eng. J. Med.* **340** :1012–1020.

Simonsen, H. et Lodish H. F., (1994), Cloning by function : expression cloning in mammalian cells, *Trends Pharmacol. Sci.* **15** :437–441.

Stadel, J. M. *et al.*, (1997), Orphan G protein–coupled receptors : a neglected opportunity for pioneer drug discovery, *Trends Pharmacol. Sci.* **18** :430–437.

Wilson, J. D. *et al.*, (1998), Williams Textbook of Endocrinology, 9e éd., W. B. Saunders.

Transduction intracellulaire du signal

Eterson, R. G. et Jacobson, K., (2002), A role for lipid shells in targeting proteins to caveolae, rafts, et other lipid domains, *Science* **296** :1821–1825.

Bourne, H. R., (1997), How receptors talk to trimeric G proteins, *Curr. Opin. Cell Biol.* **9** :134–142.

Galbiati, F. *et al.* (2001), Emerging themes in lipid rafts et caveolae, *Cell* **106** :403–411.

Garner, C. C. *et al.*, (2000), PDZ domains in synapse assembly et signaling, *Trends Cell Biol.* **10** :274–280.

Harris, B. Z. et Lim, W. A., (2001), Mechanism et role of PDZ domains in signaling complex assembly, *J. Cell Sci.* **114** :3219–3231.

Rebecchi, M. J. et Scarlata, S., (1998), Pleckstrin homology domains : a common fold with diverse functions, *Ann. Rev. Biophys. Biomol. Struc.* **27** :503–528.

Van Deurs, B. *et al.*, (2003), Caveolae :anchored multifunctional platforms in the lipid ocean, *Trends Cell Biol.* **13** :92–100.

Vetter, I. R. et Wittinghofer, A., (2001), The guanine nucleotide-binding switch in three dimensions, *Science* **294** :1299–1304.

Activation ou inhibition de l'adénylate cyclase par des récepteurs couplés aux protéines G

Browner, M. et Fletterick, R., (1992), Phosphorylase : a biological transducer, *Trends Biochem. Sci.* **17** :66–71.

Diviani, D. et Scott, J. D., (2001), AKAP signaling complexes at the cytoskeleton. *J. Cell Sci.* **114** :1431–1437.

Ferguson, S. S. et. Caron, M. G, (1998), G protein–coupled receptor adaptation mechanisms, *Semin. Cell Develop. Biol.* **9** :119–127.

Hurley, J. H., (1999), Structure, mechanism, et regulation of mammalian adenylyl cyclase, *J. Biol. Chem.* **274** :7599–7602.

Johnson, L. N., (1992), Glycogen phosphorylase : control by phosphorylation et allosteric effectors, *FASEB J.* **6** :2274–2282.

Luttrell, L. M. et Lefkowitz, R. J., (2002), The role of beta-arrestins in the termination et transduction of G-protein-coupled receptor signals, *J. Cell Sci.* **115** :455–465.

Michel, J. J. et Scott, J. D., (2002), AKAP mediated signal transduction, *Ann. Rev. Pharmacol. Toxicol.* **42** :235–257.

Perry, S. J. et Lefkowitz, R. J., (2002), Arresting developments in heptahelical receptor signaling et regulation, *Trends Cell Biol.* **12** :130–138.

Pierce, K. L. *et al.*, (2002), Seven-transmembrane receptors, *Nature Rev. Mol. Cell Biol.* **3** :639–652.

Sprang, S. R, (1997), G protein mechanisms : insights from structural analysis, *Ann. Rev. Biochem.* **66** :639–678.

Tesmer, J. J. *et al.*, (1997), Crystal structure of the catalytic domains of adenylyl cyclase in a complex with Gsa·GTPgS, *Science* **278** :1907–1916.

Régulation des canaux ioniques par des récepteurs couplés aux protéines G

Borhan, B. *et al.*, (2000), Movement of retinal along the visual transduction path, *Science* **288** :2209–2212.

Bourne, H. R. et Meng, E. C., (2000), Structure. Rhodopsin sees the light, *Science* **289** :733–734.

Hamm, H. E, (2001), How activated receptors couple to G proteins, *Proc. Nat'l. Acad. Sci. USA* **98** :4819–4821.

Hurley, J. H. et Grobler, J. A., (1997), Protein kinase C et phospholipase C : Bilayer interactions et regulation, *Curr. Opin. Struc. Biol.* **7** :557–565.

Mendez, A. *et al.*, (2000), Rapid et reproducible deactivation of rhodopsin requires multiple phosphorylation sites, *Neuron* **28** :153–164.

Nathans, J., (1999), The evolution et physiology of human color vision : insights from molecular genetic studies of visual pigments, *Neuron* **24** :299–312.

Palczewski, K. *et al.*, (2000), Crystal structure of rhodopsin : a G protein-coupled receptor, *Science* **289** :739–745.

Sokolov, M. *et al.*, (2002), Massive light-driven translocation of transducin between the two compartments of rod cells : a novel mechanism of light adaptation, *Neuron* **33** :95–106.

Récepteurs couplés aux protéines G et activateurs de la phospholipase C

Berridge, M. J, (1997), Elementary et global aspects of calcium signaling, *J. Exp. Biol.* **200** :315–319.

Chin, D. et Means, A. R., (2000), Calmodulin : a prototypical calcium sensor, *Trends Cell Biol.* **10** :322–328.

Czech, M. P, (2000), PIP2 et PIP3 : complex roles at the cell surface, *Cell* 100 :603–606.

Delmas, P. et Brown, D., (2002), Junctional signaling microdomains : bridging the gap between neuronal cell surface et Ca21 stores, *Neuron* **36** :787–790.

Hobbs, A. J, (1997), Soluble guanylate cyclase : the forgotten sibling, *Trends Pharmacol. Sci.* **18** :484–491.

Jaken, S, (1996), Protein kinase C isozymes et substrates, *Curr. Opin. Cell Biol.* **8** :168–173.

Putney, J. W, (2001), Cell biology : channeling calcium, *Nature* **410** :648–649.

Singer, W. D. *et al.*,(1997), Regulation of eukaryotic phosphatidylinositol-specific phospholipase C et phospholipase D, *Ann. Rev. Biochem.* **66** :475–509.

Toker, A. et Cantley, L. C., (1997), Signaling through the lipid products of phosphoinositide-3-OH kinase, *Nature* **387** :673–676.

Wedel, B. J. et Garbers, D. L., (1997), New insights on the functions of the guanylyl cyclase receptors, *FEBS Lett.* **410** :29–33.

Activation de la transcription génique par des récepteurs couplés aux protéines G

Cantley, L. C, (2001), Transcription. Translocating tubby, *Science* **292** :2019–2021.

Luttrell, L. M. *et al.*, (1999), Regulation of tyrosine kinase cascades by G-protein-coupled receptors, *Curr Opin. Cell Biol.* **11** :177–183.

Mayr, B. et Montminy, M., (2001), Transcriptional regulation by the phosphorylation-dependent factor CREB, *Nature Rev. Mol. Cell Biol.* **2** :599–609.

Pierce, K. L. *et al.*, (2001), New mechanisms in heptahelical receptor signaling to mitogen activated protein kinase cascades, *Oncogene* **20** :1532–1539.

Santagata, S. *et al.*, (2001), G-protein signaling through tubby proteins, *Science* **292** :2041–2050.

Shaywitz, A., et Greenberg, M., (1999), CREB : a stimulus-induced transcription factor activated by a diverse array of extracellular signals, *Ann. Rev. Biochem.* **68** :821–861.

Vo, N., et Goodman, R., (2001), CREB-binding protein et p300 in transcriptional regulation, *J. Biol. Chem.* **276** :13505–13508.

14

VOIES DE SIGNALISATION QUI CONTRÔLENT L'ACTIVITÉ GÉNIQUE

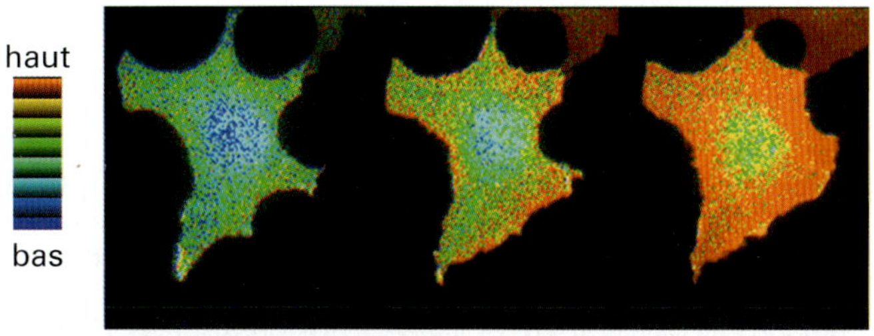

La technique FRET (*fluorescence resonance energy transfer*) montre dans des cellules vivantes quand et où la protéine Ras est activée sous l'effet du facteur de croissance épidermique. **[Michiyuki Matsuda, Research Institute for Microbial Diseases, Osaka University.]**

Le développement de tous les organismes requiert l'exécution d'un programme complexe par lequel des gènes particuliers sont activés et réprimés dans des groupes spécifiques de cellules au long d'une séquence temporelle précise. Beaucoup de changements dans l'expression génique au cours du développement sont déclenchés par des **molécules de signalisation** qui agissent sur les **récepteurs** de la surface cellulaire. La plupart de ces signaux sont des facteurs solubles qui agissent de manière paracrine sur les cellules réceptrices (cibles) voisines des cellules sécrétrices. Cependant, certaines protéines propagatrices de signaux sont elles-mêmes attachées à la surface cellulaire, d'où elles interagissent avec les récepteurs de la membrane des cellules adjacentes et dont elles modifient ainsi le profil d'expression génique.

Même, les cellules matures qui font partie d'un tissu différencié changent constamment leur profil d'expression génique, essentiellement parce que les divers récepteurs de surface qui reçoivent en permanence des signaux extracellulaires traduisent ceux-ci en une activation de facteurs de transcription particuliers qui stimulent ou répriment l'expression de gènes cibles spécifiques. Beaucoup de ces voies de signalisation agissent sur les activités métaboliques de la cellule. Le foie, par exemple, répond aux fluctuations des taux de plusieurs hormones (e.g. insuline, glucagon et adrénaline) en modifiant l'expression de nombreux gènes codant des enzymes du métabolisme glucidique et lipidique. D'autres voies de signalisation agissent sur les taux de protéines qui conditionnent l'aptitude des cellules de progresser dans le cycle cellulaire et de se diviser.

Une cellule typique de mammifères exprime des récepteurs de surface pour plus de 100 types différents de molécules de signalisation extracellulaire dont la fonction essentielle est de réguler l'activité des **facteurs de transcription** (voir Figure 13-1). L'activation des facteurs de transcription induite par le signal passe par plusieurs mécanismes. Dans le chapitre précédent, par exemple, nous avons vu que la stimulation de certains récepteurs couplés aux protéines G augmentaient l'AMPc et l'activation de la protéine kinase A qui en dépend. Après sa translocation dans le noyau, la protéine kinase A phosphoryle et active ainsi le facteur de transcription CREB.

Dans ce chapitre, il sera question de cinq autres classes de récepteurs de surface qui illustrent des mécanismes supplémentaires d'activation de facteurs de transcription. Le stimulus transmis par les *récepteurs du TGFβ* (*transforming growth factor β*) et des *récepteurs de cytokines* active directement des facteurs de transcription cytosoliques par une phosphorylation dépendant d'une kinase qui fait partie du récepteur ou qui lui est associée. Les facteurs de transcription activés gagnent alors le noyau et agissent sur

SECTIONS

TABLEAU 14-1 Vue générale des principales classes de récepteurs et des voies de signalisation

Classes de récepteurs et voies de signalisation*	Caractéristiques distinctives
RÉCEPTEURS LIÉS À DES PROTÉINES G TRIMÉRIQUES	
Récepteurs couplés aux protéines G (13)	*Ligands :* adrénaline, glucagon, sérotonine, vasopressine, ACTH, adénosine et beaucoup d'autres (mammifères) ; molécules odorantes, lumière ; facteurs de conjugaison (levures) *Récepteurs :* sept hélices α transmembranaires ; domaine cytosolique associé à une protéine G trimérique attachée à la membrane *Transduction du signal :* (1) AMPc ou IP_3/DAG comme messager secondaire; (2) dépend de canaux ioniques; (3) voie de la MAP kinase
RÉCEPTEURS AVEC ACTIVITÉ ENZYMATIQUE ASSOCIÉE OU INTRINSÈQUE	
Récepteurs du TGFβ (14, 15)	*Ligands :* superfamille du TGFβ (*transforming growth factor β,* BMP), activine, inhibines (mammifères) ; Dpp (drosophile) *Récepteurs :* activité intrinsèque de sérine/thréonine kinase dans le domaine cytosolique (types I et II) *Transduction du signal :* activation directe des facteurs de transcription cytosoliques Smad
Récepteurs de cytokines (14, 15)	*Ligands:* interférons, érythropoïétine, facteur de croissance, certaines interleukines (IL-2, IL-4), autres cytokines *Récepteurs:* une seule hélice α transmembranaire ; multiples brins β conservés dans le domaine extracellulaire ; JAK kinase associée au domaine intracellulaire *Transduction du signal :* (1) Direct activation of cytosolic STAT transcription factors; (2) PI-3 kinase pathway; (3) IP_3/DAG pathway; (4) Ras-MAP kinase pathway
Récepteurs tyrosine kinases (14)	*Ligands :* insuline, EGF (*epidermal growth factor*), FGF (*fibroblast growth factor*), neurotrophines, autres facteurs de croissance *Récepteur :* une seule hélice α transmembranaire ; activité intrinsèque de protéine tyrosine kinase dans le domaine cytosolique Transduction du signal : (1) voie de Ras-MAP kinase; (2) voie de IP3/DAG ; (3) voie de la PI-3 kinase
Récepteurs guanylate cyclases (13)	*Ligands :* facteur natriurétique atrial et hormones peptidiques apparentées *Récepteur :* une seule hélice α transmembranaire ; activité intrinsèque de guanylate cyclase dans le domaine cytosolique *Transduction du signal :* formation de GMPc
Récepteurs phosphotyrosine phosphatases	*Ligands :* pléiotrophines, autres hormones protéiques *Récepteurs :* activité intrinsèque de phosphotyrosine phosphatase dans le domaine cytosolique inhibée par fixation au ligand *Transduction du signal :* hydrolyse du résidu phosphotyrosine activateur des protéine tyrosine kinases cytosoliques
Récepteurs des cellules T	*Ligands :* petits peptides associés aux protéines du complexe majeur d'histocompatibilité (CMH) dans la membrane des macrophages et autres cellules présentatrices d'antigène *Récepteurs :* une seule hélice α transmembranaire ; plusieurs protéine kinases associées au domaine cytosolique ; présents uniquement sur les lymphocytes T *Transduction du signal :* (1) activation des protéine tyrosine kinases cytosoliques ; (2) voie de la PI-3 kinase ; (3) voie de IP3/DAG ; (4) voie de Ras-MAP kinase

TABLEAU 14-1 Vue générale des principales classes de récepteurs et des voies de signalisation

Classes de récepteurs et voies de signalisation*	Caractéristiques distinctives
RÉCEPTEURS QUI SONT DES CANAUX IONIQUES	
Canaux ioniques dépendant du ligand (7, 13)	*21. Ligands :* neurotransmetteurs (e.g. acétylcholine, glutamate), GMPc, stimulus physiques(e.g. toucher, étirement), IP3 (récepteur dans la membrane du RE) *Récepteurs :* quatre ou cinq sous-unités avec un segment homologue dans chaque sous-unité bordant le canal ionique *Transduction du signal :* (1) changement localisé du potentiel de membrane dû à l'afflux ionique, (2) augmentation du Ca^{2+} cytosolique
VOIES IMPLIQUANT DE LA PROTÉOLYSE	
Voie Wnt (15)	*Ligands :* Wnt sécrété (mammifères) ; Wg (drosophile) *Récepteurs :* Frizzled (Fz) avec sept hélices a transmembranaires ; pour être actif, le récepteur doit être associé à Lrp (*LDL receptor-related protein*) qui est fixée à la membrane *Transduction du signal :* assemblage d'un complexe multiprotéique à la membrane qui inhibe la lyse par le protéasome de la β-caténine cytosolique, ce qui mène à l'accumulation de ce facteur de transcription
Voie Hedgehog ou Hh (15)	*Ligands : Hedgehog attaché à la cellule* *Récepteurs :* liaison de Hh à Patched (Ptc), qui a 12 hélices α transmembranaires ; activation de la signalisation à partir de Smoothened (Smo), qui a 7 hélices α transmembranaires *Transduction du signal :* libération par protéolyse d'un activateur de transcription à partir d'un complexe multiprotéique dans le cytosol
Voie Notch/Delta (14, 15)	*28. Ligands :* Protéine Delta ou Serrate liée à la membrane *Récepteurs :* sous-unité extracellulaire du récepteur Notch associé de manière non covalente à la sous-unité cytosolique transmembranaire *Transduction du signal :* clivage protéolytique intramembranaire du domaine transmembranaire du récepteur avec libération du segment cytosolique qui fonctionne comme coactivateur de facteurs de transcription nucléaires
Voies de NF-κB (14, 15)	*30. Ligands :* TNF-α (*tumor necrosis factor α*), interleukine 1 (mammifères) ; Spätzle (drosophile) *Récepteurs :* divers chez les mammifères ; Toll et récepteurs de type Toll chez la drosophile *Transduction du signal :* dégradation dépendant de la phosphorylation d'une protéine inhibitrice avec libération du facteur de transcription actif, NF-κB (Dorsal chez la drosophile), dans le cytosol
VOIES DE RÉCEPTEURS INTRACELLULAIRES	
Voie de l'oxyde nitrique (13)	*Ligands :* oxyde nitrique (NO) *Récepteur :* guanylate cyclase cytosolique *Transduction du signal :* formation de GMPc
Voie des récepteurs nucléaires (11)	*Ligands :* molécules lipophiles comprenant, chez les mammifères, les stéroïdes, la thyroxine, les rétinoïdes et les acides gras ainsi que l'ecdysone chez la drosophile *Récepteurs:* domaine hautement conservé liant l'ADN, domaine partiellement conservé liant l'hormone et un domaine variable ; localisation nucléaire ou cytosolique *Transduction du signal :* après fixation du ligand, le récepteur agit comme facteur de transcription

*À moins que ce ne soit indiqué autrement, les récepteurs sont localisés dans la membrane plasmique. Les nombres entre parenthèses indiquent les chapitres dans lesquels un récepteur et sa voie de signalisation sont discutés en détail.

SOURCES : J. Gerhart, 1999, *Teratology* 60:226 et A. Brivanlou & J. E. Darnell, 2002, *Science* 295:813.

les gènes cibles spécifiques. Dans le cas des *récepteurs à activité de tyrosine kinase*, la fixation du **ligand** à son récepteur déclenche une cascade d'événements intracellulaires menant à l'activation d'une kinase cytosolique qui gagne le noyau et active un ou plusieurs facteurs de transcription par phosphorylation. La signalisation passant par les *récepteurs du TNF-α (tumor necrosis factor α)* génère un facteur de transcription actif, le NF-κB, par clivage protéolytique d'une protéine inhibitrice cytosolique, et le clivage protéolytique du *récepteur Notch* libère le domaine cytosolique du récepteur qui agit alors comme coactivateur de facteurs de transcription dans le noyau. La protéolyse intervient aussi dans les voies de signalisation déclenchées par la fixation des ligands appelés Wnt et Hedgehog (Hh) à leurs récepteurs. Nous décrivons ces deux voies, qui jouent un rôle majeur au cours du **développement** et de la **différenciation**, dans le Chapitre 15.

Pour simplifier, nous décrivons souvent les différentes classes de récepteurs indépendamment en nous concentrant sur la voie principale de transduction du signal induite par chaque classe de récepteur. Cependant, comme le montre le Tableau 14-1, plusieurs classes de récepteurs peuvent transmettre des signaux par plus d'une voie. De plus, beaucoup de gènes sont régulés par de multiples facteurs de transcription, chacun de ceux-ci pouvant être activé par un ou plusieurs signaux extracellulaires. Spécialement au début du développement, une telle interaction entre voies de signalisation et les modifications séquentielles qui en résultent dans le profil de l'expression génique peuvent finalement devenir tellement importantes qu'elles imposent un sort différent à la cellule en développement.

Les chercheurs ont eu recours à diverses stratégies et méthodes expérimentales pour identifier et étudier la fonction de molécules de signalisation extracellulaires, les récepteurs et les protéines intracellulaires impliquées dans la transduction du signal. Par exemple, la protéine sécrétée Hedghog (Hh) et son récepteur ont d'abord été identifiés par des défauts de développement observés chez des mutants de la drosophile. Par la suite, on a cloné des homologues de ces protéines chez l'homme et la souris et l'on a constaté qu'ils participaient à de nombreuses étapes de la signalisation au cours de la différenciation. Certaines protéines de transduction du signal ont été identifiées par l'amplification de leur fonction causée par des mutations dans les gènes correspondants ou par la prolifération cellulaire anormale menant au cancer à la suite de la surexpression de la protéine normale. Une protéine Ras mutée dotée d'une activité non régulée (**constitutive**) a été découverte de cette façon ; plus tard, Ras dans sa forme normale s'est révélé être un acteur clé dans beaucoup de voies de signalisation. De nombreuses molécules extracellulaires de signalisation furent d'abord purifiées à partir d'extraits cellulaires sur base de leur aptitude à stimuler la croissance et la prolifération de types cellulaires spécifiques. Ces quelques exemples montrent combien il est important d'étudier les voies de signalisation à la fois par voie génétique et biochimique ainsi que dans divers organismes, la mouche, la souris, les vers, la levure, etc.

14.1 Les récepteurs du TGFβ et l'activation directe des Smad

La *superfamille du TGFβ (tumor growth factor β)* comprend de nombreuses molécules extracellulaires apparentées qui transmettent des signaux intervenant très largement dans la régulation du développement des invertébrés et des vertébrés. Un des membres, la *BMP (bone morphogenetic protein)*, fut d'abord identifié par son aptitude à induire la formation osseuse dans des cellules en culture. À présent, appelée *BMP7*, elle est utilisée en clinique pour consolider les os après des factures sévères. Parmi les nombreuses protéines BMP identifiées ensuite, beaucoup contribuent à l'induction de phases clés dans le développement, entre autres, la formation du mésoderme et des précurseurs précoces des cellules sanguines.

On a caractérisé un autre membre de la superfamille du TGFβ, le TGFβ-1, par le fait qu'il déclenche la transformation de certaines cellules en culture. Cependant, les trois isoformes humaines connues du TGFβ exercent toutes de puissants effets inhibiteurs sur la prolifération de nombreux types de cellules de mammifères. La perte des récepteurs du TGFβ ou de certaines protéines de transduction intracellulaire du signal dans la voie du TGFβ, levant ainsi l'inhibition de croissance, survient fréquemment dans les tumeurs humaines. Les protéines TGFβ favorisent aussi l'expression des molécules d'adhérence cellulaire et des molécules de la matrice extra-cellulaire. Les signaux TGFβ déclenchent dans certains types cellulaires la synthèse et la sécrétion de facteurs de croissance qui peuvent surmonter l'inhibition normale induite par le TGFβ, ce qui explique pourquoi le TGFβ fut considéré initialement comme un facteur de croissance. Un homologue du TGFβ chez la drosophile, appelé *protéine Dpp*, contrôle la polarité dorsoventrale des embryons de mouche, comme nous le verrons en détail dans le Chapitre 15. D'autres membres de la superfamille TGFβ, chez les mammifères, les activines et les inhibines, déterminent le développement précoce du tractus génital.

Malgré la complexité des effets cellulaires induits par divers membres de la superfamille du TGFβ, la voie de signalisation est fondamentalement assez simple. Une fois activés les récepteurs pour ces ligands phosphorylent directement et activent un facteur de transcription particulier. La réponse d'une cellule donnée à ce facteur de transcription activé dépend de la constellation des autres facteurs de transcription qu'elle contient déjà.

Le TGFβ est formé par clivage d'un précurseur sécrété sous forme inactive

Le TGFβ humain comprend trois isoformes, TGFβ-1, TGFβ-2 et TGFβ-3, chacune codée par un gène unique, exprimé de manière spécifique dans certains tissus et de manière régulée au cours du développement. Chaque isoforme est synthétisée comme partie d'un précurseur plus grand contenant un prodomaine. Celui-ci est éliminé par clivage, mais reste associé de manière non covalente avec le domaine mature après que la protéine a été sécrétée. La plus grande part du TGFβ sécrété est stocké dans la matrice extracellulaire en tant que complexe inactif et latent contenant le précurseur du TGFβ clivé et une protéine liée de manière covalente, la *LTBP (latent TGFβ binding protein)*. La liaison de celle-ci à la protéine matricielle, la thrombospondine, ou à certaines **intégrines** de la surface cellulaire déclenche un changement de conformation dans LTBP qui libère la forme mature et active du TGFβ dimérique. De manière alternative, la digestion des protéines de liaison par les métalloprotéases de la matrice peut activer le TGFβ (Figure 14-1a).

La forme monomérique des facteurs de croissance TGFβ contient 110-140 acides aminés et a une structure compacte avec

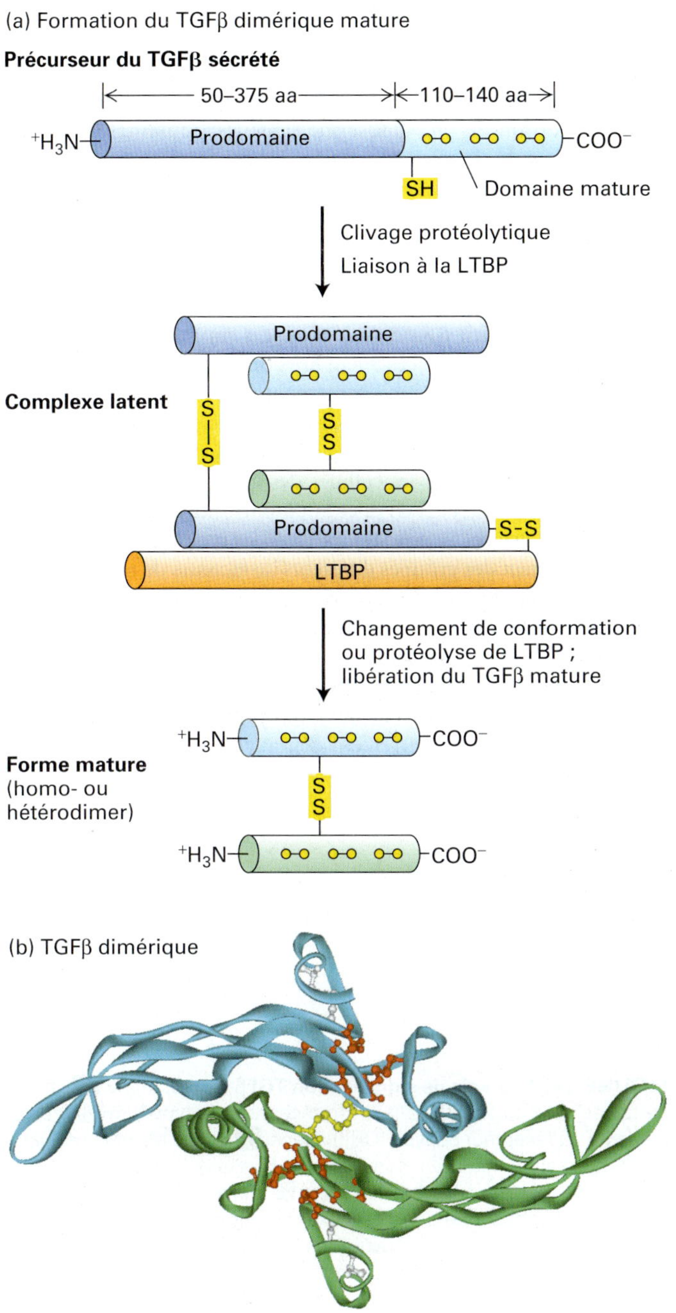

FIGURE 14-1 Formation et structure des molécules de signalisation de la superfamille du TGFβ. (a) Les précurseurs du TGFβ sont clivés tôt après avoir été sécrétés. Le prodomaine et le domaine mature sont stockés dans la matrice extracellulaire dans un complexe qui contient aussi la LTBP (*latent TGFβ-binding protein*). Le domaine mature contient six résidus cystéine conservés (cercles jaunes), qui forment trois ponts disulfure intracaténaires, et un pont disulfure relie les deux monomères. Après la protéolyse ou un changement de conformation dans LTBP, la protéine homo- ou hétérodimérique active est libérée. (b) Dans cette représentation en ruban du TGFβ dimérique mature, les deux sous-unités sont colorées en vert et bleu. Les structures en boules et tiges symbolisent les résidus cystéine dans les ponts disulfure. Les ponts disulfure intracaténaires (rouge) dans chaque monomère forme un nœud cystine, un domaine résistant à la dégradation. [Part (a) voir J. Massagué & Y.-G., 2000, *Genes and Devel.* **14** :627 ; part (b) d'après S. Daopin *et al.*, 1992, *Science* **227** :369.]

quatre brins antiparallèles et trois ponts disulfure intramoléculaires (Figure 14-1b). Ceux-ci forment une structure, appelée *nœud cystine*, relativement résistante à la dénaturation. Une cystéine additionnelle dans la partie N-terminale dans chaque monomère permet la formation d'homodimères et d'hétérodimères fonctionnels. Les différences de séquence entre les diverses protéines TGFβ se trouvent surtout dans les régions N-terminales, dans les boucles joignant les brins β et dans les hélices α. Différentes combinaisons hétérodimériques peuvent augmenter la diversité fonctionnelle de ces protéines en plus de celle qui est liée aux différences dans la séquence primaire du monomère.

Les récepteurs du TGFβ exercent une activité de sérine/thréonine kinase

Pour identifier les récepteurs du TGFβ à la surface cellulaire, les chercheurs ont d'abord fait réagir le facteur de croissance purifié avec de l'iode-125 (^{125}I) dans des conditions qui permettent au radio-isotope de se lier de manière covalente aux résidus tyrosine exposés. Le TGFβ ainsi marqué fut incubé avec des cellules en culture, et la suspension fut ensuite traitée par un agent chimique capable de coupler de manière covalente le TGFβ marqué à ses récepteurs de surface. La purification des récepteurs marqués a révélé trois polypeptides différents dont le poids moléculaire apparent était de 55, 85 et 280 kDa et qui furent appelés respectivement récepteurs du TGFβ de type RI, RII et RIII.

Le récepteur du TGFβ le plus abondant, RIII, est un **protéoglycane** de surface cellulaire, appelé aussi *β-glycane*, qui lie et concentre le TGFβ près de la surface cellulaire. Les récepteurs de type I et de type II sont des protéines dimériques transmembranaires dont les domaines cytosoliques exercent une activité de thréonine/sérine kinase. RII est une kinase active en permanence qui se phosphoryle elle-même en absence de TGFβ. La liaison du TGFβ induit la formation de complexes contenant deux copies de RI et de RII. Une sous-unité de RII phosphoryle alors des résidus sérine et thréonine dans une séquence hautement conservée de la sous-unité RI à la face cytosolique de la membrane plasmique, déclenchant ainsi l'activité kinasique de RI (Figure 14-2).

Activés, les récepteurs de type I du TGFβ phosphorylent les facteurs de transcription Smad

Les chercheurs ont identifié les facteurs de transcription en aval des récepteurs du TGFβ chez la drosophile à partir d'études génétiques semblables à celles qui ont été utilisées dans l'analyse des voies des récepteurs à activité de tyrosine kinase (voir Section 14.3). Ces facteurs de transcription chez la drosophile et les protéines apparentées chez les vertébrés sont à présent appelées **Smad.** Trois types de Smad interviennent dans la signalisation par le TGFβ : les Smad régulés par le récepteur (R-Smad), les co-Smad et les Smad inhibiteurs ou antagonistes (I-Smad).

Comme le montre la Figure 14-2, les R-Smad contiennent deux domaines, MH1 et MH2, séparés par un bras flexible. Le domaine

N-terminal MH1 contient le segment qui se lie spécifiquement à l'ADN ainsi qu'une séquence appelée NLS (*nuclear localization signal*), requise pour le transfert de la protéine dans le noyau (Chapitre 12). Quand les R-Smad sont non phosphorylés et donc inactifs, le NLS est masqué et les domaines MH1 et MH2 sont associés en manière telle qu'ils ne peuvent se lier à l'ADN ou à un co-Smad. L'activation des récepteurs de type I du TGFβ entraîne la phosphorylation de trois résidus sérine près du C-terminal d'un R-Smad (Smad2 ou Smad3), ce qui sépare les domaines et permet la liaison de l'importine β au NLS. Simultanément, un complexe contenant deux molécules de Smad3 (ou Smad2) et une molécule de co-Smad4 se forme dans le cytosol. Ce complexe est stabilisé par la liaison de deux sérines phosphorylées dans chaque Smad3 aux sites de fixation de phosphosérine dans les domaines MH2 de Smad3 et Smad4. L'importine β liée assure alors la translocation des complexes hétéromériques R-Smad/co-Smad dans le noyau. Là, quand l'importine β s'est détachée, les complexes Smad2/Smad4 ou Smad3/Smad4 coopèrent avec d'autres facteurs afin d'activer la transcription des gènes cibles spécifiques.

Dans le noyau, les R-Smad sont continuellement déphosphorylés, ce qui aboutit à la dissociation du complexe R-Smad/co-Smad et l'exportation de ces Smad hors du noyau. À cause de cette navette nucléocytoplasmique permanente des Smad, la concentration des Smad actifs dans le noyau reflète fidèlement le taux d'activation des récepteurs du TGFβ à la surface cellulaire.

Pratiquement toutes les cellules des mammifères sécrètent au moins une isoforme de TGFβ, et la plupart ont des récepteurs du TGFβ à leur surface. Cependant, puisque les types différents de cellules contiennent des groupes différents de facteurs de transcription avec lesquels les Smad activés réagissent, les réponses cellulaires induites par TGFβ varient d'un type cellulaire à l'autre. Dans les cellules épithéliales et les fibroblastes, par exemple, le TGFβ induit l'expression non seulement des protéines de la matrice extracellulaire (e.g. les collagènes) mais aussi des protéines qui inhibent les protéases sériques, qui autrement dégraderaient la matrice. Cette

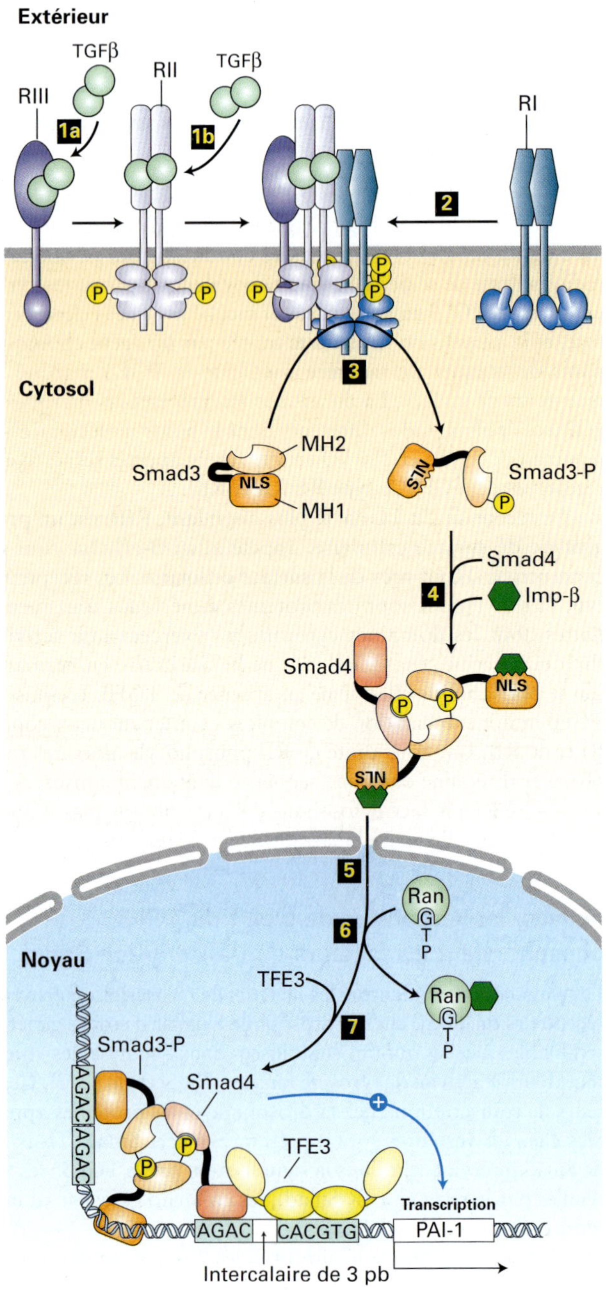

FIGURE 14-2 La voie de signalisation TGFβ-Smad. Étape **1a** : dans certaines cellules, TGFβ se lie à son récepteur de type III (RIII), qui le présente au récepteur de type II (RII). Étape **1b** : dans d'autres cellules, TGFβ interagit directement avec RII, une kinase qui est phosphorylée et active de manière constitutive. Étape **2** : RII associé à son ligand recrute et phosphoryle le segment juxtamembranaire du récepteur de type I (RI), qui ne se lie pas directement au TGFβ. Ceci lève l'inhibition de l'activité kinasique de RI imposée par le segment de RI situé entre la membrane et le domaine kinase. Étape **3** : RI activé phosphoryle alors Smad3 (montré ici) ou une autre R-Smad, ce qui cause un changement de conformation qui démasque NLS (*nuclear-localization signal*). Étape **4** : deux molécules phosphorylées de Smad3 interagissent avec un co-Smad (Smad4), qui n'est pas phosphorylé, et avec l'importine β (Imp-β), formant ainsi un grand complexe cytosolique. Étape **5** et **6** : après translocation du complexe entier dans le noyau, Ran-GTP détache Imp-β, comme nous l'avons vu dans le Chapitre 12. Étape **7** : un facteur de transcription nucléaire (e.g. TFE3) s'associe alors au complexe Smad3/Smad4, formant ainsi un complexe d'activation dont les éléments se lient de manière coopérative et en une géométrie précise aux séquences régulatrices d'un gène cible. Le complexe d'activation du gène codant PAI-1 (*plasminogen activator inhibitor*) est représenté dans le bas du schéma. Voir le texte pour d'autres détails. [Voir Z. Xiao *et al.*, 2000, *J. Biol. Chem.* **275** :23425 ; J. Massagué & D. Wotton, 2000, *EMBO J.* **19** :1745 ; X. Hua *et al.*, 1999, *Proc. Nat'l. Acad. Sci. USA* **96** :13130 ; et A. Moustakas & C.-H. Heldin, 2002, *Genes Devel.* **16** :1867.]

dernière catégorie comprend PAI-1 (*plasminogen activator inhibitor 1*). La transcription du gène de PAI-1 requiert la formation d'un complexe du facteur de transcription TFE3 avec le complexe Smad3/Smad4 et la liaison de toutes ces protéines à des séquences spécifiques dans la région régulatrice du gène PAI-1 (voir Figure 14-2, *dessous*). En collaboration avec d'autres facteurs de transcription, les complexes Smad2/Smad4 et Smad3/Smad4 induisent l'expression de protéines comme p15, qui arrête le cycle cellulaire au stade G1 et bloque ainsi la prolifération cellulaire (Chapitre 21). Ces complexes Smad répriment aussi la transcription du gène *myc*, réduisant ainsi l'expression de beaucoup de gènes contribuant à la prolifération et dont la transcription est normalement activée par Myc.

Les divers facteurs de croissance de la superfamille du TGFβ se lient à leurs récepteurs particuliers et activent différents groupes de protéines Smad, aboutissant à des réponses cellulaires différentes. La spécificité propre à ces récepteurs apparentés est une propriété commune dans la signalisation intercellulaire, et la voie de signalisation du TGFβ fournit un excellent exemple de la stratégie mise en œuvre pour aboutir à une telle réponse spécifique. Comme nous venons d'en discuter, la liaison de n'importe quelle isoforme de TGFβ à son récepteur spécifique mène à la phosphorylation de Smad2 ou Smad3, à la formation des complexes Smad2/Smad4 ou Smad3/Smad4 et finalement à l'activation de la transcription de gènes cibles spécifiques (e.g. le gène PAI). Par ailleurs, les protéines BMD, qui appartiennent aussi à la superfamille du TGFβ, lient et activent un groupe différent de récepteurs qui mènent à la phosphorylation de Smad1, à sa dimérisation avec Smad4 et à l'activation de réponses transcriptionnelles spécifiques par Smad1/Smad4. Ces réponses sont distinctes de celles qui sont induites par Smad2/Smad4 ou Smad3/Smad4.

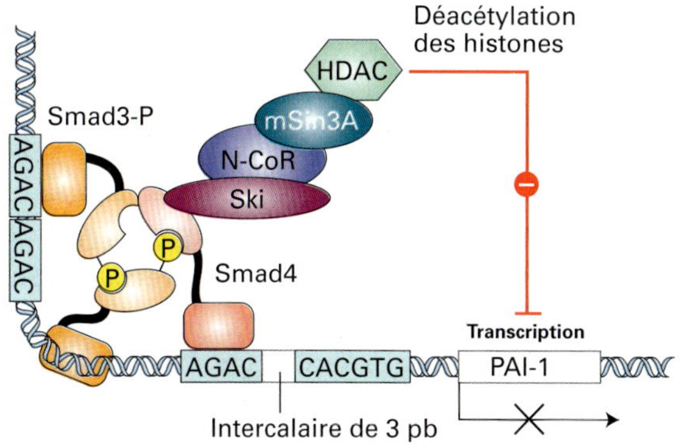

FIGURE 14-3 Modèle schématique de l'inhibition qu'exerce Ski sur la réponse induite par le TGFβ. Ski se lie à Smad4 dans les complexes de signalisation Smad3/Smad4 ou Smad2/Smad4 (non représenté) et peut rompre en partie les interactions entre les protéines Smad. Ski recrute également une protéine appelée *N-CoR* qui lie directement mSin3A, qui à son tour réagit avec une histone déacétylase (HDAC), une enzyme qui déacétyle les histones (Chapitre 11). En conséquence, l'activation de la transcription induite par le TGFβ et transmise par les complexes Smad cesse. [Voir S. Stroschein *et al.*, 1999, *Science* **286** :771 ; X. Liu *et al.*, 2001, *Cytokine and Growth Factor Rev.* **12** :1 ; et J.-W. Wu *et al.*, 2002, *Cell* **111** :357.]

Des oncoprotéines et des I-Smad régulent la signalisation Smad par des boucles de rétrocontrôle négatif

Des agents supplémentaires régulent la signalisation intracellulaire Smad. Ce sont, entre autres, les protéines *SnoN* et *Ski* (pour *Sloan-Kettering Cancer Institute*). À l'origine, elles furent identifiées comme **oncoprotéines** parce qu'elles causent une prolifération cellulaire anormale quand elles sont surexprimées dans des fibroblastes en culture. Leur mode d'action resta mystérieux pendant des années jusqu'à ce que l'on découvre que SnoN et Ski se lient aux complexes Smad2/Smad4 ou Smad3/Smad4 constitués après stimulation par le TGFβ. SnoN et Ski ne diminuent pas l'affinité des complexes Smad pour les régions de contrôle dans l'ADN, mais bloquent l'activation de la transcription par les complexes Smad liés, rendant ainsi les cellules résistantes à l'inhibition de leur croissance par le TGFβ (Figure 14-3). Il faut noter que la stimulation par TGFβ cause la dégradation rapide de Ski et SnoN, mais après quelques heures, ces protéines deviennent fortement exprimées. Leur taux accru atténue, pense-t-on, les effets à long terme de la signalisation dus à une exposition continue au TGFβ.

Parmi les protéines induites par le TGFβ, on trouve les I-Smad, en particulier Smad7, qui bloque la capacité des récepteurs activés de type I de phosphoryler les protéines R-Smad. De cette façon, Smad7, comme Ski et SnoN, participe à une boucle rétroactive négative ; son induction sert à inhiber les signaux intracellulaires transmis à la suite d'une exposition de longue durée à l'hormone stimulante. Dans des sections ultérieures, nous verrons comment de semblables boucles de rétroaction négative contrôlent les signaux provenant d'autres récepteurs de surface.

Les cellules qui ne peuvent plus répondre au TGFβ prolifèrent anormalement et deviennent cancéreuses

MÉDECINE

Dans beaucoup de tumeurs humaines, des mutations inactivent soit les récepteurs du TGFβ soit les protéines Smad ; les cellules concernées résistent alors à l'inhibition qu'exerce normalement le TGFβ sur leur prolifération (voir Figure 23-20). Par exemple, dans la plupart des cancers du pancréas, on trouve une délétion dans le gène qui code Smad4 ; le TGFβ ne peut donc plus induire p15 et d'autres inhibiteurs du cycle cellulaire. Le gène atteint par cette mutation fut appelé à l'origine DPC (*deleted in pancreatic cancer*). Le rétinoblastome, les cancers du côlon et de l'estomac, l'hépatome et certains lymphomes des cellules T et B sont également incapables de répondre à l'effet inhibiteur du TGFβ sur leur croissance. Cette indifférence est liée à la perte des récepteurs du TGFβ de type I ou de type II ; la sensibilité de la cellule à l'hormone peut être restaurée par l'expression recombinante de la protéine manquante. Les mutations dans Smad2 surviennent aussi fréquemment dans plusieurs types de cancers humains. La signalisation par le TGFβ est non seulement indispensable, comme nous venons de le voir, au contrôle de la prolifération cellulaire, mais elle oriente également la différenciation de certaines cellules dans des directions spécifiques, comme nous le décrirons au Chapitre 15.

CONCEPTS CLÉS DE LA SECTION 14.1

Les récepteurs du TGFβ et l'activation directe des Smad

- Le TGFβ est produit sous forme d'un précurseur inactif qui est stocké dans la matrice extracellulaire. Plusieurs mécanismes peuvent libérer le facteur de croissance dimérique, mature et actif (voir Figure 14-1).
- Une stimulation par le TGFβ déclenche une activité de sérine/thréonine kinase dans le domaine cytosolique du récepteur de type I (RI), qui phosphoryle alors un R-Smad, dont le site NLS (*nuclear-localization signal*) devient ainsi accessible.
- Après que R-Smad phosphorylé s'est lié à co-Smad, le complexe gagne le noyau, où il interagit avec divers facteurs de transcription pour induire l'expression de gènes cibles (voir Figure 14-2).
- Des oncoprotéines (e.g. Ski et SnoN) et I-Smad (e.g. Smad7) agissent comme des régulateurs négatifs de la signalisation par le TGFβ.
- La signalisation par le TGFβ inhibe en général la prolifération cellulaire. La perte de divers composants de cette voie entraîne une prolifération cellulaire anormale aboutissant au cancer.

14.2 Récepteurs de cytokines et voie JAK-STAT

Nous abordons maintenant une deuxième classe importante de récepteurs de surface, les **récepteurs de cytokines**, dont les domaines cytosoliques sont associés intimement à un membre d'une famille de tyrosine kinases cytosoliques, les *JAK kinases*. Une troisième classe de récepteurs, les **récepteurs à activité de tyrosine kinase (RTK)**, comporte un domaine cytosolique doté d'une activité intrinsèque de tyrosine kinase. Les mécanismes par lesquels les récepteurs de cytokines et les récepteurs à activité de tyrosine kinase sont activés par leurs ligands sont très semblables, et les voies intracellulaires suivies par les signaux provenant de ces deux classes de récepteurs se superposent considérablement. Dans cette section, nous décrivons d'abord ces points communs. Nous discutons ensuite de la voie JAK-STAT, qui est induite surtout par activation des récepteurs de cytokines.

Les processus de signalisation des récepteurs de cytokines et des récepteurs à activité de tyrosine kinase se ressemblent

La fixation du ligand aux récepteurs de cytokines et aux RTK déclenche la formation de récepteurs dimériques fonctionnels. Dans certains cas, le ligand induit l'association de deux sous-unités monomériques du récepteur qui diffusent dans le plan de la membrane plasmique (Figure 14-4). Dans d'autres, le récepteur est un dimère avant toute interaction avec le ligand, mais la liaison entraîne un changement de conformation des domaines extracellulaires des deux sous-unités. Dans les deux cas, la formation d'un récepteur dimérique fonctionnel amène une des kinases cytosoliques de faible activité à phosphoryler un résidu tyrosine particulier dans la *lèvre d'activation* de la seconde kinase. Cette phosphorylation induit l'activité kinasique et mène à la phosphorylation de la seconde kinase dans le dimère, ainsi que de plusieurs résidus dans le domaine cytosolique du récepteur (Figure 14-5). Comme nous le verrons

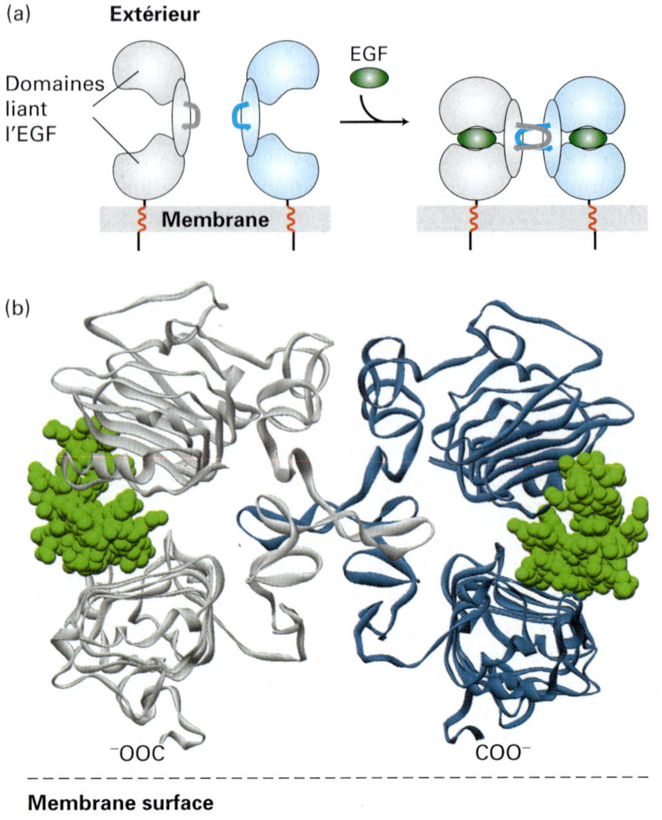

FIGURE 14-4 Dimérisation du récepteur pour l'EGF (*epidermal growth factor*), un récepteur à activité de tyrosine kinase. (a) Représentation schématique des domaines extracellulaires et transmembranaires du récepteur de l'EGF. La liaison d'une molécule d'EGF à un récepteur monomérique modifie la structure d'une boucle localisée entre deux domaines liant l'EGF. La dimérisation de deux récepteurs monomériques identiques fixés à leur ligand dans le plan de la membrane survient surtout à la suite d'interactions entre les deux boucles « activées ». (b) Structure du domaine extracellulaire dimérique du récepteur de l'EGF lié au TGFα (*transforming growth factor α*), un homologue de l'EGF. Les domaines extracellulaires du récepteur de l'EGF sont montrés en blanc (à gauche) et en bleu (à droite). Les deux molécules plus petites de TGFα sont en vert. Notez l'interaction des deux boucles « activées » dans les deux récepteurs. [Partie (a) adaptée de J. Schlessinger, 2002, *Cell* **110** :669 ; partie (b) de T. Garrett *et al.*, 2002, *Cell* **110** :763]

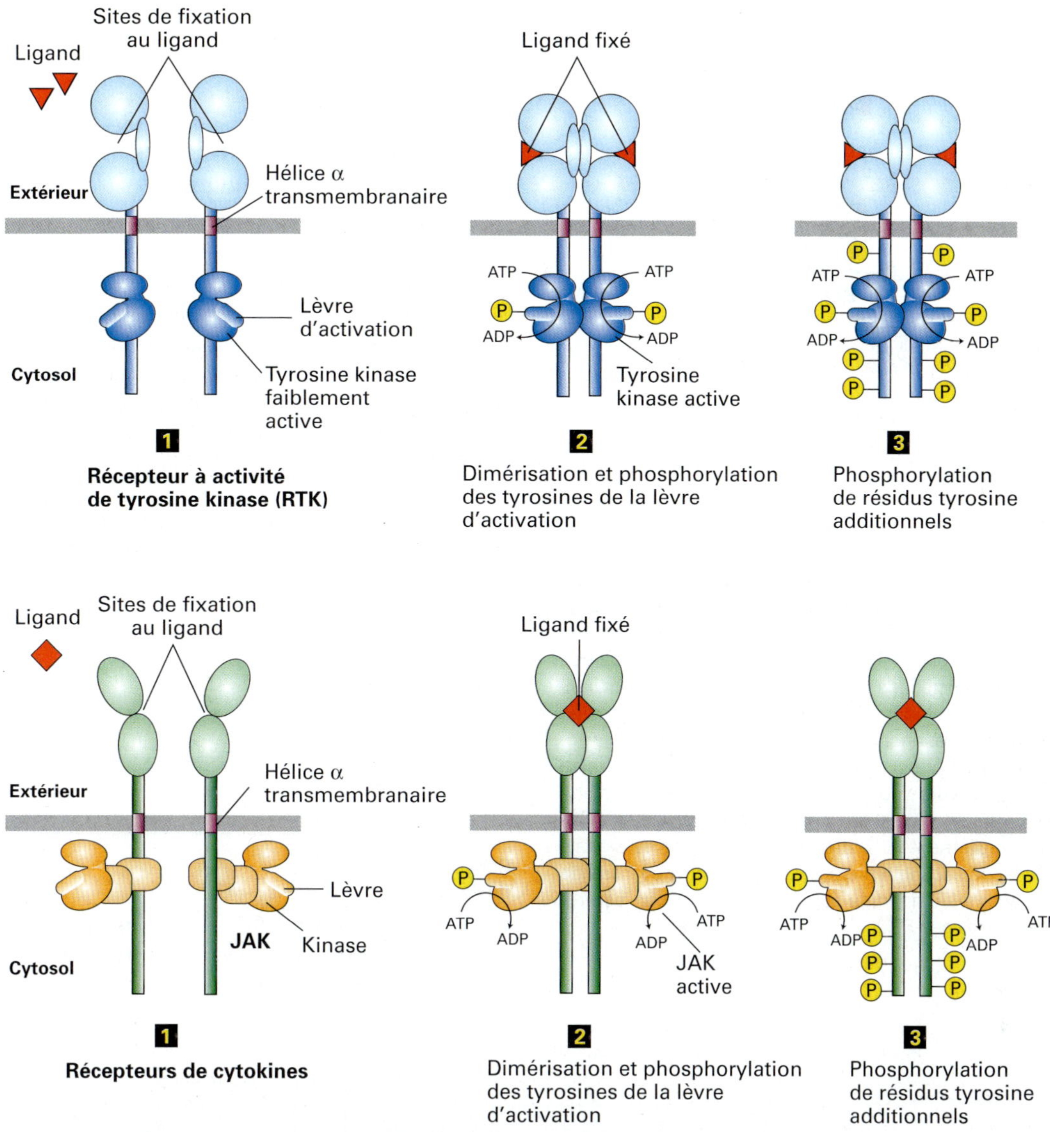

FIGURE 14-5 Structure générale et activation induite par le ligand des récepteurs à activité de tyrosine kinase (RTK) et des récepteurs de cytokines. Le domaine cytosolique des RTK contient un site catalytique de tyrosine kinase, tandis que le domaine cytosolique des récepteurs de cytokines s'associe à une JAK kinase séparée (étape **1**). Dans les deux types de récepteurs, la fixation au ligand change la conformation et favorise ainsi la formation d'un récepteur dimérique fonctionnel, rassemblant ainsi deux kinases intrinsèques ou associées, qui alors se phosphorylent réciproquement sur un résidu tyrosine dans la lèvre d'activation (étape **2**). La phosphorylation, en écartant la lèvre du site catalytique, permet la liaison de l'ATP ou du substrat protéique et donc l'activité kinasique, qui phosphoryle alors d'autres résidus tyrosine du domaine cytosolique du récepteur (étape **3**). Les phosphoprotéines ainsi formées fonctionnent comme point d'ancrage pour diverses protéines impliquées dans la transduction (voir Figure 14-6).

plus tard, la phosphorylation de résidus dans la boucle d'activation est un mécanisme général par lequel beaucoup de kinases sont activées.

Certains résidus phosphotyrosine formés dans les récepteurs de cytokines activés et les RTK servent de sites d'ancrage pour les *domaines SH2* ou *les domaines PTB*, qui sont présents dans un large éventail de protéines transductrices. Une fois fixées au récepteur activé, certaines protéines transductrices sont phosphorylées et ainsi activées par le récepteur lui-même ou par la kinase associée. La liaison d'autres protéines de signalisation, présentes dans le cytosol des cellules non stimulées, les amène près de leur substrat situé dans la membrane plasmique. Les deux mécanismes peuvent déclencher une signalisation en aval. Plusieurs récepteurs de cytokines (e.g. le récepteur de l'IL-4) et des RTK (e.g. le récepteur de l'insuline) lient IRS1 ou d'autres protéines à multiples points d'ancrage par un domaine PTB dans la protéine d'ancrage (Figure 14-6). Le récepteur activé phosphoryle la protéine d'ancrage, formant de nombreuses phosphotyrosines qui servent alors de sites d'an-

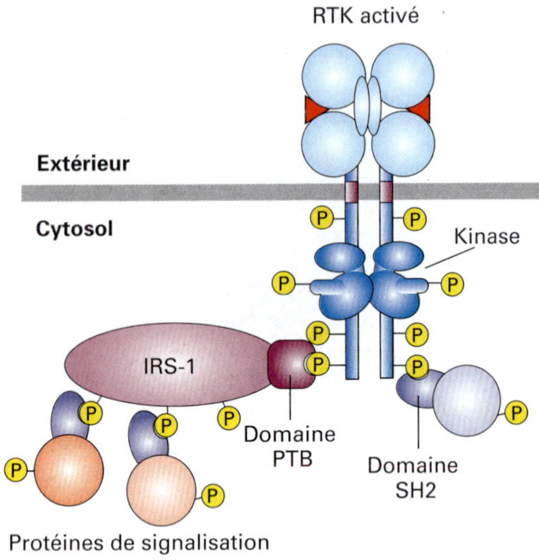

FIGURE 14-6 Recrutement des protéines de transduction du signal à la membrane cellulaire par liaison aux résidus phosphotyrosine dans les récepteurs activés. Les protéines cytosoliques dotées de domaines SH2 (en pourpre) ou PTB (en marron) peuvent se lier à des résidus phosphotyrosine spécifiques dans les RTK activés (illustré ici) ou dans les récepteurs des cytokines. Dans certains cas, ces protéines transductrices sont alors phosphorylées par l'activité kinasique intrinsèque du récepteur ou de la tyrosine kinase associée, ce qui dynamise leur activité. Certains récepteurs de cytokines ou à activité de tyrosine kinase utilisent des protéines à plusieurs points d'ancrage comme IRS-1 afin d'amplifier le recrutement et l'activation de protéines de signalisation. La phosphorylation subséquente de IRS-1 par l'activité kinasique du récepteur crée des sites d'ancrage supplémentaires pour les protéines contenant des domaines SH2.

crage pour des protéines de signalisation contenant des domaines SH2. Certaines de celles-ci à leur tour peuvent être phosphorylées par le récepteur activé.

Les cytokines influencent le développement de nombreux types de cellules

Les **cytokines** forment une famille de protéines sécrétées, relativement petites (elles contiennent généralement 160 acides aminés) qui contrôlent de nombreux processus impliqués dans la croissance et la différenciation de populations cellulaires spécifiques. Durant la grossesse par exemple, la prolactine induit la différenciation des cellules épithéliales bordant les canalicules immatures de la glande mammaire en cellules acineuses qui produisent les protéines du lait et les sécrètent dans les canalicules. Une autre cytokine, l'interleukine-2 (IL-2), est essentielle pour la prolifération et le fonctionnement des cellules T du système immunitaire ; l'IL-4, qui lui est étroitement apparentée, est nécessaire elle à la formation des cellules B productrices d'anticorps. Certaines cytokines, comme l'in-

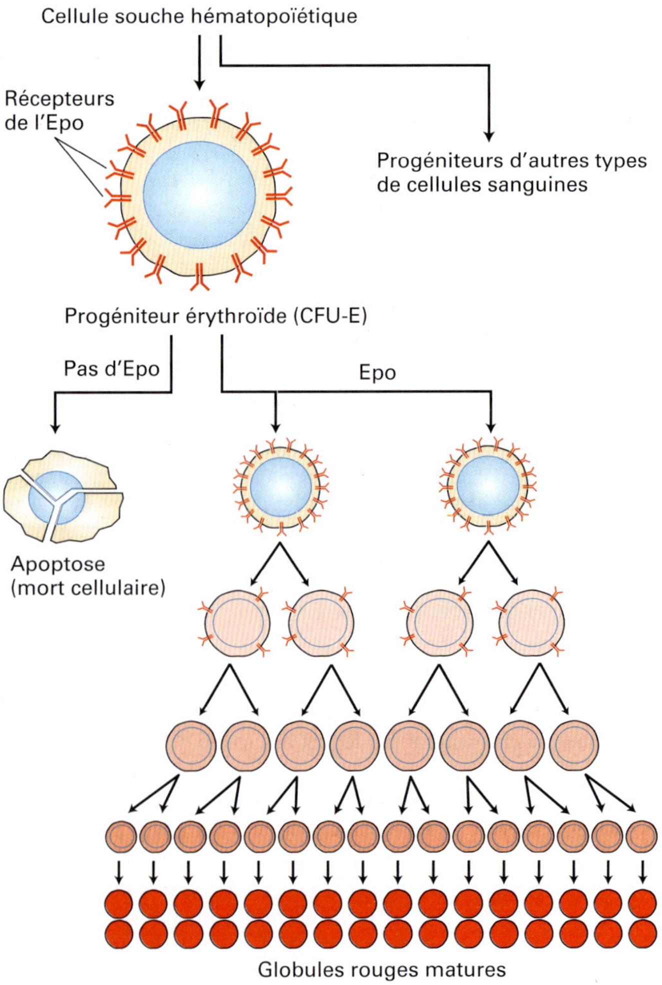

FIGURE 14-7 Rôle de l'érythropoïétine dans la formation des globules rouges (érythrocytes). Les progéniteurs érythroïdes, appelés CFU-E (*colony forming units erythroid*), dérivent des cellules souches hématopoïétiques, qui donnent aussi naissance aux progéniteurs d'autres types de cellules sanguines. La liaison de l'érythropoïétine à son récepteur sur les CFU-E induit la transcription de plusieurs gènes dont les protéines correspondantes protègent la cellule de la mort programmée (apoptose), ce qui permet à la cellule de survivre et de s'engager dans un programme de trois à cinq divisions terminales. La stimulation par l'Epo induit aussi l'expression des protéines spécifiques des érythrocytes comme les globines, qui forment l'hémoglobine et les protéines membranaires, la glycophorine et la protéine échangeuse d'anions. Le récepteur de l'Epo et d'autres protéines de membrane disparaissent au fur et à mesure de la différenciation cellulaire. Si les cellules CFU-E sont cultivées en présence d'érythropoïétine dans un milieu semi-solide (e.g. contenant de la méthylcellulose), les cellules filles ne peuvent s'écarter, et ainsi chaque CFU-E produit une colonie de 30-100 cellules érythroïdes, d'où son nom. [Voir M. Socolovsky *et al.*, 2001, *Blood* **98** :3261.]

terféron α, sont produites et sécrétées par de nombreux types de cellules à la suite d'une infection virale. Les interférons sécrétés induisent dans les cellules voisines des enzymes qui rendent ces cellules plus résistantes à l'infection virale.

MÉDECINE Beaucoup de cytokines induisent la formation de cellules sanguines importantes. Par exemple, le G-CSF (*granulocyte colony stimulating factor*), dans la moelle osseuse, déclenche la division répétée d'un type particulier de progéniteurs et sa différenciation en granulocytes, la population de globules blancs qui neutralisent les bactéries et d'autres pathogènes. Puisque beaucoup de traitements antitumoraux réduisent la formation des granulocytes, les patients sont souvent traités par du G-CSF, qui stimule la prolifération et la différenciation des progéniteurs des granulocytes et rétablit ainsi le nombre normal de granulocytes dans le sang. La thrombopoïétine, apparentée au G-CSF, agit de la même manière sur certains progéniteurs qui, après s'être multipliés, se différencient en mégacaryocytes. Ceux-ci se fragmentent ensuite en *plaquettes*, qui sont de petits morceaux de cellules impliqués dans la coagulation sanguine. ▮

Une autre cytokine apparentée, l'**érythropoïétine** (**Epo**), déclenche la production de globules rouges en induisant la prolifération et la différenciation des progéniteurs érythroïdes dans la moelle osseuse (Figure 14-7). L'érythropoïétine est synthétisée par les cellules rénales qui surveillent la concentration d'oxygène dans le sang. Une chute de l'oxygène sanguin signifie que le nombre d'érythrocytes, dont la fonction principale est le transport de l'oxygène lié à l'hémoglobine, est inférieur à l'optimum. Par l'intermédiaire du facteur de transcription HIF-1a sensible à l'oxygène, les cellules rénales répondent à l'appauvrissement en oxygène par augmentation de la synthèse d'érythropoïétine et de sa sécrétion dans le sang (voir Figure 15-9). Au fur et à mesure que l'érythropoïétine augmente, de plus en plus de progéniteurs érythroïdes échappent à la mort, ce qui permet à chacun de ceux-ci de produire ≈ 50 globules rouges en deux jours seulement. De cette façon, l'organisme peut réagir à une perte de sang en accélérant la production de globules rouges.

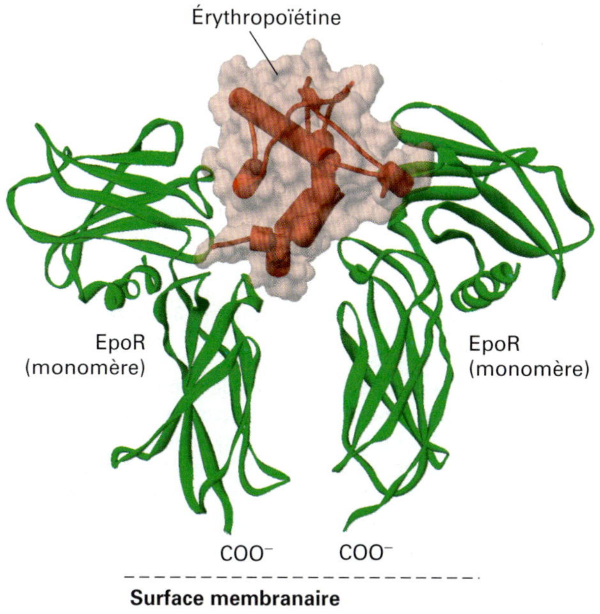

FIGURE 14.8 Structure de l'érythropoïétine liée aux domaines extracellulaires de son récepteur dimérique (EpoR). L'érythropoïétine comprend quatre longues hélices α conservées qui se replient en une conformation particulière. Le domaine extracellulaire d'une monomère d'EpoR est fait de deux sous-domaines, chacun contenant sept brins β conservés repliés de manière caractéristique. Les chaînes latérales des résidus sur deux des hélices de l'érythropoïétine entrent en contact avec les boucles d'un monomère d'un récepteur Epo, tandis que les résidus des deux autres hélices de l'Epo se lient aux mêmes segments dans les boucles du second monomère du récepteur, stabilisant ainsi le récepteur dimérique. Les structures des autres cytokines et de leurs récepteurs sont semblables à celle de l'érythropoïétine et de l'EpoR. [Adapté de R. S. Syed *et al.*, 1998, *Nature* **395** :511.]

Toutes les cytokines ainsi que leurs récepteurs et leurs voies de signalisation ont des points communs

Toutes les cytokines ont une structure tertiaire semblable, consistant en quatre longues hélices α conservées qui se replient en une conformation particulière. De même, tous les récepteurs de cytokines se ressemblent nettement, avec leurs domaines extracellulaires constitués de deux sous-domaines, chacun contenant sept brins β conservés qui sont repliés de façon caractéristique. L'interaction de l'érythropoïétine avec son récepteur dimérique (EpoR), présentée dans la Figure 14-8, illustre la fixation d'une cytokine à son récepteur. L'homologie de structure entre cytokines indique qu'elles dérivent d'une protéine ancestrale commune, à l'instar des divers récepteurs qui eux aussi ont évolué à partir d'un seul ancêtre.

Qu'une cellule réponde ou non à une cytokine particulière dépend simplement du fait qu'elle exprime ou non le récepteur correspondant. Bien que tous ces récepteurs activent des voies de signalisation intracellulaire semblables, la réponse d'une cellule donnée au signal d'une cytokine dépend de la constellation de facteurs de transcription dont la cellule dispose, de la structure de la chromatine et d'autres protéines dont la présence est liée au développement de la cellule. Si les récepteurs de la prolactine ou de la thrombopoïétine, par exemple, sont exprimés expérimentalement dans un progéniteur érythroïde, la cellule répondra à ces cytokines en se divisant et en se différenciant en globules rouges et non en cellules mammaires ou en mégacaryocytes.

La Figure 14-9 résume les voies de signalisation intracellulaire qui sont activées quand l'EpoR lie l'érythropoïétine. La stimulation d'autres récepteurs de cytokines par leurs ligands spécifiques active des voies semblables. Toutes ces voies conduisent finalement à l'activation de facteurs de transcription qui amplifient ou inhibent l'expression de gènes cibles particuliers. Ici, nous étudions la voie JAK-STAT ; les autres voies sont discutées dans des sections ultérieures.

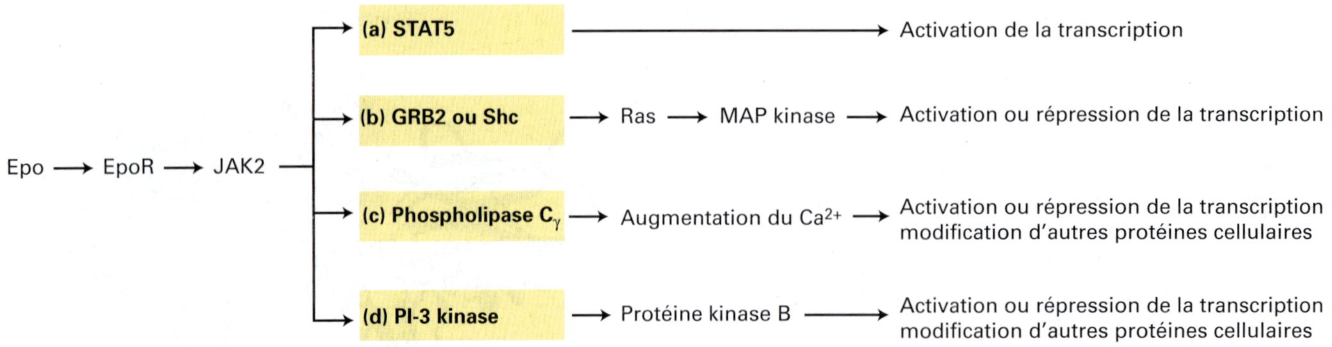

FIGURE 14-9 Vue générale des voies de transduction du signal qui sont déclenchées par la fixation du ligand au récepteur de l'éry-thro-poïétine (EpoR), un récepteur de cytokines typique. Quatre voies principales peuvent transmettre un signal à partir du complexe EpoR-JAK phosphorylé et donc activé (voir le bas de la Figure 4-5). Chaque voie aboutit à la régulation de la transcription de différents groupes de gènes. (a) Dans la voie la plus directe, le facteur de transcription STAT5 est phosphorylé et activé directement dans le cytosol. (b) La liaison de protéines intermédiaires (GRB2 ou Shc) à un EpoR activé entraîne l'activation de la voie de la Ras-MAP kinase. (c, d) Deux voies des phosphoinosides sont déclenchées par le recrutement de la phospholipase Cγ et de la PI-3 kinase à la membrane à la suite de l'activation de l'EpoR. Des taux élevés de Ca^{2+} et la protéine kinase B activée modulent aussi l'activité de protéines cytosoliques non impliquées dans le contrôle de la transcription.

La génétique cellulaire somatique a révélé le rôle essentiel joué par les protéines JAK et STAT dans la transduction du signal

Peu après la découverte et le clonage des cytokines, la plupart de leurs récepteurs furent isolés par clonage d'expression ou d'autres stratégies. L'identification des composants essentiels de leurs voies de signalisation intracellulaire, cependant, dut attendre le développement de nouveaux types de stratégies génétiques basées sur la culture de cellules de mammifères. Dans ces études, un **gène rapporteur** bactérien codant la GPRT (*guanine phosphoribosyl transferase*) fut lié à un promoteur en amont répondant à l'interféron. La construction résultante fut introduite dans des cultures de cellules de mammifères qui étaient déficientes génétiquement dans l'homologue humain de la HGPRT. La GPRT ou la HGPRT est nécessaire à l'incorporation dans le milieu de culture

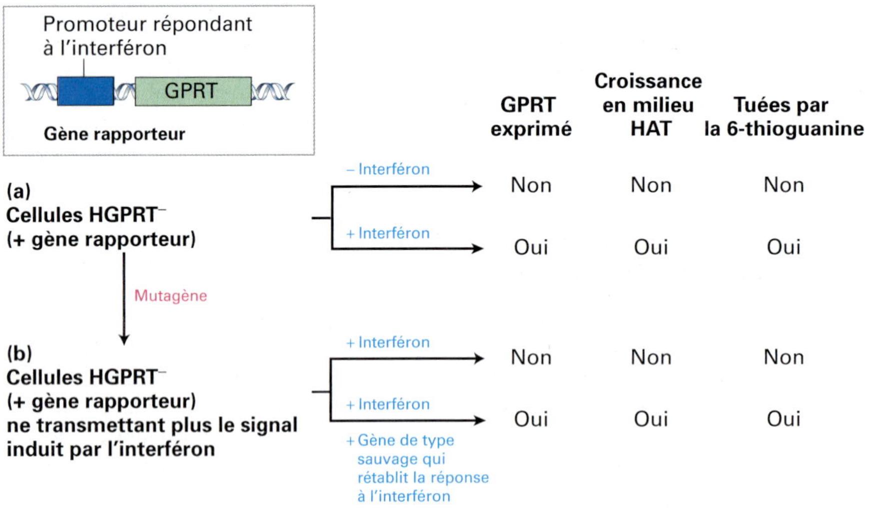

FIGURE EXPÉRIMENTALE 14-10 Le rôle essentiel joué par les protéines JAK et STAT dans la transduction du signal a été découvert par mutagenèse de cellules pourvues d'un gène rapporteur répondant à l'interféron. Un promoteur répondant à l'interféron fut inséré en amont d'un gène bactérien codant la GPRT, une enzyme clé de la voie de récupération des purines (voir Figure 6-39). (a) L'introduction de cette construction génique dans des cellules de mammifères dépourvues de l'homologue mammalien de la HGPRT a fourni des cellules qui croissaient dans le milieu HAT, mais étaient tuées par la 6-thioguanine en présence d'interféron et non en son absence. (b) Soumises à un mutagène, certaines de ces cellules étaient devenues incapables de répondre à l'interféron à cause de déficiences dans la voie de signalisation de cette cytokine et ne pouvaient donc plus incorporer la purine toxique, la 6-thioguanine. Le rétablissement de la réponse à l'interféron par complémentation fonctionnelle par des clones d'ADN de type sauvage a permis l'identification des gènes codant les JAK et les STAT. Voir le texte pour les détails. [R. McKendry *et al.*, 1991, *Proc. Nat'l. Acad. Sci. USA* **88** :11455 ; D. Watling *et al.*, 1993, *Nature* **366** :166 ; et G. Stark & A. Gudkov, 1999, *Human Mol. Genet.* **8** :1925.]

de purines dans les ribonucléotides et ensuite dans l'ADN et l'ARN. Comme le montre la Figure 14-10a, les cellules dépourvues de HGPRT porteuses du gène rapporteur répondaient à l'interféron par l'expression de GPRT et devenaient ainsi capables de croître en présence de HAT. Ce milieu ne permet pas la croissance des cellules privées de GPRT ou de HGPRT, puisque la synthèse des purines par les cellules est bloquée par l'aminoptérine (le A de HAT), la synthèse de l'ADN dépendant alors de l'incorporation des purines du milieu de culture (voir Figure 6-39). En même temps, les cellules deviennent sensibles à l'activité létale de la 6-thioguanine, un analogue des purines qui est converti par GPRT dans le ribonucléotide correspondant ; l'incorporation de cette purine dans l'ADN à la place de guanosine fait mourir la cellule.

Les cellules avec le gène rapporteur furent alors soumises à de fortes doses de mutagènes afin d'inactiver les deux allèles des gènes codant les protéines essentielles à la transduction du signal dans la voie de signalisation de l'interféron. On a recherché alors les cellules mutées qui exprimaient le récepteur de l'interféron (mis en évidence par la capacité de la cellule de lier de l'interféron radioactif) mais qui n'exprimaient pas de GPRT en réponse à l'interféron et qui dès lors résistaient à la 6-thioguanine quand les cellules étaient cultivées en présence de l'interféron (Figure 14-10b). Après avoir obtenu de nombreuses lignées mutées ne répondant pas à l'interféron, on les utilisa pour cribler une banque génomique ou d'ADNc afin de repérer les gènes de type sauvage qui corrigeaient le déficit des gènes mutés dans les cellules non répondeuses ; cette technique est appelée **complémentation fonctionnelle** (voir Figure 9-20). Dans ce cas, les cellules mutées exprimant le gène sauvage recombinant correspondant croissaient dans le milieu HAT et étaient sensibles à l'activité létale de la 6-thioguanine en présence d'interféron, c'est-à-dire qu'elles se comportaient comme des cellules du type sauvage.

Le clonage des gènes identifiés par ce procédé a conduit à l'identification de deux protéines transductrices clés : une tyrosine kinase JAK et un facteur de transcription STAT. Des investigations ultérieures ont montré qu'une (parfois deux) des quatre protéines JAK humaines et au moins une parmi plusieurs protéines STAT sont impliquées dans la signalisation en aval de tous les récepteurs de cytokines. Pour comprendre comment les protéines JAK et STAT fonctionnent, nous allons examiner une des voies de signalisation les mieux connues, celle qui intervient en aval du récepteur de l'érythropoïétine.

Les JAK kinases associées à un récepteur activent les facteurs de transcription STAT liés à un récepteur de cytokine

La kinase JAK2 est liée fermement au domaine cytosolique du récepteur de l'érythropoïétine (EpoR). Comme les trois autres membres de la famille des JAK, JAK2 comprend un domaine N-terminal liant le récepteur, un domaine C-terminal à faible activité kinasique et un domaine intermédiaire dont on ignore la fonction. JAK2, l'érythropoïétine et l'EpoR sont tous trois nécessaires à la formation des érythocytes adultes ; chez la souris, elle débute normalement au jour 12 du développement embryonnaire. Comme la Figure 14-11 le montre, les embryons de souris dont les gènes codant l'EpoR ou JAK2 sont déficients ne peuvent former des érythrocytes matures et finissent par mourir puisqu'ils sont incapables de fournir l'oxygène aux organes fœtaux.

Comme noté plus haut, l'érythropoïétine lie simultanément les domaines extracellulaires de deux EpoR monomériques à la surface de la cellule (voir Figure 14-8). Le rapprochement des JAK associées qui en résulte leur permet de se phosphoryler l'une l'autre sur une tyrosine critique dans la lèvre d'activation. Comme pour les autres kinases, la phosphorylation de la lèvre d'activation induit un changement de conformation qui réduit le K_m pour l'ATP ou le substrat à phosphoryler, amplifiant ainsi l'activité kinasique. Un argument en faveur de ce mécanisme d'activation provient de l'étude d'un mutant de JAK2 dans lequel la tyrosine critique est mutée en phénylalanine. Le JAK2 mutant lie normalement l'EpoR mais ne peut être phosphorylé. L'expression de ce JAK2 mutant

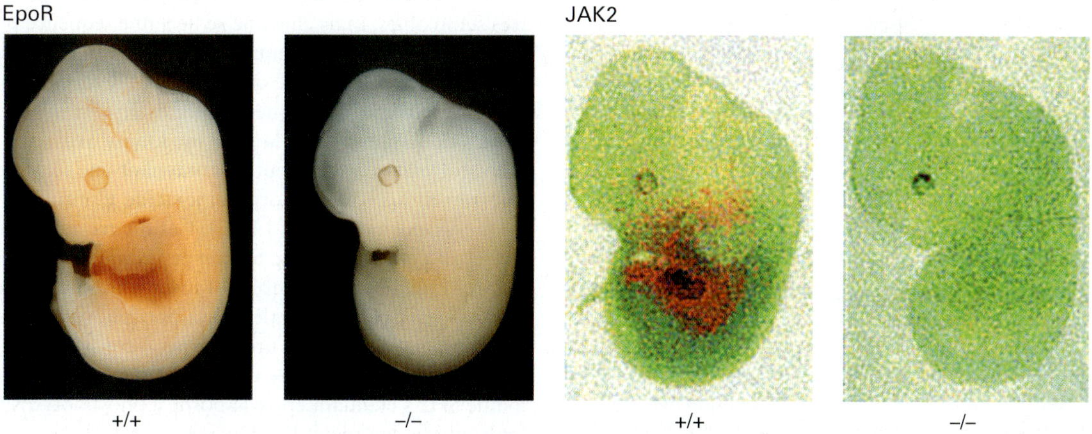

FIGURE EXPÉRIMENTALE 14-11 Des études de souris mutantes révèlent que le récepteur de l'érythropoïétine (EpoR) et JAK2 sont indispensables au développement des érythrocytes. Des embryons de souris dont les deux allèles du gène de l'EpoR ou de JAK2 ont été rendus déficients (*knocked out*) se développent normalement jusqu'au jour 13, âge auquel ils commencent à mourir d'anémie, l'absence d'érythrocytes privant les organes fœtaux d'oxygène. L'organe rouge chez les embryons de type sauvage (+/+) est le foie fœtal, site principal de production des érythrocytes à ce stade du développement. Chez les embryons mutants (-/-), le manque d'érythrocytes, et donc d'hémoglobine, se manifeste par l'absence de couleur. Par ailleurs, les embryons mutants paraissent normaux, ce qui suggère que la fonction principale d'EpoR et de JAK2 au cours du développement précoce est de stimuler la production des érythrocytes. [EpoR, clichés de H. Wu *et al.*, 1995, *Cell* **83** :59 ; JAK2, clichés de H. Neubauer *et al.*, *Cell* **93** :307.]

dans les cellules érythroïdes en quantités plus grandes que normalement bloque totalement la signalisation par l'EpoR, car le JAK2 mutant bloque la fonction de la protéine de type sauvage. Ce type de mutation, qualifiée de *négative dominante*, cause une perte de fonction même dans les cellules qui contiennent des copies du gène de type sauvage (Chapitre 9).

Une fois les JAK kinases activées, elles phosphorylent plusieurs résidus tyrosine dans le domaine cytosolique du récepteur. Certains de ces résidus de phosphotyrosine servent alors de sites de liaison pour un groupe de facteurs de transcription appelés ***STAT***. Toutes les protéines STAT contiennent un domaine SH2 N-terminal qui se fixe à la phosphotyrosine dans le domaine cytosolique du récepteur, un domaine central liant l'ADN et un domaine C-terminal doté d'un résidu tyrosine critique. Dès la fixation de STAT au récepteur, cette tyrosine est phosphorylée par une JAK kinase associée (Figure 14-12). Grâce à cet arrangement, dans une cellule particulière, seules les protéines STAT avec un domaine SH2 apte à lier un récepteur particulier seront activées. Lorsque STAT est phosphorylée, elle se détache spontanément du récepteur, et deux protéines STAT phosphorylées forment un dimère dans lequel un domaine SH2 de l'un s'attache à la phosphotyrosine de l'autre. La dimérisation rendant accessible le signal de localisation nucléaire (NLS, *nuclear-localization signal*), les dimères STAT gagnent le noyau, où ils s'attachent aux séquences **amplificatrices** (*enhancer*) spécifiques qui contrôlent les gènes cibles.

Différents STAT activent des gènes différents dans des cellules différentes. Dans les progéniteurs érythroïdes, par exemple, la stimulation par l'érythropoïétine active STAT5. La protéine principale induite par l'activité de STAT5 est Bcl-x_L, qui empêche la mort cellulaire programmée, ou **apoptose**, de ces progéniteurs, permettant ainsi leur prolifération et leur différenciation en cellules érythroïdes (voir Figure 14-7). De fait, des souris dépourvues de STAT5 sont fortement anémiques car de nombreux progéniteurs érythroïdes meurent par apoptose même en présence de taux élevés d'érythropoïétine. De telles souris produisent *quelques* érythrocytes, ce qui leur permet de survivre. En effet, le récepteur de l'érythropoïétine est connecté à d'autres voies anti-apoptotiques qui ne requièrent pas des protéines STAT (voir Figure 14-9).

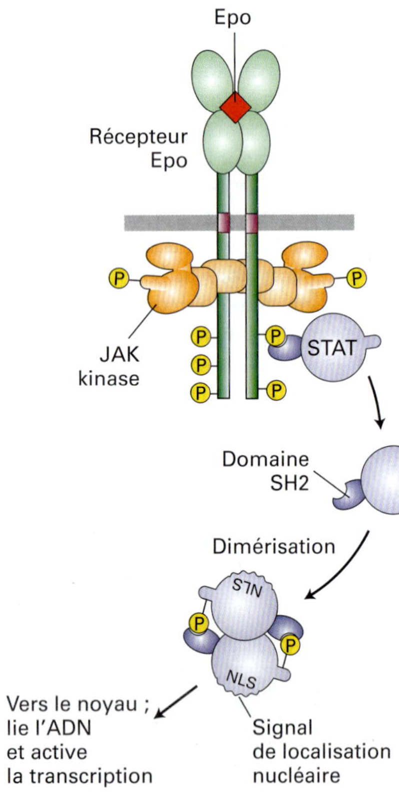

FIGURE 14-12 Voie de signalisation JAK-STAT. À la suite de la fixation du ligand à un récepteur de cytokine et l'activation d'une JAK kinase associée, celle-ci phosphoryle plusieurs résidus tyrosine dans le domaine cytosolique du récepteur (voir le dessous de la Figure 14-5). Après que le facteur de transcription STAT monomérique inactif s'est lié à la phosphotyrosine dans le récepteur, il est phosphorylé par JAK. Les STAT phosphorylés se détachent du récepteur et dimérisent spontanément. Puisque l'interaction phosphotyrosine-domaine SH2 est double dans l'homodimère STAT, alors que le complexe récepteur-STAT n'est stabilisé que par une seule de ces interactions, les STAT phosphorylés n'ont pas tendance à se fixer à nouveau au récepteur. Le dimère STAT, qui contient deux signaux de localisation nucléaire accessibles (NLS, *nuclear-localization signals*), gagne le noyau, où il peut se lier aux séquences promotrices et activer la transcription des gènes cibles.

Les domaines SH2 et PTB lient des séquences spécifiques entourant les résidus de phosphotyrosine

Comme noté plus haut, beaucoup de protéines de transduction intracellulaire du signal contiennent un domaine SH2 ou PTB par lequel elles s'attachent à un récepteur activé ou à un composant de la voie de signalisation contenant un résidu phosphotyrosine (voir Figure 14-6). Le sigle SH2 dérive de *Src homology 2 domain*. En effet, il existe une homologie entre les domaines SH2 et une région particulière de la tyrosine kinase cytosolique qui est codée par le gène *src* et qui a été prise comme prototype. Les structures tridimensionnelles des domaines SH2 dans différentes protéines sont très semblables, mais chacune se lie à une séquence peptidique distincte dans le voisinage immédiat de la phosphotyrosine. Cette séquence unique de chaque domaine SH2 détermine à quels résidus phosphotyrosine spécifiques il se fixe.

Le domaine SH2 de la tyrosine kinase Src, par exemple, s'attache fortement à tout peptide contenant une séquence critique de quatre résidus : phosphotyrosine-acide glutamique-acide glutamique-isoleucine (Figure 14-13). Ces quatre acides aminés s'accolent étroitement au site de liaison peptidique dans le domaine SH2 de Src. La liaison ressemble à l'insertion d'une « fiche » à deux bornes– les chaînes latérales de la phosphotyrosine et de l'isoleucine du peptide — dans une « prise » constituée par le domaine SH2 ; les deux glutamates intercalaires épousent la surface du domaine SH2 s'étendant entre la borne à phosphotyrosine et la borne hydrophobe qui reçoit l'isoleucine.

Par la variété de leur « prise » hydrophobe, les divers domaines SH2 de différents STAT et d'autres protéines de transduction du signal s'adaptent à des phosphotyrosines bordées de séquences différentes, ce qui explique leur spécificité particulière de liaison. Cette spécificité des domaines SH2 est déterminée largement par les résidus en position C-terminale par rapport à la phosphotyrosine dans le peptide cible. Par contre, la spécificité de liaison des

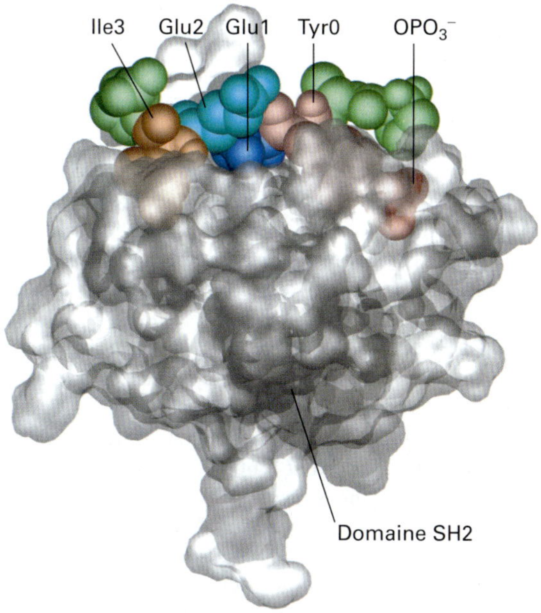

FIGURE 14-13 Modèle de surface du domaine SH2 de la Src kinase liée à un peptide contenant une phosphotyrosine. Le peptide lié par ce domaine SH2 (gris) est montré en structure compacte. Les résidus de phosphotyrosine (Tyr0 et OPO_3^-, orange) et d'isoleucine (Ile3, orange) s'insèrent dans la fiche à deux bornes à la surface du domaine SH2 ; les deux résidus glutamate (Glu1, bleu foncé ; Glu2, bleu pâle) sont liés à des sites de surface du domaine SH2 entre les deux bornes de la fiche. Les résidus du peptide cible qui ne sont pas impliqués dans l'interaction sont en vert. [Voir G. Waksman *et al.*, 1993, *Cell* **72** :779.]

domaines PTB est déterminée par cinq à huit résidus spécifiques en position N-terminale par rapport à la phosphotyrosine. Parfois, un domaine PTB lie un peptide cible même si la tyrosine n'est pas phosphorylée.

La signalisation provenant des récepteurs de cytokines est modulée par des signaux négatifs

Si un signal induit la transcription de gènes cibles durant une période trop longue, cela peut s'avérer aussi dangereux pour la cellule qu'une induction trop faible. Les cellules doivent donc être capables d'interrompre la signalisation rapidement à moins que le signal extracellulaire ne reste continuellement présent. Dans divers progéniteurs, deux classes de protéines servent à tempérer la signalisation des récepteurs de cytokines, l'une agissant de manière brève (minutes) et l'autre durant de longues périodes.

Régulation de brève durée par la phosphatase SHP1 Des souris mutantes déficientes en *phosphatase SHP1* meurent à cause d'un excès de production d'érythrocytes et de plusieurs autres types de cellules sanguines. L'analyse de ces souris mutantes suggérait pour la première fois que SHP1, une phosphotyrosine **phosphatase**, inhibait la signalisation émise par plusieurs types de récepteurs de cytokines dans différentes populations de progéniteurs hématopoïétiques.

La Figure 14-14a décrit comment SHP1 atténue les signaux émis par des cytokines. SHP1 contient, en plus de son domaine

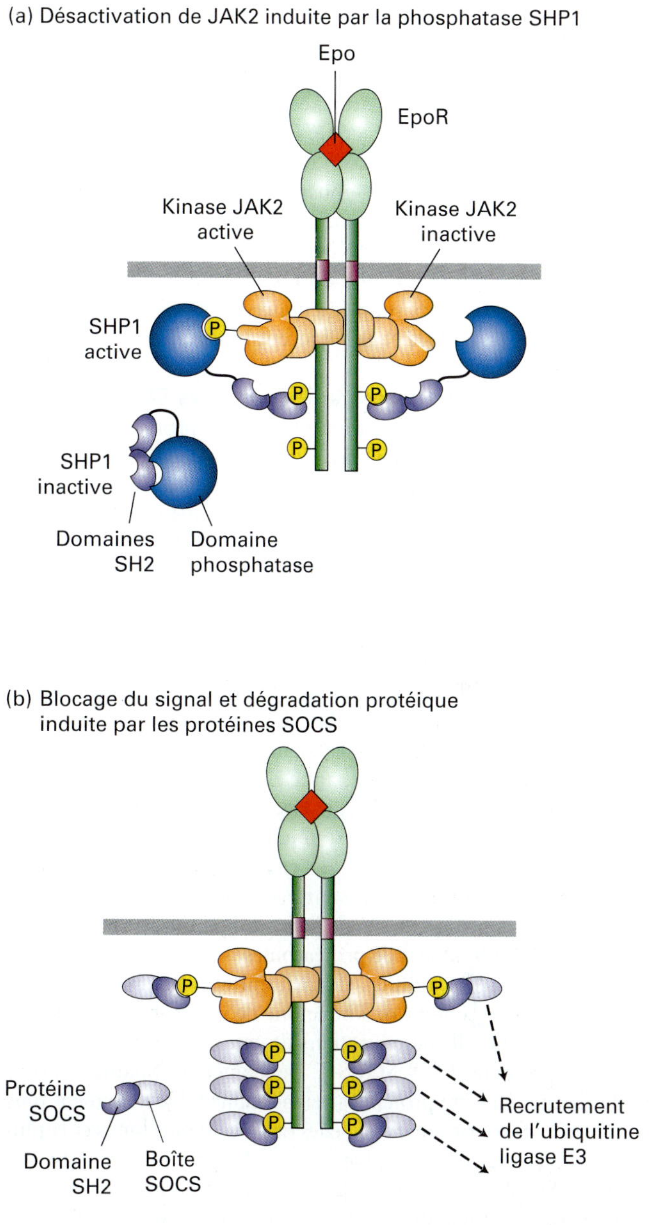

FIGURE 14-14 Deux mécanismes mettent fin à la transduction du signal provenant du récepteur de l'érythropoïétine (EpoR). (a) SHP1, une tyrosine phosphatase, est présente sous forme inactive dans des cellules non stimulées. La liaison d'un domaine SH2 de SHP1 à une phosphotyrosine particulière dans le récepteur activé démasque son site catalytique de phosphatase et le rapproche de la tyrosine phosphorylée dans la lèvre de JAK2. La perte du phosphate de cette tyrosine inactive la kinase JAK. (b) Les protéines SOCS, dont l'expression est induite dans les cellules érythroïdes stimulées par l'érythropoïétine, inhibent ou interrompent de manière permanente la signalisation durant de longues périodes. La liaison des SOCS aux résidus de phosphotyrosine de l'EpoR ou de JAK2 bloque la fixation d'autres protéines de signalisation (*à gauche*). La boîte SOCS peut aussi diriger des protéines comme JAK2 vers la voie catabolique ubiquitine-protéasome (*à droite*). Des mécanismes semblables régulent la signalisation provenant d'autres récepteurs de cytokines. [Partie (a) adaptée de S. Constantinescu *et al.*, 1999, *Trends Endocrin. Metabol.* **10** :18 ; partie (b) adaptée de B. T. Kile & W. S. Alexander, 2001, *Cell. Mol. Life Sci.* **58** :1.]

phosphatase, deux domaines SH2. Quand les cellules sont au repos, c.-à-d. non stimulées par une cytokine, un site SH2 se lie au site catalytique de SHP1 et l'inhibe. Dans l'état stimulé, cependant, de domaine SH2 bloquant s'attache à un résidu phosphotyrosine spécifique dans le récepteur activé. Le changement de conformation qui accompagne cette liaison démasque le site catalytique de SHP1 et l'attire près du résidu phosphotyrosine dans la lèvre d'activation de la protéine JAK associée au récepteur. En enlevant ce phosphate, SHP1 inactive JAK, qui devient ainsi incapable de phosphoryler le récepteur ou d'autres substances (e.g. STAT), à moins que des molécules supplémentaires de cytokines ne se lient aux récepteurs de surface et ne relancent la signalisation.

Régulation de longue durée par les protéines SOCS Parmi les gènes dont la transcription est induite par des protéines STAT, on trouve ceux qui codent une classe de petites protéines, appelées *protéines SOCS*, qui mettent fin à la signalisation provenant des récepteurs de cytokines. Ces inhibiteurs, connus aussi sous le nom de *protéines CIS*, agissent de deux façons (Figure 14-4b). Premièrement, le domaine SH2 dans plusieurs protéines SOCS s'attache aux phosphotyrosines d'un récepteur activé. Dès lors, les autres protéines de signalisation contenant un domaine SH2 (e.g. STAT) ne peuvent plus se lier, ce qui interrompt le transfert du signal. Une protéine SOCS, SOCS-1, se lie aussi à la phosphotyrosine critique dans la lèvre d'activation de la JAK2 kinase activée, inhibant de la sorte son activité catalytique. Deuxièmement, toutes les protéines SOCS contiennent un domaine, appelé la *boîte SOCS*, qui recrute une des ubiquitine ligases E3 (voir Figure 3-13). Du fait de sa liaison à SOCS-1, JAK2 se couvre d'ubiquitine et est ainsi livrée aux **protéasomes,** qui la dégradent. Il s'ensuit un blocage permanent de la voie de signalisation passant par JAK2. Ce mécanisme est confirmé par la prolongation de la transduction du signal JAK2 causée par des inhibiteurs de protéasomes.

En étudiant des cellules de mammifères en culture, on a constaté que le récepteur de l'hormone de croissance, qui appartient à la superfamille des récepteurs de cytokines, est contrôlé par une autre protéine SOCS, SOCS-2. De manière frappante, les souris déficientes en cette protéine atteignent une taille nettement plus grande que les souris normales ; elles ont des os plus longs et la plupart de leurs organes sont proportionnellement plus grands. Les protéines SOCS jouent donc un rôle essentiel dans l'inhibition de la signalisation intracellulaire partant des récepteurs de l'érythropoïétine, de l'hormone de croissance et d'autres cytokines.

Si à la suite d'une mutation, le récepteur de l'érythropoïétine n'est plus contrôlé, l'hématocrite augmente

Chez les adultes normaux, hommes ou femmes, le pourcentage d'érythrocytes dans le sang (*hématocrite*) se situe entre 45 et 47 %. Une chute de l'hématocrite entraîne une production accrue d'érythropoïétine par les reins avec, en conséquence, une accélération de la prolifération et de la différenciation des progéniteurs érytroïdes en érythrocytes matures, ce qui ramène rapidement l'hématocrite à une valeur normale. Dans les sports d'endurance, comme le ski de fond, durant lesquels les muscles peuvent manquer d'oxygène, un excès de globules rouges peut avantager les compétiteurs. Pour cette raison, dans beaucoup de compétitions sportives, le recours à l'érythropoïétine, qui est produite par génie génétique et disponible dans le commerce, est interdit ; les athlètes sont soumis régulièrement à des tests de détection de l'érythropoïétine dans le sang et l'urine.

MÉDECINE En compétition sportive, l'administration d'érythropoïétine confère un avantage, mais n'est pas sans danger. Un excès de globules rouges peut rendre le sang trop visqueux et déclencher sa coagulation dans les petits vaisseaux, en particulier dans le cerveau. Plusieurs athlètes qui s'étaient dopés à l'érythropoïétine sont morts à la suite d'une thrombose cérébrale survenue en cours d'effort.

La découverte d'un récepteur (EpoR) de l'érythropoïétine qui, à la suite d'une mutation, échappait à la régulation a permis d'expliquer un cas suspect. Au cours d'épreuves olympiques de ski de fond, un athlète qui avait gagné trois médailles d'or s'était révélé avoir un hématocrite supérieur à 60 %. Les taux d'érythropoïétine dans le sang et l'urine, cependant, s'étaient révélés inférieurs à la norme. L'analyse subséquente de l'ADN a montré que l'intéressé était hétérozygote pour une mutation dans le gène codant le récepteur de l'érythropoïétine. L'allèle muté codait un récepteur tronqué, dépourvu de plusieurs des tyrosines qui sont normalement phosphorylées après stimulation par l'érythropoïétine. En conséquence, le récepteur muté était capable d'activer normalement STAT5 et d'autres protéines de signalisation, mais était incapable de lier la phosphatase SHP1, qui habituellement met fin à la signalisation (voir Figure 14-4a). Ainsi, malgré son taux très bas, l'érythropoïétine produite par ce sportif induisait une signalisation intracellulaire prolongée dans ses progéniteurs érythroïdes avec en conséquence la production d'un nombre d'érythrocytes supérieur à la normale. Cet exemple illustre bien combien, dans le corps humain, le contrôle exercé sur la signalisation provenant du récepteur de l'érythropoïétine est précis. ▮

CONCEPTS CLÉS DE LA SECTION 14.2

Récepteurs de cytokines et voie JAK-STAT

- Deux classes de récepteurs, les récepteurs de cytokines et les récepteurs à activité de tyrosine kinase, transmettent des signaux grâce à leur activité de tyrosine kinase intrinsèque ou à leur interaction avec une enzyme exerçant cette fonction. Le ligand active les récepteurs en provoquant leur dimérisation et la phosphorylation de la lèvre d'activation dans les kinases, ce qui amplifie leur activité catalytique (voir Figure 14-5).

- Toutes les cytokines comprennent quatre hélices α qui en se repliant se disposent de manière caractéristique.

- L'érythropoïétine, une cytokine sécrétée par les cellules rénales, prévient l'apoptose et fait proliférer et se différencier les progéniteurs érytroïdes dans la moelle osseuse. Un excès d'érythropoïétine ou des mutations de son récepteur qui le rendent insensible à la régulation aboutissent à une production accrue de globules rouges.

- Tous les récepteurs de cytokines sont associés étroitement à une tyrosine kinase JAK, qui peut activer en aval plusieurs voies de signalisation menant à des changements dans la transcription de gènes cibles ou dans l'activité de protéines non impliquées dans la régulation de la transcription (voir Figure 14-9).

- La voie JAK-STAT opère en aval de tous les récepteurs de cytokines. Les monomères de STAT liés aux récepteurs sont phosphorylés par les JAK associés aux récepteurs, ce qui cause leur dimérisation et leur transfert dans le noyau, où ils activent la transcription (voir Figure 14-12).
- De courtes séquences peptidiques contenant des résidus de phosphotyrosine sont liées par des domaines SH2 ou PTB, que l'on trouve dans de nombreuses protéines transductrices du signal. De telles interactions protéine-protéine sont importantes dans beaucoup de voies de signalisation.
- La phosphotyrosine phosphatase SHP1 et plusieurs protéines SOCS mettent fin à la signalisation provenant des récepteurs de cytokines (voir Figure 14-14).

14.3 Récepteurs à activité de tyrosine kinase et activation de Ras

Nous revenons maintenant aux récepteurs à activité de tyrosine kinase (RTK pour *receptor tyrosine kinase*), dont le domaine cytosolique exerce une activité de tyrosine kinase. Les ligands des RTK sont des peptides ou des protéines solubles ou liées à une membrane comprenant, entre autres, le NGF (*nerve growth factor*), le PDGF (*platelet-derived growth factor*), le FGF (*fibroblast growth factor*), l'EGF (*epidermal growth factor*) et l'insuline. L'activation d'un RTK induite par un ligand stimule son activité de tyrosine kinase, qui déclenche ensuite la *voie de la Ras-MAP kinase* et plusieurs autres voies de signalisation. Les signaux provenant des RTK peuvent avoir des effets variés sur la cellule : régulation de sa prolifération et de sa différenciation, promotion de sa survie et modulation de son métabolisme.

MÉDECINE

Quelques RTK ont été identifiés au cours d'études de cancers humains associés à des formes mutantes de récepteurs de facteurs de croissance. Ces récepteurs actifs de manière constitutive envoient un signal de prolifération aux cellules même si le ligand est absent. Par exemple, une forme mutante de Her2, un récepteur pour des protéines du type EGF, permet aux cellules cancéreuses de proliférer de manière incontrôlée sans la présence du ligand requis pour la prolifération des cellules saines (voir Figure 23-14). Par ailleurs, la production accrue du récepteur normal de l'EGF dans certains cancers mammaires humains aboutit à une prolifération dépendant de taux faibles d'EGF qui sont insuffisants pour stimuler des cellules normales ; chez ces patients, un traitement à base d'anticorps monoclonaux dirigés contre le récepteur de l'EGF s'est révélé efficace. D'autres RTK ont été découverts lors de l'analyse de mutations affectant la différenciation de certains types cellulaires chez *C. elegans*, la drosophile et la souris. ▮

Nous allons voir ici comment les RTK sont activés par leurs ligands et comment, après leur activation, ils transmettent le signal à la **protéine Ras**, la protéine commutatrice dont l'activité de GTPase intervient dans la transduction du signal provenant de nombreux RTK différents. Le parcours du signal en aval de Ras vers une cascade commune de sérine/thréonine kinases, qui aboutit finalement à l'activation de la MAP kinase et de certains facteurs de transcription, est décrit dans la section suivante.

La fixation du ligand mène à la transphosphorylation des récepteurs à activité de tyrosine kinase

Tous les RTK comprennent un domaine extracellulaire contenant un site de fixation au ligand, une seule hélice α hydrophobe transmembranaire et un domaine cytosolique doté d'une région exerçant une activité de tyrosine kinase. La plupart des RTK sont monomériques, et la réaction du domaine extracellulaire avec le ligand induit la dimérisation du récepteur, comme le montre la Figure 14-4 pour le récepteur de l'EGF. Certains ligands monomériques, y compris le FGF, se lient fermement à l'héparane sulfate, un polysaccharide chargé négativement de la matrice extracellulaire (Chapitre 6). Cette association renforce l'interaction du ligand avec le récepteur monomérique et la formation du complexe ligand-récepteur dimérique (Figure 14-15). Les ligands de certains RTK étant dimériques, peuvent dimériser directement les récepteurs monomériques, alors que d'autres RTK, comme le récepteur de l'insuline, sont, en absence d'hormone, des dimères unis par des ponts disulfure ; ce type de RTK est activé par un changement de conformation induit par l'interaction avec le ligand.

Quelles que soient les modalités de la fixation du ligand, de la dimérisation du récepteur et de son activation, l'étape suivante est commune à tous les RTK. À l'état de repos, c.-à-d. en absence de stimulation, l'activité kinasique intrinsèque d'un RTK est très faible. Dans le récepteur dimérique, cependant, la kinase d'une sous-unité peut phosphoryler un résidu tyrosine ou plusieurs dans la lèvre d'activation près du site catalytique de l'autre sous-unité. Ceci mène à un changement de conformation qui facilite la fixation d'ATP dans certains récepteurs (e.g. le récepteur de l'insuline) et la fixation de substrats protéiques pour d'autres récepteurs (e.g. le récepteur du FGF). L'amplification de l'activité kinasique aboutit à la phosphorylation d'autres sites dans le domaine cytosolique du récepteur. Cette stimulation de l'activité kinasique des RTK induite par la fixation du ligand est analogue à l'activation des kinases JAK associées aux récepteurs des cytokines (voir Figure 14-5). La différence réside dans la localisation du site d'activité kinasique, qui est dans le domaine cytosolique des RTK, mais dans une kinase JAK séparée pour les récepteurs de cytokines.

Comme dans la signalisation par les récepteurs de cytokines, les résidus de phosphotyrosine dans les RTK activés servent de sites d'ancrage pour les protéines impliquées dans la transduction du signal en aval. Beaucoup de résidus phosphotyrosine dans les RTK activés interagissent avec des *protéines adaptatrices*, des petites protéines qui contiennent des domaines SH2, PTB ou SH3 mais qui sont dépourvues d'activité enzymatique intrinsèque ou de signalisation (voir Figure 14-6). Ces protéines connectent les RTK activés à d'autres composants des voies de transduction comme celle qui conduit à l'activation de Ras.

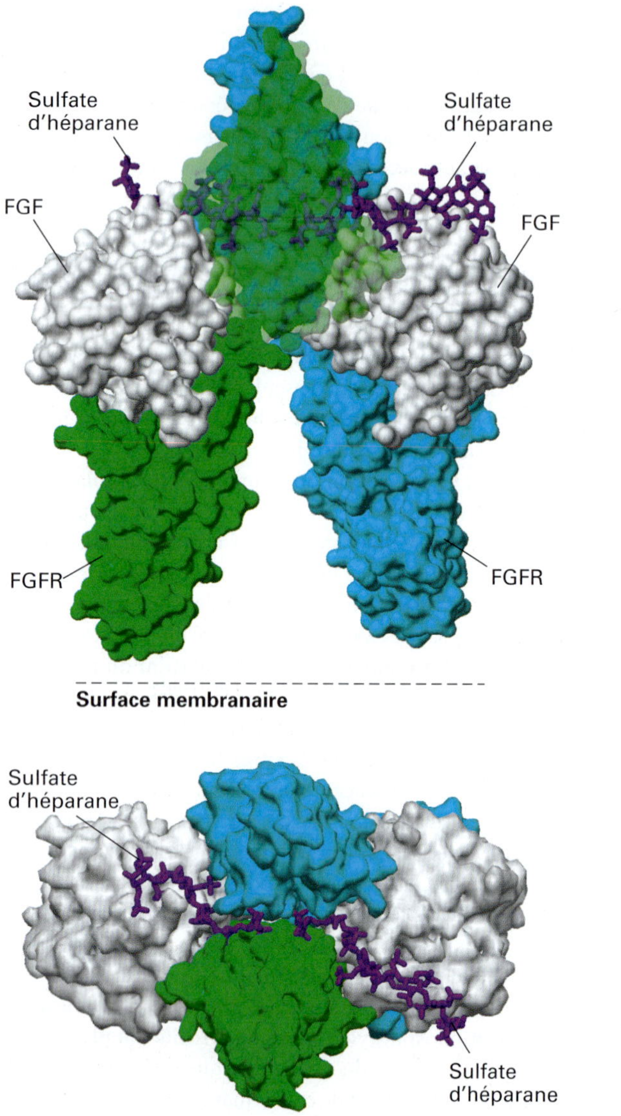

FIGURE 14-15 Structure dimérique du récepteur du FGF (*fibroblast growth factor*) couplé à son ligand, le sulfate d'héparane, qui stabilise le complexe. Vues latérale et plongeante du complexe comprenant les domaines extracellulaires de deux récepteurs monomériques (vert et bleu) du FGF (FGFR), deux molécules de FGF (blanc) et deux courtes chaînes de sulfate d'héparane (violet), attachées fermement au FGF. Dans la vue latérale, le domaine supérieur d'un récepteur (bleu) est masqué par l'autre (vert). La vue plongeante montre les chaînes de sulfate d'héparane qui se faufilent entre les domaines supérieurs des deux récepteurs monomériques tout en établissant de nombreux contacts avec eux. Ces interactions facilitent l'interaction du ligand avec son récepteur et la formation des dimères. [Adapté de J. Schlessinger *et al.*, 2000, *Mol. Cell* **6** :743.]

Ras, une protéine commutatrice à activité de GTPase, oscille entre états actif et inactif

Ras est une protéine monomérique de commutation liant le GTP qui, à l'instar des sous-unités G_α dans les protéines G trimériques, passe de l'état actif à l'état inactif selon qu'elle contient du GTP ou du GDP. Comme nous l'avons vu dans le Chapitre 13, les protéines G trimériques sont connectées directement aux récepteurs de surface et transmettent des signaux, via la sous-unité G_α, à divers effecteurs comme l'adénylate cyclase. Par contre, Ras n'est pas lié directement à des récepteurs membranaires.

L'activation de Ras est accélérée par *GEF* (*guanine nucleotide-exchange factor*), qui se lie au complexe Ras·GDP et libère le GDP (voir Figure 3-29). Puisque le GTP est présent dans des cellules à une concentration plus élevée que le GDP, le GTP se lie spontanément aux molécules Ras « vides », avec libération de GEF et formation de Ras·GTP actif. L'hydrolyse ultérieure du GTP lié en GDP désactive Ras. Contrairement à la désactivation de G_α·GTP, celle de Ras·GTP requiert l'assistance d'une autre protéine, *GAP (GTPase-activating protein)* qui lie Ras·GTP et accélère de plus de cent fois son activité de GTPase intrinsèque. En effet, la durée de vie moyenne du GTP lié à Ras est d'environ 1 minute, ce qui est beaucoup plus long que la durée de vie moyenne de G_α·GTP. Dans les cellules, GAP se lie à des phosphotyrosines spécifiques dans des RTK activés, ce qui l'amène suffisamment près de Ras·GTP lié à la membrane pour accélérer l'hydrolyse du GTP, qui est catalysée par des acides aminés de Ras et de GAP. En particulier, l'insertion de la chaîne latérale d'une arginine de GAP dans le site actif de Ras stabilise une forme intermédiaire dans la réaction d'hydrolyse.

Les différences dans l'alternance d'activité et d'inactivité de Ras et G_α se reflètent dans leur structure. Ras (≈170 acides aminés) est plus petite que les protéines G_α (≈300 acides aminés), mais sa structure tridimensionnelle est semblable à celle d'un domaine GTPasique de G_α (voir Figure 13-8). Des études biochimiques récentes montrent que G_α contient un autre domaine qui, à l'instar de GAP, accélère l'hydrolyse du GTP par G_α. De plus, l'interaction directe entre un récepteur activé et la protéine G inactive favorise la libération de GDP et ainsi la liaison au GTP, si bien qu'un facteur facilitant l'échange des nucléotides n'est pas nécessaire.

Comme les protéines G trimériques, Ras appartient à la **superfamille des GTPases**, qui comprend l'ensemble des protéines commutatrices intracellulaires liant le GTP ; nous les avons introduites dans le Chapitre 3. Les nombreuses similitudes entre la structure et la fonction de Ras et de G_α et leur détection dans toutes les cellules eucaryotes indiquent qu'un seul type de GTPase transductrice de signaux est apparu très tôt au cours de l'évolution. En fait, leur structure ressemble à celle des facteurs liant le GTP qui sont impliqués dans la synthèse des protéines et que l'on trouve dans toutes les cellules des procaryotes et des eucaryotes. Le gène codant la protéine ancestrale s'est ensuite dupliqué et a évolué pour aboutir à la présence chez l'homme de la superfamille de GTPases, qui comprend peut-être une centaine de protéines commutatrices intracellulaires différentes. Ces protéines contrôlent de nombreuses phases de la croissance et du métabolisme cellulaires.

MÉDECINE

Les protéines Ras de mammifères ont été étudiées en grand détail parce que des mutations de certaines d'entre elles sont associées à de nombreux types de cancers humains. Ces protéines mutantes, qui lient le GTP, mais ne peuvent l'hydrolyser, restent en permanence sous forme active et contribuent à la **transformation** néoplasique (Chapitre 23). On se demandait pourquoi, dans la majorité des protéines Ras spontanément actives et oncogéniques (Ras^D), la mutation touchait le résidu 12. La structure tridimensionnelle du complexe Ras-GAP a fourni l'explication. Le remplacement de la glycine 12 normale par tout autre acide aminé (sauf la proline) empêche la liaison à GAP, ce qui maintient le complexe Ras·GTP sous forme active. ▮

Une protéine adaptatrice et GEF (*guanine nucleotide-exchange factor*) connectent Ras à la plupart des récepteurs à activité de tyrosine kinase

On s'est rendu compte que Ras intervenait en aval des RTK dans une voie de signalisation commune au cours d'expériences dans lesquelles la prolifération de fibroblastes en culture était induite par un mélange de PDGF et d'EGF. La micro-injection d'anticorps anti-Ras dans ces cellules bloquait leur prolifération. Inversement, l'injection de Ras^D, un mutant qui n'hydrolyse le GTP que de manière très peu efficace et reste donc actif, favorisait la prolifération cellulaire en absence de facteurs de croissance. On comprend ainsi pourquoi l'addition de FGF à des fibroblastes entraîne une augmentation rapide de la proportion de la forme active de Ras c.-à-d. couplée au GTP.

Comment la fixation d'un facteur de croissance (e.g. l'EGF) à un RTK (e.g. le récepteur d'EGF) mène-t-elle à l'activation de Ras ? Ce sont deux protéines cytosoliques, GRB2 et Sos, qui assurent la connexion (Figure 14-16). Un domaine SH2 dans GRB2 lie un résidu phosphotyrosine spécifique dans le récepteur activé. GRB2 contient aussi deux *domaines SH3*, qui lient et activent Sos. GRB2 agit donc comme protéine adaptatrice pour le récepteur de l'EGF. Sos agit en tant que GEF (*guanine nucleotide-exchange factor*) en catalysant la conversion de Ras inactif (lié à GDP) en Ras actif (lié à GTP). Ce sont des analyses génétiques de mutants chez le ver *C. elegans* et la mouche drosophile bloqués à des stades particuliers de différenciation qui ont permis l'identification de ces deux protéines connectant un RTK à Ras. Pour illustrer l'intérêt de cette approche expérimentale, nous allons examiner le développement d'un type particulier de cellules dans l'œil composé de la drosophile.

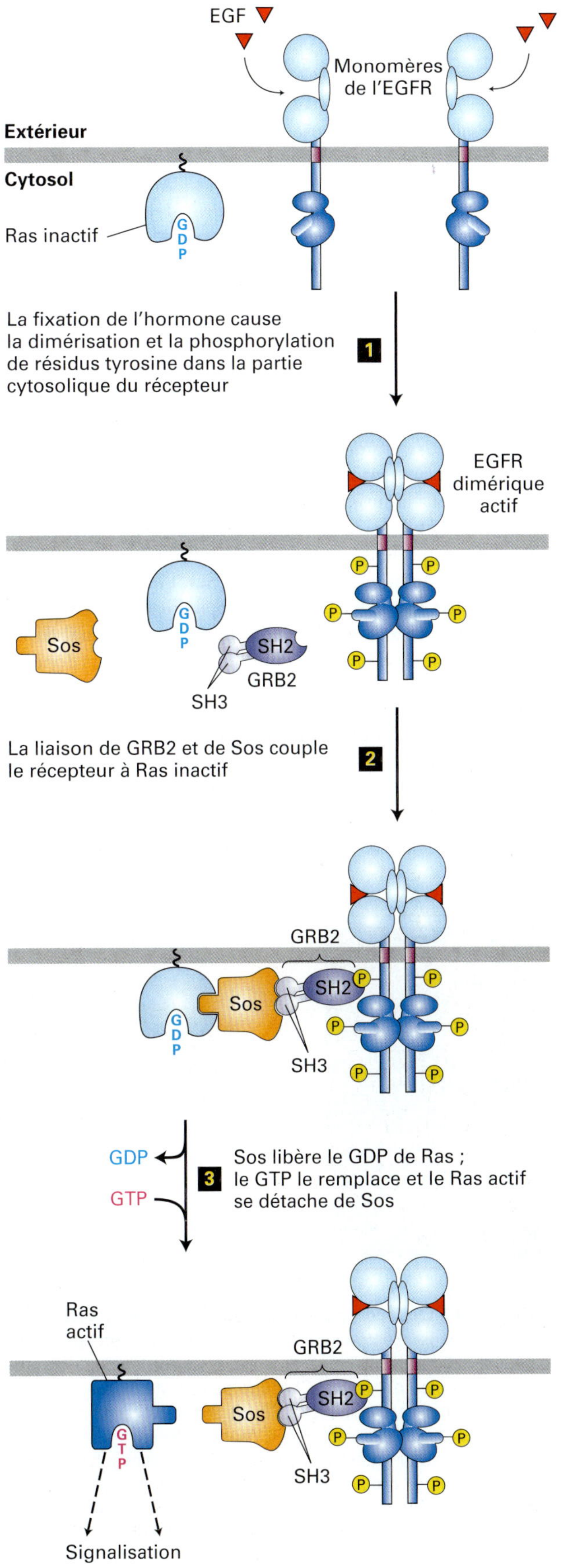

FIGURE 14-16 Activation de Ras par fixation d'un ligand à des récepteurs à activité de tyrosine kinase (RTK). Les récepteurs de l'EGF (*epidermal growth factor*) et de beaucoup d'autres facteurs de croissance sont des RTK. La protéine adaptatrice cytosolique GRB2 se lie à une phosphotyrosine spécifique sur un récepteur activé par son ligand ainsi qu'à la protéine Sos cytosolique, la rapprochant ainsi de son substrat, le Ras·GDP inactif. L'activité de Sos comme facteur GEF (*guanine nucleotide-exchange factor*) facilite la formation de Ras·GTP actif. Notez que Ras est ancré à la membrane par un groupe farnésyl hydrophobe (voir Figure 5-15) [Voir J. Schlessinger, 2000, *Cell* **103** :211 et M. A. Simon, 2000, *Cell* **103** :13.]

Des études génétiques chez la drosophile ont conduit à la découverte de protéines qui jouent un rôle clé dans la transduction de signaux en aval de récepteurs à activité de tyrosine kinase

L'œil de la mouche est composé de 800 yeux distincts appelés *ommatidies* (Figure 14-17a). Chacun d'eux est fait de 22 cellules, dont huit sont des neurones photosensibles, les *rétinules* ou cellules R désignées R1, R2, etc. jusqu'à R8 (Figure 14-17b). Un RTK appelé *Sevenless (Sev)* régule spécifiquement le développement de la cellule R7 et ne sert à aucune autre fonction connue. Chez les mouches dont le gène *sevenless (sev)* est muté, la cellule R7 ne se forme dans aucune ommatidie (Figure 14-17c). Puisque ce photorécepteur permet à la mouche de voir dans l'ultraviolet, les mutants qui en sont dépourvus, bien que toutes leurs autres fonctions soient normales, sont facilement identifiés.

Au cours du développement de chaque ommatidie, une protéine appelée *Boss (Bride of Sevenless)* est exprimée à la surface de la cellule R8. Cette protéine attachée à la membrane est le ligand pour le RTK Sev à la surface du précurseur du neurone R7 adjacent et lui sert de signal de différenciation en un photorécepteur (Figure 14-18a). Chez les mouches mutantes qui n'expriment pas de protéine Boss fonctionnelle ou de RTK Sev, l'interaction n'ayant pas lieu, aucune cellule R7 ne se développe (Figure 14-18b).

Pour identifier les protéines transductrices du signal dans la voie du RTK Sev, les chercheurs ont produit des variants dont l'expression de Sev dépendait de la température. Quand ces mouches étaient maintenues à une température dite permissive, toutes leurs ommatidies contenaient la cellule R7, alors qu'à température non permissive aucune cellule R7 ne se développait. À température intermédiaire, cependant, il restait juste assez de RTK Sev fonctionnel pour assurer une différenciation normale de R7. Les chercheurs ont alors pensé qu'à cette température intermédiaire la voie de signalisation deviendrait déficiente (aucune R7 dès lors ne se développerait) si le taux d'une *autre* protéine impliquée dans la voie était abaissé et si, de la sorte, l'activité de l'ensemble de la voie tombait en dessous du seuil requis pour la formation d'une cellule R7. Une mutation récessive d'une telle protéine aurait cet effet puisque, dans les organismes diploïdes comme la drosophile, un hétérozygote possédant un allèle de type sauvage et un allèle mutant produit la moitié de la quantité normale du produit génique ; donc, même si une telle mutation récessive touche un gène essentiel, l'organisme reste viable. Cependant, une mouche touchée par une mutation sensible à la température du gène *sev* et d'une seconde mutation affectant une autre protéine de la voie de signalisation devrait, à température intermédiaire, être dépourvue de cellules R7.

Grâce à ce mode de sélection, les chercheurs ont identifié les gènes codant trois protéines importantes dans la voie Sev (voir Figure 14-16) : une protéine adaptatrice avec SH2 et 64 % d'homologie avec la protéine humaine GRB2 ; un facteur GEF (*guanine nucleotide-exchange factor*) appelé *Sos* (Son of Sevenless) dont l'homologie avec la protéine correspondante de la souris est de 45 % ; une protéine Ras homologue de celle des mammifères à raison de 80 %. On a constaté ensuite que ces trois protéines intervenaient dans d'autres voies de signalisation dépendant de différents RTK et utilisées à divers moments et sites chez la mouche en développement.

Plus tard, les chercheurs ont introduit un gène ras^{D} mutant dans des embryons de mouche porteurs de la mutation *sevenless*. Rappelons que le gène ras^{D} code une protéine qui forme un com-

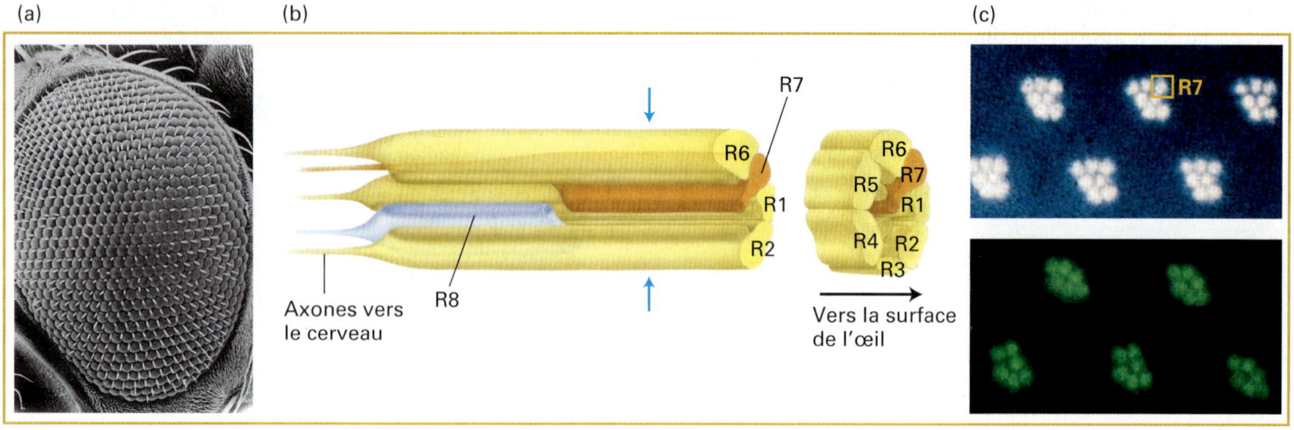

FIGURE 14-17 L'œil composé de *Drosophila melanogaster*. (a) Cliché de microscopie électronique à balayage montrant les ommatidies qui composent l'œil de la mouche drosophile. (b) Vue longitudinale et en coupe d'une seule ommatidie. Chacune de ces structures tubulaires contient huit photorécepteurs, R1 à R8, qui sont de longues cellules cylindriques sensibles à la lumière. R1-R6 (jaune) s'étirent à travers l'épaisseur de la rétine, tandis que R7 (brun) est situé du côté de la surface de l'œil et R8 (bleu) du côté arrière, à la sortie des axones. (c) Comparaison des yeux de mouches de type sauvage et de mouches atteintes de la mutation *sevenless* examinés par une technique spéciale capable de distinguer les photorécepteurs dans une ommatidie. Le plan de section est indiqué par des flèches bleues en (b) ; la cellule R8 est située hors du plan de ces images. Les sept photorécepteurs dans ce plan sont facilement visibles dans l'ommatidie de type sauvage *(en haut)*, tandis que six seulement sont visibles dans l'ommatidie mutante *(en bas)*. Les yeux des mouches avec la mutation *sevenless* sont dépourvus de cellules R7. [Partie (a) de E. Hafen & K. Basler, 1991, *Development* **1** (suppl.) :123 ; partie (b) adapté de R. Reinke & S. L. Zipursky, 1988, *Cell* **55** :321 ; partie (c) document de U. Banerjee.]

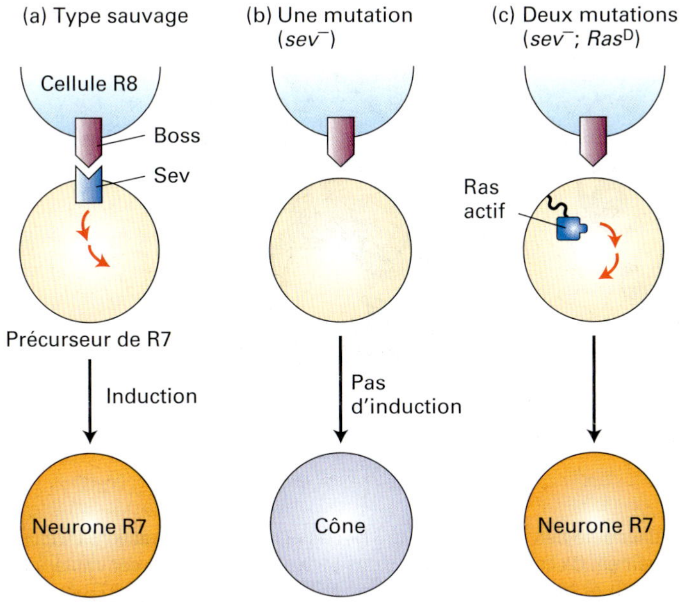

FIGURE EXPÉRIMENTALE 14-18 Des études génétiques révèlent que l'activation de Ras induit le développement des photo-récepteurs R7 dans l'œil de la drosophile. (a) Au cours du développement larvaire de mouches de type sauvage, la cellule R8 dans chaque ommatidie exprime une protéine de surface, appelée *Boss*, qui se lie au RTK Sev à la surface du précurseur de la cellule R7. Cette interaction entre cellules voisines induit des changements dans l'expression génique qui aboutissent à la différenciation d'un précurseur en un neurone fonctionnel R7. (b) Dans les embryons de mouche atteints d'une mutation du gène *sevenless (sev)*, les précurseurs de R7 ne peuvent se lier à Boss et ne se différencient donc pas en cellules R7. Le précurseur s'engage dans une autre voie de développement et finit par devenir un cône. (c) Les larves doublement mutantes *(sev⁻* ; Ras*^D)* expriment un Ras actif de manière constitutive dans le précurseur de R7, qui induit la différenciation du précurseur de R7 en absence de signal venant de Boss. Cette observation montre que Ras activé suffit pour induire la formation d'une cellule R7. [Voir M. A. Simon *et al.*, 1991, *Cell* **67** :701, et M. E. Fortini *et al.*, 1992, *Nature* **355** :559.]

plexe permanent avec le GTP et qui reste donc active même en absence de signal hormonal. Bien qu'aucun RTK Sev fonctionnel ne soit exprimé chez ces doubles mutants (sev⁻ ; *ras*^D), les cellules R7 se forment normalement, ce qui montre que l'activation de Ras suffit à l'induction du développement de ces photorécepteurs (Figure 14-18c). Cette observation, en accord avec les expériences sur les fibroblastes en culture décrites plus haut, confirme que l'activation de Ras est une étape essentielle dans la transmission des signaux venant de la plupart des RTK, si pas de tous.

En se liant à une protéine Sos, Ras subit un changement de conformation qui l'active

En plus d'un domaine SH2, qui lie les résidus de phosphotyrosine dans les RTK, la protéine adaptatrice GRB2 contient deux domaines SH3, qui s'attachent à Sos, un facteur d'échange du nucléotide guanine (GEF). Comme les domaines SH2 et PTB, qui se fixent aux phosphotyrosines, les domaines SH3 sont présents dans un grand nombre de protéines impliquées dans la signalisation intracellulaire. Bien que les domaines SH3 se ressemblent par leur structure tridimensionnelle, ils diffèrent par leur séquence spécifique en acides aminés. Les domaines SH3 de GRB2 s'attachent à des séquences spécifiques de Sos qui sont riches en proline, alors que des domaines SH3 d'autres protéines interagissent avec des séquences également riches en proline mais distinctes de celles de Sos.

Dans l'interaction d'un SH3 d'une protéine adaptatrice (e.g. GRB2) avec une séquence riche en proline d'une autre protéine (e.g. Sos), les résidus de proline jouent deux rôles : ils étirent la conformation, ce qui facilitent les contacts avec le domaine SH3 et donc l'interaction ; de plus, certaines de ces prolines s'insèrent dans des « poches » de liaison à la surface du domaine SH3 (Figure 14-19). Plusieurs résidus autres que la proline interagissent également avec le domaine SH3 et déterminent la spécificité de la liaison. Ainsi, la liaison des protéines à des domaines SH3 ou SH2 repose sur un même principe : certains résidus créent le motif structurel général nécessaire à la fixation, et des résidus voisins confèrent la spécificité de la liaison.

À la suite de l'activation d'un RTK (e.g. Sevenless ou le récepteur de l'EGF), un complexe contenant le récepteur activé, GRB2 et Sos se forme à la face cytosolique de la membrane plasmique (voir Figure 14-16). La formation de ce complexe dépend de la capacité de GRB2 de se lier simultanément au récepteur et à Sos. L'activation du récepteur contribue donc au déplacement de Sos du cytosol vers la membrane, rapprochant ainsi la protéine de son substrat, le complexe Ras·GDP lié à la membrane. Des études

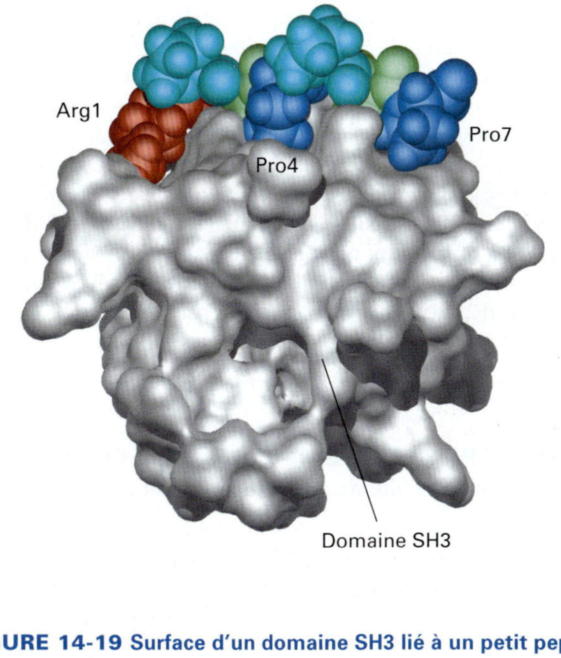

FIGURE 14-19 Surface d'un domaine SH3 lié à un petit peptide riche en proline. Dans le peptide cible, représenté sous forme compacte, deux prolines (Pro4 et Pro7, bleu foncé) s'insèrent dans deux poches de liaison à la surface du domaine SH3. Les interactions qui impliquent une arginine (Arg1, rouge), deux autres prolines (bleu clair) et d'autres résidus dans le peptide cible (vert) déterminent la spécificité de la liaison. [D'après H. Yu *et al.*, 1994, *Cell* **76** :933.]

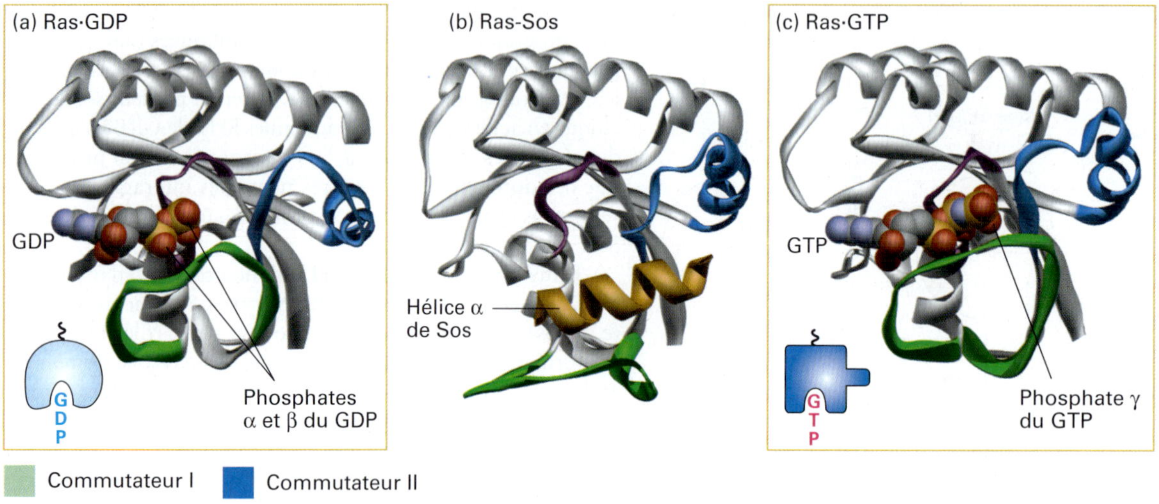

FIGURE 14-20 Structures de Ras lié à GDP, à Sos et au GTP. (a) Dans Ras·GDP, les segments commutateurs I et II n'interagissent pas directement avec GDP (voir Figure 13-8). (b) Une hélice α (orange) de Sos se lie aux deux régions commutatrices de Ras.GDP, changeant profondément la conformation de Ras. Sos ouvre largement Ras en déplaçant la région commutatrice I, permettant ainsi au GDP de s'échapper. (c) On pense que le GTP se lie à Ras-Sos d'abord par sa base ; la liaison ultérieure des phosphates du GTP complète alors l'interaction. Le changement de conformation qui s'ensuit dans les segments commutateurs I et II et qui permet à ceux-ci de lier le phosphate γ du GTP (voir Figure 13-8) déplace Sos et facilite l'interaction de Ras-GTP avec ses effecteurs (décrits plus tard). [Adapté de P. A. Boriak-Sjodin & J. Kuriyan, 1998, *Nature* **394** :341.]

génétiques et biochimiques indiquent que l'extrémité C-terminale de Sos inhibe son activité d'échange de nucléotide et que la fixation de GRB2 lève cette inhibition.

La liaison de Sos à Ras·GDP change la conformation des segments commutateurs I et II de Ras, ce qui ouvre la poche de liaison contenant le GDP, qui peut alors s'échapper (Figure 14-20). Puisque le GTP est présent dans les cellules à une concentration environ 10 fois supérieure à celle du GDP, le GTP remplace alors le GDP, et active Ras. Les processus d'activation de Ras et G_α se ressemblent donc : un changement de conformation induit par la liaison d'une protéine, Sos dans le premier cas, un récepteur activé couplé à une protéine G dans le second, ouvre la protéine avec libération du GDP qui cède sa place au GTP. Cette liaison de GTP à Ras, à son tour, induit un changement spécifique de conformation des commutateurs I et II qui permet à Ras-GTP d'activer des molécules effectrices en aval, comme la prochaine section va le décrire.

CONCEPTS CLÉS DE LA SECTION 14.3

Récepteurs à activité de tyrosine kinase et activation de Ras

- Les récepteurs à activité de tyrosine kinase (RTK), qui lient des hormones peptidiques ou protéiques, peuvent exister comme dimères préformés ou dimériser au cours de l'interaction avec le ligand.
- La fixation du ligand déclenche l'activité de tyrosine kinase intrinsèque du récepteur et la phosphorylation de résidus tyrosine dans son domaine cytosolique (voir Figure 14-5, *en haut*). Le récepteur activé peut aussi phosphoryler d'autres substrats protéiques.
- Ras est une protéine intracellulaire agissant comme commutateur GTPasique en aval de la plupart des RTK. Comme G_α, Ras oscille entre une forme inactive quand il contient du GDP et une forme active quand il contient du GTP. Cette alternance requiert l'assistance de deux protéines, un facteur GEF (*guanine nucleotide-exchange factor*) et une protéine activatrice de GTPase (GAP).
- Les RTK sont liés indirectement à Ras par deux protéines : GRB2, une protéine adaptatrice, et Sos, qui exerce la fonction d'un GEF (voir Figure 14-16).
- La liaison de Sos à Ras inactif change profondément la conformation de ce dernier et permet ainsi la libération de GDP et son remplacement par du GTP, ce qui active Ras (voir Figure 14-20). En se liant au RTK activé, GAP, qui accélère l'hydrolyse du GTP, se rapproche de Ras·GTP.
- Normalement, l'activation de Ras et la réponse cellulaire subséquente requièrent la fixation du ligand à un RTK ou à un récepteur de cytokine. Dans les cellules qui contiennent un Ras actif de manière constitutive, la réponse survient indépendamment de toute interaction avec le ligand.

14.4 Les voies de la MAP kinase

Dans les cellules de mammifères, tous les récepteurs à activité de tyrosine kinase (RTK), ainsi que la plupart des récepteurs de cytokines, s'avèrent utiliser une voie de transduction du signal hautement conservée dans laquelle le signal induit par la fixation du ligand est transféré par GRB2 et Sos pour aboutir à l'activation de Ras (voir Figure 14-16). Ce dernier stimule la formation à la membrane de complexes de signalisation contenant trois protéine kinases agissant de manière séquentielle et associées à une protéine du cytosquelette. Cette *cascade de kinases* aboutit à l'activation de la **MAP kinase**, une sérine/thréonine kinase connue aussi sous le sigle *ERK*. Après avoir gagné le noyau, la MAP kinase peut phosphoryler de nombreuses protéines différentes, entre autres des facteurs de transcription qui régulent l'expression de protéines importantes pour le cycle de la cellule et sa différenciation spécifique. L'activation de la MAP kinase dans deux types différents de cellules peut générer des réponses cellulaires semblables ou différentes. Il en est de même lorsqu'elle est activée dans la même cellule à la suite d'une stimulation par des hormones différentes.

Dans cette section, nous examinons d'abord les composants de la cascade de kinases en aval de Ras dans les voies de signalisation RTK-Ras des cellules de mammifères. Ensuite, nous décrivons le lien d'autres voies de signalisation avec des cascades semblables, et nous passons en revue des données récentes qui indiquent que tant les levures que les cellules d'eucaryotes plus évolués contiennent de multiples voies de MAP kinase.

Des signaux passent de Ras activé à une cascade de protéine kinases

De manière remarquable, les données génétiques et biochimiques obtenues chez la levure, *C. elegans*, la drosophile et les mammifères ont convergé pour révéler une cascade, fortement conservée, de protéine kinases qui opèrent de manière séquentielle en aval de Ras activé (Figure 14-21). Le complexe actif Ras·GTP se lie au domaine N-terminal régulateur de Raf, une sérine/thréonine kinase, et l'active (étape 2). L'hydrolyse de Ras·GTP en Ras·GDP libère la forme active de Raf (étape 3), qui phosphoryle et active ainsi *MEK* (étape 4). La forme active de MEK phosphoryle alors et active une MAP kinase, une autre sérine/thréonine kinase (étape 5). (Agissant comme une protéine kinase à double spécificité, MEK phosphoryle tant des résidus tyrosine que thréonine dans sa protéine cible.) La MAP kinase phosphoryle de nombreuses protéines différentes, y compris des facteurs nucléaires de transcription, qui déclenchent les réponses cellulaires (étape 6).·

Plusieurs types d'expériences ont démontré que Raf, MEK et la MAP kinase agissent en aval de Ras, et ont révélé l'ordre dans lequel ces protéines interviennent. Par exemple, des protéines Raf mutantes dépourvues du domaine N-terminal régulateur sont spontanément actives et font proliférer, en absence de facteurs de croissance, des cultures cellulaires quiescentes. Ces protéines Raf mutantes furent d'abord identifiées dans des cellules tumorales ; comme la protéine Ras^D, active de manière constitutive, de telles protéines Raf mutantes sont dites codées par des **oncogènes** (Chapitre 23). Inversement, dans des cultures de cellules de mammifères qui expriment une protéine Raf mutante non fonctionnelle, on ne peut obtenir la prolifération incontrôlée que devrait induire une protéine Ras^D spontanément active. Cette observation établissait un lien entre les protéines Raf et Ras. Des études de liaison in vitro ont montré de plus que le complexe purifié Ras·GTP s'attache di-

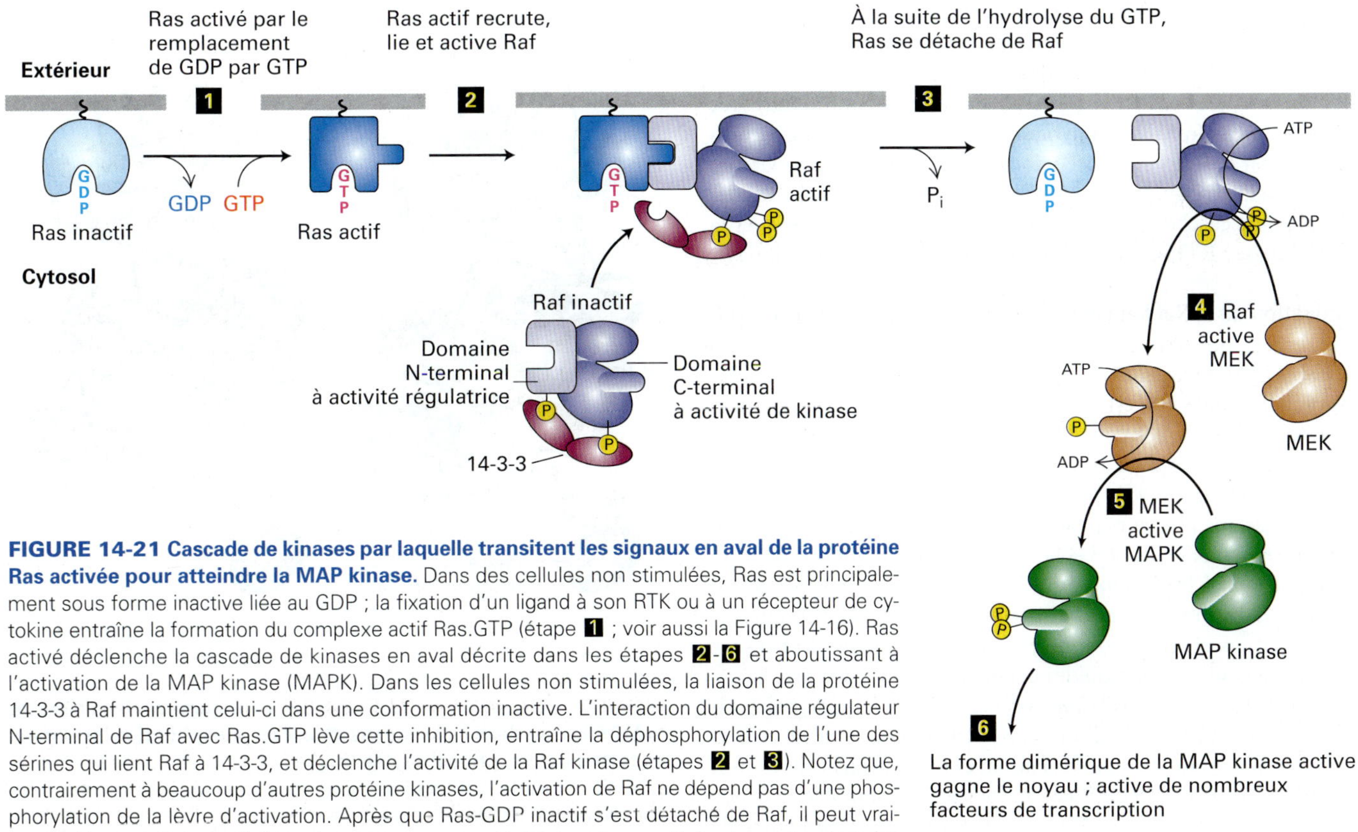

FIGURE 14-21 Cascade de kinases par laquelle transitent les signaux en aval de la protéine Ras activée pour atteindre la MAP kinase. Dans des cellules non stimulées, Ras est principalement sous forme inactive liée au GDP ; la fixation d'un ligand à son RTK ou à un récepteur de cytokine entraîne la formation du complexe actif Ras.GTP (étape **1** ; voir aussi la Figure 14-16). Ras activé déclenche la cascade de kinases en aval décrite dans les étapes **2**-**6** et aboutissant à l'activation de la MAP kinase (MAPK). Dans les cellules non stimulées, la liaison de la protéine 14-3-3 à Raf maintient celui-ci dans une conformation inactive. L'interaction du domaine régulateur N-terminal de Raf avec Ras.GTP lève cette inhibition, entraîne la déphosphorylation de l'une des sérines qui lient Raf à 14-3-3, et déclenche l'activité de la Raf kinase (étapes **2** et **3**). Notez que, contrairement à beaucoup d'autres protéine kinases, l'activation de Raf ne dépend pas d'une phosphorylation de la lèvre d'activation. Après que Ras-GDP inactif s'est détaché de Raf, il peut vraisemblablement être réactivé par des signaux provenant de récepteurs activés et recruter alors des molécules Raf supplémentaires à la membrane. Voir le texte pour les détails. [Voir E. Kerkhoff & U. Rapp, 2001, *Adv. Enzyme Regul.* **41** :261 ; J. Avruch *et al.*, 2001, *Recent Prog. Hormone Res.* **56** :127 et M. Yip-Schneider *et al.*, 2000, *Biochem. J.* **351** :151.]

rectement au domaine N-terminal régulateur de Raf et déclenche son activité catalytique. Une interaction entre les protéines de mammifères Ras et Raf fut aussi démontrée par le *système des deux hybrides*, une technique génétique où l'on fait appel à la levure pour sélectionner les ADNc codant des protéines qui se lient à des protéines cibles, ou servant « d'appâts » (voir Figure 11-39).

L'activation de la MAP kinase en réponse à l'activation de Ras fut démontrée dans des cultures cellulaires au repos exprimant une protéine Ras^D active de manière constitutive. Dans ces cellules, la MAP kinase est activée en absence de stimulation par des facteurs de croissance. Plus important, les photorécepteurs R7 se développent normalement au cours de la différenciation de l'œil de drosophiles mutantes dépourvues d'une protéine Ras ou Raf fonctionnelle, mais qui expriment une MAP kinase active de manière constitutive. Cette observation indique que l'activation de la MAP kinase est suffisante pour transmettre un signal de prolifération ou de différenciation déclenché normalement par la fixation d'un ligand à un récepteur à activité de tyrosine kinase comme Sevenless (voir Figure 14-18). Des études biochimiques ont montré, cependant, que Raf ne peut pas phosphoryler directement la MAP kinase et donc déclencher son activité.

Le lien final dans la cascade de kinases activée par Ras·GTP a été identifié par des études dans lesquelles des chercheurs ont fractionné des extraits de cultures cellulaires afin de trouver une activité de kinase qui pourrait phosporyler la MAP kinase et qui serait présente seulement dans les cellules stimulées par des facteurs de croissance et non dans les cellules au repos. Ce travail a mené à l'identification de MEK, une kinase qui phosphoryle spécifiquement un résidu thréonine et un résidu tyrosine de la MAP kinase, induisant ainsi son activité catalytique. (L'acronyme MEK provient des kinases *M*AP et *E*RK.) Des études ultérieures ont montré que MEK se lie au domaine catalytique C-terminal de Raf et est phosphorylé par la Raf sérine/thréonine kinase ; cette phosphorylation induit l'activité catalytique de MEK. Ainsi, l'activation de Ras déclenche une cascade de kinases dont font partie Raf, MEK et la MAP kinase : RTK activé → Ras → Raf → MEK → MAP kinase.

Activation de la Raf kinase Le mécanisme d'activation de Raf diffère de ceux qui activent d'autres protéine kinases, entre autres les MEK et MAP kinases. Dans une cellule au repos avant une stimulation hormonale, Raf est présent dans le cytosol dans une conformation qui unit le domaine régulateur N-terminal au domaine à activité de kinase, qui est ainsi inhibée. Cette forme inactive est stabilisée par un dimère de la *protéine 14-3-3*, qui lie des résidus phosphosérine dans plusieurs protéines importantes de signalisation. Chaque monomère de 14-3-3 lie un résidu phosphosérine de Raf ; l'un est couplé à la phosphosérine 259 dans le domaine N-terminal et l'autre à la phosphosérine 621 (voir Figure 14-21). Ces interactions sont considérées comme essentielles pour que Raf puisse prendre la conformation qui lui permet de se lier à Ras activé.

Ras·GTP, ancré dans la membrane, en se liant au domaine N-terminal de Raf, lève l'inhibition de l'activité kinasique de ce dernier, qui change aussi de conformation, ce qui le détache de 14-3-3. La phosphosérine 259 de Ras est alors déphosphorylée (par une phosphatase inconnue) et d'autres résidus sérine ou thréonine de Raf sont phosphorylés par d'autres kinases. Ces réactions augmentent progressivement l'activité de la Raf kinase par des mécanismes qui ne sont encore que partiellement compris.

Activation de la MAP kinase Des études biochimiques et de cristallographie aux rayons X ont permis de comprendre comment la phosphorylation active la MAP kinase. Comme dans les JAK kinases et le domaine cytosolique des récepteurs à activité de tyrosine kinase, le site catalytique dans la forme inactive, non phosphorylée, de la MAP kinase est bloqué par une séquence d'acides aminés, la lèvre d'activation (Figure 14-22a). La liaison de MEK à la MAP kinase déstabilise la structure de la lèvre, ce qui expose la tyrosine 185, qui est inaccessible dans la conformation inactive. Après avoir phosphorylé cette tyrosine critique, MEK phosphoryle la thréonine 183 voisine (Figure 14-22b).

Les résidus de tyrosine phosphorylée et de thréonine phosphorylée dans la MAP kinase interagissent avec d'autres acides aminés, modifiant ainsi la conformation de la lèvre, ce qui permet la liaison de l'ATP au site catalytique. Le résidu phosphotyrosine (pY185) joue aussi un rôle clé dans la liaison de substrats protéiques spécifiques à la surface de la MAP kinase. La phosphorylation induit

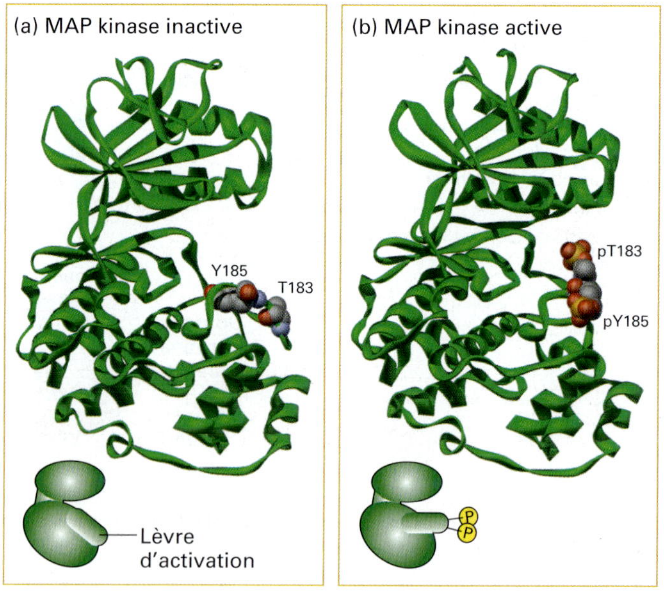

FIGURE EXPÉRIMENTALE 14-22 Structures moléculaires de la MAP kinase dans sa forme inactive, non phosphorylée (a) et dans sa forme active, phosphorylée (b). La phosphorylation de la tyrosine 185 (Y 185) et de la thréonine 183 (T 183) de la MAP kinase par MEK change profondément la conformation de la lèvre d'activation. Ce changement induit la dimérisation de la MAP kinase et la liaison à ses substrats, l'ATP et certaines protéines. Un mécanisme similaire dépendant d'une phosphorylation active les JAK kinases, l'activité kinasique intrinsèque des RTK et MEK. [D'après B. J. Canagarajah *et al.*, 1997, *Cell* **90** :859.]

non seulement l'activité catalytique de la MAP kinase mais aussi sa dimérisation. La forme dimérique de la MAP kinase (et non sa forme monomérique) peut gagner le noyau, où elle régule l'activité de nombreux facteurs de transcription.

La MAP kinase régule l'activité de nombreux facteurs de transcription contrôlant des gènes de réponse précoce

L'addition d'un facteur de croissance (e.g. EGF ou PDGF) à des cultures de cellules mammaliennes au repos, à la phase G0, cause une augmentation rapide de l'expression d'au moins 100 gènes différents. Activés bien avant que les cellules n'entrent dans la phase S et ne répliquent leur ADN (voir Figure 21-29), ils sont appelés *gènes de réponse précoce*. Un de ceux-ci code l'important facteur de transcription c-Fos. Associé à d'autres facteurs de transcription, comme c-Jun, c-Fos induit l'expression de nombreux gènes codant des protéines nécessaires à la progression du cycle cellulaire. La plupart des RTK qui lient des facteurs de croissance utilisent la voie de la MAP kinase pour activer des gènes codant des protéines comme c-Fos qui déclenchent le cycle cellulaire.

L'amplificateur qui régule le gène *c-fos* contient un *élément de réponse au sérum (SRE)*, qui tire son nom du fait qu'il est activé par de multiples facteurs de croissance sériques. Cet amplificateur complexe contient des séquences d'ADN qui lient de nombreux facteurs de transcription. Certains d'entre eux sont activés par la MAP kinase, d'autres par d'autres protéine kinases qui font partie d'autres voies de signalisation (e.g. la protéine kinase A dans les voies de l'AMPc et la protéine kinase C dans les voies des phosphoinositides).

Comme décrit dans la Figure 14-23, la MAP kinase dimérique, activée (phosphorylée), induit la transcription du gène *c-fos* en modifiant deux facteurs de transcription, le *facteur complexe ternaire (TCF)* et le *facteur de réponse sérique (SRF)*. Dans le cytosol, la MAP kinase phosphoryle et active une autre kinase, $p90^{RSK}$, qui gagne le noyau, où elle phosphoryle une sérine spécifique de SRF. Arrivée dans le noyau, la MAP kinase phosphoryle directement des sérines spécifiques dans le TCF. L'association de TCF phosphorylé à deux molécules de SRF phosphorylées forme un facteur trimérique actif qui se lie fortement au segment d'ADN SRE. Ce modèle est soutenu par l'observation suivante : l'expression abondante dans des cellules de mammifères en culture d'un TCF mutant dominant négatif, dépourvu des résidus sérine phosphorylés par la MAP kinase, empêche celle-ci d'activer l'expression génique dirigée par l'amplificateur SRE. De plus, des études biochimiques ont montré directement que SRF, lorsqu'il a été phosphorylé par $p90^{RSK}$, se lie plus rapidement et avec une plus grande affinité aux séquences SRE dans l'ADN, ce qui explique l'accélération du rythme des transcriptions. Ainsi les deux facteurs de transcription sont requis pour stimuler de manière optimale l'expression génique induite par un facteur de croissance via la voie de la MAP kinase, bien que seul TCF soit directement activé par la MAP kinase.

La phosphorylation des facteurs de transcription par la MAP kinase exerce des effets multiples sur l'expression génique. Par exemple, chez la drosophile, deux facteurs de transcription apparentés, Pointed et Yan, qui sont directement phosphorylés par la MAP kinase, sont des effecteurs essentiels de la signalisation par RTK dans l'œil et d'autres tissus. La phosphorylation augmente l'activité de Pointed, un activateur de transcription. Par contre, Yan non phosphorylé est un répresseur de transcription qui s'accumule dans le noyau et inhibe le développement des cellules R7 dans l'œil. À la suite de la phosphorylation induite par le signal, Yan s'accumule dans le cytosol et n'a pas d'accès aux gènes qu'il contrôle, ce qui lève dès lors la répression. Des formes mutantes de Yan qui ne peuvent être phosphorylées par la MAP kinase sont des répresseurs constitutifs du développement de R7. Cet exemple suggère qu'un effet réciproque complexe parmi les multiples facteurs de transcription, régulé par des kinases activées par le signal, est critique pour le développement cellulaire.

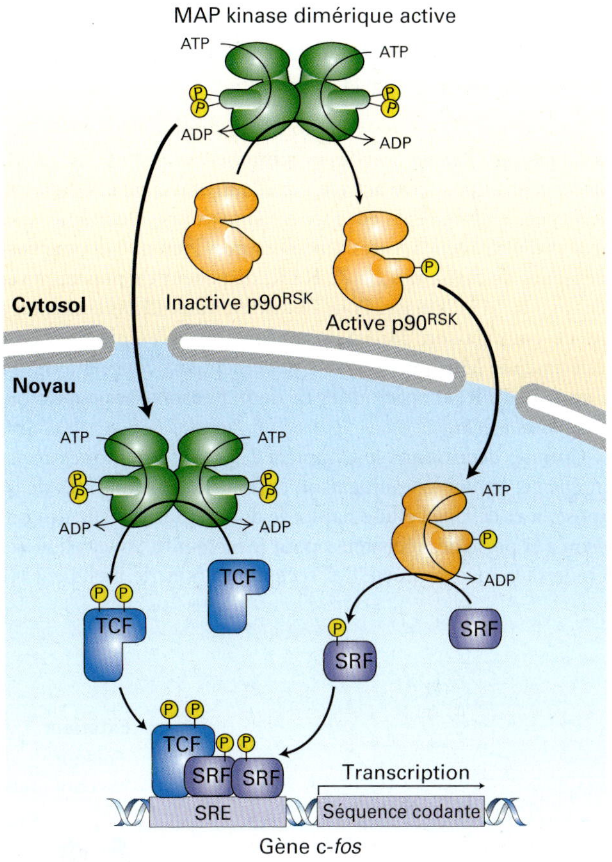

FIGURE 14-23 Induction de la transcription génique par une MAP kinase activée. Dans le cytosol, une MAP kinase phosphoryle et active la kinase $p90^{RSK}$, qui gagne alors le noyau et phosphoryle le facteur de transcription SRF. Transférée dans le noyau, la MAP kinase phosphoryle directement le facteur de transcription TCF. Ensemble, ces deux processus stimulent la transcription de gènes (e.g. *c-fos*) qui contiennent une séquence SRE dans leur promoteur. Voir le texte pour les détails. [Voir R. Marais *et al.*, 1993, *Cell* **73** : 381 et V. M. Rivera *et al.*, 1993, *Mol. Cell Biol.* **13** : 6260.]

Des récepteurs couplés à une protéine G transmettent des signaux à une MAP kinase dans les voies menant à la conjugaison chez la levure

Bien que des RTK ou des récepteurs de cytokines soient souvent impliqués dans l'activation des nombreuses voies stimulant la MAP kinase, celle-ci peut être activée par d'autres récepteurs dans différents types cellulaires d'eucaryotes supérieurs. De même, les levures et d'autres eucaryotes unicellulaires, bien que dépourvus de récepteurs de cytokines ou de RTK, disposent de plusieurs voies menant à la MAP kinase. Pour l'illustrer, nous allons considérer la voie de conjugaison dans *S. cerevisiae*, un exemple bien étudié d'une cascade MAP kinase liée à des récepteurs couplés à des protéines G (GPCR) et spécifiques de deux phéromones peptidiques, les facteurs **a** et α.

Comme décrit dans le Chapitre 22, ces phéromones contrôlent chez la levure la conjugaison entre cellules haploïdes de type opposé, **a** et α. Une cellule haploïde **a** sécrète le facteur de conjugaison **a** et porte des récepteurs pour le facteur α. ; une cellule α sécrète le facteur α et porte des récepteurs pour le facteur **a** (voir Figure 22-13). Ainsi chaque type de cellule reconnaît le facteur de conjugaison produit par le type cellulaire opposé. L'activation de la voie de la MAP kinase par les récepteurs de **a** ou de α induit la transcription de gènes qui inhibent la progression du cycle cellulaire et d'autres qui rendent les cellules de type opposé capables de fusionner et de former une cellule diploïde.

La fixation du ligand à l'un de ces deux récepteurs de phéromones déclenche le remplacement du GDP par du GTP dans la sous-unité G_α et la séparation de G_α•GTP du complexe $G_{\beta\gamma}$. Ce processus d'activation est identique à celui des GPCR décrit dans le chapitre précédent (voir Figure 13-11). Dans la plupart, mais pas toutes, les voies activées par des GPCR chez les mammifères, c'est G_α, après activation, qui transmet le signal. Par contre, des études de mutants ont montré que c'était le complexe $G_{\beta\gamma}$ détaché qui assurait toutes les réponses physiologiques induites par les phéromones chez la levure. Par exemple, dans des cellules de levure qui sont dépourvues de sous-unités G_α, la sous-unité $G_{\beta\gamma}$ reste sous forme libre. De telles cellules peuvent se conjuguer en absence de facteurs de conjugaison ; la réponse est donc constitutive. Cependant, dans des cellules déficientes en sous-unité G_β ou G_g, la conju-

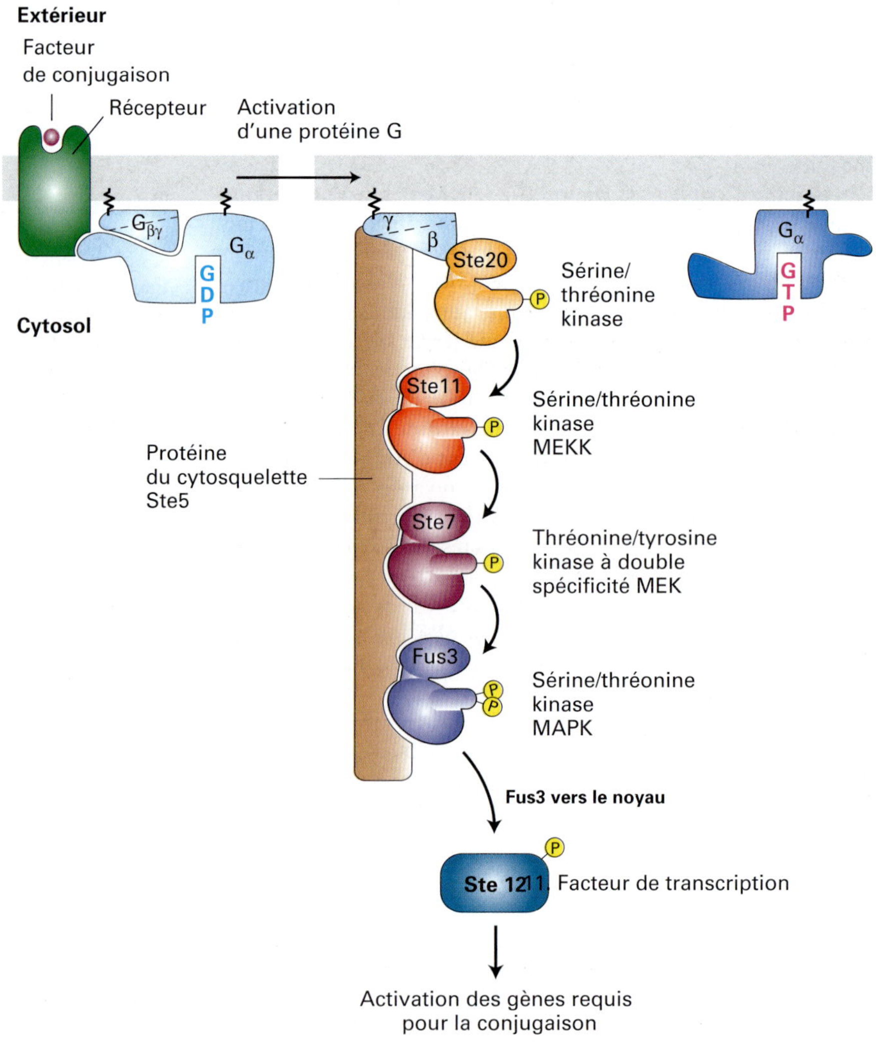

FIGURE 14-24 Cascade de kinases qui transmet des signaux en aval à partir des récepteurs du facteur de conjugaison dans *S. cerevisiae*. Les récepteurs pour les facteurs de conjugaison **a** et α de la levure sont couplés à la même protéine G trimérique. La fixation du ligand active et détache la protéine G (voir Figure 13-10). Dans la voie de conjugaison de la levure, $G_{\beta\gamma}$ libérée active une cascade de protéine kinases analogue à celle qui, en aval de Ras, active la MAP kinase (voir Figure 14-21). Le composant final, Fus3, est l'équivalent fonctionnel d'une MAP kinase des eucaryotes plus développés. L'association de plusieurs kinases avec la protéine de charpente, Ste5, contribue à la spécificité de la voie de signalisation en prévenant la phosphorylation d'autres substrats. [Voir A. Whitmarsh & R. Davis, 1998, *Trends Biochem. Sci.* **23** :481 et H. Dohlman & J. Thorner, 2001, *Ann. Rev. Biochem.* **70** :703.]

gaison ne peut être induite. Si après avoir été détachée, G_α était le facteur de transmission, on s'attendrait à ce que la voie dans ces cellules mutantes soit active de manière constitutive.

Au cours du processus de conjugaison chez la levure, $G_{\beta\gamma}$ déclenche une cascade de kinases qui est analogue à celle qui fonctionne en aval de Ras. Les composants de cette cascade furent découverts surtout par analyse de mutants qui, bien que possédant des protéines G et des récepteurs fonctionnels pour les facteurs **a** et α, sont stériles (*Ste*) ou ne répondent pas à ces signaux. Les interactions physiques entre les composants furent étudiées par immunoprécipitation appliquée à des extraits de cellules de levure et par diverses autres techniques d'analyse. Sur base de ces résultats, les chercheurs ont proposé la cascade de kinases que décrit la Figure 14-24. $G_{\beta\gamma}$, qui est attachée à la membrane par la sous-unité γ, lie et active Ste20, une protéine kinase qui à son tour phosphoryle et active Ste11, une sérine/thréonine kinase analogue à Raf et à d'autres protéines MEKK chez les mammifères. Ste11 activé phosphoryle alors Ste7, un facteur MEK à double spécificité qui phosphoryle et active Fus3, une sérine/thréonine kinase équivalente à la MAP kinase. Après translocation dans le noyau, Fus3 induit l'expression de gènes cibles par phosphorylation de facteurs de transcription nucléaires (e.g. Ste12) qui contrôlent l'expression de protéines impliquées dans les réponses cellulaires servant à la conjugaison. L'autre composant de la cascade liée à la conjugaison chez la levure, Ste5, n'a pas d'activité catalytique évidente ; il agit comme l'élément d'une charpente sur laquelle d'autres composants de la cascade s'assemblent.

Des protéines cloisonnent les multiples voies des MAP kinases dans les cellules d'eucaryotes

En plus des MAP kinases qui viennent d'être décrites, les levures ainsi que les cellules des eucaryotes supérieurs contiennent d'autres membres de la superfamille de la MAP kinase. Celle-ci comprend les *JNK (Jun N-terminal kinases) et les kinases p38*, qui sont activées à l'occasion de divers types de stress, et six kinases de levure que nous allons décrire. Collectivement appelées *MAP kinases*, toutes ces protéines sont des sérine/thréonine kinases qui sont activées dans le cytosol en réponse à des signaux spécifiques extracellulaires et qui ensuite sont transférées dans le noyau. L'activation de toutes les MAP kinases connues requiert la phosphorylation à la fois d'une tyrosine et d'une thréonine dans la région dite lèvre d'activation (voir Figure 14-22). De même, toutes les cellules eucaryotiques contiennent plusieurs membres de la superfamille des MEK kinases qui sont dotées d'une double spécificité et qui phosphorylent différents membres de la superfamille de la MAP kinase. Ainsi, dans toutes les cellules d'eucaryotes, une grande diversité de signaux extracellulaires déclenche des cascades kinasiques hautement conservées, aboutissant à l'activation d'une MAP kinase particulière. Les différentes MAP kinases déterminent des réponses cellulaires spécifiques, comme la morphogenèse, la mort cellulaire et les réponses au stress.

Des études génétiques et biochimiques chez la souris et la drosophile sont en cours dans le dessein de déterminer quelles sont les MAP kinases qui sont requises pour répondre à un signal déterminé chez les eucaryotes supérieurs. Ce travail a déjà été réalisé en grande partie pour des organismes plus simples comme *S. cerevisiae*, chez qui les gènes de six MAP kinases ont été identifiés. Les analyses ont permis alors d'assigner à chaque MAP kinase une voie de signalisation spécifique correspondant à des signaux extracellulaires particuliers, comme les phéromones, les carences nutritives, une osmolarité élevée, un choc hypotonique et une carence en carbone ou azote. Chacune de ces MAP kinases détermine des réponses cellulaires très spécifiques (Figure 14-25).

Chez les levures et dans les cellules d'eucaryotes supérieurs, différentes cascades de MAP kinases partagent certains composants communs. Par exemple, Ste11 fonctionne dans les voies de signalisation de la levure qui régulent la conjugaison, la croissance filamenteuse et l'osmorégulation. Néanmoins, chaque voie active sa propre MAP kinase : Fus3 pour la conjugaison, Kss1 pour la filamentation et Hog1 pour l'osmorégulation. De même, dans les cellules de mammifères, on trouve des protéines transductrices communes qui participent en amont à l'activation de multiples kinases JNK.

Une fois que le partage de composants communs entre différentes voies de MAP kinases a été reconnu, les chercheurs se sont demandé comment la spécificité des réponses cellulaires à des

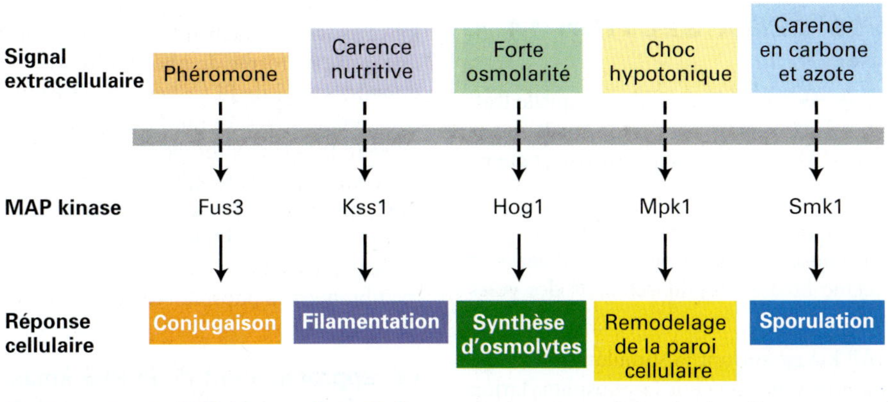

FIGURE 14-25 Survol des cinq voies de MAP kinases dans *S. Cerevisiae*. Chaque voie est déclenchée par un signal spécifique extracellulaire et induit l'activation d'une seule MAP kinase particulière, qui déclenche des réponses cellulaires caractéristiques. La formation de complexes spécifiques d'une voie des MAP kinases avec des protéines de charpente prévient les interférences entre les voies qui contiennent un composant commun comme la MEKK Ste 11, qui intervient dans les voies de conjugaison, de filamentation et d'osmorégulation (voir Figure 14-24). [Adapté de H. D. Madhani & G. R. Fink, 1998, *Trends Genet.* **14**(4) :152.]

signaux particuliers pouvait être respectée. Des études chez la levure ont fourni les premières indications sur le rôle joué par des protéines qui interviennent comme *support* ou *charpente* permettant aux kinases transductrices participant à une même voie d'interagir les unes avec les autres sans interférer avec les kinases d'autres voies. Par exemple, la protéine charpente Ste5 stabilise un grand complexe qui comprend Ste11 et d'autres kinases dans la voie de conjugaison (voir Figure 14-24). Cependant, différentes protéines offrant ce support à Ste11, stabilisent des complexes de signalisation contenant des composants impliqués dans la filamentation et l'osmorégulation. Dans chaque voie à laquelle la kinase Ste11 participe, elle est retenue dans un grand complexe qui se forme en réponse à un signal extracellulaire spécifique, la signalisation en aval de Ste11 étant déterminée par le complexe auquel elle est associée. En conséquence, lorsque des cellules de levure sont exposées à des facteurs de conjugaison, seule la MAP kinase, Fus3, est activée, alors qu'une forte osmolarité ou une carence active d'autres MAP kinases (voir Figure 14-25).

Les protéines de charpente pour les voies de la MAP kinase sont bien connues chez la levure, la mouche et les vers, mais il a été difficile de démontrer leur présence dans les cellules de mammifères. Peut-être, la protéine charpente la mieux caractérisée est *Ksr* (*kinase suppressor of Ras*), qui lie à la fois MEK et une MAP kinase. La perte de l'homologue de la Ksr chez la drosophile bloque le signal transmis par une protéine Ras active de manière constitutive, ce qui suggère que la Ksr intervient dans la signalisation Ras-MAP kinase dans les cellules de la mouche. Bien que des souris rendues déficientes en Ksr soient à première vue normales, l'activation de la MAP kinase par des facteurs de croissance ou des cytokines est plus faible que normalement dans plusieurs types de cellules. Cette observation suggère que la Ksr fonctionne comme protéine charpente qui amplifie la signalisation Ras-MAP kinase chez les mammifères, mais qui n'est pas indispensable. On a trouvé chez les mammifères d'autres protéines qui se fixent à des MAP kinases spécifiques. Aussi la spécificité du signal de différentes MAP kinases dans des cellules animales peut venir de leur association avec diverses protéines de charpente, mais il faudra encore beaucoup d'investigations afin de tester cette possibilité.

CONCEPTS CLÉS DE LA SECTION 14.4

Voies de la MAP kinase

- Ras activé déclenche une cascade de kinases dans laquelle Raf, MEK et une MAP kinase sont phosphorylés de manière séquentielle et activés. Une MAP kinase activée dimérise et gagne le noyau (voir Figure 14-21).
- Une phosphorylation d'un ou plusieurs résidus dans une lèvre d'activation, une région conservée, active les MAP kinases et beaucoup d'autres protéine kinases impliquées dans des voies de transduction de signaux.
- Une activation de MAP kinase suivant la stimulation d'un récepteur d'un facteur de croissance mène à la phosphorylation et à l'activation de deux facteurs de transcription, TCF et SRF. Ceux-ci forment un complexe trimérique qui stimule la transcription de divers gènes de réponse précoce (voir Figure 14-23).
- La levure et des eucaryotes plus évolués contiennent de multiples voies MAP kinase qui sont déclenchées par activation de diverses classes de récepteurs, entre autres des récepteurs couplés aux protéines G.
- Des signaux extracellulaires différents activent différentes MAP kinases, qui régulent divers processus cellulaires (voir Figure 14-25).
- Les composants en amont des cascades de MAP kinases s'assemblent en grands complexes spécifiques d'une voie particulière et stabilisés par des protéines de charpente (voir Figure 14-24). Ceci assure que l'activation d'une de ces voies par un signal extracellulaire donné n'interfère pas dans d'autres voies comprenant les mêmes composants.

14.5 Transduction de signaux par des phospho-inositides

Dans les sections précédentes, nous avons vu comment la transduction du signal à partir des récepteurs de cytokines et des récepteurs à activité de tyrosine kinase (RTK) commence par la formation de complexes de multiples protéines associées à la membrane plasmique. Ici nous verrons comment ces récepteurs ouvrent des voies de signalisation qui impliquent des lipides membranaires phosphorylés et à base d'inositol, que l'on regroupe sous le nom de **phospho-inositides**. Nous commençons par la branche de la voie des phospho-inositides qui est rattachée aux récepteurs couplés aux protéines G, pour finir avec une autre branche qui fonctionne indépendamment de ces récepteurs.

La phospholipase Cγ est activée par certains RTK et récepteurs de cytokines

Comme nous l'avons vu dans le Chapitre 13, une stimulation hormonale de certains récepteurs couplés aux protéines G aboutit à l'activation de l'isoforme β de la phospholipase C (PLC_β). Cette enzyme associée à la membrane clive alors le phosphatidylinositol 4,5-bisphosphate (PIP_2) pour générer deux **messagers secondaires**, le 1,2-diacylglycérol (DAG) et l'inositol 1,4,5-trisphophate (IP_3). La signalisation par *la voie IP_3/DAG entraîne une augmentation du Ca^{2+}* et l'activation de la **protéine kinase C** (voir Figure 13-29).

Les signaux venant de nombreux RTK et récepteurs de cytokines peuvent également rejoindre la voie IP_3/DAG en passant par une autre isoforme de phospholipase C, l'isoforme γ (PLC_γ). Les domaines SH2 de PLC_γ lient les phosphotyrosines spécifiques des récepteurs activés, ce qui place l'enzyme près de son substrat PIP2 présent dans la membrane (voir Figure 13-28). De plus par son activité kinasique, le récepteur phosphoryle les résidus tyrosine de la PLC_γ qui lui est associée, amplifiant de la sorte son activité d'hydrolyse. Ainsi, les RTK et les récepteurs de cytokines activés stimulent l'activité de PLC_γ de deux manières : ils l'attirent à la membrane et la phosphorylent.

Le rapprochement de la PI-3 kinase des récepteurs stimulés par une hormone conduit à l'activation de la protéine kinase B

La stimulation de certains RTK et récepteurs de cytokines peut activer non seulement la voie IP_3/DAG mais également une autre voie des phospho-inositides, la *voie de la PI-3 kinase*, par le recrutement

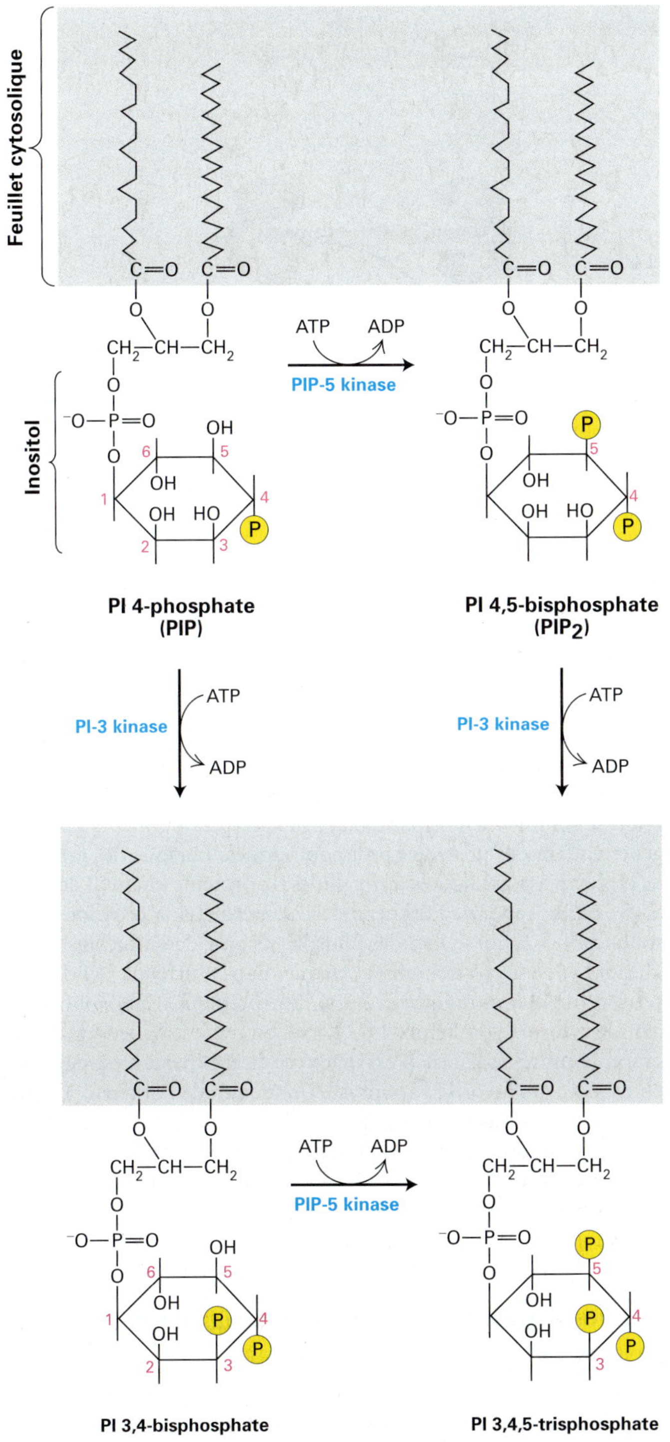

FIGURE 14-26 Formation du phosphatidylinositol 3-phosphate. L'enzyme phosphatidylinositol-3 kinase (PI-3 kinase) est recrutée à la membrane par de nombreux récepteurs à activité de tyrosine kinase (RTK) activés et des récepteurs de cytokines. Le phosphate en position 3 ajouté par cette enzyme est un site de liaison pour diverses protéines de transduction. [Voir L. Rameh & L. C. Cantley, 1999, *J. Biol. Chem.* **274** :8347.]

à la membrane de la phosphatidylinositol-3 kinase. Celle-ci fut découverte parmi plusieurs protéines oncovirales, comme la protéine « T moyen » codée par le virus du polyome, qu'elle accompagnait lors de leur purification. Lorsque des versions inactives, dominantes négatives, de la PI-3 kinase sont exprimées dans des cellules transformées par un virus, elles inhibent la prolifération cellulaire incontrôlée, caractéristique des cellules transformées par un virus. Cette observation suggérait que la kinase normale est importante dans certaines voies de signalisation requises pour la prolifération cellulaire ou pour la prévention de l'apoptose. Un travail ultérieur a montré que les kinases PI-3 participent à de nombreuses voies de signalisation liées à la croissance cellulaire et à l'apoptose. Des neuf PI-3 kinases homologues codées par le génome humain, les mieux caractérisées contiennent deux sous-unités, la p110, qui est catalytique, et la p85, dotée d'un domaine SH2.

Le domaine SH2 de la kinase PI-3 lie des résidus phosphotyrosine dans le domaine cytosolique de nombreux RTK et récepteurs de cytokines. Le recrutement de la PI-3 kinase à la membrane plasmique par des récepteurs activés rapproche son domaine catalytique de son substrat, les phospho-inositides, à la face cytosolique de la membrane plasmique, ce qui aboutit à la formation de PI 3,4-bisphosphate ou de PI 3,4,5-trisphosphate (Figure 14-26). En agissant comme sites d'ancrage pour diverses protéines transductrices du signal, ces PI 3-phosphate membranaires à leur tour transmettent des signaux en aval dans plusieurs voies importantes.

Une première cible de liaison des PI-3 phosphate est la **protéine kinase B (PKB)**, une sérine/thréonine kinase. En plus de son domaine kinasique, PKB contient un domaine PH qui se fixe fermement au phosphate en position 3 dans le PI 3,4-bisphosphate et le PI 3,4,5-trisphosphate. Dans des cellules au repos, non stimulées, le taux de ces deux substances est bas, et la protéine kinase B est présente dans le cytosol sous forme inactive. Après stimulation hormonale et l'augmentation des PI 3-phosphate, la protéine kinase B s'y lie, ce qui la conduit au contact de la surface cellulaire.

La liaison de la protéine kinase B aux PI 3-phosphate recrute non seulement l'enzyme à la membrane plasmique mais lève aussi l'inhibition que le domaine PH exerce sur le site catalytique lorsque l'enzyme est dans le cytosol. L'activation maximale de la protéine kinase B, cependant, dépend du recrutement d'une autre kinase, PDK1, à la membrane par la liaison de son domaine PH aux PI 3-phosphate. Ces deux enzymes associées à la membrane, la protéine kinase B et PDK1, peuvent diffuser dans le plan de la membrane, les rapprochant suffisamment pour que PDK1 puisse phosphoryler la protéine kinase B (Figure 14-27). PDK1 phosphoryle un résidu sérine dans la lèvre d'activation de la protéine kinase B, ce qui illustre à nouveau l'activation d'une kinase par phosphorylation dans ce segment. Une phosphorylation d'une seconde sérine, non plus dans la lèvre, est nécessaire à l'activation maximale de la protéine kinase B. Ainsi, comme pour Raf, un domaine inhibiteur et une phosphorylation par d'autres kinases régulent l'activité de la protéine kinase B. Une fois qu'elle est complètement activée, la protéine kinase B peut se détacher de la membrane plasmique et phosphoryler ses multiples protéines cibles.

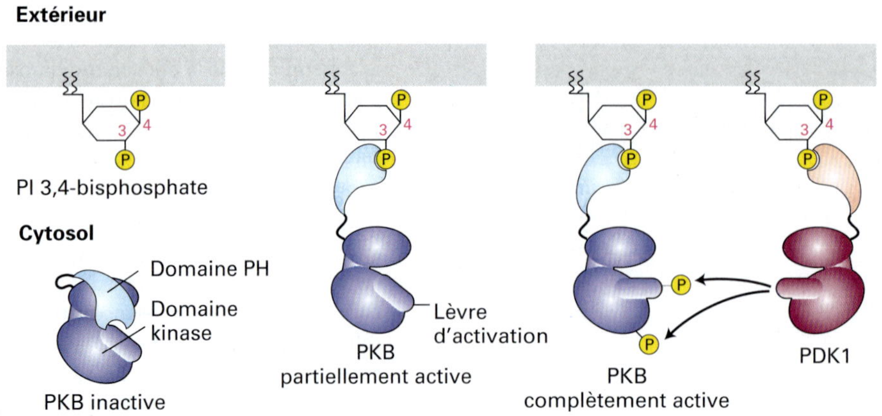

FIGURE 14-27 Recrutement et activation de la protéine kinase B (PKB) dans les voies de la PI-3 kinase. Dans des cellules non stimulées, PKB est dans le cytosol, son domaine PH inhibant l'activité du domaine catalytique. La stimulation par une hormone conduit à l'activation de la PI-3 kinase et à la formation ultérieure des phosphatidylinositol (PI) 3-phosphate (voir Figure 14-26). Le groupe phosphate en position 3 sert de site d'ancrage membranaire pour le domaine PH de PKB et d'une autre kinase, PDK1. L'activation maximale de PKB requiert une phosphorylation dans sa lèvre d'activation et dans sa partie C-terminale par PDK1. [Adapté de A. Toker & A. Newton, 2000, *Cell* **103** :185, et M. Scheid *et al.*, 2002, *Mol. Cell Biol.* **22** :6247]

Le récepteur de l'insuline diminue la glycémie en activant la voie de la PI-3 kinase

Le récepteur de l'insuline est un récepteur dimérique à activité de tyrosine kinase qui peut modifier l'expression génique en transmettant des signaux par la voie de la Ras-MAP kinase. Ceux-ci peuvent aussi emprunter la voie de la PI-3 kinase, qui aboutit, comme nous venons de décrire, à l'activation de la protéine kinase B. Dans les hépatocytes, les muscles et les adipocytes stimulés par l'insuline, la protéine kinase B activée contribue de diverses manières à la diminution de la glycémie et à l'augmentation de la synthèse du glycogène.

Le mécanisme principal par lequel l'insuline réduit la glycémie est l'importation accrue du glucose dans les adipocytes et les muscles. Cet effet dépend de la protéine kinase B, qui en passant par un mécanisme encore mal compris, fait migrer le transporteur de glucose, GLUT4, des membranes intracellulaires vers la surface cellulaire (Chapitre 15). Il en résulte un afflux accru de glucose dans ces cellules, ce qui fait baisser la glycémie.

Dans le foie et les muscles, un autre mécanisme diminuant la glycémie après stimulation par l'insuline est la production de glycogène à partir d'UDP-glucose sous l'effet d'une activation de la glycogène synthase (GS), (voir Figure 13-16). Dans les cellules au repos (en absence d'insuline), la glycogène synthase kinase 3 (GSK3) est active et phosphoryle la glycogène synthase dont elle bloque ainsi l'activité. La protéine kinase B activée, en phosphorylant GSK3, l'inactive. En conséquence, l'inhibition exercée par GSK3 est levée, ce qui permet la synthèse du glycogène.

La protéine kinase B activée contribue à la survie cellulaire de diverses manières

Dans de nombreuses cellules, la protéine kinase B activée phosphoryle directement des protéines proapoptotiques comme Bad, prévenant l'activation d'une voie menant à la mort de la cellule (Chapitre 22). La protéine kinase B activée contribue aussi à la survie de multiples cellules en culture en phosphorylant jusqu'à trois résidus sérine ou thréonine du facteur de transcription Forkhead-1. En absence de facteurs de croissance, Forkhead-1, non phosphorylé, est confiné au noyau, où il active la transcription de plusieurs gènes codant des protéines proapoptotiques. Lorsque des facteurs de croissance sont ajoutés aux cellules, la protéine kinase B devient active et phosphoryle Forkhead-1. Ceci permet à la protéine cytosolique 14-3-3, qui se lie à des phosphosérines, de s'attacher à Forkhead-1 et de séquestrer ainsi ce dernier dans le cytosol. (14-3-3 est cette protéine qui maintient aussi la protéine Raf phosphorylée dans le cytosol ; voir Figure 14-21.) Si l'on retire le facteur de croissance, la protéine kinase B est inactivée et Forkhead-1 est déphosphorylé, ce qui favorise l'apoptose. Un mutant de Forkhead-1 dans lequel trois résidus sérine servant de cibles pour la protéine kinase B ont été mutés est spontanément actif et déclenche l'apoptose même en présence de la protéine kinase B activée. Cette observation démontre l'importance de Forkhead-1 dans le contrôle de l'apoptose des cellules en culture.

La phosphatase PTEN met fin à la signalisation passant par la voie de la PI-3 kinase

Comme pratiquement tous les événements de la signalisation intracellulaire, la phosphorylation par la PI-3 kinase est réversible. La phosphatase concernée, appelée *phosphatase PTEN*, est dotée d'une spécificité exceptionnellement large. Bien que PTEN puisse enlever des groupes phosphate attachés aux résidus sérine, thréonine et tyrosine d'une protéine, sa capacité d'enlever le phosphate en position 3 du PI 3,4,5-trisphosphate est, croit-on, sa fonction principale. La surexpression de PTEN dans des cultures de cellules de mammifères favorise l'apoptose en abaissant le taux de PI 3,4,5-trisphosphate et en diminuant ainsi l'activité et l'effet antiapoptotique de la protéine kinase B.

MÉDECINE À un stade avancé de nombreux types de cancers humains, le gène codant PTEN est inactivé et cette perte contribue, pense-t-on, à la prolifération incontrôlée. En effet, les cellules dépourvues de PTEN contiennent des taux élevés de PI 3,4,5-trisphosphate et une PKB active. Puisque la protéine kinase B exerce un effet antiapoptotique, la perte de PTEN empêche indirectement la mort cellulaire programmée, à laquelle devrait aboutir toute cellule qui n'est plus soumise au contrôle de ses divisions. Dans certains tissus, l'absence de PTEN non seulement prévient l'apoptose, mais le cycle cellulaire s'en trouve accéléré ainsi que le rythme de la prolifération. C'est le cas des cellules souche neuronales ; des souris (*knockout*) qui ne peuvent exprimer PTEN ont des cerveaux de grande taille avec un nombre excessif de neurones, ce qui témoigne du rôle de PTEN dans le contrôle du développement. ▮

Le récepteur d'un facteur de croissance particulier est souvent connecté à de multiples voies de signalisation

L'interaction de voies de signalisation différentes permet l'ajustement précis des activités cellulaires requises pour mener à bien des processus complexes liés au développement et à la physiologie. Comme nous l'avons noté précédemment, les RTK et les récepteurs de cytokines peuvent transmettre des signaux par la voie de la Ras-MAP kinase, la voie DAG/IP3 et la voie de la PI-3 kinase (voir Table 14-1). De plus, les récepteurs de cytokines activent les JAK kinases auxquelles ils sont associés, celles-ci agissant directement sur les facteurs de transcription STAT.

L'activation de multiples voies de transduction des signaux par de nombreux récepteurs permet à différents groupes de gènes d'être contrôlés indépendamment par le même récepteur ou des récepteurs différents. Parfois, ces voies induisent des effets opposés. Par exemple, une manipulation génétique des voies de la Ras-MAP kinase et de la PI-3 kinase pendant la différenciation musculaire indique que ces voies ont des effets phénotypiques opposés : l'activation de la Ras-MAP kinase inhibe la différenciation des myocytes en myotubes, tandis que l'activation de la voie de la PI-3 kinase la favorise.

Pour illustrer le fait que certains tissus utilisent des voies de signalisation qui leur sont propres et qui partent d'un même récepteur présent sur des cellules différentes, nous prendrons l'exemple du récepteur de l'EGF. Des études génétiques analogues à celles que nous avons décrites quand il était question du développement des cellules R7 chez la drosophile ont montré le rôle central de la voie Ras-MAP, après stimulation par l'EGF, dans le développement de la vulve chez *C. elegans*. D'autres études génétiques, cependant, ont révélé que la stimulation par l'EGF passe, dans certains tissus, par une voie indépendante de Ras. Par exemple, une des nombreuses fonctions de l'EGF chez *C. elegans* est le contrôle de la contractilité des muscles lisses, qui à son tour régule l'extrusion des oocytes d'un compartiment de la gonade hermaphrodite vers l'autre, où ils sont fertilisés. Le couplage du récepteur de l'EGF à Ras n'est pas requis pour les contractions induites par l'EGF dans la gonade. L'analyse de divers types de mutations a conduit les chercheurs à la conclusion que, dans les muscles lisses de *C. elegans*, le récepteur de l'EGF est lié à la voie IP3/DAG. La fixation du ligand au récepteur mène à l'activation de la PLC_γ, une augmentation de l'IP_3 et la libération des réserves intracellulaires de Ca^{2+}. L'augmentation du taux de Ca^{2+} cytosolique favorise alors la contraction musculaire.

Dans le Chapitre 15, nous rencontrerons d'autres exemples qui illustrent comment la stimulation d'un même récepteur dans différents types cellulaires active différentes voies de signalisation aboutissant à des effets très variés sur le métabolisme et le sort de la cellule.

CONCEPTS CLÉS DE LA SECTION 14.5

Transduction de signaux par des phospho-inositides

- Les signaux provenant de nombreux RTK et récepteurs de cytokines peuvent passer par la voie IP3/DAG par activation de la phospholipase Cγ (PLCg), une isoforme différente de celle qui est activée par les récepteurs couplés aux protéines G.
- Les signaux venant des RTK et des récepteurs de cytokines peuvent être transmis par une autre voie des phospho-inositides. La liaison de ces récepteurs aux PI-3 kinases permet à la sous-unité catalytique de celles-ci d'accéder à son substrat constitué par les phosphoinositides membranaires, qui sont alors phosphorylés en position 3 (voir Figure 14-26).
- Le domaine PH de diverses protéines se lie aux PI 3-phosphate ; ainsi se forment des complexes de signalisation associés à la membrane plasmique.
- La protéine kinase B (PKB) est partiellement activée par liaison aux PI 3-phosphate. Son activation complète requiert la phosphorylation par une autre kinase (PDK1), qui est également recrutée à la membrane par sa liaison aux PI 3-phosphates (voir Figure 14-27).
- La protéine kinase B activée favorise la survie de nombreuses cellules en inactivant directement plusieurs protéines proapoptotiques et en diminuant l'expression d'autres.
- La phosphatase PTEN, qui hydrolyse le phosphate en position 3 dans les PI 3-phosphate, met fin à la signalisation par la voie de la PI-3 kinase. La perte de PTEN, un événement fréquent dans les tumeurs humaines, favorise la survie et la prolifération de la cellule.
- Un seul RTK ou récepteur de cytokines active des voies de signalisation différentes dans divers types cellulaires. Différentes voies peuvent être essentielles dans certains processus de signalisation cellulaire mais pas dans d'autres.

14.6 Voies qui impliquent un clivage protéique induit par le signal

Jusqu'à présent, nous avons décrit des voies de signalisation réversibles, où l'inactivation est aussi importante que l'activation initiale, mais il existe des voies irréversibles dans lesquelles un composant est clivé par protéolyse. Nous allons considérer deux d'entre elles : la voie de NF-κB, qui permet aux cellules de répondre immédiatement et vigoureusement à diverses conditions stressantes, et la voie de Notch/Delta, qui détermine le sort de nombreux types de cellules au cours du développement. L'activation protéolytique du récepteur de surface Notch est facilitée par la préséniline 1, une protéine membranaire qui est aussi impliquée dans la pathogénie de la maladie d'Alzheimer.

Un signal peut activer le facteur de transcription NF-κB en induisant la dégradation d'une protéine inhibitrice cytosolique

Les exemples présentés dans les sections précédentes ont montré l'importance de la phosphorylation induite par un signal dans la modulation de l'activité de nombreux facteurs de transcription. Un autre mécanisme de régulation des facteurs de transcription en réponse à des signaux extracellulaires a été découvert lors d'études effectuées sur des cellules de mammifères et chez la drosophile. Le facteur de transcription NF-κB illustre ce mécanisme qui repose sur la phosphorylation d'une protéine inhibitrice et la dégradation ultérieure de celle-ci après interaction avec l'ubiquitine.

Découvert par son rôle dans l'activation de la transcription du gène codant la chaîne légère κ des anticorps (immunoglobulines) dans les lymphocytes B, NF-κB est, pense-t-on, le régulateur principal de la transcription dans le système immunitaire des mammifères. Bien que les mouches ne produisent pas d'anticorps, des homologues de NF-κB interviennent, chez la drosophile, dans les réactions de défense contre des bactéries et des virus par induction de la synthèse et de la sécrétion d'un grand nombre de peptides antimicrobiens. Ceci indique que le système régulateur NF-κB est vieux de plus de 500 millions d'années. NF-κB est rapidement activé dans les cellules du système immunitaire des mammifères en réponse à une infection, une inflammation et diverses autres situations stressantes, comme les radiations ionisantes. Il est également activé par les cytokines dites inflammatoires comme le TNF-α (*tumor necrosis factor α*) et l'interleukine 1 (IL-1), qui sont libérées par des cellules voisines en réponse à une infection.

Des études biochimiques sur cellules de mammifères et des études génétiques chez la mouche ont fourni des informations intéressantes sur le fonctionnement de la voie NF-κB (Figure 14-28). Les deux sous-unités qui constituent l'hétérodimère NF-κB (p65 et p50) comportent dans leur extrémité N-terminale une région homologue nécessaire à leur dimérisation et leur liaison à l'ADN. Dans les cellules au repos, NF-κB est séquestré dans le cytosol sous une forme maintenue inactive par un inhibiteur appelé I-κB. Une seule molécule d'IκB est attachée au domaine N-terminal de chaque sous-unité constituant l'hétérodimère p50/p65, et masque ainsi les signaux de localisation nucléaire. Un complexe à activité de protéine kinase, appelé *I-κB kinase,* est le point de convergence de tous les signaux extracellulaires qui activent NF-κB. Dans les minutes de la stimulation, l'I-κB kinase est activée et se met à phosphoryler deux résidus sérine dans la partie N-terminale d'I-κB. Une ubiquitine ligase E3 se lie alors à ces phosphosérines et l'ubiquitinylation d'I-κB déclenche sa dégradation immédiate par un protéasome (voir Figure 3-13). Dans des cellules exprimant des formes d'I-κB qui, à la suite du remplacement des deux sérines par des alanines, ne peuvent être phosphorylées, NF-κb est réprimé en permanence ; la phosphorylation d'I-κB est donc indispensable à l'activation de cette voie.

La dégradation de I-κB expose les signaux de localisation nucléaire de NF-κB, qui est alors transféré dans le noyau où il active la transcription d'une multitude de gènes cibles. Malgré son activation par protéolyse, la signalisation par NF-κB se termine par une boucle de rétrocontrôle ; en effet un des gène dont la trans-

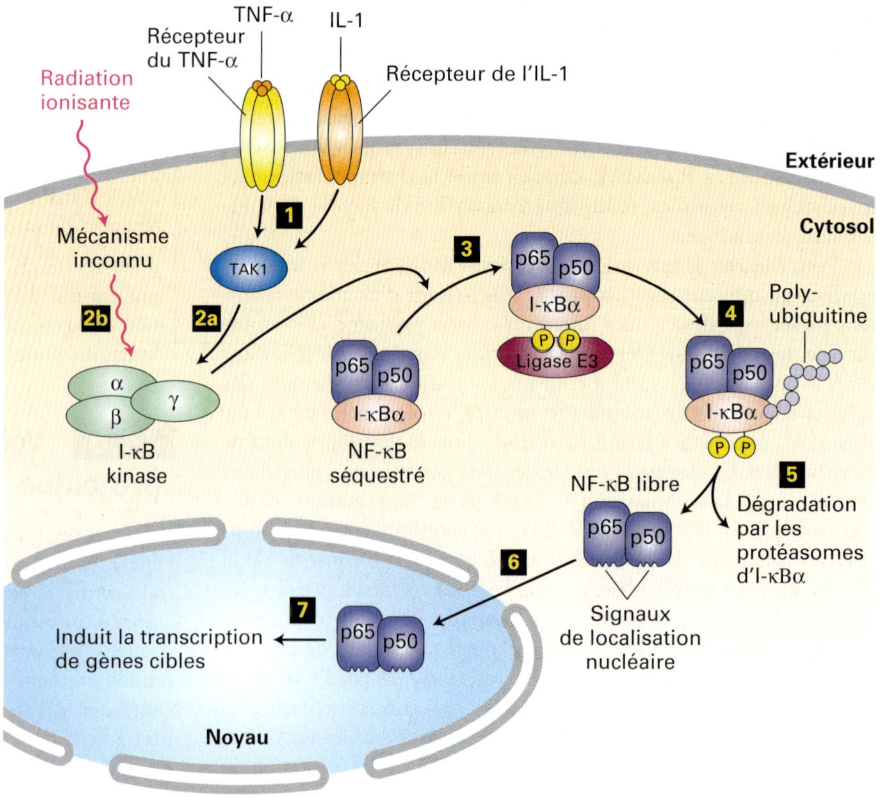

FIGURE 14-28 Voie de signalisation de NF-κB. Dans des cellules au repos, le facteur de transcription dimérique NF-κB composé de p50 et p65 et lié à l'inhibiteur I-κB est séquestré dans le cytosol. Une stimulation par le TNF-α ou l'IL-1 active la TAK1 kinase (étape **1**) qui, à son tour, active l'I-κB kinase trimérique (étape **2a**). Une irradiation ionisante et d'autres stress peuvent activer directement l'I-κB kinase par un mécanisme encore inconnu (étape **2b**). À la suite de la phosphorylation d'I-κB par l'I-κB kinase et la liaison de l'ubiquitine ligase E3 (étape **3**), la polyubiquitinylation d'I-κB (voie **4**) en fait une cible pour les protéasomes, qui la dégradent (étape **5**). L'élimination d'I-κB démasque les signaux de localisation nucléaire (NLS) dans les deux sous-unités de NF-κB, permettant ainsi leur translocation dans le noyau (étape **6**). Là, NF-κB active la transcription de nombreux gènes cibles (étape 7), entre autres le gène codant la sous-unité a d'I-kB, qui intervient alors pour mettre fin à la signalisation. [Voir M. Karin & Y. Ben-Neriah.2000, *Ann. Rev. Immunol.* **18** :621, et R. Khush, F. Leulier & B. Lemaitre, 2001, *Trends Immunol.* **22** :260.]

cription est induite immédiatement par NF-κB code I-κB. Celui-ci, dont les taux sont ainsi augmentés, se lient au NF-κB actif dans le noyau et le ramène dans le cytosol.

NF-κB stimule la transcription de plus de 150 gènes, entre autres ceux qui codent des cytokines et des chimiokines qui attirent d'autres cellules du système immunitaire et des fibroblastes dans les foyers infectieux. Il favorise aussi l'expression de protéines servant de récepteurs qui permettent aux neutrophiles (un type de globules blancs) de migrer à partir du sang dans les tissus (voir Figure 6-30). De plus, NF-κB stimule d'une part l'expression de iNOS, l'isoforme inductible de l'enzyme qui produit l'oxyde nitrique, qui est toxique pour les bactéries, et celle d'autre part de plusieurs protéines anti-apoptotiques, qui préviennent la mort cellulaire. Ainsi, cet unique facteur de transcription coordonne et active la défense de l'organisme soit directement en réaction aux pathogènes et au stress, soit indirectement en répondant à des molécules de signalisation libérées par d'autres cellules ou tissus infectés ou blessés.

À côté de sa participation aux processus inflammatoires et immunitaires, NF-κB joue un rôle clé durant le développement des mammifères. Par exemple, des embryons de souris incapables d'exprimer une des sous-unités de l'I-κB kinase meurent au milieu de la gestation d'une dégénérescence hépatique par apoptose excessive de cellules qui normalement doivent survivre ; NF-κB est donc indispensable au développement normal de ce tissu. Comme nous le verrons dans le Chapitre 21, la dégradation liée à la phosphorylation d'un inhibiteur dépendant d'une cycline kinase joue un rôle central dans la régulation du cycle cellulaire chez *S. cerevisiae*. Il paraît probable que la dégradation protéique liée à une phosphorylation apparaîtra comme un mécanisme régulateur fréquent dans beaucoup de processus cellulaires différents.

Une protéolyse intramembranaire catalysée par la préséniline 1 active le récepteur NOTCH

Notch et son ligand Delta sont des protéines transmembranaires avec de nombreux segments répétitifs du type EGF dans leurs domaines extracellulaires. Ils participent à un processus de différenciation important et très conservé tant chez les invertébrés que chez les vertébrés, appelé **inhibition latérale**, dans lequel des cellules adjacentes et équivalentes sur le plan du développement subissent un sort complètement différent. Ce processus, décrit en détail dans le Chapitre 15, est particulièrement important pour prévenir une formation excessive de précurseurs de cellules nerveuses à partir d'une couche indifférenciée de cellules épithéliales.

La protéine Notch est synthétisée comme une protéine membranaire monomérique dans le réticulum endoplasmique où elle se lie à la *préséniline 1*, une protéine à multiples boucles transmembranaires ; le complexe traverse d'abord l'appareil de Golgi et gagne ensuite la membrane plasmique. Dans le Golgi, Notch subit un clivage qui génère une sous-unité extracellulaire et une sous-unité cytosolique transmembranaire, les deux restant associées de manière non covalente tant qu'il n'y a pas eu d'interaction avec Delta, présent sur une autre cellule. La liaison de Notch à Delta déclenche deux clivages dans la cellule répondeuse (Figure 14-29). Le second clivage, dans la région hydrophobe transmembranaire de Notch est catalysée par la préséniline 1 et libère le segment cytosolique de Notch, qui est immédiatement transféré dans le noyau. Un tel processus déclenché par un signal et appelé *RIP (regulated intramembrane proteolysis)* survient également en réponse à des taux élevés de cholestérol (Chapitre 18) et à la présence de protéines dépliées dans le réticulum endoplasmique (Chapitre 16).

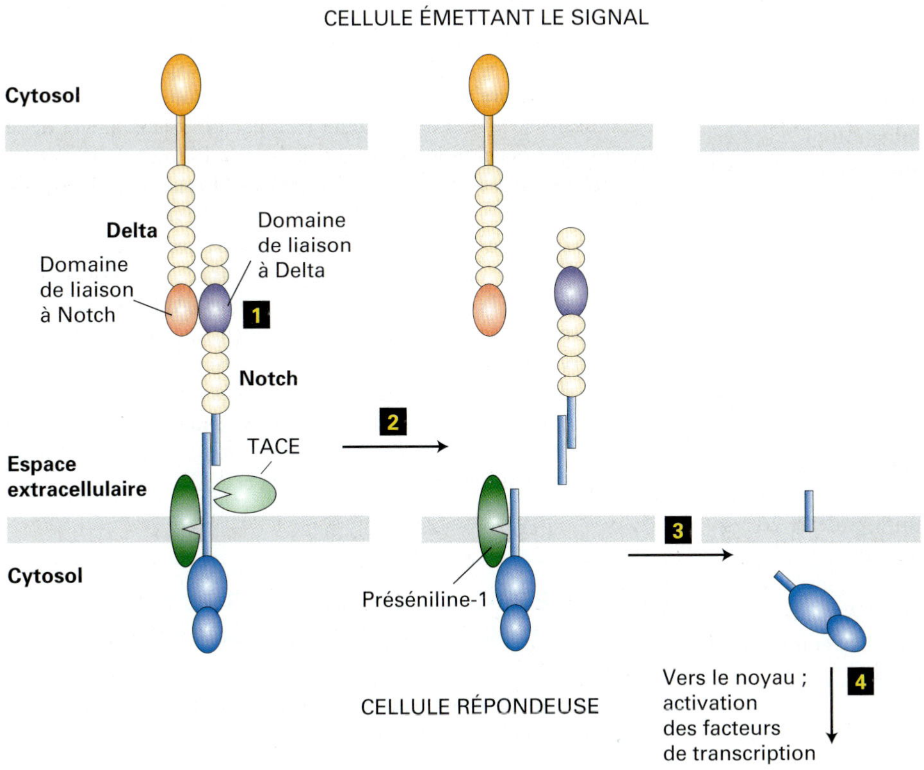

FIGURE 14-29 Voie de signalisation Notch/Delta. La sous-unité extracellulaire de Notch sur la cellule répondeuse est associée de manière non covalente à sa sous-unité transmembranaire et cytosolique. La liaison de Notch à son ligand Delta présent sur une cellule adjacente (étape **1**) déclenche le clivage de Notch par la métalloprotéase membranaire TACE (*tumor necrosis factor alpha converting enzyme*), libérant le segment extracellulaire (étape **2**). La préséniline 1, une protéine membranaire, catalyse alors un clivage intramembranaire qui libère le segment cytosolique de Notch (étape **3**). Après avoir gagné le noyau, ce segment de Notch interagit avec plusieurs facteurs de transcription qui interviennent dans l'expression de gènes qui à leur tour influencent la destinée de la cellule au cours du développement (étape **4**). [Voir M. S. Brown *et al.*, 2000, *Cell* **100** :391, et Y.-M. Chan & Y. Jan, 1999, *Neuron* **23** :201.]

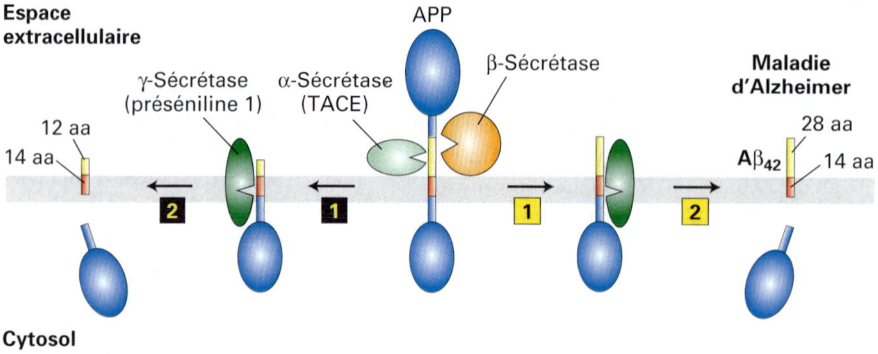

FIGURE 14-30 Clivage protéolytique de l'APP, une protéine de la membrane plasmique neuronale. (*À gauche*) Les clivages protéolytiques successifs par l'α-sécrétase (étape **1**) et la γ-sécrétase (étape **2**) libèrent un peptide de 26 acides aminés qui reste enfoui dans la membrane et se révèle inoffensif. La γ-sécrétase est un complexe de plusieurs protéines, mais le site protéolytique qui catalyse le clivage intramembranaire réside probablement dans la préséniline 1. (*À droite*) Le clivage dans le domaine extracellulaire par la β-sécrétase génère le peptide de 42 résidus, $A\beta_{42}$, qui est impliqué dans la formation des plaques d'amyloïde dans la maladie d'Alzheimer. Dans les deux voies, le segment cytosolique de l'APP est libéré dans le cytosol, mais sa fonction reste inconnue. [Voir W. Esler & M. Wolfe, 2001, *Science.* **293** :1449, et C. Haass & H. Steiner, 2002, *Trends Cell Biol.* **12** :556.]

Chez la drosophile, le segment intracellulaire de Notch, après sa libération, forme un complexe avec la protéine liant l'ADN appelée Su(H) (*Suppressor of Hairless*) et stimule la transcription de nombreux gènes dont l'effet global est de déterminer le sort de la cellule en cours de développement. Une de ces protéines dont la production est amplifiée de cette manière est Notch lui-même, alors que la production de Delta est réduite en proportion inverse (voir Figure 15-38). Comme nous le verrons dans le Chapitre 15, une telle régulation réciproque du récepteur et de son ligand est une propriété essentielle pour l'interaction entre cellules qui sont équivalentes au départ mais qui ont des destinées différentes.

MÉDECINE La préséniline 1 (PS1) fut d'abord identifiée comme le produit d'un gène qui est fréquemment muté chez les patients atteints d'une forme de maladie d'Alzheimer autosomique dominante à début précoce. La lésion majeure de la maladie d'Alzheimer est l'accumulation dans le cerveau de *plaques amyloïdes* contenant des agrégats d'un petit peptide de 42 résidus appelés $A\beta_{42}$. Ce peptide provient par clivage de l'APP (*amyloid precursor protein*), une protéine de fonction inconnue se trouvant à la surface des neurones. L'APP subit en fait un clivage activé par deux voies (Figure 14-30). Dans chacune, le clivage initial survient dans le domaine extracellulaire et est catalysé par l'α- ou β-sécrétase ; dans les deux voies, intervient ensuite la γ-sécrétase qui catalyse un second clivage au même site intramembranaire. La voie induite par l'α-sécrétase, qui implique la même métalloprotéase membranaire TACE qui clive Notch, génère un peptide de 26 résidus qui apparemment n'est pas nuisible. La voie induite par la β-sécrétase génère le peptide dangereux, $A\beta_{42}$. Des mutations faux-sens dans la préséniline 1 impliquée dans la maladie d'Alzheimer augmentent la formation du peptide $A\beta_{42}$, ce qui entraîne la formation des plaques et finalement la mort des neurones. ▮

L'indication que la préséniline 1 est impliquée dans la signalisation passant par Notch (voir Figure 14-29) provient d'études génétiques chez le ver rond *C. elegans*. Des mutations de la protéine homologue de la préséniline 1 causent des anomalies de développement semblables à celles qui sont dues à des mutations dans Notch. Un travail ultérieur a montré que, dans les cellules neuronales de souris privées génétiquement de préséniline 1, Notch ne subit pas de protéolyse intramembranaire induite par un signal. Mais, on ne sait pas encore si la préséniline 1 est la γ-sécrétase elle-même ou agit comme un cofacteur essentiel de la protéase effective. En effet, la préséniline 1 fait partie d'un grand complexe contenant plusieurs autres protéines membranaires. Les segments transmembranaires de la préséniline contiennent deux résidus aspartate dans une configuration semblable à celle des deux aspartates que l'on trouve dans le site actif des aspartyl protéases solubles dans l'eau ; une mutation de l'un de ces deux résidus abolit la capacité de la préséniline 1 de stimuler le clivage de Notch. De même, une batterie d'inhibiteurs chimiques des protéases bloquent le clivage de Notch et le clivage par la γ-sécrétase de l'APP avec la même puissance, ce qui suggère que la même protéase est impliquée. Les données actuelles sont dès lors compatibles avec la notion que la préséniline 1 est la protéase qui clive Notch et l'APP dans leur segment transmembranaire. Cependant, le clivage de Notch et de l'APP survient à la membrane plasmique ou tout près, tandis que la majorité de la préséniline est présente dans le réticulum endoplasmique. Cette observation suggère que la préséniline peut agir en association avec d'autres protéines dans la protéolyse intramembranaire inhabituelle de Notch et AAP.

CONCEPTS CLÉS DE LA SECTION 14.6

Voies qui impliquent un clivage protéique induit par le signal

- Le facteur de transcription NF-κB régule de nombreux gènes qui permettent aux cellules de répondre aux infections et à l'inflammation.

- Dans des cellules non stimulées, NF-κB est localisé dans le cytosol, lié à la protéine inhibitrice I-κB. En réponse à des signaux extracellulaires, la dégradation d'I-κB dans les protéasomes à la suite de son ubiquitinylation dépendante d'une phosphorylation libère la forme active de NF-κB qui gagne le noyau (voir Figure 14-28).
- À la suite de son interaction avec son ligand Delta à la surface d'une cellule adjacente, le récepteur protéique Notch subit deux clivages protéolytiques. Le segment cytosolique de Notch ainsi libéré est transféré dans le noyau où il module la transcription génique (voir Figure 14-29).
- La préséniline 1, qui catalyse le clivage intramembranaire régulé de Notch, participe également au clivage de l'APP (*amyloid precursor protein*) fournissant le peptide qui forme les plaques caractéristiques de la maladie d'Alzheimer.

14.7 Inhibition des signaux transmis par des récepteurs

Nous avons décrit plusieurs mécanismes qui contribuent à la régulation de la transmission des signaux. Les taux d'hormones produites et libérées par les cellules émettrices sont ajustés en permanence afin de rencontrer au mieux les besoins de l'organisme. Par exemple, les cellules rénales produisent et sécrètent plus d'érythropoïétine quand, l'oxygène venant à manquer, le besoin en globules rouges augmente. Des protéines intracellulaires, comme Ski et SOCS, qui sont exprimées à la suite d'une stimulation par le TGFβ ou des cytokines inhibent les voies de transduction correspondant à ces ligands. La phosphorylation des récepteurs et des protéines de signalisation en aval est inversée par l'action strictement contrôlée des phosphatases. Ici nous décrivons deux autres mécanismes par lesquels les voies de signalisation sont inhibées : l'élimination des récepteurs de la surface cellulaire par endocytose et la sécrétion des protéines qui lient et séquestrent les hormones, prévenant ainsi leur interaction avec les récepteurs de la membrane cellulaire.

L'endocytose des récepteurs de surface rend les cellules insensibles à de nombreuses hormones

Dans des sections précédentes, nous avons décrit plusieurs voies de transduction du signal activées immédiatement après stimulation de récepteurs de cytokines et des récepteurs à activité de tyrosine kinase (RTK). Si le taux d'hormone dans le milieu reste élevé pendant plusieurs heures, les cellules subissent habituellement une *désensibilisation*, qui leur permet de ne plus répondre à cette concentration d'hormone. Ceci évite une activité du récepteur prolongée et inadéquate, mais dans ces conditions, les cellules répondront si le taux d'hormone continue à s'élever. L'**endocytose dépendant d'un récepteur**, qui réduit le nombre de récepteurs de surface disponibles, est le mécanisme principal par lequel des cellules sont désensibilisées envers de nombreux peptides et hormones.

Par exemple, en absence de son ligand, le récepteur de l'EGF est incorporé à un rythme relativement lent qui correspond au flux membranaire global. En plus de l'activation de la tyrosine kinase du récepteur, la liaison de l'EGF induit un changement de conformation dans l'extrémité cytosolique du récepteur, ce qui expose un motif de triage qui facilite le recrutement du récepteur dans les puits couverts de clathrine et l'ingestion subséquente. Après endocytose, certains récepteurs de surface (e.g. le récepteur des LDL) sont efficacement recyclés à la surface (voir Figure 17-28). Par contre, des récepteurs de nombreuses hormones peptidiques, lorsqu'ils sont incorporés avec leur ligand spécifique, plutôt que d'être recyclés à la surface, sont transférés dans les lysosomes où ils sont dégradés.

Par exemple, chaque fois qu'un récepteur de l'EGF est incorporé avec son ligand, il a environ 50 % de chances d'être dégradé. Quand un fibroblaste est exposé à des taux élevés d'EGF pendant 1 heure, des épisodes répétés d'endocytose aboutissent à la dégradation de la plupart des molécules de récepteur. Si on réduit ensuite la concentration de l'EGF extracellulaire, le nombre de récepteurs de l'EGF à la surface est rétabli par synthèse de nouvelles molécules de récepteur, un processus lent qui peut prendre plus d'un jour. De cette manière, un taux continuellement élevé d'hormone peut désensibiliser une cellule, mais après retrait de l'hormone, celle-ci rétablit la densité initiale de récepteurs de surface et redevient ainsi sensible à un taux hormonal bas

Des expériences avec des lignées cellulaires mutées démontrent que l'incorporation des RTK joue un rôle important dans la régulation des réponses cellulaires à l'EGF et à d'autres facteurs de croissance. Par exemple, une mutation dans le récepteur de l'EGF qui l'empêche d'être incorporé dans les puits recouverts, ce qui le rend résistant à l'endocytose induite par le ligand, augmente substantiellement la sensibilité des cellules à l'activité mitogène de l'EGF. De tels mutants sont plus facilement transformés sous l'effet de ce facteur de croissance. Observation intéressante ; des récepteurs incorporés, avant leur dégradation, peuvent continuer à transmettre des signaux à partir des compartiments intracellulaires.

BIOTECH

Dans la plupart des cas, des hormones peptidiques qui sont incorporées après liaison à leur récepteur sont dégradées dans la cellule. Si au départ le taux extracellulaire de l'hormone est relativement bas, il peut, à cause de ce processus, tomber tellement bas qu'au bout de quelques heures la signalisation prendra fin. Par exemple, ce mécanisme peut appauvrir le milieu extracellulaire en IL-2, une cytokine qui stimule la croissance des cellules T immunes, avec comme résultat l'arrêt de la signalisation. Des formes mutées de l'IL-2 ont été obtenues qui se lient normalement au récepteur de l'IL-2 à pH 7,5, celui du milieu extracellulaire, mais faiblement à pH 6, celui de la vésicule initiale d'endocytose ou endosome. Ces variants d'IL-2 se détachent du récepteur dans l'endosome et son « recyclés » ; c'est-à-dire qu'ils sont sécrétés à nouveau dans le milieu extracellulaire au lieu d'accompagner le récepteur dans les lysosomes où il est dégradé. Puisque ces formes d'IL-2 ont une durée de vie plus longue et sont donc plus actives que les molécules normales, elles pourraient être utiles sur le plan thérapeutique pour stimuler la production de cellules T. ■

Des récepteurs sécrétés, agissant comme un leurre, lient l'hormone et préviennent ainsi l'activation du récepteur

Une autre manière de réduire l'activité des récepteurs de surface est la sécrétion d'une protéine qui contient un segment liant l'hormone mais qui n'a pas d'activité de transduction du signal. Comme on peut s'y attendre, la liaison de l'hormone à de telles protéines, appelés *récepteurs leurres*, réduit la quantité d'hormone disponible pour se lier aux récepteurs capables d'émettre des signaux. Ce type de régulation est important dans le contrôle de la résorption osseuse, un processus physiologique complexe qui intègre plusieurs mécanismes moléculaires.

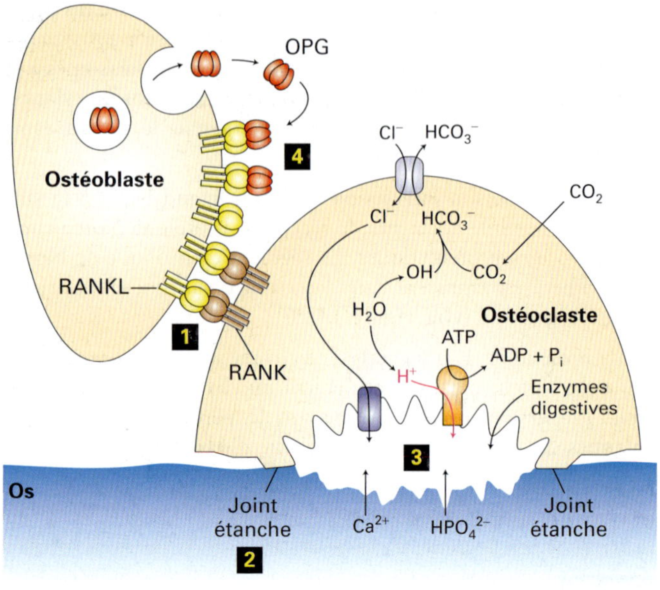

FIGURE 14-31 La résorption osseuse et sa régulation. Les ostéoclastes s'attachent d'abord à l'os par l'intégrine de leurs podosomes. Ils interagissent alors avec des ostéoblastes voisins par l'intermédiaire des protéines trimériques membranaires RANKL et RANK (**1**). L'activation qui en résulte induit une réorganisation du cytosquelette, menant à la formation d'un joint étanche avec l'os (**2**). L'ostéoclaste activé sécrète dans l'espace extracellulaire délimité par ce joint un mélange corrosif d'HCl et de protéases qui résorbe l'os (**3**). Des ostéoblastes peuvent supprimer la résorption osseuse en sécrétant l'ostéoprotégérine (OPG). Ce récepteur en se liant à RANKL joue le rôle de leurre (**4**) ; en bloquant la liaison de RANKL à RANK présent sur les ostéoclastes, il empêche leur activation. Voir la discussion dans le texte [Adapté de N. Takahashi *et al.*, 1999, *Biochem. Biophys. Res. Comm.* **256** : 449.]

La croissance nette de l'os chez les mammifères s'arrête juste après la puberté, mais un processus hautement dynamique et finement équilibré de résorption et de reconstruction osseuses, appelé *remodelage*, se poursuit pendant toute la vie adulte. Le remodelage permet la réparation des os endommagés et peut libérer, à partir de l'os minéralisé, du phosphate calcique et d'autres ions qui sont transportés par le sang pour être utilisés ailleurs dans l'organisme.

Les *ostéoclastes*, les cellules qui dissolvent l'os, sont des macrophages particuliers dont la membrane plasmique est dotée de structures adhésives et très dynamiques appelées *podosomes* (voir Figure 6-27). Les podosomes contiennent des intégrines, surtout l'intégrine αvβ3, qui joue un rôle crucial dans la fixation des ostéoclastes à la surface de l'os. Les anticorps qui lient à cette intégrine et bloquent son activité empêchent la résorption osseuse. Après leur adhérence initiale à l'os, les ostéoclastes forment au contact de l'os des joints étanches, créant ainsi un espace fermé extracellulaire (Figure 14-31). L'ostéoclaste adhérent se met alors à sécréter dans cet espace un mélange corrosif d'HCl et de protéases qui dissou les composants inorganiques de l'os et digère les composants protéiques. Le mécanisme qui génère l'HCl et sa sécrétion rappelle celui qui est utilisé par l'estomac pour constituer le suc digestif (voir Figure 7-28). Comme dans la sécrétion gastrique d'HCl, l'anhydrase carbonique et un antiporteur protéique à anions sont utilisés pour générer les ions H^+ dans les ostéoclastes. Cependant, les ostéoclastes emploient une pompe à protons de type V pour exporter les ions H^+ dans l'espace faisant face à l'os alors que l'épithélium gastrique utilise une pompe H^+/K^+ de classe P tirant son énergie de l'ATP (voir Figure 7-6).

La résorption osseuse par les ostéoclastes est régulée soigneusement par des interactions intercellulaires avec des *ostéoblastes* voisins. Ces cellules formatrices d'os sécrètent du collagène de type 1, le composant organique principal des os. Elles expriment aussi une protéine trimérique de surface appelée *RANKL*, qui appartient à la superfamille du TNF-α, composée de protéines trimériques de signalisation. RANKL est le ligand de RANK, un récepteur de surface exprimé par les ostéoclastes. L'interaction de RANK avec RANKL active de multiples voies de signalisation intracellulaire dans les ostéoclastes, entre autres la voie du NF-kB, qui est aussi déclenchée par stimulation des récepteurs du TNF-α (voir Figure 14-28). L'ensemble de ces signaux induisent la différenciation des ostéoclastes et des changements dans leur forme ce qui facilite leur fixation étroite à l'os et ainsi la résorption osseuse.

De plus, les ostéoblastes produisent et sécrètent un récepteur soluble servant de leurre et appelé *ostéoprotégérine* (*OPG*) en raison de son activité protectrice sur le tissus osseux. L'OPG sécrétée se lie à RANKL à la surface des ostéoblastes, prévient ainsi l'interaction entre RANKL et RANK et inhibe l'activation des ostéoclastes et la résorption osseuse (voir Figure 14-31). Des souris privées d'OPG ont une ossature faible, poreuse, caractéristique d'une résorption excessive. Ce qui montre la fonction indispensable de l'OPG dans la réduction de la résorption osseuse.

MÉDECINE

L'*ostéopétrose*, une maladie héréditaire rare, caractérisée par une densité osseuse accrue, est due à une résorption osseuse anormalement lente. Beaucoup plus fréquente est l'*ostéoporose*, qui prévaut surtout parmi les femmes ménopausées. Ce trouble métabolique est lié à une résorption osseuse excessive, rendant les os poreux, moins denses et fragiles.

De nombreuses hormones stéroïdiennes (e.g. œstrogènes, glucocorticoïdes), la vitamine D, des hormones peptidiques et des médicaments influencent le métabolisme osseux en interagissant directement avec les ostéoblastes et en modifiant le système de signalisation RANL/RANK. Les œstrogènes, par exemple, induisent normalement la sécrétion d'OPG et inhibent ainsi la résorption osseuse. Quand leur taux est bas, comme c'est le cas chez beaucoup de femmes ménopausées, la résorption augmente et les os s'affaiblissent. Il peut être possible de développer de nouveaux traitements contre l'ostéoporose basés sur la modification du système de signalisation qui contrôle la résorption osseuse. ▮

BIOTECH Puisqu'ils se fixent à leur ligand très fermement, des domaines extracellulaires solubles de récepteurs hormonaux de surface trouvent des applications thérapeutiques en nombre croissant. Beaucoup de récepteurs de surface sont orientés dans la membrane plasmique de manière à ce que le domaine C-terminal qui transmet le signal s'étende dans le cytosol et que le domaine N-terminal qui capte le ligand s'étende dans l'espace extracellulaire. Au moyen des techniques de l'ADN recombinant, un stop codon peut être placé dans l'ADNc codant un tel récepteur si bien que la traduction dans un système d'expression adéquat génère une protéine tronquée correspondant au domaine extracellulaire du récepteur, qui sera sécrété et qui peut fonctionner comme un leurre. Par exemple, l'augmentation locale de TNF-α est fréquente dans l'*arthrite rhumatoïde*, une maladie articulaire inflammatoire. L'injection du domaine extracellulaire recombinant du récepteur du TNF-α, qui capte une partie de cette cytokine en excès et réduit ainsi l'inflammation, est devenu un des traitements principaux dans les cas graves de cette maladie. ▮

CONCEPTS CLÉS DE LA SECTION 14.7
Inhibition des signaux transmis par des récepteurs

- Par endocytose des complexes récepteur-hormone et leur dégradation dans les lysosomes, la cellule réduit la densité des récepteurs de surface à activité de tyrosine kinase et des récepteurs de cytokines. Elle peut ainsi diminuer sa sensibilité à de nombreuses hormones peptidiques.

- La résorption osseuse est déclenchée par la liaison de RANKL présent sur les ostéoblastes à son récepteur RANK sur les ostéoclastes. Le signal qui en résulte fait adhérer fortement les ostéoclastes à l'os et leur fait sécréter un mélange d'HCl et de protéases qui dissout le tissu osseux (voir Figure 14-31).

- L'ostéoprotégérine, un récepteur servant de leurre pour RANKL, inhibe l'activation des ostéoclastes et la résorption osseuse.

- Les domaines extracellulaires de nombreux récepteurs de surface, produits par les techniques de l'ADN recombinant, peuvent servir de leurres et offrir des possibilités thérapeutiques. Un tel récepteur soluble est déjà en usage pour inhiber le TNF-α, produit en excès en cas d'arthrite rhumatoïde ou d'autres maladies inflammatoires.

PERSPECTIVES POUR LE FUTUR

La convergence de la génétique, de la biochimie et de la biologie structurale nous a donné une vue de plus en plus détaillée du mode de transmission des signaux à partir de la surface cellulaire et de leur impact sur le comportement cellulaire. La multitude des différents signaux extracellulaires, de leurs récepteurs et des voies de transduction intracellulaire du signal se ramène à un nombre relativement petit de classes, l'objectif majeur étant de comprendre comment des voies de signalisation semblables régulent souvent des processus cellulaires très différents. Par exemple, à la suite de la stimulation du récepteur de l'érythropoïétine, STAT5 active, dans les précurseurs érythroïdes, des séries de gènes très différentes de celles qu'il active dans les cellules épithéliales mammaires à la suite d'une stimulation du récepteur de la prolactine. Probablement, STAT5 lie différents groupes de facteurs de transcription dans l'un ou l'autre type cellulaire, mais la nature de ces protéines et du mécanisme par lequel elles collaborent pour induire l'expression génique de profils cellulaires typiques reste à découvrir.

À l'inverse, l'activation du même composant de la chaîne de transmission du signal dans la même cellule à partir de récepteurs différents suscite souvent des réponses cellulaires différentes. Une explication qui revient souvent est que la durée de l'activation de la MAP kinase et d'autres voies de signalisation modifie le profil des gènes exprimés. Mais, comment cette spécificité est déterminée reste une question primordiale dans le domaine de la transduction du signal. Des études génétiques et moléculaires chez la mouche, le ver et la souris contribueront à la compréhension des interactions entre les composants des différents voies et des principes régulateurs qui contrôlent la spécificité dans des organismes multicellulaires.

Au cours des dernières années, des chercheurs ont déterminé les structures tridimensionnelles de diverses protéines de signalisation, ce qui a permis une analyse plus détaillée de plusieurs voies de transduction du signal. Les structures moléculaires de différentes kinases, par exemple, montrent d'étonnantes similitudes et d'importantes variations qui leur impartissent de nouvelles fonctions régulatrices. L'activité de plusieurs kinases, comme Raf et la protéine kinase B (PKB), est contrôlée par des domaines inhibiteurs ainsi que par de multiples phosphorylations catalysées par plusieurs autres kinases. Mais, pour comprendre comment l'activité de ces kinases et d'autres est régulée de manière précise pour rencontrer les besoins de la cellule, on a besoin d'études de structure et de biologie cellulaire supplémentaires.

Des anomalies dans la transduction du signal sous-tendent de nombreuses maladies différentes, entre autres les principaux cancers et beaucoup d'états inflammatoires. Une connaissance détaillée des voies de signalisation impliquées et de la structure de leurs composants protéiques continuera à fournir des indications moléculaires importantes pour concevoir des thérapies spécifiques. Malgré les relations structurelles étroites entre des molécules de signalisation différentes (e.g. kinases), des études récentes suggèrent que des inhibiteurs sélectifs pour certaines sous-classes peuvent être conçus. Dans de nombreuses tumeurs épithéliales, le récepteur de l'EGF exerce une activité de tyrosine kinase constitutive (indépendante du signal), et un inhibiteur spécifique de cette kinase (IressaTM) s'est révélé utile dans le traitement de plusieurs de ces cancers. De même, des anticorps monoclonaux ou des récepteurs leurres qui empêchent que des cytokines pro-inflammatoires comme l'IL-1 ou le TNF-α ne se fixent à leur récepteur spécifique sont utilisés actuellement dans le traitement de plusieurs maladies inflammatoires comme l'arthrite.

Des médicaments qui ciblent d'autres protéines transductrices peuvent être utiles dans le contrôle d'activités anormales. Un exemple est Ras, qui est ancré dans les membranes cellulaires par des groupes farnésyl qu'une farnésyl transférase attache à Ras. Des inhibiteurs de cette enzyme sont testés comme agents thérapeutiques dans des cancers causés par l'expression de protéines Ras qui sont actives de manière constitutive. Des études structurelles détaillées de l'interaction entre protéines de transduction du signal offrent des perspectives prometteuses pour la conception de nouveaux types de médicaments hautement spécifiques. Par exemple, la connaissance de l'interface entre les protéines Sos et Ras ou entre Ras et Raf pourrait être à la base d'un médicament qui bloque l'activation de la MAP kinase. Comme plus de voies de signalisation sont comprises au niveau moléculaire, on peut être certain que l'on trouvera d'autres cibles pour le développement de nouveaux médicaments.

MOTS CLÉS

Cascade des kinases *593*
Constitutive *574*
Cytokines *580*
Domaines SH2 *579*
Érythropoïétine *581*
Lèvre d'activation *578*
MAP kinase *593*
NLS (*nuclear localization signal*) *576*
Phosphatase PTEN *600*
Phospho-inositides *598*
Préséniline 1 *603*
Protéine kinase B *599*
Protéine Ras *587*
Protéines de charpente *597*
Protéolyse intramembranaire régulée *603*
Récepteur à activité de tyrosine kinase *578*
Récepteurs leurres *606*
Smad *575*
Superfamille du TGFβ *574*
Voie de la PI-3 kinase *598*
Voie JAK-STAT *581*
Voie NF-κB *601*
Voie Notch/Delta *601*

RÉVISIONS

1 La liaison du TGFβ à son récepteur peut susciter diverses réponses dans différents types cellulaires. Par exemple, le TGFβ induit la production de l'inhibiteur de l'activateur du plasminogène dans les cellules épithéliales et des immunoglobulines spécifiques dans les lymphocytes B. Dans les deux types cellulaires, Smad3 est activé. Étant donné la conservation de la voie de signalisation, qu'est-ce qui explique la diversité de réponse au TGFβ dans les différents types cellulaires ?

2 Comment le signal généré par la liaison du TGFβ à son récepteur de surface est-il transmis jusqu'au noyau où surviennent les changements dans l'expression des gènes cibles ?

3 Citez trois points communs à l'activation des récepteurs de cytokines et des récepteurs à activité de tyrosine kinase. Citez une différence portant sur l'activité enzymatique de ces récepteurs.

4 Les événements intracellulaires qui se déroulent quand l'érythropoïétine se lie à son récepteur sont des exemples bien caractérisés des voies de signalisation qui activent l'expression génique. Quelle molécule est transférée du cytosol dans le noyau après (a) que JAK2 a activé STAT5 et (b) que GRB2 s'est lié au récepteur de l'Epo ?

5 Une fois qu'une voie de signalisation a suscité les changements adéquats dans l'expression des gènes cibles, elle doit être inactivée. Sinon des conséquences pathologiques pourraient survenir comme on l'observe dans de nombreux cancers où la signalisation par des facteurs de croissance est permanente. Beaucoup de voies de signalisation sont contrôlées par une boucle de rétrocontrôle intrinsèque, un événement en aval interrompant le processus en amont. Décrivez ce mécanisme de contrôle qui inhibe les signaux induits par (a) le TGFβ et (b) l'érythropoïétine.

6 GRB2 est un composant essentiel de la voie de signalisation de l'EGF (*epidermal growth factor*) même si GRB2 est dépourvu d'activité enzymatique intrinsèque. Quelle est la fonction de GRB2 ? Quel est le rôle que jouent les domaines SH2 et SH3 dans la fonction de GRB2 ? De nombreuses autres protéines de signalisation possèdent des domaines SH2. Qu'est-ce qui détermine la spécificité des interactions d'autres molécules avec SH2 ?

7 Une mutation dans Ras rend cette protéine active de manière constitutive (RasD). Qu'entend-on par activation constitutive ? Comment Ras activé de manière constitutive est-il cancérigène ? Quel type de mutation pourrait rendre actives de manière constitutive les protéines suivantes : (a) Smad3 ; (b) MAP kinase et (c) NF-κB ?

8 L'enzyme Ste11 participe à plusieurs voies de signalisation distinctes de la MAP kinase dans la levure *S. cerevisiae* en phase de bourgeonnement. Quel est le substrat pour Ste11 dans la voie de signalisation du facteur de conjugaison ? Quand une cellule de levure est stimulée par un facteur de conjugaison, qu'est-ce qui prévient l'induction de la filamentation puisque Ste11 participe aussi dans la voie de signalisation de la MAP kinase induite par une carence nutritive ?

9 Décrivez les événements requis pour l'activation complète de la protéine kinase B. Citez les deux effets de l'insuline qui dépendent de la protéine kinase B dans les cellules musculaires.

10 Décrivez la fonction de la phosphatase PTEN dans la voie de signalisation de la PI-3 kinase. Pourquoi une mutation inactivant PTEN est-elle cancérigène ? Décrivez l'effet d'une molécule PTEN qui serait active de manière constitutive sur la croissance et la survie de la cellule.

11 Pourquoi la voie de signalisation qui active NF-κB est-elle considérée comme relativement irréversible en comparaison avec les voies de signalisation passant par les récepteurs des cytokines ou à activité de tyrosine kinase ? Néanmoins, la signalisation NF-κB doit finalement être contrôlée. Comment cette voie de signalisation est-elle interrompue ?

12 Quelle est la réaction biochimique qui est catalysée par l'enzyme préséniline 1 ? Quel est le rôle de la préséniline 1 dans la transduction du signal induit par la liaison de Delta à son récepteur ? Comment des mutations dans la préséniline 1 pourraient-elles contribuer à la maladie d'Alzheimer ?

13 Qu'est-ce qu'un récepteur leurre ? Comment le récepteur leurre, l'ostéoprotégérine, bloque-t-il la résorption osseuse ? Certaines tumeurs sont caractérisées par la production excessive de PDGF (*platelet-derived growth factor*). Comment un récepteur leurre recombinant pourrait-il fonctionner comme agent thérapeutique pour traiter un tel cancer ?

ANALYSEZ LES RÉSULTATS SUIVANTS

G. Johnson et ses collègues ont analysé la cascade de kinases à laquelle MEKK2, une MAP kinase, kinase, kinase, prend part dans les cellules de mammifères. Par une sélection basée sur le système des deux hybrides chez la levure (voir Chapitre 11), on a trouvé que MEKK2 lie MEK5, une MAP kinase kinase. Pour élucider la voie de signalisation impliquant MEKK2 in vivo, les expériences suivantes ont été effectuées sur des cellules rénales embryonnaires humaines (HEK293) en culture.

a. Des cellules HEK293 furent transfectées avec un plasmide codant MEKK2 marqué ainsi qu'avec un plasmide codant MEK5 ou un vecteur contrôle qui ne codait aucune protéine. La protéine recombinante MEK5 fut extraite du lysat cellulaire au moyen d'un anticorps spécifique. Le produit d'immunoprécipitation fut alors analysé par électrophorèse en gel de polyacrylamide, transféré sur une membrane et examiné par la technique de l'empreinte Western au moyen d'un anticorps qui reconnaissait MEKK2 marqué. Les résultats sont montrés dans la Figure ci-dessous, partie a. Quelles informations sont fournies par cette expérience à propos de la cascade de kinases passant par MEKK2 ? Ces données de la partie a prouvent-elles que MEKK2 active MEK5 ou vice versa ?

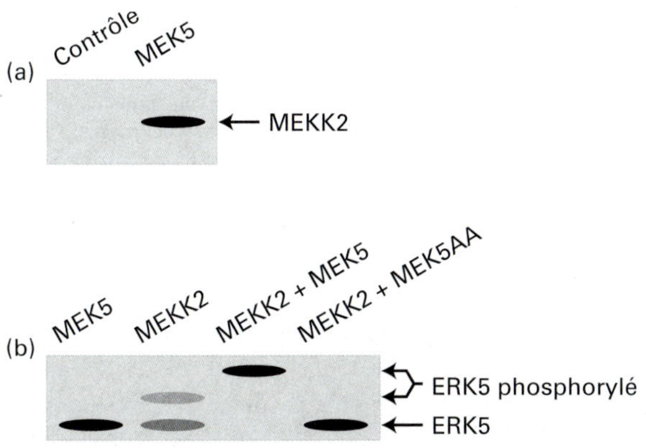

b. ERK5 est une MAP kinase qui est activée quand elle est phosphorylée par MEK5. Lorsque ERK5 est phosphorylée par MEK5, sa migration en gel de polyacrylamide est retardée. Dans l'expérience montrée dans la partie b de la figure, des cellules HEK293 furent transfectées avec un plasmide codant ERK5 ainsi qu'avec des plasmides codant soit MEK5, soit MEKK2, soit MEKK2 plus MEK5, soit MEKK2 plus MEK5AA. MEK5AA est un mutant inactif de MEK5 à caractère dominant négatif. L'expression de MEK5AA dans les cellules HEK293 empêche la signalisation passant par MEK5 endogène et actif. Des lysats des cellules transfectées furent analysés par empreinte Western au moyen d'un anticorps dirigé contre ERK5 recombinant. À partir des données de la partie b de la figure, que peut-on conclure à propos du rôle de MEKK2 dans l'activation d'ERK5 ? Comment les résultats obtenus quand les cellules étaient cotransfectées avec ERK5, MEKK2 et MEK5AA contribuent-ils à élucider l'ordre des participants dans la cascade des kinases ?

RÉFÉRENCES

Les récepteurs du TGFβ et l'activation directe des Smads

Blobe, G. *et al.*, (2000), Role of transforming growth factor beta in human disease, *N. Eng. J. Med.* **342** :1350–1358.

Liu, X. *et al.*, (2001), Ski/Sno and TGF-beta signaling, *Cytokine Growth Factor Rev.* **12** :1–8.

Massagué, J, (2000), How cells read TGF-beta signals, *Nature Rev. Mol. Cell Biol.* **1** :169–178.

Massagué, J. *et al.*, (2000), TGFbeta signaling in growth control, cancer, and heritable disorders, *Cell* **103** :295–309.

Moustakas, A. *et al.*, (2001), Smad regulation in TGF-beta signal transduction, *J. Cell Sci.* **114** :4359–4369.

Shi, Y, (2001), Structural insights on Smad function in TGFbeta signaling, *Bioessays* **23** :223–232.

ten Dijke, P. *et al.*, (2000), Signaling inputs converge on nuclear effectors in TGF-beta signaling, *Trends Biochem. Sci.* **25** :64–70.

Wotton, D. et Massagué, J., (2001), Smad transcriptional corepressors in TGF beta family signaling, *Curr. Top. Microbiol. Immunol.* **254** :45–164.

Récepteurs des cytokines et la voie JAK-STAT

Alexander, W., (2002), Suppressors of cytokine signalling (SOCS) in the immune system, *Nature Rev. Immunol.* **2** :410–416.

Chatterjee-Kishore, M. *et al.*, (2000), Association of STATs with relatives and friends, *Trends Cell Biol.* **10** :106–111.

Constantinescu, S. N. *et al.*, (1999), The erythropoietin receptor : structure, activation, and intracellular signal transduction, *Trends Endocrin. Metab.* **10** :8–23.

Kile, B. T. *et al.*, (2002), The SOCS box : a tale of destruction and degradation, *Trends Biochem. Sci.* **27** :235–41.

Leonard, W., (2001), Role of Jak kinases and STATs in cytokine signal transduction, *Int. J. Hematol.* **73** :271–277.

Levy, D. E. et Darnell, Jr J. E., (2002), Stats : transcriptional control and biological impact, *Nature Rev. Mol. Cell Biol.* **3** :651–62.

Ozaki, K. et Leonard, W., (2002), Cytokine and cytokine receptor pleiotropy and redundancy, *J. Biol. Chem.* **277** :29355–29358.

Ward, A. *et al.*, (2000), The Jak-Stat pathway in normal and perturbed hematopoiesis, *Blood* **95** :19–29.

Yasukawa, H. *et al.*, (2000), Negative regulation of cytokine signaling pathways, *Ann. Rev. Immunol.* **18** :43–164.

Récepteurs à activité de tyrosine kinase et activation de Ras

Gschwind, A. *et al.*, (2001), Cell communication networks : epidermal growth factor receptor transactivation as the paradigm for interreceptor signal transmission, *Oncogene* **20** :1594–1600.

Harari, D. et Yarden, Y., (2000), Molecular mechanisms underlying ErbB2/HER2 action in breast cancer, *Oncogene* **19** :6102–6114.

Hubbard, S., (1999), Structural analysis of receptor tyrosine kinases. *Prog. Biophys. Mol. Biol.* **71** :343–358.

Huse, M. et Kuriyan, J., (2002), The conformational plasticity of protein kinases, *Cell* **109** :275–282.

Schlessinger, J, (2002), Ligand-induced, receptor-mediated dimerization and activation of EGF receptor, *Cell* **110** :669–672.

Shawver, L. *et al.*, (2002), Smart drugs : tyrosine kinase inhibitors in cancer therapy, *Cancer Cell* **1** :117–123.

Simon, M., (2000), Receptor tyrosine kinases : specific outcomes from general signals, *Cell* **103** :13–15.

Vetter, I. et Wittinghofer, A., (2001), The guanine nucleotide-binding switch in three dimensions, *Science* **294** :1299–1304.

Les voies de la MAP kinase

Avruch, J. *et al.*, (2001), Ras activation of the Raf kinase : tyrosine kinase recruitment of the MAP kinase cascade, *Recent Prog. Horm. Res.* **56** :127–155.

Chang, L. et Karin, M., (2001), Mammalian MAP kinase signalling cascades, *Nature* **410** :37–40.

Cobb, M. et Goldsmith, E., (2000), Dimerization in MAP-kinase signaling, *Trends Biochem. Sci.* **25** :7–9.

Garrington, T. et Johnson, G., (1999), Organization and regulation of mitogen-activated protein kinase signaling pathways, *Curr. Opin. Cell Biol.* **11** :211–218.

Kerkhoff, E. et Rapp, U., (2001), The Ras-Raf relationship : an unfinished puzzle, *Adv. Enz. Regul.* **41** :261–267.

Martin-Blanco, E., (2000), p38 MAPK signalling cascades : ancient roles and new functions. Bioessays **22** :637–645.

Tzivion, G. et Avruch, J., (2002), 14-3-3 proteins : active cofactors in cellular regulation by serine/threonine phosphorylation, *J. Biol. Chem.* **277** :3061–3064.

Widmann, C. *et al.*, (1999), Mitogen-activated protein kinase : conservation of a three-kinase module from yeast to human, *Physiol. Rev.* **79** :143–180.

Transduction de signaux par des phospho-inositides

Belham, C. *et al.*, (1999), Intracellular signalling : PDK1—a kinase at the hub of things, *Curr. Biol.* **9** :R93–R96.

Cantley, L., (2002), The phosphoinositide 3-kinase pathway, *Science* **296** :1655–1657.

Cantley, L. et Neel, B., (1999), New insights into tumor suppression : PTEN suppresses tumor formation by restraining the phosphoinositide 3-kinase/AKT pathway, *Proc. Nat'l. Acad. Sci.* USA **96** :4240–4245.

Chung, C. *et al.*, (2001), Signaling pathways controlling cell polarity and chemotaxis, *Trends Biochem. Sci.* **26** :557–566.

Toker, A. et Newton, A., (2000), Cellular signaling : pivoting around PDK-1., *Cell* **103** :185–188.

Wishart, M. et Dixon, J., (2002), PTEN and myotubularin phosphatases : from 3-phosphoinositide dephosphorylation to disease, *Trends Cell. Biol.* **12** :579–584.

Voies qui impliquent un clivage protéique induit par le signal

Brown, M. *et al.*, (2000), Regulated intramembrane proteolysis : a control mechanism conserved from bacteria to humans, *Cell* **100** :391–398.

Esler, W. et Wolfe, M., (2001), A portrait of Alzheimer secretases—new features and familiar faces, *Science* **293** :1449–1454.

Ghosh, S. et Karin, M., (2002), Missing pieces in the NF-kappaB puzzle, *Cell* **109** (suppl.) : S81–S96.

Haass, C. et H. Steiner, (2002), Alzheimer disease g- secretase : a complex story of GxGD-type presenilin proteases, *Trends Cell Biol.* **12** :556–561.

Karin, M. et Ben-Neriah, Y., (2000), Phosphorylation meets ubiquitination : the control of NF-[kappa]B activity, *Ann. Rev. Immunol.* **18** :621–663.

Khush, R. et Lemaitre, B., (2000), Genes that fight infection : what the Drosophila genome says about animal immunity, *Trends Genet.* **16** :442–449.

Silverman, N. et Maniatis, T., (2001), NF-kappaB signaling pathways in mammalian and insect innate immunity, *Genes Devel.* **15** :2321–2342.

Sisodia, S. *et al.*, (2001), Gamma-secretase : never more enigmatic, *Trends Neurosci.* **24** :S2–S6.

Weihofen, A. et Martoglio, B., (2003), Intramembrane-cleaving proteases, *Trends Cell Biol.* **13** :71–78.

Inhibition des signaux transmis par des récepteurs

Lauffenburger, D. *et al.*, (1998), Scratching the (cell) surface : cytokine engineering for improved ligand/receptor trafficking dynamics, *Chem. Biol.* **5** :R257–R263.

Theill, L. *et al.*, (2002), RANK-L and RANK : T cells, bone loss, and mammalian evolution, *Ann. Rev. Immunol.* **20** :795–823.

Waterman, H. et Yarden, Y., (2001), Molecular mechanisms underlying endocytosis and sorting of ErbB receptor tyrosine kinases, *FEBS Lett.* **490** :142–152.

15

INTÉGRATION DES SIGNAUX ET DES CONTRÔLES GÉNIQUES

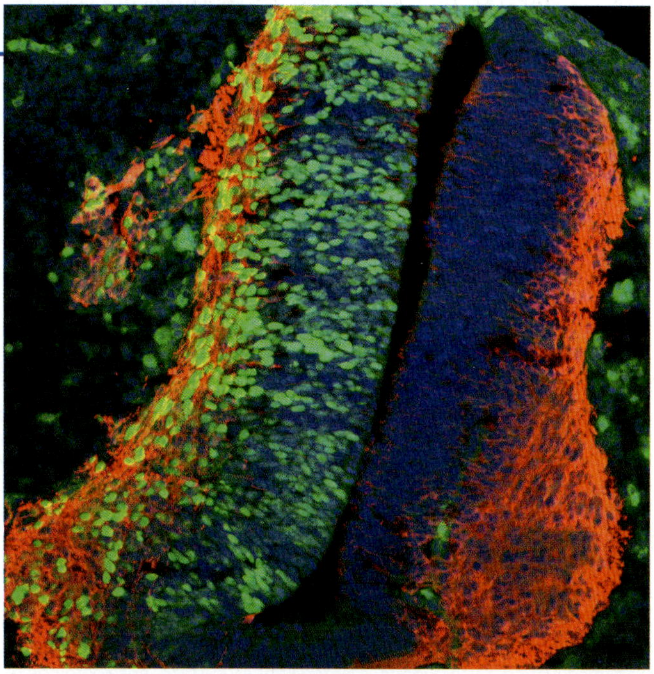

Dans la moelle épinière en développement, des cellules en division (bleu) se différencient en neurones (rouge). À gauche, des cellules, volontairement modifiées, produisent un signal qui inhibe leur différenciation (vert), ce qui prolonge leur multiplication et réduit le nombre de neurones différenciés. [Sean G. Megason & Andrew P. McMahon. Adapté de Sean G. Megason & Andrew P. McMahon, 2002, *Development* **129** :2087-2098.]

Le génome de la plupart des cellules leur permet de se différencier en de multiples types cellulaires capables d'exercer une grande diversité de tâches. Cependant, chaque cellule ne mobilise qu'une partie du répertoire génétique dont elle dispose. Une kyrielle de *signaux* extérieurs hormonaux, métaboliques, liés au développement ou à l'environnement détermine quels sont les gènes qui doivent être exprimés à un moment donné de l'existence de la cellule. Les infections ont aussi un impact important sur le comportement cellulaire. Une réponse d'une cellule à un signal extérieur dépend largement de divers attributs du moment : (1) la diversité des protéines dont elle dispose, mais aussi la localisation de celles-ci et leurs diverses interactions entre elles et avec d'autres molécules ; (2) sa forme et son adhérence à d'autres cellules et (3) la structure de sa chromatine qui facilite ou bloque l'accès à des gènes particuliers. Ces propriétés semblent être l'expression d'une « mémoire » cellulaire, reflet de son histoire et réponse à des signaux antérieurs. C'est ainsi qu'une cellule ne peut répondre à un signal que si elle possède le **récepteur** correspondant. De plus, une cellule reçoit typiquement plus d'un signal à la fois : par exemple, une combinaison du TGFβ (*transforming growth factor β*) et du FGF (*fibroblast growth factor*), un signal hormonal qui est interprété en fonction de la température ambiante, ou une pulsion électrique qui est modulée par les conditions ioniques locales. La réponse à chaque signal est souvent influencée par l'autre. Cette intégration des signaux peut éviter des réponses inadéquates et permettre des réponses plus nuancées à des signaux multiples.

Pour comprendre comment une cellule répond à un ou plusieurs signaux ainsi que l'influence d'évènements antérieurs (mémoire) sur cette réponse, il est utile de suivre les changements dans l'expression de tous les gènes et les modifications qui surviennent dans les déplacements des organelles, des protéines ou d'autres molécules. Des variations induites par des signaux dans le milieu ionique intracellulaire, le potentiel de membrane et la forme cellulaire peuvent aussi faire partie d'une réponse cellulaire. Pour obtenir une vue ainsi intégrée de la nature des réactions cellulaires aux signaux extérieurs, il faudrait pouvoir suivre simultanément plusieurs types de réponses à un signal. De plus, la détection en temps réel des réponses dans des cellules vivantes se heurte à de nombreuses difficultés techniques. Les progrès technologiques permettent de résoudre progressivement certains problèmes, mais il reste beaucoup à faire.

SECTIONS

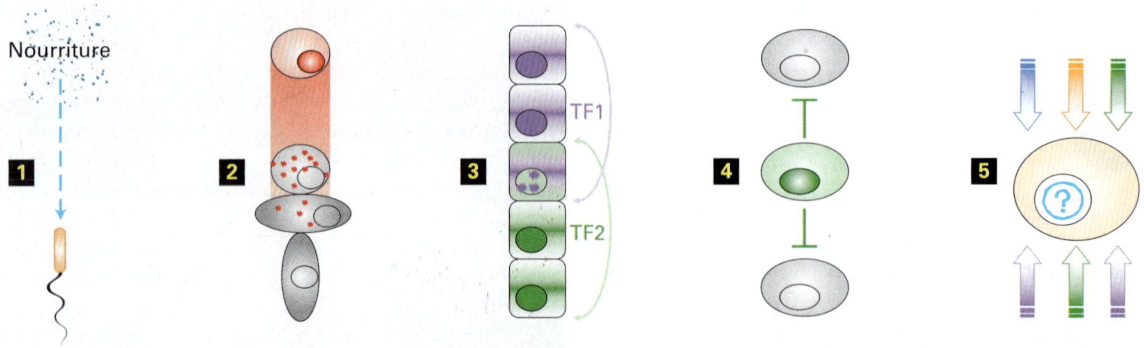

Les cellules s'adaptent aux conditions particulières de leur environnement (e.g. teneur en oxygène, apport de glucides, température)

La gradation des signaux aboutit à des types cellulaires différents

Les actions combinées des facteurs de transcription créent des types cellulaires différents

Des signaux inhibiteurs transmis latéralement préviennent la duplication de types cellulaires uniques

L'intégration des signaux permet aux cellules de s'adapter à leurs voisines et de changer au cours du temps

FIGURE 15-1 Systèmes de signalisation et réponses cellulaires. Une cellule est en état d'alerte permanent, détectant et interprétant les informations afin de s'ajuster à l'environnement (**1**) et de coordonner ses activités avec les cellules voisines. Elle peut répondre aux signaux en transcrivant d'autres gènes, en modifiant sa surface, ses protéines et ses activités enzymatiques, en déplaçant des constituants d'un compartiment à l'autre, en rénovant son cytosquelette, en migrant ou en mourant. Un petit nombre de systèmes de signalisation forme l'essentiel de la boîte à outils. Chacun d'entre eux est utilisé de manière répétitive dans différents organismes, dans différents tissus et à différents moments. Dans la formation des organismes multicellulaires, les signaux jouent un rôle essentiel, leurs transmission et réception contrôlées permettant la création des différents types cellulaires. Des cellules peuvent connaître des destinées différentes selon l'intensité du signal reçu (**2**) ; si celui-ci est puissant, le sort de la cellule sera différent de celui qu'elle subirait en cas de stimulation moins forte. Des nouvelles limites apparaissent entre les cellules de différents types, menant ainsi à la formation de tissus et de séparations à l'intérieur de ceux-ci. La combinaison des facteurs de transcription aboutit à la création de différents types cellulaires (**3**). Des signaux inhibiteurs émis par des cellules en voie de différenciation peuvent empêcher des cellules voisines de prendre la même décision (**4**), ce qui évite ainsi une duplication des structures. En général, ce sera l'intégration de nombreux signaux qui déterminera le sort de la cellule (**5**).

Comment une cellule intègre-t-elle plusieurs signaux, en particulier au cours de son **développement** et de sa **différenciation,** et comment y répond-elle en fonction des événements antérieurs sont les questions majeures posées dans ce chapitre (Figure 15-1). Il débutera par la description de techniques qui commencent à fournir une vue globale des réponses induites par un signal. Nous montrerons entre autres que les profils de transcription portant sur tout le génome fournissent de nouvelles informations sur les réponses aux signaux. Nous considérerons ensuite dans la Section 15.2 les réponses cellulaires à certaines perturbations de l'environnement. La section suivante introduira le concept de gradient dans la régulation ; les médiateurs en question, en fonction de leur concentration, causent des réponses différentes. Ce type de système permet aux cellules situées à des distances variables de la source de molécules régulatrices de se transformer en types cellulaires différents. Nous verrons comment au début du développement de la drosophile une telle régulation délimite au sein d'un épithélium deux zones, à partir desquelles les cellules vont s'engager dans des voies de différenciation différentes. D'autres démarcations induites par un gradient de facteurs de transcription ou un gradient de signaux extracellulaires seront décrites dans les Sections 15.4 et 15.5. Les cellules progressent dans leur différenciation en transmettant, à travers ces zones frontières, des signaux qui induisent la formation de structures adjacentes compatibles. Comme les exemples de la Section 15.6 l'illustreront, une telle signalisation peut promouvoir ou inhiber des changements particuliers dans le développement des cellules adjacentes. Dans la section finale, nous examinerons de plus près comment les signaux sont intégrés et contrôlés dans différentes cellules.

Bien que le nombre de voies de signalisation rencontrées dans ce chapitre et d'autres paraisse impressionnant, en réalité le nombre de voies distinctes servant à la transduction de signaux externes est relativement petit. Les principales sont les voies de transduction activées par les divers types de récepteurs repris dans la Table 14-1. Viennent alors celles qui transmettent les signaux générés par les interactions entre cellules ou entre cellules et la matrice extracellulaire, l'adhérence nécessaire étant assurée par des cadhérines et des intégrines (Chapitre 6). C'est la combinaison de tous ces signaux qui fournit l'ensemble complexe des informations requises pour la formation des multiples types cellulaires et l'acquisition de leurs propriétés spécifiques. Élucider les principes sous-jacents et les mécanismes propres à toutes les voies de signalisation permettra de comprendre comment les cellules intègrent des signaux pour acquérir une identité particulière ou pour s'adapter par d'autres changements.

15.1 Méthodologie expérimentale menant à une perception globale des réponses induites par des signaux

Plusieurs progrès techniques permettent aux chercheurs de discerner les diverses réponses cellulaires aux signaux. L'avancée la plus significative est peut-être le séquençage complet des génomes de plusieurs organismes et les analyses ultérieures visant à identifier les gènes individuels et leurs fonctions. Afin d'exploiter les données amassées et suivre les effets d'un signal sur l'expression d'un groupe de gènes, il a fallu mettre au point de nouveaux procédés. Par la méthode d'inactivation génique décrite dans le Chapitre 9, les chercheurs peuvent muter spécifiquement des gènes qui codent divers composants des voies de signalisation. Les effets phénotypiques de telles mutations fournissent des informations sur les fonctions des participants et l'ordre dans lequel ils interviennent. Des études in vitro de la signalisation dans divers types cellulaires différenciés et même dans des tissus complexes ont été rendues possibles par les améliorations apportées aux méthodes de cultures cellulaire et tissulaire. Certaines réponses induites par un signal sont suivies dans des cellules vivantes au moyen de divers agents fluorescents et de la microscopie à fluorescence. Par exemple, cette technique révèle des changements dans les quantités et la localisation de protéines spécifiques, ainsi que des fluctuations dans les concentrations d'H^+ ou de Ca^{2+} dans le cytosol (voir Figures 5-46 et 5-47). Le développement de nouveaux indicateurs fluorescents permettra d'étendre ces investigations à d'autres molécules dans les cellules vivantes.

Les analyses génomiques montrent qu'au cours de l'évolution des gènes qui codent des molécules de signalisation et de régulation ont été conservés et se sont multipliés

Dans le Chapitre 9, nous avons mentionné les difficultés rencontrées dans l'identification des gènes parmi les séquences génomiques, spécialement des organismes supérieurs. Malgré cet obstacle, ces analyses ont été des sources d'informations stimulantes et parfois surprenantes ; elles ont aussi confirmé des conclusions antérieures basées sur d'autres types de recherches.

Premièrement, le nombre total de gènes qui codent des protéines n'est pas lié directement à la complexité animale perçue selon des critères standards (voir Figure 9-34). Les humains, par exemple, n'ont qu'environ 1,75 fois plus de gènes que le ver rond *Caenorhabditis elegans*, alors que celui-ci a environ 1,4 fois plus de gènes que la drosophile, dont la structure corporelle et le comportement sont beaucoup plus complexes.

Deuxièmement, les comparaisons génomiques sont venues confirmer ce que deux décennies de recherches en génétique du développement avaient déjà indiqué : de nombreux gènes régulateurs dont les protéines contrôlent la différenciation tissulaire, l'organogenèse et la structure corporelle ont été conservés pendant des centaines de millions d'années. Par exemple, le gène *Pax* 6 est utilisé dans le développement de l'œil dans un très grand nombre d'organismes différents, allant des mollusques aux humains en passant par les mouches, et le gène *tinman* est nécessaire au développement du cœur tant chez la mouche que chez l'homme. Comme décrit dans la Section 15.4, le groupe de gènes Hox contrôle l'organisation encéphalocaudale du corps chez presque tous les animaux examinés jusqu'ici. À cause de la conservation des gènes et des protéines, les résultats expérimentaux chez un organisme guident utilement les investigations sur d'autres organismes. En fait, la biologie et la médecine humaines ont été bâties en grande partie, et continuent à l'être, sur des connaissances acquises à partir d'un large spectre de modèles expérimentaux.

Troisièmement, malgré le degré de parenté considérable des gènes et protéines parmi les différents animaux, les analyses génomiques suggèrent qu'environ 30 % des gènes au sein d'une espèce lui sont propres. Des invertébrés comme la drosophile et *C. elegans* partagent certains gènes qui ne sont reconnaissables dans aucun des autres génomes analysés jusqu'ici. On pense que les mouches et les vers ont un ancêtre commun qui provient lui-même d'un ancêtre encore plus ancien dont dérivent les vertébrés. Si cette proposition est correcte, tout gène présent chez les mouches et les humains devraient être présents chez les vers ; de même, tout gène commun aux vers et aux humains devraient se retrouver chez les mouches. Des travaux récents ont révélé que les trois espèces partagent environ 1500 gènes (Figure 15-2). Par contre, environ 1250 gènes communs aux humains et aux mouches sont absents chez les vers, et environ 500 gènes communs aux humains et aux vers ne sont pas trouvés chez les mouches. Donc, une perte de gènes propres à un organisme est survenue au cours de l'évolution de *C. elegans* et de la drosophile après le moment où les vertébrés ont divergé des invertébrés.

Quatrièmement, comme nous l'avons signalé dans des chapitres précédents, la duplication de certains gènes codant des protéines et la divergence ultérieure au cours de l'évolution ont donné naissance aux familles de gènes. Les membres d'une **famille de gènes** et de la **famille protéique** correspondante ont des séquences proches mais non identiques. L'analyse génomique et les résultats d'autres études montrent que le nombre de membres dans une famille protéique particulière varie d'une espèce à l'autre. Par exemple, la *famille du TGF-β (transforming-growth factor β)* compte 28 membres chez l'homme mais seulement 6 chez la mouche et 4 chez le ver. Les sémaphorines, des molécules signal impliquées dans le développement neural, forment une famille de 22 membres chez l'homme, de 6 chez la mouche et de 2 chez le ver. Une telle diversification génique peut aboutir à la production de protéines signal qui peuvent parcourir des distances différentes à travers les tissus ou se distinguer par d'autres propriétés. Par ailleurs, les membres d'une famille génique peuvent être régulés de manière différente, ce qui permet la production de protéines semblables à des moments et endroits différents. Grâce à ces deux types de variation, un nombre modéré de types de signaux sert à une multitude de tâches.

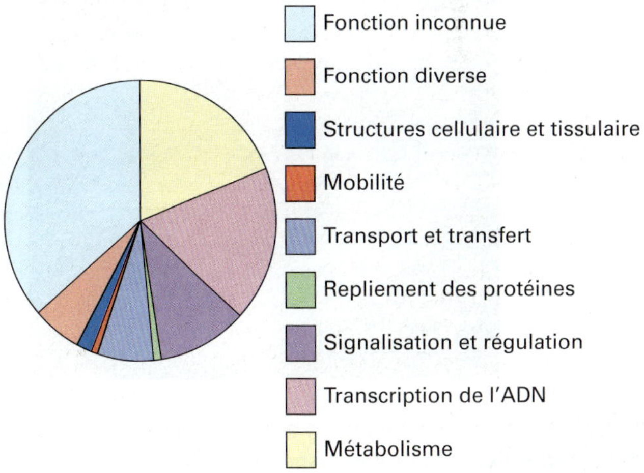

FIGURE 15-2 Conservation au cours de l'évolution des gènes impliqués dans les processus principaux chez l'homme, la drosophile et le ver rond (*C. elegans*). L'homme, la mouche et le ver ont en commun environ 1500 gènes ; ceux-ci sont répartis selon leurs fonctions dans ce graphique. Les similitudes protéiques ont été établies sur base de critères sévères. Environ 28 % de cette série de gènes communs codent des protéines qui fonctionnent dans la signalisation ou le contrôle génique. Les fonctions d'environ un tiers des protéines et des gènes communs à ces espèces sont encore inconnues. [Adapté de J. C. Venter *et al.*, 2001, *Science* **291**:1304.]

L'hybridation in situ peut détecter des changements de transcription dans des tissus intacts et des embryons perméabilisés

Un effet fréquent des signaux extérieurs est de modifier le profil de l'expression génique d'une cellule. Les changements induits par le signal dans l'expression de gènes particuliers sont habituellement suivis par quantification des ARNm correspondants ou des protéines en présence et absence du signal. L'ARNm total peut être extrait, séparé par électrophorèse en gel et soumis à une **empreinte Northern**, qui détecte les ARNm individuels par hybridation avec des sondes ADN complémentaires (voir Figure 9-26). De même, des protéines cellulaires peuvent être extraites, séparées par électrophorèse et soumises à une **empreinte Western**, un procédé dans lequel des protéines individuelles séparées sont détectées sur l'empreinte par des anticorps spécifiques (voir Figure 3-35). Ces techniques d'empreintes ne sont en général pas assez sensibles pour détecter les changements qui surviennent dans une seule cellule. La **réaction de polymérisation en chaîne** (PCR), cependant, peut amplifier un ARNm spécifique d'une seule cellule et le rendre ainsi détectable (voir Figure 9-24).

L'empreinte Northern et l'amplification par PCR requièrent une extraction de l'ARNm d'une cellule ou d'un mélange de cellules, ce qui signifie que les cellules sont enlevées de leur site tissulaire. En conséquence, la localisation d'une cellule et la relation avec ses voisines ne sont pas prises en compte. Pour obtenir de telles informations, on soumet une coupe d'un tissu ou même d'un embryon entier perméabilisé à une **hybridation in situ** afin de détecter l'ARNm codé par un gène particulier (Figure 15-3). Cette technique permet de suivre la transcription génique tant dans l'espace que dans le temps. L'**immunohistochimie**, une technique de coloration tissulaire au moyen d'anticorps fluorescents, fournit des informations similaires pour les protéines ; en montrant la localisation de la protéine dans la cellule, elle peut suggérer des idées quant à sa fonction (voir Figures 5-33 et 5-45).

Les puces à ADN permettent d'étudier simultanément l'expression de multiples gènes

Par l'hybridation in situ et les techniques d'empreintes, on ne peut étudier l'expression à un moment donné que d'un petit nombre de gènes. Pour suivre l'activité de nombreux gènes par ces méthodes, il faut répéter les analyses. Par contre, on peut suivre l'expression de milliers de gènes simultanément au moyen des puces à ADN (voir Figure 9-35). Dans cette technique, des ADNc marqués par un colorant fluorescent sont produits à partir de l'ARNm total extrait des cellules étudiées. Les ADNc marqués sont alors hybridés

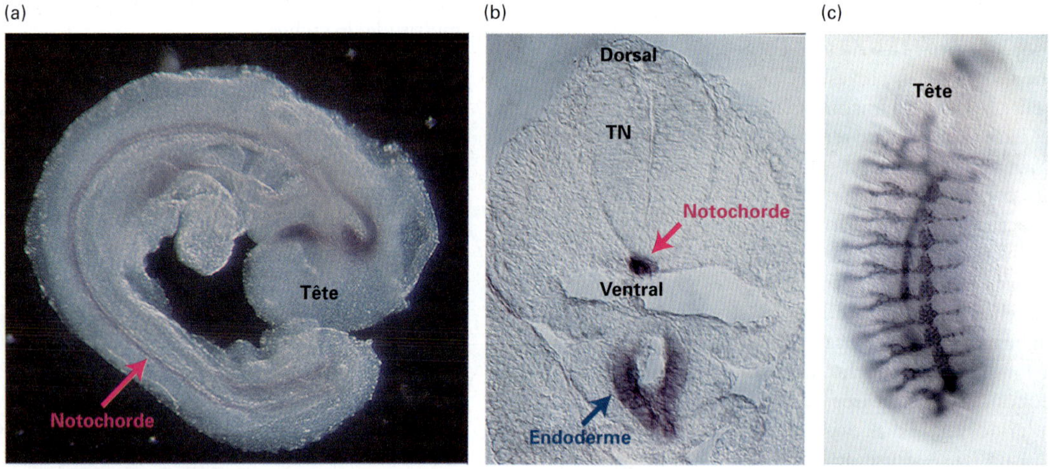

FIGURE EXPÉRIMENTALE 15-3 Par hybridation in situ, on peut détecter l'activité de gènes spécifiques dans des embryons entiers ou sectionnés. Afin d'exposer l'ARNm à la sonde d'ADN ou d'ARN, on perméabilise les préparations au moyen d'un détergent et d'une protéase. Les nucléotides de la sonde spécifique de l'ARNm étudié contiennent des groupes chimiques qui peuvent être reconnus par des anticorps. Après incubation avec la sonde dans des conditions qui favorisent l'hybridation, l'excès est éliminé par des lavages répétés et la préparation est incubée ensuite dans une solution contenant des anticorps reconnaissant la sonde. Ces anticorps sont couplés à un marqueur qui est une enzyme (e.g. la peroxydase de raifort ou la phosphatase alcaline) donnant un produit de réaction coloré. Après élimination des anticorps en excès, on ajoute le substrat de l'enzyme. Un précipité coloré se forme là où la sonde s'est fixée à l'ARNm à détecter. (a) Embryon entier de souris d'environ 10 jours chez qui l'on a recherché l'ARNm de *Sonic hedgehog*. La coloration marque le notochorde (flèche rouge), un cordon de mésoderme courant le long de la future moelle épinière. (b) Coupe d'un embryon de souris semblable à celui qui Figure dans la partie (a). L'axe dorsoventral du tube neural (TN) est visible, avec le notochorde exprimant *Sonic hedgehog* (flèche rouge) en dessous de lui et l'endoderme (flèche bleue) encore plus ventral. (c) Embryon entier de drosophile dans lequel on a recherché un ARNm produit durant le développement de la trachée. Les segments répétés sont visibles. La partie antérieure (tête) est en haut ; la partie ventrale est à gauche. [Avec l'autorisation de L. Milenkovic et M. P. Scott.]

avec des dépôts (spots) d'ADN répartis sur une lame porte-objet. Chaque spot contient une séquence unique correspondant à un gène particulier, et des dizaines de milliers de gènes peuvent être représentés sur une lame standard. La fluorescence des spots qui s'hybrident avec un ADNc est mesurée par un instrument qui scanne la lame. Les spots fluorescents représentent les gènes actifs, qui ont été transcrits en ARNm (voir Figure 1-23).

Les expériences basées sur les puces à ADN sont fréquemment utilisées pour la comparaison des ARNm produits par deux populations cellulaires différentes : par exemple, deux types cellulaires distincts, le même type cellulaire avant et après un certain traitement ou des cellules mutées et normales. Un exemple de découverte grâce aux puces à ADN est fourni par l'étude de fibroblastes en culture. On sait depuis longtemps qu'ils commencent à se diviser quand on ajoute au milieu du sérum contenant des facteurs de croissance. L'analyse de l'expression génique à différents moments après l'addition du sérum a montré que la transcription d'environ 500 des 8613 gènes examinés changeait significativement au cours du temps (voir Figure 9-36). Les changements furent détectés dans les 15 minutes, les gènes codant les protéines qui contrôlent le cycle cellulaire devenant actifs les premiers. Plus tard, c'était au tour des gènes codant des protéines impliquées dans la cicatrisation, comme les facteurs de coagulation et les agents chimiotactiques du système immunitaire. La production de ces protéines suggère que les fibroblastes qui prolifèrent sont stimulés par le sérum dans le but de contribuer à la cicatrisation, ce que l'on ignorait jusqu'alors. A posteriori, cela prenait tout son sens car, dans un organisme intact, c'est en cas de blessure que les fibroblastes sont exposés au sérum. Les résultats montrent l'utilité des puces à ADN pour révéler des réponses cellulaires inattendues.

La transcription génique durant le développement a été suivie au moyen des puces à ADN chez le nématode *C. elegans* et la drosophile. Dans des expériences récentes, des puces représentant environ 94 % des gènes de *C. elegans* ont été utilisés pour suivre la transcription à différents stades du développement dans les deux sexes. Les résultats indiquent que l'expression d'environ 58 % des gènes étudiés change plus de deux fois au cours du développement, et 12 autres % sont transcrits en profils spécifiques du sexe. Des résultats d'une étude similaire portant sur près d'un tiers de tous les gènes de la drosophile ont montré que la transcription de plus de 90 % d'entre eux change deux fois ou plus au cours du développement (Figure 15-5). Il est donc évident que le développement est marqué par des changements importants dans la transcription et que peu de gènes gardent un profil monotone de transcription inchangée.

MÉDECINE

À l'avenir, les puces à ADN constitueront un outil diagnostique puissant. Par exemple, on a trouvé des groupes particuliers d'ARNm qui distinguent les tumeurs au pronostic favorable ou défavorable (Chapitre 23). Des variations entre maladies jadis impossibles à distinguer le sont actuellement. La mise en évidence d'ARN distincts dans les biopsies de tumeur aidera les cliniciens dans la sélection du traitement le plus adéquat. Avec l'identification de plus en plus fréquente de profils d'expression génique caractéristiques de divers tissus malades, l'usage diagnostique des puces à ADN va s'étendre à un large spectre de pathologies. ▮

Les puces à protéines sont des outils prometteurs pour l'étude des réponses cellulaires qui comprennent des changements dans les interactions entre protéines

Une réponse cellulaire à des signaux peut consister en changements touchant non seulement l'expression génique, mais aussi les interactions entre protéines et d'autres molécules. Comme nous l'avons vu, les activités de nombreuses protéines dépendent de leurs associations à d'autres protéines ou à d'autres petites molécules de signalisation intracellullaire, comme l'AMPc ou les phosphoinositides). Par exemple, l'adénylate cyclase est activée par interaction avec le complexe $G_{s\alpha}$·GTP (voir Figure 13-11), et la protéine kinase A par fixation de l'AMPc (voir Figure 3-27). L'activité de certains régulateurs de transcription (e.g. CREB) dépend aussi de leur association avec une autre protéine (voir Figure 13-32). Les résultats d'études systématiques commencent à révéler des associations interprotéiques critiques pour le fonctionnement de la cellule et comment ces associations changent en réponse aux signaux. Par exemple, des chercheurs ont produit en grandes quantités 5800 protéines de levure (≈ 80 % des protéines totales) en les clonant dans des vecteurs à forte expression dans la levure et en purifiant les protéines individuelles. Comme dans la technique des puces à ADN, on dépose de petits échantillons de protéines purifiées sur des lames porte-objet et l'on obtient ainsi une **puce à protéines.**

Pour tester l'efficacité du système dans l'étude des associations protéine-protéine chez la levure, les chercheurs ont exposé les puces à protéines à la **calmoduline** (une protéine liant le calcium) qui était marquée par la biotine. Après élimination de la calmoduline en excès, sa fixation aux protéines de la puce fut détectée au moyen d'un réactif fluorescent spécifique de la biotine (Figure 15-4). Dans cette expérience, on a réussi à détecter six protéines que l'on savait déjà capables de se lier à la calmoduline. Six autres connues comment protéines liant la calmoduline ne furent pas détectées, deux parce qu'elles n'étaient pas présentes sur la puce et quatre qui pourraient avoir été produites en trop faible quantité. En principe, d'autres auraient pu échapper parce qu'elles ne peuvent s'intégrer que dans des complexes de plus de deux protéines ou parce que la protéine attachée à la puce n'est pas dans la conformation requise pour la liaison. Malgré ces problèmes éventuels, 33 autres protéines de levure liant la calmoduline et non connues jusqu'alors furent détectées. Les séquences des gènes correspondant à ces 39 protéines indiquent que 14 d'entre elles partagent un motif commun qui pourrait correspondre à la surface de liaison à la calmoduline. Même si les résultats restent incomplets et sont parfois erronés, de telles expériences montrent que les puces à protéines constitueront un outil utile dans l'étude des associations protéiques qui se forment en réponse aux stimulations cellulaires.

Inactivation génique systématique par ARN interférant

Les gènes qui jouent un rôle critique dans la régulation cellulaire et la différenciation peuvent être identifiés en partie par les changements qui surviennent dans la transcription à divers stades du développement. Cependant, un critère d'identification plus important est le **phénotype** des cellules ou des animaux lorsqu'ils sont privés du gène en question. On peut découvrir les fonctions des gènes et des relations entre eux au cours développement en inacti-

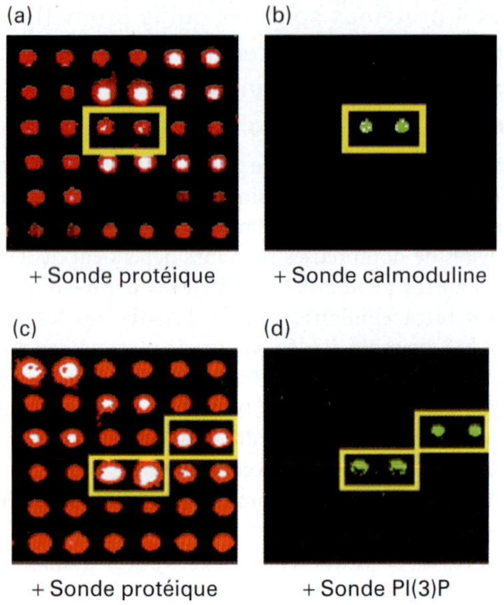

FIGURE EXPÉRIMENTALE 15-4 Une analyse au moyen de puces à protéines peut révéler des interactions protéine-protéine et protéine-lipide. Un clonage avec expression élevée a produit 5800 protéines de levure, qui ont été purifiées et déposées en double sur des lames porte-objet. Environ 13.000 échantillons de protéines peuvent être distribuées sur une moitié de la surface d'une lame microscopique standard. Des sondes furent préparées par couplage covalent de biotine à la calmoduline ou au phosphatidylinositol triphosphate (IP_3). Les puces du protéome de levure furent alors incubées avec une des sondes biotinylées, puis lavées afin que la sonde en excès soit éliminée. La sonde, la calmoduline ou l'IP3, liée aux protéines a été détectée par de la streptavidine marquée à la fluorescéine, une protéine bactérienne qui lie fortement et spécifiquement la biotine. (a) Une partie de la puce protéomique soumise à une sonde afin qu'elle révèle la localisation et les quantités approximatives de toutes les protéines, qui sont déposées en double. (b) La même préparation exposée à la calmoduline biotinylée. Les deux signaux verts correspondent à la calmoduline liée à une protéine déposée en double exemplaire. (c) Un champ différent de dépôts protéiques. (d) IP3 se lie à deux des protéines dans (c), chacune en double. [Avec l'autorisation de P. Bertone, Yale University.]

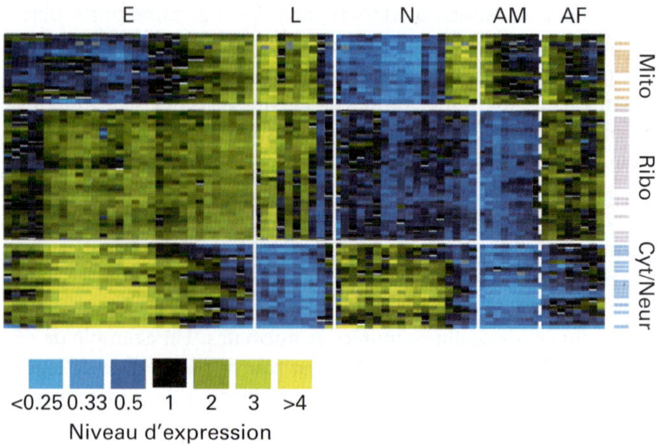

FIGURE EXPÉRIMENTALE 15-5 Une analyse par puces à ADN détecte des changements dans la transcription au cours du développement de la drosophile. Le cycle vital fut divisé en 70 périodes, du stade embryonnaire précoce jusqu'au stade d'adulte âgé. L'ARNm fut extrait des animaux à chaque période, converti en ADNc marqué à la fluorescéine et hybridé à l'ADN de puces présentant environ 5000 gènes. L'analyse informatique des données originales avait permis le regroupement des gènes montrant des changements d'expression similaires par rapport à un échantillon standard. (Voir Figure 9-35 pour le protocole général des expériences effectuées avec des puces à ADN.) Les trois panneaux ne présentent qu'une petite fraction des gènes de la puce. Chaque rangée, très étroite, dans un panneau représente un gène différent. Les périodes principales sont indiquées : E pour embryon, L pour larve, N pour nymphe et A pour adulte mâle ou femelle. Chaque ligne verticale représente une des 70 périodes de développement. Le jaune indique une augmentation de la transcription comparée à l'échantillon de référence ; le bleu, une diminution de l'expression ; le noir, l'absence de changement significatif dans l'expression. Les gènes sont regroupés sur base du parallélisme des fluctuations des quantités d'ARN correspondant. Ces regroupements révèlent souvent des gènes qui sont impliqués dans des processus similaires. Les trois groupes montrés ici sont des gènes de protéines mitochondriales (*au dessus*), des gènes de protéines ribosomiales (*au milieu*) et des gènes impliqués dans le développement du cytosquelette et du système neural (*en dessous*). La possibilité de regrouper un gène de fonction inconnue avec ceux de fonction connue peut susciter une hypothèse quant à sa fonction. [Adapté de M. Arbeitman *et al.*, 2002, *Science* **297**:2270.]

vant, un à la fois et de manière systématique, chaque gène qui est exprimé normalement dans un tissu, et en examinant les conséquences. Ce procédé est applicable en théorie à *C. elegans*, qui est particulièrement sensible à l'**ARN interférant** (ARNi). Si l'on trempe les vers dans une solution de l'ARN double brin ou que l'on administre celui-ci par injection ou par l'alimentation, l'on parvient à détruire les ARNm endogènes correspondants (voir Figure 9-43). Le phénotype des vers qui se développent à partir des embryons traités au moyen des ARNi est souvent semblable à celui qui résulterait de l'inactivation du gène correspondant. Dans des études initiales avec *C. elegans*, l'ARN interférant avec 16.700 gènes (environ 86 % du génome) a fourni 1722 phénotypes visiblement anormaux. Les gènes dont l'inactivation fonctionnelle cause des phénotypes anormaux particuliers peuvent être regroupés ; chaque membre d'un groupe contribue probablement au contrôle des mêmes signaux ou événements. Les relations régulatrices parmi les gènes du groupe en question, par exemple les gènes qui contrôlent le développement musculaire, peuvent alors être établies.

CONCEPTS CLÉS DE LA SECTION 15.1

Méthodologie expérimentale menant à une perception globale des réponses induites par des signaux

- Environ un tiers de gènes de l'homme, de la mouche drosophile et des vers ronds (*C. elegans*) appartient en propre à chacune de ces espèces.
- L'hybridation in situ et les colorations immunohistochimiques permettent de repérer la présence et d'étudier la distribution d'ARNm particuliers et de protéines dans des cellules vivantes.

■ L'analyse par puces à ADN donne accès à un complément de gènes utiles à l'étude des changements de transcription qui surviennent à la suite de modifications de l'environnement, sous l'action de signaux extracellulaires ou au cours du développement (voir Figure 15-5).

■ Les puces à protéines permettent la détection et le suivi des changements qui surviennent dans les associations protéine-protéine (voir Figure 15-4).

■ La fonction d'un gène qui est activé dans certaines conditions peut être étudiée par son inactivation et par l'étude du phénotype qui en résulte.

■ Des signaux, des changements de l'environnement ou une infection suscitent en général non pas un seul type de réponse cellulaire mais de multiples changements dans le profil de transcription génique, des modifications protéiques et des associations entre protéines. En suivant la totalité de ces réponses individuelles, les chercheurs sont en train d'acquérir une vue globale sur le comment et le pourquoi des réponses cellulaires.

15.2 Réponses des cellules à l'environnement

Une grande partie de ce chapitre concerne les voies de signalisation qui contrôlent les changements que subissent les cellules en cours de développement. Les cellules matures de certains tissus (e.g. le sang et la peau) ont une durée de vie relativement courte par rapport à celle d'autres types cellulaires. La différenciation et la prolifération des cellules souches assurent continuellement leur remplacement (Chapitre 22). De tels tissus ne cessent jamais de se développer. Par contre, les cellules matures d'autres tissus, comme le cerveau, vivent longtemps. Après avoir atteint la maturité, ils se différencient peu. Cependant, les cellules matures dans tous les tissus doivent s'adapter constamment à leurs besoins métaboliques ou comportementaux ainsi qu'aux agressions ou infections. Dans cette section, nous examinerons comment les cellules répondent aux variations de l'approvisionnement en produits de l'environnement comme le glucose et l'oxygène.

L'intégration de multiples messagers secondaires régulent la glycogénolyse

Un moyen pour les cellules de répondre de manière adéquate aux conditions physiologiques courantes est de percevoir et d'intégrer plusieurs signaux. Un bon exemple est fourni par la glycogénolyse, l'hydrolyse du glycogène qui fournit le glucose 1-phosphate. Dans le Chapitre 13, nous avons vu qu'une augmentation de l'AMPc induite par la stimulation des récepteurs β-adrénergiques par l'adrénaline induisait la dégradation du glycogène dans les cellules musculaires et hépatiques (voir Figure 13-17). Dans ces deux types cellulaires, d'autres messagers secondaires suscitent la même réaction.

Dans les cellules musculaires, la stimulation par les impulsions nerveuses cause la libération d'ions Ca^{2+} du réticulum sarcoplasmique et une augmentation de la concentration cytosolique du Ca^{2+}, ce qui déclenche la contraction. L'augmentation du Ca^{2+} dans le cytosol active aussi la *glycogène phosphorylase kinase (GPK)*, stimulant de la sorte la dégradation du glycogène en glucose 1-phosphate, qui soutient ainsi la contraction. Rappelez-vous que la phosphorylation par la **protéine kinase A** dépendante de l'AMPc active aussi la glycogène phosphorylase kinase. Ainsi, cette enzyme régulatrice, qui joue un rôle clé dans glycogénolyse, est sujette, dans le muscle, à une double régulation, neurale et hormonale (Figure 15-6a).

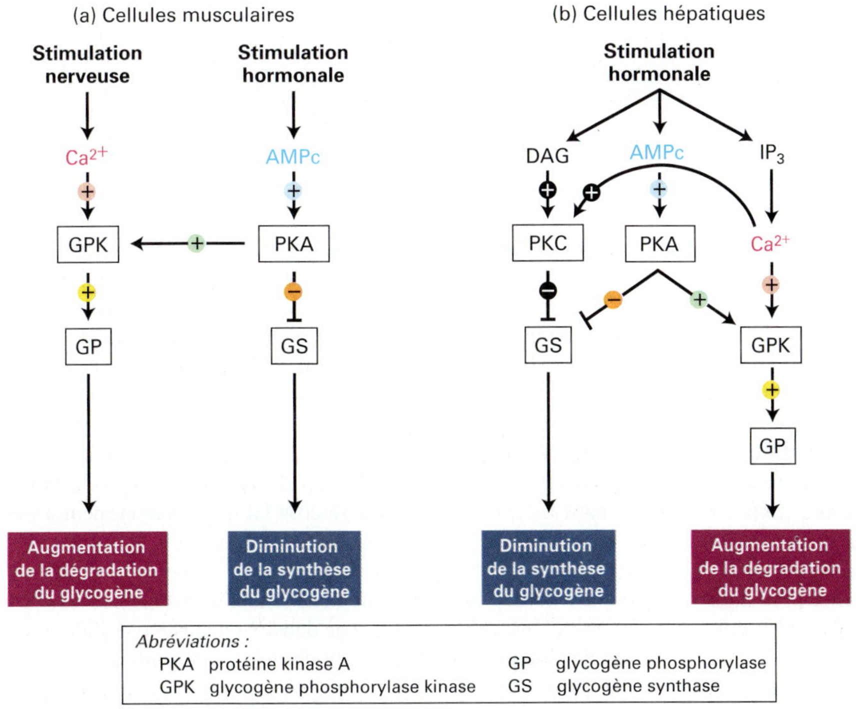

FIGURE 15-6 Régulation intégrée de la glycogénolyse par plusieurs messagers secondaires. (a) Une stimulation nerveuse des cellules musculaires striées ou la liaison de l'adrénaline à leurs récepteurs β-adrénergiques augmente respectivement les concentrations cytosoliques des messagers secondaires, les ions Ca^{2+} ou l'AMPc. L'enzyme régulateur clé, la glycogène phosphorylase kinase (GPK), est activée par les ions Ca^{2+} et par une protéine kinase A (PKA) dépendant de l'AMPc. (b) Dans les cellules hépatiques, une stimulation β-adrénergique aboutit à des concentrations cytosoliques accrues d'AMPc et de deux autres messagers secondaires, le diacylglycérol (DAG) et l'inositol 1,4,5-trisphosphate (IP_3). Les enzymes sont encadrées. (+) = activation de l'activité enzymatique, (-) = inhibition.

Dans les cellules hépatiques, l'activation de la phospholipase C induite par voie hormonale régule aussi la dégradation du glycogène et sa synthèse par les deux branches de la voie de signalisation des lipides à inositol. La phospholipase C génère deux messagers secondaires, le diacylglycérol (DAG) et l'inositol 1,4,5-trisphosphate (IP_3) (voir Figure 13-28). DAG active la **protéine kinase C**, qui phosphoryle la glycogène synthase la rendant ainsi inactive, ce qui inhibe la synthèse de glycogène. IP_3 induit une augmentation du Ca^{2+} cytosolique, qui active la glycogène phosphorylase kinase comme dans les cellules musculaires, menant à la dépolymérisation du glycogène. Dans le cas présent, le même signal active donc plusieurs voies intracellulaires de transduction du signal (Figure 15-6b).

La double régulation de la glycogène phosphorylase kinase tient à sa structure multimérique $(\alpha\beta\gamma\delta)_4$. La sous-unité γ est la protéine catalytique ; les sous-unités régulatrices α et β, qui ont une structure semblable, sont phosphorylées par la protéine kinase A ; et la sous-unité δ est la calmoduline, la protéine commutatrice liant le Ca^{2+}. L'activité de la glycogène phosphorylase kinase est maximale quand les ions Ca^{2+} sont liés à la sous-unité calmoduline et quand, au moins, la sous-unité α est phosphorylée. En fait, la liaison du Ca^{2+} à la sous-unité calmoduline peut être essentielle à l'activité enzymatique de la glycogène phosphorylase kinase. La phosphorylation des sous-unités α et β augmente l'affinité de la sous-unité calmoduline pour le Ca^{2+}, permettant une fixation de cet ion aux concentrations submicromolaires que l'on trouve dans des cellules non stimulées par des nerfs. Ainsi, des augmentations de la concentration cytosolique de Ca^{2+} ou d'AMPc ou des deux incrémentent l'activité de la glycogène phosphorylase kinase. À la suite de l'augmentation du taux cytosolique de Ca^{2+} après stimulation nerveuse des cellules musculaires, la glycogène phosphorylase kinase sera active même si elle n'est pas phosphorylée ; ainsi le glycogène peut être hydrolysé pour alimenter en continu le muscle qui se contracte en absence de stimulation hormonale.

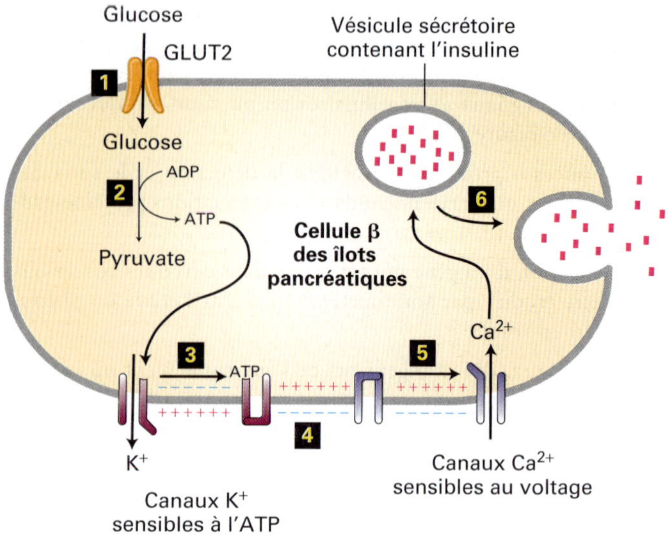

FIGURE 15-7 Sécrétion d'insuline par les cellules β du pancréas en réponse à une augmentation du glucose sanguin. L'entrée du glucose dans les cellules β est assurée par le transporteur de glucose GLUT2 (**1**). Puisque le K_m du glucose pour GLUT2 est 20 mM, une augmentation du glucose extracellulaire au-delà de 5 mM, concentration de l'état de jeûne, cause un accroissement proportionnel du débit d'entrée du glucose (voir Figure 7-3). La conversion du glucose en pyruvate est donc accélérée, aboutissant à une augmentation de la concentration d'ATP dans le cytosol (**2**). La liaison de l'ATP aux canaux K^+ sensibles à l'ATP ferme ces canaux (**3**), réduisant ainsi la sortie des ions K^+ de la cellule. La légère dépolarisation de la membrane plasmique qui en résulte (**4**) déclenche la fusion des vésicules sécrétoires contenant l'insuline avec la membrane plasmique et la sécrétion de l'hormone (**6**). Les étapes **5** et **6** sont semblables à celles qui se déroulent aux extrémités nerveuses, où une dépolarisation de la membrane induite par l'arrivée d'un potentiel d'action cause l'ouverture des canaux calciques sensibles au voltage et l'exocytose des vésicules contenant les neurotransmetteurs (voir Figure 7-43). [Adapté de J.-C. Henquin, 2000, *Diabetes* **49**:1751]

L'insuline et le glucagon contribuent au maintien d'un taux stable du glucose dans le sang

Dans la régulation de la glycogénolyse, des signaux nerveux et hormonaux contrôlent une seule enzyme multimérique dont le rôle est central. Par contre, la stabilité de la concentration de glucose dans le sang (glycémie) dépend de l'équilibre entre deux hormones qui suscitent des réponses cellulaires opposées. En cas de stress, l'adrénaline amplifie la glycogénolyse dans les cellules du foie, ce qui entraîne une augmentation de la glycémie, alors qu'au cours de la vie quotidienne normale le taux de glucose sanguin est sous le contrôle dynamique de l'**insuline** et du **glucagon**.

L'insuline et le glucagon sont des hormones peptidiques produites par des groupes cellulaires distribués dans le pancréas, les îlots de Langerhans. Les cellules β de ces îlots synthétisent l'insuline, une hormone constituée de deux chaînes polypeptidiques unies par des ponts disulfure, tandis que les cellules α produisent le glucagon, qui lui est un peptide monomérique. L'insuline *diminue* la glycémie, tandis que le glucagon l'*augmente*. La disponibilité du glucose pour le métabolisme cellulaire est régulée durant les périodes d'abondance (à la suite d'un repas) ou de carence (à la suite d'un jeûne) par l'ajustement des concentrations d'insuline et de glucagon dans le sang.

Après un repas, quand la glycémie dépasse le taux normal de 5 mM, les cellules β du pancréas réagissent à cette augmentation du glucose, ou d'acides aminés, par sécrétion d'insuline (Figure 15-7). L'hormone circule dans le sang et se lie aux récepteurs spécifiques sur les cellules musculaires et les adipocytes (cellules accumulant la graisse). Le récepteur de l'insuline, un **récepteur à activité de tyrosine kinase** (**RTK**), peut transmettre des signaux par la voie des phospho-inositides menant à l'activation de la **protéine kinase B** (voir Figure 14-27). Par un mécanisme inconnu, la protéine kinase B déclenche la fusion de vésicules intracellulaires contenant les transporteurs du glucose GLUT4 avec la membrane plasmique (Figure 15-8). Le plus grand nombre de GLUT4 à la surface cellulaire amplifie l'afflux du glucose et réduit la glycémie. Lorsque le taux d'insuline vient à baisser, les transporteurs GLUT4 sont endocytés, ce qui réduit leur densité en surface et l'incorporation de glucose. Une stimulation de cellules musculaires par l'insuline favorise également la capture de glucose et sa conversion en

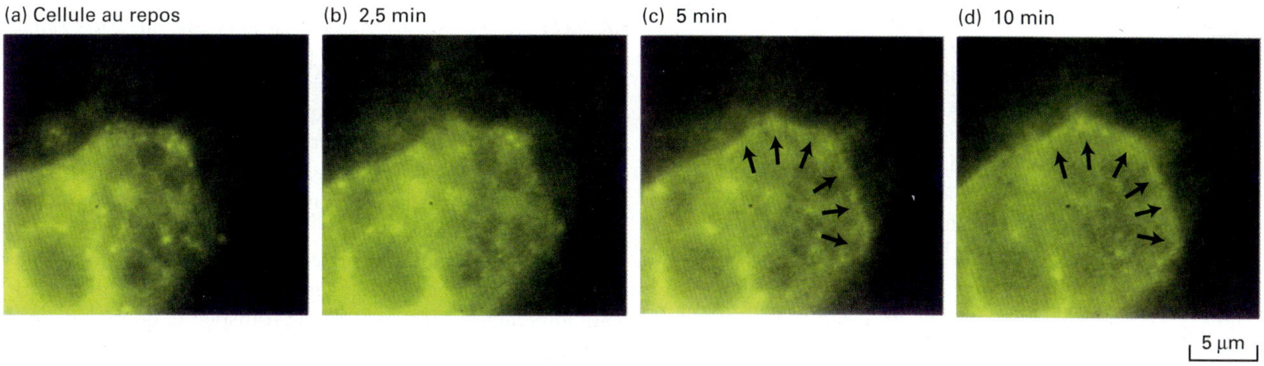

FIGURE EXPÉRIMENTALE 15-8 La stimulation par l'insuline des adipocytes induit la translocation de GLUT4 des vésicules intracellulaires vers la membrane plasmique. Dans cette expérience, on a rendu des adipocytes capables d'exprimer une protéine chimérique dont l'extrémité N-terminale correspond à la séquence de GLUT4, suivie de la séquence complète de la GFP. Quand une cellule est exposée à la lumière de longueur d'onde adéquate, la GFP fluoresce en jaune-vert ; ici, elle indique la position de GLUT4 dans la cellule. Dans des cellules au repos (a), la plus grande partie de GLUT4 se trouve dans des membranes internes qui ne sont pas connectées à la membrane plasmique. Des images successives de la même cellule après traitement à l'insuline pendant 2,5, 5 et 10 minutes montrent qu'avec le temps un nombre croissant de ces membranes contenant GLUT4 fusionnent avec la membrane plasmique, transférant ainsi GLUT4 à la surface cellulaire (flèches), la rendant apte ainsi à transporter le glucose sanguin dans la cellule. Les cellules musculaires contiennent aussi des transporteurs GLUT4 sensibles à l'insuline. [Avec l'autorisation de J. Bogan.]

glycogène ; elle réduit aussi la dégradation du glucose en pyruvate. L'insuline agit de même sur les hépatocytes ; elle inhibe la synthèse de glucose à partir de molécules plus petites comme le lactate et l'acétate, et augmente la production de glycogène à partir du glucose. Le résultat net de toutes ces actions est une diminution de la glycémie, qui revient au taux normal à jeun, environ 5 mM.

Si la glycémie chute sous ce niveau, les cellules α du pancréas commencent à sécréter du glucagon. Le récepteur de cette hormone, que l'on trouve surtout sur les cellules hépatiques, est couplé à la protéine G_s, comme le récepteur de l'adrénaline (Chapitre 13). La stimulation des hépatocytes par le glucagon active l'adénylate cyclase, ce qui déclenche la cascade dépendante de l'AMPc. Celle-ci, en inhibant la synthèse de glycogène et en favorisan la glycogénolyse, fournit du glucose 1-phosphate (voir Figure 15-6b), qui est converti par les cellules hépatiques en glucose, dont la libération dans le sang élève la glycémie et la ramène au niveau normal à jeun.

MÉDECINE

Le diabète sucré est la conséquence d'une déficience en insuline, qui est sécrétée par le pancréas en réponse au glucose (type I), ou d'une réduction de la capacité des cellules musculaires ou des adipocytes de répondre à l'insuline (type II). Dans les deux types, la régulation de la glycémie est perturbée, ce qui entraîne une hyperglycémie persistante et beaucoup d'autres complications chez les patients non traités. Le diabète de type I est causé par un processus auto-immun qui détruit les cellules β pancréatiques productrices d'insuline. Appelé aussi diabète insulinodépendant, cette maladie répond en général au traitement à l'insuline. Chez les Américains qui souffrent de diabète, c'est le type II qui prévaut, mais le mécanisme qui est à la base de cette affection n'est pas encore bien compris.

Le manque d'oxygène induit une série de réactions cellulaires

Dans la glycogénolyse, c'est l'intégration de multiples signaux qui régule l'activité des protéines impliquées dans le processus. En cas de manque d'oxygène, un seul stimulus entraîne une grande variété de réactions, certaines survenant rapidement, d'autres mettant plus de temps à se développer. De plus, au cours de l'évolution, les animaux qui vivent à haute altitude (e.g. les lamas, les guanacos et les alpagas) se sont adaptés au taux bas d'oxygène. Ce qui a été rendu possible par la permutation d'un seul acide aminé dans la chaîne β de la globine. Chez ces animaux, l'affinité de l'hémoglobine pour l'oxygène a été augmentée par rapport à celle de l'hémoglobine des autres animaux.

La dilatation des vaisseaux sanguins, qui permet une augmentation du débit sanguin, est une des réponses rapides au besoin d'oxygène (*hypoxie*). Elle est régulée par l'oxyde nitrique, le GMP cyclique et la protéine kinase G (voir Figure 13-30). Un autre changement précoce en cas de manque d'oxygène touche le métabolisme. Appelé effet Pasteur, il d'abord été observé dans les cellules de levure ; il consiste en une accélération du métabolisme anaérobie du glucose lorsque le métabolisme aérobie et les phosphorylations oxydatives ralentissent par manque d'oxygène. Brûler plus d'hydrates de carbone compense la fourniture moindre d'ATP par le métabolisme anaérobie. La phosphofructokinase 1, la troisième enzyme dans la glycolyse, est inhibée par l'ATP et stimulée par l'AMP ; ainsi, quand la cellule manque d'énergie, la glycolyse augmente (voir Figure 8-12). L'ajustement est rapide, pour autant que la synthèse de nouvelles molécules ne soit pas nécessaire.

Parmi les réactions lentes à un taux bas d'oxygène au niveau de tout l'organisme, on trouve l'augmentation de la production d'érythrocytes, qui est stimulée par l'**érythropoïétine** produite par les reins (voir Figure 14-7). La transcription du gène correspondant est régulée avant tout par le facteur *HIF-1 (hypoxia-induced factor 1)*, un activateur de transcription. La quantité d'HIF-1 augmente drastiquement quand la pression partielle d'oxygène baisse de 35 mm de mercure à zéro, un écart typique des fluctuations normales. On ignore encore la nature du senseur de la teneur en oxygène qui cause l'expression accrue d'HIF-1, mais il s'agit probablement d'une protéine qui, à l'instar de l'hémoglobine, contient une molécule d'hème capable de fixer l'oxygène. En plus de la régulation qu'il exerce sur le gène de l'érythropoïétine, l'HIF-1 active de manière coordonnée la transcription de plusieurs autres gènes dont les protéines correspondantes aident les cellules à répondre à l'hypoxie (Figure 15-9). Une de ces protéines, le facteur VEGF (*vascular endothelial growth factor*) est sécrétée par des cellules manquant d'oxygène ; il favorise l'*angiogenèse* locale, c.-à-d. la ramification des vaisseaux sanguins. L'expression du VEGF requiert non seulement l'HIF-1 mais aussi un facteur de transcription Smad, qui est activé par le TGFβ. Ce type d'actions combinées explique probablement l'aptitude d'HIF-1 à contrôler différents gènes dans divers types cellulaires.

Les résultats d'études récentes révèlent que la dégradation d'HIF-1 est contrôlée par une prolyl hydroxylase sensible à l'oxygène. HIF-1 est un dimère composé de sous-unités, α et β. La sous-unité β est abondante dans le cytosol quel que soit le taux d'oxygène, mais quand il est abondant, la sous-unité α (HIF-1a) est ubiquitinylée et dégradée dans des protéasomes (Chapitre 3). L'ubiquitinylation est promue par la protéine de von Hippel-Lindau (pVHL), qui se lie à un « domaine de dégradation » conservé d'HIF-1α. Cette liaison est facilitée par l'hydroxylation d'une proline d'HIF-1 dans son site de fixation de pVHL. La prolyl hydroxylase qui catalyse cette réaction a besoin de fer et est plus active en présence d'un taux d'oxygène élevé, ce qui conduit à la dégradation de la sous-unité α et à l'incapacité pour HIF-1 d'activer la transcription. Quand l'oxygène vient à manquer, l'hydroxylation ne survient pas ; l'HIF-1 dimérique est actif et transféré dans le noyau. La *voie de réponse à l'hypoxie* dépendant d'HIF-1 et sa régulation par pVHL a été conservée pendant plus d'un demi-milliard d'années ; en effet, elle est la même chez les mammifères, les vers et les insectes.

MÉDECINE L'hypoxie affecte la croissance des vaisseaux sanguins, particulièrement les petits capillaires, dont le modèle, contrairement à celui des gros vaisseaux sanguins comme l'aorte, n'est pas génétiquement déterminé. L'angiogenèse, le développement des ramifications vasculaires, est stimulée par l'hypoxie, afin que toutes les cellules se trouvent à proximité suffisante du sang oxygéné. Des tumeurs en croissance stimulent l'angiogenèse afin d'assurer leur apport sanguin (Chapitre 23). Comprendre les signaux qui contrôlent l'angiogenèse pourrait mener au développement d'agents thérapeutiques qui soit stimulent l'angiogenèse dans un organe transplanté ou malade insuffisamment vascularisé, soit qui inhibent l'angiogenèse dans les tumeurs en développement et provoquent ainsi leur étouffement. ▮

CONCEPTS CLÉS DE LA SECTION 15.2

Réponses des cellules à l'environnement

- La dégradation et la synthèse du glycogène sont régulées par plusieurs messagers secondaires induits par une stimulation neurale ou hormonale (voir Figure 15-6).
- Une augmentation du glucose sanguin stimule la sécrétion d'insuline par les cellules β du pancréas (voir Figure 15-7). La liaison de l'insuline à son récepteur sur les cellules musculaires et les adipocytes conduit à l'activation de la protéine kinase B, qui favorise la capture du glucose et la synthèse du glycogène, aboutissant ainsi à une diminution de la glycémie.
- La fixation du glucagon aux cellules hépatiques à son récepteur couplé à une protéine G favorise la glycogénolyse et une augmentation de la glycémie par la cascade des kinases déclenchée par l'AMPc (semblable à la stimulation par l'adrénaline libérée sous l'effet d'un stress).
- Deux mécanismes senseurs de la teneur en oxygène aident les cellules à répondre au manque d'oxygène : un mécanisme ac-

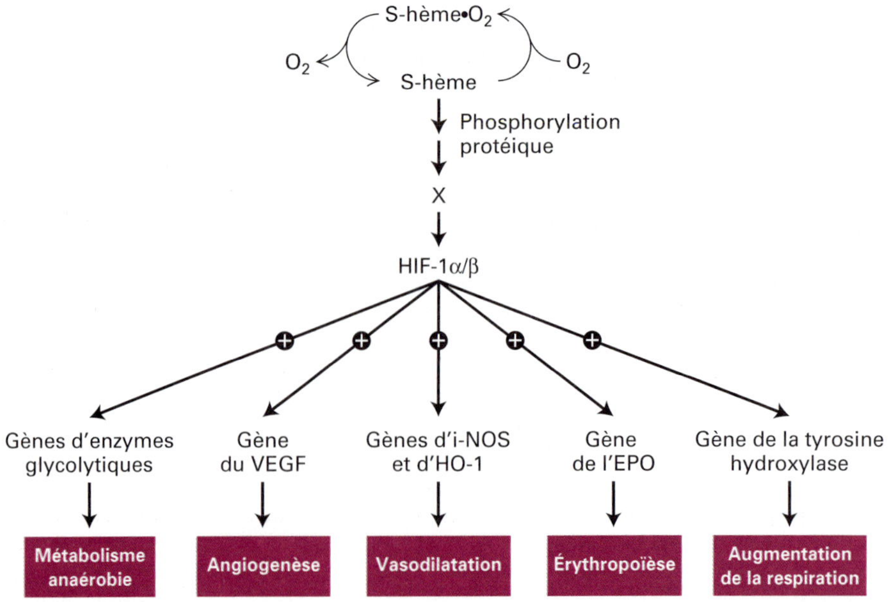

FIGURE 15-9 Modèle de la voie de réponse à l'hypoxie dépendante du facteur HIF-1 (*hypoxia-induced factor 1*). concentration locale d'oxygène. Le mécanisme sensible à la teneur locale en oxygène reste inconnu, mais il est probable qu'une protéine contenant une molécule d'hème (S-hème) intervient. La forme dépourvue d'oxygène du senseur active des facteurs intermédiaires (X), qui à leur tour stimulent la production des deux sous-unités d'HIF-1. Celui-ci active la transcription des gènes dont les protéines correspondantes assurent des réponses, à court et long terme, au manque d'oxygène. HIF-1 active différents gènes cibles dans différentes cellules, ce qui indique qu'il agit probablement en combinaison avec d'autres protéines de régulation génique. VEGF = facteur de croissance de l'endothélium vasculaire ; i-NOS = synthase inductible de l'oxyde nitrique ; HO-1 = hème oxygénase-1 ; EPO = érythropoïétine. [Adapté de H. Zhu & H. F. Bunn, 2001, *Science* **292**:449 ; voir aussi W. G. Kaelin, Jr., 2002, *Genes & Dev.* **16**:1441.]

tive la transcription d'HIF-1 (*hypoxia-induced factor 1*) ; l'autre stabilise HIF-1 et inhibe sa dégradation par les protéasomes.

■ Quand l'oxygène cellulaire est bas, HIF-1 active l'expression de divers gènes cibles dans différents tissus au moyen de facteurs de transcription propres aux tissus (voir Figure 15-9). Une protéine induite par cette voie est le facteur de croissance de l'endothélium vasculaire (VEGF), qui stimule l'angiogenèse locale afin d'augmenter l'apport sanguin et ainsi l'oxygène aux cellules qui en manquent.

15.3 Contrôle du destin des cellules par gradient de concentration des régulateurs

Dans un tissu en développement, chaque cellule doit apprendre comment contribuer à l'organisation générale du tissu. Fréquemment, des cellules dans une position particulière dans l'embryon doivent se diviser, bouger, changer de forme ou produire des substances particulières, alors que des cellules voisines ne le font pas. En biologie moderne du développement, le terme **induction** se réfère aux événements où une population cellulaire influence le sort des cellules voisines. La Figure 15-10 dépeint schématiquement comment une série de signaux d'induction peut créer plusieurs types cellulaires au départ d'une population de cellules initiales équivalentes. L'induction peut créer des types tissulaires dans des sites spécifiques (e.g. la formation d'un cristallin près du site dans lequel la rétine va croître) ou causer des changements dans la forme des cellules dans un site spécifique. Par exemple, des changements dans la forme des cellules du centre, et non à la périphérie, de la plaque neurale aboutissent à la formation du tube neural d'où notre système nerveux central dérive. L'orientation cellulaire est également critique. Si un épithélium est porteur de plumes ou de poils, tous doivent pouvoir pointer dans la même direction. Toutes ces propriétés des cellules sont coordonnées par l'intégration de signaux dans l'organisme en développement, et chaque cellule interprète les signaux qu'elle reçoit à la lumière de son expérience antérieure et son stade de différenciation.

Certains signaux inducteurs extracellulaires peuvent traverser les tissus et dès lors agir à distance de la cellule émettrice du signal ; d'autres molécules signal restent attachées à la surface d'une cellule et ne peuvent donc influencer que les cellules du voisinage immédiat. D'autres molécules signal sont confinées dans certains sites par leur forte liaison à des composants de la matrice extracellulaire. La vitesse de transmission d'une molécule signal dépend de ses propriétés chimiques, de celles du tissu qu'elle traverse et de l'aptitude des cellules qu'elle rencontre de la capter ou de l'inactiver. La distance qu'elle peut ainsi parcourir influence la taille et la forme d'un organe. Par exemple, plus loin une molécule inductrice de neurones peut migrer, plus de neurones elle peut former.

Dans cette section et celles qui suivent, nous verrons comment des différences quantitatives dans les signaux extérieurs et les facteurs de transcription peuvent déterminer le sort des cellules et leurs propriétés. Nous commencerons par distinguer deux mécanismes fondamentaux de la signalisation inductive. Ensuite, à l'aide d'exemples, nous examinerons de manière assez détaillée les stades précoces du développement de la drosophile. Pour apprendre comment les signaux fonctionnent dans les interactions cellulaires au cours du développement, on utilise des animaux transgéniques afin d'observer les effets de l'augmentation ou de la diminution fonctionnelle d'un gène dans des cellules spécifiques. Par exemple, si une cellule peut encore émettre un signal alors que la fonction d'un certain gène est inactivée, on en déduit que le gène n'est pas requis pour l'envoi de ce signal. Inactiver le même gène dans une cellule qui reçoit normalement le signal peut révéler que ce gène est nécessaire à la réception du signal ou à sa transduction. De cette manière, même quand une nouvelle protéine est étudiée, il est possible de déduire la position qu'elle occupe dans une voie de signalisation. Ces méthodes de manipulation génique sont spécialement avancées dans l'étude de la drosophile (Figure 15-11), mais sont adaptées progressivement à d'autres organismes expérimentaux.

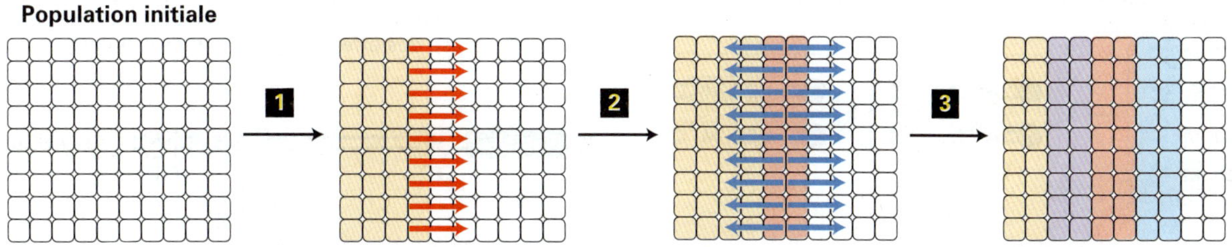

FIGURE 15-10 Modèle simplifié de l'induction séquentielle de types cellulaires dans un épithélium. Étape **1** : Partant d'une population de cellules équivalentes (blanc), un événement initial (e.g. des mouvements cellulaires ou un signal polarisé) crée une deuxième population de cellules (brun) qui sécrètent un médiateur (flèches rouges). Ce signal n'atteint que certaines cellules du champ cellulaire adjacent. Étape **2** : Les cellules capables de recevoir et d'interpréter le signal rouge forment maintenant un nouveau type cellulaire (rose) qui sécrète un médiateur différent (flèches bleues) qui s'écarte des cellules roses dans les deux directions. Étape **3** : Le signal bleu induit encore plus de types cellulaires (pourpre et bleu). Notez que l'effet du signal bleu diffère, selon le type cellulaire sur lequel il agit, les cellules blanches ou les cellules brunes.

(a) Expression d'un gène ectopique contrôlée dans l'espace et le temps
Afin que le gène de mouche auquel on s'intéresse soit exprimé à un moment et à un endroit inhabituels, on l'associe à un promoteur régulé. Si l'hyperexpression est létale, aucune mouche transgénique ne peut être obtenue (voir partie (b) pour la solution de ce problème). Une variante est l'utilisation du promoteur d'un gène *heat shock* inductible par la chaleur; une brève augmentation de la température (37° C, 30 min) déclenchera l'expression dans toutes les cellules.

(b) Expression d'un gène ectopique régulé dans l'espace et le temps par *GAL4*
Une mouche transgénique code le facteur de transcription de la levure GAL4 sous le contrôle d'un promoteur spécifique d'un tissu. Une autre est porteuse d'un transgène qui peut répondre à GAL4 parce qu'il contient une séquence UAS à laquelle GAL4 peut se fixer. Après croisement des deux mouches, tout gène qui a été attaché à la séquence UAS tombera sous le contrôle de GAL4 et sera exprimé dans ce tissu spécifique. Ceci permet à chaque mouche transgénique de survivre, même si l'activation du gène se révèlera létale pour la descendance résultant du croisement.

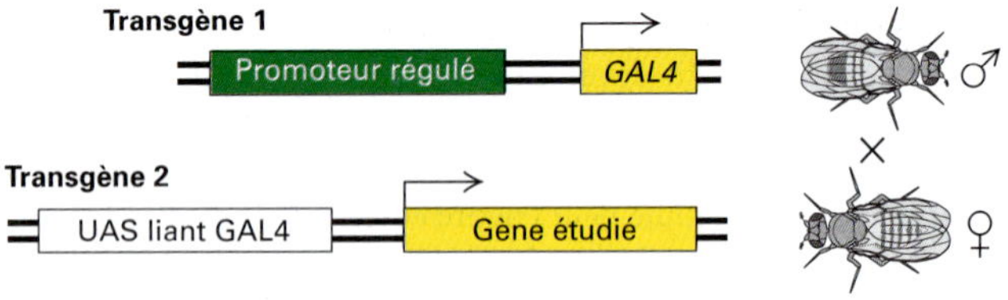

(c) Créer des tissus mosaïques au moyen de clones cellulaires privés de la fonction d'un gène
On peut utiliser la recombinase FLP de levure, en la faisant agir sur des séquences FRT insérées près du centromère, pour créer des clones de cellules mutantes homozygotes chez des mouches qui sont hétérozygotes pour une mutation récessive. La recombinase est produite à un moment précis grâce à un promoteur inductible par la chaleur. Juste assez de recombinase est induite pour causer un événement de recombinaison occasionnel. Les effets de la perte du gène sont alors évalués.

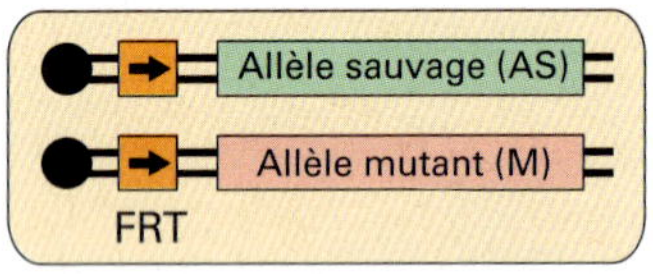

Une division cellulaire normale crée plus de cellules hétérozygotes :

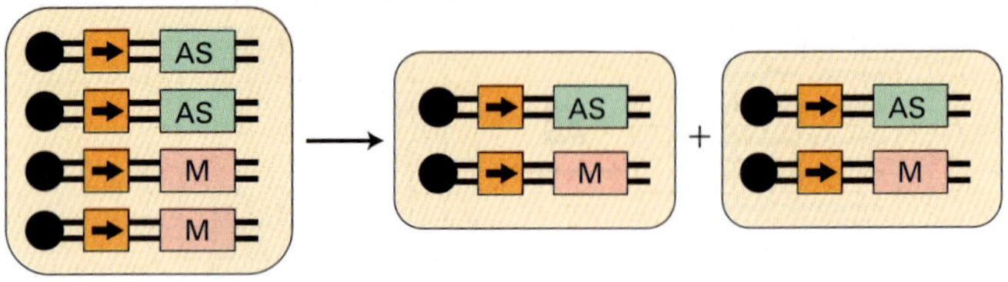

La division après recombinaison crée un clone de cellules mutantes et un clone de cellules de type sauvage :

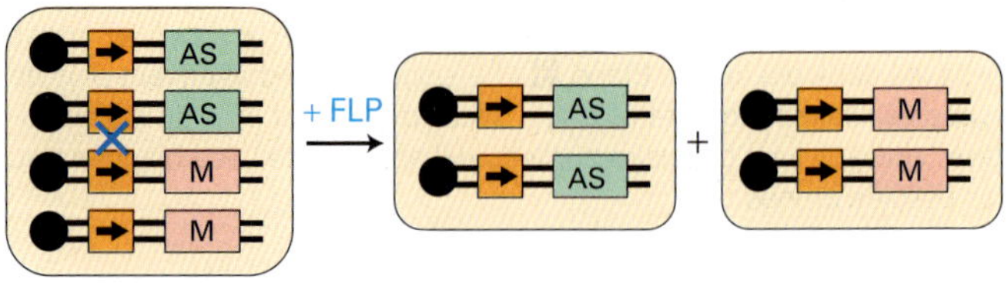

(d) Créer des mutants marqués afin d'évaluer les effets de la perte de fonction d'un gène dans des cellules uniques
Le but est de marquer des cellules mutantes créées par recombinaison FLP comme dans (c). Le gène codant la protéine de levure GAL80 est introduit dans le génome de mouches sous le contrôle du promoteur de la tubuline, qui est actif dans toutes les cellules. Le transgène est situé sur le chromosome qui porte l'allèle de type sauvage du gène auquel on s'intéresse. Toutes les cellules ont été modifiées afin qu'elles produisent le facteur de transcription de levure GAL4 par le recours à un promoteur constitutif (non montré). Après recombinaison, GAL80 est présent dans la cellule de type sauvage, où il bloque l'activité de GAL4. Dans la cellule mutante, GAL80 n'est pas produit et GAL4 agit sur une séquence UAS et active ainsi la production d'une protéine fluorescente (GFP). De cette manière, les cellules mutantes sont marquées en même temps qu'elles perdent leur allèle de type sauvage.

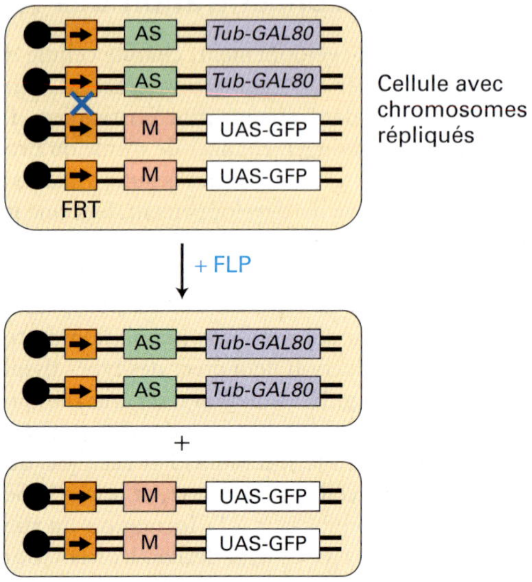

Des cellules filles produisent deux clones

(e) Activation induite d'une fonction génique dans des clones cellulaires
Le but est d'activer le gène étudié dans un clone de cellules au cours du développement. Toutes les cellules au départ expriment lacZ, qui est sous le contrôle d'un promoteur constitutif, et dès lors sont colorées en bleu. Lorsqu'on active brièvement la recombinase FLP en agissant sur le promoteur inductible par la chaleur et actif dans toutes les cellules, suffisamment de recombinase est disponible dans quelques cellules pour agir sur les sites FRT et causer une délétion de l'ADN entre les FRT. Cette recombinaison enlève le gène lacZ en même temps qu'elle joint le promoteur au gène étudié. Puisque les cellules n'expriment plus lacZ, on peut identifier le clone contenant le gène étudié, ce clone pouvant servir alors à l'analyse des effets du gène sur les cellules.

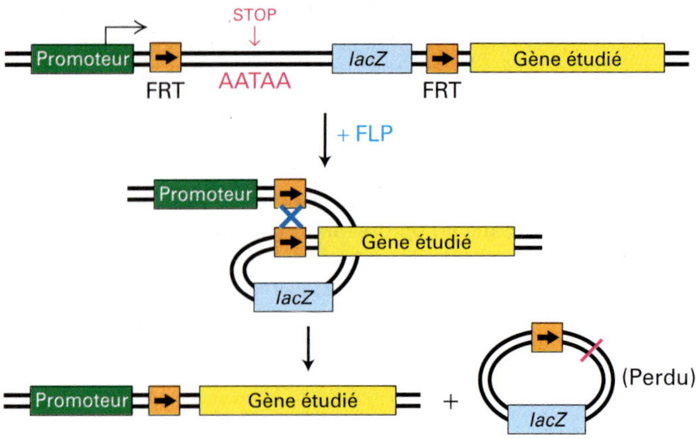

FIGURE 15-11 Manipulations géniques pour l'analyse des systèmes de signalisation. (a) Dans le cas le plus simple, un gène est activé par l'intermédiaire d'un promoteur qui est spécifique de certaines cellules ou, comme dans le cas des promoteurs sensibles à la chaleur (*heat shock*), qui est inductible dans toutes les cellules. Ce procédé est limité par le caractère délétère éventuel du transgène ; dans ce cas, on n'obtient aucun animal transgénique. (b) Pour éviter la difficulté, on peut constituer deux lignées de mouches transgéniques, l'une avec le gène étudié placé sous le contrôle d'un UAS (*upstream activation sequence* ou séquence d'activation en amont) de la levure. L'UAS est activé par le facteur de transcription de la levure GAL4, ce qui survient quand les mouches porteuses d'UAS sont croisées avec des mouches ayant GAL4 exprimé dans certaines cellules. (c) Le but opposé est d'inactiver sélectivement un gène dans certaines cellules. La recombinase FLP de levure agit sur les séquences FRP, qui ont été insérées près de la base d'un chromosome. Partant d'une mouche qui est hétérozygote pour la mutation à laquelle on s'intéresse, mutant/type sauvage, on peut obtenir des clones cellulaires qui sont homozygotes pour l'allèle mutant ou le type sauvage. (d) Il est difficile de reconnaître et d'analyser des clones cellulaires étroits comme ceux obtenus par le procédé (c) si les cellules ne sont pas marquées. Dans un procédé amélioré, la recombinaison enlève GAL80, une protéine qui inhibe la fonction de GAL4, en même temps que l'allèle mutant est rendu homozygote. GAL4 libéré active alors un UAS qui entraîne la production d'une protéine fluorescente. Si la cellule mutante est un neurone, on peut constater l'effet de la mutation par exemple sur l'établissement du circuit cérébral. (e) Pour activer un gène dans des clones cellulaires étroits, générés au hasard, on recourt à nouveau à FLP, mais cette fois pour enlever une séquence de terminaison transcriptionnelle qui empêche le gène d'intérêt d'être actif. En même temps, un gène marqueur *lacZ*, ou un autre, est enlevé ; ainsi le clone cellulaire contenant le gène étudié sous forme activée est identifiable par l'absence d'expression du gène marqueur.

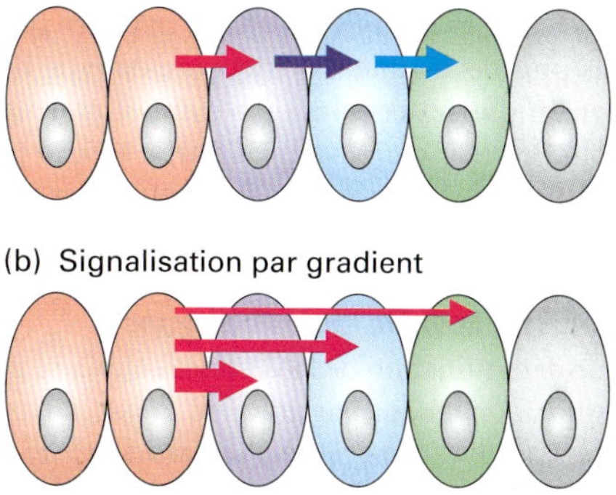

FIGURE 15-12 Deux modes de signalisation par induction. Dans le modèle de type relais (a), un signal se propageant à courte distance (flèche rouge) stimule la cellule réceptrice afin que celle-ci émette à son tour un autre signal (pourpre), et ainsi de suite durant une ou plusieurs phases. Dans le modèle de gradient (b), des cellules localisées émettent un signal (flèches rouges) dont l'intensité des effets est plus forte sur les cellules voisines que sur les cellules distantes. Si les réponses des cellules réceptrices diffèrent en fonction du gradient de signalisation (indiqué par l'épaisseur des flèches), un seul signal peut créer de multiples types cellulaires.

La signalisation par induction procède par relais ou gradient

Dans certains cas, la destinée d'une cellule dépend d'un choix binaire : en présence d'un signal, la cellule se dirige dans une voie de développement ; en absence du signal, la cellule prend une autre direction ou ne se développe pas du tout. De tels signaux fonctionnent souvent selon *le mode du relais*, c'est-à-dire que le signal initial déclenche une cascade d'induction ; les cellules proches de la source évoluent vers une destinée spécifique et, à leur tour, produisent d'autres signaux qui déterminent l'organisation de leurs voisines (Figure 15-12a). Alternativement, une molécule signal peut induire différentes destinées cellulaires sur base de sa concentration. Dans ce *mode du gradient*, le sort de la cellule réceptrice est déterminé par l'intensité du signal qui l'atteint, celle-ci dépendant de la distance de la cellule émettrice (Figure 15-12b). Toute substance qui peut induire des réponses différentes selon sa concentration est souvent appelée un **morphogène**.

La concentration à laquelle la molécule signal induit une réponse cellulaire spécifique est appelée un *seuil*. Un signal par gradient, ou morphogène, comporte plusieurs seuils, chacun correspondant à une réponse spécifique des cellules réceptrices. Par exemple, une faible concentration d'un signal inducteur destine la cellule au sort A, mais à intensité plus forte du signal, le sort de la cellule sera B. Dans le mode du gradient, le signal qui vient d'être produit n'atteint pas des concentrations égales partout. On pourrait aussi concevoir que le signal soit produit à une extrémité d'un champ cellulaire et détruit ou inactivé à l'autre extrémité (c'est l'idée « source et vidange »), ce qui maintiendrait également une distribution en gradient.

Destinées des cellules du mésoderme dans la blastula de *Xenopus*

Des études portant sur l'activine, une protéine de signalisation du type TGFβ qui détermine la destinée cellulaire dans les jeunes embryons de *Xenopus*, ont fourni des informations sur le mécanisme par lequel des cellules déterminent la concentration d'un signal d'induction par gradient. L'activine contribue à l'organisation du **mésoderme** le long de l'axe dorsoventral de l'animal. Après la fertilisation d'un oocyte de *Xenopus*, c'est d'abord l'**endoderme** et l'**ectoderme** qui se forment, le mésoderme apparaissant un peu plus tard Ces trois populations cellulaires distinctes (couches germinales) constituent la *blastula*, une sphère cellulaire creuse.

Des gènes spécifiques sont utilisés comme indicateurs des effets exercés par des molécules signal comme l'activine sur la différenciation des tissus. Par exemple, une faible concentration d'activine induit l'expression du gène *Xenopus brachyury (Xbra)* tout au long du mésoderme précoce. Xbra est un facteur de transcription nécessaire au développement du mésoderme. Des concentrations plus fortes d'activine induisent l'expression du gène *Xenopus goosecoid (Xgsc)* qui code une protéine capable de transformer le mésoderme ventral en dorsal. Ainsi, à proximité de la source d'activine, l'induction locale de Xgsc cause la formation de cellules mésodermiques dorsales plutôt que ventrales. En utilisant de l'activine marquée au ^{35}S, des chercheurs ont démontré que des cellules de la blastula de *Xenopus* exprimaient chacune quelques 5000 récepteurs de TGFβ de type II liant l'activine. Des résultats d'expériences supplémentaires ont montré que l'expression maximale de Xbra était atteinte quand environ 100 récepteurs étaient occupés. À une concentration d'activine permettant l'occupation de 300 récepteurs, des cellules commençaient à exprimer des taux plus élevés de Xgsc. Des résultats semblables furent obtenus avec des cellules de blastula modifiées de telle manière qu'elles expriment sept fois plus de récepteurs d'activine de type II. Ces observations indiquent que les cellules de blastula tiennent compte du nombre absolu de récepteurs occupés par le ligand plutôt que le rapport des récepteurs liés et non liés, et confirment l'importance de la concentration de la molécule signal.

Développement de la vulve chez *C. elegans*

Un exemple de détermination de la destinée cellulaire par une combinaison de signaux agissant par gradient et par relais est le développement de la vulve chez le ver nématode *C. elegans*. Cette structure se développe à partir d'un groupe de cellules servant de précurseurs vulvaires épidermiques (CPV) dont la destinée est contrôlée par un signal d'induction provenant d'une cellule proche appelée cellule d'ancrage. Tous les CPV ont le potentiel de devenir un des trois types cellulaires différents : 1° et 2°, qui désignent différents types de cellules vulvaires, et 3°, qui appartient à un type non vulvaire. Une série de cellules, comme celle des CPV, est appelée un *groupe d'équivalence* si chaque cellule de la série a la capacité égale de former plus d'un type cellulaire. Le signal d'induction sécrété par la cellule d'ancrage est LIN-3, qui est semblable à l'EGF (*epidermal growth factor*) des vertébrés. Comme le récepteur de l'EGF, celui de LIN-3 est un récepteur à activité de tyrosine kinase, appelé LET-23, qui agit par une voie de la Ras-MAP kinase (voir Figure 14-21).

Les résultats d'études antérieures suggéraient que LIN-3 était un signal qui induisait par gradient la destinée 1° dans le VPC le plus proche (normalement P6.p) et la destinée 2° dans P5.p et P7.p, qui sont situées un peu plus loin de la cellule d'ancrage (Figure 15-13a). Si la détermination de la destinée 2° dépendait seulement du gradient du signal LIN-3, alors des cellules mutantes P5.p et P7.p privées du récepteur de LIN-3 devraient subir la destinée non vulvaire 3°. Or, on a été surpris de constater que les cellules mutantes évoluaient vers leur destinée normale 2° (Figure 15-13a). L'explication la plus probable de ces résultats est que, lorsque la cellules P6.p s'engage vers 1°, elle émet un signal différent qui agit normalement avec des taux modérés de LIN3 pour assurer la production des cellules 2°. Ce second signal induit par relais s'est révélé être un ligand pour LIN12, un récepteur de type Notch. La stimulation exercée par LIN12 sur les cellules P5.p et P7.p induit l'expression d'une phosphatase qui inactive la MAP kinase et affecte également d'autres régulateurs, évitant ainsi le choix d'une destinée 1°.

Dans la glycogénolyse, les signaux sont intégrés au niveau d'une protéine faite de deux sous-unités, chaque signal agissant sur une des sous-unités. Dans la détermination du sort des cellules vulvaires, l'activité d'une seule kinase, la MAP kinase, est contrôlée par deux voies : une signalisation venant d'un récepteur de ligand de type EGF active la MAP kinase ; une signalisation venant d'un récepteur de type Notch la désactive. La convergence de ces deux voies sur la MAP kinase permet de manière élégante la formation de multiples types cellulaires adjacents.

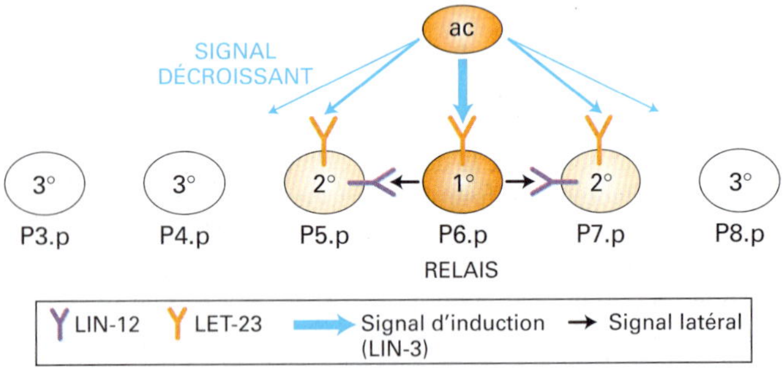

FIGURE 15-13 Signalisation par relais et gradient dans le développement de la vulve chez *C. elegans*. La cellule d'ancrage (ac) émet un signal vers les cellules servant de précurseurs vulvaires (P3.p-P8.p), tous ayant un potentiel équivalent de former un des trois types cellulaires : 1°, 2°, 3°. Le signal apparenté à l'EGF, LIN3, est capté par le récepteur LET-23. Les cellules qui reçoivent la plus grande quantité de la molécule signal forment le type 1°, les cellules qui en reçoivent une quantité moyenne forment le type 2° et les cellules qui en reçoivent peu ou pas du tout forment le type 3°. On distingue les trois destinées cellulaires en suivant les modalités ultérieures de leur division. Les effets du gradient de LIN3 sont contrôlés en plus par un signal relais. Après que la cellule d'ancrage a transmis LIN3 vers la cellule la plus proche, normalement P6.p, celle-ci émet alors pour son entourage un signal différent, qui s'est avéré être un ligand pour LIN12. La démonstration de l'effet relais vient de l'élimination génétique du récepteur LET-23 des cellules P5.p et P7.p, ce qui les empêche de répondre au signal LIN-3. Si le gradient de LIN-3 était à la base de tous les types cellulaires, P5.p et P7.p seraient orientées vers le type 3°. Cependant, ils réussissent encore à former des cellules de type 2°. Aussi un autre système doit intervenir ; il s'agit du signal pour le récepteur LIN-12 provenant de la cellule P6.p. [Adapté de J. S. Simske & S. K. Kim, 1995, *Nature* **375**:142.]

Des morphogènes contrôlent la destinée cellulaire au cours du développement précoce de la drosophile

La drosophile a été particulièrement utile pour l'étude des morphogènes. Premièrement, le développement du jeune embryon ainsi que la croissance des pattes et des ailes sont assurés fréquemment par des gradients de molécules régulatrices. Deuxièmement, il ne faut que 10 jours environ pour qu'un œuf fécondé devienne une mouche adulte. Troisièmement, de nombreuses mutations affectant le développement et aboutissant à des phénotypes anormaux spectaculaires ont été identifiées par des criblages génétiques attentifs. On a trouvé que certains de ces défauts étaient liées à des mutations dans des gènes codant des morphogènes ou des protéines de transduction du signal.

Pour comprendre comment des morphogènes déterminent le sort des cellules dans le jeune embryon, nous devons d'abord imaginer la scène. L'ovogenèse commence par une cellule souche qui se divise de manière asymétrique pour générer une seule **cellule germinale**, qui se divise quatre fois pour donner 16 cellules. Une de ces cellules termine la méiose (voir Figure 9-3) et devient un **ovocyte** ; les 15 autres deviennent des *cellules nourrices*, productrices de protéines et d'ARNm qui gagnent l'ovocyte par des ponts cytoplasmiques (Figure 15-14). Ces molécules sont nécessaires à la maturation de l'ovocyte et aux premières phases de l'**embryogenèse**. Au moins, un tiers du génome est représenté dans l'ARNm fourni par la mère à l'ovocyte, ce qui représente une dote substantielle. Chaque groupe de 16 cellules est enveloppé par une seule couche de cellules somatiques appelée le *follicule*, qui formera la coque. L'ovocyte mature, ou œuf, est libéré dans l'oviducte, où il est fécondé ; l'œuf fécondé, ou **zygote**, est alors pondu.

Les 13 premières divisions nucléaires du zygote de la drosophile sont synchrones et rapides, chaque division survenant environ toutes les 10 minutes. Cette réplication de l'ADN est la plus

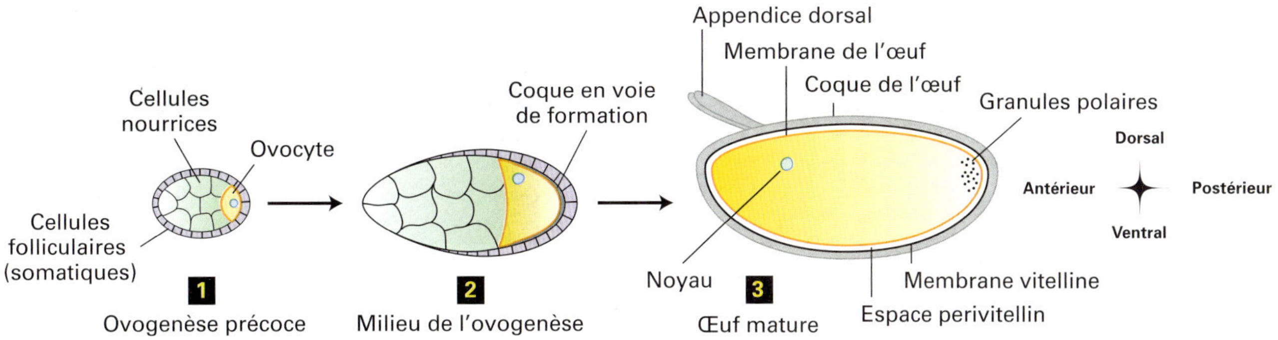

FIGURE 15-14 Développement d'un ovocyte de la drosophile en œuf mature. Une seule cellule germinale produit quinze cellules nourrices (vert) et un seul ovocyte (jaune) (**1**). L'ovocyte précoce a environ la même taille que les cellules nourrices voisines ; le follicule, une couche de cellules somatiques, entoure l'ovocyte et les cellules nourrices. Les cellules nourrices commencent à synthétiser des ARNm et des protéines nécessaires pour la maturation de l'ovocyte, et les cellules du follicule commencent à former la coque. À mi-parcours de l'ovogenèse (**2**), l'ovocyte a fortement grandi. L'œuf mature (**3**) est complètement entouré par la coque (gris). Les cellules nourrices ont dégénéré, mais les ARNm synthétisés et transférés dans l'ovocyte par les cellules nourrices fonctionnent dans le jeune embryon. Des granules polaires situés dans la région postérieure du cytoplasme de l'œuf indiquent la région dans laquelle des cellules germinales se formeront. L'assymétrie de l'œuf mature (e.g. la position décentrée du noyau) forme la base de la différenciation cellulaire de l'embryon. Après sa libération dans l'oviducte, la fertilisation de l'œuf déclenche l'embryogenèse. [Adapté de A. J. F. Griffiths *et al.*, 1993, *An Introduction to Genetic Analysis,* 5th ed. W. H. Freeman and Company, p. 643.]

rapide que l'on connaisse chez un eucaryote, l'ADN chromosomique entier, de 160 Mb, étant copié durant une phase S du cycle cellulaire qui ne dure que 3 minutes. Ces divisions nucléaires n'étant pas accompagnées de divisions cellulaires génèrent une cellule multinucléée, un **syncytium**, avec un cytoplasme commun et une membrane plasmique (Figure 15-15a). Pendant qu'ils se divisent, les noyaux commencent à migrer vers la membrane plasmique, qu'ils atteignent 2 à 3 heures après la fécondation, formant ainsi le blastoderme syncytial. Durant l'heure suivante, des membranes cellulaires se forment autour des noyaux, générant le blastoderme cellulaire ou blastula (Figure 15-15b). Tous les tissus dériveront des 6000 cellules épithéliales de la surface de la blastula. Très tôt, certaines de ces cellules se déplacent vers l'intérieur suivant un processus appelé gastrulation ; finalement, elles se développeront en tissus internes.

L'embryon syncytial de mouche est long d'environ 100 cellules, de la tête à la queue, et d'environ 60 cellules de pourtour. Un jour après la fécondation, le zygote devient une larve, une forme segmentée dépourvue d'ailes et de pattes. Le développement se poursuit en passant par trois phases larvaires (~4 jours) et un stade pupal de ~5 jours durant lequel la métamorphose a lieu avec la création des structures adultes (Figure 15-16). À la fin du stade pupal, 10 jours environ après la fécondation, la pupe s'ouvre et une mouche adulte émerge.

Les cellules équivalentes initiales de l'embryon syncytial commencent rapidement à s'orienter vers des destins différents, ce qui mène à un agencement bien ordonné d'identités cellulaires distinctes. Cette mise en place progressive prépare le développement ultérieur et la disposition adéquate des différents tissus (e.g. muscles, nerfs, épiderme) et des parties du corps, ainsi que la formation des appendices et, à l'intérieur de ceux-ci, l'organisation des types cellulaires. Puisque le jeune embryon est symétrique, la différenciation cellulaire doit se faire le long de deux axes : l'axe dorsoventral et l'axe antéropostérieur (tête/queue). Différentes séries de gènes agissent sur chaque axe ; ainsi chaque cellule se prépare à son destin en répondant à l'apport de régulateurs agissant le long des deux axes dans une sorte de grille à deux dimensions. Comme nous le verrons, ce sont les informations et molécules fournies à l'ovocyte, comme une dote venant de la mère, qui amorcent les deux systèmes de régulation. Quand l'œuf mature est pondu, il est déjà asymétrique le long des deux axes (voir Figure 15-14).

Puisque le jeune embryon de mouche est un syncytium, des molécules régulatrices peuvent se déplacer dans le cytoplasme sans avoir à traverser des membranes plasmiques. Certaines molécules forment des gradients qui interviennent aux stades les plus précoces de la détermination du destin cellulaire avant la subdivision du syncytium en cellules individuelles. Ainsi, des facteurs de transcription, et des molécules sécrétées, peuvent fonctionner comme morphogènes dans l'embryon syncytial de mouche. Les syncytiums sont moins fréquents dans le développement précoce d'autres animaux et dans des stades plus tardifs du développement de la mouche ; à ces stades, les événements structurants sont contrôlés largement par des communications entre cellules au moyen de signaux extracellulaires agissant par gradient ou relais.

Pour déchiffrer les bases moléculaires de la détermination du destin cellulaire et de la structuration globale, des chercheurs ont (1) effectué des criblages génétiques étendus afin d'identifier tous les gènes jouant un rôle dans le processus d'organisation, (2) cloné des gènes identifiés par des mutations, (3) déterminé les aspects spatiotemporels de la production d'ARNm pour chaque gène et la distribution des protéines correspondantes dans l'embryon, (4) évalué les effets des mutations sur la différenciation cellulaire, la formation des tissus et l'expression d'autres gènes régulateurs. Les principes de la détermination du destin cellulaire et de la formation des tissus établis sur base des études de la drosophile se sont avérés pouvoir être appliqués largement au développement animal.

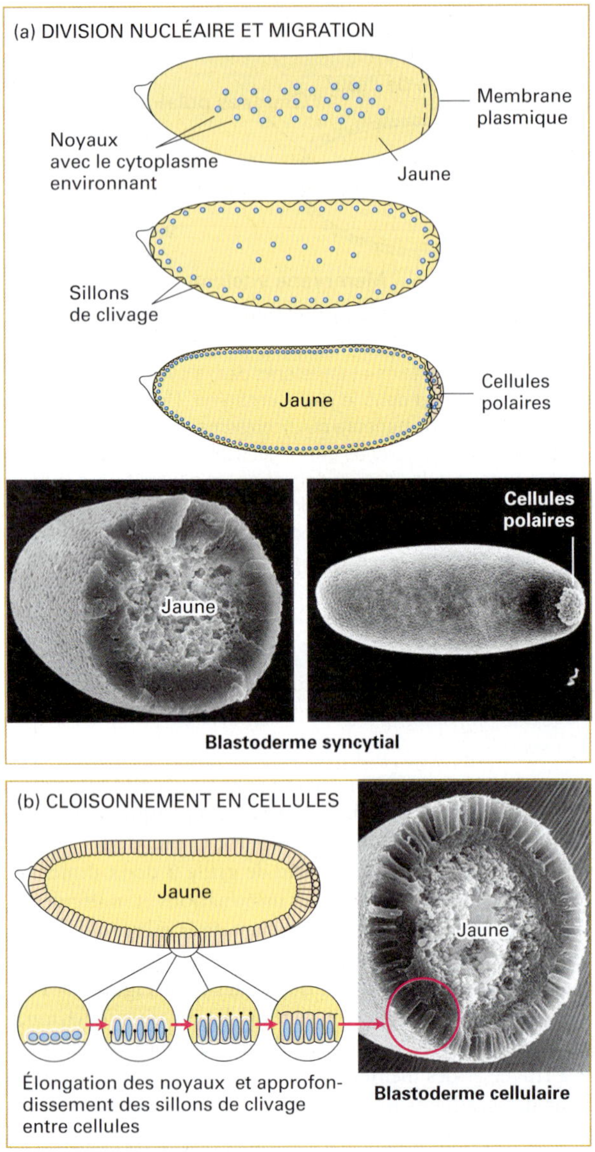

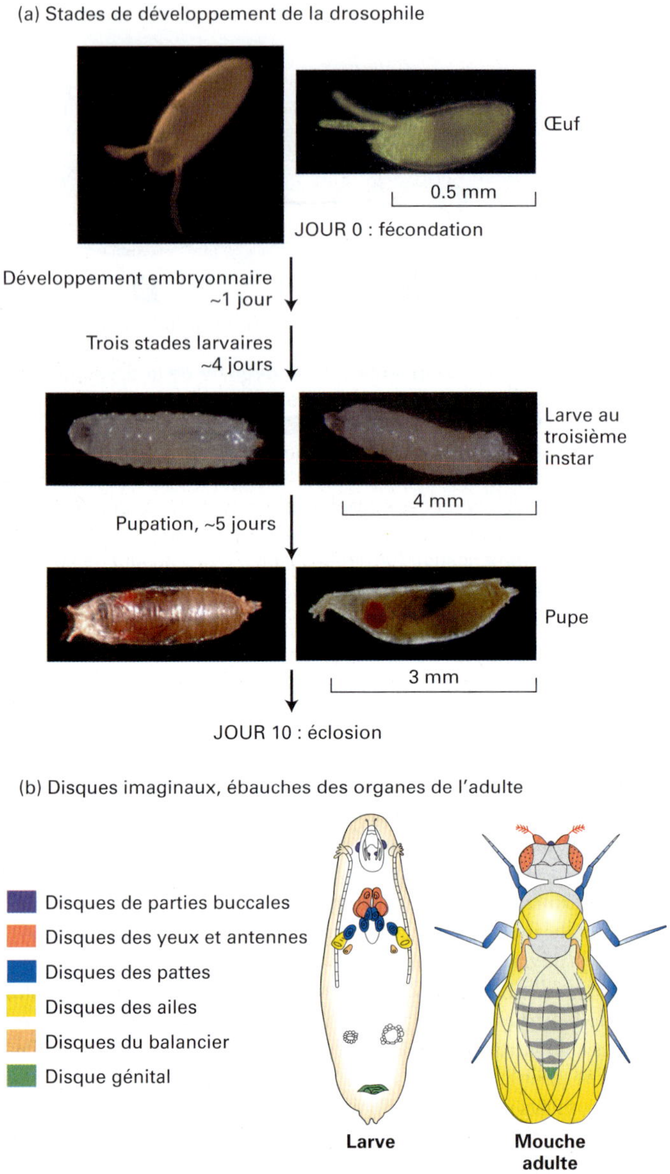

FIGURE 15-15 Formation du blastoderme cellulaire durant l'embryogenèse précoce de la drosophile. Les stades à partir du syncytium (a) jusqu'au blastoderme cellulaire (b) sont illustrés par des diagrammes et des micrographies électroniques. La division nucléaire n'est pas accompagnée par une division cellulaire jusqu'à ce qu'environ 6000 noyaux se soient formés et aient migré vers la membrane plasmique. Avant que les cellules ne se forment, l'embryon montre des excroissances membranaires au-dessus de chaque noyau, qui restent distribués dans un cytoplasme commun. Pas d'autres membranes que celle qui enveloppe l'embryon entier ne sont présentes. Après le cloisonnement en cellules, les membranes cellulaires autour de chaque noyau sont évidentes. Notez la ségrégation des noyaux des cellules dites polaires qui deviendront des cellules germinales, à l'extrémité postérieure du blastoderme syncytial. [Voir R. R. Turner & A. P. Mahowald, 1976, *Devel. Biol.* **50**:95 ; photographies fournies par A. P. Mahowald ; diagrammes d'après P. A. Lawrence, *The making of a Fly*, 1992, Blackwell Scientific, Oxford.]

FIGURE 15-16 Principaux stades de développement de la drosophile. (a) L'œuf fécondé se développe en un blastoderme et se subdivise en cellules en quelques heures. La larve, un organisme segmenté, se forme en 1 jour environ et passe par trois stades (instars) en une période de 4 jours pour devenir une prépupe. La pupation prend ~4-5 jours, et se termine avec l'émergence d'une mouche adulte. (b) Des groupes de cellules ectodermiques appelés disques imaginaux se forment dans des sites spécifiques dans la cavité du corps de la larve. Durant la pupation, ils donnent naissance aux diverses parties du corps indiquées. D'autres précurseurs cellulaires se différencieront en muscles, système nerveux et autres structures internes. [Partie (a), fournie par Kaye Suyama. Partie (b) adaptée de la même source et de J. W. Fristrom *et al.*, 1969, in E. W. Hanly, ed., *Park City Symposium on Problems in Biology*, University of Utah Press, p. 381.]

Une signalisation réciproque entre l'ovocyte et les cellules folliculaires structure l'axe dorsoventral chez la drosophile

Le début de l'organisation de l'axe dorsoventral chez la drosophile est contrôlé par les événements de l'ovogenèse. En effet, la forme de l'ovocyte mature reflète fidèlement l'orientation dorsoventrale de l'embryon. Le processus commence quand le noyau de l'ovocyte précoce se déplace légèrement, peut-être au hasard, vers ce qui deviendra le côté antérieur et dorsal de l'œuf mature (Figure 15-17a). Cette perte de symétrie déclenche la polarisation des signaux qui coordonnent les axes dorsoventraux de l'ovocyte, de l'embryon et de la coque enveloppant l'œuf. Une telle coordination est nécessaire pour que les structures de la coque s'alignent de manière adéquate avec celles de l'embryon en croissance. Par exemple, les tubes respiratoires dans la coque doivent être connectés aux régions appropriées de l'embryon.

À mi-chemin de l'ovogenèse, la production de Gurken, un signal semblable au facteur de croissance épidermique (EGF), commence. Du fait de la situation excentrée du noyau, Gurken est produit du côté dorsal de l'ovocyte (Figure 15-17b). Le récepteur de Gurken, un récepteur à activité de tyrosine kinase comme le récepteur de l'EGF, est présent sur les surfaces de toutes les cellules folliculaires qui confinent l'ovocyte en un endroit déterminé. Le signal Gurken dorsal active ses récepteurs seulement sur les cellules folliculaires dorsales, menant aux changements dans leur apparence et à la répression en elles du gène *pipe*. À cause de cette répression dorsale, la protéine Pipe n'est produite que dans les cellules folliculaires ventrales. Pipe est une enzyme qui catalyse l'addition de sulfate aux glycosaminoglycanes (GAG), les chaînes polysaccharidiques qui sont ajoutées aux protéines pour former des protéoglycanes (Chapitre 6).

La protéine Pipe favorise le destin ventral des cellules probablement en activant un signal encore inconnu qui déclenche une série de clivages protéolytiques dans l'espace périvitellin du côté ventral de l'œuf, qui entre-temps a atteint sa maturité. La chaîne des événements suivants ressemble un peu à la cascade de la coagulation sanguine ; chaque protéine clive et active ainsi la suivante. Le résultat des clivages est la production d'un ligand appelé Spätzle uniquement du côté ventral (Figure 15-17c). À ce moment, l'œuf a été fécondé et la division nucléaire a commencé. Spätzle se lie à son récepteur transmembranaire, appelé Toll, à la surface ventrale

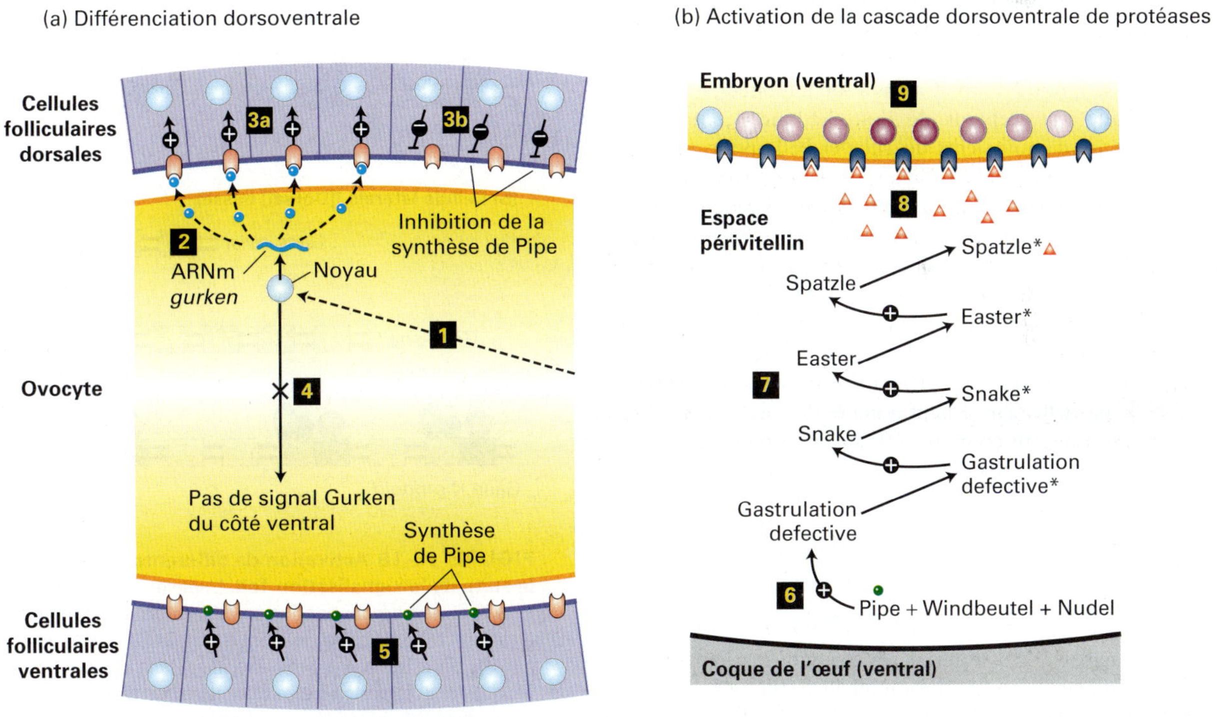

FIGURE 15-17 Détermination de l'axe dorsoventral chez la drosophile. Ce processus repose sur deux systèmes de signalisation, un dans les cellules folliculaires et l'autre dans l'ovocyte, l'embryon ou les deux, avec en plus une cascade protéolytique dans l'espace périvitellin. (a, b) Le déplacement du noyau de l'ovocyte crée une asymétrie initiale (1). La localisation dorsale du noyau de l'ovocyte aboutit finalement à la production de la protéine Pipe uniquement par les cellules folliculaires ventrales (2-5). (c) Des évènements ultérieurs dans l'espace périvitellin le long de la surface ventrale génère un gradient de Spätzle actif (6-9). Entre-temps, l'œuf a été fécondé et l'embryon est un syncytium aux nombreux noyaux ; la région autour d'un seul noyau est représentée. L'activation de Toll à la surface de l'embryon par Spätzle fait entrer la protéine Dorsal dans le noyau (10 et 11), où elle active la transcription de gènes cibles spécifiques, en fonction de sa concentration. (d) La concentration de Spätzle — donc l'activation de Toll et la localisation nucléaire de Dorsal — est la plus forte le long de la ligne du milieu du côté ventral, conférant un destin ventral (e.g. muscle) aux cellules de cette région. Plus latéralement, moins de Dorsal entrant dans les noyaux, les destins cellulaires sont différents (e.g. neuraux). Le sort des cellules dorsales se dessine quand il n'y a plus d'entrée de Dorsal dans le noyau. Des mutants privés du récepteur Toll, ou de Dorsal, ne forment que des types cellulaires dorsaux. [Adapté de Gilbert & Hashimoto, 1999, *Trends Cell Biol.* **9**:102.]

de l'embryon. La signalisation peut donc se résumer ainsi : le ligand Gurken, semblable à l'EGF, est produit du côté dorsal dans l'ovocyte et stimule son récepteur sur les cellules folliculaires dorsales. Du côté ventral de l'embryon, la cascade de protéases a mené à la production du ligand Spätzle, qui active son récepteur, Toll. Ainsi, la formation des structures de la coque de l'œuf produites par les cellules folliculaires est coordonnée avec celle des structures de l'embryon produites à l'intérieur.

À l'intérieur de l'embryon, le domaine cytosolique de Toll activé s'associe à deux protéines (Tube et Pelle), ce qui mène à la phosphorylation de la protéine Cactus. En absence de signalisation Toll, la protéine Cactus en étant liée au facteur de transcription appelé Dorsal bloque l'activité de ce dernier. Mais, lorsque Cactus est phosphorylée, elle est rapidement dégradée par le protéasome, et Dorsal, ainsi libéré, peut entrer dans les noyaux des cellules de l'embryon et activer, en fonction de sa concentration, la transcription de différents gènes cibles, (voir Figure 15-17c). Les fonctions de Spätzle et Dorsal s'exercent donc par gradient ; ces facteurs induisent un destin ventral là où ils sont en concentration élevée et d'autres destins là, plus latéralement, où leur concentration diminue (Figure 15-17d). La fonction de Dorsal est maximale après que le cloisonnement en cellules (cellularisation) a eu lieu.

Les caractéristiques principales de la *voie Toll-Dorsal* chez la mouche, qui sont analogues à celles de la voie mammalienne *NF-κB* décrite dans le Chapitre 14, existent chez les mammifères et probablement chez tous les animaux. Dorsal est semblable au facteur de transcription NF-κB ; Cactus à son inhibiteur, I-κB ; et le récepteur Toll, au récepteur de l'interleukine 1, qui agit par l'intermédiaire d'équivalents de Tube et Pelle pour aboutir à la phosphorylation d'I-κB et à la libération de NF-κB (voir Figure 14-28). NF-κB est un régulateur essentiel des gènes requis pour les réponses immunitaires chez les mammifères et les insectes et paraît intervenir également dans le développement des mammifères. Il illustre élégamment l'utilisation d'une seule voie de transduction du signal pour accomplir plusieurs tâches, comme la structuration au cours du développement et les réponses immunitaires en cas d'infection ou de blessure. Ce phénomène paraît être assez fréquent et explique partiellement le petit nombre de voies de signalisation qui sont apparues au cours de l'évolution biologique malgré la complexité croissante des organismes.

Le facteur Dorsal présent dans le noyau et Decapentaplegic, une molécule signal sécrétée, déterminent le destin ventral ou dorsal des cellules

La série remarquable d'étapes dépeintes dans la Figure 15-17 résulte du gradient de concentration nucléaire du facteur de transcription Dorsal. Le taux décroît graduellement ; il est au plus haut dans les cellules situées sur la ligne du milieu du côté ventral, plus bas dans les cellules latérales et finalement nul dans les cellules dorsales. Des mutants privés de la fonction du gène *dorsal* ne peuvent produire des cellules de caractère ventral, l'embryon entier développant alors des structures dorsales. Notez que les gènes de mouche sont désignés selon le phénotype de leur mutant, d'où le nom de *dorsal* donné au gène qui détermine le caractère ventral des cellules. Une fois à l'intérieur du noyau, Dorsal contrôle la transcription de gènes cibles spécifiques en se liant à des sites régulateurs distincts de haute et de basse affinité et en interagissant de manière combinée avec d'autres facteurs de transcription. Dorsal réprime la transcription des gènes suivants : *decapentaplegic (dpp), tolloid, short gastrulation* et *zerknüllt*, mais active la transcription de *twist, snail, single-minded* et *rhomboid*. Chacun de ces gènes contient une combinaison unique de séquences régulatrices agissant en cis auxquelles Dorsal et d'autres facteurs de transcription se lient.

La Figure 15-18 illustre comment Dorsal dans le noyau détermine différents profils d'expression des gènes cibles en fonction

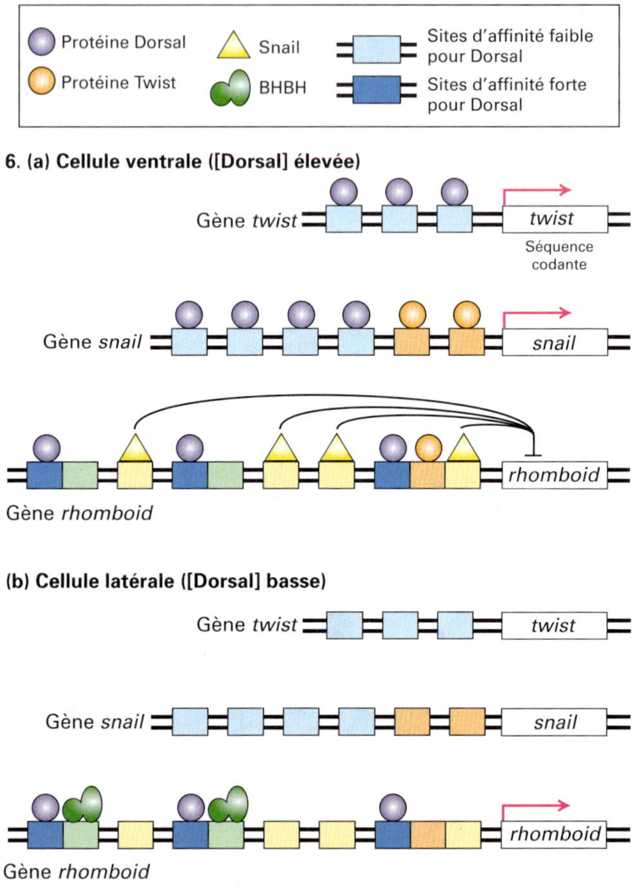

FIGURE 15-18 Activation de différents gènes cibles par Dorsal à la suite de la signalisation Toll. L'activation de Toll par Spätzle aboutit à un gradient de concentration de la protéine Dorsal dans les noyaux (voir Figure 15-17d). Ce gradient (taux élevé du côté ventral, bas du côté dorsal) peut conduire à différents profils d'expression génique. On montre ici trois gènes cibles dont les sites de liaison à Dorsal sont d'affinité forte (bleu foncé) ou faible (bleu clair). (a) Dans les régions ventrales où sa concentration est élevée, Dorsal (pourpre) peut se lier aux sites de faible affinité de *twist* et *snail*, et activer ainsi la transcription de ces gènes. La protéine Twist (orange) active aussi la transcription de *snail*, qui code un répresseur (jaune) qui prévient la transcription de *rhomboid* dans cette région. (b) Dans les régions latérales, la concentration de Dorsal n'est plus suffisamment élevée pour lui permettre de se lier aux site de faible affinité régulant *twist* et *snail*. La liaison de Dorsal à *rhomboid* est facilitée par la haute affinité des sites de liaison et l'intervention synergique d'activateurs hétérodimériques bHBH (vert) à des sites voisins. La limite nette dans l'expression de Rhomboid cause la formation de types cellulaires distincts dans la région ventrale et les régions latérales. [Voir A. M. Huang *et al.*, 1997, *Genes & Dev.* **11**:1963.]

de sa concentration. Par exemple, le gène *twist*, qui contient trois sites de faible affinité pour Dorsal, est exprimé dans la région la plus ventrale, où la concentration de Dorsal est la plus forte. La concentration de Dorsal diminuant progressivement finit par tomber sous le seuil nécessaire à la transcription de *twist*. Le gène *rhomboid*, qui est n'exprimé que dans les régions latérales, est sous le contrôle en cis d'une région régulatrice qui contient trois sites de haute affinité pour Dorsal. Deux de ces sites sont attenants à des séquences régulatrices qui lient des protéines contenant le motif **basique hélice-boucle-hélice** (bHBH), présent dans de nombreux facteurs de transcription. Comme Twist contient un motif bHBH, il paraît coopérer avec Dorsal dans l'induction de la transcription du gène *rhomboid* dans les cellules latérales. La région de contrôle de *rhomboid* contient quatre sites de fixation pour Snail, un répresseur de transcription. La production de Snail est induite seulement à forte concentration de Dorsal parce que les sites de fixation de Dorsal dans la région contrôle du gène *snail* sont de faible affinité. Puisque Snail est localisée du côté ventral, son activité répressive définit une limite ventrolatérale nette dans la transcription de *rhomboid*. Cet exemple illustre élégamment comment deux régulateurs de transcription peuvent collaborer afin de créer une limite nette entre des types cellulaires, thème qui sera repris plus en détail dans les Sections 15.4 et 15.5.

L'organisation dorsoventrale induite par Dorsal est prolongée par Decapentaplegic (Dpp). Cette protéine signal est sécrétée et appartient à la famille du TGFβ, que l'on trouve chez tous les animaux (Chapitre 14). Puisque la transcription du gène *dpp* est réprimée par Dorsal, Dpp est n'est produite que dans les cellules dont les noyaux sont dépourvus de Dorsal, c'est-à-dire les plus dorsales du jeune embryon de mouche. Une combinaison d'observations de génétique et de génétique moléculaire suggère que Dpp agit comme un morphogène induisant l'apparition de différents types cellulaires ectodermiques dans la région dorsale de l'embryon. Par exemple, l'élimination complète de la fonction de Dpp mène à la perte de toutes les structures dorsales et à leur conversion en structures de caractère plus ventral. Des embryons porteurs d'un seul allèle *dpp* sauvage montrent une augmentation du nombre de cellules au destin ventral, tandis que les embryons avec trois copies de *dpp* forment davantage de cellules dorsales.

Ainsi, deux gradients de molécules sécrétées, Spätzle et Dpp, jouent des rôles critiques dans la détermination de l'axe dorsoventral chez la drosophile et dans l'induction des structures ultérieures dans les régions dorsale et ventrale. Spätzle, agissant par l'intermédiaire de Dorsal localisé dans le noyau, un facteur de transcription, induit le destin ventral et contrôle la production de Dpp, qui induit le destin dorsal. Au contraire de Dorsal, qui ne fonctionne qu'au début du développement, le signal Dpp est utilisé de manière répétitive dans des phases ultérieures et participe à de nombreux processus comme le développement d'appendices, la formation de l'intestin et le développement oculaire. Le signal Spätzle exerce aussi d'autres fonctions ; elles seront décrites plus tard.

Les membres de la famille du TGFβ chez la grenouille appelés BMP2 et BMP4 exercent des effets inducteurs semblables à ceux de la protéine Dpp et sont en fait les protéines des vertébrés dont les séquences sont les plus proches de celle de Dpp. La plupart, si pas tous, des composants de la voie de signalisation du TGFβ, y compris les facteurs de transcription Smad, paraissent être présents et participer au développement chez tous les animaux (voir Figure 4-2). Comme décrit dans la Section 15-5, les protéines de vertébrés, contrôlent aussi l'organisation de l'axe dorsoventral bien que l'axe soit tordu chez les vertébrés en comparaison avec celui des invertébrés. La perte de la signalisation TGFβ, à la suite de mutations des récepteurs correspondants ou des protéines Smad, contribue à la cancérogenèse (Chapitre 23).

Le contrôle transcriptionnel par la protéine Bicoid d'origine maternelle assure la formation de la partie antérieure de l'embryon

Nous abordons maintenant la formation de l'axe antéropostérieur chez le jeune embryon de mouche alors qu'il est encore un syncytium. Comme dans la détermination de l'axe dorsoventral, la spécification du destin antéropostérieur commence durant l'ovogenèse. L'asymétrie initiale implique aussi les ARNm maternels, qui sont produits par les cellules nourrices et transportés dans l'ovocyte. Dans ce cas, ils se localisent dans des domaines bien délimités (voir Figure 15-14). Par exemple, l'ARNm *bicoid* est piégé

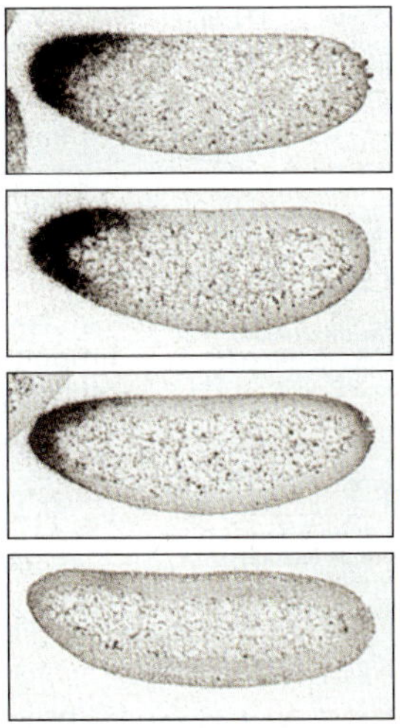

FIGURE EXPÉRIMENTALE15-19 L'ARNm *bicoid* dérivé de la mère est localisé dans la région antérieure des jeunes embryons de drosophile. Tous les embryons sont représentés avec le pôle antérieur à gauche et la région dorsale au-dessus. Dans cette expérience, l'hybridation in situ avec une sonde d'ARN marquée par un radio-isotope et spécifique de l'ARNm de *bicoid* a été effectuée sur des coupes totales d'embryons 2,5-3,5 heures après la fécondation. Cette période va du blastoderme syncytial jusqu'au début de la gastrulation. Après que la sonde en excès a été éliminée, la sonde hybridée à l'ARNm maternel de *bicoid* (grains sombres) fut détectée par autoradiographie. La protéine Bicoid est un facteur de transcription qui agit seul et avec d'autres régulateurs dans le contrôle de l'expression de certains gènes dans la région antérieure de l'embryon. [D'après P. W. Ingham, 1988, *Nature* **335**:25 ; clichés de P. W. Ingham.]

dans la région la plus antérieure (pôle antérieur) du jeune embryon de mouche (Figure 15-19). La localisation antérieure de l'ARNm *bicoid* dépend de son extrémité 3' non traduite et de trois protéines d'origine maternelle. Des embryons produits par des mouches femelles homozygotes pour des mutations de *bicoid* sont dépourvus des parties antérieures du corps, ce qui témoigne de l'importance de la protéine Bicoid dans la formation de ces structures.

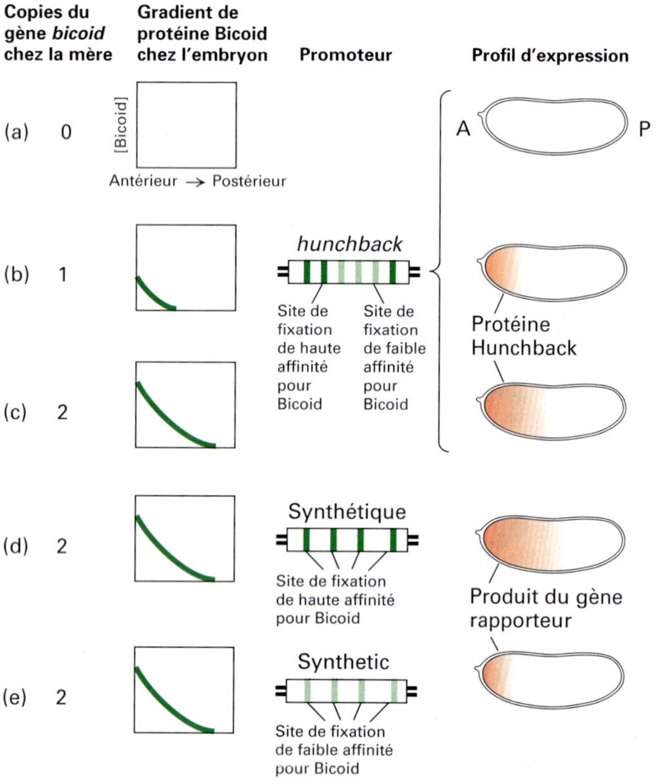

FIGURE EXPÉRIMENTALE 15-20 La protéine Bicoid d'origine maternelle contrôle l'expression antéropostérieure du gène *hunchback (hb)* de l'embryon. (a-c) En augmentant le nombre de gènes *bicoid* dans les mères, on a changé le gradient de Bicoid dans le jeune embryon, ce qui mène à un changement correspondant dans le gradient de la protéine Hunchback produite à partir du gène *hunchback* du génome de l'embryon. Le promoteur de *hunchback* fixe Bicoid par trois sites de haute affinité et trois de faible affinité. Des mouches transgéniques porteuses d'un gène rapporteur lié à un promoteur synthétique doté soit de quatre sites de haute affinité (d) soit de quatre sites de faible affinité (e) ont été générées. En réponse au même gradient de Bicoid chez l'embryon ; l'expression du gène rapporteur contrôlé par un promoteur doté de sites de haute affinité pour Bicoid s'étend plus vers l'arrière que lorsque le gène rapporteur est doté de sites de faible affinité. Ce résultat indique que le seuil de concentration de Bicoid qui active la transcription de *hunchback* dépend de l'affinité du site de fixation à Bicoid. Cette protéine régule d'autres gènes cibles de la même manière. [Adapté de D. St. Johnston & C. Nüsslein-Volhard, 1992, *Cell* **68**:201.]

La protéine Bicoid, un facteur de transcription du type homéodomaine, active l'expression de certains gènes spécifiques de la différenciation antérieure ; il en sera question plus loin. Dans l'embryon syncytial, Bicoid se répand dans le cytoplasme loin de l'extrémité antérieure où elle est produite à partir de l'ARNm, qui reste sur place. Il s'établit ainsi un gradient le long de l'axe antéropostérieur de l'embryon syncytial. La preuve que ce gradient détermine les structures antérieures fut obtenue par l'injection d'ARNm *bicoid* à différents endroits de l'embryon. Ce traitement a conduit à la formation de structures antérieures au site de l'injection, des structures postérieures se formant progressivement à distance croissante du site d'injection. Un autre test a consisté à faire produire plus de Bicoid ; chez ces mouches, les structures antérieures occupaient une plus grande proportion de l'embryon.

La protéine Bicoid induit la transcription du gène *hunchback (hb)* du génome de l'embryon, qui est plus active dans la partie antérieure de l'embryon puisque la concentration de Bicoid y est la plus forte. À la suite de mutations de *hunchback* et de plusieurs autres gènes du génome de l'embryon, on a constaté d'importantes lacunes (*gap*) dans la structure antéropostérieure du jeune embryon, d'où le nom **gènes gap** donné à l'ensemble de ceux-ci. Plusieurs observations prouvent que Bicoid régule directement la transcription de *hunchback*. Par exemple, augmenter le nombre de copies du gène *bicoid* étend les gradients des protéines Bicoid et Hunchback (Hb) en parallèle vers l'arrière (Figure 15-20a-c). L'analyse du gène *hunchback* a révélé qu'il contient trois sites de fixation de faible affinité et trois sites de fixation de haute affinité pour Bicoid. Les résultats d'études avec des gènes synthétiques contenant soit tous les sites de haute ou de basse affinité pour la protéine Bicoid ont démontré que l'affinité du site détermine le seuil de concentration que doit atteindre Bicoid pour que la transcription du gène soit activée (Figure 15-20d,e). De plus, le nombre de sites de fixation de Bicoid occupés à une concentration donnée s'est avéré déterminer l'amplitude, ou le niveau, de la transcription.

Les études de l'aptitude de Bicoid à réguler la transcription du gène *hunchback* ont montré que des variations dans les taux de facteurs de transcription, ainsi que dans le nombre ou l'affinité de séquences régulatrices spécifiques contrôlant différent gènes cibles, ou les deux, contribuent à générer différents profils d'expression génique au cours du développement. Ces constatations sont donc parallèles à celles rapportée plus haut à propos du facteur de transcription Dorsal. Des mécanismes similaires sont utilisés dans d'autres organismes en développement.

Des inhibiteurs de traduction d'origine maternelle renforcent la structuration antéropostérieure dépendante de Bicoid

Les types cellulaires à l'extrémité postérieure de l'embryon de mouche sont contrôlés par un mécanisme différent, dans lequel le contrôle s'exerce sur la traduction plutôt que sur la transcription. Comme nous venons de le voir, la transcription du gène *hunchback* de l'embryon, qui induit la différenciation du pôle antérieur, produit une bande localisée d'ARNm de *hunchback* et de protéine Hunchback dans la partie antérieure à cause du gradient antéropostérieur de la protéine Bicoid d'origine maternelle. Cependant, en plus, l'ARNm de *hunchback* synthétisé par les cellules nourrices est aussi présent dans le jeune embryon. Même si cet ARNm de *hunchback* d'origine maternelle est distribué uniformément dans l'embryon, sa traduction est inhibée dans la région postérieure par une autre protéine dérivée de la mère et appelée Nanos, qui est localisée à l'extrémité postérieure de l'embryon. Nanos ne bloque pas seulement la traduction de l'ARNm maternel de *hunchback* dans la région postérieure. La série de gènes requise pour la localisation de Nanos est aussi nécessaire à la formation des cellules germinales qui se déroule dans la partie postérieure de l'embryon. La conservation au cours de l'évolution de la fonction de Nanos chez la mouche et le ver indique peut-être qu'il s'agit d'un ancien mécanisme impliqué dans la formation des cellules germinales. Des protéines apparentées existent chez les vertébrés, mais leurs fonctions ne sont pas encore connues.

La Figure 15-21 illustre comment la régulation de la traduction par Nanos contribue à l'établissement du gradient antéropostérieur de Hunchback nécessaire au développement normal. La répression de la traduction de l'ARNm de *hunchback* par Nanos dépend de séquences spécifiques dans la région 3' non traduite de l'ARNm, appelées éléments de réponse à Nanos (NRE). En même temps que deux autres protéines liant l'ARN, Nanos se fixe aux NRE dans l'ARNm de *hunchback*. Bien que le mécanisme précis par lequel la repression s'exerce ne soit pas connu, on sait que la répression corrèle avec la longueur de la queue poly(A) de l'ARNm de *hunchback*, qui dépend de l'équilibre entre les processus opposés de polyadénylation et de déadénylation. Chez les embryons de type sauvage, la queue poly(A) s'allonge juste avant la traduction de l'ARNm de *hunchback*. Les résultats d'études génétiques et moléculaires suggèrent que Nanos induit la déadénylation de l'ARNm de *hunchback* et diminue ainsi sa traduction. En absence de Nanos, une accumulation de la protéine maternelle Hb dans la région postérieure mène à l'échec de la formation normale des structures postérieures et à la mort de l'embryon. Inversément, si Nanos est produit dans la partie antérieure, inhibant alors la production de Hb à partir de l'ARNm *hunchback* maternel et embryonnaire, les parties antérieures du corps ne se forment pas et l'embryon meurt.

La localisation de la protéine Nanos dans la partie postérieure de l'embryon est liée étroitement à la régulation de la traduction de l'ARNm de *nanos*. Celui-ci, s'il n'est pas localisé dans la région postérieure, n'est pas traduit à cause d'une protéine appelée Smaug qui se lie à l'extrémité 3' non traduite de l'ARNm de *nanos*. La localisation de cet ARNm dans la zone postérieure dépend aussi d'autres protéines. Une d'entre elles est Oskar, dont l'ARNm d'origine maternelle est transporté vers l'arrière par la kinésine, une protéine motrice qui se déplace le long des microtubules (Chapitre 20). C'est ainsi que la kinésine contrôle, en passant par plusieurs étapes intermédiaires, l'activité locale d'un facteur de transcription, Hunchback.

Le contrôle de la traduction par l'intervention d'un inhibiteur, par la localisation de l'ARNm ou par les deux constituent des stratégies largement utilisées pour réguler le développement. Par exemple, des ARNm spécifiques sont localisés durant le développement des cellules musculaires (voir Figure 12-31) et durant la division cellulaire dans la levure bourgeonnante *Saccharomyces cerevisiae* (voir Figure 22-22). Des mécanismes similaires opèrent durant le développement de *C. elegans*. Encore plus intrigant est la découverte que la protéine Bicoid se lie non seulement à l'ADN pour induire la transcription du gène *hunchback* de l'embryon mais aussi à l'ARNm de *caudal* dont elle régule la traduction. Le

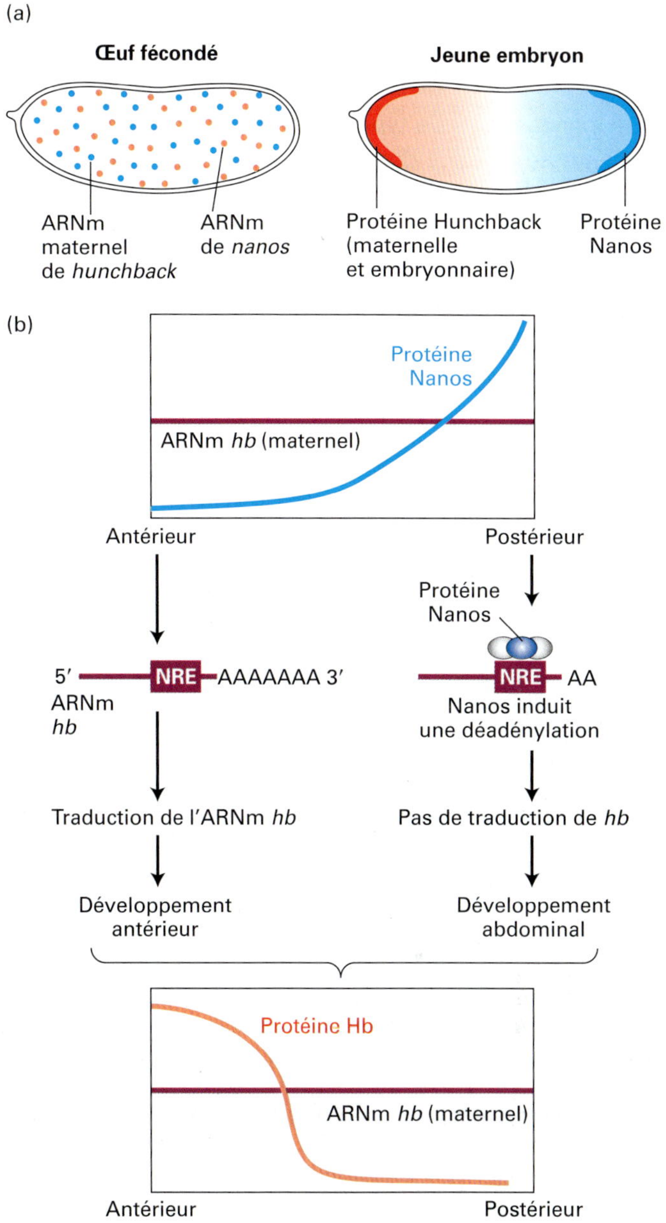

FIGURE 15-21 La protéine Hunchback (Hb) d'origine maternelle est exclue de la région postérieure des embryons de drosophile par la protéine Nanos. (a) Les ARNm de *nanos* (rouge) et de *huncback* (*hb*) (bleu) d'origine maternelle sont distribués uniformément dans l'œuf fécondé et le jeune embryon. La protéine Nanos, qui n'est produite que dans la région postérieure, inhibe ultérieurement la traduction de l'ARNm de *hb* maternel (bleu) dans la région postérieure. (b) La diffusion de la protéine Nanos à partir de son site de synthèse dans la région postérieure établit un gradient postéroantérieur de Nanos. Un complexe de Nanos et deux autres protéines inhibe la traduction l'ARNm de *hb*. En conséquence, la protéine Hb d'origine maternelle est exprimée de manière graduelle qui est parallèle et renforce le gradient de la protéine Hb résultant de la transcription contrôlée par Bicoid du gène hb de l'embryon (voir Figure 15-20) [Voir C. Wreden *et al.*, 1997, *Development.* **124**:3015.]

gène *caudal* code une autre protéine de drosophile jouant un rôle dans les événements précoces de la structuration.

Une signalisation de type Toll active un ancien système de défence dans les plantes et chez les animaux

Avant de continuer notre revue de la signalisation et du contrôle génique au cours du développement, nous ferons une brève digression pour considérer la connexion entre l'immunité innée et la voie de signalisation Toll-Dorsal décrite plus haut (voir Figure 15-17c). Rappelez-vous que cette voie a beaucoup de similitude avec celle de NF-κB chez les mammifères, qui est fortement impliquée dans les réponses immunitaires. La découverte de ces similitudes fut la première indication que la signalisation de type Toll fonctionnait dans un contexte autre que celui du développement. Plus récemment, des chercheurs ont trouvé que le récepteur Toll, son ligand Spätzle, et d'autres composants de la voie sont requis pour l'expression d'un peptide antifongique (drosomycine) dans les larves de mouches et chez les adultes. La stimulation d'un autre récepteur de type Toll déclenche la production d'un peptide antibactérien (diptéricine) chez les mouches. La découverte chez les mammifères des récepteurs de type Toll qui contrôlent la production de cytokines a stimulé l'exploration de toute une série de processus semblables.

La signalisation Toll paraît maintenant être l'un des processus les plus conservés au cours de l'évolution connus. Tous les composants entre Toll et l'activation de Dorsal ont été largement conservés. On dénombre 8 protéines chez la drosophile apparentées à Toll en plus de Toll lui-même et 10 protéines humaines apparentées à Toll qui contrôlent la production d'une large variété de peptides antimicrobiens chez les mouches et de cytokines chez les mammifères. Ces molécules fournissent une protection rapide et non spécifique contre une grande diversité de pathogènes. La réponse de l'immunité adaptative chez les vertébrés, impliquant des anticorps et les cellules T, est dirigée contre des pathogènes spécifiques mais est plus lente à se développer que la réponse innée, non spécifique.

Plus remarquable encore, des parties de la voie Toll et sa fonction dans l'immunité sont facilement reconnaissables dans les plantes. Par exemple, *Arabidopsis* possède environ 100 protéines contenant des domaines semblables aux domaines cytosoliques de Toll transducteurs du signal intracellulaire. Au moins certaines de ces protéines sont requises pour la résistance contre le virus de la mosaïque du tabac, et une protéine d' *Arabidopsis* semblable en séquence à I-κB est requise pour la résistance au champignon responsable du mildiou. Cependant, la signalisation de type Toll dans *Arabidopsis* paraît agir par l'intermédiaire de facteurs de transcription qui ne sont pas apparentés à Dorsal ou à NF-κB.

Puisque le système d'immunité innée basée sur Toll paraît être présent tant chez les plantes que chez les animaux, il se pourrait qu'il remonte à plus d'un milliard d'années. Au cours de cette longue évolution, au moins quelqus gènes impliqués dans la fonction immunitaire essentielle à la survie ont été adaptés pour servir à la régulation du développement. C'est un bel exemple de parcimonie biologique dans l'usage des ressources génétiques.

CONCEPTS CLÉS DE LA SECTION 15.3

Contrôle du destin des cellules par gradient de concentration des régulateurs

- L'influence d'une population cellulaire sur la différenciation d'une autre située à proximité est appelée induction. Des molécules diffusibles servant de signal et des contacts directs entre cellules assurent l'induction.
- Des morphogènes sont des signaux qui agissent de manière graduelle : une cellule qui reçoit plus de signal évolue vers un destin donné, une cellule qui en reçoit moins prend une autre orientation, et ainsi de suite. D'autres signaux agissent selon un système de relais : un signal pousse une cellule à produire un signal différent qui instruit des cellules plus loin à distance de la source originale du signal (voir Figure 15-11).
- Dans les embryons syncytiaux de drosophile, les morphogènes sont utilisés à plusieurs stades afin d'induire différents types cellulaires au long de deux axes. Les asymétries créées dans l'œuf de mouche durant l'ovogenèse déclenche des événements qui structurent les deux axes, dorsoventral et antéropostérieur, des embryons de mouche.
- Deux systèmes de signalisation, l'un agissant durant l'ovogenèse et l'autre agissant dans le jeune embryon, plus une cascade protéolytique dans l'espace périvitellin mènent à un gradient de concentration de Dorsal, un facteur de transcription, dans les noyaux ; les noyaux ventraux recevant le plus ; les noyaux latéraux moins et les noyaux dorsaux, rien du tout (voir Figure 15-17). Ces événements précoces contrôlent le développement le long de l'axe dorsoventral.
- Dans les cellules ventrales, Dorsal éteint des gènes (*e.g. decapentaplegic,* ou *dpp*) nécessaires à la constitution des structures dorsales. Dpp, un signal du type TGFβ produit par les cellules dorsales, détermine en formant un gradient les types cellulaires dorsaux. Des homologues de Dpp chez les vertébrés (protéines BMP) agissent aussi dans la structuration dorsoventrale.
- La structuration antéropostérieure précoce chez la drosophile produit un gradient antéropostérieur de Hunchback (Hb), un facteur de transcription qui induit le destin des cellules antérieures. La transcription du gène embryonnaire *hb* est activée par la protéine Bicoid d'origine maternelle, qui est localisée dans la région antérieure (voir Figure 15-20).
- La protéine Nanos inhibe la traduction de l'ARNm *hb* maternel dans la région postérieure de l'embryon de mouche (voir Figure 15-21). La synthèse de Nanos à partir de l'ARNm *nanos* d'origine maternelle est restreinte à la partie postérieure par un contrôle de la traduction lié au transport, assuré par une protéine motrice, d'autres régulateurs vers le pôle postérieur.

15.4 Création de frontières par différentes combinaisons de facteurs de transcription

Dans la Section 15.3, nous avons vu que Bicoid d'origine maternelle joue un rôle clé dans l'induction de la transcription des gènes gap (e.g. *hunchback*) dans la région antérieure du jeune embryon de mouche ; d'autres facteurs maternels préviennent la traduction de l'ARNm de *hunchback* dans la région postérieure. La spécification ultérieure de destins cellulaires chez la drosophile est contrôlée par des cascades transcriptionnelles dans lesquelles un facteur de transcription active un gène codant un autre facteur de transcription, qui à son tour induit l'expression d'un troisième. Une telle cascade de transcription peut générer une population de cellules qui peuvent toutes se ressembler mais qui diffèrent au niveau de la transcription.

Les cascades de transcription ont à la fois une dimension temporelle et spatiale. À chaque étape d'une cascade, par exemple, l'ARN polymérase et les ribosomes peuvent mettre plus d'une heure pour produire une protéine, selon la longueur du gène correspondant. Des facteurs spatiaux entrent en jeu quand des cellules en différentes positions dans l'embryon synthétisent différents facteurs de transcription. Dans cette section, nous continuons l'histoire de la structuration précoce chez la drosophile, ce qui illustre à la fois les aspects spatiotemporels des cascades transcriptionnelles. Les principes issus des études du développement de la drosophile s'appliquent largement à la création de formes et de structures dans tous les organismes y compris les plantes, comme nous le décrirons à la fin de cette section. Des erreurs dans les gènes qui contrôlent l'organisation, la formation de frontières et le type cellulaire sont associées à de nombreuses maladies humaines.

Les gènes gap de la drosophile sont transcrits dans de larges bandes de cellules et sont régulés l'un par l'autre

L'esquisse des destins cellulaires qui est dessinée dans l'embryon syncytial de la mouche aboutit à un système de contrôle précis du sort de chaque cellule. C'est le criblage génétique d'embryons mutants avec des segments corporels altérés qui a mené à la découverte des régulateurs. Les segments du corps de l'embryon continuent à se développer et à former les bandes caractéristiques qui strient le corps des frelons. En plus de *hunchback*, quatre autres gènes gap, *Krüppel*, *knirps*, *giant* et *tailless*, sont transcrits dans des domaines spatiaux spécifiques, en commençant environ 2 heures après la fécondation et juste avant que la cellularisation ne soit terminée (Figure 15-22a).

Toutes les protéines des gènes gap sont des facteurs de transcription. Puisqu'elles sont distribuées sous forme de larges pics qui se chevauchent (Figure 15-22b), chaque cellule le long de l'axe antéropostérieur contient une combinaison particulière de protéines de gènes gap qui activent ou répriment des gènes spécifiques dans cette cellule. Il s'ensuit ainsi une sorte de confrontation puisque certaines protéines gap répriment la transcription de gènes codant d'autres protéines gap. Bien qu'elles n'aient pas de ligands extracellulaires connus, certaines protéines gap ressemblent à des **récepteurs nucléaires**, qui sont des protéines intracellulaires qui captent des ligands lipophiles (e.g. des stéroïdes) capables de traverser la membrane plasmique. La plupart des complexes récepteur nucléaire-ligand fonctionnent comme des facteurs de transcription (voir Figure 11-44). La similitude de séquence entre protéines gap et récepteurs nucléaires suggèrent que les gènes gap pourraient avoir évolué à partir de gènes dont la transcription était contrôlée par des signaux qui pouvaient traverser les membranes, comme les hormones stéroïdes. L'usage de tels gènes contrôlés par un signal, plutôt que les cascades de transcription, pourrait expliquer comment la spécification précoce du destin cellulaire opère chez les animaux qui ne passent pas par un stade syncytial.

Les destins des cellules distribuées le long de l'axe antéropostérieur sont spécifiés très tôt au cours du développement de la

(a) Protéines des gènes gap

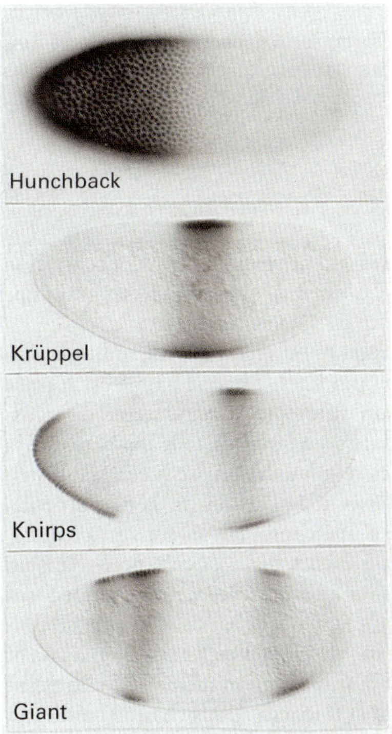

(b) Hunchback et Krüppel

(c) Even-skipped et fushi tarazu

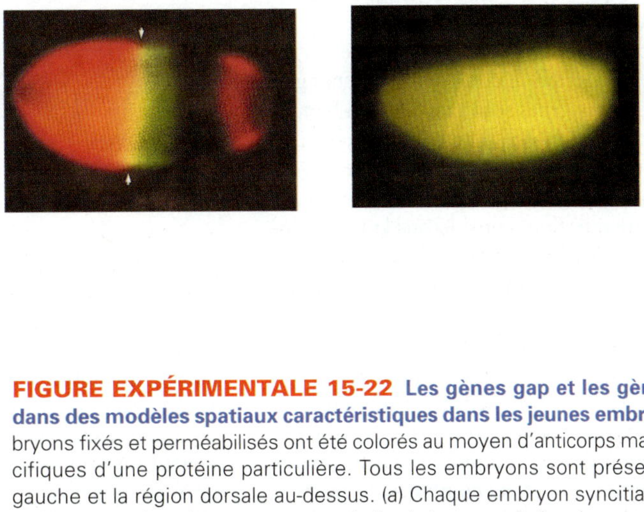

FIGURE EXPÉRIMENTALE 15-22 Les gènes gap et les gènes pair-rule sont exprimés dans des modèles spatiaux caractéristiques dans les jeunes embryons de drosophile. Des embryons fixés et perméabilisés ont été colorés au moyen d'anticorps marqués à la fluorescéine et spécifiques d'une protéine particulière. Tous les embryons sont présentés avec le pôle antérieur à gauche et la région dorsale au-dessus. (a) Chaque embryon syncitial fut coloré pour une protéine codée par un des gènes gap comme indiqué. La transcription des gènes gap *Krüppel, knirps* et *giant* est régulée par Hunchback, Bicoid et Caudal. (b) Cet embryon syncytial a été coloré doublement pour que les protéines Hunchback (rouge) et Krüppel (vert) soient mises en évidence. La bande jaune identifie la région dans laquelle l'expression de ces deux protéines gap se superposent. (c) Une double coloration d'un embryon au début de la gastrulation révèle une protéine even-skipped (jaune) et la protéine Fushi tarazu (orange). Ces deux produits de gènes pair-rule sont exprimés dans des bandes alternées. Voir texte pour la discussion [Partie (a) adapté de G. Struhl *et al.*, 1992, *Cell* **69**:237. Parties (b) et (c) avec l'autorisation de M. Levine.]

mouche. En même temps, les cellules répondent au système de contrôle dorsoventral. Le sort de chaque cellule est donc déterminé de manière unique le long des deux axes, selon une grille en deux dimensions. Si chacun des cinq gènes gap étaient exprimés à une seule concentration dans sa propre section de l'embryon, cinq types cellulaires seulement pourraient être formés. La situation réelle permet une diversité beaucoup plus grande parmi les cellules. Comme noté plus tôt, la quantité de chaque protéine gap oscille le long de l'axe antéropostérieur ; elle monte puis redescent, avec superposition partielle des domaines d'expression des différents gènes gap. Cette complexité crée des combinaisons de facteurs de transcription qui aboutissent à la création de bien plus que cinq types cellulaires. De manière remarquable, l'étape suivante dans le processus de développement de la drosophile génère un profil répétitif des types cellulaires à partir d'une distribution non répétitive et chaotique des zones d'expression des gènes gap.

Des combinaisons de protéines gap dirigent la transcription des gènes pair-rule dans des bandes

Nos vertèbres et les segments corporels d'un insecte sont deux exemples d'une stratégie fréquemment appliquée dans la structuration animale. Comme en musique, un thème est répété mais avec des variations. La première manifestation d'une telle répétition dans les embryons de mouche est celle de la transcription de huit gènes appelés collectivement gènes **pair-rule**. Le corps d'une larve comporte 14 segments, et chaque gène pair-rule est transcrit dans la moitié des primordiums correspondants, c'est-à-dire sept bandes séparées par des « interbandes » dans lesquelles ce gène pair-rule n'est pas transcrit (Figure 15-22c). Chez des embryons mutants dont un gène pair-rule n'est pas fonctionnel, les segments ont fusionné et se présentent par paires, d'où le nom de cette classe de gènes. Les bandes d'expression pour chaque gène pair-rule chevauchent partiellement celles correspondant aux autres gènes pair-rule. Ainsi, chaque gène doit répondre de manière unique au gène gap et à d'autres régulateurs plus précoces.

La transcription de trois gènes pair-rule « primaires » est contrôlée par des facteurs de transcription codés par des gènes gap et des gènes maternels. Puisque ces gènes sont exprimés en bandes larges non répétitives, la question se pose : comment une telle distribution non répétitive d'activité génique peut-elle conférer un caractère répétitif à l'expression des gènes pair-rule sous forme de bandes ? Pour répondre à cette question, considérons la transcription du gène *even-skipped* (*eve*) dans la bande 2, un processus contrôlé par la protéine Bicoid d'origine maternelle et les protéines gap Hunchback, Krüppel et Giant. Tous ces quatre facteurs de transcription se lient à une série groupée de sites régulateurs **amplificateurs**, ou ***enhancers***, situés en amont du promoteur de *eve* (Figure 15-23a). Hunchback et Bicoid activent la transcription de *eve*, leur domaine d'activité étant assez vaste, tandis que Krüppel et Giant répriment la transcription de *eve*, créant ainsi des frontières antérieures et postérieures nettes. Les effets combinés de ces protéines, chacune avec son gradient propre de concentration le long de l'axe antéropostérieur, tracent au début les frontières entre lesquelles s'exprime la bande 2 (Figure 15-23b).

L'aspect initial des bandes pair-rule, qui n'est ni tranché ni précis, se précise par autorégulation. La protéine Eve, par exemple, se lie à son propre gène et amplifie sa transcription dans les bandes, établissant ainsi une boucle d'autorégulation positive. Cette augmentation ne survient pas aux bord des bandes où la concentration de la protéine Eve reste basse. C'est ainsi que la limite séparant une bande et un zone intermédiaire est finement ajustée.

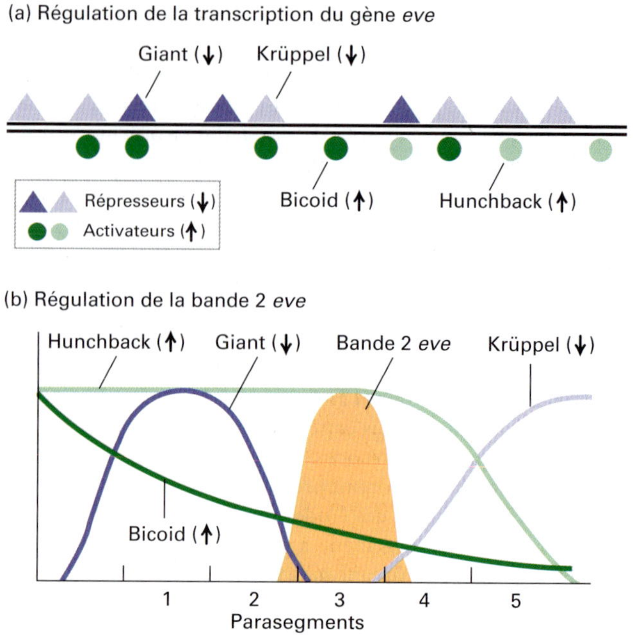

FIGURE 15-23 Expression de la bande 2 Even-skipped (Eve) dans l'embryon de drosophile. (a) Diagramme d'un enhancer de 815 pb contrôlant la transcription du gène pair-rule *eve*. Cette région régulatrice contient des sites de fixation pour les protéines Bicoid et Hunchback, qui activent la transcription de *eve*, et pour les protéines Giant et Krüppel, qui répriment sa transcription. L'enhancer est montré avec tous les sites de fixation occupés, mais dans l'embryon l'occupation des sites varie en fonction de la position le long de l'axe antéropostérieur. (b) Gradients de concentration des quatre protéines qui régulent la bande 2 *eve*. L'effet coordonné des deux répresseurs (↑) et des deux activateurs (↓) détermine les frontières précises de la seconde bande *eve* antérieure. Ce n'est que dans la région orange que la combinaison des régulateurs est correcte pour que le gène *eve* puisse être transcrit en réponse à l'élément de contrôle de la bande 2. Plus vers l'avant, Giant l'éteint ; plus en arrière Krüppel l'éteint et le taux de l'activateur Bicoid est trop bas. L'expression d'autres bandes est régulée indépendamment par d'autres combinaisons de facteurs de transcription qui se lient aux enhancers non décrits dans la partie (a). [Voir S. Small *et al.*, 1991, *Genes & Devel.* **8**:827.]

Chaque gène pair-rule primaire est régulé par de multiples enhancers qui sont organisés en modules. Chaque bande est formée en réponse à une combinaison différente de régulateurs de transcription agissant sur un module spécifique, de telle manière que la répartition non répétitive des régulateurs puisse créer une distribution répétée de répression et d'activation du gène pair-rule. Même si un enhancer est lié à une combinaison activatrice de régulateurs de transcription, la présence d'autres enhancers dans un état inactif, état « éteint » (non lié à un régulateur) n'empêchera pas la transcription. Par exemple, dans la bande 2 Eve, la combinaison et les quantités adéquates de Hunchback et de Bicoid créent un état « allumé » qui active la transcription même si d'autres enhancers sont présents dans un état inactif. Dans chaque bande, au moins un enhancer est lié à une combinaison activatrice de régulateurs. Notez que ce système de contrôle génique est souple et pourrait être utilisé pour produire des profils non répétitifs de transcription si cela s'avérait utile à un animal.

Des réponses similaires aux protéines gap et maternelles organisent la répartition en bandes de la transcription de deux autres gènes pair-rule primaires, *runt* et *hairy*. Puisque les enhancers de *runt* et *hairy* répondent à différentes combinaisons de régulateurs, les bandes d'expression de *eve*, *runt* et *hairy* se superposent partiellement, chaque bande pour n'importe quel gène étant décalée par rapport à la bande correspondant à un autre gène. Ultérieurement, d'autres gènes pair-rule secondaires, comprenant *fushi tarazu* (*ftz*) et *paired*, deviennent actifs en réponse aux protéines Eve, Runt et Hairy, qui sont des facteurs de transcription, ainsi qu'aux protéines gap et maternelles. Le résultat est un ensemble complexe de bandes superposées.

Dans les jeunes embryons, chaque primordium de segment s'étend sur environ quatre cellules le long de l'axe antéropostérieur, ce qui correspond à la largeur approximative des bandes d'expression des gènes pair-rule. En fait l'unité répétitive est d'environ huit cellules puisque quatre génes pair-rule actifs sont suivis de quatre inactifs. Chaque cellule exprime une combinaison de facteurs de transcription qui peut la rendre distincte de chacune des sept autres cellules de l'unité répétitive. La segmentation complète de l'embryon en unités répétitives dans lesquelles chaque cellule exhibe un profil unique de transcription dépend de l'activation d'une troisième série de gènes, les **gènes segment-polarity**. Ces gènes, qui comprennent *engrailed* (*en*) et *wingless* (*wg*), sont aussi exprimés dans des bandes, mais celles-ci sont plus étroites et apparaissent une fois dans chaque primordium de segment. Puisque certains gènes segment-polarity codent des composants des systèmes de signalisation de cellule à cellule, ils sont décrits dans la Section 15.5.

La Figure 15-24a dépeint schématiquement la distribution de quelques régulateurs clés dans l'embryon de drosophile durant les quelques premières heures après la fécondation. Lorsque tous les gènes de segmentation sont devenus actifs, la précision dans la spécification du destin cellulaire qui en résulte pour une seule cellule est impressionnante, comme l'illustre l'exemple de la Figure 15-24b.

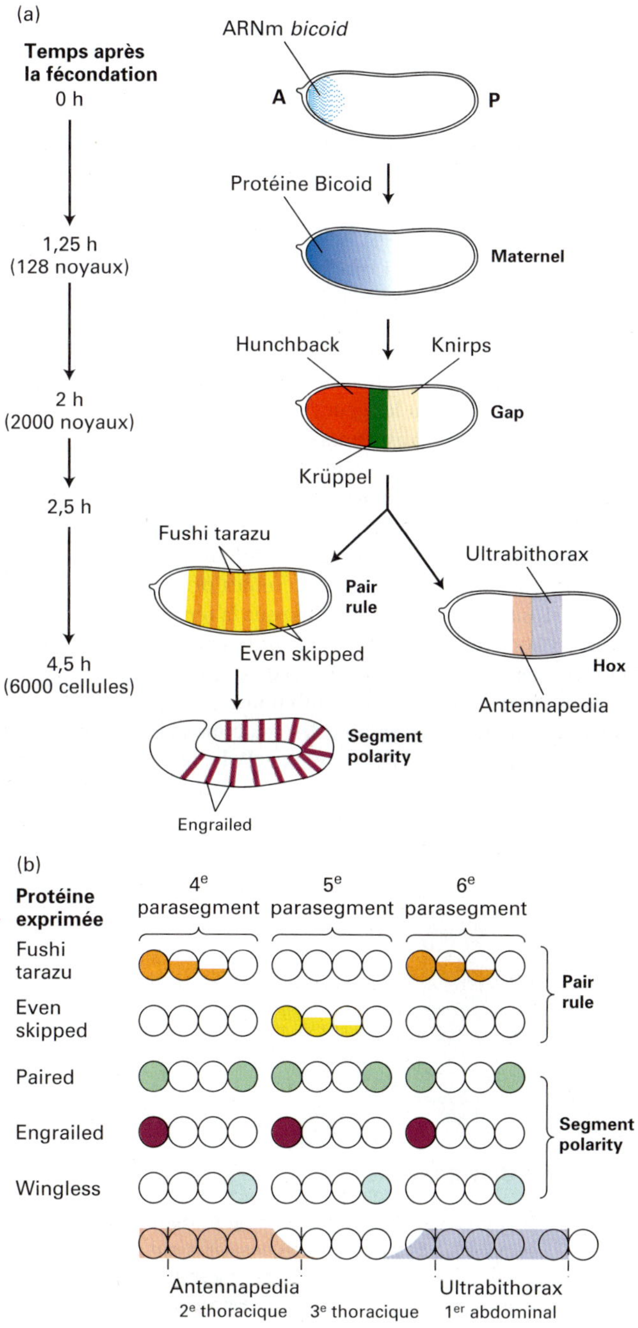

FIGURE 15-24 Résumé de l'expression séquentielle et localisée de gènes sélectionnés au début du développement de l'embryon de drosophile. (a) L'ARNm de *bicoid* d'origine maternelle est localisé au pôle antérieur de l'œuf, mais la protéine Bicoid, qui est synthétisée tôt après la fécondation, diffuse pour former un gradient dans le syncytium. Dans la plupart des cas, un ARNm et la protéine correspondante sont présents dans la même région. Des combinaisons spécifiques de Bicoid et divers produits de gènes gap, comprenant Hunchback, Krüppel et Knirps, contrôlent la transcription des gènes pair-rule comme *fushi tarazu* (*ftz*) et *even-skipped* (*eve*). Les produits des gènes gap sont montrés sous forme de bandes distinctes mais qui, en fait, se chevauchent. Les protéines pair-rule délimitent 14 bandes correspondant aux parasegments (une forme se détachant du segment primordial). Le gène segment-polarity *engrailed* (*en*) est exprimé au bord frontal de chaque parasegment ; lui et d'autres gènes segment-polarity contribuent à la structuration de chaque parasegment. La cellularisation survient après 2,5 heures, et la gastrulation à 4,5 heures. À ce moment, chaque parasegment comporte quatre ceintures de cellules. (b) Dans un parasegment, chaque ceinture de cellules (représentée par un cercle) est caractérisée par l'expression d'une série unique de protéines codées par des gènes pair-rule et segment-polarity. Sont montrées ici les localisations de trois protéines pair-rule et de deux protéines segment-polarity dans trois parasegments (4-6). Ces profils d'expression déterminent un positionnement unique pour chaque ceinture cellulaire dans un parasegment et déterminent où des gènes Hox comme *Antennapedia* (*Antp*) et *Ultrabithorax* (*Ubx*) sont transcrits. Des gènes Hox donnent aux segments répétés du corps leur forme distincte et leurs appendices (indiqués en bas). L'expression des gènes Hox est régulée par les gènes gap, pair-rule et segment-polarity.

Des protéines de segmentation d'origine maternelle et zygotique régulent l'expression des gènes homéotiques (Hox)

Comme nous venons de le voir, la transcription des gènes pair-rule, qui est contrôlée dans l'espace, met en place des unités répétitives dans le feuillet cellulaire initial composant le jeune embryon de drosophile. Plus tard, ces unités répétitives doivent se diversifier, quelques-unes en appendices, d'autres en tissus internes. Cette diversification débutante des segments du corps dépend des **gènes Hox**, qui sont d'importants commutateurs qui déterminent des identités cellulaires et, en fait, les identités de toutes les parties d'un animal.

Des mutations dans les gènes Hox causent souvent l'**homéose**, c'est-à-dire la formation d'une partie du corps ayant les caractéristiques trouvées normalement dans une autre partie localisée dans un site différent. Par exemple, des mouches développent des pattes sur leur tête au lieu d'antennes. La perte de fonction d'un gène Hox particulier dans une localisation où il est normalement actif mène à l'homéose si un gène Hox différent devient « déréprimé » à cet endroit ; le résultat est la formation de cellules et structures caractéristiques du gène déréprimé. Un gène Hox qui est anormalement exprimé là où il est normalement inactif peut prendre le dessus et imposer sa voie favorite de développement dans sa nouvelle localisation (Figure 15-25).

Des gènes Hox codent des facteurs de transcription étroitement apparentés contenant le motif **homéodomaine**. Des études génétiques classiques chez la drosophile ont mené à la découverte des premiers gènes Hox (e.g. *Antennapedia* et *Ultrabithorax*). Depuis, des gènes correspondants avec des fonctions similaires (orthologues) ont été identifiés dans la plupart des espèces animales. Chaque gène Hox est transcrit dans une région particulière de l'axe antéropostérieur selon un arrangement remarquable où l'ordre des gènes le long des chromosomes est colinéaire avec l'ordre dans lequel ils sont exprimés le long de l'axe antéropostérieur. À une extrémité du complexe se trouvent les gènes de la tête ; suivent alors les gènes qui sont exprimés dans les zones plus postérieures et, à l'autre extrémité, ceux de la partie caudale. Les domaines d'expression des gènes Hox peuvent chevaucher (voir Figure 15-24). Chez la drosophile, le profil spatial de la transcription des gènes Hox est régulé par des facteurs de transcription maternels, gap et pair-rule. La protéine codée par un gène Hox particulier contrôle l'organisation des cellules dans la région dans laquelle ce gène est exprimé. Par exemple, une protéine Hox peut diriger ou prévenir la production locale d'une protéine signal sécrétée, d'un récepteur de surface cellulaire ou d'un facteur de transcription nécessaire à la formation d'un appendice sur un segment particulier du corps.

Les protéines Hox de la drosophile contrôlent la transcription de gènes cibles dont les protéines déterminent les diverses morphologies des segments corporels. Chez les vertébrés, les protéines Hox contrôlent de manière similaire la formation de structures répétitives comme les segments du cerveau postérieur ou les doigts et les orteils. L'association des protéines Hox à leurs sites de fixation à l'ADN est assistée par des cofacteurs qui se lient à la fois aux protéines Hox et à l'ADN, renforçant ainsi la spécificité et l'affinité de ces interactions.

Quand des gènes Hox ont été allumés, leur transcription doit continuer pour maintenir des propriétés cellulaires dans des locations spécifiques. Comme dans le gène *even-skipped*, les régions régulatrices de certains gènes Hox contiennent des sites de fixation pour les protéines qu'ils codent. Ainsi, les protéines Hox peuvent aider à maintenir leur propre expression par une boucle d'autorégulation.

Un autre mécanisme pour maintenir une expression normale des gènes Hox requiert des protéines qui modifient la structure de la chromatine. Ces protéines sont codées par deux classes de gènes formant les groupes Trithorax et Polycomb. Chez les mutants du groupe Polycomb, l'expression des gènes Hox au début est normale, mais finalement la transcription du gène Hox est déréprimée dans des endroits où les gènes devraient être inactifs. Ce qui aboutit à de multiples transformations homéotiques. Cette observation indique que la fonction normale des protéines Polycomb est d'inhiber la transcription des gènes Hox. Les résultats d'études immunohistologiques et biochimiques ont montré que les protéines Polycomb se lient à de multiples sites chromosomiques et forment de grands complexes contenant différentes protéines du groupe Polycomb. L'interprétation actuelle est que la répression transitoire des gènes assurée par les protéines de différenciation au début du développement est « verrouillée » par les protéines Polycomb. Cette répression stable par Polycomb pourrait résulter de la capacité de ces protéines d'assembler des structures chromatiniennes inactives (Chapitre 11). Les complexes Polycom contiennent de nombreuses protéines, comprenant des histone déacétylases, et paraissent inactiver la transcription en modifiant les histones.

FIGURE EXPÉRIMENTALE 15-25 Une erreur dans l'expression d'un gène *Ultrabithorax* (*Ubx*) aboutit au développement d'une seconde paire d'ailes chez la drosophile. Comme d'autres gènes Hox, *Ubx* contrôle l'organisation cellulaire dans la région où il est exprimé (voir Figure 15-24b). Des mutations des gènes Hox conduisent souvent à la formation d'une partie du corps là où elle n'existe normalement pas. Dans ce cas, la perte de fonction d'*Ubx* dans le troisième segment thoracique permet aux ailes de se former où normalement se trouvent les balanciers (ou haltères). [De E. B. Lewis, 1978, *Nature* **276**:565 ; clichés fournis par E. B. Lewis. Avec l'autorisation de *Nature*, copyright 1978, Macmillan Journals limited.]

Tandis que l'expression de certains gènes Hox est réprimée par les protéines Polycomb, des protéines codées par le groupe Trithorax sont nécessaires pour maintenir l'expression des gènes Hox. Comme les protéines Polycomb, les protéines Trithorax se lient à de multiples sites chromosomiques et forment de grands complexes multiprotéiques, certains avec une masse de ~2 x 10^6 Da, environ la moitié de la taille d'un ribosome. Certaines protéines du groupe Trithorax sont homologues aux protéines Swi/Snf de la levure, qui sont cruciales pour l'activation transcriptionnelle de nombreux gènes de la levure. Des protéines Trithorax stimulent l'expression génique par un remodelage sélectif de la structure chromatidienne de certains locus en une forme favorable à la transcription (voir Figure 11-37). Le cœur de chaque complexe est une ATPase, souvent de la classe de protéines Brem. Il semble que de nombreux gènes, si pas la plupart, requièrent de tels complexes pour qu'ils puissent être transcrits.

Le développement des fleurs requiert aussi une production régulée dans l'espace de facteurs de transcription

PLANTES

Les mécanismes de base contrôlant le développement des plantes ressemblent beaucoup à ceux de la drosophile, c'est-à-dire qu'une production différenciée de facteurs de transcription, contrôlée dans l'espace et le temps, détermine les identités cellulaires. Notre perception du contrôle de l'identité cellulaire dans les plantes a bénéficié grandement du choix d'*Arabidopsis thaliana* comme modèle. Cette plante offre, comme les mouches et les vers, de nombreux avantages : elle est facile à cultiver et l'on peut obtenir des mutants ainsi que des organismes transgéniques. Nous étudierons surtout certains mécanismes de contrôle de la transcription intervenant dans la régulation de la formation de l'identité cellulaire dans les fleurs. Ces mécanismes sont étonnamment similaires à ceux qui contrôlent le type cellulaire et la spécification régionale antéropostérieure chez la levure et les animaux.

Organes floraux Une fleur comprend quatre organes différents : sépales, pétales, étamines et carpelles, qui sont disposés en cercles concentriques appelés verticilles, le verticille 1 étant l'extérieur, le 4 à l'intérieur. *Arabidopsis* a une série complète d'organes floraux, comprenant quatre sépales dans le verticille 1, quatre pétales dans le 2, six étamines dans le 3 et deux carpelles contenant des ovaires dans le 4 (Figure 15-26a). Ces organes grandissent à partir d'une collection de cellules indifférenciées, indistinctes sur le plan morphologique appelée **méristème** floral. Des cellules au centre du méristème floral se divisent et quatre anneaux concentriques de primordiums se forment de manière séquentielle. Le primordium de l'anneau extérieur, qui donnera les sépales, se forme d'abord, suivi par le primordium des pétales, puis des primordiums des étamines et du carpelle.

Gènes d'identité des organes floraux Des études génétiques ont montré que le développement normal d'une fleur requiert trois classes de *gènes d'identité des organes floraux*, les gènes A, B et C. Des mutations dans ces gènes produisent des phénotypes équivalents à ceux associés aux mutations homéotiques chez les mouches et les mammifères ; c'est-à-dire qu'une partie du corps est remplacée par une autre. Dans les plantes privés de la fonction des gènes A, B et C, les organes floraux deviennent des feuilles (Figure 15-26b).

La Figure 15-27 reprend les mutations de perte de fonction qui ont mené à l'identification des classes de gènes A, B et C. Sur la base de ces phénotypes homéotiques, des chercheurs ont proposé un modèle expliquant comment trois classes de gènes contrôlent l'identité des organes floraux. Selon ce modèle, les gènes de classe A spécifient l'identité des sépales dans le verticille 1 et ne requièrent pour cela aucun des gènes des deux autres classes. De même, les gènes de classe C spécifient l'identité des carpelles dans le verticille 4, et remplissent cette mission indépendamment des classes A et B. Par contre, les pétales dans le verticille 2 sont spécifiées par des gènes des classes A et B, et les étamines dans le verticille 3 sont spécifiées par des gènes des classes B et C. Pour expliquer les effets induits par la suppression des gènes A ou C, le modèle postule également que les gènes A répriment les gènes C dans les verticilles 1 et 2 et, inversement, les gènes C répriment les gènes A dans les verticilles 3 et 4.

Pour déterminer si les profils d'expression des gènes des classes A, B et C correspondent effectivement à ce modèle, des chercheurs ont cloné ces gènes et examiné les profils d'expression de leur ARNm dans les quatre verticilles dans des plantes d'*Arabidopsis* de

(a) (b)

FIGURE EXPÉRIMENTALE 15-26 Des mutations dans les gènes d'identité des organes floraux produisent des phénotypes homéotiques. (a) Les fleurs de type sauvage d'*Arabidopsis thaliana* ont quatre sépales dans le verticille 1, quatre pétales dans le 2, six étamines dans le 3 et deux carpelles dans le 4. (b) Dans *Arabidopsis* avec des mutations dans les trois classes des gènes d'identité des organes floraux, les quatre organes floraux sont transformés en structures ressemblant à des feuilles. [De D. Weigel & E. M. Meyerowitz, 1994, *Cell* **78**:203 ; avec l'autorisation de E. M. Meyerowitz.]

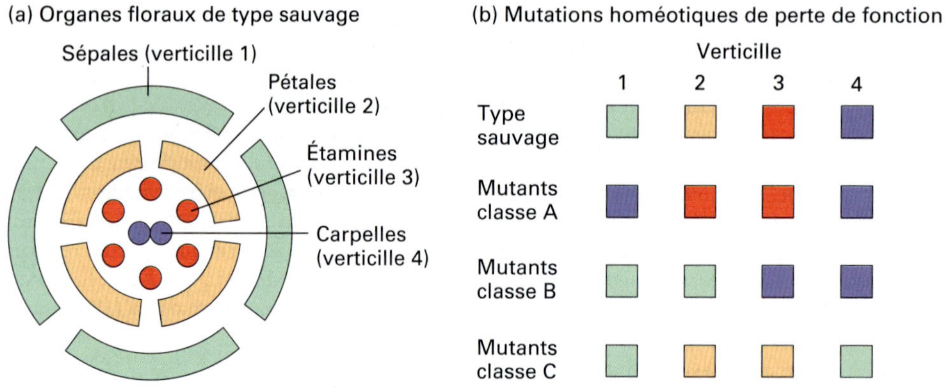

FIGURE EXPÉRIMENTALE 15-27 Une analyse phénotypique a identifié trois classes de gènes qui contrôlent la spécification des organes floraux dans *Arabidopsis.* (a) Diagramme de l'arrangement des organes floraux de types sauvage, qui sont disposés en verticilles concentriques. (b) Effet des mutations de perte de fonction menant à la transformation d'un organe en un autre. Des mutations dans la classe A affectent l'identité d'organe dans les verticilles 1 et 2 : les sépales (vert) deviennent des carpelles (bleu) et les pétales (orange) des étamines (rouge). Des mutations dans la classe B transforment les verticilles 2 et 3 : les pétales deviennent des sépales et les étamines des carpelles. En cas de mutations dans la classe C, ce sont les verticilles 3 et 4 qui sont transformés : les étamines deviennent des pétales et les carpelles deviennent des sépales. [Voir D. Weigel & E. M. Meyerowitz, 1994, *Cell* **78**:203]

type sauvage ainsi que dans des mutants de perte fonctionnelle (Figure 15-28a, b). En accord avec le modèle ABC, les gènes A sont exprimés dans les verticilles 1 et 2, les gènes B dans les 2 et 3 et les gènes C dans les 3 et 4. De plus, dans les mutants de classe A, les gènes de classe C sont aussi exprimés dans les primordiums d'organe des verticilles 1 et 2 ; de même, dans les mutants de classe C, les gènes de classe A sont aussi exprimés dans les verticilles 3 et 4. Ces constatations sont en accord avec les transformations homéotiques observées dans ces mutants.

Pour tester si ces profils d'expression sont importants sur le plan fonctionnel, des chercheurs ont produit des plantes d'*Arabidopsis* transgéniques dans lesquelles des gènes d'identité des organes floraux étaient exprimés dans des verticilles inappropriés. Par exemple, l'introduction d'un transgène porteur de gènes de classe B liés à un promoteur de classe A mène à l'expression ubiquitaire des gènes de classe B dans tous les verticilles (Figure 15-28c). Dans de telles plantes transgéniques, le verticille 1, soumis maintenant au contrôle de gènes des classes A et B, forment des pétales au lieu de sépales ; de même, le verticille 4, sous le contrôle des gènes des classes B et C, donnent des étamines au lieu de carpelles. Ces résultats viennent à l'appui du modèle ABC expliquant la spécification de l'identité florale.

Le séquençage des gènes d'identité des organes floraux a révélé que beaucoup d'entre eux codent des protéines appartenant à la famille des facteurs de transcription MADS, qui forment des homo- ou hétérodimères. Ainsi l'identité des organes floraux peut être spécifiée par un mécanisme combiné dans lequel des différences d'activité de différentes formes homo- ou hétérodimériques de diverses protéines A, B et C régulent l'expression en aval de gènes subordonnés nécessaires à la formation de différents types

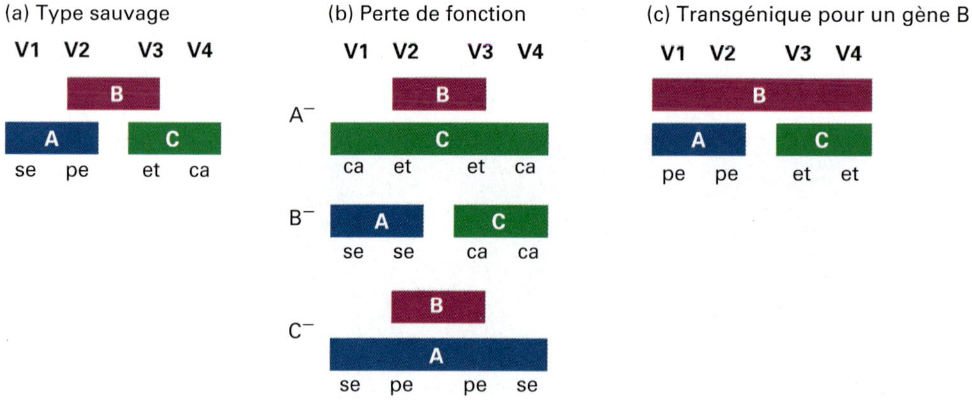

FIGURE EXPÉRIMENTALE 15-28 Les profils d'expression des gènes de classe A, B et C soutiennent le modèle ABC de la spécification de l'organe floral. Sont dépeints ici les profils d'expression des gènes d'identité des organes floraux dans *Arabidopsis* de type sauvage, muté et transgénique. Les barres colorées représentent les ARNm A, B et C dans chaque verticille (V1, V2, V3, V4). L'organe floral observé dans chaque verticille est indiqué comme suit : sépales = se ; pétales = pe ; étamines = et ; carpelles = ca. Voir le texte pour la discussion. [Voir D. Weigel & E. M. Meyerowitz, 1994, *Cell* **78**:203, et B. A. Krizek & E. M. Meyerowitz, 1996, *Development* **122**:11.]

cellulaires dans chaque organe. D'autres facteurs de transcription MADS fonctionnent dans la spécification des types cellulaires dans la levure et le muscle (Chapitre 22) ▮

CONCEPTS CLÉS DE LA SECTION 15.4

Création de frontières par différentes combinaisons de facteurs de transcription

- Des gradients de facteurs de transcription, produits à partir d'ARNm maternels dans le jeune embryon de la drosophile, contrôlent l'expression des gènes de l'embryon, menant à la segmentation de celui-ci dans l'axe antéropostérieur.
- Des gènes cibles dont les régions régulatrices contiennent plusieurs enhancers sont exprimés préférentiellement dans des régions spécifiques de l'embryon, en fonction des quantités et des combinaisons des facteurs de transcription qui les contrôlent (voir Figure 15-23).
- Des événements précoces de structuration, basés sur des gènes maternels, gap, pair-rule et segment-polarity génèrent un éventail unique de facteurs de transcription dans différentes régions le long de l'axe antéropostérieur des embryons de drosophile (voir Figure 15-24). Ces facteurs de transcription sont exprimés de manière transitoire et jouent un rôle essentiel en établissant les domaines dans lesquels différents gènes Hox sont exprimés.
- Des gènes Hox, qui codent des facteurs de transcription, contrôlent les caractéristiques morphologiques uniques de différentes régions le long de l'axe antéropostérieur chez la plupart des animaux, si pas tous.
- Une expression erronée des gènes Hox cause des transformations homéotiques, c.-à-d. le développement de parties du corps dans des positions anormales.
- Les profils d'expression de Hox sont maintenus parfois par des boucles d'autorégulation positive et à la suite de modifications chromatiniennes causées par des protéines codées par des gènes des groupes Polycomb et Trithorax.
- Trois classes de gènes (A, B et C) contribuent à la spécification de l'identité des quatre organes qui constituent une fleur (voir Figure 15-27). Les profils d'expression de ces gènes, dont beaucoup codent des facteurs de transcription, sont en accord avec le modèle génétique ABC.

15.5 Création de frontières par des signaux extracellulaires

Lorsque l'embryon syncytial de mouche devient cellulaire et que la gastrulation commence, le mouvement de protéines et d'ARNm à travers le cytoplasme commun du syncytium se termine. La spécification cellulaire ultérieure est contrôlée surtout par les cellules qui communiquent entre elles par l'intermédiaire de molécules signal sécrétées dans le milieu extracellulaire. Dans cette section, nous allons voir comment trois voies de signalisation, activées par Hedgehog (Hh), Wingless (Wg, un membre de la famille Wnt) et le TGFβ créent des frontières entre les types cellulaires au cours du développement de la drosophile. Les protéines Hedgehog et Wingless sont codées par des gènes segment-polarity, ainsi dénommés car ils déterminent l'orientation de certaines expansions de la cuticule, tels que les poils. Les événements que nous allons aborder représentent ce qui se passe pratiquement dans tous les tissus et chez tous les animaux dans la spécification des types cellulaires et leur délimitation.

Deux protéines sécrétées, Wingless et Hedgehog, créent des frontières supplémentaires dans les segments des embryons cellulaires de mouches

Comme nous l'avons vu dans la Section 15.4, les 14 primordiums des segments du jeune embryon de drosophile sont définis par divers protéines pair-rule, chaque protéine étant localisée dans sept bandes qui alternent avec des bandes cellulaires qui ne produisent pas la protéine. Le gene segment-polarity *engrailed*, qui code un facteur de transcription, est exprimé dans la cellule la plus antérieure dans chaque primordium, formant 14 bandes Engrailed. La transcription d'*engrailed* est activée et réprimée par diverses protéines pair-rule. Dans chaque unité répétée de huit cellules établie par les protéines pair-rule, *engrailed* est transcrit dans les cellules 1 et 5. Rappelez-vous que les protéines pair-rule produites dans les cellules 1 à 4 diffèrent de celles produites dans les cellules de 5 à 8 (voir Figure 15-24b). Bien que la régulation transcriptionnelle de *engrailed* soit la même dans la cellule 1 de toutes les unités répétées de huit cellules, il ne peut être le même dans les cellules 1 et 5 d'une unité. Donc, deux combinaisons différentes de protéines pair-rule doivent activer la transcription de *engrailed.* Ainsi, un profil répété apparemment simple masque une différence marquée dans la régulation.

Un autre gène segment-polarity appelé *wingless* devient actif à peu près au même moment qu'*engrailed.* Lui aussi est exprimé dans des bandes larges d'une seule cellule, adjacentes des bandes Engrailed, juste une cellule plus loin en avant (voir Figure 15-24b). Wingless est une protéine signal sécrétée, un membre de la famille Wnt que l'on trouve chez la plupart des animaux, si pas tous. Avec la production de Wingless, les cellules de l'embryon de mouche cessent de s'ignorer l'une l'autre et commencent à communiquer par des molécules signal. Dans les cellules adjacentes productrices d'Engrailed, le signal Wingless maintient l'expression d'un autre gène segment-polarity appelé *hedgehog* (*hh*), qui code aussi une molécule signal extérieure. L'expression de *hedgehog* est activée au début par Engrailed, un facteur de transcription qui peut être activateur ou répresseur. Engrailed active *hedgehog* directement et réprime un gène codant un répresseur de *hedgehog*, favorisant ainsi indirectement l'expression de *hedgehog*. Dans l'embryon de mouche, les signaux Wingless et Hedgehog, produits dans des bandes cellulaires adjacentes, forme une boucle de rétroaction positive, chaque protéine maintenant, au travers de la frontière, l'expression de l'autre (Figure 15-29).

Wingless et Hedgehog déterminent le type cellulaire qui sera formé et sa position ; elles créent ainsi des frontières supplémentaires au-delà de celles établies par les protéines pair-rule. Même avant que les caractéristiques morphologiques induites par Wingless et Hedgehog ne soient évidentes, les destins des cellules peuvent être prévus sur base de la production de facteurs de transcription spécifiques. Wingless et Hedghog peuvent agir comme morphogènes, différentes concentrations induisant

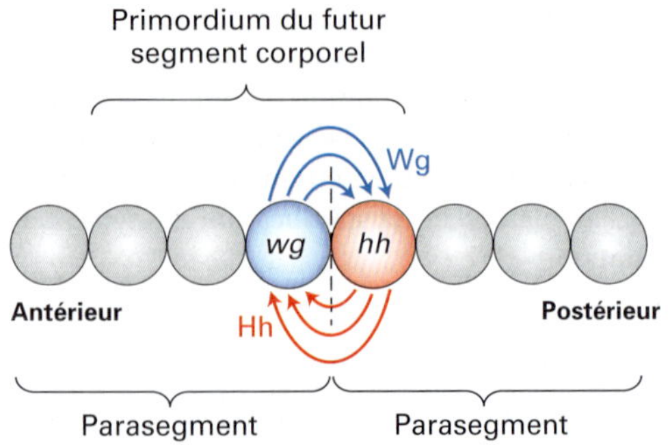

FIGURE 15-29 Rôle de Hedgehog (Hh) et Wingless (Wg) dans la création de frontières entre les parasegments dans l'embryon de drosophile. Hedgehog est nécessaire pour maintenir la transcription de *wingless*, et inversément Wingless est requis pour maintenir *hedgehog*. Ces deux protéines sécrétées jouent un rôle clé dans la formation de l'épiderme. Elles agissent sur des cellules en plus de celles indiquées par les flèches. Elles agissent par les voies de transduction du signal montrées dans les Figures 15-31 et 15-32. [Voir M. Hammerschmidt *et al.*, 1997, *Trends Genet.* 13:14.]

différents destins cellulaires (voir Figure 15-11b). Des cellules qui reçoivent une grande quantité de Wingless allument certains gènes et forment certaines structures ; des cellules qui en reçoivent une petite quantité allument d'autres gènes et forment d'autres structures. La même idée s'applique aux effets de quantités différentes de Hedgehog sur les cellules réceptrices. Comme Wingless et Hedgehog sont sécrétées, ces protéines pourraient en théorie diffuser et agir dans les deux directions. Un récent travail, cependant, montre qu'un signal agit de préférence dans une direction, l'antérieure dans le cas de Wingless. Ce choix résulte en fait de la destruction active d'une grande partie de la protéine Wingless qui diffuse vers l'arrière.

Ayant vu quand les signaux de type Wnt et Hedgehog commencent à agir dans le dévelopment de la mouche, nous allons examiner de plus près leur mode opératoire. Les deux voies de signalisation contribuent au développement de nombreux tissus différents chez la drosophile et chez la plupart des autres animaux.

La signalisation par Hedgehog, qui requiert deux protéines transmembranaires, lève la répression de gènes cibles

La protéine Hedgehog est sécrétée sous forme d'un précurseur de 45 kDa, dont le clivage donne un fragment N-terminal de 20 kDa, qui est associé à la membrane plasmique et est doté de l'activité inductrice, et un fragment C-terminal de 25 kDa. Une série d'expériences élégantes ont démontré comment le fragment N-terminal, qui est dépourvu de toute séquence hydrophobe, acquiert une affinité pour la membrane. Comme décrit dans la Figure 15-30, ce processus comprend l'addition de cholestérol à un résidu glycine, clivant la molécule en deux fragments, et laissant le fragment N-terminal avec un groupement cholestérol hydrophobe. Le domaine C-terminal du précurseur, qui catalyse cette réaction, est trouvé dans d'autres protéines et peut favoriser le lien de ces protéines aux membranes par le même mécanisme autoprotéolytique. Une seconde modification de Hedgehog, l'addition d'un groupe palmitoyl à l'extrémité N-terminale, rend la protéine encore plus hydrophobe. Ensemble ces deux modifications permettent à Hedgehog de s'attacher aux cellules, limitant ainsi son rayon d'action dans le tissu. Cette restriction spatiale joue un rôle crucial dans le contrôle des effets de signaux inducteurs puissants.

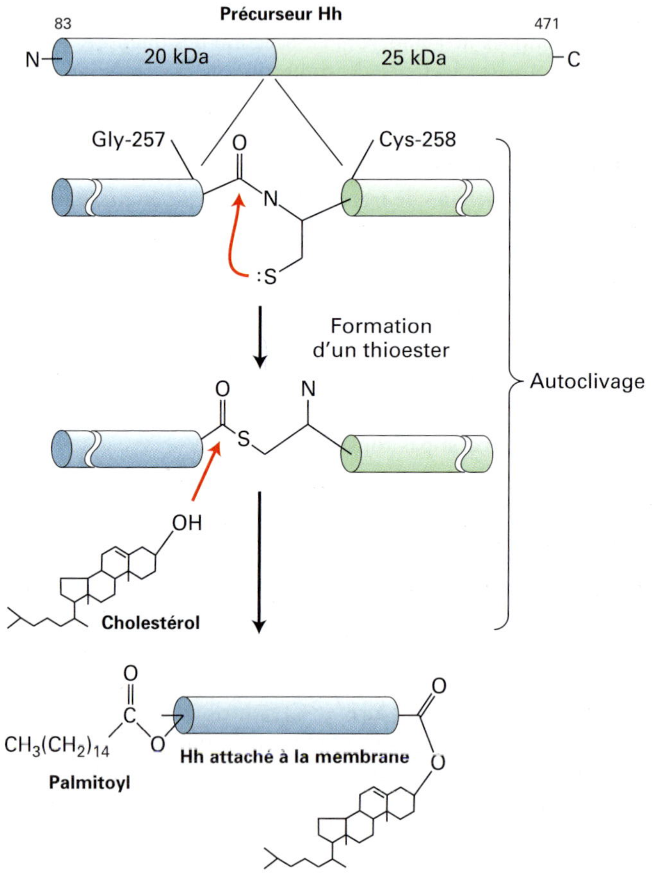

FIGURE 15-30 Transformations subies par le précurseur de la protéine Hedgehog (Hh). L'élimination du peptide signal N-terminal dans le produit de traduction fournit un précurseur de Hh de 45 kDa contenant les résidus 83-471 de la protéine originale. Une attaque nucléophile par le thiol de la cystéine 258 (Cys-258) sur le carbonyl de la glycine 257 (Gly-257) forme un intermédiaire thioester. Le domaine C-terminal catalyse alors la formation d'une liaison ester entre le groupe hydroxyle β-3 du cholestérol et la glycine 257, clivant le précurseur en deux fragments. Le fragment signal retient le groupe cholestérol et reçoit ensuite un groupe palmitoyl à son extrémité N-terminale. Ces deux ancres hydrophobes attachent le fragment signal à la membrane. [Adapté de J. A. Porte *et al.*, 1996, *Science*. **274**:255.]

Des études génétiques de la drosophile indiquent que deux protéines membranaires, Smoothened (Smo) et Patched (Ptc), sont requises pour recevoir et transmettre le signal de Hedgehog vers l'intérieur de la cellule. Smoothened a 7 hélices α qui traversent la membrane et ressemble ainsi aux récepteurs couplés aux protéines G (Chapitre 13). Pour Patched, on prédit qu'elle contient 12 hélices α transmembranaires et ressemblerait surtout à la protéine Nieman-Pick C1 (NPC1). Ces protéines peuvent agir comme des pompes ou des transporteurs. Comme discuté dans le Chapitre 18, la protéine NPC1 est nécessaire pour le mouvement normal intracellulaire des stérols assuré par un trafic vésiculaire. Chez l'homme, des mutations dans le gène de NPC1 causent une maladie rare autosomique récessive caractérisée par des anomalies dans l'activité lysosomiale envers le cholestérol.

Des embryons de drosophile dont les gènes *smoothened* ou *hedgehog* ont perdu leur fonction ont des phénotypes très semblables. De plus, les deux gènes sont requis pour activer la transcription des mêmes gènes cibles (e.g. *wingless*) pendant le développement embryonnaire. Une perte de fonction de *patched* produit par contre un phénotype tout à fait différent ; il ressemble à celui obtenu quand l'embryon est soumis à une activité excessive de Hedgehog. Aussi, Patched paraît s'opposer aux actions de Hedgehog et vice versa. Ces constatations et les analyses de doubles mutants suggèrent que, en absence de Hedgehog, Patched réprime des gènes cibles en inhibant une voie de signalisation nécessaire à l'activation génique. L'observation supplémentaire que Smoothened est nécessaire à la transcription des gènes cibles dans les mutants privés de la fonction de *patched* place Smoothened en aval de la voie. La fixation de Hedgehog à Patched prévient le blocage de Smoothened, ce qui permet la transcription des gènes cibles.

Les résultats d'études récentes ont montré que, en absence de Hedgehog, la densité de Patched dans la membrane augmente, Smoothened étant présent dans les membranes des vésicules internes. Lorsque les cellules reçoivent un signal de Hedgehog, Patched et Hedgehog quittent la surface cellulaire pour gagner les vésicules internes, tandis que Smoothened quitte les vésicules pour gagner la surface. La ressemblance de Patched avec la protéine Niemand Pick C1, le couplage covalent du cholestérol à Hedgehog et la capacité des analogues du cholestérol comme la cyclopamine de bloquer la réception du signal Hedgehog suggèrent un lien possible entre le métabolisme des stérols et la signalisation par Hedgehog. En effet, une idée intéressante est que la régulation du développement par le système Hedgehog a évolué à partir de composants cellulaires antérieurs nécessaires au contrôle de la composition et du mouvement des vésicules.

La Figure 15-31 présente un modèle de la voie Hedgehog. Bien que les mécanismes de la transduction du signal ne soient que partiellement compris, la voie inclut un complexe cytoplasmique constitué de trois protéines : Fused (Fu), une sérine-thréonine kinase ; Costal-2 (Cos-2), une protéine de type kinésine associée aux microtubules ; Cubitis interruptus (Ci), un facteur de transcription. En absence de Hedgehog, quand Patched inhibe Smoothened, ces trois protéines forment un complexe qui se lie aux microtubules dans le cytoplasme. Le clivage protéolytique de Ci dans ce complexe génère un fragment qui gagne le noyau et réprime l'expres-

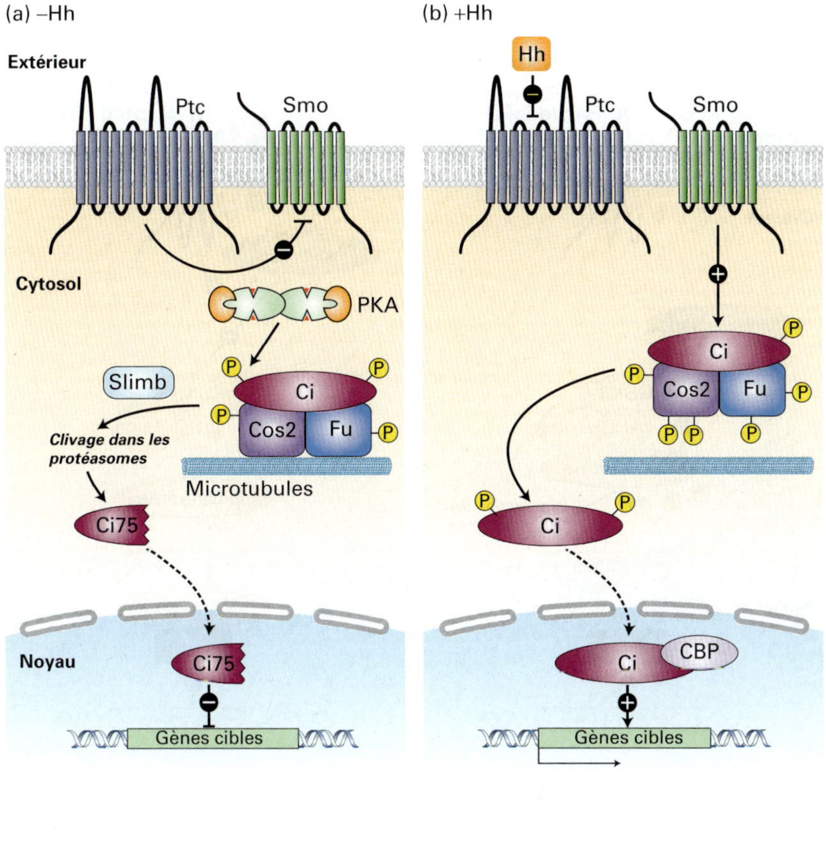

FIGURE 15-31 Modèle opérationnel de la voie de signalisation Hedgehog (Hh). (a) En l'absence de Hh, la protéine Patched (Ptc) inhibe la protéine Smoothened (Smo) par un mécanisme inconnu. En l'absence de la signalisation par Smo, un complexe contenant les protéines Fused (Fu), Costal-2 (Cos2) et Cubitis interuptus (Ci) se lie aux microtubules. Ci est clivé dans un processus qui requiert la protéine F-box, Slimb, liée au système ubiquitine/protéasome, générant le fragment Ci75, qui agit comme répresseur de la transcription. (b) En présence de Hh, l'inhibition de Smo par Ptc est levée. La signalisation venant de Smo hyperphosphoryle Fu et Cos2 et dissocie le complexe Fu/Cos2/Ci des microtubules. Ceci mène à la stabilisation de la molécule entière de Ci, modifiée différemment, qui agit comme activateur de transcription en conjonction avec la protéine liant CREB (CBP). Les compartiments membranaires exacts dans lesquels Ptc et Smo répondent à Hh et fonctionnent sont inconnus ; le signal Hh cause le déplacement de Ptc de la membrane vers des compartiments intérieurs tandis que Smod se déplace en sens opposé [D'après K. Nybakken & N. Perrimon, 2002, *Curr. Opin. Genet. Devel.* **12**:503.]

sion de gènes cibles. En présence de Hedgehog, qui lève l'inhibition de Smoothened, le complexe de Fu, Cos-2 et Ci n'est pas associé aux microtubules, le clivage de Ci est bloqué et une forme modifiée différemment de Ci est générée. Après avoir gagné le noyau, cette forme de Ci se lie au coactivateur de transcription, la protéine liant CREB (PLC), ce qui induit l'expression des gènes cibles. En plus de ces composants, la protéine kinase A participe en contrôlant les gènes cibles sensibles à Hedgehog ; ceux-ci deviennent actifs de manière intempestive quand la protéine kinase A est inactivée. La phosphorylation de Ci par la protéine kinase A paraît stimuler le clivage protéolytique de Ci.

MÉDECINE La signalisation Hedgehog, qui a été conservée dans tout le règne animal, contribue à la formation de nombreux tissus et organes. Des mutations dans des composants de la voie de signalisation Hedgehog ont été impliquées dans des malformations congénitales comme la cyclopie, la formation de l'œil unique résultant de l'union des primordiums cérébraux gauche et droit, et dans de multiples formes de cancer humain.

Des signaux Wnt déclenchent la dislocation d'un complexe intracellulaire et libère un facteur de transcription

Comme noté précédemment, le gène segment-polarity *wingless* de la drosophile code une protéine qui appartient à la famille Wnt des protéines signal sécrétées. L'inactivation de *wingless* cause des déficiences du type segment-polarity très semblables à celles qui sont liées à la perte de fonction de *hedgehog*. Cette observation est logique puisque Hedgehog et Wingless forment une boucle de rétrocontrôle positif, chaque protéine maintenant la production de l'autre (voir Figure 15-29). Le premier gène Wnt qui a été découvert chez les vertébrés fut le gène de souris appelé *Wnt-1* (antérieurement *int-1*). Son activation par insertion du provirus du virus de la tumeur mammaire de la souris (MMTV) induit un cancer mammaire. Donc, *Wnt-1* est un **proto-oncogène**, un gène cellulaire normal dont l'expression inappropriée favorise le développement d'un cancer (Chapitre 23). Le mot Wnt provient de la fusion de *wingless*, le gène correspondant de la mouche, avec *int* qui dérive lui-même d'*int*égration du MMTV.

Des études génétiques chez la drosophile et *C. elegans*, des études des proto-oncogènes de la souris et des gènes suppresseurs de tumeur, ainsi que des études des composants des jonctions cellulaires ont toutes contribué à l'identification de nombreux composants de la voie de transduction du signal Wnt. Comme les protéines Hedgehog, les protéines Wnt sont modifiées par l'addition d'un groupe palmitate hydrophobe près de leur extrémité N-terminale, qui peut les attacher à la membrane plasmique des cellules sécrétrices et limiter leur rayon d'action. Les protéines Wnt agissent par deux récepteurs de surface cellulaire : Frizzled (Fz), qui contient sept hélices α transmembranaires et lie directement Wnt ; et Lrp, qui paraît s'associer à Frizzled par un mécanisme dépendant du signal Wnt, du moins dans les embryons de grenouilles. Des mutations dans les gènes codant Wingless, Frizzled ou Lrp (appelé Arrow chez la drosophile) ont toutes des effets similaires sur le développement des embryons. La protéine Frizzled et la protéine Smoothened dans la signalisation Hedgehog ont des similitudes de séquence, et les deux ressemblent aux récepteurs couplés aux protéines G décrits dans le Chapitre 13. Jusqu'à présent, cependant, les indications en faveur de l'implication de la protéine G en aval de Smoothened ou de Frizzled restent indirectes et incertaines.

Un modèle de la voie Wnt est présenté dans la Figure 15-32. L'acteur central dans la transduction du signal est appelé β-caténine chez les vertébrés et Armadillo chez la drosophile. Cette protéine remarquable fonctionne à la fois comme un activateur de transcription et une protéine connectant la membrane au cytos-

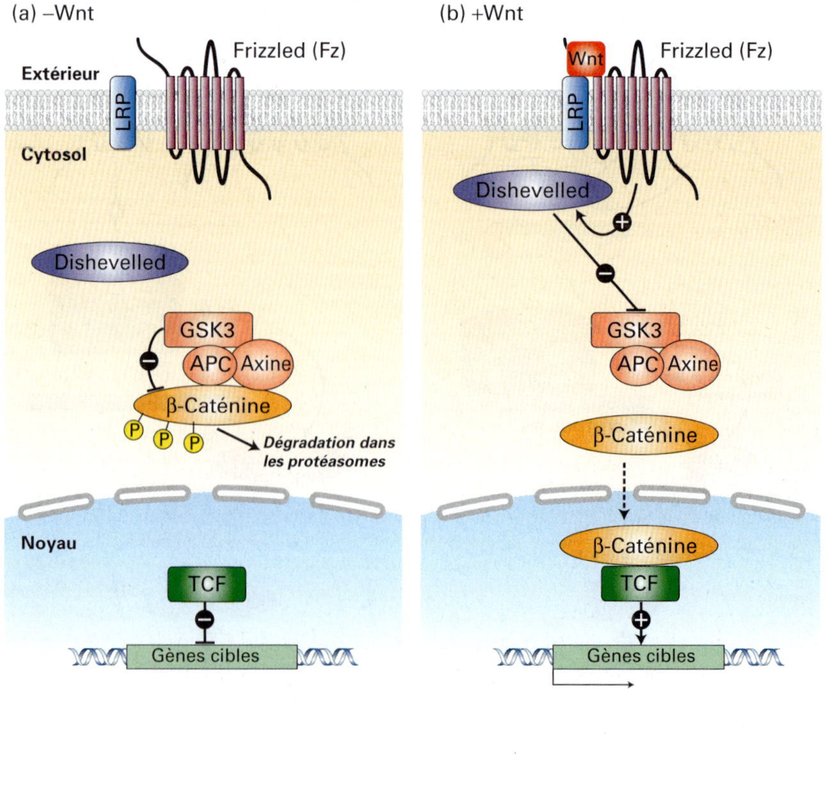

FIGURE 15-32 Modèle opérationnel de la voie de signalisation Wnt. (a) En l'absence de Wnt, la kinase GSK3 phosphoryle de manière constitutive la β-caténine. Celle-ci phosphorylée est dégradée et donc ne peut s'accumuler dans les cellules. L'Axine est une protéine de la charpente qui forme un complexe avec GSK3, la β-caténine et APC, qui facilite la phosphorylation de la β-caténine par GSK3 par un facteur estimé de >20.000. Le facteur de transcription TCF dans le noyau agit comme un répresseur des gènes cibles à moins qu'il ne soit modifié par la transduction du signal Wnt. (b) La liaison de Wnt à son récepteur Frizzled (Fz) recrute Dishevelled (Dsh) à la membrane. L'activation de Dsh par Fz inhibe GSK3, permettant à la β-caténine non phosphorylée de s'accumuler dans le cytosol. Après sa translocation dans le noyau, la β-caténine peut agir avec TCF pour activer les gènes cibles ou, alternativement, causer la sortie du TCF du noyau et peut-être son activation dans le cytosol. [D'après R. T. Moon *et al.*, 2002, *Science* **296**:644 ; voir aussi The Wnt Gene Homepage, www.stanford.edu/~rnusse/wntwindow.html.]

quelette (voir Figure 6-7). En absence d'un signal Wnt, la β-caténine est phosphorylée par un complexe contenant GSK3, une protéine kinase, la protéine APC (*adenomatosis polyposis coli*), un important suppresseur de tumeur chez l'homme, et Axine, une protéine de charpente. La β-caténine phosphorylée est ubiquitinylée et dégradée ensuite dans les protéasomes. En présence de Wnt, la β-caténine est stabilisée et transférée dans le noyau. On croit que là elle s'associe au facteur de transcription TCF pour activer l'expression de gènes cibles particuliers (e.g. *wg*, *cycline D1*, *myc* et des gènes de métalloprotéases) selon le type cellulaire. Des indications récentes suggèrent que la β-caténine agit par un mécanisme différent dans lequel elle contrôle la sortie de TCF du noyau et peut-être son activation dans le cytosol.

Des études génétiques ont révélé que la stabilisation de la β-caténine dépend de la protéine Dishevelled (Dsh). En présence de Wnt, Dsh et la protéine membranaire Lrp paraissent interagir avec des composants du complexe de phosphorylation, inhibant de la sorte la phosphorylation et la dégradation ultérieure de la β-caténine (voir Figure 15-32b). L'importance de la stabilité de la β-caténine et de sa localisation signifie que les signaux Wnt touchent à un équilibre critique entre les trois pools de β-caténine dans le cytosquelette, le cytosol et le noyau.

Les signaux Wnt aident à contrôler de nombreux événements critiques du développement, comme la gastrulation, le développement du cerveau, la formation des membres et l'organogenèse. Le mouvement régulé des Wnt à travers les tissus est critique pour l'établissement adéquat des frontières entre les différents types cellulaires. Comme nous le verrons dans le Chapitre 23, des perturbations dans la transduction du signal par la voie Wnt et dans de nombreuses autres voies de signalisation importantes pour le développement sont associées à divers cancers humains.

Des gradients de Hedgehog et du TGFβ (*transforming growth factor β*) spécifient des types cellulaires dans le tube neural

Comme nous l'avons vu, de nombreux signaux au cours du développement de la drosophile agissent par gradient, induisant des destins cellulaires différents selon la concentration du médiateur. Le même phénomène existe chez les vertébrés, par exemple, dans le développement du système nerveux central mammalien à partir du tube neural, qui se forme tôt au cours de l'embryogenèse. Le tube neural est un simple feuillet cellulaire enroulé, qui au début ne comporte qu'une couche de cellules. Les cellules du côté ventral formeront les neurones moteurs ; les cellules latérales formeront divers interneurones. Les différents types cellulaires peuvent être distingués avant leur différenciation morphologique par les protéines qu'ils produisent.

Les gradients de concentration de Sonic hedgehog (Shh), qui est l'équivalent chez les vertébrés de la protéine Hedgehog de la drosophile, déterminent les destins d'au moins quatre types cellulaires dans le tube neural ventral du poulet. Ces cellules occupent différentes positions le long de l'axe dorsoventral dans l'ordre suivant de ventral à dorsal : cellules de la plaque du plancher, neurones moteurs, interneurones V2 et interneurones V1. Au cours du développement, Shh est exprimé d'abord en taux élevé dans le notochorde, une structure mésodermique en contact direct avec la région la plus ventrale du tube neural (Figure 15-33). Après induction, les cellules de la plaque du plancher produisent aussi Shh, formant un centre de signalisation Shh dans la région la plus ventrale du tube neural. Des anticorps anti-Shh bloquent la formation des différentes cellules du tube neural ventral chez le poulet, et ces types cellulaires ne se forment pas chez les souris homozygotes pour des mutations du gène *Sonic hedgehog* (*Shh*).

Pour déterminer si l'induction des cellules du tube neural ventral par Shh passe par un mécanisme de gradient ou de relais, des chercheurs ont ajouté différentes concentrations de Shh à des explants de tube neural de poulet. En absence de Shh, aucune cellule ventrale ne s'est formée. En présence d'une très haute concentration de Shh, des cellules de la plaque du plancher sont apparues, tandis qu'à une concentration légèrement inférieure, ce sont les neurones moteurs qui se sont formés. Lorsque le taux de Shh fut réduit encore de deux fois, seuls les neurones V2 sont apparus. Finalement, seuls les neurones V1 se sont développés quand la concentration de Shh fut encore réduite de moitié. Ces données suggèrent fortement que dans le tube neural en développement, différents types cellulaires sont formés en réponse à un gradient ventrodorsal de Shh. Ces indications en faveur du rôle d'un gradient n'excluent cependant pas que puisse s'y ajouter un mécanisme de relais encore à découvrir.

Les destins cellulaires dans la région dorsale du tube neural sont déterminés par des protéines BMP (e.g. BMP4 et BMP7), qui appartiennent à la famille du TGFβ. Rappelez-vous que la protéine Dpp, une molécule signal de type TGFβ chez la drosophile, joue un rôle critique dans la détermination du destin des cellules dorsales dans les jeunes embryons de mouches. Sur le plan de l'évolution, le système TGFβ paraît être un régulateur ancien de la structuration dorsoventrale. Dans les embryons de vertébrés, les protéines BMP sécrétées par les cellules ectodermiques couvrant le côté dorsal du tube neural induisent la formation des neurones sensoriels à partir des cellules dorsales (voir Figure 15-33). Ainsi, des cellules dans le tube neural perçoivent de multiples signaux qui prennent origine dans des sites opposées de l'axe dorsoventral, et c'est la proportion respective des signaux des deux origines qui décidera du cours de la différenciation.

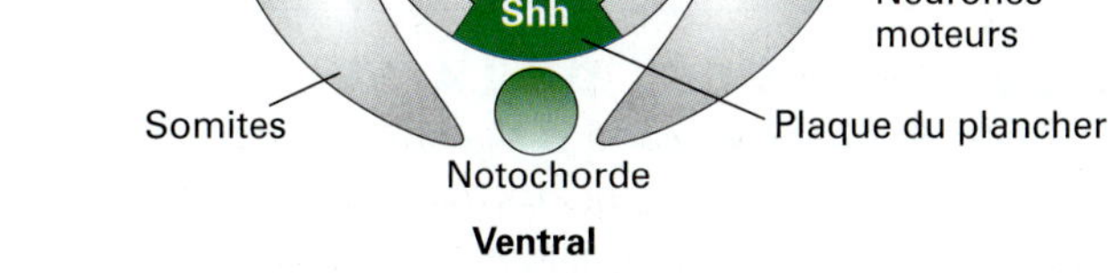

FIGURE 15-33 Induction par gradient de différents types cellulaires dans le tube neural par Sonic hedgehog (Shh) et la signalisation BMP. Shh produit dans le notochorde induit le développement de la plaque du plancher. Celui-ci, à son tour, produit Shh, qui forme un gradient ventrodorsal inducteur d'autres destins cellulaires. Dans la région dorsale, des protéines BMP sécrétées par la couverture de cellules ectodermiques agissent de manière similaire pour déterminer les destins des cellules dorsales. [Voir T. M. Jessell, 2000, *Nature Rev. Genet.* **1**:20.]

Des protéoglycanes de la surface cellulaire influencent certaines voies de signalisation

Comment les molécules signal se déplacent-elles à travers ou autour des cellules enfermées dans un tissu ? La réponse complète n'est pas connue, mais la distance qu'un signal peut parcourir peut avoir d'importantes implications pour la taille et la forme des organes. Un signal qui cause la formation de neurones, par exemple, créera plus de neurones si son rayon de déplacement augmente. La fixation des protéines signal aux **protéoglycanes** de la surface cellulaire affectent non seulement le rayon d'action du signal mais facilitent aussi, dans certains cas, la signalisation. Un protéoglycane comporte une protéine centrale à laquelle sont attachées des chaînes de **glycosaminoglycanes** comme le sulfate d'héparine et le chondroïtine sulfate (voir Figure 6-22). Les protéoglycanes sont des composants importants de la matrice extracellulaire. Certains s'enfoncent dans la membrane plasmique par un domaine hydrophobe transmembranaire ou sont attachés à la membrane par une ancre lipidique.

La participation des protéoglycanes à la signalisation est suggérée par les drosophiles mutantes *sugarless* (*sgl*), qui sont dépourvues d'une enzyme nécessaire à la synthèse de l'héparine et du chondroïtine sulfate. Leur phénotype rappelle celui des mouches dont la signalisation Wingless est déficiente et qui ont des taux très abaissés de la protéine signal Wnt extracellulaire, Wingless. Des mutations des gènes *dally* et *dally-like*, qui codent les protéines sur lesquelles sont greffés les protéoglycanes entraînent également un défaut dans la signalisation Wingless.

La voie Wnt n'est pas la seule voie de signalisation affectée chez les mutants *sugarless* et chez d'autres mutants chez qui la synthèse des protéoglycanes est perturbée. Par exemple, de tels mutants ont des phénotypes (e.g. absence de cœur et de trachée) qui sont associés à une perte de fonction de Heartless et Breathless, qui sont des récepteurs à activité de tyrosine kinase qui lient des protéines de signalisation de type FGF. Ces mutants paraissent également avoir des défauts dans la signalisation TGFβ au cours de la métamorphose, mais non chez les embryons, ce qui suggère des actions spécifiques des protéoglycanes. Dans le Chapitre 14, nous avons vu que le récepteur du TGFβ de type III est un protéoglycane de la surface cellulaire. Bien qu'il ne soit pas absolument requis pour la signalisation TGFβ, le récepteur de type III lie et concentre le TGFβ près de la surface de la cellule dans laquelle il est produit, facilitant ainsi la signalisation à partir des récepteurs de type I et type II (voir Figure 14-2).

CONCEPTS CLÉS DE LA SECTION 15.5
Création de frontières par des signaux extracellulaires

- Trois gènes segment-polarity de la drosophile, *engrailed*, *wingless* et *hedgehog*, sont exprimés dans des bandes larges d'une cellule dans chacun des primordiums des 14 segments corporels.
- Engrailed, un facteur de transcription, active la transcription de *hedgehog*, qui code une protéine signal sécrétée.
- Wingless, une protéine signal sécrétée de la famille Wnt, est produite dans des bandes adjacentes aux bandes Engrailed/Hedgehog. Wingless et Hedgehog maintiennent l'expression de leur gène de manière réciproque, constituant ainsi une boucle de rétrocontrôle positif (voir Figure 15-29).
- Tant Hedgehog que Wingless/Wnt contiennent des ancres lipidiques qui les attachent aux membranes cellulaires, réduisant ainsi leur rayon de signalisation.
- Le signal Hedgehog agit par l'intermédiaire de deux protéines de surface, Smoothened et Patched, et un complexe intracellulaire contenant le facteur de transcription, Cubitis interruptus (Ci) (voir Figure 15-31). Une forme activatrice de Ci est générée quand Hedgehog est présent ; une forme répressive est générée quand Hedgehog est absent. Patched et Smoothened changent leur localisation subcellulaire en réponse à la fixation de Hedgehog à Patched.
- Wingless et d'autres molécules signal Wnt agissent par l'intermédiaire de deux protéines de surface, le récepteur Frizzled et le corécepteur Lrp, et un complexe intracellulaire contenant la β-caténine, qui directement ou indirectement induit l'activation du facteur de transcription TCF.
- Des gradients de deux molécules signal extérieures, un signal Sonic hedgehog favorisant la ventralisation et un signal TGFβ favorisant la dorsalisation, induit des types cellulaires différents dans le tube neural des vertébrés (voir Figure 15-33).
- Des protéoglycanes de surface cellulaire lient certaines protéines signal extracellulaires et restreignent ainsi leur rayon d'action tout en les présentant aux récepteurs voisins.
- Le cancer et des malformations congénitales surviennent quand les systèmes de signalisation Hh, TGFβ ou Wnt ne fonctionnent pas correctement.

15.6 Induction réciproque et inhibition latérale

Au cours du développement d'un organisme, les cellules doivent « se parler » afin qu'elles puissent se répartir les tâches de manière adéquate. À l'issue de ces entretiens, les cellules aboutiront à un accord quant à leur destinée respective. Par exemple, une négociation entre deux cellules équivalentes au départ peut engager chacune d'elles dans des voies de développement différentes. Lorsqu'une cellule empêche une autre de suivre une voie particulière, on parle d'*inhibition latérale*, un processus qui évite une duplication au dépens d'une structure utile. D'un autre côté, deux cellules au destin différent peuvent s'envoyer et recevoir des signaux inducteurs d'une différenciation plus poussée. Cette *induction réciproque* est fréquente dans la formation des organes internes. Dans cette section, nous allons décrire deux systèmes de signalisation qui illustrent ces dialogues intercellulaires.

Les éphrines en tant que ligands de surface et leurs récepteurs contribuent à l'angiogenèse par induction réciproque

Peut-être, le type le plus simple d'induction réciproque est entre cellules qui interagissent par l'intermédiaire de deux protéines de surface cellulaire, chacune pouvant agir comme un récepteur et un ligand. Pour illustrer ce processus, nous allons examiner le rôle des

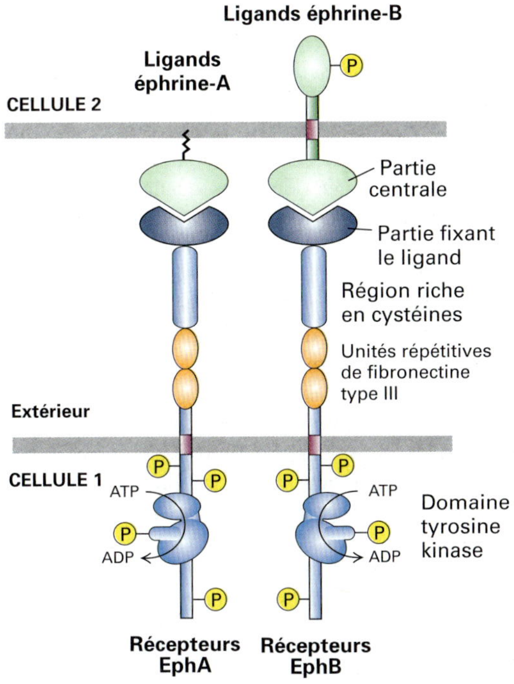

FIGURE 15-34 Structure générale des récepteurs Eph et de leurs ligands. Le domaine cytosolique des récepteurs Eph exerce une activité de tyrosine kinase. Dans cette famille de récepteurs, les domaines extracellulaires ont une homologie de 30-70 %, alors qu'elle est de 65-90 % dans leurs domaines kinase. Les ligands, les éphrines, sont liés à la membrane par une ancre GPI hydrophobe (classe A) ou sont des protéines à un seul brin transmembranaire (classe B). Les domaines centraux de diverses éphrines ont une homologie de 30-70 %. Les éphrines B et leurs récepteurs peuvent se transmettre des signaux de manière réciproque. [Adapté de V. Dodelet & E. Pasquale, 2000, *Oncogene* **19** :5614 ; voir J. G. Flanagan & P. Vanderhaegen, 1988, *Ann. Rev. Neurosci.* **21** :309.]

éphrines, une famille de ligands de surface, et les récepteurs Eph dans le développement des vaisseaux sanguins des mammifères.

Les récepteurs Eph, un nouveau type de récepteur à activité de tyrosine kinase, ont deux types de ligands (Figure 15-34). Les ligands de type éphrine-A sont attachés à la membrane plasmique par une ancre glycosylphosphatidylinositol (GPI). Ils jouent un rôle crucial dans la formation des connections entre neurones au cours du développement du système nerveux. Les ligands de type éphrine-B sont des protéines avec un seul brin transmembranaire. Les résultats d'expériences biochimiques ont montré que ces ligands stimulent la phosphorylation de tyrosines dans le récepteur EphB et dans leur propre domaine cytosolique. Ces observations ont mené à la notion curieuse que les complexes éphrine-B/récepteur EphB induisent des interactions réciproques bidirectionnelles. Un appui solide en faveur de cette hypothèse a été fourni par l'étude de la formation des vaisseaux sanguins.

Les vaisseaux sanguins, artères et veines, forment chez l'adulte un réseau complexe de structures ramifiées. Un premier réseau de vaisseaux est remodelé durant l'angiogenèse ; des branches plus grandes s'assemblent à partir de plus petites et les vaisseaux s'entourent de cellules de support. Des souris knockout dépourvues d'éphrine-B2 montrent des déficits marqués de l'angiogenèse. Cette constatation à conduit les chercheurs à explorer le profil d'expression de l'éphrine-B2 et de son récepteur EphB4 dans l'embryon (Figure 15-35). Dans les embryons normaux, l'éphrine-B2 n'est exprimée que dans les artères et l'éphrine-B4 dans les veines. Bien que l'éphrine-B2 ne soit exprimée que sur les capillaires artériels, les capillaires veineux ne se développent pas chez les animaux privés du gène *éphrine-B2*. Ces données suggèrent que l'interaction entre une cellule artérielle productrice d'éphrine-B2 et une cellule veineuse productrice d'éphrine-B4 cause l'induction des deux cellules (voir Figure 15-35c). En d'autres mots, éphrine-B2 et EphB4 fonctionnent chacun comme un ligand et un récepteur dans le contrôle du développement des veines et des artères.

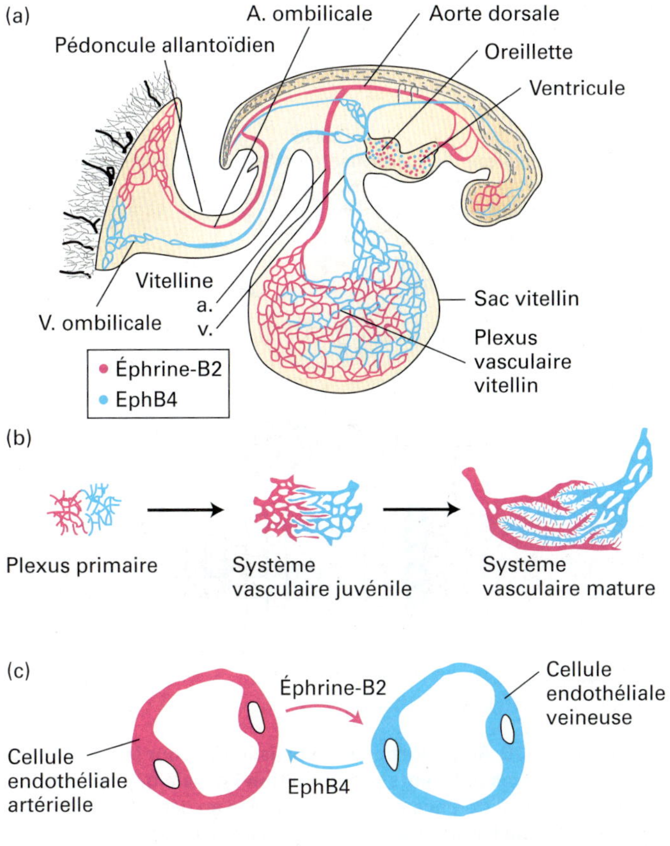

FIGURE 15-35 Induction réciproque par l'éphrine-B2 et son récepteur, EphB4, au cours de l'angiogenèse dans le sac vitellin. (a) L'éphrine-B2 (rouge) est exprimée sur les artères et EphB4 (bleu) sur les veines chez le jeune embryon de souris. (b) Le réseau vasculaire initial est remodelé durant l'angiogenèse. Chez les souris knockout pour l'éphrine-B2, l'angiogenèse est bloquée au stade du plexus primaire. L'absence d'éphrine-B2 interrompt le développement des artères et des veines. (c) La formation des artères et des veines résulte des interactions entre l'éphrine-B2 des cellules endothéliales artérielles et EphB4 des cellules endothéliales veineuses. Ces interactions réciproques induisent le développement des deux types cellulaires. [Adapté de H. U. Wang *et al.*, 1998, *Cell* **93** :741.]

La voie ancienne de signalisation Notch est basée sur le processus d'inhibition latérale

Considérons maintenant le processus d'inhibition latérale qui oriente dans des directions différentes des cellules adjacentes équivalentes ou presque équivalentes quant à leur développement. Des analyses génétiques chez la drosophile et *C. elegans* ont révélé le rôle de l'inhibition latérale dans la voie très conservée Notch/Delta. Dans cette voie de signalisation chez la drosophile, Notch et Delta sont respectivement le récepteur et le ligand. Ce sont de grandes protéines transmembranaires dont les domaines extracellulaires contiennent de multiples unités répétitives de type EGF et des sites de fixation pour l'autre protéine. Bien que Delta soit clivée pour donner une version apparemment soluble de son domaine extracellulaire, des observations faites sur la drosophile au génome mosaïque ont montré que le signal Delta n'atteint que les cellules adjacentes.

Une interaction entre Delta et Notch déclenche le clivage protéolytique de Notch, libérant son segment cytosolique, qui gagne le noyau et y régule la transcription de gènes cibles spécifiques (voir Figure 14-29). En particulier, la signalisation Notch active la transcription de *Notch* lui-même et réprime la transcription de *Delta*, intensifiant ainsi la différence entre les cellules interactives (Figure 15-36a). La signalisation dépendante de Notch peut dresser une frontière nette entre deux populations cellulaires ou peut singulariser une cellule au milieu d'un groupe de cellules (Figure 15-36b). La signalisation Notch contrôle le destin cellulaire dans la plupart des tissus et a des conséquences sur la différenciation, la prolifération, la création de l'asymétrie cellulaire et l'apoptose. Dans le système immunitaire, par exemple, la signalisation Notch contribue à prévenir la formation de cellules T susceptibles d'attaquer les protéines de l'individu lui-même. Nous allons décrire maintenant deux exemples de signalisation Notch dans la détermination de destins cellulaires.

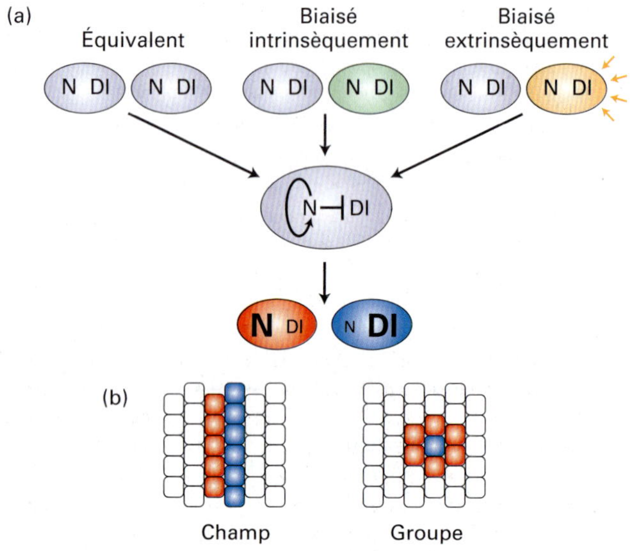

FIGURE 15-36 Amplification d'un biais initial pour la création de types cellulaires différents par inhibition latérale dépendante de Notch. (a) Une différence entre deux cellules au départ équivalentes peut survenir au hasard (*à gauche*). Des cellules qui interagissent peuvent subir un biais intrinsèque (*centre*) ou extrinsèque (*à droite*). Par exemple, des cellules qui ont reçu différentes protéines lors d'une division asymétrique d'une cellule seront intrinsèquement biaisées ; celles qui ont reçu des signaux différents (orange) le seront extrinsèquement. Quelle que soit la cause de ce léger biais de départ, Notch devient prédominant dans une des deux cellules, favorisant ainsi sa propre expression et réprimant la production de son ligand Delta dans cette même cellule. Dans l'autre cellule, c'est Delta qui prédomine. Le résultat est un renforcement de la petite différence initiale. (b) L'inhibition latérale dépendante de Notch peut créer une frontière nette dans un champ cellulaire initial, comme le long du bord de l'aile en développement de la drosophile, ou individualiser une cellule centrale au milieu d'un groupe de cellules, comme dans la spécification d'un précurseur neural. [Adapté de S. Artavanis-Tsakonas *et al.*, 1999, *Science* **284**:770.]

Détermination des destins cellulaires de AC et Vu chez *C. elegans* Deux cellules équivalentes, désignées Z1.ppp et Z4.aaa chez les vers ronds peuvent donner naissance à une cellule ancre (AC) ou un précurseur ventral utérin (VU). Des résultats d'études basées sur l'ablation au laser ont montré que, si la cellule Z1.ppp ou Z4.aaa est éliminée, la cellule restante devient toujours AC. Chez les vers dépourvus de LIN-12 fonctionnel, l'homologue chez *C. elegans* de Notch, les deux cellules deviennent AC. Inversement, en cas d'activation constitutive de LIN-12 dans Z1.ppp et Z4.aaa, ces deux cellules deviennent toutes deux VU. Donc, l'intensité d'activité de LIN-12 spécifie les destins cellulaires de AC et VU.

Z1.ppp et Z4.aaa produisent le récepteur LIN-12 et son ligand LAG-2, homologue de Delta, en quantités semblables (Figure 15-37). Avec la progression du développement, une cellule commence à exprimer plus de récepteurs du fait des fluctuations aléatoires dans les taux protéiques ou des différences dans l'intensité ambiante de cette signalisation. La cellule qui reçoit un signal légère-

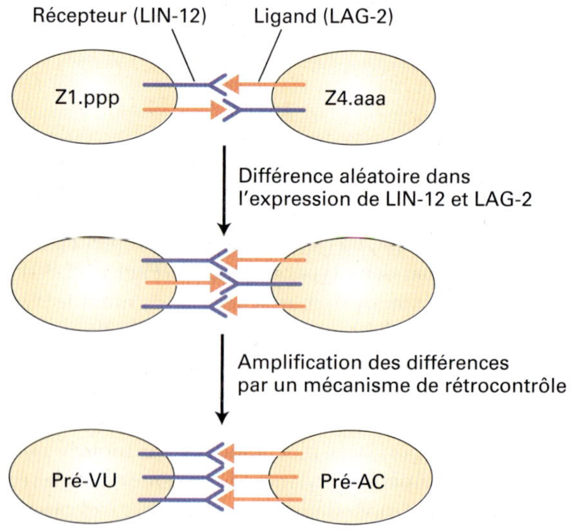

FIGURE 15-37 Détermination de différents destins cellulaires par inhibition latérale au cours du développement de *C. elegans*. LIN-12, un homologue de Notch et LAG-2, un homologue de Delta, régulent les interactions entre deux cellules équivalentes, désignées Z1.ppp et Z4.aaa. Chacune des deux peut devenir une cellule ventrale utérine (VU) ou une cellule ancre (AC). Voir le texte pour la discussion. [Adapté de I. Greenwald, 1998, *Genes & Dev.* **12**:1751.]

ment plus intense commence à exprimer plus de récepteurs et moins de ligand. Dans la cellule voisine, exposée à présent à un taux réduit de ligand, l'expression du récepteur chute et celle du ligand augmente. De cette manière, l'asymétrie initiale résultant du hasard est amplifiée et finit par engager une cellule à devenir un précurseur pré-VU et son partenaire un précurseur pré-AC. Quand la cellule AC est formée, elle commence à envoyer un signal LIN-3 qui contribue au développement de la vulve. L'inhibition latérale assurée par Notch intervient aussi dans ce processus, la cellule P6.p inhibant les cellules P5.p et P7.p voisines (voir Figure 15-12b).

Développement neuronal chez la drosophile et les vertébrés

Des mutations pertes de fonction dans les gènes *Notch* et *Delta* produisent un large spectre de phénotypes chez la drosophile. Une conséquence de telles mutations dans l'un de ces deux gènes est une augmentation du nombre de neuroblastes dans le système nerveux central. Au cours de l'embryogenèse de la drosophile, un feuillet de cellules ectodermiques commence à se diviser en deux populations cellulaires : celles qui restent à l'extérieur de l'embryon forment l'épiderme et la cuticule ; celles qui se déplacent à l'intérieur peuvent devenir des neuroblastes. Certaines cellules du feuillet ectodermique grandissent et s'en détachent pour devenir des neuroblastes ; elles transmettent alors aux cellules qui les entourent un signal qui empêche ces dernières de subir le même sort ; c'est un exemple typique d'inhibition latérale. La signalisation Notch est utilisée pour cette inhibition ; dans les embryons privés du récepteur Notch ou de son ligand, tous les précurseurs ectodermiques deviennent des neurones.

Le rôle de la signalisation Notch dans la spécification des cellules nerveuses au cours du développement du système nerveux périphérique de la drosophile a été étudié de manière approfondie. Chez la mouche, divers organes sensoriels se forment à partir de groupes cellulaires précurseurs (cellules proneurales) producteurs de facteurs de transcription bHLH comme Achaete et Scute, qui donnent à ces cellules un destin neural. Au cours du développement normal, une cellule dans un groupe proneural est en quelque sorte « élue » pour devenir un *précurseur d'organe sensoriel* (POS). Dans les autres cellules du groupe, la signalisation Notch mène à la répression des gènes proneuraux, et ainsi à l'inhibition du destin neural. Les cellules non sélectionnées feront partie de l'épiderme (Figure 15-38). Des mutations sensibles à la température qui causent une perte fonctionnelle de Notch ou Delta mène au développement de POS supplémentaires à partir d'un groupe proneural. Par contre, chez les mouches en développement qui produisent une forme constitutivement active de Notch (c.-à-d. active en absence de ligand), toutes les cellules du foyer proneural deviennent des cellules épidermiques.

Pour évaluer le rôle de la voie Notch au cours de la neurogenèse primaire chez *Xenopus*, des chercheurs ont injecté de l'ARNm codant différentes formes de Notch et Delta dans des embryons. L'injection d'ARNm codant le segment cytosolique constitutivement actif de Notch inhibait la formation des neurones. Par contre, l'injection d'ARNm codant une forme altérée de Delta qui évite l'activation de Notch conduisait à la formation d'un excès de neurones. Ces observations indiquent que, chez les vertébrés comme chez la drosophile, la signalisation Notch contrôle le destin neural des précurseurs.

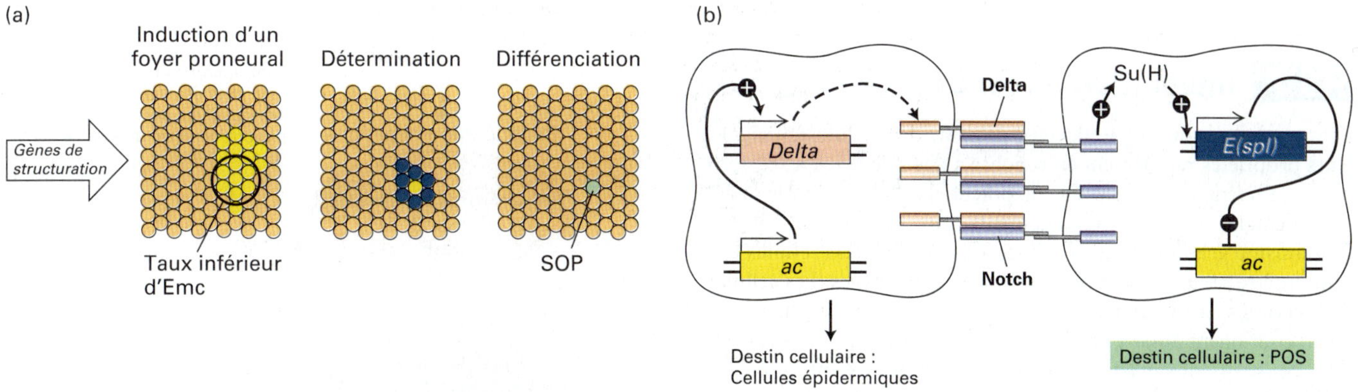

FIGURE 15-38 Rôle de l'inhibition latérale dépendante de Notch dans la formation des précurseurs des organes sensoriels (POS) chez la drosophile. (a) Des molécules signal extracellulaires et des facteurs de transcription, codés par des gènes de structuration précoce, contrôlent le profil spatiotemporel précis des protéines proneurales bHLH comme Achaete et Scute (jaune). La plupart des cellules du champ expriment Emc (orange), une protéine apparentée qui est antagoniste de Achaete et de Scute. Un petit groupe de cellules, un foyer proneural, produit des protéines proneurales bHLH. La région d'un foyer proneural à partir duquel un POS se formera exprime des taux plus bas d'Emc, biaisant ces cellules vers la formation d'un POS. Des interactions entre ces cellules, menant à l'accumulation des protéines répressives E(spl) dans des cellules voisines (bleu), restreignent alors la formation de POS à une seule cellule (vert). (b) Au départ, *achaete* (*ac*) et d'autres gènes proneuraux sont transcrits dans toutes les cellules dans un foyer proneural, comme le sont *Notch* et *Delta*. Achaete et d'autres protéines proneurales bHLH induisent l'expression de *Delta*. Lorsqu'une cellule au hasard commence à produire un peu plus d'Achaete (*à gauche*), sa production de Delta augmente, menant à une signalisation Notch plus forte dans toutes ses cellules voisines (*à droite*). Dans les cellules réceptrices, la voie de signalisation Notch active un facteur de transcription appelé Su(H), qui à son tour stimule l'expression des gènes *E(spl)*. Les protéines E(spl) répriment spécifiquement la transcription de *ac* et d'autres gènes proneuraux. La réduction de Achaete qui en résulte entraîne une diminution de Delta, amplifiant ainsi la différence initiale liée au hasard entre les cellules. La conséquence de ces interactions et d'autres est qu'une cellule du foyer proneural est sélectionnée pour devenir un POS ; toutes les autres perdent leur potentiel neural et se développent en cellules épidermiques.

CONCEPTS CLÉS DE LA SECTION 15.6

Induction réciproque et inhibition latérale

- Les éphrines sont des ligands de surface dont les récepteurs (Eph) exercent une activité de tyrosine kinase.
- Les éphrines de classe B et leurs récepteurs (EphB), chaque partenaire agissant à la fois comme ligand et récepteur, peuvent exercer une induction réciproque entre cellules adjacentes (voir Figure 15-35).
- Des interactions entre le récepteur Notch et son ligand transmembranaire Delta, par le processus d'inhibition latérale, peut contrôler le choix entre deux destins cellulaires alternatifs.
- Une fluctuation aléatoire ou biaisée dans la signalisation entre deux cellules adjacentes équivalentes peut déclencher un circuit régulateur qui amplifie la différence initiale, menant finalement à une cellule n'exprimant que le ligand Delta et l'autre le récepteur Notch (voir Figure 15-36).
- Dans *C. elegans*, l'inhibition latérale dépendante de Notch oblige deux cellules qui sont au début équivalentes de suivre des voies de développement différentes.
- Chez la drosophile, des précurseurs neuraux nouvellement formés (neuroblastes et précurseurs d'organes sensoriels) expriment Delta en densité élevée et utilisent la signalisation Notch afin d'éviter que les cellules voisines ne deviennent des précurseurs neuraux (voir Figure 15-38). Une inhibition latérale semblable dépendante de Notch contrôle l'équilibre entre cellules neurales et non neurales dans le développement de *Xenopus laevis*.

15.7 Intégration et contrôle des signaux

Tant après que durant le développement, des cellules changent leurs propriétés rapidement en réponse à des signaux. La ségrégation et la restriction progressive du potentiel cellulaire durant le développement sont des changements qui surviennent quand l'organisme grandit et génère de grands nombres de cellules qui doivent être organisées en nouveaux tissus et organes. Les cellules dans certains tissus adultes (e.g. le sang, l'épithélium intestinal et la peau) continuent aussi à proliférer et à se différencier, mais ces cellules construisent sur base d'une charpente préexistante substantielle ; leur travail peut donc être considéré comme moins « original ». Cependant dans les tissus adultes, que des cellules se divisent ou pas, elles restent très sensibles aux hormones et aux autres molécules signal ainsi qu'aux changements de l'environnement.

Ce chapitre ainsi que les Chapitres 13 et 14 ont attiré l'attention sur l'énorme effort scientifique qui a été consacré à l'identification des composants des voies de signalisation, aux mécanismes de transduction des signaux et aux réponses cellulaires qui en résultent. De nombreux projets actuels ont pour but d'apprendre comment de multiples voies de signalisation convergent afin de pouvoir contrôler la croissance tissulaire normale tant chez l'embryon que dans un organisme adulte. Dans beaucoup de circonstances, la réponse adéquate dépend de la capacité des cellules réceptrices d'intégrer des signaux multiples et de réguler leur activité. Les exemples d'intégration et de modulation des signaux qui sont décrits dans cette section illustrent certains mécanismes généraux qui fonctionnent dans une grande variété de contextes.

La compétence d'une cellule dépend de son aptitude à répondre à des signaux inducteurs

Très tôt, les embryologistes ont remarqué que les cellules diffèrent dans leur aptitude à répondre à divers signaux inducteurs. La *compétence* d'une cellule correspond à cette capacité de répondre à une molécule signal particulière ; elle dépend de plusieurs conditions : la présence de récepteurs spécifiques du signal, la capacité de ces récepteurs d'activer des voies intracellulaires particulières, la présence de facteurs de transcription qui stimulent l'expression des gènes requis pour une réaction adéquate et une structure de la chromatine qui rende ces gènes accessibles à la transcription.

Dans certains cas, la réception d'un signal peut rendre les cellules compétentes c'est-à-dire prêtes à en recevoir un autre. Lorsqu'une partie du foie a été endommagée ou réséquée, des quantités accrues de deux molécules signal, le TNF (*tumor necrosis factor*) et l'interleukine-6 (IL-6), font partie de la réponse à la lésion hépa-

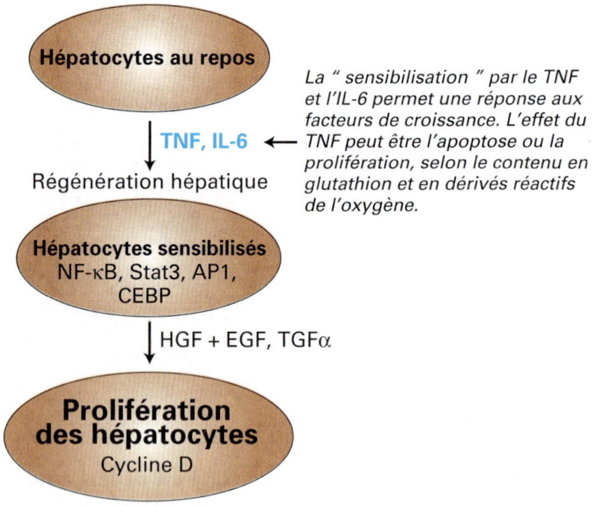

FIGURE 15-39 Sensibilisation des hépatocytes au repos à des réponses ultérieures suscitées par des molécules signal inductrices de croissance. Une lésion hépatique ou la résection d'une partie du foie mène à la sensibilisation des cellules par l'interleukine-6 (IL -6) et le TNF (*tumor necrosis factor*). Les cellules sensibilisées augmentent la production des facteurs de transcription indiqués mais ne se divisent pas. L'augmentation ultérieure du taux sanguin de l'HGF (*hepatocyte growth factor*) incite les cellules sensibilisées à produire la cycline D, qui est requise pour la division cellulaire (Chapitre 21). L'HGF agit en conjonction avec l'EGF (*epidermal growth factor*) et le TGFα (*transforming growth factor α*).

tique. Ces signaux « sensibilisent » les hépatocytes, qui dès lors augmentent leur production de certains facteurs de transcription (e.g. NF-κB, Stat3, AP1 et CEBP) mais ne se divisent pas. Les cellules sensibilisées sont compétentes pour répondre à une combinaison de trois signaux qui induisent la synthèse de cycline D et la mitose (Figure 15-39).

La régénération hépatique est essentielle à la survie après qu'une partie du foie a été endommagée ou intoxiquée, mais cette croissance doit être régulée, sinon l'organe atteindrait une taille excessive ou risquerait de se cancériser. Quand ils sont sensibilisés, les hépatocytes évaluent en quelques sorte leur état physiologique, leur localisation dans le tissu, leur proximité par rapport à d'autres cellules, le besoin de cicatrisation et l'organisation spatiale des cellules dans une structure. Sur base de cette évaluation, les cellules peuvent répondre de manière plus appropriée aux signaux ultérieurs.

Certains signaux peuvent induire diverses réponses cellulaires

Plusieurs classes de récepteurs de surface décrits dans les Chapitres 13 et 14 sont reliés à plus d'une voie de transduction intracellulaire (voir Table 14-1). La multiplicité des possibilités de signalisation intracellulaire est particulièrement évidente pour les récepteurs couplés aux protéines G, les récepteurs de cytokines et les récepteurs à activité de tyrosine kinase. Ce phénomène soulève une question générale : qu'est-ce qui détermine comment une cellule répond à un signal pouvant être transmis par des voies multiples ? Inversement, si la voie de signalisation est la même dans de nombreux types cellulaires, pourquoi une cellule répond-elle en se divisant, une autre en se différenciant et encore une autre en mourant ? Par exemple, la signalisation par la voie de la RTK-Ras-MAP kinase (voir Figure 14-6) est utilisée de manière répétée au cours du développement, alors que le résultat en matière de spécification du destin cellulaire varie dans différents tissus. S'il n'y a pas de spécificité au-delà du ligand et du récepteur, un Ras activé pourrait se substituer à n'importe quel signal. En fait, Ras activé peut le faire dans de nombreux types cellulaires. Dans une étude de fibroblastes au moyen de puces à ADN, par exemple, la même série de gènes était transcrite sous l'effet du PDGF (*platelet-derived growth factor*) et par le FGF (*fibroblast growth factor*), ce qui suggère que chacune de ces molécules signal exerce les mêmes effets. Le récepteur de PDGF et celui du FGF ont tous deux une activité de tyrosine kinase, et la fixation du ligand à chacun d'entre eux peut activer Ras.

En principe, la production de diverses réponses cellulaires à une molécule signal particulière pourrait s'expliquer de diverses manières : (1) l'intensité et la durée du signal déterminent la nature de la réponse ; (2) la voie en aval du récepteur n'est pas réellement la même dans différents types cellulaires, par exemple parce que les assortiments de facteurs de transcription diffèrent dans les cellules réceptrices ; (3) la convergence d'autres voies modifie la réponse au signal.

Différences dans l'intensité ou la durée du signal L'indication en faveur de ce premier mécanisme vient des études des cellules PC12, une lignée capable de se différencier en culture soit en adipocytes soit en neurones. Le NGF (*nerve growth factor*) favorise la formation de neurones, tandis que l'EGF (*epidermal growth factor*) induit la formation des adipocytes. Si l'on renforce le signal en exposant plus longtemps les cellules à l'EGF, on obtient des neurones. Bien que le NGF et l'EGF soient des ligands de RTK, NGF est un activateur plus puissant de la voie de transduction Ras-MAP kinase que ne l'est l'EGF. Cette voie n'est activée par le récepteur de l'EGF que si la stimulation est prolongée.

Différences dans les voies en aval Une signalisation par des voies spécifiques du type cellulaire en aval d'un RTK a été démontrée dans *C. elegans*. Chez les vers, les signaux EGF induisent au moins cinq réponses distinctes, chacune dans un type différent de cellules. Quatre des cinq réponses sont assurées par la voie commune Ras-MAP kinase ; la cinquième, l'ovulation hermaphrodite, recourt à une voie en aval différente dans laquelle le second messager l'inositol trisphosphate est généré. La liaison d'IP_3 à son récepteur (IP3R) dans la membrane du réticulum endoplasmique aboutit à la libération du Ca^{2+} stocké dans le RE (voir Figure 13-29). L'augmentation du Ca^{2+} cytosolique déclenche alors l'ovulation. Cette voie alternative fut découverte lors d'un criblage génétique qui impliquait IP3R, un canal calcique, dans la signalisation EGF ; ce qui illustre bien comment une mutation dans un gène inattendu peut mener à une découverte.

Intégration des signaux Pour que la même paire ligand/récepteur réussisse à produire des effets cellulaires différents, l'intégration de plusieurs signaux, comme cela survient au cours du développement musculaire chez la drosophile, constitue un troisième mécanisme. La Figure 15-40 décrit la convergence de signaux qui aboutit à la formation d'une seule cellule servant de précurseur musculaire, défini par son aptitude à transcrire le gène *even-skipped*. Tôt au cours du développement musculaire, le signal Wnt Wingless (Wg) et le signal TGFβ Decapentaplegic (Dpp) rendent une cellule compétente pour recevoir un signal ultérieur qui est transmis par la voie de la MAP kinase en aval de Ras. Le signal Wingless est produit dans des bandes ceinturant l'embryon alors que le signal Dpp est produit dans deux bandes longitudinales perpendiculaires aux ceintures Wnt.

Un groupe de cellules de chaque côté de chaque segment corporel reçoit les deux signaux Wingless et Dpp et ainsi devient compétent pour répondre à un signal RTK non encore identifié qui active Ras. Dans ces cellules, l'intégration du signal survient durant la transcription du gène *eve*. Celle-ci est activée quand un court enhancer de *eve* de 312 pb (*non* pas celui décrit dans la Figure 15-23) est lié par deux facteurs de transcription spécifiques des muscles et par trois facteurs de transcription induits par un signal : le facteur TCF induit par Wingless, Mad par Dpp et Pnt par un RTK agissant par l'intermédiaire de Ras. Ainsi des informations spécifiques d'un tissu et répondant à un signal sont intégrées par l'action de cinq régulateurs sur une courte séquence d'ADN en vue de la spécification d'un type cellulaire. Comme résultat d'une inhibition latérale, finalement une seule cellule exprimant *eve* dans chaque groupe initial de cellules compétentes persistera (voir Figure 15-40). Cette cellule unique se développera en une fibre musculaire particulière par recrutement d'autres cellules et par fusion avec celles-ci.

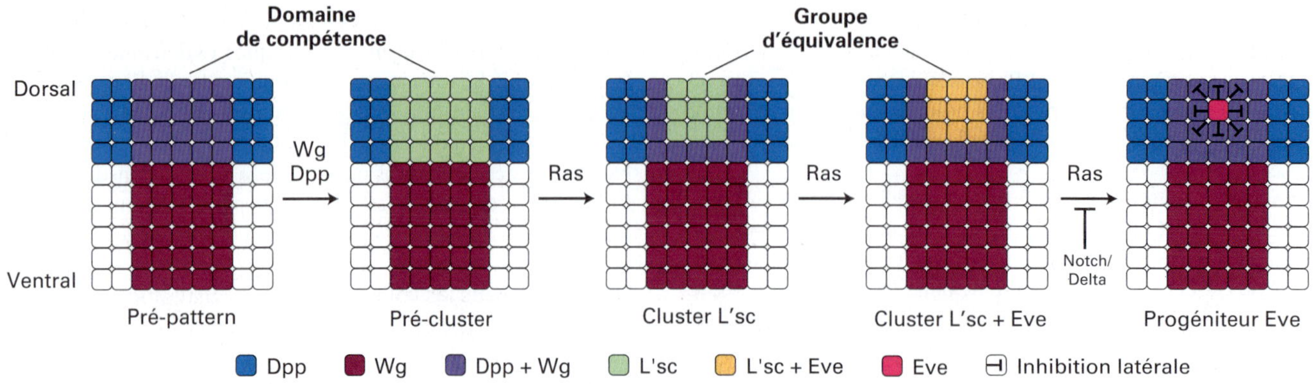

FIGURE 15-40 Action séquentielle de signaux critiques dans le développement musculaire de la drosophile. La transduction du signal par la voie RTK est dirigée par les signaux Wnt et TGFβ. Wingless (Wg) est produit dans une bande cellulaire ceinturant une partie de chaque segment corporel de l'embryon (pourpre). Decapentaplegic (Dpp) est produit dans une bande de cellules dorsales allant de la tête à la queue de chaque côté de l'embryon (bleu), bande qui est créée par le système de signalisation dorsal/ventral décrit dans la Section 15.3. Un groupe cellulaire dans chaque segment recevra les deux signaux ; seules ces cellules (vert) sont compétentes pour répondre à un signal RTK (non identifié) qui active la signalisation intracellulaire à partir de Ras. Toutes les cellules dans le groupe activent un gène appelé *L'sc*, bien qu'une signalisation ultérieure limite la transcription de *L'sc* puis de *eve* à une série de cellules plus restreinte appelée le pré-cluster (orange). Dans celui-ci, une cellule centrale se met à recourir à la signalisation Notch envers les cellules environnantes pour réprimer la transcription de *L'sc* et de *eve* jusqu'à ce qu'il ne reste plus qu'une seule cellule exprimant les produits de *eve* (rouge). Cette cellule unique se développera en un muscle particulier en recrutant d'autres cellules et en fusionnant avec elles ; ce processus élaboré crée deux cellules de ce type dans chaque segment. Les deux requièrent une signalisation dépendante de RTK ; une cellule utilise le récepteur de l'EGF de la drosophile (DER) et un type de récepteur de l'EGF appelé Heartless (Htl) ; la seconde cellule n'utilise que Htl [voir M. S. Halfon *et al.*, 2000, *Cell* **103**:63-74.]

Le développement d'un membre dépend de l'intégration de multiples gradients de signaux extracellulaires

Les membres des vertébrés croissent à partir de petits « bourgeons » composés d'une masse interne de cellules mésodermiques entourée pour un feuillet ectodermique. Des molécules signal sécrétées par les deux couches cellulaires coordonnent le développement du membre et instruisent les cellules quant à leur propre destin dans les membres. La première molécule signal, FGF10 (*fibroblast growth factor* 10), est sécrétée par le mésoderme latéral du tronc et induit la croissance du membre à partir de régions spécifiques du flanc de l'embryon. L'implantation d'une bille imprégnée de FGF10 dans des sites où le membre ne se forme normalement pas fait pousser un membre supplémentaire ; ce qui montre la remarquable capacité d'induction du FGF.

Un membre a trois dimensions : antérieur/postérieur (du pouce à l'auriculaire), dorsal/ventral (paume et dos de la main) et proximal/distal (épaule jusqu'aux doigts). Une cellule embryonnaire qui connaît sa position par rapport à ses trois dimensions est bien placée pour savoir ce qu'il faut faire. Un système de signalisation différent opère dans chacune des trois dimensions ; ainsi en lisant les

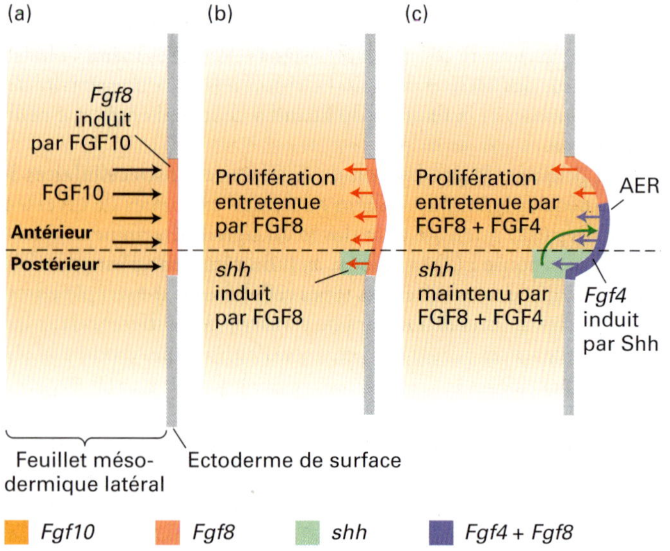

FIGURE 15-41 Intégration de trois signaux au cours du développement d'un membre chez un vertébré le long des axes proximal/distal et antérieur/postérieur. Chaque bourgeon de membre grandit à partir du flanc de l'embryon. (a) Un signal FGF (*fibroblast growth factor*), probablement FGF10, vient du mésoderme dans des régions spécifiques du flanc de l'embryon, une région pour chaque membre. FGF10 agit sur une région locale de la surface de l'ectoderme appelée crête ectodermique apicale (AER) puisqu'elle forme une bordure en saillie. (b) L'ectoderme qui reçoit un signal FGF10 est amené à produire du FGF8, une autre molécule signal sécrétée. À l'extrémité postérieure du bourgeon, FGF8 induit la transcription du gène *Sonic hedgehog* (*Shh*). (c) La signalisation Shh induit la transcription du gène codant FGF4 dans l'AER. FGF8 et FGF4 font proliférer de manière continue les cellules mésodermiques, causant ainsi la croissance du bourgeon. Shh stimule également cette croissance et confère les caractères propres à la partie postérieure du membre. Le développement le long de l'axe dorsal/ventral dépend d'un signal Wnt qui n'est pas montré ici.

trois signaux, une cellule peut apprendre où elle se situe dans le bourgeon du membre et comment agir en conséquence.

En réponse à FGF10, une région limitée de l'ectoderme de surface devient un centre de signalisation, la *crête ectodermique apicale* ou *AER* (*apical ectodermal ridge*), au bout du membre en train de bourgeonner (Figure 15-41). Cette région sécrète le FGF8 et plus tard le FGF4, les deux entraînant une multiplication prolongée des cellules mésodermiques et donc la croissance du membre. Le signal FGF8 induit aussi la production de Sonic hedgehog (Shh) dans la région postérieure du bourgeon. Les signaux FGF disent aux cellules à quelle distance elles se trouvent de la partie distale bourgeon, alors que Shh signifie aux cellules qu'elles sont postérieures. Si Shh est ajouté à la partie antérieure du bourgeon, le membre qui se formera aura des os avec deux conformations postérieures. Le long de l'axe dorsal/ventral, un signal Wnt donne l'instruction aux cellules de former des cellules de type ventral. Les signaux Wnt, FGF4 et FGF8 induisent la transcription de *Shh* et la signalisation Shh induit la transcription des gènes *Fgf4* et *Fgf8*. Ainsi les signaux se renforcent mutuellement dans les cellules qui sont suffisamment proches ; des cellules trop éloignées d'un des signaux renforçateurs cesseront de produire leur propre signal. De cette manière, l'intensité et le mouvement des signaux détermineront la taille et la forme finales du membre.

Une cellule au milieu du bourgeon du membre, se demandant que faire, est soumise à un véritable brassage de signaux. En intégrant les informations provenant de tous, chaque cellule commence par apprendre comment poursuivre son développement. La tâche principale dans la formation des membres et des organes est d'organiser quelques types cellulaires (e.g. mésenchyme, vaisseaux, épithélium) en des structures multicellulaires complexes. Les signaux décrits ici fournissent les lignes de conduite initiales pour le processus de construction ; ils informent les cellules quant à leur localisation relative par rapport aux coordonnées du membre et induisent l'activation de facteurs de transcription spécifiques dans les sites appropriés.

L'intensité des signaux est tempérée par des antagonistes intracellulaires et extracellulaires

Les êtres vivants sont exposés à d'importantes variations de leur environnement et doivent s'adapter ou mourir. La plupart des organismes multicellulaires ont un nombre très variable de cellules, affrontent de grands écarts de température et endurent des périodes de dénutrition, de toxicité environnementale, d'agression et de compétition avec les membres de leur espèce ou d'autres espèces. Les systèmes de signalisation qui exigent une température et des conditions physiologiques strictement contrôlées paraissent mal adaptés au monde réel. Cependant, les chercheurs commencent à se rendre compte comment les signaux sont régulés en manière telle qu'en ce qui concerne les destins cellulaires le résultat soit correct.

Antagonistes inductibles Un mécanisme par lequel des cellules peuvent moduler la signalisation est la production d'*antagonistes inductibles*. L'idée repose sur l'induction de la transcription de gènes par le signal. L'un des gènes activés code un antagoniste qui amortit l'effet du signal. Si par hasard le signal est trop faible, la quantité de l'antagoniste produit sera également réduite et l'induction du gène cible sera préservée. De même, un excès de signal ou de sa transduction sera corrigée par une production plus grande d'antagoniste. Des exemples d'antagonistes inductibles intracellulaires et extracellulaires (sécrétés) sont connus. De tels antagonistes inductibles ont été trouvés pour les voies de signalisation Hedgehog, Wnt, TGFβ, RTK et des récepteurs de cytokines.

Dans le Chapitre 14, nous avons décrit comment des antagonistes inductibles intracellulaires modulent la signalisation venant des récepteurs du TGFβ (voir Figure 14-3) et des récepteurs des cytokines (voir Figure 14-14). La voie Hedgehog, décrite dans la Section 15.5, est aussi régulée par un antagoniste intracellulaire. Rappelez-vous qu'en absence du signal de Hedgehog, Patched inhibe Smoothened et prévient la signalisation intracellulaire (voir Figure 15-31). Un des gènes cibles activés par la signalisation de Hedgehog est *patched* ; la densité accrue de Patched dans la membrane qui en résulte atténue la signalisation en aval et éteint la transcription des gènes cibles de Hedgehog.

Dans d'autres cas, un signal est contrôlé par un antagoniste inductible sécrété qui se lie au récepteur de la molécule signal sans l'activer. Par exemple, la protéine sécrétée codée par le gène *argos* de la drosophile entre en compétition avec des molécules signal qui activent le récepteur de l'EGF (EGFR), un récepteur à activité de tyrosine kinase. La transcription d'*argos* est stimulée par les ligands de l'EGFR, faisant d'Argos un type d'antagoniste inductible. Quand il est fixé, Argos bloque la dimérisation du récepteur de l'EGF, qui est nécessaire pour la transduction ultérieure du signal.

Le système tampon d'Argos est utilisé pour créer différents types cellulaires durant la structuration dorsoventrale dans le jeune embryon de mouche. Rappelez-vous que Gurken est un ligand pour le récepteur de l'EGF sur les cellules folliculaires dorsales (voir Figure 15-17). Une conséquence de la liaison de Gurken au récepteur de l'EGF est l'activation de la transcription des gènes *spitz* et *vein*, les deux codant des ligands qui se lient aussi au récepteur de l'EGF et l'activent. De cette manière, l'effet de Gurken est amplifié. Dans les cellules dorsales de la ligne du milieu, où la concentration de Gurken est la plus forte et la signalisation par l'EGFR la plus intense, la transcription d'*argos* est également induite. La protéine Argos *réduit* la transduction du signal des récepteurs de l'EGF dans la ligne du milieu ; ce n'est que dans les deux régions adjacentes que l'activité de l'EGFR reste élevée. Ce système crée deux populations cellulaires distinctes : celles dans lesquelles le récepteur de l'EGF est actif, flanquant un population centrale de cellules dans lesquelles le récepteur de l'EGF est éteint. Le taux le plus élevé du signal Gurken mène au niveau le plus bas de la transduction du signal venant du récepteur de l'EGF.

Antagonistes non induits par le signal Des voies de signalisation sont aussi contrôlées par des antagonistes sécrétés non induits par le signal lui-même. Un effet d'un tel antagoniste peut être d'accentuer ou de déplacer la délimitation entre deux types cellulaires. Un signal perd de son intensité avec la distance et, à un certain point, tombe sous un seuil critique qui ne lui permet plus d'agir. Si un antagoniste sécrété vient de la direction opposée, il bloquera l'action du signal même dans les cellules soumises à une intensité de signal dépassant le seuil en question.

Nous voyons un exemple de cet effet dans la formation des cellules neurales au cours du développement d'un vertébré. Normalement, les protéines sécrétées de type TGFβ préviennent la formation des cellules neurales dans une partie appelée pôle animal du jeune embryon de grenouille. Chez *Xenopus*, le pôle animal produit la BMP4, un membre de la famille du TGFβ et ne se

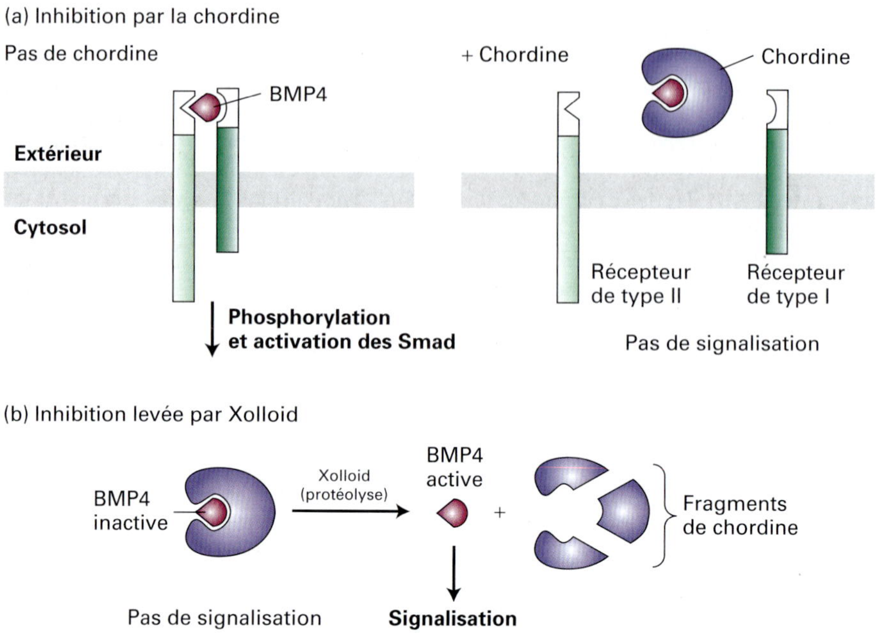

FIGURE 15-42 Modulation de la signalisation BMP4 chez Xenopus par la chordine et Xolloid. (a) La chordine lie BMP4, une protéine signal sécrétée de la classe du TGFβ, et l'empêche de se fixer à son récepteur. (b) Xolloid clive spécifiquement la chordine dans le complexe chordine-BMP4, libérant BMP4 dans une forme qui peut se lier à son récepteur et déclencher l'activation. Une régulation semblable de la signalisation Dpp (apparentée à BMP) chez la drosophile passe par Sog (apparentée à la chordine) et Tolloid (apparentée à Xolloid). [Voir S. Piccolo *et al.*, 1997, *Cell* **91**:402.]

développera donc pas en tissu neural. On peut tester l'effet des signaux et d'autres régulateurs sur l'induction neurale en exposant des zones du pôle animal à des protéines individuelles et en recherchant où les cellules neurales se forment. Ce type d'expérience a révélé la capacité de la protéine chordine de s'opposer à BMP4 et d'induire ainsi des cellules neurales, une indication de la présence du mésoderme dorsal. Si l'apport de chordine aux pôles animaux de *Xenopus* induit la formation de cellules neurales, cette induction peut être inversée par l'addition d'un excès de BMP4. Sur cette base, le destin des cellules neurales est considéré comme étant l'état par défaut. Ce n'est qu'en cas de succès de la signalisation BMP que d'autres cellules se forment. L'ensemble de ces données ont conduit à un modèle simple dans lequel la chordine prévient la fixation de BMP à son récepteur. En principe, l'inhibition pourrait survenir par la liaison directe de la chordine aux récepteurs de BMP ou aux molécules BMP elles-mêmes. Les résultats d'une série d'études biochimiques ont démontré que la chordine se lie aux homodimères BMP2 et BMP4 ou aux hétérodimères BMP4/BMP7 avec forte affinité ($K_D = 3 \times 10^{-10}$ M) et prévient la liaison à leur récepteur (Figure 15-42). L'inhibition exercée par la chordine sur la signalisation BMP est levée par la protéine Xolloid, une protéase qui clive spécifiquement la chordine dans les complexes chordine-BMP, libérant la BMP active.

La signalisation Wnt aussi est modulée par des antagonistes sécrétés, entre autres un groupe spécial de protéines, appelées Frizbees, apparentées au récepteur Frizzled. Des molécules signal Wnt se lient à un domaine riche en cystéine dans la partie extracellulaire des récepteurs Frizzled, activant ainsi la signalisation en aval (voir Figure 15-32). Les protéines Frizbees ont un domaine extracellulaire de Frizzled mais sont dépourvues de ses domaines transmembranaire et cytosolique. En liant fermement les molécules signal Wnt, Frizbees captent les molécules signal, réduisant ainsi la quantité disponible pour l'activation des récepteurs Frizzled.

Nous conclurons en mentionnant Cerberus, le champion des antagonistes sécrétés découvert dans les embryons de grenouilles. Cette protéine tire son nom du chien gardien à trois têtes de la mythologie, car elle possède des sites de fixation pour trois types différents de molécules signal puissantes, Wnt, Nodal et BMP. La fixation de ces molécules par Cerberus prévient l'activation de leur récepteur respectif. En inactivant les signaux de Wnt, Nodal et BMP qui interviennent dans le développement du tronc et de la queue, Cerberus favorise le développement de la tête.

CONCEPTS CLÉS DE LA SECTION 15.7
Intégration et contrôle des signaux

- Lors de la régénération hépatique, des signaux précoces sensibilisent les cellules et les rendent ainsi compétentes pour répondre à des signaux ultérieurs qui causent des mitoses et la prolifération.
- La plupart des composants de la voie de signalisation RTK-Ras-MAP kinase sont utilisés de manière répétée au cours du développement et sont conservés sur le plan de l'évolution dans une grande variété d'animaux
- Au cours du développement musculaire chez l'embryon de drosophile, trois types de signaux convergent pour induire la différenciation (voir Figure 15-40). Ces signaux déclenchent la production de trois facteurs de transcription qui, en association avec deux facteurs de transcription spécifiques du tissu, activent la transcription du gène *even-skipped*, caractéristique des précurseurs des cellules musculaires.
- Au moins une protéine signal agit le long de chaque axe du bourgeon de membre en développement. Des cellules répondent à la combinaison de signaux, et les signaux renforcent la production d'autres signaux afin de coordonner la croissance et la structuration en trois dimensions (voir Figure 15-41).
- Parmi les antagonistes inductibles, on trouve des protéines intracellulaires ou sécrétées dont la production est déclenchée par un signal particulier. La protéine antagoniste, agissant

comme rétrocontrôle, s'oppose à l'action en cours de la molécule signal. Des antagonistes inductibles interviennent dans la plupart des voies de signalisation afin d'atténuer des signaux en excès ou inadéquats.

- Des signaux peuvent aussi être contrôlés par des antagonistes qui ne sont pas induits par le signal lui-même. En se liant aux molécules signal, ces antagonistes empêchent les signaux de se lier à leur récepteur spécifique et de les activer (voir Figure 15-42).

PERSPECTIVES POUR LE FUTUR

Les interactions remarquables de signaux et de contrôles géniques au cours du développement sont à la base du processus de structuration. De simples masses de cellules deviennent des structures fonctionnelles, étonnamment harmonieuses comme les yeux, les poumons, le cœur et les ailes. Pour réussir ces transformations, les cellules doivent répondre à un réseau dense de signaux divers agissant à courte ou longue distance et les intégrer afin de prendre les bonnes décisions. Quelques systèmes de signalisation seulement interviennent de manière répétée dans l'organisation des cellules en tissus. La plupart sont communs à tous les animaux, ce qui simplifie l'étude des mécanismes moléculaires sous-jacents. Cependant, si cette manifestation de notre évolution commune facilite la compréhension de la régulation biologique, les problèmes qui restent à résoudre constituent encore d'énormes défis.

Afin de comprendre complètement comment des cellules réalisent leur destin et participent à la morphogenèse, nous devons avoir une vue d'ensemble des réponses moléculaires in vivo. L'arrivée de la technologie des puces à ADN pour suivre simultanément la transcription de milliers de gènes, en réalité toutes les unités de transcription dans un génome, est un grand pas pour accéder aux mécanismes de « décision » de la cellule. La capacité d'un signal de rediriger les activités d'une cellule peut à présent être évaluée par l'analyse des changements induits dans l'expression génique. Même si les nouvelles connaissances ainsi acquises sont stimulantes, leurs limites sont évidentes. Par exemple, actuellement les transcrits sont détectés dans des extraits provenant de nombreuses cellules prélevées sans que l'impact du temps ne soit pris en considération, alors qu'elles proviennent d'embryons qui changent de minute en minute, si pas de seconde en seconde. Cependant, on continuera à progresser grâce au raffinement des méthodes d'observation des réponses de cellules vivantes. Les puces à ADN ne permettent que l'évaluation de la transcription et non l'épissage de l'ARN ou sa traduction en protéine ; elles n'informent pas non plus sur la localisation et les modifications des protéines et leurs associations. Ces autres niveaux de contrôle génique sont encore étudiés surtout sur base d'un gène à la fois. Mais, nos connaissances progresseront beaucoup avec le développement de la technologie des puces à protéines ; elle offre la possibilité de suivre toutes les protéines à la fois, ainsi que les interactions protéine-protéine.

Les flux rapides dans les réponses cellulaires qui surviennent durant les événements de signalisation, l'intégration des informations provenant de multiples signaux et les boucles de rétrocontrôle dynamique sont difficilement accessibles à une perception d'ensemble sans mesure précise des concentrations de molécules signal, de leur vitesse de réaction et des états d'équilibre. Une quantification plus précise sera nécessaire pour que la mécanique des circuits des signalisations puissent être comprise. Les notions simplistes à propos des gènes qui sont soit allumés ou éteints, des protéines qui sont phosphorylées ou non devront être remplacées par des informations plus précises, parce qu'en fait les changements ne sont pas simplement des phénomènes de tout ou rien mais comportent des gradations qui s'étendent sur plusieurs ordres de grandeur.

Les systèmes sophistiqués de commutation dans les cellules, beaucoup d'entre eux fonctionnant en même temps, atteignent un degré de complexité qui requiert une modélisation informatique. Cette nouvelle discipline, appelée parfois *systems biology*, a pour but de produire des modèles qui réussissent à décrire les réponses cellulaires normales à des stimulus et de prédire comment les cellules répondront à des perturbations supplémentaires ou différentes. Ce type d'ingénierie prometteuse séduit par la possibilité qu'elle pourrait offrir de diriger des cellules dans l'exécution de tâches utiles, comme renforcer l'immunité ou accélérer la cicatrisation. Le champ de la biologie moléculaire et cellulaire devient de plus en plus une science informatique, particulièrement fascinante car les signaux étudiés constituent les bases mêmes de la vie.

MOTS CLÉS

Angiogenèse *620*
Antagoniste inductible 651
ARNm maternel 629
Cascade de transcription 632
Développement 612
Gène de segment-polarity 635
Gène floral organ-identity 637
Gène gap 630
Gène Hox
Gène pair-rule 634
Groupe d'équivalence 624
Homéose
Hybridation in situ 614
Induction 621
Induction réciproque 644
Inhibition latérale 644
Morphogène 623
Précurseur d'organe sensoriel (POS) 647
Protéine chordine *652*
Puces à protéines 615
Syncytium 625
Voie Hedgehog 641
Voie Toll-Dorsal 628
Voie Wnt 642

RÉVISIONS

1. Décrivez trois voies différentes dans lesquelles des récepteurs de type EGF participent.
2. Quelle enzyme catalyse la dégradation du glycogène en glucose 1-phosphate ? Décrivez comment la structure en sous-unités de cette enzyme permet l'intégration de plusieurs signaux.
3. Les gens atteints de diabète de type 1 ne produisent pas d'insuline. Décrivez ce qu'il advient aux transporteurs de glucose GLUT4 chez les diabétiques de type 1 juste après un repas. La plupart des patients avec un diabète de type 2 produisent des quantités normales d'insuline et ont des récepteurs d'insuline présents sur les cellules répondant à l'insuline. Malgré cela, chez ces patients, la capture du glucose est déficiente ; ils ont dès lors une glycémie élevée. Discutez de la nature du défaut existant chez ces patients.

4. Comparez l'action des morphogènes impliqués dans la spécification dorsoventrale chez *Xenopus laevis* et *Drosophila melanogaster.*

5. Utilisant l'hybridation in situ au moyen d'un sonde spécifique de dorsal, où dans l'embryon syncytial de drosophile s'attend-on à trouver l'expression de *dorsal* ? Utilisant l'immunohistochimie avec un anticorps anti-dorsal, où s'attend-on à trouver la protéine Dorsal ?

6. Une analyse comparative par puces à ADN d'embryons de type sauvage et d'embryons dont le gène *dorsal* a été muté peut fournir des informations sur tous les gènes régulés par la protéine Dorsal. Pourquoi ? En plus des nouveaux gènes régulés par Dorsal, on s'attend à constater des changements dans la régulation de gènes identifiés précédemment. Quels sont les gènes dont l'expression serait augmentée ou diminuée chez les mutants du gène *dorsal* ?

7. La délétion de l'extrémité 3' non traduite du gène *bicoid* aboutirait à quel phénotype chez une mouche mutante ? Pourquoi ?

8. Comment la protéine motrice kinésine assure-t-elle l'exécution correcte des contrôles post-traductionnels dans la partie antérieure de l'embryon de drosophile ? Si la kinésine ne fonctionnait que durant le développement de l'embryon, quel serait le phénotype d'un embryon dont la kinésine serait mutée ?

8. Quelle est l'indication que le système immunitaire inné basé sur Toll pourrait dater de plus d'un milliard d'années ?

9. Comment le groupe de cinq gènes gap peut-il spécifier plus de cinq types cellulaires dans les embryons de drosophile ?

10. Qu'est-ce que l'homéose ? Donnez un exemple d'une mutation homéotique florale ; décrivez le phénotype du mutant et la fonction normale du produit du gène de type sauvage.

11. Comparez les systèmes de récepteurs responsables de la reconnaissance des ligands sécrétés, Hedgehog et Wnt.

12. Quelle est l'indication qu'un gradient de Sonic hedgehog mène au développement de différents types cellulaires dans le tube neural aviaire ?

13. L'observation que des animaux knockout pour l'*éphrine b2* ont des défauts marqués dans les capillaires artériels et veineux supporte l'idée que l'éphrine B2 et son récepteur, EphB4, sont impliqués dans une induction réciproque. Comment ?

14. Donnez un exemple spécifique d'un antagoniste inductible atténuant le signal et décrivez comment ses actions mènent à l'inhibition du signal.

ANALYSEZ LES RÉSULTATS SUIVANTS

La séquence entière du génome du riz (*Oryza sativa*) a été déterminée, ce qui permet aux chercheurs d'y rechercher des séquences homologues aux gènes de drosophile impliqués dans les processus de développement. On a trouvé dans le génome du riz un homologue supposé de *bicoid* ; il code un facteur de transcription du type homéodomaine. Le gène de la plante fut utilisé comme sonde dans une hybridation in situ appliquée à des embryons de riz ; le résultat est montré ci-dessous. Les embryons de plantes sont contenus dans les semences. Ceux du riz utilisés dans ces expériences étaient au stade globulaire du développement. À ce stade, les extrémités apicale et basale de la future plante sont en train d'être spécifiées.

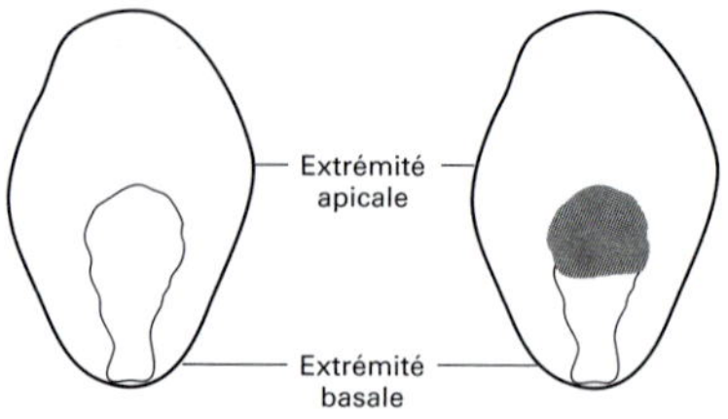

a. Quelle est le profil d'expression du gène du riz que l'on suppose correspondre à bicoid ?

b. Discutez de la fonction potentielle du gène du riz que l'on suppose correspondre à bicoid.

c. Sur base des résultats montrés ci-dessus, quel est le phénotype qui pourrait se développer si on injectait des molécules d'ARNm transcrit du gène du riz que l'on suppose correspondre à bicoid ?

d. Sur base des résultats montrés ci-dessus, quel serait le profil d'expression attendu si l'on pouvait identifier un homologue supposé de nanos pour le riz

RÉFÉRENCES

Méthodologie expérimentale menant à une perception globale des réponses induites par des signaux

Arbeitman, M. N. *et al.*, (2002), Gene expression during the life cycle of Drosophila melanogaster, *Science* **297** :2270–2275.

Cutler, P, (2003), Protein arrays : the current state-of-the-art, *Proteomics* g :3–18.

Kamath, R. S. *et al.*, (2003), Systematic functional analysis of the Caenorhabditis elegans genome using RNAi, *Nature* **421** :231–237.

Kim, S. K. *et al.*, (2001), A gene expression map for Caenorhabditis elegans, *Science* 293 :2087–2092.

Stathopoulos, A. *et al.*, (2002), Whole-genome analysis of dorsal-ventral patterning in the Drosophila embryo, *Cell* **111** :687–701.

Tomancak, P. *et al.*, (2002), Systematic determination of patterns of gene expression during Drosophila embryogenesis, *Genome Biol.* **3** :88–8.

Réponses des cellules à l'environnement

Downward, J., (1998), Mechanisms and consequences of activation of protein kinase B/Akt, *Curr. Opin. Cell Biol.* **10** :262–267.

Kaelin, W. G., Jr, (2002), How oxygen makes its presence felt, *Genes & Dev.* **16** :1441–1445.

Contrôle du destin des cellules par gradient de concentration des régulateurs

Chang, A. J. et Morisato, D., (2002), Regulation of Easter activity is required for shaping the Dorsal gradient in the Drosophila embryo, *Development* **129** :5635–5645.

Freeman, M. et Gurdon, J. B., (2002), Regulatory principles of developmental signaling, *Ann. Rev. Cell Dev. Biol.* **18** :515–539.

Johnstone, O. et Lasko, P., (2001), Translational regulation and RNA localization in Drosophila oocytes and embryos, *Ann. Rev. Genet.* **35** :365–406.

Stathopoulos, A. et Levine, M., (2002), Dorsal gradient networks in the Drosophila embryo, *Devel. Biol.* **246** :57–67.

Takeda, K. *et al..*, (2003), Toll-like receptors, *Ann. Rev. Immunol.* **21** :335–376.

Wang, M. et Sternberg, P. W., (2001), Pattern formation during C. elegans vulval induction, *Curr. Topics Devel. Bio.* **51** :189–220.

Création de frontières par différentes combinaisons de facteurs de transcription

Akam, M., (1987), The molecular basis for metameric pattern in the Drosophila embryo, *Development* 101 :1–22.

Andrioli, L. P. *et al.*, (2002), Anterior repression of a Drosophila stripe enhancer requires three position-specific mechanisms, *Development* **129** :4931–4940.

Fujioka, M. *et al.*, (1999), Analysis of an even-skipped rescue transgene reveals both composite and discrete neuronal and early blastoderm enhancers, and multi-stripe positioning by gap gene repressor gradients, *Development* **126** :2527–2538.

Houchmandzadeh, B. *et al.*, (2002), Establishment of developmental precision and proportions in the early Drosophila embryo, *Nature* **415** :798–802.

Création de frontières par des signaux extracellulaires

Jessell, T. M, (2000), Neuronal specification in the spinal cord : inductive signals and transcriptional codes, *Nature Rev. Genet.* **1** :20–29.

Moon, R. T. *et al.*, (2002), The promise and perils of Wnt signaling through beta-catenin, *Science* **296** :1644–1646, Review.

Nybakken, K. et Perrimon, N., (2002), Hedgehog signal transduction : recent findings, *Curr. Opin. Genet. Devel.* **12** :503–511.

Pandur, P. *et al.*, (2002), Increasingly complex : new players enter the Wnt signaling network, *Bioessays* 24 :881–884.

Pires-daSilva, A. et Sommer, R. J., (2003), The evolution of signalling pathways in animal development, *Nature Rev. Genet.* **4** :39–49.

Sanson, B, (2001), Generating patterns from fields of cells : examples from Drosophila segmentation, *EMBO Rep.* **2** :1083–1088.

Wilkie, G. S. et Davis, I., (2001), Drosophila wingless and pair-rule transcripts localize apically by dynein-mediated transport of RNA particles, *Cell* **105** :209–219.

Induction réciproque et inhibition latérale

Artavanis-Tsakonas, S. *et al.*, (1999), Notch signaling : cell fate control and signal integration in development, *Science* **284** :770–776.

Cooke, J. E. et Moens, C. B., (2002), Boundary formation in the hindbrain : Eph only it were simple, *Trends Neurosci.* **25** :260–267.

Grandbarbe, L. *et al.*, (2003), Delta-Notch signaling controls the generation of neurons/glia from neural stem cells in a stepwise process, *Development* **130** :1391–1402.

Ju, B. G. *et al., (2000),* Fringe forms a complex with Notch, *Nature* **405** :191–195.

Miao, H. *et al.*, (2001), Activation of EphA receptor tyrosine kinase inhibits the Ras/MAPK pathway, *Nature Cell Biol.* **3** :527–530.

Santiago, A. et Erickson, C. A., (2002), Ephrin-B ligands play a dual role in the control of neural crest cell migration, *Development* **129** :3621–3632.

Shaye, D. D. et Greenwald, I., (2002), Endocytosis-mediated downregulation of LIN-12/Notch upon Ras activation in Caenorhabditis elegans, *Nature* **420** :686–690.

Intégration et contrôle des signaux

Brzozowski, A. M. *et al.*, (1997), Molecular basis of agonism and antagonism in the oestrogen receptor, *Nature* **389** :753–758.

Fambrough, D. *et al.*, (1999), Diverse signaling pathways activated by growth factor receptors induce broadly overlapping, rather than independent, sets of genes, *Cell* **97** :727–741.

Gerlitz, O. et Basler, K., (2002), Wingful, an extracellular feedback inhibitor of Wingless, *Genes & Dev.* **16** :1055–1059.

Grimm, O. H. et Gurdon, J. B., (2002), Nuclear exclusion of Smad2 is a mechanism leading to loss of competence, *Nature Cell Biol.* **4** :519–522.

Halfon, M. S. *et al.*, (2000), Ras pathway specificity is determined by the integration of multiple signal-activated and tissue-restricted transcription factors, *Cell* **103** :63–74.

Martin, G., (2001), Making a vertebrate limb : new players enter from the wings. Bioessays 23 :865–868.

Rubin, C. *et al.*, (2003), Sprouty fine-tunes EGF signaling through interlinked positive and negative feedback loops, *Curr. Biol.* **13** :297–307.

Tickle, C. et Munsterberg, A., (2001), Vertebrate limb development : the early stages in chick and mouse, *Curr. Opin. Genet. Devel.* **11** :476–481.

16

TRANSFERT DES PROTÉINES DANS LES MEMBRANES ET LES ORGANITES

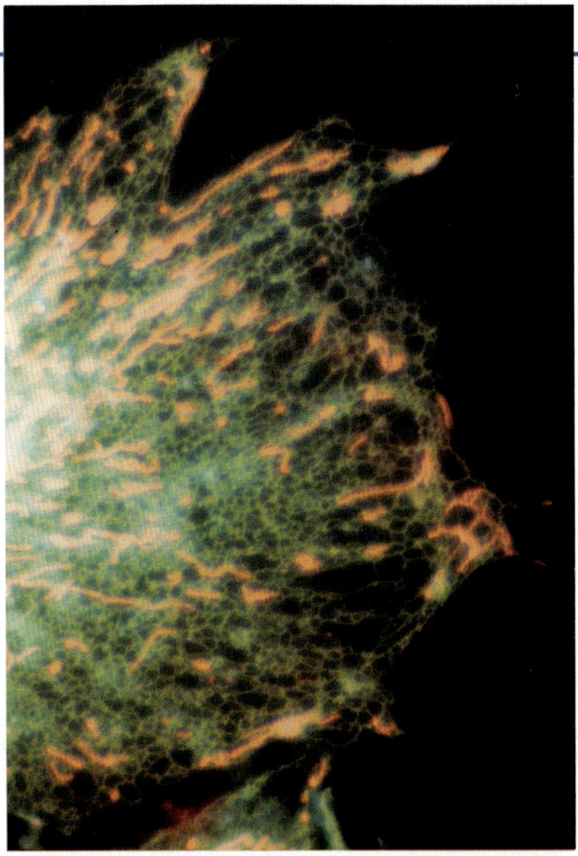

Différents compartiments intracellulaires d'une cellule endothéliale bovine. Les membranes du réticulum endoplasmique, qui ressemblent à de la dentelle, sont colorées par un fluorochrome vert, et les mitochondries, qui ressemblent à des vers, sont colorées par un fluorochrome orange
[Molecular Probes, Inc.]

Une cellule de mammifères contient jusqu'à 10.000 espèces différentes de protéines ; une cellule de levure, environ 5000. Elles sont en grande majorité synthétisées par des ribosomes cytosoliques, et beaucoup restent dans le cytosol. Cependant, au moins la moitié d'entre elles, dans une cellule typique, sont transférées soit dans une membrane cellulaire particulière, soit dans un compartiment aqueux autre que le cytosol ou à la surface cellulaire pour y être sécrétées. Par exemple, de nombreuses protéines servant de récepteurs aux hormones ou de transporteurs sont insérées dans la membrane plasmique ; certaines enzymes solubles dans l'eau comme les ARN et ADN polymérases sont envoyées dans le noyau ; les composants de la matrice extracellulaire ainsi que les polypeptides servant de molécules signal, puisqu'ils sont tous destinés à la sécrétion, gagnent la surface cellulaire. Ainsi, afin que la cellule puisse fonctionner correctement, toutes les protéines qu'elle produit doivent rejoindre leur emplacement prévu.

Après leur synthèse, la livraison des protéines à leur destination cellulaire, c'est-à-dire l'*adressage* ou le *tri des protéines*, repose sur deux types de mécanismes très différents. Le premier correspond à l'adressage d'une protéine vers un organite intracellulaire ; il se déroule durant, ou peu après, la traduction de l'ARNm par les ribosomes. La protéine aboutit soit à son insertion dans la bicouche lipidique de la membrane ou, s'il s'agit d'une protéine soluble dans l'eau, à sa translocation complète dans l'intérieur aqueux de l'organite.

SECTIONS

C'est par ce processus général que les protéines triées gagnent le réticulum endoplasmique (RE), les mitochondries, les chloroplastes, les peroxysomes et le noyau (Figure 16-1).

Un second processus général de tri s'applique aux protéines destinées à la **voie sécrétoire** et qui, à cet effet, sont d'abord adressées à la membrane du RE. Cette catégorie comprend non seulement des protéines solubles et membranaires qui résideront dans le RE lui-même mais aussi des protéines qui seront sécrétées par la cellule, des enzymes et d'autres protéines occupant la lumière du complexe de Golgi et les lysosomes, ainsi que des protéines

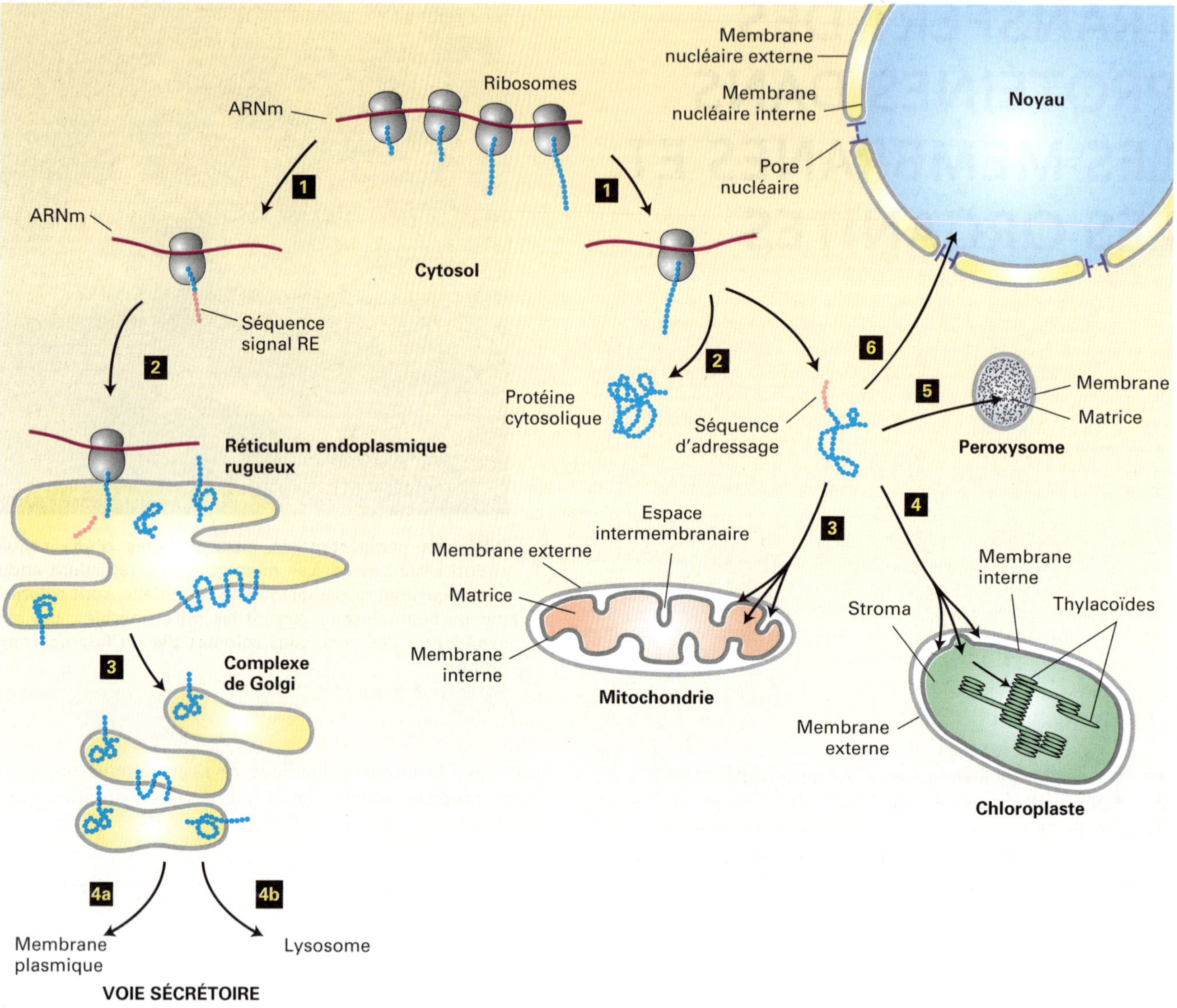

FIGURE 16-1 Vue générale des voies principales de tri protéique dans les cellules eucaryotes. Tous les ARNm codés dans le noyau sont traduits par des ribosomes cytosoliques. *À gauche* (*voie sécrétoire*). Les ribosomes synthétisant des protéines naissantes destinées à la voie sécrétoire sont dirigés vers le réticulum endoplasmique (RE) par une séquence signal (rose ; étapes **1**, **2**). Lorsque la traduction à la surface du RE est terminée, ces protéines peuvent être transportées par des vésicules vers le complexe de Golgi (étape 3). Un triage ultérieur livre les protéines soit à la membrane plasmique ou aux lysosomes (étapes **4a**, **4b**). *À droite* (*voies non sécrétoires*). La synthèse de protéines dépourvues de la séquence signal du RE est effectuée sur des ribosomes libres (étape **1**). Ces protéines qui n'ont pas de séquence d'adressage sont libérées dans le cytosol et y restent (étape **2**). Les protéines porteuses d'une séquence d'adressage spécifique d'un organite (rose) sont libérées dans le cytosol (étape **2**) mais sont alors importées dans les mitochondries, les chloroplastes, les peroxysomes ou le noyau (étapes **3** - **6**). Les protéines des mitochondries et des chloroplastes traversent les membranes externe et interne pour entrer respectivement dans la matrice ou l'espace stromal. D'autres protéines sont triées et dirigées vers d'autres sites de ces organites par des étapes de triage supplémentaires. Les protéines destinées au noyau entrent par les pores nucléaires en suivant un processus décrit dans le Chapitre 12.

intrinsèques des membranes de ces organites et de la membrane plasmique. L'adressage vers le RE s'effectue en général alors que les protéines sont encore en train d'être synthétisées ; on dit qu'elles sont *naissantes*. Celles dont la destination finale est le Golgi, les lysosomes ou la surface cellulaire suivent la voie sécrétoire au sein de petites vésicules qui bourgeonnent à partir de la membrane d'un organite et fusionnent alors avec la membrane de l'organite suivant (voir Figure 16-1, *gauche*). Nous décrirons ce transfert par vésicules dans le prochain chapitre parce que, sur le plan mécanique, il diffère de manière significative de l'adressage vers les organites intracellulaires.

Dans ce chapitre, nous verrons comment les protéines rejoignent les organites intracellulaires soit pour parvenir à l'intérieur ou être insérées dans leur membrane. Deux faits dans ce processus paraissaient surprenants : comment une protéine donnée pouvait-elle être transférée de manière spécifique dans une membrane donnée et comment des molécules protéiques relativement grandes pouvaient-elles traverser la membrane sans disloquer la bicouche servant de barrière aux ions et aux petites molécules. Combinant des méthodes de purification biochimique et de criblage génétique pour l'identification de mutants incapables d'exécuter des étapes particulières de translocation, les biologistes cellulaires ont identifié de nombreux composants cellulaires requis pour la translocation à travers chacune des différentes membranes intracellulaires. De plus, de nombreux processus de translocation intracellulaire ont été reconstitués dans des systèmes in vitro laissant toute liberté aux manipulations expérimentales.

Ces études ont montré que, malgré quelques variations, les mêmes mécanismes de base déterminent l'adressage protéique vers tous les divers organites intracellulaires. Nous savons maintenant, par exemple, que l'information pour diriger une protéine vers un organite particulier est codée dans une séquence d'acides aminés de la protéine elle-même, habituellement dans des séquences de 20-50 acides aminés, connus en général sous le non de **séquences signal** ou *séquences d'adressage spécifique d'un organite* (voir Figure 16-1). Chaque organite porte une série de récepteurs spécifiques de certaines séquences signal, ce qui assure que l'adressage soit correct. Une fois qu'une protéine porteuse d'une séquence signal a interagi avec le récepteur correspondant, la chaîne protéique est transférée dans une sorte de *canal de translocation* qui permet à la protéine de traverser la bicouche membranaire. Ce transfert unidirectionnel d'une protéine dans un organite, sans retour possible dans le cytoplasme, est habituellement favorisé par couplage de la translocation à un processus énergétique comme l'hydrolyse de l'ATP. Ultérieurement, certaines protéines sont encore triées et dirigées dans un compartiment particulier de l'organite, cette opération reposant à nouveau sur la reconnaissance de séquences signal par des récepteurs spécifiques. Finalement, les séquences signal sont souvent éliminées de la protéine par des protéases spécifiques dès que la traversée de la membrane a eu lieu.

Pour chacun des événements d'adressage protéique discuté dans ce chapitre, nous chercherons à répondre à quatre questions fondamentales :

1. Quelle est la nature de la séquence signal, et qu'est-ce qui la distingue des autres types de séquences signal ?
Quel est le récepteur pour la séquence signal ?
2. Quelle est la structure du canal de translocation qui permet aux protéines de traverser la bicouche membranaire ?
3. En particulier, le canal est-il si étroit que les protéines ne peuvent passer que dans une forme dépliée ou peut-il accepter des protéines dans leur conformation repliée ?
4. Quelle est la source d'énergie qui assure le transfert unidirectionnel à travers la membrane ?

Dans la première partie du chapitre, nous décrirons l'adressage des protéines ver le RE, y compris les modifications post-traductionnelles que subissent les protéines dès qu'elles entrent dans la voie sécrétoire. Nous examinerons ensuite plusieurs mécanismes servant à l'exportation de protéines à partir de bactéries, certains étant semblables au tri protéique dans les cellules eucaryotes. Les deux dernières sections décrivent l'adressage des protéines vers les mitochondries, les chloroplastes et le peroxysomes. Nous avons vu dès le Chapitre 12 comment les protéines entrent et sortent à travers les pores nucléaires. En effet, le transport nucléaire est lié intimement aux événements post-transcriptionnels et se distingue par plusieurs variantes des mécanismes décrits dans ce chapitre.

16.1 Translocation de protéines sécrétoires à travers la membrane du RE

Toutes les cellules eucaryotes utilisent essentiellement la même voie sécrétoire pour la synthèse et le triage des protéines sécrétées et des protéines solubles présentes dans la lumière du RE, du Golgi et des lysosomes (voir Figure 16-1, *à gauche*). Par simplicité, nous

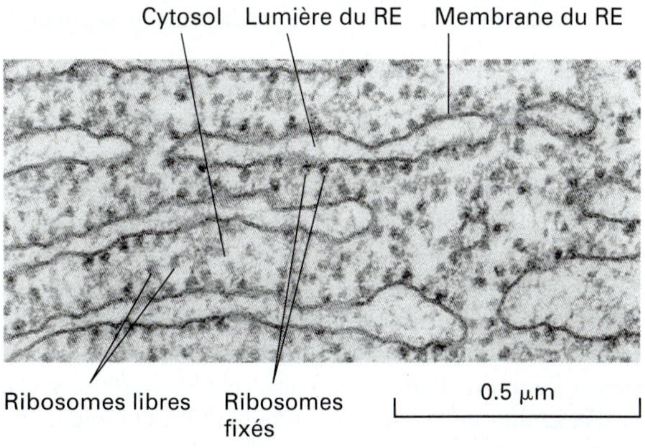

FIGURE 16-2 Micrographie électronique de ribosomes fixés au RE rugueux dans une cellule exocrine de pancréas. Les protéines produites dans cette cellule sont, en majeure partie, destinées à l'exportation et sont formées sur des ribosomes arrimés aux membranes. On peut observer aussi quelques ribosomes libres, vraisemblablement ceux qui synthétisent les protéines cytosoliques et d'autres protéines non sécrétées. [Cliché de G. Palade.]

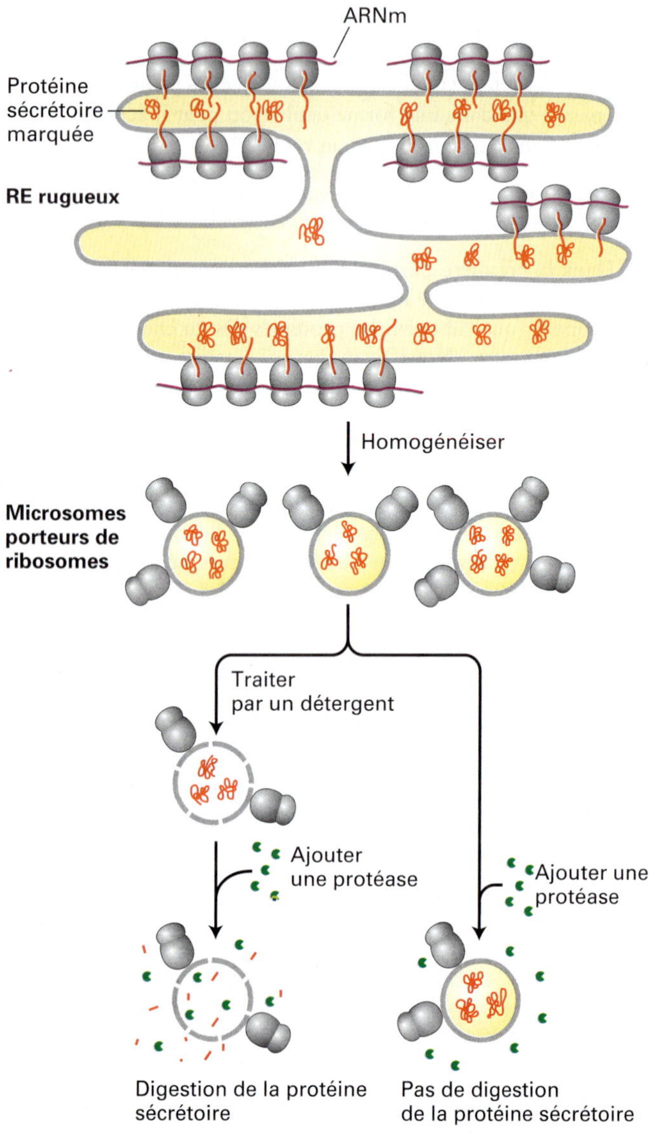

FIGURE EXPÉRIMENTALE 16-3 Des expériences avec marqueurs démontrent que les protéines sécrétoires gagnent la lumière du RE peu après leur synthèse. Des cellules sont incubées avec des acides aminés radioactifs pendant une brève période afin que les protéines en voie de synthèse soient marquées. Les cellules sont ensuite homogénéisées, ce qui déchire la membrane plasmique et disloque le RE rugueux en petites vésicules appelées microsomes. Comme ils ont fixé des ribosomes, les *microsomes* ont une densité plus forte que les autres organites membranaires et peuvent être séparés par une combinaison d'une centrifugation différentielle et d'une autre en gradient de sucrose (Chapitre 5). Les microsomes purifiés sont traités par une protéase en présence et en absence d'un détergent. Les protéines sécrétoires marquées associées aux microsomes sont digérées par la protéase uniquement si la membrane microsomiale est d'abord détruite par le détergent. Ce résultat indique que les nouvelles protéines se trouvent bien à l'intérieur des microsomes, qui correspond à la lumière du RE rugueux.

qualifierons toutes ces protéines de *sécrétoires*. Bien que toutes les cellules sécrètent diverses protéines (e.g. les protéines de la matrice extracellulaire), certaines sont spécialisées dans la sécrétion de grandes quantités de protéines particulières. Les cellules acineuses du pancréas, par exemple, synthétisent en abondance plusieurs enzymes digestives qui sont libérées dans les canalicules et ont ainsi accès à l'intestin. Puisque de telles cellules sécrétrices sont bourrées d'organites de la voie sécrétoire (e.g. RE et Golgi), elles ont fréquemment servi aux études de ce processus.

Les premières expériences de *pulse chase* sur cellules acineuses pancréatiques ont montré que les acides aminés marqués par un radio-isotope sont incorporés d'abord dans les protéines sécrétoires qui viennent d'être synthétisées, les ribosomes occupés à cette tâche étant fixés à la surface du RE. Puisque, à cet endroit, les ribosomes donnent à la membrane un aspect bosselé (Figure 16-2), on dit que le RE est *rugueux* Lorsque les cellules sont homogénéisées, le RE rugueux se brise en petites vésicules fermées, appelées *microsomes rugueux*. Comme dans la cellule intacte, les ribosomes sont disposés à la face extérieure des vésicules. La Figure 16-3 décrit une expérience dans laquelle des microsomes isolés à partir de cellules soumises à un pulse radioactif sont traités par une protéase. Le résultat prouve que les protéines sécrétoires synthétisées par des ribosomes situés à la face cytosolique de la membrane du RE, gagnent la lumière des vésicules du RE durant leur synthèse.

Une séquence signal N-terminale et hydrophobe destine les protéines sécrétoires naissantes au RE

Au début de la synthèse d'une protéine sécrétoire par des ribosomes cytosoliques libres, une séquence signal de 16 à 30 acides aminés dans la protéine naissante dirige le ribosome vers la membrane du RE et engage le polypeptide en train de croître dans la membrane du RE (voir Figure 16-1, *à gauche*). La séquence signal spécifique du RE est localisée à l'extrémité N-terminale, par laquelle la synthèse protéique débute. Les séquences signal de différentes protéines sécrétoires contiennent un ou plusieurs acides aminés chargés positivement adjacents à un segment continu de 6-12 résidus hydrophobes, mais elles n'ont que cela en commun. Pour la plupart des protéines sécrétoires, la séquence signal est clivée alors que la protéine est encore en train de croître sur le ribosome. Aussi, les séquences signal sont-elles habituellement absentes dans les protéines « matures » trouvées dans les cellules.

La partie hydrophobe des séquences signal du RE est essentielle à leur fonction. Par exemple, une délétion de plusieurs des acides aminés hydrophobes d'une séquence signal ou l'introduction, par mutation, d'acides aminés chargés dans le segment hydrophobe, peut empêcher l'extrémité N-terminale de la protéine de jouer son rôle de séquence signal. En conséquence, la protéine modifiée est incapable de traverser la membrane du RE pour gagner la lumière ; elle reste donc dans le cytosol. Au moyen des techniques de l'ADN recombinant, des chercheurs ont produit des protéines cytosoliques dotées d'une séquence N-terminale supplémentaire. À la condition que celle-ci soit suffisamment longue et hydrophobe, des protéines cytosoliques ainsi modifiées ont été

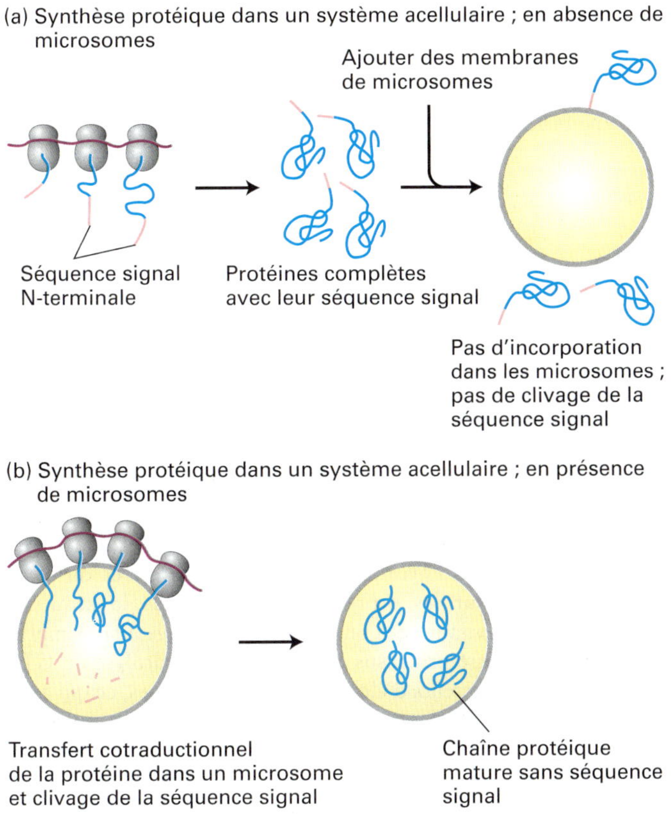

FIGURE EXPÉRIMENTALE 16-4 Des expériences en milieu acellulaire démontrent que la translocation des protéines sécrétoires dans les microsomes est couplée à la traduction. Les vésicules microsomiales proviennent de la dislocation des membranes du RE (voir Figure 16-3). Leur traitement à l'EDTA, un chélateur des ions Mg^{2+}, les débarrassent des ribosomes. La synthèse protéique s'effectue dans un système acellulaire contenant des ribosomes fonctionnels, des ARNt, de l'ATP, du GTP ainsi que des enzymes cytosoliques. On y ajoute l'ARNm codant une protéine sécrétoire. Celle-ci est synthétisée en absence de microsomes (a), mais est transloquée à travers la membrane vésiculaire et perd sa séquence signal uniquement si les microsomes sont présents durant la synthèse protéique (b).

transférées dans la lumière du RE. Ainsi, les résidus hydrophobes du centre des séquences signal constituent un site de liaison essentiel à l'interaction de la protéine sécrétoire avec le récepteur membranaire du RE.

Des études biochimiques recourant à un système de synthèse protéique acellulaire, à de l'ARNm codant une protéine sécrétoire et à des microsomes débarrassés de leurs ribosomes ont éclairci la fonction et le sort des séquences signal du RE. Les premières expériences ont démontré qu'une protéine sécrétoire typique est incorporée dans les microsomes et ne perd sa séquence signal que si les microsomes sont présents durant la synthèse de la protéine (Figure 16-4). Des expériences ultérieures ont permis de préciser le stade de la synthèse protéique durant lequel les microsomes doivent être présents pour que la translocation survienne. À cet effet, avant d'introduire les microsomes dans le milieu de réaction, on a ajouté une drogue bloquant la traduction à différents moments après le début de la synthèse. Les résultats ont montré que les microsomes doivent être ajoutés avant la constitution d'une séquence d'environ 70 acides aminés afin que la protéine sécrétoire achevée puisse rejoindre la lumière microsomiale. Lorsque la synthèse a atteint ainsi le 70e résidu, les 40 premiers, y compris la séquence signal qui sera éliminée plus tard, ressortent du ribosome, alors que les 30 acides aminés suivants sont encore enfouis dans le sillon du ribosome. Ainsi, le transfert de la plupart des protéines sécrétoires dans la lumière du RE survient alors que la protéine naissante est encore liée au ribosome et en train de s'allonger ; ce processus est appelé **translocation cotraductionnelle.**

La translocation cotraductionnelle requiert deux protéines hydrolysant le GTP

Puisque les protéines sécrétoires sont synthétisées sur la membrane du RE et sur aucune autre membrane de la cellule, elles doivent y être adressée par un mécanisme de reconnaissance de la séquence signal. Le processus repose sur deux éléments clés : la **particule de reconnaissance du signal** (**SRP**) et son récepteur situé sur la membrane du RE. La SRP est une ribonucléoprotéine cytosolique capable de se lier de manière transitoire et, à la fois, à son récepteur, à la séquence signal de la protéine naissante et à la grande unité du ribosome.

Six polypeptides distincts et un ARN de 300 nucléotides composent la SRP (Figure 16-5a). On a prouvé que c'était la protéine P54 qui lie la séquence signal dans la protéine naissance, car on a pu figer artificiellement leur interaction par une réaction chimique. Une région de P54 contenant de nombreux acides aminés dotés de chaînes latérales hydrophobes est homologue d'une protéine bactérienne connue sous le sigle Ffh. Celle-ci exerce une fonction analogue à P54 dans la translocation des protéines à travers la membrane interne des cellules bactériennes. La structure de Ffh comporte une cavité dont la surface interne est constituée d'acides aminés hydrophobes (Figure 16-5b). La région hydrophobe de P54 comporterait également une cavité semblable capable de lier l'extrémité N-terminale hydrophobe de la protéine sécrétoire naissante et ainsi de l'adresser sélectivement à la membrane du RE. Deux des protéines de la SRP, P9 et P14, interagissent avec le ribosome, tandis que P68 et P72 sont requis pour la translocation de la protéine.

Dans le système de traduction acellulaire décrit plus haut (voir Figure 16-4), quand les microsomes sont absents, la présence de la SRP ralentit l'élongation de la protéine sécrétoire et inhibe la synthèse de la protéine complète. Cette observation suggère que l'interaction de la SRP avec le polypeptide naissant et le ribosome libre évite que la chaîne protéique ne devienne trop longue pour sa translocation dans le RE. Ce n'est qu'après la liaison du complexe SRP/chaîne naissante/ribosome au récepteur de la SRP dans la membrane du RE, que la SRP libère la chaîne naissante et permet son élongation à un rythme normal.

La Figure 16-6 résume notre perception actuelle de la synthèse d'une protéine sécrétoire et le rôle de la SRP et de son récepteur dans le processus. Le récepteur de la SRP est une protéine intégrée dans la membrane ; elle est faite de deux sous-unités, α et β, cette dernière étant plus petite. Le traitement des microsomes avec une protéase à très faible dose clive la sous-unité α très près du site

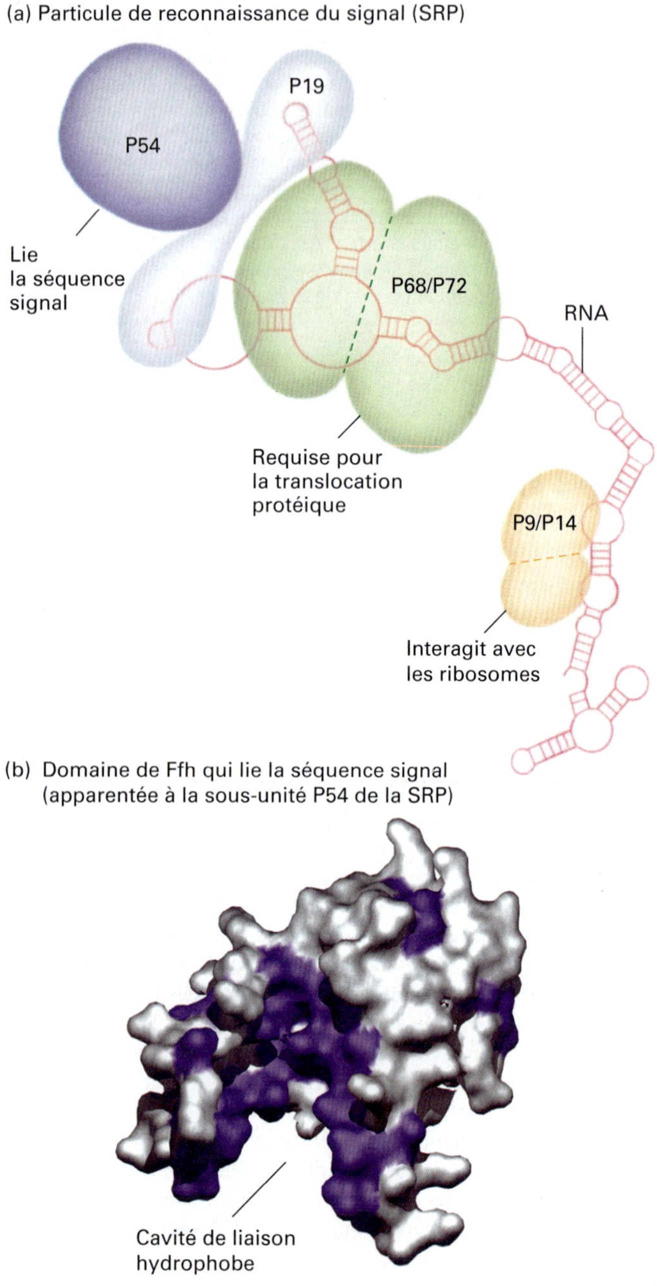

FIGURE 16-5 Structure de la particule de reconnaissance du signal (SRP). (a) SRP comprend un ARN de 300 nucléotides et six protéines : P9, P14, P19, P54, P68 et P72. Les numéros indiquent le poids moléculaire x 10^3. À part P54, toutes ces protéines s'attachent à l'ARN. (b) La protéine bactérienne Ffh est homologue à la portion de P54 qui lie les séquences signal du RE. Ce modèle montre la surface du domaine de fixation dans Ffh ; on y voit une grande cavité bordée d'acides aminés hydrophobes (pourpre) dont les chaînes latérales interagissent avec les séquences signal. [Partie (a) voir Strub *et al.*, 1991, *Mol. Cell. Biol.* **11**:3949 et S. High & B. Dobberstein, 1991, *J. Cell Biol.* **113**:229. Partie (b) adapté de R. J. Keenan *et al.*, 1998, *Cell* **94**:181.]

d'attachement à la membrane, libérant ainsi une forme soluble du récepteur de la SRP. Des microsomes ainsi traités sont incapables de lier le complexe SRP/chaîne naissante/ribosome ou d'assurer la translocation cotraductionnelle. Cependant, le fragment soluble du récepteur de la SRP reste apte à interagir avec le complexe ; ce qui libère la SRP et permet dès lors que l'élongation de la chaîne reprenne. Donc, la SRP et son récepteur contribuent à l'interaction de la protéine sécrétoire naissante avec la membrane du RE, mais c'est aussi grâce à leur intervention que l'élongation et la synthèse de protéines complètes ne s'opèrent qu'en présence de membranes du RE.

Finalement, la SRP et son récepteur permettent aux ribosomes en train de synthétiser des protéines sécrétoires d'être transférés sur la membrane du RE. Le couplage de l'hydrolyse du GTP à ce processus d'adressage contribue, pense-t-on, à la fidélité avec laquelle les séquences signal sont reconnues. Il est probable que l'énergie fournie par l'hydrolyse du GTP sert à libérer du complexe SRP-récepteur les protéines dépourvues de la séquence signal adéquate, évitant ainsi une erreur d'adressage à la membrane du RE. (Un autre processus dépendant de l'hydrolyse du GTP est la fixation de facteurs d'élongation aux ribosomes, ce qui augmente la fidélité de la traduction par l'éjection des molécules d'aminoacyl-ARNt qui ne peuvent s'apparier correctement avec les codons de l'ARNm.) L'interaction du complexe SRP/chaîne naissante/ribosome avec le récepteur de la SRP est favorisée par la liaison de GTP à la sous-unité P54 de la SRP et à la sous-unité α du récepteur de la SRP (voir Figure 16-6). Le transfert ultérieur de la chaîne naissante et du ribosome vers un site de la membrane du RE où la translocation peut s'opérer permet l'hydrolyse du GTP lié. Après s'être dissociés, la SRP et son récepteur libèrent le GDP, et la SRP repasse dans le cytosol d'où elle participera à un nouveau cycle de transfert des ribosomes à la membrane du RE pour y poursuivre la synthèse des protéines sécrétoires.

L'énergie libérée durant la traduction permet aux polypeptides en train de croître de traverser le translocon.

Dès que la SRP et son récepteur ont amené à la membrane du RE un ribosome synthétisant une protéine sécrétoire, le ribosome et la chaîne naissante sont transférés rapidement en face du **translocon**, qui est un canal bordé de protéines insérées dans la membrane. Pendant que la traduction se poursuit, la chaîne passe directement de la grande sous-unité du ribosome dans le pore central du translocon. La sous-unité 60S du ribosome est alignée avec le pore du translocon de manière à ce que la chaîne ne soit jamais exposée au cytoplasme et ne se replie pas avant qu'elle n'ait atteint la lumière du RE (voir Figure 16-6).

Le translocon fut d'abord identifié par des mutations du gène de la levure codant Sec61α ; elles bloquaient la translocation des protéines sécrétoires dans la lumière du RE. Ultérieurement, on a trouvé que trois protéines formant le *complexe Sec61* entrent dans la constitution du translocon chez les mammifères : Sec61α, une protéine membranaire avec 10 hélices α traversant la membrane, et deux protéines plus petites, appelées Sec61β et Sec61γ. Des

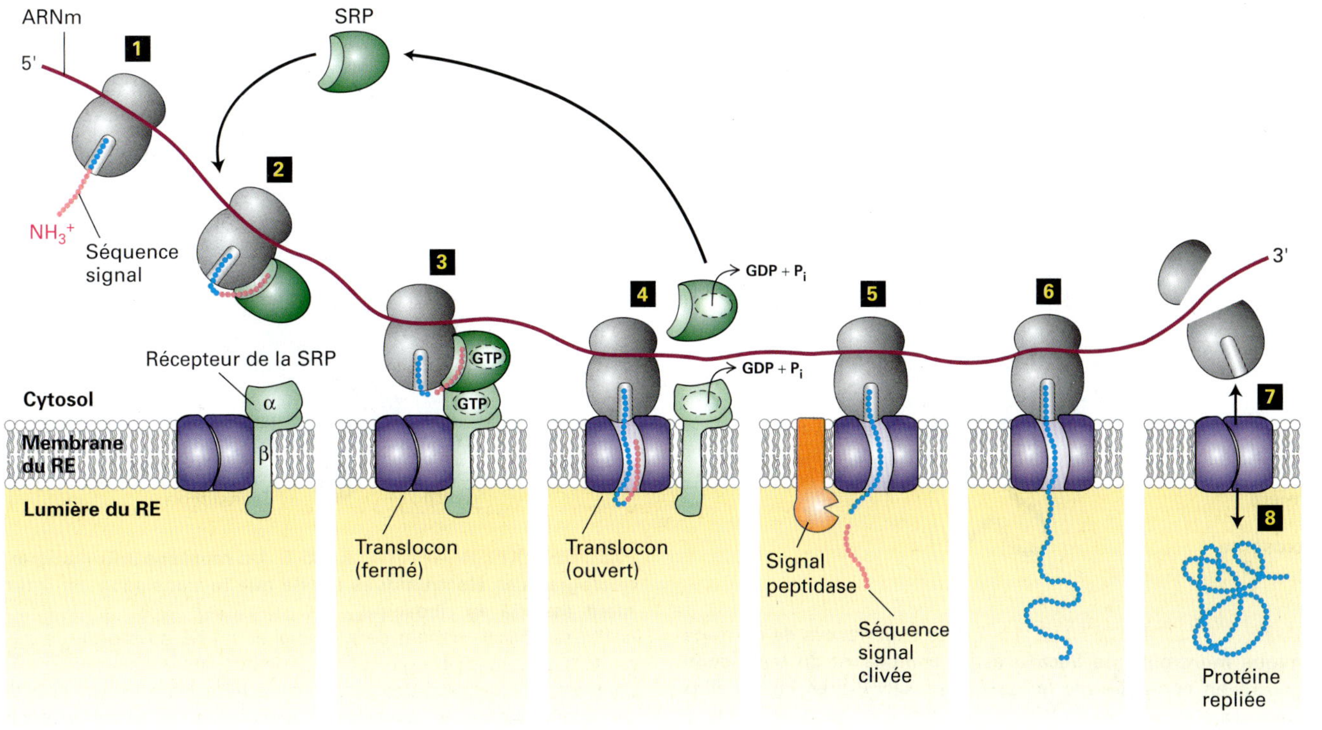

FIGURE 16-6 Synthèse et translocation cotraductionnelle de protéines sécrétoires à travers la membrane du RE. Étapes **1**, **2** : dès que la séquence signal émerge du ribosome, elle se lie à une particule de reconnaissance du signal (SRP). Étape **3** : la SRP livre le complexe ribosome/polypeptide naissant au récepteur de la SRP dans la membrane du RE. Cette interaction est renforcée par la liaison de GTP à la SRP et à son récepteur. Étape **4** : le transfert du complexe ribosome/polypeptide auprès du translocon entraîne l'ouverture de celui-ci ainsi que l'insertion de la séquence signal et d'un segment adjacent du polypeptide dans le pore central. La SRP et son récepteur, une fois dissociés du translocon, hydrolysent le GTP qu'ils ont fixé et sont à nouveau disponibles pour l'insertion d'un autre polypeptide. Étape **5** : au fur et à mesure que la chaîne s'allonge, elle passe à travers le translocon dans la lumière du RE, où la séquence signal est clivée par la signal peptidase et est rapidement dégradée. Étape **6** : la chaîne peptidique continue à s'allonger au fur et à mesure que l'ARNm est traduit en direction de l'extrémité 3'. Le ribosome étant attaché au translocon, celui-ci sert de voie de passage dans le RE pour la chaîne naissante. Étapes **7** et **8** : une fois la traduction terminée, le ribosome est libéré, le reste de la protéine gagne la lumière du RE, le translocon se ferme et la protéine prend sa conformation native.

expériences de pontage chimique ont démontré que le polypeptide en voie de translocation vient au contact de Sec61α, tant dans la levure que dans les cellules de mammifères ; ce qui confirme qu'elle est bien un constituant du translocon (Figure 16-7).

Dans le système de translocation acellulaire, lorsque les microsomes furent remplacés par des vésicules reconstituées à partir de phospholipides et ne contenant que le récepteur de la SRP et le complexe Sec61, la protéine sécrétoire naissante est passée normalement du complexe SRP/ribosome dans les vésicules. Cette observation indique que le récepteur de la SRP et le complexe Sec61 sont les seules protéines de la membrane du RE requises pour la translocation. Ainsi, l'énergie produite par l'élongation de la chaîne sur le ribosome paraît suffire à la propulsion de la chaîne polypeptidique à travers la membrane et dans une seule direction.

Des copies multiples du complexe Sec61 s'assemblent pour former le canal translocon, que l'on peut observer en microscopie électronique. Des images du canal ont été générées par ordinateur à partir de micrographies électroniques de canaux Sec61 purifiés attachés à des ribosomes (Figure 16-8). Elles montrent des cylindres perpendiculaires au plan de la membrane ; ils sont hauts de 5-6 nm, larges de 8,5 nm et leur pore central a un diamètre de 2 nm.

Si le translocon était ouvert en permanence, particulièrement en absence de ribosome et de polypeptide en voie de translocation, de petites molécules comme l'ATP et des acides aminés pourraient

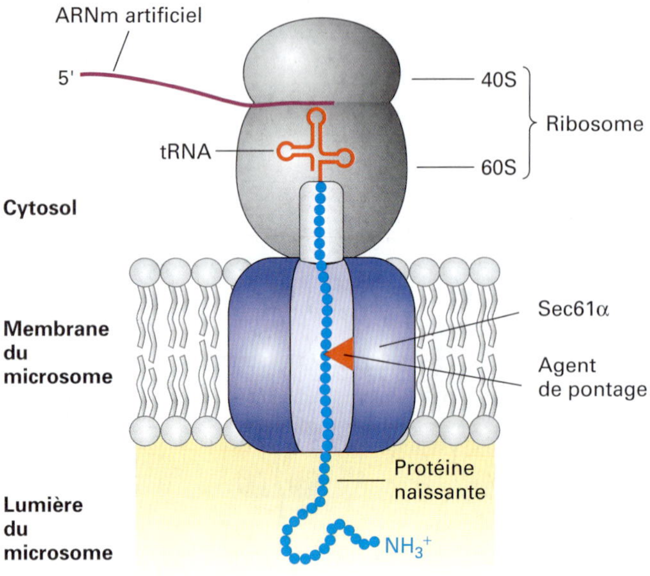

FIGURE EXPÉRIMENTALE 16-7 Des expériences de pontage chimique montrent que Sec61α est le composant du translocon qui entre en contact avec les protéines sécrétoires lorsqu'elles passent dans la lumière du RE. Un ARNm codant les 70 acides aminés N-terminaux de la prolactine, une protéine sécrétée, a été traduit dans un système acellulaire contenant des microsomes (voir Figure 16-4b). L'ARNm était dépourvu du codon de terminaison et contenait un codon de lysine, près du milieu de la séquence. Le milieu de réaction contenait un lysyl-ARNt modifié chimiquement dans lequel un réactif de pontage activable par la lumière était attaché à la chaîne latérale de la lysine. Bien que l'ARNm ait été traduit dans son entièreté, le polypeptide complet n'a pu se détacher du ribosome et donc est resté coincé au cours de sa traversée de la membrane. Le milieu de réaction fut alors exposé à une lumière intense, avec en conséquence la fixation covalente de la chaîne naissante à toute protéine voisine du translocon. Quand l'expérience fut effectuée avec des microsomes de cellules de mammifères, on a trouvé que la chaîne naissante était liée de manière covalente à Sec61α. Différentes versions de l'ARNm de la prolactine furent utilisées afin que le résidu de lysine modifiée soit placé à différentes distances du ribosome ; le pontage à Sec61α ne fut observé que lorsque la lysine modifiée était localisée dans le canal de translocation. [Adapté de T. A. Rapoport, 1992, *Science* **258**:931 et D. Görlich & T. A. Rapoport, 1993, *Cell* **75**:615.]

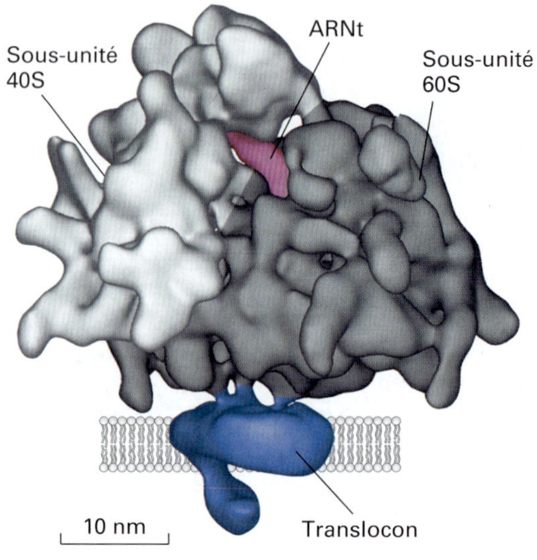

FIGURE EXPÉRIMENTALE 16-8 Un montage informatique de micrographies électroniques révèle que le translocon est intimement associé au ribosome. Des complexes Sec61 purifiés furent solubilisés par traitement de membranes du RE au moyen de détergents. Quand des ribosomes furent ajoutés, les translocons (bleu) se sont rassemblés dans des bicouches artificielles de phospholipides. Ces particules furent congelées et des clichés de nombreuses particules furent pris, introduits dans un ordinateur et intégrés afin qu'ils ne produisent qu'une seule image. La taille approximative et la position de la bicouche lipidique du RE ont été ajoutées. Même si le ribosome est fermement arrimé au translocon, un espace existe entre les deux structures. L'appendice qui ressemble à un doigt sous le translocon est formé, pense-t-on, d'un complexe protéique qui s'associe au translocon [Avec l'autorisation Dr Christopher Akey et Jean-François Menetret, Boston University School of Medicine.]

diffuser librement à travers le pore. Pour empêcher ce trafic, le translocon ne s'ouvre que lorsqu'il est lié au complexe ribosome-chaîne naissante. Le translocon se comporte donc comme les canaux ioniques décrits dans le Chapitre 7. Dès que le translocon s'ouvre, une boucle de la chaîne naissante, contenant la séquence signal et environ 30 acides aminés adjacents, s'insert dans le pore du translocon (voir Figure 16-6).

Le mécanisme par lequel le translocon s'ouvre et se ferme fait encore l'objet de controverses. D'après certains, en absence de ribosome lié au côté cytosolique du translocon, une protéine boucherait le translocon du côté de la lumière du RE. Cependant, selon d'autres observations, les complexes Sec61, présents dans la membrane dans un état dissocié, ne formerait un canal translocon que dans le site où le ribosome et la chaîne naissante sont associés à la membrane par la SRP et son récepteur.

Pendant que le polypeptide s'allonge et entre dans la lumière du RE, la séquence signal est clivée par la signal peptidase, qui est une protéine transmembranaire du RE associée au translocon (voir Figure 16-6). Cette protéase reconnaît une séquence du côté C-terminal de la partie hydrophobe centrale du peptide signal et clive la chaîne à cet endroit dès son entrée dans la lumière du RE. Après ce clivage, le polypeptide continue à grandir et à se faufiler à travers le translocon pour gagner la lumière du RE. Le translocon reste ouvert jusqu'à ce que la traduction et le transfert complet du polypeptide soient terminés.

L'hydrolyse de l'ATP fournit l'énergie nécessaire à la translocation post-traductionnelle de certaines protéines sécrétoires chez la levure

Chez la plupart des eucaryotes, des protéines sécrétoires entrent dans le RE par translocation cotraductionnelle en utilisant, pour traverser la membrane, l'énergie dérivée de la traduction Dans la levure, certaines protéines sécrétoires pénètrent dans le RE quand leur traduction est terminée. Dans cette *translocation post-traductionnelle*, la protéine passe également à travers un translocon Sec61. Cependant, la SRP et le récepteur SRP ne sont plus impliqués ; une interaction directe entre le translocon et la séquence signal de la protéine complète paraît suffire à l'adressage. Quant à la force motrice nécessaire à la translocation unidirectionnelle, elle est fournie par un complexe protéique supplémentaire, le *complexe Sec63*, et un membre de la famille Hsc70 des **chaperons** moléculaires, la protéine *Bip*. Le complexe tétramérique Sec63 est enfoui dans la membrane du RE près du translocon, tandis que Bip est dans le RE. Comme les autres membres de la famille Hsc70, Bip a un domaine qui lie un peptide et un domaine ATPase. Ces chaperons se lient aux protéines dépliées et les stabilisent (voir Figure 3-11).

La Figure 16-9 décrit le processus de translocation post-traductionnelle. Dès que le segment N-terminal d'une protéine entre dans la lumière du RE, la signal peptidase clive la séquence signal comme lors de la translocation cotraductionnelle (étape 1). L'interaction de Bip-ATP avec la portion luminale du complexe Sec63 cause l'hydrolyse de l'ATP lié, produisant un changement de conformation dans Bip qui permet sa liaison à la chaîne peptidique (étape 2). Puisque le complexe Sec63 est situé près du translocon, Bip est donc activé dans les sites où les protéines naissantes entrent dans le RE. Certaines expériences suggèrent qu'en absence de liaison à Bip le polypeptide non replié glisse dans le canal du translocon de manière désordonnée, soit en arrière ou en avant, la conséquence étant qu'il parvient à passer entièrement dans le RE. La liaison d'une molécule de Bip-ADP à la partie luminale de la protéine prévient son recul et l'attire dans le RE. Au fur et à mesure de la progression de la chaîne dans la lumière du RE, plus de molécules de Bip-ADP s'y attachent et celle-ci, agissant à la manière d'une roue dentée, entraînent, en quelques secondes, le polypeptide entier dans le RE (étapes 3 et 4). Ensuite, les molécules Bip échangent spontanément, mais plus lentement, leur ADP avec de l'ATP, ce qui mène à la libération du polypeptide, qui peut alors se replier et prendre sa conformation native (étapes 5 et 6), les molécules Bip-ATP étant prêtes à de nouvelles interactions avec Sec63.

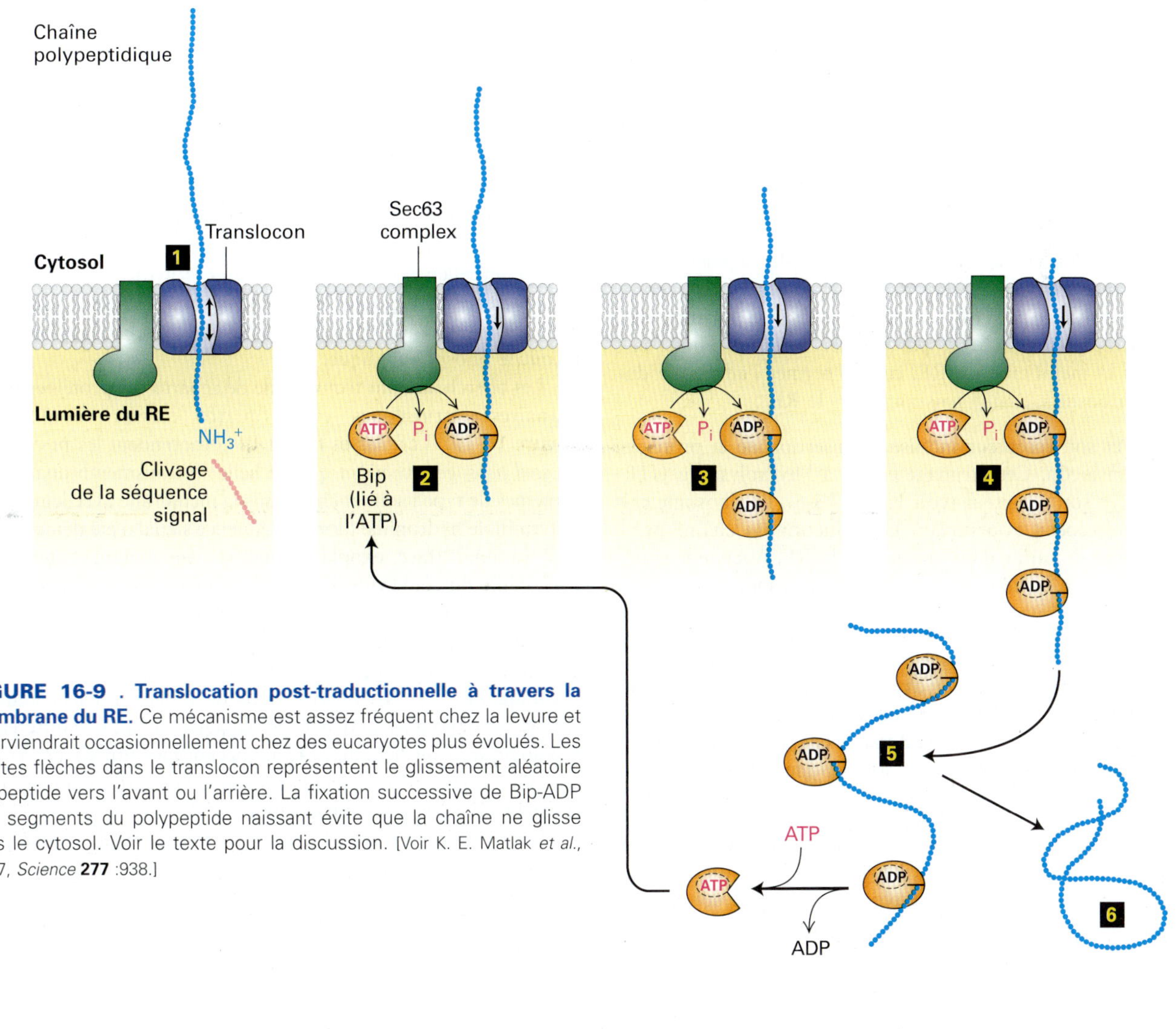

FIGURE 16-9 . Translocation post-traductionnelle à travers la membrane du RE. Ce mécanisme est assez fréquent chez la levure et interviendrait occasionnellement chez des eucaryotes plus évolués. Les petites flèches dans le translocon représentent le glissement aléatoire du peptide vers l'avant ou l'arrière. La fixation successive de Bip-ADP aux segments du polypeptide naissant évite que la chaîne ne glisse vers le cytosol. Voir le texte pour la discussion. [Voir K. E. Matlak *et al.*, 1997, *Science* **277** :938.]

Cette intervention de Bip illustre bien comment l'hydrolyse de l'ATP génère l'énergie nécessaire au passage transmembranaire d'une protéine. Certaines bactéries utilisent également un processus dépendant de l'ATP pour la translocation de protéines complètes à travers la membrane plasmique. Cependant, comme nous le verrons dans la Section 16.4, la tranlocation post-traductionnelle dans les bactéries diffère quelque peu de celle de la levure.

CONCEPTS CLÉS DE LA SECTION 16.1
Translocation de protéines sécrétoires à travers la membrane du RE

■ La synthèse des protéines de sécrétion, des enzymes destinées au RE, au complexe de Golgi ou aux lysosomes ainsi que des protéines intégrées dans la membrane plasmique, commence sur les ribosomes cytosoliques, qui s'attachent alors à la membrane du RE et forment ainsi le RE rugueux (voir Figure 16-1, *à gauche*).

■ La séquence signal pour le RE sur une protéine sécrétoire naissante consiste en un segment d'acides aminés hydrophobes, localisé en général à l'extrémité N-terminale.

■ Au cours de la translocation cotraductionnelle, la particule de reconnaissance du signal (SRP) reconnaît d'abord la séquence signal de la protéine sécrétoire naissante et s'y fixe. Ensuite, elle est elle-même prise en charge par son récepteur spécifique intégré dans la membrane du RE, ce qui permet l'adressage du complexe ribosome/chaîne naissante vers le RE.

■ La SRP et son récepteur induisent l'insertion de la protéine dans le translocon. Cet arrimage est lié à l'hydrolyse du GTP par la SRP et son récepteur (voir Figure 16-6). Le ribosome attaché au translocon poursuivant la traduction, la chaîne protéique dépliée se faufile dans la lumière du RE. Aucune énergie supplémentaire n'est requise pour la translocation.

■ Dans la translocation post-traductionnelle, une protéine sécrétoire complète est adressée à la membrane du RE par interaction de la séquence signal avec le translocon. La chaîne pénètre alors dans le RE par un mécanisme de type roue dentée qui requiert l'hydrolyse d'ATP par le chaperon Bip, dont le rôle est également de stabiliser le polypeptide (voir Figure 16-9).

■ Au cours de la translocation cotraductionnelle et post-traductionnelle, une signal peptidase dans la membrane du RE clive la séquence signal de la protéine sécrétoire dès que son extrémité N-terminale est entrée dans la lumière.

16.2 Insertion des protéines dans la membrane du RE

Dans les chapitres précédents, nous avons rencontré une très grande variété de protéines enfouies (intrinsèques) dans la membrane plasmique et d'autres membranes cellulaires. Chacune est orientée de manière particulière par rapport à la bicouche phospholipidique. Les protéines membranaires intrinsèques du RE, du Golgi, des lysosomes et de la membrane plasmique, qui sont synthétisées sur le RE rugueux, restent enchâssées dans la membrane pendant qu'elles gagnent leur destination finale en suivant la voie que suivent les protéines sécrétoires solubles (voir Figure 16-1). Durant ce transfert, l'orientation de la protéine membranaire est préservée, c'est-à-dire que les mêmes segments de la protéine font toujours face au cytosol tandis que d'autres segments sont toujours orientés vers le côté opposé. L'orientation finale est donc établie durant la synthèse sur la membrane du RE. Dans cette section, nous verrons d'abord comment les protéines intrinsèques peuvent interagir avec les membranes. Puis, nous examinerons comment plusieurs types de séquences, les **séquences topogènes**, dirigent l'insertion et l'orientation de diverses classes de protéines intrinsèques. Ces processus se déroulent selon un mécanisme analogue à celui de la translocation des protéines sécrétoires solubles à travers la membrane du RE.

Plusieurs classes topologiques de protéines intrinsèques de membrane sont synthétisées dans le RE

La *topologie* d'une protéine membranaire, qui désigne le nombre de fois que la chaîne polypeptidique traverse la membrane ainsi que l'orientation de ces segments transmembranaires, est déterminée par les segments transmembranaires eux-mêmes, qui contiennent habituellement 20-25 acides aminés hydrophobes. Chacun forme une hélice α qui traverse la membrane, les résidus des acides aminés hydrophobes étant ancrés à l'intérieur hydrophobe de la bicouche phospholipidique.

Les chercheurs ont trouvé utile de répartir les protéines membranaires intrinsèques entre quatre classes topologiques (Figure 16-10). Les classes I, II et III comprennent les protéines à *un seul passage*, qui n'ont qu'une hélice α transmembranaire. Les protéines de type I sont ancrées dans la membrane avec leur région N-terminale hydrophile (dont la séquence signal a été détachée) du côté luminal (**face exoplasmique**) et leur région C-terminale hydrophile du côté cytosolique. Les protéines de type II sont synthétisées sans séquence signal et, à l'inverse de celles de type I, sont orientées avec leur région N-terminale hydrophile du côté cytosolique et leur région C-terminale hydrophile du côté exoplasmique. Le type III est orienté comme le type I, mais comme le type II, est dépourvu au départ de séquence signal. Ces différences topologiques sont liées aux divers mécanismes utilisés par la cellule pour orienter les segments transmembranaires, comme, nous le verrons dans la section prochaine.

Les protéines de type IV, dites parfois à *passages multiples*, comportent plusieurs segments transmembranaires (voir Figure 16-10). De nombreuses protéines de transport décrites dans le Chapitre 7 et beaucoup de récepteurs couplés aux protéines G

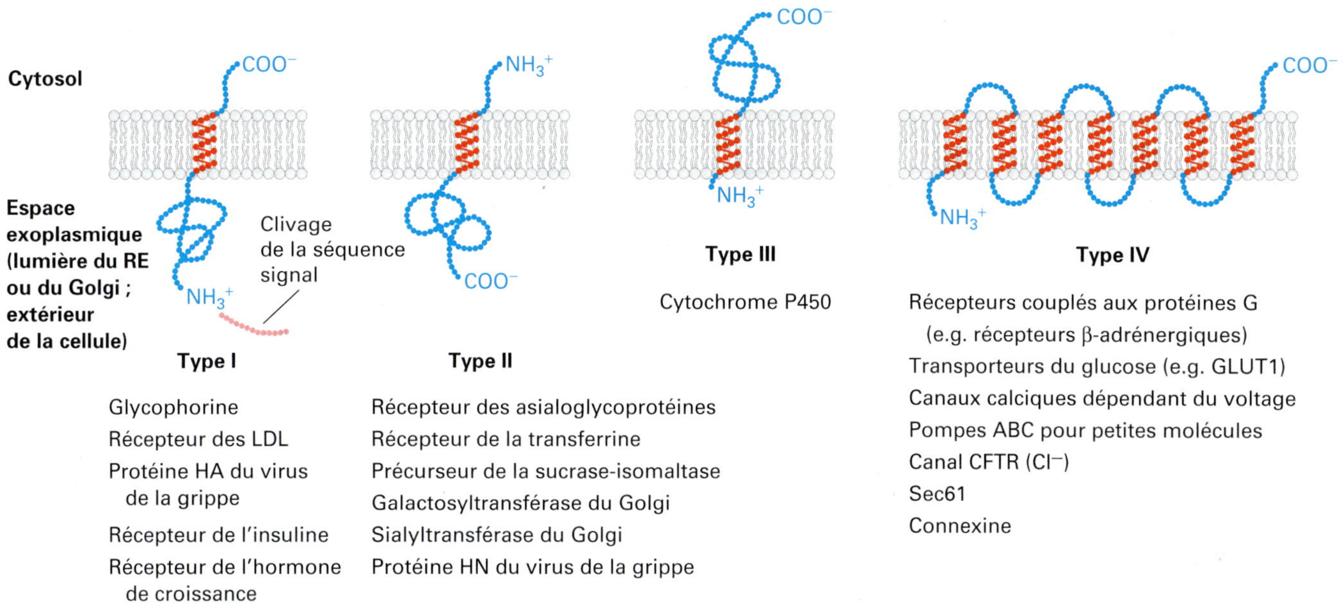

FIGURE 16-10 Classes topologiques principales des protéines membranaires intrinsèques synthétisées sur le RE rugueux. Les segments hydrophobes de la protéine forment des hélices α enfouies dans la bicouche membranaire ; les régions en dehors de la membrane sont hydrophiles et se replient en diverses conformations. Toutes les protéines de type IV ont de multiples hélices α transmembranaires. La topologie de type IV dépeinte ici correspond à celle des récepteurs couplés aux protéines G : sept hélices α, le bout N-terminal du côté exoplasmique de la membrane et le bout C-terminal du côté cytosolique. D'autres protéines de type IV peuvent avoir un nombre différent d'hélices et diverses orientations de leurs extrémités N- et C-terminales. [Voir E. Hartmann *et al.*, 1989, *Proc. Nat'l. Acad. Sci. USA* **86**:5786 et C. A. Brown & S. D. Black, 1989, *J. Biol. Chem.* **264**:4442.]

(voir Chapitre 13) appartiennent à cette classe. Un dernier type se caractérise par l'absence de segment transmembranaire ; ces protéines sont liées à une ancre phospholipidique amphipathique qui est enfouie dans la membrane.

Des séquences internes stop-transfert et signal-ancrage déterminent la topologie des protéines à un seul passage

Nous commencerons par décrire comment les protéines ne comportant qu'un seul segment transmembranaire s'intègrent dans la membrane. Deux séquences sont impliquées dans l'adressage et l'orientation des protéines de type I dans la membrane du RE, tandis que les protéines des types II et III contiennent une seule séquence interne topogène.

Protéines de type I. Elle possèdent toutes une séquence signal N-terminale qui les dirige vers le RE et une séquence hydrophobe qui devient l'hélice α transmembranaire. La séquence signal d'une protéine naissante de type I, comme celle d'une protéine sécrétoire, amorce la translocation cotraductionnelle impliquant l'intervention de la SRP et de son récepteur. Dès que le bout N-terminal du polypeptide entre dans la lumière du RE, la séquence signal est coupée, et la chaîne continue son transfert à travers la membrane. Cependant, contrairement aux protéines sécrétoires, une séquence d'environ 22 acides aminés hydrophobes située au milieu de la protéine de type I immobilise la chaîne naissante dans le translocon (Figure 16-11). Cette séquence interne, du fait de son hydrophobicité, peut se déplacer latéralement entre les sous-unités protéiques de la paroi du translocon, ce qui permet son ancrage dans la bicouche phospholipidique de la membrane, où elle reste. À cause de sa fonction double, ce segment est appelé *séquence stop-transfert et d'ancrage.*

Le modèle représenté dans la Figure 16-11 est basé sur des études dans lesquelles l'ADNc codant divers récepteurs mutants de l'hormone de croissance humaine (HGH) sont exprimés dans des lignées cellulaires de mammifères. Le récepteur de type sauvage, une protéine typique de classe I, est insérée normalement dans la membrane plasmique. Cependant, un récepteur mutant qui a des résidus polaires dans l'hélice α transmembranaire, ou qui est privé d'une partie majeure de ce segment, passe entièrement dans la lumière du RE et finalement il est sécrété par la cellule. Ces observations montrent que l'hélice α transmembranaire du récepteur de l'HGH et d'autres protéines de type I joue le rôle de séquence stop-transfert et d'ancrage, empêchant ainsi le bout C-terminal de la protéine de traverser la membrane du RE.

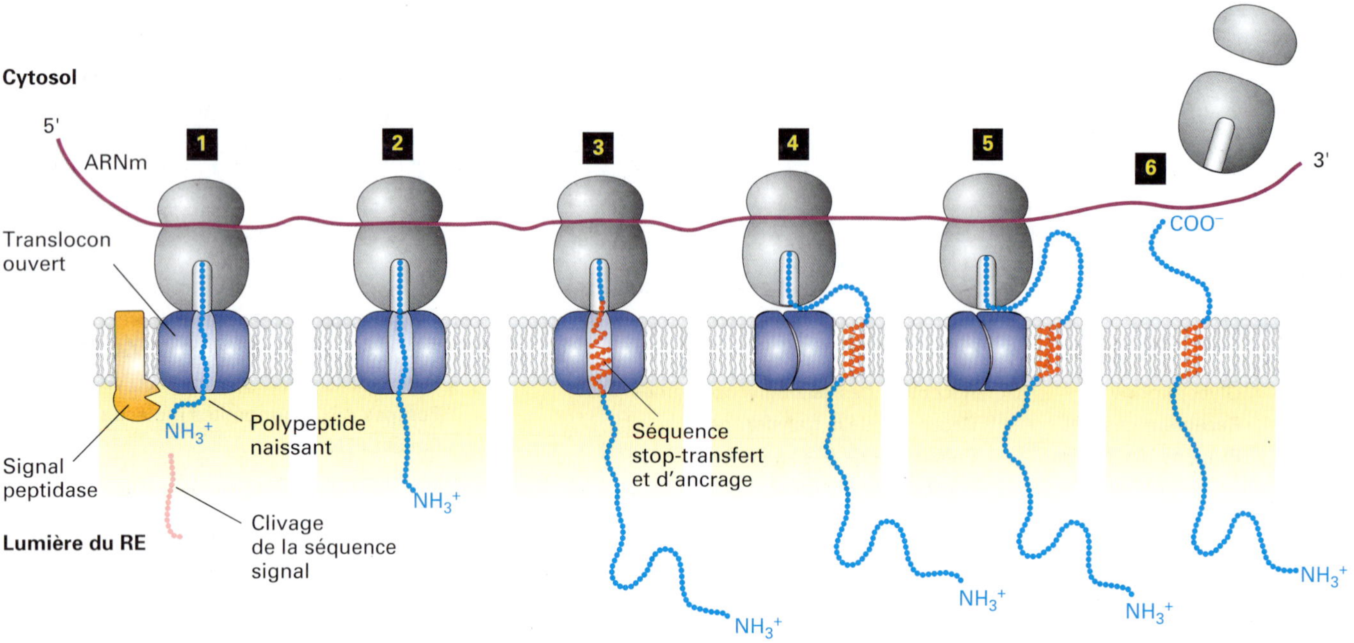

FIGURE 16-11 Synthèse et insertion dans la membrane du RE des protéines à un seul passage de type I. Étape **1** : Après que le complexe ribosome/chaîne naissante se soit associé à un translocon dans la membrane du RE, la séquence signal N-terminale est excisée. Le mécanisme est le même que pour les protéines sécrétoires solubles (voir Figure 16-6). Étapes **2** et **3** : la chaîne s'allonge jusqu'à ce que la séquence hydrophobe stop-transfert et d'ancrage soit synthétisée et soit entrée dans le translocon, où elle arrête la progression de la chaîne dans la lumière du RE. Étape **4** : La séquence stop-transfert et d'ancrage se déplace latéralement entre les sous-unités du translocon et s'arrime à la bicouche phospholipidique. À ce moment, le translocon probablement se ferme. Étape **5** : La synthèse continuant, la chaîne forme une boucle qui s'échappe dans le cytosol par l'espace étroit entre le ribosome et le translocon (voir Figure 16-8). Étape 6 : Lorsque la synthèse est terminée, les sous-unités du ribosome sont libérées dans le cytosol, laissant la protéine diffuser librement dans la membrane. [Voir H. Do *et al.*, 1996, *Cell* **85** :369, et W. Mothes *et al.*, 1997, *Cell* **89** :523.]

Protéines de type II et de type III. Contrairement aux protéines de type I, les protéines des types II et III sont synthétisées sans séquence signal d'adressage au RE. Elles possèdent par contre une seule séquence interne hydrophobe de *signal-ancrage* qui adresse le polypeptide au RE et l'attache à sa membrane. Rappelons que les protéines membranaires des types II et III sont orientées de manière opposée (voir Figure 16-10) ; cette différence dépend de l'orientation que leur séquence signal-ancrage prend à l'intérieur du translocon. Dans les protéines de type II, elle dirige l'insertion de la chaîne naissante de manière telle que le bout N-terminal aboutisse dans le cytosol (Figure 16-12). La séquence interne signal-ancrage n'est pas détachée et reste dans le translocon tandis que le bout C-terminal est extrudé dans la lumière du RE par translocation cotraductionnelle. Durant la synthèse, la séquence signal-ancrage se déplace latéralement entre les sous-unités de la paroi du translocon dans la bicouche phospholipidique à laquelle elle peut s'arrimer. Cette fonction est similaire à celle de la séquence stop-transfert et d'ancrage des protéines de type I.

Dans le cas des protéines III, la séquence signal-ancrage, proche du bout N-terminal, insère la chaîne naissante dans la membrane du RE, l'extrémité N-terminale orientée vers la lumière. La séquence signal-ancrage des protéines de type III, agissant comme séquence stop-transfert, bloque également l'extrusion de la chaîne. L'élongation de la chaîne C-terminale jusqu'à la séquence signal-ancrage/stop-transfert se déroule comme pour les protéines de type I, la séquence hydrophobe se déplaçant latéralement entre les sous-unités du translocon pour ancrer le polypeptide dans la membrane du RE (voir Figure 16-11).

Une des propriétés des séquences signal-ancrage qui paraît déterminer l'orientation de leur insertion est une forte densité d'acides aminés chargés positivement près d'une extrémité du segment hydrophobe. Pour des raisons encore mal connues, ces résidus ont tendance à rester du côté cytosolique de la membrane, imposant ainsi l'orientation à la séquence signal-ancrage dans le translocon. Les protéines de type II ont des résidus chargés positivement à l'extrémité N-terminale de leur séquence signal-ancrage, tandis que les protéines de type III ont des résidus chargés positivement du côté C-terminal de leur séquence signal-ancrage.

L'intervention des acides aminés polaires dans l'orientation des protéines membranaires est illustrée par l'exemple de la neuraminidase, une protéine de type II de l'enveloppe du virus de la grippe. Trois résidus arginine sont localisés du côté N-terminal de

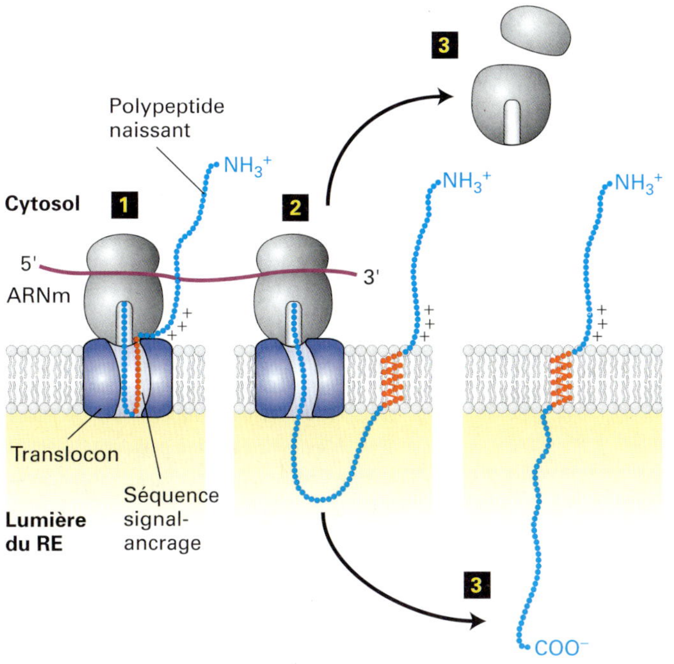

FIGURE 16-12 Synthèse et insertion dans la membrane du RE des protéines à un seul passage de type II. Étape **1** : Après synthèse de la séquence signal-ancrage interne sur un ribosome cytosolique, elle est liée par une SRP (non montrée), qui dirige le complexe ribosome/chaîne naissante à la membrane du RE, selon un adressage semblable à celui des protéines sécrétoires solubles sauf que la séquence signal hydrophobe n'est pas localisée à l'extrémité N-terminale et n'est pas clivée. Dans le translocon, la chaîne oriente la région N-terminale vers le cytosol. On pense que cette orientation est imposée par les résidus polaires indiqués dans la partie N-terminale de la séquence signal-ancrage. Étapes **2** : La chaîne s'allongeant et sortant dans la lumière, la séquence signal-ancrage se déplace latéralement en dehors du translocon et s'attache à la bicouche phospholipidique. Étape **3** : Dès que la synthèse de la protéine est terminée, le bout C-terminal du polypeptide et les sous-unités du ribosome sont libérés respectivement dans la lumière du RE et dans le cytosol. [Voir M. Spiess & H. F. Lodish, 1986, *Cell* **44**:177, et H. Do *et al.*, 1996, *Cell* **85**:369.]

la séquence signal-ancrage interne. Leur remplacement par des résidus chargés négativement comme l'acide glutamique entraîne l'orientation inverse de la protéine. Des expériences similaires ont montré que d'autres protéines de type II ou III changent leur orientation dans la membrane du RE lorsque les résidus polaires qui flanquent le segment signal-ancrage sont mutés.

Les protéines à passages multiples contiennent plusieurs séquences topogènes

La Figure 16-13 décrit comment les séquences topogènes sont disposées dans les protéines membranaires à un seul passage ou à passages multiples. Dans les protéines à passages multiples (type IV), chacune des hélices α transmembranaires agit comme une séquence topogène à l'instar de ce qui vient d'être décrit. Les protéines à passages multiples peuvent avoir leur extrémité N-terminale dans le cytosol ou dans l'espace exoplasmique (i.e. la lumière du RE ou l'extérieur de la cellule). Cette topologie est habituellement déterminée par le segment hydrophobe le plus proche de l'extrémité N-terminale et de la charge des séquences voisines. Si une protéine de type IV a un nombre *pair* d'hélices α transmembranaires, les deux extrémités N- et C-terminales sont orientées du même côté de la membrane (voir Figure 16-13d) ; si le nombre est *impair*, les deux extrémités ont des orientations opposées (voir Figure 16-13e).

Protéines avec l'extrémité N-terminale dans le cytosol (type IV-A) Parmi celles-ci, on trouve les divers transporteurs de glucose (GLUT) et la plupart des protéines servant de canaux ioniques (Chapitre 7). Dans ces protéines, le segment hydrophobe le plus proche du bout N-terminal commence à s'insérer dans la membrane du RE avec cette extrémité orientée vers le cytosol et ce segment d'hélice α va remplir le rôle de la séquence signal-ancrage d'une protéine de type II (voir Figure 16-12). La chaîne polypeptidique s'allongeant, elle progresse à travers le translocon jusqu'à ce que la seconde hélice α soit formée. Celle-ci bloque alors l'extrusion à travers le translocon ; sa fonction est donc similaire à celle de la séquence stop-transfert et d'ancrage des protéines de type I (voir Figure 16-11).

Après la synthèse de deux premières hélices α transmembranaires, les deux extrémités de la chaîne naissante font face au cytosol et la boucle qui les unit s'étend dans la lumière du RE. Le bout C-terminal de la chaîne continue alors à grandir dans le cytosol, comme pour la synthèse des protéines des types I et III. Selon ce mécanisme, la troisième hélice α agit comme une autre séquence de signal-ancrage de type II et la quatrième comme une autre séquence stop-transfert et d'ancrage (voir Figure 16-13d). Apparemment, dès que la première séquence topogène d'un polypeptide à passages multiples s'associe à un translocon, le ribosome lui reste attaché, et les séquences topogènes qui émergent ultérieurement du ribosome se faufilent dans le translocon sans l'aide de la SRP ni de son récepteur.

Les échanges d'hélices α hydrophobes par recombinaison de l'ADN ont éclairé le fonctionnement des séquences topogènes dans les protéines à passages multiples de type IV-A. De ces expériences, il ressort que c'est l'ordre respectif des hélices α dans la chaîne naissante qui détermine si une hélice fonctionne comme séquence signal-ancrage ou séquence stop-transfert et d'ancrage. La séquence d'acides aminés particulière d'une hélice particulière, en dehors de son hydrophobicité, a peu d'impact sur sa fonction. Ainsi, la première hélice α N-terminale et les suivantes de nombre impair fonctionnent comme séquences signal-ancrage, tandis que les hélices intermédiaires de nombre pair fonctionnent comme séquences stop-transfert et d'ancrage.

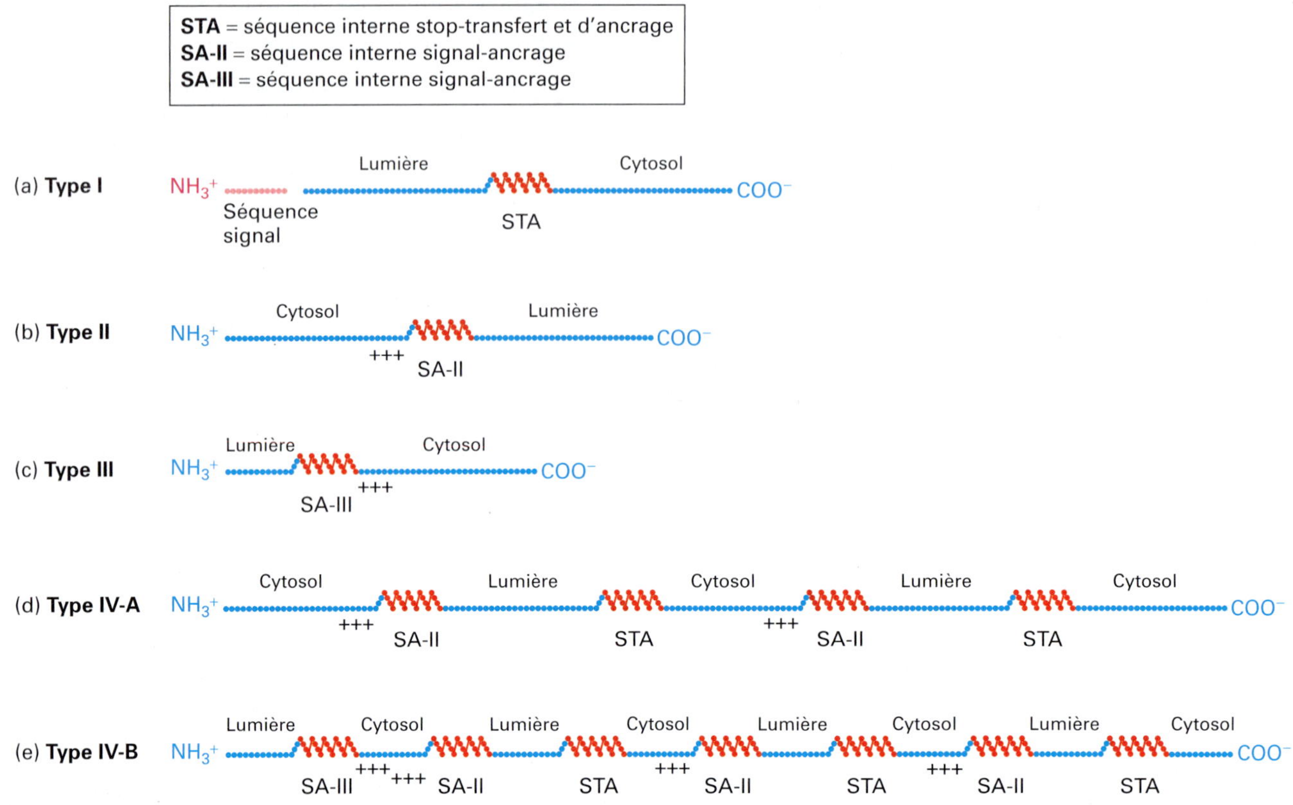

FIGURE 16-13 Arrangement des séquences topogènes dans les protéines à un seul passage ou à passages multiples insérées dans la membrane du RE. Les séquences topogènes sont en rouge ; les parties hydrophiles solubles en bleu. Les séquences topogènes internes forment des hélices α transmembranaires qui attachent les protéines ou des segments à la membrane. (a) Les protéines de type I contiennent une séquence signal qui sera clivée et une seule séquence interne stop-transfert et d'ancrage (STA). (b,c) Les protéines des types II et III contiennent une seule séquence interne signal-ancrage (SA). La différence d'orientation de ces protéines dépend largement de la présence en forte densité d'acides aminés chargés positivement (+++) du côté N-terminal de la séquence SA (type II) ou du côté C-terminal de la séquence SA (type III). (d, e) Presque toutes les protéines à passages multiples sont dépourvues de séquence signal, comme dans les exemples montrés ici. Les protéines de type IV-A, dont le bout N-terminal est dirigé vers le cytosol, contient en alternance des séquences SA-II et STA. Les protéines de type IV-B, dont le bout N-terminal est dirigé vers la lumière, commence par une séquence SA-III suivie d'une alternance de séquences SA-II et STA. On connaît des protéines de chaque type avec un nombre différent d'hélices α (pair ou impair).

Protéines avec extrémité N-terminale dans l'espace exoplasmique (type IV-B) Ce type de protéines est représenté surtout par la grande famille des récepteurs couplés aux protéines G ; tous contiennent sept hélices α transmembranaires. Dans ces protéines, l'hélice α hydrophobe la plus proche de l'extrémité N-terminale est souvent suivie par un groupe d'acides aminés chargés positivement, semblables à une séquence signal-ancrage de type III. C'est pourquoi la première hélice α insère la chaîne naissante dans le translocon avec le bout N-terminal s'étendant dans la lumière (voir Figure 16-13e). Au fur et à mesure de l'allongement de la chaîne, elle est insérée dans la membrane du RE par alternance des séquences signal-ancrage de type II et des séquences stop-transfert, comme pour les protéines de type IV-A.

Une ancre phospholipidique attache certaines protéines de surface à la membrane

Certaines protéines de la surface cellulaire sont ancrées à la bicouche phospholipidique non par une séquence d'acides aminés hydrophobes mais par une molécule amphipathique attachée de manière covalente, le *glycosylphosphatidylinositol* (GPI) (Figure 16-14a). Au début, ces protéines sont synthétisées et ancrées à la membrane du RE exactement comme des protéines transmembranaires de type I ; elles comportent la séquence signal N-terminale qui sera clivée et une séquence interne stop-transfert et d'ancrage qui dirige le processus (voir Figure 16-11). Cependant, une courte séquence d'acides aminés dans le domaine

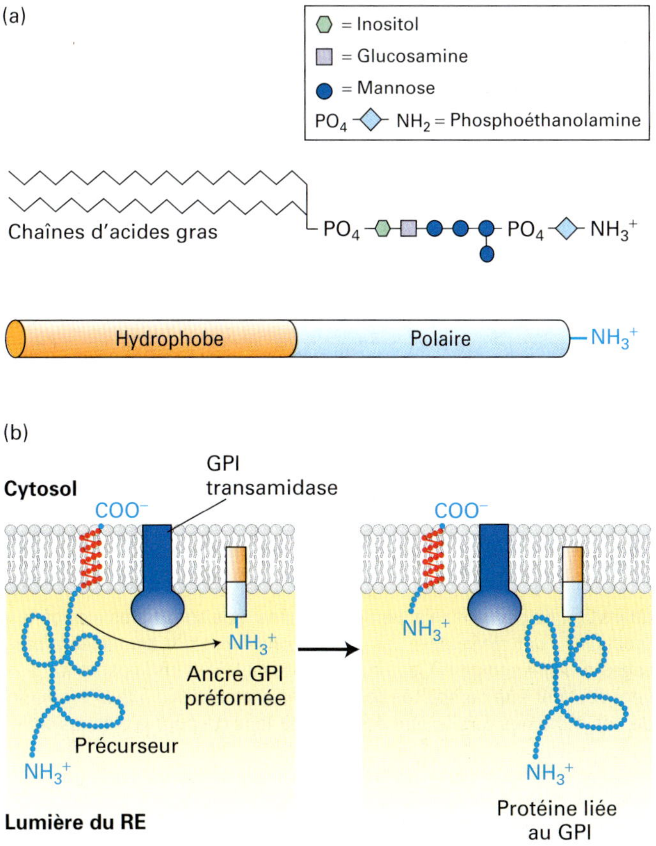

FIGURE 16-14 Protéines ancrées par GPI. (a) Structure d'un glycosylphosphatidylinositol (GPI) de levure. La portion hydrophobe de la molécule est composée de chaînes d'acides gras, tandis que la portion polaire (hydrophile) de la molécule est faite de résidus glucidiques et de groupes phosphate. Dans d'autres organismes, la longueur des chaînes acyles et les résidus glucidiques peuvent varier quelque peu de la structure montrée ici. (b) Formation des protéines à ancre GPI dans la membrane du RE. La protéine est synthétisée et insérée d'abord dans la membrane du RE comme le montre la Figure 16-11. Une transamidase spécifique clive le précurseur dans son domaine exoplasmique, près de la séquence stop-transfert et ancrage (rouge) et transfère le groupe carboxyle du nouveau bout C-terminal sur le groupe aminé terminal d'une ancre GPI préformée [Voir C. Abeijon & C. B. Hirschberg, 1992, *Trends Biochem. Sci.* **17**:32, et K. Kodukula *et al.*, 1992, *Proc. Nat'l. Acad. Sci. USA* **89**:4982]

luminal, voisine du domaine transmembranaire, est reconnue par une transamidase située dans la membrane du RE. Cette enzyme détache la séquence stop-transfert et d'ancrage et transfère le reste de la protéine sur une ancre préformée GPI intégrée dans la membrane (Figure 16-14b).

Pourquoi changer un type d'ancrage membranaire pour un autre ? L'attachement de l'ancre GPI, qui aboutit à l'élimination du domaine hydrophile du côté cytosolique, peut avoir plusieurs conséquences. Des protéines avec ancre GPI, par exemple, peuvent diffuser dans le plan de la bicouche phospholipidique. Par contre, de nombreuses protéines ancrées par des hélices α transmembranaires sont immobilisées dans la membrane parce que leur segment cytosolique interagit avec le cytosquelette. De plus, dans certaines cellules épithéliales polarisées, l'ancre GPI adresse la protéine au domaine apical de la membrane plasmique, comme nous le verrons au Chapitre 17.

Certaines protéines membranaires sont attachées à la face cytosolique de la membrane plasmique par d'autres types d'ancres lipidiques (voir Figure 5-15). Un exemple important est la protéine Ras, qui joue un rôle clé dans les voies de signalisation intracellulaire décrites dans le Chapitre 14.

La topologie d'une protéine membranaire peut souvent être déduite à partir de sa séquence

Comme nous l'avons vu, divers segments topogènes dans les protéines membranaires intrinsèques synthétisées sur le RE dirigent l'interaction de la chaîne naissante avec le translocon. Au début de l'étude d'une protéine de fonction inconnue, l'identification de séquences topogènes dans le gène correspondant peut fournir des informations clés sur la fonction et la classe topologique de la protéine. Supposons, par exemple, que le gène d'une protéine requise pour une voie de signalisation intercellulaire contienne des séquences nucléotidiques qui codent une séquence signal N-terminale et une séquence interne hydrophobe. On en conclut qu'il pourrait s'agir d'une protéine membranaire intrinsèque de type I et qui pourrait être un récepteur de surface pour un ligand extracellulaire.

L'identification des séquences topogènes requiert un moyen de scanner des séquences afin de repérer les segments suffisamment hydrophobes pour être soit une séquence signal ou séquence d'ancrage transmembranaire. Des séquences topogènes peuvent être identifiées à l'aide de programmes informatiques qui génèrent un *profil d'hydrophilie* de la protéine étudiée. La première étape est d'attribuer un *index d'hydrophilie* à chaque acide aminé dans la protéine. Par convention, un acide aminé hydrophobe reçoit une valeur positive et un hydrophile une valeur négative. Bien que différentes échelles existent pour l'index d'hydrophilie, les valeurs les plus positives sont attribuées aux acides aminés ayant une chaîne latérale faite surtout de résidus hydrocarbonés (e.g. phénylalanine et méthionine) et les valeurs les plus négatives aux acides aminés chargés (e.g. arginine et aspartate). La seconde étape est l'identification des segments hydrophobes suffisamment longs que pour constituer une séquence signal N-terminale, stop-transfert ou signal-ancrage. À cet effet, l'index d'hydrophilie totale des segments successifs de 20 acides aminés est calculé sur toute la longueur de la protéine. Les graphiques présentant ces valeurs en fonction de la position dans la séquence fournissent le profil d'hydrophilie.

La Figure 16-15 montre les profils d'hydrophilie de trois protéines membranaires différentes. Les pics qui prédominent dans de tels graphiques indiquent quelles sont les séquences topogènes probables, leur position et leur longueur approximative. Par exemple, le profil du récepteur de l'hormone de croissance humaine révèle la présence d'une séquence signal hydrophobe à l'extrémité N-terminale de la protéine et une séquence interne hydrophobe stop-transfert (voir Figure 16-15a). De ce profil, on peut déduire que le récepteur de l'hormone de croissance humaine est une protéine membranaire intrinsèque de type I. Le profil du récepteur des asialoglycoprotéines met en évidence une séquence

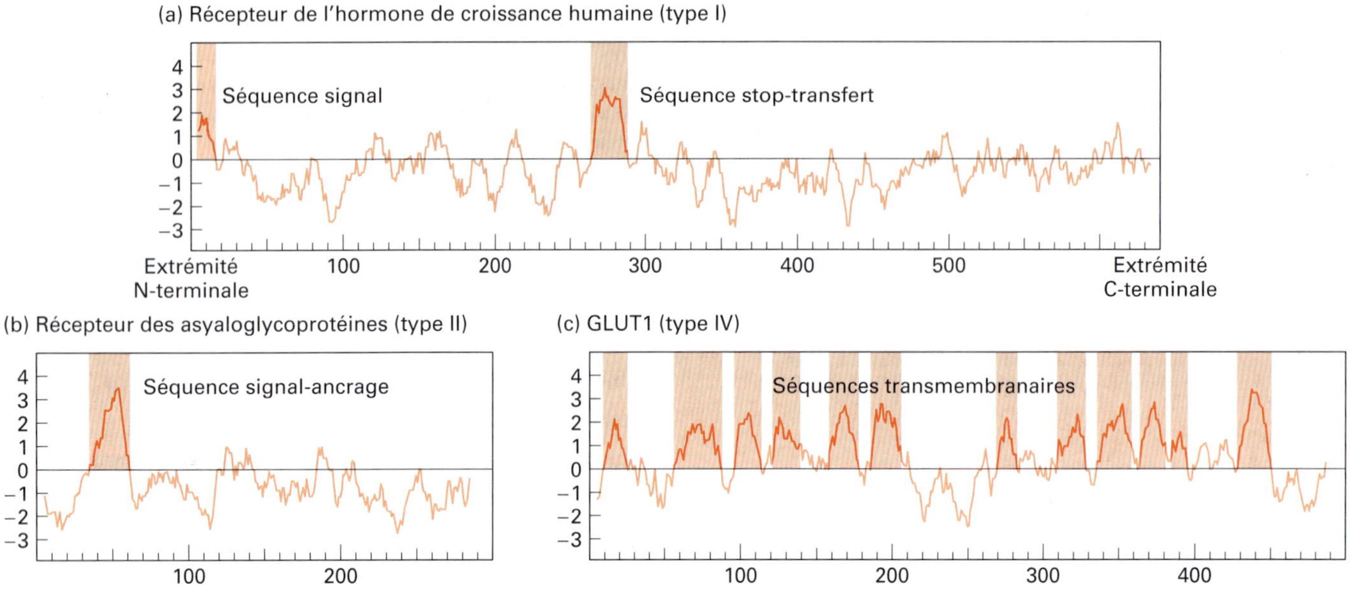

FIGURE EXPÉRIMENTALE 16-15 Les profils d'hydrophilie mettent en évidence les séquences topogènes dans les protéines membranaires intrinsèques. On génère les profils en portant en graphique l'hydrophobicité totale de chaque segment de 20 acides aminés contigus au long de la protéine. Des valeurs positives indiquent qu'il s'agit de portions relativement hydrophobes ; des valeurs négatives qu'il s'agit de portions relativement polaires. Les séquences topogènes probables sont marquées. Les profils complexes des protéines à passages multiples (type IV), comme celui de GLUT1 dans la partie (c), doivent souvent être complétés par d'autres analyses afin que la topologie de ces protéines puisse être établie. Voir le texte pour la discussion.

hydrophobe signal-ancrage interne mais pas de séquence hydrophobe signal N-terminale (voir Figure 16-15b). Ainsi, nous pouvons prévoir qu'il s'agit d'une protéine membranaire de type II ou III. La distribution des résidus polaires de chaque côté de la séquence signal-ancrage permet souvent de faire la distinction, puisque les acides aminés chargés flanquant un segment transmembranaire sont habituellement orientés vers le cytosol. Par exemple, dans le cas du récepteur des asialoglycoprotéines, une protéine de type II, les résidus du côté N-terminal du pic hydrophobe portent une charge positive nette.

Le profil d'hydrophilie du transporteur de glucose GLUT1, une protéine membranaire à passages multiples, révèle la présence de nombreux segments qui sont suffisamment hydrophobes pour constituer des hélices α transmembranaires (Figure 16-15c). La complexité de ce profil illustre la difficulté d'identifier précisément tous les segments transmembranaires dans une protéine à passages multiples et de prévoir la topologie des séquences individuelles signal-ancrage et stop-transfert. Des algorithmes informatiques sophistiqués ont été développés qui prennent en compte la présence des acides aminés chargés positivement adjacents aux segments hydrophobes, la longueur de ces derniers et l'espacement entre segments. Sur base de ces informations, les meilleurs algorithmes peuvent prédire la topologie complexe de protéines à passages multiples avec une précision excédant 75 %.

Finalement, en se basant sur l'homologie de séquence par rapport à une protéine connue, on peut prédire la topologie d'une nouvelle protéine à passages multiples. Par exemple, les génomes des organismes multicellulaires codent un très grand nombre de protéines à passages multiples avec sept hélices α transmembranaires. Les similitudes entre les séquences de ces protéines suggèrent fortement que toutes ont la même topologie que les récepteurs couplés aux protéines G, qui ont leur extrémité N-terminale orientée du côté exoplasmique et leur extrémité C-terminale orientée du côté cytosolique.

CONCEPTS CLÉS DE LA SECTION 16.2

Insertion des protéines dans la membrane du RE

- Les protéines membranaires intrinsèques synthétisées sur le RE rugueux se répartissent en quatre classes topologiques (voir Figure 16-10).

- Les segments topogènes — séquence signal N-terminale, séquences internes stop-transfert et d'ancrage ou signal-ancrage — dirigent l'insertion et l'orientation des protéines naissantes dans la membrane du RE. Cette orientation est maintenue durant le transfert de la protéine complète vers sa destination finale.

- Les protéines à un seul passage contiennent une ou deux séquences topogènes. Dans les protéines membranaires à passages multiples, chaque hélice α peut fonctionner comme une séquence interne topogène, selon sa localisation dans le polypeptide et la présence de résidus adjacents chargés positivement (voir Figure 16-13).

■ Certaines protéines de surface sont synthétisées d'abord comme des protéines de type I sur le RE et sont ensuite clivées, leur domaine luminal étant alors transféré sur une ancre GPI (voir Figure 16-14).

■ La topologie des protéines membranaires peut souvent être prédite correctement par des programmes informatiques qui identifient les segments topogènes hydrophobes dans la séquence des acides aminés et génèrent des profils d'hydrophilie (voir Figure 16-15).

16.3 Modifications des protéines, repliement et contrôle de qualité dans le RE

Les protéines sécrétoires solubles et membranaires synthétisées sur le RE rugueux subissent quatre modifications principales avant qu'elles n'atteignent leur destination finale : (1) dans le RE et le Golgi, l'addition de glucides (*glycosylation*) ; (2) dans le RE, la formation de ponts disulfure ; (3) dans le RE, le repliement correct des chaînes polypeptidiques et l'assemblage des protéines constituées de plusieurs sous-unités ; (4) dans le RE, le Golgi et les vésicules sécrétoires, des clivages protéolytiques spécifiques.

Une ou plusieurs chaînes saccharidiques sont ajoutées à la grande majorité des protéines qui sont synthétisées sur le RE rugueux ; en fait, la glycosylation est la principale modification chimique de la plupart de ces protéines. Les glucides peuvent être attachés aux groupes hydroxyle des résidus sérine et thréonine ou à l'amide de l'asparagine, d'où leur dénomination respective d'*oligosaccharides liés à O* et *liés à N*. Les premiers, comme ceux que l'on trouve dans le collagène et la glycophorine, ne contiennent souvent qu'un à quatre résidus glucidiques. Les oligosaccharides liés à *N*, qui sont plus fréquents, sont plus grands et plus complexes ; dans les cellules de mammifères, ils comportent plusieurs ramifications. Dans cette section, nous nous concentrerons sur les oligosaccharides liés à *N* et dont la synthèse débute dans le RE. Après la glycosylation initiale d'une protéine dans le RE, la chaîne oligosaccharidique est modifiée dans le RE et fréquemment aussi dans le Golgi.

La formation des ponts disulfure, le repliement des protéines et l'assemblage des protéines multimériques, qui se déroutent exclusivement dans le RE rugueux, sont aussi décrits dans cette section. Ce n'est qu'après avoir été repliées correctement et assemblées que les protéines sont transportées du RE rugueux dans le complexe de Golgi et finalement à la surface cellulaire ou à tout autre destination finale. Les protéines soit non repliées, soit repliées ou assemblées incorrectement ou partiellement sont retenues dans le RE rugueux. Nous examinerons plusieurs propriétés d'un tel contrôle de qualité dans la dernière partie de cette section.

Comme discuté précédemment, la séquence signal N-terminale est clivée des protéines sécrétoires et des protéines membranaires de type I. Certaines protéines subissent aussi d'autres clivages protéolytiques spécifiques dans le complexe de Golgi ou dans les vésicules sécrétoires en formation. Nous décrirons dans le chapitre prochain ces clivages, ainsi que les modifications glucidiques qui surviennent principalement ou exclusivement dans le complexe de Golgi.

Un oligosaccharide lié à *N* est ajouté à de nombreuses protéines dans le RE rugueux

La biosynthèse de tous les oligosaccharides liés à *N* commence dans le RE rugueux avec l'addition d'un précurseur oligosaccharidique préformé contenant 14 résidus (Figure 16-16). Sa structure est la même dans les plantes, les animaux et les eucaryotes unicellulaires — un oligosaccharide ramifié, contenant les molécules suivantes : trois glucoses (Glc), neuf mannoses (Man) et deux *N*-acétylglucosamines $(GlcNAc)_2$. Cette structure glucidique ramifiée est modifiée dans les compartiments du RE et du Golgi, mais 5 des 14 résidus sont conservés dans les structures de tous les oligosaccharides liés à N sur les protéines sécrétoires et membranaires.

L'oligosaccharide précurseur est lié par un résidu pyrophosphoryle au *dolichol*, un lipide poly-isoprénoïde à longue chaîne enfoncé dans la membrane du RE et servant de porteur à l'oligosaccharide. Le dolichol pyrophosphoryle oligosaccharide se forme sur la membrane du RE par une série complexe de réactions catalysées par des enzymes attachées aux faces cytosolique ou luminale de la membrane du RE rugueux (Figure 16-17). Le dolichol pyrophosphoryle oligosaccharide complet est orienté de telle

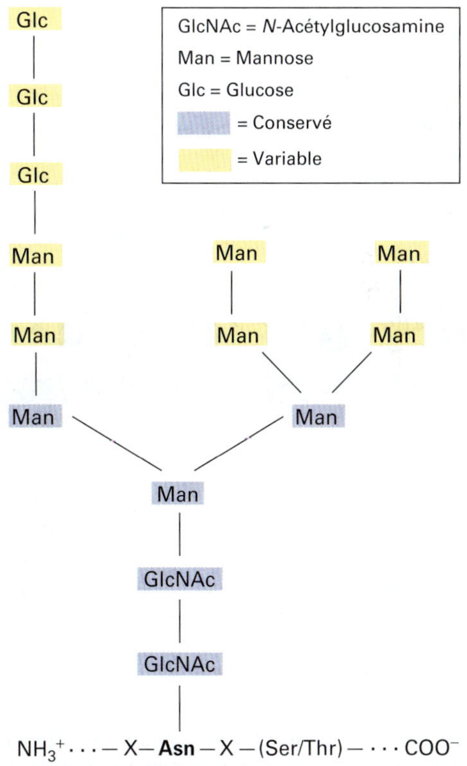

FIGURE 16-16 Un précurseur commun aux oligosaccharides liés à *N* et composé de 14 résidus est couplé aux protéines naissantes dans le RE rugueux. Ultérieurement, des résidus glucidiques spécifiques sont éliminés et, dans certains cas, ajoutés dans le RE et le complexe de Golgi. L'axe, composé de cinq résidus (en pourpre), est maintenu dans tous les oligosaccharides liés à *N*. Le précurseur ne peut se lier qu'à des résidus asparagine (Asn) qui sont séparés par un acide aminé (X) d'une sérine (Ser) ou d'une thréonine (Thr) du côté carboxyle.

façon que l'oligosaccharide baigne dans la lumière du RE.

Le précurseur entier de 14 résidus est transféré du porteur dolichol à un résidu asparagine d'un polypeptide naissant lorsqu'il émerge dans la lumière du RE (Figure 16-18, étape 1). Seuls les résidus asparagine dans les séquences tripeptidiques Asn-X-Ser et Asn-X-Thr (où X est tout acide aminé sauf une proline) sont des substrats pour l'*oligosaccharyl transférase*, l'enzyme qui catalyse cette réaction. Deux des trois sous-unités de cette enzyme sont des protéines de membrane du RE dont les domaines du côté cytosolique se lient au ribosome, localisant une troisième sous-unité de la transférase, la sous-unité catalytique, près du polypeptide en croissance dans la lumière du RE. Toutes les séquences Asn-X-Ser/Thr ne deviennent pas glycosylées ; par exemple, le repliement précoce d'un segment de la protéine peut empêcher la fixation de l'oligosaccharide précurseur.

Dès que le précurseur entier, $Glc_3Man_9(Glc\text{-}Nac)_2$, a été greffé sur un polypeptide naissant, trois enzymes différentes enlèvent tous les résidus glucose et un résidu mannose particulier (Figure 16-18, étapes 2-4). Les trois résidus glucose, qui sont les derniers résidus ajoutés au dolichol durant la synthèse du précurseur, pourraient servir de signal annonçant que l'oligosaccharide complet est prêt à être transféré sur une protéine.

Une chaîne latérale oligosaccharidique peut faciliter le repliement des glycoprotéines et les stabiliser

Les oligosaccharides attachés aux glycoprotéines exercent diverses fonctions. Par exemple, certaines protéines requièrent des oligosaccharides liés à *N* afin de se replier correctement dans le RE. Cette fonction a été démontrée par les effets d'un antibiotique, la tunicamycine, qui bloque la première étape de la formation du précurseur des oligosaccharides liés à *N* et portés par le dolichol (voir Figure 16-17). En présence de la tunicamycine, le polypeptide de l'hémagglutinine (HA_0) est synthétisé, mais il ne peut se replier correctement et former le trimère normal ; il reste alors déplié dans le RE rugueux. De même, si dans la HA, une seule asparagine servant normalement à la glycosylation est remplacée par une glutamine, l'oligosaccharide ne pouvant être couplé à ce site, la protéine s'accumule sous forme dépliée dans le RE.

En plus de contribuer au repliement correct, les oligosaccharides liés à *N* stabilisent de nombreuses glycoprotéines sécrétées. Beaucoup de protéines sécrétoires se replient correctement et sont transférées à leur destination finale même si la greffe de tous les oligosaccharides liés à *N* est bloquée, par exemple, par la tunicamycine. Cependant, une telle protéine non glycosylée s'avère moins stable que sa forme glycosylée. Par exemple, la fibronectine

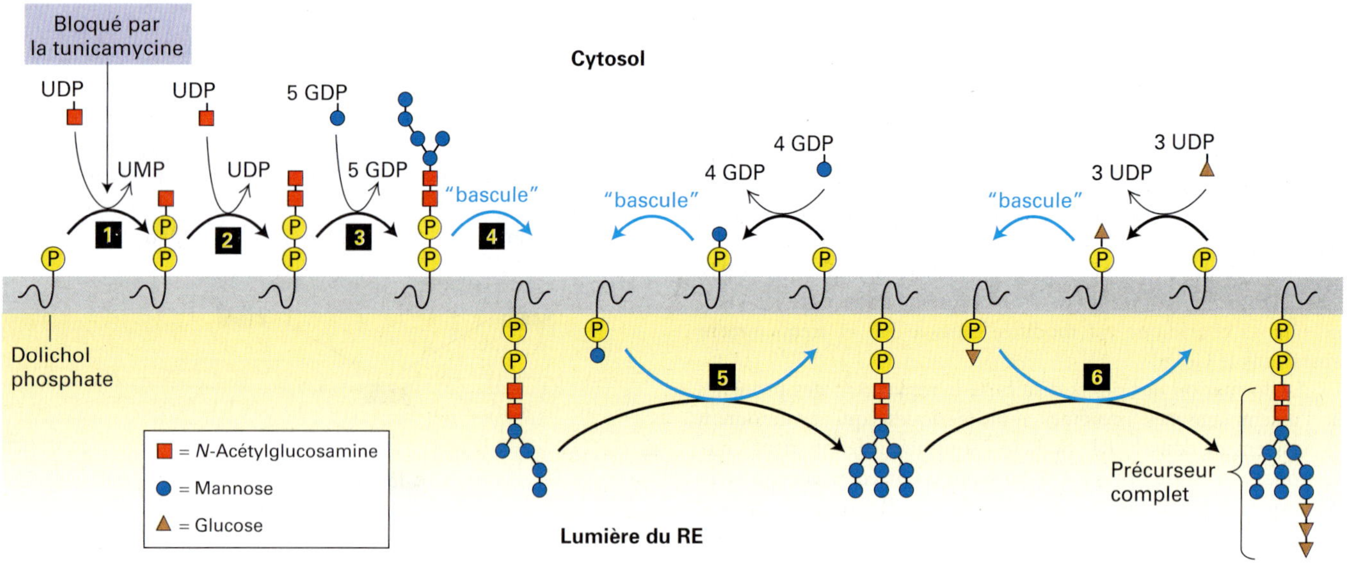

FIGURE 16-17 Biosynthèse du précurseur des oligosaccharides liés à *N*, le dolichol pyrophosphoryle oligosaccharide. Le dolichol phosphate et un lipide fortement hydrophobe, contenant 75-95 atomes de carbone, qui est enfoui dans la membrane du RE. Deux résidus de *N*-acétylglucosamine (GlcNac) et cinq de mannose sont ajoutés un à la fois au dolichol phosphate du côté cytosolique de la membrane du RE (étapes **1**-**3**). Les conjugués nucléotide-sucre qui alimentent cette réaction ainsi que d'autres plus tardives sont synthétisés dans le cytosol. Notez que le premier résidu glucidique est attaché au dolichol par un lien pyrophosphate de haute énergie. La tunicamycine, qui bloque la première enzyme de cette voie, inhibe la synthèse de tous les oligosaccharides liés à *N*. Après que l'intermédiaire dolichol pyrophosphoryle de sept résidus a basculé du côté de la lumière (étape **4**), les quatre mannoses et les trois glucoses restants sont ajoutés un à la fois (étapes **5** et **6**). Dans ces dernières réactions, le glucide qui doit être ajouté est d'abord transféré du conjugué nucléotide-sucre à un porteur dolichol phosphate du côté cytosolique du RE ; le porteur bascule alors du côté luminal, ou le glucide est greffé sur l'oligosaccharide en train de croître, après quoi le porteur « vide » bascule à nouveau du côté cytosolique.[D'après C. Abeijon & C. B. Hirschberg, 1992, *Trends Biochem. Sci.* **17**:32.]

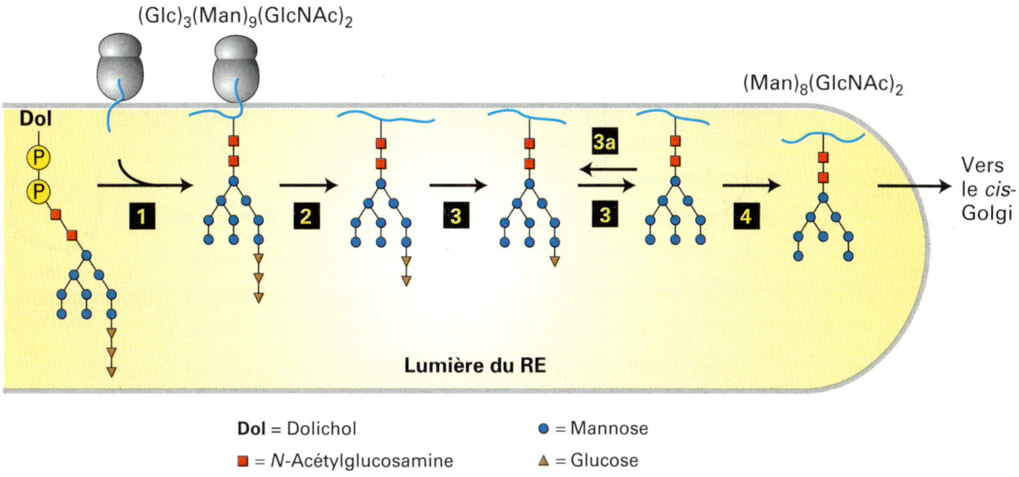

FIGURE 16-18 Dans le RE rugueux des cellules des vertébrés, couplage des oligosaccharides qui se lient à *N* et leurs premières modifications. Le précurseur $Glc_3Man_9(GlcNac)_2$ est transféré du porteur dolichol à une asparagine appropriée dans le polypeptide naissant dès que le résidu apparaît du côté luminal du RE (étape **1**). En trois réactions séparées, d'abord un résidu de glucose (étape **2**) ensuite deux résidus de glucose (étape **3**) sont enlevés. La réaddition d'un résidu glucose (étape 3a) joue un rôle dans le repliement correct de nombreuses protéines dans le RE, comme nous le verrons plus tard. [Voir R. Kornfeld & S. Kornfeld, 1985, *Ann. Rev. Biochem.* **45**:631, et M. Sousa et A. J. Parodi, 1995, *EMBO J.* **14**:4196.]

glycosylée, un composant normal de la matrice extracellulaire, est dégradée beaucoup plus lentement par les protéases tissulaires que ne l'est la fibronectine non glycosylée.

Des oligosaccharides sur certaines glycoprotéines de surface cellulaire jouent un rôle dans l'adhérence intercellulaire. Par exemple, la membrane plasmique des globules blancs (leucocytes) contiennent des molécules d'adhérence cellulaire (CAM) richement glycosylées. Les oligosaccharides dans ces molécules interagissent avec un domaine liant les sucres dans certaines CAM présentes sur les cellules endothéliales bordant les vaisseaux sanguins. Cette interaction attache les leucocytes à l'endothélium et contribue à leur migration dans les tissus durant une réaction inflammatoire à une infection (voir Figure 6-30). D'autres glycoprotéines de la surface cellulaire possèdent des chaînes latérales oligosaccharidiques qui peuvent induire une réponse immunitaire. Un exemple banal est celui des antigènes des groupes sanguins ABO, qui sont des oligosaccharides liés à *O* attachés à des glycoprotéines et des glycolipides à la surface des érythrocytes et d'autres types cellulaires (voir Figure 5-16).

Les liaisons disulfure se forment et sont réarrangées par des protéines dans la lumière du RE

Dans le Chapitre 3, nous avons vu que les **ponts disulfure** (-S-S-) intra- et intermoléculaires servent à stabiliser la structure tertiaire et quaternaire de nombreuses protéines. Ces liaisons covalentes se forment par liaison oxydative des **groupes sulfhydryles** (-SH), dits aussi groupes *thiols*, de deux résidus cystéine présents dans la même chaîne polypeptidique ou deux différentes. Cette réaction ne peut se dérouler spontanément que si un oxydant adéquat est disponible. Dans des cellules eucaryotes, des ponts disulfure ne se forment que dans la lumière du RE rugueux ; dans les bactéries, ils se forment dans l'espace périplasmique entre les membranes interne et externe. Ainsi, seules les protéines sécrétoires et les domaines exoplasmiques des protéines membranaires contiennent des ponts disulfure. Les protéines du cytosol et des organites, qui sont synthétisées sur des ribosomes libres, en sont dépourvues et stabilisent leur structure par d'autres liaisons.

La formation efficace de ponts disulfure dans la lumière du RE dépend de la *protéine disulfure isomérase* (PDI), présente dans toutes les cellules eucaryotes. Cette enzyme est particulièrement abondante dans le RE des cellules sécrétoires d'organes comme le foie et le pancréas, où des protéines contenant des ponts disulfure sont produites en grande quantité. Comme le montre la Figure 16-19a, le pont disulfure dans le site actif de PDI peut être facilement transféré à une protéine par deux réactions successives de transfert thiol-disulfure. La PDI réduite générée par cette réaction revient à la forme oxydée par l'action d'une protéine résidant dans le RE, appelée *Ero1*, qui contient un pont disulfure transférable dans PDI. On ignore encore comment Ero1 est oxydée. La Figure 16-20 décrit la formation des ponts disulfure dans la lumière du RE et un processus analogue dans les bactéries.

Pour que la structure et la fonction des protéines qui contiennent plus d'un pont disulfure soient normales, l'appariement correct des résidus cystéine est essentiel. Des ponts disulfure sont formés fréquemment entre des cystéines qui sont distribuées séquentiellement dans la séquence du polypeptide en train de croître sur le ribosome. Une telle formation séquentielle aboutit parfois à des ponts disulfure entre deux cystéines inappropriées. Par exemple, la pro-insuline contient trois ponts disulfure qui

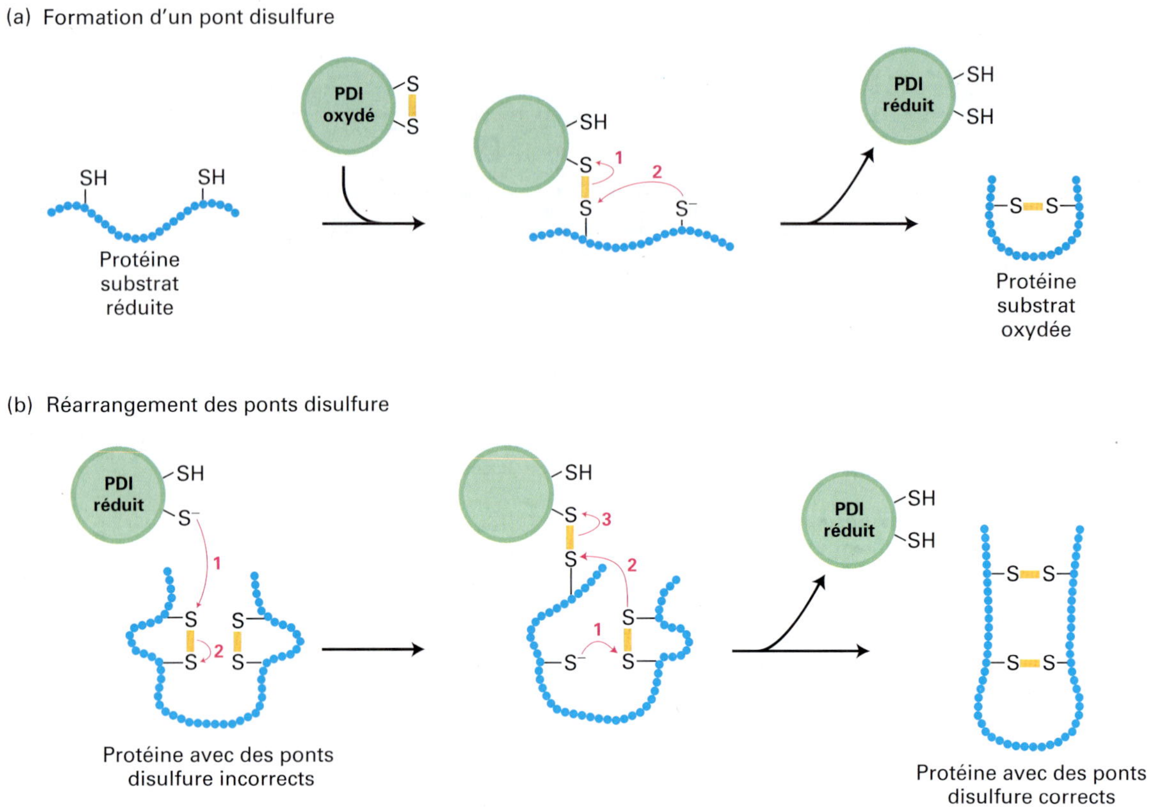

FIGURE 16-19 Formation et réarrangement des liaisons disulfure par la protéine disulfure isomérase (PDI). PDI contient un site actif avec deux résidus cystéine proches l'un de l'autre et qui passent facilement de la forme réduite, dithiol, à la forme oxydée, disulfure, vice-versa. Les flèches rouges numérotées indiquent la séquence des transferts électroniques. Les barres jaunes représentent les ponts disulfure. (a) Dans la formation des ponts disulfure, la forme ionisée (-S⁻) d'un thiol de cystéine dans la protéine substrat réagit avec la liaison disulfure (S-S) dans PDI oxydée pour former un intermédiaire PDI lié par un pont disulfure à la protéine. Un second thiol ionisé dans le substrat réagit alors avec cet intermédiaire, formant une liaison disulfure dans la protéine et libérant PDI réduite. (b) PDI réduite peut catalyser le réarrangement des ponts disulfure formés incorrectement par des réactions de transfert thiol-disulfure similaires. Dans ce cas, PDI réduite déclenche la réaction tout en finissant régénérée au bout de l'opération. Ces réactions sont répétées jusqu'à ce que la conformation la plus stable de la protéine soit obtenue. [Voir M. M. Lyles & H. F. Gilbert, 1991, *Biochemistry* **30**:619.]

unissent les cystéines 1 et 4, 2 et 6, ainsi que 3 et 5. Dans ce cas, les premiers ponts disulfure formés séquentiellement (e.g. entre cystéines 1 et 2) doivent être réarrangés pour que la protéine se replie de manière correcte. Dans les cellules, le réarrangement des ponts disulfure est également accéléré par PDI, qui agit sur un large spectre de protéines, leur permettant d'atteindre leur conformation la plus stable sur le plan thermodynamique (Figure 16-19b). Les ponts disulfure se forment en général dans un ordre spécifique, stabilisant d'abord de petits domaines du polypeptide, stabilisant ensuite les interactions entre segments plus distants ; ce phénomène est illustré par le repliement de la protéine HA de l'influenza décrit dans la prochaine section.

BIOTECH La plupart des protéines utilisées à des fins thérapeutiques chez l'homme ou l'animal sont des glycoprotéines sécrétées stabilisées par des ponts disulfure. Lorsque les chercheurs ont essayé de synthétiser de telles protéines au moyen de vecteurs plasmidiques d'expression dans des bactéries, les résultats ont déçu. Dans la plupart des cas, les protéines n'étaient pas sécrétées (même quand une séquence signal bactérienne remplaçait l'habituelle) ; elles s'accumulaient dans le cytosol, souvent dans un état dénaturé, en partie à cause du manque de pont disulfure. Après qu'il fut connu que les ponts disulfure ne se forment spontanément que dans la lumière du RE, on a finalement développé des vecteurs d'expression utilisables dans des cellules animales (Chapitre 9). Aujourd'hui, pour la production à grande échelle de protéines thérapeutiques comme l'activateur tissulaire du plasminogène (un facteur anticoagulant) et l'érythropoïétine, une hormone qui stimule la production des globules rouges, on préfère recourir à de tels vecteurs et aux lignées cellulaires animales. ■

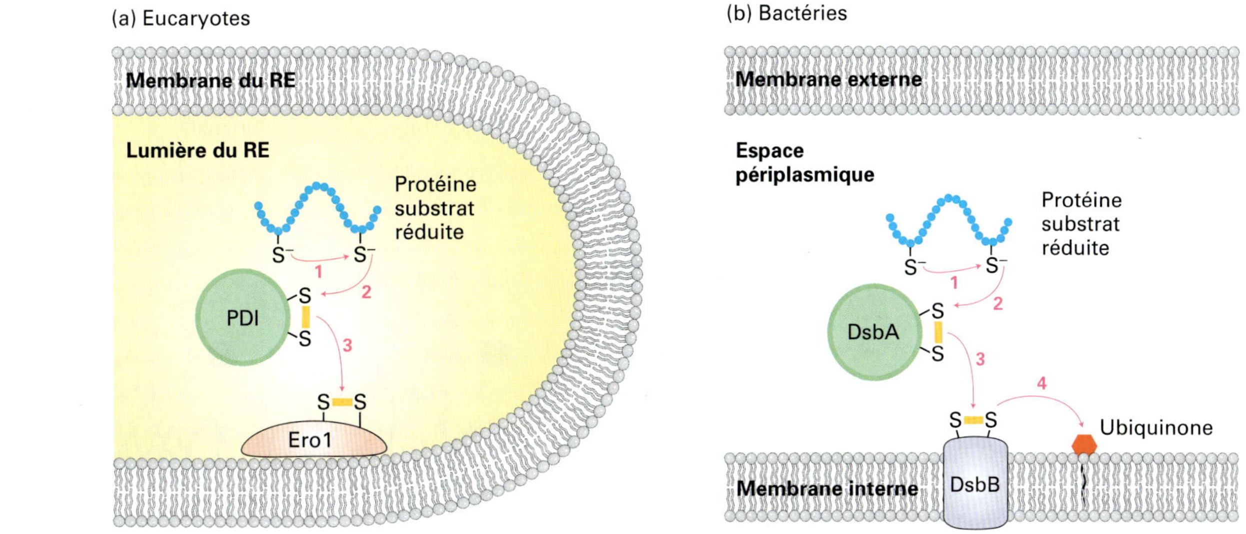

FIGURE 16-20 Formation des ponts disulfure chez les eucaryotes et les bactéries. Les flèches rouges numérotées indiquent la séquence du flux électronique. Un pont disulfure (barre jaune) est formé par des groupes thiol de cystéine (-SH) qui perdent une paire d'électrons. (a) Dans la lumière du RE des cellules eucaryotes, des électrons de thiols ionisés d'une nouvelle protéine sont transférés dans une liaison disulfure du site actif de PDI (voir Figure 16-9). PDI à son tour transfère des électrons à une liaison disulfure dans la protéine luminale Ero1, régénérant ainsi la forme oxydée de PDI. Le mécanisme de réoxydation d'Ero1 n'est pas connu. (b) Dans l'espace périplasmique des bactéries, la protéine soluble DsbA fonctionne comme PDI chez les eucaryotes. La forme réduite de DsbA est réoxydée par DsbB, une protéine de la membrane interne. Finalement, la forme réduite de DsbB est réoxydée par transfert d'électrons à l'ubiquinone, un cofacteur lipidique de la chaîne de transport d'électrons dans la membrane interne (voir Chapitre 8). [Voir A. R. Frand *et al.*, 2000, *Trends Cell Biol.* **10**:203.]

Les chaperons et autres protéines du RE facilitent le repliement et l'assemblage des protéines

Pas mal de protéines dénaturées peuvent retrouver leur état natif in vitro, mais un tel repliement requiert habituellement des heures pour être complet, alors que les nouvelles protéines solubles ou membranaires produites dans le RE acquièrent leur conformation normale en quelques minutes après leur synthèse. Le repliement rapide de ces protéines qui viennent d'être synthétisées dépend de l'action séquentielle de plusieurs protéines présentes dans la lumière du RE.

Nous avons déjà vu comment, dans la levure, le chaperon BiP entraîne la translocation post-traductionnelle ; il se lie aux polypeptides dont la synthèse est terminée, pendant qu'ils entrent dans le RE (voir Figure 16-9). BiP peut aussi se lier de manière transitoire aux chaînes naissantes quand elles entrent dans le RE durant la translocation cotraductionnelle. On pense que BiP évite que les segments d'une chaîne naissante ne se replient anormalement ou ne forme des agrégats ; elle favorise ainsi le repliement du polypeptide entier en une conformation correcte. La protéine disulfure isomérase (PDI) contribue aussi à ce repliement, qui est stabilisé par des ponts disulfure dans de nombreuses protéines.

Comme l'illustre la Figure 16-21, deux autres protéines du RE, les **lectines** (protéines liant des glucides) homologues, la *calnexine* et la *calréticuline*, se lient sélectivement à certains oligosaccharides liés à *N* sur les chaînes naissantes. Le ligand pour ces deux lectines, qui contient un seul résidu glucose, est généré par une glucosyltransférase spécifique dans la lumière du RE (voir Figure 16-18, étape 3a). Cette enzyme agit seulement sur les chaînes polypeptidiques qui sont dépliées ou mal repliées. La liaison de la calnexine et de la calréticuline aux chaînes naissantes dépliées prévient l'agrégation des segments adjacents d'une protéine au cours de son entrée dans le RE. Ainsi, la calnexine et la calréticuline, comme BiP, contribuent à prévenir le repliement prématuré et incorrect des segments d'une protéine qui vient d'être produite.

D'autres catalyseurs importants du repliement protéique dans la lumière du RE sont les peptidyl-prolyl isomérases, une famille d'enzymes qui accélèrent la rotation autour des liaisons peptidyl-prolyl dans des segments dépliés d'un polypeptide :

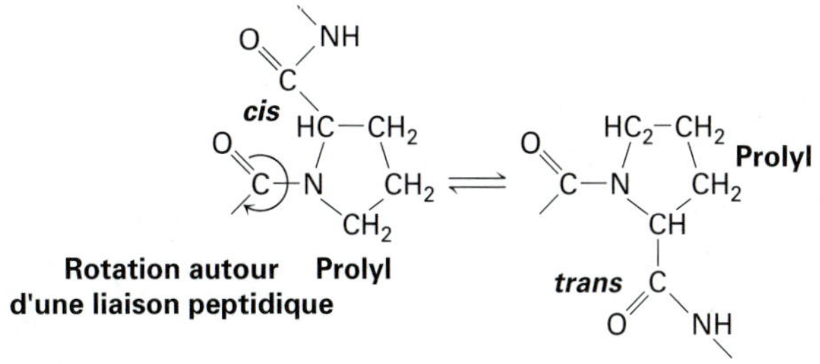

Une telle isomérisation est parfois l'étape limitante dans le repliement des domaines d'une protéine. Beaucoup de peptidyl-prolyl isomérases peuvent catalyser la rotation de liaisons peptidyl-prolyl de manière non discriminée dans de nombreuses protéines, mais certaines ont des substrats protéiques très spécifiques.

De nombreuses protéines sécrétoires et membranaires importantes synthétisées sur le RE sont faites d'au moins deux sous-unités polypeptidiques. Dans tous les cas, l'assemblage des sous-

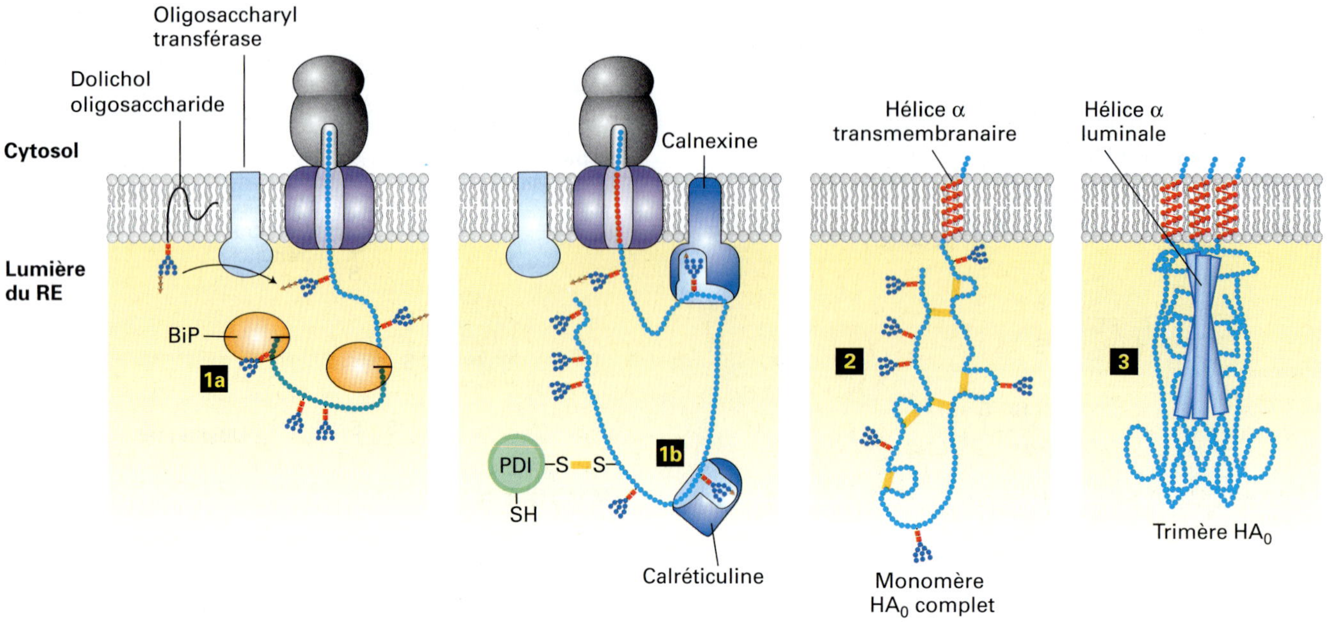

FIGURE 16-21 Repliement et assemblage du trimère d'hémagglutinine (HA_0) dans le RE. La liaison transitoire du chaperon BiP (étape 1a) à la chaîne naissante et de deux lectines, la calnexine et la calréticuline, à certaines chaînes oligosaccharidiques (étape 1b) favorise le repliement correct de segments adjacents. Sept oligosaccharides sont liés à *N* dans la portion luminale de la chaîne naissante durant la translocation cotraductionnelle, et PDI catalyse la formation de six ponts disulfure par monomère. Les monomères HA_0 complets sont ancrés dans la membrane par une seule hélice α transmembranaire avec son extrémité N-terminale dans la lumière (étape 2). L'interaction des trois chaînes HA_0 l'une avec l'autre, d'abord au niveau de leur hélice α transmembranaire, déclenche apparemment la formation d'une longue tige contenant une hélice α de la partie luminale de chaque polypeptide HA_0. Finalement, les trois têtes globulaires interagissent et génèrent un trimère HA_0 stable (étape 3) [Voir U. Tatu *et al.*, 1995, *J. Cell Biol.* **139**:613.]

unités de ces protéines **multimériques** se déroule dans le RE. Une classe importante de protéines sécrétées multimériques est celle des immunoglobulines, qui contiennent deux chaînes lourdes (H pour *heavy*) et deux légères (L pour), toutes liées par des ponts disulfure intercaténaires. L'hémagglutinine (HA) est une autre protéine multimérique qui illustre bien le repliement et l'assemblage des sous-unités (voir Figure 16-21). Cette protéine trimérique forme les pointes qui se dégagent de la surface du virus de la grippe. HA est formée dans le RE d'une cellule infectée à partir de trois copies d'un précurseur appelé HA_0, qui a une seule hélice α transmembranaire. Dans le complexe de Golgi, chacune des trois protéines HA_0 est clivée pour former deux polypeptides HA_1 et HA_2 ; ainsi chaque molécule HA à la surface du virus contient trois copies de HA_1 et trois de HA_2 (voir Figure 3-7). Le trimère est stabilisé par des interactions entre de grands domaines exoplasmiques des polypeptides, qui s'étendent dans la lumière du RE ; après le transfert d'HA à la surface de la cellule, ces domaines s'étendent dans l'espace extracellulaire. Dans les sous-unités de HA, les portions cytosoliques et transmembranaires, qui sont plus courtes, contribuent par leurs interactions à stabiliser la protéine trimérique.

La durée nécessaire au repliement de HA_0 et à son assemblage in vivo peut être déterminée par des expériences de marquage pulsé. Dans une expérience typique, des cellules infectées par un virus sont exposées à un acide aminé radioactif ; à différents temps durant la phase de chasse, les membranes sont solubilisées par des détergents et exposées à des anticorps monoclonaux spécifiques du monomère d'HA_0 ou de sa forme trimérique. Immédiatement après le pulse, l'anticorps spécifique du monomère est capable d'immunoprécipiter la protéine HA_0 radioactive. Pendant la chasse, des proportions croissantes de la protéine radioactive HA_0 entière réagit avec l'anticorps spécifique du trimère. De telles expériences ont montré que, dans des cellules vivantes, chaque nouveau peptide HA_0 a besoin d'environ 10 minutes pour se replier et être incorporé dans un trimère.

Des protéines mal repliées dans le RE induisent l'expression de catalyseurs de repliement protéique

Les protéines qui sont synthétisées sur le RE rugueux ne peuvent quitter ce compartiment tant qu'elles n'ont pas acquis leur conformation finale. Aussi, presque toutes les mutations qui empêchent la protéine de se replier correctement bloquent sa migration de la lumière ou de la membrane du RE vers le complexe de Golgi. Les mécanismes de rétention des protéines mal repliées dans le RE augmente probablement l'efficacité du processus en gardant les formes intermédiaires à proximité des catalyseurs du repliement, qui sont plus abondants dans le RE. Les protéines dépliées retenues dans le RE restent en général liées en permanence aux chaperons BiP et calnexine, ces catalyseurs de repliement exerçant deux fonctions : contribuer au repliement des protéines normales en prévenant leur agrégation et se fixer aux protéines dont le

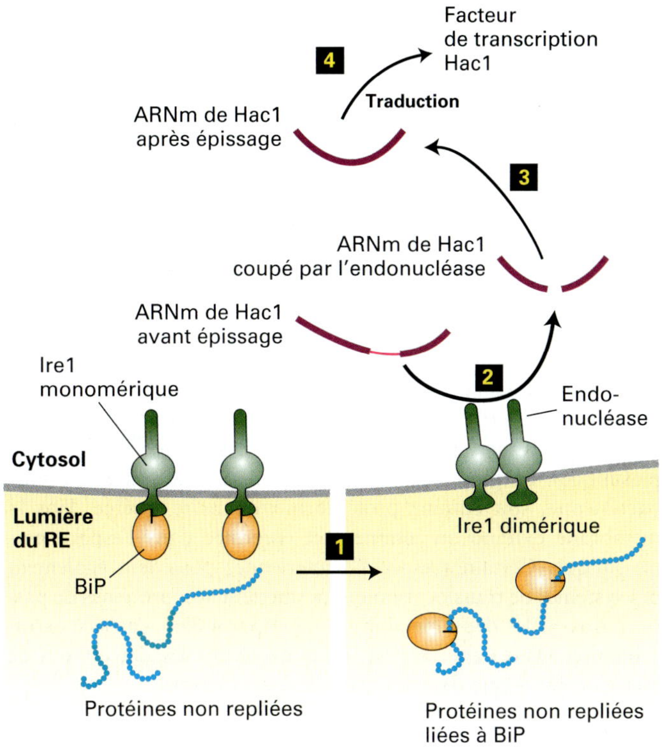

FIGURE 16-22 Réponse au non repliement d'une protéine. Ire1, une protéine transmembranaire du RE a, dans son domaine luminal, un site de fixation pour BiP ; le domaine cytosolique contient une ARN endonucléase spécifique. Étape **1** : Les protéines dépliées accumulées dans la lumière du RE fixent les molécules de BiP, les libérant d'Ire1 monomérique. La dimérisation d'Ire1 active alors son activité d'endonucléase. Étapes **2** et **3** : Le précurseur de l'ARNm non épissé codant le facteur de transcription Hac1 est clivé par Ire1 dimérique, et les deux exons sont joints pour former l'ARNm fonctionnel de Hac1. Selon des données récentes, ce processus se déroule dans le cytosol, alors qu'en général l'épissage des pré-ARNm se passe en général dans le noyau. Étape **4** : Hac1 est traduit en protéine Hac1, qui gagne alors le noyau et active la transcription de gènes codant plusieurs catalyseurs de repliement protéique. [Voir U. Ruegsegger *et al.*, 2001, *Cell* **107**:103 ; A. Bertolotti *et al.*, 2000, *Nature Cell Biol.* **2**:326 ; et C. Sidrauski & P. Walter, 1997, *Cell* **90**:1031.]

repliement incorrect est irréversible.

Tant les cellules de mammifères que de levures répondent à la présence de protéines dépliées dans le RE rugueux en augmentant la transcription de plusieurs gènes codant des chaperons du RE et d'autres catalyseurs de repliement. Participe à cette réponse Ire1, une protéine membranaire du RE qui existe comme monomère ou dimère. La forme dimérique, et non la monomérique, induit la formation de Hac1, un facteur de transcription qui, chez la levure, active l'expression des gènes impliqués dans la réponse aux protéines dépliées. Comme la Figure 16-22 le montre, la fixation de BiP au domaine luminal d'Ire1 monomérique prévient la formation du dimère d'Ire1. Donc la quantité de BiP libre dans la lumière du RE détermine probablement la proportion relative d'Ire1 monomérique et dimérique. L'accumulation des protéines dépliées dans la lumière du RE séquestre les molécules de BiP, les rendant indisponibles pour la liaison à Ire1. Ce qui entraîne l'augmentation du taux d'Ire1 dimérique, puis des taux de Hac1 et des protéines qui contribuent au repliement des protéines.

Les cellules de mammifères comprennent une voie régulatrice supplémentaire qui intervient en réaction à la présence de protéines non repliées dans le RE. Leur accumulation déclenche la protéolyse de ATF6, une protéine transmembranaire du RE. Son domaine cytosolique ainsi libéré gagne alors le noyau, où il stimule la transcription de gènes codant des chaperons destinés au RE. L'activation du facteur de transcription par une telle *protéolyse intramembranaire régulée* survient aussi dans la voie de signalisation de Notch (voir Figure 14-29). Nous rencontrerons un autre exemple de ce mécanisme, le facteur de transcription SREBP répondant au cholestérol, dans le Chapitre 18.

MÉDECINE La forme héréditaire de l'emphysème illustre les effets néfastes qui peuvent résulter d'un repliement déficient de protéines dans le RE. Cette maladie est causée par une mutation ponctuelle dans l'α1-antitrypsine, qui est normalement sécrétée par les hépatocytes et les macrophages. La protéine normale se lie à la trypsine et à l'élastase, une protéase du sang, et les inhibe. En absence d'α1-antitrypsine, l'élastase dégrade le tissu pulmonaire qui permet l'absorption de l'oxygène, ce qui aboutit aux manifestations de l'emphysème. Bien que l'α1-antitrypsine mutante soit synthétisée dans le RE rugueux, elle ne se replie pas correctement et forme des agrégats cristallins qui ne sont pas exportés du RE. Dans les hépatocytes, la sécrétion d'autres protéines est aussi altérée, car le RE rugueux se remplit d'α1-antitrypsine agrégée. ▮

Les protéines non assemblées ou mal repliées dans le RE sont souvent transportées dans le cytosol pour y être dégradées

Les protéines sécrétoires ou membranaires repliées incorrectement, ainsi que les sous-unités non assemblées des protéines multimériques sont souvent dégradées une heure ou deux après leur synthèse dans le RE rugueux. Longtemps, on a cru que des enzymes protéolytiques dans le RE catalysaient la dégradation des polypeptides non repliés ou non assemblés, mais on n'a jamais trouvé ces protéases. Des études plus récentes ont montré que les protéines sécrétoires et membranaires mal repliées sont renvoyées de la lumière du RE, à travers le translocon, dans le cytosol, où elles sont dégradées par la voie protéolytique dépendant de l'ubiquitine (voir Figure 3-13).

Des enzymes localisées du côté cytosolique du RE ajoutent l'ubiquitine (ubiquitinylation) aux protéines dépliées lorsqu'elles sortent du RE. Cette réaction, qui est couplée à l'hydrolyse de l'ATP, peut fournir une partie de l'énergie requise pour ramener ces protéines dans le cytosol. Les polypeptides polyubiquitinylés sont rapidement dégradés dans les protéasomes. On ignore comment les protéines solubles et membranaires mal repliées sont reconnues dans le RE et adressées au translocon en vue de leur exportation dans le cytosol.

CONCEPTS CLÉS DE LA SECTION 16.3
Modifications des protéines, repliement et contrôle de qualité dans le RE

- Tous les oligosaccharides liés à *N*, qui sont liés aux résidus asparagine, contiennent un axe de trois résidus mannose et deux de *N*-acétylglucosamine et ont habituellement plusieurs ramifications (voir Figure 16-16).
- Les oligosaccharides liés à *O*, qui sont liés aux résidus sérine ou thréonine, sont en général courts et ne contiennent souvent qu'un à quatre résidus glucidiques.
- La formation de tous les oligosaccharides liés à *N* commence par l'assemblage d'un précurseur ubiquitaire de 14 résidus lié au dolichol, un lipide de la membrane du RE rugueux (voir Figure 16-17). Après le transfert de cet oligosaccharide préformé sur des résidus asparagine spécifiques des polypeptides naissants dans la lumière du RE, trois résidus glucose et un résidu mannose sont enlevés (voir Figure 16-18).
- Les chaînes oligosaccharidiques peuvent contribuer au repliement correct des glycoprotéines et à la protection des protéines matures vis-à-vis des protéases. Elles participent également à l'adhérence intercellulaire et jouent le rôle d'antigènes.
- Les ponts disulfure sont établis dans de nombreuses protéines sécrétoires et dans le domaine exoplasmique des protéines de membrane dans le RE. La protéine disulfure isomérase (PDI), présente dans la lumière du RE, catalyse à la fois la formation et le réarrangement des ponts disulfure (voir Figure 16-19).
- Le chaperon BiP, les lectines calnexine et calréticuline et les peptidyl-prolyl isomérases collaborent dans le RE pour assurer le repliement correct des nouvelles protéines sécrétoires et membranaires. Les sous-unités des protéines multimériques s'assemblent également dans le RE.
- Seules les protéines repliées correctement et les sous-unités assemblées sont transférées dans des vésicules du RE rugueux vers le complexe de Golgi.
- L'accumulation dans le RE de protéines repliées anormalement et de sous-unités non assemblées peut induire une expression accrue de catalyseurs de repliement protéique dans le RE ; c'est la réponse aux protéines non repliées (voir Figure 16-22).
- Les protéines non assemblées ou mal repliées dans le RE sont souvent ramenées à travers le translocon dans le cytosol, où elles sont dégradées dans la voie ubiquitine/protéasome.

16.4 Exportation des protéines bactériennes

La paroi cellulaire entourant les bactéries gram négatives comprend (1) une membrane interne, qui est la principale enveloppe retenant le cytoplasme, (2) un espace périplasmique contenant diverses protéines et une couche de peptidoglycanes (3) une membrane externe, qui est perméable à de petites molécules mais non aux protéines. La couche de peptidoglycanes donne à la paroi cellulaire sa solidité tandis que les protéines périplasmiques assurent la sélection et l'importation des molécules extracellulaire ainsi que l'assemblage et le maintien de l'intégrité de la structure de la paroi. Ces protéines (comme toutes les protéines bactériennes) sont synthétisées sur des ribosomes cytosoliques et traversent, dans un état non replié, la membrane interne (appelée aussi membrane cytoplasmique). La plupart d'entre elles restent associées à la cellule bactérienne, soit comme protéine membranaire insérée dans la membrane externe ou interne soit enfermée dans l'espace periplasmique. Certaines espèces bactériennes possèdent également des systèmes de translocation qui permettent aux protéines de passer à travers les deux membranes de la paroi dans l'espace extracellulaire. Dans cette section, nous décrivons les deux types de sécrétion protéique dans les bactéries gram négatives.

L'ATPase cytosolique SecA pousse les polypeptides bactériens à travers des translocons dans l'espace périplasmique

Le mécanisme de translocation des protéines bactériennes à travers la membrane interne partage plusieurs caractéristiques importantes avec la translocation des protéines dans le RE des cellules eucaryotes. Premièrement, des protéines transloquées contiennent habituellement une séquence signal N-terminale hydrophobe, qui est clivée par une signal peptidase. Deuxièmement, des protéines bactériennes passent à travers la membrane interne dans un canal, ou translocon, composé de protéines qui ont une structure semblable à celle du complexe Sec61 des eucaryotes. Troisièmement, les cellules bactériennes expriment deux protéines, Ffh et son récepteur (FtsY), qui sont homologues de la SRP et de son récepteur. Dans les bactéries, cependant, ces protéines paraissent intervenir surtout dans l'insertion des protéines hydrophobes dans la membrane interne. Toutes les protéines bactériennes qui traversent la membrane interne ne le font que si leur synthèse dans le cytosol est terminée mais avant qu'elles ne prennent leur conformation définitive.

La translocation post-traductionnelle des protéines bactériennes à travers la membrane interne ne peut faire appel au système de la roue dentée semblable à celui qu'assure la protéine BiP dans la lumière du RE (voir Figure 16-9) puisque l'ATP requis pour un tel mécanisme serait perdu par diffusion à travers la membrane externe. La force nécessaire à la translocation des protéines bactériennes est générée par *SecA*, qui se lie à la face cytosolique du translocon et hydrolyse l'ATP cytosolique. Dans le modèle de la Figure 16-23, SecA se lie au polypeptide non replié en train de transloquer, ensuite un changement de conformation de SecA, dépendant de l'énergie fournie par hydrolyse de l'ATP, intervient afin de pousser le segment du polypeptide à travers le pore du

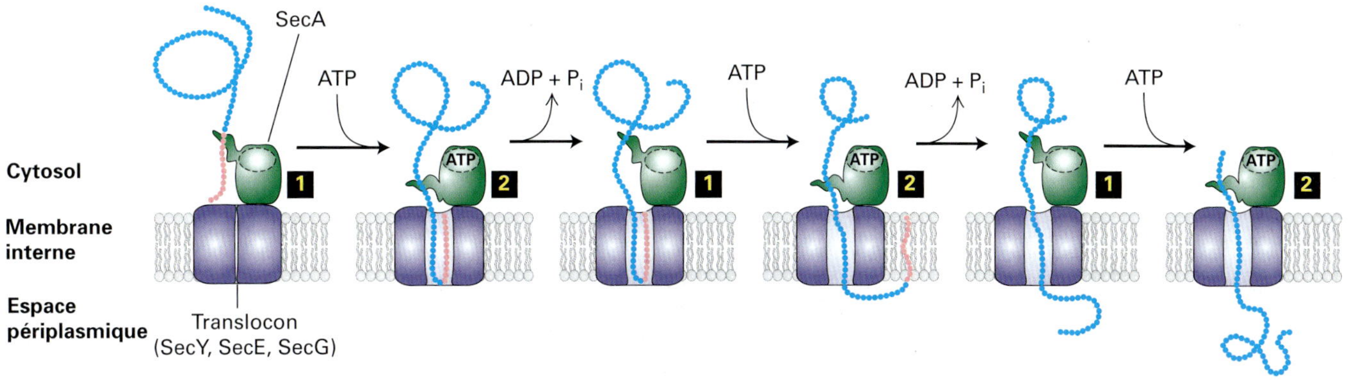

FIGURE 16-23 Translocation post-traductionnelle à travers la membrane interne dans les bactéries gram négatives. La membrane interne contient un translocon composé de trois sous-unités homologues des composants du complexe eucaryote Sec61. La translocation des polypeptides à partir du cytosol dans le périplasme est assurée par SecA, une ATPase cytosolique qui se lie au translocon et au polypeptide à transférer. Dans le présent modèle, la fixation de l'ATP et son hydrolyse changent la conformation de SecA, ce qui pousse le segment lié dans le canal (étapes **1** et **2**). La répétition de ce cycle aboutit à la migration du polypeptide dans une seule direction. Selon des observations récentes, la séquence signal N-terminale se déplace du canal dans la bicouche mais à un certain point est clivée par la signal peptidase, et le polypeptide mature finit par entrer dans l'espace périplasmique [Voir A. Economou & W. Wickner, 1994, *Cell* **78**:835, et J. Eichler & W. Wickner, 1998, *J. Bacteriol.* **180**:5776.]

translocon vers le périplasme. La répétition de ce cycle amène finalement le polypeptide en entier dans l'espace périplasmique, où le polypeptide suite à son repliement et à la formation des ponts disulfure adopte sa conformation définitive.

Plusieurs mécanismes interviennent dans la translocation des protéines bactériennes dans l'espace extracellulaire

Des mécanismes tout à fait différents de celui qui est décrit dans la Figure 16-23 permettent aux protéines bactériennes de passer du cytosol dans l'espace extracellulaire à travers les membranes interne et externe. Ces mécanismes de sécrétion sont particulièrement importants pour les bactéries pathogènes, qui utilisent fréquemment des protéines extracellulaires sécrétées pour coloniser des tissus spécifiques chez leur hôte et pour échapper à ses mécanismes de défense. Des exemples bien connus de protéines extracellulaires qui favorisent la croissance et la dissémination des bactéries pathogènes comprennent des toxines protéiques (e.g. les toxines du choléra et du tétanos) et les pilus, qui sont des projections fibreuses protéiques de la membrane externe et qui contribuent à l'adhérence de la bactérie à l'épithélium intestinal.

Les nombreux systèmes spécialisés de sécrétion bactérienne qui ont été identifiés peuvent être classés en quatre types généraux sur base de leur mode opératoire. Les types I et II comprennent deux étapes. Premièrement, les protéines servant de substrats sont transloquées à travers la membrane interne dans le périplasme, où elles se replient et souvent acquièrent des ponts disulfure. Deuxièmement, les protéines repliées sont transloquées à travers la membrane externe par des complexes de protéines périplasmiques présentent dans les membranes interne et externe. L'énergie pour cette translocation provient de l'hydrolyse de l'ATP dans le cytosol, mais le mécanisme qui couple l'hydrolyse de l'ATP et la translocation à travers la membrane externe n'est pas bien compris.

La translocation par les systèmes de sécrétion des types III et IV comprend une seule étape. Elle dépend de grands complexes protéiques qui sont présents dans les deux membranes et qui permettant aux protéines d'être directement transférées du cytosol dans l'environnement extracellulaire. Le système de type III est adapté non seulement à la sécrétion des protéines mais aussi à leur injection dans des cellules cibles, une propriété très utile pour les bactéries pathogènes.

Des bactéries pathogènes peuvent injecter des protéines dans des cellules animales au moyen de l'appareil de sécrétion de type III

MÉDECINE

Yersinia pestis est une espèce bactérienne responsable de la peste bubonique, une des maladies les plus mortelles de l'histoire humaine. Une raison pour laquelle *Yersinia* est si virulente est liée à sa capacité de paralyser les macrophages de l'hôte qui autrement ingéreraient et détruiraient ces bactéries. L'effet incapacitant de *Yersinia* est assuré principalement par un petit groupe de protéines que les bactéries injectent dans les macrophages.

Diverses bactéries pathogènes injectent des protéines dans les cellules hôtes au moyen d'un instrument compliqué composé de plus de 20 protéines différentes et ressemblant à une seringue. Cet appareil de sécrétion de type III (Figure 16-24) comporte des structures en forme d'anneaux enfouis dans les membranes inter-

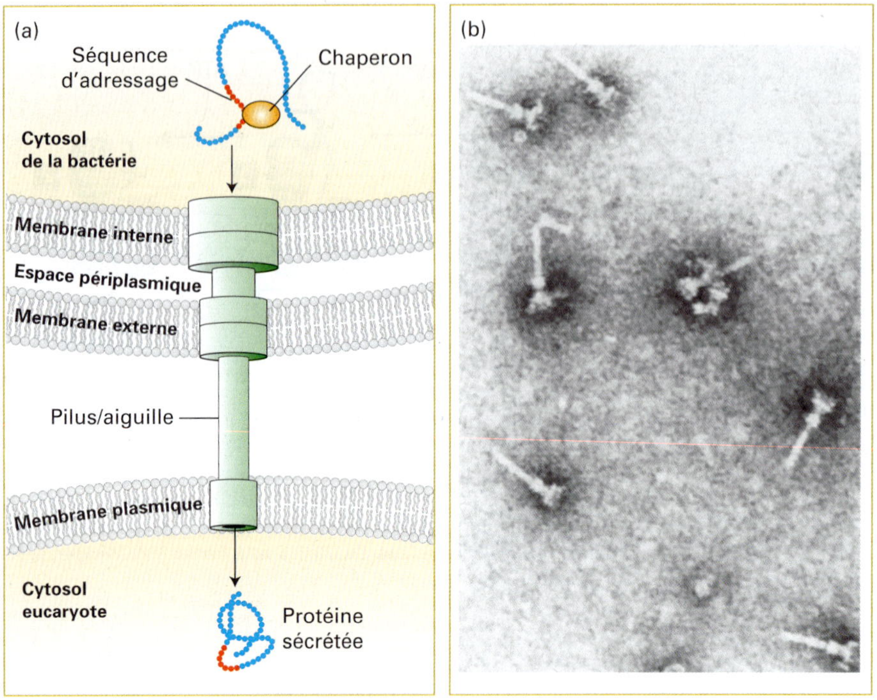

FIGURE 16-24 Appareil de sécrétion de type III servant à l'injection des protéines bactériennes dans les cellules eucaryotes. (a) Schéma de l'appareil de sécrétion de type III ; sa taille et sa forme le font ressembler à un flagelle. Des protéines bactériennes avec des séquences d'adressage (rouge) qui permettent des interactions avec des chaperons spécialisés (orange) entrent dans l'appareil de sécrétion de type III, et migrent dans le tunnel du pilus selon un processus dépendant de l'ATP ; elles aboutissent finalement dans le cytoplasme de la cellule cible. (b) Micrographie électronique des appareils de sécrétion de type III. On voit de longs pilus semblables à des aiguilles qui ont leur origine dans les anneaux de la base insérés dans les membranes interne et externe. Voir le texte pour la discussion. [Partie (a) adaptée de D. G. Thanassi & S. J. Hultgren, 2000, *Curr. Opin. Cell Biol.* **12** :420. Partie (b) de T. Kubori *et al.*, 1998, *Science* **280** :602.]

ne et externe de la paroi bactérienne et une structure creuse ressemblant à une aiguille (pilus) qui se projette à partir de la membrane externe. Des protéines à l'extrémité externe (distale) du pilus peuvent pénétrer dans la membrane plasmique de certaines cellules de mammifères, ce qui complète le conduit qui traverse ainsi trois membranes et connecte le cytoplasme bactérien à celui de la cellule hôte.

Si l'on comprend comment l'appareil de sécrétion de type III opère, cela tient surtout à la découverte que beaucoup de composants du système ressemblent aux protéines qui se trouvent dans la base du flagelle bactérien. Cette base est implantée dans la membrane interne et fonctionne comme un moteur qui assure la rotation du flagelle. Cet appendice, un tube hélicoïdal vide constitué entièrement d'un polymère de la protéine flagelline, croît par addition de nouvelles sous-unités de flagelline à la pointe distale. Plusieurs protéines constituant la base du flagelle utilisent, pense-t-on, l'énergie provenant de l'hydrolyse de l'ATP afin de pousser les nouvelles sous-unités de flagelline à travers le canal central du flagelle vers le bout distal. Il est tout à fait possible que l'appareil de sécrétion de type III utilise la même source d'énergie pour propulser dans les cellules cibles les protéines à travers le canal central du pilus.

Des expériences récentes ont permis l'identification des séquences signal qui destinent les protéines au transfert par l'appareil de sécrétion de type III. Par exemple, on a eu recours à l'ADN recombinant afin d'exprimer dans *Yersinia* des protéines chimériques contenant l'adénylate cyclase attachée à différentes portions de YopE, qui est sécrétée normalement par l'appareil de type III. Une séquence amphipathique à l'extrémité N-terminale de YopE a pu diriger l'adénylate cyclase, présente normalement dans le cytosol, vers l'appareil de sécrétion de type III pour être injectée dans les cellules cibles. Cependant, selon d'autres expériences, les protéines Yop dans lesquelles cette séquence d'adressage amphipathique était mutée étaient sécrétées normalement. Cette observation étonnante a conduit finalement à la découverte d'un second signal d'adressage indépendant qui permet à YopE de se lier à une petite molécule chaperon. Le complexe chaperon-YopE peut être sécrété même en absence de séquence N-terminale amphipathique. Chacune des protéines sécrétées par l'appareil de type III interagit, pense-t-on, avec une petite protéine appartenant à un groupe de chaperons (voir Figure 16-24). Ces chaperons peuvent servir à garder les protéines sécrétées dans un état partiellement déplié lorsqu'elles passent à travers le canal central de l'appareil de type III. Dès que les protéines transportées ont été libérées dans la cellule cible, le repliement peut être achevé par des chaperons cytosoliques des cellules cibles. ▮

CONCEPTS CLÉS DE LA SECTION 16.4

Exportation des protéines bactériennes

- Des bactéries gram négatives transfèrent des protéines entières à travers la membrane interne par l'intermédiaire d'un translocon apparenté à ceux du RE des cellules eucaryotes.
- La force nécessaire à la translocation post-traductionnelle à travers la membrane interne des bactéries provient de la protéine SecA, qui utilise l'énergie dérivée de l'hydrolyse de l'ATP cytosolique pour propulser les polypeptides à travers le canal du translocon (voir Figure 16-23).
- Quatre systèmes bactériens de sécrétion peuvent transférer des protéines du cytosol à travers les membranes interne et externe. L'hydrolyse de l'ATP cytosolique alimente en énergie chacun de ces modes de sécrétion.
- L'appareil de sécrétion de type III, utilisé par les bactéries pathogènes pour injecter des protéines dans les cellules eucaryotes, consiste en une portion basale présente dans les deux membranes et une structure extracellulaire en forme d'aiguille qui

peut percer la membrane plasmique d'une cellule cible (voir Figure 16-24).

16.5 Adressage des protéines aux mitochondries et aux chloroplastes

Dans le reste de ce chapitre, nous examinons comment les protéines synthétisées sur les ribosomes cytosoliques sont adressées aux mitochondries, chloroplastes et peroxysomes (voir Figure 16-1). La membrane des mitochondries et des chloroplastes est double et ces organites ont des compartiments internes, tandis que les peroxysomes n'ont qu'une seule membrane et un seul compartiment luminal appelé *matrice*. En raison de ces différences et d'autres, nous avons réservé la dernière section aux peroxysomes.

En plus de comporter deux membranes, les mitochondries et les chloroplastes contiennent des types similaires de protéines de transport d'électrons et utilisent une ATPase de classe F pour synthétiser l'ATP (voir Figure 8-2). De manière remarquable, les bactéries gram négatives exhibent aussi ces caractéristiques. De même, comme les bactéries, les mitochondries et les chloroplastes contiennent leur propre ADN, qui code des ARNr, ARNt et certaines protéines propres à l'organite (Chapitre 10). De plus, la croissance et la division des mitochondries et des chloroplastes ne sont pas couplées à la division nucléaire. Ces organites croissent par incorporation de protéines cellulaires et de lipides, et de nouveaux organites se forment par division des organites préexistants, chaque processus se déroulant de manière continue durant l'interphase du cycle cellulaire. Les nombreuses similitudes entre bactéries, mitochondries et chloroplastes ont suscité l'hypothèse que les deux organites proviennent de l'incorporation de bactéries dans les cellules eucaryotes primitives, d'où le nom d'organite endosymbiotique. Une observation à l'appui de cette origine est l'homologie de séquence de nombreuses protéines appartenant aux mitochondries, aux chloroplastes et aux bactéries, y compris certaines des protéines impliquées dans la translocation membranaire décrite dans cette section.

Les protéines codées par l'ADN mitochondrial ou l'ADN chloroplastique sont synthétisées sur des ribosomes dans les organites et dirigées dans les divers compartiments immédiatement après leur synthèse. La majorité des protéines localisées dans les mitochondries et les chloroplastes, cependant, sont codées par des gènes situés dans le noyau et sont importées dans les organites après leur synthèse dans le cytosol. Apparemment au cours de l'évolution, une grande partie de l'information génétique de l'ADN bactérien ancestral a migré, par un mécanisme inconnu, des endosymbiontes vers le noyau. Les précurseurs protéiques synthétisés dans le cytosol et destinés à la matrice mitochondriale ou à son équivalent chloroplastique, le stroma, contiennent habituellement des séquences N-terminales d'adressage spécifique qui leur permettent d'être reconnus par des récepteurs à la surface de l'organite. En général, cette séquence est clivée dès que la protéine atteint la matrice ou le stroma. Ces séquences d'adressage ressemblent dans leur localisation et leur fonction générale aux séquences signal qui dirigent les protéines naissantes vers la lumière du RE. Bien que les trois types de signaux partagent certaines propriétés séquentielles, les séquences spécifiques diffèrent considérablement (Table 16-1).

TABLEAU 16-1 Séquences d'adressage qui dirigent les protéines du cytosol vers les organites*

Organite	Position de la séquence dans la protéine	Excision de la séquence	Nature de la séquence
Réticulum endoplasmique (lumière)	N-terminale	Oui	Segment de 6-12 acides aminés hydrophobes, souvent précédé par au moins un acide aminé basique (Arg, Lys)
Mitochondrie (matrice)	N-terminale	Oui	Hélice amphipathique, longue de 20-50 résidus, avec Arg et Lys d'un côté et des résidus hydrophobes de l'autre
Chloroplaste (stroma)	N-terminale	Oui	Pas de motif commun ; en général riche en Ser, Thr et en petits résidus hydrophobes ; pauvre en Glu et Asp
Peroxisome (matrice)	C-terminale (la plupart des protéines) ; N-terminale (quelques protéines)	Non	Signal PTS1 (Ser-Lys-Leu) à l'extrémité C-terminale ; signal PTS2 N-terminal

* Des séquences différentes ou supplémentaires adressent des protéines aux membranes et compartiments des organites. Voir le Chapitre 12 pour les séquences d'adressage au noyau.

Dans les mitochondries et les chloroplastes, l'importation protéique requiert de l'énergie et se déroule là où les membranes interne et externe de l'organite sont en contact étroit. Puisque ces organites contiennent de multiples membranes et espaces délimités par des membranes, l'aiguillage de nombreuses protéines vers leur destination requiert souvent l'intervention successive de deux séquences d'adressage et de deux systèmes membranaires de translocation : les uns pour diriger la protéine vers l'organite et les autres pour l'envoyer dans un compartiment ou une membrane à l'intérieur de l'organite. Comme nous le verrons, les mécanismes d'adressage de diverses protéines aux mitochondries et aux chloroplastes sont apparentés à certains mécanismes décrits précédemment.

Des séquences signal amphipathiques N-terminales dirigent des protéines vers la matrice mitochondriale

Toutes les protéines qui passent du cytosol dans les mitochondries sont porteuses de séquences signal qui, bien que non identiques, ont des motifs communs. Les récepteurs impliqués sont capables de lier plusieurs séquences différentes mais apparentées. Pour les protéines destinées aux mitochondries, ce sont les séquences d'*adressage à la matrice* qui ont été le plus étudiées. Ces séquences, en position N-terminale, sont longues habituellement de 20-50 acides aminés. Elles sont riches en acides aminés hydrophobes, en résidus basiques (arginine et lysine) et hydroxylés (sérine et thréonine), mais sont pauvres en résidus acides (aspartate et glutamate).

On pense que les séquences d'adressage à la matrice mitochondriale ont une conformation d'hélice α dans laquelle les acides aminés chargés prédominent d'un côté de l'hélice et les acides aminés hydrophobes prédominent de l'autre côté ; ces séquences sont donc amphipathiques. Des mutations qui perturbent ce caractère amphipathique altèrent en général l'adressage, alors que beaucoup d'autres substitutions d'acides aminés n'ont pas cet effet. Ce qui indique que l'amphipathie de ces séquences est critique pour leur fonction.

Le test acellulaire décrit dans la Figure 16-25 a été largement utilisé dans les études de l'importation des précurseurs mitochondriaux. Dans ce système, des mitochondries qui respirent (énergisées) extraites de cellules peuvent incorporer des précurseurs protéiques porteurs de séquences d'adressage appropriées et qui ont été synthétisés séparément en absence de mitochondries. L'incorporation dans l'organite peut être testée soit par la résistance du précurseur à la digestion par une protéase exogène ou, dans la plupart des cas, par clivage des séquences d'adressage N-terminales par des protéases spécifiques. La capture par l'organite de précurseurs dont la synthèse est complète contraste avec la translocation cotraductionnelle des protéines sécrétoires, qui ne réussit en général que lorsque des membranes microsomiales sont présentes durant la synthèse (voir Figure 16-4)

L'importation d'une protéine mitochondriale requiert des récepteurs sur la membrane externe et des translocons dans les deux membranes

La Figure 16-26 présente un survol de l'importation de protéines dans la matrice mitochondriale à partir du cytosol ; c'est la voie

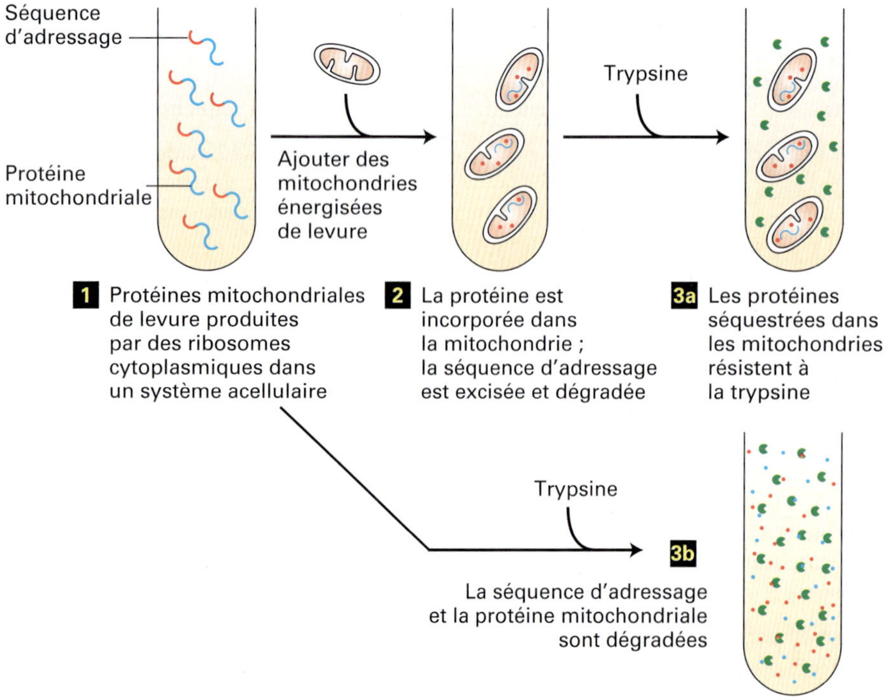

FIGURE EXPÉRIMENTALE 16-25 L'importation post-traductionnelle des précurseurs protéiques dans les mitochondries peut être testée dans un système acellulaire. La protéine importée doit contenir une séquence d'adressage appropriée. L'incorporation requiert de l'ATP et un extrait cytosolique contenant des chaperons qui maintiennent les précurseurs sous forme dépliée. La protéine ne peut être captée que par des mitochondries énergisées (qui respirent), avec un gradient électrochimique de protons (force proton-motrice) à travers la membrane interne. Ce test a été utilisé pour l'étude des séquences d'adressage et d'autres caractéristiques du processus de translocation.

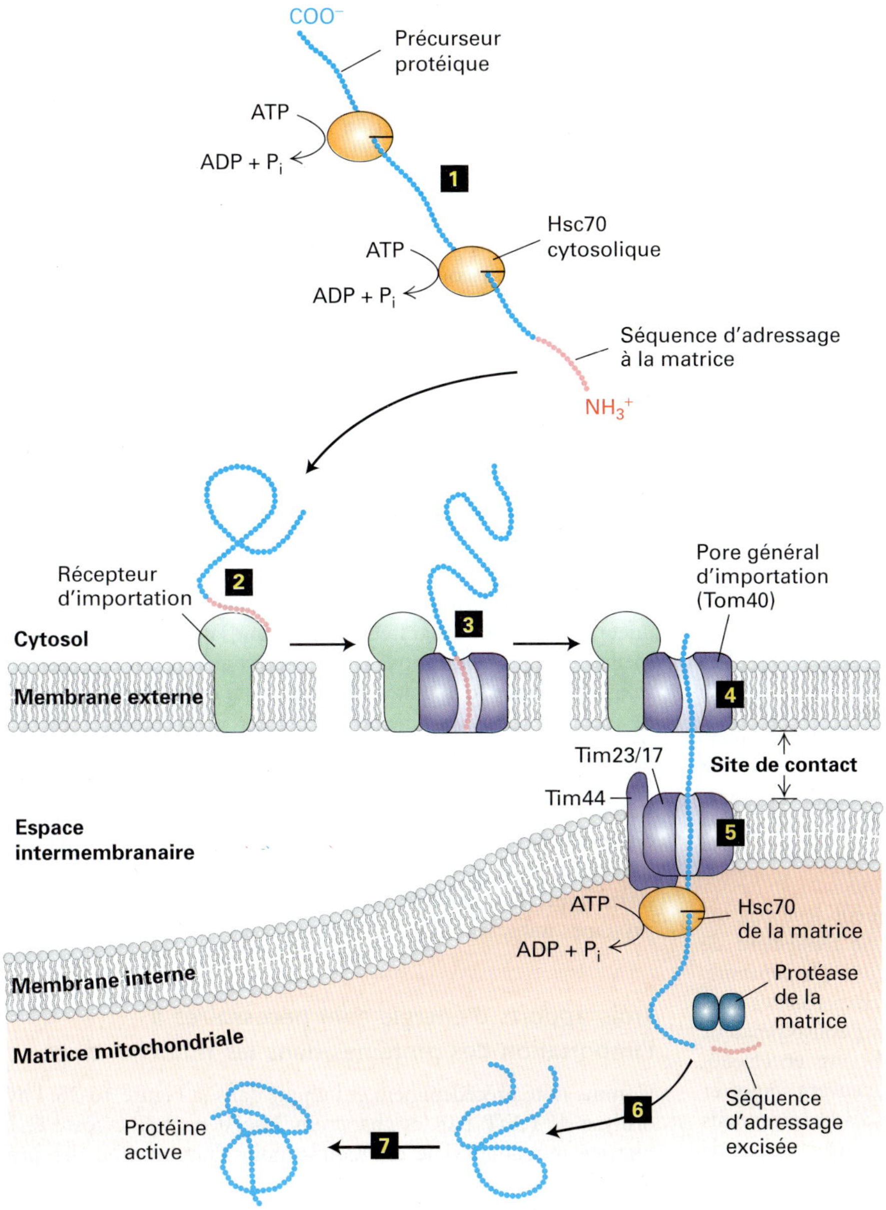

FIGURE 16-26 Importation des protéines dans la matrice mitochondriale. Des précurseurs protéiques synthétisés sur des ribosomes cytosoliques sont maintenus sous une forme non, ou partiellement, repliée par des chaperons comme Hsc70 (étape **1**). Lorsqu'un précurseur s'est fixé à un récepteur d'importation près d'un site de contact avec la membrane interne (étape **2**), il passe à travers le pore général d'importation (étape **3**). La protéine en voie de translocation parcourt alors ce canal ainsi que celui qui s'ouvre en face dans la membrane interne (étapes **4**, **5**). Notez que la translocation survient à de rares points de contact où les membranes interne et externe paraissent se toucher. La liaison de la protéine en voie de translocation au chaperon de la matrice Hsc70 et l'hydrolyse subséquente de l'ATP par Hsc70 assurent l'importation dans la matrice. Dès que la séquence d'adressage et d'importation a été excisée par la protéase de la matrice et que Hsc70 a été libéré de la protéine nouvellement importée (étape **6**), celle-ci se replie et prend sa conformation active au sein de la matrice (étape **7**). Le repliement de certaines protéines dépend de chaperonines de la matrice. Voir le texte pour plus d'explications.
[Voir G. Schatz, 1996, *J. Biol. Chem.* **271**:31763 ; et N. Pfanner *et al.*, 1997, *Ann. Rev. Cell Devel. Biol.* **13**:25.]

d'entrée dans la mitochondrie que suivent la plupart des protéines. Nous allons décrire chaque étape du transport vers la matrice et nous verrons comment certaines protéines sont adressées ensuite à d'autres compartiments de la mitochondrie.

Après leur synthèse dans le cytosol, les précurseurs solubles des protéines mitochondriales (y compris les protéines membranaires intrinsèques hydrophobes) interagissent directement avec la membrane mitochondriale. En général, seules les protéines non repliées peuvent être importées dans la mitochondrie. Des chaperons comme l'Hsc70 cytosolique gardent dans un état déplié les protéines naissantes ou qui viennent d'être produites en manière telle qu'elles puissent être incorporées dans les mitochondries. L'importation d'un précurseur déplié débute par la liaison de la séquence d'adressage à un *récepteur d'importation* dans la membrane externe. Ces récepteurs furent d'abord identifiés par des expériences dans lesquelles des anticorps dirigés contre des protéines spécifiques de la membrane externe se sont avérés capables d'inhiber l'importation dans des mitochondries isolées. Des expériences génétiques ultérieures, dans lesquelles les gènes de protéines propres à la membrane externe furent mutés, ont montré que les récepteurs spécifiques étaient responsables de l'importation de différentes classes de protéines mitochondriales. Par exemple, les séquences N-terminales d'adressage à la matrice sont reconnues par Tom20 et Tom22. Les protéines de la membrane externe impliquées dans l'adressage et l'importation sont appelées protéines *Tom* pour *t*ranslocon of the *o*uter *m*embrane (translocon de la membrane externe).

Les récepteurs d'importation transfèrent ensuite le précurseur dans un canal d'importation de la membrane externe. Celui-ci, composé surtout de la protéine Tom40, est appelé *pore d'importation générale* puisque tous les précurseurs mitochondriaux connus accèdent au compartiment interne de la mitochondrie à travers ce canal. Quand Tom40 est purifié et incorporé dans des liposomes, il forme un canal transmembranaire avec un pore suffisamment large que pour accueillir un polypeptide déplié. Ce canal à travers la membrane externe est essentiellement passif ; la force nécessaire au transport unidirectionnel provient de l'intérieur de la mitochondrie. Les précurseurs destinés à la matrice sont transférés simultanément à travers la membrane externe et à travers la membrane interne, qui comporte des canaux composés des protéines Tim23 et Tim17. (Tim pour *t*ranslocon of the *i*nner *m*embrane.) La translocation dans la matrice se déroule donc dans des « sites de contact » où les membranes externe et interne sont étroitement rapprochées.

Peu après son entrée dans la matrice, la séquence d'adressage N-terminale est excisée par une protéase locale. La protéine émergeante se lie au chaperon Hsc70, qui interagissant avec Tim44, est en contact avec les canaux de translocation de la membrane interne. Cette interaction stimule l'hydrolyse de l'ATP par la Hsc70 de la matrice, et ces deux protéines, pense-t-on, assurent la translocation des protéines dans la matrice.

Certaines protéines importées peuvent acquérir leur conformation finale et active sans aide. Cependant, le repliement de nombreuses protéines de la matrice requiert une *chaperonine.* Comme décrit dans le Chapitre 3, les protéines chaperonines facilitent le repliement protéique selon un processus consommateur d'ATP. Par exemple, des mutants de levure déficients en Hsc60, une chaperonine de la matrice mitochondriale, peuvent importer des protéines de la matrice et cliver la séquence d'adressage, mais les polypeptides importés ne se replient pas et ne forment pas de structures tertiaire et quaternaire.

Des expériences au moyen de protéines chimériques ont révélé des modalités importantes de l'importation dans les mitochondries

Que l'importation dépende étroitement de la séquence d'adressage à la matrice mitochondriale a été prouvé au moyen de protéines chimériques produites par les techniques de l'ADN recombinant. La séquence d'adressage de l'alcool déshydrogénase peut être attachée au bout N-terminal de la dihydrofolate réductase (DHFR), dont la localisation normale est cytosolique. En présence de chaperons, qui évitent que le segment C-terminal de la DHFR ne se replie dans le cytosol, les tests de translocation en système acellulaire montrent que la protéine chimérique est transportée dans la matrice (Figure 16-27a). Le méthotrexate, qui se lie fermement au site actif de la DHFR et stabilise sa conformation, rend la protéine chimérique résistante au dépliement par les chaperons cytosoliques. Lorsque les tests de translocation sont effectués en présence de méthotrexate, la protéine chimérique n'entre pas complètement dans la matrice. Cette observation prouve qu'un précurseur doit être sous forme dépliée pour qu'il puisse traverser les pores membranaires des mitochondries.

Si un segment suffisamment long sépare la séquence d'adressage N-terminale et la portion DHFR de la protéine chimérique, en présence de méthotrexate, le précurseur se retrouve coincé dans une position intermédiaire (Figure 16-27b). À cet effet, le segment de séparation doit être suffisamment long pour s'étendre en travers des deux membranes ; un segment de 50 acides aminés s'est révélé adéquat à condition qu'il soit étiré au maximum. S'il est plus court, disons 35 acides aminés, on n'obtient pas cette forme bloquée en position intermédiaire. On en conclut que les protéines en voie de translocation s'étendent en travers des membranes externe et interne des mitochondries et passent dans un état déplié.

Les études microscopiques de ces formes coincées au cours de leur translocation (intermédiaires de translocation) ont montré qu'elles s'accumulent dans les sites ou les membranes interne et externe sont proches, ce qui indique que les précurseurs protéiques n'entrent qu'à cet endroit (Figure 16-27c). La distance entre la face cytosolique de la membrane externe et la face matricielle de la membrane interne à ces *sites de contact* correspond à la longueur du segment séparateur requis pour la formation des intermédiaires de translocation. De plus ceux-ci peuvent être liés chimiquement aux sous-unités protéiques qui composent les canaux de translocation des membranes externe et interne. Ce qui démontre que les protéines importées peuvent s'engager simultanément dans les canaux des membranes externe et interne des mitochondries, comme l'illustre la Figure 16-26. Puisque l'on compte environ 1000 intermédiaires de translocation bloqués dans une mitochondrie typique, on pense que cet organite comporte approximativement 1000 pores d'importation ouverts aux protéines mitochondriales.

Trois apports d'énergie sont nécessaires à l'importation des protéines dans les mitochondries

Comme noté précédemment et indiqué dans la Figure 16-26, l'hydrolyse de l'ATP par les chaperons Hsc70 dans le cytosol et la matrice mitochondriale est requise pour l'importation des protéines mitochondriales. La Hsc70 cytosolique consomme cette énergie pour maintenir les précurseurs dans un état déplié qui permet leur translocation dans la matrice. L'importance de l'ATP pour cette fonction fut démontrée par des expériences avec un précurseur mitochondrial purifié et ensuite dénaturé (déplié) par l'urée. Lorsque la protéine dénaturée fut testée dans un système de translocation mitochondrial acellulaire, elle fut incorporée dans la matrice en absence d'ATP. Par contre, l'importation du précurseur non dénaturé a requis de l'ATP afin que les chaperons cytosoliques puissent exercer leur fonction de dépliement.

La fixation successive et la libération dépendante de l'ATP de multiples molécules de Hsc70 matricielles à la protéine en voie de translocation pourraient simplement piéger la protéine non repliée dans la matrice. Par ailleurs, la Hsc70 matricielle, ancrée à la membrane par la protéine Tim44, pourrait, comme un moteur moléculaire, tirer la protéine dans la matrice (voir Figure 16-26). Dans ce cas, la Hsc70 matricielle et Tim 44 exerceraient une fonction analogue à celle que le chaperon BiP et le complexe Sec63 exercent dans la translocation post-traductionnelle dans la lumière du RE (voir Figure 16-9).

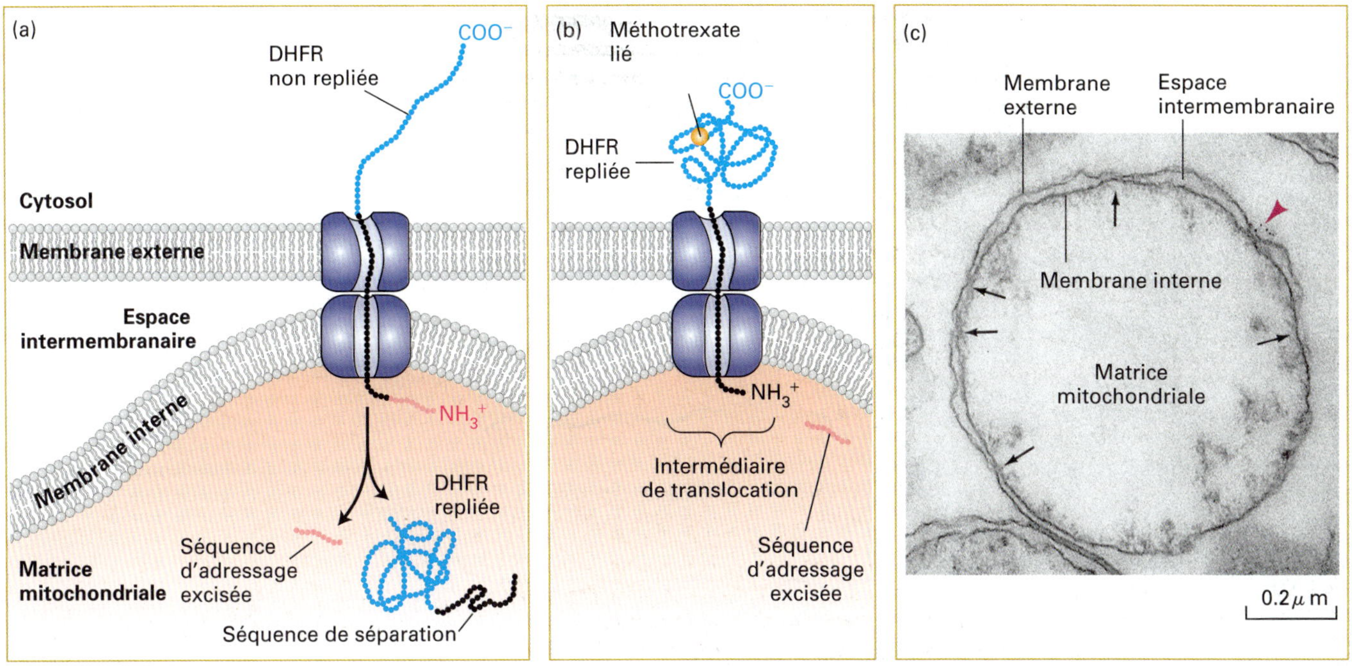

FIGURE EXPÉRIMENTALE 16-27 Des expériences avec des protéines chimériques montrent qu'une séquence d'adressage à la matrice dirige à elle seule les protéines vers la matrice mitochondriale et que seules les protéines non repliées sont transférées à travers les deux membranes. La protéine chimérique dans ces expériences contient un signal d'adressage à la matrice dans sa partie N-terminale (rouge), une séquence de séparation sans fonction particulière (noir) et la dihydrofolate réductase (DHFR), une enzyme présente normalement dans le cytosol. (a) Lorsque le segment DHFR est déplié, la protéine chimérique migre à travers les deux membranes jusqu'à la matrice des mitochondries énergisées, où le signal d'adressage est excisé. (b) Lorsque le segment C-terminal de la protéine chimérique est bloqué dans un état replié par sa liaison au méthotrexate, la translocation s'arrête. Si la séquence de séparation est longue assez pour s'étendre tout au long des deux canaux de transport, un intermédiaire de translocation stable, avec séquence d'adressage excisée, est généré en présence de méthotrexate. (c) La partie C-terminale de l'intermédiaire de translocation en (b) peut être détectée par des anticorps qui se lient au segment DHFR, mis en évidence eux-mêmes par des particules d'or couvertes de protéine A bactérienne, qui se fixe aux immunoglobulines de manière non spécifique (voir Figure 5-51). Une micrographie électronique d'un échantillon sélectionné révèle les particules d'or (tête de flèche rouge) liées à un intermédiaire de translocation à un site de contact entre les membranes interne et externe. D'autres sites de contact (flèches noires) sont aussi visibles. [Parties (a) et (b) adaptées de J. Rassow *et al.*, 1990, *FEBS letters* **275**:190. Partie (c) de la part de M. Schweiger *et al.*, 1987, *J.Cell Biol.* **105**:235, avec l'accord de W. Neupert.]

La **force proton-motrice**, liée à un gradient électrochimique de H^+ à travers la membrane interne, constitue, le troisième apport d'énergie nécessaire à l'importation de protéines dans les mitochondries (Chapitre 8). En général, seules les mitochondries qui respirent (énergisées) et ont dès lors généré une force proton-motrice à travers la membrane interne sont capables de transférer les précurseurs protéiques du cytosol dans la matrice mitochondriale. Le traitement des mitochondries avec des inhibiteurs ou des agents découplant la phosphorylation oxydative, comme le cyanure ou le dinitrophénol, dissipent cette force proton-motrice. Dans des cellules intactes ou dans un système acellulaire, ces mitochondries empoisonnées sont incapables, même en présence d'ATP et de chaperons, d'importer les protéines alors que celles-ci se lient normalement à leurs récepteurs. On ne comprend pas entièrement comment la force proton-motrice facilite l'entrée d'un précurseur dans la matrice. Dès qu'une protéine est insérée partiellement dans la membrane interne, elle est soumise à un potentiel transmembranaire de 200 mV (l'espace matriciel étant négatif), ce qui équivaut à un gradient électrique d'environ 400.000 V/cm. On a émis l'hypothèse que les charges positives dans la séquence amphipathique qui sert à l'adressage permettraient à la protéine d'être tirée par « électrophorèse » dans l'espace matriciel par le potentiel électrique négatif à l'intérieur de la membrane.

De multiples signaux répartissent les protéines, par diverses voies de transfert, dans les compartiments mitochondriaux

Alors que les protéines destinées à la matrice mitochondriale ne contiennent qu'une seule séquence d'adressage, celles qui sont réparties dans l'espace intermembranaire, la membrane interne ou la membrane externe comportent en général plusieurs séquences d'adressage et suivent une voie de transfert parmi plusieurs. La Figure 16-28 résume l'organisation de ces séquences en fonction des différents sites mitochondriaux où les protéines doivent aboutir.

Protéines de la membrane interne On connaît trois voies séparées qui conduisent les protéines dans la membrane interne des mitochondries. Une voie utilise le même système que celle qui est

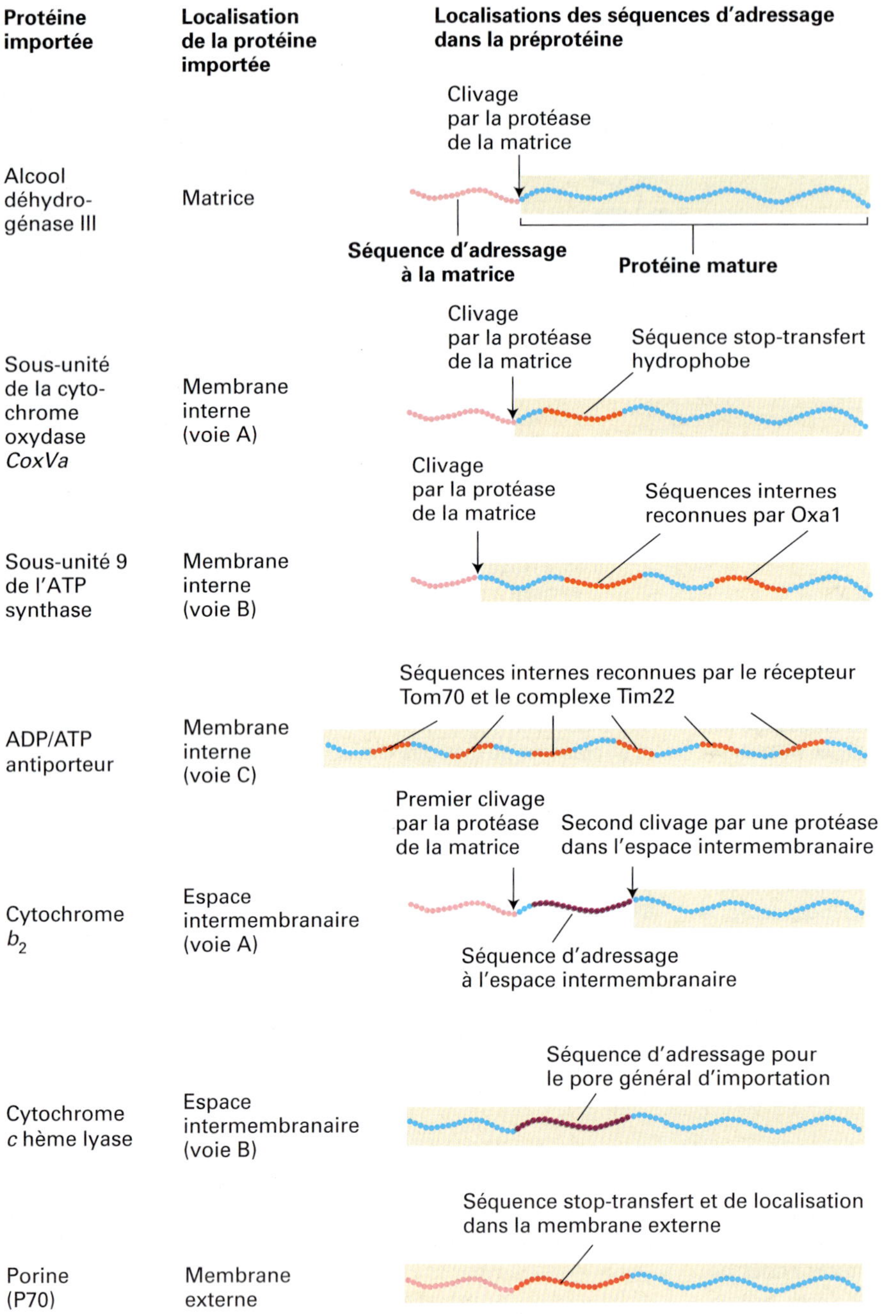

FIGURE 16-28 Arrangement des séquences d'adressage des protéines importées dans les mitochondries. La plupart des protéines mitochondriales ont une séquence N-terminale d'adressage à la matrice (rose) qui est semblable mais non identique dans différentes protéines. Celles qui sont destinées à la membrane interne, à l'espace intermembranaire ou à la membrane externe ont une ou plusieurs séquences de ciblage qui dirigent les protéines vers leur destination par plusieurs voies différentes. Les voies mentionnées entre parenthèses correspondent à celles qui sont illustrées dans les Figures 16-29 et 16-30). [Voir W. Neupert, 1997, *Ann. Rev. Biochem.* **66**:863.]

empruntée par les protéines destinées à la matrice (Figure 16-29, voie A). Une sous-unité de la cytochrome oxydase appelée CoxVa illustre bien ce mode de transfert. Le précurseur de CoxVa contient en position N-terminale une séquence d'adressage à la matrice, ce qui lui permet d'être reconnu par le récepteur d'importation Tom20/22 et d'être transféré par le pore général d'importation de la membrane externe et par le complexe de translocation Tim23/17 de la membrane interne. En plus de la séquence d'adressage à la matrice, qui est excisée durant l'importation, CoxVa contient une séquence stop-transfert hydrophobe. Lorsque la protéine passe à travers le canal Tim23/17, la séquence stop-transfert bloque la translocation du bout C-terminal dans la membrane interne. Le précurseur coincé dans la membrane diffuse latéralement dans la bicouche de la membrane interne ; ce processus ressemble donc à celui qui permet aux protéines membranaires intrinsèques de type 1 d'être incorporées dans la membrane du RE (voir Figure 16-11).

Une seconde voie menant à la membrane interne est suivie par des protéines (e.g. la sous-unité 9 de l'ATP synthase) dont les précurseurs contiennent, en plus de la séquence de ciblage matriciel, des domaines hydrophobes reconnus par une protéine de la membrane interne appelée *Oxa1*. Cette voie, pense-t-on, implique la translocation d'au moins une partie du précurseur dans la matrice par les canaux Tom20/22 et Tim23/17. Après clivage de la séquence d'adressage à la matrice, la protéine est insérée dans la membrane interne par un processus qui requiert son interaction

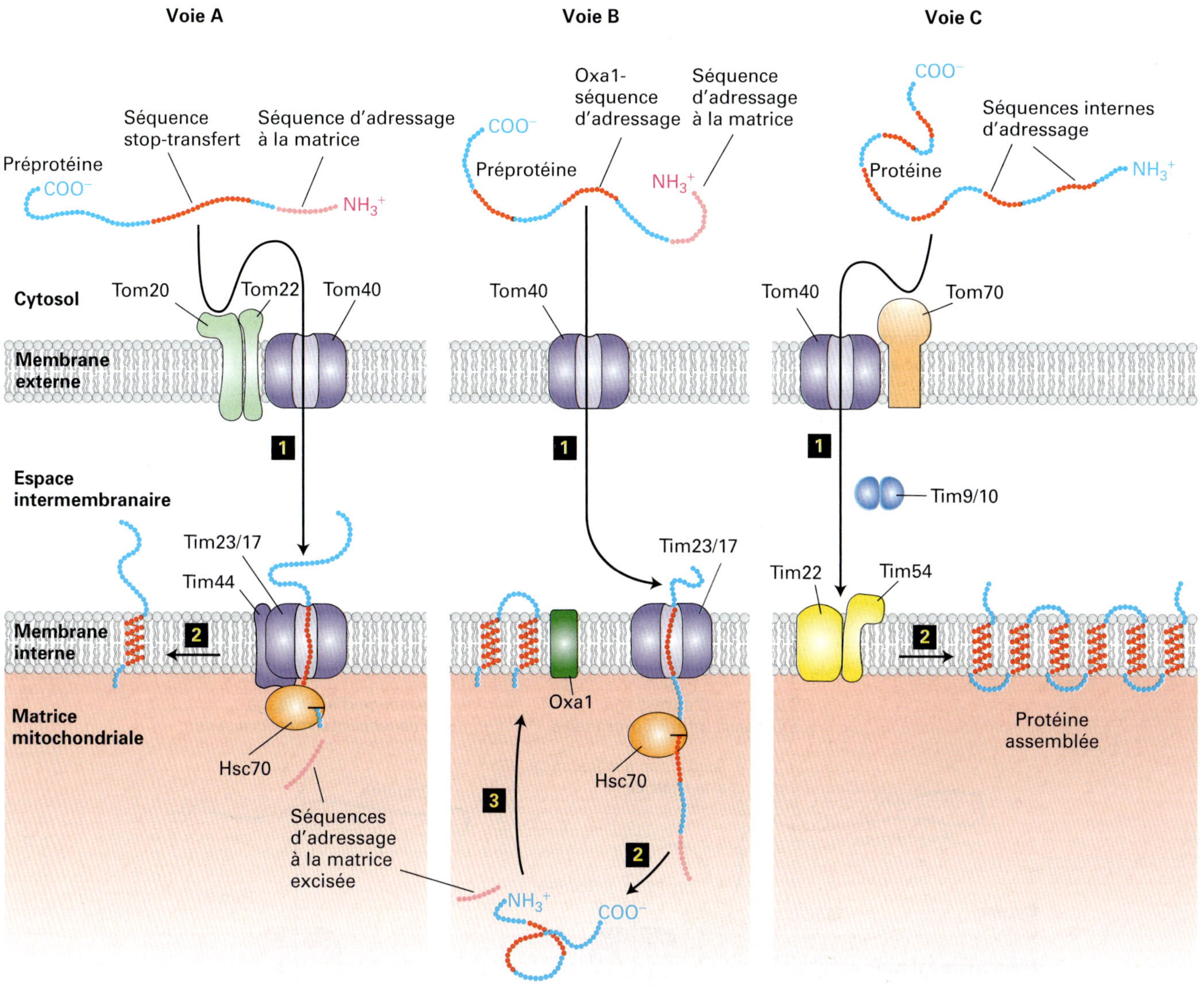

FIGURE 16-29 Trois voies pour le transfert de protéines du cytosol vers la membrane interne des mitochondries. Des protéines avec des séquences d'adressage différentes sont dirigées vers la membrane interne par différentes voies. Dans les trois voies, les protéines traversent la membrane externe par le pore général d'importation Tom40. Des protéines transmises par les voies A et B contiennent une séquence N-terminale d'adressage à la matrice qui est reconnue par le récepteur d'importation Tom20/22 dans la membrane externe. Bien que ces deux voies passent par le canal Tim23/17 de la membrane interne, elles diffèrent par le fait que, dans la voie B, le précurseur entier entre dans la matrice et est redirigé ensuite vers la membrane interne. La Hsc70 de la matrice intervient comme dans l'importation des protéines solubles de la matrice (voir Figure 16-26). Les protéines livrées par la voie C contiennent des séquences internes qui sont reconnues par le récepteur d'importation Tom70. Un canal de translocation différent de la membrane interne (Tim22/54) est utilisé dans cette voie. Deux protéines intermembranaires (Tim9 et Tim10) facilitent le transfert entre les canaux externe et interne. Voir le texte pour plus d'explications. [Voir R. E. Dalbey & A. Kuhn, 2000, *Ann. Rev. Cell Devel. Biol.* **16**:51, et N. Pfanner & A. Geissler, 2001, *Nature Rev. Mol. Cell Biol.* **2**:339.]

avec Oxa1 et peut-être avec d'autres protéines de la membrane interne (Figure 16-29, voie B). Oxa1 est apparentée à une protéine bactérienne impliquée dans l'insertion de certaines protéines de la membrane interne des bactéries. Cette parenté suggère qu'Oxa1 proviendrait d'un système de translocation qui existait dans la bactérie endosymbionte qui a fini par devenir une mitochondrie. Cependant, les protéines formant les canaux de la membrane interne des mitochondries ne sont pas apparentées à la protéine SecY des translocons bactériens. Oxa1 participe également à l'insertion dans la membrane interne de certaines protéines (e.g. la sous-unité II de la cytochrome oxydase) qui sont codées par l'ADN mitochondrial et synthétisées dans la matrice par les ribosomes mitochondriaux.

La troisième voie d'insertion dans la membrane interne de la mitochondrie est suivie par des protéines qui comportent six domaines transmembranaires, comme l'ADP/ATP antiporteur (ou échangeur). Ces protéines, qui sont dépourvues de séquence de ciblage matriciel, contiennent de multiples séquences internes servant à l'adressage. Après que ces séquences ont été reconnues par Tom70, un second récepteur d'importation localisé dans la membrane externe, la protéine passe à travers le pore général d'importation de la membrane externe (Figure 16-29, voie C). De là, elle accède à un second complexe de translocation composé des protéines Tim22 et Tim54 et situé dans la membrane interne. Le transfert dépend d'un complexe multimérique de deux petites protéines, Tim9 et Tim10, qui résident dans l'espace intermembranaire. Elles pourraient jouer le rôle de chaperons et guider ainsi les protéines du pore général d'importation vers le complexe 22/54. Finalement ce dernier assure l'incorporation des multiples segments hydrophobes de la protéine dans la membrane interne.

Protéines de l'espace intermembranaire Deux voies conduisent les protéines cytosoliques dans l'espace entre les membranes interne et externe des mitochondries. La voie principale est suivie par des protéines comme le cytochrome b_2, dont les précurseurs sont porteurs de deux séquences N-terminales d'adressage différentes, qui finalement sont toutes deux excisées. Celle qui occupe la position la plus N-terminale correspond à la séquence d'adressage matriciel ; elle est excisée par la protéase de la matrice. La seconde séquence est un segment hydrophobe qui bloque la translocation de la protéine dans la membrane interne (Figure 16-30, voie A). Cette forme bloquée diffuse latéralement en s'écartant du canal de translocation Tim23/17 ; ensuite, une protéase de la membrane clive le précurseur près du segment transmembranaire hydrophobe, libérant dans l'espace intermembranaire la protéine mature sous forme soluble. Sauf pour le second clivage protéolytique, cette voie est semblable à celle des protéines de la membrane interne comme CoxVa (voir Figure 16-29, voie A).

La cytochrome *c* hème lyase, l'enzyme qui attache de manière covalente l'hème au cytochrome *c*, illustre une seconde voie d'adressage à l'espace intermembranaire. La protéine importée est livrée directement dans l'espace intermembranaire par le pore

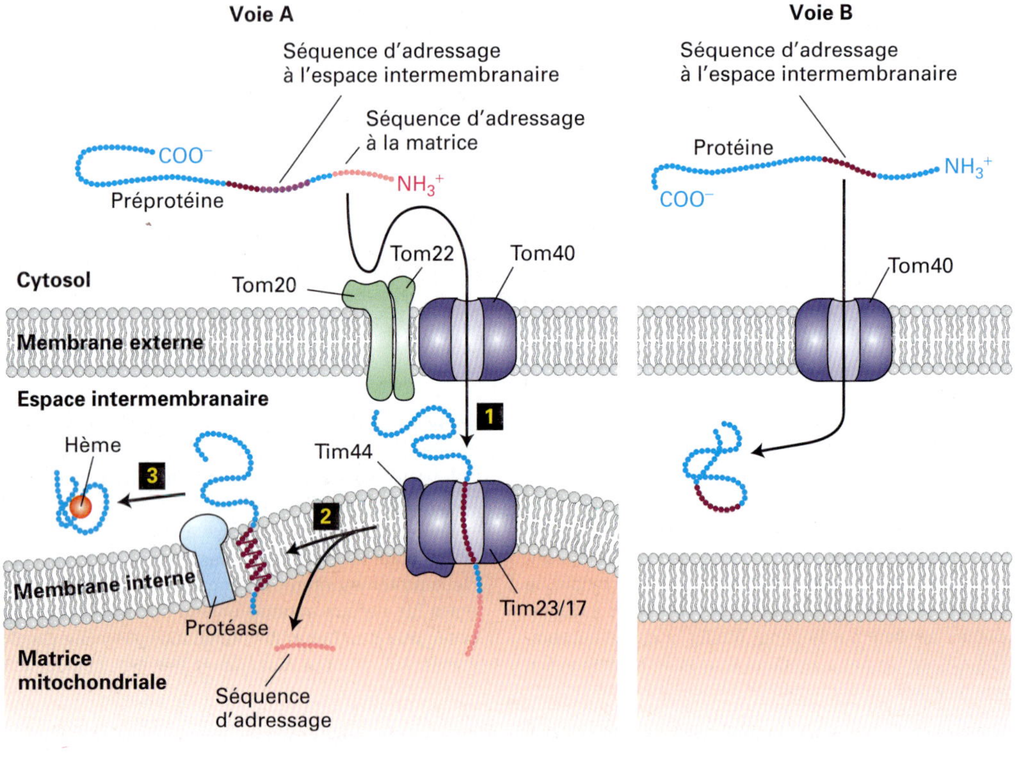

FIGURE 16-30 Deux voies pour le transfert de protéines du cytosol vers l'espace intermembranaire des mitochondries. La voie A, la principale pour l'adressage à l'espace intermembranaire, est similaire à la voie A utilisée pour le transfert à la membrane interne (voir Figure 16-29). La différence majeure est que la séquence interne d'adressage dans des protéines comme le cytochrome b_2 destiné à l'espace intermembranaire est reconnu par une protéase de la membrane interne, qui clive la protéine du côté de l'espace intermembranaire de la membrane. La protéine libérée se replie alors et se lie à son cofacteur hémique dans l'espace intermembranaire. La voie B consiste en un transfert direct dans l'espace intermembranaire à travers le pore général d'importation Tom40 dans la membrane externe. Voir le texte pour plus d'explications. [Voir R. E. Dalbey & A. Kuhn, 2000, *Ann. Rev. Cell Devel. Biol.* **16**:51 ; N. Pfanner & A. Geissler, 2001, *Nature Rev. Mol. Cell Biol.* **2**:339 ; et K. Diekert *et al.*, 1999, *Proc. Nat'l. Acad. Sci. USA.* **96**:11752.]

général d'importation sans implication d'aucun facteur de translocation de la membrane interne (Figure 16-30, voie B). La translocation par le pore général d'importation Tom40 ne paraît couplée à aucun processus énergétique comme l'hydrolyse de l'ATP ou du GTP, et l'on ignore ce qui assure le caractère unidirectionnel de la translocation à travers la membrane externe. Une possibilité est que la cytochrome *c* hème lyase diffuse passivement à travers la membrane externe et est piégée ensuite dans l'espace intermembranaire par fixation à une autre protéine arrivée là par un des mécanismes de translocation décrits plus haut.

Les protéines de la membrane externe Des expériences avec la porine mitochondriale (P70) ont fourni des indications sur l'adressage des protéines à la membrane externe des mitochondries. Une courte séquence d'adressage à la matrice en position N-terminale de P70 est suivie par un long segment d'acides aminés hydrophobes (voir Figure 16-28). Si la séquence hydrophobe est expérimentalement enlevée de P70, la protéine s'accumule dans l'espace matriciel tout en gardant sa séquence d'adressage à la matrice. Cette observation suggère que la longue séquence hydrophobe agirait comme une séquence stop-transfert qui à la fois prévient le transfert de la protéine dans la matrice et l'insère comme protéine intrinsèque dans la membrane externe. Normalement, ni la séquence d'adressage à la matrice ni la séquence stop-transfert ne sont excisées de la protéine insérée. La source d'énergie qui permet aux protéines de la membrane externe de passer à travers le pore général d'importation n'a pas encore été identifiée.

L'adressage des protéines du stroma des chloroplastes est semblable à l'importation des protéines de la matrice mitochondriale

Parmi les protéines du stroma des chloroplastes se trouvent les enzymes du cycle de Calvin, qui fixent le CO_2 dans les glucides durant la photosynthèse (Chapitre 8). La grande (L) sous-unité de la ribulose 1,5-bisphosphate carboxylase (rubisco) est codée par l'ADN du chloroplaste et synthétisée sur les ribosomes chloroplastiques dans l'espace stromal. La petite (S) sous-unité de rubisco et toutes les autres enzymes du cycle de Calvin sont codées par des gènes nucléaires et transportées dans les chloroplastes après leur synthèse dans le cytosol ; les précurseurs de ces protéines contiennent une séquence N-terminale d'*importation stromale* (voir Tableau 16-1).

Des expériences avec des chloroplastes isolés, semblables à celles qui sont effectuées avec les mitochondries (voir Figure 16-25), ont montré qu'ils peuvent importer le précurseur de la sous-unité S après sa synthèse. Dès son entrée dans l'espace stromal, le précurseur sous forme non repliée se lie de manière transitoire au chaperon Hsc70 et sa séquence N-terminale est excisée. Au cours de réactions facilitées par les chaperonines Hsc60 de l'espace stromal, huit sous-unités S s'associent à huit sous-unités L pour constituer l'enzyme active rubisco.

L'importation dans le stroma ressemble à celle qui transfère les protéines dans la matrice mitochondriale (voir Figure 16-26). Au moins trois protéines de la membrane externe du chloroplaste, entre autres le récepteur qui lie la séquence d'importation stromale et une protéine constitutive du canal de translocation, et cinq protéines de la membrane interne sont essentielles à l'adressage des protéines au stroma. Bien que ces protéines fonctionnent comme les protéines servant de récepteur et de canal dans la membrane mitochondriale, elles n'ont pas une structure homologue. L'absence d'homologie entre ces protéines chloroplastiques et mitochondriales suggère qu'elles sont apparues indépendamment au cours de l'évolution.

Les observations disponibles suggèrent que les protéines stromales, comme les protéines matricielles des mitochondries, sont importées sous forme non repliée. Le processus dépend de l'hydrolyse de l'ATP catalysée par le chaperon Hsc70 stromal dont la fonction est semblable à celle de l'Hsc70 dans la matrice mitochondriale et de BiP dans la lumière du RE. Contrairement aux mitochondries, les chloroplastes ne peuvent générer de gradient électrochimique (force proton-motrice) à travers la membrane interne. Il paraît donc que l'importation protéique dans le stroma chloroplastique dépendrait uniquement de l'énergie fournie par hydrolyse de l'ATP.

Les protéines sont transférées dans les thylacoïdes par des mécanismes apparentés à la translocation à travers la membrane interne des bactéries

En plus de la membrane double qui les entoure, les chloroplastes contiennent une série de vésicules aplaties interconnectées, les **thylacoïdes** (voir Figure 8-30). Les protéines localisées dans la membrane ou la lumière de cette structure réalisent la photosynthèse. Beaucoup de ces protéines sont synthétisées dans le cytosol comme précurseurs contenant plusieurs séquences d'adressage. Par exemple, la plastocyanine et d'autres protéines destinées à la lumière du thylacoïde requièrent l'intervention successive de deux séquences d'importation-adressage. La première est une séquence N-terminale d'importation stromale qui dirige la protéine vers le stroma par la même voie que celle que suit la sous-unité S de rubisco. La seconde séquence adresse la protéine à partir du stroma vers la lumière du thylacoïde. Le rôle de ces séquences d'adressage a été montré dans des systèmes acellulaires dans lesquels on mesure l'entrée dans les chloroplastes de protéines mutées générées par les techniques de l'ADN recombinant. Par exemple, la plastocyanine mutée, dépourvue de la séquence d'adressage au thylacoïde mais contenant la séquence d'importation stromale s'accumule dans le stroma et n'est pas transportée dans la lumière du thylacoïde.

Quatre voies séparées pour le transfert protéique du stroma vers le thylacoïde ont été identifiées. Toutes les quatre sont étroitement apparentées à des mécanismes de transport analogues dans les bactéries, ce qui illustre la relation phylogénique entre la membrane stromale et la membrane interne des bactéries. Le transfert de la plastocyanine et d'autres protéines dans la lumière du thylacoïde se déroule par une voie dépendant de la SRP (Figure 16-31, voie A). Une seconde voie menant également à la lumière du thylacoïde dépend d'une protéine apparentée à la SecA bactérienne et utilise, pense-t-on, un mécanisme semblable à celui qui est décrit dans la Figure 16-23. Une troisième voie mène à l'intégration de protéines dans la membrane du thylacoïde par l'intermédiaire d'une protéine apparentée à Oxa1 des mitochondries et à son homologue bactérien (voir Figure 16-29, voie B). Cette voie est empruntée par des protéines qui sont codées par l'ADN des chlo-

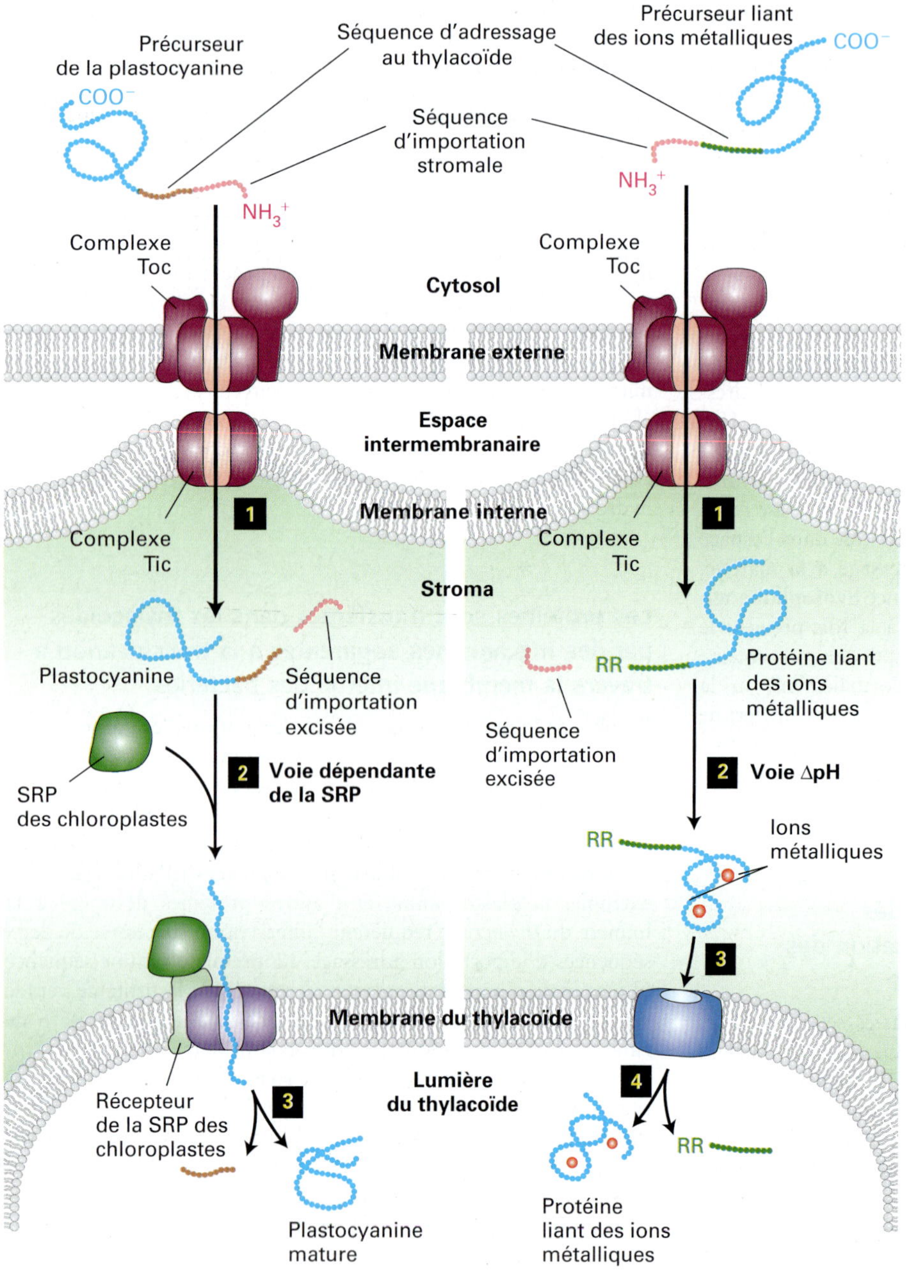

FIGURE 16-31 Deux des quatre voies de transfert protéique du cytosol vers la lumière du thylacoïde. Dans ces voies, des précurseurs non repliés gagnent le stroma par l'intermédiaire des mêmes protéines de la membrane externe que celles qui importent les protéines stromales. L'excision de la séquence N-terminale d'importation stromale par une protéase du stroma révèle alors la séquence d'adressage au thylacoïde. À ce point, les deux voies divergent. Dans la voie dépendante de la SRP (*à gauche*), la plastocyanine et des protéines semblables sont maintenues sous forme dépliée dans l'espace stromal par une série de chaperons (non montré) et, dirigées par la séquence d'adressage au thylacoïde, elles se lient à des protéines étroitement apparentées à la SRP bactérienne, à son récepteur et au translocon SecY, qui assurent la migration dans la lumière. Après élimination de la séquence d'adressage au thylacoïde par une endoprotéase, la protéine se replie et prend sa conformation normale. Dans la voie dépendante du pH (*à droite*), des protéines liant des ions métalliques se replient dans le stroma, et s'associent aux cofacteurs redox. Deux résidus arginine (RR) à l'extrémité N-terminale de la séquence d'adressage au thylacoïde et un gradient de pH à travers la membrane interne sont requis pour le transfert de la protéine repliée dans la lumière du thylacoïde. Le translocon dans la membrane du thylacoïde est composé d'au moins quatre protéines apparentées aux protéines de la membrane interne des bactéries. [Voir R. Dalbey & C. Robinson, 1999, *Trends Biochem. Sci.* **24**:17 ; R. E. Dalbey & A. Kuhn, 2000, *Ann. Rev. Cell Devel. Biol.* **16**:51 ; et C. Robinson & A. Bolhuis, 2001, *Nature Rev. Mol. Cell Biol.* **2**:350.]

roplastes et synthétisées dans le stroma, ou qui proviennent du cytosol en passant par le stroma.

Enfin, les protéines qui lient des cofacteurs contenant des ions métalliques parviennent à la lumière du thylacoïde par une autre voie (Figure 16-31, voie ΔpH). Les précurseurs non repliés de ces protéines sont d'abord adressés au stroma, où la séquence N-terminale d'importation stromale est excisée et où la protéine se replie et lie son cofacteur. Une série de protéines de la membrane du thylacoïde contribuent à la translocation de la protéine repliée associée à son cofacteur dans la lumière du thylacoïde, un processus tirant son énergie du gradient de pH maintenu normalement à travers la membrane du thylacoïde. La séquence d'adressage au thylacoïde qui dirige une protéine dans cette voie dépendante du pH comprend deux résidus arginine proches l'un de l'autre qui sont cruciaux pour la reconnaissance. Les bactéries ont aussi un mécanisme de translocation à travers la membrane interne pour des protéines repliées avec une séquence contenant de l'arginine. Le mécanisme moléculaire par lequel ces grandes protéines globulaires sont transportées à travers la membrane du thylacoïde fait actuellement l'objet de recherches intensives.

CONCEPTS CLÉS DE LA SECTION 16.5
Adressage des protéines aux mitochondries et aux chloroplastes

- La plupart des protéines mitochondriales et chloroplastiques sont codées par des gènes nucléaires, synthétisées sur les ribosomes cytosoliques et importées après leur traduction dans les organites.
- Toute l'information requise pour transférer un précurseur protéique du cytosol vers la matrice mitochondriale ou le stroma des chloroplastes est contenue dans la séquence N-terminale d'importation et d'adressage. Lorsque la protéine est arrivée à destination, cette séquence est excisée par une protéase de la matrice ou du stroma.
- Des chaperons cytosoliques maintiennent les précurseurs des protéines mitochondriales et chloroplastiques dans un état déplié. Seules les protéines non repliées peuvent être importées dans les organites. La translocation se passe dans des sites où les membranes externe et interne des organites sont très rapprochées.
- Les protéines destinées à la matrice mitochondriale traversent la membrane externe en se liant d'abord à un récepteur spécifique qui leur permet d'accéder au pore général d'importation (Tom40). La translocation se déroule de manière continue à travers les membranes externe et interne. La source d'énergie est la force proton-motrice à travers la membrane interne et l'hydrolyse de l'ATP par l'ATPase Hsc70 dans la matrice (voir Figure 16-26).
- Les protéines destinées à des compartiments mitochondriaux autres que la matrice contiennent habituellement au moins deux séquences d'adressage, une d'elles pouvant être la séquence N-terminale d'adressage à la matrice (voir Figure 16-28).
- Certaines protéines mitochondriales destinées à l'espace intermembranaire ou à la membrane interne sont d'abord importées dans la matrice et ensuite redirigées ; d'autres n'entrent jamais dans la matrice, mais gagnent directement leur localisation finale.
- Les protéines destinées au stroma des chloroplastes passent par des canaux de translocation qui traversent les membranes externe et interne et qui sont analogues sur le plan fonctionnel aux canaux mitochondriaux mais sont composés de protéines non apparentées par leur séquence aux protéines mitochondriales correspondantes.
- Les protéines destinées au thylacoïde ont des séquences d'adressage secondaires. Après leur entrée dans le stroma, le clivage des séquences d'adressage au stroma révèle les séquences d'adressage au thylacoïde.
- Les trois voies connues pour la migration des protéines à partir du stroma des chloroplastes vers le thylacoïde ressemblent fortement à la translocation à travers la membrane interne bactérienne (voir Figure 16-31). Un de ces systèmes peut transférer des protéines repliées.

16.6 Adressage des protéines aux peroxysomes

Les peroxysomes sont de petits organites entourés d'une simple membrane. Contrairement aux mitochondries et aux chloroplastes, ils ne contiennent ni ADN ni ribosomes. Aussi, toutes les protéines peroxysomiales sont codées par des gènes nucléaires, synthétisées sur les ribosomes libres dans le cytosol, et ensuite incorporées dans des peroxysomes préexistants ou venant de se former. Atteignant une certaine taille par apport protéique et lipidique, ils se divisent et, à l'instar des mitochondries et des chloroplastes, ils forment de nouveaux peroxysomes.

La taille et la composition enzymatique des peroxysomes varient considérablement dans différents types de cellules. Cependant, tous les peroxysomes contiennent des enzymes qui utilisent l'oxygène moléculaire pour oxyder divers substrats et former du peroxyde d'hydrogène (H_2O_2). La catalase, une enzyme localisée dans les peroxysomes, décompose de manière efficace H_2O_2 en H_2O. Les peroxysomes sont surtout abondants dans les cellules hépatiques, où ils constituent environ 1 à 2 % du volume cellulaire.

Un récepteur cytosolique adresse les protéines avec une séquence SKL C-terminale à la matrice du peroxysome

L'importation de la catalase et d'autres protéines dans les peroxysomes du foie de rat peut être étudiée dans un système acellulaire semblable à celui qui est utilisé pour suivre l'importation des protéines mitochondriales (voir Figure 16-25). En testant diverses catalases mutées, on a trouvé que la séquence C-terminale Ser-Lys-Leu (SKL, dans le code à une lettre) ou une séquence apparentée était nécessaire à l'adressage peroxysomial. De plus, l'addition de la séquence SKL au bout C-terminal d'une protéine cytosolique conduit à son incorporation dans les peroxysomes de cellules en culture. La plupart des nombreuses protéines différentes de la matrice peroxysomiale sont porteuses d'une séquence de ce type, appelée *séquence d'adressage peroxysomial 1* ou simplement *PTS1* (*peroxisomal targeting sequence 1*).

La voie d'importation de la catalase et d'autres protéines porteuses de PTS1 dans la matrice peroxysomiale est décrite dans la Figure 16-32. PTS1 se lie à un récepteur protéique soluble dans le cytosol (Pex5), qui à son tour se lie à un récepteur de la membrane du peroxysome (Pex14). Cette paire de récepteurs paraît fonctionner de manière semblable à la SRP et à son récepteur, qui assurent l'adressage des protéines dans le RE. Encore liée à Pex5, la protéine à importer passe alors par un canal multimérique de translocation, un fait qui diffère de l'importation protéique dans la lumière du RE. À un certain stade soit pendant ou après l'entrée dans la matrice, Pex5 se détache de la protéine destinée à la matrice et est recyclé dans le cytoplasme. Au contraire des séquences N-terminales d'adressage et d'importation portées par les protéines destinées à la lumière du RE, à la matrice mitochondriale et au stroma chloroplastique, la séquence PTS1 n'est pas excisée après l'entrée des protéines dans un peroxysome. L'importation peroxysomiale requiert l'hydrolyse de l'ATP, mais on ignore comment l'énergie libérée à partir de l'ATP est utilisée pour rendre la translocation unidirectionnelle à travers la membrane du peroxysome.

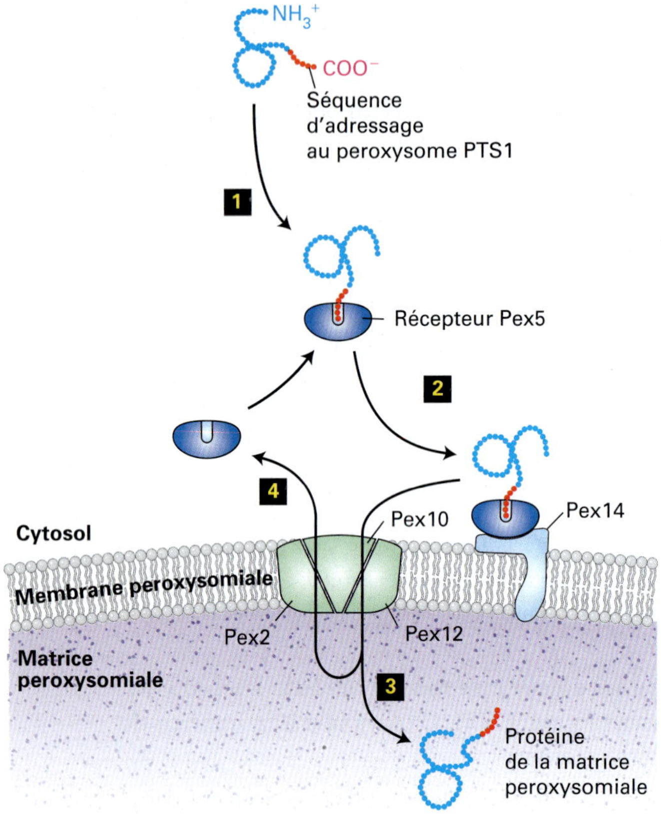

FIGURE 16-32 Importation des protéines dans la matrice peroxysomiale dirigée par la séquence d'adressage PTS1. Étape **1** : La catalase et la plupart des protéines de la matrice contiennent une séquence C-terminale d'adressage et d'importation PTS1 (rouge) qui se lie au récepteur cytosolique Pex5. Étape **2** : Pex5 lié à la protéine destinée à la matrice interagit avec le récepteur Pex14 sur la membrane peroxysomiale. Étape **3** : Le complexe protéine matricielle-Pex5 est transféré vers une série de protéines membranaires (Pex10, Pex12 et Pex2) nécessaires à la translocation dans la matrice par un mécanisme inconnu. Étape **4** : À un certain point, soit durant la translocation ou dans la lumière, Pex5 se détache de la protéine matricielle et retourne dans le cytosol, un processus qui implique le complexe Pex2/10/12 et des protéines membranaires et cytosoliques supplémentaires non montrées. Notez que des protéines repliées peuvent être importées dans les peroxysomes et que la séquence d'adressage n'est pas excisée dans la matrice. [Voir P. E. Purdue & P. B. Lazarow, 2001, *Ann. Rev. Cell Devel. Biol.* **17** : 701 ; et V. Dammai & S. Subramani, 2001, *Cell* **105** :187.]

Le système d'importation peroxysomiale, contrairement à la plupart de ceux qui assurent le transfert dans le RE, les mitochondries et les chloroplastes, laisse entrer des protéines repliées. Par exemple, la catalase acquiert sa conformation et fixe l'hème dans le cytoplasme avant de traverser la membrane peroxysomiale. Des études en conditions acellulaires ont montré que les peroxysomes pouvaient importer une grande variété de molécules, y compris de très grandes. Pour expliquer cette aptitude inhabituelle, on a émis l'hypothèse qu'un canal de translocation de taille variable pouvait s'assembler par un mécanisme inconnu pour être adapté exactement au diamètre de la molécule porteuse de PTS1 et se désassembler dès que la translocation avait eu lieu.

Quelques protéines de la matrice peroxysomiale comme la thiolase sont synthétisées comme des précurseurs avec une séquence N-terminale d'adressage et d'importation appelée *PTS2*. Ces protéines se lient à un récepteur protéique cytosolique différent, mais on pense que leur importation se déroule selon le même processus que celui des protéines contenant PTS1.

Les protéines de la membrane et de la matrice des peroxysomes sont incorporées par des voies différentes

MÉDECINE

Des mutations récessives autosomiques qui causent un défaut d'assemblage des peroxysomes surviennent naturellement dans la population humaine. De telles anomalies peuvent conduire à des dysfonctionnements graves de nombreux organes et à la mort. Dans le syndrome de Zellweger et des maladies apparentées, par exemple, le transport de beaucoup, ou de toutes, les protéines dans la matrice peroxysomiale est déficient : les enzymes peroxysomiales venant d'être synthétisées restent dans le cytosol et sont finalement dégradées. Des analyses génétiques de cellules en culture provenant de différents patients et de cellules de levure atteintes des mêmes mutations ont identifié plus de 20 gènes nécessaires à la biogenèse d'un peroxysome. ▮

Des mutations affectant l'assemblage des peroxysomes ont montré que les protéines destinées à la matrice de ces organites empruntent des voies différentes de celles qui sont suivies par les protéines destinées à être intégrées dans la membrane. Par exemple, l'analyse de cellules de patients atteints du syndrome de Zellweger a identifié des gènes codant les protéines hypothétiques d'un canal de translocation, Pex10, Pex12 et Pex2. Des cellules mutantes déficientes en l'une de ces protéines ne peuvent incorporer des protéines de la matrice comme la catalase ; néanmoins, les cellules contiennent des peroxysomes vides, mais qui contiennent leur assortiment normal de protéines membranaires (Figure 16-33b). Des mutations dans l'un de trois autres gènes bloquent l'insertion des protéines dans la membrane ainsi que l'importation des protéines matricielles (Figure 16-33c). Ces observations montrent qu'une série de protéines transfèrent des protéines solubles dans la matrice, mais une série différente est requise pour l'insertion des protéines dans la membrane. Cette situation diffère fortement de celle du RE, des mitochondries et des chloroplastes, pour lesquels, comme nous l'avons vu, les protéines membranaires et les protéines solubles recourent à beaucoup des composants communs pour leur incorporation dans ces organites.

Bien que la plupart des peroxysomes soient générés par division d'organites préexistants, ils peuvent également se former de novo par un processus en deux phases décrit dans la Figure 16-34. Dans ce cas, les protéines membranaires sont adressées à des précurseurs membranaires par des séquences qui diffèrent de PTS1 et de PTS2. L'analyse de cellules mutantes a révélé que Pex19 est le récepteur responsable de l'adressage des protéines membranaires peroxysomiales, tandis que Pex3 et Pex16 sont nécessaires pour leur propre insertion dans la membrane. L'insertion des protéines génère des membranes qui, après avoir acquis tous les composants nécessaires à l'importation des protéines de la matrice, complètent la formation de peroxysomes matures et fonctionnels. La division

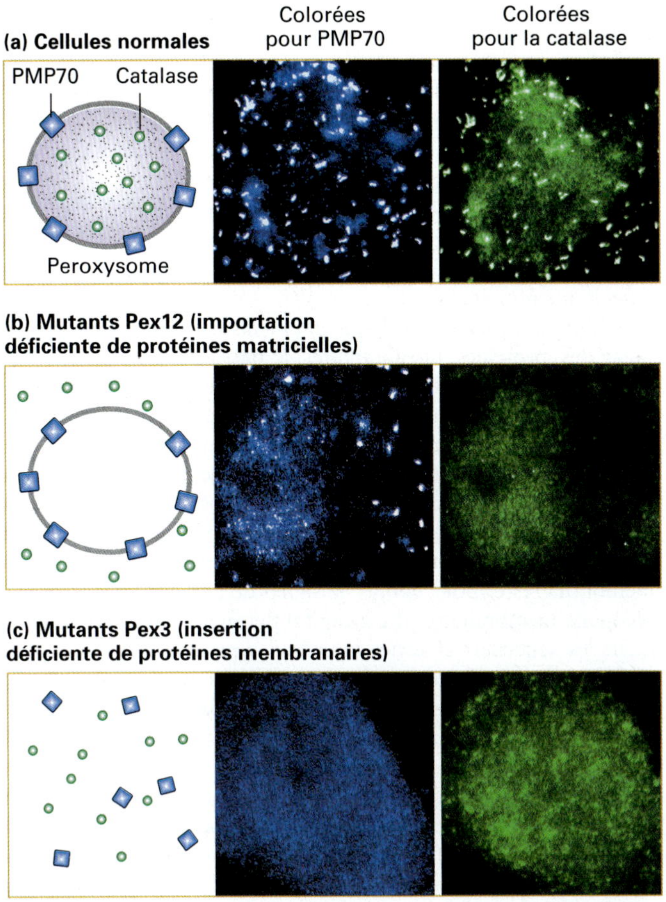

FIGURE EXPÉRIMENTALE 16-33 La coloration par des anticorps fluorescents de mutants ayant une biogenèse peroxysomiale perturbée révèle des voies d'incorporation différentes pour les protéines de la membrane et de la matrice. Les cellules furent colorées par des anticorps dirigés contre PMP70, une protéine membranaire peroxysomiale ou par des anticorps dirigés contre la catalase, une protéine de la matrice. (a) Dans les cellules normales, les protéines de la matrice et de la membrane sont visibles comme des points brillants dans de nombreux peroxysomes. (b) Dans des cellules d'un patient déficient en Pex12, la catalase est distribuée uniformément dans tout le cytosol, tandis que PM70 est présent normalement dans les peroxysomes. (c) Dans les cellules d'un patient déficient en Pex3, les membranes peroxysomiales ne peuvent s'assembler et par conséquent les peroxysomes ne se forment pas. La catalase et PMP70 sont localisées anormalement dans le cytosol [Avec l'autorisation de Stephen Gould, Johns Hopkins University.]

de peroxysomes matures, qui détermine largement le nombre de peroxysomes dans une cellule, dépend encore d'une autre protéine, Pex11. La surexpression de Pex11 cause une forte augmentation du nombre de peroxysomes, ce qui suggère que cette protéine contrôle leur rythme de division. Les petits peroxysomes générés par la division grandissent par apport de protéines matricielles et membranaires supplémentaires incorporées par les voies que nous venons de décrire.

CONCEPTS CLÉS DE LA SECTION 16.6

Adressage des protéines aux peroxysomes

- Toutes les protéines peroxysomiales sont synthétisées sur les ribosomes cytosoliques et sont incorporées dans l'organite après leur traduction.
- La plupart des protéines de la matrice peroxysomiale contiennent une séquence C-terminale d'adressage PTS1 ; quelques-unes ont une séquence N-terminale d'adressage PTS2. Aucune séquence n'est excisée après l'importation.
- Toutes les protéines destinées à la matrice peroxysomiale se lient à un récepteur cytosolique, qui diffère pour les protéines porteuses de PTS1 et PTS2, et sont alors dirigées vers un ré-

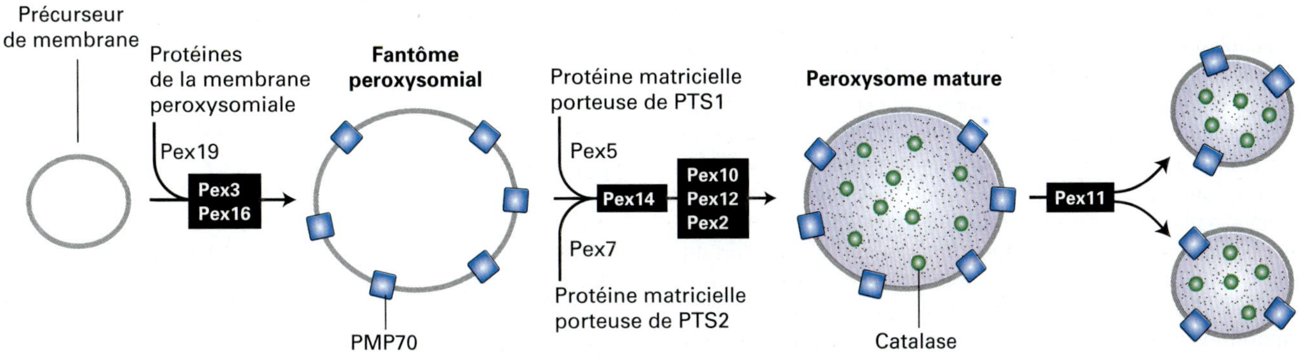

FIGURE 16-34 Modèle de la biogenèse des peroxysomes et de leur division. La première phase dans la formation de novo des peroxysomes est l'incorporation des protéines membranaires dans les précurseurs des membranes. Pex19 agit comme récepteur pour les séquences d'adressage à la membrane. Pex3 et Pex16 sont requis pour l'insertion des protéines dans la membrane en formation. L'insertion de toutes les protéines membranaires produit un fantôme peroxysomial, qui est capable d'importer les protéines destinées à la matrice. Les voies d'importation des protéines matricielles porteuses de PTS1 ou PTS2 ne diffèrent que par l'identité du récepteur cytosolique (respectivement, Pex5 et Pex7) qui se lie à la séquence d'adressage (voir Figure 16-32). L'incorporation complète des protéines de la matrice achève la formation du peroxysome mature. Les peroxysomes matures peuvent proliférer en se divisant selon un processus qui dépend de la protéine Pex11.

cepteur d'importation commun et un système de translocation sur la membrane peroxysomiale (voir Figure 16-32).

- La translocation des protéines matricielles à travers la membrane peroxysomiale dépend de l'hydrolyse de l'ATP. De nombreuses protéines de la matrice se replient dans le cytosol et traversent la membrane dans une conformation repliée.
- Des protéines destinées à la membrane peroxysomiale contiennent des séquences d'adressage différentes de celles des protéines destinées à la matrice et sont importées par une voie différente.
- Contrairement aux mitochondries et aux chloroplastes, les peroxysomes peuvent se forme de novo à partir de précurseurs membranaires, ainsi que par division des organites préexistants (voir Figure 16-34).

PERSPECTIVES POUR LE FUTUR

Comme nous l'avons vu dans ce chapitre, nous comprenons maintenant de nombreux aspects des processus de base responsables du transport sélectif de protéines dans le réticulum endoplasmique (RE), les mitochondries, les chloroplastes et les peroxysomes. Des études biochimiques et génétiques, par exemple, ont identifié des séquences signal agissant en cis responsables de l'adressage des protéines à la membrane de l'organite approprié et aux récepteurs membranaires qui reconnaissent ces séquences signal. Nous avons aussi appris beaucoup sur les mécanismes de base par lesquels les protéines traversent les membranes des organites ; nous avons déterminé (1) si l'énergie est utilisée pour pousser ou tirer dans une seule direction les protéines à travers la membrane, (2) le type de canal par lequel les protéines passent et (3) si les protéines sont importées à l'état replié ou déplié. Néanmoins, de nombreuses questions fondamentales restent sans réponse, entre autres comment des protéines repliées peuvent traverser la membrane et comment la topologie des protéines à passages multiples est spécifiée.

Le système d'importation dans le peroxysome constitue un exemple de translocation de protéines repliées. Non seulement il est capable de transférer des protéines complètement repliées et associées à leur cofacteur, mais il peut même importer une particule d'or couverte d'un peptide d'adressage peroxysomial (PTS1). L'hypothèse a été émise que les mécanismes d'importation dans les peroxysomes et dans le noyau seraient apparentés, le transfert nucléaire étant l'exemple de translocation post-traductionnelle de protéines repliées le mieux compris (Chapitre 12). Les deux systèmes peuvent transporter des molécules repliées de taille très différente, et les deux utilisent un composant qui est recyclé entre le cytosol et l'intérieur de l'organite, le récepteur Pex5 PTS1 pour l'importation peroxysomiale et le complexe Ran-importin pour l'importation nucléaire. Cependant, les deux processus comportent des différences importantes. Par exemple, les pores nucléaires sont de grands assemblages macromoléculaires stables facilement visibles en microscopie électronique, tandis que l'on n'observe pas de telles structures dans la membrane des peroxysomes. De plus, de petites molécules peuvent passer facilement à travers les pores nucléaires alors que la membrane peroxysomiale maintient une barrière permanente à la diffusion des petites molécules hydrophiles. Ces observations suggèrent donc que l'importation dans les peroxysomes pourrait reposer sur un mécanisme tout à fait original. Les mécanismes conservés par l'évolution pour la translocation de protéines repliées à travers la membrane cytoplasmique des cellules bactériennes et à travers la membrane thylacoïde des chloroplastes sont également mal compris. Une meilleure compréhension de ces modes de transfert de protéines repliées à travers la membrane dépendra probablement du développement de systèmes de translocation in vitro qui permettront aux chercheurs de définir les mécanismes biochimiques à la base du processus et d'identifier les structures des intermédiaires de translocation coincés dans la membrane.

Comment les séquences agissant en cis spécifient-elles la topologie des protéines membranaires à passages multiples ? Nos réponses à cette question restent élémentaires en comparaison de ce que nous savons sur le passage des protéines solubles dans la lumière du RE et dans la matrice mitochondriale. Par exemple, nous ignorons comment le canal du translocon corrige l'orientation de polypeptides mal disposés par rapport à la membrane, ou comment des séquences polypeptidiques locales interagissent avec le canal du translocon pour imposer l'orientation des brins transmembranaires et pour donner le signal de passage latéral dans la bicouche membranaire. Il est capital de mieux comprendre comment les séquences d'acides aminés des protéines de membrane spécifient la topologie membranaire afin de pouvoir décoder la masse d'informations fournies par les séquences génomiques accessibles dans les banques de données.

Les études génétiques et biochimiques tant dans la levure et chez les mammifères devraient continuer à nous faire comprendre plus en détail tous les processus de translocation. Elles permettront certainement de découvrir d'autres protéines jouant un rôle clé dans la reconnaissance des séquences d'adressage et dans la translocation des protéines à travers les bicouches lipidiques. Enfin, il est probable que les études actuellement très rudimentaires de la structure des translocons progresseront suffisamment pour révéler la conformation des canaux avec une résolution à l'échelle de l'atome.

MOTS CLÉS

RÉVISIONS

1. Décrivez la source ou les sources d'énergie nécessaire à la translocation unidirectionnelle à travers la membrane dans (a) la translocation cotraductionnelle dans le réticulum endoplasmique (RE) ; (b) la translocation post-traductionnelle dans le RE ; (c) la translocation à travers la membrane cytoplasmique bactérienne ; (d) la translocation dans la matrice mitochondriale.

2. La translocation dans la plupart des organites requiert habituellement l'activité d'une ou plusieurs protéines cytosoliques. Décrivez la fonction fondamentale de trois facteurs cytosoliques requis respectivement pour la translocation dans le RE, les mitochondries et les peroxysomes.

3. Décrivez les principes typiques sur lesquels repose l'identification des séquences topogènes dans les protéines et comment celles-ci peuvent être utilisées pour développer des algorithmes informatiques. Comment l'identification des séquences topogènes conduit-elle à la prédiction de l'arrangement d'une protéine à passages multiples ? Quelle est l'importance la position de charges positives quant à l'orientation dans la membrane d'une séquence de signal d'ancrage ?

4. Le réticulum endoplasmique (RE) est un site important pour le « contrôle de qualité » des protéines qui viennent d'être synthétisées. Que veut dire contrôle de qualité dans ce contexte ? Quelles protéines auxiliaires sont typiquement impliquées dans l'adaptation des protéines qui viennent d'être synthétisées dans le RE ? Les cellules dégradent en général les protéines incapables de quitter le RE. Où, dans la cellule, cette dégradation survient-elle et quelle est la relation de la protéine du translocon Sec61p avec le processus de dégradation ?

5. Des mutants de levure sensibles à la chaleur ont été isolés qui bloquent chacune des étapes enzymatiques de la synthèse du précurseur dolichol-oligosaccharide pour la glycosylation liée à N (voir Figure 16-17). Pourquoi des mutations qui bloquent la synthèse de la structure intermédiaire dolichol-PP-$(GlcNac)_2Man_5$ empêchent-elles la liaison des chaînes oligosaccharidiques à N dans les protéines sécrétoires, tandis que des mutations qui bloquent la conversion de cet intermédiaire en précurseur complet — dolichol-PP-$(GlcNac)_2Man_9Glc_3$ — permet la liaison de chaînes oligosaccharidiques à N aux protéines sécrétoires ? Proposez une explication.

6. Nommez quatre protéines différentes qui facilitent la modification et/ou le repliement des protéines sécrétoires dans la lumière du RE. Indiquez laquelle de ces protéines modifie de manière covalente les substrats protéiques et laquelle apporte uniquement des changements de conformation dans les substrats protéiques.

7. Puisque vous souhaitez étudier comment une protéine sécrétoire particulière se replie dans le RE, vous voulez vérifier, dans des extraits de RE, si BiP se lie à une protéine qui vient d'être produite. Quand vous ajoutez de l'ADP à l'extrait cellulaire, vous réussissez à obtenir des complexes entre BiP et des protéines nouvellement synthétisées mais non quand c'est l'ATP qui a été ajouté. Expliquez ce résultat sur base du mécanisme de liaison de BiP aux substrats protéiques.

8. Décrivez comment vous pourriez utiliser l'ADN recombinant pour manipuler une souche de *Yersinia* de telle manière qu'elle devienne capable d'insérer une protéine donnée dans le cytosol de macrophages de mammifères.

9. Décrivez ce qu'il arriverait au précurseur d'une protéine de la matrice mitochondriale dans les types suivants de mutants mitochondriaux : (a) une mutation dans le récepteur de signal Tom22 ; (b) une mutation dans le récepteur de signal Tom70 ; (c) une mutation dans Hsc70 matricielle ; (d) une mutation dans la signal peptidase de la matrice.

10. Décrivez les similitudes et les différences entre le mécanisme d'importation dans la matrice mitochondriale et dans le stroma chloroplastique.

11. Planifiez des expériences utilisant des protéines chimériques, composées d'un précurseur protéique mitochondrial fusionné à la dihydrofolate réductase (DHFR), qui pourrait servir à la détermination de la longueur de précurseur qui doit ressortir dans la matrice mitochondriale afin que la séquence d'adressage à la matrice puisse être clivée par la protéase de la matrice (voir Figure 16-27).

12. Le ciblage protéique aux mitochondries et aux chloroplastes implique l'adressage des protéines à plusieurs sites dans ces organites respectifs. Citez brièvement ces sites. Prenant la mitochondrie comme exemple et les protéines ADP/ATP antiporteurs et cytochrome b_2 comme cas spécifiques, relevez les points communs et divergents dans les mécanismes servant au transfert de ces deux protéines dans leur site spécifique.

13. Supposez que vous ayez identifié une nouvelle lignée cellulaire mutée qui est dépourvue de peroxysomes fonctionnels. Décrivez comment vous pourriez déterminer expérimentalement si le mutant est déficient pour l'insertion/assemblage des protéines de la membrane peroxysomiale ou des protéines de la matrice.

ANALYSEZ LES RÉSULTATS SUIVANTS

Imaginez que vous évaluez les premières étapes de translocation et d'adaptation de la prolactine, une protéine sécrétée. Par une approche expérimentale semblable à celle qui est décrite dans la Figure 16-7, vous utilisez des ARNm tronqués de prolactine afin de contrôler la longueur des polypeptides naissants de la prolactine. Lorsque l'ARNm de la prolactine est dépourvu du codon (stop) de terminaison de la chaîne, le polypeptide nouvellement synthétisé se terminant par le dernier codon inclus dans l'ARNm reste attaché au ribosome, permettant ainsi à un polypeptide d'une longueur déterminée de s'étendre à partir du ribosome. Vous avez généré une série d'ARNm qui codent des segments de la partie N-terminale de la prolactine de longueur croissante, et chaque ARNm peut être traduit in vitro par un extrait cytosolique de traduction contenant des ribosomes, des ARNt, des aminoacyl-ARNt synthétases, du GTP et des facteurs de démarrage de la traduction et d'élongation. Lorsque des acides aminés radiomarqués sont inclus dans ce milieu, seul le polypeptide codé par l'ARNm est marqué. Lorsque la traduction a été terminée, chaque mélange de réaction a été analysé par électrophorèse en gel de polyacrylamide avec SDS, et les polypeptides marqués ont été identifiés par autoradiographie.

a) L'autoradiographie présentée ci-dessous montre les résultats d'une expérience dans laquelle chaque traduction a eu lieu soit en présence (+) ou en absence (-) de membranes microsomiales. Sur base du déplacement dans le gel des peptides synthétisés en présence ou absence de microsomes, déduisez la longueur que la chaîne naissante de prolactine doit atteindre afin que son peptide signal entre dans la lumière du RE et puisse être excisé par la signal peptidase. (Notez que les microsomes portent des quantités significatives de SRP liées faiblement aux membranes)

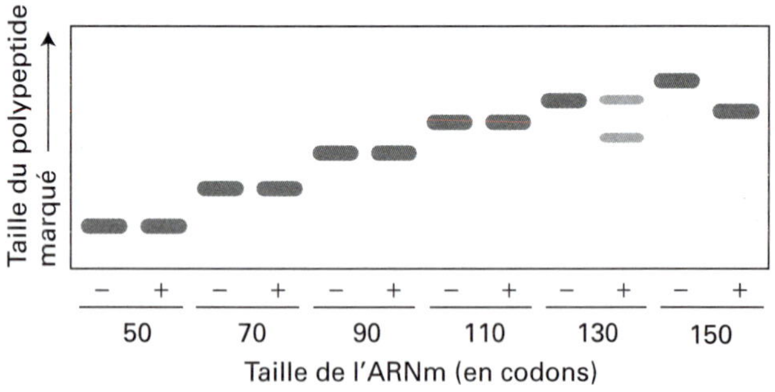

b) Étant donné cette longueur, que pouvez-vous conclure à propos de la conformation du polypeptide naissant de la prolactine quand il est clivé par la signal peptidase ? Les longueurs suivantes seront utiles pour votre calcul : la séquence signal de la prolactine est clivée après l'acide aminé 31 ; le canal ribosomial occupé par le polypeptide mesure environ 150 Å ; une bicouche membranaire est épaisse d'environ 50 Å ; dans un polypeptide avec une conformation en hélice α, un résidu s'étend sur 1,5 Å, tandis que, dans des polypeptides complètement étirés, un résidu s'allonge sur 3,5 Å.

c) L'expérience décrite en (a) est effectuée de manière identique sauf que les membranes microsomiales ne sont pas présentes durant la traduction mais sont ajoutées après la fin de la traduction. Dans ce cas, aucun des échantillons ne montre une différence de mobilité en présence ou absence des microsomes. Quelle conclusion tirez-vous quant au transfert possible de la prolactine dans des microsomes isolés après la traduction ?

d) Dans une autre expérience, chaque traduction s'est déroulée en présence de microsomes ; puis, les membranes microsomiales et les ribosomes liés furent séparés des ribosomes libres et des protéines solubles par centrifugation. Pour chaque traduction, le produit total de la réaction (T) et la fraction membranaire (M) furent séparés dans des lignes voisines. Sur base des quantités de polypeptide marqué dans la fraction membranaire dans les autoradiographies présentées ci-dessous, déduisez la longueur que la chaîne naissante de prolactine doit atteindre pour que les ribosomes engagés dans la traduction s'attachent à la SRP et deviennent ainsi liés aux membranes microsomiales.

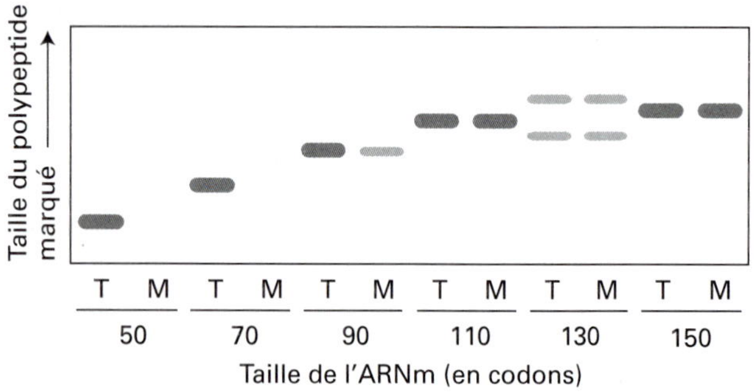

RÉFÉRENCES

Translocation des protéines à travers la membrane du RE

Dalbey, R. E. et Von Heijne, G., (1992), Signal peptidases in prokaryotes and eukaryotes : a new protease family, *Trends Biochem. Sci.* **17** :474–478.

Johnson, A. E. et van Waes, M. A., (1999), The translocon : a dynamic gateway at the ER membrane, *Ann. Rev. Cell Devel. Biol.* **15** :799–842.

Keenan, R. J. *et al.*, (2001), The signal recognition particle, *Ann. Rev. Biochem.* **70** :755–775.

Menetret, J. F. *et al.*, (2000), The structure of ribosome-channel complexes engaged in protein translocation, *Mol. Cell* **6** :1219–1232.

Rapoport, T. A. *et al.*, (1999), Post-translational protein translocation across the membrane of the endoplasmic reticulum, *Biol. Chem.* **380** :1143–1150.

Insertion des protéines dans la membrane du RE

Englund, P. T., (1993), The structure and biosynthesis of glycosylphosphatidylinositol protein anchors, *Ann. Rev. Biochem.* **62** :121–138.

Goder, V. et Spiess, M., (2001), Topogenesis of membrane proteins : determinants and dynamics, *FEBS Lett.* **504** :87–93.

Mothes, W. *et al.*, (1997), Molecular mechanism of membrane protein integration into the endoplasmic reticulum, *Cell* **89** :523–533.

von Heijne, G., (1999), Recent advances in the understanding of membrane protein assembly and structure, *Q. Rev. Biophys.* **32** :285–307.

Modifications des protéines, repliement et contrôle de qualité dans le RE

Bertolotti, A. *et al.*, (2000), Dynamic interaction of BiP and ER stress transducers in the unfolded-protein response, *Nature Cell Biol.* **2** :326–332.

Ellgaard, L. *et al.*, (1999), Setting the standards : quality control in the secretory pathway, *Science* **286** :1882–1888.

Helenius, A. et Aebi, M., (2001), Intracellular functions of N-linked glycans. *Science* **291** :2364–2369.

Kornfeld, R. et Kornfeld, S., (1985), Assembly of asparagine-linked oligosaccharides, *Ann. Rev. Biochem.* 45 :631–664.

Parodi, A. J., (2000), Protein glucosylation and its role in protein folding, *Ann. Rev. Biochem.* **69** :69–93.

Patil, C. et Walter, P., (2001), Intracellular signaling from the endoplasmic reticulum to the nucleus : the unfolded protein response in yeast and mammals, *Curr. Opin. Cell Biol.* **13** :349–355.

Plemper, R. K. et Wolf, D. H., (1999), Retrograde protein translocation : eradication of secretory proteins in health and disease, *Trends Biochem. Sci.* **24** :266–270.

Sevier, C. S. et Kaiser, C. A., (2002), Formation and transfer of disulphide bonds in living cells, *Nature Rev. Mol. Cell Biol.* **3** :836–847.

Silberstein, S. et Gilmore, R., (1996), Biochemistry, molecular biology, and genetics of the oligosaccharyltransferase, *FASEB J.* **10** :849–858.

Tsai, B. *et al.*, (2002), Retro-translocation of proteins from the endoplasmic reticulum into the cytosol, *Nature Rev. Mol. Cell Biol.* **3** :246–255.

Exportation des protéines bactériennes

Danese, P. N. et Silhavy, T. J., (1998), Targeting and assembly of periplasmic and outer-membrane proteins in Escherichia coli, *Ann. Rev. Genet.* **32** :59–94.

Galan, J. E., (2001), Salmonella interactions with host cells : type III secretion at work, *Ann. Rev. Cell Devel. Biol.* **17** :53–86.

Thanassi, D. G. et Hultgren, S. J., (2000), Multiple pathways allow protein secretion across the bacterial outer membrane, *Curr. Opin. Cell Biol.* **12** :420–430.

Wickner, W. et Leonard, M. R., (1996), Escherichia coli preprotein translocase, *J. Biol. Chem.* **271** :29514–29516.

Adressage des protéines aux mitochondries et chloroplastes

Chen, K. *et al.*, (2000), Mechanism of protein import across the chloroplast envelope, *Biochem. Soc. Trans.* **28** :485–491.

Dalbey, R. E. et Kuhn, A., (2000), Evolutionarily related insertion pathways of bacterial, mitochondrial, and thylakoid membrane proteins, *Ann. Rev. Cell Devel.* Biol. **16** :51–87.

Matouschek, A. *et al.*, (2000), Protein unfolding by mitochondria : the Hsp70 import motor, *EMBO Rept.* 1 :404–410.

Neupert, W. et Brunner, M., (2002), The protein import motor of mitochondria, *Nature Rev. Mol. Cell Biol.* **3** :555–565.

Pfanner, N. et Geissler, A., (2001), Versatility of the mitochondrial protein import machinery, *Nature Rev. Mol. Cell Biol.* **2** :339–349.

Robinson, C. et Bolhuis, A., (2001), Protein targeting by the twin-arginine translocation pathway, *Nature Rev. Mol. Cell Biol.* **2** :350–356.

Adressage des protéines aux peroxysomes

Dammai, V. et Subramani, S., (2001), The human peroxisomal targeting signal receptor, Pex5p, is translocated into the peroxisomal matrix and recycled to the cytosol, *Cell* **105** :187–196.

Gould, S. J. et Collins, C. S., (2002), Opinion : peroxisomal-protein import : is it really that complex ? *Nature Rev. Mol. Cell Biol.* **3** :382–389.

Gould, S. J. et Valle, D., (2000), Peroxisome biogenesis disorders : genetics and cell biology, *Trends Genet.* **16** : 340–345.

Purdue, P. E. et Lazarow, P. B., (2001), Peroxisome biogenesis, *Ann. Rev. Cell Devel. Biol.* **17** :701–752.

Subramani, S. *et al.*, (2000), Import of peroxisomal matrix and membrane proteins, *Ann. Rev. Biochem.* **69** :399–418.

17

TRAFIC VÉSICULAIRE, SÉCRÉTION ET ENDOCYTOSE

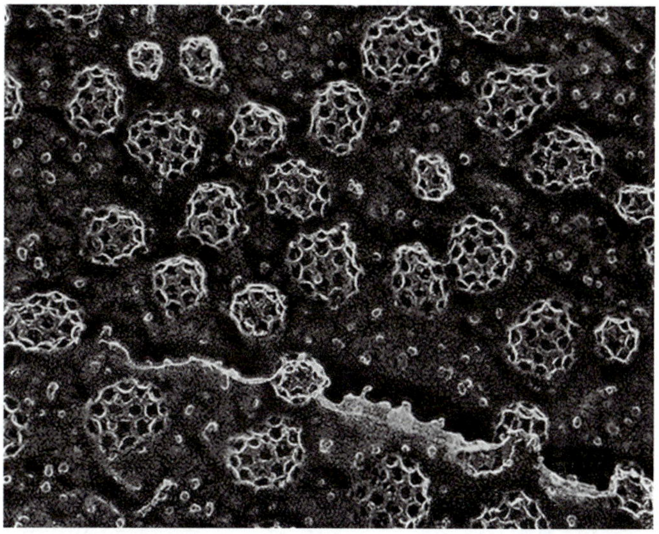

Micrographie électronique à balayage montrant la formation de vésicules couvertes de clathrine, à la face cytosolique de la membrane plasmique. [John Heuser, Washington University School of Medicine.]

Dans le chapitre précédent, nous avons vu comment les protéines sont dirigées vers les membranes de divers organites intracellulaires et comment, si nécessaire, elles les traversent. Dans ce chapitre, nous décrivons comment les protéines solubles et membranaires synthétisées dans le réticulum endoplasmique rugueux (ER) gagnent leur destination finale en suivant la **voie sécrétoire**. Tout le trafic protéique empruntant cette voie obéit à un même principe : le passage de protéines membranaires ou solubles d'un compartiment entouré d'une membrane à un autre est assuré par des **vésicules de transport** qui se forment à partir de la membrane d'un compartiment et prennent en charge une « *cargaison* » *de protéines* qu'elles vont livrer au compartiment suivant par fusion avec sa membrane. Au cours du bourgeonnement des vésicules de transport à partir d'une membrane et de leur fusion avec la suivante, la même face de la membrane reste orientée vers le cytosol. Dès lors, lorsqu'une protéine a été insérée dans la membrane du RE ou transférée à l'intérieur, elle suit la voie sécrétoire en passant d'un organite à un autre sans traverser d'autres membranes ou sans modifier son orientation dans la membrane.

La Figure 17-1 décrit le trafic protéique de la voie sécrétoire. Dès que les protéines sont synthétisées et introduites dans la lumière du RE ou insérées dans la membrane, comme le Chapitre 16 l'a décrit, elles sont chargées dans des vésicules de transport *antérograde* (déplacement vers l'avant), qui fusionnent l'une avec l'autre pour former un compartiment membranaire aplati, la **citerne** du *cis*-Golgi. Certaines protéines dont le destin est de résider dans le RE et qui se sont échappées dans le *cis*-Golgi sont ramenées dans le RE par un train de vésicules dit de transport *rétrograde* (déplacement vers l'arrière). Une nouvelle citerne du *cis*-Golgi avec sa cargaison de protéines quitte la position *cis* (la plus proche du RE) pour gagner la position *trans* (la plus éloignée du RE) en devenant d'abord une citerne du Golgi *médian*, puis du *trans*-Golgi. Ce processus, dit de progression *cisternale*, ne comprend pas de bourgeonnement ni de fusion des vésicules de transport antérograde. Durant la progression cisternale, des enzymes et d'autres protéines présentes dans le Golgi sont constamment récupérées à partir de citernes plus tardives vers les plus précoces par des vésicules de transport rétrograde, ce qui les maintient localisées dans les citernes du Golgi *cis*, *médian* ou *trans*.

Les protéines engagées dans la voie sécrétoire et destinées à des compartiments autres que le RE ou le Golgi finissent par atteindre un réseau complexe de membranes et de vésicules appelé le **réseau *trans*-Golgi** (**RTG**). Celui-ci constitue un point d'embranchement capital, une protéine pouvant être prise en charge

SECTIONS

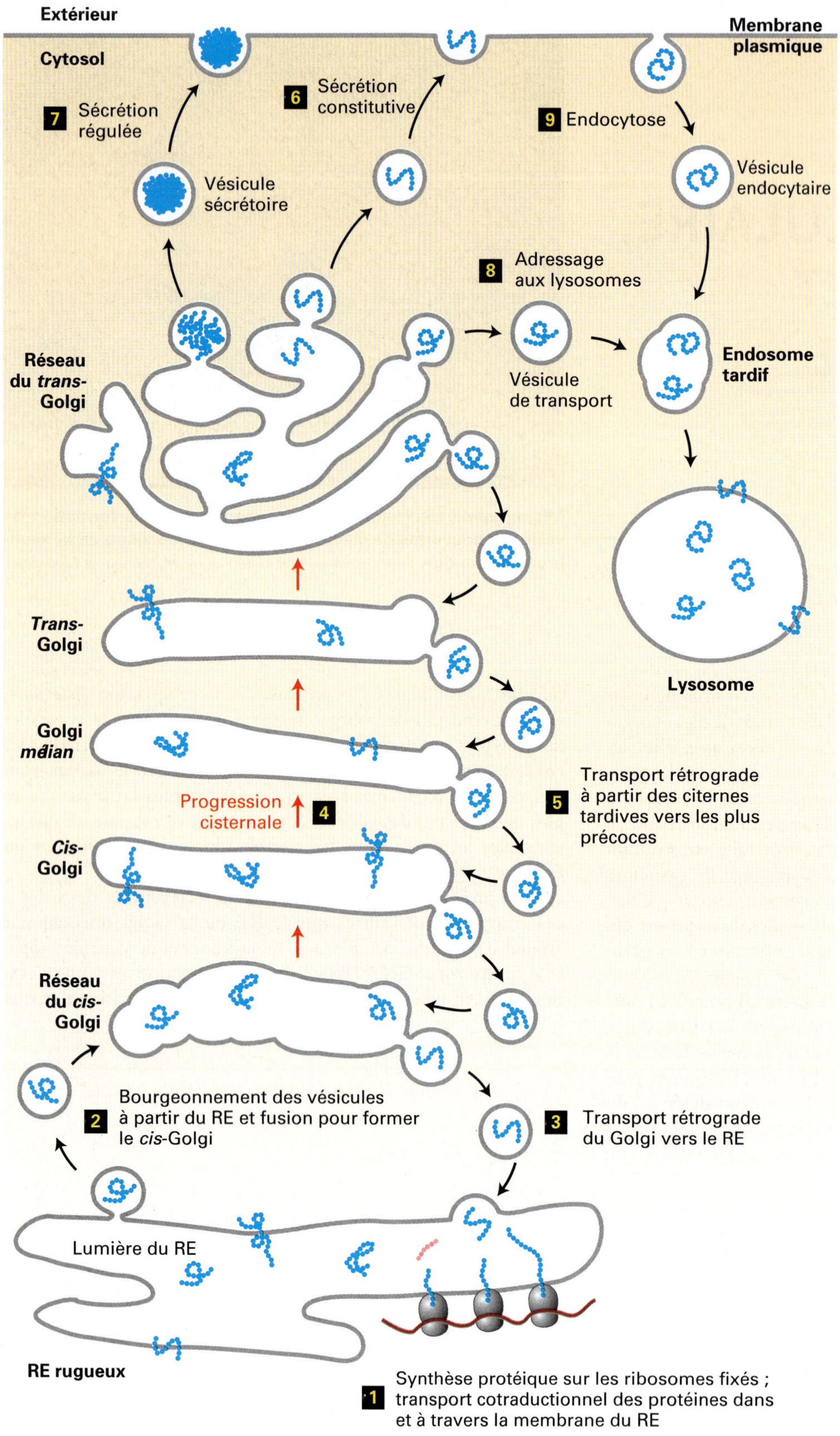

FIGURE 17-1 Vue générale des voies sécrétoire et endocytaire d'adressage protéique. *Voie sécrétoire* : La synthèse de protéines portant une séquence d'adressage au RE s'effectue sur le RE rugueux (1), et la nouvelle chaîne peptidique est insérée dans la membrane du RE ou la traverse pour gagner l'intérieur (Chapitre 16). Certaines protéines (e.g. enzymes du RE ou protéines de structure) restent dans le RE. Les autres sont chargées dans des vésicules de transport (2) qui bourgeonnent du RE et forment en fusionnant les nouvelles citernes du *cis*-Golgi. Les protéines destinées au RE mais qui ont échappé et les protéines constitutives de la membrane des vésicules qui doivent être réutilisées sont ramenées dans le RE par des vésicules (3) qui bourgeonnent à partir du *cis*-Golgi et fusionnent avec le RE. Chaque citerne du *cis*-Golgi, avec son contenu protéique, se déplace physiquement du côté *cis* au côté *trans* du complexe de Golgi (4) selon un processus non vésiculaire appelé progression cisternale. Des vésicules de transport rétrograde (5) ramènent les protéines résidentes du Golgi dans leur compartiment adéquat. Dans toutes les cellules, certaines protéines solubles gagnent la surface cellulaire dans des vésicules de transport (6) et sont sécrétées de manière continue (constitutive). Dans certains types cellulaires, des protéines solubles sont stockées dans des vésicules sécrétoires (7) et ne sont libérées que lorsque la cellule a reçu un signal nerveux ou hormonal approprié (sécrétion régulée). Les protéines membranaires et solubles destinées aux lysosomes sont transportées dans de vésicules qui bourgeonnent du *trans*-Golgi (8) et qui migrent d'abord vers les endosomes tardifs et ensuite vers les lysosomes.
Voie endocytaire : Des protéines membranaires ou solubles extracellulaires qui sont prises dans des vésicules qui bourgeonnent à partir de la membrane plasmique (9) peuvent aussi migrer vers les lysosomes en passant par les endosomes.

par au moins trois sortes différentes de vésicules. Après leur bourgeonnement à partir du RTG, les vésicules du premier type migrent vers la membrane plasmique avec laquelle elles fusionnent, libérant leur contenu par **exocytose**. Toutes les cellules utilisent de telles vésicules pour sécréter en permanence certaines protéines. Par exemple, les fibroblastes, les hépatocytes et les lymphocytes B sécrètent respectivement du collagène, des protéines sériques et des anticorps de manière constitutive (ou continue). Les vésicules de deuxième type qui bourgeonnent du RTG sont dites **sécrétoires** et sont conservées dans la cellule jusqu'à ce qu'un signal d'exocytose déclenche la libération de leur contenu à la membrane plasmique. Des hormones peptidiques (e.g. insuline, glucagon, ACTH) sont sécrétées ainsi de manière régulée par diverses cellules endocrines. Il en est de même des précurseurs d'enzymes digestives des cellules acineuses du pancréas, des protéines du lait produites par la glande mammaire ou des neurotransmetteurs libérés par les neurones.

Le troisième type de vésicules qui bourgeonnent du RTG est dirigé vers les **lysosomes**, organites responsables de la dégradation intracellulaire des macromolécules, et dans certaines cellules, vers des organites de stockage de type lysosomial. Des protéines sécrétoires destinées aux lysosomes sont d'abord transportées par des vésicules à partir du RTG vers un compartiment appelé habituellement **endosome tardif** ; les protéines étant alors transférées dans les lysosomes par un mécanisme qui n'est pas bien compris mais qui pourrait impliquer la fusion directe de l'endosome avec la membrane lysosomiale. Parmi les protéines solubles livrées par cette voie, on trouve des enzymes digestives (e.g. protéases, glycosidases et phosphatases) et des protéines membranaires (e.g. pompe à protons de classe V) qui acidifient l'intérieur des endosomes et des lysosomes par apport d'H^+ du cytosol. Comme nous le verrons, certains des événements spécifiques d'adaptation et d'adressage de protéines qui se déroulent dans ces organites dépendent de leur pH bas.

L'endosome intervient aussi dans la *voie endocytaire*, dans laquelle des vésicules bourgeonnent à partir de la membrane plasmique introduisant dans la cellule des protéines membranaires et les **ligands** qui y sont attachés (voir Figure 17-1). Après avoir été incorporées par **endocytose**, certaines protéines sont transportées vers les lysosomes, tandis que d'autres sont recyclées à la surface cellulaire. L'endocytose est une manière pour la cellule de capter des nutriments macromoléculaires, par exemple le cholestérol sous la forme de particules lipoprotéiques ou le fer complexé à la transferrine, une protéine sérique. L'endocytose peut aussi servir de mécanisme régulateur ; en retirant de la surface cellulaire des récepteurs pour une molécule signal, elle atténue l'intensité de la signalisation.

17.1 Techniques d'étude de la voie sécrétoire

Pour comprendre comment les protéines sont transportées à travers les organites de la voie sécrétoire, il a fallu découvrir la base du mode de fonctionnement des vésicules de transport. De nombreux composants requis pour la formation et la fusion de ces vésicules ont été identifiés au cours de la dernière décennie par une convergence remarquable d'expériences génétiques et biochimiques décrites dans cette section. Dans toutes les études du trafic protéique intracellulaire, on s'efforce de quantifier le transfert d'une protéine donnée d'un compartiment à l'autre. Nous commencerons par décrire comment le transport protéique intracellulaire peut être suivi dans des cellules vivantes et ensuite nous verrons comment la génétique et les systèmes in vitro ont permis de comprendre le fonctionnement de la voie sécrétoire.

Le transport d'une protéine par la voie sécrétoire peut être quantifié dans des cellules vivantes

Les études classiques de G. Palade et de ses collègues dans les années 60 ont d'abord établi l'ordre dans lequel les protéines migraient d'un organite à l'autre le long de la voie sécrétoire. Ces premières études ont aussi montré que les protéines sécrétées n'étaient jamais libérées dans le cytosol, première indication que les protéines transportées sont associées à certaines structures intermédiaires entourées d'une membrane. Dans ces expériences, qui combinaient la technique du **pulse-chase** (voir Figure 3-36) et l'**autoradiographie**, des acides aminés radiomarqués étaient injectés dans le pancréas d'un hamster. À différents temps après l'injection, l'animal était sacrifié et les cellules pancréatiques fixées chimiquement, sectionnées et analysées par la technique d'autoradiographie. Puisque les acides aminés radioactifs étaient administrés de manière brève (pulse), seules les protéines synthétisées immédiatement après l'injection étaient marquées, formant un groupe distinct, ou cohorte, de protéines marquées dont le transport pouvait être suivi. De plus, puisque les cellules acineuses du pancréas sont des cellules sécrétrices spécialisées, presque tous les acides aminés marqués dans ces cellules sont incorporés dans les protéines sécrétées, ce qui facilite l'observation des protéines transportées.

Bien que l'autoradiographie soit rarement utilisée à présent pour localiser des protéines dans les cellules, ces premières expériences illustrent les deux exigences de base auxquelles doivent obéir toutes les mesures du transport entre compartiments. Il est nécessaire de marquer une cohorte de protéines dans un compartiment précoce de telle manière que leur transfert dans des compartiments tardifs puisse être suivi au cours du temps. Il faut également disposer d'un moyen d'identifier le compartiment dans lequel une protéine marquée se trouve. Nous allons décrire deux procédés expérimentaux qui permettent l'étude de ce trafic dans presque tout type cellulaire.

Dans les deux procédés, un gène codant une glycoprotéine membranaire abondante (protéine G) du virus de la stomatite vésiculaire (VSV) est introduit dans des cultures de cellules de mammifères soit par **transfection** ou simplement par infection de ces cellules par le virus. Les cellules, même celles qui ne sont pas spécialisées dans la sécrétion, synthétisent rapidement la protéine G du VSV sur le RE comme une protéine sécrétoire cellulaire normale. Le recours à un mutant codant une protéine G sensible à la température permet alors de lancer le transport de cette protéine ou de l'arrêter. À la température de 40 °C, la protéine G du VSV qui vient d'être produite est dépliée et dès lors retenue dans le RE par le mécanisme de contrôle de qualité décrit dans le Chapitre 16, tandis qu'à la température de 32 °C, la protéine est repliée correctement et parcourt la voie sécrétoire jusqu'à la surface cellulaire.

Cet usage astucieux d'un mutant sensible à la température permet de définir une cohorte protéique dont le transport peut être suivi.

Dans deux variantes de ce procédé de base, le transport de la protéine G du VSV est suivi par différentes techniques. Les études utilisant ces deux méthodes modernes de mesure du trafic et les expériences princeps de Palade aboutissent à la même conclusion : dans les cellules de mammifères, le transport basé sur les vésicules d'une protéine à partir de son site de synthèse sur le RE rugueux jusqu'à son arrivée à la membrane plasmique prend de 30 à 60 minutes.

Microscopie de la protéine G du VSV marquée par la GFP Une manière de suivre le transport de la protéine G du VSV est l'utilisation d'un gène hybride dans lequel le gène viral est fusionné avec le gène codant la *GFP* (*green fluorescent protein*), une protéine naturellement fluorescente (Chapitre 5). Le gène est transfecté dans des cellules en culture par des techniques décrites dans le Chapitre 9. Quand des cellules exprimant la forme sensible à la température de la protéine hybride (VSVG-GFP) sont cultivées à la température restrictive, la protéine s'accumule dans le RE, qui apparaît au microscope à fluorescence sous l'aspect d'une dentelle. Lorsque les cellules sont ensuite soumises à une température permissive, on voit la protéine hybride migrer dans les membranes de l'appareil de Golgi, concentrées au bord du noyau, puis gagner la surface cellulaire (Figure 17-2a). En analysant la distribution du VSVG-GFP à différents moments après que la température est devenue permissive, on a déterminé combien de temps le complexe réside dans chaque organite de la voie sécrétoire (Figure 17-2b).

Détection des modifications oligosaccharidiques propres à chaque compartiment Une seconde façon de suivre le transport des protéines sécrétoires tire profit des modifications apportées aux chaînes glucidiques qui surviennent à différents stades de la voie sécrétoire. Rappelons que de nombreuses protéines sécrétoires quittant le RE contiennent une ou plusieurs copies de l'**oligosaccharide lié à N**, $Man_8(GlcNac)_2$, qui sont synthétisées et attachées aux protéines sécrétoires dans le RE (voir Figure 16-18). Pendant que la protéine traverse le complexe de Golgi, différentes enzymes localisées dans les citernes *cis*, *médianes* et *trans* catalysent une série de réactions ordonnées touchant les chaînes de $Man_8(GlcNac)_2$. Par exemple, des glycosidases qui résident spécifiquement dans le *cis*-Golgi enlèvent les résidus de mannose de l'oligosaccharide de base pour fournir une forme élaguée de $Man_5(GlcNac)_2$ (Figure 17-3, réaction 1). On peut utiliser une enzyme spécialisée dans le clivage des glucides, appelée endoglycosidase D, pour distinguer les protéines glycosylées qui restent dans le RE de celles qui sont entrées dans le *cis*-Golgi : les oligosaccharides élagués spécifiques du *cis*-Golgi sont détachés des protéines par l'endoglycosidase D, tandis que les chaînes oligosaccharidiques de base, non élaguées, des protéines sécrétoires présentes dans le RE résistent au clivage par cette enzyme. Puisqu'une protéine traitée par l'endoglycosidase D, migre plus rapidement dans un gel SDS que la même protéine glycosylée, elles peuvent être facilement distinguées.

Ce type de test peut être utilisé pour suivre le mouvement de la protéine G du VSV dans des cellules infectées par le virus et marquées au moyen d'une brève incubation (pulse) avec des acides aminés radioactifs. Immédiatement après le marquage, toute la protéine G marquée que l'on extrait provient du RE, car elle résiste à la digestion par l'endoglycosidase D, mais avec le temps une

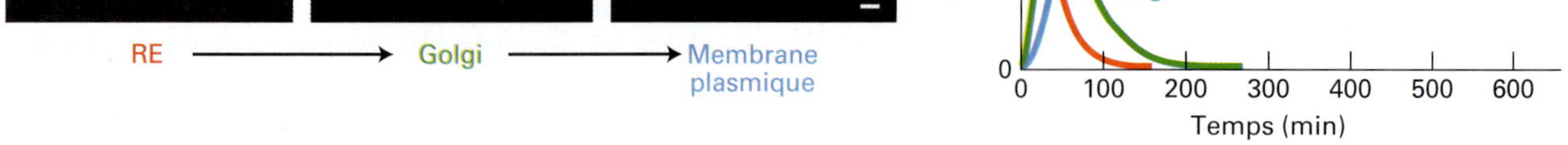

FIGURE EXPÉRIMENTALE 17-2 Le transport protéique au long de la voie sécrétoire peut être suivi au microscope à fluorescence dans des cellules produisant une protéine membranaire marquée à la GFP. Un gène hybride codant une protéine membranaire virale, la protéine G du VSV, lié au gène de la GFP (*green fluorescent protein*) a été transfecté dans des cellules en culture. Un mutant du gène viral a été utilisé de telle manière que la protéine hybride (VSVG-GFP) soit retenue dans le RE à 40 °C, mais soit libérée à 32 °C. (a) Micrographies en fluorescence des cellules juste avant et à deux temps après que la température a été abaissée. Le transfert de VSVG-GFP du RE dans le Golgi et finalement à la surface cellulaire a duré 180 minutes. (b) Taux de VSVG-GFP dans le RE, le Golgi et la membrane plasmique (MP) à différents temps après l'abaissement de température. La cinétique du transport d'un organite à un autre peut être établie par l'analyse informatique des données. La diminution de la fluorescence totale qui survient plus tard résulte probablement d'une lente inactivation de la fluorescence de la GFP. [Documents de Jennifer Lippincott-Schwartz et Koret Hirschberg, Metabolism Branch, National Institute of Child Health and Human Development.]

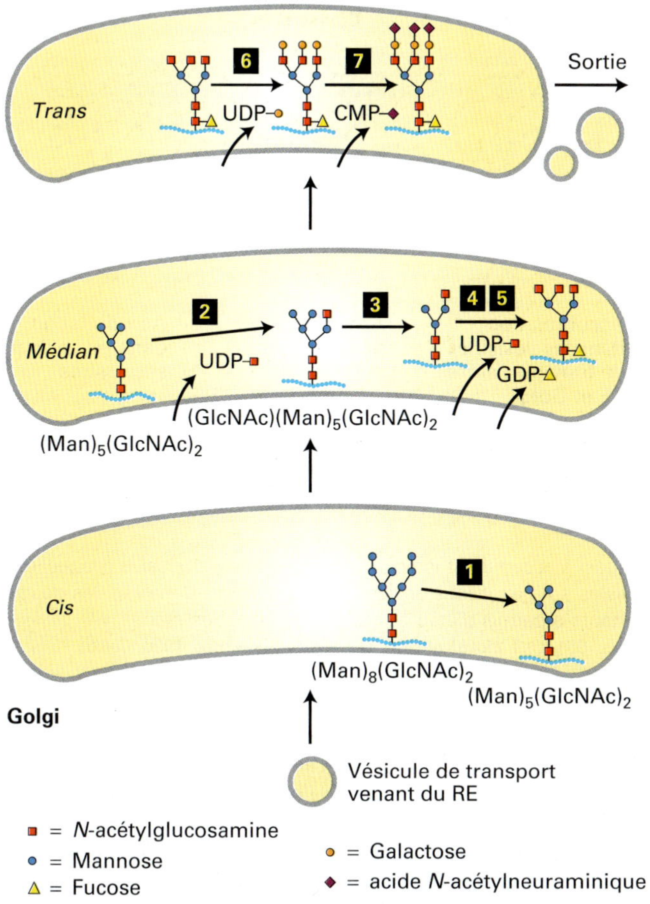

FIGURE 17-3 Apprêtement des oligosaccharides liés à *N* sur les glycoprotéines dans les citernes du Golgi cis, médian et trans de cellules de vertébrés. Les enzymes catalysant chaque étape sont localisées dans les compartiments indiqués. Après excision de trois résidus mannose dans le *cis*-Golgi (étape **1**), la protéine passe par progression cisternale dans le Golgi *médian*. Ici, trois résidus GlcNAc sont ajoutés (étapes **2** et **4**), deux résidus de mannose sont encore enlevés (étape **3**) et un seul fucose est ajouté (étape **5**). L'apprêtement est complété dans le *trans*-Golgi par addition de trois résidus galactose (étape **6**) et finalement par liaison d'un résidu d'acide *N*-acétylneuraminique à chaque résidu galactose (étape **7**). Des transférases spécifiques ajoutent des glucides à l'oligosaccharide, un à la fois, à partir de précurseurs glucide-nucléotide importés du cytosol. Cette voie représente l'apprêtement dans le Golgi d'une glycoprotéine typique de mammifères. Des variations dans la structure des oligosaccharides liés à *N* peuvent résulter de différences dans les étapes de l'apprêtement dans le Golgi. [Voir R. Kornfeld & S. Kornfeld, 1985, *Ann. Rev. Biochem.* **45** :631.]

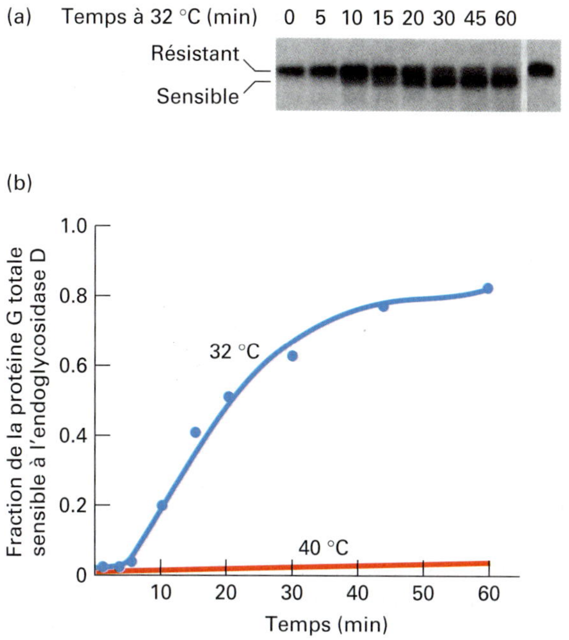

FIGURE EXPÉRIMENTALE 17-4 Le transport d'une glycoprotéine membranaire du RE vers le Golgi peut être suivi sur base de sa sensibilité au clivage par l'endoglycosidase D. Des cellules exprimant une protéine G d'un VSV (VSVG) sensible à la température ont été marquées par une brève incubation (pulse) avec des acides aminés radioactifs à une température qui bloque la protéine marquée dans le RE (température non permissive). À divers moments après abaissement de la température à 32 °C (température permissive), la VSVG a été extraite des cellules et digérée par l'endoglycosidase D, qui détache l'oligosaccharide des protéines apprêtées dans le *cis*-Golgi mais non des protéines présentes dans le RE. (a) Une électrophorèse en gel SDS des milieux de digestion séparent la forme de VSVG non clivée (migration plus lente) de la forme clivée (migration plus rapide). Comme le tracé le montre, au début, la VSVG résiste, mais avec le temps une fraction croissante devient sensible à la digestion, ce qui reflète le passage de la protéine du RE dans le Golgi où elle est apprêtée. Dans les cellules contrôles maintenues à 40 °C, seule la VSVG résistante à la digestion, et donc de migration lente, fut détectée après 60 minutes (non montré). (b) La proportion de VSVG sensible à la digestion a été mesurée sur base des données électrophorétiques. Le graphique montre le temps nécessaire au transfert du RE au Golgi. [Tiré de C. J. Beckers *et al.*, 1987, *Cell* **50** :523.]

fraction croissante de la glycoprotéine devient sensible à la digestion (Figure 17-4). Cette conversion de la protéine G d'une forme résistant à l'endoglycosidase D en une forme sensible correspond au transport vésiculaire de la protéine à partir du RE vers le *cis*-Golgi. Tant les modifications des oligosaccharides que la microscopie à fluorescence de VSVG-GFP ont permis de mesurer le temps nécessaire au transfert de la protéine G du RE vers le Golgi ; il est d'environ 30 minutes.

Des mutants de levure ont confirmé les phases principales du transport vésiculaire et permis l'identification de plusieurs protéines participant à ce trafic

L'organisation générale de la voie sécrétoire et beaucoup des composants moléculaires requis par le trafic vésiculaire sont semblables dans toutes les cellules d'eucaryotes. Grâce à cette conservation, des études génétiques sur la levure ont été utiles pour confirmer la séquence des étapes dans la voie sécrétoire et dans l'identification de la plupart des protéines qui participent au trafic vésiculaire. Bien que les levures sécrètent peu de protéines dans le

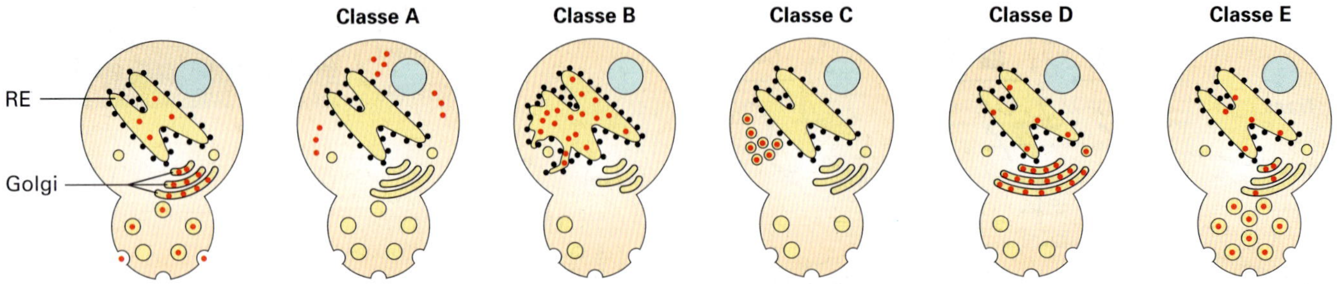

		Classe A	Classe B	Classe C	Classe D	Classe E
Sort des protéines sécrétées	Sécrétion normale	Accumulation dans le cytosol	Accumulation dans le RE rugueux	Accumulation dans les vésicules de transport entre RE et Golgi	Accumulation dans le Golgi	Accumulation dans les vésicules sécrétoires
Fonction déficiente		Transport dans le RE	Bourgeonnement des vésicules à partir du RE rugueux	Fusion des vésicules de transport avec le Golgi	Transport du Golgi vers les vésicules sécrétoires	Transfert des vésicules sécrétoires à la surface cellulaire

FIGURE EXPÉRIMENTALE 17-5 Les phénotypes des mutants *sec* permettent l'identification des étapes de la voie sécrétoire. Ces mutants sensibles à la température peuvent être regroupés en cinq classes sur base du site où les nouvelles protéines sécrétoires (points rouges) s'accumulent lorsque la température permissive à laquelle les cellules sont exposées devient non permissive. L'analyse des doubles mutants a permis d'établir l'ordre séquentiel des étapes. [Voir P. Novick *et al.*, 1981, *Cell.* **25**:461 et C. A. Kaiser & R. Schekman, 1990, *Cell* **61**:723.]

milieu de culture, elles sécrètent continuellement un nombre d'enzymes qui restent localisées dans l'espace étroit entre la membrane plasmique et la paroi cellulaire. La mieux étudiée de celles-ci, l'invertase, hydrolyse le saccharose en glucose et fructose.

De nombreux mutants de levure furent identifiés sur base de leur aptitude à sécréter des protéines à une température et leur inaptitude à le faire à une température plus élevée dite non permissive. Lorsque ces *mutants dont la sécrétion (sec) dépend de la température* sont soumis à une augmentation de température, ils accumulent les protéines sécrétoires là où la voie est bloquée par la mutation. Ce qui a permis l'identification de cinq classes (A-E) de mutants caractérisés par l'accumulation protéique dans (A) le cytosol, (B) le RE rugueux, (C) les vésicules transférant les protéines du RE au complexe de Golgi, (D) les citernes de Golgi, (E) les vésicules sécrétoires constitutives (Figure 17-5). L'étude de ces différentes classes de mutants a permis d'identifier des composants fondamentaux et d'élucider les mécanismes moléculaires du trafic vésiculaire dont il sera question dans les prochaines sections.

Pour déterminer l'ordre des étapes, on a eu recours à des mutants doubles. Par exemple, lorsque les fonctions des classes B et D sont altérées par les mutations, les protéines s'accumulent dans le RE rugueux et non dans le complexe de Golgi. Puisque les protéines s'accumulent là où le trafic a été bloqué le plus tôt, on en déduit que les mutations de classe B agissent à un point plus précoce dans la voie sécrétoire que les mutations de la classe D. Ces études ont confirmé que lorsqu'une protéine sécrétoire est synthétisée et apprêtée, elle parcourt les étapes suivantes : cytosol → RE rugueux → vésicules de transport RE-Golgi → citernes de Golgi → vésicules sécrétoires → exocytose.

Des systèmes acellulaires permettent l'analyse de chacune des étapes du transport vésiculaire

Les tests in vitro du transport entre compartiments se sont révélés efficaces et complémentaires dans l'étude des mutants *sec* de la levure visant à l'identification et à l'analyse des composants cellulaires responsables du trafic vésiculaire. Dans une application, des cellules mutantes dépourvues de l'une des enzymes qui modifient les oligosaccharides liés à N dans le Golgi ont été infectées par le virus de la stomatite vésiculaire (VSV). Par exemple, si des cellules infectées manquent de *N*-acétylglucosamine transférase I, elles produisent en abondance la protéine G du VSV, mais ne peuvent ajouter les résidus *N*-acétylglucosamine aux oligosaccharides dans le Golgi *médian*, ce que font les cellules de type sauvage (Figure 17-6a). Quand les membranes du Golgi isolées de ces mutants sont mélangées avec des membranes du Golgi de cellules de type sauvage non infectées, l'addition de *N*-acétylglucosamine à la protéine G est rétablie (Figure 17-6b). Ce résultat est lié au transport vésiculaire rétrograde de la *N*-acétylglucosamine transférase I à partir du Golgi *médian* des cellules de type sauvage vers le *cis*-Golgi des mutants infectés par le virus. Le transport réussi entre compartiments dans ce système acellulaire dépend des besoins typiques du processus physiologique normal, c'est-à-dire qu'il faut un extrait cytosolique, une source d'énergie sous forme d'ATP et de GTP et une incubation à température physiologique.

Dans certaines conditions, une population uniforme de vésicules de transport rétrograde qui transfèrent la *N*-acétylglucosamine transférase I du Golgi *médian* vers le *cis* peut être purifiée par centrifugation et ainsi séparée des membranes du Golgi de type sauvage. En analysant les protéines présentes dans ces vésicules, on a identifié plusieurs protéines membranaires intrinsèques et des protéines qui couvrent en périphérie les vésicules et font partie de leur structure. Par ailleurs, le fractionnement de l'extrait cytosolique requis pour le transport dans les milieux acellulaires a permis d'isoler les protéines nécessaires à la formation des vésicules de transport et des protéines requises pour le ciblage et la fusion des vésicules avec les membranes appropriées. Des tests in vitro semblables dans leur plan général à celui que montre la Figure 17-6 ont été utilisés dans l'étude des diverses étapes de la voie sécrétoire.

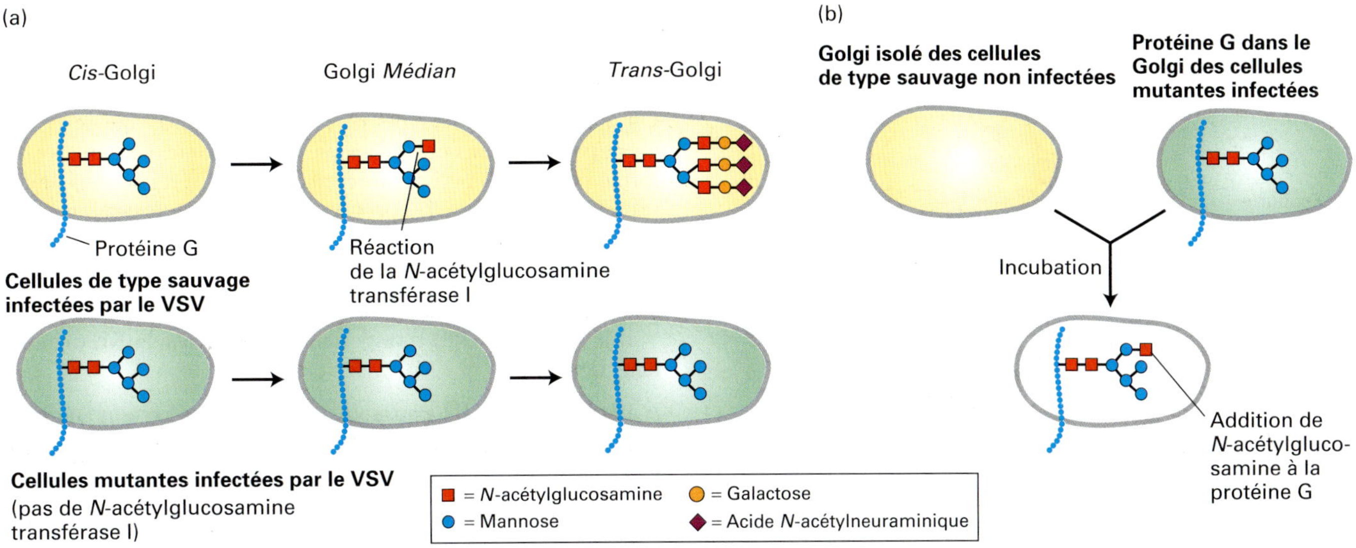

FIGURE EXPÉRIMENTALE 17-6 Le transport protéique de l'une à l'autre des citernes du Golgi peut être suivi dans un système acellulaire. (a) Une lignée mutante de fibroblastes en culture est essentielle pour ce type de test. Dans cet exemple, les cellules sont dépourvues de *N*-acétylglucosamine transférase I (étape **2** dans la Figure 17-3). Dans les cellules de type sauvage, cette enzyme est localisée dans le Golgi *médian* et modifie les oligosaccharides liés à *N* par l'addition d'une *N*-acétylglucosamine. Dans les cellules de type sauvage infectées par le VSV, l'oligosaccharide de la protéine G virale est apprêté normalement, comme le montre le panneau du *trans*-Golgi. Dans les cellules mutantes infectées, la protéine G atteint la surface cellulaire avec un oligosaccharide plus simple, riche en mannose ne contenant que deux résidus de *N*-acétylglucosamine et cinq de mannose. (b) Quand les citernes du Golgi isolées des cellules mutantes infectées sont incubées avec les citernes du Golgi de cellules normales non infectées, la protéine G du VSV produite in vitro contient les résidus de *N*-acétylglucosamine supplémentaires. Cet apprêtement est effectué par la transférase qui a migré, dans le milieu de réaction, par les vésicules de transport rétrograde, des citernes du Golgi *médian* des cellules de type sauvage vers les citernes du *cis*-Golgi des cellules mutantes. [Voir W. E. Balch *et al.*, 1984, *Cell* **39**:405 et 525 ; W. A. Braell *et al.*, 1984, *Cell* **39**:511 ; J. E. Rothman & T. Söllner, 1997, *Science* **276**:1212.]

CONCEPTS CLÉS DE LA SECTION 17.1
Techniques d'étude de la voie sécrétoire

- Tous les tests qui permettent de suivre le trafic des protéines le long de la voie sécrétoire dans des cellules vivantes requièrent un marquage d'une cohorte de protéines sécrétoires et un moyen d'identification des compartiments où les protéines marquées se localisent successivement.
- Une brève incubation (*pulse-labeling*) avec des acides aminés radioactifs peut marquer une cohorte de protéines naissantes dans le RE. Par ailleurs, une protéine mutante sensible à la température qui est retenue dans le RE à la température non permissive recouvre sa liberté de migration quand la température redevient permissive.
- Le déplacement au long de la voie sécrétoire d'une protéine détectable par sa fluorescence peut être suivi au microscope (voir Figure 17-2). Celui d'une protéine radiomarquée l'est habituellement par l'observation des modifications covalentes survenant spécifiquement dans chaque compartiment.
- Beaucoup des composants requis pour le trafic protéique intracellulaire ont été identifiés dans la levure par analyse de mutants *sec* sensibles à la température et dont la sécrétion protéique est déficiente à température non permissive (voir Figure 17-5).
- Les systèmes acellulaires ont permis l'analyse biochimique de chaque étape de la voie sécrétoire. Ces expériences in vitro permettent de purifier des vésicules de transport et de tester la fonction des protéines individuelles impliquées dans le transport entre compartiments.

17.2 Mécanismes moléculaires du trafic vésiculaire

De petites vésicules entourées de membrane et transportant des protéines d'un organite à l'autre sont des éléments communs aux voies sécrétoire et endocytaire (voir Figure 17-1). Ces vésicules bourgeonnent à la surface d'un organite particulier, dit *destinateur* ou « *parental* », et fusionne avec la membrane d'une *cible* (*destinataire*) particulière. Bien que chaque étape dans les voies sécrétoire et endocytaire recoure à un type différent de vésicule, des études basées sur des techniques génétiques et biochimiques décrites dans la section précédente ont révélé que chacune des différentes étapes de transport vésiculaire est simplement une variation sur un thème commun. Il constitue le sujet d'étude de cette section, dans laquelle nous verrons comment se produisent le bourgeonnement et la fusion.

Le bourgeonnement de vésicules à partir d'une membrane est lié à la polymérisation de protéines solubles sur la membrane

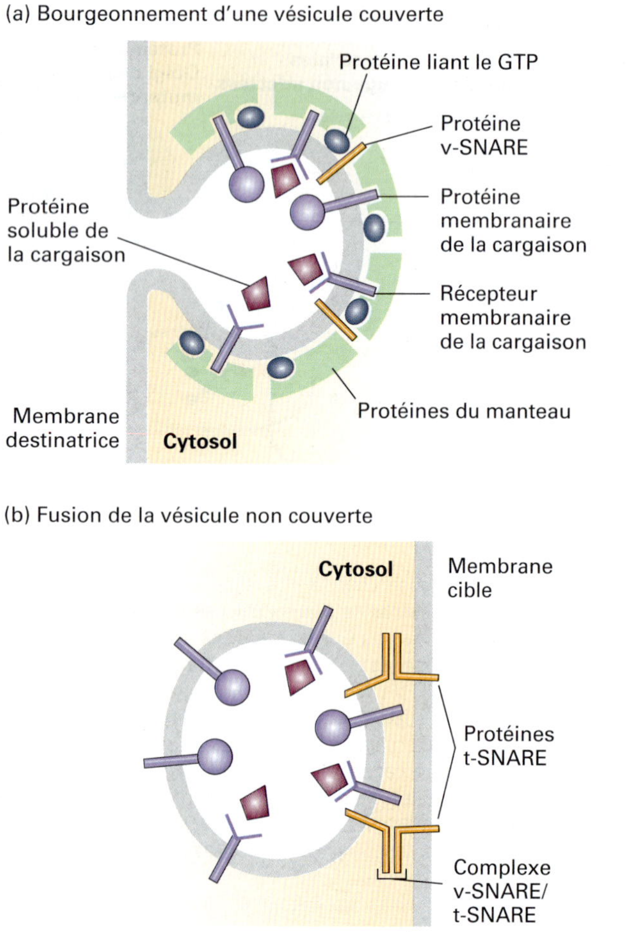

FIGURE 17-7 Vue générale du bourgeonnement vésiculaire et de la fusion avec une membrane cible. (a) Le bourgeonnement commence par le recrutement d'une petite protéine liant le GTP dans un site de la membrane destinatrice. Des complexes de protéines du manteau venant du cytosol se lient au domaine cytosolique des protéines membranaires constituant une partie de la cargaison et dont certaines agissent comme récepteurs liant des protéines solubles présentes dans la lumière. (b) Après avoir été libérée et s'être débarrassée de son manteau, la vésicule fusionne avec sa membrane cible suivant un processus qui implique l'interaction des protéines SNARE complémentaires.

autour de laquelle elles forment un manteau vésiculaire protéique (Figure 17-7a). Par des interactions entre les portions cytosoliques des protéines membranaires intrinsèques et le manteau vésiculaire la vésicule en formation constitue sa cargaison protéique. Ainsi, le manteau assure non seulement la courbure de la membrane pour former une vésicule, mais il sélectionne aussi les protéines qui peuvent être admises dans la vésicule.

Dans un bourgeon vésiculaire, les protéines membranaires intrinsèques comprennent **v-SNARE**, qui sont essentielles pour la fusion de la vésicule avec la membrane cible. Peu après la formation d'une vésicule, le manteau disparaît et les protéines v-SNARE sont exposées. La jonction spécifique des v-SNARE dans la membrane vésiculaire avec les **t-SNARE** correspondantes dans la membrane cible juxtaposent étroitement les deux membranes, ce qui permet aux deux bicouches de fusionner (Figure 17-7b).

L'assemblage d'un manteau protéique assure la formation des vésicules et la sélection des molécules prises en charge

On a caractérisé trois types de vésicules couvertes qui se distinguent par la composition protéique de leur manteau, celui-ci étant formé par la polymérisation réversible d'une série de sous-unités protéiques (Tableau 17-1). Chaque type de vésicule, nommé d'après les protéines composant son manteau, transfère sa cargaison de protéines des organites destinateurs particuliers aux organites destinataires particuliers.

- Les vésicules **COPII** transportent les protéines du RE rugueux dans le Golgi.
- Les vésicules **COPI** transportent les protéines surtout en direction rétrograde entre les citernes du Golgi et à partir du cis-Golgi vers le RE rugueux.
- Les vésicules de **clathrine** transportent les protéines de la membrane plasmique (surface cellulaire) et du réseau trans-Golgi dans les endosomes tardifs.

On n'a pas encore identifié les protéines du manteau des vésicules qui transfèrent les protéines du *trans*-Golgi vers la membrane plasmique durant la sécrétion constitutive ou régulée.

Le schéma général du bourgeonnement vésiculaire montré dans la Figure 17-7a s'applique aux trois types connus de vésicules couvertes. Des expériences avec des membranes isolées ou artificielles et des protéines purifiées du manteau ont montré que la polymérisation de ces protéines à la face cytosolique de la membrane parent est nécessaire pour produire la forte courbure de la membrane qui est typique d'une vésicule de transport d'environ 50 nm de diamètre. Des micrographies électroniques de bourgeonnement in vitro révèlent souvent des régions discontinues de

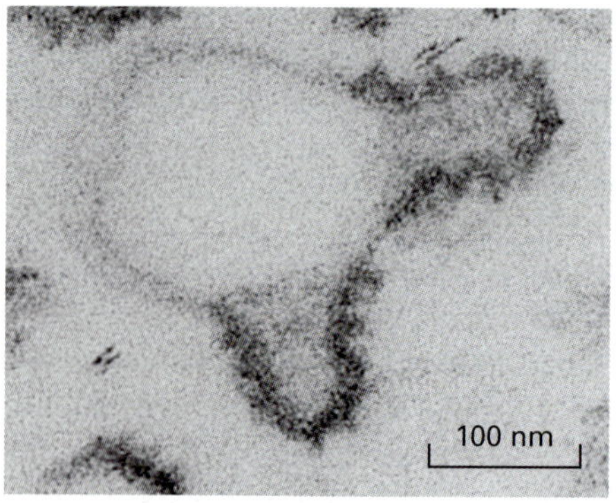

FIGURE EXPÉRIMENTALE 17-8 Le bourgeonnement vésiculaire peut être observé in vitro. Lorsque des composants COPII purifiés du manteau sont incubés avec des vésicules isolées du RE ou des vésicules phospholipidiques artificielles (liposomes), ils polymérisent à la surface de la vésicule et induisent l'émergence de bourgeons fortement incurvés. Dans cette micrographie électronique de bourgeonnements apparus in vitro, on constate qu'ils sont couverts d'une couche sombre qui correspond au manteau. [K. Matsuoka *et al.*, 1988, *Cell* **93**(2):263.]

TABLEAU 17-1 Vésicules couvertes impliquées dans le trafic protéique

Type de vésicule	Protéines du manteau	GTPase associée	Étape concernée
COPII	Complexes Sec23/Sec24 et Sec13/31, Sec16	Sar1	RE vers *cis*-Golgi
COPI	Coatomères contenant sept sous-unités différentes COP	ARF	*cis*-Golgi vers RE Des citernes tardives du Golgi vers les précoces
Clathrine et protéines adaptatrices*	Clathrine + complexes PA1	ARF	*trans*-Golgi vers endosome
	Clathrine + GGA	ARF	*trans*-Golgi vers endosome
	Clathrine + complexes PA2	ARF	Membrane plasmique vers endosome
	Complexes PA3	ARF	Golgi vers lysosome, mélanosome ou vésicules des plaquettes

*Chaque type de complexe PA consiste en quatre sous-unités différentes. On ignore si le manteau des vésicules PA3 contient la clathrine.

la membrane de l'organite destinateur qui sont couvertes d'un manteau dense et ont la courbure caractéristique d'une vésicule complète (Figure 17-8). De telles structures, habituellement appelées *bourgeons vésiculaires*, correspondraient à des formes intermédiaires visibles après que les protéines du manteau ont commencé à polymériser mais avant que la vésicule complète ne se soit détachée de l'organite destinateur. On pense que les protéines polymérisées du manteau forment une sorte de treillis recourbé qui assure la formation du bourgeon vésiculaire en adhérant à la face cytosolique de la membrane.

Une série conservée de protéines commutatrices GTPasiques contrôle l'assemblage des différents manteaux vésiculaires

En se basant sur le bourgeonnement vésiculaire in vitro obtenu avec des membranes isolées et des protéines purifiées du manteau, on a déterminé la série minimale de composants requis pour former chacun de trois types principaux de vésicules. Bien que la plupart des protéines du manteau diffèrent considérablement d'un type vésiculaire à l'autre, les manteaux des trois vésicules contiennent une petite protéine liant le GTP qui agit comme sous-unité régulatrice de l'assemblage du manteau (voir Figure 17-7a). Pour les vésicules COPI et les vésicules de clathrine, cette protéine liant le GTP est appelée *ARF*. Une protéine liant le GTP, différente mais apparentée, appelée *Sar1*, est présente dans le manteau des vésicules COPII. ARF et Sar1 sont des protéines monomériques avec une structure générale semblable à celle de Ras, une protéine essentielle dans la transduction intracellulaire de signaux (voir Figure 14-20). Les protéines ARF et Sar1, comme Ras, appartiennent à la **superfamille des GTPases**, qui alternent entre forme inactive liée au GDP et forme active liée au GTP (voir Figure 3-29).

La liaison au GTP, hydrolysé ensuite par ARF et Sar1, servirait à contrôler le début de l'assemblage du manteau, comme le montre le schéma de l'assemblage des vésicules COPII (Figure 17-9). D'abord, une protéine membranaire du RE, Sec12, catalyse la libération de GDP à partir de Sar1·GDP et la fixation de GTP. Le facteur d'échange de la guanine, Sec12, recevrait et intègrerait de multiples signaux, encore inconnus, comprenant probablement la présence, dans la membrane du RE, de la cargaison protéique prête à être transportée. La liaison au GTP change la conformation de Sar1 et expose son extrémité N-terminale hydrophobe, qui s'insère alors dans la bicouche phospholipidique et attache ainsi Sar1·GTP à la membrane du RE. Sar1·GTP entraîne alors la polymérisation des complexes cytosoliques des sous-unités de COPII sur la membrane, ce qui aboutit au bourgeonnement vésiculaire. Dès que les vésicules COPII sont libérées de la membrane destinatrice, Sar1, exerçant son activité GTPasique avec l'assistance d'une des sous-unités du manteau, hydrolyse son GTP. Cette hydrolyse déclenche la dissociation du manteau COPII. Ainsi, Sar1 couple l'alternance de liaison et d'hydrolyse du GTP à la formation et à la dissociation du manteau COPII.

La protéine ARF subit un cycle similaire d'échange et d'hydrolyse nucléotidique couplé à l'assemblage du manteau vésiculaire composé de COPI ou de clathrine et d'autres protéines du manteau (complexes PA) dont il sera question plus loin. Une ancre myristate attachée de manière covalente au bout N-terminal de la protéine ARF attache faiblement ARF·GDP à la membrane du Golgi. Lorsque le GTP prend la place du GDP sous l'effet d'un facteur d'échange nucléotidique attaché à la membrane du Golgi, le changement de conformation qui en résulte dans ARF permet aux résidus hydrophobes de son segment N-terminal de s'insérer dans la bicouche membranaire. Cette association étroite de ARF·GTP à la membrane déclenche l'assemblage du manteau.

Les similitudes de Sar1 et ARF avec d'autres petites protéines commutatrices GTPasiques ont amené les chercheurs à construire des gènes codant des mutants des deux protéines dont ils pouvaient prévoir les effets sur le trafic vésiculaire lorsque ces gènes seraient transfectés dans des cellules en culture. Par exemple, dans des cellules exprimant des versions mutées de Sar1 et ARF qui ne

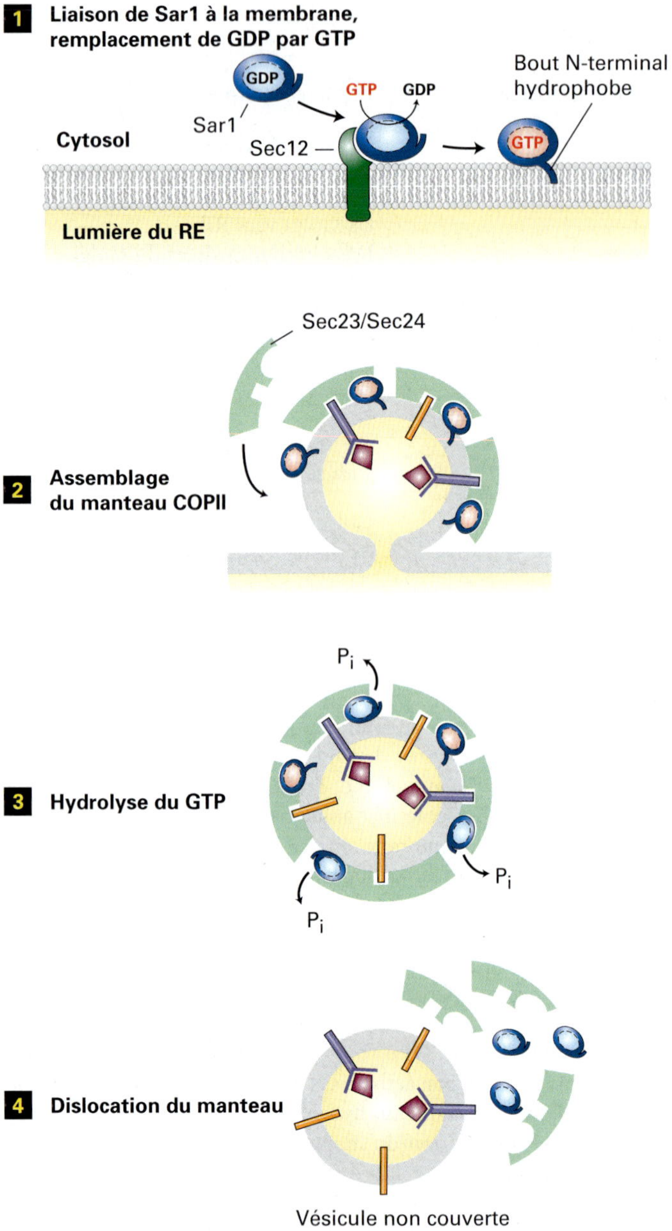

FIGURE 17-9. Modèle de l'intervention de Sar1 dans l'assemblage et la dissociation des manteaux COPII. Étape 1 : L'interaction de Sar1•GDP soluble avec le facteur d'échange Sec12, une protéine membranaire intrinsèque du RE, catalyse le remplacement de GDP par GTP dans Sar1. Dans Sar1 lié à GTP, le bout N-terminal hydrophobe ressort de la surface de la protéine et ancre Sar1 dans la membrane du RE. Étape 2 : Sar1 attaché à la membrane sert de site de fixation au complexe protéique du manteau Sec23/24. Les protéines à transférer sont recrutées dans le bourgeon vésiculaire par liaison de courtes séquences spécifiques (signaux d'adressage) dans leur région cytosolique à certains sites du complexe Sec23/24. Le manteau est complété par l'assemblage d'un second type de complexe composé de Sec13/et Sec31 (non montré). Étape 3 : Après formation complète du manteau vésiculaire, la sous-unité Sec23 induit l'hydrolyse du GTP par Sar1. Étape 4 : La libération de Sar1•GDP de la membrane vésiculaire cause la dislocation du manteau. [Voir S. Springer *et al.*, 1999, *Cell* **97** :145.]

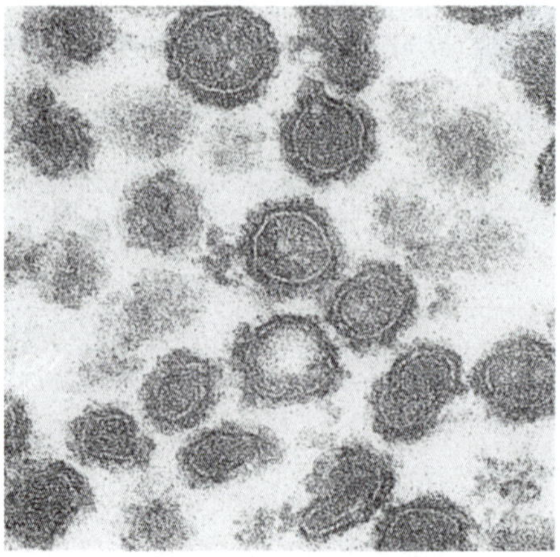

FIGURE EXPÉRIMENTALE 17-10 Accumulation de vésicules couvertes au cours d'une réaction de bourgeonnement in vitro en présence d'un analogue de GTP non hydrolysable. Lorsque des membranes du Golgi isolées sont incubées avec un extrait cytosolique contenant les protéines du manteau COPI et de l'ATP, des vésicules bourgeonnent à partir des membranes. L'inclusion d'un analogue non hydrolysable du GTP dans la réaction de bourgeonnement prévient la dislocation du manteau après la libération de la vésicule. Cette micrographie montre des vésicules COPI générées au cours une telle réaction et séparées des membranes par centrifugation. On peut analyser des vésicules couvertes préparées de cette manière afin d'identifier leurs composants et leurs propriétés [Avec l'autorisation de L. Orci.]

peuvent hydrolyser GTP, des manteaux vésiculaires se forment et les bourgeons vésiculaires se détachent. Cependant, puisque les protéines mutées ne peuvent déclencher la dissociation du manteau, toutes les sous-unités du manteau sont finalement assemblées de manière permanente dans des vésicules couvertes qui sont incapables de fusionner avec des membranes cibles. L'addition d'un analogue de GTP non hydrolysable à des réactions de bourgeonnement vésiculaire in vitro cause un blocage similaire de la dissociation du manteau. La disponibilité de ces manteaux qui ne se dissocient pas, facilite l'analyse de leur composition et de leur structure. Les vésicules COPI purifiées que montre la Figure 17-10 sont produites dans une telle réaction de bourgeonnement.

Des séquences de ciblage sur les protéines de la cargaison établissent des contacts spécifiques avec les protéines du manteau

Les vésicules ne peuvent transporter d'un compartiment à l'autre que des protéines spécifiques. Aussi, les bourgeons vésiculaires doivent faire un choix parmi les protéines membranaires ou solubles de la cargaison ; elles ne peuvent accepter que celles qui doivent gagner le compartiment suivant et exclure celles qui doivent rester dans le compartiment destinateur. Le manteau vésiculaire incurve la membrane destinatrice, mais il assure aussi le criblage des protéines spécifiques destinées à la cargaison. Le premier mécanisme par lequel le manteau sélectionne les molécules à transporter est par la liaison directe à des séquences spécifiques, ou **signaux d'adressage,** dans la portion cytosolique des protéines membranaires de la cargaison (voir Figure 17-7a). Le manteau polymérisé agit donc comme une matrice d'affinité qui regroupe

TABLEAU 17-2 Signaux d'adressage connus qui dirigent des protéines vers des vésicules de transport spécifiques

Séquence signal*	Protéines avec signal	Récepteur du signal	Vésicules qui incorporent la protéine porteuse du signal
Lys-Asp-Glu-Leu (KDEL)	Protéines résidant dans la lumière du RE	Récepteur de KDEL dans la membrane du *cis*-Golgi	COPI
Lys-Lys-X-X (KKXX)	Protéines résidant dans la membrane du RE (domaine cytosolique)	Sous-unités α et β de COPI	COPI
Di-acidique (e.g. Asp-X-Glu)	Cargaison de protéines membranaires dans le RE (domaine cytosolique)	Sous-unité Sec24 de COPII	COPII
Mannose 6-phosphate (M6P)	Enzymes lysosomiales solubles apprêtées dans le cis-Golgi	Récepteur de M6P dans la membrane du *trans*-Golgi	Clathrine/PA1
	Enzymes lysosomiales sécrétées	Récepteur de M6P dans la membrane plasmique	Clathrine/PA2
Asn-Pro-X-Tyr (NPXY)	Récepteur des LDL dans la membrane plasmique (domaine cytosolique)	Complexe PA2	Clathrine/PA2
Tyr-X-X-Φ (YXXΦ)	Protéines membranaires dans le *trans*-Golgi (domaine cytosolique)	PA1 (sous-unité μ1)	Clathrine/PA1
	Protéines de la membrane plasmique (domaine cytosolique)	PA2 (sous-unité μ2)	Clathrine/PA2
Leu-Leu (LL)	Protéines de la membrane plasmique (domaine cytosolique)	Complexes PA2	Clathrine/PA2

*X = tout acide aminé ; F = acide aminé hydrophobe. Les désignations d'acides aminés par une seule lettre sont entre parenthèses.

les protéines membranaires destinées à la cargaison des bourgeons vésiculaires. Les protéines solubles dans la lumière des organites parentaux peuvent à leur tour être sélectionnées par liaison aux domaines luminaux de certaines protéines membranaires de la cargaison, qui servent de récepteurs pour ces protéines luminales à transférer. Le Tableau 17-2 résume les propriétés de plusieurs signaux d'adressage appartenant à des protéines membranaires ou solubles. Le rôle de ces signaux est décrit plus en détail dans des sections ultérieures.

Les GTPases Rab contrôlent l'amarrage des vésicules aux membranes cibles

Une seconde série de petites protéines liant le GTP, appelées *protéines Rab*, participent au ciblage des vésicules vers les membranes appropriées. Comme Sar1 et ARF, les protéines Rab appartiennent à la superfamille des protéines commutatrices à activité de GTPase. La conversion de Rab·GDP cytosolique en Rab·GTP, catalysé par un facteur d'échange nucléotidique de la guanine, induit un changement de conformation qui permet à Rab d'interagir avec une protéine de surface sur une vésicule de transport particulière et d'insérer son ancre isoprénoïde dans la membrane de la vésicule. Dès que Rab·GTP est attaché à la surface vésiculaire, on pense qu'il interagit avec une des diverses grandes protéines, appelées effecteurs Rab, attachées à la membrane cible. Cette liaison arrime la vésicule à la membrane cible appropriée (Figure 17-11, étape 1). Après fusion de la vésicule, le GTP est hydrolysé en GDP, ce qui libère Rab·GDP, qui peut alors participer à un autre cycle d'échange GDP-GTP, d'interaction et d'hydrolyse.

Plusieurs indications plaident en faveur de l'implication de protéines Rab spécifiques dans les événements de fusion vésiculaire. Par exemple, le gène *SEC4* de la levure code une protéine Rab, et les cellules exprimant des protéines Sec4 mutées accumulent des vésicules sécrétoires incapables de fusionner avec la membrane plasmique (mutants de classe E dans la Figure 17-5). Dans les cellules de mammifères, la protéine Rab5 est localisée dans les vésicules d'endocytose, appelées aussi endosomes précoces. Ces vésicules non couvertes se forment à partir des vésicules couvertes de clathrine juste après le bourgeonnement de celles-ci à partir de la membrane plasmique pendant l'endocytose (voir Figure 17-1, étape 9). La fusion des endosomes précoces les uns avec les autres dans des systèmes acellulaires requiert la présence de Rab5, et l'addition de Rab5 et de GTP aux extraits acellulaires accélère la vitesse avec laquelle ces vésicules fusionnent entre elles. Une longue protéine en hélice appelée EEA1 (*early endosome antigen 1*), qui réside sur la membrane des endosomes précoces, fonctionne comme effecteur de Rab5. On pense que Rab5·GTP sur une vésicule endocytaire se lie spécifiquement à EEA1 sur la membrane d'une autre vésicule endocytaire et prépare ainsi la fusion des deux vésicules.

De manière semblable, Rab1 est essentiel pour le transfert entre RE et Golgi qui se déroule dans les systèmes acellulaires. Rab1·GTP se lie à une superhélice (*coiled-coil*) protéique appelée p115, qui attache spécifiquement les vésicules COPII porteuses de Rab1·GTP à la membrane du Golgi. Un type différent d'effecteur Rab paraît intervenir pour chaque type de vésicule et à chaque étape de la voie sécrétoire. Il reste à savoir comment les protéines Rab sont adressées à la membrane appropriée et comment les complexes spécifiques se forment entre les différentes protéines Rab et leur effecteur.

Des paires de protéines SNARE assurent la fusion des vésicules avec les membranes cibles

Comme nous l'avons vu, peu après le bourgeonnement d'une vésicule à partir de la membrane destinatrice, le manteau se dissocie, ce qui expose v-SNARE, une protéine membranaire spécifique de la vésicule (voir Figure 17-7b). De même, chaque type de membrane cible contient des protéines membranaires t-SNARE. Après l'arrimage assuré par Rab de la vésicule à la membrane destinataire, l'interaction des SNARE correspondants rapproche suffisamment les deux membranes pour qu'elles puissent fusionner.

Une des exemples les mieux compris de fusion assurée par SNARE est celui qui survient durant l'exocytose des protéines sécrétées (Figure 17-11, étape 2 et 3). Dans ce cas, la protéine v-SNARE, appelée *VAMP* (*vesicle-associated membrane protein*), est incorporée dans les vésicules sécrétoires quand elles bourgeonnent du réseau du *trans*-Golgi. Les t-SNARE sont la *syntaxine*, une protéine intrinsèque de la membrane plasmique, et *SNAP-25*, qui est attachée à la membrane plasmique par une ancre lipidique située au milieu de la protéine. La partie cytosolique de chacune de ces trois protéines SNARE contient une séquence répétée de sept acides aminés qui permet à quatre hélices — une de VAMP,

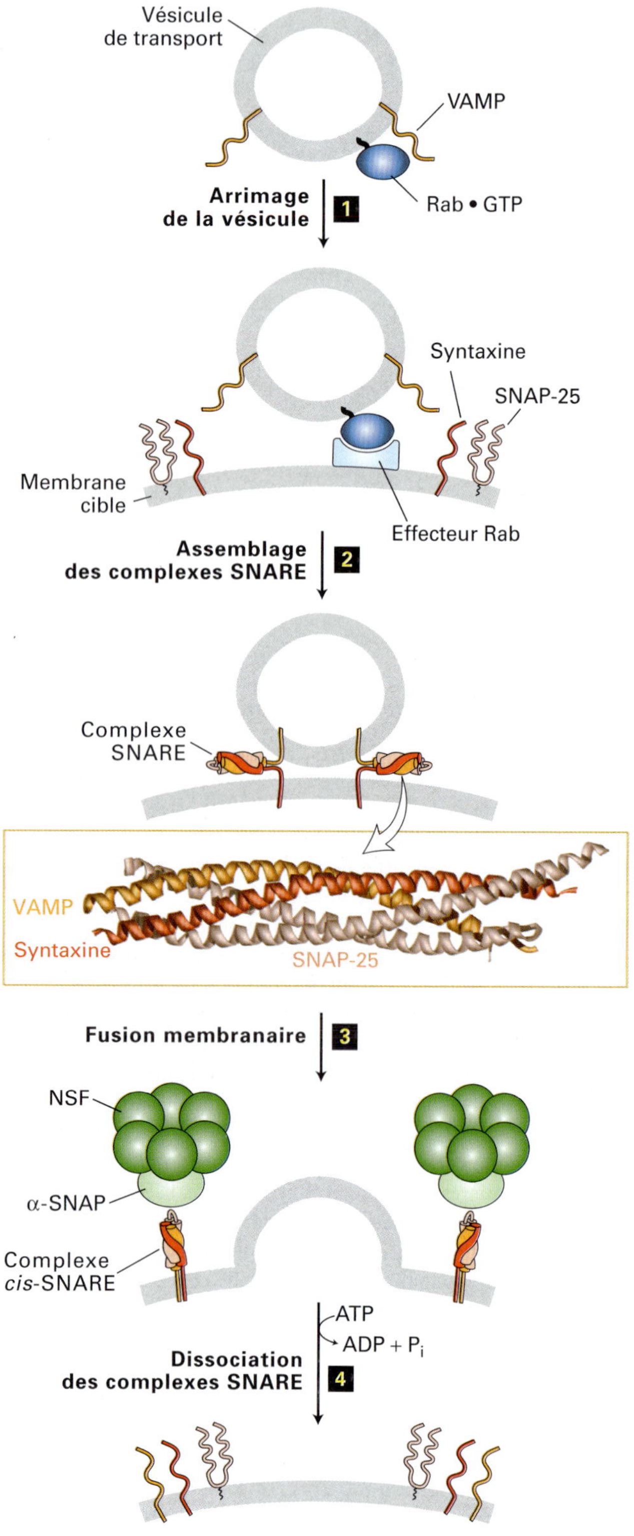

FIGURE 17-11 Modèle présentant comment les vésicules de transport s'arriment à leur membrane cible et fusionnent avec elle. Dans cet exemple, il s'agit de la fusion des vésicules sécrétoires avec la membrane plasmique, mais le processus et les protéines qui y participent sont semblables pour tous les types de fusion vésiculaire. Étape **1** : Une protéine Rab attachée par une ancre lipidique à une vésicule sécrétoire se lie à un complexe protéique effecteur sur la membrane plasmique, arrimant ainsi la vésicule de transport à la membrane cible. Étape **2** : Une protéine v-SNARE (dans ce cas, VAMP) interagit avec les domaines cytosoliques des t-SNARE (dans ce cas, syntaxine et SNAP-25). Les complexes SNARE forment des superhélices (*coiled-coil*) très stables qui maintiennent la vésicule au contact de la membrane cible. *Encadré* : De nombreuses interactions non covalentes entre quatre longues hélices α, deux de SNAP-25 et une de syntaxine et de VAMP, stabilisent la structure de la superhélice. Étape **3** : La fusion des deux membranes suit immédiatement la formation des complexes SNARE, mais on ignore encore le mécanisme précis. Étape **4** : À la suite de la fusion membranaire, NSF, en conjonction avec la protéine α-SNAP, se lie aux complexes SNARE, libérant ses constituants pour un autre cycle de fusion vésiculaire. [Voir J. E. Rothman & T. Söllner, 1997, *Science* **276**:1212, et W. Weiss & R. Scheller, 1998, *Nature* **395**:328. Encadré de Y.A. Chen & R. H. Scheller, 2001, *Nat. Rev. Mol. Cell Biol.* **2**(2):98.]

une de syntaxine et deux de SNAP-25 — de s'enrouler les unes autour des autres pour former un faisceau. C'est la disposition des résidus dans les séquences répétées de sept acides aminés qui confère au complexe SNARE sa grande stabilité. Les acides aminés hydrophobes sont enfouis à l'intérieur du faisceau et les acides aminés de charge opposée sont alignés pour former des liaisons électrostatiques entre les hélices. Pendant la formation du faisceau, VAMP et la syntaxine, par leurs domaines transmembranaires, juxtaposent étroitement la vésicule et la membrane cible.

Des expériences in vitro ont montré que, lorsque des liposomes contenant VAMP purifiée sont incubés avec d'autres liposomes contenant la syntaxine et SNAP-25, les deux membranes fusionnent, mais lentement. Cette observation est une indication que la juxtaposition étroite des membranes résultant de la formation des complexes SNARE est suffisante pour susciter la fusion membranaire. Cependant, la fusion d'une vésicule et d'une membrane cible survient beaucoup plus rapidement dans une cellule qu'entre les liposomes où la fusion n'est catalysée que par les protéines SNARE. L'explication probable de cette différence est que, dans la cellule, l'interaction entre la protéine Rab spécifique et son effecteur, en attachant la vésicule à sa membrane cible, favorise la formation des faisceaux SNARE.

Des cellules de levure, comme toutes les cellules eucaryotes, expriment plus de 20 protéines v-SNARE et t-SNARE apparentées mais différentes. Des analyses des mutants *sec* de levure déficients en chacun des gènes SNARE ont permis l'identification de l'événement de fusion membranaire spécifique auquel chaque protéine SNARE participe. Pour tous les événements de fusion qui ont été examinés, les SNARE forment des faisceaux à quatre hélices, semblables aux complexes VAMP/syntaxine/SNAP-25 qui assurent la fusion des vésicules sécrétoires avec la membrane plasmique. Cependant, dans d'autres événements de fusion (e.g. la fusion des vésicules COPII avec le réseau du *cis*-Golgi), chaque protéine SNARE ne contribue au faisceau que par une hélice α (contrairement à SNAP-25, qui contribue par deux hélices) ; dans ces cas, les complexes SNARE comprennent une molécule v-SNARE et trois de t-SNARE.

En utilisant la fusion des liposomes in vitro, on a testé la capacité de diverses combinaisons des protéines individuelles v-SNARE et t-SNARE d'assurer la fusion des membranes destinatrices et destinataires. Parmi les très nombreuses combinaisons testées, un petit nombre seulement a induit la fusion. Les combinaisons fonctionnelles entre v-SNARE et t-SNARE révélées in vitro correspondaient de manière remarquable aux interactions réelles impliquées dans des événements connus de fusion membranaire dans la cellule de levure. Donc, la spécificité de l'interaction entre protéines SNARE peut expliquer la spécificité de la fusion entre une vésicule particulière et ses membranes cibles.

La dissociation des complexes SNARE après la fusion membranaire est assurée par l'hydrolyse de l'ATP

Après qu'une vésicule et sa membrane cible ont fusionné, les complexes SNARE doivent se dissocier pour que ces protéines redeviennent disponibles pour de nouvelles fusions. Du fait de la grande stabilité des complexes, dont les composants sont maintenus ensemble par de nombreuses liaisons non covalentes, leur dissociation dépend de protéines supplémentaires et d'un apport d'énergie.

La première indication que la dissociation des complexes SNARE requiert l'assistance d'autres protéines vint d'expériences de transport in vitro en absence de certaines protéines cytosoliques. L'accumulation de vésicules dans ces tests indiquait que les vésicules pouvaient se former, mais étaient incapables de fusionner avec une membrane cible. Finalement, deux protéines, appelées *NSF* et *α-SNAP*, furent trouvées ; leur présence était nécessaire pour que la fusion puisse avoir lieu dans le système in vitro. La fonction de NSF in vivo peut être bloquée sélectivement par la N-éthylmaléimide (NEM), un agent qui réagit avec un groupe –SH du NSF (abréviation de *NEM-sensitive factor*).

Parmi les mutants *sec* de classe C de la levure, on trouve des lignées dans lesquelles Sec18 ou Sec17, équivalents mammaliens respectifs de NSF et α-SNAP, ne fonctionnent pas. Lorsque ces mutants sont exposés à une température non permissive, ils accumulent des vésicules de transport RE-Golgi ; quand les cellules sont ramenées à une température permissive, les vésicules accumulées fusionnent avec le *cis*-Golgi.

Après les études biochimiques et génétiques qui ont permis l'identification de NSF et d'α-SNAP, des tests in vitro plus sophistiqués furent mis au point. Ils ont montré que NSF et α-SNAP ne sont pas nécessaires à la fusion, mais le sont pour régénérer les protéines SNARE. NSF, un hexamère de sous-unités identiques, s'associe à un complexe SNARE avec l'aide d'α-SNAP (*soluble NSF attachment protein*). Le NSF lié hydrolyse alors de l'ATP, libérant suffisamment d'énergie pour dissocier le complexe SNARE (Figure 17-11, étape 4). Évidemment, les défauts de fusion observés dans les premiers tests de fusion in vitro et chez les mutants de levure ayant perdu la fonction de Sec17 ou Sec18 étaient une conséquence de la séquestration rapide des protéines SNARE libres en complexes indissociables et donc non disponibles pour assurer la fusion.

Des changements de conformation des protéines de l'enveloppe des virus déclenchent la fusion membranaire

Certains virus d'animaux, entre autres les virus de la grippe, de la rage et de l'immunodéficience humaine (VIH), ont une membrane formée d'une bicouche phospholipidique. Cette **enveloppe** entoure la capside de la particule virale composée de protéines et de matériel génétique. L'enveloppe virale dérive par bourgeonnement de la membrane plasmique de la cellule hôte, mais contient des glycoprotéines codées par le virus. Les virus enveloppés entrent dans une cellule par endocytose à la suite de la fixation d'une ou plusieurs glycoprotéines de l'enveloppe à des molécules de surface de la cellule. La fusion ultérieure de l'enveloppe virale avec la membrane endosomiale libère le génome viral dans le cytosol de la cellule, permettant ainsi la réplication du virus (voir Figure 4-41, étape 3). Les événements moléculaires de ce processus de fusion ont été élucidés de manière très détaillée dans le cas du virus de la grippe.

La glycoprotéine prédominante du virus de la grippe (influenza) est l'hémagglutinine (HA), qui forme des spicules à la surface du virus. Plusieurs observations indiquent qu'après endocytose du virion, le pH bas dans l'endosome tardif déclenche la fusion de sa membrane avec l'enveloppe virale. Par exemple, une augmentation du pH des endosomes tardifs par l'addition de bases solubles dans les lipides comme l'ammoniaque ou la triméthylamine pré-

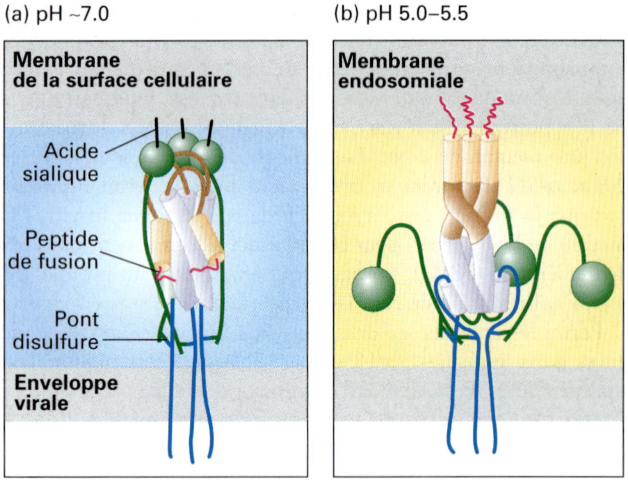

FIGURE 17-12 Modèles schématiques de la structure de l'hémagglutinine (HA) du virus de la grippe à pH 7 et 5. Trois sous-unités HA_1 et trois d'HA_2 composent chacune des molécules d'HA, qui hérissent l'enveloppe virale comme des spicules. (a) À pH ≈7,0 une partie de chaque sous-unité HA_1 forme, à la pointe du spicule natif, un domaine globulaire (vert) qui, en se liant aux résidus d'acide sialique de la membrane de la cellule hôte, amorce l'entrée du virus. Chaque sous-unité HA_1 est unie à une sous-unité HA_2 par un pont disulfure à la base de la molécule près de l'enveloppe virale. Chaque sous-unité HA_2 contient du côté N-terminal un peptide de fusion (rouge) (deux seulement sont visibles), qui est suivi par une courte hélice α (cylindre orange), une boucle non hélicoïdale (brun) et une longue hélice α (pourpre pâle). Les longues hélices α des trois sous-unités HA_2 forment une superhélice à trois filaments (voir Figure 3-7). Dans cette conformation, les peptides de fusion sont enfouis dans la molécule. (b) À pH acide dans un endosome tardif, l'adhérence du peptide de fusion à d'autres segments d'HA_2 est rompue, ce qui induit un réarrangement profond de la protéine. D'abord, les trois domaines globulaires d'HA_1 s'écartent l'un de l'autre, mais restent attachés aux sous-unités HA_2 par les ponts disulfure à la base de la molécule. Ensuite, la boucle dans chaque HA_2 se transforme en une hélice α (brun), qui forme alors avec celle qui la précède et celle qui la suit une longue hélice α de 88 acides aminés. Les trois hélices α forment ainsi une superhélice longue de 13,5 nm qui se projette à l'extérieur de l'enveloppe virale. Dans cette conformation, les peptides de fusion sont situés à la pointe de la superhélice et peuvent s'insérer dans la membrane endosomiale. [Adapté de C. M. Carr *et al.*, 1997, *Proc. Nat'l. Acad. Sci.* **94**:14306 ; avec l'autorisation de Peter Kim.]

vient l'infection. De plus, la protéine HA prend une conformation particulière, critique pour la capacité infectieuse du virus, dans une échelle étroite de pH (5,0-5,5).

Chaque spicule de HA du virion consiste en trois sous-unités HA_1 et trois HA_2. Ces dernières possèdent une séquence N-terminale très hydrophobe faite de 11 résidus, appelée peptide de fusion. Des études de structure ont montré qu'à pH 7,0 ce segment de chaque sous-unité HA_2 est replié dans une crevasse du spicule (Figure 17-12a). C'est la conformation normale de HA quand la particule virale rencontre la surface de la cellule hôte. Au pH acide caractéristique des endosomes tardifs, les sous-unités de HA subissent un réarrangement majeur : les trois sous-unités HA_2 se tordent et s'entrelacent pour former une superhélice qui se projette comme un bâtonnet à plus de 13 nm en dehors de l'enveloppe virale, avec à la pointe les peptides de fusion (Figure 17-12b). Ainsi exposés, ces derniers, très hydrophobes, peuvent s'insérer dans la bicouche lipidique de la membrane endosomiale, ce qui déclenche la fusion avec l'enveloppe virale. Ainsi, à pH 7, HA peut être considérée comme étant maintenue dans l'état métastable d'un « ressort comprimé » qui se détend à pH 5,0-5,5 et passe ainsi à un état de basse énergie favorable à la fusion.

Il faut l'intervention de plusieurs spicules de HA activés par le pH bas pour que la fusion membranaire survienne. La Figure 17-13 suggère comment l'échafaudage protéique formé par de nombreux spicules pourrait unir, peut-être avec l'assistance d'autres protéines cellulaires, l'enveloppe virale et la membrane endosomiale et induire leur fusion. Cette Figure illustre également comment des membranes cellulaires peuvent fusionner lorsqu'elles sont juxtaposées par des complexes SNARE. Notez que chaque

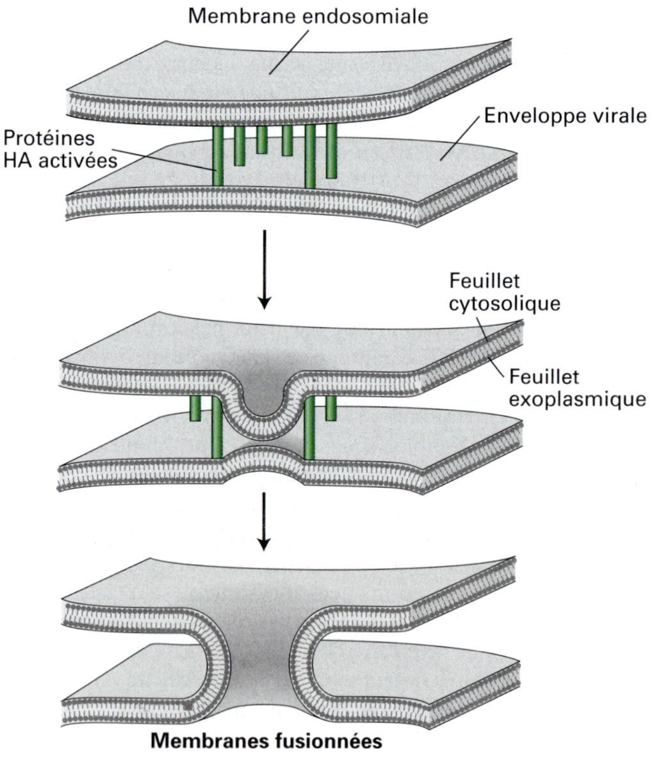

FIGURE 17-13 Modèle de fusion membranaire dirigé par l'hémagglutinine (HA). Plusieurs spicules d'HA activés par le pH bas, aidés peut-être par des protéines de la membrane de la cellule hôte, forment un échafaudage qui connecte, sur une petite surface, l'enveloppe virale et la membrane endosomiale. Par des mécanismes inconnus, les feuillets exoplasmiques des deux membranes fusionnent, suivis en cela par les feuillets cytosoliques, ce qui forme un pore qui s'élargit jusqu'à ce que les deux membranes soient jointes complètement. Une interaction similaire entre les bicouches membranaires peut se produire durant la fusion vésiculaire assurée par les protéines SNARE. [Adapté de J. R. Monck & J. M. Fernandez, 1992, *J. Cell Biol.* **119**:1395.]

molécule de HA ne participe qu'à un seul événement de fusion, tandis que des protéines de fusion cellulaire, comme SNARE, sont recyclées et catalysent de multiples événements de fusion membranaire.

CONCEPTS CLÉS DE LA SECTION 17.2

Mécanismes moléculaires du trafic vésiculaire

- Les trois vésicules de transport bien caractérisées — COPI, COPII et les vésicules de clathrine — se distinguent par les protéines qui forment leur manteau et les voies qu'elles empruntent. (voir Tableau 17-1).
- Tous les types de vésicules couvertes se forment par polymérisation de protéines cytosoliques du manteau sur la membrane destinatrice pour constituer des bourgeons qui finissent par se détacher pour libérer une vésicule complète, qui peu après se débarrasse du manteau et expose ainsi des protéines requises pour la fusion avec la membrane cible (voir Figure 17-7).
- De petites protéines liant le GTP (ARF ou Sar1) appartenant à la superfamille des GTPases contrôlent la polymérisation des protéines du manteau, la première étape du bourgeonnement vésiculaire (voir Figure 17-19). Après la libération des vésicules de la membrane destinatrice, l'hydrolyse du GTP lié à ARF ou à Sar1 déclenche la dissociation du manteau vésiculaire.
- Des signaux d'adressage spécifique dans les protéines membranaires et luminales des organites destinateurs interagissent avec les protéines du manteau durant le bourgeonnement vésiculaire. C'est ainsi que la vésicule se charge des protéines qu'elle doit transporter (voir Tableau 17-2).
- Une seconde série de protéines liant le GTP, les protéines Rab, contrôlent l'arrimage des vésicules avec la membrane cible adéquate. Chaque Rab paraît lier spécifiquement un effecteur de Rab, une protéine faite d'une longue superhélice typique, associée à la membrane destinataire.
- Chaque protéine v-SNARE dans la membrane vésiculaire se lie spécifiquement au complexe correspondant de protéines t-SNARE dans la membrane cible, induisant la fusion des deux membranes. Lorsque la fusion est complète, le complexe SNARE est dissocié au cours d'une réaction dépendant de l'ATP et d'autres protéines cytosoliques (voir Figure 17-11).
- Après l'endocytose d'un virus animal enveloppé, l'enveloppe fusionne avec la membrane de l'endosome. Dans le cas du virus de la grippe (influenza), le pH acide des endosomes tardifs cause un changement de conformation de la protéine HA de l'enveloppe virale et lui permet ainsi de s'insérer dans la membrane endosomiale.

17.3 Phases précoces de la voie sécrétoire

Dans cette section, nous examinerons de plus près le trafic vésiculaire de la voie sécrétoire entre le RE et le Golgi et certaines observations qui confirment les mécanismes généraux décrits dans la section précédente. Rappelons que le transport antérograde du RE vers le Golgi, la première étape de la voie sécrétoire, est assuré par les vésicules COPII, tandis que le transport rétrograde, du *cis*-Golgi ver le RE dépend des vésicules COPI (Figure 17-14). Ce transport vésiculaire rétrograde sert à récupérer les protéines v-SNARE et la membrane elle-même dans le RE afin que celui-ci dispose du matériel nécessaire à de nouveaux bourgeonnements vésiculaires. Le transport rétrograde assuré par COPI ramène

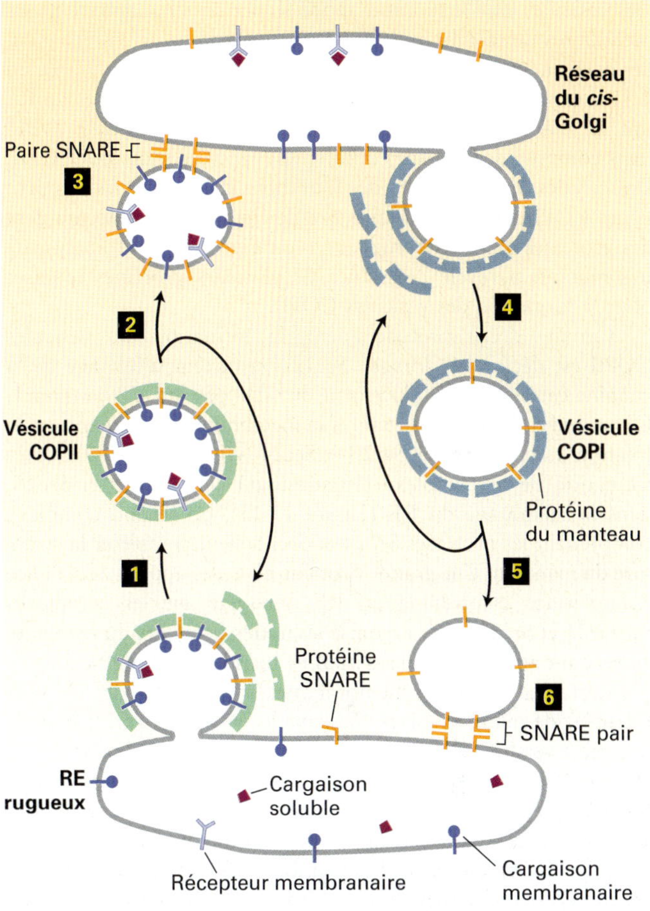

FIGURE 17-14 Transport vésiculaire de protéines entre le RE et le cis-Golgi. Étapes 1-3 : Le transport antérograde est assuré par les vésicules COPII, qui sont formées par polymérisation des complexes protéiques solubles COPII du manteau (vert) sur la membrane du RE. Les protéines v-SNARE (orange) et d'autres protéines de la cargaison (bleu) dans la membrane du RE sont incorporées dans la vésicule par interaction avec les protéines du manteau. Les protéines solubles (pourpre) sont recrutées par leur liaison à des récepteurs dans la membrane des bourgeons vésiculaires. La dissociation du manteau permet le recyclage des complexes libres et expose les protéines v-SNARE à la surface de la vésicule. Lorsque la vésicule, découverte, s'est attachée à la membrane du *cis*-Golgi grâce à l'intervention de Rab, la juxtaposition entre v-SNARE et t-SNARE du Golgi permet la fusion de la vésicule avec libération de son contenu dans le compartiment du *cis*-Golgi (voir Figure 17-11). Étapes 4-6 : Le transport rétrograde, assuré par les vésicules couvertes par les protéines COPI (gris), recycle, à partir du *cis*-Golgi vers le RE, la bicouche membranaire, certaines protéines comme v-SNARE et des protéines résidentes du RE échappées par erreur (non montré). Toutes les protéines SNARE sont montrées en orange bien que les v-SNARE et les t-SNARE soient des protéines distinctes.

également des protéines résidentes du RE mais qui ont gagné le *cis*-Golgi par erreur. Les protéines qui ont été livrées correctement au Golgi passent alors d'un compartiment du Golgi à un autre par progression cisternale.

Des vésicules COPII assurent le transport du RE vers le Golgi

Des vésicules COPII furent d'abord reconnues quand des extraits acellulaires de membranes du RE rugueux de levure furent incubés avec du cytosol, de l'ATP et un analogue non hydrolysable du GTP. Les vésicules qui se forment à partir des membranes du RE ont un manteau distinct, semblable à celui des vésicules COPI mais composé de protéines différentes, appelées protéines COPII. Des cellules de levure avec des mutations dans les gènes des protéines COPII sont des mutants *Sec* de classe B ; elles accumulent des protéines dans le RE rugueux (voir Figure 17-5). L'analyse de tels mutants a révélé l'existence de plusieurs protéines requises pour la formation des vésicules COPII.

Comme décrit précédemment, la formation des vésicules COPII est déclenchée lorsque Sec12, un facteur d'échange de la guanine catalyse le remplacement du GDP par le GTP dans Sar1. Ce qui induit la liaison de Sar1 à la membrane du RE et ensuite la fixation du complexe de Sec23 et Sec24 (voir Figure 17-9). Après formation de ce complexe ternaire, Sar1·GTP, Sec23 et Sec24, dans la membrane du RE (Figure 17-15), un second complexe comprenant les protéines Sec13 et Sec31 vient compléter la structure du manteau. Une grande protéine fibreuse, appelée Sec16, liée à la surface cytosolique du RE, interagit ave les complexes Sec13/31 et Sec23/24 et organise les autres protéines du manteau, en rendant ainsi la polymérisation de l'ensemble plus efficace.

Certaines protéines membranaires intrinsèques de RE sont recrutées de manière spécifique dans les vésicules COPII pour le transport vers le Golgi. Les segments cytosoliques de beaucoup de ces protéines contiennent un *signal d'adressage di-acidique* (Asp-X-Glu, ou DXE dans le code à une lettre). Ce signal se lie à la sous-unité Sec24 du manteau COPII et est essentiel à l'exportation sélective de certaines protéines membranaires à partir du RE (voir Figure 17-15). On cherche actuellement à identifier des signaux supplémentaires qui servent à diriger la cargaison protéique membranaire dans les vésicules COPII. D'autres études en cours cherchent à déterminer comment les protéines solubles de la cargaison sont chargées sélectivement dans les vésicules COPII. Bien que l'on ait trouvé que des vésicules COPII purifiées à partir de levure contiennent une protéine membranaire qui lie le facteur de conjugaison α soluble, les récepteurs pour d'autres protéines solubles de la cargaison comme l'invertase ne sont pas encore connus.

Les expériences décrites précédemment dans lesquelles le transit de VSVG-GFP dans des cellules mammaliennes en culture était suivi au microscope à fluorescence (voir Figure 17-2) ont éclairci certaines phases intermédiaires du transport entre le RE et le Golgi. Dans certaines cellules, on voyait de petites vésicules fluorescentes contenant VSVG-GFP se former à partir du RE, migrer moins d'1 μm et fusionner avec le *cis*-Golgi. Dans d'autres cellules, où le RE était situé à plusieurs micromètres du complexe de Golgi, on a constaté que plusieurs vésicules dérivées du RE fusionnaient l'une avec l'autre peu après leur formation, constituant ce qui est appelé « compartiment intermédiaire entre RE et Golgi ». Ces structures plus grandes étaient alors transportées le long des microtubules dans le *cis*-Golgi, de manière très semblable aux vésicules des cellules nerveuses qui sont transportées en aval du corps cellulaire, où elles sont formées, jusqu'à l'extrémité de l'axone (Chapitre 20). Les microtubules jouent le rôle des « voies de chemin de fer » permettant à ces grands agrégats de vésicules de transport de se déplacer sur de longues distances jusqu'à leur destination dans le *cis*-Golgi. En même temps que le compartiment intermédiaire entre RE et Golgi se forme, certaines vésicules COPI bourgeonnent à partir de lui, recyclant certaines protéines dans le RE.

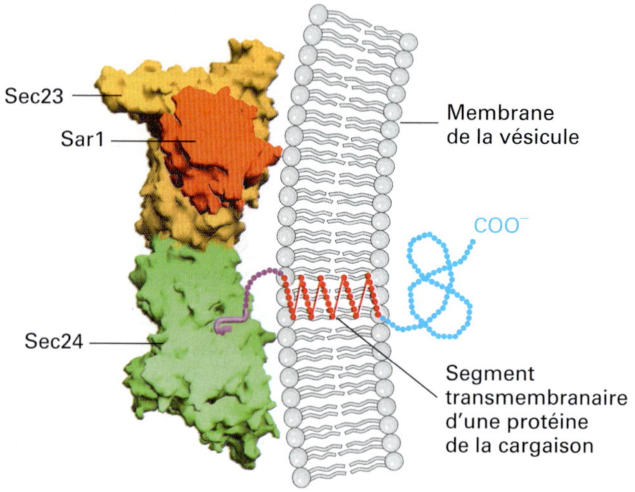

FIGURE 17-15 Structure tridimensionnelle du complexe ternaire formé par les protéines du manteau COPII, Sec23 et Sec24 et Sar1•GTP. Tôt au cours de la formation du manteau COPII, les complexes Sec23 (orange)/Sec24 (vert) sont recrutés à la membrane du RE par Sar1 (rouge) contenant du GTP. Pour l'étude structurale, afin que le complexe ternaire soit stable en solution, on a utilisé un analogue du GTP non hydrolysable, le GppNHp. Le signal tripeptidique et di-acidique (pourpre) d'une protéine de la cargaison présente dans la membrane du RE permet le recrutement de cette protéine dans les vésicules COPII en se liant du côté cytosolique à Sec24. La position probable de la membrane de la vésicule COPII et du segment transmembranaire de la protéine de la cargaison est indiquée. Le segment N-terminal de Sar1 qui l'attache à la membrane n'est pas montré. [Voir X. Bi *et al.*, 2002, *Nature* **419**:271 ; interaction avec peptide, dû à l'amabilité de J. Goldberg.]

Des vésicules COPI assurent le transport rétrograde dans le Golgi et du Golgi vers le RE

Les vésicules COPI furent découvertes lorsque des fractions isolées du Golgi furent incubées dans une solution contenant de l'ATP, du cytosol et un analogue non hydrolysable du GTP (voir Figure 17-10). L'analyse ultérieure de ces vésicules a montré que le manteau est formé à partir de grands complexes cytosoliques, appelés *coatomères*, composés de sept sous-unités polypeptidiques. Des cellules de levure contenant des protéines COPI mutées sensibles à la température accumulent des protéines dans le RE rugueux à température non permissive et sont donc classées comme mutants *sec* de classe B (voir Figure 17-5). Bien que la découverte de ces mutants ait suggéré au début que les vésicules COPI assuraient le transport entre RE et Golgi, des expériences ultérieures ont montré que leur fonction principale est un transfert rétrograde, entre les citernes du Golgi et à partir du *cis*-Golgi vers le RE rugueux (voir Figure 17-14, *à droite*). Puisque les mutants de COPI ne peuvent recycler des protéines membranaires essentielles dans le RE rugueux, le RE s'appauvrit progressivement en protéines comme v-SNARE nécessaires à la fonction des vésicules COPII. Finalement, la formation vésiculaire à partir du RE rugueux ralentit puis s'arrête ; des protéines sécrétoires continuent à être synthétisées, mais s'accumulent dans le RE, ce qui est la caractéristique qui définit les mutants *sec* de classe B.

Comme décrit dans le Chapitre 16, plusieurs protéines solubles du RE interviennent dans le repliement et les modifications des protéines sécrétoires venant d'être synthétisées. Il s'agit entre autres du chaperon BiP et de l'enzyme protéine disulfure isomérase qui sont nécessaires au RE pour remplir sa fonction. Ces protéines ne sont pas sélectionnées pour être transférées par les vésicules COPII, mais du fait de leur simple abondance, elles sont chargées de manière passive et permanente dans les vésicules destinées au *cis*-Golgi. Le retour de ces protéines dans le RE par les vésicules COPI évite la déplétion complète.

La plupart des protéines solubles résidant dans le RE contiennent une séquence C-terminale Lys-Asp-Glu-Leu (KDEL dans le code à une lettre) (voir Tableau 17-2). Plusieurs expériences ont démontré que ce *signal d'adressage KDEL* est nécessaire et suffisant pour la rétention dans le RE. Par exemple, lorsque l'enzyme protéine disulfure isomérase est synthétisée par des fibroblastes en culture, mais sous une forme mutée dépourvue de KDEL, elle est sécrétée. Par ailleurs, si une protéine normalement sécrétée est modifiée par l'addition du signal C-terminal KDEL, elle reste dans le RE. Ce signal d'adressage est reconnu et fixé par un *récepteur de KDEL*, une protéine transmembranaire présente surtout dans les petites vésicules de transport faisant la navette entre le RE et le *cis*-Golgi et dans le réticulum du *cis*-Golgi. De plus, les protéines solubles résidant dans le RE qui portent le segment KDEL ont des chaînes oligosaccharidiques avec des modifications qui sont catalysées par des enzymes qu'on ne trouve que dans le *cis*-Golgi ou le réticulum du *cis*-Golgi. Ce qui signifie qu'à certains moments ces protéines ont quitté le RE et ont atteint au moins le réseau du *cis*-Golgi. Ces observations indiquent que le récepteur KDEL sert essentiellement à ramener dans le RE les protéines solubles porteuses du signal d'adressage KDEL qui se sont échappées dans le réseau du *cis*-Golgi (Figure 17-16).

Le récepteur de KDEL et d'autres protéines membranaires qui sont ramenés du Golgi dans le RE contiennent une séquence Lys-Lys-X-X au bout de leur segment C-terminal, qui fait face au cytosol (voir Tableau 17-2). Ce *signal d'adressage KKXX* qui se lie à un complexe des sous-unités COPI α et β, est à la fois nécessaire et suffisant pour incorporer les protéines membranaires dans les vésicules COPI pour le transport rétrograde vers le RE. Des mutants de levure sensibles à la température dépourvus de COPIα et COPIβ sont incapables de lier le signal KKXX et de ramener dans le RE les protéines porteuses de ce signal ; ce qui indique que les vésicules COPI assurent bien le transport rétrograde entre le Golgi et le RE.

La répartition des protéines entre le RE et le complexe de Golgi apparaît clairement comme un processus hautement sélectif, contrôlé par la spécificité de la cargaison des vésicules COPII (antérogrades) et COPI (rétrogrades). L'entrée sélective des protéines dans des vésicules de transport entourées d'une membrane, le recyclage des phospholipides et des protéines membranaires ainsi que celui des protéines luminales solubles entre les deux compartiments sont des caractéristiques fondamentales du trafic protéique vésiculaire que l'on retrouve dans les stades plus tardifs de la voie sécrétoire.

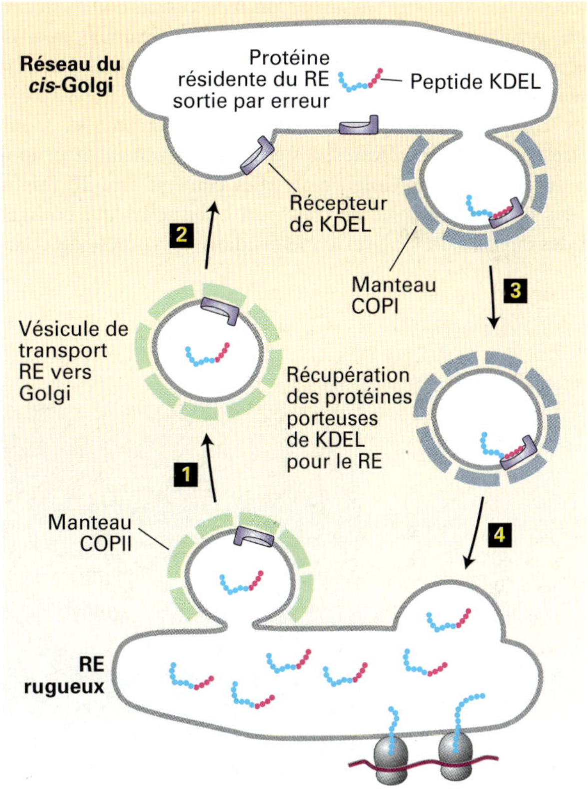

FIGURE 17-16 Rôle du récepteur de KDEL dans la récupération à partir du Golgi des protéines luminales résidentes du RE. Des protéines luminales du RE, surtout les plus abondantes, peuvent être incorporées passivement dans les vésicules COPII et transportées dans le Golgi (étapes 1 et 2). Beaucoup de ces protéines portent la séquence C-terminale KDEL (Lys-Asp-Glu-Leu) (rouge) qui leur permet d'être récupérées. Le récepteur de KDEL, situé surtout dans le réseau du *cis*-Golgi et dans les vésicules COPII et COPI, lie les protéines porteuses du signal d'adressage KDEL et les renvoie vers le RE (étapes 3 et 4). Ce système de récupération prévient la perte des protéines luminales du RE comme celles qui sont requises pour le repliement correct des protéines sécrétoires nouvellement formées. L'affinité du récepteur de KDEL est très sensible au pH. La petite différence de pH entre le RE et le Golgi favorise la liaison des protéines porteuses de KDEL au récepteur des vésicules dérivées du Golgi et leur libération dans le RE. [Adapté de J. Semenza *et al.*, *Cell* **61** :1349.]

Le transport antérograde à travers le Golgi se fait par progression cisternale

Il fut un temps où l'on croyait que les protéines sécrétoires passaient du compartiment *cis* du Golgi au *médian* et du *médian* au *trans* en étant transportées par de petites vésicules. En effet, la microscopie électronique montre que celles-ci sont nombreuses dans le complexe de Golgi et que des protéines y transitent d'un compartiment à l'autre (Figure 17-17). Cependant, c'est très probablement un transport rétrograde que ces vésicules assurent. Elles récupèrent ainsi les enzymes du RE ou du Golgi égarées dans un compartiment tardif et les ramènent dans un autre plus précoce. De cette manière, les enzymes qui modifient les protéines sécrétoires rejoignent leur destination correcte.

La première indication que la cargaison protéique est transportée du *cis-* au *trans*-Golgi par un mécanisme non vésiculaire, appelé *progression cisternale*, provient d'un examen microscopique minutieux de la synthèse des écailles d'algues. Ces glycoprotéines de paroi cellulaire sont assemblées dans le *cis*-Golgi en larges complexes visibles au microscope électronique. Comme d'autres protéines sécrétoires, les écailles nouvellement produites vont du *cis-* au *trans*-Golgi, mais elles peuvent être 20 fois plus grandes que les vésicules de transport habituelles qui bourgeonnent des citernes du Golgi. De même, dans la synthèse du collagène par les fibroblastes, de grands agrégats de procollagène se forment souvent dans la lumière du *cis*-Golgi (voir Figure 6-20). Or, ces agrégats sont trop volumineux pour être incorporés dans de petites vésicules de transport. Ces observations suggéraient que le transfert de tels agrégats, et peut-être d'autres protéines sécrétoires, du *cis-* au *trans*-Golgi n'était pas assuré par de petites vésicules.

Pour tester le modèle de progression cisternale, on a bloqué le repliement du collagène par un inhibiteur de l'hydroxylation de la proline ; seuls les agrégats de procollagène qui avaient été formés avant furent alors sécrétés par la cellule. Lorsque l'inhibiteur fut enlevé, de nouveaux peptides de procollagène se replièrent et formèrent alors des agrégats dans le *cis*-Golgi que l'on a pu voir se déplacer comme une « vague » à partir des citernes du *cis*-Golgi à travers celles du Golgi *médian* jusqu'au *trans*-Golgi, puis être sécrétés et incorporés dans la matrice extracellulaire. Dans ces expériences, on n'a jamais détecté d'agrégats de procollagène dans les petites vésicules de transport. De nombreuses questions concernant le flux membranaire dans l'appareil de Golgi restent ouvertes. Néanmoins, la migration observée des grands assemblages macromoléculaires à travers le système golgien et les indications décrites plus haut que les vésicules COPI assurent le transport rétrograde plaident en faveur du modèle de progression cisternale.

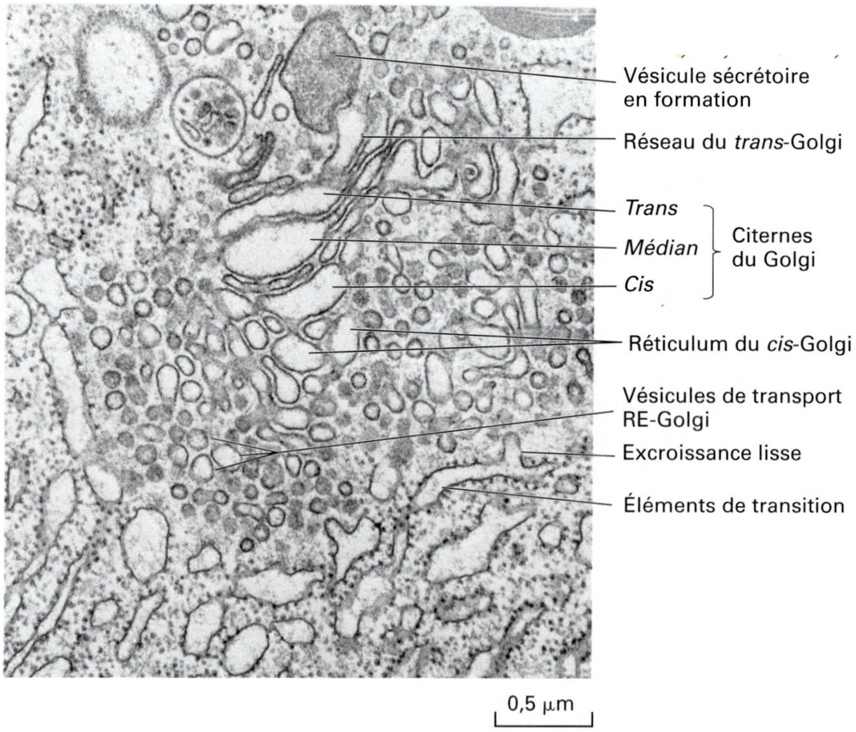

FIGURE EXPÉRIMENTALE 17-17 Micrographie électronique montrant les vésicules de transport antérograde et rétrograde du complexe de Golgi dans une cellule pancréatique exocrine. On remarque une grande vésicule sécrétoire en train de se former à partir du réseau du *trans*-Golgi. Le RE rugueux se trouve à gauche. Près de lui se trouvent des éléments de transition d'où bourgeonnent des excroissances lisses. Les bourgeons forment de petites vésicules qui transportent les protéines sécrétoires du RE rugueux vers le complexe de Golgi. On trouve, dispersées parmi les citernes du Golgi, d'autres petites vésicules qui servent au transport rétrograde.
[Avec l'autorisation de G. Palade.]

CONCEPTS CLÉS DE LA SECTION 17.3

Trafic vésiculaire durant les phases précoces de la voie sécrétoire

- Les vésicules COPII transportent des protéines du RE rugueux dans le *cis*-Golgi ; les vésicules COPI transportent des protéines dans la direction inverse (voir Figure 17-14).
- Le manteau des COPII comprend trois composants : la petite protéine liant le GTP, Sar1, un complexe Sec23/Sec24 et un complexe Sec13/Sec31.
- Les composants du manteau de COPII se lient aux protéines membranaires à transférer qui contiennent un signal d'adressage di-acidique ou autre dans leur région cytosolique (voir Figure 17-15). Quant aux protéines solubles, elles sont adressées aux vésicules COPII par leur fixation à un récepteur protéique membranaire.
- Les protéines membranaires nécessaires à la formation des vésicules COPII peuvent être récupérées du *cis*-Golgi par les vésicules COPI. Un des signaux d'adressage qui dirige les protéines membranaires dans les vésicules COPI est une séquence KKXX, qui se lie aux sous-unités du manteau COPI.
- De nombreuses protéines solubles résidant dans le RE contiennent un signal d'adressage KDEL. La liaison de cette séquence de récupération à un récepteur protéique dans la membrane du *cis*-Golgi recrute les protéines échappées du RE dans les vésicules COPI de transport rétrograde (voir Figure 17-16).

17.4 Phases tardives de la voie sécrétoire

Pendant le transfert des protéines de la face *cis* vers la face *trans* du complexe de Golgi par progression cisternale, les chaînes oligosaccharidiques sont modifiées par des enzymes appartenant au Golgi. Le trafic rétrograde des vésicules COPI allant des compartiments tardifs du Golgi vers les précoces maintient des taux suffisants de ces enzymes dans leur site d'activité respectif. Finalement, les protéines apprêtées de manière adéquate atteignent le réseau du *trans*-Golgi, le compartiment le plus distal du Golgi. Ici, elles sont prises en charge par des vésicules en vue de leur destination finale. Dans cette section, il sera question des différentes sortes de vésicules qui bourgeonnent du réseau *trans*-golgien, des mécanismes de répartition de la cargaison protéique et des événements clés d'ajustement qui se déroulent au cours des phases tardives de la voie sécrétoire. La Figure 17-18 résume les étapes du transfert assuré par les principaux types de vésicules couvertes.

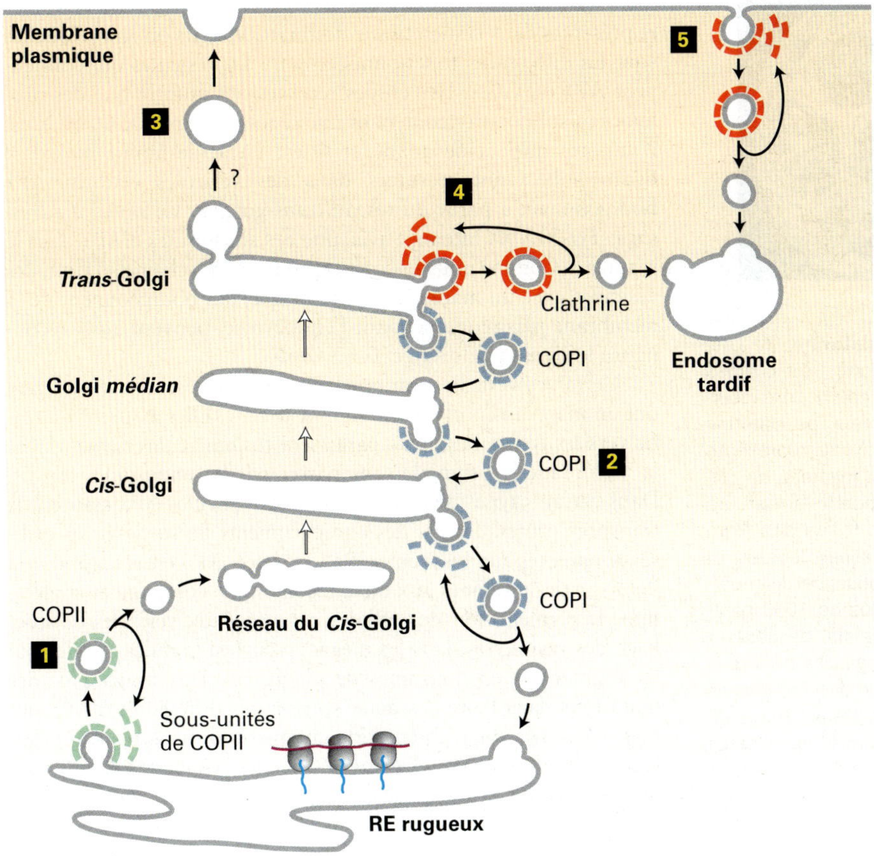

FIGURE 17-18 Implication des trois types principaux de protéines de manteau dans le trafic vésiculaire au long des voies sécrétoire et endocytaire. Après la formation des vésicules par bourgeonnement à partir d'une membrane destinatrice, les manteaux se dissocient en leurs sous-unités, qui sont réutilisées pour former de nouvelles vésicules de transport. Les vésicules COPII (**1**) assurent le transport antérograde du RE rugueux vers le réseau *cis*-golgien et le *cis*-Golgi. Les vésicules COPI (**2**) assurent le transport rétrograde à l'intérieur du Golgi et du *cis*-Golgi vers le RE rugueux en passant par le réseau *cis*-golgien. Les protéines du manteau entourant les vésicules sécrétoires (**3**) ne sont pas encore caractérisées ; elles transportent des protéines sécrétoires et des protéines de la membrane plasmique du réseau *trans*-golgien jusqu'à la surface cellulaire. Les vésicules couvertes de clathrine (rouge) bourgeonnent à partir du réseau *trans*-golgien (**4**) et de la membrane plasmique (**5**) ; après avoir perdu leur manteau, elles fusionnent avec les endosomes tardifs. Le manteau de la plupart des vésicules à clathrine contient des protéines supplémentaires non représentées ici. Notez que les protéines sécrétoires migrent du *cis*- au *trans*- Golgi par progression cisternale, qui ne requiert pas la formation de vésicules. [Voir H. Pelham, 1997, *Nature* **389**:17, et J. F. Presley *et al.*, 1997, *Nature* **389**:81.]

Les vésicules couvertes de clathrine et/ou de protéines adaptatrices assurent plusieurs étapes de transport

Les vésicules les mieux caractérisées qui bourgeonnent du réseau *trans*-golgien (TGN) ont un double manteau, une couche extérieure composée d'une protéine fibreuse, la clathrine, et d'une couche intérieure composée de *complexes de protéines adaptatrices (PA)*. Les molécules purifiées de clathrine ont trois membres, d'où leur dénomination de *triskelions* du grec « tripode » (Figure 17-19a). Chaque membre contient une chaîne lourde (PM :180 000) et une chaîne légère (≈35 000-40 000 PM). Les triskelions polymérisent pour former un treillis polygonal qui tend à s'incurver (Figure 17-19b). Lorsque la clathrine polymérise sur une membrane destinatrice, elle le fait en association avec les complexes AP, qui s'assemblent entre le treillis de clathrine et la membrane. Chaque complexe AP (PM : 340 000) contient une copie de quatre sous-unités adaptatrices différentes. Une association spécifique entre le domaine globulaire à l'extrémité de chaque chaîne lourde de la clathrine dans un triskelion et une sous-unité du complexe AP induit l'assemblage des triskelions avec les complexes AP et contribue à la stabilité du manteau vésiculaire (Figure 17-19c).

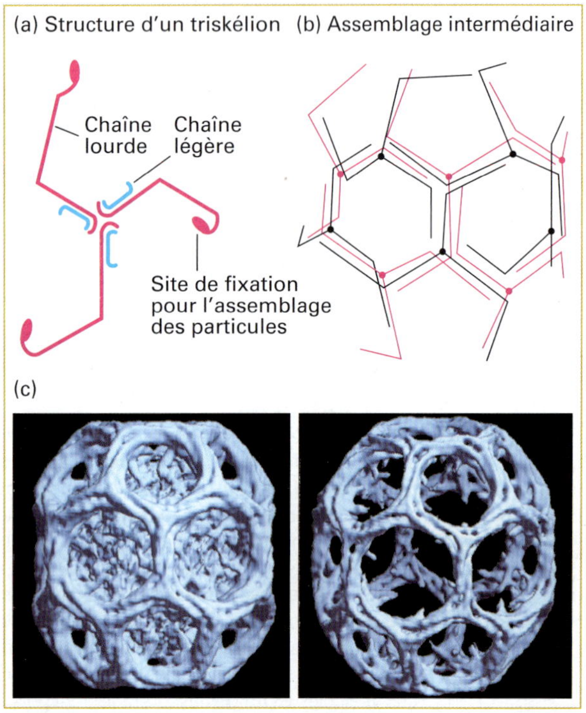

FIGURE 17-19 Structure des manteaux de clathrine. (a) Une molécule de clathrine, appelée un triskélion, comporte trois chaînes lourdes et trois légères. Comme la chaîne lourde est courbe, elle incurve l'ensemble de la molécule. (b) Le manteau fibreux de clathrine autour des vésicules est fait de 36 triskélions. Le schéma représente une structure intermédiaire dans l'assemblage d'un manteau de clathrine ; elle contient 10 des 36 triskélions finaux et montre la courbure intrinsèque et l'imbrication des triskélions. (c) On a formé des manteaux de clathrine in vitro en mélangeant des chaînes lourdes et légères de clathrine avec des complexes AP2 en absence de membranes. Des micrographies cryoélectroniques de plus de 1000 particules assemblées furent digitalisées et assemblées afin de générer une représentation structurale moyenne. L'image de gauche montre la structure reconstruite d'une particule complète avec des complexes AP2 empaquetés à l'intérieur de la cage de clathrine. Dans l'image de droite, on a soustrait les complexes AP2 afin de montrer les chaînes lourdes et légères de clathrine assemblées. [Voir B. Pishvaee & G. Payne, 1998, *Cell* **95** :443. Partie (c) avec l'autorisation de Corinne J. Smith, Department of Biological Sciences, University of Warwick.]

En se liant à la face cytosolique des protéines membranaires, les protéines adaptatrices déterminent quelles sont les protéines qui seront admises ou exclues du chargement dans la vésicule de transport en train de bourgeonner. Chaque type de complexe (e.g. AP1, AP2, AP3) et les protéines GGA identifiées récemment ont des compositions différentes, bien qu'elles soient apparentées. On a constaté que les vésicules contenant différents complexes assurent des étapes particulières du transport vésiculaire (voir Tableau 17-1). Toutes les vésicules dont le manteau contient un des ces complexes utilisent ARF pour commencer l'assemblage du manteau sur la membrane destinatrice. Comme décrit précédemment, ARF débute aussi l'assemblage du manteau des COPI. Les autres caractéristiques de la membrane ou des facteurs protéiques qui déterminent quel type de manteau sera formé après l'attachement d'ARF restent encore peu connues.

Les vésicules qui bourgeonnent à partir du réseau du *trans*-Golgi pour gagner les lysosomes en passant par les endosomes ont des manteaux de clathrine associés à soit AP1 ou GGA. Tant AP1 que GGA se lie au domaine cytosolique des protéines transportées et présentes dans la membrane destinatrice, mais on ignore quelles sont les différences fonctionnelles entre les vésicules qui contiennent AP1 ou GGA. Des études récentes ont montré que des protéines membranaires contenant une séquence Tyr-X-X-Φ, où X est n'importe quel acide aminé et Φ est un acide aminé massif et hydrophobe, sont recrutées dans des vésicules clathrine-AP1 bourgeonnant à partir du réseau *trans*-golgien. Ce *signal d'adressage, Tyr-X-X-Φ*, interagit avec une des sous-unités d'AP1 dans le manteau. Comme nous le décrirons dans la prochaine section, des vésicules avec un manteau clathrine/AP2, qui bourgeonnent de la membrane plasmique pendant l'endocytose, peuvent aussi reconnaître le signal d'adressage Tyr-X-X-Φ.

Certaines vésicules qui bourgeonnent du réseau *trans*-golgien ont un manteau composé du complexe AP3. Elles assurent un trafic vers les lysosomes, mais paraissent fusionner directement avec la membrane lysosomiale sans passer par les endosomes tardifs. Dans certains types de cellules, de telles vésicules AP3 assurent le transport protéique vers des compartiments de stockage spécialisés apparentés aux lysosomes. Par exemple, AP3 est requis pour la livraison des protéines aux mélanosomes, qui contiennent la mélanine, le pigment noir des cellules cutanées, aux vésicules de stockage des plaquettes dans les mégacaryocytes, grandes cellules qui se fragmentent en douzaines de plaquettes. Des souris avec des mutations dans l'une des deux sous-unités différentes d'AP3 ont non seulement une pigmentation cutanée anormale, mais ont également des saignements liés au fait que les plaquettes dépourvues de vésicules de stockage ne peuvent réparer les lésions des vaisseaux sanguins.

La dynamine est requise pour la fermeture et la libération des vésicules de clathrine

Il nous reste à voir maintenant comment, lors de la formation d'une vésicule de transport, le bourgeon se détache de la membrane destinatrice. Dans le cas des vésicules couvertes de clathrine et d'AP, une protéine cytosolique appelée *dynamine* est essentielle pour la libération des vésicules. Durant la dernière phase du bourgeonnement, la dynamine polymérise autour du col du bourgeon et hydrolyse le GTP. L'énergie ainsi obtenue servirait à la contraction de la dynamine autour du col jusqu'à ce que la vésicule se détache (Figure 17-20). Signalons que les vésicules COPI et COPII paraissent se détacher des membranes destinatrices sans l'aide d'une GTPase comme la dynamine. On ignore encore à quoi tient cette différence dans le processus de libération entre différents types de vésicules.

L'incubation d'extraits cellulaires avec un dérivé du GTP non hydrolysable démontre l'importance du rôle de la dynamine dans la libération des vésicules clathrine/AP au cours de l'endocytose. Un tel traitement aboutit à l'accumulation de bourgeons vésiculaires couverts de clathrine avec un col excessivement long entouré de dynamine polymérisée (Figure 17-21). On retrouve les mêmes images dans les cellules dont la dynamine mutée ne peut lier le GTP.

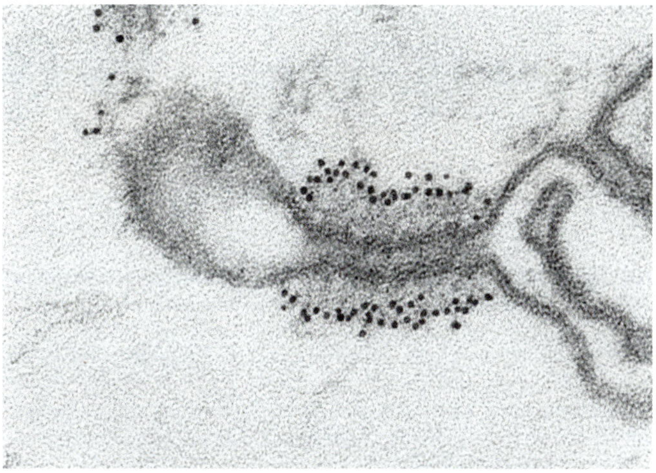

FIGURE EXPÉRIMENTALE 17-21 L'hydrolyse du GTP par la dynamine est nécessaire à la fermeture et à la libération des vésicules couvertes de clathrine dans des extraits acellulaires. Des terminaisons nerveuses, qui ont une forte activité endocytaire, ont été lysées par de l'eau distillée et incubées avec du GTP-γ-S, un dérivé non hydrolysable du GTP. Les coupes de la préparation ont alors été exposées à des anticorps anti-dynamine marqués à l'or colloïdal et examinées au microscope électronique. Ce cliché montre un bourgeon couvert de clathrine/AP avec un col allongé entouré de dynamine polymérisée. On en conclut que, sans hydrolyse du GTP, les bourgeons peuvent se former, mais les vésicules ne peuvent se détacher. La polymérisation étendue de la dynamine qui survient en présence du GTP-γ-S ne se produit probablement pas au cours du bourgeonnement normal. [De K. Takel *et al.*, 1995, *Nature* **374**:186 ; avec l'autorisation de Pietro De Camilli.]

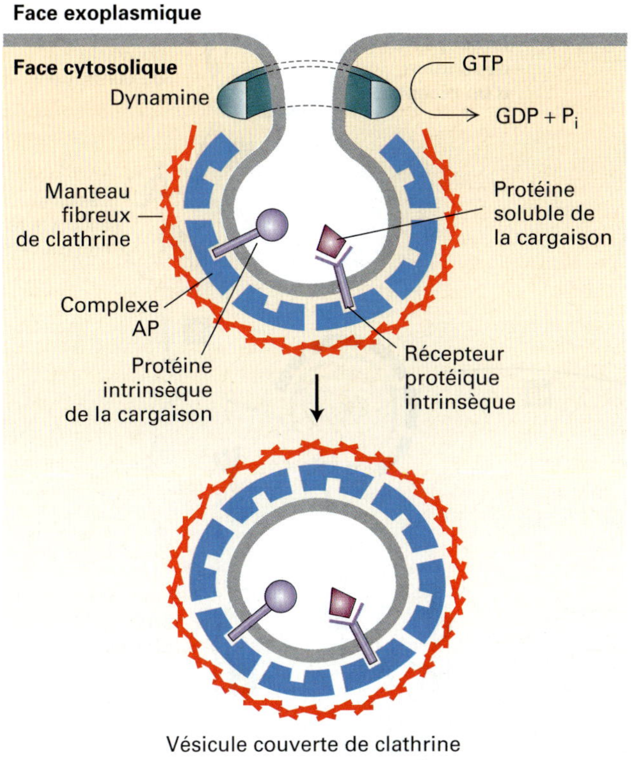

FIGURE 17-20 Modèle de fermeture par la dynamine des vésicules couvertes de clathrine/AP. Après la formation du bourgeon vésiculaire, la dynamine polymérise autour du col. Par un mécanisme qui n'est pas bien compris, l'hydrolyse du GTP catalysée par la dynamine aboutit à la libération de la vésicule à partir de la membrane destinatrice. Notez que les protéines membranaires dans la membrane destinatrice sont incorporées dans les vésicules par interaction avec les complexes AP du manteau. [Adapté de K. Takel *et al.*, 1995, *Nature* **374**:186.]

À l'instar des vésicules COPI et COPII, les vésicules clathrine/AP perdent normalement leur manteau peu après leur formation. Hsc70, un chaperon cytosolique constitutif présent dans toutes les cellules d'eucaryotes, utiliserait l'énergie dérivée de l'hydrolyse de l'ATP pour assurer la dépolymérisation du manteau de clathrine. Ce processus libère non seulement les triskélions en vue de leur réutilisation dans la formation de nouvelles vésicules, mais de plus expose les v-SNARE qui servent à la fusion avec la membrane cible. Le changement de conformation que subit ARF lorsqu'elle transforme le GTP qu'elle contient en GDP contrôlerait le déroulement de la dépolymérisation du manteau de clathrine. Il reste à savoir comment l'intervention de Hsc70 est couplée à la commutation d'ARF.

Des résidus de mannose 6-phosphate servent de signaux d'adressage aux protéines solubles des lysosomes

La plupart des signaux d'adressage qui interviennent dans le trafic vésiculaire sont de courtes séquences d'acides aminés. Par contre, le signal d'adressage qui dirige les enzymes solubles du

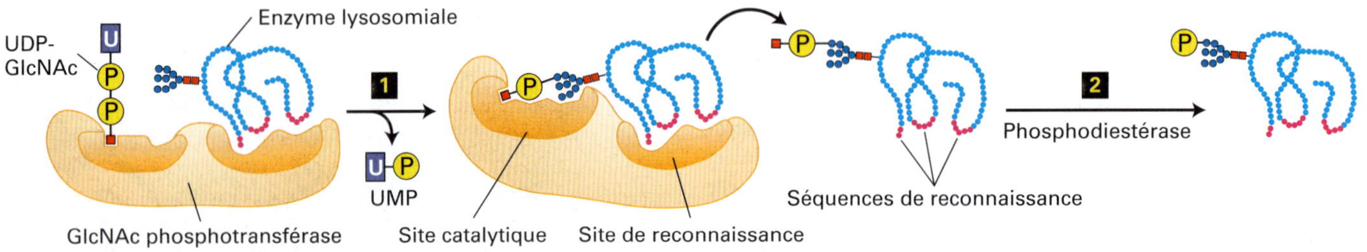

FIGURE 17-22 Formation des résidus de mannose 6-phosphate (M6P) qui adressent des enzymes solubles aux lysosomes. Les résidus de M6P qui dirigent des protéines dans les lysosomes sont générés par deux enzymes appartenant au *cis*-Golgi. Étape **1** : Une *N*-acétylglucosamine (GlcNAc) phosphotransférase greffe un groupe GlcNAc phosphorylé sur le carbone 6 d'un ou plusieurs résidus de mannose. Cette enzyme se lie à des séquences (en rouge) qui ne sont présentes que dans les protéines destinées aux lysosomes ; seules celles-ci porteront donc le groupe GlcNAc. Étape **2** : Lorsque la protéine modifiée s'est détachée de la phosphotransférase, une phosphodiestérase enlève le groupe GlcNAc, laissant un résidu mannose phosphorylé sur la protéine lysosomiale. [Voir A. B. Cantor *et al.*, 1992, *J. Biol. Chem.* **267**:23349 et S. Kornfeld., 1987, *FASEB J.* **1**:462.]

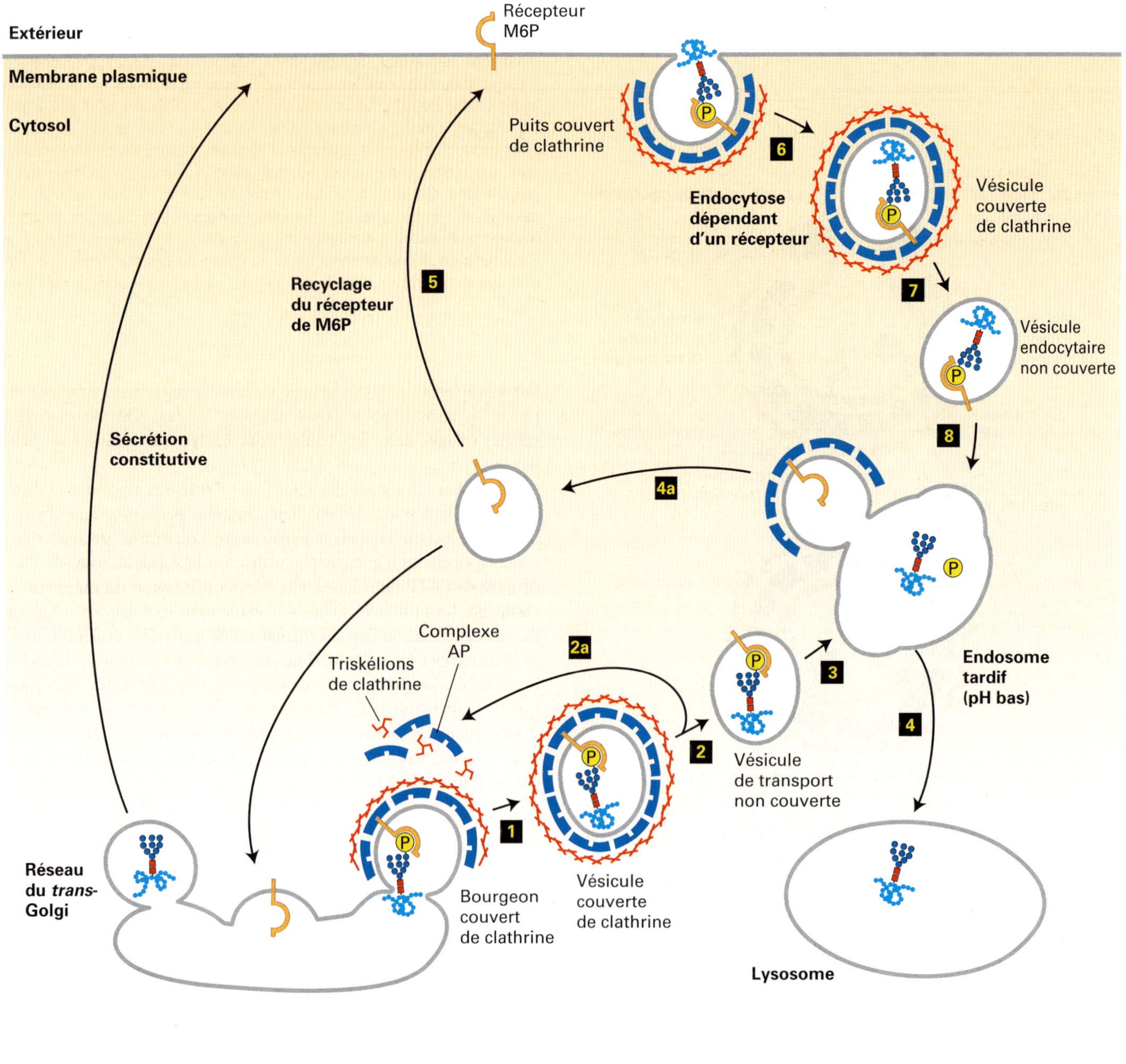

réseau *trans*-golgien vers les endosomes tardifs est un résidu glucidique, le mannose 6-phosphate (M6P), qui est formé dans le *cis*-Golgi. Dans le RE rugueux, les processus d'addition et d'adaptation initiale d'un ou plusieurs précurseurs oligosaccharidiques préformés liés à *N* sont les mêmes pour les enzymes lysosomiales que pour les protéines membranaires et sécrétées ; ils aboutissent à la formation de chaînes $Man_8(GlcNAc)_2$ (voir Figure 16-18). Dans le *cis*-Golgi, les oligosaccharides liés à *N* présents sur la plupart des enzymes lysosomiales subissent une double réaction qui génère les résidus de M6P (Figure 17-22). L'addition des résidus de M6P aux chaînes oligosaccharidiques des enzymes lysosomiales solubles évite que ces protéines ne subissent d'autres modifications normalement réservées aux protéines membranaires ou sécrétées (voir Figure 17-3).

Comme le montre la Figure 17-23, les enzymes lysosomiales porteuses de M6P se séparent des protéines membranaires ou sécrétées dans le réseau *trans*-golgien. Les *récepteurs du mannose 6-phosphate* lient avec affinité et spécificité les résidus de M6P des protéines destinées aux lysosomes. Des vésicules clathrine/AP1 contenant le récepteur de M6P et les enzymes lysosomiales qui y sont fixées bourgeonnent alors du réseau *trans*-golgien, perdent leur manteau et fusionnent ensuite avec les endosomes tardifs par les mécanismes décrits précédemment. Les récepteurs lient M6P au pH légèrement acide (≈6,5) du réseau *trans*-golgien, mais non à un pH inférieur à 6. Aussi, le pH de 5,0-5,5 des endosomes tardifs libère les enzymes lysosomiales, libération qui habituellement est encore facilitée par l'intervention d'une phosphatase qui enlève le phosphate des résidus de M6P. Les vésicules qui bourgeonnent à partir des endosomes tardifs recyclent le récepteur du M6P dans le réseau *trans*-golgien, ou parfois à la surface de la cellule.

FIGURE 17-23 Transfert des enzymes lysosomiales solubles à partir du réseau trans-golgien et de la surface cellulaire vers les lysosomes. Les enzymes lysosomiales nouvellement synthétisées dans le RE, acquièrent des résidus mannose-6-phosphate (M6P) dans le *cis*-Golgi (voir Figure 17-22). Pour simplifier, on a représenté une seule chaîne oligosaccharidique phosphorylée, bien que les enzymes lysosomiales en portent typiquement plusieurs. Dans le réseau *trans*-golgien, les protéines porteuses de M6P interagissent avec les récepteurs de M6P de la membrane et sont ainsi prises en charge dans des vésicules de clathrine/AP1 (étape **1**). Le manteau couvrant les vésicules détachées se dissocie rapidement (étape **2**) et les vésicules de transport fusionnent avec les endosomes tardifs (étape **3**). Après que les enzymes phosphorylées se sont détachées des récepteurs de M6P et ont été déphosphorylées, les endosomes tardifs fusionnent avec un lysosome (étape **4**). Notez que les protéines du manteau et les récepteurs de M6P sont recyclés (étapes **2a** et **4a**), certains récepteurs gagnant la surface cellulaire (étape **5**). Des enzymes lysosomiales phosphorylées sont parfois transférées du *trans*-Golgi à la surface de la cellule et sécrétées, mais elles peuvent être récupérées par l'endocytose dépendant d'un récepteur (étapes **6**-**8**), un processus qui est parallèle au trafic des enzymes lysosomiales du réseau *trans*-golgien vers les lysosomes. [Voir G. Griffiths *et al.*, 1988, *Cell* **52** :329 ; S. Kornfeld., 1992, *Ann. Rev. Biochem.* **61** :307 ; et G. Griffiths & J. Gruenberg, 1991, *Trends Cell Biol.* **1** :5.]

Finalement, les endosomes tardifs matures fusionnent avec les lysosomes, livrant les enzymes lysosomiales à leur destination finale.

L'adressage des enzymes lysosomiales solubles dans le réseau du *trans*-Golgi (voir Figure 17-23, étapes 1-4) ressemblent sur plusieurs points au trafic assuré par les vésicules COPII et COPI entre le RE et les compartiments du *cis*-Golgi. Premièrement, le M6P agit comme signal d'adressage en interagissant avec le domaine luminal d'un récepteur de la membrane destinatrice. Deuxièmement, ces récepteurs sont incorporés avec leur ligand dans les vésicules appropriées, dans ce cas-ci les vésicules clathrine/AP1, à la suite de leur interaction avec le manteau de la vésicule. Troisièmement, ces vésicules de transport ne fusionnent qu'avec un organite spécifique, dans ce cas-ci l'endosome tardif reconnu par l'interaction spécifique entre v-SNARE et t-SNARE. De plus, les récepteurs de transport intracellulaire, débarrassés de leur ligand, sont recyclés.

L'étude des maladies de surcharge des lysosomes ont révélé des composants clés de la voie d'adressage à ces organites

MÉDECINE

Un groupe d'anomalies génétiques, appelées *maladies de surcharge lysosomiale* ou *thésaurismoses*, sont causées par l'absence d'une ou plusieurs enzymes des lysosomes. En conséquence, des glycolipides non digérés et des composants extracellulaires qui seraient normalement dégradés dans les lysosomes s'accumulent dans ces organites sous forme de grandes inclusions. La *mucolipidose de type II* (*I-cell disease*) est une thésaurismose particulièrement grave, liée à l'absence de plusieurs enzymes dans les lysosomes. Les cellules des malades sont dépourvues de la *N*-acétylglucosamine phosphotransférase qui est requise pour la formation des résidus M6P sur les enzymes lysosomiales dans le *cis*-Golgi (voir Figure 17-22). En comparant les compositions enzymatiques respectives des lysosomes de sujets normaux et de patients atteints de mucolipidose de type II, on a découvert le rôle du M6P dans l'adressage aux lysosomes. Chez ces malades, les enzymes lysosomiales privées du signal M6P sont sécrétées au lieu d'être envoyées dans les lysosomes.

Lorsque des fibroblastes de patients atteints de mucolipidose de type II sont cultivés dans un milieu contenant des enzymes lysosomiales porteuses de résidus M6P, les lysosomes de ces cellules acquièrent un contenu enzymatique quasi normal. Cette observation indique que la membrane plasmique contient des récepteurs de M6P, qui permettent l'incorporation d'enzymes lysosomiales extracellulaires par voie d'endocytose dépendant de récepteurs. Ce processus, utilisé par de nombreux récepteurs de surface pour faire entrer des protéines ou des particules dans la cellule, est décrit en détail dans la prochaine section. On sait maintenant que, même dans des cellules normales, certains récepteurs de M6P sont transportés vers la membrane plasmique et que certaines enzymes lysosomiales phosphorylées sont sécrétées (voir Figure 17-23). Les enzymes sécrétées peuvent alors être récupérées par endocytose dépendant de récepteurs et être redirigées vers les lysosomes. Cette voie collecte donc toute enzyme lysosomiale qui échappe à la voie d'adressage M6P habituelle.

Les hépatocytes de patients atteints de mucolipidose de type II ont un contenu enzymatique normal et sont dépourvus d'inclusions, alors que ces cellules sont incapables de phosphoryler le mannose. Cette constatation implique que les hépatocytes (le type cellulaire le plus abondant dans le foie) recourent à une voie indépendante du M6P pour adresser les enzymes aux lysosomes. La nature de cette voie, qui peut aussi opérer dans d'autres types cellulaires, est inconnue. ▮

L'agrégation protéique dans le *trans*-Golgi peut intervenir dans l'adressage des protéines vers des vésicules de sécrétion régulée

Comme mentionné dans l'introduction du chapitre, toutes les cellules d'eucaryotes sécrètent continuellement certaines protéines ; ce processus est communément appelé *sécrétion constitutive*. Des cellules sécrétoires spécialisées stockent également d'autres protéines dans des vésicules et ne les sécrètent que sous l'effet d'un stimulus spécifique. Cette *sécrétion régulée* est illustrée par celle de l'insuline en réponse à une augmentation de la glycémie ; les cellules β du pancréas stockent l'insuline qu'elles viennent de produire dans des vésicules sécrétoires spéciales (voir Figure 15-7). Ce type de cellules utilise simultanément deux sortes différentes de vésicules pour le transfert protéique allant du réseau *trans*-golgien à la surface cellulaire : des vésicules de transport, souvent appelées simplement vésicules sécrétoires, et des vésicules de transport non régulé, appelées aussi vésicules sécrétoires constitutives.

Un mécanisme commun paraît adresser des protéines aussi variées que l'ACTH (hormone adrénocorticotrope), l'insuline et le trypsinogène dans des vésicules sécrétoires régulées. L'indication en faveur d'un mécanisme commun provient d'expériences dans lesquelles des techniques de l'ADN recombinant sont utilisées pour induire la synthèse d'insuline et de trypsinogène dans des cellules tumorales pituitaires sécrétrices d'ACTH. Dans ces cellules, les trois protéines se concentrent dans les mêmes vésicules de sécrétion régulée et sont sécrétées ensemble quand une hormone se lie au récepteur sur les cellules pituitaires et cause une augmentation du Ca^{2+} cytosolique. Bien que ces trois protéines ne partagent pas de séquences d'acides aminés identiques qui pourraient servir de signal d'adressage, elles doivent avoir une propriété commune qui dirige leur incorporation dans des vésicules sécrétoires régulées.

La morphologie suggère que l'adressage dans la voie de sécrétion régulée est contrôlé par une agrégation protéique sélective. Par exemple, des vésicules immatures de cette voie, qui viennent de bourgeonner du réseau *trans*-golgien, contiennent des agrégats protéiques diffus visibles au microscope électronique. On les trouve également dans des vésicules en train de bourgeonner, ce qui indique que les protéines destinées aux vésicules sécrétoires régulées s'agrègent sélectivement avant leur incorporation dans les vésicules.

D'autres études ont montré que des vésicules sécrétoires régulées de cellules de mammifères contiennent trois protéines, la *chromogranine A*, la *chromogranine B* et la *sécrétogranine II*, qui forment des agrégats lorsqu'elles sont incubées dans des conditions ioniques (pH ≈6,5 et 1 mM Ca^{2+}) semblables à celles que l'on croit prévaloir dans le réseau du *trans*-Golgi. De tels agrégats ne se forment pas au pH neutre du RE. L'agrégation sélective des protéines à sécrétion régulée avec la chromogranine A, la chromogranine B ou la sécrétogranine II pourrait être à la base de l'adressage de ces protéines à des vésicules de sécrétion régulée. Les protéines sécrétoires qui ne s'associent pas à ces protéines, et ne forment donc pas d'agrégats, seraient adressées par défaut à des vésicules de transport non régulées.

Certaines protéines sont clivées à leur sortie du *trans*-Golgi

Pour certaines protéines sécrétoires (e.g. l'hormone de croissance) et certaines protéines membranaires virales (e.g. la glycoprotéine du VSV), l'excision de la séquence N-terminale d'adressage au RE de la chaîne naissante est le seul clivage protéolytique connu requis pour la conversion du polypeptide en une forme active mature (voir Figure 16-6). Cependant, certaines protéines membranaires et de nombreuses protéines sécrétoires sont synthétisées sous forme de précurseurs inactifs, appelés *proprotéines*, qui doivent être clivées afin de générer des protéines actives et matures. À titre d'exemples, on peut citer les enzymes solubles des lysosomes, de nombreuses protéines membranaires comme l'hémagglutinine (HA) de l'influenza et des protéines de sécrétion comme l'albumine sérique, l'insuline, le glucagon et le facteur de conjugaison α de la levure. En général, une proprotéine est convertie en protéine mature après son adressage, à la sortie du réseau *trans*-golgien, aux vésicules appropriées.

Dans le cas des enzymes solubles des lysosomes, les proprotéines sont appelées *proenzymes* ; elles sont adressées par le récepteur de M6P sous forme enzymatiquement inactive. Dans l'endosome tardif ou dans un lysosome, les proenzymes subissent un clivage protéolytique qui génère des polypeptides plus petits mais actifs. Ce délai dans l'activation des proenzymes jusqu'à ce qu'ils parviennent aux lysosomes évite la digestion de macromolécules dans les compartiments antérieurs de la voie sécrétoire.

Normalement, les vésicules matures transportant des protéines sécrétées à la surface cellulaire sont formées par fusion de plusieurs vésicules immatures contenant la proprotéine. Le clivage de proprotéines comme la pro-insuline se déroule dans les vésicules après leur éloignement du réseau *trans*-golgien (Figure 17-24).

FIGURE EXPÉRIMENTALE 17-24 La pro-insuline est clivée dans les vésicules sécrétoires après leur bourgeonnement à partir du réseau trans-golgien. Des coupes sériées de la région du Golgi d'une cellule sécrétrice d'insuline ont été colorées avec (a) un anticorps monoclonal qui reconnaît la pro-insuline mais pas l'insuline ou (b) un anticorps qui reconnaît l'insuline mais pas la pro-insuline. Les anticorps, marqués à l'or colloïdal, apparaissent comme des taches sombres dans ces micrographies électroniques (voir Figure 5-51). Des vésicules sécrétoires immatures (pointes de flèches fermées) et des vésicules bourgeonnant du trans-Golgi (flèches) sont colorées par l'anticorps anti-pro-insuline mais pas par l'anticorps anti-insuline. Ces vésicules contiennent des agrégats protéiques diffus qui comprennent la pro-insuline et d'autres protéines dont la sécrétion est régulée. Des vésicules matures (pointes de flèche ouvertes) sont colorées par les anticorps anti-insuline mais non par les anticorps anti-pro-insuline et ont un contenu dense d'insuline quasi cristalline. Puisque les vésicules sécrétoires immatures ou bourgeonnantes contiennent de la pro-insuline et pas d'insuline, la conversion protéolytique de la pro-insuline en insuline doit se produire dans ces vésicules après leur bourgeonnement du réseau *trans*-golgien. L'insert en (a) montre une vésicule sécrétoire riche en pro-insuline entourée par un manteau protéique (tirets). [Voir L. Orci *et al.*, 1987, *Cell* **49** :865 ; avec l'autorisation de L. Orci.]

Les proprotéines de la plupart des protéines sécrétées de manière constitutive (e.g. l'albumine) ne sont clivées qu'une seule fois dans un site C-terminal près d'une séquence de reconnaissance dibasique comme Arg-Arg ou Lys-Arg (Figure 17-25a). L'apprêtement protéolytique des protéines dont la sécrétion est régulée comporte en général des clivages supplémentaires. Dans le cas de la pro-insuline, de multiples clivages de la chaîne unique fournit la chaîne B N-terminale et la chaîne A C-terminale qui sont unies par des ponts disulfure, dans l'insuline mature ; le peptide central C est écarté et dégradé (Figure 17-25b).

(a) Anticorps anti-pro-insuline

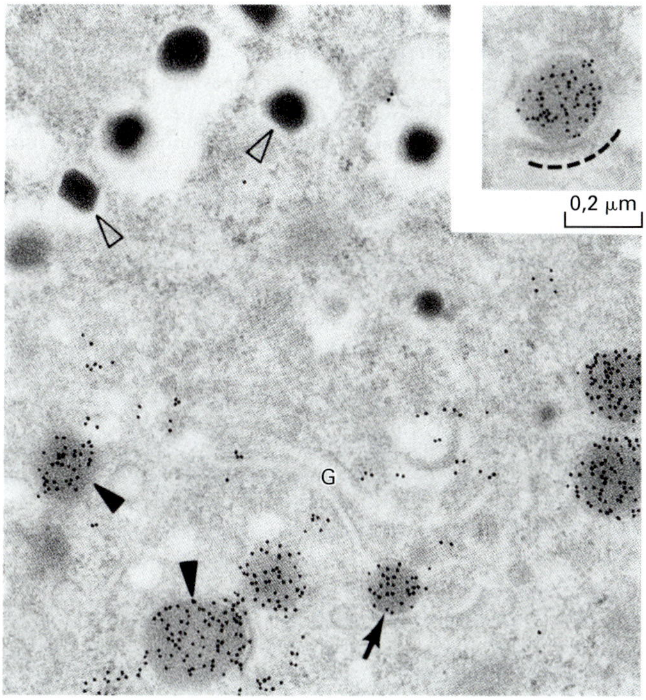

(b) anticorps anti-insuline

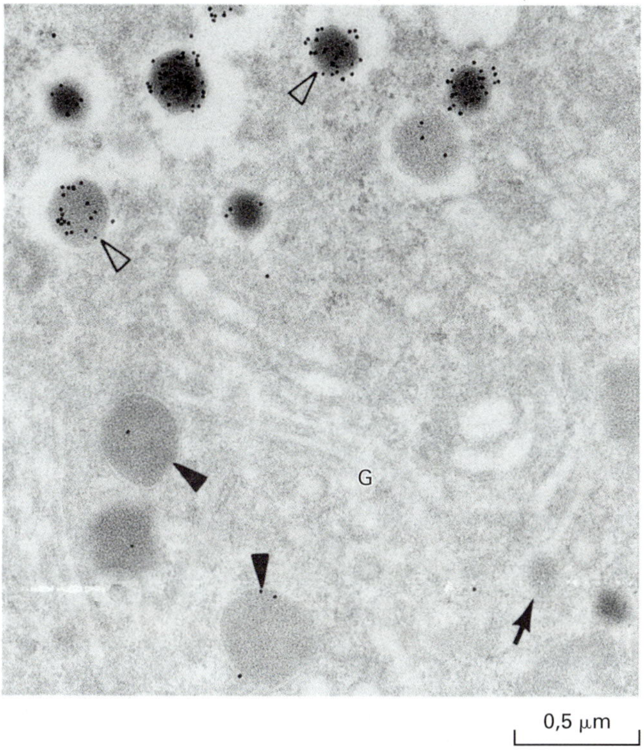

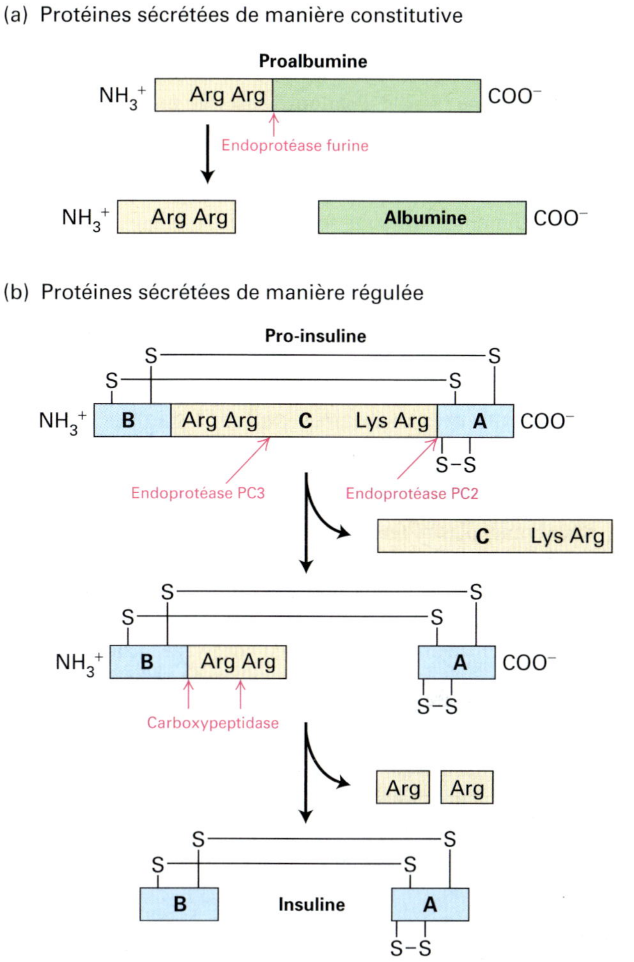

FIGURE 17-25 Apprêtement protéolytique des proprotéines dans les voies de sécrétion constitutive et régulée. Les apprêtements de la proalbumine et de la pro-insuline sont typiques respectivement des voies constitutive et régulée. Les endoprotéases impliquées clivent du côté C-terminal des séquences de deux acides aminés basiques consécutifs. (a) La furine agit sur les précurseurs des protéines sécrétées de manière constitutive. (b) Deux endoprotéases, PC2 et PC3, agissent sur les précurseurs des protéines dont la sécrétion est régulée. L'apprêtement final de beaucoup de ces protéines est catalysé par une carboxypeptidase qui enlève séquentiellement deux résidus d'acides aminés basiques du côté C-terminal d'un polypeptide. [Voir D. Steiner *et al.*, 1992, *J. Biol. Chem.* **267**:23435.]

La découverte ayant conduit à l'identification des protéases responsables de cet apprêtement des protéines de sécrétion résulte de l'étude de la levure dont le gène *KEX2* est muté. Ces mutants synthétisent le précurseur du facteur de conjugaison α, mais ne peuvent le cliver ni générer ainsi la forme active. La conjugaison intercellulaire est donc impossible (voir Figure 22-13). Le gène

KEX2 de type sauvage code une endoprotéase qui clive le précurseur du facteur α du côté C-terminal des résidus Arg-Arg et Lys-Arg. En utilisant le gène *KEX2* comme sonde ADN, les chercheurs ont pu cloner une famille d'endoprotéases de mammifères, toutes clivant une chaîne protéique du côté C-terminal d'une séquence Arg-Arg ou Lys-Arg. L'une, appelée *furine*, est retrouvée dans toutes les cellules de mammifères ; elle apprête des protéines, comme l'albumine, qui sont sécrétées de manière continue. Par contre, les *endoprotéases PC2* et *PC3* ne sont présentes que dans les cellules qui sécrètent de manière régulée. Ces enzymes sont localisées dans des vésicules sécrétoires régulées et clivent les précurseurs de nombreuses hormones à des sites spécifiques.

Les protéines membranaires peuvent gagner par diverses voies le domaine apical ou basolatéral des cellules polarisées

La membrane plasmique des cellules épithéliales polarisées est divisée en deux domaines, l'**apical** et le **basolatéral** ; les jonctions serrées situées entre les deux domaines préviennent le passage des protéines de la membrane plasmique d'un domaine à l'autre (voir Figure 6-5). Plusieurs mécanismes d'adressage dirigent les protéines membranaires qui viennent d'être synthétisées vers le domaine apical ou basolatéral des cellules épithéliales, et toute protéine peut être adressée par plus d'un mécanisme. Bien que ces mécanismes d'adressage soient compris en termes généraux, les signaux moléculaires sous-jacents au transport vésiculaire de protéines membranaires dans des cellules polarisées ne sont pas encore connus. Comme résultat de cet adressage et de la restriction de la migration protéique dans la membrane plasmique à cause des jonctions serrées, on trouve des populations distinctes de protéines dans le domaine apical ou basolatéral. La localisation sélective de certaines protéines de transport est critique pour diverses fonctions physiologiques importantes, comme l'absorption de nutriments à partir de la lumière intestinale et l'acidification de la lumière gastrique (voir Figures 7-27 et 7-28).

Des études au microscope et de fractionnement cellulaire indiquent que les protéines destinées à la membrane apicale ou basolatérale sont au départ réunies dans les membranes du réseau *trans*-golgien. Dans certains cas, des protéines destinées à la membrane apicale y sont transférées dans leurs propres vésicules qui bourgeonnent à partir du réseau *trans*-golgien, tandis que des protéines destinées à la membrane basolatérale la rejoignent à bord de vésicules particulières. On peut distinguer les deux types de vésicules par leurs constituants protéiques, entre autres les protéines Rab et v-SNARE différentes, qui les dirigent apparemment vers leur domaine respectif de la membrane plasmique. Dans ce mécanisme, la séparation des protéines destinées à chaque domaine membranaire a lieu quand les cargaisons sont chargées dans des types particuliers de vésicules qui bourgeonnent du réseau *trans*-golgien.

Cet adressage apical-basolatéral direct a été étudié dans des cultures de cellules rénales canines Madin-Darby (MDCK), une lignée de cellules épithéliales polarisées (voir Figure 6-6). Dans les cellules MDCK infectées par le virus influenza, les virus ne bourgeonnent qu'à partir de la membrane apicale, tandis que dans les cellules infectées par le virus de la stomatite vésiculaire (VSV), les virus ne bourgeonnent qu'à partir de la membrane basolatérale.

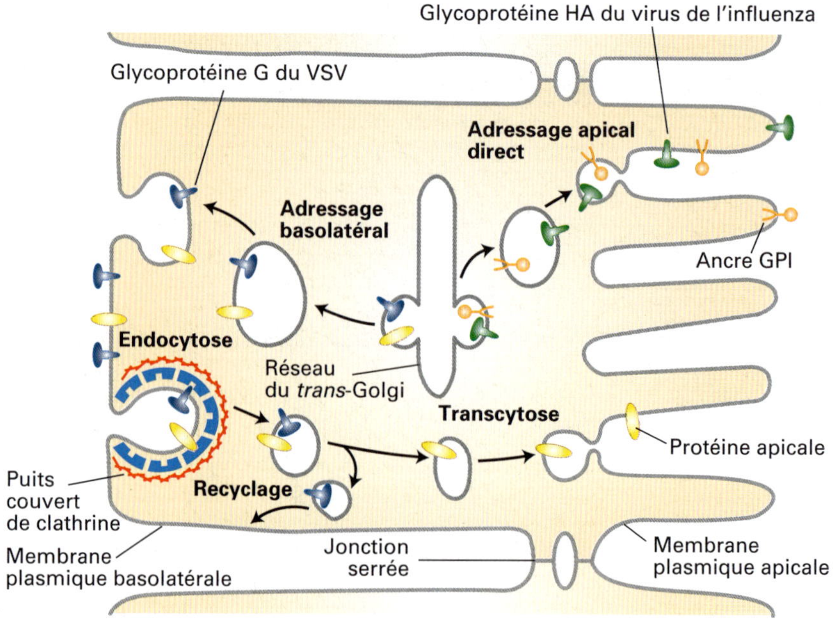

FIGURE 17-26 Adressage des protéines au domaine apical et aux domaines basolatéraux de la membrane plasmique des cellules polarisées. Lorsque des cultures de cellules MDCK sont infectées par le VSV et le virus influenza, la glycoprotéine G du VSV (en bleu) est présente uniquement sur la membrane basolatérale, tandis que la glycoprotéine HA de l'influenza (en vert) n'est présente que sur la membrane apicale. Certaines protéines cellulaires (cercles oranges), spécialement celles avec une ancre GPI, sont transportées directement au domaine apical et d'autres au domaine basolatéral (non montré) par des vésicules de transport spécifiques qui bourgeonnent du réseau *trans*-golgien. Dans certaines cellules polarisées, des protéines apicales et basolatérales sont transportées ensemble à la surface basolatérale ; les protéines apicales (ellipses oranges) migrent alors de manière sélective par endocytose et transcytose vers le domaine apical. D'après K. Simons & A. Wandiger-Ness, 1990, *Cell.* **62**:207 et K. Mostov *et al.*, 1992, *J. Cell Biol.* **116**:577.]

Cette différence est due au fait que la glycoprotéine HA de l'influenza est transportée du complexe de Golgi exclusivement à la membrane apicale, et la protéine G du VSV à la membrane basolatérale (Figure 17-26). De plus, lorsque le gène codant la protéine HA est introduit, par des techniques de l'ADN recombinant, dans des cellules non infectées, toute l'HA exprimée s'accumule dans la membrane apicale, ce qui indique que le signal d'adressage se trouve dans la glycoprotéine HA elle-même et non dans d'autres protéines virales produites durant l'infection.

Parmi les protéines cellulaires qui sont adressées de la sorte à partir du Golgi on trouve celles qui ont une ancre membranaire de glycosylphosphatidylinositol (GPI). Dans les cellules MDCK et la plupart des autres types de cellules épithéliales, les protéines ancrées par le GPI sont adressées à la membrane apicale. Dans les membranes, ces protéines sont groupées dans les **radeaux lipidiques**, riches en sphingolipides (voir Figure 5-10). Cette observation suggère que les radeaux lipidiques se retrouvent associés dans la membrane apicale avec des protéines qui, dans beaucoup de cellules, s'y intègrent de préférence. Cependant, l'ancre GPI n'est pas un signal d'adressage apical dans toutes les cellules polarisées ; dans les cellules thyroïdiennes, par exemple, des protéines avec GPI sont adressées à la membrane basolatérale. En dehors des ancres GPI, on n'a pas identifié de séquences uniques qui sont à la fois nécessaires et suffisantes pour adresser des protéines au domaine apical ou basolatéral. Au lieu, chaque protéine membranaire peut contenir plusieurs signaux de ciblage, chacun pouvant l'adresser au domaine approprié de la membrane plasmique. On continue à identifier de tels signaux complexes et les protéines du manteau vésiculaire qui les reconnaissent dans plusieurs protéines différentes qui sont adressées à des domaines spécifiques de la membrane plasmique des cellules épithéliales polarisées.

Un autre mécanisme d'adressage apical et basolatéral, également illustré dans la Figure 17-26, opère dans les hépatocytes. Les membranes basolatérales des hépatocytes sont au contact du sang (comme dans les cellules épithéliales intestinales), les membranes apicales bordent les canalicules intercellulaires dans lesquels la bile est sécrétée. Dans les hépatocytes, des protéines apicales et basolatérales qui viennent d'être synthétisées sont d'abord transportées dans des vésicules à partir du réseau du *trans*-Golgi vers la région basolatérale et incorporées dans la membrane plasmique par exocytose (i.e. fusion de la membrane vésiculaire avec la membrane plasmique). De là, tant les protéines basolatérales qu'apicales sont endocytées dans les mêmes vésicules, puis leur voie diverge. Les protéines basolatérales sont reprises dans des vésicules de transport qui les recyclent dans la membrane basolatérale. Par contre, les protéines endocytées destinées au pôle apical empruntent des vésicules de transport qui traversent la cellule et fusionnent avec la membrane apicale ; c'est ce que l'on appelle la **transcytose**. Comme on le verra dans la prochaine section, ce processus est aussi utilisé dans le transfert de molécules extracellulaires d'un côté à l'autre de l'épithélium. Même dans les cellules épithéliales, comme les cellules MDCK, dans lesquelles l'adressage apical et basolatéral survient dans le Golgi, la transcytose peut corriger d'éventuelles erreurs d'aiguillage, c'est-à-dire, une protéine apicale envoyée incorrectement dans la membrane basolatérale est récupérée par endocytose et renvoyée dans la membrane apicale.

CONCEPTS CLÉS DE LA SECTION 17.4
Phases tardives de la voie sécrétoire

- Le réseau du *trans*-Golgi (TGN) est un point d'embranchement important dans la voie sécrétoire où des protéines solubles à sécréter, des protéines lysosomiales et, dans certaines cellules, des protéines membranaires destinées à la membrane plasmique basolatérale ou apicale sont réparties dans différentes vésicules de transport.
- De nombreuses vésicules qui bourgeonnent du réseau du *trans*-Golgi ainsi que des vésicules d'endocytose sont couvertes d'un manteau composé de complexes AP (protéine adaptatrice) et de clathrine (voir Figure 17-19).
- Pour se détacher, les vésicules couvertes de clathrine requièrent la dynamine, qui forme un collier autour du col du bourgeon vésiculaire et hydrolyse le GTP (voir Figure 17-20).
- Les enzymes solubles destinées aux lysosomes sont apprêtées dans le *cis*-Golgi par addition de plusieurs résidus de mannose-6-phosphate (M6P) à leurs chaînes oligosaccharidiques.
- Des récepteurs pour M6P dans la membrane du réseau du *trans*-Golgi lient les protéines porteuses des résidus de M6P et les dirigent vers les endosomes tardifs, où les récepteurs et leurs ligands protéiques se dissocient. Les récepteurs sont alors recyclés dans le Golgi ou la membrane plasmique, et les enzymes lysosomiales sont livrées aux lysosomes (voir Figure 17-23).
- Les protéines destinées à une sécrétion régulée sont concentrées et stockées dans des vésicules sécrétoires où elles attendent un signal d'exocytose d'origine nerveuse ou hormonale. L'agrégation protéique dans le réseau *trans*-golgien pourrait jouer un rôle dans l'adressage de ces protéines sécrétoires.
- De nombreuses protéines transportées par la voie sécrétoire subissent des clivages protéolytiques après le Golgi, ce qui fournit les protéines matures et actives. En général, cette protéolyse peut survenir dans des vésicules transportant des protéines du réseau *trans*-golgien vers la surface cellulaire, les endosomes tardifs ou les lysosomes.
- Dans des cellules épithéliales polarisées, des protéines membranaires destinées au domaine apical ou basolatéral de la membrane plasmique sont adressées dans le réseau *trans*-golgien dans différentes vésicules de transport (voir Figure 17-26). L'ancre GPI est le seul signal d'adressage apical et basolatéral identifié jusqu'à présent.
- Dans les hépatocytes et certaines autres cellules polarisées, toutes les protéines de la membrane plasmique sont envoyées d'abord dans la membrane basolatérale. Les protéines destinées au pôle apical sont alors endocytées et transportées à travers la cellule jusqu'à la membrane apicale (transcytose).

17.5 Endocytose dépendante des récepteurs et adressage des protéines incorporées

Dans la section précédente, nous avons exploré les voies principales par lesquelles les protéines sécrétoires et membranaires synthétisées dans le RE rugueux gagnent la surface cellulaire ou d'autres destinations. Les cellules peuvent aussi incorporer des substances de leur environnement et les adresser à des destinations particulières. Quelques types cellulaires (e.g. les macrophages) peuvent capter des bactéries entières et d'autres corpuscules par **phagocytose**, un processus non sélectif, dépendant de l'actine dans lequel des extensions de la membrane plasmique enveloppent la particule et forment de grandes vésicules appelées phagosomes (voir Figure 5-20). Par ailleurs, toutes les cellules eucaryotes sont continuellement en train d'endocyter, un processus par lequel une petite région de la membrane plasmique s'invagine pour former une vésicule d'environ 0,05-0,1 µm de diamètre. Dans une forme d'endocytose appelée *pinocytose*, des gouttelettes de liquide extracellulaire et toute substance qui y est dissoute sont captées de manière non spécifique. Dans cette section, notre attention se concentrera sur l'**endocytose dépendante des récepteurs,** dans laquelle un récepteur spécifique de la surface cellulaire se lie étroitement et spécifiquement à un ligand macromoléculaire. La région de la membrane plasmique contenant le complexe récepteur-ligand bourgeonne alors vers l'intérieur et, en se détachant, devient une vésicule de transport.

Parmi les macromolécules fréquentes que les cellules des vertébrés incorporent par endocytose dépendante des récepteurs, on trouve les particules riches en cholestérol, appelées lipoprotéines de basse densité (LDL pour *low-density lipoprotein*) ; la transferrine, une protéine liant le fer ; de nombreuses hormones protéiques (e.g. insuline) et diverses glycoprotéines. L'endocytose de tels ligands passe en général par les puits couverts de clathrine/AP2 et par des vésicules au cours d'un processus semblable à celui de l'adressage des enzymes lysosomiales par le mannose-6-phosphate (M6P) dans le réseau du *trans*-Golgi (voir Figure 17-23). Comme mentionné plus haut, certains récepteurs de M6P sont présents à la surface cellulaire, et participent à l'endocytose des enzymes lysosomiales sécrétées. En général, les récepteurs transmembranaires qui captent des ligands extracellulaires sont incorporés au cours de l'endocytose et sont recyclés à la surface cellulaire, de manière très semblable au recyclage des récepteurs de M6P à la membrane plasmique et au *trans*-Golgi. La vitesse avec laquelle un ligand est incorporé dépend de la densité du récepteur correspondant à la surface cellulaire.

Des puits de clathrine/AP2 représentent environ 2 % de la surface de cellules comme les hépatocytes et les fibroblastes. De nombreux ligands incorporés sont présents dans ces puits et vésicules, qui fonctionneraient comme intermédiaires dans l'endocytose de la plupart (mais pas de tous) des ligands liés aux récepteurs de surface cellulaire (Figure 17-27). Certains récepteurs sont regroupés dans des puits couverts de clathrine même en absence de ligand. D'autres récepteurs diffusent librement dans le plan de la membrane plasmique, mais subissent un changement de conformation lorsqu'ils fixent leur ligand, si bien que, lorsque le complexe ligand-récepteur diffuse dans un puits couvert de clathrine, il y est retenu. Deux, ou plus, types de ligands liés à leur récepteur, comme les LDL et la transferrine, peuvent se retrouver dans le même puits couvert ou la même vésicule.

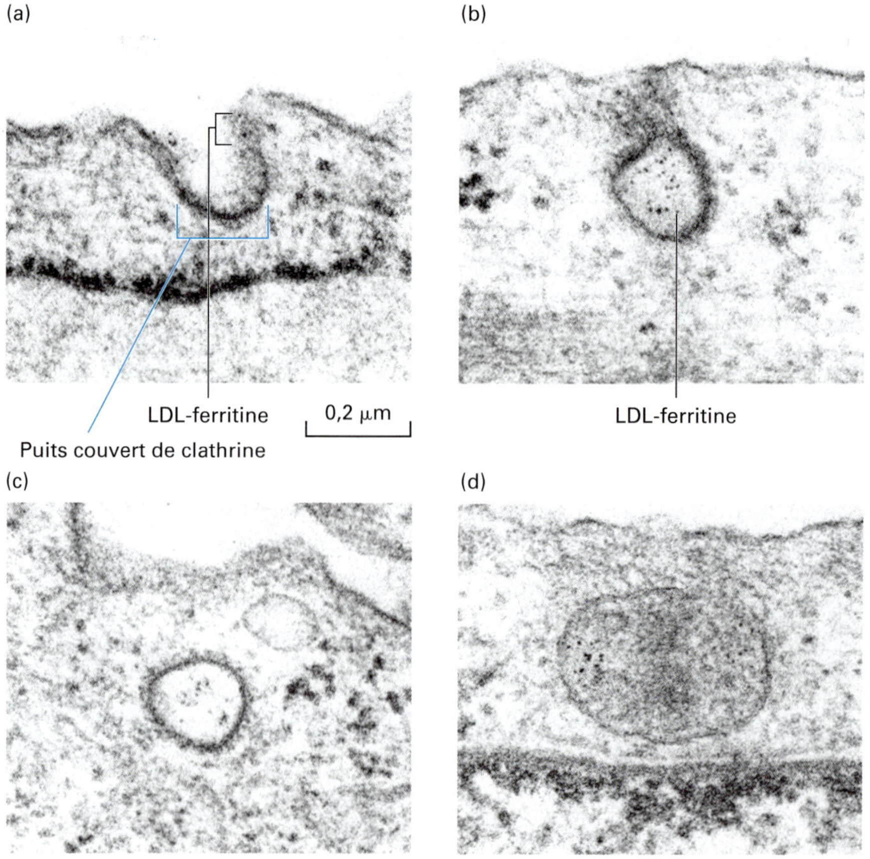

FIGURE EXPÉRIMENTALE 17-27 Micrographies électroniques montrant l'incorporation de particules de lipoprotéines de basse densité (LPL) par endocytose dépendante de récepteur. Des fibroblastes humains en culture ont été incubés avec des particules de LDL liées de manière covalente à la ferritine, une protéine riche en fer, dense aux électrons et donc repérable sous forme de points. Les cellules furent d'abord incubées à 4 °C ; à cette température, les LDL peuvent se lier à leur récepteur, mais ne peuvent être incorporées. Après que l'excès de LDL non lié aux cellules fut éliminé, les cellules furent ramenées à 37 °C et préparées pour la microscopie à intervalles réguliers. (a) Puits couvert du manteau de clathrine peu après l'élévation de la température. (b) Puits contenant des LDL et en train de se refermer pour former une vésicule couverte. (c) Vésicule couverte contenant des particules marquées à la ferritine. (d) Particules de LDL marquées à la ferritine dans un endosome précoce à surface lisse 6 minutes après le début de l'incorporation. [Clichés de R. Anderson, réimprimés avec l'autorisation de J. Goldstein *et al.*, *Nature* **279** :679. Copyright 1979, Macmillan Journals Limited. Voir aussi M.. S. Brown & J. L. Goldstein, 1986, *Science* **232** :34.]

Les récepteurs de lipoprotéines de basse densité et d'autres ligands contiennent des signaux d'adressage qui les destinent à l'endocytose

Comme le prochain chapitre le décrira en détail, les **lipoprotéines de basse densité** (LDL) font partie des différents complexes qui transportent le cholestérol dans le sang (voir Figure 17-28). La particule de LDL, une sphère de 20-25 nm de diamètre, a une enveloppe phospholipidique contenant une seule molécule d'une grande protéine appelée *apoB-100* ; le centre de la particule est rempli d'esters de cholestérol (voir Figure 18-12). La plupart des cellules de mammifères produisent des récepteurs de surface qui lient spécifiquement apoB-100 et incorporent les LDL par endocytose dépendante des récepteurs. Après leur incorporation, les particules sont transportées dans les lysosomes par la voie endocytaire et y sont dégradées par les hydrolases. Les récepteurs de LDL, qui se détachent de leur ligand dans l'endosome tardif, sont recyclés à la surface cellulaire.

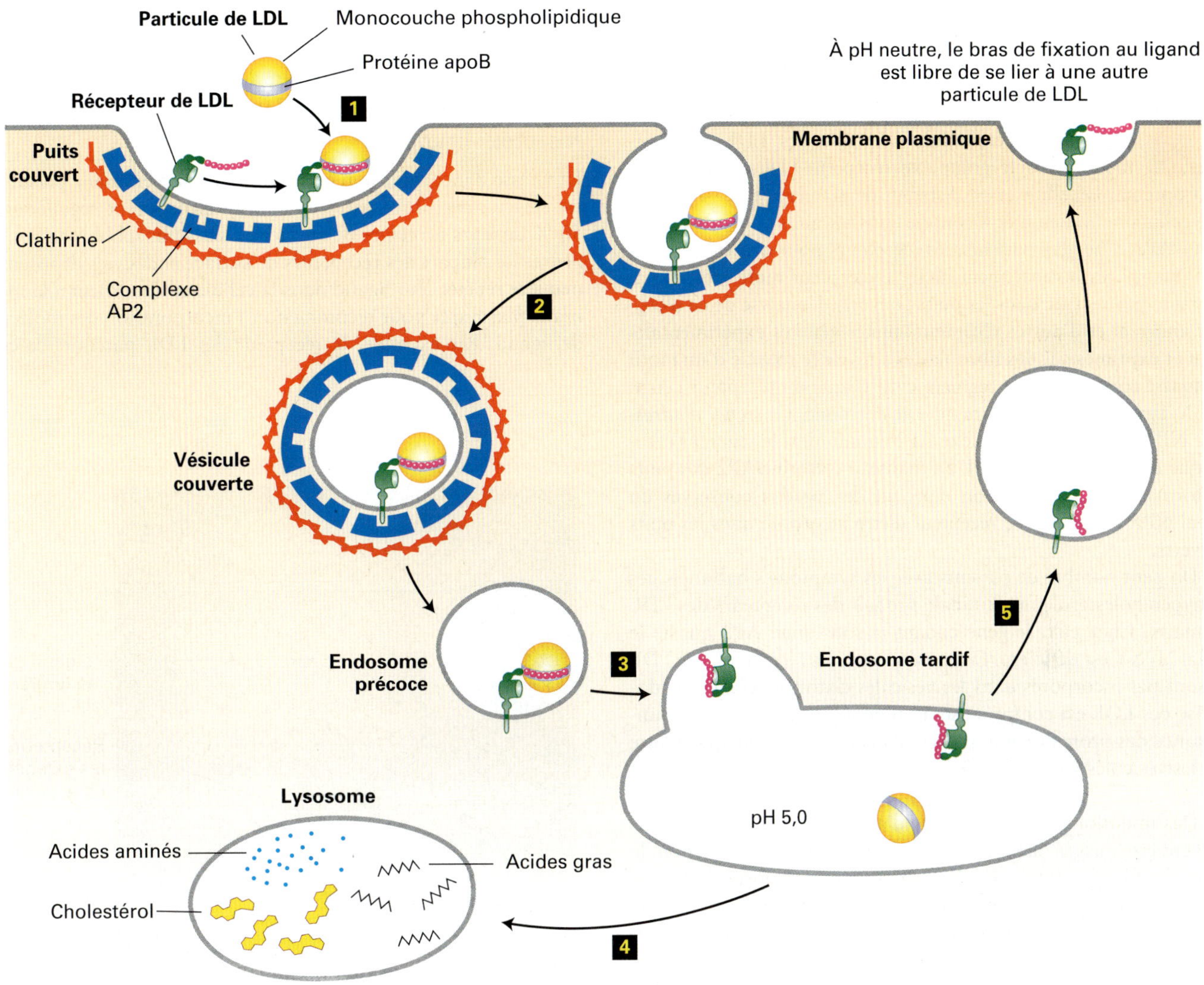

FIGURE 17-28 Voie endocytaire pour l'incorporation des lipoprotéines de basse densité (LDL). Étape 1 : Des récepteurs de LDL lient une protéine apoB insérée dans une couche phospholipidique des particules de LDL. L'interaction entre le signal d'adressage NPXY dans le bout cytosolique du récepteur et le complexe AP2 incorpore le complexe récepteur-ligand dans les vésicules endocytaires en formation. Étape 2 : Des puits couverts de clathrine (ou bourgeons) contenant des complexes récepteur-LDL se ferment et se détachent par le même mécanisme assuré par la dynamine et utilisé pour former les vésicules clathrine/AP1 du réseau *trans*-golgien (voir Figure 17-20). Étape 3 : Après la perte du manteau, la vésicule endocytaire (endosome précoce) fusionne avec l'endosome tardif, dont le pH acide change la conformation du récepteur et l'oblige ainsi à relâcher la particule de LDL. Étape 4 : L'endosome tardif fusionne avec le lysosome dans lequel des enzymes digèrent les protéines et les lipides. Étape 5 : Le récepteur de LDL recycle à la surface cellulaire où, au pH neutre du milieu extérieur, il reprend la conformation qui lui permet de fixer une autre particule de LDL [Voir M.. S. Brown & J. L. Goldstein, 1986, *Science* **232**:34.et G. Rudenko *et al.* 2002, *Science* **298**:2353.]

Les études de *l'hypercholestérolémie familiale*, une maladie héréditaire, ont conduit à la découverte du récepteur des LDL et au début de la compréhension de la voie endocytaire. Un patient atteint de cette affection produit une des formes mutées du récepteur de LDL, ce qui affecte l'endocytose des LDL et entraîne des taux élevés de cholestérol dans le sérum (Chapitre 18). Les caractéristiques principales de la voie endocytaire des LDL, comme on la comprend aujourd'hui, sont décrites dans la Figure 17-28. Le récepteur des LDL est une glycoprotéine de 839 résidus avec un seul segment transmembranaire ; il a un court segment cytosolique C-terminal et un long segment exoplasmique N-terminal qui contient un domaine « turbine β » (*β-propeller*) et un domaine de fixation du ligand, qui interagit avec la molécule d'apoB-100 dans la particule de LDL.

MÉDECINE Des récepteurs mutés de certains malades atteints d'hypercholestérolémie familiale lient les LDL normalement, mais le complexe récepteur-LDL ne peut être incorporé par la cellule et est distribué de manière égale sur la surface cellulaire au lieu d'être confiné dans les puits couverts de clathrine/AP2. Chez ces patients, les récepteurs pour d'autres ligands sont incorporés normalement, mais le récepteur muté n'est apparemment pas recruté dans les puits couverts. L'analyse de ce récepteur anormal et d'autres récepteurs mutés générés expérimentalement et exprimés sur des fibroblastes a révélé le rôle clé d'un motif de quatre résidus dans le segment cytosolique du récepteur : Asn-Pro-X-Tyr, X étant n'importe quel acide aminé. Ce *signal d'adressage NPXY* se fixe au complexe AP2 et unit ainsi le segment cytosolique du récepteur des LDL au manteau clathrine/AP2 des puits en formation. Une mutation dans un des résidus conservés du signal NPXY empêche le récepteur d'être incorporé dans les puits couverts.

Un petit nombre de patients avec les symptômes habituels liés à l'hypercholestérolémie familiale produit des récepteurs des LDL normaux. Chez eux, le gène codant la sous-unité AP2 qui lie le signal NPXY est déficient. En conséquence, les récepteurs des LDL ne sont pas incorporés dans les vésicules clathrine/AP2 et l'endocytose des LDL est compromise. L'étude de ces cas a montré l'importance des protéines adaptatrices dans le trafic protéique assuré par les vésicules à clathrine. ▮

Des mutations ont montré que d'autres récepteurs de surface peuvent être dirigés dans les puits à clathrine/AP2 en formation, le signal d'adressage étant : Tyr-X-X-Φ, X étant n'importe quel acide aminé et Φ un acide aminé hydrophobe massif. Ce signal dans le segment cytosolique d'un récepteur se loge dans une cavité spécifique de la sous-unité μ2 du complexe AP2. Puisque la tyrosine et les résidus Φ assurent cette fixation, une mutation dans un des deux compromet l'incorporation du récepteur dans les puits couverts de clathrine/AP2. De plus, si la protéine HA de l'influenza, qui n'est normalement pas endocytée, est génétiquement modifiée de façon à ce que son domaine cytosolique contienne cette séquence de quatre résidus, l'HA mutée est incorporée. Rappelez-vous que c'est le même signal qui recrute des protéines membranaires dans les vésicules clathrine/AP1 qui bourgeonnent du réseau *trans*-golgien en se liant à la sous-unité μ1 d'AP1 (voir Table 17-2). Toutes ces observations indiquent que YXXΦ est un signal utilisé largement pour l'adressage des protéines membranaires aux vésicules couvertes de clathrine.

Dans certaines protéines de surface, d'autres séquences (e.g. Leu-Leu) ou des molécules d'ubiquitine liées de manière covalente jouent le rôle de signal d'endocytose. Parmi les protéines associées aux vésicules clathrine/AP2, plusieurs contiennent des domaines qui se lient spécifiquement à l'ubiquitine, et l'on a émis l'hypothèse que ces protéines associées aux vésicules assuraient l'incorporation sélective des protéines membranaires ubiquitinylées dans les vésicules endocytaires. Comme nous le décrirons plus loin, l'ubiquitine liée à des protéines membranaires endocytées sert également de marqueur à un stade plus tardif dans la voie endocytaire et intervient dans la livraison de ces protéines aux lysosomes où elles sont dégradées.

Le pH acide des endosomes tardifs cause la dissociation de la plupart des complexes récepteur-ligand

La vitesse d'incorporation endocytaire de la membrane plasmique est élevée ; des fibroblastes en culture incorporent régulièrement 50 % de leurs protéines de surface et leurs phospholipides en une heure. La plupart des récepteurs de surface endocytés déposent de manière répétée leur ligand dans la cellule et retournent à la membrane plasmique pour recommencer l'incorporation des molécules de ligand. Par exemple, le récepteur des LDL parcourt ce cycle

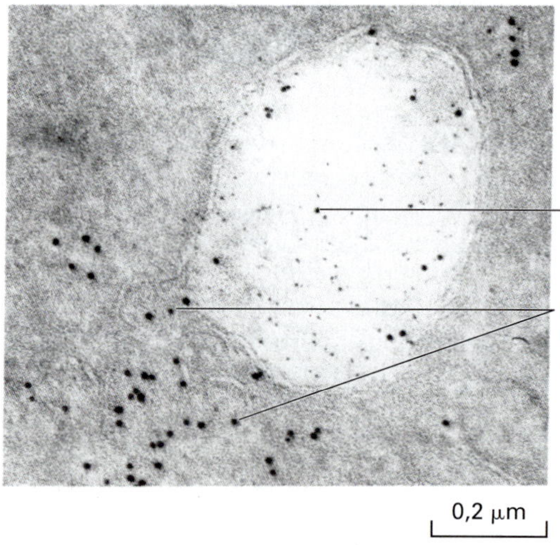

FIGURE EXPÉRIMENTALE 17-29 Micrographie électronique montrant la dissociation des complexes récepteur-ligand dans les endosomes tardifs. Des cellules hépatiques qui avaient été exposées à un ligand consistant en une asialoglycoprotéine ont été fixées et sectionnées pour la microscopie électronique. Les coupes furent incubées avec des anticorps spécifiques du récepteur, marqués par des particules d'or de 8 nm de diamètre, et avec des anticorps spécifiques de l'asialoglycoprotéine, marqués avec des particules d'or de 5 nm (voir Figure 5-51). Comme on le voit sur cette micrographie électronique d'un endosome tardif, le ligand (grains plus petits) est localisé dans la lumière et le récepteur de l'asialoglycoprotéine (gros grains) est localisé dans les extensions tubulaires qui bourgeonnent à partir de la vésicule. [Document de H. J. Geuze. Copyright 1983, M.I.T. Voir H. J. Geuze *et al.*, 1983, *Cell* **32**:277.]

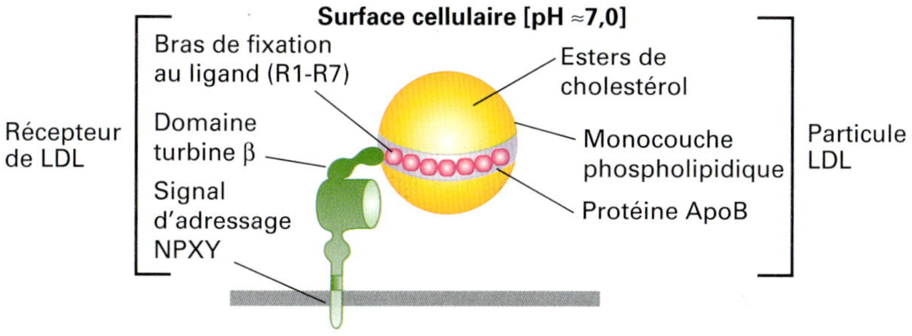

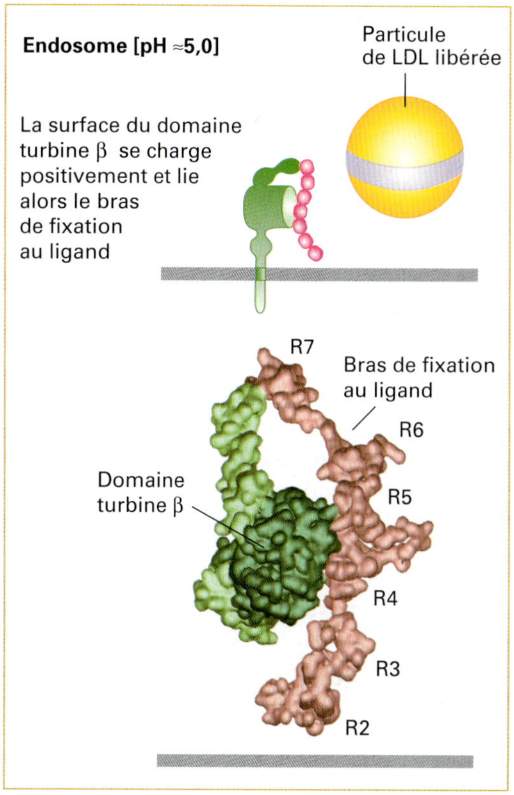

FIGURE 17-30 Modèle de fixation, dépendante du pH, des particules de LDL par leur récepteur spécifique. Schéma du récepteur de LDL au pH neutre de la surface cellulaire (*à gauche*) et au pH acide de l'intérieur de l'endosome tardif (*à droite*). À la surface cellulaire, la partie accessible de l'apoB-100 dans la particule de LDL se lie fermement au récepteur. Parmi les sept segments répétitifs (R1-R7) dans le bras fixant le ligand, R4 et R5 paraissent les plus critiques pour la liaison aux LDL. Dans l'endosome, les résidus d'histidine dans le domaine turbine β du récepteur sont protonés. Ce domaine chargé positivement peut lier avec forte affinité le bras de fixation au ligand, qui contient des résidus chargés négativement, ce qui cause la libération de la particule de LDL. Modèle de la région extracellulaire du récepteur de LDL à pH 5,3 basé sur l'analyse cristallographique par rayons X. Dans cette conformation, des interactions hydrophobes et ioniques nombreuses unissent la turbine β aux segments répétitifs R4 et R5. [Partie (b) de G. Rudenko *et al.*, 2002, *Science* **298** :2353.]

toute les 10-20 minutes, c'est-à-dire un total de plusieurs centaines de trajets au cours d'une vie de 20 heures.

Les complexes récepteur-ligand incorporés suivent habituellement la voie décrite pour le récepteur de M6P dans la Figure 17-23 et pour le récepteur des LDL dans la Figure 17-28. Les complexes endocytés se dissocient dans les endosomes tardifs, qui se présentent comme des vésicules sphériques avec des extensions tubulaires dont les branches s'approchent à quelques microns de la surface cellulaire. Les expériences princeps qui ont permis l'identification de l'endosome tardif ont eu recours au récepteur des asialoglycoprotéines. Cette protéine spécifique du foie assure la liaison et l'incorporation des glycoprotéines anormales dont les oligosaccharides se terminent par un galactose plutôt que par l'acide sialique, d'où le nom d'*asialo*glycoprotéine. La microscopie électronique des cellules du foie perfusé avec une asialoglycoprotéine révèle que, 5-10 minutes après l'incorporation, les molécules du ligand se trouvent dans la lumière des endosomes tardifs, alors que les extensions tubulaires sont riches en récepteur et contiennent rarement le ligand (Figure 17-29). Ces observations indiquent que l'endosome tardif est le site de dissociation des complexes ligand-récepteur.

Cette séparation dans l'endosome tardif ne survient pas seulement dans la voie endocytaire, mais aussi lors de la livraison des enzymes lysosomiales solubles par la voie sécrétoire (voir Figure 17-23). Comme décrit dans le Chapitre 7, les membranes des endosomes tardifs et des lysosomes contiennent des pompes à protons de classe V qui agissent avec les canaux à Cl^- dans l'acidification du milieu vésiculaire (voir Figure 7-10). La plupart des récepteurs, y compris celui de M6P et ceux qui captent les particules de LDL et les asialoglycoprotéines, fixent leur ligand fermement à pH neutre, mais le relâchent si le pH est abaissé à 6,0 ou plus bas. L'endosome tardif est la première vésicule rencontrée par les complexes récepteur-ligand dont le pH intérieur est suffisamment acide que pour faciliter la dissociation de la plupart d'entre eux.

Le mécanisme par lequel le récepteur des LDL libère les particules est maintenant compris en détail (Figure 17-30). Au pH endosomial de 5,0-5,5, les résidus d'histidine dans le domaine turbine β du récepteur sont protonés et forment ainsi un site qui se lie avec forte affinité aux charges négatives répétitives présentes dans le domaine de fixation au ligand. Cette interaction intramoléculaire bloque les segments répétitifs dans une conformation qui empêche la liaison avec l'apoB-100 et donc libère les particules de LDL.

La voie endocytaire procure du fer aux cellules sans dissociation du complexe récepteur-transferrine dans les endosomes

Il existe une exception à ce processus de dissociation des complexes récepteur-ligand dans l'endosome tardif par acidification du pH. C'est la livraison du fer à la cellule par la transferrine. Cette protéine abondante dans le sang procure le fer à tous les tissus à partir du foie (le site principal des réserves en fer de l'organisme) et de l'intestin (le site d'absorption du fer). La forme libre de fer, *apotransferrine*, lie deux ions Fe^{3+} très fermement pour former la *ferrotransferrine*. Toutes les cellules des mammifères contiennent des récepteurs qui lient avidement la ferrotransferrine à pH neutre ; après quoi la protéine liée à son récepteur est endocytée. Comme la particule LDL, les deux atomes de Fe^{3+} restent dans la cellule, mais l'apotransferrine ne se détache pas du récepteur et est sécrétée dans les minutes qui suivent l'endocytose.

Bien que l'apotransferrine reste liée à son récepteur au pH acide des endosomes tardifs, des changements de pH sont critiques pour le fonctionnement de la voie endocytaire de la transferrine. À un pH en dessous de 6,0, les deux atomes de Fe^{3+} se détachent de la ferrotransferrine, sont réduits en Fe^{2+} par un mécanisme inconnu, et sont alors exportés dans le cytosol par un transporteur endosomial spécifique des ions métalliques divalents. Le complexe récepteur-apotransferrine restant après la libération des atomes de fer est recyclé à la surface cellulaire. Bien que l'apotransferrine se lie fermement à son récepteur à un pH de 5,0 ou de 6,0, elle ne s'y fixe pas à pH neutre. Aussi, l'apotransferrine se détache de son récepteur quand les vésicules de recyclage fusionnent avec la membrane plasmique, le complexe récepteur-ligand se retrouvant au pH neutre du liquide extracellulaire ou du milieu de culture. Le récepteur recyclé redevient ainsi libre de fixer une autre molécule de ferrotransferrine, et l'apotransferrine libérée est transportée par le courant sanguin vers le foie ou l'intestin pour être rechargée en fer.

Des vésicules spécialisées livrent aux lysosomes des composants cellulaires en vue de leur dégradation

La fonction principale des lysosomes est de dégrader les substances extracellulaires captées par la cellule mais aussi, dans certaines conditions, des composants intracellulaires. Ce qui doit être dégradé doit être livré aux lysosomes, où les diverses hydrolases résident. Comme nous venons de le voir, les ligands endocytés (e.g. les particules de LDL) qui se détachent de leur récepteur dans les endosomes tardifs entrent ensuite dans la lumière des lysosomes lors de la fusion de la membrane de l'endosome tardif avec celle du lysosome (voir Figure 17-28). De même, des phagosomes contenant des bactéries ou d'autres particules peuvent fusionner avec des lysosomes et y libérer leur contenu en vue de leur dégradation. Cependant, la livraison de protéines membranaires endocytées et de composants cytoplasmiques aux lysosomes pose des problèmes particuliers et implique deux types inhabituels de vésicules.

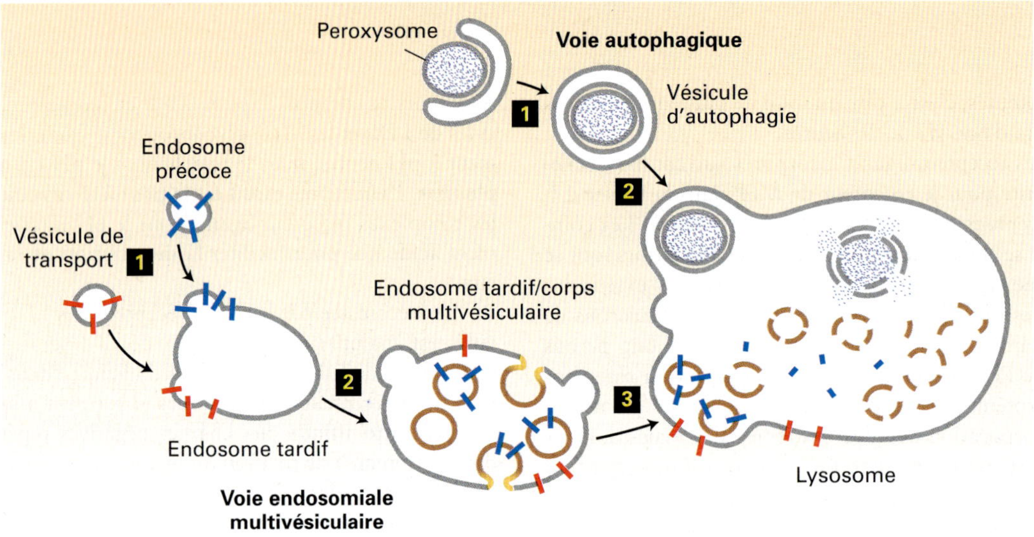

FIGURE 17-31 Livraison à l'intérieur du lysosome de protéines de la membrane plasmique et de composants cytoplasmiques en vue de leur dégradation. *À gauche* : Des endosomes précoces chargés de protéines de la membrane plasmique endocytées (en bleu) ainsi que des vésicules transportant des protéines membranaires lysosomiales (en rouge) à partir du réseau *trans*-golgien fusionnent avec l'endosome tardif et transfèrent les protéines membranaires dans la membrane endosomiale (étape **1**). Les protéines qui doivent être dégradées sont incorporées dans des vésicules qui bourgeonnent à l'intérieur de l'endosome tardif, formant finalement un endosome multivésiculaire contenant un grand nombre de telles vésicules internes (étape **2**). La fusion d'un endosome multivésiculaire directement avec un lysosome libère les vésicules internes dans la lumière du lysosome où elles peuvent être dégradées (étape **3**). Puisque les pompes à protons et d'autres protéines de la membrane lysosomiale ne sont normalement pas incorporées dans des vésicules endosomiales internes, elles sont transférées dans la membrane lysosomiale et sont protégées de la dégradation. *À droite* : Dans la voie autophagique, une structure en forme de coupe se forme autour d'une portion du cytosol ou d'un organite comme un peroxysome. L'apport membranaire continu aboutit à la formation d'une vésicule d'autophagie qui enferme son contenu dans deux membranes complètes (étape 1). La fusion de la membrane externe à la membrane d'un lysosome libère dans le lysosome une vésicule entourée d'une seule membrane et son contenu (étape **2**). [Voir F. Reggiori & D. J. Klionsky, 2002, *Eukaryot. Cell* **1**:11 et D. J. Katzmann *et al.*, 2002, *Nature Rev. Mol. Cell Biol.* **3**:893.]

Endosomes multivésiculaires Des protéines lysosomiales, comme les pompes à protons de classe V et d'autres protéines membranaires, peuvent exercer leur fonction et rester dans la membrane lysosomiale où elles sont protégées de la dégradation par les enzymes hydrolytiques présentes dans la lumière des lysosomes. Ces protéines arrivent dans la membrane lysosomiale par des vésicules de transport qui bourgeonnent du réseau du *trans*-Golgi comme décrit dans les sections précédentes. Par contre, les protéines membranaires endocytées qui doivent être dégradées sont transférées à l'intérieur des lysosomes par une mécanisme particulier. Rappelons que la dégradation des récepteurs de surface pour les molécules extracellulaires de signalisation constitue pour les cellules un système de contrôle de leur sensibilité à de tels signaux (Chapitre 13). Les récepteurs qui viennent à être endommagés sont aussi destinés à la dégradation lysosomiale.

Des micrographies électroniques ont montré la présence de vésicules et de fragments de membrane dans des endosomes et des lysosomes (voir Figure 5-20c). Ensuite, des expériences sur la levure ont révélé que les récepteurs endocytés transférés dans la vacuole, un organite équivalent au lysosome, sont associés à des fragments de membrane et à de petites vésicules à l'intérieur de la vacuole et non à la membrane de celle-ci.

Ces observations suggèrent que les protéines membranaires endocytées peuvent être incorporées dans des vésicules spécialisées formées à partir de la membrane endosomiale (Figure 17-31, *gauche*). Bien que ces vésicules ressemblent par leur taille et leur apparence à des vésicules de transport, elles diffèrent par leur localisation. Les vésicules de transport bourgeonnent dans le cytosol à partir d'un organite destinateur, tandis que les vésicules en question bourgeonnent vers l'intérieur de l'endosome. Les endosomes dits *multivésiculaires* du fait de leur contenu, livrent finalement celui-ci, par fusion membranaire, aux lysosomes qui vont alors dégrader les vésicules internes et les protéines de membrane. L'adressage des protéines dans la membrane endosomiale détermine donc lesquelles resteront à la surface des lysosomes (e.g. les pompes ioniques et les transporteurs) et lesquelles seront incorporées dans des vésicules internes et finalement dégradées dans les lysosomes.

Vésicules autophagiques La livraison de quantités massives de cytosol ou d'organites entiers aux lysosomes, suivie de leur dégradation, est appelée *autophagie* (se manger soi-même). Ce processus fait en général suite à des conditions de famine ou d'autres types de stress et permet à la cellule d'utiliser des macromolécules endogènes comme nutriments.

La voie autophagique débute par la formation d'une sorte de coupe à paroi double (Figure 17-31, *à droite*). Cette structure peut enfler par fusion vésiculaire et finalement se fermer pour former une vésicule autophagique qui enveloppe une partie du cytosol ou un organite entier (e.g. un peroxysome ou une mitochondrie). On ignore encore l'origine des membranes qui forment l'organite initial en forme de coupe et les vésicules qui viennent le rejoindre, mais l'endosome lui-même paraît un candidat probable. La membrane externe d'une vésicule autophagique peut fusionner avec le lysosome et livrer une grande vésicule, entourée d'une seule bicouche membranaire, au lysosome. Les lipases et les protéases lysosomiales finiront par dégrader cette vésicule et son contenu.

Les rétrovirus bourgeonnent de la membrane plasmique par un processus similaire à la formation des endosomes multivésiculaires

Les vésicules qui bourgeonnent vers l'intérieur des endosomes ont une topologie semblable à celle des particules virales enveloppées qui bourgeonnent à partir de la membrane plasmique des cellules infectées. De plus, des expériences récentes ont montré qu'un même groupe de protéines est requis pour les deux types de bourgeonnement membranaire. En fait, les deux processus sont tellement semblables dans leur déroulement que l'on pense que les virus enveloppés ont acquis des mécanismes qui leur permettent de recruter les protéines cellulaires nécessaires au bourgeonnement interne des endosomes.

Plusieurs des protéines responsables du bourgeonnement interne de la membrane endosomiale furent d'abord identifiées par des mutations qui, chez la levure, bloquent le déversement des protéines membranaires dans la vacuole. Plus de 10 protéines participant à ce bourgeonnement ont été identifiées chez la levure, la plupart ressemblant aux protéines qui, chez les mammifères, exercent les mêmes fonctions. Le modèle actuel de la formation des endosomes multivésiculaires dans les cellules de mammifères est basé d'abord sur les études de la levure (Figure 17-32). La membrane de l'endosome porte en périphérie une protéine couplée à l'ubiquitine et appelée Hrs. Elle facilite le chargement de protéines membranaires spécifiques ubiquitinylées dans les bourgeons vésiculaires dirigés vers l'intérieur de l'endosome. La protéine Hrs ubiquitinylée recrute à la membrane trois complexes protéiques. Ces *complexes ESCRT* (*endosomal sorting complexes required for transport* ou complexes d'adressage endosomial requis pour le transport) comprennent Tsg101, une protéine liant l'ubiquitine. Les complexes ESCRT associés à la membrane viennent achever le bourgeonnement de la vésicule, qui en se détachant livre sa cargaison membranaire spécifique à l'intérieur de l'endosome. Finalement, une ATPase, Vps4, utilise l'énergie de l'hydrolyse de l'ATP pour dissocier les complexes ESCRT, les libérant dans le cytosol pour un autre cycle de bourgeonnement. Lors de la fusion qui détache la vésicule endosomiale, les protéines ESCRT et Vps4 pourraient fonctionner respectivement comme les protéines SNARE et NSF, impliquées dans le processus typique de fusion membranaire décrit précédemment (voir Figure 17-11).

Le virus de l'immunodéficience humaine (VIH) est un rétrovirus enveloppé qui bourgeonne à partir de la membrane plasmique des cellules infectées selon un processus dirigé par la protéine virale Gag, le composant structural principal des particules virales complètes. Gag se lie à la membrane plasmique d'une cellule infectée et $\approx$4000 molécules Gag polymérisent pour former une coque sphérique qui ressemble à un bourgeon vésiculaire se dégageant de la membrane plasmique. Des mutations du VIH ont révélé que le segment N-terminal de Gag est nécessaire à son lien avec la membrane plasmique, tandis que le segment C-terminal est nécessaire pour que les particules de VIH complètes puissent se détacher. Par exemple, si la portion du génome viral codant le bout C-terminal est enlevé, les bourgeons de VIH se forment, mais ils ne se détachent pas ; aucune particule virale n'est libérée.

La première indication que le bourgeonnement du VIH recourt à la même machinerie moléculaire que celle qui sert au bourgeonnement interne des endosomes provient de l'observation

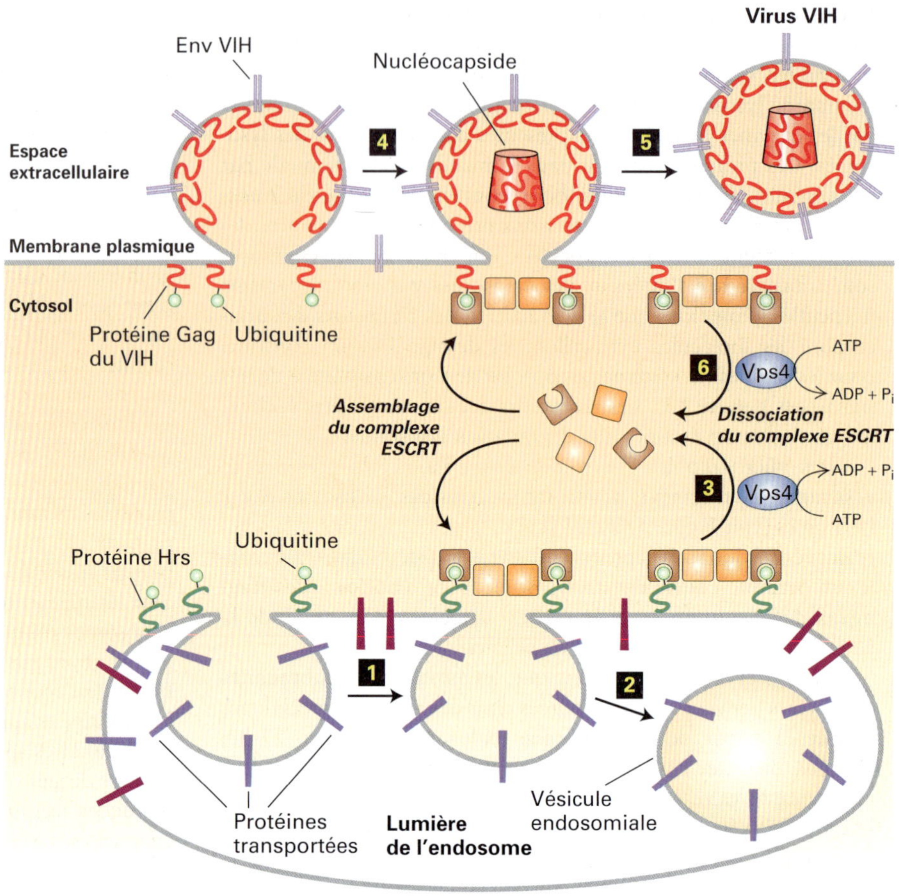

FIGURE 17-32 Mécanisme commun de formation des endosomes multivésiculaires et de bourgeonnement du VIH à partir de la membrane plasmique. *En bas* : Au cours du bourgeonnement endosomial, la protéine Hrs ubiquitinylée située sur la membrane endosomiale dirige le chargement des protéines membranaires spécifiques à transférer (en bleu) dans des bourgeons vésiculaires et recrute à la membrane les complexes ESCRT cytosoliques (étape **1**). Notez que tant Hrs que les protéines de la cargaison sont marquées par l'ubiquitine. Après que les complexes ESCRT liés ont assuré la fusion membranaire et libéré la vésicule (étape **2**), ils sont dissociés sous l'action ATPasique de Vps4 et renvoyés dans le cytosol (étape **3**). *En haut* : Les particules du VIH bourgeonnent des cellules infectées suivant un processus similaire, dans lequel interviennent la protéine virale Gag et les complexes ESCRT ainsi que Vps4 (étapes **4**-**6**). Gag ubiquitinylée près d'un bourgeon exerce la même fonction que Hrs. Voir le texte pour plus de détails. [Adapté de O. Pornillos *et al.*, *Trends Cell Biol.* **12** :569.]

que Tsg101, un composant du complexe ESCRT, se lie au bout C-terminal de la protéine Gag. Des observations ultérieures ont clairement établi les similitudes entre les deux processus (Figure 17-32). Par exemple, Gag est ubiquitinylée au cours du processus de bourgeonnement viral, et dans les cellules dont Tsg101 ou Vps4 est mutée, les bourgeons de VIH s'accumulent, mais ne peuvent se détacher de la membrane (Figure 17-33). De plus, lorsqu'un segment de la protéine cellulaire Hrs est ajouté à la protéine Gag tronquée, les bourgeons se forment normalement et les particules virales peuvent se détacher. L'ensemble de ces résultats indique que la protéine Gag imite la fonction de Hrs, en dirigeant les complexes ESCRT vers la membrane plasmique, où ils peuvent libérer les particules virales.

D'autres rétrovirus enveloppés comme le virus de la leucémie de la souris et le virus du sarcome de Rous ont également besoin des complexes ESCRT pour leur bourgeonnement, mais chaque

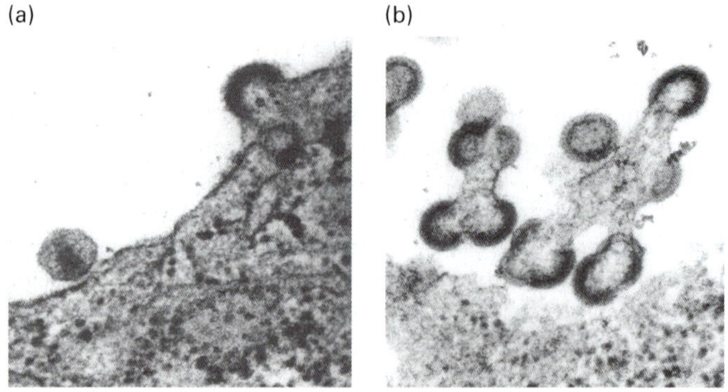

FIGURE 17-33 Micrographies électroniques de virus bourgeonnant à partir de cellules de type sauvage ou déficientes en ESCRT infectées par le VIH. (a) Dans les cellules de type sauvage infectées par le VIH, des particules virales bourgeonnent à partir de la membrane plasmique et sont rapidement libérées dans l'espace extracellulaire. (b) Dans les cellules déficientes en Tsg 101, une protéine du complexe ESCRT, la protéine virale Gag forme des structures denses de type viral, mais le bourgeonnement de ces structures reste incomplet et des chaînes de bourgeons viraux incomplets attachés à la membrane plasmique s'accumulent. [Wes Sundquist, University of Utah.]

virus paraît avoir développé un mécanisme quelque peu différent pour le recrutement des complexes ESCRT au site de bourgeonnement viral.

Après leur endocytose, certains ligands traversent une couche cellulaire épithéliale par transcytose

Comme mentionné antérieurement, la transcytose est utilisée par certaines cellules dans l'adressage apical ou basolatéral de certaines protéines de membrane (voir Figure 17-26). Ce processus de transport transcellulaire, qui combine endocytose et exocytose, peut servir aussi pour importer un ligand extracellulaire d'un côté de la cellule, pour le transporter à travers le cytoplasme et le sécréter de l'autre côté. La transcytose survient surtout dans les feuillets de cellules épithéliales polarisées.

Les immunoglobulines maternelles (anticorps) présentes dans le lait ingéré traversent l'épithélium intestinal des nouveau-nés humains ou de souris par transcytose (Figure 17-34). Le récepteur Fc qui assure ce transfert lie les anticorps au pH 6 de la lumière intestinale mais non au pH neutre du liquide extracellulaire au côté basal de l'épithélium intestinal. Cette différence de pH des milieux extracellulaires des deux côtés de l'épithélium permet aux immunoglobulines maternelles de migrer dans une direction, de la lumière intestinale vers le sang. Le même processus transfère également les immunoglobulines maternelles au fœtus à travers les cellules de la membrane vitelline des mammifères.

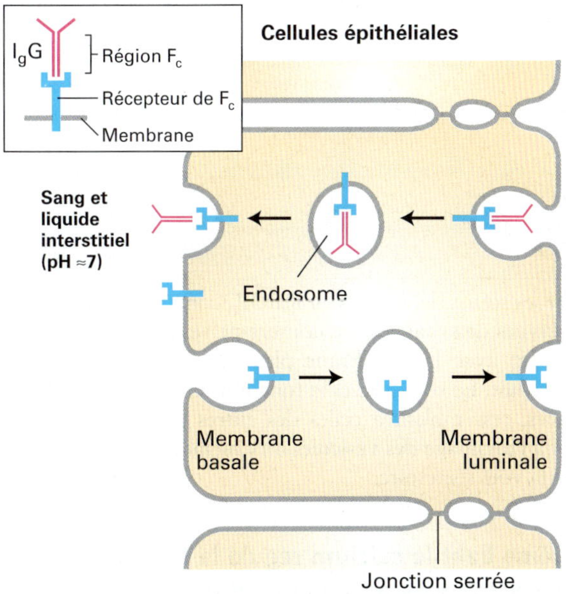

FIGURE 17-34 Transcytose des immunoglobulines IgG à travers les cellules épithéliales intestinales de la souris nouveau-née. Ce transfert transcellulaire d'un ligand est basé sur l'endocytose et l'exocytose. Le mouvement unidirectionnel du ligand de la lumière intestinale vers le sang dépend de la différence d'affinité du récepteur de Fc pour l'anticorps à pH 6 (liaison solide) et à pH 7 (liaison faible). La transcytose dans le sens inverse ramène le récepteur de Fc à la membrane luminale. Voir le texte pour plus de détails.

CONCEPTS CLÉS DE LA SECTION 17.5

Endocytose dépendante des récepteurs et adressage des protéines incorporées

- Certains ligands extracellulaires qui se lient à des récepteurs spécifiques de surface sont incorporés, en même temps que leur récepteur, dans des vésicules couvertes de clathrine dont le manteau contient aussi des complexes AP2.
- Des signaux d'adressage dans le domaine cytosolique des récepteurs de surface les dirigent dans les puits couverts de clathrine/AP2 en vue de leur incorporation. Les signaux connus comprennent les séquences Asn-Pro-X-Tyr, Tyr-X-X-Φ, et Leu-Leu (voir Table 17-2).
- La voie endocytaire livre certains ligands (e.g. particules de LDL) aux lysosomes où ils sont dégradés. La plupart des complexes récepteur-ligand se dissocient dans le milieu acide de l'endosome tardif ; les récepteurs sont recyclés à la membrane plasmique, tandis que les ligands sont adressés aux lysosomes (voir Figure 17-28).
- Le fer est importé dans les cellules par une voie endocytaire dans laquelle les ions Fe^{3+} sont libérés par la ferrotransferrine dans l'endosome tardif. Le complexe récepteur-apotransferrine est recyclé à la surface où, après dissociation, le récepteur et l'apotransferrine redeviennent disponibles.
- Des protéines membranaires endocytées destinées à la dégradation dans les lysosomes sont incorporées dans des vésicules qui bourgeonnent vers l'intérieur de l'endosome. Les endosomes multivésiculaires, qui contiennent beaucoup de ces vésicules, peuvent fusionner avec les lysosomes et leur livrer ainsi les vésicules (voir Figure 17-31).
- Une portion de cytoplasme ou un organite entier (e.g. un peroxysome) peut être enveloppé par une vésicule aplatie et incorporée finalement dans une vésicule autophagique à double membrane. La fusion de la membrane externe de la vésicule avec le lysosome livre le contenu enveloppé à l'intérieur du lysosome pour dégradation.
- Certains des composants cellulaires (e.g. les complexes ESCRT) qui assurent le bourgeonnement interne des membranes endosomiales sont utilisés dans le bourgeonnement et la séparation des virus enveloppés, comme le VIH, à partir de la membrane plasmique des cellules infectées (voir Figure 17-32).

17.6 Formation et fonction des vésicules synaptiques

Dans cette dernière section, nous décrivons la sécrétion régulée des **neurotransmetteurs**, qui servent de signaux pour de nombreuses cellules nerveuses. Ces petites molécules solubles dans l'eau (e.g. acétylcholine, dopamine) sont libérées dans les **synapses**, sites de communication entre un neurone émettant le signal et la cellule réceptrice. En général, les signaux sont transmis dans une seule direction : un axone terminal d'une *cellule présynaptique* libère des neurotransmetteurs qui diffusent à travers un espace extracellulaire étroit, la fente synaptique, et se lie aux récepteurs de la cellule postsynaptique (voir Figure 7-31). La membrane de celle-ci, qui peut être un autre neurone, une cellule musculaire ou glandulaire, est située à 50 nm environ de la membrane présynaptique.

Les neurotransmetteurs sont stockés dans les *vésicules synaptiques*, organites spécialisés de sécrétion régulée d'un diamètre de 40-50 nm. L'exocytose de ces vésicules et la libération des neurotransmetteurs est déclenchée par le **potentiel d'action**, une impulsion électrique qui se propage le long de l'axone de la cellule présynaptique jusqu'à sa terminaison où elle ouvre les canaux calciques voltaïques. À la suite de l'augmentation locale du Ca^{2+} cytosolique, certaines vésicules synaptiques fusionnent avec la membrane plasmique et libèrent leur contenu dans la fente synaptique. Les modalités de la transmission du signal dans les synapses et les effets de la fixation du neurotransmetteur sur les cellules postsynaptiques sont décrits dans le Chapitre 7. Ici, nous étudions la sécrétion régulée des neurotransmetteurs et la formation des vésicules synaptiques dans le cadre des principes de base du trafic vésiculaire, thème du présent chapitre.

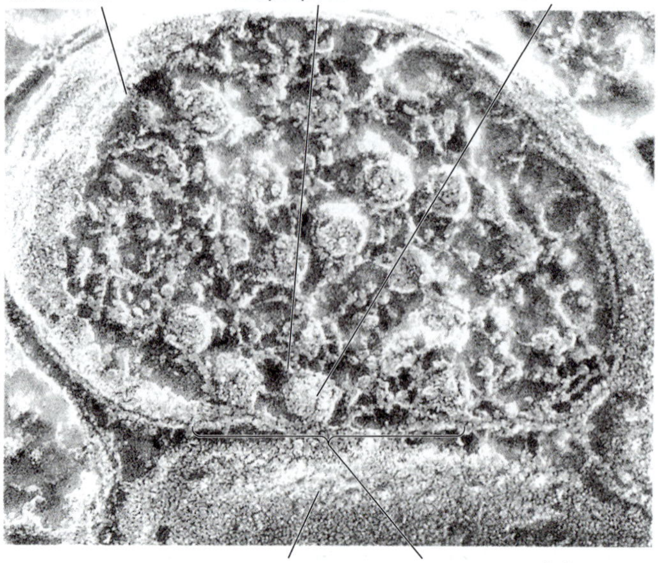

FIGURE EXPÉRIMENTALE 17-35 Des protéines fibreuses contribuent à la localisation des vésicules synaptiques dans la zone active des terminaisons des axones. Dans cette micrographie d'une terminaison d'axone obtenue par la technique de cryofracture et cryodécapage, on voit des fibres de synapsine interconnecter les vésicules et en connecter certaines à la zone active de la membrane plasmique. Les vésicules arrimées sont prêtes à être exocytées. Celles qui se trouvent au centre de la terminaison se remplissent de neurotransmetteur. [De D. M. D. Landis *et al.*, 1988, *Neuron* **1** :201.].

Les vésicules synaptiques chargées de neurotransmetteur sont localisées près de la membrane plasmique

L'exocytose de neurotransmetteurs par les vésicules synaptiques implique l'adressage et la fusion comme dans le processus qui conduit à la libération des protéines de sécrétion. Cependant, plusieurs caractéristiques permettent la libération très rapide des neurotransmetteurs en réponse à l'arrivée du potentiel d'action dans la terminaison de l'axone présynaptique. Par exemple, dans des neurones au repos certaines vésicules synaptiques remplies de neurotransmetteur sont arrimées à la membrane plasmique ; d'autres sont tenues en réserve dans la *zone active* près de la membrane plasmique à hauteur de la fente synaptique. De plus, la membrane des vésicules synaptiques contient une protéine spécialisée liant le Ca^{2+} ; sensible à l'augmentation du Ca^{2+} cytosolique, due à l'arrivée du potentiel d'action, elle déclenche la fusion rapide des vésicules arrimées à la membrane présynaptique.

Une disposition particulière des fibres du cytosquelette dans la terminaison de l'axone favorise la localisation des vésicules synaptiques dans la zone active (Figure 17-35), où elles sont reliées entre elles par la *synapsine*, une phosphoprotéine fibreuse attachée à la surface cytosolique de la membrane de toutes les vésicules synaptiques. Celles-ci sont également connectées par des filaments de synapsine à la membrane plasmique, ce qui sert probablement à les rassembler près de la membrane plasmique, là où celle-ci fait face à la synapse. Des souris déficientes (*knockout*) en synapsine peuvent survivre, mais sont épileptiques ; chez ces animaux, la stimulation répétée de nombreux neurones n'entraîne la fusion à la membrane plasmique que d'un petit nombre de vésicules. C'est pourquoi, on pense que les synapsines ont comme mission de recruter les vésicules synaptiques dans la zone active.

Rab3A, une protéine liant le GTP et localisée dans la membrane des vésicules synaptiques, est également nécessaire pour l'adressage des vésicules remplies de neurotransmetteur dans la zone active des cellules présynaptiques, en face de la fente synaptique. Chez les souris déficientes en Rab3A, comme chez celles qui sont dépourvues de synapsine, le nombre de vésicules synaptiques qui fusionnent avec la membrane plasmique après stimulation répétée est réduit. La séquence et la fonction de Rab3A, spécifique des neurones, ressemblent à celles des autres protéines Rab qui participent à l'arrimage des vésicules aux membranes cibles particulières de la voie sécrétoire.

Une protéine liant le calcium régule la fusion des vésicules synaptiques avec la membrane plasmique

La fusion des vésicules synaptiques avec la membrane plasmique des terminaisons axonales dépend des mêmes protéines que celles qui assurent la fusion membranaire des autres vésicules de sécrétion régulée. La protéine v-SNARE principale des vésicules synaptiques (VAMP) s'attache fermement à la syntaxine et aux protéines SNAP-25, t-SNARE principales de la membrane plasmique des terminaisons axonales, pour former les complexes SNARE à quatre hélices. Après fusion, les protéines SNAP et NSF dans la terminaison axonale détachent VAMP des t-SNARE, comme au cours de la fusion des vésicules sécrétoires décrite précédemment (voir Figure 17-11).

MÉDECINE Le rôle de VAMP dans l'exocytose des neurotransmetteurs est mis en évidence par le mode d'action de la toxine botulique, une protéine bactérienne responsable de la paralysie et de la mort des patients atteints de *botulisme*, un empoisonnement alimentaire. La toxine est composée de deux polypeptides : l'un se fixe aux motoneurones qui sécrètent l'acétylcholine dans les synapses musculaires, facilitant l'entrée de l'autre polypeptide, une protéase, dans le cytosol de la terminaison axonale. La seule protéine que cette protéase peut cliver est VAMP. Dès l'entrée de la protéase botulique dans l'axone, les vésicules synaptiques qui ne sont pas encore arrimées perdent rapidement leur capacité de fusionner avec la membrane plasmique parce que le clivage de VAMP prévient l'assemblage des complexes SNARE. Le blocage de la libération de l'acétylcholine dans les synapses neuromusculaires cause la paralysie. Cependant, les vésicules qui sont déjà arrimées résistent remarquablement bien à la toxine, ce qui indique que les complexes SNARE sont déjà partiellement assemblés dans un état résistant à la protéase lorsque les vésicules sont arrimées à la membrane présynaptique. ▮

Le signal qui déclenche l'exocytose des vésicules synaptiques est une augmentation du Ca^{2+} cytosolique près des vésicules ; l'arrivée d'un potentiel d'action fait passer la concentration de <0,1 µM, caractéristique des cellules au repos, à 1-100 µM. La vitesse avec laquelle les vésicules synaptiques fusionnent avec la membrane présynaptique après l'augmentation du Ca^{2+} cytosolique (<1 msec) indique que le système de fusion est déjà assemblé à l'état de repos et peut rapidement changer de conformation aboutissant à l'exocytose du neurotransmetteur. Une protéine liant le Ca^{2+}, la *synaptotagmine*, localisée dans la membrane des vésicules synaptiques, serait un composant clé du système de fusion vésiculaire qui déclenche l'exocytose en réponse au Ca^{2+} (Figure 17-36).

Plusieurs observations plaident en faveur du rôle de senseur calcique joué par la synaptotagmine en vue de l'exocytose des neurotransmetteurs. Par exemple, des embryons mutants de la drosophile et de *C. elegans* dépourvus de synaptotagmine ne peuvent éclore et leurs muscles se contractent peu et de manière non coordonnée. Lorsque les mutations n'entraînent qu'une déficience fonctionnelle partielle, les larves survivent, mais dans les neurones, l'exocytose dépendante du Ca^{2+} n'a pas lieu. De plus, chez les souris, des mutations de la synaptotagmine qui diminuent son affinité pour le Ca^{2+} causent une augmentation dans la quantité de Ca^{2+} cytosolique nécessaire au déclenchement d'une exocytose rapide.

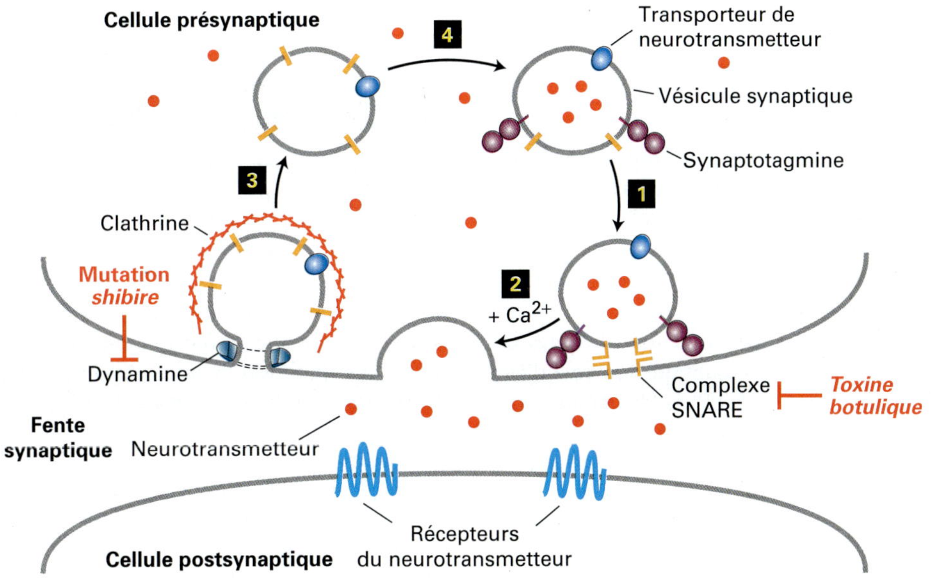

FIGURE 17-36 Libération des neurotransmetteurs et recyclage des vésicules synaptiques. Étape **1** : Les vésicules synaptiques chargées de neurotransmetteur (cercles rouges) migrent vers la zone active et s'arriment alors à des sites déterminés de la membrane plasmique d'une cellule présynaptique. La synaptotagmine empêche la fusion avec la membrane et la libération du neurotransmetteur. La toxine botulique prévient l'exocytose par clivage de VAMP, la protéine v-SNARE des vésicules. Étape **2** : En réponse à une impulsion nerveuse (potentiel d'action), les canaux calciques voltaïques de la membrane s'ouvrent, permettant l'afflux du Ca^{2+} extracellulaire. Le changement de conformation de la synaptotagmine induit par le Ca^{2+} entraîne la fusion des vésicules à la membrane plasmique et la libération des neurotransmetteurs dans la fente synaptique. Étape **3** : Les vésicules clathrine/AP contenant v-SNARE et des protéines transporteuses de neurotransmetteur bourgeonnent vers l'intérieur, puis se détachent par le processus dépendant de la dynamine et finalement perdent leur manteau. Des mutations de la dynamine comme *shibire* chez la drosophile bloque la formation de nouvelles vésicules synaptiques, ce qui entraîne la paralysie. Étape **4** : Les vésicules sans manteau se chargent en neurotransmetteur venant du cytosol et complètent le cycle en générant de nouvelles vésicules synaptiques. La plupart de celles-ci sont formées comme on vient de le décrire. Cependant, des vésicules endocytaires peuvent également se former à partir de la membrane de l'axone et fusionner avec un endosome, à partir duquel peuvent se former des « nouvelles » vésicules synaptiques. [Voir K. Takei *et al.*, 1996, *J. Cell. Biol.* **133** :1237 ;V. Murthy & C. Stevens, 1998, *Nature* **392** :497 ; et R. Jahn *et al.*, 2003, *Cell* **112** :519.].

Plusieurs hypothèses expliquant comment la synaptotagmine induit l'exocytose du neurotransmetteur ont été proposées, mais le mécanisme précis est encore inconnu. On sait que la synaptotagmine se lie aux phospholipides et qu'après avoir subi un changement de conformation induit par le Ca^{2+}, elle peut faciliter l'association des phospholipides des vésicules et de la membrane plasmique. La synaptotagmine se lie aussi aux protéines SNARE et pourrait catalyser une phase tardive de l'assemblage des complexes SNARE quand elle contient du Ca^{2+}. Finalement, la synaptotagmine pourrait aussi éviter que ne survienne une exocytose intempestive dans une cellule au repos. Aux taux calciques bas des cellules nerveuses au repos, la synaptotagmine est apparemment liée à un complexe de protéines de la membrane plasmique, la neurexine et la syntaxine. La présence de la synaptotagmine empêche que d'autres protéines nécessaires à la fusion se lient au complexe neurexine-syntaxine, prévenant ainsi la fusion vésiculaire. Lorsque la synaptotagmine lie le Ca^{2+}, elle est dissociée du complexe et permet aux autres protéines de se lier, et aux vésicules de s'arrimer et de fusionner. Ainsi, la synaptotagmine pourrait jouer le rôle d'un « clamp » qui évite que la fusion ne survienne en absence du signal calcique.

Des mouches mutantes déficientes en dynamine ne peuvent recycler les vésicules synaptiques

Les vésicules synaptiques sont formées d'abord par bourgeonnement endocytaire à partir de la membrane plasmique des terminaisons axonales. L'endocytose, qui passe habituellement par les puits couverts de clathrine, a un caractère spécifique lié à l'intervention de plusieurs protéines membranaires propres aux vésicules synaptiques (e.g. les transporteurs de neurotransmetteurs) et qui sont incorporées spécifiquement dans les vésicules d'endocytose. De cette manière, les protéines membranaires des vésicules synaptiques peuvent être réutilisées et les vésicules recyclées remplies à nouveau de neurotransmetteur (voir 17-36).

Comme dans la formation des autres vésicules couvertes de clathrine/AP, la libération des vésicules synaptiques en voie d'endocytose requiert la protéine liant le GTP, la dynamine (voir Figure 17-20). Chez la drosophile, on a décrit un mutant sensible à la chaleur et appelé *shibire* (*shi*). Cette mutation affectant le gène de la dynamine a fourni la première indication sur le rôle de cette protéine dans l'endocytose. À la température permissive de 20°C, les mouches mutantes sont normales, à la température non permissive de 30°C, elles sont paralysées (*shibire* veut dire paralysé en japonais), car dans les neurones et d'autres cellules, les puits couverts de clathrine ne peuvent se fermer ni se détacher. Les micrographies électroniques des neurones *shi* à 30°C montrent de nombreux puits couverts de clathrine avec de longs cols, mais peu de vésicules couvertes de clathrine. L'apparence des terminaisons nerveuses dans les mutants *shi* à température non permissive est semblable à celle des terminaisons de neurones normaux incubés avec l'analogue non hydrolysable du GTP (voir Figure 17-21). Chez les mouches mutantes *shi* exposées à une température non permissive, les nouvelles vésicules synaptiques étant incapables de se détacher, les neurones finissent par être dépourvus de vésicules synaptiques, ce qui bloque la signalisation synaptique et provoque la paralysie.

CONCEPTS CLÉS DE LA SECTION 17.6

Formation et fonction des vésicules synaptiques

- La transmission des impulsions nerveuses aux synapses chimiques dépend de l'exocytose de vésicules synaptiques remplies de neurotransmetteur et de la régénération de vésicules vides par endocytose.
- Le recrutement efficace de vésicules à la membrane présynaptique faisant face à la fente synaptique requiert des protéines cytosoliques, comme la synapsine et Rab3a, une protéine liant le GTP qui est attachée à la membrane vésiculaire.
- Dans les neurones au repos, la synaptotagmine dans la membrane des vésicules synaptiques prévient leur fusion avec la membrane. Lorsqu'elle lie le Ca^{2+} qui provient de l'afflux déclenché par l'arrivée d'un potentiel d'action dans la terminaison de l'axone, elle change de conformation et permet ainsi à la la vésicule de fusionner (voir Figure 17-36).
- Des vésicules synaptiques sont régénérées rapidement par bourgeonnement endocytaire de vésicules couvertes de clathrine à partir de la membrane plasmique, un processus dépendant de la dynamine. Après élimination du manteau, les vésicules se remplissent de neurotransmetteur et migrent vers la zone active pour un autre cycle d'arrimage et de fusion.

PERSPECTIVES POUR LE FUTUR

Comme le montrent les données biochimiques, génétiques et structurales reprises dans ce chapitre, on commence à comprendre les mécanismes à la base du trafic des protéines d'un compartiment membranaire à l'autre, et cela en grande partie grâce à des expériences portant sur la fonction des divers types de vésicules de transport. On a ainsi identifié de nombreux composants vésiculaires et compris leur contribution au bourgeonnement vésiculaire, à l'incorporation de la cargaison protéique adéquate à partir des organites destinateurs et à la fusion des vésicules avec la membrane des organites cibles.

Malgré ces progrès, il reste des phases de la sécrétion et de l'endocytose qui restent inexpliquées. Par exemple, nous ignorons quels types de protéines forment les manteaux des vésicules sécrétoires, constitutives ou régulées, qui bourgeonnent du réseau *trans*-golgien. On ne sait même pas si l'assemblage d'un manteau dans le cytosol conditionne le bourgeonnement. De plus, il reste à identifier les éventuels signaux qui permettent aux protéines d'être adressées sélectivement aux vésicules de sécrétion. Un autre processus déconcertant est la formation de vésicules qui bourgeonnent à partir du cytosol vers l'intérieur de l'organite, comme cela se passe pour les endosomes multivésiculaires. Bien que certaines des protéines qui participent à la formation de ces vésicules endosomiales « internes » soient connues, nous ignorons encore ce qui déclenche leur formation ou comment elles se libèrent de la membrane. La combinaison des méthodes biochimiques et génétiques qui ont révélé les parties fonctionnelles des vésicules COPI, COPII et clathrine/AP permettra probablement de compléter nos connaissances à propos des phases encore mal connues des divers trafics vésiculaires.

Il persiste des questions à propos même des étapes de transport les mieux caractérisées, comme le trafic vésiculaire entre le RE et le *cis*-Golgi, entre les citernes du Golgi et entre le *trans*-Golgi et l'endosome. En particulier, notre compréhension du mécanisme par lequel les protéines sont adressées d'un organite à l'autre reste incomplète en grande partie à cause du comportement très dynamique de tous les organites participant à la voie sécrétoire. Bien que nous connaissions en détail comment les composants d'une vésicule particulière fonctionnent, nous ne pouvons expliquer pourquoi leur fonction est restreinte à des stades spécifiques dans le flux général du transport antérograde ou rétrograde. Par exemple, nous ignorons pourquoi les vésicules COPII fusionnent l'une avec l'autre pour former une nouvelle citerne du *cis*-Golgi, tandis que les vésicules COPI fusionnent avec la membrane du RE ; or les deux types de vésicules paraissent contenir des assortiments semblables de protéines v-SNARE. De même, des vésicules COPI et des vésicules clathrine/AP bourgeonnent de la membrane du Golgi. Dans les deux cas, la liaison de la protéine ARF à la membrane du Golgi paraît induire le bourgeonnement vésiculaire. La membrane doit donc avoir des propriétés particulières permettant cette distinction, mais celles-ci restent inconnues. Pour résoudre ces problèmes, il faudrait avoir une vue plus intégrée du trafic vésiculaire dans l'ensemble de la voie sécrétoire. De récents progrès dans la visualisation du transport vésiculaire de la cargaison protéique dans des cellules vivantes suscitent l'espoir que certains de ces aspects plus subtils de la fonction vésiculaire seront bientôt clarifiés.

MOTS CLÉS

Autophagie *733*
Clathrine *708*
Complexes AP (protéines adaptatrices) *720*
Complexes ESCRT *733*
COPI *708*
COPII *708*
Dynamine *721*
Endocytose dépendante de récepteur *728*
Endosome tardif *702*
Endosomes multivésiculaires *733*
Mannose 6-phosphate (M6P) *723*
Mutants *sec 706*
Progression cisternale *715*
Protéine ARF *709*
Protéines Rab *711*
Réseau du *trans*-Golgi (TGN) *701*
Sécrétion constitutive *724*
Sécrétion régulée *724*
Signaux d'adressage *711*
Synaptotagmine *737*
Transcytose *727*
Transport antérograde *715*
Transport rétrograde *715*
t-SNARE *708*
Vésicules de transport *701*
Voie sécrétoire *701*
v-SNARE *708*

RÉVISIONS

1. Palade et collaborateurs ont précisé par autoradiographie la localisation cellulaire de protéines rendues radioactives par incorporation d'acides aminés radioactifs auxquels les cellules furent exposées brièvement (*pulse-chase*). C'est là un exemple classique de choix adéquat d'une approche expérimentale. En effet, ces expériences furent effectuées avec des cellules acineuses du pancréas. Supposons qu'elles l'aient été avec des cellules HeLa, qui appartiennent à une lignée cellulaire humaine dérivée d'un carcinome du col utérin. Dans ce cas, le même protocole expérimental visant au dépistage de la voie sécrétoire aboutit à un échec. Mais alors, quel aspect prendront les autoradiographies de cellules HeLa soumises à la même expérience de *pulse-chase* ?
2. *Sec18* est un gène de levure qui code NSF. Il s'agit d'un mutant de classe C dans la voie sécrétoire de la levure. Quel est le rôle du NSF dans le trafic membranaire ? Sachant qu'il s'agit d'un phénotype de classe C, expliquez pourquoi une mutation de NSF entraîne une accumulation de vésicules à ce qui paraît être un seul stade de la voie sécrétoire ?
3. Le bourgeonnement vésiculaire dépend des protéines du manteau. Comment ces protéines exercent-elles cette fonction ? Comment sont-elles recrutées à la membrane ? Quelles sortes de molécules ont-elles le plus de chance d'être incluses ou exclues des vésicules nouvellement formées ? Quelle est la protéine que l'on suspecte être à la base de la fermeture et de la libération de la vésicule ?
4. Le traitement des cellules avec la bréfeldine A (BFA) a comme effet de retirer le manteau des membranes de l'appareil de Golgi, avec comme conséquence que la vaste majorité des protéines du Golgi s'accumulent dans le RE. Que pouvez-vous conclure de cette observation quant aux rôles des protéines du manteau autres que leur intervention dans la formation de la vésicule ? Quel est le type de mutation dans Arf1 qui pourrait avoir le même effet que le traitement des cellules par la BFA ?
5. Un anticorps dirigé contre la région « charnière » exposée de COPIβ, appelée EAGE, lorsqu'il est injecté dans des cellules HeLa bloque la fonction de COPIβ. Quelles sont les conséquences possibles de ce blocage fonctionnel sur le transport antérograde du RE vers la membrane plasmique ? Proposez une expérience qui permettra de savoir si l'effet de la micro-injection de l'anti-EAGE s'exerce d'abord sur la phase antérograde ou rétrograde du transport.
6. La spécificité de la fusion entre deux vésicules implique deux processus distincts et séquentiels. Décrivez le premier de ces deux processus et sa régulation par des protéines commutatrices GTPasiques. Quel effet sur la taille des endosomes précoces pourrait résulter de la surexpression d'une forme mutante de Rab5 qui reste bloquée sous forme liée au GTP ?
7. Deux processus différents de fusion membranaire sont décrits dans ce chapitre, l'un dépendant de SNARE et l'autre assuré par l'HA virale. Comparez les deux en prêtant une attention particulière à ce qu'est l'effet direct des séquences polypepti-

diques sur la fusion membranaire et à ce qui contrôle la spécificité de la fusion membranaire dans chacun de ces exemples.

8. Les signaux d'adressage responsables du transport rétrograde d'une protéine dans la voie sécrétoire sont parfois appelés séquences de récupération. Donnez les deux exemples connus de séquences de récupération pour les protéines solubles et membranaires du RE. Comment la séquence de récupération d'une protéine soluble du RE conduit-elle à sa récupération à partir du complexe du *cis*-Golgi ? Décrivez comment le concept de séquence de récupération est essentiel pour le modèle de progression cisternale.

9. Les complexes de protéines adaptatrices (AP) se lient directement au côté cytosolique des protéines de membrane et interagissent avec la clathrine. Quels sont les quatre complexes de protéines adaptatrices connus ? Pourquoi la clathrine peut-elle être considérée comme une protéine accessoire du manteau dont la couche interne est constituée par les protéines adaptatrices ?

10. La mucolipidose de type II (*I-cell disease*) est un exemple classique de déficience héréditaire dans l'adressage protéique qui touche une classe entière de protéines, les enzymes solubles des lysosomes. Quelle est la déficience moléculaire dans cette maladie humaine ? Pourquoi affecte-t-elle l'adressage d'une classe entière de protéines ? Quels sont les autres types de mutations qui pourraient produire le même phénotype ?

11. Le réseau *trans*-golgien (TGN) est le site de plusieurs processus d'adressage à la sortie du complexe de Golgi. Comparez le mode d'adressage des protéines vers les lysosomes avec le chargement des protéines dans les granules de sécrétion régulée comme ceux qui contiennent l'insuline. Comparez l'adressage des protéines vers la surface cellulaire soit basolatérale soit apicale dans les cellules MDCK et dans les hépatocytes.

12. La fixation de molécules d'anticorps à la surface d'une bactérie favorise fortement sa phagocytose par les macrophages. Sur base de la structure d'un anticorps, à quelle portion de la molécule d'immunoglobuline pouvez-vous prévoir que le récepteur du macrophage va se lier ? Planifiez une expérience qui testera votre proposition.

13. Décrivez comment le pH joue un rôle clé dans la régulation de l'interaction entre le mannose 6-phosphate et son récepteur. Pourquoi une augmentation du pH endosomial conduit-elle à la sécrétion d'enzymes lysosomiales nouvellement synthétisées dans le milieu extracellulaire ?

14. Quels sont les points communs entre les mécanismes (a) de formation des endosomes multivésiculaires par bourgeonnement interne et (b) de bourgeonnement externe du virus VIH à la surface cellulaire ? Vous souhaitez planifier la synthèse d'un peptide qui inhiberait par compétition le bourgeonnement du VIH et vous décidez d'imiter une portion de la protéine Gag du VIH. Quelle portion de cette protéine constituerait un choix logique ? Quel processus cellulaire normal pourrait être bloqué par cet inhibiteur ?

15. L'exocytose de vésicules synaptiques remplies de neurotransmetteurs est un exemple d'exocytose régulée. Comment l'exocytose des vésicules synaptiques est-elle liée à l'afflux de Ca^{2+} déclenché par l'arrivée d'un potentiel d'action dans la terminaison de l'axone ? Pourquoi des neurones normaux de drosophile incubés en présence d'un analogue non hydrolysable du GTP ont-ils la même apparence que les terminaisons nerveuses des mutants *shi* ?

ANALYSEZ LES RÉSULTATS SUIVANTS

Diverses toxines protéiques, soit d'origine bactérienne comme celle de *Pseudomonas* et celle de *Shiga* soit d'origine végétale comme la ricine, sont des hétéromères faits de sous-unités A et B. La sous-unité A est catalytique. Pour la toxine de *Shiga*, cause d'empoisonnement lié à l'ingestion d'hamburgers contaminés, la sous-unité A est une *N*-glycosidase qui clive de manière spécifique l'ARN ribosomial 28S, inhibant ainsi la synthèse protéique des cellules. De manière surprenante, une seule molécule de sous-unité A introduite dans le cytosol suffit pour tuer une cellule. La sous-unité en question est transférée dans le cytosol à partir de la lumière du RE par le translocon Sec61. La sous-unité B adresse la toxine au RE par liaison au glycolipide GM3 de la surface cellulaire, qui agit comme récepteur d'internalisation de la toxine. Celle-ci est incorporée dans des endosomes, puis transférée dans le complexe de Golgi d'où elle passe dans le RE où les deux sous-unités se dissocient, permettant ainsi la translocation de la sous-unité A dans le cytosol.

Dans une série d'expériences planifiées pour caractériser les mécanismes de transfert des toxines de *Pseudomonas* et de *Shiga* du complexe de Golgi dans le RE, on a d'abord séquencé les sous-unités impliquées dans l'adressage respectif des deux toxines. Les 24 acides aminés C-terminaux des toxines de *Pseudomonas* et de *Shiga* sont reprises ci-dessous :

Les 24 acides aminés C-terminaux de la sous-unité B de la toxine de *Pseudomonas*

KEQAISALPD YASQPGKPPR KDEL

Les 24 acides aminés C-terminaux de la sous-unité B de la toxine de *Shiga*

TGMTVTIKTN ACHNGGGFSE VIFR

Sur base de ces séquences, quel est le récepteur d'adressage qui paraît intervenir dans le transfert des toxines de *Pseudomonas* au RE à partir de l'appareil de Golgi ?

Pour le savoir, on a étudié le rôle des protéines du manteau de COPI et des récepteurs de KDEL dans l'intoxication. Des anticorps dirigés contre des protéines du manteau de COPI ou contre le domaine cytosolique des récepteurs de KDEL ont été injectés dans des cellules de singes. Celles-ci furent alors incubées avec une toxine de *Pseudomonas* ou de *Shiga* pendant 4 h. La synthèse protéique fut alors suivie par incorporation de méthionine marquée au ^{35}S et à laquelle les cellules étaient exposées durant 30 minutes (*pulse chase*). Les résultats repris dans la Figure montrent le taux bas de la synthèse protéique dû à la toxine de *Pseudomonas* ou de *Shiga* en absence d'anticorps.

Comment ces résultats appuient-ils l'explication basée sur les séquences et le rôle connu des protéines du manteau de COPI dans le transport rétrograde ? Pouvez-vous formuler une hypo-

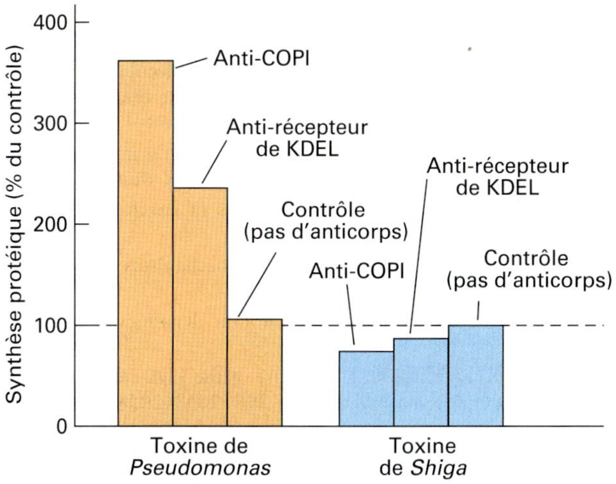

Effet de l'injection d'anticorps dans des cellules exposées à la toxine de *Pseudomonas* ou de *Shiga*.

thèse quant au mécanisme par lequel la toxine de *Shiga* est transportée du Golgi dans le RE ?

Afin d'explorer plus avant si le transfert de la toxine de *Shiga* du Golgi dans le RE dépend des protéines du manteau de COPI, on a préparé deux sous-unités B de la toxine de *Shiga* conjuguées à des fluorochromes différents et l'on a suivi ainsi au microscope à fluorescence le transport des sous-unités B du complexe de Golgi dans le RE. La première préparation était une sous-unité B de type sauvage conjuguée à Cy3. La seconde préparation était une sous-unité B conjuguée à Cy3 dans laquelle l'extrémité C-terminale était allongée par les quatre acides aminés KDEL (B-KDEL). Des anticorps dirigés contre les protéines du manteau de COPI furent injectés dans les cellules. Après la micro-injection, on a incubé les cellules avec la sous-unité B fluorescente durant des périodes variables et l'on a suivi sa distribution. Les résultats sont montrés dans la Figure ci-dessous.

Quelle indication ces résultats fournissent-ils pour ou contre le transport de la sous-unité B de la toxine de *Shiga* de type sauvage à partir du complexe de Golgi vers le RE dans les vésicules couvertes de COPI ? Quelle est l'importance des résultats obtenus avec B-KDEL dans l'interprétation de l'ensemble de ces résultats ?

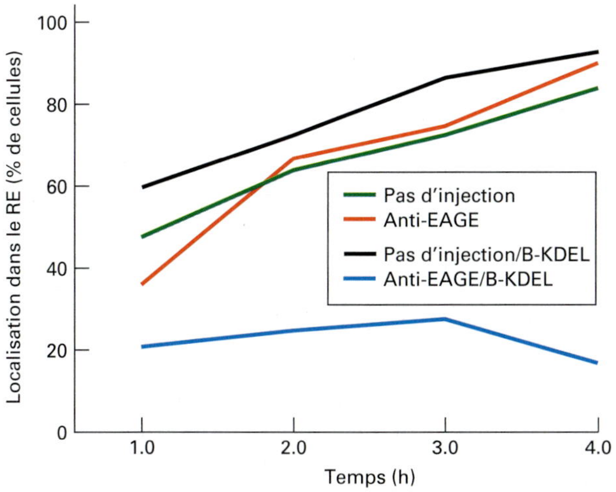

Effet de l'injection d'anticorps dirigés contre les protéines de COPI sur le transport de la sous-unité B de la toxine de *Shiga* de type sauvage ou de la toxine de *Shiga* B-KDEL à partir du complexe de Golgi vers le RE.

RÉFÉRENCES

Techniques d'étude de la voie sécrétoire

Beckers, C. J. *et al.*, (1987), Semi-intact cells permeable to macromolecules : use in reconstitution of protein transport from the endoplasmic reticulum to the Golgi complex, *Cell* **50** :523–534.

Kaiser, C. A. et Schekman, R., (1990), Distinct sets of SEC genes govern transport vesicle formation and fusion early in the secretory pathway, *Cell* **61** :723–733.

Novick, P. *et al.*, (1981), Order of events in the yeast secretory pathway, *Cell* **25** :461–469.

Lippincott-Schwartz J. *et al.*, (2001), Studying protein dynamics in living cells, *Nature Rev. Mol. Cell Biol.* **2** :444–456.

Orci, L. *et al.*, (1989), Dissection of a single round of vesicular transport : sequential intermediates for intercisternal movement in the Golgi stack, *Cell* **56** :357–368.

Palade, G., (1975), Intracellular aspects of the process of protein synthesis, *Science* **189** :347–358.

Mécanismes moléculaires du trafic vésiculaire

Jahn, R. *et al.*, (2003), Membrane fusion, *Cell* 112 :519–533.

Kirchhausen, T., (2000), Three ways to make a vesicle, *Nature Rev. Mol. Cell Biol.* **1** :187–198.

McNew, J. A. *et al.*, (2000), Compartmental specificity of cellular membrane fusion encoded in SNARE proteins, *Nature* **407** :153–159.

Ostermann, J. *et al.*, (1993), Stepwise assembly of functionally active transport vesicles, *Cell* **75** :1015–1025.

Schimmöller, F. *et al.*, (1998), Rab GTPases, directors of vesicle docking, *J. Biol. Chem.* **273** :22161–22164.

Skehel, J. J. et Wiley, D. C., (2000), Receptor binding and membrane fusion in virus entry : the influenza hemagglutinin, *Ann. Rev. Biochem.* **69** :531–569.

Söllner, T. *et al.*, SNAP receptors implicated in vesicle targeting and fusion, *Nature* **362** :318–324.

Springer, S. *et al.*, (1999), A primer on vesicle budding, *Cell* **97** :145–148.

Zerial, M. et McBride, H., (2001), Rab proteins as membrane organizers, *Nature Rev. Mol. Cell Biol.* **2** :107–117.

Trafic vésiculaire au cours des stades précoces de la voie sécrétoire

Barlowe, C., (2002), COPII-dependent transport from the endoplasmic reticulum, *Curr. Opin. Cell Biol.* **14** :417–422.

Bi, X. *et al.*, (2002), Structure of the Sec23/24-Sar1 pre-budding complex of the COPII vesicle coat, *Nature* **419** :271–277.

Glick, B. S. et Malhotra, V., (1998), The curious status of the Golgi apparatus, *Cell* **95** :883–889.

Kuehn, M. J. et Schekman, R., (1997), COPII and secretory cargo capture into transport vesicles, *Curr. Opin. Cell Biol.* **9** :477–483.

Letourneur, F. *et al.*, (1994), Coatomer is essential for retrieval of dilysine-tagged proteins to the endoplasmic reticulum, *Cell* **79** :1199–1207.

Pelham, H. R., (1995), Sorting and retrieval between the endoplasmic reticulum and Golgi apparatus, *Curr. Opin. Cell Biol.* **7** :530–535.

Schekman, R. et Mellman, I., (1997), Does COPI go both ways ? *Cell* **90** :197–200.

Adressage et apprêtement des protéines au cours des stades tardifs de la voie sécrétoire

Bonifacino, J. S. et Dell'Angelica, E. C., (1999), Molecular bases for the recognition of tyrosine-based sorting signals, *J. Cell Biol.* **145** :923–926.

Ghosh, P. *et al.*, (2003), Mannose 6-phosphate receptors : new twists in the tale, *Nature Rev. Mol. Cell Bio.* **4** :202–213.

Hinshaw, J. E., (2000), Dynamin and its role in membrane fission, *Ann. Rev. Cell Dev. Biol.* **16** :483–519.

Kirchhausen, T., (2000), Clathrin, *Ann. Rev. Biochem.* **69** :699–727.

Mostov, K. E. *et al.*, (1995), Regulation of protein traffic in polarized epithelial cells : the polymeric immunoglobulin receptor model, *Cold Spring Harbor Symp. Quant. Biol.* **60** :775–781.

Robinson, M. S. et Bonifacino, J. S., (2001), Adaptor-related proteins, *Curr. Opin. Cell Biol.* **13** :444–453.

Schmid, S., (1997), Clathrin-coated vesicle formation and protein sorting : an integrated process, *Ann. Rev. Biochem.* **66** :511–548.

Simons, K. et Ikonen, E., (1997), Functional rafts in cell membranes, *Nature* **387** :569–572.

Steiner, D. F. *et al.*, (1996), The role of prohormone convertases in insulin biosynthesis : evidence for inherited defects in their action in man and experimental animals, *Diabetes Metab.* **22** :94–104.

Tooze, S. A. *et al.*, (2001), Secretory granule biogenesis : rafting to the SNARE, *Trends Cell Biol.* **11** :116–122.

Endocytose dépendant de récepteurs et adressage des protéines ingérées

Brown, M. S. et Goldstein, J. L., (1986), Receptor-mediated pathway for cholesterol homeostasis, Nobel Prize Lecture, *Science* **232** :34–47.

Katzmann, D. J. *et al.*, (2002), Receptor downregulation and multivesicular-body sorting, *Nature Rev. Mol. Cell Biol.* **3** :893–905.

Khalfan, W. A. et Klionsky, D. J., (2002), Molecular machinery required for autophagy and the cytoplasm to vacuole targeting (Cvt) pathway in S. cerevisiae, *Curr. Opin. Cell Biol.* **14** :468–475.

Lemmon, S. K. et Traub, L. M., (2000), Sorting in the endosomal system in yeast and animal cells, *Curr. Opin. Cell Biol.* **12** :457–466.

Pornillos, O. *et al.*, (2002), Mechanisms of enveloped RNA virus budding, *Trends Cell Biol.* **12** :569–579.

Riezman, H. *et al.*, (1997), Molecular mechanisms of endocytosis, *Cell* **91** :731–738.

Robinson, M. S. *et al.*, (1996), Membrane dynamics in endocytosis, *Cell* **84** :13–21.

Rudenko, G. *et al.*, (2002), Structure of the LDL receptor extracellular domain at endosomal pH, *Science* **298** :2353–2358.

Fonction et formation des vésicules synaptiques

Betz, W. et Angleson, J., (1998), The synaptic vesicle cycle, *Ann. Rev. Physiol.* **60** :347–364.

Chapman, E. R., (2002), Synaptotagmin : a Ca21 sensor that triggers exocytosis ? *Nature Rev. Mol. Cell Biol.* **3** :498–508.

De Camilli, P. *et al.*, (1995), The function of dynamin in endocytosis, *Curr. Opin. Neurobiol.* **5** :559–565.

Geppert, M. et Sudhof, T., (1998), Rab3 and synaptotagmin : the yin and yang of synaptic membrane fusion, *Ann. Rev. Neurosci.* **21** :75–96.

Neimann, H. *et al.*, (1994), Clostridial neurotoxins : new tools for dissecting exocytosis, *Trends Cell Biol.* **4** :179–185.

18

MÉTABOLISME ET MOUVEMENT DES LIPIDES

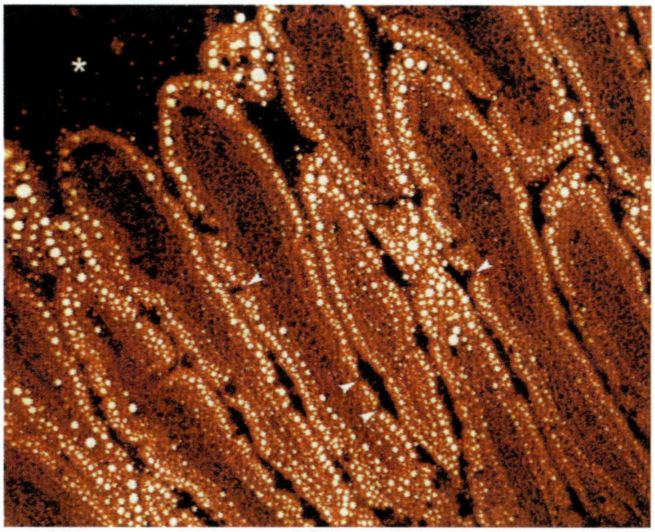

Micrographie à fluorescence de l'épithélium intestinal de hamster après que les cellules ont ingéré à partir de la lumière un analogue du cholestérol (fluorestérol, dissous dans l'huile de maïs) sous forme de gouttelettes lipidiques. [C. P. Sparrow *et al.*, 1999, *J. Lipid Res.* **40** :1747-1757.]

Dans ce chapitre, nous allons voir comment la cellule relève les défis posés par le métabolisme et le transport des **lipides**, qui sont peu solubles dans le milieu aqueux de la cellule et les fluides extracellulaires. La cellule utilise les lipides pour stocker de l'énergie, construire des membranes, adresser des signaux à l'intérieur et entre cellules, tester l'environnement, modifier des protéines par des liaisons covalentes, former des barrières spécialisées (e.g. dans la peau) et protéger les cellules vis-à-vis d'agents chimiques hautement réactifs. Les **acides gras**, qui sont oxydés dans les mitochondries afin de libérer de l'énergie pour les fonctions cellulaires (Chapitre 8), sont stockés et transportés surtout sous forme de **triglycérides**. Les acides gras sont aussi des précurseurs des **phospholipides**, le constituant principal des membranes cellulaires (Chapitre 5). Le **cholestérol**, un autre composant important des membranes, est le précurseur des hormones stéroïdes et d'autres lipides dotés d'activité biologique et intervenant dans la signalisation intercellulaire. Les vitamines liposolubles dérivent aussi de précurseurs impliqués dans la biosynthèse du cholestérol. Elles exercent diverses fonctions : la vitamine A sous forme de rétinal dans la rhodopsine est sensible à la lumière ; la forme active de la vitamine D contrôle le métabolisme calcique ; la vitamine E protège les cellules contre les lésions oxydatives ; la vitamine K agit comme cofacteur dans la coagulation sanguine.

À l'exception de quelques cellules spécialisées qui stockent de grandes quantités de lipides, la grande majorité des lipides cellulaires entrent dans la composition des membranes. Dès lors, nous étudierons surtout la biosynthèse et le mouvement des principaux lipides membranaires et de leurs précurseurs (Figure 18-1). Au cours de la biosynthèse lipidique, des précurseurs solubles dans l'eau sont assemblés et forment des intermédiaires associés aux membranes, qui sont alors convertis en produits lipidiques membranaires. Le mouvement des lipides, spécialement des composants membranaires, entre différents organites est critique pour le maintien de la composition et des propriétés des membranes ainsi que de la structure générale de la cellule, mais notre compréhension de ce transport lipidique intracellulaire est encore rudimentaire. Par contre, le processus de transport lipidique intra-, extra- et intercellulaire est beaucoup mieux connu. Nous décrirons en détail ces mouvements lipidiques assurés par et des récepteurs et diverses protéines de transport de la surface cellulaire.

Nous conclurons ce chapitre en examinant les relations entre le métabolisme du cholestérol cellulaire et l'athérosclérose à la base des maladies cardiovasculaires (attaque cardiaque, apoplexie), première cause de décès dans les sociétés industrialisées

SECTIONS

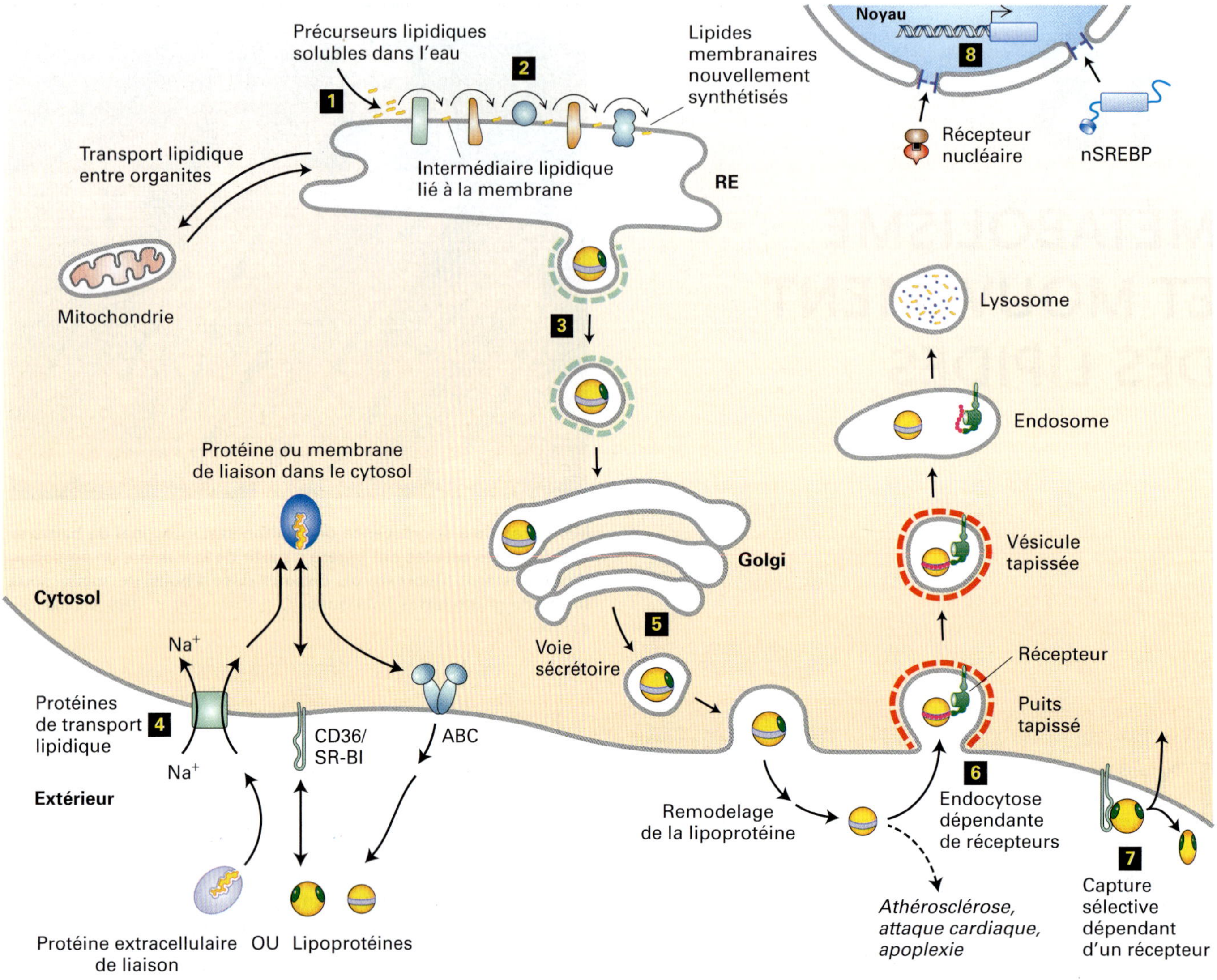

FIGURE 18-1 Vue générale de la synthèse des principaux lipides de membranes et de leur mouvement dans et en dehors de la cellule. Les lipides de membranes (e.g. phospholipides, cholestérol) sont synthétisés par des processus enzymatiques complexes. Ceux-ci commencent dans le cytosol avec des groupes d'enzymes solubles dans l'eau et des intermédiaires (**1**) qui sont convertis par des enzymes associées aux membranes en produits insolubles dans l'eau et enfouis dans la membrane (**2**), habituellement à l'interface entre le feuillet cytosolique du réticulum endoplasmique (RE) et le cytosol. Les lipides de membranes peuvent migrer du RE vers d'autres organites (**3**), comme l'appareil de Golgi ou les mitochondries, soit par l'intermédiaire de vésicules ou par d'autres mécanismes encore mal compris. Les lipides peuvent migrer dans ou en dehors de la cellule par des protéines de transport de la membrane plasmique ou par des lipoprotéines. Des protéines de transport semblables à celles qui sont décrites dans le Chapitre 7 transfèrent les lipides (**4**) ; elles comprennent les symporteurs dépendant du sodium qui assurent l'importation ; des protéines de la superfamille de CD36 et SR-BI, qui peuvent assurer un transport unidirectionnel ou bidirectionnel ; les protéines de la superfamille des ABC qui assurent soit l'exportation cellulaire, soit la bascule des lipides du feuillet cytosolique dans le feuillet exoplasmique de la membrane, soit les deux. Puisque les lipides sont insolubles dans l'eau, les protéines de transport transfèrent les lipides à partir et vers des protéines porteuses, des lipoprotéines, des membranes ou d'autres complexes liant des lipides dans l'espace extracellulaire et le cytosol. Les lipoprotéines assemblées dans le RE contiennent dans leur intérieur hydrophobe une grande quantité de lipides. Leur sécrétion passe par la voie sécrétoire classique du Golgi (**5**), et leurs lipides sont importés par (**6**) endocytose dépendant de récepteurs ou (**7**) par capture sélective assurée par des récepteurs. Le métabolisme lipidique cellulaire est régulé (**8**) par des récepteurs nucléaires jouant le rôle de facteurs de transcription qui lient directement les lipides et par des protéines nucléaires de type SREBP (*sterol regulatory element-binding proteins*) générées par protéolyse d'une protéine membranaire intrinsèque du Golgi.

occidentales. Nous présenterons les théories actuelles expliquant pourquoi des artères de grand calibre peuvent se boucher et comment les cellules reconnaissent les différences entre le « bon » et le « mauvais » cholestérol. Comme vous le verrez, la connaissance détaillée de la biologie cellulaire du métabolisme lipidique a mené à la découverte de médicaments remarquablement efficaces dans le traitement de l'athérosclérose.

18.1 Phospholipides et sphingolipides : synthèse et mouvement intracellulaire

Une cellule ne peut se diviser ou grandir sans une production membranaire accrue afin de permettre l'expansion de la surface externe et des organites. Ce processus est tout aussi nécessaire à la vie cellulaire que ne l'est la synthèse protéique ou la réplication de l'ADN. Bien que les composants protéiques des membranes jouent un rôle critique par leurs fonctions biologiques, les propriétés structurales et physiques de la membrane sont déterminées par leur composition en lipides, principalement en phospholipides, sphingolipides et stéroïdes comme le cholestérol (Tableau 18-1). Les cellules doivent être capables de synthétiser ou d'importer ces molécules pour former des membranes.

Principe fondamental dans la biosynthèse des membranes : les cellules n'en produisent de nouvelles que par expansion des membranes existantes. Bien que les étapes précoces de la synthèse des lipides membranaires se déroulent dans le cytoplasme, les étapes finales sont catalysées par des enzymes liées aux membranes cellulaires préexistantes, et les produits sont incorporés dans les membranes au fur et à mesure de leur formation. On peut le constater en exposant brièvement des cellules à des précurseurs radioactifs (phosphate ou acides gras) ; tous les phospholipides et sphingolipides incorporant ces précurseurs sont associés aux membranes intracellulaires ; aucun n'est trouvé libre dans le cytosol. Après leur formation, les lipides membranaires doivent être répartis de manière appropriée dans les feuillets d'une membrane donnée et parmi les membranes indépendantes des différents organites des cellules eucaryotes. Ici, nous étudierons surtout la synthèse et la distribution des phospholipides et sphingolipides ; nous décrirons la synthèse du cholestérol dans la Section 18.2.

Des acides gras sont des précurseurs des phospholipides et d'autres composants des membranes

Les acides gras étant les composants principaux des phospholipides et des sphingolipides, la régulation de leur synthèse conditionne celle des membranes. Ils servent aussi à ancrer certaines protéines dans les membranes cellulaires (voir Figure 5-15). Un acide gras consiste en une longue chaîne hydrocarbonée avec un groupe carboxyle à une extrémité (Figure 18-2). Il est dit *saturé* (palmitate) quand sa chaîne hydrocarbonée ne contient pas de double liaison et *insaturé* (arachidonate) quand il en possède une ou plusieurs.

Les acides gras principaux dans les phospholipides contiennent des chaînes saturées et insaturées de 14, 16, 18 ou 20 atomes de carbone (voir Tableau 18-1). Les acides gras saturés de 14 ou 16 atomes de carbone sont produits à partir de l'acétyl-CoA par deux enzymes, l'*acétyl-CoA carboxylase* et l'*acide gras synthase*.

TABLEAU 18-1 Synthèse et transport des acides gras et des principaux lipides membranaires dans les cellules animales

Classe de lipides	Sites de synthèse principaux	Mécanismes d'importation et d'exportation	Transport intercellulaire
Acides gras (AG) :* Myristate (C14:0) Palmitate (C16:0) Stéarate (C18:0) Oléate (C18:1) Linoléate (C18:2) Arachidonate (C20:4)	AG saturés contenant jusqu'à 16 carbones dans le cytosol ; élongation dans le RE et les mitochondries ; désaturation dans le RE	Les AG libres diffusent ou sont transportés par des protéines (FATP, CD36) ; ils sont transférés dans les lipoprotéines sous forme de phospholipides, de triglycérides et d'esters de cholestérol	Liés à l'albumine et à d'autres protéines dans le plasma (AG libres) ; sous forme de phospholipides, de triglycérides et d'esters de cholestérol dans les lipoprotéines circulantes
Phospholipides (e.g. phosphatidylcholine)†	Surtout dans le RE ; certains dans les mitochondries	Exportation par les protéines ABC ; endocytose/exocytose dans les lipoprotéines	Chargés dans les lipoprotéines
Plasmalogènes	Peroxysomes	—	—
Sphingolipides	RE et complexe de Golgi	—	Chargés dans les lipoprotéines
Cholestérol	Partiellement dans le cytosol et dans le RE	Exportation par les protéines ABC ; endocytose/exocytose dans les lipoprotéines ; importation par capture sélective des lipides à partir des lipoprotéines	Chargés dans les lipoprotéines (estérifiés et non estérifiés)

*Dans Cx:y, l'abréviation x est le nombre de carbones dans la chaîne et y est le nombre de doubles liaisons.
Autres abréviations : CD36, protéine de surface multifonctionnelle ; RE, réticulum endoplasmique ; AG, acide gras ; FATP (*fatty acid transport protein*), protéine de transport des acides gras.
†Les glycérophospholipides communs comprennent aussi la phosphatidyléthanolamine, la phosphatidylsérine et le phosphatidylinositol.

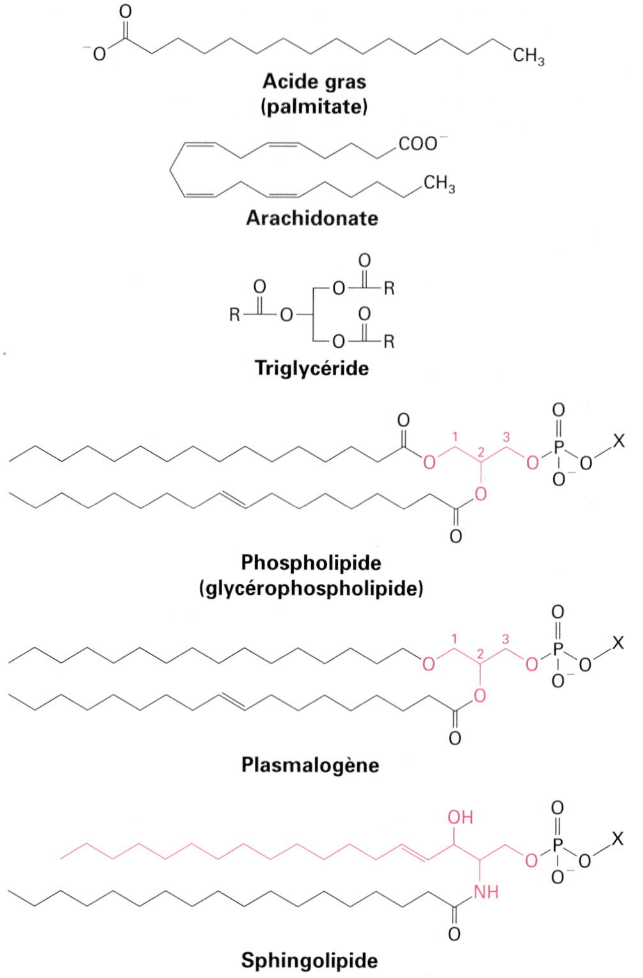

FIGURE 18-2 Structures chimiques des acides gras et de certains de leurs dérivés. Le palmitate, un acide gras saturé, contient 16 atomes de carbone ; l'arachidonate, un acide gras polyinsaturé, contient 20 atomes de carbone. Les acides gras saturés et insaturés sont stockés sous forme de triglycérides dans lesquels trois chaînes acyles grasses (R = portion hydrocarbonée de l'acide gras) sont estérifiées à une molécule de glycérol. Les acides gras sont aussi des composants des phospholipides (glycérophospholipides, plasmalogènes et sphingolipides), qui avec le cholestérol sont les principaux lipides des membranes. Les phospholipides communs (e.g. phosphatidylcholine) ont deux chaînes acyles estérifiées au glycérol ; dans les plasmalogènes, une chaîne hydrocarbonée est attachée au glycérol par une liaison éther et l'autre par une liaison ester. Les sphingolipides sont construits à partir de la sphingosine, un alcool aminé qui contient une longue chaîne hydrocarbonée insaturée. Plusieurs types de groupes polaires X sont trouvés dans ces trois classes de lipides membranaires (voir Figure 5-5).

Dans les cellules animales, ces enzymes sont présentes dans le cytosol ; dans les plantes, on les trouve dans les chloroplastes. Le palmitoyl-CoA (16 carbones) peut être allongé, dans le réticulum endoplasmique (RE) ou parfois dans les mitochondries, par addition séquentielle d'unités de deux carbones, jusqu'à 18-24 carbones.

Les désaturases, localisées aussi dans le RE, introduisent des doubles liaisons dans des positions spécifiques dans certains acides gras. La présence d'une double liaison plie la chaîne hydrocarbonée, ce qui interrompt l'empilement intermoléculaire (voir Figure 2-18). En conséquence, les membranes ou les gouttelettes de triglycérides dont les composants sont riches en acides gras insaturés (e.g. les huiles d'olive et de maïs) sont plus fluides à température de chambre que celles qui contiennent une forte proportion d'acides gras saturés (graisses animales solides). Les humains ne pouvant synthétiser certains acides gras essentiels polyinsaturés, comme l'acide linoléique et l'acide linolénique, nous devons les obtenir de notre alimentation.

En plus de la synthèse de novo à partir de l'acétyl CoA, des acides gras peuvent provenir de l'hydrolyse enzymatique de triglycérides, qui constituent la forme principale de stockage des acides gras et de transport intercellulaire. Les triglycérides consistent en une molécule de glycérol dont les trois fonctions alcool sont estérifiées par des chaînes acyles grasses ; d'où leur autre nom, triacylglycérols (voir Figure 18-2). L'hydrolyse complète d'une molécule de triglycéride fournit trois molécules d'acides gras non estérifiés, ou acides gras libres (AGL) et une molécule de glycérol.

Des acides gras non estérifiés se déplacent dans la cellule en étant liées à de petites protéines cytosoliques

Dans les cellules, les acides gras non estérifiés sont habituellement attachés à des protéines dites de liaison des acides gras (FABP, *fatty acid-binding proteins*), qui appartiennent à un groupe de petites protéines cytosoliques qui facilitent le mouvement intracellulaire de nombreux lipides. Ces protéines contiennent une poche hydrophobe formée par des feuillets β (Figure 18-3). Un acide gras à longue chaîne peut y trouver sa place et interagir de manière non covalente avec la protéine qui l'entoure.

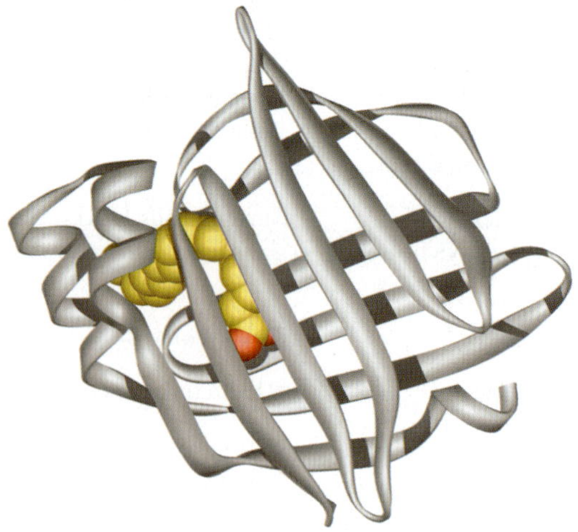

FIGURE 18-3 Acide gras inséré dans la poche hydrophobe d'une protéine de liaison des acides gras (FABP). La structure de la FABP d'adipocytes (présentation en ruban) révèle que la poche de liaison est formée de deux feuillets qui sont disposés presque à angle droit et qui ressemblent ainsi aux deux valves d'un mollusque. L'acide gras (en jaune, oxygène en rouge) interagit de manière non covalente avec des résidus d'acides aminés hydrophobes de la poche. [Voir A. Reese-Wagoner *et al.*, 1999, *Biochim. Biophys. Acta.* **23**:1441(2-3) :106-116.]

L'expression des FABP cellulaires est régulée en fonction des exigences cellulaires quant à la capture et la libération des acides gras. C'est ainsi que les taux de FABP sont élevés dans les muscles actifs qui utilisent des acides gras comme source d'énergie et dans les adipocytes (cellules qui accumulent la graisse) lorsqu'ils captent des acides gras à stocker comme triglycérides ou libèrent les acides gras nécessaires à d'autres cellules. Dans le foie, les FABP représentent jusqu'à 5 % de toutes les protéines cytosoliques, ce qui montre leur importance dans le métabolisme des acides gras. Ce qui est illustré également par la conséquence de l'inactivation génétique de la FABP cardiaque ; le myocarde, qui puise son énergie surtout dans les acides gras, devient alors un muscle consommateur de glucose.

On connaît beaucoup d'autres petites protéines solubles dans l'eau avec des poches de liaison aux lipides, mais bien que certaines indications suggèrent qu'elles participent au transport lipidique intracellulaire, leur contribution reste à établir de manière certaine.

Les acides gras sont incorporés dans les lipides membranaires à la surface d'organites

Les acides gras ne sont pas incorporés directement dans les phospholipides ; dans les cellules eucaryotes, ils sont d'abord convertis en esters du CoA. Dans les cellules animales, de nombreux *diacylglycérophospholipides* sont synthétisés à partir d'acyl CoA, de glycérol 3-phosphate et de précurseurs à tête polaire par des enzymes de la face cytosolique de la membrane du RE, habituellement le RE lisse, (Figure 18-4). Les mitochondries synthétisent certaines de leurs propres lipides membranaires et en importent d'autres. Dans les tissus photosynthétiques, le chloroplaste synthétise ses propres lipides. Les enzymes qui estérifient le groupe hydroxyle du milieu du glycérol lui adjoignent de préférence un acide gras insaturé.

En plus des diacylglycérophospholipides, les cellules animales et certains microorganismes anaérobies contiennent de grandes quantités de *plasmalogènes*, un type différent de glycérophospholipides. Dans ces molécules, la chaîne hydrocarbonée fixée au carbone 1 du glycérol est attachée par une liaison éther plutôt que par la liaison ester que l'on trouve dans les phospholipides diacyles (voir Figure 18-2). Dans les cellules animales, la synthèse des plasmalogènes est catalysée par des enzymes liées aux membranes des peroxysomes. Les plasmalogènes sont connus pour être un réservoir important d'arachidonate, un acide gras à chaîne longue polyinsaturée, qui est le précurseur d'un grand groupe de molécules de signalisation appelées eicosanoïdes (prostaglandines, thromboxanes et leucotriènes). La libération régulée de l'arachidonate à partir des glycérophospholipides membranaires par la phospholipase A2 détermine la vitesse de transmissions de nombreux signaux. Le facteur d'activation des plaquettes (PAF) est aussi dérivé d'un plasmalogène. Cette molécule de signalisation joue un rôle clé dans la réponse inflammatoire à une lésion tissulaire (voir Figure 6-32). De plus, les plasmalogènes peuvent influencer le mouvement du cholestérol dans les cellules de mammifères.

Les **sphingolipides**, un autre groupe majeur de lipides membranaires, sont des dérivés de la sphingosine, un alcool aminé qui contient une longue chaîne hydrocarbonée insaturée. La produc-

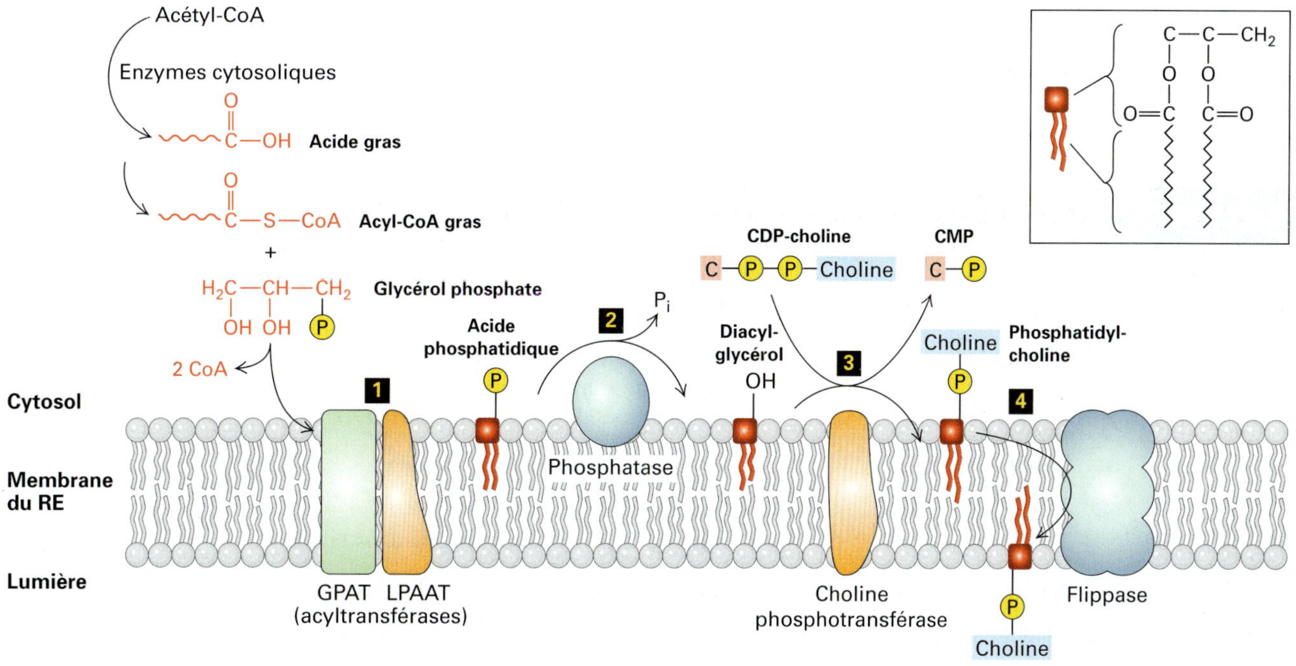

FIGURE 18-4 Synthèse des phospholipides. Puisque les phospholipides sont amphipathiques, les dernières étapes de leur synthèse se déroulent à l'interface entre la membrane et le cytosol et sont catalysées par des enzymes associées aux membranes. Étape 1 : Le glycérol phosphate est estérifié par les acides gras des acyl-CoA gras, et les deux longues chaînes hydrocarbonées de l'acide phosphatidique ainsi formé ancrent la molécule dans la membrane. Étape 2 : Une phosphatase convertit l'acide phosphatidique en diacylglycérol. Étape 3 : Une tête polaire (e.g. phosphorylcholine) est transférée à partir de CDP-choline sur le groupe hydroxyle exposé. Étape 4 : Des flippases font passer des phospholipides du feuillet cytosolique dans lequel ils sont formés dans le feuillet exoplasmique.

tion de la sphingosine dans le RE commence par le couplage du palmityl-CoA et de la sérine ; l'addition d'un groupe acyle gras forme alors la *N*-acylsphingosine (céramide). L'addition subséquente d'une tête polaire au céramide dans le Golgi fournit la *sphingomyéline*, dont le groupe de tête peut être un monosaccharide ou un oligosaccharide plus complexe (voir Figure 18-2). La synthèse de sphingolipides peut aussi se dérouler dans les mitochondries. En plus de servir d'épine dorsale pour les sphingolipides, le céramide et ses produits métaboliques sont des molécules de signalisation importantes qui peuvent influencer la croissance cellulaire, la prolifération, l'endocytose, la résistance au stress et l'apoptose.

Dès leur synthèse terminée dans le Golgi, les sphingolipides sont transportés dans d'autres compartiments cellulaires par des processus de type vésiculaire semblables à ceux qui sont décrits dans le Chapitre 17. Par contre, les phospholipides, aussi bien que le cholestérol, peuvent se déplacer entre organites par des mécanismes différents décrits dans la Section 18.2.

Les flippases déplacent les phospholipides d'un feuillet membranaire à l'autre

Bien que les phospholipides soient incorporés surtout dans le feuillet cytosolique de la membrane du RE, divers phospholipides sont distribués de manière asymétrique dans les deux feuillets de la membrane du RE et d'autres membranes cellulaires (voir Tableau 5-1). Cependant, les phospholipides basculent spontanément d'un feuillet à un autre de manière très lente, alors qu'ils peuvent diffuser rapidement dans le plan de la membrane. Pour que la membrane du RE puisse grandir (croissance des deux feuillets) et avoir des phospholipides distribués de manière asymétrique, ses composants phospholipidiques doivent être capables de basculer rapidement et de manière sélective d'un feuillet membranaire à l'autre.

La distribution asymétrique habituelle des phospholipides dans les feuillets membranaires est rompue quand les cellules (e.g. les globules rouges) vieillissent ou subissent l'apoptose. Par exemple, la phosphatidylsérine et la phosphatidyléthanolamine sont localisées de préférence dans le feuillet cytosolique des membranes cellulaires, mais lorsque ces phospholipides anioniques sont davantage exposés à la face exoplasmique de la membrane plasmique, ils paraissent servir de signal pour les cellules qui jouent le rôle d'éboueurs et qui viennent incorporer et détruire les cellules vieillies et mourantes. L'annexine V, une protéine qui lie spécifiquement les phospholipides anioniques, peut être marquée par un fluorochrome et utilisée pour la détection des cellules apoptotiques dans des cultures cellulaires ou des tissus.

Bien que les mécanismes qui génèrent et maintiennent l'asymétrie dans la distribution des phospholipides ne soient pas bien compris, il est clair que les **flippases** jouent un rôle clé. Ces protéines membranaires intrinsèques facilitent le mouvement des phospholipides d'un feuillet à l'autre (voir Figure 18-4, étape 4). Une des flippases les mieux étudiées est la protéine ABCB4 des mammifères, un membre de la **superfamille ABC** des pompes pour petites molécules. Comme décrit dans la Section 18.3, ABCB4 est exprimée dans certaines cellules du foie (hépatocytes) et déplace la phosphatidylcholine du feuillet cytosolique vers le feuillet exoplasmique de la membrane plasmique en vue de sa libération dans la bile avec le cholestérol et les acides biliaires. Plusieurs autres membres de la superfamille ABC participent à l'exportation cellulaire de divers lipides (Tableau 18-2).

La première indication du rôle de flippase joué par ABCB4 était la déficience de sécrétion de la phosphatidylcholine dans la bile chez des souris dont les deux gènes d'ABCB4 étaient mutés et non fonctionnels. Pour confirmer qu'ABCB4 était bien une flippase, on a purifié une population homogène de vésicules contenant ABCB4 dans leur membrane, leur face cytosolique étant dirigée vers l'extérieur. Ces vésicules furent obtenues par l'introduction

TABLEAU 18-2 Sélection de protéines ABC humaines

Protéine	Expression tissulaire	Fonction	Maladie causée par une déficience
ABCA1	Ubiquitaire	Exporte du cholestérol et des phospholipides qui sont incorporés dans les lipoprotéines de haute densité (HDL)	Maladie de Tangier
ABCB1 (MDR1)	Surrénales, reins, cerveau	Exporte de médicaments lipophiles	
ABCB4 (MDR2)	Foie	Exporte la phosphatidylcholine dans la bile	
ABCB11	Foie	Exporte les sels biliaires dans la bile	
CFTR	Tissu exocrine	Transport d'ions Cl^-	Mucoviscidose
ABCD1	Ubiquitaire dans la membrane des peroxysomes	Influence l'activité des enzymes peroxysomiales qui oxydent les très longues chaînes d'acides gras	Adrénoleucodystrophie (ADL)
ABCG5/8	Foie, intestin	Exporte le cholestérol et d'autres stérols	β-sitostérolémie

d'ADNc codant ABCB4 de mammifères dans un mutant *sec* de levure sensible à la chaleur. À température permissive, ABCB4 est exprimée par les cellules transfectées et migrent par la voie sécrétoire vers la surface cellulaire (Chapitre 17). À température non permissive, les vésicules sécrétoires ne peuvent fusionner avec la membrane plasmique si bien que les vésicules contenant ABCB4 et d'autres protéines de levure s'accumulent dans les cellules. Après avoir purifié ces vésicules sécrétoires, on les a marquées in vitro avec un dérivé fluorescent de la phosphatidylcholine. Le test d'extinction de la fluorescence décrit dans la Figure 18-5 fut utilisé pour démontrer que les vésicules contenant ABCB4 montraient une certaine activité de flippase dépendant de l'ATP, tandis que les vésicules sans ABCB4 en étaient incapables. Les structures et le mode d'action de certaines flippases sont décrits dans le Chapitre 7.

Le basculement entre feuillets, la diffusion latérale, la fusion et la fission ne sont pas les seuls processus dynamiques des phospholipides membranaires. Leurs chaînes acyles et, dans certains cas, leur groupe de tête subissent des remodelages covalents (e.g. l'hydrolyse des esters gras par des phospholipases et la resynthèse par des acyltransférases). Un autre processus dynamique est le mouvement intracellulaire des phospholipides passant d'une

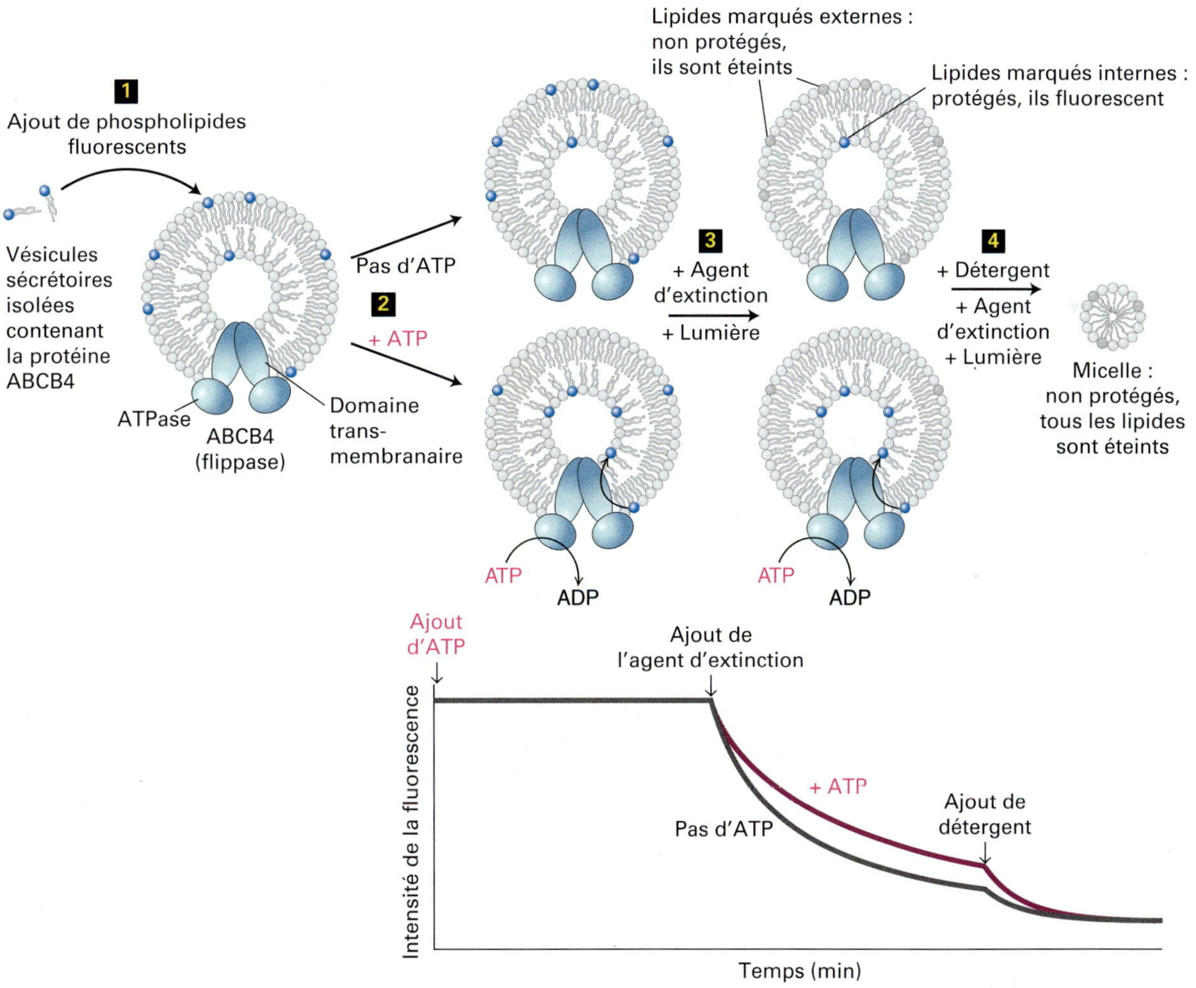

FIGURE EXPÉRIMENTALE 18-5 Le test d'extinction de fluorescence in vitro révèle l'activité de flippase de ABCB4 sur les phospholipides. Une population homogène de vésicules sécrétoires contenant la protéine ABCB4 a été purifiée à partir de mutants *sec* de la levure transfectés avec le gène *ABCB4*. Étape **1** : Des phospholipides synthétiques dont la tête polaire est marquée par un fluorochrome (bleu) sont incorporés dans les feuillets cytosoliques extérieurs des vésicules. Étape **2** : Si ABCB4 agissait comme une flippase, l'apport d'ATP à l'extérieur des vésicules ferait basculer dans le feuillet interne une petite partie des phospholipides marqués faisant face à l'extérieur. Étape **3** : Le basculement fut mis en évidence par l'ajout d'un produit d'extinction, le dithionite, au milieu entourant les vésicules. Il réagit avec la tête fluorescente et inhibe sa capacité de fluorescer (gris), mais comme il ne peut traverser la membrane, seuls les phospholipides marqués et protégés par leur localisation dans le feuillet interne fluorescent. Après l'addition du dithionite, la fluorescence totale décroît avec le temps puis tend vers un plateau jusqu'au point auquel toute la fluorescence extérieure est éteinte et seule la fluorescence liée aux phospholipides internes reste détectable. L'observation d'une fluorescence plus forte (moins d'extinction) en présence d'ATP qu'en son absence indique que ABCB4 a basculé certains des phospholipides marqués vers l'intérieur. Étape **4** : L'addition de détergent aux vésicules génère des micelles et rend tous les lipides fluorescents accessibles à l'agent d'extinction, ce qui ramène la fluorescence aux valeurs de base. [Adapté de S. Ruetz & P. Gros, 1994, *Cell* **77** :1071.]

membrane à une autre. Il est clair que les membranes sont des composants dynamiques de la cellule qui réagissent aux changements dans l'environnement intra- et extracellulaire.

CONCEPTS CLÉS DE LA SECTION 18.1
Phospholipides et sphingolipides : synthèse et mouvement intracellulaire

- Les acides gras saturés et insaturés de diverses longueurs sont des composants des phospholipides, des sphingolipides et des triglycérides (voir Figure 18-2).
- Les acides gras sont synthétisés par des enzymes solubles dans l'eau et modifiés par élongation et désaturation dans le réticulum endoplasmique (RE).
- Les étapes finales de la synthèse des glycérophospholipides, plasmalogènes et sphingolipides sont catalysées par des enzymes associées aux membranes surtout dans le RE, mais aussi dans le Golgi, les mitochondries et les peroxisomes (voir Figure 18-4).
- Chaque type de lipides est d'abord incorporé dans une membrane préexistante sur laquelle il est construit.
- La plupart des phospholipides membranaires sont distribués de préférence dans le feuillet soit exoplasmique soit cytosolique. Cette asymétrie est due en partie à des flippases comme ABCB4, une flippase de la phosphatidylcholine, qui contribue à la production de bile par le foie.

18.2 Cholestérol : un lipide membranaire multifonctionnel

Les phospholipides sont indispensables à la formation de la bicouche classique des membranes cellulaires, mais celles-ci requièrent d'autres composants, entre autres des **stérols**. Ici, c'est le cholestérol qui retiendra l'attention ; il est le principal stérol des cellules animales et le plus abondant des lipides simples dans la membrane plasmique des mammifères (presque en quantité équimolaire avec tous les phospholipides). Entre 50 et 90 % du

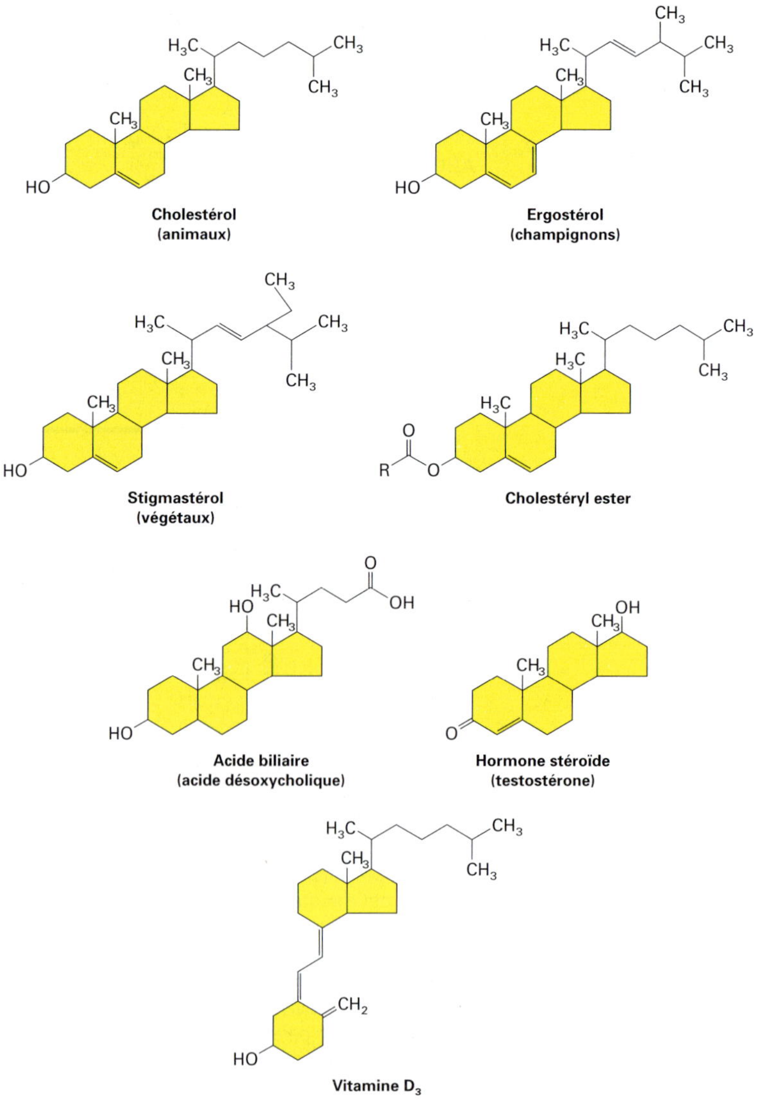

FIGURE 18-6 Structure chimique des principaux stérols et dérivés du cholestérol. Les stérols principaux chez les animaux (cholestérol), les champignons (ergostérol) et les plantes (stigmastérol) diffèrent légèrement par leur structure, mais tous sont des composants clés des membranes cellulaires. Le cholestérol est stocké comme cholestéryl esters dans lequel une chaîne acyle grasse (R = portion hydrocarbonée de l'acide gras) est estérifiée au groupe hydroxyle. Le cholestérol en excès est converti par les cellules du foie en acides biliaires (e.g. acide désoxycholique), qui sont sécrétés dans la bile. Des cellules endocrines spécialisées synthétisent des hormones stéroïdes (e.g. la testostérone) à partir du cholestérol, et des réactions photochimiques et enzymatiques produisent la vitamine D dans la peau et les reins.

cholestérol dans la plupart des cellules de mammifères est présent dans la membrane plasmique et les membranes apparentées des vésicules endocytaires. Le cholestérol est également essentiel à la signalisation intercellulaire et exerce d'autres fonctions qui seront décrites brièvement. Les structures du stérol principal de la levure (ergostérol) et des phytostérols des plantes (e.g. stigmastérol) diffèrent légèrement de celle du cholestérol (Figure 18-6). La plupart des médicaments antifongiques en usage actuel ont été conçus sur base de ces petites différences de structure et des voies de synthèse entre stérols fongiques et animaux.

Le cholestérol est synthétisé par des enzymes dans le cytosol et la membrane du RE

La Figure 18-7 résume la série complexe des réactions qui mènent au cholestérol et à plusieurs biomolécules apparentées. Les caractéristiques de cette voie sont importantes pour la synthèse d'autres lipides, et les connaître aide à comprendre la régulation du métabolisme lipidique dont il sera question plus loin. Les premières étapes de la synthèse du cholestérol (acétyl-CoA → HMG-CoA) se déroulent dans le cytosol. La conversion de l'HMG-CoA en mévalonate, étape dont dépend la cinétique de la synthèse du cholestérol, est catalysée par la *HMG-CoA réductase*, une protéine membranaire intrinsèque, même si son substrat et son produit sont solubles dans l'eau. Le domaine catalytique soluble dans l'eau de la HMG-CoA réductase s'étend dans le cytosol, mais ses huit segments transmembranaires ancrent fermement l'enzyme dans la membrane du RE et agissent comme un domaine régulateur. Cinq des segments transmembranaires constituent ce que l'on appelle le *domaine sensible au stérol*. Comme il en sera question plus tard, des domaines homologues ont été trouvés dans d'autres protéines participant au transport du cholestérol et à sa régulation.

Le mévalonate, le produit à 6 carbones formé par la HMG-CoA réductase, est converti au cours de plusieurs étapes en un composé isoprénoïde à 5 carbones, l'isopentényl pyrophosphate (IPP) et son stéréoisomère le diméthylallyl pyrophosphate (DMPP). Ces réactions sont catalysées par des enzymes cytosoliques, comme le sont les réactions subséquentes dans lesquelles six unités IPP se condensent pour produire le squalène, un intermédiaire constitué d'une chaîne ramifiée de 30 carbones. Des enzymes liées à la membrane du RE catalysent les multiples réactions qui convertissent le squalène en cholestérol chez les mammifères ou dans des stérols apparentés dans d'autres espèces.

Puisqu'une accumulation excessive de cholestérol peut mener à la formation de cristaux de cholestérol nocifs, la production et l'accumulation de cholestérol est strictement contrôlée. Par exemple, les cholestéryl esters (voir Figure 18-6) sont formés à partir d'un excès de cholestérol et stockés comme gouttelettes

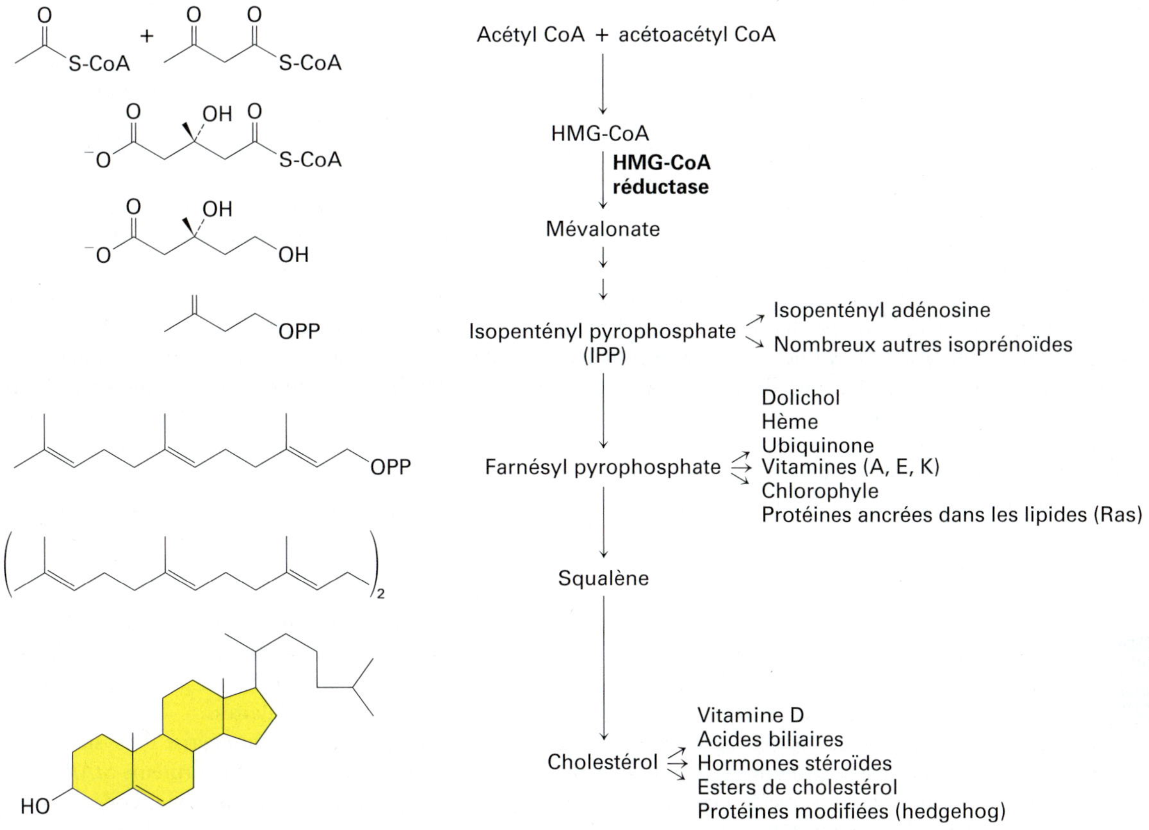

FIGURE 18-7 Voie de synthèse du cholestérol. L'étape qui contrôle la cinétique dans la synthèse du cholestérol est la conversion du β-hydroxy-β-méthylglutaryl-CoA (HMG-CoA) en acide mévalonique par la HMG-CoA réductase, une protéine membranaire du RE. Le mévalonate est alors converti en isopentényl pyrophosphate (IPP), qui a la structure isoprénoïde de base à cinq carbones. L'IPP peut être converti en cholestérol et en de nombreux autres lipides, souvent en passant par les intermédiaires polyisoprénoïdes montrés ici. Certains des nombreux composants dérivés des intermédiaires polyisoprénoïdes et du cholestérol lui-même sont indiqués. Voir le texte pour plus de détails.

lipidiques cytosoliques. *L'acyl:cholestérol acyl transférase* (ACAT), l'enzyme qui estérifie les acyl-CoA gras au groupe hydroxyle du cholestérol, est localisée dans la membrane du RE. Des quantités substantielles de gouttelettes de cholestéryl ester ne sont trouvées habituellement que dans les cellules qui produisent les hormones stéroïdes et dans les cellules spumeuses, qui contribuent à l'athérosclérose des parois artérielles. Les gouttelettes lipidiques intracellulaires, qu'elles soient composées de cholestéryl esters ou de triglycérides, ont un manteau protéique externe qui sert d'interface entre l'environnement aqueux du cytosol et le lipide. Les protéines du manteau des gouttelettes lipidiques dans les cellules de mammifères sont appelées périlipines ou protéines apparentées aux périlipines, tandis que les oléosines et leurs protéines apparentées couvrent les gouttelettes lipidiques appelées corps lipidiques (oléosomes) dans les plantes.

De nombreuses molécules bioactives sont faites de cholestérol et de ses précurseurs biosynthétiques

Si le cholestérol contribue à la structure des membranes (Chapitre 5), il est aussi le précurseur de plusieurs molécules bioactives importantes : les **acides biliaires** (voir Figure 18-6), qui sont produits dans le foie et qui émulsionnent les graisses alimentaires en vue de leur digestion et de leur absorption intestinale ; des hormones stéroïdes produites par des cellules endocrines (e.g. surrénales, ovaires, testicules) ; la vitamine D produite dans la peau et les reins. Les arthropodes ont besoin de cholestérol et d'autres stérols pour produire des membranes et des hormones ecdystéroïdes, qui contrôlent le développement. Cependant, ne pouvant produire les stérols précurseurs, ils doivent les obtenir de leur alimentation. Une autre fonction critique du cholestérol est son couplage covalent à la protéine Hedgehog, une molécule signal essentielle pour le développement embryonnaire (Chapitre 15).

L'isopentényl pyrophosphate et d'autres intermédiaires isoprénoïdes dans la synthèse du cholestérol servent aussi de précurseurs pour plus de 23.000 molécules biologiquement actives. Certaines de celles-ci sont décrites dans d'autres chapitres : divers hèmes, entre autres le composant fixant l'oxygène dans l'hémoglobine et les composants transporteurs d'électrons dans les cytochromes (voir Figure 8-15a) ; l'ubiquinone, un composant de la chaîne de transport d'électrons dans les mitochondries (voir Figure 8-16) ; les chlorophylles, les pigments absorbant la lumière dans les chloroplastes (voir Figure 8-31) ; le dolichol, un polyisoprénoïde dans la membrane du RE qui joue un rôle clé dans la glycosylation des protéines (voir Figure 16-17).

PLANTES Les dérivés isoprénoïdes sont particulièrement abondants dans les plantes auxquelles ils donnent le parfum et la saveur. Ils forment le caoutchouc, le latex, les hormones et phéromones, diverses molécules défensives, l'ingrédient actif de la marijuana, le médicament cardioprotecteur, la digitaline, des médicaments anticancéreux comme le taxol et de nombreuses autres substances. Vu l'importance des isoprénoïdes comme précurseurs, il n'est pas surprenant qu'une seconde voie de synthèse de l'IPP indépendante du mévalonate est apparue chez les eubactéries (e.g. *E. coli*), les algues vertes et des plantes plus évoluées. Dans les végétaux, cette voie est localisée dans des organites appelés plastides et mène à la synthèse des caroténoïdes, du phytol (la chaîne isoprénoïde de la chlorophylle) et d'autres isoprénoïdes. ▮

Le cholestérol et les phospholipides sont transportés entre les organites par des mécanismes indépendants du Golgi

Comme nous l'avons déjà vu, les étapes finales de la synthèse du cholestérol et des phospholipides se déroulent surtout dans le RE, bien que certains de ces lipides membranaires soient produits dans les mitochondries et les peroxysomes (plasmalogènes). La membrane plasmique et les membranes entourant d'autres organites (e.g. Golgi, lysosomes) doivent donc obtenir ces lipides au moyen d'un ou plusieurs processus de transport intracellulaire. Par exemple, dans une voie importante, la phosphatidylsérine produite dans le RE est transportée dans la membrane interne des mitochondries où elle est décarboxylée pour former la phosphatidyléthanolamine, dont une partie soit retourne dans le RE pour reformer de la phosphatidylcholine soit migre vers d'autres organites.

Des lipides membranaires accompagnent les protéines, qu'elles soient solubles (luminales) ou membranaires, qui sont transportées par les vésicules de la voie sécrétoire passant par le Golgi (voir Figure 17-1). Cependant, plusieurs observations suggèrent qu'il existe un mouvement considérable de cholestérol et de phospholipides entre organites empruntant des voies indépendantes du Golgi. Par exemple, des inhibiteurs chimiques de la voie sécrétoire classique et des mutations qui paralysent le trafic vésiculaire dans cette voie n'empêchent pas le transport du cholestérol et des phospholipides entre membranes, bien qu'ils interrompent le transport des protéines et des sphingolipides dérivés du Golgi. De plus, des lipides membranaires produits dans le RE ne peuvent gagner les mitochondries en passant par les vésicules de transport sécrétoire classique, puisque les vésicules qui bourgeonnent des membranes du RE ne fusionnent pas avec les mitochondries.

Trois mécanismes ont été proposés pour le transport du cholestérol et des phospholipides à partir de leur site de synthèse jusqu'aux autres membranes indépendamment de la voie sécrétoire passant par le Golgi (Figure 18-8). D'abord, un certain transport indépendant du Golgi assuré par des vésicules ou d'autres complexes protéine-lipide paraît le plus probable. Le deuxième mécanisme implique un contact direct assuré par des protéines du RE ou de membranes dérivées du RE avec des membranes d'autres organites. Dans le troisième mécanisme, de petites protéines de transfert lipidique faciliteraient l'échange des phospholipides ou du cholestérol entre les différentes membranes. Bien que de telles protéines de transfert aient été identifiées dans des tests in vitro, leur rôle dans les mouvements intracellulaires de la plupart des phospholipides reste mal défini. Par exemple, les souris avec une mutation *knockout* du gène codant la protéine de transfert de la phosphatidylcholine paraissent normales à plusieurs égards, ce qui indique que cette protéine n'est pas indispensable au métabolisme des phospholipides cellulaires.

Un composant bien caractérisé du système de transport intracellulaire du cholestérol est la protéine *StAR* (*steroidogenic acute regulatory protein*). Cette protéine, codée par l'ADN nucléaire, contrôle le transfert du cholestérol de la membrane externe mitochondriale, où il est abondant, dans la membrane interne, qui en contient peu, où il subit les premières étapes de sa conversion enzymatique en hormones stéroïdes. Cette activité de StAR est critique, car elle contrôle la cinétique de la synthèse des stéroïdes hormonaux. StAR contient une séquence d'adressage N-terminale qui dirige la protéine vers la membrane externe mitochondriale (Chapitre 16) et un domaine C-terminal START (*StAR-related*

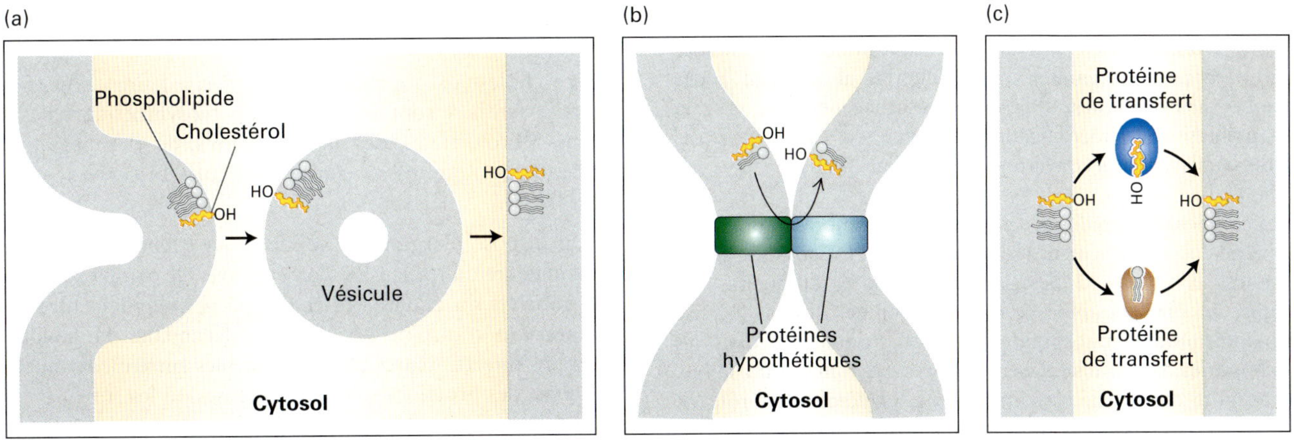

FIGURE 18.8 Mécanismes proposés pour expliquer comment le cholestérol et des phospholipides sont transportés entre les membranes sans passer par le Golgi. Dans le mécanisme (a), des vésicules transfèrent des lipides entre membranes sans passer par l'appareil de Golgi. Dans le mécanisme (b), le transfert lipidique est une conséquence d'un contact direct entre membranes qui est assuré par des protéines enfouies dans les membranes. Dans le mécanisme (c), le transport est assuré par de petites protéines solubles de transfert lipidique. Selon certaines observations, ce mécanisme n'interviendrait pas de manière significative dans le flux intermembranaire des phospholipides, indépendant du Golgi. [Adapté de F. R. Maxfield & D. Wustner, 2002, *J. Clin. Invest.* **110**(2):891.]

transfer), qui comporte une poche hydrophobe liant le cholestérol. Des domaines START semblables ont été trouvés dans plusieurs protéines impliquées dans le transport intracellulaire du cholestérol, et ces domaines se sont révélés capables d'assurer le transfert du cholestérol dans des cellules en culture. Des mutations dans le gène de StAR peuvent causer une hyperplasie congénitale des glandes surrénales, une maladie létale caractérisée par une chute de la synthèse des hormones stéroïdiennes. D'autres protéines impliquées dans le transport des lipides, y compris la protéine de transfert de la phosphatidylcholine déjà citée, contiennent des domaines START.

Un second participant bien caractérisé au transport intracellulaire du cholestérol est la *protéine Niemann-Pick C1 (NPC1)*, une protéine membranaire intrinsèque localisée dans le compartiment endosome/lysosome. Certains des nombreux segments transmembranaires de NPC1 forment un domaine sensible aux stérols, semblable à celui de la HMG-CoA réductase. Des mutations dans NPC1 causent des déficiences dans le transport intracellulaire du cholestérol et des glycosphingolipides et, en conséquence, dans la régulation du métabolisme du cholestérol. Les cellules sans NPC1 ou des cellules traitées par un agent qui supprime la fonction de NPC1 accumulent le cholestérol dans le compartiment endosome/lysosome (Figure 18-9). Le transport du cholestérol dans les cellules déficientes en NPC1 est restauré par la surexpression de Rab9, une petite GTPase impliquée dans le transport vésiculaire endosomial tardif (Chapitre 17). Cette observation suggère que le trafic vésiculaire contribue au moins en partie au transfert du cholestérol dépendant de NPC1.

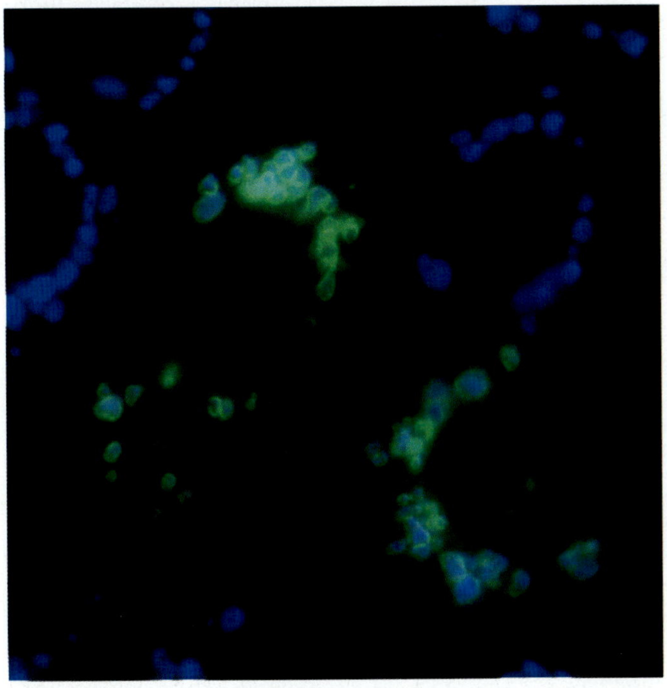

FIGURE EXPÉRIMENTALE 18-9 Des cellules avec une protéine Niemand-Pick C1 (NPC1) non fonctionnelle accumulent le cholestérol dans les vésicules tardives endosome/lysosome. Dans trois cellules qui expriment un transgène codant la protéine NPC1 liée à la protéine fluorescente verte (GFP), la protéine hybride est révélée dans le compartiment tardif endosome/lysosome par sa fluorescence verte. Cette micrographie montre des cellules qui ont été traitées par un agent qui inhibe la fonction de NPC1. Les cellules furent aussi colorées avec un fluorochrome bleu se liant au cholestérol. Notez la colocalisation du cholestérol (bleu) avec la protéine hybride NPC1-GFP (vert) à la surface des vésicules voisines du noyau. Les cellules qui n'expriment pas la protéine hybride (bleu) sont aussi visibles. L'accumulation du cholestérol dans ces vésicules en absence de NPC1 fonctionnelle suggère que les vésicules tardives endosome/lysosome jouent un rôle dans le trafic intracellulaire du cholestérol. [De D. C. Ko *et al.*, 2001, *Mol. Biol. Cell* **12**:601 ; avec l'autorisation de D. Ko et M. Scott.]

MÉDECINE Chez les humains, des déficiences fonctionnelles de NPC1 causent une accumulation anormale de lipides dans les organites intracellulaires, aboutissant à des anomalies neurologiques, à la dégénérescence nerveuse et à la mort prématurée. L'identification du gène en cause chez ces malades a mené à la découverte de la protéine NCP1. ▮

La composition lipidique des différentes membranes des organites varie considérablement (voir Tableau 5-1). Certaines de ces différences sont liées à des sites de synthèse différents. Par exemple, un phospholipide appelé cardiolipine, qui est localisé dans la membrane mitochondriale, n'est produit que dans les mitochondries, son transfert vers d'autres organites étant faible. Le transport différencié des lipides joue également un rôle en déterminant les compositions lipidiques des différentes membranes. Par exemple, même si le cholestérol est produit dans le RE, sa concentration (rapport molaire cholestérol/phospholipide) est ~1,5-13 fois plus élevé dans la membrane plasmique que dans les organites (RE, Golgi, mitochondrie, lysosome). Bien que le mécanisme responsable de ces différences et de leur maintien ne soit pas bien compris, la composition lipidique distincte de chaque membrane a une influence majeure sur ses propriétés physiques (Chapitre 5).

CONCEPTS CLÉS DE LA SECTION 18.2

Cholestérol : un lipide membranaire multifonctionnel

- Les étapes initiales de la synthèse du cholestérol se déroulent dans le cytosol, tandis que les dernières étapes sont catalysées par des enzymes associées à la membrane du RE.
- L'étape limitante dans la synthèse du cholestérol est catalysée par la HMG-CoA réductase, dont les segments transmembranaires sont enfouis dans la membrane du RE et contiennent un domaine sensible aux stérols.
- Le cholestérol lui-même et les intermédiaires isoprénoïdes dans sa synthèse sont des précurseurs biosynthétiques des hormones stéroïdiennes, des acides biliaires, de vitamines liposolubles et de nombreuses autres molécules bioactives (voir Figure 18-7).
- On dispose d'arguments solides pour exclure une contribution majeure du trafic vésiculaire à travers le complexe de Golgi au transfert du cholestérol et des phospholipides entre membranes. Un transport vésiculaire indépendant du Golgi, des contacts directs assurés par des protéines entre membranes différentes, des protéines solubles porteuses ou les trois processus à la fois peuvent contribuer en partie au transport entre organites du cholestérol et des phospholipides (voir Figure 18-8).
- La protéine StAR, qui comporte une poche hydrophobe liant le cholestérol, joue un rôle clé dans la mobilisation du cholestérol dans la mitochondrie en vue de la synthèse des hormones stéroïdiennes.
- La protéine NPC1, une grande protéine transmembranaire, contient un domaine sensible aux stérols, similaire à celui de la HMG-CoA réductase. NPC1 est nécessaire au transfert normal du cholestérol entre certains compartiments intracellulaires.

18.3 Transfert lipidique à l'intérieur et à l'extérieur de la cellule

Chez les organismes multicellulaires, particulièrement les mammifères, les lipides sont souvent importés et exportés des cellules et

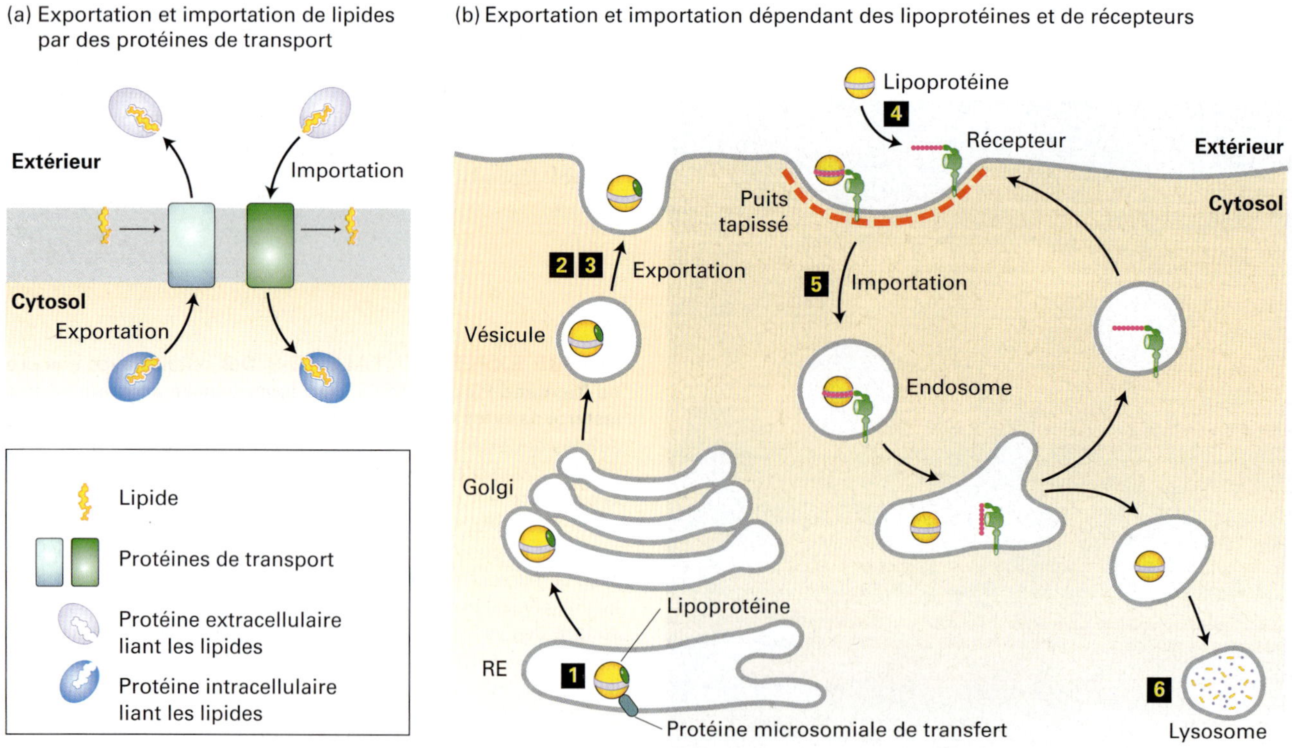

transportés entre différents tissus par la circulation. De tels mouvements contribuent à maintenir des taux lipidiques appropriés dans les cellules et dans l'ensemble du corps et offrent d'autres avantages à l'organisme. Par exemple, des lipides absorbés dans l'intestin ou stockés dans le tissu adipeux peuvent être distribués à toutes les cellules du corps. De cette manière, les cellules obtiennent les lipides essentiels (e.g linoléate) et évitent le gaspillage d'énergie qui serait dépensée pour la synthèse de lipides (e.g. le cholestérol), alors qu'ils sont fournis par l'alimentation. La capacité de certaines cellules d'exporter des lipides permet l'excrétion des lipides en excès ou leur sécrétion dans certains liquides, par exemple le lait. De plus, la coordination des métabolismes énergétique et lipidique dans tout l'organisme dépend du transport intercellulaire des lipides.

Comme le décrit la Section 18.4, le transport intracellulaire et intercellulaire des lipides et leur métabolisme sont régulés de manière coordonnée. Ici, nous allons voir comment les cellules importent et exportent les lipides ; la Figure 18-10 résume les deux mécanismes principaux. Dans le premier, l'importation ou l'exportation des molécules lipidiques individuelles est assurée par des protéines de transport de la surface cellulaire. Les principes sous-jacents à ce mécanisme ressemblent à ceux qui sont mis en jeu pour les petites molécules solubles dans l'eau comme le glucose (Chapitre 7). Une différence notable est que les lipides, qui sont peu solubles dans l'eau, s'associent souvent à des protéines porteuses dans l'espace extracellulaire ou le cytosol, plutôt que de rester libres en solution. Dans le second mécanisme, un ensemble de lipides est empaqueté avec des protéines dans des particules de transport appelées lipoprotéines Celles-ci sont exportées par la voie sécrétoire classique (Chapitre 17). Les lipides transportés par des lipoprotéines extracellulaires sont captés par les cellules au moyen de récepteurs de surface.

◀ **FIGURE 18-10 Les deux voies principales d'importation et d'exportation des lipides cellulaires.** (a) Des molécules lipidiques traversent individuellement la membrane plasmique avec l'aide de protéines de transport. Des protéines liant les lipides (montrées ici), intracellulaires et extracellulaires, des micelles lipidiques ou des membranes participent comme donneurs et accepteurs de lipides. Dans certains cas, les gradients de concentration des substances transportées sont suffisants pour assurer le transport (e.g. importation des acides biliaires dans le foie et les intestins par les symporteurs Na^+). Dans d'autres, le transport est lié à l'hydrolyse de l'ATP (e.g. la sécrétion de lipides dans la bile par les hépatocytes via les protéines ABC). (b) Les lipides sont aussi transportés comme composants des lipoprotéines. Ces grands complexes de protéine et de lipides sont assemblés dans le RE avec l'aide de la protéine microsomiale de transfert (**1**), sont exportés (**2**) par la voie sécrétoire comme particules solubles dans l'eau et circulent alors dans le sang. Après que les lipoprotéines circulantes se sont fixées à certains récepteurs de surface (**4**), les particules intactes peuvent être incorporées par endocytose (**5**) et les lipides sont ensuite hydrolysés dans les lysosomes (**6**), comme décrit ici. D'autres récepteurs assurent le prélèvement des composants lipidiques individuels à partir de lipoprotéines, laissant alors une particule dépourvue de lipides dans l'espace extracellulaire.

Des transporteurs de surface aident les acides gras à traverser la membrane plasmique

Pendant de nombreuses années, on a cru que le transport transmembranaire des acides gras ne nécessitait pas de médiateur protéique puisque ces molécules hydrophobes diffusent à travers les bicouches lipidiques. Bien qu'un certain transport d'acides gras indépendant de protéines intervienne probablement, certaines cellules (e.g cellules épithéliales intestinales, cellules musculaires cardiaques et adipocytes) doivent importer ou exporter des quantités considérables d'acides gras dans des conditions de rythme, de spécificité et de régulation qui ne sont pas compatibles avec une simple diffusion. Tant en culture cellulaire que dans des expériences sur animal entier, on a constaté que plusieurs protéines membranaires intrinsèques participent à l'importation des acides gras. Parmi celles-ci, on trouve diverses *protéines de transport d'acides gras (FATP)* et la protéine multifonctionnelle *CD36*. Ces transporteurs transfèrent leur substrat en fonction du gradient de concentration de ce dernier. Par contre, les transporteurs qui assurent l'exportation des acides gras n'ont pas encore été identifiés, mais au moins certains transporteurs peuvent assurer le transport bidirectionnel, en fonction de la direction du gradient de concentration des acides gras.

Du fait de leur faible solubilité dans l'eau, la plupart des acides gras sont liés à une protéine porteuse dans le cytosol et dans l'espace extracellulaire (voir Figure 18-10a). Chez les mammifères, la protéine de liaison principale extracellulaire qui fournit ou accepte les acides gras est l'*albumine* sérique, protéine la plus abondante du plasma (fraction liquide du sang). L'albumine comporte au moins une cavité ou crevasse hydrophobe bordée d'hélices α liant les lipides. En plus des acides gras, l'albumine peut aussi véhiculer dans le courant sanguin divers acides organiques anioniques (e.g bilirubine) et d'autres molécules. À l'intérieur des cellules, les principaux transporteurs des acides gras sont des protéines spécialisées, décrites plus haut.

Des protéines ABC assurent l'exportation cellulaire de phospholipides et de cholestérol

Divers membres de la superfamille ABC contribuent à l'exportation simultanée des phospholipides et du cholestérol (voir Tableau 18-2). Le meilleur exemple est la formation de la *bile*, un fluide aqueux contenant des phospholipides, du cholestérol et des acides biliaires, qui sont des dérivés du cholestérol. Exportées des cellules hépatiques, ces diverses substances forment des **micelles** solubles dans la bile. Celle-ci s'écoule par les canalicules dans la vésicule biliaire, où elle est stockée et concentrée. À la suite d'un repas contenant des graisses, la bile se déverse dans l'intestin grêle, où elle émulsifie les lipides alimentaires et facilite ainsi leur digestion et leur absorption. Comme nous le verrons plus loin, modifier le métabolisme biliaire par des médicaments peut se révéler utile à la prévention des attaques cardiaques.

Le schéma de la Figure 18-11 représente les principales protéines de transport impliquées dans la sécrétion et le transfert des composants de la bile. Trois protéines ABC transfèrent les phospholipides, le cholestérol et les acides biliaires à travers la surface apicale des cellules du foie dans les petits canalicules (étape 1). Une de ces protéines, la flippase ABCB4, bascule la phosphatidylcholine du feuillet cytosolique vers le feuillet exoplasmique de la

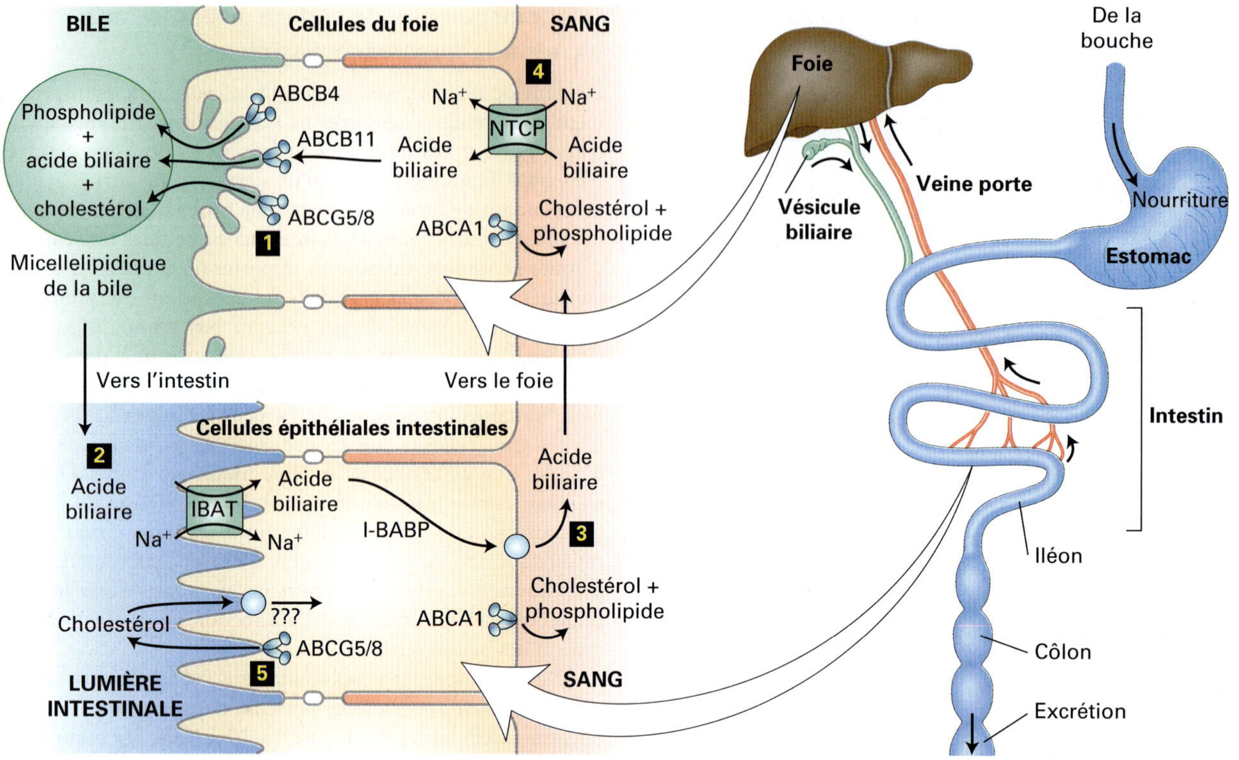

FIGURE 18-11 Principales protéines de transport dans le foie et les intestins prenant part au cycle entéro-hépatique des lipides biliaires. La sécrétion des composants de la bile et le recyclage des acides biliaires sont assurés par diverses protéines de transport dans les cellules du foie (hépatocytes) et les cellules épithéliales de l'intestin. Ces deux types de cellules polarisées importent des lipides à travers une surface et les exportent à travers la surface opposée. Étape **1** : Les hépatocytes exportent des lipides à travers leur membrane apicale dans la bile en recourant à trois protéines ABC dépendant de l'ATP : ABCB4 (phospholipides), ABCB11 (acides biliaires) et ABCG5/8 (stérols). Étape **2** : Les cellules épithéliales intestinales importent des composants de la bile et des lipides alimentaires à partir de la lumière intestinale en utilisant IBAT (*ileal bile acid transporter*), un symporteur Na^+ et d'autres transporteurs moins bien définis localisés dans la membrane apicale. Étape **3** : Les acides biliaires importés sont transportés à la surface basolatérale sous forme de complexes avec la I-BABP (*intestinal bile acid-binding protein*) et sont exportés dans le sang par des transporteurs non identifiés. Étape **4** : Les acides biliaires ramenés au foie par le sang sont importés par NTCP, un autre symporteur Na^+. Étape **5** :L'absorption de stérols par les cellules intestinales est diminuée par ABCG5/8, qui paraît pomper les stérols des plantes et le cholestérol à l'extérieur des cellules dans la lumière intestinale.

membrane apicale dans les hépatocytes, comme décrit plus haut. Le mécanisme précis par lequel les phospholipides en excès se détachent du feuillet exoplasmique dans l'espace extracellulaire reste incompris. Une protéine apparentée, ABCB11, transporte les acides biliaires, tandis que ABCB5 et ABCB8 s'associent pour former une seule protéine ABC (ABC5/8) qui exporte les stérols dans la bile.

Dans l'intestin, le *transporteur iléal des acides biliaires (IBAT, intestinal bile acid transporter)* importe les acides biliaires de la lumière dans les cellules épithéliales intestinales (étape 2). IBAT est un symporteur Na^+ (voir Figure 7-21) qui utilise l'énergie du gradient de concentration du Na^+ pour récupérer environ 95 % des acides biliaires. Ceux-ci importés du côté apical des cellules épithéliales intestinales sont pris en charge par la *protéine intestinale liant les acides biliaires (I-BABP, intestinal bile acid-binding protein)* et transférés dans le compartiment basolatéral. De là, ils sont exportés dans le sang par des protéines de transport mal définies (étape 3) et regagnent finalement les cellules hépatiques par un autre symporteur Na^+, appelé NTCP (étape 4). Cet aller-retour des acides biliaires ou **cycle entéro-hépatique,** qui est strictement contrôlé, joue un rôle majeur dans l'homéostasie biliaire.

Puisque l'apport en cholestérol alimentaire est normalement bas, une fraction substantielle du cholestérol dans la lumière intestinale vient de la bile et donc du foie. La protéine ABCG5/8 est exprimée dans la membrane apicale des cellules épithéliales intestinales, où elle contribue au contrôle de l'absorption du cholestérol et des stérols dérivés des plantes, apparemment en rejetant l'excès ou les stérols non désirables dans la lumière intestinale (voir Figure 18-11, étape 5). En partie à cause de ce processus, 1 % seulement des stérols végétaux ingérés inutiles au métabolisme des mammifères, atteint la circulation sanguine. Les acides biliaires non absorbés (normalement <5 % des acides biliaires de la lumière) ainsi que le cholestérol et les stérols des plantes sont finalement éliminés dans les selles.

MÉDECINE Des mutations qui inactivent les gènes codant ABCG5 ou ABCG8 causent la *β-sitostérolémie*. Les patients atteints de cette maladie génétique rare absorbent anormalement de grandes quantités de stérols d'origine végétale ou animale et leur foie en sécrète des quantités anormalement basses dans la bile. Les études effectuées sur ces malades ont mené à la découverte du rôle des protéines ABC dans l'exportation cellulaire des stérols. ▮

Deux autres protéines de surface assurent l'exportation du cholestérol, des phospholipides ou des deux : ABCA1, un autre membre de la superfamille ABC, et SR-BI, un homologue du transporteur d'acides gras CD36. Ces protéines seront bientôt décrites en détail du fait de leur rôle important dans le métabolisme des lipoprotéines.

Des lipides peuvent être exportés ou importés sous forme de grands complexes de lipoprotéines bien caractérisées

Pour faciliter le transfert massif de lipides entre cellules, les animaux ont développé une alternative efficace à l'importation ou l'exportation des lipides molécule par molécule assurée par les protéines de transport comme celles qui sont décrites dans la Figure 18-11. Cette alternative consiste en l'empaquetage de centaines voire des milliers de molécules lipidiques dans des protéines porteuses solubles dans l'eau, les **lipoprotéines**, que les cellules sécrètent dans la circulation ou les y prélèvent.

Une particule lipoprotéique possède une coque composée de protéines (*apolipoprotéines*) et d'une monocouche phospholipidique contenant du cholestérol (Figure 18-12). La coque est **amphiphile**, sa surface extérieure étant hydrophile, ce qui rend ces particules solubles dans l'eau, et sa surface interne hydrophobe. Adjacent à la surface interne hydrophobe de la coque se trouve un noyau de lipides neutres contenant surtout des cholestéryl esters, des triglycérides ou les deux. D'autres composants hydrophobes (e.g. vitamine E, carotène) sont aussi transportés en petites quantités dans le noyau de la lipoprotéine.

Des lipoprotéines de mammifères se répartissent en quatre classes principales. Trois d'entre elles — les **lipoprotéines de haute densité** (HDL), les **lipoprotéines de basse densité** (LDL) et les **lipoprotéines de très basse densité** (VLDL) — tirent leur nom des différences de flottabilité. Plus bas est le rapport protéine/lipide, plus basse est la densité. La quatrième classe, les chylomicrons, est la moins dense et contient la plus haute proportion de lipides. Chaque classe de lipoprotéines diffère par son apolipoprotéine, sa composition lipidique, sa taille et sa fonction (Tableau 18-3). Les VLDL et les chylomicrons contiennent surtout des triglycérides dans leur noyau, tandis que les noyaux des LDL et des HDL consistent surtout en cholestéryl esters. Les apolipoprotéines contribuent à l'organisation de la structure de la particule et détermine ses interactions avec les enzymes, les protéines de transfert extracellulaire et les récepteurs de surface cellulaire. Chaque particule LDL contient une seule copie d'une grande apolipoprotéine (537-kDa) appelée apoB-100 insérée dans la coque externe (voir Figure 18-12). Par contre, plusieurs copies de différentes apolipoprotéines sont trouvées dans chacune des autres classes de lipoprotéines.

TABLEAU 18-3 Classes principales de lipoprotéines plasmatiques

Propriété	Chylomicron	VLDL	LDL	HDL
Masse approxi. (kDa)	50–1000 × 10^3	10–80 × 10^3	2,3 × 10^3	0,175–0,360 × 10^3
Diamètre (nm)	75–1200	30–80	18–25	5–12
Triglycérides (% des lipides du noyau)	97	75	12	11
Cholestéryl esters (% des lipides du noyau)	3	25	88	89
Rapport de masse protéine : lipide	1:100	9:100	25:100	90:100
Apolipoprotéines principales	A, B-48, C, E	B-100, C, E	B-100	A, C
Fonction physiologique principale	Transporte les triglycérides (Tg) alimentaires de l'intestin vers les tissus extrahépatiques (e.g. muscles, tissu adipeux) ; dépourvu de Tg, il livre le cholestérol alimentaire et un peu de Tg au foie	Transporte les Tg aux tissus extrahépatiques ; convertis en LDL	Transporte le cholestérol plasmatique au foie et aux tissus extrahépatiques	Prélève le cholestérol des tissus extrahépatiques et le livre au foie, aux tissus producteurs de stéroïdes et aux autres lipoprotéines

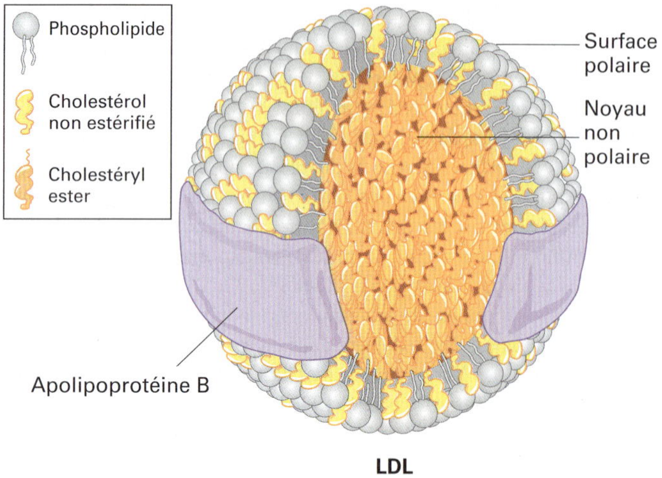

FIGURE 18-12 Modèle de lipoprotéine de basse densité (LDL). Cette classe et les autres classes de lipoprotéines ont la même structure générale : une coque amphiphile qui est composée d'une monocouche de phospholipides, du cholestérol et d'une protéine, le tout entourant un noyau hydrophobe composé surtout de cholestéryl esters ou de triglycérides ou des deux, mais avec de petites quantités d'autres lipides neutres (e.g. certaines vitamines). Ce modèle de LDL est basé sur la microscopie électronique et d'autres méthodes biophysiques. Les LDL ont la particularité de contenir une seule molécule d'un type d'apolipoprotéine (apoB), qui paraît ceinturer la particule. Les autres lipoprotéines contiennent de multiples molécules d'apolipoprotéine, souvent de différents types [Adapté de M. Krieger, 1995, in E. Haber, ed., *Molecular. Cardiovascular Medicine,* Scientific American Medicine, pp. 31-47.]

▶ FIGURE 18-13 Remodelage des lipoprotéines dans le système circulatoire. Les apolipoprotéines sont indiquées par une lettre majuscule (e.g. A, B-100) reliée par un trait à la particule. (a) Sécrétés par le foie **1** les triglycérides des VLDL sont hydrolysés par la lipoprotéine lipase, une enzyme extracellulaire attachée aux endothéliums vasculaires **2**. La perte des triglycérides et de certaines apolipoprotéines des VLDL produit les IDL **3**, qui sont converties en LDL **4**. Les IDL et les LDL circulantes peuvent être endocytées par l'intermédiaire de récepteurs de LDL (LDLR) présents sur les cellules hépatiques **5** et des cellules extrahépatiques **6**. (b) Les lipides alimentaires sont absorbés **1** et empaquetés dans des chylomicrons par les cellules épithéliales intestinales, sécrétés dans la lymphe et amenés ainsi dans la circulation sanguine **2**, où ils sont remodelés comme le sont les VLDL **3**. Formant alors des résidus de chylomicrons plus petits et enrichis en cholestérol **4**, ils sont endocytés via des récepteurs par les hépatocytes **5**. (c) On pense que les HDL sont formés après sécrétion de l'apolipoprotéine A **1** par la formation de particules préβ-HDL, qui contiennent l'apoA mais très peu de lipides **2**. Ces petites particules se chargent de phospholipides et de cholestérol exportés des cellules (surtout le foie et l'intestin) par le transporteur ABCA1 **3**, et forment ainsi un intermédiaire riche en cholestérol **4**. La lécithine:cholestérol acyltransférase (LCAT), une enzyme du plasma, estérifie le cholestérol après son incorporation dans les HDL **5**. Les cholestéryl esters dans le noyau d'une grande particule HDL peuvent être transférés dans des cellules (surtout les hépatocytes **6** et les cellules productrices de stéroïdes **7** par le récepteur SR-BI ou à d'autres lipoprotéines par la CETP (*cholestéryl ester transfer protein*) **8** et de là vers des tissus comme le foie **9**. [Adapté de M. S. Brown & J. L. Goldstein, 1984, *Sci. Am. Biol.* **251**(5):58, et M. Krieger, 1999, *Ann. Rev. Biochem.* **68**:523.]

Les lipoprotéines sont produites dans le RE, exportées par la voie sécrétoire et remodelées dans la circulation

Seuls deux types de lipoprotéines, les VLDL et les chylomicrons, sont formés complètement dans les cellules par assemblage dans le RE, un processus qui requiert l'activité de la *protéine microsomiale de transfert*. Les particules assemblées migrent par la voie sécrétoire vers la surface cellulaire et sont libérées par **exocytose** — les VLDL à partir des cellules hépatiques et les chylomicrons à partir des cellules épithéliales intestinales (voir Figure 18-10b). Les LDL, les IDL (lipoprotéines de densité intermédiaire) et certaines HDL sont générées en dehors des cellules, dans la circulation sanguine et sur la surface des cellules par le remodelage des VLDL et des chylomicrons après leur sécrétion. On observe quatre types de modifications :

- Des lipases hydrolysent des triglycérides et des phospholipides et une acyltransférase estérifie du cholestérol.
- Des protéines spécifiques de transfert lipidique échangent des cholestéryl esters, des triglycérides et des phospholipides entre lipoprotéines.
- Certaines particules prélèvent du cholestérol et des phospholipides exportés des cellules.
- Certaines apolipoprotéines s'associent ou se dissocient de la surface des particules.

Par exemple, des VLDL sécrétées par les hépatocytes sont converties en IDL et finalement en LDL, qui peuvent alors livrer leur cholestérol aux cellules par l'intermédiaire des récepteurs de LDL (Figure 18-13a). De même, des chylomicrons intestinaux porteurs de lipides alimentaires sont hydrolysés par une lipase et convertis en *résidus de chylomicrons*, qui sont finalement endocytés par le foie (Figure 18-13b). De petites particules préβ-HDL sont générées en dehors des cellules à partir des apolipoprotéines apoA sécrétées surtout par le foie et les cellules intestinales, et à partir de petites quantités de cholestérol et de phospholipides. Elles sont ensuite converties en particules d'HDL sphériques et plus grandes, qui constituent la majorité des HDL du sang (Figure 18-13c). Les particules préβ-HDL grandissent surtout par incorporation de phospholipides et de cholestérol exportés des cellules avec l'aide d'encore une autre protéine ABC appelée *ABCA1* (voir Tableau 18-2). Cette protéine fut impliquée dans la formation des HDL quand on a découvert que des déficiences dans le gène *ABCA1* causaient la maladie de Tangier, une affection génétique très rare caractérisée par l'absence quasi complète d'HDL dans le sang. Après avoir été incorporé dans les HDL, le cholestérol est estérifié par la *lécithine:cholestérol acyl transférase (LCAT)*, une enzyme présente dans le plasma. De grandes particules HDL peuvent transférer leurs cholestéryl esters à d'autres lipoprotéines par l'intermédiaire de la CETP (*cholesteryl ester-transfer protein*) ou à d'autres cellules (spécialement le foie et les cellules productrices de stéroïdes) via le récepteur SR-BI, dont il sera question plus tard.

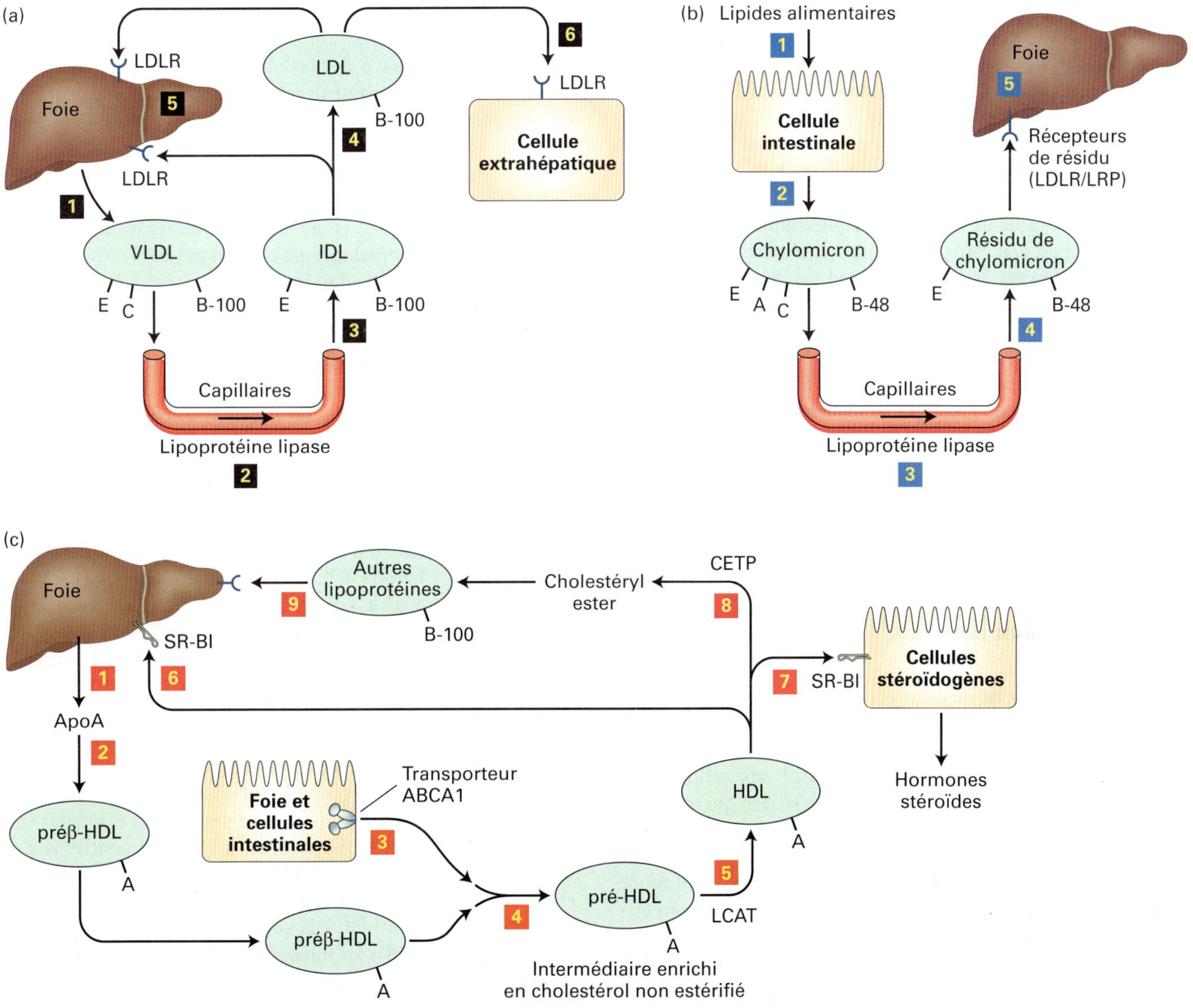

Comme nous le verrons en détail dans la Section 18.5, le taux du cholestérol des LDL dans le plasma (cholestérol estérifié et non estérifié) est directement corrélé avec le risque de maladie coronarienne, tandis que le taux de cholestérol des HDL est inversement corrélé avec ce risque. Pour cette raison, on parle souvent dans le premier cas de « mauvais cholestérol » et dans le second de « bon cholestérol ».

Les cellules importent les lipides des lipoprotéines par des mécanismes dépendant de diverses protéines

Pour une efficacité maximale, les lipides des lipoprotéines circulantes ne devraient être prélevées que par les cellules qui en ont besoin pour la formation de membranes (e.g. cellules en division), la synthèse d'hormones stéroïdes (e.g. cellules endocrines), la production d'énergie (e.g. cellules musculaires) ou le stockage (cellules adipeuses et endocrines). Les lipides des lipoprotéines sont adressées aux cellules appropriées selon une des deux voies suivantes : (1) l'hydrolyse extracellulaire, partielle et locale des triglycérides suivie de l'incorporation, par des protéines de transport, des acides gras libérés ; ou (2) l'expression contrôlée de récepteurs membranaires des lipoprotéines, qui permettent le prélèvement direct des lipides des lipoprotéines.

Le premier mécanisme d'adressage, par exemple, fournit aux cellules des acides gras aux muscles qui en tirent de l'énergie ou au tissu adipeux qui les stockent. Dans ces tissus, la lipoprotéine lipase est attachée par des chaînes de glycoaminoglycanes (GAG) à la surface, du côté sanguin, des cellules endothéliales. Les acides gras libérés par l'hydrolyse des triglycérides du noyau des VLDL et des chylomicrons traversent alors la paroi vasculaire et entrent dans les cellules sous-jacentes par l'intermédiaire des transporteurs d'acides gras comme FATP et CD36 (voir Figure 18-10a). Ce remodelage des particules de lipoprotéines aboutit ainsi à la livraison d'acides gras aux cellules.

L'expression de divers récepteurs de lipoprotéines par différents tissus permet également que les lipides soient livrés aux cellules qui en ont besoin et qui peuvent les utiliser. Dans ce cas, les cholestéryl esters et les triglycérides du noyau des lipoprotéines doivent franchir deux barrières pour entrer dans l'espace cytoplasmique : la monocouche phospholipidique de la coque de la particule et la bicouche de la membrane plasmique de la cellule. À un certain point du processus de livraison, les lipides du noyau qui sont transférés doivent être hydrolysés en produits non estérifiés (cholestérol, acides gras) utilisables par les cellules qui les importent. Les cellules ont acquis deux mécanismes distincts pour capter via des récepteurs les lipides des noyaux des lipoprotéines : elles **endocytent** les particules entières de lipoprotéines par des récepteurs spécifiques ou **prélèvent de manière sélective des lipides** à partir de certains composants des particules.

L'étude de l'hypercholestérolémie familiale a révélé comment les particules LDL sont endocytées par l'intermédiaire d'un récepteur

MÉDECINE Il n'y a pas de meilleur exemple de relation synergique entre la biologie moléculaire et cellulaire et la médecine que l'histoire de la découverte du récepteur des LDL (LDLR) servant à la livraison du cholestérol aux cellules. Les expériences élégantes, couronnées par le prix Nobel, qui ont mené à cette découverte ont permis d'expliquer les mécanismes sous-jacents au métabolisme des LDL, les fonctions et les propriétés de plusieurs organites, les systèmes cellulaires de contrôle coordonné de voies métaboliques complexes et de développer de nouveaux traitements de l'athérosclérose.

Certaines de ces expériences comparaient le métabolisme des LDL dans des cellules humaines normales avec celui de cellules de patients atteints d'*hypercholestérolémie familiale (HF)*, une maladie héréditaire caractérisée par un taux très élevé du cholestérol plasmatique et qui est liée à des mutations du gène *LDLR*. Chez les patients qui ont une copie normale et une déficiente du gène *LDLR* (hétérozygotes), le cholestérol LDL est augmenté environ deux fois. Ceux qui ont deux gènes *LDLR* déficients (homozygotes) ont des taux de cholestérol LDL qui sont quatre à six fois plus élevés que le taux normal. Chez les hétérozygotes, une maladie cardiovasculaire survient environ 10 ans plus tôt que dans la population normale, et les homozygotes meurent habituellement d'attaque cardiaque avant l'âge de 30 ans. ▮

Ici, nous montrons comment l'analyse des déficiences cellulaires sous-jacentes à l'HF a éclairé les processus cellulaires normaux. Dans des expériences typiques de culture cellulaire, les interactions des LDL avec des cellules de sujet normaux et d'homozygotes HF furent suivies en fonction de la concentration de LDL, ce qui a montré la haute affinité du récepteur pour les LDL. On a constaté aussi que la capture des LDL dépendait de la température. Dans ces expériences, des LDL purifiées furent marquées par couplage covalent de l'^{125}I aux résidus de tyrosine de l'apoB-100 des LDL. Des cellules en culture de personnes normales et de patients atteints d'HF furent incubées pendant plusieurs heures avec des LDL marquées. On a déterminé alors combien de LDL était fixée à la surface des cellules, combien était incorporée et combien d'apoB-100 était dégradée en acides aminés par hydrolyse enzymatique, ce que révélait la libération de ^{125}I-tyrosine dans le milieu de culture.

Les résultats présentés dans la Figure 18-14a montrent que les cellules des homozygotes HF comparées aux cellules normales sont incapables de lier et d'incorporer les LDL et de dégrader l'apoB-100 à la température physiologique de 37°C. Les cellules homozygotes sont tout à fait inactives alors que l'activité des hétérozygotes est inférieure de moitié par rapport à la norme. Pour les cellules normales, l'allure de la courbe de liaison est conforme à ce que l'on attend d'un récepteur saturable de haute affinité. Notez aussi que les courbes d'incorporation et de dégradation ont la même forme que la courbe de fixation. Lorsque les expériences furent effectuées avec des cellules normales à 4° C, les LDL s'y fixèrent, mais ne furent ni incorporées ni dégradées (Figure 18-14b). Normalement, à température basse, la liaison de molécules aux récepteurs de surface n'est pas inhibée, mais l'incorporation et la dégradation des molécules, qui dépendent du trafic membranaire, le sont (Chapitre 17). Ces résultats indiquent que les LDL se fixent d'abord à des récepteurs et sont ensuite incorporés et dégradés. De ces résultats, il faut également retenir le point suivant : après que les cellules furent incubées pendant 5 heures à 37 °C, les quantités de LDL incorporées et d'apoB-100 dégradées étaient considérablement plus grandes que les LDL en surface. Ce résultat indique que chaque molécule de récepteur a lié et incorporé plus d'une particule de LDL durant la période d'incubation. En d'autres mots, le récepteur des LDL est recyclé.

Des expériences pulse-chase avec des cellules normales et une concentration fixe de LDL marquées à l'^{125}I ont contribué à définir la cinétique de l'incorporation des LDL dépendante d'un récepteur. Ces expériences démontrent clairement l'ordre des événements : liaison des LDL à la surface → incorporation → dégradation (Figure 18-15). La microscopie électronique avec des particules marquées a révélé que les LDL se lient d'abord à des puits d'endocytose tapissés de clathrine qui s'invaginent et bourgeonnent pour former des vésicules couvertes et ensuite des endosomes (voir Figure 17-27). Des expériences ultérieures ont montré que le récepteur des LDL reconnaît l'apoB-100 et une ou deux apolipoprotéines fortement apparentées ; ainsi la fixation à ce récepteur est hautement spécifique pour les LDL. La liaison dépend aussi du pH : la liaison est forte au pH du milieu extracellulaire (7,4) ; faible ou nulle au pH plus bas (≈4,5-6) de certains organites comme les endosomes et les lysosomes. À cause de cela, le récepteur des LDL libère les LDL dans les vésicules intracellulaires et peut être recyclé à la surface cellulaire.

L'hypercholestérolémie familiale peut être causée par diverses mutations du gène codant le récepteur des LDL. Certaines empêchent la synthèse de la protéine LDLR ; d'autres empêchent son repliement adéquat dans le RE, ce qui aboutit à sa dégradation prématurée (Chapitre 16) ; d'autres mutations réduisent la capacité du récepteur de fixer fermement les LDL. D'autres récepteurs mutants sont exprimés en surface et lient normalement les LDL, mais ils ne peuvent assurer leur incorporation. Les études de ces récepteurs ont révélé que les protéines de surface impliquées dans l'endocytose par les puits tapissés de clathrine comportaient des séquences particulières d'incorporation. Comme on l'a vu au

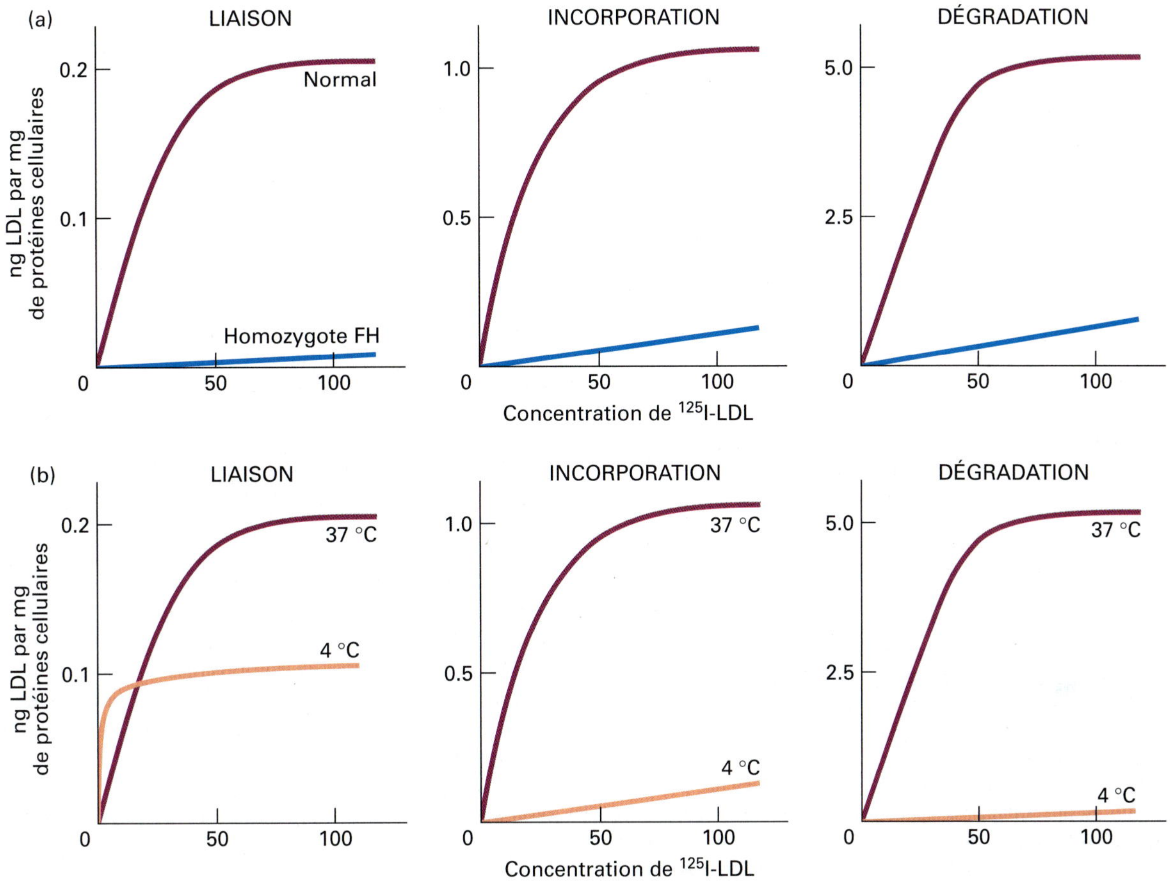

FIGURE EXPÉRIMENTALE 18-14 La liaison des LDL, leur incorporation et leur dégradation sont réduites dans les cellules de patients atteints d'hypercholestérolémie familiale (HF) et sont influencées par la température. Des fibroblastes en culture furent incubés pendant 5 heures dans un milieu contenant des LDL dont l'apolipoprotéine B (apoB) était marquée par l'^{125}I fixée sur les résidus de tyrosine. Les quantités de LDL liées à la surface cellulaire (liaison) et présentes dans les cellules (incorporation) ainsi que la quantité de tyrosine marquée libérée dans le milieu à la suite de la dégradation de l'apoB (hydrolyse) ont été déterminées en fonction de la concentration de LDL. (a) Les courbes montrées ici représentent des résultats typiques d'expériences à 37 °C avec des cellules d'un sujet normal et d'un patient homozygote pour la HF. Notez que les axes Y diffèrent et que les valeurs relatives maximales pour la liaison, l'incorporation et l'hydrolyse sont approximativement 0,2 :1 :5. (b) Ces résultats pour des cellules normales à 37 °C et 4 °C montrent que la liaison des LDL n'est pas fortement réduite à 4 °C, tandis que l'incorporation et l'hydrolyse sont bloquées, ce qui suggère que ces deux processus impliquent des mouvements membranaires, qui sont typiquement inhibés à basse température. Voir le texte pour plus de détails. [Adapté de M. S. Brown & J. L. Goldstein, 1979, *Proc. Nat'l. Acad. Sci. USA* **76**:3330, et J. L. Goldstein & M. S. Brown, 1989, dans C. R. Scriver *et al.*, eds., *The Metabolic Basis of Inherited Disease*, 6th ed, McGraw-Hill, p. 1215.]

Chapitre 17, de tels signaux d'adressage, situés dans les domaines cytosoliques de certaines protéines membranaires, jouent un rôle clé dans la direction de ces protéines vers des vésicules particulières.

Les résultats de ces études et d'autres recherches ont abouti au modèle actuel de l'endocytose des LDL par l'intermédiaire d'un récepteur et aussi à d'autres combinaisons récepteur-ligand décrites dans le Chapitre 17 (voir en particulier la Figure 17-28) et résumées dans la Figure 18-10b. Lorsque les particules de LDL ont atteint les lysosomes, des protéases hydrolysent leur apolipoprotéine de surface et les cholestéryl estérases hydrolysent les cholestéryl esters. Le cholestérol non estérifié est alors libre de quitter le lysosome et d'être utilisé si nécessaire par la cellule pour la synthèse de membranes ou de divers dérivés. L'exportation du cholestérol des lysosomes dépend de la protéine NPC1 mentionnée plus haut.

Si l'endocytose dépendant de LDLR n'était pas régulée, les cellules prélèveraient en permanence des LDL et accumuleraient des quantités massives de cholestérol dérivé des LDL à cause du recyclage des récepteurs et du réservoir important de LDL dans le courant sanguin. Cependant, un système élégant de régulation décrit dans la Section 18.4 limite la capture des LDL. Celles-ci livrent la majeure partie de leur cholestérol au foie, qui exprime la plupart des récepteurs de LDL. Ce récepteur interagit non seulement avec l'apoB-100 de la surface des particules de LDL, mais aussi avec l'apoE des résidus de chylomicrons et des particules de lipopro-

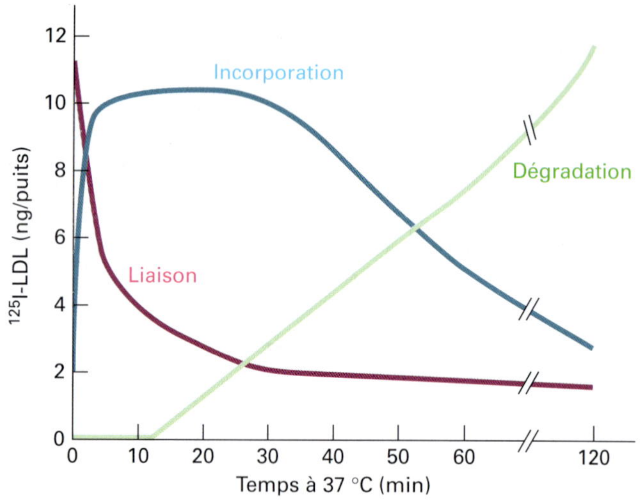

FIGURE EXPÉRIMENTALE 18-15 Une expérience de *pulse-chase* démontre les relations entre précurseur et produit lors de la capture des LDL. Des fibroblastes normaux de peau humaine en culture furent incubés dans un milieu contenant des ^{125}I-LDL pendant 2 heures à 4 °C (*pulse*). Après élimination par lavage des ^{125}I-LDL non fixées aux cellules, celles-ci furent incubées à 37 °C pendant des temps variables, comme indiqué, en absence de LDL extérieure (*chase*). La quantité de ^{125}I-LDL liée à la surface, incorporée et dégradée (hydrolysée) a été mesurée comme dans les expériences de la Figure 18-14. La liaison, mais pas l'incorporation ou l'hydrolyse de l'apoB-100 des LDL, survient durant l'incubation à 4 °C (*pulse*). Les résultats montrent la disparition très rapide des ^{125}I-LDL liées à la surface ; elles sont incorporées après que les cellules ont été ramenées à 37 °C, ce qui permet le mouvement membranaire. Après un intervalle de 15-20 minutes, la dégradation lysosomiale des ^{125}I-LDL incorporées commence. [Voir M. S. Brown & J. L. Goldstein, 1976, *Cell* **9** :663.]

téines de densité intermédiaire (IDL). Un récepteur apparenté appelé LRP (*LDLR-related protein*) reconnaît apoE mais non apoB-100 ; donc LRP assure l'endocytose des résidus de chylomicrons et des IDL, mais pas des LDL, par les hépatocytes et d'autres cellules (voir Figure 18-13b).

Les cholestéryl esters des lipoprotéines peuvent être captés sélectivement par le récepteur SR-BI

Des études du métabolisme des HDL ont permis de découvrir un second mécanisme par lequel un récepteur permet l'incorporation de lipides à partir des lipoprotéines. Dans ces expériences, on a injecté à des animaux des particules de HDL purifiées dans lesquelles l'apolipoprotéine était marquée à ^{125}I et les cholestéryl esters du noyau par ^{3}H. Le foie et les tissus producteurs d'hormones stéroïdes (stéroïdogènes) ont accumulé des quantités considérables de cholestérol marqué mais non de l'apolipoprotéine. Inversement ^{125}I, et non ^{3}H, a été retrouvé en grande quantité dans les reins, où l'apoprotéine est dégradée. Ces résultats contrastent avec l'endocytose de particules entières par l'intermédiaire d'un récepteur. Ici, le foie et les cellules stéroïdogènes prélèvent sélectivement les cholestéryl esters à partir du noyau des particules d'HDL sans accumuler les composants de la coque.

La Figure 18-16 décrit un modèle de prélèvement sélectif des cholestéryl esters au moyen d'un récepteur de surface appelé SR-BI (*scavenger receptor, class B, type I*). Il lie les HDL, les LDL et les VLDL et peut assurer la capture sélective de toutes ces lipoprotéines. Le mécanisme détaillé du prélèvement sélectif n'a pas

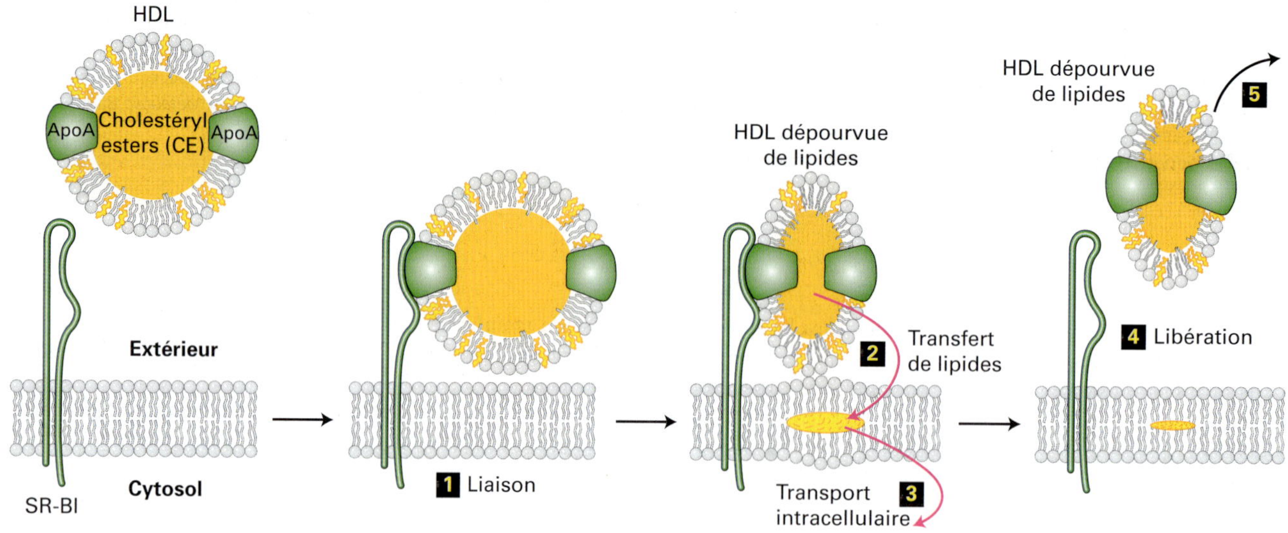

FIGURE 18-16 Modèle de capture sélective des cholestéryl esters des HDL assurée par le récepteur SR-BI. Après liaison des HDL à SR-BI **1**, les cholestéryl esters du noyau sont transférés sélectivement dans la membrane cellulaire **2** et de là dans le cytosol **3** par des mécanismes encore inconnus. La particule de HDL résiduelle se détache rapidement du récepteur **4** et retourne finalement dans la circulation **5**. [Voir C. Glass *et al.*, 1983 *Proc. Nat'l. Acad. Sci. USA* **80** :5435 ; Y. Stein *et al.*, 1983, Biochim. Biophys. Acta **752** :98 et M. Krieger, 1999, *Ann. Rev. Biochem.* **68** :523.]

encore été élucidé, mais il pourrait impliquer une fusion partielle de la monocouche externe de phospholipides des lipoprotéines et le feuillet exoplasmique de la membrane plasmique. Les cholestéryl esters entrent d'abord dans le milieu hydrophobe de la membrane plasmique, sont transférés ensuite à travers le feuillet interne et sont finalement hydrolysés par des cholestéryl estérases cytosoliques (non lysosomiales). Les particules vidées de leurs lipides se détachent de SR-BI et retournent dans la circulation. Elles peuvent alors extraire des phospholipides et du cholestérol à partir d'autres cellules au moyen de la protéine ABCA1 ou d'autres protéines de transport présentes à la surface des cellules (voir Figure 18-13c). Finalement, de petites particules HDL dépourvues de lipides circulant dans le sang passent le filtre rénal et se fixent à un récepteur différent sur les cellules épithéliales du rein. Après que ces particules ont été incorporées par endocytose dépendant d'un récepteur, elles sont dégradées dans les lysosomes.

Le récepteur SR-BI diffère du récepteur des LDL sur deux points importants. D'abord, les SR-BI se regroupent sur les microvillosités et dans les **radeaux lipidiques** de surface (Chapitre 5), non dans des puits tapissés comme le fait le récepteur des LDL. Ensuite, SR-BI assure le transfert des lipides à travers la membrane sans endocytose des particules entières des LDL comme le fait le récepteur des LDL. Récepteur multifonctionnel, SR-BI peut assurer le prélèvement sélectif à partir des lipoprotéines de divers lipides (e.g. cholestéryl esters, vitamine E) ; il fonctionne aussi en sens inverse dans l'exportation de cholestérol non estérifié repris par les lipoprotéines arrimées aux cellules. SR-BI a une structure semblable à celle du transporteur d'acides gras CD36 ; tous deux appartiennent à la superfamille des *récepteurs éboueurs* (*scavenger receptors*). Comme nous le verrons plus loin, certains de ces récepteurs jouent apparemment un rôle dans le déclenchement de l'athérosclérose.

CONCEPTS CLÉS DE LA SECTION 18.3

Transfert lipidique à l'intérieur et à l'extérieur de la cellule

- Le mouvement des lipides dans et en dehors des cellules requiert habituellement soit des protéines de transport à la surface cellulaire et des protéines de liaison solubles dans l'eau (micelles), soit la sécrétion de lipoprotéines et la capture des lipoprotéines par un récepteur (voir Figure 18-10).

- Les transporteurs d'acides gras (FATP, CD36) dans la membrane plasmique facilitent le mouvement des acides gras entre les protéines de liaison de l'intérieur des cellules (FABP) et des protéines porteuses extracellulaires (e.g. albumine).

- La superfamille ABC comprend des pompes pour petites molécules fonctionnant par hydrolyse de l'ATP. Beaucoup assurent l'exportation de divers lipides à partir des cellules (voir Tableau 18-2).

- Plusieurs protéines ABC exportent des composants biliaires à partir des hépatocytes : ABCB4 (phospholipides), ABCB11 (sels biliaires) et ABCG5/8 (cholestérol et stérols de plantes). Des symporteurs Na^+ (e.g. IBAT et NTCP), qui permettent la capture des sels biliaires, jouent aussi un rôle clé dans le cycle entéro-hépatique (voir Figure 18-11).

- Les lipoprotéines sont de grandes particules avec un noyau de lipides neutres (esters de cholestérol, triglycérides) et une coque amphiphile composée d'apoliprotéines, d'une monocouche de phospholipides et de cholestérol non estérifié.

- Chaque classe de lipoprotéines a une protéine et une composition lipidique caractéristiques et intervient dans l'exportation cellulaire, le transport extracellulaire à travers le système circulatoire et l'importation de lipides dans les cellules par l'intermédiaire de récepteurs (voir Tableau 18-3 et Figure 18-13).

- L'hypercholestérolémie familiale est causée par des mutations dans le gène codant le récepteur des lipoprotéines de basse densité (LDL). Les patients concernés ont des taux plasmatiques de LDL élevés et développent des troubles cardiovasculaires à un âge précoce.

- L'endocytose par récepteurs des lipoprotéines, comme les LDL, est un mécanisme qui sert à la livraison de cholestérol aux cellules.

- Dans un second mécanisme de livraison du cholestérol, le récepteur SR-BI assure le prélèvement sélectif des cholestéryl esters à partir des lipoprotéines de haute densité, des LDL et des lipoprotéines de très basse densité. La particule vidée de ses lipides est libérée ensuite de la cellule et peut être réutilisée (voir Figure 18-16).

18.4 Rétrocontrôle du métabolisme lipidique des cellules

Il est évident qu'une cellule ferait face à de sérieuses difficultés si elle ne disposait pas d'assez de lipides pour fabriquer les quantités requises de membranes ou si elle contenait tellement de cholestérol que de grands cristaux se formeraient et endommageraient ses structures. Afin de prévenir de tels événements, les cellules maintiennent des taux adéquats de lipides en régulant leur apport et leur utilisation. Nous avons vu comment les cellules acquièrent les lipides par biosynthèse ou importation et comment elles les exportent. Dans cette section, nous décrivons la régulation du métabolisme lipidique, en nous concentrant sur celui du cholestérol. Cependant, les voies de régulation qui contrôlent les taux cellulaires de cholestérol interviennent également dans le contrôle du métabolisme des acides gras et des phospholipides. La régulation coordonnée du métabolisme de ces composants membranaires est nécessaire pour maintenir la composition correcte des membranes.

Depuis plus de 50 ans, on sait que la voie de synthèse du cholestérol est soumise à un rétrocontrôle négatif. En fait, c'est la première biosynthèse pour laquelle ce type de régulation par le produit final a été démontré. Quand le cholestérol augmente dans la cellule, le besoin d'en importer par le récepteur des LDL ou d'en poursuivre la synthèse faiblit. En conséquence, la transcription des gènes codant le récepteur des LDL et des enzymes de synthèse du cholestérol diminue. Par exemple, quand des cellules normales en culture sont incubées avec des concentrations croissantes de LDL, l'expression et l'activité de l'HMG-CoA réductase, l'enzyme contrôlant la vitesse de synthèse du cholestérol, sont supprimées, tandis que l'activité de l'acyl:cholestérol acyltransférase (ACAT), qui convertit le cholestérol en la forme estérifiée de stockage, augmente. Inversement, quand le taux cellulaire de cholestérol faiblit, la cellule en consommant davantage, l'expression du récepteur des

LDL et l'activité de l'HMG-CoA réductase augmentent et l'activité d'ACAT diminue. Une telle régulation coordonnée est un moyen efficace d'assurer l'homéostasie du cholestérol cellulaire.

Le transport RE-Golgi et la protéolyse contrôlent l'activité des facteurs de transcription SREBP

La transcription régulée par le cholestérol dépend souvent des SRE (*sterol regulatory elements*) de 10 paires de base, ou demi-sites SRE, situés dans les promoteurs des gènes cibles. Sur base du contrôle de la transcription décrit dans le Chapitre 11, on s'attend à ce que les **SREBP** (***SRE-binding proteins***) dépendant du cholestérol, en interagissant avec ces éléments, modulent l'expression des gènes concernés. Ce à quoi l'on pourrait ne pas s'attendre est que la voie de la SREBP par laquelle le cholestérol contrôle l'expression de protéines impliquées dans son métabolisme commence dans le RE et inclut au moins deux autres protéines en plus de la SREBP.

Lorsque les cellules ont des taux adéquats de cholestérol, SREBP se trouve dans la membrane du RE complexée à *SCAP* (*SREBP cleavage-activating protein*), *insig-1* (ou son homologue proche insig-2) et, peut-être, d'autres protéines (Figure 18-17, *à gauche*). SREBP a trois domaines distincts : un domaine cytosolique N-terminal qui comprend un motif hélice-boucle-hélice basique (bHLH) de liaison à l'ADN (voir Figure 11-22b) fonctionnant comme facteur de transcription, un domaine central d'ancrage dans la membrane contenant deux hélices α transmembranaires et un domaine régulateur cytosolique C-terminal. SCAP a huit hélices α transmembranaires et un grand domaine cytosolique C-terminal qui interagit avec le domaine régulateur de SREBP. Cinq des hélices transmembranaires dans SCAP forment un domaine sensible au stérol semblable à celui de la HMG-CoA réductase. Le domaine sensible au stérol dans SCAP se lie fermement à insig-1(2), mais seulement lorsque le taux de cholestérol est élevé. Dans ce cas-là, il bloque la liaison de SCAP aux protéines du manteau de la vésicule COPII et prévient ainsi l'incorporation du complexe SCAP/SREBP dans les vésicules de transport ER-Golgi (voir Chapitre 17).

Lorsque le taux de cholestérol chute, insig-1(2) se détache de SCAP, et le complexe SCAP/SREBP peut migrer du RE dans l'appareil de Golgi (Figure 18-17, *à droite*). Dans le Golgi, SREBP est clivé successivement à deux sites par deux protéases liées à la membrane, S1P et S2P. Le second clivage intramembranaire au site 2 libère dans le cytosol le domaine N-terminal contenant bHLH.

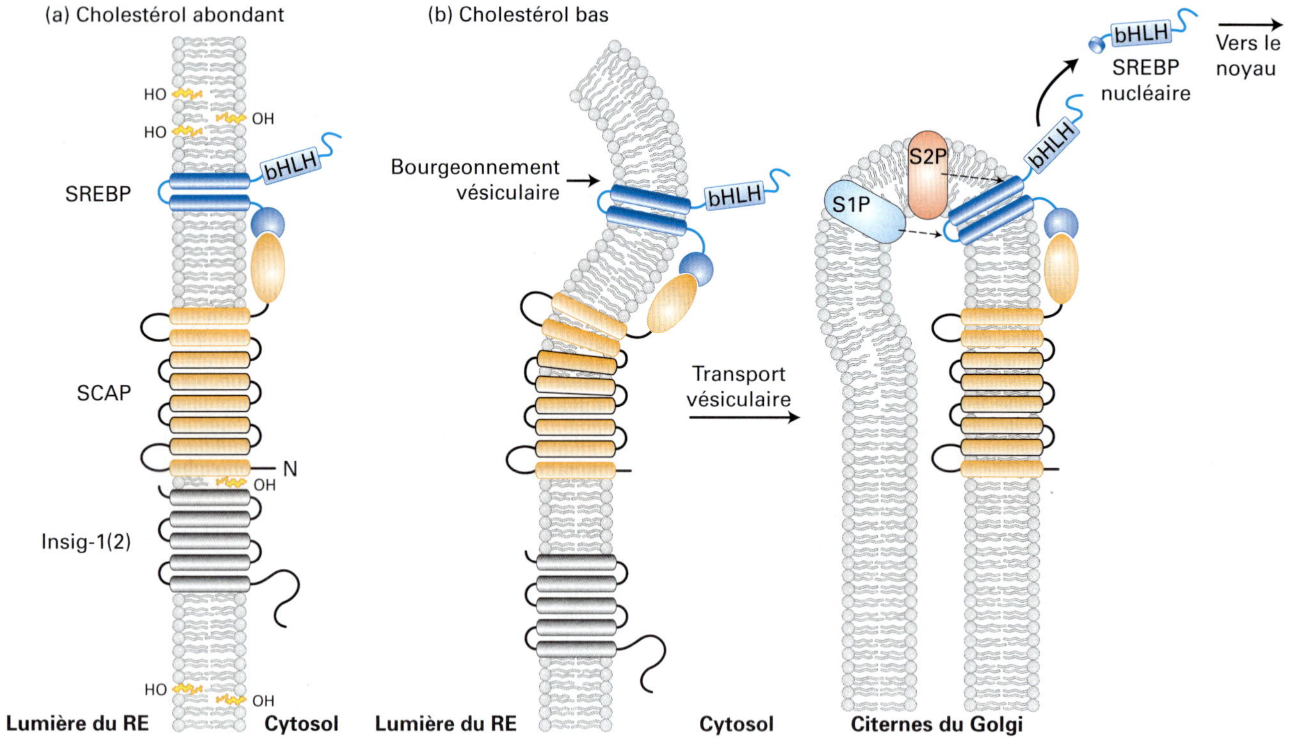

FIGURE 18-17 Modèle montrant comment insig-1(2) et SCAP activent la SREBP en réponse au cholestérol. En combinant leur activité, deux protéines intégrées dans la membrane du RE, insig-1(2) et SCAP, contrôle le pool cellulaire de cholestérol. (a) Quand le taux de cholestérol est élevé, insig-1(2) se lie au domaine sensible aux stérols de SCAP, qui liée à SREBP ancre le complexe dans la membrane du RE. (b) Quand le taux de cholestérol est bas, insig-1(2) se détache de SCAP, ce qui permet au complexe SCAP/SREBP de gagner par la voie de vésicules le complexe de Golgi. À droite, les clivages successifs de SREBP par les protéases des sites 1 et 2 (S1P et S2P) associées à la membrane du Golgi libèrent le domaine N-terminal bHLH, appelé SREBPn (SREBP nucléaire). Après son transfert dans le noyau, SREBPn contrôle la transcription des gènes dont les promoteurs contiennent des SRE (*sterol regulatory elements*). [Adapté de T. F. Osborne, 2001, *Genes Devel.* **15**:1873 ; voir T. Yang *et al.*, 2002, *Cell* **110**:489.]

Ce fragment, appelé SREBPn (SREBP nucléaire), se lie directement au récepteur d'importation nucléaire et est rapidement transféré dans le noyau (voir Figure 12-21). Dans le noyau, nSREBP active la transcription des gènes dont le promoteur contient SRE, tels ceux qui codent le récepteur de LDL et la HMG-CoA réductase. Après clivage de la SREBP dans le Golgi, SCAP est apparemment recyclé dans le RE où il peut interagir avec insig-1(2) et une autre molécule SREBP. Un rythme de transcription élevé des gènes contrôlés par SRE requiert la génération continue de nouveaux nSREBP, car il est en effet dégradé assez rapidement par la voie de l'ubiquitine et des protéasomes (Chapitre 3). La génération rapide et la dégradation de nSREBP aident les cellules à répondre rapidement aux changements de taux du cholestérol intracellulaire.

Dans la voie insig-1(2)/SCAP/SREBP qui contrôle le métabolisme du cholestérol, la cellule exploite les déplacements entre compartiments (ER → Golgi → cytosol → noyau), régulés par des interactions protéine-protéine dépendantes des stérols, et un clivage protéolytique post-translationnel afin d'activer un facteur de transcription lié à la membrane. Le clivage de SREBP dans cette voie est un des exemples connus de *protéolyse intramembranaire régulée* (*RIP*). RIP active des facteurs de transcription dans la voie de signalisation Notch (Chapitre 14) et dans la réponse aux protéines non repliées (Chapitre 16). RIP est aussi responsable de la génération des peptides toxiques d'amyloïde β qui contribuent au développement de la maladie d'Alzheimer (voir Figure 14-30).

De multiples SREBP régulent l'expression de nombreuses protéines métabolisant les lipides

Dans certaines circonstances (e.g. pendant la croissance cellulaire), les cellules ont besoin d'un apport accru de tous les lipides essentiels à la formation des membranes et de leurs précurseurs d'acides gras (régulation coordonnée). Mais parfois les cellules ont besoin

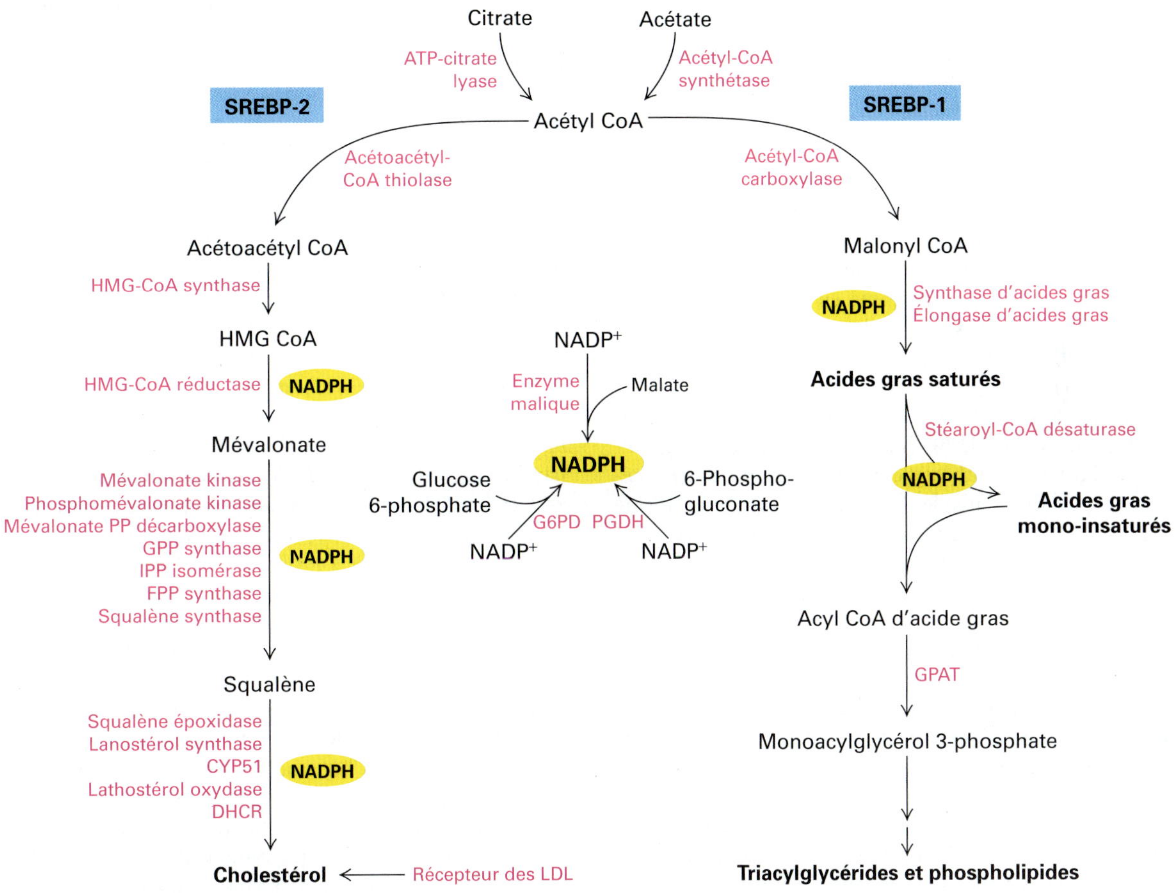

FIGURE 18-18 Régulation globale du métabolisme lipidique cellulaire par SREBP. SREBP contrôle la transcription des gènes indiqués qui codent des protéines directement requises pour la synthèse et l'importation du cholestérol et pour la synthèse des acides gras, des phospholipides et des triglycérides. Les SREBP régulent aussi l'activité des gènes impliqués dans la production du NADPH, qui est une source d'énergie pour de nombreuses étapes dans les voies de synthèse. Abréviations : GPP = géranylgéranyl pyrophosphate ; IPP = isopentényl pyrophosphate ; FPP = farnésyl pyrophosphate ; CYP51 = lanostérol 14a-déméthylase ; DHCR = 7-déhydro-cholestérol réductase ; G6PD = glucose 6-phosphate déhydrogénase ; PGDH = 6-phosphogluconate déhydrogénase ; GPAT = glycérol 3-phosphate acyltransférase. [Adapté de J. D. Horton, J. L. Goldstein & M. S. Brown, 2002, *J. Clin. Invest.* **109**:1128.]

de quantités plus grandes de certains lipides que les autres (régulation différenciée). Par exemple, des cellules qui produisent des acides biliaires ou des hormones stéroïdes ont besoin d'un apport accru de cholestérol, mais pas d'acides gras ou de phospholipides. La régulation complexe du métabolisme complexe du métabolisme lipidique caractéristique des eucaryotes les plus évolués est due largement au grand nombre de facteurs de transcription, entre autres les nombreux SREBP, qui contrôlent l'expression de protéines qui participent à la synthèse, à la dégradation, au transport et au stockage des lipides.

On connaît trois isoformes de SREBP chez les mammifères : SREBP-1a et SREBP-1c, qui sont générés par épissage alternatif de l'ARN provenant d'un seul et même gène, et SREBP-2, qui est codé par un gène différent. Ensemble, ces facteurs de transcription régulés par des protéases contrôlent la disponibilité non seulement du cholestérol mais aussi des acides gras et de leurs dérivés, les triglycérides et les phospholipides. Dans les cellules de mammifères, SREBP-1a et SREBP-1c exercent une plus grande influence sur le métabolisme des acides gras que sur celui du cholestérol, alors que c'est l'inverse pour SREBP-2. Comme indiqué dans la Figure 18-18, les SREBP peuvent réguler l'activité de gènes codant de nombreuses protéines différentes. Parmi elles, on trouve celles qui participent dans le prélèvement cellulaire des lipides (e.g. le récepteur des LDL, SR-BI et la lipoprotéine lipase) et de nombreuses enzymes dans les voies de synthèse du cholestérol, des acides gras, des triglycérides et des phospholipides.

MÉDECINE SREBP-1 jouerait un rôle important dans le développement de la *stéatose hépatique*, une complication sérieuse de l'abus d'alcool. Dans cette affection, les triglycérides et le cholestérol s'accumulent en quantité anormalement élevée dans le cytosol sous forme de gouttelettes, ce qui peut mener à l'hépatite alcoolique et à la cirrhose. Les résultats d'expériences sur hépatocytes en culture et chez la souris suggèrent que le métabolisme de l'alcool en acétaldéhyde par l'alcool déshydrogénase hépatique active la SREBP-1 et la libération de la SREBP-1 nucléaire, qui induit la synthèse des acides gras et des triglycérides. La surexpression, dans le foie de souris, de la forme nucléaire de SREBP-1, donc active de manière constitutive, augmente de manière significative la synthèse des acides gras et du cholestérol, aboutissant ainsi à la stéatose hépatique. ▮

Au contraire de la voie insig-1(2)/SCAP/SREBP dans les cellules de mammifères, la voie homologue chez la drosophile ne répond pas aux changements du taux cellulaire de stérols. Au lieu, l'activation protéolytique dépendant de SCAP de SREBP est supprimée par des taux élevés de phosphatidyléthanolamine, principal phospholipide chez la mouche. Cette observation, résultat d'une élégante série d'expériences basée sur des inhibiteurs d'enzymes et l'interférence ARN (ARNi) indique que le domaine sensible aux stérols de SCAP chez la drosophile répond au taux cellulaire de phosphatidyléthanolamine et non à celui du cholestérol. Dès lors, les domaines dits sensibles aux stérols devraient être appelés de manière plus pertinente domaines *sensibles aux lipides*. On ignore encore si ceux-ci interagissent directement avec les lipides de contrôle, ou s'ils recourent à des protéines intermédiaires.

Comme dit précédemment, la HMG-CoA réductase contient aussi un domaine sensible aux stérols. Celui-ci détecte les taux élevés de cholestérol, de quelques-uns de ses dérivés et de certains de ses précurseurs, ce qui déclenche la dégradation rapide de l'enzyme par la voie de l'ubiquitine et des protéasomes. En conséquence, l'activité de la HMG-CoA réductase chute, ce qui entraîne une diminution de la synthèse de cholestérol. Comme SCAP, la HMG-CoA réductase est localisée dans la membrane du RE, où insig-1(2) est liée au domaine sensible aux stérols. Cette liaison dépend aussi du cholestérol et est requise pour la dégradation dépendant du cholestérol de la HMG-CoA réductase dans les protéasomes. Ainsi insig-1(2) et le domaine sensible aux stérols de SCAP ou de la HMG-CoA réductase forment ensemble un senseur du taux de cholestérol. Il semble probable qu'au cours de l'évolution, le domaine sensible aux stérols et les protéines associées se sont révélées efficaces dans la reconnaissance de diverses molécules lipidiques et furent incorporés pour cette raison dans une variété de systèmes régulateurs.

Des membres de la superfamille des récepteurs nucléaires contribuent à la régulation des lipides cellulaires et de l'ensemble de l'organisme

En plus des SREBP, plusieurs membres de la superfamille des récepteurs nucléaires régulent le métabolisme lipidique. Les **récepteurs nucléaires** sont des facteurs de transcription qui sont en général activés par liaison à de petites molécules spécifiques (Chapitre 11). Certains influencent le métabolisme lipidique de l'organisme entier ; ils régulent l'absorption des lipides alimentaires, la synthèse cellulaire des lipides, leur importation et exportation par des protéines de transport, les taux de lipoprotéines et de leurs récepteurs ainsi que le catabolisme des lipides (e.g. l'oxydation des acides gras dans les peroxysomes) et leur élimination de l'organisme.

Certains ligands des récepteurs nucléaires sont des molécules extracellulaires qui diffusent à travers la membrane plasmique (e. g. hormones stéroïdes) ou entrent dans les cellules via des transporteurs (e.g. acides biliaires, acides gras). Alternativement, des ligands générés dans la cellule, entre autres, le cholestérol modifié par l'oxygène (*oxystérols*), les acides biliaires et certains acides gras et leurs dérivés, se lient aux récepteurs nucléaires au sein de la même cellule. Les récepteurs nucléaires perçoivent les changements des taux de tous les lipides clés en se liant à ceux-ci ou à leurs produits métaboliques. Lorsqu'ils sont activés, ces récepteurs stimulent ou suppriment l'expression génique afin de maintenir les taux lipidiques dans les normes physiologiques (rétrocontrôle de l'homéostasie cellulaire). La fixation de multiples types de lipides à un récepteur nucléaire donné lui permet de coordonner le contrôle de plusieurs voies métaboliques.

Par exemple, les hépatocytes expriment LXR (*liver X receptor*), un récepteur nucléaire sensible aux taux d'oxystérols. Quand le cholestérol cellulaire augmente dans le foie, des oxystérols sont générés et activent LXR, qui stimule alors l'expression de la cholestérol 7α-hydroxylase, l'enzyme limitante dans la conversion hépatique du cholestérol en acides biliaires, voie majeure par laquelle l'organisme se débarrasse du cholestérol en excès. LXR stimule également l'expression des protéines ABC qui exportent le cholestérol dans la bile (ABCG5/8) ou sur les lipoprotéines du sang (ABCA1). De plus, LXR promeut la production et la modification des lipoprotéines ainsi que l'expression de SREBP-1c, qui active alors la transcription des gènes requis à la synthèse des acides gras. L'augmentation de ceux-ci contribue à l'estérification du cholestérol et à la synthèse des phospholipides nécessaires au maintien d'un rapport adéquat entre cholestérol et phospholipides. Ainsi la perception d'une augmentation du cholestérol cellulaire par LXR aboutit à diverses réponses qui préviennent les excès de cholestérol.

Un autre récepteur nucléaire, appelé *FXR*, est activé par la liaison d'acides biliaires. Exprimé dans les hépatocytes et l'épithélium intestinal, FXR joue un rôle clé dans la régulation du cycle entéro-hépatique des acides biliaires. FXR activé par ceux-ci stimule l'expression de I-BABP (*intracellular bile acid-binding protein*) et de protéines de transport (e.g. ABCB11, NTCP) qui assurent l'importation et l'exportation cellulaire des acides biliaires (voir Figure 18-11). Au contraire, FXR activé réprime l'expression de la cholestérol 7α-hydroxylase, diminuant ainsi la synthèse hépatique d'acides biliaires à partir du cholestérol — autre exemple d'inhibition d'une voie métabolique par son produit final. FXR et LXR fonctionnent comme hétérodimères avec le récepteur nucléaire RXR.

Dans la section suivante, nous verrons comment la compréhension des voies régulatrices des SREBP et des récepteurs nucléaires a contribué à la mise au point de stratégies efficaces de réduction du risque d'athérosclérose et de maladies cardiovasculaires.

CONCEPTS CLÉS DE LA SECTION 18.4
Rétrocontrôle du métabolisme lipidique des cellules

- Deux modes clés de contrôle de la transcription régulent l'expression d'enzymes, de transporteurs, de récepteurs et d'autres protéines qui prennent part au métabolisme lipidique de la cellule et de tout l'organisme.

- Dans la voie insig-1(2)/SCAP/SREBP, le facteur de transcription SREBPn est libéré de la membrane du Golgi par protéolyse intramembranaire quand le cholestérol est bas (voir Figure 18-17). Il stimule alors l'expression de gènes ayant des SRE (*sterol regulatory elements*) dans leur promoteur (e.g. les gènes de LDLR et HMG-CoA réductase). Quand le cholestérol est élevé, SREBP est retenu dans la membrane où il est complexé à insig-1(2) et SCAP.

- SREBP contrôle la transcription de nombreux gènes codant des protéines intervenant dans le métabolisme lipidique cellulaire (voir Figure 18-18). Chez les mammifères, SREBP-1a et SREBP-1c ont une plus grande influence sur le métabolisme des acides gras que sur celui du cholestérol ; c'est l'inverse pour SREBP-2.

- Dans la voie des récepteurs nucléaires, des facteurs de transcription cytosoliques sont activés par des lipides intracellulaires (e.g. des taux élevés d'oxystérols ou d'acides biliaires). Le complexe ligand-facteur de transcription entre alors dans le noyau et régule l'expression de gènes spécifiques qui participent au rétrocontrôle de la synthèse, du transport et du catabolisme des lipides.

- Des domaines homologues transmembranaires sensibles aux stérols sont présents dans plusieurs protéines membranaires intrinsèques participant au métabolisme lipidique (e.g. SCAP, HMG-CoA réductase, NPC1). Ces domaines paraissent contribuer à la détection et à la réponse aux changements des taux de divers lipides, pas seulement des stérols. La liaison à insig-1(2) est essentielle pour la détection des stérols par au moins certains de ces domaines.

18.5 Biologie cellulaire de l'athérosclérose et des attaques cardiaques ou cérébrales

MEDECINE

Dans cette section, en guise de conclusion, nous examinons la relation entre le métabolisme lipidique et l'athérosclérose, la cause la plus fréquente des attaques cardiaques et cérébrales. L'athérosclérose cause 75 % des décès dus à une maladie cardiovasculaire aux USA. Les progrès dans la compréhension des mécanismes moléculaires à la base du métabolisme lipidique et de sa régulation ont un impact considérable sur le traitement et la prévention de ce type d'affections graves.

L'obstruction des artères liée au cholestérol ou athérosclérose est caractérisée par le dépôt progressif de lipides, de cellules et de matrice extracellulaire dans la couche interne de la paroi artérielle. Les modifications de la paroi peuvent conduire, soit seules soit associées à un caillot sanguin, au blocage du flux sanguin. Aussi, pour comprendre les bases cellulaires de l'athérosclérose, nous avons besoin de considérer d'abord la structure artérielle.

Des cellules épithéliales spécialisées dites endothéliales forment une fine couche, l'**endothélium**, qui tapisse la paroi vasculaire et est en contact direct avec le flux sanguin (Figure 18-19a). Sous l'endothélium se trouvent plusieurs couches concentriques de matrice extracellulaire et de cellules qui composent la paroi artérielle : l'*intima*, composée largement de collagène amorphe, de protéoglycanes et de fibres élastiques ; la *média*, une couche bien organisée des cellules musculaires lisses dont la contraction contrôle le diamètre de la lumière vasculaire et influence ainsi la pression sanguine ; et l'*adventice*, une couche de tissu conjonctif et de cellules qui forme l'interface entre le vaisseau et le tissu qu'il traverse.

Normalement, le plasma (fraction liquide du sang) et divers types de cellules sanguines coulent rapidement et sans heurt à travers la lumière artérielle, cet écoulement étant qualifié de laminaire. Lorsqu'une infection ou un traumatisme lèse la paroi d'une artère ou le tissu sous-jacent, une série complexe d'événements permet aux globules blancs (leucocytes) d'adhérer faiblement à la surface luminale de l'artère, sur laquelle ils roulent sous l'effet de l'écoulement laminaire du plasma (voir Figure 6-3). Ensuite, des molécules d'adhérence attachent fermement les globules blancs à l'endothélium et leur permettent de migrer dans la paroi à travers l'endothélium. Là, les globules blancs, appelés monocytes, se différencient en *macrophages*, qui combattent les infections de diverses façons. Par exemple, les macrophages et d'autres leucocytes libèrent des protéines et de petites molécules qui attaquent directement les bactéries et d'autres pathogènes. Les cellules sécrètent alors des protéines qui recrutent plus de monocytes et des cellules immunitaires (e.g. lymphocytes T) qui se joignent au processus de défense. Les macrophages ingèrent aussi et détruisent les pathogènes, les macromolécules endommagées et les cellules infectées ou mortes. Lorsque l'infection est guérie, le tissu lésé est réparé et les macrophages ainsi que les autres leucocytes quittent la paroi artérielle et regagnent la circulation.

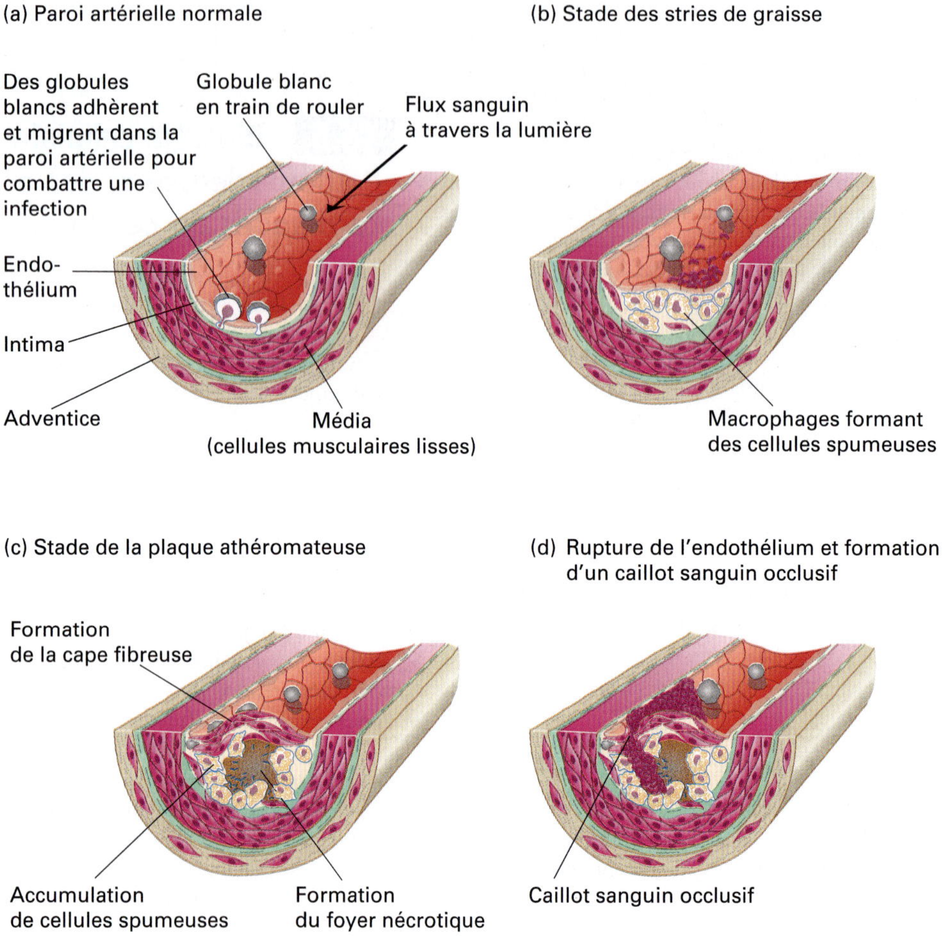

FIGURE 18-19 Stades dans le développement de l'athérosclérose de la paroi artérielle. (a) Une paroi artérielle normale est composée de couches concentriques de cellules et de matrice extracellulaire. Des globules blancs adhèrent à l'endothélium, sur lequel ils roulent et migrent dans la paroi artérielle pour combattre les infections (voir Figure 6-30). (b) Quand, dans le plasma, les LDL sont élevées ou les HDL basses, ou les deux, des macrophages dans l'intima peuvent accumuler le cholestérol des lipoprotéines, générant ainsi des cellules spumeuses remplies de gouttelettes de cholestéryl ester (voir Figure 18-20). L'accumulation de cellules spumeuses produit des stries graisseuses dans la paroi vasculaire visibles seulement au microscope. (c) La génération continue de cellules spumeuses et la migration de cellules musculaires lisses de la media dans l'intima est suivie de la mort cellulaire avec production d'une plaque avancée d'athérosclérose. Elle consiste en un foyer nécrotique de lipides (comprenant des cristaux en aiguilles de cholestérol) et de matrice extracellulaire couverte par une cape fibreuse de cellules musculaires lisses et de matrice. (d) La plaque d'athérosclérose, en croissant dans la lumière artérielle, réduit le flux sanguin. Dans certains cas, la plaque seule peut obstruer complètement l'artère. Dans de nombreux cas, la cape fibreuse se rompt et induit la formation d'un caillot sanguin qui bouche complètement l'artère. [Adapté de R. Ross, 1999, *N. Engl. J. Med.* **340**(2):115.]

Comme nous le verrons, l'athérosclérose est une conséquence « non voulue » de cette réponse inflammatoire physiologique, dont le but est la protection contre les infections et les lésions tissulaires. Pour cette raison et puisque l'athérosclérose frappe le plus souvent après les années propices à la reproduction, l'évolution ne pouvait exercer une pression sélective contre cette maladie. Aussi, bien que l'athérosclérose ait un impact très négatif sur les populations humaines modernes, sa forte incidence chez des gens bien nourris et plus âgés n'est pas surprenante.

L'inflammation artérielle et l'importation cellulaire de cholestérol marquent les stades précoces de l'athérosclérose

Au cours d'une réaction inflammatoire, des macrophages dans la paroi artérielle peuvent endocyter des quantités considérables de cholestérol à partir des lipoprotéines, qui s'accumulent dans la paroi artérielle dans certaines circonstances (Figure 18-20a). Les macrophages, en estérifiant le cholestérol importé, se remplissent

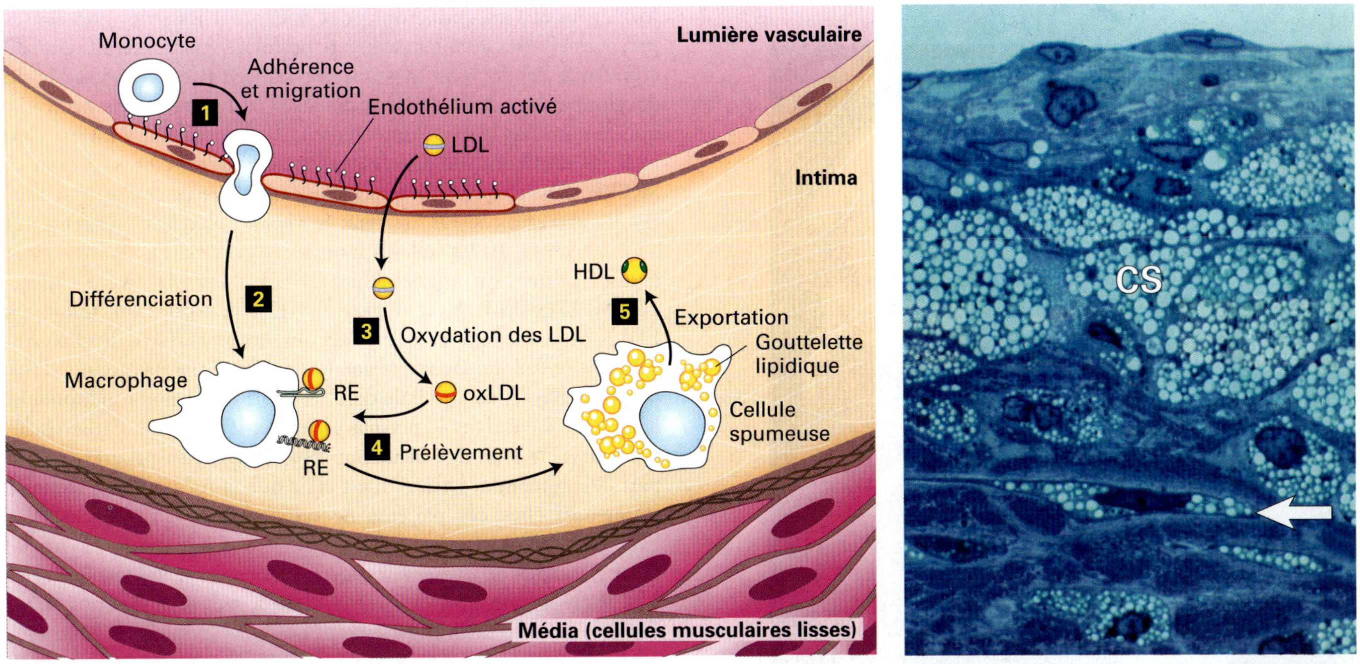

(a) (b)

FIGURE 18-20 Génération des macrophages spumeux dans une paroi artérielle. (a) Dans un site infectieux ou lésé (**1**), des monocytes adhèrent au feuillet de cellules endothéliales activées et le traversent pour gagner l'intima (**2**), où ils se différencient en macrophages. Quand les taux de LDL plasmatiques sont élevés, leur concentration dans l'intima augmente, et une fraction est oxydée (oxLDL) ou modifiée autrement (**3**). Les macrophages vont alors exprimer les récepteurs éboueurs (RE) qui, en liant les oxLDL, vont induire leur endocytose et leur dégradation. Leur cholestérol s'accumule sous forme de cholestéryl esters dans les gouttelettes lipidiques cytosoliques, menant à l'accumulation de cholestérol et à la formation des cellules spumeuses (**4**). Les macrophages expriment aussi ABCA1 et SR-BI, qui peuvent transmettre l'excès de cholestérol cellulaire aux HDL dans l'intima (**5**). Ainsi la quantité de cholestérol accumulé dépend de l'équilibre entre le prélèvement du cholestérol des LDL et son transfert vers les HDL. (b) Micrographie d'une artère coronaire avec une plaque d'athérosclérose contenant plusieurs cellules spumeuses (CS) remplies de gouttelettes lipidiques de cholestéryl esters (cercles clairs). Certaines cellules musculaires lisses sont aussi présentes et contiennent aussi des gouttelettes lipidiques (flèche). [Partie (a) adaptée de C. K. Glass & J. L. Witzum, 2001, *Cell* **104** :503. Partie (b) de H. C. Stary, 2003, *Atlas of Atherosclerosis Progression and Regression*, 2d ed., Parthenon Publishing, p. 61.]

de gouttelettes de cholestéryl esters. Ces cellules ainsi remplies de lipides sont dites *spumeuses*, les gouttelettes graisseuses faisant penser à de l'écume (Figure 18-20b). En s'accumulant dans la paroi, les cellules spumeuses forment des stries de graisse, premier stade de l'athérosclérose (Figure 18-19b).

Le stade suivant est marqué par l'accumulation continue de cellules spumeuses, la prolifération des muscles lisses et la migration de ces cellules de la média dans l'intima. Les cellules musculaires lisses sécrètent plus de matrice extracellulaire, et certaines incorporent tellement de cholestérol à partir des lipoprotéines qu'elles prennent aussi un aspect spumeux. La strie graisseuse débutante et invisible à l'œil nu s'agrandit avec la progression de la maladie et forme une **plaque d'athérosclérose** ou plaque athéromateuse. Des cellules au centre de la plaque meurent, produisant un foyer nécrotique contenant de grandes quantités de cholestéryl esters et de cholestérol non estérifié ((Figure 18-19c). Des cristaux de cholestérol, facilement visibles au microscope, se forment fréquemment dans une plaque plus avancée, qui finalement se couvre d'une cape fibreuse composée de cellules musculaires lisses et de collagène.

Des plaques d'athérosclérose peuvent bloquer le flux sanguin et aboutir à une attaque cardiaque ou cérébrale

En grandissant, la plaque d'athérosclérose déforme l'endothélium et se projette de plus en plus loin dans la lumière du vaisseau et la rétrécit, réduisant et perturbant ainsi le flux sanguin, ce qui cause l'*ischémie*, c'est-à-dire une insuffisance d'apport de nutriments et d'oxygène aux tissus. Lorsqu'elle touche le cœur, et si elle est suffisamment grave, elle entraîne des douleurs (angine de poitrine).

Si l'endothélium qui couvre une plaque se rompt, un caillot sanguin fait de fibrine et de plaquettes (thrombus) se forme et obstrue l'artère (Figure 18-19d et Figure 18-21). Le tissu en aval de l'occlusion est rapidement privé d'oxygène (ischémie hypoxique) et de produits énergétiques (acides gras pour le cœur et glucose pour le cerveau). L'étendue des dommages avec mort tissulaire à la suite d'une occlusion artérielle dépend de la durée de l'ischémie et de l'étendue de la zone affectée. Une occlusion grave d'une artère coronaire (cœur) peut causer une attaque cardiaque (infarctus cardiaque) ; l'occlusion d'une artère cérébrale peut causer une crise d'apoplexie (infarctus cérébral).

(a)

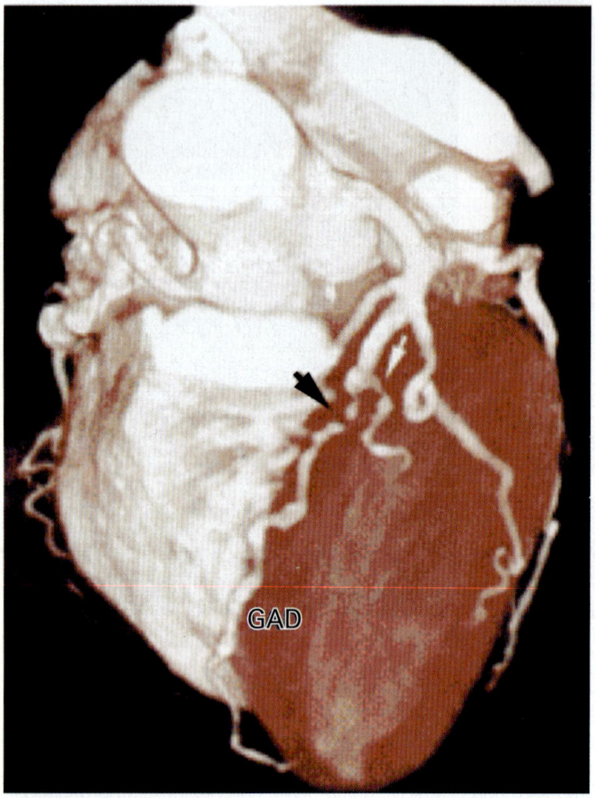

FIGURE EXPÉRIMENTALE 18-21 L'athérosclérose freine puis bloque le flux sanguin dans les artères coronaires. Une image radiographique de tomographie computérisée d'un cœur humain révèle une occlusion (flèche noire) de l'artère gauche antérieure descendante (GAD, flèche) et un vaisseau voisin rétréci (flèche blanche) faisant obstacle au courant sanguin artériel visualisé ici sous la forme d'une tubulure blanche. [De K. Nieman *et al.*, 2001, *Lancet* **357** :599.]

L'athérosclérose peut commencer à la puberté, ou même avant, mais la maladie ne se déclare généralement qu'après une évolution de plusieurs décennies. Dans certains cas, la croissance de nouveaux vaisseaux sanguins permet un flux sanguin suffisant dans le tissu en aval de la plaque, si bien que la lésion tissulaire reste limitée. La dilatation par un ballonnet, la résection des plaques, l'insertion d'une endoprothèse sous forme de treillis métallique (*stent*) et la greffe d'un vaisseau servant de by-pass font partie des traitements chirurgicaux appliqués en cas de blocage grave des artères coronaires.

La capture des LDL (mauvais cholestérol) indépendamment des LDLR mène à la formation des cellules spumeuses

Comme nous l'avons vu, la première étape de l'athérosclérose est l'accumulation dans la paroi artérielle de macrophages spumeux remplis de gouttelettes contenant du cholestéryl ester. Plus élevé est le taux plasmatique des LDL, plus abondantes seront-elles dans la paroi artérielle et plus rapidement les cellules spumeuses se formeront et s'accumuleront pour constituer les stries graisseuses précoces visibles au microscope. À première vue, on serait tenté de croire que l'endocytose passant par les LDLR est responsable du développement des cellules spumeuses, mais deux faits prouvent que ce n'est pas le cas. Premièrement, l'activité des LDLR est soumise au rétrocontrôle dépendant du cholestérol et passant par la SREBP. C'est ce qui maintient le taux cellulaire de cholestérol dans des limites étroites. Or, un taux beaucoup plus bas que ceux qui sont détectés dans les cellules spumeuses prévient l'activation de la transcription du gène du LDLR par la voie insig-1(2)/SCAP/SREBP (voir Figure 18-17). L'expression faible de LDLR qui en résulte prévient l'accumulation massive de cholestérol dans la cellule. Deuxièmement, chez les patients atteints d'hypercholestérolémie familiale dont les LDLR sont non fonctionnels, le taux de LDL dans le plasma est élevé, le début de l'athérosclérose survient à un âge beaucoup plus jeune et sa progression est particulièrement accélérée. Il est clair que la formation de cellules spumeuses chez ces patients ne requiert pas l'intervention des LDLR.

La conclusion évidente est qu'un mécanisme indépendant des LDLR est responsable de l'accumulation cellulaire du cholestérol des LDL et ainsi de la formation des cellules spumeuses. Un mécanisme est proposé dans la Figure 18-20a. Dans ce modèle, les LDL présentes dans la paroi artérielle au site d'infection ou de lésion cellulaire sont exposées à diverses réactions oxydatives ou à d'autres altérations causées par les cellules inflammatoires. Par exemple, l'oxydation des chaînes d'acides gras non saturées dans les particules de LDL génère des aldéhydes réactionnels et d'autres dérivés qui peuvent modifier de manière covalente les composants protéiques et phospholipidiques de la coque des particules lipoprotéiques. L'endocytose de telles particules par des récepteurs des macrophages qui ne sont pas soumis au rétrocontrôle dépendant du cholestérol peut aboutir à la formation des cellules spumeuses.

Le constat que les macrophages expriment divers récepteurs appartenant à la superfamille des récepteurs éboueurs, capables de fixer plusieurs ligands différents, vient à l'appui du modèle. Certains de ces récepteurs peuvent lier avec fermeté des LDL modifiées et, dans des expériences sur souris transgéniques, ont été impliqués dans la formation des macrophages spumeux. La fonction normale de certains récepteurs éboueurs (e.g. SR-AI/II) est de reconnaître et de faciliter l'endocytose et la destruction par les macrophages soit de macromolécules endommagées, de pathogènes soit de cellules blessées, âgées ou apoptotiques. Puisque ces récepteurs ne participent normalement pas au métabolisme du cholestérol, leur activité n'est pas régulée par le cholestérol. Aussi, ils peuvent contribuer à l'accumulation massive du cholestérol par les macrophages, la seule limite étant la quantité extracellulaire disponible de LDL modifiées.

Le transport inverse du cholestérol par les HDL (bon cholestérol) protège contre l'athérosclérose

Des études épidémiologiques indiquent que la concentration du cholestérol des HDL dans le plasma est inversement corrélée avec le risque d'athérosclérose et de maladie cardiovasculaire. De plus, la surexpression transgénique de l'apolipoprotéine A-I, apolipoprotéine principale des HDL, supprime l'athérosclérose dans des modèles animaux de cette maladie. Plusieurs propriétés des HDL pourraient contribuer à leur aptitude apparente à protéger contre l'athérosclérose.

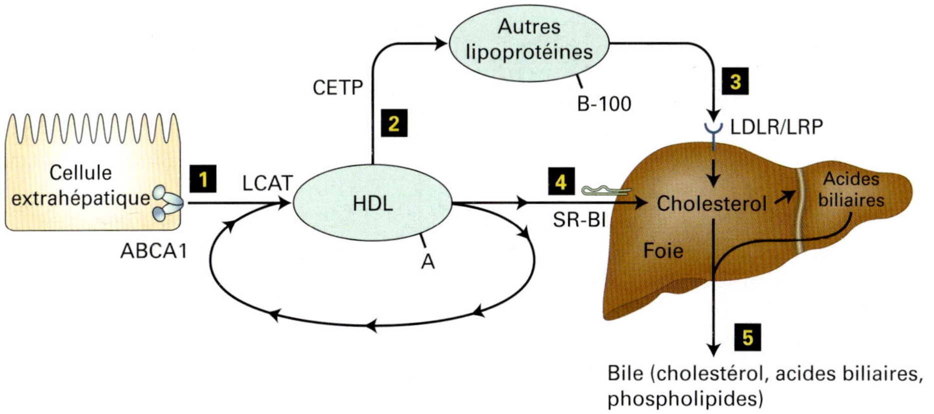

FIGURE 18-22 Les HDL inversent le transport du cholestérol. Le cholestérol des tissus périphériques est transféré aux HDL circulantes par ABCA1 (**1**) et peut-être par d'autres transporteurs comme SR-BI ; il est alors converti en cholestéryl esters par l'enzyme plasmatique LCAT. Des cholestéryl esters du noyau des HDL peuvent être transférés par CETP (**2**) à d'autres lipoprotéines, qui en se liant aux récepteurs exprimés surtout par les hépatocytes sont endocytées (**3**). Par ailleurs le récepteur SR-BI, qui est présent surtout dans le foie et les tissus stéroïdogènes, peut prélever sélectivement les cholestéryl esters à partir des HDL (4). Le cholestérol livré au foie et les acides biliaires qui en dérivent sont sécrétés dans la bile (5). [Adapté de A. Rigotti & M. Krieger, 1999, *N. Engl. J. Med.* **341**:2011 ; voir aussi M. Krieger 1999, *Ann. Rev. Biochem.* **68**:523.]

Comme décrit plus tôt, les HDL peuvent enlever le cholestérol des cellules de tissus non hépatiques, y compris les parois artérielles, et le livrer finalement au foie soit directement par prélèvement lipidique spécifique assuré par le récepteur SR-BI ou indirectement par le transfert du cholestérol à d'autres lipoprotéines qui sont les ligands des récepteurs hépatiques d'endocytose (voir Figure 18-13c). Le cholestérol en excès peut alors être sécrété dans la bile et finalement éliminé de l'organisme (voir Figure 18-11). La Figure 18-22 résume ce processus, appelé transport inverse du cholestérol, qui diminue le cholestérol dans les macrophages et la quantité totale de cholestérol de l'organisme, réduisant ainsi directement et indirectement la formation des cellules spumeuses. On peut parler de compétition entre la livraison par les LDL du cholestérol aux cellules de la paroi artérielle et l'élimination par les HDL du cholestérol en excès à partir de ces cellules. En fait, le rapport du cholestérol des LDL plasmatiques et du cholestérol des HDL est considéré comme étant un meilleur indicateur de risque de maladie cardiovasculaire que la concentration plasmatique du cholestérol total.

En plus de leur rôle dans le transport inverse du cholestérol, les HDL elles-mêmes et certaines enzymes plasmatiques associées aux HDL peuvent inhiber l'oxydation des LDL, ce qui contribue à diminuer la quantité de substrats disponibles pour les récepteurs éboueurs des macrophages et donc le risque d'accumulation de cholestérol et de formation des cellules spumeuses. Les HDL paraissent aussi dotées de propriétés anti-inflammatoires, ce qui peut contribuer à leur effet protecteur contre l'athérosclérose. Enfin, l'interaction des HDL avec le récepteur SR-BI peut stimuler l'activité de l'oxyde nitrique (NO) synthase endothéliale aboutissant à une production accrue de NO. Cette molécule signal est un puissant protecteur contre l'athérosclérose ; elle peut diffuser dans les muscles lisses vasculaires voisins et induire leur relâchement (voir Figure 13-30). Ce qui permet à la lumière artérielle de se dilater, l'augmentation du flux sanguin contribuant à prévenir l'ischémie et les lésions tissulaires.

Deux traitements de l'athérosclérose sont basés sur la régulation par la SREBP du métabolisme du cholestérol cellulaire

MÉDECINE

La pathogénie complexe de l'athérosclérose, que nous avons esquissée brièvement, représente un défi majeur pour la médecine moléculaire moderne. Cependant, avec les progrès dans la compréhension de la biologie cellulaire sous-jacente à cette complexité, plusieurs opportunités d'intervention dans le processus de la maladie par modulation des voies cellulaires se sont présentées. Nous concluons ce chapitre en donnant deux exemples de telles interventions portant sur le métabolisme cellulaire des lipides.

Puisque le risque d'athérosclérose est directement proportionnel aux taux plasmatiques du cholestérol LDL et inversement proportionnel à ceux du cholestérol HDL, un objectif majeur de santé publique a été de diminuer les taux de cholestérol LDL et d'augmenter ceux du cholestérol HDL. Les interventions médicamenteuses qui sont les plus efficaces jusqu'à présent ont visé à réduire les LDL plasmatiques. Ces taux en période stable sont déterminés par la vitesse relative de formation des LDL et celle de leur élimination, qui dépend en grande partie des récepteurs de LDL, spécialement ceux qui sont exprimés dans le foie. Cet organe joue un rôle clé dans la régulation du cholestérol non seulement parce qu'il

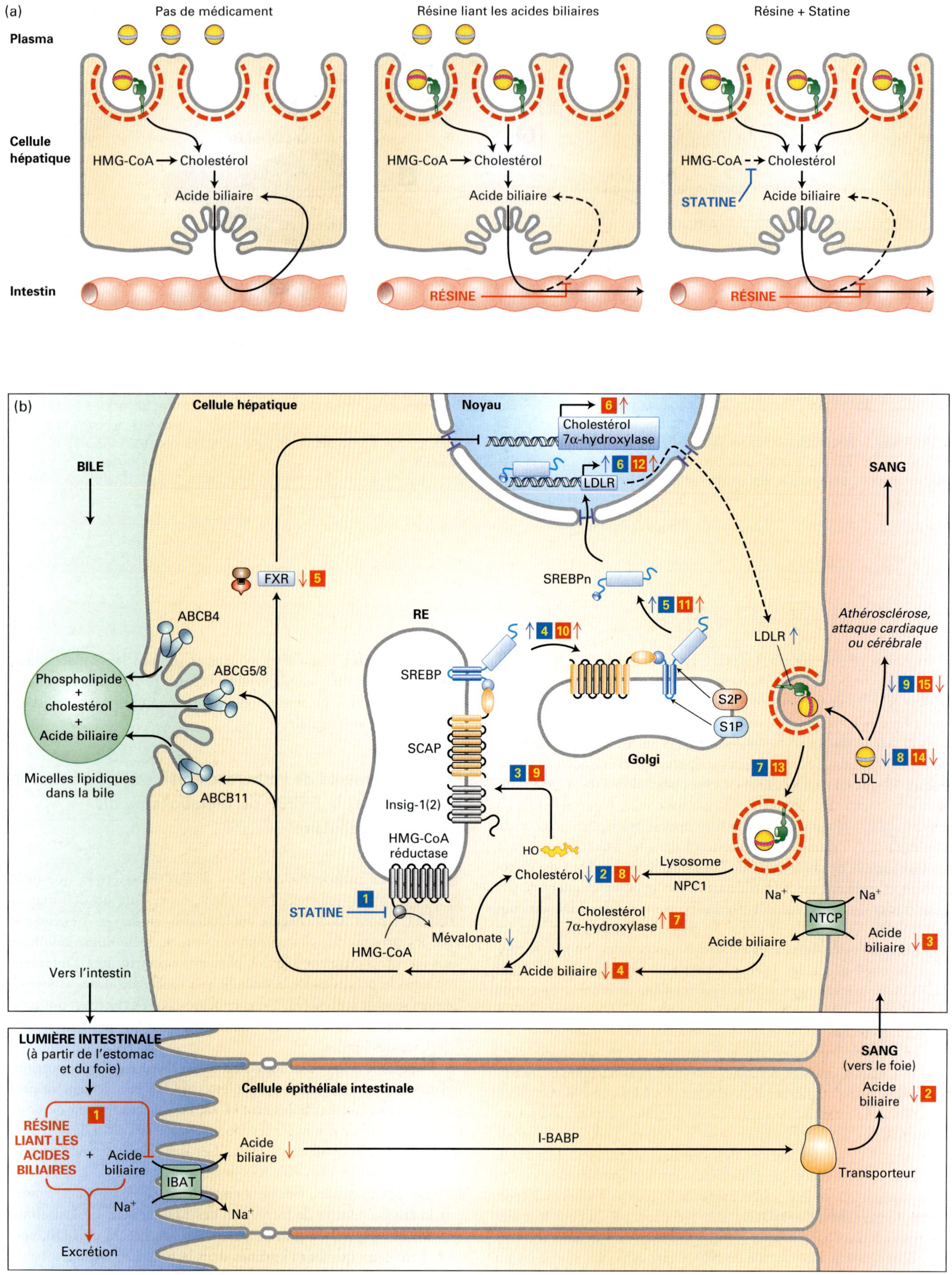
(a)
Pas de médicament
Résine liant les acides biliaires
Résine + Statine
Plasma
Cellule hépatique
HMG-CoA
Cholestérol
Acide biliaire
STATINE
Intestin
RÉSINE
(b)
Cellule hépatique
Noyau
Cholestérol 7α-hydroxylase
LDLR
BILE
SANG
FXR
SREBPn
RE
ABCB4
Phospholipide + cholestérol + Acide biliaire
ABCG5/8
Micelles lipidiques dans la bile
ABCB11
SREBP
SCAP
Insig-1(2)
HMG-CoA réductase
Golgi
S2P
S1P
LDLR
Athérosclérose, attaque cardiaque ou cérébrale
LDL
HO
Cholestérol
Lysosome
NPC1
STATINE
Mévalonate
HMG-CoA
Cholestérol 7α-hydroxylase
Acide biliaire
Na+
NTCP
Acide biliaire
Vers l'intestin
LUMIÈRE INTESTINALE (à partir de l'estomac et du foie)
Cellule épithéliale intestinale
SANG (vers le foie)
RÉSINE LIANT LES ACIDES BILIAIRES
Acide biliaire
IBAT
Na+
I-BABP
Transporteur
Excrétion

FIGURE 18-23 Deux approches pharmaceutiques dans la prévention de l'athérosclérose. (a) Le traitement à base de statines ou des résines liant les acides biliaires réduit les taux de cholestérol hépatique. Ceci stimule l'expression des LDLR, augmentant l'élimination des LDL du plasma et réduisant le risque d'athérosclérose. La combinaison de deux types de médicaments est souvent plus efficace que leur usage isolé. (b) *Traitement aux statines* : Étape **1** : Après administration orale, une statine inhibe la HMG-CoA réductase dans le foie (*au-dessus*) et d'autres cellules, réduisant ainsi la production de mévalonate, un précurseur du cholestérol. Étape **2** : Le taux de cholestérol chute, ce qui réduit (**3**) les interactions de insig-1(2) avec le complexe SCAP/SREBP, qui peut alors migrer (**4**) vers le Golgi pour y être clivé par les protéases S1P et S2P. Le résultat est une production accrue du facteur de transcription soluble SREBPn (**5**), qui gagne le noyau, se lie aux SRE et augmente l'expression des gènes comme celui qui code le récepteur des LDL (LDLR) (**6**). L'augmentation de l'activité du LDLR dépendante du SREBPn aboutit à une endocytose accrue des LDL (**7**), à la réduction des LDL plasmatiques (**8**) et en conséquence à une diminution du risque d'athérosclérose et d'attaques cardiaques ou cérébrales (**9**). *Traitement à base de résines liant les acides biliaires* : L'administration orale d'une résine liant les acides biliaires (**1**) augmente la perte des acides biliaires en empêchant leur absorption par l'épithélium intestinal via la protéine de transport IBAT et réduit la quantité d'acides biliaires transférés dans le sang (**2**) et ensuite dans le foie (**3**) par le transporteur NTCP. Étape **4** : Les taux bas d'acides biliaires cytoplasmiques réduisent la quantité d'acides biliaires liés au récepteur hormonal nucléaire FXR (**5**) et l'inhibition (**6**) qu'il exerce sur l'expression de la cholestérol 7α-hydroxylase. L'augmentation de la concentration et de l'activité de la cholestérol 7α-hydroxylase qui en résulte (**7**) réduit le taux cellulaire de cholestérol (8). Comme pour le traitement à base de statines, la diminution du taux de cholestérol cellulaire (**9**-**15**) augmente l'activité des LDLR, diminue les taux plasmatiques de LDL et protège contre l'athérosclérose. [Partie (a) adaptée de M. S. Brown & J. L. Goldstein, 1986, *Science* **232**:34.]

est le site de près de 70 % des récepteurs de LDL de tout l'organisme, mais aussi parce qu'il est le site où le cholestérol non estérifié et les acides biliaires qui en dérivent sont sécrétés dans la bile et sont ainsi partiellement éliminés de l'organisme (voir Figure 18-11).

Une augmentation de l'activité des LDLR, spécialement dans le foie, peut abaisser les taux de LDL et protéger contre l'athérosclérose. Nous savons que la voie insig-1(2)/SCAP/SREBP régule normalement l'expression du récepteur des LDL en réponse au cholestérol intracellulaire (voir Figure 18-17). Donc les traitements qui diminuent les taux de cholestérol cellulaire dans le foie augmenteront l'expression du récepteur des LDL et réduiront ainsi leur concentration plasmatique. Deux démarches sont suivies largement pour diminuer de manière permanente les taux de cholestérol : (1) réduire sa synthèse et (2) augmenter sa conversion hépatique en acides biliaires (Figure 18-23). Les deux stratégies tirent parti des mécanismes régulateurs déjà décrits pour contrôler le cholestérol cellulaire.

Les médicaments les plus efficaces contre l'athérosclérose sont peut-être les *statines*. Elles se lient à la HMG-CoA réductase et inhibent directement son activité, diminuant ainsi la biosynthèse du cholestérol et le pool du cholestérol hépatique. L'activation de la SREBP en réponse à cette déplétion augmente la synthèse de la HMG-CoA réductase et du récepteur des LDL. Le processus le plus important est l'accroissement du nombre de récepteurs hépatiques des LDL, qui peuvent augmenter l'importation du cholestérol des LDL du plasma. Les statines paraissent exercer un effet bénéfique en supprimant l'inflammation qui déclenche l'athérosclérose, mais le mécanisme de cette inhibition n'est pas encore bien compris.

Les médicaments les plus communément utilisés pour réduire le cholestérol hépatique par augmentation de la formation des acides biliaires le font en interrompant le cycle entéro-hépatique. Ces *agents qui séquestrent les acides biliaires* (e.g. cholestyramine) sont des résines insolubles qui lient fermement les acides biliaires dans la lumière intestinale, formant des complexes qui préviennent l'absorption par l'épithélium intestinal via IBAT. Les complexes sont excrétés dans les selles. La diminution du retour des acides biliaires dans le foie fait chuter le pool hépatique d'acides biliaires. Comme noté précédemment, quand les taux d'acides biliaires sont élevés, le récepteur nucléaire FXR réprime l'expression de la cholestérol 7α-hydroxylase, l'enzyme clé de la synthèse des acides biliaires. Cette répression est levée à la suite de la déplétion en acides biliaires causée par le médicament, ce qui mène à une augmentation de la conversion du cholestérol en acides biliaires. La chute du pool de cholestérol hépatique qui en résulte ouvre la voie de la SREBP, qui conduit à une synthèse accrue des LDLR hépatiques et à l'importation du cholestérol LDL (voir Figure 18-23).

Ainsi, les statines et les résines liant les acides biliaires réduisent finalement le cholestérol LDL du plasma en augmentant l'expression hépatique du récepteur des LDL via SREBP. Quand ces deux types de médicaments sont administrés simultanément, ils diminuent de manière synergique le cholestérol hépatique, ils stimulent fortement l'activité des LDLR hépatiques et réduisent ainsi la concentration des LDL dans le plasma (voir Figure 18-23). Malheureusement, puisque l'effet thérapeutique des deux médicaments dépend de la stimulation de l'activité endogène des LDLR, ils sont peu efficaces chez les patients atteints d'hypercholestérolémie familiale, qui sont homozygotes pour la déficience en LDLR. Néanmoins, la plupart des gens exposés au risque d'athéroslérose ne sont pas homozygotes pour l'HF et l'usage répandu de ces médicaments s'est révélé, dans de nombreuses études cliniques, capable de sauver des vies. ▮

CONCEPTS CLÉS DE LA SECTION 18.5

Biologie cellulaire de l'athérosclérose et des attaques cardiaques ou cérébrales

- L'athérosclérose est l'accumulation progressive de cholestérol, de diverses cellules, surtout inflammatoires, et de matrice extracellulaire dans l'espace sous-endothélial (intima) de la paroi artérielle, aboutissant à la formation d'une plaque qui peut obstruer la lumière (voir Figure 18-19).
- Le blocage partiel ou complet des artères coronaires par des plaques athéromateuses et des caillots sanguins prive le muscle cardiaque d'oxygène et de nutriments, ce qui cause la mort tissulaire (infarctus cardiaque). Une telle obstruction des artères nourricières du cerveau entraîne une attaque d'apoplexie.
- Des réponses inflammatoires normales dans une paroi artérielle, déclenchées par une infection ou une blessure, peuvent

mener à la formation et à l'accumulation de cellules spumeuses correspondant à des macrophages remplis de cholestérol, première manifestation de l'athérosclérose.

- Les LDL du plasma (mauvais cholestérol) facilitent la formation des cellules spumeuses et donc l'athérosclérose par un mécanisme indépendant des LDLR qui requiert apparemment les récepteurs éboueurs (voir Figure 18-20).
- Les HDL du plasma (bon cholestérol) réduisent le risque d'athérosclérose en partie en assurant le transport inverse du cholestérol à partir des cellules périphériques vers le foie (voir Figure 18-22).
- Deux types de médicaments sont utilisés largement pour traiter et prévenir l'athérosclérose : les statines, qui réduisent la synthèse du cholestérol en inhibant la HMG-CoA réductase, et les résines qui séquestrent les acides biliaires. En empêchant l'absorption intestinale des acides biliaires et leur retour au foie, les résines interrompent le cycle entéro-hépatique. Les deux traitements réduisent les taux de cholestérol hépatique, ce qui mène via la SREBP à l'augmentation de l'expression des récepteurs hépatiques pour les LDL et ainsi à la chute des LDL plasmatiques (voir Figure 18-23).

PERSPECTIVES POUR LE FUTUR

Malgré les progrès considérables dans notre compréhension du métabolisme cellulaire et du mouvement des lipides, les mécanismes de transport du cholestérol et des phospholipides entre les membranes des organites restent encore peu connus. Plusieurs avancées récentes peuvent contribuer au progrès dans ce domaine. Premièrement, des chercheurs ont purifié partiellement deux compartiments de la membrane du RE, appelés MAM (*mitochondrion-associated membrane*) et PAM (*plasma membrane-associated membrane*), qui interviendraient dans la synthèse des lipides membranaires et dans le transport intracellulaire des lipides indépendamment du Golgi. MAM et PAM ont une très grande capacité de synthèse des phospholipides, des stérols ou des deux et entrent en contact direct respectivement avec la membrane des mitochondries et la membrane plasmique. Deuxièmement, la sélection de cellules atteintes de mutations qui interfèrent dans le transport lipidique entre organites ouvre la porte à la dissection génétique de ce système. Les résultats de ces études génétiques chez la levure ont suggéré que le transport des phospholipides du RE aux mitochondries est régulé par ubiquitinylation. Troisièmement, la démonstration que certaines protéines Rab peuvent influencer le transport du cholestérol dépendant de NPC1 concentrera à nouveau les efforts sur les mécanismes vésiculaires du trafic lipidique. Finalement, les radeaux lipidiques riches en cholestérol et sphingolipides et les caveolae apparentées font l'objet d'intenses recherches qui mèneront probablement aux mécanismes du transport intracellulaire des lipides et au contrôle des voies de signalisation intracellulaire.

D'autres questions fondamentales concernent la distribution asymétrique des lipides dans les feuillets membranaires et la diversité des compositions lipidiques membranaires des différents organites : quelle en est l'origine, comment ces différences sont-elles maintenues et quelle est leur signification physiologique ? Quels sont les mécanismes à la base de cette complexité et pourquoi une telle complexité est-elle nécessaire ? Nous savons déjà que certains lipides peuvent interagir de manière spécifique avec certaines protéines et influencent leur activité. Par exemple, de grandes protéines polymériques qui participent aux phosphorylations oxydatives dans la membrane interne mitochondriale paraissent s'assembler en supercomplexes dont la stabilité dépendrait des propriétés physiques de phospholipides spécialisés comme les cardiolipines auxquels ils seraient liés.

On ne comprend pas encore en détail le mécanisme moléculaire par lequel diverses protéines de transport transfèrent les lipides d'un feuillet membranaire à l'autre (basculement) ainsi qu'à l'intérieur ou à l'extérieur des cellules. Dans ce but, comme on a réussi à le faire dans l'étude du fonctionnement des canaux ioniques et des pompes dépendant de l'ATP (voir Chapitre 7), il faudra déterminer les structures des protéines de transport par des procédés de haute résolution, à quel stade elles interviennent dans le transport et la cinétique précise du processus ainsi que divers autres paramètres fonctionnels.

Un transfert d'informations entre biologie cellulaire et médecine peut se révéler utile dans les deux directions. Par exemple, les découvertes des voies insig-1(2)/SCAP/SREBP et des récepteurs nucléaires ont fourni la base des traitements de l'athérosclérose par les statines et les résines séquestrant les acides biliaires. Des recherches sont en cours visant à développer des médicaments encore plus efficaces qui interviennent dans ces voies métaboliques. Par ailleurs, l'étude de l'hypercholestérolémie familiale a été une source d'informations majeures sur l'endocytose dépendant des récepteurs, et une nouvelle classe de médicaments contre l'hypercholestérolémie (e.g. Ezetimibe) qui inhibe l'absorption intestinale du cholestérol pourrait servir à l'identification des protéines qui interviennent dans l'absorption du cholestérol et à la compréhension de leur fonction.

MOTS CLÉS

RÉVISIONS

1. La synthèse des phospholipides à l'interface entre le réticulum endoplasmique (RE) et le cytosol confronte la cellule à de nombreuses difficultés. Expliquez comment elle parvient à les surmonter.

   a. Les substrats pour la synthèse des phospholipides sont tous solubles dans l'eau, mais les produits finaux ne le sont pas.

   b. Le site immédiat d'incorporation de tous les phospholipides nouvellement synthétisés est le feuillet cytosolique de la membrane du RE, mais les phospholipides doivent être incorporés dans les deux feuillets.

   c. De nombreux systèmes membranaires de la cellule, par exemple, la membrane plasmique, sont incapables de synthétiser leurs propres phospholipides, mais ces membranes doivent pouvoir s'agrandir en fonction de la croissance de la cellule et de sa multiplication.

2. Quelles sont les chaînes d'acides gras habituelles des glycérophospholipides ? Pourquoi ces chaînes diffèrent-elles dans leur nombre d'atomes de carbone par des multiples de 2 ?

3. Les plantes, les champignons et les animaux contiennent tous des stérols dans leurs membranes. Plutôt que d'être absorbés par l'intestin, la plupart des stérols végétaux sont excrétés par les humains. Pourquoi cet élément de l'alimentation humaine n'est-il pas absorbé ?

4. La synthèse du cholestérol est un processus strictement régulé. Quelle est l'enzyme clé qui est régulée dans cette synthèse ? Cette enzyme est sujette à inhibition par rétrocontrôle. Qu'est-ce que l'inhibition par rétrocontrôle ? Comment cette enzyme est-elle sensible au taux de cholestérol dans la cellule ? Citez un autre exemple d'une protéine dont l'activité est sensible aux taux de lipides.

5. Une source de cholestérol pour les humains est la viande. Bien que les végétariens se privent de cet apport de cholestérol, ils peuvent développer de l'athérosclérose. Comment est-ce possible ?

6. Il est clair que le cholestérol intervient dans la structure de la membrane plasmique chez les mammifères puisqu'elle en est la molécule lipidique principale. Cependant, le cholestérol peut exercer d'autres fonctions. Quelles sont les caractéristiques du cholestérol et de son métabolisme qui mènent à la conclusion que le cholestérol est un lipide membranaire multifonctionnel ?

7. Les phospholipides et le cholestérol doivent être transportés de leur site de synthèse dans divers systèmes membranaires de la cellule. Une manière de réaliser cela serait le transport vésiculaire comme dans le cas de nombreuses protéines passant par la voie sécrétoire. Cependant, l'essentiel du transfert des phospholipides et du cholestérol de membrane à membrane ne passe pas par le Golgi. Qu'est-ce qui permet d'affirmer cela ? Quels sont les mécanismes principaux à la base du transport des phospholipides et du cholestérol ?

8. Le mouvement intercellulaire des phospholipides et du cholestérol est assuré par diverses protéines. Quels sont les deux mécanismes principaux par lesquels les lipides sont exportés des cellules ? Quels sont les trois processus principaux par lesquels les lipides sont importés dans les cellules ?

9. Le cycle entéro-hépatique correspond au transfert des acides biliaires du foie dans l'intestin et de l'intestin au foie. Expliquez le rôle du recyclage des acides biliaires dans le maintien de l'homéostasie des lipides.

10. Quelles sont les quatre classes de lipoprotéines dans le système circulatoire des mammifères ? Lesquelles d'entre elles transportent surtout du cholestérol et lesquelles transportent surtout des triglycérides ? Parmi celles qui transportent du cholestérol, un taux élevé d'une classe est considéré comme « bon » tandis qu'un taux élevé d'une autre est considéré comme « mauvais ». Quelles sont les classes « bonnes » et « mauvaises », et pourquoi sont-elles considérées comme « bonnes » ou « mauvaises » ?

11. On se préoccupe beaucoup des effets négatifs de taux élevés (ou bas) de lipides dans le sang. Cependant, les lipides circulants sont essentiels à la santé et au bien-être des humains. Quels sont les effets bénéfiques des lipides circulants, entre autres, du cholestérol et des triglycérides ?

12. On peut considérer que l'athérosclérose est une maladie de l'organisme plutôt que d'une seule cellule ; d'accord ou pas d'accord ? Pourquoi ? Expliquez pourquoi une transplantation hépatique pourrait constituer un traitement de l'hypercholestérolémie familiale. L'athérosclérose se manifeste typiquement tard dans la vie ; comment ce fait affecte-il ou non la possibilité d'une sélection au cours l'évolution en faveur ou contre la maladie ?

13. Des concentrations croissantes de LDL dans le milieu extracellulaire suppriment l'activité de l'HMG-CoA réductase et la transcription des gènes codant le récepteur des LDL et de l'HMG-CoA réductase. Inversement, quand les taux de LDL extracellulaires sont bas, la transcription de ces gènes est induite. Les facteurs de transcription responsables sont les SREBP (*SRE-binding proteins*). Quand les cellules ont un taux adéquat de cholestérol, SREBP est une protéine transmembranaire du RE. À quelles protéines SREBP est-elle complexée ? Comment ce complexe est-il sensible au taux de stérol ? Où dans la cellule la SREBP est-elle livrée en tant que protéine soluble dans le cytosol ? En relation avec ce processus, quelle est la signification de RIP ?

14. Plusieurs membres différents de la superfamille des récepteurs nucléaires régulent le métabolisme lipidique. De petites molécules spécifiques sont les activateurs typiques. De telles molécules peuvent soit être synthétisées dans la cellule concernée, soit diffuser dans la cellule ou être transportée dans la cellule. Un exemple est FXR, qui est activé par liaison aux acides biliaires. FXR est exprimé dans les hépatocytes et l'épithélium intestinal. La source des acides biliaires qui activent FXR est-elle soit la synthèse par la cellule elle-même, soit une importation cellulaire, soit une combinaison des deux ? Plutôt que de donner des noms spécifiques de protéines dont la synthèse est régulée par FXR, dites qu'elles sont les classes de protéines dont la synthèse devrait être régulée par un récepteur nucléaire activé par les acides biliaires ?

15. On peut considérer que l'athérosclérose est une conséquence non intentionnelle de réponses physiologiques destinées à

protéger le corps contre les infections et les dommages tissulaires. Expliquez comment l'inflammation, le cholestérol et les cellules spumeuses sont impliqués dans l'athérosclérose.

16. Deux classes différentes de médicaments utilisés couramment pour réduire le taux sanguin de cholestérol ont été décrites en détail dans ce chapitre. Quels sont les noms de ces deux classes de médicaments ? Comment chaque classe agit-elle pour diminuer le taux de cholestérol sanguin ?

ANALYSEZ LES RÉSULTATS SUIVANTS

Vous examinez les résultats d'une série d'expériences ayant pour but de comprendre comment est régulée la protéolyse des SREBP (*sterol regulatory element-binding protein*) par les protéases S1 et S2 (*Site-1/2*). Dans la première expérience, l'approche était indirecte ; on cherchait à savoir si les protéases Site-1/2 sont des composants de l'appareil de Golgi. Des cellules CHO ont été traitées à la bréfeldine A (BFA), une drogue qui renvoie des protéines du Golgi dans le RE. Les cellules CHO ont d'abord été incubées pendant 16 heures sans apport de stérols, puis incubées 5 heures de plus en absence ou en présence de stérols et en absence ou en présence de BFA (voir la première figure). À la fin de l'incubation de 5 heures, les cellules ont été homogénisées et l'on a analysé par électrophorèse en gel de polyacrylamide-SDS la fraction cytoplasmique (50 µg de protéine par piste) et la fraction nucléaire (100 µg de protéine par piste). On a révélé ensuite les diverses formes moléculaires de SREBP (I = intact, M = forme clivée intermédiaire, N = forme nucléaire).

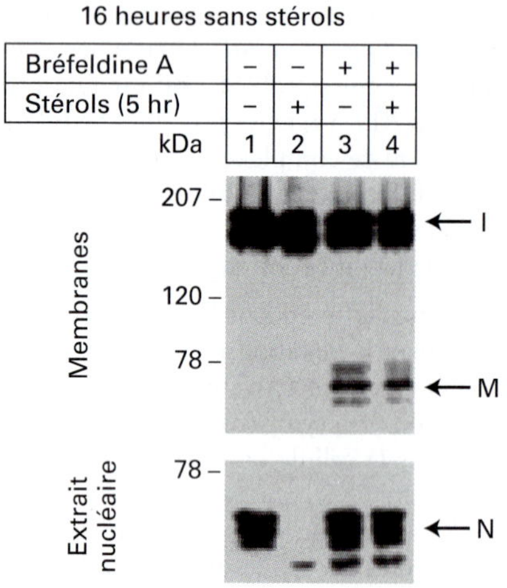

À partir de ces résultats, quelle est la taille de la SREBP M et de la SREBP N comparée à celle de SREBP I ? Comment un produit peut-il apparaître dans cette expérience sans qu'une perte ne se manifeste dans la SREBP intacte ? Quel est l'effet normal des stérols ajoutés sur la production de la SREBP nucléaire ? Quelle est la demi-vie normale de SREBP nucléaire ? Pourquoi l'instabilité de SREBP nucléaire est-elle importante pour la fonction de la voie régulatrice des stérols ? Quel est l'effet de BFA sur le taux de SREBP N et SERBP M ? Comment cet effet indique-t-il que l'appareil de Golgi est impliqué dans la formation de SREBP N ?

RÉFÉRENCES

Phospholipides et sphingolipides : synthèse et mouvement intracellulaire

Daleke, D. L., (2003), Regulation of transbilayer plasma membrane phospholipid asymmetry, *J. Lipid Res.* **44** :233–242.

Daleke, D. L. et Lyles, J. V., (2000), Identification and purification of aminophospholipid flippases, *Biochim. Biophys. Acta* **1486** :108–127.

Dowhan, W., (1997), Molecular basis for membrane phospholipid diversity : why are there so many lipids ? *Ann. Rev. Biochem.* **66** :199–232.

Henneberry, A. L. *et al.*, (2002), The major sites of cellular phospholipid synthesis and molecular determinants of fatty acid and lipid head group specificity, *Mol. Biol. Cell* **13** :3148–3161.

Kent, C., (1995), Eukaryotic phospholipid biosynthesis, *Ann. Rev. Biochem.* **64** :315–343.

Ostrander, D. B. *et al.*, (2001), Lack of mitochondrial anionic phospholipids causes an inhibition of translation of protein components of the electron transport chain : a yeast genetic model system for the study of anionic phospholipid function in mitochondria, *J. Biol. Chem.* **276** :25262–25272.

Ruetz, S. et P. Gros, (1994), Phosphatidylcholine translocase : a physiological role for the mdr2 gene, *Cell* **77** :1071–1081.

Smit, J. J. M. *et al.*, (1993), Homozygous disruption of the murine mdr2 P-glycoprotein gene leads to a complete absence of phospholipid from bile and to liver disease, *Cell* **75** :451–462.

Storch, J. et Thumser, A. E. A., (2000), The fatty acid transport function of fatty acid-binding proteins, *Biochim. Biophys. Acta* **1486** :28–44.

Thompson, J. *et al., (1999),* Liver fatty acid binding protein : species variation and the accom-

modation of different ligands, *Biochim. Biophys. Acta* **1441**(2–3) : 117–130.

Cholestérol : un lipide membranaire multifonctionnel

Bloch, K., (1965), The biological synthesis of cholesterol, *Science* **150**(692) :19–28.

Edwards, P. A. et Ericsson, J., (1999), Sterols and isoprenoids : signaling molecules derived from the cholesterol biosynthetic pathway, *Ann. Rev. Biochem.* **68** :157–185.

Ioannou, Y. A., (2001), Multidrug permeases and subcellular cholesterol transport, *Nature Rev. Mol. Cell Biol.* **2** :657–668.

Maxfield, F. R. et Wustner, D., (2002), Intracellular cholesterol transport, *J. Clin. Invest.* **110** :891–898.

Munn, N. J. *et al.*, (2003), Deficiency in ethanolamine plasmalogen leads to altered cholesterol transport, *J. Lipid Res.* **44** :182–192.

Sacchettini, J. C. et Poulter, C. D., (1997), Creating isoprenoid diversity, *Science* **277**(5333) :1788–1789.

Strauss, J. F. *et al.*, (2002), Sterols and intracellular vesicular trafficking : lessons from the study of NPC1, *Steroids* **67** :947–951.

Vance, D. E. et Vance, J. E., (1996), Biochemistry of Lipids, Lipoproteins, and Membranes, 3e éd., Elsevier.

Vance, D. E. et Van den Bosch, H., (2000), Cholesterol in the year 2000, *Biochim. Biophys. Acta* **1529**(1–3) :1–8.

Voelker, D. R., (2003), New perspectives on the regulation of intermembrane glycerophospholipid traffic, *J. Lipid Res.* **44** :441–449.

Transfert lipidique à l'intérieur et à l'extérieur de la cellule

Abumrad, N. A. *et al.*, (1993), Cloning of a rat adipocyte membrane protein implicated in binding or transport of long-chain fatty acids that is induced during preadipocyte differentiation : homology with human

CD36, *J. Biol. Chem.* **268** :17665–17668.

Acton, S. *et al.*, (1996), Identification of scavenger receptor SR-BI as a high density lipoprotein receptor, *Science* **271**(5248) : 518–520.

Borst, P. et Elferink, R. O., (2002), Mammalian ABC transporters in health and disease, *Ann. Rev. Biochem.* **71** :537–592.

Brown, M. S. et Goldstein, J. L., (1986), A receptor-mediated pathway for cholesterol homeostasis, *Science* **232**(4746) :34–47.

Glass, C. *et al.*, (1983), Dissociation of tissue uptake of cholesterol ester from that of apoprotein A-I of rat plasma high density lipoprotein : selective delivery of cholesterol ester to liver, adrenal, and gonad, *Proc. Nat'l. Acad. Sci. USA* **80** :5435–5439.

Goldstein, J. L. et Brown, M. S.. 1974. Binding and degradation of low density lipoproteins by cultured human fibroblasts : comparison of cells from a normal subject and from a patient with homozygous familial hypercholesterolemia, *J. Biol. Chem.* **249** : 5153–5162.

Hajri, T. et Abumrad, N. A., (2002), Fatty acid transport across membranes : relevance to nutrition and metabolic pathology, *Ann. Rev. Nutr.* **22** :383–415.

Havel, R. J. et Kane, J. P., (2001), Introduction : Structure and Metabolism of Plasma Lipoproteins. In C. Scriver R. *et al.* (Éds), The Metabolic and Molecular Bases of Inherited Disease, McGraw-Hill, 8e éd., pp. 2705–2716.

Meier, P. J. et Stieger, B., (2002), Bile salt transporters, *Ann. Rev. Physiol.* **64** :635–661.

Oram, J. F., (2002), ATP-binding cassette transporter A1 and cholesterol trafficking, *Curr. Opin. Lipidol.* **13** :373–381.

Schaffer, J. E. et Lodish, H. F., (1994), Expression cloning and characterization of a novel adipocyte long chain fatty acid transport protein, *Cell* **79** :427–436.

Sharp, D. *et al.*, (1993), Cloning and gene defects in microsomal triglyceride transfer protein associated with a beta lipoproteinaemia, *Nature* **365**(6441) :65–69.

Shelness, G. S. et Sellers, J. A., (2001), Very-low-density lipoprotein assembly and secretion, Curr. Opin. Lipidol. **12**(2) :151–157.

Stahl, A. *et al.*, (2001), Fatty acid transport proteins : a current view of a growing family, *Trends Endocrinol. Metab.* **12**(6) :266–273.

Stein, Y. *et al.*, (1983), Metabolism of HDL-cholesteryl ester in the rat, studied with a nonhydrolyzable analog, cholesteryl linoleyl ether, *Biochim. Biophys. Acta* **752** :98–105.

Wong, H. et Schotz, M. C., (2002), The lipase gene family, *J. Lipid Res.* **43** :993–999.

Rétrocontrôle du métabolisme lipidique des cellules

Chawla, A. *et al.*, (2001), Nuclear receptors and lipid physiology : opening the X-files, *Science* **294**(5548) :1866–7180.

Dobrosotskaya, Y. *et al.*, (2002), Regulation of SREBP processing and membrane lipid production by phospholipids in Drosophila, *Science* **296**(5569) :879–883.

Francis, G. A. *et al.*, (2003), Nuclear receptors and the control of metabolism, *Ann. Rev. Physiol.* **65** :261–311.

Horton, J. D. *et al.*. SREBPs : activators of the complete program of cholesterol and fatty acid synthesis in the liver, *J. Clin. Invest.* **109** :1125–1131.

Moore, K. J. *et al.*, (2001), Peroxisome proliferator-activated receptors in macrophage biology : friend or foe ? *Curr. Opin. Lipidol.* **12** :519–527.

Repa, J. J. et Mangelsdorf, D. J., (2002), The liver X receptor gene team : potential new players in atherosclerosis, *Nature Med.* **8** :1243–1248.

Sever, N. *et al.*, (2003), Accelerated degradation of HMG CoA reductase mediated by binding of insig-1 to its sterol-sensing domain, Mol. *Cell* **11** :25–33.

Trauner, M. et Boyer, J. L., (2003), Bile salt transporters : molecular characterization, function, and regulation, *Physiol. Rev.* **83** : 633–671.

Yang, T. *et al.*, (2002), Crucial step in cholesterol homeostasis : sterols promote binding of SCAP to INSIG-1, a membrane protein that facilitates retention of SREBPs in ER, *Cell* **110** :489–500.

Biologie cellulaire de l'athérosclérose et des attaques cardiaques ou cérébrales

Brown, M. S. et Goldstein, J. L., (1983), Lipoprotein metabolism in the macrophage : implications for cholesterol deposition in atherosclerosis, *Ann. Rev. Biochem.* **52** :223–261.

Endo, A. *et al.*, (1977), Inhibition of cholesterol synthesis in vitro and in vivo by ML-236A and ML-236B, competitive inhibitors of 3-hydroxy-3-methylglutarylcoenzyme A reductase, *Eur. J. Biochem.* **77** :31–36.

Febbraio, M. *et al.*, (2001), CD36 : a class B scavenger receptor involved in angiogenesis, atherosclerosis, inflammation, and lipid metabolism, *J. Clin. Invest.* **108** :785–791.

Glomset, J. A., (1968), The plasma lecithin :cholesterol acyltransferase reaction, *J. Lipid Res.* **9** :155–167.

Gotto, A. M., Jr., (2003), Treating hypercholesterolemia : looking forward, *Clin. Cardiol.* **26**(suppl. 1) :I21–I28.

Krieger, M. et Herz, J., (1994), Structures and functions of multiligand lipoprotein receptors : macrophage scavenger receptors and LDL receptor-related protein (LRP), *Ann. Rev. Biochem.* **63** :601–637.

Ross, R., (1999), Atherosclerosis : an inflammatory disease, *N. Engl. J. Med.* **340**(2) :115–126.

Van Heek, M. *et al.*, (1997), In vivo metabolism-based discovery of a potent cholesterol absorption inhibitor, SCH58235, in the rat and rhesus monkey through the identification of the active metabolites of SCH48461, *J. Pharmacol. Exp. Ther.* **283** :157–163.

Willner, E. L. *et al.*, (2003), Deficiency of acyl CoA :cholesterol acyltransferase 2 prevents atherosclerosis in apolipoprotein E-deficient mice, *Proc. Nat'l. Acad. Sci. USA* **100**(3) :1262–1267.

19

MICROFILAMENTS ET FILAMENTS INTERMÉDIAIRES

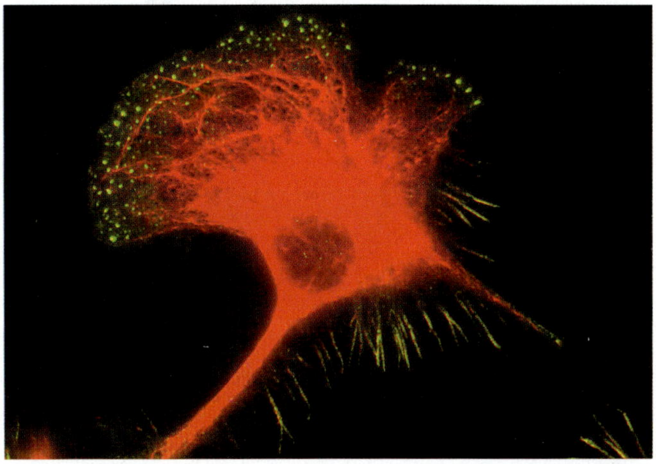

Cytosquelette d'un macrophage. Les structures les plus visibles sont le réseau de filaments intermédiaires (en rouge) et les divers points qui correspondent aux sites d'adhérence cellulaire (en jaune) et qui contiennent de l'actine et de la vimentine. [Cliché de J. Evans.]

La capacité des cellules de migrer est une des acquisitions remarquables de l'évolution. Les cellules primitives ne pouvaient probablement pas se mouvoir par elles-mêmes (motilité) ; leurs déplacements dépendaient des courants imposés par le milieu. Dans les organismes pluricellulaires, la migration de cellules isolées ou en groupe d'une région de l'embryon à une autre est essentielle au développement. Chez les adultes, des cellules isolées détectent les envahisseurs étrangers dans le cadre du système de défense contre les infections ; par contre, la migration non contrôlée est le comportement sinistre d'une cellule cancéreuse. Certaines bactéries peuvent se déplacer par le battement d'un flagelle mû par un moteur rotatif dans la membrane cellulaire (voir Figure 3-22b). Quant aux cellules eucaryotes, leur motilité dépend de différents mécanismes.

Même les cellules stationnaires, qui sont majoritaires dans le corps, peuvent subir de profonds changements de forme — la contraction des cellules musculaires, l'élongation des axones nerveux, la formation de protubérances à la surface cellulaire, la constriction d'une cellule mitotique. Plus subtiles sont les mouvements intracellulaires — la séparation des chromosomes, les courants cytosoliques, le transport des vésicules. Ces déplacements internes sont essentiels à la croissance et à la différenciation cellulaire ; ils sont strictement contrôlés afin qu'ils se ne produisent qu'à des moments déterminés et en des endroits précis.

Le **cytosquelette**, un système cytoplasmique de fibres, est critique pour la motilité cellulaire. Dans le Chapitre 5, nous avons introduit les trois types de fibres du cytosquelette — les **microfilaments**, les **filaments intermédiaires** et les **microtubules** — et décrit leur contribution au support des membranes et à l'organisation du contenu cellulaire (voir Figure 5-29). Toutes ces fibres sont des polymères faits de sous-unités protéiques assemblées par des liaisons non covalentes. Au lieu de former un réseau désordonné, le cytosquelette est disposé en structures discontinues, principalement des faisceaux, des réseaux disposés en dômes et des mailles formant un gel. Dans ce chapitre, nous étendons notre description antérieure des microfilaments d'actine et des filaments intermédiaires (Figure 19-1). Ces deux composants du cytosquelettre sont habituellement attachés aux protéines de la membrane plasmique, qui est ainsi supportée par cette sorte de charpente. Les filaments d'actine participent aussi à plusieurs types de mouvements cellulaires, mais les filaments intermédiaires n'y contribuent pas directement.

Tous les mouvements cellulaires sont le résultat d'un travail mécanique ; ils requièrent un carburant (ATP) et des protéines qui convertissent en motricité l'énergie stockée dans l'ATP. Les cellules ont acquis deux mécanismes pour générer le mouvement. L'un est basé sur l'assemblage et le désassemblage des microfilaments et des microtubules ; il est responsable de nombreux changements de la forme cellulaire. L'autre mécanisme requiert une classe spéciale d'enzymes appelées protéines motrices, décrites dans le Chapitre 3. Celles-ci utilisent l'énergie de l'ATP pour se déplacer ou glisser le long d'un microfilament ou d'un microtubule et emmener avec elles des organites et des vésicules. Quelques mouvements font appel aux **protéines motrices** et aux réarrangements du cytosquelette. Dans ce chapitre, nous parlerons aussi de la **myosine**, une protéine motrice qui interagit avec l'actine, en nous basant sur la description de la structure de la mysosine II et de son rôle dans la contraction musculaire. La myosine II appartient à une grande

SECTIONS

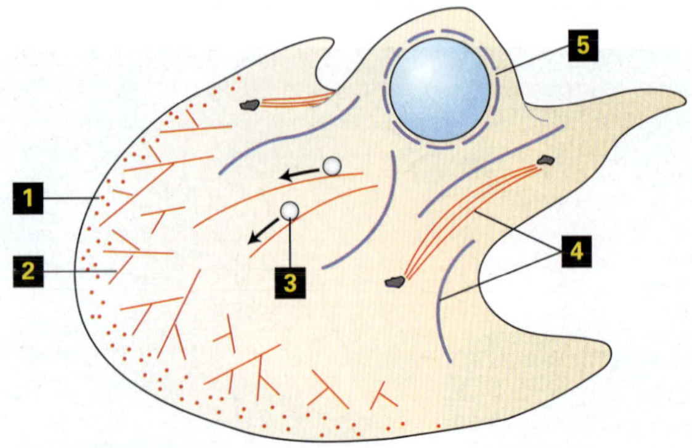

COMPOSITION DU CYTOSQUELETTE		FONCTION CELLULAIRE
1	Dynamique de l'actine	Extension membranaire
2	Réseaux de filaments : faisceaux	Structure cellulaire
3	Myosine, moteur moléculaire	Contractilité et transport vésiculaire
4	Faisceaux d'actine et de filaments intermédiaires	Adhérence cellulaire
5	Réseau de lamine	Structure nucléaire

FIGURE 19-1 Cytosquelettes d'actine et de filaments intermédiaires ainsi que leurs fonctions. Le cytosquelette d'actine (en rouge) maintient la forme de la cellule et génère la force nécessaire aux mouvements. La polymérisation et la dépolymérisation des filaments d'actine (**1**) poussent la membrane vers l'avant, tandis que les protéines qui interconnectent les filaments d'actine les organisent en faisceaux et en réseaux (**2**) qui supportent la forme générale de la cellule. Les mouvements à l'intérieur de la cellule et les contractions de la membrane cellulaire (**3**) sont assurés par des protéines motrices comme la myosine. Dans les tissus, les cytosquelettes d'actine (en rouge) et de filaments intermédiaires (en pourpre) connectent les cellules et leur contenu les unes avec les autres (**4**) par les structures d'adhérence cellulaire. D'autres filaments intermédiaires, les lamines nucléaires, (**5**) maintiennent la structure du noyau.

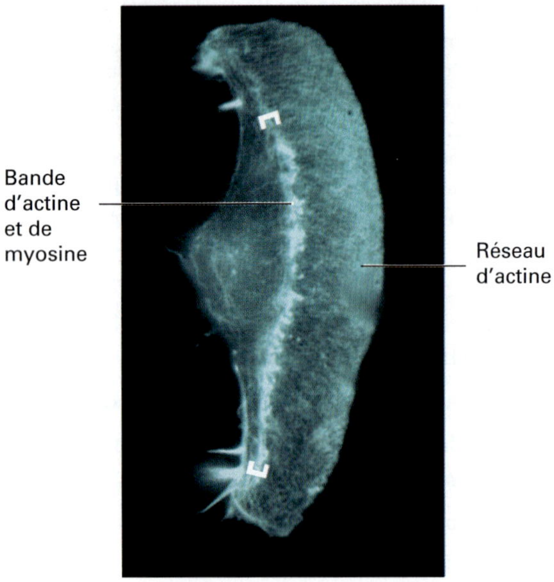

famille de protéines présentes chez les animaux et les plantes. Les fonctions des trois myosines (I, II et V) sont bien établies, mais les activités des autres restent en grande partie inconnues. Une description des microtubules, le troisième type de fibre du cytosquelette, et de leurs protéines motrices est reportée au Chapitre 20.

19.1 Structures de l'actine

Comme décrit dans le Chapitre 5, le cytosquelette d'actine s'organise en grandes structures qui se déploient à travers la cellule, cette extension lui permettant de modifier aisément la morphologie cellulaire simplement en assemblant ou en dissociant ses sous-unités. Dans des chapitres précédents, nous avons décrit de grands complexes protéiques dans lesquels le nombre et les positions des sous-unités sont fixés. Par exemple, tous les ribosomes ont le même nombre de protéines ou d'ARN, et leur structure spatiale ne change pas. Le cytosquelette d'actine, lui, est différent : la longueur des filaments varie, les faisceaux et réseaux de filaments sont irréguliers et le rapport entre les protéines du cytosquelette n'est pas maintenu strictement. Cette organisation souple du cytosquelette d'actine permet à la cellule d'adopter plusieurs formes et d'en changer facilement. Dans des cellules mobiles, le cytosquelette doit s'assembler rapidement et n'a pas toujours le temps de former des structures bien organisées et ordonnées.

Dans cette section, nous décrirons les propriétés des monomères et polymères d'actine, ainsi que les diverses protéines qui assemblent les filaments d'actine en vastes structures. Ayant compris comment s'établit le cytosquelette, nous examinerons dans la Section 19.2 comment une cellule peut disposer cette charpente en vue de diverses tâches requérant le mouvement de la cellule entière ou de certaines parties cellulaires.

L'actine est ancienne, abondante et hautement conservée

L'actine est la protéine intracellulaire la plus abondante dans la plupart des cellules eucaryotes : 10 % des protéines totales dans les muscles et 1-5 % dans les autres tissus. La concentration cytosolique dans les cellules non musculaires varie de 0,1 à 0,5 mM ; cependant, dans des structures spéciales comme les microvillosités, la concentration locale d'actine atteint 5 mM. Pour saisir combien les cellules contiennent d'actine, considérons une cellule hépatique typique ; elle porte 2×10^4 molécules de récepteur à l'insuline mais près de 5×10^8 molécules d'actine. Cette concentration élevée en actine par rapport à d'autres protéines est une caractéristique

FIGURE 19-2 Cytosquelette d'actine dans une cellule en mouvement. Les kératinocytes de poissons font partie des cellules rampantes les plus rapides. Deux structures contenant de l'actine contribuent à générer la force nécessaire. Un réseau de filaments d'actine au front de la cellule pousse la membrane en avant. Entre-temps, le corps cellulaire est tiré par une bande de myosine et d'actine (entre parenthèses). Cet arrangement d'actine et de myosine est typique d'une cellule en mouvement [voir T. M. Svitkina *et al.*, 1997, *J. Cell. Biol.* **139**:397.]

commune de toutes les protéines du cytosquelette. Puisque qu'elles forment des structures qui couvrent une grande partie de la cellule, ces protéines sont parmi les plus abondantes.

De taille modérée (poids moléculaire : 42.000), l'actine est codée par une grande famille de gènes hautement conservés. Cette protéine est apparue dans un ancêtre bactérien et a évolué ensuite avec la spécialisation des cellules eucaryotes. Certains organismes unicellulaires comme les bactéries en bâtonnets, les levures et les amibes ont un ou deux gènes d'actine, tandis que les organismes multicellulaires en contiennent de multiples ; les humains en ont six, qui codent des **isoformes** de la protéine, et certaines plantes en ont plus de 60, mais la plupart sont des **pseudogènes**. Chez les vertébrés, les quatre isoformes d'actine α présentes dans les diverses cellules musculaires et les isoformes d'actine β et γ présentes dans les cellules non musculaires ne diffèrent qu'à quatre ou cinq positions. Bien que ces différences semblent mineures, les isoformes exercent des fonctions différentes ; l'actine α est associée aux structures contractiles ; l'actine γ fait partie des filaments dans les fibres de stress ; et l'actine β est localisée dans la partie frontale ou *bord d'attaque* des cellules en mouvement où les filaments d'actine polymérisent (Figure 19-2). Le séquençage des actines de différentes sources a révélé qu'elles sont parmi les protéines cellulaires les plus conservées, comme le sont les histones, protéines de structure de la chromatine (Chapitre 10). Les séquences des actines des amibes et des animaux sont semblables à 80 %.

Les monomères d'actine G s'assemblent en longues hélices polymériques d'actine F

L'actine existe comme un monomère globulaire appelé *actine G* et comme un polymère filamenteux appelé *actine F*, qui est une chaîne linéaire de sous-unités d'actine G. (Les microfilaments visualisés en microscopie électronique sont des filaments d'actine F associés à tout autre protéine). Chaque molécule d'actine contient un ion Mg^{2+} complexé avec soit de l'ATP ou de l'ADP. Il y a donc quatre états d'actine : ATP-actine G, ADP-actine G, ATP-actine F, ADP-actine F. Deux de ces formes, ATP-actine G et ADP-actine F prédominent dans une cellule. L'importance de la conversion d'une forme à l'autre dans l'assemblage du cytosquelette sera discutée plus tard.

Bien que l'actine G paraisse globulaire en microscopie électronique, l'analyse cristallographique aux rayons X révèle qu'elle comporte deux lobes séparés par une fente profonde (Figure 19-3a). Les lobes et la fente composent le *pli ATPase*, site où l'ATP et

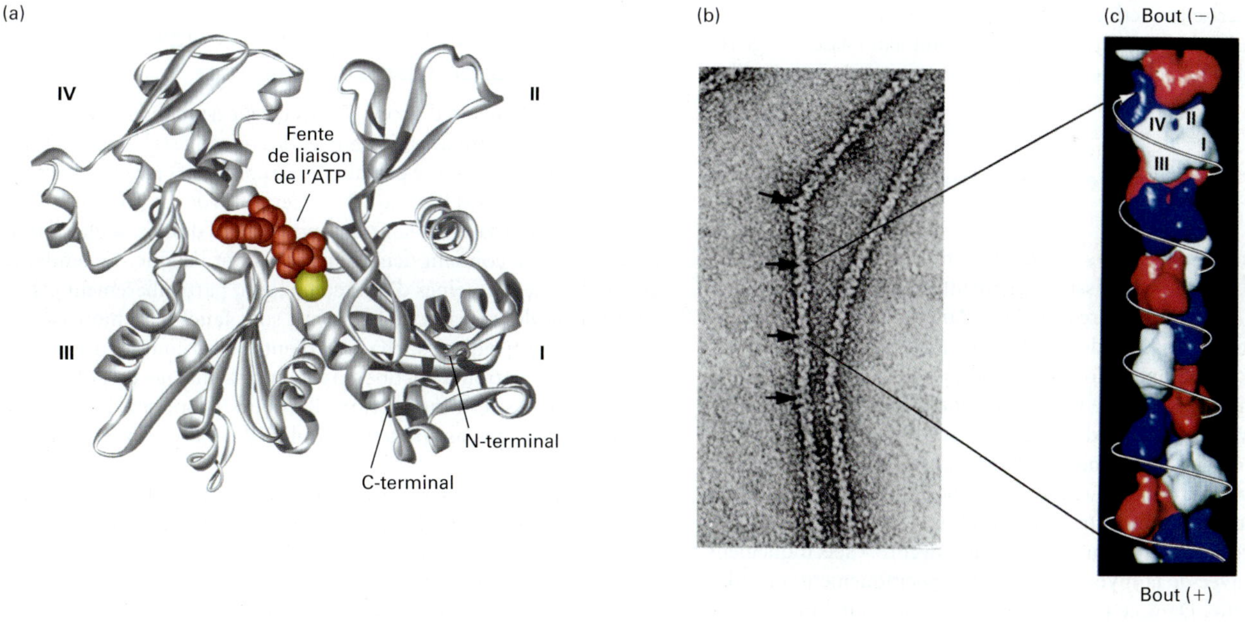

FIGURE 19-3 Structure de l'actine G monomérique et du filament d'actine F. (a) Ce modèle d'un monomère d'actine β d'une cellule non musculaire montre une molécule aplatie (5,5 x 5,5 x 3,5 nm) divisée par une fente centrale en deux lobes de taille semblable et de quatre sous-domaines numérotés de I-IV. L'ATP (en rouge) est lié au fond de la fente et touche les deux lobes (la sphère jaune est l'ion Mg^{2+}). Les bouts N- et C-terminaux se situent dans le sous-domaine I. (b) Au microscope électronique, les filaments d'actine colorés négativement apparaissent comme des brins torsadés longs et souples formés d'une succession de grains. À cause de la torsion, le filament apparaît alternativement plus fin (7 nm de diamètre) et plus épais (9 nm de diamètre) (flèches). (c) Dans un modèle représentant la disposition des sous-unités dans le filament, les sous-unités forment une hélice serrée. Le module répétitif comprend 28 sous-unités (13 tours d'hélice) couvrant une distance de 72 nm. Seules 14 sous-unités sont montrées dans la figure. La fente de fixation de l'ATP est orientée dans la même direction (*vers le haut*) dans toutes les sous-unités. Le bout du filament avec la fente de fixation exposée est désignée par le signe (-) ; le bout opposé par (+).
[Partie (a) adaptée de C. E. Schutt *et al.*, 1993, *Nature* **365**:810 ; avec l'autorisation de M. Rozycki. Partie (b) avec l'autorisation de R. Graig. Partie (c) voir M. F. Schmid *et al.*, 1994, *J. Cell Biol.* **124**:341 ; avec l'autorisation de M. Schmid.]

le Mg^{2+} sont liés. Dans l'actine, le fond de la crevasse agit à la manière d'une charnière qui permet aux lobes de pivoter l'un par rapport à l'autre. L'association à l'ATP ou l'ADP modifie la conformation de la molécule. En fait, dépourvue de nucléotide, l'actine G se dénature très rapidement.

L'addition d'ions, Mg^{2+}, K^+ ou Na^+, à une solution d'actine G induit sa polymérisation en filaments d'actine F. Le processus est réversible : l'actine F dépolymérise en actine G quand la force ionique diminue. Les filaments d'actine F qui se forment in vitro ne peuvent être distingués des microfilaments isolés des cellules, ce qui indique que d'autres facteurs comme des protéines accessoires ne sont pas requis pour la polymérisation in vivo. L'assemblage de l'actine G en actine F est accompagné de l'hydrolyse de l'ATP en ADP et P_i ; cependant, comme décrit plus loin, l'hydrolyse de l'ATP modifie la cinétique de la polymérisation, mais n'est pas nécessaire pour qu'elle se produise.

Après coloration négative par l'acétate d'uranyle, l'actine F apparaît au microscope électronique sous forme d'un entrelacs de fils composés d'une succession de grains dont le diamètre varie de 7 à 9 nm (Figure 19-3b). D'après les études des filaments par diffraction des rayons X et d'après la structure du monomère (Figure 19-3a), on a construit un modèle dans lequel les sous-unités se disposent en une hélice serrée (Figure 19-3c). De la sorte, chaque monomère est entouré de quatre autres, un au-dessus, un au-dessous et deux sur une des faces. Chaque sous-unité correspond à une des billes observées sur la microphotographie électronique des filaments.

L'aptitude de l'actine G à polymériser en actine F et de l'actine F à dépolymériser en actine G est une propriété importante de cette protéine. Dans ce chapitre, nous verrons comment l'assemblage réversible de l'actine est à la base de nombreux mouvements cellulaires.

L'actine F possède une polarité structurale et fonctionnelle

Toutes les sous-unités dans l'actine F sont tournées vers la même extrémité du filament. Aussi, un filament a une **polarité**, c'est-à-dire qu'une extrémité diffère de l'autre. Par convention, le bout auquel la fente de fixation de l'ATP de la sous-unité terminale est exposée à la solution environnante est désigné par le signe (–). À l'autre extrémité, désignée par (+), la fente est en contact avec la sous-unité voisine et n'est donc pas exposée (Figure 19-3c).

Sans la résolution atomique assurée par la cristallographie aux rayons X, la fente d'une sous-unité, et donc la polarité du filament, ne serait pas détectable. On peut toutefois démontrer la polarité par microscopie électronique après avoir « décoré » spécifiquement le filament avec de la myosine, qui se lie spécifiquement aux filaments d'actine. Dans ce type d'expérience, on ajoute un excès de myosine S1, le domaine globulaire de la myosine, à la préparation d'actine. La myosine s'attache en oblique au flanc du filament. Quand toutes les sous-unités sont liées à la myosine, le filament est couvert, « décoré » de pointes de flèche qui sont toutes dirigées vers une extrémité du filament (Figure 19-4). Comme la myosine s'attache aux filaments d'actine et non aux microtubules ni aux filaments intermédiaires, l'expérience de « décoration » constitue un critère par lequel les filaments d'actine sont identifiés parmi les autres fibres du cytosquelette en microscopie électronique sur coupes cellulaires fines.

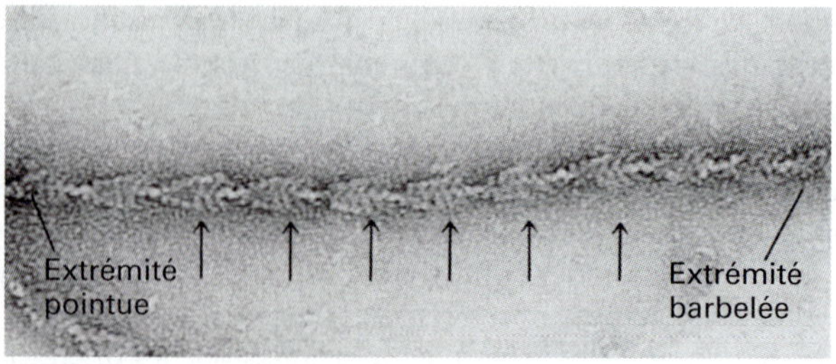

FIGURE EXPÉRIMENTALE 19-4 Une expérience de « décoration » démontre la polarité du filament d'actine. Les sous-fragments S1, qui représentent la tête de la myosine, se lient aux sous-unités d'actine en prenant une orientation particulière. Quand ils sont attachés à toutes les sous-unités du filament, les S1 forment une spirale autour du filament et semblent le « décorer » d'une succession de pointes de flèches barbelées, que l'on distingue plus facilement en examinant avec recul l'ensemble du filament. La polarité de la décoration définit une extrémité pointue ou (-) et une extrémité barbelée ou (+) ; la première correspond à la partie supérieure du modèle de la Figure 19-3c. [Avec l'autorisation R. Craig]

Le domaine CH et d'autres protéines organisent les microfilaments en faisceaux et réseaux

In vitro, les filaments d'actine s'entrelacent de manière désordonnée ; pour construire des faisceaux et des réseaux stables servant de charpente à la membrane plasmique, des *protéines interconnectant l'actine* sont requises (Figure 19-5). Certaines de ces protéines (e.g. la fimbrine et la fascine) sont des monomères dont la seule chaîne polypeptidique contient deux domaines liant l'actine. Cependant, de nombreuses protéines d'interconnexion, particulièrement celles qui forment des réseaux de filaments, sont faites d'au moins deux chaînes polypeptidiques, chacune d'entre elles contenant un seul domaine de fixation à l'actine, mais leur assemblage en polymères multiplie leur site d'interaction. Plusieurs protéines d'interconnexion différentes assurent la stabilité des faisceaux et réseaux d'actine.

De nombreuses protéines d'interconnexion de l'actine appartiennent à la *superfamille du domaine d'homologie à la calponine* (Tableau 19-1). Chacune de ces protéines à domaine CH possède une paire de domaines liant l'actine et dont la séquence est homologue à celle de la calponine, une protéine des muscles. Les domaines liant l'actine sont séparés par des répétitions de superhélices (*helical coiled-coil*) ou de feuillets β de type immunoglobulines. La disposition des sites de fixation à l'actine dans ces protéines détermine s'ils organisent les filaments en faisceaux ou réseaux. Lorsque les sites de fixation sont disposés en tandem, comme dans la fimbrine et l'actinine α, les filaments d'actine concernés sont fortement tassés et s'alignent en faisceaux (voir Figure 19-5a) dans les structures d'adhérence et d'extension cellulaires. Cependant, si les sites de liaison sont distants l'un de l'autre et se retrouvent aux extrémités de bras flexibles, comme dans la filamine, la spectrine et la

TABLEAU 19-1 Une sélection de protéines liant l'actine

Protéine	PM	Organisation des domaines*	Localisation
SUPERFAMILLE DU DOMAINE CH			
Fimbrine	68 000	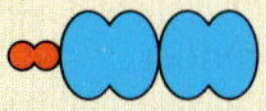	Microvillosités, stéréocils, plaques d'adhérence, câbles d'actine de la levure
Actinine α	102 000	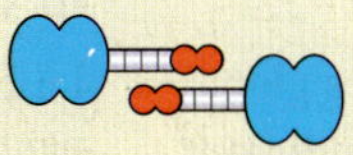	Filopodes, lamellipodes, fibres de stress, plaques d'adhérence
Spectrine	α: 280 000 β: 246 000–275 000	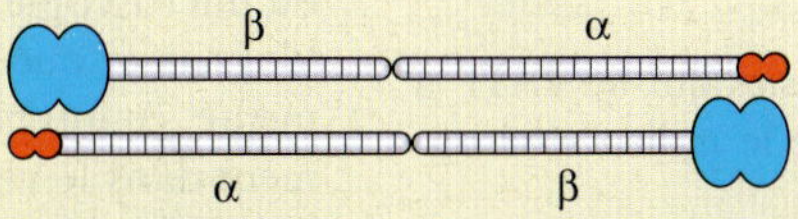	Réseaux corticaux
Dystrophine	427 000	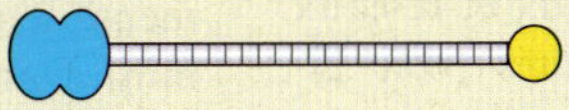	Réseaux corticaux du muscle
Filamine	280 000	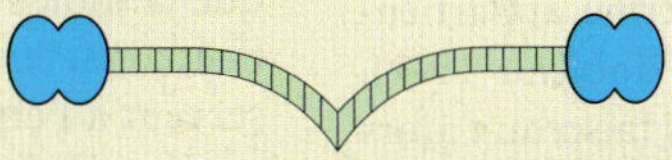	Filopodes, pseudopodes, fibres de stress
AUTRES			
Fascine	55 000		Filopodes, lamellipodes, fibres de stress, microvillosités, processus acrosomique
Villine	92 000		Microvillosités dans les bordures en brosse intestinale et rénale

*Bleu = domaines liant l'actine ; rouge = domaines fixant Ca^{2+} et semblables à la calmoduline ; pourpre = répétitions d'hélices α ; vert = répétitions de feuillets β ; orange = autres domaines.

dystrophine, les interconnections permettent aux filaments de se disposer de manière orthogonale et de former des mailles peu serrées (voir Figure 19-5b). Ces vastes réseaux s'étalent dans le cytoplasme et lui donnent la consistance d'un gel. Puisque ces protéines se lient également aux protéines de membrane, les réseaux se trouvent en général dans la région corticale adjacente à la membrane plasmique. Dans les protéines qui forment des réseaux de filaments, la répétition des différents motifs détermine la longueur des bras et donc l'espace et l'orientation entre filaments.

Bien que les protéines à domaine CH constituent la majorité des protéines interconnectant l'actine, d'autres protéines se liant à différents sites de l'actine interviennent également dans l'organisation des filaments d'actine. Une telle protéine, la fascine, se retrouve dans de nombreux faisceaux, entre autres les fibres de stress, les microvillosités de la surface cellulaire et les poils sensoriels qui couvrent le corps de la mouche drosophile. Le rôle structural de la fascine est illustré par les effets de mutations dans le gène *singed*, qui code cette protéine chez la drosophile. Les poils sensoriels des mutants sont courbés et déformés, ce qui indique que la fascine maintient la rigidité des faisceaux d'actine dans l'axe de chaque poil.

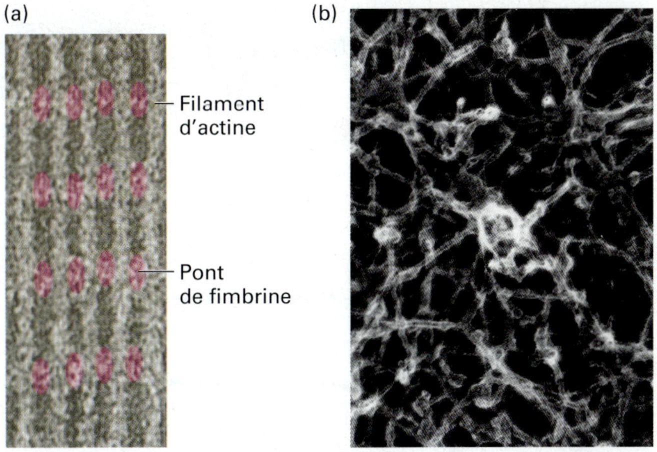

FIGURE 19-5 Des protéines d'interconnexion unissent deux filaments d'actine. (a) Quand des filaments d'actine sont connectés par une protéine courte comme la fimbrine (rouge), ils se tassent l'un à côté de l'autre et forment un faisceau. (b) Lorsque les protéines de connexion sont longues et flexibles comme la filamine, les filaments d'actine forment un réseau. [Partie (a) avec l'autorisation de D. Hanein. Partie (b) avec l'autorisation de J. Hartwig.]

CONCEPTS CLÉS DE LA SECTION 19.1
Structures de l'actine

- Composant majeur du cytosquelette, l'actine est la protéine intracellulaire la plus abondante dans les cellules eucaryotes et est hautement conservée.
- Bien qu'entre les diverses isoformes de l'actine les différences de séquence soient minimes, en général elles exercent des fonctions différentes.
- L'actine F est un filament en hélice fait de sous-unités globulaires d'actine G, toutes orientées dans la même direction (voir Figure 19-3).
- Les filaments d'actine sont polarisés ; le site qui lie l'ATP à leur extrémité (-) est en contact direct avec le milieu environnant.
- Les filaments d'actine sont organisés en faisceaux et réseaux et interconnectés par diverses protéines bivalentes (voir Figure 19-5).
- De nombreuses protéines interconnectant l'actine appartiennent à la superfamille des domaines CH (voir Tableau 19-1). Certaines, la fimbrine et l'α-actinine, forment les faisceaux alors que d'autres, la spectrine, la dystrophine et la filamine, forment de grands réseaux.

19.2. La dynamique de l'assemblage de l'actine

Comme dit précédemment, le cytosquelette d'actine n'est pas une structure statique de faisceaux et de réseaux de filaments. Dans la cellule, les microfilaments sont sans cesse en train de se raccourcir ou de grandir et les faisceaux et trames en train de se former ou de se défaire. Ces changements dans l'organisation de l'actine génèrent des forces qui modifient profondément la forme de la cellule. Dans cette section, nous décrirons la polymérisation de l'actine et la régulation de ce processus, qui est en grande partie responsable de la nature dynamique du cytosquelette.

In vitro, l'actine polymérise en trois étapes

La polymérisation in vitro de l'actine G en filaments d'actine F peut être suivie par viscosimétrie, sédimentation et spectroscopie ou microscopie de fluorescence. Quand les filaments deviennent longs assez que pour s'enchevêtrer, la viscosité de la solution augmente, ce qui peut être mesuré par le ralentissement de l'écoulement dans le viscosimètre. Le test de sédimentation est basé sur l'ultracentrifugation : l'actine F, contrairement à l'actine G, sédimente à des forces de gravité élevées (100.000 g pendant 30 min). Dans la troisième méthode, on attache un fluorochrome à l'actine G ; le spectre de fluorescence de l'actine G se modifie dès que la molécule polymérise. La croissance des filaments marqués peut aussi être suivie au microscope à fluorescence. Ces techniques servent à l'étude de la cinétique de polymérisation de l'actine et à purifier les protéines se fixant à l'actine qui réticulent ou dépolymérisent les filaments d'actine.

In vitro, l'actine polymérise en trois phases (Figure 19-6a). Durant la première, dite de *nucléation*, l'actine G s'agrège en petits oligomères instables. Quand l'oligomère atteint une certaine longueur (trois ou quatre sous-unités), il peut servir d'amorce qui, au cours d'une seconde *phase d'élongation*, s'allonge rapidement par addition de monomères d'actine aux deux bouts. À mesure que les filaments d'actine F s'allongent, la concentration d'actine G diminue jusqu'à ce qu'un équilibre s'établisse. Dans cette

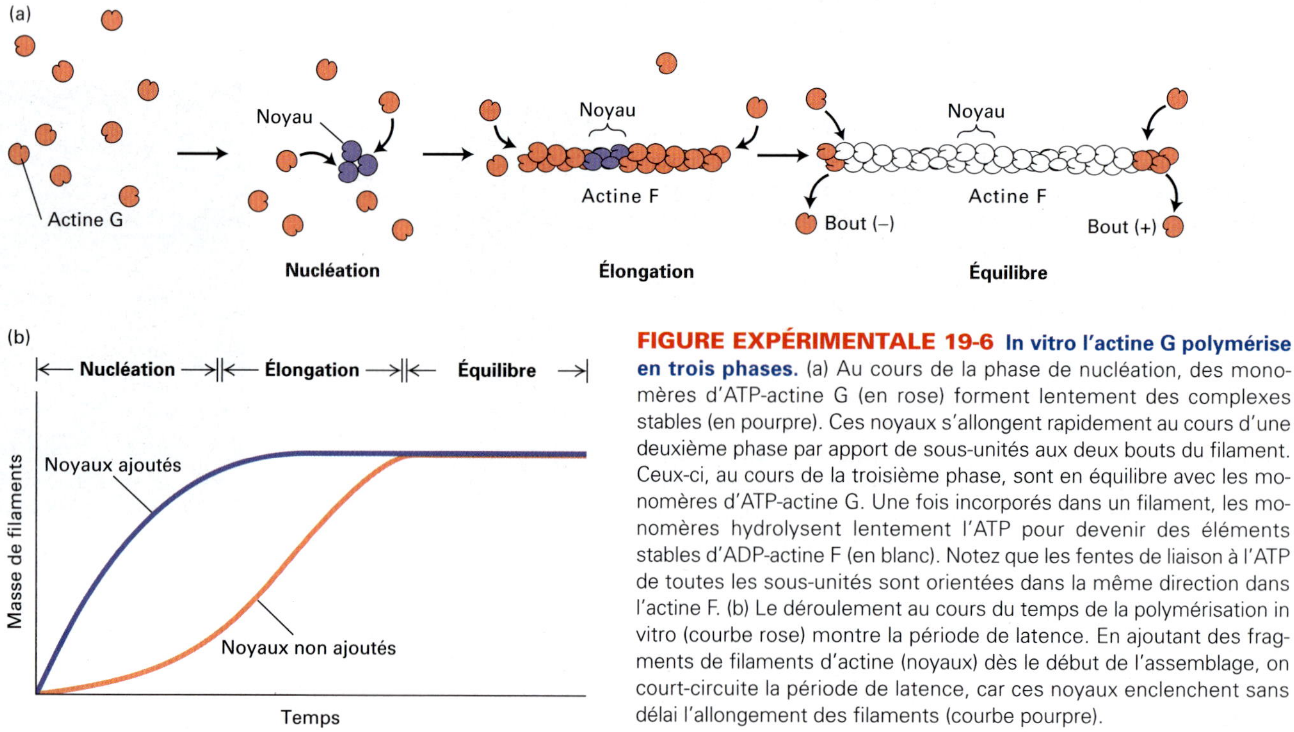

FIGURE EXPÉRIMENTALE 19-6 In vitro l'actine G polymérise en trois phases. (a) Au cours de la phase de nucléation, des monomères d'ATP-actine G (en rose) forment lentement des complexes stables (en pourpre). Ces noyaux s'allongent rapidement au cours d'une deuxième phase par apport de sous-unités aux deux bouts du filament. Ceux-ci, au cours de la troisième phase, sont en équilibre avec les monomères d'ATP-actine G. Une fois incorporés dans un filament, les monomères hydrolysent lentement l'ATP pour devenir des éléments stables d'ADP-actine F (en blanc). Notez que les fentes de liaison à l'ATP de toutes les sous-unités sont orientées dans la même direction dans l'actine F. (b) Le déroulement au cours du temps de la polymérisation in vitro (courbe rose) montre la période de latence. En ajoutant des fragments de filaments d'actine (noyaux) dès le début de l'assemblage, on court-circuite la période de latence, car ces noyaux enclenchent sans délai l'allongement des filaments (courbe pourpre).

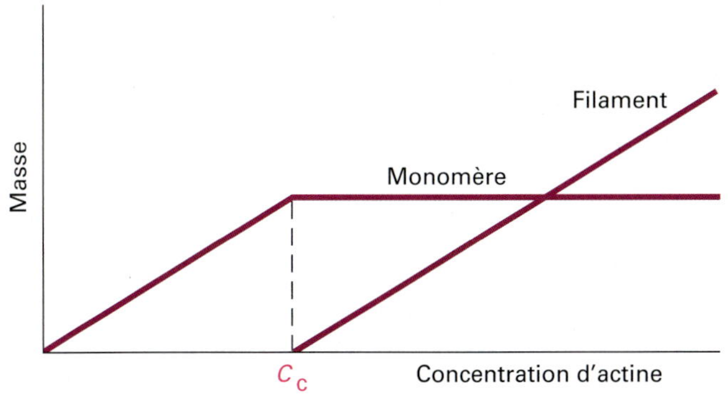

FIGURE EXPÉRIMENTALE 19-7 La concentration d'actine G détermine la formation des filaments. La concentration critique (C_c) est celle des monomères d'actine G en équilibre avec les filaments d'actine. À des concentrations de monomères supérieures à la C_c, les filaments s'assemblent jusqu'à ce que la concentration en monomères atteigne la C_c.

troisième phase d'*équilibre*, les monomères d'actine G s'échangent avec des sous-unités du bout des filaments sans changement dans la masse totale de filaments. Les courbes cinétiques de la Figure 19-6b montrent que la période de latence peut être évitée par l'addition d'un petit nombre d'oligomères d'actine F à la solution d'actine G.

Quand l'équilibre a été atteint, la concentration de sous-unités non assemblées est dite *critique*, C_c. Ce paramètre est la constante de dissociation (rapport des constantes de vitesse d'association et de dissociation) qui exprime la concentration d'actine G à laquelle l'addition de sous-unités est contrebalancée par la dissociation des sous-unités ; c'est-à-dire que la vitesse d'association égale celle de dissociation. Dans des conditions in vitro typiques, la C_c de l'actine G est 0,1 μM. Au-dessus de cette valeur, une solution d'actine G polymérise ; sous cette valeur, une solution d'actine F dépolymérise (Figure 19-7).

Après que les monomères d'ATP-actine G ont été incorporés dans un filament, l'ATP est hydrolysé lentement en ADP. En conséquence, la majeure partie du filament consiste en ADP-actine F, mais on trouve un peu d'ATP-actine F à une extrémité (voir la prochaine sous-section). Cependant, l'hydrolyse de l'ATP n'est pas essentielle à la polymérisation, comme le montre la capacité de l'actine G contenant de l'ADP ou un analogue de l'ATP non hydrolysable de former des filaments.

Les filaments d'actine croissent plus vite à l'extrémité (+) qu'à l'extrémité (–)

Nous avons vu plus tôt que les expériences de décoration par la myosine ont révélé la structure polaire de l'actine F (voir Figure 19-4). Cette polarité se manifeste également par la différence des vitesses avec laquelle l'ATP-actine G est ajoutée aux deux bouts. L'extrémité (+) grandit 5 à 10 fois plus vite que l'extrémité (–). Cette différence est révélée par une simple expérience dans laquelle des filaments d'actine décorés de myosine déclenchent la polymérisation de l'actine G. Le microscope électronique montre des filaments d'actine nus qui prolongent des deux côtés les filaments d'actine décorés. L'actine nouvellement polymérisée (non décorée) est 5 à 10 fois plus longue au bout (+) qu'au bout (–) des filaments (Figure 19-8a).

La différence de vitesse de croissance entre les deux bouts du filament est due à la différence de C_c en ces points. On mesure cette différence en bloquant l'un des deux bouts par une protéine qui coiffe l'une des extrémités du filament d'actine. Une protéine qui coiffe le bout (+) force le filament à grandir par le bout (–) ; au contraire, c'est le bout (+) qui grandit quand le bout (–) du fi-

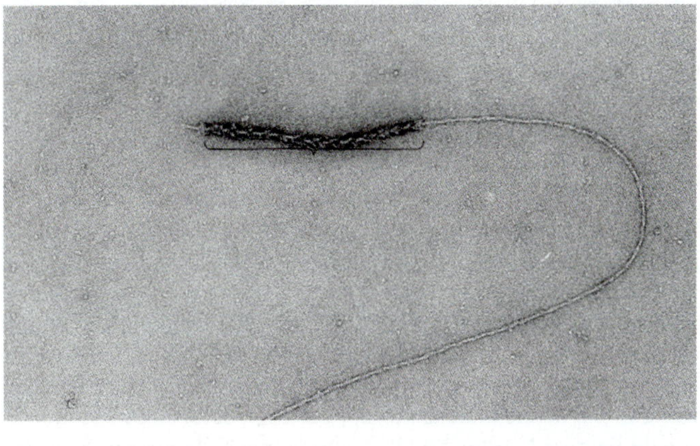

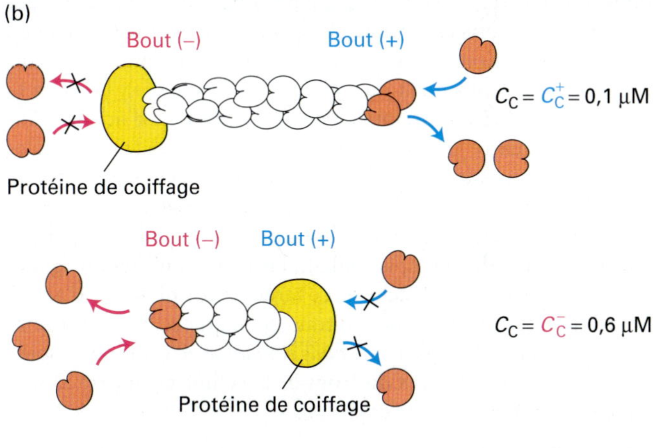

FIGURE EXPÉRIMENTALE 19-8 La décoration par la myosine et les protéines de coiffage démontrent les vitesses de croissance inégale aux deux bouts du filament d'actine. (a) Quand de petits filaments décorés de myosine constituent les noyaux de polymérisation, les filaments qui en résultent ont une extrémité (+) non décorée beaucoup plus longue que l'extrémité (–). (b) Quand on bloque l'un des deux bouts, (+) ou (–), d'un filament par des protéines de coiffage, on ne laisse croître que le bout opposé. Dans des tests de polymérisation avec des filaments coiffés, la concentration critique (C_c) est déterminée par la croissance à l'extrémité non bloquée. Ce genre de tests montre que la C_c au bout (+) est beaucoup plus basse que la C_c au bout (–).
[Partie (a) avec l'autorisation de T. Pollard.]

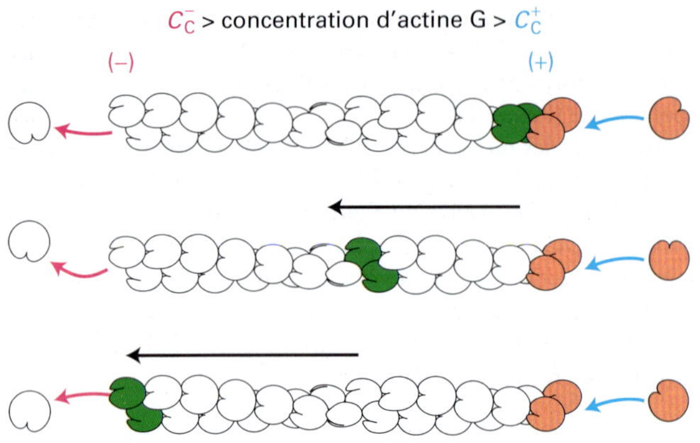

FIGURE 19-9 Le « tapis roulant » des filaments d'actine. À des concentrations d'actine G intermédiaires entre les valeurs de C_c. pour les bouts (–) et (+) du filament, les sous-unités d'actine peuvent « couler » le long du filament. En effet, elles s'attachent plus volontiers au bout (+) et se dissocient plus volontiers au bout (–) du filament. Ce processus de tapis roulant se déroule dans certaines cellules migratrices. Les sous-unités les plus anciennes dans un filament soumis à ce processus se trouvent au bout (–).

lament est coiffé (Figure 19-8b). Des tests de polymérisation de tels filaments ont montré que la C_c est environ six fois plus basse pour la polymérisation au bout (+) que pour la croissance à l'extrémité (–).

Du fait de cette différence dans les valeurs de C_c pour les bouts (+) et (–), on peut prévoir le phénomène suivant. À des concentrations d'ATP-actine G sous la C_c^+, il n'y a pas de croissance ; à des concentrations situées entre C_c^+ et C_c^-, seul le bout (+) s'allonge ; à des concentrations dépassant C_c^-, les deux extrémités croissent, toutefois plus rapidement du côté (+) que du côté (–). Lorsque la phase d'équilibre est atteinte à des concentrations d'actine G intermédiaires entre les valeurs de C_c pour les bouts (+) et (–), des sous-unités continuent à être ajoutées au bout (+) ; par contre, le bout (–) en perd (Figure 19-9). Dans ce cas, la longueur du filament reste constante ; les sous-unités ajoutées se déplacent le long du filament, comme sur un tapis roulant, jusqu'à ce qu'elles atteignent le bout (–), où elles se détachent. Le turnover des filaments d'actine au front de certaines cellules en train de migrer se produit probablement selon ce mécanisme de *tapis roulant* avec addition de sous-unités aux filaments près du front de la cellule et soustraction à l'autre extrémité vers l'arrière.

Des toxines perturbent le pool des monomères d'actine

Plusieurs toxines modifient l'équilibre habituel entre les monomères d'actine et les filaments. Deux toxines non apparentées, la cytochalasine D et la latrunculine dissocient les filaments par différents mécanismes. La cytochalasine D, un alcaloïde fongique, dépolymérise les filaments d'actine en se liant au bout (+) de l'actine F, où il bloque l'addition de sous-unités. La latrunculine, une toxine sécrétée par des éponges, se lie à l'actine G et inhibe sa liaison au bout du filament. La présence de l'une de ces toxines augmente donc le pool de monomères. Lorsque la cytochalasine est ajoutée à des cellules vivantes, le cytosquelette d'actine disparaît et des mouvements, comme la locomotion et la cytocinèse, sont inhibés. Ces observations furent parmi les premières à mettre en cause les filaments d'actine dans la motilité cellulaire.

Par contre, une autre toxine d'éponges, le jasplakinolide, modifie l'équilibre monomère-polymère en faveur des filaments. C'est le cas également pour la phalloïdine, qui est isolée de l'amanite phalloïde (le champignon *ange de la mort*). Elle empoisonne la cellule en s'attachant à l'interface entre les sous-unités dans l'actine F et en les « soudant » entre elles, ce qui prévient la dépolymérisation des filaments. Même si l'actine est diluée au-dessous de sa concentration critique, les filaments stabilisés par la phalloïdine ne se dissocient pas. La phalloïdine marquée à la fluorescéine, qui ne se fixe qu'à l'actine F, est utilisée fréquemment en microscopie optique pour colorer les filaments.

La polymérisation de l'actine est régulée par des protéines qui s'attachent à l'actine G

En tube à essai, il suffit d'ajouter des sels à une solution d'actine G pour amorcer la polymérisation ou de diluer la suspension de filaments pour induire leur dépolymérisation. Les cellules, cependant, doivent maintenir une concentration ionique cytosolique quasi constante et recourent dès lors à un mécanisme différent pour contrôler la polymérisation de l'actine. À cet effet, la cellule fait appel à plusieurs protéines qui s'attachent à l'actine ; celles-ci favorisent ou inhibent la polymérisation de l'actine. Nous allons en décrire deux qui ont été isolées et bien caractérisées.

Inhibition de l'assemblage de l'actine par la thymosine β_4 Des calculs basés sur la C_c de l'actine G (0,1 µM), une concentration totale typique d'actine dans le cytosol (0,5 mM) et les conditions ioniques de la cellule indiquent que presque toute l'actine cellulaire devrait être sous forme de filaments et qu'il y aurait donc très peu d'actine G. Cependant, les dosages directs montrent que 40 % de l'actine dans une cellule animale est non polymérisée. Qu'est-ce qui maintient la concentration cellulaire de l'actine G au-dessus de sa C_c ? L'explication la plus plausible est que des protéines cytosoliques séquestrent l'actine, la gardant dans une forme qui est incapable de polymériser.

À cause de son abondance dans le cytosol et de son aptitude à se lier à l'ATP-actine G (et non à l'actine F), la thymosine β4 est considérée comme étant la principale protéine séquestrant l'actine dans les cellules. La thymosine, une petite protéine (5000 PM), se fixe à l'ATP-actine G dans un rapport 1 :1. Cette liaison bloque le site de l'actine G pour l'ATP, ce qui empêche la polymérisation. Dans les plaquettes, la concentration de thymosine β4 atteint 0,55 mM, soit plus du double de la concentration d'actine non polymérisée (0,22 mM) ; d'après ces valeurs, on calcule que près de 70 % des monomères d'actine sont séquestrés par la thymosine β4 dans une plaquette.

La thymosine β4 fonctionne comme un tampon pour l'actine monomérique, comme l'illustre la réaction suivante :

$$\text{Actine-F} \rightleftharpoons \text{actine G} \rightleftharpoons \text{T}\beta4\ \Delta\ \text{actine G/T}\beta4$$

Dans une simple réaction d'équilibre, une augmentation de la concentration cytosolique de la thymosine β4 augmenterait la concentration des sous-unités d'actine séquestrées et réduirait de la même manière l'actine F, puisque les filaments sont en équilibre avec les monomères. Cet effet de la thymosine β4 sur le taux d'actine F a été démontré expérimentalement dans des cellules vivantes.

Contribution de la profiline à l'assemblage de l'actine Une autre protéine cytosolique, la *profiline* (15.000 PM), se lie également aux monomères d'ATP-actine dans un rapport 1 :1. Au mieux, la profiline peut tamponner 20 % de l'actine non polymérisée dans les cellules, un taux trop bas pour qu'elle puisse agir efficacement comme protéine de séquestration. En fait, au lieu de séquestrer les monomères d'actine, la principale fonction de la profiline est probablement de favoriser l'assemblage des filaments, ce qu'elle effectuerait par plusieurs mécanismes.

Premièrement, la profiline favorise l'assemblage des filaments d'actine en agissant comme facteur d'échange du nucléotide. C'est la seule protéine de liaison à l'actine qui permet le remplacement de l'ADP par de l'ATP. Lorsque l'actine G est complexée à d'autres protéines, l'ATP ou l'ADP est prisonnier de la fente de liaison de la molécule d'actine. Cependant, puisque la profiline est accolée à un site de l'actine situé du côté opposé à celui du site de liaison d'ATP, elle peut recharger les monomères d'ADP-actine libérés du filament et reconstituer ainsi le pool d'ATP-actine (Figure 19-10).

Deuxièmement, quand elle est complexée à l'actine G, la profiline contribuerait à l'addition de monomères au bout (+) d'un filament d'actine. Cette hypothèse est compatible avec la structure tridimensionnelle du complexe profiline-actine dans lequel la profiline est liée à la partie d'un monomère d'actine opposée au site de liaison de l'ATP, le laissant ainsi libre de s'associer à l'extrémité (+) d'un filament (voir Figure 19-3). Après que le complexe s'est fixé transitoirement au filament, la profiline se détache de l'actine.

Troisièmement, la profiline interagit aussi avec des composants membranaires prenant part à la signalisation intercellulaire, ce qui suggère qu'elle pourrait jouer un rôle important dans le contrôle de l'assemblage de l'actine à hauteur de la membrane plasmique. Par exemple, la profiline se fixe au phospholipide membranaire, le phosphatidylinositol 4,5-bisphosphate (PIP_2) ; cette interaction prévient la liaison de la profiline à l'actine G. (Comme décrit dans le Chapitre 13, PIP_2 est hydrolysé en réponse à certains signaux extracellulaires.) De plus, la profiline se lie aux séquences riches en proline que l'on trouve fréquemment dans les protéines de signalisation associées à la membrane comme Vasp et Mena. Cette interaction, qui n'inhibe pas la liaison de la profiline à l'actine G, localise les complexes profiline-actine à la membrane.

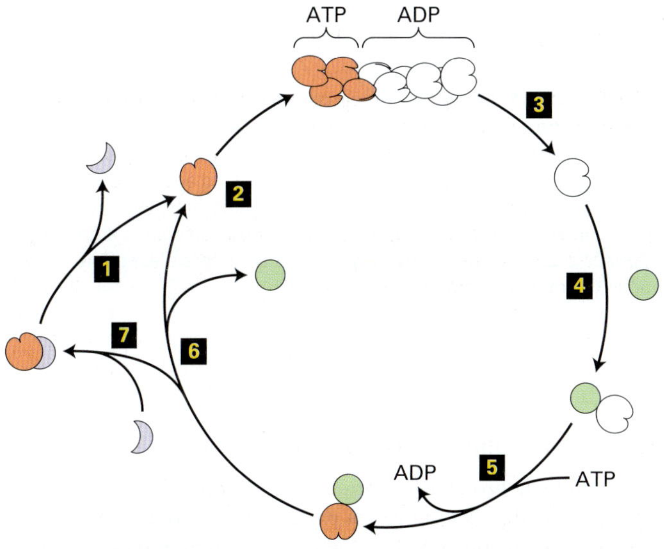

FIGURE 19-10 Modèle des rôles complémentaires de la profiline et de la thymosine β_4 dans la régulation de la polymérisation de l'actine G. Des sous-unités d'actine (en rose) se dissocient de la thymosine β_4 (en pourpre) auxquelles elles étaient complexées (**1**) et s'ajoutent à un bout du filament (**2**). Dans le filament, l'ATP est hydrolysé en ADP, la sous-unité associée à l'ADP se détachant du bout opposé du filament (**3**). L'ADP-actine G forme un complexe avec la profiline (en vert) (**4**), et l'ATP remplace l'ADP pour former de l'ATP-actine G (**5**). La profiline livre des monomères d'actine au bout (+) des filaments d'actine (**6**) ou la thymosine β_4 séquestre l'ATP-actine G dans un pool de sous-unités prêtes à la polymérisation (**7**).

Des protéines qui se lient aux filaments et les découpent forment ainsi de nouveaux bouts d'actine

Un second groupe de protéines, qui se lient aux filaments d'actine, contrôle la longueur des filaments d'actine en les découpant en fragments plus petits ; de nouveaux bouts s'offrent ainsi à la polymérisation (Tableau 19.2). C'est l'étude des amibes qui a mené à cette découverte. Des mesures de viscosité et des observations au microscope optique indiquaient qu'au cours des mouvements amiboïdes le cytosol s'écoule vers l'avant au centre de l'amibe pour devenir un gel quand il atteint le front de progression de la cellule. Comme nous le verrons plus tard, cette transition sol-gel dépend de l'assemblage de filaments d'actine dans la partie frontale de l'amibe en mouvement en même temps que d'anciens filaments se désagrègent à l'arrière. Puisque le taux d'actine cellulaire favorise la formation de filaments, la rupture des filaments et réseaux d'actine existants requiert la participation de protéines de dislocation comme la *gelsoline* et la *cofiline*.

On pense que ces protéines rompent le filament d'actine en stabilisant un changement dans la conformation de la sous-unité à laquelle elles se lient ; la tension résultante sur les liaisons entre sous-unités mène à leur rupture. Des micrographies électroniques montrant qu'un filament d'actine associée à la cofiline est fortement tordu appuient cette hypothèse. Après qu'une protéine de dislocation a rompu un filament, elle reste fixée au bout (+) de l'un des fragments, où elle empêche l'addition ou l'échange de sous-unité d'actine ; c'est ce que l'on appelle le *coiffage* (*capping*). Les extrémités (-) restant non protégées, elles se raccourcissent rapidement. Donc, la dislocation favorise le turnover des filaments d'actine en créant de nouveaux bouts (-) et cause la dislocation d'un

TABLEAU 19-2 Quelques protéines cytosoliques qui contrôlent la polymérisation de l'actine

Protéine	PM	Activité
Cofiline	15 000	Dissociation au bout (–)
Séverine	40 000	Découpage, coiffage [bout (+)]
Gelsoline	87 000	Découpage, coiffage [bout (+)]
CapZ	36 000 (α) 32 000 (β)	Coiffage [bout (+)]
Tropomoduline	40 000	Coiffage [bout (–)]
Complexe Arp2/3	200 000	Coiffage [bout (–)], liaison sur le côté et nucléation

réseau d'actine, bien que de nombreux filaments restent interconnectés. Le turnover des filaments d'actine favorisé par les protéines de dislocation est nécessaire non seulement pour la locomotion cellulaire mais aussi pour la cytocinèse.

Les protéines de dislocation sont contrôlées par plusieurs voies de signalisation. Par exemple, la cofiline et la gelsoline lient PIP_2, ce qui inhibe leur fixation aux filaments d'actine et donc leur activité de dislocation. L'hydrolyse de PIP_2 par la phospholipase C libère ces protéines et induit ainsi la dislocation rapide des filaments. La phosphorylation et déphosphorylation de la cofiline régule aussi son activité. Quant à celle de la gelsoline, elle dépend du taux de Ca^{2+} ; une augmentation jusqu'à environ 10^{-6} M active la protéine. L'influence opposée des deux messagers seconds, Ca^{2+} et PIP_2, permet une régulation réciproque de ces protéines. Dans la Section 19-4, nous parlerons de la signalisation qui coordonne l'activité des diverses protéines se fixant à l'actine, y compris les protéines de dislocation, au cours de la migration cellulaire.

Les protéines « coiffe » stabilisent l'actine F

Des protéines d'un autre groupe couvrent les bouts des filaments d'actine, mais, à la différence des protéines de dislocation, ne rompent pas les filaments pour créer de nouveaux bouts. Une de ces protéines, *CapZ*, s'attache au bout (+) des filaments d'actine quel que soit le taux de calcium et empêche l'ajout ou la perte de sous-unités à l'extrémité (+). Le coiffage par cette protéine est inhibé par PIP_2, ce qui suggère que son activité est régulée par les mêmes voies de signalisation que celles qui contrôlent la cofiline et la profiline. La *tropomoduline,* dont la séquence n'est pas apparentée à celle de CapZ, coiffe les bouts (–) des filaments d'actine. Cette activité est amplifiée en présence de tropomyosine, ce qui suggère que les deux protéines fonctionnent sous forme de complexe pour stabiliser un filament. Un filament d'actine dont les deux bouts sont protégés est stabilisé efficacement ; il ne subit ni addition ni perte de sous-unités. Ce coiffage est nécessaire aux endroits où l'organisation du cytosquelette est immuable, par exemple dans un sarcomère musculaire ou contre la membrane érythrocytaire.

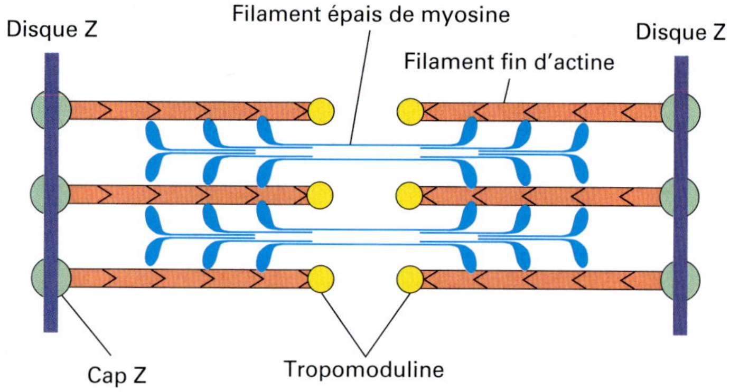

FIGURE 19-11 Schéma d'un sarcomère de muscle strié montrant la localisation des protéines qui coiffent l'actine. La protéine CapZ (en vert) coiffe les bouts (+) des filaments fins d'actine, qui sont localisés dans le disque Z séparant les sarcomères adjacents. La tropomoduline (en jaune) coiffe les bouts (-) des filaments fins, localisés vers le centre du sarcomère. La présence de ces deux protéines à des bouts opposés d'un filament fin évite que les sous-unités d'actine ne se dissocient durant la contraction musculaire.

Arp2/3 assemblent des filaments ramifiés

Une famille de *protéines apparentées à l'actine* (Arp, *actine-related proteins*), dont les séquences partagent 50 % d'homologie avec celles de l'actine, ont été identifiées dans de nombreux eucaryotes. Un groupe d'Arp, un complexe de sept protéines appelé Arp2/3, stimule l'assemblage d'actine in vivo. (Un autre groupe associé aux microtubules et à une protéine motrice des microtubules est décrit dans le prochain chapitre.) Isolé à partir d'extraits cellulaires sur base de son affinité pour la profiline, le complexe Arp2/3 se lie sur le côté (à 70°) d'un filament d'actine et sert ainsi de point de départ d'un nouveau filament. La combinaison des filaments anciens et nouveaux construit un réseau ramifié dans lequel Arp2/3 est localisé aux points de ramification (Figure 19-12). En s'allongeant, les bouts nouvellement créés fournissent la force qui pousse la membrane vers l'avant.

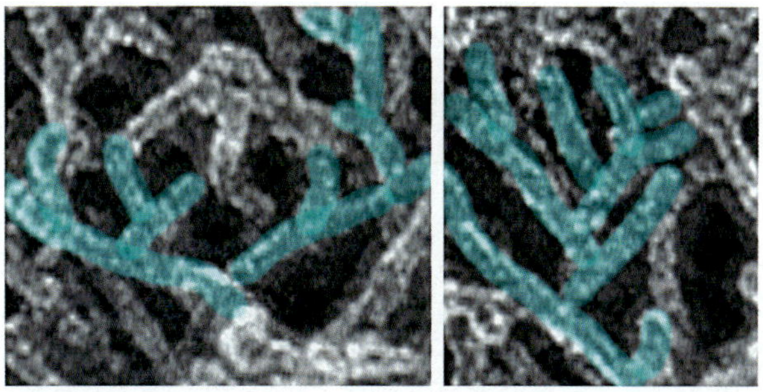

FIGURE 19-12 Filaments ramifiés d'actine avec Arp2/3 aux points de ramification. Un réseau étendu de filaments d'actine remplit le cytoplasme au bord frontal d'un kératinocyte. Dans des zones sélectionnées du réseau, des filaments très ramifiés (en vert) sont visibles. À chaque point de ramification se trouve le complexe Arp2/3. [De la part de T. M. Svitkina & G. G. Borisy, 1999, *J. Cell Biol.* **145** :1009 ; avec l'autorisation de T. M. Svitkina et G. G. Borisy.]

La ramification est stimulée par la famille des protéines WASp sous le contrôle des GTPases Rho. Des protéines qui interconnectent l'actine, comme la filamine, stabilisent le réseau ramifié, tandis que des protéines de dislocation de l'actine, comme la cofiline, disloquent les structures ramifiées.

Des mouvements intracellulaires et des changements de forme de la cellule dépendent de la polymérisation de l'actine

En jouant sur la polymérisation et la dépolymérisation de l'actine, la cellule crée des forces qui sous-tendent divers types de mouvement. Comme nous l'avons vu et comme nous le décrirons en détail plus tard, la polymérisation de l'actine au bord frontal d'une cellule en mouvement est essentielle à ce déplacement. Ici, nous verrons d'autres exemples de mouvements qui très probablement résultent de la polymérisation de l'actine ; l'un concerne un mode d'infection et l'autre la coagulation sanguine.

La plupart des infections se propagent par des bactéries ou des virus qui sont libérés quand la cellule infectée est lysée. Cependant, certains de ces germes s'échappent d'une cellule en s'attachant à un bout de filament d'actine en croissance, c'est le cas par exemple de *Listeria monocytogenes*, une bactérie qui peut être transmise de la mère au fœtus, et la vaccine, un virus apparenté à celui de la variole. Lorsque de tels organismes infectent des cellules de mammifères, ils se déplacent dans le cytosol à des vitesses approchant 11 µm/min. La microscopie en fluorescence a révélé qu'un réseau de courts filaments d'actine suit la bactérie ou le virus en mouvement comme le sillage de fumée d'une fusée (Figure 19-13). Ces observations ont suggéré que l'actine génère la force nécessaire au mouvement.

Les premières indications sur ce mécanisme proviennent d'une expérience dans laquelle de l'actine G marquée à la fluorescéine fut injectée dans des cellules infectées par *Listeria*. Au microscope, on a vu les monomères marqués s'incorporer dans la queue d'actine,

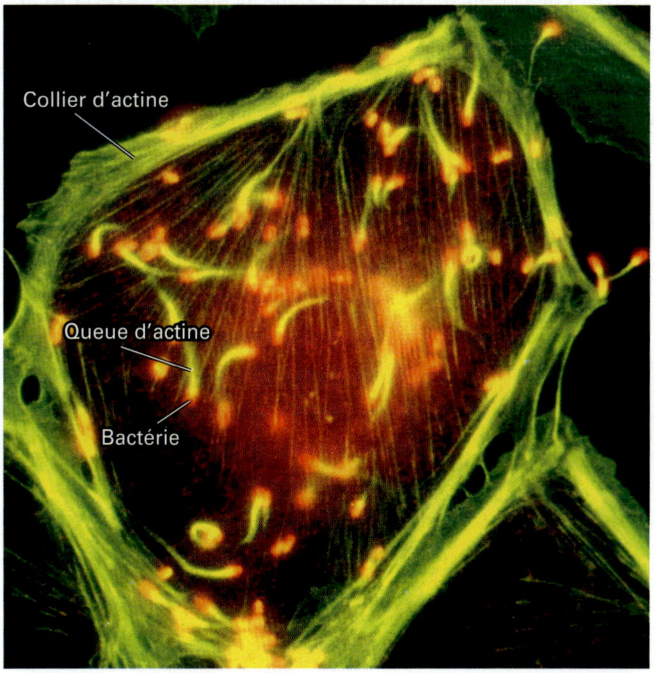

FIGURE EXPÉRIMENTALE 19-13 La microscopie à fluorescence montre l'implication de l'actine dans la mobilité de *Listeria* dans des fibroblastes infectés. Des bactéries (en rouge) sont colorées par un anticorps spécifique d'une protéine membranaire bactérienne qui se lie à la profiline cellulaire et est essentielle pour l'infection et la motilité. Derrière chaque bactérie, on voit une « queue » d'actine (en vert) colorée par de la phalloïdine fluorescente. De nombreuses bactéries se déplacent de manière indépendante dans le cytosol d'une cellule infectée. L'infection est transmise à d'autres cellules quand une saillie de membrane cellulaire, générée par une bactérie, s'engage dans une cellule voisine et est incorporée par phagocytose. [Avec l'autorisation de J. Theriot et T. Mitchison.]

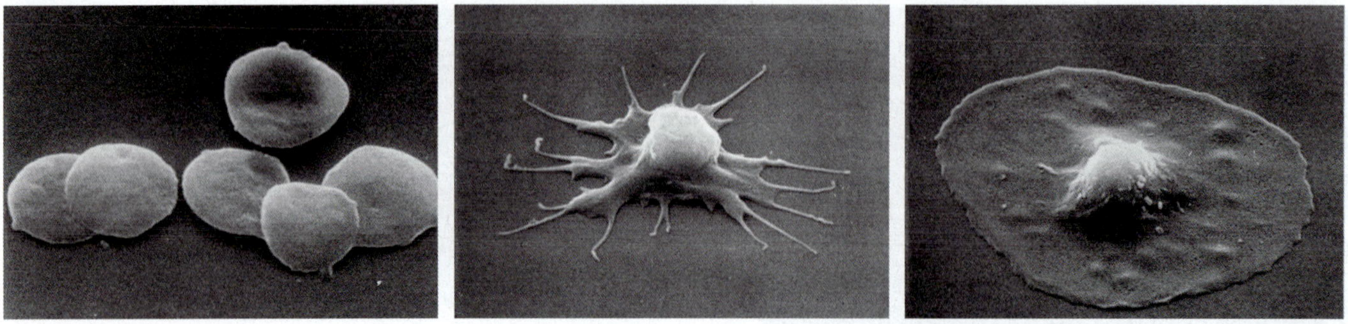

FIGURE EXPÉRIMENTALE 19-14 Les plaquettes changent de forme pendant la coagulation du sang. Des cellules au repos ont une forme de disque (*à gauche*). Lorsqu'elles sont exposées à des facteurs de coagulation, les cellules se déposent sur le substrat, étendent de nombreux filopodes (*au centre*) et s'étalent (*à droite*). Ces changements résultent de réarrangements complexes du cytosquelette d'actine, qui est connecté à la membrane plasmique. [Avec l'autorisation de J. White.]

au bout le plus proche de la bactérie, alors qu'ils se détachent tout au long de la queue. Ce résultat a montré que l'actine polymérise en filaments à la base de la bactérie et qu'au fur et à mesure que la queue d'actine se constitue, elle pousse la bactérie en avant. Des observations sur des bactéries mutantes indiquent que l'interaction d'Arp2/3 de la cellule avec une protéine membranaire de la bactérie facilite la polymérisation de l'actine à la base de la queue près de la bactérie. Des études récentes ont détecté ces « sillages de fusée » derrière des vésicules cytoplasmiques comme les endosomes. De telles observations suggèrent que la polymérisation de l'actine est à la base du mouvement des endosomes dans le cytoplasme.

Au cours de la coagulation du sang, des réarrangements compliqués du cytosquelette dans les plaquettes activées modifient profondément la forme de la cellule et favorise la formation du caillot (Figure 19-14). Le cytosquelette d'une plaquette non activée comprend un anneau périphérique de microtubules (la *bande marginale*), un squelette de membrane et un réseau d'actine cytosolique. Le squelette de membrane des plaquettes ressemble un peu au cytosquelette cortical des érythrocytes (voir Figure 5-31). Une différence importante entre les cytosquelettes érythrocytaire et

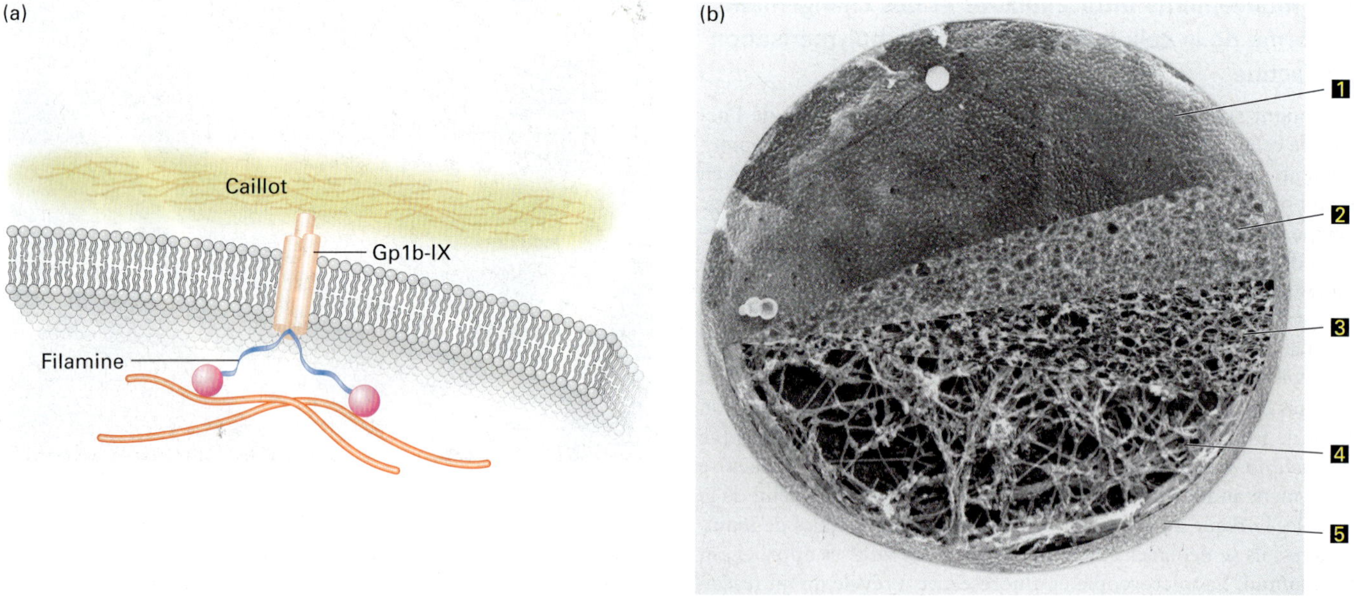

FIGURE 19-15 Interconnexions des réseaux de filaments d'actine à la membrane plasmique de plaquettes. (a) Dans les plaquettes, un réseau tridimensionnel de filaments d'actine est attaché par la filamine à un complexe glycoprotéique intrinsèque de la membrane, Gp1b-IX. Celui-ci se lie également aux protéines du caillot au-dehors de la plaquette. Les plaquettes contiennent également un réseau cortical en deux dimensions d'actine et de spectrine semblable à celui qui soutient la membrane des érythrocytes (voir Figure 5-31). (b) Ce cliché composé montre les différents arrangements de microfilaments du cytosquelette d'actine dans une plaquette au repos. Sous la membrane plasmique (**1**) se trouve un réseau en deux dimensions interconnecté par la spectrine. La filamine organise les filaments en un gel tridimensionnel (**3**), formant le cortex de la cellule. Un entrelacs de faisceaux de filaments (**4**) adhère en divers points au substrat sous-jacent. La forme discoïde de la cellule est maintenue par un anneau de microtubules (**5**) à la périphérie cellulaire. [Partie (b) avec l'autorisation de John Hartwig.]

plaquettaire est la présence dans la plaquette d'un second réseau de filaments d'actine, qui interconnectés par la filamine forment un gel à trois dimensions (Figure 19-15). Celui-ci remplit le cytosol et est ancré par la filamine à un complexe glycoprotéique (Gp1b-IX) de la membrane, qui ne se lie pas seulement à la filamine, mais joue aussi le rôle de récepteur membranaire pour deux facteurs de la coagulation. Par l'intermédiaire de Gp1b-IX et un récepteur d'intégrine, les forces produites durant les réarrangements du cytosquelette d'actine dans les plaquettes peuvent être transmises au caillot en formation. Plusieurs exemples de connexion semblable entre le cytosquelette et les composants de la matrice extracellulaire sont décrits dans le Chapitre 6.

CONCEPTS CLÉS DE LA SECTION 19.2
La dynamique de l'assemblage de l'actine

- Dans les cellules, le cytosquelette d'actine est dynamique, les filaments étant capables de s'allonger ou de raccourcir rapidement.
- La polymérisation de l'actine G in vitro est marquée par une période de latence au cours de laquelle des oligomères se forment (nucléation). Finalement, la réaction de polymérisation atteint un point d'équilibre où les vitesses d'addition et de soustraction de sous-unités sont égales (voir Figure 19-10).
- La concentration des monomères d'actine en équilibre avec celle des filaments d'actine est la concentration critique (C_c). À une concentration d'actine G supérieure à la C_c, les filaments s'allongent ; aux concentrations inférieures à la C_c, les filaments raccourcissent.
- Les filaments d'actine croissent beaucoup plus vite à leur bout (+) qu'à leur bout (-), et la C_c pour l'addition de monomères à l'extrémité (+) est plus basse que la C_c pour leur addition à l'extrémité (–).
- L'assemblage, la longueur et la stabilité des filaments d'actine sont contrôlés par des protéines spécialisées liant l'actine ; elles peuvent disloquer les filaments, coiffer leurs extrémités ou faire les deux. Ces protéines sont à leur tour régulées par divers mécanismes.
- Les actions complémentaires de la thymosine β_4 et de la profiline sont critiques pour la régulation du cytosquelette d'actine près de la membrane cellulaire (voir Figure 19-10).
- La polymérisation régulée de l'actine peut générer des forces qui déplacent certaines bactéries et virus ou modifient la forme de la cellule.

19.3 Mouvements cellulaires dépendant de la myosine

Nous allons examiner la fonction des différentes protéines motrices du type myosine dans les cellules non musculaires et les muscles. Comme nous l'avons vu dans le Chapitre 3, les interactions entre la myosine II et les filaments d'actine sont responsables de la contraction musculaire. Au début, on croyait que la plupart des mouvements cellulaires étaient causés par un mécanisme contractile semblable au glissement des filaments d'actine et de myosine dans les cellules musculaires. Cette idée était basée sur plusieurs propriétés d'au moins certaines cellules non musculaires : la capacité d'extraits cytosoliques d'avoir des mouvements de type contractile, la présence d'actine et de myosine II, et l'existence de structures semblables aux sarcomères musculaires. Cependant, les résultats d'études biochimiques ultérieures ont mené à l'extraction de formes inhabituelles de myosine qui différaient de la myosine II par leur structure, leur localisation et leurs propriétés enzymatiques.

Avec les progrès des investigations sur les divers types de mouvements cellulaires, il est devenu évident que la myosine II n'en assure que quelques-uns comme la cytocinèse et la contraction musculaire. D'autres types de mouvements cellulaires, entre autres le transport vésiculaire, l'extension membranaire et le mouvement des chromosomes, requièrent soit d'autres isoformes de myosine, d'autres protéines motrices comme la kinésine, la dynéine soit la polymérisation de l'actine. Dans cette section, nous allons d'abord considérer les propriétés de diverses myosines et certaines de leurs fonctions dans des cellules non musculaires. La *contraction*, la forme spéciale de mouvement résultant de l'interaction de l'actine et de la myosine II, est la plus évoluée dans les cellules musculaires striées. Cependant, des événements un peu semblables faisant appel à des systèmes moins organisés se déroulent dans les cellules non musculaires. Après avoir décrit la structure très organisée des filaments d'actine et de myosine dans le sarcomère du muscle strié, nous passerons aux mécanismes régulateurs principaux de la contraction.

Les myosines forment une grande famille de protéines motrices mécanochimiques

Huit membres de la famille des gènes de myosine ont été identifiés par l'analyse génomique (Chapitre 9). Trois membres de la famille, myosine I, myosine II et myosine V, sont présents dans presque toutes les cellules eucaryotes et sont les mieux connus. Bien que les activités spécifiques de ces myosines diffèrent, elles fonctionnent toutes comme protéines motrices. Comme dit précédemment, la myosine II assure la contraction musculaire ainsi que la cytocinèse. Les myosines I et V prennent part dans les interactions entre le cytosquelette et la membrane, comme le transport des vésicules.

On est en train de découvrir les activités des autres myosines. L'analyse génétique a révélé que les myosines VI, VII et XV exercent des fonctions liées à l'audition et à la structure des stéréocils des cellules ciliées cochléaires. Les plantes ne possèdent pas les mêmes myosines que les cellules animales. Trois myosines (VII, XI et XIII) ne sont exprimées que dans les végétaux. La myosine XI, qui pourrait être la plus rapide de toutes, est impliquée dans le courant cytoplasmique observé dans les algues vertes et les plantes supérieures (Tableau 19-3).

Toutes les myosines consistent en une ou deux chaînes lourdes et plusieurs chaînes légères, qui généralement ont une fonction régulatrice. Les chaînes lourdes comportent toutes trois domaines : tête, cou et queue. La myosine II et la myosine V sont des dimères dans lesquels les hélices α dans la queue de chaque chaîne lourde s'associent pour former une superhélice en forme de bâtonnet. Par contre, certaines myosines, en particulier la myosine I, sont des monomères, leur chaîne lourde étant dépourvue de cette hélice α. Toutes les *têtes* des myosines exercent une activité d'ATPase. En

TABLEAU 19-3 Myosines

Type	Chaîne lourde (PM)	Structure	Longueur du pas (nm)	Activité
I	110 000–150 000		10–14	Liaison à la membrane, vésicules d'endocytose
II	220 000		5–10	Glissement de filament
V	170 000–220 000	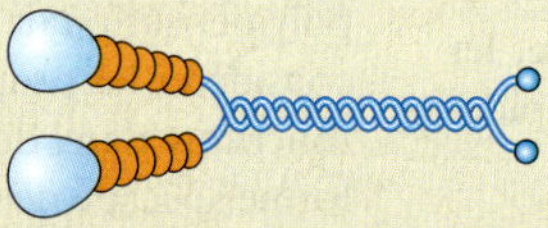	36	Transport de vésicules
VI	140 000	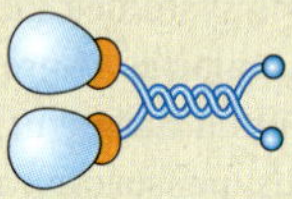	30	Endocytose
XI	170 000–260 000	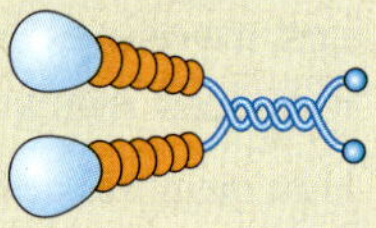	35	Courant cytoplasmique

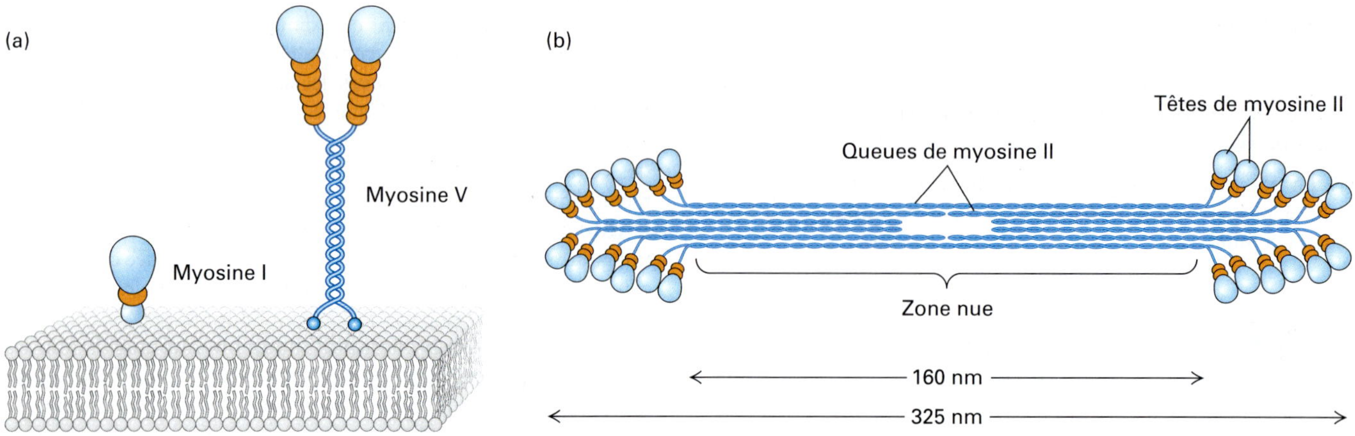

FIGURE 19-16 Fonctions des domaines de queue de la myosine. (a) Par des sites, non encore déterminés, de leur domaine de queue, les myosines I et V s'attachent aux membranes cellulaires, soit à la face cytoplasmique de la membrane plasmique soit aux vésicules intracellulaires. (b) Par contre, dans la myosine II, les domaines de queue formés de superhélices se tassent côte à côte pour constituer un filament épais d'où les têtes se dégagent. Dans un muscle squelettique, le filament épais est bipolaire. Les têtes sont aux extrémités du filament épais et sont séparées par une zone nue correspondant aux queues juxtaposées.

conjonction avec le *cou*, elles couplent l'hydrolyse de l'ATP au mouvement de la molécule de myosine le long d'un filament d'actine par un mécanisme commun impliquant la liaison et l'hydrolyse cyclique de l'ATP et l'attachement/détachement de la myosine et de l'actine (voir Figures 3-24 et 3-25).

Le rôle d'une myosine particulière in vivo est lié à sa *queue*. Par exemple, les queues des myosines I, V, VI et XI se fixent à la membrane plasmique ou aux membranes des organites intracellulaires ; en conséquence, ces molécules exercent des activités liées à la membrane (Figure 19-16a). Par contre, les superhélices des dimères de myosine II s'associent pour former des filaments épais bipolaires dans lesquels les têtes sont situées aux deux bouts du filament et sont séparées par une zone centrale « nue » dépourvue de têtes (Figure 19-16b). Le tassement serré des molécules de myosine dans les filaments épais, qui constituent une partie critique de l'appareil contractile du muscle strié, permet à de nombreuses têtes de myosine d'interagir simultanément avec les filaments d'actine.

Le nombre et le type des chaînes légères attachées à la région du cou varient parmi les différentes myosines (voir Tableau 19-3). La chaîne légère des myosines I et V est la **calmoduline**, une sous-unité régulatrice liant le Ca^{2+} dans de nombreuses enzymes intracellulaires (voir Figure 3-28). La myosine II contient deux chaînes légères différentes dites essentielles et régulatrices (voir Figure 3-24) ; les deux lient Ca^{2+}, mais leur activité chélatrice diffère de celle de la calmoduline. Toutes les myosines sont régulées d'une certaine manière par Ca^{2+} ; cependant, à cause des différences entre leurs chaînes légères, les diverses myosines répondent différemment aux signaux calciques intracellulaires.

La myosine progresse le long du filament d'actine à pas successifs

Le mécanisme des mouvements dépendant de la myosine a été élucidé en grande partie par le développement des tests de motilité in vitro. Dans le test dit du *glissement de filament*, on observe, au microscope à fluorescence, des filaments d'actine marqués par un fluorochrome qui se déplacent sur une couche de myosine. Celle-ci attachée au couvre-objet étant immobile, toute force créée par l'interaction des têtes de myosine avec l'actine oblige les filaments à se déplacer par rapport à la myosine (Figure 19-17a). En présence d'ATP, les filaments glissent sur la surface du couvre-objet ; en absence d'ATP, aucun mouvement ne se produit. Ce déplacement est causé par la tête de myosine (fixée au couvre-objet) qui se déplace vers le bout (+) du filament, qui progresse dès lors avec le bout (-) en avant. [La myosine VI fait exception ; elle se dirige vers le bout (-), et fait donc progresser le filament avec le bout (+) en tête.] La vitesse à laquelle la myosine déplace un filament peut être mesurée au moyen d'une caméra vidéo (Figure 19-17b). La rapidité du mouvement varie fortement selon la myosine testée et les conditions du test (e.g. force ionique, taux d'ATP et de Ca^{2+}, température).

La propriété essentielle de la myosine est sa capacité de produire la force responsable des mouvements. Au moyen d'un instrument appelé *piège optique*, on a mesuré la force créée par une seule molécule de myosine (Figure 19-18). Les résultats indiquent que la myosine II se déplace à pas successifs, d'une longueur d'environ 5-10 nm, et que la force induite est de 3-5 piconewtons (pN), valeur proche de celle que la gravité exerce sur une bactérie. Cette force est suffisante pour faire coulisser les filaments épais de myosine le long des filaments minces d'actine lors de la contraction musculaire ou pour transporter une vésicule à travers le cytoplasme. En faisant des pas de 5 nm, la myosine se fixerait à chaque sous-unité d'actine composant un brin du filament. Selon certaines observations, l'hydrolyse de l'ATP et la progression de la myosine seraient étroitement couplées ; pour chaque pas, une molécule d'ATP serait hydrolysée.

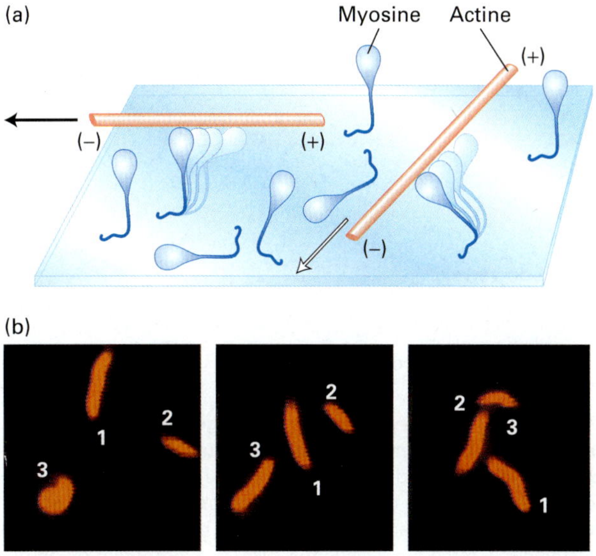

FIGURE EXPÉRIMENTALE 19-17 Le test de glissement de filament permet de suivre les mouvements dépendant de la myosine. (a) Après que des molécules de myosine ont été adsorbées à la surface d'un couvre-objet et l'excès éliminé, on place la face du couvre-objet couverte de myosine sur une lame de verre. Entre les deux, on coule alors une solution de filaments d'actine rendus visibles par la phalloidine marquée à la rhodamine. (Dans le schéma, le couvre-objet est retourné afin que l'on voie mieux la position des molécules). En présence d'ATP, les têtes de myosine se déplacent vers le bout (+) des filaments par le mécanisme qu'illustre la Figure 3-25. Puisque les queues de myosine sont immobilisées, le déplacement des têtes cause le glissement des filaments, qui peut être suivi au microscope à fluorescence. (b) Ces clichés d'un enregistrement vidéo montrent les positions de trois filaments d'actine (numérotés 1, 2, 3) à intervalles de 30 secondes. De tels enregistrements permettent de mesurer la vitesse du déplacement du filament. [Partie (b) avec l'autorisation de M. Footer et S. Kron.]

Les domaines du cou des différentes myosines varient en longueur et en nombre de chaînes légères associées. En général, plus long est le cou, plus grande est la *longueur du pas* qu'effectue la myosine sur le filament d'actine. En effet, le domaine en question

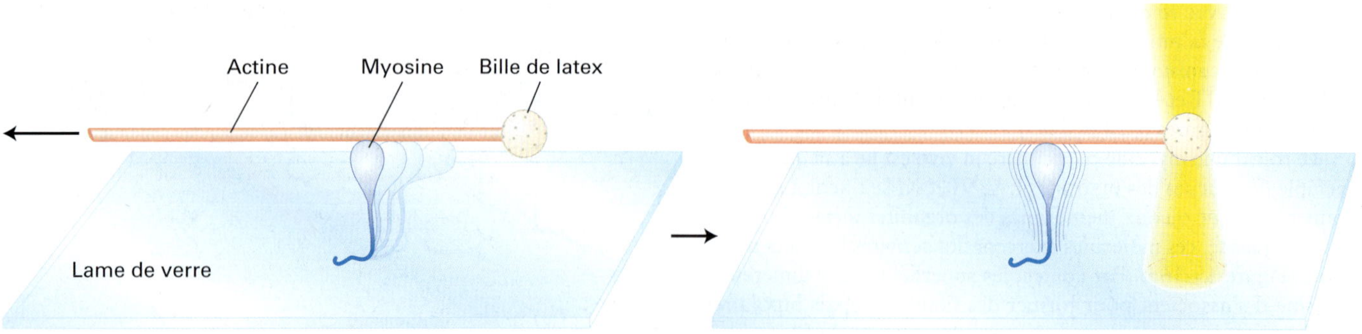

FIGURE EXPÉRIMENTALE 19-18 Un piège optique permet de mesurer la force produite par une seule molécule de myosine. Dans un piège optique, le rayon d'un laser infrarouge focalisé par un microscope optique sur une bille de latex (ou tout autre objet qui n'absorbe pas la lumière infrarouge) capture et maintient la bille dans le centre du rayon. On ajuste la force qui maintient la bille en augmentant ou en diminuant l'intensité du rayon laser. Dans cette expérience, on fixe une bille au bout d'un filament d'actine. Quand le piège n'est pas amorcé, le filament d'actine et la bille qui y est attachée se déplace en réponse à la force produite par la myosine adsorbée sur le couvre-objet, comme dans la Figure 19-17. Quand le piège est déclenché, il capture la bille et donc le filament et l'immobilise à la surface du couvre-objet porteur de la myosine. On mesure la force exercée par la seule molécule de myosine sur le filament d'actine sur base de l'intensité du rayon laser nécessaire pour maintenir la bille dans le piège optique. Un système électronique de rétrocontrôle informatique maintient la bille au centre de la trappe et la poussée exercée par la myosine sur la bille est contrebalancée par la force opposée provenant du piège. La mesure de la distance parcourue par le filament d'actine est basée sur le déplacement de la bille dans le piège.

sert de bras de levier et permet ainsi à la molécule de parcourir en une fois une distance plus longue. Par exemple, les pas effectués par la myosine II, dont le cou est petit, sont de l'ordre de 5-10 nm, alors que ceux de la myosine V, dont le cou est long, atteignent 36 nm. Cette corrélation, qui a été confirmée par des expériences dans lesquelles le cou était allongé par recombinaison génétique, n'est cependant pas absolue ; la myosine VI, dont les pas mesurent 30 nm, a un cou plus petit que celui de la myosine II.

Les vésicules liées à la myosine sont transportées le long des filaments d'actine

Parmi les nombreux mouvements cellulaires, la translocation de vésicules a été le plus fascinant à étudier. Au cours des premières observations du cytoplasme, on avait constaté que certaines particules, en fait les vésicules, se déplaçaient en ligne droite dans le cytosol en faisant de courtes pauses avant de changer parfois de direction. Ce comportement ne pouvait être attribué à la diffusion, puisqu'il n'était pas aléatoire. C'est pourquoi on a pensé que les vésicules, propulsées par une sorte de moteur, se déplaçaient sur des rails constitués par des filaments d'actine ou des microtubules.

Dans le test du glissement de filament, le déplacement de la tête de myosine le long du filament d'actine oblige celui-ci à se mouvoir puisque la queue de la myosine est immobilisée. Dans les cellules, la situation est souvent inversée : faisant partie d'un réseau étendu, les filaments d'actine sont essentiellement immobiles, tandis que la myosine est libre de se mouvoir et donc de transporter le long du filament une « cargaison », en l'occurrence des vésicules. Il suffit à cet effet que la queue d'une molécule de myosine s'attache à leur membrane. Nous allons montrer que c'est effectivement la fonction exercée par les myosines I, V et VI. Nous décrirons aussi un processus apparenté, le courant cytoplasmique, dans lequel intervient très probablement la myosine XI.

Trafic des vésicules (myosines I, V et VI) L'observation des amibes a fourni les premières indications sur la participation de la myosine I au transport des vésicules. En effet, la première molécule de myosine I qui fut identifiée et caractérisée appartenait à ces organismes. Plus tard, les séquences d'ADNc de trois gènes de myosine I furent identifiées dans *Acanthamœba*, une amibe commune du sol. Au moyen d'anticorps spécifiques de chaque isoforme de myosine I, on a montré que chacune d'entre elles est localisée dans des structures membranaires différentes. Par exemple, la myosine IA est associée à de petites vésicules cytoplasmiques. Par contre, la myosine IC est accolée à la membrane plasmique et à la vacuole contractile, une vésicule qui régule la pression osmotique du cytosol en fusionnant avec la membrane plasmique. L'introduction d'anticorps contre la myosine IC dans une amibe vivante empêche le transport de la vacuole à la membrane avec en conséquence un gonflement incontrôlable de la vacuole aboutissant finalement à l'éclatement de la cellule. Comme autre exemple de fonction associée à une membrane, ajoutons que, dans les microvillosités des cellules animales, la myosine I attache la membrane aux microfilaments.

Plusieurs types d'observations suggèrent que la myosine V participe aussi au transport intracellulaire des vésicules. Par exemple, des mutations du gène correspondant chez la levure perturbe la sécrétion protéique et aboutit à l'accumulation de vésicules dans le cytoplasme. Le tissu cérébral des vertébrés est riche en myosine V, qui est concentrée dans les citernes du Golgi. Ce qui permet de comprendre les conséquences chez la souris des mutations de la myosine V ; elles entraînent en effet des déficiences dans la transmission synaptique qui se manifestent par des convulsions aboutissant à la mort. La myosine VI aussi est impliquée dans le trafic membranaire des vésicules.

Contrairement à la myosine des filaments épais où de multiples têtes interagissent avec le même filament d'actine, les myosines cytoplasmiques travaillent seules lorsqu'elles transportent une cargaison membranaire. Comment ces myosines se déplacent-elles sans se détacher du filament ? La réponse est donnée par le *rapport d'efficience*, c.-à-d. la fraction de temps durant laquelle la myosine reste attachée au filament durant le cycle de l'ATPase. Les myosines hautement efficientes, comme les myosines V et VI, sont fixées aux filaments d'actine pendant la plus grande partie du cycle de l'ATP. En conséquence, ces myosines interviennent ou se déplacent le long d'un filament sur des distances considérables avec peu de risque de s'en détacher.

Courant cytoplasmique (myosine XI) Dans de grandes algues vertes cylindriques comme *Nitella* et *Chara*, le cytosol s'écoule rapidement à une vitesse approchant 4,5 nm/min en formant une boucle sans fin (Figure 19-19). Ce courant cytoplasmique est un mécanisme indispensable pour la distribution des métabolites cellulaires, spécialement dans de grandes cellules comme celles des plantes et les amibes. Ce type de mouvement représente probablement une version exagérée de mouvements plus limités liés au transport de vésicules.

L'observation attentive d'objets pris dans le flux cytosolique, comme le réticulum endoplasmique (RE) et d'autres vésicules, révèle que la vitesse du courant augmente du centre (vitesse 0) vers la périphérie de la cellule. On explique le mieux ce gradient de vitesse en imaginant que le moteur qui entraîne ce mouvement est lié à la membrane. Les micrographies électroniques montrent des faisceaux de filaments d'actine qui sont alignés selon le grand axe de la cellule et qui longent les chloroplastes adossés à la membrane. Sur ces faisceaux d'actine sont fixées les vésicules du réseau du RE. Le cytosol est poussé en masse par la myosine attachée aux par-

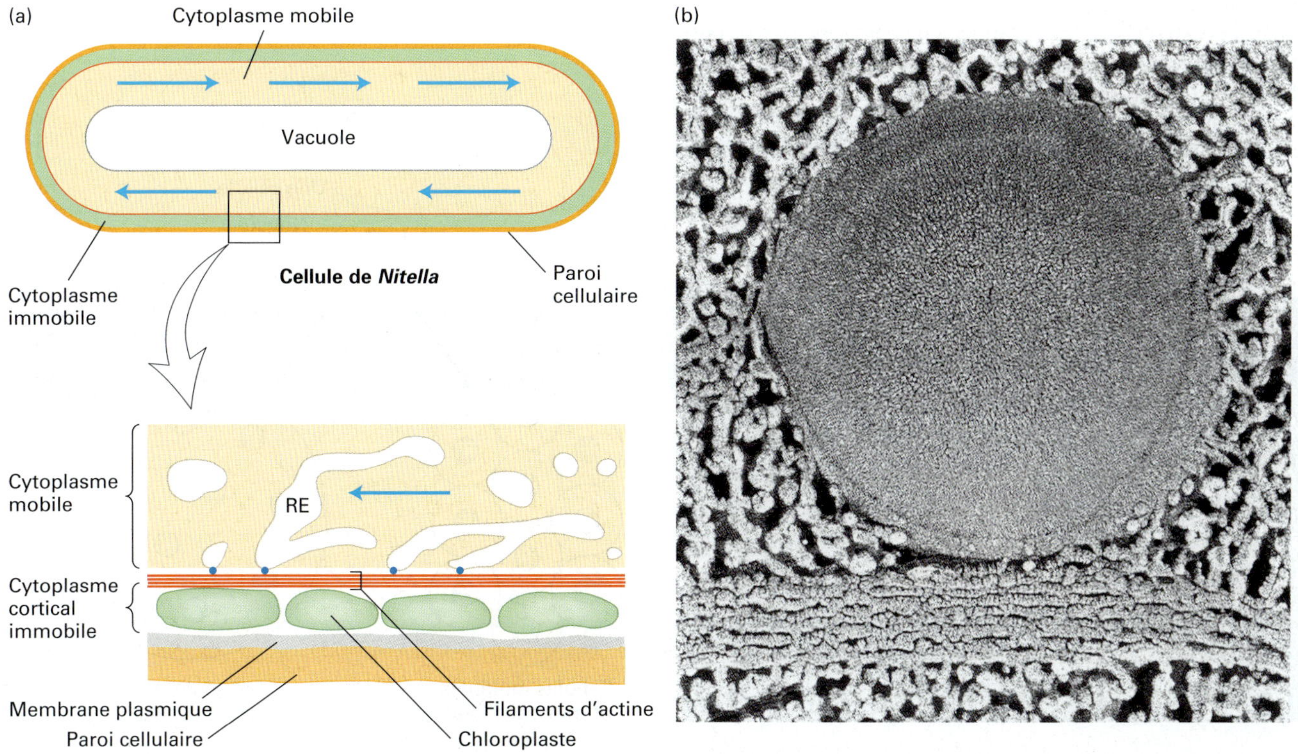

FIGURE 19-19 Courant cytoplasmique dans une algue géante cylindrique. (a) Le centre de la cellule de *Nitella* est occupé par une vacuole géante qui est remplie de liquide et qui est entourée d'une couche de cytoplasme en mouvement (flèches bleues). Une couche immobile de cytoplasme cortical rempli de chloroplastes est juxtaposée à la membrane plasmique. Sous cette couche, se trouvent des faisceaux immobiles de filaments d'actine (en rouge), tous de même polarité. Une protéine motrice (points bleus, très probablement la myosine XI, transporte des parties du réticulum endoplasmique le long des filaments d'actine. Le mouvement du réseau du RE propulse tout le cytoplasme visqueux, y compris les organites enchevêtrés dans ce réseau. (b) Cette micrographie électronique du cytoplasme cortical montre une grande vésicule le long de filaments d'actine ; cette vésicule, qui fait partie du réseau de RE, est en contact avec les filaments fixes d'actine et glisse sur ceux-ci grâce à un moteur de type myosine. [Partie (b) de B. Kachar.]

ties du RE adjacentes aux filaments d'actine. La vitesse du courant cytosolique dans *Nitella* est au moins 15 fois plus rapide que le mouvement produit par tout autre myosine. Ce qui suggère, avec l'appui d'autres constatations, que le courant cytoplasmique est entraîné par la myosine XI, une des myosines les plus rapides.

Actine et myosine II forment des faisceaux contractiles dans des cellules non musculaires

Des cellules non musculaires contiennent d'importants **faisceaux contractiles** composés de filaments d'actine et de myosine II. Ces faisceaux peuvent être transitoires ou permanents et diffèrent sur plusieurs points des faisceaux d'actine non contractiles décrits plus tôt dans ce chapitre (voir Figure 19-5). Entremêlée avec les filaments d'actine d'un faisceau contractile, la myosine II est responsable des contractions. Quand ces faisceaux sont isolés, ils se contractent en présence d'ATP. Les faisceaux contractiles sont toujours adjacents à la membrane plasmique et sont disposés comme un feuillet ou une ceinture, tandis que les faisceaux d'actine non contractiles constituent l'axe des projections membranaires (e.g. microvillosités et filopodes).

Dans les cellules épithéliales, les faisceaux contractiles sont disposés le plus fréquemment comme une *ceinture* qui encercle la surface interne de la cellule à hauteur de la jonction adhérente (voir Figure 6-5). Les *fibres de stress*, présentes à la surface ventrale des cellules cultivées sur des surfaces de verre ou de plastique ou dans des matrices extracellulaires, constituent un deuxième type de faisceau contractile. Les bouts des fibres de stress se terminent à des points d'adhérence contenant de l'**intégrine** qui attache la cellule au substrat sous-jacent (voir Figure 6-26). Les ceintures et les fibres de stress contiennent plusieurs protéines du muscle lisse et forment une structure qui rappelle le sarcomère musculaire. Ainsi, ces deux types de faisceaux semblent intervenir à la fois dans l'adhérence et le mouvement des cellules.

Un troisième type de faisceau contractile, appelé *anneau contractile*, est une structure transitoire qui se forme à l'équateur d'une cellule en mitose, l'enserrant à mi-distance entre les pôles du fuseau. Pendant que le cytoplasme se divise (**cytocinèse** ou **cytodiérèse**), sous l'effet de la contraction de l'anneau, il se forme un sillon de plus en plus profond qui sépare la cellule en deux parties. Des anticorps spécifiques ont montré que la myosine II est localisée dans l'anneau contractile, alors que la myosine I se trouve aux pôles de la cellule (Figure 19-20). Ce qui indique que la myosine II, mais pas la myosine I, participe à la cytocinèse.

Les expériences dans lesquelles une cellule est privée de myosine II active démontrent que la présence de cette protéine est nécessaire à la cytocinèse (Figure 19-21). Dans une expérience, la myosine II a été neutralisée par des anticorps spécifiques injectés dans une cellule d'un embryon d'oursin au stade bicellulaire. Dans d'autres expériences, l'expression de la myosine II était supprimée par délétion du gène ou par inhibition antisens de l'ARNm de la myosine. Quelle que soit la méthode utilisée, la cellule dépourvue de myosine II a formé un syncytium multinucléé, la cytocinèse mais non la séparation des chromosomes étant inhibée. Privées de myosine II, les cellules ne peuvent mettre en place un anneau contractile, alors que les autres événements du cycle cellulaire se déroulent normalement.

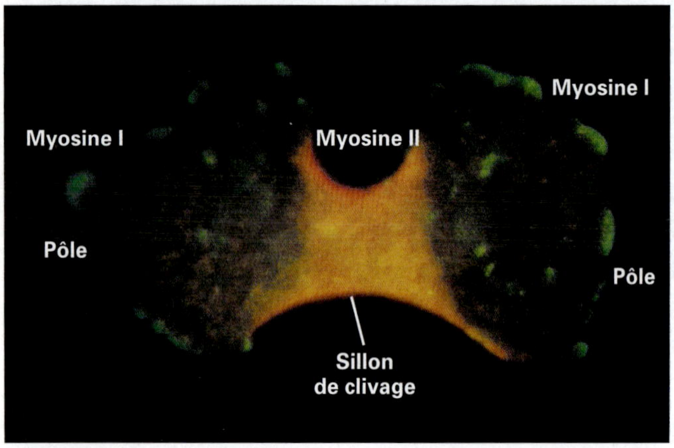

FIGURE EXPÉRIMENTALE 19-20 Des anticorps fluorescents révèlent la localisation de la myosine I et de la myosine II durant la cytocinèse. La micrographie en fluorescence de l'amibe *Dictyostelium* durant la cytocinèse révèle que la myosine II (en rouge) est concentrée dans le sillon de clivage, tandis que la myoglobine I (en vert) est localisée aux pôles de la cellule. La cellule avait été colorée au moyen d'anticorps spécifiques de la myosine I et de la myosine II, chaque préparation d'anticorps étant marquée par un fluorochrome différent. [Avec l'autorisation de Y. Fukui.]

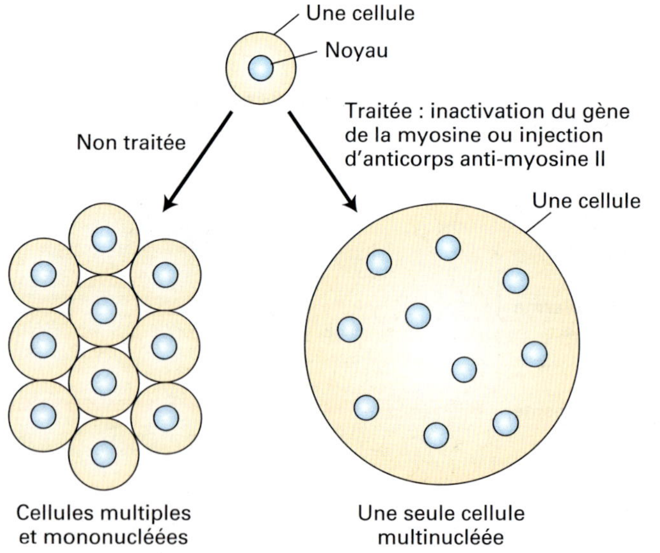

FIGURE EXPÉRIMENTALE 19-21 L'inhibition de la myosine II démontre qu'elle est nécessaire à la cytocinèse. L'activité de la myosine II peut être inhibée soit par délétion de son gène ou par injection intracellulaire d'anticorps anti-myosine II. Une cellule dépourvue de myosine II est capable de répliquer son ADN et son noyau, mais ne peut se diviser, d'où la formation au bout d'un certain temps d'un grand syncytium multinucléé. En comparaison, une cellule non traitée durant la même période continue à se diviser, formant un agglomérat de multiples cellules dans lequel chaque cellule contient un seul noyau.

Dans le muscle strié, deux types de filaments, épais et minces, glissent l'un sur l'autre au cours de la contraction

Les cellules musculaires ont évolué pour exécuter une fonction hautement spécialisée, la contraction. Les contractions musculaires doivent se produire de manière rapide et répétée, s'exercer sur de longues distances et avec suffisamment de force pour mouvoir de lourdes charges. Une cellule de muscle strié typique, appelée fibre musculaire, est cylindrique, longue de 1-40 mm et large de 10-50 µm ; elle contient jusqu'à 100 noyaux. Le cytoplasme est rempli d'une série, répétée régulièrement, de faisceaux de filaments organisés en une structure spécialisée appelée un **sarcomère.** Une chaîne de sarcomères, chacun d'environ 2 µm de long dans le muscle au repos, constitue une *myofibrille.* Le sarcomère est à la fois l'unité structurale et fonctionnelle du muscle strié. Au cours de la contraction, il se raccourcit jusqu'à 70 % de sa longueur au repos. La microscopie électronique et l'analyse biochimique ont montré que chaque sarcomère contient deux types de filaments : les *filaments épais*, composés de myosine II, et les *filaments minces*, contenant l'actine (Figure 19-22).

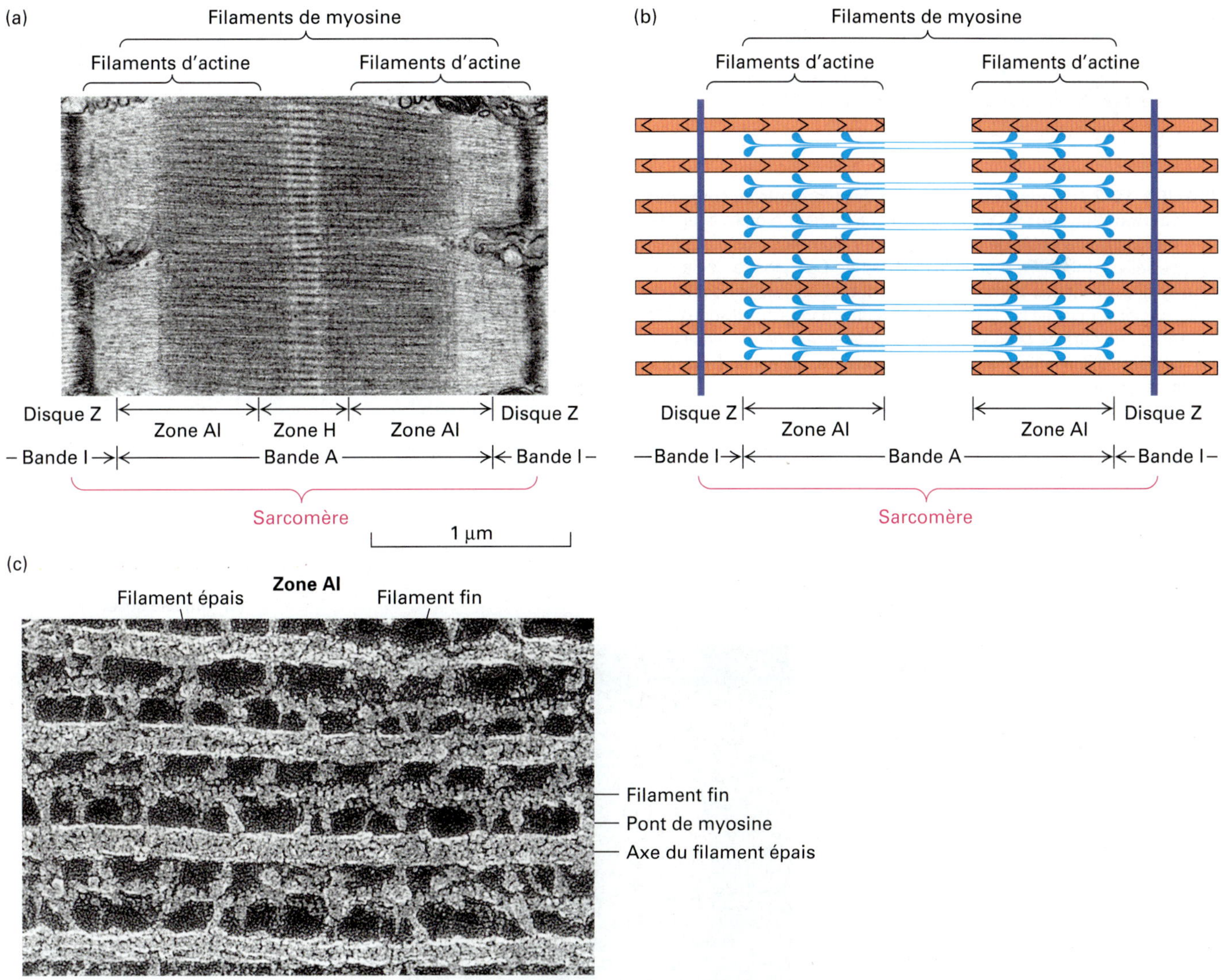

FIGURE 19-22 Structure du sarcomère. (a) Micrographie électronique d'une coupe longitudinale d'un muscle strié de souris montrant un sarcomère. De chaque côté des disques Z, se trouvent les bandes I claires, composées entièrement de filaments d'actine. Ces filaments fins s'étendent à partir des deux faces du disque Z pour s'insérer entre les filaments épais de myosine d'aspect foncé dans la bande A. La région contenant les filaments épais et les filaments fins (la zone AI) est plus sombre que la partie qui ne contient que les filaments épais de myosine (la zone H). (b) Schéma de sarcomère. Les bouts (+) des filaments d'actine sont attachés aux disques Z. (c) Micrographie électronique montrant les ponts entre actine et myosine dans la zone AI d'un muscle strié de l'aile d'un insecte. Cette image montre une disposition presque cristalline des filaments épais de myosine et des filaments fins d'actine. Le muscle était en état de rigidité au moment de la préparation. Notez que les têtes de myosine qui se dégagent des filaments épais se connectent aux filaments d'actine à intervalles réguliers [Partie (a) de S. P. Dadoune. Partie (c) de M. Reedy.]

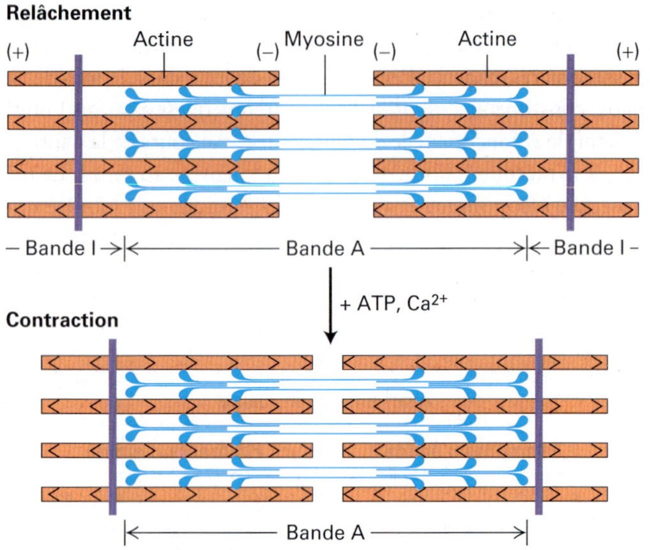

FIGURE 19-23 Modèle du glissement des filaments au cours de la contraction d'un muscle strié. Le schéma du haut montre la disposition des filaments épais de myosine et des filaments fins d'actine en état de relâchement. En présence d'ATP et de Ca^{2+}, les têtes de myosine se dégageant des filaments épais se déplacent vers le bout (+) des filaments fins. Puisque les filaments fins sont amarrés aux disques Z (en pourpre), au cours de la contraction, le mouvement de la myosine tire les filaments d'actine vers le centre du sarcomère, qui est ainsi raccourci (schéma du dessous).

Pour comprendre comment un muscle se contracte, considérez les interactions entre une tête de myosine (parmi les centaines dans un filament épais) et un filament mince d'actine (voir Figure 3-25). Au cours de ces interactions cycliques, appelées aussi cycle *cross-bridge*, l'hydrolyse de l'ATP est couplée au mouvement d'une tête de myosine vers le disque Z, qui correspond au bout (+) du filament mince. Puisque le filament épais est bipolaire, les têtes de myosine aux extrémités opposées du filament épais poussent les filaments minces vers le centre du filament épais et dès lors vers le centre du sarcomère (Figure 19-23). Ce mouvement raccourcit le sarcomère jusqu'à ce que les bouts des filaments épais aboutissent au disque Z ou que les extrémités (–) des filaments minces se rejoignent au centre de la bande A. La contraction d'un muscle intact résulte de l'activité de centaines de têtes de myosine sur un seul filament épais. Il est amplifié par les centaines de filaments épais et minces d'un sarcomère et les milliers de sarcomères d'une fibre musculaire.

La contraction d'un muscle strié est régulée par le Ca^{2+} et des protéines se liant à l'actine

Comme de nombreux processus cellulaires, la contraction du muscle strié débute par une augmentation de la concentration du Ca^{2+} cytosolique, qui normalement est basse, inférieure à 0,1 µM (voir Chapitre 7). Dans les cellules non musculaires, les Ca^{2+} ATPases dans la membrane plasmique maintiennent ce taux bas. Par contre, dans les muscles striés, le taux bas de Ca^{2+} est maintenu surtout par une Ca^{2+} ATPase unique qui pompe en permanence

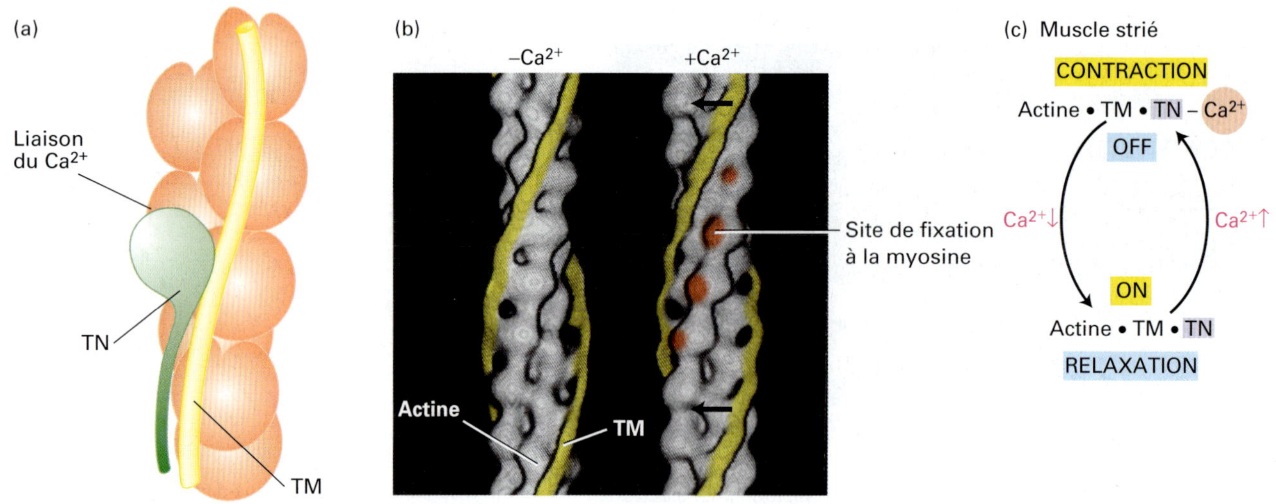

FIGURE 19-24 Régulation de la contraction d'un muscle strié par l'actine. (a) Modèle du complexe régulateur tropomyosine-troponine (TM-TN) sur un filament fin. TN, un complexe des sous-unités TN-C, TN-I et TNT, ressemblant à un club de golf, est lié à la longue molécule en hélice α de TM. (b) Reconstructions tridimensionnelles de micrographies électroniques de l'hélice de TM (en jaune) sur un filament fin d'un muscle de mollusque. À gauche, TM est à l'état *off*. À droite, il a changé de position (flèche) ; il est passé ainsi à l'état *on* quand le taux de Ca^{2+} a été augmenté. Ce déplacement expose les sites de fixation de l'actine à la myosine (en rouge). TN n'est pas montré dans cette illustration. (c) Régulation de la contraction du muscle strié par liaison du Ca^{2+} au TN. Notez que le complexe TM-TN reste attaché au filament fin quel que soit l'état du muscle, contracté ou relâché. [Partie (b) adapté de W. Lehman, R. Craig & P. Vibert, 1993, *Nature* **123** :313 ; avec l'autorisation de P. Vibert.]

les ions Ca^{2+} du cytosol dans le **réticulum sarcoplasmique** (RS), un réticulum endoplasmique spécialisé de la cellule musculaire (voir Figure 7-7). Cette activité constitue un réservoir de Ca^{2+} dans le RS.

L'arrivée d'une impulsion nerveuse à une jonction neuromusculaire induit l'ouverture des canaux calciques voltaïques dans la membrane du RS (voir Figure 7-45). La libération du Ca^{2+} qui s'ensuit augmente suffisamment le taux calcique dans le cytosol autour des myofibrilles pour déclencher la contraction. Dans le muscle strié, le taux cytosolique de Ca^{2+} influence l'interaction de quatre protéines auxiliaires avec les filaments minces d'actine. La position de ces protéines sur les filaments minces à leur tour contrôle les interactions myosine-actine.

La *tropomyosine* (TM) est une molécule qui ressemble à une corde, d'environ 40 nm de long ; les molécules TM s'assemblent tête contre queue, formant une chaîne continue le long de chaque filament mince d'actine (Figure 19-24a). La tropomyosine est associée à la *troponine* (TN), un complexe de trois sous-unités, TN-T, TN-I et TN-C. La troponine C, de séquence semblable à la calmoduline et aux chaînes légères de la myosine, lie le calcium et contrôle, avec l'aide des sous-unités TN-I et TN-T, la position de TM à la surface du filament d'actine.

On pense actuellement que, sous le contrôle du Ca^{2+} et de TN, TM peut occuper deux positions sur le filament mince, un état « *off* » et un état « *on* ». En absence de Ca^{2+}(*off*), la myosine peut se lier à un filament mince, mais le complexe TM-TN empêche la myosine de glisser le long du filament mince. La liaison des ions Ca^{2+} à TN-C déclenche un léger mouvement de TM qui expose sur l'actine les sites de liaison à la myosine (Figure 19-24b). À des concentrations de $Ca^{2+} > 10^{-6}$ M, l'inhibition exercée par le complexe TM-TN est levée, et la contraction survient. Le cycle dépendant du Ca^{2+} entre les états *on* et *off* dans le muscle strié est résumé dans la Figure 19-24c.

Des mécanismes dépendant de la myosine régulent la contraction dans les cellules musculaires lisses et les cellules non musculaires

Une cellule musculaire lisse contient de grands faisceaux contractiles alignés lâchement qui ressemblent aux faisceaux contractiles des cellules épithéliales et à l'anneau contractile de la cytocinèse. Bien que l'appareil contractile des muscles lisses serve surtout à la constriction des vaisseaux sanguins et des voies aériennes ainsi qu'à la propulsion intestinale du bol alimentaire, il constitue un modèle utile à la compréhension du mécanisme de régulation de l'activité de la myosine dans une cellule non musculaire. Comme nous venons de le voir, la contraction du muscle strié est régulée par le cycle de l'actine entre les états *on* et *off*. Par contre pour les muscles lisses, c'est la myosine II qui passe par les états *on* ou *off*. La contraction d'un muscle lisse et des cellules non musculaires est régulée par les taux de Ca^{2+} cytosolique en réponse à de nombreux signaux extracellulaires.

Activation de la myosine II dépendant du calcium La contraction d'un muscle lisse de vertébré est régulée surtout par une voie complexe dans laquelle la *chaîne légère régulatrice de la myosine* (*CL*) subit une phosphorylation et une déphosphorylation. Lorsque CL n'est pas phosphorylée, la myosine II est inactive. Le muscle lisse se contracte quand CL est phosphorylée par la *myosine CL kinase* (Figure 19-25a). Puisque cette enzyme est activée

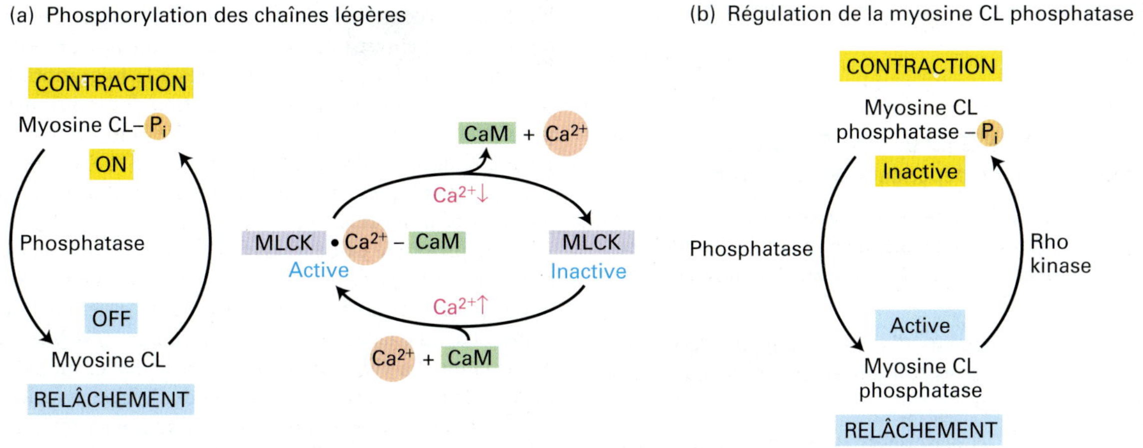

FIGURE 19-25 Mécanismes de régulation de la contraction des muscles lisses par la myosine. (a) Dans le muscle lisse de vertébré, la phosphorylation des chaînes légères régulatrices de la myosine par la myosine CL kinase dépendant du Ca^{2+} active la contraction. Aux concentrations de $Ca^{2+} <10^{-6}$, la myosine CL kinase est inactive et une myosine LC phosphatase, dont l'activité ne dépend pas du Ca^{2+}, déphosphoryle la myosine CL, causant le relâchement musculaire. (b) L'activation de la Rho kinase mène à la phosphorylation et à l'inactivation de la myosine CL phosphatase. Diverses molécules signal extracellulaires induisent l'activation de la Rho kinase tant dans les muscles lisses que dans les cellules non musculaires.

par Ca^{2+}, le taux cytosolique de Ca^{2+} régule indirectement le degré de phosphorylation de CL et donc la contraction. La régulation dépendant du Ca^{2+} de l'activité de la myosine CL kinase est assurée par la calmoduline. Ca^{2+} se lie d'abord à la calmoduline et ce complexe se fixe alors à la myosine CL kinase et l'active. Puisque ce mode de régulation repose sur la diffusion du Ca^{2+} et l'action de protéine kinases, la contraction est beaucoup plus lente dans le muscle lisse que dans le muscle strié.

Le rôle de la myosine CL kinase peut être démontré par injection d'un inhibiteur de kinase dans des cellules musculaires lisses. Même si l'inhibiteur ne bloque pas l'augmentation du Ca^{2+} cytosolique qui suit l'arrivée d'une impulsion nerveuse, les cellules ne peuvent se contracter. L'effet de l'inhibiteur peut être levé par injection d'un fragment protéolytique de la myosine CL kinase qui est active même en absence de Ca^{2+}-calmoduline (ce traitement n'affecte pas non plus le taux de Ca^{2+}).

Activation de la myosine II induite par un signal et passant par la Rho kinase Seule une impulsion nerveuse peut faire se contracter un muscle strié. Par contre, en plus des stimulus nerveux, de nombreux types de signaux extérieurs régulent les cellules musculaires lisses et les cellules non musculaires. Par exemple, la noradrénaline, l'angiotensine, l'endothéline, l'histamine et d'autres molécules signal peuvent inhiber ou induire la contraction des muscles lisses ou modifier la forme et l'adhérence des cellules non musculaires en déclenchant diverses voies de transduction du signal. Certaines de ces voies mènent à une augmentation du Ca^{2+} cytosolique, qui, comme décrit plus haut, peut stimuler la myosine en activant la myosine CL kinase (voir Figure 19-25a).

D'autres voies de signalisation activent la *Rho kinase*, qui peut stimuler la myosine de deux manières. D'abord, la Rho kinase peut phosphoryler la myosine CL phosphatase (voir Figure 19-25b) et ainsi l'inhiber, avec pour résultat une phosphorylation plus forte des CL de la myosine et dès lors une augmentation de l'activité de la myosine. De plus, la Rho kinase active directement la myosine en phosphorylant la chaîne légère régulatrice. Notez que le Ca^{2+} ne joue pas de rôle dans la régulation de l'activité de la myosine par la Rho kinase.

CONCEPTS CLÉS DE LA SECTION 19.3
Mouvements cellulaires dépendant de la myosine

- Toutes les isoformes de myosine interagissent par un de leurs domaines, la *tête*, avec les filaments d'actine, mais leur rôle cellulaire diffère en fonction d'un autre de leurs domaines, la *queue* (voir Tableau 19-3).
- Le mouvement des filaments d'actine dépendant de la myosine peut être suivi par le test du glissement de filament (voir Figure 19-17).
- Les myosines I, V et VI actionnent la translocation intracellulaire de certaines vésicules le long des filaments d'actine. Un processus similaire est responsable du courant cytoplasmique, qui dépend probablement de la myosine XI, une des myosines les plus rapides (voir Figure 19-19).
- Dans des cellules non musculaires, les filaments d'actine et de myosine II forment des faisceaux contractiles qui ont une organisation de sarcomère primitif. Des exemples communs sont la ceinture présente dans les cellules épithéliales et les fibres de stress dans les cellules cultivées sur du verre ou du plastique ; dans ce dernier cas, il pourrait s'agir d'un artéfact. Les deux structures servent à l'adhérence cellulaire
- L'anneau contractile, un faisceau transitoire d'actine et de myosine II, se forme dans une cellule en division et en l'enserrant la divise en deux moitiés ; c'est la cytocinèse.
- Dans les muscles striés, les filaments fins d'actine et les filaments épais de myosine forment des structures très ordonnées, appelées sarcomères, (voir Figure 19-22). Le bout (+) des filaments fins est attaché au disque Z, qui sépare les sarcomères adjacents.
- Pendant la contraction d'un muscle strié, les têtes de myosine à chaque bout d'un filament épais se déplacent le long des filaments fins vers les disques Z délimitant un sarcomère. La force créée par le mouvement de la myosine tire les filaments fins vers le centre du sarcomère, ce qui le raccourcit (voir Figure 19-23).
- L'augmentation rapide du Ca^{2+} cytosolique induite par la stimulation nerveuse d'un muscle strié change l'interaction entre les filaments d'actine et la tropomyosine, ce qui expose les sites de liaison à la myosine et déclenche la contraction (voir Figure 19-24).
- La contraction d'un muscle lisse et des cellules non musculaires est déclenchée par phosphorylation des chaînes légères régulatrices de la myosine soit par la myosine CL kinase en réponse à une augmentation du Ca^{2+}, ou par la Rho kinase, en réponse à des signaux extérieurs (voir Figure 19-25).

19.4 Locomotion cellulaire

Nous avons examiné les différents mécanismes à la base de la mobilité cellulaire, qu'il s'agisse de l'assemblage des filaments d'actine, de leur transformation en faisceaux et réseaux, de la contraction de ces faisceaux sous l'effet de la myosine et du glissement de la molécule de myosine le long du filament d'actine. Ces mécanismes constituent, pense-t-on, les processus majeurs par lesquels les cellules produisent les forces nécessaires à la migration. La *locomotion cellulaire* résulte de la coordination des mouvements assurés par différentes parties de la cellule. Ces mouvements sont complexes, mais les rouages principaux ont été révélés au moyen d'anticorps spécifiques marqués par divers fluorochromes et du microscope à fluorescence.

Une propriété évidente dans toutes les cellules capables de se mouvoir est la polarité ; c.-à-d. la formation systématique de certaines structures au front et à l'arrière de la cellule. La migration débute par une large avancée membranaire (*protrusion*) au front de la cellule. La vidéomicroscopie révèle que ce mouvement est lié principalement à la polymérisation de l'actine associée à la membrane. Ensuite, dans la protrusion, dite *lamellipode* pour les cellules de vertébrés, les filaments s'interconnectent en faisceaux et réseaux. Dans certains cas, des projections membranaires plus ténues, en forme de doigts, appelées *filopodes*, s'étendent aussi à partir du front cellulaire. Ces structures établissent alors des zones d'adhérence avec la surface sous-jacente et empêchent la membrane de se rétracter. Dans cette section, nous examinerons de plus près comment les cellules utilisent les divers processus générateurs

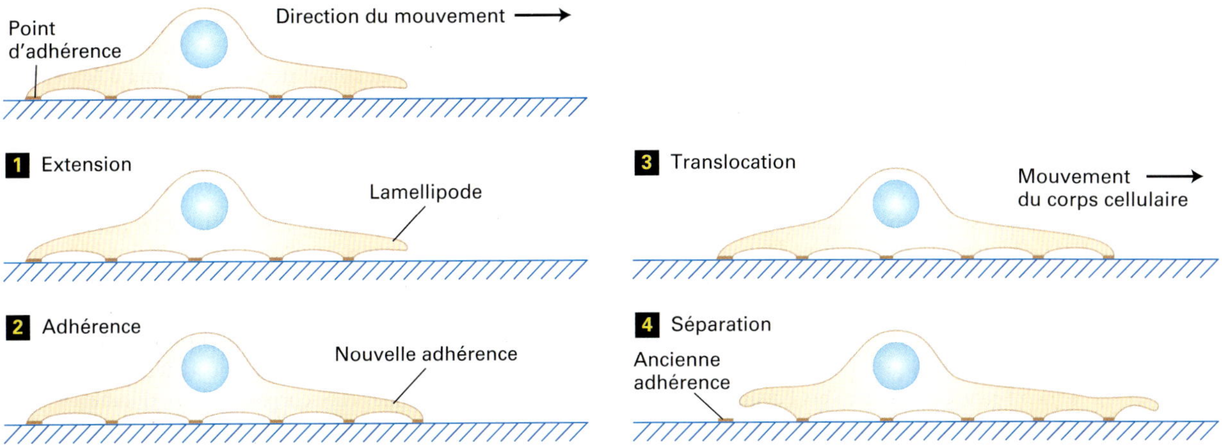

FIGURE 19-26 Les étapes du déplacement d'un kératinocyte. Une cellule épidermique de poissons se déplace rapidement et en plusieurs étapes. Le front de la cellule pousse d'abord un ou plusieurs lamellipodes (1) et certains adhèrent au substrat par des plaques d'adhérence (2). La masse du cytoplasme du corps cellulaire s'écoule alors vers l'avant (3). L'arrière de la cellule reste fixé au substrat jusqu'à ce que la queue se détache et se rétracte dans le corps cellulaire (4). Voir le texte pour plus de détails.

de force pour se déplacer. Nous étudierons également le rôle des voies de signalisation dans la coordination et l'intégration des actions du cytosquelette, un thème majeur de la recherche actuelle.

Pour se mouvoir la cellule coordonne la production de force et l'adhérence

Le déplacement d'un kératinocyte (cellule épidermique) et d'un fibroblaste (cellule du tissu conjonctif) s'accompagne de la même séquence de changements morphologiques : extension de la protrusion membranaire, attachement au substrat, écoulement du cytosol vers l'avant et rétraction de l'arrière de la cellule (Figure 19-26).

Extension membranaire Le réseau des filaments d'actine au front de la cellule (voir Figure 19-12) est une sorte d'engin capable de pousser la membrane vers l'avant par un mécanisme basé sur la polymérisation de l'actine (Figure 19-27a). La phase clé dans la pro-

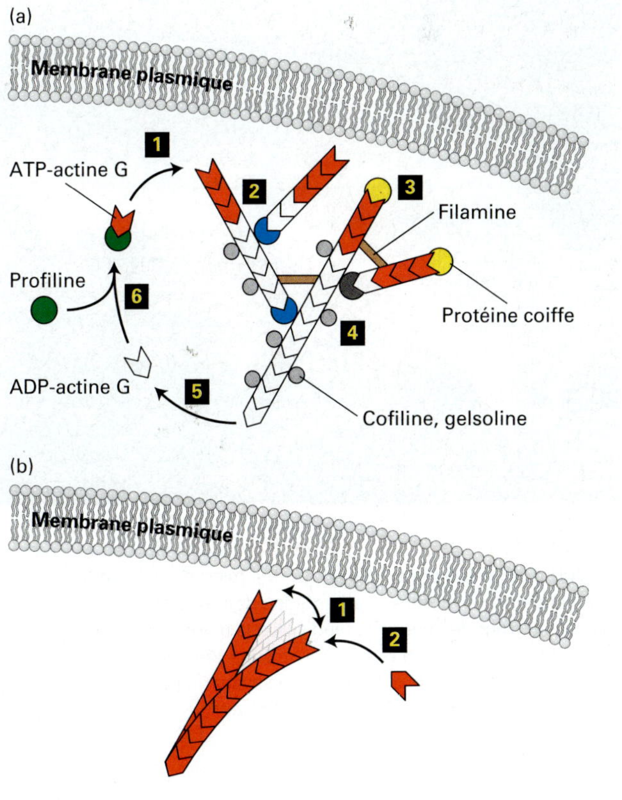

FIGURE 19-27 Forces produites par l'assemblage du réseau d'actine. (a) Comme le montre ce schéma, les filaments d'actine sont disposés en un réseau ramifié dans lequel les bouts des filaments croissent en oblique vers la membrane plasmique. L'ATP-actine G (en rouge) s'ajoute à l'extrémité du filament et repousse la membrane en avant (1). Le complexe Arp2/3 (en bleu) se greffe sur le côté des filaments (2). Avec le temps, les bouts des filaments sont couverts par la protéine coiffe (en jaune) (3) ; les sous-unités d'ATP-actine G sont converties en sous-unités d'ADP-actine G (en blanc) (4) et se détachent du filament sous l'action des protéines de dislocation, la cofiline et la gelsoline (en gris) (5). Les sous-unités d'ADP-actine G libérées s'associent à la profiline (en vert) (6) pour régénérer les sous-unités d'ATP-actine G. (b) Le réseau de filaments d'actine permet leur élongation et fournit la force requise par la poussée vers l'avant. Un filament d'actine est rigide, mais les fluctuations thermiques peuvent le courber. Dans le modèle du cliquet brownien élastique, la courbure des filaments au front cellulaire (1), où les bouts (+) entrent en contact avec la membrane, ménage un espace suffisant pour que des sous-unités s'ajoutent aux bouts des filaments (2). La force élastique de redressement des filaments pousse alors la membrane en avant. [Partie (a) adapté de T. M. Svitkina & G. G. Borisy, 1999, *J. Cell. Biol.* **145** :1009.]

duction de la force est l'addition de sous-unités d'actine aux bouts des filaments proches de la membrane (étape 1). Ensuite, le complexe Arp2/3 forme des ramifications qui créent donc de nouveaux bouts de filaments (étape 2). Le réseau ramifié est stabilisé par des protéines d'interconnexion comme la filamine. Avec la croissance des filaments, les sous-unités d'ATP-actine sont converties en sous-unités d'ADP-actine. En conséquence, la protéine coiffe couvre les bouts (+) des filaments (étape 3), puis la cofiline et la gelsoline fragmentent les filaments d'actine (étape 4) et dissocient les sous-unités d'actine (étape 5). La profiline convertit les monomères d'ADP-actine en monomères d'ATP-actine prêts à participer à une nouvelle polymérisation.

Un mécanisme, appelé « modèle à cliquet brownien élastique », explique comment la membrane est poussée vers l'avant. Il est basé sur l'élasticité du filament d'actine (Figure 19-27b). Les micrographies électroniques montrent que les bouts des filaments d'actine buttent contre la membrane, ne laissant pas d'espace pour l'addition d'une sous-unité d'actine. Cependant, l'énergie thermique oblige le filament à se courber, ce qui libère de la place pour l'addition de sous-unités. Puisque les filaments d'actine ont, à l'instar d'un bâtonnet en plastique, une certaine rigidité, l'énergie acquise lors de la courbure redresse le filament. L'action simultanée de nombreux filaments subissant le même mouvement et leurs interconnexions en un réseau mécaniquement puissant créent une force suffisante (plusieurs piconewtons) pour pousser la membrane vers l'avant.

Adhérences cellule-substrat Après l'assemblage du cytosquelette et l'étirement de la membrane, celle-ci s'attache fermement au substrat. La vidéomicroscopie montre que les faisceaux d'actine du front de la cellule s'attachent en un point qui devient rapidement une plaque d'adhérence. Celle-ci empêche la rétraction du lamellipode et attache la cellule au substrat, ce qui permet à la cellule d'avancer.

Translocation du corps cellulaire Dès que la cellule s'est attachée, le contenu du corps cellulaire est propulsé vers l'avant (voir Figure 19-26) par un mécanisme encore inconnu. On a émis l'hypothèse que le noyau et les autres organites sont emprisonnés dans le cytosquelette et que la contraction corticale dépendant de la myosine pousse le cytoplasme vers l'avant. La localisation de la myosine appuie cette hypothèse. Au cours du mouvement, une bande transverse de myosine II et de filaments d'actine se forme à la limite entre les lamellipodes et le corps cellulaire (Figure 19-28).

Rupture des adhérences cellulaires Finalement, dans la dernière étape, les points d'adhérence à l'arrière de la cellule se rompent et cette partie de la cellule se porte vers l'avant. Au microscope optique, on voit la queue se détacher brusquement, peut-être par la contraction des fibres de stress ou par la tension élastique, mais elle abandonne un fragment de membrane qui reste attaché fermement au substrat.

La capacité d'une cellule de se déplacer correspond à un équilibre entre les forces mécaniques provenant du cytosquelette et les forces de résistance liées aux adhérences cellulaires. Les cellules ne peuvent se déplacer si elles sont attachées à une surface soit trop fermement soit pas du tout. Cette relation peut être démontrée par la mesure de la vitesse du mouvement des cellules qui expriment des taux variables d'intégrines, les molécules d'adhérence cellulaire qui assurent les interactions cellulaires avec la matrice (Chapitre 6).

(a) (b)

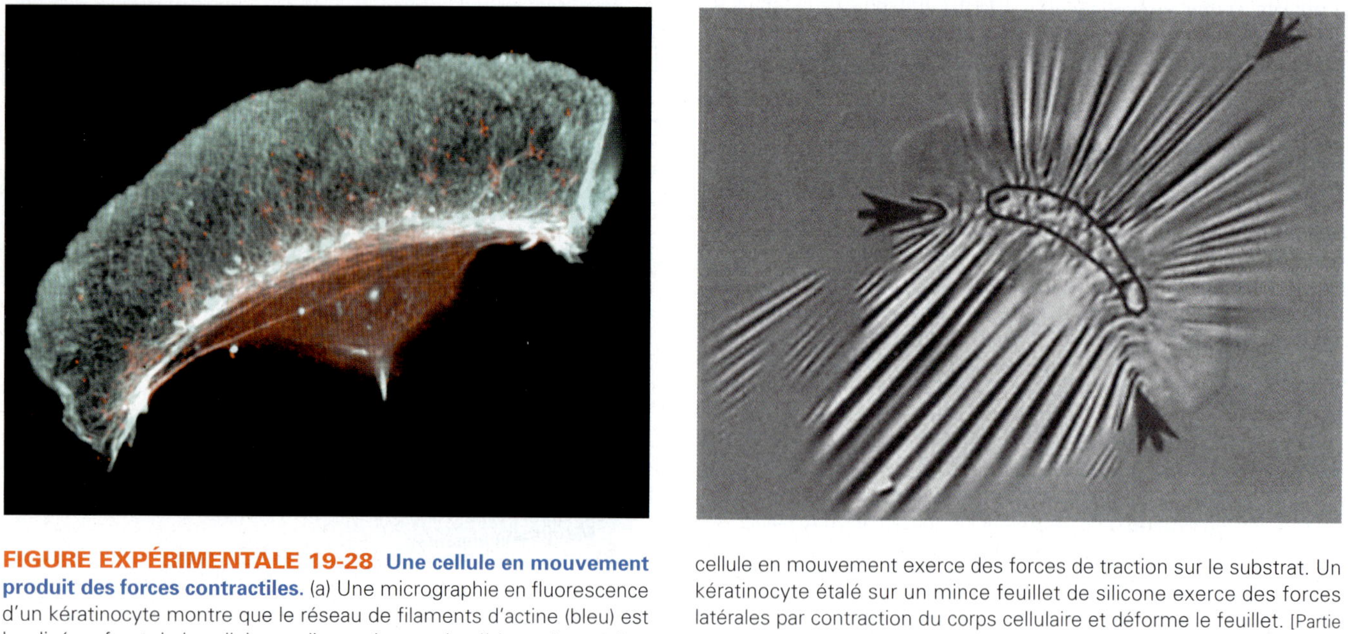

FIGURE EXPÉRIMENTALE 19-28 Une cellule en mouvement produit des forces contractiles. (a) Une micrographie en fluorescence d'un kératinocyte montre que le réseau de filaments d'actine (bleu) est localisé au front de la cellule, tandis que la myosine II (rouge) est à l'arrière de la cellule. Cependant, on trouve les deux dans une bande (blanche) qui traverse la cellule juste en avant du noyau. On postule que la contraction de cette bande tire le corps cellulaire vers l'avant. (b) Une cellule en mouvement exerce des forces de traction sur le substrat. Un kératinocyte étalé sur un mince feuillet de silicone exerce des forces latérales par contraction du corps cellulaire et déforme le feuillet. [Partie (a) de T. M. Svitkina & G. G. Borisy, 1999, *J. Cell. Biol.* **145** :1009 ; avec l'autorisation de T. M. Svitkina. Partie (b) de K. Burton *et al.*, 1999, *Mol. Biol. Cell* **10** :3745 ; avec l'autorisation de D. L. Taylor.]

On a constaté de la sorte que la migration est la plus rapide lorsque le degré d'adhérence est intermédiaire, la vitesse diminuant si l'adhérence est plus forte ou plus faible. La locomotion cellulaire résulte donc des forces de traction exercées par la cellule sur le substrat sous-jacent. Ces forces peuvent être détectées par les effets des cellules sur un feuillet très mince de silicone (Figure 19-28b). Lorsqu'une cellule avance, les forces contractiles exercées au front et à l'arrière de la cellule déforment le feuillet. Sur une membrane plus rigide qui résiste à la déformation, les forces permettent cette fois à la cellule de progresser.

Le mouvement amiboïde implique des transitions gel-sol du réseau d'actine

Les amibes sont de protozoaires très mobiles dont le mouvement vers l'avant se décompose en étapes semblables à celles qui caractérisent le déplacement des kératinocytes. Le mouvement amiboïde débute quand la membrane plasmique se gonfle vers l'avant pour former un *pseudopode*, qui est semblable au lamellipode d'une cellule de vertébré. Lorsque le pseudopode s'attache au substrat, il se remplit de cytosol qui s'écoule vers l'avant de la cellule. Au cours de la dernière étape, l'arrière de l'amibe, qui est tiré en avant, rompt ses attaches avec le support.

Le mouvement de l'amibe est accompagné de changements dans la viscosité de son cytosol, qui passe d'un état de sol à un état de gel et inversement. La région centrale du cytoplasme, *l'endoplasme*, est un fluide, qui s'écoule rapidement vers le front de la cellule, et remplit le pseudopode. Là, l'endoplasme est converti en *ectoplasme*, un gel qui forme le cortex, juste en dessous de la membrane plasmique. Lorsque la cellule rampe vers l'avant, le gel ectoplasmique à l'extrémité de la queue de la cellule est transformé à nouveau en sol endoplasmique, pour être reconverti une fois encore en ectoplasme lorsqu'il gagne le front de la cellule. Ce cycle entre sol et gel ne se déroule que lorsque la cellule migre.

La transformation entre états de sol et de gel résulte de la dislocation et de la reconstruction du réseau de microfilaments d'actine dans le cytosol. Plusieurs protéines liant l'actine contrôlent probablement ce processus et donc la viscosité du cytosol. La profiline au front de la cellule favorise la polymérisation de l'actine, et l'α-actinine avec la filamine forme les réseaux d'actine constituant le gel plus visqueux de l'ectoplasme, comme décrit plus tôt. Inversement, des protéines comme la cofiline disloque les filaments d'actine, ce qui donne la fluidité de l'endoplasme.

Des signaux externes et diverses voies de signalisation coordonnent les événements qui aboutissent à la migration cellulaire

Une caractéristique surprenante d'une cellule mobile est sa polarité : elle a un avant et un arrière. Lorsque la cellule tourne, un nouveau lamellipode ou pseudopode se forme du côté de la nouvelle direction. Si ces extensions se formaient dans toutes les orientations, comme c'est le cas chez les amibes dont la myosine I a été mutée, la cellule serait alors incapable de choisir une nouvelle direction de migration. Pour maintenir le mouvement dans une direction donnée, une cellule requiert des signaux pour coordonner les événements qui se passent à l'avant et à l'arrière de la cellule ainsi que des signaux qui indiquent à la cellule où se trouve l'avant.

Dans cette section, nous allons illustrer par plusieurs exemples comment des signaux extérieurs déclenchent la migration cellulaire et contrôlent sa direction.

Formation de filopodes, de rides membranaires et de fibres de stress sous l'effet de facteurs de croissance Certains facteurs de croissance provenant d'une blessure récente déclenchent dans des fibroblastes en culture leur multiplication mais aussi la formation de filopodes et de lamellipodes et ensuite l'assemblage de fibres de stress et de plaques d'adhérence. On pense que des événements semblables induits par des signaux se déroulent in vivo au cours de la cicatrisation, mais aussi au cours du développement embryonnaire et de la dispersion métastatique des cellules cancéreuses. Ces événements requièrent la polymérisation des filaments d'actine, l'activation des molécules de myosine et l'assemblage des faisceaux et réseaux d'actine. Les réarrangements du cytosquelette qui font partie de la réponse des fibroblastes à une blessure impliquent des voies de signalisation intracellulaire dirigées par Rac, Rho et Cdc42, des molécules de type Ras appartenant à la **superfamille des GTPases.** Ces voies sont activées par des facteurs de croissance qui interagissent avec des récepteurs de surface du type tyrosine kinases, décrits dans le Chapitre 13.

Le rôle des protéines apparentées à Ras a été révélé par des expériences simples de micro-injections. Quand Rac a été injecté dans un fibroblaste, sa membrane a commencé par se rider, puis des plaques d'adhérence et des fibres de stress sont apparues 5-10 minutes plus tard. L'injection d'une forme inactive de Rac a inhibé toute la réorganisation du cytosquelette d'actine qui survient normalement en présence de facteurs de croissance. Quand Rho, plutôt que Rac, a été injecté il a imité les effets mitogènes de l'acide lysophosphatidique (LPA), une chimiokine sérique et un stimulateur puissant de l'agrégation plaquettaire. Rho et LPA induisaient l'assemblage des fibres de stress et des plaques d'adhérence en 2 minutes, mais n'induisaient pas les rides membranaires.

Ces observations conduisent à un modèle dans lequel des facteurs extracellulaires déclenchent la transduction de signaux passant par Ras qui activent d'abord la polymérisation de l'actine au front de la cellule puis la formation de plaques d'adhérence (Figure 19-29). Si ce modèle est correct, alors l'inhibition de l'assemblage des fibres de stress ne devrait pas affecter la formation des rides membranaires. Pour tester ce modèle, on a injecté Rac et l'ADP-ribosylase, une enzyme qui inactive Rho en lui attachant l'ADP de manière covalente. Comme prévu, les rides membranaires sont apparues, mais l'assemblage des fibres de stress fut bloqué. Ces observations suggèrent que les événements dépendant de Rho comme la formation des fibres de stress surviennent en aval du contrôle exercé par Rac. Les résultats d'expériences ultérieures dans lesquelles Cdc42 fut injecté dans des fibroblastes ont montré que cette protéine contrôlait une étape antérieure, la formation des filopodes. Ainsi, la séquence des événements dans une cicatrisation commence par la participation des filopodes et des lamellipodes durant la migration des cellules dans la blessure et la formation de plaques d'adhérence et de fibres de stress pour fermer la blessure.

Un aspect important de la locomotion est la coordination du mouvement en réponse à différents stimulus. Par exemple, l'assemblage du réseau d'actine sous la membrane est amplifié par l'action de plusieurs voies de signalisation et de leurs protéines adaptatrices. L'une d'entre elles, WASp, sous le contrôle de la GTPase Cdc42, induit l'activité du complexe Arp2/3, acteur

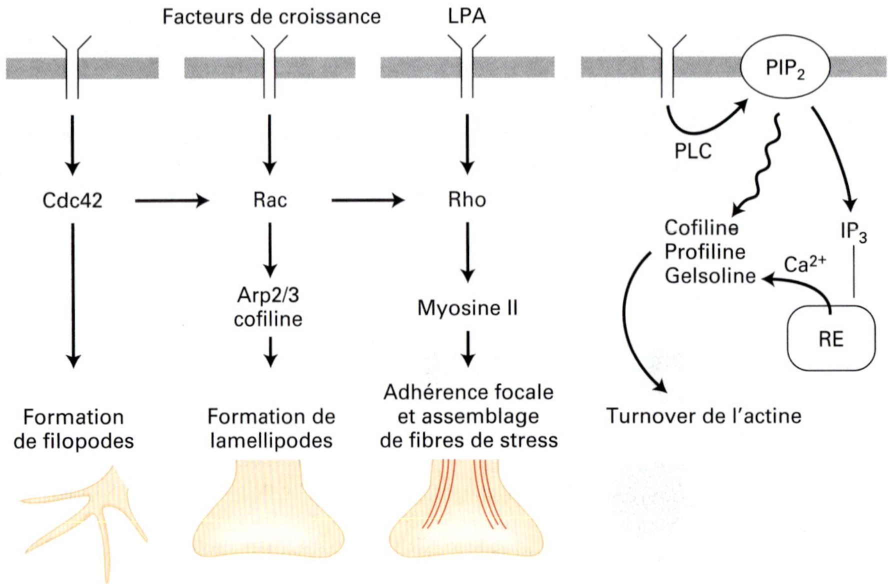

FIGURE 19-29 Rôle des voies de transduction de signaux dans la locomotion cellulaire et l'organisation du cytosquelette. Les signaux extérieurs passent la membrane grâce à des récepteurs spécifiques de différents facteurs. Une série de facteurs de croissance induit la polymérisation d'actine au front cellulaire par une voie dépendante de Rac et de Cdc42 (*à gauche*) ; une autre série de facteurs agissent en aval par la voie dépendant de Rho pour induire l'assemblage des plaques d'adhérence et la contraction corticale (*centre*). L'adhérence d'une cellule à la matrice extracellulaire déclenche une voie de signalisation parallèle qui induit l'activation de la profiline, cofiline et gelsoline (*à droite*). Le déclenchement de cette voie active la phospholipase C (PLC), qui hydrolyse PIP_2 dans la membrane. L'augmentation subséquente du Ca^{2+} cytosolique stimule le turnover de l'actine.

principal de la ramification du réseau. En plus, comme vu précédemment, l'hydrolyse de PIP_2 par la phospholipase C libère la profiline, la cofiline et la gelsoline de la membrane. Dans une autre voie, l'inositol 1,4,5-triphosphate (IP_3), un produit de l'hydrolyse de PIP_2, stimule la libération d'ions Ca^{2+} du réticulum endoplasmique dans le cytosol ; cette augmentation d'ions Ca^{2+} active la myosine II mais aussi la gelsoline qui disloque le réseau. Ces voies parallèles stimulent donc à la fois la dislocation et la croissance des filaments, ce qui accélère le turnover de l'actine (Figure 19-29, *à droite*).

Le pilotage des cellules migratrices par les molécules chimiotactiques Dans certaines conditions, un balisage chimique extracellulaire guide le déplacement d'une cellule dans une direction particulière. Dans certains cas, ce sont des molécules insolubles dans le support qui jouent ce rôle. Dans d'autres cas, la cellule est sensible à des molécules solubles et les suit, le long d'un gradient de concentration, jusqu'à leur source. Ce second type de réponse est appelé **chimiotactisme**. Un des exemples les mieux étudiés est la migration des amibes *Dictyostelium* le long d'une concentration croissante d'AMPc. En suivant l'AMPc jusqu'à sa source, les amibes se rassemblent en forme de « limace » pour se différencier ensuite en un corps végétatif. Maintes autres cellules répondent aux agents chimiotactiques. Par exemple, les leucocytes sont attirés par un tripeptide sécrété par de nombreuses bactéries. Au cours du développement des muscles striés, une protéine signal, appelée SF/HGF (*scatter factor* ou *hepatocyte growth factor*), guide la migration des myoblastes vers les bourgeons des membres en train de croître (Chapitre 22).

En dépit de leur variété chimique, les molécules chimiotactiques—sucres, peptides, métabolites cellulaires, lipides pariétaux ou membranaires—agissent toutes par un mécanisme commun et bien connu : elles s'attachent à un récepteur membranaire, activent des voies de signalisation et provoquent un remaniement du cytosquelette via l'activation ou l'inhibition de diverses protéines qui s'attachent à l'actine. Reste à savoir comment ces récepteurs de surface sont capables de détecter une différence de concentration des molécules chimiotactiques aussi ténue que 2 % sur la longueur de la cellule. Pour diriger la migration cellulaire, un gradient d'agent chimiotactique externe doit sans doute induire des gradients internes menant à la polarisation du cytosquelette d'actine.

Gradients parallèles des agents chimiotactiques, des protéines G activées et du Ca^{2+} Des micrographies de récepteurs à l'AMPc, marqués à la GFP (*green fluorescent protein*), montrent qu'ils sont distribués uniformément le long de l'amibe (Figure 19-30). Dès lors, il faut qu'un gradient interne soit établi par un autre composant de la voie de signalisation. Puisque les récepteurs de l'AMPc transmettent le signal par l'intermédiaire de protéines trimériques G, on a marqué une de ses sous-unités à la GFP ainsi que d'autres protéines de signalisation intervenant en aval. On a constaté ainsi que le taux de protéines G est plus élevé du côté de l'agent chimiotactique. Les protéines G couplées aux récepteurs de l'AMPc peu-

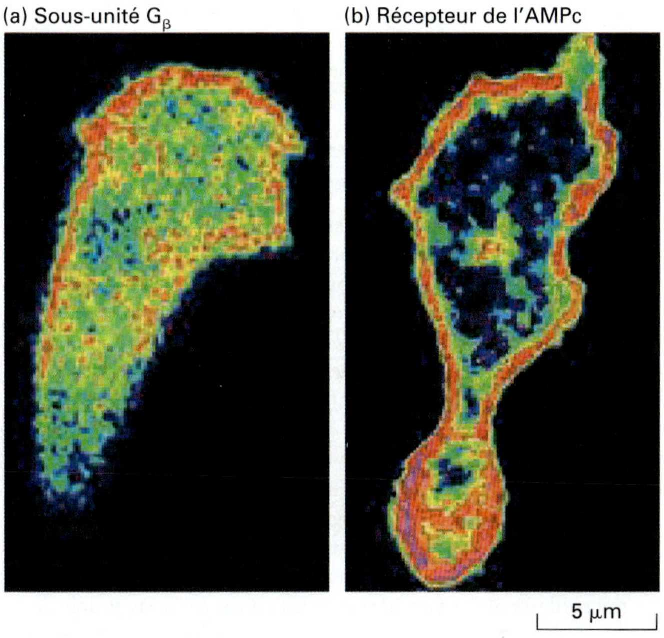

FIGURE EXPÉRIMENTALE 19-30 Au moyen d'un agent chimiotactique, on peut démontrer le gradient de la sous-unité G_β induit par un signal. Amibes colorées artificiellement exprimant en (a) une sous-unité G_β marquée par la GFP et (b), à titre de contrôle, un récepteur d'AMPc marqué par la GFP. Lorsqu'une source externe d'agent chimiotactique fut placée près des cellules (partie supérieure des clichés), les cellules se sont tournées vers la source. (a) La sous-unité G_β s'est concentrée au bord frontal de la cellule, au plus près de l'agent chimiotactique, tout en quittant la partie arrière. (b) Par contre, le récepteur de l'AMPc gardait une distribution uniforme dans la membrane cellulaire. [W.F. Loomis & R. H. Insall, 1999, *Nature* **401** :440-441 ; avec l'autorisation du laboratoire Peter Devreotes]

vent activer les voies menant à l'activation d'Arp2/3 en passant par la protéine médiatrice WASp ou par d'autres voies qui augmentent le Ca^{2+} cytosolique (voir Figure 13-29).

Les colorants fluorescents qui agissent comme senseurs de la teneur en Ca^{2+} indiquent qu'un gradient cytosolique de Ca^{2+} s'établit dans les cellules en train de migrer, avec le taux le plus bas dans le front de la cellule et le plus haut à l'arrière. Si une pipette contenant un agent chimiotactique est placé à côté d'un leucocyte en mouvement, la concentration calcique globale augmente d'abord, ensuite le gradient se réoriente avec le taux le plus bas du côté le plus proche de la pipette et la cellule se tourne vers la source chimiotactique. Après avoir enlevé l'agent, la cellule continue à se mouvoir dans la direction de son nouveau gradient calcique (voir Figure 5-47).

Rappelons que maintes protéines qui se fixent à l'actine, comme les myosines I et II, la gelsoline, l'α-actinine et la fimbrine, sont toutes assujetties à l'ion Ca^{2+}. Aussi le gradient calcique dans le cytosol régit-il les transitions gel-sol observées au cours du déplacement d'une cellule. En activant la myosine I, en inactivant les protéines qui tendent à démembrer l'actine et en levant l'inactivation calcique des protéines qui réticulent l'actine, la diminution du taux de Ca^{2+} à l'avant de la cellule favoriserait la formation du réseau. Le taux élevé de Ca^{2+} à l'arrière favoriserait la dislocation du réseau par activation de la gelsoline ou causerait la contraction des réseaux corticaux d'actine par activation de la myosine II. Le gradient interne de Ca^{2+} serait donc responsable du turnover des filaments d'actine dans les cellules en migration.

CONCEPTS CLÉS DE LA SECTION 19.4
Locomotion cellulaire

- Les cellules qui migrent subissent une série d'événements caractéristiques : extension d'un lamellipode ou d'un pseudopode, adhérence de l'extension frontale au support, écoulement en avant (courant cytosolique) et rétraction du corps cellulaire (voir Figure 19-26).
- La locomotion cellulaire relève probablement d'un mécanisme commun comprenant la polymérisation et la ramification de l'actine qui génère le mouvement dans la zone frontale, l'assemblage des structures d'adhérence et la contraction corticale due à la myosine II (voir Figure 19-28).
- Des signaux externes (e.g. facteurs de croissance et agents chimiotactiques) induisent l'assemblage et l'organisation du cytosquelette et l'établissement d'un gradient interne de protéines G trimériques et de calcium (voir Figure 19-29). La polarisation cellulaire qui en résulte aboutit à la locomotion.

19.5 Filaments intermédiaires

Dans le reste de ce chapitre, nous examinons les propriétés des filaments intermédiaires (FI) et des structures du cytosquelette qu'ils forment dans les cellules. On trouve des FI chez presque tous les animaux, mais pas dans les plantes ni les champignons. L'association des FI avec les membranes du noyau et de la cellule suggère que leur fonction principale est structurale (Figure 19-31). Dans un épithélium, par exemple, ils fournissent le support mécanique à la membrane plasmique là où elle entre en contact avec celle d'autres cellules ou avec la matrice extracellulaire. Dans les cellules épidermiques, (couche externe de la peau) et les axones des neurones (Figure 19-32), les FI sont au moins 10 fois aussi abondants que les microfilaments ou les microtubules, les autres composants du cytosquelette.

Une grande partie de la description qui va suivre à propos des FI paraîtra familière puisque l'organisation cellulaire est semblable à celle des microfilaments d'actine décrits dans les sections précédentes. Ces deux types de fibres du cytosquelette se ressemblent aussi en ce qu'ils sont habituellement associés aux membranes cellulaires. Cependant, contrairement aux microfilaments et aux

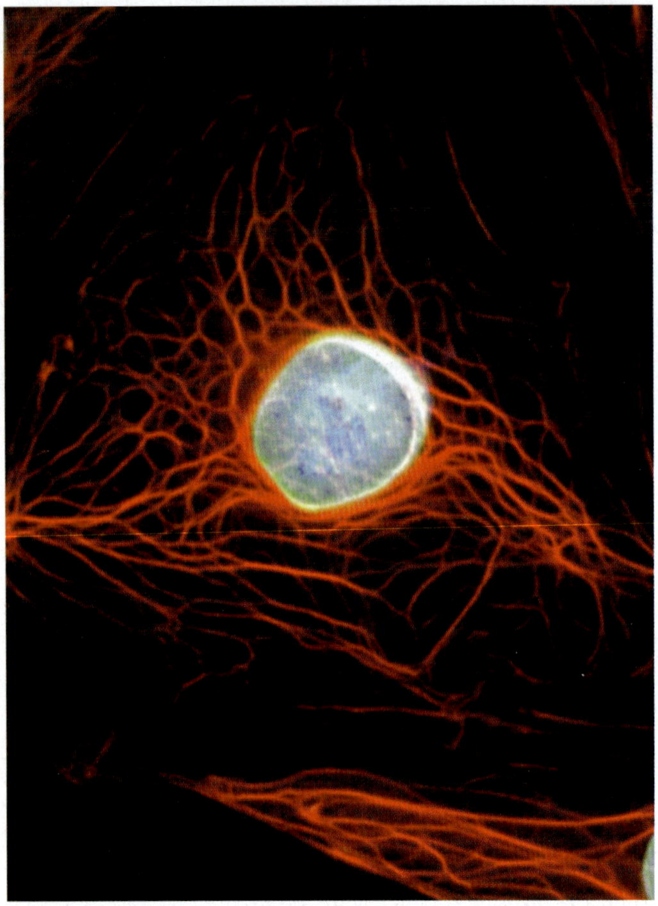

FIGURE EXPÉRIMENTALE 19-31 La coloration par des anticorps marqués par un fluorochrome révèle la distribution cellulaire des filaments intermédiaires de kératine et de lamine. Dans cette micrographie à fluorescence d'une cellule PtK2 doublement colorée avec des anticorps anti-kératine et anti-lamine, un réseau de filaments intermédiaires de lamine (en bleu) est visible sous la membrane nucléaire. Le cytosquelette de kératine cytoplasmique (en rouge) s'étend de la membrane nucléaire vers la membrane plasmique. [Avec l'autorisation de R. D. Goldman.]

microtubules, les FI ne contribuent pas à la motilité cellulaire. On ne connaît pas d'exemples de mouvements cellulaires qui en dépendent ou de protéines motrices qui se déplacent le long des FI.

Les filaments intermédiaires diffèrent en stabilité, taille et structure des autres fibres du cytosquelette

Plusieurs propriétés physiques et biochimiques distinguent les FI des microfilaments et des microtubules. Pour commencer, ils sont extrêmement stables. Même après extraction avec des solutions contenant des détergents et de fortes concentrations de sel, la plupart des FI restent intacts, alors que les microfilaments et les microtubules se décomposent en leurs sous-unités solubles. En fait, la plupart des méthodes de purification des FI utilisent ces traitements pour les débarrasser des autres protéines. Les FI diffèrent aussi des deux autres fibres du cytosquelette par la taille. Leur nom provient justement de leur diamètre de 10 nm, plus petit celui des microtubules (24 nm) mais plus grand que celui des microfilaments (7 nm) (voir Figure 5-29). De plus, contrairement aux sous-unités d'actine globulaire et de tubuline, qui polymérisent respectivement en microfilaments et en microtubules creux, les sous-unités de FI sont des bâtonnets constitués d'hélices α qui s'assemblent pour former des filaments ressemblant à des cordes. Enfin, les sous-unités de FI ne lient pas de nucléotides et leur assemblage ne requiert pas l'hydrolyse de l'ATP ou du GTP, comme l'exige la polymérisation de l'actine G et de la tubuline. Cependant, maints détails concernant l'assemblage des FI dans les cellules restent hypothétiques.

Les protéines des FI sont classées selon leur distribution dans des tissus particuliers

Chez les vertébrés supérieurs, les sous-unités qui composent les FI constituent une superfamille de protéines essentiellement hélicoïdales que l'on trouve dans le cytoplasme de différents tissus et près de la membrane nucléaire. La superfamille est divisée en quatre groupes sur base de la ressemblance de leur séquence d'acides aminés (Tableau 19-4). À la différence des isoformes d'actine et de tubuline, les diverses classes des protéines de FI divergent largement par leur séquence et leur poids moléculaire.

Les **lamines** constituent le groupe le plus ubiquitaire des FI. Contrairement à la localisation cytosolique des trois autres types de FI, on ne trouve les lamines que dans le noyau. Des trois lamines nucléaires, deux sont des produits d'épissage alternatif provenant d'un seul gène commun, la troisième étant codée par un autre gène. Un seul gène de lamine est trouvé dans le génome de la drosophile ; aucun dans le génome de la levure. Puisque les lamines, et non les

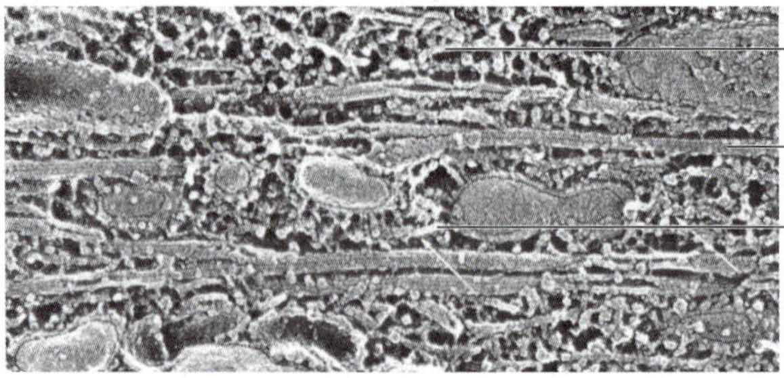

FIGURE EXPÉRIMENTALE 19-32 Microtubules et filaments intermédiaires dans un axone neuronal mis en évidence par cryodécapage. Des neurofilaments et microtubules d'un axone de grenouille sont visualisés par la technique de cryodécapage après congélation rapide. Les microtubules d'un diamètre de 24 nm et des filaments intermédiaires d'un diamètre de 10 nm sont disposés longitudinalement. En certains endroits, les deux types de fibres du cytosquelette sont connectées. [N. Hirokawa, 1982, *J. Cell Biol.* **94**:129 ; avec autorisation de l'auteur.]

TABLEAU 19-4 Principaux filaments intermédiaires chez les mammifères

Protéines des FI	PM (10^{-3})*	Forme de filament	Distribution tissulaire
LAMINES NUCLÉAIRES			
Lamine A	70	Homopolymère	Noyau
Lamine B	67	Homopolymère	Noyau
Lamine C	67	Homopolymère	Noyau
KÉRATINES†			
Kératines acides	40–57	Hétéropolymères	Épithéliums
Kératines basiques	53–67	Hétéropolymères	Épithéliums
FILAMENTS INTERMÉDIAIRES DE TYPE III			
Vimentine	57	Homo- et hétéropolymères	Mésenchyme (fibroblastes)
Desmine	53	Homo- et hétéropolymères	Muscle
Protéine gliale fibrillaire acide	50	Homo- et hétéropolymères	Cellules gliales, astrocytes
Périphérine	57	Homo- et hétéropolymères	Neurones périphériques et centraux
NEUROFILAMENTS			
NF-L	62	Homopolymères	Neurones matures
NF-M	102	Hétéropolymères	Neurones matures
NF-H	110	Hétéropolymères	Neurones matures
Internexine	66	—	SNC en développement

*Les filaments intermédiaires montrent des variations de poids moléculaire (PM) selon les espèces.
†Plus de 15 isoformes de kératines acides et basiques sont connues.

groupes de FI cytosoliques, sont exprimées chez la drosophile, les lamines sont probablement dans l'évolution le précurseur de la superfamille des FI.

Les cellules épithéliales expriment les **kératines** acides et basiques. Elles s'associent dans le rapport 1/1 pour former des hétérodimères, qui s'assemblent en filaments hétéropolymériques ; aucun type ne peut former à lui seul un filament. Les kératines constituent les classes de FI les plus diversifiées. Ces nombreuses isoformes peuvent être réparties en deux groupes : environ 10 sont spécifiques des tissus épithéliaux « durs », comme les ongles, les poils et la laine ; et environ 20, appelées *cytokératines*, se trouvent principalement dans les épithéliums bordant les cavités internes de l'organisme. Chaque type d'épithélium exprime toujours une combinaison caractéristique de kératines acides et basiques.

Les FI de **type III** comprennent quatre protéines. À la différence des kératines, les protéines de type III peuvent former des FI homo- ou hétéropolymériques. De toutes les protéines de FI, la *vimentine* est la plus largement distribuée. Elle est exprimée dans les leucocytes, les cellules endothéliales des vaisseaux, certaines cellules épithéliales et des cellules mésenchymateuses comme les fibroblastes (voir l'illustration au début de ce chapitre). Les filaments de vimentine contribuent au support des membranes cellulaires. Les réseaux de vimentine peuvent aussi aider à garder le noyau et d'autres organites à une place précise dans la cellule. La vimentine est fréquemment associée aux microtubules et, comme noté antérieurement, le réseau de ses filaments est parallèle à celui des microtubules (voir Figure 1-15). Les autres protéines de type III ont une distribution beaucoup plus restreinte. Les filaments de *desmine* dans les cellules musculaires sont responsables de la stabilité des sarcomères au cours de la contraction du muscle. Les FI des astrocytes et des cellules gliales entourant les neurones contiennent la *protéine acide fibrillaire gliale*. La *périphérine* est présente dans les neurones du système nerveux périphérique, mais on la connaît peu.

L'axe des axones neuronaux est rempli de **neurofilaments** (**NF**) ; chacun est un hétéropolymère constitué de trois polypeptides — NF-L, NF-M et NF-H — de masse moléculaire très différente (voir Figure 19-32 et Tableau 19-4). Les NF sont responsables de la croissance radiaire d'un axone et déterminent le diamètre axonal, qui est directement lié à la vitesse à laquelle il conduit les impulsions. L'influence du nombre de NF sur la conduction nerveuse est illustrée par l'effet d'une mutation chez la caille appelée *quiver*, qui bloque l'assemblage des neurofilaments, aussi la conduction nerveuse y est notablement ralentie. Également présents dans les axones sont les microtubules, qui dirigent l'élongation axonale.

MÉDECINE À cause de leur distribution caractéristique, les protéines des FI sont utiles au diagnostic et au traitement de certaines tumeurs. Dans une tumeur, les cellules perdent leur apparence normale, et donc leur origine ne peut être identifiée par leur morphologie. Cependant, les cellules tumorales conservent la plupart des caractères différenciés des cellules dont elles dérivent, notamment l'expression de FI particuliers. Au moyen d'anticorps anti-FI marqués par un fluorochrome et spécifiques de ces protéines de FI, on peut souvent déterminer si une tumeur provient d'un tissu épithélial, mésenchymateux ou neuronal.

Ainsi, les cancers les plus courants, ceux de la glande mammaire et du tractus gastro-intestinal, contiennent des kératines et sont dépourvus de vimentine ; ils dérivent donc de cellules épithéliales (qui contiennent des kératines mais pas de vimentine) et non des cellules mésenchymateuses sous-jacentes (qui contiennent la vimentine mais pas de kératines). Puisque les cancers épithéliaux et les cancers d'origine mésenchymateuse sont sensibles à des traitements différents, l'identification des protéines de FI dans une tumeur aide le médecin à choisir le traitement le plus efficace pour détruire la tumeur. ▮

Toutes les protéines des FI ont un domaine axial conservé et sont organisées de manière semblable dans les filaments

Outre qu'elles sont capables de former des filaments de 10 nm de diamètre, les chaînes protéiques de tous les FI comportent un motif commun : un axe central hélicoïdal encadré de domaines N- et C-terminaux globulaires. Le domaine constituant l'axe central, qui se retrouve dans tous les constituants de FI, consiste en quatre longues hélices α successives séparées par trois régions non hélicoïdales. Les segments α-hélicoïdaux s'apparient pour former une superhélice dimérique.

Au microscope électronique, ces dimères ont l'aspect de bâtonnets terminés par des domaines globulaires ; deux dimères s'associant latéralement en un tétramère (Figure 19-33a, b). Les résultats des expériences de marquage, avec des anticorps dirigés contre le domaine N- ou C terminal indiquent que les chaînes sont parallèles dans le dimère, tandis que les dimères dans le tétramère sont disposés de façon antiparallèle. Les étapes suivantes dans l'assemblage ne sont pas bien comprises, mais semblent inclure l'association bout à bout des tétramères pour former de longs protofilaments, qui s'agrègent latéralement en faisceaux lâches de protofibrilles. Leur association aboutit au filament de 10 nm de diamètre dont les domaines globulaires N- et C-terminaux des tétramères forment une enfilade de perles (Figure 19-33c). De manière intéressante, puisque le tétramère est symétrique, un FI peut ne pas avoir la polarité que présente le filament d'actine ou le microtubule. Cette idée est appuyée par les résultats d'expériences montrant que les sous-unités de la vimentine peuvent s'incorporer dans le filament aussi bien qu'à ses extrémités.

Si le noyau hélicoïdal est commun à toutes les protéines constituant les FI, les domaines N- et C-terminaux diffèrent dans une large mesure par leur taille et leur séquence. Ce défaut de conservation a fait croire d'abord que ces domaines terminaux ne jouaient pas de rôle dans l'assemblage des FI ; cependant, diverses vérifications expérimentales ont montré qu'il en va autrement. Si on raccourcit les domaines N- ou C-terminaux par protéolyse ou mutagenèse dirigée, la protéine tronquée ne peut s'assembler en FI. (Les kératines font exception ; l'assemblage a lieu même en l'absence totale des domaines globulaires.) On est donc à présent

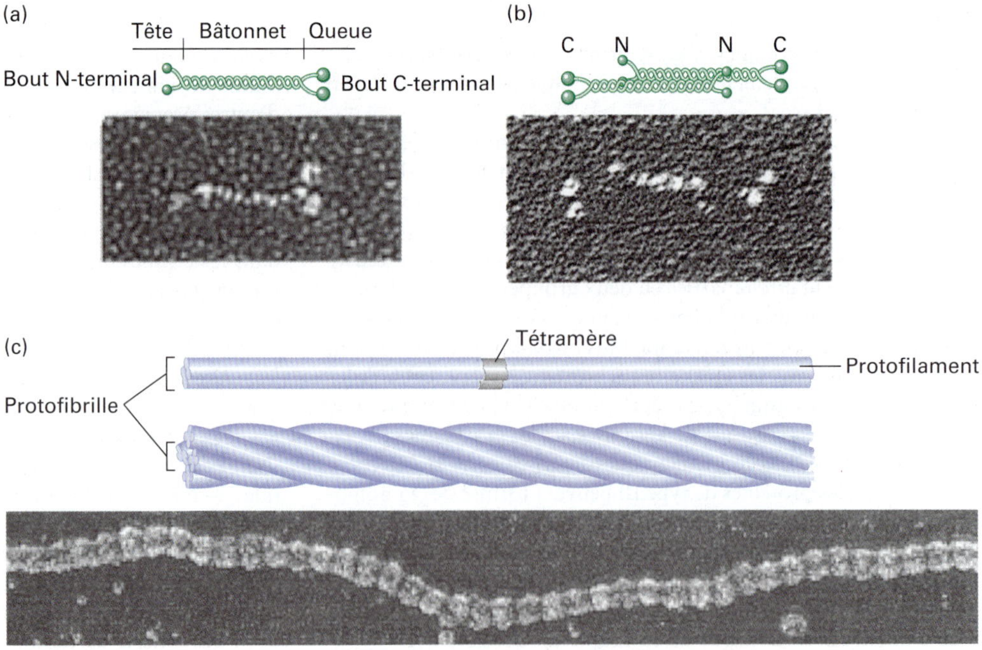

FIGURE EXPÉRIMENTALE 19-33 Microscopie électronique des éléments constitutifs des filaments intermédiaires (FI). Micrographies électroniques et dessins de dimères, de tétramères et des formes matures constituant les FI d'*Ascaris*, un ver parasite de l'intestin. (a) Les protéines des FI forment des dimères parallèles dont le domaine central est une superhélice conservée. Les deux extrémités globulaires, la tête et la queue, sont de séquence et de longueur variées. (b) Deux dimères identiques en s'agrégeant côte à côte, de manière antiparallèle et en décalage forment des tétramères. (c) Les tétramères s'associent bout à bout et latéralement pour former une protofibrille. Le filament mature est constitué de quatre protofibrilles et les domaines globulaires lui donnent un aspect d'enfilade de perles. [Adapté de N. Geisler *et al.*, 1998, *J. Mol. Biol.* **282**:601 ; avec l'autorisation d'Ueli Aebi.]

d'avis que le domaine N-terminal joue un rôle important dans l'assemblage de la plupart des FI. Même si le domaine C-terminal n'est pas indispensable pour l'assemblage des FI, il semble intervenir dans l'organisation des cytosquelettes de FI. Ainsi, ces domaines peuvent contrôler les interactions latérales dans un FI, ainsi que les interactions entre FI et d'autres composants cellulaires.

Identité des sous-unités des FI On ignore encore si les monomères, dimères ou tétramères constituent la sous-unité immédiate utilisée pour l'assemblage des filaments, à l'instar des monomères d'actine G dans l'assemblage des microfilaments. L'indication la plus convaincante pour l'implication du tétramère de FI vient d'expériences de fractionnement cellulaire montrant que, bien que la plus grande partie de la vimentine dans des fibroblastes en culture est polymérisée en filaments, 1-5 % de la protéine forme un pool soluble de tétramères. L'existence de ce pool suggère que les monomères de vimentine sont rapidement convertis en dimères et ceux-ci en tétramères.

Filaments homo- ou hétéropolymériques Certaines protéines de FI forment des filaments homopolymériques ; d'autres uniquement des hétéropolymériques avec d'autres protéines que celles de leur classe, certaines pouvant former des filaments homo- et hétéropolymériques. Certaines protéines de FI, mais pas les kératines, peuvent former des hétéropolymères avec des protéines de FI d'une autre classe. NF-L s'associe à lui-même pour former un homopolymère, mais NF-H et NF-M s'assemblent fréquemment avec le squelette de NF-L, et ainsi la plupart des neurofilaments contiennent les trois protéines. Ce sont très probablement les régions intercalaires de la superhélice des dimères de FI ou des séquences des divers domaines N- et C-terminaux, ou les deux, qui déterminent si des protéines particulières de FI vont s'assembler en hétéropolymères ou homopolymères. En fait, des mutations introduites dans ces régions ont fourni des polypeptides de FI capables de former des hétéro-oligomères avec les protéines normales. Ces molécules hybrides perturbent souvent la polymérisation des FI, car elles en bloquent l'assemblage à un stade intermédiaire. La capacité des protéines de FI mutées d'empêcher cet assemblage s'est révélée extrêmement utile dans les études de la fonction des FI dans une cellule. Nous verrons à la fin de ce chapitre comment des mutations de ce type ont révélé le rôle joué par les filaments de kératine dans l'épiderme.

Les filaments intermédiaires sont dynamiques

Bien que les FI soient clairement plus stables que les microtubules et les microfilaments, on a montré des échanges entre les protéines de FI et le cytosquelette de FI existant. Dans une expérience, une kératine de type I marquée à la biotine a été injectée dans les fibroblastes ; dans les 2 heures après l'injection, la protéine marquée a été incorporée dans le cytosquelette de kératine existant (Figure 19-34). Les résultats de cette expérience et d'autres démontrent que les sous-unités de FI dans un pool soluble sont aptes à s'ajouter à des filaments préexistants et que les sous-unités sont capables de se dissocier des filaments intacts.

La stabilité relative de filaments intermédiaires soulève des problèmes particuliers dans les cellules mitotiques, qui doivent réorganiser les trois réseaux cytosquelettiques au cours du cycle cellulaire. En particulier, la disparition de l'enveloppe nucléaire au début de la mitose dépend de la dislocation des filaments de lamine

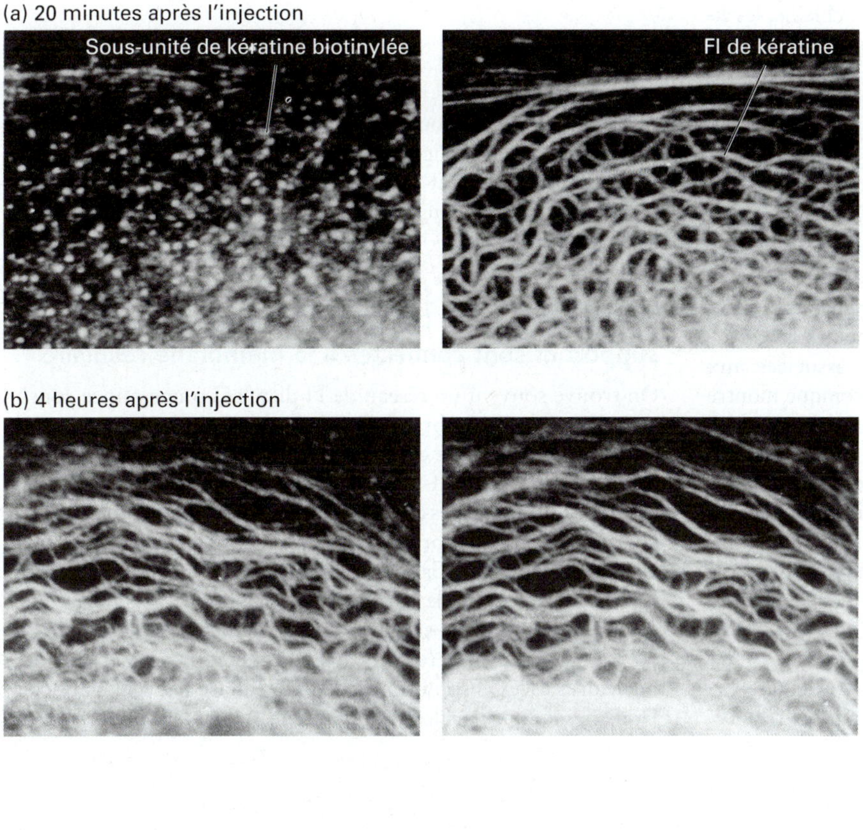

FIGURE EXPÉRIMENTALE 19-34 L'incorporation de kératine de type I dans le cytosquelette existant de FI est mise en évidence par marquage chimique et immunofluorescence. La kératine de type I monomérique a été purifiée, marquée chimiquement à la biotine et injectée dans des fibroblastes vivants. Les cellules furent alors fixées à différents moments après l'injection et colorées par des anticorps fluorescents anti-biotine et par des anticorps anti-kératine. (a) Après 20 minutes, la kératine marquée à la biotine est concentrée en petits foyers dispersés dans le cytoplasme (*à gauche*) et n'a pas été intégrée dans la kératine endogène du cytosquelette (*à droite*). (b) Après 4 heures, les sous-unités marquées à la biotine (*à gauche*) et les filaments de kératine (*à droite*) ont un aspect identique, ce qui indique que la protéine injectée s'est incorporée dans le cytosquelette existant. [R. K. Miller, K. Vistrom & R. D. Goldman, 1991, *J. Cell Biol.* **113**:843 ; avec l'autorisation de R. D. Goldman.]

qui forment un treillis supportant la membrane. Comme décrit dans le Chapitre 21, la phosphorylation des lamines nucléaires par Cdc2, une **kinase dépendant des cyclines** qui devient active au début de la mitose (prophase), induit la dislocation des filaments intacts et empêche qu'ils ne s'assemblent à nouveau, ce qui est critique pour la restauration de l'enveloppe nucléaire autour des nouveaux chromosomes. Les actions opposées des kinases et phosphatases fournissent donc un mécanisme rapide pour le contrôle de l'état d'assemblage des FI de lamine. D'autres FI subissent une dislocation semblable avec reconstruction au cours du cycle cellulaire.

Diverses protéines connectent les filaments intermédiaires entre eux et à d'autres structures cellulaires

Les *protéines associées aux filaments intermédiaires* (PAFI) connectent les FI l'un à l'autre, formant un faisceau ou un réseau, et avec d'autres structures cellulaires, y compris la membrane plasmique. Quelques PAFI ont été identifiées jusqu'à présent, mais bien plus seront certainement découvertes vu l'intérêt des chercheurs pour les protéines qui contrôlent l'organisation des FI et leur assemblage. À la différence des protéines qui s'attachent à l'actine ou aux protéines associées aux microtubules, on ne connaît pas de PAFI qui disloque des FI ou qui les coiffe, qui séquestre les protéines de FI dans un pool soluble ou qui joue le rôle de protéine motrice. Les PAFI semblent plutôt intervenir dans l'organisation du cytosquelette de FI, intégrant le cytosquelette de FI à ceux des microfilaments et des microtubules et en attachant le cytosquelette de FI à la membrane nucléaire et à la membrane plasmique, spécialement à hauteur des jonctions cellulaires.

L'union physique entre FI et microtubules peut être mise en évidence par l'action de certains médicaments. Rappelons que la colchicine mène au démembrement complet des microtubules après quelques heures. Dans les cellules traitées par la colchicine, les filaments de vimentine restent intacts, mais s'agrègent en paquets désorganisés au voisinage du noyau. Cela montre que l'organisation des filaments de vimentine dépend de l'existence de microtubules intacts et suggère la présence de ponts protéiques entre les deux types de filaments. D'autres études ont montré que les FI étaient connectés à des filaments d'actine.

Une famille de PAFI, les **plakines**, établit les liens des FI avec les microtubules et les microfilaments. Un membre de la famille des plakines est la *plectine*, une protéine d'un PM de 500.000 qui connecte in vitro les FI avec les microtubules et les filaments d'actine. La plectine interagit aussi avec d'autres protéines du cytosquelette, y compris la spectrine, des protéines associées aux microtubules et la lamine B. La microscopie électronique montre que des anticorps anti-plectine marqués à l'or décorent des connexions fines et courtes entre les microtubules et la vimentine, indiquant la présence de plectine dans ces ponts (Figure 19-35). Le bout N-terminal de la plectine et d'autres plakines contient un domaine d'homologie à la calponine semblable à celui de la fimbrine et d'autres protéines interconnectant l'actine. Ces observations suggèrent que certaines plakines forment des ponts entre des microfilaments d'actine et des FI.

Des micrographies d'axones de cellules nerveuses montrent les connexions entre microtubules et neurofilaments (voir Figure 19-32). Bien que l'identité de ces connexions soit inconnue, elles pourraient être des PAFI dont la fonction est d'interconnecter des neurofilaments et des microtubules pour former un cytosquelette stable. Il est cependant possible que ces connexions aux microtubules soient les bras longs de NF-H, dont on connaît l'affinité pour les microtubules.

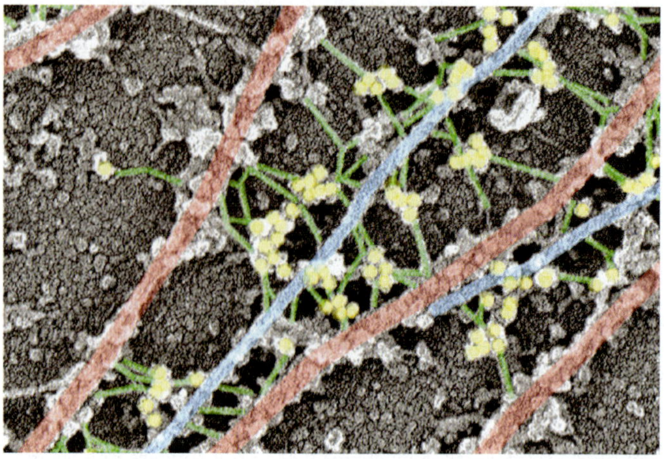

FIGURE EXPÉRIMENTALE 19-35 Des anticorps marqués à l'or mettent en évidence la plectine qui connecte les filaments intermédiaires et les microtubules. Sur cette microscopie électronique d'un fibroblaste, on a colorier les microtubules en rouge, les filaments intermédiaires en bleu et les courtes connexions qui les relient en vert. Les anticorps anti-plectine associés à l'or (en jaune) révèlent que ces fibres de connexion contiennent la plectine. [T. M. Svitkina, A. B. Verkhovsky & G. G. Borisy, 1996, *J. Cell Biol.* **135** :991 ; avec l'autorisation de T. M. Svitkina.]

Des réseaux de FI constituent des structures de support et sont connectés à la membrane cellulaire

On trouve souvent un réseau de FI disposé en une mince couche adjacente à une membrane pour la soutenir. Le meilleur exemple est la **lamina nucléaire** couvrant la face interne de l'enveloppe nucléaire (voir Figure 21-16). Cet échafaudage se compose des lamines A et C, réticulées en un réseau orthogonal qui est attaché par la lamine B à la membrane nucléaire interne par des interactions avec un récepteur de la lamine B, une PAFI, dans la membrane. Comme le squelette de la membrane plasmique, le squelette nucléaire de lamines ne supporte pas seulement la membrane nucléaire interne, mais fournit aussi des sites auxquels les pores nucléaires et les chromosomes de l'interphase peuvent s'attacher. Donc, les lamines nucléaires organisent les contenus nucléaires de l'extérieur vers l'intérieur.

Outre leur contribution à la lamina nucléaire, les FI ont une organisation typique dans le cytosol où ils s'étendent de l'enveloppe nucléaire à la membrane plasmique (voir Figure 19-31). Certains FI sont disposés en parallèle à la surface cellulaire, tandis que d'autres traversent le cytosol ; ensemble ils forment une charpente interne qui contribue à la forme et à la résilience de la cellule. Les résultats d'expériences de liaison in vitro suggèrent qu'à la membrane plasmique les filaments de vimentine sont liés à deux protéines : l'ankyrine, une protéine de liaison à l'actine, associée à la Na^+/K^+ ATPase dans les cellules non érythroïdes, et à la plectine, une PAFI, qui se fixe également à l'intégrine $\alpha6\beta4$ dans certaines jonctions cellulaires (Chapitre 6). Au moyen des ces deux PAFI, le cytosquelette de vimentine est attaché à la membrane plasmique, fournissant un support structural flexible.

Dans le muscle, un treillis formé de filaments de desmine enrobe le sarcomère (Figure 19-36). Les filaments de desmine encerclent le disque Z et sont connectés à la membrane plasmique par diverses PAFI, dont la paranémine et l'ankyrine. Des filaments longitudinaux de desmine rejoignent le disque Z voisin dans la myofibrille et des connexions entre les filaments de desmine autour des disques Z dans des myofibrilles adjacentes servent à réunir celles-ci en faisceaux à l'intérieur du myocyte. Le réseau s'unit aussi au sarcomère via les filaments épais de myosine. Comme les filaments de desmine siègent en dehors du sarcomère, ils ne participent pas activement au développement de la force de contraction. Cependant, la desmine joue un rôle structural essentiel en assurant l'intégrité musculaire. Chez les souris transgéniques dépourvues de desmine, cette architecture de soutien est disloquée et les muscles mal alignés.

Dans le Chapitre 6, nous décrivons le lien entre les filaments de kératine dans les cellules épithéliales et deux types de jonctions d'ancrage : les *desmosomes*, qui assurent l'adhérence intercellulaire, et les *hémidesmosomes*, qui amarrent les cellules à la lame basale sous-jacente. Au microscope électronique, les deux types de jonctions ont l'aspect de plaques protéiniques sombres fixées à la face cytosolique de la membrane plasmique et unies aux faisceaux de filaments de kératine (voir Figure 6-8). Les filaments de kératine d'une cellule sont donc connectés indirectement à ceux de la cellule voisine par les desmosomes ou à la matrice extracellulaire par les hémidesmosomes. C'est ainsi que ces connexions répartissent les forces de cisaillement d'une région d'une couche cellulaire à toute la couche épithéliale, assurant résistance et rigidité à l'épithélium entier. Sans le soutien de ce réseau de FI, un épithélium resterait intact, mais serait facilement endommagé par les forces de frottement. Comme les microfilaments d'actine, qui sont attachés à un troisième type de jonction cellulaire dans les cellules épithéliales, les filaments intermédiaires forment une charpente flexible et résiliente qui conforte la structure d'un épithélium.

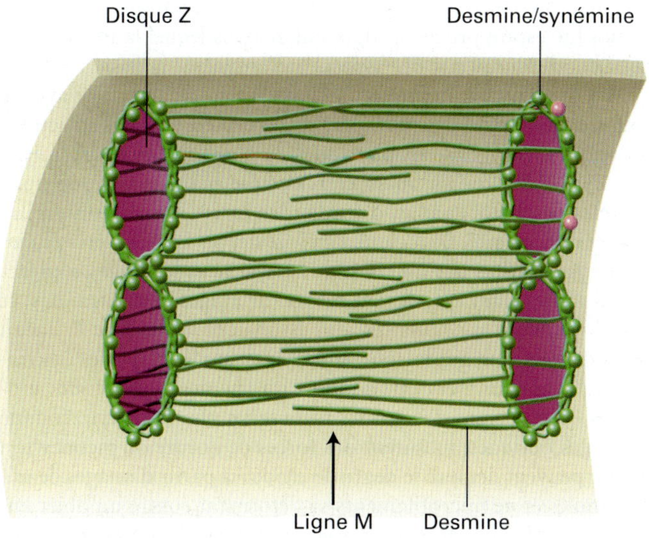

FIGURE 19-36 Schéma des filaments de desmine dans le muscle. Ces filaments intermédiaires de type III entourent le disque Z et connectent les disques Z voisins. L'alignement des filaments de desmine avec le sarcomère musculaire est maintenu en place à hauteur du disque Z par un collier d'hétéropolymères de desmine/synémine.

La rupture des réseaux de kératine cause la formation de bulles épidermiques

L'épiderme est une couche cornée tissulaire externe qui protège l'organisme de la dessiccation et de l'abrasion. Dans les cellules épidermiques, les paquets de kératine sont pontés par la filaggrine, une PAFI, et s'aboutent aux desmosomes. Quand les cellules épidermiques se différencient, elles se rabougrissent et meurent, mais les filaments de kératine restent intacts, sous forme d'échafaudage dans la couche cornée de cellules mortes ; c'est l'intégrité structurale de la kératine qui rend cette couche résistante à l'abrasion.

MÉDECINE

Chez les hommes et les souris, les isoformes de kératine, K4 et K14 forment des hétérodimères qui s'assemblent en protofilaments. Une K14 mutante avec des délétions dans le domaine N- ou C-terminal peut former des hétérodimères in vitro mais ne s'assemble pas en protofilaments. L'expression de telles kératines mutantes dans les cellules aboutit non plus aux réseaux de FI mais à des agrégats. Les souris transgéniques exprimant une K14 mutée dans la couche de cellules souches de leur épiderme montrent de grossières anomalies, notamment des bulles ressemblant aux lésions cutanées de l'*épidermolyse bulleuse* humaine. Les coupes de la région atteinte montrent une grande proportion de cellules mortes dans la couche basale ; ceci proviendrait du traumatisme local dû aux frottements de la peau lors des mouvements des membres. Dépourvues de leurs faisceaux habituels de filaments kératiniques, les cellules basales mutées deviennent fragiles au point que les couches supérieures de l'épiderme se détachent, d'où les lésions bulleuses (Figure 19-37). Comme c'est le cas pour les filaments de desmine dans le maintien de l'architecture musculaire, le rôle principal des filaments de kératine est de maintenir l'intégrité structurale des tissus en renforçant les ancrages intercellulaires.

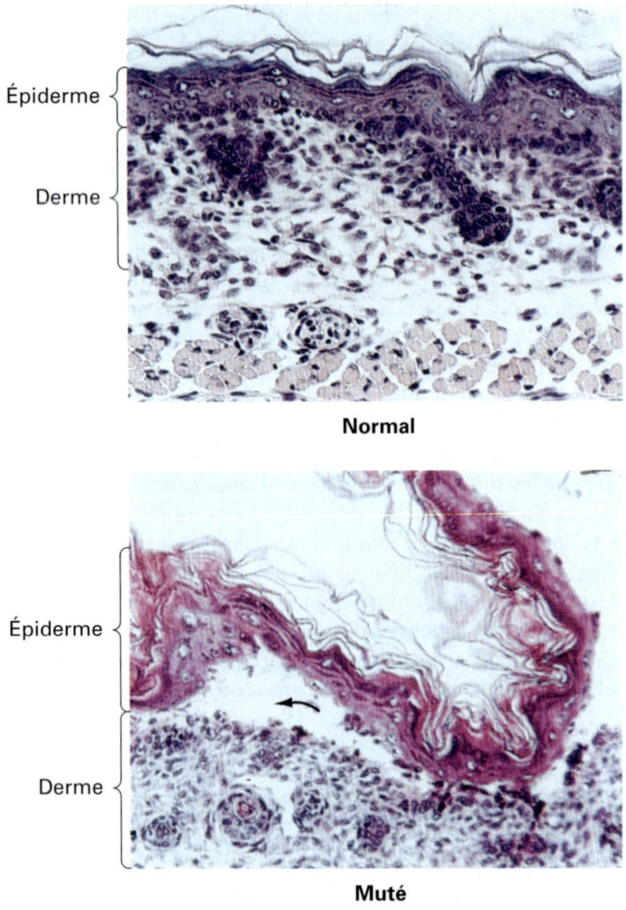

FIGURE EXPÉRIMENTALE 19-37 Les souris transgéniques porteuses d'un gène mutant de la kératine ont des lésions cutanées semblables à celles qui caractérisent l'épidermolyse bulleuse simple chez l'homme. Les clichés montrent des coupes histologiques de la peau d'une souris normale et d'une souris transgénique porteuse un gène mutant de la kératine K14. La peau normale comporte une couche épidermique extérieure dure qui couvre la couche dermique intérieure plus molle. Dans la peau des souris mutées, les deux couches sont séparées (flèche) à cause de l'affaiblissement des cellules à la base de l'épiderme. [P. Coulombe *et al.*, 1991, *Cell* **66**:1301 ; avec l'autorisation de E. Fuchs.]

CONCEPTS CLÉS DE LA SECTION 19.5
Filaments intermédiaires

- Les filaments intermédiaires (FI) ne sont présents que dans les cellules constituant un ensemble multicellulaire. Un rôle essentiel des FI est de distribuer les forces de tension à travers les cellules dans un tissu.
- À la différence des microtubules et des microfilaments, les FI sont assemblés à partir d'un grand nombre de protéines de FI différentes. Ces protéines sont réparties en quatre types majeurs sur base de leur séquence et de leur distribution cellulaire. Les lamines sont exprimées dans toutes les cellules, tandis que les autres types sont exprimés dans des tissus spécifiques (voir Tableau 19-4).
- L'assemblage des FI passe probablement par plusieurs structures intermédiaires, qui s'associent par interactions latérales et bout à bout (voir Figure 19-33).
- Bien que les FI soient beaucoup plus stables que les microfilaments et les microtubules, ils échangent facilement des sous-unités avec le pool soluble.
- La phosphorylation des FI tôt au cours de la mitose conduit à leur dissociation ; ils se ré-assemblent à la fin de la mitose après déphosphorylation des sous-unités.
- L'organisation des FI en réseaux et faisceaux, assurée par diverses protéines associées aux FI (PAFI), fournit une stabilité structurale aux cellules. Les PAFI connectent aussi les FI aux membranes plasmique et nucléaire, aux microtubules et aux microfilaments.
- Des maladies dégénératives de la peau, des muscles et des neurones sont liées à dislocation du cytosquelette des FI ou de ses connections à d'autres structures cellulaires.

PERSPECTIVES POUR LE FUTUR

Avec l'allongement de la liste de protéines découvertes par la séquence des génomes, un défi majeur est de comprendre comment elles contribuent au trafic intracellulaire et aux mouvements de la cellule. Historiquement, la connaissance de la motilité a été construite sur des bases essentiellement biochimiques et morphologiques. Les composants biochimiques majeurs du cytosquelette d'actine ont été identifiés, et l'on est en train de découvrir leurs rôles dans la structure du cytosquelette et la régulation. Cependant, la motilité est un processus dynamique dans lequel la fonction est aussi conditionnée par des aspects mécaniques.

La dynamique implique un changement de structure avec le temps et comprend des mouvements de protéines et des structures protéiques. Selon les lois physiques de Newton, les mouvements sont liés à des forces, mais ce n'est que maintenant que nous sommes devenus capables d'étudier les forces aux niveaux cellulaire et moléculaire. Beaucoup a changé depuis les premières études des physiologistes des muscles, qui mesuraient les forces contractiles des fibres musculaires au moyen de jauges de contraintes, et des physiologistes cellulaires, qui estimaient la force de l'anneau contractile en suivant la courbure d'une aiguille de verre. Les travaux de ces pionniers ont conduit directement aux études modernes qui intègrent d'élégantes techniques physiques qui, comme les pièges optiques, mesurent des forces de l'ordre du piconewton ou qui peuvent déduire le degré de rigidité à partir d'images de microtubules et de microfilaments se déformant contre un objet impossible à déplacer. Jouant un rôle central dans ces découvertes, le microscope optique permet la mise en évidence de molécules et de suivre la liaison de ligands spécifiques ainsi que l'action d'enzymes sur des nucléotides particuliers.

Mais, pour comprendre pleinement comment une cellule bouge, nous devons être capables de mesurer les forces dans la cellule. Des méthodes in vivo qui mesurent une force directement ne sont pas encore inventées. De quoi a-t-on besoin ? Un senseur mécanique, peut-être conçu à partir d'une protéine fluorescente, qui peut changer de couleur quand une force est appliquée. Une telle technique ressemblerait à celle qui a permis pour la première fois de suivre le mouvement sous forme de tapis roulant du cytosquelette d'actine au front de la cellule. À cet effet, l'actine marquée par un fluorochrome avait été injectée dans une cellule hépatique.

Un second défi est de comprendre comment une cellule se déplace dans son environnement naturel, entre les couches cellulaires dans une matrice extracellulaire tridimensionnelle. La connaissance de la motilité cellulaire repose sur des études de cellules se déplaçant sur une surface plate, ce qui impose des interactions avec le support par des adhérences de la surface ventrale de la cellule tandis que la surface libre, qui n'interagit pas, définit la surface dorsale. Considérez maintenant un mouvement à travers un gel ou une matrice. Lorsqu'elles sont entourées d'une matrice, les cellules perdent leur forme plate typique et prennent une forme de fuseau. Adhérant par tous leurs côtés, les cellules s'insèrent, à la manière d'un tire-bouchon dans le gel des molécules formant la matrice. Les adhérences sont plus faibles que celles qui sont formées avec une surface plate, ce qui complique encore l'étude de ces adhérences. De plus, les techniques de mesure des forces qu'une cellule doit exercer pour ramper sur une surface plate ne peuvent être appliquées à une situation tridimensionnelle. Il est beaucoup plus difficile de comprendre comment une cellule s'insère dans un gel, c'est-à-dire comment la mobilité et les adhérences s'équilibrent.

MOTS CLÉS

Actine F *781*
Actine G 781
Chimiotactisme *804*
Concentration critique *785*
Cytosquelette *779*
Domaine de queue de la myosine *793*
Domaine de tête de la myosine *791*
Faisceaux contractiles *796*
Filaments épais *797*
Filaments intermédiaires *779*
Filaments minces *797*
Kératines *807*
Lamellipodes *800*
Lamines *806*
Locomotion cellulaire *800*
Mécanisme du tapis roulant *786*
Microfilaments *779*
Myosine LC kinase *799*
Plakines *810*
Profiline *787*
Protéine motrice *779*
Protéines apparentées à l'actine (Arp) *788*
Sarcomère *797*
Superfamille du domaine d'homologie à la calponine *782*
Test du glissement de filament *793*
Thymosine β4 *786*

RÉVISIONS

1. Les filaments d'actine ont une polarité définie. Qu'est-ce que la polarité d'un filament ? Comment est-elle générée au niveau des sous-unités ? Comment la polarité d'un filament peut-elle être décelée ?
2. Dans les cellules, les filaments d'actine forment des faisceaux et/ou des réseaux. Comment les cellules forment-elles de telles structures et qu'est-ce qui détermine la formation spécifique d'un faisceau ou un réseau à partir de filaments d'actine ?
3. Notre compréhension de l'assemblage de l'actine dans la cellule provient surtout d'expériences utilisant in vitro de l'actine purifiée. Quelles sont les techniques utilisables dans l'étude de l'assemblage de l'actine in vitro ? Expliquez comment chacune de ces techniques fonctionne.
4. Les formes prédominantes de l'actine dans une cellule sont l'ATP-actine G et l'ADP-actine F. Expliquez comment le changement d'état du nucléotide est couplé à l'assemblage et au démontage des sous-unités d'actine. Quelle serait la conséquence pour l'assemblage/démontage si une mutation empêchait l'actine de lier l'ATP ? Quelle serait la conséquence si une mutation empêchait l'actine d'hydrolyser l'ATP ?
5. Les filaments d'actine au front d'une cellule en train de ramper se déplacent, croit-on, à la manière d'un tapis roulant. À quoi correspond cette métaphore et qu'est-ce qui est à la base de ce comportement ?
6. Bien que l'actine purifiée peut s'assembler in vitro de manière réversible, diverses protéines liant l'actine régulent l'assemblage des filaments d'actine dans la cellule. Quel sera l'effet sur le cytosquelette d'actine de l'injection intracellulaire d'anticorps capables de bloquer individuellement la fonction de chacune des protéines suivantes : profiline, thymosine β4, gelsoline, tropomoduline et complexe Arp2/3 ?
7. Il existe au moins 17 types différents de myosine. Quelles sont les propriétés qu'ils partagent et qu'est-ce qui les rend différents ?
8. La capacité de la myosine de se déplacer le long d'un filament d'actine peut être constatée au moyen d'un microscope équipé de manière adéquate. Décrivez comme ces tests peuvent être réalisés. Pourquoi l'ATP est-il nécessaire dans ces tests ? Comment ces tests peuvent-ils servir à déterminer la direction du mouvement de la myosine ou la force produite par la myosine ?
9. Bien que leurs structures soient moins organisées que les sarcomères des myocytes, des faisceaux contractiles sont présents dans des cellules non musculaires,. Quelle est la raison d'être des faisceaux contractiles non musculaires ?
10. La contraction d'un muscle strié et d'un muscle lisse est déclenchée par une augmentation du Ca^{2+} cytosolique. Comparez les mécanismes par lesquels chaque type musculaire convertit l'augmentation du Ca^{2+} en contraction.
11. Plusieurs types de cellules utilisent le cytosquelette d'actine pour assurer leur locomotion sur un certain parcours. À quels types a-t-on eu recours pour l'étude de la locomotion ? Quels sont les changements morphologiques séquentiels montrés par chacun de ces modèles cellulaires au cours de leur déplacement ?
12. Pour se mouvoir dans une direction donnée, les cellules doivent recourir à des indications extracellulaires pour établir quelle portion constituera le front et l'arrière de la cellule. Décrivez comment des protéines G et des gradients de Ca^{2+} paraissent être impliqués dans les voies de signalisation utilisées par les cellules migrantes dans le choix de la direction du mouvement.

13. À la différence des filaments d'actine, les filaments intermédiaires (FI) ne montrent pas de polarité. Expliquez comment la structure des sous-unités de FI et les relations entre les sous-unités assemblées dans un FI produisent un filament sans polarité.

14. Comparés aux filaments d'actine, les filaments intermédiaires sont relativement stables. Cependant, des cellules peuvent induire le démontage des filaments intermédiaires quand c'est nécessaire. Comment ce démontage se produit-il et pourquoi est-il nécessaire ?

15. On peut considérer que les cellules animales contiennent des protéines associées aux filaments intermédiaires. Plusieurs d'entre elles ont maintenant été identifiées. Quelles fonctions exercent-elles dans la cellule ? À quelles autres structures ces protéines se lient-elles ?

ANALYSEZ LES RÉSULTATS SUIVANTS

L'étude des filaments d'actine a été grandement facilitée par la capacité des scientifiques de purifier l'actine ainsi que les protéines associées et d'assembler les filaments correspondants in vitro. Voici diverses expériences que l'on a planifiées afin de caractériser l'assemblage de l'actine et les effets des protéines associées sur cet assemblage.

(a) Le graphique dans la partie (a) de la figure représente la vitesse de polymérisation aux bouts plus (+) et moins (–) de l'actine de lapin en fonction de la concentration d'actine. Si vous pouviez ajouter des filaments d'actine d'une longueur prédéfinie à l'actine de lapin maintenue à la concentration marquée A, B et C dans la figure, quelle serait l'apparence des filaments après 10 minutes d'incubation à chacune des concentrations d'actine indiquées, si les filaments originaux sont représentés comme suit :

Filament original : +________________–

Prenez soin d'indiquer dans vos schémas la localisation des bouts (+) et (–) du filament.

(b) Une nouvelle protéine liant l'actine (X) est surexprimée dans certains cancers très agressifs. Vous souhaitez déterminer si la protéine X coiffe les filaments d'actine au bout (+) ou (-). Vous incubez un excès de protéine X avec diverses concentrations d'actine-G dans des conditions qui induisent la polymérisation. Des échantillons contrôles sont incubés en absence de protéine X. Les résultats sont présentés dans la partie (b) de la figure. Comment pouvez-vous conclure de ces données que la protéine X se lie au bout (+) des filaments d'actine ? Planifiez une expérience en utilisant des fragments de myosine S1 et le microscope électronique pour confirmer la conclusion que la protéine X se lie au bout (+). Quels résultats attendriez-vous si cette conclusion est correcte ?

(c) Un système in vitro a été développé pour l'étude de l'assemblage et le démontage de l'actine dans des cellules non musculaires. Des cellules en culture furent incubées pendant plusieurs heures avec de la méthionine marquée au ^{35}S de telle manière que tous les monomères d'actine dans chaque filament soient marqués. Les filaments d'actine furent alors recueillis par centrifugation différentielle et placés dans un tampon contenant un des trois extraits cytosoliques différents (A, B ou C). Les quantités d'actine soluble dans chaque échantillon ont été suivies au cours du temps (voir partie (c) de la figure). Qu'est-ce que ces données indiquent à propos des effets de A, B et C sur l'assemblage et le démontage des filaments d'actine ?

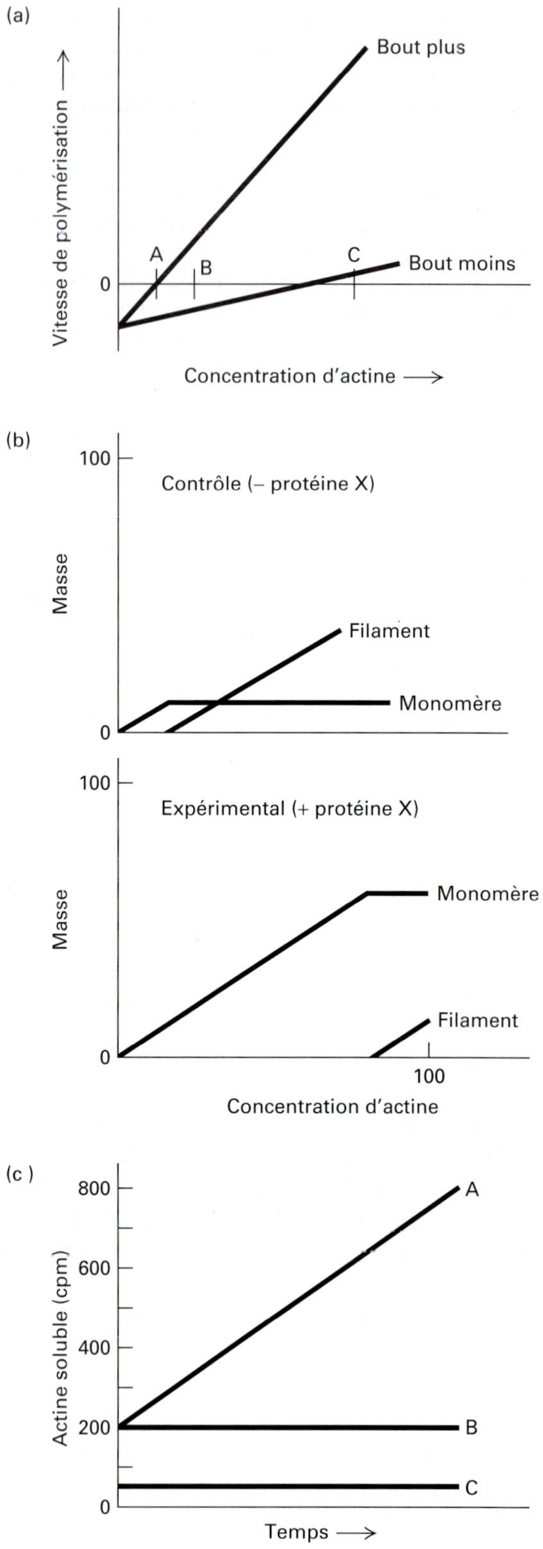

RÉFÉRENCES

Références générales

Bray, D., (2001), *Cell Movements*, Garland.

Howard, J., (2001), *The Mechanics of Motor Proteins and the Cytoskeleton*, Sinauer.

Kreis, T. et Vale, R., (1999), *Guidebook to the Cytoskeletal and Motor Proteins*, Oxford University Press.

Sites Web

Le site suivant contient des liens vers des laboratoires qui étudient le cytosquelette : http ://vlib.org/Science/Cell_Biology/cytoskeleton.shtml

Sites centrés sur l'actine :

http ://www.bms.ed.ac.uk/research/others/smaciver/Cyto-Topics/Topics.htm

http ://expmed.bwh. harvard.edu/main/resources.html#cytoskeleton

Site consacré à la myosine :

http ://www.mrc-lmb.cam.ac.uk/myosin/myosin.html

Site consacré à la cytocinèse :

http ://www.unc.edu/depts/salmlab/mafia/mafia.html

Structures de l'actine

Bretscher, A., (1999), Regulation of cortical structure by the ezrin-radixin-moesin protein family, *Curr. Opin. Cell Biol.* **11** :109–116.

Furukawa, R. et Fechheimer, M., (1997), The structure, function, and assembly of actin filament bundles, *Int'l. Rev. Cytol.* **175** :29–90.

McGough, A., (1998), F-actin-binding proteins, *Curr. Opin. Struc. Biol.* 8 :166–176.

Sheterline, P. *et al.*, (1995), Protein profile, *Actin* **2** :1–103.

Stossel, T. P. *et al.*, (2001), Filamins as integrators of cell mechanics and signalling, *Nature Rev. Cell Biol.* 2(2) :138–145.

Stradal, T. *et al.*, (1998), CH domains revisited, *FEBS Lett.* **431** :134–137.

La dynamique de l'assemblage de l'actine

Cameron, L. A. *et al.*, (2000), Secrets of actin-based motility revealed by a bacterial pathogen, *Nature Rev. Mol. Cell Biol.* **1** :110–119.

Cooper, J. A. et Schafer, D. A., (2000), Control of actin assembly and disassembly at filament ends, *Curr. Opin. Cell Biol.* **12** :97–103.

Higgs, H. N. et Pollard, T. D., (2000), Regulation of actin filament network formation through ARP2/3 complex : activation by a diverse array of proteins, *Ann. Rev. Biochem.* **70** :619–676.

Kwiatkowski, D. J., (1999), Functions of gelsolin : motility, signaling, apoptosis, cancer, *Curr. Opin. Cell Biol.* 11 :103–108.

Theriot, J. A., (1997), Accelerating on a treadmill : ADF/cofilin promotes rapid actin filament turnover in the dynamic cytoskeleton, *J. Cell Biol.* **136** :1165–1168.

Pollard, T. D. *et al.*, (2000), Molecular mechanisms controlling actin filament dynamics in nonmuscle cells, *Ann. Rev. Biophys. Biomol. Struc.* **29** :545–576.

Small, J. V. *et al.*, (2002), The lamellipodium : where motility begins, *Trends Cell Biol.* **12** :112–120.

Mouvements cellulaires assurés par la myosine

Berg, J. S. *et al.*, (2001), A millennial myosin census, *Mol. Biol. Cell* **12** :780–794.

Bresnick, A. R., (1999), Molecular mechanisms of nonmuscle myosin : II. Regulation, *Curr. Opin. Cell Biol.* **11** :26–33.

Buss, F. *et al.*, (2002), Myosin VI, an actin motor for membrane traffic and cell migration, *Traffic* **3** :851–858.

Field, C. *et al.*, (1999), Cytokinesis in eukaryotes : a mechanistic comparison, *Curr. Opin. Cell Biol.* **11** :68–80.

Gregorio, C. C. *et al.*, (1999), Muscle assembly : a titanic achievement ? *Curr. Opin. Cell Biol.* **11** :18–25.

Mermall, V. *et al.*, (1998), Unconventional myosin in cell movement, membrane traffic, and signal transduction, *Science* **279** :527–533.

Rayment, I., (1996), The structural basis of the myosin ATPase activity, *J. Biol. Chem.* **271** :15850–15853.

Simmon, R., (1996), Molecular motors : single-molecule mechanics, *Curr. Biol.* **6** :392–394.

Squire, J. M. et Morris, E. P., (1998), A new look at thin filament regulation in vertebrate skeletal muscle, *FASEB J. 12* :761–771.

Vale, R. D. et Milligan, R. A., (2000), The way things move : looking under the hood of molecular motor proteins, *Science* **288** :88–95.

Locomotion de la cellule

Borisy, G. G. et Svitkina, T. M., (2000), Actin machinery : pushing the envelope, *Curr. Opin. Cell Biol.* **12** :104–112.

Chung, C. Y. *et al.*, (2001), Signaling pathways controlling cell polarity and chemotaxis, *Trends Biochem. Sci.* **26** :557–566.

Condeelis, J., (2001), How is actin polymerization nucleated in vivo ? *Trends Cell Biol.* **11** :288–93.

Hall, A., (1998), Rho GTPases and the actin cytoskeleton, *Science* **279** :509–514.

Pettit, E. J. et Fay, F. S., (1998), Cytosolic free calcium and the cytoskeleton in the control of leukocyte chemotaxis, *Physiol. Rev.* **78** :949–967.

Pollard, T. D. et Borisy, G. G., (2003), Cellular motility driven by assembly and disassembly of actin filaments, *Cell* **112** :453–465.

Welch, M. D. *et al.*, (1997), Actin dynamics in vivo, *Curr. Opin. Cell. Biol.* **9** :54–61.

Filaments intermédiaires

Coulombre, P. A. et Omary, B. M., (2002), « Hard » and « Soft » principles defining the structure, function, and regulation of keratin intermediate filaments, *Curr. Opin. Cell Biol.* **14** :110–122.

Fuchs, E. et Cleveland, D. W., (1998), A structural scaffolding of intermediate filaments in health and disease, *Science* **279** :514–519.

Leung, C. L. *et al.*, (2002), Plakins : a family of versatile cytolinker proteins, *Trends Cell Biol.* **12** :37–45.

Stuurman, N. *et al.*, (1998), Nuclear lamins : their structure, assembly, and interactions, *J. Struc. Biol.* **122** :42–66.

20

MICROTUBULES

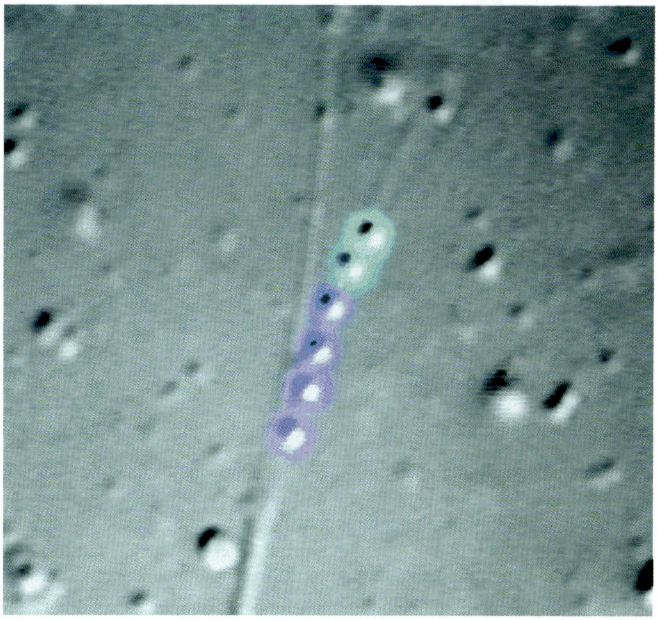

Film en accéléré avec prises toutes les 3 secondes d'une vésicule qui se déplace le long d'un microtubule en tirant son énergie de la kinésine. [De N. Pollack *et al.*, 1999, *J. Cell Biol.* **147** :493-506 ; avec l'autorisation de R. D. Vale.]

Le Chapitre 19 était consacré aux microfilaments et aux filaments intermédiaires, deux des trois types de fibres du cytosquelette, ainsi qu'à leurs protéines associées. Ce chapitre est focalisé sur le troisième système de cytosquelette, les microtubules. Comme les microfilaments, les microtubules participent à certains mouvements cellulaires, entre autres, le battement des cils et des flagelles ainsi que le transport des vésicules dans le cytoplasme. Ces mouvements résultent de la polymérisation et dépolymérisation des microtubules ou des actions des protéines motrices des microtubules. Les deux processus sont requis pour certains autres mouvements cellulaires, comme l'alignement et la séparation des chromosomes au cours de la méiose et de la mitose (voir Figure 9-3). Les microtubules dirigent aussi la migration des axones des cellules nerveuses en guidant l'extension du cône de croissance des neurones.

En plus de contribuer à la motilité cellulaire, les microtubules jouent un rôle majeur dans l'organisation de la cellule par l'intermédiaire d'une structure spéciale appelé **centre d'organisation des microtubules** ou **MTOC** (*microtubule-organizing center*). Localisé près du noyau, MTOC dirige l'assemblage et l'orientation des microtubules, la direction du trafic vésiculaire et l'orientation des organites. Puisque les organites et vésicules sont transportées le long des microtubules, MTOC donne à la cellule sa polarité et oriente les processus cytoplasmiques au cours de l'interphase et de la mitose (Figure 20-1).

Ce chapitre sera fondé sur les principes généraux appris dans le Chapitre 19 à propos de la structure et de la fonction des microfilaments ; nous montrerons qu'un grand nombre de concepts semblables s'appliquent aux microtubules. Nous commençons le chapitre en examinant la structure et l'assemblage des microtubules et considérons alors comment l'assemblage des microtubules et les protéines motrices microtubulaires assurent les mouvements cellulaires. La description des microtubules se conclut avec l'examen détaillé de la translocation des chromosomes durant la mitose. Bien que nous considérions les microtubules, les microfilaments et les filaments intermédiaires individuellement, les trois systèmes cytosquelettiques n'agissent pas tout à fait de manière individuelle. Un exemple important de leur interdépendance est la division cellulaire, lorsque l'interaction entre microfilaments d'actine et microtubules détermine le plan de clivage.

SOMMAIRE

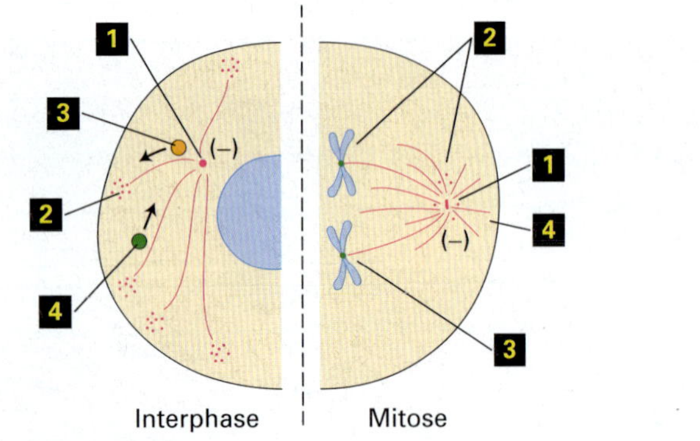

COMPOSANT DU CYTOSQUELETTE	FONCTION
1 MTOC, pôle du fuseau	Organise la polarité cellulaire
2 Dynamique des microtubules	Mouvements des chromosomes Assemblage des MT
3 Moteurs kinésine	Transport de vésicules vers le bout (+) ainsi que des chromosomes
4 Moteurs dynéine	Transport de vésicules vers le bout (-), assemblage du fuseau

FIGURE 20-1 Les microtubules (en rouge) disposés autour du MTOC et des pôles du fuseau (1) imposent la polarité interne aux mouvements et aux structures dans la cellule en interphase (*à gauche*) ou en mitose (*à droite*). L'assemblage et le démontage (2) permettent aux microtubules de sonder le cytoplasme cellulaire et de transporter les chromosomes au cours de la mitose. Les mouvements à longue distance des vésicules (3 et 4) sont assurés par des protéines motrices comme la kinésine et la dynéine. Elles jouent un rôle critique dans l'assemblage du fuseau et la séparation des chromosomes durant la mitose.

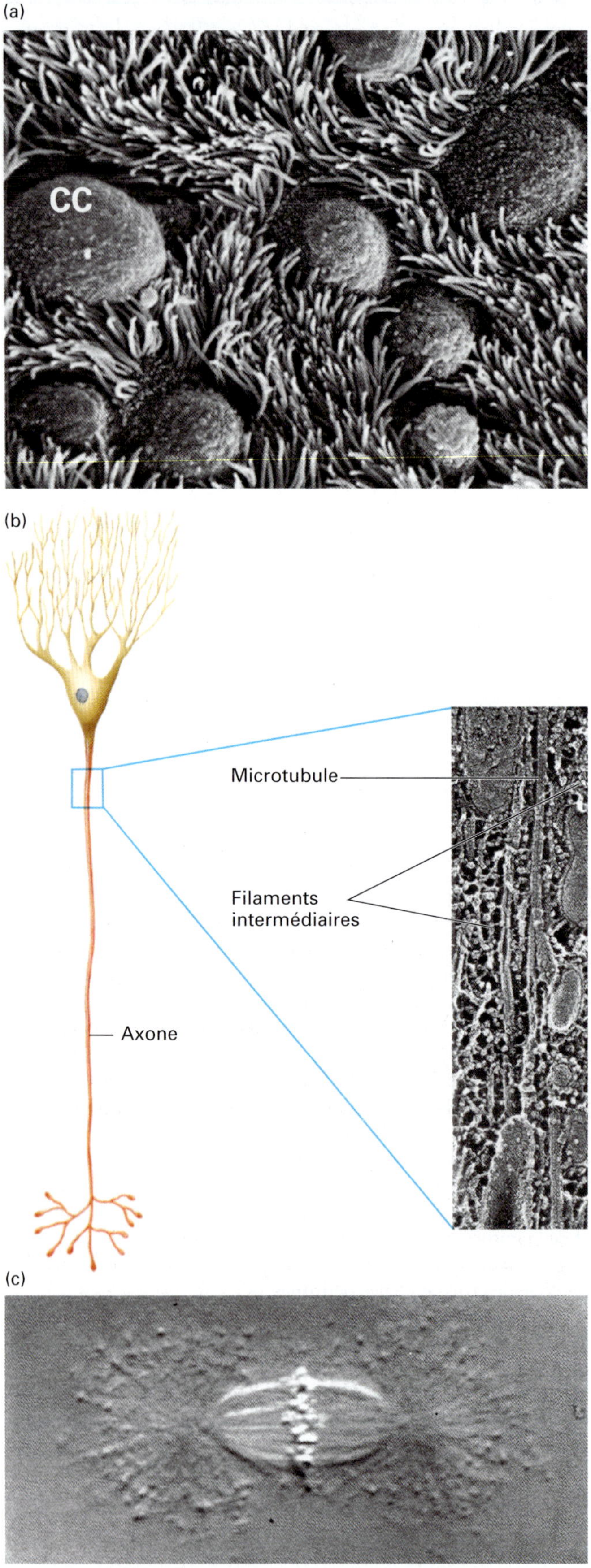

20.1 Organisation et dynamique des microtubules

Un microtubule est un polymère de sous-unités globulaires de **tubuline** formant un tube cylindrique de 25 nm de diamètre, soit plus du double d'un FI et près de trois fois le diamètre d'un microfilament (voir Figure 5-29). D'une longueur pouvant aller d'une fraction de micromètre à quelques centaines de micromètres, les microtubules sont beaucoup plus rigides que les microfilaments et que les filaments intermédiaires à cause de leur structure tubulaire. Une conséquence de ce cette conformation tubulaire, les microtubules peuvent produire une force de pulsion sans se déformer, une propriété qui est critique dans le mouvement des chromosomes et du fuseau au cours de la mitose.

Les cellules contiennent deux types de microtubules : les uns stables subsistent longtemps, les autres instables sont transitoires. Les stables se trouvent surtout dans les cellules qui ne se répliquent pas. Ils constituent le faisceau central des **cils** et des **flagelles**. Ces extensions de la membrane plasmique battent de manière rythmique et peuvent ainsi jouer le rôle de tapis roulant à la surface des épithéliums ou de moyen de propulsion pour les spermatozoïdes et pour l'œuf engagé dans l'oviducte (Figure 20-2a). Une bande marginale de microtubules stables dans certains érythrocytes et plaquettes permet à ces cellules de circuler dans les petits vaisseaux sanguins. Un autre exemple est celui des cellules nerveuses (neurones) ; elles doivent maintenir de longues extensions appelées

◀ **FIGURE EXPÉRIMENTALE 20-2 Diverses techniques microscopiques sont utilisées pour visualiser les structures microtubulaires stables ou transitoires.** (a) Surface d'un épithélium cilié bordant un oviducte de lapine en microscopie électronique à balayage. Les cils contenant des microtubules couvrent les cellules ciliées, et les microvillosités contenant de l'actine couvrent la surface des cellules sécrétrices (CC = cellule caliciforme). Le battement ciliaire propulse l'œuf en aval de l'oviducte. (b) Microtubules et filaments intermédiaires d'un axone de grenouille, après congélation rapide, visualisés par la technique de cryodécapage (*à droite*). On voit plusieurs microtubules de 24 nm de diamètre et des filaments intermédiaires dont le diamètre est de 10 nm. Les deux types de fibres sont orientés longitudinalement ; elles sont connectées par diverses protéines. (c) Appareil mitotique isolé visualisé par microscopie à contraste interférentiel différentiel (DIC). Le fuseau et les asters, qui jouent un rôle critique dans la traction des chromosomes vers les pôles, sont composés de microtubules transitoires qui s'assemblent au début de la mitose et se dissocient à la fin. [Partie (a) de R. G. Kessels et R. H. Kardon, 1975, *Tissues and Organs*, W. H. Freeman et Company. Partie (b) de N. Hirokawa, 1982, *J. Cell. Biol.* **94** :129 ; avec l'autorisation de N. Hirokawa. Partie (c) de E. D. Salmon et R. R. Segall, 1980, *J. Cell. Biol.* **86** :355.]

axones (voir Figure 7-29), dont la structure est supportée par un axe interne de microtubules stables, qui sert également de rail le long duquel des vésicules se déplacent à travers le cytoplasme axonal (Figure 20-2b). La dislocation de telles structures aurait des conséquences catastrophiques : les spermatozoïdes deviendraient incapables de nager ; les globules rouges perdraient leur faculté de s'adapter au diamètre des vaisseaux et les axones se rétracteraient.

À la différence des structures stables, les microtubules instables se trouvent dans des cellules qui doivent rapidement assembler et démonter des structures microtubulaires. Par exemple, au cours de la mitose, le réseau cytosolique de microtubules caractéristique des cellules en interphase se dissocie, et sa tubuline est utilisée pour former l'appareil en forme de fuseau qui répartit les chromosomes de manière égale entre les cellules filles (Figure 20-2c). Lorsque la mitose est finie, le fuseau se défait et le réseau microtubulaire de l'interphase se reforme.

Avant d'aborder les mouvements basés sur les microtubules, nous allons décrire l'assemblage et le démontage des microtubules, leur polarité ainsi qu'un groupe de protéines qui leur sont étroitement associées. La capacité d'alternance entre phases d'allongement et de raccourcissement est une propriété importante des microtubules ; les structures qu'ils constituent peuvent ainsi être assemblées ou démontées rapidement.

Les sous-unités hétérodimériques composent la paroi d'un microtubule

La brique qui sert à la construction d'un microtubule est la sous-unité de tubuline, un hétérodimère de tubuline α et β. Ces deux monomères d'un PM de 55 000 sont présents chez tous les eucaryotes et leur séquence est hautement conservée. Bien qu'une troisième tubuline, la tubuline γ, ne fasse pas partie de la sous-unité, elle intervient probablement dans la polymérisation des sous-unités pour former les microtubules αβ. Codées par des gènes séparés, les trois tubulines ont une homologie avec une GTPase bactérienne de PM 40 000, appelée FtsZ (voir Figure 5-30b). Comme la tubuline, cette protéine bactérienne polymérise et participe à la division cellulaire. Peut-être, cette protéine qui exerce de telles fonctions dans les bactéries a-t-elle été modifiée au cours de l'évolution afin qu'elle puisse remplir les divers rôles des microtubules chez les eucaryotes.

Chaque sous-unité de tubuline fixe deux molécules de GTP. Un des sites de liaison de GTP, dans la tubuline α, fixe GTP de façon irréversible et ne l'hydrolyse pas, alors que l'autre site, dans la tubuline β, fixe GTP de façon réversible et l'hydrolyse en GDP. La tubuline est donc une GTPase au même titre que la protéine bactérienne FtsZ. La structure atomique de la sous-unité de tubuline montre que le GTP lié à la tubuline α est piégé à l'interface entre les monomères α et β, ce qui explique qu'il n'est pas échangeable. Le second GTP se trouve à la surface du monomère β et peut ainsi être échangé avec du GDP (Figure 20-3a). Comme nous le verrons plus tard, la guanine liée à la tubuline β régule l'addition des sous-unités aux extrémités d'un microtubule.

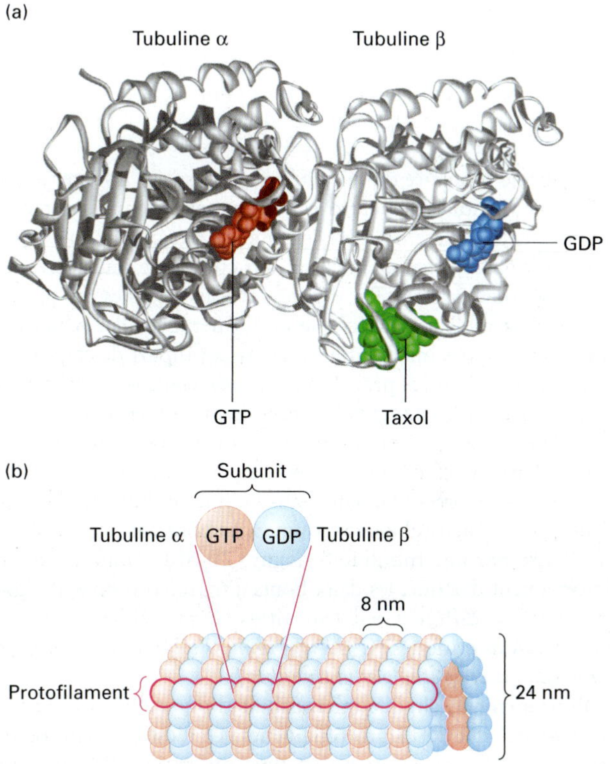

FIGURE 20-3 Structure des monomères de tubuline et leur disposition dans les microtubules. (a) Représentation en ruban de la sous-unité dimérique de tubuline. Le GTP (en rouge) lié au monomère de tubuline α n'est pas échangeable, tandis que le GDP (en bleu) lié au monomère de tubuline β est échangeable avec le GTP. Pour cette étude, on a utilisé le taxol, une drogue antitumorale, (en vert) pour stabiliser la structure dimérique. (b) Disposition des sous-unités dans un microtubule. Les sous-unités sont alignées bout à bout dans les protofilaments, qui se tassent l'un contre l'autre pour former la paroi du microtubule. Dans ce modèle, Les protofilaments sont légèrement décalés de telle manière que la tubuline α dans un profilament soit en contact avec la tubulinne α dans les profilaments voisins. Le microtubule est polarisé avec un bout désigné (+) auquel s'ajoutent de préférence les sous-unités et à hauteur duquel les monomères de tubuline β sont exposés. [Partie (a) adaptée de E. Nogales *et al.*, 1998, *Nature* **391** :199 ; avec l'autorisation de E. Nogales. Partie (b) adaptée de Y. H. Song et E. Mandelkow, 1993, *Proc. Nat'l. Acad. Sci.* **90** :1671.]

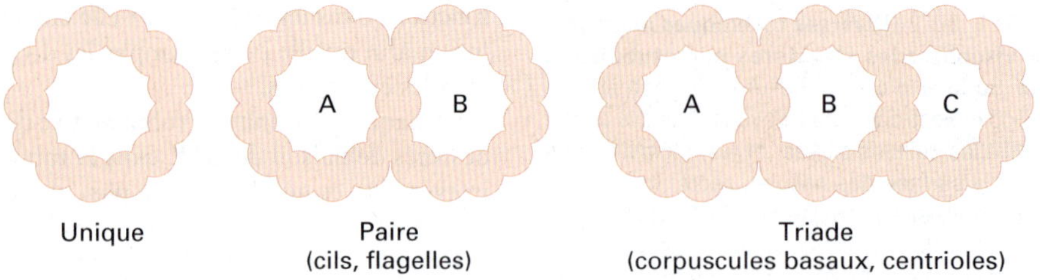

FIGURE 20-4 Arrangement des protofilaments dans un microtubule isolé, dans une paire ou dans une triade. En coupe transversale, un microtubule solitaire typique est un tube simple fait de 13 protofilaments. Dans une paire, un autre groupe de 10 protofilaments forme le second tubule (B) en fusionnant avec la paroi d'un microtubule isolé. L'addition de 10 autres protofilaments au tubule B d'une paire crée un tubule C et une triade.

La forme tubulaire du microtubule repose sur les interactions latérales et longitudinales entre les sous-unités. Se contactant longitudinalement, les hétérodimères s'empilent tête contre queue pour former un *protofilament* linéaire, qui comporte une sous-unité dimérique tous les 8 nm. Par des interactions latérales, les protofilaments s'assemblent côte à côte pour former le feuillet cylindrique caractéristique des microtubules. Dans la plupart de ceux-ci, les hétérodimères dans les protofilaments adjacents sont légèrement décalés, formant des rangées inclinées de monomères de tubulines α et β dans la paroi du microtubule. La disposition tête-queue des dimères dans un protofilament donne au microtubule une polarité. Puisque tous les protofilaments dans un microtubule ont la même orientation, le microtubule se termine à un bout par une tubuline α et à l'autre par une tubuline β (Figure 20-3b). Comme dans un microfilament d'actine, les deux bouts d'un microtubule, désignés par (+) et (–), diffèrent par leur vitesse d'assemblage et par les concentrations critiques (C_c) *de tubuline. Le bout (+) correspond à celui qui est constitué par la tubuline β.*

Pratiquement, chaque microtubule d'une cellule est un tube isolé (*singlet*) fait de 13 protofilaments ; ce n'est que dans de très rares cas, qu'ils en contiennent plus ou moins. Par exemple, certains microtubules dans les neurones de vers nématodes contiennent 11 ou 15 protofilaments. En plus de ce type de microtubule isolé, on trouve des microtubules associés formant des paires (*doublet*) ou des triades (*triplet*) dans des structures spécialisées comme les cils et les flagelles (paires) ainsi que les centrioles et les corpuscules basaux (triades). Chaque doublet ou triade contient un microtubule complet de 13 protofilaments (tubule A) et un ou deux tubules (B et C) faits de 10 protofilaments (Figure 20-4).

Le microtubule s'assemble et se démonte surtout par son bout (+)

L'assemblage et la stabilité des microtubules, qui résultent de la polymérisation de tubuline dimérique αβ, dépendent de la température. Par exemple, si les microtubules sont refroidis à 4 °C, ils dépolymérisent en dimères de tubuline αβ, mais à 37 °C en présence de GTP, ceux-ci polymérisent et forment des microtubules. On recourt à cette alternance de chauffage et refroidissement dans l'extraction cellulaire des microtubules et des protéines associées.

La polymérisation de la tubuline a plusieurs propriétés communes avec celle de l'actine qui forme les microfilaments. (1) À l'instar des formes G et F de l'actine (voir Figure 19-17), les dimères de tubuline αβ polymérisent en microtubules aux taux supérieurs à une *concentration critique* (C_c), tandis qu'aux taux inférieurs les tubules dépolymérisent. (2) Le nucléotide, soit GTP ou GDP, lié à la tubuline β est responsable de la différence entre

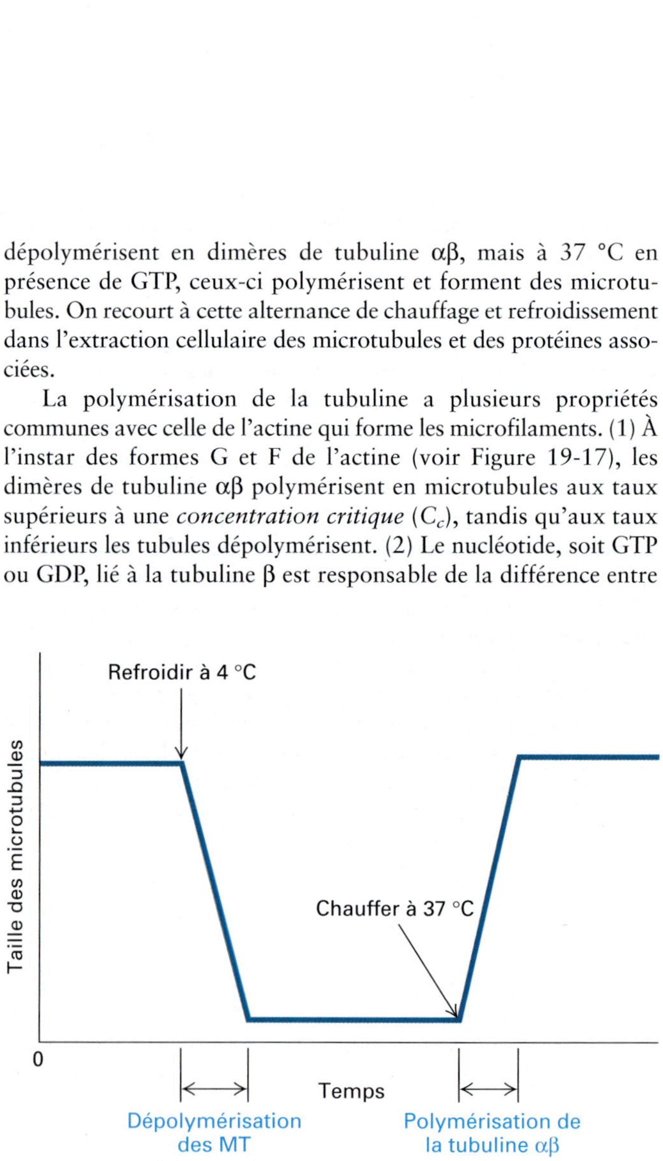

FIGURE EXPÉRIMENTALE 20-5 Les microtubules (MT) s'assemblent ou se dissocient en fonction de la température. À basse température, les MT dépolymérisent, libérant la tubuline αβ, qui polymérise à nouveau à température plus élevée en présence de GTP.

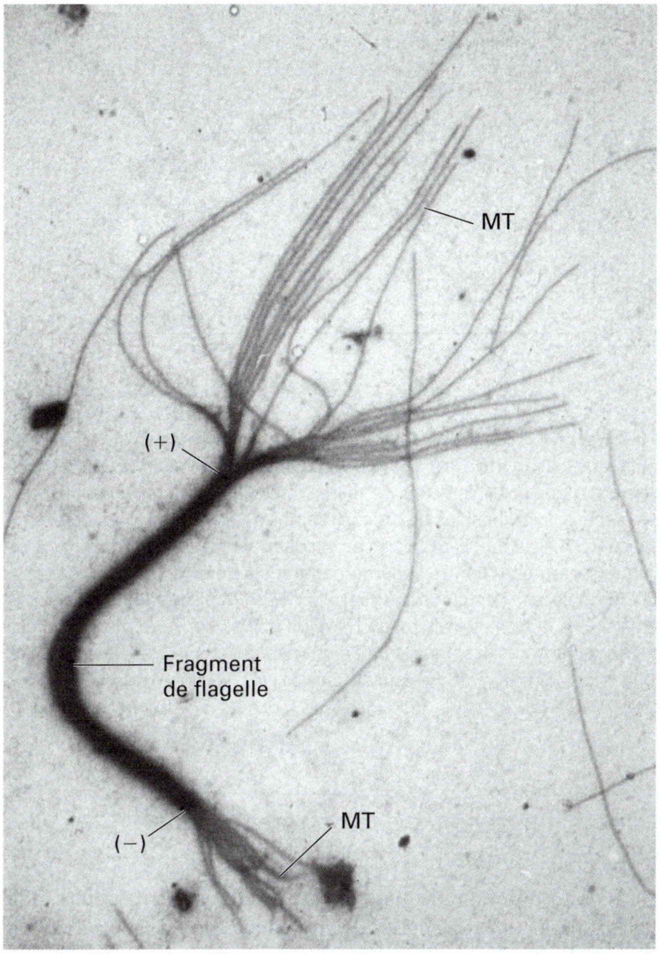

FIGURE EXPÉRIMENTALE 20-6 L'addition de fragments de microtubules démontre la polarité de la polymérisation de la tubuline. Des fragments de microtubules de flagelles servent d'amorces à la polymérisation de la tubuline *in vitro*. Le fragment de flagelle peut être distingué en microscopie électronique des microtubules nouvellement formés (MT), qui s'échappent comme des rayons des bouts du fragment de flagelle. La plus grande longueur des microtubules à un bout indique que les sous-unités de tubuline sont ajoutées de préférence à cette extrémité. [Avec l'autorisation de G. Borisy.]

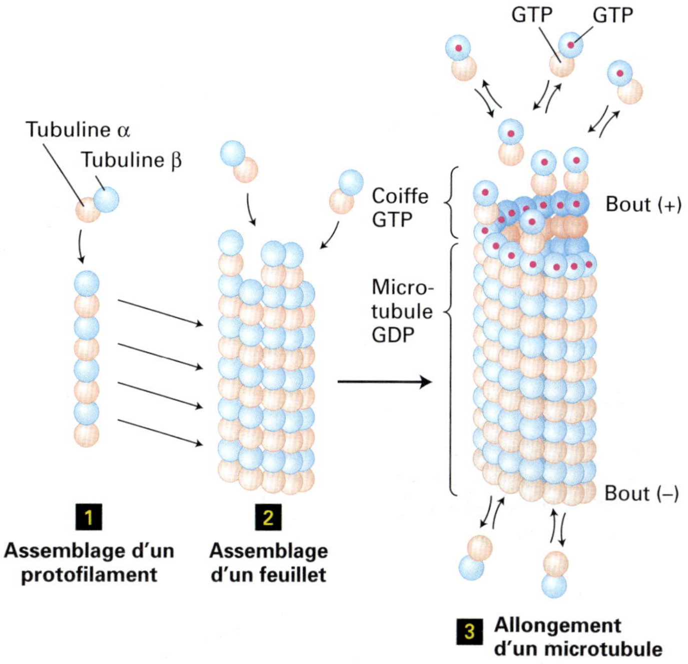

FIGURE 20-7 Assemblage des microtubules. Des dimères libres de tubuline αβ s'associent longitudinalement pour former de courts protofilaments (**1**). Ceux-ci, probablement instables, rapidement s'associent latéralement pour former des feuillets incurvés stables (**2**). Le feuillet finit par s'enrouler complètement pour former un microtubule de 13 protofilaments. Celui-ci grandit par l'addition de sous-unités aux bouts des protofilaments composant la paroi du microtubule (**3**). Les dimères libres de tubuline contiennent du GTP (point rouge) lié au site du monomère de la tubuline β, qui tolère l'échange avec le GDP. Après incorporation d'une sous-unité dimérique dans un microtubule, le GTP de la tubuline β (mais non de la tubuline α) est hydrolysé en GDP. Si la polymérisation est plus rapide que l'hydrolyse du GTP, une coiffe de sous-unités-GTP se forme au bout (+), alors que la masse de tubuline β dans le microtubule contient du GDP. La polymérisation au bout (+) est deux fois plus rapide qu'au bout (–).

les C_c de l'assemblage aux bouts (+) ou (–) d'un microtubule. Par analogie avec l'assemblage de l'actine F, le bout favorable à l'assemblage est désigné par (+). (3) À des taux de tubuline αβ dépassant C_c, les dimères s'ajoutent de préférence au bout (+). (4) Lorsque la concentration de tubuline αβ est supérieure à C_c au bout (+), mais inférieure à C_c au bout (–), les microtubules sont soumis à un effet « tapis roulant » par l'addition de sous-unités à un bout et la soustraction à l'autre bout (voir Figure 19-9). Puisque le taux intracellulaire de tubuline apte à l'assemblage (10-20 μM) est beaucoup plus élevé que la C_c (0,03 μM), l'équilibre est fortement déplacé en faveur de la polymérisation. (5) La vitesse initiale de polymérisation de la tubuline est accélérée en présence de noyaux de polymérisation, par exemple des fragments de microtubules (Figure 20-6).

Les microtubules s'assemblent en trois étapes : (1) des protofilaments se forment à partir des sous-unités de tubuline αβ, (2) les protofilaments s'associent pour constituer la paroi d'un microtubule et (3) l'addition de sous-unités aux bouts des protofilaments allonge le microtubule (Figure 20-7). Au microscope électronique, les bouts des microtubules en croissance paraissent irréguliers du fait que certains protofilaments s'allongent plus vite que d'autres. L'apparence des microtubules qui se raccourcissent est tout à fait différente, ce qui suggère que le mécanisme de démontage diffère de celui de l'assemblage (Figure 20-8). En cas de raccourcissement, les bouts du microtubule sont évasés, comme si les interactions latérales entre protofilaments avaient été rompues. Lorsque les protofilaments ont été effilés et libérés de leurs fixations stabilisantes latérales, les protofilaments peuvent dépolymériser par dissociation terminale des sous-unités de tubuline. L'apparence évasée d'un microtubule qui se raccourcit a suscité l'idée d'une instabilité potentielle des microtubules.

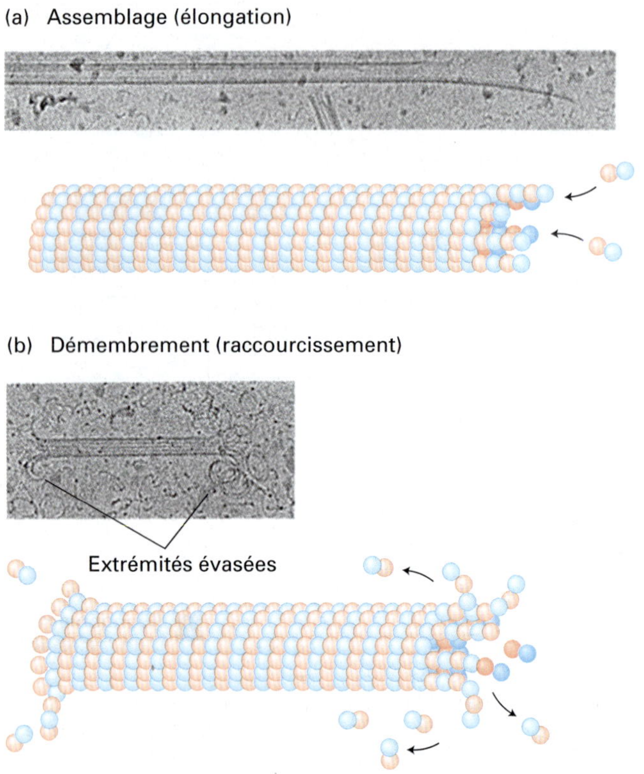

FIGURE EXPÉRIMENTALE 20-8 La microscopie cryoélectronique permet l'observation des microtubules en cours de dissociation. Des microtubules en train de se former (a) ou de se disloquer (b) peuvent être congelés rapidement dans l'éthane liquide et examinés à l'état congelé au moyen d'un microscope cryoélectronique. En cours d'assemblage, les bouts du microtubule sont relativement réguliers ; parfois, un protofilament dépasse à une extrémité. En cours de dissociation, les protofilaments s'évasent aux extrémités des microtubules leur donnant un aspect effilé. L'évasement des protofilaments favorise probablement la perte des sous-unités de tubuline à partir de leurs extrémités, menant au raccourcissement du microtubule. [Micrographies, avec l'autorisation de E. Mandellow et E. M. Mandelkow.]

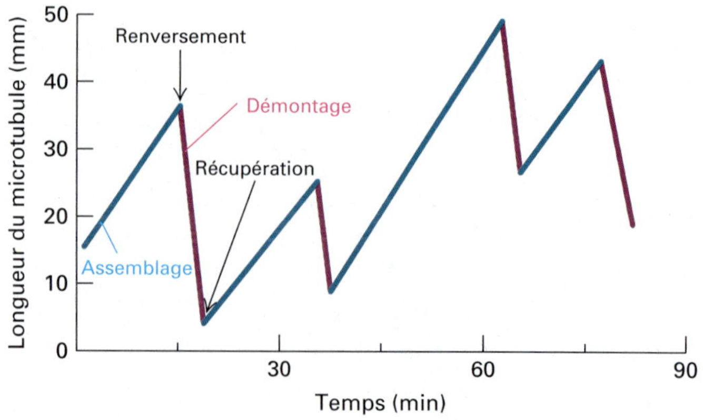

FIGURE EXPÉRIMENTALE 20-9 La vitesse de croissance des microtubules in vitro est beaucoup plus lente que celle du raccourcissement. Il est possible de suivre tel microtubule au microscope optique et de mesurer ses variations de taille. Assemblage et démontage progressent chacun à vitesse régulière, mais ces vitesses sont très différentes l'une de l'autre, comme le montre la pente des tracés. Le raccourcissement d'un microtubule est beaucoup plus rapide (7 µm/min) que la croissance (1 µm/min). À noter la transition abrupte, au point « renversement » vers la phase de raccourcissement et au point « récupération » vers la phase d'allongement. [D'après P. M. Bayley, K. K. Sharma et S. R. Martin, 1994, dans Microtubules ; Wiley-Liss, p. 118.]

L'instabilité dynamique est un trait inhérent aux microtubules

Dans des conditions adéquates in vitro, certains microtubules individuels oscillent entre phases de croissance et de raccourcissement (Figure 20-9). Dans tous les cas, la vitesse de croissance est beaucoup plus lente que celle du raccourcissement. Ce comportement des microtubules, appelé *instabilité dynamique*, a surpris car on pensait que les microtubules dans une solution donnée ou dans le même cytosol se comporteraient tous de la même manière quelles que soient les conditions.

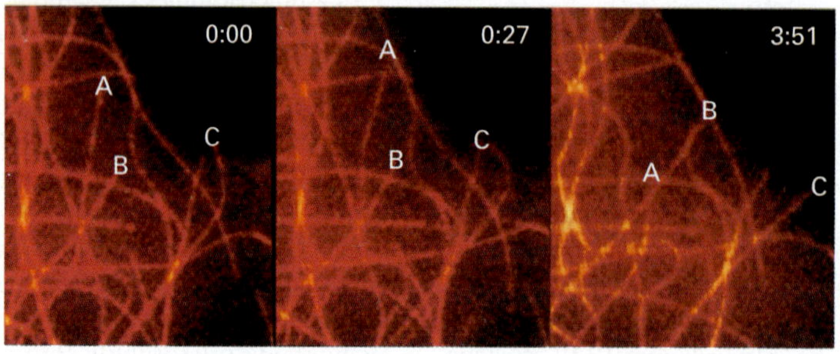

FIGURE EXPÉRIMENTALE 20-10 La microscopie à fluorescence révèle in vivo la croissance et le raccourcissement de microtubules individuels. On a injecté de la tubuline fluorescente dans des fibroblastes humains en culture. On refroidit la culture de façon à dépolymériser les microtubules, puis on remet la culture à 37 °C pour laisser les microtubules se reformer en incorporant la tubuline marquée. On observe un bord de la cellule au microscope à fluorescence ; les clichés sont pris au temps 0, après 27 secondes et après 3 minutes 51 secondes (de gauche à droite). Durant cette période, plusieurs microtubules s'allongent et se raccourcissent. Les lettres indiquent la position de l'extrémité de trois microtubules. [De P. J. Sammak et G. Borisy, 1988, Nature 332 :724.]

Des études ultérieures ont confirmé in vivo cette instabilité dynamique des microtubules individuels cytosoliques ou mitotiques Dans une série d'expériences, des sous-unités de tubuline αβ fluorescentes ont été injectées dans des cellules en culture. Les cellules furent refroidies afin que les microtubules préexistants se dissocient en dimères de tubuline ; ensuite, elles furent incubées à 37 °C pour leur permettre de repolymériser et ainsi d'incorporer la tubuline fluorescente dans tous les microtubules cellulaires. L'enregistrement vidéo d'une petite zone dans les cellules marquées a montré que certains microtubules grandissaient pendant que d'autres rapetissaient (Figure 20-10) et, en quelques minutes, tel microtubule en train de croître se mettait à raccourcir. Comme la plupart des microtubules d'une cellule sont ancrés par leur bout (–) au MTOC, c'est surtout le bout (+) qui est sujet à cette instabilité.

Deux conditions favorisent l'instabilité. D'abord, les oscillations entre croissance et raccourcissement in vitro se produisent au voisinage de C_c ; rappelons qu'aux concentrations en tubuline supérieures à C_c, la population entière de microtubules croît, mais décroît aux concentrations inférieures à C_c. Aux taux proches de C_c, certains microtubules croissent alors que d'autres raccourcissent. La seconde condition qui influence la dynamique des microtubules est le fait que le site de liaison nucléotidique échangeable de la tubuline β du bout (+) du microtubule peut être occupé soit par GTP soit par GDP (Figure 20-11). Un microtubule devient instable et se dépolymérise rapidement dès que la tubuline-GTP de son bout (+) est remplacée par de la tubuline-GDP. Puisque la dissociation (vitesse off) d'un dimère de tubuline-GDP est de quatre ordres de grandeur supérieure à celle d'un dimère de tubuline-GTP, un microtubule est déstabilisé et dépolymérise rapidement si le bout (+) se termine par des sous-unités qui contiennent de la tubuline β-GDP plutôt que de la tubuline β-GTP. C'est le cas lorsqu'un microtubule se raccourcit rapidement en mettant à nu les tubulines β-GDP dans la paroi du microtubule ou bien quand un microtubule grandit si lentement que l'hydrolyse du GTP de sa coiffe en GDP est plus rapide que l'apport de sous-unités au bout (+) du microtubule. Avant de disparaître, le microtubule est récupérable et se remet à grandir à condition que des sous-unités chargées de GTP rejoignent le bout (+) avant que le GTP ne soit hydrolysé en GDP. Ainsi, les paramètres qui déterminent la stabilité d'un microtubule sont la vitesse de croissance, la vitesse de raccourcissement, la fréquence des événements dits de « renversement » et ceux dits de « récupération ».

De nombreuses protéines régulent la dynamique des microtubules et les connectent aux autres structures.

Un grand nombre de protéines influence l'assemblage et la stabilité des microtubules ainsi que leurs associations avec d'autres structures cellulaires (Tableau 20-1). Ces protéines ont été appelées **MAP** (*microtubule-associated proteins*) puisque la plupart accompagnent les microtubules lors de leur purification. Un autre argument solide en faveur de ces interactions in vivo a été fourni par l'immunofluorescence, qui a montré une distribution cellulaire parallèle des MAP et des microtubules.

Les MAP sont classées en deux groupes sur base de leur fonction. L'un stabilise les microtubules ; un type de MAP comporte deux domaines, un domaine basique liant le microtubule et un domaine acide dit de projection. Au microscope électronique, ce dernier apparaît comme un bras filamenteux qui s'étend à partir de la paroi du microtubule. Ce bras peut se fixer aux membranes, aux filaments intermédiaires ou à d'autres microtubules, et sa longueur contrôle la distance qui sépare les microtubules (Figure 20-12).

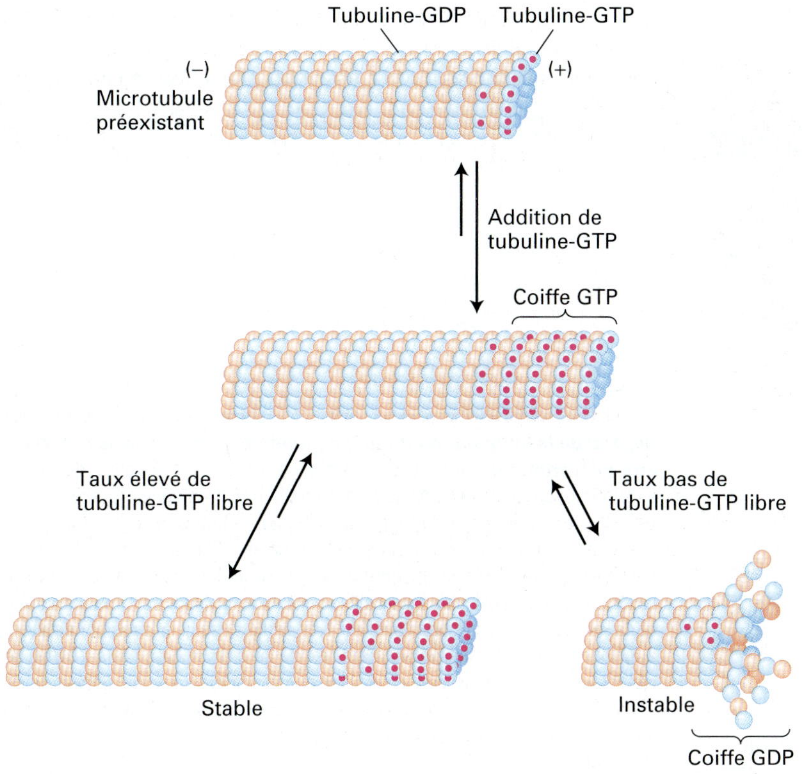

FIGURE 20-11 Modèle de l'instabilité dynamique des microtubules en cours de croissance ou de raccourcissement. Les dimères de tubuline αβ chargés de GTP (en rouge) s'attachent de préférence au bout (+) d'un microtubule existant. Une fois le dimère incorporé, le GTP lié est hydrolysé en GDP. Seuls les microtubules portant des tubulines terminales chargées de GTP (coiffe GTP) sont stables et servent d'amorces à une polymérisation continue. Les microtubules se terminant par des tubulines chargées de GDP (en bleu) (coiffe GDP) se dépolymérisent rapidement, parfois dans la minute. Quand la concentration de tubuline libre chargée de GTP est élevée, la vitesse d'addition de tubuline aux microtubules dépasse la vitesse d'hydrolyse du GTP lié aux microtubules ou celle de la dissociation de la tubuline liée au GTP au bout des microtubules : le microtubule grandit. Aux faibles concentrations de tubuline libre chargée de GTP, l'addition de tubuline est ralentie et dépassée par la vitesse d'hydrolyse de GTP : il se forme une coiffe GDP, instable, et le bout du microtubule s'effiloche en perdant les dimères de tubuline. [Voir T. Mitchison et M. Kirschner, 1984, Nature 312 :237 ; M. Kirschner et T. Mitchison, 1986, Cell 45 :329 ; et R. A. Walker *et al.*, 1988, J. Cell Biol.107 :1437.]

TABLEAU 20-1 Protéines qui modulent la dynamique des microtubules (MT)

Protéine	PM	Localisation	Fonction
PROTÉINES STABILISANT LES MICROTUBULES			
MAP1	250 000–300 000 (chaîne lourde)	Dendrites et axones ; cellules non neuronales	Assemble et stabilise les MT
MAP2	42 000 and 200 000	Dendrites	Assemble et connecte les MT l'un à l'autre et aux filaments intermédiaires
MAP4	210 000	La plupart des types cellulaires	Stabilise les MT
Tau	55 000–62 000	Dendrites et axones	Assemble, stabilise et connecte les MT
CLIP170	170 000	La plupart des types cellulaires	Connecte les MT aux endosomes et chromosomes
PROTÉINES DÉSTABILISANT LES MICROTUBULES			
Katanine	84 000	La plupart des types cellulaires	Découpe les microtubules
Op18 (stathmine)	18 000	La plupart des types cellulaires	Se lie aux dimères de tubuline

Le domaine liant le microtubule contient des séquences répétées et conservées de quatre résidus d'acides aminés chargés positivement qui se lient à la partie C-terminale chargée négativement de la tubuline. On postule que cette liaison abolit la répulsion de charges entre les sous-unités de tubuline et, ce faisant, stabilise le polymère. MAP1A et MAP1B sont de grosses molécules filamenteuses présentes dans les axones et les dendrites des neurones ainsi que dans des cellules d'autre type. Chacune de ces deux MAP dérive d'un même précurseur polypeptidique que la cellule scinde en une chaîne légère et une chaîne lourde.

Parmi les autres MAP stabilisatrices, on trouve MAP2, MAP4, Tau et CLIP170. MAP4, la plus répandue de toutes les MAP, est présente dans les cellules neuronales et non neuronales. Au cours de la mitose, MAP4 régule la stabilité des microtubules et CLIP170 connecte les microtubules aux chromosomes. MAP2 n'est présente que dans les dendrites, où elle forme des ponts fibreux entre micro-

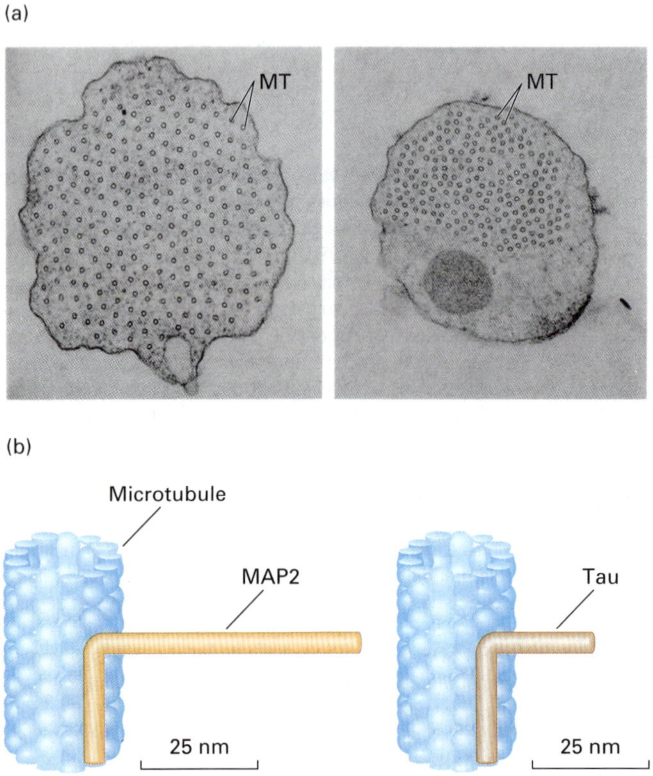

FIGURE EXPÉRIMENTALE 20-12 L'écart entre microtubules dépend de la longueur du domaine projeté par les protéines associées aux microtubules. Des cellules d'insectes transfectées avec de l'ADN exprimant soit la protéine MAP2 dotée d'un long bras ou la protéine Tau au bras court développent de longues extensions de type axones. (a) Micrographies électroniques de coupes transversales des extensions induites par l'expression de MAP2 (à gauche) ou Tau (à droite). Notez que l'écart entre les microtubules (MT) dans les cellules contenant MAP2 est plus grand que dans les cellules qui contiennent Tau. Les deux types cellulaires contiennent approximativement le même nombre de microtubules, mais l'effet de MAP2 est d'agrandir le calibre de l'extension de type axonal. Schémas de l'association entre microtubules et MAP. Notez la différence dans les longueurs des bras latéraux de MAP2 et Tau. [Partie (a) de J. Chen *et al.*, 1992, Nature 360 :674.]

tubules ; elle unit aussi les microtubules aux filaments intermédiaires. Les axones et les dendrites des neurones contiennent la protéine Tau, qui est beaucoup plus petite que la plupart des autres MAP ; elle existe sous plusieurs formes issues de l'épissage alternatif de l'ARNm *tau*. L'aptitude de Tau de connecter les microtubules en faisceaux épais peut contribuer à la stabilité des microtubules des axones. Les résultats d'expériences de transfection génique impliquent Tau dans l'allongement des axones. La délétion des gènes codant Tau et MAP1B aboutit à une dysgénésie axonale et à la mort. De plus, des maladies neurodégénératives comme la démence des patients atteints d'Alzheimer sont liées à la polymérisation aberrante de Tau en filaments.

Quand les MAP stabilisatrices couvrent la face externe d'un microtubule, les sous-unités de tubuline ne peuvent plus se détacher des bouts du microtubule. Quoique les MAP inhibent en général la dépolymérisation des microtubules, l'assemblage de ceux-ci est influencé à des degrés divers ; certaines MAP, comme Tau et MAP4, stabilisent les microtubules, alors que d'autres pas. À cause de l'effet des MAP sur la dynamique des microtubules, la régulation de la fixation des MAP peut contrôler la longueur des microtubules. Dans la plupart des cas, ce contrôle est exercé par la phosphorylation réversible du domaine en saillie des MAP ; quand ce dernier est phosphorylé, la protéine MAP ne se fixe plus au microtubule, ce qui favorise alors le démembrement du microtubule. La **MAP kinase**, une enzyme clé pour la phosphorylation des MAP, est impliquée dans de nombreuses voies de transduction de signaux (Chapitre 14), ce qui indique que les MAP sont la cible de nombreux signaux extracellulaires. Les MAP, spécialement MAP4, sont aussi phosphorylées par une **CDK** (*cyclin-dependent kinase*) qui joue un rôle majeur dans le contrôle des activités de diverses protéines durant le cycle cellulaire (Chapitre 21).

Un second groupe de MAP déstabilise directement les microtubules dans de nombreux types cellulaires. Un de ces groupes, appelé katanine, découpe les microtubules cytosoliques de manière dépendante de l'ATP. Des liaisons entre sous-unités de tubuline dans la paroi du microtubule sont rompues, ce qui cause la fragmentation du microtubule. Cette activité peut libérer les microtubules attachés au MTOC. Une autre protéine, appelée Op18 ou stathmine, augmente la fréquence de démontage rapide des microtubules dans le fuseau mitotique. Cette protéine peut agir en liant les dimères de tubuline, réduisant ainsi le pool de dimères disponibles pour la polymérisation. La phosphorylation inactive Op18 et inhibe ainsi son effet déstabilisateur.

La colchicine et d'autres médicaments perturbent la dynamique des microtubules

Dans les premières études des microtubules, on a utilisé diverses drogues inhibitrices de la mitose, qui dépend de l'assemblage et du démontage des microtubules. Deux de ces drogues extraites de plantes, la *colchicine* et le *taxol,* se sont révélées particulièrement utiles dans l'étude de la fonction des microtubules, en partie parce qu'elles ne se fixent qu'à la tubuline αβ ou aux microtubules et non aux autres protéines et que leur concentration dans la cellule peut être facilement contrôlée.

La colchicine et un produit de synthèse apparenté, le colcémide, ont été utilisés longtemps comme inhibiteurs de la mitose. Dans les cellules exposées à une forte concentration de colcémide, les microtubules cytosoliques dépolymérisent jusqu'à ne laisser subsister que le MTOC, mais aux faibles concentrations de colcémide, les microtubules restent intacts et les cellules restent bloquées en **métaphase**, stade de la mitose auquel les chromosomes dupliqués sont condensés (voir Figure 9-3). Lorsque les cellules traitées sont lavées avec une solution sans colcémide, celui-ci diffuse de la cellule et la mitose reprend normalement. On utilise communément cette drogue pour accumuler les cellules en métaphase en vue des études cytogénétiques. Après élimination du colcémide, on obtient une population de cellules dont le cycle cellulaire est synchronisé. De telles populations synchrones sont particulièrement utiles à l'étude du cycle cellulaire (Chapitre 21).

L'interface entre la tubuline α et la tubuline β dans le dimère contient un site de haute affinité mais réversible pour la colchicine. Les dimères couplés à la colchicine peuvent s'ajouter au bout du microtubule en croissance à des concentrations nettement inférieures à celles des sous-unités libres de tubuline. Cependant, la présence d'une ou deux tubulines porteuses de colchicine au bout d'un microtubule prévient l'addition ou la perte d'autres sous-unités de tubuline. Ainsi, la colchicine « empoisonne » le bout du microtubule et perturbe l'équilibre entre assemblage et démontage. Conséquence de cette interférence dans la dynamique des microtubules, la mitose est inhibée dans les cellules traitées avec de faibles quantités de colchicine.

D'autres substances se lient à des sites différents sur les dimères de tubuline ou aux microtubules et influencent ainsi leur stabilité par des mécanismes différents. Par exemple, de faibles concentrations de taxol stabilisent les microtubules en inhibant leur raccourcissement.

MÉDECINE Les médicaments qui interfèrent dans l'assemblage et le démontage des microtubules ont été utilisés largement pour traiter diverses maladies. Il y a plus de 2500 ans, les Égyptiens traitaient les affections cardiaques avec la colchicine. À présent, ce médicament est utilisé surtout dans le traitement de la goutte et quelques autres maladies articulaires ou cutanées. D'autres inhibiteurs de la dynamique microtubulaire, le taxol entre autres, sont des agents anticancéreux efficaces et sont utilisés dans le traitement du cancer de l'ovaire. ■

Les MTOC orientent la plupart des microtubules et déterminent la polarité de la cellule

Dans un fibroblaste en interphase, des microtubules cytosoliques sont disposés comme des rayons partant d'un moyeu présent au milieu de la cellule (Figure 20-13a). Ces rayons microtubulaires s'étirent à partir d'un site occupé par le **centrosome**, qui est le centre organisateur de microtubules principal dans de nombreuses cellules en interphase. Nous utiliserons le terme MTOC pour désigner toute structure utilisée par la cellule pour amorcer et organiser la construction des microtubules. Dans les cellules animales, le MTOC correspond au centrosome, un ensemble de protéines associées aux microtubules qui contient parfois une paire de **centrioles** (Figure 20-13b). Ceux-ci, constitués de triades microtubulaires disposées comme les aubes d'une roue hydraulique, sont localisés dans le centre du MTOC, mais ils n'entrent pas en contact direct avec les bouts (–) des microtubules cytosoliques. Les plantes et les champignons ne possèdent pas de centrioles, et certaines cellules épithéliales animales ainsi que les œufs qui viennent d'être fertilisés en sont également dépourvus. Aussi, ce sont les protéines associées

(a)
(b)
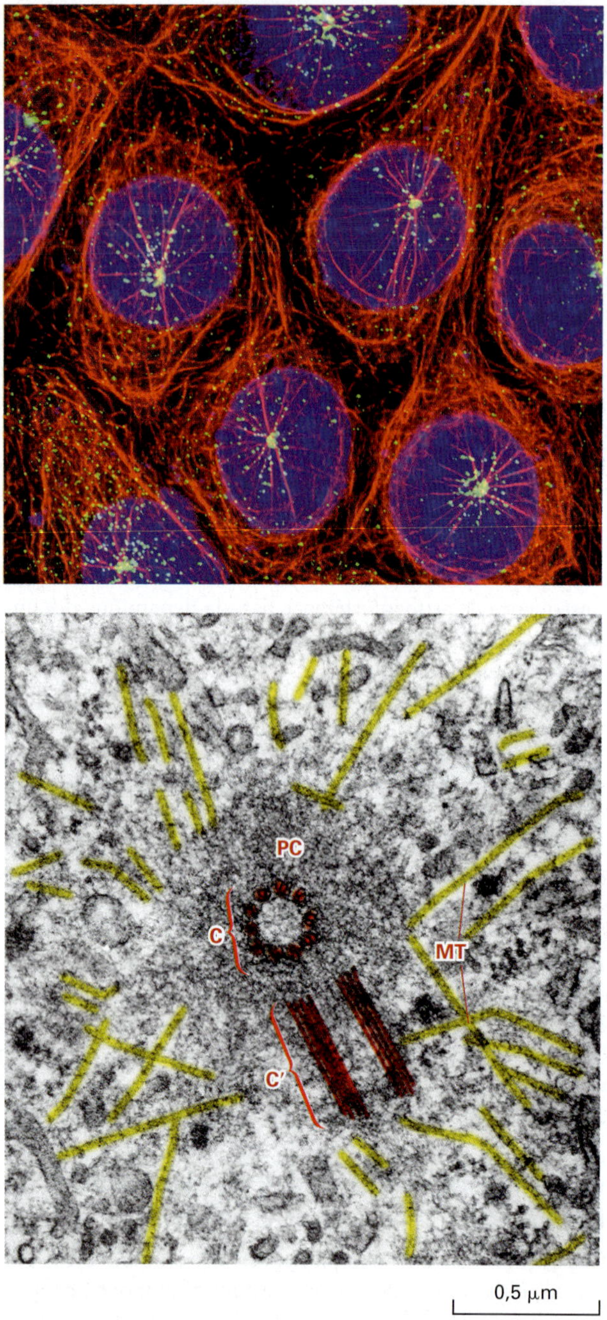

FIGURE EXPÉRIMENTALE 20-13 Le centrosome de la plupart des cellules animales, qui fonctionne comme un centre d'organisation des microtubules, contient une paire de centrioles orthogonaux. (a) Micrographie montrant plusieurs cellules, chacune avec un MTOC identifié par des anticorps fluorescents et dirigés contre PCM1, une protéine centrosomique. (b) Micrographie électronique du MTOC dans une cellule animale. Les deux centrioles (en rouge), C et C', dans le centre sont perpendiculaires l'un par rapport à l'autre ; un centriole est donc vu en coupe transversale et l'autre en coupe longitudinale. Autour des centrioles, un nuage de diverses substances, la matrice péricentriolaire (PC), contient la tubuline γ et la péricentrine. Les bouts (–) des microtubules (MT ; en jaune) sont enfouis dans le MTOC, mais n'entrent pas en contact avec les centrioles. [Partie (a) de A. Kubo et S. Tsukita, 2003, J. Cell Sci. 116 :919. Partie (b) de B. R. Brinkley, 1987 dans Encyclopedia of Neuroscience, vol. 2, Birkhauser Press, p. 665 ; avec l'autorisation de B. R. Brinkley.]

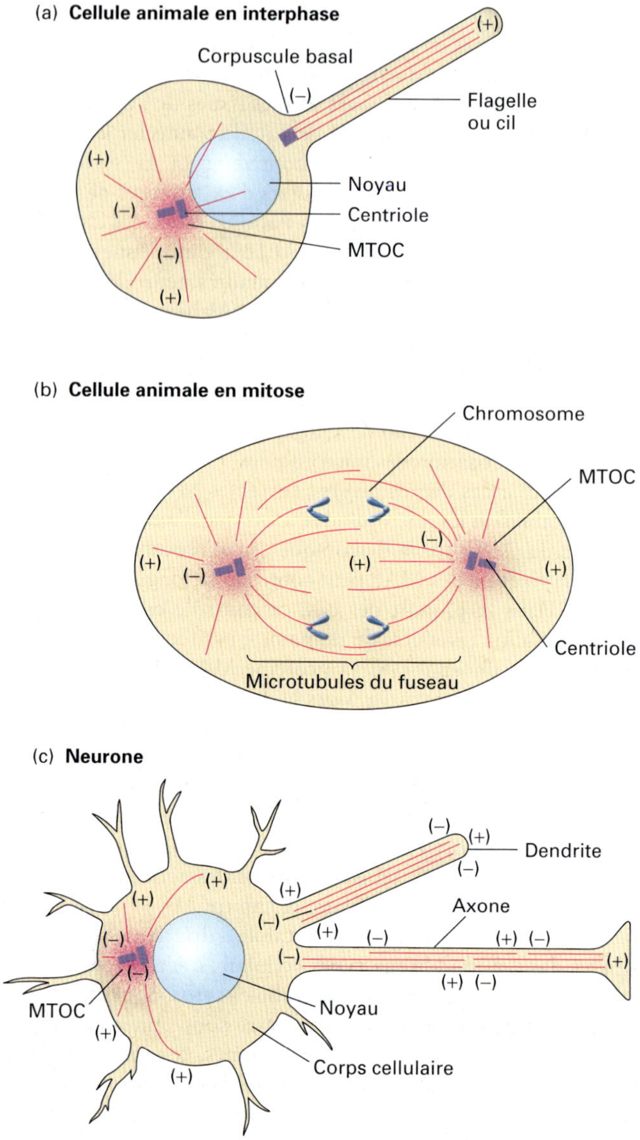

FIGURE 20-14 Orientation des microtubules cellulaires (MT). (a) Dans les cellules animales en interphase, les bouts (–) de la plupart des MT sont proches du MTOC. De même, dans les flagelles et les cils, les bouts (–) des MT sont en continuité avec le corpuscule basal, qui agit comme MTOC pour ces structures. (b) Lorsque les cellules entrent en mitose, le réseau de MT se réarrange pour former le fuseau. Les bouts (–) de tous les MT du fuseau pointent vers un des deux MTOC, ou pôles, comme ils sont appelés dans les cellules en mitose. (c) Dans les neurones, les bouts (–) de tous les MT axonaux sont orientés vers la base de l'axone, mais les MT dendritiques ont une polarité mixte.

au MTOC qui sont capables d'organiser les microtubules cytosoliques.

Puisque les microtubules s'assemblent à partir du MTOC, la polarité microtubulaire est fixée dans une orientation caractéristique (Figure 20-14). Dans la plupart des cellules animales en interphase, par exemple, le bout (–) des microtubules est le plus proche du MTOC. Au cours de la mitose, le centrosome se duplique et migre vers de nouvelles positions flanquant le noyau. Là, le centrosome devient le centre organisateur des microtubules de l'appareil mitotique, qui répartira les chromosomes entre les cellules filles. Dans l'axone d'un neurone, les microtubules, qui contribuent à stabiliser la longue extension, sont tous orientés dans la même direction.

À la différence avec le seul MTOC périnucléaire présent dans la plupart des cellules animales en interphase, les cellules végétales, les cellules épithéliales polarisées et les cellules embryonnaires contiennent des centaines de MTOC, qui sont distribués dans toute la cellule, souvent près du cortex cellulaire. Dans les cellules végétales et les cellules épithéliales polarisées, un réseau cortical de microtubules s'aligne sur l'axe cellulaire. Dans les deux types cellulaires, la polarité est liée à l'orientation des microtubules.

Le complexe en anneau de tubuline γ amorce la polymérisation des sous-unités de tubuline

Le MTOC organise les microtubules cytosoliques en amorçant d'abord l'assemblage des microtubules, puis en participant à leur ancrage et à leur libération. Malgré son apparence amorphe, le matériel péricentriolaire d'un MTOC a la forme d'un treillis ordonné, riche en nombreuses protéines nécessaires à l'induction de l'assemblage des microtubules (voir Figure 20-13). L'une de ces protéines, la tubuline γ, fut d'abord identifiée au cours d'études génétiques visant à découvrir les protéines qui interagissent avec la tubuline β. Les résultats de travaux ultérieurs ont démontré que la tubuline γ et la péricentrine, qui entre dans la composition du treillis, font partie du matériel péricentriolaire des centrosomes ; ces protéines ont aussi été détectées dans les MTOC dépourvus de centriole. L'introduction d'anticorps anti-tubuline γ dans les cellules bloque l'assemblage des microtubules. On en conclut que la tubuline γ est nécessaire à l'amorçage de la polymérisation des sous-unités de tubuline.

La tubuline γ fait partie, pour environ 80 %, d'un complexe 25S qui a été isolé d'extraits d'oocytes de grenouille et d'embryons de mouche. Nommé *complexe en anneau de la tubuline γ (γ-TuRC)* du fait de son aspect en microscopie électronique, le complexe comprend huit polypeptides et a un diamètre de 25 nm. Des expériences in vitro montrent que la γ-TuRC peut directement amorcer l'assemblage des microtubules à des concentrations subliminales de tubuline, c'est-à-dire à des concentrations sous lesquelles la polymérisation n'aurait pas lieu en absence de γ-TuRC. Pour savoir comment γ-TuRC s'associe aux microtubules, on a effectué des expériences au moyen d'anticorps marqués à l'or colloïdal et spécifiques des composants de γ-TuRC, soit la tubuline γ ou XGRIP. Les résultats de ces études révèlent que les complexes sont localisés à un bout d'un microtubule et sont absents sur les côtés (Figure 20-15a). Cette localisation est compatible avec un rôle pour γ-TuRC dans l'amorçage de l'assemblage

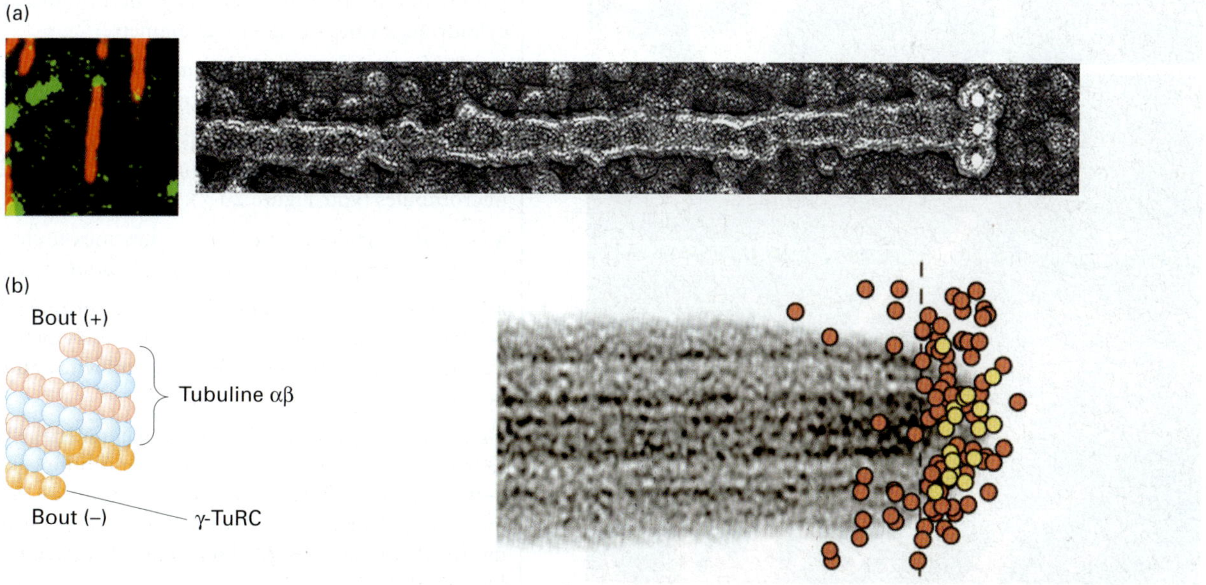

FIGURE EXPÉRIMENTALE 20-15 Le complexe en anneau de la tubuline γ (γ-TuRC) est localisé à un bout du microtubule. (a) Une micrographie en fluorescence (à gauche) et une micrographie électronique (*à droite*) de microtubules colorés par des anticorps marqués à l'or et dirigés contre la tubuline γ ou la XGRIP, une protéine se liant au microtubule. Les deux protéines sont des composants du γ-TuRC. Les protéines marquées sont localisées à un bout des microtubules. (b) Un modèle de γ-TuRC. On pense que ce complexe amorce l'assemblage du microtubule en présentant une rangée de sous-unités de tubuline γ, qui peuvent se lier directement aux sous-unités de tubuline $\alpha\beta$. Ce modèle s'appuie sur le diagramme que l'on a obtenu en rapportant les positions que les anticorps marqués à l'or anti-tubuline γ (en rouge) ou anti-XGRIP109 (en jaune) occupaient sur le bout d'un microtubule lors de plusieurs expériences. [Parties (a) et (b, à droite) de T. J. Keating et G. G. Borisy, 2000, *Nature Cell Biol.* **2** :352 ; avec l'autorisation de T. J. Keating et G. G. Borisy. Partie (b, à gauche) adapté de C. Wiese et Y. Zheng, 1999, *Curr. Opin. Struc. Biol.* **9** :250.]

microtubulaire. Un modèle de γ-TuRC basé sur la microscopie électronique montre la tubuline γ en contact avec le bout (–) d'un microtubule (Figure 20-15b).

L'organisation des vésicules et organites cytoplasmiques dépend des microtubules

La microscopie en fluorescence montre que les organites limités par une membrane comme le réticulum endoplasmique (RE), le Golgi, les endosomes et les mitochondries sont associés aux microtubules. Par exemple, dans des fibroblastes en culture colorés par des anticorps anti-tubuline et DiOC6, un fluorochrome spécifique du RE, le réseau anastomosé du RE dans le cytosol a une localisation parallèle à celle de microtubules (Figure 20-16). Si les cellules sont traitées par une drogue qui dépolymérise les microtubules, le RE perd son organisation en réseau. Après élimination de la drogue, des extensions digitées du RE croissent en même temps que des microtubules se forment. Dans des systèmes acellulaires, le RE peut être reconstitué avec des microtubules et un extrait cellulaire riche en RE. Même dans ces conditions acellulaires, les membranes du RE s'allongent le long des microtubules. Cette association étroite entre RE et microtubules intacts suggère que des protéines fixent les membranes du RE aux microtubules.

Le rôle des microtubules dans l'organisation du complexe de Golgi a été aussi étudié de manière approfondie. Dans les fibroblastes en interphase, le complexe de Golgi est concentré près du MTOC. Au cours de la mitose (ou après la dépolymérisation des microtubules par le colcémide), le complexe de Golgi se divise en petites vésicules dispersées dans tout le cytosol. Lorsque les microtubules cytosoliques se reforment durant l'interphase (ou après l'élimination du colcémide), les vésicules du Golgi se déplacent le long de ces rails microtubulaires vers le MTOC, où elles se ré-agrègent pour former de grands complexes membranaires.

Ces observations sont parmi les premières qui ont suggéré que les microtubules jouent un rôle dans le transport intracellulaire des vésicules et des organites limités par une membrane. D'autres exemples d'un tel transport et de protéines motrices qui y contribuent sont décrits dans la Section 20-2.

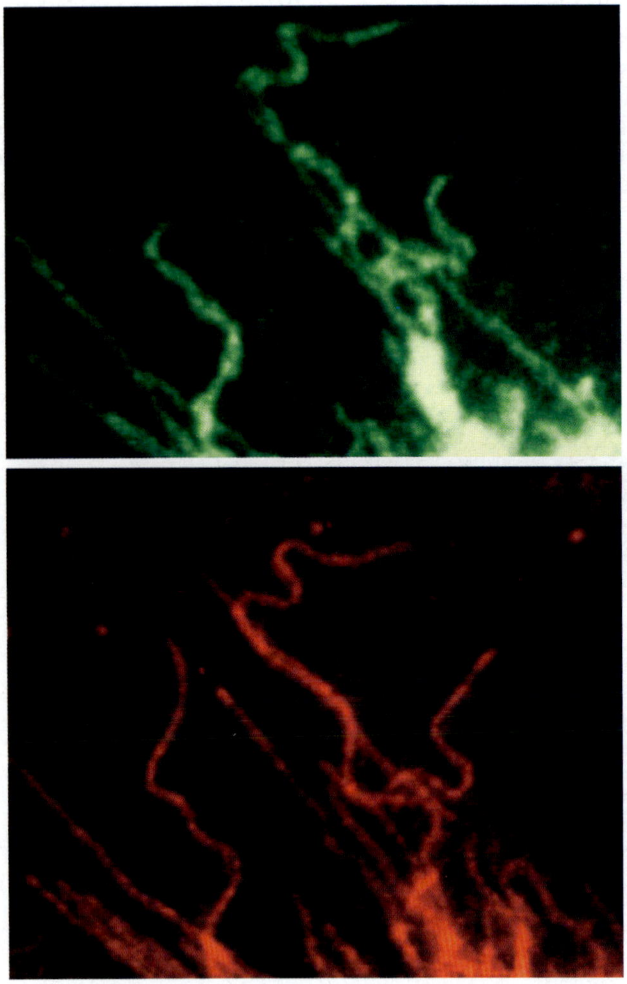

FIGURE EXPÉRIMENTALE 20-16 La microscopie en fluorescence révèle la co-localisation des membranes du réticulum endoplasmique et des microtubules cytosoliques. DiOC6, un colorant fluorescent vert qui se fixe au RE et des anticorps fluorescents anti-tubuline (en rouge) colorent un fibroblaste en culture provenant d'une grenouille. L'alignement du réseau du RE et des microtubules dans de nombreuses régions du cytoplasme, mais pas toutes, est rendu évident du fait que, dans cette cellule, les microtubules sont clairsemés. [Avec l'autorisation de M. Terasaki.]

CONCEPTS CLÉS DE LA SECTION 20.1

Organisation et dynamique des microtubules

- Les tubulines appartiennent à une famille ancienne de GTPases qui polymérisent pour former des microtubules, des structures cylindriques vides de 25 nm de diamètre.
- Les microtubules, comme les microfilaments d'actine, ont une polarité de structure et de fonction.
- Les sous-unités dimériques αβ interagissent bout à bout pour former des protofilaments, qui s'associent latéralement en microtubules (voir Figure 20-7).
- Les microtubules sont polarisés. Les sous-unités sont ajoutées ou perdues de préférence à un bout, le bout (+).
- L'assemblage et le démontage des microtubules dépendent de la concentration critique, C_c, des sous-unités de tubuline αβ. Au-dessus de C_c, les microtubules s'assemblent ; au-dessous, ils se dissocient.
- Les microtubules subissent deux phénomènes dynamiques qui se manifestent aux concentrations de tubuline près de C_c : (1) l'effet « tapis roulant », c'est-à-dire l'addition de sous-unités à un bout et leur perte à l'autre bout, et (2) l'instabilité dynamique, l'alternance entre allongement et raccourcissement (voir Figure 20-9).
- L'équilibre entre croissance et décroissance des microtubules, qui sont instables, dépend de la présence du GTP échangeable de la tubuline β au bout (+) ou de son hydrolyse en GDP (voir Figure 20-11).
- Des protéines associées aux microtubules (MAP) organisent les microtubules et déterminent leur stabilité. Certaines MAP empêchent ou favorisent la dépolymérisation des microtubules

cytosoliques ; d'autres MAP organisent les microtubules en faisceaux et les connectent aux membranes et aux filaments intermédiaires ou aux deux (voir Tableau 20-1).

- Diverses drogues, entre autres, la colchicine et le taxol, perturbent la dynamique des microtubules et exercent un effet antimitotique. Elles peuvent être utiles au traitement de certains cancers.
- La polarité cellulaire, y compris l'organisation des organites, la direction du trafic membranaire et l'orientation des microtubules, est déterminée par les centres d'organisation des microtubules (MTOC). La plupart des cellules animales en interphase contiennent un seul MTOC périnucléaire à partir duquel s'étendent les microtubules cytosoliques.
- Puisque l'assemblage des microtubules est amorcé à partir des MTOC, le bout (–) de la plupart des microtubules est adjacent au MTOC alors que le bout (+) en est éloigné (voir Figure 20-14).
- Un complexe contenant la tubuline γ est un composant majeur du matériel péricentriolaire et est capable d'amorcer la polymérisation des sous-unités de tubuline pour former des microtubules in vitro.

20.2 Mouvements assurés par les kinésines et dynéines

Dans les cellules, les protéines, les organites et les vésicules sont fréquemment transportés sur des distances de plusieurs micromètres le long de routes cytosoliques bien définies et livrés à des adresses particulières. La diffusion seule ne peut expliquer la vitesse, la direction et les destinations de tels processus. Les premières expériences sur des cellules pigmentées d'écailles de poisson et des neurones ont révélé la fonction des microtubules servant de rails pour le transport intracellulaire de divers types de cargaisons. Finalement, on a trouvé deux familles de protéines motrices, les **kinésines** et les **dynéines**, qui assurent le transport le long des microtubules.

Un second type de mouvement qui dépend des protéines motrices des microtubules est le battement des cils et flagelles. Un nombre énorme de cils (plus de 10^7/mm^2) couvre les surfaces des voies respiratoires des mammifères ; les battements ciliaires expulsent les particules qui s'accumulent dans le mucus sécrété par ces tissus. Dans l'oviducte, les cils contribuent au transport des œufs dans la trompe de Fallope. Par contre, les spermatozoïdes et de nombreux organismes unicellulaires ont un seul flagelle, qui propulse les cellules en avant à des vitesses approchant 1 mm/s.

Dans cette section, nous considérerons d'abord le transport dans les axones. Les études du *transport axonal*, un processus découvert il y a plus de 50 ans, ont contribué grandement à notre compréhension du transport intracellulaire associé aux microtubules. Nous décrirons ensuite la structure et la fonction des protéines motrices des microtubules, et nous conclurons en présentant les structures microtubulaires particulières des cils et flagelles et les protéines motrices responsables de leurs mouvements.

Le transport axonal le long des microtubules est bidirectionnel

Un neurone doit constamment fournir de nouvelles substances, protéines et membranes, à l'extrémité de l'axone pour remplacer celles qui ont été perdues au cours de l'exocytose des neurotransmetteurs à la jonction synaptique avec une autre cellule. Puisque les protéines et les membranes sont synthétisées uniquement dans le corps de la cellule, ces substances doivent être transportées au bout de l'axone, qui peut avoir jusqu'à un mètre de long. Ce transport s'effectue sur des microtubules, qui sont tous orientés avec leur bout (+) du côté synaptique (voir Figure 20-14c).

Des expériences classiques de *pulse-chase* dans lesquelles des précurseurs sont injectés dans les ganglions des racines dorsales près de la moelle épinière et suivis le long des axones montrent que

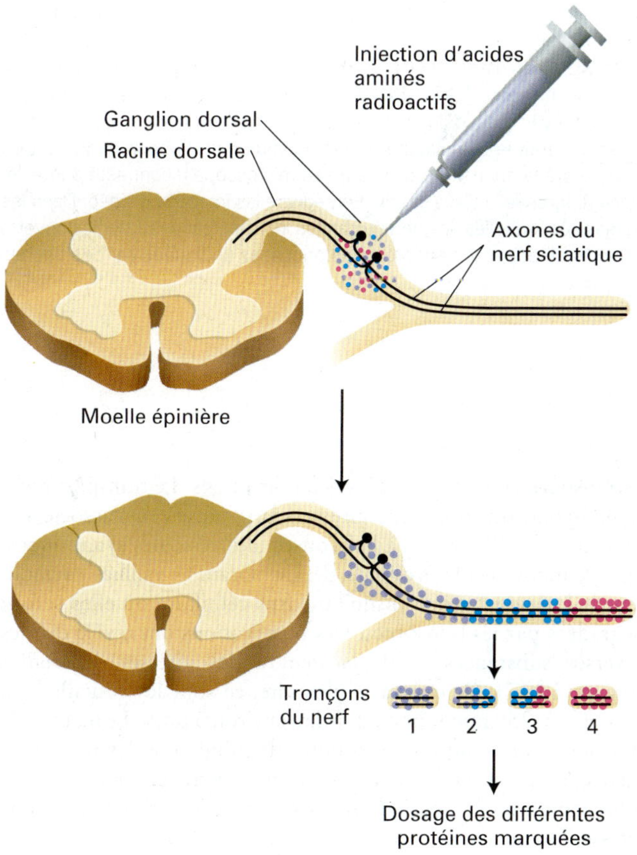

FIGURE EXPÉRIMENTALE 20-17 La vitesse de transport axonal in vivo peut être mesurée par électrophorèse combinée au marquage radio-isotopique. Les corps cellulaires des neurones dans le nerf sciatique sont localisés dans les ganglions des racines dorsales. Des acides aminés radioactifs injectés dans ces ganglions chez des animaux d'expérience sont incorporés dans des protéines nouvellement synthétisées, qui sont alors transportées le long de l'axone jusqu'à la synapse. Les animaux sont sacrifiés à différents moments après l'injection et le nerf sciatique disséqué est découpé en morceaux destinés à une analyse par électrophorèse en gel. Les points rouges, les bleus et les pourpres représentent des groupes de protéines qui descendent le long de l'axone à différentes vitesses, les rouges le plus rapidement, les pourpres le plus lentement.

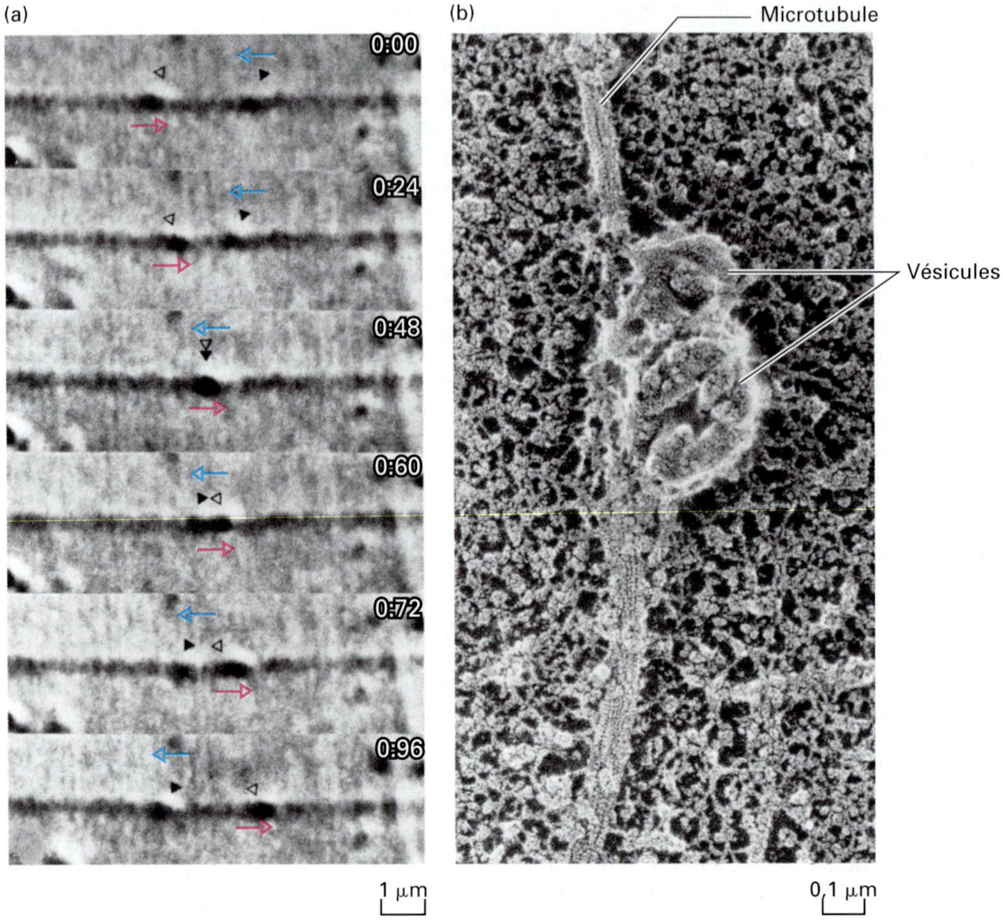

FIGURE EXPÉRIMENTALE 20-18 La micrographie DIC montre le transport de vésicules in vitro dépendant des microtubules. (a) En écrasant au moyen d'un rouleau un axone géant de calmar sur un couvre-objet, on en a extrait le cytoplasme. Après addition d'un tampon contenant de l'ATP, la préparation a été examinée au microscope à contraste d'interférence différentielle (DIC) et l'on a enregistré les images en vidéo. Dans les images séquentielles, les deux organites indiqués par des triangles ouverts et pleins se déplacent en directions opposées (indiquées par des flèches colorées) le long du même filament, se croisent et poursuivent leur chemin. Le temps est indiqué en secondes dans le coin supérieur droit de chaque cliché. (b) Une zone de cytoplasme identique à celle de (a) a été lyophilisée, ombrée au platine et photographiée au microscope électronique. Deux structures volumineuses sont fixées à un microtubule ; on présume que ce sont deux vésicules entraînées le long du microtubule au moment où on a congelé la préparation. [Voir Schnapp *et al.*, 1985, *Cell* **40** :455 ; avec l'autorisation de B. J. Schnapp, R. D. Vale, M. P. Sheetz et T. S. Reese].

le transport s'effectue dans les deux directions. Le transport *antérograde* part du corps cellulaire vers la synapse et est associé à la croissance de l'axone et à la livraison des vésicules synaptiques. Dans le mouvement *rétrograde*, des membranes « vieillies » remontent le long de l'axone jusqu'au corps cellulaire où elles seront dégradées par les lysosomes. Ces observations ont révélé que les diverses substances se déplaçaient à des vitesses différentes (Figure 20-17). Ce qui va le plus vite, ce sont les vésicules qui parcourent 250 mm/jour c'est-à-dire environ 3 μm/s. Le matériel le plus lent comprend les sous-unités de tubuline et les neurofilaments, qui avancent d'une fraction de millimètre par jour. Les organites comme les mitochondries descendent le long de l'axone à une vitesse intermédiaire.

Le transport axonal peut être suivi par vidéomicroscopie du cytoplasme extrait d'un axone géant de calmar. Le mouvement des vésicules le long des microtubules dans ce système acellulaire requiert de l'ATP ; sa vitesse est semblable à celle du transport axonal le plus rapide dans des cellules intactes, et il peut s'effectuer dans les deux directions (Figure 20-18a). La microscopie électronique de la même région du cytoplasme axonal montre des vésicules attachées aux microtubules individuels (Figure 20-18b). Ces expériences pionnières in vitro ont établi définitivement que les organites migrent le long des microtubules individuels et que leur déplacement requiert de l'ATP. Ces deux observations ont mené à l'identification des protéines motrices microtubulaires, dont dépendent les mouvements.

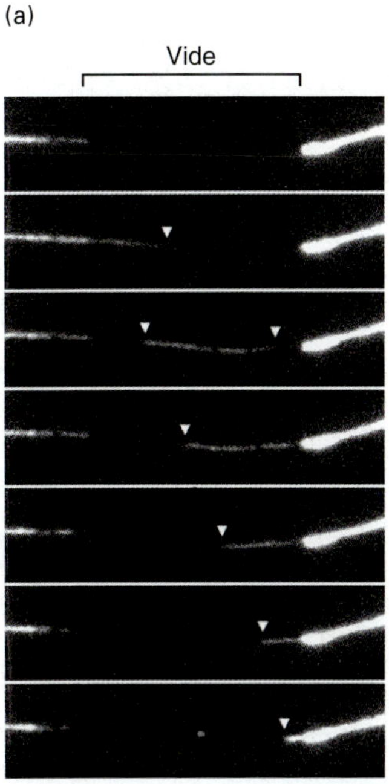

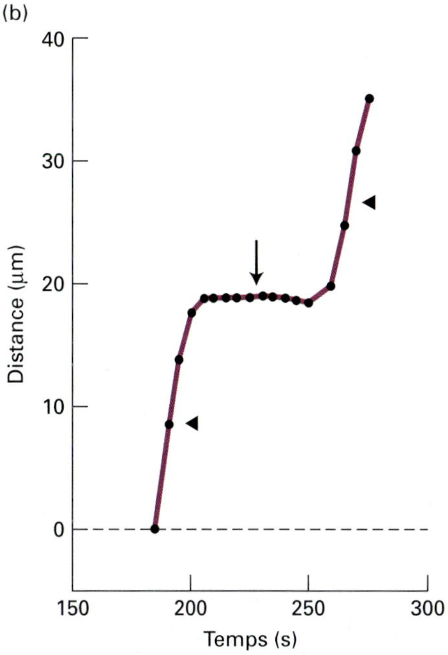

FIGURE EXPÉRIMENTALE 20-19 Le transport le long des axones de neurofilaments marqués par la GFP comporte des pauses. (a) Un segment d'axone est visible après que la protéine NF-M de neurofilament marquée par la GFP a été exprimée dans un neurone en culture. Des faisceaux de neurofilaments marqués sont séparés par des vides. Un neurofilament marqué par la GFP (tête de flèche) est vu en train de traverser un vide de 15 μm entre deux faisceaux marqués. Dans cette série, chaque cliché est pris à intervalles de 5 secondes. (b) Le graphique de la distance parcourue montre des pauses (flèche) dans le transport du neurofilament. Bien que le pic de vitesse (tête de flèche) soit semblable au transport axonal le plus rapide, la vitesse moyenne est beaucoup plus basse. [De L. Wang *et al.*, 2000, *Nature Cell Biol.* **2** :137 ; avec l'autorisation d'A. Brown.]

Des expériences récentes au cours desquelles des neurofilaments marqués par la protéine fluorescente verte (GFP) furent injectés dans des cellules en culture suggèrent que les neurofilaments font fréquemment une pause quand ils se déplacent le long de l'axone (Figure 20-19). Bien que le pic de vitesse de neurofilaments soit semblable à celui des vésicules au déplacement rapide, leurs nombreuses pauses ralentit leur vitesse moyenne de transport. Ces observations suggèrent qu'il n'existe pas de différence fondamentale entre les transports rapides ou lents ; cependant, on ignore encore pourquoi le transfert des neurofilaments est périodiquement interrompu.

La kinésine I assure le transport antérograde des vésicules dans les axones

La première protéine motrice des microtubules fut identifiée par un système simple qui consistait en microtubules assemblés in vitro à partir de sous-unités de tubuline purifiées et stabilisées par le taxol. Lorsque des vésicules synaptiques et de l'ATP étaient ajoutées, les vésicules ne s'attachaient pas aux microtubules et ne se déplaçaient pas du tout. Cependant, l'ajout d'un extrait cytosolique d'axone géant de calmar (sans tubuline) a permis aux vésicules de se fixer aux microtubules et de migrer le long de ceux-ci. Ce qui indiquait qu'une protéine soluble dans le cytosol axonal est requise pour la translocation.

Lorsque l'on a incubé les vésicules, le cytosol axonal et les microtubules en présence d'AMPPNP, un analogue non hydrolysable de l'ATP, les vésicules se sont liées étroitement aux microtubules, mais ne se sont pas déplacées. Cependant, elles ont migré dès l'apport d'ATP. Ces résultats suggéraient qu'une protéine motrice dans le cytosol se lie aux microtubules en présence d'ATP ou d'AMPPNP, mais que le mouvement requiert l'hydrolyse de l'ATP. Afin de purifier la protéine motrice soluble, on a incubé un mélange de microtubules, un extrait cellulaire ou tissulaire et de l'AMPPNP avec l'idée que l'AMPPNP permettrait aux protéines motrices de l'extrait de se lier aux microtubules. Après incubation, les microtubules et toutes les protéines attachées furent recueillis par centrifugation. En traitant le culot de microtubules avec de l'ATP, on a détaché une protéine prédominante, connue maintenant sous le nom de kinésine I.

La kinésine isolée de l'axone de calmar est un dimère d'un PM total de 380 000 comprenant deux chaînes lourdes, chacune associée à une chaîne légère. On distingue une paire de volumineux domaines globulaires, dits *têtes* de la molécule. Elles sont reliées par une longue *tige centrale* à une paire de petits domaines globulaires contenant les chaînes légères et formant la *queue* de la protéine (Figure 20-20). Chaque domaine remplit une fonction particulière. La tête, qui se lie aux microtubules et à l'ATP, est responsable de l'activité motrice de la kinésine, alors que la queue attache la molécule aux membranes des vésicules, très probablement par l'intermédiaire d'une chaîne légère.

Le mouvement des vésicules dépendant de la kinésine peut être suivi par des tests de motilité in vitro semblables à ceux que l'on utilise pour étudier les mouvements dépendant de la myosine. Dans un type de test, une vésicule ou une bille en plastique couverte de kinésine est ajoutée à une lame de verre avec une préparation de

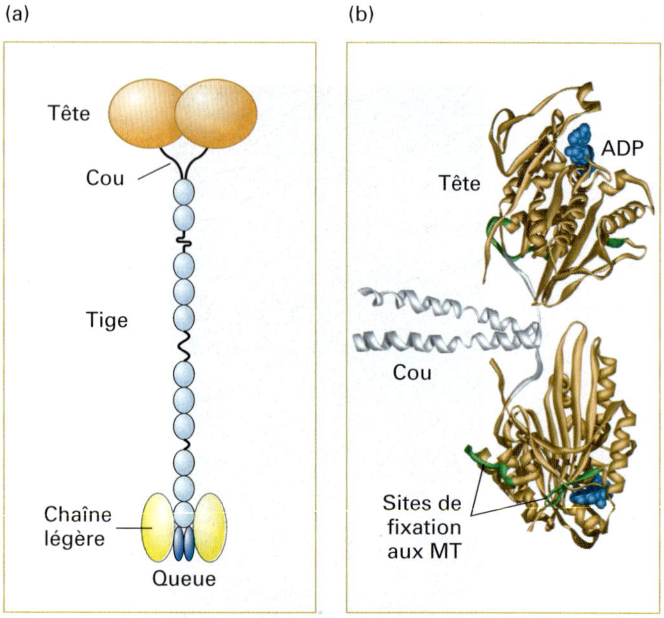

FIGURE 20-20 Structure de la kinésine. (a) Modèle schématique de kinésine montrant la disposition des deux chaînes lourdes, chacune ayant un PM de 110 000-135 000, et les deux chaînes légères, chacune ayant un PM 60 000-70 000. (b) Structure tridimensionnelle d'un dimère de kinésine basée sur la cristallographie aux rayons X. Chaque « tête » est attachée à un « cou » formé d'hélices α, qui forment une superhélice dimérique. L'hélice à laquelle les microtubules (MT) s'attachent est indiquée ; cette interaction est régulée par le nucléotide (en bleu) lié au côté opposé du domaine. La distance entre les sites de fixation aux microtubules est de 5,5 nm. [Partie (b) avec l'autorisation de E. M. Mandelkow, adapté de M. Thormahlen *et al.*, 1998, *J. Struc. Biol.* **122** :30.]

microtubules. Au microscope, on observe qu'en présence d'ATP les billes migrent le long du microtubule dans une direction. En déterminant la polarité des microtubules, on a trouvé que les billes couvertes de kinésine I se déplaçaient toujours du bout (–) vers le (+) (Figure 20-21). Cette direction correspondant au transport antérograde, la kinésine I est donc une protéine motrice assurant le transport axonal antérograde.

La plupart des kinésines sont des protéines motrices dites *processives* se dirigeant vers le bout (+)

Jusqu'à présent, environ 10 sous-groupes différents de kinésine ont été identifiés. Tous contiennent le domaine globulaire formant la tête (le moteur), mais ils diffèrent par les domaines constituant la queue et par diverses autres propriétés. Dans la plupart des kinésines, le domaine moteur se trouve à l'extrémité N-terminale (type N) de la chaîne lourde, mais dans d'autres, le domaine moteur est situé au milieu (type M) ou à l'extrémité C-terminale (type C). Les deux types N et M exercent leur activité motrice vers le bout (+), tandis que l'activité motrice du type C est dirigée vers le bout (–). Bien que la plupart des kinésines contiennent deux chaînes lourdes (e.g. kinésine I), d'autres n'en ont qu'une (e.g. KIF1) ou quatre (e.g. BimC). Cette protéine tétramérique a une structure bipolaire inhabituelle dans laquelle des paires de domaines moteurs se trouvent aux bouts opposés d'une tige centrale.

Les kinésines se répartissent en deux grands groupes fonctionnels, les *kinésines cytosoliques et mitotiques*, sur base de la cargaison qu'elles transportent (Tableau 20-2). Les différences fonctionnelles entre kinésines sont liées à leurs domaines de queue, qui déterminent quelle cargaison sera prise en charge. Les kinésines cytosoliques transportent les vésicules et les organites ; elles comprennent la classique kinésine I axonale, dont on a montré le rôle dans le transport des lysosomes et d'autres organites. Certaines kinésine cytosoliques transportent une cargaison spécifique. Par exemple, KIF1 et la protéine apparentée KIF1A transportent respectivement les mitochondries et les vésicules synaptiques vers les extrémités nerveuses. D'autres kinésines cytosoliques assurent le transport des vésicules sécrétoires vers la membrane plasmique et le mouvement radiaire des membranes du

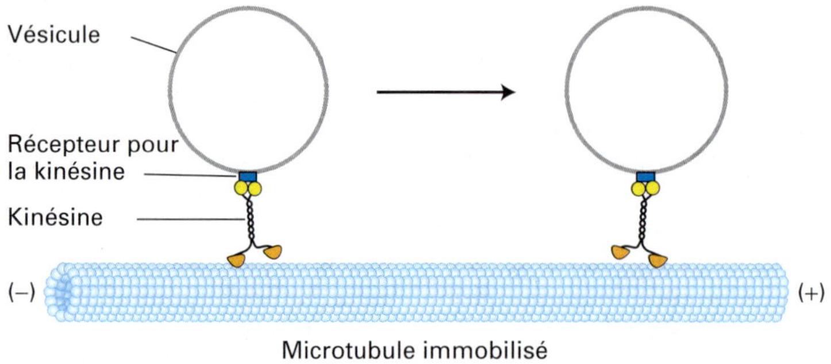

FIGURE 20-21 Modèle du transport de vésicules catalysé par la kinésine. Les molécules de kinésine, attachées à des récepteurs non identifiés à la surface de la vésicule, transportent les vésicules du bout (–) au bout (+) du microtubule immobilisé. L'ATP est indispensable à ce déplacement. [Adapté de Vale *et al.*, 1985, *Cell* **40** :559 ; et T. Schroer *et al.*, 1988, *J. Cell Biol.* **107** :1785.]

TABLEAU 20-2 Classes fonctionnelles de protéines motrices des microtubules

Classe	Membres principaux	Cargaison	Direction du mouvement*
Moteurs cytosoliques	Kinésines (I, KIFIA, KIFIB)	Vésicules cytosoliques/organites	(+)
	Dynéine cytosolique	Vésicules cytosoliques/organites	(−)
	Kinésine II	Vésicules cytosoliques/organites	(+)
Moteurs mitotiques	Kinésine BimC (bipolaire)	Fuseau et MT astraux	(+)
	Chromokinésines	Chromosomes (bras)	(+)
	MCAK	Kinétochores	(+)
	CENP-E	Kinétochores	(+)
	Kinésine Ncd	Fuseau et MT astraux	(−)
	Dynéine cytosolique	Kinétochores, centrosomes, cortex cellulaire près des pôles du fuseau	(−)
Moteurs axonémaux	Dynéines des bras externes et des bras internes†	Doublet microtubulaire dans les cils et flagelles	(−)

*Mouvement de la protéine motrice vers le bout (+) ou le bout (−) des microtubules.

† Les dynéines des bras externes ont trois chaînes lourdes, alors que les dynéines des bras internes en ont deux.

RE et des granules pigmentaires. Par contre, les kinésines mitotiques participent à l'assemblage du fuseau et à la répartition des chromosomes lors de la division cellulaire. Ce groupe comprend de nombreuses protéines, entre autres la protéine CENP-E associée au kinétochore, la BimC bipolaire et une protéine motrice orientée vers le bout (–) appelée Ncd. Les fonctions des kinésines mitotiques sont décrites plus en détail dans la Section 20.3.

Une séquence *TPR* (*tetratrico peptide repeat*), identifiée récemment dans les chaînes légères de kinésine I, pourrait interagir avec les protéines de la membrane de diverses cargaisons, ce qui attacherait les vésicules ou les organites à la kinésine. Par exemple, on a trouvé que la séquence TPR se lie à plusieurs protéines, y compris le précurseur de l'amyloïde. D'autres kinésines peuvent avoir différentes séquences d'interactions qui se lient à des récepteurs membranaires différents.

Deux propriétés motrices fondamentales des kinésines, la longueur de leur pas et leur force, ont été mesurées au cours d'expériences de piège optique semblables à celles qui ont été utilisées dans l'étude de la myosine (voir Figure 19-18). Ces tests ont montré qu'une molécule dimérique de kinésine (e.g. la kinésine I) exerce une force de 6 piconewtons, ce qui est suffisant pour tirer une vésicule à travers le cytoplasme visqueux. La longueur du pas de la kinésine correspond à la distance entre monomères de tubuline α ou β qui se suivent dans un protofilament, ce qui suggère que la kinésine ne se lie qu'à un monomère à la fois. Des reconstructions à partir de micrographies électroniques montrent que la kinésine se lie principalement à la tubuline β. Dans d'autres expériences, on a établi que la molécule de kinésine, bien qu'elle soit bicéphale, se déplace le long d'un seul protofilament, une tête étant toujours fixée au microtubule. En conséquence, une molécule de kinésine peut se mouvoir le long d'un microtubule sur une longue distance sans s'en détacher, une propriété appelée *processivité*. À cause de leur haute processivité, les kinésines dimériques sont très efficaces dans le transport de cargaisons d'une région cellulaire à une autre.

Au Chapitre 3, nous avons vu que la région du cou de la myosine, qui agit comme un bras de levier rigide, joue un rôle critique dans le couplage de l'hydrolyse de l'ATP au mouvement de la myosine le long du microfilament d'actine. Par contre dans la kinésine, la partie qui unit la tête à la tige centrale est flexible (voir Figure 20-20). Selon les modèles actuels, l'hydrolyse de l'ATP par la kinésine entraînerait un mouvement du cou qui place la tête de la molécule de telle manière que celle-ci puisse effectuer le pas suivant sur le protofilament. Ce modèle dans lequel le cou et non le domaine moteur déterminerait la direction du mouvement de la kinésine est étayé par des remplacements expérimentaux de certains domaines. Par exemple, le remplacement du domaine moteur de Ncd, qui se dirige vers le bout (–), par celui de la kinésine I, qui se dirige vers le bout (+), a donné une protéine chimérique qui se dirigeait vers le bout (–). De même, substituer le domaine moteur de la kinésine I par celui de Vcd a fourni une protéine qui se dirigeait vers le bout (+). Il faut en conclure que la direction du mouvement n'est pas une propriété intrinsèque du domaine moteur. De plus, des mutations dans la région du cou de Ncd ont inversé l'orientation de son déplacement : normalement, elle se dirige vers le bout (–), mais après mutation, elle se dirigeait vers le bout (+).

Les dynéines cytosoliques sont des protéines motrices à orientation (–) dont la cargaison est arrimée par la dynactine

Seconde famille de protéines motrices des microtubules, les dynéines sont responsable du transport axonal rétrograde, du transfert des vésicules du Golgi vers le centrosome et de divers

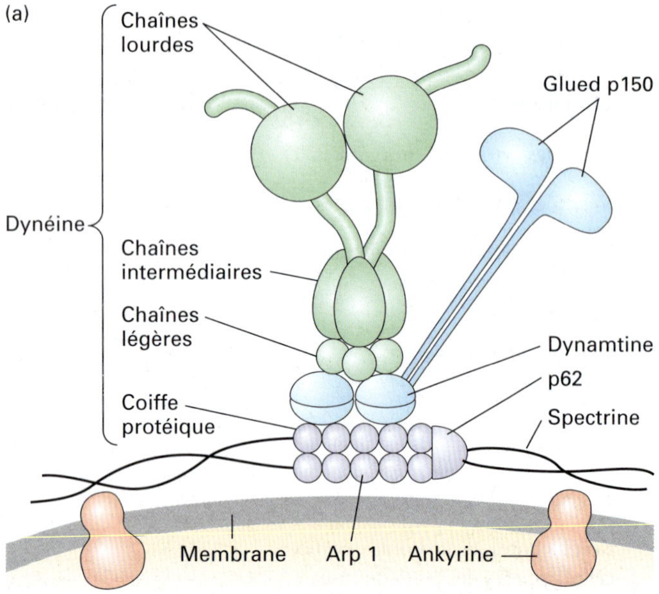

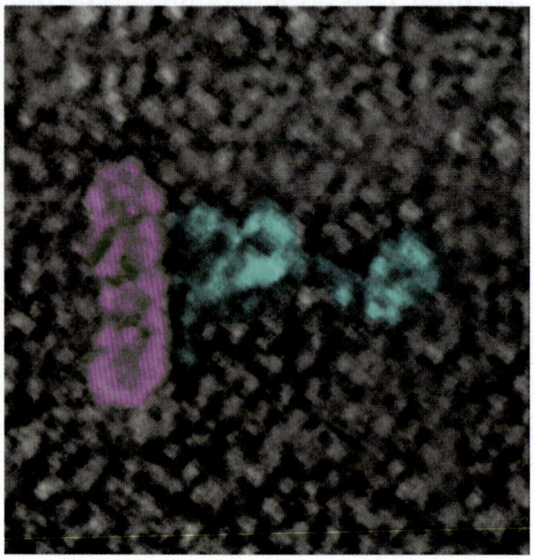

FIGURE 20-22 Dynéine cytosolique et hétérocomplexe de la dynactine. (a) Schéma de la dynéine (en vert) liée au complexe de la dynactine (en bleu) par des interactions entre les chaînes légères de la dynéine et les sous-unités de dynamtine appartenant à la dynactine. Les sous-unités Arp1 de la dynactine forment un minifilament qui s'associe à la spectrine sous-jacente à la membrane de la cellule. Les sous-unités Glued se lient aux microtubules et aux vésicules. (b) Micrographie électronique d'une réplique métallique du complexe de dynactine isolée à partir de cellules cérébrales. Le minifilament Arp1 (en pourpre) et le bras latéral de dynamtine/Glued (en bleu) sont visibles. [Partie (a) adaptée de N. Hirokawa, 1998, *Science* **279** :518. Partie (b) de D. M. Eckley *et al.*, 1999, *J. Cell Biol.* **147** :307.]

autres mouvements dirigés vers le bout (–). Ce sont des protéines multimériques de taille exceptionnellement grande, dont le PM excède 1 x 10^6. Elles se composent de deux ou trois chaînes lourdes associées à un nombre indéterminé de chaînes de masse moyenne ou légère. On les répartit en deux classes fonctionnelles (Tableau 20-2) : (1) les dynéines *cytosoliques*, qui jouent un rôle dans le mouvement des vésicules et des chromosomes et que nous allons décrire ; (2) Les dynéines *axonémales*, responsables du battement des cils et des flagelles, dont il sera question plus tard.

Comme la kinésine I, une dynéine cytosolique est une molécule bicéphale, avec deux chaînes lourdes presque identiques constituant les têtes. Contrairement à la kinésine, la dynéine ne peut transporter une cargaison à elle seule ; elle a besoin de la *dynactine*, un grand complexe protéique qui attache les vésicules et les chromosomes aux chaînes légères de la dynéine (Figure 20-22). Des expériences de liaison in vitro montrent que la dynactine s'attache aussi aux microtubules, augmentant ainsi la processivité du mouvement dépendant de la dynéine. La dynactine comprend au moins huit sous-unités, parmi lesquelles une protéine appelée Glued, qui se lie aux microtubules, Arp1, une protéine apparentée à l'actine qui lie la spectrine, et la dynamtine, qui interagit avec les chaînes légères de la dynéine. Le site de liaison aux microtubules dans Glued contient un motif de 57 résidus présent également dans CLIP170, une protéine associée aux microtubules et qui les connecte aux vésicules d'endocytose (voir Tableau 20-1). Un modèle propose que la dynéine procure la force nécessaire au mouvement des vésicules, mais qu'elle reste attachée à un microtubule par la dynactine.

Comme il en sera question plus tard, plusieurs indications suggèrent que le complexe dynéine-dynactine et un autre complexe, la protéine de l'appareil nucléaire/mitotique (NuMA), relient les microtubules aux centrosomes au cours de la mitose. Les études in vitro montrent que la protéine NuMA tronquée se fixe aux microtubules si la région C-terminale est présente. Comme dans les MAP, la région C-terminale de la protéine NuMA est fortement acide ; des interactions ioniques pourraient donc assurer sa liaison aux microtubules.

Plusieurs protéines motrices déplacent parfois la même cargaison

La Figure 20-23 résume le rôle des kinésines et des dynéines cytosoliques dans le transport intracellulaire le long des microtubules. Puisque l'orientation de ceux-ci est fixée par le MTOC, l'orientation du transport soit vers la périphérie ou vers le centre de la cellule dépend de la protéine motrice. Certaines cargaisons, comme les granules pigmentaires, peuvent alterner leur direction de déplacement le long d'un seul microtubule. Dans ce cas, les protéines motrices antérogrades et rétrogrades doivent se charger de la même cargaison. Récemment, on a constaté que la dynactine fait partie du récepteur membranaire et sert d'adaptateur tant pour la liaison à la kinésine qu'à la dynéine cytoplasmique. La direction du mouvement peut donc être changée par la substitution d'une protéine motrice par une autre.

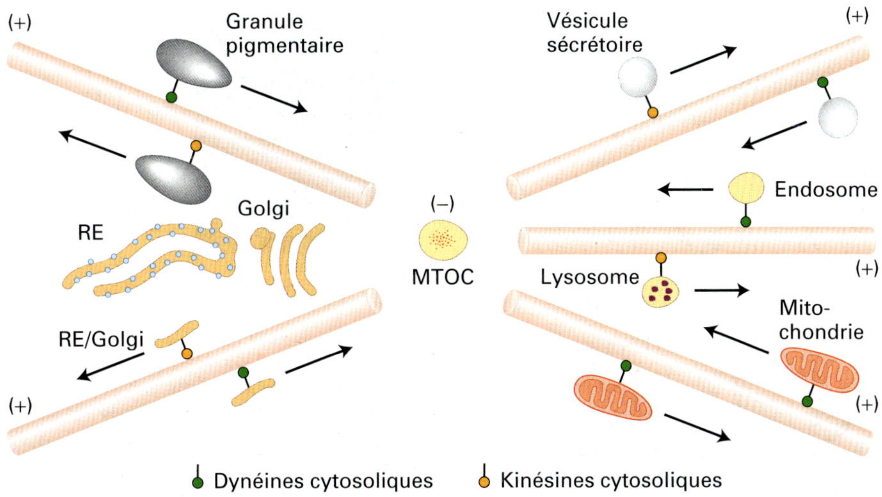

FIGURE 20-23 Modèle général du transport assuré par la kinésine et la dynéine dans une cellule typique. Le réseau de microtubules, avec leur bout (+) pointant vers la périphérie cellulaire, irradie à partir d'un MTOC dans la région du Golgi. Le mouvement antérograde dépendant de la kinésine transporte les mitochondries, les lysosomes et un assortiment de vésicules vers le réticulum endoplasmique (RE) ou la périphérie cellulaire. Le mouvement rétrograde dépendant de la dynéine cytosolique transporte les mitochondries, des éléments du RE et les endosomes tardifs vers le centre de la cellule. [Adapté de N. Hirokawa, 1998, *Science* **279** :518.]

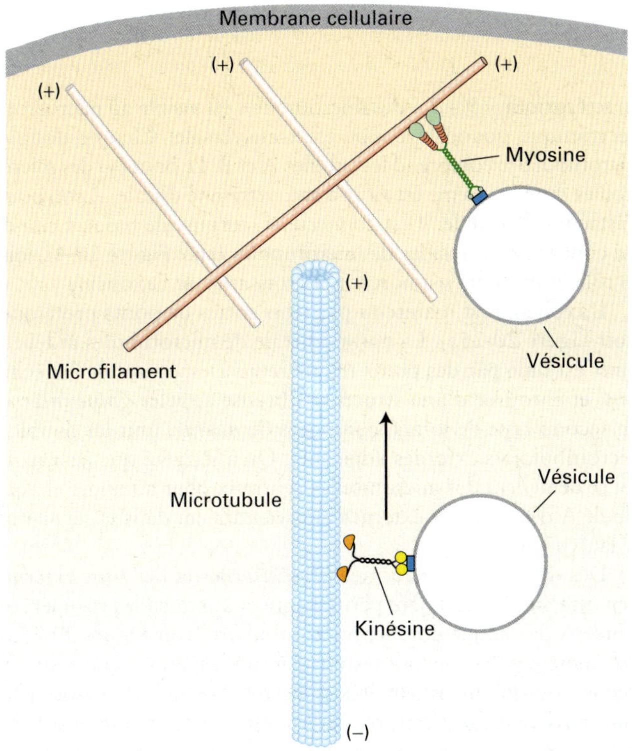

FIGURE 20-24 Coopération de la myosine et de la kinésine dans le cortex de la cellule. Les microtubules s'approchent de la membrane cellulaire riche en actine. En conséquence, certaines cargaisons sont transportées vers la périphérie cellulaire par la kinésine servant de protéine motrice sur les microtubules, mais le voyage s'achève sur les microfilaments où la propulsion est assurée par la myosine servant de protéine motrice.

Dans certains cas, une vésicule doit traverser des régions cellulaires pauvres en microtubules mais riches en microfilaments. Par exemple, durant l'endocytose, des vésicules dérivées de la membrane plasmique riche en actine, sont intériorisées, alors que durant la sécrétion, des vésicules dérivées du réticulum endoplasmique et du Golgi sont extériorisées. Les résultats d'expériences complémentaires impliquent que des protéines motrices des microtubules et des microfilaments se lient aux mêmes vésicules et coopèrent pour assurer leur transport. À ce propos, une indication a été fournie par l'observation microscopique des mouvements vésiculaires dans le cytoplasme extrait d'un axone géant de calmar. Comme nous l'avons mentionné souvent, des vésicules migrent le long des rails microtubulaires, mais on a été surpris de constater que le mouvement persistait à la périphérie du cytoplasme dans une région contenant des microfilaments mais pas de microtubules. Des expériences ultérieures ont montré qu'une vésicule donnée pouvait se déplacer sur un microtubule *ou* un microfilament. Ainsi, au moins deux protéines motrices, la myosine et soit une kinésine ou une dynéine cytosolique, doivent être attachées à la même vésicule (Figure 20-24). La découverte qu'une vésicule donnée peut se déplacer le long des deux systèmes du cytosquelette suggère que, dans le neurone, les vésicules synaptiques soient transportées rapidement par la kinésine dans l'axone, riche en microtubules, mais qu'elles se déplacent à travers le cortex riche en actine à l'extrémité du nerf sous l'action motrice de la myosine.

L'axe des cils et les flagelles des eucaryotes est constitué de doublets microtubulaires hérissés de dynéines axonémales

Les cils et les flagelles sont des extensions membranaires souples projetées par certaines cellules. Leur longueur varie de quelques micromètres à plus de 2 mm pour les flagelles des spermatozoïdes

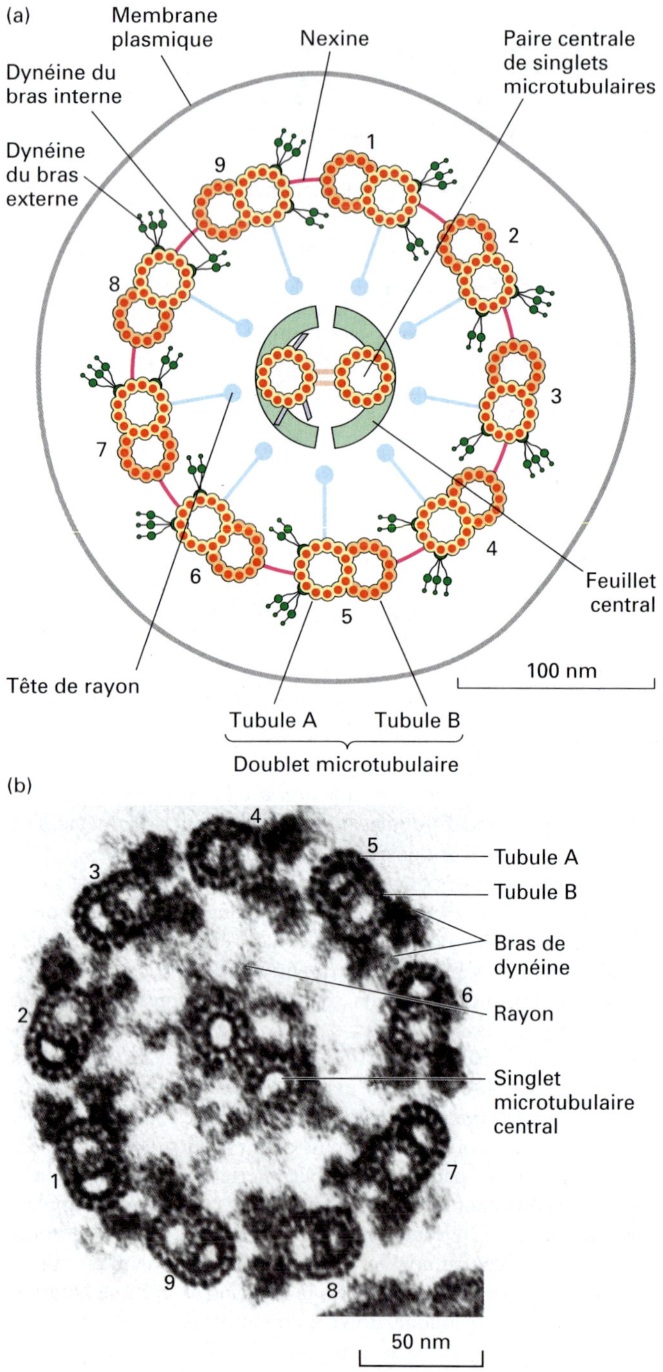

FIGURE 20-25 Structure d'un axonème. (a) Coupe schématique d'un flagelle typique montrant ses structures principales. Les bras de dynéine et les rayons avec les têtes attachées entourent une paire centrale de microtubules indépendants (*singlets*). (b) Micrographie d'une coupe transversale de cil isolé et dépourvu de sa membrane. [Voir U. W. Goodenough et J. E. Heuser, 1985, *J. Cell Biol.* **100** :2008. Partie (b) avec l'autorisation de L. Tilney.]

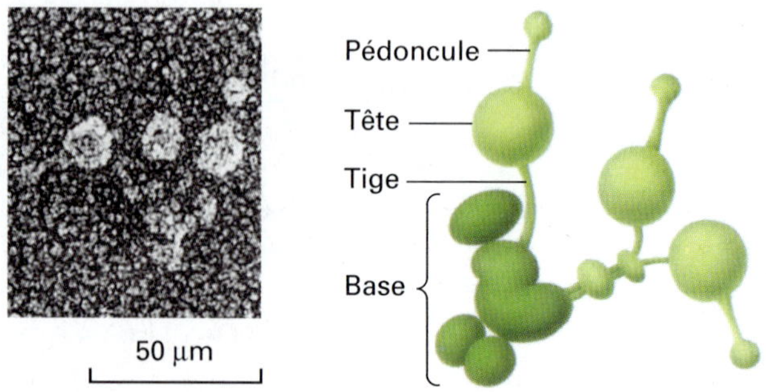

FIGURE EXPÉRIMENTALE 20-26 Le cryodécapage révèle la structure de la dynéine axonémale. Micrographie électronique de la dynéine du bras externe cryodécapé des cils de *Tetrahymena* et représentation schématique de la structure. La base contient plusieurs chaînes intermédiaires et légères. Trois chaînes lourdes sont attachées à la base commune ; chacune est composée d'une longue tige, d'un grand domaine globulaire (tête), d'un petit domaine globulaire, ces deux domaines étant connectés par un court pédoncule. Les microtubules se lient au sommet du pédoncule. On pense que toutes les dynéines axonémales ont cette structure générale, bien que certaines dynéines de bras externes contiennent deux chaînes lourdes, et les dynéines de bras internes contiennent une ou deux chaînes lourdes. [Micrographie électronique de U. W. Goodenough et J. E. Heuser, 1984, *J. Mol. Biol.* **18** :1083.]

de certains insectes. Pratiquement, tous les cils et les flagelles possèdent un faisceau central de microtubules, l'**axonème.** Il consiste en neuf doublets microtubulaires entourant une paire centrale de microtubules indépendants (Figure 20-25). Cette disposition caractéristique « 9 + 2 » des microtubules est visible au microscope électronique quand la coupe est transversale. Chaque doublet microtubulaire comprend les tubules A et B. Le bout (+) des microtubules d'un axonème est situé à son extrémité distale. À son point d'attache à la cellule, il est connecté au **corpuscule basal.** Celui-ci, qui contient neuf triades de microtubules (voir Figure 20-4), joue un rôle important en amorçant la croissance de l'axonème.

L'axonème est maintenu par trois sortes de ponts protéiques (voir Figure 20-25a). La paire centrale de microtubules indépendants est unie par des ponts régulièrement espacés, tels des échelons, et entourée d'une structure fibreuse appelée *gaine interne*. Un second type de joints, composés de *nexine*, unit les doublets microtubulaires externes adjacents. On a suggéré que les *rayons* qui se détachent des microtubules centraux pour atteindre chaque tubule A des doublets externes interviendraient dans la régulation de la dynéine.

Des dynéines formant des *bras internes* et des *bras externes* sont attachées de manière permanente et à intervalles réguliers au tubule A de chaque doublet microtubulaire (voir Figure 20-25a). Ces dynéines axonémales sont des multimères complexes de chaînes lourdes, intermédiaires et légères. Lorsqu'on les isole, elles sont partiellement dénaturées et lorsqu'elles sont étalées sur une grille de microscope électronique, elles apparaissent comme un bouquet de deux ou trois « fleurs » connectées à une base commune (Figure 20-26). Chaque fleur consiste en un domaine globulaire volumineux (la tête) attaché à un petit domaine globulaire par un court pédoncule ; une tige connecte une ou plusieurs fleurs à une base commune, qui, pense-t-on, attacherait la dynéine au tubule A, tandis que les domaines globulaires se projettent à l'extérieur vers le tubule B du doublet voisin.

Une seule chaîne lourde de dynéine, qui forme le pédoncule, la tête et la tige est énorme, comprenant environ 4.500 acides aminés avec un PM excédant 540 000. Au moins huit ou neuf chaînes lourdes différentes ont été identifiées, chacune capable d'hydrolyser l'ATP. Sur base des comparaisons de séquences avec les sites de liaison de l'ATP dans d'autres protéines, on suppose que l'ATP s'insère dans un site de la tête de la chaîne lourde, la liaison au microtubule se faisant par le sommet du pédoncule. Les dynéines des bras internes sont des structures uni- ou bicéphales contenant une ou deux chaînes lourdes. Les dynéines des bras externes contiennent deux chaînes lourdes (e.g. dans un flagelle du sperme d'oursin) ou trois chaînes lourdes (e.g. dans les cils de *Tetrahymena* et les flagelles de *Chlamydomonas*).

On pense que les chaînes intermédiaires et légères dans la dynéine axonémale forment la région basale. Ces chaînes attachent le bras de la dynéine au tubule A et peuvent contribuer à la régulation de l'activité de la dynéine. Les protéines de la base des dynéines axonémales sont donc analogues à celles qui composent les complexes de dynactine associés aux dynéines cytosoliques.

Le battement des cils et des flagelles est produit par un glissement contrôlé des doublets de microtubules externes

Le battement des cils et des flagelles est caractérisé par une série d'ondulations. Celles-ci partent de la base de la structure, se propagent vers la pointe (Figure 20-27) et, en s'appuyant sur le fluide environnant, elles propulsent la cellule en avant ou déplacent le film liquide à la surface d'un épithélium. Une courbure résulte du glissement de doublets microbubulaires adjacents l'un par rapport à l'autre. Puisque le glissement actif survient tout au long de l'axonème, les ondes peuvent être propagées sans être amorties. Des observations microscopiques d'axonèmes isolés dont les protéines de connexion (e.g. la nexine) avaient été enlevées ont montré que les doublets microtubulaires glissent l'une par rapport à l'autre en présence d'ATP mais sans induire d'incurvation (Figure 20-28a). Aussi, le mouvement dépendant de l'ATP des doublets microbubulaires doit être restreint par les protéines d'interconnexion afin que le glissement soit converti en courbure de l'axonème.

Sur base de la polarité et de la direction du glissement des doublets microbubulaires et des propriétés des dynéines axonémales, on pense que les petits domaines globulaires des bras de la dynéine présente sur le tubule A d'un doublet se déplacent sur le tubule B du doublet adjacent vers sa base, le bout (–) (Figure 20-28b). La force produisant le glissement actif requiert de l'ATP et probablement implique un changement de conformation de la tête et de la tige qui déplace le pédoncule. À la suite de la liaison de l'ATP et de son hydrolyse, les pédoncules de dynéine successivement se détachent du doublet adjacent puis s'y attachent à nouveau. Bien que ce modèle général est très probablement correct, de nombreux points importants comme le mécanisme de la transduction de force par la dynéine restent inconnus.

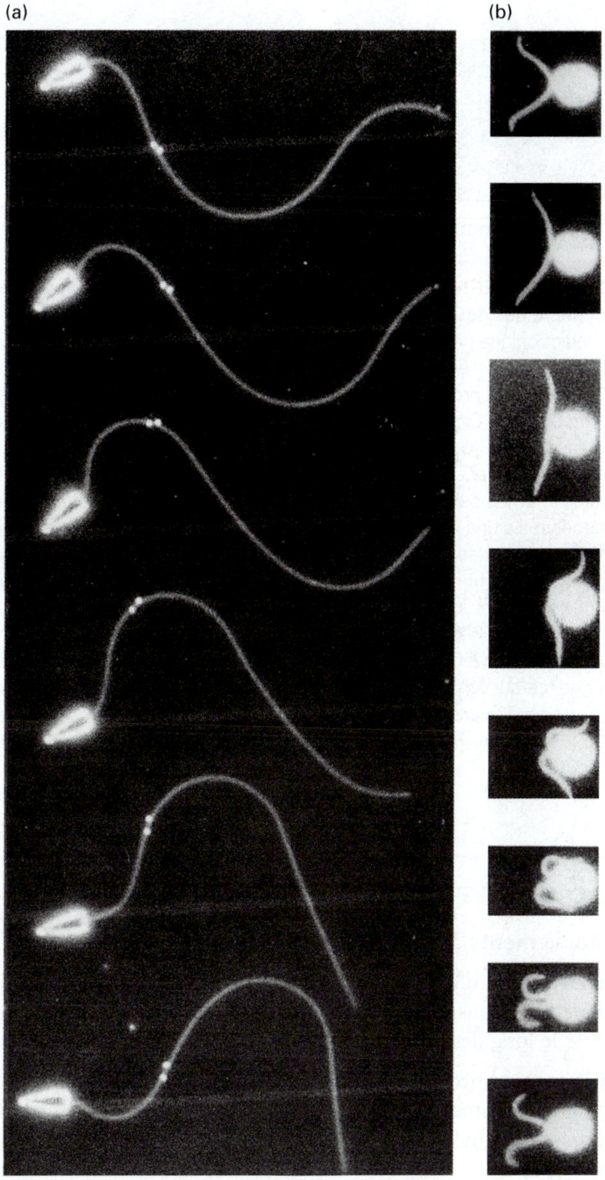

FIGURE EXPÉRIMENTALE 20-27 La vidéo microscopie montre les mouvements des flagelles qui propulsent en avant les spermatozoïdes et *Chlamydomonas*. Dans les deux cas, les cellules se déplacent vers la gauche. (a) Dans le flagelle du spermatozoïde, les ondes successives partent de la base et se propagent vers la pointe ; elles s'appuient sur le liquide pour faire avancer la cellule. Comme le montre cette séquence de clichés, la courbure née à la base de la cellule (premier cliché) a atteint la moitié de la longueur du flagelle dans le dernier cliché ; sur ces clichés, on observe aisément la forme sinusoïdale des ondes. Les deux grains d'or arrimés au flagelle s'éloignent l'un de l'autre quand la courbure atteint la zone où ils sont attachés. (b) Le battement des deux flagelles de *Chlamydomonas* comprend deux phases, un *battement de poussée* (trois clichés du dessus) et un *battement de récupération*. Le battement de poussée propulse l'organisme à travers le liquide. Lors du battement de récupération, un train d'ondes de courbure différente quitte la base des flagelles et pousse ceux-ci le long de la surface de la cellule jusqu'à ce qu'ils atteignent la position de départ du battement de poussée suivant. Celui-ci survient 5 à 10 fois par seconde. [Partie (a) de Brokaw, 1991, *J. Cell Biol.* **114**(6) : photo de couverture ; avec l'autorisation de C. Brokaw. Partie (b) avec l'autorisation de S. Goldstein]

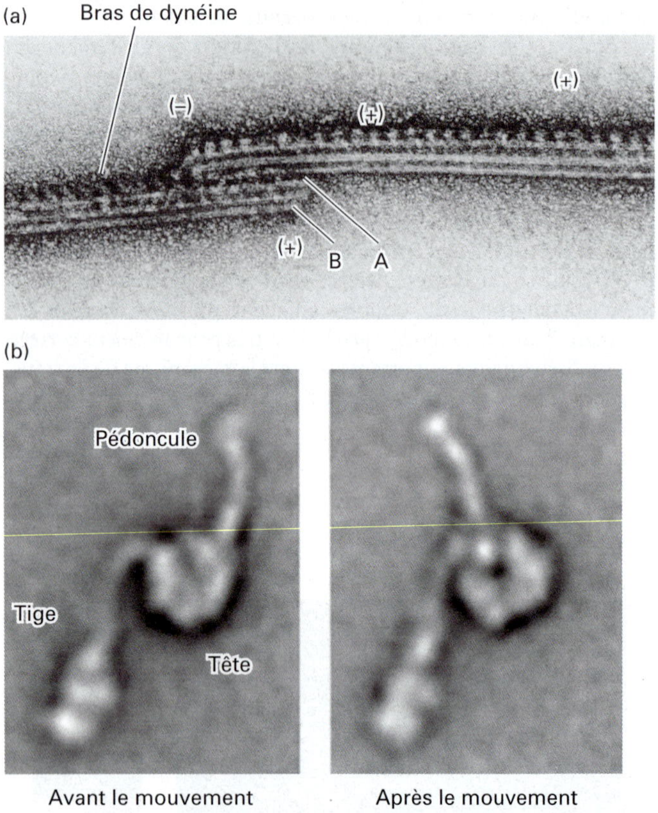

FIGURE EXPÉRIMENTALE 20-28 In vitro le glissement assuré par la dynéine des doublets microtubulaires requiert de l'ATP. (a) Micrographie électronique de deux doublets microtubulaires dans un axonème traité par une protéase et incubé avec de l'ATP. L'élimination des protéines de connexion par la protéase favorise grandement le glissement des doublets microtubulaires. On peut voir les bras de dynéine s'étendant des tubules A jusqu'au tubule B du microtubule du dessus. (b) Molécules de dynéine à une seule tête avant et après leur mouvement. Des milliers d'images de dynéine de bras internes purifiée ont été enregistrées en microscopie électronique et ramenées à une moyenne. Une comparaison de la dynéine contenant de l'ADP et du vanadate, un état imitant l'état d'ADP-Pi, avec la dynéine dépourvue de tout nucléotide, suggère que la différence de structure pourrait correspondre aux changements de conformation survenant au cours du cycle de l'ATP. Selon un modèle hypothétique, la force requise par le mouvement proviendrait du changement d'orientation de la tête par rapport à la tige, ce qui causerait le déplacement du pédoncule lié au microtubule. [Partie (a) avec l'autorisation de P. Satir. Partie (b) de S. A. Burgess *et al.*, 2003, *Nature* **421** :715 ; avec l'autorisation de S. A. Burgess.]

CONCEPTS CLÉS DE LA SECTION 20.2

Mouvements assurés par les kinésines et dynéines

- Deux familles de protéines motrices, les kinésines et les dynéines, transportent des vésicules, des protéines et des organites le long des microtubules (voir Tableau 20-2).
- Presque toutes les kinésines déplacent leur cargaison vers le bout (+) des microtubules (transport antérograde), tandis que les dynéines transfèrent leur cargaison vers le bout (–) (transport rétrograde).
- La plupart des kinésines sont des dimères avec un domaine de tête qui se lie aux microtubules et à l'ATP ainsi qu'un domaine de queue qui fixe les vésicules ou les autres cargaisons (voir Figure 20-20). La région flexible du cou détermine la direction du mouvement de la kinésine, et le domaine de queue détermine la spécificité de la cargaison
- Les dynéines cytosoliques sont attachées à leur cargaison (vésicules et chromosomes) par la dynactine, un grand complexe multiprotéique (voir Figure 20-22). La dynactine se lie aussi aux microtubules, augmentant ainsi la processivité du transport assuré par la dynéine.
- Dans les régions cellulaires pauvres en microtubules, les vésicules sont transportées probablement le long des microfilaments par l'action motrice de la myosine.
- Le battement des flagelles propulse les cellules en avant et celui des cils balaie la surface des tissus.
- L'axonème dans les flagelles et les cils contient neuf doublets de microtubules disposés en cercles autour de deux microtubules centraux indépendants (voir Figure 20-25).
- Les dynéines axonémales, qui sont plus grandes et plus complexes que les dynéines cytosoliques restent attachées en permanence aux doublets microtubulaires dans les axonèmes. Les bras de la dynéine avec leur petit domaine globulaire se projettent vers le doublet adjacent.
- Les bras de dynéine qui se projettent d'un doublet se déplacent vers le bout (–) d'un doublet voisin, ce qui produit une force de glissement dans l'axonème (voir Figure 20-27). Cette force linéaire confrontée aux régions qui résistent au glissement détermine la courbure de l'axonème.

20.3 Dynamique microtubulaire et protéines motrices au cours de la mitose

La **mitose** est le processus qui répartit de manière égale dans deux parties séparées de la cellule les chromosomes qui viennent de se répliquer. Dernière étape du cycle cellulaire, la mitose dure environ une heure dans une cellule animale qui se reproduit activement (voir Figure 1-17). Au cours de cette période, la cellule construit puis démonte une structure microtubulaire particulière appelée **appareil mitotique.** Plus étendu que le noyau, l'appareil mitotique s'ancre aux chromosomes pour les entraîner, les aligner et les répartir de telle manière que le matériel génétique soit distribué de manière égale entre les deux cellules filles. Quinze heures plus tard, le même processus se répétera dans les deux cellules filles.

La Figure 20-29 dépeint la série caractéristique des événements qui peuvent être observés au microscope optique au cours de la mitose d'une cellule eucaryote. Bien que les événements se déroulent de manière continue, on les divise conventionnellement en quatre phases : **prophase**, **métaphase**, **anaphase** et **télophase**. Le commencement de la mitose se signale par l'apparition de chromosomes condensés, d'abord visibles comme des filaments ténus dans le noyau. À la fin de la prophase, chaque chromosome apparaît sous la forme de deux filaments identiques, les **chromatides** (souvent appelés *chromatides sœurs*), qui sont soudés à hauteur du **centromère,** une région resserrée du chromosome.

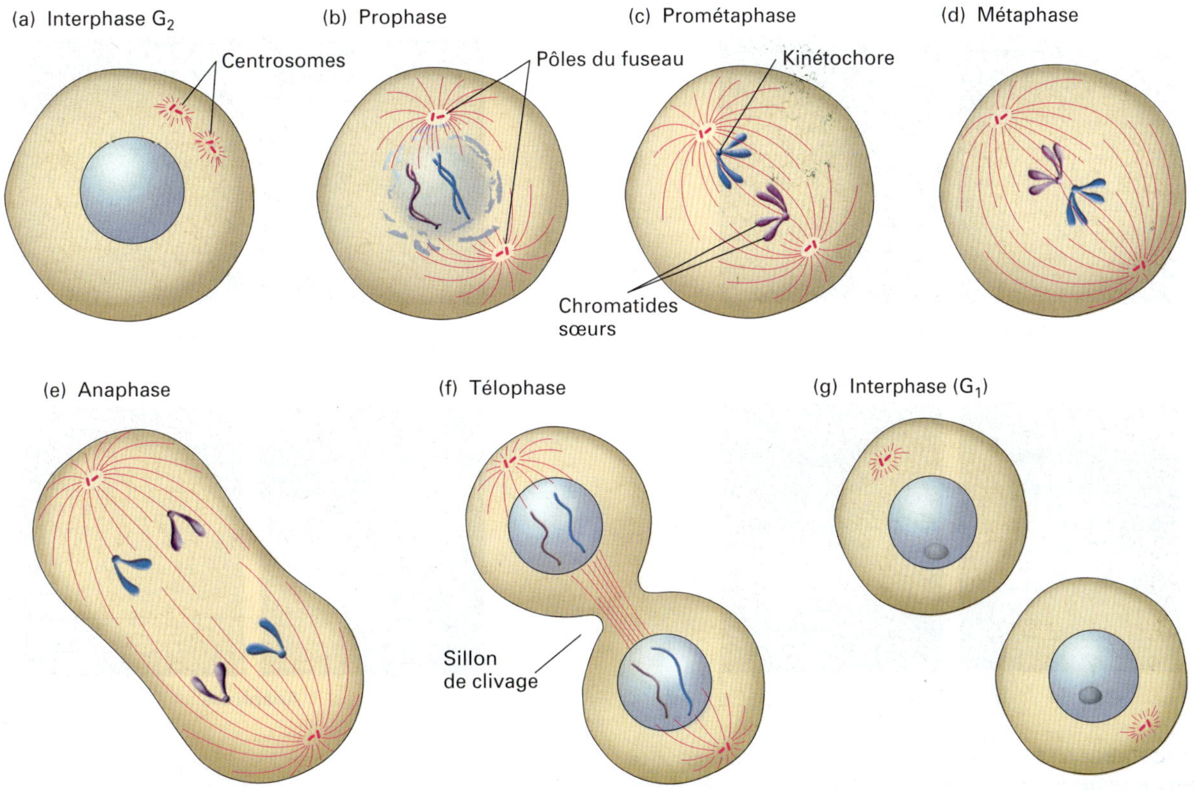

FIGURE 20-29 Stades de la mitose et de la cytocinèse dans une cellule animale. Pour simplifier, on n'a représenté que deux chromosomes dupliqués, reconnaissables à leur couleur différente. (a) *Interphase (G2) : réplication de l'ADN et du centrosome.* Après réplication de l'ADN durant la phase S, chacun des chromosomes a une chromatide sœur, est non condensé et invisible. En G2, les centrioles se sont répliqués pour former des centrosomes fils. (b) *Prophase : migration du centrosome.* Les centrosomes, chacun avec un centriole fils, se mettent à migrer vers les pôles opposés de la cellule. Les chromosomes commencent à se condenser et apparaissent comme de longs filaments. (c) *Prométaphase : formation du fuseau.* L'enveloppe nucléaire se fragmente en petites vésicules et les microtubules du fuseau entrent dans la région nucléaire. La condensation des chromosomes est complète ; chaque chromosome visible est composé de deux chromatides accolées à hauteur de leur centromère. Les kinétochores attachent les centromères des chromosomes aux microtubules du fuseau. (d) *Métaphase : alignement des chromosomes.* Les chromosomes migrent vers l'équateur de la cellule, où ils s'alignent dans le plan équatorial. (e) *Anaphase : séparation des chromosomes.* Les deux chromatides sœurs se séparent en chromosomes indépendants. Chaque chromosome, attaché à un microtubule du kinétochore, migre vers un pôle. Simultanément, les pôles s'éloignent l'un de l'autre. (f) *Télophase et cytocinèse.* Des membranes nucléaires se reforment autour des noyaux fils ; les chromosomes redeviennent non condensés et moins distincts. Le fuseau disparaît avec la dépolymérisation des microtubules, et la cellule se clive. (g) *Interphase (G1)* : À la suite du clivage, les cellules filles entre en interphase G1.

Chaque chromosome contient une des deux molécules filles d'ADN produites au cours de la phase S précédente du cycle cellulaire ; ainsi chaque cellule qui entre en mitose possède quatre copies de chaque ADN chromosomique, ce que l'on désigne par $4n$.

Dans le Chapitre 21, nous décrivons en détail comment le déroulement du cycle cellulaire, et donc la réplication cellulaire, est régulé. Dans cette section, nous étudierons le mécanisme de la mitose d'une cellule animale typique. Des erreurs dans la mitose peuvent mener à l'absence de certains chromosomes ou à la présence de chromosomes surnuméraires, ce qui aboutit à des malformations si cela survient au cours de l'embryogenèse ou à diverses pathologies si cela survient après la naissance. Pour s'assurer que la mitose se déroule sans erreurs aux cours des milliards de divisions cellulaires qui surviennent au cours de la vie d'un organisme, un mécanisme hautement redondant s'est développé au cours duquel chaque étape cruciale dépend simultanément des protéines motrices des microtubules et de l'assemblage des microtubules.

L'appareil mitotique fait de microtubules sépare les chromosomes

La structure de l'appareil mitotique change constamment au cours de la mitose (Figure 20-30). Cependant, pendant un bref moment à la métaphase, les chromosomes sont alignés à l'équateur de la cellule. Commençons par exposer la structure de l'appareil mitotique au moment de la métaphase ; nous expliquerons ensuite comment il prend en charge les chromosomes durant la prophase, comment il les sépare lors de l'anaphase et impose l'endroit où le sillon de clivage se creuse à la télophase.

À la métaphase, l'appareil mitotique est organisé en deux parties : un **fuseau mitotique** central et une paire d'**asters** (Figure 20-31a ; voir aussi Figure 20-2c). Le fuseau est un faisceau symétrique de microtubules et de protéines associées formant une sorte de ballon de rugby ; il est divisé à l'équateur par un plan contenant les chromosomes métaphasiques. Un aster est un réseau radiaire de microtubules à chaque pôle du fuseau.

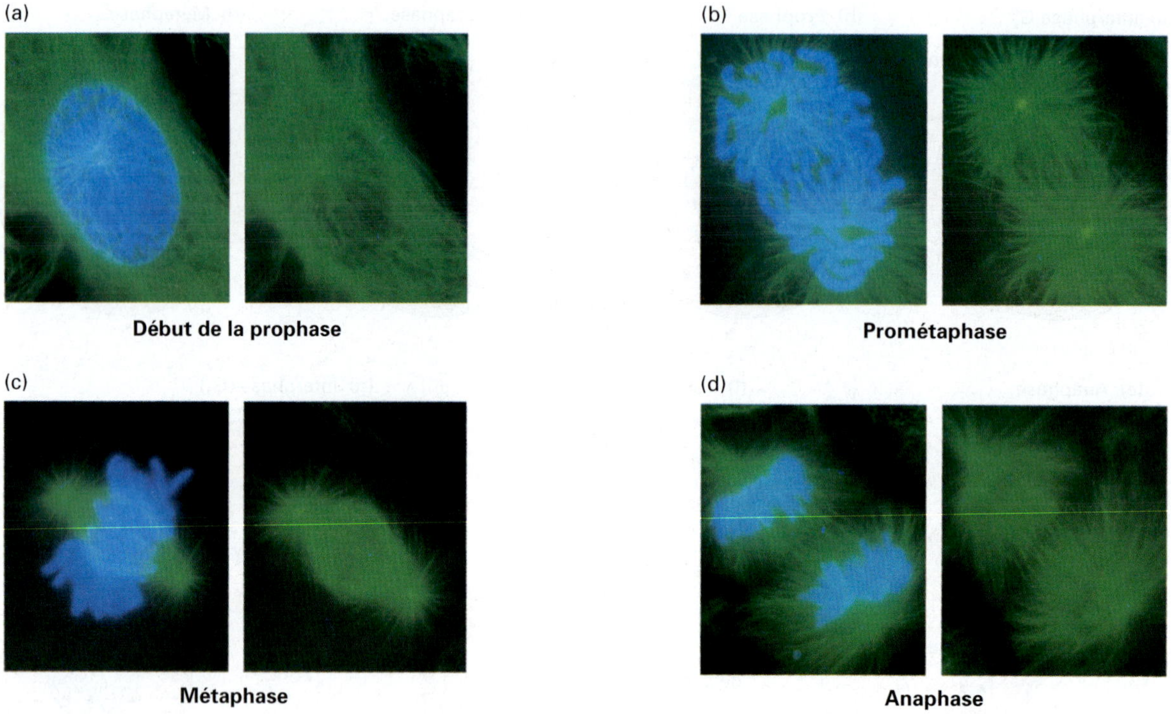

FIGURE EXPÉRIMENTALE 20-30 La microscopie en fluorescence révèle des changements dans la disposition des chromosomes et des microtubules aux quatre stades mitotiques. Des fibroblastes en culture furent colorés par un anticorps anti-tubuline (en vert) et par un colorant de l'ADN, l'éthidium (en pourpre). Aussi dans ces micrographies, le vert révèle les microtubules ; le pourpre, la chromatine ; et le bleu, les régions avec les deux structures. (a) Au début de la prophase, le noyau est cerné de microtubules interphasiques et la chromatine est diffuse. (b) À la prométaphase, l'enveloppe nucléaire s'est désagrégée et les centrosomes répliqués (centrioles) ont migré vers les pôles d'où rayonnent des microtubules. (c) À la métaphase, les chromosomes se sont alignés à moitié chemin entre les pôles en formant la plaque équatoriale ; des faisceaux denses de microtubules relient les chromosomes aux pôles. (d) À la fin de l'anaphase, les chromosomes sont traînés vers les pôles le long des mcirotubules. [De J. C. Waters, R. W. Cole et C. L. Rieder, 1993, *J. Cell Biol.* **122** :361 ; avec l'autorisation de C. L. Rieder.]

À chaque bout du fuseau, un *centrosome* unique organise trois groupes distincts de microtubules, dont le bout (–) pointe vers le centrosome (Figure 20-31b). Un groupe, les *microtubules astraux*, correspond à l'aster ; ils rayonnent du centrosome vers le cortex cellulaire, où ils contribuent à maintenir l'appareil mitotique et plus tard, lors de la cytodiérèse, à imposer le plan de clivage. Les deux autres groupes de microtubules forment le fuseau ; ils partent aussi du centrosome, mais s'étendent vers l'équateur de la cellule. Les *microtubules du kinétochore*, sont fixés en un site singulier du chromosome appelé **kinétochore**. Les *microtubules polaires*, n'entrent pas en contact avec les chromosomes, mais s'imbriquent dans le faisceau de microtubules polaires du pôle opposé. Deux types d'interactions maintiennent les deux moitiés du fuseau ensemble pour former l'appareil mitotique symétrique : (1) des interactions latérales entre les bouts (+) imbriqués des microtubules polaires de chaque pôle et (2) des interactions d'aboutage entre microtubules kinétochoriens de chaque pôle et les kinétochores des chromatides-sœurs. Les grands complexes protéiques, appelés *cohésines*, qui unissent les chromatides sœurs sont décrits dans le Chapitre 21.

L'appareil mitotique joue un rôle crucial chez tous les organismes, mais son apparence et ses constituants peuvent varier largement. Par exemple, quand la levure *Saccharomyces cerevisiae* bourgeonne, l'appareil mitotique consiste seulement en un fuseau, qui lui-même est construit à partir d'un nombre minimal de microtubules kinétochoriens et polaires. Ces microtubules sont organisés par les *corps polaires du fuseau*, structures trilamellaires de l'enveloppe nucléaire, qui ne se divisent pas durant la mitose. De plus, vu sa petite taille, la cellule de levure effectue sa mitose sans le secours d'un aster. Bien que le corps polaire du fuseau et le centrosome diffèrent par leur structure, ils ont en commun des protéines comme la tubuline γ qui assure l'organisation du fuseau mitotique. Comme les cellules de levure, la plupart des cellules végétales ne contiennent pas de centrosomes visibles. Nous décrirons à la fin de cette section les propriétés particulières de l'appareil mitotique des cellules végétales.

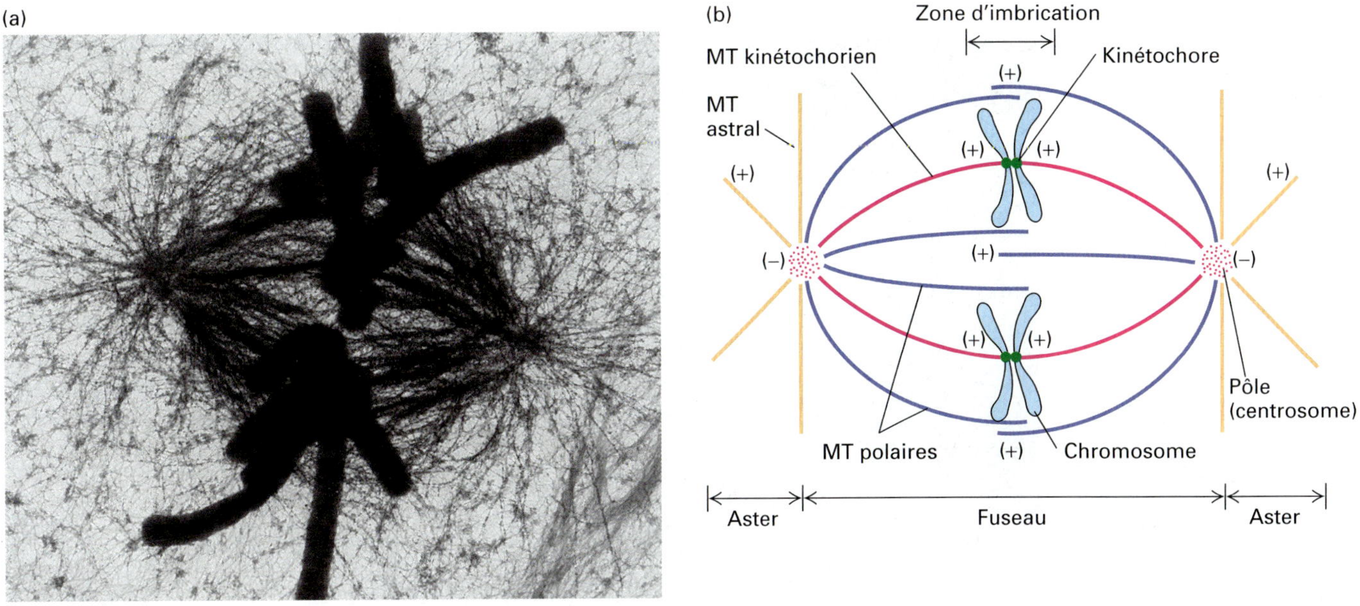

FIGURE EXPÉRIMENTALE 20-31 La microscopie électronique à haut voltage met en évidence les composants d'un appareil mitotique dans une cellule de mammifère au stade de métaphase. (a) Pour accentuer la densité, on a coloré les microtubules par des anticorps anti-tubuline marqués à la biotine. Les grands objets cylindriques sont les chromosomes. (b) Schéma correspondant de la cellule en métaphase. Trois sortes de microtubules (MT) de l'appareil mitotique composent l'appareil mitotique. Tous les microtubules ont leur bout (–) du côté des pôles (centrosomes). Les microtubules astraux se projettent vers le cortex auquel ils sont reliés. Les microtubules kinétochoriens sont connectés aux chromosomes (en bleu). Les microtubules polaires s'étendent vers le centre de la cellule où leurs bouts distaux (+) se superposent. [Partie (a) avec l'autorisation de J. R. McIntosh.]

Le kinétochore est un complexe protéique centromérique qui agrippe les chromosomes et contribue à leur transport

Les chromatides sœurs d'un chromosome métaphasique gagnent chacun des pôles en suivant les microtubules kinétochoriens. Par leur mode de liaison aux microtubules et leur déplacement, les chromosomes diffèrent nettement des autres types de cargaisons, comme les vésicules ou les organites, transportées le long des microtubules cytosoliques. Les chromosomes métaphasiques sont attachés aux bouts (+) des microtubules kinétochoriens par un grand complexe protéique, le kinétochore, qui exerce plusieurs fonctions : attacher les bouts des microtubules aux chromosomes, produire la force pour mouvoir les chromosomes le long des microtubules et réguler la séparation des chromosomes et leur translocation vers les pôles. Dans une cellule animale, le kinétochore se forme à hauteur du centromère en deux couches, interne et externe, enfouies dans une couronne fibreuse (Figure 20-32).

Chez tous les eucaryotes, trois composants contribuent à la liaison des chromosomes aux microtubules : le centromère, les protéines du kinétochore et du fuseau, la machinerie du cycle cellulaire. La localisation du centromère, donc celle du kinétochore, est contrôlée directement par une séquence spécifique de l'ADN chromosomique appelé *ADN centromérique* (Chapitre 10). Bien que les séquences de l'ADN centromérique et des protéines liant l'ADN dans le kinétochore n'aient pas été conservées au cours de l'évolution, les protéines du cycle cellulaire et de nombreuses protéines qui unissent le kinétochore au fuseau sont homologues chez l'homme et la levure. Les protéines se liant aux microtubules (e.g. CLIP170, CENP-E) et les protéines motrices microtubulaires (e.g. la kinésine mitotique MCAK et la dynéine cytosolique) contribuent à la liaison du kinétochore à un bout de microtubule pendant que les sous-unités de tubuline sont ajoutées ou détachées. La présence de ces protéines motrices indique que les kinétochores jouent un rôle dans le transport des chromosomes vers les pôles opposés de la cellule en mitose.

Les centrosomes dupliqués s'alignent et commencent à se séparer durant la prophase

Puisque chaque moitié de l'appareil mitotique de la métaphase émane d'un centrosome polaire, son assemblage dépend de la duplication du centrosome et du mouvement des centrosomes fils vers les moitiés opposées de la cellule. Ce processus, appelé *cycle du centriole* ou *cycle du centrosome* marque le début de la mitose, commençant pendant G1 quand les centrioles et d'autres composants du centrosome se dupliquent (Figure 20-33). À G2, les deux centrioles fils ont atteint leur longueur complète, mais ils sont encore présents dans un seul centrosome. Tôt au cours de la mitose, les deux paires de centrioles se séparent et migrent vers les pôles opposés du noyau, établissant la bipolarité de la cellule en voie de division. À certains égards, la mitose peut être comprise comme la migration de centrosomes dupliqués qui, au cours de leur voyage, attrapent les chromosomes, font une pause au cours de la métaphase, et reprennent leur déplacement durant l'anaphase vers de nouvelles localisations dans les cellules filles, où ils relâchent les chromosomes et organisent les microtubules cytosoliques.

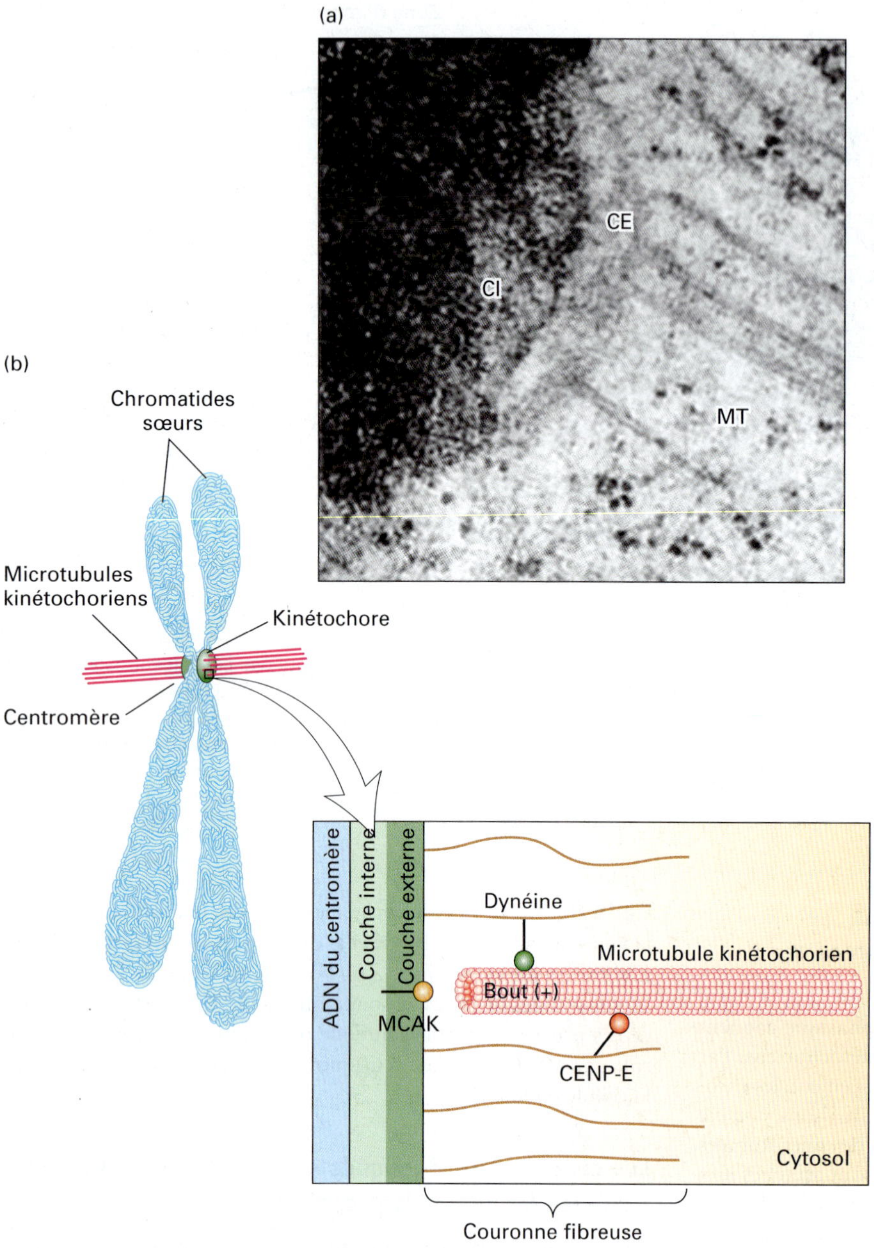

FIGURE EXPÉRIMENTALE 20-32 Les protéines du kinétochore attachent les chromosomes aux microtubules. (a) La micrographie électronique d'une coupe à travers un kinétochore révèle les microtubules (MT), les couches interne (CI) et externe (CE) du kinétochore et le chromosome. (b) Dans les cellules animales, le kinétochore consiste en une couche interne contenant des protéines qui se lient à l'ADN centromérique et d'une couche externe connectée aux bouts (+) des microtubules kinétochoriens. Les microtubules enfouis dans la couche externe s'étendent vers un des deux pôles de la cellule. La couche externe et la couronne fibreuse autour des bouts des microtubules contiennent des protéines liant les microtubules et des protéines motrices, entre autres CLIP170, la dynéine cytosolique et les kinésines CENP-E et MCAK. [Partie (a) de B. McEwen *et al.*, 1998, *Chromosoma* **107** :366 ; avec l'autorisation de B. McEwen.]

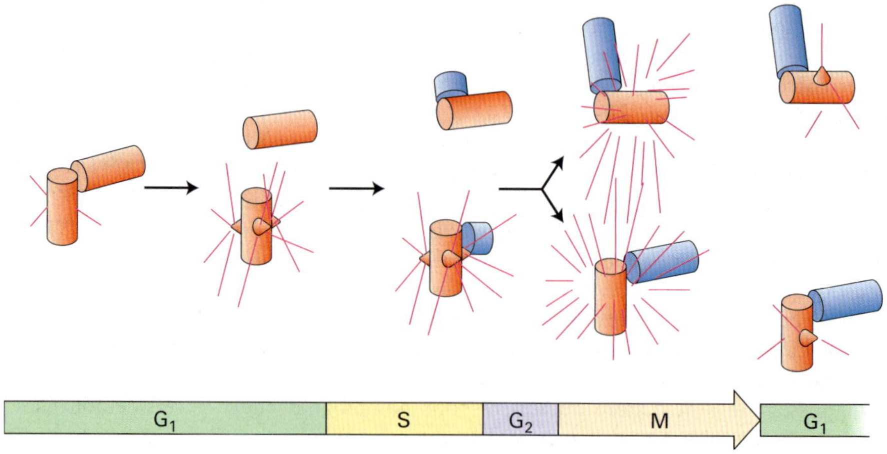

FIGURE 20-33 Duplication du centrosome et cycle cellulaire. Après que les centrioles parents (en rouge) se sont légèrement séparés, un centriole fils (bleu) bourgeonne de chacun et s'allonge. À G2, la croissance des centrioles fils est complète, mais les deux paires restent dans un seul complexe centrosomial. Tôt au cours de la mitose, le centrosome se divise et chaque paire de centrioles migre vers les extrémités opposées de la cellule.

La dynamique des microtubules change nettement au début de la mitose, quand les longs microtubules de l'interphase disparaissent pour être remplacés par les microtubules des asters et du fuseau. Ces microtubules mitotiques, dont la nucléation est assurée par les centrosomes dupliqués, sont plus nombreux, plus courts et moins stables que les microtubules de l'interphase. La durée de vie moyenne d'un microtubule est de 10 minutes durant l'interphase ; elle est de 60-90 secondes dans l'appareil mitotique. Cette instabilité dynamique au cours de la mitose permet aux microtubules de s'assembler et de se dissocier rapidement.

Les études génétiques et de biologie cellulaire, surtout chez la levure et les mouches, ont impliqué plusieurs kinésines dans l'organisation des microtubules polaires en un réseau bipolaire, orientant ainsi l'assemblage du fuseau et de ses asters. Par exemple, des anticorps dirigés contre une kinésine orientée soit vers le bout (+) ou (–) inhibent la formation du fuseau bipolaire lorsqu'ils sont injectés dans une cellule avant la prophase, mais non s'ils sont injectés après. Une kinésine dirigée vers le bout (–), comme la Kin-C, contribue, pense-t-on, à l'alignement des microtubules polaires issus de chaque centrosome et orientés de manière opposée. Ensuite, une kinésine dirigée vers le bout (+), très probablement la bipolaire BimC, connecte les microtubules antiparallèles tout en les les écartant l'un de l'autre. De plus, des observations avec des anticorps anti-dynéine ont montré la présence de dynéine cytosolique dans les centrosomes et le cortex des cellules animales en division. D'autres études sur des mutants de la levure dépourvus de dynéine cytosolique suggèrent que la dynéine corticale aide à attacher les microtubules des asters et à orienter les pôles du fuseau. Donc, comme le décrit la Figure 20-34, l'alignement et la séparation initiale des centrosomes à la prophase dépendent de la croissance des microtubules polaires et astraux et de l'intervention de plusieurs protéines motrices.

Bien que les centrosomes facilitent la formation des pôles du fuseau, des résultats récents indiquent que les microtubules polaires peuvent être assemblés et organisés en faisceaux antiparallèles en l'absence de centrosomes. Par exemple, la Ran GTPase qui intervient dans l'importation et l'exportation nucléaire (Chapitre 12) paraît promouvoir la polymérisation des sous-unités de tubuline. Ran agit avec d'autres protéines, peut-être des protéines motrices, afin de stabiliser les microtubules en augmentant leur fréquence de récupération.

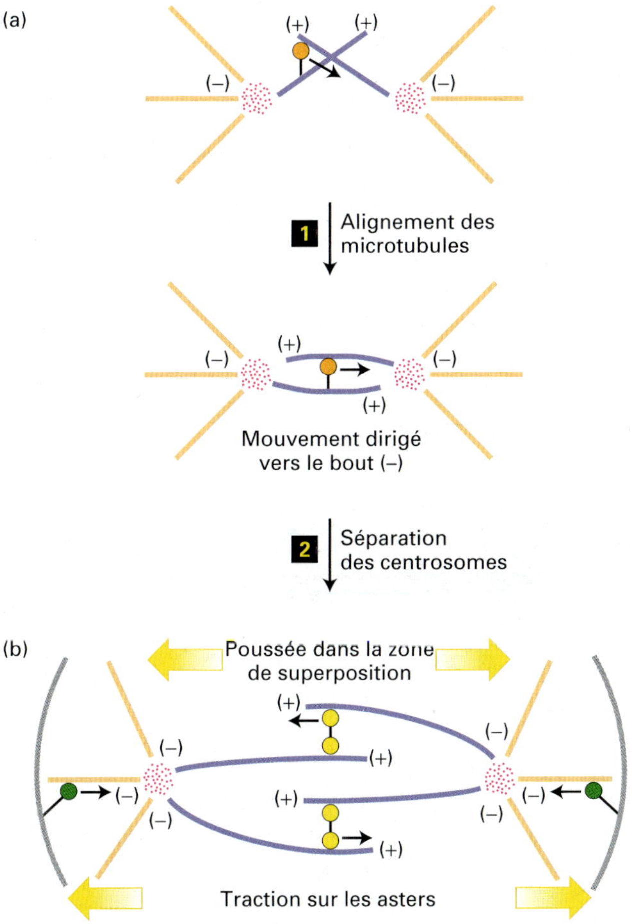

FIGURE 20-34 Modèle de la participation des protéines motrices des microtubules au mouvement du centrosome au cours de la prophase. (a) Au cours de la prophase, les microtubules polaires croissant au hasard à partir des pôles opposés s'alignent sous l'action de protéines motrices qui se déplacent vers le bout (-) (en orange). (b) Après l'alignement, les kinésines mitotiques orientées vers le bout (+) (en jaune), entre autres la kinésine bipolaire BimC, créent des forces qui repoussent les pôles l'un de l'autre. De plus, une force dirigée vers le bout (-) exercée par la dynéine cytosolique (en vert) localisée dans le cortex peut tirer les asters vers les pôles. Des forces similaires agissent plus tard au cours de l'anaphase.

La formation du fuseau mitotique de la métaphase dépend des protéines motrices et des microtubules dynamiques

Lorsque les centrosomes dupliqués se sont alignés, le fuseau commence à se former sous l'effet de processus simultanés qui surviennent au niveau des centrosomes et des chromosomes. Comme nous venons de le voir, le centrosome facilite la formation du fuseau par nucléation des microtubules du fuseau. De plus, les bouts (–) des microtubules sont rassemblés et stabilisés au pôle par le travail du complexe dynéine-dynactine avec la protéine NuMA (*nuclear/mitotic apparatus protein*). Le rôle de la dynéine dans la formation du pôle du fuseau a été démontré par des études de reconstitution au cours desquelles des fuseaux bipolaires se forment dans des extraits d'œufs de *Xenopus* en présence de centrosomes, de microtubules et de noyaux de spermatozoïdes. L'addition d'anticorps contre la dynéine cytosolique à ce système in vitro libère et étale les microtubules du fuseau mais n'affecte pas la position des microtubules astraux des centrosomes (Figure 20-35).

L'instabilité dynamique des microtubules du fuseau à l'autre bout, le bout (+), est critique pour la capture des chromosomes à la fin de la prophase quand la membrane nucléaire commence à se dissoudre. En se raccourcissant et en s'allongeant rapidement à son bout (+), le microtubule dynamique explore le milieu cellulaire où baignent les chromosomes. Parfois, le bout (+) du microtubule « fait mouche » en contactant directement le kinétochore. Plus fréquemment, le contact a lieu sur le flanc du microtubule, sur lequel le chromosome se met alors à glisser vers le bout (+) en étant propulsé entre autres par la dynéine cytosolique et les kinésines

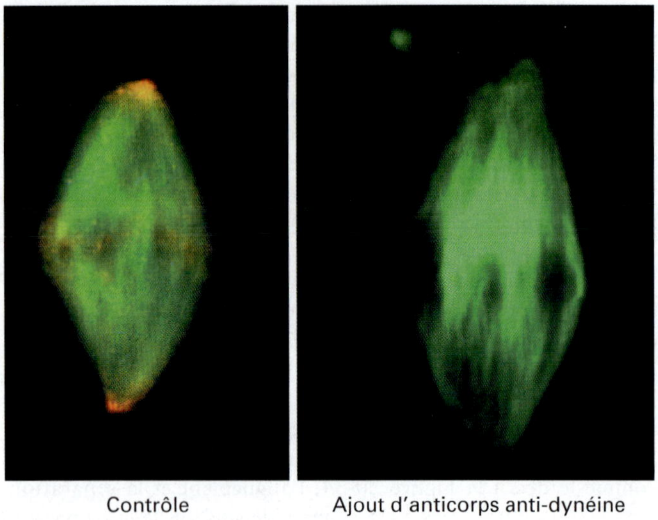

FIGURE EXPÉRIMENTALE 20-35 La dynéine cytosolique participe à la formation et à la stabilisation des pôles du fuseau mitotique. Des fuseaux reconstitués in vitro ont été colorés par des anticorps polyclonaux marqués par un fluorochrome et examinés au microscope à fluorescence. Les anticorps étaient dirigés soit contre la tubuline (en vert) ou contre la dynéine (en rouge). Dans le fuseau de contrôle (*à gauche*), la dynéine cytosolique est présente à chaque bout ainsi qu'à l'équateur. L'addition d'un anticorps monoclonal anti-dynéine après la formation du fuseau (*à droite*) perturbe la localisation de la dynéine et cause un étalement des pôles. [R. Heald *et al.*,. 1997, *J. Cell Biol.* **138** :615 ; avec l'autorisation de R. Heald.]

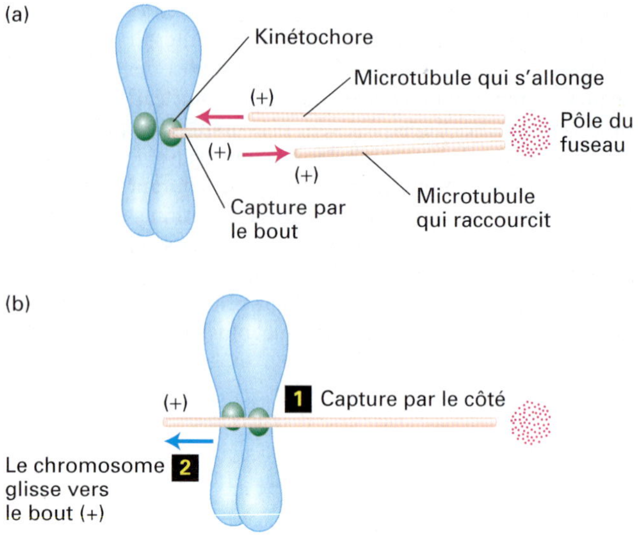

FIGURE 20.36 Capture des chromosomes par les microtubules au cours de la prométaphase. (a) À la fin de la prophase, les microtubules du fuseau, en alternant croissance et raccourcissement à leur bout distal (+), vont au hasard à la rencontre des chromosomes. (b) Certains chromosomes entrent en contact avec le côté (**1**) et non pas avec le bout d'un microtubule, et interagissent avec le microtubule par l'intermédiaire de protéines du kinétochore. Les protéines motrices dirigées vers le bout (+) associées au kinétochore (e.g. MCAK) tirent alors le chromosome vers le bout (+) (**2**), stabilisant ainsi le microtubule.

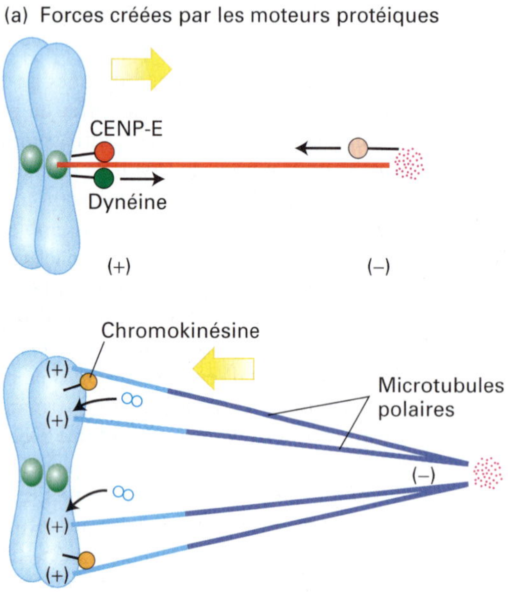

FIGURE EXPÉRIMENTALE 20-37 Modèle des forces qui stabilisent les chromosomes dans le plan équatorial à la métaphase. (a) Les chromosomes sont tirés vers les pôles par la dynéine cytoplasmique, un moteur protéique à direction (–) (en vert) attaché au kinétochore, et par un autre moteur à direction (+) (en rose) attaché à un pôle. La chromokinésine, un moteur à direction (+) attaché aux bras des chromatides et non au kinétochore exerce une force opposée sur les microtubules polaires, poussant ainsi les chromosomes à l'écart des pôles. CENP-E, une kinésine non impliquée dans le mouvement, garde le kinétochore attaché aux microtubules kinétochoriens. (b) L'effet tapis roulant des sous-unités de tubuline stabilise brièvement la longueur des microtubules du fuseau durant la métaphase en équilibrant l'assemblage à hauteur du kinétochore avec le démontage aux pôles.

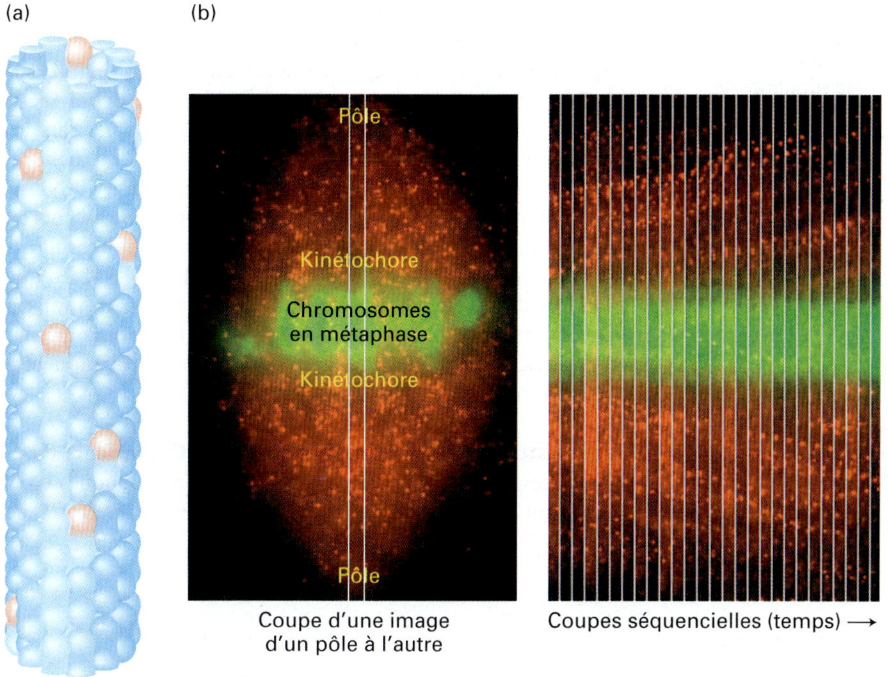

FIGURE EXPÉRIMENTALE 20-38 Le flux vers les pôles des sous-unités de tubuline durant la métaphase est visualisé par la technique FSM (*fluorescence speckle microscopy*). (a) Lorsque des sous-unités fluorescentes de tubuline sont assemblées en faible proportion par rapport aux sous-unités non marquées, le microtubule paraît moucheté. (b) Dans une cellule vivante en métaphase examinée en microscopie conventionnelle à fluorescence, les microtubules ont un aspect fibreux, alors qu'ils apparaissent ici sous forme de points lumineux. On peut suivre la translocation des sous-unités en justaposant la même zone (section encadrée) de chaque cliché pris à intervalles réguliers. Si les sous-unités marquées se déplacent, la pente de la ligne formée par le déplacement de la tache dans les images consécutives correspond à la vitesse de translocation. Ici, les taches des deux côtés du fuseau se déplacent vers les pôles à une vitesse de 0,75 μm/s. [Partie (b) de T. J. Mitchison et E. D. Salmon, 2001, *Nature Cell Biol.* **3** :E17 ; avec l'autorisation d'A. Desai.]

mitotiques sur le kinétochore (Figure 20-36). Que le chromosome s'attache au bout (+) d'un microtubule du fuseau par contact direct ou capture latérale suivie du glissement, le kinétochore « coiffe » le bout (+) du microtubule. Finalement, le kinétochore de chaque chromatide sœur dans un chromosome est capturé par les microtubules issus du pôle le plus proche. Pendant que la mitose progresse vers la métaphase, chaque bras du chromosome s'attache à des microtubules supplémentaires.

À la fin de la prophase (prométaphase), les chromosomes attachés au bout (+) des microtubules kinétochoriens gagnent l'équateur du fuseau. Au long de ce parcours, les chromosomes ont une *démarche saltatoire* ; ils avancent puis reculent par rapport au pôle ou l'équateur. Ces oscillations résultent de l'alternance de la dépolymérisation et de la polymérisation au bout (+) des microtubules kinétochoriens. De plus, les protéines motrices associées aux deux bouts des microtubules kinétochoriens et à l'extrémité distale des microtubules polaires attachés aux bras des chromosomes génèrent des forces opposées qui positionneraient, pense-t-on, les chromosomes à égale distance des deux pôles du fuseau (Figure 20-37a).

Bien que la longueur des microtubules kinétochoriens et polaires finit par se stabiliser, le flux de sous-unités, c'est-à-dire l'effet tapis roulant, continue tout au long des microtubules en direction des pôles. À la métaphase, la perte des sous-unités de tubuline au bout (–) des microtubules du fuseau est compensée par l'addition de sous-unités au bout (+) (Figure 20-37b). Le flux de sous-unités à partir des kinétochores vers les pôles peut être visualisé après injection intracellulaire d'une très petite quantité (*pulse*) de sous-unités marquées par un fluorochrome (Figure 20-38). Les microtubules apparaissent sous un aspect moucheté car très peu de sous-unités sont fluorescentes. En comparant les positions de chaque tache, on peut voir si les sous-unités se déplacent dans une direction particulière. Les images montrent que le fuseau mitotique à la métaphase est une structure délicatement équilibrée, bien que dynamique, qui maintient les chromosomes dans le plan équatorial. Par des mécanismes décrits dans le Chapitre 21, le cycle cellulaire est arrêté jusqu'à ce que tous les chromosomes aient été capturés et alignés. Un seul kinétochore resté libre suffit à empêcher que l'anaphase commence.

Durant l'anaphase, les chromosomes se séparent et le fuseau s'allonge

Les forces qui forment le fuseau lors des prophase et métaphase sont aussi celles qui entraînent les chromosomes vers les deux pôles à l'anaphase. On distingue deux étapes à l'anaphase ; l'*anaphase A* et l'*anaphase B* (début et fin de l'anaphase). L'anaphase A se caractérise par un raccourcissement des microtubules kinétochoriens à leur bout (+) ; ils tirent ainsi les chromosomes vers les pôles. Au cours de l'anaphase B, les deux pôles s'écartent, emmenant avec eux les chromosomes vers les zones qui deviendront les deux cellules filles.

Raccourcissement des microtubules pendant l'anaphase A

Des expériences in vitro ont indiqué que la dépolymérisation des microtubules dans les œufs de *Xenopus* suffit à entraîner les chromosomes vers les pôles. Après avoir purifié des microtubules et des chromosomes anaphasiques, on les a mélangés. Comme on s'y attendait, les kinétochores se sont accrochés de préférence au bout (+) des microtubules. Pour induire la dépolymérisation des micro-

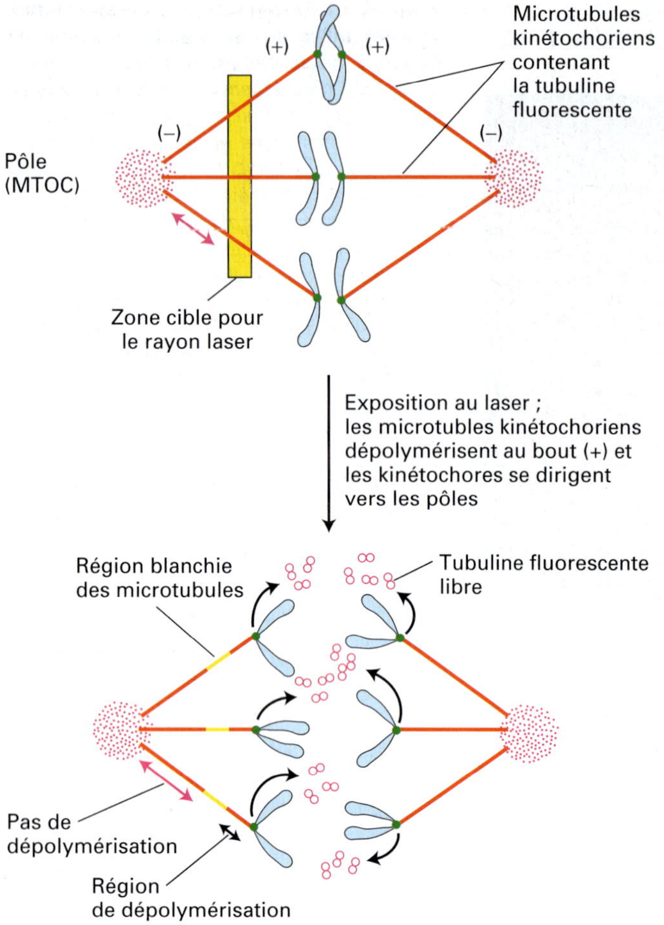

FIGURE EXPÉRIMENTALE 20-39 Le raccourcissement au bout (+) des microtubules kinétochoriens attire les chromosomes vers les pôles au cours de l'anaphase A. On injecte de la tubuline fluorescente dans des fibroblastes et ont les laisse entrer en métaphase afin que tous les microtubules soient fluorescents. Seuls les microtubules kinétochoriens sont montrés. Au début de l'anaphase, une bande de microtubules (rectangle jaune) est exposée à un rayon laser, qui blanchit la fluorescence, mais laisse les microtubules intacts et fonctionnels dans la zone blanchie. Le segment blanchi de chaque microtubule fournit ainsi un marqueur permettant le repérage de cette partie du microtubule. En anaphase, l'écart entre la zone blanchie et le pôle adjacent (flèches rouges à deux pointes) ne change pas, alors que la distance par rapport à la chromatide adjacente (flèches noires à deux pointes) raccourcit. Cette observation indique que, durant l'anaphase, les microtubules se dissocient au bout (+) juste derrière les kinétochores, et non aux pôles. [Adapté de G. J. Gorbsky *et al.*, 1987, *J. Cell Biol.* **104** :9, et 1988, *J. Cell Biol.* **106** :1185.]

tubules, on a réduit la concentration de dimères de tubuline libres en diluant la préparation. En vidéomicroscopie, on a vu alors le chromosome se diriger sers le bout (–) du microtubule en train de se dépolymériser, et ce à une vitesse égale à celle du chromosome dans la cellule intacte. Comme aucune source d'ATP (ni aucune autre source d'énergie) n'était présente dans ce milieu expérimental, le déplacement du chromosome vers le bout (–) doit avoir été entraîné, d'une certaine façon, par la dépolymérisation du microtubule, sans intervention de protéines motrices.

Des expériences de marquage fluorescent *in vivo* (Figure 20-39) confirment que les bouts (+) des microtubules se dépolymérisent au moment où les chromosomes migrent vers les pôles dans les cellules de mammifères. Une kinésine associée au kinétochore, MCAK, induit le démontage au bout (+) tandis que CENP-E, appartenant aussi au kinétochore, se lie au bout qui se raccourcit progressivement. Selon ce modèle, la dissociation des microtubules entraîne le mouvement des chromosomes vers les pôles. Bien que les kinésines du kinétochore favorisent cette dépolymérisation ou gardent les chromosomes attachés aux bouts (+) des microtubules kinétochoriens en train de raccourcir, ce n'est pas elles qui déplacent les chromosomes le long des microtubules.

Allongement du fuseau lors de l'anaphase B Plusieurs types d'expériences indiquent que trois processus sont impliqués dans la séparation des pôles au cours de l'anaphase B ; une force de

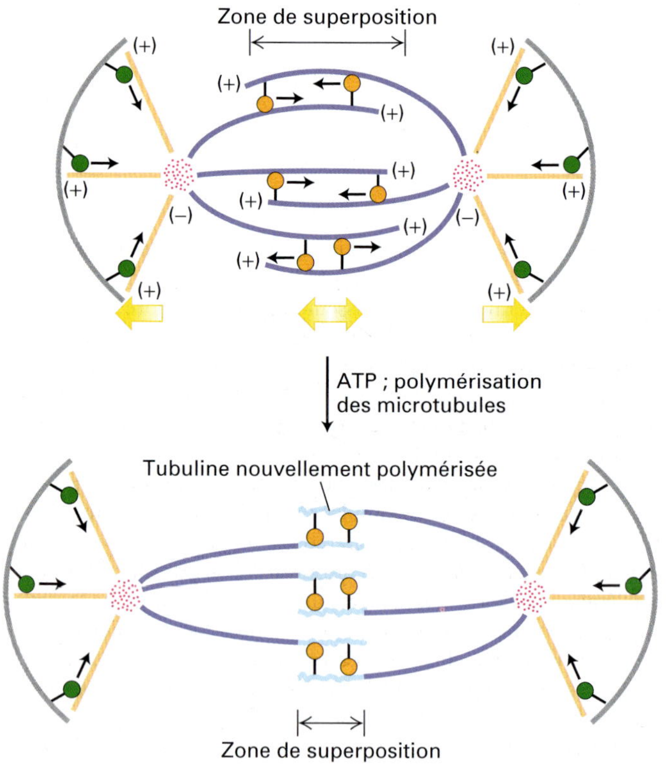

FIGURE 20-40 Modèle d'élongation du fuseau et mouvement des pôles durant l'anaphase B. Une ou plusieurs kinésines (en orange) du fuseau dirigées vers les bout (+) se lient aux microtubules polaires antiparallèles dans la zone de superposition et se déplacent alors le long du microtubule dans l'autre moitié du fuseau vers le bout (+). Dans les cellules dotées d'asters, la dynéine cytoplasmique (en vert), une protéine motrice dirigée vers le bout (-) et ancrée dans le cortex de la membrane plasmique, se déplace le long des microtubules astraux, tirant les pôles vers l'extérieur. Des sous-unités de tubuline sont ajoutées simultanément aux bouts (+) de tous les microtubules polaires, ce qui allonge le fuseau. [Adapté de H. Masuda et W. Z. Cande, 1987, *Cell* **49** :193.]

poussée générée par un glissement entre microtubules polaires, une force de traction générée par la dynéine cytosolique associée au cortex et l'allongement des microtubules polaires à leur bout (+). La Figure 20-40 décrit l'effet coordonné de ces processus.

Lorsqu'on prive d'ATP des cellules en métaphase en les soumettant à un détergent, les chromosomes se déplacent vers les pôles (anaphase A), mais les pôles du fuseau ne s'écartent pas (anaphase B). Ce qui indique que les protéines motrices microtubulaires prennent part à l'écartement des pôles comme elles le font dans le mouvement centrosomique au cours de la prométaphase (voir Figure 20-34). Des expériences avec des fuseaux artificiels assemblés à partir d'extraits d'œufs de grenouilles ont fourni des explications supplémentaires aux mouvements de l'anaphase B. En présence de calcium, le fuseau est activé et s'allonge, simulant ainsi l'anaphase B, et la longueur de la zone de superposition entre les deux moitiés du fuseau décroît. L'observation que des microtubules antiparallèles adjacents dans ce système migrent dans la direction de leur bout (–) qui fait face au pôle suggère qu'une kinésine dirigée vers le bout (+) écarte les pôles au cours de l'anaphase B. Dans un modèle, la kinésine bipolaire BimC attachée à un microtubule dans la région de superposition se déplace vers le bout (+) d'un microtubule voisin mais antiparallèle, poussant ainsi le microtubule adjacent dans la direction de son bout (–) (voir Figure 20-40). L'idée qu'une kinésine motrice intervienne paraît d'autant plus probable que des anticorps dirigés contre une région conservée de la superfamille des kinésines inhibent l'allongement induit par l'ATP de fuseaux de diatomées in vitro.

En présence de tubuline αβ, des fuseaux réactivés de grenouilles et des fuseaux isolés de diatomées ajoutent des sous-unités de tubuline au bout (+) des microtubules polaires, ce qui les allonge. On peut démontrer le troisième processus contribuant à l'anaphase B en coupant le fuseau en deux au moyen d'une mini-aiguille durant l'anaphase ; chaque moitié de fuseau file alors vers les pôles à une vitesse plus grande que durant une anaphase habituelle. Cette observation suggère que la dynéine cytosolique, une protéine motrice dirigée vers le bout (–) associée au cortex, tire sur les microtubules astraux, accentuant ainsi l'écartement des pôles (voir Figure 20-40).

Les microtubules et les microfilaments coopèrent durant la cytocinèse

Une fois les chromosomes répartis aux pôles cellulaires durant l'anaphase, deux événements étroitement liés surviennent (voir Figure 20-29) : l'enveloppe nucléaire se reforme autour de l'assortiment complet de chromosomes, ce qui marque la fin de la mitose

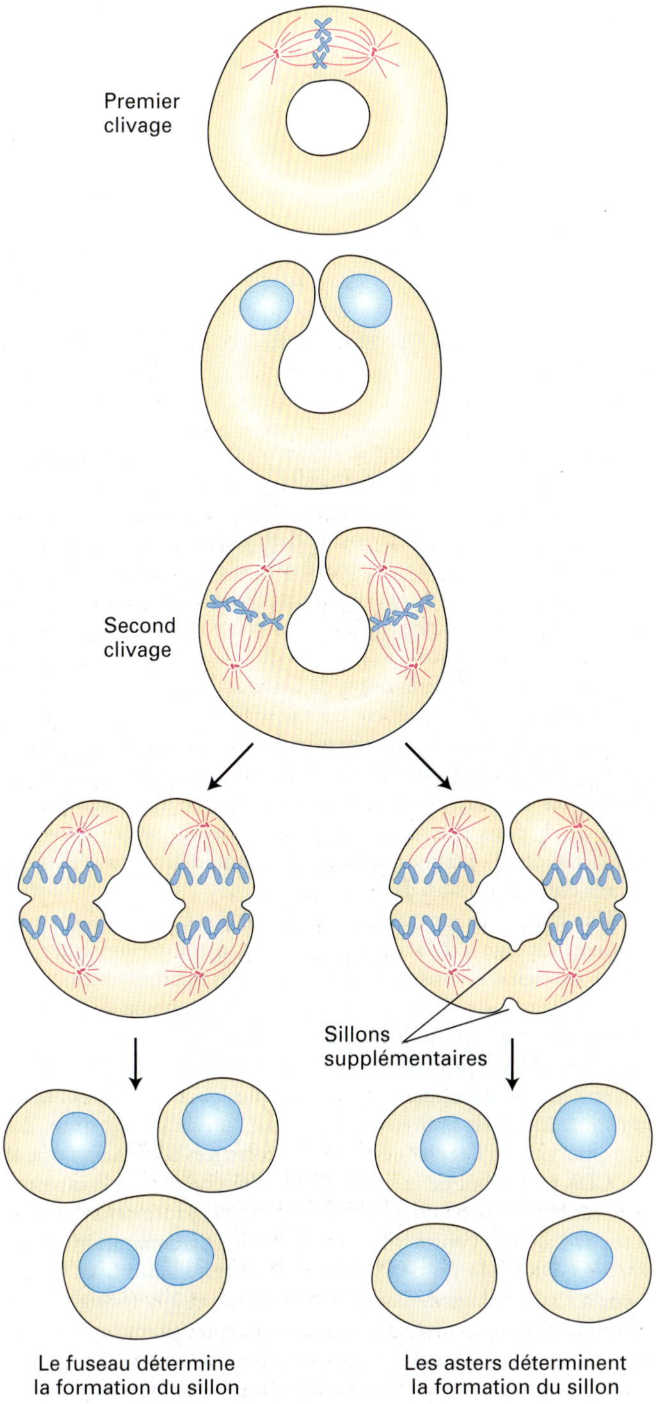

FIGURE EXPÉRIMENTALE 20-41 Des expériences de micromanipulation peuvent indiquer si le fuseau ou les asters contrôlent la localisation du plan de clivage durant la cytocinèse. Une petite bille de verre est pressée contre un œuf fertilisé jusqu'à ce que les membranes des côtés opposés de la cellule se touchent et fusionnent, donnant ainsi à l'œuf sphérique une forme de couronne. Lors de la première division, un fuseau normal se développe et la cellule en forme de couronne se divise et produit une seule cellule ayant la forme d'un C avec deux noyaux normaux. Ce résultat est attendu que ce soit les asters ou le fuseau qui déterminent le plan de clivage. Lors de la deuxième division cellulaire, les deux noyaux produisent chacun un fuseau normal. Si le fuseau déterminait le plan de clivage, le clivage de la cellule en forme de C donnerait trois cellules, une d'elles avec deux noyaux (*en bas, à gauche*). Si les asters déterminaient le plan de clivage, alors un troisième plan de clivage se formerait entre les asters de deux fuseaux différents (*en bas, à droite*). La cellule a produit quatre cellules, ce qui indique qu'un sillon supplémentaire s'est formé entre une paire d'asters.

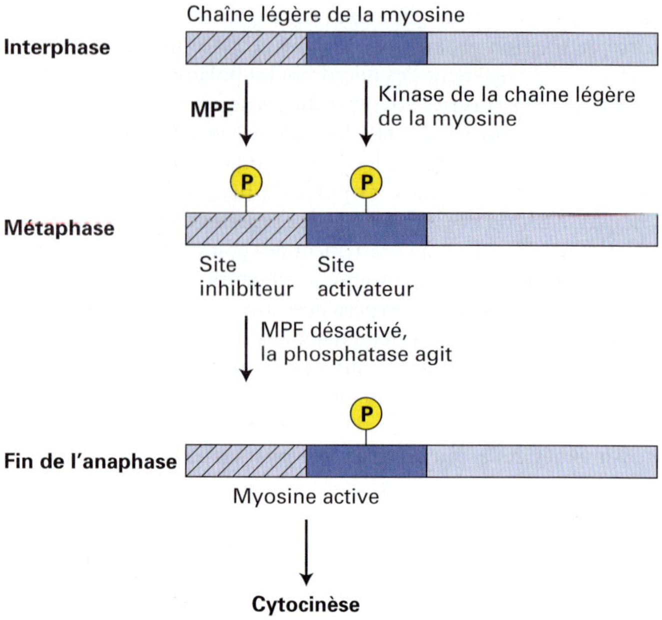

FIGURE EXPÉRIMENTALE 20-42 Régulation de la chaîne légère de myosine par le MPF (*mitosis promoting factor*). Le MPF est un complexe activé d'une kinase dépendant des cyclines (CDK1) et d'une cycline mitotique. La phosphorylation de sites inhibiteurs sur la chaîne légère de myosine par l'activité kinasique de MPF tôt au cours de la mitose empêche que les chaînes lourdes actives de la myosine n'interagissent avec les filaments d'actine et ne glissent le long de ceux-ci, un processus nécessaire à la cytocinèse. Lorsque à l'anaphase l'activité de MPF chute, une phosphatase constitutive déphosphoryle les sites inhibiteurs, ce qui permet la cytocinèse. Une autre enzyme, la kinase de la chaîne légère de la myosine, phosphoryle un résidu différent, activant la myosine pour qu'elle interagisse avec les filaments d'actine. [Voir L. L. Satterwhite *et al.*, 1992, *J. Cell Biol.* **118** :595 ; adapté d'A. Murray et T. Hunt, 1993, *The Cell Cycle : An Introduction*, W. H. Freeman and Company.]

(télophase), et le cytoplasme se divise, un processus appelé cytocinèse ou cytodiérèse. À la fin de celui-ci, deux cellules filles sont formées. Dans le Chapitre 19, nous avons vu comment l'anneau contractile d'actine et de myosine II étrangle la cellule lors de la cytocinèse, mais nous avions passé sous silence le mécanisme qui fixe le plan de clivage de la cellule mère. Il est évident que l'anneau contractile et donc le plan de clivage correspondent à l'endroit où les chromosomes se sont alignés lors de la métaphase, mais on se demande quel est le composant de l'appareil mitotique qui détermine l'endroit où l'anneau contractile se formera.

Des expériences de micromanipulation ont montré que différentes cellules se basent soit sur le fuseau ou sur les asters pour déterminer le plan de clivage (Figure 20-41). Par exemple, la présence de deux asters détermine où le clivage se fait dans des œufs fécondés d'oursins, tandis que le fuseau détermine le plan de clivage dans les cellules de mammifères.

Une hypothèse est que les microtubules astraux ou du fuseau envoient un signal à la région du cortex à mi-chemin entre les asters. Ce signal favoriserait l'interaction des microfilaments d'actine et de la myosine II, ce qui aboutirait à la formation de l'anneau contractile et du sillon de clivage. Le signal n'a pas été identifié, mais un candidat probable est CDK1. Non seulement l'activation de cette kinase dépendant des cyclines déclenche la mitose, mais la chaîne légère de la myosine constitue l'un de ses substrats. La phosphorylation des chaînes légères régulatrices dans la myosine II par CDK1 au début de la mitose inhibe l'interaction de la myosine avec les filaments d'actine, empêchant ainsi la formation prématurée de l'anneau contractile (Figure 20-42). La diminution d'activité de CDK1 à la fin de l'anaphase lève cette inhibition, ce qui mène à l'assemblage de l'anneau contractile et à la formation du sillon de clivage (voir Figure 19-20). Dans le Chapitre 21, nous verrons comment l'activité de CDK1 et d'autres kinases dépendant des cyclines augmente et diminue dans les cellules qui se répliquent.

Les cellules végétales réorganisent leurs microtubules et construisent une nouvelle paroi au cours de la mitose

PLANTES

Comme dit précédemment, les cellules végétales mitotiques n'ont pas le MTOC (*microtubule-organizing center*) unique qui organise le réseau de rayons microtubulaires typique des cellules animales en interphase, mais elle ont de nombreux MTOC qui sont alignés le long du cortex et amorcent l'assemblage des bandes transversales de microtubules sous la paroi cellulaire (Figure 20-43, *à gauche*). Ces microtubules corticaux, qui sont connectés par des MAP (*microtubule-associated proteins*) spécifiques des plantes, contribuent au dépôt des microfibrilles extracellulaires de cellulose, composant principal de la paroi rigide de la cellule (voir Figure 6-33).

Bien que les événements mitotiques dans les cellules végétales soient en général semblables à ceux des cellules animales, la formation du fuseau et la cytocinèse ont des caractéristiques propres (voir Figure 20-43). Les cellules végétales rassemblent en un faisceau leurs microtubules corticaux et les réorganisent en un fuseau à la prophase sans l'aide de centrosomes. À la métaphase, l'appareil mitotique des plantes ressemble fortement à celui des animaux. Des vésicules dérivées du Golgi, qui apparaissent à la métaphase, sont transportées dans l'appareil mitotique le long des microtubules qui s'étendent à partir de chaque bout du fuseau. À la télophase, ces vésicules s'alignent près du centre de la cellule en division et fusionnent alors pour former le *phragmoplaste*, une structure membraneuse qui remplace l'anneau contractile des cellules animales. Les membranes des vésicules formant le phragmoplaste deviennent les membranes plasmiques des cellules filles. Les contenus de ces vésicules, tels que les précurseurs glucidiques de la cellulose et de la pectine, forment la plaque cellulaire précoce, qui se développe dans la nouvelle paroi cellulaire entre les cellules filles. ▮

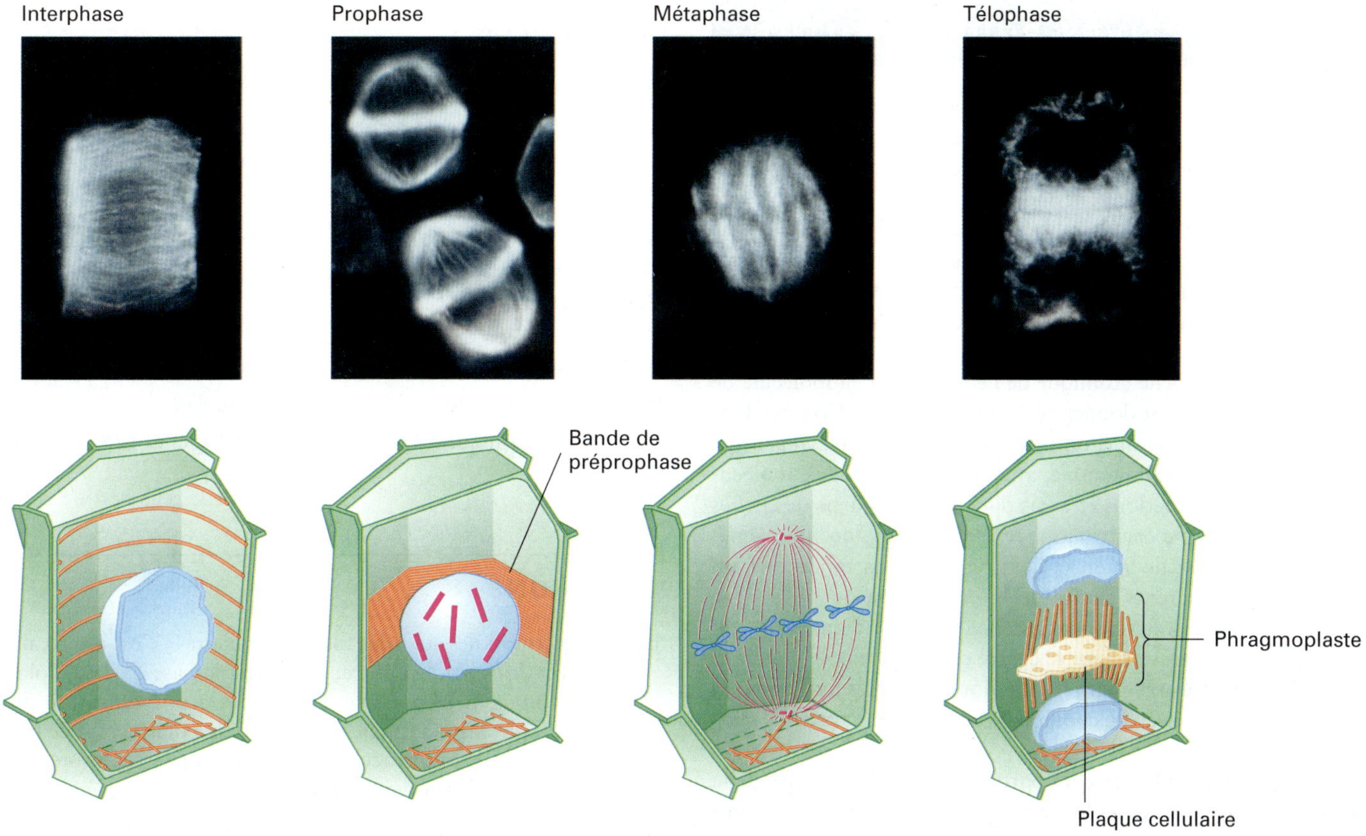

FIGURE EXPÉRIMENTALE 20-43 La mitose dans une cellule de plante supérieure. Micrographies en immunofluorescence (*au-dessus*) et schémas correspondants (*au-dessous*) montrant l'arrangement des microtubules dans des cellules végétales en interphase et en mitose. Un réseau cortical de microtubules ceinture la cellule en interphase. Des toiles de microtubules coiffent les bouts en croissance des cellules végétales et restent intactes durant la division cellulaire. Lorsque la cellule entre en prophase, les microtubules se regroupent autour du noyau et s'organisent en un fuseau qui paraît semblable à celui de la métaphase dans les cellules animales. À la fin de la télophase, la membrane nucléaire s'est reformée autour des noyaux fils, et le phragmoplaste dérivé du Golgi s'est assemblé à la plaque équatoriale. De petites vésicules supplémentaires dérivées du complexe viennent s'y ajouter et fusionner avec le phragmoplaste pour former la nouvelle plaque cellulaire. [Adapté de R. H. Goddard *et al.*, 1994, *Plant Physiol.* **104** :1 ; micrographies reproduites avec l'autorisation de Susan M. Wick.]

CONCEPTS CLÉS DE LA SECTION 20.3

Dynamique microtubulaire et protéines motrices au cours de la mitose

- Au cours de la mitose, les chromosomes répliqués sont séparés et partagés de manière égale en deux chromosomes fils. Cette partie du cycle cellulaire est divisée en quatre stades : prophase, métaphase, anaphase et télophase (voir Figure 20-29).

- L'appareil mitotique des cellules animales comprend les microtubules astraux formant les asters, les microtubules polaires et kinétochoriens formant le fuseau, qui ressemble à un ballon de rugby, les pôles du fuseau dérivés des centrosomes dupliqués, et les chromosomes attachés aux microtubules kinétochoriens (voir Figure 20-31).

- Une simple série de protéines motrices microtubulaires, BimC, CENP-E et la dynéine cytosolique, sont conservées dans tous les fuseaux. Des protéines motrices supplémentaires sont présentes dans les organismes plus complexes.

- Les interactions assurées par les protéines motrices entre microtubules polaires opposés et entre les asters et le cortex cellulaire alignent et séparent les centrosomes à la prophase, établissant l'orientation bipolaire du fuseau (voir Figure 20-34).

- Les microtubules kinétochoriens capturent les chromosomes durant la prophase (voir Figure 20-32). Les forces opposées générées par les protéines motrices aux deux bouts des microtubules du fuseau centrent les chromosomes durant la métaphase (voir Figure 20-37).

- L'action combinée de la dynamique microtubulaire (polymérisation et dépolymérisation) et des moteurs microtubulaires sont responsables du transport des chromosomes vers les pôles opposés au cours de l'anaphase (voir Figures 20-39 et 20-40).

- Le clivage durant la cytocinèse génère deux cellules filles. Le signal déclenchant le clivage est inconnu, mais il lève probablement l'inhibition exercée sur l'interaction entre les filaments d'actine et la myosine II qui empêche la formation prématurée de l'anneau contractile.

PERSPECTIVES POUR LE FUTUR

La dynéine est un moteur moléculaire énigmatique pour plusieurs raisons. D'abord, le domaine constituant la tête est fait d'une répétition de motifs de turbines β. La disposition basée sur ce type de motif suggère que le mécanisme catalytique diffère de ceux de la kinésine et de la myosine. Également particulier est le pédoncule qui s'étend à partir de la tête catalytique et qui s'attache aux microtubules. Les micrographies électroniques suggèrent que des changements de conformation de la tête entraînent des mouvements amplifiés du pédoncule. Ce sont les études de la structure à l'échelle atomique de l'ensemble de la molécule de dynéine qui devraient donner accès au mécanisme. Comme dans les analyses de la myosine, on aura recours à la double approche, microscopie et cristallographie, afin de créer un modèle moléculaire. Les reconstructions en trois dimensions à partir de clichés de cryomicroscopie électronique révèleront l'organisation générale du pédoncule, de la tête et de la tige dans des conditions qui simulent les différents stades de la production de force. Une analyse à haute résolution par cristallographie à rayons X devrait fournir des informations sur le centre catalytique et le couplage au pédoncule. Ces résultats seront alors combinés aux données sur les densités d'électrons obtenues par la cryomicroscopie électronique.

La dynéine semble être un partenaire complémentaire de la kinésine et myosine dans le trafic des vésicules et des chromosomes. Bien qu'il apparaisse que la dynactine puisse arrimer une cargaison membranaire à la dynéine ou à la kinésine, il reste à savoir comment des mouvements basés sur des microtubules peuvent être coordonnés avec des mouvements basés sur la myosine. Plusieurs investigations suggèrent que la dynéine puisse jouer un rôle central dans cette coordination. Puisque les bouts (+) des filaments d'actine et des microtubules ont tendance à pointer vers la périphérie cellulaire, la dynéine est la seule classe majeure de protéines motrices qui déplacent vers l'intérieur de la cellule. La localisation de la dynéine cytoplasmique dans le cortex riche en actine est semblable à celle de la myosine et distincte de celle de la kinésine. On ignore si la dynactine couple aussi la myosine au trafic membranaire.

Le système microtubulaire le plus impressionnant est l'appareil mitotique. Au cours du cycle cellulaire, il s'assemble, se dissocie et continue à exercer fidèlement sa fonction principale, la séparation des chromosomes. L'appareil mitotique n'existe pas comme un programme rigide codifié dans le génome. Les instructions concernant les structures sont la conséquence de la chimie, de l'assemblage dépendant des interactions réversibles entre protéines et de la chronologie contrôlée par les circuits de signalisation. Des questions particulièrement intéressantes concernent (1) les mécanismes qui, en étant sensibles à la tension, centrent les chromosomes dans le plan équatorial à la métaphase et les entraînent durant l'anaphase, (2) les mécanismes de positionnement du fuseau et de l'anneau contractile et (3) le mécanisme de génération de force pour la cytocinèse. C'est la combinaison de méthodes biophysiques de mesure des forces et de méthodes de biologie moléculaire comme la mutagenèse qui apportera les réponses à ces questions.

MOTS CLÉS

Anaphase *838*
Asters *840*
Axonème *836*
Centromère *838*
Centrosome *825*
Corpuscule basal *836*
Cycle du centriole *841*
Cytocinèse *848*
Dynéines *829*
Fuseau mitotique *840*
Instabilité dynamique *822*
Kinésines *829*
Kinétochores *840*
MAP (*microtubule-associated proteins*) *823*
Métaphase *838*
Microtubules *817*
Mitose *838*
MTOC (*microtubule-organizing center*) *817*
Prophase *838*
Télophase *838*
Transport axonal *829*
Tubuline *818*

RÉVISIONS

1. Les microtubules sont des filaments polaires ; c'est-à-dire, un bout est différent de l'autre. Quelle est la base de cette polarité ; comment la polarité est-elle liée à l'organisation du microtubule dans la cellule et comment la polarité est-elle liée aux mouvements intracellulaires animés par des protéines motrices dépendant des microtubules ?
2. Les microtubules, tant in vitro qu'in vivo, sont instables, et cette caractéristique est, pense-t-on, intrinsèque au microtubule. Quel est le modèle actuel qui explique cette instabilité dynamique ?
3. Dans les cellules, l'assemblage des microtubules dépend d'autres protéines ainsi que de la concentration de tubuline et de la température. Quels types de protéines influencent l'assemblage des microtubules in vivo et comment chaque type affecte-t-il l'assemblage ?
4. Les microtubules dans une cellule sont disposés en réseaux spécifiques. Quelle structure cellulaire détermine cet arrangement des microtubules dans une cellule ? Décrivez comment cette structure sert à la nucléation de l'assemblage des microtubules.
5. De nombreuses drogues qui inhibent la mitose se lient spécifiquement à la tubuline, aux microtubules ou aux deux. Pour traiter quelles maladies utilise-t-on ces médicaments ? D'un point de vue fonctionnel, ces drogues peuvent être réparties en deux groupes sur base de leurs effets sur l'assemblage des microtubules. Quels sont les deux mécanismes par lesquels de telles drogues interfèrent dans l'assemblage des microtubules ?
6. La kinésine I fut le premier membre de la famille de protéines motrices des kinésines à être identifié ; dès lors, il est peut-être celui qui est le mieux caractérisé. Décrivez comment la kinésine I fut isolée et identifiée. Quelle propriété fondamentale des protéines motrices dépendant des microtubules a permis l'utilisation de ce procédé ?
7. Certains composants cellulaires paraissent se déplacer dans deux directions sur les microtubules. Décrivez comment c'est

possible étant donné que l'orientation du microtubule est fixée par le MTOC. Quels sont les types de processus régulateurs capables de contrôler la direction qu'une cargaison cellulaire donnée va prendre. Est-il possible pour certains composants cellulaires de migrer sur des microtubules et sur des filaments d'actine ? Justifiez votre réponse.

8. Les propriétés motrices des kinésines reposent sur le domaine moteur et le domaine du cou. Décrivez le rôle de chaque domaine dans le mouvement de la kinésine, la direction du mouvement ou les deux. Quelle est l'observation expérimentale qui montre l'importance du cou dans la motilité de la kinésine ?

9. Pour nager, des cellules utilisent des appendices contenant des microtubules. Quelle est la structure sous-jacente de ces appendices et comment ces structures génèrent-elles la force nécessaire au mouvement ?

10. Le fuseau mitotique est souvent décrit comme un système cellulaire basé sur les microtubules. Les microtubules qui constituent le fuseau mitotique peuvent être classés en trois types distincts. Quels sont les trois types de microtubules du fuseau et quelle est la fonction de chacun ?

11. La fonction du fuseau repose fortement sur les moteurs microtubulaires. Quel sera l'effet sur la formation du fuseau, sa fonction ou les deux de l'addition d'une drogue qui inhibe spécifiquement et uniquement chacune des protéines motrices suivantes : Kin-C, BimC, la dynéine cytosolique et CENP-E ?

12. Le mouvement des kinétochores, et donc des chromatides, vers les pôles durant l'anaphase A requiert que les kinétochores gardent une prise sur les microtubules en train de raccourcir. Comment un kinétochore se maintient-il sur les microtubules en train de raccourcir ?

13. L'anaphase B implique la séparation des pôles du fuseau. Quelles forces propose-t-on pour assurer cette séparation ? Quels sont les mécanismes sous-jacents susceptibles de générer ces forces ?

14. La cytocinèse, le processus de division cytoplasmique, survient juste après que les chromatides sœurs séparées ont atteint les pôles opposés du fuseau. Comment le plan de cytocinèse est-il déterminé ? Quels sont les rôles respectifs des microtubules et des filaments d'actine dans la cytocinèse ?

ANALYSEZ LES RÉSULTATS SUIVANTS

Les protéines motrices sont généralement considérées comme destinées au transport de composants cellulaires le long des microtubules. Cependant, certains membres de la famille des kinésines peuvent exercer d'autres fonctions comme nous le décrivons ci-après.

a. Dans une série d'expériences, on a suivi les changements de longueur des microtubules dans une chambre de microscope dont le contenu pouvait être rapidement échangé. La partie (a) de la figure montre la longueur du tubule en fonction du temps lorsque la tubuline et le tampon ont été remplacés dans la chambre d'abord par une préparation identique de tampon et de tubuline et ensuite par le tampon seul. La partie (b) montre les résultats lorsque la tubuline et le tampon ont été remplacés par une solution contenant la tubuline et la protéine motrice Kin I, une kinésine de type M. Quelles conclusions pouvez-vous tirer de ces expériences ?

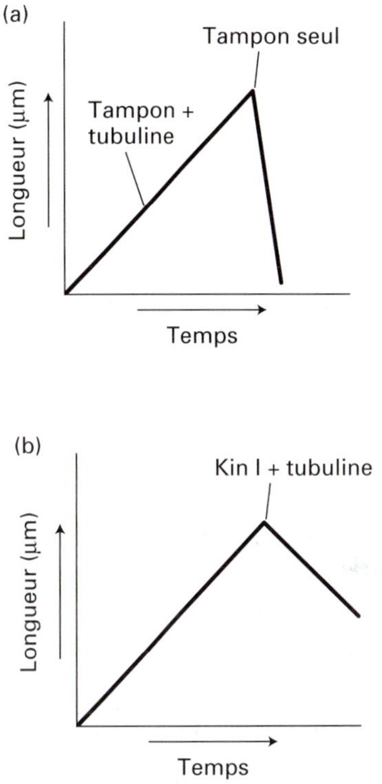

b. Dans un autre test, des microtubules stabilisés par le taxol furent incubés seuls (Ctrl), avec la chaîne lourde d'une kinésine (KHC) et de l'ATP, avec Kin I et de l'ATP ou avec Kin I et AMPPNP. Après centrifugation, le surnageant (s) et le culot (c) contenant les microtubules furent alors analysés par SDS-PAGE, le gel étant coloré de façon à révéler la position de la tubuline, comme dans la partie (c) de la figure. Quelles conclusions pouvez-vous tirer de ces expériences ? Quelle est la conséquence de la présence du nucléotide sur l'activité de Kin I ? Vous attendriez-vous à la présence de l'ATP dans les expériences présentées dans la partie (b) de la figure ? Pourquoi oui ou pourquoi non ?

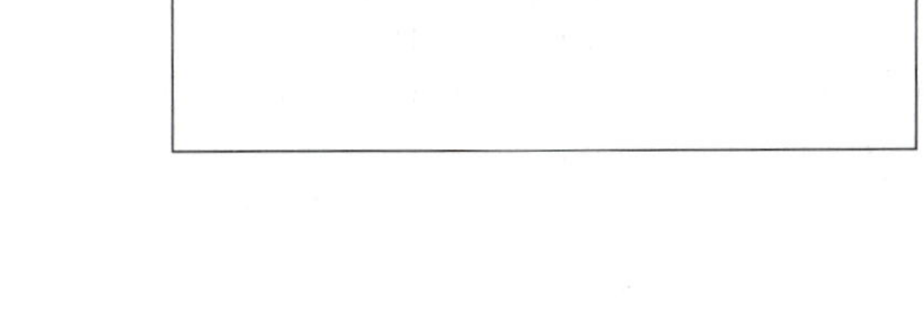

c. Des résultats semblables à ceux qui sont montrés dans la partie (c) furent aussi obtenus quand GMPCPP, un analogue non hydrolysable du GTP fut utilisé pour assembler des microtubules stabilisés. Qu'est-ce que ce résultat suggère à propos de l'action de Kin I ?

d. On sait aussi que Kin I peut produire des résultats semblables même à des taux faibles par rapport à la tubuline. Vu ce fait et ce que vous savez à propos de l'assemblage des microtubules, où sur les microtubules croyez-vous pouvoir trouver la protéine motrice ?

RÉFÉRENCES

Portail consacré à la kinésine
http://www.proweb.org/kinesin/

Kreiss, T. et Vale, R., (1999), *Guidebook to the Cytoskeletal and Motor Proteins*, 2e éd., Oxford University Press.

Organisation et dynamique des microtubules

Bornens, M., (2002), Centrosome composition and microtubule anchoring mechanisms, *Curr. Opin. Cell Biol.* **14** :25–34.

Desai, A. et T. J. Mitchison, (1997), Microtubule polymerization dynamics, *Ann. Rev. Cell Dev. Biol.* **13** :83–117.

Dutcher, S. K., (2001), The tubulin fraternity : alpha to eta, *Curr. Opin. Cell Biol.* **13** :49–54.

Mathur, J. et Hulskamp, M., (2002), Microtubules and microfilaments in cell morphogenesis in higher plants, *Curr. Biol.* **12** :R669–R676.

Nogales, E., (2001), Structural insights into microtubule function, *Ann. Rev. Biomol. Struc.* **30** :397–420.

Vaughn, K. C. et Harper, J. D. I., (1998), Microtubule-organizing centers and nucleating sites in land plants, *Int'l. Rev. Cytol.* **181** :75–149.

Zimmerman, W. *et al.*, (1999), Amorphous no longer : the centrosome comes into focus, *Curr. Opin. Cell Biol.* **11** :122–128.

Mouvements assurés par les kinésines et dynéines

Allan, V. J. *et al.*, (2002), Motoring around the Golgi, *Nature Cell Biol.* **4** :E236–E242.

Dell, R. R., (2003), Dynactin polices two-way organelle traffic, *J. Cell Biol.* **160** :291–293.

Dietz, S. *et al.*, (2002), Molecular motors : single-molecule recordings made easy, *Curr. Biol.* **12** :R203–R205.

Dujardin, D. L. et Vallee, R. B., (2002), Dynein at the cortex, *Curr. Opin. Cell Biol.* **14** :44–49.

Dutcher, S. K., (1995), Flagellar assembly in two hundred and fifty easy-to-follow steps, *Trends Genet.* **11** :398–404.

Goldstein, L. S., (2001), Kinesin molecular motors : transport pathways, receptors, and human disease, *Proc. Nat'l. Acad. Sci. USA* **98** :6999–7003.

Higuchi, H. et Endow, S. A., (2002), Directionality and processivity of molecular motors, *Curr. Opin. Cell Biol.* **14** :50–57.

Hirokawa, N., (1998), Kinesin and dynein superfamily proteins and the mechanism of organelle transport, *Science* **279** :519–526.

Holleran, E. A. *et al.* (1998), The role of the dynactin complex in intracellular motility, *Int'l. Rev. Cytol.* **182** :69–109.

Karcher, R. L. *et al.*, (2002), Motor-cargo interactions : the key to transport specificity, *Trends Cell Biol.* **12** :21–27.

Kull, F. J. et Endow, S. A., (2002), Kinesin : switch I and II and the motor mechanism, *J. Cell Sci.* **115** :15–23.

Mandelkow, E. et Johnson, K. A. (1998), The structural and mechanochemical cycle of kinesin, *Trends Biochem. Sci.* **23** :429–433.

Moore, J. D. et Endow, S. A., (1996), Kinesin proteins : a phylum of motors for microtubule-based motility, *Bioessays* **18** :207–218.

Sablin, E. P. et Fletterick, R. J., (2001), Nucleotide switches in molecular motors : structural analysis of kinesins and myosins, *Curr. Opin. Struc. Biol.* **11** :716–724.

Shaw, J. V. et Cleveland, D. W., (2002), Slow axonal transport : fast motors in the slow lane, *Curr. Opin. Cell Biol.* **14** :58–62.

Thaler, C. D. et Haimo, L. T., (1996), Microtubules and microtubule motors : mechanisms of regulation, *Int'l. Rev. Cytol.* **164** :269–327.

Vale, R. D. et Fletterick, R. J., (1997), The design plan of kinesin motors, *Ann. Rev. Cell Dev. Biol.* **8** :4–9.

Dynamique microtubulaire et protéines motrices au cours de la mitose

Compton, D. A., (1998), Focusing on spindle poles, *J. Cell Sci.* **111** :1477–1481.

Cyr, R. J., (2001), *Plant cells : mitosis, cytokinesis, and cell plate formation.*, Encyclopedia of Life Sciences.

Doxsey, S., (2001), Re-evaluating centrosome function, *Nature Rev. Mol. Cell. Biol.* **2** :688–698.

Inoue, S., (1996), Mitotic organization and force generation by assembly/disassembly of microtubules, *Cell Struc. Funct.* **21** :375–379.

Kapoor, T. M. et Compton, D. A., (2002), Searching for the middle ground : mechanisms of chromosome alignment during mitosis, *J. Cell Biol.* **157** :551–556.

Karsenti, E. et Vernos, I., (2001), The mitotic spindle : a self-made machine, *Science* **294** :543–547.

Kitagawa, K. et Hieter, P., (2001), Evolutionary conservation between budding yeast and human kinetochores, *Nature Rev. Mol. Cell. Biol.* **2** :678–687.

Mitchison, T. J. et Salmon, E. D., (2001), Mitosis : a history of division, *Nature Cell Biol.* **3** :E17–E21.

Nicklas, R. B., (1997), How cells get the right chromosomes, *Science* **275** :632–637.

Nigg, E. A., (2001), *Mitosis*, Nature Encyclopedia of Life Sciences.

Palazzo, R. E. et Davis, T. N., (2001), *Centrosomes and spindle pole bodies. Methods in Cell Biology*, vol. 67, Academic Press.

Rieder, C. L. et Salmon, E. D., (1998), The vertebrate cell kinetochore and its roles during mitosis, *Trends Cell Biol.* **8** :310–318.

Schimoda, S. L. et Solomon, F., (2002), Integrating functions at the kinetochore, *Cell* **109** :9–12.

Wittmann, T. *et al.*, (2001), The spindle : a dynamic assembly of mirotubules and motors, *Nature Cell Biol.* **3** :E28–E34.

Zhou, J. *et al.*, (2002), Attachment and tension in the spindle assembly checkpoint, *J. Cell Sci.* **115** :3547–3555.

21

RÉGULATION DU CYCLE DE LA CELLULE EUCARYOTE

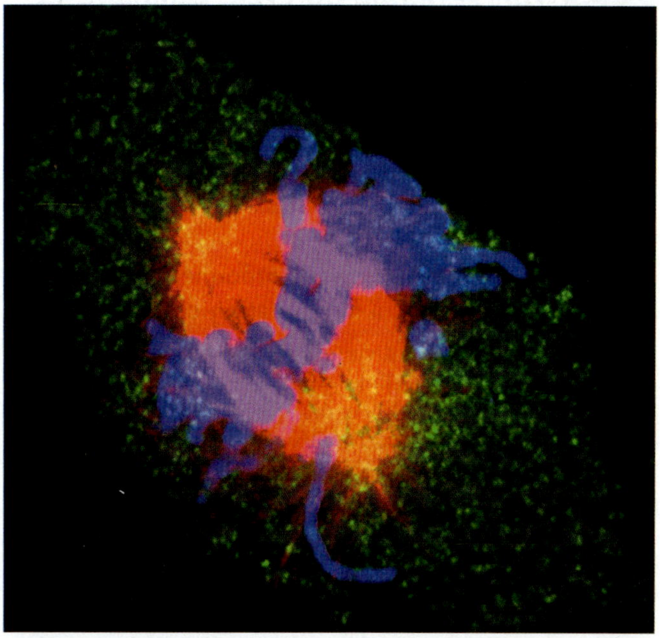

Cette cellule en métaphase d'une culture de cellules rénales de rat montre les chromosomes en bleu, les microtubules du fuseau en rouge et la protéine POM121 en vert. La distribution de celle-ci indique que les protéines de l'enveloppe interne du noyau réintègrent le RE durant la mitose. [Brian Burke et Jan Ellenberger, 2002, *Nature Rev. Mol. Cell Biol.* **3** :487.]

Le **cycle cellulaire** comprend une série ordonnée d'événements macromoléculaires menant à la **division cellulaire** et à la production de deux cellules filles, chacune contenant les chromosomes identiques à ceux de la cellule parentale. La duplication des chromosomes parentaux survient durant la phase S du cycle, et chaque cellule fille hérite d'un assortiment de chromosomes fils au cours de la **mitose** (voir Figure 9-3). Un contrôle chronologique précis du cycle cellulaire veille à ce que la réplication des chromosomes et leur **ségrégation** dans les cellules filles se déroulent correctement et avec grande fiabilité. La régulation du cycle est critique pour le développement normal des organismes multicellulaires, une perte de contrôle aboutissant au cancer, la maladie trop bien connue, responsable de la mort d'une personne sur six dans les pays développés (Chapitre 23).

À la fin des années 1980, on a réalisé que les processus moléculaires régulateurs des événements clés du cycle cellulaire, la réplication des chromosomes et leur ségrégation, sont fondamentalement similaires dans toutes les cellules eucaryotes. À cause de cette similitude, l'utilisation d'organismes divers, chacun avec ses avantages expérimentaux particuliers, a contribué à la compréhension progressive du mode de coordination et de contrôle de ces événements. La biochimie, la génétique et la technologie de l'ADN recombinant, appliquées à l'étude de divers aspects du cycle cellulaire eucaryote, ont révélé que c'est la chronologie de la réplication de l'ADN nucléaire et de la mitose qui contrôle la réplication cellulaire. La direction de ces événements est assurée par un petit assortiment de *protéine kinases hétérodimériques*, comportant une sous-unité régulatrice (cycline) et une sous-unité catalytique (kinase dépendant des cyclines). Ces kinases régulent les activités de multiples protéines impliquées dans la réplication de l'ADN et la mitose. En les phosphorylant dans des sites régulateurs spécifiques, elles en activent certains et en inhibent d'autres, en coordonnant ainsi leurs activités. Ce chapitre est consacré essentiellement au mode de régulation du cycle cellulaire et aux systèmes expérimentaux qui ont conduit à notre compréhension actuelle de ces mécanismes essentiels.

SOMMAIRE

21.1 Vue générale du cycle cellulaire et de son contrôle

Nous abordons ce chapitre en rappelant les phases du cycle d'une cellule eucaryote, en présentant un résumé du modèle actuel de la régulation du cycle et en décrivant brièvement les systèmes expérimentaux principaux qui ont fourni des informations déterminantes à propos de la régulation du cycle cellulaire.

Le cycle cellulaire est une série ordonnée d'événements menant à la réplication cellulaire

Le cycle cellulaire est divisé en quatre phases principales (Figure 21-1). Dans des cellules somatiques qui se répliquent, les cellules synthétisent des ARN et des protéines durant la **phase G_1,** se préparant à la synthèse de l'ADN et à la réplication des chromosomes durant la phase **S (synthèse)**. Après avoir traversé la **phase G_2**, les cellules s'engagent dans le processus compliqué de la mitose, appelé aussi la **phase M (mitotique)**, qui est divisée en plusieurs stades (voir Figure 20-29).

En parlant de mitose, nous utilisons fréquemment le terme de chromosomes pour désigner les structures *répliquées* qui se condensent et deviennent visibles en microscopie optique pendant la période de la mitose appelée **prophase.** Ainsi, chaque chromosome est composé de deux molécules filles d'ADN résultant de la réplication de l'ADN et associées aux histones et autres protéines chromosomiques (voir Figure 10-27). Les molécules filles d'ADN identiques et les protéines chromosomiques associées qui forment un chromosome sont appelées **chromatides** sœurs. Les chromatides sœurs sont attachées l'une à l'autre par des connexions protéiques. Chez les vertébrés, avec la progression de la condensation, ces liens se confinent à une seule région appelée **centromère.**

Durant l'**interphase**, la portion du cycle cellulaire entre la fin d'une phase M et le commencement de la suivante, la membrane nucléaire externe est continue avec le réticulum endoplasmique (RE) (voir Figure 5-19). Dans la plupart des cellules des eucaryotes supérieurs, au début de la mitose (prophase), l'enveloppe nucléaire se retire dans le RE et les membranes du Golgi se répartissent en vésicules. Comme décrit dans le Chapitre 20, des microtubules cellulaires se désagrègent pour se ré-assembler ensuite en **appareil mitotique** composé d'un faisceau de microtubules en forme de ballon de rugby (le fuseau) avec à chaque pôle une sorte d'étoile dont les rayons sont formés de microtubules. Au cours de la **métaphase**, un complexe de plusieurs protéines, le **kinétochore**, s'assemble dans chaque centromère. Les kinétochores des chromatides sœurs s'associent aux microtubules venant des pôles opposés du fuseau (voir Figure 20-31). Durant l'**anaphase**, les chromatides sœurs se séparent. Au début, elles sont tirées par des protéines motrices le long des microtubules du fuseau vers les pôles opposés et s'écartent encore davantage avec l'élongation du fuseau (voir Figure 20-40).

Une fois que la séparation chromosomique est finie, le fuseau se disloque et les chromosomes perdent leur densité durant la télophase. L'enveloppe nucléaire se reforme autour des chromosomes ségrégés en même temps que ceux-ci se décondensent. La division physique du cytoplasme, la cytocinèse, fournit alors deux cellules filles, pendant que le complexe de Golgi se reforme dans chaque cellule fille. Après la mitose, les cellules qui prolifèrent entrent en phase G_1,s'engageant ainsi dans un nouveau cycle. Chez les levures et autres champignons, l'enveloppe nucléaire ne se disloque pas au cours de la mitose. Dans ces organismes, le fuseau mitotique se forme à l'intérieur de l'enveloppe, qui ensuite s'étrangle pour former deux noyaux au moment de la cytocinèse.

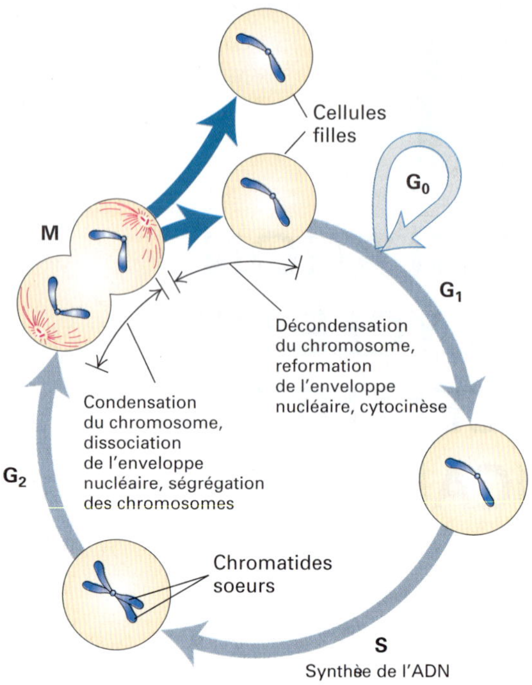

FIGURE 21-1 Événements principaux survenant au cours du cycle d'une cellule eucaryote et destin d'un chromosome parental. Dans les cellules en train de se multiplier, G_1 est la période qui sépare la « naissance » de la cellule après la mitose du moment où s'amorce la synthèse d'ADN, début de la phase S. À la fin de celle-ci, le chromosome répliqué consiste en deux molécules filles d'ADN et des protéines chromosomiques associées. Chacune des molécules filles d'ADN et les protéines chromosomiques associées (non montrées) est appelée chromatide sœur. La fin de G_2 est marquée par le début de la mitose, durant laquelle le fuseau (lignes rouges) se forme et sépare les chromatides sœurs ; elle est suivie par la division du cytoplasme (cytocinèse) qui produit deux cellules filles. L'ensemble des phases G_1, S et G_2 est appelé interphase, période qui sépare deux mitoses. La plupart des cellules de vertébrés qui ne prolifèrent pas quittent le cycle en G_1 pour entrer dans la phase G_0.

Chez les vertébrés et les levures diploïdes, les cellules en phase G_1 possèdent un nombre **diploïde** de chromosomes ($2n$), chacun hérité de l'un des parents. Chez les levures **haploïdes**, les cellules en G_1 possèdent un exemplaire de chacun des chromosomes ($1n$). Les cellules humaines en prolifération rapide parcourent le cycle cellulaire complet en 24 heures environ : la mitose prend ≈ 30 min, G_1 9 heures, la phase S 10 heures et G_2 4,5 heures. Par comparaison, le cycle entier d'une cellule de levure en pleine prolifération ne prend que ≈ 90 min.

Chez les organismes pluricellulaires, la plupart des cellules différenciées « quittent » le cycle cellulaire, pour survivre pendant des jours, des semaines, parfois (neurones et cellules du cristallin) pendant toute la vie de l'organisme, sans se diviser. De telles cellules *post-mitotiques* quittent le cycle à la phase G_1, pour entrer dans la phase désignée G_0 (voir Figure 21-1). Certaines cellules en G_0 peuvent reprendre le cycle et recommencer à se répliquer ; cette reprise est régulée, ce qui assure un contrôle de la prolifération cellulaire.

Phosphorylation et dégradation protéiques contrôlent le cycle cellulaire

Les concentrations des cyclines, les sous-unités régulatrices des protéine kinases hétérodimériques qui contrôlent le cycle cellulaire, augmentent et diminuent au cours de la progression du cycle. Les sous-unités catalytiques de ces kinases, appelées **CDK** (***cyclin-dependent kinases***), restent inactives si elles ne sont pas associées à une cycline. Chaque CDK peut s'associer à différentes cyclines, et la cycline concernée détermine quelles protéines seront phosphorylées par un complexe cycline-CDK particulier.

La Figure 21-2 montre le rôle des trois classes principales de complexes cycline-CDK. Lorsque des cellules sont amenées à se répliquer, les complexes cycline-CDK G_1 sont exprimés les premiers. Ceux-ci préparent la cellule pour la phase S en activant les facteurs qui déclenchent la transcription des gènes codant les enzymes requises par la synthèse d'ADN et des gènes codant les cyclines de la phase S et les CDK. Les complexes cycline-CDK de la

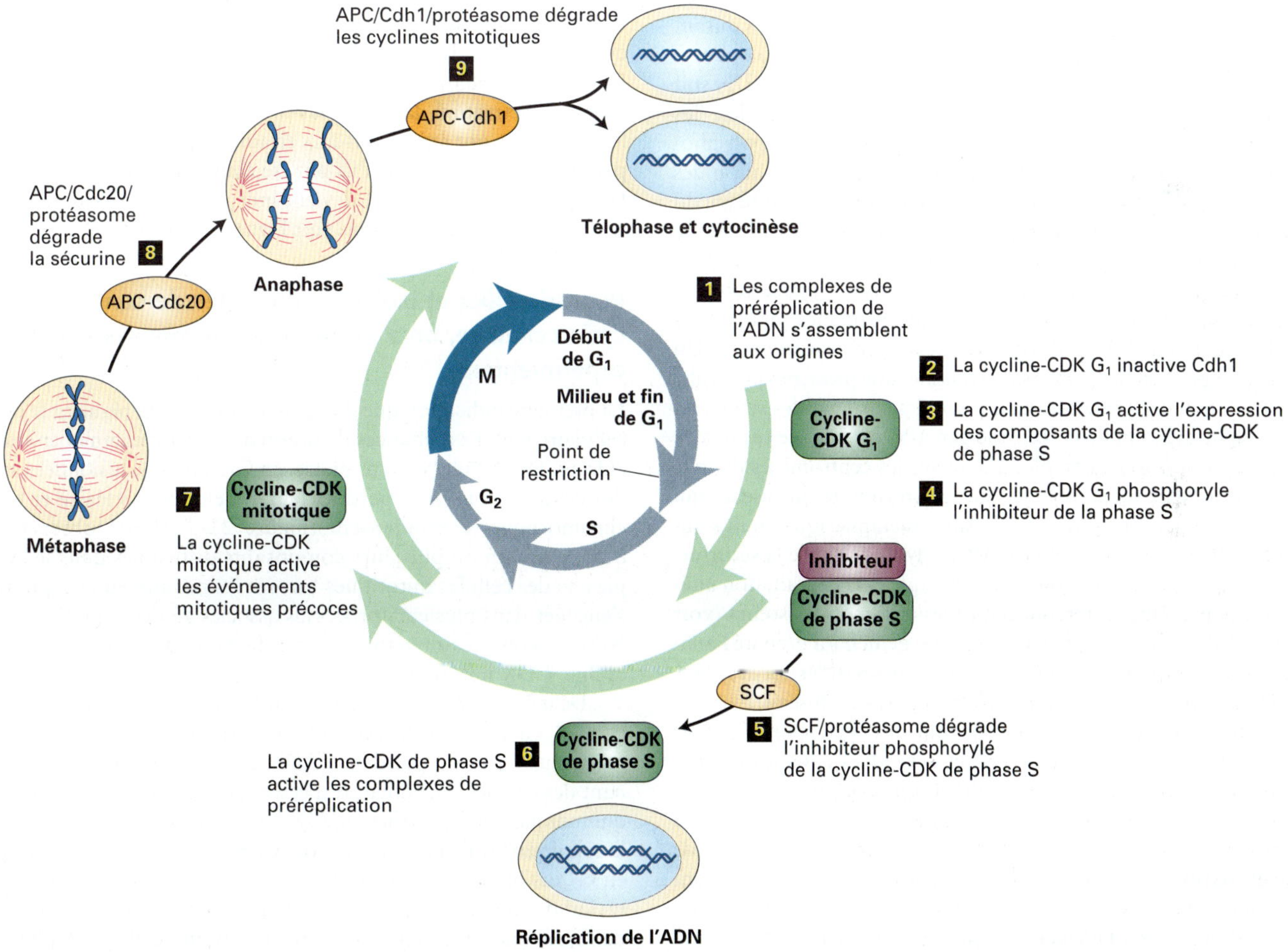

FIGURE 21-2 Vue générale du modèle actuel de régulation du cycle d'une cellule eucaryote. Le cycle est contrôlé par trois complexes (en vert) : cycline-CDK G_1, cycline-CDK de la phase S et cycline-CDK mitotique. Ils sont composés d'une sous-unité régulatrice, la cycline, et d'une sous-unité catalytique, la CDK (*cycline-dependent kinase*). Deux complexes d'ubiquitine ligase (en organe), SCF et APC, polyubiquitinylent des substrats spécifiques entre autres les inhibiteurs de la phase S (étape **5**), la sécurine (étape **8**) et les cyclines mitotiques (étape **9**), destinant ainsi ces substrats à la dégradation par les protéasomes. La protéolyse de l'inhibiteur de la phase S active les cycline-CDK de la phase S, menant à la réplication chromosomique. La protéolyse de la sécurine aboutit à la dégradation des complexes protéiques qui connectent les chromatides sœurs à la métaphase, amorçant ainsi l'anaphase, période mitotique au cours de laquelle les chromatides sœurs se séparent et gagnent les pôles opposés du fuseau. La réduction d'activité des complexes cycline-CDK mitotiques causée par la protéolyse des cyclines mitotiques aboutit aux derniers événements de la mitose et à la cytocinèse. Du fait de l'irréversibilité de la dégradation protéique, ces clivages protéolytiques imposent au cycle une seule direction. Voir le texte pour plus de détails.

phase S sont d'abord inhibés. Mais, à la fin de G_1, les complexes cycline-CDK G_1 induisent la dégradation des inhibiteurs de la phase S en les phosphorylant et en stimulant ainsi leur polyubiquitinylation par l'ubiquitine ligase multiprotéique SCF (étape 5). La dégradation subséquente de l'inhibiteur polyubiquitinylé de la phase S par les protéasomes libère les complexes actifs de cycline-CDK de la phase S.

Une fois activés, les complexes cycline-CDK de la phase S phosphorylent les sites régulateurs de protéines qui forment les complexes de préréplication de l'ADN, assemblés sur les origines de réplication durant G_1 (Chapitre 4). La phosphorylation de ces protéines non seulement active le début de la réplication de l'ADN mais empêche aussi la formation de nouveaux complexes de préréplication. Grâce à cette inhibition, chaque chromosome n'est répliqué qu'une seule fois durant le déroulement d'un cycle cellulaire, ce qui crucial pour que les cellules filles héritent d'un nombre correct de chromosomes.

Les complexes cycline-CDK mitotiques sont synthétisés durant la phase S et G2, mais ils restent inactifs à cause de la phosphorylation de sites inhibiteurs jusqu'à ce que la synthèse de l'ADN soit achevée. Une fois leurs sites inhibiteurs déphosphorylés, les complexes cycline-CDK mitotiques entrent en action en phosphorylant de nombreuses protéines qui induisent la condensation des chromosomes, le retrait de l'enveloppe nucléaire, l'assemblage du fuseau mitotique et l'alignement des chromosomes au niveau de la plaque métaphasique. Durant la mitose, le complexe APC (*anaphase promoting complex*), une ubiquitine ligase faite de plusieurs sous-unités, polyubiquitinyle des protéines régulatrices les destinant ainsi à la dégradation par les protéasomes. Un substrat important de l'APC est la sécurine, une protéine qui inhibe la dégradation des protéines qui unissent les chromatides sœurs. La polyubiquitinylation de la sécurine par APC est inhibée jusqu'à ce que les kinétochores assemblés à hauteur des centromères de tous les chromosomes soient attachés aux microtubules du fuseau, qui tirent les chromosomes jusqu'à la plaque métaphasique où ils s'alignent. Cette opération terminée, APC polyubiquitinyle la sécurine, et induit ainsi sa dégradation protéasomique et la dégradation ultérieure des protéines interconnectant les chromatides sœurs (voir Figure 21-2, étape 8). Cette séquence d'événements a préparé l'anaphase qui comprend la libération des chromatides sœurs, leur ségrégation et leur transfert aux pôles opposés du fuseau.

À la fin de l'anaphase, c'est au tour des cyclines mitotiques d'être polyubiquitinylées par APC et dégradées dans les protéasomes. Tout ce processus est inhibé jusqu'à ce que les chromosomes ségrégés aient atteint leur localisation adéquate dans la cellule en voie de division (voir Figure 21-2, étape 9). À la suite de la dégradation des cyclines mitotiques, les CDK mitotiques sont elles-mêmes inactivées. Ce qui permet aux protéines phosphatases spontanément actives d'enlever les phosphates qui avaient été ajoutés à des protéines spécifiques par les complexes cycline-CDK mitotiques. Finalement, durant la télophase, les chromosomes séparés se décondensent, l'enveloppe nucléaire se reforme autour des noyaux des cellules filles, l'appareil de Golgi se ré-assemble et la cytocinèse divise le cytoplasme, donnant naissance ainsi aux deux cellules filles.

Au début de G_1 du cycle suivant, des phosphatases ont déphosphorylé les protéines qui forment les complexes de préréplication. Ces protéines avaient été phosphorylées par les complexes cycline-CDK de la phase S durant la phase S précédente, leur phosphorylation étant maintenue durant la mitose par les complexes cycline-CDK mitotiques. Résultat de leur déphosphorylation durant G_1, de nouveaux complexes de réplication peuvent se ré-assembler aux origines de réplication pour préparer la phase S qui suit (voir Figure 21-2, étape 1). La phosphorylation de Cdh1 par les complexes cycline-CDK G_1 à la fin de G_1 l'inactive, permettant ainsi l'accumulation des cyclines de la phase S et mitotiques pour la suite du cycle.

Le passage par trois transitions critiques du cycle cellulaire — G $\rightarrow$ phase S, métaphase $\rightarrow$ anaphase et anaphase $\rightarrow$ télophase et cytocinèse — est irréversible car ces transitions sont déclenchées par la dégradation régulée de protéines, un processus irréversible. En conséquence, le cycle cellulaire ne peut se dérouler que dans une seule direction.

Dans les organismes supérieurs, le contrôle du cycle est assuré surtout par la régulation de la synthèse et l'activité des complexes cycline-CDK G_1. Des **facteurs de croissance** extracellulaires fonctionnent comme **mitogènes** en induisant la synthèse des complexes cycline-CDK G_1. L'activité de ceux-ci et d'autres complexes cycline-CDK est régulée par phosphorylation de sites spécifiques d'inhibition ou d'activation dans les sous-unités catalytiques. Une fois que les mitogènes ont agi durant un certain temps, le cycle se poursuit par la mitose même lorsqu'ils ont été éliminés. Le point à la fin de G_1 à partir duquel le cycle devient indépendant des mitogènes est appelé le point de restriction (voir Figure 21-2).

Pour identifier et isoler les protéines de contrôle du cycle cellulaire, on a eu recours à divers systèmes expérimentaux

La première indication que des facteurs diffusibles régulent le cycle cellulaire vint d'expériences de fusion de cellules mammaliennes en culture. Des cellules en interphase, en G_1, S ou G_2, fusionnées avec des cellules en mitose, perdent leur enveloppe nucléaire et leurs chromosomes se condensent (Figure 21-3). Cette observation indique qu'un ou plusieurs composants diffusibles dans le cytoplasme des cellules mitotiques forcent les noyaux en interphase à s'engager dans plusieurs processus associés au début de la mitose. Nous savons maintenant que ces facteurs sont les complexes cycline-CDK mitotiques.

De même, lorsque des cellules en G_1 furent fusionnées avec des cellules en phase S et exposées à la thymidine radioactive, le marqueur fut incorporé dans l'ADN dans les deux noyaux provenant des cellules qui étaient respectivement en G_1 et en phase S, ce qui indique que la synthèse d'ADN a commencé dans le noyau de la cellule en G_1 peu après la fusion. Cependant, lorsque des cellules en G_2 fusionnèrent avec des cellules en phase S, aucune incorporation de thymidine radioactive ne fut observée dans les noyaux de G_2. Donc, des facteurs diffusibles d'une cellule en phase S peuvent entrer dans le noyau d'une cellule en G_1 et stimuler la synthèse d'ADN, mais ces facteurs ne peuvent induire la synthèse d'ADN dans un noyau en G_2. Nous savons maintenant que ces facteurs sont les complexes cycline-CDK de la phase S, qui peuvent activer les complexes de préréplication assemblés sur les origines de réplication dans les noyaux au début de G_1. Bien que ces expériences de fusion aient démontré que des facteurs diffusibles contrôlent l'entrée dans les phases S et M, des expériences génétiques et biochimiques furent nécessaires pour que l'on puisse identifier ces facteurs.

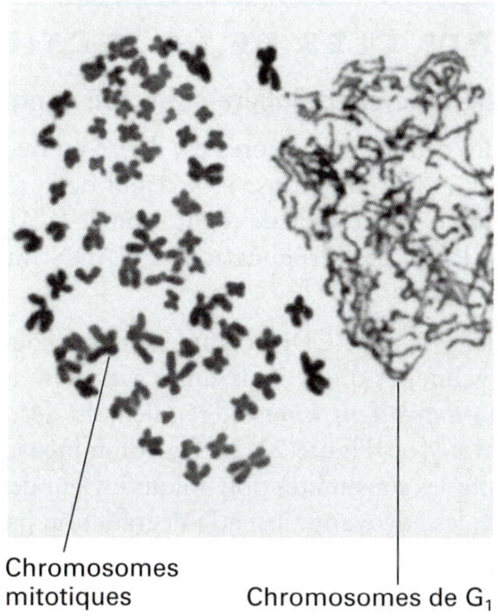

FIGURE EXPÉRIMENTALE 21-3 Un facteur diffusible des cellules mitotiques peut induire la mitose d'une cellule en interphase. Avant la fusion, les cellules en interphase ont une enveloppe nucléaire intacte, entourant des chromosomes non condensés, donc invisibles (voir Figures 1-2b et 5-25). Dans les cellules mitotiques, l'enveloppe nucléaire est absente et les chromosomes qui se sont répliqués sont fortement condensés. Cette micrographie montre une cellule hybride résultant de la fusion d'une cellule mitotique (à gauche) et une cellule en interphase à G_1 (à droite). Un facteur du cytoplasme de la cellule mitotique a causé le retrait, dans le réticulum endoplasmique, de l'enveloppe nucléaire de la cellule G_1, ce qui la rend invisible. Le facteur a aussi déclenché la condensation partielle des chromosomes des cellules G_1. Les chromosomes mitotiques sont reconnaissables par le centromère qui unit les deux chromatides sœurs. [De R. T. Johnson et P. N. Rao, 1970, *Biol. Rev.* **46** :97]

La levure bourgeonnante, *Saccharomyces cerevisiae*, et une levure qui lui est de loin apparentée, *Saccharomyces pombe*, ont été particulièrement utiles pour l'isolement de mutants qui restent bloqués à des stades particuliers du cycle cellulaire ou chez qui la régulation du cycle est altérée. Dans ces deux levures, des **mutants sensibles à la température** avec une déficience de l'une ou l'autre protéine indispensable au déroulement du cycle sont reconnaissables au microscope et peuvent être isolés sans peine (voir Figure 9-6). De telles cellules sont appelées mutants *cdc* (*cell-division cycle*). On peut isoler facilement les allèles sauvages qui correspondent aux allèles mutants *cdc* thermosensibles récessifs en transformant des cellules mutantes haploïdes avec une bibliothèque plasmidique préparée à partir de cellules de type sauvage et en étalant les cellules transformées à température non permissive (Figure 21-4). Les cellules mutantes haploïdes ne peuvent former des colonies à température non permissive. Cependant, l'apport de l'allèle de type sauvage fourni par un des clones plasmidiques de la libraire compense la mutation récessive et permet à la cellule mutante transformée de former une colonie ; les plasmides porteurs de l'allèle sauvage peuvent alors être récupérés à partir de ces cellules. Puisque plusieurs des protéines qui régulent le cycle cellulaire sont hautement conservées, des ADNc humains clonés dans des vecteurs d'expression pour la levure peuvent souvent normaliser le cycle cellulaire chez les mutants ; ce qui permet un accès rapide aux gènes humains codant les protéines qui contrôlent le cycle.

Les études biochimiques requièrent la préparation d'extraits cellulaires de nombreuses cellules. C'est pourquoi, les œufs et les jeunes embryons d'amphibiens et d'invertébrés marins sont particulièrement utiles. Dans ces organismes, de multiples cycles synchrones suivent la fécondation d'un œuf volumineux. En isolant un grand nombre d'œufs et en les fécondant simultanément

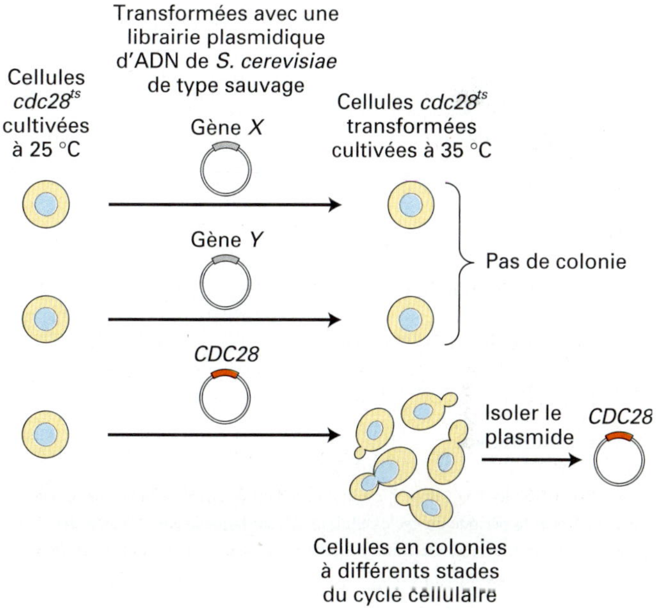

FIGURE EXPÉRIMENTALE 21-4 Les gènes *CDC* (*cell-division cycle*) de type sauvage peuvent être isolés à partir d'une librairie génomique de *S. cerevisiae* par complémentation de mutants *cdc*. Des cellules avec une mutation thermosensible dans un gène *CDC* sont transformées avec une bibliothèque génomique préparée à partir de cellules de type sauvage et sont étalées sur un gel nutritif à température non permissive (35 °C). Chaque cellule transformée capte un seul plasmide contenant un fragment de l'ADN génomique. La plupart de tels fragments comprennent des gènes (e.g. *X* et *Y*) qui ne codent pas la protéine défective Cdc ; les cellules transformées qui captent de tels fragments ne forment pas de colonies à température non permissive. La rare cellule qui a acquis le plasmide contenant la version sauvage du gène muté (dans ce cas, *CDC28*) est complémentée, ce qui lui permet de se répliquer et de former une colonie à température non permissive. L'ADN plasmidique isolé de cette colonie porte le gène *CDC* de type sauvage correspondant au gène qui est défectif dans les cellules mutées. Le même procédé est utilisé pour isoler les gènes *CDC* de type sauvage chez *S. pombe*. Voir les Figures 9-19 et 9-20 qui illustrent de manière plus détaillée la construction et le criblage d'une bibliothèque génomique de levure.

TABLEAU 21-1 Une sélection de cyclines et de CDK (*cyclin-dependent kinases*)*

Organisme/protéine	Nom
S. POMBE	
CDK (une seule)	Cdc2
Cycline mitotique	Cdc13
S. CEREVISIAE	
CDK (une seule)	Cdc28
Cycline du milieu de G_1	Cln3
Cyclines de fin de G_1	Cln1, Cln2
Cyclines du début de phase S	Clb5, Clb6
Cyclines de fin de phase S et du début de mitose	Clb3, Clb4
Cyclines de fin de mitose	Clb1, Clb2
VERTÉBRÉS	
CDK du milieu de G_1	CDK4, CDK6
CDK de fin de G_1 et de phase S	CDK2
CDK mitotique	CDK1
Cyclines du milieu de G_1	Cyclines de type D
Cycline de fin de G_1 et de phase S	Cycline E
Cycline de phase S et de mitose	Cycline A
Cycline mitotique	Cycline B

* Les cyclines et les CDK dont il est question dans ce chapitre sont reprises et classées selon la période du cycle cellulaire durant laquelle elles fonctionnent. Un hétérodimère cycline-CDK intervenant à la mitose est communément appelé MPF (*mitosis-promoting factor*).

par l'addition de sperme (ou par des procédés artificiels aboutissant au même résultat), on obtient, à des points particuliers du cycle cellulaire, des extraits cellulaires pour l'analyse des protéines et des activités enzymatiques.

Dans les sections qui suivent, nous décrivons des expériences qui ont conduit au modèle actuel de la régulation du cycle des cellules eucaryotes (voir Figure 21-2) et nous apportons des informations supplémentaires à propos de ces mécanismes régulateurs. Comme nous le verrons, les résultats obtenus par différents systèmes expérimentaux ont éclairé chacun des points de transition du cycle cellulaire. Pour des raisons historiques, les noms des diverses cyclines et kinases dépendant des cyclines diffèrent chez la levure et chez les vertébrés. Le Tableau 21-1 reprend les noms des facteurs dont il est question dans ce chapitre et indique quand ils interviennent au cours du cycle.

CONCEPTS CLÉS DE LA SECTION 21.1

Vue générale du cycle cellulaire et de son contrôle

- Le cycle des cellules eucaryotes est divisé en quatre phases : M (mitose), G_1 (entre la mitose et le début de la réplication de l'ADN nucléaire), S (période de réplication de l'ADN nucléaire) et G_2 (entre la fin de la réplication de l'ADN nucléaire et la mitose) (voir Figure 21-1).
- Les complexes cycline-CDK, composés d'une sous-unité régulatrice, la cycline, et d'une sous-unité à activité kinasique, la CDK (*cyclin-dependent kinase*), régulent le déroulement du cycle cellulaire (voir Figure 21-2). De volumineuses ubiquitine ligases à multiples sous-unités polyubiquitinylent des régulateurs clés du cycle, les envoyant ainsi à la dégradation par les protéasomes.
- Les complexes cycline-CDK mitotiques diffusibles induisent la condensation des chromosomes et la dislocation de l'enveloppe nucléaire dans des cellules en G_1 ou G_2 qui ont fusionné avec des cellules en mitose. De même, les complexes cycline-CDK de la phase S stimulent la réplication de l'ADN dans les noyaux des cellules en G_1 lorsqu'elles ont fusionné avec des cellules de la phase S.
- L'isolement de mutants affectant la division cellulaire de la levure (*cdc*) a permis l'identification de gènes qui régulent le cycle cellulaire (voir Figure 21-4).
- Les œufs d'amphibiens et d'invertébrés et les jeunes embryons provenant d'œufs fécondés de manière synchrone fournissent des extraits cellulaires pour les études biochimiques du cycle cellulaire.

21.2 Études biochimiques sur oocytes, ovules et jeunes embryons

Une percée dans l'identification du facteur qui induit la mitose vient des études de la maturation de l'oocyte chez le crapaud *Xenopus laevis*. Pour comprendre ces expériences, nous devons d'abord décrire le déroulement de cette maturation, qui peut être reproduite in vitro.

Pendant leur formation dans l'ovaire du crapaud, les **ovocytes** répliquent leur ADN puis s'arrêtent en phase G_2 pendant 8 mois au cours desquels leur taille augmente jusqu'à un diamètre de 1 mm, car ils mettent en réserve tous les matériaux nécessaires aux nombreuses divisions cellulaires aboutissant à un têtard autonome. Dès qu'une femelle adulte est stimulée par un mâle, ses cellules ovariennes sécrètent une hormone stéroïde, la progestérone, qui provoque la méiose I, première division méiotique, dans les ovocytes bloqués en phase G_2. Après cette stimulation par la progestérone, les ovocytes passent par la méiose I et l'interphase qui la suit, jusqu'à la deuxième métaphase méiotique (Figure 21-5) ; on les appelle alors *ovules*. Une fois fécondé par un spermatozoïde, le noyau de l'ovule sort de son repos métaphasique et achève sa méiose. Le pronucléus haploïde maternel ainsi formé fusionne avec le pronucléus haploïde du spermatozoïde pour donner le **zygote** diploïde, après quoi commencent les divisions mitotiques de l'embryogenèse. Les cellules embryonnaires passent alors par 11 cycles

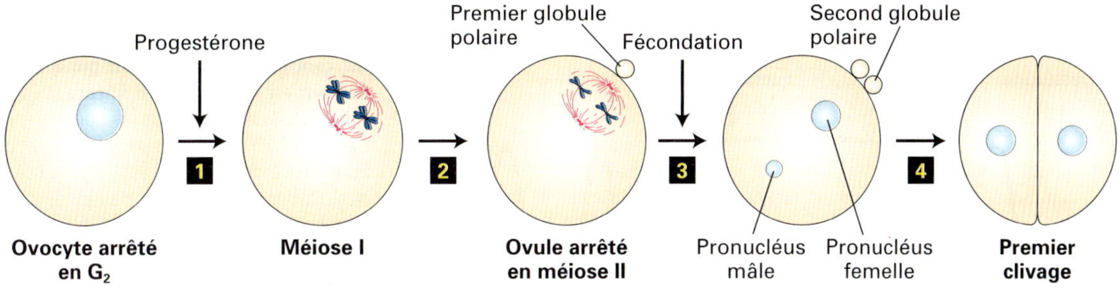

FIGURE EXPÉRIMENTALE 21-5 La progestérone stimule la maturation méiotique des ovocytes de xénope in vitro. Étape **1** : On prélève chirurgicalement dans l'ovaire d'une femelle adulte de xénope des ovocytes arrêtés en G_2 et on les expose à la progestérone, ce qui induit leur entrée en méiose I. Le schéma de deux paires de chromosomes homologues appariés (en bleu) connectés aux microtubules du fuseau (en rouge) représentent les cellules en métaphase de la méiose I. Étape **2** : Ségrégation des chromosomes homologues avec division cellulaire très asymétrique qui expulse la moitié des chromosomes dans une petite cellule appelée premier globule polaire. L'ovocyte passe alors immédiatement à la méiose II et s'arrête en métaphase ; il est devenu un ovule. Le schéma de deux chromosomes connectés au fuseau représente les cellules arrêtées en métaphase de la méiose II. Étape **3** : Le sperme féconde l'ovule et le libère de son blocage en métaphase, lui permettant d'entrer en anaphase de la méiose II et de passer à nouveau par une division très asymétrique qui élimine une chromatide de chaque chromosome dans un second globule polaire. Étape **4** : Le pronucléus haploïde femelle fusionne avec le pronucléus haploïde mâle. Le zygote diploïde réplique son ADN et s'engage dans la première des 12 mitoses synchrones du jeune embryon.

cellulaires synchrones et rapides générant une sphère creuse, la blastula. Ensuite, les divisions cellulaires ralentissent et deviennent non synchrones, les cellules situées en divers endroits de la blastula se divisant à des moments différents.

Le facteur MPF (*maturation-promoting factor*) stimule la maturation méiotique des ovocytes et la mitose dans des cellules somatiques

Lorsque des ovocytes de *Xenopus* bloqués en phase G_2 sont prélevés d'un ovaire de crapaud femelle adulte et sont traités par la progestérone, ils entrent en maturation méiotique, ce processus s'étendant du stade de l'ovocyte arrêté en G_2 jusqu'à celui de l'ovule arrêté en métaphase de la méiose II (voir Figure 21-5). L'injection de cytoplasme d'ovules bloqués en métaphase de méiose II dans les ovocytes arrêtés en G_2 induit la maturation de ceux-ci en ovules en absence de progestérone (Figure 21-6). Ce système a conduit non seulement à la première identification d'un facteur du cytoplasme de l'ovule qui stimule la maturation des ovocytes in vitro, mais est à la base d'un test de détection de ce facteur, appelé *MPF* (*maturation-promoting factor*). Comme nous le verrons bientôt, MPF s'est avéré être l'agent régulateur de l'entrée en mitose de toutes les cellules eucaryotes.

Utilisant l'expérience de micro-injection pour tester l'activité MPF à différents moments de la maturation des ovocytes in vitro, les chercheurs ont trouvé que les ovocytes non traités bloqués en G_2 ont une activité MPF très faible, mais le traitement par la progestérone amplifie cette activité en même temps que la cellule entre en méiose I (Figure 21-7). L'activité MPF décroît ensuite au moment où la cellule aborde l'interphase séparant la méiose I de la méiose II ; elle croît ensuite lorsque la cellule subit la méiose II et reste élevée dans les ovules arrêtés en métaphase II. Après la

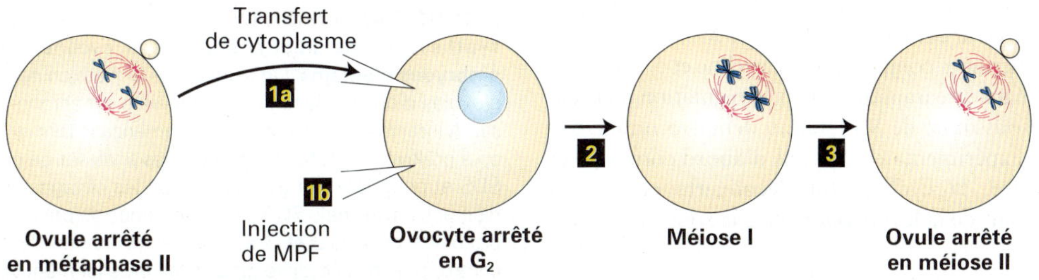

FIGURE EXPÉRIMENTALE 21-6 Un facteur diffusible dans les ovules de xénope arrêtés en métaphase II induit la maturation méiotique. Quand on injecte ≈5 % du cytoplasme d'un ovule non fécondé de xénope bloqué en métaphase de méiose II dans un ovocyte au repos en G_2 (étape **1a**), celui-ci entre en méiose I (étape **2**) et passe en métaphase de méiose II (étape **3**), générant un ovule mature en absence de progestérone. On peut répéter ce processus plusieurs fois sans apport de progestérone, ce qui montre que le cytoplasme de l'ovule contient du MPF (*maturation-promoting factor*). Cette micro-injection dans des ovocytes arrêtés en G_2 a été la première méthode de mesure de l'activité MPF (étape **1b**) aux différents stades du cycle cellulaire et dans différents organismes. [Voir Y. Masui et C. L. Markert, 1971, *J. Exp. Zool.* **177** :129.]

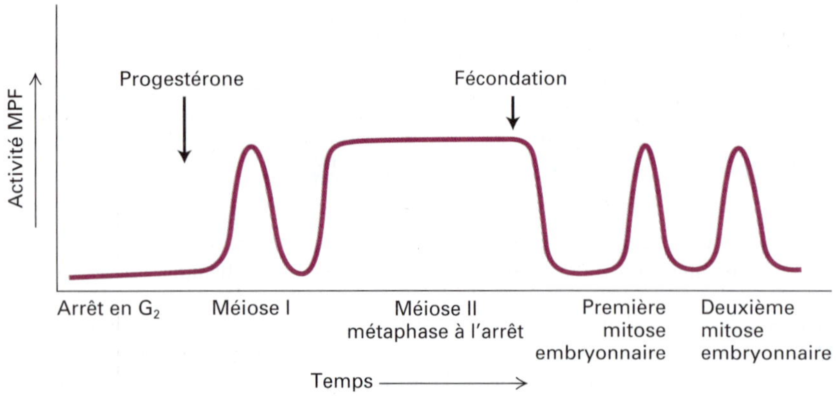

FIGURE EXPÉRIMENTALE 21-7 L'activité MPF dans les ovocytes, les ovules et les jeunes embryons de xénope passent par un pic quand les cellules entrent en méiose ou en mitose. Les schémas de la Figure 21-5 représentant les cellules à chaque stade. L'activité MPF a été mesurée par le test de micro-injection illustré dans la Figure 21-6, et a été quantifiée par des dilutions successives des extraits cellulaires. Voir le texte pour plus de détails. [Voir J. Gerhart *et al.*, 1984, *J. Cell Biol.* **98** :1247 ; adapté de A. Murray et M. W. Kirschner, 1989, *Nature* **339** :275.]

fécondation, le taux de MPF décroît de nouveau jusqu'à ce que le zygote subisse la première mitose du développement embryonnaire. Toutes les cellules du jeune embryon de xénope passent par 11 cycles mitotiques synchrones. En dosant le MPF au cours de ces cycles, on a observé que l'activité MPF est faible dans les interphases séparant les mitoses, pour s'accroître quand les mitoses démarrent.

L'activité MPF n'est pas seulement présente chez le crapaud, on la trouve aussi dans les cellules en mitose de toutes les espèces étudiées. Ainsi, quand on bloque en mitose des cultures de cellules de mammifères par des substances comme la colchicine qui empêche la formation de microtubules, leur cytoplasme injecté dans des ovocytes de *Xenopus* bloqués en phase G2 fait redémarrer la maturation ; c'est donc que les cellules somatiques de mammifères en mitose possède un MPF actif chez *Xenopus*. Cette découverte suggéra que MPF contrôle aussi bien l'entrée en mitose des cellules somatiques de mammifères que l'entrée en méiose des ovocytes de crapaud. Il suffit d'injecter du cytoplasme de cellules somatiques de mammifère bloquées en mitose à des cellules en interphase pour que celles-ci entrent en mitose, c'est-à-dire dispersent leur enveloppe nucléaire et condensent leurs chromosomes. MPF est donc le facteur diffusible, découvert d'abord par les expériences de fusion de cellules (voir Figure 21-3), qui fait entrer les cellules en mitose ; l'acronyme MPF convient donc aussi pour désigner ce **facteur qui déclenche la mitose** (*mitosis-promoting factor*), dénomination qui fait référence à une capacité plus générale de ce facteur.

Comme le test basé sur l'injection dans les ovocytes est laborieux, il fallut plusieurs années pour purifier MPF par chromatographie sur colonne et le caractériser. En fait, MPF est un des complexes hétérodimériques composés d'une cycline et d'une CDK que l'on sait maintenant être impliquée dans la régulation du cycle cellulaire. Chaque sous-unité de MPF fut au début reconnue par diverses approches expérimentales. Voyons d'abord comment la sous-unité régulatrice, la cycline, fut découverte et ensuite comment les généticiens de la levure ont trouvé la sous-unité catalytique.

La cycline mitotique fut d'abord identifiée dans de jeunes embryons d'oursins

Des expériences avec des inhibiteurs ont montré que la synthèse protéique est indispensable à l'augmentation de MPF durant la mitose de chaque cycle dans les jeunes embryons de crapaud.

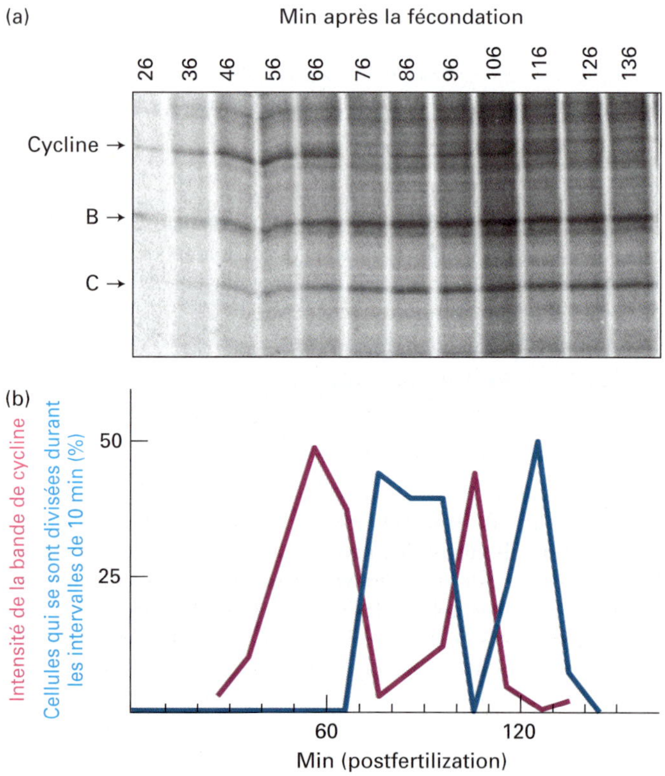

FIGURE EXPÉRIMENTALE 21-8 Mise en évidence du cycle de synthèse et de destruction de la cycline mitotique dans des embryons d'oursins. On a ajouté de la méthionine-^{35}S à une suspension d'ovules d'oursins fécondés de manière synchrone par du sperme d'oursin. À intervalles de 10 min, en commençant 16 min après la fécondation, on a prélevé des échantillons pour les analyser en gel de polyacrylamide-SDS et pour détecter au microscope les clivages cellulaires. (a) Autoradiographies des gels SDS à chaque temps de prélèvement. La plupart des protéines, comme B et C, augmentaient continuellement en intensité. Par contre, celle de la cycline décroissait brusquement 76 min après la fécondation et réaugmentait à 86 min. Elle passait par un nouveau pic à 106 min, mais décroissait à à 126 min. (b) Diagramme de l'intensité de la bande de cycline (ligne rouge) et de la proportion de cellules ayant subi un clivage durant les 10 min précédentes (ligne bleue). Notez que la quantité de cycline chutait brutalement juste avant le clivage cellulaire. [De T. Evans *et al.*, 1983, *Cell* **33** :389 ; avec l'autorisation de R. Timothy Hunt, Imperial Cancer Research Fund.]

Comme dans ceux-ci, les premiers cycles dans l'embryon d'oursin se déroulent de manière synchrone, toutes les cellules embryonnaires entrant en mitose simultanément. Les études biochimiques sur les ovules d'oursin fécondés simultanément ont révélé que la concentration d'une protéine passait par un pic au début de la mitose, chutait brutalement juste avant le clivage cellulaire et s'accumulait ensuite durant l'interphase pour remonter à nouveau au début de la mitose suivante et retomber brusquement juste avant le second clivage (Figure 21-8). Une analyse soigneuse a montré que cette protéine, appelée cycline B, est synthétisée de manière continue durant les cycles des cellules embryonnaires, mais est brusquement détruite après l'anaphase. Puisque sa concentration s'élève au cours de la mitose, la cycline B peut donc être considérée comme une *cycline mitotique*.

Dans des expériences ultérieures, on utilisa un ADNc codant la cycline B d'oursin pour isoler un ADNc de cycline B homologue à partir de *Xenopus*. On utilisa alors la cycline B, obtenue par expression de l'ADNc dans *E. coli*, pour produire des anticorps spécifiques. Ceux-ci révélèrent dans les empreintes Western un polypeptide dont la purification à partir des ovules de *Xenopus* était parallèle à l'activité MPF, ce qui démontrait qu'une sous-unité de MPF était bien la cycline B.

Les taux de cycline B et l'activité kinasique de MPF dans des extraits d'ovules de xénope fluctuent de manière parallèle au cours des cycles

Certains aspects inhabituels des cycles cellulaires synchrones dans les jeunes embryons de xénope fournissent un moyen d'investigation du rôle de la cycline mitotique dans le contrôle de l'activité de MPF. Premièrement, après la fécondation, les phases G_1 et G_2 sont très courtes durant les 12 premiers cycles synchrones. Dès qu'une mitose est terminée, les cellules du jeune embryon passent de suite à la phase S suivante, et une fois que la réplication de l'ADN est complète, les cellules entrent à nouveau en mitose presque immédiatement. Deuxièmement, les fluctuations de l'activité de MPF, qui se manifestent dès que les jeunes embryons de crapaud commencent et finissent une mitose, sont observées dans le cytoplasme d'un œuf fécondé de crapaud même quand le noyau est enlevé, alors même que toute transcription est impossible. Cette observation indique que tous les composants cellulaires requis pour la progression le long des cycles courts des jeunes embryons sont stockés dans l'ovule non fécondé. Dans les cellules somatiques générées plus tard dans le développement et dans les levures dont il sera question plus loin, des ARNm spécifiques doivent être produits à des points particuliers du cycle cellulaire afin que les diverses phases puissent se poursuivre. Mais, dans les jeunes embryons de xénope, tous les ARNm nécessaires pour les premières divisions cellulaires sont présents dans l'ovule non fécondé.

Des extraits préparés à partir d'ovules non fécondés de xénope contiennent donc tout le matériel requis pour de multiples cycles cellulaires, y compris les enzymes et les précurseurs nécessaires à la réplication de l'ADN, les histones et les autres protéines de la chromatine impliquées dans l'assemblage des chromosomes à partir de l'ADN répliqué, ainsi que les protéines et les phospholipides que la formation de l'enveloppe nucléaire requiert. Ces extraits d'ovules synthétisent aussi des protéines, y compris la cycline B, codées par des ARNm de la préparation.

Lorsque des noyaux de spermatozoïdes de xénope furent ajoutés à un tel extrait d'ovules, la chromatine très dense du sperme s'est décondensée, et l'ADN spermatique s'est répliqué une seule fois. Les chromosomes répliqués des spermatozoïdes se sont alors condensés et l'enveloppe nucléaire s'est dissociée, exactement comme elle le fait dans les cellules entières entrant en mitose. Dix minutes environ après la désintégration de l'enveloppe nucléaire, la cycline B a été brutalement détruite, comme à l'anaphase de cellules intactes. Après la destruction de la cycline B, les chromosomes du spermatozoïde se sont décondensés et une enveloppe nucléaire se reforma autour d'eux, comme s'il s'agissait d'une cellule entière en fin de mitose. Après environ 20 minutes, un autre cycle a démarré. L'ADN contenu dans les noyaux formés après la première période mitotique ($2n$) s'est répliqué en donnant des noyaux $4n$. La cycline B, synthétisée à partir de son ARNm présent dans les extraits s'est accumulée ; dès que son taux s'est approché de la valeur maximale, les chromosomes se sont condensés à nouveau, l'enveloppe nucléaire s'est désagrégée et, dix minutes plus tard, la cycline B fut à nouveau brusquement dégradée. La surprenante activité de ces extraits est capable de déclencher plusieurs de ces cycles, qui rappellent les cycles synchrones rapides des jeunes embryons de xénope.

L'utilisation de ce système expérimental d'extrait d'ovules a bénéficié par la suite de la mise au point d'une nouvelle technique de mesure de l'activité du MPF. Après avoir purifié du MPF au moyen du test d'injection dans l'ovocyte (voir Figure 21-6), les chercheurs avaient constaté que le facteur en question phosphoryle l'histone H1. Cette activité kinasique a permis de quantifier l'activité de manière beaucoup plus simple que par le test d'injection dans l'ovocyte. Armés de ce test pratique, les chercheurs ont suivi l'activité de MPF et la concentration de cycline B dans les extraits d'ovules de xénope. Il s'est avéré que l'activité de MPF croît et décroît de concert avec le taux de cycline B (Figure 21-9a). Les premiers événements mitotiques, condensation des chromosomes et dissociation de l'enveloppe nucléaire, surviennent quand l'activité kinasique de MPF atteint son apogée, en parallèle avec la concentration de cycline B. Si on ajoute de la cycloheximide pour inhiber la synthèse protéique, on empêche la synthèse de cycline B ainsi que l'élévation de l'activité MPF, la condensation des chromosomes et la dislocation de l'enveloppe nucléaire.

Pour tester les fonctions la cycline B dans ces événements du cycle cellulaire, on détruisit tous les ARNm de l'extrait d'ovules par une faible concentration d'ARNase, que l'on inactiva ensuite à l'aide d'un inhibiteur spécifique. Ce traitement digère les ARNm, sans affecter les ARNt ni les ARNr nécessaires à la synthèse protéique, leur dégradation requérant des concentrations beaucoup plus élevées d'ARNase. Quand on ajouta des noyaux de spermatozoïdes à l'extrait traité par l'ARNase, les noyaux $1n$ ont commencé à répliquer leur ADN, mais sans que l'activité MPF augmente, ni que les premiers événements mitotiques apparaissent (condensation des chromosomes et dislocation de l'enveloppe nucléaire), comme c'est le cas avec les extraits non traités (Figure 21-9b). L'addition de l'ARNm de *cycline B*, transcrit in vitro à partir de l'ADNc cloné de *cycline B*, à l'extrait d'ovule traité à l'ARNase et mêlé aux noyaux spermatiques, a rétabli les fluctuations d'activité MPF parallèles à celles du taux de cycline B, ainsi que les événements du début et de la fin de la mitose, tels qu'on les observait avec les extraits d'ovules non traités (Figure 21-9c). Comme la seule protéine synthétisée dans ces

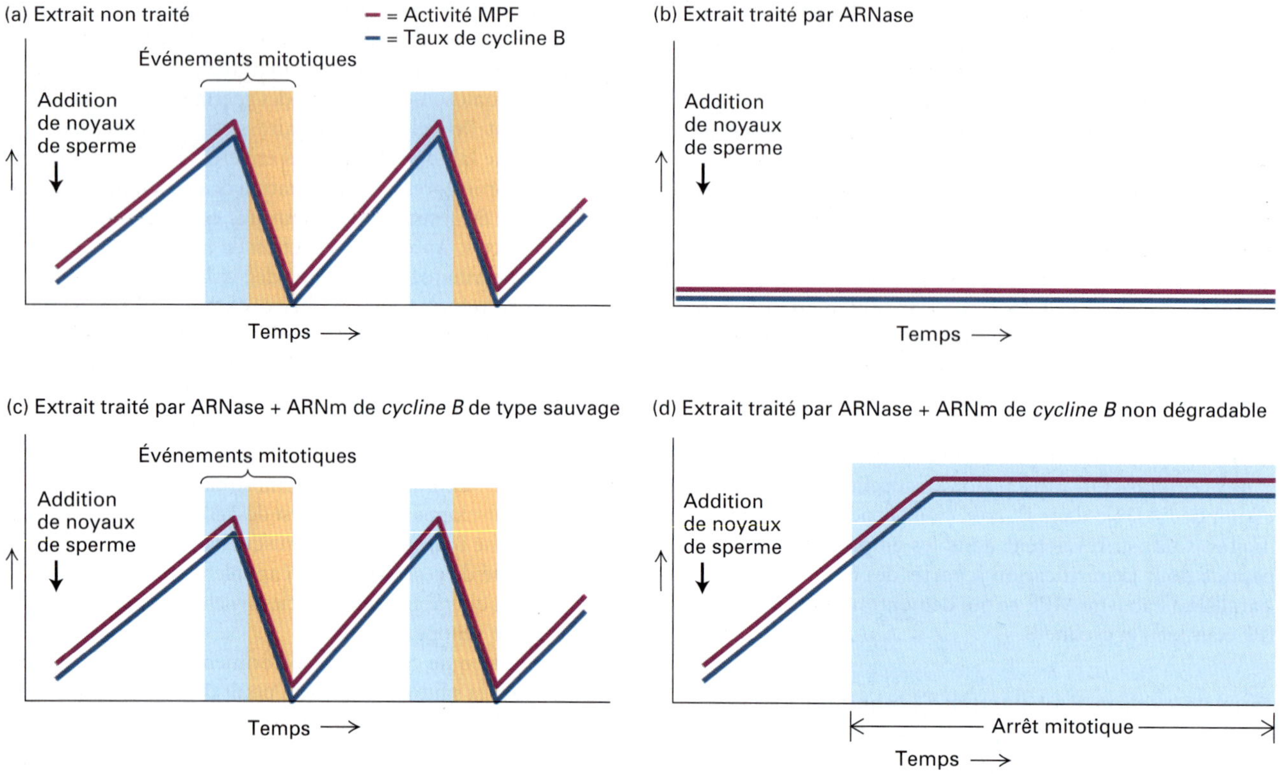

FIGURE EXPÉRIMENTALE 21-9 Le cycle d'activité MPF et des événements mitotiques dans des extraits d'ovule de xénope dépend de la synthèse et de la dégradation de la cycline B. Dans tous les cas, l'activité MPF et la concentration de cycline B ont été déterminées à différents temps après l'addition de noyaux de spermatozoïdes à un extrait d'ovule de xénope traité comme indiqué dans chaque panneau. Au microscope, on détecte le début des mitoses (ombrage bleu), y compris la condensation des chromosomes et la dislocation de l'enveloppe nucléaire, ainsi que les événements tardifs (ombrage orange), par exemple la décondensation des chromosomes et la reconstitution de l'enveloppe nucléaire. Voir le texte pour plus de détails. [Voir A. W. Murray *et al.*, 1989, *Nature* **339** :275 ; adapté de A. Murray et T. Hunt, 1993, *The Cell Cycle : An Introduction*, W. H. Freeman and Company.]

conditions est la cycline B, ce résultat prouve qu'elle est la protéine clé dont la synthèse est indispensable pour réguler l'activité MPF ainsi que les cycles de condensation chromosomique et de dislocation de l'enveloppe nucléaire sous l'effet des extraits d'ovules.

Dans ces expériences, la décondensation chromosomique et l'assemblage de l'enveloppe nucléaire (événements tardifs de la mitose) coïncidaient avec la diminution du taux de cycline B et de l'activité MPF. Pour déterminer si la sortie de la mitose requiert la dégradation de la cycline B, on a ajouté un ARNm mutant codant une cycline B non dégradable à un mélange d'extrait d'ovule traité par l'ARNase et de noyaux de spermatozoïdes. Comme le montre la Figure 21-9d, l'activité MPF augmenta en parallèle avec le taux de cycline B mutée, déclenchant la condensation de la chromatine du sperme et la dislocation de l'enveloppe nucléaire (événements mitotiques précoces). Cependant, la cycline B produite au cours de cette réaction ne fut jamais dégradée. En conséquence, l'activité MPF est restée élevée et les événements mitotiques tardifs, décondensation chromosomique et formation de l'enveloppe nucléaire, furent bloqués. Cette expérience démontre que la chute de l'activité MPF et la sortie de la mitose dépendent de la dégradation de la cycline B.

Les résultats de deux expériences avec des extraits traités à l'ARNase montrent que l'entrée en mitose requiert l'accumulation de cycline B, la cycline mitotique de *Xenopus*, en grandes quantités et que la sortie de la mitose requiert la dégradation de cette cycline mitotique. Puisque l'activité kinasique de MPF variait en parallèle avec le taux de cycline mitotique, les résultats impliquent qu'une forte activité kinasique de MPF aboutit à l'entrée en mitose et qu'une chute de l'activité kinasique de MPF est requise pour la sortie de la mitose.

Le complexe APC (*anaphase-promoting complex*) contrôle la dégradation des cyclines mitotiques et la sortie de la mitose

Des expériences ultérieures ont révélé que les cellules des vertébrés contiennent trois protéines qui peuvent stimuler comme la cycline B la maturation de l'ovocyte de xénope : deux cyclines B étroitement apparentées et la cycline A. Appelées collectivement *cyclines de type B*, ces protéines contiennent des séquences avec une forte homologie. (Il faut distinguer les cyclines de type B des cyclines de G_1 décrites dans la Section 21-5.). Dans des cellules intactes, la dégradation de toutes les cyclines de type B commence après le début de l'anaphase, période de la mitose durant laquelle les chromatides sœurs se séparent et gagnent les pôles opposés du fuseau.

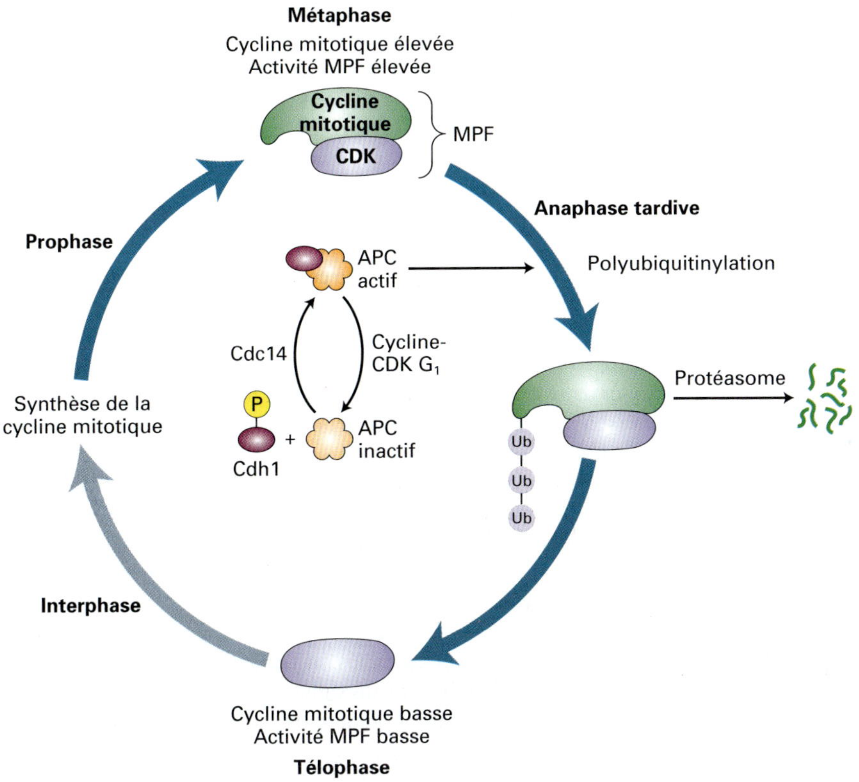

FIGURE 21-10 Régulation du taux de cycline mitotique dans les cellules en prolifération provenant de jeunes embryons de xénope. À la fin de l'anaphase, le complexe APC (*anaphase-promoting complex*) polyubiquitinyle les cyclines mitotiques. Celles-ci étant dégradées par les protéasomes, l'activité kinasique de MPF décline brutalement, déclenchant le début de la télophase. L'activité de l'APC est ciblée sur les cyclines mitotiques par un facteur de spécificité, appelé Cdh1, qui est phosphorylé, dès lors inactivé, par les complexes cycline-CDK G_1. Une phosphatase spécifique, appelée Cdc14 enlève le phosphate régulateur du facteur de spécificité à la fin de l'anaphase. Dès que le facteur de spécificité est inhibé en G_1, la concentration de cycline mitotique augmente, atteignant finalement un taux suffisamment élevé pour lancer la mitose suivante.

Des études biochimiques avec les extraits d'ovules de xénope ont révélé qu'au moment de leur dégradation, les cyclines de type B sont modifiées par l'addition covalente de multiples molécules d'**ubiquitine**. Cette polyubiquitinylation condamne les protéines à une dégradation rapide dans les cellules eucaryotes par les **protéasomes**, des structures cylindriques multiprotéiques contenant plusieurs protéases. L'addition d'une chaîne d'ubiquitine à une cycline de type B ou d'autres protéines cibles requiert trois types d'enzymes (voir Figure 3-13). L'ubiquitine est d'abord activée à son extrémité carboxyle par la formation d'un lien thioester avec un résidu cystéine d'E1, l'*enzyme activant l'ubiquitine*. L'ubiquitine est ensuite transférée à partir d'E1 sur une cystéine d'E2, qui appartient à une classe d'enzymes apparentées, les *enzymes conjuguant l'ubiquitine*. L'E2 spécifique désigne, avec une troisième protéine, E3 ou *ubiquitine ligase*, le substrat auquel une chaîne d'ubiquitine sera liée de manière covalente. Beaucoup d'ubiquitine ligases sont des protéines comprenant de multiples sous-unités.

La séquence de l'ADNc codant plusieurs cyclines de type B de divers eucaryotes a révélé que toutes contiennent, près de leur extrémité N-terminale, une séquence homologue de neuf résidus appelée *boîte de destruction*. La délétion de celle-ci, comme dans l'ARNm muté utilisé dans l'expérience décrite dans la Figure 21-8, empêche la polyubiquitinylation des cyclines de type B et les rend ainsi non dégradables. L'ubiquitine ligase qui reconnaît la boîte de destruction de la cycline mitotique est une protéine à sous-unités multiples appelée *APC* (*anaphase-promoting complex*), dont il a été question plus tôt dans ce chapitre (voir Figure 21-2, étapes 8 et 9).

La Figure 21-10 présente le modèle actuel qui explique le mieux les changements des taux de la cycline mitotique constatés au cours du cycle des cellules des jeunes embryons de xénope. La cycline B, la cycline mitotique principale chez les animaux multicellulaires (métazoaires), est synthétisée tout au long du cycle cellulaire à partir d'un ARNm stable. La chute de sa concentration que l'on observe à la fin de l'anaphase résulte de sa dégradation stimulée par APC à ce point du cycle. Comme nous le discutons dans la Section 21-5, des études génétiques de la levure ont mené à l'identification de *Cdh1* ou *facteur de spécificité de l'APC*, qui se lie à l'APC et le fait polyubiquitinyler les cyclines mitotiques. Ce facteur de spécificité n'est actif qu'à la fin de l'anaphase lorsque les chromosomes se sont écartés suffisamment dans la cellule mitotique pour que les deux cellules filles reçoivent leur assortiment complet de chromosomes. La phosphorylation de Cdh1 par d'autres complexes cycline-CDK durant G_1 inhibe son association avec l'APC et ainsi la dégradation de la cycline mitotique (voir Figure 21-2, étape 2). Cette inhibition permet l'augmentation graduelle des taux de cycline mitotique observée pendant l'interphase du cycle cellulaire suivant.

CONCEPTS CLÉS DE LA SECTION 21.2

Études biochimiques sur oocytes, ovules et jeunes embryons

- MPF est une protéine kinase dont l'activité requiert une cycline mitotique. L'activité de protéine kinase de MPF stimule le début de la mitose par phosphorylation de multiples substrats protéiques spécifiques, dont la plupart doivent encore être identifiés.

- Dans des cellules de jeunes embryons de xénope et d'oursin, qui se divisent de manière synchrone, la concentration de cyclines mitotiques (e.g. cycline B) et l'activité MPF augmentent quand les cellules entrent en mitose et chutent à la fin de la mitose (voir Figures 21-7 et 21-8).

- L'augmentation et la chute de l'activité MPF durant le cycle cellulaire résultent de la synthèse et de la dégradation concomitantes de la cycline mitotique (voir Figure 21-9).
- Le complexe APC (*anaphase-promoting complex*), qui contient de multiples sous-unités, est une ubiquitine ligase qui reconnaît une séquence conservée, dite boîte de destruction, dans les cyclines mitotiques et qui favorise leur polyubiquitinylation, destinant ainsi les protéines à une dégradation rapide par les protéasomes. La réduction de l'activité MPF qui s'ensuit mène à l'achèvement de la mitose.
- L'activité d'ubiquitine ligase d'APC est contrôlée de telle manière que les cyclines mitotiques ne soient polyubiquitinylées que durant la fin de l'anaphase (voir Figure 21-10). La désactivation d'APC en G_1 permet l'accumulation de cyclines mitotiques durant le cycle suivant. Ceci aboutit à l'augmentation et à la diminution cycliques de l'activité MPF qui induisent le début et la fin de la mitose.

21.3 Études génétiques chez *S. pombe*

L'étude des extraits d'ovules de xénope exposée dans la section précédente montrait que la synthèse continue d'une cycline mitotique suivie de sa destruction périodique à la fin de l'anaphase est indispensable aux cycles mitotiques rapides observés chez le jeune embryon. L'identification de la sous-unité catalytique de MPF et des données plus approfondies sur sa régulation proviennent de l'analyse génétique du cycle cellulaire d'une levure fissipare, *S. pombe*. Cette levure prolifère sous forme d'un bâtonnet qui croît puis s'étrangle par le milieu pour donner deux cellules filles d'égale longueur (Figure 21-11).

Chez *S. pombe* de type sauvage, l'entrée en mitose est régulée soigneusement afin que la division cellulaire soit coordonnée correctement avec la croissance cellulaire. Des mutants thermosensibles avec des déficiences conditionnelles dans leur aptitude à parcourir le cycle cellulaire sont facilement reconnus car à température non permissive ils subissent des changements caractéristiques dans leur longueur. De nombreux mutants de cette sorte ont été isolés et répartis en deux groupes. Le premier comprend les mutants *cdc* qui, à température non permissive, sont incapables de passer par certaines phases du cycle cellulaire ; ne pouvant se diviser, ils forment des cellules extrêmement longues. Par contre, les mutants *wee* produisent des cellules raccourcies, car il leur manque des protéines qui habituellement les empêchent de se diviser avant d'avoir atteint une certaine taille.

Chez *S. pombe*, les gènes de type sauvage sont désignés en italique par un signe + en exposant (e.g. $cdc2^+$), et les gènes avec une mutation récessive par un signe — en exposant (e.g. $cdc2^-$). La protéine codée par un gène particulier se représente par le symbole du gène correspondant en caractères romains avec l'initiale en majuscule (e.g. Cdc2).

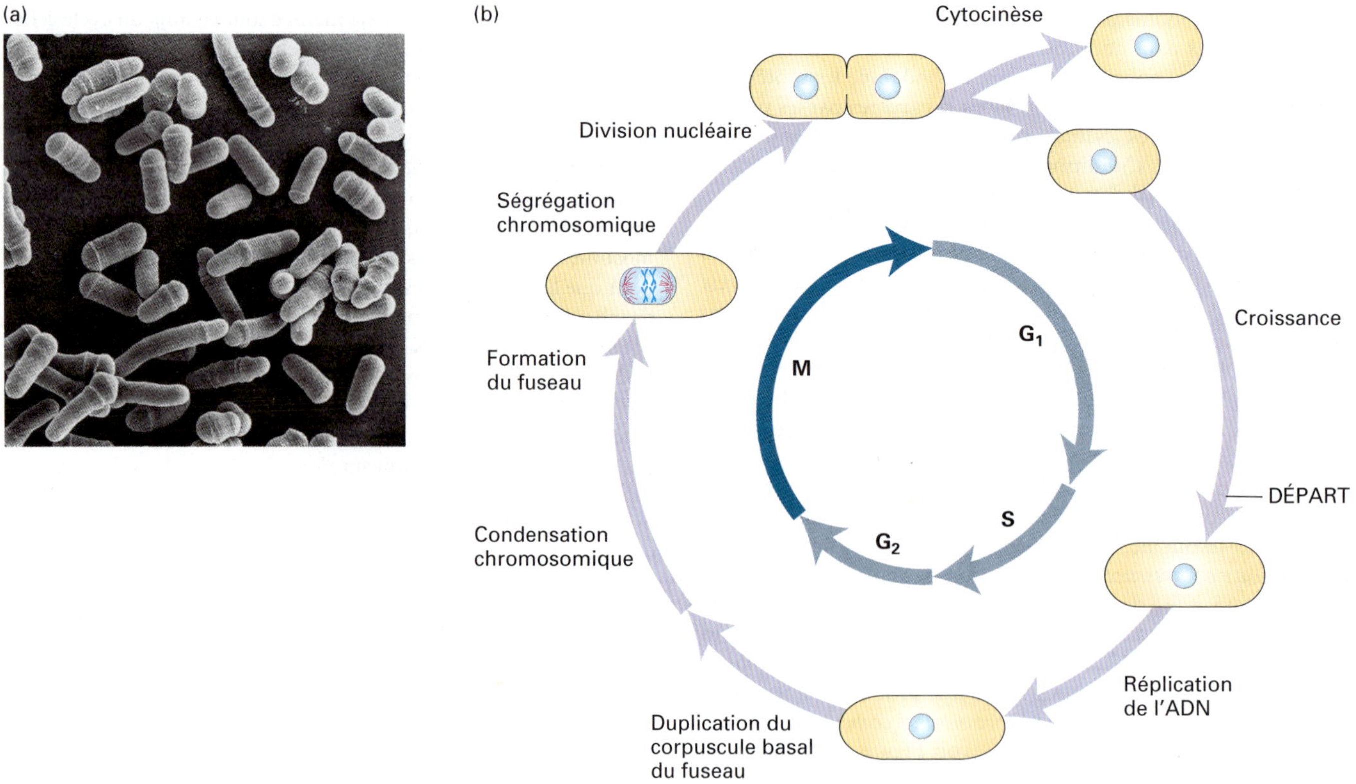

FIGURE 21-11 Levure fissipare *S. pombe*. (a) Micrographie électronique à balayage de cellules à divers stades du cycle cellulaire. Les longues cellules vont entrer en mitose, les petites viennent de passer par la cytocinèse. (b) Principaux événements du cycle cellulaire de *S. pombe*. Notez que l'enveloppe nucléaire ne se désagrège pas durant la mitose chez *S. pombe* et d'autres levures. [Partie (a) avec l'autorisation de N. Hajibagheri.]

Un complexe de type MPF hautement conservé contrôle l'entrée en mitose de *S. pombe*

Des mutations thermosensibles de *cdc2*, un des divers gènes *cdc* de *S. pombe*, produit des phénotypes opposés selon le caractère récessif ou dominant de la mutation (Figure 21-12). Les mutations récessives (*cdc2*⁻) causent un allongement anormal des cellules, tandis que les mutations dominantes ($cdc2^D$) causent un raccourcissement anormal, c'est le phénotype wee. Comme décrit dans le Chapitre 9, des mutations récessives causent en général une *perte* de la fonction de la protéine de type sauvage ; dans les cellules diploïdes, les deux allèles doivent être mutés afin que le phénotype mutant puisse être observé. Par contre, des mutations dominantes résultent en général dans le *gain* d'une fonction protéique, soit à cause d'une surproduction ou d'un manque de régulation ; dans ce cas, la présence d'un seul allèle muté suffit à conférer le phénotype mutant aux cellules diploïdes. L'observation que la perte de l'activité de Cdc2 (mutants $cdc2^-$) empêche l'entrée en mitose et qu'un gain d'activité de Cdc2 (mutants $cdc2^D$) déclenche la mitose prématurément indique que Cdc2 est le régulateur clé de l'entrée en mitose de *S. pombe*.

Grâce à sa faculté de complémenter les mutants $cdc2^-$, le gène $cdc2^+$ sauvage a pu être isolé d'une bibliothèque plasmidique de *S. pombe* (voir Figure 21-4). La séquence du gène a montré qu'il code une protéine de 34 kDa, qui partage des homologies avec des protéine kinases eucaryotes. Dans des études ultérieures, on a identifié les clones d'ADNc d'autres organismes qui pouvaient complémenter les mutants $cdc2^-$ de *S. pombe*. On fut surpris de découvrir un ADNc de cellule humaine qui codait une protéine possédant 63 % d'homologie avec Cdc2 de *S. pombe*.

L'isolement et le séquençage d'un autre gène *cdc* de S. pombe ($cdc13^+$), également requis pour l'entrée en mitose, a révélé qu'il code une protéine homologue à la cycline B de l'oursin et du xénope. Plus tard, on a montré qu'un hétérodimère de Cdc13 et de Cdc2 forme le MPF de *S. pombe* ; à l'instar du MPF de *Xenopus*, cet hétérodimère exerce une activité de protéine kinase qui phosphoryle l'histone H1. De plus, cette activité kinasique augmente quand les cellules de *S. pombe* entrent en mitose et chute quand elles sortent de mitose en parallèle avec l'augmentation et la chute du taux de Cdc13. Ces observations, analogues aux résultats obtenus avec les extraits d'ovules de xénope (voir Figure 21-9a), identifiaient Cdc13 comme la cycline mitotique de *S. pombe*. D'autres travaux ont montré que la protéine Cdc2 isolée et ses homologues chez d'autres eucaryotes exercent une activité de protéine kinase mais qui reste faible tant qu'ils ne sont pas liés à une cycline. C'est de ces observations que vient le sigle CDK (*cyclin-dependent kinases*) qui désigne ces protéine kinases.

Peu après, on a trouvé que des anticorps dirigés contre une région hautement conservée de Cdc2 reconnaissaient un polypeptide dont la purification était parallèle à celle du MPF extrait d'ovules de xénope. Le MPF de xénope est donc composé d'une cycline mitotique (cycline B) et d'une CDK (CDK1). De ces observations biochimiques chez un invertébré (oursin) et un vertébré (*Xenopus*) convergeant avec les analyses génétiques chez une levure, on pouvait conclure que l'entrée en mitose est contrôlée par des complexes cycline-CDK chez tous les eucaryotes (voir Figure 21-2, étape [7]) et que la plupart des protéines participantes ont été fidèlement conservées au cours de l'évolution.

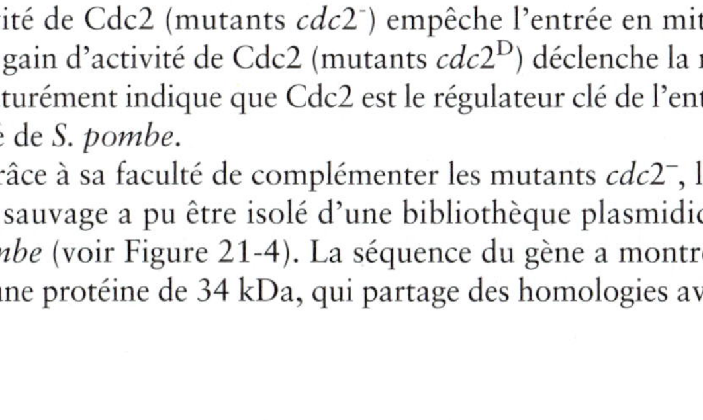

FIGURE EXPÉRIMENTALE 21-12 Les mutants *cdc2* de *S. pombe* récessifs et dominants ont des phénotypes opposés. On a représenté une cellule sauvage ($cdc2^+$) juste avant la cytocinèse, avec deux cellules filles de taille normale. À température non permissive, un mutant récessif $cdc2^-$ est incapable d'entrer en mitose et apparaît sous forme de cellule allongée pourvue d'un seul noyau contenant des chromosomes dupliqués. Un mutant dominant $cdc2^D$ entre prématurément en mitose, sans avoir atteint la taille normale qu'il aurait en G_2 ; au moment de la cytodiérèse, les deux cellules filles sont donc de taille inférieure à la normale ; elles ont ainsi le phénotype wee.

La phosphorylation de la sous-unité CDK régule l'activité kinasique de MPF

L'étude d'autres mutants *cdc* suggéra que les protéines codées par d'autres gènes pussent influencer l'activité protéine kinase du complexe cycline-CDK mitotique (MPF) chez la levure fissipare. Ainsi, chez les mutants $cdc25^-$ thermosensibles, l'entrée en mitose est retardée à température non permissive, ce qui donne des cellules allongées. D'autre part, la surexpression de $cdc25^+$ par un plasmide présent en plusieurs exemplaires par cellule raccourcit G_2 et, ce faisant, rend les cellules plus petites (wee) en précipitant l'entrée en mitose (Figure 21-13a). Réciproquement, des mutations perte de fonction dans le gène $wee1^+$ cause une entrée prématurée en mitose, ce qui aboutit à de petites cellules, alors que la surproduction de la protéine Wee1 prolonge G_2 et rend les cellules plus longues. On doit donc en déduire que la protéine Cdc25 stimule l'activité de la MPF de *S. pombe*, alors que la protéine Wee1 l'empêche de fonctionner (Figure 21-13b).

Ultérieurement, les gènes sauvages $cdc25^+$ et *wee1* ont été isolés, séquencés et utilisés pour la production des protéines correspondantes par des vecteurs d'expression adéquats. Les séquences déduites pour Cdc25 et Wee1 et l'étude biochimique des protéines démontrèrent qu'elles régulaient l'activité kinasique de MPF de *S. pombe* par phosphorylation et déphosphorylation de sites régulateurs spécifiques dans Cdc2, la sous-unité CDK de MPF.

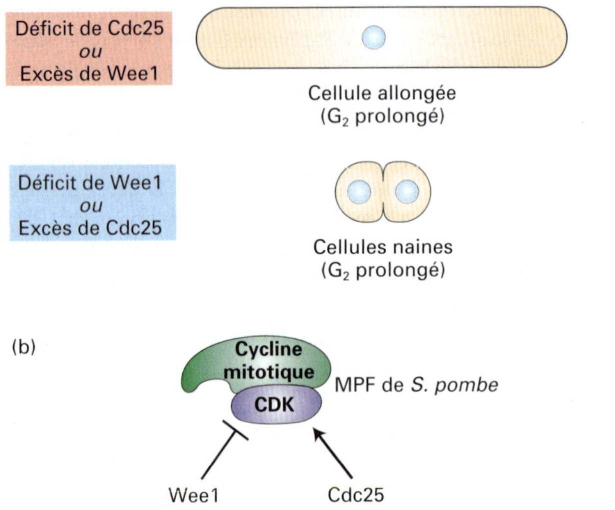

FIGURE EXPÉRIMENTALE 21-13 Cdc25 et Wee1 ont des effets opposés sur l'activité MPF de *S. pombe*. (a) Les cellules dépourvues d'activité Cdc25 et Wee1, à cause de mutations récessives thermosensibles des gènes correspondants, ont des phénotypes opposés. De même, les cellules avec plusieurs exemplaires du plasmide porteur de *cdc25*$^+$ ou *wee1*$^+$ et qui, de ce fait, produisent un excès de la protéine codée ont des phénotypes opposés. (b) Ces phénotypes impliquent que le complexe mitotique cycline-CDK est activé (→) et inhibé (⊣) par Wee1. Voir texte pour plus de détails.

La Figure 21-14 illustre les fonctions de quatre protéines qui régulent l'activité kinasique de CDK chez *S. pombe*. La première est Cdc13, la cycline mitotique de *S. pombe* (équivalent à la cycline B des métazoaires), qui est associée à CDK pour former MPF dont l'activité est très faible. La deuxième est la **protéine tyrosine kinase Wee1**, qui phosphoryle un résidu tyrosine inhibiteur (Y15) dans la sous-unité CDK. La troisième est une autre kinase, CAK (*CDK-activating kinase*), qui phosphoryle un résidu thréonine activateur (T161). Quand les deux résidus sont phosphorylés, MPF est inactif. Finalement, la *Cdc25 phosphatase* enlève le phosphate de Y15, ce qui donne un MPF très actif. Quand, par mutagenèse dirigée, on a remplacé Y15 dans la CDK de *S. pombe* par une phénylalanine, qui ne peut être phosphorylée, on a obtenu des mutants avec le phénotype wee semblable à celui des mutants *wee1*$^-$. Les deux mutations empêchent la phosphorylation inhibitrice de Y15, ce qui rend impossible la régulation de l'activité MPF et ce qui permet ainsi l'entrée prématurée en mitose.

Des changements de conformation induits par la liaison à la cycline et la phosphorylation amplifient l'activité du MPF

À la différence des levures bourgeonnantes et fissipares, qui ne produisent qu'une CDK, les vertébrés en produisent plusieurs (Tableau 21-1). La structure tridimensionnelle d'une CDK humaine (CDK2) a été déterminée, et l'on a appris ainsi comment la liaison à la cycline et la phosphorylation des CDK régulent leur activité de protéine kinase. Bien que les structures tridimensionnelles de la CDK de *S. pombe* et de la plupart des autres CDK n'aient pas été déterminées, leur homologie de séquence avec la CDK2 humaine suggère que toutes ces CDK ont une structure semblable et sont régulées par un mécanisme semblable.

La CDK2 non phosphorylée et inactive contient une région flexible, appelée boucle T, qui bloque l'accès des substrats protéiques au site actif où se lie l'ATP (Figure 21-15a). Le blocage stérique par la boucle T explique largement pourquoi CDK2 libre, non liée à la cycline, n'a pas d'activité de protéine kinase. La CDK2 non phosphorylée liée à une des cyclines partenaires, la cycline A, exerce in vitro une activité minimale, mais détectable, de protéine kinase, bien qu'elle puisse être essentiellement inactive in vivo. Des interactions extensives entre la cycline A et la boucle T causent un changement important dans la position de la boucle T, ce qui expose alors le site actif de CDK2 (Figure 21-15b). La liaison de la cycline A modifie aussi la position de l'hélice $\alpha 1$ dans CDK2, modifiant sa surface de liaison au substrat. La phosphorylation de la thréonine activatrice, localisée dans la boucle T, cause des changements supplémentaires dans la conformation du complexe

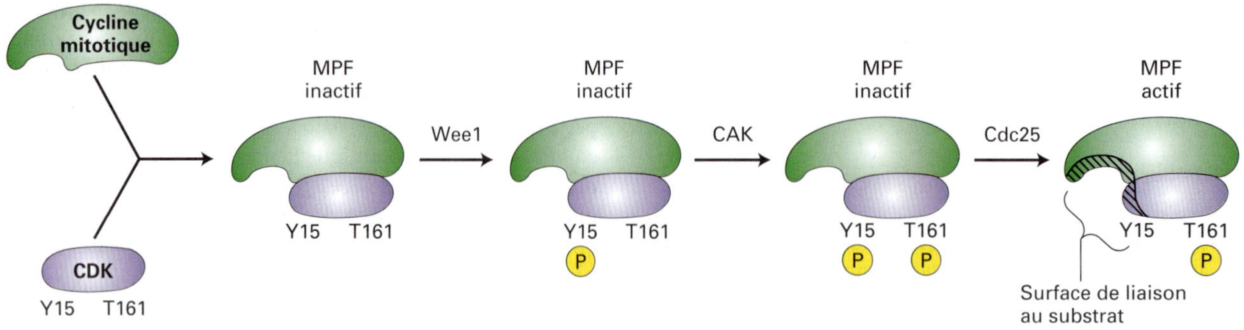

FIGURE 21-14 Régulation de l'activité kinasique du MPF (*mitosis-promoting factor*) de *S. pombe*. L'interaction de la cycline mitotique (Cdc13) avec la kinase dépendant des cyclines (Cdc2) forme le MPF. La sous-unité CDK peut être phosphorylée dans deux sites régulateurs : par Wee1 à la tyrosine 15 (Y15) et par CAK (*CDK-activating kinase*) à la thréonine 161 (T161). L'élimination du phosphate sur Y15 par la phosphatase Cdc25 donne un MPF actif dans lequel la sous-unité CDK est monophosphorylée à T161. La sous-unité cycline mitotique contribue à la spécificité du substrat auquel se lie le MPF, probablement en faisant partie de la surface d'interaction avec le substrat (hachuré), qui inclut aussi le résidu inhibiteur Y15.

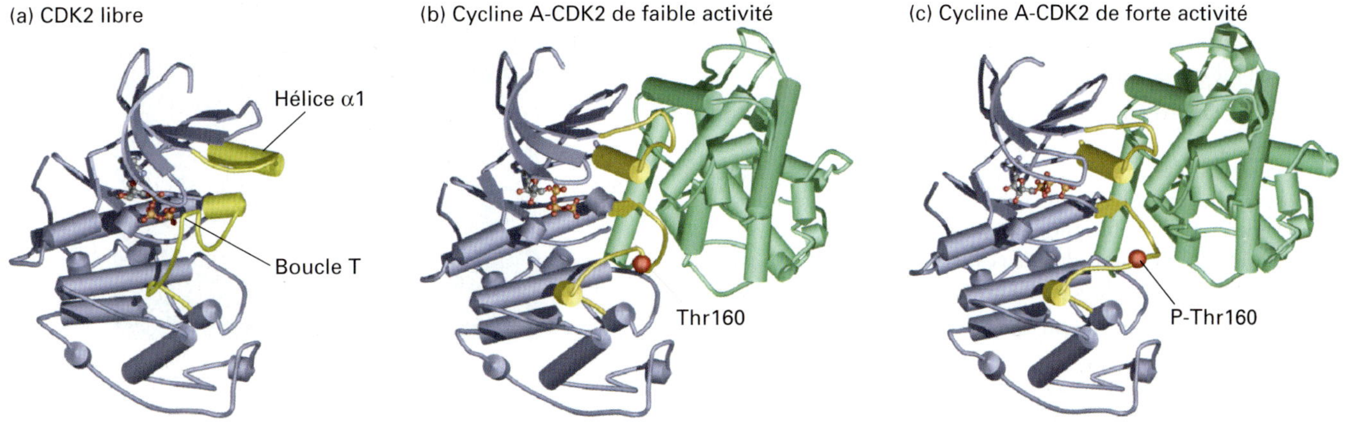

FIGURE 21-15 Modèles moléculaires de la CDK2 humaine, homologue de la CDK (*cyclin-dependent kinase*) de *S. pombe*. (a) CDK2 non liée à la cycline A et inactive. Dans CDK2 libre, la boucle T empêche les substrats protéiques d'accéder au phosphoryle γ de l'ATP, représenté par le modèle « boules et bâtonnets ». Les conformations des régions en jaune sont modifiées quand CDK est liée à la cycline A. (b) Complexe cycline A-CDK2 non phosphorylé et peu actif. Les changements de conformation induits par la liaison d'un domaine de la cycline A (en vert) écartent la boucle T du site actif de CDK2 et permettent ainsi l'interaction avec le substrat protéique. L'hélice α1 dans CDK2, qui interagit de manière étendue avec la cycline A, se déplace de plusieurs angströms pour s'insérer dans le creux catalytique, changeant la position des chaînes latérales catalytiques requises pour le transfert du groupe phosphoryle au substrat spécifique. La boule rouge indique la position équivalente à la thréonine 161 dans Cdc2 de *S. pombe*. (c) Complexe cycline A-CDK2 phosphorylé et pleinement actif. Les changements de conformation induits par la phosphorylation de la thréonine activatrice (boule rouge) modifient la forme de la surface qui se lie au substrat, augmentant ainsi fortement l'affinité pour celui-ci.
[Avec l'autorisation de P. D. Jeffrey. Voir A. A. Russo *et al.*, 1996, *Nature Struct. Biol.* **3** :696]

cycline A-CDK2, ce qui augmente grandement son affinité pour les substrats protéiques (Figure 21-15c). En conséquence, l'activité kinasique du complexe phosphorylé est une centaine de fois plus forte que celle du complexe non phosphorylé.

Le résidu tyrosine inhibiteur (Y15) dans la CDK de *S. pombe* se trouve dans la région de la protéine qui lie les phosphates de l'ATP. Les protéines CDK2 des vertébrés contiennent un autre site inhibiteur, la thréonine 14 (T14) dans la même région de la protéine. La phosphorylation de Y15 et de T14 dans ces protéines empêche l'ATP de se lier à cause de la répulsion électrostatique entre les phosphates de la protéine et ceux de l'ATP. Ces phosphorylations inhibent donc l'activité protéine kinase, même si la protéine CDK est liée à une cycline et le résidu activateur est phosphorylé.

D'autres mécanismes contrôlent aussi l'entrée en mitose par régulation de l'activité du MPF

Jusqu'à présent, nous avons décrit deux mécanismes qui contrôlent l'entrée en mitose : (a) la régulation de la concentration des cyclines mitotiques (voir Figure 21-10) et (b) la régulation de l'activité kinasique de MPF (voir Figure 21-14). D'autres études sur des mutants de *S. pombe* avec des cycles altérés ont révélé des gènes supplémentaires dont les protéines influencent directement ou indirectement l'activité MPF. À présent, il est clair que l'activité MPF chez *S. pombe* est régulée de manière complexe afin que la chronologie de la mitose et dès lors la taille des cellules filles soient ajustées de manière précise.

Des enzymes avec des activités équivalentes à Wee1 et Cdc25 de *S. pombe* ont été trouvées dans des extraits d'ovules en cycle de xénope. L'activité de tyrosine kinase de Wee1 de xénope est élevée et l'activité de phosphatase de Cdc25 est basse durant l'interphase. En conséquence, le MPF assemblé à partir de CDK1 de xénope et de la cycline mitotique qui vient d'être synthétisée est inactif. Quand l'extrait induit le début de la mitose, l'activité de Wee1 diminue et celle de Cdc25 augmente, ce qui convertit MPF en sa forme active. Bien que la cycline B soit la seule protéine dont la synthèse est nécessaire aux cycles des cellules des jeunes embryons de xénope, les activités des autres protéines, y compris Wee1 et Cdc25 de xénope, doivent être régulées correctement pour que les cycles se déroulent. Dans sa forme active, Cdc25 est phosphorylé. Son activité est aussi contrôlée par des protéine kinases et des phosphatases supplémentaires.

L'activité MPF peut aussi être ajustée par le contrôle de la transcription de gènes codant les protéines régulatrices de l'activité de MPF. Ainsi, dès qu'ont eu lieu les rapides divisions synchrones du jeune embryon de la drosophile, tous les ARNm sont détruits et les cellules se mettent au repos en G_2. Cet arrêt est dû à la dégradation rapide de String, l'homologue de Cdc25 chez la drosophile ; à cause de la décroissance consécutive de l'activité phosphatasique de String, l'inhibition de MPF est maintenue, ce qui empêche l'entrée en mitose. Les mitoses reprendront ensuite dans certains groupes particuliers de cellules dès que le gène *string* y sera transcrit.

CONCEPTS CLÉS DE LA SECTION 21.3

Études génétiques chez *S. pombe*

- Dans la levure fissipare, *S. pombe*, le gène $cdc2^+$ code une CDK (*cyclin-dependent kinase*) qui s'associe à une cycline mitotique codée par le gène $cdc13^+$. L'hétérodimère cycline-CDK mitotique est l'équivalent du MPF de *Xenopus*. Les mutants dépourvus soit de la cycline mitotique soit de CDK ne peuvent entrer en mitose et forment alors des cellules allongées.

- L'activité de protéine kinase du complexe cycline-CDK mitotique (MPF) dépend de l'état de phosphorylation de deux résidus dans la sous-unité catalytique CDK (voir Figure 21-14). L'activité est la plus intense quand la thréonine 161 est phosphorylée et est inhibée par la phosphorylation, catalysée par Wee1, de la tyrosine 15, qui interfère alors avec la liaison de l'ATP. Ce phosphate inhibiteur est enlevé par la protéine phosphatase Cdc25.
- Une diminution de l'activité de Wee1 et une augmentation de l'activité de Cdc25, ce qui active le complexe cycline-CDK mitotique, déclenchent le début de la mitose.
- Le complexe cycline A-CDK2 humain ressemble au MPF de *Xenopus* et *S. pombe*. L'analyse de la structure des protéines humaines révèle que la liaison de la cycline à CDK2 et la phosphorylation de la thréonine activatrice (équivalent de la thréonine 161 dans la CDK de *S. pombe*) entraînent des changements de conformation qui exposent le site actif et modifie la surface de liaison au substrat de telle manière que l'activité et l'affinité pour les substrats protéiques s'en trouvent fortement augmentées (voir Figure 21-15).

21.4 Mécanismes moléculaires de régulation des événements mitotiques

Dans les sections précédentes, nous avons vu qu'une augmentation régulée de l'activité MPF induit l'entrée en mitose. Probablement, s'agit-il là d'une conséquence de la phosphorylation de protéines spécifiques par l'activité de protéine kinase du MPF. Bien que plusieurs substrats de MPF doivent encore être identifiés, nous connaissons des exemples qui montrent comment la phosphorylation par MPF régule plusieurs des événements de la mitose menant à la métaphase : condensation chromosomique, formation du fuseau et dislocation de l'enveloppe nucléaire (voir Figure 20-29).

Rappelez-vous qu'une diminution des cyclines mitotiques et de l'inactivation associée de MPF coïncide avec les stades tardifs de la mitose (voir Figure 21-9a). Juste avant cela, au début de l'anaphase, les chromatides sœurs se séparent et gagnent les pôles opposés du fuseau. Durant la télophase, les microtubules reprennent leur disposition de l'interphase, les chromosomes se décondensent, l'enveloppe nucléaire se reforme, le complexe de Golgi est remodelé et le cytoplasme se clive. Certains de ces processus sont déclenchés par déphosphorylation ; d'autres par dégradation protéique.

Dans cette section, nous décrivons les mécanismes moléculaires et les protéines spécifiques associées à certaines des événements qui caractérisent le début et la fin de la mitose. Ces mécanismes illustrent comment les complexes cycline-CDK avec les ubiquitine ligases contrôlent la phase mitotique du cycle cellulaire.

La phosphorylation des lamines nucléaires et d'autres protéines induisent les événements précoces de la mitose

Extension du réticulum endoplasmique rugueux, l'enveloppe nucléaire est une double membrane qui comporte de nombreux complexes constituant les pores nucléaires (voir Figure 5-19). La

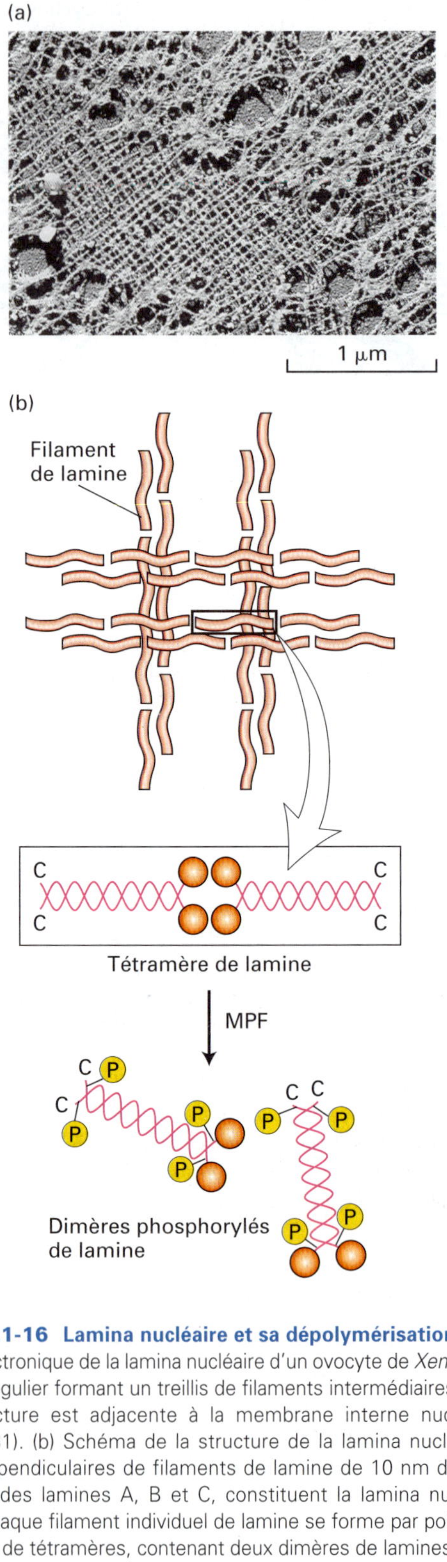

FIGURE 21-16 Lamina nucléaire et sa dépolymérisation. (a) Micrographie électronique de la lamina nucléaire d'un ovocyte de *Xenopus*. Notez le réseau régulier formant un treillis de filaments intermédiaires de lamine. Cette structure est adjacente à la membrane interne nucléaire (voir Figure 19-31). (b) Schéma de la structure de la lamina nucléaire. Deux trames perpendiculaires de filaments de lamine de 10 nm de diamètre, constitués des lamines A, B et C, constituent la lamina nucléaire (*au-dessus*). Chaque filament individuel de lamine se forme par polymérisation bout à bout de tétramères, contenant deux dimères de lamines (*au milieu*). Les cercles rouges représentent leurs domaines globulaires N-terminaux. La phosphorylation de résidus sérine spécifiques près des extrémités du bâtonnet formé des superhélices dimériques provoque la dépolymérisation des tétramères (*au-dessous*). En conséquence, la lamina nucléaire se désintègre. [Partie (a) d'après U. Aebi *et al.*, 1986, *Nature* **323** :560 ; avec l'autorisation de U. Aebi. Partie (b) d'après A. Murray et T. Hunt, 1993, *The Cell Cycle : An Introduction*, W. H. Freeman and Company.]

bicouche lipidique de la membrane nucléaire interne est supportée par la **lamina nucléaire**, un treillis de filaments de lamine tendu à la face interne de l'enveloppe nucléaire (Figure 21-16a). Les trois lamines nucléaires (A, B et C) des cellules de vertébrés appartiennent à une classe de protéines du cytosquelette, les filaments intermédiaires, qui jouent un rôle capital dans le support des membranes cellulaires (Chapitre 19).

Les lamines A et C, codées par la même unité de transcription et produites par épissage alternatif d'un même pré-ARNm, sont identiques hormis une région de 133 résidus à l'extrémité C-terminale de la lamine A absente dans la lamine C. La lamine B, codée par une autre unité de transcription, est modifiée après sa transcription par l'addition d'un groupe isoprényl hydrophobe près de son extrémité C-terminale. Cet acide gras s'insère dans la membrane nucléaire interne, ancrant ainsi la lamina nucléaire à la membrane (voir Figure 5-15). Les trois lamines nucléaires forment des dimères comportant un bâtonnet central fait d'une superhélice α qui sépare des domaines globulaires, tête et queue ; la polymérisation de ces dimères, qui s'associent tête à tête et queue à queue, forme les filaments intermédiaires qui composent la lamina nucléaire (voir Figure 19-33).

En début de mitose, MPF phosphoryle des résidus sérine particuliers des trois lamines nucléaires, causant la dépolymérisation des filaments intermédiaires de lamine (Figure 21-16b). Les dimères phosphorylés des lamines A et C deviennent solubles, alors que les dimères de lamine B phosphorylés restent fixés à la membrane nucléaire par leur ancre isoprényl. La dépolymérisation des lamines disloque le treillis de la lamina nucléaire, et contribue au démembrement de l'enveloppe nucléaire. L'expérience résumée dans la Figure 21-17 montre que ce processus qui se déroule normalement au début de la mitose dépend de la phosphorylation de la lamine A.

De plus, la phosphorylation, catalysée par MPF, de nucléoprotéines spécifiques (voir Chapitre 12) durant la prophase induit la dissociation des complexes des pores nucléaires en sous-complexes plus petits. De même, la phosphorylation de protéines intrinsèques

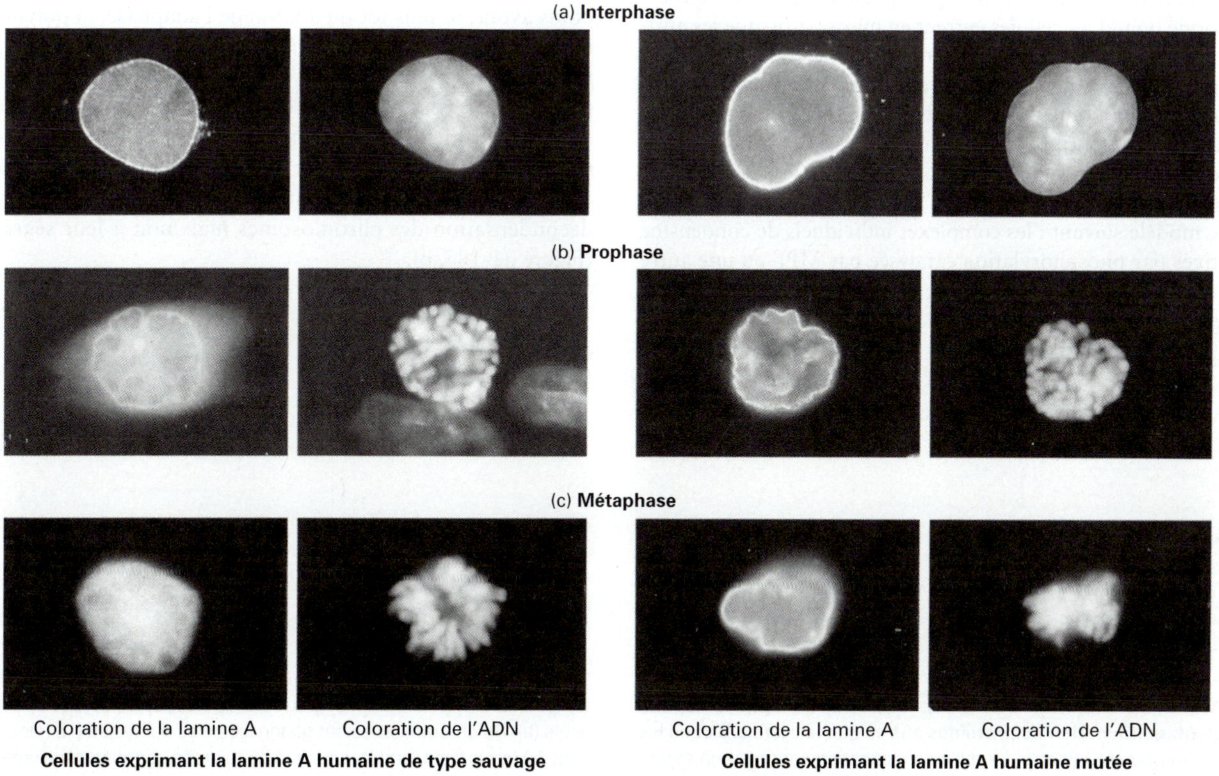

FIGURE EXPÉRIMENTALE 21-17 Des expériences de transfection démontrent que la phosphorylation de la lamine A humaine est requise pour sa dépolymérisation. On a utilisé la mutagenèse dirigée pour préparer un gène muté de la *lamine A* humaine codant une protéine dans laquelle les alanines remplacent les sérines qui sont normalement phosphorylées dans la lamine A de type sauvage (voir Figure 21-16b). En conséquence, la lamine A mutée ne peut être phosphorylée. Des vecteurs exprimant soit la lamine humaine sauvage soit la lamine mutée furent alors transfectés séparément dans des cultures de cellules de hamster. Puisque les gènes de *lamine* sont exprimés à des taux beaucoup plus élevés que le gène endogène de la lamine de hamster, la plupart de la lamine A produite par les cellules transfectées est d'origine humaine. Les cellules transfectées à divers stades du cycle cellulaire furent alors exposées soit à des anticorps monoclonaux anti-lamine A humaine marqués par un fluorochrome, soit à un colorant fluorescent se liant à l'ADN. La bande fortement fluorescente bordant le noyau dans les cellules en interphase, colorées pour la lamine A humaine, représente la lamine A polymérisée (non phosphorylée) (a). Dans les cellules exprimant la lamine A humaine de type sauvage, la coloration diffuse de la lamine dans tout le cytoplasme au cours de la prophase (b) et l'absence de bande périphérique intense en métaphase (c) indiquent que la lamine A est dépolymérisée. Par contre, la lamine ne dépolymérise pas dans les cellules qui expriment la lamine A mutée. La coloration de l'ADN montre que les chromosomes sont condensés durant la métaphase dans les cellules exprimant soit le type sauvage ou muté de la lamine A. [D'après R. Heald et F. McKeon, 1990, *Cell* **61** :579.]

de la membrane nucléaire réduit, pense-t-on, leur affinité pour la chromatine et contribue au morcellement de l'enveloppe nucléaire. L'affaiblissement des liens qui unissent la membrane nucléaire interne à la lamina nucléaire et à la chromatine permet aux feuillets de membrane nucléaire interne de se rétracter dans le réticulum endoplasmique, qui est en continuité avec la membrane nucléaire externe.

Plusieurs types d'investigations indiquent que la phosphorylation catalysée par MPF joue aussi un rôle dans la condensation chromosomique et la formation du fuseau mitotique. Par exemple, des expériences génétiques sur la levure bourgeonnante, *S. cerevisiae,* ont identifié une famille de protéines SMC (*structural maintenance of chromosomes*) qui sont requises pour une ségrégation correcte des chromosomes. Ces grandes protéines (≈ 1200 acides aminés) contiennent des domaines ATPasiques caractéristiques à leur extrémité C-terminale et de longues régions aptes à la constitution de superhélices.

Des études par immunoprécipitation avec des anticorps spécifiques des protéines SMC de *Xenopus* ont révélé que dans les extraits d'ovules en prolifération certaines protéines SMC font partie d'un complexe multiprotéique appelé *condensine*, qui est phosphorylé quand les cellules entrent en mitose. Lorsque les anticorps anti-SMC ont été utilisés pour éliminer la condensine d'un extrait d'ovule, l'extrait a perdu son aptitude à condenser la chromatine du sperme ajouté. D'autres expériences in vitro ont montré que la condensine purifiée et phosphorylée se lie à l'ADN et l'enroule pour former des supertours (voir Figure 4-7) ; la condensine non phosphorylée en était incapable. Sur base de ces résultats, on a conçu le modèle suivant : les complexes individuels de condensine sont activés par phosphorylation catalysée par MPF ou une autre protéine kinase régulée par MPF ; ils se lient alors à l'ADN à divers intervalles de l'échafaudage chromosomique ; les complexes unis entre eux par leur domaine superhélice et les segments superenroulés d'ADN causeraient la condensation chromosomique.

La phosphorylation par MPF des protéines associées aux microtubules est probablement nécessaire pour les changements importants dans la dynamique des microtubules qui résultent de la formation du fuseau mitotique et des asters (Chapitre 20). En plus, la phosphorylation de protéines associées au réticulum endoplasmique (RE) et au complexe de Golgi par MPF, ou d'autres protéine kinases activées par la phosphorylation catalysée par MPF, modifierait le trafic des vésicules entre le RE et le Golgi pour favoriser durant la prophase le trafic dans la direction du RE. En conséquence, le transfert vésiculaire à partir du RE à travers le Golgi vers la surface cellulaire (Chapitre 17), observé dans les cellules en interphase, ne s'effectue pas durant la mitose.

L'anaphase débute avec la dissociation des chromatides sœurs

Nous avons vu plus tôt qu'à la fin de l'anaphase, la polyubiquitinylation de la cycline mitotique par le complexe APC (*anaphase-promoting complex*) aboutit à la destruction de cette cycline par les protéasomes (voir Figure 21-10). Des expériences supplémentaires avec des extraits d'ovules de xénope ont indiqué que la dégradation de la cycline B, la cycline mitotique de xénope, et la diminution résultante de l'activité MPF sont nécessaires à la décondensation des chromosomes mais non à leur ségrégation (Figure 21-18a, b).

FIGURE EXPÉRIMENTALE 21-18 Le début de l'anaphase dépend de la polyubiquitinylation de protéines autres que la cycline B dans les extraits d'ovules de xénope. Le milieu d'incubation contenait un extrait d'ovules de xénope traité ou non par l'ARNase et des noyaux isolés de spermatozoïdes de xénope, plus les composants indiqués ci-après. On a marqué les chromosomes par un colorant fluorescent qui se fixe à l'ADN. En ajoutant de la tubuline marquée à la rhodamine (fluorescente) au milieu, on pouvait distinguer les microtubules du fuseau. (a,b) On a traité l'extrait d'ovules par l'ARNase afin de détruire les ARNm endogènes, puis on a ajouté un inhibiteur d'ARNase et de l'ARNm codant soit la cycline B de type sauvage soit la cycline B non dégradable. Le moment où les chromosomes condensés et le fuseau devinrent visibles après l'addition des noyaux de spermatozoïdes a été considéré comme temps 0. En présence de cycline B de type sauvage (a), les chromosomes condensés se sont attachés aux microtubules du fuseau et ont gagné ses pôles dès la destruction de la cycline B. Après 40 min, le fuseau s'est dépolymérisé (invisible) et les chromosomes se sont décondensés (coloration de l'ADN diffuse) en même temps que la cycline B était dégradée. En présence de cycline B non dégradable (b), les chromosomes ont gagné les pôles du fuseau (15 min), comme dans (a), mais les microtubules du fuseau ne se sont pas dépolymérisés et les chromosomes gardent un aspect condensé même après 80 min. On en conclut que la destruction de la cycline B n'est pas indispensable à la ségrégation des chromosomes lors de l'anaphase, bien qu'elle soit essentielle à la dépolymérisation des microtubules du fuseau et à la décondensation des chromosomes à la télophase. (c) Aux extraits non traités par l'ARNase, on a ajouté des concentrations croissantes de peptide de cycline B comprenant la boîte de destruction ; on a coloré l'ADN 15 et 35 min après la formation du fuseau. Les deux plus faibles concentrations de peptide ont retardé la ségrégation des chromosomes ; les taux supérieurs l'ont complètement bloquée. Dans cette expérience, le peptide de cycline B introduit agirait comme inhibiteur compétitif de l'ubiquitinylation de la cycline B ainsi que d'autres protéines cibles dont la dégradation est nécessaire à la ségrégation chromosomique. [D'après S. L. Holloway *et al.*, 1993, *Cell* **73** :1393 ; avec l'autorisation de A. W. Murray.]

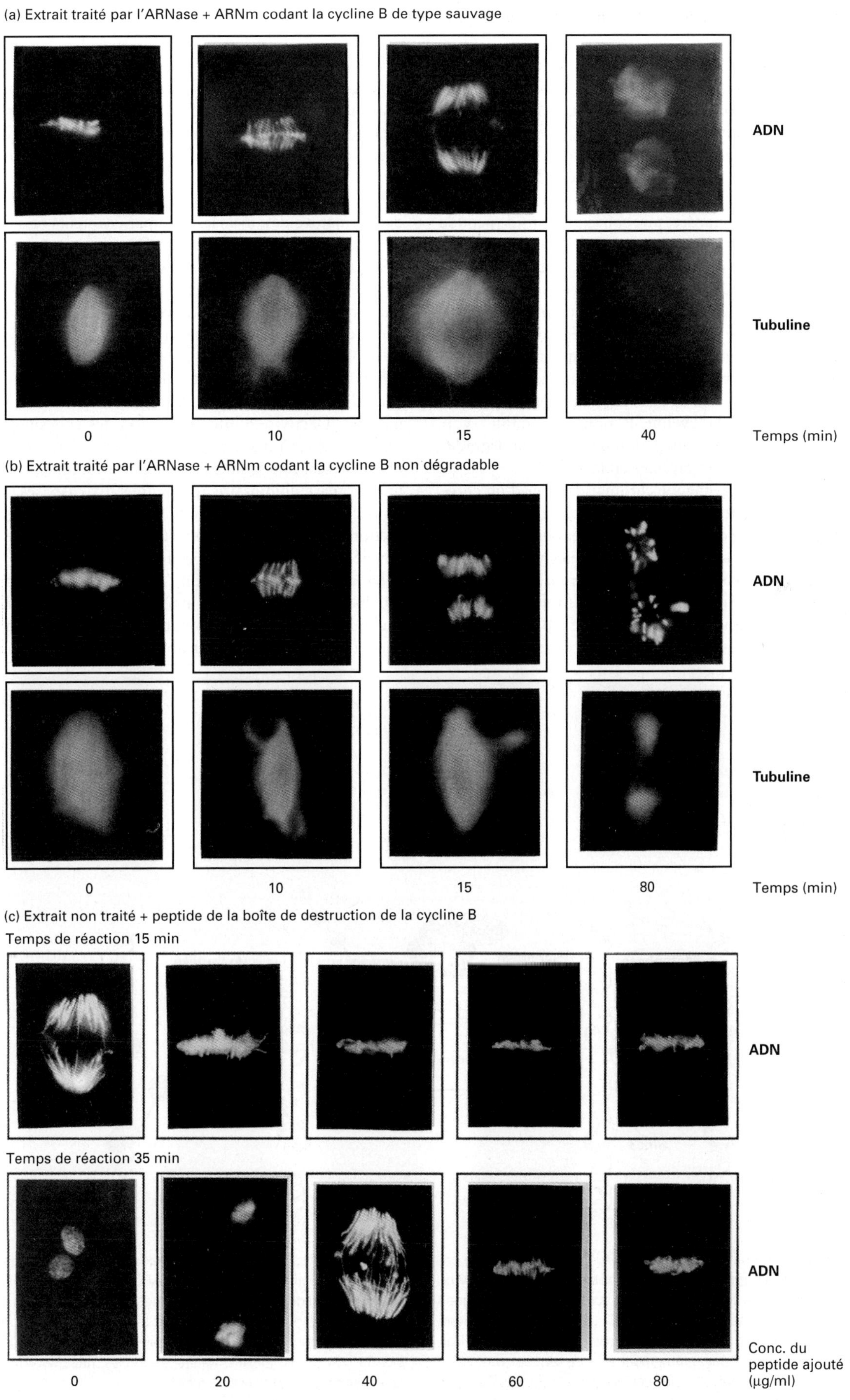
(a) Extrait traité par l'ARNase + ARNm codant la cycline B de type sauvage
ADN
Tubuline
0
10
15
40
Temps (min)
(b) Extrait traité par l'ARNase + ARNm codant la cycline B non dégradable
ADN
Tubuline
0
10
15
80
Temps (min)
(c) Extrait non traité + peptide de la boîte de destruction de la cycline B
Temps de réaction 15 min
ADN
Temps de réaction 35 min
ADN
Conc. du peptide ajouté (µg/ml)
0
20
40
60
80

Pour déterminer si la dégradation dépendant de l'ubiquitine d'une autre protéine est requise pour la ségrégation chromosomique, on a préparé un peptide contenant la séquence de la boîte de destruction et le site de polyubiquitinylation. Lorsque ce peptide fut ajouté au milieu de réaction contenant un extrait d'ovules non traité et des noyaux de spermatozoïdes, la décondensation des chromosomes et, fait plus intéressant, leur migration vers les pôles du fuseau furent fortement retardées aux concentrations de peptide de 20-40 µg/ml et complètement bloquées à des taux supérieurs (Figure 21-18c). On pense que le peptide de la boîte de destruction a servi de substrat pour le système de polyubiquitinylation dirigé par APC et est entré en compétition avec les protéines cibles endogènes, ce qui a retardé ou empêché leur dégradation par les protéasomes. La compétition pour la cycline B explique l'inhibition de la décondensation des chromosomes. Cependant, le fait que leur ségrégation était également inhibée dans cette expérience mais pas dans celle effectuée avec la cycline B non dégradable (voir Figure 21-18b) indique que la ségrégation dépend de la dégradation protéasomique d'une autre protéine cible.

Comme nous l'avons vu, chaque chromatide sœur d'un chromosome en métaphase est attachée aux microtubules par son kinétochore, un complexe protéique assemblé à hauteur du centromère. Les extrémités opposées de ces microtubules kinétochoriens s'associent aux pôles du fuseau (voir Figure 20-31). Durant la métaphase, le fuseau est en état de tension ; des forces tirent les deux kinétochores vers les pôles opposés du fuseau alors que ceux-ci tendent à s'éloigner l'un de l'autre. Les chromatides sœurs ne se séparent pas car des complexes multiprotéiques appelés *cohésines* les maintiennent ensemble à hauteur du centromère et en de multiples points des bras du chromosome. Parmi les protéines composant les cohésines, on trouve des membres de la famille SMC présentée dans la section précédente. Lorsque l'on a éliminé la cohésine dans des extraits d'ovules de xénope au moyen d'anticorps spécifiques de protéines SMC des cohésines, les extraits ont répliqué l'ADN dans les noyaux de spermatozoïdes, mais les chromatides sœurs ne se sont pas associées correctement l'une à l'autre. Ce qui montre que la cohésine est nécessaire à l'interconnexion des chromatides sœurs.

Des études génétiques récentes chez la levure bourgeonnante, *S.cerevisiae*, ont conduit au modèle qui, dans la Figure 21-19, décrit comment l'APC régule la séparation des chromatides sœurs au début de l'anaphase. Les cohésines SMC se lient à chaque chromatide sœur ; d'autres sous-unités de cohésine, entre autres *Scc1*, lient alors les protéines SMC, associant fermement les deux chromatides. L'activité d'interconnexion des cohésines dépend de la *sécurine*, que l'on trouve chez tous les eucaryotes. Avant l'anaphase, la sécurine se lie à la séparase et l'inhibe ; cette dernière est une protéase ubiquitaire apparentée aux caspases qui régulent la mort cellulaire programmée (Chapitre 22). Dès que tous les kinétochores se sont attachés aux microtubules du fuseau, l'APC est amené par un facteur de spécificité appelé *Cdc20* à polyubiquitinyler la sécurine, ce qui induit l'anaphase. (Ce facteur de spécificité est distinct de Cdh1, qui amène l'APC à polyubiquitinyler les cyclines B.) La sécurine polyubiquitinylée est rapidement dégradée par les protéasomes, et libère alors la séparase. Débarrassée

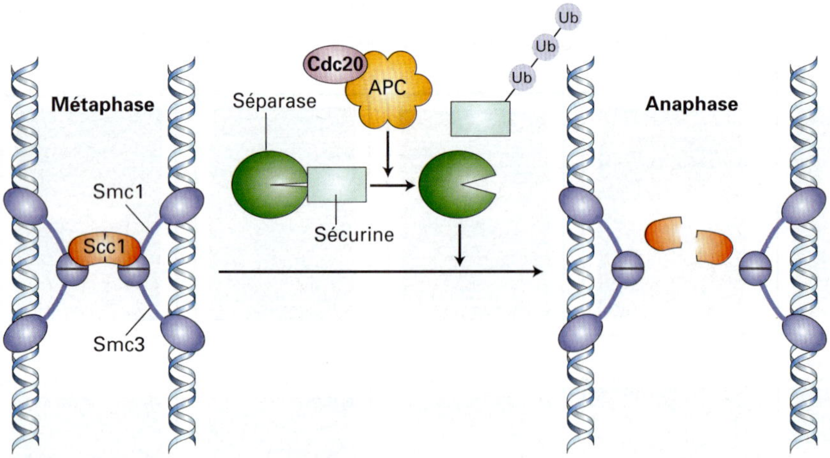

FIGURE 21-19 Modèle montrant comment l'APC contrôle l'entrée en anaphase en régulant la dégradation de la cohésine unissant les deux chromatides sœurs. (*À gauche*) La cohésine, un complexe multiprotéique, contient les protéines dimériques, SMC1 et SMC3 (en pourpre) qui se lient à l'ADN de chaque chromatide sœur par leurs domaines globulaires. Scc1 et deux autres sous-unités de cohésine (non montrées) se lient aux protéines SMC associées à chaque chromatide et les connectent. (*Au centre*) Dès que les kinétochores se sont attachés aux microtubules du fuseau, Cdc20, le facteur de spécificité d'APC, amène APC à polyubiquitinyler la sécurine, qui est alors dégradée par les protéasomes (non montrés). (*À droite*) La séparase libérée clive alors Scc1, coupant le lien entre les chromatides sœurs. Voir le texte pour plus de détails. [Adapté de F. Uhlmann, 2001, *Curr. Opin. Cell Biol.* **13** :754 ; et A. Tomans, *Nature Milestones*, http://www.nature.com/celldivision/milestones/full/milestones23.html.]

de son inhibiteur, celle-ci peut cliver Scc1 et briser ainsi les connexions entre les chromatides sœurs. Dès que ce lien est rompu, la force exercée sur les kinétochores parvient à traîner les chromatides sœurs vers les pôles opposés du fuseau.

Puisque Cdc20, le facteur de spécificité qui dirige APC vers la sécurine, est activé avant Cdh1, le facteur de spécificité qui dirige APC vers les cyclines mitotiques, l'activité MPF ne diminue pas tant que les chromosomes n'ont pas ségrégé (voir Figure 21-2, étapes [8] et [9]). En conséquence de cet ordre chronologique dans l'activation des deux facteurs de spécificité d'APC (Cdc20 et Cdh1), les chromosomes restent condensés et l'enveloppe nucléaire ne se reconstitue pas tant que les chromosomes n'ont pas atteint leur position correcte. Nous verrons dans une section ultérieure comment la chronologie de l'activation de Cdh1 est régulée.

Le rétablissement de l'enveloppe nucléaire et la cytocinèse dépendent d'une activité phosphatasique constitutive et sans opposition

Nous avons vu comment la phosphorylation des lamines nucléaires, des nucléoporines et des protéines de la membrane interne nucléaire contribuent à la dissociation des complexes des pores nucléaires et à la rétraction de la membrane nucléaire dans le RE. Dès que MPF est inactivé à la fin de l'anaphase par la dégradation des cyclines mitotiques, des phosphatases, dont l'activité est libre, inversent les effets du MPF. On pense que les protéines de la membrane nucléaire interne après leur déphosphorylation peuvent s'attacher à nouveau à la chromatine ; elles fixeraient ainsi les diverses extensions de la membrane du RE à la surface des chromosomes en train de se décondenser et entraîneraient ensuite la fusion de ces extensions pour former une double membrane continue autour de chaque chromosome (Figure 21-20). Peu après la fusion des projections du RE, la déphosphorylation des sous-complexes des pores nucléaires permettraient alors à ceux-ci de reformer les complexes des pores nucléaires qui traversent les membranes interne et externe (voir Figure 12-20)

Les extensions du RE (voir Figure 21-20) fusionnent selon un mécanisme semblable à celui de la fusion des vésicules et des membranes cibles de la voie sécrétoire (voir Figure 17-11). Des protéines exerçant des activités similaires à celles de NSF et α–SNAP de la voie sécrétoire interviennent dans la fusion de vésicules d'enveloppe nucléaire produites in vitro. On pense qu'elles assureraient la fusion des extensions du RE autour des chromosomes durant la télophase dans la cellule intacte. Les mêmes protéines contribueraient également aux événements de fusion qui reconstituent l'appareil de Golgi. On n'a pas encore identifié les protéines membranaires **SNARE** qui dirigent la fusion des extensions de l'enveloppe nucléaire à partir du RE, mais on a montré que la syntaxine 5 joue le rôle de V-SNARE et T-SNARE au cours de la reconstitution du Golgi. Au cours de la fusion in vitro des vésicules de l'enveloppe nucléaire, on a constaté que la Ran GTPase qui assure le transport à travers les pores nucléaires (Chapitre 12) fonctionne de manière semblable aux Rab GTPases impliquées dans la fusion vésiculaire de la voie sécrétoire. Puisque le Ran-GEF (*Ran-specific guanosine nucleotide-exchange factor*) est associé à la chromatine, la concentration locale de Ran ⟨ GTP augmente fortement autour des chromosomes, ce qui entraîne la fusion des membranes à la surface du chromosome.

L'enveloppe nucléaire avec les complexes constituant les pores se reconstitue d'abord en entourant individuellement chaque chromosome ; ces divers petits noyaux sont appelés *karyomères* (voir Figure 21-20). La fusion des karyomères qui occupent chaque pôle du fuseau donne naissance au noyau des cellules filles, chacun étant pourvu d'un jeu complet de chromosomes. Les lamines A et C déphosphorylées paraissent être importées à travers les pores nucléaires néoformés et reconstituent une nouvelle lamina dans la cellule fille ; ce processus serait amorcé par les molécules de lamine B, qui, par leur ancrage isoprényl, restent associées à la membrane du RE tout au long de la mitose et ensuite à la membrane interne des enveloppes nucléaires des karyomères.

Durant la cytocinèse, étape finale de la division cellulaire, les filaments d'actine et de myosine composant l'anneau contractile s'entrecroisent pour former le sillon de clivage dont le diamètre se

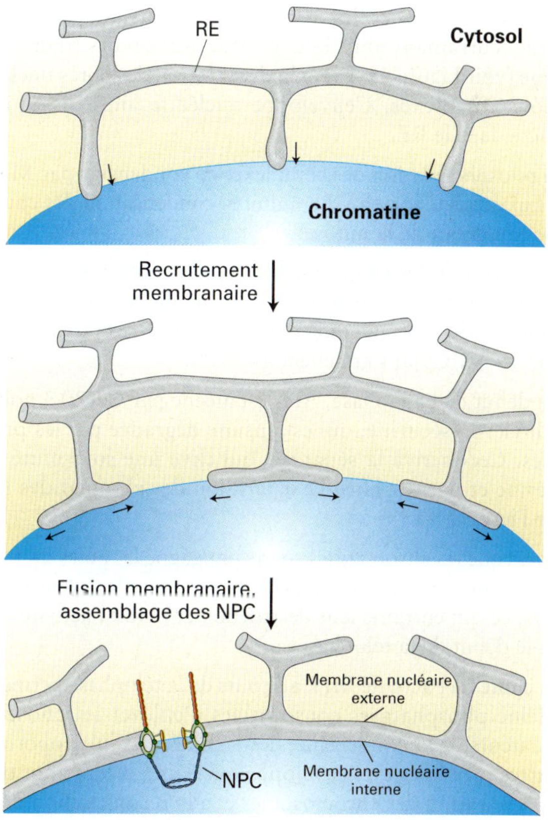

FIGURE 21-20 Modèle montrant comment l'enveloppe nucléaire se reconstitue. Des extensions du réticulum endoplasmique (RE) s'associent à chaque chromosome décondensé et fusionnent alors l'une avec l'autre pour former une double membrane autour du chromosome. Les sous-complexes de pores nucléaires reconstituent des pores nucléaires, et se forment de petits noyaux individualisés appelés karyomère. Le chromosome enfermé se décondense davantage, et la fusion ultérieure des enveloppes nucléaires de tous les karyomères à chaque pôle du fuseau forme un seul noyau contenant l'assortiment complet des chromosomes. La reconstitution de la lamina nucléaire n'est pas montrée. NPC = *nuclear pore complex*. [Adapté de B. Burke et J. Ellenberg, 2002, *Nature Rev. Mol. Cell Biol.* **3** :487.]

resserre progressivement (voir Figure 19-20). Au début de la mitose, quand l'activité MPF s'amplifie, la chaîne légère et régulatrice de la myosine est phosphorylée, ce qui l'empêche de s'associer aux filaments d'actine. L'inactivation de MPF à la fin de l'anaphase permet aux phosphatases de déphosphoryler la chaîne légère de la myosine (voir Figure 20-42). En conséquence, l'appareil contractile est activé, le sillon de clivage se forme et la cytocinèse se déroule. Ce mécanisme régulateur empêche la cytocinèse de commencer avant que les chromosomes ne se soient suffisamment écartés et aient atteint les pôles opposés, assurant ainsi une répartition correcte des chromosomes entre chaque cellule fille.

CONCEPTS CLÉS DE LA SECTION 21.4

Mécanismes moléculaires de régulation des événements mitotiques

- Au début de la mitose, MPF phosphoryle les lamines A, B et C, les nucléoporines et les protéines de l'enveloppe nucléaire interne, entraînant ainsi la dépolymérisation des filaments de lamine (voir Figure 21-16) et la dissociation des pores nucléaires en sous-complexes. L'enveloppe nucléaire ainsi disloquée se rétracte dans le RE.
- La phosphorylation des complexes de condensine par MPF ou une kinase régulée par MPF induit la condensation des chromosomes au début de la mitose.
- Les chromatides sœurs formées par la réplication de l'ADN durant la phase S sont unies à hauteur du centromère par les complexes de cohésine qui contiennent diverses protéines entre autres les SMC qui s'attachent à l'ADN.
- Au début de l'anaphase, APC est amené par Cdc20 à polyubiquitinyler la sécurine, qui est ensuite dégradée par les protéasomes. Ceci active la séparase, qui clive une sous-unité de la cohésine et permet ainsi la séparation des chromatides sœurs (voir Figure 21-19).
- Après que les chromatides sœurs ont gagné les pôles du fuseau, APC est amené par Cdh1 à polyubiquitinyler les cyclines mitotiques, ce qui entraîne leur destruction et réduit l'activité MPF ; c'est le début de la télophase.
- La chute de l'activité MPF au cours de la télophase permet aux protéine phosphatases constitutives d'enlever les phosphates régulateurs de la condensine, des lamines, des nucléoporines et d'autres protéines de l'enveloppe nucléaire, ce qui aboutit à la décondensation des chromosomes et à la reconstitution de l'enveloppe nucléaire, de la lamina et des complexes formant les pores.
- L'association de Ran-GEF à la chromatine a pour conséquence d'élever la concentration locale de Ran•GTP près des chromosomes en train de se décondenser. Ce qui favorise la fusion des extensions membranaires du RE autour de chaque chromosome et la formation des karyomères dont la fusion aboutit à la constitution des noyaux des cellules filles (voir Figure 21-20).
- La chute d'activité MPF lève également l'inhibition exercée sur la chaîne légère de la myosine, ce qui permet la formation du sillon de clivage et le déroulement de la cytocinèse.

21.5 Études génétiques chez *S. cerevisiae*

Dans la plupart des cellules des vertébrés, la décision clé de se diviser ou non est l'option d'entrer en phase S ; le plus souvent, dès qu'une cellule de vertébré s'est engagée à entrer en phase S, elle le fait quelques heures plus tard et passe alors par toutes les phases du cycle jusqu'à la fin de la mitose. La prolifération de *S. cerevisiae* est régulée de la même manière, et la compréhension actuelle des mécanismes moléculaires contrôlant l'entrée en phase S et la réplication de l'ADN provient de l'étude génétique de cette levure.

Les cellules de *S. cerevisiae* se répliquent par bourgeonnement (Figure 21-21). Les cellules mères et filles restent en phase G_1 du cycle cellulaire pendant qu'elles augmentent de volume jusqu'à atteindre une taille compatible avec la division, objectif plus rapidement atteint par les cellules mères, qui dès le départ sont plus volumineuses. Quand les cellules de *S. cerevisiae* ont crû suffisamment en phase G_1, elles s'engagent dans un programme d'expression génique qui aboutit à l'entrée en phase S. Si on passe des cellules en G_1 d'un milieu riche dans un milieu pauvre en nutriments avant qu'elles aient atteint une taille critique, elles restent en phase G_1 tout le temps nécessaire pour croître jusqu'à pouvoir entrer en phase S. Cependant, dès que les cellules en phase G_1 atteignent la taille critique, elles iront jusqu'au bout du cycle, c'est-à-dire entrer en phase S, parcourir G_2 et se diviser, même si on les place dans un milieu pauvre en nutriments. On appelle point de DÉPART le moment de la fin de G_1 où les cellules de *S. cerevisiae* s'engagent de manière irrévocable à entrer en phase S et à parcourir ainsi tout le cycle. Comme nous le verrons dans la Section 21.6, les cellules de mammifères, quand elles prolifèrent, passent par un phénomène comparable.

Une CDK (*cyclin-dependent kinase*) joue un rôle critique dans l'entrée en phase S de *S. cerevisiae*

Lorsque les cellules de *S. cerevisiae* atteintes d'une mutation d'un gène *cdc* particulier se mettent à l'arrêt à température non permissive, tous leurs bourgeons sont de taille égale (voir Figure 9-6b). Chaque type de mutant a un phénotype terminal caractérisé par une taille de bourgeon particulière : aucun bourgeon (*cdc28*), des bourgeons de taille intermédiaire ou de gros bourgeons (*cdc7*). Notez que chez *S. cerevisiae* les gènes de type sauvage sont désignés par des majuscules en italiques (e.g. *CDC28*), les gènes mutants récessifs par des minuscules italiques (e.g. *cdc28*) et la protéine

FIGURE 21-21 La levure bourgeonnante *S. cerevisiae*. (a) Micrographie électronique à balayage de cellules à diverses étapes du cycle cellulaire. Plus volumineux est le bourgeon qui émerge à la fin de la phase G1, plus la cellule est avancée dans son cycle. (b) Événements principaux du cycle cellulaire chez *S. cerevisiae*. Les cellules filles sont de taille moindre que les cellules mères et doivent croître plus longtemps en phase G1, jusqu'à ce qu'elles soient assez volumineuses pour entrer en phase S. Comme chez *S. pombe*, l'enveloppe nucléaire subsiste lors de la mitose, mais à la différence de *S. pombe*, les chromosomes de *S. cerevisiae* ne se condensent pas suffisamment pour qu'on puisse les voir au microscope. [Partie (a) avec l'autorisation de E. Schachtbach et I. Herskowitz.]

sauvage correspondante par des lettres romaines dont la première est en capitale (e.g. Cdc28), comme pour les protéines de *S. pombe*.

Le phénotype des mutants *cdc28* thermosensibles prouve que la fonction de Cdc28 est critique pour l'entrée en phase S. Quand on passe ces mutants à température non permissive, ils se comportent comme des cellules de type sauvage subitement privées de nutriments : celles des cellules cdc28 assez volumineuses pour franchir le point de DÉPART au moment où on change la température, parcourent normalement tout le cycle, y compris la mitose, alors que celles qui n'ont pas la taille suffisante pour passer le point de DÉPART au moment où la température change n'entrent jamais en phase S, bien qu'elles disposent d'un milieu riche. Les cellules *cdc28* bloquées en G_1 continuent de croître à température non permissive, mais elles ne peuvent dépasser le point de DÉPART et entrer en phase S. Aussi, elles apparaissent comme des cellules sans bourgeon.

On isola le gène sauvage *CDC28* sur base de son aptitude à complémenter les cellules *cdc28* mutantes à température non permissive (voir Figure 21-24). Le séquençage de *CDC28* nous a appris que la protéine codée est homologue à des protéine kinases connues ; quand la protéine Cdc28 fut exprimée dans *E. coli*, elle a montré son activité kinasique. En fait, la Cdc28 de *S. cerevisiae* a été la première protéine impliquée dans le cycle cellulaire qui s'avéra être une protéine kinase. Quand on clona quelque temps après le gène $cdc2^+$ de *S. pombe*, on s'aperçut qu'il ressemblait fort au gène *CDC28* de *S. cerevisiae*. En réalité, les protéines Cdc2 et CDC28 remplissent la même fonction. Chaque espèce de levure ne possède qu'une *seule* CDK, Cdc2 chez *S. pombe* et Cdc28 chez *S. cerevisiae*, capable de remplacer celle de l'autre espèce (voir Tableau 21-1).

La différence dans les phénotypes mutés des cellules $cdc2^-$ de *S. pombe* et *cdc28* de *S. cerevisiae* s'explique par les physiologies respectives de ces deux levures. Chez *S. pombe* poussant en milieu riche, le contrôle du cycle s'exerce surtout lors de la transition $G_2 \rightarrow M$ (entrée en mitose). Chez beaucoup de mutants $cdc2^-$, y compris ceux que l'on a isolés les premiers, il subsiste assez d'activité Cdc2 à température non permissive pour engager la cellule dans la phase S, mais trop peu pour qu'elle atteigne la mitose. Ces cellules mutantes arrêtées en G_2 se caractérisent par leur allongement anormal. À température non permissive, les cultures des mutants $cdc2^-$ complètement défectifs comprennent certaines cellules bloqués en G_1 et d'autres en G_2, selon le stade du cycle cellulaire qu'elles avaient atteint quand la température a été changée. Par contre, le contrôle du cycle cellulaire chez *S. cerevisiae* s'exerce surtout lors de la transition $G_1 \rightarrow S$ (c'est-à-dire à l'entrée en phase S). Aussi, les cellules *cdc28* partiellement défectives sont bloquées en G_1, mais les cellules complètement défectives sont bloquées tant en phase G_1 qu'en phase G_2. Ces observations démontrent que les CDK de *S. pombe* et de *S. cerevisiae* sont requises pour l'entrée en phase S et en mitose.

Trois cyclines en G_1 s'associent à la CDK de *S. cerevisiae* pour former les facteurs SPF (*S phase-promoting factor*)

On savait dès la fin des années 1980 que le facteur MPF promoteur de la mitose (*mitosis-promoting factor*) comprenait deux sous-

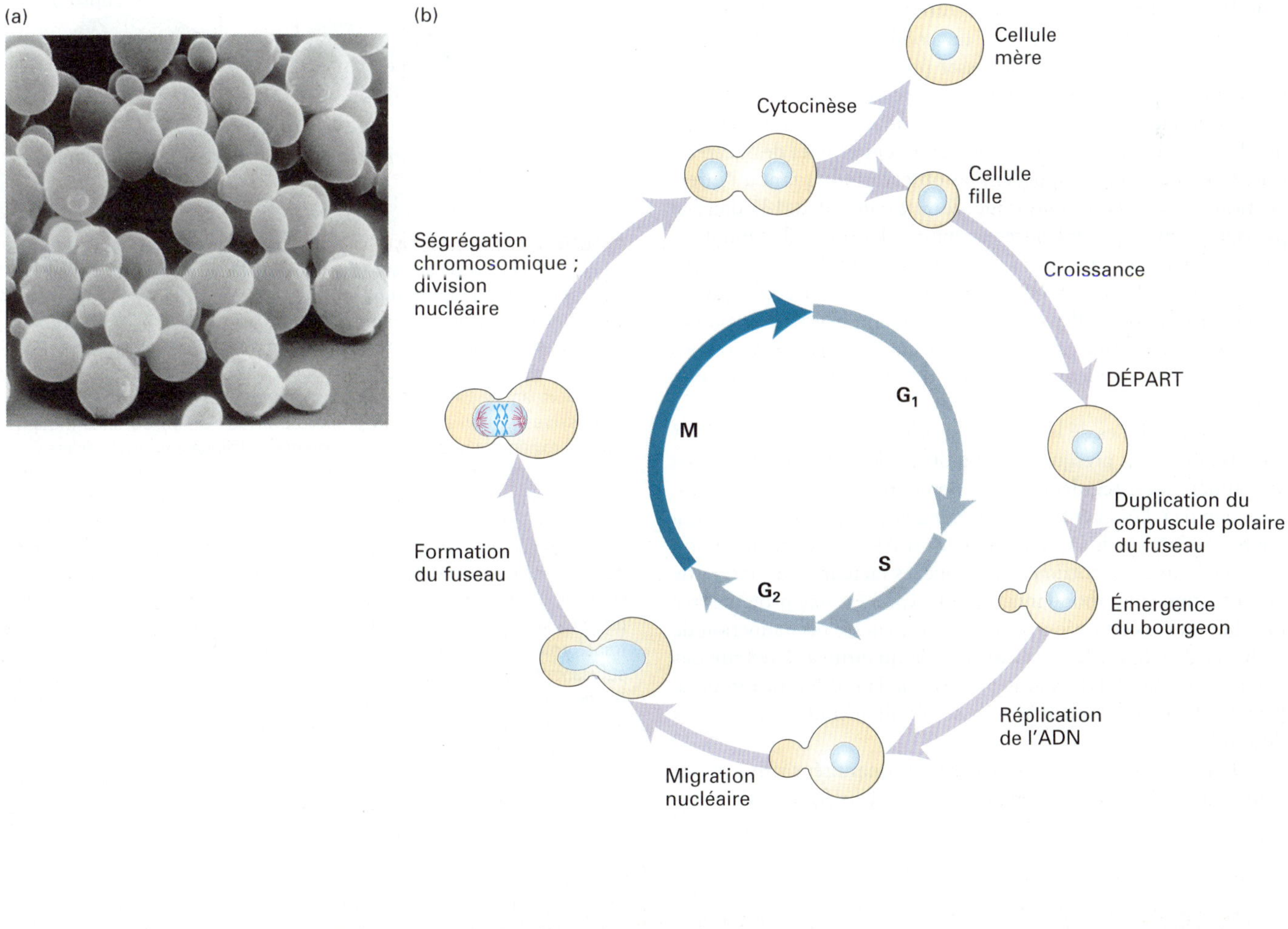

unités : une CDK et une cycline mitotique de type B nécessaire à l'activation de la sous-unité catalytique. Par analogie, *S. cerevisiae* devait comporter un **facteur SPF** (*S phase-promoting factor*) qui module, par phosphorylation, les protéines en jeu dans la synthèse d'ADN. On proposa que SFP était, comme MPF, un hétérodimère composé de la CDK de *S. cerevisiae* et d'une cycline active dans ce cas-ci en G_1 (voir Figure 21-2, étapes [2]-[4]).

Pour identifier la présumée cycline G_1, on se mit à chercher des gènes qui, exprimés en grande quantité, pourraient corriger certaines mutations thermosensibles de la CDK de *S. cerevisiae*. Le raisonnement à la base de cette approche, expliqué à la Figure 21-22, a conduit à l'isolement de deux gènes, CLN1 et CLN2. Par une démarche différente, on identifia un troisième gène, appelée CLN3. La séquence de ces trois gènes a montré qu'ils codaient des protéines apparentées, chacune comportant une région de ≈ 100 résidus montrant une homologie significative avec les cyclines de type B de l'oursin, du xénope, de l'homme et *S. pombe*. Cette région code le domaine qui, dans les cyclines, interagit avec les CDK ; elle est présente dans le domaine de la cycline A humaine (voir Figure 21-15b,c). La constatation que les trois protéines Cln contiennent cette région d'homologie avec les cyclines mitotiques suggérait qu'ils s'agissaient des cyclines G_1 que l'on recherchait chez *S. cerevisiae*. (Notez que le domaine homologue liant CDK et trouvé dans diverses cyclines diffère de la boîte de destruction mentionnée plus tôt, qui n'a été trouvée que dans les cyclines de type B).

Des expériences de suppression génique (*knockout*) ont montré que des cellules de *S. cerevisiae* peuvent pousser dans un milieu riche si elles sont porteuses de l'un des trois gènes de cycline G_1. Comme l'indiquent les résultats de la Figure 21-23, la surproduction d'une cycline G_1 réduit la proportion de cellules en G_1, ce qui démontre que des taux élevés du complexe cycline-CDK G_1 permettent aux cellules de dépasser prématurément le point de DÉPART. De plus, en absence de toute cycline G_1, les cellules s'arrêtaient en G_1 ce qui indique que l'hétérodimère cycline-CDK G_1 ou SPF, est nécessaire à l'entrée en mitose des cellules de *S. cerevisiae*. Ces expériences rappellent les observations quant à l'intervention de la cycline mitotique de *S. pombe* (Cdc13) dans le passage à travers G_2 et l'entrée en mitose. La surproduction de la cycline mitotique causait un raccourcissement de G_2 et l'entrée prématurée en mitose, tandis que l'inhibition de la cycline mitotique par mutation allongeait G_2 (voir Figure 21-12). Ainsi, ces résultats ont confirmé que les protéines Cln de *S. cerevisiae* sont les *cyclines G_1 qui régulent le passage à travers la phase G_1* du cycle cellulaire.

Dans les cellules de levure de type sauvage, l'ARNm de *CLN3* est produit à taux presque constant durant le cycle cellulaire, mais sa traduction est régulée en fonction des nutriments disponibles. L'ARNm de *CLN3* contient en amont un petit cadre de lecture qui inhibe l'induction de la traduction de cet ARNm. Cette inhibition diminue quand les nutriments et donc les facteurs d'initiation de la traduction sont abondants. Puisque Cln3 est une protéine très instable, sa concentration fluctue avec la vitesse de traduction de l'ARNm de *CLN3*. En conséquence, la quantité et l'activité des complexes Cln3-CDK, qui dépendent de la concentration de la protéine Cln3, dépendent aussi assez étroitement des nutriments disponibles.

Quand Cln3 a été synthétisée en quantité suffisante, le complexe Cln3-CDK phosphoryle et active deux facteurs de trans-

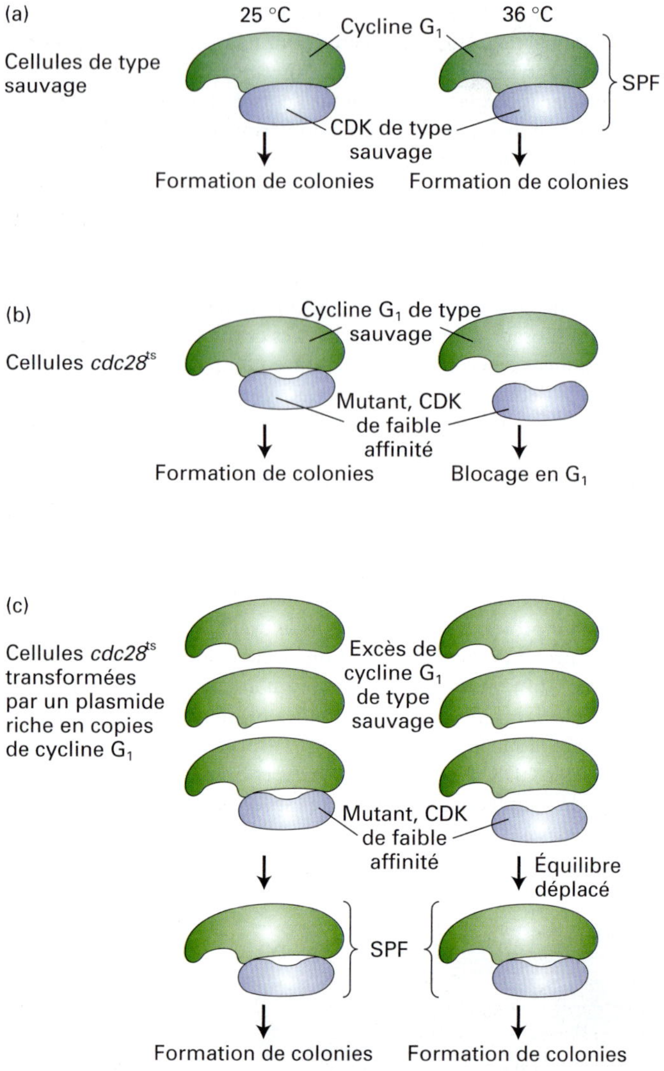

FIGURE EXPÉRIMENTALE 21-22 Des gènes codant deux cyclines G1 chez *S. cerevisiae* ont été identifiés par leur aptitude à corriger l'effet d'une CDK mutée thermosensible. Ce criblage génétique est basé sur des différences dans les interactions entre les cyclines G_1 et des CDK de type sauvage ou des CDK mutées et thermosensibles (ts). (a) Les cellules de type sauvage produisent une CDK normale qui s'associe aux cyclines G_1 en formant un SPF (*S phase-promoting factor*) actif aux températures permissives et non permissives (i.e. 25 et 36 *°C*). (b) Certains mutants *cdc28*^{ts} expriment une CDK mutée de basse affinité envers la cycline G_1 à 36 *°C*. Ces mutants produisent assez de cycline-CDK G_1 (SPF) pour entretenir la croissance et le développement de la colonie à 25 *°C*, mais pas à 36 *°C*. (c) Lorsque des cellules *cdc28*^{ts} ont été transformées par un bibliothèque génomique de *S. cerevisiae* clonée dans un plasmide porteur de nombreuses copies, trois sortes de colonies se sont formées à 36 *°C* : l'une contient le plasmide porteur du gène *CDC28* sauvage, les deux autres des plasmides contenant l'un des deux gènes, *CLN1* ou *CLN2*. Dans les cellules transformées pourvues du gène *CLN1* ou *CLN2*, le taux de cycline G_1 est suffisant pour pallier la faible affinité à 36 *°C* de la CDK mutée pour la cycline G_1, de sorte qu'il se forme assez de SPF pour amorcer l'entrée en phase S et la mitose consécutive. Les mutants *cdc28*^{ts} non transformés et ceux qui ont été transformés par des plasmides pourvus d'autres gènes sont bloqués en G_1 et ne forment pas de colonies. [Voir J. A. Hadwiger *et al.*, 1989, *Proc. Nat'l Acad. Sci. USA* **86** :6255.]

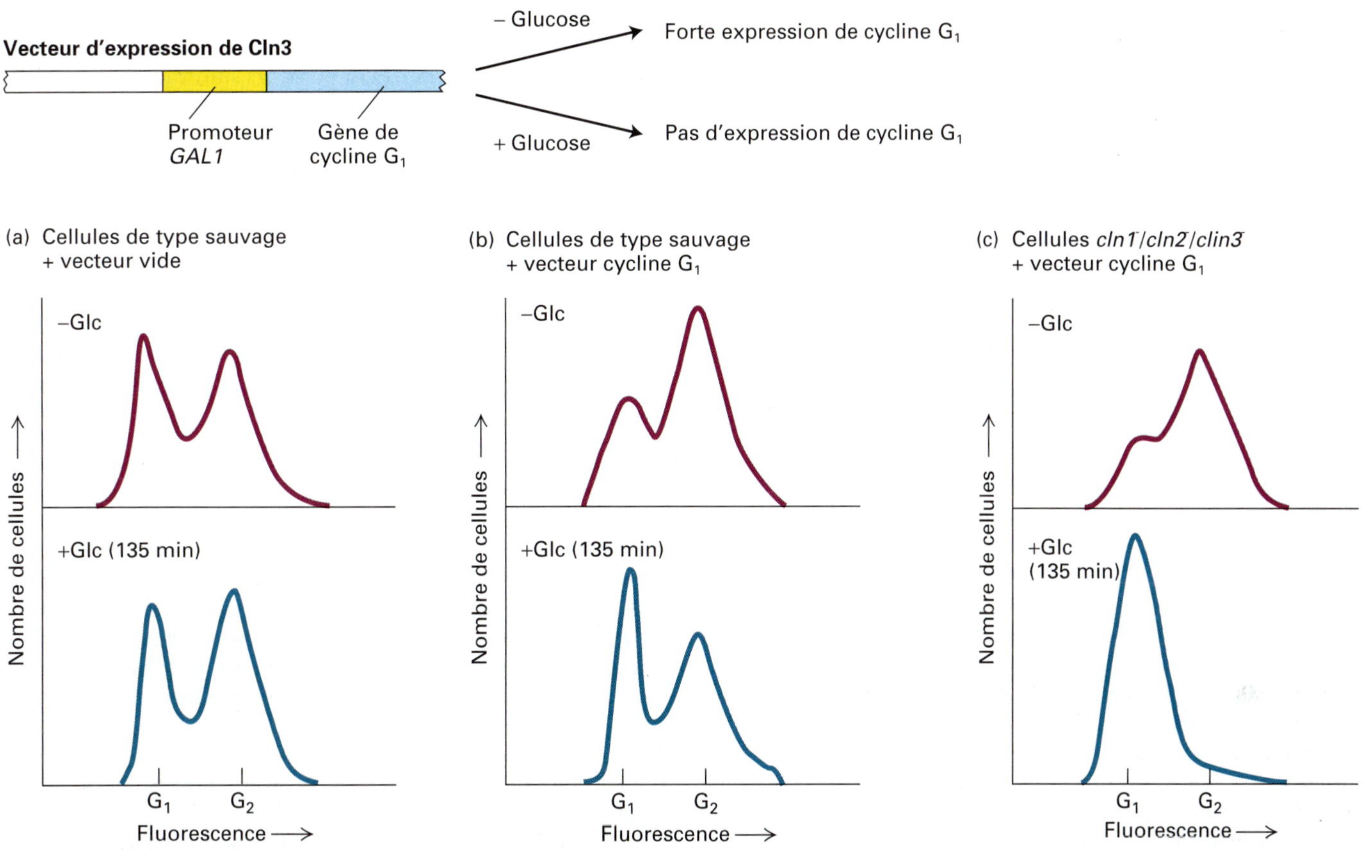

FIGURE EXPÉRIMENTALE 21-23 La surexpression de cycline G_1 fait passer prématurément les cellules de *S. cerevisiae* en phase S. Le vecteur d'expression pour la levure que l'on a utilisé (*en haut*) contenait un des trois gènes de cycline G_1 de *S. cerevisiae* uni au puissant promoteur *GAL1*, qui est mis hors service quand du glucose est présent dans le milieu. On a déterminé la proportion de cellules arrivées au stade G_1 et G_2 en passant les cellules dans un trieur après les avoir exposées à un colorant fluorescent qui se lie à l'ADN (voir Figure 5-34). Puisque le contenu en ADN des cellules en G_2 est double de celui des cellules en G_1, ce procédé permet la distinction des deux phases. (a) Les cellules sauvages transformées par un vecteur d'expression vide ont une distribution normale de cellules en G_1 et G_2 en l'absence de glucose (Glc) et après addition de glucose. (b) En absence de glucose, les cellules sauvages transformées par le vecteur d'expression de la cycline G_1 ont une proportion plus élevée que la normale de cellules en phase S et G_2, car la surexpression de la cycline G_1 a raccourci G_1 (courbe du haut). Quand on empêche le vecteur d'exprimer la cycline G_1 par l'addition de glucose, la distribution des cellules revient à la normale (courbe du bas). (c) Les cellules atteintes de mutation dans les trois gènes de cycline G_1 et transformées par le vecteur d'expression de la cycline G_1 montraient aussi un pourcentage élevé de cellules en phase S et G_2 en absence de glucose (courbe du haut). Quand on a arrêté l'expression de la cycline G_1 par le vecteur en ajoutant du glucose, les cellules ont complété leur cycle et se sont arrêtées en G_1 (courbe du bas), ce qui indique qu'une cycline G_1 est nécessaire pour l'entrée en phase S. [Adapté de H. E. Richardson *et al.*, 1989, *Cell* **59**:1127.]

cription apparentés, SBF et MBF. Ceux-ci induisent la transcription des gènes *CLN1* et *CLN2* dont les protéines correspondantes accélèrent l'entrée en phase S. C'est pourquoi l'on pense que la régulation de la traduction de l'ARNm de CLN3 par la concentration des nutriments dans le milieu est surtout responsable du contrôle de la longueur de G_1 chez *S. cerevisiae*. SBF et MBF stimulent aussi la transcription de plusieurs autres gènes requis pour la réplication de l'ADN, entre autres les gènes codant les sous-unités de l'ADN polymérase, les sous-unités de RPA (la protéine eucaryote liant l'ADN monobrin), l'ADN ligase et les enzymes requis pour la synthèse des désoxyribonucléotides.

Un des substrats importants des complexes cycline-CDK G_1 tardifs (Cln1-CDK et Cln2-CDK chez *S. cerevisiae*) est Cdh1. Rappelons que ce facteur de spécificité induit la polyubiquitinylation des cyclines de type B par l'APC à la fin de l'anaphase de la mitose précédente, destinant ces cyclines à la protéolyse par les protéasomes (voir Figure 21-10). Le facteur de transcription MBF activé par le complexe Cln3-CDK stimule aussi la transcription de *CLB5* et *CLB6*, qui codent des *cyclines* de type *B*, d'où leur nom. Puisque les complexes formés entre ces cyclines de type B et CDK de *S. cerevisiae* sont requis pour l'induction de la synthèse d'ADN, les protéines CLB5 et CLB6 sont appelées *cyclines de phase S*.

L'inactivation de l'APC plus tôt en G_1 permet aux complexes cycline-CDK de phase S de s'accumuler en fin de G_1. Le facteur de spécificité Cdh1 est phosphorylé et inactivé par les complexes cycline-CDK de la fin de G_1 et de type B, et reste ainsi inhibé pendant les phases S, G2 et M jusqu'à la fin de l'anaphase.

La dégradation de l'inhibiteur de la phase S déclenche la réplication de l'ADN

Pendant que les hétérodimères cycline-CDK de la phase S s'accumulent à la fin de G_1, ils sont inactivés par liaison à un inhibiteur appelé *Sic1*, qui est exprimé à la fin de la mitose et au début de G_1. Puisque Sic1 inhibe spécifiquement les complexes cycline-CDK de type B mais n'a pas d'effet sur les complexes cycline-CDK de G_1, il fonctionne comme un *inhibiteur de phase S*.

L'entrée en phase S est définie par l'induction de la réplication de l'ADN. Dans les cellules de *S. cerevisiae*, cela survient quand l'inhibiteur Sic1 est dégradé brusquement après sa polyubiquitinylation par une ubiquitine ligase distincte appelée *SCF* (Figure 21-24 ; voir aussi Figure 21-22, étape 5). Dès que Sic1 est dégradé, les complexes cycline-CDK de phase S induisent la réplication de l'ADN par phosphorylation de multiples protéines liées aux origines de réplication. Le mécanisme d'activation des complexes cycline-CDK de phase S, c'est-à-dire l'inhibition des cyclines pendant leur synthèse suivie de la dégradation précipitée de l'inhibiteur, permet l'activation soudaine de nombreux complexes, à la différence de l'augmentation graduelle de l'activité kinasique qui résulterait, si aucun inhibiteur n'était présent, de la synthèse des cyclines de phase S.

Nous voyons donc que la dégradation dans les protéasomes, qui est dirigée par deux complexes d'ubiquitine ligase, SCF et APC, contrôle trois transitions majeures du cycle cellulaire : le début de la phase S par la dégradation de Sic1, le début de l'anaphase par la dégradation de la sécurine et la sortie de la mitose par la dégradation des cyclines de type B. L'APC est amené à polyubiquitinyler la sécurine, qui agit comme inhibiteur de l'anaphase, par le facteur de spécificité Cdc20 (voir Figure 21-19). Un autre facteur de spécificité, Cdh1, oriente APC vers les cyclines de type B ((voir Figure 21-10). Le SCF est amené à polyubiquitinyler Sic1 par un mécanisme différent, la phosphorylation de Sic1 par une cycline-CDK de G_1 (voir Figure 21-24). Cette différence de stratégie est liée probablement au fait qu'APC a plusieurs substrats, y compris la sécurine et les cyclines de type B, qui doivent être dégradées à des moments différents du cycle. Par contre l'entrée en phase S requiert la dégradation d'une seule protéine, l'inhibiteur Sic1. Un avantage évident de la protéolyse comme moyen de contrôle du passage par ces points critiques du cycle cellulaire est que la dégradation protéique est un processus irréversible, obligeant les cellules à ne s'engager que dans une seule direction et de manière irréversible.

De multiples cyclines dirigent l'activité kinasique des CDK de *S. cerevisiae* durant les différentes phases du cycle cellulaire

Au cours de la phase S, les cellules de levure bourgeonnante commencent à transcrire les gènes qui codent deux cyclines supplémentaires de type B, Clb3 et Clb4. Celles-ci forment des complexes cycline-CDK hétérodimériques qui, avec les complexes comprenant Clb5 et Clb6, activent les origines de réplication de l'ADN pendant le reste de la phase S. Les complexes Clb3-CDK etClb4-CDK induisent aussi la formation du fuseau au début de la mitose. Lorsque les cellules de *S. cerevisiae* ont terminé la réplication de leurs chromosomes et entrent en G_2, elles commencent à exprimer deux cyclines de type B supplémentaires, Clb1 et Clb2. Celles-ci fonctionnent en tant que cyclines mitotiques, s'associant à CDK pour former des complexes nécessaires à l'induction des événements de la mitose.

Chaque groupe de cyclines confère donc à la CDK de *S. cerevisiae* des fonctions spécifiques associées aux diverses phases du cycle cellulaire, comme le montre la Figure 21-25. Cln3-CDK induit l'expression de Cln1, Cln2 et d'autres protéines du milieu et de la fin de G_1 par phosphorylation et activation des facteurs de transcription SBF et MBF. Cln1-CDK et Cln2-CDK inhibent l'APC, permettant aux cyclines B de s'accumuler ; ces cycline-CDK de G_1 activent aussi la dégradation de l'inhibiteur Sic1 de la phase S. Les complexes CDK de la phase S contenant Clb5, Clb6, Clb3 et Clb4 déclenchent alors la synthèse d'ADN. Clb3 et Clb4 fonctionnent également comme cyclines mitotiques, c'est-à-dire que les

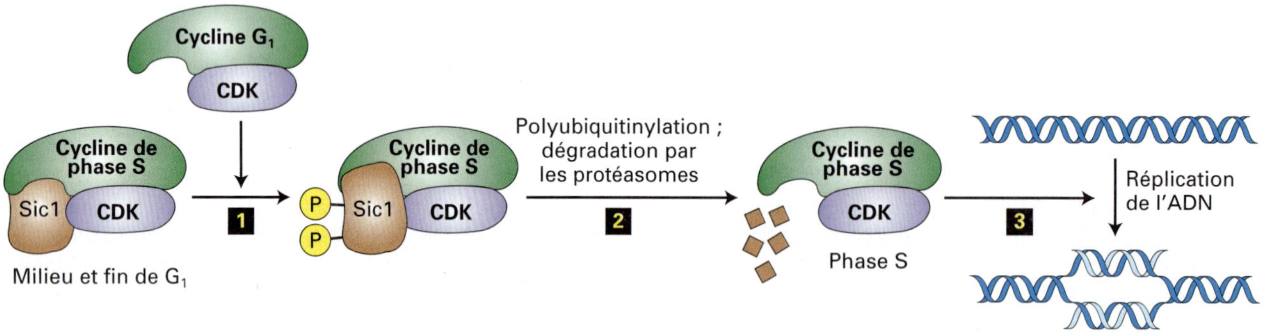

FIGURE 21-24 Contrôle de la transition entre les phases $G_1 \rightarrow$ S chez *S. cerevisiae* par protéolyse régulée de l'inhibiteur de la phase S, Sic1. Les complexes cycline-CDK de phase S (Clb5-CDK et Clb6-CDK) commencent à s'accumuler en G_1, mais sont inhibés par Sic1. Cette inhibition empêche que la réplication de l'ADN ne commence avant que la cellule n'y soit complètement préparée. Les complexes cycline-CDK assemblés à la fin de G_1 (Cln1-CDK et Cln2-CDK) phosphorylent Sic1 (étape **1**), l'exposant ainsi à la polyubiquitinylation par l'ubiquitine ligase SCF et à la dégradation subséquente par les protéasomes (étape **2**). Les complexes cycline-CDK de la phase S déclenchent alors le début de la synthèse de l'ADN (étape **3**) par phosphorylation de substrats non encore identifiés. [Adapté de R. W. King *et al.* 1996, *Science* **274** :1652.]

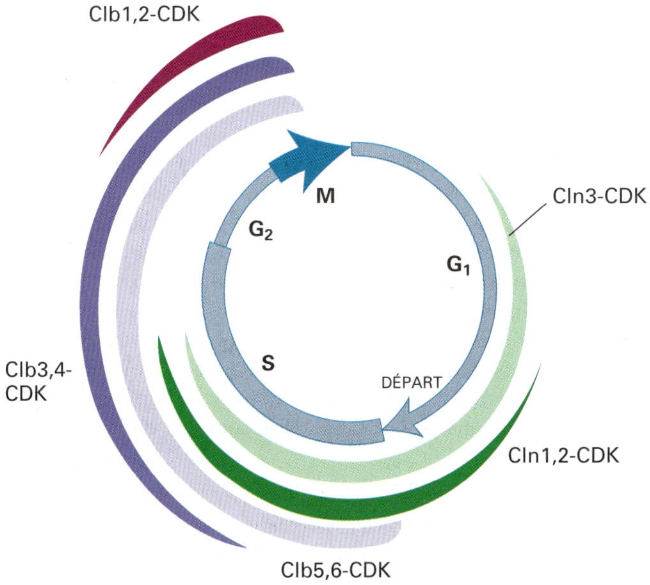

FIGURE 21-25 Activité des complexes cycline-CDK de *S. cerevisiae* au cours du cycle cellulaire. La largeur des bandes colorées est approximativement proportionnelle à l'activité de protéine kinase démontrée ou proposée des complexes cycline-CDK. *S. cerevisiae* produit une seule CDK (*cyclin-dependent kinase*) dont l'activité est contrôlée par les diverses cyclines, qui sont exprimées durant les diverses phases du cycle cellulaire.

complexes qu'elles forment avec CDK déclenchent la formation du fuseau mitotique. Les deux cyclines restantes de *S. cerevisiae*, Clb1 et Clb2, dont les concentrations atteignent un pic au milieu de la mitose, fonctionnent exclusivement comme cyclines mitotiques, formant des complexes avec CDK qui déclenchent la ségrégation des chromosomes et la division nucléaire (voir Tableau 21-1).

La phosphatase Cdc14 induit la sortie de mitose

Grâce aux études génétiques de *S. cerevisiae*, on a compris comment les complexes cycline-CDK de type B étaient inactivés à la fin de l'anaphase, cette inactivation donnant libre cours aux divers événements de la télophase et de la cytocinèse. Ces complexes sont l'équivalent pour *S. cerevisiae* du MPF (*mitosis-promoting factor*) identifié dans les ovocytes et les jeunes embryons de xénope. Comme mentionné plus tôt, le facteur de spécificité Cdh1, qui amène l'APC à polyubiquitinyler les cyclines de type B, est phosphorylé par les complexes cycline-CDK de type B et ceux de la fin de G_1. En conséquence, Cdh1 est inhibé à partir de la fin de G_1, durant les phases S et G_2 ainsi qu'au cours de la mitose jusqu'à la fin de l'anaphase.

Après la ségrégation des chromosomes à la fin de l'anaphase, la *phosphatase Cdc14* est activée et déphosphoryle Cdh1, lui permettant de se lier à l'APC. Cette interaction conduit rapidement à la polyubiquitinylation dépendante de l'APC et à la dégradation par les protéasomes des cyclines de type B et donc à l'inactivation de MPF (voir Figure 21-10). Puisque MPF est encore actif quand Cdc14 est activé à la fin de l'anaphase, il pourrait entrer en compétition avec Cdc14 par une nouvelle phosphorylation de Cdh1. Cependant, Cdc14 induit aussi l'expression de Sic1 en enlevant un phosphate inhibiteur d'un facteur qui active la transcription du gène *SIC1*. Sic1 peut lier et inhiber l'activité de tous les complexes cycline-CDK de type B. Ainsi, débutant à la fin de la mitose, l'inhibition de MPF par Sic1 permet à la phosphatase Cdc14 de prendre le dessus ; le facteur de spécificité Cdh1 pour l'APC est déphosphorylé et déclenche la dégradation précipitée de toutes les cyclines de type B de *S. cerevisiae*. Dans la Section 21.7, nous verrons comment l'activité de Cdc14 est contrôlée pour garantir qu'une cellule ne sorte de la mitose que lorsque les chromosomes ont été répartis correctement.

Comme nous l'avons vu, Sic1 inhibe aussi les cycline-CDK de la phase S quand elles se forment au milieu de G_1 (voir Figure 21-24). Cet inhibiteur des cyclines de type B exerce donc une fonction double dans le cycle cellulaire ; il contribue à la sortie de la mitose et retarde l'entrée en phase S jusqu'à ce que la cellule soit prête.

La réplication à chaque origine n'est induite qu'une fois durant le cycle cellulaire

Comme nous l'avons vu dans le Chapitre 4, les chromosomes eucaryotes sont répliqués à partir d'origines multiples. Pour certaines, la réplication de l'ADN commence au début de la phase S, pour d'autres au milieu et pour d'autres à la fin. Cependant, aucune origine eucaryote n'est utilisée plus d'une fois par phase S. De plus, la phase S continue jusqu'à ce que la réplication partant de toutes les origines dispersées le long de chaque chromosome ait abouti à la réplication de tout l'ADN. Ces deux facteurs garantissent le maintien d'un nombre correct de copies géniques au cours de la prolifération cellulaire.

Les origines de réplication de la levure contiennent une séquence conservée de 11 paires de bases à laquelle est liée une protéine hexamérique, l'*ORC* (*origin-recognition complex*), requise pour l'induction de la synthèse d'ADN. L'analyse par *footprinting* avec l'ADNase I (Figure 11-15) et l'immunoprécipitation des protéines interconnectées à des séquences spécifiques d'ADN (Figure 11-40) durant les diverses phases du cycle cellulaire indiquent que l'ORC reste associé aux origines durant toutes les phases du cycle. Plusieurs facteurs d'initiation de la réplication nécessaires au démarrage de la synthèse de l'ADN furent d'abord identifiés dans les études génétiques de *S. cerevisiae*. Ils comprennent Cdc6, Cdt1, Mcm10 et l'hexamère MCM, un complexe de six protéines Mcm supplémentaires, étroitement apparentées ; ces protéines s'associent aux origines durant G_1, mais non durant G_2 ou M. Durant G_1, les divers facteurs d'initiation s'assemblent avec l'ORC pour former un *complexe de préréplication* à chaque origine. On pense que l'hexamère MCM agit comme les hexamères de l'antigène T de SV40, qui exercent une fonction d'hélicase nécessaire au déroulement des brins d'ADN parentaux à hauteur des fourches de réplication (voir Figure 4-36). Cdc6, Cdt1 et Mcm10 sont requis pour charger les hexamères MCM opposés sur l'origine de réplication.

Comment l'« allumage » à une origine donnée ne se produit-il qu'une seule fois par cycle cellulaire ? Chez *S cerevisiae*, cette restriction est assurée par l'alternance des activités des cycline-CDK de type B au cours du cycle cellulaire : faibles au cours de la télophase et pendant G_1 ; élevées au cours de S, G_2 et M jusqu'à la fin de l'anaphase (voir Figure 21-25). Comme nous venons de le voir, les complexes cycline-CDK de la phase S deviennent actifs au début de la phase S quand leur inhibiteur spécifique, Sic1, est dégradé. Dans le modèle actuel de la réplication chez *S cerevisiae*, les complexes de préréplication s'assemblent au début de G_1 quand l'activité des cyclines de type B est basse (Figure 21-26, étape 1). L'induction de la réplication de l'ADN requiert l'intervention d'un complexe cycline-CDK de phase S et d'une seconde protéine kinase hétérodimérique, Dbf4-Cdc7, qui est exprimée en G_1 (étape 2) et qui est souvent appelée DDK (*Dbf4-dependent kinase Cdc7*) par analogie avec les CDK (*cyclin-dependent kinases*), qui doivent être liées à une cycline partenaire pour pouvoir exercer leur activité de protéine kinase. On n'a pas encore identifié la série complète des protéines à phosphoryler pour que la synthèse de l'ADN puisse commencer, mais on sait que la phosphorylation d'au moins une sous-unité de l'*hélicase MCM* hexamérique et de Cdc6 est nécessaire. Une autre conséquence de l'activation de la cycline-CDK de phase S est la liaison du facteur d'induction Cdc45 au complexe de préréplication. Cdc45 est requis pour la liaison subséquente de RPA, la protéine hétérodimérique qui se lie à l'ADN simple brin libéré quand l'hélicase MCM déroule le duplex de l'ADN parental.

En stabilisant l'ADN déroulé, RPA permet la liaison du complexe formé par la primase et l'ADN polymérase α (Pol α) qui induit la synthèse des brins fils (voir Figure 21-26, étape 3). Comme l'hélicase MCM, Cdc45 reste associé aux fourches de réplication pendant qu'elles progressent dans les deux directions à partir de l'origine. Il est probable qu'il fonctionne dans les cycles ultérieurs de liaison de RPA et de primase-Pol nécessaires à l'amorçage de la synthèse du brin fils tardif. Intervient ensuite l'ADN polymérase δ assistée de ses cofacteurs Rfc et PCNA comme elle le fait dans la synthèse de l'ADN de SV40 (voir Figure 4-34) ; ces protéines sont requises pour la synthèse continue du brin précoce

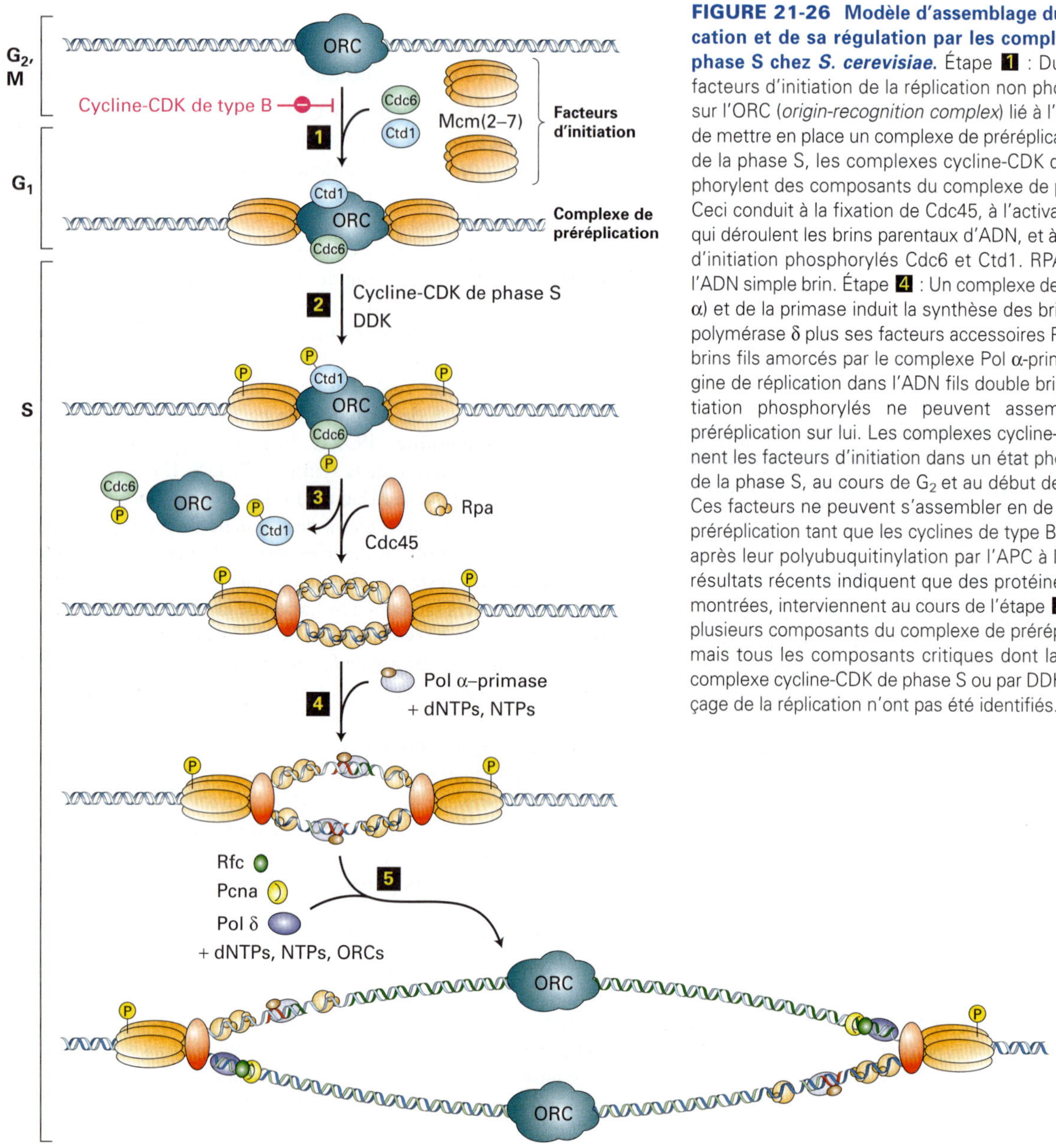

FIGURE 21-26 Modèle d'assemblage du complexe de préréplication et de sa régulation par les complexes cycline-CDK de la phase S chez *S. cerevisiae*. Étape 1 : Durant le début de G_1, les facteurs d'initiation de la réplication non phosphorylés s'assemblent sur l'ORC (*origin-recognition complex*) lié à l'origine de réplication afin de mettre en place un complexe de préréplication. Étape 2 : Au cours de la phase S, les complexes cycline-CDK de phase S et DDK phosphorylent des composants du complexe de préréplication. Étape 3 : Ceci conduit à la fixation de Cdc45, à l'activation des hélicases Mcm, qui déroulent les brins parentaux d'ADN, et à la libération des facteurs d'initiation phosphorylés Cdc6 et Ctd1. RPA peut alors s'attacher à l'ADN simple brin. Étape 4 : Un complexe de l'ADN polymérase α (Pol α) et de la primase induit la synthèse des brins fils. Étape 5 : L'ADN polymérase δ plus ses facteurs accessoires PCNA et Rfc allongent les brins fils amorcés par le complexe Pol α-primase. L'ORC se lie à l'origine de réplication dans l'ADN fils double brin, mais les facteurs d'initiation phosphorylés ne peuvent assembler un complexe de préréplication sur lui. Les complexes cycline-CDK de type B maintiennent les facteurs d'initiation dans un état phosphorylé durant le reste de la phase S, au cours de G_2 et au début de l'anaphase (au-dessus). Ces facteurs ne peuvent s'assembler en de nouveaux complexes de préréplication tant que les cyclines de type B n'ont pas été dégradées après leur polyubuquitinylation par l'APC à la fin de l'anaphase. Des résultats récents indiquent que des protéines supplémentaires, non montrées, interviennent au cours de l'étape 3. La phosphorylation de plusieurs composants du complexe de préréplication est représentée, mais tous les composants critiques dont la phosphorylation par un complexe cycline-CDK de phase S ou par DDK est requise pour l'amorçage de la réplication n'ont pas été identifiés.

et pour la synthèse de la plus grande partie du brin tardif. La contribution d'une ADN polymérase supplémentaire, Pol ε, est aussi nécessaire pour la synthèse de l'ADN chromosomique, mais sa fonction n'est pas encore comprise.

Pendant que les fourches de réplication progressent en s'écartant de chaque origine, les formes phosphorylées de Cdc6, Cdt1 et Mcm10 sont probablement détachées de la chromatine. Cependant, les complexes ORC s'attachent immédiatement à la séquence de l'origine dans les duplex de l'ADN répliqué et y restent attachés pendant tout le cycle cellulaire (voir Figure 21-26, étape 4). Les origines ne peuvent s'allumer qu'une seule fois durant la phase S parce que les facteurs d'initiation phosphorylés ne peuvent pas reformer un complexe de préréplication. En conséquence, la phosphorylation des composants du complexe de préréplication par les complexes cycline-CDK de phase S et le complexe DDK active simultanément l'induction de la réplication de l'ADN à une origine et inhibe la ré-induction de la réplication à cette origine. Comme nous l'avons noté, les complexes cycline-CDK de type B restent actifs durant toute la phase S, G_2 et le début de l'anaphase, maintenant l'état phosphorylé des facteurs d'initiation de la réplication, ce qui empêche l'assemblage de nouveaux complexes de préréplication (étape 5).

Ce n'est que lorsque l'APC aura déclenché la dégradation de toutes les cyclines de type B à la fin de l'anaphase et à la télophase que les phosphatases, débarrassées de toute opposition, vont enlever les phosphates des facteurs d'initiation (Cdc6, Cdt1 et Mcm10), permettant ainsi le ré-assemblage des complexes de préréplication durant G_1. Comme nous l'avons vu, l'inhibition de l'activité APC pendant G_1 prépare l'accumulation des cyclines de phase S nécessaires au lancement de la phase S. Ce mécanisme régulateur a deux conséquences : (1) les complexes de préréplication ne sont assemblés que durant G_1, quand l'activité des complexes cycline-CDK de type B est basse, et (2) chaque origine ne sert de point de départ à la réplication qu'une seule fois durant la phase S, quand l'activité des complexes cycline-CDK de la phase S est élevée. En conséquence, à chaque cycle cellulaire, l'ADN chromosomique n'est répliqué qu'une seule fois.

CONCEPTS CLÉS DE LA SECTION 21.5

Études génétiques chez *S. cerevisiae*

- *S. cerevisiae* exprime une seule protéine kinase dépendant des cyclines (CDK), codée par *CDC28*, qui interagit avec plusieurs cyclines différentes au cours des diverses phases du cycle cellulaire (voir Figure 21-25).
- Trois cyclines G_1 sont actives en G_1 : Cln1, Cln2 et Cln3. La concentration de l'ARNm de *CLN3* ne varie pas de manière significative au cours du cycle, mais sa traduction est régulée par la disponibilité des nutriments.
- Quand les complexes Cln3-CDK se sont accumulés au milieu et à la fin de G_1, ils phosphorylent et activent deux facteurs de transcription qui stimulent l'expression de Cln1 et Cln2, d'enzymes et d'autres protéines requises pour la réplication de l'ADN, ainsi que des cyclines de type B de la phase S, Clb5 et Clb6.
- Les complexes cycline-CDK de la fin de G_1 (Cln1-CDK et Cln2-CDK) phosphorylent et inhibent Cdh1, le facteur de spécificité qui dirige l'APC (*anaphase-promoting complex*) vers les cyclines B, permettant ainsi l'accumulation des cyclines de type B de la phase S.
- Les complexes cycline-CDK de phase S sont inhibées au début par Sic1. La polyubiquitinylation de de ce dernier par l'ubiquitine ligase, SCF, condamne Sic1 à la dégradation par les protéasomes, ce qui libère les complexes cycline-CDK et déclenche ainsi la phase S (voir Figure 21-24).
- Les cyclines de type B, Clb3 et Clb4, exprimées plus tard au cours de la phase S, forment des hétérodimères avec la CDK qui induisent également la réplication de l'ADN ainsi que la formation du fuseau au début de la mitose.
- Les cyclines de type B, Clb1 et Clb2, exprimées en G_2, forment des hétérodimères avec la CDK qui déclenchent les événements mitotiques.
- À la fin de l'anaphase, le facteur de spécificité Cdh1 activé par déphosphorylation, amène l'APC à polyubiquitinyler toutes les cyclines de type B (Clb). Leur dégradation dans les protéasomes annule l'activité MPF et met fin ainsi à la mitose (voir Figure 21-10).
- L'assemblage des complexes de pré-réplication aux origines de réplication au début de G_1 est la première étape de la réplication de l'ADN. Les complexes cycline-CDK de la phase S déclenchent simultanément la réplication à partir des complexes de préréplication et inhibent l'assemblage de nouveaux complexes de préréplication en phosphorylant les composants du complexe de préréplication (voir Figure 21-26).
- La réplication de l'ADN débute à chaque origine de réplication, mais une fois seulement, jusqu'à ce que la cellule arrive à la fin de l'anaphase, quand l'activation de l'APC conduit à la dégradation des cyclines de type B. Le blocage d'un redémarrage de la réplication de l'ADN jusqu'à la ségrégation des chromosomes répliqués garantit que le nombre correct de chromosomes dans les cellules filles soit respecté.

21.6 Contrôle du cycle dans les cellules de mammifères

Dans les organismes multicellulaires, un contrôle précis du cycle cellulaire durant le développement et la croissance est indispensable à la détermination de la taille et de la forme de chaque tissu. La réplication cellulaire est contrôlée par un réseau complexe de voies de signalisation qui intègre des signaux extracellulaires concernant l'identité et le nombre de cellules voisines et des indications intracellulaires sur la taille de la cellule et son programme de développement (Chapitre 15). La plupart des cellules différenciées se retirent du cycle cellulaire durant G_1, pour entrer dans l'état G_0 (voir Figure 21-1). Certaines cellules différenciées (e.g. fibroblastes et lymphocytes), sous l'effet de certains stimulus peuvent rentrer dans le cycle cellulaire et se répliquer. De nombreuses cellules différenciées postmitotiques, cependant, n'y reviennent jamais et ne se multiplient plus. Comme nous le verrons dans cette section, les mécanismes régulateurs du cycle cellulaire découverts chez les levures, les ovules et les jeunes embryons de xénope interviennent également dans les cellules somatiques des eucaryotes supérieurs y compris les humains et d'autres mammifères.

Le point de restriction chez les mammifères est l'équivalent du point de DÉPART chez la levure

Pour étudier le cycle cellulaire chez les mammifères, on a le plus souvent utilisé des cultures de cellules qui ne prolifèrent qu'en présence de certains facteurs de croissance peptidiques (mitogènes). Leur liaison a des récepteurs à la surface de la cellule enclenche une cascade de signalisation qui a finalement un impact sur la transcription et le contrôle du cycle cellulaire (Chapitre 13-15).

Cultivées en l'absence de facteur de croissance, les cellules de mammifères sont à l'état diploïde et arrêtées au stade du cycle cellulaire désigné G_0. De 14 à 16 h après l'apport de facteurs de croissance dans le milieu, ces cellules dites **quiescentes** franchis-

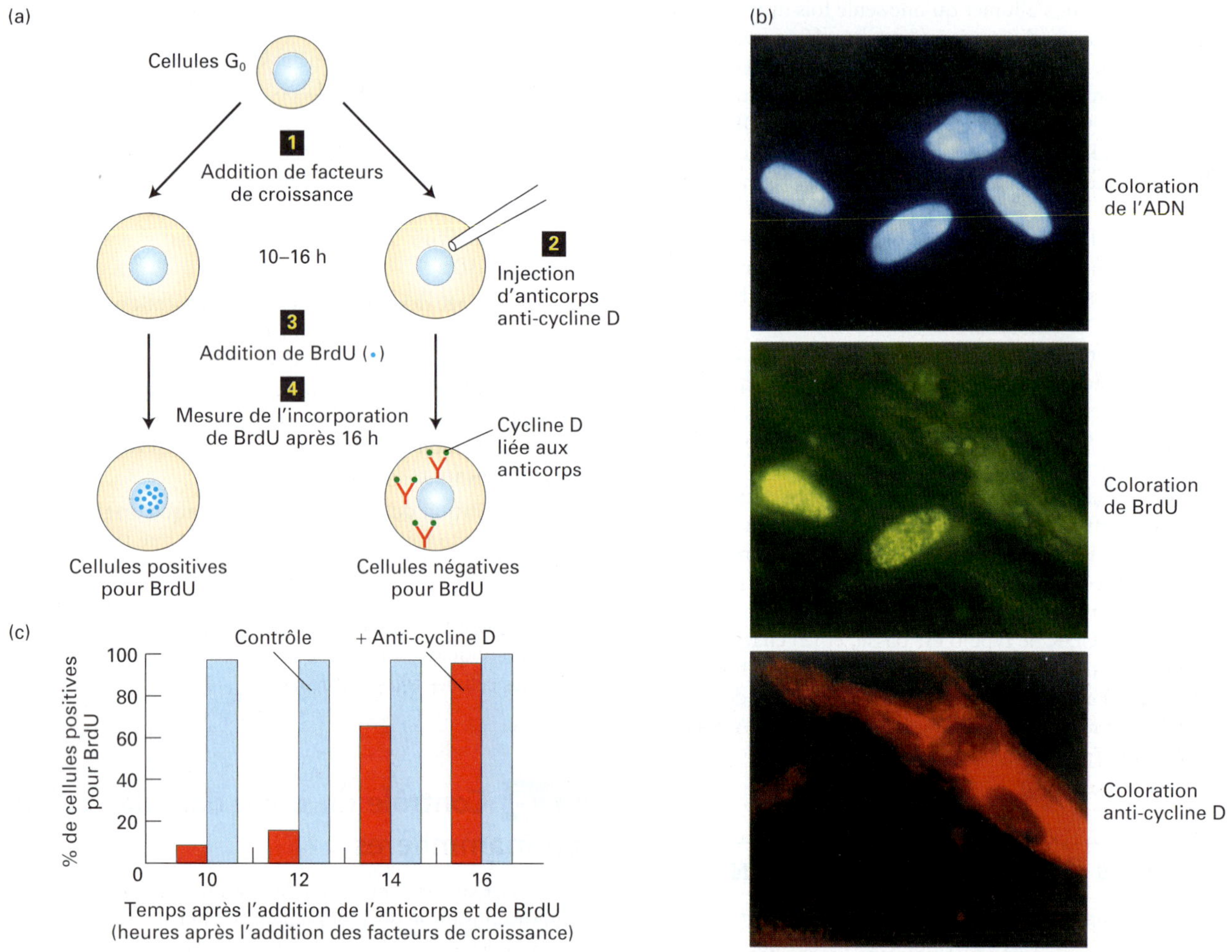

FIGURE EXPÉRIMENTALE 21-27 Des expériences de micro-injection d'anticorps anti-cycline D démontrent que celle-ci est nécessaire au franchissement du point de restriction. Des cellules de mammifère bloquées en G_0 utilisées ici franchissent le point de restriction 14 à 16 h après l'addition de facteurs de croissance et s'engagent en phase S 6 à 8 h plus tard. (a) Schéma du protocole expérimental. De 14 à 16 h après addition de facteurs de croissance au milieu de culture (**1**), on injecte dans certaines cellules des anticorps de lapin anti-cycline D (**2**). On introduit ensuite de la bromodésoxyuridine (BrdU), un analogue de la thymidine, dans les milieux de culture (**3**) puis on incube pendant 16 heures séparément les cellules qui servent de contrôle (*à gauche*) et celles dans lesquelles on a injecté l'anticorps (*à droite*). On dose alors la BrdU dans les échantillons pour connaître le pourcentage de cellules ayant incorporé de la BrdU, preuve qu'elles sont engagées dans la phase S. (b) Observation des cellules contrôle et des cellules expérimentales 8 heures après l'addition des facteurs de croissance. Les trois clichés montrent le même champ de cellules colorées 16 heures après addition de BrdU au milieu. On a coloré les cellules avec différents fluorochromes pour visualiser l'ADN (*au-dessus*), la BrdU (*au milieu*) et l'anticorps anti-cycline D (*au-dessous*). À noter que les deux cellules soumises aux d'anticorps anti-cycline D (cellules rouges en bas) n'ont pas incorporé de BrdU dans leur ADN nucléaire, comme l'indique l'absence de coloration dans la micrographie du milieu. (c) Pourcentage de cellules de référence (en bleu) et de cellules expérimentales (en rouge) ayant incorporé du BrdU. Quand on a injecté l'anticorps anti-cycline D dans les cellules 10 et 12 h après addition de facteurs de croissance, la plupart d'entre elles ne se sont pas engagées dans la phase S, comme l'indique le peu d'incorporation de BrdU. Par contre, les anticorps anti-cycline D perturbent à peine l'entrée en phase S et la synthèse d'ADN quand ils sont injectés après 14 ou 16 heures, c'est-à-dire après que les cellules ont franchi le point de restriction. Ceci montre que la cycline D est indispensable au franchissement du point de restriction, mais celui-ci franchi, les cellules entreront en phase S 6-8 heures plus tard sans besoin de cycline D. [Parties (b) et (c) adaptées de V. Baldin *et al.*, 1993, *Genes et Dev.* **7** :812.]

sent le **point de restriction**, entrent en phase S après un délai de 6 à 8 h puis parcourent le reste du cycle (voir Figure 21-2). Comme le point de DÉPART chez la levure, le point de restriction est le moment du cycle où les cellules de mammifères décident d'entrer en phase S et de parcourir tout le cycle. Si des cellules de mammifères sont privées de facteurs de croissance avant qu'elles aient franchi le point de restriction, elles n'entrent pas en phase S ; une fois qu'elles ont franchi le point de restriction, elles entreront en phase S et poursuivront le cycle, qui, pour la plupart des cellules mammaliennes en culture, dure environ 24 h.

Plusieurs Cdk et cyclines régissent le passage des cellules de mammifère par les étapes du cycle cellulaire

Pour réguler la progression au long du cycle, à la différence de *S. pombe* et *S. cerevisiae*, qui n'utilisent qu'une CDK (*cycline-dependent kinase*), les cellules de mammifères se servent d'une petite famille de CDK apparentées. Quatre CDK sont exprimées à des taux significatifs dans la plupart des cellules mammaliennes et jouent un rôle dans la régulation du cycle cellulaire. Appelées CDK1, 2, 4 et 6, ces protéines furent identifiées par la capacité de leur clone d'ADNc de complémenter certains mutants de levure *cdc* ou par leur homologie avec d'autres CDK.

Comme *S. cerevisiae*, les cellules de mammifères expriment plusieurs cyclines. Les cyclines A et B, qui interviennent au cours des phases S, G_2 et au début de la mitose, furent détectées d'abord comme des protéines dont la concentration fluctuait dans des cellules de jeunes embryons d'oursins et de mollusques dont le cycle est synchrone (voir Figure 21-8). Des protéines homologues à la cycline A et à la cycline B ont été trouvées chez tous les animaux multicellulaires examinés. Les ADNc codant trois cyclines humaines apparentées de type D et la cycline E ont été isolées sur base de leur aptitude à complémenter les cellules de *S. cerevisiae* mutées dans les trois gènes *CLN* codant les cyclines G_1. Les quantités relatives des trois cyclines de type D exprimées dans divers types cellulaires (e.g. fibroblastes, cellules hématopoïétiques) varient. Ici, nous les appelons collectivement cycline D. Les cyclines D et E sont les cyclines G_1 des mammifères. Des expériences dans lesquelles on a injecté un anticorps anti-cycline D dans des cellules mammaliennes en culture à divers moments après l'addition de facteurs de croissance a démontré que la cycline D est essentielle au franchissement du point de restriction (Figure 21-27).

La Figure 21-28 représente le modèle actuel des périodes du cycle au cours desquelles interviennent les différents complexes cycline-CDK dans des cellules mammaliennes qui, arrêtées en G_0, ont été stimulées par des facteurs de croissance. En leur absence, les cellules en G_0 n'expriment ni cyclines ni CDK ; sans ces protéines critiques, les cellules en G_0 ne peuvent pas entrer dans le cycle et ne peuvent donc se diviser.

Le Tableau 21-1, présenté au début de ce chapitre, énumère les diverses cyclines et CDK que nous avons mentionnées et les parties du cycle cellulaire durant lesquelles elles sont actives. Les cyclines se répartissent en deux groupes principaux, les cyclines G_1 et les cyclines de type B. Ces dernières interviennent au cours des phases S, G_2 et M. Bien qu'il soit impossible d'établir une correspondance directe entre les fonctions des diverses cyclines et CDK dans *S. pombe* et *S. cerevisiae*, et celles des vertébrés, les divers complexes cycline-CDK peuvent être considérés grosso modo sous l'angle de leur activité dans les diverses périodes du cycle : milieu de G_1, fin de G_1, S et M. Toutes les cyclines de type B contiennent une séquence conservée dite « boîte de destruction » qui est reconnue par l'ubiquitine ligase APC, tandis que les cyclines G_1 en sont dépourvues. Ainsi, l'APC ne régule l'activité que des complexes cycline-CDK qui contiennent les cyclines de type B.

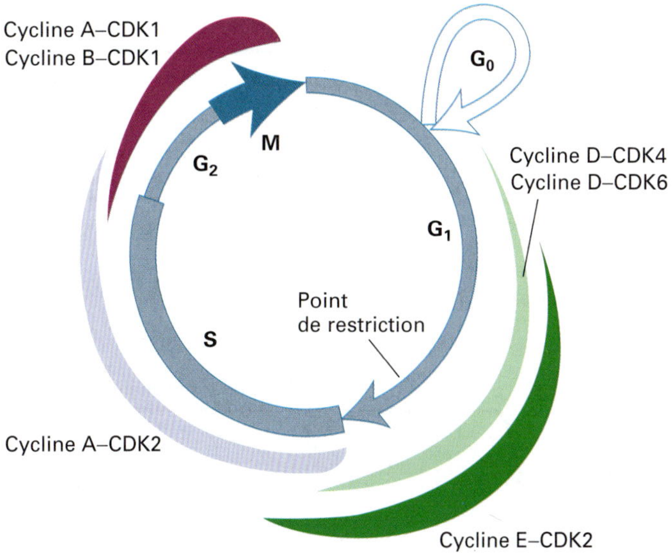

FIGURE 21-28 Activité des complexes mammaliens cycline-CDK au cours du cycle dans des cultures de cellules en G_0 mais qui sont amenées à se diviser sous l'effet de facteurs de croissance. La largeur des bandes colorées est approximativement proportionnelle à l'activité de protéine kinase des complexes indiqués. Cycline D se réfère aux trois cyclines de type D.

L'expression régulée de deux classes de gènes ramène les cellules mammaliennes en G_0 dans le cycle cellulaire

L'addition de facteurs de croissance à des cellules de mammifères arrêtées en G_0, induit la transcription de plusieurs gènes, dont la plupart appartiennent à une de ces deux catégories, de *réponse précoce* ou de *réponse tardive*, selon le moment d'apparition de leur ARNm (Figure 21-29a). Quelques minutes après l'addition de facteurs de croissance, la transcription des gènes de réponse précoce est induite par les cascades de transduction de signaux qui activent des facteurs de transcription préexistants dans le cytosol ou le noyau. L'induction de ces gènes n'est pas bloquée par les inhibiteurs de la synthèse protéique (Figure 21-29b), car ces facteurs de transcription sont déjà présents dans les cellules en G_0 et sont activés par phosphorylation ou écartement d'un inhibiteur en réponse à la stimulation par les facteurs de croissance (Chapitre 14). Parmi ces gènes de réponse précoce, beaucoup codent des facteurs de transcription, comme c-Fos et c-Jun, qui stimulent la transcription des gènes de réponse tardive. Des formes mutées et dérégulées de c-Fos et de c-Jun sont exprimées par certains rétrovirus oncogènes

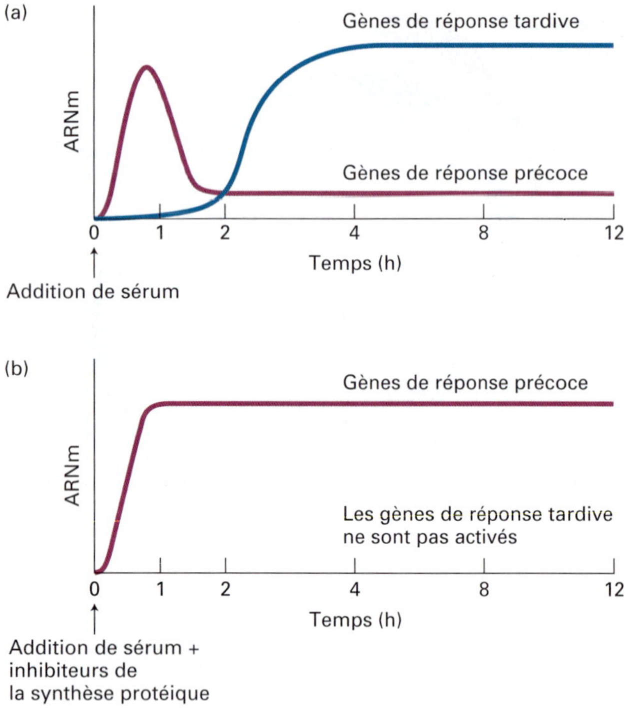

FIGURE 21-29 Chronologie de l'expression des gènes de réponse précoce et de réponse tardive dans des cellules mammaliennes arrêtées en en G_0 après addition de sérum. (a) En absence d'inhibiteurs de la synthèse protéique, l'expression des gènes de réponse précoce passe par un pic environ 1 heure après l'addition de sérum, qui contient plusieurs mitogènes, puis chute quand l'expression des gènes de réponse tardive commence. (b) Des inhibiteurs de la synthèse protéique préviennent la chute de l'expression des gènes de réponse précoce et bloque complètement l'expression des gènes de réponse tardive. Voir le texte pour plus de détails. [Adapté de A. Murray et T. Hunt, 1993, *The Cell Cycle : An Introduction*, W. H. Freeman and Company.]

(Chapitre 23). C'est en découvrant que les formes virales de ces protéines (v-Fos et v-Jun) transforment les cellules normales en cellules cancéreuses qu'on a identifié les formes cellulaires régulées de ces facteurs de transcription.

Après un sommet atteint dans la demi-heure suivant l'adjonction du facteur de croissance, le taux d'ARNm de la réponse précoce faiblit jusqu'à un niveau qui se maintiendra aussi longtemps que le facteur de croissance sera présent dans le milieu. La plupart des ARNm de réponse précoce sont instables ; aussi, leur concentration chute dès que leur taux de synthèse diminue. Cette chute de transcription est bloquée par des inhibiteurs de synthèse protéique (voir Figure 21-29b), ce qui indique qu'elle dépend de la production d'une ou plusieurs protéines de réponse précoce.

Puisque leur expression dépend des protéines codées par les gènes de réponse précoce, les gènes de réponse tardive ne sont pas transcrits quand des mitogènes sont ajoutés à des cellules arrêtées en G_0 en présence d'un inhibiteur de la synthèse protéique. Certains gènes de réponse tardive codent des facteurs de transcription supplémentaires (voir ci-après) ; d'autres codent les cyclines de type D, la cycline E, CDK2, CDK4 et CDK6. Les cyclines de type D, CDK4 et CDK6 sont exprimées les premières, et sont suivies par la cycline E et CDK2 (voir Figure 21-28). Si les facteurs de croissance sont retirés avant que le point de restriction ne soit franchi, l'expression de ces cyclines G_1 et CDK cesse. Puisque ces protéines et les ARNm les codant sont instables, leur concentration chute précipitamment. C'est pourquoi les cellules ne passent pas le point de restriction et ne se répliquent pas.

En plus du contrôle de la transcription du gène codant la cycline D, la concentration de cette cycline du milieu de G_1 est régulée par le contrôle de la traduction de son ARNm. À ce propos, la cycline D est semblable à Cln3 de *S. cerevisiae*. L'addition de facteurs de croissance aux cellules mammaliennes en culture déclenche le signal de traduction par la voie de la PI-3 kinase décrite dans le Chapitre 14 ; elle mène à l'activation du facteur eIF4 (*initiation factor*) qui amorce la traduction (Chapitre 4), ce qui stimule la traduction de l'ARNm de la cycline D et d'autres ARNm. Les agents qui inhibent l'activation d'eIF4, comme le TGF-β, inhibent la traduction de l'ARNm de la cycline D et dès lors la prolifération cellulaire.

Franchir le point de restriction dépend de la phosphorylation de RB, une protéine suppressive de tumeur

Certains membres d'une petite famille de facteurs de transcription apparentés, appelés *facteurs E2F*, sont codés par des gènes de réponse tardive. Ils activent les gènes qui codent une fraction importante des protéines impliquées dans la synthèse de l'ADN et des désoxyribonucléotides. Ils stimulent aussi la transcription des gènes codant une cycline de la fin de G_1 (cycline E), la cycline de la phase S (cycline A) et la CDK de la phase S (CDK2). Ainsi les facteurs E2F interviennent en fin de G_1 comme les facteurs de transcription de *S. cerevisiae* SBF et MBF. De plus, les E2F stimulent la transcription de leur propre gène. C'est comme répresseurs de transcription que les E2F agissent quand ils sont liés à la *protéine Rb*, qui s'attache aux complexes d'histone déacétylase. Comme décrit dans le Chapitre 11, la transcription d'un gène est plus élevée quand les histones associées sont fortement acétylées ; en effet, la déacétylation des histones cause la condensation de la chromatine, ce qui empêche la transcription.

MÉDECINE

La protéine Rb fut découverte comme produit du **gène suppresseur de tumeur**, *RB*. Les protéines provenant de tels gènes inhibent de diverses manières la progression du cycle cellulaire (Chapitre 23). Des mutations perte de fonction de *RB* sont associées au *rétinoblastome héréditaire*. Un enfant atteint de cette affection a hérité d'un allèle RB^+ normal et d'un allèle RB^- muté. Si l'allèle RB^+ dans une cellule parmi les milliards qui composent le corps humain est muté en un allèle RB^-, aucune protéine fonctionnelle n'est exprimée et la cellule, ou une de ses descendantes, deviendra probablement cancéreuse. Pour des raisons que l'on ne comprend pas, ceci survient généralement dans une cellule de la rétine, ce qui aboutit à des tumeurs rétiniennes. De même dans la plupart des cellules cancéreuses humaines, la fonction de Rb est inactivée soit par mutation dans les deux allèles de *RB* ou par une régulation anormale de la phosphorylation de Rb. ▮

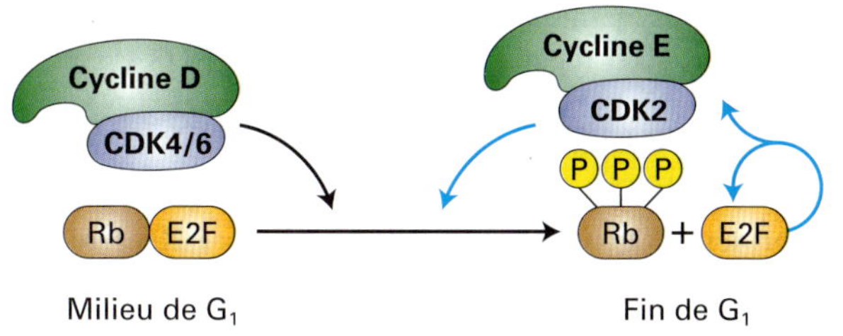

FIGURE 21-30 Régulation des activités de Rb et des E2F au milieu et à la fin de G_1. La stimulation de cellules en G_0 avec des mitogènes induit l'expression de CDK4, CDK6, des cyclines D et des facteurs de transcription E2F, touts étant codés par des gènes de réponse tardive. La protéine Rb inhibe d'abord l'activité des E2F. Quand la stimulation par les mitogènes est continue, les complexes cycline D-CDK4/6 commencent à phosphoryler Rb, libérant quelques E2F, qui stimulent alors la transcription des gènes qui codent la cycline E, CDK2 et les E2F (autostimulation). Les complexes cycline E-CDK4 phosphorylent davantage Rb, ce qui mène à une boucle de rétrocontrôle positif (flèches bleues) qui augmente rapidement l'expression et l'activité des E2F et des complexes cycline E-CDK2 quand la transition $G_1 \rightarrow S$ approche.

La protéine Rb est un des substrats les plus importants pour les complexes cycline-CDK G_1 des mammifères. La phosphorylation de Rb en plusieurs sites empêche son association aux E2F, ce qui permet à ces derniers d'activer la transcription des gènes requis pour l'entrée en phase S. Comme le montre la Figure 21-30, la phosphorylation de la protéine Rb est induite par les complexes cycline D-CDK4 et cycline D-CDK6 au milieu de G_1. Dès que la phosphorylation de certaines Rb a induit la production de la cycline E et de CDK2, le complexe résultant, cycline E-CDK2, phosphoryle davantage de Rb en fin de G_1. Quand la quantité de complexes cycline E-CDK2 a atteint un seuil critique, ceux-ci continuent à phosphoryler Rb de manière continue même quand l'activité de cycline D-CDK4/6 a cessé. Ceci est un des événements biochimiques principaux responsables du franchissement du point de restriction. À ce point, une phosphorylation supplémentaire de Rb par les complexes cycline E-CDK2 survient même quand on a retiré les mitogènes et que les taux de cycline D et de CDK4/6 ont chuté. Puisque E2F stimule sa propre expression et celles de la cycline E et de CDK2, une régulation croisée positive d'E2F et des complexes cycline E-CDK2 cause une augmentation rapide des deux activités à la fin de G_1.

Pendant qu'ils s'accumulent, les complexes cycline-CDK de la phase S et de la mitose maintiennent la protéine Rb dans un état phosphorylé pendant les phases S, G_2 et le début de M. Lorsque les cellules ont terminé l'anaphase et sont entrées en début de G_1 ou en G_0, la chute des taux de cycline-CDK mène à la déphosphorylation de Rb par des phosphatases non contrôlées. En conséquence, Rb hypophosphorylé est disponible pour inhiber l'activité d'E2F au début de G_1 du cycle suivant et dans les cellules arrêtées en G_0.

La cycline A est requise pour la synthèse de l'ADN et CDK1 pour l'entrée en mitose

Des taux élevés d'E2F activent la transcription du gène de la cycline A quand les cellules de mammifères s'approchent du point de transition $G_1 \rightarrow S$. (Malgré son nom, la cycline A est une cycline de type B et non une cycline G_1 ; voir Tableau 21-1.) La suppression de la fonction de la cycline A inhibe la synthèse de l'ADN dans les cellules de mammifères, ce qui suggère que les complexes cycline A-CDK2 peuvent intervenir, comme les complexes cycline-CDK de phase S chez *S. cerevisiae*, dans le déclenchement de la synthèse d'ADN. Il semble bien aussi que le complexe cycline E-CDK2 puisse contribuer à l'activation des complexes de préréplication.

Trois protéines CIP (*CDK inhibitory proteins*) apparentées ($p27^{KIP1}$, $p57^{KIP2}$ et $p21^{CIP}$) paraissent partager la fonction de l'inhibiteur Sic1 de la phase S chez *S. cerevisiae* (voir Figure 21-14). La phosphorylation de $p27^{KIP1}$ par le complexe cycline E-CDK2 le destine à la polyubiquitinylation par le complexe SCF mammalien (voir Figure 21-2, étape 5). La sous-unité SCF qui cible $p27^{KIP1}$ est synthétisée quand les cellules s'approchent du point de transition $G_1 \rightarrow S$. Le mécanisme de dégradation de $p21^{CIP}$ et de $p57^{KIP2}$ est moins bien compris. L'activité des complexes cycline-CDK2 mammaliens est aussi régulée par phosphorylation et déphosphorylation comme cela se passe pour le contrôle du MPF (*mitosis-promoting factor*) chez *S. pombe* (voir Figure 21-14). La *phosphatase Cdc25A*, qui enlève le phosphate inhibiteur de CDK2, est un équivalent mammalien du Cdc25 de *S. pombe*, sauf qu'il intervient au point de transition $G_1 \rightarrow S$ plutôt qu'au point de transition $G_2 \rightarrow M$. La phosphatase mammalienne est activée normalement à la fin de G_1, mais est dégradée quand les cellules mammaliennes réagissent à des altérations de l'ADN afin d'éviter qu'elles n'entrent en phase S (voir Section 21.7).

Dès que le complexe cycline A-CDK2 a été activé par Cdc25A et que les inhibiteurs de la phase S ont été dégradés, la réplication de l'ADN débute à hauteur des complexes de préréplication. On pense que le mécanisme général est parallèle à celui de *S. cerevisiae* (voir Figure 21-26), bien que l'on ait noté de petites différences chez les vertébrés. Comme chez la levure, la phosphorylation de certains facteurs d'initiation par cycline A-CDK2 induit très probablement le début de la réplication de l'ADN et empêche le réassemblage des complexes de préréplication tant que la mitose n'est pas terminée, ce qui garantit que la réplication à partir de chaque origine ne survient qu'une seule fois au cours de chaque cycle. Chez les métazoaires, une seconde petite protéine, la géminine, contribue à l'inhibition de la réinitiation aux origines tant que la cellule n'a pas effectué un cycle complet.

La principale CDK mammalienne de G_2 et de la mitose est CDK1 (voir Figure 21-28). Cette CDK, qui ressemble fort à Cdc2 de *S. pombe*, s'associe aux cyclines A et B. Les ARNm codant l'une de ces cyclines mammaliennes peuvent induire la maturation méiotique quand elles sont injectées dans des ovocytes de xénope arrêtés en G_2 (voir Figure 21-6), ce qui démontre qu'elles fonctionnent comme cyclines mitotiques. Les complexes mammaliens cycline A-CDK1 et cycline B-CDK1 sont donc les équivalents fonctionnels du MPF (cycline-CDK mitotique) de *S. pombe*. L'activité kinasique de ces complexes mammaliens paraît aussi régulée par des protéines analogues à celles qui contrôlent l'activité du MPF de *S. pombe* (voir Figure 21-14). Le phosphate inhibiteur sur CDK1 est enlevé par la phosphatase Cdc25C, qui est analogue à la phosphatase Cdc25 de *S. pombe*.

Dans les cellules mammaliennes en cycle, la cycline B est d'abord synthétisée à la fin de la phase S, augmente en concentration quand les cellules traversent G_2, passe par un sommet durant la métaphase et chute après la fin de l'anaphase. Ces changements sont parallèles à ceux de la cycline B exprimée dans des extraits d'ovules en cycle de *Xenopus* (voir Figure 21-9). Dans les cellules humaines, la cycline B s'accumule d'abord dans le cytosol, puis entre dans le noyau juste avant que l'enveloppe nucléaire ne disparaisse au début de la mitose. Donc, l'activité MPF est contrôlée non seulement par phosphorylation et déphosphorylation, mais aussi par régulation du transport nucléaire de la cycline B. En fait, la cycline B fait la navette entre le noyau et le cytosol, et sa localisation durant le cycle cellulaire dépend des fluctuations dans les vitesses relatives d'importation et d'exportation. Comme dans les ovules de xénope et chez *S. cerevisiae*, à la fin de l'anaphase, les cyclines A et B sont polyubiquitinylées par l'APC (*anaphase-promoting complex*) puis dégradées par les protéasomes (voir Figure 21-2, étape 9).

Deux types d'inhibiteurs de cycline-CDK contribuent au contrôle du cycle cellulaire chez les mammifères

Comme noté plus haut, trois CIP apparentées, $p21^{CIP}$, $p27^{KIP2}$ et $p57^{KIP2}$, inhibent l'activité du complexe cycline A-CDK2 et doivent être dégradées pour que la réplication de l'ADN puisse débuter. Ces protéines peuvent aussi inhiber les autres complexes cycline-CDK mammaliens impliqués dans le contrôle du cycle cellulaire. Comme il en sera question plus loin, $p21^{CIP}$ joue un rôle dans la réponse des cellules mammaliennes à un dommage causé à l'ADN. Des souris déficientes en $p27^{KIP2}$ (*knockout*) ont montré que cette CIP est particulièrement importante pour le contrôle de la prolifération cellulaire générale tôt après la naissance. Bien que les animaux déficients en $p27^{KIP2}$ soient plus gros que les contrôles, la plupart se développent par ailleurs normalement. Par contre, ceux qui sont déficients en $p57^{KIP2}$ montrent des défauts dans la différenciation cellulaire et la plupart meurent peu après la naissance à la suite du développement insuffisant de divers organes.

Une seconde classe d'inhibiteurs des cycline-CDK appelés *INK4* (*inhibitors of kinase 4*) comprennent plusieurs petites protéines étroitement apparentées qui n'interagissent qu'avec CDK4 et CDK6 et interviennent donc spécifiquement dans le contrôle du milieu de la phase G_1. La liaison d'INK4 à CDK4/6 bloque leur interaction avec la cycline D et dès lors leur activité de protéine kinase. La diminution de phosphorylation de la protéine Rb qui en résulte empêche l'activité transcriptionnelle de E2F et l'entrée en phase S. Une INK4 appelée p16 est un suppresseur tumoral, au même titre que la protéine Rb, dont nous avons parlé plus haut. La présence de deux allèles mutés de p16 dans une grande partie des cancers humains est une indication du rôle important de p16 dans le contrôle du cycle cellulaire (Chapitre 23).

CONCEPTS CLÉS DE LA SECTION 21.6

Contrôle du cycle dans les cellules de mammifères

- Divers facteurs de croissance polypeptidiques appelés mitogènes stimulent la prolifération des cellules mammaliennes en culture en induisant l'expression de gènes de réponse précoce. Plusieurs de ceux-ci codent des facteurs de transcription qui stimulent l'expression des gènes de réponse tardive codant les CDK G_1, les cyclines G_1 et les facteurs de transcription E2F.
- Dès que les cellules ont passé le point de restriction, elles peuvent entrer en phase S et compléter les phases S, G_2 et la mitose en absence de facteurs de croissance.
- Les cellules mammaliennes forment plusieurs complexes cycline-CDK pour réguler le cycle : cycline D-CDK4/6 au milieu et à la fin de G_1 ; cycline E-CDK2 à la fin de G_1 et au début de S ; cycline A/B-CDK1 en G_2 et M y compris l'anaphase (voir Figure 21-28).
- La protéine Rb non phosphorylée se lie aux E2F et les convertit en répresseurs de transcription. La phosphorylation de Rb par le complexe cycline D-CDK4/6 au milieu de G_1 libère les E2F et leur permet d'activer la transcription des gènes codant la cycline E, CDK2 et d'autres protéines requises pour la phase S. Les E2F stimulent également la transcription de leur propre gène.
- Le complexe cycline E-CDK2 phosphoryle davantage Rb, amplifiant ainsi l'activation des E2F. Une fois qu'un niveau critique de cycline E-CDK2 a été atteint, une boucle de rétrocontrôle positif avec E2F aboutit à une augmentation rapide des deux activités, ce qui permet de franchir le point de restriction (voir Figure 21-30).
- L'activité du complexe cycline A-CDK2, induite par la forte activité des E2F, est d'abord maîtrisée par les CIP (*CDK inhibitory proteins*), qui agissent comme inhibiteurs de la phase S, et par la présence d'un phosphate inhibiteur sur CDK2. La dégradation par les protéasomes des inhibiteurs et l'activation de la phosphatase Cdc25A, quand les cellules s'approchent de la transition $G_1 \rightarrow S$, génèrent le complexe actif cycline A-CDK2. Celui-ci active les complexes de préréplication pour amorcer la synthèse d'ADN par un mécanisme semblable à celui de *S. cerevisiae* (voir Figure 21-26).
- Les complexes cycline A/B-CDK1 induisent les événements de la mitose jusqu'au début de l'anaphase. À la fin de celle-ci, les cyclines A et B sont polyubiquitinylées par l'APC (*anaphase-promoting complex*) et sont alors dégradées par les protéasomes.
- L'activité des complexes mitotiques mammaliens cycline-CDK est aussi régulée par phosphorylation et déphosphorylation selon un mécanisme semblable à celui de *S. pombe*, chez qui la phosphatase Cdc25 enlève les phosphates inhibiteurs (voir Figure 21-14).
- Les activités des complexes mammaliens cycline-CDK sont aussi régulées par les CIP, qui se lient à chacun des complexes mammaliens cycline-CDK et les inhibent, et par les protéines INK4, qui bloquent le passage à travers G_1 en inhibant spécifiquement CDK4 et CDK6.

21.7 Points de contrôle dans la régulation du cycle cellulaire

Des lésions génétiques catastrophiques surviennent quand la cellule passe à une phase du cycle sans avoir achevé parfaitement la phase précédente. Quand, par exemple, on force des cellules en phase S à entrer en mitose en les fusionnant à une cellule déjà en mitose, le MPF présent dans les cellules en mitose induit la condensation des chromosomes de la cellule en phase S. Cependant, cette entrée prématurée en mitose est un désastre pour la cellule, car les chromosomes en train de se répliquer sont morcelés par le processus lui-même.

MÉDECINE Un autre exemple concerne la fixation des kinétochores aux microtubules du fuseau mitotique lors de la métaphase ; si l'anaphase survient avant que les deux kinétochores d'un chromosome dupliqué soient ancrés aux microtubules des deux pôles du fuseau, des cellules filles sont privées d'un chromosome, et leurs sœurs en contiennent un de trop (Figure 21-31). Si cet accident, appelé *non disjonction*, se produit à la méiose qui forme l'ovule humain, il peut aboutir au syndrome de Down lié à une trisomie du chromosome 21, cause d'anomalies du développement et de retard mental. ▮

Afin de minimiser le risque de telles erreurs au cours des événements du cycle cellulaire, un système de **points de contrôle** surveille le déroulement du cycle (Figure 21-32). Des mécanismes veillent à ce que les chromosomes soient intacts et que chaque

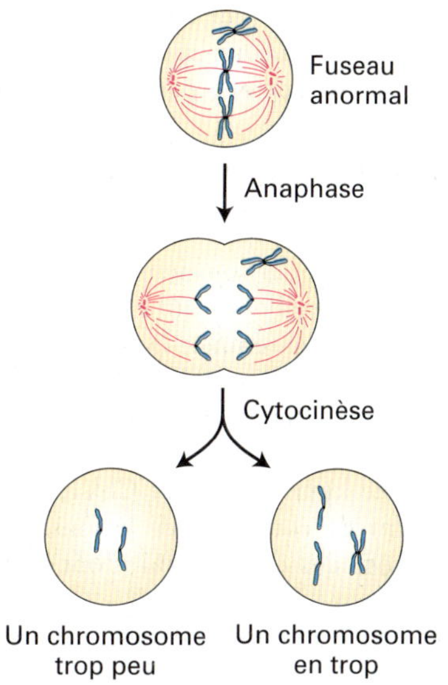

FIGURE 21-31 Non disjonction. Cet accident survient quand les chromatides sœurs se séparent à l'anaphase avant que leur kinétochore ne s'attache aux microtubules (traits rouges) des deux pôles du fuseau. Ainsi, une cellule fille peut contenir les deux exemplaires d'un chromosome, l'autre étant dépourvue de ce chromosome. [Adapté de Murray et Hunt, 1993, *The Cell Cycle : An Introduction*, W. H. Freeman and Company]

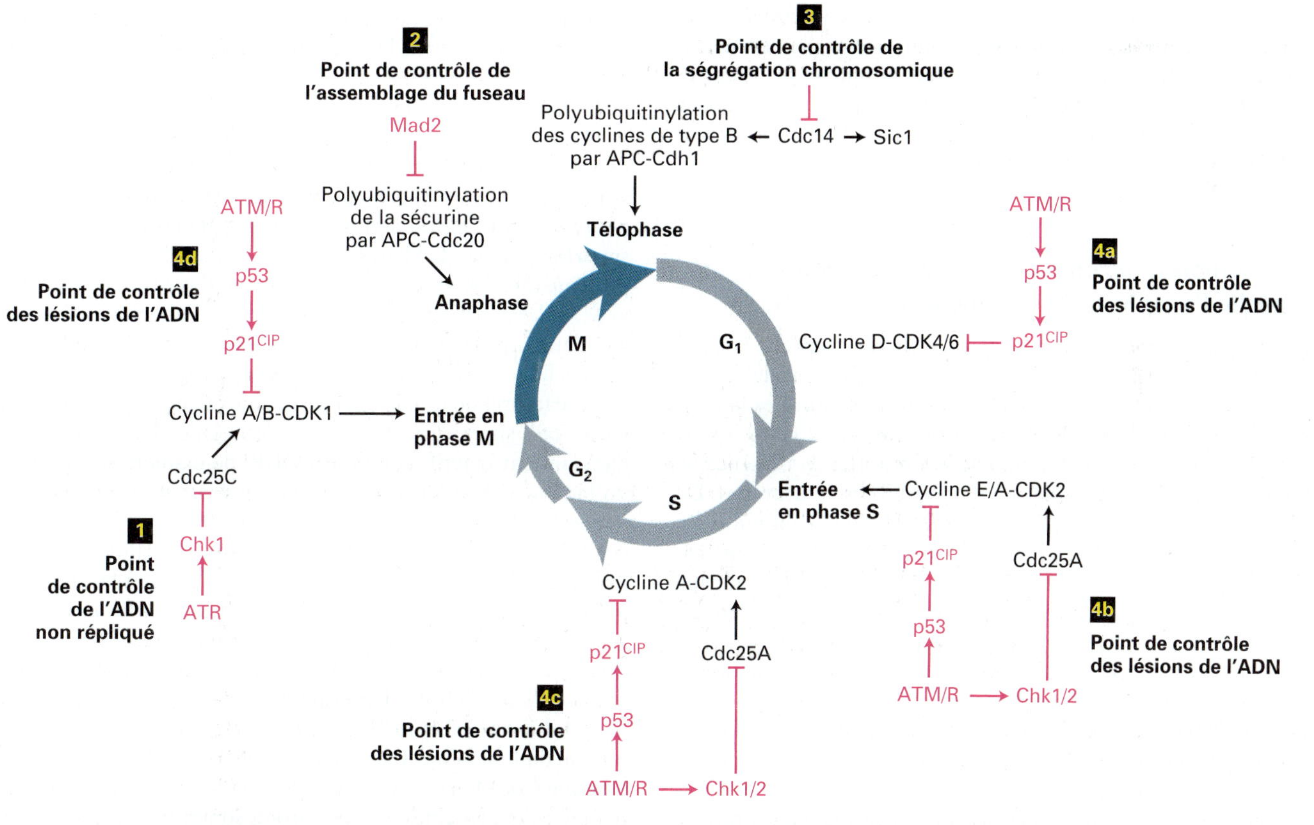

FIGURE 21-32 Vue générale des points de contrôle dans le cycle cellulaire. Le point de contrôle de l'ADN non répliqué (**1**) empêche l'activation des complexes cycline A-CDK1 et cycline B-CDK1, c'est-à-dire MPF (*mitosis-promoting factor*), par activation d'une cascade de protéine kinases ATR-Chk1 qui phosphoryle et inactive Cdc25C, inhibant ainsi l'entrée en mitose. Au point de contrôle de l'assemblage du fuseau (**2**), Mad2 et d'autres protéines inhibent l'activation du facteur de spécificité de l'APC (Cdc20) requis pour la polyubiquitinylation de la sécurine, prévenant dès lors l'entrée en anaphase. Le point de contrôle de la ségrégation chromosomique (**3**) empêche que la phosphatase Cdc14 ne soit libérée des nucléoles, bloquant ainsi l'activation du facteur de spécificité (Cdh1) de l'APC requis pour la polyubiquitinylation des cyclines de type B ainsi que l'induction de Sic1. En conséquence, la réduction d'activité de MPF requise pour les événements de la télophase ne survient pas. Dans la phase initiale du point de contrôle des lésions de l'ADN (**4**), la protéine kinase ATM ou ATR (ATM/R) est activée. Les kinases actives déclenchent deux voies : celle du Chk-Cdc25A (**4b** et **4c**), bloquant l'entrée dans ou à travers la phase S, et celle de p53-p21^{CIP}, menant à l'arrêt en G_1, S et G_2 (**4a** et **4b**). Voir le texte pour plus de détails. Les symboles rouges indiquent les voies qui inhibent la progression au long du cycle.

étape du cycle cellulaire soit accomplie avant que l'étape suivante ne s'amorce. Récemment, nous avons beaucoup appris à propos des interactions moléculaires responsables de ces contrôles.

La présence d'ADN non répliqué empêche l'entrée en mitose

Les cellules qui n'ont pas réussi à répliquer tous leurs chromosomes n'entrent pas en mitose. La surveillance qui s'exerce au *point de contrôle de l'ADN non répliqué* requiert la reconnaissance de l'ADN non répliqué et une inhibition de l'activation du MPF (voir Figure 21-32, 1). Des études génétiques récentes dans *S. pombe* et des études biochimiques sur des extraits d'ovules de xénope suggèrent que les protéine kinases ATR et Chk1, qui interviennent également au point de contrôle des lésions de l'ADN, inhibent l'entrée en mitose des cellules qui n'ont pas complété leur synthèse d'ADN.

On pense que l'association d'ATR avec les fourches de réplication déclenche son activité de protéine kinase, qui mène à la phosphorylation et à l'activation de la kinase Chk1. Celle-ci phosphoryle et inactive ainsi la phosphatase Cdc25 (Cdc25C chez les vertébrés), qui normalement enlève le phosphate inhibiteur des CDK en activité durant la mitose. En conséquence, les complexes cycline A/B-CDK1 restent inhibés et ne peuvent phosphoryler les cibles requises pour amorcer la mitose. ATR entretient cette cascade de protéine kinases jusqu'à ce que les fourches de réplication terminent leur réplication de l'ADN et se désassemblent.

Un assemblage incorrect du fuseau mitotique empêche l'anaphase de commencer

Le *point de contrôle de l'assemblage du fuseau* empêche l'entrée en anaphase quand un seul kinétochore d'une chromatide ne s'est pas lié correctement aux microtubules du faisceau. Les indications concernant le mode de fonctionnement de ce point de contrôle proviennent de mutants de levure isolés en présence de benomyl, une substance qui dépolymérise les microtubules. De faibles concentrations retardent l'assemblage du fuseau mitotique des levures ainsi que l'attachement des kinétochores aux microtubules. En présence de benomyl, les cellules de type sauvage retardent leur anaphase jusqu'à ce que ces événements soient achevés, puis se divisent en deux cellules filles normales. Par contre, les mutants chez qui le contrôle de l'assemblage du fuseau est déficient entrent en anaphase avant d'avoir assemblé leur fuseau et d'avoir accroché leurs kinétochores aux microtubules ; aussi les chromosomes sont-ils mal répartis, ce qui donne des cellules filles anormales vouées à la mort.

L'étude de ces mutants a permis l'identification d'une protéine appelée Mad2 et d'autres protéines qui régulent Cdc20, le facteur de spécificité requis pour diriger l'activité de l'APC sur la sécurine (voir Figure 21-32, 2). Rappelons que la dégradation de la sécurine polyubiquitinylée par l'APC est requise pour l'entrée en anaphase (voir Figure 21-19). On a montré que Mad2 s'associe aux kinétochores qui ne sont pas attachés aux microtubules. Des expériences avec Mad2 fusionnée avec la GFP (*green fluorescent protein*) indique que Mad2 attachée aux kinétochores s'échange rapidement avec une forme soluble de Mad2. Les modèles actuels proposent que lorsque Mad2 s'associe à un complexe kinétochorien qui n'est pas lié à un microtubule, il est converti en une forme activée de courte durée qui peut interagir avec Cdc20. L'attachement au microtubule prévient cette activation de Mad2. En conséquence, une fois que tous les complexes kinétochoriens ont lié un microtubule, la génération de la forme activée de Mad2 cesse, l'inhibition de Cdc20 est levée, et Cdc20 est libre d'amener l'APC à polyubiquitinyler sécurine, et de lancer ainsi l'anaphase.

Le réseau de sortie de mitose veille à ce que les chromosomes fils ségrègent correctement

Dès que les chromosomes ont ségrégé correctement, la télophase commence. Les divers événements de la télophase et la cytocinèse subséquente, appelés collectivement sortie de mitose, requièrent l'inactivation du MPF. Nous savons que la déphosphorylation de Cdh1, le facteur de spécificité de l'APC, par la phosphatase Cdc14 entraîne la dégradation des cyclines mitotiques et la perte de l'activité MPF à la fin de l'anaphase (voir Figure 21-10). Pendant l'interphase et le début de la mitose, Cdc14 est séquestré dans le nucléole et inactivé. Le *point de contrôle de la ségrégation chromosomique*, qui vérifie la répartition des chromosomes fils à la fin de l'anaphase, détermine la disponibilité de Cdc14 pour l'induction de la sortie de mitose (voir Figure 21-32, 3).

Le fonctionnement de ce point de contrôle chez *S. cerevisiae* dépend d'un ensemble de protéines qui constitue ce que l'on appelle le *réseau de sortie de mitose*. Un composant clé est une petite GTPase (monomérique), appelée Tem1. Ce membre de la **superfamille des GTPases** contrôle l'activité d'une cascade de protéine kinases de la même manière que Ras contrôle les voies de la MAP kinase (Chapitre 14). Au cours de l'anaphase, Tem1 s'associe au corpuscule polaire du fuseau le plus proche du bourgeon de la cellule fille. Ce corpuscule, à partir desquels les microtubules du fuseau prennent naissance, est l'équivalent du centrosome des eucaryotes supérieurs. Associé au corpuscule, Tem1 est maintenu dans un état inactif (combiné à GDP) de manière spécifique par un facteur GAP (*GTPase-accelerating protein*). GEF *(guanosine nucleotide-exchange factor)* qui active Tem1 est localisé dans le cortex du bourgeon et est absent dans la cellule maternelle. Lorsque l'élongation des microtubules du fuseau à la fin de l'anaphase a positionné correctement les chromosomes fils dans le bourgeon, Tem1 vient au contact de son GEF et est converti en sa forme active, c'est-à-dire liée à GTP. La kinase terminale de la cascade déclenchée par Tem•GTP phosphoryle alors l'ancre nucléolaire qui lie et inhibe Cdc14, le libérant dans le cytoplasme et le nucléoplasme du bourgeon et de la cellule maternelle (Figure 21-33, 1). Dès que Cdc14 actif est disponible, une cellule peut progresser en télophase et cytocinèse. Si les chromosomes fils ne ségrègent pas dans le bourgeon, Tem1 reste inactif, Cdc14 n'est pas libéré du nucléole et la sortie de mitose reste bloquée (Figure 21-33, 2).

Dans la levure fissipare, *S. pombe*, la formation du septum qui sépare les cellules filles est régulée par des protéines homologues qui constituent le réseau de sortie de mitose chez *S. cerevisiae*. Des gènes codant des protéines similaires ont aussi été trouvés dans des organismes supérieurs où elles constituent probablement un point de contrôle analogue qui arrête le cycle à la fin de la mitose si la ségrégation chromosomique n'est pas correcte.

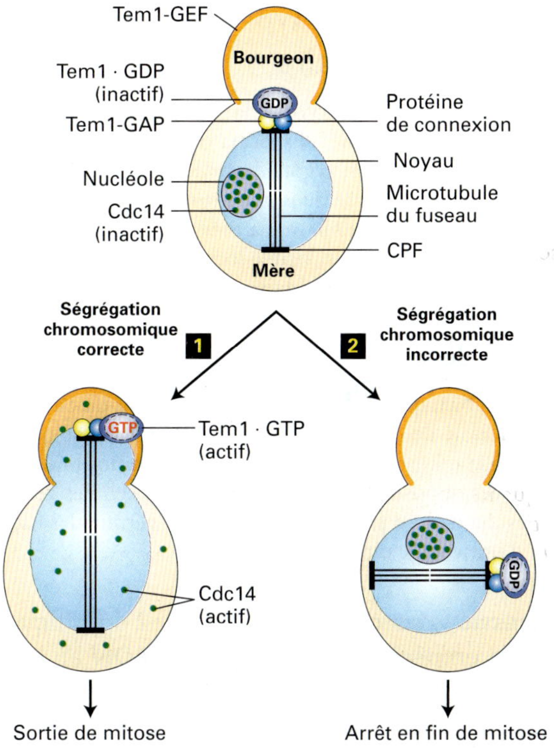

FIGURE 21-33 Mode opératoire du point de contrôle de la ségrégation chromosomique. Chez *S. cerevisiae*, l'activité de la phosphatase Cdc14 est requise pour la sortie de mitose. (*Au-dessus*) Durant l'interphase et au début de la mitose, Cdc14 est séquestré et inactivé dans le nucléole. Tem1•GDP (en pourpre), inactif, s'associe au corpuscule polaire du fuseau (CPF) le plus proche du bourgeon, au début de l'anaphase, avec l'aide d'une protéine de connexion (en bleu) et est maintenu dans cet état inactif par une GAP (*GTPase-accelerating protein*) spécifique. Si les chromosomes ségrègent correctement (**1**), l'extension des microtubules du fuseau insère le CPF fils dans le bourgeon, mettant Tem1 en contact avec un GEF (*guanine nucleotide-exchange factor*) spécifique localisé dans le cortex du bourgeon (en brun). Ce GEF convertit Tem1 · GDP inactif en Tem1 · GTP actif, qui déclenche alors une cascade de protéine kinases menant à la libération de Cdc14 actif et à la sortie de mitose. Si le fuseau échoue dans le placement du CPF fils dans le bourgeon (**2**), Tem1 reste lié au GDP et donc sous forme inactive et Cdc14 reste associé aux nucléoles, d'où l'arrêt à la fin de la mitose. [Adapté de G. Pereira et E. Schiebel, 2001, *Curr. Opin. Cell Biol.* **13** :762.]

L'arrêt du cycle des cellules dont l'ADN est endommagé dépend de facteurs suppresseurs de tumeur

MÉDECINE Le *point de contrôle des lésions de l'ADN* bloque la progression du cycle jusqu'à ce que le dommage, qui peut être causé par des agents chimiques, des rayons ultraviolets (UV) ou des rayons γ, soit réparé. L'arrêt en G_1 et S empêche le copiage des bases endommagées, ce qui entraînerait des mutations dans le génome. La réplication d'ADN endommagé favorise également des réarrangements chromosomiques qui peuvent contribuer au développement d'un cancer. L'arrêt en G_2 permet aux ruptures bicaténaires d'ADN d'être réparées avant la mitose. Si ce type de cassure n'est pas réparé avant la mitose, la portion distale brisée du chromosome endommagé ne ségrège pas correctement car elle n'est pas attachée à un centromère, sur lequel s'exerce la traction vers un pôle du fuseau durant l'anaphase.

Comme nous le verrons en détail dans le Chapitre 23, l'inactivation des gènes suppresseurs de tumeur contribue au développement du cancer. Les protéines codées par plusieurs gènes suppresseurs de tumeur, entre autres *ATM* et *Chk2*, fonctionnent normalement au point de contrôle des lésions de l'ADN. Chez les patients avec des mutations dans les deux copies d'*ATM* ou *Chk2,* les cancers sont beaucoup plus fréquents. Ces deux gènes codent des protéine kinases.

Les lésions de l'ADN causées par les UV activent la kinase ATM, qui phosphoryle Chk2 et déclenche ainsi son activité kinasique. Chk2 activée phosphoryle alors la phosphatase Cdc25A et la destine ainsi à la dégradation par les protéasomes après polyubiquitinylation par une ubiquitine ligase non encore identifiée. Rappelons que, chez les mammifères, Cdc25A doit enlever le phosphate inhibiteur de CDK2 pour que la cellule puisse passer par la phase S, ce qui requiert l'intervention des complexes cycline E-CDK2 et cycline A-CDK2. La dégradation de Cdc25A résultant de l'activation de la voie ATM-Chk2 en G_1 ou S conduit donc à un arrêt à l'une de ces deux phases (voir Figure 21-32, [4b] et [4c]). Une voie semblable passant par les protéine kinases ATR et Chk1 conduit à la phosphorylation et à la polyubiquitinylation de Cdc25A en réponse à une irradiation γ. Comme nous l'avons vu pour le point de contrôle de l'ADN non répliqué, Chk1 inactive aussi Cdc25C, ce qui prévient l'activation de CDK1 et l'entrée en mitose.

Un autre suppresseur de tumeur, la protéine p53, contribue à l'arrêt des cellules dont l'ADN est endommagé. Quand des cellules avec une p53 fonctionnelle sont exposées à une irradiation γ, elles s'arrêtent en G_1 et G_2 tandis que celles qui en sont dépourvues ne s'arrêtent pas en G_1. Bien que p53 soit un facteur de transcription, elle est extrêmement instable dans les conditions normales et en général ne peut s'accumuler suffisamment pour atteindre le seuil de stimulation de la transcription. L'instabilité de p53 tient à sa dégradation par les protéasomes après sa polyubiquitinylation par une ubiquitine ligase appelée Mdm2. La dégradation rapide de p53 est inhibée par ATM, et probablement ATR, qui phosphorylent p53 dans un site de telle manière que Mdm2 ne peut plus s'y attacher. Cette modification et d'autres de p53 en réponse à des lésions de l'ADN augmentent grandement sa capacité d'activer la transcription de gènes spécifiques qui aident la cellule à faire face aux lésions de l'ADN. L'un de ces gènes code $p21^{CIP}$, une CIP dont l'activité générale lui permet de se fixer à tous les complexes cycline-CDK mammaliens et de les inhiber. C'est pourquoi, les cellules s'arrêtent en G_1 et G_2 jusqu'à ce que l'ADN endommagé soit réparé et que les taux de p53 et de $p21^{CIP}$ retombent (voir Figure 21-32, [4a]-[4d]).

Dans certaines circonstances, par exemple lorsque la lésion de l'ADN est étendue, p53 active également l'expression de gènes qui mènent à l'apoptose, le processus de mort cellulaire programmée qui survient normalement dans des cellules spécifiques durant le développement des animaux multicellulaires. Chez les vertébrés, la réponse p53 a évolué pour induire l'apoptose en cas de lésion étendue de l'ADN, probablement pour prévenir l'accumulation de multiples mutations qui pourraient rendre une cellule normale cancéreuse. Le double rôle de p53, arrêt du cycle cellulaire et induction de l'apoptose, peut expliquer pourquoi presque toutes les cellules cancéreuses ont des mutations dans les deux allèles du gène *p53* ou dans les voies qui stabilisent p53 en réponse aux lésions de l'ADN (Chapitre 23). Les conséquences des mutations de p53, ATM et Chk2 illustrent très bien l'importance des points de contrôle du cycle cellulaire pour la santé d'un organisme multicellulaire. ■

CONCEPTS CLÉS DE LA SECTION 21.7

Points de contrôle dans la régulation du cycle cellulaire

- Des points de contrôle interviennent pour garantir l'intégrité des chromosomes et pour s'assurer que les phases critiques du cycle cellulaire ont été achevées avant que la suivante ne commence.
- Pour empêcher l'activation de MPF avant que la synthèse de l'ADN ne soit terminée, le point de contrôle de l'ADN non répliqué opère durant les phases S et G_2 en inhibant l'activation de CDK1 par Cdc25C (voir Figure 21-32, [1]).
- Le point de contrôle de l'assemblage du fuseau, qui évite que l'anaphase ne commence trop tôt, utilise Mad2 et d'autres protéines pour réguler Cdc20, le facteur de spécificité de l'APC, qui destine la sécurine à la polyubiquitinylation (voir Figures 21-32, [2], et 21-19).
- Le point de contrôle de la ségrégation chromosomique empêche le déroulement de la télophase et de la cytocinèse jusqu'à ce que les chromosomes fils aient ségrégé correctement, de telle manière que la cellule fille hérite d'un assortiment complet de chromosomes (voir Figure 21-32, [3]).
- Au point de contrôle de la ségrégation chromosomique, la petite GTPase, Tem1, contrôle la disponibilité de la phosphatase Cdc14, qui à son tour active Cdh1, le facteur de spécificité de l'APC, qui destine les cyclines de type B à la dégradation, inactivant ainsi MPF (voir Figure 21-10).
- Le point de contrôle des lésions de l'ADN arrête le cycle cellulaire si l'ADN est endommagé jusqu'à ce qu'il soit réparé. Trois types de protéines servant de suppresseurs de tumeur (ATM/ATR, Chk1/2 et p53) jouent un rôle critique à ce point de contrôle.
- L'activation des protéine kinases, ATM ou ATR, en réponse à une lésion de l'ADN due aux UV ou aux rayons γ mène à l'arrêt en phase G_1 ou S par une voie qui conduit à la perte de l'activité phosphatasique de Cdc25A. Une seconde voie passant par ATM/R stabilise p53, ce qui stimule l'expression de $p21^{CIP}$. L'inhibition subséquente des multiples complexes cycline-CDK par $p21^{CIP}$ cause un arrêt prolongé en G_1 et G_2 (voir Figure 21-32, [4a]-[4d]).
- En réponse à des lésions étendues de l'ADN, p53 active aussi les gènes qui induisent l'apoptose.

21.8 Méiose : un type particulier de division cellulaire

Chez presque tous les eucaryotes, la méiose produit des cellules germinales haploïdes (ovules et spermatozoïdes), qui peuvent alors fusionner pour générer un zygote diploïde (Figure 21-34). Durant la méiose, une seule phase de réplication de l'ADN est suivie de deux cycles de division cellulaire, la *méiose I* et la *méiose II*. L'**enjambement** des chromatides, visible lors de la première métaphase méiotique, permet la **recombinaison** entre chromosomes parentaux. Ce qui augmente la diversité génétique parmi les individus d'une espèce. Durant la méiose I, les deux chromatides de chaque chromosome homologue ségrègent ensemble vers les pôles opposés du fuseau, si bien que chaque cellule fille contient un chromosome homologue fait de deux chromatides. Durant la méiose II, qui ressemble à la mitose, les chromatides d'un chromosome ségrègent vers les pôles opposés du fuseau, générant les cellules germinales haploïdes. La méiose produit quatre cellules germinales haploïdes à partir d'une cellule diploïde préméiotique.

La répression des cyclines G_1 et l'Ime2 spécifique de la méiose empêche la réplication de l'ADN au cours de la méiose II

Chez *S. cerevisiae* et *S. pombe*, un appauvrissement des sources d'azote et de carbone entraîne la méiose des cellules diploïdes, ce qui fournit des spores haploïdes (voir Figure 1-5). Ce processus

FIGURE 21-34 Méiose. Les cellules préméiotiques possèdent deux copies de chaque chromosome (2*n*), l'un dérivé du père, l'autre de la mère. Pour simplifier, on a représenté les homologues paternel et maternel d'un seul chromosome. Étape **1** : Avant la première division méiotique, tous les chromosomes sont répliqués durant la phase S ce qui donne un bagage chromosomique 4*n*. Les complexes de cohésine (non montrés) unissent les chromatides sœurs composant chaque chromosome répliqué sur toute leur longueur. Étape **2** : Pendant que les chromosomes se condensent durant la première prophase méiotique, les chromosomes homologues répliqués s'apparient par au moins un enjambement entre une chromatide paternelle et une maternelle. Cet appariement est appelé synapsis. À la métaphase montrée ici, les deux chromatides d'un chromosome s'attachent aux microtubules émanant d'un pôle du fuseau, mais chaque membre d'une paire de chromosomes homologues s'associe aux microtubules émanant de pôles opposés. Étape **3** : Durant l'anaphase de la méiose I, les chromosomes homologues, chacun comportant deux chromatides, sont attirés vers les pôles opposés du fuseau. Étape **4** : La cytocinèse fournit deux cellules filles (maintenant 2*n*), qui entrent en méiose II sans passer par une réplication de l'ADN. À la métaphase de la méiose II, montrée ici, les chromatides composant chaque chromosome répliqué s'associent aux microtubules du fuseau à partir des pôles opposés, comme elles le font durant la mitose. Étapes **5** et **6** : La ségrégation des chromatides vers les pôles opposés du fuseau durant la seconde anaphase méiotique suivie de la cytocinèse génère des cellules germinales haploïdes (1*n*) contenant une copie de chaque chromosome (appelée chromatide dans les phases antérieures).

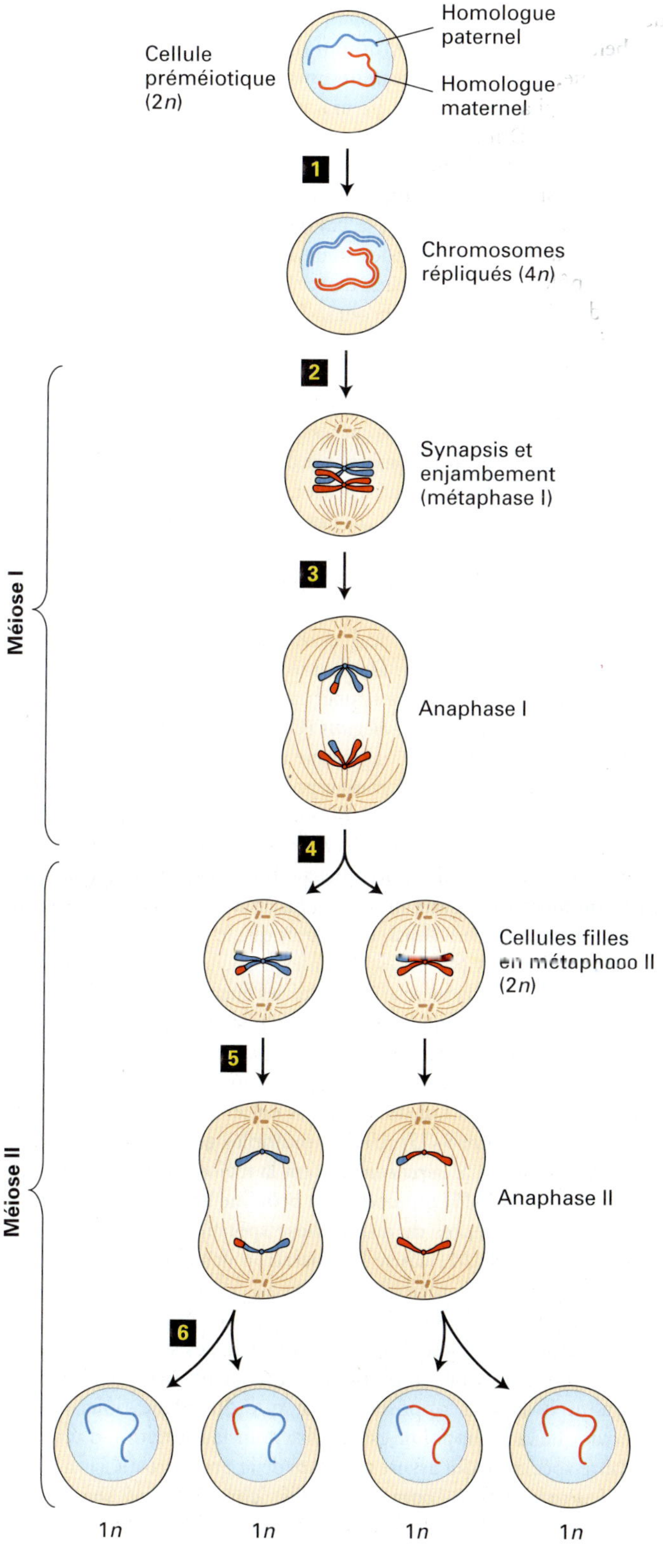

est analogue à la formation des cellules germinales chez les eucaryotes supérieurs. De multiples mutants de levure qui ne peuvent former des spores ont été isolés, et les protéines de type sauvage codées par ces gènes ont été analysées. Ces études ont identifié des protéines spécialisées qui sont requises pour la méiose.

En cas de privation, l'expression des cyclines G_1 (Cln1/2/3) chez *S. cerevisiae* est réprimée, ce qui bloque la progression des cellules en G_1 après la mitose. Par contre, une série de protéines méiotiques précoces sont induites. Parmi celles-ci, *Ime2*, une protéine kinase qui exerce la fonction essentielle du complexe cycline-CDK de G_1 qui est de phosphoryler Sic1, l'inhibiteur de la phase S, ce qui entraîne la libération des complexes cycline-CDK de phase S et le début de la réplication de l'ADN de la méiose I (voir Figure 21-34, étape 1). L'absence de l'expression d'Ime2 durant la méiose II et la répression continue de l'expression des Cln explique l'échec de la réplication de l'ADN durant la seconde division méiotique (étapes 5 et 6).

L'enjambement et la sous-unité Rec8 spécifique de la méiose sont nécessaires à la ségrégation particulière des chromosomes au cours de la méiose I

Rappelons qu'au cours de la mitose, les chromatides sœurs répliquées durant la phase S sont d'abord attachées l'une à l'autre en de multiples points sur toute leur longueur par des complexes de cohésine (voir Figure 21-19, *à gauche*). Quand les chromosomes se condensent, les complexes de cohésine se retrouvent uniquement dans la région du centromère, et à la métaphase, les chromatides sœurs composant chaque chromosome (répliqué) s'attachent aux microtubules émanant des pôles opposés du fuseau. Bien que les protéines motrices tirent les chromatides sœurs vers les pôles opposés, leur migration ne peut avoir lieu à cause des complexes de cohésine qui les maintiennent liés au centromère. Ce n'est qu'après le clivage de la sous-unité Scc1 de la cohésine par la séparase que les chromatides seront libres de gagner les pôles, c'est-à-dire que l'anaphase peut commencer (Figure 21-35a ; voir aussi Figure 21-19, *à droite*).

Au cours de la métaphase de la méiose I, les deux chromatides sœurs dans un chromosome (répliqué) s'attachent aux microtubules émanant du *même* pôle du fuseau, plutôt que des pôles opposés comme elles le font au cours de la mitose. On pense que deux liens physiques entre les chromosomes homologues résistent à la traction exercée par le fuseau avant l'anaphase : (a) l'enjambement entre les chromatides, un pour chaque paire de chromosomes homologues, et (b) les connexions entre chromatides assurées par la cohésine à distance du point d'enjambement.

L'indication du rôle de l'enjambement dans la méiose chez *S. cerevisiae* vient de l'observation que lorsque la recombinaison est bloquée par des mutations dans des protéines essentielles au processus, les chromosomes ségrègent au hasard durant la méiose I ; en d'autres termes, les chromosomes homologues ne ségrègent pas nécessairement vers les pôles opposés du fuseau. Une telle ségrégation vers les pôles opposés se déroule normalement parce que les chromatides des paires de chromosomes homologues s'attachent aux fibres du fuseau émanant des pôles opposés (voir Figure 21-34, étape 3). Ceci à son tour requiert que les chromosomes homologues s'apparient durant la méiose I, un processus appelé *synapsis* que l'on peut voir au microscope chez les eucaryotes dotés de grands chromosomes. En conséquence, l'observa-

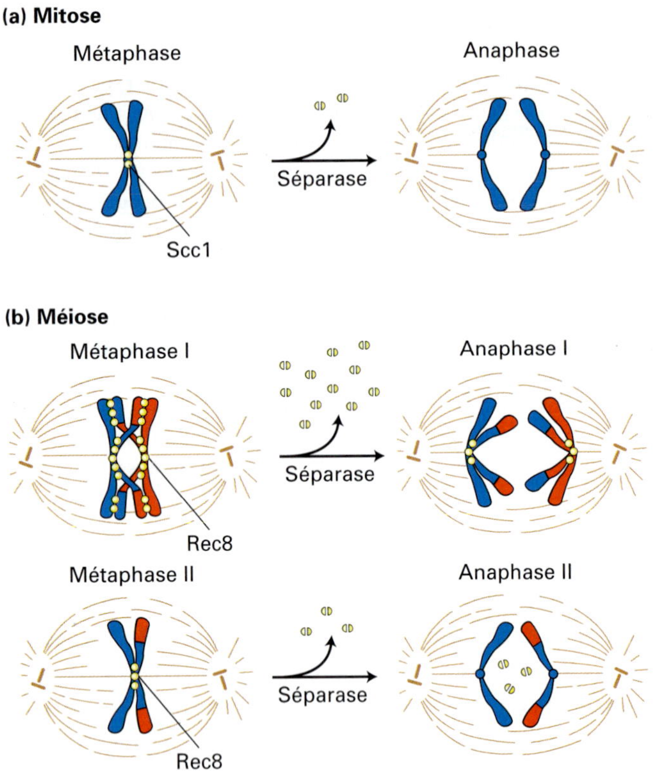

FIGURE 21-35 Fonction de la cohésine durant la mitose et la méiose. (a) Au cours de la mitose, les chromatides sœurs générées par la réplication de l'ADN durant la phase S sont d'abord associées sur toute leur longueur par des complexes de cohésine. Pendant la condensation des chromosomes, les complexes de cohésine (en jaune) se restreignent à la région du centromère, représenté ici à la métaphase. Quand la séparase clive la sous-unité de la cohésine Scc1, les chromatides sœurs se séparent, ce qui marque le début de l'anaphase (voir Figure 21-19). (b) À la métaphase de la méiose I, l'enjambement entre chromatides maternelles et paternelles produit la synapsis des chromosomes parentaux homologues. Les chromatides de chaque chromosome répliqué sont connectées par des complexes de cohésine sur toute leur longueur. Rec8, une sous-unité spécifique de la méiose et homologue de Scc1, est clivée à hauteur des bras des chromosomes mais non à hauteur du centromère, ce qui permet aux chromosomes homologues de ségréger dans les cellules filles [Adapté de F. Uhlmann,. 2001, *Curr. Opin. Cell Biol.* **13** :754.]

tion que les mutations qui bloquent la recombinaison bloquent aussi la ségrégation correcte en méiose I implique que la recombinaison est requise pour la synapsis dans *S. cerevisiae*. Chez les eucaryotes supérieurs, en plus de la recombinaison et de la liaison des chromatides par les complexes de cohésine, d'autres processus contribuent à la synapsis de la méiose I.

Durant la méiose I, les connexions établies par la cohésine entre les bras des chromosomes sont clivées par la séparase, ce qui permet aux chromosomes homologues de se séparer, mais les complexes de cohésine restent unis à hauteur du centromère (Figure 21-35b, *au-dessus*). Le maintien de la cohésion centromérique durant la méiose I est nécessaire pour que les chromatides ségrègent correctement à la méiose II. Des études récentes d'un mutant de *S. pombe* ont montré qu'une sous-unité spécialisée de la cohésine, *Rec8*, maintient la cohésion centromérique durant la méiose I entre les chromatides sœurs. Exprimée seulement durant la méiose, Rec8 est homologue de Scc1, la sous-unité de la cohésine qui forme le pont entre les chromatides sœurs au cours de la mitose (voir Figure 21-19). Des expériences d'immunolocalisation dans *S. pombe* ont révélé qu'au début de l'anaphase de la méiose I, les bras des chromosomes ont perdu Rec8, qui reste cependant présente à hauteur des centromères. Au début de l'anaphase de la méiose II, Rec8 des centromères est dégradée par la séparase afin que les chromatides puissent ségréger, comme elles le font au cours de la mitose (Figure 21-35b, *au-dessous*). Une protéine spécifique exprimée au cours de la méiose I et non durant la méiose II empêche, pendant la méiose I, la séparase de cliver Rec8 dans les centromères.

On a montré que Rec8 de *S. cerevisiae* se localise et fonctionne comme Rec8 de *S. pombe*. Des homologues de Rec8 ont aussi été identifiés chez des organismes supérieurs ; des expériences d'**interférence ARN** (**ARNi**) chez *C. elegans* (Chapitre 9) indiquent que l'homologue de Rec8 dans cet organisme a une fonction similaire. Des expériences récentes de micromanipulation au cours de la spermatogenèse chez la sauterelle supportent l'hypothèse que les protéines liées au kinétochore protègent Rec8 centromérique du clivage durant la méiose I mais non durant la méiose II et dirigent aussi l'attachement du kinétochore aux microtubules émanant du pôle correct du fuseau (Figure 21-36). Ainsi, il apparaît que le processus d'enjambement, Rec8 et des protéines spéciales associées aux kinétochores interviennent dans la méiose chez tous les eucaryotes.

Des analyses récentes au moyen de **puces à ADN** chez *S. cerevisiae* ont révélé d'autres protéines nécessaires à la méiose. Comme décrit dans d'autres chapitres, on peut suivre la transcription de milliers de gènes, en fait des génomes entiers, au moyen des puces à ADN (voir Figure 9-35). Un des multiples gènes qui est exprimé dans les cellules de *S. cerevisiae* durant la méiose et non au cours de la mitose est *MAM1*, qui code une protéine appelée *monopoline*. Des études ultérieures de mutagenèse spécifique ont montré que la délétion de *MAM1* cause l'association des chromatides sœurs en métaphase de la méiose I au fuseau comme s'il s'agissait de chromatides mitotiques ou de chromatides de la méiose II. Ce qui veut dire que les kinétochores des chromatides sœurs composant un seul chromosome (répliqué) s'attachaient aux microtubules émanant des pôles opposés plutôt que du même pôle. On en conclut que la monopoline est requise pour la formation d'un kinétochore spécialisé qui assure au cours de la première division méiotique l'orientation commune des chromatides sœurs des chromosomes homologues appariés.

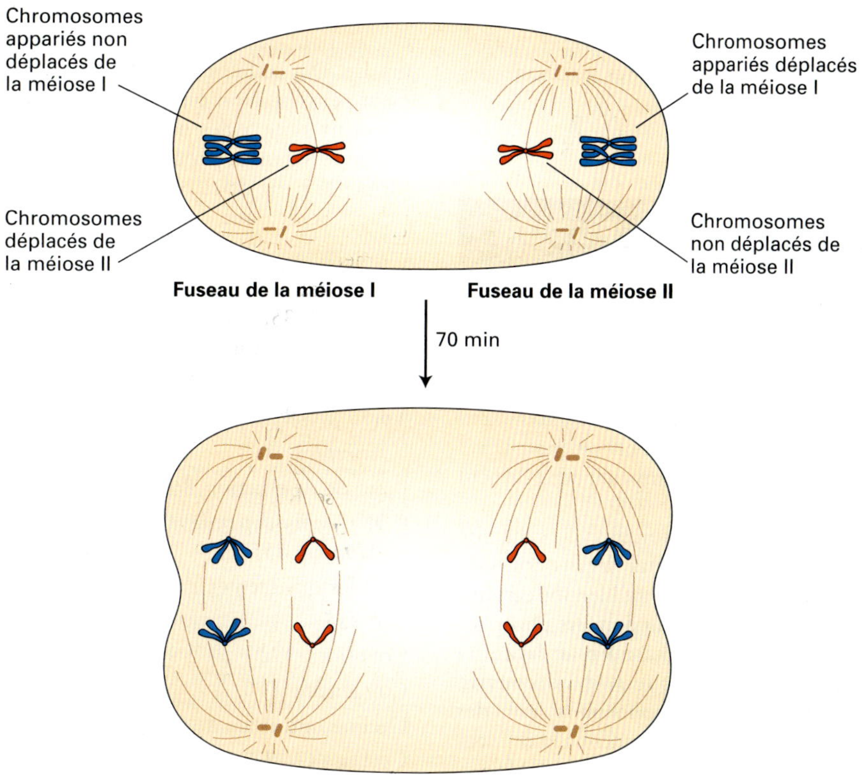

FIGURE EXPÉRIMENTALE 21-36 Les déplacements et la cohésion des chromosomes méiotiques au cours de l'anaphase sont déterminés par des protéines associées aux chromosomes. Des spermatocytes de sauterelles en méiose I et II ont été fusionnés de telle manière que les deux types de fuseau avec leurs chromosomes associés soient présents dans une seule cellule. Ensuite, au moyen d'une aiguille de micromanipulation, on a déplacé des chromosomes de la méiose I (en bleu) et de la méiose II (en rouge) d'un fuseau à l'autre ; les autres chromosomes sont restés attachés normalement à leur fuseau. Après 70 min, les deux fuseaux avec leurs chromosomes attachés avaient terminé le processus de l'anaphase. Les chromosomes appariés (en bleu) de la méiose I se sont séparés normalement (i.e. une paire homologue vers un pôle et l'autre paire homologue vers le pôle opposé) qu'ils aient été attachés au fuseau de la méiose I (*à gauche*) ou au fuseau de la méiose II (*à droite*). De même, les chromosomes de la méiose II (en rouge) se sont séparés normalement (i.e. une chromatide vers un pôle et l'autre chromatide vers le pôle opposé) indépendamment du fuseau auquel ils étaient attachés. Ces résultats indiquent que l'association des kinétochores avec les microtubules du fuseau et la stabilité des cohésines liant les chromosomes sont déterminées par des facteurs associés aux chromosomes et non par les fuseaux ou des composants solubles des cellules en méiose I et II. [Voir L. V. Paliulis et R. B. Nicklas, 2000, *J. Cell Biol.* **150** :1223.]

CONCEPTS CLÉS DE LA SECTION 21.8

Méiose : un type particulier de division cellulaire

■ La méiose comprend un cycle de réplication chromosomique suivi par deux cycles de division cellulaire afin de produire des cellules germinales haploïdes à partir d'une cellule préméiotique diploïde (voir Figure 21-34).

■ Au cours de la méiose I, les chromosomes homologues répliqués s'apparient sur toute leur longueur selon un processus appelé synapsis. Au moins une recombinaison entre chromatides des chromosomes homologues survient presque invariablement.

■ La plupart des protéines du cycle cellulaire qui interviennent dans les cellules en division fonctionnent aussi dans les cellules en méiose, mais certaines protéines sont propres à la méiose.

■ Chez *S. cerevisiae*, l'expression des cyclines G_1 (Cln) est réprimée durant la méiose. Ime2, qui est spécifique de la méiose, exerce la fonction des complexes cycline-CDK de G_1 dans l'induction de la réplication de l'ADN au cours de la méiose I. L'ADN ne se réplique pas durant la méiose II puisque ni Ime2 ni les cyclines G_1 ne sont exprimées.

■ Chez *S. cerevisiae*, la recombinaison (enjambement) entre chromatides des chromosomes parentaux homologues et les connexions établies par la cohésine à distance de l'enjambement sont responsables de la synapsis de chromosomes homologues au cours de la prophase et de la métaphase de la méiose I. Une sous-unité spécialisée, Rec8, remplace la sous-unité Scc1 de la cohésine au cours de la méiose.

■ Au début de l'anaphase de la méiose I, Rec8 présent sur les bras des chromosomes est clivé, mais une protéine spécifique de la méiose associée au kinétochore protège du clivage Rec8 dans la région du centromère. C'est pourquoi, les chromatides des chromosomes homologues restent associées durant la ségrégation de la méiose I. Le clivage de Rec8 centromérique durant l'anaphase de la méiose II permet aux chromatides individuelles de ségréger dans les cellules germinales (voir Figure 21-35b).

■ Monopoline, une autre protéine spécifique de la méiose, est requise pour que les chromatides et les chromosomes homologues puissent s'accrocher aux microtubules émanant des mêmes pôles du fuseau pendant la méiose I.

PERSPECTIVES POUR LE FUTUR

Le développement remarquable de la recherche sur le cycle cellulaire au cours des 25 dernières années a conduit au modèle de contrôle du cycle cellulaire eucaryote présenté à la Figure 21-2. Une logique élégante est à la base de ces contrôles moléculaires. Chaque événement régulateur a deux fonctions importantes : activer une étape du cycle cellulaire et préparer la cellule pour l'événement suivant du cycle. Cette stratégie garantit un déroulement des phases du cycle en ordre correct.

Bien que la logique générale de la régulation du cycle cellulaire semble maintenant bien établie, de nombreux détails critiques restent à découvrir. Par exemple, bien que l'on ait identifié certains composants du complexe de préréplication qui doit être phosphorylé par les complexes cycline-CDK de la phase S pour lancer la réplication de l'ADN, d'autres composants restent à découvrir. Les complexes cycline-CDK mitotiques phosphorylent des substrats encore largement inconnus. Ceux-ci mènent à la condensation chromosomique et à la réorganisation remarquable des microtubules qui aboutit à l'assemblage harmonieux du fuseau mitotique. Il reste beaucoup à apprendre sur le mode de contrôle des activités de la kinase Wee1 et de la phosphatase Cdc25, qui à leur tour régulent l'activité kinasique de la sous-unité CDK dans la plupart des complexes cycline-CDK.

Récemment, on a appris beaucoup sur la manière de fonctionner des points de contrôle du cycle cellulaire, mais les mécanismes qui activent ATM et ATR au point de régulation des lésions de l'ADN ne sont clairs. De même, beaucoup reste à découvrir à propos du contrôle et du mécanisme de Mad2 au point de contrôle de l'assemblage du fuseau et de Cdc14 au point de contrôle de la ségrégation chromosomique dans les organismes supérieurs. Comme nous l'apprendrons dans le prochain chapitre, la division cellulaire asymétrique joue un rôle critique dans le développement normal des organismes multicellulaires. De nombreuses questions restent sans réponse : entre autres, comment le plan de la cytocinèse et la localisation des chromosomes fils sont-ils déterminés dans des cellules qui se divisent de manière asymétrique ? De même, les mécanismes sous-jacents à la ségrégation unique des chromatides durant la méiose I n'ont pas encore été élucidés.

MÉDECINE

La compréhension de ces aspects détaillés du contrôle du cycle cellulaire aura des conséquences significatives particulièrement pour le traitement du cancer. L'irradiation et les nombreuses formes de chimiothérapie endommagent l'ADN et l'arrêt du cycle cellulaire dans les cellules cibles, menant à leur apoptose, processus dont l'induction dépend de p53. Pour cette raison, les cancers humains associés aux mutations des deux allèles de *p53*, ce qui est très fréquent, sont particulièrement résistants à ces thérapies. Si on connaissait mieux la régulation du cycle cellulaire et les points de contrôle, on pourrait concevoir de nouveaux types de traitement pour les cancers liés à une perte de fonction de p53. Par exemple, certains agents chimiothérapiques, en inhibant la fonction des microtubules, interfèrent avec la mitose. Des cellules résistantes sélectionnées au cours du traitement peuvent avoir un point de contrôle de formation du fuseau déficient suite à des mutations des gènes codant les protéines impliquées dans ce processus. Peut-être, sera-t-il possible de transformer la perte de ce point de contrôle en un avantage thérapeutique. Seule une meilleure compréhension des processus moléculaires nous le dira. ■

MOTS CLÉS

APC (*anaphase-promoting complex*) *863*
Boîte de destruction *863*
CDK (*cyclin-dependent kinases*) *855*
Cellules quiescentes *883*
CIP *885*
Cohésines *872*
Condensine *870*
Cycline mitotique *861*
Cyclines G_1 *876*
Enjambement *890*
Facteurs de spécificité d'APC *863*
Inhibiteur de phase S 868
Interphase *854*
Méiose *890*
Mitogènes *856*
MPF (*mitosis-promoting factor*) *860*
Phosphatase Cdc25 *866*
Point de contrôle des lésions de l'ADN *889*
Point de restriction *883*
Points de contrôle *887*
Protéine p53 *889*
Protéine Rb *884*
Protéines E2F *834*
Protéine tyrosine kinase Wee1 866
Sécurine 872
SPF (*S-phase-promoting factor*) 876
Synapsis 892

RÉVISIONS

1. Quelle est la stratégie qui garantit que le déroulement du cycle cellulaire est unidirectionnel et irréversible ?
2. Lorsqu'elles sont fusionnées avec une cellule en phase S, quelles sont les cellules dans les phases suivantes du cycle cellulaire qui lanceront prématurément la réplication de l'ADN : G_1 ? G_2 ? M ? Quel sera l'effet de fusionner une cellule en G_1 et une cellule en G_2 sur la chronologie de la phase S dans chaque cellule.
3. En 2001, le prix Nobel de physiologie et de médecine a été attribué à trois spécialistes du cycle cellulaire. Les études de Paul Nurse ont été récompensées en particulier pour la découverte et la caractérisation du gène *wee1* au cours de ses travaux sur la levure fissipare, *S. pombe*. Qu'est-ce que le phénotype wee ? Qu'est-ce que la caractérisation du gène *wee1* nous dit à propos du contrôle du cycle cellulaire ?
4. Tim Hunt a partagé le prix Nobel 2001 pour sa contribution à la découverte et à la caractérisation des cyclines dans les ovules et les embryons. Quelle est l'expérience qui indique que la cycline B est requise pour qu'une cellule entre en mitose ? Qu'est-ce qui indique que la cycline B doit être détruite pour qu'une cellule sorte de mitose ?

5. Leeland Hartwell, le troisième lauréat du prix Nobel 2001, fut reconnu pour sa caractérisation des points de contrôle du cycle cellulaire dans la levure bourgeonnante *S. cerevisiae*. Qu'est-ce qu'un point de contrôle du cycle cellulaire ? Où les points de contrôle se situent-ils dans le cycle cellulaire ? Comment les points de contrôle du cycle cellulaire contribuent-ils à préserver l'intégrité du génome ?

6. Chez le xénope, un des substrats de MPF est la phosphatase Cdc25. Quand elle est phosphorylée par MPF, Cdc25 est activée. Quel est le substrat de Cdc25 ? Comment cette information explique-t-elle la nature autocatalytique de MPF comme le décrit la Figure 21-6 ?

7. Expliquez comment l'activité CDK est modulée par les protéines suivantes : (a) cycline, (b) CAK, (c) Wee1, (d) p21.

8. Trois substrats connus de MPF ou de kinases régulées par MPF sont les lamines nucléaires, les sous-unités de la condensine et la chaîne légère de la myosine. Décrivez comment la phosphorylation de chacune de ces protéines affecte sa fonction et la progression de la mitose ?

9. Décrivez la série d'événements par lesquels l'APC induit la séparation des chromatides sœurs à l'anaphase ?

10. Une caractéristique commune de la régulation du cycle cellulaire est que les événements d'une phase assurent le passage à une phase subséquente. Chez *S. cerevisiae*, des Cdc28-Cln catalysent le passage par G_1, et des Cdc28-Clb catalysent le passage par $S/G_2/M$. Nommez les trois voies dans lesquelles l'activité des Cdc28-Cln induit l'activation des Cdc28-Cln.

11. Pour que la phase S se termine à temps, la réplication de l'ADN commence à de multiples points d'origine chez les eucaryotes. Chez *S. cerevisiae*, quel est le rôle que jouent les complexes CDK-cycline de la phase S pour garantir que le génome entier ne soit répliqué qu'une seule fois par cycle ?

12. Quelle est la définition fonctionnelle du point de restriction ? Les cellules cancéreuses perdent typiquement les contrôles du point de restriction. Expliquez comment les mutations suivantes, qui sont trouvées dans certaines cellules cancéreuses, permettent de contourner le point de restriction : (a) la surexpression de la cycline D, (b) la perte de la fonction Rb, (c) l'infection par un rétrovirus codant v-Fos et v-Jun.

13. Les individus atteints d'ataxie télangiectasie, une maladie héréditaire, souffrent de dégénérescence neurologique, d'immunodéficience et fréquemment de cancer. La base génétique de cette affection est une mutation avec perte de fonction du gène ATM (*ataxia telangiectasia-mutated*). Donnez deux substrats d'ATM. Comment la phosphorylation de ces substrats conduit-elle à l'inactivation des CDK, ce qui oblige la cellule à s'arrêter à un point de contrôle ?

14. Méiose et mitose sont des processus analogues impliquant, pour une grande part, les mêmes protéines. Cependant, certaines n'interviennent que dans une de ces formes de division cellulaire. Expliquez la fonction spécifique que les protéines suivantes exercent au cours de la méiose : (a) Ime2, (b) Rec8, (c) monopoline.

ANALYSEZ LES RÉSULTATS SUIVANTS

Des gènes codant des kinases dépendant des cyclines ayant été clonés à partir d'une levure fissipare, d'une levure bourgeonnante et de cellules animales, les chercheurs étudiant les végétaux ont voulu savoir si les plantes aussi possèdent des CDK qui fonctionnent comme catalyseurs de la progression du cycle cellulaire. Pour obtenir un ADNc codant une CDK du maïs, on a aligné les séquences prédites d'acides aminés des gènes suivants : *cdc2* humain, *cdc2* de *S. pombe* et *cdc28* de *S. cerevisiae* (voir la figure ci-dessous). On a préparé alors des amorces dégénérées d'oligo-

```
cdc2 de S. pombe         ----MENYQKVEKIGE[GTYGVVYK]ARHKLSG---RIVAMKKIRLEDESEGVPSTAIREIS
cdc2 humain              ----MEDYTKIEKIGE[GTYGVVYK]GRHKTTG---QVVAMKKIRLESEEEGVPSTAIREIS
cdc28 de S. cerevisiae   MSGELANYKRLEKVGE[GTYGVVYK]ALDLRPGQGQRVVALKKIRLESEDEGVPSTAIREIS
                             . :* ::**:**********  .  .*   ::**:******.*.***********

cdc2 de S. pombe         LLKEVNDENNRSNCVRLLDILHAES-KLYLVFEFLDMDLKKYMDRISETGATSLDPRLVQ
cdc2 humain              LLKELR----HPNIVSLQDVLMQDS-RLYLIFEFLSMDLKKYLDSIPPG--QYMDSSLVK
cdc28 de S. cerevisiae   LLKELK----DDNIVRLYDIVHSDAHKLYLVFEFLDLDLKRYMEGIPKD--QPLGADIVK
                         ****:.      * * * *::  :: :***:****.:***:*:: *.      :.. :*:

cdc2 de S. pombe         KFTYQLVNGVNFCHSRRII[HRDLKPQN]LLIDKEGNLKLADFGLARSFGVPLRNYTHEIVT
cdc2 humain              SYLYQILQGIVFCHSRRVL[HRDLKPQN]LLIDDKGTIKLADFGLARAFGIPIRVYTHEVVT
cdc28 de S. cerevisiae   KFMMQLCKGIAYCHSHRIL[HRDLKPON]LLINKDGNLKLGDFGLARAFGVPLRAYTHEIVT
                         .:  *: :*: :***:*::***********:..*.:**.******:**:*:* ****:**

cdc2 de S. pombe         LWYRAPEVLLGSRHYSTGVDIWSVGCIFAEMIRRSPLFPGDSEIDEIFKIFQVLGTPNEE
cdc2 humain              LWYRSPEVLLGSARYSTPVDIWSIGTIFAELATKKPLFHGDSEIDQLFRIFRALGTPNNE
cdc28 de S. cerevisiae   LWYRAPEVLLGGKQYSTGVDTWSIGCIFAEMCNRKPIFSGDSEIDQIFKIFRVLGTPNEA
                         ****:******. :*** ** **:* ****:  :.*:* ******::*:**:.*****:

cdc2 de S. pombe         VWPGVTLLQDYKSTFPRWKRMDLHKVVPNGEEDAIELLSAMLVYDPAHRISAKRALQQNY
cdc2 humain              VWPEVESLQDYKNTFPKWKPGSLASHVKNLDENGLDLLSKMLIYDPAKRISGKMALNHPY
cdc28 de S. cerevisiae   IWPDIVYLPDFKPSFPQWRRKDLSQVVPSLDPRGIDLLDKLLAYDPINRISARRAAIHPY
                         :** :  * *:* :**:*:  .* . * . : .::**. :* *** :***.: *  : *

cdc2 de S. pombe         LRDFH------
cdc2 humain              FNDLDNQIKKM
cdc28 de S. cerevisiae   FQES-------
```

nucléotides correspondant aux acides aminés encadrés et l'on a synthétisé par PCR un fragment d'ADN de la taille attendue en utilisant ces amorces et une bibliothèque d'ADNc du maïs comme matrice. Pourquoi avoir choisi les régions encadrées comme base de la composition des amorces ?

Le produit de la PCR fut alors utilisé comme sonde pour cribler la bibliothèque d'ADNc du maïs, et un clone d'ADNc de longueur complète fut isolé. Après l'avoir séquencé, on a pu prédire que la séquence en acides aminés était à 64 % homologue au *cdc2* humain et à 63 % au *cdc2* de *S. pombe* et au *cdc28* de *S. cerevisiae*. Que suggère ce degré de similitude de séquence quant à l'évolution des gènes *cdc2* ?

Une expérience de complémentation a été effectuée avec des cellules de *S. cerivisiae* atteintes d'une mutation thermosensible de *cdc28*. Les cellules de type sauvage, des cellules $cdc28^{ts}$ et des cellules $cdc28^{ts}$ transformées avec l'ADNc de *cdc2* du maïs associé à un puissant promoteur furent cultivées à la température permissive (25 °C) ou restrictive (37 °C). La prolifération cellulaire fut suivie par la croissance des colonies sur plaques de culture (voir figure ci-dessous).

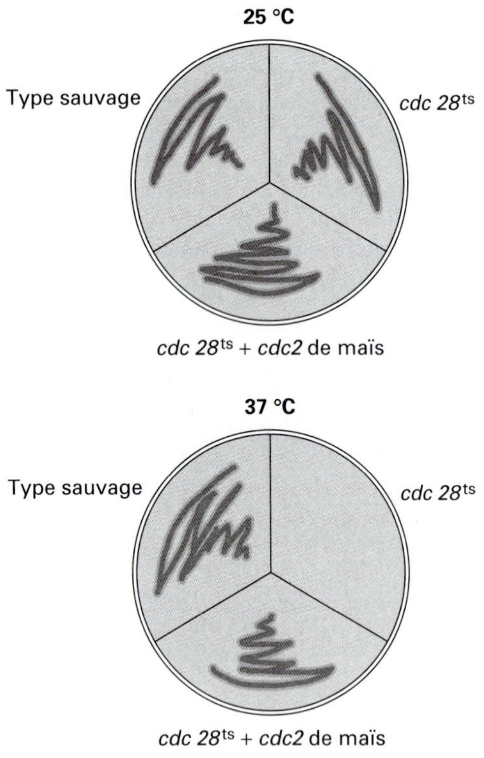

Pourquoi les cellules $cdc28^{ts}$ forment-elles des colonies à 25 °C mais pas à 37 °C ? Que signifie la formation de colonies à 37 °C des cellules $cdc28^{ts}$ + *cdc2* de maïs ? Que dit cette expérience à propos de l'homologie fonctionnelle des gènes de kinases dépendant des cyclines parmi les espèces eucaryotes ?

RÉFÉRENCES

Vue générale du cycle cellulaire et de son contrôle

Nasmyth, K., (2001), A prize for proliferation, *Cell* **107** : 689–701.

Études biochimiques sur oocytes, ovules et jeunes embryons

Doree, M. et Hunt, T., (2002), From Cdc2 to Cdk1 : when did the cell cycle kinase join its cyclin partner ? *J. Cell Sci.* **115** : 2461–2464.

Fang, G. *et al.*, (1999), Control of mitotic transitions by the anaphase-promoting complex, *Philos. Trans. R. Soc. London Ser. B* **354** :1583–1590.

Jessberger, R.., (2002), The many functions of SMC proteins in chromosome dynamics, *Nature Rev. Mol. Cell Biol.* **3** :67–78.

Masui, Y., (2001), From oocyte maturation to the in vitro cell cycle : the history of discoveries of Maturation-Promoting Factor (MPF) and Cytostatic Factor (CSF), *Differentiation* **69** :1–17.

Études génétiques chez *S. pombe*

Nurse, P., (2002), Cyclin dependent kinases and cell cycle control, *Chembiochem.* **3** :596–603. (Exposé du Prix Nobel.)

Mécanismes moléculaires de régulation des événements mitotiques

Burke, B. et Ellenberg, J., (2002), Remodeling the walls of the nucleus, *Nature Rev. Mol. Cell Biol.* 3 :487–497.

Nelson, W. J., (2000), W(h)ither the Golgi during mitosis ? *J. Cell Biol.* **149** :243–248.

Nigg, E. A., (2001), Mitotic kinases as regulators of cell division and its checkpoints, *Nature. Rev. Mol. Cell Biol.* **2** :21–32.

Études génétiques chez *S. cerevisiae*

Bell, S. P. et Dutta, A., (2002), DNA replication in eukaryotic cells, *Ann. Rev. Biochem.* **71** :333–374.

Deshaies, R. J., (1999), SCF and Cullin/Ring H2-based ubiquitin ligases, *Ann. Rev. Cell Devel. Biol.* **15** :435–467.

Diffley, J. F. et Labib, K., (2002), The chromosome replication cycle, *J. Cell Sci.* **115** :869–872.

Hartwell, L. H., (2002), Yeast and cancer, *Biosci. Rep.* **22** :373–394. (Exposé du Prix Nobel.)

Kelly, T. J. et Brown, G. W., (2000), Regulation of chromosome replication, *Ann. Rev. Biochem.* **69** :829–880.

Kitagawa, K. et Hieter, P.,(2001), Evolutionary conservation between budding yeast and human kinetochores, *Nature Rev. Mol. Cell Biol.* **2** :678–687.

Lei, M. et Tye, B. K., (2001), Initiating DNA synthesis : from recruiting to activating the MCM complex, *J. Cell Sci.* **114** :1447–1454.

Nasmyth, K., (2001), Disseminating the genome : joining, resolving, and separating sister chromatids during mitosis and meiosis, *Ann. Rev. Genet.* **35** :673–745.

Nasmyth, K., (2002), Segregating sister genomes : the molecular biology of chromosome separation, *Science* **297** :559–565.

Uhlmann, F., (2001), Chromosome cohesion and segregation in mitosis and meiosis, *Curr. Opin. Cell Biol.* **13** :754–761.

Contrôle du cycle dans les cellules de mammifères

Ekholm, S. V. et Reed, S. I., (2000), Regulation of G(1) cyclin-dependent kinases in the mammalian cell cycle, *Curr. Opin. Cell Biol.* **12** :676–684.

Harper, J. W. *et al.*, (2002), The anaphase-promoting complex : it's not just for mitosis any more, *Genes Devel.* **16** :2179–2206.

Sears, R. C. et Nevins, J. R., (2002), Signaling networks that link cell proliferation and cell fate, *J. Biol. Chem.* **277** :11617–11620.

Sherr, C. J., (2001), The INK4a/ARF network in tumour suppression, *Nature Rev. Mol. Cell Biol.* **2** :731–737.

Points de contrôle dans la régulation du cycle cellulaire

Bardin, A. J. et Amon, A., (2001), Men and sin : what's the difference ? *Nature Rev. Mol. Cell Biol.* **2** :815–826.

Osborn, A. J. *et al.*, (2002), Checking on the fork : the DNA-replication stress-response pathway, *Trends Cell Biol.* **12** :509–516.

Pereira, G. et Schiebel, E., (2001), The role of the yeast spindle pole body and the mammalian centrosome in regulating late mitotic events, *Curr. Opin. Cell Biol.* **13** :762–769.

Shah, J. V. et Cleveland, D. W., (2000), Waiting for anaphase : Mad2 and the spindle assembly checkpoint, *Cell* **103** :997–1000.

Méiose : un type particulier de division cellulaire

Lee, B. et Amon, A., (2001), Meiosis : how to create a specialized cell cycle, *Curr. Opin. Cell Biol.* **13** :770–777.

Petronczki, M. *et al.*, (2003), Un menage a quatre : the molecular biology of chromosome segregation in meiosis, *Cell* **112** :423–440.

22

NAISSANCE, LIGNAGE ET MORT CELLULAIRES

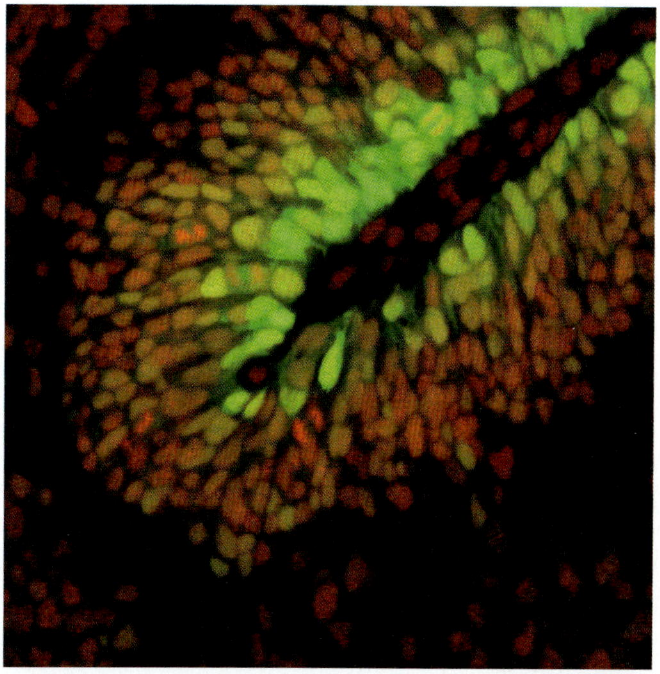

Cellules nées dans le cervelet en développement. Tous les noyaux sont en rouge ; les cellules vertes sont en train de se diviser et de migrer dans les couches internes du tissu nerveux. [Avec l'autorisation de Tal Raveh, Matthew Scott et Jane Johnson.]

Au cours de l'évolution des organismes multicellulaires, de nouveaux mécanismes se sont mis en place pour diversifier les types cellulaires, coordonner leur production, réguler leur taille et leur nombre, les organiser en tissus fonctionnels et éliminer les cellules étrangères ou âgées. La signalisation intercellulaire devint même plus importante qu'elle ne l'est pour les organismes unicellulaires. Le mode de reproduction a aussi changé, certaines cellules se spécialisant en **cellules germinales** (ovules, spermatozoïdes), qui génèrent de nouveaux organismes et se distinguent de toutes les autres cellules du corps que l'on appelle **cellules somatiques**. Dans des conditions normales, les cellules somatiques ne feront jamais partie d'un nouvel individu.

La formation de tissus et organes au cours du développement d'organismes multicellulaires dépend en partie de caractéristiques particulières de la division mitotique. Une série de telles divisions constitue ce que l'on appelle un *lignage cellulaire*, une sorte d'arbre généalogique qui comprend l'ensemble des différents stades de développement et de *différenciation* en un type cellulaire spécialisé. Le lignage est sous le contrôle de facteurs intrinsèques, comme des régulateurs internes et l'histoire de la cellule concernée ainsi que par des facteurs extrinsèques, comme des signaux intercellulaires et des agents environnementaux (Figure 22-1). Un lignage part de **cellules souches**, qui sont non spécialisées et qui, sans fin, peuvent se reproduire et générer des cellules spécialisées. Leur nom provient de l'image de la tige d'une plante qui grandit tout en se ramifiant pour donner des branches et des feuilles. Un lignage donne finalement les cellules différenciées comme celles qui constituent l'épiderme, le tissu nerveux ou les muscles. La différenciation terminale est généralement irréversible, les cellules hautement spécialisées ne pouvant généralement plus se diviser ; elles survivent, exercent leur fonction pendant un temps variable et meurent.

Plusieurs lignages comportent des cellules intermédiaires, appelées *précurseurs* ou *progéniteurs*, dont le potentiel de former différents types de cellules différenciées est plus limité que celui des cellules souches dont elles dérivent. (Bien que certains chercheurs fassent une distinction entre progéniteurs et précurseurs, nous utiliserons ces termes de manière interchangeable.) Dès qu'un précurseur apparaît, il produit souvent des facteurs de transcription caractéristiques de sa destinée. Ceux-ci de manière coordonnée activent ou répriment des batteries de gènes qui dirigent le processus de différenciation. Par exemple, nous montrerons dans ce chapitre l'intervention de quelques facteurs de

SOMMAIRE

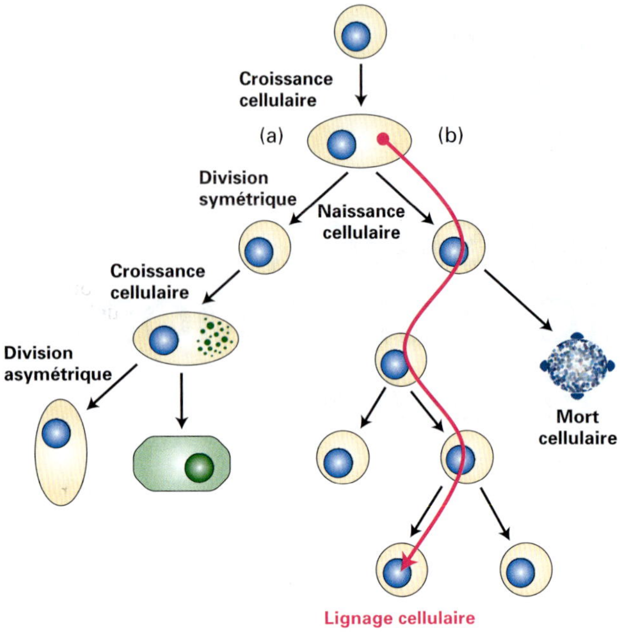

FIGURE 22-1 Vue générale de la naissance, du lignage et de la mort des cellules. Au cours de la croissance, des cellules « naissent » comme produits d'une division cellulaire symétrique ou asymétrique. (a) Dans le premier cas, les deux cellules filles sont pratiquement identiques entre elles et avec la cellule parentale, mais elles peuvent avoir des sorts différents si elles sont exposées à des signaux différents. Les deux cellules filles qui proviennent d'une division asymétrique diffèrent dès leur naissance et auront des destinées distinctes. La division asymétrique est fréquemment précédée par la localisation de molécules régulatrices (en vert) dans une partie de la cellule parentale. (b) Une série de divisions symétriques et/ou asymétriques, appelée un lignage cellulaire, donne naissance à chacun des types cellulaires spécialisés présents dans un organisme multicellulaire. Le profil du lignage cellulaire peut être soumis à un contrôle strict. La mort cellulaire programmée survient durant le développement normal (e.g. l'élimination de la palmure qui se développe au cours de la formation des doigts) et aussi en réponse aux infections ou à des poisons. Dans ces situations, une série d'événements programmés et spécifiques, appelés apoptose, est activée

transcription dans deux processus : la formation chez la levure bourgeonnante de types distincts par leur mode de reproduction et la coordination des nombreux gènes nécessaires pour qu'un précurseur devienne une cellule musculaire.

En général, quand on considère le destin d'une cellule, on pense à sa différenciation. Cependant, un autre sort peut attendre la cellule : la **mort cellulaire programmée**, un processus crucial pour la formation et le maintien de nombreux tissus. Une régulation génétique précise, avec des points de surveillance et de rééquilibre, contrôle la mort cellulaire juste comme d'autres programmes génétiques le font pour la différenciation cellulaire. Ce chapitre est donc consacré au cycle vital des cellules : leur naissance, les caractéristiques de leur division (lignage) et leur mort. Ces aspects de la biologie cellulaire rejoignent la biologie du développement et figurent parmi les processus les plus importants régulés par les diverses voies de signalisation décrites dans des chapitres antérieurs.

22.1 La naissance d'une cellule

De nombreuses descriptions de la division cellulaire impliquent que la cellule parentale donne naissance à deux cellules filles qui ressemblent et se comportent exactement comme la cellule parentale, c'est-à-dire que la division est *symétrique* et que les propriétés de la descendance ne changent pas. Mais, si c'était toujours le cas, aucun parmi les centaines de types cellulaires différents ne se formerait. Des différences peuvent survenir quand deux cellules sœurs, au départ identiques, divergent sous l'effet de signaux différents liés au développement ou provenant de l'environnement. Par ailleurs, les deux cellules filles peuvent différer dès leur naissance, quand chacune hérite de différentes parties de la cellule parentale (voir Figure 22-1). Les cellules filles produites par une telle **division asymétrique** peuvent différer par leur taille, leur forme et/ou leur composition ; en plus, leurs gènes peuvent être dans différents états d'activité ou d'activité potentielle. Les différences dans ces signaux internes assignent des destins différents aux deux cellules.

Ici, nous décrirons les caractéristiques générales des mécanismes qui assurent la différenciation cellulaire pour aboutir au lignage complexe le mieux compris, celui du nématode *Caenorhabditis elegans*. Dans les sections ultérieures, nous rapporterons des exemples des rouages moléculaires qui déterminent des types cellulaires particuliers chez la levure, la drosophile et les mammifères.

Des cellules souches engendrent des cellules souches ou des cellules différenciées

Les cellules souches qui génèrent des cellules spécialisées composant les tissus peuvent se diviser symétriquement pour fournir deux cellules souches filles identiques à elles-mêmes (Figure 22-2a) ou de manière asymétrique pour générer des copies d'elles-mêmes mais aussi des cellules qui ont des aptitudes plus restreintes ; elles se divisent pendant une période plus courte ou alors elles ont une descendance moins diversifiée (Figure 22-2b). Une cellule souche *pluripotente* (ou multipotente) peut produire divers types cellulaires, mais pas tous. Par exemple, une cellule souche sanguine pluripotente produit, en plus des cellules identiques à elle-même, plusieurs types de cellules du sang, mais jamais une cellule cutanée. Quant à la cellule souche *unipotente*, elle se divise pour donner une copie d'elle-même plus une cellule qui ne peut former qu'un seul type cellulaire. Dans de nombreux cas, une division asymétrique d'une cellule souche produit un progéniteur, qui s'engage dans une voie de différenciation, ou même une cellule complètement différenciée (Figure 22-2c, d).

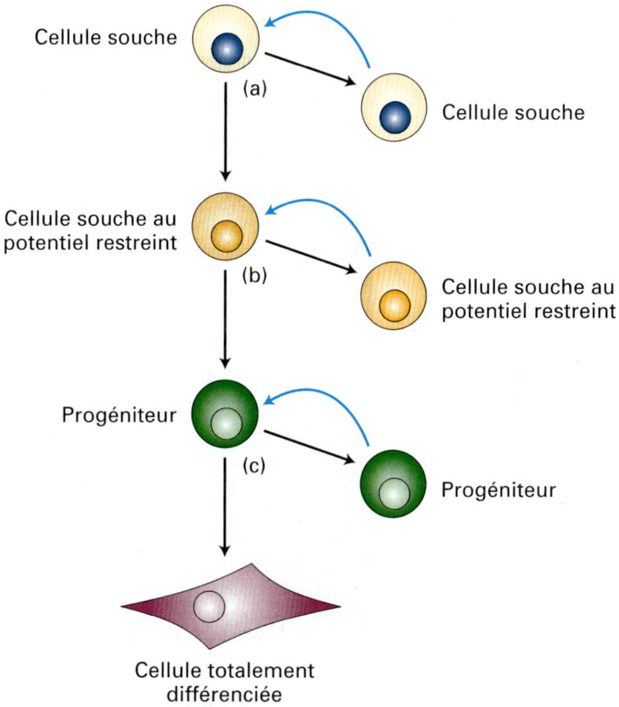

FIGURE 22-2 Modèles de division d'une cellule souche. (a) La division d'une cellule souche produit deux cellules ; l'une gardera le statut de la cellule parentale, ce qui permettra à la population de cellules souches de se perpétuer. (b) L'autre cellule fille, qui reste une cellule souche mais au potentiel plus restreint, s'engage dans une voie qui augmente la production de cellules différenciées. Après sa division, une des filles sera semblable à la mère, c'est-à-dire une cellule souche au potentiel restreint, l'autre sera un progéniteur pour un certain type de cellule différenciée. Les progéniteurs peuvent se diviser pour se reproduire et, en réponse à des signaux adéquats, peuvent se différencier en une cellule qui est complètement différenciée et qui ne divise plus.

Les deux propriétés essentielles des cellules souches qui les distinguent des autres cellules sont d'une part leur *auto-renouvellement*, l'aptitude à se reproduire elles-mêmes indéfiniment, et d'autre part la capacité de se diviser de manière asymétrique pour donner une cellule fille identique à elle-même et une autre qui est différente et qui habituellement a un potentiel de différenciation plus étroit. De cette manière, la division mitotique des cellules souches maintient une réserve de cellules indifférenciées tout en assurant un apport continu de cellules différenciées. Bien que certains types de précurseurs puissent se diviser symétriquement pour donner des cellules identiques à leurs parents, ils ne le font que durant des périodes limitées. Par ailleurs, à la différence des cellules souches, si un précurseur se divise de manière asymétrique, il génère deux cellules filles distinctes, aucune n'étant identique au précurseur parental.

L'ovule fécondé, ou **zygote**, est la cellule totipotente par excellence puisque capable de générer tous les types cellulaires du corps. Il ne l'est cependant pas au sens strict car il ne peut se reproduire lui-même, le zygote génère des cellules qui ont des propriétés de cellules souches. Par exemple, au stade de huit cellules de l'embryon de souris, chaque cellule peut produire tous les types cellulaires. En effet, si les huit cellules sont séparées expérimentalement et implantées individuellement chez une mère porteuse, chacune peut former une souris normale. Ce n'est plus vrai au stade de 16 cellules ; certaines cellules sont engagées dans des voies de différenciation particulières.

Des types cellulaires spécialisés assez différents peuvent provenir d'un précurseur. Une cellule souche hématopoïétique peut générer tous les types, très différenciés, de cellules sanguines. Cependant, une série complète de divisions n'est pas requise ; une seule division d'un précurseur pluripotent peut fournir une descendance variée. Par exemple, des études de lignage dans lesquelles des cellules sont marquées par une infection rétrovirale stable et détectable ont montré que les neurones et les cellules gliales peuvent provenir d'une seule division d'un précurseur particulier. Ces types cellulaires sont tout à fait différents : les neurones propagent et transmettent des signaux électriques alors que les cellules gliales assurent l'isolation électrique et le support. Le précurseur qui génère les neurones et les cellules gliales n'est pas une cellule souche, puisqu'il est incapable de se renouveler ; il est probable que le précurseur de ces cellules dérive d'une cellule souche qui se situe plus en amont dans le lignage. Des observations récentes ont soulevé la possibilité intéressante que des cellules souches d'un tissu puissent être entraînées, dans certaines conditions, à se comporter comme cellules souches pour un tissu tout à fait différent. Comme nous le décrirons ci-dessous, les animaux, après leur naissance, contiennent des cellules souches de nombreux tissus : le sang, l'intestin, la peau, les ovaires, les testicules, les muscles et le foie. Même certaines parties du cerveau adulte, où normalement les cellules se divisent peu, contiennent des cellules souches. Dans les muscles et le foie, les cellules souches sont très importantes pour la réparation tissulaire, puisque les divisions cellulaires dans ces tissus adultes sont rares.

Des cellules souches embryonnaires en culture peuvent se différencier en divers types cellulaires

Des **cellules ES** (*embryonic stem cells*) isolées de jeunes embryons de mammifères et mises en culture (Figure 22-3a) peuvent se différencier en une large variété de types cellulaires in vitro ou après réinsertion dans un embryon. Lorsqu'elles sont cultivées en suspension, les cellules ES humaines se différencient d'abord en agrégats multicellulaires, appelés corps embryoïdes, qui ressemblent à de jeunes embryons par la variété des tissus qu'ils peuvent former. Quand ils sont transférés sur un support solide, ils poussent en feuillets cellulaires confluents contenant une variété de types cellulaires différenciés, entre autres des neurones et des cellules épithéliales pigmentées et non pigmentées (Figure 22-3b). Dans d'autres conditions, la différenciation des cellules ES a été induite afin qu'elles se différencient en précurseurs de divers types de cellules sanguines.

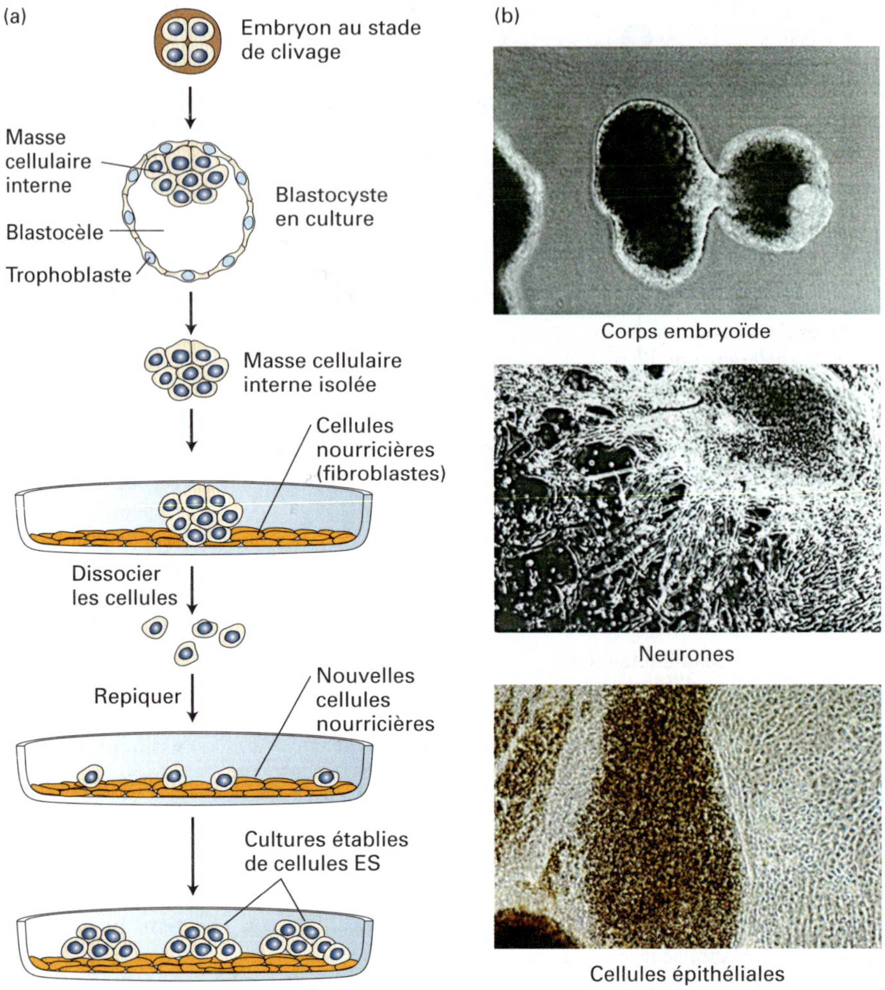

FIGURE EXPÉRIMENTALE 22-3 Des cellules souches embryonnaires (ES) peuvent être maintenues en culture et former des types cellulaires différenciés. (a) On fait se développer en culture des blastocystes humains à partir d'embryons au stade de clivage, produits par fécondation in vitro. On sépare la masse cellulaire interne des tissus extra-embryonnaires périphériques et on la dépose sur une couche de fibroblastes qui contribuent à la nutrition des cellules embryonnaires. Les cellules individuelles sont ensuite repiquées et forment des colonies de cellules ES, qui peuvent être maintenues pendant de nombreuses générations ou être conservées sous forme congelée. (b) Lorsqu'elles sont cultivées en suspension, les cellules ES humaines se différencient en agrégats multicellulaires (corps embryoïdes) (*au-dessus*). Lorsque ceux-ci sont transférés sur milieu solide gélatineux, ils poursuivent leur différenciation en feuillets cellulaires confluents contenant divers types cellulaires différenciés, entre autres des cellules nerveuses (*au milieu*) ainsi que des cellules épithéliales pigmentées et non pigmentées (*au-dessous*). [Parties (a) et (b) adaptées de J. S. Odorico *et al.*, 2001, *Stem Cells.* 19 :193.]

MÉDECINE La possibilité d'utiliser des cellules pour restaurer ou remplacer des tissus endommagés a suscité beaucoup d'initiatives en vue d'identifier et de cultiver ces cellules remarquables à partir d'embryons et de divers tissus provenant d'animaux adultes. Par exemple, si les neurones qui produisent la dopamine comme neurotransmetteur peuvent être générés à partir de cellules souches en culture, il serait possible de traiter les patients atteints de maladie de Parkinson, qui ont perdu de tels neurones. Pour qu'un tel traitement réussisse, on devrait trouver le moyen d'orienter la différenciation de cellules souches embryonnaires ou autres vers le type requis de neurones producteurs de dopamine tout en évitant le rejet par le système immunitaire. Dans une étude en cours, des neurones embryonnaires ont été transplantés chez plus de 300 patients atteints de Parkinson, certaines des cellules insérées ont survécu plus de 12 ans et ont apporté une amélioration clinique significative. Cependant, le tissu fœtal utilisé pour cette étude est rare et son utilisation est controversée. Des cellules souches de très jeunes embryons constituent une autre possibilité pour le traitement de la maladie de Parkinson et peut-être d'autres syndromes neurodégénératifs comme la maladie d'Alzheimer et aussi pour générer des cellules sanguines, pancréatiques et autres. Il faut encore répondre à de nombreuses questions avant que la possibilité d'utiliser des cellules souches pour de telles applications puisse être évaluée correctement. ▌

À part le bénéfice thérapeutique qu'elles pourraient apporter, les cellules ES ont déjà prouvé leur grande utilité dans la production de souris mutantes pour l'étude d'une grande variété de maladie ainsi que de mécanismes de développement, de comportement et de physiologie. Par les techniques décrites dans le Chapitre 9, il est possible d'éliminer ou de modifier la fonction d'un gène spécifique dans les cellules ES (voir Figure 9-38). On peut alors recourir aux cellules ES mutées pour produire des souris privées (*knockout*) de l'activité d'un gène donné (voir Figure 9-39). L'analyse des effets causés par la délétion ou la modification d'un gène de cette manière est riche en enseignement quant à la fonction normale du gène et de la protéine correspondante.

Des populations de cellules souches associées aux tissus assurent leur entretien

De nombreux types cellulaires différenciés sont sacrifiés ou ont une durée de vie plus courte que celle de l'organisme. La maladie et un traumatisme peuvent aussi causer la perte de cellules différenciées.

Puisque ces cellules en général ne se divisent pas, elles doivent être remplacées à partir des cellules souches voisines.

Notre peau, par exemple, est un **épithélium** fait de plusieurs couches (l'épiderme) reposant sur une base de cellules souches dont certaines cellules filles sont identiques aux cellules parentales, alors que les autres deviennent des *kératinocytes*, le type cellulaire cutané principal. Ceux-ci gagnent progressivement la couche externe en s'aplatissant et en se remplissant de filaments intermédiaires de kératine. Normalement, il faut environ 15-30 jours pour que les kératinocytes qui viennent d'être produits se différencient et atteignent la couche la plus superficielle, où ils forment des squames de kératine qui se détachent et sont ainsi éliminées.

À la différence de l'épiderme, l'épithélium bordant l'intestin grêle n'est épais que d'une seule cellule (voir Figure 6-4). Cette fine couche prévient l'entrée des toxines et des pathogènes dans l'organisme. De plus, elle transporte, de la lumière intestinale dans le corps, les nutriments essentiels à la survie (Chapitre 7). Les cellules de cet épithélium se régénèrent de manière permanente à partir de cellules souches localisées en profondeur dans des puits appelés cryptes (Figure 22-4a). Les cellules souches produisent des précurseurs qui prolifèrent et se différencient alors qu'ils remontent les parois des cryptes pour former la couche de surface des projections intestinales digitiformes appelées *villosités*, où l'absorption a lieu. Des expériences de *pulse-chase* ont montré que le temps séparant la naissance de la cellule dans les cryptes et la perte des cellules à la pointe des villosités n'est que de 2 à 3 jours (Figure 22-4b). Ainsi, un nombre énorme de cellules doit être produit de manière continue pour garder l'épithélium intact. La production de nouvelles cellules est strictement contrôlée : trop peu de divisions élimineraient les villosités et aboutiraient à la destruction de la surface intestinale ; trop de divisions créeraient un épithélium de taille excessive et faciliteraient la cancérisation.

Des signaux spécifiques sont requis pour la création et le maintien des populations de cellules souches. Dans la peau et l'épithélium intestinal, la croissance des cellules souches est régulée en partie par la *β-caténine*, une protéine qui contribue à la liaison de certaines jonctions intercellulaires au cytosquelette (voir Figure 6-7) et qui intervient aussi dans la transduction des signaux passant par la voie Wnt (voir Figure 15-32). L'activation de la β-caténine induit la transformation des cellules épidermiques en cellules pilaires. Son élimination spécifique de la peau de souris manipulées génétiquement prévient ce type de différenciation, les cellules souches cutanées ne formant plus alors que de l'épiderme et non plus de cellules pilaires. La β-caténine agit donc comme un commutateur entre des destins alternatifs. Sa surproduction cause une prolifération excessive de l'épithélium intestinal. En agissant sur le facteur de transcription TCF, qui l'active, on peut bloquer sa fonction et faire disparaître ainsi les cellules souches intestinales. Il est probable que la signalisation Wnt, du moins certains relais de cette voie intracellulaire, soit critique pour la formation, le maintien ou l'activation des cellules souches dans divers tissus.

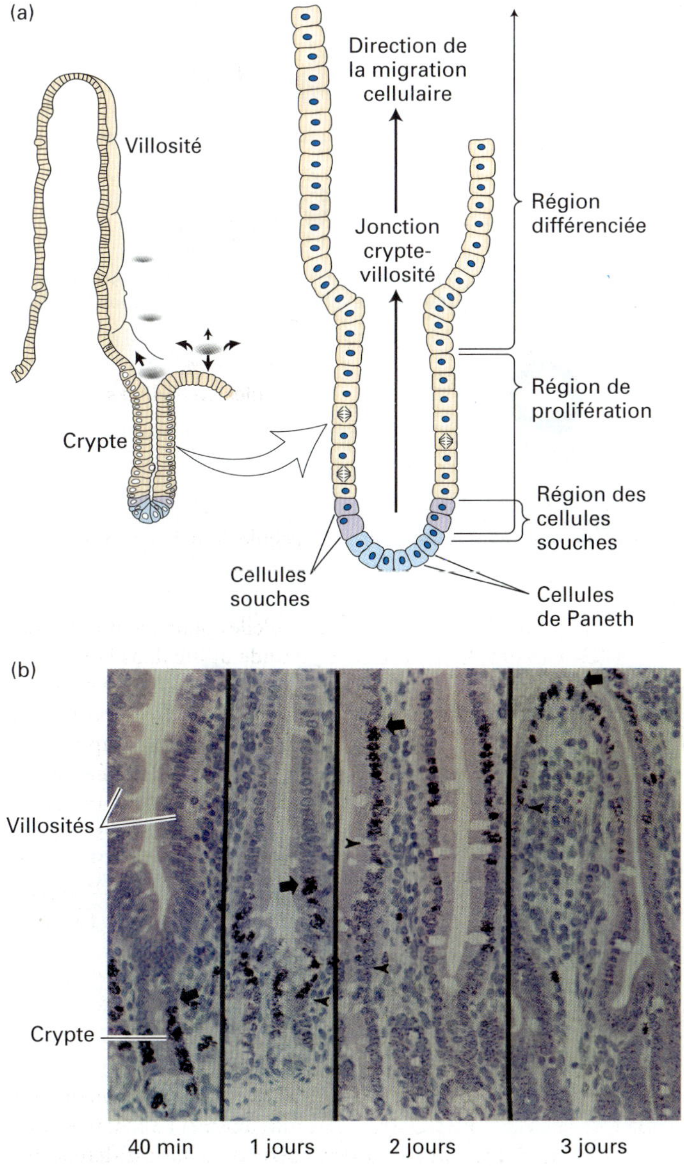

FIGURE EXPÉRIMENTALE 22-4 La régénération de l'épithélium intestinal à partir de cellules souches peut être démontrée par des expériences de *pulse-chase*. (a) Schéma de la paroi de l'intestin grêle ; elle comporte de nombreuses villosités formées de colonnes cellulaires. Ces cellules épithéliales sont nées près de la base des puits (cryptes) qui séparent les villosités. On trouve au fond des cryptes les cellules de Paneth, un type de cellule de support ; juste au-dessus s'alignent quatre à six cellules souches, qui se divisent environ une fois par jour, formant des précurseurs qui également se divisent activement. Quand les cellules différenciées atteignent l'épithélium d'une villosité, elles arrêtent de se diviser et commencent à absorber les nutriments intestinaux. (b) Résultats d'une expérience de *pulse-chase* dans laquelle de la thymidine radioactive (*pulse*) est ajoutée à une culture de tissu épithélial intestinal. Les cellules en division incorporent la thymidine marquée dans leur ADN nouvellement synthétisé. Après une brève période, la thymidine radioactive est éliminée par lavage et remplacée par de la thymidine non marquée (*chase*) ; les cellules qui se divisent après le lavage ne sont pas marquées. Ces micrographies montrent que 40 min après le marquage, tout le marqueur se trouve dans les cellules près de la base de la crypte. Plus tard, les cellules marquées sont présentes dans des sites de plus en plus distants de leur point d'origine. Les cellules qui atteignent le sommet se détachent. Ce processus assure un renouvellement continu de l'épithélium intestinal. [Partie (a) adaptée de C. S. Potten, 1998, *Philos. Trans. R. Soc. London, Ser. B* 353 :821. Partie (b) avec l'autorisation de C. S. Potten, de P. Kaur et C. S. Potten, 1986, *Cell Tiss. Kinet.* 19 :601.]

MÉDECINE La peau contient des lymphocytes T dendritiques épidermiques, des cellules immunitaires qui produisent une forme particulière de récepteur T (voir Tableau 14-1). Lorsque celles-ci sont modifiées génétiquement pour qu'elles ne produisent plus ce récepteur, la cicatrisation d'une plaie est fortement ralentie, mais le processus peut être restauré par l'apport du facteur de croissance des kératinocytes. L'hypothèse actuelle est que lorsque des lymphocytes T dendritiques épidermiques reconnaissent des antigènes à la surface des cellules dans des tissus lésés, ils répondent en produisant des protéines stimulantes, comme le facteur de croissance des kératinocytes, qui en induisant la prolifération de ce type de cellules, favorise la cicatrisation. De nombreux autres signaux contrôlent aussi la croissance des cellules cutanées, entre autres Wnt/β-caténine, Hedgehog, le calcium, le TGFα (*transforming growth factor α*) et le TGFβ. La découverte du mode de coopération de tous ces signaux dans le contrôle de la prolifération cellulaire et de la cicatrisation constituerait un progrès considérable ; il nous permettrait de comprendre les mécanismes de maladies comme le psoriasis et le cancer cutané et, peut-être, de préparer la voie vers des traitements efficaces. ▮

Les cellules sanguines constituent un autre tissu qui doit se renouveler continuellement à partir de cellules souches présentes dans la moelle osseuse chez les animaux adultes. Les diverses populations de cellules sanguines dérivent d'un seul type de *cellule souche hématopoïétique pluripotente*, qui génère des cellules souches plus restreintes, myéloïdes ou lymphoïdes (Figure 22-5). La proportion des cellules souches hématopoïétiques parmi toutes

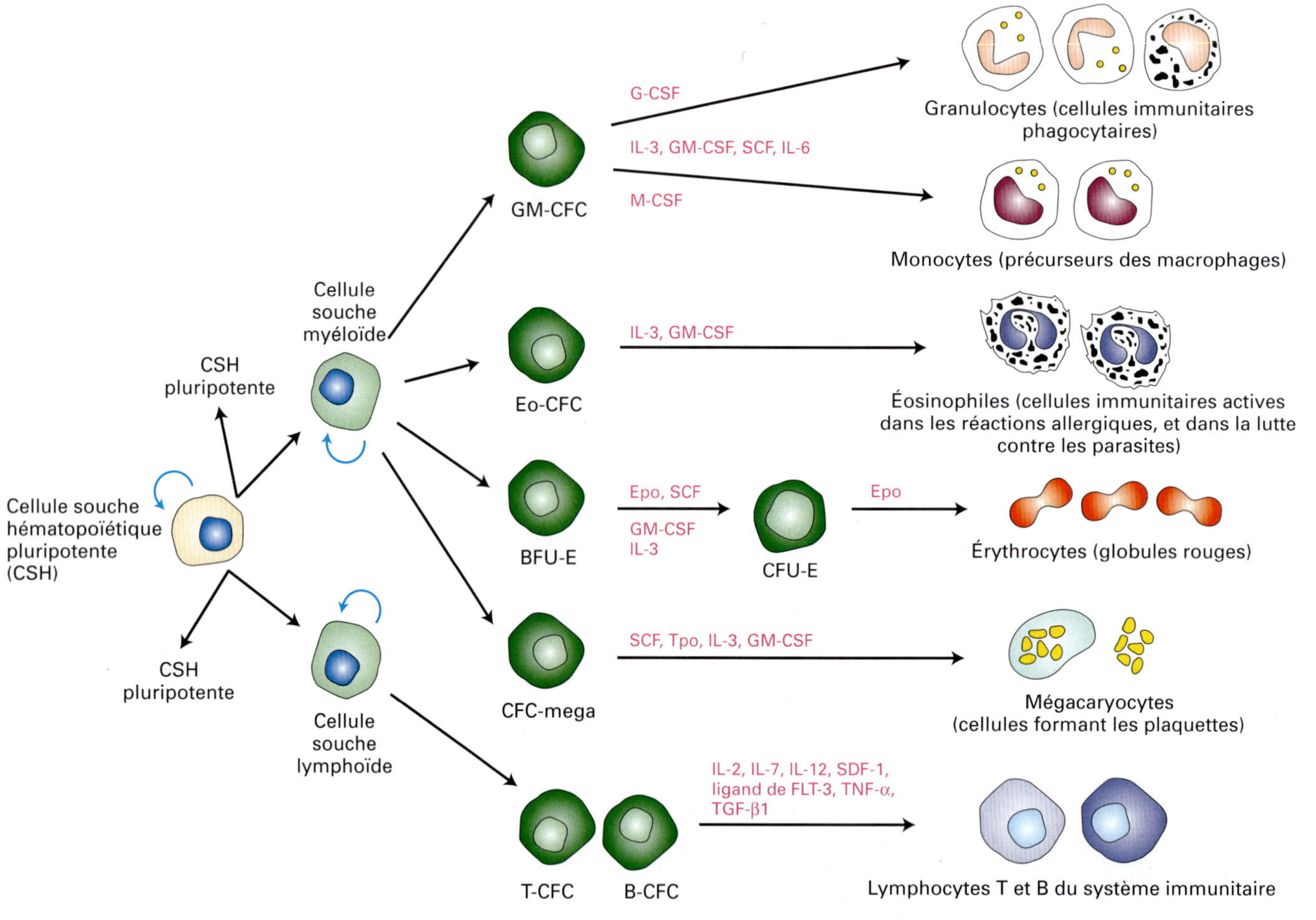

FIGURE 22-5 Formation de cellules sanguines différenciées à partir de cellules souches hématopoïétiques dans la moelle osseuse. Des cellules souches pluripotentes peuvent se diviser symétriquement pour s'autorenouveler (flèche courbée) ou se diviser de manière asymétrique pour donner une cellule souche myéloïde ou lymphoïde (en vert clair) et une cellule fille qui est pluripotente comme la cellule parentale. Bien que ces deux cellules souches soient capables d'autorenouvellement, elles sont destinées à un des deux lignages hématopoïétiques majeurs. Selon les types et les quantités de cytokines présentes, les cellules souches myéloïdes et lymphoïdes génèrent différents types de précurseurs (vert foncé) incapables d'autorenouvellement. Les précurseurs, ou CFC (*colony-forming cells*), sont reconnus par leur aptitude à former des colonies contenant les types cellulaires différenciés montrés à droite. Les colonies sont détectées dans la rate d'animaux privés de leurs propres cellules et à qui l'on a injecté les précurseurs. La prolifération ultérieure induite par des cytokines, leur engagement et la différenciation des précurseurs génèrent les divers types de cellules sanguines. Certaines des cytokines qui entretiennent ce processus sont indiquées en lettres rouges. GM = granulocyte-macrophage ; Eo = éosinophile ; E = érythrocyte ; BFU = *burst-forming unit* ; méga = mégacaryocyte ; T = lymphocyte T ; B = lymphocyte B ; CFU = *colony-forming unit* ; CSF = *colony-stimulating factor* ; IL = interleukine ; SCF = *stem cell factor* ; Epo = érythropoïétine ; TGF = *transforming growth factor* ; SDF = *stromal cell-derived factor* ; ligand de FLT3 = ligand pour le récepteur *fms-like tyrosine kinase*. [Adapté de M. Socolovsky *et al.*, 1998, *Proc. Nat'l. Acad. Sci. USA* **95** :6573.]

les cellules médullaires est d'environ $1/10^4$, ce qui est inférieur à la fréquence des cellules souches intestinales. De nombreux facteurs de croissance extracellulaires appelés cytokines régulent la prolifération et la différenciation des précurseurs des divers lignages de cellules sanguines. Par exemple, l'**érythropoïétine** peut activer diverses voies de transduction intracellulaire du signal, ce qui mène à des changements de l'expression génique induisant la formation des érythrocytes (voir Figure 14-7).

On a pu établir le lignage hématopoïétique en injectant les divers types de précurseurs à des souris dont l'hématopoïèse avait été supprimée par irradiation. En observant quelles cellules sanguines réapparaissaient au cours de ces expériences, on a identifié les précurseurs et les cellules en lesquelles ils se différencient (e.g. érythrocytes, monocytes). La première étape dans ces expériences fut la séparation des différents types de précurseurs hématopoïétiques. Ce qui est rendu possible par la combinaison unique de protéines qu'ils portent à leur surface et qui servent ainsi de marqueurs reconnaissables par des anticorps spécifiques marqués par un fluorochrome. Après avoir exposé des prélèvements de moelle osseuse à ces anticorps, on peut séparer les cellules au moyen d'un cytomètre de flux (voir Figure 5-34).

MÉDECINE

Jusqu'à présent, la transplantation de moelle osseuse représente l'utilisation médicale de cellules souches la plus efficace et la plus répandue. Les cellules souches de la moelle transférée peuvent générer de nouvelles cellules sanguines fonctionnelles chez des patients souffrant de certaines affections hématologiques héréditaires et chez des malades dont le cancer a été traité par irradiation et/ou chimiothérapie, avec destruction des cellules cancéreuses mais aussi des cellules médullaires. On explore actuellement la possibilité de recourir à des cellules souches embryonnaires dont on pourrait induire la différenciation en divers types cellulaires utilisables à des fins thérapeutiques. Par exemple, si on traites des cellules souches de souris au moyen d'inhibiteurs de la phosphatidylinositol-3 kinase, un régulateur dans une des voies de signalisation des phospho-inositides (Chapitre 14), elles acquièrent les propriétés de cellules β du pancréas comme la production d'insuline, la sensibilité aux taux de glucose et la formation de structures qui rappellent celles du pancréas. L'implantation de ces cellules chez des souris diabétiques a normalisé la croissance, le poids, la glycémie et le taux de survie de ces animaux. ▮

PLANTES

Les cellules souches végétales sont situées dans les **méristèmes**, populations de cellules indifférenciées qui se trouvent aux extrémités des tiges et des racines. Les méristèmes apicaux (MAp) produisent des feuilles et des pousses et, bien sûr, davantage de cellules souches qui constituent des méristèmes presque immortels. Ceux-ci peuvent persister pendant des milliers d'années dans les espèces durables comme les séquoias et les pins à cône épineux. Au fur et à mesure que la plante grandit, les cellules dérivées des méristèmes s'enferment dans une paroi rigide et ne peuvent croître davantage. Les MAp peuvent se diviser pour former des branches, chacune étant porteuse de son propre MAp, ou être convertis en méristèmes floraux (Figure 22-6). Ceux-ci génèrent les quatre organes des fleurs : sépales, étamines, carpelle et pétales. À la différence des MAp, les méristèmes floraux s'appauvrissent graduellement au fur et à mesure qu'ils produisent les organes des fleurs.

On a trouvé de nombreux gènes qui régulent la formation, le maintien et les propriétés des méristèmes. Parmi eux beaucoup codent des facteurs de transcription qui orientent la descendance des cellules souches dans différentes voies de différenciation. Par exemple, pour la formation des feuilles, une hiérarchie de régulateurs, particulièrement des facteurs de transcription, contrôle la séparation des cellules en voie de différenciation à partir des MAp ; de même, trois types de régulateurs contrôlent la formation des organes floraux à partir des méristèmes floraux (Chapitre 15). Dans les deux cas, une cascade d'interactions géniques se déclenche, avec des facteurs de transcription précoces causant la production des suivants. En même temps, les cellules se divisent et celles qui se différencient se dispersent à distance de leur site d'origine. ▮

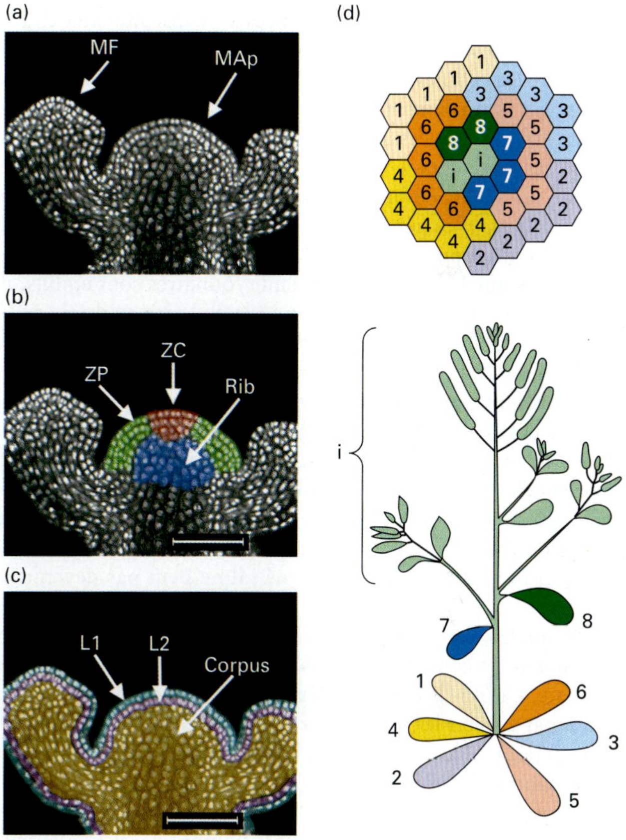

FIGURE 22-6 Destins des cellules des méristèmes chez *Arabidopsis*. Dans ces coupes longitudinales à travers le méristème apical d'une pousse, les noyaux cellulaires sont colorés par l'iodure de propidium, qui se lie à l'ADN. (a) Le méristème apical (MAp) produit des pousses, des feuilles et davantage de méristèmes. La production de fleurs commence quand le méristème passe de la production feuille/pousse à la production florale, alors qu'en même temps le nombre de cellules du méristème augmente pour former les méristèmes floraux (Mf), comme montré ici. (b) Les cellules dans un MAp ont des destins et des comportements différents. Les cellules se divisent rapidement dans la zone périphérique (ZP) afin de produire des feuilles et la zone rib (Rib) afin de produire les structures centrales des pousses. Les cellules dans la zone centrale (ZC) se divisent plus lentement, constituant une source continue de méristèmes et fournissant des cellules à ZP et à Rib. (c) Les couches de méristème, colorées, sont chacune dérivées (clonées) du même précurseur cellulaire. Les codes de couleur de la partie (d) indiquent les destins des cellules situées dans les différents sites de la couche L2. Échelle : 50 μm. [Parties (a)-(c) de E. Meyerowitz. Partie (d) d'après C. Wolpert *et al.*, 2002, *Principles of Development*, 2d ed (Oxford : Oxford University Press.]

La diversité de destins cellulaires différents s'amenuise progressivement au cours du développement

Les huit cellules qui résultent des trois premières divisions d'un zygote de mammifère (ovule fécondé) se ressemblent toutes. Comme on l'a démontré expérimentalement chez le mouton, chacune des cellules peut générer un animal complet. Des divisions ultérieures produisent une masse, composée de ≈ 64 cellules, qui se sépare en deux types cellulaires : le trophectoderme, qui formera les tissus extra-embryonnaires comme le placenta, et la *masse cellulaire interne*, qui deviendra l'embryon proprement dit. La masse cellulaire interne forme trois feuillets embryonnaires, chacun avec un destin différent : l'**ectoderme** formera les cellules nerveuses et épidermiques ; le **mésoderme**, les muscles et les tissus conjonctifs ; l'**endoderme**, les épithéliums intestinaux (Figure 22-7). Cette conclusion est basée sur des expériences avec des animaux chimériques composés de cellules de poulet et de caille. Les embryons contenant des cellules provenant des deux espèces d'oiseaux se développent normalement, bien que les cellules de ces deux espèces puissent être distinguées au microscope. Aussi, la contribution de chacun des donneurs à l'oiseau final peut être vérifiée. Si des cellules d'un feuillet embryonnaire sont transplantées dans un des autres feuillets, elles génèrent des cellules inadéquates pour leur nouvelle localisation.

Une fois que les trois feuillets embryonnaires sont établis, ils se divisent pour former des populations cellulaires au destin différent. Par exemple, l'ectoderme donnera les précurseurs, d'une part, de l'épithélium cutané et, d'autre part, du système nerveux. Avec le développement, la variété des types cellulaires qui peuvent se former à partir des cellules souches et des précurseurs diminue progressivement. Une cellule souche embryonnaire précoce, comme nous l'avons vu, peut former chaque type cellulaire ; une cellule ectodermique n'a plus que le choix entre devenir du tissu nerveux ou épidermique, tandis que le destin d'un précurseur de kératinocyte ne peut être que cutané ; il ne peut pas devenir un neurone.

Une autre restriction qui survient tôt au cours du développement animal est la mise à part des cellules qui formeront la lignée germinale, c'est-à-dire les cellules souches et les précurseurs qui finiront par générer les ovules chez la femelle et les spermatozoïdes chez le mâle. Seul le génome de la lignée germinale sera transmis à la descendance. La mise à part des cellules germinales tôt au cours du développement pourrait, pense-t-on, protéger les chromosomes de dommages éventuels en réduisant le nombre de cycles de réplication ou en leur assurant une protection spéciale. Quelle qu'en soit la raison, la ségrégation précoce de la lignée germinale est répandue (bien que non universelle) dans le règne animal. Au contraire, les plantes ne font rien de la sorte ; la plupart des méristèmes peuvent générer des cellules germinales.

Une conséquence de la ségrégation précoce des cellules germinales est que la perte ou le réarrangement de gènes dans les cellules somatiques n'affectera pas le génome dont le futur zygote ahérité. Bien que des segments du génome soient réarrangés et perdus durant le développement des lymphocytes à partir de précurseurs hématopoïétiques, la plupart des cellules somatiques semblent avoir un génome intact, équivalent à celui de la lignée germinale. L'indication que certaines cellules somatiques ont un génome complet et fonctionnel vient de la production réussie d'animaux clonés par transfert nucléaire. Dans ce procédé, le noyau d'une cellule (somatique) adulte est introduit dans un ovule privé de son noyau ; l'ovule manipulé, qui contient un nombre diploïde de chromosomes et est l'équivalent d'un zygote, est alors implanté chez une mère porteuse. La seule source d'informations génétiques pour guider le développement de l'embryon est le génome nucléaire de la cellule somatique donneuse. L'échec fréquent de telles expériences de clonage, cependant, soulève des questions à propos du nombre de cellules somatiques adultes qui disposent effectivement d'un

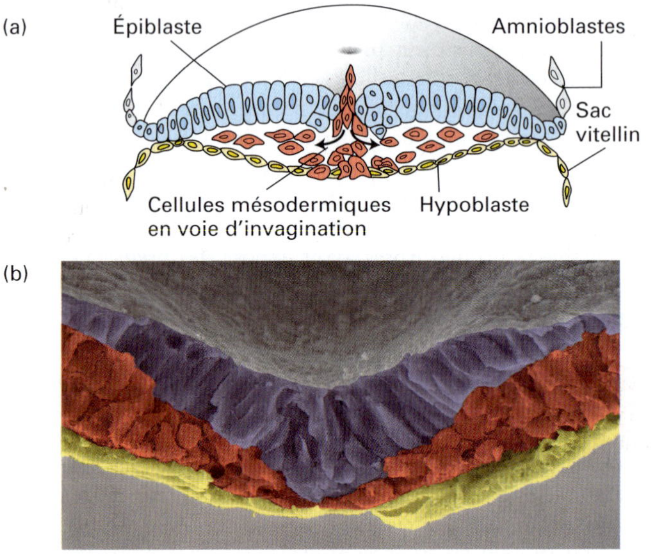

(c)

ECTODERME	MÉSODERME	ENDODERME
Système nerveux central	Crâne	Estomac
Rétine et cristallin	Tête, muscle squelettique	Côlon
Nerfs et ganglions nerveux craniaux et sensoriels	Squelette	Foie
Cellules pigmentaires	Derme	Pancréas
Tissu conjonctif de la tête	Tissu conjonctif	Vessie
Épiderme	Système urogénital	Épithéliums de la trachée des poumons du pharynx de la thyroïde de l'intestin
Poils	Cœur	
Glandes mammaires	Sang, lymphocytes	
	Rate	

FIGURE 22-7 Destins des feuillets embryonnaires animaux. Au début du développement chez les mammifères, les cellules migrent pour créer trois feuillets embryonnaires : ectoderme, mésoderme et endoderme. Ce processus est appelé gastrulation. Les cellules dans les trois couches ont des destins très distincts et représentent dès lors des lignages cellulaires différents. Le lignage cellulaire détaillé, cependant, ne se déroule pas exactement de la même manière chez des individus différents. (a) Schéma d'un embryon humain d'environ 16 jours après fécondation d'un ovule. Les premières cellules à migrer à partir de l'épiblaste vers l'intérieur forment l'endoderme ; elles sont suivies par des cellules qui après invagination constituent le mésoderme. Les cellules épiblastiques restantes deviennent de l'ectoderme. Hypoblaste = feuillet interne. Amnioblastes = cellules qui borderont la cavité amniotique. Sac vitellin = vestige de nos ancêtres ovipares. (b) Micrographie électronique à balayage d'une coupe transversale d'un embryon au même stade. (c) Des dérivés tissulaires des trois feuillets embryonnaires sont cités. [Partie (a) d'après T. W. Sadler, 2000, *Langman's Medical Embryology*, 8th ed. (Baltimore : Lippincott Williams and Wilkins) pp. 64-65. Figure 4.3). Partie (b) avec l'autorisation de Kathy Sulik, University of North Carolina-Chapel Hill.]

génome fonctionnel complet. Même en cas de réussites comme celle de Dolly, la brebis clonée, des pathologies peuvent survenir. Si les cellules différenciées ont un génome physiquement complet, seules certaines parties sont actives sur le plan transcriptionnel (Chapitre 10). La possibilité qu'un génome de cellule différenciée puisse acquérir le potentiel d'un développement aussi large que celui d'une cellule souche embryonnaire précoce reste un sujet très controversé. Une cellule pourrait, par exemple, avoir un génome intact, mais être incapable de le réactiver adéquatement à cause d'états particuliers de la chromatine.

Ces observations soulèvent deux questions importantes : Comment la variété de destins cellulaires se rétrécit-elle au cours du développement ? Ces restrictions sont-elles irréversibles ? Pour y répondre, il importe de se rappeler qu'une cellule ne se comporte pas nécessairement de la même manière dans son site normal in vivo et dans des conditions de manipulation expérimentale. Aussi, les limites observées quant au potentiel d'une cellule peuvent être le reflet soit du contrôle exercé par des mécanismes régulateurs naturels ou soit d'un échec dans la recherche des conditions susceptibles de révéler le potentiel complet de la cellule.

Bien que ce chapitre porte surtout sur le mécanisme de différenciation, la possibilité pour une cellule de rester la même est également critique pour le fonctionnement des tissus et l'organisme entier. Des cellules différenciées qui ne se divisent pas et qui ont des caractéristiques particulières doivent les conserver parfois pendant plusieurs décennies. Des cellules souches qui se divisent régulièrement, comme la cellule souche cutanée, doivent produire une cellule fille avec les propriétés de la cellule parentale, retenant sa composition caractéristique, sa forme, son comportement et les réponses aux signaux externes spécifiques. Entre-temps, l'autre cellule fille avec son propre héritage distinct, à la suite de la division cellulaire asymétrique, s'engage dans une voie de différenciation particulière, qui peut être déterminée par des signaux que la cellule reçoit et par des biais intrinsèques dans le potentiel cellulaire comme l'activation préalable de certains gènes.

Le lignage cellulaire complet de *C. elegans* est connu

Au cours du développement de certains organismes, les lignages cellulaires sont sous contrôle génétique strict et sont donc identiques chez tous les individus d'une espèce. Dans d'autres organismes, le nombre exact et l'arrangement des cellules varient notablement parmi les différents individus. L'exemple le mieux documenté d'un déroulement reproductible de divisions cellulaires est offert par le nématode *C. elegans*. On a relevé le lignage de toutes ses cellules somatiques à partir de l'ovule fécondé jusqu'au ver adulte en suivant le développement d'animaux vivants au moyen du microscope à interférence de Nomarski (Figure 22-8).

Environ 10 cycles de division cellulaire, ou moins, créent le ver adulte, qui a environ 1 mm de long et 70 µm de diamètre. L'adulte a 959 noyaux de cellules somatiques (forme hermaphrodite) ou 1 031 (mâle). Le nombre de cellules somatiques est un peu moindre que celui des noyaux parce que certaines cellules contiennent plusieurs noyaux (ce sont des syncitiums). De manière remarquable, les divisions cellulaires à partir de l'ovule fécondé se déroulent presque toujours de la même manière. Comme nous le verrons plus tard dans ce chapitre, de nombreuses cellules qui sont générées durant le développement ne se retrouvent pas chez l'adulte car éliminées par mort programmée. La constance des lignages cellulaires de *C. elegans* ne tient pas entièrement au fait que chaque nouvelle cellule hérite d'informations spécifiant son destin. En d'autres mots, à leur naissance, les cellules ne sont pas nécessairement obligées par les instructions dont elles ont hérité de suivre une voie particulière de différenciation. Dans certains cas, divers signaux dirigent des cellules identiques au départ vers des destins différents, les conséquences de cette signalisation étant constantes d'un animal au suivant.

Les premières divisions cellulaires chez *C. elegans* produisent six *cellules fondatrices* différentes, chacune dotée d'un destin différent (Figure 22-9a, b). La première division est asymétrique, produisant P1 et la cellule fondatrice AB. Des divisions supplémentaires dans le lignage P forment les cinq autres cellules fondatrices. Certains des signaux contrôlant l'asymétrie de la division et du destin sont connus. Par exemple, des signaux Wnt du précurseur P2 contrôle la division asymétrique de la cellule EMS en cellules fondatrices E et MS. La signalisation Wnt (voir Figure 15-32) est utilisée aussi dans d'autres divisions asymétriques chez les vers.

La symétrie bilatérale du ver implique la duplication des lignages des deux côtés ; curieusement, cependant, des cellules équivalentes sur le plan fonctionnel de chaque côté peuvent provenir de divisions qui se déroulent différemment d'un côté à l'autre. Certaines des cellules embryonnaires fonctionnent comme cellules

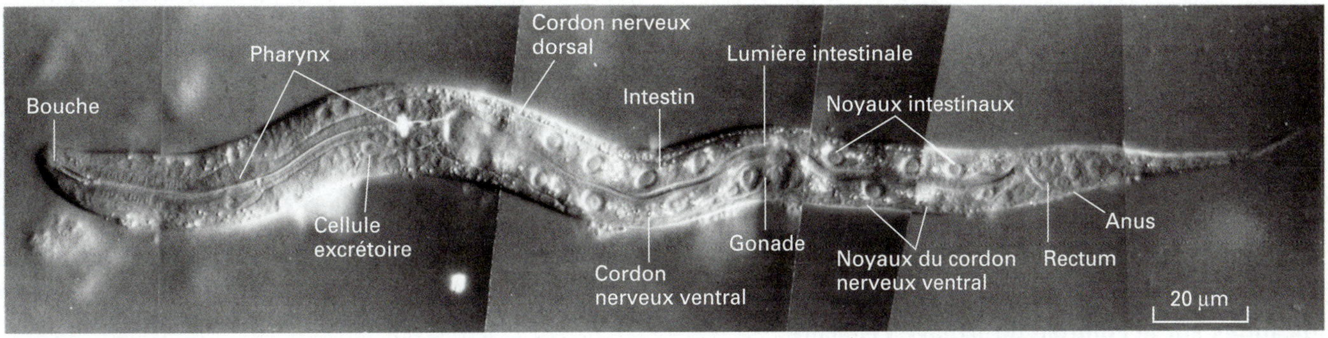

FIGURE 22-8 Larve de *C. elegans* venant d'éclore. Des 959 noyaux des cellules somatiques dans cette forme hermaphrodite, beaucoup sont visualisés dans ce cliché de microscopie à interférence de Nomarski. [De J. E. Sulston et H. R. Horvitz, 1977, *Devel. Biol.* **56** :110.]

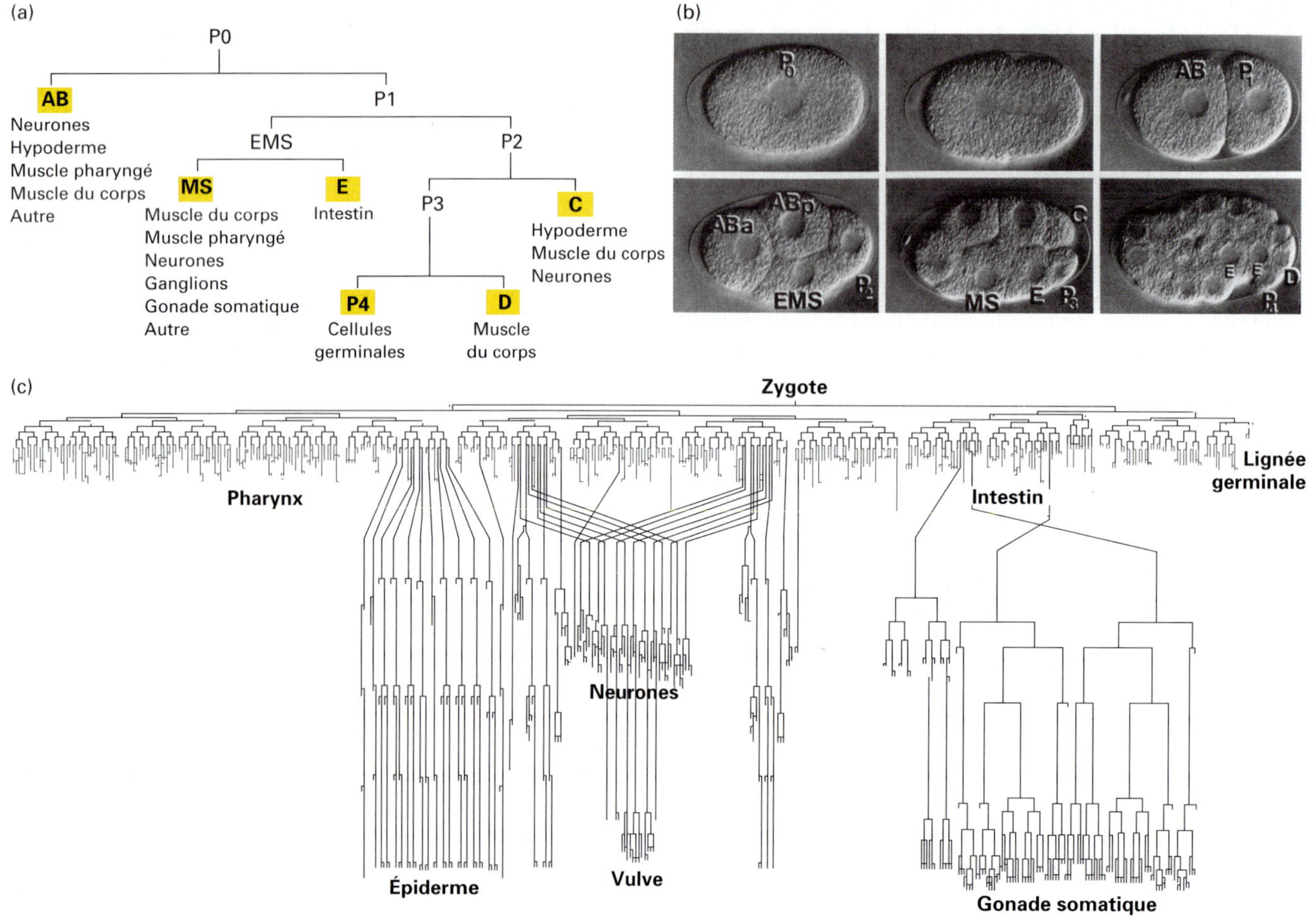

FIGURE 22-9 Lignage de *C. elegans*. (a) Premières divisions commençant avec P0 (le zygote) et menant à la formation de six cellules fondatrices (surlignées en jaune). La première division, en P1 et AB, est asymétrique. Les divisions ultérieures dans le lignage P génèrent les autres cellules fondatrices. Notez que plus d'un lignage peut mener à la constitution d'un même tissu (e.g. muscle ou neurones). La cellule EMS est appelée ainsi car elle est le précurseur de la plus grande partie de l'endoderme et du mésoderme. Le lignage qui commence avec la cellule P4 génère toutes les cellules germinales, qui sont mises à part très tôt, comme chez tous les animaux. Tous les autres lignages produisent des cellules somatiques. (b) Micrographies optiques des quelques premières divisions de l'embryon qui génèrent les cellules fondatrices marquées comme dans la partie (a). La texture des cellules, révélée par la microscopie à interférence de Nomarski, dénote la présence d'organites. (c) Lignage complet du corps entier du ver, montrant certains des tissus formés. Notez que toute cellule particulière passe par un nombre relativement limité de divisions, typiquement moins de 15. [Partie (b) de Einhard Schierenberg Zoologisches Institut, Universität Köln.]

souches, se divisant de manière répétée pour former plus d'elles-mêmes ou un autre type de cellule souche, tandis qu'elles produisent des cellules qu'elles détachent sur des voies de différenciation qui aboutissent à la formation d'un tissu particulier. Dans un mode de déroulement des divisions, une des cellules filles se met à répéter le même type de lignage que celui des quelques divisions précédentes. Le lignage complet de *C. elegans* est présenté à la Figure 22-9c. Cet organisme constitue un modèle très utile pour les études génétiques visant à identifier les régulateurs qui contrôlent la chronologie et la localisation des lignages cellulaires.

Des mutants hétérochroniques fournissent des indications sur le contrôle du lignage cellulaire

Des mutants hétérochroniques ont fourni des indications intrigantes sur le contrôle génétique du lignage cellulaire. Chez eux, un événement typique de l'embryogenèse survient trop tôt (développement précoce) ou trop tard (développement tardif). Un exemple du premier cas est le déroulement prématuré d'une division cellulaire qui fournit une cellule qui se différencie et une cellule qui meurt ; en conséquence le lignage qui aurait dû provenir de la cellule qui est morte ne peut se produire. Dans le second cas, l'apparition tardive d'un lignage cause la formation de structures juvéniles chez des animaux matures. Dans les deux cas, le caractère d'une cellule parentale est, par essence, transformé en un caractère propre à une cellule d'un stade différent du développement.

Un exemple de développement précoce chez *C. elegans* provient de mutations pertes de fonction du gène *lin-14*, qui cause la formation prématurée du neuroblaste PDNB (Figure 22-10a). Le gène *lin-14* et divers autres qui se sont révélés déficients chez les mutants hétérochroniques codent des protéines liant l'ARN ou l'ADN, qui coordonnent probablement l'expression d'autres gènes.

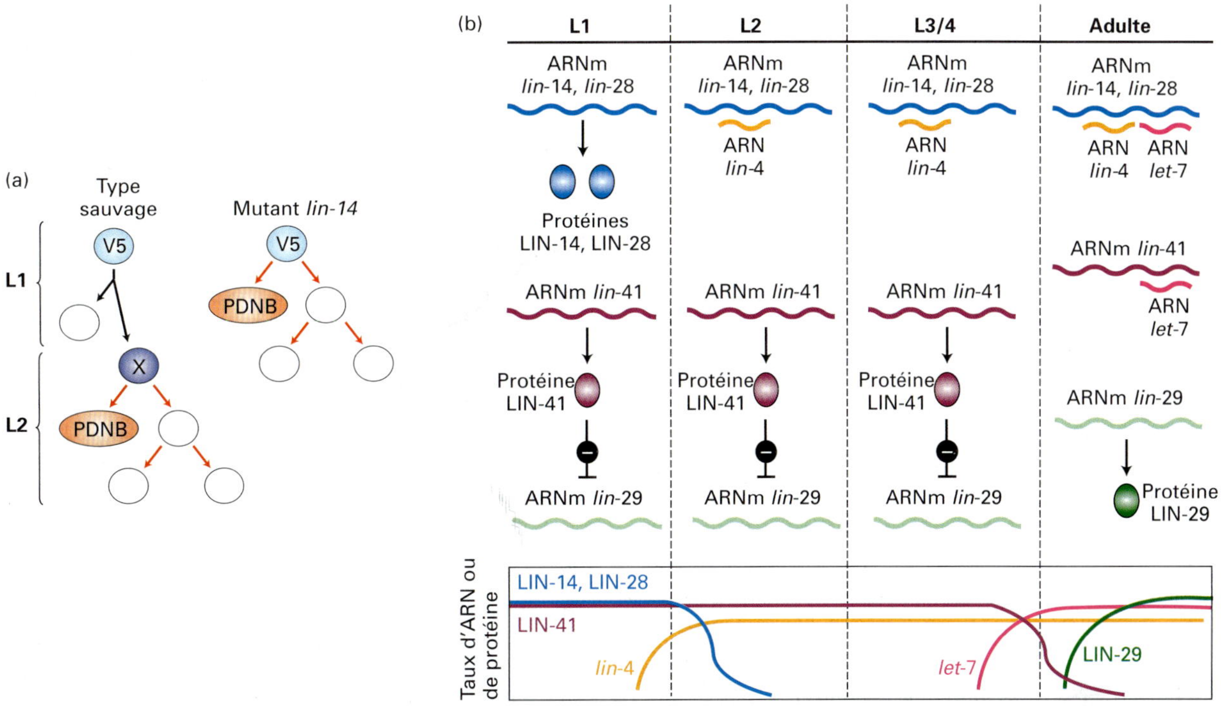

FIGURE 22-10 Chronologie de types spécifiques de division cellulaire au cours du développement de *C. elegans*. (a) Divisions cellulaires à partir de la cellule V5 chez *C. elegans* de type sauvage et chez un mutant hétérochronique appelé *lin-14*. Chez celui-ci, les divisions cellulaires (flèches rouges) qui ont lieu normalement au second stade larvaire (L2) surviennent au premier stade larvaire (L1), générant ainsi de manière prématurée le neuroblaste PDNB. Chez le mutant, la cellule V5 se comporte durant L1 comme la cellule « X » (en pourpre) le fait normalement en L2. On en déduit que la protéine LIN-14 empêche les divisions des cellules de type L2, bien que l'on ne sache pas précisément comment cela se passe. (b) Deux petits ARN régulateurs, *lin-4* et *let-7*, servent à coordonner la chronologie de l'expression génique. La liaison de l'ARN *lin-4* aux régions 3′ non traduites (UTR) des ARNm *lin-14* et *lin-28* empêche la traduction de ces ARNm en protéines. Cela survient après le premier stade larvaire (L1), ce qui permet le développement jusqu'aux stades larvaires plus tardifs. Au stade larvaire 4 (L4), la production de l'ARN *let-7* commence. Il s'hybride avec les ARNm *lin-14*, *lin-28* et *lin-41*, empêchant ainsi leur traduction. La protéine LIN-41 est un inhibiteur de traduction de l'ARNm de *lin-29*, si bien que l'apparition de l'ARN de *let-7* permet la production de la protéine LIN-29, qui est nécessaire à la génération de lignages de cellules adultes. LIN-4 peut aussi se ligner à l'ARN *lin-41* à des stades ultérieurs Seuls les UTR 3′ des ARNm sont représentés [Adapté de B. J. Reinhart *et al.*, 2000, *Nature* **403** :901.]

Cependant, deux autres gènes (*lin-4* et *let-7*) impliqués dans la régulation de la chronologie des divisions cellulaires laissaient perplexes, car ils paraissaient coder de petits ARN ne produisant aucune protéine. Pour découvrir les produits de ces gènes, on a d'abord déterminé quelles pièces de l'ADN génomique pouvait restaurer la fonction génique et ainsi rétablir un lignage cellulaire correct chez des mutants déficients pour chaque gène. On a alors refait la même chose avec l'ADN de régions génomiques correspondantes de différentes espèces de vers. La comparaison des fragments « correcteurs « provenant de différentes espèces a révélé qu'ils partageaient de courtes séquences qui avaient peu de chance de pouvoir coder une protéine.

On a montré par la suite que les courtes molécules d'ADN codées par *lin-4* et *let-7* inhibent la traduction des ARNm codés par *lin-14* et d'autres gènes hétérochroniques (Figure 22-10b). Ces petits ARN, ou micro ARN (ARNmi) sont complémentaires des séquences des parties 3' non traduites des ARNm cibles et contrôlent, pense-t-on, leur traduction en s'hybridant à eux. Des changements à différents moments du cycle vital de *C. elegans* dans la production de ces ARNmi et d'autres servent d'horloge régulatrice pour le lignage cellulaire. Des molécules apparentées à l'ARN de *let-7* ont été identifiées chez beaucoup d'autres animaux y compris les vertébrés et les insectes ; puisque leur production est régulée dans le temps également chez ces animaux, ils exercent probablement la même fonction dans leur développement que chez *C. elegans*. Comment la production des ARNmi régulateurs est contrôlée chronologiquement est une question qui reste sans réponse, mais l'on sait maintenant qu'ils jouent de nombreux rôles dans la régulation de l'expression génique (Chapitre 12).

CONCEPTS CLÉS DE LA SECTION 22.1

La naissance d'une cellule

- Lors d'une division cellulaire asymétrique, deux types différents de cellules filles sont formées à partir une cellule mère. Par contre, les deux cellules filles issues d'une division symétrique sont identiques, mais peuvent avoir des destins différents si elles sont exposées à des signaux externes différents (voir Figure 22-1).

- Des cellules souches pluripotentes peuvent produire plus d'un type de cellules filles, y compris dans certains cas, une cellule souche avec un potentiel plus restreint dans la production de types cellulaires différenciés (voir Figure 22-2).
- Des cellules souches embryonnaires en culture (cellules ES) sont capables de générer de nombreux types de cellules différenciées. Elles sont utiles à la production de souris génétiquement modifiées et offrent des perspectives thérapeutiques.
- Des populations de cellules souches associées à la plupart des tissus (e.g. la peau, épithélium intestinal, sang) régénèrent des tissus différenciés qui sont endommagés, en train de muer ou vieillissants (voir Figures 22-4 et 22-5).
- Des contrôles spécifiques empêchent les cellules souches de se différencier. Un taux élevé de β-caténine, un composant de la voie de signalisation Wnt, a été impliqué dans la conservation des cellules souches dans la peau et l'intestin en orientant ces cellules vers la division plutôt que vers des états de différenciation.
- Des cellules souches végétales persistent durant toute la vie de la plante dans le méristème. Ces cellules peuvent générer un large spectre de types cellulaires et de structures.
- Au cours du développement, des précurseurs cellulaires perdent certaines potentialités, c'est-à-dire que le nombre de types cellulaires dans lesquels ils pourraient se différencier se réduit.
- Tôt au cours du développement animal, les trois feuillets embryonnaires, ectoderme, mésoderme, endoderme, se forment. Chacun génère des tissus spécifiques et des organes (voir Figure 22-7).
- Les cellules germinales génèrent les ovules et les spermatozoïdes. Par définition, toutes les autres cellules sont dites somatiques.
- Le développement embryonnaire de *C. elegans* commence par une division asymétrique de l'ovule fécondé (zygote). Le lignage de toutes les cellules chez les vers adultes est connu et est hautement reproductible (voir Figure 22-9).
- De petits ARN régulateurs contrôlent la chronologie des divisions cellulaires au cours du développement en empêchant la traduction des ARNm dont les protéines correspondantes contrôlent les lignages cellulaires (voir Figure 22-10).

22.2 Spécification des types cellulaires chez la levure

Dans la section précédente, nous avons vu que les cellules souches et les précurseurs/progéniteurs cellulaires produisent une descendance qui s'engage dans des voies de différenciation spécifique. Les mécanismes régulateurs élégants par lesquels les cellules deviennent différentes sont appelés *spécification du type cellulaire*. Ce processus implique habituellement une combinaison de signaux externes avec des mécanismes internes de transduction du signal comme ceux qui sont décrits dans les Chapitres 14 et 15. Le passage de l'état indifférencié à l'état différencié implique la production d'un seul ou d'un petit nombre de **facteurs de transcription**. Ceux-ci, nouvellement produits, sont des commutateurs qui déclenchent l'activation (et parfois la répression) de batteries de gènes subordonnés. Aussi, un changement modeste peut avoir un impact puissant sur l'expression génique qui confère un nouveau caractère à la cellule.

Notre premier exemple de spécification cellulaire est fourni par la levure bourgeonnante, *S. cerevisiae*. Cet intéressant eucaryote unicellulaire a été introduit dans le Chapitre 1 et nous l'avons rencontré dans plusieurs autres. *S. cerevisiae* forme trois types de cellules : les cellules haploïdes **a** et α et les cellules diploïdes **a**/α. Chaque type a sa propre série de gènes actifs ; de nombreux autres gènes étant actifs dans les trois types cellulaires. Selon un schéma commun à de nombreux organismes et tissus, la spécification du type cellulaire chez la levure est contrôlée par un petit nombre de facteurs de transcription qui coordonnent les activités de nombreux autres gènes. On retrouve un tel mode de régulation dans les cellules d'eucaryotes supérieurs qui répondent à des signaux de l'environnement et dans la spécification et le façonnage des cellules et tissus au cours du développement.

Des études récentes des profils de transcription de ≈ 6 000 gènes de *S. cerevisiae* au moyen de **puces à ADN** ont fourni un tableau des fluctuations de l'expression génique dans les différents types cellulaires et les différents stades du cycle vital de la levure (voir Figure 9-35 pour une explication de la technique des puces à ADN). Un avantage de ce procédé est la possibilité d'identifier systématiquement une grande proportion des gènes contrôlant les divers processus, ce qui permet de se concentrer sur les participants les plus importants responsables des différences entre types cellulaires. Entre autres, chez la levure, on a identifié 32 gènes dont la transcription dans les cellules α est plus de deux fois supérieure à celle des cellules **a**. La transcription de 50 autres gènes dans les cellules **a** est plus de deux fois supérieure à celle des cellules α. Les produits de ces 82 gènes, qui au début sont activés par des régulateurs de transcription et de spécification, représentent la plupart des différences critiques entre les deux types cellulaires. Les résultats montrent clairement que les changements dans l'expression d'une petite fraction du génome suffisent à modifier significativement le comportement et les propriétés des cellules. La transcription d'un nombre beaucoup plus grand de gènes, environ 25 % du total analysé, diffère substantiellement entre cellules diploïdes et les cellules haploïdes. Les cellules **a** et α sont très semblables alors que les cellules haploïdes et diploïdes diffèrent largement, ce que confirment les puces à ADN.

Les facteurs de transcription codés par le locus *MAT* agissent de concert avec MCM1 pour spécifier le type cellulaire

Chacun des trois types cellulaires de *S. cerevisiae* exprime une série unique de gènes régulateurs qui sont responsables des différences entre les trois types cellulaires. Toutes les cellules haploïdes expriment certains gènes spécifiques des cellules haploïdes ; en plus, les cellules **a** expriment des gènes spécifiques de **a** et les cellules α expriment des gènes spécifiques de α. Dans les cellules diploïdes **a**/α, des gènes spécifiques des diploïdes sont exprimés, tandis que les gènes spécifiques des haploïdes, les spécifiques de **a** et les spécifiques de α ne le sont pas. Comme illustré à la Figure 22-11, trois facteurs de transcription spécifiques d'un type cellulaire (α1, α2 et **a**1) codés au *locus MAT* en combinaison avec un facteur de transcription général appelé *MCM1*, qui est exprimé par les trois types cellulaires, assurent l'expression génique spécifique du type cellulaire chez *S. cerevisiae*. Ainsi, les actions de trois facteurs de transcription seulement placent la cellule de levure sur une voie de différenciation spécifique qui aboutit à un type cellulaire unique. Grâce aux puces à ADN, nous connaissons l'effet essentiel de ces

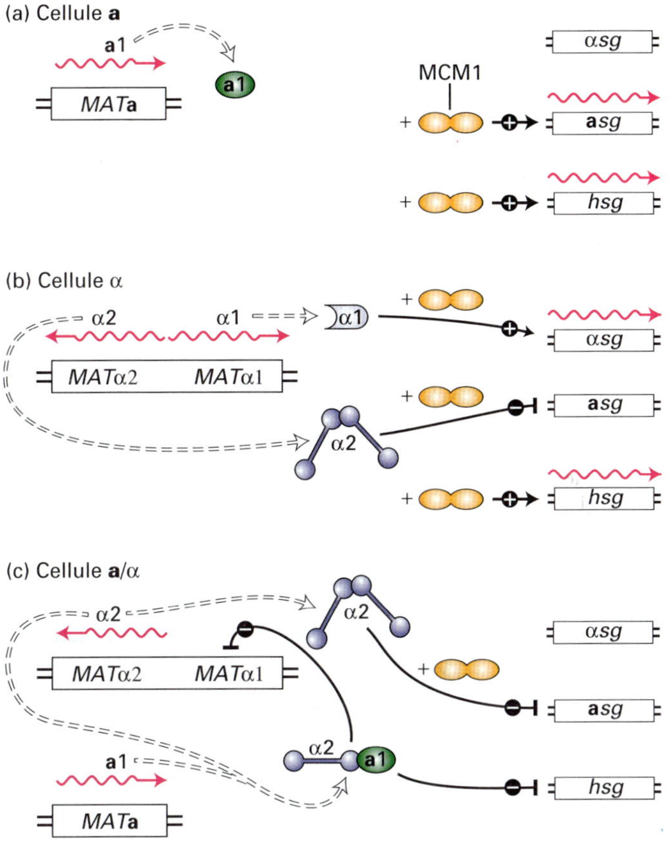

FIGURE 22-11 Contrôle de la transcription de gènes spécifiques de types cellulaires chez *S. cerevisiae*. Les séquences codantes du locus *MAT* diffèrent dans les cellules haploïdes **a** et α et dans les cellules diploïdes. Trois facteurs de transcription spécifique de chaque type (α1, α2 et **a**1) codés au locus MAT agissent avec MCM1, un facteur de transcription constitutif produit par les trois types cellulaires, pour déterminer un profil différent d'expression génique dans chacun des trois types cellulaires. **a***sg* = gènes/ARNm spécifiques de **a** ; α*sg* = gènes/ARNm spécifiques de α ; *hsg* = gènes/ARNm spécifiques des haploïdes.

participants clés : l'activation ou la répression de plusieurs douzaines de gènes qui contrôlent les caractéristiques cellulaires.

MCM1 fut le premier membre de la famille des facteurs de transcription *MADS* à être découvert. (MADS est l'acronyme des quatre premiers facteurs identifiés dans cette famille).) Les protéines liant l'ADN composant cette famille dimérisent et contiennent un domaine N-terminal MADS similaire. Dans la Section 22.3, nous rencontrerons d'autres facteurs de transcription MADS, qui participent au développement du muscle strié. Les facteurs de transcription MADS spécifient aussi les types cellulaires dans les organes floraux (voir Figure 15-28). MCM1 exerce une activité différente dans les cellules haploïdes **a** et α à cause de son association avec la protéine α1 ou α2 dans les cellules α. Agissant seul, MCM1 induit la transcription des gènes spécifiques de **a** dans les cellules **a** et des gènes spécifiques des haploïdes dans les deux types de cellules **a** et α (voir Figure 22-11a, b). Conséquence de cette action combinée, MCM1 favorise la transcription des gènes spécifiques de α et réprime la transcription des gènes spécifiques de **a** dans les cellules α. À présent, examinons de plus près comment MCM1 et les protéines codées par MAT exercent leurs effets.

MCM1 et les complexes α1-MCM1 activent la transcription génique

Dans les cellules **a**, MCM1 homodimérique se lie à la séquence dite boîte P dans les URS (*upstream regulatory sequences*, séquences régulatrices en amont) des gènes spécifiques de **a**, stimulant leur transcription (Figure 22-12a). La transcription des gènes spécifiques de α est contrôlée par deux séquences adjacentes, la boîte P et la boîte Q, localisées dans les URS de ces gènes. Bien que MCM1 se lie seul à la boîte P dans les URS spécifiques de **a**, il ne se lie pas à la boîte P dans les URS spécifiques de α. Aussi, les cellules **a** ne transcrivent pas les gènes spécifiques de α.

Dans les cellules α, qui produisent le facteur de transcription α1 codé par *MAT*α, la liaison simultanée de MCM1 et de α1 aux sites PQ est de forte affinité (Figure 22-12b). Cette liaison déclenche la transcription des gènes spécifiques de α. Dès lors, la transcription spécifique de **a** ne requiert qu'un seul facteur, tandis

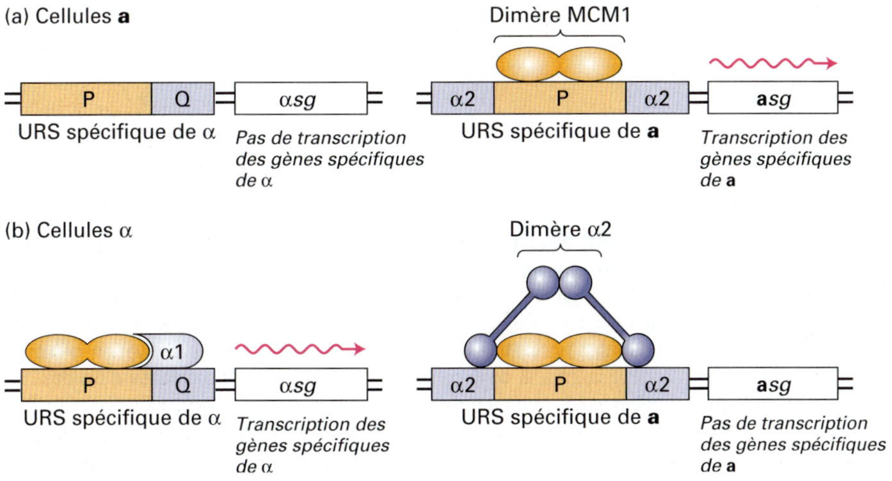

FIGURE 22-12 Activité de MCM1 dans les cellules a et α de levure. MCM1 dimérique se lie au site P dans les URS (*upstream regulatory sequences*) des gènes spécifiques de α et spécifiques de **a**, qui contrôlent respectivement la transcription des gènes spécifiques de α et des gènes spécifiques de **a**. (a) Dans les cellules **a**, MCM1 stimule la transcription des gènes spécifiques de **a**. MCM1 ne se lie pas efficacement au site P dans les URS spécifiques de α en absence de la protéine α1. (b) Dans les cellules α, l'activité de MCM1 est modifiée par son association avec α1 ou α2. Le complexe α1-MCM1 stimule la transcription des gènes spécifiques de α, tandis que le complexe α2-MCM1 bloque la transcription des gènes spécifiques de **a**. Le complexe α2-MCM1 est produit aussi dans les cellules diploïdes, où là aussi il bloque la transcription des gènes spécifiques de **a** (voir Figure 22-11c).

que la transcription de α nécessite la combinaison de deux facteurs, aucun d'eux ne pouvant activer à lui seul les gènes cibles.

Les complexes α2-MCM1 et α2-α1 répriment la transcription

L'interaction de α2 avec d'autres facteurs de transcription rend sa liaison aux différents sites de l'ADN hautement spécifique. Flanquant la boîte P dans chaque URS spécifique de **a** se trouvent deux sites de fixation d'α2. MCM1 et α2 peuvent se lier indépendamment à un URS spécifique de **a** avec une affinité relativement faible. Cependant, dans les cellules α, la liaison simultanée de α2 et de MCM1 à ces sites est de forte affinité et a pour effet de réprimer la transcription des gènes spécifiques de **a**, empêchant ainsi qu'ils ne soient exprimés dans les cellules α et les cellules diploïdes (voir Figure 22-12b, *à droite*). MCM1 favorise la liaison de α2 à un URS spécifique de **a** en orientant les deux domaines liant l'ADN du dimère α2 vers les séquences de l'URS qui lient α2. Puisque la molécule dimérique α2 se lie aux deux sites dans un URS spécifique de **a**, chaque site d'ADN est appelé demi-site. Les positions relatives des deux demi-sites et leur orientation sont hautement conservées parmi les différents URS spécifiques de **a**.

Les combinaisons des facteurs de transcription accentuent la spécificité de la régulation génique. La présence de nombreux sites de fixation de α2 dans le génome et la spécificité « lâche » de la protéine α2 peut élargir le spectre de gènes qu'elle peut réguler. Par exemple, dans les cellules diploïdes **a**/α, α2 forme un hétérodimère avec α1 qui réprime les gènes spécifiques des haploïdes et le gène codant α1 (voir Figure 22-11c). L'exemple de α2 suggère que la spécificité lâche peut faire partie d'une stratégie générale qui permet à un seul facteur de transcription d'agir sur un plus grand nombre de gènes.

La conjugaison des cellules a et α induite par les phéromones génère un troisième type cellulaire

Une caractéristique importante du cycle vital de la levure est la capacité des cellules **a** et α de s'attacher l'une à l'autre et de fusionner pour donner une cellule diploïde **a**/α (voir Figure 1-5). Chaque type de cellule haploïde sécrète un facteur de conjugaison différent, un petit polypeptide servant de **phéromone**, et exprime un récepteur de surface couplé à une protéine G qui reconnaît la phéromone sécrétée par les cellules de l'autre type. Aussi, les cellules **a** et α sécrètent et répondent aux phéromones (Figure 22-13). La liaison des facteurs de conjugaison à leur récepteur induit l'expression d'une série de gènes codant des protéines qui imposent l'arrêt du cycle cellulaire en G_1 et induisent l'attachement/fusion des cellules haploïdes pour former des cellules diploïdes. En présence de nutriments en suffisance, les cellules diploïdes continueront à proliférer. En cas de privation, les cellules diploïdes entrent en méiose, chacune fournissant quatre spores haploïdes. Si les conditions environnementales redeviennent favorables à la prolifération végétative, les spores vont germer et entrer en mitose.

Les mutants de levure ont fourni des indications sur le mécanisme par lequel les phéromones induisent la conjugaison. Par exemple, des cellules haploïdes porteuses d'une mutation dans le locus *sterile 12* (*STE12*) ne peut répondre aux phéromones et donc ne fusionnent pas. Le gène *STE12* code un facteur de trans-

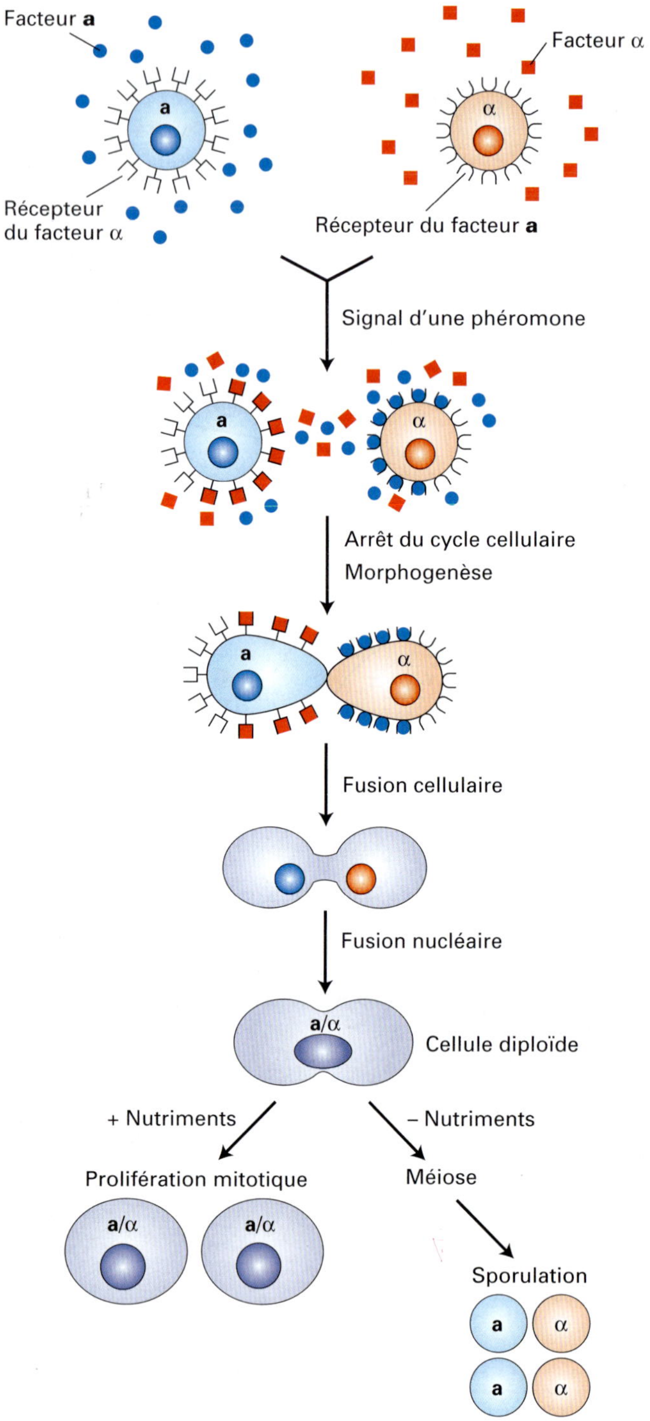

FIGURE 22-13 Conjugaison des cellules haploïdes de levure induite par des phéromones. Les cellules α produisent un facteur de conjugaison α et un récepteur pour **a** ; les cellules **a** produisent un facteur **a** et un récepteur pour α. La liaison des facteurs de conjugaison à leur récepteur spécifique sur les cellules de type opposé entraîne une activation génique, aboutissant à la conjugaison et à la production de cellules diploïdes. En présence de nutriments en suffisance, ces cellules vont pousser en gardant leur état diploïde. Sans nutriments en suffisance, elles entrent en méiose et forment quatre spores haploïdes.

cription qui se lie à une séquence d'ADN appelée élément de réponse aux phéromones, qui est présente dans beaucoup d'URS différents spécifiques de **a** et α. La liaison des facteurs de conjugaison aux récepteurs de surface induit une cascade d'événements de signalisation, aboutissant à la phosphorylation de diverses protéines comprenant Ste12 (voir Figure 14-24). Cette phosphorylation rapide est corrélée avec une augmentation de la capacité de Ste12 de stimuler la transcription. On ignore encore si Ste12 peut, sans être elle-même phosphorylée, stimuler la transcription en réponse à la phéromone.

On a étudié soigneusement l'interaction entre la protéine Ste12 et l'URS qui contrôle la transcription de *STE12* lui-même, un gène spécifique de **a**, qui code le récepteur de phéromone α. La production accrue de ce récepteur codé par *STE12* augmente l'efficacité du processus de conjugaison. Un élément de réponse aux phéromones qui fixe Ste12 est adjacent à cet URS spécifique de **α** dans le gène *STE12*. Quand on met les cellules **a** en présence de phéromone α, on voit la transcription de *STE12* s'amplifier par un mécanisme qui requiert Ste12. Cette protéine se fixe le mieux à l'élément de réponse aux phéromones dans l'URS de *STE12* quand MCM1 est en même temps fixé au site P adjacent. Rappelons que MCM1 est activateur ou répresseur à différents URS selon qu'il est associé à α1 ou à α2. Ici la fonction de MCM1 comme activateur est stimulée par la liaison d'un autre facteur de transcription, Ste12, dont l'activité est modulée par des signaux extracellulaires.

CONCEPTS CLÉS DE LA SECTION 22.2

Spécification des types cellulaires chez la levure

- La spécification de chacun des trois types cellulaires de levure, les cellules haploïdes **a** et α et les diploïdes **a**/α, est déterminée par une série unique de facteurs de transcription agissant en différentes combinaisons sur des sites régulateurs spécifiques du génome de la levure (voir Figure 22-11).
- Certains facteurs de transcription peuvent agir comme répresseurs ou activateurs selon les sites régulateurs spécifiques auxquels ils se lient et la présence ou l'absence d'autres facteurs de transcription fixés à des sites voisins.
- Quand des cellules haploïdes lient des phéromones induisant la conjugaison, l'expression des gènes codant des protéines qui assurent la fusion est activée, ce qui génère le troisième type de cellule de levure (voir Figure 22-13).

22.3 Spécification et différenciation des muscles

Comme l'indiquent les profils d'expression globale, les cellules de levure différentes par leur rôle dans la conjugaison diffèrent relativement peu. Les biologistes du développement n'ont pas encore répertorié la série complète de molécules qui distinguent un type cellulaire donné (e.g. muscles) des autres types dans un organisme multicellulaire. La spécification et la différenciation cellulaires qui se déroulent durant le développement des animaux et des plantes dépendent des différences quantitatives et qualitatives de l'expression génique, contrôlée au niveau de la transcription, ainsi que des structures cellulaires et des états d'activité des protéines.

Une variété impressionnante de stratégies moléculaires, dont certaines sont analogues à celles qui sont impliquées dans la spécification des types cellulaires de la levure, a été mise en place au cours de l'évolution pour aboutir aux voies complexes de développement des organismes multicellulaires. Les cellules musculaires ont fait l'objet d'une attention particulière parce que leur développement peut être étudié aussi bien sur des cellules en culture ainsi que sur animaux. Les premières avancées dans la compréhension de la formation des cellules musculaires (myogenèse) sont liées à la découverte des gènes régulateurs qui convertissent des cultures cellulaires en cellules musculaires. Plus tard, on a induit, chez la souris, des mutations touchant ces gènes afin de connaître les fonctions des protéines correspondantes, à la suite de quoi on a cherché comment les gènes régulateurs musculaires contrôlent d'autres gènes.

La protéine Twist est un facteur de transcription nécessaire à la formation des muscles chez les mouches et d'autres animaux. Elle déclenche la production d'autres facteurs de transcription qui, à leur tour, activent les gènes qui codent la myosine, l'actine et d'autres protéines propres aux muscles. On a eu recours aux puces ADN pour comprendre la fonction du gène *twist* et d'autres gènes régulateurs dans le développement musculaire. Par exemple, le profil d'expression des embryons normaux de drosophile a été comparé avec celui d'embryons dont le gène *twist* était déficient. Pour estimer combien de gènes sont nécessaires pour la différenciation d'un muscle, on a étudié l'expression d'environ 4 000 gènes (environ 30 % du total) chez des embryons normaux de mouche et chez les mutants de *twist*. Chez ceux-ci, parmi les gènes présents sur la biopuce, environ 130 (3,3 %), comprenant de nombreux gènes de différenciation musculaire connus, étaient peu, ou pas du tout, transcrits chez les mutants « *twist* ». Ces résultats suggèrent que les changements transcriptionnels dans au moins plusieurs centaines de gènes sont associés à la différenciation d'un type cellulaire hautement spécialisé comme un muscle.

Dans d'autres analyses récentes par puces ADN, on a recherché les gènes dont la transcription diffère dans les divers sous-types de muscle chez la souris. Parmi les 3 000 gènes examinés, on en a identifié 49 qui sont transcrits à des taux significativement différents dans le muscle rouge (endurance) et le muscle blanc (réponse rapide). Des indications sur la base moléculaire des différences fonctionnelles entre ces deux sous-types viendront probablement de l'étude de ces 49 gènes et de leur produit.

Ici, nous examinons le rôle de certains facteurs de transcription dans la formation du muscle squelettique chez les vertébrés. Ces régulateurs illustrent comment la transcription coordonnée de séries de gènes cibles peut produire des types cellulaires différenciés et comment une cascade d'événements transcriptionnels et de signaux est nécessaire pour coordonner les comportements et les fonctions cellulaires.

Les somites de l'embryon deviennent des myoblastes, les précurseurs des cellules musculaires squelettiques

Chez les vertébrés, la myogenèse se déroule en trois phases : la **détermination** du précurseur des cellules musculaires appelé *myoblaste* ; sa prolifération et, dans certains cas, sa migration ; puis sa différenciation terminale en un muscle mature (Figure 21-14). Au premier stade, les myoblastes proviennent de blocs de cellules mésodermiques, appelés *somites*, situés de part et d'autre du tube neural de l'embryon. Des signaux spécifiques du tissu environnant jouent un rôle important dans la détermination du lieu où les myoblastes se formeront dans le somite en développement. À l'échelle moléculaire, l'orientation d'une cellule mésodermique vers un destin de cellule musculaire est le reflet de l'activation de gènes codant des facteurs de transcription particuliers.

Après que les myoblastes ont proliféré et migré, disons, vers un bourgeon de membre en développement, ils s'alignent, cessent de se diviser et fusionnent en un **syncytium** (cellule plurinucléée à cytoplasme unique), qui constitue ce que l'on appelle un *myotube*. Au moment de cette fusion, la cellule est sujette à une brutale accélération de l'expression des gènes nécessaires au développement et au fonctionnement du muscle.

Les signaux extracellulaires spécifiques qui induisent la détermination de chaque groupe de myoblastes ne sont exprimés que de manière transitoire. Ils déclenchent la production de facteurs intracellulaires qui maintiennent le programme myogène après que les signaux inducteurs ont disparu. Nous décrirons l'identification et la fonction de ces protéines myogènes ainsi que leurs interactions dans les prochaines sections

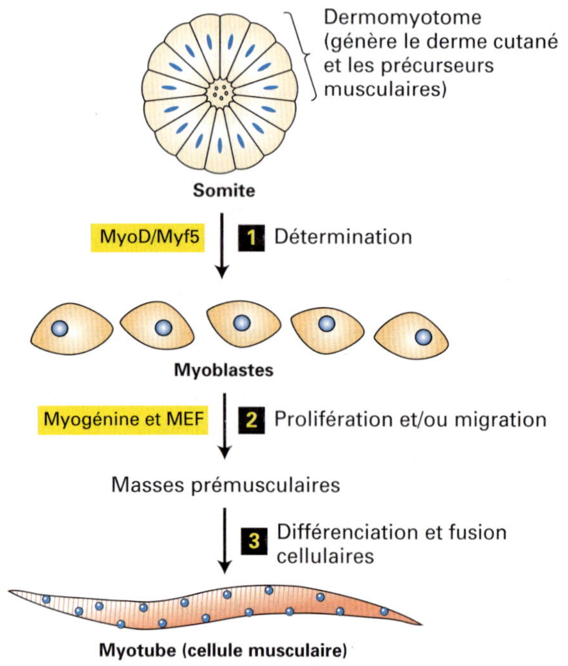

FIGURE 22-14 Trois stades du développement du muscle squelettique chez un vertébré. Les somites sont des sphères épithéliales de cellules mésodermiques embryonnaires ; certaines d'entre elles (le myotome) deviendront des myoblastes sous l'influence de signaux provenant d'autres tissus (**1**). Après que les myoblastes ont proliféré et migré dans les bourgeons des membres et ailleurs (**2**), ils entreprennent leur différenciation terminale en cellules musculaires squelettiques multinucléées, les myotubes (**3**). Les facteurs de transcription principaux qui dirigent la myogenèse sont surlignés en jaune. Voir aussi la Figure 22-17.

Les gènes myogènes furent d'abord identifiés lors d'études de fibroblastes en culture

Les gènes myogènes constituent un bel exemple du mode de contrôle qu'exercent les facteurs de transcription sur la différenciation progressive dans un lignage cellulaire. Des études in vitro avec la lignée de fibroblastes appelée C3H 10T1/2 ont joué un rôle central dans la dissection des mécanismes de contrôle de la transcription régulant la myogenèse squelettique. Lorsque ces cellules sont incubées en présence de 5-azacytidine, un dérivé de la cytidine qui ne peut être méthylé, ce qui modifie la transcription, elles se différencient en myotubes. La 5-azacytidine est convertie dans la cellule en 5-azadésoxycytidine triphosphate, puis incorporée dans l'ADN à la place de la déoxycytidine. Puisque les résidus de désoxycytidine méthylée sont habituellement présents dans les régions de l'ADN inactif sur le plan de la transcription, le remplacement des résidus de cytidine par un dérivé qui ne peut être méthylé permettrait l'activation de gènes réprimés par la méthylation.

Vu la fréquence élevée avec laquelle les cellules C3H 10T1/2 devenaient des myotubes, les chercheurs pensèrent tout de suite que la réactivation d'un gène ou d'un petit nombre de gènes étroitement liés suffisait à mettre en œuvre le programme de différenciation musculaire. Pour tester cette hypothèse, on a isolé l'ADN de

FIGURE EXPÉRIMENTALE 22-15 Les gènes myogènes isolés de cellules traitées par l'azacytidine peuvent induire la myogenèse quand ils sont transfectés dans d'autres cellules. (a) Quand des cellules C3H 10T1/2 sont traitées par l'azacytidine, beaucoup se différencient en myotubes. Pour isoler les gènes responsables de cette conversion, tous les ARNm des cellules traitées ont d'abord été isolés à partir des extraits cellulaires sur colonne d'oligo-dT. Les ARNm s'y attachent par leur séquence polyA. Étapes **1** et **2** : Les ARNm sont convertis en ADNc marqués par un radio-isotope. Étape **3** : Quand on mélange ces ADNc avec des ARNm de cellules C3H 10T1/2 *non traitées*, seuls s'hybrident les ADNc dérivés d'ARNm (en rose) produits tant par les cellules traitées par l'azacytidine que par les cellules non traitées. L'ADN double brin fut séparé des ADNc non hybridés (en bleu foncé) produits seulement par les cellules traitées par l'azacytidine. Étape **4** : Les ADNc spécifiques pour les cellules traitées par l'azacytidine furent alors utilisés comme sondes pour cribler une bibliothèque d'ADNc de cellules traitées par l'azacytidine (Chapitre 9). Au moins certains des clones identifiés par ces sondes devaient correspondre aux gènes requis pour la myogenèse. (b) Chacun des clones d'ADNc identifiés dans la partie (a) a été incorporé dans un plasmide porteur d'un promoteur puissant. Étapes **1** et **2** : Les cellules C3H 10T1/2 furent cotransfectées avec chaque plasmide recombinant plus un second plasmide porteur d'un gène conférant une résistance à un antibiotique appelé G418 ; seules les cellules qui ont incorporé les plasmides pouvaient donc proliférer en présence de G418. Un des clones sélectionnés, désignés *myoD*, s'est révélé capable d'induire la conversion des cellules C3H 10T1/2 en cellules musculaires, qui furent identifiées au moyen d'anticorps marqués dirigés contre la myosine, une protéine spécifique des muscles (étape **3**). [Voir R. L. Davis *et al.*, 1987, *Cell* **51** :987.]

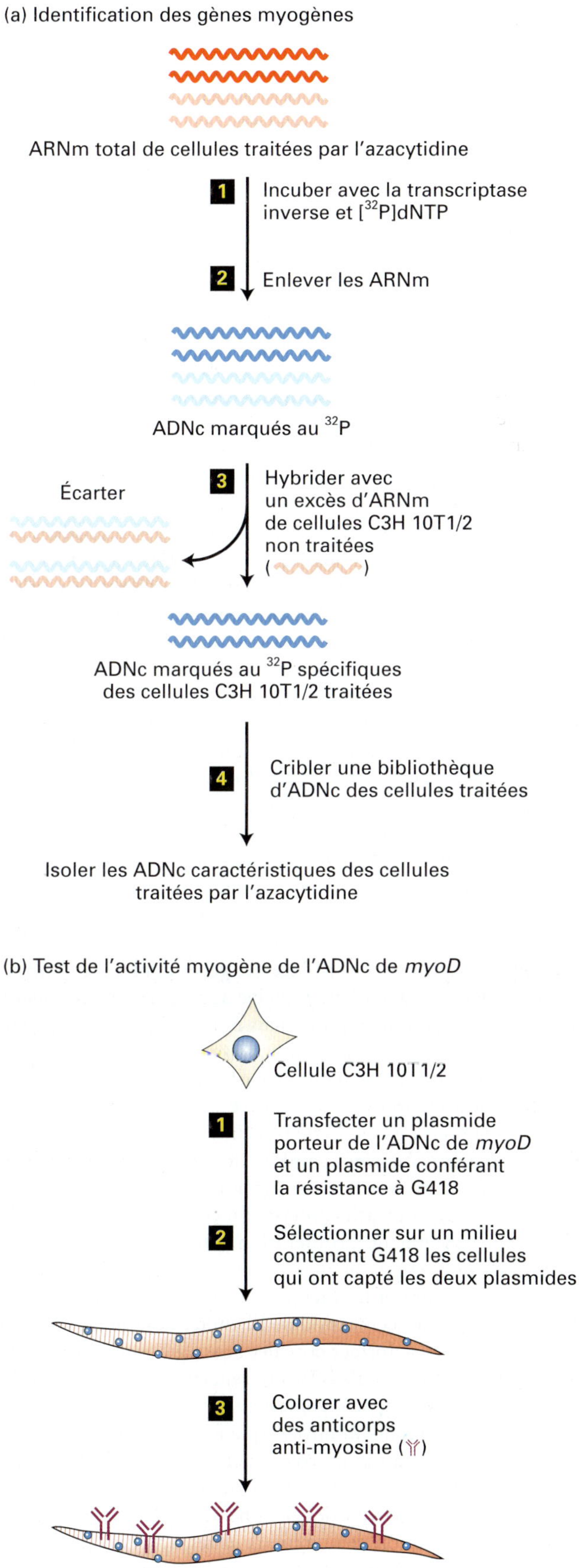

cellules C3H 10T1/2 traitées par la 5-azacytidine et on l'a transfecté dans des cellules non traitées. L'observation que 1 sur 10^4 cellules transfectées avec cet ADN était convertie en un myotube est une fréquence en accord avec l'hypothèse selon laquelle un gène ou un petit nombre de gènes étroitement liés est responsable de la différenciation des fibroblastes en myotubes.

Ces observations furent le prélude à l'isolement et à la caractérisation de quatre gènes différents mais apparentés qui peuvent convertir les cellules C3H 10T1/2 en muscle. La Figure 22-15 schématise le protocole que l'on a suivi pour identifier et tester un de ces gènes, appelé *myoD* (*myogenic determination gene*). Les cellules C3H 10T1/2 transfectées avec l'ADNc de *myoD* et celles qui furent traitées par la 5-azacytidine formèrent des myotubes. L'ADNc de *myoD* fut aussi capable de convertir en muscle diverses autres lignées cellulaires en culture. Sur base de ces résultats, le gène *myoD* a été proposé comme un des acteurs principaux dans le développement musculaire. Une démarche similaire a mené à trois autres gènes, *myogénine*, *myf5* et *mrf4*, qui interviennent aussi dans le développement musculaire.

Des facteurs régulateurs ou amplificateurs agissent de concert pour assurer la spécificité myogène

Les quatre protéines myogènes, MyoD, Myf5, myogénine et MRF4, appartiennent à la famille des facteurs de transcription se liant à l'ADN, **bHLH** (*basic helix-loop-helix*) (voir Figure 11-22b). Près du centre de ces protéines, se trouve une région basique (B) liant l'ADN ; elle est voisine du domaine HLH, qui permet la dimérisation. Cet ensemble impliqué dans la liaison à l'ADN et dans la dimérisation est entouré de deux domaines d'activation. Les quatre protéines bHLH myogènes sont regroupées sous le nom de *MRF* (*muscle-regulatory factors*) (Figure 22-16a).

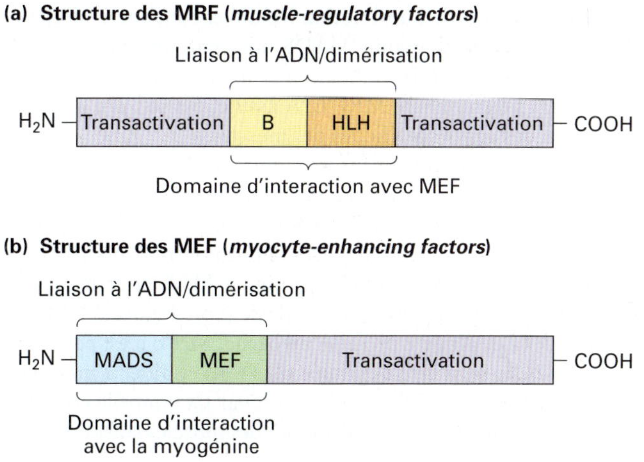

FIGURE 22-16 Structures générales de deux classes de facteurs de transcription qui participent à la myogenèse. Les MRF (*muscle regulatory factors*) sont des protéines bHLH (*basic helix-loop-helix*) qui ne sont produites que par le muscle en développement. Les MEF (*myocyte-enhancing factors*), qui sont produits dans d'autres tissus que les muscles en développement, appartiennent à la famille MADS. L'activité myogène des MRF est amplifiée par leur interaction avec les MEF.

Les protéines bHLH forment des homo- et hétérodimères qui se lient à un site d'ADN de 6 pb avec une séquence consensus CANNTG (N = tout nucléotide) appelée boîte E. Celle-ci est présente dans de nombreux sites différents du génome (sur base purement aléatoire, on la retrouverait tous les 256 nucléotides). Aussi, un certain mécanisme doit garantir que les gènes spécifiques des muscles soient seuls régulés par les MRF et pas d'autres gènes contenant des boîtes E dans leur région de contrôle de transcription. Comment cette spécificité myogène est-elle respectée ? La réponse est venue de l'observation que MyoD s'attache à l'ADN avec une affinité 10 fois supérieure quand elle forme un complexe hétérodimérique avec E2A, une autre protéine bHLH, que lorsqu'elle est homodimérique. De plus, dans les cellules C3H 10T1/2 traitées par la 5-azacytidine, MyoD est complexée à E2A, et les deux protéines sont requises pour la myogenèse de ces cellules. Les domaines liant l'ADN dans E2A et MyoD ont des séquences en acides aminés semblables mais non identiques, et les deux protéines reconnaissent les boîtes E. Les autres MRF forment aussi des hétérodimères avec E2A qui ont des propriétés semblables aux complexes MyoD-E2A. Cette hétérodimérisation restreint l'activité des facteurs de transcription myogène aux gènes associés étroitement à des boîtes E.

Puisque E2A est exprimée dans de nombreux tissus, sa nécessité ne suffit pas à conférer la spécificité myogène. Des études ultérieures ont suggéré que des acides aminés spécifiques dans le domaine bHLH de tous les MRF contribuent à la spécificité myogène en permettant aux complexes MRF-E2A de se lier spécifiquement à une autre famille de protéines liant l'ADN appelées MEF (*myocyte enhancing factors*). On a considéré que ces agents étaient d'excellents candidats à cette fonction pour deux raisons. Premièrement, de nombreux gènes spécifiques des muscles contiennent des sites de reconnaissance pour les MEF et les MRF. Deuxièmement, bien que les MEF ne puissent induire à elles seules une conversion myogène des cellules C3H 10T1/2 traitées par la 5-azacytidine, elles augmentent l'aptitude des MRF à le faire. Cette amplification requiert une interaction physique entre l'homodimère MEF et l'hétérodimère MFR-E2A. MEF appartient à la famille des facteurs de transcription MADS et contient un domaine MEF qui, avec le domaine MADS adjacent, interagit avec la myogénine (Figure 22-16b). L'action synergique de l'homodimère MEF et de l'hétérodimère MRF-E2A assure, pense-t-on, une forte expression des gènes spécifiques des muscles.

En extension du travail sur les cultures cellulaires, on a utilisé des souris *knockout* et des mutants de la drosophile pour étudier la contribution des protéines MRF et MEF à la spécification myogène chez l'animal intact. Ces expériences ont démontré l'importance de trois des protéines MRF et des protéines MEF pour les étapes distinctes du développement musculaire (voir Figure 22-14). La fonction de la quatrième protéine myogène, Mrf4, n'est pas tout à fait claire ; elle peut être exprimée plus tard et aider à maintenir les cellules musculaires différenciées et, par un contrôle combiné, garantir que seuls les gènes spécifiques des muscles soient activés.

La différenciation terminale des myoblastes est soumise à des contrôles positifs et négatifs

Des régulateurs puissants du développement comme les MRF ne peuvent être laissés sans contrôle. En fait, leurs actions sont surveillées à plusieurs niveaux. Premièrement, la production de régulateurs musculaires n'est activée que dans les cellules médodermiques dans le site adéquat et au bon moment chez l'embryon en réponse à des régulateurs du type de ceux qui sont décrits dans le Chapitre 15. D'autres protéines interviennent dans des mécanismes supplémentaires pour exercer un contrôle serré sur la myogenèse : des protéines remodelant la chromatine sont nécessaires pour rendre les gènes cibles accessibles aux MRF ; des protéines inhibitrices peuvent restreindre l'activité des MRF ; des relations antagonistes entre les régulateurs du cycle cellulaire et les facteurs de différenciation comme les MRF assurent que les cellules en voie de différenciation ne se diviseront pas et vice versa. Tous ces facteurs contrôlent quand et où les muscles se forment.

Protéines activant le remodelage de la chromatine Les protéines MRF contrôlent des batteries de gènes spécifiques des muscles, mais ne peuvent le faire que si elles ont accès à la chromatine. Son remodelage, qui est habituellement nécessaire pour l'activation génique, dépend de grands complexes protéiques (e.g. complexe Swi/Snf) qui ont une activité d'ATPase et peut-être d'hélicase. On pense que ces complexes recrutent des histone acétylases qui modifient la chromatine pour rendre les gènes accessibles aux facteurs de transcription (Chapitre 11). On a testé l'hypothèse que ces complexes aident les facteurs myogènes en utilisant les versions dominantes négatives des ATPases au centre de ces complexes. (Le Chapitre 9 nous expliquait qu'une mutation dominante négative produit un phénotype mutant même quand un allèle normal du gène est présent.) Lorsque les gènes touchés par ces mutations dominantes négatives furent transfectés dans des cellules C3H 10T1/2, l'introduction de gènes myogènes n'a plus converti les cellules en myotubes. Par ailleurs, dans ces cellules C3H 10T1/2 doublement transfectées, un gène spécifique des muscles qui est normalement activé n'a pas montré son aspect habituel de changements chromatiniens. Ces résultats indiquent que l'activation de la transcription par des protéines myogènes dépend d'une structure adéquate de la chromatine dans les régions des gènes spécifiques des muscles.

Protéines inhibitrices Le criblage des gènes apparentés à *myoD* a permis l'identification d'une protéine apparentée qui contient la région de dimérisation de HLH mais non la région basique liant l'ADN. Elle est dès lors incapable de se lier aux séquences des boîtes E de l'ADN. En se liant à MyoD ou à E2A, elle inhibe la formation des hétérodimères MyoD-E2A et diminue ainsi leur haute affinité pour l'ADN. Cette protéine, qui est appelée Id, pour *inhibitor of DNA binding*, empêche les cellules qui produisent MyoD et E2A d'activer la transcription du gène spécifique des muscles qui code la créatine kinase. En conséquence, les cellules restent dans un état de prolifération. Quand ces cellules sont amenées à se différencier en muscle (par exemple, par l'élimination du sérum, qui contient les facteurs de croissance requis pour la prolifération), la concentration de Id chute. Les dimères MyoD-E2A peuvent alors se former et se lier aux régions régulatrices des gènes cibles, et orienter ainsi la différenciation des cellules C3H 10T1/2 en cellules du type myoblaste.

Des travaux récents montrent que les histones acétylases et déacétylases jouent aussi un rôle crucial dans la régulation des gènes spécifiques des muscles. Comme expliqué dans le Chapitre 11, l'acétylation des histones dans la chromatine est nécessaire à l'activation de nombreux gènes, alors que les histone déacétylases répriment la transcription (voir Figure 11-32). MEF2 recrute les histones acétylases comme p300/CBP, en passant par une autre protéine servant de médiateur, et active ainsi la transcription des gènes cibles. L'immunoprécipitation de la chromatine par des anticorps dirigés contre l'histone H4 acétylée montre que le taux d'histone acétylée et associée aux gènes régulés par MEF2 est plus élevée dans les myotubes différenciés que dans les myoblastes (voir Figure 11-31). Le rôle des histone déacétylases dans le développement musculaire a été révélé par des expériences dans lesquelles on a d'abord introduit des gènes *myoD* supplémentaires dans des cellules C3H 10T1/2 pour augmenter le taux de MyoD. Il s'en est suivi une activation accrue des gènes cibles et une différenciation plus rapide des cellules en myotubes. Cependant, quand les gènes codant les histone déacétylases furent aussi introduits dans les cellules C3H 10T1/2, l'effet inducteur de muscle de MyoD a été bloqué et les cellules ne se sont pas différenciées en myotubes.

Comment les histone déacétylases inhibent-elles la différenciation musculaire induite par MyoD ? L'explication est venue de l'observation surprenante que MEF2 peut se lier, par son domaine MADS, à une histone déacétylase. Cette interaction, qui peut s'opposer à la fonction de MEF2 et à la différenciation musculaire, est bloquée normalement au cours de la différenciation parce que l'histone déacétylase est phosphorylée par une protéine kinase qui dépend du calcium et de la calmoduline ; la déacétylase phosphorylée migre alors du noyau dans le cytoplasme. En résumé, ces résultats indiquent que l'activation des gènes des muscles par MyoD et MEF2 est en compétition avec leur inactivation par les structures chromatiniennes répressives et que la localisation nucléaire plutôt que cytoplasmique des facteurs chromatiniens est une étape régulatrice déterminante.

Protéines du cycle cellulaire Le début de la différenciation terminale dans de nombreux types cellulaires est associé à l'arrêt du cycle cellulaire, et le plus souvent en G_1, ce qui suggère que la transition de l'état indifférencié à l'état différencié peut être influencé par des protéines du cycle cellulaire entre autres les **cyclines** et les **kinases dépendant des cyclines** (Chapitre 21). Par exemple, certains inhibiteurs des kinases dépendant des cyclines peuvent induire la différenciation musculaire de cellules en culture, et les quantités de ces inhibiteurs in vivo sont nettement plus élevées dans les cellules musculaires en voie de différenciation que dans celles qui ne se différencient pas. À l'inverse, on peut inhiber la différenciation des myéloblastes en culture en les transfectant avec l'ADN codant la cycline D1 sous le contrôle d'un promoteur actif de manière constitutive. L'expression de la cycline D1, qui normalement ne survient que durant G_1, est induite par des facteurs mitogènes dans de nombreux types cellulaires et lance le cycle cellulaire (voir Figure 21-28). L'aptitude de la cycline D1 d'empêcher la différenciation des myoblastes in vitro imiterait, sous certains aspects, la signalisation qui in vivo s'oppose à la différenciation. L'antagonisme entre régulateurs négatifs et positifs de la progression de G_1 joue probablement un rôle important dans le contrôle de la myogenèse in vivo.

Les signaux intercellulaires sont cruciaux pour la détermination du destin cellulaire et la migration des myoblastes

Rappelons que les myoblastes venant des somites doivent non seulement proliférer mais aussi migrer vers leur site propre tout en établissant des liens adéquats pendant leur différenciation en cellules musculaires (Figure 22-17). L'expression des gènes myogènes suit souvent des événements élaborés qui mènent certaines cellules du somite à se détacher de l'épithélium du somite et qui orientent leur migration. Un facteur de transcription, Pax3, est produit dans le sous-groupe de cellules du somite qui formera le muscle. Pax3 paraît occuper le sommet de la hiérarchie des régulateurs qui contrôlent la formation musculaire dans la paroi du corps et les membres. Les myoblastes qui migreront, mais non les cellules qui restent à l'arrière, produisent aussi un facteur de transcription appelé Lbx1. Si Pax3 n'est pas fonctionnel, les transcrits de Lbx1 sont ignorés et les myoblastes ne migrent pas. Tant Pax3 que Lbx1 peuvent modifier l'expression de *myoD*.

Pour quitter les somites, les myoblastes doivent recevoir le signal d'une protéine sécrétée appelée *SF* (*scatter factor*) ou *HGF* (*hepatocyte growth factor*). Ce signal est produit par des cellules du tissu conjonctif (mésenchyme) embryonnaire dans les bourgeons des membres dans lesquels les myoblastes migrent. La production de SF/HGF est induite par d'autres agents de signalisation comme le facteur de croissance des fibroblastes et Sonic hedgehog, qui jouent un rôle critique dans le développement des membres (Chapitre 15). Le récepteur de surface pour SF/HGF, qui est exprimé par les myoblastes, appartient à la classe des récepteurs à activité de tyrosine kinase (RTK) (Chapitre 14). Les cellules migrent des somites à hauteur des régions de l'axe tête-queue où les membres se formeront et non pas ailleurs car SF/HGF n'est présent que là où les membres se développeront. Si le signal SF/HGF ou son récepteur n'est pas fonctionnel, les cellules du somite produiront Lbx1, mais ne continueront pas à migrer ; aussi les muscles ne

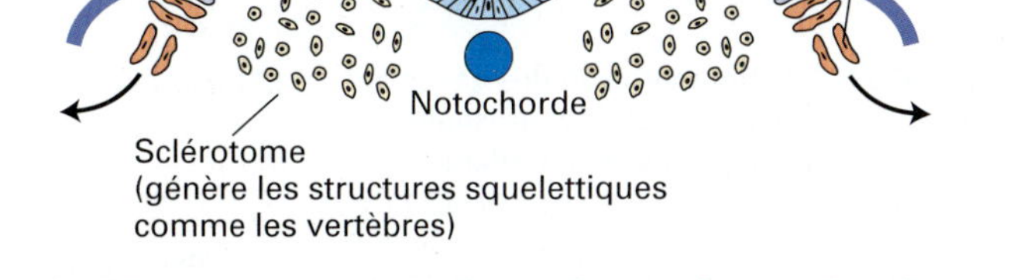

FIGURE 22-17 Détermination embryonnaire et migration des myoblastes chez les mammifères. Après formation du tube neural, chaque somite forme un sclérotome, qui donnera les structures squelettiques, et un dermomyotome. Celui-ci produit le derme cutané et les muscles. Les myoblastes latéraux migrent dans les bourgeons des membres ; les myoblastes médians donneront les muscles du tronc. Le reste d'un dermomyotome génère le tissu conjonctif de la peau. [Adapté de M. Buckingham, 1992, *Trends Genet.* **8** :144.]

se formeront pas dans les membres. L'expression du gène de la myogénine, qui est nécessaire à la formation des myotubes, et de *mrf4*, qui est nécessaire à la différenciation en fibres musculaires, ne commence qu'après que les myoblastes en migration se soient approchés de leur destination dans les bourgeons des membres ; ces étapes dans la différenciation terminale du muscle ne sont probablement pas compatibles avec la migration.

Nous n'avons mentionné que quelques-uns des nombreux signaux externes et facteurs de transcription qui contribuent à la construction correcte d'un muscle. Pour y parvenir, il faut que, durant la myogenèse, toutes ces molécules régulatrices fonctionnent de manière coordonnée tant dans l'espace que dans le temps.

Les protéines régulatrices bHLH interviennent dans la formation d'autres tissus

Quatre facteurs de transcription bHLH, remarquablement semblables aux protéines bHLH myogènes, contrôlent la neurogenèse chez la drosophile. Des protéines similaires paraissent exercer la même fonction chez les vertébrés et peut-être dans la détermination et la différenciation des cellules hématopoïétiques.

Les protéines bHLH neurogènes chez la drosophile sont codées par une séquence de ≈ 100 kb de l'ADN génomique appelée *complexe achaete-scute* (AS-C), contenant quatre gènes désignés *achaete* (*ac*), *scute* (*sc*), *lethal of scute* (*l'sc*) et *asense* (*a*). Les effets de mutations de perte de fonction indiquent que les protéines Achaete (Ac) et Scute (Sc) participent à la détermination des cellules souches neuronales, appelées *neuroblastes*, tandis que la protéine Asense (As) est requise pour la différenciation de la descendance de ces cellules en neurones. Ces fonctions sont analogues aux rôles que jouent MyoD et Myf5 dans la détermination de muscle et à celui de la myogénine dans la différenciation. Deux autres protéines de la drosophile, désignées Da et Emc, ont des structures et fonctions analogues respectivement à E2A et Id chez les vertébrés. Par exemple, les complexes hétérodimériques de Da avec Ac ou Sc se lient à l'ADN mieux que les formes homodimériques de Ac et Sc. Comme Id, Emc ne contient pas le domaine basique liant l'ADN ; en se fixant aux protéines Ac et Sc, elle empêche association de celles-ci à Da et à l'ADN. Les fonctions similaires de ces protéines myogènes et neurogènes sont mises en parallèle dans la Figure 22-18).

Une famille de protéines bHLH apparentées aux protéines Achaete et Scute de la drosophile a été identifiée chez les vertébrés. Une d'entre elles, appelées neurogénine, qui a été identifiée chez le rat, la souris et la grenouille, contrôle la formation des neuroblastes. L'hybridation in situ a montré que la neurogénine est produite à un stade précoce du développement du système nerveux et induit la production de NeuroD, une autre protéine bHLH qui agit plus tard (Figure 22-19a). L'injection d'une grande quantité d'ARNm de *neurogénine* dans des embryons de xénope a confirmé la capacité de la neurogénine d'induire la neurogenèse (Figure 22-19b). Ces études suggèrent que la fonction de la neurogénine est analogue à celle de Achaete et de Scute chez la drosophile ; de même, NeuroD et Asense peuvent exercer des fonctions analogues respectivement chez les vertébrés et la drosophile.

En plus des neurones, le système nerveux contient un grand nombre de cellules gliales, qui proviennent aussi du neuro-ectoderme. Les cellules gliales jouent un rôle de support et d'isolant des neurones ; elles contribuent au guidage et offrent des surfaces de contact pour les neurones qui migrent au cours du développement. Elles envoient également aux neurones un signal qui induit la formation des synapses. Les neurogénines contrôlent les destins des précurseurs cellulaires qui peuvent devenir des neurones ou des cellules gliales en induisant le développement neural et en réprimant le développement glial. Les neurogénines sont dès lors des commutateurs qui déterminent le choix entre deux destins cellulaires, comme chez la levure dont les régulateurs de la conjugaison font un choix entre trois types cellulaires.

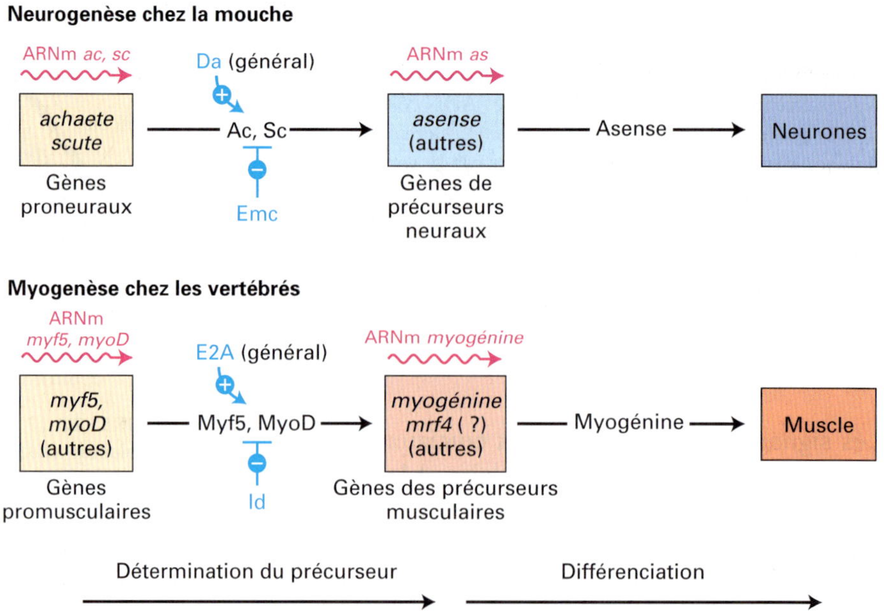

FIGURE 22-18 Comparaison des gènes qui régulent la neurogenèse chez la drosophile et la myogenèse chez les mammifères. Les facteurs de transcription bHLH exercent des fonctions analogues dans la détermination des précurseurs cellulaires (i.e. neuroblastes et myoblastes) et leur différenciation ultérieure en neurones et cellules musculaires matures. Dans les deux cas, les protéines codées par les gènes qui sont les premiers en jeu (*à gauche*) sont sous le contrôle positif et négatif d'autres protéines apparentées (type bleu). [Adapté de Y. N. Jan et L. Y. Jan, 1993, *Cell* **75** :827.]

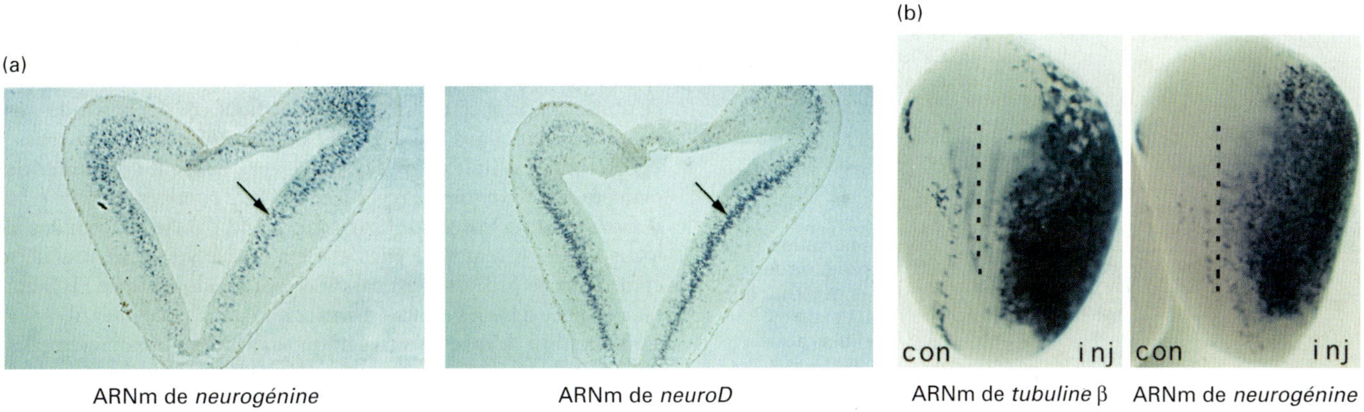

FIGURE EXPÉRIMENTALE 22-19 Des expériences d'hybridation in situ et d'injection démontrent que la neurogénine agit avant NeuroD dans la neurogenèse des vertébrés. (a) Des coupes d'un tube neural de rat ont été exposées à une sonde spécifique de l'ARNm de *neurogénine* (*à gauche*) ou de l'ARNm de *neuroD* (*à droite*). L'espace ouvert au centre est le ventricule, et les cellules bordant cette cavité constituent la couche ventriculaire, où naissent toutes les cellules neurales, qui migrent ensuite vers l'extérieur. Comme illustré dans ces micrographies, l'ARN de *neurogénine* est produit dans les neuroblastes en prolifération dans la couche ventriculaire (*flèche*), tandis que l'ARNm de *neuroD* est présent dans les neuroblastes en migration qui ont quitté la zone ventriculaire (*autre flèche*). (b) On a injecté dans une des deux cellules de jeunes embryons de xénope de l'ARNm de *neurogénine* (inj) et on les a marquées ensuite avec une sonde spécifique des ARNm propres aux neurones codant soit la tubuline β (*à gauche*) ou NeuroD (*à droite*). La région de l'embryon dérivée de la cellule dans laquelle on n'avait rien injecté servait de contrôle (con). L'ARNm de *neurogénine* a induit une augmentation massive du nombre de neuroblastes exprimant l'ARNm de *neuroD* et de neurones exprimant l'ARNm de la *tubuline β* dans la région du tube neural dérivée de la cellule qui a reçu l'ARNm de *neurogénine* (inj). [De Q. Ma *et al.*, 1996, *Cell* **87** :43 ; avec l'autorisation de D. J. Anderson.]

CONCEPTS CLÉS DE LA SECTION 22.3

Spécification et différenciation des muscles

- Le développement des muscles squelettiques est déclenché par un signal qui induit la différenciation de certaines cellules mésodermiques des somites en myoblastes. Après avoir proliféré et migré, ceux-ci arrêtent de se diviser et se différencient en cellules musculaires qui contiennent plusieurs noyaux (myotubes) et qui expriment des protéines propres aux muscles (voir Figure 22-14).
- Quatre facteurs de transcription bHLH myogènes, MyoD, myogénine, Myf5 et MRF4, dits MRF pour *muscle-regulatory factors*, s'associent à E2A et MEF pour former de grands complexes de transcription qui dirigent la myogenèse et l'expression des gènes spécifiques des muscles.
- La dimérisation des facteurs de transcription bHLH avec différents partenaires module la spécificité ou l'affinité de leur liaison à des sites régulateurs spécifiques dans l'ADN et peut aussi empêcher leur fixation.
- Le programme myogène dirigé par les MRF dépend du complexe de remodelage de la chromatine Swi/Snf, qui rend les gènes cibles accessibles.
- Le programme myogène est inhibé par liaison de la protéine Id à MyoD, ce qui bloque la liaison de MyoD à l'ADN, et par les histones déacétylases, qui répriment l'activation des gènes cibles par les MRF.
- La migration des myoblastes dans les bourgeons des membres est induite par le facteur SF/HGF (*scatter factor/hepatocyte growth factor*), une protéine signal sécrétée par les cellules du mésenchyme (voir Figure 22-17). Pour migrer, les myoblastes doivent exprimer les deux facteurs de transcription, Pax3 et Lbx1.
- La différenciation terminale des myoblastes et l'induction des protéines spécifiques des muscles ne commencent que lorsque les myoblastes ont cessé de se diviser et ont commencé à migrer.
- La neurogenèse chez la drosophile dépend d'un groupe de quatre protéines bHLH neurogènes qui sont similaires conceptuellement et structurellement aux protéines myogènes des vertébrés (voir Figure 22-18).
- Une protéine apparentée des vertébrés, la neurogénine, est requise pour la formation des précurseurs neuraux ; en plus, elle contrôle leur différenciation en neurones ou en cellules gliales.

22.4 Régulation de la division cellulaire asymétrique

Au cours de l'**embryogenèse**, le stade le plus précoce dans le développement animal, la division cellulaire asymétrique crée souvent la diversité initiale qui aboutira à la formation des types cellulaires différenciés. Même dans les bactéries, la division cellulaire peut

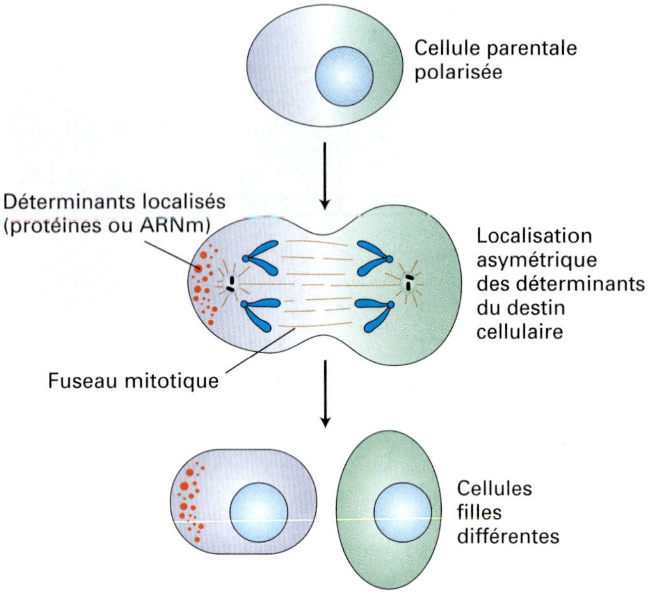

FIGURE 22-20 Caractéristiques générales de la division cellulaire asymétrique. Divers mécanismes peuvent mener à la distribution asymétrique des composants cytoplasmiques, comme des particules particulières ou des ARNm (points rouges) pour former une cellule parentale polarisée. La division d'une cellule sera asymétrique si le fuseau mitotique est orienté de telle façon que les composants cytoplasmiques soient distribués, comme on le montre ici, de manière inégale pour les cellules filles. Cependant, si le fuseau est disposé autrement par rapport aux composants cytoplasmiques, la division d'une cellule polarisée peut produire des cellules filles équivalentes.

fournir des cellules filles inégales, par exemple, une qui reste attachée à une tige et une qui produit un flagelle lui permettant de se déplacer. Pour que la division cellulaire puisse être asymétrique, il faut que la cellule parentale se *polarise* et que ses constituants se répartissent de manière différente dans les deux cellules filles (Figure 22-20). Divers mécanismes moléculaires sont mis en jeu pour créer et propager l'asymétrie initiale qui polarise la cellule parentale. En plus d'être différentes, les cellules filles doivent souvent être orientées d'une manière particulière par rapport aux structures environnantes.

Nous commencerons par un exemple bien compris de la division cellulaire asymétrique, le bourgeonnement des cellules de levure, et nous poursuivrons par la description des complexes protéiques découverts récemment qui jouent un rôle important dans l'asymétrie des divisions cellulaires chez les organismes multicellulaires. Cet exemple représente un système élégant qui relie la division asymétrique au processus de contrôle du type cellulaire.

La commutation de type sexuel chez la levure dépend de l'asymétrie de la division cellulaire

Les cellules de *S. cerevisiae* utilisent un mécanisme remarquable pour contrôler la différenciation cellulaire au cours de la progression du lignage. Ce sont des gènes présents dans le locus *MAT* qui déterminent quel type **a** ou α la cellule haploïde adoptera en vue de la conjugaison (Figure 22-11). Comme décrit dans le Chapitre 11, le locus *MAT* dans le génome de *S. cerevisiae* est flanqué de deux locus inactifs, silencieux sur le plan transcriptionnel, contenant les séquences alternatives **a** ou α (voir Figure 11-28). Un réarrangement spécifique de l'ADN transfère les gènes qui codent les facteurs de transcription spécifiques de **a** ou spécifiques de α à partir des ces locus silencieux dans le locus *MAT* où ils peuvent être transcrits.

Certaines cellules haploïdes de levure peuvent commuter de manière répétée entre les types **a** et α. Cette *commutation de type sexuel (ou de conjugaison)* survient quand l'allèle α occupant le locus *MAT* est remplacé par l'allèle **a** et vice-versa. La première étape dans ce processus est catalysée par l'endonucléase HO, qui est exprimée dans les cellules mères et non dans les cellules filles. La commutation de type ne survient que dans les cellules maternelles (Figure 22-21). La transcription du gène HO dépend du *complexe de remodelage de la chromatine Swi/Snf* (voir Figure 11-37), complexe que nous avons rencontré lors de la description de la myogenèse. Les cellules filles se formant par bourgeonnement à partir des cellules mères contiennent une protéine appelée Ash1 qui empêche l'association du complexe Swi/Snf au gène *HO*, dont la transcription ne peut donc avoir lieu. L'absence de Ash1 dans les cellules mères leur permet de transcrire le gène *HO*.

Des expériences récentes ont révélé comment l'asymétrie dans la distribution de Ash1 entre les cellules mères et les cellules filles est établie. L'ARNm de *ASH1* s'accumule dans le bourgeon sous l'action d'une protéine motrice de type myosine (Chapitre 19). Celle-ci, appelée Myo4p, déplace l'ARNm *ASH1*, sous forme d'un complexe ribonucléoprotéique, le long des filaments d'actine dans une seule direction, vers le bourgeon (Figure 22-22). Deux protéines connectrices attachent l'ARNm *ASH1* à la protéine motrice. Au moment où le bourgeon se détache de la cellule mère, celle-ci est en grande partie dépourvue d'ARNm *ASH1* et peut

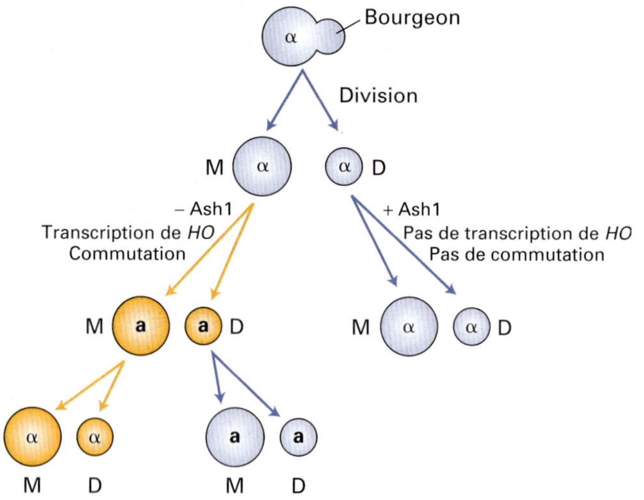

FIGURE 22-21 Spécificité de la commutation de type sexuel dans les cellules haploïdes de levure. La division par bourgeonnement forme une cellule mère plus grande (M) et une cellule fille plus petite (D), les deux ont le même type de conjugaison que la cellule d'origine (α dans cet exemple). La mère peut changer de sexe durant la phase G_1 du cycle suivant et se diviser à nouveau en produisant deux cellules de type **a**. La commutation dépend de la transcription du gène *HO*, qui ne peut avoir lieu qu'en absence de la protéine Ash1. Les cellules filles plus petites, qui produisent la protéine Ash1, ne peuvent commuter ; après avoir augmenté de volume durant l'interphase, elles se divisent pour former une cellule mère et une cellule fille. Les cellules et les flèches en orange indiquent les événements de commutation.

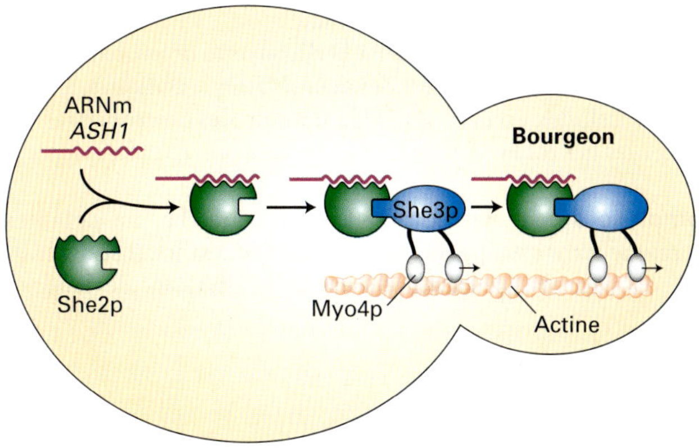

FIGURE 22-22 Modèle expliquant pourquoi chez *S. cerevisiae* la commutation de type sexuel ne survient que dans les cellules mères. La protéine Ash1 empêche la transcription du gène *HO*, dont la protéine correspondante induit le réarrangement de l'ADN qui aboutit au changement de sexe de **a** en α ou de α en **a**. La commutation n'a lieu que dans la cellule mère après qu'elle s'est séparée d'un nouveau bourgeon cellulaire, car Ash1 est présente dans la cellule fille mais non dans la cellule mère. Cette différence de localisation s'explique par le transport unidirectionnel de l'ARNm *ASH1* vers le bourgeon. Une protéine, She2p, se connecte aux séquences 3′ non traduites spécifiques de l'ARNm *ASH1* tout en se liant à la protéine She3p. Celle-ci s'attache à son tour à une protéine motrice de type myosine, Myo4p, qui se déplace le long des filaments d'actine vers le bourgeon. [Voir S. Koon et B. J. Schnapp, 2001, *Curr. Biology* **11** :R166-R168.]

donc commuter de type au cours de la phase G_1 qui suit avant que de l'ARNm *ASH1* n'ait été produit et avant la réplication de l'ADN en phase S.

Les levures bourgeonnantes utilisent un mécanisme relativement simple pour créer des différences moléculaires entre les deux cellules formées par la division. Dans les organismes supérieurs, la polarisation de la cellule parentale implique beaucoup plus de participants et en plus, comme chez la levure, le fuseau mitotique doit être orienté de telle manière que chaque cellule fille reçoive sa part de composants cytoplasmiques. Pour illustrer ces complexités, nous étudierons la division asymétrique des neuroblastes chez la drosophile. Des études génétiques chez *C. elegans* et *Drosophila* ont révélé quels étaient les acteurs clés, première étape qui a permis de comprendre comment à l'échelle moléculaire une division cellulaire asymétrique est régulée chez les organismes multicellulaires.

Chez la drosophile, des protéines régulatrices de l'asymétrie sont localisées aux extrémités opposées des neuroblastes en cours de division

Chez la mouche, les cellules souches neuroblastiques proviennent d'un feuillet ectodermique fait d'une seule couche cellulaire. Comme chez les vertébrés, l'ectoderme de drosophile forme l'épiderme et le système nerveux, et de nombreuses cellules ectodermiques peuvent avoir un destin épidermique ou neural. Sous le contrôle de gènes qui ne deviennent actifs que dans certaines cellules, quelques cellules augmentent de volume et commencent à se détacher de la couche ectodermique. À ce moment, ces cellules utilisent la signalisation Notch pour inhiber latéralement leurs voisines, les obligeant à garder leur destin épidermique (voir Figures 14-29 et 15-36). Elles poursuivent alors leur migration vers l'intérieur et deviennent des neuroblastes sphériques, tandis que les cellules qui deviendront de l'épiderme restent à l'arrière et s'ajustent pour former un feuillet serré.

Dès qu'ils sont formés, les neuroblastes subissent une division asymétrique, chaque division leur permettant de se reproduire tels quels et de produire, du côté basal, une cellule mère ganglionnaire (GMC, *ganglion mother cell*) (Figure 22-23). Un seul neuroblaste peut produire plusieurs GMC, chaque GMC formant à son tour deux neurones. Selon leur localisation dans l'embryon et les événements régulateurs qui en dépendent, les neuroblastes peuvent former plus ou moins de GMC. Les neuroblastes et les GMC dans différentes localisations montrent des profils d'expression génique

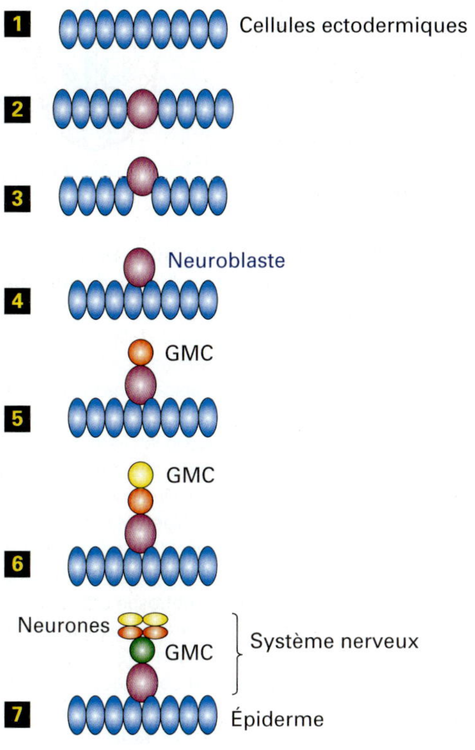

FIGURE 22-23 Division cellulaire asymétrique durant la neurogenèse chez la drosophile. Le feuillet ectodermique (**1**) du jeune embryon génère les cellules épidermiques et les neurones. Les neuroblastes, cellules souches du système nerveux, sont formés quand les cellules ectodermiques grandissent, se détachent de l'épithélium ectodermique et se déplacent vers l'intérieur de l'embryon (**2**-**4**). Chaque neuroblaste se divise de manière asymétrique pour se reproduire lui-même et générer une cellule mère ganglionnaire (GMC) (**5**). Les divisions ultérieures d'un neuroblaste produisent plus de GMC, créant une pile de ces précurseurs (**6**). Chaque GMC se divise une fois pour donner deux neurones (**7**). Les neuroblastes et leurs descendants GMC peuvent avoir des destins différents selon leur localisation.

différents, ce qui constitue une indication quant à leur destin. L'analyse de mutants a conduit à la découverte de protéines essentielles qui contribuent à créer des neuroblastes spécifiques, à empêcher les cellules épidermiques de devenir des neuroblastes et à obliger les neuroblastes à se diviser de manière asymétrique.

Complexe apical Baz/aPKC Chez la mouche, un complexe protéique ternaire, appelé *complexe apical*, est localisé à l'extrémité du neuroblaste qui, au cours de la division, deviendra le

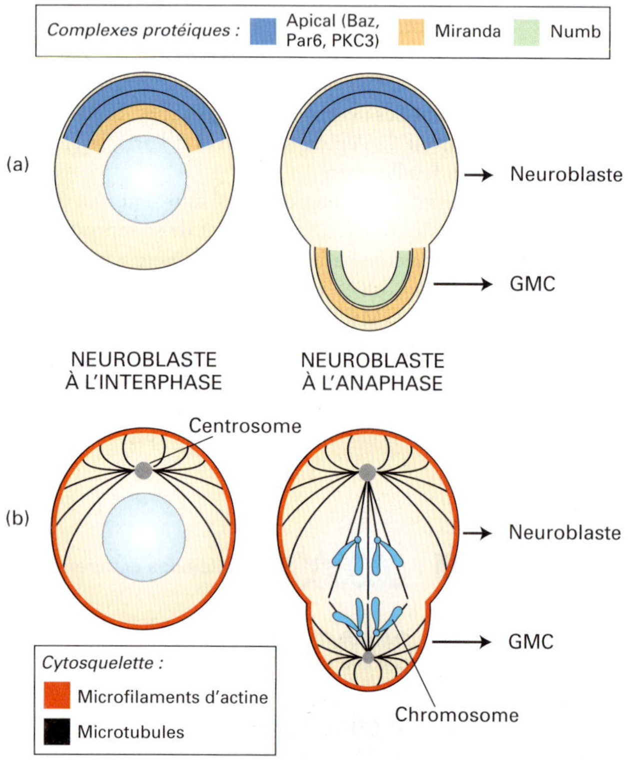

FIGURE 22-24 Protéines localisées qui contrôlent la division cellulaire asymétrique dans le neuroblaste de drosophile. (a) Le complexe apical (en bleu), qui comporte trois protéines (Baz, Par6 et aPKC), est localisé dans les cellules ectodermiques et dans les neuroblastes qui s'en détachent. Quand un neuroblaste commence à se diviser, la protéine Miranda (en orange) s'accumule du côté apical et gagne ensuite le côté basal, où elle sera incorporée dans la cellule mère ganglionnaire (GMC). Le second composant basal, la protéine Numb (en vert), n'est détectable qu'à la base. Des mutations touchant les gènes des protéines polarisées perturbent la division cellulaire asymétrique. (b) On pense que le transport assuré par une protéine motrice le long des filaments du cytosquelette localise les complexes de l'apex et de la base. Des microfilaments d'actine (en rouge) s'étalent juste sous la surface cellulaire en permanence. Des microtubules (en bleu) rayonnent à partir du centrosome durant l'interphase et forment, au cours de la division cellulaire, le fuseau mitotique, en étant attachés aux centrosomes dupliqués. Notez que lors de la division neuroblaste-GMC le centrosome est décentré du côté neuroblastique de la cellule et les chromosomes (en gris clair) sont alignés sur le fuseau. [Adapté de C. Q. Doe et B. Bowerman, 2001, *Curr. Opin. Cell Biol.* **13** :68.]

« nouveau » neuroblaste. Ce complexe est déjà localisé à une extrémité de toutes les cellules ectodermiques. Il reste à l'extrémité apicale pendant que le futur neuroblaste se détache du feuillet ectodermique (Figure 22-24a, *à gauche*). Trois protéines composent le complexe apical : Baz, Par6 et aPKC, la dernière étant une isoforme de la protéine kinase C. Le complexe Baz/Par6/aPKC persiste à l'extrémité apicale de la fin de l'interphase (stade G_2) jusqu'à la fin de l'anaphase, puis se disperse ou est détruit (voir Figure 20-29 pour les phases mitotiques). Après chaque division d'un neuroblaste, le complexe se reforme à l'extrémité apicale du neuroblaste fils au cours de l'interphase suivante. On ignore encore comment l'information quant à la polarité est préservée pendant la télophase, puisque aucune protéine connue n'est localisée durant cette période. Comme dit précédemment, chez *C. elegans*, la toute première division cellulaire après la fécondation est asymétrique ; il se forme une cellule AB et une cellule P1, qui ont des destins tout à fait différents (voir Figure 22-9). De manière remarquable, un complexe protéique comme le complexe Baz/Par6/aPKC de la mouche contrôle l'asymétrie de la division P1-AB ; des complexes protéiques semblables existent également chez les mammifères.

Deux mécanismes contrôlent la localisation apicale du complexe Baz/Par6/aPKC de la drosophile : le premier opère dans l'ectoderme avant que les neuroblastes ne se détachent ; le second est actif durant les divisions répétées des neuroblastes qui se sont détachés. Le premier mécanisme implique au moins trois protéines, Scribble (Scrib), Discs-large (Dlg) et Lethal giant larvae (Lgl). Ces protéines sont localisées dans la région corticale des cellules ectodermiques (i.e. la région juste au-dessous la membrane plasmique), mais ne sont pas polarisées dans l'axe apico-basal de ces cellules. Aussi, bien que nécessaires pour la localisation du complexe Baz/Par6/aPKC, les protéines Scrib/Dlg/Lgl ne sont probablement pas suffisantes. Dès que le neuroblaste s'est détaché de l'ectoderme, la sous-unité G_α de la protéine G hétérotrimérique et deux autres protéines appelées Inscuteable et Partner of Inscuteable rejoignent le complexe Baz/Par6/aPKC, formant un complexe de six protéines. Ces deux protéines additionnelles stabilisent probablement le complexe Baz/Par6/aPKC. Le ré-assemblage du complexe entier à l'extrémité apicale à la suite de chaque division neuroblastique requiert des microfilaments d'actine (Figure 22-24b). En général, l'actine, mais pas de tubuline, est nécessaire à la ségrégation asymétrique des protéines, ce qui suggère que le transport de celles-ci le long des microfilaments et sous l'effet de protéines motrices joue un rôle dans leur localisation apicale.

Protéines basales Dans un neuroblaste qui se divise, on trouve deux protéines basales à l'extrémité qui formera une cellule mère ganglionnaire (GMC) (voir Figure 22-24a, *à droite*). La localisation de ces protéines, entre autres Miranda et Numb, du côté basal des neuroblastes requiert le complexe apical Baz/Par6/aPKC. Les protéines apicales déterminent la polarité durant l'interphase, et la polarité est lue et interprétée par la machinerie qui transporte Numb et Miranda durant la mitose. La protéine Numb est dispersée dans toute la cellule durant l'interphase ; à la prophase, elle se localise à la base. Par contre, Miranda s'accumule d'abord du côté apical, puis rejoint la base au moment de la prophase. Le complexe Baz/Par6/aPKC apical se forme même quand l'une ou l'autre des protéines basales vient à manquer par suite de mutations. Des mutations dans un des composants du complexe apical, cependant, empêche Miranda et Numb de gagner la base ; elles s'accumulent dans la région corticale ou sous forme d'amas dans toute la cellule. L'idée simple que le complexe basal se forme partout où le complexe apical est absent est probablement fausse, puisque des parties de la cellule ne contiennent aucun de ces complexes.

Les molécules localisées à la base comprennent (1) Prospero, un facteur de transcription qui contient un homéodomaine se liant à l'ADN ; (2) la protéine Miranda, dont la structure est une superhélice ; (3) Staufen, une protéine liant l'ARN ; (4) l'ARNm de *prospero*. À chaque division neuroblastique, de nouvelles molécules Prospero sont produites durant l'interphase et sont incorporées dans la région basale, dont héritera la GMC au moment du clivage. En absence de Prospero, les GMC ne transcrivent pas les gènes appropriés et ne se développent pas en neurones normaux. La localisation d'un facteur de transcription dans le cytoplasme fournit un lien entre l'asymétrie du cytoplasme et la détermination ultérieure du destin cellulaire, ce qui pourrait expliquer comment un facteur de transcription se retrouve préférentiellement dans une des deux cellules filles.

L'orientation du fuseau mitotique dépend des facteurs cytoplasmiques de l'asymétrie cellulaire

Pour que les complexes protéiques se répartissent différemment dans les cellules filles, il faut que le plan de division cellulaire soit orienté de manière adéquate. Chez la mouche, le **fuseau mitotique** des neuroblastes s'aligne d'abord perpendiculairement à l'axe apico-basal puis tourne à 90 degrés pour s'aligner sur cet axe en même temps que les complexes basaux gagnent le côté basal (Figure 22-25). Le complexe apical, qui est déjà en place avant la rotation du fuseau, contrôle l'orientation finale du fuseau. C'est ce qu'indiquent les mutations affectant l'un ou l'autre composant du complexe apical ; dans les cellules touchées, l'orientation du fuseau, qui a perdu toute coordination avec la polarité apico-basale, devient aléatoire.

L'orientation du fuseau est régulée par l'actine et des protéines de type myosine. Chez les mammifères, Par6, un composant du complexe apical, peut lier deux petites GTPases, Cdc42 et Rac1, qui contrôlent l'arrangement des microfilaments d'actine dans le cytosquelette (voir Figure 19-29). Chez la mouche, la protéine Lethal giant larvae (Lgl), un composant de la voie d'asymétrie Scrib/Dlg/Lgl, contribue à localiser Miranda à la base des neuroblastes.

Lgl se lie à la myosine II, qui intervient dans la cytocinèse (voir Figure 19-20). Lgl, qui est distribuée uniformément dans le cortex, est phosphorylée par le complexe apical et peut être inactivée du côté apical afin de permettre l'accumulation de Miranda à la base. Chez la levure, deux protéines apparentées à Lgl se lient aussi à la myosine II ; elles ont été impliquées dans l'exocytose et la sécrétion, spécifiquement en amarrant les vésicules post-Golgi à la membrane plasmique (Chapitre 17). Des mutations dans les deux protéines de levure suppriment l'effet des mutations dans le gène *myosine II*. La fonction de la myosine II dans l'orientation du fuseau paraît donc opposée à celle des protéines de type Lgl : la réduction fonctionnelle d'une protéine est améliorée par la réduction d'une autre, ce qui restaure un semblant d'équilibre normal. Dans ce cas, dès lors, la myosine et Lgl agissent probablement de manière opposée : la myosine II déplace Miranda ou d'autres molécules pour contrôler l'orientation du fuseau alors que Lg1 la freine.

Une autre indication de l'importance de la myosine dans l'orientation du fuseau provient de l'observation qu'une autre myosine apparentée, la myosine VI, se lie directement à Miranda. De plus, des mutations dans la myosine VI chez la mouche

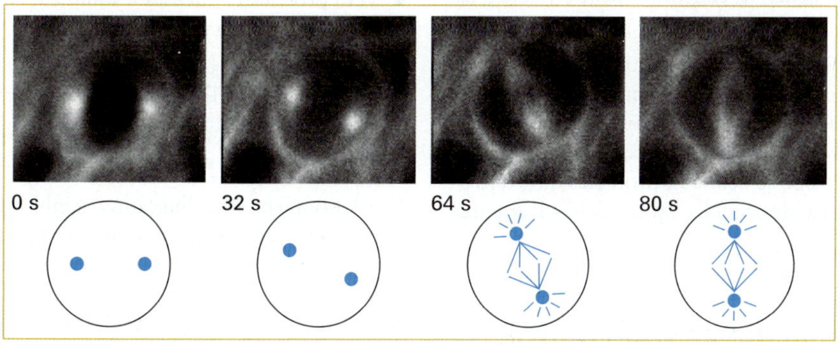

FIGURE EXPÉRIMENTALE 22-25 Images en fluorescence prises à intervalles ; elles montrent la rotation du fuseau mitotique au cours de la division de neuroblastes. On a injecté dans de jeunes embryons de drosophile un gène hybride composé du gène de la GFP (*green fluorescent protein*) fusionné au gène de Tau, une protéine qui se lie aux microtubules. Au-dessus s'alignent les clichés d'un seul neuroblaste en division chez un embryon vivant. Le côté basal est en haut et le côté apical vers le bas. Au temps 0, équivalent à la prophase, les deux centrosomes sont visibles aux côtés opposés de la cellule. Ceux-ci interviennent comme pôles du fuseau ; au cours de la mitose, les microtubules formant le fuseau s'assemblent à partir des pôles (voir Figure 20-29). Dans les images successives (à 32, 64 et 80 secondes), on voit le fuseau bipolaire se former puis tourner de 90 degrés pour s'aligner sur l'axe apico-basal, comme le montre le schéma du dessous. [De J. A. Kaltschmidt *et al.*, 2000, *Nature Cell Biol.* **2** :7-12 ; avec l'autorisation de J. A. Kaltschmidt et A. H. Brand, Wellcome/CRC Institute, Cambridge University.]

empêche la migration basale de Miranda et bloque simultanément l'orientation correcte du fuseau. Ces diverses constatations nous donnent l'ébauche d'un tableau dans lequel des complexes protéiques localisés fonctionnent en coordination avec la division cellulaire afin que chaque cellule fille reçoive les quantités appropriées des divers complexes.

Au moins certains des régulateurs de la division cellulaire asymétrique découverts chez la mouche et le ver ont été trouvés chez les vertébrés chez qui ils jouent des rôles semblables. Par exemple, chez les mammifères, Numb est requis pour maintenir la population de cellules souches neurales. La conservation de protéines et mécanismes au cours de l'évolution permet à la recherche de progresser rapidement.

CONCEPTS CLÉS DE LA SECTION 22.4

Régulation de la division cellulaire asymétrique

- La division cellulaire asymétrique requiert la polarisation de la cellule qui se divise, ce qui entraîne habituellement une localisation particulière de certains composants cytoplasmiques et donc leur répartition inégale dans les cellules filles (voir Figure 22-20).
- Au cours de la division asymétrique des levures bourgeonnantes, un système de transport dépendant de la myosine transporte l'ARNm de *ASH1* dans le bourgeon (voir Figure 22-22).
- La protéine Ash1 est produite dans la cellule fille tôt après la division et empêche l'expression de l'endonucléase HO, qui est nécessaire pour la commutation du type de conjugaison. Aussi, une cellule fille ne peut pas changer de sexe (type de conjugaison), alors que la mère dont elle dérive le peut (voir Figure 22-21).
- La division cellulaire asymétrique dans les neuroblastes de la drosophile dépend de la localisation du complexe protéique apical Baz/Par6/PKC3 et de deux groupes de protéines basales. Celles-ci sont incorporées dans la cellule mère ganglionnaire (GMC) et comprennent des protéines qui déterminent le destin cellulaire (voir Figure 22-24).
- Le complexe apical Baz/Par6/PKC3 contrôle également la division cellulaire asymétrique chez *C. elegans* et peut-être chez les mammifères.
- Des facteurs d'asymétrie exercent leur influence au moins en partie en contrôlant l'orientation du fuseau mitotique pour que les protéines et structures distribuées de manière asymétrique soient réparties de manière différente dans les deux cellules filles. Des protéines de type myosine se lient aux protéines qui contrôlent les facteurs d'asymétrie des cellules pour assurer l'orientation correcte du fuseau.

22.5 La mort cellulaire et son contrôle

La mort cellulaire programmée fait partie du destin de la cellule, destin qui peut paraître surprenant, mais qui est néanmoins essentiel. La mort cellulaire empêche que durant l'embryogenèse nos mains restent palmées ou que les ébauches de queue persistent, que le système immunitaire réagisse contre nos propres protéines et que notre cerveau se remplisse de connexions électriques inutiles. En fait, la majorité des cellules générées durant le développement cérébral meurent durant le développement.

Les interactions cellulaires régulent la mort cellulaire de deux façons fondamentalement différentes. Dans les organismes multicellulaires, la plupart des cellules, si pas toutes requièrent pour rester en vie des signaux, que l'on les appelle souvent **facteurs trophiques**. En leur absence, les cellules activent un processus qui ressemble à un suicide. Par ailleurs, dans certains contextes, comme le fonctionnement du système immunitaire, des signaux spécifiques induisent une sorte d'activité meurtrière qui tue des cellules cibles. Que les cellules se suicident par manque de signaux de survie ou qu'elles soient tuées par des signaux létaux provenant d'autres cellules, les études récentes indiquent qu'une seule voie moléculaire commune conduirait à la mort. Dans cette section, nous distinguerons d'abord la mort cellulaire programmée de la mort due à une agression tissulaire. Ensuite, nous décrirons le rôle des facteurs trophiques dans le développement neuronal et nous finirons par la description de cette voie effectrice qui aboutit au suicide ou au meurtre et qui s'avère avoir été conservée tout au long de l'évolution.

La mort cellulaire programmée passe par le processus d'apoptose

La disparition des cellules par mort cellulaire programmée est caractérisée par une séquence bien définie de changements morphologiques, dont l'ensemble est appelé **apoptose**, un mot d'origine grecque qui signifie « chute », comme celle des feuilles d'un arbre. Les cellules « agonisantes » se rétractent, se condensent puis se fragmentent, libérant des corpuscules entourés d'une membrane, les corps apoptotiques, qui finissent généralement par être ingérés par d'autres cellules (Figure 22-26 ; voir aussi Figure 1-19). Les noyaux aussi sont condensés et l'ADN fragmenté. Il faut souligner que les constituants intracellulaires ne sont pas libérés dans le milieu extracellulaire où ils pourraient avoir des effets nocifs sur les cellules voisines. Les changements très stéréotypés accompagnant l'apoptose a suggéré que ce type de mort cellulaire est sous le contrôle d'un programme strict. Celui-ci est critique durant la vie embryonnaire ainsi que durant la vie adulte pour maintenir une proportion cellulaire adéquate.

Les gènes impliqués dans le contrôle de la mort cellulaire codent des protéines qui exercent trois fonctions différentes.

- Les protéines « tueuses » sont nécessaires au déclenchement par la cellule du processus apoptotique.
- Les protéines « destructrices » effectuent des tâches comme celle de digérer l'ADN de la cellule en train de mourir.
- Les protéines « d'ingestion » sont requises pour la phagocytose de la cellule morte par une autre cellule.

À première vue, l'ingestion semble être simplement un processus de nettoyage post-mortem, mais certaines indications suggèrent que cela fait partie du processus. Par exemple, des mutations dans les gènes tueurs empêchent toujours le déclenchement de l'apoptose, tandis que des mutations qui bloquent l'ingestion permettent parfois aux cellules de survivre alors qu'elles étaient destinées à mourir. Des cellules dont les gènes « d'ingestion » sont mutés peuvent donc s'engager dans l'apoptose, mais parfois en réchapper.

À la différence de l'apoptose, les cellules qui meurent à la suite d'une lésion tissulaire montrent des altérations morphologiques très différentes, que l'on appelle **nécrose**. Typiquement, les cellules soumises à ce processus gonflent puis éclatent, libérant leur contenu intracellulaire, qui peut endommager les cellules voisines et causer fréquemment de l'inflammation.

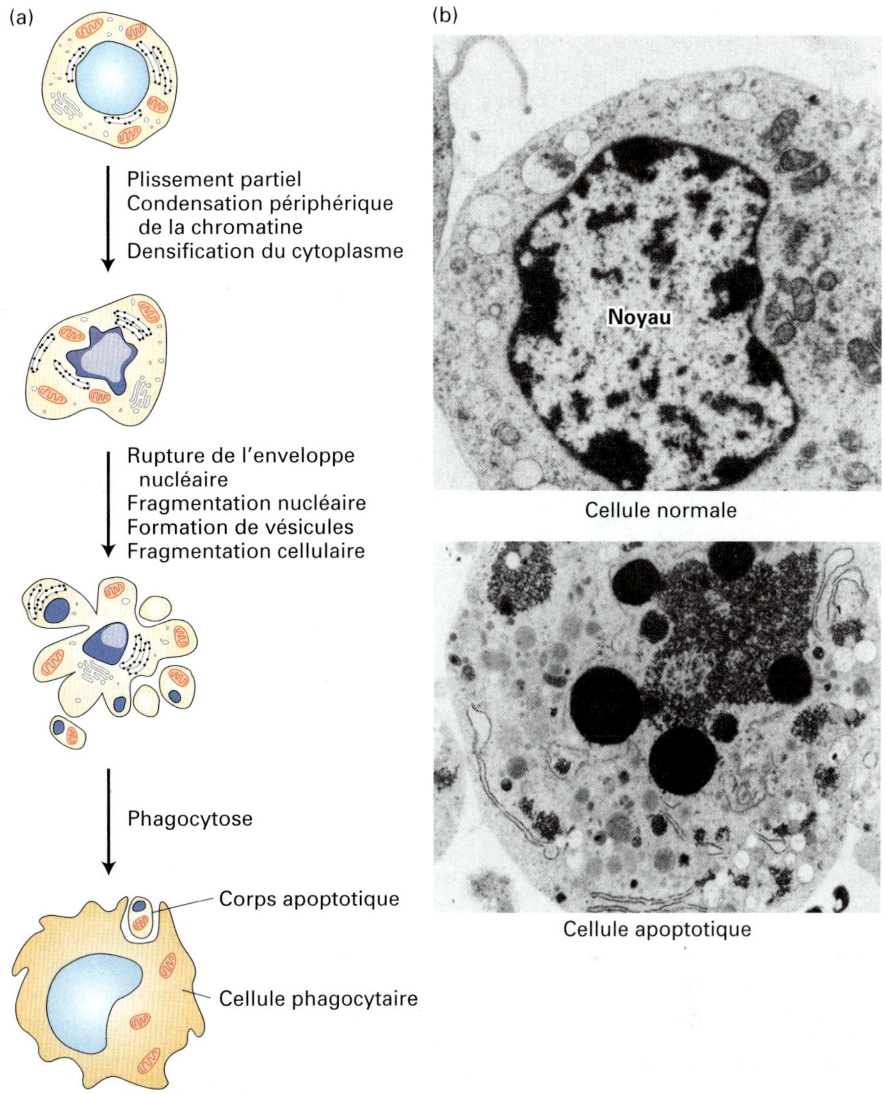

FIGURE 22-26 Caractéristiques morphologiques de la mort cellulaire par apoptose. (a) Schémas illustrant les changements morphologiques au cours de l'apoptose. Au début, la chromatine se condense en périphérie du noyau. Le corps cellulaire rétrécit, bien que la plupart des organites restent intacts. Plus tard, le noyau et le cytoplasme se fragmentent, formant des corps apoptotiques, qui sont phagocytés par des cellules proches. (b) Micrographies comparant une cellule normale (au-dessus) et une cellule apoptotique (au-dessous). Cette dernière montre clairement les sphères denses de chromatine compactée et la fragmentation du noyau. [Partie (a) adaptée de J. Kuby, 1997, *Immunology*, 3d ed., W. H. Freeeman et Co., p. 53. Partie (b) de M. J. Arends et A. H. Wyllie, 1991, *Int'l. Rev. Exp. Pathol.* **32** :223.]

Les neurotrophines favorisent la survie des neurones

L'étude du développement du système nerveux a conduit aux premières observations qui ont montré l'importance des facteurs trophiques dans le développement cellulaire. Alors que les neurones s'allongent pour se connecter à d'autres neurones ou aux muscles, parfois sur des distances considérables, seule une fraction d'entre eux finalement survivra. Ceux qui ont réussi à se connecter survivent ; ceux qui ont échoué meurent.

Au début des années 1900, on a montré que le nombre de neurones innervant la périphérie dépend de la taille du tissu auquel ils devraient se connecter ; c'est leur « champ de tir ». Par exemple, si on excise le bourgeon d'un membre d'un embryon de poulet, le nombre de neurones sensoriels et moteurs destinés à l'innervation de ce bourgeon chute (Figure 22-27). Inversement, si l'on greffe du tissu d'un bourgeon de membre, le nombre de neurones augmente dans les régions correspondantes de la moelle épinière et des ganglions sensoriels. C'est ainsi que les augmentations par paliers du champ de tir s'accompagnent d'un accroissement proportionnel du nombre de neurones innervant le territoire concerné. Cette relation résulte de la survie sélective des neurones plutôt que de changements dans leur différenciation ou prolifération. L'observation que de nombreux neurones moteurs et sensoriels meurent même après avoir atteint leur cible périphérique a suggéré que ces neurones sont en compétition pour des facteurs de survie produits par le tissu cible.

Plus tard, on a constaté que la transplantation d'un sarcome de souris à un poussin était suivie d'une forte augmentation du nombre de certains types de neurones. Ce qui impliquait que la tumeur produisait un facteur trophique, que l'on nomma NGF pour *nerve growth factor*. Pour le purifier, on a utilisé un test in vitro dans lequel on mesurait la croissance des neurites à partir de ganglions sensoriels. Les neurites sont les extensions cytoplasmiques qui constituent les **axones** et les **dendrites** du système nerveux (voir Figure 7-29). La découverte ultérieure que la glande

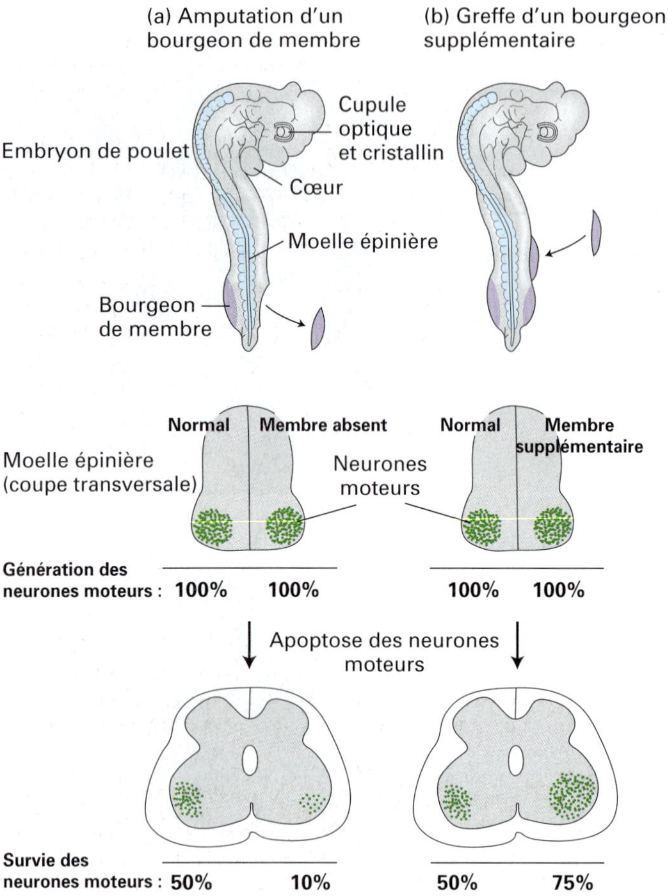

FIGURE EXPÉRIMENTALE 22-27 La survie des neurones moteurs dépend de la masse musculaire qu'ils doivent innerver. (a) Si on enlève le bourgeon d'un membre chez un embryon de poulet d'environ 2,5 jours, le nombre de neurones moteurs diminue nettement du côté de la résection. Un embryon amputé génère le même nombre de neurones moteurs des deux côtés (*au milieu*), mais plus tard au cours du développement, beaucoup moins de neurones persistent dans la moelle épinière du côté du membre absent par rapport au côté normal (*au-dessous*). Notez que normalement environ 50 % des neurones moteurs générés à l'origine survivent. (b) La transplantation d'un membre supplémentaire chez un poussin embryonnaire produit l'effet inverse, c'est-à-dire plus de neurones moteurs du côté qui a reçu le tissu cible que du côté normal. [Adapté de D. Purves, 1988, *Body and Brain : A Trophic Theory of Neural Connections* (Cambridge, MA : Harvard University Press) et E. R. Kandel, J. H. Schwartz et T. M. Jessell, 2000, *Principles of Neural Science*, 4th ed. (New York : McGraw-Hill), p. 1054, Figure 53-11.]

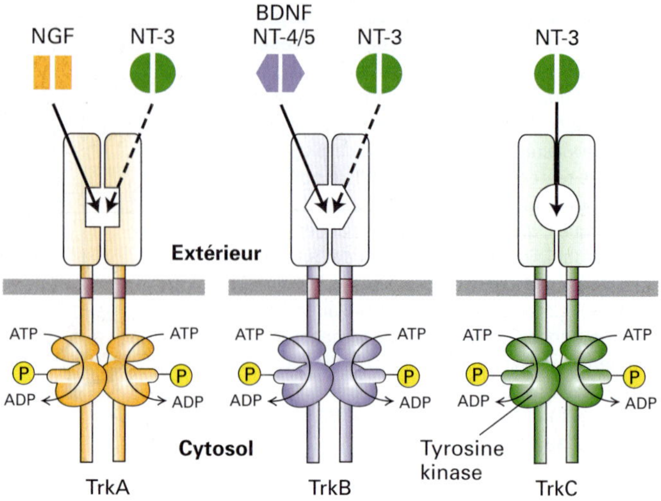

FIGURE 22-28 Spécificité des neurotrophines pour Trk, une famille de récepteurs à activité de tyrosine kinase. Chaque neurotrophine se lie avec forte affinité à un récepteur Trk indiqué par la flèche pleine allant du ligand au récepteur. NT-3 peut aussi se fixer avec moins d'affinité à TrkA et TrkB comme indiqué par la flèche en pointillé. De plus, les neurotrophines s'attachent à un récepteur distinct appelé $p75^{NTR}$ soit seul ou en combinaison avec les Trk. NGF = *nerve growth factor* ; BDNF = *brain-derived neurotrophic factor* ; NT-3 = neurotrophine-3. [Adapté de W. D. Snider, 1994, *Cell* **77** :627.]

sous-maxillaire de la souris produit de grandes quantités de NGF ont permis de la purifier et de le séquencer. Homodimère de deux polypeptides de 118 résidus, NGF appartient à une famille de facteurs trophiques apparentés sur les plans fonctionnel et structurel, regroupés sous le nom de *neurotrophines*. Le facteur neurotrophique dérivé du cerveau (BDNF) et la neurotrophine-3 (NT-3) font aussi partie de cette famille.

Récepteurs des neurotrophines Les neurotrophines interagissent avec une famille de récepteurs à activité de tyrosine kinase appelés *Trks* (qui se prononce « tracks » en anglais). (La structure générale des récepteurs à activité de tyrosine kinase et leurs voies de signalisation intracellulaire sont décrites dans le Chapitre 14.) Comme le montre la Figure 22.28, NFG se lie à TrkA ; BDNF à TrkB et NT3 à TrkC. La liaison de ces facteurs à leur récepteur fournit un signal de survie à différentes classes de neurones. Un second type de récepteur appelé $P75^{NTR}$ (NTR = *neurotrophin receptor*) lie aussi les neurotrophines, mais avec moins d'affinité. Cependant, $P75^{NTR}$ forme des complexes hétéromultimériques avec les différents récepteurs Trk ; cette association augmente l'affinité des Trk pour leur ligand. Certaines études indiquent que la liaison de NGF à $P75^{NTR}$ en absence de TrkA peut induire la mort cellulaire plutôt que la prévenir.

Suppression (*knockout*) des neurotrophines et de leur récepteur Pour étudier le rôle des neurotrophines dans le développement chez la souris, on a supprimé par mutation l'activité de chacune des neurotrophines et de chacun de leur récepteur. Ces études ont révélé que les différentes neurotrophines et les récepteurs correspondants sont requis pour la survie de différentes classes de neurones sensoriels, qui transportent au cerveau les signaux des systèmes sensoriels périphériques (Figure 22-29). Par exemple, les neurones sensibles à la douleur (nociceptifs), qui expriment TrkA, sont absents dans les ganglions spinaux des souris privées de NGF ou de TrkA, alors que les neurones exprimant TrkB et TrkC ne sont pas affectés. Par contre, les neurones proprioceptifs exprimant TrckC, qui détectent la position des membres, sont absents dans le ganglion spinal chez les mutants *TrkC* et *NT-3*.

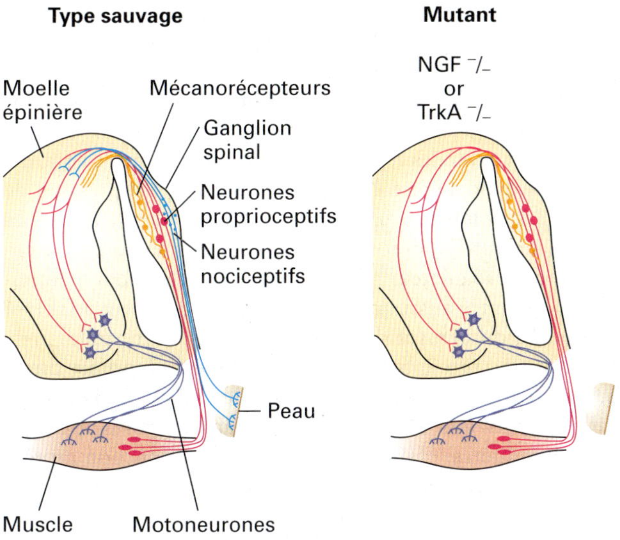

FIGURE EXPÉRIMENTALE 22-29 Différentes classes de neurones sensoriels sont perdus chez les souris *knockout* privées de différents facteurs trophiques ou de leur récepteur. Chez les animaux privés de NGF (*nerve growth factor*) ou de son récepteur TrkA, de petits neurones nociceptifs (sensibles à la douleur) (en bleu) qui innervent la peau sont absents. Ces neurones expriment le récepteur TrkA et innervent les cibles productrices de NGF. Chez les animaux privés de neurotrophine-3 ou de son récepteur TrkC, les grands neurones proprioceptifs (en rouge) innervant les fuseaux musculaires sont absents. Le muscle produit NT-3, et les neurones proprioceptifs expriment TrkC. Les mécanorécepteurs (en brun), une autre classe de neurones sensoriels dans le ganglion spinal ne sont pas affectés chez ces mutants. [Adapté de W. D. Snider, 1994, *Cell* **77** :627.]

Une voie apoptotique dépend d'une cascade de caspases

Les études génétiques de *C. elegans* ont fourni des informations essentielles sur le mécanisme de la mort cellulaire programmée. Comme signalé dans la Section 22-1, on a établi le lignage de toutes les cellules somatiques de *C. elegans* à partir de l'œuf fécondé jusqu'au ver mature (voir Figure 22-9). Des 947 cellules non gonadiques générées durant le développement de la forme hermaphrodite adulte, 131 cellules disparaissent par mort cellulaire programmée.

Par mutagenèse dirigée, on a identifié divers gènes dont les protéines jouent un rôle essentiel dans le contrôle de la mort cellulaire programmée durant le développement de *C. elegans*. Par exemple, les 131 cellules naturellement « condamnées » survivent chez les vers dont le gène *ced 3* ou *ced-4* a été inactivé (Figure 22-30). CED-4 est un facteur activateur de protéase qui, en causant l'autoclivage du précurseur de CED-3, génère une protéase CED-3 active qui induit la mort cellulaire (Figure 22-31). Par contre, chez les mutants de *ced-9*, aucune forme adulte ne peut se développer car toutes les cellules meurent au cours de la vie embryonnaire. Ces travaux indiquent que la mort cellulaire requiert CED-3 et CED-4, mais que CED-9 empêche l'apoptose et que la voie apoptotique peut être activée dans toutes les cellules. De plus, la constatation que la mort cellulaire ne survient pas chez les doubles mutants *ced-9/ced-3* suggère que CED-9 agit en amont de CED-3 pour bloquer la voie apoptotique.

Les résultats convergents des études chez le ver et sur des cellules cancéreuses humaines suggéraient que l'apoptose dépend d'une seule voie conservée au cours de l'évolution. Le premier gène apoptotique à être cloné fut, *bcl2*, que l'on isola de lymphomes folliculaires humains. Une forme mutante produite dans les cellules lymphomateuses par un réarrangement chromosomique s'est avéré se comporter comme un oncogène qui favorisait la survie de la cellule plutôt que sa mort (Chapitre 23). La protéine humaine

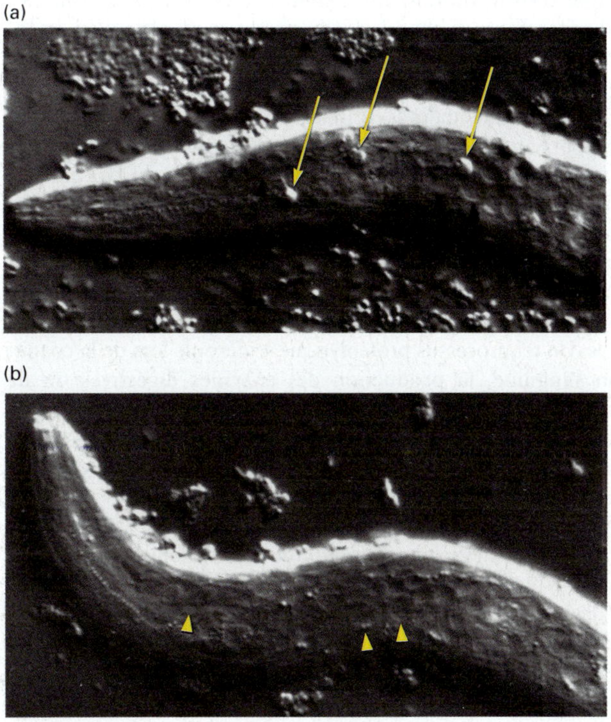

FIGURE EXPÉRIMENTALE 22-30 Des mutations du gène *ced-3* empêchent la mort cellulaire programmée chez *C. elegans*. (a) Larves venant d'éclore porteuses d'une mutation du gène *ced-1*. Puisque des mutations de ce gène empêchent l'ingestion des cellules mortes, celles-ci s'accumulent (flèches) ; elles sont plus visibles car leur réfraction est plus forte. (b) Larves venant d'éclore porteuses de mutations des gènes *ced-1* et *ced-3*. L'absence des cellules mortes, qui réfractent plus, chez ces doubles mutants indique qu'aucune cellule n'est morte. Donc, la protéine CED3 est nécessaire à la mort cellulaire programmée. [De H. M. Ellis et H. R. Horvitz, 1986, *Cell* **91** :818 ; avec l'autorisation de Hilary Ellis.]

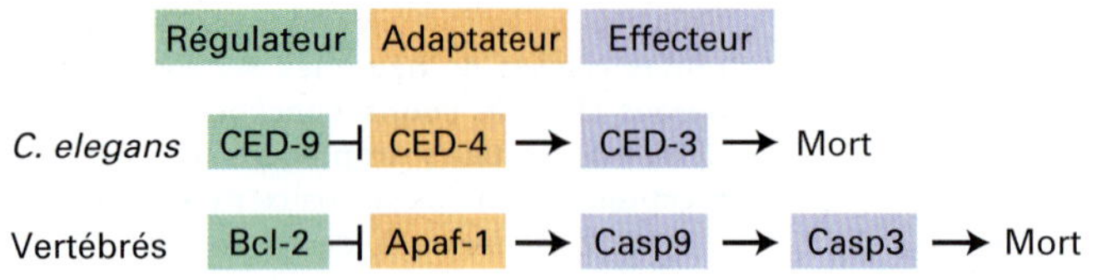

FIGURE 22-31 Vue générale de la voie apoptotique, qui a été conservée au cours de l'évolution, chez *C. elegans* et les vertébrés. Trois types de protéines interviennent de manière critique dans cette voie. Les régulateurs induisent ou inhibent l'apoptose ; deux régulateurs orthologues mentionnés ici, CED-9 et Bcl-2, inhibent l'apoptose en présence de facteurs trophiques. Les adaptateurs interagissent avec les régulateurs et les effecteurs ; en absence de facteurs trophiques, ils favorisent l'activation des effecteurs. Des protéases appelées caspases servent d'effecteurs ; leur activation entraîne la dégradation de divers substrats intracellulaires et finalement la mort de la cellule. [Adapté de D. L. Vaux et S. J. Korsemeyer, 1999, *Cell* **96** :245.]

Bcl-2 et la protéine CED9 du ver sont homologues, et un transgène *bcl2* peut empêcher la mort de nombreuses cellules qui survient chez les vers dont *ced-9* est muté. Ainsi, les deux protéines agissent comme régulateurs qui bloquent l'apoptose (voir Figure 22-31). De plus, les deux protéines contiennent un seul domaine transmembranaire et sont localisées à l'extérieur des membranes des mitochondries, du noyau et du réticulum endoplasmique où elles servent de senseurs qui contrôlent la voie apoptotique en réponse à des stimulus extérieurs. Comme nous allons le voir, d'autres régulateurs favorisent l'apoptose.

Les protéines effectrices dans la voie apoptotique sont des enzymes appelées **caspases**. Elles tirent leur nom du fait qu'elles contiennent un résidu cystéine essentiel dans leur site catalytique et clivent les protéines sélectivement du côté carboxylique des résidus d'aspartate. La protéase effectrice principale chez *C. elegans* est la caspase CED-3. Les humains ont 15 caspases différentes, toutes dérivant de procaspases qui doivent être clivées pour devenir actives. Un tel processus protéolytique se déroule lors de la coagulation sanguine, la production des enzymes digestives ou de certaines hormones (Chapitre 17). Les caspases qui servent de déclencheurs (e.g. caspase-9) sont activées par autoprotéolyse induite par d'autres types de protéines (e.g. CED4 chez les vers) qui permettent aux déclencheurs de s'agréger. Après activation, les déclencheurs clivent les caspases effectrices (e.g. caspase-3), l'activité de toute la cascade s'amplifiant rapidement. Les diverses caspases effectrices reconnaissent et clivent de courtes séquences d'acides aminés dans de nombreuses protéines différentes. Chacune s'attaque à sa séquence préférée. Leurs cibles intracellulaires spécifiques comprennent des protéines de la lamina nucléaire et du cytosquelette dont le clivage conduit à la perte de la cellule. Sept lignées de souris *knockout* ont été produites, chacune étant privée de la fonction d'une caspase particulière. Certains animaux homozygotes meurent dès le stade embryonnaire ; d'autres sont viables, mais ont des déficiences discrètes. Des souris ont un nombre anormalement élevé de neurones (hyperplasie neuronale), ce qui confirme l'importance de la mort cellulaire dans le développement du système nerveux ; des mutants ont d'autres cellules qui résistent à l'apoptose.

Si les caspases sont indispensables à de nombreux événements apoptotiques, l'apoptose peut également survenir indépendamment des ces enzymes. Une flavoprotéine, AIF (*apoptosis-inducing factor*) et une endonucléase G sont deux protéines qui tuent la cellule lorsqu'elles sont libérées des mitochondries.

Des études de cellules en culture ont fourni des indications précieuses à propos d'un groupe de *protéines adaptatrices* qui coordonnent l'action des régulateurs et effecteurs dans le contrôle de l'apoptose (voir Figure 22-31). Par exemple, l'expression de CED-4 de *C. elegans* dans une lignée de cellules rénales humaines induit rapidement l'apoptose. Ce qui peut être évité par la co-expression d'un régulateur négatif CED-9 (ou Bcl-2 des mammifères). On a montré aussi que CED-9 se lie directement à CED-4 et le transfère du cytosol dans des membranes intracellulaires. Ainsi, la fonction pro-apoptotique de CED-4 est supprimée directement par la fonction anti-apoptotique de CED-9. CED-4 se lie aussi directement à la caspase CED-3 (et aux caspases apparentées des mammifères) et induit l'activation de sa fonction protéasique. Des études biochimiques ont montré que CED-4 peut se lier simultanément à CED-9 et CED-3. Ces résultats s'accordent avec ceux qu'a fournis la génétique et qui montrent que l'absence de CED-9 n'a pas d'effet si CED-3 manque également ; comme chez les mutants de *ced-3*, on n'observe pas de mort cellulaire chez les doubles mutants *ced-3/ced-9*.

En absence de facteurs trophiques, les caspases sont activées par des régulateurs pro-apoptotiques

Après avoir introduit les acteurs principaux de la voie apoptotique, nous allons examiner maintenant comment les caspases effectrices sont activées dans les cellules des mammifères. Bien que la fonction normale de CED-9 ou de Bcl-2 est d'éviter la mort cellulaire, d'autres protéines régulatrices intracellulaires la favorisent. Le premier régulateur pro-apoptotique à être identifié, Bax, fut trouvé alors qu'il était associé à Bcl-2 dans des extraits de cellules exprimant de grandes quantités de Bcl-2. L'analyse biochimique a démontré que la séquence de Bax est apparentée à CED-9 et à Bcl-2, mais que la surproduction de Bax induit la mort de la cellule plutôt que de la protéger envers l'apoptose, comme le font CED-9 et Bcl-2. Ainsi cette famille de régulateurs comprend à la fois des membres *anti-apoptotiques* (e.g CED-9 et Bcl-2) et des membres *pro-apoptotiques* (Bax). Tous les membres de cette famille, que l'on appelle **famille Bcl-2**, sont des protéines transmembranaires à un passage et peuvent participer à des interactions oligomériques. Chez les mammifères, six membres de la famille Bcl-2 s'opposent à l'apoptose et neuf la favorisent. Ainsi le sort d'une cellule donnée, vie ou mort, peut refléter le spectre particulier des membres de la famille Bcl-2 produits par cette cellule et les voies de signalisation intracellulaire qui les régulent.

Certains membres de la famille Bcl-2 protègent ou disloquent les mitochondries, contrôlant ainsi la libération des protéines mitochondriales comme le cytochrome *c*. Dans les cellules saines, le cytochrome *c* est localisé entre les membranes mitochondriales interne et externe, mais dans les cellules en voie d'apoptose, il est libéré dans le cytosol. Cette libération peut être bloquée par une surproduction de Bcl-2 ; inversement, elle est favorisée par la surproduction de Bax. De plus, l'injection de cytochrome *c* dans le cytosol des cellules induit l'apoptose. Divers stimulus inducteurs de mort causent le transfert des monomères de Bax du cytosol vers la membrane mitochondriale externe où ils forment des oligomères. Des homodimères de Bax, mais pas les homodimères de

Bcl2 ni les hétérodimères de Bcl-2/Bax, permettent l'afflux ionique à travers la membrane mitochondriale. On ignore comment cet apport d'ions déclenche la libération du cytochrome *c*. Dès que celui-ci est libéré dans le cytosol, il se lie à la protéine adaptatrice Apaf-1 (l'homologue mammalien de CED-4) et déclenche une cascade de caspases entraînant la mort de la cellule (Figure 22-32a). Bax peut tuer la cellule par un autre processus qui perturbe le fonctionnement mitochondrial indépendamment de toute intervention de caspases et qui repose, en partie du moins, sur la dépolarisation mitochondriale.

Des expériences de *knockout* ont confirmé l'importance des membres pro-apoptotiques ou anti-apoptotiques de la famille Bcl-2 dans le développement neuronal. Les souris dépourvues du gène *bcl-xl*, qui code une protéine anti-apoptotique, ont des déficiences graves dans le développement du système nerveux, de larges zones de la moelle épinière, des ganglions spinaux et du cerveau des embryons étant touchées par la mort des cellules. Par contre, les animaux sans *bax* montrent une augmentation marquée des neurones dans certaines régions du système nerveux. Ces expériences ont montré également que les effets des membres de la famille Bcl-2 sont en général spécifiques de tissus.

Certains facteurs trophiques induisent l'inactivation du régulateur pro-apoptotique

Nous avons vu que les neurotrophines comme le NFG (*nerve growth factor*) protègent les neurones de la mort. Les voies de signalisation intracellulaire permettant aux facteurs de survie d'inactiver le processus létal sont très élaborées. L'observation que les facteurs trophiques interviennent de manière largement indépendante de la synthèse protéique a suggéré que ces signaux extérieurs conduisent à des changements dans les activités de protéines préexistantes plutôt qu'à l'activation de l'expression génique. On a démontré qu'en absence de facteurs trophiques la forme non phosphorylée de Bad est associée à Bcl-2/Bcl-xl sur la membrane mitochondriale (Figure 22-32a). La liaison de Bad inhibe la fonction anti-apoptotique de Bcl-2/Bcl-xl, ce qui induit la mort cellulaire. Cependant, Bad phosphorylé ne peut se lier à Bcl-2/Bcl-xl et se

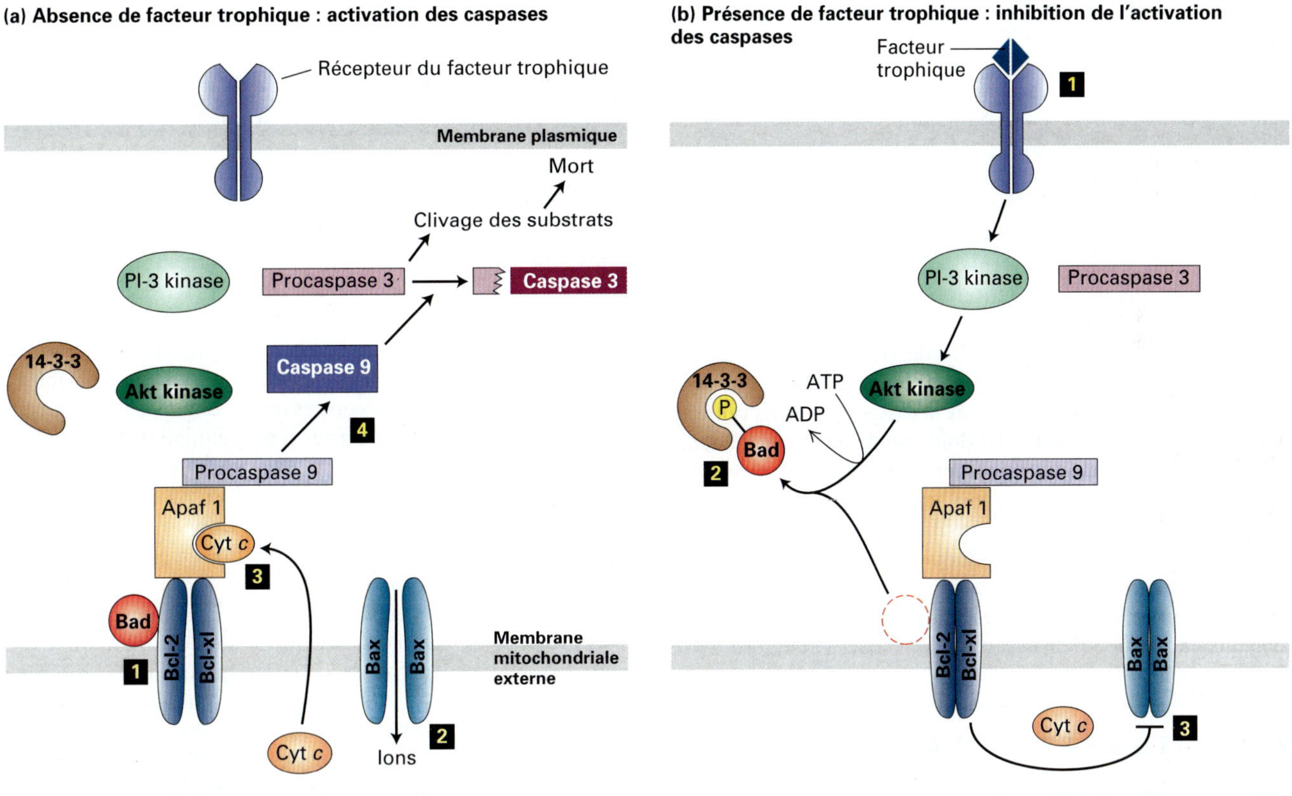

FIGURE 22-32 Proposition de voies intracellulaires qui, dans les cellules de mammifères, mènent soit à la mort cellulaire par apoptose soit à la survie dépendant de facteurs trophiques. (a) En absence de facteur trophique, Bad, une protéine pro-apoptotique soluble, se lie aux protéines anti-apoptotiques Bcl-2 et Bcl-xl insérées dans la membrane mitochondriale (1). La liaison de Bad empêche l'interaction des protéines anti-apoptotiques avec Bax, une protéine pro-apoptotique liée à la membrane. En conséquence, Bax forme dans la membrane des canaux homo-oligomériques qui permettent le flux ionique (2). Par un mécanisme encore inconnu, ceci conduit à la libération du cytochrome *c* dans le cytosol, où il se lie à la protéine adaptatrice Apaf-1 (3), ce qui déclenche la cascade de caspases menant à la mort de la cellule (4). (b) Dans certaines cellules, la liaison d'un facteur trophique (e.g. NGF) stimule l'activité de la PI-3 kinase, ce qui active en aval la kinase Akt, qui phosphoryle Bad (1). Bad phosphorylée forme alors un complexe avec la protéine 14-3-3 (2). Bad étant ainsi séquestrée dans le cytosol, les protéines anti-apoptotiques Bcl-2/Bcl-xl peuvent inhiber l'activité de Bax (3), ce qui évite la libération du cytochrome *c* et l'activation de la cascade des caspases. [Adapté de B. Pettman et C. E. Henderson, 1998, *Neuron* **20** :633.]

trouve dans le cytosol complexé à la protéine 14-3-3 qui lie la phosphosérine. Dès lors, les voies de signalisation menant à la phosphorylation de Bad sont probablement impliquées dans la transmission des signaux de survie.

Plusieurs facteurs trophiques, y compris NFG, déclenchent la voie de signalisation de la PI-3 kinase, qui conduit à l'activation d'une kinase en aval appelée PKB (voir Figure 14-27). PKB activée phosphoryle Bad dans des sites connus comme inhibiteurs de son activité pro-apoptotique. De plus, une forme de PKB active de manière constitutive peut venir sauver des neurones en culture, qui privés de neurotrophines étaient condamnés à l'apoptose. Ces observations soutiennent l'explication que donne la Figure 22-32b au mode d'action des facteurs trophiques dans la survie cellulaire. Dans d'autres types cellulaires, des facteurs trophiques différents peuvent assurer la survie cellulaire par une modification post-traductionnelle d'autres acteurs du processus létal.

Le TNF (*tumor necrosis factor*) et des agents apparentés tuent la cellule par activation des caspases

Bien que la mort cellulaire puisse survenir à cause d'un manque de facteurs de survie, l'apoptose peut aussi être déclenchée par des *signaux de « mort »*. Par exemple, le *TNF* (*tumor necrosis factor*), qui est libéré par les macrophages, provoque la mort cellulaire et la destruction tissulaire observées dans certaines maladies chroniques inflammatoires. Une autre molécule importante dans l'induction de la mort est le *ligand de Fas*, une protéine de surface cellulaire exprimée par les cellules NK (*natural killer*) et les lymphocytes T cytotoxiques. Ce signal peut causer la mort des cellules infectées par un virus, certaines cellules tumorales et des cellules d'un greffon étranger.

Le TNF et le ligand de Fas agissent par l'intermédiaire de récepteurs de surface dotés d'un seul domaine transmembranaire et qui sont activés quand l'interaction avec le ligand a rapproché étroitement trois molécules de récepteur. Le complexe trimérique attire alors une protéine appelée FADD (*Fas-associated death domain*), qui sert d'adaptateur pour recruter, et dans certains cas, activer la caspase-8, un déclencheur de la cascade, dans les cellules qui ont reçu un signal de mort. Le domaine de mort trouvé dans FADD est une séquence qui est présente dans plusieurs protéines impliquées dans l'apoptose. Une fois activée, la caspase-8 active d'autres caspases et la cascade amplificatrice commence. Pour tester la capacité du récepteur Fas d'induire la mort, on a incubé les cellules avec des anticorps dirigés contre le récepteur. Ces anticorps qui interconnectent les récepteurs Fas causent la mort, ce qui indique que l'activation de Fas suffit à déclencher l'apoptose.

CONCEPTS CLÉS DE LA SECTION 22.5

La mort cellulaire et son contrôle

- Pour prévenir l'apoptose et donc survivre, toutes les cellules requièrent des facteurs trophiques. En leur absence, les cellules se suicident.
- Des études génétiques de *C. elegans* ont défini une voie apoptotique conservée au cours de l'évolution avec trois composants majeurs : des protéines régulatrices, des protéines adaptatrices et des protéases effectrices appelées caspases chez les vertébrés (voir Figure 22-31).
- Quand elles sont activées, les protéases apoptotiques clivent les substrats intracellulaires spécifiques menant la cellule à sa perte. Des protéines adaptatrices (e.g. Apaf-1), qui lient à la fois les protéines régulatrices et les caspases, sont requises pour l'activation des caspases.
- Des protéines régulatrices pro-apoptotiques (e.g. Bax, Bad) induisent l'activation des caspases alors que les régulateurs anti-apoptotiques (e.g. Bcl-2) la suppriment. Les interactions directes entre protéines pro- et anti-apoptotiques aboutissent à la mort cellulaire en absence de facteurs trophiques. La liaison de facteurs trophiques extracellulaires peut déclencher des changements dans ces interactions, ce qui permet alors à la cellule de survivre (voir Figure 22-32).
- La famille Bcl-2 contient des protéines pro- et anti-apoptotiques qui sont toutes transmembranaires à un seul passage et s'engagent dans des interactions protéine-protéine. Des molécules Bcl-2 peuvent contrôler la libération du cytochrome *c* à partir des mitochondries, ce qui déclenche la mort cellulaire.
- La liaison d'agents létaux extracellulaires comme le TNF (*tumor necrosis factor*) et le ligand de Fas à leur récepteur active une protéine associée (FADD) qui à son tour déclenche la cascade des caspases menant à la mort cellulaire.

PERSPECTIVES POUR LE FUTUR

La croissance d'un organisme dépend de la naissance, du lignage et du développement des cellules, mais ces processus sont aussi à la base de maladies, en particulier du cancer. Peu de transformations sont plus remarquables que la diversification des types cellulaires au cours du développement. Un lignage commençant avec un ovule fécondé, une simple sphère de 200 μm de diamètre, aboutit à des neurones longs d'un mètre, des cellules musculaires multinucléées et pulsatiles, des cellules rétiniennes sensibles à la lumière, des macrophages voraces qui reconnaissent et ingèrent les germes, et des centaines d'autres types cellulaires. Les régulateurs du lignage cellulaire produisent cette riche diversité en contrôlant deux décisions critiques : (1) quand et où activer la mitose (Chapitre 21) ? (2) la division doit-elle donner deux cellules filles identiques ou différentes ? Une cellule fille en effet peut être identique à la cellule mère ou peut s'engager dans une nouvelle voie.

Normalement, les cellules naissent à des moments et dans des sites particuliers, comme la couche basale de la peau ou le méristème des racines. Le foie se régénère quand il est lésé, mais le cancer hépatique est évité à d'autres moments par un contrôle strict de toute croissance inutile. Le lignage cellulaire est façonné par la distribution asymétrique des régulateurs principaux dans les cellules filles lors de la division. Certains d'entre eux font partie intrinsèque de la cellule mère et sont distribués de manière asymétrique durant la polarisation de la cellule ; d'autres régulateurs sont des agents extérieurs qui atteignent les cellules filles de manière différenciée. L'asymétrie des cellules conduit à l'asymétrie des tissus et de l'ensemble de l'organisme ; elle détermine par exemple les différences entre la main gauche et la main droite.

Certaines cellules persistent durant la vie de l'organisme, mais d'autres comme les cellules sanguines et intestinales se renouvellent rapidement. Après une brève survie, de nombreuses cellules sont destinées à mourir et à être remplacées par d'autres dérivant d'une population de cellules souches. La mort cellulaire programmée est aussi à la base de l'élimination méticuleuse de cellules potentiellement dangereuses comme les cellules immunitaires qui pourraient attaquer les cellules de l'organisme auquel elles appartiennent ou les neurones qui n'ont pas réussi à se connecter correctement. Les programmes de mort cellulaire sont aussi devenus des moyens de défense contre les infections, les cellules infectées par un virus étant tuées de manière sélective par des signaux létaux. Les virus à leur tour cherchent à se protéger. Par exemple, p53, un facteur de transcription qui est sensible au stress et aux agressions de la cellule et qui active la transcription des membres pro-apoptotiques de la famille génique *bcl-2*, est inhibé par la protéine E1B de l'adénovirus. On a estimé qu'environ un tiers du génome de l'adénovirus sert à échapper aux défenses de l'organisme infecté. Des agents chimiques toxiques, à l'instar des infections virales, peuvent aussi déclencher la mort cellulaire ; les malformations causées par des poisons trouvent souvent leur origine dans une apoptose excessive.

Les échecs de mort cellulaire programmée peuvent entraîner une croissance cancéreuse non contrôlée (Chapitre 23). Les protéines qui empêchent la mort des cellules cancéreuses deviennent dès lors des cibles thérapeutiques potentielles. Une tumeur peut contenir un mélange de cellules : certaines sont capables de générer de nouvelles tumeurs ou de continuer à croître de manière incontrôlée, alors que certaines ne sont capables que de croître sur place ou pour un temps limité. En ce sens, la tumeur a ses propres cellules souches et l'on devrait les identifier et les étudier afin qu'elles puissent devenir des cibles thérapeutiques. Une option est l'exploitation de la voie apoptotique, par exemple en envoyant des signaux qui obligent les cellules cancéreuses à se détruire elles-mêmes.

On prête actuellement une grande attention à la régulation des cellules souches afin de comprendre comment les populations cellulaires qui se divisent sont créées et maintenues. C'est important pour la réparation des tissus, par exemple, pour un œil blessé, un cartilage déchiré, un tissu cérébral en dégénérescence ou tout organe déficient. Une hypothèse intéressante est que certaines populations de cellules souches capables de générer ou de régénérer les tissus sont éliminées normalement par mort cellulaire à la fin du développement. Si c'était vrai, trouver des moyens de bloquer sélectivement la mort de ces cellules pourrait rendre la régénération plus probable. Se pourrait-il que l'élimination de telles cellules au cours du développement mammalien explique la différence entre un amphibien qui est capable de régénérer un membre et un mammifère qui en est incapable ?

MOTS CLÉS

RÉVISIONS

1. Quelles sont les deux propriétés qui définissent une cellule souche ? Distinguez la cellule souche totipotente, la cellule souche pluripotente et le progéniteur cellulaire.
2. Où sont localisées les cellules souches dans les plantes ? Où sont localisées les cellules souches chez les animaux adultes ? Comment le concept de cellule souche diffère-t-il entre le système animal et le végétal ?
3. En 1997, la brebis Dolly fut clonée par transfert du noyau d'une cellule somatique. Un noyau d'une cellule de glande mammaire a été injecté dans un ovule dont le noyau avait été enlevé. On a laissé l'ovule se diviser plusieurs fois in vitro, puis l'embryon a été implanté dans une mère porteuse qui a donné naissance à Dolly. Celle-ci est morte en 2003 après avoir elle-même donné naissance à une progéniture viable. Qu'est ce que la création de Dolly nous dit à propos du potentiel du matériel nucléaire dérivé d'une cellule adulte complètement différenciée ? Est-ce que la création de Dolly nous enseigne quelque chose à propos du potentiel d'une cellule adulte complètement différenciée ? Nommez trois types d'informations qui interviennent dans la préservation du type cellulaire. Lequel de ces types d'informations s'est-il révélé être réversible par l'expérience de Dolly ?
4. Le ver rond *C. elegans* est un précieux modèle pour l'étude de la naissance, du lignage et de la mort des cellules. Quelles sont les propriétés de ce modèle qui le rendent à ce point adéquat pour ces recherches ? Pourquoi tant d'informations tirées des expériences sur *C. elegans* sont-elles utiles aux chercheurs intéressés au développement des mammifères ?
5. Chez la levure bourgeonnante *S. cerevisiae*, quel est le rôle de la protéine MCM1 dans les activités suivantes :
   a. la transcription des gènes spécifiques de **a** dans les cellules **a**
   b. bloquer la transcription des gènes spécifiques de α dans les cellules **a**
   c. la transcription de gènes spécifiques de α dans les cellules α
   d. bloquer la transcription de gènes spécifiques de **a** dans les cellules α
6. Chez *S. cerevisiae*, qu'est-ce qui garantit que la conjonction des cellules **a** et α a bien lieu entre ces cellules sexuellement opposées plutôt qu'entre types sexuels identiques (i.e. **a** avec **a** ou α avec α) ?
7. Exposer les cellules C3H 10T1/2 à la 5-azacytidine, un analogue nucléotidique, constitue un moyen d'étude de la

différenciation musculaire. Comment a-t-on utilisé ce modèle pour isoler les gènes de différenciation musculaire ?

8. Grâce aux expériences sur les cellules C3H 10T1/2 traitées à la 5-azacytidine, on a identifié MyoD en tant que facteur de transcription jouant un rôle clé dans la régulation de la différenciation musculaire. À quelle classe générale de protéines liant l'ADN MyoD appartient-elle ? Comment la fonction de MyoD est-elle modifiée par ses interactions avec les protéines : (a) E2A, (b) MEF, (c) Id ?

9. Les mécanismes qui régulent la différenciation musculaire chez les mammifères et la différenciation neurale chez la drosophile (et probablement chez les mammifères) sont remarquablement semblables. Quelles sont les protéines qui exercent une fonction analogue à MyoD, myogénine, Id et E2A dans la différenciation neurale chez la drosophile ? Sur base de ces analogies, quel est l'effet attendu de la micro-injection d'ARNm de MyoD sur le développement des embryons de xénope ?

10. Quel sera l'effet des mutations suivantes sur la capacité des cellules mères et des cellules filles de *S. cerevisiae* de subir une commutation de type sexuel à la suite de la division cellulaire :
    a. une mutation perte de fonction dans l'endonucléase HO
    b. une mutation gain de fonction qui rende le gène de l'endonucléase HO exprimable de manière constitutive indépendamment de SWI/SNF
    c. une mutation gain de fonction dans SWI/SNF qui le rende insensible à Ash1

11. La division cellulaire asymétrique est basée souvent sur des éléments du cytosquelette qui génèrent ou maintiennent la distribution asymétrique des facteurs cellulaires. Dans *S. cerevisiae*, quel est le facteur qui est localisé dans le bourgeon par l'activité motrice de la myosine ? Dans les neuroblastes de drosophile, quels sont les facteurs qui sont localisés dans l'apex par les microtubules ?

12. Comment les études du développement cérébral chez des souris *knockout* appuient-elles l'affirmation que l'apoptose est une voie par défaut pour les neurones ?

13. Quelles sont les caractéristiques morphologiques qui distinguent la mort cellulaire programmée de la mort par nécrose ? Le TNF et le ligand de Fas se lient à des récepteurs de surface pour tuer la cellule. Bien que le signal létal vienne de l'extérieur, pourquoi considère-t-on que la mort induite par ces molécules est apoptotique plutôt que nécrotique ?

14. Quels sont les effets des mutations suivantes sur la capacité d'une cellule de subir l'apoptose :
    a. mutation de Bad qui empêche cette protéine d'être phosphorylée par Akt
    b. surexpression de Bcl-2
    c. mutation de Bax qui l'empêche de former des homodimères

Une propriété commune des cellules cancéreuses est une perte de fonction dans la voie apoptotique. Laquelle de ces mutations croyez-vous pouvoir retrouver dans certaines cellules cancéreuses ?

ANALYSEZ LES RÉSULTATS SUIVANTS

Pour mieux comprendre le potentiel des cellules souches adultes à se différencier en divers types cellulaires, on a effectué les expériences suivantes.

De la moelle osseuse a été prélevée chez des souris mâles adultes et a été transplantée chez des femelles isogéniques qui avaient été irradiées suffisamment pour que leurs propres cellules souches hématopoïétiques soient détruites (voir la figure). En absence de transplantation de moelle, cette dose aurait été létale, mais dans ce cas-ci la transplantation a permis à la plupart des souris de survivre. Après 4 semaines, on a analysé le sang des souris receveuses. La composition était normale en ce qui concerne les divers types de cellules sanguines et chacun d'entre eux s'est révélé contenir le chromosome Y.

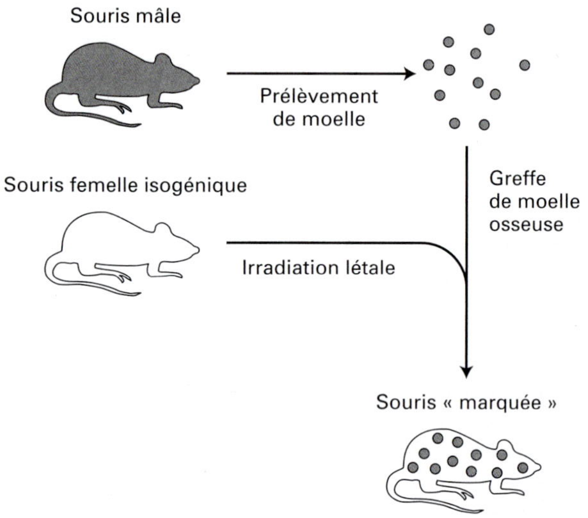

a. Quelle était la raison de recourir à des souris mâles comme donneurs de moelle osseuse et des souris femelles comme receveuses ? L'expérience inverse (donneuses femelles, receveurs mâles) aurait-elle marché ?

b. Quel était le but de l'irradiation des souris receveuses avant transplantation ? À quoi vous attendriez-vous si les celles de la moelle osseuse étaient transplantées à des souris non irradiées ?

c. Quelle méthode aurait-on pu utiliser afin de purifier les cellules souches hématopoïétiques de la moelle osseuse avant de les transplanter chez les souris receveuses ? Comment une étape de purification pourrait-elle affecter l'issue de l'expérience ?

Après 8 semaines, certaines des souris receveuses furent sacrifiées et l'on analysa par histochimie les coupes tissulaires de divers organes. On trouva des cellules avec le chromosome Y dans le foie, les muscles squelettiques et le cerveau. De plus, ces cellules étaient positives pour des marqueurs d'hépatocytes, de myocytes squelettiques et de neurones (respectivement, albumine, dystrophine et NeuN).

d. Qu'est-ce que la présence de cellules contenant le chromosome Y dans plusieurs organes et l'expression de marqueurs spécifiques d'organes indiquent à propos de la localisation des cellules dérivées de la moelle osseuse ? à propos de leur potentiel de différenciation ? à propos de leur fonction ?

RÉFÉRENCES

La naissance d'une cellule

Aurelio, O. *et al.*, (2003), Identification of spatial and temporal cues that regulate postembryonic expression of axon maintenance factors in the C. elegans ventral nerve cord, *Development* **130** :599–610.

Bach, S. P. *et al.*, (2000), Stem cells : the intestinal stem cell as a paradigm, *Carcinogenesis* **21** :469–476.

Clark, S. E, (2001), Cell signalling at the shoot meristem, *Nature Rev. Mol. Cell Biol.* **2** :276–284.

Edenfeld, G. *et al.*, (2002), Cell lineage specification in the nervous system. Curr. Opin. Genet. Devel. 12 :473–477.

Gerlach, M. *et al.*, (2002), Current state of stem cell research for the treatment of Parkinson's disease,

J. Neurol. **249**(Suppl. 3) : III33–III35.

Hori, Y. *et al.*, (2002), Growth inhibitors promote differentiation of insulin-producing tissue from embryonic stem cells, *Proc. Nat'l. Acad. Sci. USA* **99** :16105–16110.

Huelsken, J. *et al.*, (2001), b-Catenin controls hair follicle morphogenesis and stem cell differentiation in the skin, *Cell* **105** :533–545.

Ivanova, N. B. *et al.*, (2002), A stem cell molecular signature, *Science* **298** :601–604.

Lee, R. C. et Ambros, V., (2001), An extensive class of small RNAs in Caenorhabditis elegans, *Science* 294 :862–864.

Lohmann, J. U. *et al.*, (2001), A molecular link between stem cell regulation and floral patterning in Arabidopsis, *Cell* **105** :793–803.

Marshman, E. *et al.*, (2002), The intestinal epithelial stem cell, *Bioessays* 24 :91–98.

Mills, J. C. et Gordon, J. I., (2001), The intestinal stem cell niche : there grows the neighbourhood, *Proc. Nat'l. Acad. Sci. USA* **98** :12334–12336.

Niemann, C. et Watt, F. M., (2002), Designer skin : lineage commitment in postnatal epidermis. *Trends Cell Biol.* **12** :185–192.

Okabe, M. *et al.*, (2001), Translational repression determines a neuronal potential in Drosophila asymmetric cell division, *Nature* **411** :94–98.

Olsen, P. H. et Ambros, V., (1999), The lin-4 regulatory RNA controls developmental timing in Caenorhabditis elegans by blocking LIN-14 protein synthesis after the initiation of translation, *Devel. Biol.* **216** :671–680.

Orkin, S. H., (2000), Diversification of haematopoietic stem cells to specific lineages, *Nature Rev. Genet.* **1** :57–64.

Pasquinelli, A. E. et Ruvkun, G., (2002), Control of developmental timing by micro RNAs and their targets, *Ann. Rev. Cell Devel. Biol.* **18** :495–513.

Phillips, R. L. *et al.*, (2000), The genetic program of hematopoietic stem cells, *Science* **288** :1635–1640.

Reinhart, B. J. *et al.*, (2000), The 21-nucleotide let-7 RNA regulates developmental timing in *Caenorhabditis elegans*, *Nature* **403** :901–906.

Smith, A. G., (2001), Embryo-derived stem cells : of mice and men, *Ann. Rev. Cell Devel. Biol.* **17** :435–462.

Thummel, C. S., (2001), Molecular mechanisms of developmental timing in *C. elegans* and Drosophila, *Devel. Cell* **1** :453–465.

Verfaillie, C. M., (2002), Adult stem cells : assessing the case for pluripotency, *Trends Cell Biol.* **12** :502–508.

Zaret, K. S., (2001), Hepatocyte differentiation : from the endoderm and beyond, *Curr. Opin. Genet. Devel.* **11** :568–574.

Spécification des types cellulaires chez la levure

Bagnat, M. et Simons, K., (2002), Cell surface polarization during yeast mating, *Proc. Nat'l. Acad. Sci. USA* 99 :14183–14188.

Dittmar, G. A. *et al.*, (2002), Role of a ubiquitin-like modification in polarized morphogenesis, *Science* 295 :2442–2446.

Dohlman, H. G. et Thorner, J. W., (2001), Regulation of G protein-initiated signal transduction in yeast : paradigms and principles, *Ann. Rev. Biochem.* 70 :703–754.

Hall, I. M. *et al.*, (2002), Establishment and maintenance of a heterochromatin domain, *Science* 297 :2232–2237.

Lau, A. *et al.*, (2002), Cell-cycle control of the establishment of mating-type silencing in *S. cerevisiae*, *Genes Devel.* 16 :2935–2945.

Miller, M. G. et Johnson, A. D., (2002), White-opaque switching in Candida albicans is controlled by mating-type locus homeodomain proteins and allows efficient mating, *Cell* 110 :293–302.

Takizawa, P. A. et Vale, R. D., (2000), The myosin motor, Myo4p, binds Ash1 mRNA via the adapter protein, She3p, *Proc. Nat'l. Acad. Sci. USA* 97 :5273–5278.

Spécification et différenciation des muscles

Bailey, P. *et al.*, (2001), The origin of skeletal muscle stem cells in the embryo and the adult, *Curr. Opin. Cell Biol.* **13** :679–689.

Buckingham, M, (2001), Skeletal muscle formation in vertebrates, *Curr. Opin. Genet. Devel.* **11** :440–448.

Gustafsson, M. K. *et al.*, (2002), Myf5 is a direct target of long-range Shh signaling and Gli regulation for muscle specification, *Genes Devel.* **16** :114–126.

McKinsey, T. A. *et al.*, (2002), Signaling chromatin to make muscle, *Curr. Opin. Cell Biol.* **14** :763–772.

Perry, R. L. *et al.*, (2001), Activated MEK1 binds the nuclear MyoD transcriptional complex to repress transactivation, *Mol. Cell* **8** :291–301.

Puri, P. L. *et al.*, (2001), Class I histone deacetylases sequentially interact with MyoD and pRb during skeletal myogenesis, *Mol. Cell* **8** :885–897.

Wang, D. Z. *et al.*, (2001), The Mef2c gene is a direct transcriptional target of myogenic bHLH and MEF2 proteins during skeletal muscle development, *Development 128* :4623–4633.

Yan, Z. *et al.*, (2003), Highly coordinated gene regulation in mouse skeletal muscle regeneration, *J. Biol. Chem.* **278** :8826–8836.

Régulation de la division cellulaire asymétrique

Adler, P. N. et Taylor, J., (2001), Asymmetric cell division : plane but not simple, *Curr. Biol.* **11** :R233–236.

Ben-Yehuda, S. et Losick, R., (2002), Asymmetric cell division in B. subtilis involves a spiral-like intermediate of the cytokinetic protein FtsZ, *Cell* **109** :257–266.

Betschinger, J. *et al.*, (2003), The Par complex directs asymmetric cell division by phosphorylating the cytoskeletal protein Lgl, *Nature* **422** :326–330.

Bilder, D. *et al.*, (2000), Cooperative regulation of cell polarity and growth by Drosophila tumor suppressors, *Science* **289** :113–116.

Cayouette, M. et Raff, M., (2002), Asymmetric segregation of Numb : a mechanism for neural specification from Drosophila to mammals, *Nature Neurosci.* **5** :1265–1269.

Chia, W. et Yang, X., (2002), Asymmetric division of Drosophila neural progenitors, *Curr. Opin. Genet. Devel.* **12** :459–464.

Deng, W. et Lin, H., (2001), Asymmetric germ cell division and oocyte determination during Drosophila oogenesis, *Int'l. Rev. Cytol.* **203** :93–138.

Doe, C. Q. et Bowerman, B., (2001), Asymmetric cell division : fly neuroblast meets worm zygote, *Curr. Opin. Cell Biol.* **13** :68–75.

Helariutta, Y. *et al.*, (2000), The SHORT-ROOT gene controls radial patterning of the Arabidopsis root through radial signalling, *Cell* **101** :555–567.

Horvitz, H. R. et Herskowitz, I., (1992), Mechanisms of asymmetric cell division : two B's or not two B's, that is the question, *Cell* **68** :237–255.

Knoblich, J. A., (2001), Asymmetric cell division during animal development, *Nature Rev. Mol. Cell Biol.* **2** :11–20.

Lin, D. *et al.*, (2000), A mammalian PAR-3-PAR-6 complex implicated in Cdc42/Rac1 and aPKC signalling and cell polarity, *Nature Cell Biol.* **2** :540–547.

Mahonen, A. P. *et al.*, (2000), A novel two-component hybrid molecule regulates vascular morphogenesis of the Arabidopsis root. *Genes Devel.* **14** :2938–2943.

Ohno, S., (2001), Intercellular junctions and cellular polarity : the PAR-aPKC complex, a conserved core cassette playing fundamental roles in cell polarity, *Curr. Opin. Cell Biol.* **13** :641–648.

Petritsch, C. *et al.*, (2003), The Drosophila myosin VI Jaguar is required for basal protein targeting and correct spindle orientation in mitotic neuroblasts, *Devel. Cell* **4** :273–281.

Plant, P. J. *et al.*, (2003), A polarity complex of mPar-6 and atypical PKC binds, phosphorylates and regulates mammalian Lgl, *Nature Cell Biol.* **5** :301–308.

Roegiers, F. *et al.*, (2001), Two types of asymmetric divisions in the Drosophila sensory organ precursor cell lineage, *Nature Cell Biol.* **3** :58–67.

Sawa, H. *et al.*, (2000), Components of the SWI/SNF complex are required for asymmetric cell division in *C. elegans, Mol. Cell* **6** :617–624.

Shapiro, L. *et al.*, (2002), Generating and exploiting polarity in bacteria, *Science* **298** :1942–1946.

La mort cellulaire et son contrôle

Aderem, A., (2002), How to eat something bigger than your head, *Cell* **110** :5–8.

Baehrecke, E. H., (2002), How death shapes life during development, *Nature Rev. Mol. Cell Biol.* **3** :779–787.

Benedict, C. A. *et al.*, (2002), To kill or be killed : viral evasion of apoptosis, *Nature Immunol.* 3 :1013–1018.

Bergmann, A., (2002), Survival signaling goes BAD, *Devel. Cell* 3 :607–608.

Cheng, E. H. *et al.*, (2001), BCL-2, BCL-X(L) sequester BH3 domain-only molecules preventing BAX- and BAK-mediated mitochondrial apoptosis, *Mol. Cell* **8** :705–711.

Cory, S. et Adams, J. M., (2002), The Bcl2 family : regulators of the cellular life-or-death switch, *Nature Rev. Cancer* **2** :647–656.

Jacks, T. et Weinberg, R. A., (2002), Taking the study of cancer cell survival to a new dimension, *Cell* **111** :923–925.

Marsden, V. S. et Strasser, A., (2003), Control of apoptosis in the immune system : Bcl-2, BH3-only proteins and more, *Ann. Rev. Immunol.* **21** :71–105.

Martin, S. J., (2002), Destabilizing influences in apoptosis : sowing the seeds of IAP destruction, *Cell* **109** :793–796.

Penninger, J. M. et Kroemer, G., (2003), Mitochondria, AIF, and caspases—rivaling for cell death execution, *Nature Cell Biol.* **5** :97–99.

Ranger, A. M. *et al.*, (2001), Mouse models of cell death, *Nature Genet.* **28** :113–118.

Vaux, D. L. et Korsmeyer, S. J., (1999), Cell death in development, *Cell* **96** :245–254.

Zuzarte-Luis, V. et Hurle, J. M., (2002), Programmed cell death in the developing limb, *Int'l. J. Devel. Biol.* **46** :871–876.

23

CANCER

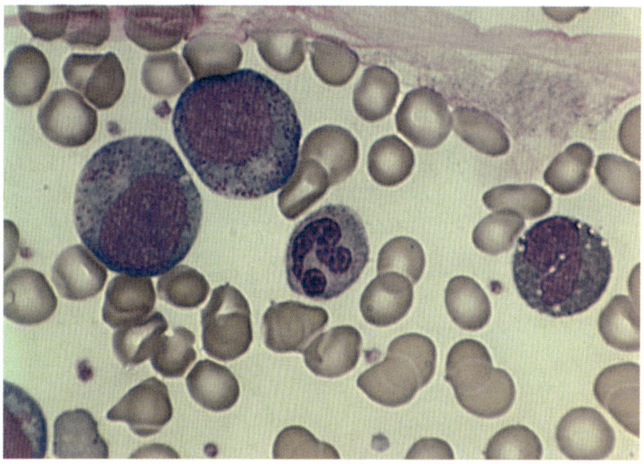

Frottis sanguin d'une personne atteinte de leucémie myéloïde aiguë. Les cellules géantes avec un noyau de forme irrégulière et de couleur pourpre sont des cellules leucémiques. Les petites cellules circulaires d'aspect gris rougeâtre sont des globules rouges normaux. [Margaret Cubberly/Phototake.]

Aux États-Unis, Le cancer cause environ un cinquième des décès. À l'échelle mondiale, entre 100 et 350 personnes sur 100 000 meurent de cancer chaque année. Le cancer est dû à des déficiences dans les mécanismes qui contrôlent habituellement la croissance et la prolifération des cellules. Au cours du développement normal et tout au long de la vie adulte, des systèmes intriqués de contrôle génétique régulent l'équilibre entre naissance et mort des cellules en réponse à des signaux qui soit induisent la prolifération, soit l'inhibent, soit mènent à la mort des cellules. Le rythme des naissances et des morts détermine la taille du corps adulte et la vitesse de croissance aboutissant à cette taille. Dans certains tissus adultes, la prolifération cellulaire est permanente, ce qui assure un renouvellement continu des tissus. Les cellules épithéliales intestinales, par exemple, ne vivent que quelques jours avant de mourir et d'être remplacées ; certains globules blancs sont renouvelés au même rythme, et les cellules cutanées ne survivent en général que pendant 2-4 semaines avant de desquamer. Toutefois, les cellules de nombreux tissus adultes normaux ne prolifèrent pas sauf durant un processus de réparation. De telles cellules (e.g. hépatocytes, cellules musculaires cardiaques, neurones) peuvent rester fonctionnelles pendant de longues périodes ou même durant toute la vie d'un organisme.

La perte de la régulation cellulaire qui conduit à la plupart ou à tous les cas de cancer est due à une lésion génétique (Figure 23-1). Des mutations dans deux grandes classes de gènes ont été impliquées dans la formation d'un cancer : les **proto-oncogènes** et les **gènes suppresseurs de tumeur**. Les premiers deviennent des oncogènes à la suite de mutations qui amplifient de manière excessive leur activité inductrice de prolifération. Ce qui peut être la conséquence d'une expression accrue du gène en question ou de la production d'un produit hyperactif. Les gènes suppresseurs de tumeur normalement inhibent la croissance, aussi leur déficience entraîne-t-elle une prolifération anormale. De nombreux gènes dans ces deux classes codent des protéines qui contribuent à la régulation de la naissance (i.e. déroulement du cycle cellulaire) ou de la mort de la cellule par **apoptose** ; d'autres codent des protéines qui participent à la réparation de l'ADN endommagé. Le cancer se développe fréquemment à la suite de mutations dues à une exposition tout au long de la vie à des **agents cancérigènes**, dont font partie certains composés chimiques, ou à l'irradiation par les ultraviolets. Les mutations responsables de cancer surviennent surtout dans des cellules somatiques et non dans la lignée germinale. Les mutations des cellules somatiques ne sont pas transmises à la génération suivante. Par contre, certaines mutations héritées, transmises par la lignée germinale, augmentent la probabilité qu'une cellule cancéreuse apparaisse tôt ou tard. Constituant un partenariat particulièrement agressif, des mutations somatiques peuvent se combiner avec des mutations héritées pour causer le cancer.

Ainsi, le processus cancérigène, appelé aussi oncogenèse ou tumorigenèse, dépend des effets de l'environnement sur un terrain génétique particulier. La plupart des cancers surviennent après que des gènes ont été altérés par des carcinogènes ou par des erreurs dans la copie ou la réparation de l'ADN. Même si la lésion génétique ne touche qu'une seule cellule somatique, la division de celle-ci transmettra le dommage aux cellules filles, donnant naissance ainsi à un **clone** de cellules altérées. Rarement, cependant, une mutation dans un seul gène aboutit à un cancer. Plus typiquement, une série de mutations dans plusieurs gènes créent un type cellulaire qui tend à proliférer de plus en plus rapidement et qui

SOMMAIRE

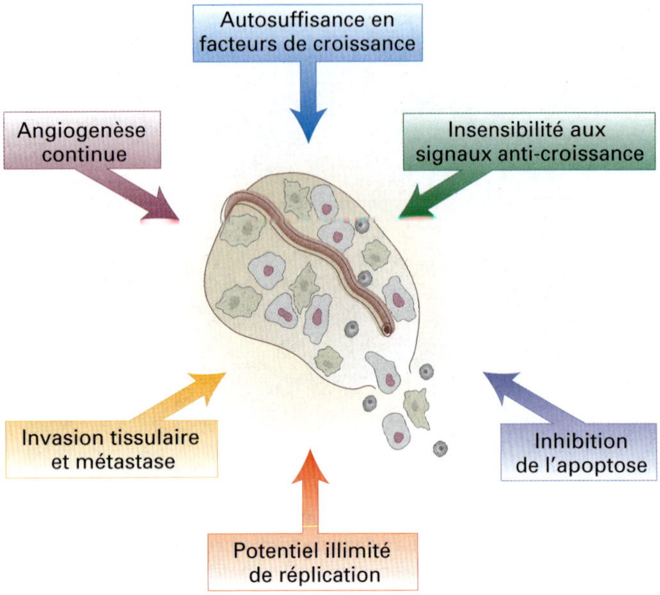

FIGURE 23-1 Vue générale des changements cellulaires qui causent le cancer. Au cours de la carcinogenèse, comme on le montre ici, le phénotype cancéreux complet le plus agressif est causé par l'altération de six propriétés cellulaires fondamentales. Des tumeurs moins dangereuses surviennent quand seules certaines de ces propriétés sont affectées. Dans ce chapitre, nous examinons les changements génétiques qui donnent lieu aux altérations de ces propriétés cellulaires. [Adapté de D. Hanahan et R. A. Weinberg, 2000, *Cell* **100** :57.]

échappe aux inhibiteurs normaux de la croissance, créant ainsi de nouvelles opportunités pour des mutations supplémentaires. Finalement, le clone cellulaire forme une **tumeur**. Dans, certains cas, des cellules de la tumeur primaire migrent dans de nouveaux sites (*métastases*), formant des tumeurs secondaires qui souvent ont un impact plus lourd sur la santé.

Le processus métastatique est complexe et comprend plusieurs étapes. L'invasion de nouveaux tissus n'est pas aléatoire ; elle dépend à la fois de la cellule qui métastase et du tissu envahi. La dissémination est facilitée si les cellules tumorales produisent des facteurs de croissance et des agents favorisant la vascularisation (angiogenèse). Sont particulièrement dangereuses les cellules mobiles, déformables et qui ont tendance à s'agréger et à s'infiltrer. Les tissus menacés sont plus vulnérables s'ils produisent eux-mêmes des facteurs de croissance et développent facilement de nouveaux vaisseaux. Ils résistent mieux quand ils produisent des agents inhibiteurs de la prolifération, de l'angiogenèse et des enzymes protéolytiques.

Les investigations sur l'origine génétique d'un type particulier de cancer débutent en général par l'identification dans les cellules tumorales d'un ou plusieurs gènes mutés. Il importe de savoir ensuite si la mutation est impliquée ou simplement fortuite sans relation causale. Pour répondre à cette question, on peut comparer la fréquence de l'association de la mutation à un type de tumeur, tester l'aptitude des cellules touchées par la mutation à proliférer en culture ou recourir à des souris chez qui l'on peut vérifier si ce type de mutation induit un cancer. Quand on sait que le gène altéré code un composant d'une voie moléculaire particulière (e.g. une voie de signalisation intracellulaire), on peut utiliser un moyen d'étude plus sophistiqué : on modifie d'autres composants de la même voie et l'on vérifie si le même type de cancer survient.

Puisqu'il faut de multiples mutations pour aboutir au cancer, plusieurs années peuvent être nécessaires avant que la tumeur n'apparaisse, d'où sa prédominance chez les personnes âgées. Ce développement du cancer après l'âge de la reproduction pourrait expliquer pourquoi la sélection naturelle n'a pas contribué à la résistance contre cette maladie. Cette nécessité de mutations multiples diminue bien sûr le risque de cancer par rapport à ce que l'on s'attendrait si une seule mutation suffisait à le déclencher. Cependant, au cours d'une vie, un nombre énorme de cellules subissent des mutations et sont soumises au test de croissance anormale, ce qui est une sorte de sélection naturelle à l'échelle cellulaire. Heureusement, la tumeur elle-même n'est pas héréditaire.

23.1 Cellules tumorales et le début du cancer

Avant d'examiner en détail les bases génétiques du cancer, nous décrirons les propriétés des cellules tumorales qui les distinguent des cellules normales et le processus général de l'oncogenèse. Les changements génétiques en cause altèrent plusieurs propriétés fondamentales des cellules, ce qui leur permet d'échapper au contrôle de leur prolifération et leur façonne finalement le phénotype cancéreux complet (voir Figure 23-1). Les cellules cancéreuses se multiplient sans l'intervention d'un signal inducteur extérieur. Elles ne perçoivent plus les signaux qui restreignent la division cellulaire et continuent à vivre alors qu'elles devraient mourir. Souvent, elles perdent leur adhérence aux cellules voisines ou à la matrice extracellulaire, se libérant ainsi pour mieux proliférer. Une cellule cancéreuse peut, jusqu'à un certain point, ressembler à un type particulier de cellules normales en train de se diviser rapidement, mais la cellule cancéreuse et sa descendance se révèlent malencontreusement immortelles. Pour atteindre une certaine taille, les tumeurs ont besoin d'un apport sanguin, ce qu'elles obtiennent souvent en sécrétant des agents inducteurs de la croissance des vaisseaux sanguins au sein de la tumeur. En progressant, la tumeur devient une sorte d'organe anormal, particulièrement bien adapté pour croître et envahir les tissus environnants.

Les cellules tumorales métastatiques disséminent et envahissent

Les tumeurs sont très fréquentes, spécialement chez les personnes âgées, mais la plupart ne constituent qu'un risque mineur car elles restent localisées et de petite taille ; on les dit **bénignes**. Il s'agit par exemple des verrues, qui sont des tumeurs bénignes de la peau. Les cellules qui composent ce type de prolifération ressemblent fort à des cellules normales et peuvent fonctionner comme elles. À l'instar de celles-ci, les tumeurs bénignes restent confinées dans les tissus d'où elles dérivent par les molécules d'adhérence cellulaire qui assurent la cohérence tissulaire. Habituellement, une capsule fibreuse les enveloppe, ce qui en fait des cibles faciles pour les chirurgiens. Elles ne deviennent menaçantes que si, par leur masse, elles interfèrent dans des fonctions normales ou si elles sécrètent des substances biologiquement actives comme des hormones. Par exemple, l'acromégalie, une croissance excessive de la tête, des mains et des pieds, se développe à la suite d'une tumeur hypophysaire bénigne sécrétant en abondance l'hormone de croissance.

Par contre, les cellules qui composent une **tumeur maligne** ou **cancer**, habituellement, se multiplient anormalement vite et survivent

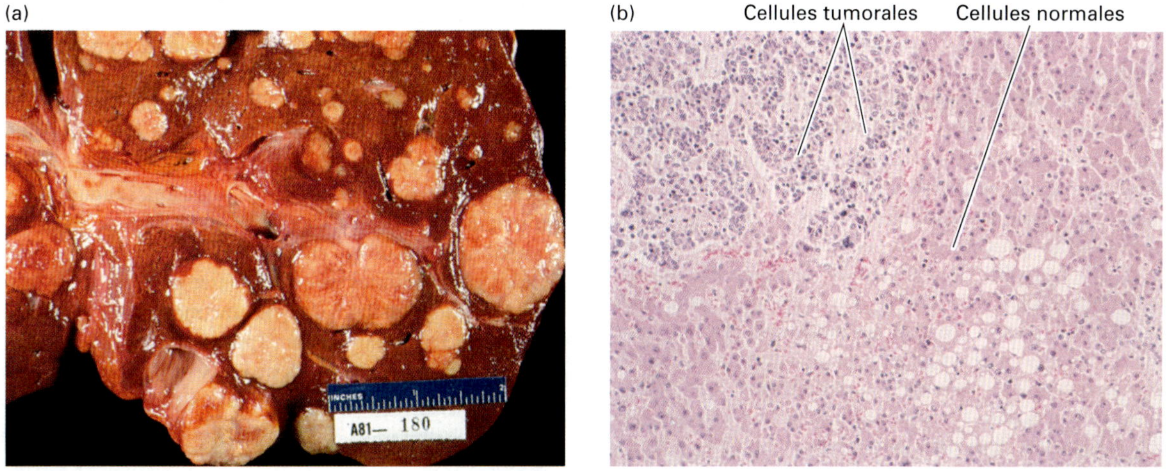

FIGURE 23-2 Vues macro- et microscopiques d'une tumeur envahissant du tissu hépatique normal. (a) Vue macroscopique d'un foie humain dans lequel poussent des métastases de cancer pulmonaire qui apparaissent à la surface du foie sous forme de masses blanchâtres. (b) Micrographie d'une coupe de la même tumeur montrant des zones de petites cellules tumorales de coloration plus sombre envahissant une région de cellules hépatiques normales de coloration plus claire. [Avec l'autorisation de J. Braun.]

trop longtemps (e.g. leucémie lymphoïde chronique, une tumeur des globules blancs). Parfois, elles gardent un rythme de division normal, mais elles envahissent les tissus environnants, c'est le cas de tumeurs moins agressives comme celle des cellules gliales. Certains cancers, comme ceux de l'ovaire ou du sein, restent localisés et encapsulés, du moins pendant un certain temps. Ensuite, les cellules se mettent à envahir le voisinage et parviennent à pénétrer dans le système circulatoire, ce qui leur permet de créer des foyers secondaires de prolifération que l'on appelle **métastases**. La plupart des cellules malignes acquièrent finalement la capacité de métastaser. Ainsi, c'est par leur capacité d'envahir et de disséminer que les tumeurs métastatiques (ou malignes) se distinguent des formes bénignes.

L'aspect microscopique des cellules cancéreuses diffère souvent des cellules normales. En général, elles sont moins différenciées que les cellules normales ou celles d'une tumeur bénigne. On peut reconnaître les cellules malignes dans un tissu donné sur base des caractéristiques propres aux cellules qui prolifèrent rapidement : la grande taille du noyau par rapport au cytoplasme, la présence de volumineux nucléoles et le peu de structures spécialisées. La mise en évidence de cellules envahissantes dans une coupe de tissu par ailleurs normal permet le diagnostic de cancer (Figure 23-2).

Les cellules normales sont maintenues en place dans un organe ou un tissu par les adhérences intercellulaires et des barrières physiques comme les **membranes basales**, qui sont sous-jacentes aux feuillets épithéliaux ou qui entourent les endothéliums des vaisseaux sanguins (Chapitre 6). Les cellules cancéreuses interagissent de manière assez complexe avec la matrice extracellulaire et les membranes basales ; pour métastaser, elles doivent dégrader les membranes basales, alors que dans certains cas, elles migrent au long de celles-ci. Divers types de tumeurs sécrètent une protéine (l'activateur du plasminogène) qui convertit le plasminogène, une protéine du plasma sanguin, en une protéase active, la plasmine. La digestion de la membrane basale par cette enzyme facilite la formation des métastases par dispersion des cellules tumorales qui ont accédé au courant sanguin. Cependant, sur plus de 10 000 cellules qui se détachent de la tumeur primaire, une seule peut survivre et coloniser un autre tissu pour former une tumeur secondaire. Après s'être échappées de la tumeur primaire et avoir gagné la circulation, les cellules qui disséminent la tumeur doivent encore adhérer à l'endothélium des capillaires et le traverser pour gagner le tissu sous-jacent. C'est souvent en produisant des variantes ou de nouvelles protéines de surface que les cellules cancéreuses parviennent ainsi à traverser divers feuillets tissulaires, une caractéristique de leur malignité.

À ces importants changements de protéines de surface cellulaire, s'ajoutent des modifications marquées dans le cytosquelette durant la formation des cellules tumorales et des métastases. Ces altérations peuvent résulter de changements dans l'expression de gènes codant Rho et d'autres petites GTPases qui régulent le cytosquelette d'actine (Chapitre 19). Par exemple, on a trouvé des cellules tumorales qui surexpriment le gène *Rho*C, ce qui favorise la dissémination métastatique.

Les cancers dérivent souvent des cellules destinées à proliférer

Pour aboutir au cancer, la plupart des mutations oncogènes doivent toucher des cellules qui se divisent afin que la mutation soit transmise à de nombreuses cellules de la descendance. Lorsque de telles mutations surviennent dans des cellules quiescentes (e.g. des neurones ou des myocytes), en général elles n'induisent pas de cancer, ce qui explique pourquoi les tumeurs musculaires ou nerveuses sont rares chez les adultes. Néanmoins, le cancer peut se développer dans des populations cellulaires qui sont différenciées et qui ne se divisent pas. C'est le cas des érythrocytes, de la plupart des globules blancs, des cellules absorbantes de la muqueuse de l'intestin grêle et des kératinocytes cutanés. En fait, les tumeurs ne dérivent pas de ces cellules différenciées mais bien de précurseurs. Les cellules complètement différenciées en général ne se divisent pas. Quand elles meurent ou sont éliminées, leur remplacement est assuré de manière continue par des **cellules souches** qui prolifèrent et dont une partie de la descendance se différencie.

Le Chapitre 22 nous a appris que les cellules souches se perpétuent et donnent naissance à des cellules qui vont se différencier et qui peuvent régénérer un tissu particulier (voir Figure 22-2). Par exemple, de nombreuses cellules sanguines différenciées ont une durée de vie courte et sont continuellement régénérées à partir des cellules souches hématopoïétiques de la moelle osseuse (voir Figure 22-5). De manière semblable, dans l'intestin, le foie, la peau, les os et d'autres tissus, le remplacement des cellules vieillissantes ou mortes est assuré par des populations de cellules souches qui produisent tous ou plusieurs types cellulaires composant ces tissus. Dans une tumeur, il est également possible que seules certaines cellules soient capables de se diviser de manière incontrôlée et de générer de nouvelles tumeurs ; ce sont les cellules souches tumorales.

Puisque les cellules souches se divisent en permanence durant toute la vie de l'organisme, des mutations oncogènes dans leur ADN peuvent s'accumuler, les transformant finalement en cellules cancéreuses. Les cellules touchées par ces mutations ont une aptitude anormale à proliférer et en général ne peuvent plus se différencier normalement. De nombreuses mutations oncogènes, comme celles qui empêchent l'apoptose ou génèrent un signal de prolifération inadéquat, peuvent aussi survenir dans des cellules progénitrices, plus différenciées, mais qui continuent à se répliquer. De telles mutations dans des progéniteurs hématopoïétiques peuvent mener à divers types de leucémie.

Les cellules animales normales sont souvent classées selon leur tissu embryonnaire d'origine ; on a fait de même pour la dénomination des tumeurs. On parle de *carcinomes* si le cancer dérive de l'endoderme (épithélium intestinal) ou de l'ectoderme (peau et neurones) et de *sarcomes* s'ils dérivent du mésoderme (muscle, sang et précurseurs du tissu conjonctif). Les leucémies, un type de sarcome, consistent en cellules sanguines libres, alors que la plupart des autres tumeurs sont des masses solides. (Le nom *leucémie* dérive du grec : *leuco*, blanc, et *émie*, sang ; la prolifération massive des cellules leucémiques peut donner un aspect laiteux au sang du malade).

La croissance de la tumeur requiert la formation de nouveaux vaisseaux sanguins

Les tumeurs, primaires ou secondaires, ne peuvent augmenter de volume que si elles sont vascularisées. Sans apport sanguin, elles ne peuvent atteindre qu'une masse d'environ 10^6 cellules, ce qui correspond grosso modo à une sphère de 2 mm de diamètre. À ce stade, les divisions cellulaires en périphérie de la tumeur sont compensées par la mort de celles qui situées au centre n'ont pas accès aux nutriments. De telles tumeurs, à moins qu'elles ne sécrètent des hormones, sont peu agressives. Cependant, la plupart des cancers induisent la formation de vaisseaux sanguins (*angiogenèse*) qui irriguent la tumeur. Ce processus se déroule en quatre phases : la membrane basale qui entoure un capillaire voisin se dégrade, des cellules endothéliales de ce capillaire migrent dans la tumeur où elles se répliquent et finalement une membrane basale se reconstitue autour de l'extension du capillaire.

De nombreuses tumeurs produisent des facteurs de croissance qui stimulent l'angiogenèse ; d'autres tumeurs, d'une manière ou d'une autre, induisent la synthèse et la sécrétion de tels facteurs par des cellules normales voisines. Le bFGF (*basic fibroblast growth factor*), le TGFα (*transforming growth factor α*) et le VEGF (*vascular endothelial growth factor*), qui sont sécrétés par de nombreuses tumeurs, induisent le développement vasculaire. Les nouveaux vaisseaux, en nourrissant la tumeur, lui permettent de grandir et donc d'augmenter le risque de mutations délétères supplémentaires. La vascularisation favorise aussi le processus de métastase.

MÉDECINE

Plusieurs protéines naturelles qui inhibent l'angiogenèse (e.g. angiogénine, endostatine) ou des antagonistes du récepteur de VEGF ont suscité beaucoup d'intérêt comme agents thérapeutiques potentiels. Bien que de nouveaux vaisseaux soient formés continuellement durant le développement embryonnaire, le processus est rare chez l'adulte sauf au cours de la cicatrisation. Aussi, un inhibiteur spécifique de l'angiogenèse pourrait être efficace contre de nombreux types de tumeurs et, en plus, pourrait avoir peu d'effets secondaires défavorables. ▮

(a) (b)

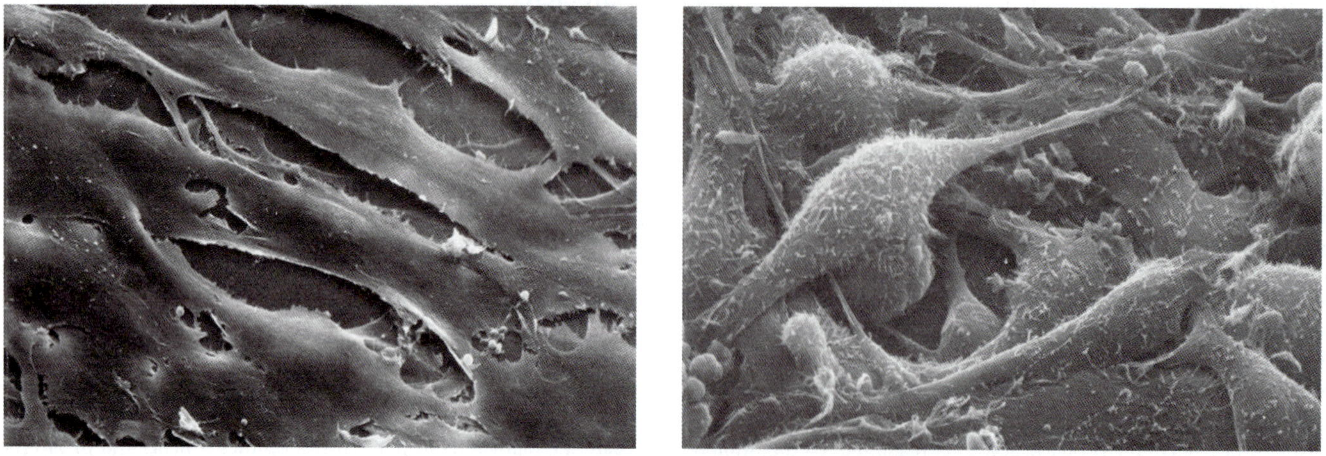

FIGURE EXPÉRIMENTALE 23-3 La microscopie électronique à balayage révèle des différences d'organisation et de morphologie entre cellules 3T3 normales et transformées. (a) Les cellules 3T3 normales sont allongées, alignées et empilées de manière ordonnée. (b) Les cellules 3T3 transformées par un oncogène codé par le virus du sarcome de Rous sont rondes et couvertes de d'appendices et des projections bulbeuses. Elles prolifèrent sans respect de l'organisation côte à côte des cellules normales et poussent l'une au-dessus de l'autre. Ces cellules transformées ont de nombreuses propriétés communes avec les cellules malignes. Des changements similaires sont observés dans des cellules transfectées avec de l'ADN de cancers humains contenant l'oncogène *ras*^{D}. [Avec l'autorisation de L. B. Chen.]

Des cellules en culture peuvent être transformées en cellules tumorales

Les cellules normales et les cellules tumorales se distinguent nettement par leur morphologie et leur aptitude à proliférer ; on retrouve certaines de ces différences lorsque les cellules sont mises en culture. Que les mutations soient la cause de ces différences fut établi de manière convaincante par des expériences de transfection sur une lignée de fibroblastes de souris appelée 3T3. Ces cellules se répliquent normalement en s'attachant à la surface plastique des boîtes de culture et tant qu'elles restent peu nombreuses. Elles s'arrêtent de pousser lorsqu'elles viennent au contact l'une de l'autre ; elles forment alors une monocouche de cellules bien ordonnées qui restent en phase quiescente G_0 du cycle cellulaire (Figure 23-3a).

Lorsque de l'ADN d'un cancer humain de la vessie est transfecté dans cellules 3T3 en culture, près d'une cellule sur un million incorpore un segment particulier de l'ADN exogène et acquiert un phénotype particulier, qu'elle transmet à sa descendance. Ces cellules sont plus arrondies et adhèrent moins entre elles et à la paroi ; elles se regroupent pour former un foyer cellulaire reconnaissable au microscope (Figure 23-3b). Ce changement de comportement caractérisé par une prolifération continue est appelé **transformation** oncogène. Ces cellules ont des propriétés semblables à celles des cellules cancéreuses, entre autres, l'aspect morphologique, l'aptitude à croître sans s'attacher à la matrice extracellulaire, le besoin réduit de facteurs de croissance, la sécrétion de l'activateur du plasminogène et la perte des microfilaments d'actine.

La Figure 23-4 décrit le procédé de transformation des cellules 3T3 par l'ADN d'un cancer humain de la vessie ainsi que le clonage du segment d'ADN spécifique en cause. On a été surpris de constater qu'un petit morceau d'ADN avait cette capacité. Si plus d'un segment avait été nécessaire, l'expérience aurait échoué. Des études ultérieures ont montré que le segment cloné comprenait une

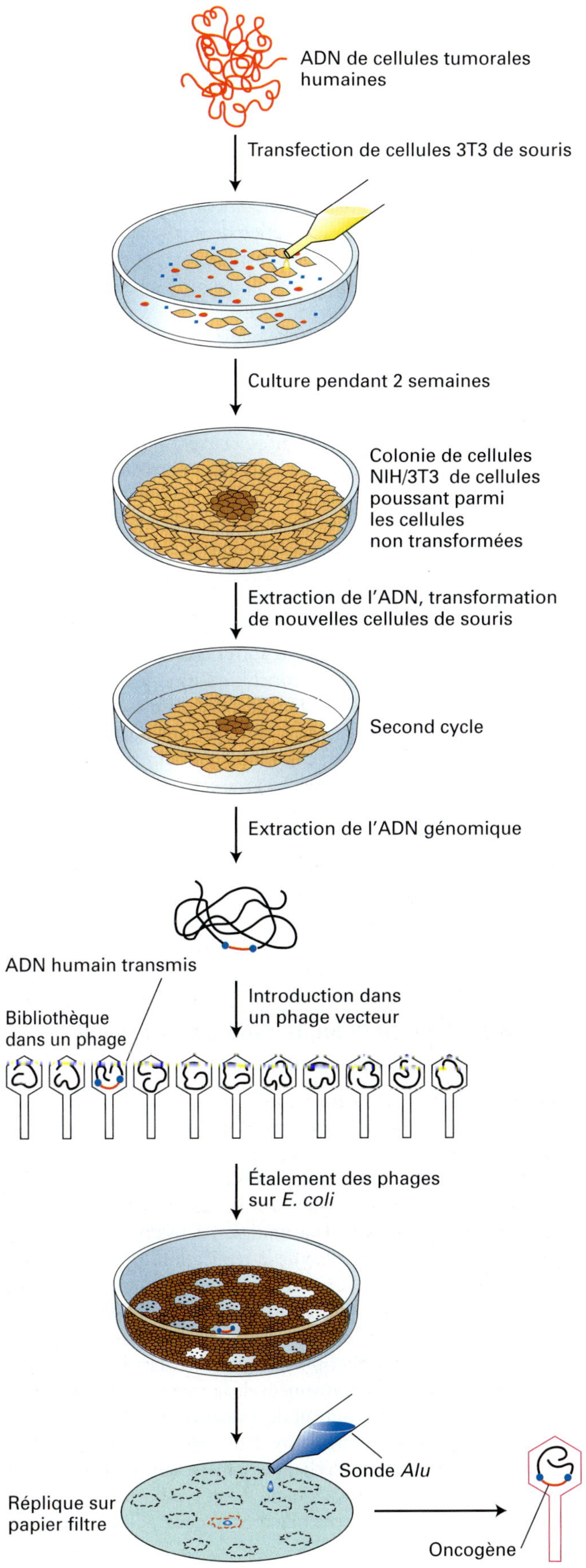

FIGURE EXPÉRIMENTALE 23-4 La transformation de cellules de souris par l'ADN d'un cancer humain permet l'identification et le clonage moléculaire de l'oncogène *ras*^{D}. Si l'on ajoute de l'ADN d'un cancer humain de la vessie à une culture de cellules 3T3 de souris, une cellule sur un million se met à se diviser anormalement et à former une colonie, ou clone, de cellules transformées. Pour cloner l'oncogène en cause, on profite du fait que la plupart des gènes humains ont à proximité d'eux des séquences répétitives d'ADN appelées séquences *Alu*. L'ADN de la première colonie de cellules transformées est isolé et l'oncogène est séparé du reste de l'ADN humain par un second transfert dans des cellules de souris. On clone alors dans le bactériophage λ l'ADN total des cellules de souris qui ont été transfectées pour la deuxième fois ; seuls les phages qui ont reçu l'ADN humain hybrident avec une sonde *Alu*. Les phages qui hybrident devraient contenir l'oncogène en partie ou en entier. On peut prouver ce résultat attendu en montrant soit que l'ADN des phages peut transformer des cellules (si l'oncogène été cloné dans son entièreté) ou que le fragment cloné d'ADN est toujours présent dans les cellules transformées par transfert d'ADN des cellules donneuses d'origine.

version mutée du gène *ras*, dite *ras*^{D}. La **protéine Ras** normale intervient dans de nombreuses voies de transduction intracellulaire de signaux activées par des facteurs de croissance. Elle agit comme un commutateur passant de l'état inactif « off » quand elle contient du GDP à l'état actif « on » quand elle contient du GTP et inversement. La forme mutée Ras^D hydrolyse le GTP très lentement et dès lors elle s'accumule sous forme active, envoyant dans le noyau un signal de prolifération même en absence des hormones requises normalement pour stimuler sa fonction de transduction.

La production et l'activation **constitutive** de la protéine Ras^D ne suffisent pas à transformer des cultures primaires (fraîches) de fibroblastes humains, de rat ou de souris. À la différence des cellules en culture primaire, les cellules 3T3 ont subi une mutation perte de fonction dans le gène *p16*. Celui-ci code une protéine qui freine le déroulement du cycle cellulaire en inhibant les cycline kinases. De telles cellules, si on les dilue périodiquement et si on leur fournit les nutriments nécessaires, peuvent pousser en culture pendant un temps illimité, ce que les cellules normales ne font pas (voir Figure 6-37b). Les cellules 3T3, bien qu'immortelles, n'acquièrent le phénotype tumoral que lorsqu'elles produisent une protéine Ras active de manière constitutive. On explique ainsi pourquoi la transfection avec le gène *ras*^{D} peut transformer les cellules 3T3, mais non des fibroblastes en culture primaire.

On a trouvé un gène *ras* muté dans la plupart des cancers humains du côlon, de la vessie et d'autres tumeurs mais non dans l'ADN humain normal ; on en conclut qu'il est le résultat d'une mutation somatique survenue dans une des cellules progénitrices tumorales. Tout gène, comme *ras*^{D} qui code une protéine capable de transformer des cellules en culture ou d'induire un cancer chez les animaux est appelé **oncogène**. Le gène cellulaire normal duquel il dérive est appelé un proto-oncogène. Les oncogènes transportés par les virus qui causent des tumeurs chez les animaux sont souvent dérivés de proto-oncogènes qui ont été prélevés dans le génome de l'hôte et modifiés pour devenir oncogènes. Sur le plan de la sélection naturelle, il paraît assez étonnant que c'est finalement à leur désavantage que ces dangereux virus détournent les gènes de l'animal qu'ils infectent.

Selon le modèle *multi-hit*, le cancer serait induit par une succession de mutations

Comme l'illustrait la transformation oncogène des cellules 3T3, plusieurs mutations sont nécessaires pour qu'une cellule normale devienne cancéreuse. Selon ce modèle dit *multi-hit*, les cancers surviendraient à la suite d'un processus de sélection clonale, comme dans la sélection des individus les mieux adaptés dans une vaste population d'animaux. Une mutation dans une cellule l'avantagerait quelque peu sur le plan de la réplication. Une des cellules filles subirait alors une deuxième mutation qui permettrait à sa descendance de proliférer plus librement et de former une petite tumeur bénigne ; dans celle-ci, une troisième mutation permettrait à une cellule de se multiplier plus que les autres et d'échapper au contrôle exercé par l'environnement de la tumeur. Il se formerait ainsi une masse de cellules qui auraient toutes hérité des trois mutations. Une mutation supplémentaire dans cette population permettrait alors à des cellules de s'échapper dans le sang et d'établir des colonies dans d'autres tissus, comme le fait typiquement le cancer métastatique. Ce modèle permet de prédire deux points facilement vérifiables.

Premièrement, toutes les cellules d'une tumeur donnée devraient partager au moins quelques altérations génétiques communes. Une analyse systématique de cellules de tumeurs individuelles humaines vient à l'appui de la prédiction que toutes les cellules dérivent d'un seul progéniteur. Rappelons que chez le fœtus humain féminin chaque cellule inactive un de ses deux chromosomes X. Une femme est donc une mosaïque génétique ; dans une moitié de ses cellules, un X est inactivé, alors que c'est l'autre qui l'est dans la seconde moitié. Si une tumeur ne provenait pas d'un seul progéniteur, elle serait composée d'un mélange de cellules avec l'un ou l'autre X inactivé. En fait, chez une femme, les cellules tumorales ont le même chromosome X inactif. Différentes tumeurs peuvent être composées de cellules avec soit le X maternel ou le X paternel inactif. Deuxièmement, l'incidence du cancer devrait augmenter avec l'âge puisqu'il faut des décennies pour que les mutations requises s'accumulent. Présumant que le taux de mutations est relativement constant durant toute une vie, l'incidence de la plupart des types de cancers serait indépendante de l'âge si une seule mutation était nécessaire pour cancériser une cellule. Comme les données de la Figure 23-5 le montrent, l'incidence de nombreux types de cancers humains augmentent effectivement de manière nette avec l'âge.

Qu'il faille plusieurs mutations pour induire une tumeur a été montré plus directement par des souris transgéniques porteuses à la fois de l'oncogène muté *ras*^{D} et du proto-oncogène *c-myc* mis

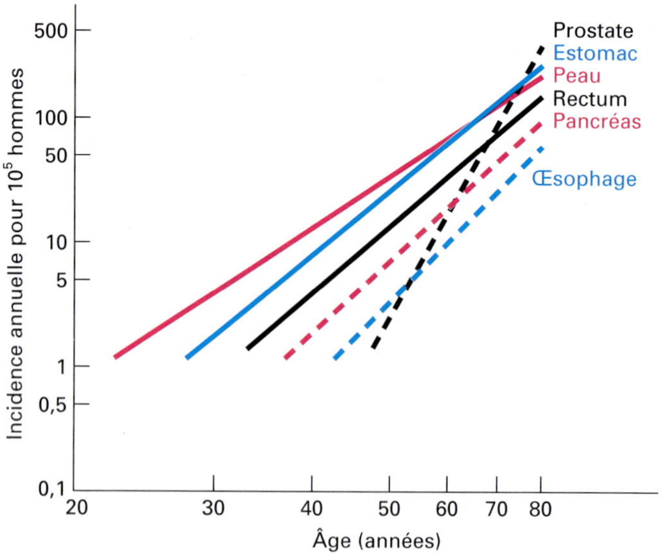

FIGURE EXPÉRIMENTALE 23-5 L'incidence des cancers humains augmente en fonction de l'âge. L'augmentation nette de l'incidence avec l'âge est compatible avec le modèle multi-hit d'induction du cancer. Notez que le logarithme de l'incidence annuelle est rapporté au logarithme de l'âge. [De B. Vogelstein et K. Kinzler, 1993, *Trends Genet.* **9** :101.]

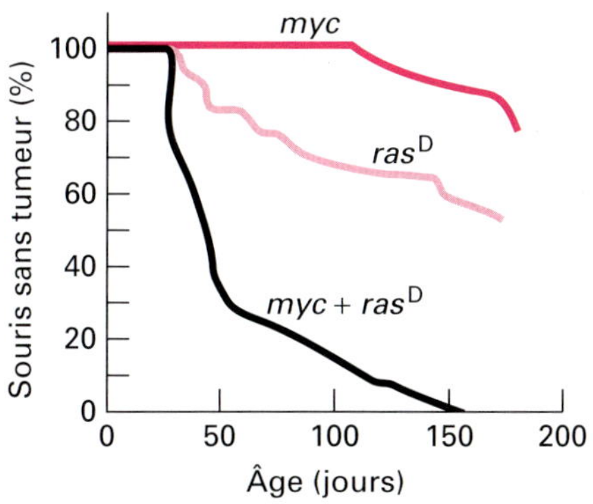

FIGURE EXPÉRIMENTALE 23-6 La cinétique du développement tumoral chez des souris femelles porteuses soit d'un ou deux transgènes oncogènes montre que plusieurs mutations coopèrent pour induire un cancer. Les transgènes étaient placés sous le contrôle du promoteur spécifique de la glande mammaire du virus de la tumeur mammaire de la souris. La stimulation hormonale liée à la gestation suscitait la surexpression des transgènes. Le graphique montre la cinétique de l'oncogenèse chez des souris porteuses des transgènes *myc* ou *ras*^{D} ainsi que dans la progéniture qui contenait les deux transgènes à la suite d'un croisement de porteurs de *myc* avec des porteurs de *ras*^{D}. Les résultats démontrent clairement les effets coopératifs de plusieurs mutations dans l'induction du cancer. [Voir E. Sinn *et al.*, 1987, *Cell* **49** :465.]

sous le contrôle d'un promoteur/amplificateur rétroviral spécifique des cellules mammaires. Quand il est associé à ce promoteur, le gène *c-myc* normal est surexprimé dans le tissu mammaire puisque le promoteur est activé par les hormones endogènes et les régulateurs tissulaires spécifiques. Cette augmentation de la transcription de *c-myc* imite les mutations oncogènes qui amplifient la transcription de *c-myc*, transformant le proto-oncogène en un oncogène. À lui seul, le transgène *c-myc* ne cause des tumeurs qu'après 100 jours, et chez quelques souris seulement. Clairement, seule une fraction minime des cellules mammaires qui produisent en excès la protéine Myc deviennent cancéreuses. De même, la protéine mutante Ras^{D}, quand elle est seule en cause, fait apparaître les tumeurs plus tôt mais assez lentement, et la fréquence de cas n'est que de 50 % au bout de 150 jours. Quand les animaux transgéniques *c-myc* et *ras*^{D} sont croisés afin que toutes les cellules mammaires produisent à la fois Myc et Ras^{D}, les tumeurs surviennent beaucoup plus rapidement et tous les animaux meurent de cancer (Figure 23-6). De telles expériences soulignent les effets synergiques de plusieurs oncogènes. Elles suggèrent également que la période de latence de la formation tumorale relativement longue même chez les souris doublement transgéniques est liée à la nécessité de mutations somatiques supplémentaires.

Des effets semblables de coopération entre oncogènes peuvent être observés sur des cellules en culture. Il ne suffit pas de transfecter *c-myc* ou *ras*^{D} dans des fibroblastes normaux pour les transformer en cellules malignes, il faut la combinaison des deux gènes. Des taux dérégulés de *c-myc* seul induisent une prolifération mais sensibilisent aussi les fibroblastes à l'apoptose, et la seule surexpression de *ras*^{D} activé induit la sénescence. Lorsque les deux gènes sont exprimés dans la même cellule, les processus d'apoptose et de sénescence sont neutralisés et les cellules sont transformées.

Dans le cancer du côlon, on peut retrouver la trace de mutations successives

C'est dans l'étude du cancer du côlon que l'on trouve l'indication la plus convaincante à ce jour en faveur du modèle multi-hit dans l'induction du cancer. Les chirurgiens peuvent isoler des échantillons assez homogènes des divers cancers humains, mais en général le stade exact de l'évolution de la tumeur ne peut être déterminé. Le cancer du côlon fait exception ; il passe par des stades morphologiques distincts et bien caractérisés. Ces tumeurs intermédiaires — polypes, adénomes bénins et carcinomes — peuvent être prélevées par le chirurgien, ce qui permet l'identification des mutations qui surviennent à chacun de ces stades morphologiques. C'est ainsi que de nombreuses études ont montré que le cancer du côlon est lié à une série de mutations qui surviennent fréquemment dans un ordre bien établi, ce qui constitue un solide argument pour le modèle multi-hit.

La première étape dans le développement du cancer du côlon implique systématiquement une perte de fonction du gène *APC*, ce qui entraîne la formation de polypes (une tumeur bénigne précancéreuse) à partir de la muqueuse. Cependant, dans chaque cancer du côlon, on ne retrouve pas nécessairement toutes les mutations tardives et les mutations ne surviennent pas nécessairement dans l'ordre que la Figure 23-7 présente. Ainsi, différentes combinaisons de mutations peuvent aboutir au même phénotype. Dans un polype, la même mutation (ou les deux mêmes) qui cause la perte ou l'inactivation du gène *APC* affecte la plupart des cellules, qui constituent donc un clone dérivé de la cellule touchée par la mutation originale. *APC* est un gène suppresseur de tumeur, et les deux allèles du gène *APC* doivent être inactivés pour que les polypes se forment. En effet, les cellules avec un seul gène *APC* de type sauvage exprime suffisamment de protéine APC pour fonctionner normalement. À l'instar de la plupart des autres gènes suppresseurs de tumeur, *APC* code une protéine qui inhibe le déroulement du cycle de certains types de cellules ; elle empêche en effet la voie de transduction du signal Wnt qui active l'expression des proto-oncogènes, dont le gène *c-myc*. L'absence d'une protéine APC fonctionnelle conduit ainsi à la production excessive de Myc, un facteur de transcription qui induit l'expression des nombreux gènes requis pour la transition entre phases G1 et S du cycle cellulaire. Les cellules homozygotes pour les mutations d'*APC* prolifèrent à un rythme anormalement élevé et forment des polypes.

Si, dans un polype, une des cellules subit une autre mutation, cette fois une mutation activant le gène *ras*, sa descendance se divise d'une manière encore plus incontrôlée, ce qui aboutit à un plus grand adénome (voir Figure 23-7). La perte d'une région chromosomique particulière (le gène en cause n'est pas connu) suivie de l'inactivation du gène *p53* aboutit à la perte progressive de la régulation normale et conduit à la formation du carcinome. Dans près de la moitié de tous les cancers humains, on retrouve des mutations dans *p53*, qui code un régulateur de la transcription.

Les carcinomes humains du côlon ont en général des mutations avec perte de fonction dans les gènes suppresseurs *APC* et *p53*,

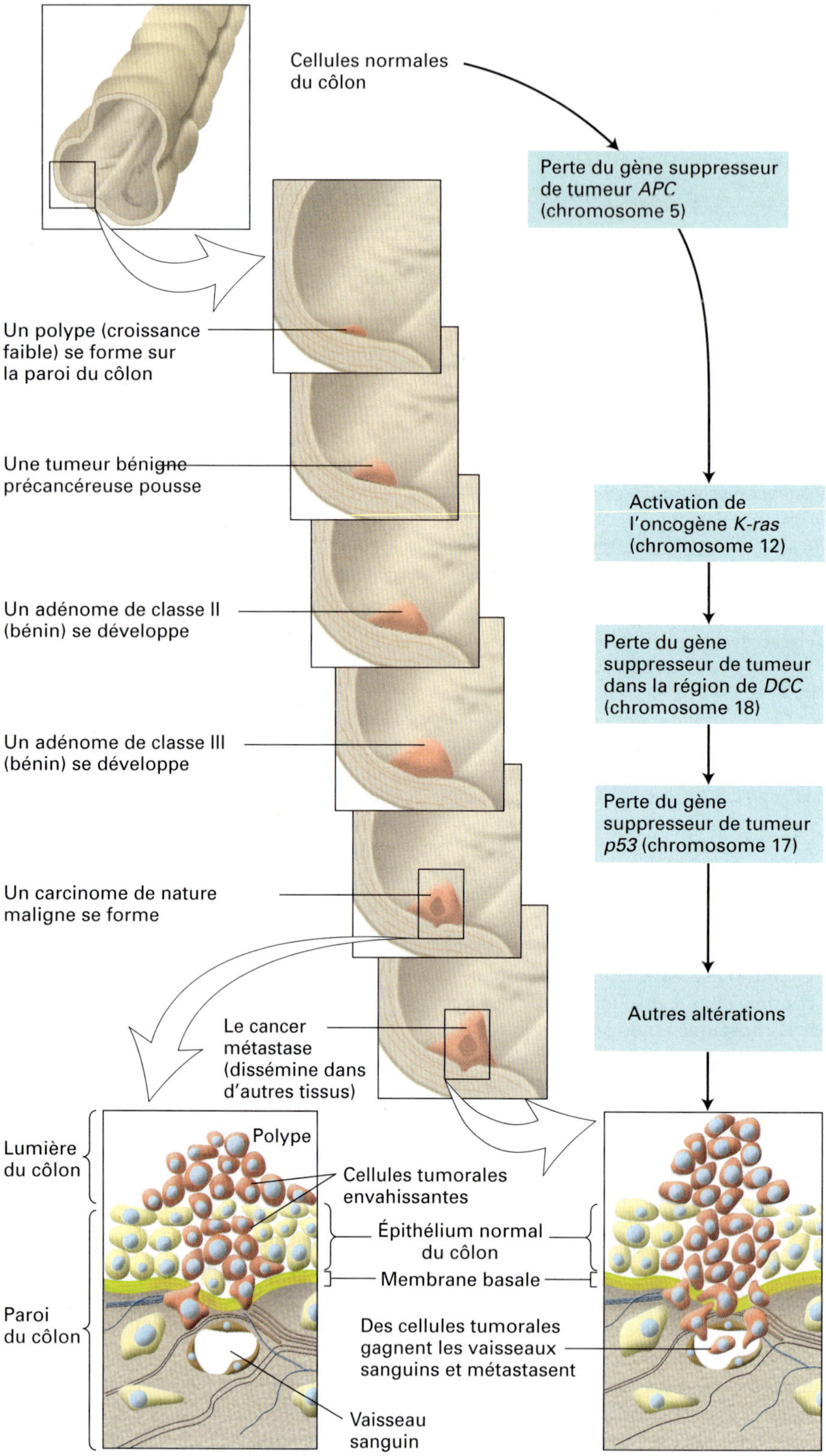

FIGURE 23-7 Développement et métastase d'un cancer du côlon et son origine génétique. Sous l'effet d'une mutation dans le gène suppresseur de tumeur *APC*, une cellule épithéliale se met à se diviser au contraire des cellules environnantes et forme un polype, qui est une masse de cellules tumorales bénignes. Des mutations ultérieures menant à l'expression d'une protéine Ras active de manière constitutive et à la perte de deux gènes suppresseurs de tumeur, *p53* et un gène non identifié dans le voisinage de *DCC*, génèrent une cellule maligne porteuse des quatre mutations. Cette cellule continue à se diviser, et sa descendance envahit la membrane basale qui entoure le tissu. Certaines cellules tumorales gagnent les vaisseaux sanguins qui vont les disséminer dans d'autres sites de l'organisme. Des mutations supplémentaires permettent aux cellules tumorales de sortir des vaisseaux sanguins et de proliférer à distance de la tumeur primitive ; c'est alors que l'on dit que le patient est atteint de cancer. [Adapté de B. Vogelstein et K. Kinzler, 1993, *Trends Genet.* **9** :101.]

dans un gène non encore identifié ainsi qu'une mutation (gain de fonction) dans l'oncogène dominant *K-ras*, confirmant ainsi que plusieurs mutations dans la même cellule sont nécessaires pour qu'un cancer se développe. Certaines favorisent la prolifération à un stade précoce de l'oncogenèse, alors que les autres interviennent plus tard, aux stades de l'envahissement et des métastases, qui caractérisent le caractère malin de la tumeur. Il peut paraître surprenant qu'il faille un tel nombre de mutations pour aboutir au cancer ; cette exigence devrait constituer en effet une barrière effective à la cancérisation. Mais, il faut savoir que notre génome est continuellement menacé. Selon des estimations récentes, dans des polypes apparus sporadiquement, on peut trouver jusqu'à 11 000 altérations génétiques dans chaque cellule, bien que très probablement seules quelques-unes interviennent dans la cancérisation.

Le carcinome du côlon constitue un excellent exemple du modèle de cancérisation multi-hit, dont on réalise seulement à présent la pertinence : il est clair que de nombreux types de cancers ne se manifestent qu'après plusieurs mutations. Cependant, l'introduction de la technologie des **puces à ADN,** qui permet un examen plus détaillé des propriétés de la tumeur par la mise en évidence du spectre de molécules d'ARNm correspondant à des dizaines de milliers de gènes, a livré des résultats qui remettent en question certains aspects du modèle multi-hit. C'est sans surprise que l'on a constaté que les tumeurs primaires peuvent souvent être distinguées des métastases par le profil d'expression génique. Plus intéressant est le fait que certaines tumeurs solides primaires présentent des caractères typiques de métastases ; cela suggère la possibilité d'identifier les tumeurs primaires qui comportent un risque plus grand de devenir métastatiques, mais aussi que, pour certains types de cancers, les événements inducteurs de la tumeur primaire ouvriraient d'emblée la voie vers la dispersion métastatique. Cette hypothèse s'écarte ainsi du modèle dans lequel on suppose que quelques cellules subissent les mutations supplémentaires nécessaires à leur cancérisation complète.

CONCEPTS CLÉS DE LA SECTION 23.1

Cellules tumorales et le début du cancer

- Le cancer résulte d'une aberration fondamentale dans le comportement cellulaire, touchant de nombreux aspects de biologie cellulaire et moléculaire. La plupart des types cellulaires peuvent donner naissance à des cellules de tumeur maligne (cancer).

- Les cellules cancéreuses dérivent habituellement de cellules souches et d'autres cellules en prolifération et ressemblent davantage à ces cellules qu'aux cellules différenciées et matures.

- Les cellules cancéreuses peuvent se multiplier en absence de certains des facteurs de croissance requis pour la prolifération des cellules normales et résistent aux signaux qui déclenchent normalement la mort cellulaire (apoptose).

- Certaines cellules en culture transfectées avec l'ADN de cellules tumorales sont transformées (voir Figure 23-4). Ces cellules transformées partagent certaines propriétés avec les cellules tumorales.

- Les cellules cancéreuses envahissent parfois les tissus voisins, souvent en traversant les membranes basales qui délimitent les tissus, et se répandent dans l'organisme pour établir des foyers secondaires de prolifération appelés métastases. Les tumeurs métastatiques sécrètent souvent des protéases qui dégradent la matrice extracellulaire environnante.

- Tant les tumeurs primaires que secondaires ne peuvent atteindre une taille critique que si elles sont vascularisées, ce qui implique la formation de nouveaux vaisseaux sanguins (angiogenèse).

- Le modèle multi-hit, qui propose que plusieurs mutations sont nécessaires pour causer le cancer est cohérent avec l'homogénéité des cellules d'une tumeur donnée, l'augmentation de l'incidence de cancer humain avec l'âge et l'effet coopératif des transgènes oncogènes dans le développement de tumeurs chez la souris.

- La plupart des mutations oncogènes surviennent dans des cellules somatiques et ne touchent donc pas l'ADN de la lignée germinale.

- Le cancer du côlon se développe en passant par divers stades morphologiques qui sont fréquemment associés à des mutations dans des gènes suppresseurs de tumeur et des proto-oncogènes (voir Figure 23-7).

23.2 Base génétique du cancer

Comme nous l'avons vu, des mutations dans deux grandes classes de gènes, les proto-oncogènes oncogènes (e.g. *ras*) et les gènes suppresseurs de tumeur (e.g. *APC*), jouent un rôle clé dans l'induction du cancer. Ces gènes codent de nombreux types de protéines qui contribuent au contrôle de la multiplication cellulaire (Figure 23-8). Dans pratiquement tous les cancers humains, on trouve des mutations inactivant les gènes qui interviennent normalement aux divers **points de contrôle** du cycle cellulaire pour le bloquer si une étape préalable s'est déroulée incorrectement ou si l'ADN a été endommagé. Par exemple, la plupart des cancers ont des mutations qui inactivent les gènes codant des protéines qui freinent normalement la progression du cycle cellulaire en phase G1. De même, on trouve un Ras actif de manière constitutive ou une autre protéine de transduction du signal sous forme activée dans plusieurs sortes de tumeurs humaines d'origine différente. Ainsi, la transformation maligne et les processus de contrôle du cycle cellulaire décrits dans le Chapitre 21 représentent les deux faces d'une même pièce. Dans la série d'événements menant à la croissance d'une tumeur, des oncogènes s'associent aux mutations des gènes suppresseurs pour aboutir au spectre complet des caractéristiques des cellules tumorales présentées dans la section précédente (voir Figure 23-7).

Dans cette section, nous examinerons quels sont les types de mutations qui sont oncogènes et nous verrons comment certains virus peuvent causer le cancer. Nous expliquerons aussi pourquoi des mutations héritées augmentent le risque d'attraper certains cancers particuliers et nous étudierons les relations entre le cancer et les gènes qui interviennent dans le développement. Nous conclurons cette section par une brève description des méthodes génomiques qui servent à la caractérisation et au classement des tumeurs.

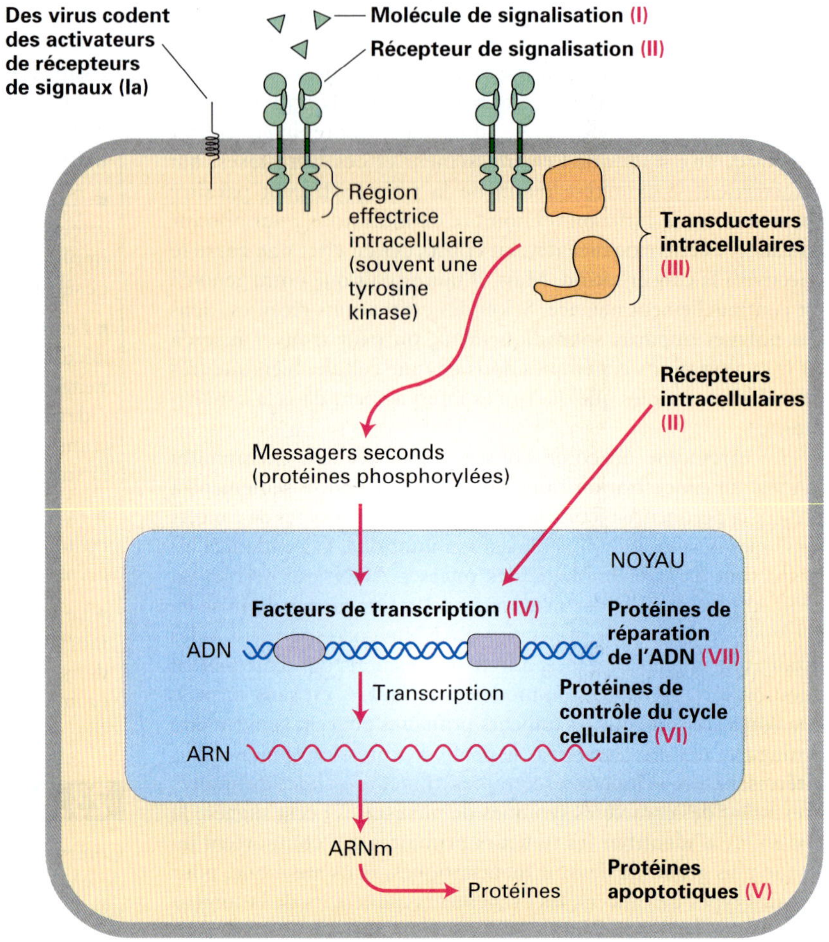

FIGURE 23-8 Sept types de protéines participent au contrôle de la prolifération cellulaire. Le cancer peut résulter de l'expression de formes mutées de ces protéines. Des mutations altérant la structure ou l'expression de protéines qui normalement favorisent la multiplication cellulaire donnent en général naissance à des oncogènes actifs de manière dominante. De nombreuses molécules de signalisation extracellulaires, mais pas toutes (I), les récepteurs correspondants (II), des protéines transductrices du signal (III) et des facteurs de transcription appartiennent à cette catégorie. Des protéines de contrôle du cycle cellulaire (VI) qui freinent la prolifération cellulaire et les protéines de réparation de l'ADN (VII) sont codées par des gènes suppresseurs de tumeur. Les mutations dans ces gènes sont récessives, mais elles augmentent fortement la probabilité que les cellules mutées deviennent tumorales ou que des mutations surviennent dans d'autres classes. Certaines protéines impliquées dans l'apoptose (V) sont des suppresseurs de tumeur puisqu'ils favorisent la mort de la cellule, mais d'autres qui contribuent à sa survie sont des oncoprotéines. Des protéines codées par des virus qui activent des récepteurs de signaux (Ia) peuvent aussi induire le cancer.

Les mutations gain de fonction transforment les proto-oncogènes en oncogènes

Rappelons que tout gène qui code une protéine apte à transformer des cellules en culture ou d'induire un cancer chez les animaux est un oncogène. Parmi les nombreux oncogènes connus, la plupart dérivent de gènes normaux (proto-oncogènes) dont les produits favorisent la prolifération cellulaire. Par exemple, le gène *ras* décrit précédemment est un proto-oncogène qui code une protéine de transduction intracellulaire de signal ; le gène mutant *ras*^{D} dérivé de *ras* est un oncogène, dont la protéine transmet un signal excessif ou incontrôlé de prolifération. D'autres proto-oncogènes codent soit des molécules de signalisation, ou leurs récepteurs, qui accélèrent la prolifération, soit des protéines anti-apoptotiques (survie cellulaire), soit certains facteurs de transcription.

La conversion, ou activation, d'un proto-oncogène en un oncogène est liée en général à une mutation *gain de fonction*. Au moins quatre mécanismes peuvent produire des oncogènes à partir des proto-oncogènes correspondants.

- Une *mutation ponctuelle* (un changement dans une seule paire de bases) dans un proto-oncogène qui produit une protéine active de manière constitutive.
- Une *translocation chromosomique* qui fusionne deux gènes, le gène hybride résultant codant une protéine chimérique dont l'activité, à la différence de celle des protéines d'origine, est souvent constitutive.
- Une *translocation chromosomique* qui transfère un gène régulateur de la prolifération sous le contrôle d'un promoteur différent qui cause l'expression inopportune du gène.
- Une *amplification* (réplication anormale de l'ADN) d'un segment d'ADN comprenant un proto-oncogène, de telle manière que de nombreuses copies existent, menant à la surproduction de la protéine codée.

Un oncogène formé par l'un des deux premiers mécanismes code une « oncoprotéine » qui diffère de la protéine normale codée par le proto-oncogène correspondant. Par contre, les deux autres mécanismes génèrent des oncogènes dont les produits sont identiques aux protéines normales ; celles-ci sont produites soit en excès soit par des cellules qui normalement en sont incapables.

L'amplification localisée de l'ADN, qui peut produire jusqu'à 100 copies d'une région donnée (habituellement, une région de plusieurs centaines de kilobases), est une altération génétique fréquente dans les tumeurs. Cette anomalie peut prendre l'une de ces deux formes : soit l'ADN dupliqué se dispose en tandem en un site unique d'un chromosome, soit il forme de petites structures indépendantes comparables à des mini-chromosomes. Dans le premier cas, le microscope optique montre une région de

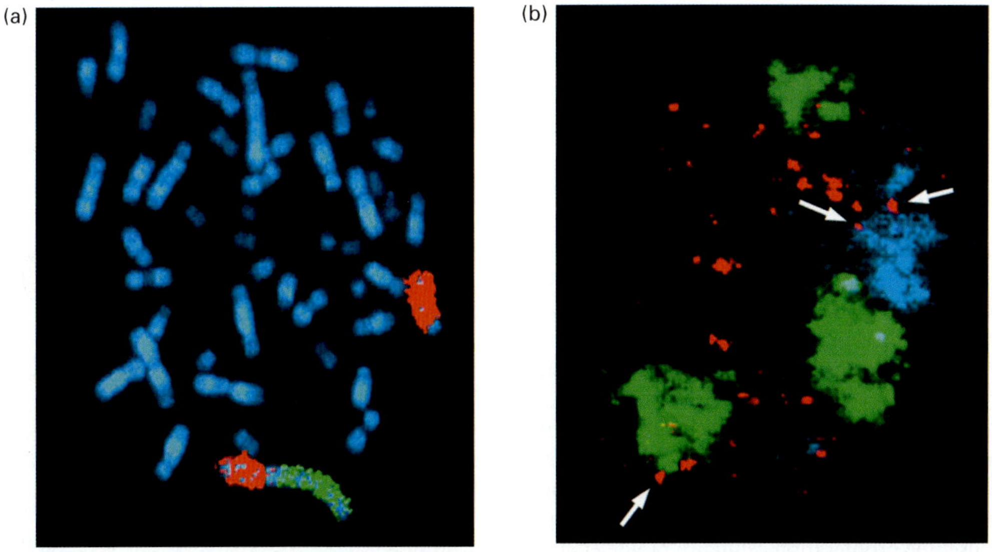

FIGURE EXPÉRIMENTALE 23-9 L'amplification de l'ADN dans des chromosomes colorés prend deux formes visibles au microscope optique. (a) Régions colorées de manière homogène (RCH) dans un chromosome humain d'une cellule de neuroblastome. Les chromosomes sont colorés de manière uniforme avec un colorant bleu de telle façon que tous deviennent visibles. Des séquences spécifiques d'ADN furent détectées par la technique FISH (*fluorescent in situ hybridization*), qui consiste à hybrider des clones d'ADN marqués par un fluorochrome à l'ADN dénaturé des chromosomes. La paire de chromosomes 4 est marquée (en rouge) par hybridation in situ avec un clone étendu cosmidique d'ADN contenant l'oncogène N-*myc*. Sur un des chromosomes 4, une RCH est visible (en vert) après coloration pour une séquence enrichie appartenant à la RCH. (b) Coupes optiques à travers des noyaux d'une cellule de neuroblastome humain qui contiennent des paires de mini-chromosomes. Les chromosomes normaux sont les structures en vert et en bleu ; les nombreuses taches rouges correspondent aux paires de mini-chromosomes. Les flèches désignent celles qui sont associées à la surface ou à l'intérieur des chromosomes normaux. [Parties (a) et (b) de I Solovei *et al.*, 2000, *Genes Chromosomes Cancer* **29** :297-308, Figures 4 et 17.]

coloration homogène (RCH) au site de l'amplification ; dans le dernier cas, les chromosomes miniatures supplémentaires sont séparés des chromosomes normaux et parsèment la préparation chromosomique (Figure 23-9).

L'amplification génique peut impliquer soit un petit nombre de gènes, comme le gène N-*myc* et son voisin *DDX1* qui sont amplifiés dans le neuroblastome, soit toute une région chromosomique contenant de nombreux gènes. Il peut alors être difficile de déterminer quels gènes sont amplifiés, ce qui constitue la première étape dans l'identification du gène qui cause la tumeur. Les puces à ADN, ou microréseaux, conviennent particulièrement pour le repérage des régions amplifiées des chromosomes. Plutôt que d'analyser l'expression génique comme dans les applications décrites précédemment, les puces à ADN servent ici à rechercher les séquences d'ADN anormalement abondantes. Les puces qui contiennent des fragments d'ADN génomique sont exposées à l'ADN génomique des cellules cancéreuses. Les fragments reconnus par l'ADN amplifié des cellules tumorales donnent des signaux plus forts que les contrôles. La mesure de l'expression génique peut compléter l'analyse en identifiant parmi les gènes amplifiés ceux qui sont le plus probablement en cause. Par exemple, on a étudié quatre régions chromosomiques amplifiées connues dans une lignée cellulaire dérivée d'un carcinome mammaire. Le taux d'expression de ces gènes fut alors étudié au moyen de puces à ADN. Cinquante gènes étaient amplifiés, mais cinq seulement étaient fortement exprimés et peuvent ainsi être considérés comme de nouveaux oncogènes potentiels. ▮

Quelles que soient leurs causes, les mutations gain de fonction qui convertissent les proto-oncogènes en oncogènes sont de type **dominant**, c'est-à-dire qu'une mutation dans un seul des deux allèles suffit pour induire un cancer.

Les virus cancérigènes contiennent des oncogènes ou activent des proto-oncogènes cellulaires

Peyton Rous fut le pionnier dont les travaux ont conduit en 1911 à la découverte du rôle cancérigène d'un virus administré à un animal adéquat. De nombreuses années plus tard, des biologistes moléculaires ont montré que le virus du sarcome de Rous (RSV) est un rétrovirus dont l'ARN génomique est transcrit de manière inverse en ADN, qui est incorporé dans le génome de la cellule hôte (voir Figure 4-43). En plus des gènes « normaux » présents dans tous les rétrovirus, des virus oncogènes comme le RSV contiennent le gène v-*src*. Des études ultérieures ont montré que seul le gène v-*src*, et non les autres gènes viraux, est requis pour l'induction du cancer.

À la fin des années 1970, on a été surpris de trouver dans des cellules normales de poulet et d'autres espèces un gène étroitement apparenté au gène v-*src* du RSV. Pour distinguer le gène cellulaire normal, un proto-oncogène, du gène viral, on remplace le préfixe « v » par un « c » (c-*src*). On pense que le RSV et d'autres virus porteurs d'oncogènes ont incorporé (*transduction*) un proto-oncogène dans leur génome. Une mutation ultérieure dans ce gène l'a converti alors en un oncogène qui agit de manière dominante et peut induire la transformation cellulaire en présence du proto-oncogène normal c-*src*. De tels virus sont appelés *rétrovirus transducteurs* parce que leur génome contient un oncogène dérivé d'un proto-oncogène cellulaire qui a été *transduit*.

Puisque son génome contient le puissant oncogène v-*src*, le RSV transducteur induit des tumeurs en quelques jours. Par contre, la plupart des rétrovirus oncogènes n'induisent un cancer qu'après une période de plusieurs mois ou années. Les génomes de ces *rétrovirus à effet lent* diffèrent de ceux des virus transducteurs par un caractère crucial : ils sont dépourvus d'oncogène. Tous les rétrovirus à effet lent ou de latence prolongée paraissent induire le cancer en s'intégrant dans l'ADN de la cellule hôte près d'un proto-oncogène cellulaire et en activant son expression. Les séquences de longue répétition terminale (LTR, *long terminal repeat*) dans l'ADN rétroviral intégré peuvent servir d'amplificateur ou de promoteur d'un gène cellulaire voisin, et stimuler ainsi sa transcription. Par exemple, dans les cellules de tumeurs causées par le virus de la leucose aviaire (ALV), l'ADN rétroviral est inséré près du gène c-*myc*. Ces cellules surexpriment la protéine c-Myc, qui, nous l'avons vu, cause une prolifération cellulaire rapide et anormale. Deux raisons expliquent la lenteur de l'effet de ces virus : l'intégration près d'un proto-oncogène cellulaire (e.g. c-*myc*) est un événement rare et aléatoire, et des mutations additionnelles doivent survenir avant que n'apparaisse la tumeur caractéristique.

Dans les populations naturelles d'oiseaux et de souris, les rétrovirus à effet lent sont beaucoup plus fréquents que les rétrovirus contenant un oncogène comme le virus du sarcome de Rous. Aussi, l'activation d'un proto-oncogène par insertion est probablement le mécanisme principal par lequel les rétrovirus causent le cancer. Bien que peu de tumeurs humaines soient associées à un rétrovirus, l'investissement considérable dans l'étude des tumeurs d'origine rétrovirale en tant que modèles du cancer humain s'est révélé payant puisqu'il a conduit à la découverte des oncogènes cellulaires et à la compréhension du mode de vie complexe de ces rétrovirus, ce qui plus tard a facilité les progrès dans la connaissance du virus VIH, cause du SIDA.

Quelques virus à ADN sont également oncogènes. À la différence de la plupart des virus à ADN qui infectent les cellules animales, les virus oncogènes à ADN intègrent leur ADN dans le génome de la cellule hôte. L'ADN viral contient un ou plusieurs oncogènes, qui transforment de manière permanente les cellules infectées. Par exemple, de nombreuses verrues et autres tumeurs bénignes des épithéliums sont causées par les virus du papillome (virus *papilloma*) contenant de l'ADN. Contrairement aux oncogènes rétroviraux, qui sont dérivés de gènes cellulaires normaux et n'exercent aucune fonction pour le virus si ce n'est de lui offrir les tumeurs comme sites de prolifération, les oncogènes connus des virus à ADN font partie intégrante du génome viral et sont requis pour la réplication virale. Comme nous le verrons, les oncoprotéines exprimées à partir de l'ADN viral intégré dans les cellules infectées stimulent la prolifération cellulaire en agissant de différentes manières.

Les mutations perte de fonction dans les gènes suppresseurs de tumeur sont oncogènes

En général, les gènes suppresseurs de tumeur codent des protéines qui, d'une manière ou d'une autre, inhibent la prolifération cellulaire. Les mutations *perte de fonction* altérant un ou plusieurs de ces « freins » contribuent au développement de nombreux cancers. On distingue cinq grandes classes de protéines codées par des gènes suppresseurs de tumeur :

- Des protéines intracellulaires qui régulent ou inhibent le déroulement d'une phase spécifique du cycle cellulaire (e.g. p16 et Rb) ;
- Des récepteurs d'hormones ou de signaux liés au développement ainsi que les transducteurs des signaux impliqués dans le contrôle de la prolifération cellulaire (e.g. TGFβ, le récepteur patched pour hedgehog) ;
- Des protéines qui, aux points de contrôle, arrêtent le cycle cellulaire si l'ADN est endommagé ou si les chromosomes sont anormaux (e.g p53) ;
- Des protéines qui induisent l'apoptose ;
- Des enzymes qui participent à la réparation de l'ADN.

Bien que les enzymes de réparation de l'ADN n'inhibent pas directement la prolifération cellulaire, les cellules devenues incapables de réparer, les erreurs, les ruptures ou les brèches dans l'ADN accumulent les mutations dans de nombreux gènes, entre autres dans ceux qui jouent un rôle critique dans le contrôle de la prolifération cellulaire. Ainsi, les mutations perte de fonction dans les gènes qui codent les enzymes réparatrices de l'ADN empêchent les cellules de corriger les mutations qui inactivent les gènes suppresseurs de tumeur ou qui activent des oncogènes.

Puisque en général une copie d'un gène suppresseur de tumeur suffit à contrôler la prolifération cellulaire, les deux allèles doivent être perdus ou inactivés pour que la tumeur puisse se développer. Les mutations perte de fonction dans les gènes suppresseurs de tumeur sont génétiquement récessifs. Dans de nombreux cancers, ces gènes ont des délétions ou des mutations ponctuelles qui empêchent que la protéine correspondante soit non produite ou non fonctionnelle. Les gènes suppresseurs de tumeur peuvent également être inactivés par méthylation des résidus de cytosine dans le promoteur ou d'autres éléments de contrôle. On trouve fréquemment une telle méthylation dans les régions de l'ADN non transcrites.

Hériter de mutations dans les gènes suppresseurs de tumeur augmente le risque de cancer

Les individus qui ont hérité de mutations dans les gènes suppresseurs de tumeur sont prédisposés à certains cancers. Chez ces individus en général une mutation touche un allèle du gène dans la lignée germinale, puis une mutation somatique survient dans le second allèle, ce qui facilite l'évolution vers le cancer. Un cas classique est le rétinoblastome, qui est causé par une perte de fonction de *RB*, le premier gène suppresseur de tumeur qui a été identifié. Comme nous le verrons plus tard, la protéine codée par *RB* contribue à la régulation du déroulement du cycle cellulaire.

Rétinoblastomes héréditaire et sporadique Des enfants atteints de rétinoblastome héritent d'un défaut dans un seul allèle *RB*, visible parfois sous forme d'une petite délétion dans une copie du chromosome 13. Ces tumeurs rétiniennes apparaissent tôt dans la vie et en général dans les deux yeux. Un événement essentiel dans le développement de la tumeur est la délétion ou la mutation du gène *RB* sur l'autre chromosome, ce qui rend une cellule incapable de produire une protéine RB fonctionnelle (Figure 23-10). Par contre, les individus atteints de rétinoblastome sporadique héritent de deux allèles RB normaux, chacun subissant une mutation somatique perte de fonction dans une seule cellule rétinienne. Puisque la perte des deux copies du gène RB est de loin moins probable que

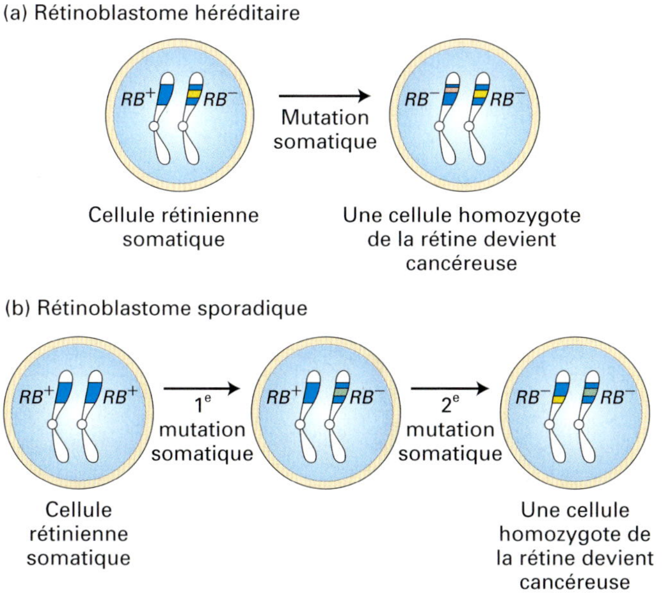

FIGURE 23-10 Rôle des mutations somatiques spontanées dans le rétinoblastome. Cette maladie se caractérise par des tumeurs rétiniennes qui se développent à partir de cellules contenant deux allèles mutés RB^-. (a) Dans le rétinoblastome héréditaire (familial), un enfant hérite d'un allèle normal RB^+ d'un parent et d'un allèle muté RB^-. Si un seule mutation vient à inactiver l'allèle normal dans une cellule rétinienne somatique hétérozygote, celle-ci deviendra homozygote pour les deux allèles mutés. (b) Dans le rétinoblastome sporadique, un enfant hérite de deux allèles RB^+ normaux. Deux mutations somatiques séparées dans une cellule rétinienne particulière ou dans sa descendance sont requises pour produire une cellule homozygote RB^-/RB^-.

d'en perdre une, le rétinoblastome sporadique est rare, se développe tard dans la vie et n'affecte habituellement qu'un œil.

Si les tumeurs sont enlevées avant qu'elles ne deviennent malignes, les enfants atteints de rétinoblastome héréditaire survivent souvent jusqu'à l'âge adulte et peuvent avoir des enfants. Puisque, dans leurs cellules germinales, un allèle est muté et l'autre est normal, ces sujets passeront l'allèle muté à la moitié de leurs enfants et l'allèle normal à l'autre moitié. Les enfants qui héritent de l'allèle normal seront normaux si l'autre parent a deux allèles normaux de *RB*. Cependant, ceux qui héritent de l'allèle muté, comme leur parent affecté, seront prédisposés davantage au tumeurs de la rétine même s'ils ont hérité d'un allèle normal de l'autre parent. Ainsi, le risque de rétinoblastome est hérité comme un trait dominant. Comme nous le verrons plus loin, de nombreuses tumeurs humaines autres que celles de la rétine contiennent des allèles mutés de *RB*, mais dans la plupart de ces cas, les mutations sont somatiques.

Formes héréditaires de cancer du côlon et du sein Dans d'autres cancers, on a aussi trouvé une prédisposition héréditaire liée à des mutations héritées touchant des gènes suppresseurs de tumeur différents. Par exemple, des sujets qui héritent d'une mutation d'un allèle d'*APC* dans la lignée germinale développent des milliers de polypes intestinaux précancéreux (voir Figure 23-7). Ces polypes évoluant facilement vers la malignité, la fréquence de cancer du côlon chez ces patients est élevée, même avant l'âge de 50 ans. De même, les femmes qui ont hérité d'un allèle muté de *BRCA1*, un autre gène suppresseur, courent un risque de 60 % d'être atteintes d'un cancer du sein avant l'âge de 50 ans, tandis que chez celles qui héritent des deux allèles normaux, le risque est limité à 2 %. Chez les femmes avec un cancer du sein héréditaire, la perte du second allèle de *BRCA1*, avec en plus d'autres mutations, est nécessaire pour qu'une cellule d'un canalicule mammaire se cancérise. Cependant, *BRCA1* en général n'est pas muté dans les formes sporadiques, non héritées de tumeur maligne du sein.

Perte de l'hétérozygotie Clairement, on peut hériter d'une propension au cancer en recevant un allèle altéré d'un gène suppresseur de tumeur provenant d'un des deux parents ; c'est-à-dire que l'on est hétérozygote pour la mutation. Cela en soi ne cause pas le cancer, puisque l'allèle normal empêche la prolifération aberrante ; le cancer est récessif. La perte ultérieure ou l'inactivation de l'allèle normal dans une cellule somatique, ce que l'on appelle la *perte d'hétérozygotie* (PDH), est une condition indispensable pour le développement du cancer. Un mécanisme fréquent pour la PDH est une ségrégation incorrecte, au cours de la mitose, des chromosomes porteurs du gène suppresseur muté (Figure 23-11a). Ce processus, dit de *non disjonction*, est causé par un défaut à un point de contrôle dans l'assemblage du fuseau ; normalement, il empêche qu'une cellule en métaphase dont le fuseau mitotique est anormal termine sa mitose (voir Figure 21-32, [2]). Une autre cause possible de PDH est la recombinaison au cours de la mitose entre une chromatide porteuse de l'allèle de type sauvage et une chromatide homologue porteuse de l'allèle muté. Comme le montre la Figure 23-11b, la ségrégation chromosomique ultérieure peut générer une cellule fille homozygote pour l'allèle muté du gène suppresseur. Un troisième mécanisme est la délétion ou la mutation d'une copie normale du gène en question. La délétion n'est pas nécessairement limitée à ce gène ; elle peut intéresser une région étendue du chromosome.

Environ 10 % des cancers humains ont une origine héréditaire. Il importe de se rappeler, cependant, que la mutation dans la lignée germinale ne suffit pas à déclencher le développement de la tumeur. Dans tous les cas, non seulement l'allèle normal du gène suppresseur de tumeur doit être perdu ou inactivé, mais des mutations touchant d'autres gènes sont aussi nécessaires pour que le cancer se manifeste. Ainsi, une personne avec une mutation récessive d'un gène suppresseur peut être particulièrement sensible aux mutagènes de l'environnement comme les radiations.

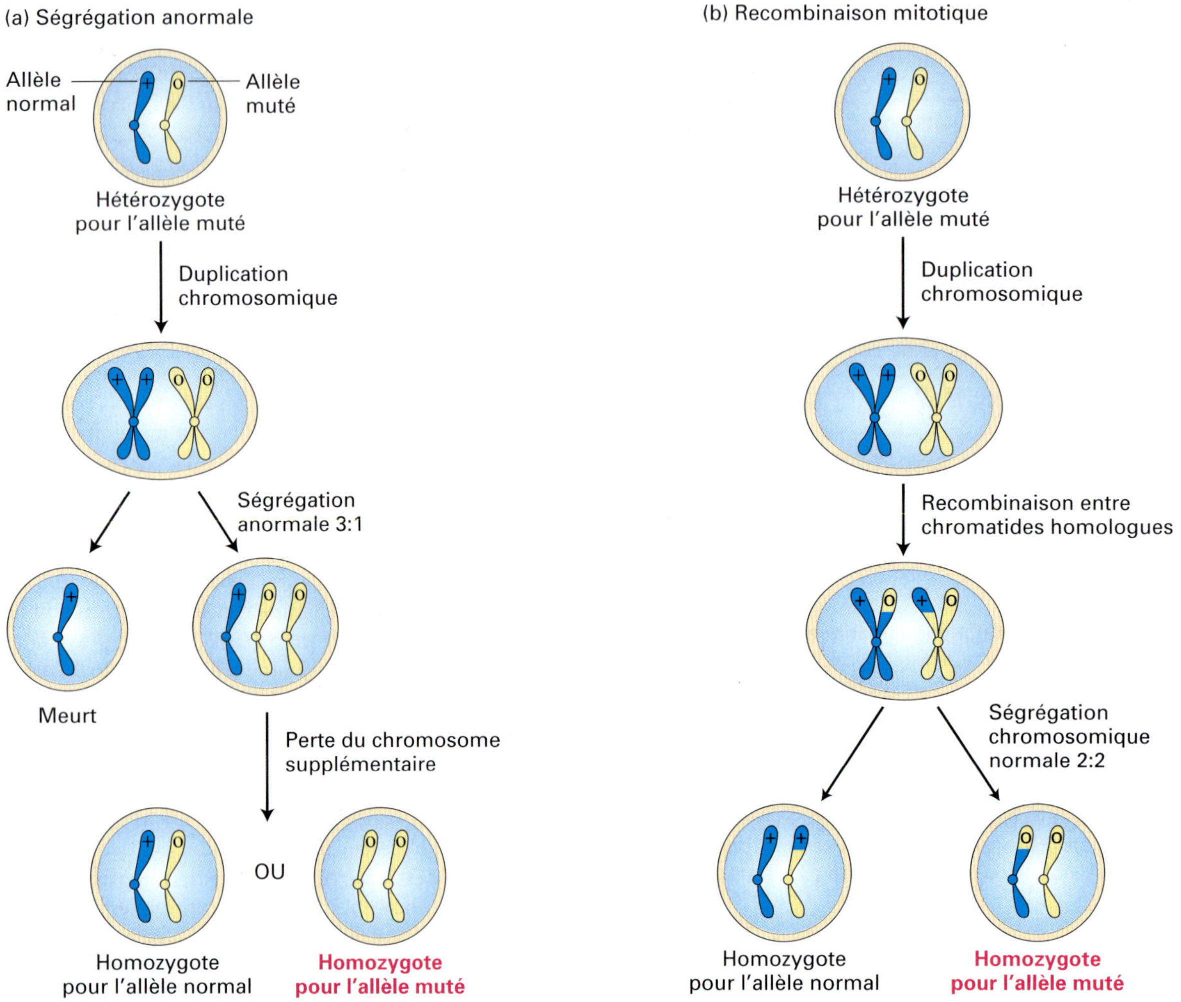

FIGURE 23-11 Deux mécanismes expliquant la perte d'hétérozygotie des gènes suppresseurs de tumeur. Une cellule contenant un allèle normal et un allèle muté d'un gène suppresseur de tumeur est en général phénotypiquement normale. (a) Si la formation du fuseau mitotique est déficiente, les chromosomes dupliqués porteurs des allèles normaux et mutés peuvent ségréger dans un rapport anormal 3 :1. Une cellule fille qui reçoit trois chromosomes d'un type en perdra généralement un, restaurant le nombre normal (2*n*) de chromosomes. Parfois, la cellule résultante contiendra un allèle normal et un allèle muté, mais parfois elle sera homozygote pour l'allèle muté. Notez qu'une telle aneuploïdie (constitution chromosomique anormale) est souvent dommageable ou létale pour les cellules destinées à former des structures complexes d'un organisme, mais peuvent être tolérées dans des clones cellulaires dont le destin et le rôle sont limités. (b) La recombinaison mitotique entre un chromosome avec un allèle de type sauvage et un allèle muté, suivie d'une ségrégation chromosomique, peut produire une cellule qui contient deux copies de l'allèle muté.

Des erreurs dans les voies de signalisation qui contrôlent le développement sont associées à de nombreux cancers

Durant le développement normal, des protéines sécrétées comme Wnt, TGFβ et Hedgehog (Hh) interviennent dans l'orientation des cellules vers un destin particulier, ce qui peut nécessiter une multiplication cellulaire rapide, le processus étant limité dans ce cas à certaines phases et à certains tissus. Ce sont soit des antagonistes intracellulaires inductibles, des signaux compétiteurs ou des agents bloquant les récepteurs qui peuvent contrôler les effets de ces puissants signaux de développement (Chapitre 15). Les mutations qui empêchent l'intervention de ces régulateurs sont susceptibles d'entraîner la cancérisation.

Le mécanisme est bien illustré par la protéine signal Hh, qui intervient à plusieurs reprises dans le contrôle des destinées cellulaires au cours du développement. Dans la peau et le cervelet, une des protéines humaines Hh, Sonic hedgehog, stimule la division cellulaire en liant et en inactivant une protéine membranaire appelée Patched1 (Ptc1) (voir Figure 15-31). Des mutations de perte fonctionnelle dans *ptc1* permettent à la cellule de proliférer en absence du signal Hh ; *ptc1* est donc un gène suppresseur de tumeur et l'on a effectivement trouvé des mutations de *ptc1* dans des tumeurs de la peau et du cervelet tant chez la souris que chez

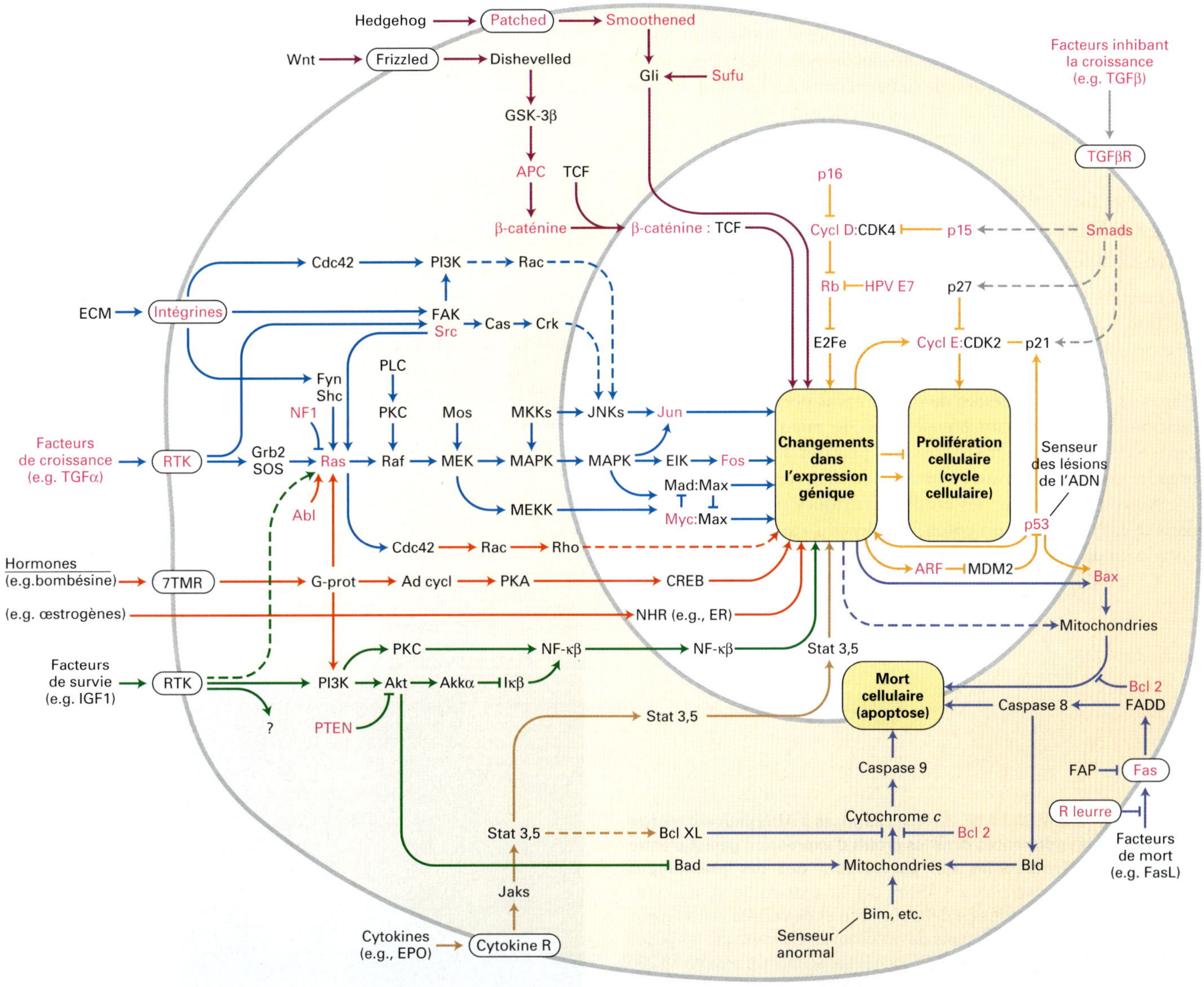

FIGURE 23-12 Circuit cellulaire affecté par des mutations oncogènes. Le contrôle de la croissance et du cycle de la cellule est influencé par de nombreux types de signaux, ces influences extérieures étant intégrées quand la cellule décide si elle va se diviser ou non. Les voies de différenciation donnent aux cellules leur identité, et cette orientation entraîne ou non la prolifération. Les gènes connus pour être mutés dans les cellules cancéreuses sont en rouge. Les voies établies avec moins de certitude sont en trait discontinu. [De D. Hanahan et R. A. Weinberg, 2000, *Cell* **100** :57.]

l'homme. Des mutations dans d'autres gènes impliqués dans la voie de signalisation Hh ont aussi été associées au cancer. Certaines entraînent la formation d'oncogènes qui activent mal à propos des gènes cibles de Hh ; d'autres sont des mutations récessives qui inactivent des régulateurs comme Ptc1. La perte complète de la fonction de Ptc1 conduit à une mort fœtale précoce puisque cette protéine est nécessaire au développement, comme c'est le cas d'ailleurs pour plusieurs autres agents suppresseurs de tumeur. Aussi seules les cellules tumorales sont homozygotes *ptc1/ptc1*.

De nombreuses voies de signalisation décrites dans d'autres chapitres jouent un rôle dans le contrôle du développement embryonnaire et la prolifération cellulaire dans les tissus adultes. Au cours des dernières années, des mutations touchant des composants de la plupart de ces voies de signalisation ont été liées au cancer (Figure 23-12). En effet, une fois qu'un gène impliqué dans une voie de différenciation a été lié à un type de cancer humain, la connaissance de cette voie acquise grâce aux études effectuées sur le ver, la mouche ou la souris, permet, dans d'autres cas de ce cancer, de focaliser les recherches sur d'autres gènes impliqués dans cette voie. Par exemple, on sait maintenant qu'*APC*, le premier gène que l'on a trouvé muté dans la voie menant au carcinome du côlon, fait partie de la signalisation Wnt ; ce qui a permis de découvrir que des mutations de la β-caténine intervenaient dans le cancer du côlon. Des mutations dans les gènes de développement suppresseurs de tumeur favorisent la cancérisation dans les tissus où les gènes touchés contribuent normalement à freiner la multiplication et non dans les cellules où le rôle principal de régulateur du développement est de contrôler le destin cellulaire et non la multiplication. Des mutations dans des proto-oncogènes du développement peuvent induire la formation de tumeurs dans des tissus où le gène touché favorisait normalement la multiplication ou dans un autre tissu où le gène est devenu actif de manière aberrante.

L'analyse des profils d'expression au moyen des puces à ADN peut révéler des différences subtiles entre cellules tumorales

Les particularités des tumeurs par rapport aux tissus normaux ont été traditionnellement définies par l'histologie, c'est-à-dire la microscopie avec colorations spéciales. Dans certains cas, celle-ci permet d'établir un pronostic. Toutefois, la morphologie a ses limites et nous avons besoin de moyens plus performants d'identification des cellules cancéreuses afin de mieux comprendre la genèse de la tumeur, mais aussi de préciser le pronostic et de prendre la bonne décision en matière de traitement.

Nous avons vu que les études génétiques ont mené, comme dans le cas du cancer du côlon, à l'identification de la mutation initiale ou de la série de mutations qui causent la transformation des cellules normales. Après ces premiers événements, les cellules tumorales subissent une succession de changements qui reflètent les interactions entre les altérations initiales et des signaux venant de l'extérieur. En conséquence, les cellules tumorales peuvent devenir très différentes, même si elles dérivent de la même mutation initiale ou de la même série de mutations. Ces différences peuvent toutefois ne pas se manifester par des modifications morphologiques, mais peuvent être détectées à partir des profils d'expression génique. Les puces à ADN permettent d'analyser l'expression simultanée de milliers de gènes, et de définir ainsi à l'échelle moléculaire des phénotypes complexes. (Voir Figures 9-35 et 9-36 pour l'explication de la technique.)

MÉDECINE

L'analyse par biopuces a été récemment appliquée au lymphome diffus à grands lymphocytes B, une maladie caractérisée par l'infiltration des ganglions lymphatiques par ces cellules de taille anormale. Le pronostic varie d'un patient à l'autre à tel point que l'on a cru que différentes maladies

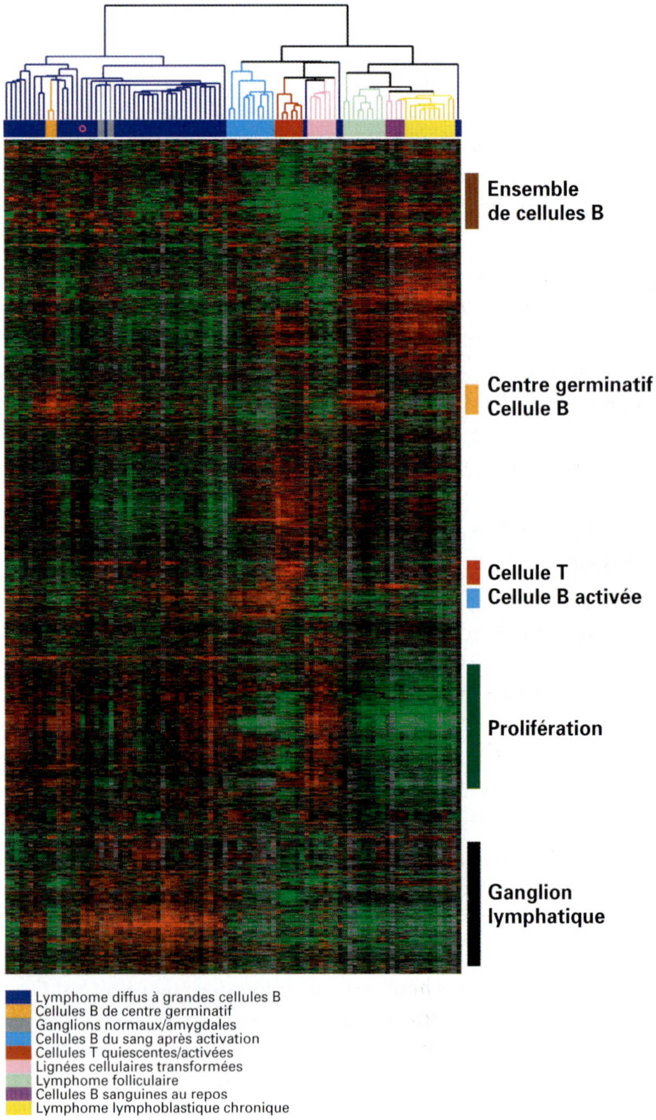

FIGURE EXPÉRIMENTALE 23-13 Les puces à ADN peuvent mettre en évidence des différences dans les profils d'expression génique entre des types de lymphomes qui par ailleurs ont des phénotypes semblables. Des échantillons d'ARNm ont été extraits de lymphocytes normaux à différents stades de différenciation et de cellules cancéreuses provenant de trois types différents de lymphomes. L'analyse par les puces à ADN des ARN extraits a mis en évidence la transcription d'environ 18 000 gènes par chacun des 96 échantillons expérimentaux de lymphocytes normaux et cancéreux par rapport à un échantillon de référence. (Voir Figures 9-35 et 9-36 pour la description de l'analyse par les puces à ADN.) Le diagramme regroupe les résultats d'une série choisie de gènes dont l'expression diffère le plus dans les divers échantillons de lymphocytes. Le rouge intense indique que les cellules expérimentales transcrivent le gène représenté par un spot d'ADN particulier à un niveau beaucoup plus élevé que les cellules de référence ; le vert intense indique le contraire. Le noir indique des taux de transcription similaires dans les échantillons ; le gris indique que le résultat manque ou a été exclus. Chaque colonne contient les données d'un échantillon de lymphocytes particuliers (voir le code des échantillons). Chaque rangée contient les données d'un seul gène. Les gènes furent groupés selon leur profil similaire d'hybridation. Par exemple, les gènes indiqués par la barre verte à droite sont actifs dans les cellules qui prolifèrent comme le font les cellules transformées en culture (barre rose au-dessus) ou les cellules de lymphomes (barre pourpre au-dessus). Les différents échantillons cellulaires (au bord supérieur du diagramme) sont aussi groupés selon la similitude de leur profil d'expression. Le dendogramme (arbre de classification hiérarchique) montre que les échantillons des patients avec un lymphome diffus à grandes cellules B (échantillons en pourpre) se répartissent en deux groupes. L'un ressemble aux lymphocytes relativement indifférenciés des centres germinatifs (échantillons en orange) ; l'autre aux cellules B plus différenciées (échantillons en pourpre plus clair). [De A. A. Alizadeh *et al.* 2000, *Nature* **403** :505.]

étaient en cause. Les puces à ADN ont montré que l'on pouvait distinguer deux types de tumeurs selon le profil d'expression génique (Figure 23-13), alors que les critères morphologiques ne permettaient pas de les différencier. Selon le type de tumeur défini par les biopuces, les patients survivent plus ou moins longtemps. Les lymphomes dont l'expression génique est proche de celle des lymphocytes B aux stades de différenciation les plus précoces ont un pronostic relativement bon, alors que si l'expression génique ressemble à celle des lymphocytes B plus différenciés, le pronostic est mauvais. Ces analyses de profils d'expression génique, ou « signatures », appliquées à d'autres tumeurs devraient améliorer la classification et le diagnostic ; elles faciliteront ainsi la prise de décision en matière de traitement et nous ferons mieux connaître les particularités des cellules tumorales. ▮

CONCEPTS CLÉS DE LA SECTION 23.2

La base génétique du cancer

- Le cancer peut survenir lorsque des proto-oncogènes subissent des mutations gain de fonction de caractère dominant ou lorsque des gènes suppresseurs de tumeur subissent des mutations perte de fonction de caractère récessif.
- Les proto-oncogènes codent entre autres des molécules de signalisation favorisant la prolifération cellulaire et leurs récepteurs, des protéines transductrices de signaux, des facteurs de transcription et des protéines impliquées dans l'apoptose (voir Figure 23-8).
- Une mutation ponctuelle, une amplification génique ou une translocation peut convertir en oncogène l'un des deux allèles d'un proto-oncogène.
- Le premier oncogène humain que l'on a identifié fut isolé d'un carcinome de la vessie. Il code une forme active de manière constitutive de la protéine Ras, qui est un facteur de transduction de signaux (voir Figure 23-4).
- Des rétrovirus à effet lent peuvent causer un cancer en s'intégrant près d'un proto-oncogène de la cellule et en activant ainsi de manière continue et intempestive la transcription de ce gène.
- Les gènes suppresseurs de tumeur codent des protéines qui ralentissent directement ou indirectement le déroulement du cycle cellulaire, les facteurs qui l'arrêtent aux points de contrôle, les composants des voies de signalisation qui inhibent la prolifération, les protéines pro-apoptotiques et les enzymes de réparation de l'ADN.
- Le premier gène suppresseur de tumeur à être identifié est *RB*, qui est muté dans le rétinoblastome et certaines autres tumeurs.
- Hériter un seul allèle muté de *RB* augmente considérablement la probabilité de développement d'un type particulier de cancer, comme c'est le cas pour beaucoup d'autres gènes suppresseurs de tumeur (e.g. *APC* et *BRCA1*).
- Chez les sujets nés hétérozygotes pour un gène suppresseur de tumeur, une cellule somatique peut perdre ce caractère hétérozygote à la suite d'une recombinaison mitotique, d'une ségrégation chromosomique anormale, d'une mutation ou d'une délétion (voir Figure 23-11).
- De nombreux gènes qui régulent les processus normaux du développement codent des protéines qui interviennent dans diverses voies de signalisation (voir Figure 23-12). Leurs rôles normaux dans la détermination du site et du moment où la prolifération doit avoir lieu se reflètent dans les particularités des tumeurs qui surviennent quand ces gènes sont mutés.
- Les puces à ADN permettent de distinguer divers types de cellules tumorales sur base de différences dans leur expression génique alors qu'il est impossible de les différencier sur base des critères traditionnels. Des similitudes dans les profils d'expression génique indiquent que certaines cellules tumorales sont apparentées à des types particuliers de cellules normales à certains stades de développement.

23.3 Mutations oncogènes dans les protéines inductrices de prolifération

La Figure 23-8 présentait chacune des classes de protéines cellulaires régulatrices dont les gènes sont des proto-oncogènes ou des gènes suppresseurs de tumeur. Dans cette section, nous examinerons plus en détail comment les mutations aboutissent à une activité constitutive dérégulée de certaines protéines ou dans leur surproduction et comment elles favorisent la multiplication et la transformation des cellules menant à la carcinogenèse. Dans chaque cas, nous verrons comment une cellule rare qui a subi un type de mutation très particulier se met à proliférer de manière incontrôlée.

Les récepteurs oncogènes peuvent induire la prolifération en absence de facteurs externes de croissance

Bien que des oncogènes puissent en théorie se former à la suite de mutations dans des gènes qui codent des molécules de signalisation inductrices de prolifération, le phénomène est rare. En fait, un seul oncogène formé naturellement a été découvert. Il s'agit de l'oncogène *sis*, qui code un type particulier de PDGF (*platelet-derived growth factor*) et qui autostimule de manière aberrante la prolifération de cellules qui expriment normalement le récepteur de PDGF.

Par contre, des oncogènes qui codent des récepteurs de surface transducteurs de signaux de prolifération ont été associés à plusieurs types de cancers. Les récepteurs de beaucoup de ces facteurs de croissance exercent une activité intrinsèque de tyrosine kinase par leur domaine cytosolique, activité normalement quiescente en absence d'activation. La fixation du ligand aux domaines externes de ces **récepteurs à activité de tyrosine kinase** (**RTK**) entraîne leur dimérisation et l'activation de leur activité kinasique, ouvrant ainsi une voie de signalisation intracellulaire qui conduit à la prolifération.

Dans certains cas, une mutation ponctuelle transforme un RTK en un récepteur qui est actif de manière constitutive car il dimérise en absence de ligand. Par exemple, une seule mutation ponctuelle convertit le récepteur normal Her2 en une oncoprotéine, Neu, qui est en cause dans certains cancers de la souris (Figure 23-14, *à gauche*). De même, des tumeurs humaines comme celles de la néoplasie endocrine multiple de type 2 produisent un récepteur

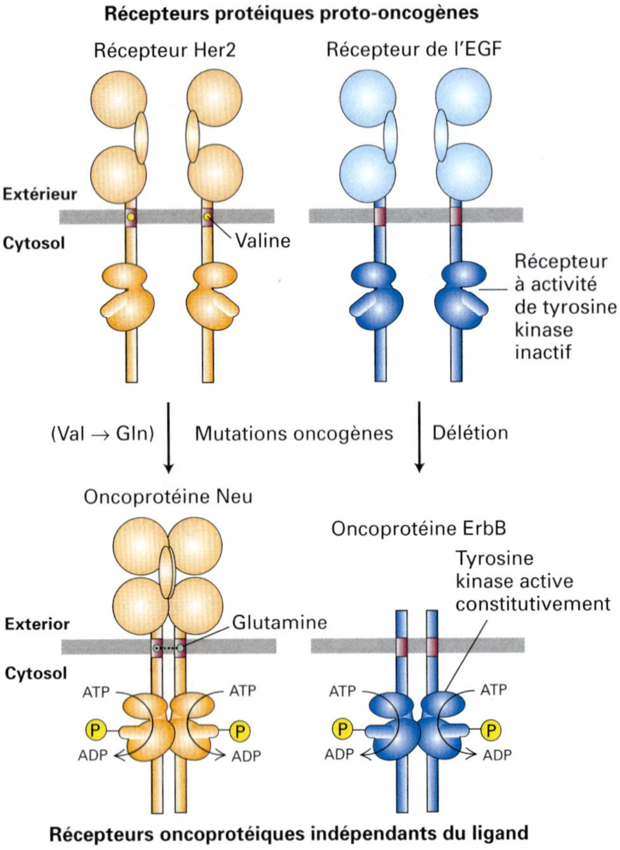

FIGURE 23-14 Effets des mutations oncogènes sur les proto-oncogènes qui codent des récepteurs de surface cellulaire. *À gauche.* Une mutation qui altère un seul acide aminé (valine remplacée par glutamine) dans la région transmembranaire du récepteur HerE cause la dimérisation du récepteur en absence du ligand normal apparenté à l'EGF, constituant ainsi l'oncoprotéine Neu, une kinase active de manière constitutive. *À droite.* Une délétion qui cause la perte du domaine extracellulaire d'interaction avec le ligand dans le récepteur de l'EGF aboutit, pour des raisons inconnues, à l'activation constitutive de l'activité kinasique de l'oncoprotéine résultante ErbB.

du GDNF (*glia-derived neurotrophic factor*) qui, à la suite d'une mutation ponctuelle dans le domaine extracellulaire, dimérise et est actif de manière constitutive. Dans d'autres cas, la délétion d'une grande partie du domaine extracellulaire fixant le ligand produit un récepteur oncogène actif de manière constitutive. Par exemple, la délétion du domaine extracellulaire du récepteur de l'EGF le transforme en une oncoprotéine dimérique, ErbB (Figure 23-14, *à droite*).

Des mutations menant à la surproduction d'un RTK normal peuvent aussi être oncogènes. Par exemple, de nombreux cancers du sein produisent en excès le récepteur Her2 normal. En conséquence, la prolifération cellulaire est stimulée en présence de très faibles concentrations d'EGF et d'hormones apparentées, des concentrations trop basses pour stimuler la prolifération de cellules normales.

MÉDECINE Un anticorps monoclonal spécifique de Her2 s'est révélé particulièrement efficace pour traiter les cancers du sein dans lesquels Her2 est produit en excès. Cet anticorps injecté dans le sang reconnaît Her2 et cause son internalisation, tuant ainsi sélectivement les cellules cancéreuses sans effet apparent sur les cellules normales, mammaires ou autres, qui produisent des quantités modérées de Her2. ▌

Un autre mécanisme à l'origine d'un récepteur oncogène est illustré par l'oncogène humain *trk*, qui a été isolé à partir d'un carcinome du côlon. Il code une protéine chimérique à la suite d'une translocation chromosomique qui a remplacé les séquences codant la plus grande partie du domaine extracellulaire du récepteur normal Trk par des séquences codant les acides aminés N-terminaux de la tropomyosine non musculaire (Figure 23-15). Le segment de la tropomyosine peut causer la dimérisation du récepteur Trk chimérique en formant une superhélice, ce qui active les domaines kinasiques en absence de ligand. La protéine Trk normale est un récepteur de surface à activité de tyrosine kinase qui lie le NGF (*nerve growth factor*) (Chapitre 22). Par contre, l'oncoprotéine Trk, active de manière constitutive, est localisée dans le cytosol, puisqu'elle était dépourvue de la séquence signal N-terminale d'adressage à la membrane.

FIGURE 23-15 Structures des domaines de tropomyosine normale, du récepteur Trk normal et de l'oncoprotéine chimérique Trk. Une translocation chromosomique entraîne le remplacement de la plus grande partie du domaine extracellulaire de la protéine humaine Trk, un récepteur à activité de tyrosine kinase, par le domaine N-terminal de la tropomyosine non musculaire. Dimérisée par ce segment de tropomyosine, l'oncoprotéine Trk exerce son activité kinasique de manière constitutive. Contrairement à la protéine Trk normale, qui est membranaire, l'oncoprotéine Trk est cytosolique. [Voir F. Coulier *et al.*, 1989, *Mol. Cell Biol.* **9** :15.]

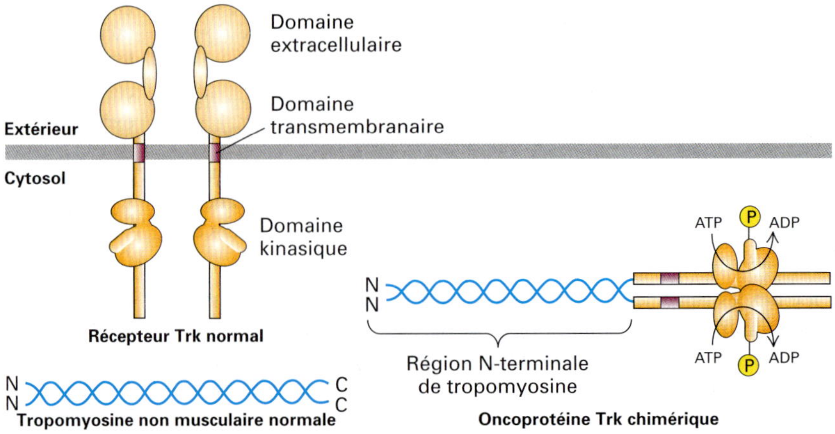

Des activateurs viraux de récepteurs de facteurs de croissance agissent comme des oncoprotéines

Les virus ont leurs propres astuces pour induire le cancer, probablement pour se multiplier à partir des cellules néoplasiques infectées. Par exemple, un rétrovirus appelé SFFV (*spleen focus-forming virus*) cause une érythroleucémie (tumeur des progéniteurs érythroïdes) chez des souris adultes en interférant dans une voie de signalisation. La prolifération, la survie et la différenciation des progéniteurs érythroïdes en globules rouges matures requièrent l'érythropoïétine (Epo) et le récepteur correspondant (voir Figure 14-7). Une glycoprotéine mutée de l'enveloppe du SFFV, appelée gp55, est responsable de l'effet oncogène du virus. Bien que gp55 ne puisse fonctionner comme une protéine normale de l'enveloppe du rétrovirus lors de son bourgeonnement et sa propagation, elle est devenue capable de lier et d'activer le récepteur de l'Epo dans la même cellule (Figure 23-16). En stimulant la prolifération des progéniteurs érythroïdes de manière permanente et intempestive, gp55 induit la formation d'un nombre excessif d'érythrocytes. Plusieurs semaines après l'infection, à la suite de mutations supplémentaires, les cellules proliférant anormalement génèrent des clones cancéreux de progéniteurs érythroïdes.

Un autre exemple est fourni par le HPV (*human papilloma virus*), un virus à ADN, agent causal des verrues génitales. Une protéine virale, E5, qui ne contient que 44 acides aminés, traverse la membrane plasmique et forme des dimères ou des trimères. Chaque polypeptide E5 peut former un complexe stable avec un récepteur endogène pour le PDGF et agréger plusieurs récepteurs de PDGF dans le plan de la membrane plasmique, ce qui imite la dimérisation du récepteur induite par l'hormone et cause ainsi l'activation permanente du récepteur et finalement la transformation de la cellule.

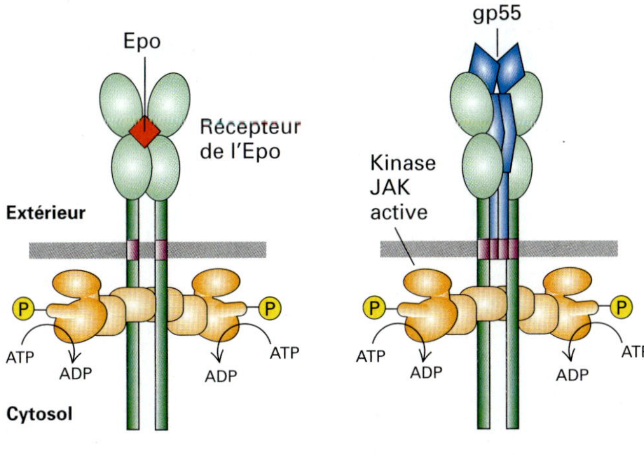

FIGURE 23-16 Activation du récepteur de l'érythropoïétine (Epo) par son ligand naturel, Epo, ou une oncoprotéine virale. La liaison de l'Epo dimérise le récepteur et induit la formation des érythrocytes à partir des progéniteurs érythroïdes. Normalement, les cancers surviennent lorsque les progéniteurs infectés par le virus SFFV (*spleen focus-forming virus*) produisent le récepteur de l'Epo et la protéine virale gp55, présents tous deux dans la membrane. Les domaines transmembranaires de la gp55 dimérique lient spécifiquement le récepteur de l'Epo, le dimérisent et l'activent en absence d'Epo. [Voir S. N. Constantinescu *et al.*, 1999, *Embo J.* **18** :3334.]

De nombreux oncogènes codent des protéines actives de manière constitutive dans la transduction de signaux

De nombreux oncogènes dérivent de proto-oncogènes dont les protéines correspondantes contribuent au transfert de signaux à partir d'un récepteur activé vers une cible intracellulaire. Nous allons donner plusieurs exemples de tels oncogènes ; chacun est exprimé dans de nombreux types de cellules tumorales.

Composants de la voie Ras Parmi les oncogènes les mieux étudiés dans cette catégorie, on trouve les gènes ras^D, qui furent les premiers oncogènes non viraux à être reconnus. Une mutation ponctuelle qui remplace la glycine en position 12 par n'importe quel autre acide aminé peut transformer la protéine Ras normale en une oncoprotéine active de manière constitutive. Cette simple mutation réduit l'activité GTPasique de la protéine, maintenant ainsi Ras dans l'état actif, c'est-à-dire lié à GTP. Les oncoprotéines Ras actives de manière constitutive sont produites par de nombreux types de tumeurs humaines : les carcinomes de la vessie, du côlon, du sein et du poumon, les neuroblastomes et les leucémies.

Comme nous l'avons vu au Chapitre 14, Ras est un composant clé de la transduction des signaux à partir des récepteurs activés vers une cascade de protéine kinases. Dans la première partie de cette voie, un signal provenant d'un RTK activé est transféré par deux protéines adaptatrices vers Ras, transformant celle-ci en sa forme active liée au GTP (voir Figure 14-16). Dans la seconde partie de la voie, Ras activée transmet le signal par l'intermédiaire de deux protéine kinases vers la MAP kinase. Quand elle est activée, celle-ci phosphoryle plusieurs facteurs de transcription qui induisent la synthèse de protéines importantes pour le cycle de la cellule ou sa différenciation (voir Figure 14-21). Les mutations qui activent Ras court-circuitent la première partie de cette voie, rendant ainsi inutile l'activation du récepteur par son ligand.

On a identifié des oncogènes qui codent d'autres composants altérés de la voie RTK-Ras-MAP kinase. L'un par exemple, qui a été trouvé dans certains rétrovirus de souris, code une sérine/thréonine kinase active de manière constitutive entre Ras et la MAP kinase. Un autre est l'oncogène *crk* (prononcé « crack ») trouvé dans le virus du sarcome aviaire ; il cause certaines tumeurs quand il est surexprimé. La protéine Crk, qui contient un domaine SH2 et deux domaines SH3, ressemble à la protéine adaptatrice GRB2 qui intervient entre un RTK et Ras (voir Figure 14-16). Les domaines SH2 et SH3 dans GRB2 et d'autres protéines adaptatrices assurent la formation d'agrégats protéiques spécifiques qui servent normalement comme unités de signalisation pour des événements cellulaires. La surproduction de Crk aboutit à la formation d'agrégats protéiques qui transmettent les signaux de manière inadéquate et favorisent ainsi la prolifération et l'aptitude à métastaser caractéristique des cellules cancéreuses.

L'activation constitutive de Ras peut aussi provenir d'une mutation perte de fonction récessive dans une protéine GAP (*GTPase-accelerating protein*), qui normalement accélère l'hydrolyse du GTP et la conversion de la forme active Ras-GTP en sa forme inactive Ras-GDP (voir Figure 3-29). À la suite de la perte de GAP, Ras active en aval de manière permanente les protéines transductrices du signal. Par exemple, la neurofibromatose, une tumeur bénigne des cellules qui entourent les nerfs, est causée par la perte des deux allèles de *NF1*, qui code une protéine de type GAP. Les sujets atteints de neurofibromatose ont hérité un seul allèle muté de *NF1* ; une mutation somatique ultérieure dans l'autre allèle mène à la formation des neurofibromes. Ainsi, *NF1*, comme *RB*, est un gène suppresseur de tumeur, et la neurofibromatose, comme le rétinoblastome héréditaire, est hérité comme un trait dominant autosomique.

Protéine kinase Src Plusieurs oncogènes, certains identifiés d'abord dans des tumeurs humaines, d'autres dans des rétrovirus transformants, codent des protéine kinases cytosoliques qui transfèrent normalement des signaux dans diverses voies de signalisation intracellulaire. En fait, le premier oncogène à être découvert, le v-*src* (*Rous sarcoma retrovirus*), code une tyrosine kinase active de manière constitutive. Au moins huit proto-oncogènes mammaliens codent une famille de tyrosine kinases qui ne sont pas des récepteurs et qui sont apparentées à la protéine v-Src. En plus d'un domaine catalytique, ces kinases contiennent des domaines SH2 et SH3 d'interaction entre protéines. L'activité kinasique du Src cellulaire et des protéines apparentées est normalement inactivée par phosphorylation du résidu tyrosine en position 527 ; qui est distant de six résidus du bout C-terminal (Figure 23-17a, b). L'hydrolyse de la phosphotyrosine 527 par une phosphatase spécifique normalement active c-Src. La tyrosine 527 est souvent absente ou altérée dans les oncoprotéines Src qui ont une activité kinasique constitutive ; c'est-à-dire qu'elles n'ont pas besoin d'être activées par une phosphatase. Dans le virus du sarcome de Rous, par exemple, le gène *src* a subi une délétion qui élimine les 18 acides aminés C-terminaux de c-Src ; en conséquence, la kinase v-Src est active de manière constitutive (Figure 23-17b). La phosphorylation de protéines cibles par des oncoprotéines Src contribue à la prolifération anormale de nombreux types cellulaires.

Protéine kinase Abl Un autre oncogène qui code une protéine kinase cytosolique n'agissant pas comme récepteur est générée par une translocation chromosomique qui fusionne une partie du gène c-*abl*, qui code une tyrosine kinase, avec une partie du gène *bcr*, dont la fonction est inconnue. La protéine c-Abl normale favorise la ramification de l'actine filamenteuse et l'extension d'appendices cellulaires, de telle manière qu'il intervient surtout dans le contrôle du cytosquelette et de la forme cellulaire. Les oncoprotéines chimériques codées par l'oncogène *bcr-abl* forment un tétramère qui exerce une activité kinasique Abl incontrôlée et permanente. (Ceci ressemble à la dimérisation et à l'activation de l'oncoprotéine chimérique Trk que montre la Figure 23-15.) Bcr-Abl peut phosphoryler et activer ainsi de nombreuses protéines transductrices de signaux intracellulaires ; au moins certaines d'entre elles ne sont pas des substrats normaux d'Abl. Par exemple, Bcr-Abl peut activer la kinase JAK2 et le facteur de transcription STAT5, qui sont normalement activés à la suite de la fixation de facteurs de croissance (e.g. érythropoïétine) à des récepteurs de surface (voir Figure 14-12).

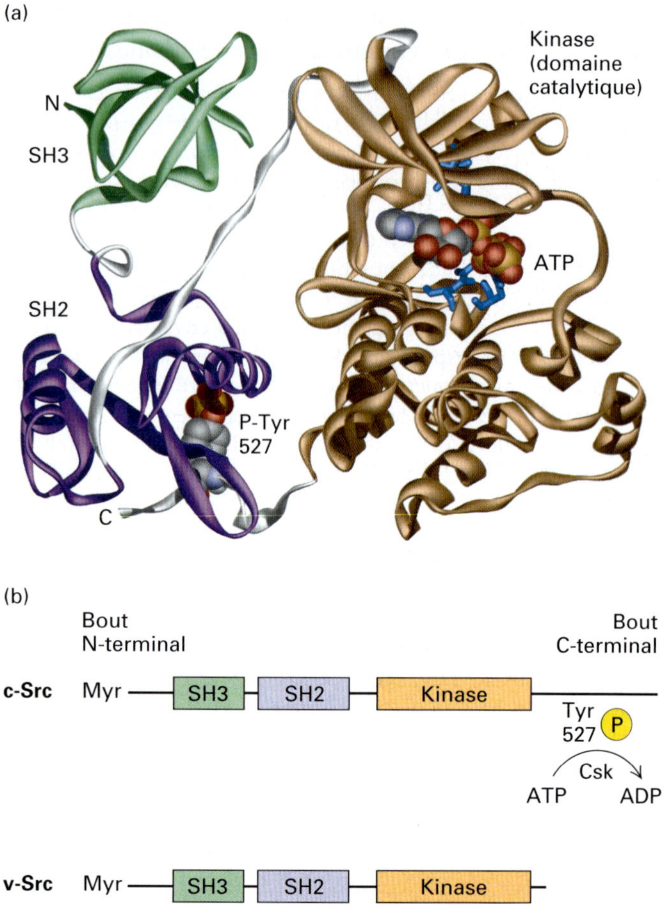

FIGURE 23-17 Structure des tyrosine kinases Src et activation par une mutation oncogène. (a) Sructure tridimensionnelle de Hck, une des diverses kinases Src des mammifères. La liaison de la phosphotyrosine 527 au domaine SH2 exerce une tension dans le domaine SH3 et dans le site kinasique qui sous l'effet de la torsion perd son activité catalytique. L'activité de kinase des protéines cellulaires Src est activée normalement par élimination du phosphate lié à la tyrosine 527 (b) Structure des domaines de c-Src et v-Src. La phosphorylation de la tyrosine 527 par Csk, une autre tyrosine kinase cellulaire, inactive l'activité de la kinase Src. L'oncoprotéine transformante v-Src codée par le virus du sarcome de Rous étant dépourvue des 18 acides aminés C-terminaux comprenant la tyrosine 527 est donc active de manière constitutive. [Partie (a) de F. Sicheri *et al.*, 1997, *Nature* **385** :582. Voir aussi T. Pawson, 1997, *Nature* **385** :582 et W. Xu *et al.*, 1997, *Nature* **385** :595.]

La translocation chromosomique qui forme *bcr-abl* génère le chromosome de Philadelphie, utile au diagnostic et découvert en 1960 (voir Figure 10-29). L'identité des gènes impliqués fut découverte par le clonage moléculaire du point de jonction des deux chromosomes, ce qui a permis l'étude biochimique de l'oncoprotéine

Bcr-Abl. Si la translocation survient dans une cellule hématopoïétique dans la moelle osseuse, l'activité de l'oncogène chimérique *bcr-abl* aboutit à la phase initiale de la leucémie myéloïde chronique humaine (LMC) caractérisée par une expansion du nombre de globules blancs. Une seconde mutation dans une cellule porteuse de *bcr-abl* (e.g. dans *p53*) aboutit à la leucémie aiguë, et souvent à la mort du patient. Cette translocation chromosomique ne fut que la première d'une longue série de translocations chromosomiques distinctes, ou « signatures », liées à des formes particulières de leucémie. Chacune est riche en enseignement quant au mécanisme et ouvre ainsi la voie vers de nouveaux traitements. Dans le cas de la LMC, ce pas vers un traitement efficace a été franchi.

Après de longues recherches, au début des années 1990, on a trouvé un inhibiteur de la kinase Abl qui pouvait servir au traitement de la LMC. Le STI-571 (Gleevec) est hautement toxique pour les cellules leucémiques alors qu'il épargne les cellules normales. Après la démonstration par les essais cliniques de sa remarquable efficacité et, malgré quelques effets secondaires, son utilisation fut approuvée par la FDA en 2001. C'était le premier médicament anticancéreux dirigé contre une protéine transductrice de signal propre à la cellule tumorale. STI-571 inhibe plusieurs autres tyrosines kinases impliquées dans différents cancers et s'est révélé bénéfique lors d'essais thérapeutiques contre ces maladies. Dans le génome humain, on a dénombré 96 gènes de tyrosine kinase. Aussi, des médicaments apparentés au Gleevec pourraient être utiles pour le contrôle des activités de toutes ces protéines.

L'histoire du Gleevec illustre comment la génétique, la découverte du chromosome de Philadelphie et de l'oncogène critique qui en dérive, associée à la biochimie, la découverte de l'action moléculaire de la protéine Abl, peut conduire à la découverte d'un nouveau traitement puissant. En général, chaque différence entre cellules cancéreuses et cellules normales offre l'occasion d'identifier un médicament spécifique qui ne tue que les cellules cancéreuses ou du moins stoppe leur prolifération.

La production inadéquate de facteurs de transcription peut induire la transformation

Par un mécanisme ou un autre, les protéines codées par tous les proto-oncogènes et oncogènes aboutissent finalement à des changements dans l'expression génique, ce qui se traduit entre autres par les différences dans les proportions des divers ARNm entre cellules qui prolifèrent et celles qui sont au repos, ainsi qu'entre les cellules tumorales et les cellules normales dont elles dérivent. Comme nous l'avons vu dans la section précédente, nous pouvons évaluer de telles différences dans l'expression de milliers de gènes au moyen des puces à ADN (voir Figure 23-13).

Puisque l'effet le plus direct sur l'expression génique est exercé par des facteurs de transcription, il n'est pas surprenant que de nombreux oncogènes codent ces facteurs. Deux exemples sont *jun* et *fos*, qui furent identifiés d'abord dans des rétrovirus transformants et trouvés plus tard exprimés en excès dans certaines tumeurs humaines. Ces proto-oncogènes codent des protéines qui parfois s'associent pour former un facteur de transcription hétérodimérique appelé AP1, qui se lie à une séquence présente dans les promoteurs et les amplificateurs de nombreux gènes (voir Figure 11-24). Fos et Jun peuvent exercer de manière indépendante leur activité de facteur de transcription. Ils agissent en tant qu'oncoprotéines en activant la transcription de gènes clés qui codent des facteurs stimulant la prolifération ou en inhibant la transcription de gènes répresseurs de la prolifération.

De nombreuses protéines de proto-oncogènes sont induites quand la prolifération de cellules normales est stimulée, ce qui indique leur rôle direct dans le contrôle de la multiplication. Par exemple, le traitement au PDGF de cellules 3T3 au repos induit une augmentation de ≈50 fois de la production de c-Fos et c-Myc, les produits normaux des proto-oncogènes *fos* et *myc*. Au début, c-Fos augmente de manière transitoire et plus tard une augmentation prolongée de c-Myc (Figure 23-18). Le déclin en quelques heures des taux des deux protéines constitue un effet régulateur qui peut, dans les cellules normales, contribuer à éviter la cancérisation. Comme nous l'avons vu au Chapitre 21, c-Fos et c-Myc stimulent la transcription de gènes codant des protéines qui font progresser le cycle cellulaire en phase G_1 et de la phase G_1 en phase S. Dans les tumeurs, les formes oncogènes de ces facteurs de transcription, ainsi que d'autres, sont fréquemment exprimées en abondance et de manière incontrôlée.

Dans des cellules normales, les ARNm de c-Fos et c-Myc et les protéines qu'ils codent sont intrinsèquement instables, ce qui mène à leur perte rapide après que les gènes ont été activés. Certains des

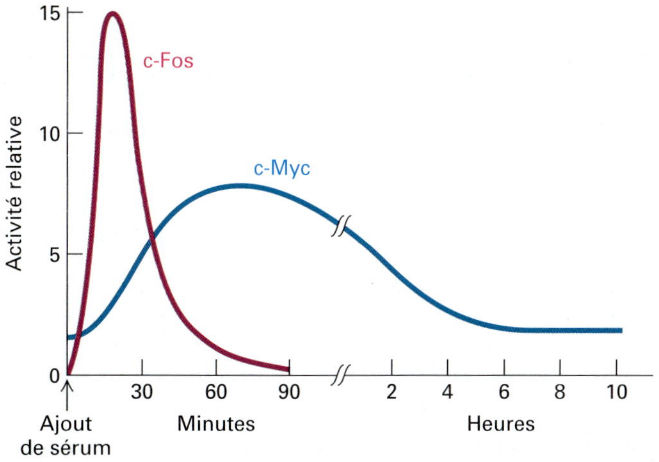

FIGURE EXPÉRIMENTALE 23-18 L'ajout de sérum à des cellules 3T3 au repos amplifie fortement l'activité des produits de deux proto-oncogènes, c-Fos et c-Myc. Le sérum contient des facteurs comme le PDGF (*platelet-derived growth factor*) qui stimulent la prolifération des cellules au repos. Un des premiers effets des facteurs de croissance est d'induire l'expression de c-*fos* et c-*myc*, qui codent des facteurs de transcription. [Voir M. E. Greenberg et E. B. Ziff, 1984, *Nature* **311** :433.]

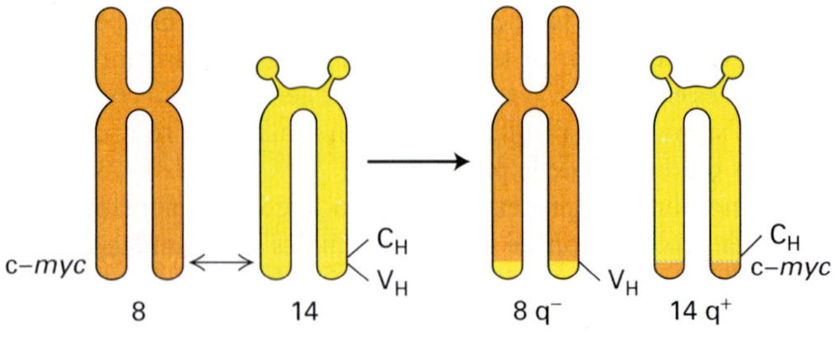

FIGURE 23-19 Tranlocation chromosomique dans le lymphome de Burkitt. Comme conséquence d'une translocation entre les chromosomes 8 et 14, le gène *c-myc* est placé près du gène qui code une partie de la chaîne lourde des anticorps (C_H), ce qui entraîne une surproduction du facteur de transcription Myc dans les lymphocytes et dès lors leur prolifération sous forme d'un lymphome.

changements qui transforment *c-fos* en un oncogène impliquent des délétions de séquences géniques qui abrègent la survie des ARNm de Fos et de la protéine correspondante. La conversion du proto-oncogène *c-myc* en un oncogène peut survenir par différents mécanismes. Dans les cellules d'une tumeur humaine, le *lymphome de Burkitt*, le gène *c-myc* est transloqué à proximité des gènes des chaînes lourdes d'immunoglobulines, qui sont normalement actifs dans les globules blancs producteurs d'anticorps (Figure 23-19). La translocation du gène *myc* est un accident rare des réarrangements de l'ADN qui se déroulent normalement durant la maturation des cellules productrices d'anticorps. Le gène *myc* transloqué, mis ainsi sous la régulation de l'amplificateur des gènes d'anticorps, est exprimé de manière continue, ce qui rend la cellule cancéreuse. L'amplification localisée d'un segment d'ADN contenant le gène *myc*, qui survient dans plusieurs tumeurs humaines, cause aussi une production élevée et intempestive de la protéine Myc, qui par ailleurs est normale.

CONCEPTS CLÉS DE LA SECTION 23.3

Mutations oncogènes dans les protéines inductrices de prolifération

- Des mutations ou des translocations chromosomiques permettent que des RTK de facteurs de croissance dimérisent en absence de leur ligand spécifique, ce qui les active de manière continue (voir Figure 23-14 et 23-15). Une telle activation conduit finalement à des changements dans l'expression génique qui peut aboutir à la transformation cellulaire. La surexpression de récepteurs de facteurs de croissance peut avoir le même effet et induire une prolifération cellulaire anormale.

- Certaines protéines codées par des virus peuvent lier et activer des récepteurs de facteurs de croissance de la cellule hôte, stimulant ainsi sa prolifération en absence des signaux normaux.

- La plupart des cellules tumorales produisent de manière constitutive des formes actives d'une ou plusieurs protéines transductrices de signaux intracellulaires, ce qui déclenche la signalisation inductrice de la prolifération sans l'intervention des facteurs de croissance normaux.

- Une seule mutation ponctuelle dans Ras, une protéine transductrice qui joue un rôle clé dans de nombreuses voies de signalisation, réduit son activité GTPasique, ce qui la maintient dans un état activé.

- L'activité de Src, une tyrosine kinase cytosolique transductrice de signaux, est régulée normalement par phosphorylation et déphosphorylation d'un résidu tyrosine de l'extrémité C-terminale (voir Figure 23-17). L'activité incontrôlée des oncoprotéines Src lorsqu'elles sont dépourvues de cette tyrosine favorise la prolifération anormale de nombreuses cellules.

- Le chromosome Philadelphie provient d'une translocation chromosomique qui produit l'oncogène chimérique *bcr-abl*. L'activité kinasique incontrôlée d'Abl exercée par l'oncoprotéine Bcr-Abl est responsable de l'effet oncogène. Un inhibiteur de la kinase Abl (Gleevec) est efficace dans le traitement de la leucémie myéloïde chronique (LMC) et pourrait l'être aussi contre d'autres cancers.

- La production intempestive de facteurs de transcription nucléaires comme Fos, Jun et Myc peut induire la transformation. Dans les cellules du lymphome de Burkitt, *c-myc* est transloqué à proximité des gènes des anticorps, ce qui entraîne la surproduction de c-Myc (voir Figure 23-19).

23.4 Mutations en cause dans la perte de contrôle de la prolifération et du cycle cellulaire

La multiplication cellulaire normale et la différenciation dépendent d'un équilibre délicatement ajusté et hautement régulé entre les voies qui accélèrent et celles qui freinent la prolifération. Les mutations qui le perturbent peuvent mener au cancer. La plupart des mutations décrites dans la section précédente causent une activité excessive des voies d'amplification de la prolifération. Tout aussi critiques sont les mutations qui réduisent l'activité des voies d'inhibition de la croissance quand elles devraient intervenir.

Par exemple, le TGFβ (*transforming growth factor β*), malgré son nom, inhibe la prolifération de nombreux types cellulaires, entre autres la plupart des cellules épithéliales et les cellules du système immunitaire. La fixation du TGFβ à son récepteur active les facteurs de transcription cytosoliques Smad (voir Figure 14-2). Après leur translocation dans le noyau, les Smad induisent l'expression du gène codant p15, qui bloque les cellules au stade G_1. Le TGFβ induit également l'expression de gènes codant des protéines de la matrice extracellulaire et PAI-1 (*plasminogen activator inhibitor*), réduisant ainsi la dégradation de la matrice par la plasmine. Des mutations perte de fonction touchant soit les récepteurs du TGFβ ou les Smad favorisent la prolifération cellulaire et contribuent probablement au caractère invasif et métastatique des cellules tumorales (Figure 23-20). De telles mutations ont été trouvées dans divers cancers humains (voir Chapitre 14).

Les mécanismes complexes de régulation du cycle cellulaire eucaryote sont les cibles principales des mutations oncogènes. Tant les protéines activatrices qu'inhibitrices contrôlent le déroulement du cycle cellulaire, dont les quatre phases sont : G_1, S, G_2 et la mitose (voir Figure 21-2). Ce système régulateur assure la coordination correcte de la croissance cellulaire pendant G_1 et G_2, la synthèse d'ADN pendant la phase S ainsi que la ségrégation chromosomique et la division durant la mitose. En plus, le cycle des cellules dont l'ADN a été endommagé est normalement stoppé avant que leur ADN ne soit répliqué. Cet arrêt laisse le temps nécessaire à la réparation de l'ADN ; par ailleurs, les cellules arrêtées sont amenées à se suicider selon le processus de mort cellulaire programmée. Ainsi, l'ensemble du système de contrôle du cycle cellulaire se mobilise pour éviter que les cellules ne deviennent cancéreuses, mais si son fonctionnement est perturbé par des mutations, il en résulte souvent un développement anormal ou la cancérisation.

Les mutations qui favorisent le passage non régulé de G_1 à la phase S sont oncogènes

À la fin de la phase G_1, dès qu'une cellule a dépassé un certain point dit **point de restriction**, elle s'engage irrémédiablement dans la phase S et réplique son ADN (voir Figure 21-28). Les **cyclines** de type D, les **CDK** (***cyclin-dependent kinases***) et la protéine Rb font partie du système qui contrôle le passage au-delà du point de restriction.

L'expression des gènes de cyclines de type D est induite par de nombreux facteurs de croissance extracellulaires, ou **mitogènes**. Ces cyclines s'associent à leurs partenaires CDK4 et CDK6 pour former des complexes cycline-CDK dont l'activité kinasique permet le dépassement du point de restriction. Le retrait du mitogène avant ce passage aboutit à l'accumulation de p16. Comme p15, mentionné plus haut, p16, en se liant spécifiquement à CDK4 et CDK6, inhibe leur activité kinasique, ce qui cause l'arrêt en G_1. Dans des circonstances normales, la phosphorylation de la protéine Rb commence au milieu de G_1 par les complexes cycline D-CDK4 et cycline D-CDK6. Elle est complétée par d'autres complexes cycline-CDK à la fin de G_1, ce qui permet l'activation des facteurs de transcription E2F, qui stimulent la transcription de gènes codant les protéines requises pour la synthèse d'ADN. La phosphorylation complète de Rb engage irréversiblement la cellule dans la synthèse d'ADN. Dans la plupart des tumeurs, on trouve une mutation oncogène qui cause la surproduction ou la perte de l'un des composants de cette voie ; les cellules sont ainsi propulsées en phase S malgré l'absence de signaux extracellulaires stimulant la croissance (Figure 23-21).

Par exemple, on trouve des taux élevés de cycline D1 dans de nombreux cancers humains. Dans certaines tumeurs des cellules productrices d'anticorps, les lymphocytes B, le gène *cycline D1* est transloqué là où sa transcription passe sous le contrôle d'un amplificateur des gènes d'anticorps, ce qui entraîne une augmentation de la production de cycline D1 pendant tout le cycle cellulaire, indépendamment des signaux extracellulaires. (Ce phénomène est analogue à la translocation de c-*myc* dans les cellules du lymphome de Burkitt dont il était question plus haut.) Que la cycline D1 puisse se comporter comme une oncoprotéine a été démontré par des études sur des souris transgéniques chez lesquelles le gène *cycline D1* fut placé sous le contrôle d'un amplificateur spécifique des cellules des canalicules mammaires. Au début, ces cellules se sont mises à proliférer anormalement puis sont devenues cancéreuses. L'amplification du gène *cycline D1* et la surproduction concomitante de la protéine correspondante est fréquente dans le cancer mammaire humain.

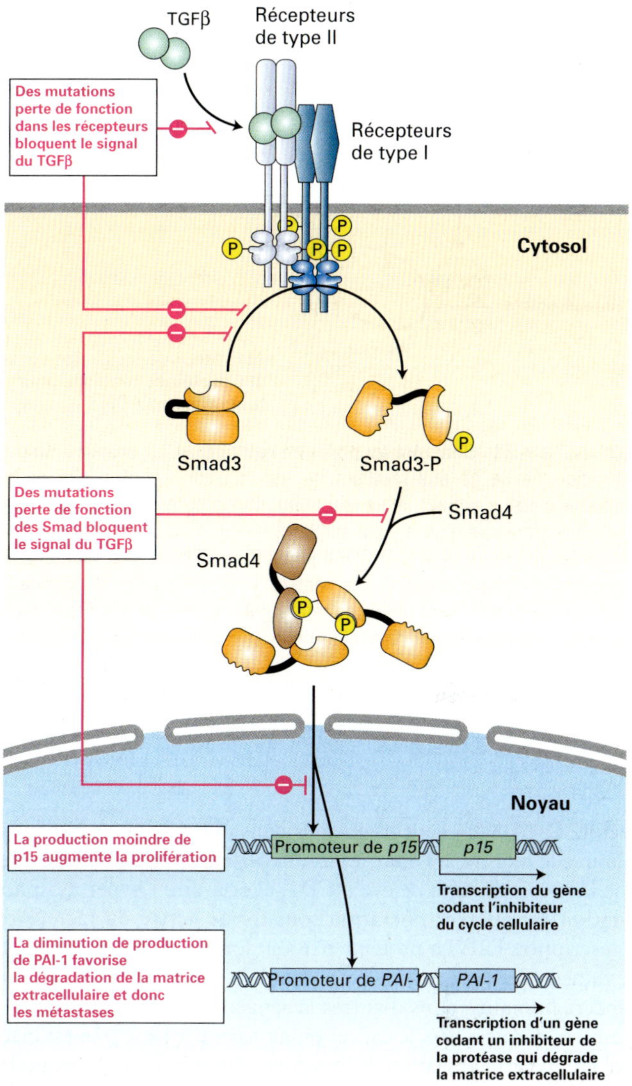

FIGURE 23-20 Effet de la perte de la signalisation par le TGFβ. La liaison du TGFβ, un facteur inhibant la prolifération, entraîne l'activation des facteurs de transcription Smad. En absence du signal provenant du TGFβ à la suite d'une mutation du récepteur ou d'une mutation de SMAD, les cellules prolifèrent et envahissent la matrice extracellulaire environnante. [Voir X. Hua *et al.*, 1998, *Genes et Develop.* **12** :3084.]

Les protéines qui inhibent les complexes cycline-CDK jouent un rôle important dans la régulation du cycle cellulaire (Chapitre 21). En particulier, les mutations perte de fonction qui empêchent l'inhibition par p16 de l'activité kinasique du complexe

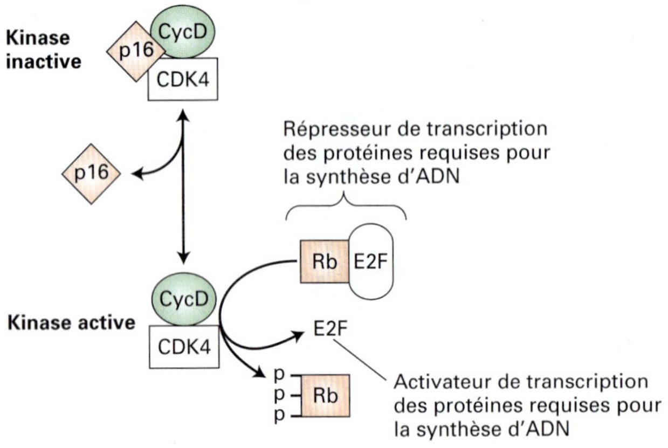

FIGURE 23-21 Contrôle au point de restriction. La protéine Rb non phosphorylée se lie aux facteurs de transcription appelés E2F et les empêche ainsi d'activer la transcription de nombreux gènes dont les produits sont requis pour la synthèse d'ADN (e.g. ADN polymérase). L'activité kinasique de la cycline D-CDK4 phosphoryle Rb, activant ainsi E2F ; cette activité kinasique est inhibée par p16. La surproduction de cycline D, un régulateur positif, ou la perte des régulateurs négatifs p16 ou Rb survient fréquemment dans les cancers humains.

cycline D-CDK4/6 sont fréquentes dans divers cancers humains. Comme le montre la Figure 23-21, la perte de p16 a le même effet que la surproduction de cycline D1, c'est-à-dire l'hyperphosphorylation de Rb avec libération sous forme active du facteur de transcription E2F. La protéine p16 est donc un agent suppresseur de tumeur. Bien que le gène correspondant soit délété dans certains cancers humains, dans d'autres la séquence de *p16* est normale. Dans ces derniers (e.g. le cancer pulmonaire), le gène *p16* est inactivé par hyperméthylation de sa région promotrice, ce qui empêche sa transcription. On ignore la cause de cette méthylation qui inhibe la production de cette importante protéine régulatrice du cycle cellulaire.

Nous avons déjà vu que des mutations qui inactivent les deux allèles de *Rb* sont à la base du rétinoblastome de l'enfant, un type de cancer relativement rare. Cependant, la perte de fonction de *Rb* se retrouve aussi dans des cancers plus communs qui surviennent plus tard dans la vie (e.g. carcinome du poumon, du sein et de la vessie). Ces tissus, contrairement au tissu rétinien, produisent probablement d'autres protéines dont la fonction est redondante avec celle de Rb ; la perte de Rb n'est donc pas aussi critique. On connaît plusieurs protéines dont la structure et probablement la fonction sont apparentées à celles de Rb. En plus des mutations qui inactivent Rb, une protéine inhibitrice, appelée E7, codée par le HPV (*human papilloma virus*), peut empêcher Rb d'exercer sa fonction. Il s'agit là d'une autre ruse virale servant à générer un tissu producteur de virus.

Les tumeurs liées à des mutations qui inactivent Rb produisent en général des taux normaux de cycline D1 et de protéine p16 fonctionnelle. Par contre, les cellules tumorales qui produisent la cycline D1 en excès ou ont perdu la fonction de p16 ont gardé le plus souvent une protéine Rb normale. Ainsi, la perte d'un seul composant de ce système qui régule le passage au-delà du point de restriction suffit à perturber le contrôle normal de la prolifération et à préparer la cancérisation.

Les mutations perte de fonction affectant les protéines qui remodèlent la chromatine contribuent à la cancérisation

Des mutations peuvent affecter le contrôle de la prolifération en inactivant des gènes suppresseurs de tumeur, mais ceux-ci peuvent aussi être inhibés par des structures répressives de la chromatine. Récemment, on a réalisé progressivement le rôle important que joue la machinerie qui remodèle la chromatine dans le contrôle de la transcription. Le processus implique divers grands complexes multiprotéiques, comme Swi/Snf, dans l'intérieur desquels se trouve une hélicase dépendante de l'ATP. De plus, ils contrôlent souvent l'acétylation des histones. En modifiant les positions ou les structures des nucléosomes, les complexes Swi/Snf rendent les gènes accessibles ou inaccessibles aux protéines qui en liant l'ADN contrôlent la transcription (Chapitre 11). Si un gène est activé ou réprimé normalement par des changements chromosomiques dépendant de Swi/Snf, des mutations dans les gènes codant les protéines Swi ou Snf peuvent affecter l'expression du gène cible.

Notre connaissance des gènes cibles régulés par Swi/Snf et d'autres complexes est incomplète, mais les cibles comprennent évidemment certains gènes régulateurs de croissance. Par exemple, des études de souris transgéniques suggèrent que Swi/Snf joue un rôle dans la répression des gènes *E2F*, ce qui inhibe le déroulement du cycle cellulaire. La relation entre les gènes qui codent les protéines Swi/Snf et le gène *E2F* fut découverte dans des expériences génétiques sur la mouche. Des mouches transgéniques exprimant en excès *E2F* ont montré des déficits modérés de croissance. La recherche de mutations qui augmentent l'effet de la surproduction d'*E2F* dans ces mouches ont conduit à l'identification de trois composants du complexe Swi/Snf. Puisque la perte de fonction de ces gènes augmente les effets stimulants d'E2F sur la prolifération, on en conclut que Swi/Snf s'oppose à la fonction normale du facteur de transcription E2F. Ainsi, la perte de fonction de Swi/Snf, juste comme celle de Rb, peut mener à une prolifération excessive et peut-être au cancer. En fait, chez la souris, la protéine Rb recrute les protéines Swi/Snf pour réprimer la transcription du gène *E2F*.

Les complexes qui remodèlent la chromatine étant impliqués dans de si nombreux cas de contrôle transcriptionnel, on s'attend à ce que Swi/Snf et des complexes similaires soient liés à de nombreux cancers. Chez l'homme, par exemple, des mutations dans *Brg1*, qui code la sous-unité catalytique de Swi/Snf, ont été mises en évidence dans des tumeurs de la prostate, du poumon et du sein. On a aussi trouvé des composants du complexe Swi/Snf associés à BRCA-1, une protéine nucléaire qui contribue à la suppression du cancer du sein. BRCA-1 est impliquée dans la réparation des ruptures de l'ADN double brin (il en sera question dans la section finale de ce chapitre) et dans le contrôle de la transcription. Il est donc possible que le complexe Swi/Snf assiste BRCA-1 dans ces fonctions.

La perte de p53 supprime le point de contrôle des lésions de l'ADN

Le point de contrôle en G_1 qui empêche les cellules dont l'ADN est endommagé d'entrer en phase S intervient de manière critique dans

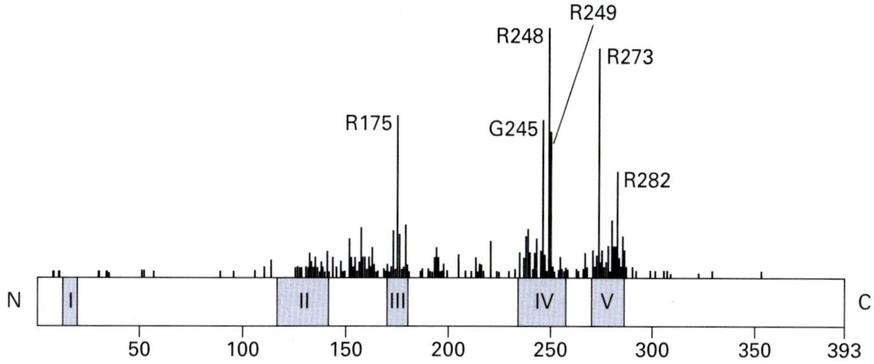

FIGURE EXPÉRIMENTALE 23-22 Dans les tumeurs humaines, les mutations qui inactivent la fonction de la protéine p53 touchent préférentiellement quelques résidus. Les surfaces colorées représentent des séquences dans le gène *p53* qui ont été conservées très fidèlement au cours de l'évolution. Les lignes verticales représentent la fréquence des mutations ponctuelles pour chaque résidu dans diverses tumeurs humaines. Ces mutations sont groupées dans les régions conservées II-V. Les localisations dans la séquence de la protéine des mutations ponctuelles les plus fréquentes sont indiquées : R = arginine ; G = glycine. [Adapté de C. C. Harris, 1993, *Science* **262** :1980, et L. Ko et C. Prives, 1996, *Genes et Develop.* **10** :1054.]

la régulation du cycle cellulaire (voir Figure 21-32, étape 4a). La **protéine p53** est un senseur essentiel pour le point de contrôle qui arrête en G_1 les cellules dont l'ADN est endommagé. Bien que p53 exerce plusieurs fonctions, son rôle dans la prévention des tumeurs tient surtout à sa capacité d'activer la transcription de certains gènes. Pratiquement, toutes les mutations de p53 abolissent son aptitude à se lier spécifiquement à certaines séquences d'ADN et d'activer l'expression génique. Des mutations du gène suppresseur de tumeur *p53* surviennent dans plus de 50 % des cancers humains (Figure 23-22).

Quand p53 fonctionne normalement, le cycle s'arrête en G_1 dès que les cellules sont exposées à une irradiation endommageant l'ADN, tandis que les cellules dépourvues de p53 fonctionnelle ne le font pas. Contrairement à d'autres protéines du cycle, p53 est présente à des taux très bas dans les cellules normales car cette protéine est extrêmement instable et rapidement dégradée. Des souris dépourvues de p53 sont viables et bien portantes, sauf qu'elles sont prédisposées au développement de divers types de tumeurs. L'expression du gène p53 n'est amplifiée qu'en cas de stress comme celui qui est causé par les rayons UV ou γ, la chaleur ou l'hypoxie. Les lésions de l'ADN par une irradiation γ ou par d'autres agressions entraînent l'activation d'ATM, une sérine kinase qui stabilise p53 en la phosphorylant, ce qui mène à une augmentation marquée de sa concentration (Figure 23-23). La protéine p53 stabilisée active l'expression du gène codant $p21^{CIP}$, qui inhibe en s'y liant les complexes cycline-CDK mammaliens de G_1. En conséquence, les cellules dont l'ADN est endommagé sont arrêtées en G_1, ce qui donne le temps d'intervenir aux mécanismes de réparation de l'ADN, dont il sera question plus loin. Si la réparation réussit, les taux de p53 et de $p21^{CIP}$ chutent, et les cellules peuvent alors passer en phase S.

Quand le point de contrôle assuré par p53 en G_1 n'est pas opérationnel, l'ADN endommagé peut se répliquer et perpétuer ainsi les mutations et les réarrangements de l'ADN, altérations qui sont alors transmises aux cellules filles et qui augmentent la probabilité de transformation en cellules métastatiques. De plus, $p21^{CIP}$

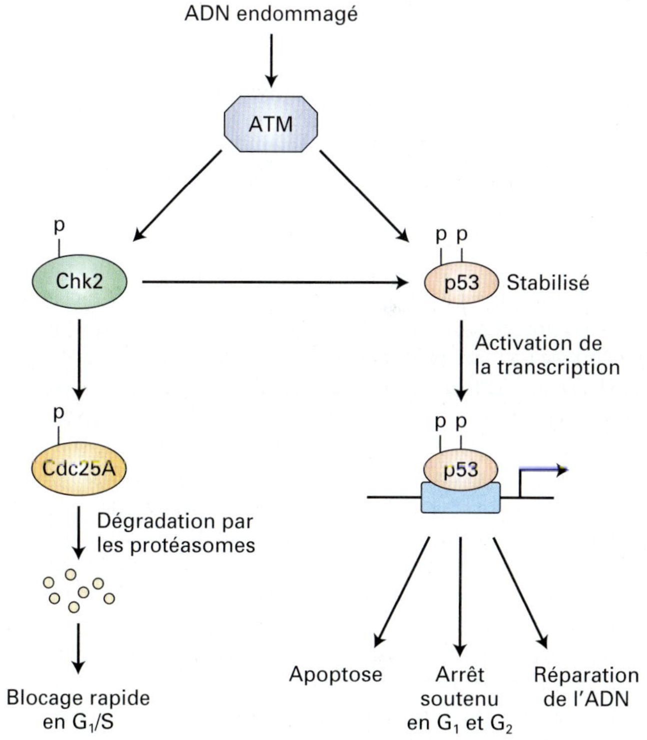

FIGURE 23-23 Arrêt en G_1 en réponse à des lésions de l'ADN. La kinase ATM est activée en réponse aux lésions de l'ADN causées par des agressions comme les rayons UV ou la chaleur. ATM activée ouvre alors deux voies menant à l'arrêt en G_1. La phosphorylation de p53 la stabilise, ce qui permet l'expression activée par p53 des gènes de protéines qui (1) causent l'arrêt en G_1 et dans certains cas en G_2, (2) induisent l'apoptose ou (3) participent à la réparation de l'ADN. Dans l'autre voie, Chk2 phosphorylé à son tour phosphoryle Cdc25A, le destinant à la dégradation et l'empêchant ainsi d'activer CDK2. Voir le texte pour plus de détails.

et deux autres protéines induites par p53 inhibent le complexe cycline B-CDK1 requis pour l'entrée en mitose, causant ainsi l'arrêt du cycle en G_2 (voir Figure 21-32 4d). p53 réprime également l'expression des gènes qui codent la cycline B et la topo-isomérase II, qui sont aussi nécessaires pour la transition $G_2 \rightarrow$ mitose. Donc, si l'ADN est endommagé à la suite de sa réplication, l'arrêt en G_2 induit par p53 préviendra sa transmission aux cellules filles.

La forme active de p53 est un tétramère fait de sous-unités identiques. Une mutation ponctuelle faux-sens dans un des deux allèles de *p53* dans une cellule peut supprimer tout activité de p53 puisque pratiquement tous les oligomères contiendront au moins une sous-unité défective ; de tels oligomères ne peuvent agir comme facteurs de transcription. Les mutations oncogènes de *p53* sont donc dominantes négatives, les mutations dans un seul allèle causant une perte de fonction. Comme nous l'avons appris au Chapitre 9, les mutations dominantes négatives peuvent survenir dans des protéines dont les formes actives sont multimériques ou dont la fonction dépend d'interactions avec d'autres protéines. Par contre, les mutations perte de fonction dans d'autres gènes suppresseurs de tumeur (e.g. *RB*) sont récessives car les protéines codées fonctionnent comme monomères et que la mutation d'un seul allèle a peu de conséquence fonctionnelle.

Dans des conditions de stress, la kinase ATM active aussi Chk2 par phosphorylation. Chk2 est une protéine kinase qui phosphoryle la protéine phosphatase Cdc25A et la marque ainsi en vue de sa destruction par la voie de l'ubiquitine. Cette phosphatase enlève le phosphate inhibiteur présent sur CDK2, une condition pour que les cellules entrent en phase S. Un abaissement du taux de Cdc25A bloque ainsi la progression du cycle vers et au-delà de la phase S (voir Figures 23-23 et 21-32, étape 4b). Les effets des mutations perte de fonction des gènes *ATM* ou *Chk2* sont très semblables à ceux des mutations de *p53*.

Une protéine appelée *Mdm2* maintient p53 dans un état peu actif. Quand elle est liée à p53, elle inhibe son activité de facteur de transcription et catalyse l'addition de molécules d'ubiquitine, ce qui adresse p53 aux protéasomes. La phosphorylation de p53 par ATM déplace Mdm2, ce qui stabilise p53. Puisque le gène *Mdm2* est lui-même transcrit par l'intervention de p53, Mdm2 participe à une boucle de rétrocontrôle, p53 empêchant ainsi que son activité ne devienne excessive. L'activité du gène *Mdm2* est amplifiée dans divers sarcomes et autres tumeurs humaines dans lesquelles le gène p53 est normal. Même si une protéine p53 fonctionnelle est produite par de telles tumeurs, les taux élevés de Mdm2 réduisent suffisamment la concentration de p53 pour empêcher l'arrêt en G_1 induit par p53 en réponse à une irradiation.

L'activité de p53 est aussi inhibée par une protéine du virus du papillome humain (HPV) appelée E6. HPV code trois protéines qui lui permettent d'induire la multiplication et la transformation de diverses cellules en culture. Deux de ces protéines, E6 et E7, inhibent respectivement les suppresseurs de tumeur p53 et Rb en s'y liant. Agissant ensemble, E6 et E7 suffisent à induire la transformation sans mutation des protéines cellulaires régulatrices. La protéine E5 de HPV, qui active de manière permanente le récepteur PDGF, accélère la prolifération des cellules transformées.

L'activité de p53 n'est pas limitée à l'induction de l'arrêt du cycle cellulaire. Cet agent suppresseur de tumeur aux fonctions multiples stimule la production de protéines pro-apoptotiques et des enzymes de réparation de l'ADN (voir Figure 23-23).

Les gènes apoptotiques peuvent jouer le rôle de proto-oncogènes ou de gènes suppresseurs de tumeur

Au cours du développement normal, de nombreuses cellules disparaissent par **mort cellulaire programmée** ou apoptose (voir Chapitre 22). De nombreuses anomalies, entre autres des erreurs dans la mitose, des lésions de l'ADN et un excès de cellules non requises pour le développement d'un organe fonctionnel, peuvent aussi déclencher l'apoptose. Dans certains cas, la mort cellulaire paraît être le processus par défaut, la cellule ne survivant que si elle reçoit les signaux adéquats. Comme les cellules peuvent être soumises à des instructions de survie ou de mort, un système régulateur complexe intégrant ces diverses informations est nécessaire.

Si les cellules ne meurent pas quand elles le devraient et continuent à proliférer, une tumeur se forme. C'est le cas par exemple de la leucémie lymphoïde chronique (LLC). Même si la plupart des cellules ne se divisent pas exagérément, elles s'accumulent lentement car elles ne meurent pas. Les cellules de LLC ont des translocations chromosomiques qui activent un gène appelé *bcl-2*, un inhibiteur puissant de l'apoptose (voir Figure 22-31). La surproduction inadéquate de la protéine Bcl-2 qui en résulte empêche l'apoptose normale et permet la survie de ces cellules tumorales. La LLC est donc attribuable à un défaut dans le processus menant à la mort cellulaire. Une douzaine de proto-oncogènes impliqués normalement dans la régulation négative de l'apoptose sont devenus oncogènes à la suite de mutations. La surproduction des protéines correspondantes évite l'apoptose alors qu'elle serait nécessaire pour s'opposer à la prolifération des cellules cancéreuses.

Inversement, les gènes dont les protéines stimulent l'apoptose se comportent comme des gènes suppresseurs de tumeur. Un exemple est le gène *PTEN* décrit dans le Chapitre 14. La phosphatase codée par ce gène déphosphoryle le phosphatidylinositol 3,4,5 triphosphate, un messager secondaire qui intervient dans l'activation de la protéine kinase B (voir Figure 14-27). Des cellules dépourvues de phosphatase PTEN contiennent des taux élevés de phosphatidylinositol 3,4,5 triphosphate et de protéine kinase B active, ce qui favorise la survie de la cellule et prévient l'apoptose par plusieurs voies. Donc, PTEN agit comme un agent suppresseur de tumeur en atténuant l'effet anti-apoptotique de la protéine kinase B.

Le gène suppresseur de tumeur pro-apoptotique le plus souvent impliqué dans les cancers humains est *p53*. Parmi les gènes activés par p53, on en trouve plusieurs qui codent des protéines pro-apoptotiques comme Bax (voir Figure 22-32). En cas de lésions étendues de l'ADN, l'expression de protéines pro-apoptotiques induite par p53 conduit rapidement les cellules à leur perte (voir Figure 23-23). Ce processus peut sembler une réponse drastique aux lésions de l'ADN, mais il évite ainsi la prolifération de cellules qui ont probablement accumulé de multiples mutations.

MÉDECINE Lorsque la fonction de p53 est perdue, l'induction de l'apoptose devient impossible et les mutations menant au cancer peuvent s'accumuler. Les tumeurs caractérisées par la perte de *p53* ou un autre gène nécessaire à l'apoptose sont difficiles à traiter par chimio- ou radiothérapie, puisque les dommages de l'ADN qui en résultent n'entraînent pas la mort cellulaire programmée. ▌

Des erreurs aux points de contrôle du cycle cellulaire peuvent causer l'aneuploïdie dans les cellules tumorales

On sait depuis longtemps que les anomalies chromosomiques sont fréquentes dans les cellules tumorales. Nous avons déjà rencontré plusieurs exemples d'oncogènes qui sont formés par translocation, amplification ou les deux (e.g. c-*myc*, *bcr-abl*, *bcl-2* et *cycline D1*). Une autre altération chromosomique caractéristique de presque toutes les cellules tumorales est l'**aneuploïdie**, la présence d'un nombre anormal, en général excessif, de chromosomes.

La présence d'un nombre anormal de chromosomes peut être dû à des erreurs commises à certains points de contrôle du cycle cellulaire. Comme décrit dans le Chapitre 21, le point de contrôle de l'ADN non répliqué ne permet l'entrée en mitose que si tous les chromosomes ont répliqué complètement leur ADN. Le point de contrôle de l'assemblage du fuseau bloque l'entrée en anaphase si tous les chromosomes répliqués ne se sont pas attachés correctement à l'appareil mitotique de la métaphase. Et le point de contrôle de ségrégation chromosomique empêche la sortie de mitose et la cytocinèse si les chromosomes ségrégent incorrectement (voir Figure 21-32, étapes 1-3). Avec les progrès dans l'identification des protéines qui détectent ces anomalies et qui interviennent dans l'arrêt du cycle cellulaire, on va comprendre de mieux en mieux les bases moléculaires des défauts fonctionnels menant à l'aneuploïdie dans les cellules tumorales.

CONCEPTS CLÉS DE LA SECTION 23.5

Mutations en cause dans la perte de contrôle de la prolifération et du cycle cellulaire

- La perte de signalisation par le TGFβ, un régulateur inhibiteur de croissance, favorise la prolifération cellulaire et le développement néoplasique (voir Figure 23-20).
- La surexpression du proto-oncogène codant la cycline D1 ou la perte des gènes suppresseurs de tumeur codant p16 et Rb peuvent forcer le passage à travers le point de restriction situé à la fin de G_1. De telles anomalies sont fréquentes dans les tumeurs humaines.
- La protéine p53 protège contre la cancérisation par divers mécanismes : elle arrête le cycle cellulaire en G_1 et G_2, favorise l'apoptose et la réparation de l'ADN endommagé (voir Figure 23-23). Des mutations perte de fonction dans le gène p53 surviennent dans plus de 50 % des cancers humains.
- La protéine Mdm2, qui inhibe normalement l'activité de p53, est produite en excès dans plusieurs cancers (e.g. les sarcomes) qui expriment une protéine p53 normale.
- Le virus HPV (*human papilloma virus*) code trois protéines oncogènes : E6 (inhibitrice de p53), E7 (inhibitrice de Rb) et E5 (activatrice du récepteur de PDGF).
- Des mutations affectant le complexe de remodelage de la chromatine, Swi/Snf, qui participe au contrôle de la transcription, sont associées à diverses tumeurs. Dans certains cas, l'interaction du complexe Swi/Snf avec une protéine nucléaire inhibitrice de tumeur peut réprimer l'expression génique.
- La surproduction de protéines anti-apoptotiques (e.g. Bcl-2) peut conduire à la survie inappropriée de la cellule. C'est le cas dans la leucémie lymphoïde chronique (LLC) et divers autres cancers. La perte de protéines inductrices d'apoptose (e.g. le facteur de transcription p53 et la phosphatase PTEN) a un effet oncogène similaire.
- La plupart des cellules tumorales humaines sont aneuploïdes, c'est-à-dire contiennent un nombre anormal (en général un excès) de chromosomes. Elle est due à des erreurs aux points de contrôle du cycle cellulaire qui normalement détectent l'ADN non répliqué, un assemblage incorrect du fuseau ou une ségrégation chromosomique anormale.

23.5 Le rôle des agents cancérigènes et de la réparation de l'ADN dans le cancer

Dans cette dernière section, nous examinerons comment des altérations du génome aboutissant au cancer surviennent et comment les cellules essaient de les corriger. Les lésions de l'ADN sont inévitables ; les causes peuvent être un clivage spontané des liaisons chimiques ou l'effet de substances génotoxiques de l'environnement, de certains dérivés chimiques du métabolisme cellulaire normal ou d'agents de l'environnement comme les rayons ultraviolets ou ionisants. Les changements dans la séquence de l'ADN peuvent aussi résulter de fautes de copie introduites par les ADN polymérases durant la réplication et par des erreurs commises quand l'ADN polymérase essaie de lire la matrice nucléique endommagée. Si les modifications dans la séquence d'ADN, quelle qu'en soit la cause ou la nature, ne sont pas corrigées, des cellules somatiques en prolifération ou au repos peuvent accumuler un tel nombre de mutations qu'elles ne peuvent plus fonctionner correctement. De plus, l'ADN dans les cellules germinales pourrait subir de trop nombreuses mutations pour que la progéniture soit viable. Aussi, la prévention des erreurs de séquence dans l'ADN de tous les types cellulaires est capitale pour la survie, et plusieurs mécanismes cellulaires pour réparer l'ADN endommagé et corriger les erreurs de séquence se sont développés au cours de l'évolution.

Comme nous l'avons vu, les altérations de l'ADN qui réduisent la production de protéines suppressives de tumeur ou augmentent la production ou l'activation d'oncoprotéines constituent les fondements de la plupart des cancers. Ces mutations oncogènes touchant les gènes régulateurs de la croissance et du cycle cellulaire consistent en insertions, délétions et mutations ponctuelles, mais aussi en amplifications et translocations chromosomiques. La plupart des cellules cancéreuses ont perdu un ou plusieurs systèmes de réparation de l'ADN, ce qui peut expliquer le grand nombre de mutations qu'elles accumulent. De plus, certains mécanismes de réparation sont eux-mêmes coupables d'erreurs dans la séquence nucléotidique ; cette réparation erratique peut contribuer aussi à l'oncogenèse. L'incapacité des cellules tumorales de maintenir l'intégrité génomique conduit à la formation d'une population hétérogène de cellules malignes. Pour cette raison, la chimiothérapie dirigée vers un seul gène ou même un groupe de gènes ne pourra probablement pas éliminer toutes les cellules malignes. Cette difficulté augmente l'intérêt des thérapies qui interfèrent avec l'apport sanguin aux tumeurs ou qui, par d'autres moyens, agissent sur plusieurs types de cellules tumorales.

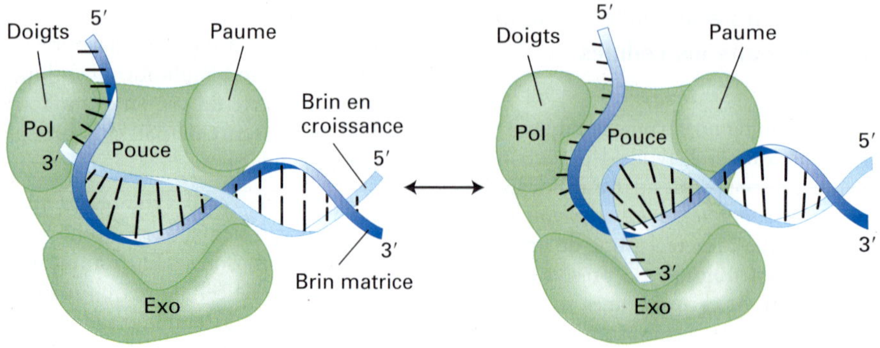

FIGURE 23-24 Modèle schématique de la fonction correction d'épreuves par les ADN polymérases. Toutes les ADN polymérases ont une structure tridimensionnelle semblable, qui ressemble à une main droite à moitié ouverte. Les « doigts » lient le segment simple brin de la séquence matricielle, et l'activité polymérasique (pol) s'exerce à la jonction entre les doigts et la paume. Tant que les nucléotides corrects sont ajoutés à l'extrémité 3′ du brin en croissance, celui-ci reste dans le site de la polymérase. L'incorporation d'une base incorrecte à l'extrémité 3′ cause la fusion du nouveau bout du duplex. En conséquence, la polymérase s'arrête et l'extrémité 3′ du brin en croissance est transférée vers le site de l'exonucléase 3′→5′ (Exo) distant d'environ 3 nm, où la base mésappariée et probablement d'autres bases sont enlevées. Ultérieurement, l'extrémité 3′ bascule et revient dans le site de la polymérase, et l'élongation reprend. [Adapté de C. M. Joyce et T. T. Steitz, 1995, *J. Bacteriol.* **177** :6321, et S. Bell et T. Baker, 1998, *Cell* **92** :295.]

Les ADN polymérases commettent des erreurs de copie, mais peuvent les corriger

La première ligne de défense dans la prévention des mutations est l'ADN polymérase elle-même. Quand, au cours de la réplication, les ADN polymérases progressent le long de la matrice nucléique, occasionnellement un nucléotide est ajouté erronément au bout 3' en croissance du brin fils (voir Figure 4-34). Par exemple, les ADN polymérases d'*E. coli* introduisent environ 1 nucléotide incorrectement pour 10^4 nucléotides polymérisés, alors que si l'on recherche le taux effectif de mutations dans les bactéries, il est nettement plus bas : environ 1 erreur parmi 10^9 nucléotides incorporés dans le brin en croissance. Cette précision remarquable est due largement à la *correction d'épreuves* par les ADN polymérases d'*E. coli*.

La correction d'épreuves dépend de l'activité de la 3'→5' exonucléase de certaines ADN polymérases. Lorsqu'une base incorrecte est incorporée au cours de la synthèse de l'ADN, la polymérase fait une pause, puis transfère le bout 3' de la chaîne en croissance dans le site de l'exonucléase, où la base mal appariée est enlevée (Figure 23-24). Ensuite, le bout 3' est transféré au site de la polymérase, où cette région est copiée correctement. Les trois ADN polymérases d'*E. coli* exercent une activité de correction d'épreuves, comme le font les deux ADN polymérases, δ et ε, utilisées pour la réplication de l'ADN dans les cellules animales. Il semble probable que la correction d'épreuves soit indispensable pour toutes les cellules afin d'éviter un excès de mutations.

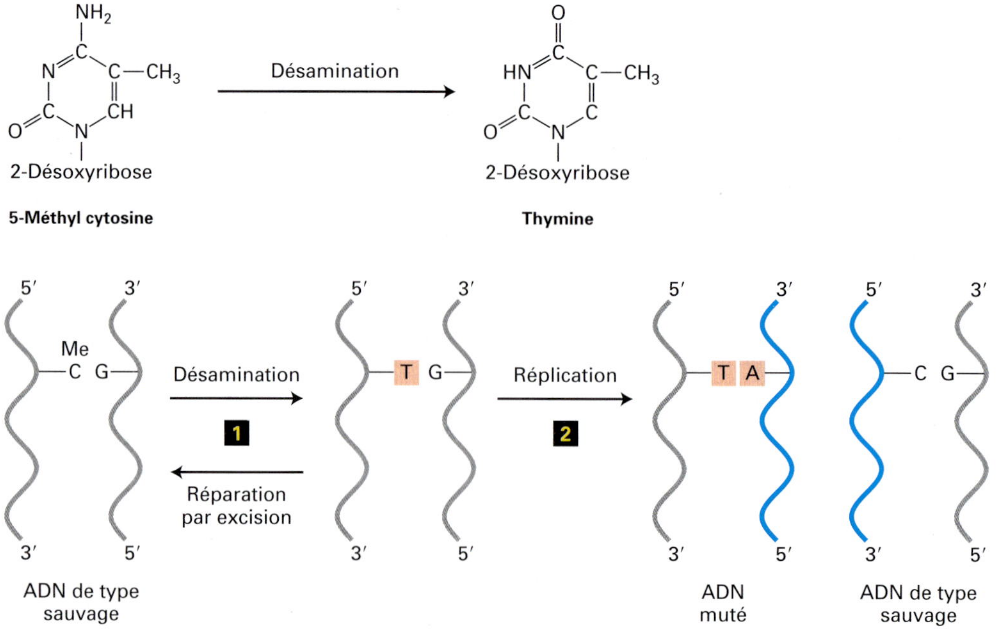

FIGURE 23-25 Formation d'une mutation ponctuelle spontanée par désamination de la 5-méthyl cytosine (C) pour former une thymine (T). Si la paire de bases T · G qui en résulte n'est pas corrigée et n'est pas ramenée à la paire C · G normale par les mécanismes de réparation par excision de base (**1**), on aboutira à une altération permanente de la séquence après réplication de l'ADN, c'est-à-dire une mutation (**2**). Après un round de réplication, une molécule fille d'ADN contiendra la paire de bases mutée T · A et l'autre aura la paire de bases de type sauvage C · G.

Une agression chimique de l'ADN peut causer des mutations

L'ADN est soumis à une agression chimique permanente ; on estime que le nombre de dommages causés à l'ADN dans une seule cellule humaine serait de 10^4 à 10^6 par jour ! Même si l'ADN n'était pas exposé à des agents chimiques nocifs, il est intrinsèquement instable. Par exemple, la liaison connectant une base purique au désoxyribose s'hydrolyse facilement, ce qui sépare ainsi le sucre de sa base. L'information codée est ainsi perdue, ce qui peut entraîner une mutation au cours de la réplication de l'ADN. Des réactions cellulaires normales comme le mouvement des électrons au long de leur chaîne de transport dans les mitochondries et l'oxydation des lipides dans les peroxysomes produisent des agents chimiques, entre autres des radicaux hydroxyles et superoxydes ($O_2^{\bullet}$), qui réagissent avec l'ADN et l'altèrent, ce qui peut causer des mutations dont certaines mènent au cancer.

De nombreuses mutations spontanées sont **ponctuelles**, ce qui implique un changement dans une seule paire de bases dans la séquence d'ADN. Une des mutations ponctuelles les plus fréquentes provient de la *désamination* d'une cytosine (C), qui convertit cette base en uracile (U). De plus, la base 5-méthyl cytosine fréquemment modifiée forme de la thymidine quand elle est désaminée. Si ces altérations ne sont pas corrigées avant la réplication de l'ADN, la cellule utilisera le brin contenant U ou T comme matrice pour former une paire de bases U•A ou T•A, créant ainsi un changement permanent dans la séquence d'ADN (Figure 23-25).

Certains cancers sont liés à des carcinogènes spécifiques

Des études chez l'animal ont associé très tôt le cancer à certains agents chimiques de l'environnement. L'expérience classique consiste à badigeonner de manière répétée le dos d'une souris avec la substance à tester et de suivre le développement éventuel de tumeurs locales ou systémiques. La capacité des rayons ionisants de causer un cancer chez l'homme, en particulier la leucémie, a été tragiquement démontrée par la fréquence de cette maladie parmi les survivants des bombardements atomiques durant la seconde guerre mondiale et plus récemment par l'augmentation de la fréquence du mélanome (cancer de la peau) chez les individus qui s'exposent trop aux rayons UV du soleil.

L'activité cancérigène de ces agents chimiques ou physiques peut être attribuée au dommage causé à l'ADN et aux erreurs introduites dans sa séquence à la suite des essais de réparation de ces dégâts par la cellule. Tous les cancérigènes sont donc des **mutagènes**. À ce propos, l'indication la plus convaincante est l'effet que l'ADN cellulaire altéré par exposition des cellules à des carcinogènes exerce sur des cellules en culture, par exemple les cellules 3T3 ; celles-ci se mettent à proliférer rapidement comme s'il s'agissait de cellules cancéreuses (voir Figure 23-4). L'effet mutagène des carcinogènes est proportionnel grosso modo à leur capacité de transformer des cellules et d'induire le cancer chez l'animal.

Bien que les substances identifiées comme carcinogènes aient des structures très variées sans caractéristiques communes évidentes, on peut les classer en deux catégories générales. Les *carcinogènes à action directe*, qui sont peu nombreux, ont un caractère électrophile, c'est-à-dire qu'ils sont avides de charges négatives et réagissent avec celles qu'ils trouvent dans les autres molécules. En se liant chimiquement aux atomes d'azote et d'oxygène de l'ADN, ils peuvent modifier les bases nucléiques et altérer ainsi leur appariement. Si ces nucléotides modifiés ne sont pas réparés, ils permettent l'incorporation d'un nucléotide incorrect au cours de la réplication. Ce type de carcinogènes comprend le méthane sulfonate d'éthyle (EMS), le diméthylsulfate (DMS) et les moutardes azotées.

Par contre, les *carcinogènes à action indirecte* sont en général des substances insolubles dans l'eau et non réactionnelles qui peuvent devenir de puissants inducteurs de cancer après l'introduction de centres électrophiles. Chez l'animal, les *enzymes cytochromes P-450* localisées dans le réticulum endoplasmique des cellules hépatiques ajoutent normalement des centres électrophiles aux produits chimiques étrangers non polaires comme certains insecticides et médicaments afin de les solubiliser et de les éliminer ainsi de l'organisme. Mais, les enzymes P-450 peuvent aussi transformer en agents cancérigènes des molécules qui au départ sont inoffensives.

Bien que les carcinogènes chimiques constituent, croit-on, des facteurs prédisposant à de nombreux cancers humains, un lien direct avec des cancers particuliers n'a pu être établi que dans peu de cas, le plus important étant le cancer du poumon. Des études épidémiologiques ont d'abord indiqué que la cigarette en était la cause principale, mais le mécanisme est resté inconnu jusqu'à la découverte que 60 % des cancers pulmonaires humains contiennent des mutations qui inactivent le gène *p53*. Le *benzo(a)pyrène* (Figure 23-26), trouvé dans la fumée de cigarette, subit une activation métabolique dans le foie pour devenir un puissant mutagène qui cause surtout la conversion de la guanine (G) en thymine (T), une mutation par transversion. Lorsqu'il est appliqué à des cellules épithéliales bronchiques en culture, le benzo(*a*)pyrène activé induit

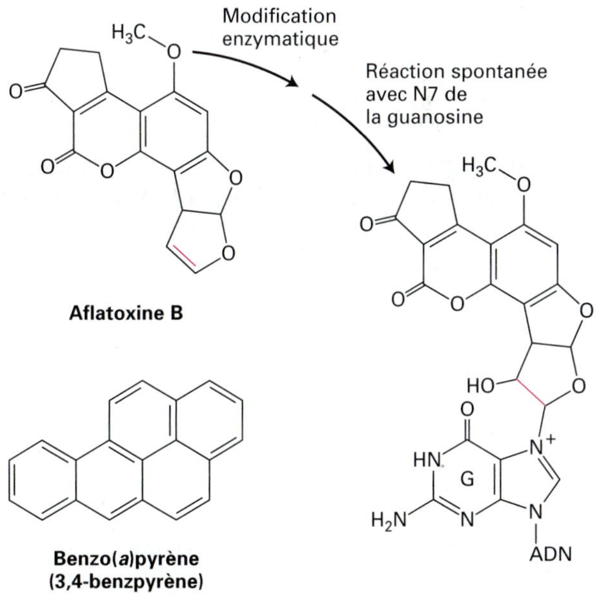

FIGURE 23-26 Deux carcinogènes chimiques causes de mutations dans p53. Comme tous les carcinogènes agissant indirectement, le benzo(*a*)pyrène et l'aflatoxine doivent subir une modification sous l'effet d'une enzyme avant qu'ils ne puissent réagir avec l'ADN. Dans l'aflatoxine, la double liaison colorée réagit avec un atome d'oxygène, la rendant ainsi capable de réagir avec l'atome N-7 de la guanosine de l'ADN, formant de la sorte une grande molécule massive. Les deux substances mutent le gène suppresseur de tumeur p53 et sont des facteurs de risque pour le cancer humain.

des mutations dans les codons 175, 248 et 273 du gène *p53* qui est ainsi rendu inactif. Ces positions sont également les plus souvent touchées par les mutations observées dans le cancer pulmonaire humain (voir Figure 23-22). Il existe donc une corrélation étroite entre le cancer humain et un carcinogène chimique défini de la fumée de cigarette ; celle-ci contient probablement d'autres agents chimiques qui induisent des mutations dans d'autres gènes. Autre exemple : l'exposition à l'asbeste est clairement liée au mésothéliome, un type de cancer épithélial.

Le cancer pulmonaire n'est pas seulement la tumeur humaine pour laquelle un facteur de risque évident a été identifié. L'*aflatoxine*, un métabolite fongique trouvé dans les graines moisies, induit le cancer du foie (voir Figure 23-26). Après modification chimique par les enzymes hépatiques, l'aflatoxine se lie aux résidus G de l'ADN et induit la transversion G en T. Elle cause aussi une mutation dans le gène *p53*. L'exposition à d'autres agents chimiques a été corrélée avec d'autres cancers plus rares, mais nous manquons encore en général d'indications solides concernant les facteurs de risque alimentaires ou environnementaux qui nous aideraient à éviter des cancers fréquents comme ceux du sein, du côlon de la prostate et les leucémies.

La perte des systèmes fiables de réparation de l'ADN par excision peut mener au cancer

En plus de la correction d'épreuves, les cellules disposent de systèmes de réparation pour éviter les mutations dues aux fautes de copie et à l'exposition aux mutagènes. Plusieurs **systèmes de réparation par excision** qui opèrent normalement avec un haut degré de précision ont été bien étudiés. En combinant génétique et biochimie, on a élucidé leurs modes d'action chez *E. coli*. Des homologues d'importantes protéines bactériennes existent chez les eucaryotes tant chez la levure que chez l'homme, ce qui indique que des mécanismes fiables sont apparus tôt au cours de l'évolution pour protéger l'intégrité de l'ADN. Chacun fonctionne de la même manière : un segment du brin endommagé de l'ADN est excisé, puis la brèche est comblée par une ADN polymérase et une ligase, qui utilisent le brin complémentaire de l'ADN comme matrice.

La perte de ces systèmes s'accompagne d'un risque accru de cancer. Par exemple, les sujets qui héritent de mutations dans les gènes qui codent une protéine critique impliquée dans les systèmes de réparation des mésappariements ou de réparation par excision ont une probabilité fortement accrue de développer certains cancers (Tableau 23-1). Ne pouvant réparer leur ADN, les patients atteints de xeroderma pigmentosum ou de cancer colorectal héréditaire sans polypose accumulent des mutations dans de nombreux autres gènes, y compris ceux qui jouent un rôle critique dans le contrôle de la croissance et la prolifération des cellules.

Nous allons nous intéresser maintenant à certains des mécanismes de réparation, aussi bien ceux qui corrigent des mutations limitées à une seule base que ceux qui réparent les ruptures des deux brins d'ADN. Certains sont très précis dans leur travail, d'autres le sont moins.

TABLEAU 23-1 Quelques maladies humaines héréditaires et cancers associés à des déficiences dans la réparation de l'ADN

Maladie	Système de réparation de l'ADN affecté	Sensibilité	Susceptibilité au cancer	Symptômes
PRÉVENTION DES MUTATIONS PONCTUELLES, PAR INSERTION OU PAR DÉLÉTION				
Cancer colorectal sans polypose	Réparation des mésappariements de l'ADN	Irradiation UV, mutagènes chimiques	Côlon, ovaire	Développement précoce de tumeurs
Xeroderma pigmentosum	Réparation par excision de nucléotide	Irradiation UV, mutations ponctuelles	Carcinomes cutanés, mélanomes	Photosensibilité cutanée et oculaire, kératoses
RÉPARATION DES CASSURES DOUBLE BRIN				
Syndrome de Bloom	Réparation des cassures double brin par recombinaison homologue	Agents faiblement alkylants	Carcinomes, leucémies, lymphomes	Photosensibilité, télangiectasies faciales, altérations chromosomiques
Anémie de Fanconi	Réparation des cassures double brin par recombinaison homologue	Agents d'interconnexion, agents chimiques oxydants	Leucémie myéloïde aiguë, épithéliomas	Anomalies de développement, entre autres stérilité, déformations squelettiques ; anémie
Cancer mammaire héréditaire, déficience en BRCA-1 et BRCA-2	Réparation des cassures double brin par recombinaison homologue		Cancer mammaire et ovarien	Cancer mammaire et ovarien

SOURCES : Adapté de A. Kornberg et T. Baker, 1992, *DNA replication*, 2e éd., W. H. Freeman and Company, p. 788 ; J. Hoeijmakers, 2001, *Nature* **411**:366 ; Thompson et D. Schild, 2002, *Mutation Res.* **509**:49.

L'excision d'une base sert à réparer des bases endommagées et les mésappariements d'une seule base

Chez l'homme, le type le plus fréquent de mutation ponctuelle est le remplacement d'un C par T, ce qui survient à la suite de la désamination de 5-méthyl C en T (voir Figure 23-25). Le problème conceptuel que soulève la réparation d'une base par excision est de reconnaître le brin normal et le brin muté, et de réparer ce dernier de telle manière qu'il s'apparie correctement avec le brin normal. Mais, puisqu'un mésappariement G•T est presque invariablement causé par la conversion chimique de C en U ou de 5 –méthyl C en T, le système de réparation « sait » qu'il doit enlever le T et le remplacer par un C. Le mésappariement G•T est reconnu par une ADN glycosylase qui pousse la thymidine hors de l'hélice et hydrolyse ensuite la liaison qui connecte la base à l'axe sucre-phosphate. À la suite de cette première incision, le segment du brin endommagé contenant le désoxyribose sans base est excisé par une AP endonucléase qui coupe le brin d'ADN près du site dépourvu de base. Ensuite, une ADN polymérase et une ADN ligase viennent combler la brèche du brin endommagé, ce qui restaure la paire de bases G•C originale.

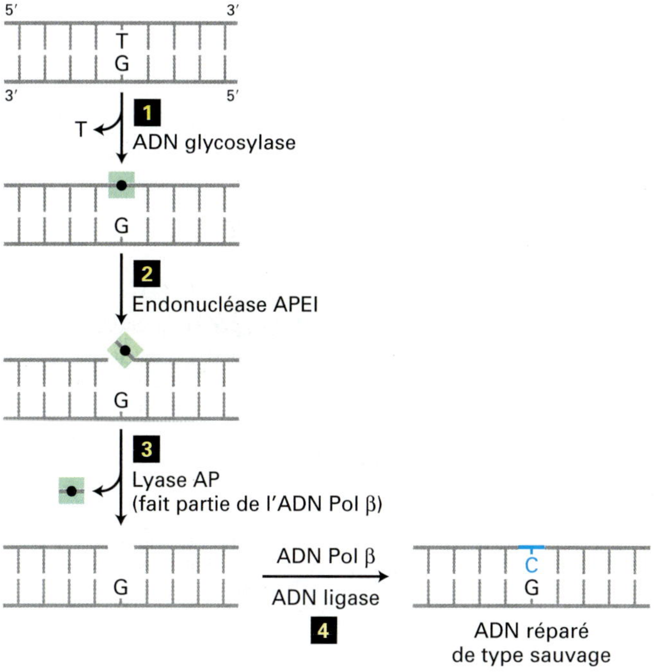

FIGURE 23-27 Réparation par excision de base d'un mésappariement G•T. Une ADN glycosylase spécifique des mésappariements G• T, habituellement formés par désamination des résidus 5-méthyl C (voir Figure 23-25), bascule la thymine hors de l'hélice et la détache de l'axe sucre-phosphate de l'ADN (étape **1**), laissant le désoxyribose seul (point noir). Une endonucléase spécifique du site dépourvu de base coupe alors l'axe de l'ADN (étape **2**) et le désoxyribose phosphate est enlevé par une endonucléase associée à l'ADN polymérase β (étape **3**). La brèche est alors comblée par l'ADN Pol β, la ligature étant assurée par l'ADN ligase (étape **4**). La paire de bases originale G · C est ainsi restaurée. [D'après O. Schärer, 2003, *Angew Chem Int Ed Engl.* **42** :2946.]

Les cellules humaines contiennent une batterie de glycosylases, chacune étant spécifique d'une série différente de bases nucléiques chimiquement modifiées. Par exemple, l'une enlève la 8-oxyguanine, une forme oxydée de G et permet ainsi son remplacement par une guanine intacte ; d'autres enlèvent des bases modifiées par des agents alkylants. Par un processus similaire à celui de la Figure 23-27, la base modifiée est clivée (étape 1), puis le brin endommagé est réparé par les enzymes intervenant dans les étapes de 2 à 4. Un mécanisme similaire répare les dommages résultant de la *dépurination*, la perte d'une guanine ou d'une adénine de l'ADN résultant de l'hydrolyse de la liaison glycosylique entre le désoxyribose et la base. La dépurination, qui survient spontanément, est assez fréquente chez les mammifères. Les sites dépourvus de base, s'ils ne sont pas réparés, génèrent des mutations au cours de la réplication de l'ADN puisqu'ils ne peuvent spécifier la base adéquate pour l'appariement.

La perte du système de réparation des mésappariements par excision mène au cancer du côlon et à d'autres cancers

Un autre processus, présent aussi bien chez les bactéries que chez l'homme, élimine principalement les mésappariements des paires de bases, les délétions et les insertions que les polymérases introduisent accidentellement au cours de la réplication. Comme pour la réparation des bases par excision d'un T dans un mésappariement T•G, le problème conceptuel que soulève la réparation par excision d'un mésappariement est de déterminer quel est le brin nucléique normal et quel est celui qui est muté et qu'il faut corriger. Comment cela se réalise dans les cellules humaines n'est pas connu avec certitude. On pense que les protéines qui se lient au segment mésapparié de l'ADN distinguent le brin matrice et le brin fils ; ensuite, le segment mésapparié du brin fils, celui qui contient l'erreur, est excisé et réparé pour être le complément exact du brin matrice (Figure 23-28).

Le cancer colorectal héréditaire sans polypose, qui dépend d'une prédisposition génétique fréquente au cancer, résulte d'une mutation perte de fonction dans un des allèles du gène *MLH1* ou *MLH2 ;* les protéines MLH1 et MLH2 sont essentielles pour la réparation des mésappariements de l'ADN (voir Figure 23-28). Les cellules avec au moins une copie fonctionnelle de chacun de ces gènes sont capables de réparer normalement les mésappariements. Cependant, les cellules tumorales dérivent fréquemment des cellules qui ont subi une mutation somatique dans le second allèle et ont ainsi perdu leur système de réparation. Des mutations somatiques inactivant ces gènes sont également fréquentes dans les formes non héritées du cancer du côlon.

Un gène fréquemment muté dans les cancers du côlon à cause de l'absence de réparation des mésappariements code le récepteur de type II pour le TGFβ (voir Figure 23-20 et Chapitre 14). Le gène codant ce récepteur contient une séquence de 10 adénines successives. À la suite d'un « dérapage » de l'ADN polymérase au cours de la réplication, cette séquence subit souvent une mutation qui aboutit à une séquence de 9 ou 11 adénines. Si la mutation n'est pas réparée par le système de réparation des mésappariements, le décalage du cadre de lecture qui en résulte dans la séquence codant la protéine abolit la production du récepteur normal. Comme dit précédemment, de telles mutations permettent aux cellules de résister à l'inhibition de croissance par le TGFβ, ce qui contribue à la

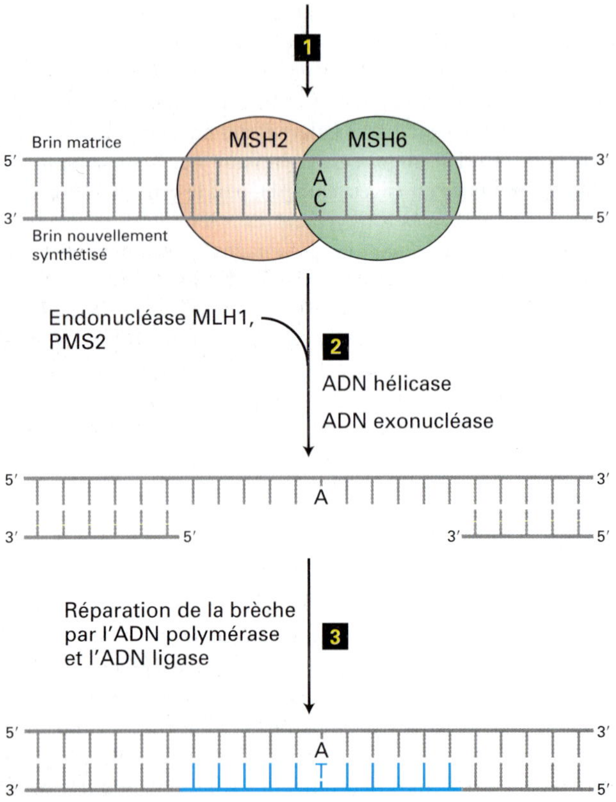

FIGURE 23-28 Réparation par excision d'un mésappariement d'ADN venant d'être répliqué dans les cellules humaines. Un complexe des protéines MSH2 et MSH6 se lie au segment mésapparié de l'ADN de manière à distinguer le brin matrice du brin fils (étape **1**), ce qui déclenche la liaison de l'endonucléase MLH1, ainsi que d'autres protéines comme PMS2, qui a été impliquée dans l'oncogenèse par mutations liées à la réparation des mésappariements, bien que sa fonction spécifique ne soit pas claire. Une ADN hélicase déroule l'hélice et le brin fils est coupé ; une exonucléase enlève alors plusieurs nucléotides, y compris la base mésappariée (étape **2**). Finalement, comme pour la réparation par excision de base, la brèche est comblée par une ADN polymérase (Pol δ dans ce cas) et la ligature effectuée par l'ADN ligase (étape **3**).

croissance excessive caractéristique de ces tumeurs. Cette observation montre l'importance de la réparation des mésappariements dans la correction des lésions génétiques qui autrement conduiraient à une prolifération cellulaire incontrôlée.

L'étude du xeroderma pigmentosum, une prédisposition héréditaire aux cancers de la peau, a permis d'élucider le mécanisme de réparation par excision de nucléotides

Les cellules recourent à l'excision de nucléotide pour réparer les régions de l'ADN contenant des bases modifiées chimiquement, souvent appelées des adduits chimiques, qui déforment localement la disposition normale de l'ADN. Ce type de réparation est rendu possible par la capacité de certaines protéines de glisser le long de la surface d'une molécule d'ADN double brin et de détecter les bombements ou autres irrégularités dans la conformation de la double hélice. Par exemple, ce mécanisme répare les dimères thymine-thymine, un type fréquent de lésion causé par les UV (Figure 23-29) ; ces dimères interfèrent avec la réplication et la transcription de l'ADN. La réparation par excision de nucléotides peut corriger aussi les régions de l'ADN qui contiennent des bases altérées par l'attachement covalent de carcinogènes comme le benzo(*a*)pyrène ou l'aflatoxine (voir Figure 23-26), les deux causant des transversions G en T.

La Figure 23-30 illustre comment le système de réparation par excision corrige l'ADN endommagé. Quelque 30 protéines sont impliquées dans le processus de réparation ; les premières furent identifiées par l'étude des défauts de réparation de l'ADN dans des cellules en culture provenant de sujets atteints de xeroderma pigmentosum, une maladie héréditaire prédisposant au cancer. Ces patients développent fréquemment des cancers cutanés comme les mélanomes et les épithéliomas baso- et spinocellulaires quand leur peau est exposée aux rayons UV du soleil. Le défaut se situe dans le système de réparation par excision de nucléotides. Des mutations dans un gène appartenant à un groupe d'au moins sept gènes différents, dont la dénomination va de *XP-A* à *XP-G*, inactivent ce système de réparation et causent le xeroderma pigmentosum ;

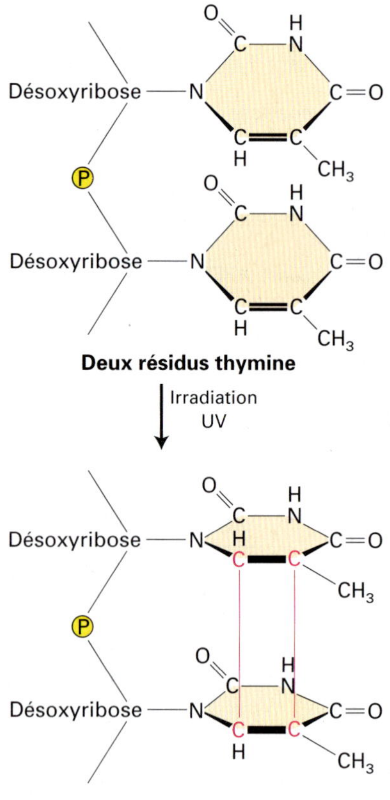

FIGURE 23-29 Formation des dimères thymine-thymine. La formation des dimères thymine-thymine est la lésion de l'ADN la plus fréquente causée par les rayons UV. Elle peut être corrigée par le mécanisme de réparation excision.

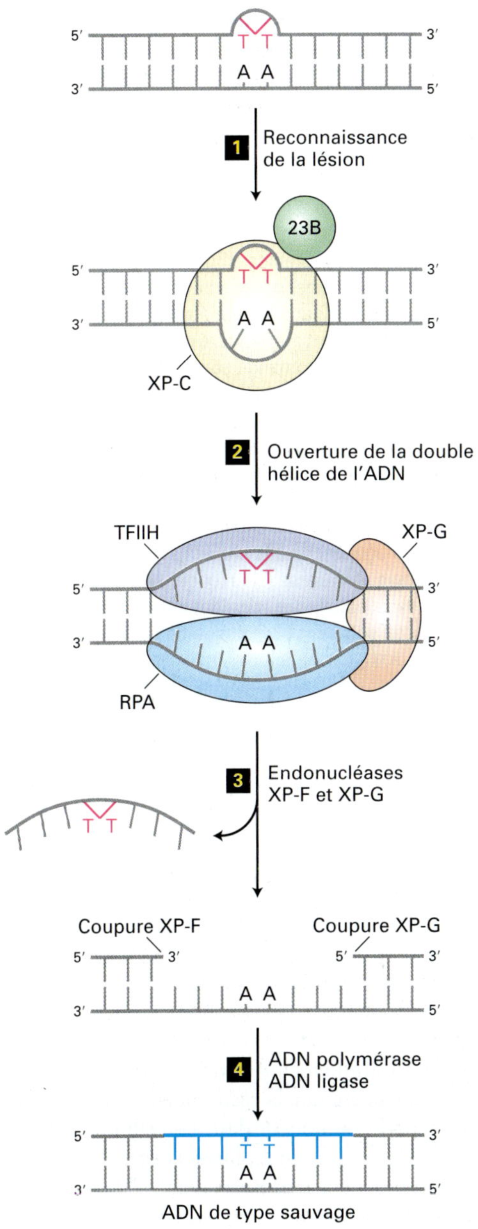

FIGURE 23-30 Réparation par excision de nucléotides dans les cellules humaines. Une lésion de l'ADN qui cause une distorsion de la double hélice, comme le fait un dimère de thymine, est d'abord reconnue par un complexe de la protéine XP-C (protéine C de *x*eroderma *p*igmentosum) et les protéines 23B (étape **1**). Ce complexe recrute alors le facteur de transcription TFIIH, dont les sous-unités à activité d'hélicase déroulent partiellement la double hélice en utilisant l'énergie fournie par l'hydrolyse de l'ATP. Les protéines XP-G et RPA se lient alors au complexe et déroulent davantage l'hélice tout en la stabilisant jusqu'à la formation d'une bulle de ≈25 bases (étape **2**). Alors XP-G (agissant comme une endonucléase) et XP-F, une seconde endonucléase, coupent le brin endommagé en des points distants de 24-32 bases de chaque côté de la lésion (étape **3**), ce qui libère le fragment contenant les bases endommagées. Celui-ci est alors dégradé en mononucléotides. Finalement la brèche est comblée par l'ADN polymérase exactement comme au cours de la réplication de l'ADN (Chapitre **4**). [Adapté de J. Hoeijmakers, 2001, *Nature* **411** :366 et O. Schärer, 2003, *Angew Chem Int Ed Engl.* **42** :2946.]

toutes produisent le même phénotype et ont les mêmes conséquences. Les rôles de la plupart de ces protéines XP dans la réparation par excision de nucléotides sont maintenant bien compris (voir Figure 23-30).

Il faut noter que cinq sous-unités polypeptidiques de TFIIH, un facteur de transcription général, sont requises pour la réparation par excision de nucléotides dans les cellules eucaryotes ; parmi celles-ci deux ont des homologies avec les hélicases (Figure 23-30). Au cours de la transcription, l'activité d'hélicase de TFIIH déroule l'hélice d'ADN au site de départ, permettant à l'ARN polymérase II de commencer (voir Figure 11-27). Il apparaît donc que la nature a eu recours à un assemblage protéique similaire pour deux processus cellulaires différents qui requièrent une activité d'hélicase.

L'usage de sous-unités partagées dans la transcription et la réparation de l'ADN pourrait expliquer pourquoi les lésions de l'ADN chez les eucaryotes supérieurs sont réparées dans les régions du génome qui sont transcrites beaucoup plus rapidement que dans les régions non transcrites, ce que l'on appelle la réparation couplée à la transcription. Puisqu'une fraction mineure du génome est transcrite dans toute cellule des eucaryotes supérieurs, la réparation couplée à la transcription dirige de manière efficace les essais de réparation vers les régions les plus critiques. Dans ce système, si l'ARN polymérase reste bloquée à une lésion de l'ADN (e.g. un dimère thymine-thymine), une petite protéine, CSB, est recrutée auprès de l'ARN polymérase ; ceci déclenche l'ouverture de l'hélice d'ADN à ce point, le recrutement de TFIIH, et les réactions des étapes 2 à 4 de la Figure 23-30.

Deux systèmes réparent les cassures des deux brins de l'ADN

Les rayons ionisants et certains médicaments anticancéreux (e.g. bléomycine) rompent les deux brins de l'ADN. Lors d'un tel accident, la coupure survient habituellement à plusieurs endroits. Il s'agit là de lésions très graves car un rétablissement incorrect des connexions des doubles brins d'ADN peut aboutir à des réarrangements et translocations chromosomiques qui créent un gène hybride ou qui transfèrent un gène régulateur de la croissance sous le contrôle d'un promoteur différent. Les ruptures des deux brins surviennent facilement durant le réarrangement des gènes d'immunoglobulines ou des récepteurs T dans les cellules B et T, ce qui explique pourquoi ces locus sont souvent impliqués dans les leucémies et les lymphomes.

Pour réparer les ruptures des deux brins, la nature a développé deux systèmes, la *recombinaison homologue* et la *ligature des extrémités de l'ADN*. Le premier est appliqué pendant et après la réplication de l'ADN, quand la chromatide sœur est disponible pour servir de matrice pour la réparation du brin endommagé ; la recombinaison homologue est très fiable, alors que le mécanisme alternatif, la jonction des bouts d'ADN, l'est nettement moins, puisque plusieurs nucléotides sont invariablement perdus au point de réparation. Celui-ci et d'autres systèmes de réparation sensibles aux erreurs sont, pense-t-on, impliqués dans la plupart (si pas dans tous) des effets carcinogènes des agents chimiques et des radiations.

Réparation fidèle par recombinaison homologue Les levures peuvent réparer des cassures double brin induites par les rayons γ. L'isolement et l'analyse des mutants sensibles aux radiations (*RAD*) et dont le mode de réparation par recombinaison homologue est

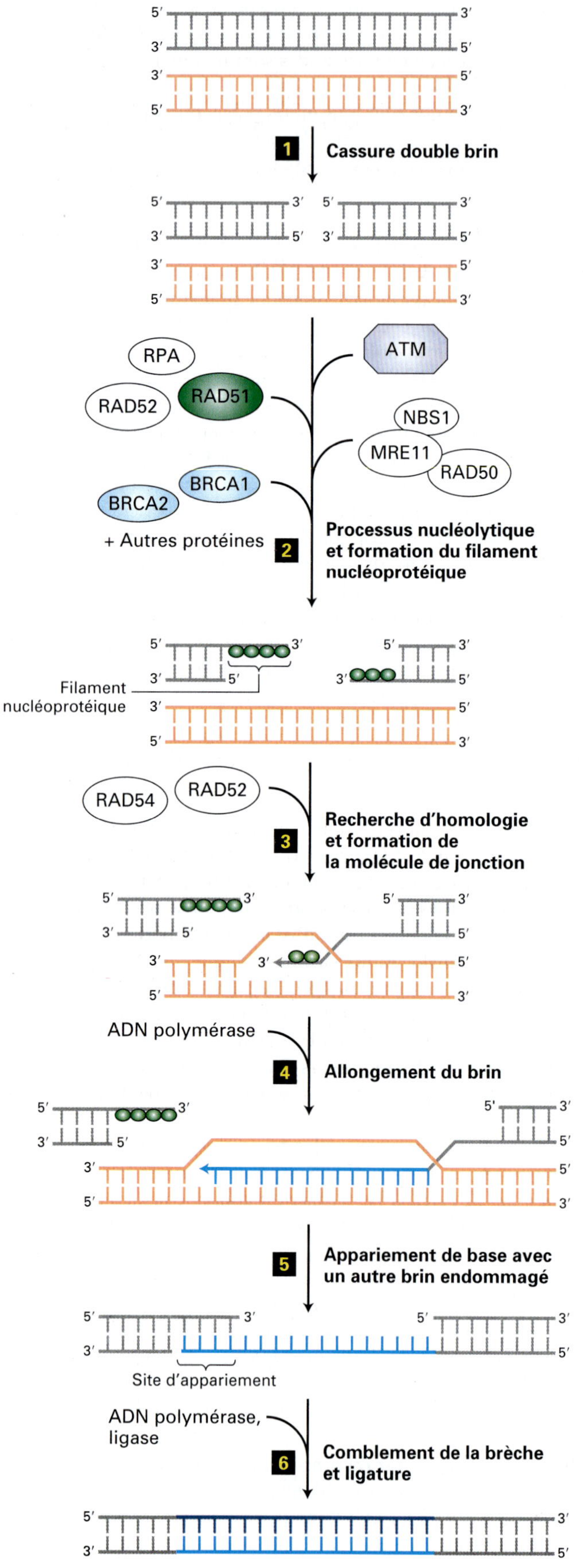

FIGURE 23-31 Réparation des cassures double brin par recombinaison homologue. Durant la phase S, les cellules copient chaque chromosome afin de produire deux chromatides sœurs identiques qui ségrégeront dans les cellules filles. Les ADN en noir et en rouge représentent les séquences homologues dans ces chromatides sœurs. Étape **1**. Une cassure de l'ADN double brin active la kinase ATM (voir Figure 23-23), ce qui conduit à l'activation d'une série d'exonucléases qui enlèvent des nucléotides à hauteur de la cassure à partir des extrémités d'abord 3′ puis 5′ des deux brins rompus, créant finalement des extrémités 3′ monobrins. Dans un processus dépendant des protéines BRCA1 et BRCA2 ainsi que d'autres, la protéine Rad51 (ovales verts) polymérise sur l'ADN simple brin ayant un bout 3′ libre et forme un filament nucléoprotéique. Étape **3**. Aidé par d'autres protéines, le filament nucléoprotéique cherche la séquence d'ADN duplex homologue dans la chromatide sœur et s'insère alors dans le duplex pour former une molécule de jonction dans laquelle l'extrémité 3′ monobrin s'apparie au brin complémentaire de l'ADN homologue. Étape **4**. Les ADN polymérases de réplication allongent cette extrémité 3′ de l'ADN endommagé (brin bleu), en utilisant comme matrice les séquences complémentaires dans le segment d'ADN homologue non endommagé. Étape **5**. Ensuite, l'extrémité 3′ réparée s'apparie avec l'extrémité 3′ monobrin de l'autre brin endommagé. Étape **6**. Les brèches restantes sont comblées par l'ADN polymérase et la ligase (bleu foncé), reformant une double hélice de type sauvage dans laquelle un segment entier (bleu clair et foncé) a été renouvelé à partir du segment homologue de la chromatide sœur. [Adapté de D. van Gant *et al.*, 2001, *Nature Rev. Genet.* **2** :196.]

déficient ont facilité l'étude du processus. Pratiquement, toutes les protéines Rad de levure ont des homologues dans le génome humain, et les protéines de l'homme ou de la levure fonctionnent d'une manière pratiquement identique (Figure 23-31). À un moment, on a considéré que la recombinaison homologue était un processus de réparation mineur dans les cellules humaines. Cela a changé quand on a réalisé que plusieurs cancers humains étaient potentialisés par des mutations héritées dans des gènes essentiels à la réparation par recombinaison homologue (voir Tableau 23-1). Par exemple, la vaste majorité des femmes avec une prédisposition héréditaire au cancer du sein ont une mutation dans un allèle des gènes de BCRA-1 ou BCRA-2 qui codent des protéines participant au processus de réparation. La perte ou l'inactivation du second allèle inhibe la réparation par recombinaison homologue et ainsi tend à induire le cancer des cellules épithéliales mammaires ou ovariennes.

La réparation d'une cassure double brin par recombinaison homologue implique des réactions entre trois molécules d'ADN, les deux bouts d'ADN et les brins d'ADN intacts de la chromatide sœur (voir Figure 23-31). Dans ce processus, les ADN simple brin avec des bouts 3' sont formés à partir des extrémités des ADN rompus puis couverts par la protéine Rad51. Un filament de nucléoprotéine Rad51 cherche la séquence ADN duplex homologue dans la chromatide sœur. Cette extrémité 3' est alors allongée (en bleu dans la Figure 23-31) par l'ADN polymérase, le brin complémentaire de l'ADN homologue servant de matrice. Lorsqu'il est suffisamment long, ce simple brin s'apparie avec le bout 3' du simple brin de l'autre ADN rompu, et l'ADN polymérase avec l'ADN ligase comble la brèche. Ce processus régénère la double hélice de type sauvage avec la séquence correcte. En général, aucune mutation n'est induite durant la réparation par recombinaison homologue.

Réparation infidèle par jonction des bouts Dans les organismes multicellulaires, le mécanisme prédominant pour réparer les cassures double brin implique la ligature des extrémités non homologues des deux molécules d'ADN. Même si les fragments d'ADN ligaturés viennent du même chromosome, le processus de réparation aboutit à une perte de plusieurs paires de bases à la jonction (Figure 23-32). La formation d'une telle délétion potentiellement mutagène est un exemple des erreurs que la réparation de l'ADN peut introduire.

Puisque le mouvement de l'ADN au sein du noyau est minime en raison de la densité protéique, ce sont en général les extrémités correctes qui sont ligaturées, bien que des paires de bases soient perdues. Cependant, occasionnellement, les extrémités rompues de chromosomes différents sont réunies, ce qui entraîne des translocations de morceaux d'ADN d'un chromosome à l'autre. Comme nous l'avons vu, de telles translocations peuvent générer des oncogènes chimériques ou placer un proto-oncogène à proximité d'un promoteur d'un autre gène et donc sous un contrôle inapproprié. Les effets dévastateurs des cassures double brin font de celles-ci « *the most unkindest cuts of all* » (Shakespeare, *Jules César*) ou « les coupures les plus cruelles de toutes ».

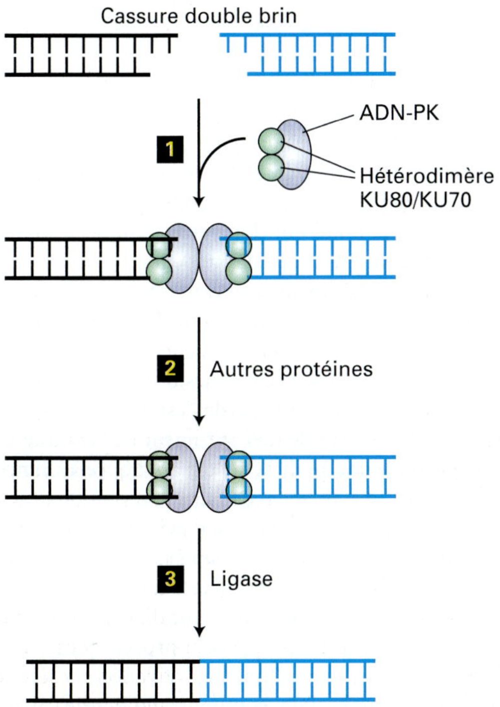

FIGURE 23-32 Réparation des cassures double brin par ligature bout à bout. En général, les séquences nucléotidiques sont aboutées alors qu'elles n'étaient pas juxtaposées dans l'ADN intact. Ces extrémités d'ADN appartiennent habituellement au même locus chromosomique, et quand la ligature est établie, plusieurs paires de base sont perdues. Occasionnellement, des extrémités de chromosomes différents sont jointes accidentellement. Un complexe de deux protéines, Ku et la protéine kinase dépendant de l'ADN, se lie aux extrémités de la cassure double brin (**1**). Après formation d'une synapse, les extrémités sont soumises à des nucléases, qui enlèvent quelques bases (**2**), et les deux molécules double brin sont ligaturées (**3**). Le résultat est la réparation de la cassure double brin, mais plusieurs paires de base au site de la cassure ont été enlevées. [Adapté de G. Chu, 1997, *J. Biol. Chem.* **272** :24097 ; M. Lieber *et al.*, 1997, *Curr. Opin. Genet. Devel.* **7** :99 ; et D. van Gant *et al.*, 2001, *Nature Rev. Genet.* **2** :196.]

L'expression de télomérase contribue à immortaliser les cellules cancéreuses

Les **télomères**, les extrémités physiques des chromosomes linéaires, consistent chez les vertébrés en une répétition d'une courte séquence d'ADN, TTAGGG. Les télomères fournissent la solution au problème de réplication aux extrémités, les ADN polymérases étant incapables de répliquer complètement le bout d'une molécule d'ADN double brin. La *télomérase*, une transcriptase inverse qui contient une matrice ARN, ajoute des unités répétitives de TTAGGG aux extrémités des chromosomes pour allonger ou maintenir ces régions, qui dans les chromosomes humains, atteignent 5- à 20 kb (voir Figure 10-34). Les cellules germinales et les cellules somatiques qui se divisent rapidement (e.g. cellules souches) produisent de la télomérase, mais la plupart des cellules somatiques en sont dépourvues. En conséquence, leurs télomères se raccourcissent à chaque cycle cellulaire. Leur perte complète aboutit à la fusion des extrémités des chromosomes et à la mort cellulaire. Un raccourcissement prononcé des télomères est considéré par la cellule comme une sorte de lésion de l'ADN ; il s'ensuit alors une stabilisation et une activation de p53, qui déclenche l'apoptose.

La plupart des cellules tumorales, malgré leur prolifération rapide, échappent à ce destin en exprimant la télomérase. De nombreux chercheurs pensent que l'expression de la télomérase est essentielle pour qu'une cellule tumorale devienne immortelle, et des inhibiteurs spécifiques de cette enzyme ont été proposés pour traiter le cancer. L'introduction de transgènes producteurs de télomérase dans de cultures de cellules humaines qui en étaient dépourvues peut allonger leur vie de plus de 20 réplications tout en maintenant la longueur des télomères. La constatation que les souris homozygotes pour une délétion de la sous-unité d'ARN de la télomérase étaient viables et fertiles a été une surprise. Cependant, après quatre à six générations, chez ces souris dont les très longs télomères (40-60 kb) se raccourcissaient nettement des déficiences se sont manifestées. Elles sont devenues stériles et ont montré des atrophies tissulaires au niveau de la peau et des intestins, organes qui requièrent un rythme élevé de divisions cellulaires.

Quand elles sont soumises à des carcinogènes, les souris sans télomérase développent des tumeurs moins fréquemment que les souris normales. Par exemple, les papillomes induits par une combinaison de carcinogènes chimiques surviennent 20 fois moins souvent chez les souris dépourvues de télomérase fonctionnelle que chez les souris normales. Les souris avec une mutation du gène *APC* développent habituellement des tumeurs du côlon, mais celles-ci sont moins fréquentes chez les souris sans télomérase. Certaines autres tumeurs sont moins affectées par l'absence de cette enzyme. Ces études démontrent la contribution de la télomérase à la multiplication cellulaire débridée, ce qui en fait une cible potentielle pour la chimiothérapie.

CONCEPTS CLÉS DE LA SECTION 23.5

Le rôle des agents cancérigènes et de la réparation de l'ADN dans le cancer

- Les changements dans la séquence de l'ADN proviennent d'erreurs de copie et des effets de divers agents physiques et chimiques ou carcinogènes. Tous les carcinogènes sont des mutagènes ; c'est-à-dire qu'ils altèrent un ou plusieurs nucléotides dans l'ADN.
- De nombreuses erreurs de copie qui surviennent durant la réplication de l'ADN sont corrigées par la fonction correction d'épreuves des ADN polymérases qui peuvent reconnaître des bases incorrectes (mésappariements) à l'extrémité 3' du brin en croissance et les enlèvent alors par une activité d'exonucléase 3' → 5' inhérente (voir Figure 22-24).
- Les carcinogènes indirects, le type le plus fréquent, doivent être activés pour qu'ils puissent endommager l'ADN. Chez l'animal, l'activation métabolique passe par le système du cytochrome P-450, une voie utilisée en général par les cellules pour se débarrasser des produits étrangers nocifs.
- Le benzo(*a*)pyrène, un composant de la fumée de cigarette, cause des mutations qui inactivent le gène *p53* aux mêmes positions que celles qui sont mutées dans de nombreuses tumeurs pulmonaires humaines.
- Les cellules eucaryotes ont trois systèmes de réparation par excision servant à corriger les mésappariements des bases et à enlever de l'ADN les dimères thymine-thymine induits par les UV ou les adduits chimiques de grande taille. La réparation par excision, la réparation des mésappariements et la réparation par excision de nucléotides opèrent avec grande précision et en général ne commettent pas d'erreur.
- Les déficiences héritées dans la voie de réparation par excision de nucléotides, comme chez les patients atteints de xeroderma pigmentosum, prédisposent au cancer cutané. Le cancer du côlon héréditaire est associé fréquemment à des formes mutées de protéines essentielles à la voie de réparation des mésappariements.
- La réparation fidèle des cassures double brin de l'ADN est effectuée par recombinaison homologue, la chromatide sœur intacte servant de matrice.
- Des déficiences dans la réparation par recombinaison homologue sont associées à l'héritage d'un allèle muté du gène de BRCA-1 ou BRCA-2 et prédisposent au cancer du sein.
- La réparation des cassures double brin par ligature des extrémités peut joindre des segments d'ADN de chromosomes différents, ce qui peut aboutir à des translocations oncogènes. Le mécanisme de réparation produit aussi une petite délétion, même quand ce sont les segments d'un même chromosome qui sont réunis.
- Des déficiences héréditaires dans d'autres processus de réparation de l'ADN trouvées dans certaines maladies humaines sont associées à une susceptibilité accrue à certains cancers (voir Tableau 23-1).
- Des cellules cancéreuses, à l'instar des cellules germinales ou des cellules souches mais contrairement à la plupart des cellules différenciées, produisent la télomérase, qui évite le raccourcissement des chromosomes durant la réplication de l'ADN et peut contribuer à leur immortalisation. Certaines tumeurs se développent moins fréquemment chez les souris sans télomérase.

PERSPECTIVES POUR LE FUTUR

La constatation que le cancer est fondamentalement une maladie génétique a ouvert de nouvelles perspectives prometteuses en matière de prévention et de traitement. On peut maintenant évaluer les effets des carcinogènes sur le contrôle exercé sur les diverses phases du cycle cellulaire. Des déficiences génétiques aux points de contrôle détectant l'ADN endommagé et dans les systèmes de réparation peuvent être facilement reconnues et ainsi faciliter la compréhension de l'oncogenèse. Les changements multiples que doit subir une cellule pour former une tumeur offrent pas mal de possibilités d'intervention thérapeutique. L'identification des gènes mutés associés au cancer oriente directement vers les protéines sur lesquelles il faut diriger les médicaments.

La démarche diagnostique est transformée par la possibilité actuelle d'étudier de nombreuses caractéristiques cellulaires. Les méthodes traditionnelles d'observation des cellules soupçonnées d'être cancéreuses, surtout l'histochimie, seront améliorées ou remplacées par des techniques qui permettront de mesurer l'expression de dizaines de milliers de gènes, en particulier ceux dont les activités sont connues comme révélatrices des propriétés de croissance de la cellule et du pronostic de l'affection. Actuellement, on peut mesurer la transcription génique au moyen des puces à ADN. Dans le futur, on obtiendra des données instructives quant à l'état cellulaire par des techniques capables de mesurer la production, les modifications et la localisation des protéines, ce qui fournira une image de plus en plus fidèle de la cellule. Des tumeurs considérées actuellement comme identiques ou très semblables seront reconnues comme distinctes, et pourront donc être traitées de manière plus spécifique. La détection précoce des tumeurs, basée sur un meilleur suivi des modifications cellulaires, devrait rendre les traitements plus efficaces. En se concentrant davantage sur le processus particulièrement destructeur qu'est la dispersion métastatique, on devrait réussir à mieux comprendre les mécanismes utilisés par la cellule pour migrer, s'attacher et envahir. On garde l'espoir que la manipulation de l'angiogenèse permettra de tuer la tumeur en l'étouffant.

La biologie moléculaire de la cellule appliquée au cancer ouvre la voie à de nouveaux traitements, mais la prévention reste cruciale et préférable. Éviter les carcinogènes évidents, en particulier la fumée de cigarette, peut réduire de manière significative l'incidence du cancer du poumon et peut-être d'autres organes. Au-delà de la réduction des risques liés aux agents cancérigènes comme la fumée et la lumière solaire, certaines approches spécifiques sont maintenant possibles. Une meilleure connaissance de l'implication du virus 16 du papillome humain dans la plupart des cas de cancer du col utérin devrait conduire au développement d'un vaccin qui évitera les effets du virus. Des anticorps contre des marqueurs de surface propres aux cellules cancéreuses soulèvent de grands espoirs, surtout après les succès obtenus dans l'application clinique des anticorps monoclonaux dirigés contre le récepteur 2 de l'EGF (Her2), une protéine impliquée dans certains cas de cancer du sein. Les étapes ultérieures devront impliquer tant les médecins que les chercheurs. La compréhension de la biologie cellulaire du cancer est un premier pas essentiel pour la prévention et le traitement, mais les pas suivants s'annoncent difficiles. Le succès du Gleevec (STI-571) contre la leucémie est exceptionnel ; de nombreux cancers restent difficiles à traiter et causent d'énormes souffrances. Puisque le terme *cancer* désigne en réalité un groupe de maladies très variées, les interventions qui réussissent pour un type peuvent échouer pour les autres. Malgré ces faits décourageants, on commence à cueillir les fruits de dizaines d'années de recherche en biologie moléculaire de la cellule, et nous espérons que, parmi les lecteurs de cet ouvrage, plusieurs contribueront à surmonter les obstacles restants.

MOTS CLÉS

Aflatoxine *964*
Aneuploïdie *961*
Bénin *936*
Carcinogènes *935*
Carcinomes *938*
Chromosome de Philadelphie *954*
Désamination *963*
Dimères thymine-thymine *966*
Gène suppresseur de tumeur *935*
Leucémies *938*
Ligature des extrémités d'ADN *967*
Lymphome de Burkitt *956*
Malin *936*
Métastase *937*
Mutagènes *963*
Non disjonction *947*
Oncogène *940*
Perte d'hétérozygotie *947*
Protéine p53 *959*
Proto-oncogène *935*
Rétrovirus lents *946*
Rétrovirus transducteurs *946*
Sarcomes *938*
Systèmes de réparation par excision *964*
Transformation *939*

RÉVISIONS

1. Quelles sont les caractéristiques qui distinguent les tumeurs malignes et bénignes ? En ce qui concerne les mutations géniques, qu'est qui distingue les polypes bénins du côlon du carcinome malin du côlon ?
2. Environ 90 % des décès dus au cancer sont causés par les métastases plutôt que par la tumeur primaire. Définissez ce qu'est une *métastase*. Expliquez les bases rationnelles des nouveaux traitements du cancer : (a) le batimastat, un inhibiteur des métalloprotéases extracellulaires et du récepteur de l'activateur du plasminogène ; (b) les anticorps qui bloquent la fonction des intégrines, protéines membranaires intrinsèques qui attachent les cellules aux membranes basales et à la matrice extracellulaire de divers tissus ; (c) le bisphosphonate, qui inhibe la fonction des ostéoclastes, les cellules qui résorbent l'os.
3. À cause des besoins en oxygène et nutriments, les cellules dans un tissu ne peuvent être distantes d'un vaisseau sanguin de plus de 100 μm. En vous basant sur cette information, expliquez pourquoi on trouve dans de nombreuses tumeurs malignes des mutations gain de fonction dans un des gènes suivants : *bFGF*, *TGF*α et *VEGF*.
4. Quelle hypothèse explique les observations que l'incidence des cancers humains augmente exponentiellement avec l'âge ? Donnez un exemple de données qui confirme l'hypothèse.
5. Distinguez les proto-oncogènes des gènes suppresseurs de tumeur. Pour devenir inducteurs de cancer, les proto-oncogènes et les gènes suppresseurs de tumeur doivent-il subir des mutations gain de fonction ou perte de fonction ? Classez les gènes suivants comme proto-oncogènes ou comme gènes suppresseurs de tumeur : *p53*, *ras*, *Bcl-2*, *télomérase*, *jun* et *p16*.
6. Le rétinoblastome héréditaire survient chez les enfants et touche en général les deux yeux, tandis que le rétinoblastome spontané survient habituellement chez l'adulte et ne touche qu'un œil. Expliquez les bases génétiques de la différence épidémiologique entre ces deux formes de rétinoblastome. Expliquez le paradoxe apparent : les mutations perte de fonction dans les gènes suppresseurs de tumeur agissent de manière récessive, alors que le rétinoblastome héréditaire est hérité comme un trait dominant autosomique.
7. Expliquer le concept de perte d'hétérozygotie. Pourquoi celle-ci survient-elle pour un ou plusieurs gènes dans la plupart des cellules cancéreuses ? Comment une erreur au point de contrôle de l'assemblage du fuseau conduit-elle à la perte d'hétérozygotie ?
8. De nombreuses tumeurs malignes sont caractérisées par l'activation d'un ou plusieurs récepteurs de facteur de croissance. Quelle est l'activité catalytique associée aux récepteurs transmembranaires de facteur de croissance comme le récepteur de l'EGF ? Décrivez comment les événements suivants conduisent à l'activation du récepteur de facteur de croissance : (a) l'expression de la protéine virale gp55 ; (b) la translocation qui remplace le domaine extracellulaire du récepteur Trk par la région N-terminale de la tropomyosine ; (c) une mutation ponctuelle qui transforme une valine en glutamine dans la région transmembranaire du récepteur Her2.
9. Décrivez l'événement fréquent de transduction du signal qui est perturbé par des mutations cancérigènes dans les gènes qui codent Ras et NF-1. Pourquoi les mutations de Ras sont-elles trouvées plus souvent dans les cancers que les mutations de NF-1 ?
10. Quelle est la différence de structure entre les protéines codées par c-*src* et v-*src* ? Comment cette différence rend-elle v-*src* oncogène ?
11. Décrivez l'événement conduisant à la mutation qui produit l'oncogène *myc* dans le lymphome de Burkitt. Pourquoi le mécanisme particulier de génération de l'oncogène *myc* cause-t-il un lymphome plutôt qu'un autre type de cancer ? Décrivez un autre mécanisme qui génère l'oncogène *myc*.
12. Dans les cancers pancréatiques, on trouve souvent des mutations perte de fonction dans le gène qui code la protéine SMAD4. Comment cette mutation induit-elle la perte de l'inhibition de croissance et le phénotype très métastatique des tumeurs pancréatiques ?
13. La perte de fonction de p53 survient dans la majorité des tumeurs humaines. Nommez deux voies par lesquelles la perte de fonction de p53 contribue au phénotype de malignité. Expliquez le mécanisme par lequel les agents suivants causent la perte de la fonction de p53 : (a) le virus du papillome humain et (b) le benzo(*a*)pyrène.
14. Les systèmes de réparation de l'ADN sont responsables du maintien de l'intégrité génomique des cellules normales malgré la grande fréquence avec laquelle les mutations surviennent. Quel type de mutation est généré par irradiation (a) aux UV et (b) aux rayons ionisants ? Décrivez le système responsable de la réparation de chacun de ces types de mutations dans les cellules de mammifères. Proposez une explication au fait qu'une perte de fonction dans un ou plusieurs systèmes de réparation de l'ADN est typique de nombreux cancers.

15. Quels sont les types cellulaires humains qui ont une activité de télomérase ? Quelle est la caractéristique du cancer qui est favorisée par l'expression de la télomérase ? Quels soucis cela suscite-t-il dans le cadre des traitements médicaux impliquant les cellules souches ?

ANALYSEZ LES RÉSULTATS SUIVANTS

Dans une étude récente, Elizabeth Snyderwine et collègues ont utilisé des puces à ADNc pour comparer les profils d'expression de 6 900 gènes dans des tissus normaux et de tumeur mammaire de rat. L'ARN fut extrait des tissus suivants :

a. Tissu mammaire de rates vierges
b. Tissu mammaire de rates gravides
c. Carcinome mammaire induit par le carcinogène PhIP dérivé de la viande
d. Carninome mammaire induit par le carcinogène expérimental DMBA

Après que les puces à ADN furent hybridées avec les ADNc marqués dérivés de ces 5 populations d'ARN, les résultats furent analysés par plusieurs comparaisons différentes.
Dans la comparaison 1, les tissus a, b et c furent groupés comme échantillons de tissus normaux, alors que d et e étaient groupés sous l'étiquette « carcinome ». On rechercha alors quels étaient les gènes qui étaient activés (une augmentation de l'expression de plus de deux fois) ou réprimés (une diminution de l'expression de plus de deux fois) dans les deux échantillons de carcinome par rapport aux trois échantillons normaux. Une liste partielle des gènes exprimés différemment est reprise dans le tableau suivant.

Gènes induits

Gènes liés à la croissance et au cycle cellulaires

Chaîne A du facteur de croissance dérivé des plaquettes (PDGF-A)

Kinase 4 dépendant des cyclines (Cdk4)

Cycline D

Gènes liés à la transduction des signaux et à la transcription

STAT5a

Gènes réprimés

Gènes de la matrice extracellulaire

Collagène alpha 1 de type V

Fibronectine 1

Desmine

1. Quel fut l'objectif de l'analyse de tissu mammaire des rates gravides ou allaitant ?
2. Quelle est la caractéristique du cancer induite par la surexpression de PDGF-A, Cdk4 et la cycline D ?
3. Quelle est la caractéristique du cancer que pourrait induire la répression de gènes codant les protéines de la matrice extracellulaire ?
4. STAT5a est un facteur de transcription qui régule l'expression de la cycline D, Bcl-X_L et d'autres gènes. Pourquoi est-il possible pour ces carcinomes qu'aucune mutation ne survienne dans le gène de la cycline D malgré sa surexpression ? Pourquoi trouve-t-on fréquemment des mutations dans les gènes de facteurs de transcription comme STAT5a dans les cellules cancéreuses ?

Dans la comparaison 2, les profils d'expression des carcinomes induits par PhIP et DMBA furent comparés l'un avec l'autre. Dans cette analyse, certaines différences furent trouvées, mais le nombre de gènes exprimés différemment était de loin inférieur à celui des gènes identifiés dans la comparaison des échantillons normaux (a, b et c) aux échantillons de carcinome (d et e).

5. Sur base de cette information, quel est le point commun des profils moléculaires des carcinomes mammaires ?
6. Peut-on s'attendre à des différences plus marquées ou plus faibles dans l'expression génique si deux types distincts de cancers (e.g. carcinome mammaire vs. lymphome des cellules B) induit par le même carcinogène sont comparés au moyen de puces à ADN ?

RÉFÉRENCES

Cellules tumorales et le début du cancer

Fidler, I. J., (2002), The pathogenesis of cancer metastasis : the "seed and soil" hypothesis revisited. Nature Rev, *Cancer* **3** :1–6.

Folkman, J., (2002), Role of angiogenesis in tumor growth and metastasis, *Semin. Oncol.* **29** :15–18.

Hanahan, D. et Weinberg, R. A., (2000), The hallmarks of cancer, *Cell* **100** :57–70.

Jain, M. *et al., (2002),* Sustained loss of a neoplastic phenotype by brief inactivation of MYC, *Science* **297** :102–104.

Kinzler, K. W. et Vogelstein, B., (1996), Lessons from hereditary colorectal cancer, Cell 87 :159–170.

Klein, G., (1998), Foulds' dangerous idea revisited : the multistep development of tumors 40 years later, *Adv. Cancer Res.* **72** :1–23.

Rafii, S. *et al.*, (2002), Vascular and haematopoietic stem cells : novel targets for anti-angiogenesis therapy ? *Nature Rev. Cancer* **2** :826–835.

Ramaswamy, S. *et al.*, (2003), A molecular signature of metastasis in primary solid tumors, *Nature Genet.* **33** :49–54.

Trusolino, L. et Comoglio, P. M., (2002), Scatter-factor and semaphorin receptors : cell signalling for invasive growth, *Nature Rev. Cancer* **2** :289–300.

Yancopoulos, G. *et al.*, (1998), Vasculogenesis, angiogenesis, and growth factors : ephrins enter the fray at the border, *Cell* **93** :661–664.

Base génétique du cancer

Bienz, M. et Clevers, H., (2000), Linking colorectal cancer to Wnt signalling, *Cell* **103** :311–320.

Clark, J. *et al.*, (2002), Identification of amplified and expressed genes in breast cancer by comparative hybridization onto microarrays of randomly selected cDNA clones, *Genes Chrom. Cancer* **34** :104–114.

Classon, M. et Harlow, E., (2002), The retinoblastoma tumour suppressor in development and cancer, *Nature Rev. Cancer* **2** :910–917.

Hesketh, R., Éd., (1997), *The Oncogene and Tumor Suppressor Gene*

Facts Book, 2e éd., Academic Press.

Hunter, T., (1997), Oncoprotein networks, *Cell* **88** :333–346.

Moon, R. T. *et al.*, (2002), The promise and perils of Wnt signaling through beta-catenin, *Science* **296** :1644–1646.

Nevins, J. R., (2001), The Rb/E2F pathway and cancer, *Hum. Mol. Genet.* **10** :699–703.

Polakis, P., (2000), Wnt signaling and cancer, *Genes Devel.* **14** :1837–1851.

Sasaki, T. *et al.*, (2000), Colorectal carcinomas in mice lacking the catalytic subunit of PI(3)Kgamma, *Nature* **406** :897–902.

Sherr, C. J. et McCormick, F., (2002), The RB and p53 pathways in cancer, *Cancer Cell* **2** :103–112.

Taipale, J. et Beachy, P. A., (2001), The Hedgehog and Wnt signalling pathways in cancer, *Nature* **411** :349–354.

van't Veer, L. J. *et al.*, (2002), Gene expression profiling predicts clinical outcome of breast cancer, *Nature* **415** :530–536.

West, M. *et al.*, (2001), Predicting the clinical status of human breast cancer by using gene expression profiles, *Proc. Nat'l. Acad. Sci. USA* **98** :11462–11467.

White, R., (1998), Tumor suppressor pathways, *Cell* **92** :591–592.

Mutations oncogènes dans les protéines inductrices de prolifération

Capdeville, R. *et al.*, (2002), Glivec (STI571, imatinib), a rationally developed, targeted anticancer drug, *Nature Rev. Drug Discov.* **1** :493–502.

Downward, J., (2003), Targeting RAS signalling pathways in cancer therapy, *Nature Rev. Cancer* **3** :11–22.

Rowley, J. D., (2001), Chromosome translocations : dangerous liaisons revisited, *Nature Rev. Cancer* **1** :245–250.

Sahai, E. et Marshall, C. J., (2002), RHO-GTPases and cancer, *Nature Rev. Cancer* **2** :133–142.

Shaulian, E. et Karin, M., (2002), AP-1 as a regulator of cell life and death, *Nature Cell Biol.* **4** :E131–E136.

Shawver, L. K. *et al.*, (2002), Smart drugs : tyrosine kinase inhibitors in cancer therapy, *Cancer Cell* **1** :117–123.

Mutations en cause dans la perte de contrôle de la prolifération et du cycle cellulaire

Chau, B. N. et Wang, J. Y., (2003), Coordinated regulation of life and death by RB, *Nature Rev. Cancer* **3** :130–138.

Malumbres, M. et Barbacid, M., (2001), To cycle or not to cycle : a critical decision in cancer, *Nature Rev. Cancer* **1** :222–231.

Mathon, N. F. et Lloyd, A. C., (2001), Cell senescence and cancer, *Nature Rev. Cancer* **1** :203–213.

Paulovich, A. G. *et al.*, (1997), When checkpoints fail, *Cell* **88** :315–321.

Planas-Silva, M. D. et Weinberg, R. A., (1997), The restriction point and control of cell proliferation, *Curr. Opin. Cell Biol.* **9** :768–772.

Sherr, C. J., (2000), Cell cycle control and cancer, *Harvey Lect.* **96** :73–92.

Westphal, C. H, (1997), Cell-cycle signaling : Atm displays its many talents, *Curr. Biol.* **7** :R789–R792.

Zhang, L. *et al.*, (2000), Role of BAX in the apoptotic response to anticancer agents, *Science* **290** :989–992.

Le rôle des agents cancérigènes et de la réparation de l'ADN dans le cancer

Batty, D. et Wood, R., (2000), Damage recognition in nucleotide excision repair of DNA, *Gene* **241** :193–204.

D'Andrea, A. et Grompe, M., (2003), The Fanconi anemia/BRCA pathway, *Nature Rev. Cancer* **3** :23–34.

Fishel, R., (1998), Mismatch repair, molecular switches, and signal transduction, *Genes Devel.* **12** :2096–2101.

Flores-Rozas, H. et Kolodner, R., (2000), Links between replication, recombination and genome instability in eukaryotes, *Trends Biochem. Sci.* **25** :196–200.

Friedberg, E., (2003), DNA damage and repair, *Nature* **421** :436–440.

Friedberg, E. *et al..*, (1995), *DNA Repair and Mutagenesis*, ASM Press.

Hoeijmakers, J., (2001), Genome maintenance mechanisms for preventing cancer, *Nature* **411** :366–374.

Lindahl, T., (2001), Keynote : past, present, and future aspects of base excision repair, *Prog. Nucl. Acid Res. Mol. Biol.* **68** :xvii–xxx.

Muller, A. et Fishel, R., (2002), Mismatch repair and the hereditary non-polyposis colorectal cancer syndrome (HNPCC), *Cancer Invest.* **20** :102–109.

Schärer, O., (2003), *Chemistry and biology of DNA repair,* Angewandte Chemie.

Schärer, O. et Jiricny, J., (2001), Recent progress in the biology, chemistry and structural biology of DNA glycosylases, *Bioessays* **23** :270–281.

Somasundaram, K., (2002), Breast cancer gene 1 (BRCA1) : role in cell cycle regulation and DNA repair—perhaps through transcription, *J. Cell Biochem.* **88** :1084–1091.

Thompson, L. et Schild, D., (2002), Recombinational DNA repair and human disease, *Mut. Res.* **509** :49–78.

van Gant, D. *et al.*, (2001), Chromosomal stability and the DNA double-stranded break connection, *Nature Rev. Genet.* **2** :196–205.

GLOSSAIRE

Les termes en lettres grasses dans une définition sont repris dans ce glossaire.
Les Figures et les tableaux qui illustrent les termes définis sont notés entre parenthèses.

Acétyl CoA Petit métabolite soluble dans l'eau comprenant un groupe acétyl lié au coenzyme A (CoA) ; il est formé durant l'oxydation du pyruvate, des acides gras et des acides aminés. Son groupe acétyl est transféré sur le citrate dans le **cycle de l'acide citrique.** (Figure 8-8)

Acétylcholine (ACh) Neurotransmetteur qui agit aux jonctions neuromusculaires des vertébrés et aux diverses synapses entre neurones dans le cerveau et le système nerveux périphérique.

Acide aminé Composant organique contenant au moins un groupe aminé et un groupe carboxyle. Dans les acides aminés qui sont les **monomères** de base d'une protéine, un groupe aminé et un groupe carboxyle sont liés à un atome de carbone central, le carbone α, auquel une chaîne latérale est attachée. (Figures 2-12 et 2-13)

Acide désoxyribonucléique Voir **ADN**

Acide gras Longue chaîne hydrocarbonée porteuse d'un groupe carboxyle à une extrémité ; source majeure d'énergie au cours du métabolisme et servant de précurseur dans la synthèse des phospholipides, des triglycérides et des esters de cholestérol. (Figure 2-18 et Tableau 18-1)

Acide nucléique Polymère de **nucléotides** liés par des **liaisons phosphodiester.** L'**ADN** et l'**ARN** sont les principaux acides nucléiques de la cellule.

Acide Tout composant qui peut donner un proton (H^+). Les groupes carboxyle et phosphate sont les groupes acides principaux dans les macromolécules biologiques.

Acides biliaires Dérivés du cholestérol produits par le foie et sécrétés dans la bile ; ils émulsionnent les graisses alimentaires et facilitent ainsi leur digestion et leur absorption par l'intestin ; ils sont recyclés par la **circulation entérohépatique.** (Figure 18-6)

Actine Abondante protéine de structure de la cellule eucaryote qui interagit avec de nombreuses autres protéines. La forme globulaire monomérique (actine G) polymérise en formant des filaments d'actine (actine F). Celle-ci interagit avec la **myosine** au cours de la contraction musculaire. Voir aussi **microfilament.** (Figure 19-3)

Activateur Facteur de transcription qui stimule la **transcription.**

Adénylate cyclase Enzyme liée à une membrane qui catalyse la formation d'**AMP cyclique (AMPc)** à partir d'ATP ; appelé aussi *adénylyl cyclase.* La fixation de ligands à leurs récepteurs de surface cellulaire conduit à l'activation de l'adénylate cyclase et à une augmentation du taux d'AMPc intracellulaire. (Figure 13-14)

ADN (acide désoxyribonucléique) Long polymère linéaire composé de quatre types de **nucléotides** à désoxyribose ; l'ADN est le dépositaire de l'information génétique. À l'état naturel, la molécule d'ADN est une hélice double formée de deux brins antiparallèles unis par des ponts hydrogène entre des bases puriques ou pyrimidiques complémentaires. (Figure 4-3)

ADN complémentaire Voir **ADNc**

ADN de séquence simple Courtes séquences répétées en tandem que l'on trouve dans les **centromères** et les **télomères** ainsi que dans d'autres sites chromosomiques et qui ne sont pas transcrites.

ADN génomique Toutes les séquences d'ADN composant le **génome** d'une cellule ou d'un organisme. Voir aussi **ADNc.**

ADN polymérase Enzyme qui réplique un brin d'ADN (la matrice) pour en faire le brin complémentaire, formant ainsi une nouvelle molécule d'ADN double brin. Toutes les ADN polymérases ajoutent les désoxyribonucléotides un à un dans la direction 5' $\rightarrow$ 3' au bout 3' d'un brin court d'ADN ou d'ARN servant d'amorce.

ADN recombinant Toute molécule d'ADN construite en joignant deux fragments d'ADN d'origine différente. On l'obtient en scindant les molécules d'ADN de départ par des **enzymes de restriction** puis en aboutant des fragments d'origine différente à l'aide d'une ADN ligase.

ADNc (ADN complémentaire) Molécule d'ADN transcrite à partir d'une molécule d'ARNm par la **transcriptase inverse** et, donc, dépourvue des introns présents dans l'ADN du **génome.** Le séquençage d'un ADNc livre la séquence de la protéine correspondante ; l'expression d'un ADNc cloné permet de produire in vitro de grandes quantités d'une protéine donnée.

Adrénaline ou **épinéphrine** Catécholamine sécrétée par la médullaire des glandes surrénales et certains neurones en réponse au stress. Agissant à la fois comme hormone et neurotransmetteur, elle est à la base des réponses de combat ou de fuite, entre autres une augmentation de la glycémie et du rythme cardiaque. (Figure 6-4)

Aérobie Cellule, organisme ou processus métabolique qui utilise l'oxygène gazeux (O_2) ou qui peut croître en présence d'O_2.

Agoniste Une molécule, souvent synthétique, qui imite la fonction biologique d'une molécule naturelle. Terme fréquemment utilisé pour désigner l'analogue d'une hormone qui se lie au récepteur de celle-ci et induit une réponse normale.

Allèle Une de deux ou plusieurs formes d'un gène. Les cellules diploïdes contiennent deux allèles de chaque gène, situés dans des sites correspondant (**locus**) des chromosomes homologues.

Allostérie Changement dans la structure tertiaire et/ou quaternaire d'une protéine induit par la fixation d'une petite molécule dans un site régulateur spécifique, ce qui modifie l'activité de la protéine. De nombreuses protéines à sous-unités multiples subissent une régulation allostérique.

Allostérique Désigne les protéines et les processus cellulaires qui sont régulés par **allostérie.**

Amidon Polysaccharide très long et ramifié, composé exclusivement d'unités de glucose. C'est le principal glucide de stockage des cellules végétales.

Aminoacyl-ARNt Forme activée d'acide aminé utilisée dans la synthèse des protéines ; c'est un acide aminé lié par une liaison ester riche en énergie au groupe 3'-hydroxyle d'une molécule d'**ARNt.** (Figure 4-21)

Amont (1) Pour un gène, la direction opposée à celle que prend l'ARN polymérase quand elle se déplace durant la transcription. Par convention, la position +1 dans un gène est la base qui est transcrite la première, les nucléotides en amont de la position +1 sont désignés –1, –2, etc. (2) Événements qui surviennent les premiers dans une cascade de réactions (e.g. voie de signalisation). Voir aussi **aval**.

AMP cyclique (**AMPc**) **Messager second** produit en réponse à la stimulation hormonale de certains **récepteurs couplés aux protéines G** ; il active la protéine kinase A. (Figure 13-7).

Amphipathique (amphiphile) Se dit d'une molécule ou d'une structure dotée à la fois d'**hydrophobie** et d'**hydrophilie.**

Amplificateur Séquence régulatrice dans l'ADN eucaryote qui peut être localisée à grande distance du gène qu'il contrôle ou même à l'intérieur de la séquence codante. En s'attachant à l'amplificateur, des protéines spécifiques modulent la vitesse de transcription du gène concerné. (Figure 11-12)

Anaérobie Cellule, organisme ou processus métabolique qui fonctionne en l'absence d'oxygène gazeux (O_2).

Anaphase Étape de la mitose au cours de laquelle les **chromatides** sœurs (ou leurs homologues dupliqués dans la méiose I) se séparent (ségrègent) pour gagner les pôles du fuseau. (Figure 20-29)

Aneuploïdie Nombre anormal de chromosomes ; soit des copies supplémentaires d'un ou plusieurs chromosomes sont présents, soit une des copies normales est manquante ; anomalie chromosomique fréquente dans les cellules cancéreuses.

Antagoniste Molécule, souvent synthétique, qui bloque la fonction biologique d'une molécule naturelle. Désigne fréquemment un analogue d'une hormone qui se lie au récepteur de celle-ci mais n'induit pas de réponse ; il empêche la fixation de l'hormone et réduit ainsi son activité physiologique.

Anticodon Séquence de trois bases consécutives d'un **ARNt** qui est complémentaire d'un **codon** de ARNm. Dans la synthèse protéique, l'appariement des bases du codon aux bases de l'anticodon met les ARNt portant les acides aminés correspondants dans l'ordre correct en vue de leur incorporation dans la chaîne peptidique en croissance.

Anticorps monoclonal Anticorps produit par les descendants d'une seule cellule B ; ses molécules sont donc toutes identiques et ne possèdent qu'une seule spécificité antigénique. Il peut être produit expérimentalement au moyen d'un **hybridome.** (Figure 6-38)

Anticorps Protéine (immunoglobuline) qui se lie à un site particulier (**épitope**) d'un **antigène** et facilite l'élimination de cet antigène par divers mécanismes.

Antigène Toute substance (généralement étrangère) qui induit la production d'un **anticorps** et s'y fixe de manière spécifique.

Antiport Un type de cotransport dans lequel une protéine transmembranaire (antiporteur) transporte à travers la membrane cellulaire deux molécules ou ions différents en directions opposées. Voir aussi **symport.**

Apical Désigne le sommet (apex) d'une cellule, d'un organe ou d'autres structures du corps. Dans le cas des cellules épithéliales, la surface apicale est exposée vers l'extérieur du corps ou vers un espace ouvert intérieur (e.g. lumière intestinale, conduit). (Figure 6-4)

Apoptose ou *mort cellulaire programmée* Processus régulé menant à la mort cellulaire et dans lequel intervient une cascade de **caspases.** L'apoptose s'accompagne d'une série de changements morphologiques caractéristiques. (Figures 22-26 et 22-32a)

Appareil mitotique Structure temporaire spécialisée présente dans les cellules eucaryotes durant la mitose. Elle capte les chromosomes, les pousse et les tire en direction opposée dans la cellule en division. L'appareil comprend un faisceau central, symétrique latéralement, de microtubules (sa forme générale rappelle celle d'un ballon de rugby, c'est le fuseau mitotique) et deux touffes de microtubules (les asters), un à chaque pôle du fuseau. (Figure 20-31)

Archaea Procaryotes qui appartiennent à une des trois lignées phylogéniques des organismes actuels ; aussi appelés *archébactéries* et *archaéobactéries.* À certains égards, ils ressemblent plus aux eucaryotes qu'aux bactéries dites vraies (eubactéries). (Figure 1-3)

ARN (**acide ribonucléique**) Polymère linéaire, monocaténaire, composé de nucléotides ribosidiques. Les trois types d'ARN cellulaire — ARNm, ARNt, ARNr — jouent différents rôles dans la synthèse des protéines. (Figure 4-19)

ARN de transfert Voir **ARNt.**

ARN messager Voir **ARNm.**

ARN micro (**ARNmi**) Petit ARN, de 21-23 nucléotides, qui s'associe à de multiples protéines pour former le complexe **RISC** (***RNA-induced silencing complex***) et réprime la traduction d'un ARNm spécifique en s'hybridant à sa région 3' non traduite. (Figure 12-27)

ARN polymérase Enzyme qui copie un brin d'ADN complémentaire (brin matrice) pour produire le brin d'ARN **complémentaire** en utilisant comme substrats les triphosphates de ribonucléosides. (Figure 4-10)

ARN ribosomial Voir **ARNr.**

ARNm (**ARN messager**) Tout ARN qui dicte l'ordre des acides aminés lors de la synthèse protéique (i.e. la structure primaire). Il se forme par **transcription** de l'ADN par l'ARN polymérase. Chez les eucaryotes, l'ARN initial (transcrit primaire) subit une maturation qui donne un ARNm fonctionnel. Voir aussi **traduction.** (Figure 4-14)

ARNr (**ARN ribosomial**) Ensemble de grandes molécules d'ARN qui sont des composants structuraux et fonctionnels des **ribosomes.** On les distingue souvent par leur coefficient de sédimentation : 28S, 18S, 5,8S et 5S chez les eucaryotes supérieurs. (Figure 4-24)

ARNt (**ARN de transfert**) Groupe de petites molécules d'ARN qui fonctionnent comme donneurs d'acides aminés au cours de la synthèse protéique. Chaque ARNt se lie de manière covalente à un acide aminé particulier, formant un **aminoacyl-ARNt.** (Figures 4-21 et 4-22)

Aster Structure composée de **microtubules** (*fibres astériennes*) rayonnant à partir d'un **centrosome** au cours de la mitose. (Figure 20.31)

Atome de carbone asymétrique Atome de carbone lié à quatre atomes ou groupes chimiques différents ; appelé aussi *atome de carbone chiral* ; les substituants peuvent y être liés de deux façons différentes, donnant des **stéréo-isomères,** qui sont des images l'un de l'autre dans un miroir. (Figure 2-12)

ATP (**adénosine 5'-triphosphate**) Nucléotide qui est la molécule la plus importante pour la capture et le transfert de l'**énergie libre** dans les cellules. L'hydrolyse de chacune des deux **liaisons phos-**

phoanhydride libère une grande quantité d'énergie qui est consommée dans de nombreux processus cellulaires. (Figures 1-14 et 2-24)

ATP synthase Complexe protéique de la membrane mitochondriale interne, des membranes thylacoïdes des chloroplastes et de la membrane plasmique bactérienne ; il catalyse la synthèse d'ATP durant la phosphorylation oxydative et la photosynthèse ; appelée aussi *complexe* F_0F_1. (Figure 8-24)

ATPase à Na^+/K^+ Une **pompe** ionique de classe P présente dans la membrane plasmique de toutes les cellules animales ; elle couple l'hydrolyse d'une molécule d'ATP à l'exportation de trois ions Na^+ et à l'importation de deux ions K^+. Cette pompe est en grande partie responsable du maintien des concentrations intracellulaires normales de Na^+ (basses) et de K^+ (élevées) dans les cellules animales. (Figure 7-9)

ATPase Vaste groupe d'enzymes qui catalysent l'hydrolyse de l'**ATP** en ADP et phosphate inorganique avec libération d'énergie libre. Voir aussi **ATPase à Na^+/K^+ et** pompes.

Autocrine Désigne un mécanisme cellulaire par lequel une cellule lie et répond à une molécule signal (e.g. facteur de croissance) produite par elle-même.

Autoradiographie Technique de mise en évidence de molécules radioactives dans un échantillon (e.g. une coupe de tissu ou un gel d'électrophorèse) par exposition d'un film ou émulsion photographique au contact de cet échantillon. Le film est appelé autoradiogramme ou autoradiographie.

Autosome Chromosome qui n'est pas un chromosome sexuel.

Aval (1) Dans un gène, côté vers lequel se déplace l'ARN polymérase lors de la transcription, c'est-à-dire vers le bout du brin matrice d'ADN avec le groupe 5'-hydroxyle. Par convention, la position +1 d'un gène est le premier nucléotide transcrit ; les nucléotides en aval sont numérotés +2, +3, etc. (2) Événements qui surviennent plus tard dans une cascade de réactions (e.g. voie de signalisation). Voir aussi **amont.**

Axone Prolongement du corps d'un neurone capable de conduire une impulsion électrique (**potentiel d'action**) générée à la jonction avec le corps cellulaire en direction distale, vers les terminaisons axonales ramifiées. (Figure 7-29)

Axonème Faisceau de **microtubules** et de protéines associées présent dans les **cils** et les **flagelles**, et responsable de leur mouvement. (Figure 20-25)

Bactériophage (phage) Tout virus infectant une cellule bactérienne. Certains phages servent de **vecteurs de clonage de l'ADN.**

Base Substance, souvent de nature azotée, capable d'accepter un proton (H^+) ; terme communément utilisé pour désigner les **purines** et les **pyrimidines** dans l'ADN et l'ARN.

Bases (paire de) Association par liaisons H de deux **nucléotides** complémentaires dans la molécule d'ARN et d'ADN. L'adénine s'apparie à la thymine ou à l'uracile (A–T, A–U) et la guanine s'apparie à la cytosine (G–C). (Figure 4-3b)

Basolatéral Désigne la base ou le côté d'une cellule, d'un organe ou d'une autre structure du corps. Dans le cas des cellules épithéliales, la surface basolatérale joint les cellules adjacentes et la lame basale sous-jacente. (Figure 6-5)

Bénigne Désigne une tumeur dont les cellules ressemblent étroitement aux cellules normales. Les tumeurs bénignes restent dans le tissu d'où elles proviennent. Voir aussi **maligne.**

Bibliothèque d'ADN Collection de molécules d'ADN cloné consistant en fragments du génome entier (*bibliothèque génomique*) ou de copies d'ADN de tous les ARNm produits par un type cellulaire (*bibliothèque d'ADNc*) insérées dans un vecteur de clonage adéquat.

Bibliothèque voir **bibliothèque d'ADN.**

Bicouche phospholipidique Structure en deux feuillets, qui est à la base de toutes les biomembranes, dans laquelle les groupes polaires sont tournés vers la solution aqueuse de chaque côté et les chaînes aliphatiques apolaires des acides gras sont au centre. (Figures 2-11)

Bicouche Voir **bicouche phospholipidique.**

Biomembrane Barrière perméable entourant une cellule ou un organite, constituée d'une **bicouche phospholipidique**, de protéines membranaires associées et, dans de nombreux cas, de cholestérol et de glycolipides. (Figure 5-2)

Boîte TATA Séquence conservée faisant partie du **promoteur** de nombreux gènes eucaryotes codant une protéine et sur laquelle s'assemble le complexe amorçant la transcription. (Figure 11-9)

Brin précoce Brin d'ADN néoformé à la **fourche de réplication**, par une synthèse continue allant de 5' en 3'. La synthèse de ce brin suit le déplacement de la fourche de réplication. Voir aussi **brin tardif.** (Figure 4-33)

Brin tardif Brin d'ADN néoformé à la **fourche de réplication** sous forme de courts tronçons (fragments d'Okazaki) qu'une ligase aboute ensuite les uns aux autres. Bien que la synthèse du brin retardé se déroule dans l'ensemble de 3' en 5', chaque fragment d'Okazaki est synthétisé de 5' en 3'. Voir aussi **brin précoce.** (Figure 4-33)

Cadhérines Famille de **molécules d'adhérence intercellulaire** dimériques qui s'agrègent dans les jonctions adhérentes et les desmosomes et assurent d'une manière dépendant du Ca^{2+} des interactions homophiles intercellulaires. (Figure 6-2)

Cadre de lecture La séquence de codons (triplets de nucléotides) dans l'ARNm qui s'étend entre un codon initiateur spécifique à la traduction et un codon stop. Certains ARNm peuvent être traduits en différents polypeptides à la suite d'une lecture dans deux cadres de lecture différents. (Figure 4-20)

Cadre ouvert de lecture (ORF) Région d'un ADN séquencé qui n'est pas interrompue par des codons stop dans un des cadres de lecture des triplets. Un ORF qui commence avec un codon initiateur (*start*) et qui s'étend sur au moins 100 codons a une grande probabilité de coder une protéine.

Calmoduline Petite protéine cytosolique de régulation qui lie quatre ions Ca^{2+}. Le complexe Ca^{2+} /calmoduline s'attache à de nombreuses protéines pour les activer ou les inhiber. (Figure 3-28)

Calorie Unité de chaleur (énergie thermique). Une calorie est la quantité de chaleur nécessaire pour augmenter d' 1 °C la température d' 1 gramme d'eau. La *kilocalorie* (kcal) est utilisée couramment pour indiquer le contenu énergétique des aliments et l'**énergie libre** d'un système.

Canaux de fuite à K^+ Canaux ioniques dans la membrane plasmique qui, en conjonction avec la richesse du cytosol en K^+ liée à l'activité de l'ATPase à Na^+/K^+, sont les principaux responsables du potentiel de membrane négatif à l'intérieur des cellules animales.

Cancer Terme général désignant toute tumeur maligne dont les cellules croissent et se divisent plus rapidement que les cellules normales ; elles envahissent le tissu environnant et s'étendent en général (métastasent) dans d'autres sites.

Capside Gangue protéique d'un **virus**, composée de multiples copies d'une plusieurs sous-unités protéiques et enfermant l'acide nucléique viral.

Capture sélective des lipides Incorporation intracellulaire de composants spécifiques (e.g. cholestéryl esters) à partir de certaines lipoprotéines. Elle dépend de récepteurs, mais il ne faut pas la confondre avec l'**endocytose dépendante des récepteurs** qui concerne les particules entières de lipoprotéines. (Figure 18-16)

Carcinogène Tout agent chimique ou physique qui peut causer un cancer quand des cellules ou des organismes y sont exposés.

Caryophérine Membre d'une famille de protéines de transport du noyau qui interviennent comme **importine** ou **exportine**, ou parfois les deux. Chaque caryophérine s'attache à une séquence signal spécifique de la cargaison protéique.

Caryotype Nombre, taille et forme des chromosomes quand ils sont tous rassemblés à la métaphase dans une cellule eucaryote. (Chapitre 10, figure introductive)

Caspase Une des nombreuses enzymes de dégradation protéique (protéases) chez les vertébrés ; elles interviennent dans la **mort cellulaire programmée.** (Figure 22-32)

Catabolisme Dégradation cellulaire de molécules complexes en molécules plus simples avec habituellement libération d'énergie. L'anabolisme est le processus inverse ; l'énergie est utilisée pour synthétiser des molécules complexes à partir de molécules plus simples.

Catalyseur Substance qui accélère une réaction chimique sans subir de changement permanent de sa structure. Les **enzymes** sont des protéines qui catalysent la plupart des réactions biochimiques ; toutefois certains ARN exercent une activité catalytique.

CDK Voir **kinase dépendant de la cycline.**

Cellule germinale Toute cellule précurseur qui donnera un **gamète.** Voir aussi **cellule somatique.**

Cellule polarisée Toute cellule marquée par des asymétries stables fonctionnelles et structurales. Dans les cellules épithéliales, par exemple, les régions apicale et basolatérale de la membrane plasmique diffèrent par leur composition lipidique, leur contenu en protéines et leur forme.

Cellule somatique Toute cellule animale ou végétale autre qu'une **cellule germinale** ou qu'un précurseur des cellules germinales.

Cellule souche Cellule qui se réplique en se divisant soit de manière symétrique pour donner naissance à deux cellules filles avec un potentiel de développement identique à elle-même, soit de manière asymétrique pour générer une cellule identique à elle-même, l'autre ayant un potentiel de développement plus restreint. (Figure 22-2)

Cellules souches embryonnaires (ES) Lignée de cellules en culture dérivées de très jeunes embryons qui peuvent se différencier en un large éventail de types cellulaires in vitro ou après réinsertion dans un embryon. (Figure 22-3)

Cellulose Polysaccharide de structure, composé de résidus glucosyle liés par des **liaisons glycosidiques** $\beta(1 \rightarrow 4)$. Elle forme de longues microfibrilles et est le constituant principal des parois végétales. (Figure 6-33)

Centre organisateur des microtubules voir **MTOC.**

Centriole Une des deux structures cylindriques présentes dans le **centrosome** des cellules animales et composée de 9 jeux de triades de **microtubules** ; sa structure est semblable à celle du **corpuscule basal.** (Figure 20-13b)

Centromère Séquence d'ADN requise pour une ségrégation correcte des **chromosomes** durant la **mitose** ou la **méiose** ; région d'aspect étranglé dans les chromosomes mitotiques où le **kinétochore** se forme. (Figures 10-27, 10-28 et 10-32b)

Centrosome (centre cellulaire) Organite voisin du noyau de la cellule animale qui sert de centre organisateur primaire de microtubules (MTOC, *microtubule-organizing center*) ; chez les animaux, il contient une paire de **centrioles** enfouis dans une matrice protéique. Lors de la mitose, il se divise pour former les pôles du fuseau.

Chaîne de transport d'électrons Voir **chaîne respiratoire**

Chaîne respiratoire Ensemble de quatre complexes multiprotéiques insérés dans la membrane interne mitochondriale, plus le cytochrome *c* diffusible dans l'espace intermembranaire et le coenzyme Q. C'est par eux que passent les électrons qui partent de donneurs comme le NADH pour parvenir à l'O_2. Chaque membre de la chaîne contient, sous forme liée, un ou plusieurs **transporteurs d'électrons** qui reçoivent et donnent successivement les électrons. (Figure 8-17 et Tableau 8-2)

Chaperon(ine) Terme collectif pour deux types de protéines qui empêchent le repliement incorrect d'une protéine cible ou facilitent activement son repliement correct. (Figure 3-11)

Chimère (1) Animal ou tissu composé d'éléments issus d'individus génétiquement distincts (hybride). (2) Une molécule protéique contenant des segments dérivés de différentes protéines.

Chimiosmose Processus de conversion d'un gradient transmembranaire électrochimique de protons (pH plus potentiel chimique) en une énergie de liaison chimique qui sert à produire l'ATP, à pomper des métabolites à travers la membrane contre leur gradient de concentration ; appelé aussi *couplage chimiosmotique.* (Figure 8-1)

Chimiotactisme Mouvement d'une cellule ou d'un organisme attiré ou repoussé par certains agents chimiques.

Chlorophylles Groupe de pigments porphyriques absorbant la lumière et qui jouent un rôle critique dans la photosynthèse. (Figure 8-31)

Chloroplaste Organite spécialisé, limité par deux membranes, dans les cellules végétales ; il comporte des membranes internes contenant la chlorophylle (**thylacoïdes**) où les réactions d'absorption de la lumière (**photosynthèse**) se déroulent.

Cholestérol Lipide composé des quatre cycles des stéroïdes avec un groupe hydroxyle sur l'un des cycles ; constituant de nombreuses membranes d'eucaryotes et précurseur des stéroïdes hormonaux, des acides biliaires et de la vitamine D. (Figures 18-6 et 18-7)

Chromatide Une copie d'un chromosome répliqué formé durant la phase S du cycle cellulaire, qui est jointe à l'autre copie à hauteur du **centromère** ; appelée aussi *chromatide sœur*. Durant la **mitose,** les deux chromatides sœurs se séparent pour devenir chacune un chromosome de l'une des deux cellules filles. (Figure 10-27)

Chromatine Complexe d'ADN, d'histones et d'autres protéines dont les chromosomes eucaryotes sont formés. La condensation de la chromatine durant la mitose aboutit aux chromosomes visibles de la métaphase. (Figures 10-19 et 10-24)

Chromatographie liquide Groupe de techniques biochimiques pour la séparation des mélanges de molécules en fonction de leur taille (filtration sur gel), de leur charge (échange d'ions) ou de leur aptitude à se lier spécifiquement à d'autres molécules (affinité). Ces techniques sont utilisées communément pour séparer et purifier les protéines. (Figure 3-34)

Chromosome Chez les eucaryotes, élément structural du génome, consistant en une seule molécule d'ADN bicaténaire linéaire associée à des protéines. Chez la plupart des procaryotes, le génome consiste essentiellement en une seule molécule d'ADN bicaténaire circulaire. Voir aussi **chromatine** et **caryotype.**

Chromosome homologue Une des deux copies de chaque type morphologique d'un chromosome donné présent dans une cellule **diploïde.** Chacun est hérité d'un parent différent.

Chromosome polytène Chromosome géant composé de nombreuses copies parallèles de lui-même produites au cours de multiples cycles de réplication de l'ADN sans séparation chromosomique. Les chromosomes polytènes, sur lesquels on distingue des bandes hautement reproductibles, sont trouvés dans les glandes salivaires et certains autres tissus de la drosophile et d'autres insectes diptères. (Figures 10-30 et 10-31)

Chylomicron Classe de lipoprotéines qui est sécrétée par les cellules épithéliales intestinales et qui transporte les triglycérides et le cholestérol alimentaires (graisses) à partir de l'intestin vers d'autres tissus. (Tableau 18-3 et Figure 18-13b)

Cil Structure courte, entourée d'une membrane, saillant de la surface des cellules eucaryotes et contenant un faisceau de **microtubules.** Les cils sont d'habitude groupés et battent de manière rythmique afin de déplacer la cellule (e.g. organisme unicellulaire) ou de chasser les particules ou le liquide couvrant la surface (cellules de la trachée). Voir aussi **axonème** et **flagelle.**

Circulation ou cycle entéro-hépatique Passage des acides biliaires du foie à l'intestin (par les canaux biliaires) avec retour vers le foie (par le sang). Cette circulation est régulée strictement et joue un rôle majeur dans l'homéostasie des lipides. (Figure 18-11)

Citernes Compartiments aplatis entourés d'une membrane faisant partie du **complexe de Golgi** ou du **réticulum endoplasmique.**

Clathrine Protéine fibreuse qui, avec l'aide de protéines d'assemblage, polymérise en une sorte de treillis du côté cytosolique de la membrane et dans des régions spécifiques et forme ainsi un puits couvert de clathrine ; celui-ci bourgeonne pour former une vésicule. (Figures 17-18 et 17-19)

Clonage d'un gène Voir **clonage de l'ADN.**

Clonage de l'ADN Technique de l'ADN recombinant par laquelle des **ADNc** spécifiques ou des fragments d'**ADN génomique** sont insérés dans un vecteur de clonage, qui est alors incorporé dans des cellules hôtes en culture (e.g. cellules d'*E. coli*) et maintenu durant la croissance des cellules hôtes ; appelé aussi *clonage génique.* (Figures 9-13 et 9-15)

Clone (1) Population de cellules ou d'organismes génétiquement identiques, descendant d'un ancêtre commun. (2) Multiples copies identiques d'un gène ou d'un fragment d'ADN généré et maintenu par **clonage de l'ADN.**

Code génétique La série de règles par lesquelles les triplets de nucléotides (**codons**) dans l'ADN et l'ARN spécifient les acides aminés dans les protéines. (Tableau 4-1)

Codon Triade de nucléotides d'ADN ou d'ARNm qui spécifie l'acide aminé d'une protéine au moment de sa synthèse ; *triplet* en anglais. Parmi les 64 codons théoriques, trois sont des codons stop, qui ne spécifient aucun acide aminé et mettent fin à la synthèse. (Tableau 4-1)

Coenzyme A (CoA) Voir **acétyl CoA.**

Collagène Glycoprotéine à trois hélices, riche en glycine et en proline ; constituant majeur de la **matrice extracellulaire** et des tissus conjonctifs. Les nombreux types de collagènes diffèrent quant à leur distribution tissulaire et quant aux composants extracellulaires et protéines de surface cellulaire avec qui ils s'associent. (Tableau 6-1)

Coloration par fluorescence Technique générale servant à visualiser des composants cellulaires ; on expose les cellules à un agent marqué par un **fluorchrome** (e.g. un anticorps) qui s'attache spécifiquement à la molécule recherchée puis on examine la préparation au microscope à fluorescence.

Complémentaire (1) Désigne deux séquences ou chaînes d'acides nucléiques qui peuvent former des **paires de bases** parfaites (s'apparier) les unes avec les autres. (2) Désigne aussi les régions de deux molécules qui interagissent étroitement (e.g. une enzyme et son substrat) comme une clé dans sa serrure.

Complémentarité moléculaire Selon le modèle clé-serrure, la complémentarité des formes, des charges, de la polarité et de l'hydrophobicité et/ou d'autres propriétés physiques entre deux molécules, ou entre certaines de leurs régions, permet d'établir, à courte distance l'une de l'autre, des interactions multiples non covalentes. (Figure 2-10)

Complémentation fonctionnelle Procédé servant au criblage d'une bibliothèque d'ADN en vue de l'identification d'un gène de type sauvage qui restaure la fonction d'un gène déficient dans un mutant particulier. (Figure 9-20)

Complémentation génétique Rétablissement d'une fonction de type sauvage dans des cellules hétérozygotes diploïdes par conjugaison de cellules haploïdes qui sont affectées d'une mutation dans des gènes différents codant des protéines requises dans la même voie biochimique. Si deux mutants avec le même phénotype mutant (e.g. incapacité d'utiliser le galactose ou de se diviser) peuvent se corriger l'un l'autre, alors leur mutation touche un gène différent. (Figure 9-7)

Complexe clivage/polyadénylation Grand complexe multiprotéique qui catalyse au site 3' poly(A) le clivage du **pré- ARNm** et le début de l'addition des résidus d'adénylate (A) pour former la queue poly(A). (Figure 12-4)

Complexe de Golgi Pile de compartiments membraneux, aplatis et interconnectés (citernes) des cellules eucaryotes qui interviennent dans la transformation et l'adressage des protéines et des lipides destinés aux autres compartiments cellulaires ou à la sécrétion ; appelé aussi *appareil de Golgi.* (Figure 5-23)

Complexe de pré-initiation Complexe formé par l'ARN polymérase II, des facteurs de transcription généraux et l'ADN du promoteur. (Figure 11-27)

Complexe de reconnaissance des exons (*cross-exon recognition complex*) Vaste assemblage comprenant les protéines SR liant l'ARN et d'autres composants ; il contribue à délimiter les exons dans les **pré-ARNm** des eucaryotes supérieurs pour assurer un **épissage** correct de l'ARN. (Figure 12-11)

Complexe F_0F_1 Voir ATP synthase.

Conformation Structure dans l'espace d'une protéine ou d'une autre macromolécule, résultant de la position spatiale de chacun de ses atomes. Il suffit de petits changements de conformation pour modifier notablement l'activité physiologique de certaines protéines.

Connexine Membre d'une famille de protéines transmembranaires qui forment les **jonctions lacunaires** chez les vertébrés.

Constante d'association (K_a) Voir **constante d'équilibre**.

Constante d'équilibre (K) Quotient de la constante de vitesse de la réaction directe sur la constante de vitesse de la réaction inverse. Pour une réaction de liaison, $A + B \rightleftharpoons AB$, il est égal à la constante d'association, K_a ; plus élevé est le K_a, plus solide est la liaison entre A et B. La réciproque de K_a est la constante de dissociation, K_d ; plus élevé est le K_d, plus faible est la liaison entre A et B.

Constante de dissociation (K_d) Voir **constante d'équilibre**.

Constante de Michaelis Voir K_m.

Constitutive Désigne la production ou l'activité continue d'une molécule cellulaire ou l'opération continue d'un processus cellulaire (e.g. sécrétion constitutive) qui n'est pas régulée par des signaux internes ou externes.

Contrôle génique Tous les mécanismes intervenant dans la régulation de **l'expression génique**. Le plus commun est la régulation de la transcription, bien que les mécanismes intervenant dans la transformation, la stabilisation et la **traduction** des ARNm contribuent au contrôle de l'expression de certains gènes.

Contrôle respiratoire Lien de l'oxydation mitochondriale du NADH et du $FADH_2$ à la fourniture d'ADP et de P_i pour la synthèse d'ATP. Cette dépendance existe du fait que le transport d'électrons au long de la chaîne respiratoire est obligatoirement couplé au transport de protons à travers la membrane mitochondriale.

Coopérativité Propriété de certaines protéines à plusieurs sites de fixation de ligands dans lesquelles l'attachement d'une molécule de ligand accroît (coopérativité positive) ou décroît (coopérativité négative) l'affinité de fixation des autres molécules de ligand.

Corpuscule basal Socle des **cils** et des **flagelles** auquel sont ancrés les **microtubules** formant l'**axonème**. ; il ressemble par sa structure à un **centriole**.

Cotransport Transfert transmembranaire d'ions ou de petites molécules contre leur gradient de concentration assuré par le couplage à un déplacement d'une autre molécule le long d'un gradient de concentration favorable soit dans la même direction (**symport**), soit dans la direction opposée (**antiport**). (Tableau 7-1 et Figure 7-2)

Cristallographie aux rayons X Technique très fréquemment utilisée pour déterminer la structure tridimensionnelle de macromolécules (en particulier les protéines et acides nucléiques) ; elle consiste à irradier par des rayons X un cristal de la substance pure puis d'analyser le profil de diffraction des taches qui en résultent. (Figure 3-38)

Cycle cellulaire Suite programmée d'événements au cours de laquelle une cellule eucaryote réplique ses chromosomes et se divise en deux. Le cycle comporte généralement quatre phases : G1 précède la synthèse d'ADN ; S correspond à la période de réplication de l'ADN ; G2 la phase suivante, et M celle de la **division cellulaire**, qui génère deux cellules filles. Dans certaines conditions, la cellule échappe au cycle en G1 pour se mettre au repos en G0 (elle ne prolifère plus). (Figure 21-1).

Cycle de Calvin Voie métabolique principale qui fixe le CO_2 dans les glucides pendant la photosynthèse ; appelée aussi *fixation du carbone*. Elle dépend indirectement de la lumière, mais peut se dérouler dans l'obscurité ou la lumière. (Figure 8-42)

Cycle de Krebs Voir **cycle du citrate**.

Cycle de l'acide tricarboxylique Voir **cycle du citrate**.

Cycle du citrate Série de neuf réactions enzymatiques couplées qui se déroulent dans la matrice **mitochondriale** et qui oxydent, en CO_2 et intermédiaires réduits, les groupes acétyle issus des substances alimentaires ; l'énergie dégagée sert à former de l'ATP ; appelé aussi *cycle de Krebs* et *cycle des acides tricarboxyliques (TCA)*. (Figure 8-9)

Cycline Membre d'une famille de protéines apparentées dont le taux fluctue au cours du cycle cellulaire eucaryote. Les cyclines forment, avec les **kinases dépendant des cyclines**, des complexes qui activent et déterminent la spécificité de ces enzymes.

Cytochromes Groupe d'hémoprotéines pigmentées qui fonctionnent comme **transporteurs d'électrons** durant la respiration cellulaire et la photosynthèse. (Figure 8-15a)

Cytocinèse ou **cytodiérèse** Division du cytoplasme qui suit la mitose et génère deux cellules filles, chacune avec un noyau et des organites cytoplasmiques.

Cytokine L'une des nombreuses petites molécules sécrétées (e.g. érythropoïétine, G-CSF, interférons, interleukines) qui s'attachent à des récepteurs de surface de certaines cellules et déclenchent leur différenciation ou leur prolifération.

Cytoplasme Contenu visqueux de la cellule entouré de la membrane plasmique ; à l'extérieur du noyau, chez les eucaryotes.

Cytosol Phase aqueuse non structurée du cytoplasme à l'exclusion des organites, des membranes et des composants insolubles du cytosquelette.

Cytosquelette Réseau d'éléments fibreux composés surtout de **microtubules**, de **microfilaments** d'actine et de **filaments intermédiaires** qui occupent le cytoplasme de la cellule eucaryote. Le cytosquelette sert de charpente à la cellule et de support au déplacement direct des organites, des chromosomes et de la cellule elle-même. (Figure 5-29)

DAG Voir diacylglycérol.

Dalton Unité de masse moléculaire approximativement égale à la masse d'un atome d'hydrogène ($1{,}66 \times 10^{-24}$ g).

Découplant Agent qui dissipe la force proton motrice à travers la membrane mitochondriale interne ou la membrane thylakoïde des chloroplastes, inhibant ainsi la synthèse de l'ATP.

Dénaturation Forte altération de la conformation d'une protéine ou d'un acide nucléique due à la rupture de diverses liaisons non covalentes par chauffage ou contact avec certaines substances chimiques ; elle aboutit généralement à une perte de la fonction biologique.

Dendrite Prolongement assez court et classiquement ramifié, saillant du corps d'un neurone, pour recevoir les signaux des **axones** d'autres neurones. (Figure 7-29)

Dépolarisation Modification du potentiel électrique qui existe normalement à travers la membrane plasmique d'une cellule au repos. Il en résulte que le **potentiel de membrane** qui est négatif à la face cytosolique devient moins négatif.

Desmosomes Voir **jonctions d'ancrage.**

Détermination Au cours du développement embryonnaire, changement qui survient dans une cellule et l'engage ainsi dans une voie de différenciation particulière (destin cellulaire).

Développement (embryonnaire) Processus de croissance et de différenciation de l'œuf fécondé qui génère un animal ou une plante adulte, ainsi que la formation des différents types de cellules, des tissus et des organes.

Diacylglycérol (DAG) Messager secondaire lié à la membrane produit par clivage des **phospho-inositides** en réponse à une stimulation de certains récepteurs de la surface cellulaire. (Figures 13-7 et 13-28)

Différenciation Processus qui reprogramme d'habitude l'expression des gènes et qui, d'une cellule souche, produit un type de cellule spécialisé.

Diffusion facilitée Transfert, dépendant d'une protéine, d'un ion ou d'une petite molécule à travers une membrane cellulaire, en suivant le gradient descendant de concentration à une vitesse supérieure à celle de la **diffusion passive.** On parle aussi de *transport facilité.* Les transporteurs de glucose sont des exemples bien étudiés de protéines qui assurent la diffusion facilitée. (Figure 7-3)

Diffusion passive (simple) Flux transmembranaire de molécules dont l'importance est proportionnelle au gradient de concentration moléculaire et à la perméabilité de la membrane.

Diploïde Caractérise un organisme ou une cellule possédant deux jeux complets de **chromosomes homologues**, donc deux exemplaires (**allèles**) de chaque gène ou locus génétique. Les cellules somatiques contiennent le nombre diploïde de chromosomes (2 n) caractéristique de l'espèce. Voir aussi **haploïde.**

Disaccharide Petit glucide (sucre) composé de deux monosaccharides unis de manière covalente par une **liaison glycosidique.** Des exemples courants sont le lactose (sucre du lait) et le sucrose, un produit photosynthétique des plantes supérieures. (Figure 2-17)

Disulfure (-S-S-) Liaison covalente courante entre deux groupes **sulfhydryle** de deux résidus cystéine de protéines différentes ou de régions différentes de la même protéine ; présente fréquemment dans les protéines ou les domaines protéiques extracellulaires et très rarement dans les protéines cytosoliques.

Division cellulaire asymétrique Division cellulaire au cours de laquelle les deux cellules filles reçoivent les mêmes gènes, mais héritent de différents composants (e.g. ARNm, protéines) de la cellule parentale. (Figure 22-20)

Division cellulaire Séparation d'une cellule en deux cellules filles. Chez les eucaryotes supérieurs, elle se traduit par la division du noyau (**mitose**) et du cytoplasme (**cytocinèse** ou cytodiérèse) ; mitose est souvent utilisée pour désigner tant la division nucléaire que celle du cytoplasme.

Doigt de zinc Motifs protéiques qui s'attachent à des séquences d'ADN et qui sont composés de structures secondaires repliées autour d'un ion zinc ; présents dans de nombreux **facteurs de transcription** eucaryotes. (Figures 3-6b et 11-21)

Domaine Région d'une protéine possédant une structure tertiaire (e.g. globulaire ou en bâtonnet) et une activité caractéristique ; on peut trouver des domaines homologues dans des protéines différentes.

Dominant En génétique, désigne, parmi les deux **allèles** d'un gène, celui qui s'exprime dans le phénotype d'un **hétérozygote** ; l'allèle silencieux est dit **récessif.** Terme servant aussi à qualifier le phénotype associé à un allèle donné. En général, un gain fonctionnel résulte des mutations qui aboutissent à des allèles dominants. (Figure 9-2)

Dominant négatif En génétique, un allèle qui agit de manière **dominante,** mais dont l'effet est semblable à une perte de fonction ; en général, c'est un allèle qui code une protéine mutante qui bloque la fonction d'une protéine normale en se fixant à celle-ci ou à une protéine en **amont** ou en **aval** dans une voie particulière.

Dorsal Désigne le dos d'un animal ou la surface supérieure d'une structure (e.g. feuille, aile).

Double hélice, ADN La structure tridimensionnelle la plus commune de l'ADN cellulaire dans laquelle les deux brins polynucléotidiques sont antiparallèles et s'enroulent autour l'un de l'autre, les bases étant unies par des ponts hydrogène. (Figure 4-3)

Duplex d'ADN Voir **double hélice, ADN**

Dynéines Classe de **protéines motrices** qui utilisent l'énergie libérée par l'hydrolyse de l'ATP pour se déplacer vers le bout (-) des **microtubules.** Les dynéines peuvent transporter des vésicules et des organites et assurent le mouvement des **cils** et des **flagelles.** Elles jouent un rôle dans le mouvement des chromosomes durant la mitose. (Figure 20-22 et Tableau 20-2)

Ectoderme La plus externe des trois couches cellulaires de l'embryon animal ; se différencie en tissus épidermiques, système nerveux et organes sensoriels externes. Voir aussi **endoderme** et **mésoderme.** (Figure 22-7)

Édition de l'ARN Type inhabituel de maturation de l'ARN au cours de laquelle la séquence de pré-ARNm est modifiée.

Effet hydrophobe Tendance des molécules ou de parties de molécules non polaires à s'associer l'une avec l'autre en solution aqueuse ; particulièrement importante dans la stabilisation de la bicouche phospholipidique. On l'appelle souvent *interaction* ou *liaison hydrophobe.* (Figure 2-9)

EGF (*epidermal growth factors*) Famille de protéines signal sécrétées qui intervient dans le développement de la plupart des tissus chez la plupart ou tous les animaux. Le nom est lié aux conditions de sa découverte, mais ses fonctions sont beaucoup plus variées. Les récepteurs sont des tyrosine kinases. Des mutations dans les transducteurs du signal provenant des EGF sont impliquées dans le cancer humain, entre autres le cancer du cerveau.

Électrophorèse Principe à la base de plusieurs méthodes servant à séparer des macromolécules grâce à leur migration différentielle dans un gel ou tout autre milieu soumis à un champ électrique puissant. (Figure 3-32)

Élément d'ADN mobile Toute séquence d'ADN qui n'est pas présente au même endroit d'un chromosome chez tous les individus d'une espèce et qui peut gagner une autre position par **transposition** ; appelé aussi *élément transposable* et *répétition dispersée.* (Tableau 10-1)

Élément P Transposon d'ADN chez la drosophile ; il est utilisé expérimentalement dans la production de mouches transgéniques.

Élément proche du promoteur Toute séquence régulatrice d'un ADN eucaryote située au voisinage (dans un intervalle de 200 pb) du site de départ de la transcription. La transcription de nombreux gènes est contrôlée par de multiples éléments proches du promoteur. (Figure 11-12)

Embryogenèse Début du développement d'un individu à partir de l'œuf fécondé (zygote). Après clivage du zygote, les principaux axes du corps apparaissent durant le stade *blastula* ; au stade *gastrula* qui suit, les feuillets embryonnaires s'invaginent pour former les trois couches cellulaires.

Empreinte à la nucléase (***footprinting***) Technique d'identification de régions de l'ADN ou de l'ARN auxquelles se lient des protéines. Elle repose sur la capacité des protéines liées de protéger ces régions d'une digestion enzymatique. (Figure 11-13a)

EMSA (*electrophoretic mobility shift assay*, test de ralentissement électrophorétique) Méthode semiquantitative servant à déterminer les protéines qui se lient à des séquences spécifiques d'ADN. Elle est basée sur le ralentissement de la migration électrophorétique en gel d'un fragment d'ADN marqué quand il est lié à la protéine. (Figure 11-14)

Endocrine Désigne le mode de signalisation dans lequel des cellules cibles fixent et répondent à une **hormone** libérée dans le sang par des cellules sécrétrices spécialisées se trouvant à distance et en général rassemblées dans une glande (e.g. hypophyse, glande thyroïde).

Endocytose dépendante de récepteur Prélèvement par la cellule de molécules ou particules extracellulaires qui se lient à des récepteurs spécifiques dans la membrane plasmique et qui, après invagination de celle-ci, se retrouvent dans une vésicule (endosome précoce) à l'intérieur de la cellule. (Figure 17-28)

Endoderme La plus interne des trois couches primaires de l'embryon animal ; donne naissance à l'intestin et à la plus grande partie du tractus respiratoire. Voir **ectoderme** et **mésoderme.** (Figure 22-7)

Endosome tardif Compartiment entouré d'une membrane qui participe à l'adressage des enzymes lysosomiales et dans le recyclage des récepteurs de la membrane plasmique après leur endocytose. Le pH acide à l'intérieur des endosomes tardifs dissocie les ligands fixés aux récepteurs protéiques liés à la membrane. (Figures 17-1 et 17-28)

Endothélium Couche de cellules aplaties qui borde la lumière de tous les vaisseaux et régule l'échange de substances entre le courant sanguin et les tissus ; cette couche repose en général sur une **membrane basale.**

Énergie d'activation Quantité d'énergie nécessaire pour déclencher (surmonter la barrière) une réaction chimique. En réduisant l'énergie d'activation, une **enzyme** augmente la vitesse d'une réaction. (Figure 3-16)

Énergie libre (***G***) Mesure de l'énergie potentielle d'un système, qui est une fonction de son **enthalpie** (*H*) et de son **entropie** (*S*).

Enhancesome Grand complexe nucléoprotéique qui s'assemble à partir des facteurs de transcription (activateurs et répresseurs) quand ils se lient de manière coopérative aux multiples sites de liaison d'un amplificateur avec l'assistance de protéines courbant l'ADN. (Figure 11-26)

Enjambement (*crossing-over*) Échange de matériau génétique homologue entre **chromatides** maternelle et paternelle lors de la **méiose** aboutissant à des chromosomes recombinants. Voir **recombinaison.** (Figure 9-45)

Enthalpie (***H***) Chaleur. Dans une réaction chimique, l'enthalpie des réactifs ou des produits est égale à leurs énergies de liaison totales.

Entropie (***S***) Mesure du degré de désordre d'un système ; l'entropie y est d'autant plus élevée que le désordre y est plus marqué.

Enveloppe nucléaire Double membrane entourant le noyau ; la membrane externe est en continuité avec le réticulum endoplasmique et les deux membranes sont traversées par les **pores nucléaires.** (Figure 5-19)

Enveloppe virale Bicouche phospholipidique formant la couverture externe de certains virus (e.g. virus de la grippe, virus de la rage) dérivée par bourgeonnement de la membrane de la cellule hôte et contenant les glycoprotéines codées par le virus. (Figure 4-41)

Enzyme de restriction (**endonucléase**) Toute enzyme qui reconnaît et clive une courte séquence spécifique, appelée site de restriction, d'une molécule d'ADN bicaténaire. Ces enzymes sont très répandues chez les bactéries et servent à la dégradation de l'ADN étranger capté par une bactérie. On s'en sert largement in vitro afin de produire de l'**ADN recombinant.** (Tableau 9-1 et Figure 9-10)

Enzyme Protéine qui catalyse une réaction chimique particulière impliquant un **substrat** spécifique ou un petit nombre de substrats apparentés.

Épissage de l'ARN Un processus qui aboutit à l'élimination des introns et à la liaison des exons dans les pré-ARNm. Voir aussi **spliceosome.** (Figure 12-2)

Épithélium Film continu couvrant la surface du corps ou ses cavités et constitué d'une ou de plusieurs couches de cellules adhérant étroitement. (Figure 6-4)

Épitope Partie d'une molécule d'antigène qui se lie à un **anticorps** ; appelé aussi *déterminant antigénique.*

Équilibre chimique État d'une réaction chimique dans lequel la concentration des réactifs et des produits ne varie pas puisque la vitesse de la réaction directe est égale à celle de la réaction inverse.

Érythropoïétine (Epo) Cytokine, sécrétée par les cellules rénales en réponse à la diminution du taux d'oxygène sanguin. Elle déclenche la production des globules rouges en induisant la prolifération et la différenciation des progéniteurs érythroïdes dans la moelle osseuse. (Figures 14-7 et 22-5)

État stationnaire Dans les voies métaboliques cellulaires, moment où les vitesses de formation et de consommation d'une substance sont égales, sa concentration reste alors constante. (Figure 2-21)

Eubactéries Classe de **procaryotes** qui constitue une des trois lignées des organismes actuels ; appelées aussi *bactéries vraies* ou simplement *bactéries.* Elles sont distinctes d'un point de vue phylogénique des **archébactéries** et des **eucaryotes.** (Figure 1-3)

Eucaryotes Classe d'organismes comprenant une ou plusieurs cellules pourvues d'organites et d'un noyau entouré d'une membrane. Ils constituent une des trois lignées des organismes actuels. Ils comprennent tous les organismes à l'exception des virus et des **procaryotes.** (Figure 1-3)

Euchromatine Portions moins condensées de la **chromatine,** comprenant les régions les plus transcrites, présentes dans les chromosomes pendant l'interphase. Voir aussi **hététochromatine.**

Exocytose Libération de molécules intracellulaires (e.g. hormones, protéines de la matrice) contenues dans une vésicule dont la membrane fusionne avec la membrane plasmique de la cellule. La plupart des molécules sécrétées par la cellule eucaryote le sont par cette voie.

Exon Segment d'un gène eucaryote (ou de son **transcrit primaire**) qui atteint le cytoplasme en faisant partie d'une molécule mature d'ARNm, d'ARNr ou d'ARNt. Voir aussi **intron**.

Exosomes Grands complexes contenant des exonucléases ; dans le noyau, ils dégradent les introns provenant de l'épissage ainsi que les pré-ARNm dont la maturation s'est déroulée incorrectement ; dans le cytoplasme, ils dégradent les ARNm avec une queue poly(A) raccourcie.

Exportateur d'ARNm Hétérodimère protéique qui se lie aux particules de ribonucléoprotéines contenant l'ARNm (mRNP) et dirige leur transfert du noyau dans le cytoplasme en interagissant transitoirement avec les nucléoporines des pores nucléaires. (Figure 12-24)

Exportine Protéine qui se charge d'une cargaison protéique dans le noyau et la transporte à travers les pores nucléaires dans le cytoplasme ; elle est aidée pour cela par Ran, un membre de la **superfamille des GTPases.** Voir aussi **importine.** (Figure 12-23)

Expression génique Processus par lequel l'information contenue dans un gène est transformée en un **phénotype** observable (en général, la production d'une protéine).

Expression Voir **expression génique.**

Face cytosolique Face d'une membrane cellulaire dirigée vers le cytosol. (Figure 5-4)

Face exoplasmique Face d'une membrane cellulaire distante du cytoplasme. La face exoplasmique de la membrane plasmique fait face à l'extérieur de la cellule, tandis que la face exoplasmique des organites entourés d'une membrane simple (e.g. réticulum endoplasmique, lysosome, vésicule de transport) fait face à leur lumière. (Figure 5-4)

Facteur d'élongation Une des protéines non ribosomiales requises pour la continuité de la **traduction** d'un ARNm (synthèse protéique) à la suite de l'amorçage. (Figure 4-26)

Facteur d'initiation Membre d'une catégorie de protéines qui favorisent l'association correcte des ribosomes aux ARNm et qui sont indispensables au démarrage de la **traduction** (synthèse protéique). (Figure 4-25)

Facteur de croissance Molécule polypeptidique extracellulaire qui s'attache à un récepteur cellulaire de surface et ouvre une **voie de signalisation** responsable de la prolifération cellulaire.

Facteur de libération Un des deux types de protéines non ribosomiales qui reconnaissent les codons stop dans l'ARNm et induisent la libération de la chaîne polypeptidique complète, terminant ainsi la **traduction** (synthèse protéique). (Figure 4-29)

Facteur de terminaison Voir **facteur de libération.**

Facteur de transcription (FT) Toute protéine, autre que l'ARN polymérase, indispensable pour amorcer ou réguler la transcription dans une cellule eucaryote. Les facteurs généraux, requis pour la transcription de tous les gènes, prennent part à la formation du complexe d'amorçage au voisinage du site de départ. Les facteurs particuliers stimulent (activateurs) ou inhibent (répresseurs) la transcription de certains gènes en se liant à leur séquence régulatrice.

Facteur général de transcription (FGT) Voir **facteur de transcription.**

Facteur inducteur de la mitose. Voir **MPF.**

FAD (flavine adénine dinucléotide) Transporteur d'électrons diffusible qui accepte deux électrons d'une molécule donneuse et deux H^+ de la solution. Dans les mitochondries, la forme réduite, FADH2, transfère les électrons à des transporteurs qui interviennent dans la **phosphorylation oxydative.** (Figure 2-26b)

Faisceau contractile Faisceaux d'**actine** et de **myosine** dans les cellules non musculaires qui interviennent dans l'adhérence (e.g. fibres de stress) ou la mobilité cellulaire (anneau de constriction dans les cellules en division).

Famille Bcl-2 Une famille de protéines habituellement localisées dans les mitochondries qui favorisent ou inhibent l'**apoptose.**

Famille de gènes Série de gènes qui s'est constituée par duplication d'un gène ancestral commun suivie de divergences dues à de petits changements dans la séquence nucléotidique. (Figure 9-32)

Famille de protéines Série de protéines homologues codées par une **famille de gènes.**

Feuillet plissé β **Structure secondaire** plane d'une protéine qui est créée par des liaisons hydrogène entre les atomes du squelette de deux chaînes polypeptidiques ou de deux segments d'une même chaîne polypeptidique repliée. (Figure 3-4)

FGF (***fibroblast growth factors***) Famille de protéines signal sécrétées qui interviennent dans le développement de la plupart des tissus chez de nombreux animaux, si pas tous. Le nom rappelle comment elles ont été découvertes, mais leur fonction est beaucoup plus variée. Les FGF sont souvent angiogènes ou mitogènes. Leurs récepteurs sont des tyrosine kinases, et certaines mutations des récepteurs sont associées à des malformations humaines héréditaires.

Fibroblaste Type de cellule du tissu conjonctif présent dans presque tous les tissus, qui sécrète du collagène et d'autres composants de la matrice extracellulaire ; il migre et prolifère au cours de la guérison des blessures et en boîte de culture.

Fibronectine Voir **protéines multiadhésives de la matrice extracellulaire**

Filament intermédiaire Fibre du cytosquelette, de 10 nm de diamètre, formée par polymérisation de plusieurs types de sous-unités protéiques, comprenant les kératines, les lamines et la vimentine. Les filaments intermédiaires sont les principales protéines de structure de la peau et des poils et servent de charpente aux disques Z et aux myofibrilles musculaires ; ils forment la charpente qui maintient les disques Z et les myofibrilles en place dans les muscles et constituent un support pour les membranes cellulaires. (Figure 19-33)

FISH (***fluorescence in situ hybridization***) Dans cette technique de détection de séquences d'ADN ou d'ARN spécifiques dans des cellules ou des tissus, on soumet les échantillons à des **sondes** fluorescentes qui hybrident avec la séquence recherchée et on les examine en microscopie à fluorescence.

Fixation du carbone Voir **cycle de Calvin.**

Flagelle Longue structure locomotrice s'étendant de la surface d'une cellule eucaryote, dont les mouvements en coups de fouet propulsent la cellule vers l'avant ou l'arrière. Il n'y a d'habitude qu'un seul flagelle par cellule (exemple, le spermatozoïde). Les flagelles bactériens sont plus petits et ont une structure plus simple. Voir aussi **axonème** et **cil.**

Flippase Protéine qui facilite le passage des lipides membranaires d'un feuillet à l'autre dans une bicouche phospholipidique. (Figures 7-12 et 18-4)

Fluorochrome Molécule qui absorbe la lumière à une longueur d'onde et émet une lumière à une autre longueur d'onde (plus longue) ; appelée aussi *colorant fluorescent*. La fluorescéine, qui émet une lumière verte, et la rhodamine, qui émet une lumière rouge, sont deux fluorochromes d'usage courant.

Focalisation isoélectrique Technique de séparation de molécules par **électrophorèse** en gel dans un gradient de pH soumis à un champ électrique. Une protéine migre jusqu'à l'endroit du gradient où sa charge nette globale est nulle.

Force proton motrice Aussi *force protomotrice*. Énergie due à la fois à un gradient de concentration protonique (H^+) et à un gradient de potentiel électrique à travers une membrane ; entraînant une synthèse d'ATP par l'**ATP synthase**, le transport de molécules contre leur gradient de concentration et le mouvement des flagelles bactériens. (Figure 8-1).

Fourche de croissance Voir **fourche de réplication.**

Fourche de réplication Site dans l'ADN bicaténaire où les deux brins se séparent et servent de matrices pour chaque chaîne croissant par l'addition successive des désoxyribonucléotides. (Figure 4-33)

Fragment de restriction Fragment d'ADN défini, issu du clivage d'un ADN par une **enzyme de restriction.** On utilise ces fragments pour fabriquer des ADN recombinants et cloner l'ADN.

Fragments d'Okazaki Courts fragments (<1.000 bases) d'ADN simple brin qui sont formés durant la synthèse du brin tardif au cours de la réplication de l'ADN et qui sont rapidement joints par l'ADN ligase pour former un brin continu d'ADN. (Figure 4-33)

Fuseau mitotique Voir **appareil mitotique.**

G0, G1, G2 (phases) Voir **cycle cellulaire.**

GAG Voir **glycosaminoglycane**

Gaine de myéline Empilement particulier de membranes cellulaires qui constitue un isolant autour des axones de vertébrés et accélère la propagation de l'influx. (Figures 7-39 et 7-40)

Gamète Cellule **haploïde** spécialisée (spermatozoïde et ovule chez l'animal), issue de la **méiose** d'une cellule germinale ; au cours de la reproduction sexuée, l'entrée du spermatozoïde dans l'ovule déclenche le développement d'un nouvel individu.

Gène Élément physique et fonctionnel de l'hérédité qui transmet l'information d'une génération à la suivante. En termes moléculaires, c'est la séquence entière d'ADN — les exons, les introns et les régions non codantes régulatrices de la transcription — nécessaire à la production d'une protéine fonctionnelle ou d'un ARN. Voir aussi **unité de transcription.**

Gène KO (*knockout*) voir **Inactivation génique**

Gène rapporteur Gène codant une protéine qui est facilement dosée (e.g. β-galactosidase, luciférase). Un gène rapporteur est utilisé dans divers types d'expériences pour indiquer l'activation d'un promoteur auquel il est lié.

Gène suppresseur de tumeur Tout gène dont la protéine qu'il code inhibe directement ou indirectement la progression du cycle cellulaire et dans lequel une mutation perte de fonction est oncogène. L'héritage d'un seul allèle muté de nombreux gènes suppresseurs de tumeur (e.g. *RB*, *APC* et *BCRA1*) augmente fortement le risque de développer certains types de cancer.

Gènes gap Chez la drosophile, groupe de gènes (e.g. *hunchback*, *Krüppel*, *knirps*) qui sont activés dans le jeune embryon par des facteurs de transcription produits à partir d'ARNm maternels chez le zygote ; tous codent des facteurs de transcription qui interviennent dans l'agencement de l'axe antéropostérieur. (Figure 15-22a)

Gènes Hox Groupe de gènes importants pour le développement ; ils codent des facteurs de transcription contenant des homéodomaines et contribuent à façonner le corps des animaux. Des mutations dans les gènes Hox causent souvent l'**homéose.**

Gènes pair-rule Chez la drosophile, groupe de gènes (e.g *even-skipped*, *fushi tarazu* et *paired*) qui sont exprimés dans les bandes alternant au long de l'axe antéropostérieur des jeunes embryons. Tous codent des facteurs de transcription et interviennent, avec les gènes gap et les gènes *segment-polarity*, dans la détermination des segments corporels des mouches. (Figure 15-24)

Gènes segment-polarity Chez la drosophile, groupe de gènes (e.g. *engrailed*, *hedgehog*, *wingless*) qui interviennent dans les processus de structuration finale des segments du corps au début de l'embryogenèse. Le profil d'expression de ces gènes et d'autres qui entrent en jeu plus tôt engage les cellules vers un destin unique au long de l'axe antéropostérieur. (Figure 15-24)

Génome Somme de l'information génétique contenue dans une cellule ou un organisme.

Génomique Analyses comparatives des séquences génomiques complètes de différents organismes ; on les utilise pour évaluer les relations phylogéniques entre espèces et pour prévoir le nombre et les types généraux de protéines produites par un organisme.

Génotype Constitution génétique totale d'une cellule ou d'un organisme, habituellement avec mention d'**allèles** particuliers à un ou plusieurs locus spécifiques.

Glucagon Hormone peptidique produite par les cellules α des îlots du pancréas ; elle stimule la transformation du glycogène en glucose par le foie et, avec l'**insuline**, ajuste le taux de glucose dans le sang.

Glucide (hydrate de carbone) Terme général désignant certains polyhydroxyaldéhydes, polyhydroxycétones ou des composés dérivés de ceux-ci ayant habituellement la formule $(CH_2O)_n$. Type principal de composé utilisé pour stocker et fournir l'énergie dans les cellules animales. (Figure 2-16)

Glucose Monosaccharide (sucre) à six carbones qui est le principal combustible métabolique dans la plupart des cellules. Les grands polymères de glucose, le glycogène et l'amidon, servent au stockage de l'énergie respectivement dans les cellules animales et dans les cellules végétales.

Glycogène Très long polysaccharide ramifié composé uniquement de résidus glucosyles ; c'est la principale réserve de glucides des cellules animales ; il est présent surtout dans le foie et les muscles.

Glycolipide Tout lipide auquel est liée de manière covalente une courte chaîne glucidique ; présent surtout dans la membrane plasmique.

Glycolyse Voie anaérobie de dégradation des sucres en lactate et pyruvate dans le cytosol, avec production d'ATP. (Figure 8-4)

Glycoprotéine Toute protéine à laquelle une ou plusieurs chaînes oligosaccharidiques sont liées de manière covalente. La plupart des protéines sécrétées et de nombreuses protéines de membrane sont des glycoprotéines.

Glycosaminoglycane Long polymère linéaire, de charge électrique élevée, d'un disaccharide répété dans lequel un membre de la paire est d'habitude un sucre acide (acide uronique) et l'autre un sucre aminé. En général, maints résidus sont sulfatés. Ces polysaccharides sont des composants majeurs de la matrice extracellulaire souvent comme composants de **protéoglycanes.** (Figures 6-17 et 6-19)

GMP cyclique Messager second qui ouvre les canaux cationiques dans les bâtonnets et active la protéine kinase G dans les muscles lisses vasculaires et d'autres cellules. (Figure 13-7)

Gradient électrochimique Force motrice qui détermine la direction énergétique favorable au transport d'un ion (ou d'une molécule chargée) à travers une membrane. Il représente l'influence combinée d'un gradient de concentration d'ions à travers la membrane et du potentiel de membrane.

Groupe sulfhydryle (–SH) Groupe substituant présent dans l'acide aminé cystéine et d'autres molécules consistant en un atome d'hydrogène lié par covalence à un atome de soufre organique ; appelé aussi *groupe thiol.*

GTP (guanosine 5'-triphosphate) Un **nucléotide** qui est un précurseur dans la synthèse d'ARN et qui joue un rôle spécial dans la synthèse protéique, les voies de transduction des signaux et l'assemblage des microtubules.

Haploïde Qualifie un organisme ou une cellule pourvue seulement d'un des membres de chaque paire de **chromosomes homologues,** donc d'un seul exemplaire (**allèle**) de chaque gène ou locus génétique. Les gamètes et les bactéries sont haploïdes. Voir aussi **diploïde.**

Hedgehog (Hh) Famille de protéines signal sécrétées qui interviennent dans le développement de nombreux tissus chez la plupart des animaux, si pas tous. Les protéines Hh sont faites au départ de longs précurseurs. La partie C-terminale du précurseur exerce une activité autoprotéolytique, clivant la molécule pour libérer la partie N-terminale qui sert de signal. Dans ce processus, une molécule de cholestérol est liée de manière covalente au bout C-terminal du peptide signal. Des mutations dans les composants de transduction du signal Hh sont impliquées dans le cancer humain et des malformations congénitales. Le récepteur est la protéine transmembranaire Patched.

Hélicase Enzyme qui se déplace le long d'un duplex d'ADN en utilisant l'énergie libérée par l'hydrolyse de l'ATP pour séparer (dérouler) les deux brins. Elle est nécessaire à la réplication.

Hélice alpha (α) Structure secondaire fréquente dans les protéines, où la séquence linéaire des acides aminés est repliée en une spirale droite stabilisée par des liaisons hydrogène entre les groupes carboxyle et amide de la chaîne peptidique. (Figure 3-3)

Hélice-boucle-hélice basique (bHBH) Motif structural d'un domaine de liaison à l'ADN d'une classe de **facteurs de transcription** dimériques chez les eucaryotes. (Figure 11-22b)

Hélice-boucle-hélice Motif structural conservé que l'on trouve dans de nombreuses protéines monomériques liant le Ca^{2+} et dans les facteurs de transcription dimériques chez les eucaryotes. (Figures 3-6a et 11-22b)

Hémidesmosome Voir **jonctions d'ancrage**

Hétérochromatine Région de la **chromatine** qui reste parfaitement condensée et inerte au point de vue transcriptionnel pendant l'interphase.

Hétérozygote Qualifie une cellule ou un organisme pourvu des deux **allèles** différents d'un gène donné.

Hexose Monosaccharide à six atomes de carbone.

Histones Famille de petites protéines basiques, hautement conservées, qui font partie de la **chromatine** de toutes les cellules eucaryotes et s'associent à l'ADN pour former le **nucléosome.** (Figures 10-20 et 10-21).

Homéodomaine Motif de liaison à l'ADN bien conservé qu'on retrouve dans bon nombre de facteurs de transcription impliqués dans le développement embryonnaire.

Homéose Transformation d'une partie du corps en une autre à la suite d'une mutation ou d'une expression erronée de certains gènes jouant un rôle critique dans le développement.

Homologie Similitude de caractéristiques (e.g. séquences protéiques ou nucléiques ou structure d'un organe) qui reflète une origine phylogénique commune. Les molécules ou les séquences dotées d'homologie sont dites *homologues*. Par contre, l'analogie est une similitude de structure ou de fonction qui ne reflète pas une origine phylogénique commune.

Homologues Protéines ou gènes qui montrent une **homologie.**

Homozygote Qualifie une cellule ou un organisme diploïde qui possède deux **allèles** identiques d'un gène donné.

Hormone Terme générique désignant toute substance extracellulaire qui induit des réponses particulières dans des cellules cibles ; spécifiquement, les molécules signal qui circulent dans le sang et assurent une signalisation **endocrine.**

Hyaluronane Glycosaminoglycane (GAG) de grande taille fortement hydraté qui est un composant majeur de la matrice extracellulaire ; appelé aussi *acide hyaluronique* ou *hyaluronate.* Il donne la rigidité et la résilience ainsi que des propriétés lubrifiantes à de nombreux types de tissus conjonctifs. (Figure 6-17)

Hybridation Association de deux brins d'acides nucléiques **complémentaires** pour former une molécule bicaténaire, qui peut contenir soit deux brins d'ADN soit deux brins d'ARN soit un brin d'ADN et un brin d'ARN. On y recourt expérimentalement de diverses façons pour détecter des séquences d'ADN ou d'ARN spécifiques.

Hybridation in situ Toute technique de détection de séquences d'ADN ou d'ARN spécifiques dans des cellules ou des tissus. On expose des échantillons à des sondes simple brin d'ARN ou d'ADN qui hybrident avec la séquence en question. (Figure 15-3)

Hybridome Clone de cellules hybrides qui sont immortelles et produisent des **anticorps monoclonaux** ; formé par fusion de lymphocytes B producteurs d'anticorps avec des cellules de myélome. (Figure 6-38)

Hydrophile Qui interagit facilement avec l'eau. Voir aussi **polaire.**

Hydrophobe Qui n'interagit pas facilement avec l'eau ; donc peu ou pas soluble dans l'eau. Voir aussi **non polaire.**

Hypertonique Qualifie une solution externe de force ionique suffisamment élevée pour entraîner la sortie de l'eau de la cellule à cause de l'**osmose.**

Hypotonique Qualifie une solution externe de force ionique suffisamment basse pour entraîner l'entrée de l'eau dans la cellule à cause de l'**osmose.**

IgCAM Famille de molécules d'adhérence cellulaire qui contiennent plusieurs domaines d'immunoglobulines (Ig) et assurent des interactions intercellulaires indépendantes du Ca^{2+}. Les IgCAM sont produites par divers tissus et sont des composants des **jonctions serrées.** (Figure 6-2)

Immunohistochimie Coloration des cellules et tissus au moyen d'anticorps marqués par un fluorochrome et spécifiques d'une protéine particulière ; technique fréquemment utilisée pour localiser des protéines particulières dans des échantillons fixés. (Figure 5-45)

Importine Protéine qui prend en charge une cargaison protéique dans le cytoplasme et la transporte à travers les pores nucléaires dans le noyau. Le retour de l'importine dans le cytoplasme requiert l'aide de Ran (un membre de la **superfamille des GTPases**). Voir aussi **exportine.**

In vitro Désigne une réaction ou un processus se déroulant dans un extrait cellulaire isolé ; parfois utilisé pour distinguer des cellules poussant en culture de celles qui se multiplient dans un organisme.

In vivo Dans une cellule ou un organisme intact.

Inactivation génique ou **gène KO** (***knockout***) Inactivation sélective d'un gène spécifique en le remplaçant par un allèle non fonctionnel (interrompu) dans un organisme par ailleurs normal.

Induction (1) En embryologie, déclenchement de la reprogrammation d'une cellule ou d'un tissu donné sous l'influence directe d'une autre cellule ou d'un autre tissu, ou encore d'une **molécule signal** extérieure. (2) En biochimie, mise en route de la synthèse d'une enzyme ou d'une série d'enzymes par action d'une molécule particulière (inducteur).

Inhibition latérale Processus important du développement au cours duquel Notch ou d'autres types de signaux imposent un destin différent à des cellules adjacentes bien qu'elles soient équivalentes, ou presque, sur le plan du développement. (Figure 15-36)

Inositol 1,4,5-trisphosphate (IP_3) Messager secondaire produit par clivage des **phospho-inositides** en réponse à une stimulation de certains récepteurs de la surface cellulaire. IP_3 déclenche la libération du Ca^{2+} stocké dans le réticulum endoplasmique. (Figures 13-7 et 13-29)

Insuline Hormone protéique produite par les cellules β du pancréas, qui stimule l'entrée du glucose dans les cellules adipeuses et musculaires. Avec le **glucagon,** elle régule le taux de glucose dans le sang. L'insuline sert aussi de facteur de croissance pour de nombreux types cellulaires.

Intégrines Grande famille de protéines transmembranaires hétérodimériques qui permettent l'adhérence des cellules à la matrice extracellulaire ou à la surface d'autres cellules. (Tableau 6-2)

Interaction de Van der Waals Interaction non covalente faible due à des distributions d'électrons légèrement asymétriques et transitoires autour des atomes (dipôles).

Interaction ionique Une **interaction non covalente** entre un ion chargé positivement (cation) et un ion chargé négativement (anion) ; appelé communément *liaison ionique.*

Interaction non covalente Toute interaction chimique relativement faible dans laquelle les atomes ne partagent pas étroitement les électrons impliqués. Des interactions non covalentes multiples stabilisent souvent la conformation des macromolécules et établissent des liaisons hautement spécifiques entre protéines (e.g. un antigène et un anticorps).

Interférence d'ARN (ARNi) Inactivation fonctionnelle d'un gène spécifique par l'introduction expérimentale d'un ARN double brin correspondant, qui induit la dégradation de l'ARNm simple brin correspondant codé par le gène mais pas celui des ARNm ayant une séquence différente. (Figures 9-43 et 12-27)

Interférons (IFN) Petit groupe de cytokines qui s'attachent à des **récepteurs** de surface de cellules cibles dans lesquelles elles induisent des changements dans l'expression génique qui aboutissent à un état de résistance aux virus ou à d'autres réponses cellulaires importantes pour le fonctionnement du système immunitaire.

Interphase Longue période du cycle cellulaire, comprenant les phases G_1, S et G_2, séparant une phase M (mitose) de la suivante. (Figure 21-1)

Intron Fragment d'un **transcrit primaire** (ou de l'ADN qui le code) éliminé par **épissage** lors de la maturation des ARN et qui ne fait pas partie des ARNm, ARNr et ARNt matures fonctionnels.

Ionophore Toute petite molécule soluble dans les lipides qui lie sélectivement un ion spécifique et le transporte à travers des membranes par ailleurs imperméables.

IP_3 Voir **Inositol 1,4,5-trisphosphate.**

Isoformes Les variétés d'une protéine donnée qui se distinguent par de légères différences dans leur séquence d'acides aminés, mais qui possèdent les mêmes potentialités physiologiques. Elles résultent de l'épissage différentiel de l'ARN transcrit d'un même gène ou sont issues chacune d'un gène particulier.

Isotonique Qualifie une solution dont la concentration en solutés et la force ionique sont égales à celles de la cellule ; on n'observe donc pas de flux d'eau entre la cellule et son milieu.

Jonction lacunaire (**jonction gap** ou **jonction communicante**) Pore à paroi protéique qui connecte les cytoplasmes de cellules adjacentes, leur permettant ainsi d'échanger des ions et de petites molécules.

Jonction serrée Type de jonction entre cellules épithéliales adjacentes qui empêche la diffusion des macromolécules, de nombreuses petites molécules et des ions dans les espaces intercellulaires ainsi que la diffusion des composants membranaires entre les régions apicale et basolatérale. (Figure 6-9)

Jonctions cellulaires Régions spécialisées de la surface cellulaire par lesquelles les cellules sont jointes l'une à l'autre ou à la matrice extracellulaire. (Figure 6-5)

Jonctions d'ancrage Régions spécialisées à la surface cellulaire, contenant des **molécules d'adhérence cellulaire** ou **récepteurs d'adhérence,** qui interagissent avec d'autres cellules ou avec la matrice extracellulaire et avec des fibres du cytosquelette. Les types majeurs dans les cellules épithéliales sont les *jonctions adhérentes,* les *desmosomes*, qui assurent l'adhérence intercellulaire, et les *hémidesmosomes*, qui assurent l'adhérence de la cellule à la matrice. (Figures 6-7 et 6-8)

Kératines Groupe de protéines des filaments intermédiaires hétéropolymériques présents dans les cellules épithéliales.

Kinase dépendant des cyclines (CDK) Protéine kinase qui n'est active que lorsqu'elle est liée à une cycline. Divers complexes cycline-CDK font progresser le cycle de la cellule eucaryote par phosphorylation de protéines cible spécifiques. (Figure 21-28)

Kinase Une enzyme qui transfère le groupe phosphate terminal (γ) de l'ATP sur un substrat. Les protéine kinases, qui phosphorylent des résidus spécifiques de sérine, thréonine ou tyrosine dans des protéines cibles, jouent un rôle critique dans la régulation de l'activité de nombreuses protéines cellulaires. Voir aussi **phosphatases.** (Figure 3-30)

Kinésines Classe de protéines motrices qui utilisent l'énergie libérée par l'hydrolyse de l'ATP pour se déplacer vers le bout (+) d'un **microtubule.** Les kinésines peuvent transporter des vésicules et des organites et jouent un rôle dans le mouvement des chromosomes au cours de la mitose. (Figure 20-20 et Tableau 20-2)

Kinétochore Structure protéique constituée de plusieurs couches ; elle est située à hauteur ou près du **centromère** de chaque chromosome mitotique ; les microtubules s'étendent du kinétochore jusqu'aux pôles du fuseau de la cellule ; il joue un rôle actif dans la migration des chromosomes vers les pôles au cours de l'**anaphase** (Figure 20-32)

K_m Paramètre qui exprime l'affinité d'une enzyme envers son substrat et est égal à la concentration de substrat nécessaire pour que la vitesse de réaction atteigne la moitié de la vitesse de réaction maximale ; sigle de la *constante de Michaelis.* Le même paramètre reflète l'affinité d'un transporteur protéique envers la molécule transportée ou l'affinité d'un récepteur envers son ligand. (Figure 3-19)

Lame basale Mince feuillet formé d'un réseau de composants de matrice extracellulaire ; il soutient la plupart des épithéliums et autres assemblages de cellules (e.g. le muscle) chez les animaux et les sépare du tissu conjonctif ou d'autres cellules. (Figure 6-13)

Lamina nucléaire Réseau fibreux à la face interne de la membrane interne de l'**enveloppe nucléaire** ; il est composé de filaments intermédiaires de **lamine.** (Figure 21-16)

Lamines Groupe de protéines des **filaments intermédiaires** qui composent le réseau fibreux, la **lamina nucléaire** à la face interne de l'enveloppe nucléaire.

Laminine Voir **protéine de matrice à plusieurs pôles d'adhérence**

Lectine Toute protéine qui s'attache fermement à des glucides particuliers. On s'en sert en chromatographie d'affinité pour purifier les glycoprotéines ou comme réactif pour les détecter in situ.

Leucine zipper Un type de superhélice dont les deux hélices α forment des homo- ou hétérodimères. Motif commun à de nombreux facteurs de transcription chez les eucaryotes.

Liaison covalente Liaison où la force chimique qui maintient unis deux atomes d'une molécule est due au partage d'au moins une paire d'électrons. Ce type de liaison a une énergie de liaison de 50 à 200 kcal/mol, bien plus forte que celle des **interactions non covalentes.**

Liaison En génétique, tendance qu'ont deux locus d'un même chromosome à se transmettre de concert ; plus deux locus sont proches, plus leur liaison est étroite et moindre est leur fréquence de **recombinaison.**

Liaison glycosidique Liaison covalente entre deux résidus de **monosaccharides,** formée par condensation, avec départ d'eau, du carbone acétal, en général le carbone 1, d'un sucre avec un groupe hydroxyle d'un autre sucre. (Figure 2-11)

Liaison peptidique Liaison amide covalente entre acides aminés ; elle résulte de la condensation du groupe aminé d'un acide aminé et du groupe carboxyle de l'acide aminé voisin avec départ d'une molécule d'eau. (Figure 2-11)

Liaison phosphoanhydride Type de **liaison riche en énergie** entre deux groupes phosphate, comme les phosphates γ et β et les phosphates β et α dans l'ATP. (Figure 2-24)

Liaison phosphodiester Lien chimique entre nucléotides adjacents dans l'ADN et l'ARN ; il consiste en fait en deux liaisons phosphodiester, une du côté 5' du phosphate et une autre du côté 3'. (Figure 4-2)

Liaison riche en énergie Liaison covalente qui libère une grande quantité d'énergie quand on l'hydrolyse dans les conditions qui règnent dans la cellule. On y trouve les **liaisons phosphoanhydride** de l'ATP, la liaison **thioester** de l'acétyl-Co A et diverses liaisons ester phosphate.

Ligand Toute molécule, autre qu'un **substrat** d'enzyme, qui se fixe fermement et spécifiquement à une macromolécule, d'habitude une protéine, en formant un complexe macromolécule-ligand.

Ligase (ADN) Enzyme qui joint le bout 3' d'un fragment d'acide nucléique au bout 5' d'un autre pour former un brin continu.

Lignée cellulaire Population de cellules en culture, prélevées à un animal ou à une plante, qui a subi un changement génétique permettant à ces cellules de proliférer indéfiniment ; elles sont dites immortelles. Cela est dû à une **transformation** chimique ou virale.

Lignée germinale Lignage de cellules germinales qui donnent naissance aux gamètes et participent donc à la formation de la génération suivante d'organismes ; aussi, matériel génétique transmis d'une génération à la suivante par les gamètes.

Lipide Toute molécule organique qui est peu soluble ou pratiquement insoluble dans l'eau, mais est soluble dans les solvants organiques non polaires. Les classes principales comprennent les **acides gras**, les **phospholipides**, les **stéroïdes,** les **polyisoprénoïdes** et les **triglycérides.**

Lipophile. Voir **hydrophobe.**

Lipoprotéine de haute densité (HDL) Une classe de **lipoprotéines** dont le composant protéique est l'apolipoprotéine A et qui se charge de lipides en dehors des cellules ; elle transporte le cholestérol des tissus vers le foie, les tissus producteurs de stéroïdes et d'autres lipoprotéines. Le taux plasmatique d'HDL est inversement lié au risque de maladies coronariennes ; c'est pourquoi il est connu dans le grand public comme le "bon cholestérol" (Tableau 18-3 et Figure 18-13c)

Lipoprotéine de très basse densité (VLDL) Classe de lipoprotéines qui sont sécrétées par les cellules hépatiques et transportent des triglycérides du foie vers les tissus extrahépatiques et servent de précurseurs pour la synthèse des **lipoprotéines de basse densité** (LDL). (Tableau 18-3 et Figure 18-13a)

Lipoprotéines de basse densité (LDL) Classe de lipoprotéines contenant l'apolipoprotéine B-100 ; ce sont les principaux transporteurs de cholestérol sous forme de cholestéryl esters. Elles se forment à l'extérieur des cellules à partir des **VLDL** (***very low density lipoprotein***) et transportent le cholestérol entre les tissus, spécialement vers le foie. Le risque de maladie des artères coronariennes est directement lié au taux plasmatique de cholestérol transporté par les LDL. C'est pourquoi, le grand public parle de "mauvais cholestérol". (Tableau 18-3 et Figure 18-13a)

Lipoprotéines Grands complexes de protéines et de lipides ; solubles dans l'eau, elles transportent massivement les lipides dans tout l'organisme. La coque externe est une monocouche de phospholipides contenant du cholestérol et une ou plusieurs molécules protéiques appelées apolipoprotéines (e.g. apoA, apoB, etc.) ; la partie centrale contient des triglycérides, des cholestéryl esters et de petites quantités d'autres substances hydrophobes, comme des vitamines liposolubles. (Figure 18-12 et Tableau 18-3)

Liposome Structure artificielle sphérique faite d'une bicouche phospholipidique avec un intérieur aqueux ; elle se forme *in vitro* à partir de **phospholipides** et peut contenir des protéines membranaires. (Figure 7-5)

Locus En génétique, site d'un chromosome où siège un gène déterminé ; les allèles d'un gène donné occupent tous le même locus.

Longue répétition terminale (LRT) ou LTR (*Long terminal repeat*) Séquence répétée directe, contenant jusqu'à 600 paires de bases, qui flanque la région codante de l'ADN rétroviral intégré et les **rétrotransposons** viraux.

Lumière Espace dans une structure tubulaire (e.g un vaisseau ou l'intestin) ou le volume intérieur d'un compartiment entouré d'une membrane à l'intérieur d'une cellule.

Lymphocytes Deux classes de globules blancs qui peuvent reconnaître des molécules étrangères (**antigènes**) et assurer les réponses immunitaires. Les lymphocytes B sont responsables de la production des anticorps ; les lymphocytes T sont responsables de la destruction des cellules infectées par un virus ou une bactérie, des cellules étrangères et des cellules cancéreuses.

Lyse Destruction d'une cellule par rupture de la membrane plasmique et libération de son contenu.

Lysogénie Phénomène par lequel l'ADN d'un virus bactérien (bactériophage) est incorporé dans le génome d'une bactérie se répliquant alors avec l'ADN bactérien mais sans être exprimé. Une activation ultérieure du virus conduit à la réplication et à l'expression de l'ADN viral ainsi qu'à la formation de nouvelles particules virales, ce qui cause finalement la lyse de la bactérie.

Lysosome Petit organite à contenu acide (pH de 4 à 5) et pourvu d'enzymes hydrolytiques.

Macromolécule Toute grande molécule, d'habitude polymérique (protéine, acide nucléique, polysaccharide) dont la masse moléculaire dépasse quelques milliers de daltons.

Maligne Désigne une tumeur ou les cellules tumorales qui peuvent envahir le tissu normal environnant et/ou **métastaser**. Voir aussi **bénigne**.

MAP kinase Protéine kinase qui est activée en réponse à la stimulation cellulaire par de nombreux facteurs de croissance différents et qui assure les réponses cellulaires en phosphorylant des facteurs de transcription spécifiques et d'autres protéines cibles.

Marqueur Groupe chimique ou atome, radioactif ou fluorescent, introduit dans une molécule dans le but de la reconnaître dans une structure ou de la suivre au cours d'étapes métaboliques ou d'une purification. Le verbe *marquer* signifie ajouter un tel groupe ou atome à une cellule ou une molécule.

Marqueurs génétiques Allèles associés à un **phénotype** facilement détectable qui sont utilisés expérimentalement pour l'identification ou la sélection d'un gène lié, un chromosome, une cellule ou un individu. Les séquences d'ADN non codantes qui varient parmi les individus (polymorphismes de l'ADN) peuvent servir de marqueurs génétiques.

Matrice extracellulaire Réseau habituellement insoluble consistant en polysaccharides, protéines fibreuses et protéines d'adhérence, le tout étant sécrété par des cellules animales. Ce réseau constitue le support des tissus et peut intervenir dans le développement et les fonctions biochimiques des cellules.

Maturation des ARN Chez les eucaryotes, modifications diverses que de nombreux transcrits primaires, mais pas tous, subissent dans le noyau pour donner des molécules d'ARN. Les pré-ARNm passent par trois processus principaux : le coiffage de l'extrémité 5', le clivage et la polyadénylation à l'extrémité 3' et l'épissage de l'ARN. (Figure 12-2)

Médiateur de transcription Un très grand complexe multiprotéique qui forme un pont moléculaire entre les activateurs de la transcription liés à un **amplificateur** et à l'ARN polymérase II liée à un promoteur ; le médiateur fonctionne comme un co-activateur dans la stimulation de la **transcription.** (Figures 11-35 et 11-36)

Méiose Chez les eucaryotes, type de division cellulaire qui se déroule durant la maturation des cellules germinales ; elle comprend deux divisions nucléaires et cellulaires successives mais avec un seul événement de réplication d'ADN ; la cellule **diploïde** originale génère ainsi quatre cellules haploïdes (**gamètes**) génétiquement non équivalentes. (Figure 9-3)

Mélange d'exons Processus de l'évolution aboutissant à la formation de nouveaux gènes (c.-à-d. de nouvelles combinaisons d'exons) à partir d'exons préexistants. Il peut s'agir d'une recombinaison entre séquences répétitives intercalées dans les introns de deux gènes séparés ou d'une transposition d'éléments d'ADN mobiles. (Figures 10-17 et 10-18)

Membrane plasmique Membrane qui entoure la cellule et la sépare du milieu ambiant ; elle consiste en une **bicouche phospholipidique** à laquelle s'associent des lipides et des protéines membranaires.

Membrane Voir **biomembrane.**

Méristème Dans les plantes, groupe organisé de cellules indifférenciées en division à la pointe des pousses et des racines en croissance. Toutes les structures adultes proviennent des méristèmes.

Mésenchyme Tissu conjonctif embryonnaire immature dérivé soit du **mésoderme** ou de l'**ectoderme** chez les animaux.

Mésoderme Couche cellulaire primaire de l'embryon animal située entre deux autres couches, l'**ectoderme** et l'**endoderme** ; il donne naissance au notochorde, au tissu conjonctif, aux muscles, au sang et à d'autres tissus. (Figure 22-7)

Messager secondaire Petite molécule signal intracellulaire dont la concentration augmente (ou diminue) en réponse à la fixation d'un ligand extracellulaire et qui intervient dans la **transduction du signal.** Exemples : AMPc, Ca^{2+}, DAG, IP3 et plusieurs phosphoinositides.

Métabolisme Ensemble des processus chimiques se déroulant dans un organisme.

Métaphase Étape de la mitose à laquelle les chromosomes sont condensés et arrimés au fuseau mitotique, mais n'ont pas encore commencé à ségréger et à se diriger vers chacun des pôles du fuseau. (Figure 20-29)

Métastase Dispersion de cellules cancéreuses à partir de leur site d'origine dans divers tissus où elles forment des foyers secondaires.

Micelle Agrégat sphérique soluble dans l'eau, constitué de phospholipides ou d'autres molécules amphipathiques, et qui se forme spontanément en solution aqueuse. (Figure 2-20)

Microfilament Fibre du cytosquelette (≈7 nm de diamètre) formée par polymérisation d'**actine** (G) globulaire monomérique ; appelé aussi *filament d'actine*. Les microfilaments jouent un rôle important dans la contraction musculaire, la cytocinèse, la motilité cellulaire et d'autres fonctions et structures cellulaires. (Figure 19-3)

Microtubule Fibre du cytosquelette (≈24 nm de diamètre) formée par polymérisation de monomères des tubulines α et β et dotée de **polarité** structurelle et fonctionnelle. Les microtubules sont des composants importants des cils, des flagelles, du fuseau mitotique et d'autres structures cellulaires. (Figure 20-1)

Microvillosité Fin prolongement gainé de membrane, en saillie sur les cellules animales et soutenu par un axe de filaments d'actine. De nombreuses microvillosités sont présentes sur la surface absorbantes des cellules de l'épithélium intestinal, ce qui étend largement l'aire d'absorption des nutriments. (Figure 5-28)

Mitochondrie Grand organite bordé de deux membranes phospholipidiques, pourvu d'une molécule d'ADN et où se déroule la **phosphorylation oxydative** qui fournit la majeure partie de l'ATP dans la cellule eucaryote. (Figures 5-26 et 8-6)

Mitogène Toute molécule extracellulaire, comme un facteur de croissance, qui induit la prolifération cellulaire.

Mitose Chez les cellules eucaryotes, processus par lequel un noyau est divisé pour produire deux noyaux fils génétiquement équivalents avec un nombre diploïde de chromosomes. Voir aussi **cytocinèse** et **méiose** (Figure 20-29)

Molécule signal Terme général qui désigne toute molécule extra- ou intracellulaire participant à la réponse d'une cellule à son milieu environnant ou à d'autres cellules.

Molécules d'adhérence intercellulaire (CAM) Protéines de la membrane plasmique qui lient des protéines semblables sur d'autres cellules, assurant ainsi l'adhérence intercellulaire. Les quatre classes principales sont les **cadhérines**, les **sélectines**, des membres de la **famille des immunoglobulines** et les **intégrines**, qui fonctionnent aussi dans les interactions cellule-matrice. (Figure 6-2)

Monomère Toute petite molécule, par exemple les acides aminés, les nucléotides, les monosaccharides, qui peut être unie chimiquement à ses semblables pour former un **polymère**.

Monomérique Quand il s'agit de protéines, celles qui ne comportent qu'une seule chaîne polypeptidique.

Monosaccharide Tout sucre simple de formule $(CH_2O)_n$, dans laquelle *n* va de 3 à 7.

Mort cellulaire programmée Voir **apoptose**.

Motif Dans les protéines, courte structure conservée qui souvent peut être reconnue par sa séquence d'acides aminés. Un motif a en général une architecture tridimensionnelle particulière adaptée à l'exercice d'une fonction spécifique. Par exemple un motif **leucine zipper** indique la présence d'un domaine **superhélice** et la capacité de se lier à l'ADN.

MPF (***mitosis-promoting factor***) Hétérodimère protéique composé d'une cycline mitotique et d'une **CDK** (***cyclin-dependent kinase***), qui déclenche l'entrée en mitose de la cellule en phosphorylant plusieurs protéines spécifiques, ce qui conduit à la condensation de la chromatine, à l'assemblage de l'appareil mitotique et à la disparition de l'enveloppe nucléaire (sauf dans les champignons).

MTOC (***microtubule-organizing center***) Terme général pour toute structure (e.g. le **centrosome**) qui organise les microtubules dans les cellules non mitotiques (interphase). (Figures 5-33 et 20-14)

Multimérique Qualifie une protéine formée de plusieurs chaînes polypeptidiques (ou sous-unités).

Mutagène Agent chimique ou physique qui induit des mutations.

Mutation En génétique, modification définitive, transmissible, de la séquence nucléotidique d'un chromosome, généralement dans un seul gène, dont la fonction est, de ce fait, perdue ou modifiée.

Mutation létale synthétique Une mutation qui augmente l'effet phénotypique d'une autre mutation dans le même gène ou un gène apparenté. (Figure 9-9b, c)

Mutation ponctuelle Changement d'un seul nucléotide dans l'ADN, spécialement dans une région codant une protéine ; il peut entraîner la formation d'un codon spécifiant un acide aminé différent ou un codon stop. L'addition ou la délétion d'un seul nucléotide causera un glissement du **cadre de lecture**.

Mutation sensible à la température (ts) Une mutation qui produit un phénotype de type sauvage à une température (température permissive) mais un phénotype mutant à une autre température (température non permissive). Ce type de mutation est particulièrement utile dans l'identification de gènes vitaux.

Mutation suppressive Mutation qui abolit l'effet qu'exerce une autre mutation sur le phénotype. On se sert de ces mutations suppressives pour trouver des gènes qui codent des protéines interactives. (Figure 9-9a)

Myosines Classe de protéines motrices qui exercent une activité d'ATPase stimulée par l'actine. Les myosines se déplacent le long des filaments d'actine durant la contraction musculaire et la cytocinèse et assurent également la translocation des vésicules. La région de la queue détermine la fonction d'une myosine donnée. (Figure 3-24 et Tableau 19-3)

NAD^+ (nicotinamide adénine dinucléotide) **Transporteur d'électrons, diffusible et largement répandu, qui accepte deux électrons d'une molécule donneuse et un atome H^+** de la solution. Dans les mitochondries, la forme réduite NADH, transfère des électrons à des transporteurs qui interviennent dans les **phosphorylations oxydatives**. (Figure 2-26a)

$NADP^+$ (nicotinamide adénine dinucléotide phosphate) **Forme phosphorylée de NAD^+** ; utilisée universellement comme transporteur d'électrons dans les voies biosynthétiques et au cours de la photosynthèse.

Nécrose Mort cellulaire résultant d'une lésion tissulaire ou d'une autre pathologie ; caractérisée en général par le gonflement de la cellule menant à son éclatement avec libération de son contenu. Elle contraste avec l'**apoptose**.

Neurofilaments (NF) Classe de filaments intermédiaires, que l'on ne trouve que dans les neurones et qui déterminent le diamètre des axones. (Figure 19-32)

Neuromédiateur ou neurotransmetteur Molécule de signalisation extracellulaire qu'un neurone présynaptique libère dans une **synapse** chimique et qui transmet le signal à une cellule postsynaptique. Un neuromédiateur suscite une excitation ou une inhibition, selon le type de récepteur de la cellule postsynaptique. (Figure 7-42)

Neurone (cellule nerveuse) Toute cellule du système nerveux capable de propager un influx. Le neurone classique comporte un corps cellulaire, plusieurs courtes branches ramifiées (**dendrites**) et un long prolongement (**axone**). (Figure 7-29)

Non polaire Qualifie une molécule ou une structure dépourvue de charge électrique nette ou d'une répartition inégale de ses charges positives et négatives. Les molécules non polaires sont en général insolubles dans l'eau.

Northern blot Technique servant à détecter un ARNm particulier, après séparation électrophorétique, par hybridation avec une sonde d'ADN marqué. Voir **Southern blot.** (Figure 9-27)

Noyau Grand organite bordé de membranes dans les cellules eucaryotes ; il contient l'ADN organisé en chromosomes ; le noyau est le siège de la synthèse et de la maturation des ARN et de l'assemblage des ribosomes.

Nucléocapside Capside virale avec l'acide nucléique à l'intérieur.

Nucléole Grande structure du noyau eucaryote où ont lieu la synthèse et la maturation des ARNr et où s'assemblent les sous-unités ribosomiales.

Nucléoporines Vaste groupe de protéines qui forment les parois des pores nucléaires. Une classe (nucléoporines FG) participe aux importations et exportations nucléaires.

Nucléoside Petite molécule constituée d'une **purine** ou d'une **pyrimidine** liée à un pentose (ribose ou désoxyribose). (Tableau 2-2)

Nucléosome Unité structurale de la **chromatine** ; elle est constituée d'un disque protéique d'**histones** autour duquel s'enroule un segment d'ADN d'environ 147 pb. (Figures 10-20 et 10-21)

Nucléotide Un **nucléoside** portant un ou plusieurs groupes phosphate fixés par une liaison ester au groupe osidique en général à l'atome de carbone 5'. L'ADN et l'ARN sont des polymères de nucléotides contenant respectivement du désoxyribose et du ribose. (Figure 2-14 et Tableau 2-2)

Oligosaccharides liés à N Chaînes oligosaccharidiques ramifiées qui sont attachées au groupe aminé latéral des résidus asparagine dans les glycoprotéines. La synthèse de tous les oligosaccharides liés à N commence par la liaison d'un précurseur préformé de 14 résidus à une protéine naissante dans le réticulum endoplasmique. Voir aussi **oligosaccharides liés à O.** (Figures 16-16 et 16-18)

Oligosaccharides liés à O Chaînes oligosaccharidiques attachées au groupe hydroxyle latéral des résidus sérine ou thréonine dans les glycoprotéines. Voir aussi **oligosaccharides liés à N.**

Oncogène Gène dont le produit est impliqué dans la transformation de certaines cellules en culture ou dans la cancérisation chez l'animal. La plupart des oncogènes sont des formes mutées de gènes normaux (**proto-oncogènes**) qui codent des protéines impliquées dans le contrôle de la croissance et de la division de la cellule.

Oncoprotéine Protéine qui est codée par un oncogène et qui cause une prolifération cellulaire anormale ; elle peut être une forme mutée non régulée d'un protéine normale ou une protéine normale qui est produite soit en excès, soit au mauvais moment, soit à la mauvaise place dans l'organisme.

Oocyte Œuf immature (ovum)

Opérateur Court segment d'ADN dans le génome de bactéries ou de bactériophages auquel s'attache un répresseur protéique et qui contrôle la transcription d'un gène adjacent. (Figure 4-12a)

Opéron Dans l'ADN bactérien, ensemble de gènes contigus transcrits à partir d'un même **promoteur** pour produire un ARNm contenant des séquences codant plusieurs protéines. (Figure 5-19)

ORF (*open reading frame*) Voir **Cadre ouvert de lecture.**

Organite Toute structure entourée d'une membrane que l'on trouve dans les cellules eucaryotes. (Figure 5-19)

Origine de réplication Segments d'ADN uniques présents dans le génome d'un organisme à partir desquels la réplication de l'ADN commence. Les chromosomes eucaryotes contiennent de multiples origines, alors que les chromosomes bactériens et les plasmides n'en contiennent qu'une.

Osmose Flux d'eau à travers une membrane semi-perméable qui va d'une solution de concentration moindre en soluté vers la solution plus concentrée. Cette membrane doit être perméable à l'eau, mais pas aux molécules du soluté.

Oxydation aérobie Métabolisme des sucres et des acides gras en CO_2 et H_2O ; il requiert de l'oxygène et est couplé à la synthèse d'ATP.

Oxydation Perte d'électrons par un atome ou une molécule, par exemple lorsqu'un atome d'hydrogène est enlevé d'une molécule ou qu'un atome d'oxygène est ajouté. Le contraire est la **réduction.**

Paracrine Se réfère au mécanisme de signalisation dans lequel une cellule cible répond à la molécule signal (e.g. un facteur de croissance) qui est produit par des cellules voisines et qui atteint la cible par diffusion. La signalisation paracrine est importante dans le développement, la réponse des cellules cibles à un signal particulier variant souvent avec la distance qui les sépare de la source du signal.

Paroi cellulaire Une matrice extracellulaire rigide spécialisée située près de la membrane plasmique ; elle protège la cellule et maintient sa forme. On la trouve surtout dans la plupart des champignons, des plantes et des procaryotes, mais non chez la plupart des animaux multicellulaires. (Figure 6-33)

Particule de reconnaissance du signal (SRP) Particule ribonucléoprotéique cytosolique qui lie la séquence signal de la protéine sécrétoire naissante et transfère le complexe chaîne/ribosome à la membrane du RE où la synthèse de la protéine et sa translocation dans le RE se poursuivent. (Figure 16-5)

Patch clamp Technique servant à déterminer le flux ionique à travers un seul canal ionique ou à travers la membrane d'une cellule entière. On se sert d'une micropipette dont la pointe est appliquée sur une petite surface de la membrane cellulaire. (Figure 7-17)

PCR (***polymerase chain reaction***) ou **réaction en chaîne de la polymérase** Méthode d'amplification d'un segment d'ADN choisi dans un mélange complexe, grâce à de nombreux cycles de synthèse d'ADN à partir de deux courtes amorces oligonucléotidiques une brève dénaturation thermique destinée à séparer les brins complémentaires. (Figure 9-24)

Pentose Monosaccharide à cinq atomes de carbone. Les pentoses que sont le ribose et le désoxyribose sont des constituants respectifs de l'ARN et de l'ADN.

Peptide Petit polymère habituellement de moins de 30 résidus d'acides aminés unis par des liaisons peptidiques.

Peroxysome Petit organite qui contient des enzymes qui dégradent les acides gras et les acides aminés par des réactions qui génèrent du peroxyde d'hydrogène, décomposé ensuite en eau et oxygène par la catalase.

Petit ARN nucléaire voir **ARNsn**

pH Échelle d'acidité ou de basicité (alcalinité) d'une solution ; c'est le cologarithme de la concentration d'ions H^+ exprimée en moles par litre ; pH = — log[H^+]. Une solution de pH = 7 est neutre, au dessous, elle est acide, au-dessus, elle est basique (alcaline).

Phage Voir **bactériophage.**

Phagocytose Processus par lequel des particules relativement grosses (e.g. bactéries) sont incorporées spécifiquement par certaines cellules eucaryotes ; distinct de l'**endocytose dépendante de récepteur**.

Phase M (**mitotique**) Voir **cycle cellulaire.**

Phase S (**synthèse**) Voir **cycle cellulaire.**

Phénotype Caractères physiques et physiologiques visibles d'une cellule ou d'un organisme déterminés par son **génotype** ; aussi le trait spécifique associé à un **allèle** particulier.

Phéromone Molécule signal libérée par un individu et qui peut modifier le comportement ou l'expression génique chez d'autres individus de la même espèce. Les facteurs de conjugaison **a** et α de la levure sont des phéromones qui ont fait l'objet d'études approfondies.

Phosphatase Enzyme qui élimine un groupe phosphoryle d'un substrat par hydrolyse. Les phosphoprotéine phosphatases interviennent avec les protéine kinases dans le contrôle de l'activité de nombreuses protéines cellulaires. (Figure 3-30).

Phosphoglycérides Dérivés amphipathiques du glycérol 3-phosphate représentant les lipides les plus abondants dans les biomembranes. En général, ils contiennent deux chaînes acyl grasses hydrophobes estérifiées aux hydroxyles du glycérol et une tête polaire attachée au phosphate. (Figure 5-5a)

Phospho-inositides Groupe de lipides membranaires contenant des dérivés de l'inositol phosphorylé ; certaines interviennent comme **messagers secondaires** dans plusieurs voies de transduction du signal. (Figures 14-26 et 14-27)

Phospholipase L'une des diverses enzymes qui clivent les différentes liaisons à l'extrémité hydrophile des **phospholipides.** La phospholipase C agit sur un dérivé du phosphatidylinositol pour générer deux messagers secondaires, DAG et IP3. (Figures 5-9 et 13-28)

Phospholipides Classe de lipides prépondérante dans les biomembranes, comprenant les **phosphoglycérides** et la sphingomyéline. (Figure 5-5)

Phosphorylation au niveau du substrat Formation d'ATP à partir d'ADP et de Pi, catalysée par des enzymes cytosoliques au cours de réactions indépendantes d'une force proton motrice.

Phosphorylation oxydative Phosphorylation d'ADP en ATP sous la pression du flux d'électrons vers l'oxygène (O_2) dans les bactéries ou mitochondries. Ce processus fait intervenir une **force protonmotrice** générée par le transfert d'électrons et investie dans la synthèse d'ATP. (Figure 8-7)

Photorespiration Voie réactionnelle qui entre en compétition avec la fixation du CO_2 (**cycle de Calvin**) en consommant de l'ATP et en générant du CO_2, réduisant ainsi l'efficacité de la photosynthèse. (Figure 8-43)

Photosynthèse Série complexe de réactions chez certaines bactéries et dans les **chloroplastes** des plantes qui utilisent l'énergie de la lumière pour transformer le CO_2 en sucres, généralement en produisant O_2 à partir de H_2O.

Photosystèmes Complexes multiprotéiques présents dans tous les organismes photosynthétiques qui absorbent l'énergie de la lumière et la convertissent en énergie chimique. Un photosystème consiste en complexes photocollecteurs contenant des **chlorophylles** et en un centre réactionnel contenant deux molécules de chlorophylle dans lesquelles le **transport photoélectronique** a lieu.

pI Voir **point isoélectrique.**

Plaque d'athérosclérose Dépôt bien délimité dans la paroi artérielle qui consiste au début en macrophages spumeux et matrice extracellulaire, ensuite en un noyau nécrotique de lipides, de sels calciques et de matrice extracellulaire, le tout entouré d'une cape faite de cellules musculaires lisses et de fibres conjonctives. À un stade avancé, une plaque peut bloquer complètement une artère ou déclencher la formation d'un caillot sanguin. (Figure 18-19)

Plasmide Petite molécule d'ADN extrachromosomique fermée sur elle-même qui se réplique de façon autonome dans la cellule. Utilisée couramment comme **vecteur** pour le **clonage de l'ADN.**

Plasmodesmes Jonctions cellulaires tubulaires qui connectent les cytoplasmes de cellules végétales adjacentes et qui sont analogues fonctionnellement aux **jonctions lacunaires.** (Figure 6-34)

Point de contrôle Tout point du **cycle de la cellule** eucaryote où celle-ci postpose éventuellement sa progression au stade suivant jusqu'à ce que les conditions redeviennent propices. (Figure 21-32)

Point de DÉPART Moment de la phase G_1 qui contrôle l'entrée en phase S du cycle cellulaire chez la levure ; équivalent fonctionnel du **point de restriction** des cellules de mammifères. Le dépassement de DÉPART oblige la cellule à compléter son cycle. (Figure 21-25)

Point de restriction Moment de la phase G_1 tardive du cycle cellulaire où les cellules de mammifères s'engagent irréversiblement dans la phase S et à compléter le cycle même en absence de facteurs de croissance ; équivalent fonctionnel du point dit de DÉPART chez la levure. (Figure 21-28)

Point isoélectrique (**pI**) Le pH d'une solution auquel une protéine dissoute ou une autre molécule potentiellement chargée a une charge nette de zéro et dès lors ne migre pas dans un champ électrique.

Polaire Qualifie une molécule ou une structure possédant une charge électrique ou une répartition asymétrique de charges positives et négatives. Les molécules polaires sont habituellement solubles dans l'eau.

Polarité En biologie cellulaire, présence de différences fonctionnelles et/ou structurales dans des régions distinctes d'une cellule ou d'un composant cellulaire.

Polymère Grande molécule composée de nombreux éléments (**monomères**) identiques ou similaires liés par covalence.

Polymorphisme de longueur des fragments de restriction Voir **RFLP**

Polypeptide Polymère linéaire d'acides aminés unis par des liaisons peptidiques. Une protéine est un grand polypeptide replié pour former une structure tridimensionnelle particulière.

Polyribosome Amas de plusieurs ribosomes traduisant le même ARNm, appelé aussi *polysome.*

Polysaccharide Polymère ramifié ou linéaire habituellement de plus de 15 résidus de monosaccharides unis par des liaisons glycosidiques, comme le glycogène, la cellulose et les glycosaminoglycanes (GAG).

Pompe Toute protéine transmembranaire qui exerce une activité d'ATPase et couple l'hydrolyse de l'ATP au transport actif d'un ion ou d'une petite molécule à travers une biomembrane contre son gradient électrochimique. (Figure 7-6)

Pont hydrogène Interaction non covalente entre un atome électronégatif (d'habitude oxygène ou azote) et un atome d'hydrogène porteur d'une charge positive partielle. Elle joue un rôle important dans la stabilisation des structures tridimensionnelles des protéines et dans la formation des **paires de bases** entre les chaînes d'acides nucléiques. (Figure 2-6)

Porines Protéines transmembranaires présentes dans la membrane externe des mitochondries et des chloroplastes et dans la membrane externe des bactéries gram négatives et grâce auxquelles de petites molécules solubles dans l'eau peuvent traverser la membrane. La structure d'un monomère de porine consiste en brins bêta (β) disposés pour former une sorte de tonneau avec un pore central. (Figure 5-14)

Potentiel d'action Activité électrique rapide, transitoire et de type tout ou rien ; elle parcourt la membrane plasmique des cellules excitables (e.g. neurones et muscles) et résulte de l'ouverture et fermeture sélectives de canaux voltaïques à ions Na^+ et K^+. (Figures 7-30 et 7-35)

Potentiel d'oxydation Changement de voltage lié à la perte d'un électron par un atome ou une molécule ; c'est une mesure de la tendance d'une molécule à perdre un électron.

Potentiel de membrane Différence de potentiel transmembranaire due à un excès d'ions positifs (cations) d'un côté et d'un excès d'ions négatifs (anions) de l'autre.

Potentiel de réduction (*E*) Changement de voltage causé par le gain d'un électron par un atome ou une molécule.

Pré-ARNm Précurseurs d'ARNm ; **transcrit primaire** et molécules intermédiaires dans la maturation de l'ARNm. (Figure 12-2)

Pré-ARNr Volumineux précurseur de l'ARN ribosomial ; il est synthétisé dans le nucléole des cellules eucaryotes et apprêté pour fournir trois des quatre ARN présents dans les ribosomes. (Figure 12-34)

Pression osmotique Pression hydrostatique qu'il faut appliquer à la solution la plus concentrée pour empêcher un flux net d'eau entre deux compartiments de concentration différente en soluté et séparés par une membrane semi-perméable. (Figure 7-24)

Primase Type spécialisé d'ARN polymérase qui fabrique de courts morceaux d'ARN servant d'amorce dans la synthèse d'ADN.

Procaryotes Classe d'organismes comprenant les **eubactéries** et les **archae** (**archébactéries**) ; ils ne contiennent pas d'un vrai noyau entouré de membrane ni d'autres organites. Voir aussi **eucaryotes.**

Promoteur Séquence d'ADN qui détermine le site d'amorçage de la **transcription** par une ARN polymérase.

Prophase Phase la plus précoce de la mitose, au cours de laquelle les chromosomes se condensent, les centrioles commencent à migrer vers les pôles du fuseau et l'enveloppe nucléaire disparaît (sauf chez les champignons). (Figure 20-29)

Protéasome Grand complexe protéasique multifonctionnel dans le cytosol qui dégrade les protéines intracellulaires qui sont marquées en vue de leur destruction par la liaison de multiples molécules d'ubiquitine. (Figure 3-13)

Protéine associée aux microtubules (**MAP**) Toute protéine qui, en s'attachant aux microtubules en un rapport constant, détermine les propriétés uniques des différents types de microtubules. (Tableau 20-1)

Protéine de transport membranaire Terme collectif s'appliquant à toute protéine membranaire intrinsèque qui assure le mouvement d'un ou plusieurs ions spécifiques ou de petites molécules à travers une membrane cellulaire quel que soit le mécanisme de transport.

Protéine extrinsèque voir **protéine membranaire périphérique**

Protéine G, monomérique (petite). Voir **superfamille des GTPases.**

Protéine G, trimérique (grande). L'une des nombreuses protéines trimériques fixant le GTP et qui interviennent dans les voies de signalisation intracellulaire ; elles sont habituellement activées par l'interaction d'un ligand avec un **récepteur à sept passages transmembranaires** à la surface de la cellule. Voir aussi **superfamille des GTPases.**

Protéine intrinsèque Voir **protéine membranaire intégrée.**

Protéine kinase A (**PKA**) Protéine kinase cytosolique qui est activée par l'AMP cyclique (AMPc) et qui régule l'activité de nombreuses protéines en les phosphorylant ; appelée aussi *protéine kinase dépendant de l'AMPc*. La PKA est activée en général en réponse à une augmentation du taux d'AMPc résultant de la stimulation de certains récepteurs couplés aux protéines G. (Figure 13-32)

Protéine kinase B (**PKB ; appelée aussi Akt**) Protéine kinase cytosolique qui est recrutée à la membrane plasmique par des phosphoinositides induits par un signal ; elle est ensuite activée. (Figure 14-27)

Protéine kinase C Enzyme cytosolique qui est recrutée à la membrane plasmique en réponse à une augmentation, induite par un signal, du taux de Ca^{2+} dans le cytosol et qui est activée par le diacylglycérol (DAG), un messager secondaire lié à la membrane. (Figure 13-29)

Protéine kinase dépendant de l'AMPc Voir **protéine kinase A**

Protéine membranaire ancrée par un lipide Toute protéine qui est attachée à une membrane cellulaire par un ou plusieurs groupes lipidiques auxquels elle est liée de manière covalente et qui sont enfouis dans la bicouche phospholipidique. (Figure 5-10)

Protéine membranaire intégrée Toute protéine contenant un ou plusieurs segments hydrophobes insérés dans la bicouche phospholipidique et qui ne peut en être extraite qu'au moyen d'un détergent ; appelée aussi *protéine membranaire intrinsèque*. Quatre classes principales, différant par le nombre et l'orientation des segments transmembranaires, sont synthétisées sur le réticulum endoplasmique. (Figure 16-10)

Protéine membranaire périphérique Toute protéine qui s'associe à la face cytosolique ou exoplasmique d'une membrane, mais ne pénètre pas dans la partie hydrophobe de la bicouche phospholipidique ; appelée aussi protéine extrinsèque. Voir aussi **protéine membranaire intégrée.** (Figure 5-11)

Protéine motrice Tout membre d'une classe d'enzymes mécanochimiques qui utilisent l'hydrolyse de l'ATP comme source d'énergie pour générer un mouvement linéaire ou rotatoire. Voir aussi **dynéines, kinésines** et **myosines.** (Table 3-2 ; Figures 3-22 et 3-23)

Protéine P53 Produit d'un gène suppresseur de tumeur qui joue un rôle critique dans l'arrêt des cellules dont l'ADN est endommagé, empêchant ainsi que ne se soient transmises les mutations ou d'autres anomalies chromosomiques aux cellules filles. On trouve des mutations inactivantes dans le gène *p53* dans de nombreux cancers humains. (Figures 21-23 et 22-23)

Protéine Polymère linéaire d'au moins 50 **acides aminés** unis par des liaisons peptidiques ; il se replie en prenant une conformation tridimensionnelle caractéristique. Les protéines sont des éléments structuraux essentiels dans les cellules et participent à presque toutes les activités cellulaires.

Protéine Ras Protéine monomérique liant le GTP qui est attachée à la membrane plasmique par une ancre lipidique et qui intervient dans les voies de signalisation intracellulaire. L'activation de Ras est induite par la fixation d'un ligand à un **récepteur à activité de tyrosine kinase** ou à un autre récepteur de la surface cellulaire. Voir aussi **Superfamille des GTPases.** (Figures 14-16 et 14-20)

Protéines COP Deux groupes de protéines qui forment les manteaux couvrant les vésicules de transport de la voie sécrétoire. Les vésicules couvertes de COPII transfèrent les protéines à partir du réticulum endoplasmique vers le Golgi ; les vésicules couvertes de COPI transfèrent les protéines à partir du Golgi vers le réticulum endoplasmique et à partir des citernes tardives vers les citernes précoces du Golgi. (Figure 17-18)

Protéines de matrice à plusieurs pôles d'adhérence Groupe de protéines longues et flexibles qui se lient à d'autres composants de la matrice extracellulaire (collagène, polysaccharides) et à des récepteurs de la surface cellulaire, connectant ainsi les composants de la matrice à la membrane cellulaire. La laminine, un composant majeur des membranes basales, et la fibronectine, présente dans de nombreux tissus, en sont des exemples. (Figures 6-16 et 6-23)

Protéoglycanes Classe de glycoprotéines composées d'un axe protéique auquel est attaché un ou plusieurs **glycosaminoglycanes**. On en trouve dans presque toutes les matrices extracellulaires et certains sont des protéines membranaires intrinsèques. (Figures 6-22)

Protéome Assortiment complet des protéines produites par une cellule.

Protéomique Analyse détaillée de l'identité, des interactions et des localisations des protéines dans une cellule.

Proto-oncogène Gène cellulaire normal qui code une protéine habituellement en jeu dans la régulation de la croissance et de la prolifération cellulaires et qui est parfois muté en gène responsable d'un cancer, soit que le segment codant la protéine est transformé, soit que la régulation de la protéine fasse défaut.

Pseudogènes Séquences d'ADN qui sont semblables à des gènes fonctionnels mais qui n'expriment pas un produit fonctionnel ; ils sont probablement le résultat d'une dérive de séquence dans des gènes dupliqués.

Puce à protéines Une lame de microscope ou tout autre surface solide à laquelle des protéines purifiées sont fixées sous forme de dépôts minuscules ; appelée aussi *puce protéomique*. Le recours aux puces à protéines dans l'étude des associations protéiques s'inscrit dans la même démarche que l'usage des **puces à ADN** pour suivre l'expression génique. (Figure 15-4)

Puces d'ADN Ensemble de milliers de séquences nucléotidiques différentes distribuées sur une lame microscopique porte-objet ou une autre surface solide. Une puce correspondant à différents gènes peut être utilisée pour déterminer le profil d'expression génique dans une population cellulaire particulière par hybridation avec un ADNc marqué par un fluorochrome et préparé à partir de l'ARNm total isolé des cellules. Figures 9-35 et 9-36

Pulse-chase (aussi *pulse-chasse*) Type d'expérience dans lequel une petite molécule radioactive est ajoutée à une cellule pendant une période brève (*pulse*) puis est remplacée par un excès d'une forme non marquée de la même petite molécule (*chase* ou chasse). On s'en sert pour détecter des changements dans la localisation cellulaire ou le sort métabolique d'une molécule au cours du temps. (Figure 3-36)

Purines Une classe de composants azotés contenant deux anneaux hétérocycliques fusionnés. Deux purines, l'adénine (A) et la guanine (G), sont des composants basiques des nucléotides trouvés dans l'ADN et l'ARN. (Figure 2-15)

Pyrimidines Une classe de composants azotés contenant un anneau hétérocyclique. Deux pyrimidines, la cytosine (C) et la thymine (T), sont des composants basiques des nucléotides trouvés dans l'ADN ; dans l'ARN, l'uracile remplace la thymine. Voir aussi **paire de bases.** (Figure 2-15)

Quiescente Qualifie une cellule qui est sortie du **cycle cellulaire** et se trouve à l'état G_0.

Radeaux lipidiques Domaines restreints de la membrane plasmique qui sont riches en cholestérol, sphingomyéline et certaines protéines. (Figure 5-10)

Radio-isotope Forme instable d'un atome qui se décompose spontanément en émettant un rayonnement. On en utilise divers fréquemment comme **marqueurs** de biomolécules. (Tableau 3-3)

Réaction en chaîne de la polymérase Voir PCR

Récepteur à activité de tyrosine kinase (RTK) Membre d'une grande classe de récepteurs de signaux à la surface cellulaire, entre autres ceux de l'insuline et de nombreux facteurs de croissance. La fixation du ligand entraîne la dimérisation du récepteur et l'activation de protéine kinase spécifique de la tyrosine dans le domaine cytosolique du récepteur, ouvrant ainsi les voies de signalisation intracellulaire. (Figure 14-16)

Récepteur couplé aux protéines G (RCPG), Membre d'une vaste classe de récepteurs de signaux à la surface cellulaire, comprenant entre autres ceux de l'adrénaline, du glucagon, de l'ACTH, de la sérotonine et de facteurs de conjugaison (levure). Tous les RCPG contiennent sept hélices α transmembranaires. La réaction avec le ligand conduit à l'activation d'une protéine G trimérique couplée au récepteur, ce qui active les voies de signalisation intracellulaire. (Figure 13-11)

Récepteur d'adhérence Protéine de la membrane plasmique de cellules animales qui s'attache à des composants de la matrice extracellulaire, assurant ainsi l'adhérence cellule-matrice. Les intégrines sont les principaux récepteurs d'adhérence. (Figure 6-1).

Récepteur de cytokine Membre d'une classe majeure de récepteurs de signaux à la surface cellulaire comprenant les récepteurs de l'érythropoïétine, de l'hormone de croissance, des interleukines et des interférons. La réaction avec le ligand entraîne la dimérisation du récepteur et l'activation des kinases cytosoliques JAK associées à un domaine intracellulaire du récepteur, ouvrant ainsi les voies de signalisation intracellulaire. (Figure 14-12)

Récepteur Toute protéine qui lie spécifiquement une autre molécule afin d'assurer la signalisation entre cellules, l'adhérence, l'endocytose ou d'autres processus cellulaires. Désigne le plus souvent une protéine localisée dans la membrane plasmique ou le cytoplasme qui est activée par l'interaction avec une **molécule signal** extracellulaire (ligand), induisant ainsi une réponse cellulaire. Voir aussi **récepteur d'adhérence** et **endocytose dépendante de récepteur.** (Tableau 14-1)

Récessif En génétique, qualifie l'**allèle** d'un gène qui ne s'exprime pas dans le **phénotype** en présence d'un allèle **dominant** ; concerne aussi le phénotype d'un individu (homozygote) pourvu de deux allèles récessifs. Les mutations qui produisent des allèles récessifs causent en général une perte de fonction. (Figure 9-2)

Recombinaison Tout processus dans lequel des chromosomes ou des molécules d'ADN sont clivées et les fragments sont joints à nouveau pour donner des combinaisons différentes. Il survient naturellement dans les cellules à la suite de l'échange (**enjambement**) de séquences d'ADN entre chromatides maternelles et paternelles au cours de la méiose ; on l'applique in vitro à de l'ADN purifié et des enzymes.

Réduction Gain d'électrons par un atome ou une molécule qui a lieu quand le receveur capture un atome d'hydrogène ou perd un atome d'oxygène. Inverse de l'**oxydation.**

Région de contrôle de la transcription Terme générique qualifiant les séquences d'ADN régulatrices qui contrôlent la transcription d'un gène donné.

Répresseur Facteur de transcription qui inhibe la transcription.

Réseau *trans*-Golgi (TGN) Réseau complexe de membranes et de vésicules qui servent de point important de bifurcation dans la voie sécrétoire. Les vésicules qui bourgeonnent de ce compartiment le plus distal du Golgi transportent des protéines membranaires et des protéines solubles vers la surface cellulaire ou vers les lysosomes. (Figure 17-1)

Résolution La plus petite distance entre deux points que l'on peut distinguer au moyen d'un appareil d'optique ; appelée aussi *pouvoir de résolution.*

Respiration cellulaire Terme général pour tout processus cellulaire impliquant la capture d'oxygène (O_2) couplée à la production de dioxyde de carbone (CO_2).

Réticulum endoplasmique (RE) Réseau de structures membranaires interconnectées dans le cytoplasme des cellules eucaryotes et en continuité avec la membrane nucléaire externe. Le RE rugueux, qui est associé aux **ribosomes,** sert à la synthèse et à la maturation des protéines membranaires et des protéines sécrétées ; le RE lisse, dépourvu de ribosomes, est le lieu de synthèse des lipides. (Figure 5-19)

Réticulum sarcoplasmique Réseau membranaire dans le cytoplasme d'une cellule musculaire qui séquestre les ions Ca^{2+}. La stimulation de la cellule musculaire libère des ions Ca^{2+} dans le cytosol et, de ce fait, déclenche une contraction coordonnée sur toute la longueur de la cellule.

Rétrotransposon Type d'**élément d'ADN mobile** d'eucaryote dont le déplacement au sein du génome passe par un intermédiaire ARN et implique une étape de transcription inverse. Voir aussi **transposon.** (Figure 10-8)

Rétrovirus Type de virus d'eucaryote pourvu d'un génome ARN qui se réplique dans la cellule en passant d'abord par une copie ADN de l'ARN. Cet ADN proviral s'incorpore dans l'ADN du chromosomique et est transcrit tant en ARN génomique qu'en ARNm pour la synthèse des protéines virales. (Figure 4-43)

RFLP (***restriction fragment length polymorphisms*** ou **polymorphisme de longueur des fragments de restriction**) Différences entre individus dans la séquence de leur ADN génomique liées à la présence ou à l'absence de sites reconnus par certaines enzymes de restriction. Les RFLP qui se manifestent par des différences de longueur des fragments produits par une enzyme de restriction donnée constituent un des types de différences génétiques entre individus qui peuvent servir de marqueurs moléculaires dans les études de liaison génétique chez l'homme. (Figure 9-46)

Ribosome Complexe volumineux formé de plusieurs molécules différentes d'ARNr et de plus de 50 protéines ; il est organisé en deux particules, une grosse et une petite ; il est le site de la traduction (synthèse des protéines). (Figures 4-27 et 4-28)

Ribozyme Molécule d'ARN dotée d'activité catalytique.

RISC (***RNA-induced silencing complex***) Grand complexe multiprotéique associé à un petit ARN monocaténaire qui assure la dégradation ou la répression de la traduction d'un ARNm complémentaire ou proche de la complémentarité. (Figure 12-27)

Sarcomère Unité structurale répétitive du muscle strié qui est composée de filaments minces (**actine**) superposés et de filaments épais (**myosine**) et qui s'étend entre deux disques Z voisins ; se raccourcit au cours de la contraction. (Figures 19-22 et 19-23)

Ségrégation Processus qui répartit un assortiment égal de chromosomes dans les cellules filles au cours de la mitose et de la méiose.

Sélectines Famille de **molécules d'adhérence cellulaire** contribuant aux liaisons hétérophiles dépendantes du Ca^{2+} et spécifiques d'oligosaccharides appartenant à des glycoprotéines et à des glycolipides de la surface de cellules adjacentes. Les sélectines participent aux interactions entre leucocytes et cellules endothéliales et aussi à la fixation de glycoprotéines extracellulaires aux cellules.

Séquence activatrice en amont (UAS) Toute séquence régulatrice liant des protéines dans l'ADN de la levure et d'autres eucaryotes simples, qui est nécessaire pour une expression génique maximale ; équivalent à un amplificateur ou à un élément proche du promoteur chez les eucaryotes plus évolués. (Figure 11-12)

Séquence signal Séquence d'acides aminés relativement courte qui dirige une protéine à un endroit défini de la cellule (appelée aussi *peptide signal* ou *séquence d'adressage spécifique d'un organite*). (Tableau 16-1)

Séquence silenceur ou simplement *silenceur* Séquence de l'ADN eucaryote qui induit la condensation de la chromatine dans une région localisée, empêchant ainsi les protéines requises pour la transcription de gènes d'accéder à plusieurs centaines de paires de bases de la séquence silenceur.

Séquences topogènes Segments dans une protéine dont la séquence, le nombre et la disposition dirigent l'insertion et l'orientation des diverses classes de protéines transmembranaires dans la membrane du réticulum endoplasmique. (Figure 16-13)

Signal d'adressage Séquence d'acides aminés relativement courte qui dirige une protéine vers des vésicules de transport particulières lorsque celles-ci bourgeonnent à partir d'une membrane donneuse dans la voie sécrétoire ou endocytaire. (Tableau 17-2)

Site actif Région spécifique de la surface d'une enzyme qui lie la molécule de **substrat** et favorise ainsi la modification chimique de ce dernier. (Figure 3-17)

Site hypersensible à l'ADNase Région de la chromatine particulièrement sensible à l'hydrolyse par l'ADNase lorsque des noyaux isolés sont traités par cette enzyme ; il s'agit habituellement d'une région à laquelle sont fixés des facteurs de transcription.

Smads Classe de facteurs de transcription cytosoliques qui sont activés par phosphorylation à la suite de la fixation d'hormones appartenant à la superfamille du TGFβ (*transforming growth factor β*) à leurs récepteurs de surface cellulaire à activité de sérine kinase. (Figure 14-2)

Sonde Fragment choisi d'ARN ou d'ADN, marqué radioactivement ou chimiquement, qui sert à retrouver une séquence donnée d'acide nucléique par **hybridation**.

Souche cellulaire Population de cellules en culture, prélevées à un animal ou à une plante, qui ont une durée de vie limitée ; elle meurt en général après 25-50 générations.

Southern blot Technique de détection de séquences spécifiques d'ADN, après leur séparation électrophorétique, par hybridation avec une **sonde** d'acide nucléique. (Figure 9-26)

SPF (***S phase-promoting factor***) Protéine hétérodimérique, composée d'une cycline G_1 et d'une kinase dépendant de cycline (CDK), qui déclenche l'entrée d'une cellule eucaryote en phase S du cycle cellulaire par phosphorylation de protéines spécifiques, induisant ainsi l'expression de protéines requises par la réplication de l'ADN et le déroulement de la phase S.

Sphingolipides Classe importante de lipides membranaires dérivés de la sphingosine ; ils contiennent deux longues chaînes hydrocarbonées avec un groupe de tête soit phosphorylé (sphingomyéline) soit glucidique (cérébrosides, gangliosides). (Figure 5-5)

Spliceosome Grand complexe ribonucléoprotéique qui se forme sur un pré-ARNm et effectue l'**épissage de l'ARN**. (Figure 12-9)

SREBP (***SRE-binding protein***) Facteur de transcription qui pour être actif doit subir un transfert intracellulaire et une protéolyse. Le processus est déclenché en réponse à l'abaissement du taux de cholestérol cellulaire et aboutit à l'expression de gènes qui codent les protéines requises pour la synthèse et l'importation de cholestérol ainsi que pour la synthèse d'acides gras, de phospholipides et de triglycérides. (Figures 18-17 et 18-18)

STAT Classe de facteurs de transcription qui sont activés dans le cytosol à la suite de la fixation d'un ligand à des récepteurs de cytokines. (Figure 14-12)

Stéréo-isomères Deux composés de même formule moléculaire et dont les atomes sont liés dans le même ordre, mais arrangés différemment dans l'espace. Dans les isomères optiques, désignés D et L, les atomes liés à un **atome de carbone asymétrique** sont disposés en miroir. Les isomères géométriques comprennent les formes *cis* et *trans* des molécules contenant une double liaison.

Stéroïdes Famille d'hydrocarbures à quatre anneaux soudés comprenant le **cholestérol** et les substances apparentées. Maintes hormones importantes sont des stéroïdes (e.g. les œstrogènes et la progestérone).

Stérols Stéroïdes contenant un groupe hydroxyle ; ce sont des composants des membranes d'eucaryotes. (Figure 18-6)

Structure primaire Dans une protéine, suite linéaire (séquence) des acides aminés, la chaîne polypeptidique pouvant contenir des liaisons covalentes internes (surtout disulfure).

Structure quaternaire Nombre et position relative des chaînes polypeptidiques dans les protéines multimériques.

Structure secondaire Dans une protéine, repliement localisé de la chaîne polypeptidique en structures régulières, comme l'hélice α le feuillet plissé β et les coudes et boucles en U.

Structure tertiaire Dans une protéine, forme globale tridimensionnelle de la chaîne polypeptidique, maintenue par de nombreuses interactions non covalentes entre chaînes latérales.

Substrat Molécule sur laquelle s'exerce l'activité catalytique d'une enzyme.

Superfamille ABC Groupe étendu de protéines membranaires intrinsèques qui fonctionnent souvent comme **protéines de transport membranaire** pour déplacer, avec l'énergie de l'ATP, diverses molécules (e.g. phospholipides, cholestérol, sucres, ions, peptides) à travers les membranes cellulaires. (Figure 7-11 et Tableau 18-2)

Superfamille des GTPases Groupe de protéines commutatrices qui passent d'un état inactif lorsqu'elles contiennent du GDP à un état actif lorsqu'elles contiennent du GTP. Ces protéines régulent divers processus cellulaires. Elles comprennent la sous-unité G_α des protéines G trimériques (grandes) et les protéines G monomériques (petites) comme Ras, Rab, Ran et Rac ainsi que certains **facteurs d'élongation** utilisés dans la synthèse protéique. (Figure 3-29)

Superhélice (***coiled coil***) **Motif** structural protéique caractérisé par des régions en hélices α amphipathiques qui s'associent entre elles pour former des protéines oligomériques en forme de bâtonnets ; fréquent dans les protéines fibreuses et les facteurs de transcription. (Figure 3-6c).

Surveillance des ARNm Terme collectif pour désigner plusieurs mécanismes cellulaires qui contribuent à empêcher la traduction de molécules d'ARNm apprêtées de manière inappropriée.

Symport Type de co-transport dans lequel une protéine membranaire (symporteur) transporte deux molécules ou ions différents à travers une membrane cellulaire dans la même direction. Voir aussi **antiport**.

Synapse Région spécialisée entre une terminaison axonale de neurone et un autre neurone ou une cellule excitable (e.g. une cellule musculaire) et à travers laquelle passe l'influx nerveux. Dans la synapse chimique, il est transmis par un **neuromédiateur** ; dans la synapse électrique, il passe via les **jonctions lacunaires** connectant les cytoplasmes des cellules pré- et postsynaptiques. (Figures 7-31)

Syncytium Masse de cytoplasme à nombreux noyaux entourée par une seule membrane plasmique.

Syndécanes Classe de protéoglycanes qui font partie des protéines membranaires intrinsèques. Elles interviennent dans l'adhérence des cellules à la matrice, interagissent avec le cytosquelette et peuvent capter des signaux extérieurs et participent ainsi à la signalisation intercellulaire.

Système de réparation par excision Un des divers mécanismes de réparation de l'ADN endommagé par dépurination ou désamination spontanée ou sous l'effet de carcinogènes. Ces systèmes de réparation opèrent normalement avec un haut degré de fidélité et leur perte est associée à un risque accru de certains cancers. (Tableau 23-1)

Système double hybride de la levure Technique expérimentale largement utilisée pour identifier un gène dont la protéine qu'il code interagit de manière spécifique avec la protéine étudiée. (Figure 11-39)

Tampon Une solution des formes acide (HA) et basique (A–) d'une substance dont le pH se modifie à peine quand on y ajoute une petite quantité d'acide fort ou de base forte.

Télomère Chaque extrémité des chromosomes eucaryotes contenant une courte séquence, dite télomérique (TEL), répétée en tandem de multiples fois. Les télomères sont nécessaires pour la ségrégation chromosomique et sont répliqués par un processus particulier qui contrecarre la tendance des chromosomes à se raccourcir chaque fois qu'il se réplique. (Figure 10-34)

Télophase Stade final de la mitose au cours de laquelle une enveloppe nucléaire se reforme séparément autour de chaque jeu de chromosomes ; à ce moment, les chromosomes se décondensent et le cytoplasme s'est complètement divisé (cytocinèse). (Figure 20-29)

Test des plages de lyse Technique servant au comptage des particules virales d'un échantillon en étalant celui-ci sous forme diluée sur un tapis de cellules sensibles. Après incubation, on compte les zones claires (plages) correspondant aux cellules lysées. (Figure 4-39)

TGFβ (*transforming growth factor β*) Famille de protéines signal sécrétées qui interviennent dans le développement de la plupart des tissus chez de nombreux animaux, si pas tous. Le nom reflète les circonstances de sa découverte, mais ses fonctions sont beaucoup plus variées. Le TGFβ tend à inhiber la croissance plutôt qu'à la stimuler. Des mutations dans des composants de la transduction du signal venant du TGFβ sont impliquées dans le cancer humain, entre autres le cancer du sein.

Thylakoïdes Sacs membranaires aplatis dans un chloroplaste ; ils sont disposés en piles et contiennent des pigments photosynthétiques. (Figure 8-30)

Traduction Production par le **ribosome** d'un polypeptide dont la séquence d'acides aminés est dictée par la séquence des nucléotides d'un ARNm. (Figure 4-19)

Transcriptase inverse Enzyme trouvée dans les rétrovirus qui catalyse une réaction complexe dans laquelle un ADN bicaténaire est synthétisé à partir d'une matrice d'ARN simple brin. (Figure 10-13)

Transcription Processus au cours duquel un brin de la molécule d'ADN sert de **matrice** pour la synthèse de l'ARN **complémentaire** par l'ARN polymérase. (Figures 4-9 et 4-10)

Transcrit primaire Chez les eucaryotes, molécule d'ARN transcrite sur l'ADN, composée d'**exons** et d'**introns.** La plupart des transcrits primaires seront apprêtés pour former les ARN fonctionnels.

Transcrit Voir **transcrit primaire.**

Transcytose Mécanisme de transport de certaines substances à travers un feuillet épithélial ; il combine une **endocytose dépendant de récepteur** et une **exocytose.** (Figure 17-34)

Transduction du signal Conversion d'un signal de nature physique ou chimique. En biologie cellulaire, il s'agit en général d'un processus séquentiel induit par un signal extracellulaire qui, en interagissant avec un récepteur, déclenche une ou plusieurs réponses cellulaires spécifiques.

Transfection Introduction expérimentale d'ADN étranger dans des cellules en culture, suivie habituellement de l'expression des gènes de l'ADN incorporé. (Figure 9-29)

Transformation (1) Altération permanente, héréditaire, d'une cellule qui a incorporé de l'ADN étranger dans son génome ; appelée aussi *transfection stable.* (2) Conversion d'une cellule mammalienne "normale" en une cellule dotée des propriétés semblables à celles du cancer, à la suite habituellement d'une rencontre avec un virus ou un autre agent cancérogène.

Transgène Gène cloné qui est introduit et incorporé de manière stable dans une plante ou un animal et transmis à leurs descendants successifs.

Transgénique Qualifie une plante ou un animal pourvu d'un **transgène.**

Translocation cotraductionnelle Transfert d'une protéine sécrétoire dans le réticulum endoplasmique alors qu'elle est encore liée au ribosome et en voie d'élongation. (Figure 16-6)

Translocon Complexe multiprotéique dans la membrane du réticulum endoplasmique rugueux par lequel une protéine sécrétoire naissante entre, pendant sa synthèse, dans la lumière du RE. (Figure 16-6)

Transport actif Mouvement transmembranaire d'un ion ou d'une petite molécule contre son gradient de concentration ou un gradient électrochimique, dépendant de l'hydrolyse de l'ATP. (Figure 7-2)

Transport d'électrons Flux d'électrons entre un donneur d'électrons réduit (par exemple NADH) et O_2 *via* une série de transporteurs occupant la membrane mitochondriale interne, ou d'H_2O à $NADP^+$ dans la membrane thylacoïde du chloroplaste. (Figure 8-13)

Transport photoélectronique Le transport d'électrons déclenché par la lumière et impliquant les chlorophylles du centre réactionnel est l'événement principal de la photosynthèse. Ce processus génère la séparation initiale des charges à travers la membrane thylakoïde qui dirige les événements ultérieurs de la photosynthèse. (Figure 8-33)

Transporteur d'électrons Toute molécule ou atome qui accepte les électrons d'un donneur pour les transférer à un accepteur au cours de réactions couplées d'**oxydation** et de **réduction.** Pour la plupart, ces transporteurs sont soit des groupes prosthétiques, comme l'hème, le cuivre, les amas soufre-fer, inclus dans des protéines membranaires soit des molécules diffusibles, comme **NAD^+**, FAD **et l'ubiquinone (coenzyme Q).**

Transposition Mouvement d'un **élément d'ADN mobile** à l'intérieur du génome ; passe par un processus de couper-coller ou de copier-coller selon le type d'élément. (Figure 10-8)

Transposon, ADN Élément d'ADN mobile présent chez procaryotes et eucaryotes, qui se déplace dans le génome par un mécanisme impliquant une synthèse d'ADN et une transposition. Voir aussi **rétrotransposon.** (Figure 10-8)

Triacylglycérol voir **triglycéride.**

Triglycéride Forme majeure sous laquelle les acides gras sont stockés et transportés chez l'animal ; consiste en trois chaînes acyles grasses estérifiées à une molécule de glycérol. (Figure 18-2)

Tubuline Famille de protéines globulaires du cytosquelette qui polymérisent pour former les **microtubules.** (Figure 20-3)

Tumeur Masse de cellules, habituellement issue d'une cellule unique, qui se développe à la suite de la perte de régulateurs normaux de la prolifération cellulaire ; elle peut être **bénigne** ou **maligne.**

Type sauvage Forme normale, non mutée d'un gène, d'une protéine, d'une cellule ou d'un organisme.

Ubiquitine Petite protéine hautement conservée qui se lie par covalence aux résidus lysine d'autres protéines intracellulaires. Le marquage d'une protéine par une molécule d'ubiquitine couplée de manière covalente peut causer la dégradation de la protéine par le **protéasome,** peut altérer la fonction de la protéine ou peut déterminer l'adressage d'une protéine membranaire au lysosome. (Figure 3-13)

Uniport Diffusion **facilitée** et dépendante d'une protéine d'une petite molécule au long de son gradient de concentration à travers une membrane. Les transporteurs de glucose (GLUT) sont des exemples de protéines uniport très étudiées. (Figure 7-4)

Unité de transcription Tronçon d'ADN situé entre le site d'amorçage (initiation ou départ) et le site de terminaison et dont la transcription ne génère qu'un seul **transcrit primaire.**

Variation d'énergie libre (ΔG) Différence d'énergie libre entre les produits d'une réaction chimique et celle de ses réactifs. Une valeur négative élevée ΔG indique que la réaction a une forte tendance à se produire ; c.-à-d. qu'à l'équilibre chimique, la concentration des produits sera beaucoup plus grande que la concentration des réactifs.

Vecteur d'expression Plasmide ou virus modifié qui permet l'introduction d'un gène ou de l'ADNc dans une cellule hôte appropriée en vue de lui faire synthétiser la protéine codée. Les vecteurs d'expression peuvent servir au criblage de bibliothèques d'ADN pour trouver un gène particulier ou pour produire de grandes quantités d'une protéine à partir du gène cloné. (Figures 9-28 et 9-29)

Vecteur de clonage Voir **vecteur.**

Vecteur En biologie cellulaire, élément génétique à réplication autonome qui sert à transférer un fragment d'ADNc ou d'ADN génomique dans une cellule hôte afin de cloner un gène. Les vecteurs les plus utilisés sont des plasmides bactériens et des génomes de bactériophages modifiés. Voir aussi **vecteur d'expression** et **vecteur navette.** (Figures 9-12 et 9-15)

Vecteur navette Vecteur plasmidique capable de propagation dans deux hôtes différents (e.g. *E. coli* et levure, ou *E. coli* et cellules de mammifères). Les vecteurs navette sont utiles pour le criblage d'une bibliothèque d'ADN de levure par complémentation fonctionnelle et dans des systèmes d'expression basés sur une transfection transitoire de cellules animales. (Figures 9-19 et 9-29)

Ventral Désigne le côté frontal d'un animal ou la surface la plus basse d'une structure (e.g. aile ou feuille).

Vésicule de transport Petit compartiment entouré d'une membrane qui transporte une cargaison de protéines solubles et de protéines membranaires dans la direction avant ou arrière dans la **voie sécrétoire.** Les vésicules se forment par bourgeonnement à partir de l'organite donneur et libèrent leur contenu par fusion avec la membrane cible.

Vésicule sécrétoire Petite vésicule entourée d'une membrane dérivée du réseau du ***trans*-Golgi** contenant des molécules destinées à être libérées par la cellule.

Virion Particule virale élémentaire.

Virus Petit parasite intracellulaire comportant un acide nucléique (ARN ou ADN) enfermé dans une couverture protéique ; il ne peut se répliquer que dans un hôte susceptible. Il est beaucoup utilisé en biologie cellulaire. (Figures 1-25 et 4-37)

V_{max} Paramètre qui décrit la vitesse maximale d'une réaction catalysée par une enzyme ou d'un autre processus comme le transport transmembranaire de molécules assuré par des protéines. (Figure 3-19 et 7-3)

Voie sécrétoire Voie cellulaire pour la synthèse et l'adressage de protéines solubles et de protéines membranaires localisées dans le réticulum endoplasmique, le Golgi et les lysosomes. Elle concerne les protéines de la membrane plasmique et finalement les protéines sécrétées hors de la cellule. (Figures 16-1 et 17-1)

Western blot Technique de détection de protéines spécifiques séparées par électrophorèse au moyen d'anticorps marqués. (Figures 3-19 et 7-3)

Wnt Une famille de protéines signal sécrétées qui contribuent au développement de la plupart des tissus chez de nombreux animaux, si pas tous. Le nom "Wnt" provient des deux premières molécules que l'on a trouvées dans cette famille, Int-1 (pour intégration d'un virus de tumeur mammaire) et Wingless (un gène de drosophile). Les protéines Wnt sont palmitoylées dans leur partie N-terminale. Des mutations dans des protéines transductrices du signal Wnt sont impliquées dans le cancer humain. Les récepteurs sont des protéines de la classe Frizzled avec 7 segments transmembranaires.

Zygote Œuf fécondé ; cellule diploïde issue de la fusion des **gamètes** mâle et femelle.

INDEX

Remarque : un numéro de page suivi de la lettre f ou de la lettre t renvoie à une figure ou à un tableau.